国外名校名著

# 有机化学结构与功能

[原著第八版]

## Organic Chemistry: Structure and Function

Eighth Edition

[美] K. 彼得·C. 福尔哈特    尼尔·E. 肖尔    著

K. Peter C. Vollhardt    Neil E. Schore

戴立信　席振峰　罗三中　等 译

化学工业出版社

·北京·

《有机化学：结构与功能》是本书原著第八版的中文版。它基于当代有机化学的学习逻辑框架，强调有机分子的结构（电子及空间结构）决定其功能，即决定了有机分子的物理性质及化学反应性。同时，本书也更加强调如何帮助学生理解化学反应及其反应机理、合成路线的分析以及它们在实际中的应用，这是本书最大的特点。此外，本书在框架的基础上，基于教学经验提出了一个更为精炼的方法，促进学生理解，以培养学生解决问题的能力，这些能力将有助于更好地理解有机化学在生命、材料、医药等领域中的应用。本书在帮助读者理解有机化学的同时，也带给读者有机化学前沿领域的研究乐趣。本书彩色印刷，借鉴原书的版式设计，图文并茂，生动活泼，可读性强。

　　《有机化学：结构与功能》可作为化学、化工、生命科学、医学、药学等专业本科生和研究生的教材，以帮助他们比较全面地了解有机化学领域的知识和最新进展，在本书的引导下一窥现代有机化学的门径，了解物质世界与有机化学的密切关系，不断增强学习兴趣和研究创新；对于有经验的研究者，本书也可以作为系统归纳有机化学机理及反应的参考工具。

北京市版权局著作权合同登记号：01-2018-7416。

**图书在版编目（CIP）数据**

有机化学：结构与功能 /（美）K. 彼得·C. 福尔哈特，（美）尼尔·E. 肖尔著；戴立信等译 . —北京：化学工业出版社，2020.7（2024.1 重印）
（国外名校名著）
书名原文：Organic Chemistry：Structure and Function
ISBN 978-7-122-36263-6

Ⅰ .①有… Ⅱ .① K… ②尼… ③戴… Ⅲ .①有机化学 - 教材 Ⅳ .① O62

中国版本图书馆 CIP 数据核字（2020）第 030467 号

责任编辑：褚红喜　宋林青　　　　　　　　　　　装帧设计：关　飞
责任校对：边　涛

出版发行：化学工业出版社（北京市东城区青年湖南街13 号　邮政编码100011）
印　　装：盛大（天津）印刷有限公司
880mm×1230mm　1/16　印张94½　字数2990千字　2024年1月北京第8版第6次印刷

购书咨询：010-64518888　　　　　　　　　　　售后服务：010-64518899
网　　址：http://www.cip.com.cn
凡购买本书，如有缺损质量问题，本社销售中心负责调换。

定　　价：368.00元　　　　　　　　　　　　　　　　版权所有　违者必究

K. Peter C. Vollhardt 生于西班牙马德里，成长于阿根廷布宜诺斯艾利斯和德国慕尼黑，并在慕尼黑大学就读。他在英国伦敦大学学院跟随 Peter Garratt 教授获得 Ph. D. 学位，在美国加州理工学院跟随 Bob Bergman 教授从事博士后研究。1974 年到美国加州大学伯克利分校任教，致力于发展有机钴试剂在有机合成中的应用、制备有理论兴趣的碳氢化合物、组装可能用于催化的新型过渡金属阵列以及在伯克利找到一个车位。在他众多的科研经历中，

他曾获德国国家优秀基金，并是 Adolf Windaus 奖、洪堡高级科学家奖、美国化学会金属有机奖、Otto Bayer 奖、美国化学会 A. C. Cope 学者奖、日本学术振兴会奖、法国马赛大学奖等多种奖项的获得者，并被授予罗马第三大学荣誉博士学位。现为 SYNLETT 主编。在他 350 余篇（本）著作中，他特别珍爱这本有机化学教科书，该书已有 13 种不同文字的译本。Peter 与法国艺术家 Marie-Jose Sat 女士结婚，他们有三个孩子，Maïa（1982 年生，Peter 继女，她闪亮的文身出现在本书 1067 页），以及 Paloma（1994 年生）和 Julien（1997 年生）。

Neil E. Schore 1948 年生于美国新泽西州纽瓦克市，他先后在纽约州 Bronx 和新泽西州 Ridgefield 的公立学校上学。1969 年以荣誉成绩自宾州大学化学系获学士学位后，再次回到纽约，在哥伦比亚大学随 Nicholas Turro 教授攻读博士学位，研究有机化合物的光化学和光物理过程。20 世纪 70 年代，他和 Peter 首次相遇，二人都在加州理工学院 Bob Bergman 实验室从事博士后研究。1976 年任教于戴维斯加州大学，累计为两万名以上非化学专业的学生讲授有机化学，赢得七次教学奖。他曾在有机合成各相关领域中发表了 100 余篇研究论文，为数百场当地青少年足球比赛担任裁判。Neil 与同校兽医学院的微生物学家 Carrie Erickson 女士结婚，有两个孩子，Michael（1981 年生）和 Stefanie（1983 年生），他们都曾做过本书的实验。孙子 Roman（2016 年生）还太小，做不了这些实验。

# 《有机化学：结构与功能》（原著第八版）

## 翻译组

译　审　戴立信　中国科学院上海有机化学研究所，研究员，中国科学院院士

席振峰　北京大学化学与分子工程学院，教授，中国科学院院士

罗三中　清华大学化学系，教授

## 参加翻译人员

| | | |
|---|---|---|
| 罗三中 | 第1章 | 清华大学化学系 |
| 米学玲 | 第2章 | 北京师范大学化学学院 |
| 王剑波 | 第3～4章 | 北京大学化学与分子工程学院 |
| 许家喜 | 第5～6章 | 北京化工大学化学学院 |
| 裴　坚 | 第7～8章 | 北京大学化学与分子工程学院 |
| 杨　震、陈家华 | 第9～10章 | 北京大学化学与分子工程学院 |
| 席振峰 | 第11～12章 | 北京大学化学与分子工程学院 |
| 王　东 | 第13～14章 | 中国科学院化学研究所 |
| 成　莹 | 第15章 | 北京师范大学化学学院 |
| 张德清、张西沙 | 第16章 | 中国科学院化学研究所 |
| 俞初一、贾月梅 | 第17章 | 中国科学院化学研究所 |
| 俞初一、李意羡 | 第18章 | 中国科学院化学研究所 |
| 陈传峰 | 第19～20章 | 中国科学院化学研究所 |
| 杨炳辉 | 第21～26章 | 中国科学院上海有机化学研究所 |

# 《有机化学：结构与功能》（原著第四版）

## 翻译组

译 审　戴立信　中国科学院上海有机化学研究所，研究员，中国科学院院士

　　　　席振峰　北京大学化学与分子工程学院，教授

　　　　王梅祥　清华大学化学系，教授

## 参加翻译人员

| 甘良兵 | 第1～2章 | 北京大学化学与分子工程学院，教授 |
| --- | --- | --- |
| 王剑波 | 第3～4章 | 北京大学化学与分子工程学院，教授 |
| 许家喜 | 第5～6章 | 北京化工大学理学院，教授 |
| 裴　坚 | 第7～8章和索引 | 北京大学化学与分子工程学院，教授 |
| 杨　震 | 第9～10章 | 北京大学化学与分子工程学院，教授 |
| 席振峰 | 第11～12章 | 北京大学化学与分子工程学院，教授 |
| 王　东 | 第13～14章 | 中国科学院化学研究所，研究员 |
| 成　莹 | 第15章 | 北京师范大学化学系，教授 |
| 张德清 | 第16章 | 中国科学院化学研究所，研究员 |
| 俞初一 | 第17～18章 | 中国科学院化学研究所，研究员 |
| 陈传峰 | 第19～20章 | 中国科学院化学研究所，研究员 |
| 杨炳辉 | 第21～23章 | 中国科学院上海有机化学研究所，研究员 |
| 陈耀全 | 第24～26章 | 中国科学院上海有机化学研究所，研究员 |

**索引编制人员**：陆　江　马　明　宋志毅　王　超　王志会　张　燕

# 致学生

## Vollhardt-Schore第八版中译本
## 2020年6月4日

　　本书是拙作《有机化学：结构与功能》（第八版）的中译本，是继 2006 年第四版中译本后的再次翻译。初心不改，本书旨在使初学者易于理解有机化学，同时传递前沿研究的精彩。过去十四年来，有机化学研究和相关的教学方法都取得了长足发展。我的合作者 Neil Schore 自第二版开始加入，他还撰写了学习指南。我们在每次改版中都加入这些最新的进展。本版也有较大的修订，加入了最新的基础化学发现，将最新的认知融入可视化教辅以促进学习。欢迎读者朋友查阅引言中"《有机化学：结构与功能》读者指南"了解相关内容。

　　我很自豪本教材已经被翻译成 13 种语言。这些译本和英文原本对不计其数的学生的科学教育产生了深远影响，他们中许多人成长为化学家、工程师、医生、律师、记者，等等。我殷切地希望你们也会成为其中的一员。谨以此诚挚地祝福所有的《有机化学》读者，祝你在勤于苦读的同时，体会有机化学的乐趣，体验攻克难点的激动时刻，尽享解答难题的满足感和成功的回报！

　　This book is the Chinese translation of the 8th edition of my treatise of "Organic Chemistry: Structure and Function" and a follow-up on the translation of the 4th edition, which appeared in 2006. The original aim continues, namely to make organic chemistry understandable to the beginning student and at the same time convey the excitement of being at the frontiers of research. During the past 14 years, there have been numerous advances in the science itself and the pedagogy with which we teach the subject. My co-author Neil Schore, who wrote the study guide and joined me for the text from the 2nd edition onward, and I have been thorough in incorporating these developments in consecutive editions, and the present rendition constitutes a major revision. It incorporates the latest basic chemical discoveries and implements the most recent insights into the visual aids that facilitate learning. The readers are encouraged to look at their description in the Preface "A User's Guide to Organic Chemistry: Structure and Function."

　　I am proud to have witnessed the translation of the textbook into 13 languages. With the English original, they have had a profound influence on the scientific education of countless students. These individuals have gone on to become chemists, engineers, doctors, lawyers, journalists, and more. I very much hope that you will join their ranks. In this spirit, my best wishes go to all the learners of "Organic Chemistry." While you might have to work hard, may you experience often the fun of the subject, the Eureka moment of mastering a difficult concept, the satisfaction of solving a complex problem, and the rewards of success!

K. Peter C. Vollhardt

Professor of Chemistry

Department of Chemistry

University of California at Berkeley

Berkeley，CA 94720-1460

# 译者序

由 K. Peter C. Vollhardt 和 Neil E. Schore 二位教授（原著作者，下同）编写的《有机化学：结构与功能》，是一本很好的有机化学教科书。该书的第四版曾由我们在 2005 年译成中文，由化学工业出版社在 2006 年出版。在迄今十余年期间，原著作者根据有机化学的新发展和在有机化学教学中的新体验，已经更新出版了四个版本。2018 年第八版已经问世。在第四版中译本原班人马（只有个别实在无法分身）的支持下，近日也完成了原著第八版的中文翻译。这组原班人马，由北京大学化学系四位教授、清华大学一位教授、北京师范大学一位教授、北京化工大学一位教授和中国科学院化学研究所四位研究员、中国科学院上海有机化学研究所两位研究员组成。

这本教科书由第四版发展至第八版，原著的两个特点也更加突出：

一是教科书中强调对结构与功能的关系和对反应机理的认识。文中如有关于机理的讨论时，页边总有机理的标志出现，在第八版中机理标志出现有百余次。作者一再强调把机理学透了要比死记硬背强得多。我们认为这为同学们从理性上学好有机化学，也为进入"物理有机化学"课程打下了良好的基础。学好物理有机化学，又对我们今后的研究工作进入良好的深度和广度大有裨益。

二是教科书也十分重视有机化学在现实生活中的重要意义，帮助我们从感性上更好地理解、认识有机化学。在第四版的"化学亮点"中就有很多这类内容。如有一个化学亮点，讨论"大自然并非总是'绿色的'"时，介绍了一个例子是林肯总统的母亲在牧场，喝了一杯牛奶，是非常天然的。但刚好奶牛吃了路边的蛇根草，而导致不治身亡。在第八版中，"化学亮点"发展为"真实生活"。虽然"真实生活"的篇数（63 篇）少于第四版的"化学亮点"（82 篇），但"真实生活"的篇幅远大于"化学亮点"。"真实生活"中接近两页的很多，化学亮点较多的是半页或三分之一页。此外，第八版又增加了页边的"真的吗？"，共有 30 则。其中如"人工合成的最长的链烷烃是 $C_{390}H_{782}$"，类似独特的有趣结果，也都出现在"真的吗？"之中。这样作者就将我们实际生活中（材料、医药等）有机化学的重要应用告诉了读者，吸引更多的年轻人喜欢并致力于有机化学研究。这也是我们再译第八版的动力。

我们真诚感谢翻译第八版的诸多译者：北京大学化学与分子工程学院王剑波、裴坚、杨震、陈家华教授，北京师范大学化学学院成莹教授、米学玲副教授，北京化工大学化学学院许家喜教授，中国科学院化学研究所王东、张德清、俞初一、陈传峰研究员和张西沙、贾月梅、李意羡副研究员，中国科学院上海有机化学研究所杨炳辉研究员；同时也感谢杨琪博士、天津师范大学邱顿博士等的积极参与。在他们细致、辛勤工作的基础上，我们进行了校对、统一等工作。我们也向化学工业出版社的编辑表示衷心的感谢，他们从一开始就进行细致安排，精心工作，使本书的出版进展非常顺利。我们还要感谢在第四版中参与工作的王梅祥教授，他的原始创意和长期的细致工作是第四版翻译过程的核心之一，在开始第八版翻译时由于梅祥教授原定的繁重工作使之难以分身，但他推荐了一位合宜的接替人。也还要感谢甘良兵、陈耀全二位在第四版中的贡献（这次因工作或身体原因难以参加）。由于很多具体事项，我们仍保留了第四版的译者序。我们欢迎广大读者对中文译本中的疏漏、缺失和不确切之处提出批评和指正。

戴立信　席振峰　罗三中

2020 年元月

# 原著第四版译者序

在 Vollhardt 和 Schore 的《有机化学：结构与功能》的中译本即将付印之际，我们向读者——学习和从事有机化学的学生、教师以及科研人员等，竭诚地推荐这本主线清晰、内容新颖、编排独特、突出应用的有机化学教科书。

这本书的副题是结构与功能。全书突出了有机化合物的结构特征。在结构特征下，它的功能是什么，它的反应性又是如何？在反应介绍中，以结构化学为基础更强调了反应的机理。由于结构-功能-反应机理贯穿全书，使读者能够始终抓住主线，更好地在理性上理解有机化学，也为学习物理有机化学打下了良好的基础。

正如作者为中译本序言所写，本书在帮助读者理解有机化学的同时，也带给读者有机化学前沿领域的研究乐趣。因此，很多新的研究结果出现在各章的"化学亮点"，并反映在各章的内容和习题之中。由于取材新颖，这本教科书不仅对于研究生，对于科研人员也是一本有益的阅读资料。

本书在编排上有其独特之处。每节教材之后有一个"小结"，每章最后又有串联前后各章的"大视野"，在习题部分每章都有"运用概念解题"，非常详尽的示范解题。作者通过这些形式不断地强化该章中介绍的重要概念。因此，只要认真阅读本书，就不至于在有机化学纷繁的素材中忽略了重要的概念。书中还应用很多静电势能图用以直观地显示结构特征。

本书用各种方式展现了有机化学的广泛应用性和与生活的息息相关。有很多素材介绍了有机化学与生命科学和材料科学的关联，如从细菌对抗生素的抗药性到有机导体等。以生命科学为例，有关的条目达数百条之多，因此本书也是医学院医预科学习的材料，并且为医预科学生准备了专门的试题（深度不同于化学系）。本书原文的可读性很好，文笔极佳，这一点是中译本难以企及之处。

在从英文翻译为中文时，有以下几点说明，并请读者谅解：

1. 化学名词的中文译名尽可能参照《英汉化学化工词汇》和全国自然科学名词审定委员会 1991 年公布的《化学名词》二书。仍有少数术语，为了保留确切的含义和使用方便，我们在某些地方仍保留，如 *syn-*、*anti-* 等。

2. 为了便于读者进一步阅读有关文献，在一些关键词语首次出现时，都附有原文。对于一些常见人名，我们使用了译名，较多场合仍使用原文人名。

3. 原书中的度量衡单位为美制，如磅、呎、卡等，我们都未做换算（本书出现的非法定计量单位及其换算系数列于附表中）。为和国际化学界的常用习惯一致，反应试剂的当量比例，物质的量比等由于不涉及浓度单位以及核磁谱图中的 ppm 等，我们也都保留未变。

4. 化合物的命名遵照原书中的 IUPAC 命名规则翻译，即化合物中取代基的顺序按英文字首的顺序排列。

参加本书翻译工作的有北京大学化学与分子工程学院，中国科学院化学研究所，中国科学院上海有机化学研究所，清华大学化学系和北京师范大学化学系的科研人员和教学人员，名单另列。对于他们的辛勤努力和细致工作表示深切的敬意。在他们工作的基础上，我们进行了校改、统一等工作。我们也向化学工业出版社的领导及编辑表示衷心的感谢，是他们对有机化学的热心和富有成效的工作，使中译本得以早日呈现在读者面前。

最后，感谢 Vollhardt 教授为中译本所写的序言。正如他的序言所说，我们也欢迎广大读者对中文译本中的错误，缺失和不确切之处提出批评和指正。

戴立信　席振峰　王梅祥
2005 年 7 月

## 《有机化学：结构与功能》读者指南

　　《有机化学：结构与功能》第八版中，我们保持了理解当代有机化学的逻辑框架，这是本书的一个特点。同时也更加强调如何帮助学生理解反应及其反应机理，合成路线的分析以及它们在实际中的应用。本书的经典架构强调有机分子的结构决定其功能，不论在物理性质方面或是化学反应活性方面。第八版的大量修订就是建立在这个框架基础上的，并且基于教学经验提出了一个更为精练的方法，促进学生理解，培养他们解决问题的能力，并将有机化学在生命和材料科学中的应用加以展示。《有机化学：结构与功能》也提供了一种划算的 SaplingPlus 模式，它是一个可互动且完全移动化的电子书，因为它的界面互动性强，并且有著名的 Sapling Learning 私人教师式习题。下面介绍第八版的主要创新以及本书的特点。

## 在经典架构内以易于理解的方式编排内容

　　• 本书的架构一直强调有机分子的结构（电子以及空间结构）决定了其功能，即决定了它们的物理性质以及化学反应。我们在前几章中着重强调这一联系以便让学生真正领悟反应的机理，从而避免死记硬背。

光合作用中，植物把二氧化碳和水变成碳水化合物分子（如葡萄糖）和氧气。光合作用在很大程度上决定了地球大气层中氧气的含量。

· **新**：章节开始处新增的**学习目标**以及章节后的**小结与总结**给学生一个明晰的学习框架并制定了每章的学习目标。以下示例为第四章的学习目标及该章总结。

### 学习目标

→ 从非环烷烃的命名规则扩展至环烷烃的命名规则

→ 描述取代环烷烃的顺式和反式异构体之间的结构和热力学差异

→ 讨论环张力对环烷烃燃烧热的影响

→ 分析环己烷及其取代衍生物的各种构象

→ 将相关的知识从单环扩展到多环烷烃骨架，如甾族化合物

### 总　结

　　在本章中，我们将所学到的有机化合物结构与功能的知识扩展到单环和多环骨架中，并且我们再次看到了三维立体结构在解释和预测有机分子行为方面的重要性。特别是，我们展示的一些实例。

→ 根据IUPAC规则命名环烷烃（4-1节）。

→ 顺式和反式异构体的存在是立体异构的一种形式（4-1节）。

→ 较小环烷烃中的环张力现象可以由其燃烧热定量计算（4-2节）。

→ C—C键（2-8节和2-9节）固有的构象灵活性原则扩展到环烷烃，特别是环己烷及其取代衍生物的构象异构体（4-3节和4-4节）。

→ 考虑多环碳骨架可能存在的结构多样性，其中许多是在自然界中存在的，例如萜类化合物和甾族化合物（4-6节和4-7节）。

　　我们将本章中所学内容贯通全书，因为本章内容为理解非环状分子中的立体异构、相对稳定性和反应性、谱学和生物有效性等不同领域奠定了基础。

· 在前面的章节里即介绍推电子弯箭头的使用，并在后面的章节中进一步强化，从而帮助学生理解反应中电子和原子的移动。

**42.** 下列的箭头转移式对应于上面习题41中的反应，指出哪些正确使用了弯箭头，哪些没有，对于错的，画出正确的弯箭头。

(**a**) $CH_3CH_2CH_2$—$Br$　　$Na^+$ $\ddot{\underset{\cdot\cdot}{I}}{:}^-$

(**b**) $(CH_3)_2CHCH_2$—$\ddot{I}$　　$Na^+$ ${:}CN{:}$

(**c**) $CH_3$—$\ddot{I}$　　$Na^+$ ${:}\ddot{O}CH(CH_3)_2$

(**d**) $CH_3CH_2$—$Br$　　$Na^+$ ${:}\ddot{S}CH_2CH_3$

(**e**) ⬠—$CH_2$—$\ddot{\underset{\cdot\cdot}{Cl}}{:}$　　$CH_3CH_2$—$\ddot{Se}$—$CH_2CH_3$

(**f**) $(CH_3)_2CH$—$\ddot{\underset{\cdot\cdot}{O}}$—$SO_2$—$CH_3$　　${:}N(CH_3)_3$

**指导原则：使用弯箭头符号**

→ **原则1**：弯箭头图示电子对的移动。

→ **原则2**：电子从相对富电子原子转移到缺电子原子。

→ **原则3**：过程完成后，箭头起始点原子的电荷增加1；相反，箭头终点处原子的电荷减少1。

→ **原则4**：当孤对电子移动时，箭头起点置于孤对电子中心。

→ **原则5**：当成键电子对移动时，箭头始于相应化学键中间，指向电负性更强的原子。

→ **原则6**：以亲核取代反应为例，当电子对取代接收端原子的一对成键电子时，以接力形式画两个箭头。两个箭头首尾相接。第一个箭头的头部指向第二个箭头的尾部，形成序列流动。

# 专注于反应机理

- 关键反应的**动画**为学生提供可视化的反应机理和其动力学过程的动态图。
- **新**：教室里用的新幻灯片也含有动画及问题，适用于课堂教学或有公开问答的场合。
- **新**：对关键机理步骤的新注释有利于复习和巩固反应机理中的主要原理。

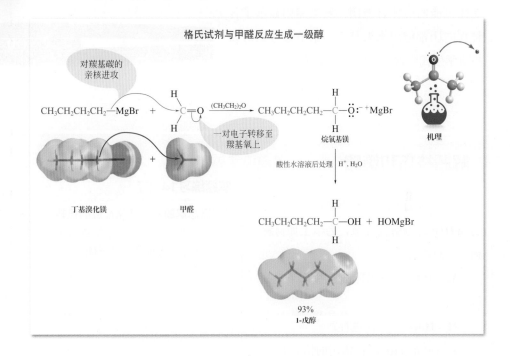

格氏试剂与甲醛反应生成一级醇

- **成功的关键**各节旨在讲授和强化对反应机理的概念理解。以下为几个示例：

## 18-7 成功的关键：竞争性反应途径及分子内羟醛缩合反应

同一个分子中的两个羰基也能发生羟醛缩合反应，这样的反应称为**分子内羟醛缩合反应**（intramolecular aldol condensation reaction）。分子内羟醛缩合反应是合成环状化合物，尤其是合成五元环和六元环时非常重要的反应。

### 分子内羟醛缩合是熵有利的

将己二醛的稀溶液与碱的水溶液共热，得到环状化合物1-环戊烯基甲醛。在此反应中，己二醛一端去质子化成为亲核性的烯醇负离子，另一端为亲电性的羰基部分。羟醛加成后，脱水得到产物。

- 幕间曲：有机反应机理总结（第14章后）回顾了可以使大多数有机反应发生的关键机理，鼓励学生理解更胜于强记硬背。

- 反应总结路线图给出了各主要官能团的反应活性总结。合成路线图提示了各种官能团可能的前体官能团。反应图则显示了各种官能团都能用来做什么。章节编号则可以指引学生找到课本中的相应位置。

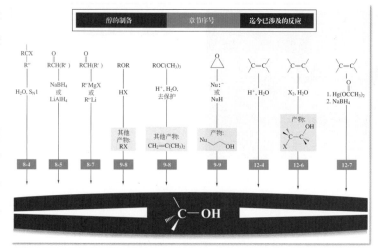

# 解题技巧和策略

- 每章的解题练习中都包含了扩展的 **WHIP** 习题解决环节，为学生如何解题提供思路：

**W**（**What**）：有何信息？提供了哪些信息？

**H**（**How**）：如何进行？

**I**（**Information**）：需用的信息？

**P**（**Proceed**）：继续进行！一步一步地，不要跳过任何步骤。

## 解题练习14-27

**运用概念解题：电环化反应的扭转**

在亲双烯体 B 存在下加热顺-3,4-二甲基环丁烯（A）生成唯一的非对映体 C。通过机理给以解释。

A       B       C

**策略：**

- **W**：有何信息？这个反应看上去像是环加成。可通过考察反应 $C_6H_{10}$（A）+$C_4H_2N_2$（B）$=C_{10}H_{12}N_2$（C）中原子的化学计量来确认。

- **H**：如何进行？环加成反应的类型？为回答这个问题，需对产物C做逆合成分析。

- **I**：需用的信息？复习有关Diels-Alder环加成反应（14-8节）和电环化反应（14-9节）的内容。

- **P**：继续进行。

**解答：**

- 从逆合成分析可看出，环己烯 C 像是 B 和 2,4-己二烯异构体经 Diels-Alder 反应的产物。因为 C 中的两个甲基互成反式，二烯不能是对称的：顺,反-2,4-己二烯 D 是唯一的选择

- D 必须是从异构体 A 经热顺旋电环化开环反应得来的。

- B 和 D 的环加成反应的立体构型是外型还是内型？画出两个可能性：两个途径偶然地生成同一立体异构体（即便反应毫无疑问历经内型排列）。

C       D       A

- 课本中的习题可以帮助学生练习新知识的运用，指导他们找到解题方法，并教他们如何认识以后可能遇到的问题的基本类型。

## 14-28 自试解题

光照麦角甾醇（ergosterol）生成维生素 $D_2$ 原（provitamin $D_2$），它是维生素 $D_2$ 的前体，它的缺失会导致骨骼变软，特别是儿童。该开环反应是顺旋还是对旋？（**注意：**所示产物结构是开环产物的一个更稳定构象）。

麦角甾醇　　　　　维生素 $D_2$ 原　　　　　维生素 $D_2$

- **新**：**指导**原则给出了各个步骤的蓝图，可以帮助学生运用概念、有条理地组织解题的步骤和方法。例如：**直链烷烃命名的 IUPAC 规则**（第 79 页）。
- **新**：众多的页边"记住"栏目特别指出学生可能遇到的各种常见难题，尤其是对于反应机理的书写。

步骤 2. 卤素进攻（回顾 12-5 节，溴对烯烃的加成）

**记住**：在酸性条件下发生的反应，其机理涉及中性及带正电荷的物质，但是不存在带负电荷的物质。机理中如果出现烯醇负离子是不对的。

- **ChemCasts** 重现了面对面观看老师解题的过程。ChemCast 中的有机化学老师使用一个虚拟的白板向学生展示解题实例所涉及的步骤，同时解释一些概念。ChemCasts 中的解题实例是由有机化学专业的学生帮助挑选的。
- 章后有一系列不同难度和涉及各种实际应用的习题。
- **解题练习：综合运用概念**将分步解题的过程与这些问题涉及的各章内和各章间的多个概念综合在一起。
- **团队练习**鼓励学生参与讨论和合作学习。
- **预科练习**为学生提供在美国医学院入学考试（MCAT）中有可能遇到的类似问题的练习机会，特别是那些关于科学探究、推理和研究相关的试题。

## 实际应用与可视化

- 每一章都有关于有机化学在生物学、医学和工业中应用的讨论，其中许多是本版的新内容。

- **真的吗**？页边的这一栏目内容突出了有机化学概念不寻常和令人惊讶的方面，用来激起学生对有机化学的喜爱。

- **真实生活**通过化学从业人员来讲述真正的化学。

- **药物化学**：有 70 多个药物化学基础知识介绍了药物设计、吸收、代谢、作用方式和医学术语。

- **动画**帮助学生形象理解有机化学中最重要的结构和概念。

- 新：增加了许多反应势能图，从视觉上增强对反应能量学的理解。

## 更新的和现代化的主题

和所有的新版本一样，每一章都经过了仔细的审查、修订和扩充。

新：有机分子命名已根据 2013 年 IUPAC 建议的有关部分纳入本版。

- 对于环状碳氢化合物，无论烷基取代基（饱和或不饱和）的长度如何，环都是主体。

- 对于非环状的不饱和烃，无论双键或叁键的存在与否及位置如何，都是以最长的链为主体。

- 硫醚命名为烷硫基烷烃（alkylthioalkane），类似于醚的烷氧基烷烃。

新：**增加了 220 多个新的章节内习题**，帮助学生练习和运用学习的新知识和新概念。

新：条目更新和改进包括：

扩展和提升了酸碱化学的覆盖面（第 2 章）

改进了决定键强度因素的表述（第 2、3、6、11 和 20 章）

改进了离去基团能力的表述（第 6 章）

引进了许多新反应以及扩充了反应机理（第 6 章至第 26 章）

更新了臭氧层的覆盖范围（第 3 章）

改进和拓展了烷基氧鎓离子的取代以及消除反应的讨论（第 9 章）

更新了 Wittig 反应机理（第 17 章）

扩大了烯醇化学的范围（第 18 章）

扩大了羧酸及其衍生物的反应机理的范围（第 19 章和第 20 章）

扩大了胺合成的范围（第 21 章）

扩大了亚硝化反应机理的范围（第 21 章）

扩大了取代苯的氧化以及还原反应范围——Birch 还原反应（第 22 章）

全面修订并更新了"十大"药品清单（第 25 章）

修订并扩大了杂环芳烃化合物的范围（第 25 章）

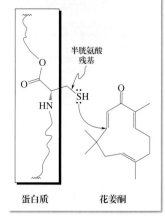

## 每个问题都很重要

这个全面而且强大的在线平台具有创新性高质量教学和通过 Sapling Learning 在线化学家庭作业学习这两个特色。

## Sapling 在线家庭作业

已经证明它在提高学生的理解力和解题能力方面有显著效果。最近还添加了数百个习题。尤其是在波谱、合成分析以及反应机理等方面增加了大量的习题。Sapling Learning 在线学习家庭作业提供：

· 及时的、一对一的反馈

任何学生在需要的时候都能得到他们需要的指导。

· 高效的课程管理

自动评分、跟踪和分析有助于教师节省时间，并根据学生需要定制作业。

· 业界领先的点对点支持

每位讲师都配有一位训练有素的博士或硕士级别的助手，随时准备帮助完成从测验和作业到教学大纲规划和技术支持的所有教学工作。

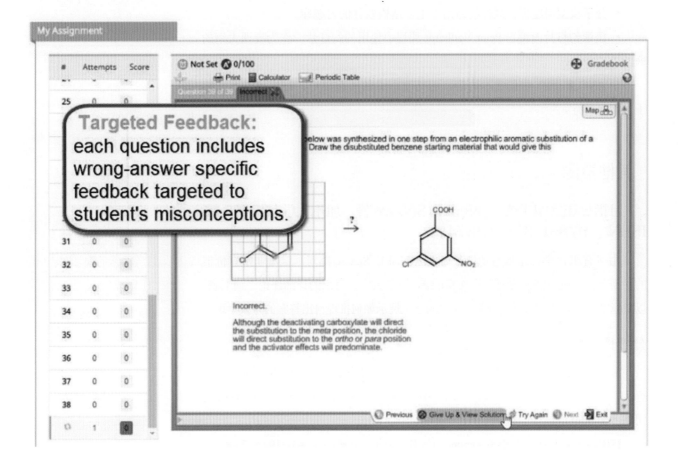

## SaplingPlus的丰富内容　每道习题都是有价值的

**Vollhardt** 和 **Schore** 的《有机化学：结构与功能》（第八版）的 **SaplingPlus** 有如下特点：

· 新！**互动的电子书**。可以通过应用程序在 Mac，Windows，iOS，Android，Chrome 和 Kindle 等客户端进行访问。允许学生离线阅读。可以让学生大声朗读书中的内容，突出重点，记笔记以及检索关键字。

· **Sapling Learning** 习题。私人教师式的问题。每一个题都强调通过提示、有针对性的反馈和详细的解答以及特殊的教师用绘图工具进行学习。专为 Vollhardt 和 Schore 的《有机化学》设计的 Sapling Learning 包含每章节后面的习题，尤其是与医药应用相关的问题。

· 新增了**波谱学、反应机理以及合成**相关的习题。

· 通过**动画形式**让学生对反应机理从视觉上以动图的形式加以认识和理解。新的课堂幻灯片包括嵌入式动画——适合课堂问题或开放式回答形式的教学。

· **Sapling 中的动画**　反应过程的动画（以及动画形式的反应机理）可以帮助学生以可视方式认识有机化学中的最重要的结构以及概念。

· **ChemCasts** 重现了面对面观看老师解答习题的过程。ChemCast 中的有机化学老师使用一个虚拟的白板向学生展示解题练习中所涉及的步骤，同时解释该过程所涉及的概念。ChemCasts 中的解题练习都是由有机化学专业的学生帮助挑选的。

· **分子模型习题**提供额外的适用于电子结构软件的习题库。

· **授课幻灯片**改编自 Peter Vollhardt 课程中使用的幻灯片，作为授课大纲的框架。

· **PNG** 和 **PPT** 中的文本内容，包括文本中的所有图形，已优化为可适用于大型演讲厅。

## 其他资源

### 《学习指导和答案手册》，Neil E. Schore 著，加州大学戴维斯分校 ISBN：978-1-319-19574-8

由《有机化学：结构与功能》合著者 Neil E. Schore 撰写。这本非常有价值的手册包括以突出新内容为主的章节介绍，章节大纲，每章的详细评论，词汇表，以及章节后面习题的答案。习题答案以向学生展示如何推理得出答案的方式呈现。

### 分子模型包

分子模型包为学生提供了一种简单、实用的方法来观察、操作和研究分子行为。用多面体模拟原子，以短棒作为键，椭圆形圆盘作为轨道。Maruzen 公司基本分子模型包：

ISBN：978-1-319-12052-8；Darling 分子模型包 #3：ISBN：978-1-319-08374-8。

# 致谢

我们对审阅过本书第八版的教授表示感谢：

Jung-Mo Ahn，*University of Texas at Dallas*
Kim Albizati，*University of California，San Diego*
Taro Amagata，*San Francisco State University*
Shawn Amorde，*Austin Community College*
Donal Aue，*University of California，Santa Barbara*
David Baker，*Delta College*
Koushik Banerjee，*Georgia College and State University*
Francis Barrios，*Bellarmine University*
Mikael Bergdahl，*San Diego State University*
Thomas Bertolini，*University of Southern California*
Kelvin Billingsley，*San Francisco State University*
Richard Broene，*Bowdoin College*
Corey Causey，*University North Florida*
Steven Chung，*Bowling Green State University*
Edward Clennan，*University of Wyoming*
Oana Cojocaru，*Tennessee Technological University*
Perry Corbin，*Ashland University*
Lisa Crow，*Southern Nazarene University*
Michael Danahy，*Bowdoin College*
Patrick Donoghue，*Appalachian State University*
Steven Farmer，*Sonoma State University*
Balazs Hargittai，*Saint Francis University*
Bruce Hathaway，*LeTourneau University*
Sheng-Lin （Kevin） Huang，*Azusa Pacific University*
John Jewett，*University of Arizona*
Bob Kane，*Baylor University*
Jeremy Klosterman，*Bowling Green State University*
Brian Love，*East Carolina University*
Philip Lukeman，*St. John's University*
Jordan Mader，*Shepherd University*
Matt McIntosh，*University of Arkansas*
Cheryl Moy，*University of North Carolina*
Joseph Mullins，*Le Moyne College*
Shaun Murphree，*Allegheny College*
Jacqueline Nikles，*University of Alabama at Birmingham*
Herman Odens，*Southern Adventist University*
Jon Parquette，*Ohio State University*
Bhavna Rawal，*Houston Community College*
Kevin Shaughnessy，*University of Alabama*
Nicholas Shaw，*Appalachian State University*
Supriya Sihi，*Houston Community College*
Melinda Stephens，*Geneva College*
John Tovar，*Johns Hopkins University*
Elizabeth Waters，*University of North Carolina at Wilmington*
Haim Weizman，*University of California，San Diego*
Patrick Willoughby，*Ripon College*

我们同样对本书以前版本中提供帮助的下列教授表示感谢：

Marc Anderson，*San Francisco State University*
George Bandik，*University of Pittsburgh*
Anne Baranger，*University of California，Berkeley*
Kevin Bartlett，*Seattle Pacific University*
Scott Borella，*University of North Carolina—Charlotte*
Stefan Bossmann，*Kansas State University*
Alan Brown，*Florida Institute of Technology*
Paul Carlier，*Virginia Tech University*
Robert Carlson，*University of Kansas*
Toby Chapman，*University of Pittsburgh*
Robert Coleman，*Ohio State University*
William Collins，*Fort Lewis College*
Robert Corcoran，*University of Wyoming*
Stephen Dimagno，*University of Nebraska，Lincoln*
Rudi Fasan，*University of Rochester*
James Fletcher，*Creighton University*
Sara Fitzgerald，*Bridgewater College*
Joseph Fox，*University of Delaware*
Terrence Gavin，*Iona College*
Joshua Goodman，*University of Rochester*
Christopher Hadad，*Ohio State University*
Ronald Halterman，*University of Oklahoma*
Michelle Hamm，*University of Richmond*
Kimi Hatton，*George Mason University*
Sean Hightower，*University of North Dakota*
Shawn Hitchcock，*Illinois State University*
Stephen Hixson，*University of Massachusetts，Amherst*
Danielle Jacobs，*Rider University*
Ismail Kady，*East Tennessee State University*
Rizalia Klausmeyer，*Baylor University*
Krishna Kumar，*Tufts University*
Julie Larson，*Bemidji State University*
Scott Lewis，*James Madison University*
Carl Lovely，*University of Texas at Arlington*
Claudia Lucero，*California State University—Sacramento*
Sarah Luesse，*Southern Illinois University—Edwardsville*
John Macdonald，*Worcester Polytechnical Institute*
Lisa Ann McElwee-White，*University of Florida*
Linda Munchausen，*Southeastern Louisiana State University*
Richard Nagorski，*Illinois State University*
Liberty Pelter，*Purdue University—Calumet*
Jason Pontrello，*Brandeis University*
MaryAnn Robak，*University of California，Berkeley*
Joseph Rugutt，*Missouri State University—West Plains*
Kirk Schanze，*University of Florida*
Pauline Schwartz，*University of New Haven*
Trent Selby，*Mississippi College*

Gloria Silva，*Carnegie Mellon University*
Dennis Smith，*Clemson University*
Leslie Sommerville，*Fort Lewis College*
Jose Soria，*Emory University*
Michael Squillacote，*Auburn University*
Mark Steinmetz，*Marquette University*
Jennifer Swift，*Georgetown University*
James Thompson，*Alabama A&M University*
Carl Wagner，*Arizona State University*
James Wilson，*University of Miami*
Alexander Wurthmann，*University of Vermont*
Neal Zondlo，*University of Delaware*
Eugene Zubarev，*Rice University*

Kevin C. Cannon，*Penn State Abington*
J. Michael Chong，*University of Waterloo*
Jason Cross，*Temple University*
Alison Flynn，*Ottawa University*
Roberto R. Gil，*Carnegie Mellon University*
Sukwon Hong，*University of Florida*
Jeffrey Hugdahl，*Mercer University*
Colleen Kelley，*Pima Community College*
Vanessa McCaffrey，*Albion College*
Keith T. Mead，*Mississippi State University*
James A. Miranda，*Sacramento State University*
David A. Modarelli，*University of Akron*
Thomas W. Ott，*Oakland University*
Hasan Palandoken，*Western Kentucky University*
Gloria Silva，*Carnegie Mellon University*
Barry B. Snider，*Brandeis University*
David A. Spiegel，*Yale University*
Paul G. Williard，*Brown University*
Shmuel Zbaida，*Rutgers University*
Eugene Zubarev，*Rice University*

我们对审阅了本书第六版的教授表示感谢：

Michael Barbush，*Baker University*
Debbie J. Beard，*Mississippi State University*
Robert Boikess，*Rutgers University*
Cindy C. Browder，*Northern Arizona University*
Kevin M. Bucholtz，*Mercer University*

Peter Vollhardt 对他在加州大学伯克利分校的同事表示谢意，尤其是 John Arnold, Anne Baranger, Bob Bergman, Ron Cohen, Felix Fischer, Matt Francis, John Hartwig, Darleane Hoffman, Tom Maimone, Richmond Sarpong, Rich Saykally, Andrew Streitwieser 以及 Dean Toste 等教授提出的各种建议、资料、有益的讨论以及鼓励。他还要感谢他的行政助理 Bonnie Kirk，感谢他协助制作、处理手稿、校样以及后勤工作。Neil Schore 感谢 Melekeh Nasiri 博士和 Mark Mascal 教授一直以来给予的评论和建议，感谢加州大学戴维斯分校的众多本科生，他们热情地指出了一些错误和疏漏并对可以改进和澄清的章节给予了建议。两位作者都很感谢德国达姆施塔特理工大学有机化学研究所 Stefan Immel 教授精选并授权的动画作品，http://csi.chemie.tu-darmstadt.de/ak/immel/。我们要感谢对本版给予了很多帮助的人，他们为：Macmillan Learning 的策划编辑 Beth Cole 和文字编辑 Randi Rossignol，他们指导了本版从开始到完成的全过程。市场经理 Maureen Rachford 帮助我们完善了第八版，并对我们的用户提供了支持。由 Lily Huang 和 Stacy Benson 带领的 Sapling Learning 团队以高超的技术和知识编写了本书中的多媒体内容。Sapling 团队包括：Sarah Egner, Rene Flores, Alexandra Gordon, Chris Knarr, Robley Light, Cheryl McCutchan, Heather Southerland, Thomas Turner 以及 Andrew Waldeck，助理编辑 Allison Greco 帮助协调我们的工作。同时我们要感谢我们的图片编辑 Sheena Goldstein，设计师 Vicki Tomaselli 以及高级流程主管 Susan Wein，感谢他们事无巨细的工作。同时也感谢 Aptara 的 Dennis Free 和 Sherrill Redd 的无比耐心。

# 目 录

## 9　醇的其他反应和醚的化学　**353**

## 10　利用核磁共振波谱解析结构　**411**

## 11 烯烃
### 红外光谱与质谱　**469**

## 12 烯烃的反应　**525**

# 1 有机分子的结构与成键

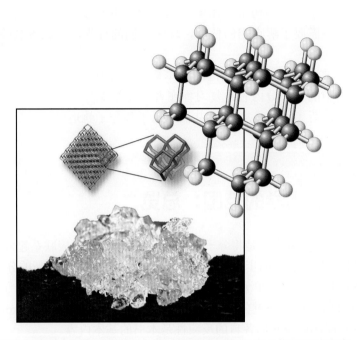

学习目标

- 将你所学的普通化学知识与有机分子的离子键和共价键、形状、八隅律和Lewis结构联系起来
- 认识有机化学中库仑定律的重要性
- 认识电子云密度分布的重要性
- 价电子数与原子通过成键稳定化的关系
- 学习如何书写具有离域结构的共振式
- 复习绕核的电子轨道图像
- 利用杂化态理论描述简单有机分子如甲烷的成键
- 学习如何画有机分子的三维结构

　　四面体碳是有机化学的核心，在金刚石中以六元环晶格的形式存在。2003年，从石油中分离得到一类称之为为类金刚烷的分子。类金刚烷分子是外围带氢原子的金刚石亚结构单元。图示是一个漂亮的五金刚烷晶体结构（其分子模型在右上，晶体结构在左边；@2004，*Chevron USA. Inc. Courtesy of MolecularDiamond Technologies，ChevronTexaco Technology Ventures LLC*）。顾名思义，五金刚烷分子由五个金刚石晶格单元构成。右上图显示了不带氢原子的五金刚烷碳骨架以及与金刚石晶格结构的叠合 [*Courtesy of Jeremy Dahl and R.M.C. Carlson*]。

化　学物质如何调控你的身体？为什么前一天晚上长跑后，第二天早上你的肌肉会酸疼？因整晚学习而头疼时，你吃的止痛片中含有什么？将汽油加入汽车油箱中，会发生什么呢？你穿的衣服是由什么分子组成的？棉布衬衫与丝绸衬衫的区别是什么？大蒜气味的来源是什么？在这本关于有机化学的书中，你可以找到这些问题以及其他许多你曾问过自己的问题的答案。

　　化学是一门研究分子结构以及分子之间相互作用规律的科学。因此，化学与生物学、物理学、数学息息相关。那么，什么是**有机化学**（organic chemistry）？有机化学与其他化学学科，如物理化学、无机化学、核化学等有什么不同？一个常用的定义提供了不完整的答案：有机化学是关于碳及其化合物的化学。这些化合物被称为**有机分子**（organic molecule）。

　　有机分子构成了生命的化学组成。脂肪、糖、蛋白质以及核酸是主要成分为碳的化合物。日常使用的难以计数的物质也都是如此。事实上，几乎所有我们穿的衣物都是由有机分子组成的——一些是由天然纤维制造，如棉花和丝绸；其他的是人造的，如聚酯。牙刷、牙膏、肥皂、洗发水、除臭剂、香水都包含有机化合物；家具、地毯、灯具和厨具中的塑料、颜料、食物以及难以计数的其他物品也是如此。正因为如此，有机化学工业是全球最大的工业领域，包括了石油精炼和加工、农药、塑料制品、医药、颜料和涂料制品以及食品工业等。

有机物如汽油、药物、杀虫剂和聚合物提高了我们的生活质量。然而，有机物的随意丢弃又同时造成了环境的污染，导致动植物生活环境的恶化，也给人类带来了疾病和伤害。如果想要制造有用的分子——又同时掌控它们的影响——需要了解它们的性质，理解它们的行为，为此务必能够应用有机化学的原理。

这一章讲述化学结构与成键的基本概念是如何在有机分子中应用的。你将发现其中的大部分内容是复习你在普通化学课程中所学的知识，包括化学键、路易斯（Lewis）结构和共振、原子和分子轨道以及成键原子周围的几何结构。

# 1-1 | 有机化学的范围：总览

有机化学的目标之一是将分子的结构与其能发生的反应联系起来。然后，可以研究每类反应发生的步骤，并且通过应用这些过程来构建新的分子。

因此，按照亚结构单元和决定化学反应性的化学键对有机分子进行分类是有意义的。这些关键的原子组合被称为**官能团**（functional group）。各种各样的官能团以及它们各自的反应性是本书的基本内容。

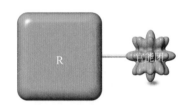

碳骨架提供结构  官能团提供反应性

$H_3C$—$CH_3$
乙烷

环己烷

## 官能团决定有机分子的反应性

本书从只含由单键连接的碳原子和氢原子的**烷烃**（alkane）（碳氢化合物）开始。烷烃只具备有机分子的基本碳骨架，而没有任何官能团。与每一类化合物一样，先给出烷烃的系统命名规则，再讲述它们的结构并介绍它们的物理性质（第 2 章）。烷烃的一个例子是乙烷，其灵活多变的结构特性正是重新认识热力学和动力学内因的良好契机。以此为开端，讨论化学键的强度以及这些化学键在热、光或者化学试剂作用下的断裂行为。可用烷烃的氯代反应来解释这些过程（第 3 章）。

### 氯代反应

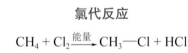

$$CH_4 + Cl_2 \xrightarrow{能量} CH_3—Cl + HCl$$

接下来介绍环烷烃（第 4 章），该类分子含有碳原子组成的环。这种环状结构可以改变化学活性并产生新的性质。含有两个或多个取代基的环烷烃出现一类新的异构现象——取代基处在环平面的同侧或异侧——这为全面讨论立体异构现象奠定了基础。**立体异构**（stereoisomerism）是指构成化合物的原子的连接次序相同但是空间相对位置不同（第 5 章）。

接着将学习第一类含官能团化合物——卤代烷，该类分子含有碳-卤键。卤代烷能参与两类有机反应：取代反应和消除反应（第 6 章和第 7 章）。在**取代反应**（substitution reaction）中，卤素原子将被其他原子所取代；在**消除反应**（elimination reaction）中，分子中失去相邻的两个原子从而生成一个双键。

**取代反应**

$$CH_3—Cl + K^+I^- \longrightarrow CH_3—I + K^+Cl^-$$

**消除反应**

$$\begin{array}{c} CH_2—CH_2 \\ | \quad\;\; | \\ H \quad\;\; I \end{array} + K^+\;{}^-OH \longrightarrow H_2C\!=\!CH_2 + HOH + K^+I^-$$

如同卤代烷，每一类主要有机化合物都以一种特定的官能团为特征。例如，碳-碳叁键是炔烃（第 13 章）的官能团；乙炔，一种最小的炔烃，是焊工焊枪中所燃烧的化合物。碳-氧双键则是醛和酮（第 16 章和第 17 章）的特征，而甲醛和丙酮是主要的工业商品。胺（第 21 章）的官能团中含有氮原子，其中包括一些药物如鼻血管收缩药和安非他明（Amphetamine）；甲胺是合成许多药物分子的起始原料。第 10、11 和 14 章还将学习一些鉴定这些分子亚结构的工具，包括各种形式的谱学。有机化学家利用一系列谱学手段来确定未知化合物的结构。所有这些方法都建立在分子对特定波长的电磁辐射吸收以及这些吸收和分子结构特征的相关性。

随后会遇到几类在生物学和工业中特别重要的有机分子。其中的许多种类，如碳水化合物（第 24 章）和氨基酸（第 26 章），包含多个官能团。但在每一类有机化合物中，内在的原理都是相同的：分子的结构决定其所能进行的化学反应。

$$HC\!\equiv\!CH$$
**乙炔**
（炔烃分子）

$$H_2C\!=\!O$$
**甲醛**
（醛类分子）

$$\begin{array}{c} O \\ \| \\ H_3C—C—CH_3 \end{array}$$
**丙酮**
（酮类分子）

$$H_3C—NH_2$$
**甲胺**
（胺类分子）

## 合成就是创造新分子

碳化合物之所以被称为"有机的"，是因为最初人们认为它们只能在活的有机体中产生。1828 年，弗里德里希·乌勒[1]（Friedrich Wöhler）证明这种说法是错误的。他将无机盐氰酸铅转变为尿素，而尿素是哺乳动物进行蛋白质代谢生成的一种有机产物（真实生活 1-1）。

### Wöhler的尿素合成

$$Pb(OCN)_2 + 2\,H_2O + 2\,NH_3 \longrightarrow 2\,H_2N\overset{\displaystyle O}{\overset{\displaystyle \|}{C}}NH_2 + Pb(OH)_2$$

氰酸铅　　　水　　氨　　　　尿素　　　氢氧化铅

**合成**（synthesis），或分子创造，是有机化学极其重要的一部分（第 8 章）。自 Wöhler 时代以来，人们已经由简单的有机和无机原料[2]合成了数以百万计的有机化合物。这些物质中既有天然的，如抗生素青霉素（Penicillin），也有全新的化合物。其中一些化合物如立方烷，已经为化学家们提供了研究特殊的化学键和反应性的机会。其他的化合物如人造糖精（saccharin）已经成为人们日常生活的一部分。

典型的有机合成的目标是从简单易得的原料出发构筑复杂的有机化合物。为了能够将一个分子转变成另外一个分子，化学家们必须懂得各种有机反应。他们同时还必须知道调控这些反应的各种物理因素如温度、压力、溶剂以及分子结构。这些知识在分析生命体系中的反应时也是同等重要的。

当研究每种官能团的化学时，需要发展一种既能用于有效合成设计又能预言自然界所发生过程的工具。怎样才能建立这样的一种工具呢？答案在于一步一步地考察化学反应。

工作中的有机分子"建筑师"

---

[1] 弗里德里希·乌勒（Friedrich Wöhler，1800—1882），德国哥廷根大学教授。在本书所涉及的人物简历中，即便所涉及的科学家也在其他地方工作过，也只标注该科学家已知的最后的工作单位。

[2] 到 2019 年 5 月为止，美国化学文摘社（Chemical Abstracts Service）共登记收录了超过 1.50 亿的化学物质和超过 6800 万的基因序列。

苄基青霉素　　　　　　　　　　立方烷　　　　　　　糖精

　　排尿是人体排泄含氮代谢物的主要途径。尿液在肾脏生成，储存在膀胱里。当存储超过200mL时，膀胱收缩刺激排尿。普通人每天平均排尿大约1.5L。尿液的主要成分为尿素，每升大约20g。18世纪的化学家（一般为炼金术士）试图探究肾结石的成因，他们尝试结晶尿液的主要成分，但都受困于大量存在的氯化钠共结晶干扰。1817年，英国化学家和医生威廉·普罗特❶（William Prout）首次获得了纯的尿素，并取得它的准确元素分析为$CH_4N_2O$。Prout还是疾病分子基础论这一革命性思想的热心拥护者，认为疾病都有分子基础，并可从分子基础上理解疾病。该思想与当时流行的"活力论"相悖。活力论者认为活的生命体功能受控于"活力元素"（vital principle），不能被化学或者物理所解释。

　　在此背景下，无机化学家Wöhler展开了研究。1828年，他试图由氰酸铅和氨水合成氰酸铵，$NH_4^+OCN^-$（也即$CH_4N_2O$），却意外得到了另外的化合物，表征结果跟Prout确定的尿素完全一致。在写给导师的信中，Wöhler写到，"我能够不通过肾脏或者任何活的生命体来制备尿素"。在他"人工合成尿素"这一里程碑式论文中，他认为这一合成是"从无机物人工生成有机物的例证"。论文中，Wöhler还提到氰酸铵和尿素具有完全相同的元素组成，而表

现出完全不一样的化学性质，并认为这一发现具有重要意义。因此Wöhler也是认识到同分异构现象的先驱者之一。Wöhler尿素合成迫使同时代的活力论者不得不接受简单有机化合物可以实验室合成这一事实。在本书中你将看到随后的几十年人们能够合成比尿素复杂得多的分子，有些合成分子具有自我复制和其他类活体生命特性，什么是无生命和什么是活体的界限正在逐渐消失。

　　除了生理功能外，尿素高的氮含量还使它成为理想的肥料。尿素同时还是制造塑料和胶水的原料、卫生洁具用品和灭火剂的主要成分，还可以替代岩盐用于道路除冰。工业上通过氨水和二氧化碳制备尿素，每年世界总产量约2亿吨。

氮肥对小麦生长的影响：左侧施肥；右侧未施肥。

――――――――――
❶ 威廉·普罗特（William Prout，1785—1850）博士，皇家医学院，伦敦，英格兰。

## 反应是有机化学的"词汇"，而机理则是有机化学的"语法"

　　当介绍一个反应的时候，首先展示起始化合物，或者称为**反应物**（reactant）[也称为**底物**（substrate）]，以及**产物**（product）。在前面提到的氯代过程中，底物——甲烷（$CH_4$），氯气（$Cl_2$）——可以发生反应生成氯代甲烷（$CH_3Cl$）和氯化氢（HCl），整个转换可表示成 $CH_4+Cl_2 \longrightarrow CH_3Cl+HCl$。然而，即

使是如此简单的反应也可能经过了一连串复杂的反应步骤。反应物可能先生成一种或更多的未能观察到的物质（称为 X），并进而迅速转变为所观察到的产物。反应隐藏的这些细节就是**反应机理**（reaction mechanism）。在前述的例子中，机理包含两个主要部分：$CH_4+Cl_2 \longrightarrow X$；紧跟着是 $X \longrightarrow CH_3Cl+HCl$。每一部分对于决定总的反应是否进行都很关键。

氯代反应中的物质 X 是**反应中间体**（reaction intermediate）的一个例子。中间体是从反应物到产物的反应历程中生成的化学物质。将在第 3 章中学习氯代反应的机理和反应中间体的本质。

怎么确定反应的机理呢？对这个问题严格的回答是：不能确定。所能做的是收集大量事实，使其能够符合（或指向）某个连接反应物与产物的序列分子事件，即"假设的机理"。为做到这一点，利用了这样一个事实：有机分子只是相互成键的一些原子的集合。因此，可以研究化学键断裂与生成的方式、时间与速度，它们在三维空间以什么方式进行的以及底物结构的变化是如何影响反应结果的。这样，虽然不能严格证明一个机理，但可以肯定地排除许多（甚至全部）看似合理的其他途径而提出一条最可能的途径。

在某种程度上说，"学习"和"应用"有机化学与学习和使用一门语言非常相似。你需要词汇（也就是反应）才能使用正确的词语，同时你也需要语法（即机理）才能正常交流。二者缺一都不能形成完整的知识和理解，但是两者组合却能形成一种强有力的沟通、解读、预测分析的工具。为强调反应与机理的相互联系，在贯穿本书的适当页边位置显示了机理和反应的图标。

在开始学习有机化学原理之前，先回顾一下成键的一些基本原理。将发现这些概念有助于理解和预测有机分子的化学反应性和物理性质。

反应

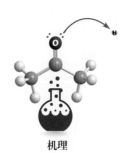

机理

# 1-2 库仑力：成键的一种简化观点

原子间的化学键使分子成为一个整体。但是成键的内因是什么？只有当两个原子的相互作用在能量方面是有利的，也就是说，如果原子成键时有能量——比如热——释放出来，它们才能成键。相反，使形成的化学键断裂则需吸收相同的能量。

与成键相关的能量释放的两个主要原因都是基于电荷的**库仑定律**（Coulomb's law）：

> **1.** 异种电荷间相互吸引（电子被吸引到质子）；
> **2.** 同种电荷间相互排斥（电子分散于空间）。

### 化学键由同步的库仑吸引力和电子交换所形成

每一个原子都有原子核，原子核包含电中性粒子（中子）和带正电荷的质子。核的周围围绕着带负电荷的电子，电子的数量与质子相等。因此，总的电荷为零。当两个原子互相靠近时，第一个原子带正电荷的原子核吸引第二个原子的电子；同样，第二个原子的原子核也吸引第一个原子的电子。这种成键作用可以用**库仑**❶（Coulomb）**定律**描述：异种电荷相互吸引，吸引力的大小与电荷的中心距离的平方成反比。

巴黎市中心基于库仑定律整流的电荷分离现象

---

❶ 查利·奥古斯丁·库仑（Charles Augustin de Coulomb，1736—1806），陆军中校，法国巴黎大学教务长。

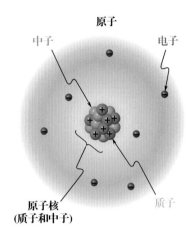

**原子**

中子

电子

**原子核**
**(质子和中子)**

质子

---

**库仑定律**

$$吸引力＝常数×\frac{(+)电荷×(-)电荷}{距离^2}$$

由于库仑吸引力，电中性的原子相互靠近时将释放出能量。这个能量称为**键强度**（bond strength）。

当原子靠近到一定程度时，不会再有能量释放。此时，两个原子核间的距离称为**键长**（bond length）（图1-1）。当两个原子之间的距离小于键长时，能量将急剧升高。这是为什么呢？如同上面所说的，异种电荷相互吸引，同种电荷则相互排斥。原子太靠近时，电子-电子、原子核-原子核之间的排斥作用将超过吸引力。当两个原子核处在适宜的成键距离时，电子分布于两个原子核周围，吸引力与排斥力达成一种平衡使得成键最强。此时，双原子体系的能量最低，处于最稳定的状态（图1-2）。

另一种产生化学键的方式是一个电子由一个原子完全交换至另一个原子。结果是生成两个带电离子：一个带正电荷的**阳离子**（cation），另一个带负电荷的**阴离子**（anion）（图1-3）。同样，键合驱动力仍然来源于库仑吸引力，这次是两个离子间的库仑力。

图1-2 与图1-3 显示了电荷吸引与排斥的库仑成键模型，该模型是成键原子间相互作用被高度简化的图像。然而，即使是这种简化的模型仍然能解释有机分子的许多性质。在接下来的章节里，将学习复杂程度不断增加的成键理论。

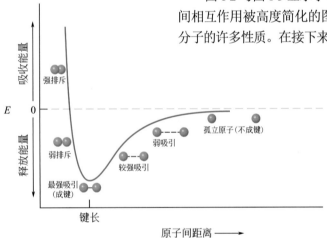

吸收能量

$E$  0

释放能量

强排斥

弱排斥

最强吸引
（成键）

较强吸引

弱吸引

孤立原子(不成键)

键长

原子间距离 ⟶

**图1-1** 两原子相互靠近时能量 $E$ 的变化。在所定义的键长距离时成键最强。

**图1-2** 共价键。两个成键原子间的吸引力（实线）和排斥力（虚线）。大球代表原子核周围的电子分布，小的带正号圆圈代表原子核。

**图1-3** 离子键。另一种成键模式是由原子1完全转移一个电子到原子2而产生的，生成两个具有异种电荷相互吸引的离子。

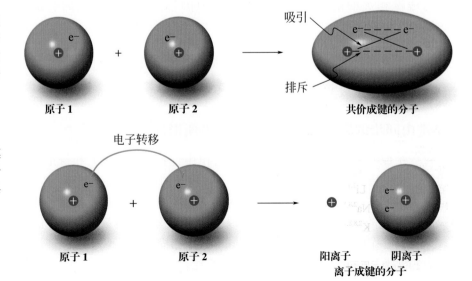

吸引

排斥

$e^-$  $e^-$

原子1  ＋  原子2  ⟶  **共价成键的分子**

电子转移

$e^-$  $e^-$

原子1  ＋  原子2  ⟶  ＋  $e^-$

阳离子  阴离子
**离子成键的分子**

# 1-3 | 离子键和共价键：八隅律

已知带负电荷粒子与带正电荷粒子间的吸引力是成键的基础。这个概念是如何在真实的分子中起作用的？两种极端的成键模型可用来解释有机分子中原子间的相互作用。

**1. 共价键**（covalent bond）：通过共享电子对形成（图 1-2）。

**2. 离子键**（ionic bond）：通过带异种电荷的离子间的静电吸引力形成（图 1-3）。

我们将看到许多原子采取介于两种极端模型之间的方式与碳原子结合：一些离子键具有部分共价键的性质，一些共价键带有部分离子性（极化）。

决定这两种化学键的因素是什么？为解答这个问题，需要重新学习原子和原子的组成。将首先考察元素周期表和随着原子序数增加元素的电子组成是如何变化的。

## 以元素周期表为基础的八隅律

表 1-1 所示的部分元素周期表包含了有机分子中最常见的元素：碳（C）、氢（H）、氧（O）、氮（N）、硫（S）、氯（Cl）、溴（Br）和碘（I）。一些试剂（合成使用不可缺少的以及普通常见的）包含一些其他元素如锂（Li）、镁（Mg）、硼（B）和磷（P）。（如果不熟悉这些元素，可参考表 1-1 或内封面上的元素周期表。）

元素周期表中的元素是按核电荷数（质子数）也即电子数排列的。每增列一个元素核电荷数增加 1。电子占据能级或者"壳层"，每一壳层可容纳的电子数目是固定的。比如，第一层可容纳 2 个电子；第二层可容纳 8 个电子；第三层可容纳 18 个电子。氦（壳层中有两个电子）和其他惰性气体[最外层有 8 个电子，称为**八隅体**（octet）]是特别稳定的（页边）。这些元素的化学性质极其不活泼。所有其他元素（包括碳元素，参见页边）的最外层电子都不是八隅体。

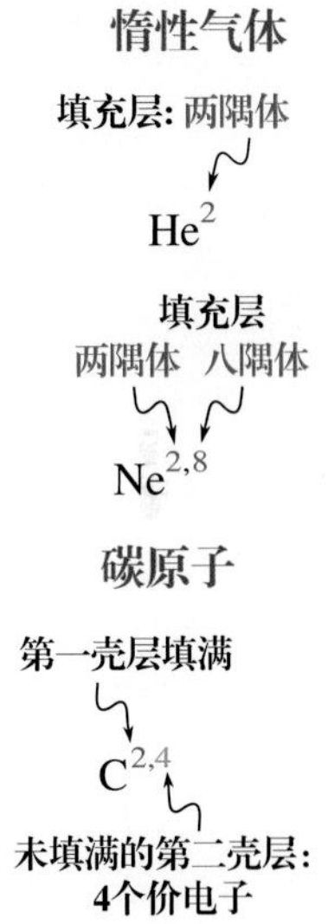

> 原子倾向于生成最外电子层达到八隅体，得到惰性气体电子排布的构型。

在接下来的两节中，将描述达到这个目的的两种极端途径：生成纯粹的离子键或纯粹的共价键。

惰性气体
**填充层：两隅体**

$He^2$

**填充层**
两隅体　八隅体

$Ne^{2,8}$

**碳原子**
第一壳层填满

$C^{2,4}$

未填满的第二壳层：
4 个价电子

## 练习 1-1

（**a**）基于图 1-1，画一个比原图所示化学键更弱的成键图示。（**b**）根据记忆写出表 1-1 中的元素。

**表1-1　部分元素周期表**

| 周期 | | | | | | | 卤素 | 惰性气体 |
|---|---|---|---|---|---|---|---|---|
| 第一周期 | $H^1$ | | | | | | | $He^2$ |
| 第二周期 | $Li^{2,1}$ | $Be^{2,2}$ | $B^{2,3}$ | $C^{2,4}$ | $N^{2,5}$ | $O^{2,6}$ | $F^{2,7}$ | $Ne^{2,8}$ |
| 第三周期 | $Na^{2,8,1}$ | $Mg^{2,8,2}$ | $Al^{2,8,3}$ | $Si^{2,8,4}$ | $P^{2,8,5}$ | $S^{2,8,6}$ | $Cl^{2,8,7}$ | $Ar^{2,8,8}$ |
| 第四周期 | $K^{2,8,8,1}$ | | | | | | $Br^{2,8,18,7}$ | $Kr^{2,8,18,8}$ |
| 第五周期 | | | | | | | $I^{2,8,18,18,7}$ | $Xe^{2,8,18,18,8}$ |

注：上角标表示原子每一个主要壳层的电子数。

## 纯粹离子键中，八隅体通过电子转移形成

钠（Na，一种活泼金属）与氯气（$Cl_2$，一种活泼气体）剧烈反应生成稳定的物质——氯化钠。同样钠与氟（F）、溴或碘生成各自的盐。其他碱金属比如锂和钾，发生相同的反应。这些反应能成功是因为外层电子［称为**价电子**（valence electron）］的转移使得两个反应物都达到了惰性气体的结构。电子转移的方向是从元素周期表左边的碱金属到右边的卤素。

观察氯化钠中的离子键是如何形成的。为什么反应是在能量方面有利的？首先，从原子中移走电子需要能量，这个能量称作原子的**电离势**［ionization potential（IP）］。对于钠原子气体，**电离能**是119kcal·$mol^{-1}$❶。相反，原子结合一个电子可能会释放出能量。对于氯气，这个能量称为**电子亲和势**［electron affinity（EA）］，为-83kcal·$mol^{-1}$。这两个过程的结果是电子从钠转移到氯，需要净吸收119kcal·$mol^{-1}$-83kcal·$mol^{-1}$=36kcal·$mol^{-1}$的能量。

$$Na^{2,8,1} \xrightarrow{-1e^-} [Na^{2,8}]^+ \qquad 电离势(IP) = 119kcal \cdot mol^{-1}\,(498kJ \cdot mol^{-1})$$

钠正离子
（氖构型）                         所需的能量

$$Cl^{2,8,7} \xrightarrow{+1e^-} [Cl^{2,8,8}]^- \qquad 电子亲和势(EA) = -83kcal \cdot mol^{-1}\,(-347kJ \cdot mol^{-1})$$

氯负离子
（氩构型）                        释放的能量

$$Na + Cl \longrightarrow Na^+ + Cl^- \qquad 总能量变化 = 119kcal \cdot mol^{-1} - 83kcal \cdot mol^{-1} = 36kcal \cdot mol^{-1}\,(151kJ \cdot mol^{-1})$$

那么，钠原子和氯原子为什么易于形成NaCl？原因在于使它们结合形成离子键的静电引力。在最合适的原子间距离时［气相中大约是2.8Å，（1Å=$10^{-10}$m，即100亿分之一米，即0.1nm）］，静电引力将释放出（图1-1）大约120kcal·$mol^{-1}$的能量，足以使钠与氯的反应在能量上极其有利［+36kcal·$mol^{-1}$-120kcal·$mol^{-1}$=-84kcal·$mol^{-1}$（-351kJ·$mol^{-1}$）］。

### 电子转移形成离子键

$$Na^{2,8,1} + Cl^{2,8,7} \longrightarrow [Na^{2,8}]^+[Cl^{2,8,8}]^- \ 或 \ NaCl \ (-84kcal \cdot mol^{-1})$$

为了形成有利的电子构型，原子可以给出（或者接受）不止一个的电子。例如镁有两个价电子，提供两个电子给合适的受体后可以形成相应的带两个电荷的阳离子，$Mg^{2+}$，具有氖电子结构。按这种方式形成了常见盐中的离子键。

静电势图显示了电荷在分子内是如何分布的（或再分布的）。这些计算机制作的图不仅可描绘分子的电子云的一种形式，而且通过不同颜色给出了偏离电中性的情况。过量的电子密度——如一个负电荷——用渐变向红色的颜色表示；降低的电子密度——极端情况下一个正电荷——用渐变向蓝色的颜色表示。电中性区域用绿色表示。钠原子与氯原子生成$Na^+Cl^-$的反应按这种方式显示在页边图上。产物中，$Na^+$是蓝色，$Cl^-$是红色。

描述价电子更方便的方式是在元素符号周围加黑点。在这种方法中，元素符号表示核与内层电子，这两者合称**核构型**（core configuration）。

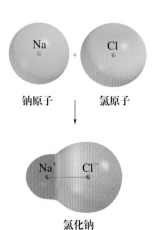

钠原子        氯原子

氯化钠

---

❶ 本书将按传统单位 kcal·$mol^{-1}$ 来引用能量值。其中，mol 是 mole 的缩写，1kcal 是将 1kg 水的温度升高 1℃ 所需要的能量。在 SI 单位中，能量单位是焦耳 J（kg·$m^2$·$s^{-2}$，或者千克·米$^2$·秒$^{-2}$）。换算参数是1kcal =4184J = 4.184kJ，本书一些主要地方会在括号中列出此单位值。

### 以电子点表示价电子

Li· 　·Be· 　·Ḃ· 　·Ċ· 　·N̈· 　:Ö· 　:F̈·

Na· 　·Mg· 　·Al· 　·Si· 　·P̈· 　:S̈· 　:C̈l·

### 盐类化合物的电子点图

$$Na· + :\ddot{C}l: \xrightarrow{1e^-\ 转移} Na^+\ :\ddot{C}l:^-$$

$$·\ddot{M}g· + 2:\ddot{C}l: \xrightarrow{2e^-\ 转移} Mg^{2+}\ [:\ddot{C}l:]_2^-$$

氢原子是独特的，它既可失去一个电子成为裸露的核即**质子**（proton），也可接受一个电子形成氦结构的**氢负离子**（hydride ion），[H:]⁻。事实上，氢化锂、氢化钠、氢化钾（$Li^+H^-$，$Na^+H^-$，$K^+H^-$）是常用的试剂。

H· $\xrightarrow{-1e^-}$ [H]⁺ 　　裸露的核 　　电离势(IP) = 314kcal·mol⁻¹ (1314kJ·mol⁻¹)
　　　　　　质子

H· $\xrightarrow{+1e^-}$ [H:]⁻ 　　氦构型 　　电子亲和势(EA) = −18kcal·mol⁻¹ (−75kJ·mol⁻¹)
　　　　　氢负离子

### 练习1-2

画出 LiBr，$Na_2O$，$BeF_2$，$AlCl_3$ 和 MgS 电子点图。

## 在共价键中，通过电子共享实现八隅体

由于相同元素的两个原子之间电子转移非常不利，因而难以形成离子键。例如 $H_2$ 生成 $H^+H^-$ 需要吸收约 300kcal·mol⁻¹（1255kJ·mol⁻¹）的能量。由于同样的原因，卤素分子 $F_2$、$Cl_2$、$Br_2$ 和 $I_2$ 都不含离子键。氢原子的高电离势（IP）也不利于在卤化氢中生成离子键。对于接近元素周期表中心的元素，由于它们难以接收或提供足够的电子达到惰性气体的结构，生成离子键是非常困难的。碳原子也是如此。它需要失去 4 个电子达到氦的电子结构，或者接受 4 个电子获得氖的电子排列。由此产生的大量电荷使得这个过程在能量上是非常不利的。

$$C^{4+} \xleftarrow{-4e^-} ·\ddot{C}· \xrightarrow{+4e^-} :\ddot{\ddot{C}}:^{4-}$$

氦构型 　　　非常困难 　　　氖构型

取而代之的是生成了**共价键**（covalent bond）：电子被共享从而使得每个原子都获得惰性气体的电子结构。代表性的共享电子的产物是 $H_2$ 和 HCl。在 HCl 中氯原子通过共享自己的一个价电子和氢原子的价电子而获得八隅体结构。相似的，氯分子（$Cl_2$）是双原子分子。两个组成原子共享两个电子而获得八隅体，这种键被称为**共价单键**（covalent single bond）。

### 共价单键的电子点图

H· + ·H ⟶ H:H

H· + ·C̈l: ⟶ H:C̈l: 　　共享电子对

:C̈l· + ·C̈l: ⟶ :C̈l:C̈l:

因为碳原子有 4 个价电子，它必须获得 4 个共享电子才能形成氖的结构，比如甲烷分子。氮原子有 5 个价电子需要另外 3 个共享电子，如氨气；氧有六个价电子，只需获得 2 个共享电子，比如水分子。

$$\text{H:}\overset{\text{H}}{\underset{\text{H}}{\text{C}}}\text{:H} \qquad \text{H:}\overset{..}{\underset{\text{H}}{\text{N}}}\text{:H} \qquad \text{H:}\overset{..}{\underset{..}{\text{O}}}\text{:H}$$

甲烷        氨        水

形成共价键所需的全部两个电子也可由一个原子提供。比如一个质子加成到氨上而生成 $NH_4^+$，或者加成到水上生成 $H_3O^+$ 就是如此。

$$\text{H:}\overset{..}{\underset{\text{H}}{\text{N}}}\text{: + H}^+ \longrightarrow \left[\text{H:}\overset{\text{H}}{\underset{\text{H}}{\text{N}}}\text{:H}\right]^+ \qquad \text{H:}\overset{..}{\underset{..}{\text{O}}}\text{: + H}^+ \longrightarrow \left[\text{H:}\overset{..}{\underset{..}{\text{O}}}\text{:H}\right]^+$$

铵离子                              水合质子

除了两电子**单键**（single bond），原子间还可以生成四电子**双键**（double bond）和六电子**叁键**（triple bond）以获得惰性气体结构。在乙烯和乙炔中可以发现有些原子间不止共享一个电子对。

$$\overset{\text{H}}{\underset{\text{H}}{\text{.C::C.}}}\overset{\text{H}}{\underset{\text{H}}{}} \qquad \text{H:C:::C:H}$$

乙烯                乙炔
**(ethylene)**❶      **(acethylene)**❶

上述利用共享电子对表示化学键的图示结构被称为**路易斯**❷**结构式**（Lewis structure）。1-4 节将详细阐述 Lewis 结构式书写的一般规则。

## 练习1-3

画出 $F_2$、$CF_4$、$CH_2Cl_2$、$PH_3$、$BrI$、$\underline{HO}^-$、$H_2\underline{N}^-$ 和 $H_3\underline{C}^-$ 的电子点图（将下划线标出的原子放在分子的中心）。确定所有的原子都具有惰性气体的电子结构。

### 大多数有机化学键的电子都不是同等共享的：极性共价键

前面两节介绍了原子获得惰性气体电子构型的两种极端形式：形成纯粹的离子键和纯粹的共价键。事实上，大多数化学键的性质介于这两者之间：**极性共价键**（polar covalent）。因此大多数盐中的离子键有一部分共价性质；同样，碳的共价键有部分离子或极性性质。1-2 节中提到电子共享和库仑引力可以稳定化学键。那么极性共价键的极性程度有多大？极性的方向是什么？

可以通过元素周期表中从左到右正的核电荷的增加来回答这两个问题。元素周期表左边的元素通常称为**电正性的**（electropositive），给电子或"推电子"。这是因为这些元素原子的核对电子的吸引力不如元素周期表右边的元素强。元素周期表右边的元素称为**电负性的**（electronegative），接受电子或者"吸电子"。表 1-2 列出了一些元素的相对电负性。按这种标准，氟的相对电负性被指定为 4.0，它是所有原子中电负性最强的。你会注意到同一主族从上而下电负性逐渐减弱，比如从氟到碘。这一现象与库仑定律有关：随着原子

❶ 分子命名时，首先给出系统命名（将在 2-6 节介绍），接着在括号里给出目前仍经常使用的常用名，这里乙烯的系统命名为 ethene，常用名为 ethylene。乙炔则分别为 ethyne 和 acethylene。

❷ 吉尔伯特·N. 路易斯（Gilbert N. Lewis，1875—1946），美国加州大学伯克利分校教授。

**表1-2　部分元素的电负性**

电负性增强 →

| | | | | | | |
|---|---|---|---|---|---|---|
| | | | **H**<br>2.2 | | | |
| **Li**<br>1.0 | **Be**<br>1.6 | **B**<br>2.0 | **C**<br>2.6 | **N**<br>3.0 | **O**<br>3.4 | **F**<br>4.0 |
| **Na**<br>0.9 | **Mg**<br>1.3 | **Al**<br>1.6 | **Si**<br>1.9 | **P**<br>2.2 | **S**<br>2.6 | **Cl**<br>3.2 |
| **K**<br>0.8 | | | | | | **Br**<br>3.0 |
| | | | | | | **I**<br>2.7 |

电负性增强 ↑

注：数值由L. Pauling确定，A. L. Allred更新（*Journal of Inorganic and Nuclear Chemistry*, 1961, *17*, 215）。

半径增大，环绕的电子离核越来越远，所受到的核引力也越来越小。

用表1-2的数据很容易解释为什么最纯粹的离子键（共价性最弱）往往由周期表两端的元素形成（如碱金属盐氯化钠）。另一方面，最纯粹的共价键是由相同电负性的原子形成的（例如相同元素的原子，如 $H_2$、$N_2$、$O_2$、$F_2$ 等），或碳-碳键。然而，大多数共价键是由不同电负性的原子形成的，这样就产生了**极化**（polarization）。化学键的极化是键上电子云密度中心向电负性强的原子移动的结果。对较弱电负性或较强电负性的原子分别用 $\delta^+$ 表示部分正电荷，或 $\delta^-$ 表示部分负电荷，这是采用一种定性的方法（用希腊字母 $\delta$ 表示）来表示相对更弱或更强电负性的原子。电负性相差越多，电荷分离越大。根据经验，电负性差在 0.3～2.0 是极性共价键；更小的电负性差形成典型的纯粹共价键；更大的差则形成纯粹离子键。

异种电荷的分离产生电**偶极**（dipole），用尾部带十字符号的箭头表示，方向从正电荷指向负电荷。极化的键可以赋予分子整体极性，如 HF、ICl 和 $CH_3F$。

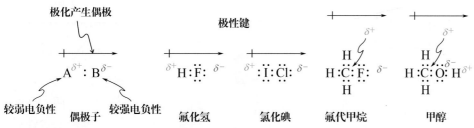

在对称结构中，各化学键的极性可以抵消，使分子没有极性，如 $CO_2$、$CCl_4$（页边）。要知道一个分子是否是极性的，需要知道分子的形状，因为分子的极性是分子所有化学键偶极的矢量和。页边所示的静电势图清楚地阐明了 $CO_2$ 和 $CCl_4$ 的极化情况，碳原子显示相对蓝色，与其相连的电负性更强的原子显示相对红色。另外，可以看到每个分子的形状是如何使整个分子显示非极性的。在看静电势图时有两个需要注意的地方：（1）颜色差别的衡量尺度可能不一致。如，本页页边图中的尺度更为灵敏，分子只带部分电荷，第 8 页页边 NaCl 的静电势图中原子为整电荷。这样，直接比较一类分子与另一类电性相差非常大的分子的静电势图时可能会产生误导。除非特别指出，本书的大部分有机结构都采用可比较的尺度。（2）因为计算各点势能的方法包含所有核和邻近电子的贡献，因此单个核周围空间区域的颜色是不均匀的。

**具有多个极性键但无极性的分子**

偶极抵消

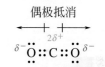

二氧化碳

四氯化碳

静电势图颜色渐变尺度

负极
($\delta^-$)

正极
($\delta^+$)

## 价电子互斥决定分子的形状

分子呈现出电子间相互（包括所有成键的和未成键的电子）排斥作用为最小时的形状。双原子体系如 $H_2$ 或 LiH 中，只有一对成键电子对，两个原子只有一种可能的排布。然而，氟化铍（$BeF_2$）是三原子体系。它是弯折的还是线形的？**线形结构**（linear structure）的电子排斥最小，因为这时成键和非成键电子之间排布得尽可能远，为 180°❶。线形结构是铍化合物和其在元素周期表中同一主族元素化合物的预测结构。

**$BeF_2$是线形结构**      **$BCl_3$是三角形结构**

$$:\!\ddot{F}:\!Be:\!\ddot{F}: \quad 而不是 \quad Be:\!\ddot{F}: $$

电子相距最远    电子更近    电子相距最远    电子更近

在 $BCl_3$ 中，硼的三个价电子可与三个氯原子形成共价键。电子排斥使其处于等边三角形排列——三个卤素原子位于等边三角形的顶点，硼原子位于三角形的中心，各氯原子的成键（和非键）电子对处在相距最远的位置，角度为 120°。硼的其他化合物以及元素周期表中与其同族元素的同类化合物都预期采取**三角形结构**（trigonal structure）。

将这个原理应用于碳原子，可以看到甲烷（$CH_4$）必定是**四面体结构**（tetrahedral structure）。四个氢原子占据四个顶点可使相应成键电子对排斥作用最小。

这种通过使电子排斥最小化来确定分子形状的方法称为**价层电子对互斥理论**（VSEPR）。注意，我们经常画分子如 $BCl_3$ 和 $CH_4$ 时，似乎它们是平面且有 90°角。如此描述仅仅是为了画图方便。注意勿将这种二维图与真实的三维分子形状（$BCl_3$ 的三角形和 $CH_4$ 的四面体结构）混淆。

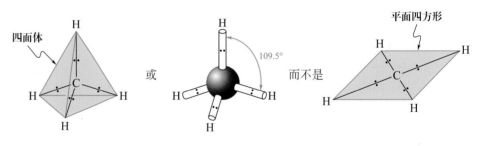

## 练习1-4

用偶极箭头画出下列分子中键的极化：$H_2O$、SCO、SO、IBr、$CH_4$、$CHCl_3$、$CH_2Cl_2$ 和 $CH_3Cl$（后四个例子中，将碳原子置于分子中心）。

## 练习1-5

为什么氨（$:NH_3$）不是三角形结构，而是键角为 107.5°的三角锥结构？为什么水（$H_2\ddot{O}$）并非线形而是键角为 104.5°的弯曲结构？（**提示：**考虑非键电子对的影响。）

❶ 只在气相中如此。室温时，$BeF_2$ 是固体（用于核反应堆），Be 与 F 原子联结成一种复杂的网状结构，并非明显的线形三原子结构。

## 小　结

化学键有两种极端形式，离子键与共价键。二者都通过库仑力以及采取惰性气体电子结构而从能量上有利。大多数键采用介于这两种模式之间的形式：极性共价键（或者共价离子键）。键的极性可能会引起分子的极性，结果取决于分子的形状。分子的形状可以简单地由电子相互排斥最小的方式来确定成键和非键电子的排列。

# 1-4 成键的价电子模型：Lewis结构

Lewis 结构对预测有机化合物的几何形状和极性（也即反应性）非常重要，为此本书中将使用 Lewis 结构。本节将介绍基于价电子正确书写 Lewis 结构的几条规则。

**指导原则：书写Lewis结构**

只要遵守下述规则，可以很容易画出正确 Lewis 结构，其过程非常简单。

- **规则1.** 画出分子骨架（给定的或设想的）。以甲烷为例，这个分子有四个氢原子与一个中心碳原子键合。

$$
\begin{array}{cc}
\text{H} & \\
\text{H C H} & \text{H H C H H} \\
\text{H} & \\
\text{正确} & \text{不正确}
\end{array}
$$

- **规则2.** 计算可用的价电子数。合计组成原子的所有价电子，特别注意带电荷的结构（阴离子或阳离子），这些结构正确的价电子数需加上或减去额外电荷数。

| $CH_4$ | 4 H | $4 \times 1$电子 | = 4 电子 | | HBr | 1 H | $1 \times 1$电子 | = 1 电子 |
|---|---|---|---|---|---|---|---|---|
| | 1 C | $1 \times 4$电子 | = 4 电子 | | | 1 Br | $1 \times 7$电子 | = 7 电子 |
| | | 合计 | 8 电子 | | | | 合计 | 8 电子 |

| $H_3O^+$ | 3 H | $3 \times 1$电子 | = 3 电子 | | $NH_2^-$ | 2 H | $2 \times 1$电子 | = 2 电子 |
|---|---|---|---|---|---|---|---|---|
| | 1 O | $1 \times 6$电子 | = 6 电子 | | | 1 N | $1 \times 5$电子 | = 5 电子 |
| | 电荷 | +1 | = −1 电子 | | | 电荷 | −1 | = +1 电子 |
| | | 合计 | 8 电子 | | | | 合计 | 8 电子 |

- **规则3.** ［八隅律（octet rule）］用两个共享电子表示所有的共价键。除氢外，使尽可能多的原子外层满足八电子结构，氢的外层要求有两个电子，称为两电子体。确保总的电子数与按规则2计算的电子数目相等。元素周期表右边的元素可能包含未用于成键的价电子，称为**孤对电子**（lone electron pair）。

　　以 HBr 为例（第 14 页页边），共享电子对使 H 原子满足两电子体，Br 原子包括三对孤对电子在内满足八隅律。在甲烷分子中，四个 C—H 键在满足 H 原子需要的同时也使 C 原子满足八隅律。下图显示 HBr 正确的和不正确的 Lewis 结构。

**正确的Lewis结构**　　　　　　**不正确的Lewis结构**

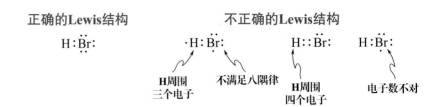

H周围　　不满足八隅律　　H周围　　　电子数不对
三个电子　　　　　　　　四个电子

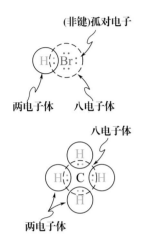

（非键）孤对电子

两电子体　　八电子体

八电子体

两电子体

已有价电子数只通过成单键通常不能满足八隅律。此时，生成双键（两个共享电子对）甚至叁键（三个共享电子对）就能满足八隅律了。氮气分子（$N_2$）就是一个例子。氮气分子含 10 个价电子，一个 N—N 单键只能使每个 N 原子形成六电子体，一个双键只能使一个 N 原子满足八隅律。这个分子只有生成叁键才使每个原子都满足八隅律。若想获知使分子中每个原子都满足八隅律（或二隅律）所需要总的成键数，可遵循以下简单流程：计算所有可利用的价电子总数（规则 2）以及为达到氢原子两电子体和其他原子八隅律所需要的电子总数，从所需要的电子总数减去可供应的价电子总数除以 2 即得。以 $N_2$ 为例，所需电子数为 16，价电子数为 10，因此成键数目是 3。

六隅体　　　　　八隅体　　六隅体　　　　　八隅体

单键　　　　　　　双键　　　　　　　　叁键

下面列举了更多包含双键与叁键的分子。

**正确的Lewis结构**

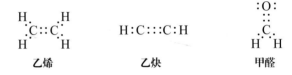

乙烯　　　　　　乙炔　　　　　　甲醛

实际应用中，可采用以下有用且简单的次序：首先，用单键将结构中所有相互成键原子连起来（也就是共享电子对）；其次，如果有多余的电子，将它们以孤对电子形式使尽可能多的原子满足八隅体结构；最后，如果仍有原子不满足八隅体结构，将尽可能多的孤对电子变为共享电子对直到全部满足八隅体结构（本章解题练习 1-7、1-23 和 1-24）。

### 练习 1-6

画出下列分子的 Lewis 结构：HI、$CH_3CH_2CH_3$、$CH_3OH$、HSSH、$SiO_2$（OSiO）、$O_2$、$CS_2$（SCS）。

规则4. 归属分子中原子的**形式电荷**（formal charge）。在计算分子中每个原子的价电子数时，孤对电子算两个，成键电子贡献一个。如果计算所得外层总电子数与自由（非成键的）原子的价电子数有差别，则原子是带电荷的。计算公式如下：

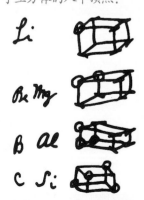

$$形式电荷＝未成键自由原子的外层电子数－分子中原子的未共享电子$$
$$-\frac{1}{2}分子中原子周围的成键电子数$$

或简化为　　形式电荷＝价电子数－孤对电子数$-\frac{1}{2}$成键电子数

称之为"形式电荷"的原因在于分子中电荷往往不是局域于单一原子，而是不同程度分散在原子周围。

以水合质子为例，哪个原子带正电荷？每个氢原子与氧共享一对电子成键，记为一个价电子，自由氢原子电子记数也是 1，因此每一个氢原子形式电荷都为 0。水合质子中氧原子有 2（一对未成键电子）+3（6 个成键电子均分一半）=5 个电子。与未成键自由氧原子相比少一个价电子，因此氧原子的形式电荷为 +1，正电荷指定在氧上。

另外一个例子是亚硝基阳离子 NO⁺。该分子中氮原子有一对孤对电子，并以叁键与氧相连。因此氮原子有 5 个价电子，与自由氮原子相等。因此氮原子不带电荷。氧原子同样有 5 个价电子，而自由氮氧原子有 6 个价电子，因此亚硝基阳离子中氧原子可认为是带 +1 价的形式电荷。下列为其他例子：

烯基阳离子　　甲基阴离子　　铵离子　　甲硫基阴离子　　质子化甲醛

有时，即使是中性分子中的原子也会因八隅律而带电荷，此类结构被称之为具有**电荷分离**（charge separated）的 Lewis 结构。一个例子是一氧化碳（CO）。有些化合物含 N—O 键，比如硝酸 HNO₃，同样有类似的结构（页边图）。

电子计数 = 5

水合质子

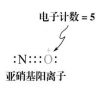

电子计数 = 5

亚硝基阳离子

**电荷分离的 Lewis 结构**

电子计数都是 5

一氧化碳

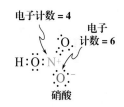

电子计数 = 4

电子计数 = 6

硝酸

## 八隅律也有特例

只有第二周期元素且有足够的价电子时才严格遵守八隅律。因此，有三种类型的特例是需要考虑的。

**特例 1.** 你也许已经发现所有"正确的"Lewis 结构都包含偶数个电子，即所有的电子都被分配给了孤对电子或成键电子对。对于含奇数电子的物质来说，这种分配是不可能的，比如一氧化氮（NO）和中性的甲基（甲基自由基，•CH₃；参见 3-1 节）。

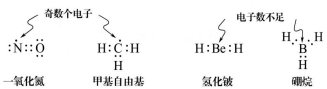

奇数个电子　　　　　　电子数不足

一氧化氮　　甲基自由基　　氢化铍　　硼烷

**特例 2.** 一些第二周期前几个元素的化合物，如 BeH₂ 和 BH₃，缺少价电子。

特例 1 和 2 中的化合物由于不具有八隅体结构，往往会超乎寻常的活泼，很容易反应生成八隅体结构。比如，两分子•CH₃ 会立即互相反应生成乙烷（CH₃—CH₃），BH₃ 与 H⁻ 反应生成 BH₄⁻。

$$
H:\overset{\overset{\displaystyle H}{\cdot \cdot}}{\underset{\cdot \cdot}{\underset{\displaystyle H}{C}}}\cdot \ +\ \cdot \overset{\overset{\displaystyle H}{\cdot \cdot}}{\underset{\cdot \cdot}{\underset{\displaystyle H}{C}}}:H\ \longrightarrow\ H:\overset{\overset{\displaystyle H}{\cdot \cdot}}{\underset{\cdot \cdot}{\underset{\displaystyle H}{C}}}:\overset{\overset{\displaystyle H}{\cdot \cdot}}{\underset{\cdot \cdot}{\underset{\displaystyle H}{C}}}:H
$$

乙烷

$$
\overset{\overset{\displaystyle H}{\cdot \cdot}}{\underset{\displaystyle H}{B}}\cdot \ +\ :H^{-}\ \longrightarrow\ H:\overset{\overset{\displaystyle H}{\cdot \cdot}}{\underset{\displaystyle H}{\overset{..}{B}}}:H
$$

硼氢负离子

**特例 3.** 对第二周期元素，前述两个特例表明分子中原子外层电子可以少于 8 个（对于氢，少于 2 个，比如 $H^+$），但绝不会超过 8 个。超出第二周期后，简单的 Lewis 模型并不总是严格适用的，而且这些元素也可能被多于 8 个价电子所围绕，这种现象被称为**价层扩充**（valence-shell expansion）。例如，P 和 S（作为 N 和 O 同系物）分别是三价的和二价的，对它们的衍生物也可以很容易地画出 8 电子 Lewis 结构。但是它们也可以形成稳定的更高价态的化合物，包括常见的磷酸和硫酸。一些包含这些元素的满足八隅律和超越八隅律的分子如下所示：

| 三氯化磷 | 磷酸 | 硫化氢 | 硫酸 |

量子力学（1-6 节）对原子结构更复杂的、更精准的描述可以解释这些明显偏离八隅律的现象。然而，你会注意到即使是在这些例子中，也可以写出遵循 Lewis 八隅律的**偶极结构**（1-5 节）。事实上，结构和计算数据都显示此类结构对这些分子的共振结构都有一定程度的贡献。

## 共价键可以用直线表示

Lewis 结构是相当繁琐的，特别是对较大的分子。用单一直线表示单键、两条线表示双键、三条线表示叁键则要简单许多。孤对电子可以用点表示或者完全省略掉。这些表示方法是由德国化学家凯库勒[1]（Kekulé）早在电子被发现以前最先提出来的，这种结构式经常被称为 **Kekulé 结构**（Kekulé structure）。

共价键的直线表示形式

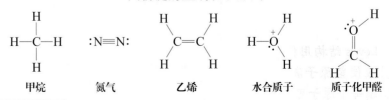

| 甲烷 | 氮气 | 乙烯 | 水合质子 | 质子化甲醛 |

---

[1] F. 奥古斯特·凯库勒·冯·斯特拉多尼茨（F. August Kekulé von Stradonitz，1829—1896），德国波恩大学教授。

### 解题练习1-7

**运用概念解题：学画Lewis结构**

画出 $HClO_2$（HOClO）的 Lewis 结构，并标出形式电荷。

**策略：**

为解决这一问题，最好是逐条遵循之前介绍的画 Lewis 结构的规则。

**解答：**

- 规则 1：如题所示，分子骨架是无支链的。
- 规则 2：计算价电子数：

$$H = 1，2O = 12，Cl = 7，总数是 20 个。$$

- 规则 3：需要多少个化学键（共享电子对）？已有电子总数是 20；H 需要 2 个，其他三个原子需要 3×8=24 个，共需 26 个。因此，需要（26-20)/2 = 3 个化学键。

接下来根据八隅律分配电子，首先将所有原子以 2 电子键连起来，即 H∶O∶Cl∶O，用去 6 个电子。其次，从左边的氧原子开始分配剩余 14 个电子使所有非氢原子满足 8 电子体（任意地）。这个过程依次要求 4、4、6 个电子。在这个例子里，不必进一步共享电子就得到了八隅体结构：

$$H\!:\!\ddot{O}\!:\!\ddot{Cl}\!:\!\ddot{O}\!:$$

- 规则 4：根据分子中每个原子周围的"有效"价电子数与自由原子外层电子的差别，确定任何可能的形式电荷。对于 HOClO 中的 H，价电子数是 1，与氢原子的价电子数相同。因此，它是中性的。对相邻的氧原子，两个数值是一样的，都为 6。对氯，有效电子数是 6，但是中性原子却含有 7 个价电子。所以，Cl 原子带一个正电荷。对末端的 O，两个数值分别是 7 和 6，带一个负电荷。最终结果是：

$$H\!:\!\ddot{O}\!:\!\overset{+}{\ddot{Cl}}\!:\!\overset{-}{\ddot{O}}\!:$$

### 1-8 自试解题

画出下列分子的 Lewis 结构，并归属任何可能的形式电荷（一些分子原子连接的方式会与通常的表述方式有别，括号中给出了其正确的原子连接方式）：SO，$F_2O$(FOF)，$BF_3NH_3$($F_3BNH_3$)，$CH_3OH_2^+$($H_3COH_2^+$)，$Cl_2C\!=\!O$，$CN^-$，$C_2^{2-}$（**注意**：知道每一个原子的价电子数是正确画出 Lewis 结构的关键。如果不知道，开始做题前，请先查好这些数字。对于带电荷的结构，请确保对总的价电子数进行相应调整。比如，带一个负电荷的物质，要在组成原子的价电子总数基础之上再加 1。）

### 小　结

Lewis 结构用价电子或直线表示化学键。只要可能，画 Lewis 结构时应使氢原子满足 2 电子体，其他原子满足八隅体。通过电子计数归属每个原子可能的形式电荷。

# 1-5 | 共振式

在学习有机化学时，会遇到分子同时有几个正确 Lewis 结构的情况。

### 碳酸根离子有多种正确的Lewis结构

看一下碳酸根离子，$CO_3^{2-}$。按照规则，可以很容易地画出 Lewis 结构（A），每个组成原子周围围绕着 8 个电子。两个负电荷位于底部的两个氧原子上；第三个氧原子与中心碳原子以双键连接，有两对孤对电子，是中性的。但是为什么选择底部两个氧原子带负电荷呢？根本没有任何理由——仅仅是一种随意的选择。可以同样画出结构式 B 或 C 来表示碳酸根离子。这三个正确的 Lewis 结构式被称为**共振式**（resonance form）。

**碳酸根离子的共振式**

方括号"[ ]"和双箭头"↔"，用于图示共振式

红色弯箭头 ⌢ 表示电子对移动："推电子"

各个共振式之间用双箭头连起来，所有的共振式用一个方括号括起来。它们的特性是仅通过电子对的移动就可互相变换（用红箭头指示），分子的各原子核的位置保持不变。注意将 A 转变成 B 然后转变成 C，只需移动每个式子的两个电子对。这种电子对的移动可以用弯箭头来描述。这个过程非正式地称为"推电子"。

用弯箭头来描述电子对移动是一种有用的技巧，可以防止画共振式时弄错了电子总数，也有助于在阐述机理时保持电子数的一致（2-2 节和 6-3 节）。

### 那么真实的结构是什么？

**碳酸根离子**

碳酸根离子是否真如 Lewis 结构所示的那样，有一个不带电荷通过双键与碳原子相连的氧原子，以及两个各带一个负电荷通过单键与碳原子相连的氧原子？或者说碳酸根的结构就是 A、B 和 C 异构体的平衡。答案是否定的。假如真如此的话，因为双键比单键短，碳-氧键将有不同的长度。然而，碳酸根离子是完全对称的，有一个位于三角形中心的碳原子，所有的 C—O 键长都介于双键与单键之间，完全相等。负电荷平均分布于三个氧原子上，这被称为**离域**（delocalization），与电子在"空间扩散"（1-2 节）的倾向一致。换句话说，每一个 Lewis 结构式都不准确，真实的结构是 A、B 和 C 的组合，称之为**共振杂化**（resonance hybrid）。因为 A、B、C 是等同的（即都由相同数目的原子、化学键以及电子对组成），它们对分子的真实结构贡献相同，但是每个结构式自身又不能正确描述分子的真实结构。

共振电荷离域尽可能降低了库仑斥力，表现出稳定化效应：作为双阴离子带电物质，碳酸根离子比这种预期的结构要稳定得多。

共振这个词可能会暗示分子从一个形式到另一个形式的振动或平衡，这种推断是不正确的。分子永远不是任何一个单一共振结构，它只有一种结构，即共振杂化体结构。与普通化学平衡中的物质不同，虽然每个共振式都对真实结构有部分贡献，但共振式并非真实的。本页页边所示的静电势图清楚地显示了碳酸根离子的三角对称性。

**点-线式表示碳酸根共振杂化体**

另一种描述共振杂化体（如碳酸根离子）的习惯做法是将实线与虚线结合起来表示化学键。此处的 $\frac{2}{3}-$ 表示每个氧原子带部分电荷（2/3 个负电荷）（第 18 页页边图）。这种方法清楚地表示了所有的三个 C—O 键和三个氧原子都是等同的。其他一些共振杂化体的例子如乙酸根负离子和烯丙基负离子。

乙酸根负离子

乙酸根负离子

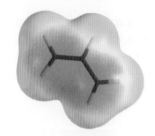

烯丙基负离子

烯丙基负离子

非八隅律分子也可能有共振结构。比如烯丙基正离子可通过共振电荷离域而稳定。

烯丙基正离子

烯丙基正离子

碳酸

乙酸

在画共振结构的时候，要牢记以下几点：（1）将一对电子从一个原子移动到另一个原子上将导致电荷的迁移，箭头起始点原子带一正电荷，终止点原子带一负电荷；（2）所有原子的相对位置都保持不变——只有电子移动；（3）等同的共振式对共振杂化体的贡献是相同的；（4）用双箭头（←→）联系各共振式；（5）对第二周期元素，不要违反八隅律。

对共振式的认识和清晰的表示对预测反应性是非常重要的。例如，碳酸盐和酸的反应可以在三个氧原子中的任何两个氧原子上发生而得到碳酸 $H_2CO_3$，最终生成 $H_2O$ 和 $CO_2$。同样，乙酸根离子的质子化也可以发生在两个氧原子的任何一个氧原子上而得到乙酸（页边图）。2- 丙烯基（烯丙基）负离子的两端都可以质子化生成丙烯，而烯丙基正离子两个端基都可以和氢氧根反应生成醇。

丙烯

2-丙烯-1-醇

可以通过两种颜色混合生成新颜色来形象地理解共振理论。比如，混合黄色——一种共振结构——和蓝色——另一种共振结构得到绿色：共振杂化体。

**练习1-9**

（**a**）对下列分子 A～D 能否通过图示的推电子模式得到合理的共振式？如果可以，请画出该结构并给出解释。

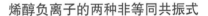

A          B          C          D

（**b**）画出亚硝基负离子 $NO_2^-$ 的两个共振式。这个分子的几何形状是线形的还是弯曲的？（**提示**：考虑氮原子孤对电子的电子排斥作用。）（**c**）原子可能的价层扩充会增加合理共振结构的数目，往往导致很难确定哪一个共振式是"最佳的"。一个判断标准是看该结构是否可以相对准确地预测键长和键角。画出 $SO_2$（OSO）Lewis 八隅体和价层扩充的共振式。SO 的 Lewis 结构见练习 1-8，其实验测定键长是 1.48Å，而 $SO_2$ 分子中测量的 S—O 键长为 1.43Å，在所有共振式中你认为哪一个最好？

## 不是所有共振式都是等同的

上述分子都具有等同的共振式。然而，很多分子的共振式并非等同的。烯醇负离子就是这样一个例子。其两个共振式中双键和电荷的位置都不相同。

**烯醇负离子**

**烯醇负离子的两种非等同共振式**

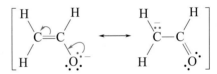

尽管这两种共振式都对这个负离子的真实结构有贡献，但是将看到其中一种比另外一种的贡献要大些。那么，哪一个共振式的贡献更大些？当把不等同共振式扩展到那些没有达到八隅体的结构时，这个问题就变得更普遍了。

**[八隅体◀━▶非八隅体]共振式**

甲醛                                      硫酸

这样的一种扩展要求我们稍稍模糊对"正确的"和"不正确的"Lewis 结构的定义，同时要广泛地认识到所有的共振式对真实的分子图像都是潜在贡献者。这样，就需要找出哪一种共振式是最重要的。换言之，哪一种共振式是**主要的共振贡献者**（major resonance contributor）？这里有一些指导性原则。

## 指导原则: 书写共振结构

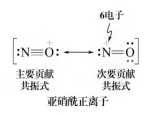

6电子

$$[:N\equiv\overset{+}{O}: \longleftrightarrow :\overset{+}{N}=\overset{\cdot\cdot}{O}:]$$

主要贡献　　次要贡献
共振式　　　共振式
**亚硝酰正离子**

→ **原则1.** 拥有最多八电子结构的共振式是最重要的。在烯醇负离子中，两种共振式中所有的组成原子都有8个电子。然而，对于亚硝酰正离子（NO⁺），在一种共振式中正电荷在氧原子上时两个原子都有8个电子，而在另一种共振式中正电荷是在氮原子上，这里氮原子周围只有6个电子。根据八隅律，后一种共振式对杂化结构的贡献要小。因此，N—O之间的键更接近叁键而不是双键，而正电荷也更多集中在氧原子上而不是在氮原子上。同样，在甲醛（示意图见第20页）的偶极共振式中，碳原子周围只有6个电子，因而这也是对杂化贡献较小的一种共振式。对于第三周期元素，价电子层可以扩充（1-4节），因此在电荷不分离的硫酸结构中有12个电子围绕在硫原子的周围，这是一个可能的共振式，但是偶极型八电子结构是主要的。

主要贡献共振式
**烯醇负离子**

→ **原则2.** 电荷应该优先处于和其电负性一致的原子上。仍以烯醇负离子为例，哪一种共振结构更重要？根据原则2应该是第一种，因为其负电荷处在电负性更强的氧原子上。实际上，20页页边所示的静电势图也证实了这一预测。

再来看看 NO⁺，你可能会对原则 2 感到有些迷惑，因为其主要的共振式中，正电荷在电负性较强的氧原子上。在这样的情况下，八隅律要比电负性标准更重要，也即指导原则 1 要优先于指导原则 2。

→ **原则3.** 电荷分离较少的结构要比电荷分离较多的结构重要。这条规则是库仑定律的一个简单推论：分离不同的电荷需要能量，因此中性结构要比偶极结构稳定。甲酸就是一个例子（下图）。但是页边所画甲酸静电势图还是清楚地表明次要偶极共振式的影响：羰基氧上的电荷密度比羟基氧上的电荷密度要大。

**甲酸**

$$\left[\begin{array}{cc} \overset{\cdot\cdot}{:O:} & \overset{\cdot\cdot}{:O:}^{-} \\ \parallel & \parallel \\ H-C-\overset{\cdot\cdot}{O}-H & H-C=\overset{+}{O}-H \end{array}\right]$$

主要　　　　次要
**甲酸**

在有些情况下，为了画出 8 电子 Lewis 结构，电荷分离是必要的；这就是说，指导原则 1 要优先于指导原则 3。例如一氧化碳。此外，还有磷酸和硫酸。在这些化合物中，尽管价电子层的扩充允许形成多于 8 电子结构（1-4 节和指导原则 1）。

当同时有几种电荷分离的共振式符合八隅律时，最有利的结构是电荷分布和组成原子的相对电负性最匹配的一种（指导原则 2）。例如，在重氮甲烷中，氮的电负性比碳要强，因此很容易在两种共振式中作出选择（可看页边的静电势图）。

6电子

$$[:\overset{-}{C}=\overset{+}{O}: \longleftrightarrow :C\equiv\overset{+}{O}:]$$

次要　　　主要
**一氧化碳**

电负性较强　　电负性较弱

$$\left[\begin{array}{cc} H & H \\ \overset{-}{C}=\overset{+}{N}=\overset{\cdot\cdot}{N}: & \overset{\cdot\cdot}{C}-\overset{+}{N}\equiv N: \\ H & H \end{array}\right]$$

主要　　　　次要
**重氮甲烷**

**重氮甲烷**

### 解题练习1-10

**运用概念解题：学画共振式**

　　画出两个亚硝基氯（ONCl）的全八隅体共振式，并指出哪个是主要贡献共振式。

**策略：**

按照 1-4 节所列书写 Lewis 结构指导性原则画出符合八隅律的共振式结构。画出结构，再根据共振结构书写指导原则评价各共振式的相对贡献。

**解答：**

**画出 Lewis 结构**

- 规则 1：已知分子骨架如上所示。
- 规则 2：计算价电子数：

　　　　N = 5，O = 6，Cl = 7，价电子数合计18个。

- 规则 3：需要多少个化学键（共享电子对）？已有 18 个电子；三个原子都满足八隅律需要 3×8=24 个电子。因此，需要（24-18)/2 = 3 个化学键。因只有三个原子，务必有一个双键。

　　根据八隅律分配价电子，首先用双电子键连接三个原子，O:N:Cl，用去 4 个电子。其次，再用两个电子形成一个双键，姑且加在左侧形成 O::N:Cl。第三，分配剩余的 12 个电子使所有原子满足八隅体。姑且从左侧的氧开始。相应地，依次需要 4、2 和 6 个电子，得到八隅体结构 Ö::N̈:Cl̈:，将其标记为 A。

- 规则 4：根据原子周围有效价电子数与自由原子实际价电子数的差值，确定形式电荷。对于 O 原子，两对孤对电子加上一个双键，共有 6 个有效价电子，依次确定 N 为 5，Cl 为 7，与他们自由原子价电子数都完全相等。因此，A 没有形式电荷。

**评估共振式贡献**

- 接下来通过推电子画出 A 的共振式。对所有的电子都尝试一下，你很快会发现只有一种电子迁移模式可以给出全八隅体结构 B，如左下图所示：

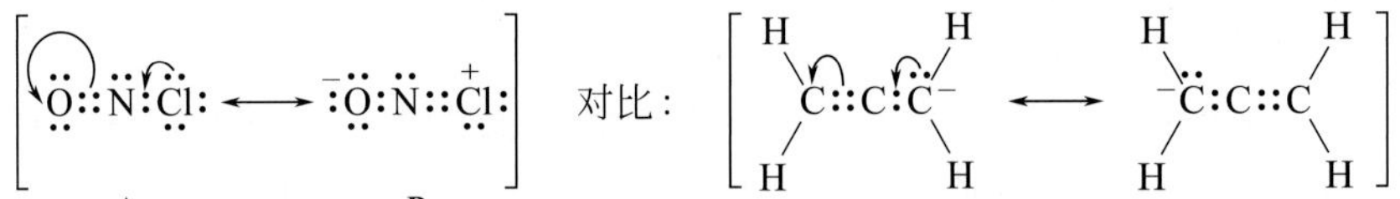

　　此电子迁移模式和 2- 丙烯基负离子与相应烯丙基共振结构之间的电子迁移（右上图）类似。因从一个中性分子开始，通过电子迁移得到其共振式，必然产生电荷分离：迁移起始点带正电荷，终止点带负电荷。

- ONCl 两个共振式哪一个是主要贡献共振式？审视本节中所给出的三个指导原则可以找到答案：由原则 3 可知较少电荷分离更为有利。因此电中性 A 比电荷分离的 B 能更好代表亚硝基氯。

### 1-11 自试解题

　　画出下列分子的八隅体共振式，并指出最主要贡献的（如果有的话）共振式。

**(a)** CNO⁻　**(b)** NO⁻　**(c)** $\left[\begin{array}{c}\text{分子结构式}\end{array}\right]^+$　**(d)** $\left[\begin{array}{c}\text{分子结构式}\end{array}\right]^{2-}$

确定主要共振式可以在多大程度上助于预测反应性？由于受试剂、产物稳定性和其他一些因素的影响，答案并不简单。例如，尽管烯醇负离子的负电荷主要集中在氧原子上，但是在和带正电的（或极化的）物质反应时，反应可在氧原子上或碳原子上发生（18-1 节）。另一个重要的例子是羰基化合物：如前面提到的甲醛，尽管没有电荷分离的共振式是主要的，次要的偶极化的共振式却是碳-氧双键反应活性的决定因素，富电子反应基团进攻碳，而缺电子反应基团进攻氧（第 17 章）。

## 小　结

有些分子无法用一种 Lewis 结构来精确描述，它们以几种共振杂化体的形式存在。为了找到最重要的共振贡献者，需要考虑八隅律，确保分子上有最少的电荷分离，同时尽可能使电负性强的原子带有较多的负电荷和较少的正电荷。

## 1-6 | 原子轨道：对绕核电子的量子力学描述

到目前为止，已经从电子对的角度讨论了化学键。这些电子对围绕在分子中的组成原子周围，使之具有最多的惰性气体构型（即 Lewis 八隅体），同时使电荷排斥力最小。作为一种描述性和预测性的手段，它对于确定电子在分子中的数目和分布是有用的。但是，它却无法回答当你在学习这些内容时可能已经问到自己的一些简单问题。比如，为什么一些 Lewis 结构是"不正确的"？或者更刨根问底一点儿，为什么惰性气体更稳定一些？为什么一些键能要比另外一些强？如何判断键能强弱？为什么双电子成键很合适？以及多重键看上去是什么样的？为了得到答案，首先学习一些关于绕核运动的电子是如何在空间上和能量上分布的知识。下面介绍的简化原理是以 20 世纪 20 年代海森堡（Heisenberg）、薛定谔（Schrödinger）以及狄拉克（Dirac）[1] 各自独立发展的量子力学理论为基础的。在这些理论当中，电子绕核的运动由类似波的特征方程来描述。方程的解称为**原子轨道**（atomic orbital），它可以让我们描绘在空间特定区域发现电子的概率。这些区域的形状，通常称之为电子云，取决于电子的能量。

[1] 沃纳·海森堡（Werner Heisenberg，1901—1976），德国慕尼黑大学教授，1932 年诺贝尔物理学奖获得者；埃尔温·薛定谔（Erwin Schrödinger，1887—1961），爱尔兰都柏林大学教授，1933 年诺贝尔物理学奖获得者；保罗·狄拉克（Paul Dirac，1902—1984），美国佛罗里达州立大学（塔拉哈西）教授，1933 年诺贝尔物理学奖获得者。

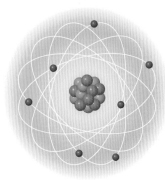

原子核 { 中子 / 质子

● 电子

经典原子模型：电子分布在核周围的"轨道"中

振动的吉他弦

## 电子可以用波动方程描述

对原子的经典描述 [ 玻尔 ●（Bohr）理论 ] 假定电子在绕核的轨道上运动，每个电子的能量和电子与核的距离相关。这种看法直观上很有说服力，因为它符合对经典力学的物理理解。然而，本质上却是错误的，其原因如下：

首先，电子在轨道上的运动势必导致电磁辐射，这是任何运动电荷的特征。这样造成的系统能量损失将导致电子以螺旋方式朝核接近，这一预测显然是和事实完全相违背的。

其次，根据 Bohr 理论，可以同时确定电子在同一时间的精确位置和动量，这违背了海森堡（Heisenberg）测不准原理。

一个更好的模型是考虑运动粒子的波动特性。根据德布罗意 ●（de Broglie）关系，运动粒子（质量 $m$）在一定速度（$v$）下的波长（$\lambda$）为：

**德布罗意波长**

$$\lambda = \frac{h}{mv}$$

其中 $h$ 为普朗克 ●（Plank）常数。因此，轨道上的电子可以用经典力学中的波动方程 [ 图 1-4(A) ] 来描绘，跟吉他弦的振动波类似（页边图）。这些"物质波"具有正负符号交替变化的振幅。正负号只是波动方程数学处理的结果。符号改变的点称为**节点**（node）。相位相同的波彼此加强，如同在图 1-4（B）中显示的那样。我们还将看到，同相波的相互作用也是原子间成键的基础。相位不同的波则彼此削弱产生更小的波（也有可能彼此抵消），如同在图 1-4（C）中显示的那样。

这个关于电子运动的理论叫**量子力学**（quantum mechanics）。由这个理论推导出来的方程叫**波动方程**（wave equation），波动方程有一系列的解，称为**波函数**（wave function），用希腊字母 $\psi$ 表示。围绕核的波函数的值并不能直接和原子可观察的性质联系起来。但是，原子空间中每一点 $\psi$ 的平方（$\psi^2$）描绘了在那一点发现电子的概率。原子的物理性质决定了函数的解只出现在几个特定的能量上。这样的体系称为**量子化**（quantized）体系，与六弦吉他只有固定的音高类似。

## 练习 1-12

参考图 1-4，画图表示两个相互抵消的波。

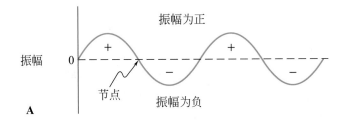

A

---

● 尼尔斯·玻尔（Niels Bohr，1885—1962），丹麦哥本哈根大学教授，1922 年诺贝尔物理学奖获得者。

● 路易-维克多·德布罗意（Louis-Victor de Broglie，1892—1987），法国巴黎大学，1929 年诺贝尔物理学奖获得者。

● 马克斯·K. E. L. 普朗克（Max K. E. L. Plank，1858—1947），德国柏林大学教授，1918 年诺贝尔物理学奖获得者。

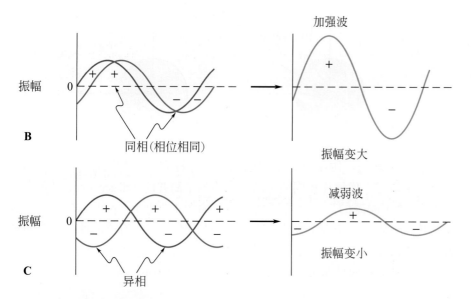

图1-4 （A）一个波。振幅的符号为任意指定。振幅为零的点被称为节点，在节点处振幅符号改变。（B）具有相同符号（相位相同）的波彼此加强，形成一个更强的波。（C）相位不同的波彼此减弱，形成较小的波。

**记住：** 图1-4中的+和-号是描述波振幅的数学函数符号，与电荷没有任何关系。

## 原子轨道具有特征形状

波函数的三维图像通常描述成球形或者具有压平的或泪滴状叶瓣的哑铃形。简单地说，可以把原子轨道形象地认为是有90%可能发现电子的空间区域。这些区域没有明晰的边界，呈混沌状，可以用早前提到的"电子云"来形容。节点分隔具有相反数学符号的波函数的各个部分。节点上波函数的值为零，因此在节点上发现电子的概率也为零。能量高的波函数比能量低的函数具有更多的节点。

考虑最简单的原子轨道形状，即一个电子环绕一个质子的氢原子。波动方程能量最低的单一解称为1s轨道，数字1表示这是第一能级（最低能级）。1s轨道是球形对称的（图1-5），没有节点。这个轨道用图形表示出来是一个球 [图1-5（A）]，或者是简单的一个圆 [图1-5（B）]。

更高一级能量的波函数2s轨道也是独特的，且是球形的。2s轨道比1s轨道要大。2s轨道上的电子平均离带正电荷的原子核更远，能量更高。另外，2s轨道有一个节面，这是一个分隔相反符号波函数且电子密度为零的球面（图1-6）。和经典的波一样，节面处波函数符号改变，但是两边的符号的选择是任意的，并总是在节面处变更。请注意波函数的符号和"电子在哪里"没有关系。前面已经提到过，电子在轨道上任何一点出现的概率是波函数 $\psi$ 的平方，因此即便 $\psi$ 带负号其结果也是正值。而且，节面也不意味着对电子的任何屏障，这种描绘中电子是一种波而不是一个粒子。

从概念上，可以将不同能量的轨道与五弦吉他的弦关联起来。1s轨道即最低音（低频）弦，2s轨道是相邻的一根弦，而能量再高一些的2p简并轨道与具有等同3~5弦的吉他琴弦对应。

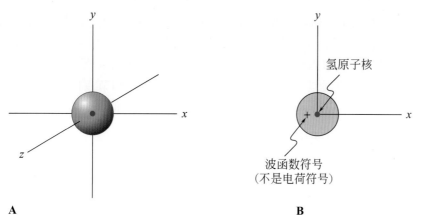

氢原子核

波函数符号
（不是电荷符号）

A　　　　　　　　　　　　　B

动画
1s轨道

图1-5 1s轨道表示方式。（A）该轨道是三维球对称的。（B）简化的二维形式。正号代表波函数的数学表达，不是电荷。

**图1-6**　2s轨道表示方式。该轨道比1s大且有一个节面。+和−号代表波函数符号。(A)轨道三维图，部分刳开显示节点。(B)常规的轨道二维图。

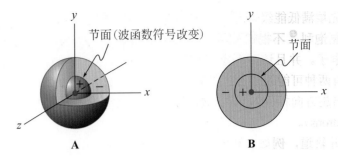

紧随 2s 轨道，围绕氢原子的电子波动方程有三个相同能量的解：$2p_x$、$2p_y$ 和 $2p_z$ 轨道。像这样相同能量的解被称为是**简并的**（degenerate，*degenus*，拉丁文，"不同源的"或"不同种的"）。如图 1-7 所示，p 轨道有两瓣，这使其看起来像是一个数字 8 或者哑铃。p 轨道在空间上有方向性。轨道的轴可以被任意指定为 x、y 或 z，相应就得到轨道 $p_x$、$p_y$ 和 $p_z$。每个轨道上符号相反的两瓣被通过原子核且垂直于轨道轴的节面所分隔开。

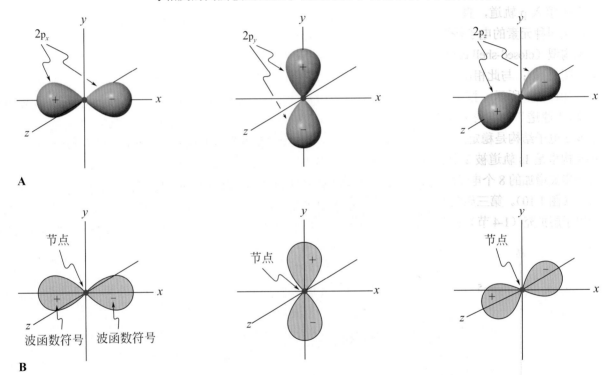

**图1-7**　2p 轨道表示方式（A）三维图和（B）二维图。注意：+ 和 − 号代表波函数符号而不是电荷符号。不同符号的两瓣被节面分开，该界面垂直于轨道轴。比如 $p_x$ 轨道被位于 yz 平面的节面分开。

波函数的第三组解是 3s 和 3p 轨道。它们和对应的低级轨道形状相似，但要更分散，且有两个节点（面）。更高能量的轨道（如 3d、4s 和 4p 等）拥有数量更多的节点和不同的形状，但它们不如低能量轨道在有机化学上重要。作为一级近似，其他元素的原子轨道的形状和节点性质与氢原子的相似。因此，可以用 s 和 p 轨道来描述氢、锂以及其他原子的电子构型。

**根据Aufbau原理排布轨道电子**

图 1-8 给出了直到 5s 能级各原子轨道的近似相对能级图。利用这张图，可以给出元素周期表中的每个原子的电子构型。在确定电子在原子轨道中的分布时须遵循如下三个原则：

1. 首先填满低能级轨道，然后才填高一级轨道。

2. 根据**泡利❶不相容原理**（Pauli exclusion principle），每个轨道最多只能有两个电子。并且这两个电子的自身角动量，即**自旋**（spin），必须相反。电子自旋有两种可能的方向，通常以指向相反方向的竖直箭头表示。一个轨道被两个自旋方向相反的电子占据以后即被充满，这两个电子被称为**电子对**（paired electrons）。

3. 简并轨道，例如 p 轨道，每个轨道都首先依次填充一个自旋相同的电子。然后，再依次填充自旋相反的电子。这样的排布是基于**洪特❷规则**（Hund's rule）。

根据这些原则，就比较容易确定原子的电子构型。氢在 1s 轨道有 2 个电子，电子结构简写为 $(1s)^2$，锂 $[(1s)^2(2s)^1]$ 和铍 $[(1s)^2(2s)^2]$ 分别有 1 个和 2 个电子在 2s 轨道中。从硼 $[(1s)^2(2s)^2(2p)^1]$ 开始，对 2p 的三个简并轨道进行电子填充，接下来是碳和氮，随后的氧和氟则是将自旋相反的电子填入 p 轨道，直到氖为止，p 轨道全部填满。图 1-9 所示是碳、氮、氧、氟四种元素的电子构型。原子中的原子轨道全部被电子填满的情况称为**闭壳构型**（closed-shell configuration）。比如，氦、氖和氩就具有这样的闭壳构型（图 1-10）；与此相反，碳则是**开壳构型**（open-shell configuration）。

如图 1-8 所示，按照轨道顺序依次填入电子的过程称为构造（Aufbau，德文，"建造"的意思）原理。显而易见，Aufbau 原理可以解释为什么 8 电子或 2 电子结构是稳定的，因为闭壳构型必然要求这样的电子数目。对于氦，闭壳构型是 1s 轨道被 2 个自旋方向相反的电子所填满，氖则是 2s 和 2p 轨道进一步被增加的 8 个电子填满；而氩则还有更多的 8 个电子充填在 3s 和 3p 轨道上（图 1-10）。第三周期的元素还有 3d 轨道可供填充，因此这样就可以解释价电子层扩充（1-4 节）和在氖以后并不都是严格地遵守八隅律的现象。

图1-8　原子轨道近似相对能级图，与电子填充顺序基本一致。能量最低轨道优先填充电子，简并轨道按照Hund规则填充。

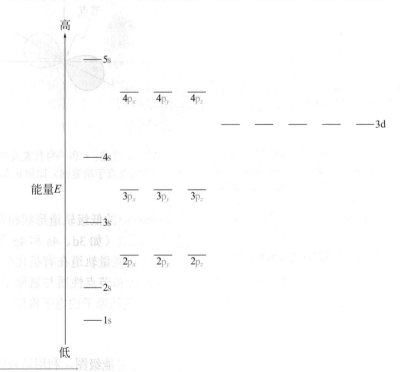

❶ 沃尔夫冈·泡利（Wolfgang Pauli，1900—1958），瑞士苏黎世联邦理工学院（ETH）教授，1945 年诺贝尔物理学奖获得者。

❷ 弗里德里希·洪特（Friedrich Hund，1896—1997），德国哥廷根大学教授。

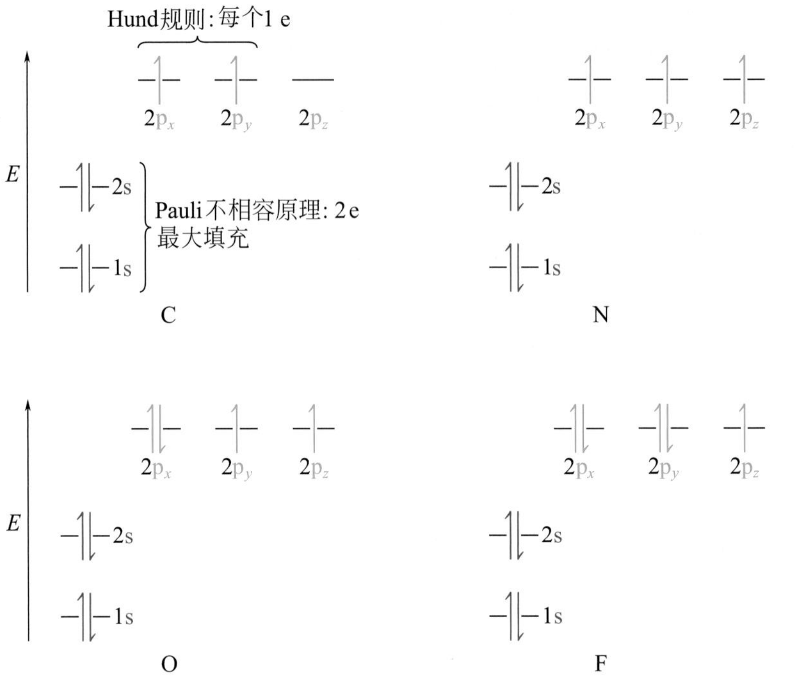

**图1-9** 最稳定电子构型：碳，$(1s)^2$ $(2s)^2(2p)^2$；氮，$(1s)^2(2s)^2(2p)^3$；氧，$(1s)^2(2s)^2(2p)^4$；氟$(1s)^2$ $(2s)^2(2p)^5$。p轨道未成对电子按照Hund规则填充，1s和2s轨道成对电子遵循Pauli不相容原理和Hund规则。p轨道的填充顺序任意选定为$p_x$，$p_y$和$p_z$。其他顺序也同样适用。

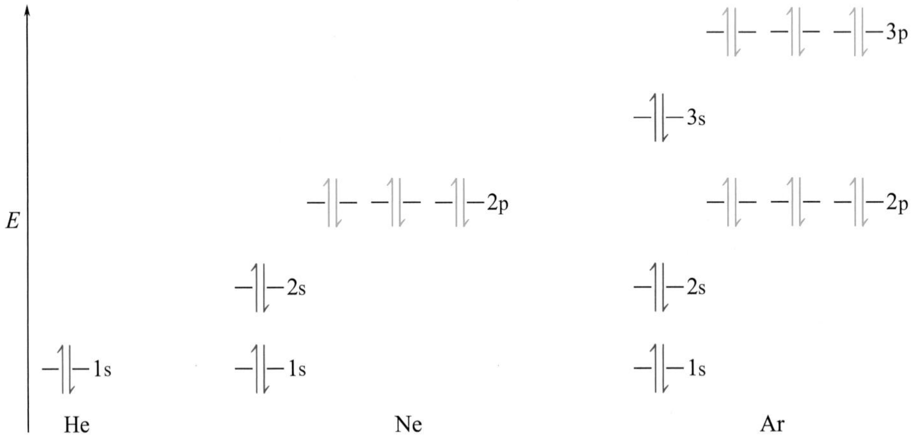

**图1-10** 惰性气体氦、氖和氩的闭壳构型。

如图1-8～图1-10所示轨道能级顺序可通过测定相应电子的电离势，即从相应轨道失去电子所需的能量，从而得到实验证实和定量。从1s轨道失去电子比从2s轨道需要更多能量，同样从2s轨道失去电子会比2p更困难，依此类推。这与直觉的认识是吻合的：从低轨道到高轨道，电子距离带正电荷的原子核平均距离逐渐增加，变得更为发散。由库仑定律可知电子受到的核引力的"控制"也相应地逐渐变小。

**练习1-13** ————————————

根据图1-8，画出硫和磷原子的电子构型。

## 小　结

电子绕核运动用波动方程描述。波动方程的解，即原子轨道，可以用空间中的某些区域来形象地表示。在这些区域中的每一点具有正值、负值或零（节点处）。这些数值的平方表示了在那一点发现电子的概率。可以用Aufbau原理指定所有原子的电子构型。

# 1-7 | 分子轨道和共价键

现在来看看原子轨道的重叠是如何构成共价键的。

## 氢分子的键是由1s原子轨道的重叠而构成的

从最简单的例子开始：氢分子中两个氢原子之间的键。在氢分子的Lewis结构中，将此键写作被两个氢原子共用的一个电子对，使每个原子都具有氦原子的电子构型。怎样用原子轨道来构建氢分子呢？ 鲍林❶（Pauling）为此提出了一个答案：原子轨道间的同相重叠形成化学键。这是什么意思呢？因为原子轨道是波动方程的解，像波一样，如果是函数符号相同（即同相）的区域重叠，它们就是彼此加强的［图1-4（B）］，而如果是函数符号不同（即异相）的区域重叠，它们就是彼此减弱的［图1-4（C）］。

两个1s轨道的同相重叠构成了一个能量更低的新轨道——**成键分子轨道**（bonding molecular orbital）（图1-11）。在成键时，两个原子核间区域的波函数大大加强（非重叠区域保持不变）。因此，分子轨道中电子在这个区域出现的概率是很高的：这是两个原子之间成键的一种情况。这正像图1-2中所示的那样。在图1-11中随机选择波函数同为正号的部分表示同相之间的结合。两个负号的轨道之间的重叠也可以得到同样的结果。也就是说，不管波函数的符号是什么，只要是符号相同的叶瓣之间重叠就可以成键。

另一方面，两个相同原子轨道的异相重叠导致了不稳定的相互作用，形成了**反键分子轨道**（antibonding molecular orbital）。在反键分子轨道中，波函数的振幅在两个原子之间的区域相互抵消，因而形成了节面（图1-11）。

因此，氢分子的两个1s原子轨道相互作用的净结果是形成了两个分子轨道。一个能量较低的成键分子轨道，一个能量较高的反键分子轨道。因为整个系统所有的电子数目是两个，所以它们都填充在能量较低的分子轨道上形成2电子键。结果是降低了总能量，使得氢分子比两个自由的氢原子更稳定。这种能量的差别对应于H—H键之间的强度。这样的相互作用可以用能量示意图来表示［图1-12（A）］。

现在可以较好地理解为什么氢是以 $H_2$ 状态存在而氦则是以单原子状态存在了。$He_2$ 分子涉及两个充满的原子轨道的重叠，共有四个价电子，成键分子轨道和反键分子轨道都是充满的［图1-12（B）］。因此，形成 He—He 键并不能降低总能量。

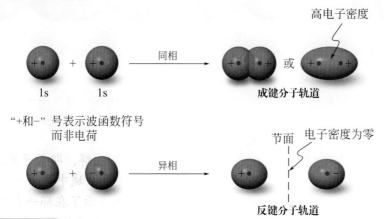

图1-11　1s轨道同相（成键）和异相（反键）重叠。成键分子轨道中，电子在核间的分布概率较高，这是好的键合所必须的（比较图1-2）。反键分子轨道具有一个节面，该处电子出现的概率为零。反键分子轨道中，电子更可能分布于双核外侧空间，因此对成键没有贡献。

---

❶ 莱纳斯·鲍林（Linus Pauling，1901—1994），美国加州理工学院教授，1954诺贝尔化学奖和1963年诺贝尔和平奖获得者。

图1-12 （A）两个单电子占原子轨道（如$H_2$分子中）和（B）两个双电子占原子轨道（如$He_2$分子中）相互作用形成两个分子轨道示意图（非按比例作图）。因为两个电子被稳定，所以H—H成键是有利的。而He—He键在稳定两个电子（成键分子轨道）的同时却让另两个电子不稳定（反键分子轨道），总的能量没有变化。因此，氦是单原子分子。

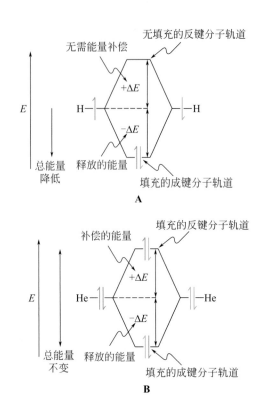

## 原子轨道的重叠形成 σ 和 π 键

原子轨道的重叠形成分子轨道不仅适用于氢的 1s 轨道，而且适用于其他的原子轨道。一般而言，$n$ 个原子轨道的重叠可形成 $n$ 个分子轨道。对于一个简单的 2 电子键来说，$n=2$，这时两个分子轨道分别为成键分子轨道和反键分子轨道。成键分子轨道降低的能量和反键分子轨道升高的能量被称为**能级裂分**（energy splitting），它代表了所成键的强度，与许多因素相关。比如，大小和能量相似的轨道重叠得最好。因此，两个 1s 轨道比一个 1s 轨道和一个 3s 轨道之间的相互作用要更有效。

几何因素也会影响重叠的程度。特别是对像 p 轨道那样在空间有方向性的轨道，几何因素很重要。这样的轨道可以产生两种键：原子轨道沿着核间轴的方向排列（图 1-13 中的 A、B、C 和 D）以及原子轨道垂直于核间

**轨道能级裂分最大化**

轨道尺寸相同
轨道能量相同
空间方向性

图1-13 原子轨道之间的键合。（A）1s 和 1s（如 $H_2$），（B）1s 和 2p（如 HF），（C）2p 和 2p（如 $F_2$），（D）2p 和 3p（如 FCl）：以上都是σ键，沿核间轴排列；（E）2p 和 2p 垂直于核间轴重叠成（如乙烯分子 $H_2C{=}CH_2$）π键。注意：在标明波函数同相作用的时候，选择+和-符号是任意的。（D）大8字里还有一个小8字。3p 轨道比相应的 2p 轨道更大。

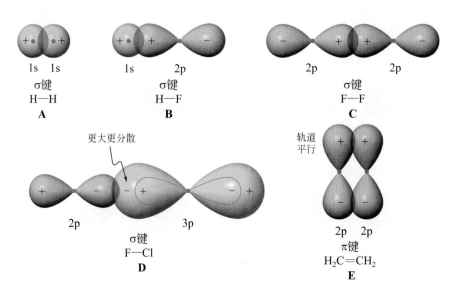

轴的方向排列（图 1-13 中的 E），前者被称为 σ **键**（σ bond），后者被称为 π
**键**（π bond）。所有的 C—C 单键都是 σ 键，而双键和叁键中则有 π 键（1-8 节）。

---

**解题练习1-14**

**运用概念解题：轨道裂分图**

构建 $He_2^+$ 键合的分子轨道图和能级裂分图。该分子中成键有利吗？

**策略：**

为了画出 He—He 键的分子轨道图，需要选择合适的原子轨道来重叠。
元素周期表（表 1-1）和 Aufbau 原理（1-6 节，图 1-10）告诉我们选择 1s
轨道。因此，两个 He 原子之间的键就和氢原子之间的一样（图 1-11），是
两个 1s 原子轨道之间的重叠。

**解答：**

- 同相之间的相互作用形成能量较低（相对于初始的 1s 原子轨道）
的成键分子轨道，异相之间的相互作用形成能量较高的反键分子轨道。
能级图基本上和图 1-12（A）及图 1-12（B）一样。不过 $He_2^+$ 含有 3 个电子。

- 从 Aufbau 原理得知电子应"从底部向上填充"。因此，两个（成
键）电子进入较低能级而一个（反键）电子进入较高能级。

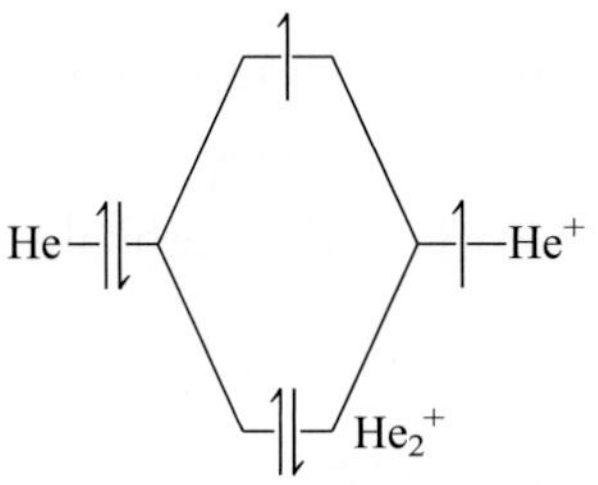

- 产生的净效果是多了一个有效的成键作用［相对于中性的 $He_2$，图
1-12（B）］。事实上，通过 $He^+$ 和 He 的放电反应可以得到 $He_2^+$，表明 $He_2^+$
中的成键是有利的。

---

**1-15 自试解题**

画出 LiH 键合的分子轨道图和能级裂分图，成键是否有利？（**注意：**
此处拟重叠的轨道能量并不相同。**提示：**重温 1-6 节 Aufbau 原理。Li 和 H
的电子构型是什么？非等同能量轨道裂分会遵循使高能级轨道能量升高，
低能级轨道能量降低的原则。）

**真的吗？**

你知道吗？元素及其
化合物只是整个宇宙微
小的一部分：仅占 4.6%！
对宇宙中占绝大多数的组
成——暗能量（72%）和
暗物质（23%）——我们
知之甚少。在 4.6% 之中，
氢是最丰富的元素（75%），
其次是氦（23%）、氧（1%）
和碳（0.5%）。

---

**小　结**

我们已经用了较大的篇幅来讲述化学键。首先，用库仑作用力
来描述键，然后从共价和共享电子对的角度来描述，现在又给出了
量子力学的图像。化学键是原子轨道重叠的结果。两个成键电子处
于成键分子轨道上，比在初始的原子轨道上稳定，因此在键形成的
过程中放出能量。这种能量的降低代表了键的强度。

# 1-8 | 杂化轨道：复杂分子中的成键

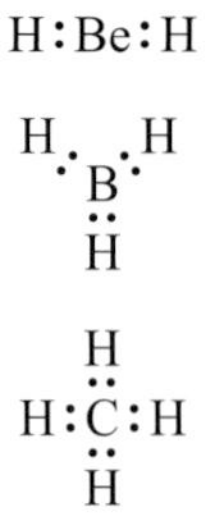

H:Be:H

$$H\overset{\cdot\cdot}{\underset{\cdot\cdot}{B}}H$$
$$\overset{\cdot\cdot}{\underset{H}{}}$$

$$H\overset{H}{\underset{H}{:C:}}H$$

现在用量子力学来构建更复杂的分子中的成键图像。该如何用原子轨道来建立线形（如 $BeH_2$）、平面三角形（如 $BH_3$）以及四面体形（如 $CH_4$）的分子呢（页边图）？

以铍的氢化物 $BeH_2$ 为例。铍有两个电子在 1s 轨道中，两个电子在 2s 轨道中。因为没有未成对电子，这样的电子构型看起来不太有利于成键。但只需要较小的能量就可使一个 2s 轨道上的电子进入到一个 2p 轨道（图1-14），进一步成键时放出的能量足以补偿这一能量需求。这样在 $1s^2 2s^1 2p^1$ 的构型中就出现两个可以用来重叠成键的单电子占据原子轨道。

可以假设通过如下方法来形成 $BeH_2$ 中的键，使 Be 的 2s 轨道和 H 的 1s 轨道重叠，再用 Be 的 2p 轨道和另一个 H 的 1s 轨道重叠（图1-15）。这样就会产生两个具有不同长度的且可能有一定角度的键。然而，价电子互斥理论认为像 $BeH_2$ 这样的化合物应该具有线形结构（1-3 节）。另外，相关化合物的实验也证明了这种预测，同时还表明和 Be 相连的两个键是等长的[1]。

## sp 杂化产生线形结构

如何从轨道的角度来解释这样的几何现象？为了回答这个问题，应用了一种称为**轨道杂化**（orbital hybridization）的量子力学方法。就像不同原子中原子轨道的重叠产生分子轨道一样，同一个原子的不同原子轨道的混合产生了新的**杂化轨道**（hybrid orbital）。

**图1-14** Be的电子跃迁使两个价电子都可以参与成键。

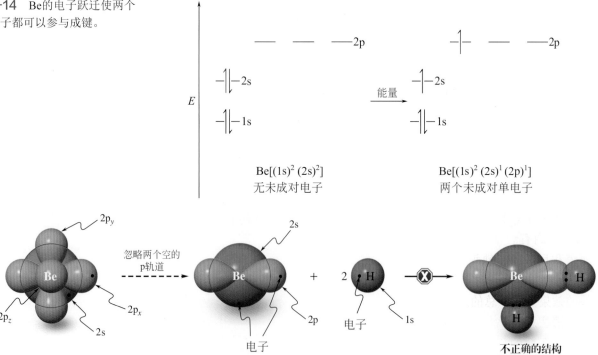

Be[(1s)² (2s)²]
无未成对电子

Be[(1s)² (2s)¹ (2p)¹]
两个未成对单电子

不正确的结构

**图1-15**　$BeH_2$ 中在通过铍原子 2s 和一个 2p 轨道分别成键是可能的，但所得结构是不正确的。1s 轨道和 2s 轨道中的节面图中没有显示。为了清晰，除最左侧图外，其他两个图中铍原子两个空的 p 轨道也未画出。圆点代表价电子。

---

[1]　$BeH_2$ 分子本身无法印证这一结论，因为它是以 Be 和 H 原子的复杂网状形式存在的。但是 $BeF_2$ 和 $Be(CH_3)_2$ 在气相中都是以单个分子的形式存在的，结构与预测吻合。

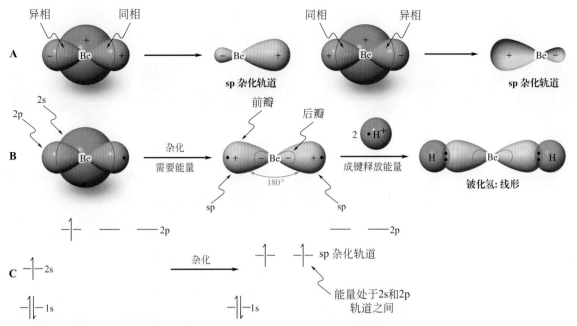

动画
杂化形成sp轨道

**图 1-16**　（A）铍的杂化产生两个 sp 杂化轨道。（B）成键的结果使 BeH₂ 具有线形结构。为了清晰，剩下的两个 p 轨道和 1s 轨道未画出。sp 轨道中较大瓣的波函数符号和较小瓣的符号相反。（C）杂化过程的能量变化。2s 轨道和一个 2p 轨道杂化形成两个 sp 轨道，其能量位于前两者中间。1s 和其他 2p 轨道能量保持不变。

　　将 Be 中的 2s 和一个 2p 波函数混合时，可以得到两个新的杂化轨道，称为 sp 轨道，它含有 50% 的 s 轨道和 50% 的 p 轨道。可以通过 2s 轨道和 2p 轨道原子内轨道重叠来图示 sp 杂化轨道的形成 [图 1-16（A）]。与分子轨道中成键轨道和反键轨道的形成过程类似（图 1-11），可以通过两种可能的方式重叠轨道形成 sp 杂化轨道。这样的处理重置了轨道瓣的空间指向。图 1-16（B）显示了铍原子周围的两个 sp 杂化轨道。轨道的主要部分，也被称作前瓣的部分，彼此成 180°角展开。同时还有符号相反的两个较小的后瓣（一个 sp 轨道中有一个），剩下的两个 p 轨道不变 [为保持清晰，图 1-16（B）中略去]。杂化过程中的能量变化如图 1-16（C）所示。正如所料，杂化轨道能量处于纯 2s 和 2p 原子轨道中间。

　　两个 sp 轨道前瓣和两个 H 原子的 1s 轨道重叠，产生了 BeH₂ 中的键。图 1-16（B）右上集中显示了所形成的两个化学键。需要特别指出的是，每一个键都是单独形成的。如 1-7 节所述：一个 sp 杂化轨道有一个电子和一个 1s 轨道有一个电子，它们分别通过同相和异相组合形成相应的成键分子轨道和反键分子轨道，而两个电子填充到成键分子轨道中。杂化后形成的 180°角使电子间的排斥力最小。杂化轨道前瓣超大的体积也比未杂化瓣重叠的效果要好；总的结果就是改进了成键，能量降低。

　　请注意杂化并不改变可用来成键的轨道总数。Be 中 4 个轨道的杂化形成了一套新的 4 个轨道：两个 sp 杂化轨道和两个几乎没有改变的 2p 轨道。随后就会看到碳形成叁键时将使用到 sp 杂化轨道。

## sp² 杂化产生三角形结构

　　现在来看一下元素周期表中有 3 个价电子的元素硼（B）。硼烷（BH₃）是怎样成键的？将硼中 2s 轨道中的一个电子激发到 2p 能级之一的轨道上就

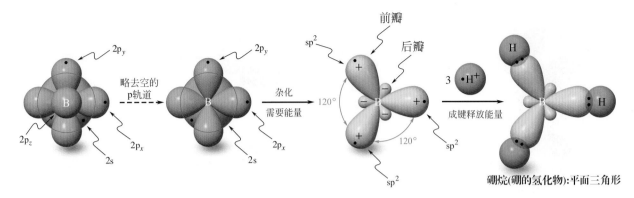

硼烷(硼的氢化物)：平面三角形

图 1-17　B 中的轨道杂化产生 3 个 sp² 杂化轨道。1s 轨道和 2s 轨道节面未在图中显示。最左侧为完整的 B 原子轨道图，为了显示清晰，图中其他地方略去空的 p 轨道。这样成键后 BH₃ 具有平面三角形结构。3 个前瓣的符号相同，3 个后瓣的符号与之相反。剩下的 p 轨道（图中略去）和分子平面垂直（纸平面；一瓣在纸面之上，另一瓣在纸面背后）。与图 1-16（C）类似，杂化后 B 的能级图上有 3 个单电子占据的能量相等的 sp² 能级，1 个剩余的空 2p 能级，以及充满的 1s 轨道。

虽然有些超出讨论范畴，但混合任意数量轨道的数学处理结果就是产生相等数目的新（分子或者杂化）轨道。因此，一个 s 轨道和一个 p 轨道结合产生两个 sp 杂化轨道；一个 s 轨道和两个 p 轨道结合产生三个 sp² 杂化轨道，以此类推。

可以得到能用来形成三个键的 3 个单占原子轨道（一个 2s，两个 2p）。根据图 1-16（A）所示方向进行原子内重叠，但这里有额外加入的第三个原子轨道，就形成了三个新的杂化轨道，标记为 sp²，表示形成的杂化轨道中含有 67% 的 p 轨道和 33% 的 s 轨道（图 1-17）。第三个 p 轨道没有改变，所以轨道的总数没变，还是 4 个。

B 中 3 个 sp² 轨道的前瓣和相应 H 原子 1s 轨道重叠得到平面三角形的 BH₃。杂化使电子排斥最小的同时增强了重叠，这是形成更强化学键的条件。剩下的未改变的 p 轨道垂直于 sp² 轨道所在的平面。这个轨道是空的，对成键没有什么显著贡献。

BH₃ 与甲基正离子（CH₃⁺）是**等电子体**（isoelectronic species），即它们的电子数一样。事实上，CH₃⁺ 的杂化形式与 BH₃ 完全一样：3 个 sp² 杂化轨道与 3 个氢原子 1s 轨道成键。随后会看到碳在形成双键的时候也会用到 sp² 杂化轨道。

### sp³ 杂化解释四面体碳化合物的形状

现在考虑一种元素：碳，它的成键是我们最为感兴趣的。它的电子构型为（1s）²（2s）²（2p）²，在两个 2p 轨道上有两个未成对电子。将 2s 中的一个电子激发到 2p 轨道上可以形成四个用于成键的电子单占轨道。已经知道在甲烷分子中，四个 C—H 键彼此电子排斥力最小的三维空间结构就是四面体结构（1-3 节）。为了形成这样的几何结构，碳中的 2s 轨道需要和所有三个 2p 轨道杂化形成四个等价具有四面体对称性的 sp³ 轨道，每个轨道拥有 75% 的 p 轨道和 25% 的 s 轨道，且都被一个电子占据。图 1-18 中间图集中呈现所有四个杂化轨道，但请注意每一个杂化轨道都是原子轨道按照某一种原子内重叠模式组合的结果。所得的四个杂化轨道分别和四个氢原子的 1s 轨道重叠形成甲烷四个等价的 C—H 键。H—C—H 的键角是标准四面体形的：109.5°（图 1-18）。再一次强调，每个键都是单独形成的，一次一个 sp³ 轨道和一个 1s 轨道。

原子轨道和杂化轨道的任何重叠都可以成键。例如，C 的四个 sp³ 轨道可以和四个 Cl 的 3p 轨道成键，形成四氯化碳（CCl₄）。杂化轨道的重叠可以形成 C—C 键。乙烷（图 1-19）中 CH₃—CH₃ 键由两个 sp³ 杂化轨道重叠

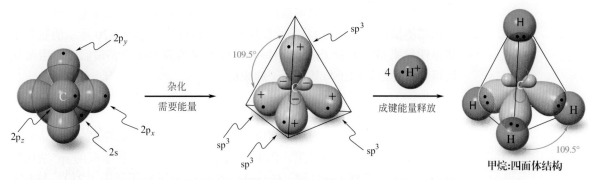

**图1-18** C 原子轨道杂化形成四个 sp³ 杂化轨道。这样成键后 $CH_4$ 和其他碳化合物具有四面体结构。sp³ 杂化轨道有一个小的后瓣和大的前瓣，二者符号相反。与图 1-16(C) 类似，碳原子 sp³ 杂化能级图包括 四个单占且能量相等的 sp³ 能级和一个填满的 1s 轨道。

动画
甲烷分子中杂化形成sp³轨道

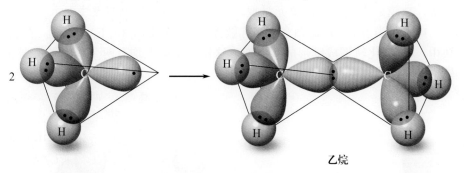

乙烷

动画
乙烷分子杂化

**图1-19** 两个sp³轨道重叠形成乙烷分子中的C—C键。

形成，每个 $CH_3$ 提供一个。甲烷和乙烷中的每个氢原子都可以被 $CH_3$ 或其他基团取代从而形成新的化合物。

在上述分子以及无数其他分子中，碳几乎都是四面体构型的。碳能够形成含有多种取代基团的原子链，正是因为碳的这一特性才使得有机化学具有超乎寻常的多样性。

## 杂化轨道可以含有孤对电子：氨和水

什么类型的轨道可以描述氨和水中的化学键呢（练习 1-5）？让我们从氨开始。N 的电子构型 $(1s)^2(2s)^2(2p)^3$ 可以解释为什么 N 是三价的，因为需要三个共价键才能形成 8 电子稳定结构。可以只用 p 轨道来重叠成键，保持 2s 能级中的电子对不变。但这样却不能使电子排斥力最小。最好的解决方法仍然是形成 sp³ 杂化轨道。三个 sp³ 杂化轨道与 H 原子成键，第四个包含一对孤对电子。氨中的 H—N—H 键角为 107.3°，非常接近四面体构型（图 1-20）。孤对电子使 $NH_3$ 键角比理想的四面体键角 109.5° 要小。孤对电子没有被共享，因此要更接近 N 原子。这样它们对与 H 成键的电子就产生了更大的排斥力，导致相应的键角压缩。

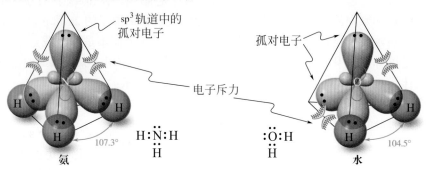

**图1-20** 氨和水分子中的成键和电荷互斥。弧形线表示离核更近的孤对电子所导致的更大的电子排斥力。

同样，水分子成键也可以用氧原子形式上的 sp$^3$ 杂化来描述。但这种形式所需能量过大（练习 1-17）。简单起见，姑且使用如图 1-20 所示的氨分子成键图像来描绘水分子成键，H—O—H 的键角为 104.5°。最后，不用杂化轨道来处理卤素原子与其他原子的成键。

### 乙烯和乙炔中存在 π 键

烯烃（如乙烯）中的双键和炔烃（如乙炔）中的叁键是碳的原子轨道分别采用 sp$^2$ 和 sp 杂化的结果。因此，乙烯中的 σ 键均源自于碳的 sp$^2$ 杂化轨道：C$_{sp2}$—C$_{sp2}$ 形成 C—C 键，C$_{sp2}$—H$_{1s}$ 连接四个氢原子（图 1-21）。与 BH$_3$ 中 B 上有一个空的 p 轨道不同，乙烯中每个碳上未被杂化的剩余 p 轨道上均有一个电子占据，它们重叠后形成 π 键［图 1-21 中为清楚地显示给定的轮廓，轨道通常以孤立的单元呈现，轨道的重叠以绿色的虚线表示。实际上，电子是沿着 C—C 键轴空间呈弥散性分布，如图 1-13（E）所示］。在乙炔中，C$_{sp}$ 杂化轨道成键形成 σ 骨架，这样每个碳上均有两个单电子占据 p 轨道，从而可以形成两个 π 键（图 1-21）。

动画
乙烯和乙炔的杂化

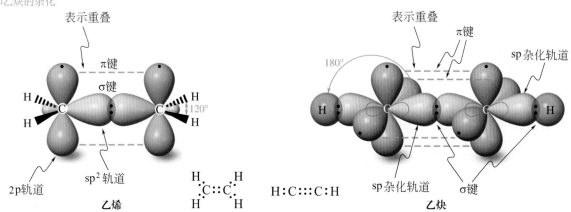

图1-21　乙烯中的双键和乙炔中的叁键。

### 练习 1-16

（a）画出甲基正离子（CH$_3^+$）和甲基负离子（CH$_3^-$）的杂化和成键示意图。（提示：这些分子的形状是什么？回顾 1-3 节的价电子互斥模型。）（b）画出甲基硼烷分子 H$_3$CBH$_2$ 的所有轨道。

---

### 解题练习 1-17

**运用概念解题：水分子中的轨道重叠**

为方便起见，可以将水分子中的氧看作是 sp$^3$ 杂化，但该杂化与甲烷中的 C 和氨中的 N 相比却是不利的。原因就在于氧原子的 2s 和 p 轨道能量差别较大，而且与氢成键的数目较少（只有两个而不是四个或三个），不足以弥补杂化所需的能量。相应地，氧基本上使用未杂化轨道成键。为什么 O 的 2s 和 p 轨道能量差别如此之大？（提示：元素周期表同一周期从 C 到 F，正的核电荷数逐渐增加。回顾 1-6 节末尾，复习该效应对轨道能量的影响。）

为什么上述效应对杂化过程有不利的影响？认真揣摩一下这些问题，

画出水分子按照未杂化O成键的图像。应用价电子互斥理论去解释104.5°的H—O—H键角。

**策略：**

杂化过程的原子内轨道重叠与原子间轨道重叠成键的调控机制完全一致：具有相似尺寸和能量的轨道重叠最好。同时，成键还受限于杂化原子组成的分子的几何形状（习题49）。从甲烷、氨、水到氟化氢，随着核电荷数逐渐增加，这一系列分子中球形对称的 2s 轨道比相应的 p 轨道能量越来越低。将电子置于相应的轨道有助于理解这一趋势：电子在 2s 轨道比在较远的 p 轨道能更紧地被核所吸引。杂化过程需要将电子从 2s 轨道激发到远离核的位置，因此上述趋势将使元素周期表 N 右侧的元素轨道杂化变得困难。杂化过程降低的电子互斥完全被库仑作用能所抵消。尽管如此，仍可以画出一个合理的轨道重叠图像。

**解答：**

• 用氧原子上的两个单占 p 轨道与两个相应的氢 1s 轨道重叠（页边）。在该图像中，两对孤对电子分别位于一个 p 轨道和 2s 轨道。

• 那么为什么水分子键角不是 90°？显然，无论是否杂化，库仑定律（电子互斥）都在起作用。两对成键电子会导致键角扭转（到观测值），远离彼此达到稳定结构。

### 1-18 自试解题

扩展水分子成键图像到 HF 的成键，该分子也是通过未杂化轨道成键。

---

**小　结**

为使三原子以及多原子分子中电子排斥力最小和成键最强，使用原子轨道杂化的概念来构建具有合适形状的轨道。s 和 p 原子轨道的混合可以产生杂化轨道。因此，一个 2s 轨道和一个 2p 轨道混合后形成两个线形的 sp 杂化轨道，剩下的两个 p 轨道没有改变。2s 和两个 p 轨道的混合可以得到三角形分子中的三个 $sp^2$ 杂化轨道。最后，将 2s 和三个 p 轨道混合可以得到四个 $sp^3$ 轨道。碳的四面体几何结构就是 $sp^3$ 杂化。

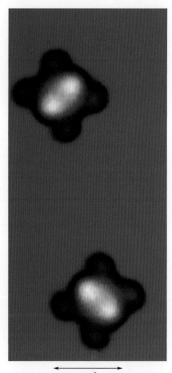

10 Å

扫描隧道显微镜能够对分子在原子尺度上的电子分布进行成像。上图显示了沉积在银表面的四氰基乙烯在 7K 温度下的一个轨道图像。[*Picture courtesy of Dr. Daniel Wegner, University of Münster, and Professor Michael F. Crommie, University of California at Berkeley.*]

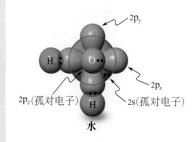

# 1-9 | 有机分子的结构和分子式

对键本质的深入理解可以了解化学家们是如何决定有机分子的特性并画出它们的结构的。不要忽视结构书写的重要性。草率地画分子结构是文献中许多错误的根源，可能更密切相关的，则是在有机化学考试中。

**为了解分子的本质，确定其结构**

有机化学家可用多种技术手段来确定分子的结构。**元素分析**（elemental

**乙醇和甲氧基甲烷（二甲醚）：两个构造异构体**

乙醇
(沸点 78.5℃)

甲氧基甲烷
(二甲醚)
(沸点 −23℃)

**自然界的构造异构体**

前列环素 $I_2$

凝血噁烷 $A_2$

analysis）可以得到化合物的**经验分子式**（empirical formula），从中可以得到化合物中元素的种类和比例。但是，还需要其他方法来确定化合物的分子式以及区分几种可能的结构。比如，分子式 $C_2H_6O$ 可以对应于两种已知的化合物：乙醇和甲氧基甲烷（二甲醚）。可以根据它们的物理性质来区分，比如，熔点、沸点、折射率、密度等。乙醇是实验室和工业上经常用作溶剂的一种液体（沸点 78.5℃），也存在于酒精饮料中。相反，甲氧基甲烷则是一种气体（沸点 −23℃），用作制冷剂。它们的其他物理及化学性质也有不同。这些分子式相同但原子连接方式不同的分子，称为**构造异构体**（constitutional isomer）或**结构异构体**（structural isomer）（真实生活 1-1）。

### 练习 1-19

画出分子式为 $C_4H_{10}$ 的两个构造异构体，显示所有的原子和化学键。

---

两种自然界存在的化合物可以说明结构上的不同对生物效应所产生的影响。前列环素 $I_2$（Prostacyclin $I_2$）阻止循环系统内的血液凝结。凝血噁烷 $A_2$（Thromboxane $A_2$）在出血的时候被释放，诱导血小板聚集，从而使伤口表面凝结血块。令人惊讶的是，这两种化合物是构造异构体（两者分子式都为 $C_{20}H_{32}O_5$），它们只是连接顺序上稍有不同。实际上，它们又是如此密切相关，因为它们在体内是由同一起始原料合成的（19-13 节）。

当从自然界或从一个反应中分离出一个化合物后，为了鉴别它，化学家会将这个化合物和已知化合物的性质进行比较。假设这个化合物是全新的，在这种情况下，对其结构的确定就要用到其他一些方法，其中大部分是各种各样的谱学方法。在随后的章节中会介绍并应用这些方法。

结构确定中最完备的方法就是单晶 X 射线衍射以及对气体的电子衍射或微波谱。这些技术可以揭示每个原子的确切位置，就好像在高倍数的放大镜下能看到分子一样。对乙醇和甲氧基甲烷这两种异构体来说，使用上述方法得到的结构细节在图 1-22 的（A）和（B）中已经用球棍模型表示出来了。注意碳原子周围的四面体成键结构和氧原子上键的弯曲，氧原子的杂化和水分子中情况一样。图 1-22（C）所示的空间填充模型给出了甲氧基甲烷及其组成部分实际大小的更精确表示。

有机分子的三维视图对了解它们的结构和反应性都是十分重要的。你可能觉得想象哪怕是很简单的一个体系的空间结构也是很困难的。一套分子模型盒是很好的辅助工具，应该拥有一套并用它来练习搭建有机分子结构。

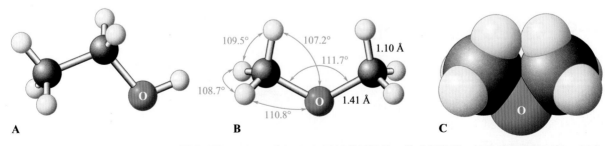

**A**

**B**

**C**

图 1-22 （A）乙醇和（B）甲氧基甲烷的三维球棍模型，键长单位为埃（Å），键角单位为度（°）。（C）甲氧基甲烷的空间填充模型，考虑了每个原子核周围"电子云"的有效尺寸。

## 练习1-20

使用分子模型盒来搭建分子式为 $C_4H_{10}$ 的两种构造异构体。

### 分子结构的几种画法

本书 1-4 节中首次提到了分子结构的表达方式，给出了画 Lewis 结构的原则，其中成键和不成键电子都用点表示。简化的方法是用直线来代替（Kekulé 结构式），孤对电子（如果有的话）仍用点表示。为了更简洁，化学家省略所有的单键和孤对电子，采用**缩写式**（condensed formula）。缩写式主碳链沿水平线书写，与其相连接的氢原子通常写在相应碳原子的右边，其他取代基［主链上的**取代基**（substituent）］通过直线连接。此外，取代基也可以放在主链上，和可能的氢原子一起置于所连接的碳原子后面。

所有书写方法中最简洁的是**键线式**（bond-line formula）。它将碳链骨架画成锯齿形，省略所有的氢原子。每个未取代的链端表示一个甲基，而每个顶点代表一个碳原子，默认所有未特殊说明的价键都可以通过单键或者氢满足。

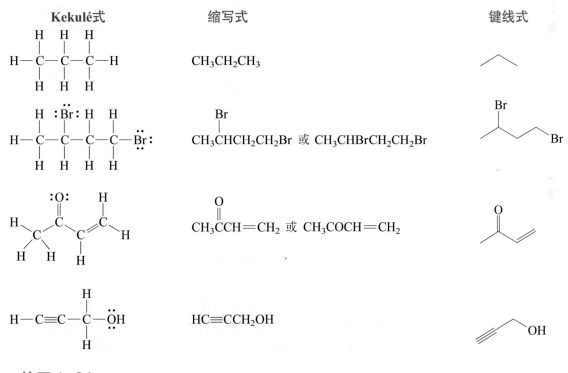

## 练习1-21

画出分子式为 $C_4H_{10}$ 的每一个异构体的缩写式和键线式。

图 1-22 提出了一个问题：如何准确、有效地以约定俗成的方式画出一个有机分子的三维结构？对于四面体碳而言，**虚-实楔形线符号**（hashed-wedged/solid-wedged line notation）可以解决这个问题。它使用传统的锯齿形表示主要碳链，定义其与纸同平面。每个顶点（碳原子）和另外两条线相连，一条是**虚楔形线**（hashed wedged line），一条是**实楔形线**（solid wedged line），都指向远离主链的方向。它们代表了碳的其他两个键，虚楔形线表

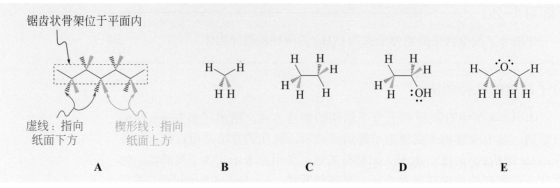

图1-23 虚（红色）- 实（蓝色）楔形线画法：（A）碳链；（B）甲烷；（C）乙烷；（D）乙醇；（E）甲氧基甲烷。纸面内原子用通常的直线相连，虚线顶端的基团位于纸面下方；而实楔形线顶端的基团位于纸面上方。

示指向纸面下方的键，而实楔形线表示指向纸面上方的键（图1-23）。取代基放在相应的端点上。这一画法可应用于所有大小的分子，甚至是甲烷［图1-23（B）~（E）］。为简单起见，通常把两种键线叫做虚线（替代虚楔形线）和楔形线（替代实楔形线）。

正如第39页键线式所示，书写结构式通常会略去氢原子，为更简捷方便甚至略去虚-实楔形线。看这些结构图的时候，要清楚碳是四面体结构，相连的取代基可能位于纸面上方或者下方（下图）。

### 练习1-22

（**a**）画出分子式为 $C_4H_{10}$ 的每一个异构体的虚-实楔形线图。（**b**）用键线式画出第4页中的苄基青霉素、立方烷和糖精的结构图。

## 小　结

对有机化合物结构鉴定需要依靠一些实验技术，包括元素分析和各种形式的谱学方法。分子模型对于形象了解分子结构中原子的空间排列是很有帮助的。缩写式和键线式是描述分子二维结构非常有用的简便方法，而虚-实楔形线结构式是描述原子和化学键三维排列的方法。

## 总　结

本章介绍的大部分内容你可能在普通化学中甚至在高中就已经熟悉了，也许讲述的方式有所不同。这里的目的是简要重述这些知识，因为它与有机分子的结构和反应性密切相关。本章需要掌握的基本内容如下：

→ 库仑定律（1-2节）的重要性在许多方面都是显而易见的，比如说原子的吸引（1-3节），相对电负性（表1-2），分子形状的电子互斥模型（1-3节）和优势共振结构的选择（1-5节）。

- 电子有扩散倾向（离域化），共振式（1-5节）和重叠成键（1-7节）都明确表明了这一点。

- 价电子数（1-3节和1-4节）与Aufbau原理（1-6节）间的关系，以及由于形成化学键而使元素得到惰性气体-八隅律-闭壳构型所产生的稳定性（1-3节，1-4节和1-7节）。

- 原子和分子轨道的特征形状（1-6节）对于找到原子核周围"反应性"电子的位置提供了感性认识。

- 重叠成键模型（1-7节）使我们能够判断有关反应的能量、方向和整体可能性。

- 掌握用Kekulé式、缩写式和键线式书写有机结构的技能，并能应用虚-实楔形线来表示分子的三维特性。

    在掌握了所有这些知识后，现在可以以之为工具，尝试检验有机分子结构和动态的无穷无尽的各种变化及其它们的反应性位点。

## 1-10   解答有机化学问题的一般策略

    在开始尝试解答有机化学问题之前，务必要搞清楚问题是什么（适用于任何学科学习）。要全面仔细地阅读每一个问题，然后理性确定如何开始解题。最好列出解题所需要的信息清单，找出目前你还不掌握的必要信息。最后，整理一个分步解题的方案。按照方案执行不要跳过步骤。

    这个策略可称之为"WHIP"方案（行动起来，你可以"掌握"有机化学）：

- **What** 有何信息？
- **How** 如何进行？
- **Information** 需用的信息？
- **Proceeded** 继续进行。

下面的解题练习将示例这一方法。

### 解题练习1-23

**书写Lewis结构：八隅律**

    硼氢化钠（$Na^+ BH_4^-$）是将醛和酮转化为醇的试剂（8-5节）。它可以通过 $BH_3$ 和 $Na^+ H^-$ 反应来制备：

$$BH_3 + Na^+H^- \longrightarrow Na^+ \begin{bmatrix} & H & \\ H & B & H \\ & H & \end{bmatrix}^-$$

**a. 画出 $^-BH_4$ 的 Lewis 结构**

策略：

- **W**：有何信息？初见觉微：画一个Lewis结构。然后，细思一下，这个练习的目的到底是什么。再进一步考虑，我们了解多少？我们事实上正面对一个加成反应，一个$H^-$加到$BH_3$上生成$^-BH_4$。

- **H**：如何进行？遵循1-4节给出的书写Lewis结构的指导原则，按其步骤进行。

- **I:** 需用的信息？我们需要了解分子的骨架——原子连接顺序（规则1）——和已有的价电子数目（规则2）。
- **P:** 继续进行。

**解答：**

**步骤 1.** 上述方程式上方括号内表明了分子骨架（规则 1）：一个硼原子周围围绕着 4 个氢原子。

**步骤 2.** 价电子数是多少？答案是（规则 2）：

| | | |
|---|---|---|
| 4 H | = 4×1电子 | = 4电子 |
| 1 B | | = 3电子 |
| 电荷 | = −1 | = 1电子 |
| 总数 | | 8电子 |

**步骤 3.** 八隅律（规则 3）要求硼周围有 8 个电子，4 个氢原子每个需要 2 个，总共需求 16 个电子。从步骤 2 已有能提供的价电子总数是 8 个。电子需求数减去能提供电子数除以 2 得到需要的成键数目 4。Lewis 结构是什么样的？在硼和与它相连的 4 个氢原子之间各放置 2 个电子形成所需的四个化学键，用掉所有价电子的同时填充所有原子的价层：

$$\begin{array}{c} H \\ H \!:\! \ddot{B} \!:\! H \\ \ddot{H} \end{array}$$

**步骤 4.** 还差最后一步！该物质带电，必须归属形式电荷的位置，才能达成一个完整的正确的 Lewis 结构（规则 4）。每个氢原子有 1 个价电子，即中性原子的价电子数，这表明它们是中性的，所以 −1 形式电荷应在硼上。可以数一下硼周围的价电子数目，为 4，即成键共享电子总数 8 的一半，比中性硼原子本身价电子数多一个。因此，正确的 Lewis 结构是：

$$\begin{array}{c} H \\ H \!:\! \ddot{B} \!:\! H \\ \ddot{H} \end{array}$$

**b. 硼氢负离子是什么形状？**

解答：

**W：**有何信息？这个问题直接明了。

**H：**如何进行？

**I：**需用的信息。我们要回顾 1-3 节中提到的必要信息：电子排斥力可以控制简单分子的形状。硼氢负离子中硼周围有四对成键电子，与甲烷中的碳一样。

**P：**继续进行。以此类比，我们可以合理推断硼氢负离子具有与甲烷一样的四面体结构，其中硼原子为 sp³ 杂化（页边图）。

**c. 画出 H: 进攻 BH₃ 的轨道图，哪一个是参与成键重叠的轨道？**

解答：

之前的两个问题相对简单，现在的问题更为复杂一些。

**W：**该问题包括以下几个部分。首先，我们将需要起始原料的轨道图，同时需要确定产物和相应的轨道图。最后我们必须尽力厘清起始的

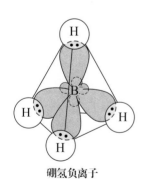

硼氢负离子

轨道如何演化成最终的轨道。

　　**H**：怎么开始？

　　**I**：我们具备必须的信息了吗？是的，已经有了。根据 1-6 和 1-8 节所学，我们开始画轨道图。对 H:，它具有双电子填充的 1s 轨道。$BH_3$ 中硼具有 $sp^2$ 杂化轨道，正三角形的硼与氢形成 3 个键，剩余的一个空的 p 轨道与分子平面垂直（图 1-17）。

　　正如在 1-4 节和本节开头所见，H: 与 $BH_3$ 反应生成已知的产物硼氢负离子 $BH_4^-$。$BH_3$ 的哪一部分最容易受到氢负离子的进攻？轨道图给出了答案：空的 p 轨道是理想的电子受体，可以接受负氢的电子对形成一个新键。

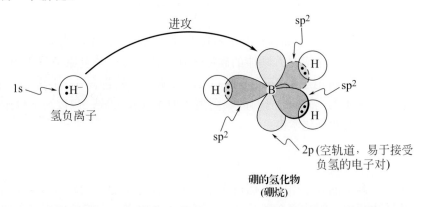

　　在上述过程中，硼的轨道保持不变吗？为了回答这个问题，只需要参考问题 b 中确定的产物硼氢负离子的结构。$BH_4^-$ 是 $sp^3$ 杂化具有四面体结构。很容易想象硼原子在反应中是如何从平面三角形 $sp^2$ 重新杂化至 $sp^3$ 杂化的四面体结构的。最初负氢的 1s 轨道与硼的空 2p 轨道重叠最终变为氢的 1s 轨道与硼的 $sp^3$ 杂化轨道重叠。此类轨道重新杂化过程在共价键断裂和形成中相当常见。

## 解题练习：综合运用概念

　　在本部分内容中，将综合应用本章核心概念解答一些问题，希望能进一步强化大家对基本概念的理解和批判性的思维技巧。下面的例子将测试对书写共振式的熟练程度。

### 解题练习 1-24　书写 Lewis 结构：共振式

　　丙炔可以被很强的碱两次去质子化（即箭头所示的 2 个质子）生成双阴离子

$$H-C\equiv C-\overset{\overset{\displaystyle H}{|}}{\underset{\underset{\displaystyle H}{|}}{C}}-H \quad\xrightarrow[(-2H^+)]{强碱}\quad \left[CCCH_2\right]^{2-}$$

**丙炔**　　　　　　　　　　**丙炔双阴离子**

　　确保此阴离子中 3 个碳原子都具有 Lewis 八隅体结构，可以写出两种共振式。

**a.** 画出 2 种共振结构式并指出哪种是主要的。

解答：

一步一步地分析。

**步骤 1.** 题中图示提供了哪些丙炔双阴离子的结构信息？根据 1-4 节中规则 1：此图给出了原子的连接方式，即 3 个碳原子组成一条链，一个末端碳原子连着 2 个氢。

**步骤 2.** 有多少价电子？根据 1-4 节中规则 2：

| | | | |
|---|---|---|---|
| 2H | = | 2 × 1 电子 | = 2 电子 |
| 3C | = | 3 × 4 电子 | = 12 电子 |
| 电荷 | = | −2 | = 2 电子 |
| 合计 | | | 16 电子 |

**步骤 3.** 对这个离子如何得到 Lewis 八隅体结构？首先，确定该离子中化学键的数目。三个满足八隅律的碳原子加上两个 2 电子氢原子共需 28 个电子，与已有的价电子数 16 之差除以 2，表明该结构包含 6 个化学键。根据 1-4 节中规则 3，依据给出的丙炔阴离子原子连接方式，可以马上分配 8 个电子给相应的四个化学键：

$$\begin{array}{c} \text{H} \\ \text{C:C:C:H} \end{array}$$

现在，剩余的 8 个电子以孤对电子的形式使尽可能多的碳具有八隅体。最好从右边开始，因为这个碳原子只需再要 2 个电子。中间的碳原子需要 2 对孤对电子。最后左边的碳原子只好暂时用剩下的一对孤对电子，即：

$$\begin{array}{c} \text{H} \\ \text{:C:\ddot{C}:\ddot{C}:H} \end{array}$$

这个结构使左边的碳原子只有 4 个电子，因此要把中间的 2 对孤对电子变成共享电子对，得出预期的含 6 个化学键的 Lewis 结构，即：

$$\begin{array}{c} \text{H} \\ \text{:C:::C:\ddot{C}:H} \end{array}$$

**步骤 4.** 现在每个原子都满足双电子或八隅体结构，但是还要解决一下形式电荷的问题。每个原子的电荷是多少呢？根据 1-4 节中规则 4，再次先从右边开始，很快就可以确定氢原子是电中性的。每一个氢通过一个共享电子对与碳相连，使它与自由的、中性的氢原子一样具有 1 个有效电子。另外，右边的碳原子拥有 3 个共享电子对和一个孤对电子，因此，其有效电子数为 5，比中性的碳原子核多出 1 个电子。因此，两个负电荷之一位于右边的碳原子上。中间的碳核被 4 个共享电子对围绕着，因此是中性的。最后，左边的碳与其成键的相邻碳共享 3 个共享电子对，此外还有 2 个未成键电子，因此拥有另一个负电荷。结果是：

$$\begin{array}{c} \text{H} \\ \text{:\bar{C}:::C:\ddot{\bar{C}}:H} \end{array}$$

**步骤 5.** 现在可以讨论共振式的问题了，是否能够通过移动电子对来产生另外的 Lewis 八隅体？根据 1-5 节，可以把右边碳原子上的孤对电子变成共享电子，与此同时，把 3 个共享电子对中的一个移到左边碳原子上变成非共享的部分，即：

$$\left[ \text{:C:::C:}\overset{\overset{\displaystyle H}{\cdot}}{\underset{\cdot}{C}}\text{:H} \longleftrightarrow \text{:}\overset{2-}{\text{C}}\text{:C:::}\overset{\overset{\displaystyle H}{\cdot}}{\underset{\cdot}{C}}\text{:H} \right]$$

这个变换的结果是把负电荷从右边的碳原子转移到了左边的碳原子，使后者变成 −2 价。

**步骤 6.** 哪一个共振图像更重要呢？根据 1-5 节，由于两个负电荷集中在一个碳原子上，电荷斥力使得右侧的结构极度不利，左边的结构是更重要的共振贡献者。

最后一个要点：利用题目给出的信息可以更快地推导出双阴离子的第一个共振结构。丙炔的键线结构式表明了它的 Lewis 结构，而在每个端基碳上脱去质子的过程使相应的碳带有两个孤对电子并导致带相应的电荷，即：

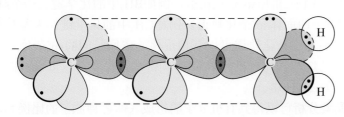

从最后一点中可以学到一些重要的常识，不管什么时候你在面对一个问题时，应该在一开始就花一些时间列出（写下来）题目给出的所有明显或隐含的信息。

**b.** 丙炔双阴离子采用如下的杂化形式：$\left[ \text{C}_{sp}\text{C}_{sp}\text{C}_{sp^2}\text{H}_2 \right]^{2-}$，其中端基的 **$CH_2$ 是 $sp^2$ 杂化，与 $sp^3$ 杂化的甲基阴离子不同** [ 练习 1-16（a）]。画出丙炔双阴离子的轨道图，解释上述杂化形式。

解答：
简单地把图 1-21 中的半个（$CH_2$ 基团）乙烯结构和去掉氢原子的乙炔连接在一起，就可以构建出轨道图。

可以清楚地看出 $CH_2$ 基团的含 2 个电子的 p 轨道与炔基的一个 π 键重叠，如两种共振式所显示的那样使电荷离域。

**重要概念**

**1.** 有机化学是**碳**及其化合物的化学。

**2. 库仑定律**表明了带异种电荷粒子的吸引力与它们之间距离的关系。

**3. 离子键**是带异种电荷的离子库仑力吸引的结果。这些离子是由于电子从一个原子被完全转移到另一个原子而形成的，并使相应的原子达到惰性气体电子结构。

**4. 共价键**是两个原子共享电子的结果。电子共享通常使原子都达到惰性气体电子结构。

**5. 键长**是两个共价键原子之间的平均距离。成键放出能量，断键吸收能量。

**6. 极性键**是由两个不同电负性（衡量原子吸引电子能力的参数）的原子形成的。

**7.** 电荷斥力对**分子形状**的影响十分重要。

8. **Lewis结构**使用代表价电子的圆点来描述键。其画法要求氢为2电子结构，其他原子为8电子结构（八隅律）。形式电荷分离应该尽量最小化，但有可能为了符合八隅律而产生。

9. 当需要两个或更多只有电子位置不同的Lewis结构来描述一个分子时，这些结构称作**共振式**。单独一个共振式不能正确描述此分子的结构，真正表述的结构是所有共振式的平均（**杂化**）。如果一个分子的共振式是不等的，那些最符合Lewis结构画法规则以及原子对电负性要求的结构更重要。

10. 电子绕核的运动可以用**波动方程**来描述，这些方程的解就是**原子轨道**。原子轨道粗略勾画了电子极有可能出现的空间区域。

11. **s轨道**是球形的；**p轨道**看起来像两个相连的泪滴或"球形的数字8"。轨道在任意一点的数学符号可以是正的、负的或零（节点）。当能量升高时，节点数增加。每个轨道最多可以容纳2个自旋相反的电子（**Pauli不相容原理，Hund规则**）。

12. 按照能量最低原则，把电子一个一个地填充到原子轨道的过程称为**构造（Aufbau）原理**。

13. **分子轨道**是两个原子轨道重叠成键时形成的。原子轨道同相重叠得到具有更低能量的**成键分子轨道**，原子轨道异相重叠得到具有更高能量的**反键分子轨道**，反键轨道包含一个节点。分子轨道的数目等于参与重叠的原子轨道数目之和。

14. 沿着原子核核间轴线方向重叠形成的键称为**σ键**；垂直于核间轴线的p轨道重叠形成的键称为**π键**。

15. 同一原子的轨道混合产生具有不同形状的新的**杂化轨道**。一个s和一个p轨道混合产生2个线形sp杂化轨道，例如$BeH_2$中的化学键。一个s和2个p轨道产生3个三角形$sp^2$杂化轨道，例如$BH_3$中的化学键。一个s和3个p轨道产生4个四面体$sp^3$杂化轨道，例如$CH_4$中的化学键。未参与杂化的轨道保持不变。杂化轨道可以互相重叠。碳原子间的$sp^3$杂化轨道的重叠形成了乙烷和其他有机分子的碳-碳键。杂化轨道也可以被孤对电子填充，例如在$NH_3$中。

16. 通过**元素分析**可以得到有机分子的组成（即各种原子的比例），**分子式**给出的是每种原子的数目。

17. 具有相同的分子式但不同的原子连接顺序的分子称为**构造异构体**或**结构异构体**。它们具有不同的性质。

18. **缩写式和键线式**是表述分子的一种简化形式，**虚-实楔形线画法**可表示分子的三维结构。

## 习 题

25. 画出下列分子的Lewis结构，必要时标出电荷。括号内标出了原子的连接顺序。
（a）ClF      （b）BrCN
（c）$SOCl_2$（ClSCl）。可以同时画出一个八隅体结构和价层扩充的结构。参考以下的结构信息，选出最佳的一个：$SOCl_2$中S—O键长测得为1.43Å。作为对比，$SO_2$中键长为1.43Å［练习1-9(b)］，$CH_3SOH$（甲基次磺酸）中S—O键长为1.66Å。

（d）$CH_3NH_2$      （e）$CH_3OCH_3$
（f）$N_2H_2$（HNNH）      （g）$CH_2CO$
（h）$HN_3$（HNNN）      （i）$N_2O$（NNO）

26. 使用表1-2（1-3节）的电负性值，来确定习题25若干结构中的极性共价键，并标出原子合理的$\delta^+$和$\delta^-$。

27. 画出下面物质的Lewis结构，如果必要同时标出电荷。
（a）$H^-$   （b）$CH_3^-$   （c）$CH_3^+$
（d）$CH_3$   （e）$CH_3NH_3^+$   （f）$CH_3O^-$
（g）$CH_2$   （h）$HC_2^-$（HCC）   （i）$H_2O_2$（HOOH）

**28.** 标注下列结构中可能的电荷，写出正确的Lewis结构。所有成键和未成键价电子已显示。

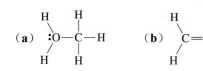

**29.** （a）碳酸氢根离子（$HCO_3^-$）的结构最好用几个共振式的杂化体来描述，其中的两个共振式如下：

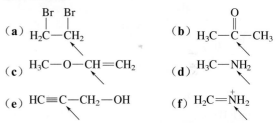

碳酸氢根对控制体液pH值（如血液 pH = 7.4）很重要。是小苏打中$CO_2$的来源，可使面包和糕点更为松软。

（i）画出至少一个其他共振式。

（ii）使用"推电子"弯箭头，来表示电子对的运动是如何使这些Lewis结构相互转化的。

（iii）确定哪一个或哪几个是碳酸氢根真实结构的主要贡献者，根据1-5节的指导原则来解释答案。

（b）画出甲醛肟（$H_2CNOH$）的两个共振式，参照（a）中的（ii）和（iii）所述，利用弯箭头标出共振式之间的相互转化，并指出哪个共振式是主要贡献者。

（c）对甲醛肟离子［$H_2CNO$]$^-$重复（b）的练习。

**30.** 在习题25和习题28中有几种化合物有共振式？标出这些分子并写出其中一个Lewis结构共振式。使用"推电子"弯箭头说明两种结构的相互转化，判断这些共振杂化中哪个是主要贡献者。

**31.** 画出下列物质的两个或三个共振式，并判断哪个或哪几个是主要的贡献者。

（a）$OCN^-$ 　　　　（b）$CH_2CHNH^-$

（c）$HCONH_2$（$HCNH_2$，O在C上方）　（d）$O_3$（OOO）

（e）$CH_2CHCH_2^-$

（f）$ClO_2^-$（OClO）可以同时画出一个八隅体结构和价层扩充的结构。参考以下的结构信息，选出最佳的一个：$ClO_2^-$中两个Cl—O键长都为1.56Å。作为对比，HOCl中Cl—O键长为1.69Å，$ClO_2$中为1.47Å。

（g）$HOCHNH_2^+$ 　　　（h）$CH_3CNO$

**32.** 判断习题31中各物质中间原子可能的几何结构。

**33.** 比较硝基甲烷（$CH_3NO_2$）和亚硝酸甲酯（$CH_3ONO$）的Lewis结构异同点，每个分子写出至少两个共振式。根据这些共振结构，判断每种物质中两个NO键的极性和键级？（两个原子之间的成键数目称为键级）（硝基甲烷常用作有机合成溶剂和合成砌块。氮上带的两个氧使其在燃烧时需氧量较少，常被加入燃料中用于改装赛车额外加力。）

**34.** 画出下列每种物质的Lewis结构。在每组中，比较（i）电子数，（ii）原子（或多个原子）上的电荷（如果有的话），（iii）每个键的本质和（iv）几何形状。

（a）氯原子（Cl）和氯离子（$Cl^-$）

（b）硼烷（$BH_3$）、膦和磷化氢（$PH_3$）

（c）碳和溴的四氟化物$CF_4$和$BrF_4$（C和Br位于中央）

（d）二氧化氮（$NO_2$）和亚硝酸根（$NO_2^-$）（氮原子位于中央）

（e）$NO_2$、$SO_2$和$ClO_2$（N、S和Cl位于中央）

**35.** 使用分子轨道来分析预测下列每组中哪一个物质中原子间的键更强。（**提示**：参考1-12节。）

（a）$H_2$与$H_2^+$ 　　　（b）$He_2$与$He_2^+$

（c）$O_2$与$O_2^+$ 　　　（d）$N_2$与$N_2^+$

**36.** 预测下列分子中指定原子的几何结构，利用其杂化解释该结构。

（a）$H_2C-CH_2$（上方各有Br，Br Br）　（b）$H_3C-C-CH_3$（上方O）

（c）$H_3C-O-CH=CH_2$ 　　（d）$H_3C-NH_2$

（e）$HC≡C-CH_2-OH$ 　　（f）$H_2C=\overset{+}{NH_2}$

**37.** 给出习题36中每个分子指定原子与每一个相邻原子成键的轨道（原子轨道s, p；杂化轨道sp, $sp^2$或$sp^3$）。

**38.** 画出习题37中所涉及的成键轨道重叠图。

**39.** 描述下列结构中每一个碳原子的杂化态，你的答案应基于相应碳的几何结构。

（a）$CH_3Cl$

（b）$CH_3OH$

（c）$CH_3CH_2CH_3$

（d）$CH_2=CH_2$（三角形碳）

（e）$HC≡CH$（线形结构）

（f）$H_3C-C(=O)-H$

（g）$^-H_2C-C(=O)H ↔ H_2C=C(-O^-)H$

**40.** 用Kekulé（直线）表示法画出下列缩写式的结构（习题43）。

（a）CH₃CN

（b）(CH₃)₂CHCHCOH　（with H₂N and O above）

（c）CH₃CHCHCH₃　（with OH below）

（d）CH₂BrCHBr₂

（e）CH₃CCH₂COCH₃　（with two O above）

（f）HOCH₂CH₂OCH₂CH₂OH

**41.** 把下列键线式转化成Kekulé（直线）结构。

（a）[结构：OH] （b）[结构：酰胺]

（c）[结构：Br] （d）[结构：炔]

（e）[结构：O—CN] （f）[结构：S]

**42.** 把下面的虚-实楔形线分子式转化成缩写式。

（a）[结构：H₂N—C—C—NH₂]

（b）[结构：含C、O、CN]

（c）[结构：H—C—Br, Br, Br]

**43.** 画出下列Kekulé（直线）结构式的缩写式。

（a）[结构：H—C—N—C—H]

（b）[结构：H—C—C—N—C—H，含O]

（c）[结构：H—S—C—C—C—H，含O—H]

（d）[结构：F—C—C—O—H，含F、F]

**44.** 使用键线式来重新画出习题40和习题43的结构。

**45.** 把下面的缩写式转化成虚-实楔形线结构式。

（a）CH₃CHOCH₃　（with CN above） （b）CHCl₃

（c）(CH₃)₂NH （d）CH₃CHCH₂CH₃　（with SH above）

**46.** 写出以下两个分子式（a）C₅H₁₂和（b）C₃H₈O尽可能多的构造异构体，并画出每个异构体的缩写式和键线式。

**47.** 画出下列每组构造异构体的缩写式，标出多重键、电荷和孤对电子（如果有）。其中哪个分子有共振式？（**提示**：首先确保你能画出每个分子正确的Lewis结构。）

（a）HCCCH₃和H₂CCCH₂

（b）CH₃CN和CH₃NC

（c）CH₃CH 和H₂CCHOH　（with O above CH₃CH）

**48.** **挑战题** 三价硼和一个带一对孤对电子的原子所形成的键可以写出2种共振式。（**a**）画出下面化合物的这两种共振式（i）(CH₃)₂BN(CH₃)₂；（ii）(CH₃)₂BOCH₃；（iii）(CH₃)₂BF。（**b**）按照1-5节的指导原则，决定两个共振式中哪一个更重要？（**c**）N、O、F之间的电负性差异是如何影响共振式的贡献的？（**d**）预测在（i）中N和（ii）中O的杂化情况。

**49.** **挑战题** 下图所示是奇特的 [2.2.2]螺桨烷（propellane）分子。根据给出的结构参数，哪一种杂化形式能最好地描述带星号的碳原子？（做一个模型来帮你了解它的形状。）它们之间的键使用了哪种类型的轨道？这个键比通常的碳-碳单键（一般长度为1.54Å）是更强还是更弱呢？

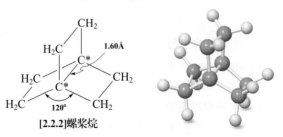

[2.2.2]螺桨烷

**50.** **挑战题** （**a**）根据习题39的信息，给出下列含有非共享电子对（由此产生了相应的负电荷）轨道的可能杂化情况：$CH_3CH_2^-$；$CH_2=CH^-$；$HC\equiv C^-$。（b）$sp$、$sp^2$和$sp^3$轨道中的电子有不同的能量。因为$2s$轨道比$2p$轨道能量低，在杂化轨道中拥有越多的$s$成分，能量就越低。所以$sp^3$杂化（$1/4s$和$3/4p$成分）能量最高，$sp$杂化（$1/2s$和$1/2p$成分）能量最低。根据这些信息来确定（a）中三个阴离子稳定负电荷的相对能力。（c）酸HA的强度与其共轭碱$A^-$稳定负电荷的能力相关。换句话说，稳定的$A^-$对电离式$HA \longrightarrow H^+ + A^-$有利。虽然$CH_3CH_3$、$CH_2=CH_2$和$HC\equiv CH$都是弱酸，它们的酸性并不相同。根据你对（b）的回答，对它们的酸性强度进行排序。

**51.** 许多含有正极化碳原子的物质被认为是"癌症疑似物"（即可疑致癌物或诱发癌症的化合物）。有人认为这些碳原子的存在是其分子致癌的原因。假设极化的程度正比于致癌的潜力，该怎样把下列化合物按致癌能力排序？

（a）$CH_3Cl$　　　　　　　（b）$(CH_3)_4Si$

（c）$ClCH_2OCH_2Cl$　　　（d）$CH_3OCH_2Cl$

（e）$(CH_3)_3C^+$

（**注意**：极化只是已知的与癌症有关的很多因素中的一种。另外，这些因素中没有任何一种显示如本题所假设的直接关系）

**52.** 某化合物，如下图所示，对前列腺癌细胞具有很强的生物活性。在图示的结构中，举例标出下列类型的键或原子：（**a**）强极性的共价单键；（**b**）强极性的共价双键；（**c**）几乎无极性的共价键；（**d**）$sp$杂化的碳原子；（**e**）$sp^2$杂化的碳原子；（**f**）$sp^3$杂化的碳原子；（**g**）不同杂化类型原子之间的键；（**h**）该分子中最长的键；（**i**）除与氢相连的键之外最短的键。

## 团队练习

团队练习是为了鼓励讨论和学习过程中的互相协作。尝试同一个合作者或学习小组解决团队练习题。注意习题已分成几个部分。不要独立解决每个部分，应该在一起讨论习题的每个部分。在你转向下一个部分前，尽量使用你在本章所学的词汇提问，确信自己采取了正确方法。一般来说，课本中的一些术语和概念用得越多，就越能更好地理解分子结构与化学反应性之间的联系，也就能更直观理解化学键的断裂与形成。你将开始体会到有机化学优美的符号而不会成为记忆的奴隶。与同伴或小组成员一起学习的过程能迫使你表达自己的想法，将习题的答案在听众面前而不是对自己讲出来，有利于对答案的检查和验证。当你说"我想你明白我的意思"时，你的听众不会让你轻易逃脱，因为他们可能不明白。你需要对他人同时对自己负责。通过教导他人和从他人那里学习，你能巩固自己的理解。

**53.** 考虑下面的反应：

$$CH_3CH_2CH_2\overset{O}{\underset{}{\overset{\|}{C}}}CH_3 + HCN \longrightarrow CH_3CH_2CH_2\overset{\overset{H}{\underset{}{\overset{O}{|}}}}{\underset{\overset{|}{\underset{N}{C}}}{C}}CH_3$$

$\qquad\qquad$ **A** $\qquad\qquad\qquad\qquad\qquad\qquad$ **B**

（**a**）把这些缩写式改写成Lewis结构式。标出化合物 A 和B中黑体碳原子的几何形状和杂化情况。在这个反应过程中杂化情况有变化吗？

（**b**）把这些缩写式改写成键线式。

（**c**）检查这个反应中各化合物键的极化情况，使用部分电荷分离符号$\delta^+$和$\delta^-$在键线结构上标记每个极性键。

（**d**）这个反应实际上分两步进行：氰根进攻后接着质子化。使用1-5节描述共振结构的"推电子"弯箭头来描写这个过程，但这里是表示这个两步反应的电子流动情况。要清楚地确定箭头的起始点（一个电子对）和箭头的结束点（一个正极化或带正电的原子核）。

## 预科练习

预科练习为你提供进入职业学校入学考试训练，包括 MCAT（美国医学院入学考试）、DAT（美国牙医入学考试）、化学专业 GRE 和 ACS 考试，以及许多大学生的考试。学习本课程时要做这些多重选择题，在你参加专业学校的考试前再复习这些题目。答题时要"闭卷考试"，也就是说，不能携带元素周期表、计算器和一些类似的工具。

**54.** 一个有机化合物在燃烧分析中发现含有 84%的碳和16%的氢（C=12.0，H=1.00），这个化合物的分子式可能是：

（**a**）$CH_4O$　　　　　　（**b**）$C_6H_{14}O_2$　　　（**c**）$C_7H_{16}$

（**d**）$C_6H_{10}$　　　　　（**e**）$C_{14}H_{22}$

**55.** 化合物 $\underset{\underset{Br}{|}}{\overset{\overset{Br}{|}}{Br-Al}}-\underset{\underset{CH_3}{|}}{\overset{\overset{CH_3}{|}}{N}}-CH_2CH_3$ 带有的形式电荷为：

（**a**）N上为-1　　　　　　（**b**）N上为+2

（**c**）Al上为-1　　　　　　（**d**）Br上为+1

（e）以上选择都不对

**56.** 下图结构中箭头所指的键是按下面方式形成的：

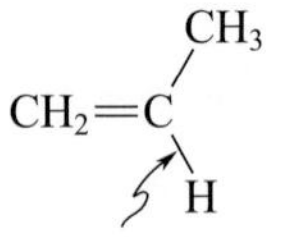

$$CH_2{=}\overset{\overset{\displaystyle CH_3}{|}}{\underset{\nearrow}{C}}{\,}H$$

（a）H上的s轨道和C上的$sp^2$轨道重叠

（b）H上的s轨道和C上的sp 轨道重叠

（c）H上的s轨道和C上的$sp^3$轨道重叠

（d）以上都不是

**57.** 下列哪一个化合物的键角接近120°?

（a）O=C=S  　　　（b）$CHI_3$

（c）$H_2C{=}O$　　　（d）H—C≡C—H

（e）$CH_4$

**58.** 下面哪一对是共振式结构？

（a）$H\overset{..}{\underset{..}O}{-}\overset{+}{C}HCH_3$  和  $H\overset{..}{O}{=}\overset{+}{C}HCH_3$

（b）□  和 $\overset{\displaystyle CH{=}CH_2}{\underset{\displaystyle CH{=}CH_2}{|}}$

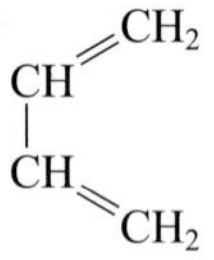

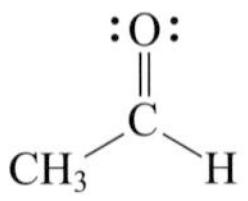

（c）$\overset{\overset{\displaystyle :O:}{\|}}{\underset{\displaystyle CH_3}{C}}{\,}H$ 和 $\overset{\overset{\displaystyle :\overset{..}{O}{-}H}{|}}{\underset{\displaystyle CH_2}{C}}{\,}H$

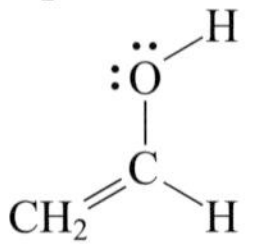

（d）$CH_3\overset{+}{C}H_2$ 和 $\overset{+}{C}H_2CH_3$

# 结构和反应性

## 酸和碱、极性和非极性分子

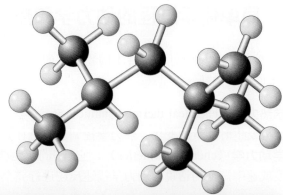

支链烷烃 2,2,4- 三甲基戊烷是汽油的一种重要成分，是衡量燃料效率"辛烷值"的基准。上图所示的汽车引擎需要高辛烷值汽油才能达到知名跑车的高性能。

**第**1 章介绍了由不同元素组成的包含几个不同类型化学键的有机分子。根据这些结构我们能预测出这些物质会表现什么样的化学反应性吗？本章将首先回答这个问题，介绍有机分子中含一定原子的结构组合（即"官能团"）如何表现出特征的和可预测的反应性。酸碱化学可作为一个简单的模型来理解多种官能团的反应，特别是那些含极性键的官能团。本课程都将运用这种类比进行介绍，包括亲电和亲核的概念。

大部分有机分子有一个带有官能团的结构骨架。这个骨架是相对非极性的，由碳和氢以单键连接而成。烷烃是最简单的一类有机分子，没有官能团而且完全由碳和氢以单键组成。因此烷烃是官能化有机分子骨架的极好模型。同时它们本身也是有用的化合物，比如本页所示化合物 2,2,4-三甲基戊烷，它是汽油中所含的一种烷烃。学习烷烃是为更好地理解含官能团分子的特性做准备。因此本章我们要学习烷烃家族各成员的命名、物理性质和结构特征。

$$\text{C—C}$$

烷烃的单键

# 2-1　简单化学过程的动力学和热力学

最简单的化学反应可用两种不同物质之间的平衡来描述，这类过程由两个基本原理所控制。

1. **化学热力学**（chemical thermodynamics），它用于处理一些过程中如化学反应发生时能量的变化。热力学控制反应进行完全的程度。
2. **化学动力学**（chemical kinetics），它着重于反应物和产物浓度变化的速度或速率。换句话说，动力学描述反应进行完全的速度。

这两个原理通常是相关的，但不是必然联系的。热力学非常有利的反应一般比热力学不太有利的反应进行得要快。相反，虽然有的反应产生较不稳定的产物，但是它们要比其它反应快。产生最稳定产物的反应是由**热力学控制**（thermodynamic control）的，它的结果由起始原料到产物的能量的净有利变化所决定。如果所得产物是由速度最快的反应形成的，该过程是由**动力学控制**（kinetic control）的。这个产物可能不是热力学上最稳定的。下面我们将用更为定量的方法来描述这些原则。

**平衡是由化学变化的热力学控制的**

所有的化学反应都是可逆的，反应物和产物以不同的程度互相转化。当反应物和产物的浓度不再变化时，反应就达到了平衡状态。很多情况下，平衡几乎完全在产物一边（大于 99.9%）。这时，该反应被认为反应完全了。（在这种情况下，表示逆向反应的箭头通常被省略，实际上通常认为这样的反应是不可逆的。）

平衡过程通过**平衡常数 K**（equilibrium constant，K）来描述。如下所示，平衡常数等于反应式右边化合物浓度的乘积除以左边化合物浓度的乘积，所有浓度单位都用摩尔每升（$\text{mol·L}^{-1}$）表示。K 值越大，表示这个反应进行得越完全，该反应的**驱动力**（driving force）越大。

| 反应 | 平衡常数 |
|---|---|
| $A \underset{}{\overset{K}{\rightleftharpoons}} B$ | $K = \dfrac{[B]}{[A]}$ |
| $A + B \underset{}{\overset{K}{\rightleftharpoons}} C + D$ | $K = \dfrac{[C][D]}{[A][B]}$ |

如果一个反应进行得完全，会释放一定量的能量。平衡常数可以直接与热力学方程中的标准**吉布斯**[1]**自由能变化**（Gibbs standard free energy

[1] 约瑟夫·维拉德·吉布斯（Josiah Willard Gibbs，1839—1903），美国康涅狄格州耶鲁大学教授。

change)[1]$\Delta G^{\ominus}$ 相关，平衡时：

$$\Delta G^{\ominus} = -RT \ln K = -2.303 \, RT \lg K \quad （单位为 kcal \cdot mol^{-1} 或 kJ \cdot mol^{-1}） \quad （2\text{-}1）$$

式中，$R$ 是气体常数（$1.986 cal \cdot K^{-1} \cdot mol^{-1}$ 或 $8.315 J \cdot K^{-1} \cdot mol^{-1}$）；$T$ 是用 K（Kelvin[2]）表示的绝对温度；$\Delta G^{\ominus}$ 为负值表示释放能量。该方程表明，$K$ 值越大，则反应会有大的、有利的自由能变化。在室温（25℃，298K）下，式（2-1）变为：

$$\Delta G^{\ominus} = -1.36 \lg K \quad （单位为 kcal \cdot mol^{-1}） \quad （2\text{-}2）$$

这个表达式［式（2-2）］说明，平衡常数为 10 时，$\Delta G^{\ominus} = -1.36 kcal \cdot mol^{-1}$；相反，$K$ 为 0.1 时，$\Delta G^{\ominus} = +1.36 kcal \cdot mol^{-1}$。因为 $K$ 与 $\Delta G^{\ominus}$ 是对数关系，$\Delta G^{\ominus}$ 的变化将以指数方式影响 $K$ 值。当 $K=1$ 时，原料和产物具有相同的浓度，$\Delta G^{\ominus}$ 为零（表 2-1）。

表2-1 A ⇌ B 的平衡和自由能：$K=[B]/[A]$

| | 含量 /% | | $\Delta G^{\ominus}$ | |
| --- | --- | --- | --- | --- |
| $K$ | B | A | 25℃ / kcal·mol$^{-1}$ | 25℃ / kJ·mol$^{-1}$ |
| 0.01 | 0.99 | 99.0 | +2.73 | +11.42 |
| 0.1 | 9.1 | 90.9 | +1.36 | +5.69 |
| 0.33 | 25 | 75 | +0.65 | +2.72 |
| 1 | 50 | 50 | 0 | 0 |
| 2 | 67 | 33 | −0.41 | −1.72 |
| 3 | 75 | 25 | −0.65 | −2.72 |
| 4 | 80 | 20 | −0.82 | −3.43 |
| 5 | 83 | 17 | −0.95 | −3.97 |
| 10 | 90.9 | 9.1 | −1.36 | −5.69 |
| 100 | 99.0 | 0.99 | −2.73 | −11.42 |
| 1000 | 99.9 | 0.1 | −4.09 | −17.11 |
| 10000 | 99.99 | 0.01 | −5.46 | −22.84 |

（表中左侧箭头标注：平衡常数增加；中间箭头标注：$\Delta G^{\ominus}$ 更负）

## 自由能变化与体系的化学键强度改变和能量分散程度相关

标准 Gibbs 自由能变化与另外两个热力学参数有关：**焓变**（enthalpy change，$\Delta H^{\ominus}$）和**熵变**（entropy change，$\Delta S^{\ominus}$）。

**标准Gibbs自由能变化**

$$\Delta G^{\ominus} = \Delta H^{\ominus} - T\Delta S^{\ominus} \quad （2\text{-}3）$$

在这个方程中，$T$ 的单位仍是用 K 表示，$\Delta H^{\ominus}$ 的单位是 $kcal \cdot mol^{-1}$ 或 $kJ \cdot mol^{-1}$，$\Delta S^{\ominus}$ 的单位是 $cal \cdot K^{-1} \cdot mol^{-1}$，也称作熵单位（e.u.）或 $J \cdot K^{-1} \cdot mol^{-1}$。

**反应的焓变**（enthalpy change）$\Delta H^{\ominus}$ 是恒压下在反应过程中吸收或者放出的热。化学反应的焓变主要与反应过程中产物与原料之间键强的差异有关。键强可以通过键解离能 $DH^{\ominus}$ 定量求得。反应的 $\Delta H^{\ominus}$ 值可以由断裂键的

---

[1] 符号 $\Delta G^{\ominus}$ 是反应达到平衡后分子在标准状态时（例如，理想的摩尔溶液）反应的自由能变化。

[2] 开尔文（Kelvin）和摄氏度的温度间隔是相同的。温度单位以 Kelvin 勋爵（William Thomson）［（1824—1907），苏格兰格拉斯哥大学］和安德斯·摄尔修斯（Anders Celsius）［（1701—1744），瑞典乌普萨拉大学］命名。

总 $DH^{\ominus}$ 减去生成键的总 $DH^{\ominus}$ 来估算。第三章中详细学习键解离能和其在理解化学反应中的发挥的作用。

> **反应的焓变**
>
> （断裂键的 $DH^{\ominus}$ 之和）−（生成键的 $DH^{\ominus}$ 之和）$=\Delta H^{\ominus}$　　　(2-4)

如果生成的键比断裂的键更强，则 $\Delta H^{\ominus}$ 值是负的，反应定义为**放热反应**（exothermic）（释放热量）。相反，一个正的 $\Delta H^{\ominus}$ 值说明反应是**吸热反应**（endothermic）（吸收热量）。例如，天然气的主要成分甲烷燃烧生成二氧化碳和液态水，这是一个放热反应的例子。

$$CH_4 + 2O_2 \longrightarrow CO_2 + 2\,H_2O(l)$$

$$\Delta H^{\ominus} = -213\text{kcal}\cdot\text{mol}^{-1}\,(-891\text{kJ}\cdot\text{mol}^{-1})$$
放热

$$\Delta H^{\ominus} = (CH_4 + 2O_2 \text{ 所有键的} DH^{\ominus} \text{之和}) - (CO_2 + 2H_2O \text{ 所有键的} DH^{\ominus} \text{之和})$$

这个反应之所以放热在于产物中生成了非常强的键。许多碳氢化合物在燃烧中能释放出大量的能量，因此这些碳氢化合物是有价值的燃料。

如果某一反应的焓很大程度上取决于键强度的变化，那么，**熵变**（entropy change）$\Delta S^{\ominus}$ 的意义是什么呢？你可能熟悉，熵的概念与系统有序程度相关：$S^{\ominus}$ 值随无序的增加而增加。但是"无序"这一概念难以量化，难以精准地用于科学问题。从化学角度来看，$\Delta S^{\ominus}$ 可用于描述能量分散的变化：$S^{\ominus}$ 值随系统组成单元中能量分散的增加而增加。因为在 $\Delta G^{\ominus}$ 方程中 $T\Delta S^{\ominus}$ 项前面有一个负号，正的 $\Delta S^{\ominus}$ 值对系统自由能贡献负值。换句话说，从低的能量分散到高的能量分散是热力学有利的。

> 打开热烤箱，让热在较冷的房间扩散是熵有利的：整个体系的熵——烤箱+房间——增加。该过程使热从烤箱内较少数目的分子上扩散到空气中和房间周围更多数目的分子。

在化学反应中，能量分散是什么意思呢？以一个反应分子数与产物分子数不同的转化过程为例进行阐述。例如在高温下，1-戊烯裂解为乙烯和丙烯。这个过程是吸热的，主要是因为断裂了一个 C—C 键。若非熵的因素，反应不会发生。由于一个分子生成两个分子，产生一个相对大的正 $\Delta S^{\ominus}$ 值（熵增）。键裂解后，系统能量分布在更多的粒子上。高温时，$\Delta G^{\ominus}$ 方程中 $-T\Delta S^{\ominus}$ 项胜过不利的焓变，使反应有利。

$$\underset{\text{1-戊烯}}{CH_3CH_2CH_2CH=CH_2} \longrightarrow \underset{\text{乙烯}}{CH_2=CH_2} + \underset{\text{丙烯}}{CH_3CH=CH_2}$$

一个分子变成两个：熵增

$$\Delta H^{\ominus} = +22.4\text{kcal}\cdot\text{mol}^{-1}\,(+93.7\text{kJ}\cdot\text{mol}^{-1})$$
吸热

$$\Delta S^{\ominus} = +33.3\text{cal}\cdot K^{-1}\cdot\text{mol}^{-1} \text{或e.u.}\,(+139.3\cdot K^{-1}\cdot\text{mol}^{-1})$$

**练习 2-1**

计算上述反应在 25℃ 的 $\Delta G^{\ominus}$。25℃ 时是否为热力学可行的？当增加 $T$ 时，对 $\Delta G^{\ominus}$ 有什么影响？ 在什么温度时这个反应才是有利的？（**注意**：$\Delta S^{\ominus}$ 的单位是 $\text{cal}\cdot K^{-1}\cdot\text{mol}^{-1}$，而 $\Delta H^{\ominus}$ 是 $\text{kcal}\cdot\text{mol}^{-1}$。不要忘记 kcal 与 cal 二者 1000 倍的换算因数。）

相反，当产物分子数少于起始反应物的分子数时，能量分散和熵减少。例如，乙烯与氯化氢反应生成氯代乙烷是个放热反应（$-15.5\text{kcal}\cdot\text{mol}^{-1}$），

但是熵对 $\Delta G^{\ominus}$ 起了负作用，$\Delta S^{\ominus}= -31.3$ e.u.。

$$CH_2\!=\!CH_2+HCl \longrightarrow CH_3CH_2Cl$$

两个变成一个：熵减 ➡ $\Delta H^{\ominus} = -15.5 \text{kcal}\cdot\text{mol}^{-1}(-64.9\text{kJ}\cdot\text{mol}^{-1})$
$\Delta S^{\ominus} = -31.3 \text{e.u.}(-131.0\text{J}\cdot\text{K}^{-1}\cdot\text{mol}^{-1})$

### 练习 2-2

计算上述反应在 25℃ 的 $\Delta G^{\ominus}$。用你自己的话来解释，为什么两个分子生成一个分子的反应有一个大的负熵变。

许多有机反应的熵变不大，通常只需考虑键能变化就足以评估反应是否能够发生。此类情况下，$\Delta G^{\ominus}$ 约等于 $\Delta H^{\ominus}$。也有一些例外的情况，比如化学反应方程式两边的分子数不同（如上图所示的例子），或者是反应中化合物结构显著变化，能量分散因此大受影响，如关环和开环反应（页边）。

## 化学反应的速率取决于活化能

达到平衡需要多长时间？化学反应的热力学特征本身不能告诉我们任何关于反应速率的问题。对于前面提到的甲烷燃烧反应，这个过程放热 213 kcal·mol$^{-1}$（$-891$kJ·mol$^{-1}$），是极大的能量。但是我们知道室温下甲烷在空气中不会自发燃烧。为什么这样一个很有利的燃烧过程这么慢？可以从图 2-1 所示的反应势能变化中找到答案。这是一个**势能图**（potential-energy diagram）的例子，画出了能量随反应进程的变化情况。我们用**反应坐标**（reaction coordinate）来度量反应进程，它描述了从起始物的结构到产物的结构转化中键的断裂和形成的全过程。能量首先升到最大值，这个点称为**过渡态**（transition state，TS）。之后降到最终值，即产物分子所含有的能量。过渡态的能量可以看作是发生反应所必须克服的能垒。把反应起始物提升到过渡态所需的能量称为反应的**活化能**（activation energy，$E_a$）。这个值越高，反应就越慢。甲烷燃烧的过渡态能量非常高，对应于很高的 $E_a$ 和很慢的速率。

**具有显著熵变的有机反应**

一分子变成两分子或者逆过程

$$\Delta S$$
$$A\!-\!B \underset{负}{\overset{正}{\rightleftharpoons}} A + B$$

开环或者关环反应

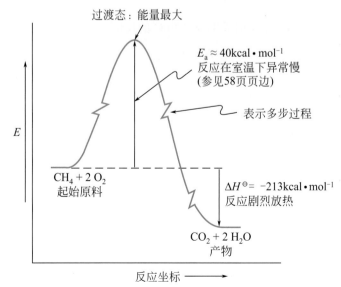

过渡态：能量最大

$E_a \approx 40\text{kcal}\cdot\text{mol}^{-1}$
反应在室温下异常慢
（参见58页页边）

表示多步过程

$E$

CH$_4$ + 2 O$_2$
起始原料

$\Delta H^{\ominus}=$ $-213$kcal·mol$^{-1}$
反应剧烈放热

CO$_2$ + 2 H$_2$O
产物

反应坐标 ⟶

**图2-1** 甲烷燃烧反应的（简化的）势能图。尽管该过程焓变有很大负值，热力学有利，但反应却非常缓慢。原因在于它有一个高能量的反应过渡态和大的活化能。（实际上，该过程涉及许多独立的化学键断裂和形成步骤，真实势能图应包含多个最高点和最低点。）

希腊神话中的西西弗斯（Sisyphus）命中注定滚巨石上陡坡，至顶点又滚落，周而复始永不停息。他的任务就是拥有巨大活化能过程的一个极端例子。

为什么放热反应有这么高的活化能呢？当原子从起始分子的初始位置移动时，需要能量输入才开始断键。在过渡态时，部分断裂的旧键和不完全形成的新键同时存在，整体的键合损失达到最大程度，体系的能量处于最大值。之后新键不断加强，能量释放，直到原子移动到达最终完全成键位置，生成产物。

### 练习 2-3

氯乙烷热分解（也称热解）生成乙烯和氯化氢需要的活化能 $E_a \approx$ 60kcal·mol$^{-1}$。尽管该反应实际机理更加复杂，我们姑且假定它通过一步发生。画一个简单的势能图，显示起始原料、产物和过渡态的相对位置（**提示**：用练习 2-2 的答案所提供的 25℃ 的 $\Delta G^{\ominus}$ 值。）

### 碰撞提供克服活化能垒所需的能量

分子从哪里获得能量来克服能垒而反应呢？分子在不停的运动因而具有**动能**（kinetic energy），但是在室温下平均动能只有大约 0.6kcal·mol$^{-1}$（2.5kJ·mol$^{-1}$），远远低于很多活化能垒。为了获得足够的能量，分子必须相互碰撞或与容器器壁碰撞。每次碰撞都使能量从一个分子传到另一个分子。

**玻尔兹曼**[1] **分布曲线**（Boltzmann distribution curve）描述了动能的分布。如图 2-2 所示，虽然在一个给定温度下大部分的分子具有平均速度，但有一些分子具有更高的动能。

Boltzmann 分布曲线的形状取决于温度。我们可以看到：在高温下，随着平均动能增加，曲线变扁平，趋于向高能量移动。此时有更多的分子具有高于过渡态所要求的能量，于是反应速率增加。相反，在较低温度下，反应速率减小。

### 反应物的浓度可以影响反应速率

对于试剂 A 与试剂 B 加成生成产物 C 的反应：

$$A + B \longrightarrow C$$

**图2-2** 在两个温度下的玻尔兹曼分布曲线。高温时（绿线）具有动能 $E$ 的分子比低温时（蓝线）多。高动能分子更容易翻越活化能垒。

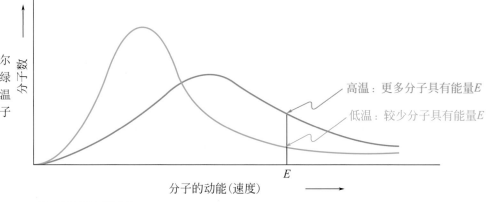

❶ 鲁德维格·玻尔兹曼（Ludwig Boltzmann，1844—1906），奥地利维也纳大学教授。

在许多这类反应中，增加任何一个反应物的浓度就会增加反应速率。在这类例子中，过渡态结构同时包含了 A 和 B 分子。实验观察的速率（rate, $r$）表示为

$$r = k [A][B] \quad 单位用 \ mol \cdot L^{-1} \cdot s^{-1} \tag{2-5}$$

式中，比率常数 $k$ 也称为 **反应速率常数**（rate constant）。反应速率常数等于两个反应物 A 和 B 浓度都为 $1 mol \cdot L^{-1}$ 时的反应速率。像这种速率取决于两种分子浓度的反应称为 **二级反应**（second-order reaction）。

在某一些过程中，速率只取决于一种反应物的浓度，例如如下的假设反应

$$A \longrightarrow B$$

$$r = k [A] \quad 单位用 mol \cdot L^{-1} \cdot s^{-1}$$

这类的反应称为 **一级反应**（first-order reaction）。

## 解题练习2-4

**运用概念解题：速率方程的使用**

　　**a.** 反应符合一级速率方程，$r = k[A]$，当一半的 A 被消耗时（即 **50% 的原料转化为产物），反应速率降低多少？**

　　策略：

　　运用第一章学习过的 WHIP 策略解题。

→　**W：** 有何信息？两个要点：一级速率方程和两个起始原料的浓度，[A] 和 1/2[A]。

→　**H：** 如何进行？关键是比较两个反应速率，即已知的初始反应速率和 A 的浓度减半时的速率。能否写出求新速率的方程式？

→　**I：** 需要哪些信息？对于一级反应，反应速率等于速率常数乘以起始原料浓度。50% 的 A 被消耗后，此时浓度为 $0.5[A_0]$，$[A_0]$ 为初始 A 浓度。

→　**P：** 继续进行。

　　解答：

- 50%A 反应后的速率可用此式求得：$r_{1/2} = k(0.5[A_0])$。
- 初始反应速率可由 $r_{初始} = k[A_0]$ 求得。
- 将第二个方程式带入第一个方程式，可得：

$$r_{1/2} = 0.5 r_{初始}$$

因此，当 A 被消耗一半时反应速率降为初始反应速率的一半。

　　**b.** 对于二级反应回答同样的问题。反应速率方程为：$r = k[A][B]$。假设两个起始原料初始的量相等。

　　策略：

　　如上，我们须比较两个反应速率：已知的初始反应速率以及 A 和 B 的浓度都减半时的反应速率。假设 A 和 B 初始的量相等，根据二级速率方程，每一分子 A 都与一分子 B 反应。因此，随着反应进行，A 和 B 二者浓度的变化值应是完全一致的。能否写出求新速率的方程式？

　　解答：

- A 和 B 都减半后的反应速率可由如下方程求得：$r_{1/2} = k(0.5[A_0])(0.5[B_0])$，其中 $[A_0]$ 和 $[B_0]$ 分别是 A 和 B 的初始浓度。

> - 初始反应速率可由 $r_{初始} = k[A_0][B_0]$ 求得。
> - 将第二个方程式带入第一个方程式，可得：
> $$r_{1/2} = 0.5 \times 0.5 \times r_{初始} = 0.25 r_{初始}$$
> 因此，反应速率降为初始反应速率的四分之一。

### 2-5 自试解题

如下图所示反应

$$CH_3Cl + NaOH \longrightarrow CH_3OH + NaCl$$

遵循二级动力学方程，$r = k[CH_3Cl][NaOH]$。当反应的起始浓度为 $[CH_3Cl] = 0.2 \, mol \cdot L^{-1}$ 和 $[NaOH] = 1.0 \, mol \cdot L^{-1}$ 时，测得的反应速率为 $1 \times 10^{-4} \, mol \cdot L^{-1} \cdot s^{-1}$。当 $CH_3Cl$ 消耗一半后反应速率是多少？（**注意**：本题中两个原料的起始浓度不一样。**提示**：确定此时 NaOH 的已消耗量，并与初始浓度相比确定其新浓度。）

---

**便于你的估算**

在 20℃ 下一级反应完成时大概所需的时间：

| $E_a$ | 反应时间 |
| --- | --- |
| $10 kcal \cdot mol^{-1}$ | ～$10^{-5}$ 秒 |
| $15 kcal \cdot mol^{-1}$ | ～0.1 秒 |
| $20 kcal \cdot mol^{-1}$ | 数分钟 |
| $25 kcal \cdot mol^{-1}$ | 数天 |

### 阿伦尼乌斯方程描述了温度对反应速率的影响

加热时分子的动能将增加，这就意味着有更多分子有足够的能量可以克服活化能垒 $E_a$（图 2-2）。有一条可用于许多反应的经验规则：温度每升高 10℃，反应速率将增加 2～3 倍。瑞典化学家阿伦尼乌斯[1]（Arrhenius）注意到反应速率 $k$ 对温度 $T$ 的依赖性关系。他发现他所测量的数据遵循下列方程：

**Arrhenius 方程**
$$k = Ae^{-E_a/RT} = A\left(\frac{1}{e^{E_a/RT}}\right) \tag{2-6}$$

Arrhenius 方程描述了具有不同活化能的反应其反应速率随温度变化的关系。在这个方程中，$R$ 是气体常数，$A$ 是每个反应的特征参数。从方程中不难看出，活化能越大，反应越慢。相反，温度越高，反应越快。参数 $A$ 可以理解为当每一个分子都具有足够多的碰撞能量，都可以克服活化能垒时的最大反应速率常数。在非常高的温度下，$E_a/RT$ 将接近于零，而 $e^{-E_a/RT}$ 趋近于 1，因此 $k$ 几乎等于 $A$。

**反应速率增加**

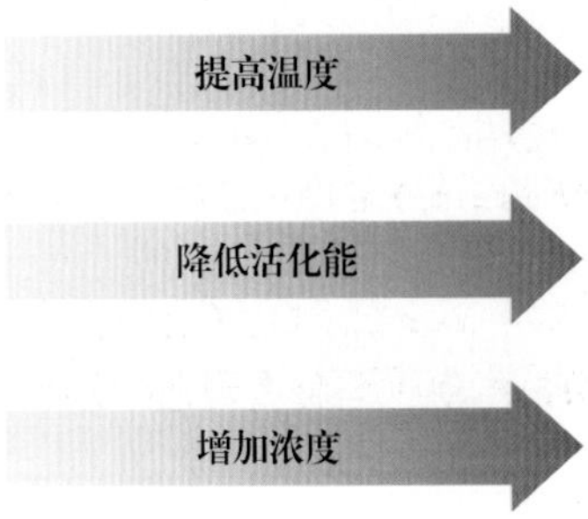

提高温度

降低活化能

增加浓度

### 练习 2-6

（**a**）计算 25℃ 时反应 $CH_3CH_2Cl \longrightarrow CH_2CH_2 + HCl$ 的 $\Delta G^{\ominus}$（练习 2-2 中反应的逆反应，也可参见练习 2-3）。（**b**）计算 500℃ 时同样反应的 $\Delta G^{\ominus}$。（**提示**：应用 $\Delta G^{\ominus} = \Delta H^{\ominus} - T\Delta S^{\ominus}$ 时勿忘首先将摄氏度转化成热力学温度。）

### 练习 2-7

对于练习 2-6 中的反应，$A = 10^{14}$，$E_a = 58.4 \, kcal \cdot mol^{-1}$。用 Arrhenius 方程计算 500℃ 时反应的 $k$ 值。$R = 1.986 \, cal \cdot K^{-1} \cdot mol^{-1}$（**注意**：活化能给出的单位是 $kcal \cdot mol^{-1}$，而 $R$ 的单位是 $cal \cdot K^{-1} \cdot mol^{-1}$，切记 kcal 与 cal 二者之间 1000 倍的换算因数。）

---

[1] 斯万特·阿伦尼乌斯（Svante Arrhenius，1859—1927），瑞典斯德哥尔摩技术学院教授，1903 年诺贝尔化学奖获得者，从 1905 年直至逝世前不久一直担任 Nobel 研究所所长。

## 小 结

　　所有的反应都可通过反应物浓度与产物浓度的平衡来描述。平衡偏向哪一边取决于平衡常数的大小，而后者又与 Gibbs 自由能变化 $\Delta G^{\ominus}$ 相关。平衡常数提高 10 倍，相应的 $\Delta G^{\ominus}$ 变化在 25℃时约为 −1.36 kcal·$mol^{-1}$（5.69kJ·$mol^{-1}$）。反应自由能变化由焓变 $\Delta H^{\ominus}$ 和熵变 $\Delta S^{\ominus}$ 组成。反应的焓变主要取决于键能的变化，反应的熵变则主要取决于反应物与产物中能量的相对分散。这些参数决定了平衡的位置，而平衡时反应速率则取决于起始物浓度、从反应物到产物需克服的活化能垒以及温度。Arrhenius 方程描述了反应速率、$E_a$ 和 $T$ 之间的关系。

## 2-2 成功的关键：使用 "推电子" 弯箭头描述化学反应

　　截至 2019 年 5 月，《化学文摘》（*Chemical Abstracts*）登记收录超过 1 亿 5000 万个化学物质，所有这些物质都通过化学反应获得，自身也都能发生化学反应。显而易见，仅靠记忆即便只是记住一小部分，这些化学转化也不是学好有机化学的可行策略。幸运的是，反应遵循一种定义为反应机理的逻辑路径，而反应机理的类型只有数十种。让我们看一下反应机理如何帮我们有条理地学习有机化学。

### 弯箭头显示原料如何转化为产物

　　化学键由电子构成。化学变化即化学键发生断裂和（或）形成的过程。因此，有化学，电子动。描述电子运动构成了反应机理的核心，电子运动可以用弯箭头(⌒)表示。

　　弯箭头表示了一对电子（通常是孤对电子或者共价键）从起点到终点的"流动"。流动的"靶点"是吸引电子的原子，该原子可能有相对较大的电负性或者缺电子。一些常见的基元反应类型如下。

**反应类型 1.** 极性共价键解离成离子

**通式：**
$$A \overset{\frown}{-} B \longrightarrow A^+ + :B^-$$
**电子对从A—B共价键移动到B原子成孤对电子** (2-7)

　　电子对迁移的方向取决于哪个原子电负性更强。在前面所示的通式（2-7）中，B 比 A 的电负性强，因此 B 更易于接受一对电子而带负电荷，则 A 原子变成一个阳离子。

箭头指向电负性更强 　　生成的氯负离子携带断键
的Cl原子 　　　　　　产生的一对孤对电子

**具体示例（a）：** 　　　H $\overset{\frown}{-}$ C̈l: ⟶ H⁺ + :C̈l:⁻

　　HCl 解离成质子和氯离子是上述过程的一个范例：箭头方向指明了伴随电子移动原子电荷的变化。因此，箭头远离 H 原子使其原子电荷增加 1，而指向 Cl 使其原子电荷减少 1。以此方式断裂极性共价键时，弯箭头起始于键中心，最终指向更强电负性的原子。

**具体示例（b）：**

$$H_3C-\underset{\underset{CH_3}{|}}{\overset{\overset{CH_3}{|}}{C}}-\ddot{\underset{..}{Br}}: \longrightarrow H_3C-\underset{\underset{CH_3}{|}}{\overset{\overset{CH_3}{|}}{C}}{}^+ + :\ddot{\underset{..}{Br}}:^-$$

在此例中，C—Br 键断裂发生解离。其基本特征与示例（a）完全一致。同样，箭头的方向决定了两个原子电荷的变化。

**反应类型 2.** 离子形成共价键

**通式：**    $A^+ + :B^- \longrightarrow A-B$    （2-8）
反应类型1的逆过程
B上的孤对电子移向A，在A和B间形成一个新的共价键

箭头从O上的孤对电子指向H⁺          电子对移动形成新键

**具体示例（a）：**    $H^+ + :\ddot{O}-H \longrightarrow H-\ddot{O}:$
                                                                        |
                                                                        H

氢离子和氢氧根之间的酸碱反应可以示例此类机理：阴阳离子结合时，弯箭头始于阴离子电子对，止于阳离子。弯箭头从不始于阳离子！箭头显示了电子而非原子的运动。电子动，原子随。此例中，从阴离子到阳离子的箭头示意使二者形成了中性物质。

**具体示例（b）：**

$$H_3C-\underset{\underset{CH_3}{|}}{\overset{\overset{CH_3}{|}}{C}}{}^+ + :\ddot{\underset{..}{Br}}:^- \longrightarrow H_3C-\underset{\underset{CH_3}{|}}{\overset{\overset{CH_3}{|}}{C}}-\ddot{\underset{..}{Br}}:$$

此方程式所示是反应类型 1 示例（b）的逆过程。

**反应类型 3.** 同时断裂和形成化学键：取代反应

**通式：**    $X:^- + \overset{\delta^+}{A}-\overset{\delta^-}{B} \longrightarrow X-A + :B^-$    （2-9）
电子对移动导致一个化学键取代另一个化学键

H—Cl键电子对被从H"推开"    形成的氯负离子携带
而到Cl上                                一对孤对电子

**具体示例（a）：** $H-\ddot{O}:^- + H-\ddot{\underset{..}{Cl}}: \longrightarrow H-\ddot{O}: + :\ddot{\underset{..}{Cl}}:^-$
                                                                                                          |
                                                                                                          H

由氢氧根氧上原有的孤对电子
形成新键

**具体示例（b）：** $H-\ddot{O}:^- + H-\underset{\underset{H}{|}}{\overset{\overset{H}{|}}{C}}-\ddot{\underset{..}{Cl}}: \longrightarrow :\ddot{O}-\underset{\underset{H}{|}}{\overset{\overset{H}{|}}{C}}-H + :\ddot{\underset{..}{Cl}}:^-$

在上面两个反应示例中，两对电子对移动，断裂一个键（Cl 上），形成一个键（O 上）。示例（a）中氢氧根作为常见的碱攫取了酸中的一个质子。示例（b）中，氢氧根中的孤对电子进攻一个非氢原子，即极性键中带正电性的碳原子（1-3 节）。碳因此被称为**亲电的**（electrophilic，电子友好的；*philos*，希腊语，"朋友"）。相应的，氢氧根中的氧被称为**亲核的**（nucleophilic，核友好的）。同样，我们将进攻其他非氢原子的碱性原子称之为**亲核试剂**（nucleophile）。在这些例子中，箭头远离氧原子使其电荷增加 1，从 –1 变为 0。箭头从化学键指向氯原子使其电荷从 0 变为 –1。（a）中的氢和（b）中的碳同时作为箭头的起点和终点，因此电荷都没有变化：它们自始至终都是中性的。

在书写取代反应的机理时，第一个箭头的头部指向第二个箭头的尾部，二者首尾相接成一序列。上述例子中，两个电子对都是从左向右移动，就像是第一对电子在推动第二对电子远离。永远不要让两个箭头指向彼此！

**反应类型 4**．双键或者叁键的反应：加成反应

**通式（a）：**

$$\text{X:}^- + \overset{\delta^+}{A}\!=\!\overset{\delta^-}{B} \longrightarrow \text{X—A—B:}^-$$

向双键移动的一对孤对电子形成一个新键
同时使双键变成单键

（2-10）

带孤对电子的原子可以加到极化双键正电端 $\delta^+$ 原子。与类型反应 3 的机理类似，从左侧进入的一对孤对电子会把第二对电子推向右侧。第二对电子来自 A 和 B 原子间两对成键电子对之一，最终使原来的 A=B 双键变成一个 A—B 单键。

**具体示例：**

双键上的一对成键电子
被推到 O 上

O 上新的孤对电子

$$\text{H—}\overset{\cdot\cdot}{\underset{\cdot\cdot}{O}}\text{:} + \quad \overset{H}{\underset{H}{C}}\!=\!\overset{\cdot\cdot}{\underset{\cdot\cdot}{O}} \longrightarrow \text{:}\overset{\cdot\cdot}{\underset{\cdot\cdot}{O}}\text{—}\overset{H}{\underset{H}{C}}\text{—}\overset{\cdot\cdot}{\underset{\cdot\cdot}{O}}\text{:}$$

氧上的一对孤对电子
形成新键

保留 C 和 O 原有的双键
其中之一

本例中，氢氧根作为亲核试剂加到 C=O 双键亲电的碳端。箭头远离氢氧根中的氧原子，相应的氧上的电荷增加 1。同时，箭头指向双键上的氧，其电荷减少 1。中间的碳同时是箭头的终点和起点，电荷不变。

**通式（b）：**

$$\text{A}\!=\!\text{B} + \text{Y}^+ \longrightarrow {}^+\text{A—B—Y}$$

将双键的一对电子移向一个阳离子
形成一个新键同时双键变单键

（2-11）

**具体示例：**

$$\overset{H}{\underset{H}{C}}\!=\!\overset{H}{\underset{H}{C}} + \text{H}^+ \longrightarrow {}^+\overset{H}{\underset{H}{C}}\text{—}\overset{H}{\underset{H}{C}}\text{—H}$$

将双键的其中一对电子移动给质子叫做双键的质子化，反应形成一个**碳正离子**（carbocation），即一种带正电荷碳的物质。质子作为亲电试剂进

攻双键的一对电子。如弯箭头所示，当电子从双键离去时，所离开的碳原子电荷从 0 变为 +1。箭头指向的目标氢的电荷从 +1 变为 0。

## 练习 2-8

（**a**）根据上述分类，标明下列反应所属的反应类型。用弯箭头画出合理的电子移动，并写出产物结构。（**提示**：首先补齐各 Lewis 结构式缺失的孤对电子）。

（i）$CH_3O^- + H^+$；（ii）$H^+ + CH_3CH \!=\! CHCH_3$；（iii）$(CH_3)_2N^- + HCl$；（iv）$CH_3O^- + H_2C \!=\! O$.

（**b**）下列推电子图示错在哪里？

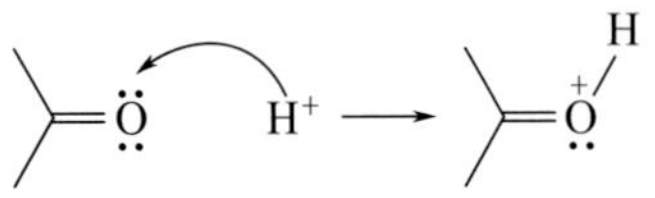

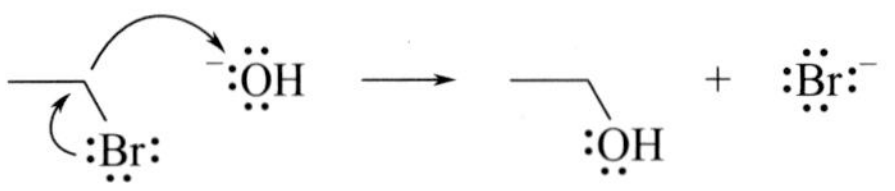

这些例子是有机化学中最常见的机理转化类型。学习用弯箭头画机理有诸多好处。对初学者，该技巧能帮助你跟踪反应物质所有电子的移动，基于此，自动得到具有正确 Lewis 结构的反应产物。此外，它为列出可能的反应模式、正确书写可能的产物结构提供了指导性框架——"语法"。下面用指导性原则总结电子移动的方方面面。

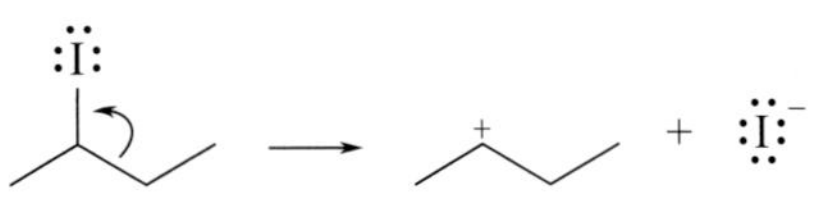

---

指导原则：**使用弯箭头符号**

- **原则1**：弯箭头图示电子对的移动。
- **原则2**：电子从相对富电子原子转移到缺电子原子。
- **原则3**：过程完成后，箭头起始点原子的电荷增加1；相反，箭头终点处原子的电荷减少1。
- **原则4**：当孤对电子移动时，箭头起点置于孤对电子中心。
- **原则5**：当成键电子对移动时，箭头始于相应化学键中间，指向电负性更强的原子。
- **原则6**：以亲核取代反应为例，当电子对取代接收端原子的一对成键电子时，以接力形式画两个箭头。两个箭头首尾相接。第一个箭头的头部指向第二个箭头的尾部，形成序列流动。

---

## 小 结

反应机理描述了化学键形成或者断裂时电子的流动。弯箭头可用来示意电子流动。在接下来的学习中，请尝试用上述推电子图归属将你遇到的每一个新反应，并画出合理的弯箭头示意图。

## 2-3 | 酸和碱

布朗斯特（Brønsted）和劳瑞（Lowry）[1]为酸碱下了一个简单的定义：**酸**（acid）是质子供体，**碱**（base）是质子受体。酸性和碱性通常是在水中测量的。酸提供质子给水生成水合氢离子，而碱则夺取水的质子生成氢氧根离子。氯化氢和氨分别是酸和碱的例子。在水与氯化氢反应的方程式下方是反应静电势图，它显示了电子的流动。水中红色的氧原子被酸中蓝色的氢原子质子化生成蓝色的水合氢离子和红色的氯离子。在此反应中，水作为碱。相反，当氨作为碱被水质子化时，水是作为酸的。

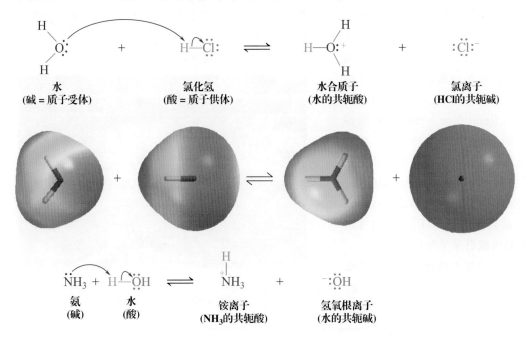

当酸脱质子后形成的物质通常称之为**共轭碱**（conjugate base）（拉丁语，*conjugatus*，"结合"）。相反，碱质子化后生成**共轭酸**（conjugate acid）。

### 练习 2-9

在生成酸的有机反应中，通常使用碱性水溶液中和产物混合物进行后处理。利用弯箭头，画出下列酸碱反应的机理，并标出相应的酸、碱、共轭酸和共轭碱。

$$HÖ:^- \ + \ H—\ddot{C}l: \ \longrightarrow \ HÖ—H \ + \ :\ddot{C}l:^-$$

### 酸和碱的强度可以通过平衡常数来衡量

水自身是中性的。通过自解离，水产生等量的水合氢离子和氢氧根离子，这个过程可用平衡常数 $K_w$，即水的自解离常数来描述。25℃时，

$$H_2O + H_2O \xrightarrow{K_w} H_3O^+ + OH^- \quad K_w = [H_3O^+][OH^-] = 10^{-14} \ mol^2 \cdot L^{-2}$$

从 $K_w$ 的数值，可以知道 $H_3O^+$ 浓度在纯水中非常小，是 $10^{-7} mol \cdot L^{-1}$。

---

[1] 约翰尼斯·尼古拉斯·布朗斯特（Johannes Nicolaus Brønsted，1879—1947），丹麦哥本哈根大学教授。托马斯·马丁·劳瑞（Thomas Martin Lowry，1874—1936），英国剑桥大学教授。

**真实生活：医药**  **胃酸、胃溃疡、药理学和有机化学**

人的胃每天平均分泌 2L 0.02mol·L⁻¹ 的盐酸。胃液的 pH 在 1.0～2.5 间波动。在受到味觉、嗅觉甚至只是看一下食物的刺激下，HCl 分泌都会增加导致胃液 pH 下降。胃酸能够破坏食物中蛋白质分子的天然折叠构型，使其更容易被消化酶进攻和分解。

你也许会好奇胃是如何在如此强酸性条件下保护自己的——毕竟胃自身也由蛋白质分子构成。胃内壁覆盖一层称为胃黏膜的细胞，它能够分泌黏液保护胃壁不受酸侵蚀。为回应上述各种信号刺激，紧挨着胃黏膜下层的特定细胞会分泌一种叫组胺的信号分子，使胃壁细胞分泌 HCl。一些所谓的降酸药物如雷尼替丁（Ranitidine）可以阻止组胺到达胃壁细胞，从而终止酸分泌信号的传递。此类药物可用于治疗胃酸过多症，即不需要分泌的大量酸等情况。质子泵抑制剂（proton-pump inhibitor，PPI）如艾美拉唑（Esomeprazole，商品名 Nexium）是目前临床上最有效的药物（表 25-1），它们可以直接阻断胃壁细胞中的造酸引擎（即质子泵）。

胃溃疡是胃酸侵蚀下的胃黏膜溃疡。这种溃疡来源于幽门螺旋杆菌（*Helicobacter pylori*）感染。抗生素阿莫西林（Amoxicillin）可以治疗 *H. pylori*

感染，但胃酸会导致阿莫西林快速降解。因此，要想消除幽门螺旋杆菌感染治疗胃溃疡，需要抗生素和 PPI 联合给药。PPI 可以使胃液 pH 升高到 4，确保抗生素能够不被分解并到达胃黏膜凹处的深部感染位点。有机化学家和药物学家紧密合作发展了此疗法。化学家设计和合成了潜在的药物分子，药物学家通过生物化学和生理性质研究对其进行优化。这种合作关系形成了药物化学这一个研究领域，它是化学生物学领域内的一个分支，旨在应用化学解决生物问题。

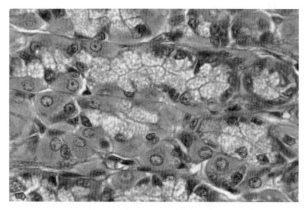

组胺刺激下，胃腺中胃壁细胞（橙色）分泌盐酸。
［*BIOPHOTO ASSOCIATES/Getty Images*］

pH 可以用于衡量一个化合物或者混合物水溶液的酸度。pH 定义为水合氢离子浓度 $[H_3O^+]$ 的负对数。

$$pH = -\lg[H_3O^+]$$

因为通常氢离子浓度都非常小，上述表述方法可以得到一个更易于比较的常数（加负号使其为正值）。因此，对于纯水，氢离子浓度为 0.0000001mol·L⁻¹（即 $10^{-7}$mol·L⁻¹），计算得 pH = 7。pH 小于 7 的水溶液是酸性的；pH 大于 7 的则是碱性。请注意 pH 值与 H⁺ 浓度是负对数关系，因此 pH=6 的溶液，H⁺ 浓度是 pH=7 的溶液的 10 倍。

一般酸 HA 的酸度可以用下式表示，其相应的平衡常数（2-1 节）为：

$$HA + H_2O \overset{K}{\rightleftharpoons} H_3O^+ + A^- \qquad K = \frac{[H_3O^+][A^-]}{[HA][H_2O]}$$

通常用稀的水溶液进行定量酸度测定。此条件下低浓度 HA 对 $[H_2O]$ 几乎无影响。因此，$[H_2O]$ 通常认为是常数，其摩尔浓度为：1000/18 = 55 mol·L⁻¹。将这个常数带入上式可以得到一个新的平衡常数，即**酸解离常数**（acid dissociation constant）$K_a$。

$$K_a = K[H_2O] = \frac{[H_3O^+][A^-]}{[HA]}$$

像 $H_3O^+$ 浓度与 pH 的关系一样，我们也可以定义相应的 $pK_a$，$pK_a$ 可用对数值表示为：

$$pK_a = -\lg K_a\ ❶$$

$pK_a$ 是酸解离 50% 时的 pH。$pK_a$ 小于 1 的酸界定为强酸，$pK_a$ 大于 4 则界定为弱酸。表 2-2 列出了一些常见酸的酸性，并与 $pK_a$ 值较高的化合物进行了比较。硫酸和除 HF 之外的氢卤酸都认为是非常强的酸。从氢氰酸、水、甲醇、氨到甲烷酸性依次降低，最后乙烯和甲烷两个物质的酸性极其弱。

从 HA 得到的 $A^-$ 通常被称为 HA 的共轭碱。相反，HA 则是 $A^-$ 的共轭酸。两个互为共轭酸碱的物质的强度是成反比的：强酸的共轭碱是弱碱，而强碱的共轭酸则是弱酸。例如，HCl 是强酸，这是因为它解离为 $H_3O^+$ 和 $Cl^-$ 的平衡是非常有利的。而逆反应 $Cl^-$ 结合 $H_3O^+$ 的反应则是非常不利的，所以 $Cl^-$ 是弱碱。

表2-2　常见化合物的相对酸性（25℃）

| 酸 | $K_a$ | $pK_a$ |
|---|---|---|
| 碘化氢，HI（最强的酸） | $\sim 1.0 \times 10^{10}$ | -10.0 |
| 溴化氢，HBr | $\sim 1.0 \times 10^{9}$ | -9.0 |
| 氯化氢，HCl | $\sim 1.0 \times 10^{8}$ | -8.0 |
| 硫酸，$H_2SO_4$ | $\sim 1.0 \times 10^{3}$ | $-3.0^a$ |
| 水合质子，$H_3O^+$ | 50 | -1.7 |
| 硝酸，$HNO_3$ | 25 | -1.4 |
| 甲磺酸，$CH_3SO_3H$ | 16 | -1.2 |
| 氟化氢，HF | $6.3 \times 10^{-4}$ | 3.2 |
| 乙酸，$CH_3COOH$ | $2.0 \times 10^{-5}$ | 4.7 |
| 氢化氢，HCN | $6.3 \times 10^{-10}$ | 9.2 |
| 铵离子，$NH_4^+$ | $5.7 \times 10^{-10}$ | 9.3 |
| 甲硫醇，$CH_3SH$ | $1.0 \times 10^{-10}$ | 10.0 |
| 甲醇，$CH_3OH$ | $3.2 \times 10^{-16}$ | 15.5 |
| 水，$H_2O$ | $2.0 \times 10^{-16}$ | 15.7 |
| 乙炔，$HC\equiv CH$ | $\sim 1.0 \times 10^{-25}$ | $\sim 25$ |
| 氨，$NH_3$ | $1.0 \times 10^{-35}$ | 35 |
| 乙烯，$H_2C=CH_2$ | $\sim 1.0 \times 10^{-44}$ | $\sim 44$ |
| 甲烷，$CH_4$（最弱的酸） | $\sim 1.0 \times 10^{-50}$ | $\sim 50$ |

注意：$K_a = [H_3O^+][A^-]/[HA]$。

$^a$ 第一解离平衡

相反，$CH_3OH$ 解离形成 $CH_3O^-$ 和 $H_3O^+$ 是不利的，它是弱酸；而逆反应 $H_3O^+$ 质子化 $CH_3O^-$ 则是有利的，因此我们认为 $CH_3O^-$ 是强碱。

❶ $K_a$ 定义为无量纲平衡常数 K 乘以 $[H_2O]$（$55\ mol \cdot L^{-1}$），其具有摩尔浓度的单位，即 $mol \cdot L^{-1}$。因对数方程只适用于无量纲数字。因此，$pK_a$ 更准确的定义是去掉单位的 $K_a$ 值的负对数，也即 $K_a$ 除以浓度的单位（为简单起见，我们在练习和习题中都略去 $K_a$ 单位）。

### 为什么Alka Seltzer（一种苏打水）会使你打嗝?

过量食用某些食物或饮酒会烧心，这是胃中酸过量的结果。用苏打或者碳酸钙（商品名：Rolaids 或 Tums）等碱中和能有效缓解症状。生成的共轭酸，碳酸，很容易分解成 $CO_2$ 气体和水。

### 酸性和碱性药物

大多数药物比如镇痛药阿司匹林或者减充血剂麻黄素都是有机弱酸或者弱碱。在人体内，这些药物根据pH值的不同会在中性和离子化两种不同形式间相互转化。这一特性对其药效至关重要：中性形式更容易扩散穿越非极性的细胞膜到达目标靶点，而离子形式易溶于血浆中从而遍布全身。

$$H-\overset{\cdot\cdot}{\underset{\cdot\cdot}{O}}-H \; + \; H_3C-\overset{\cdot\cdot}{\underset{\cdot\cdot}{O}}-H \; \rightleftharpoons \; H-\overset{\overset{\displaystyle H}{|}}{\underset{\cdot\cdot}{O^+}}-H \; + \; H_3C-\overset{\cdot\cdot}{\underset{\cdot\cdot}{O}}{:}^- \quad \text{平衡有利于向左移动}$$

弱酸　　　　　　　　　　　　　　　　　　　共轭碱是强碱

　　在之前的例子中，水中的酸解离通过质子化 $H_2O$ 形成 $H_3O^+$。在将要学到的许多反应中，反应溶剂并不是水，溶液中有许多碱性物质可以作为质子受体。而且反应机理的讨论会涉及质子的加成、消除或者迁移，其中会有多种可能的质子受体，在这里一一展示它们会相当繁琐。为简化起见，在将来的讨论中我们常会只用"$H^+$"来表示反应中的质子。但切记溶液中不存在自由的质子，质子与分子中尤其是溶剂分子中的孤对电子如影相随。比如，甲醇中会是甲醇合质子 $CH_3OH_2^+$，在二甲醚中 [图 1-22（B）] 是二甲醚合质子（$CH_3$）$_2OH^+$，以此类推。

### 练习 2-10

（**a**）指出下列每对酸中酸性较强的那一个：

（ⅰ）$H_3O^+$ 和 $NH_4^+$；（ⅱ）$CH_3COOH$ 和 $CH_3OH$；（ⅲ）$H_2C{=}CH_2$ 和 $HC{\equiv}CH$。

（**b**）指出下列每对碱中碱性较强的那一个：

（ⅰ）$HSO_4^-$ 和 $NC^-$；（ⅱ）$CH_3COO^-$ 和 $CH_3O^-$；（ⅲ）$CH_3^-$ 和 $HC{\equiv}C^-$。

### 练习 2-11

写出下列酸的共轭碱的结构式。（**a**）亚硫酸，$H_2SO_3$；（**b**）氯酸，$HClO_3$；（**c**）硫化氢，$H_2S$；（**d**）二甲基䤜盐（$CH_3$）$_2OH^+$；（**e**）硫酸氢根，$HSO_4^-$。

### 练习 2-12

写出下列碱的共轭酸的结构式。（**a**）二甲基胺负离子，（$CH_3$）$_2N^-$；（**b**）硫负离子，$S^{2-}$；（**c**）氨，$NH_3$；（**d**）丙酮，（$CH_3$）$_2C{=}O$；（**e**）2,2,2-三氟乙氧基负离子，$CF_3CH_2O^-$。

### 练习 2-13

亚硝酸（$HNO_2$，$pK_a = 3.3$）和亚磷酸（$H_3PO_3$，$pK_a = 1.3$）哪一个酸性更强？计算它们的 $K_a$。

### 如何利用 $pK_a$ 值确定酸碱平衡的位置

　　我们可以利用两个化合物的 $pK_a$ 值确定它们之间酸碱平衡的位置。平衡倾向于较弱酸一侧，即酸具有更大 $pK_a$ 值一侧。以我们本节学习的第一个酸碱反应——水与氯化氢的反应为例：

平衡极度偏向右侧

$$H-\overset{\cdot\cdot}{\underset{\cdot\cdot}{O}}-H \; + \; H-\overset{\cdot\cdot}{\underset{\cdot\cdot}{Cl}}{:} \; \underset{\longleftarrow}{\overset{K=10^{6.3}}{\longrightarrow}} \; H-\overset{\overset{\displaystyle H}{|}}{\underset{\cdot\cdot}{O^+}}-H \; + \; {:}\overset{\cdot\cdot}{\underset{\cdot\cdot}{Cl}}{:}^-$$

碱　　　　　　　　酸　　　　　　　　　　　　　　共轭酸　　　　　　共轭碱

　　　　　　　　$pK_a=-8$　　　　　　　　　　$pK_a=-1.7$

因为 $H_3O^+$ 的 $pK_a$ 值比 HCl 大，所以平衡位于右侧。我们甚至可以根据 $pK_a$ 值计算平衡常数，即二者 $pK_a$ 差值的 10 的指数次方：$K=10^{-1.7-(-8)}=10^{6.3}$。

另一方面，氢氧根与甲醇的平衡接近 1:1。

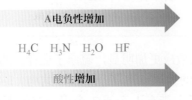

平衡稍微偏向右侧
$K \approx 1$

碱       酸       共轭酸       共轭碱
$pK_a=15.5$       $pK_a=15.7$

### 练习 2-14

氨基酸比如甘氨酸，$H_2NCH_2COOH$，并非如式所示，而是以氨基羧酸盐形式存在。以甘氨酸为例，即 $^+H_3NCH_2COO^-$。利用表 2-2 中的 $pK_a$ 数值计算氨与乙酸反应的平衡常数，解释上述现象。

## 通过分子结构估计相对酸碱强度

在酸碱化学中，结构与功能之间的关系是非常明显的。事实上，有几种结构特点可以帮助我们至少定性地估计一种酸 HA 的相对酸强度。指导原则如下：

> 酸的共轭碱越稳定——其碱性越弱——相应酸的酸性越强

下述为影响共轭碱 $A^-$ 稳定性的几种重要结构因素，这些效应与随后章节的学习也有关联，我们还会用到。

### 指导原则：评估酸性

- **因素1.** 在元素周期表中，同一周期从左至右，A的电负性依次增加。与酸性质子连接的原子电负性越大，键的极性越大，质子的酸性越强。例如，$CH_4<NH_3<H_2O<HF$，酸性逐渐增强，这与A的电负性增加是一致的（表1-2）。

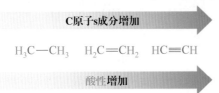

- **因素2.** 原子A的电负性取决于其杂化态。A原子中与酸性质子成键的s轨道成分越多，其对轨道电子的吸引越强，相应的A的电负性越大。因此，C—H键的酸性随着碳原子杂化态从$sp^3$、$sp^2$到$sp$依次增强：

C原子s成分增加

$H_3C{-}CH_3$     $H_2C{=}CH_2$     $HC{\equiv}CH$

酸性增加

⟶　**因素3.** A与分子中另一电负性原子（或多个原子）越接近越能稳定A⁻，相应的与A相连的质子酸性越强。该性质来源于分子中其他电负性原子（或多个原子）的吸电子力（诱导作用）通过分子中化学键传递，称作**诱导效应**（inductive effect）。

吸电子诱导效应增加 ⟶

$$H_3C—CH_2OH \quad FH_2C—CH_2OH \quad F_2HC—CH_2OH \quad F_3C—CH_2OH$$

酸性增加 ⟶

⟶　**因素4.** 元素周期表同一族从上到下，A的原子半径是增加的。如卤化氢的酸性按HF<HCl<HBr<HI的顺序增加。对于原子半径较大的A，解离成H⁺和A⁻是有利的。为什么呢？A的原子半径越大，电负性越小，相应的H—A键极性减小。结果是H和A之间的库仑引力减小（1-3节），H—A键变弱。另外，由于较大的外层轨道允许电子占有较大的空间体积，从而减少了阴离子中的电子-电子斥力❶。

A的原子半径增加 ⟶

HF　HCl　HBr　HI

酸性增加 ⟶

⟶　**因素5.** A⁻的共振效应允许电荷在几个原子间离域。A⁻中若有其他电负性的原子会增强这种效应。例如，乙酸酸性比甲醇强。两者的O—H键都解离成离子。甲氧基负离子是甲醇的共轭碱，其负电荷局域在氧原子上。相反，乙酸根离子有两个共振式，可以使负电荷离域到第二个氧原子上。这样，乙酸根离子的负电荷被分散（1-5节），从而稳定了乙酸根离子，使其成为较弱的碱。

**共振效应稳定乙酸根导致乙酸酸性比甲醇强**

$$CH_3\ddot{O}—H + H_2\ddot{O} \rightleftharpoons CH_3—\ddot{O}{:}^- + H_3\ddot{O}^+$$
强酸　　　　　　　　　　　　强碱

$$CH_3\overset{:O:}{\underset{}{C}}—\ddot{O}—H + H_2\ddot{O} \rightleftharpoons \left[ CH_3\overset{:O:}{\underset{}{C}}—\ddot{O}{:}^- \longleftrightarrow CH_3C{=}\ddot{O}\overset{:\ddot{O}:^-}{} \right] + H_3\ddot{O}^+$$
强酸　　　　　　　　　　　　　　　弱碱

硫酸中的共振效应更加明显，硫原子上存在的 d 轨道使我们能够写出含有多达 12 个电子的扩展价电子层 Lewis 结构（1-4 节和 1-5 节）。同样，我们可以使用硫原子上带有 1 个或 2 个正电荷的电荷分离结构。这两种表达都指出 $H_2SO_4$ 的 $pK_a$ 应该很低。

$$HÖ—S—Ö:^- \longleftrightarrow HÖ—S—Ö:^- \longleftrightarrow HÖ—S—Ö:^- \longleftrightarrow HÖ—S{=}Ö: \longleftrightarrow 等$$

硫酸氢根离子

---

❶ 一般认为卤化氢的酸性强弱顺序是由 H—A 键的强弱不同导致的：HF 的键最强，HI 的最弱。然而这种相关性不能用于 CH₄、NH₃、H₂O、HF 系列酸性的比较。在这个系列中，最弱的酸，CH₄，有最弱的 H—A 键。我们将在第 3 章学到，键强度仅间接适用于键断裂成离子的过程。

原则上，HA 的酸性在元素周期表中从左到右、从上到下均递增。因此，$A^-$ 的碱性以同样的方式递减。

同一个分子在一种条件下可能会显酸性，而在另一种条件下则可能会显碱性。我们最熟悉的水就有这种性质，其他很多物质也有这种特性。例如：硝酸在水介质中作为酸，但遇酸性更强的硫酸时则表现为碱。

**硝酸作为酸**

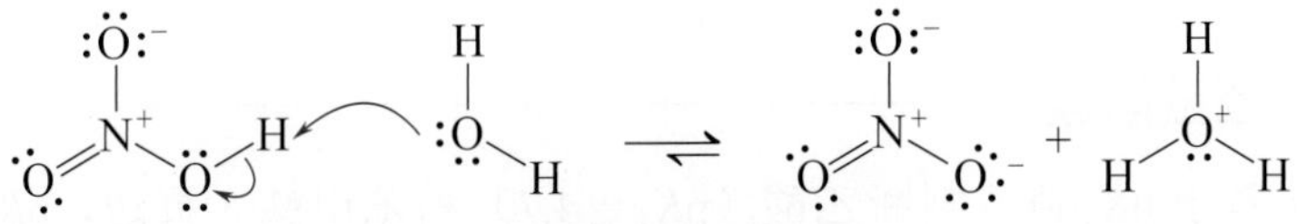

**硝酸作为碱**

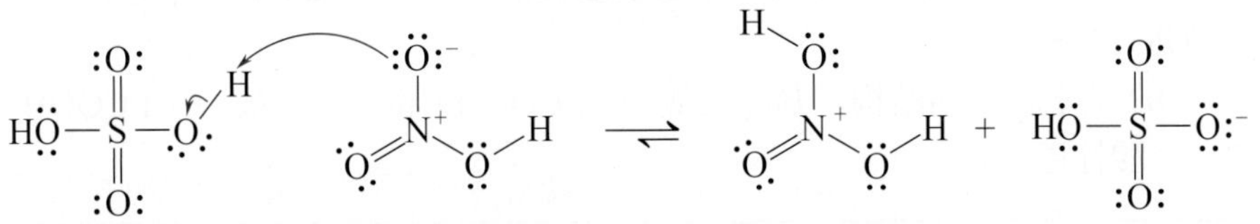

类似的，在这一节的前面我们提到醋酸可以使水质子化，但它却能被更强的酸如 HBr 质子化：

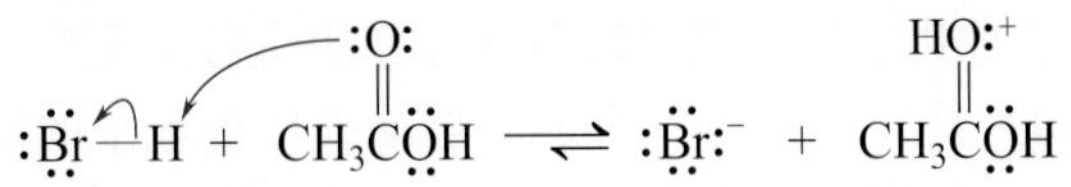

## 练习 2-15

解释上述式子中乙酸质子化的位点。（**提示**：分别将氢离子放在乙酸分子的两个氧原子上，考察哪种结构因共振而更加稳定。）

## 解题练习 2-16

**运用概念解题：判断强酸**

判断 $CH_3\overset{..}{N}H_2$ 和 $CH_3\overset{..}{\underset{..}{O}}{:}H$ 哪一个是较强的酸？

**策略：**

让我们应用 WHIP 策略来分析解答此题。

- **W**：有何信息？拟回答的问题看起来直截了当：判断哪一个是较强酸。然而并非如此简单。每一个分子都包含两种可能的酸性氢：与 N 或者 O 相连的氢以及各自甲基上的氢。因此，我们换一种更具体的问题表述方式：四种氢中哪一个酸性最强？

- **H**：如何进行？重温前述的酸性评估原则。预评酸性，先看共轭碱。最稳定的共轭碱（基于原子电负性、原子半径以及诱导效应和共振效应判断）对应最强的酸。因此，分别去掉每一个分子两个不同位点的质子，画出四种可能的共轭碱：

$$^-{:}CH_2\overset{..}{N}H_2 \quad CH_3\overset{..}{N}H^- \quad ^-{:}CH_2\overset{..}{\underset{..}{O}}H \quad CH_3\overset{..}{\underset{..}{O}}{:}^-$$

哪一个共轭碱最稳定？四种物质中负电荷位于三种不同原子上：C、N 和 O。这些原子差异何在？

- **I**：需用的信息？它们的电负性不一样：O > N > C（表1-2）。原子电负性越大，吸电子能力越强，越能够稳定共轭碱中的额外电子对和负电荷。

- **P**：继续进行。

> **解答：**
>
> - 氧的电负性最强。因此，氧上带有额外电子对和负电荷的CH₃Ö:⁻是前述四种共轭碱中最稳定的。
>
> - 基于上述结论，CH₃ÖH是显而易见的最强酸，所有四种氢中，氧上的氢酸性最强。

### 2-17 自试解题

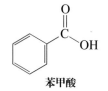

**苯甲酸**

（**a**）基于 $pK_a$ 值，判断乙酸（$pK_a = 4.7$）和苯甲酸（页边，$pK_a = 4.2$）哪一个酸性更强？哪些因素导致了它们酸性的差异？（**提示**：将 $pK_a$ 换算成 $K_a$ 值进行比较。）

（**b**）基于相应的结构，判断乙酸（$CH_3COOH$）和三氯乙酸（$CCl_3COOH$）哪一个酸性更强。

### 路易斯酸碱通过共享电子对相互作用

Lewis 从电子对共享的角度对酸碱相互作用进行了更广泛的描述。**路易斯酸**（Lewis acid）是一种含有一个最外层缺失 2 个电子的原子的物质，**路易斯碱**（Lewis base）则至少含有一对孤对电子。符号 X 表示任意一种卤素原子，R 表示任意有机基团（2-4 节）。

**Lewis酸具有未填满价层**

$$H^+$$

$$\underset{(X)H}{\overset{(X)H}{\diagdown}}B-H(X)$$

$$\underset{(R)H}{\overset{(R)H}{\diagdown}}\overset{+}{C}-H(R)$$

$$MgX_2, AlX_3,$$
许多过渡金属卤化物

**Lewis碱具有孤对电子**

$$:\ddot{O}-H(R)\quad \underset{(R)H}{:\ddot{O}-H(R)}\quad \underset{(R)H}{:\ddot{S}-H(R)}\quad \underset{(R)H}{\overset{(R)H}{\diagdown}}\overset{..}{N}-H(R)\quad \underset{(R)H}{\overset{(R)H}{\diagdown}}\overset{..}{P}-H(R)\quad :\ddot{X}:^-$$

Lewis 碱的孤对电子与 Lewis 酸共享形成一个新的共价键。Lewis 碱-Lewis 酸的相互作用可以用弯箭头来表示，箭头方向表示电子对转移的方向——从碱到酸。氢氧根与氢离子之间的 Brønsted 酸碱反应也是 Lewis 酸碱作用的一个例子。

**Lewis酸碱反应**

$$H^+ + \; :\ddot{O}-H \longrightarrow H-\ddot{O}-H$$

$$\underset{Cl}{\overset{Cl}{\underset{|}{\overset{|}{Cl-Al}}}} + \; \underset{CH_3}{\overset{CH_3}{\underset{|}{\overset{|}{:N-CH_3}}}} \longrightarrow \underset{Cl}{\overset{Cl}{\underset{|}{\overset{|}{Cl-Al}}}} \underset{CH_3}{\overset{CH_3}{\underset{|}{\overset{|}{\overset{+}{N}-CH_3}}}}$$

$$\underset{F}{\overset{F}{\underset{|}{B}}}-F \quad + \quad \underset{CH_2CH_3}{\overset{CH_2CH_3}{:O}} \longrightarrow \underset{F}{\overset{F}{\underset{|}{F-B}}}\overset{+}{\underset{CH_2CH_3}{\overset{CH_2CH_3}{-O}}}$$

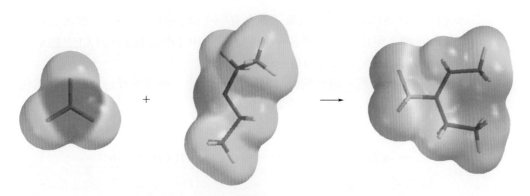

图中列出了三氟化硼与乙氧基乙烷（乙醚）之间的 Lewis 酸碱反应，上图给出了这个反应的静电势图。随着电子密度的转移，氧原子电正性（蓝色）增强，硼原子电负性（红色）增强。

正如 2-2 节所示，Brønsted 酸 HA 的解离过程正好是 Lewis 酸 $H^+$ 和 Lewis 碱 $A^-$ 结合的逆过程：

**Brønsted酸的解离**

$$H\!-\!A \longrightarrow H^+ + :A^-$$

再次提醒一下（2-3 节），为简化，在上式中我们用 $H^+$ 作为自由质子的符号，在以后的反应图示和机理中会经常这样使用。但切记溶液中的 $H^+$ 与 Lewis 碱，比如溶剂分子，总是如影随形。

## 亲电试剂与亲核试剂类似于酸和碱

很多有机化学反应过程表现出酸碱反应的特征。例如，加热氢氧化钠和一氯甲烷（$CH_3Cl$）的混合物，可以得到甲醇和氯化钠。在 2-2 节提到，这个过程同氢氧根离子与 HCl 的酸碱反应一样，包含了两对电子的转移。

**氢氧化钠与一氯甲烷反应**

$$Na^+ + H\ddot{O}{:}^- + CH_3{-}\ddot{C}l{:} \xrightarrow{H_2O,\ \triangle} H\ddot{O}{-}CH_3 + :\ddot{C}l{:}^- + Na^+$$
甲醇

**弯箭头表示电子流动（省略 $Na^+$）**

$$H\ddot{O}{:}^- + CH_3{\frown}\ddot{C}l{:} \longrightarrow H\ddot{O}{-}CH_3 + :\ddot{C}l{:}^-$$

> $Na^+$ 是"围观"离子，旁观者，不参与反应

与 Brønsted 酸碱反应对比：

$$H\ddot{O}{:}^- + H{\frown}\ddot{C}l{:} \longrightarrow H\ddot{O}{-}H + :\ddot{C}l{:}^-$$

NaOH 和 $CH_3Cl$ 的反应使起始原料中的一个原子或基团被一个亲核试剂（氢氧根离子）取代，该类反应被称为**亲核取代**（nucleophilic substitution）反应，我们在第 6 章和第 7 章会详细讲述。

亲核试剂和 Lewis 碱两个术语是同义的，所有的亲核试剂都是 Lewis 碱。亲核试剂通常用 Nu 来表示，它可以带负电荷，如氢氧根离子，也可以是中性物质，如水，但每个亲核试剂都必须含有至少一对未共享电子。从以前所述的 Lewis 酸碱反应可以看出，所有的 Lewis 酸都是亲电试剂。像 HCl

和 $CH_3Cl$ 这些物质，它们的原子都含有一个全满的外电子层，因此它们不是 Lewis 酸。但由于它们都含有极性键，使 HCl 中的 H 和 $CH_3Cl$ 中的 C 具有亲电特性，故仍然表现为亲电试剂。

亲核取代反应是**卤代烷烃**（haloalkane）的一种普遍反应，该类有机化合物含有碳-卤键。下面是两个反应例子：

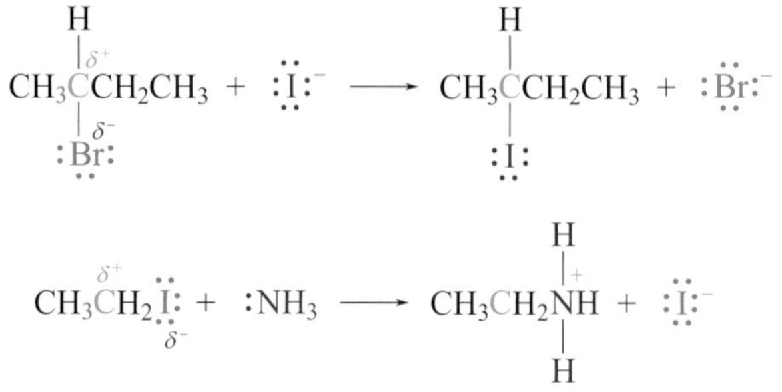

$$\underset{\substack{|\\ \overset{\delta^-}{\ddot{\text{Br}}:}\\ ..}}{\overset{\overset{H}{|}}{CH_3\overset{\delta^+}{C}CH_2CH_3}} + :\ddot{I}:^- \longrightarrow \underset{\substack{|\\ :\ddot{I}:\\ ..}}{\overset{\overset{H}{|}}{CH_3CCH_2CH_3}} + :\ddot{Br}:^-$$

$$CH_3CH_2\overset{\overset{\delta^+}{\phantom{.}}}{\underset{\delta^-}{\ddot{I}}}: + :NH_3 \longrightarrow CH_3CH_2\overset{\overset{H}{|}}{\underset{H}{N^+H}} + :\ddot{I}:^-$$

## 解题练习2-18

**运用概念解题：使用弯箭头**

以本节中前面的例子作为参考，对上面两个反应中的第一个加注弯箭头。

**策略：**

鉴别有机分子底物中可能的活性化学键和它的极性特点。对活性底物进行分类，从课本中寻找类似底物参与的反应。

**解答：**

• C—Br 键是反应位点，其极化方向是 $\overset{\delta^+}{C}$—$\overset{\delta^-}{Br}$。碘离子是 Lewis 碱，是潜在的亲核试剂（电子对供体）。因此，该反应类似于前页中氢氧根离子与 $CH_3Cl$ 的反应。

• 参照上述例子合理添加箭头。

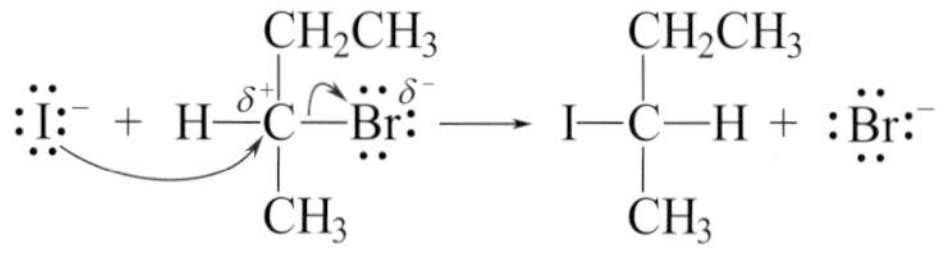

$$:\ddot{I}:^- + H-\underset{CH_3}{\overset{CH_2CH_3}{\underset{|}{\overset{|}{\underset{\delta^+}{C}}}}}\overset{\delta^-}{\ddot{Br}}: \longrightarrow \underset{CH_3}{\overset{CH_2CH_3}{\underset{|}{\overset{|}{I-C-H}}}} + :\ddot{Br}:^-$$

### 2-19 自试解题

对练习 2-18 上面两个反应中的第二个添加弯箭头。

---

虽然这些例子中的卤代烷烃所含的卤原子不同，而且碳原子和氢原子数目和排列也不同，但是它们对亲核试剂所表现出的性质却极其相似。我们可以总结为碳-卤键的存在决定了卤代烷烃的化学行为，也就是 C—X 键是决定化学反应性的结构特征——结构决定功能。C—X 键是构成卤代烷烃类有机化合物的**官能团**（functional group），或化学活性中心。在下一节中，我们将介绍一些主要的有机化合物类型，认识它们的官能团，并简要概述它们的反应性。

## 小　结

在 Brønsted-Lowry 定义中，酸是质子供体，碱是质子受体；酸-碱相互作用是由平衡决定的，该平衡可以由酸的解离常数 $K_a$ 定量描述。酸脱掉质子后就成为其共轭碱，碱得到质子后就成为其共轭酸。Lewis 碱给出一对电子同 Lewis 酸形成一个共价键，这个过程可用由碱上孤对电子指向酸的弯箭头来表示。亲电试剂和亲核试剂是有机化学中的物质，它们相互作用，非常类似于酸和碱。碳-卤键是卤代烷烃的官能团，它含有一个亲电的碳原子可以和亲核试剂发生反应，该反应称为亲核取代反应。

# 2-4 官能团：反应性中心

很多有机分子主要是由含单键的碳骨架组成，仅有氢原子与碳相连。但是，有机分子中也可以含有双键或叁键结合的碳以及其他元素。这些原子或原子团具有相对较高化学活性的反应位点，称为**官能团**（functional group）或**官能化**（functionality）。这些官能团拥有特征性能，它们控制了整个分子的反应活性。

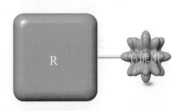

碳骨架奠定结构　　官能团赋予反应性

## 碳氢化合物是仅含有碳原子和氢原子的分子

我们从碳氢化合物（也称烃），一般经验式为 $C_xH_y$ 的分子，开始学习。仅含有单键的分子，如甲烷、乙烷、丙烷称为**烷烃**（alkane）。碳原子形成的环状烷烃如环己烷，称为**环烷烃**（cycloalkane）。烷烃没有官能团，因此它们的极性和反应活性相对较低。烷烃的化学性质将在本章和第 3、4 两章介绍。

### 烷烃

$CH_4$　　　　$CH_3—CH_3$　　　　$CH_3—CH_2—CH_3$　　　　$CH_3—CH_2—CH_2—CH_3$
甲烷　　　　乙烷　　　　　　　丙烷　　　　　　　　　丁烷

双键和叁键分别是**烯烃**（alkene）和**炔烃**（alkyne）的官能团，它们的化学性质将在第 11～13 章中讨论。

### 烯烃和炔烃

$CH_2=CH_2$　　　　$\underset{CH_3}{\overset{H}{C}}=CH_2$　　　　$HC≡CH$　　　　$CH_3—C≡CH$

乙烯　　　　　　丙烯　　　　　　乙炔　　　　　　丙炔

**苯**（benzene，$C_6H_6$）是一类特殊的碳氢化合物，它的六元环含有三个双键。由于一些苯的取代物确实具有强烈香味，因此苯及其衍生物传统上称为**芳香化合物**（aromatic compound）。芳香化合物也叫**芳烃**（arene），将在第 15、16、22 和 25 章中讨论。

### 芳香化合物（芳烃）

苯　　　　　　　　　　甲基苯(甲苯)

### 环烷烃

环戊烷

环己烷

## 很多官能团含有极性键

极性键决定了很多类分子的性质。键的极性源于彼此相连的两个原子间的电负性差异（1-3 节）。我们已经介绍过**卤代烷**（haloalkane），它含有一个极性的碳-卤键作为官能团，第 6、7 两章将深入讨论它们的化学性质。另一类官能团是**羟基**（hydroxyl）（—O—H），它是**醇类**（alcohol）的特征基团。醚类的特征官能团是两个碳与氧相连（—C̦—O—C̦—）。醇和部分**醚**（ether）的官能团可以转化为很多其他类官能团，因此它们在合成转化中非常重要，有关它们的化学性质将是第8章和第9章的主题。

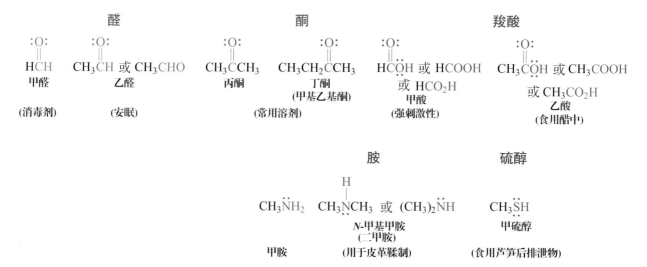

**羰基**（carbonyl）官能团（C=O）存在于**醛**（aldehyde）、**酮**（ketone）以及与—OH 相连的羧酸中。醛和酮将在第 17 章和第 18 章中讨论，羧酸及其衍生物将在第 19 章和第 20 章中讨论。

其他元素组成另外一些特征的官能团。例如，烷基氮的化合物叫做**胺**（amine），醇中的氧被硫取代后叫做**硫醇**（thiol）。

## R 代表烷烃分子的一部分

表 2-3 选列了一些常见官能团、含有这些官能团的化合物种类、结构通式以及示例。在结构通式中我们一般使用符号 **R**［来自单词 radical（自由基），residue（残基）］来代表**烷基**（alkyl group）。烷基是从烷烃除去一个氢原子后衍生得到的分子碎片（2-6 节）。因此，卤代烷烃的通式就是 R—X，其中 R 代表烷基，X 代表任一卤素原子。同样，醇用 R—O—H 表示。在含有多个烷基的结构中，我们在 R 上加撇（′）或两撇（″）以区分彼此结构不同的烷基。由此，两端烷基相同的醚［**对称醚**（symmetrical ether）］，其通式为 R—O—R；两端烷基不同的醚［**不对称醚**（unsymmetrical ether）］，其通式为 R—O—R′。

表2-3 常见的官能团

| 化合物类型 | 结构通式[a] | 官能团 | 示例 |
|---|---|---|---|
| 烷烃<br>(第3、4章) | R—H | 无 | CH₃CH₂CH₂CH₃<br>丁烷 |
| 卤代烷<br>(第6、7章) | R—Ẍ: (X = F, Cl, Br, I) | —Ẍ: | CH₃CH₂—B̈r:<br>溴乙烷 |
| 醇<br>(第8、9章) | R—ÖH | —ÖH | (CH₃)₂C—ÖH<br>（H上方）<br>2-丙醇<br>(异丙醇) |
| 醚<br>(第9章) | R—Ö—R′ | —Ö— | CH₃CH₂—Ö—CH₃<br>甲氧基乙烷<br>(乙基甲基醚) |
| 硫醇<br>(第9章) | R—S̈H | —S̈H | CH₃CH₂—S̈H<br>乙硫醇 |
| 烯烃<br>(第11、12章) | (H)R、R(H) C=C (H)R、R(H) | C=C | H₃C、H₃C C=CH₂<br>2-甲基丙烯 |
| 炔烃<br>(第13章) | (H)R—C≡C—R(H) | —C≡C— | CH₃C≡CCH₃<br>2-丁炔 |
| 芳香化合物<br>(第15、16、22章) | 苯环结构 | 苯环结构 | 甲苯 |
| 醛<br>(第17、18章) | :O: R—C—H | :O: —C—H | :O: CH₃CH₂CH<br>丙醛 |
| 酮<br>(第17、18章) | :O: R—C—R′ | :O: —C— | :O: CH₃CH₂CCH₂CH₃<br>3-己酮 |
| 羧酸<br>(第19、20章) | :O: R—C—Ö—H | :O: —C—ÖH | :O: CH₃CH₂CÖH<br>丙酸 |
| 酸酐<br>(第19、20章) | :O: :O: R—C—Ö—C—R′(H) | :O: :O: —C—Ö—C— | :O::O: CH₃CH₂COCCH₂CH₃<br>丙酸酐 |
| 酯<br>(第19、20、23章) | :O: (H)R—C—Ö—R′ | :O: —C—Ö— | :O: CH₃CH₂COCH₃<br>丙酸甲酯 |

表2-3（续表）

| 化合物类型 | 结构通式[a] | 官能团 | 示例 |
|---|---|---|---|
| 酰胺<br>(第19、20、26章) | $$R-\overset{\overset{:O:}{\|\|}}{C}-\overset{\|}{\underset{\overset{\|}{R''(H)}}{\overset{\cdot\cdot}{N}}}-R'(H)$$ | $$-\overset{\overset{:O:}{\|\|}}{C}-\overset{\cdot\cdot}{N}\diagdown$$ | $$CH_3CH_2CH_2\overset{\overset{:O:}{\|\|}}{C}NH_2$$<br>丁酰胺 |
| 腈<br>(第20章) | $R-C\equiv N:$ | $-C\equiv N:$ | $CH_3C\equiv N:$<br>乙腈 |
| 胺<br>(第21章) | $$R-\overset{\cdot\cdot}{\underset{\overset{\|}{R''(H)}}{N}}-R'(H)$$ | $$-\overset{\cdot\cdot}{N}\diagdown$$ | $(CH_3)_3N:$<br>N,N-二甲基甲胺<br>(三甲胺) |

[a] 字母R表示烷基（见正文）。不同的烷基在R上加上撇号以区分：R'、R''，依此类推。

# 2-5 | 直链和支链烷烃

官能团一般连接在只含单键的碳氢骨架上。不含官能团并且整个分子只含有单键相连的碳原子和氢原子的物质称作**烷烃**（alkane）。从结构上，烷烃可以分为几类：线性的**直链烷烃**（straight-chain alkane）；碳链中含有一个或多个分支点的**支链烷烃**（branched alkane）；以及环状烷烃，又叫**环烷烃**（cycloalkane），其将在第4章中介绍。

| 直链烷烃 | 支链烷烃 | 环烷烃 |
|---|---|---|
| $CH_3-CH_2-CH_2-CH_3$ | $$CH_3-\overset{\overset{\|}{CH_3}}{\underset{\underset{\|}{CH_3}}{C}}-H$$ | $$\begin{matrix}CH_2-CH_2\\ \| \qquad \|\\ CH_2-CH_2\end{matrix}$$ |
| 丁烷, $C_4H_{10}$ | 2-甲基丙烷, $C_4H_{10}$<br>（异丁烷） | 环丁烷, $C_4H_8$ |

### 直链烷烃形成同系物

在直链烷烃中，每一个碳都与两个碳原子和两个氢原子相连。二个端基碳例外，它们与一个碳原子和三个氢原子相连。直链烃类化合物可以用一个总的化学式 $H-(CH_2)_n-H$ 表示。这类烃中的一个烷烃与其低一级的烷烃相比，多了一个亚甲基，$-CH_2-$。这些分子彼此都是**同系的**（homologs，*homos*，希腊语，"同样"），这样的系列是**同系列**（homologous series）。甲烷（$n=1$）是烷烃同系物中的第一个成员，乙烷（$n=2$）是第二个，以此类推。

### 支链烷烃是直链烷烃的构造异构体

支链烷烃是直链烷烃的衍生物，它是将直链烷烃亚甲基（$-CH_2-$）上的一个氢去掉，然后用烷基取代而形成的。支链烷烃和直链烷烃拥有相同的化学式，$C_nH_{2n+2}$。最小的支链烷烃是2-甲基丙烷，它与丁烷具有相同的分子式，但连接方式不同；两个化合物因此形成一对构造异构体（1-9节）。

对于更高级的烷烃同系物（$n>4$）来说，可能有两个以上的异构体。如下所示，戊烷有 3 种，$C_5H_{12}$；己烷有 5 种，$C_6H_{14}$；庚烷有 9 种，$C_7H_{16}$；辛烷有 18 种，$C_8H_{18}$。

将 $n$ 个碳原子彼此相连并在周围与 $2n+2$ 个氢原子相连，可能的构造异构体数目随 $n$ 的增大而急剧增大（表 2-4）。

### 戊烷异构体

$$CH_3-CH_2-CH_2-CH_2-CH_3$$

戊烷

$$CH_3-CH_2-\underset{\underset{CH_3}{|}}{\overset{\overset{CH_3}{|}}{CH}}$$

2-甲基丁烷
（异戊烷）

$$CH_3-\underset{\underset{CH_3}{|}}{\overset{\overset{CH_3}{|}}{C}}-CH_3$$

2,2-二甲基丙烷
（新戊烷）

| $n$ | 异构体 |
| --- | --- |
| 1 | 1 |
| 2 | 1 |
| 3 | 1 |
| 4 | 2 |
| 5 | 3 |
| 6 | 5 |
| 7 | 9 |
| 8 | 18 |
| 9 | 35 |
| 10 | 75 |
| 15 | 4347 |
| 20 | 366319 |

表2-4　烷烃可能的异构体数目 $C_nH_{2n+2}$

#### 练习 2-20

（**a**）画出己烷的 5 个异构体；（**b**）画出 2- 甲基丁烷的上一级或下一级同系物的所有可能结构。

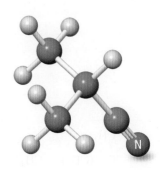

## 2-6　烷烃命名

碳原子自身组装方式千变万化，且可与不同的取代基团连接，从而造就了有机分子的庞大数量。这种多样性同时也带来一个问题：我们怎样才能用命名的方法来系统地区分所有这些化合物？　例如，有没有可能给所有 $C_6H_{14}$ 的异构体命名，以便我们可以在手册的索引中或者网络数据库中轻易地找到它们的信息（熔点、沸点、反应）？同样，有没有可能命名并画出一个我们从没见过的化合物的结构？

从有机化学诞生的那天起，怎样给有机分子命名的问题就已经存在了，但早先的方法不够系统。最初的方法是以化合物的发现者（如 Nenitzescu 碳氢化合物）、地理位置（如悉尼酮 sydnone）、形状（如立方烷、竹篮烷）及天然来源（如香草醛）等来命名的。很多这类**常用名**（common name）或**俗名**（trivial name）仍在广泛使用。然而，目前已经有了一种命名烷烃的准确方法，即**系统命名法**（systematic nomenclature）。1892 年，瑞士日内瓦化学会议首次引入系统命名法，用于描述化合物结构。从那以后，这种命名法不断得到完善，其中大多数工作是由国际纯粹与应用化学联合会（IUPAC）完成的。表 2-5 给出了前 20 种直链烷烃的系统命名。它们的词根部分主要来源于希腊语，用于表示链上的碳原子数目。例如，heptadecane（十七烷）是由希腊语 *hepta*（七）和 *deca*（十）组成的。前四种烷烃的名字比较特殊，但它们都已经被系统命名法所接受，并且所有命名都带有后缀 -ane。了解这些名称是非常重要的，因为它们是构成所有有机化合物中的大部分物质名称的基础。一些较小的支链烷烃的常用名称仍被广泛使用，以前缀**异**（iso-）和**新**（neo-）来表示，如 isobutane（异丁烷）、isopentane（异戊烷）和 neohexane（新己烷）。

### 真的吗 ？

2014 年以前，在星际空间中只发现了直链有机化合物。然而 2014 年，在我们银河系中心附近的恒星形成区域检测到了 2-甲基丙氰。它是此环境下发现的第一个支链碳化合物，暗示与生命相关的更复杂物质也可能存在。

加压罐储存的液化丙烷，是火炬、灯笼和户外炉灶的常用燃料。

**表2-5  直链烷烃 $C_nH_{2n+2}$ 的名称和物理性质**

| $n$ | 化合物名称 | 分子式 | 沸点/℃ | 熔点/℃ | 20℃时的密度/(g·mL$^{-1}$) |
|---|---|---|---|---|---|
| 1 | 甲烷 | $CH_4$ | -161.7 | -182.5 | 0.466 (-164℃) |
| 2 | 乙烷 | $CH_3CH_3$ | -88.6 | -183.3 | 0.572 (-100℃) |
| 3 | 丙烷 | $CH_3CH_2CH_3$ | -42.1 | -187.7 | 0.5853 (-45℃) |
| 4 | 丁烷 | $CH_3CH_2CH_2CH_3$ | -0.5 | -138.3 | 0.5787 |
| 5 | 戊烷 | $CH_3(CH_2)_3CH_3$ | 36.1 | -129.8 | 0.6262 |
| 6 | 己烷 | $CH_3(CH_2)_4CH_3$ | 68.7 | -95.3 | 0.6603 |
| 7 | 庚烷 | $CH_3(CH_2)_5CH_3$ | 98.4 | -90.6 | 0.6837 |
| 8 | 辛烷 | $CH_3(CH_2)_6CH_3$ | 125.7 | -56.8 | 0.7026 |
| 9 | 壬烷 | $CH_3(CH_2)_7CH_3$ | 150.8 | -53.5 | 0.7177 |
| 10 | 癸烷 | $CH_3(CH_2)_8CH_3$ | 174.0 | -29.7 | 0.7299 |
| 11 | 十一烷 | $CH_3(CH_2)_9CH_3$ | 195.8 | -25.6 | 0.7402 |
| 12 | 十二烷 | $CH_3(CH_2)_{10}CH_3$ | 216.3 | -9.6 | 0.7487 |
| 13 | 十三烷 | $CH_3(CH_2)_{11}CH_3$ | 235.4 | -5.5 | 0.7564 |
| 14 | 十四烷 | $CH_3(CH_2)_{12}CH_3$ | 253.7 | 5.9 | 0.7628 |
| 15 | 十五烷 | $CH_3(CH_2)_{13}CH_3$ | 270.6 | 10 | 0.7685 |
| 16 | 十六烷 | $CH_3(CH_2)_{14}CH_3$ | 287 | 18.2 | 0.7733 |
| 17 | 十七烷 | $CH_3(CH_2)_{15}CH_3$ | 301.8 | 22 | 0.7780 |
| 18 | 十八烷 | $CH_3(CH_2)_{16}CH_3$ | 316.1 | 28.2 | 0.7768 |
| 19 | 十九烷 | $CH_3(CH_2)_{17}CH_3$ | 329.7 | 32.1 | 0.7855 |
| 20 | 二十烷 | $CH_3(CH_2)_{18}CH_3$ | 343 | 36.8 | 0.7886 |

$$CH_3-\underset{\underset{H}{|}}{\overset{\overset{CH_3}{|}}{C}}-(CH_2)_n-CH_3$$

**异烷烃**
**(例，$n=1$，异戊烷)**

$$CH_3-\underset{\underset{CH_3}{|}}{\overset{\overset{CH_3}{|}}{C}}-(CH_2)_n-H$$

**新烷烃**
**(例，$n=2$，新己烷)**

### 练习 2-21

画出异己烷和新戊烷的结构。

---

在学习复杂的碳氢化合物命名规则之前，让我们首先了解一些术语在叙述一些通用特点时是有用的。

1. 正如2-4节提到，**烷基**（alkyl）是将烷烃去掉一个氢后形成的。烷基命名是将烷烃后缀-ane替换为-yl，即甲烷改为甲基，比如甲基（methyl）、乙基（ethyl）和丙基（propyl）。

2. 表2-6列出了一些支链烷基的常用名。注意其中一些有前缀如*sec*-（或*s*-），表示仲（二级）碳，或者*tert*-（或*t*-）表示叔（三级）碳。这些前缀用于区分有机分子中的sp$^3$杂化（四面体）碳。

3. **伯（一级）碳**（primary carbon）只与一个其他碳原子直接相连。比如，所有烷基的链端碳都是伯碳。此类碳连接的氢称为伯（一级）氢，去除一个伯氢形成的烷基也称为伯（一级）烷基。

4. **仲（二级）碳**（secondary carbon）与两个其他碳原子直接相连，**叔（三级）碳**（tertiary carbon）则与三个其他碳原子直接相连。与他们相连的氢分别称为仲和叔氢。如表2-6所示，去除一个仲氢形成仲烷基，去掉一个叔氢得到叔烷基。

5. 最后，**季（四级）碳**（quaternary carbon）是连有四个烷基的碳。

**烷基**

| | |
|---|---|
| 甲基 | $CH_3-$ |
| 乙基 | $CH_3-CH_2-$ |
| 丙基 | $CH_3-CH_2-CH_2-$ |

表2-6　支链烷基

| 结构 | 常用名 | 常用名使用举例 | 系统命名 | 基团类别 |
|---|---|---|---|---|
| $CH_3-\overset{\displaystyle CH_3}{\underset{\displaystyle H}{C}}-$ | 异丙基 | $CH_3-\overset{\displaystyle CH_3}{\underset{\displaystyle H}{C}}-Cl$（异丙基氯） | 1-甲基乙基 | 仲 |
| $CH_3-\overset{\displaystyle CH_3}{\underset{\displaystyle H}{C}}-CH_2-$　一级 | 异丁基 | $CH_3-\overset{\displaystyle CH_3}{\underset{\displaystyle H}{C}}-CH_3$（异丁烷） | 2-甲基丙基 | 伯 |
| $CH_3-CH_2-\overset{\displaystyle CH_3}{\underset{\displaystyle H}{C}}-$　二级 | sec-丁基（仲丁基） | $CH_3-CH_2-\overset{\displaystyle CH_3}{\underset{\displaystyle H}{C}}-NH_2$（sec-丁胺或2-丁胺） | 1-甲基丙基 | 仲 |
| $CH_3-\overset{\displaystyle CH_3}{\underset{\displaystyle CH_3}{C}}-$　三级 | tert-丁基（叔丁基） | $CH_3-\overset{\displaystyle CH_3}{\underset{\displaystyle CH_3}{C}}-Br$（叔丁基溴） | 1,1-二甲基乙基 | 叔 |
| $CH_3-\overset{\displaystyle CH_3}{\underset{\displaystyle CH_3}{C}}-CH_2-$ | 新戊基 | $CH_3-\overset{\displaystyle CH_3}{\underset{\displaystyle CH_3}{C}}-CH_2-OH$（新戊醇） | 2,2-二甲基丙基 | 伯 |

伯、仲和叔碳（和氢）

3-甲基戊烷

> 伯、仲、叔和季称谓只适用于具有单键的碳原子，不适用于双键碳和叁键碳。

## 练习2-22

标出 2-甲基戊烷（异己烷）中的伯、仲和叔氢。

通过表 2-5 给出的信息，我们能够命名前 20 种直链烷烃。但是我们怎样命名支链体系呢？ IUPAC 的一组规则使这个问题变得相对简单，只要我们细心循序运用命名规则就行了。

## 指导原则：IUPAC直链烷烃命名规则

→ **IUPAC规则1.** 找出分子中最长的链并且命名。这个工作并不如想象的那么容易。问题在于缩写式中复杂烷烃的最长链往往被掩盖。下面的例子中，最长链即**主链**（stem chain），用黑色清楚地标记了出来。主链的主体名称即作为该分子的名称，连接到主链上的（除氢以外）基团称为**取代基**（substituent）。

甲基 → CH₃      黑色主链                     甲基      黑色主链

CH₃CHCH₂CH₃            CH₃CH₂      CH₂CH₂CH₂CH₃

CH₃CHCH₂CH₂CHCH₂CH₃      乙基                                即

一个甲基取代的丁烷            一个乙基和甲基取代的葵烷
(一种甲基丁烷)              (一种乙基甲基葵烷)

如果一个分子有两条或多条等长的链，则选取代基较多的为主链。

CH₃    CH₃                                    CH₃    CH₃

CH₃CHCHCH₂CHCH₂CH₃            不是：  CH₃CHCHCH₂CHCH₂CH₃

CH₃   CH₂                                    CH₃   CH₂

CH₂                                            CH₂

CH₃                                            CH₃

4个取代基                                    3个取代基
一种辛烷                                      一种辛烷
正确的主链                                    不正确的主链

- **IUPAC规则2.** 把与主链相连的所有基团命名为烷基取代基。表2-5给出了烷基的名称。然而如果取代基也含支链怎么办？在这种情况下，IUPAC规则同样适用于这种复杂的取代基：首先找出该取代基的最长链，然后再命名它所有的取代基。

- **IUPAC规则3.** 从最靠近取代基的一头开始给最长链碳原子标号。

更靠近第一个            CH₃                                  更靠近第一个
取代基                                                      取代基

CH₃CHCH₂CH₃            8  7  6  5  4  3  2  1

1  2  3  4

非 4  3  2  1            非 1  2  3  4  5  6  7  8

如果两个取代基分别处于主链两端等距离位置，则按照取代基的英文名称的字母顺序来编号，字母靠前的为优先一端，所连接的碳给以较小数字。

CH₃CH₂      CH₃                    16  14    12    10    8    6    4    2

CH₃CH₂CHCH₂CH₂CHCH₂CH₃                                                      1

1  2  3  4  5  6  7  8      17    15    13    11    9    7    5    3

乙基(在C-3)比甲基(在C-6)优先        丁基(在C-6)比丙基(在C-12)优先

有三个或更多的取代基怎么确定编号？在这种情况下则比较两组可能的编号中出现的第一个不同的取代基的编号，编号小的那一组为正确编号。这个过程遵守"**第一不同点最小**（first point of difference principle）"原则。

CH₃            CH₃    CH₃

CH₃CH₂CHCH₂CH₂CH₂CH₂CHCH₂CHCH₂CH₃    取代碳编号：

1  2  3  4  5  6  7  8  9  10  11  12    ← 3, 8, 和 10 (不正确)

12  11  10  9  8  7  6  5  4  3  2  1    ← 3, 5, 和 10 (正确，5 比 8 小)

3,5,10-三甲基十二烷

作为取代基的烷基在主链以外单独编号，且与主链相连的碳原子编号为1。

- **IUPAC规则4.** 写出烷烃的名称，首先将取代基的名称按其英文字母顺序列出（前置它们所连碳原子的编号，中间用连字符隔开），然后加上主干的名称。若含有多个相同基团，则基团名前面冠以二（di）、三（tri）、四（tetra）或五（penta），依此类推。这些基团所连的主链碳原子的编号在基团名前面标出，它们之间用逗号隔开。这些前缀和二级（*sec*）、三级（*tert*）一样不参加字母排序，只有作为复杂取代基名称的一部分时才参与（页边）。

CH₃CHCH₂CH₃  
　|  
　CH₃（上）

**2-methylbutane**  
2-甲基丁烷

CH₃CHCHCH₃  
　　|  
　　CH₃

**2,3-dimethylbutane**  
2,3-二甲基丁烷

CH₃CHCH₂CH₂CHCH₂CCH₃  
　　　　　　　|　　|  
　　CH₃CH₂　CH₃

**4-ethyl-2,2,7-trimethyloctane**  
4-乙基-2,2,7-三甲基辛烷

**4,5-diethyl-3,6-dimethyldecane**  
4,5-二乙基-3,6-二甲基癸烷

CH₃CH₂CHCHCH₃  
　　　　|  
　　　CH₃  
（上：CH₂CH₃）

**3-ethyl-2-methylpentane**  
3-乙基-2-甲基戊烷

表 2-6 列出的五个基团常用名：异丙基、异丁基、仲丁基、叔丁基和新戊基是 IUPAC 允许的。这五个名字在科学家的日常交流中被广泛使用，有必要熟悉其所对应的结构。但还是推荐大家优先使用这些基团的系统命名，特别是查阅相关化合物的信息时，因为大多数的网上数据库是根据系统命名构建。若使用常用名输入有可能找不到想要的信息。

复杂的取代基用圆括号隔开，可以避免可能的混淆。如果一个复杂的取代基出现的次数不止一次，那么在括号前要加上特定的前缀，如 bis（两个，见页边）、tris（三个）、tetrakis（四个）、pentakis（五个）等。这些前缀同样不参与字母排序。对于复杂取代基碳链的编号，与主链直接相连的碳编号总为 1。

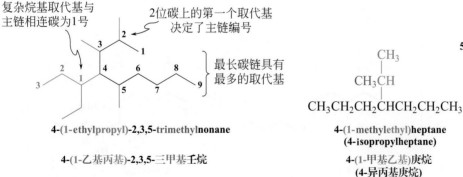

复杂烷基取代基与主链相连碳为1号　　2位碳上的第一个取代基决定了主链编号　　最长碳链具有最多的取代基

**4-(1-ethylpropyl)-2,3,5-trimethylnonane**  
4-(1-乙基丙基)-2,3,5-三甲基壬烷

CH₃  
|  
CH₃CH  
|  
CH₃CH₂CH₂CHCH₂CH₂CH₃

**4-(1-methylethyl)heptane**  
**(4-isopropylheptane)**  
4-(1-甲基乙基)庚烷  
(4-异丙基庚烷)

　　　　　　3　2　1  
　　5  
4

**5-乙基-2,2-二甲基辛烷**  
（"di"不参与字母排序）

但是

　　　　　　　　　1  
　　5　4　3　2

**5-(1,1-二甲基乙基)-3-乙基辛烷**  
（"di"参与，是取代基名字的一部分）

**5,8-bis(1-methylethyl)-dodecane**  
5,8-双(1-甲基乙基)十二烷

---

## 练习 2-23

（**a**）根据 IUPAC 规则命名下列烃类化合物。

（i）　　　　　（ii）　　　　　（iii）

（**b**）写出本书中前文所述的十个支链烷烃的名字，合上书本，根据这些名字再写出它们的结构式。

命名卤代烷烃时，我们一般将卤原子当成烷烃的取代基。跟前面一样，将最长的主链编号，使任一端开始的第一个取代基采取最低的编号。取代基按字母顺序排列，复杂基团命名规则与复杂烷基的命名类似。

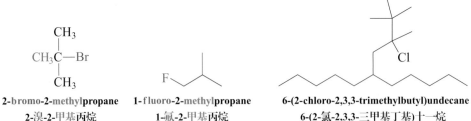

CH₃I
iodomethane
碘甲烷

2-bromo-2-methylpropane
2-溴-2-甲基丙烷

1-fluoro-2-methylpropane
1-氟-2-甲基丙烷

6-(2-chloro-2,3,3-trimethylbutyl)undecane
6-(2-氯-2,3,3-三甲基丁基)十一烷

卤代烷烃的常用名则基于较老的术语"烷基卤化物"。例如，上述前三个物质的常用名分别是：甲基碘、叔丁基溴以及异丁基氟。一些含氯的溶剂有常用名，如：$CCl_4$，四氯化碳；$CHCl_3$，氯仿；$CH_2Cl_2$，二氯甲烷。

## 解题练习2-24

**运用概念解题：命名复杂烷烃**

应用 IUPAC 规则命名页边所示分子。

**策略：**

使用 WHIP 流程。

- **W**：有何信息？先看看该分子的基本特征。这是一个支链烷烃，带有三个不同的卤素取代基。

- **H**：如何进行？首先找到最长链，然后分别命名所有的取代基。

- **I**：需用的信息？回顾2-6节IUPAC规则。

- **P**：继续进行。

**解答：**

癸烷

Cl          F

Br

**最长链为主链**

氯
Cl          氟
            F
                        丙基
            甲基
甲基
甲基          溴
        Br

**命名取代基**

离第一个
取代基最近

Cl
1  2  3  4  5
        F

    6  7  8  9  10
        Br

**主链编号**

Cl          F  2  3
            1
            与主链相连碳=#1

        Br

**侧链取代基编号**

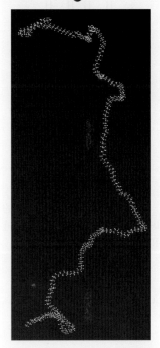

7-溴-2-氯-5-(2-氟-1-甲基丙基)-3,6-二甲基癸烷

- 找到最长链并非轻而易举。从所有链端开始，搜寻所有可能的路径，最终确定是一个癸烷（IUPAC 规则 1）。
- 确定主链后，命名所有相连取代基：两个甲基，溴，氯和（一个取代的）丙基（IUPAC 规则 2）。
- 从离链端最近的取代基一侧开始编号主链，本题中是氯取代基侧（IUPAC 规则 3）。
- 接下来处理取代的丙基。很容易编号。与主链相连的碳原子编号为 1（IUPAC 规则 3），于是有 2-氟-1-甲基丙基。
- 然后命名烷烃，按照字母顺序排列取代基（IUPAC 规则 4）。溴第一，接下来是氯，紧跟着是氟甲基丙基，最后是甲基。加上相应的编号。最后命名为：7-溴-2-氯-(2-氟-1-甲基丙基)-3,6-二甲基癸烷。

## 2-25 自试解题

（**a**）画出俗名叫做"四异丙基甲烷"分子的结构式，并用 IUPAC 规则命名。

（**b**）画出 5-丁基-3-氯-2,2,3-三甲基癸烷的结构。

其他类型新化合物如环烷烃的命名将在以后有关新类型化合物出现时相继介绍。

### 小 结

命名支链烷烃时必须依次运用如下四条规则：1. 找出最长链；2. 命名所有与主链相连的烷基基团；3. 给主链编号；4. 命名烷烃。所有取代基按英文字母顺序排列，取代基名称前用编号标明它们在主链上的位置。卤代烷烃的命名与烷烃类似，卤原子通常与烷基一样作为取代基处理。

真的吗

$C_{390}H_{782}$ 是人工合成的最长直链烷烃，作为聚乙烯的模型分子而合成。该分子晶态呈伸展链状，由于分子内伦敦力吸引作用，在 132°C 熔点处开始发生链折叠。[*Courtesy of Peter Vollhardt*]

# 2-7 烷烃的结构性质和物理性质

所有烷烃的共同结构特征是它的碳链。碳链不仅影响烷烃的物理性质，也影响带有碳链骨架的任何有机分子的物理性质。本节将介绍该类结构的性质和物理形态。

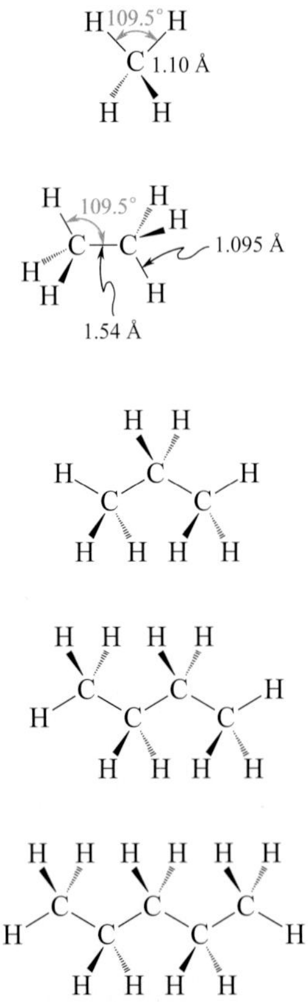

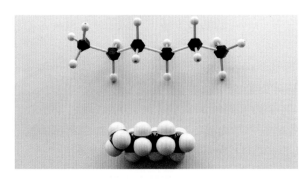

## 烷烃具有规则的分子结构和性质

烷烃的结构特征非常有规律性。碳原子为四面体，键角接近 109°，通常 C—H 键长约为 1.10Å，C—C 键长约为 1.54Å。烷烃主链常具有键线结构中的那种锯齿状（图 2-3），z 字形（zigzag）。为了描述它的三维结构，我们采用虚-实楔形线结构式（图 1-23），其中主链碳原子以及两端的两个氢处于同一平面（图 2-4）

### 练习 2-26

画出 2-甲基丁烷与 2，3-二甲基丁烷的锯齿状虚-实楔形线结构

图 2-3  己烷的球棍分子模型（上）和空间填充分子模型，展示了典型烷烃碳链的特征锯齿状结构。[*Courtesy of Peter Vollhardt*]

图 2-4  从甲烷到戊烷的虚-实楔形线结构式。注意主链和两个端基氢的锯齿状结构。

烷烃结构的规律性预示它们的物理常数变化趋势可预测。事实上，观察表 2-5 的数据，说明随这类同系物碳原子个数的增加，一些物理常数也有规律地增加。比如，在室温下（25℃），低碳原子数的烷烃同系物呈气态或者是无色液体，而高碳原子数的烷烃同系物呈蜡状固态。从戊烷到十五烷，每增加一个 $CH_2$ 都会使沸点增加 20～30℃（图 2-5）。

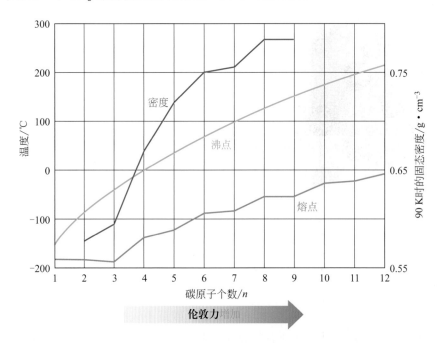

图 2-5  直链烷烃的物理常数。随着体积增大，伦敦力增加，导致相应的物理常数增加。可以看到偶数碳烷烃的熔点比预期的稍高，这主要是因为它们在固态下排列更紧密（注意密度也更高），从而使得分子间有较强的吸引力。

## 分子间的吸引力决定烷烃的物理性质

为什么烷烃的物理性质是可预测的？存在这样的趋势主要是由于**分子间作用力**（intermolecular force）或者叫**范德华**[1] **力**（van der Waals）。分子间相互施加各种类型的吸引力，使得它们聚集形成有序排列的固体或液体。许多固体物质还以高度有序的晶体状态存在。离子化合物（如盐类）主要通过几百千焦每摩尔大小的强库仑力被牢固地稳定在晶格中。非离子型的极性分子，如一氯甲烷（$CH_3Cl$），分子间由弱一个数量级的偶极-偶极相互作用力所吸引（本质上也是库仑作用，1-2 节和 6-1 节）。最后，非极性的烷烃分子间通过**伦敦**[2]**力**（London）相互吸引，这种作用力来源于**电子相关性**（electron correlation）。当一个烷烃分子接近另一个烷烃分子时，该分子中的电子会受到另一个分子中电子的排斥，从而产生电子运动的相关性。电子的运动导致一个分子的键发生暂时的极化，另一个分子中相关联的成键电子运动则导致化学键在相反方向上极化，结果使得这两个分子相互吸引。图 2-6 简单比较了离子-离子相互作用、偶极-偶极相互作用以及伦敦吸引作用。

冲浪板用石蜡打蜡可以改善使用性能。

伦敦力是很弱的分子作用力。比如，甲烷二聚体间的吸引力只有 0.5 $kcal \cdot mol^{-1}$。库仑力随正负电荷距离的平方而变化，与库仑力不同，伦敦力与分子间距离的六次方成反比。而且这些力使分子之间相互接近的距离有一定的极限。在极短距离内，原子核与原子核之间以及电子与电子之间的排斥力将远胜于吸引力[3]。

这些力是怎样体现在元素以及化合物的物理常数上的呢？答案就是固体熔化和液体沸腾都需要能量（通常以热的形式）。例如，要熔化晶体就必须克

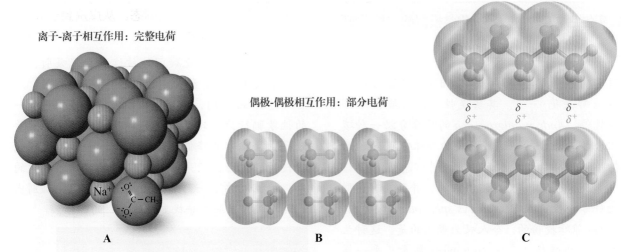

图 2-6　（A）离子化合物的库仑吸引力：晶态乙酸钠，乙酸的钠盐。（B）固态氯甲烷的偶极-偶极相互作用。极性分子的排列有利于库仑引力。（C）晶态戊烷的伦敦力。在这张简化图中，电子云整体间相互作用诱导产生很微小的相反符号的部分电荷。随着电子运动的持续关联，两个分子中的电荷分布相应的连续变化。

---

　[1]　约翰尼斯·D. 范德华（Johannes D.van der Waals，1837—1923），荷兰阿姆斯特丹大学教授。1910 年诺贝尔物理学奖获得者。

　[2]　弗里特茨·伦敦（Fritz London，1900—1954），美国北卡罗来纳杜克大学教授。注意：在较早的文献中，范德华力专指我们现在所称的伦敦力，而现今的范德华力则总体指向所有的分子间的吸引力。

　[3]　"……万物皆由原子组成，这种小粒子时刻都在运动，相互靠近到一定距离时则互相吸引，进一步靠近则开始互相排斥。"——理查德·费曼（Richard Feynman，1918—1988），加州理工学院教授，1965 年诺贝尔物理学奖获得者。

服晶格之间的吸引力。在离子化合物中，如 NaOAc ［图2-6（A）］，需要相当高的温度（324℃）才能克服强的离子间作用力使其熔化。在烷烃中，熔点随分子大小增加而增加：伦敦力就有加和性，分子中相对大的表面积就会有较大的伦敦力。然而，这些作用力仍然相对很弱，即便很高分子量的烷烃也只有较低的熔点。例如，由$C_{20}H_{42}$至$C_{40}H_{82}$的混合直链烷烃组成的石蜡，它们的熔点低于64℃。石蜡与一般的蜡不同，后者是由长链脂肪酸酯构成的。

为了使分子摆脱液态中的吸引力而进入到气相，就必须提供更多的热量。当液体蒸气压等于大气压时，液体就沸腾。化合物的分子间作用力较大时，它的沸点就相应较高。这些因素使得图 2-5 中的沸点曲线均匀增长。

支链烷烃比直链烷烃的表面积要小。这样，它们之间的伦敦力也就小，在晶体状态下它们也不能很好地堆积起来。较弱的吸引力导致了较低的熔点和沸点。形状紧凑的支链分子则是例外。如 2,2,3,3-四甲基丁烷熔点是 101℃，就是因为它的晶体堆积十分有利（相比而言，辛烷的熔点只有 -57℃）。但另一方面，具有较大表面积的辛烷比更接近球形分子的 2,2,3,3-四甲基丁烷有更高的沸点（分别是 126℃与 106℃）。晶体堆积差别也可以解释为什么奇数直链烷烃的实际熔点略低于按照偶数直链烷烃的变化规律来预期的熔点（图 2-5）。

**辛烷**

**2,2,3,3-四甲基丁烷**

## 小　结

直链烷烃有规整的结构。它们的熔点、沸点与密度随分子体积和表面积的增大而增大，原因在于分子间的吸引力也增大。

---

**真实生活：自然　2-2　化学模拟的"性欺骗"**

蜜蜂为花授粉。我们都看过一些自然节目，听过非常权威的解说员告诉我们："本能告诉蜜蜂该采哪朵花……"。其实是性告诉蜜蜂该给哪朵花授粉。*Andrena nigroaenea* 的雌蜂分泌一种碳氢化合物的混合物，这种物质的香味吸引同种的雄蜂。像这样的性吸引剂，或者叫信息素（12-17节），在动物王国内是普遍存在的，并且具有典型的物种专一性。兰花（*Ophrys sphegodes*）是依靠 *Andrena* 雄蜂授粉的。令人叹为观止的是，这种兰花叶子上的蜡层具有同 *Andrena* 信息素几乎一样的物质组成：蜡层和信息素中的三种主要成分是直链的二十三烷（$C_{23}H_{48}$）、二十五烷（$C_{25}H_{52}$）以及二十七烷（$C_{27}H_{56}$），组成比是 3∶3∶1。这就是所谓的化学模拟中的一个例子，一个物种利用一种化学物质诱导另一个物种产生使其渴望的但不一定是必需的生理反应。兰花比起其他大多数植物来更具有创新性，其花的颜色与形状不仅与昆虫相似，而且还能产生高浓度的类似信息素的

混合物，雄蜂将毫无疑问地被这种兰花吸引，这一现象被其发现者称为"性欺骗"。

过去 30 年间，在植物中发现了众多物种专一的性欺骗行为。此类欺骗行为非常有效，甚至导致昆虫生育率的降低，植物因而失去了大规模昆虫授粉的机会，带来潜在的灾难性后果。幸运的是，被性欺骗了一到两次后，个别昆虫能识别出此类欺骗，转头去寻找更"适合"的伴侣。

[*Arterra/Universal Images Group/Getty Images*]

# 2-8 单键的旋转：构象

我们已经讨论过分子间作用力怎样影响分子的物理性质。这些力作用于分子之间。在这一节中，我们要考察分子内呈现出的力［即**分子内（intramolecular）作用力**］是怎样使分子中的原子在能量上呈现更加优势的空间排列。后续章节将进一步探讨分子的几何形态如何影响化学反应性。

## 旋转导致乙烷分子构象的相互变化

如果建立一个乙烷分子的模型，我们能看到两个甲基之间是很容易相互旋转的。旋转时要克服氢原子经过彼此时所需的能量，称为**旋转能垒**（barrier to rotation），其值仅为 $2.9 \text{kcal} \cdot \text{mol}^{-1}$。由于这个值很低以至化学家们认为这两个甲基是"自由旋转"的。总的来说，在室温下所有围绕单键的旋转都是自由旋转的。

图 2-7 用虚-实楔形线（1-9 节）结构展示了乙烷中的旋转运动。乙烷有两种极限构象：**交叉构象**（staggered conformation）与**重叠构象**（eclipsed conformation）。从 C—C 轴方向看过去，交叉构象中第一个碳原子上的所有氢原子都正好处于第二个碳原子上两个氢原子的正中间。第二种极限构象则是第一种极限构象以 C—C 为轴旋转 60°，即为**重叠构象**。如果从 C—C 轴的方向看过去，可以发现所有的第一个碳原子上的氢正对第二个碳原子上的氢，也即第一个碳上的氢覆盖在第二个碳上的氢之上，它们相互重叠。这种构象如果再转 60°，就又会变成一个新的但等同的交叉构象。在这两种极限构象之间，由于甲基旋转又会产生更多的其他位置上的构象，这些统称为**邻位交叉构象**（skew conformation）。

乙烷（或者含取代基的类似物）的这些由于旋转而造成的不同形态叫做**构象**（conformation），也称为**构象异构体**（conformer）。在室温下所有这些结构都是快速互相转化的。对它们进行的热力学和动力学研究即**构象分析**（conformational analysis）。

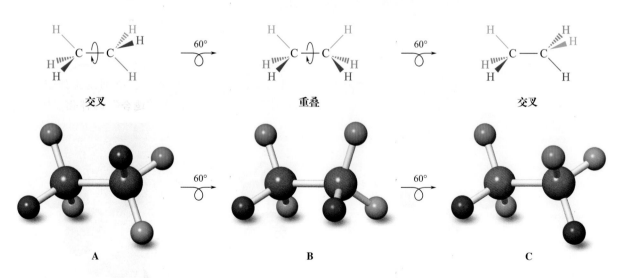

**图 2-7** 乙烷的旋转：（A）和（C）交叉构象；（B）重叠构象。不同构象间实质上可以"自由旋转"。

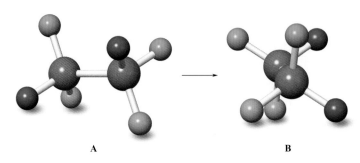

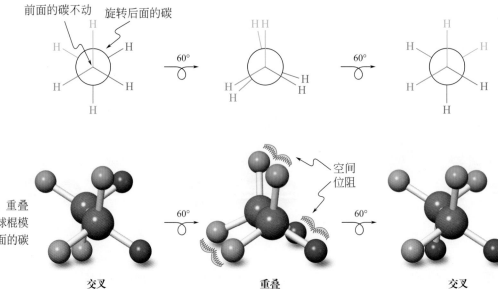

图2-8　乙烷的表示方法。(A) 乙烷侧视图。(B) 端视图，可看见碳原子有一个位于前面，氢原子位于互相交叉的位置。(C) 由 B 的观察角度得到的乙烷的纽曼投影式。前面的碳用与它相连的三个键的交点表示，而后面与另外三个氢相连的圆圈表示后面的那个碳。

## 纽曼投影式描述乙烷的构象

除虚-实楔形线结构之外，另一个更简便地表示乙烷构象的方法是纽曼[1] (Newman) 投影式。我们可以将楔形线结构拿出纸平面外，并沿 C—C 轴看过去即得到**纽曼投影式** (Newman projection)〔图 2-8 (A) 和 (B)〕。在这种表示法中，前面的碳原子挡住了后面的碳原子，但与碳原子相连的键却清晰可见。前面的碳被画为三个键的交点，这些键中的一个通常画成竖直朝上，后面的碳被画成一个圆圈〔图 2-8 (C)〕，与这个碳原子相连的键则被投影在圆圈的边缘外。乙烷的极限构象能通过此种方法很容易画出来（图 2-9）。为了能看到重叠构象中处于后边的三个氢原子，在画的过程中往往用稍微旋转偏离完全重叠的形式。

图2-9　乙烷交叉、重叠构象的纽曼投影式和球棍模型。这些图都是由后面的碳顺时针旋转60°所得。

---

[1] 梅尔文·S. 纽曼（Melvin S. Newman，1908—1993），美国俄亥俄州立大学教授。

## 乙烷不同的构象异构体具有不同的势能

乙烷的各种构象异构体并不具有相同的势能，交叉构象最稳定，也是分子的最低能态。当分子以 C—C 为轴旋转时，随着分子构象从交叉到邻交叉最后到重叠构象变化，分子势能逐渐升高。在重叠时，分子有最高的能量，比交叉构象高出 2.9kcal·mol$^{-1}$。这种由于键的旋转从交叉到重叠构象变化所导致的能量改变称为**扭转能**（rotational energy）或**旋转能**（torsional energy），或者叫**扭转张力**（torsional strain）。

有关乙烷中扭转张力的根源仍存在诸多争议。旋转至重叠构象时，两个碳上的 C—H 键彼此靠近，导致成键电子之间的斥力增加。同时，旋转也会导致分子轨道相互作用的细微变化，在重叠构象中轻微弱化 C—C 键使其键长变长。有关这些因素孰轻孰重已经争议了数十年，现已经证明这些均对旋转能起重要作用。

势能图（2-1 节）可以用来表示这种由键的转动而导致的能量改变。在乙烷的旋转势能图中（图 2-10），x 轴表示扭转角度，通常叫**扭转角**（torsional angle）。起始点的 0° 是任意设定的；图 2-10 设定 0° 为能量最低的交叉构象❶，即乙烷分子最稳定的几何形状。可以看到重叠构象异构体处于能量最高点：它的存在时间非常短（小于 10$^{-12}$s），事实上重叠构象只是快速平衡的交叉构象中的一个过渡态，重叠构象和交叉构象的能量差（2.9 kcal·mol$^{-1}$）是这个转动过程的活化能。

所有具有烷烃类似骨架的有机分子都表现出这样的转动的行为。接下来的一节将阐述更复杂烷烃的转动规律。后面的章节会介绍构象特征将如何影响官能化分子的反应性。

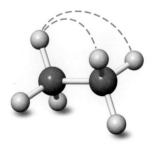

交叉构象：较稳定，
因为相对应的C—H之间距离
最大(虚线所指)

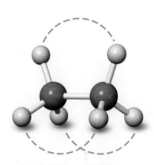

重叠构象：不太稳定，
因为相对应的C—H键距离
最小(虚线所指)

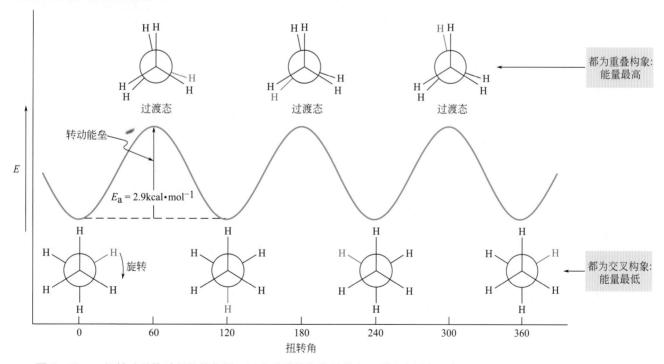

**图 2-10** 乙烷转动异构过程的势能图。因为重叠构象能量最高，所以在图中处于最高点。最高点可以认为是较为稳定的交叉构象之间的过渡态。活化能（$E_a$）为相应的转动能垒。

---

❶ 严格意义上来讲，A—B—C—D 原子链的扭转角（也叫二面角）定义为 A、B、C 平面和 B、C、D 面之间的角度。因此，图 2-10 以及下一节其他图中，0° 扭转角应该对应于某一种重叠构象。

### 小 结

分子内作用力控制相邻成键碳原子上取代基的排列。乙烷相对稳定的交叉构象之间通过能量更高的过渡态进行旋转互变，过渡态中的氢原子处于重叠位置。因为转动能垒很小，在常温下分子转动非常快。势能图能方便直观地呈现沿 C—C 键转动的能量变化。

## 2-9 取代乙烷的转动

当乙烷上连有取代基时，它的势能图会变成什么样子呢？ 可以拿丙烷作参考，丙烷和乙烷很相似，不同之处是一个甲基取代了乙烷上的氢原子。

### 空间位阻增加转动能垒

图 2-11 是丙烷中一个 C—C 键旋转的势能图。丙烷的纽曼投影式只比乙烷多含一个取代的甲基。同样，它的极限构象是交叉型和重叠型。然而交叉型和重叠型间的活化能垒是 $3.2\,kcal \cdot mol^{-1}$（$13.4\,kJ \cdot mol^{-1}$），比乙烷稍高一点。之所以有能量上的差异是因为在过渡态中甲基和重叠氢之间不利的相互干扰，此类现象叫做**空间位阻**（steric hindrance）。空间位阻是指在同一空间区域内不能同时容纳两个原子或原子团。

丙烷的空间位阻实际上比旋转能 $E_a$ 值所显示的要大。甲基的取代不仅增加了重叠构象的能量，而且也在一定程度上增加了交叉构象 [最低能态或者**基态**（ground state）] 的能量，因与重叠构象相比交叉构象空间位阻较小，

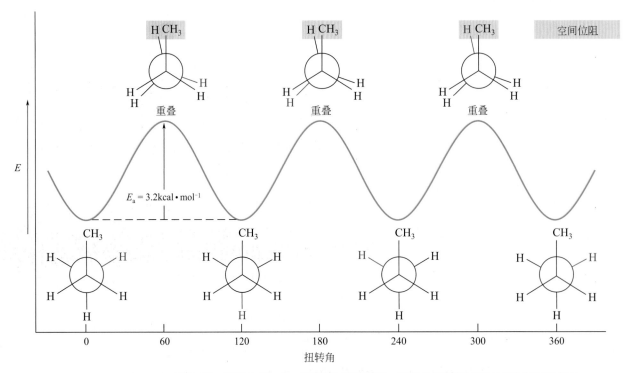

**图2-11** 丙烷中任一C—C键转动的势能图。空间位阻增加了重叠构象的相对能量。

该能量增加相对较少。但是由于活化能等于过渡态和基态能量之差，所以净结果就是$E_a$值只是稍微增加（与乙烷相比）。

## 重叠构象和交叉构象可以不止一个：正丁烷的构象分析

如果我们建造一个模型来观察正丁烷中间 C—C 键的转动，就能发现在一个重叠构象和一个交叉构象之外还有更多构象（图 2-12）。先看看两个甲基离得最远的交叉构象。这种排列方式叫做**反交叉**（*anti*）构象，由于空间位阻最小，反交叉构象是最稳定构象。在纽曼投影式中随便朝哪个方向（图 2-12 是顺时针）转动，后面的碳都会得到带有两个 $CH_3$—H 相互作用的重叠构象。这个构象比它的前体反交叉构象的能量要高出 3.6kcal·mol$^{-1}$（15.1 kJ·mol$^{-1}$）。继续转动就能得到一个新的交叉构象，在这个构象中两个甲基比在反交叉构象中离得更近。为了区别这个构象与前面那个交叉构象，将它命名为**邻交叉**（*gauche*，法语，"臃肿，不便"）**构象**。因为空间位阻的影响，邻交叉构象比反交叉构象的能量高出 0.9kcal·mol$^{-1}$（3.8kJ·mol$^{-1}$）。

继续转动就能得到两个甲基重叠的新重叠构象（图 2-12）。因为在这个构象中两个大的取代基重叠在一起，所以它的能量最高，比最稳定的反交叉结构高出 4.9kcal·mol$^{-1}$（20.5kJ·mol$^{-1}$）。再转动又会得到另外一个邻交叉构象。邻交叉构象间相互转化需要 4.0kcal·mol$^{-1}$（16.7kJ·mol$^{-1}$）的活化能。图 2-13 总结了正丁烷转动时的能量变化。在溶液中最稳定的反交叉构象最多（25℃下大约 72%），较不稳定的邻交叉构象的比例就小多了（28%）。

从图 2-13 可以得知两个构象间热力学稳定性的差异（比如，邻交叉构象和反交叉构象之间的能量差是 0.9kcal·mol$^{-1}$），以及从第一个构象转化成第二个构象的活化能（例如 3.6kcal·mol$^{-1}$，15.1kJ·mol$^{-1}$）。这样，就可以估计反向转化时的活化能。这个例子中，邻交叉到反交叉的活化能 $E_a$ = 3.6-0.9= 2.7kcal·mol$^{-1}$（11.3kJ·mol$^{-1}$）。

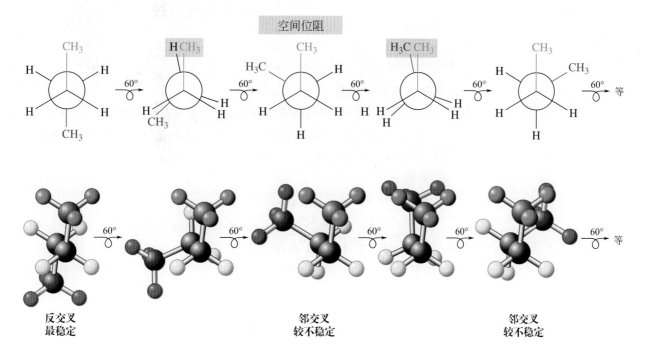

**图 2-12**　沿丁烷 C-2—C-3 键后面的碳顺时针旋转：丁烷的 Newman 投影式（上图）和球棍模型（下图）示意图。

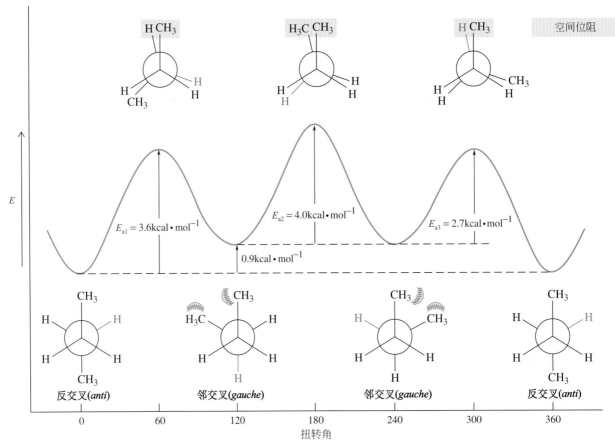

图 2-13　丁烷分子绕 C-2—C-3 键旋转势能图。有三个过程：anti→gauche 转动能垒 $E_{a1}$=3.6kcal·mol$^{-1}$；gauche→gauche 转动能垒 $E_{a2}$=4.0kcal·mol$^{-1}$；gauche→anti 转动能垒 $E_{a3}$=2.7kcal·mol$^{-1}$。

　　取代乙烷重叠构象表现出的空间位阻表明当基团相互靠近时，电子-电子和核-核间的互斥作用能够超过伦敦力（2-7 节）。

## 解题练习 2-27

**运用概念解题：构象**

　　定性地画出 2-甲基戊烷中沿 C-3—C-4 键旋转的势能图。请画出图上各极值点的构象对应的纽曼投影式。指出 2-甲基戊烷和本节讨论的其他分子的相似和不同之处。

　　**策略：**
再次使用 WHIP 技巧来理清解题思路。

- **W：**有何信息？此处要解答的问题是确定特定分子中围绕特定化学键的构象。不是画出一个你已经学习过的分子构象，如乙烷或者丁烷的构象。我们需要知道待分析分子的结构和有关构象体稳定性的一般信息。

- **H：**如何进行？画出指定分子的结构以及其所有的C—C键。如下图所示，标记问题中指定的键（即C-3—C-4键）

$$CH_3—CH—CH_2—CH_2—CH_3$$

（图中上方标注：CH₃、C-3—C-4 键）

接下来，确认所指定化学键两个碳端各自连接的三个原子或者基团。C-3 连有两个氢和一个 1- 甲基乙基（即异丙基），而 C-4 连有两个氢和一个甲基。

→　**I：需用的信息？** 构象最好用特定方式表示：采用纽曼投影式模板（页边图）可以构造分子的一个（任一）构象，将确认的基团连接在相应的碳上。

C-3 或者 C-4 任何一个都可以放在前面，为了解答此问题这里姑且选定 C-3 置前。以 120° 间隔将两个氢原子和异丙基连接在三个键线上。然后在圆圈上（代表 C-4）的三根线上依次添加两个氢原子和一个甲基。

→　**P：继续进行。** 利用此初始构象，进行解题。

**解答：**

• 这种情况与丁烷的 C-2—C-3 键转动类似（图 2-12 和图 2-13），纽曼投影式和势能图也类似。

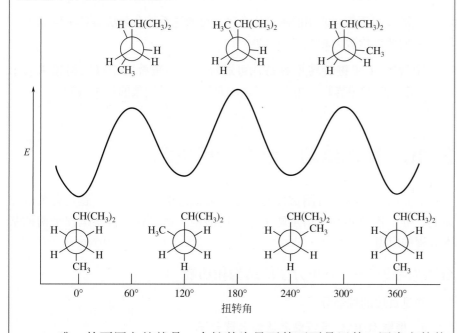

• 唯一的不同之处就是一个烷基为异丙基而不是甲基。因为它的体积较大，所以空间相互作用能量增大，这种影响在两个烷基靠得最近的构象中最显著。因此，反式交叉构象和其他构象的能量差异会增加，在 180° 时能量差最大。

## 2-28 自试解题

画出 2,3-二甲基丁烷沿 C-2—C-3 键转动的预期势能图，以及各交叉型和重叠型构象的纽曼投影式。

## 总　结

　　大家所熟悉的酸碱化学为理解许多重要的有机反应提供了很好的框架。

- 反应平衡可以通过标准Gibbs自由能变化$\Delta G^{\ominus}$来定量，$\Delta G^{\ominus}$与另外两个热力学量纲——焓变$\Delta H^{\ominus}$和熵变$\Delta S^{\ominus}$相关。我们可以通过键裂解能$DH^{\ominus}$来估算焓变$\Delta H^{\ominus}$（2-1节）。

- 反应速率由活化能$E_a$决定（2-1节）。

- 反应机理中电子的流动用弯箭头表示。箭头起始端形成一个正电荷（+1），箭头终止端形成一个负电荷（2-2节）。

- 与酸碱类似，亲电试剂和亲核试剂也是相互吸引的物种，它们的相互作用决定了绝大多数有机体系的变化。亲电试剂是电子对受体，而亲核试剂是电子对供体（2-3节）。

- 官能团是有机分子中的反应活性位点。常常由于极性键的存在（2-4节），大多数官能团表现出亲电或者亲核特性的原子。

- 大多数有机分子由连接官能团的碳氢骨架构成。

- 烷烃，即不带官能团的碳氢化合物，可通过系统命名法命名（2-6节）。它们通过伦敦力相互吸引（2-6节）。

- 围绕C—C单键旋转很容易，可通过交叉和重叠两个极限构象来表示（2-8节和2-9节）。此类分子运动是所有分子构象的产生根源。

# 2-10 | 解题练习：综合运用概念

　　下面的两个练习将测试你对本章主要概念的理解。第一题是有关烷烃命名、分子构象和两个衍生醇类分子的酸度。第二题是考察调控平衡的基本方程的应用。

### 解题练习2-29　分析分子的结构和功能

参见页边的烷烃分子。

**a. 根据 IUPAC 系统命名法命名该分子。**

解答：

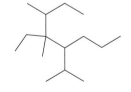

我们按照 IUPAC 命名规则的指导原则来命名烷烃分子。

**步骤 1.** 选择最长链作为主链（下图中黑线部分）。不要被误导：主链可以是任何形状。主链含有 8 个碳原子，所以基本名称叫**辛烷**（octane）。

**步骤 2.** 确定并命名所有的取代基（带颜色的）：2 个**甲基**（methyl），1 个**乙基**（ethyl），第 4 个是一个带支链的取代基。命名带支链的取代基时将连接主链的碳原子编号为 1。从主链开始向外延伸可以编号为 2，因此该取代基是乙基的衍生物（绿色），一个甲基（红色）连在 1 号碳上，因此取代基叫做 1- 甲基乙基。

**步骤 3.** 从最靠近取代基的一端开始，对主链编号。这样甲基取代的碳编号为 3，而如果从相反的方向编号，离端基最近的取代碳是 C-4。

**步骤 4.** 在最后的名称中，按字母顺序排列各取代基：乙基（ethyl）最先，然后在甲基乙基（methyl ethyl）之前是甲基（二甲基中的"二"只是用来表示有两个甲基，不是基团名字本身，不参与排序）。更多命名练习见习题 44。

C-5 位取代基也可以用异丙基（isopropyl）替代。该分子可命名为 4-乙基-5-异丙基-3,4-二甲基辛烷。按字母排序，异丙基在乙基后甲基前。

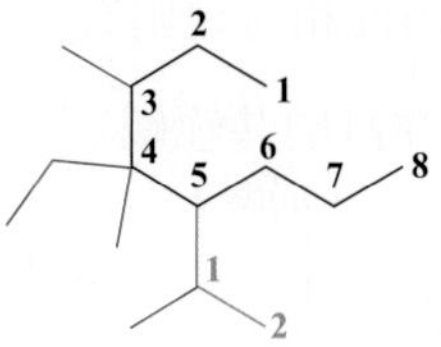

4-乙基-3,4-二甲基-5-(1-甲基乙基)辛烷

**b.** 画出以 C-6—C-7 键为转动轴的各种结构。用势能图定性关联所画出的结构。

解答：

**步骤 1.** 确定题目中提到的化学键。注意，分子中大部分可以视为 C-6 上的一个大的复杂的取代基，它的特定结构并不重要。在这里可以将这个大取代基用 R 代替。题目的关键在 C-6—C-7 上：

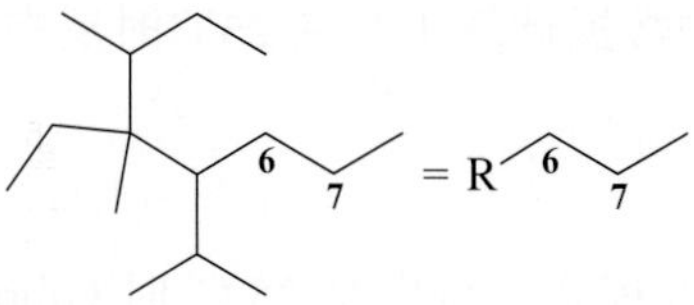

**步骤 2.** 上述步骤简化了问题：绕 C-6—C-7 键的转动与丁烷绕 C-2—C-3 键的转动有非常相似的结果，唯一不同的是大的 R 基团取代了丁烷中较小的甲基。

**步骤 3.** 以丁烷（2-9 节）作为模板画构象，将它们放入与图 2-13 类似的势能图中。这个图和丁烷的图比较，唯一不同之处是不知道峰谷与峰顶间确切的能量差值。然而，可以定性地预测该能量差值要比丁烷的大，因为 R 基团比甲基大，会有更大的空间位阻。

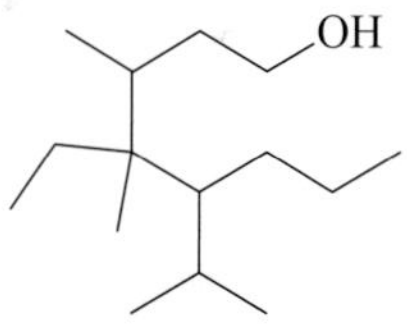

醇 1

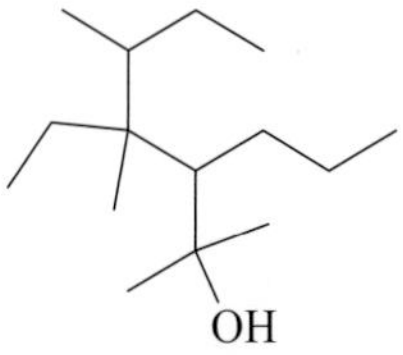

**c.** 页边的图是由这个烷烃衍生出来的两个醇。醇的分类是基于含有 —OH 的碳原子的类型（伯、仲或叔），请区分页边的醇。

解答：

醇 1 中的羟基位于一个只连接一个碳的碳原子上，是伯碳，因此醇 1 叫做一级醇（伯醇）。类似地，醇 2 中羟基位于叔碳上（碳原子上连有其他 3 个碳原子），叫做三级醇（叔醇）。

醇 2

**d.** 醇的 —O—H 键的酸性和水的相似。伯醇 $K_a \approx 10^{-16}$；叔醇 $K_a \approx 10^{-18}$。醇 1 和醇 2 的 $pK_a$ 值大约是多少？哪个酸性更强？

解答：

醇 1 的 $pK_a$ 大约为 16（$-\lg K_a$）；醇 2 的 $pK_a$ 为 18。醇 1 的 $pK_a$ 值小，所以酸性较醇 2 强。

**e.** 下面的反应平衡向哪个方向移动？计算反应由左向右进行的平衡常数 $K$ 和自由能变化 $\Delta G^{\ominus}$。

解答：

较强的酸（醇 1）在左边；较弱的酸（醇 2）在右边。回忆一下共轭酸碱的关系：较强酸有较弱共轭碱，反之亦然。因此相对地则有

醇1        +        醇2的共轭碱        ⟶        醇1的共轭碱        +        醇2
（强酸）              （强碱）                      （弱碱）                      （弱酸）

因此，平衡向右移动，向更弱酸碱对方向进行。反应从左向右进行，则 $K>1$，$\Delta G^\ominus <0$，是热力学有利的反应；利用这些信息就可以确定 $K$ 值大小和 $\Delta G^\ominus$ 的符号是否正确。平衡常数 $K$ 是 $K_a$ 值的比值（$10^{-16}/10^{-18}$）$= 10^2$（不是 $10^{-2}$）。参照表 2-1，$K$ 为 100 时 $\Delta G^\ominus = -2.73$ kcal·mol$^{-1}$（不是 $+2.73$）。如果反应写成相反方向，平衡朝左，正确的答案就应该是括号中的值。更多有关酸碱的练习见习题 33。

### 解题练习 2-30    确定平衡浓度

**a. 利用图 2-13 中的数据计算丁烷在 25℃时反交叉构象和邻交叉构象的平衡浓度。**

解答：

2-1 节给出了相关方程式。特别是 25℃ 时 Gibbs 自由能和平衡常数的关系简化为 $\Delta G^\ominus = -1.36 \lg K$。构象间能量差值为 0.9 kcal·mol$^{-1}$，将这个值代入公式，$K = 0.219 = $［邻交叉型］/［反交叉型］。转化为百分数时：邻交叉型 $= 100\% \times$［邻交叉型］/（［邻交叉型］+［反交叉型］）。所以邻交叉型 $= 100\% \times$（0.219）/（1.0+0.219）$=18\%$，因此反交叉型 $= 82\%$。问题在于，在 91 页给出的数据是丁烷中 28% 为邻交叉型，72% 为反交叉型，哪里出错了呢？

产生错误是因为在 2-8 节和 2-9 节中计算用的能量值是焓，不是自由能，我们考虑了熵的贡献（公式 $\Delta G^\ominus = \Delta H^\ominus - T\Delta S^\ominus$）。怎么才能解决这个问题呢？可以用公式计算 $\Delta S^\ominus$，但是另外有更直观的方法。从图 2-13 可以发现，转动 360° 丁烷分子从反交叉构象经历两次明确的邻交叉构象再回到起始的反交叉构象。熵值来源于两种邻交叉型与一种反交叉型的平衡。因此，平衡中有三种物质，而不是两种。现在有不通过计算就确定 $\Delta S^\ominus$ 和 $\Delta G^\ominus$ 的方法吗？答案是肯定的，而且方法也并不是非常困难。

回到图 2-13，为了便于区分，将两个邻交叉构象分别标记为 A 和 B。当用原来的方法计算 $K$ 时，实际得到的是反交叉型和两个邻交叉型其中一个的平衡，我们称之为邻交叉构象 A。当然与邻交叉型 B 的平衡常数也是一样的，因为两种邻交叉构象能量是相等的。所以，$K=$［邻交叉型 A］/［反交叉型］$=0.219$，$K=$［邻交叉型 B］/［反交叉型］$=0.219$。

［邻交叉型］=［邻交叉型 A］+［邻交叉型 B］，因此，邻交叉型 $=100\% \times$（［邻交叉型 A］+［邻交叉型 B］）/（［邻交叉型 A］+［邻交叉型 B］+［反交叉型］）。求得，邻交叉型 $=100\% \times$（0.219+0.219）/（1.0+0.219+0.219）$=30\%$，反交叉型 $=70\%$，这样的计算结果与 91 页给出的平衡浓度就很接近了。

**b.** 计算 100℃时丁烷邻交叉型和反交叉型构象的平衡浓度。

解答：

和上面一样，利用图 2-13 中的焓变 $\Delta H$ 求得 $K$ 值，然后将这个数值代入一般方程 $\Delta G^{\ominus} = -2.303 RT \lg K$ 来计算 $\Delta G^{\ominus}$ 值。接下来考虑总的平衡中有两种邻交叉构象，并对结果进行修正。不要忘记这里用的是热力学（Kelvin）温度，$T$ 为 373K。通过计算，可以得到 $K = 0.297 = [邻交叉型 A]/[反交叉型] = [邻交叉型 B]/[反交叉型]$。所以，邻交叉型 $= 100\% \times (0.297+0.297)/(1.0+0.297+0.297) = 37\%$，反交叉型 $= 63\%$。

不稳定的构象在高温下会多一些，这是丁烷的 Boltzmann 分布移向较高能量和 Le Châtelier 平衡移动原理作用的结果。Boltzmann 分布指出温度越高，高能量分子的数目就越多。更多的构象练习见习题 52、54 和 60。

**重要概念**

**1.** 化学反应可以描述为动力学和热力学参数控制的平衡。Gibbs自由能的变化与平衡常数相关，$\Delta G^{\ominus} = -RT\ln K = -1.36 \lg K$（25℃）。自由能变来自焓变 $\Delta H^{\ominus}$ 和熵变 $\Delta S^{\ominus}$ 的贡献：$\Delta G^{\ominus} = \Delta H^{\ominus} - T\Delta S^{\ominus}$。焓变主要来源于新形成的键和被断裂的旧键之间键能的差异。如果前者大于后者，反应是放热的。如果反应后总键能有净损失，反应是吸热的。熵变是由起始原料与产物的相对的能量分散度来控制的。能量分散度增加，正 $\Delta S^{\ominus}$ 值增加。

**2.** 化学反应速度主要取决于起始物质的浓度、活化能和温度。它们的相互关系由**Arrhenius公式**描述：速率常数 $k = Ae^{-E_a/RT}$。

**3.** 如果反应速率取决于起始物中一种物质的浓度，反应为**一级反应**。如果速率取决于两种试剂的浓度，反应为**二级反应**。

**4.** Brønsted酸为质子供体，碱为质子受体。酸强度通过酸解离常数 $K_a$ 来测定；$pK_a = -\lg K_a$。酸和其去质子化体互为**共轭关系**。Lewis酸和碱分别是电子对受体和供体。

**5.** 缺电子原子，称之为**亲电体**（亲电试剂），进攻富电子原子。相反的，富电子原子，称之为**亲核体**（亲核试剂），进攻缺电子原子。亲核体可以是电中性或者带负电荷，其进攻亲电体时转移一个电子对形成一个新的化学键。

**6.** 有机分子可认为是由连有**官能团**的碳骨架所组成的。

**7.** **碳氢化合物**只由碳和氢组成。只含有单键的叫**烷烃**，它们没有官能团。烷烃可以是简单的直链，也可以带支链或为环状。**直链烷烃**和**支链烷烃**的经验式是 $C_nH_{2n+2}$。

**8.** 分子间只是亚甲基（—$CH_2$—）数目不同的分子叫做**同系物**，都属于同一系列类似物。

**9.** 只连一个其他碳原子的 $sp^3$ 碳为**一级碳**。**二级碳**连有两个其他碳原子，**三级碳**连有三个其他碳原子。连在这些碳上的氢原子相应地叫做一级氢、二级氢或三级氢。

**10.** 命名饱和碳氢化合物的IUPAC规则：（a）选择分子中最长链并给其命名；（b）命名最长链上的基团为烷基取代基；（c）对最长链进行编号；（d）写出烷烃名称，以前缀形式将所有取代基按字母顺序排列，在它们之前标明对应位置的编号。

**11.** 烷烃通过弱的**伦敦力**相互吸引，极性分子通过较强的偶极-偶极相互作用，盐主要通过非常强的离子间相互作用。

**12.** 围绕碳-碳单键转动相对容易，产生多种**构象**（构象异构体）。位于相邻碳原子的取代基可能是**重叠**或者**交叉**的。重叠构象是交叉构象的过渡态。达到重叠态时需要的能量叫转动活化能。当两个碳原子上都连有烷基或者其他基团时会有另外的异构体：基团相隔较近的（60°）是**邻交叉构象**；基团处于反位的（180°）是**反交叉构象**。分子趋向于采取空间位阻（如在邻交叉中的）最小的构象。

## 习 题

**31.** 你烘焙好了一个比萨，关掉烤箱。当你打开烤箱门使烤箱降温时，"烤箱+房间"系统总的焓变有什么变化？体系的总熵变呢？自由能如何变化？该变化过程热力学上有利吗？当达到平衡后，烤箱和厨房的温度有什么变化？

**32.** 丙烯分子（$CH_3$—$CH$=$CH_2$）可以通过下列两种方式与溴反应（第12章和第14章）。

$$(i)\ CH_3-CH=CH_2 + Br_2 \longrightarrow CH_3-\underset{Br}{CH}-\underset{Br}{CH_2}$$

$$(ii)\ CH_3-CH=CH_2 + Br_2 \longrightarrow \underset{Br}{CH_2}-CH=CH_2 + HBr$$

（**a**）用下面所给的键能（$kcal \cdot mol^{-1}$）计算两反应的 $\Delta H^{\ominus}$。（**b**）一个反应的 $\Delta S^{\ominus} \approx 0 cal \cdot K^{-1} \cdot mol^{-1}$，另一个反应为 $-35 kcal \cdot K^{-1} \cdot mol^{-1}$。哪个反应对应哪个 $\Delta S^{\ominus}$？简要解释一下答案。（**c**）计算25℃和600℃时各反应的 $\Delta G^{\ominus}$，两个反应在25℃和600℃下都是热力学有利的吗？

| 化学键 | 平均键能/$kcal \cdot mol^{-1}$ |
|---|---|
| C—C | 83 |
| C=C | 146 |
| C—H | 99 |
| Br—Br | 46 |
| H—Br | 87 |
| C—Br | 68 |

**33.** （i）确定下列反应各物种中哪个是Brønsted酸或碱，并标记出来；（ii）指出平衡向左还是向右进行；（iii）如果可能的话，估计每个反应的 $K$ 值。（**提示**：用表2-2的数据。）

（**a**）$H_2O + HCN \Longrightarrow H_3O^+ + CN^-$

（**b**）$CH_3O^- + NH_3 \Longrightarrow CH_3OH + NH_2^-$

（**c**）$HF + CH_3COO^- \Longrightarrow F^- + CH_3COOH$

（**d**）$CH_3^- + NH_3 \Longrightarrow CH_4 + NH_2^-$

（**e**）$H_3O^+ + Cl^- \Longrightarrow H_2O + HCl$

（**f**）$CH_3COOH + CH_3S^- \Longrightarrow CH_3COO^- + CH_3SH$

**34.** 用弯箭头画出习题33中酸碱反应正向（从左到右）进行时的电子流动示意图。

**35.** 若习题33中的反应逆向进行（自右向左），下列弯箭头电子流动示意图哪些是正确的，哪些是错误的？解释错在哪，并画出正确的表示方式。

**36.** 确定下列物质是Lewis酸还是Lewis碱，对每一个物质写出一个方程式来描述其Lewis酸碱反应。用弯箭头表示电子对的转移，准确写出每个反应产物完整的Lewis结构式。

（**a**）$CN^-$　　（**b**）$CH_3OH$　　（**c**）$(CH_3)_2CH^+$
（**d**）$MgBr_2$　（**e**）$CH_3BH_2$　（**f**）$CH_3S^-$

**37.** 对于表2-3的所有例子，指出所有的极性共价键，在适当的原子上标明部分正电荷或者负电荷（不考虑碳氢键）。

**38.** 确定下列物质是亲电试剂还是亲核试剂。

（**a**）碘离子，$I^-$
（**b**）质子，$H^+$
（**c**）甲基正离子中的碳，$^+CH_3$
（**d**）硫化氢中的硫，$H_2S$
（**e**）三氯化铝中的铝，$AlCl_3$
（**f**）氧化镁中的镁，$MgO$

**39.** 圈出并命名下列化合物中的官能团。

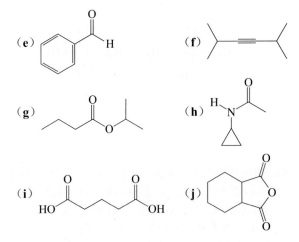

（e）〔benzaldehyde〕　（f）〔2,5-二甲基-3-己炔〕

（g）〔丁酸异丙酯〕　（h）〔N-环丙基乙酰胺〕

（i）〔戊二酸〕　（j）〔六氢异苯并呋喃-1,3-二酮〕

**40.** 以静电力（库仑引力）为基础预测下列有机分子中哪个原子能和指定的试剂反应。不能反应的写不反应。（有机分子结构见表2-3）

（**a**）溴乙烷和 $HO^-$ 中的氧；（**b**）丙醛和 $NH_3$ 中的氮；
（**c**）甲氧基乙烷和 $H^+$；（**d**）3-戊酮和 $CH_3^-$ 中的碳；
（**e**）乙腈和 $CH_3^-$ 中的碳；（**f**）丁烷和 $HO^-$。

**41.** 用弯箭头表示习题40中反应的电子流动。

**42.** 本题所涉及的反应在后续章节会学到：醇转化制备卤代烃。

$$\text{(CH}_3)_2\text{CHOH} + \text{HCl} \longrightarrow \text{(CH}_3)_2\text{CHCl} + \text{H}_2\text{O}$$

如下图所示，该反应分三个独立的步骤进行。请用弯箭头画出每一步中原料是如何转化为相应的产物的。（**提示**：标出所有的孤对电子，画出完整的Lewis结构式）

$$\text{OH} + \text{HCl} \longrightarrow \text{Cl} + \text{H}_2\text{O}$$

**步骤1.** $\quad \text{OH} + \text{HCl} \longrightarrow \text{OH}_2^+ + \text{Cl}^-$

**步骤2.** $\quad \text{OH}_2^+ \longrightarrow ^+ + \text{H}_2\text{O}$

**步骤3.** $\quad ^+ + \text{Cl}^- \longrightarrow \text{Cl}$

**43.** 下述反应也是后面章节会学到的反应：烯烃转化成醇。

$$\text{CH}_3\text{CH}=\text{CHCH}_3 + \text{H}_2\text{O} \xrightarrow{\text{H}^+ \text{催化剂}} \underset{\text{OH}}{\text{CH}_3\text{CHCH}_2\text{CH}_3}$$

此类酸催化加成反应也分三个独立步骤进行。同样，请用弯箭头合理表示每一步起始原料到产物

的转化。

$$\text{CH}_3\text{CH}=\text{CHCH}_3 + \text{H}_2\text{O} \xrightarrow{\text{H}^+ \text{催化剂}} \underset{\text{OH}}{\text{CH}_3\text{CHCH}_2\text{CH}_3}$$

**步骤1.** $\quad \text{CH}_3\text{CH}=\text{CHCH}_3 + \text{H}^+ \longrightarrow \text{CH}_3\overset{+}{\text{C}}\text{HCH}_2\text{CH}_3$

**步骤2.** $\quad \text{CH}_3\overset{+}{\text{C}}\text{HCH}_2\text{CH}_3 + \text{H}_2\text{O} \longrightarrow \text{CH}_3\underset{\overset{+}{\text{O}}\text{H}_2}{\text{CHCH}_2\text{CH}_3}$

**步骤3.** $\quad \text{CH}_3\underset{\overset{+}{\text{O}}\text{H}_2}{\text{CHCH}_2\text{CH}_3} \longrightarrow \text{CH}_3\underset{\text{OH}}{\text{CHCH}_2\text{CH}_3} + \text{H}^+$

**44.** 利用IUPAC系统命名法命名下列分子。

（**a**）$\underset{\underset{\text{CH}_3}{\overset{|}{\text{CH}}}}{\text{CH}_3\text{CH}_2\text{CHCH}_3}$　（**b**）〔结构式〕

（**c**）$\text{CH}_3\text{CH}_2\text{C}\text{CHCH}_2\text{CH}_3}$，带有 $\text{CH}_3\text{CH}_2\text{CH}_2$ 支链等　（**d**）〔结构式〕

（**e**）$\text{CH}_3\text{CH(CH}_3)\text{CH(CH}_3)\text{CH(CH}_3)\text{CH(CH}_3)_2$

（**f**）$\underset{\text{CH}_2\text{CH}_2\text{CH}_2\text{CH}_3}{\overset{\text{CH}_3\text{CH}_2}{|}}$

（**g**）〔结构式〕　（**h**）〔结构式〕

（**i**）〔结构式〕　（**j**）〔结构式〕

**45.** 写出下列名字对应的分子结构，然后检查所有分子的命名是否符合IUPAC系统命名规则。如果不符合，给出正确命名。（**a**）2-甲基-3-丙基戊烷；（**b**）5-(1,1-二甲基丙基)壬烷；（**c**）2,3,4-三甲基-4-丁基庚烷；（**d**）4-叔丁基-5-异丙基己烷；（**e**）4-(2-乙基丁基)癸烷；（**f**）2,4,4-三甲基戊烷；（**g**）4-仲丁基庚烷；（**h**）异庚烷；（**i**）新庚烷。

**46.** 画出对应于下列名称的结构。改正未按照系统命名法命名的名称。

（**a**）4-氯-5-甲基己烷
（**b**）3-甲基-3-丙基戊烷
（**c**）1,1,1-三氟-2-甲基丙烷
（**d**）4-(3-溴丁基)癸烷

**47.** 画出并命名 $C_7H_{16}$（庚烷异构体）所有的可能异构体。

**48.** 确定下列分子中的一级、二级、三级碳原子和氢原子。
（**a**）乙烷；（**b**）戊烷；（**c**）2-甲基丁烷；（**d**）3-乙基-2,2,3,4-四甲基戊烷。

**49.** 确定下列烷基是一级、二级还是三级，并给出IUPAC系统命名。

（**a**）
$$
\begin{array}{c}
\quad\quad\quad CH_3 \\
\quad\quad\quad | \\
-CH_2-CH-CH_2-CH_3
\end{array}
$$

（**b**）
$$
\begin{array}{c}
\quad\quad CH_3 \\
\quad\quad | \\
CH_3-CH-CH_2-CH_2-
\end{array}
$$

（**c**）
$$
\begin{array}{c}
CH_3 \quad\quad CH_3 \\
| \quad\quad\quad | \\
CH_3-CH\quad-\quad CH
\end{array}
$$

（**d**）
$$
\begin{array}{c}
CH_3-CH_2 \\
| \\
CH_3-CH_2-CH-CH_2-
\end{array}
$$

（**e**）
$$
\begin{array}{c}
CH_3-CH- \\
| \\
CH_3-CH_2-CH-CH_3
\end{array}
$$

（**f**）
$$
\begin{array}{c}
CH_3-CH_2 \\
| \\
CH_3-CH_2-C-CH_3 \\
\end{array}
$$

**50.** 分子A和B中是否含有季碳原子？并解释。

$$
\begin{array}{c}
\quad\quad CH_3 \\
\quad\quad | \\
H_3C-C-OCH_3 \\
\quad\quad | \\
\quad\quad CH_3
\end{array}
\qquad
\begin{array}{c}
\quad\quad CH_3 \\
\quad\quad | \\
H_3C-C-CH_3 \\
\quad\quad | \\
\quad\quad CH_3
\end{array}
$$
**A**　　　　　**B**

**51.** 按沸点升高顺序排列下列分子（不要去查阅真实数据）。
（**a**）2-甲基己烷；（**b**）庚烷；（**c**）2,2-甲基戊烷；
（**d**）2,2,3-三甲基丁烷。

**52.** 用纽曼投影式表示下列分子指定键的最稳定构象。
（**a**）2-甲基丁烷，C-2—C-3键；（**b**）2,2-二甲基丁烷，C-2—C-3键；（**c**）2,2-二甲基戊烷，C-3—C-4键；（**d**）2,2,4-三甲基戊烷，C-3—C-4键。

**53.** 用图2-10、图2-11、图2-13中的乙烷、丙烷和丁烷不同构象间的能量差异，求：
（**a**）对应于单个 H—H 相互重叠作用的能量；
（**b**）对应于单个 $CH_3$—H 相互重叠作用的能量；
（**c**）对应于单个 $CH_3$—$CH_3$ 相互重叠作用的能量；
（**d**）对应于单个 $CH_3$—$CH_3$ 邻交叉相互作用的能量。

**54.** 室温下，2-甲基丁烷主要存在两种绕C-2—C-3键转动的不同构象。90%的分子以优势构象（能量最低）存在，10%是以非优势构象存在的。（**a**）计算构象间自由能变化（$\Delta G^{\ominus}_{\text{优势构象-非优势构象}}$）。（**b**）画出2-甲基丁烷绕C-2—C-3键转动的势能图，尽最大能力确定各构象的相对能量值。（**c**）画出（**b**）中所有重叠和交叉构象的纽曼投影式，并指出两个最优势的构象。

**55.** 对于以下天然化合物，确定其化合物种类，圈出其所有的官能团。

$$
\begin{array}{c}
CH_3 \quad\quad\quad O \\
| \quad\quad\quad\quad \| \\
CH_3CHCH_2-CH_2O-C-CH_3
\end{array}
$$
**3-甲基丁乙酸酯**
**(香蕉油中)**

$$
\begin{array}{c}
\quad\quad O \\
\quad\quad \| \\
HC-CHCH_2OH \\
\quad\quad | \\
\quad\quad OH
\end{array}
$$
**2,3-二羟基丙醛**
**(最简单的糖)**

**苯甲醛**
**(果核中)**

$$
\begin{array}{c}
\quad NH_2 \\
\quad | \\
HSCH_2CHCOH \\
\quad\quad\quad\| \\
\quad\quad\quad O
\end{array}
$$
**半胱氨酸**
**(蛋白质中)**

$$CH_3CH{=}CHC{\equiv}C{-}C{\equiv}CCH{=}CHCH_2OH$$
**母菊醇**
**(来自黄春菊)**

**桉树脑**
**(来自桉树)**

**柠檬烯**
**(柠檬中)**

**天芥菜烷**
**(一种生物碱)**

**菊烯酮**
**(菊花中)**

**56.** 用IUPAC 命名下列生物上重要的化合物中用虚线框出的烷基。确定其是一级、二级还是三级烷基取代基。

维生素D₄

胆固醇
（一种甾体类化合物）

维生素E

缬氨酸
（一种氨基酸）

亮氨酸
（另一种氨基酸）

异亮氨酸
（又一种氨基酸）

**57. 挑战题** 对于下列给定的活化能，用Arrhenius公式分别计算温度升高10℃、30℃、50℃时对$k$的影响。用300K（大约室温）作为最初温度值，假定$A$为常数。（**a**）$E_a = 15$ kcal·mol⁻¹；（**b**）$E_a = 30$ kcal·mol⁻¹；（**c**）$E_a = 45$ kcal·mol⁻¹。

**58. 挑战题** 通过改变Arrhenius公式的形式，能够通过实验来测定活化能。出于这个目的，将两边取自然对数，再转为底数为10的常用对数。

$$\ln k = \ln(Ae^{-E_a/RT}) = \ln A - E_a/RT \text{ 变成 } \lg k = \lg A - E_a/2.3RT$$

在一系列温度下测定速率常数，然后用$\lg k$对$1/T$作图就得到一条直线，斜率是什么？截距是什么（即在$1/T=0$时的$\lg k$）？$E_a$怎么计算？

**59.** 重新检查一下第40题的答案。按照Lewis酸和碱过程重写每例的完整方程式。画出产物，用弯箭头指示电子对的移动。[提示：对于（b）和（d），从原料的另外一个Lewis共振结构开始。]

**60. 挑战题** $\Delta G^\ominus$与$k$相关的公式含有温度项。利用题54（a）的答案来计算下面的问题。已知2-甲基丁烷从亚稳定的构象到最稳定的构象的$\Delta S^\ominus$为+1.4 kcal·mol⁻¹。（**a**）用公式$\Delta G^\ominus = \Delta H^\ominus - T\Delta S^\ominus$计算两构象的焓变。这一结果与用各构象的邻交叉相互作用数目计算得到的$\Delta H^\ominus$是否吻合？（**b**）假定$\Delta H^\ominus$、$\Delta S^\ominus$不随温度变化，计算在−250℃、−100℃、+500℃时两构象的$\Delta G^\ominus$？（**c**）分别计算在这三个温度下两构象的$K$值。

## 团队练习

**61.** 比较下面两个二级取代反应的反应速率。

反应1：溴乙烷和碘离子反应生成碘乙烷和溴离子是二级反应，即速率取决于溴乙烷和碘离子两物质的浓度：

$$r = k[\text{CH}_3\text{CH}_2\text{Br}][\text{I}^-] \, (\text{mol}\cdot\text{L}^{-1}\cdot\text{s}^{-1})$$

反应2：1-溴-2,2-二甲基丙烷 （溴代新戊烷）与碘离子反应生成1-碘-2,2-二甲基丙烷和溴离子的反应速率比溴乙烷和碘离子的反应速率慢，是后者的万分之一。

$$r = k[\text{溴代新戊烷}][\text{I}^-] \, (\text{mol}\cdot\text{L}^{-1}\cdot\text{s}^{-1})$$

（**a**）用键线式结构写出反应式。

（**b**）确定起始卤代烷烃的反应位点，标明是一级、二级还是三级碳。

（**c**）讨论反应是怎么发生的，即原料必须按照什么方式相互作用来发生反应。记住因为反应为二级反应，所以两个反应试剂都必须在过渡态中出现。利用模型来观察碘离子向溴代烷烃接近的轨迹，为了符合其二级反应动力学特征，碳-碘新键的形成和碳-溴键的断裂应该是同时进行。在所有的可能中，哪个能最好地解释实验中测到的反应速率的不同？

（**d**）用虚-实楔形键结构表示你们所认可的反应轨迹。

## 预科练习

**62.** 化合物2-甲基丁烷中（　　）。

（**a**）无二级氢

（**b**）无三级氢

（**c**）无一级氢

（**d**）二级氢是一级氢的两倍

（**e**）一级氢是二级氢的两倍

**63.**

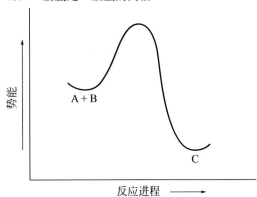

该势能图描述了（    ）。

（**a**）吸热反应    （**b**）放热反应

（**c**）快速反应    （**d**）三分子反应

**64.** 在4-(1-甲基乙基)庚烷中，任一H—C—C角为（    ）。

（**a**）120°    （**b**）109.5°    （**c**）180°

（**d**）90°    （**e**）360°

**65.** 下图中丁烷的纽曼投影式代表（    ）结构？

（**a**）邻交叉重叠    （**b**）反邻位交叉

（**c**）反交叉    （**d**）反重叠

**66.** 栀子苷元是对糖尿病有疗效的中药。栀子苷元不属于下列哪种化合物（    ）。

（**a**）醇类    （**b**）烯烃    （**c**）酯    （**d**）醚    （**e**）酮

栀子苷元

# 3

# 烷烃的反应

## 键解离能、自由基卤化和相对反应性

维珍银河（Virgin Galactic）公司的 WhiteKnightTwo 携带高超音速（速度超过 5 马赫，或 3000 英里 / 小时或 5300 公里 / 小时）SpaceShipTwo（中间）飞机在海拔约 50000 英尺（1 英尺 =0.3048 米）处发射。超音速飞机排放出的气体中含有一氧化氮（NO）等许多分子，这些分子发生的自由基反应对地球平流层的臭氧（$O_3$）层具有破坏作用。[*Christ Chavez/Bloomberg via Getty Images*]

## 学习目标

- 区分化学键的均裂和异裂，并了解非官能化分子（如烷烃）可行的反应途径

- 明确自由基和自由基反应的概念

- 使用键解离能来解释自由基反应的热力学和动力学特征

- 明确超共轭效应并认识它对自由基稳定性及自由基形成的相对难易程度的影响

- 理解自由基链式反应机理的三个阶段之间的相互关系：链引发、链传递、链终止

- 基于反应性和选择性的概念预测烷烃卤化反应的结果

- 分析具有实际合成应用价值的反应

- 描述烷烃的燃烧热和稳定性之间的关系

烷烃燃烧释放出大量能量，为现代工业社会的发展提供动力。我们在第 2 章已经了解到烷烃没有官能团，那么，燃烧又是如何发生的呢？本章我们会看到，烷烃不是很活泼，却也能进行几种类型的转化。这些过程（燃烧即为其中的一个例子）不涉及亲电-亲核化学反应机理，而是被称为**自由基反应**（radical reaction）。尽管在本部分中我们不会深入探讨自由基反应，但它们在生物化学（例如，衰老和疾病的过程）、环境（对地球臭氧层的破坏）以及工业（合成纤维和塑料的生产）等方面起着重要作用。

自由基反应起始于键的断裂，**或键的解离**（bond dissociation）。本章将研究该过程的能量变化并讨论其发生的条件。本章重点讨论**卤化**（halogenation）——烷烃的氢原子被卤素取代的自由基反应。卤化反应的重要性在于，它引入了一个活性官能团，即把烷烃转变为卤代烃，从而有利于进一步的化学转化。对于这些过程中的每一步反应，本章都会讨论所涉及的**机**

一个碳自由基

理（mechanism），详细解释反应是如何发生的。对于不同的烷烃，以及相同烷烃分子中不同的化学键，反应速率可能会不同，文中也会解释为什么会如此。

有机化学中的大量反应可以用相对有限的几种反应机理来进行描述。反应机理使我们能够了解反应如何进行和发生的原因，以及可能在其中形成的产物。

有机化学中"如何"和"为什么"问题的答案，通常能在反应机理中找到。

本章运用机理来阐述含卤化学品对平流层的臭氧层的影响。最后，简要讨论一下烷烃的燃烧，并指出该过程是如何成为有机分子热力学信息的有用来源的。

# 3-1 | 烷烃键的键强度：自由基

1-2 节阐述了键是如何形成的，以及键形成过程中的能量释放。例如，两个氢原子成键时会产生 $104 kcal \cdot mol^{-1}$（$435 kJ \cdot mol^{-1}$）的热量（图 1-1 和图 1-12）。

$$H \cdot + H \cdot \xrightarrow{\text{成键}} H-H \qquad \Delta H^{\ominus} = -104 \, kcal \cdot mol^{-1} \, (-435 \, kJ \cdot mol^{-1})$$
放热：键形成时释放热量

因此，切断这种键时需要的热量，实际上等于形成该键时释放出的热量。这一能量称为**键解离能**（bond-dissociation energy），用 $DH^{\ominus}$ 表示，它是**键强度**（bond strength）的量化指标。

$$H-H \xrightarrow{\text{断键}} H \cdot + H \cdot \qquad \Delta H^{\ominus} = DH^{\ominus} = 104 \, kcal \cdot mol^{-1} \, (435 \, kJ \cdot mol^{-1})$$
吸热：当键断裂时会消耗热量

## 均裂形成自由基

在上述例子中，键的断裂方式是两个成键电子在两个参与的原子或碎片间等量分离，该过程称为**均裂**（homolytic cleavage）或**键的均裂**（bond homolysis）。两个成键电子的分离可表示为，从键出发的两个单刺箭头或"鱼钩"式箭头分别从该键指向每个原子。

> 单刺箭头 $\cap$ 表示了单电子的转移

**均裂：成键电子的分离**

$$A \overset{\cap\cap}{-} B \longrightarrow A \cdot + \cdot B$$
自由基

所形成的碎片有一个未成对电子，例如，$H\cdot$、$Cl\cdot$、$\cdot CH_3$ 或 $CH_3CH_2 \cdot$。这些物质若由 1 个以上原子组成时，称为**自由基**（radical）。由于有未成对电子，自由基和自由原子非常活泼，通常无法分离得到。然而，在许多反应中自由基和自由原子以不可观测的低浓度**中间体**（intermediate）的形式存在，例如聚合物的生产（第 12 章）和脂肪的氧化导致的食品变质（第 22 章）。

在 2-2 节，介绍了另一种键断裂方式，即成键电子对完全转移给其中一个原子，该过程称为**异裂**（heterolytic cleavage），异裂导致**离子**（ion）的形成。

## 异裂：成键电子的成对转移

$$A \overset{\frown}{-} B \longrightarrow A^+ + :B^-$$

离子

正常的双刺箭头 $\frown$ 表示一对电子的转移

如此处所示，阳离子、自由基和阴离子在价电子数和电荷数方面彼此不同。请注意这些区别，因为这些物质具有非常不同的性质和化学行为。特别地，阳离子和阴离子通常通过电子对的转移来发生反应，通常用双刺箭头来表示。相反，自由基通常通过单电子转移发生反应，用单刺箭头即"鱼钩"式箭头表示。

## 阳离子、阴离子和自由基

| $H^+$ (0 e⁻) | $H \cdot$ (1 e⁻) | $H:^-$ (2 e⁻) |
|---|---|---|
| $H_3C^+$ (6 e⁻) | $H_3C \cdot$ (7 e⁻) | $H_3C:^-$ (8 e⁻) |
| 阳离子 | 自由基 | 阴离子 |

$:\overset{..}{\underset{}{Cl}}\cdot$

氯自由基

$H-\overset{\displaystyle H}{\underset{\displaystyle H}{C}}-H$

甲基自由基

$H_3C-\overset{\displaystyle H}{\underset{\displaystyle H}{C}}\cdot$

乙基自由基

均裂可能在非极性溶剂或气相中观测到。相反，异裂一般发生在能够稳定离子的极性溶剂中。异裂也会受到环境的限制——A、B 原子的电负性以及它们所连接的能够分别稳定正负电荷的基团。

解离能，$DH^\ominus$，仅用于均裂过程。各元素间形成的各种键都有特征的解离能，表 3-1 列出了一些常见键的解离能。$DH^\ominus$ 的值越大，相应的化学键越强。注意与氢结合的键，如 H—F 和 H—OH 中的键都是相对较强的。尽管这些键有高的 $DH^\ominus$ 值，但它们在水中很容易发生异裂形成 $H^+$ 和 $F^-$ 或 $OH^-$。切记不要把均裂和异裂过程混淆。

当键合原子之间的吸引力之和最大时，化学键最强。在共价键中，这些吸引力中的其中一个是两个原子核与共享电子的相互吸引力，这是由轨道重叠区域的电子密度（1-7 节）得出的。在极性共价键中（1-3 节），由于键中电正性和电负性原子上分别带部分正电荷和负电荷，因而具有额外的静电（库仑）吸引力。氢原子和卤素之间的化学键强度按照 HF > HCl > HBr > HI 的次序降低。为什么呢？随着卤素原子半径增大，它的电负性减弱。H—X 键的极性降低，原子上的 $\delta^+$ 和 $\delta$ 变得更小，化学键变长，因此 H 和 X 之间的静电吸引力减小。卤素和碳原子之间的键也有相似的趋势。

**表3-1　气相中各种A—B键的解离能 [$DH^\ominus$ 单位：kcal·mol⁻¹（kJ·mol⁻¹）]**

| | A–B 中的 B | | | | | | |
|---|---|---|---|---|---|---|---|
| A–B 中的 A | —H | —F | —Cl | —Br | —I | —OH | —NH₂ |
| H— | 104 (435) | 136 (569) | 103 (431) | 87 (364) | 71 (297) | 119 (498) | 108 (452) |
| CH₃— | 105 (439) | 110 (460) | 85 (356) | 70 (293) | 57 (238) | 93 (389) | 84 (352) |
| CH₃CH₂— | 101 (423) | 111 (464) | 84 (352) | 70 (293) | 56 (234) | 94 (393) | 85 (356) |
| CH₃CH₂CH₂— | 101 (423) | 110 (460) | 85 (356) | 70 (293) | 56 (234) | 92 (385) | 84 (352) |
| (CH₃)₂CH— | 98.5 (412) | 111 (464) | 84 (352) | 71 (297) | 56 (234) | 96 (402) | 86 (360) |
| (CH₃)₃C— | 96.5 (404) | 110 (460) | 85 (356) | 71 (297) | 55 (230) | 96 (402) | 85 (356) |

注：(a) $DH^\ominus = \Delta H^\ominus$ 即过程 A—B ⟶ A·+·B。(b) 由于改进了测量方法，这些数字正在不断修订。(c) 由于偶极对 $DH^\ominus$ 的贡献，极性 A—B 键的变化趋势明显不同于 A—H 键。

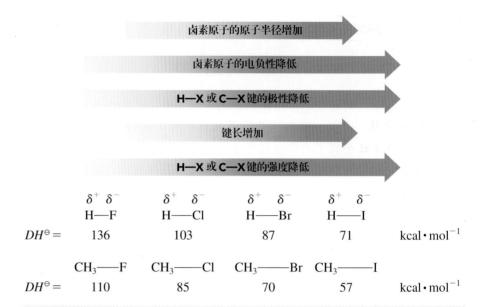

$DH^{\ominus} =$

| $\delta^+ \ \delta^-$ | $\delta^+ \ \delta^-$ | $\delta^+ \ \delta^-$ | $\delta^+ \ \delta^-$ | |
|:---:|:---:|:---:|:---:|:---:|
| H—F | H—Cl | H—Br | H—I | |
| 136 | 103 | 87 | 71 | kcal·mol$^{-1}$ |

$DH^{\ominus} =$

| CH$_3$—F | CH$_3$—Cl | CH$_3$—Br | CH$_3$—I | |
|:---:|:---:|:---:|:---:|:---:|
| 110 | 85 | 70 | 57 | kcal·mol$^{-1}$ |

### 解题练习 3-1

**运用概念解题：理解键的强度**

比较 CH$_3$—F、CH$_3$—OH 和 CH$_3$—NH$_2$ 的解离能的大小，为什么这些键依次变弱？

**策略：**

哪些因素会影响化学键的强度？如上文和 1-7 节所述，核与成键电子的相互吸引非常重要。然而，库仑吸引力可以进一步增强共价键强度。让我们分别看看这三个化学键中的每一个因素。

**解答：**

• 化学键中两个原子轨道之间能量匹配越好，键越强（图 1-2）。

• 从 N 到 O 再到 F，随着核电荷数增加，在核和电子之间产生的吸引力更强。该系列中电负性的增加证实了这种效应（表 1-2）。周期表中从左到右，轨道能量下降，C 的原子轨道与 N、O 和 F 的原子轨道之间的能差随之增加，导致共价重叠的键合作用较弱。

• 然而，随着连接在碳原子上元素的电负性增加，它对共价键中共享电子对的吸引力也增加。因此，化学键的极性和电荷分离都增加，在碳上产生部分正电荷（$\delta^+$），在电负性更强的原子上产生部分负电荷（$\delta^-$）。

• 这些异种电荷之间的库仑吸引力补偿了共价重叠导致的键合作用减弱。正如题目所示，C—F、C—O、C—N 中的化学键依次变弱。因此可以得出结论，有利于 C—F 键的库仑吸引力贡献超过了 C—F 中降低的共价吸引力。随着连接在碳上的原子的电负性降低，库仑吸引力的优势减弱，导致所观察到的键强度依次减弱的顺序。

### 3-2 自试解题

在 C—C（乙烷，H$_3$C—CH$_3$）、N—N（肼，H$_2$N—NH$_2$）、O—O（过氧化氢，HO—OH）中，键的强度从约 90kcal·mol$^{-1}$ 降低到 50～60kcal·mol$^{-1}$。请解释之。（**提示：**相邻原子上的孤对电子彼此排斥。）

**表3-2  一些烷烃的键解离能**

| 化合物 | $DH^{\ominus}/\text{kcal}\cdot\text{mol}^{-1}(\text{kJ}\cdot\text{mol}^{-1})$ | | 化合物 | $DH^{\ominus}/\text{kcal}\cdot\text{mol}^{-1}(\text{kJ}\cdot\text{mol}^{-1})$ |
|---|---|---|---|---|
| $CH_3{-}H$ | 105(439) | | $CH_3{-}CH_3$ | 90(377) |
| $C_2H_5{-}H$ | 101(423) | | $C_2H_5{-}CH_3$ | 89(372) |
| $CH_3CH_2CH_2{-}H$ | 101(423) | | $C_2H_5{-}C_2H_5$ | 88(368) |
| $(CH_3)_2CHCH_2{-}H$ | 101(423) | | $(CH_3)_2CH{-}CH_3$ | 88(368) |
| $(CH_3)_2CH{-}H$ | 98.5(412) | | $(CH_3)_3C{-}CH_3$ | 87(364) |
| $(CH_3)_3C{-}H$ | 96.5(404) | | $(CH_3)_2CH{-}CH(CH_3)_2$ | 85.5(358) |
| | | | $(CH_3)_3C{-}C(CH_3)_3$ | 78.5(328) |

$DH^{\ominus}$逐渐降低（两侧竖列箭头）

注意：请参阅表3-1的脚注。

## 自由基的稳定性决定了C—H键的强度

烷烃中的 C—H 键和 C—C 键有多强？表 3-2 列出了各种烷烃键的解离能。注意，键能一般按甲烷、一级碳、二级碳、三级碳的顺序降低。例如，甲烷中，C—H 键的 $DH^{\ominus}$ 值高达 105kcal·mol$^{-1}$。乙烷中 C—H 键能变小：$DH^{\ominus}$=101kcal·mol$^{-1}$。后者是典型一级碳上的 C—H 键的数据，丙烷中也能看到该数值。二级碳上的 C—H 键较弱，$DH^{\ominus}$ 值是 98.5kcal·mol$^{-1}$，三级碳上的 C—H 键的 $DH^{\ominus}$ 值仅为 96.5kcal·mol$^{-1}$。

**烷烃中的C—H键强度**

| | CH$_3$—H | > | RCH$_2$—H | > | R$_2$CH—H | > | R$_3$C—H |
|---|---|---|---|---|---|---|---|
| | 甲基 | | 一级碳 | | 二级碳 | | 三级碳 |
| $DH^{\ominus}/\text{kcal}\cdot\text{mol}^{-1}$ | 105 | | 101 | | 98.5 | | 96.5 |

化学键强度降低($DH^{\ominus}$)

C—C 键也有相似的趋势（表 3-2）。乙烷（$DH^{\ominus}$ = 90kcal·mol$^{-1}$）和 $(CH_3)_3C{-}C(CH_3)_3$（$DH^{\ominus}$=78.5kcal·mol$^{-1}$）的中心 C—C 键是这种趋势的两个极端。

为什么解离能 $DH^{\ominus}$ 会表现出不同的数值？因为形成的自由基有不同的能量。我们会在下一节阐述其原因，自由基的稳定性按一级 → 二级 → 三级的顺序增加，于是，产生这些自由基所需的能量相应降低（图 3-1）。

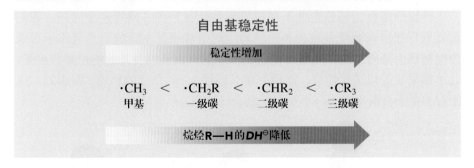

**自由基稳定性**

稳定性增加

| ·CH$_3$ | < | ·CH$_2$R | < | ·CHR$_2$ | < | ·CR$_3$ |
|---|---|---|---|---|---|---|
| 甲基 | | 一级碳 | | 二级碳 | | 三级碳 |

烷烃R—H的$DH^{\ominus}$降低

图 3-1 的能量图说明了这种趋势。我们从含有伯、仲和叔 C—H 键的烷烃开始（在底部）。一级碳的键解离是吸热的，$DH^{\ominus}$ = 101kcal·mol$^{-1}$。也就是说，我们需要吸收相应数值的能量来产生一级自由基。二级自由基形成所需能量较低，为 98.5kcal·mol$^{-1}$。因此，二级自由基比一级自由基稳定 2.5kcal·mol$^{-1}$。形成三

**图3-1** 从烷烃 $CH_3CH_2CHR_2$ 形成不同的自由基所需能量不同，自由基稳定性按一级→二级→三级的顺序增强。

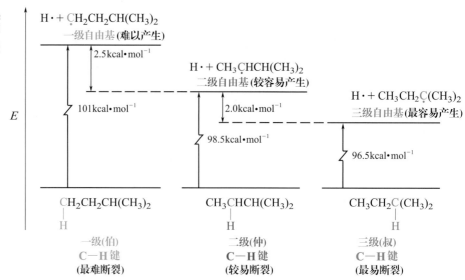

级自由基需要的能量甚至更少，为 96.5kcal·mol$^{-1}$，并且该自由基比其二级自由基同系物稳定 2.0kcal·mol$^{-1}$（或比其一级自由基同系物稳定 4.5 kcal·mol$^{-1}$）。

### 练习 3-3

（**a**）在乙烷或 2,2-二甲基丙烷中，哪种 C—C 键优先断裂？

（**b**）羟基自由基，HO·，因其从生物分子中攫取氢原子而具有高毒性，由 $H_2O$ 中的 O—H 键强度决定其稳定性（表 3-1）。给出 2-甲基丁烷被 HO·进攻的优势产物，并解释你的答案。

---

### 小 结

烷烃中键的均裂产生自由基和自由原子，使键均裂所需的能量称为解离能，$DH^\ominus$，其数值仅是该两种元素所成键的特征值。产生三级自由基的键断裂比产生二级自由基所需的能量少；相应地，二级自由基要比一级自由基更易形成。通过键的均裂来获得甲基自由基是最困难的。

## 3-2 烷基自由基的结构：超共轭效应

导致烷基自由基稳定性不同的原因是什么？为了回答这个问题，我们需要更仔细地观察烷基自由基的结构。对于从甲基中除去一个氢原子形成的甲基自由基的结构，光谱测定表明，甲基自由基以及其他的烷基自由基，几乎都采取近似平面构型，即最好将其描述为 sp$^2$ 杂化的轨道（图3-2）。未配对的电子占据垂直于分子平面的剩余 p 轨道。

**图3-2** 从甲烷形成甲基自由基杂化轨道的变化。甲基自由基几乎为平面的排列，类似于BH$_3$杂化轨道（图1-17）。

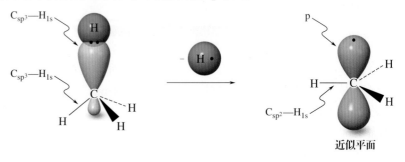

近似平面

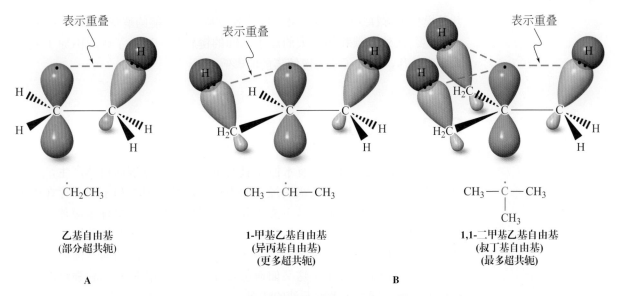

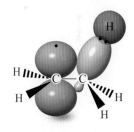

图3-3　乙基自由基（A）和1-甲基乙基自由基及1,1-二甲基乙基自由基（B）中的超共轭作用（绿色虚线）是由充满的sp³杂化轨道的电子供给未充满的p轨道而产生的，所产生的电子密度的离域作用有净稳定效应。

　　让我们来看一下如何利用烷基自由基的平面结构来解释其相对稳定性。图3-3（A）显示的乙基自由基一个构象中，—CH$_3$ 基团的一个 C—H 键和自由基中心单占据的哑铃形 p 轨道的一瓣平行并且重叠。这种排列使 σ 轨道的成键电子对能离域到部分空的 p 轨道，这一现象称为**超共轭**（hyperconjugation）**效应**。在图中，为了显示清晰定义的轮廓，轨道被绘制为分离的单元，并且超共轭重叠由绿色虚线表示。实际上，如页边图所示，电子在空间中分散，使沿着 C—C 轴的空间部分被填充。充满的轨道与单占据轨道之间的相互作用产生净稳定效应（回顾练习 1-14）。超共轭和共振（1-5 节）都是电子离域的形式。它们可用轨道类型来区分：共振一般指 p 轨道的 π 型重叠，而超共轭包含与 σ 键轨道的重叠。自由基是通过超共轭效应来稳定的。

　　如果我们用烷基取代自由基碳上剩余的氢原子，结果会怎样呢？所增加的每个烷基都会使超共轭作用进一步增强［图 3-3（B）］。自由基的稳定性顺序就是这种作用的结果。如图 3-1 所示，每个超共轭相互作用所引起的稳定程度变化相对较小（2.0～2.5kcal·mol$^{-1}$，即 8.4～10.5kJ·mol$^{-1}$）。后面我们会看到，共振对自由基的稳定作用相当大（第 14 章）。对二级和三级自由基相对稳定性的另一贡献是，随着烷烃的四面体几何构型转变成自由基的平面构型，取代基的空间拥挤程度大大地减轻了。值得注意的是，任何键都可能存在超共轭，而不仅仅是本节讨论中描述的 C—H 键。例如，1-丙基自由基表现出两个 C—H 和一个 C—C 的超共轭相互作用（本章习题 16）

**更多超共轭作用** →

$$\cdot CH_3 \;<\; \cdot CH_2CH_3 \;<\; CH_3\overset{\cdot}{C}HCH_3 \;<\; CH_3\overset{\overset{\displaystyle CH_3}{|}}{\underset{}{C}}CH_3$$

|甲基|乙基|异丙基|叔丁基|
|(一级)|(二级)|(三级)|

**更稳定，更容易形成** →

　　即使粗略地看一下表 3-1 中碳与电负性原子之间的键解离能，也能表明单独的超共轭效应和自由基稳定性并不代表事实的全部。例如，无论碳的种类如何，任何碳与卤素之间的键都显示出基本相同的 $DH^{\ominus}$。已经提出了几种模型来解释这些观察结果。极性效应是一种可能的解释，如表 3-1 脚注中所述。此外，碳和体积大的原子之间的键较长，减少了碳周围原子之间的空间排斥，降低了它对键解离能的影响。

# 3-3 | 石油加工：热解

烷烃可通过动植物在有水但无氧的条件下缓慢分解而自然产生，这一过程持续了数百万年。低级烷烃（如甲烷、乙烷、丙烷和丁烷）存在于天然气中，至今，甲烷依然是主要成分。从粗原油中可获得许多液体、固体烷烃，但仅用蒸馏法无法满足汽油、煤油和其他碳氢化合物基燃料中对低分子量碳氢化合物的大量需求。因此需要再用加热方法切断石油的长链组分使之变为较小的分子。这又如何进行呢？首先，我们看一看强热对简单烷烃的影响，然后再考察石油的情况。

## 高温导致键均裂

当烷烃被加热到较高温度时，C—H 键和 C—C 键断裂，这一过程称为**热解**（pyrolysis）。在无氧条件下，产生的自由基能结合成新的较高或较低分子量的烷烃。自由基还可以从另一个烷烃中除去氢原子，这一过程称为攫氢，或者从另一个与自由基中心相邻的碳原子上去除氢原子来产生烯烃，称为自由基歧化。实际上，热解生成的是非常复杂的烯烃和烷烃的混合物。但是在特定条件下，这些转变能够得到控制，可以获得较大比例的特定链长的碳氢化合物。

正己烷的热解

断裂成自由基的例子：

$$C\text{-}1\text{—}C\text{-}2\ 断裂 \longrightarrow CH_3\cdot\ +\ \cdot CH_2CH_2CH_2CH_3$$

$$\underset{正己烷}{\overset{1\quad 2\quad 3\quad 4}{CH_3CH_2CH_2CH_2CH_2CH_3}} \left\{ \begin{array}{l} C\text{-}2\text{—}C\text{-}3\ 断裂 \longrightarrow CH_3CH_2\cdot\ +\ \cdot CH_2CH_2CH_3 \\ C\text{-}3\text{—}C\text{-}4\ 断裂 \longrightarrow CH_3CH_2CH_2\cdot\ +\ \cdot CH_2CH_2CH_3 \end{array} \right.$$

自由基组合的例子：

$$CH_3CH_2CH_2CH_2CH_2\cdot\ \ \ \cdot CH_2CH_2CH_3 \longrightarrow \underset{正辛烷}{CH_3CH_2CH_2CH_2CH_2CH_2CH_2CH_3}$$

自由基攫氢的例子：

$$CH_3CH_2\cdot\ \ \ \overset{H}{CH_3CHCH_3} \longrightarrow \underset{乙烷}{CH_3CH_2} +\ CH_3\overset{\cdot}{C}HCH_3$$

自由基歧化的例子：

$$CH_3CH_2CH_2\cdot\ \ \ \overset{H}{CH_2}\text{—}CH_2\cdot \longrightarrow \underset{丙烷}{CH_3CH_2CH_2} +\ \underset{乙烯}{CH_2{=}CH_2}$$

请注意这些例子是如何用单刺箭头（鱼钩箭头）表示两个电子结合而形成新共价键的。在攫氢反应中，断裂键上的电子和未共用电子形成新键。

控制这种过程常常需要使用特殊的**催化剂**（catalyst），例如硅铝酸钠晶体，也称作沸石。举个例子，沸石催化热解十二烷，主要得到了含有三个碳到六个碳的烃的混合物。

$$\text{十二烷} \xrightarrow{\text{沸石，482℃，2min}} \underset{17\%}{C_3} + \underset{31\%}{C_4} + \underset{23\%}{C_5} + \underset{18\%}{C_6} + \underset{11\%}{\text{其他产物}}$$

## 催化剂的功能

沸石催化剂的作用是什么？它加速了热解，使该过程比无催化时能在更低的温度下进行。催化剂还使某些产物优先形成。这种增强的反应选择性是在催化反应中经常观察到的特征。这是怎么发生的？

通常来说，催化剂是加速反应的添加剂。它是通过一个允许反应物和产物相互转化的新途径来实现的，该途径的活化能（$E_{cat}$）比无催化剂的反应的活化能（$E_a$）低。如图 3-4 所示，非催化和催化过程均以简化的方式显示，仅由具有一个活化能垒的单个步骤组成。当然大多数反应涉及不止一步。然而，无论反应步骤的数量如何，催化形式的反应总是大大降低了活化能。而且催化剂在反应过程中不被消耗，它通过形成活性中间体参与反应，并最终再生。因此，仅需要少量催化剂即可实现大量反应物的转化。催化剂改变反应的动力学，也就是说，它们改变了建立平衡的速率。但是，催化剂不会影响平衡的位置。催化和非催化过程整体的 $\Delta H^{\ominus}$、$\Delta S^{\ominus}$ 和 $\Delta G^{\ominus}$ 的值是相同的：催化剂不影响反应总体的热力学。

由于催化剂的存在，许多有机反应能够以高效的速率发生。催化剂可以是酸（质子）、碱（氢氧化物）、金属表面或金属化合物，或是一个复杂的有机分子。在自然界中，酶通常会发挥这种功能。催化剂引起的反应加速程度可达好几个数量级。已知的酶催化反应比未催化的反应快 $10^{19}$ 倍。使用催化剂可以使许多转化在较低温度和更温和的反应条件下发生。

## 石油是一种重要的烷烃来源

将烷烃碎裂成较小的片断也称为**裂解**（cracking）。裂解是石油精炼工业从石油中获得汽油和其他液体燃料的重要步骤之一。

石油或原油是一种深色黏稠液体，主要是由几百种不同的烃类组成的混合物，特别是直链的烷烃、一些支链的烷烃和含量各异的芳香烃。表 3-3 给出了石油蒸馏得到的几种典型产品的馏分。依据原油的产地不同，石油组成的变化非常大。

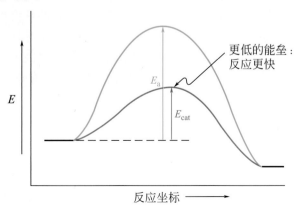

图3-4 比较催化和非催化过程的势能图。虽然都以单个步骤图示，但催化反应通常通过多步途径进行。

**表3-3    典型的原油蒸馏中的产物分布**

| 含量（体积分数）/% | 沸点/℃ | 碳原子数 | 产品 |
|---|---|---|---|
| 1～2 | <30 | $C_1$～$C_4$ | 天然气，甲烷，丙烷，丁烷，液化石油气（LPG） |
| 15～30 | 30～200 | $C_4$～$C_{12}$ | 石油醚（$C_{5,6}$），轻石油（$C_7$），石脑油，直馏汽油[a] |
| 5～20 | 200～300 | $C_{12}$～$C_{15}$ | 煤油，加热用油 |
| 10～40 | 300～400 | $C_{15}$～$C_{25}$ | 瓦斯油，柴油，润滑油，蜡，沥青 |
| 8～69 | >400（非挥发物） | >$C_{25}$ | 渣油，石蜡，沥青（焦油） |

[a] 这是指直接来自石油的汽油，未经过任何处理。

为了能得到更多汽油馏分，可将较高沸点的馏分通过热解作用断裂。将原油蒸馏后得到的渣油进行裂解，可以得到大约30%的气体、50%的汽油、20%的较高分子量的油和被称为石油焦炭的残渣。

**真实生活：可持续发展 3-1    可持续发展与21世纪的需求——绿色化学**

石油和天然气供应大多数工业国家的大部分能源需求。在2014年，美国能源供应包括天然气（28%）、石油（35%）、煤炭（18%）、核能（8%）、水电和热能（3%）以及其他可再生能源（7%）等。近年来，石油和煤炭消费百分比有所减少，天然气和可再生能源使用量的增加抵消了这一下降。然而，进口石油产品仍将占据美国能源支出的重要比例，尽管美国相关部门预计十年内将达到"进口中性"。这些物质也构成了无数制造工艺的原料。然而，这种以石油为基础的经济受到以下问题的困扰：它是能量密集型的，经常需要处理有毒物质，并以副产物、溶剂和无机盐的形式产生废物；石油资源在未来也是不可持续的，因为地球的石油供应是有限的。

化学家们正积极探索替代能源，包括甲烷等开发较少的燃料，以及来自农业的可再生物质。后者由木材、谷物、植物秸秆和植物油以及碳水化合物组成，是迄今为止最丰富的原材料。植物生长通过光合作用消耗二氧化碳，这个特征是非常有价值的，尤其在当今人们关注大气中二氧化碳浓度持续增加及其对全球气候长期影响的情况下。然而，将这些原材料转化为有用的产品是一项重大挑战。理想情况下，为这些转换开发的工艺应该既有效又环保。那么将如何实现呢？

几十年来，绿色化学这个术语被用来描述满

某大型石油生产企业

足许多环境要求的工艺过程。这个术语是由美国环境保护署（EPA）的Paul T. Anastas博士于1994年创造的，旨在表示努力实现环境保护和可持续发展目标的化学活动。具体而言，这意味着在化学产品的设计、制造和应用中通过减少或消除有害物质的使用或产生，以及从石油基化学品转换为天然化学品来防止污染。绿色化学的一些原则如下：

1. 防止产生废物比生产后再清理它们更好。
2. 合成方法应最大限度地将所有原料转化为最终产物（"原子经济性"）。
3. 反应应当使用并产生具有功效且低毒或没有毒性的物质。
4. 应在室温和常压下进行反应使能量需求最小化。
5. 原料应该是可再生的。
6. 催化过程优于化学计量过程。

有关石油裂解绿色方法的一个案例是最近发现的催化过程，将链状烷烃转化为其较高和较低的同系物，具有良好的选择性。例如，当丁烷通过在 150℃ 下沉积在二氧化硅上的钽催化剂时，它经历复分解（*metatithenai*，希腊语，"转置"）主要生成丙烷和戊烷：

$$H_3C-\underset{\underset{H_2}{|}}{\overset{\overset{H_2}{|}}{C}}-CH_3 \xrightarrow[150℃]{沉积在SiO_2上的钽} H_3C-\overset{\overset{H_2}{|}}{C}-CH_3 + H_3C-\underset{\underset{H_2}{|}}{\overset{\overset{H_2}{|}}{C}}-\overset{\overset{H_2}{|}}{C}-CH_3$$

丁烷　　　　　　　　　　　　丙烷　　　　　　戊烷

该方法没有废物产生，完全的原子经济、无毒，在比常规裂解低得多的温度下发生，并且是被催化的，满足绿色反应的所有要求。这些方法正在形成 21 世纪化学实践的新范例。

# 3-4 | 甲烷的氯化：自由基链式机理

我们已经知道，烷烃裂解时所经历的化学变化，其中就有自由基中间体的形成。烷烃还参与其他的反应吗？在本节中，我们研究烷烃（甲烷）暴露在卤素（氯气）中的情况。在 **氯化**（chlorination）反应中自由基也扮演着重要的角色，它生成氯甲烷和氯化氢。为了了解这个反应的 **机理**（mechanism），我们需要分析这个转化中的每一个步骤。

## 氯将甲烷转化为氯甲烷

反应

在室温下的黑暗环境中，甲烷和氯气混合在一起不会发生任何反应。这个混合物必须加热到 300℃（用 △ 表示加热）以上或者经紫外光（用 *hν* 表示光）照射后才会发生反应。两种最初的产物中的一种是氯甲烷。氯甲烷由甲烷衍生而来——甲烷的一个氢被氯替换。此反应的另一个产物是氯化氢。进一步的取代则会生成二氯甲烷 $CH_2Cl_2$、三氯甲烷（氯仿）$CHCl_3$、四氯甲烷（四氯化碳）$CCl_4$。

为什么这个反应会发生？让我们来看看它的 $\Delta H^\ominus$。在这个反应中，甲烷中的一个 C—H 键（$DH^\ominus=105\text{kcal·mol}^{-1}$）和一个 Cl—Cl 键（$DH^\ominus=58\text{kcal·mol}^{-1}$）被断裂，而同时生成氯甲烷的一个 C—Cl 键（$DH^\ominus=85\text{kcal·mol}^{-1}$）和一个 H—Cl 键（$DH^\ominus=103\text{kcal·mol}^{-1}$）。在这个形成较强的键的过程中总的结果是释放了 $25\text{kcal·mol}^{-1}$ 的能量：这个反应是放热的（释放热量的）。

$$CH_3-H + :\overset{..}{\underset{..}{Cl}}-\overset{..}{\underset{..}{Cl}}: \underset{}{\overset{△或h\nu}{\rightleftharpoons}} CH_3-\overset{..}{\underset{..}{Cl}}: + H-\overset{..}{\underset{..}{Cl}}:$$

　105　　58　　　　　　　　　85　　103

**$DH^\ominus$(kcal·mol$^{-1}$)**　　　　氯甲烷

$$\Delta H^\ominus = 吸收的能量 - 放出的能量$$
$$= \Sigma DH^\ominus(断键) - \Sigma DH^\ominus(成键)$$
$$= (105 + 58)\text{kcal·mol}^{-1} - (85 + 103)\text{kcal·mol}^{-1}$$
$$= -25\,\text{kcal·mol}^{-1}\ (-105\text{kJ·mol}^{-1})$$

为了直观了解上面所示平衡过程 $K$ 向右进行的程度，需要根据 2-1 节所述自由能变 $\Delta G^\ominus = -2.303\,RT\lg K$。而根据 $\Delta G^\ominus = \Delta H^\ominus - T\Delta S^\ominus$，为了得到 $K$ 的估计数值，因此还需要估计熵变 $\Delta S^\ominus$。幸运的是，对于方程两边分子数相同的反应，我们可以放心地假设 $\Delta S^\ominus$ 接近于零（对于这个反应，$\Delta S^\ominus$ 事实上约为 +3e.u.）。因此，$\Delta G^\ominus \approx \Delta H^\ominus \approx -1.36\lg K$（25℃，298 K），$K = 10^{25/1.36} \approx 10^{18}$。换句话说，平衡以大数量级向右侧移动。

那么，为什么甲烷在室温下不发生热氯化呢？事实上，即使这个反应是放热的，也不意味着它能快速和自发地反应。记住（2-1 节）：化学反应速率取决于它的活化能，而在这个反应中，它的活化能明显是高的。这是为什么呢？当在室温下发生反应时，光照的作用是什么呢？回答这些问题，需要对反应的机理进行考察。

### 机理解释了反应所需的实验条件

所谓**机理**（mechanism）就是对反应（1-1 节）中化学键所有变化的详细的逐步描述。即使是简单的反应，也可能由几个分开的步骤组成。机理能显示出断键和成键的顺序，以及每一步相应的能量变化。这些信息很有价值，它能帮助我们分析复杂分子的可能转化，并且让我们了解发生反应需要的实验条件，以及预测修改，甚至改善化学过程结果的方法。

甲烷的氯化反应机理和大多数自由基反应的机理一样，由三个步骤组成：链引发、链传递和链终止。下面来更详细地看看这些步骤以及每步的实验证据。

### 甲烷的氯化过程可以逐步研究

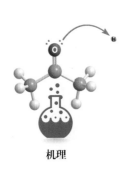

动画
动画展示机理：
甲烷的氯化

机理

**实验观察：**正如前面所提到的，氯化发生在甲烷和氯气的混合物被加热到 300℃ 或光照之后。在这种条件下，甲烷本身是完全稳定的，但是氯气会均裂为两个氯原子。

**解释：**甲烷氯化机理的第一步是 Cl—Cl 键在光或者热的诱导下发生均裂（均裂发生在起始原料中最弱的键：Cl—Cl 键 $DH^{\ominus} = 58\,kcal\cdot mol^{-1}$）。要想发生氯化反应，这一步是必需的，因此称为**链引发**（initiation）步骤。正如名称所指的那样，链引发可以产生活性物质（在这里是指氯原子），而活性物质可以诱导整个反应中随后步骤的发生。

**链引发：Cl—Cl 键的均裂**（Homolytic cleavage of the Cl—Cl bond）

单电子转移：
鱼钩箭头

$$:\overset{..}{\underset{..}{Cl}}—\overset{..}{\underset{..}{Cl}}:\ \xrightarrow{\triangle 或 h\nu}\ 2\ :\overset{..}{\underset{..}{Cl}}\cdot \qquad \Delta H^{\ominus} = DH^{\ominus}(Cl_2)$$
$$\text{氯原子} \qquad\qquad = +58\,kcal\cdot mol^{-1}\ (+243\,kJ\cdot mol^{-1})$$

**实验观察：**只需要一小部分的引发过程（例如光照）就可以让大量的甲烷和氯气发生反应而转化成产物。

**解释：**链引发之后的反应步骤是自持续的或自我增长的（链传递）。也就是说，后面的反应可以进行多次，而不需要再加入从氯气均裂生成的氯原子。两个**链增长**（propagation）步骤就可完成这个需求。第一步，氯原子夺走甲烷的一个氢原子，生成氯化氢和甲基自由基。

**链传递步骤 1：氯自由基攫取 H 原子**（Abstraction of an H atom by →）

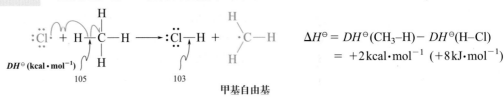

$$\Delta H^{\ominus} = DH^{\ominus}(CH_3\text{–}H) - DH^{\ominus}(H\text{–}Cl)$$
$$= +2\,kcal\cdot mol^{-1}\ (+8\,kJ\cdot mol^{-1})$$

$DH^{\ominus}\,(kcal\cdot mol^{-1})$    105    103    甲基自由基

---

在该图示以及随后的图示中，所有的自由基和自由原子都是绿色的。

---

**注意！**第 2 章中的离子反应涉及带电物质，如氯离子，$:\overset{..}{\underset{..}{Cl}}:^{\ominus}$。这里的自由基过程涉及中性自由基，如氯原子，$:\overset{..}{\underset{..}{Cl}}\cdot$。在自由基反应中不要对卤素原子加上负电荷！

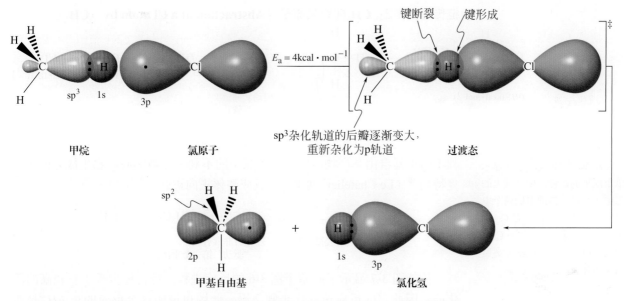

图 3-5  氯原子攫取氢生成甲基自由基和氯化氢的近似分子轨道示意。注意平面形甲基自由基碳中心的再杂化。氯原子的三个未成键的电子对被省略了。轨道没有按比例绘制。过渡态用 ‡ 符号表示。

在这个反应中 $\Delta H^\ominus$ 是正的，这个反应是吸热的，有点不利于它的化学平衡。那么它的活化能 $E_a$ 是多少呢？有足够的热能让它来克服能垒吗？在这里，答案是肯定的。从甲烷中移去氢后的过渡态（2-1 节）的分子轨道（图3-5）揭示了这个过程的详细变化。参与反应的氢处于碳和氯之间，并且分别与它们部分地成键：氢-氯键的生成程度与碳-氢键断裂程度一致。过渡态一般用符号 ‡ 标记。这个反应的过渡态比起始原料能量仅高约 $4\,\text{kcal}\cdot\text{mol}^{-1}$。图 3-6 为这一步骤的势能图。"反应坐标"轴可以解释为表示氢原子从碳转移到氯时的位置变化。

链传递步骤 1 生成了这个氯化反应的产物之一——氯化氢。那么另一个有机产物——氯甲烷是如何产生的呢？氯甲烷是在第二个链传递步骤中生成的。这里甲基自由基从起始原料氯气中攫取一个氯原子，这样就生成了氯甲烷和一个新的氯原子。后者再次进入链传递步骤 1 中，与新的一分子甲烷反应。因此，这种链传递是封闭的，无需新的链引发步骤就能进行新的链传递。注意链传递的第二步放热量大，释放出 $-27\ \text{kcal}\cdot\text{mol}^{-1}$ 的热量。它提供了甲烷与氯气反应的整体驱动力。

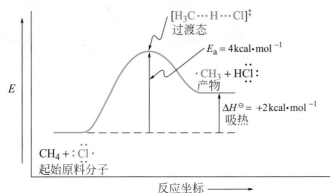

图 3-6  氯原子与甲烷反应的势能图。过渡态里的部分键用点线表示。甲烷自由基链式氯化反应中的链传递步骤 1 是略微吸热的。

**链传递步骤2：CH₃攫取氯原子（Abstraction of a Cl atom by ·CH₃）**

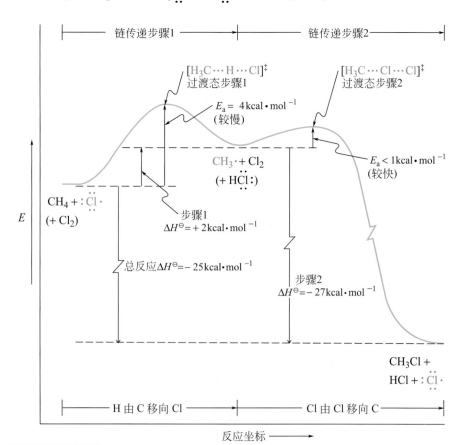

$$\Delta H^\ominus = DH^\ominus(Cl_2) - DH^\ominus(CH_3-Cl)$$
$$= -27\,kcal\cdot mol^{-1}\ (-113\,kJ\cdot mol^{-1})$$

启动新的链
传递步骤1

由于链传递步骤2反应速率快并且是放热的，它迅速耗尽了链传递步骤1的甲基自由基产物。因此，步骤1的不利平衡被驱向产物生成方向 [勒夏特列❶（Le Châtelier）原理]，反应整体正向进行。

$$CH_4 + Cl\cdot \rightleftharpoons CH_3\cdot + HCl \xrightarrow{Cl_2} CH_3Cl + Cl\cdot + HCl$$

**轻微不利**　　　　　　　**非常有利；**
　　　　　　　　　　　　　**"驱动"第一个平衡**

势能图 3-7 显示了起始于图 3-6 的反应进程。链传递步骤 1 有较高的活化能，因此它的反应速率比步骤 2 慢。此图也说明这个反应的总 $\Delta H^\ominus$ 是两个步骤的 $\Delta H^\ominus$ 之和：$+2\,kcal\cdot mol^{-1} - 27\,kcal\cdot mol^{-1} = -25\,kcal\cdot mol^{-1}$。很明显，这也就是两步反应方程式的简单加和。

| | $\Delta H^\ominus / kcal\cdot mol^{-1}\ (kJ\cdot mol^{-1})$ |
|---|---|
| $:\!\ddot{C}l\cdot + CH_4 \longrightarrow CH_3\cdot + H\ddot{C}l:$ | $+2\ (+8)$ |
| $CH_3\cdot + Cl_2 \longrightarrow CH_3\ddot{C}l: + :\ddot{C}l\cdot$ | $-27\ (-113)$ |
| $CH_4 + Cl_2 \longrightarrow CH_3\ddot{C}l: + H\ddot{C}l:$ | $-25\ (-105)$ |

图3-7 由甲烷和氯气生成CH₃Cl的完整势能图。链传递步骤1具有较高的过渡态能量，因此较慢。CH₄+Cl₂——CH₃Cl+HCl整个反应的ΔH⊖为-25 kcal·mol⁻¹，是两个链传递步骤的ΔH⊖之和。

如在链传递步骤 1 中那样，链传递步骤 2 的反应坐标轴可以用来表示氯原子从与另一个氯键合的初始位置，移动到与碳键合的最终位置的程度。

**实验观察：** 甲烷的氯化反应产物中检测出少量的乙烷。

**解释：** 自由基和自由原子也可相互直接共价成键。在甲烷的氯化反应中可能有三个这样的偶合反应。其中之一是两个甲基键合生成乙烷。在反应的混合物体系中自由基和自由原子的浓度是非常低的，因此自由基或自由原子之间相互碰撞的概率是很小的，所以这样的结合很少发生。当这样的反应确实发生的时候，这个由自由基或自由原子引发的链传递就被终止了。因此，我们称这样的键合过程为**链终止**（termination）步骤。

**链终止：自由基 - 自由基组合**（Radical-radical combination）

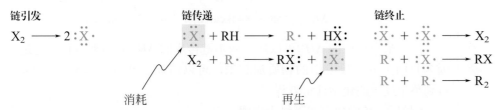

甲烷氯化是一个**自由基链式机理**（radical chain mechanism）的例子。

**自由基链式机理**

| 链引发 | 链传递 | 链终止 |
|---|---|---|
| $X_2 \longrightarrow 2\,:\ddot{X}\cdot$ | $:\ddot{X}\cdot + RH \longrightarrow R\cdot + H\ddot{X}:$<br>$X_2 + R\cdot \longrightarrow R\ddot{X}: + :\ddot{X}\cdot$ | $:\ddot{X}\cdot + :\ddot{X}\cdot \longrightarrow X_2$<br>$R\cdot + :\ddot{X}\cdot \longrightarrow RX$<br>$R\cdot + R\cdot \longrightarrow R_2$ |

消耗　　　　　　　　再生

链引发这个反应只需要很少量的卤素原子就足够了，因为后面的链传递可以自己产生所需的卤素原子。链传递步骤 1 消耗一个卤原子，步骤 2 生成一个卤原子。在链传递的循环中新生成的这个卤原子再次进入第一步的链传递中。用这种方法可以让自由基链运动起来，进而驱动成千上万次循环。

---

**解题练习 3-4**

**运用概念解题：自由基链式机理**

写出乙烷的光引发单氯化反应得到单氯代乙烷的详细机理。计算每一步的 $\Delta H^{\ominus}$。

**策略：**

- **W：** 有何信息？这个问题要求你练习前面关于甲烷氯化的内容。

- **H：** 如何进行？找出氯气与甲烷反应的总反应方程式，用乙烷代替甲烷，并相应地做出其他变化。然后再次使用甲烷氯化的机理步骤作为模板，对链引发、链传递和链终止步骤进行相同的操作。

- **I：** 需用的信息？一些化学键的能量是相同的，而其他化学键能量将是不同的。使用表 3-1 和表 3-2 中的数据，并将公式 $\Delta H^{\ominus} = \Sigma DH^{\ominus}$（断键）$-\Sigma DH^{\ominus}$（成键）应用于反应整体以及每个单独的机理步骤。

- **P：** 继续进行。

**解答：**

- 反应方程式是

$$CH_3CH_2—H + :\ddot{\underset{..}{Cl}}—\ddot{\underset{..}{Cl}}: \longrightarrow CH_3CH_2—\ddot{\underset{..}{Cl}}: + H—\ddot{\underset{..}{Cl}}:$$

$$\Delta H^{\ominus} = (101 + 58 - 84 - 103)\,kcal\cdot mol^{-1} = -28\,kcal\cdot mol^{-1}$$

此反应放出的热比甲烷的氯化多，主要因为要断开的乙烷中的 C—H 键比甲烷中相应的键要弱。

• 机理的起始步骤是光诱导 $Cl_2$ 的均裂（表 3-4）：

链引发    $:\ddot{\underset{..}{Cl}}\overset{\frown}{\underset{\smile}{\phantom{x}}}\ddot{\underset{..}{Cl}}: \xrightarrow{h\nu} 2:\ddot{\underset{..}{Cl}}\cdot$    $\Delta H^{\ominus} = +58\,kcal\cdot mol^{-1}$

• 用甲烷氯化的链传递步骤作为模板，通过类比可以得出乙烷的链传递反应。在步骤 1 中，氯原子攫取一个氢原子：

链传递步骤1    $CH_3\overset{\frown}{CH_2}\overset{\frown}{—}H + \cdot\ddot{\underset{..}{Cl}}: \longrightarrow CH_3CH_2\cdot + H—\ddot{\underset{..}{Cl}}:$

$$\Delta H^{\ominus} = (101 - 103)\,kcal\cdot mol^{-1} = -2\,kcal\cdot mol^{-1}$$

在步骤 2 中，上一步生成的乙基自由基攫取 $Cl_2$ 中的一个氯原子：

链传递步骤2    $CH_3CH_2\cdot\overset{\frown}{\phantom{x}} + :\ddot{\underset{..}{Cl}}\overset{\frown}{\underset{\smile}{\phantom{x}}}\ddot{\underset{..}{Cl}}: \longrightarrow CH_3CH_2—\ddot{\underset{..}{Cl}}: + \cdot\ddot{\underset{..}{Cl}}:$

$$\Delta H^{\ominus} = (58 - 84)\,kcal\cdot mol^{-1} = -26\,kcal\cdot mol^{-1}$$

注意整个反应的 $\Delta H^{\ominus}$ 可以通过两步链传递的 $\Delta H^{\ominus}$ 之和来得到。这是因为将两个分步反应中的物质加起来，可以消掉乙基自由基和氯原子，得到整个反应的化学计量方程式。

• 最后，我们列出如下终止步骤：

链终止：

$:\ddot{\underset{..}{Cl}}\cdot\overset{\frown}{\phantom{x}}\cdot\ddot{\underset{..}{Cl}}: \longrightarrow Cl_2$    $\Delta H^{\ominus} = -58\,kcal\cdot mol^{-1}$

$CH_3CH_2\cdot\overset{\frown}{\phantom{x}}\cdot\ddot{\underset{..}{Cl}}: \longrightarrow CH_3CH_2\ddot{\underset{..}{Cl}}:$    $\Delta H^{\ominus} = -84\,kcal\cdot mol^{-1}$

$CH_3CH_2\cdot\overset{\frown}{\phantom{x}}\cdot CH_2CH_3 \longrightarrow CH_3CH_2CH_2CH_3$    $\Delta H^{\ominus} = -88\,kcal\cdot mol^{-1}$

### 3-5 自试解题

（**a**）写出一氯甲烷进一步氯化生成二氯甲烷的总反应方程式以及机理中的各个链传递步骤（**注意**：单独并完整地写出机理的每个步骤。一定要包括所有物质的完整 Lewis 结构，并使用鱼钩箭头表示电子转移）。（**b**）甲烷的氯化反应产生少量的乙烷。你能从反应机理的角度解释这个结果吗？

在甲烷的氯化反应中，一个比较实际的问题是如何控制产物的选择性。正如前面提到的那样，氯化反应不会只停留在氯甲烷阶段，而会进一步地发生氯代，生成二氯甲烷、三氯甲烷甚至四氯甲烷。解决这个问题的实际办法是将甲烷大大的过量。在这种条件下，活性中间体氯原子时刻处于比产物 $CH_3Cl$ 更多的大量甲烷的包围之中，与氯甲烷接触而生成二氯甲烷的机会大大减小，从而实现了产物的选择性。

## 小　结

　　氯气将甲烷转化为氯甲烷。此反应是通过这样一种机理来进行的，光或热引起一小部分的氯气均裂生成氯原子（链引发），而氯原子诱导并且保持具有两步链传递的自由基链式步骤：（1）攫取一个氢变成甲基自由基和氯化氢；（2）$CH_3\cdot$与$Cl_2$反应生成$CH_3Cl$并且再生$Cl\cdot$。最后这个链式反应因为各种自由基之间或自由原子之间的结合而终止。通过比较断开旧键和形成新键的能量可以计算各步的反应热。

# 3-5 | 甲烷的其他自由基卤化反应

　　既然我们已经了解了氯是如何通过自由基链式反应机理将甲烷转化为氯甲烷的，我们可以讨论一下其他卤素是否能够同样地生成其他卤代甲烷。对于氟和溴，答案是肯定的，但碘不能。我们可以通过与甲烷的氯化反应相同的反应进行分析，来解释这些现象。

### 氟的活性最高，而碘的活性最差

　　我们从链引发步骤开始，$X_2 \longrightarrow 2X\cdot$，没有该步骤自由基形成的链式反应不能开始。查验表 3-4 中给出的卤素 $X_2$ 的键解离能，正如预期的那样，与 $Cl_2$（$DH^{\ominus} = 58\,kcal\cdot mol^{-1}$）相比，$Br_2$（$DH^{\ominus} = 46\,kcal\cdot mol^{-1}$）和 $I_2$（$DH^{\ominus} = 36\,kcal\cdot mol^{-1}$）中体积更大的原子产生更弱的键，更容易裂解形成相应的自由基。为什么 $F_2$ 的 $DH^{\ominus}$（$DH^{\ominus} = 38\,kcal\cdot mol^{-1}$）如此低？这是由于在两个相应原子上存在六个电子对而引起的电子排斥，从而削弱了 F—F 键。总的来说，我们可以得出结论，所有卤素应该都能够开始第一个链引发步骤。

　　让我们比较甲烷与不同卤素的卤化反应中第一个链传递步骤的焓变（表 3-5）。对氟来讲，这步反应是放热的，释放 $31\,kcal\cdot mol^{-1}$ 的热量。我们已经看到：对于氯来说，同样的一步反应是略微吸热的（$+2\,kcal\cdot mol^{-1}$）；对于溴，更为吸热（$+18\,kcal\cdot mol^{-1}$）；而碘需要吸收的热量还要多（$+34\,kcal\cdot mol^{-1}$）。简而言之，沿着该顺序，第一个链传递步骤在能量上变得越来越不利。这种趋势的根本原因是从氟到碘，它们的氢卤键的键强度在减弱（表 3-1）。强的氢氟键使氟原子在攫氢反应中具有高活性。氟比氯活泼，氯比溴活泼，而最不活泼的卤原子是碘。

攫氢过程中 X· 相对反应性

$$F\cdot > Cl\cdot > Br\cdot > I\cdot$$

反应性降低 →

　　通过比较它们各自对甲烷的攫氢反应的势能图可以看到氟和碘的对比（图 3-8）。高度放热的氟的反应具有几乎可以忽略的活化能垒。而且在这个过渡态中，氟原子相对远离被迁移的氢原子，并且 H 与 $CH_3$ 之间的距离只比甲烷中的稍微远一点。为什么会这样？H—$CH_3$ 键的键能比 H—F 键小 [约 $30\,kcal\cdot mol^{-1}$（$125\,kJ\cdot mol^{-1}$）；表 3-1]。因此 H 只需向 F· 靠近一点就能够克

**表3-4　卤素元素的 $DH^{\ominus}$**

| 卤素 | $DH^{\ominus}/kcal\cdot mol^{-1}$（$kJ\cdot mol^{-1}$） |
| --- | --- |
| $F_2$ | 38（159） |
| $Cl_2$ | 58（243） |
| $Br_2$ | 46（192） |
| $I_2$ | 36（151） |

表3-5    甲烷卤化反应中链传递步骤的焓变［$\Delta H^{\ominus}$单位：kcal·mol⁻¹(kJ·mol⁻¹)］

| 反应 | F | Cl | Br | I |
|---|---|---|---|---|
| 链传递步骤1:<br>:$\ddot{X}$· + CH₄ ⟶ ·CH₃ + H$\ddot{X}$: | −31(−130) | +2(+8) | +18(+75) | +34(+142) |
| 链传递步骤2:<br>·CH₃ + X₂ ⟶ CH₃$\ddot{X}$: + :$\ddot{X}$· | −72(−301) | −27(−113) | −24(−100) | −21(−88) |
| 总反应:<br>CH₄ + X₂ ⟶ CH₃$\ddot{X}$: + H$\ddot{X}$: | −103(−431) | −25(−105) | −6(−25) | +13(+54) |

图3-8    势能图：（左）氟原子与甲烷的反应是一个放热的过程，出现前过渡态；（右）碘原子与甲烷的反应是一个吸热反应，出现后过渡态。它们都与Hammond假设一致。

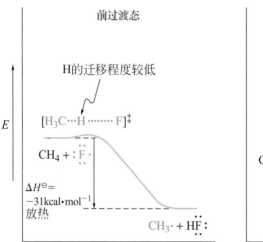
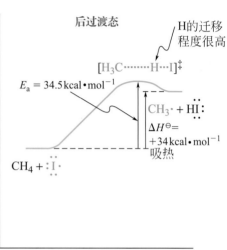

服氢和碳之间的键合力而生成 H—F 键。如果我们将反应坐标看作是氢从碳迁移到氟的程度，那么这个过渡态到达较早，因此其结构更接近初始原料而不是产物。这种**前过渡态**（early transition state）常常是快速的放热反应的特征。

另一方面，I·与 CH₄ 反应是高度吸热的 [+34kcal·mol⁻¹(+142kJ·mol⁻¹)；表 3-5]。因此，前过渡态（+34.5kcal·mol⁻¹）一直到原 H—C 键几乎断裂而 H—I 键就要完全形成时才出现。在这个反应路径中我们认为过渡态会出现在后期。过渡态沿着反应坐标有相当程度的延伸，其结构与这个过程的产物 CH₃ 和 HI 更加接近。对于 CH₃ + Cl·和 CH₃ + Br·的情况，过渡态沿反应坐标的相对位置位于这两个极端之间。这种**后过渡态**（late transition state）通常是速度相对较慢的，是吸热反应的特征。以上有关前过渡态和后过渡态的规则被称为**哈蒙德❶ 假设**（Hammond postulate）。

### 第二个链传递步骤是放热的

让我们来考察一下表 3-5 中列出的每一个卤素对甲烷卤化反应的第二个链传递步骤。所有卤素的这一过程都是放热的，其中反应最快、放热最多的还是氟。甲烷氟化的两步总的焓变 $\Delta H^{\ominus}$ 是 -103kcal·mol⁻¹（-431 kJ·mol⁻¹）而形成氯甲烷放热较少，溴甲烷的反应放热更少。

在生成溴甲烷的反应中，第一步吸收的热量［$\Delta H^{\ominus}$ = +18kcal·mol⁻¹（+75 kJ·mol⁻¹）］从第二步的焓变［$\Delta H^{\ominus}$ = -24kcal·mol⁻¹（-100kJ·mol⁻¹）］得到勉强的补偿。最终对于整个取代反应来说只有 -6kcal·mol⁻¹（-25kJ·mol⁻¹）的能量变化。而碘不能与甲烷反应生成碘甲烷和碘化氢：第一步需要消耗很

❶ 乔治·S. 哈蒙德（George S. Hammond，1921—2005），美国乔治城大学教授，华盛顿特区。

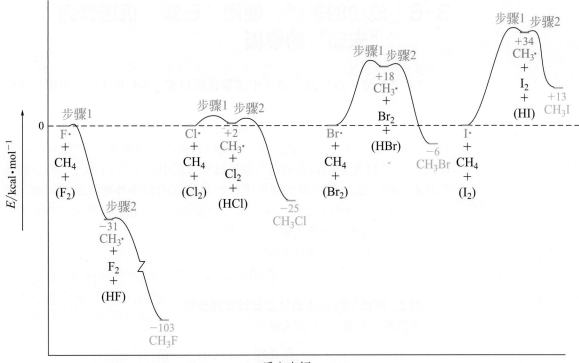

**图3-9**　比较CH$_4$与F$_2$、Cl$_2$、Br$_2$和I$_2$反应的势能图。$E$值的单位用kcal·mol$^{-1}$来表示，并且每个过程的起点任意设置为0。从左到右是链传递步骤1中形成的中间体 CH$_3$·的相对能量（HX未标出），以及链传递步骤2中形成最终产物CH$_3$X的能量（HX和X·未标出）。

多的能量，而第二步虽然放热但是不能补偿第一步吸收的能量，因此不能驱动反应的发生。图3-9比较了CH$_4$分别与F$_2$、Cl$_2$、Br$_2$和I$_2$反应的势能图。可以很容易地认识到从F到I这两个链传递步骤的能量越来越不利，同时链传递步骤1的过渡态到达时间越来越"晚"。

**练习3-6**

（**a**）当甲烷与氯和溴的等物质的量混合物反应时，为什么只能观测到氯原子的攫氢反应。试解释之。

（**b**）在甲烷的自由基卤化中，用次氯酸叔丁酯（CH$_3$）$_3$COCl 替代氯气。

$$CH_4 + (CH_3)_3CO\!-\!Cl \xrightarrow{h\nu} CH_3Cl + (CH_3)_3CO\!-\!H$$

55kcal·mol$^{-1}$　　　　　　118kcal·mol$^{-1}$

（i）使用题目和表 3-1 中提供的键解离能，计算该反应的 $\Delta H^{\ominus}$ 值。（ii）该反应通过 O—Cl 键的光解来引发。请写出生成产物的两个自由基链传递步骤。

## 小　结

氟、氯和溴分别与甲烷反应生成卤代甲烷。这三个反应都按照上面所述的氯化反应的自由基链式机理进行。在这些过程中，第一个链传递步骤总是两个链传递步骤中较慢的。从溴到氯再到氟，反应放出的热量增加，反应的活化能递减。这个趋势解释了卤素的相对活性——氟是最活泼的。甲烷的碘化反应是吸热的，不能发生。前过渡态通常是强放热过程。相反，吸热反应通常具有后过渡态。

## 3-6 | 成功的关键：使用"已知"机理作为"未知"的模板

3-4 节完整、逐步地介绍了甲烷氯化的机理。3-5 节讨论了甲烷与其他三种卤素的反应，但它实际上没有展示这些反应的完整方程式，也没有说明其机理的任何单个步骤。甲烷与四种卤素的反应都通过彼此性质相同的机理进行。要写出甲烷与氟、溴或碘反应的机理，只需要：（1）复制与氯反应的机理；（2）用新的卤素的符号替换这些方程中的每个 Cl 原子。反应的能量是不同的，因为化学键的强度不同；但机理的整体外观将是相同的。解题练习 3-4 已经说明了这种乙烷氯化反应的思路。让我们看其他一些例子：

**例 1：** 写出甲烷氟化的链引发步骤。

以 $Cl_2$ 的光诱导解离作为模板：

$$:\!\overset{\cdot\cdot}{\underset{\cdot\cdot}{F}}\!\!-\!\!\overset{\cdot\cdot}{\underset{\cdot\cdot}{F}}\!:\ \xrightarrow{h\nu}\ 2\cdot\overset{\cdot\cdot}{\underset{\cdot\cdot}{F}}:$$

**例 2：** 写出甲烷溴化的第二步链传递步骤。

以甲基自由基 + $Cl_2$ 作为模板：

$$H_3C\cdot\ +\ :\!\overset{\cdot\cdot}{\underset{\cdot\cdot}{Br}}\!\!-\!\!\overset{\cdot\cdot}{\underset{\cdot\cdot}{Br}}\!:\ \longrightarrow\ H_3C\!-\!\overset{\cdot\cdot}{\underset{\cdot\cdot}{Br}}\!:\ +\ \cdot\overset{\cdot\cdot}{\underset{\cdot\cdot}{Br}}\!:$$

不要忘记：形成的 Br 是一个中性原子，而不是带负电荷的溴离子！

**例 3：** 写下甲烷碘化反应的任一终止步骤。

任意选择一个终止反应，然后用 I 替换任意的 Cl 原子。

$$H_3C\cdot\ +\ \cdot\overset{\cdot\cdot}{\underset{\cdot\cdot}{I}}\!:\ \longrightarrow\ H_3C\!-\!I$$

### 小 结

使用之前提出的模板，通过类比推理出复杂问题，这是一种既可以解决问题又可以加强对反应机理学习的有效方法。

## 3-7 | 高级烷烃的氯化：相对反应性及选择性

反应

在其他的烷烃自由基卤化反应中会发生什么呢？不同类型的 R—H 键，也就是一级氢、二级氢和三级氢，会像甲烷那样发生反应吗？正如我们在解题练习 3-4 中看到的那样，乙烷的单氯化反应得到产物氯乙烷。

**乙烷的氯化**

$$CH_3CH_3 + Cl_2 \xrightarrow{\triangle\text{或}h\nu} \underset{\text{氯乙烷}}{CH_3CH_2Cl} + HCl \qquad \Delta H^{\ominus} = -28\,kcal\cdot mol^{-1}$$
$$(-117\,kJ\cdot mol^{-1})$$

该反应按照类似于甲烷氯化反应的自由基链式机理进行。和甲烷一样，乙烷中所有的氢原子是不能相互区分的。因此，无论链传递的第一步中开始时哪个氢被攫取，我们只检测到了一种单氯化产物：一氯乙烷。

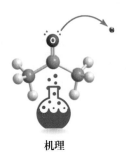

机理

**乙烷氯化机理中的链传递步骤**

$$CH_3CH_3 + :\!\overset{\cdot\cdot}{\underset{\cdot\cdot}{Cl}}\!\cdot\ \longrightarrow\ CH_3CH_2\cdot\ +\ H\overset{\cdot\cdot}{\underset{\cdot\cdot}{Cl}}\!: \qquad \Delta H^{\ominus} = -2\,kcal\cdot mol^{-1}\ (-8\,kJ\cdot mol^{-1})$$

$$CH_3CH_2\cdot\ +\ Cl_2\ \longrightarrow\ CH_3CH_2\overset{\cdot\cdot}{\underset{\cdot\cdot}{Cl}}\!:\ +\ :\!\overset{\cdot\cdot}{\underset{\cdot\cdot}{Cl}}\!\cdot \qquad \Delta H^{\ominus} = -26\,kcal\cdot mol^{-1}\ (-109\,kJ\cdot mol^{-1})$$

　　而它的下一个同系物丙烷的氯化会怎样呢？丙烷中的 8 个氢原子分为两组：C-1 和 C-3 上的 6 个氢原子以及 C-2 上的 2 个氢原子。如果氯原子以相同的速率攫取和取代一级氢和二级氢，估算可得到含有 1-氯丙烷（75%）与 2-氯丙烷（25%）产物 3：1 的混合物。

**如果所有氢以相同的速率反应，**
**则丙烷氯化的预期结果**

$$Cl_2 + CH_3CH_2CH_3 \xrightarrow{h\nu} CH_3CH_2CH_2Cl + CH_3\overset{\overset{\displaystyle Cl}{|}}{C}HCH_3 + HCl$$

丙烷　　　　　　　　1-氯丙烷　　　　　2-氯丙烷
六个一级氢原子(蓝色)　　　预期(统计)比例
两个二级氢原子(红色)　　75%　　　：　　25%
比例 = 3:1

　　通常将这个结果称为**统计学的产物比例**（statistical product ratio），因为它来自统计学推导，即氯原子与丙烷中的六个一级氢碰撞的可能性，是只有两个的二级氢原子的 3 倍。但这是实际测量到的结果吗？实际上并不是。

## 二级 C—H 键比一级C—H键更加活泼

　　正如 3-1 节中所述，二级 C—H 键（$DH^{\ominus} = 98.5\text{kcal}\cdot\text{mol}^{-1}$）比一级 C—H 键（$DH^{\ominus} = 101\text{kcal}\cdot\text{mol}^{-1}$）弱。因此攫取二级碳上的氢的反应放热更多，反应能够以更低的活化能垒进行（图 3-10）。因此，二级氢与氯的反应比一级氢更快。结果形成了比简单统计学预期更多的 2-氯丙烷。

**丙烷氯化的实际实验结果**

$$Cl_2 + CH_3CH_2CH_3 \xrightarrow{h\nu} CH_3CH_2CH_2Cl + CH_3\overset{\overset{\displaystyle Cl}{|}}{C}HCH_3 + HCl$$

43%　　　　　　57%
**1-氯丙烷**　　　**2-氯丙烷**

预期(统计)比例　　　75%　　：　　25%
C—H键反应性实验　　少(一级)　　　多(二级)
得到的产物比例　　　43%　　：　　57%

> 氯原子从烷烃中攫取二级氢的速度比攫取一级氢的速度快四倍。

　　我们能用这个结果来计算丙烷氯化中二级氢和一级氢的相对反应性吗？答案是肯定的：由于 6 个一级氢参与生成 43% 的 1- 氯丙烷，我们可以说每一个一级氢生成了约 7%（43% 除以 6）的产物。类似地，两个二级氢原子总共生成了 57% 的 2- 氯丙烷，因此每个二级氢原子贡献了约 28%（57%除以 2）的产率。该计算基于以下等式：

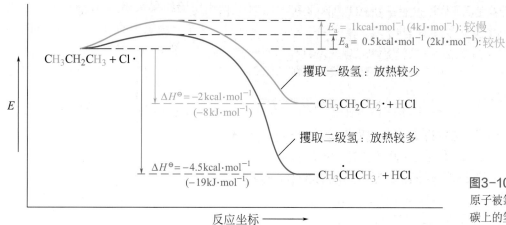

图3-10　丙烷中二级碳上的氢原子被氯原子攫取，相比于一级碳上的氢放热更多并且更快。

$$\frac{\text{二级氢的相对反应性}}{\text{一级氢的相对反应性}} = \frac{\text{2-氯丙烷的产率/二级氢原子的个数}}{\text{1-氯丙烷的产率/一级氢原子的个数}} = \frac{57\%/2}{43\%/6} \approx \frac{28}{7} = 4$$

因此，在丙烷的氯化反应中，每个二级氢与每个一级氢的相对反应性是 28/7 = 4。因此我们说，相比于一级氢原子，氯原子更倾向于选择性地攫取二级氢原子，并且它的**选择性**（selectivity）比例是 4∶1。

在所有自由基链式反应中，所有二级氢的脱除速度是否都比所有一级氢快四倍？上述结果通常适用于在类似条件下进行的烷烃氯化（在 25℃下通过光引发）。然而，在较高温度下，分子碰撞更加活跃，并且二级与一级 C—H 键断裂容易性的差异对最终产物比例的影响较小。例如，在 600℃时，氯原子与丙烷中的仲氢或伯氢之间几乎每次碰撞都会导致产物的生成。因此，在高温下氯化是**非选择性**（unselective）的，产物的比例将由统计因素决定。后续章节将介绍另一个选择性影响因素——改变反应物种类（例如对不同卤素）。

### 练习3-7

预测正丁烷的一氯化产物，以及它们在 25℃时形成的比例。

## 三级C—H键比二级或一级C—H键反应性更强

三级 C—H 键（$DH^{\ominus} = 96.5 \text{kcal·mol}^{-1}$）相比于二级 C—H 键（$DH^{\ominus} = 98.5 \text{kcal·mol}^{-1}$）或一级 C—H 键（$DH^{\ominus} = 101 \text{kcal·mol}^{-1}$）更弱。为了证实这种差异的影响，以 25℃时 2-甲基丙烷（一种含有 1 个三级氢和 9 个一级氢的分子）为底物进行光照下的氯化反应为例。

**2-甲基丙烷的氯化：**
**统计学预期与实际实验结果**

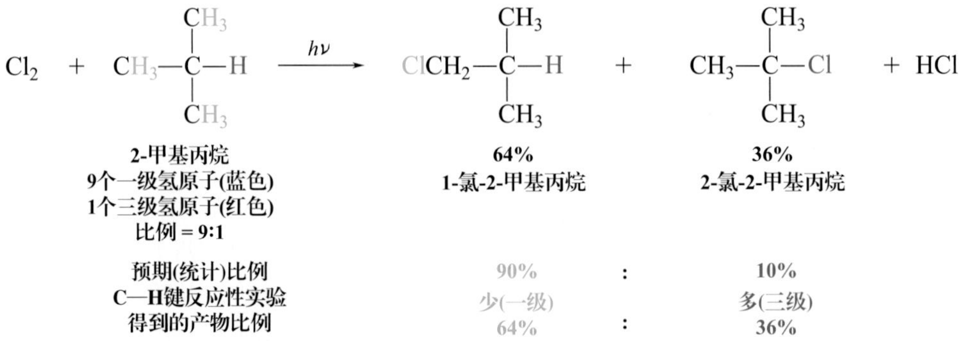

$$Cl_2 + CH_3-\overset{\overset{\displaystyle CH_3}{|}}{\underset{\underset{\displaystyle CH_3}{|}}{C}}-H \xrightarrow{h\nu} ClCH_2-\overset{\overset{\displaystyle CH_3}{|}}{\underset{\underset{\displaystyle CH_3}{|}}{C}}-H + CH_3-\overset{\overset{\displaystyle CH_3}{|}}{\underset{\underset{\displaystyle CH_3}{|}}{C}}-Cl + HCl$$

| 2-甲基丙烷 | 64% | 36% |
|---|---|---|
| 9个一级氢原子(蓝色) | 1-氯-2-甲基丙烷 | 2-氯-2-甲基丙烷 |
| 1个三级氢原子(红色) | | |
| 比例 = 9∶1 | | |
| 预期(统计)比例 | 90% ∶ | 10% |
| C—H键反应性实验 | 少(一级) | 多(三级) |
| 得到的产物比例 | 64% ∶ | 36% |

氯原子从烷烃中攫取三级氢，比攫取一级的速度快五倍。

正如对丙烷所做数据处理一样，使用实验结果来确定在 25℃下的三级氢原子相对于一级氢原子的相对反应性。9 个一级氢中的每一种对最终的 1-氯-2-甲基丙烷产物形成贡献约 7%（64%/9）。单个的三级氢原子负责产生所有 36% 的 2-氯-2-甲基丙烷。因此，三级氢对氯化反应的反应性约是一级氢的 5（36/7）倍。

总体而言，在 25℃下，我们可以归纳出氯化反应中三种烷烃 C—H 键的相对反应性近似为：

**三级氢∶二级氢∶一级氢=5∶4∶1**

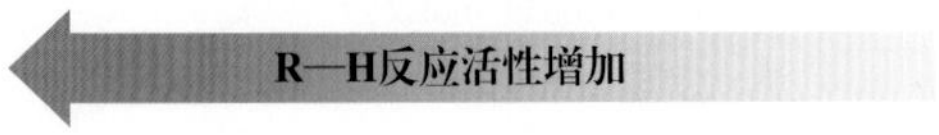

**R—H反应活性增加**

这个结果从定性程度上与从考虑键的强度得到的反应性相一致：三级 C—H 键比二级的要弱，二级 C—H 键比一级的弱。

## 解题练习 3-8

**运用概念解题：从选择性数据确定产物比例**

考虑 2- 甲基丁烷的单氯化反应。预计可以得到多少种不同的产物？估计它们的产率。

**策略：**

第一步是判断起始烷烃中的所有非等价氢，并计算每组中有多少个氢。由此预估从反应中能得到多少种不同的产物。为了计算每种产物的相对产率，可将产生该产物的起始烷烃中的氢原子数乘以对应于该类型氢（伯、仲或叔氢）的相对反应性。为了找到绝对的产率百分比，通过将每个相对产量除以所有产物的产率之和来归一化至 100%。

**解答：**

• 2- 甲基丁烷中含有 9 个一级（伯）氢原子，2 个二级（仲）氢原子和 1 个三级（叔）氢原子。然而，9 个一级氢并非全部等价；也就是说，它们并非完全无法区分。相反的，我们可以辨别出两组不同的一级氢原子。我们如何知道这些氢原子之间彼此不同？ A 组中 6 个氢原子中的任意一个的氯化得到 1-氯-2-甲基丁烷，而 B 组三者中的任意一个的氯化反应得到 1-氯-3-甲基丁烷。这些产物是彼此的构造异构体并且具有不同的名称——这是告诉我们它们来自不同的、非等价氢的取代。因此，我们可以获得四种不同结构的产物，而不是三种：

**2-甲基丁烷的氯化**

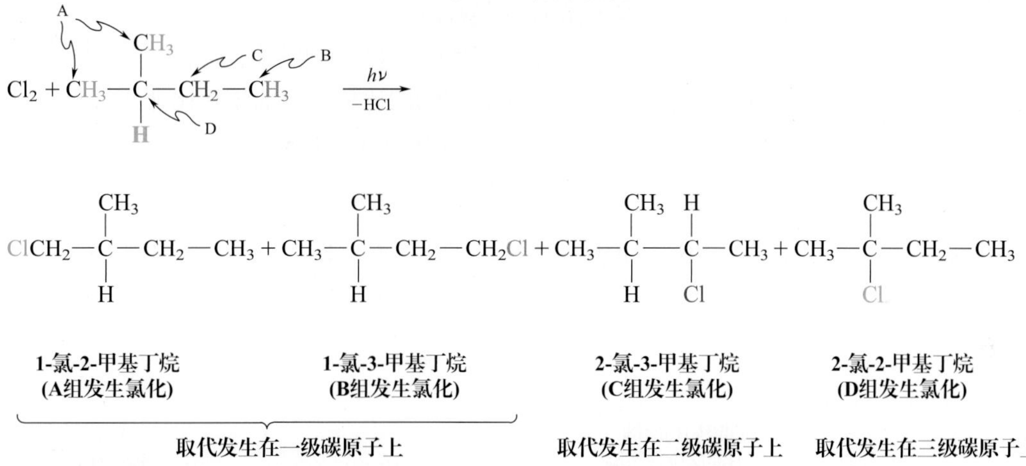

|    1-氯-2-甲基丁烷    |    1-氯-3-甲基丁烷    |    2-氯-3-甲基丁烷    |    2-氯-2-甲基丁烷    |
|    (A组发生氯化)    |    (B组发生氯化)    |    (C组发生氯化)    |    (D组发生氯化)    |

取代发生在一级碳原子上　　　　取代发生在二级碳原子上　　取代发生在三级碳原子上

• 按照上述思路中描述的计算，给出了下表：

| 产物 | 相对产率 | 绝对产率 |
|---|---|---|
| 1-氯-2-甲基丁烷（A，6 个一级氢） | 6×1=6 | 6/22=0.27=27% |
| 1-氯-3-甲基丁烷（B，3 个一级氢） | 3×1=3 | 3/22=0.14=14% |
| 2-氯-3-甲基丁烷（C，2 个二级氢） | 2×4=8 | 8/22=0.36=36% |
| 2-氯-2-甲基丁烷（D，1 个三级氢） | 1×5=5 | 5/22=0.23=23% |
| 四种产物的总相对产率 | 22 | |

## 3-9 自试解题

写出 25℃ 下 3-甲基戊烷发生单氯化反应的产物及产物的比例。（**注意：一定要考虑起始烷烃中每个不同组中的氢原子数目。**）

如练习 3-8 和练习 3-9 所示，含有各种不同类型氢原子的烷烃的氯化反应得到含有异构体产物的复杂混合物。在这种情况下，氯对叔氢、仲氢及伯氢的选择性太小而不能以高产率得到任何单一产物。

## 小 结

一级氢、二级氢和三级氢的相对反应性顺序与根据它们相对的C—H键的强度判断得到的顺序相一致。在考虑氢的统计因素后，可以计算出不同种氢的相对反应性比例。相对反应性比例与温度有关，低温时反应选择性较高。

# 3-8 | 自由基氟化和溴化反应的选择性

除氯以外其他卤素卤化烷烃时的选择性如何？表 3-5 和图 3-8 表明氟是最活泼的卤素：攫氢时高度放热，活化能可以忽略。相反地，溴较氟不活泼，因为攫氢反应中 $\Delta H^{\ominus}$ 是一个较大的正值（吸热）并且活化能也高。这种区别会影响它们在卤化烷烃时的选择性吗？

为回答这个问题，考虑氟和溴与 2-甲基丙烷的反应。25℃时 2-甲基丙烷的单氟化得到两种产物，产物的比例与氢的统计比非常接近。

**2-甲基丙烷的氟化**

$$F_2 + (CH_3)_3CH \xrightarrow{h\nu} FCH_2-\underset{\underset{CH_3}{|}}{\overset{\overset{CH_3}{|}}{C}}-H \quad + \quad (CH_3)_3CF \quad + \quad HF$$

| | | |
|---|---|---|
| | **86%** | **14%** |
| | 1-氟-2-甲基丙烷 | 2-氟-2-甲基丙烷 |
| | （异丁基氟） | （叔丁基氟） |
| 预期(统计)比例 | 90% : | 10% |
| C—H键反应性实验 | 少(一级) | 多(三级) |
| 得到的产物比例 | 86% : | 14% |

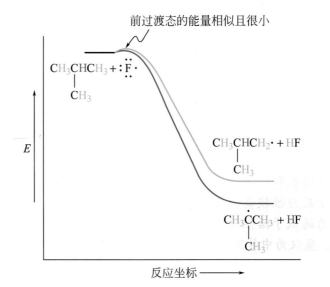

前过渡态的能量相似且很小

图3-11 氟原子从2-甲基丙烷分子中攫取一个一级氢或三级氢时的势能图。两个相应的前过渡态的能量几乎相同，并且仅高出原料少许（也就是说，两种过程的活化能都接近零），结果是氟化过程几乎没有选择性。

由此可以看出氟的选择性非常小。为什么？ 因为这两个竞争过程的过渡态都发生得非常早，它们的能量和结构彼此类似，与起始原料的能量和结构也很相似（图3-11）。

相反地，2-甲基丙烷的溴化反应是高选择性的，几乎全部生成叔丁基溴。溴的攫氢反应为后过渡态，在过渡态中发生相当程度的C—H键的断裂和H—Br键的形成。因此，它们各自的结构和能量与生成的相应的自由基产物的结构和能量类似。所以，溴化一级氢和溴化三级氢反应的活化能的差别，几乎与一级碳自由基和三级碳自由基的能量差相等（图3-12）。这种差别导致了我们观察到的高选择性（大于1700∶1）。

### 2-甲基丙烷的溴化

$$Br_2 + (CH_3)_3CH \xrightarrow{h\nu} (CH_3)_3CBr + BrCH_2-\overset{\overset{\displaystyle CH_3}{|}}{\underset{\underset{\displaystyle CH_3}{|}}{C}}-H + HBr$$

|  | >99% | | <1% |
|---|---|---|---|
|  | 2-溴-2-甲基丙烷 | | 1-溴-2-甲基丙烷 |
|  | （叔丁基溴） | | （异丁基溴） |
| 预期(统计)比例 | 10% | : | 90% |
| C—H键反应性实验 | 多(三级) | | 少(一级) |
| 得到的产物比例 | 99.94% | : | 0.06% |

> 溴原子攫取二级氢的速度比一级氢快80倍，攫取三级氢的速度比一级氢的快1700倍。

正如该反应所示，溴攫取三级氢的速度远远快于二级氢或一级氢。因此，溴具有很好的选择性，通常能够以高产率得到单一产物。

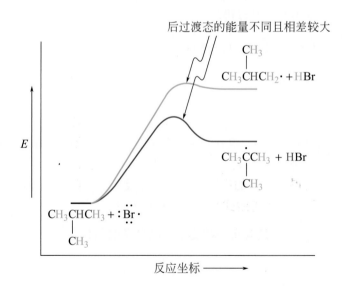

图3-12 溴原子从2-甲基丙烷分子中攫取一个一级氢或三级氢时的势能图。两个后过渡态的能量是不同的，这种能量差异表明生成的一级碳自由基和三级碳自由基的能量的不同。这导致产物有高度的选择性。

## 小 结

在自由基取代反应中，反应活性的增加与选择性的降低密切相关。对于反应性较高的卤素，如氟和氯，对不同类型的 C—H 键的区分能力远低于活性较低的溴（表3-6）。因此，我们将溴描述为高选择性，氯仅为中等选择性，而氟则几乎不具有选择性。

表3-6　卤化反应中四种不同类型的烷基C—H键的相对反应性

| C—H键 | F·(25℃，气态) | Cl·(25℃，气态) | Br·(150℃，气态) |
|---|---|---|---|
| CH₃—H | 0.5 | 0.004 | 0.002 |
| RCH₂—H[a] | 1 | 1 | 1 |
| R₂CH—H | 1.2 | 4 | 80 |
| R₃C—H | 1.4 | 5 | 1700 |

[a] 对每个卤原子，四种不同类型的烷基C—H键的反应性用一级C—H键的反应性归一化。

# 3-9 ┃ 自由基卤化反应的合成应用

卤化反应将非官能化的烷烃转化为官能化的卤代烷，而卤代烷是用于各种后续有机合成的有用原料（后续介绍）。因此，设计高效且低成本的卤化方法具有实用价值。为此，我们必须考虑到安全性、方便性、选择性、效率以及原料和试剂的成本等因素——即绿色化学的考虑因素（真实生活3-1）。

因为氟相对较贵，且具有腐蚀性，氟化反应不太具有吸引力。更严重的是，它的反应常常剧烈到难以控制的程度。自由基碘化反应是另一个极端，因为热力学不利而难以进行。

## 选择性有助于烷烃卤化的合成效用

反应的**合成效用**（synthetic utility）取决于其以高产率提供单一、易于纯化的产物的能力。

因为氯非常便宜，因此氯化反应非常重要，尤其在工业领域（氯是用电解氯化钠溶液得到的）。氯化反应的缺点是选择性较低，所以反应得到的异构体混合物较难分离。为避开这个问题，可以用只含有单一类型氢的烷烃作底物，从而得到唯一的产物（至少是在反应初始阶段）。环戊烷就是这样一种烷烃。下方使用键线式来表示（1-9节）。

**只含有一种类型氢的分子的氯化**

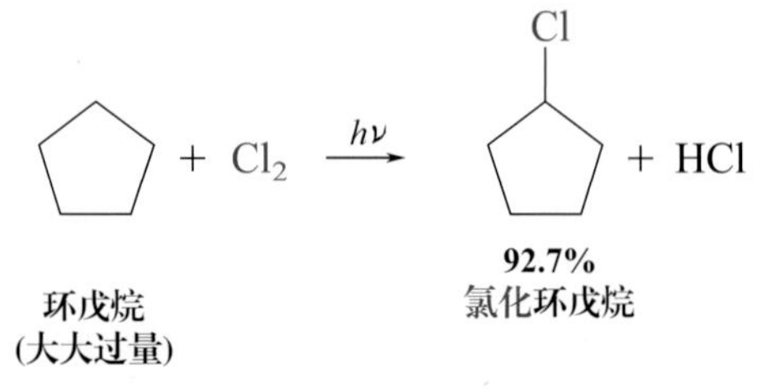

环戊烷　　　　　　　　　　　　　92.7%
（大大过量）　　　　　　　　　氯化环戊烷

为了尽量减少多氯代产物的生成，将氯作为限制性试剂（3-4节）。即使这样，反应也会因多氯代而复杂化。幸运的是，多氯代产物的沸点较高，可以用蒸馏的方法进行分离。

甲基环戊烷

### 解题练习3-10

**运用概念解题：评估合成效用**

甲基环戊烷（页边）的单氯化是一种合成上有用的反应吗？

**策略：**

合成上有用的反应是指那些产生具有高选择性和良好产率的单一产物的反应。这个反应是吗？起始化合物含有 12 个氢原子。假设用氯代替这些氢的产物，它们是结构上一样的，还是结构上不同的？如果可以形成多个产物，我们必须估计它们的相对比例。

**解答：**

该分子的 12 个氢分为 3 个一级氢（在 CH₃ 上），1 个三级氢（在 C-1 上）和 8 个二级氢（在 C-2～C-5 上）。此外，8 个二级氢分为两组，C-2 和 C-5 四个，C-3 和 C-4 四个。因此，单氯化势必产生几种产物异构体。这种反应在合成上仍然有用的唯一可能是：这些异构体中的其中一种形式的产率比所有其他异构体高得多。

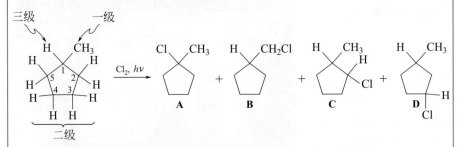

回顾氢原子对氯化的相对反应性（三级氢:二级氢:一级氢 =5:4:1），很明显，所有上述产物都会形成较为可观的数量。通过将起始结构中每组中的氢数乘以对应于其类型的相对反应性，我们发现 A、B、C 和 D 的实际比率为 5（1×5）:3（3×1）:16（4×4）:16（4×4），即 12.5% 的 A，7.5% 的 B，C 和 D 各 40%。这个过程肯定不会在合成上有用！

### 3-11 自试解题

2,3-二甲基丁烷的单氯化或单溴化是一个合成上有用的反应吗？

因为溴化反应是选择性的（而且溴是液体），溴化过程通常是实验室小规模卤化烷烃的方法。溴化反应通常发生在多取代的碳原子上，即使在统计不利的情况下也是如此。溴化过程通常在液相中使用氯代甲烷（CCl₄，CHCl₃，CH₂Cl₂）作为溶剂，它们与溴几乎不发生反应。

## 小 结

尽管溴更贵一些，它仍是选择性自由基卤化时的常用试剂。氯化反应会产生混合物，这个问题可以通过选择仅有一种类型氢的烷烃以及用不足量的氯进行反应的方法来解决。

真实生活：医药  氯化、氯醛和DDT——根除疟疾的探索

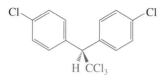

1,1,1-三氯-2,2-二(4-氯苯基)乙烷
(DDT，即"dichlorodiphenyltrichloroethane")

1832年首次发现乙醇氯化得到三氯乙醛 (Cl₃CCHO) 的反应。

### 乙醇的氯化

$$CH_3CH_2OH + 4Cl_2 \longrightarrow CCl_3CHO + 5HCl$$

三氯乙醛的水合物通常称为水合氯醛，具有强的催眠作用，因此俗称为"蒙汗药"。水合氯醛是DDT合成中的关键试剂。DDT 于 1874 年首次制备成功，并于 1939 年由保罗·穆勒[1]（Paul Mueller）证明是一种强效杀虫剂（来自水合氯醛的 DDT 部分以红色突出显示）。美国国家科学院在 1970 年的一份报告中很好地描述了 DDT 在抑制昆虫传播疾病方面的用途："只有极少数化学品能跟 DDT 一样，使人类对其感恩戴德……在短短二十多年的时间里，DDT 已经阻止了 5 亿人死亡，如果没有 DDT，这些由于疟疾导致的死亡将不可避免。"DDT 能够有效杀死疟疾寄生虫的主要载体疟蚊。疟疾在世界范围内危害了数亿人，并且每年夺去 100 多万人的生命，其中大多数是五岁

以下的儿童。

尽管 DDT 对哺乳动物的毒性较低，但 DDT 的生物降解非常困难。它在食物链中的积累使它对鸟类和鱼类构成危害；特别是，DDT 会干扰许多物种的蛋壳正常发育。美国环境保护署自 1972 年开始禁止使用 DDT。然而，由于其在防治疟疾方面的显著效果，DDT 尚在疟疾仍是主要健康问题的 12 个国家中继续使用，但是在使用过程中高度管制。最近由伊蚊携带的并与严重的出生缺陷有关的寨卡病毒引起世界范围的恐慌，促使人们重新讨论杀虫剂的使用，以此作为对抗疾病的一种手段。

受DDT农药中毒的未孵化的朱鹭蛋。[*Photo by George Silk/ Time Life Pictures/Getty Images*]

[1] 保罗·穆勒（Paul Mueller, 1899—1965）博士，J. R. Geigy公司，瑞士巴塞尔，1948年诺贝尔生理学或医学奖得主。

## 3-10 合成氯化物与平流层中的臭氧层

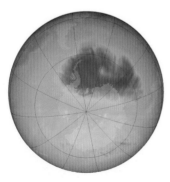

南极上空大气层的色彩加深图显示截至 2016 年 11 月的臭氧空洞（蓝色）。[*Nasa Ozone Watch*]

我们已经知道热和光均可导致化学键的均裂。这样的化学过程可以在自然界大规模地发生并带来严重的环境问题。本节将以自由基化学为例说明其给人类生活已经带来的巨大影响，和将在未来 50 年里给人类生活造成的影响。

### 臭氧层保护地球表面免遭高能紫外光辐射

地球的大气层由几个不同层组成。最低的一层是对流层，由地表向上延伸约 15 km，天气的变化就产生在这个区域。对流层之上，向上延伸约 50 km 为平流层。尽管平流层空气非常稀薄以至于无法维持生命，但是平流层却是**臭氧层**（ozone layer）的家园，它在保护地球生物方面起到了至关重要的作用。当高能量的太阳辐射将氧分子均裂成氧原子，氧原子可以与其他氧

分子结合，在平流层中形成臭氧（$O_3$）。由此产生的臭氧吸收 $200\sim300nm$ 波长范围内的紫外（UV）光。这些波长范围内的光辐射能够破坏组成生命系统的复杂生物分子。臭氧作为一种天然的大气过滤器，能够阻挡高达 99% 的这些波长的光到达地球表面，从而使地球生命免遭损伤。

**平流层中臭氧的形成及其对有害紫外线的吸收**

臭氧的形成：（1）$O_2 \xrightarrow{h\nu} \cdot\ddot{\underset{..}{O}}\cdot$　（2）$O_2 + \cdot\ddot{\underset{..}{O}}\cdot \longrightarrow O_3$
臭氧

有害紫外线被臭氧所吸收：$O_3 \xrightarrow{h\nu} \cdot\ddot{\underset{..}{O}}\cdot + O_2$
臭氧

## CFCs受紫外光照射以后释放氯原子

**氟氯烃**（chlorofluorocarbons, CFCs）或者称为**氟里昂**（freons），是含有氟和氯的卤代烷烃，如氟利昂 13($CF_3Cl$)。直到最近，氟氯烃已经是现代社会中使用最广泛的合成有机化合物。它们在汽化时能吸收大量热量，这使它们成为受欢迎的制冷剂。值得注意的是，几乎世界上每个国家都在 1987 年同意完全停止使用氟氯烃。为什么呢？这一历史事件可以追溯到 20 世纪 60 年代末和 70 年代初期，化学家约翰斯顿（Johnston）、克鲁岑（Crutzen）、罗兰（Rowland）和莫利纳（Molina）[1] 发现地球平流层中的自由基机理可以将氟氯烃转化为能够破坏臭氧的活性物质（图 3-13）。

在来自太阳的紫外光的照射下，氟氯烃分子中的 C—Cl 键发生均裂，从而产生氯原子。

**链引发步骤：**氟利昂 13 被日光分解：

$$F_3C-\ddot{\underset{..}{Cl}}: \xrightarrow{h\nu} F_3C\cdot + :\ddot{\underset{..}{Cl}}\cdot$$

然后氯原子与臭氧有效地进行自由基链式反应。

图3-13　来源于地球的臭氧破坏性化学物质到达平流层。[*GSFC/NASA*]

---

[1] 哈罗德·S. 约翰斯顿（Harold S. Johnston，1920—2012），美国加州大学伯克利分校教授；保罗·克鲁岑（Paul Crutzen）（生于 1933 年），德国美因茨马克斯普朗克研究所教授，1995 年诺贝尔奖（化学）获得者；F. 舍伍德·罗兰（F. Sherwood Rowland，1927—2012），美国加州大学欧文分校教授，1995 年诺贝尔奖（化学）获得者；马里奥·莫利纳（Mario Molina，生于 1943 年），美国麻省理工学院教授，1995 年诺贝尔奖（化学）获得者。

**链传递步骤：**臭氧通过自由基链式反应分解：

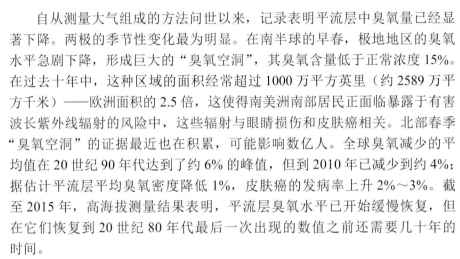

这两步反应的最终结果是一分子臭氧和一个氧原子转化为两分子普通的氧。然而，与本章中曾经讨论过的其他自由基链式过程相似，链传递步骤中消耗的活性物质（Cl·）在另一个链传递步骤中得到再生。结果是，很小浓度的氯原子能破坏许多臭氧分子。在大气层中确实有这样的过程发生吗？

### 平流层臭氧总量已急剧下降

自从测量大气组成的方法问世以来，记录表明平流层中臭氧量已经显著下降。两极的季节性变化最为明显。在南半球的早春，极地地区的臭氧水平急剧下降，形成巨大的"臭氧空洞"，其臭氧含量低于正常浓度15%。在过去十年中，这种区域的面积经常超过1000万平方英里（约2589万平方千米）——欧洲面积的2.5倍，这使得南美洲南部居民正面临暴露于有害波长紫外线辐射的风险中，这些辐射与眼睛损伤和皮肤癌相关。北部春季"臭氧空洞"的证据最近也在积累，可能影响数亿人。全球臭氧减少的平均值在20世纪90年代达到了约6%的峰值，但到2010年已减少到约4%；据估计平流层平均臭氧密度降低1%，皮肤癌的发病率上升2%~3%。截至2015年，高海拔测量结果表明，平流层臭氧水平已开始缓慢恢复，但在它们恢复到20世纪80年代最后一次出现的数值之前还需要几十年的时间。

晒黑的鲸鱼出现在墨西哥海岸。谁是罪魁祸首？臭氧层中的空洞。鲸鱼特别容易受到太阳光的伤害，部分原因是因为它们需要在海洋表面上花费更长的时间来呼吸、社交和喂养他们的幼崽。令人担心的是，这种皮肤损伤会导致皮肤癌。

通过过去30年中进行的系统研究，毫无疑问，人造物质（如氟氯烃）的氯原子在很大程度上负有责任。在冬末和早春时极地平流层的极端寒冷中，含有氮氧化物的云形成，增强了氯破坏臭氧的作用。ClO的卫星测量数据与臭氧消耗值直接相关。此外，对平流层中HF的观察也有力地支持了这些结论，因为除了氟氯烃在烃存在下的光诱导分解之外，HF没有其他的大气来源。

### 全世界继续寻找氟氯烃的替代物

《关于消耗臭氧层物质的蒙特利尔议定书》于1987年由196个国家和欧盟签署。这是全球范围内有效环境监管的最成功范例。该议定书要求在随后的十年内大幅度减少氟氯烃的产量。因此，首先开发的氢氯氟碳化合物（HCFCs）和随后的氢氟碳化合物（HFCs）被作为氟氯烃替代物。氢氯氟碳化合物在低于氟氯烃达到的高度时被光破坏，因此对臭氧层的威胁较小。然而，它们导致了全球变暖。2016年，170个国家为基本完全冻结这些化学品的生产和消费设定了具有约束力的目标日期。HFC-134a已成为美国冰箱和空调中广受欢迎的氟氯烃替代品。HFCs不是臭氧消耗剂，但像HCFCs一样是强效温室气体：HFC-134a超过最大可允许的全球变暖势能值近十倍。HFC-152a不超过该限制，并且越来越多地使用。氟烯烃，例如泡沫中的HFO-1234ze及其在汽车中的异构体HFO-1234yf（"O"全称是"olefin"代表"烯烃"，较旧的术语），可能成为理想的替代品，因为它们几乎不会对臭氧层构成威胁，并且有非常小的温室气体效应。

**CFCs替代物**

$CH_2FCF_3$

**HFC-134a**

$CHF_2CH_3$

**HFC-152a**

**HFO-1234ze**

**HFO-1234yf**

# 3-11 烷烃的燃烧及相对稳定性

让我们复习一下到目前为止所学过的本章内容。从将分子发生均裂所需要的能量定义为键强度开始，表 3-1 和表 3-2 列出了一些典型的值，通过讨论自由基的相对稳定性来解释，一个主要因素是超共轭的程度不同。然后，我们用这种方法计算了自由基卤化过程各步的 $\Delta H^{\ominus}$ 值。这一讨论使我们理解了反应性和选择性。显然，了解键的解离能对有机反应的热化学分析是非常有帮助的。有机反应的热化学分析将是我们以后在很多场合需要应用的一个概念。这些数值是如何通过实验确定的呢？

化学家首先通过建立整个分子的相对能量含量，或者说分子在我们的势能图能量轴上的相对位置，来确定键强度。被选择用来实现这个目的的反应是完全氧化，或者说**燃烧**（combustion）。这个过程几乎对所有的有机结构都适用，其中所有的碳原子都转变为二氧化碳（气体），所有的氢原子都转变为水（液体）。

在烷烃的燃烧反应中，所有产物的能量都非常低，所以这些产物的生成将有一个较大负值的 $\Delta H^{\ominus}$，以热量的形式释放出来。

$$2C_nH_{2n+2} + (3n+1)O_2 \longrightarrow 2n\,CO_2 + (2n+2)H_2O + 燃烧热$$

分子燃烧放出的热称为**燃烧热**（heat of combustion），用 $\Delta H^{\ominus}_{comb}$ 表示。许多燃烧热已经被精确测量了，从而使得烷烃（表 3-7）和其他化合物相应能量的比较成为可能。这些比较必须考虑到化合物燃烧时的物理状态（气相、液相、固相）。例如，液体和气体乙醇的燃烧热不同，其差值对应于汽化热 $\Delta H^{\ominus}_{vap}=9.7\,kcal \cdot mol^{-1}$（$40.6\,kJ \cdot mol^{-1}$）。

烷烃的 $\Delta H^{\ominus}_{comb}$ 随链长增加而增加，这是因为随着同系物从低到高会有更多的碳和氢燃烧。相反地，含有相同碳和氢数的异构烷烃的燃烧热也应该相同，但事实并非如此。

比较烷烃同分异构体的燃烧热可以看出，其数值通常不一样。以丁烷和 2-甲基丙烷为例，丁烷的 $\Delta H^{\ominus}_{comb}$ 是 $-687.4\,kcal \cdot mol^{-1}$，而其同分异构体的 $\Delta H^{\ominus}_{comb}$ 是 $-685.4\,kcal \cdot mol^{-1}$，少了 $2\,kcal \cdot mol^{-1}$（表 3-7）。这就说明，2-甲基

**真的吗？**

就像燃烧一样，我们的身体利用食物的热量通过（逐步）氧化产生能量，最终产生 $CO_2$ 和 $H_2O$。饮食的卡路里值是否一致？答案是肯定的，但并不完全。首先，超市标签上记载的"食物卡路里"实际上意味着千卡，即标签错误地少标了 1000 倍。此外，这些数字以每克，或盎司，或体积给出，增加了混淆程度。其次，"食物的热量"低于相应的燃烧热，因为并非我们吃的所有食物都能完全代谢。其中一部分可以不受干扰地排出，例如呼吸和尿液中的乙醇，或者部分以氧化形式，例如来自蛋白质的尿素。一些东西很难消化并几乎没有变化地通过我们的身体——例如，烷烃。为了校准，基本营养素的代谢能量的近似百分比是蛋白质 70%，脂肪 95% 和碳水化合物 97%。

**表3-7　各种有机化合物的燃烧热[$\Delta H^{\ominus}_{comb}$ 单位：kcal·mol⁻¹（kJ·mol⁻¹），归一化到25℃]**

| 化合物（状态） | 名称 | $\Delta H^{\ominus}_{comb}$ |
|---|---|---|
| $CH_4$（气体） | 甲烷 | $-212.8$（$-890.4$） |
| $C_2H_6$（气体） | 乙烷 | $-372.8$（$-1559.8$） |
| $CH_3CH_2CH_3$（气体） | 丙烷 | $-530.6$（$-2220.0$） |
| $CH_3(CH_2)_2CH_3$（气体） | 丁烷 | $-687.4$（$-2876.1$） |
| $(CH_3)_3CH$（气体） | 2-甲基丙烷 | $-685.4$（$-2867.7$） |
| $CH_3(CH_2)_3CH_3$（气体） | 戊烷 | $-845.2$（$-3536.3$） |
| $CH_3(CH_2)_3CH_3$（液体） | 戊烷 | $-838.8$（$-3509.5$） |
| $CH_3(CH_2)_4CH_3$（气体） | 己烷 | $-1002.5$（$-4194.5$） |
| $CH_3(CH_2)_4CH_3$（液体） | 己烷 | $-995.0$（$-4163.1$） |
| （液体） | 环己烷 | $-936.9$（$-3920.0$） |
| $CH_3CH_2OH$（气体） | 乙醇 | $-336.4$（$-1407.5$） |
| $CH_3CH_2OH$（液体） | 乙醇 | $-326.7$（$-1366.9$） |
| $C_{12}H_{22}O_{11}$（固体） | 蔗糖 | $-1348.2$（$-5640.9$） |

注意：燃烧产物是 $CO_2$（气体）和 $H_2O$（液体）。

图3-14  通过燃烧热来衡量，正丁烷的能量高于2-甲基丙烷。因此，正丁烷在热力学上不如其异构体稳定。

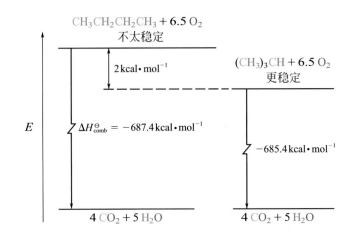

丙烷确实比丁烷含有较少的能量，因为燃烧生成相同种类和相同数量的产物，但却产生相对少的能量（图 3-14）。因此认为正丁烷在热力学上不如其异构体稳定。练习 3-12 描述了分析这种能量差异的一种方法。它的物理起源被认为是围绕中心碳的三个甲基之间相互吸引的伦敦力（2-7 节）。在最有利的、全交叉的构象中，分子内伦敦吸引力超过任何空间排斥，支链相对于它的直链异构体结构更稳定。

具有高能量的分子在热力学上不如具有低能量的分子稳定。

### 练习3-12

假想正丁烷热转化为2-甲基丙烷，其反应的焓变应为 $\Delta H^{\ominus}=-2.0\,kcal\cdot mol^{-1}$。利用表 3-2 中键解离能数据，你得到的数值是多少呢？（在正丁烷中，甲基-丙基键的 $DH^{\ominus}=89\,kcal\cdot mol^{-1}$。）

## 小 结

由烷烃和其他有机物的燃烧热数据可以定性地评估其含有的能量，进而也可判定它们的相对稳定性。

## 总 结

在本章中，从最简单的烷烃开始，探索主要类别的有机化合物的化学性质。特别是，我们已经展示了：

- 以化学键均裂产生自由基为重点（3-1节），键断裂和键形成的能量。

- 通过超共轭效应讨论了自由基的结构、自由基形成的难易程度和稳定性之间的关系（3-3节至3-7节）。

- 自由基稳定性是如何影响烷烃和卤素之间反应的选择性的（3-7节）。

- 在自由基链式卤化反应分析中，使用势能/反应坐标图，以显示化学键强度在热力学和动力学控制方面所起的作用（3-4节至3-8节）。

- 合成效用的范例——能以高产率生产单一产物的最好情况（3-9节）。

所有反应均受第 2 章和第 3 章中介绍的热力学和动力学原理的控制。我们将应用这些原理来理解后续的结构动力学和化学转化过程。

# 3-12 | 解题练习：综合运用概念

接下来的两个练习将评估你对于自由基卤化机理的理解，以及如何使用键强度数据来深入了解这些过程的能量变化。

"如何"和"为什么"是有机化学的密码。当你在关于反应的问题中看到它们时，它们几乎总是意味着"通过写一个机理来解释"。

## 解题练习3-13　自由基反应的机理和焓

碘甲烷在自由基反应条件下（*hν*）与碘化氢反应，得到甲烷和碘。反应的总方程式是：

$$CH_3I + HI \xrightarrow{h\nu} CH_4 + I_2$$

**a. 解释这个过程是如何发生的。**

策略：

• **W**：有何信息？回答这个问题的关键在于"如何"。该反应是通过使用电子推动弯箭头描述的反应机理发生的。这个问题实际上是为这个过程写出一个机理：机理就是解释。

• **H**：如何进行？该问题中，这个反应是"发生在自由基反应条件下"的。我们知道自由基反应包括三个阶段：链引发、链传递和链终止。因此，提出一个链引发步骤，然后是可能的链传递和链终止步骤。

• **I**：需用的信息？表 3-1 和表 3-4 将为我们提供所需的键强度数据。如同解题练习 3-4 中一样，我们可以以本章节中的机理作为我们完整的解决方案的模板。

• **P**：继续进行。

解答：

**第1步**：通过提出可能的**链引发**（initiation）步骤来开始。回顾一下例如 3-4 节的内容，自由基反应的链引发步骤从起始化合物中最弱的键的断裂开始。根据表 3-1 和表 3-4，最弱的化学键是 $CH_3I$ 中的碳-碘键，$DH^{\ominus}=57kcal \cdot mol^{-1}$。因此：

**链引发步骤：**

$$H_3C\!-\!\ddot{I}: \xrightarrow{h\nu} H_3C \cdot + \cdot \ddot{I}:$$

**第2步**：再次按照 3-4 节中的模型，提出一个**链传递**（propagation）步骤：其中在链引发步骤中产生的物质之一与反应总方程式中所示的分子之一反应。尝试设计步骤，使其产物之一对应于整体转化中所形成的分子，另一种是可以产生第二次链传递步骤的物质。对于该反应，可能的反应是：

(i) $H_3C \cdot + H\!-\!\ddot{I}: \longrightarrow CH_4 + \cdot \ddot{I}:$　　(iii) $:\ddot{I}: + :\ddot{I}\!-\!H \longrightarrow I_2 + \cdot H$

(ii) $H_3C \cdot + H\!-\!CH_2I \longrightarrow CH_4 + \cdot CH_2I$　(iv) $:\ddot{I}: + :\ddot{I}\!-\!CH_3 \longrightarrow I_2 + \cdot CH_3$

链传递步骤（ⅰ）和（ⅱ）分别通过从 HI 和 $CH_3I$ 中攫取氢原子将甲基自由基转化为甲烷。过程（ⅲ）和（ⅳ）通过另一个碘原子和 HI 或 $CH_3I$ 作用实现碘原子的脱去，得到 $I_2$。所有四个链传递步骤均可将反应总方程式中的一分子原料转化为一分子产物。我们该怎样选择正确的反应呢？仔细查看每个假设链传递方式中的自由基产物。这两个正确的方程式就是：其中一个反应产生的自由基产物提供了另一个方程式的起始自由基。链传递步骤（ⅰ）消耗一个甲基自由基生成一个碘原子。步骤（iv）消耗一个碘原子而生成甲基自由基。因此（i）和（iv）是链传递循环中的正确步骤。

**链传递步骤：**

(i) $H_3C \cdot + H \frown \ddot{\underset{\cdot\cdot}{I}} \colon \longrightarrow CH_4 + \cdot \ddot{\underset{\cdot\cdot}{I}} \colon$　(iv) $\ddot{\underset{\cdot\cdot}{I}} \colon + \colon \ddot{\underset{\cdot\cdot}{I}} \frown CH_3 \longrightarrow I_2 + \cdot CH_3$

**第 3 步：** 最后，任何一对自由基的结合都能形成一个单个的分子，从而组成一个合理的**链终止**（termination）步骤。这样的三个反应是：

**链终止步骤：** $\colon \ddot{\underset{\cdot\cdot}{I}} \cdot + \cdot \ddot{\underset{\cdot\cdot}{I}} \colon \longrightarrow I_2$　　$H_3C \cdot + \cdot CH_3 \longrightarrow H_3C{-}CH_3$ （乙烷）

$H_3C \cdot + \cdot \ddot{\underset{\cdot\cdot}{I}} \colon \longrightarrow H_3C{-}I$

**b.** 计算与总反应和所有机理步骤相关的焓变，$\Delta H^\ominus$。根据需要使用表 3-1，表 3-2 和表 3-4。

解答：

断键需要吸收能量，形成新键放出能量，$\Delta H^\ominus =$ 吸收的能量 − 放出的能量。对于整个反应，我们需要考虑以下的键能：

$$CH_3{-}I + H{-}I \xrightarrow{h\nu} CH_3{-}H + I{-}I$$
$$DH^\ominus:\quad 57 \qquad 71 \qquad\qquad 105 \qquad 36$$

答案是 $\Delta H^\ominus = (57 + 71) - (105 + 36) = -13 \text{kcal·mol}^{-1}$（表 3-5）。

相同的规则也适用于机理步骤。除了一个例外，只需要列出四个 $DH^\ominus$ 值，因为它们只对应于任何机理步骤中形成或断裂的四个化学键。

链引发步骤：$\Delta H^\ominus = DH^\ominus(CH_3{-}I) = +57 \text{kcal·mol}^{-1}$

链传递步骤（i）：$\Delta H^\ominus = DH^\ominus(H{-}I) - DH^\ominus(CH_3{-}H) = -34 \text{kcal·mol}^{-1}$

链传递步骤（iv）：$\Delta H^\ominus = DH^\ominus(CH_3{-}I) - DH^\ominus(I{-}I) = +21 \text{kcal·mol}^{-1}$

注意两个链传递步骤中 $\Delta H^\ominus$ 的加和等于整个反应的 $\Delta H^\ominus$。这总是正确的。

链终止步骤：$\Delta H^\ominus =$ 形成的化学键的 $DH^\ominus$。对于 $I_2$ 为 $-36 \text{kcal·mol}^{-1}$，$CH_3I$ 为 $-57 \text{kcal·mol}^{-1}$，乙烷中 C—C 键为 $-90 \text{kcal·mol}^{-1}$。

> **记住：** 有机化学问题中"如何"或"为什么"的存在通常意味着"通过反应机理来解释"。

### 解题练习3-14　结合机理和键能数据来预测产物

考虑练习 3-6(a) 中描述的过程，甲烷与等物质的量的 $Cl_2$ 和 $Br_2$ 之间的反应。从机理上分析整个过程并预测你希望形成的产物。

策略：

• **W**：有何信息？两件事：你要写出反应系统中涉及的机理步骤，并确定你希望形成的一个或多个有机产物。此外，你还可以使用类似的过程作为模板（3-6 节），获得必要的机理信息以及制定解决此类问题的指南。

• **H**：如何进行？从链传递步骤开始，因为它们描述了产物的形成。

• **I**：需用的信息？请参考练习 3-6(a)（及其在书后的练习答案）。该问题涉及在 3-4 节和 3-5 节中描述的甲烷的自由基卤化反应。表 3-1 和表 3-3 以及正文中的焓变数据也可能有用。

• **P**：继续进行。

解答：

**链引发：**

$Cl_2$ 和 $Br_2$ 都会在热或光的影响下经过裂解来产生原子。因此，体系中存在氯原子和溴原子。

**链传递步骤 1：**

尽管氯和溴原子都能够与甲烷反应，我们注意到与氯的反应的 $\Delta H^{\ominus}=+2\,kcal\cdot mol^{-1}$，$E_a=4\,kcal\cdot mol^{-1}$（3-4 节）。而与溴的反应却有 $\Delta H^{\ominus}=+18\,kcal\cdot mol^{-1}$，$E_a\approx19\sim20\,kcal\cdot mol^{-1}$（3-5 节）。$E_a$ 的巨大差异意味着氯从甲烷中攫取氢原子的速度比溴快得多。因此出于实际的情况，我们需要考虑的唯一的第一个链传递步骤是：

$$CH_3\frown H + \cdot \overset{\cdot\cdot}{\underset{\cdot\cdot}{Cl}}: \longrightarrow CH_3\cdot + H\!-\!\overset{\cdot\cdot}{\underset{\cdot\cdot}{Cl}}:$$

这是否意味着只有 $CH_3Cl$ 会作为最终产物而形成？如果跳过这个结论，说明你就没有"按逻辑顺序一步一步进行。——不要跳过任何步骤！"否则就错了。为什么呢？问自己以下问题：链传递步骤 1 是否包括最终产物的形成？没有！该步骤的产物是 HCl 和甲基自由基，而不是 $CH_3Cl$。此时我们尚未准备好回答最终产物的问题。我们首先要看链传递步骤 2。

**链传递步骤 2：**

链传递步骤 1 形成了甲基自由基。链传递步骤 2 是甲基自由基与卤素 $X_2$（$X_2$ 为 $Cl_2$ 或 $Br_2$）的反应，得到卤素原子和最终产物 $CH_3X$（X 为 Cl 或 Br）。关于甲基自由基和这些卤素的反应，我们在本章中学到了什么？从 3-4 节和 3-5 节我们发现：

$$CH_3\cdot + :\overset{\cdot\cdot}{\underset{\cdot\cdot}{Cl}}\frown\overset{\cdot\cdot}{\underset{\cdot\cdot}{Cl}}: \longrightarrow CH_3\!-\!\overset{\cdot\cdot}{\underset{\cdot\cdot}{Cl}}: + \cdot\overset{\cdot\cdot}{\underset{\cdot\cdot}{Cl}}: \qquad \begin{array}{l}\Delta H^{\ominus}=-27\,kcal\cdot mol^{-1}\\ E_a\approx0\,kcal\cdot mol^{-1}\end{array}$$

$$CH_3\cdot + :\overset{\cdot\cdot}{\underset{\cdot\cdot}{Br}}\frown\overset{\cdot\cdot}{\underset{\cdot\cdot}{Br}}: \longrightarrow CH_3\!-\!\overset{\cdot\cdot}{\underset{\cdot\cdot}{Br}}: + \cdot\overset{\cdot\cdot}{\underset{\cdot\cdot}{Br}}: \qquad \begin{array}{l}\Delta H^{\ominus}=-24\,kcal\cdot mol^{-1}\\ E_a\approx0\,kcal\cdot mol^{-1}\end{array}$$

仔细看！甲基自由基一旦形成，可以选择进攻 $Cl_2$ 或 $Br_2$，两个反应几乎释放相同热量。更重要的是，由于它们的活化能非常低，这两个反应几乎同样快。在该链传递步骤 2 中，可以选择形成 $CH_3Cl$ 或 $CH_3Br$ 作为最终产物。我们发现，无论甲基自由基是否与溴或氯反应，该链传递步骤都以大致相同的速率进行。以这种方式，我们得出观察到的实验结果是：$CH_3Cl$ 或 $CH_3Br$ 以几乎相等的量来形成。

如果没有像我们所做的一样去分析机理细节，这种非常违反直觉的结果将无法预测（或是在实验事实之后理解）。请注意，$CH_3Cl$ 和 $CH_3Br$ 均来自甲基自由基，甲基自由基在链传递步骤 1 中仅仅由甲烷与氯原子的反应产生。关于自由基反应的更多练习见习题 24、习题 41 和习题 42。

## 重要概念

**1.** 键均裂的 $\Delta H^{\ominus}$ 定义为**键的解离能**，$DH^{\ominus}$。键的均裂生成自由基或自由原子。

**2.** 烷烃中 C—H 键的强度按照以下顺序减弱：

$$CH_3\!-\!H > RCH_2\!-\!H > R\underset{\underset{H}{|}}{\overset{\overset{R}{|}}{C}}\!H > R\underset{\underset{R}{|}}{\overset{\overset{R}{|}}{C}}\!-\!H$$

甲基　　　　一级　　二级　　　三级
(最强)　　　　　　　　　　　　(最弱)

因为相应的烷基自由基的稳定性顺序是：

$$CH_3\cdot < RCH_2\cdot < R\!-\!\overset{\overset{R}{|}}{C}H\cdot < R\!-\!\underset{\underset{R}{|}}{\overset{\overset{R}{|}}{C}}\cdot$$

甲基　　　一级　　二级　　　三级
(最不稳定)　　　　　　　　　　(最稳定)

这是由于**超共轭**而稳定性增加的顺序。

**3.催化剂**加速了反应物和产物间平衡的建立。

**4.**烷烃和卤素（除碘以外）通过**自由基链式机理**生成卤代烷。机理包括产生卤原子的**链引发**步骤，两个**链传递**步骤和各种不同的**链终止**步骤。

**5.**在第一个链传递步骤中，即两步中较慢的步骤，一个氢原子从烷烃链被攫取。该反应生成一个烷基自由基和HX。因此，从$I_2$到$F_2$的**反应活性**增加，而**选择性**按此顺序降低，并且选择性也随温度增加而降低。

**6.Hammond假设**指出快速的、放热反应的典型特征是**前过渡态**，其结构和起始物相似；相反，慢的、吸热反应的特征是结构类似于产物的**后过渡态**。

**7.**反应的$\Delta H^\ominus$可以由参与反应过程的键的解离能$DH^\ominus$计算得到：

$$\Delta H^\ominus = \Sigma DH^\ominus(断键) - \Sigma DH^\ominus(成键)$$

**8.**自由基卤代反应的$\Delta H^\ominus$等于链传递步骤中的$\Delta H^\ominus$的加和。

**9.**在卤代反应中，不同烷烃C—H键的相对反应性可以通过统计贡献校正估计出来。它们在相同条件下基本是恒定的，并大致按照以下顺序：

$$CH_4 < 一级C\!-\!H < 二级C\!-\!H < 三级C\!-\!H$$

这些类型的C—H键之间的反应性差异对于溴化是最大的，使其成为最具选择性的自由基卤化过程。氯化的选择性要低得多，并且氟化的选择性最低。

**10.**烷烃燃烧的$\Delta H^\ominus$叫做**燃烧热**，$\Delta H^\ominus_{comb}$。同分异构体的燃烧热可以作为其相对稳定性的实验依据。

## 习题

**15.** 标记以下每种化合物中的一级、二级和三级氢。
（**a**）$CH_3CH_2CH_2CH_3$　（**b**）$CH_3CH_2CH_2CH_2CH_3$

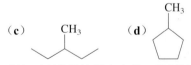

**16.** 命名下列各组烷基自由基，并判断是一级、二级还是三级自由基；以稳定性降低的顺序依次排序；画出最稳定的自由基的轨道并表示其超共轭作用。
（**a**）$CH_3CH_2\dot{C}HCH_3$和$CH_3CH_2CH_2CH_2\cdot$
（**b**）$(CH_3CH_2)_2CHCH_2\cdot$和$(CH_3CH_2)_2\dot{C}CH_3$
（**c**）$(CH_3)_2CH\dot{C}HCH_3$、$(CH_3)_2\dot{C}CH_2CH_3$和$(CH_3)_2CHCH_2CH_2\cdot$

**17.** 尽可能多地写出你能够想到的丙烷热裂解的产物。假设C—C键的断裂是唯一的链引发步骤。

**18.** 对于（**a**）丁烷和（**b**）2-甲基丙烷，回答习题17中提出的问题。可以用表3-2中的数据来判断最可能发生均裂的键，并将这个键的断裂作为第一步。

**19.** 计算下列反应的$\Delta H^\ominus$。
（**a**）$H_2 + F_2 \longrightarrow 2\,HF$；　（**b**）$H_2 + Cl_2 \longrightarrow 2\,HCl$；
（**c**）$H_2 + Br_2 \longrightarrow 2\,HBr$；　（**d**）$H_2 + I_2 \longrightarrow 2\,HI$；
（**e**）$(CH_3)_3CH + F_2 \longrightarrow (CH_3)_3CF + HF$；
（**f**）$(CH_3)_3CH + Cl_2 \longrightarrow (CH_3)_3CCl + HCl$；
（**g**）$(CH_3)_3CH + Br_2 \longrightarrow (CH_3)_3CBr + HBr$；
（**h**）$(CH_3)_3CH + I_2 \longrightarrow (CH_3)_3CI + HI$。

**20.** 对于习题15中的每种化合物，确定单卤化时可形成多少个同分异构体。（**提示**：识别在每个分子中出现的处于不同结构环境的各类氢原子）。

**21.** （**a**）使用3-6节和3-7节中给出的信息，写出（i）戊烷和（ii）3-甲基戊烷的自由基单氯化产物。（**b**）对于每一种情况，估计在25℃下形成的各种单卤代化合物异构体的比例。（**c**）使用表3-1中的键解离能数据，确定3-甲基戊烷在C-3位氯化的链传递步骤的$\Delta H^{\ominus}$值。整个反应的$\Delta H^{\ominus}$值又是多少？

**22.** 写出甲烷单溴化反应的完整机理。注意要包括链引发、链传递和链终止步骤。

**23.** 绘制甲烷单溴化的两个链传递步骤的势能/反应坐标图（习题22）。

**24.** 写出烃类化合物苯（$C_6H_6$）的自由基溴化机理（结构见2-4节）。用类似3-4节至3-6节中烷烃卤化的链传递步骤，计算反应每一步以及总反应的$\Delta H^{\ominus}$值。这个反应在热力学上与其他碳氢化合物的溴化有何区别？数据：$DH^{\ominus}(C_6H_5—H)=112kcal \cdot mol^{-1}$；$DH^{\ominus}(C_6H_5—Br)=81kcal \cdot mol^{-1}$。注意练习3-5中（**a**）部分的**注意事项**。

**25.** 对于苯的单溴化的两个链传递步骤（习题24）中的每一步，绘制势能（能量）/反应坐标图。

**26.** 确定在习题25中绘制的每个图表，以显示出前或后过渡状态。

**27.** 丙烷的单溴化会产生两种异构体产物。（**a**）画出它们的结构。（**b**）使用表3-6中的数据和3-7节中概述的丙烷氯化方法，确定在该过程中形成的产物的大致比例。哪个是主要产物？溴对二级氢与一级氢的选择性，是否足够以高产率形成一种产物异构体？

**28.** 写出下列反应的主要有机产物（如果有的话）。

（**a**）$CH_3CH_3 + I_2 \xrightarrow{\triangle}$

（**b**）$CH_3CH_2CH_3 + F_2 \longrightarrow$

（**c**）环戊基-CH_3 + Br_2 $\xrightarrow{\triangle}$

（**d**）$CH_3CH(CH_3)—CH_2—C(CH_3)_2CH_3 + Cl_2 \xrightarrow{h\nu}$

（**e**）$CH_3CH(CH_3)—CH_2—C(CH_3)_2CH_3 + Br_2 \xrightarrow{h\nu}$

**29.** 计算习题28中每个反应的产物比例。应用25℃时$F_2$和$Cl_2$以及150℃时$Br_2$的相对反应性的数据（表3-6）。

**30.** 如果有的话，习题28中的哪些反应给出了具有合理选择性的主产物（即有用的"合成方法"）？

**31.** （**a**）在125℃下，戊烷单溴化的主要有机产物是什么？（**b**）画出该产物分子围绕C-2—C-3键旋转产生的所有交叉构象的Newman投影式。（**c**）绘制该分子中势能与C-2—C-3旋转的扭转角的定性关系图。（**注意**：溴原子在空间体积上比甲基小得多。）

**32.** （**a**）绘制戊烷单溴化产生主要产物的两个链传递步骤（习题31）的势能（能量）/反应坐标图。使用本章中的$DH^{\ominus}$信息（表3-1、表3-2和表3-4，视情况而定）。（**b**）指出过渡态的位置，即是前过渡态还是后过渡态。（**c**）绘制戊烷与$I_2$反应的类似势能/反应坐标图。它与溴化的势能/反应坐标图有何不同？

**33.** 在室温下，1,2-二溴乙烷是以89%的分子处于对位交叉构象，11%是邻位交叉构象的平衡混合物存在。在相同情况下丁烷的对应比例是72%对位交叉构象和28%邻位交叉构象。请对该差异进行解释，记住Br在空间体积上小于$CH_3$（习题31）。（**提示**：考虑C—Br键的极性以及随之的静电效应。）

**34.** 写下每种物质燃烧的配平方程式（分子式可从表3-7中获得）：（**a**）甲烷；（**b**）丙烷；（**c**）环己烷；（**d**）乙醇；（**e**）蔗糖。

**35.** 丙醛（$CH_3CH_2CHO$）和丙酮（$CH_3COCH_3$）是分子式为$C_3H_6O$的异构体。丙醛的燃烧热是-434.1 $kcal \cdot mol^{-1}$，丙酮的燃烧热是-427.9$kcal \cdot mol^{-1}$。（**a**）写出每个化合物燃烧的配平方程式。（**b**）丙醛和丙酮的能量差异是多少，哪一个能量更低？（**c**）哪个物质在热力学上更稳定，丙醛还是丙酮？（**提示**：绘制类似于图3-14的图表。）

**36.** 硫酰氯（$SO_2Cl_2$，结构如下图所示）是一种液体试剂，可以代替氯气用作烷烃的氯化试剂。写出硫酰氯进行甲烷氯化的可能反应机理。（**提示**：参照通常的自由基链式反应过程，在适当的地方将$Cl_2$替换为$SO_2Cl_2$。相关数据：$SO_2Cl_2$中的S—Cl键，$DH^{\ominus}=36 kcal \cdot mol^{-1}$）。

$$:\ddot{Cl}—\overset{\displaystyle :\ddot{O}:}{\underset{\displaystyle :\ddot{O}:}{S}}—\ddot{Cl}:$$

**硫酰氯**
**（沸点69℃）**

**37.** 利用Arrhenius方程（2-1节），估算甲烷中C—H键分别与氯原子和溴原子在25℃下反应的速率常数$k$的比值。假设两个过程的$A$值相等。Br·和$CH_4$的反应的$E_a = 19kcal \cdot mol^{-1}$。

**38.** **挑战题** 当具有不同类型的C—H键的烷烃（如丙烷）与$Br_2$和$Cl_2$的等物质的量混合物反应时，溴化产物形成的选择性比单独用$Br_2$进行反应时观察到的选择性差得多（事实上，它与氯化反应的选择性非常相似），请解释。

39. 在加热或在催化剂存在下，甲烷根据下式与过氧化氢反应：

$$CH_4 + HOOH \longrightarrow CH_3OH + H_2O$$

**该过程遵循自由基链式反应机理。**

（a）使用下面给出的$DH^\ominus$值，写下与此转化相关的链引发、链传递和链终止步骤，并计算每个过程的$\Delta H^\ominus$。

$$DH^\ominus(H—CH_3)=105 kcal \cdot mol^{-1}$$
$$DH^\ominus(HO—CH_3)=93 kcal \cdot mol^{-1}$$
$$DH^\ominus(HO—OH)=51 kcal \cdot mol^{-1}$$
$$DH^\ominus(H—OH)=119 kcal \cdot mol^{-1}$$

（b）对于原始方程式中描述的整个过程，计算出$\Delta H^\ominus$。

（c）该反应在热力学上与甲烷的氯化（其总反应的$\Delta H^\ominus = -25 kcal \cdot mol^{-1}$）相比有何区别？

（d）第一个链传递步骤的$E_a=6 kcal \cdot mol^{-1}$，而第二个链传递步骤的$E_a$非常小。对于甲烷氯化反应的第一个链传递步骤的$E_a=4 kcal \cdot mol^{-1}$，而第二个链传递步骤的$E_a$也很小。假设各个链引发步骤的难易程度没有差异，哪个反应更快？

40. 1-溴丙烷的溴化得到以下二溴丙烷的异构体混合物：

$$CH_3CH_2CH_2Br \xrightarrow{Br_2, 200℃}$$

$$CH_3CH_2CHBr_2 + CH_3CHBrCH_2Br + BrCH_2CH_2CH_2Br$$

$$\qquad 90\% \qquad\qquad 8.5\% \qquad\qquad 1.5\%$$

计算这三个碳上的氢原子对溴原子的相对反应性。将这些结果与简单烷烃（如丙烷）的相对反应性结果进行比较，并解释有所差异的原因。

41. 甲烷卤化反应的另一个假设的机理具有以下的传递步骤：

（i）$X \cdot + CH_4 \longrightarrow CH_3X + H \cdot$

（ii）$H \cdot + X_2 \longrightarrow HX + X \cdot$

（a）使用来自适当的表中的$DH^\ominus$值，计算任何一个卤素的这些步骤的$\Delta H^\ominus$值。

（b）比较计算所得的$\Delta H^\ominus$与已被人们普遍接受的机理的$\Delta H^\ominus$值（表3-5）。你认为这种可能的机理能够成功地与已被接受的机理竞争吗？（**提示**：考虑活化能。）

42. **挑战题**    在卤化反应中添加某些被称为自由基抑制剂的物质会使反应几乎完全停止。一个例子是$I_2$对甲烷氯化反应的抑制作用。解释这种抑制作用可能是如何发生的。（**提示**：计算$I_2$与体系中存在的各种物质可能发生反应的$\Delta H^\ominus$值，并评估这些反应产物的可能的进一步反应性。）

43. 典型的烃类燃料（如2,2,4-三甲基戊烷，汽油的常见组分）具有非常相似的燃烧热。（a）计算表3-7中几种代表性碳氢化合物的燃烧热（以$kcal \cdot g^{-1}$计）。

（b）计算乙醇的燃烧热（表3-7）。（c）在评估"乙醇汽油"（90%汽油和10%乙醇）作为汽车燃料的可行性时，据估计，使用纯乙醇运行的汽车每加仑[1加仑（英制）=4.54609升，1加仑（美制）=3.78541升]行驶里程数比使用标准汽油行驶的同一辆汽车少约40%。这个估计是否与（a）和（b）中的结果一致？你能对于含氧分子与碳氢化合物的燃烧性能做出一般的结论吗？

44. 甲醇（$CH_3OH$）和2-甲氧基-2-甲基丙烷[叔丁基甲基醚，$(CH_3)_3COCH_3$]这两种简单的有机物是常用的燃料添加剂。甲醇在气相时的$\Delta H^\ominus_{comb}$为-182.6 $kcal \cdot mol^{-1}$，2-甲氧基-2-甲基丙烷在气相时的$\Delta H^\ominus_{comb}$为-809.7 $kcal \cdot mol^{-1}$。（a）写出每个分子燃烧生成$CO_2$和$H_2O$的配平方程式。（b）用表3-7比较这些化合物与具有相似分子量的烷烃的燃烧热$\Delta H^\ominus_{comb}$。

45. **挑战题**    图3-10比较了$Cl \cdot$与丙烷的一级、二级氢的反应。

（a）绘制一个类似的图，比较$Br \cdot$与丙烷的一级和二级氢的反应性。（**提示**：首先从表3-1中获得必要的$DH^\ominus$值，并计算攫取一级和二级氢的反应的$\Delta H^\ominus$。其他的数据：$Br \cdot$与一级C—H键反应的$E_a=15$ $kcal \cdot mol^{-1}$，$Br \cdot$与二级C—H键反应的$E_a=13$ $kcal \cdot mol^{-1}$。）

（b）在这些反应的过渡态中，哪个可以称为是"前过渡态"，哪个是"后过渡态"？

（c）从这些反应沿着反应坐标上的过渡态的位置来看，和相应的氯化反应的过渡态比较（图3-10），它们是更强还是更弱地显示出自由基的特征？

（d）你对（c）问题的答案与$Cl \cdot$和丙烷以及$Br \cdot$和丙烷反应的选择性的差异一致吗？请解释。

46. 在$Cl \cdot / O_3$体系中两个链传递步骤分别消耗臭氧和氧原子（这是生成臭氧必需的，3-10节）。

$$Cl \cdot + O_3 \longrightarrow ClO + O_2$$
$$ClO + O \longrightarrow Cl \cdot + O_2$$

计算每个链传递步骤的$\Delta H^\ominus$。可利用下列数据：ClO 的 $DH^\ominus = 64 kcal \cdot mol^{-1}$；$O_2$ 的 $DH^\ominus = 120$ $kcal \cdot mol^{-1}$；$O_3$中 O—$O_2$ 键的 $DH^\ominus = 26 kcal \cdot mol^{-1}$。写出由这些步骤组合描述的总方程式并计算其$\Delta H^\ominus$。讨论此过程在热力学上的可行性。

**团队练习**

47. （a）给出在练习2-20（a）部分中所画的每个异构体的IUPAC命名。

（b）列出每个异构体的自由基单氯化和单溴化产物的结构异构体。

（c）参照表3-6，讨论哪个起始烷烃和哪个卤素生成最少数目的异构体。

**预科练习**

**48.** 反应 $CH_4 + Cl_2 \longrightarrow CH_3Cl + HCl$ 是以下哪一种反应的例子:

（**a**）中和反应      （**b**）酸性反应

（**c**）异构化反应      （**d**）离子反应

（**e**）自由基链式反应

**49.**
$$
\begin{array}{c}
CH_2Cl \\
| \\
CH_2\!-\!CHCH_3 \\
| \\
CH_3CH_2CH_2CHCH_2CH_2CH_2CH_3
\end{array}
$$

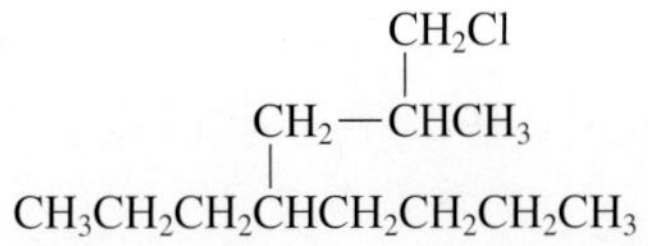

此化合物的IUPAC命名中出现的所有数字之和是:

（**a**）5      （**b**）6      （**c**）7

（**d**）8      （**e**）9

**50.** 在一个竞争反应中，等物质的量的下列四种烷烃与一定量的$Cl_2$在300℃反应，这些烷烃中哪一种会从混合物中消耗得最多?

（**a**）戊烷      （**b**）2-甲基丙烷

（**c**）丁烷      （**d**）丙烷

**51.** $CH_4$和$Cl_2$反应生成$CH_3Cl$和$HCl$是众所周知的。在下面简表中数据的基础上，此反应的焓变$\Delta H^\ominus$（$kcal \cdot mol^{-1}$）是:

（**a**）+135    （**b**）−135    （**c**）+25    （**d**）−25

| 键解离能$DH^\ominus$/kcal·mol$^{-1}$ | | | |
|---|---|---|---|
| H—Cl | 103 | Cl—Cl | 58 |
| H$_3$C—Cl | 85 | H$_3$C—H | 105 |

# 环烷烃

**学习目标**

— 从非环烷烃的命名规则扩展至环烷烃的命名规则

— 描述取代环烷烃的顺式和反式异构体之间的结构和热力学差异

— 讨论环张力对环烷烃燃烧热的影响

— 分析环己烷及其取代衍生物的各种构象

— 将相关的知识从单环扩展到多环烷烃骨架，如甾族化合物

甾族化合物对人类健康有很大的益处，例如可作为药物和用于生育控制。然而，在竞技体育中滥用甾族激素类药物（如上图所示的睾酮）以提高竞赛成绩的现象已经普遍存在。因此，当超过 100 名运动员被禁止参加 2016 年里约奥运会时，奥林匹克世界震动了 —— 其中大多数是因为使用甾族激素类药物。

当你听到或看到甾族化合物字样时，两件事可能立刻映入脑海：一些运动员非法"服用甾族激素类化合物"以发展他们的肌肉，以及用来避孕的药物。那么，关于甾族化合物除了上面这些通常会联想到的，你还了解多少呢？它们的结构和功能如何？不同的甾族化合物有什么差别？它们又是在自然界何处被发现的呢？

薯蓣皂苷（diosgenin）是一个典型的天然甾族化合物，它是从一种墨西哥薯蓣的根茎中提取获得的，目前被用作合成一些已经商品化的甾族化合物的起始原料。环的数目是这个化合物结构中最引人注目之处。

薯蓣皂苷
**diosgenin**

一个碳环

由单键连接碳原子排列形成的环状碳氢化合物被称为**环烷烃**（cyclic alkane，cycloalkane），或者**碳环**（carbocycle）（对比杂环化合物，第25章）。自然界存在的有机化合物多数都含有环状结构。事实上，众所周知，许多基本的生命过程都与环状化合物密切相关。如果没有这些环状化合物，生命将不复存在。

本章将介绍环烷烃的命名、物理性质、结构特征和构象性质。由于成环的原因，这类化合物表现出新型的张力，例如环张力和跨环相互作用。本章的最后，将有选择地讨论碳环及包括甾族化合物在内的碳环衍生物的生物化学意义。

# 4-1 | 环烷烃的命名和物理性质

按照 IUPAC 规则，环烷烃有自己的命名规则。它们的性质通常与具有相同碳原子数的直链烷烃（也称为非环烷烃）不同。我们还将看到环烷烃将展现出的环状分子所特有的异构现象。

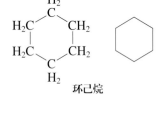

环丙烷

环丁烷

环己烷

### 遵循IUPAC规则的环烷烃命名规则

通过移去直链烷烃分子模型中每个端基碳上的一个氢原子，并允许这两个碳原子成键来构建环烷烃的分子模型。环烷烃分子的通式是 $C_nH_{2n}$ 或 $(CH_2)_n$。这种类型化合物的命名规则是非常直接的：在烷烃的名称前加上词头"**环**（cyclo-）"即可。页边中显示的是环烷烃的三种同系物，从最小的环丙烷开始，并且都用缩写式和键线式表示。

### 练习4-1

构建从环丙烷到环十二烷的分子模型。比较这些同系物每个环之间及其相应的直链烷烃分子的相对构象的灵活性。

当对带有烷基取代基的环烷烃进行命名时，环优先，因此它被称为烷基环烷烃。只有当环上连接有多于一个取代基时，才需要将环上的每个碳原子编号。对于单取代的体系，环上与取代基相连的碳原子被定义为C-1。对于多取代的环烷烃化合物，注意使其编号顺序尽可能低，同取代烷烃的命名原则（2-6 节），取代基名称的顺序遵循英文字母表的顺序。当存在两种可能的编号顺序时，取代基名称的字母顺序将决定优先顺序。从环烷烃分子中攫取一个氢原子得到的自由基被称为**环烷基自由基**（cycloalkyl radical）。因此，取代环烷烃有时也被称为环烷基衍生物。在环烷基环烷烃中，较小的环作为较大环的取代基处理。

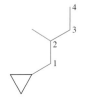

**(2-methylbutyl)cyclopropane**

(2-甲基丁基)环丙烷

[非环部分编号并且环优先：
不是1-(2-甲基丁基)环丙烷，
也不是1-环丙基-2-甲基丁烷]

**1-ethyl-1-methylcyclobutane**

1-乙基-1-甲基环丁烷

（按取代基英文字母顺序排列：
不是1-甲基-1-乙基环丁烷）

**1-chloro-2-methyl-4-propylcyclopentane**

1-氯-2-甲基-4-丙基环戊烷

（按取代基英文字母顺序排列：
不是2-氯-1-甲基-4-丙基环戊烷）

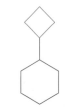

**cyclobutylcyclohexane**

环丁基环己烷

（较小的环是取代基：
不是环己基环丁烷）

## 二取代环烷烃具有立体异构体

通过考察两个取代基在不同碳原子上的二取代环烷烃的分子模型，表明每种情况都存在两个可能的立体异构体。一种异构体是两个取代基位于环平面的同一面或同侧；在另一种异构体中，两个取代基位于环平面的异侧。取代基在环平面的同一侧时称为**顺式**（cis，拉丁文，"在同一侧"）；取代基在环平面的异侧时称为**反式**（trans，拉丁文，"对面"）。

可以使用虚-实楔形线结构式描述二取代环烷烃的三维空间结构。通常不显示其余氢原子的位置。

**1,2-二甲基环丙烷的构造异构体**

甲基环丁烷

### 1,2-二甲基环丙烷的立体异构体

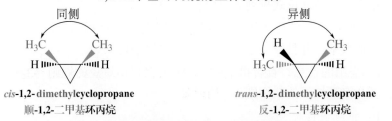

*cis*-1,2-dimethylcyclopropane
顺-1,2-二甲基环丙烷

*trans*-1,2-dimethylcyclopropane
反-1,2-二甲基环丙烷

### 1-溴-2-氯环丁烷的立体异构体

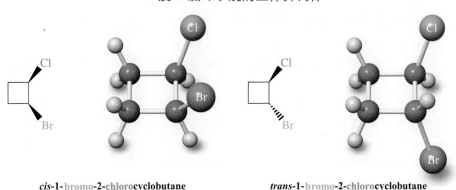

*cis*-1-bromo-2-chlorocyclobutane
顺-1-溴-2-氯环丁烷

*trans*-1-bromo-2-chlorocyclobutane
反-1-溴-2-氯环丁烷

**1-溴-2-氯环丁烷的构造异构体**

1-溴-1-氯环丁烷

顺反异构体是一种**立体异构体**（stereoisomer）——具有相同连接顺序的化合物（即原子以相同的顺序连接），但是它们的原子在空间的排列方式不同。它们与构造异构体或同分异构体是不同的（1-9 节及 2-5 节）。构造异构体或同分异构体是具有不同原子连接顺序的化合物。根据上述定义，构象异构（2-8 节和 2-9 节）也是立体异构体。然而，与只有通过断开化学键才能实现相互转化的顺反异构体不同，构象异构体可以很容易通过键的旋转达到平衡。我们将在第 5 章对立体异构进行更详细的讨论。

因为可能存在同分异构体和顺反异构体，取代的环烷烃存在各种可能的结构。例如，溴甲基环己烷有 8 个异构体（以下是其中的 3 个），它们每一个的物理性质和化学性质都不相同。

**丁烷的构象异构体**

对交叉丁烷

↓ 旋转

邻交叉丁烷

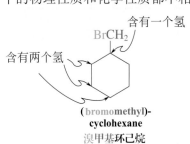

含有一个氢

含有两个氢

(bromomethyl)-cyclohexane
溴甲基环己烷

1-bromo-1-methyl-cyclohexane
1-溴-1-甲基环己烷

*cis*-1-bromo-2-methylcyclohexane
顺-1-溴-2-甲基环己烷

## 解题练习4-2

**运用概念解题：环烷烃的命名**

根据 IUPAC 规则命名页边显示的化合物。

**策略：**

为了理清思路，应用 WHIP 方法进行解答。

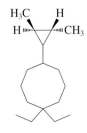

- **W**：有何信息？为了了解这是什么问题，需要看看题目中该分子的特征。它有两个相互连接的环，即一个环丙烷和一个环辛烷，并且每个环都带有取代基。对环丙烷而言，还需要考虑立体异构，其中两个甲基彼此反式排列。

- **H**：如何进行？处理环烷基取代的环烷烃时，回顾本节，环优先于直链取代基，并且较小的环是较大的环的取代基。

- **I**：需用的信息？查看指南：IUPAC命名直链烷烃的规则（2-6节）以及命名环烷烃的新规则。

- **P**：继续进行。

**解答：**

- 环辛烷大于环丙烷：该分子应命名为取代的环丙基环辛烷。

- 该八元环在相同的碳原子上带有两个乙基。

- 三元环在两个不同的碳原子上带有两个甲基，并且它们相对于彼此位于反式。

- 在对八元环进行编号时，注意到取代的模式是对称的，即1,5-。哪个碳被分配编号1，哪个被分配编号5是根据 IUPAC 规则3决定的。在选择进行环编号的方向时，在两个可能的编号方案之间，采用出现第一个差异数字时较低的一种。两种选择分别是 1,1,5 和 1,5,5。其中第一种是合适的（1＜5），因此具有两个取代基（乙基）的碳被赋予编号1。

- 环辛烷主体的取代基是乙基（具体讲是二乙基）和环丙基（具体讲是二甲基环丙基）。

- 需要在环丙基上指定两个甲基的位置和立体异构。首先，与环辛烷环连接的碳定义为"1"，因此我们面对的是 2,3- 二甲基环丙基取代基。其次，两个甲基是反式的。

- 通过按字母顺序排列取代基（IUPAC 规则4）命名烷烃。"二乙基"中的前体"di"不计算在内，因为它只是将名称为"乙基"的取代基倍增。相反，"二甲基环丙基"中的"di"是该复杂取代基的一部分，因此应当参与字母排序。因此，二甲基环丙基在二乙基（按"乙基"字母顺序排列）之前出现。

  最终结果是 5-(反-2,3-二甲基环丙基)-1,1-二乙基环辛烷。

### 4-3 自试解题

在练习 4-2 之前给出了三种溴甲基环己烷的立体异构体的结构和名称。请写出其他 5 个立体异构体的结构并命名。

---

## 环烷烃与同碳数直链烷烃的性质是不同的

表 4-1 列出了一些环烷烃的物理性质。需要注意的是，相对于同碳数的直链烷烃（表 2-5）而言，环烷烃具有较高的熔点、沸点和密度。这些差别主

表4-1 各种环烷烃的物理性质

| 环烷烃 | 熔点/℃ | 沸点/℃ | 20℃的密度/g·mL⁻¹ |
|---|---|---|---|
| 环丙烷（$C_3H_6$） | -127.6 | -32.7 | 0.617[b] |
| 环丁烷（$C_4H_8$） | -50.0 | -12.5 | 0.720 |
| 环戊烷（$C_5H_{10}$） | -93.9 | 49.3 | 0.7457 |
| 环己烷（$C_6H_{12}$） | 6.6 | 80.7 | 0.7785 |
| 环庚烷（$C_7H_{14}$） | -12.0 | 118.5 | 0.8098 |
| 环辛烷（$C_8H_{16}$） | 14.3 | 148.5 | 0.8349 |
| 环十二烷（$C_{12}H_{24}$） | 64 | 160（100 torr） | 0.861 |
| 环十五烷（$C_{15}H_{30}$） | 66 | 110（0.1 torr[a]） | 0.860 |

[a] 升华点。

[b] 在25℃下。

要是因为环烷烃体系更具刚性和对称性，从而使伦敦相互作用力有所增加。在比较具有奇数碳原子和偶数碳原子的低级环烷烃的物理性质时，发现它们的熔点有显著的交替性。这种现象是由这两个系列间晶格堆积能的差异所致。

## 小 结

环烷烃的命名是从直链烷烃直接衍生而来的。此外，单取代环烷烃取代基的位置被定义为C-1。二取代环烷烃根据取代基的相对空间取向，可以产生顺式和反式的异构体。环烷烃的物理性质与直链烷烃相似，但是环烷烃比同碳数直链烷烃的熔点、沸点更高，密度也更大。

# 4-2 | 环烷烃的结构和环张力

练习4-1中的分子模型揭示了环丙烷、环丁烷、环戊烷等与直链烷烃之间的明显区别。一个显著的特点是对于环丙烷和环丁烷的分子模型而言，在不破坏碳碳键的前提下，成环是非常困难的。这就是**环张力**（ring strain）。环张力是由碳原子的四面体构型引起的。例如，环丙烷中的C—C—C键角（60°）、环丁烷中的C—C—C键角（90°）与四面体的键角109.5°有相当大的差别。随着环的扩大，环张力逐渐减小。因此，构建环己烷模型时，将不会出现变形扭曲或环张力。

观察到的这种结果是否给我们提供了环烷烃相对稳定性的有关信息？例如，通过测量它们的燃烧热 $\Delta H_{comb}^{\ominus}$ 可得到相对稳定性。环张力如何影响环烷烃的结构和性能？这一节和4-3节将讨论这些问题。

### 环烷烃的燃烧热揭示了环张力的存在

3-11节介绍了通过热焓衡量分子稳定性的方法。我们也知道烷烃的热焓可以通过测量它的燃烧热 $\Delta H_{comb}^{\ominus}$（表3-7）来估算。为了找出环烷烃的稳定性是否有特殊之处，我们可以比较它与类似的直链烷烃分子的燃烧热。然而，这样的直接比较是有缺陷的，因为环烷烃的通式 $C_nH_{2n}$ 与普通烷烃的通式 $C_nH_{2n+2}$ 不同，差了两个氢原子（页边）。为了解决这个问题，将环烷烃的分子式重写为 $(CH_2)_n$，采用一种迂回的比较方法：如果存在一个能够表示

**环己烷与己烷的燃烧**

$$+ \boxed{9} \ O_2$$

$$\downarrow$$

$$6\,CO_2 + \boxed{6} \ H_2O$$

$$+ \boxed{10} \ O_2$$

$$\downarrow$$

$$6\,CO_2 + \boxed{7} \ H_2O$$

"无张力" $CH_2$ 片段对直链烷烃的 $\Delta H_{comb}^{\ominus}$ 所贡献的实验数值，那么环烷烃的相应的 $\Delta H_{comb}^{\ominus}$ 应该只是这个数的倍数。如果不是的话，它可能表明存在张力。

### 无张力环烷烃的 $\Delta H_{comb}^{\ominus}$ 应为 $\Delta H_{comb}^{\ominus}(CH_2)$ 的倍数

$$\Delta H_{comb}^{\ominus}(C_nH_{2n})= n \times \Delta H_{comb}^{\ominus}(CH_2)$$

如何获得 $CH_2$ 的 $\Delta H_{comb}^{\ominus}$ 值？回顾表3-7和直链烷烃的燃烧热数据可以注意到，对于直链烷烃而言，同系物中相邻的两个化合物的 $\Delta H_{comb}^{\ominus}$ 增加值大致相同：每增加一个 $CH_2$ 基团，$\Delta H_{comb}^{\ominus}$ 变化约 157kcal·mol$^{-1}$。

### 直链烷烃体系的 $\Delta H_{comb}^{\ominus}$

| | | |
|---|---|---|
| $CH_3CH_2CH_3$（气体） | −530.6 | 增量 = −156.8 |
| $CH_3CH_2CH_2CH_3$（气体） | −687.4 | 增量 = −157.8    kcal·mol$^{-1}$ |
| $CH_3(CH_2)_3CH_3$（气体） | −845.2 | 增量 = −157.3 |
| $CH_3(CH_2)_4CH_3$（气体） | −1002.5 | |

当对大量烷烃的燃烧热取平均值时，该数值接近 157.4kcal·mol$^{-1}$（658.6 kJ·mol$^{-1}$），即我们所需要的 $\Delta H_{comb}^{\ominus}(CH_2)$ 值。

采用这个数据，就可以计算环烷烃的预期 $\Delta H_{comb}^{\ominus}$，对于环烷烃 $(CH_2)_n$，其燃烧热即为 $-(n\times157.4)$kcal·mol$^{-1}$（表4-2）。例如，对于环丙烷，$n=3$，因此其 $\Delta H_{comb}^{\ominus}$ 应为 −472.2kcal·mol$^{-1}$；对于环丁烷，$\Delta H_{comb}^{\ominus}$ 应该是 −629.6kcal·mol$^{-1}$；等等（表4-2，第2栏）。然而，当我们测量这些分子的实际燃烧热时，它们的绝对值通常会更大（表4-2，第3栏）。因此，对于环丙烷，实验值为 −499.8kcal·mol$^{-1}$，计算值和实验值之间的差异为 27.6kcal·mol$^{-1}$。因此，相比于预期的无张力分子结构，环丙烷具有更高的能量。额外的能量归因于环烷烃具有环张力，这与通过构建分子模型时所得结论一致。在环丙烷分子中，每个亚甲基的环张力为 9.2kcal·mol$^{-1}$。

### 环丙烷中的环张力

无张力分子的计算：

$\Delta H_{comb}^{\ominus}=-(3\times157.4)$kcal·mol$^{-1}=-472.2$kcal·mol$^{-1}$

实测值：$\Delta H_{comb}^{\ominus}=-499.8$kcal·mol$^{-1}$

环张力：499.8kcal·mol$^{-1}$−472.2kcal·mol$^{-1}=27.6$kcal·mol$^{-1}$

对环丁烷分子进行相似计算（表4-2），揭示了其环张力为 26.3kcal·mol$^{-1}$，每个亚甲基的环张力为 6.6kcal·mol$^{-1}$。对于环戊烷而言，环张力效应小得多，总的环张力只有 6.5kcal·mol$^{-1}$，环己烷几乎没有环张力。然而，环己烷以后的环烷烃同系物又表现出一定的环张力，直到非常大的环烷烃为止（4-5节）。基于这种变化趋势，有机化学家们把环烷烃大致分为四种：

（1）小环体系（环丙烷，环丁烷）

（2）普通环系（环戊烷，环己烷，环庚烷）

（3）中环体系（环辛烷～环十二烷）

（4）大环体系（环十三烷及以上）

什么效应导致了环烷烃的环张力呢？为了回答这个问题，需要深入了解一些环烷烃的详细结构。

### 环张力影响小环体系的结构和构象

如上文所述，最小的环烷烃（环丙烷）的稳定性比从三个亚甲基预期得到的稳定性差得多。这是为什么呢？原因是双重的：扭转张力和键角张力。

图4-1是环丙烷分子的结构模型。首先我们注意到所有亚甲基上的氢原

表4-2 各种环烷烃燃烧热的计算值和实验值 [ 单位：kcal·mol⁻¹（kJ·mol⁻¹）]

| 环大小 $(C_n)$ | $\Delta H^{\ominus}_{comb}$（计算值） | $\Delta H^{\ominus}_{comb}$（实验值） | 总的环张力 | 每个CH$_2$的环张力 |
|---|---|---|---|---|
| 3 | −472.2 （−1976） | −499.8 （−2091） | 27.6 （115） | 9.2 （38） |
| 4 | −629.6 （−2634） | −655.9 （−2744） | 26.3 （110） | 6.6 （28） |
| 5 | −787.0 （−3293） | −793.5 （−3320） | 6.5 （27） | 1.3 （5.4） |
| 6 | −944.4 （−3951） | −944.5 （−3952） | 0.1 （0.4） | 0.0 （0.0） |
| 7 | −1101.8 （−4610） | −1108.2 （−4637） | 6.4 （27） | 0.9 （3.8） |
| 8 | −1259.2 （−5268） | −1269.2 （−5310） | 10.0 （42） | 1.3 （5.4） |
| 9 | −1416.6 （−5927） | −1429.5 （−5981） | 12.9 （54） | 1.4 （5.9） |
| 10 | −1574.0 （−6586） | −1586.0 （−6636） | 14.0 （59） | 1.4 （5.9） |
| 11 | −1731.4 （−7244） | −1742.4 （−7290） | 11.0 （46） | 1.1 （4.6） |
| 12 | −1888.8 （−7903） | −1891.2 （−7913） | 2.4 （10） | 0.2 （0.8） |
| 14 | −2203.6 （−9220） | −2203.6 （−9220） | 0.0 （0.0） | 0.0 （0.0） |

注：计算值是基于每个CH$_2$基团的数值为：−157.4kcal·mol⁻¹（−658.6kJ·mol⁻¹）。

子都是重叠的，与乙烷分子重叠式构象（2-8 节）中的氢原子非常类似。因为**重叠（扭转）张力** [eclipsing (torsional) strain] 的存在，乙烷分子的重叠式构象的能量比更加稳定的交叉式构象的能量要高，而在环丙烷中同样也存在这种效应。此外，环丙烷分子中的碳骨架必须是平面的并且刚性非常强，通过键的旋转来减弱扭转张力是非常困难的。

其次，我们注意到环丙烷分子中 C—C—C 键角为 60°，显著偏离"正常的"四面体构型的键角 109.5°。三个被认为具有四面体构型的碳原子以如此高度扭曲的键角保持成键状态，这是如何实现的呢？图 4-2 可以很好地解释这个问题。图中对于不具有环张力的"开链环丙烷"——三亚甲基双自由基（·CH$_2$CH$_2$CH$_2$·）的成键情况与成环情况进行了比较。可以发现如果不对两个已经存在的 C—C 键进行"弯曲"的话，三亚甲基双自由基的两端将无法"达到"足够近的距离而成环。然而，如果环丙烷分子中的三个 C—C 键都采用弯曲构象 [轨道间的角度为 104°，图 4-2（B）]，轨道重叠已经足

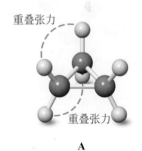

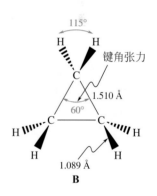

图4-1 环丙烷：（A）分子模型；（B）键长和键角

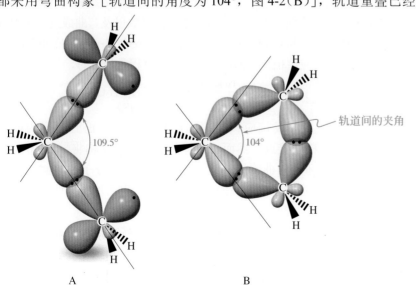

图4-2 （A）三亚甲基双自由基和（B）环丙烷中的弯曲键的轨道图（仅显示了形成C—C键的杂化轨道。注意环丙烷的轨道间的夹角为104°）

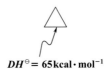

$DH^{\ominus} = 65\,kcal\cdot mol^{-1}$

$H_3C\!-\!CH_3$

$DH^{\ominus} = 90\,kcal\cdot mol^{-1}$

够成键。将四面体碳原子扭曲到足够成环的程度所需要的能量称为**键角张力**（bond-angle strain）。环丙烷分子的环张力源于重叠（扭转）张力和键角张力的加和。

由结构分析得到的结果是环丙烷具有相对较弱的 C—C 键 [$DH^{\ominus}=$ 65kcal·mol⁻¹（272kJ·mol⁻¹）]。这个值较低 [回顾乙烷中 C—C 键强度为 90 kcal·mol⁻¹（377kJ·mol⁻¹）]，这是因为断键时开环释放了环张力。例如，钯催化下环丙烷开环加氢生成丙烷。

$$\triangle \; + \; H_2 \xrightarrow{\text{Pd 催化剂}} \underset{\text{丙烷}}{CH_3CH_2CH_3} \qquad \Delta H^{\ominus} = -37.6\,kcal\cdot mol^{-1}\,(-157kJ\cdot mol^{-1})$$

### 练习 4-4

反-1,2-二甲基环丙烷比顺-1,2-二甲基环丙烷更稳定。为什么？请画图解释你的答案。哪种异构体在燃烧时释放更多热量？

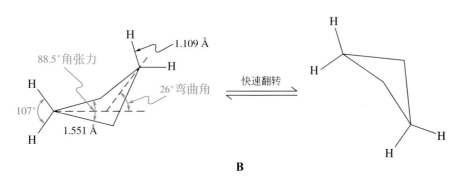

**图 4-3** 环丁烷：（A）分子模型；（B）键长和键角。非平面分子从一种构象迅速"翻转"到另一种构象。

对于更多碳数的环烷烃，情况又如何呢？环丁烷的结构（图 4-3）表明这个分子不是平面的而是折叠的，弯曲角度约 26°。然而，环的非平面结构并不是刚性非常强的。环丁烷分子可以从一种折叠构象迅速"翻转"为另一种折叠构象。分子模型的构建可解释为什么将四元环从平面状态扭曲成非平面状态是有利的：它部分地消除了由八个重叠的氢原子导致的重叠张力。而且相对于环丙烷而言，尽管仍然只有采取弯曲键的方式才能使轨道达到最大重叠，但环丁烷中的键角张力显著降低。由于开环时环张力的释放以及弯曲成键时相对较弱的轨道重叠，环丁烷中的 C—C 键强度也较低 [约 63 kcal·mol⁻¹（264kJ·mol⁻¹）]。环丁烷比环丙烷的反应性稍差，但是它们的开环过程是相似的。

$$\square \; + \; H_2 \xrightarrow{\text{Pd 催化剂}} \underset{\text{丁烷}}{CH_3CH_2CH_2CH_3}$$

人们可能会认为环戊烷应该是平面结构的，因为正五边形的内角是 108°，这与四面体构型接近。然而，这样的一个平面结构将导致 10 个 H-H 重叠相互作用。而环的扭曲将削弱这种相互作用，如分子的**信封**结构所示（图 4-4）。虽然扭曲能够释放重叠的能量，但是它也增加键角张力。信封型构象是系统能量降至最低时的折中方案。

总的来说，环戊烷具有相对较小的环张力，它的 C—C 键强度 $DH^{\ominus}=$ 81kcal·mol⁻¹（338kJ·mol⁻¹），接近非环烷烃（表 3-2）。因此，它没有显示出三元或四元环的异常反应性。

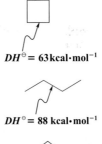

$DH^{\ominus} = 63\,kcal\cdot mol^{-1}$

$DH^{\ominus} = 88\,kcal\cdot mol^{-1}$

$DH^{\ominus} = 81\,kcal\cdot mol^{-1}$

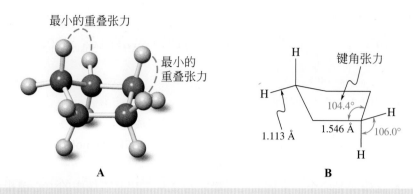

**图4-4** 环戊烷:(A)半椅式构象的分子模型;(B)键长和键角。该分子是柔性的,几乎没有环张力。

## 解题练习4-5

**运用概念解题:估算环张力**

测得氢气与一种奇异的烃类化合物——双环[2.1.0]戊烷(A)(有张力的双环烷烃,4-6 节),反应生成环戊烷的反应热为 $-56kcal \cdot mol^{-1}$。该反应比 150 页中与环丙烷的氢解反应放热($-37.6kcal \cdot mol^{-1}$)多得多,这表明它具有更大的环张力。如何估算 A 中的环张力呢?

$$ \boxed{\triangle} \quad + \quad H{-}H \quad \xrightarrow{\text{催化剂}} \quad \pentagon \qquad \Delta H^{\ominus} = -56kcal \cdot mol^{-1} $$

A

**策略:**

让我们再次应用 WHIP 方法。

- **W:** 有何信息?有一种反应通过氢解在A中断裂C—C键以得到环戊烷。该键由三元环和四元环共用,断裂此C—C键等同于环丙烷和环丁烷同时开环。

- **H:** 如何进行?有两种方法可以解决这个问题。

   **策略1:**

估算 A 中环张力的最快方法是查看表 4-2,并简单地把环丙烷($27.6kcal \cdot mol^{-1}$)和环丁烷($26.3kcal \cdot mol^{-1}$)的环张力进行加和得 $53.9kcal \cdot mol^{-1}$。(**注意:**这种方法忽略了两个环在共用化学键时对它们各自环张力可能带来的影响。因此,可以通过构建环丁烷模型,然后再将其转换为 A 模型来验证这种效果。若使四元环完全变平,环丙烷 $CH_2$ 桥的键角比环丁烷中相应的两个氢的键角更加扭曲。)

   **策略2:**

解决该问题的另一种方法是估计 A 中共用化学键中的张力,并将该值等于分子中的总张力。为此,我们需要确定相应的化学键强度,并将其与假定的非张力模型进行比较,例如,2,3-二甲基丁烷中的中心键,$DH^{\ominus} = 85.5kcal \cdot mol^{-1}$(表 3-2)。如何做到这一点?我们可以结合题目中给出的反应热,并应用 2-1 节中给出的等式,其中反应的焓变与化学键强度的变化有关。

- **I:** 需用的信息?要解决这个问题,请回顾2-1节并参考表3-1、表3-2和表4-2。

- **P:** 继续进行。

   **解答:**

- 重新写出 A 与氢的反应,并用表 3-1 和表 3-2 中的相关数据(以 $kcal \cdot mol^{-1}$ 为单位)标记相关键。

$$\Delta H^{\ominus} = -56\text{kcal} \cdot \text{mol}^{-1}$$

- 应用 2-1 节中的等式：

$$\Delta H^{\ominus} = \Sigma DH^{\ominus}(\text{断键}) - \Sigma DH^{\ominus}(\text{成键})$$

$$-56\text{kcal} \cdot \text{mol}^{-1} = (104+x)\,\text{kcal} \cdot \text{mol}^{-1} - 197\text{kcal} \cdot \text{mol}^{-1}$$

$$x = 37\text{kcal} \cdot \text{mol}^{-1}$$

- 这确实是一个非常弱的化学键，与 2,3-二甲基丁烷中的中心键相比（85.5 kcal·mol$^{-1}$），它的张力为 48.5kcal·mol$^{-1}$。

- 这个数值是否完全反映了 A 的环张力？［注意：不完全，因为产物环戊烷有一些残余张力（6.5kcal·mol$^{-1}$），在 A 的氢解反应中没有释放。］因此，对 A 中环张力的合理估计是 48.5kcal·mol$^{-1}$+ 6.5kcal·mol$^{-1}$ = 55kcal·mol$^{-1}$，这非常接近我们的"初步结论"（策略 1），即各个环组分的环张力之和（53.9kcal·mol$^{-1}$）。令人欣慰的是，这个数据也非常接近于燃烧热的实验值（57.3kcal·mol$^{-1}$）。

### 4-6 自试解题

在页边中显示的烃 A 中的环张力为 50.7kcal·mol$^{-1}$。估算其与氢气反应生成环己烷的反应热。

## 4-3 ｜ 环己烷：无张力的环烷烃

环己烷是有机化学领域中最常见并且最重要的结构单元之一。它的取代衍生物的结构存在于许多天然产物之中（4-7 节），对其构象互变的解释是有机化学研究的一个重要领域。表 4-2 表明在实验误差以内，环己烷是不寻常的，它没有键角张力或扭转张力。这是为什么呢？

$DH^{\ominus} = 88\text{kcal} \cdot \text{mol}^{-1}$

**环己烷的椅式构象没有张力**

假设环己烷具有平面构型，那么就有 12 个 H-H 重叠的相互作用以及六重的键角张力（正六边形的键角为 120°）。然而，将 C-1 和 C-4 以相反的方向移出平面而得到的环己烷的一种构象实际上是没有环张力的（图 4-5）。这种结构称为环己烷的**椅式构象**（chair conformation）（因为它看起来像一把椅子）。

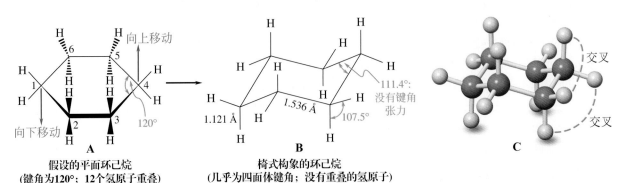

**图 4-5** 将（A）假设的平面环己烷转化为（B）椅式构象，显示了键长和键角；（C）分子模型。椅式构象是无张力的。

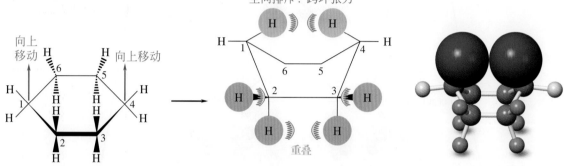

**图4-6** 沿着环己烷的椅式构象中的一个C—C键去观察。注意所有取代基的交叉排列。

**图4-7** 从假设的平面环己烷转化为船式构象。在船式构象中，C-2、C-3、C-5和C-6上的氢是重叠的，从而引起扭转张力。C-1和C-4上的"内侧"氢原子通过跨环相互作用在空间上相互排斥。这两个氢原子的空间位置反映了它们各自电子云的实际空间分布，如右侧的球棍模型所示。

在这个构象中，H-H重叠已完全避免，键角也几乎接近四面体构型。就像表4-2指出的那样，基于没有环张力的$(CH_2)_6$模型计算得到的环己烷的燃烧热（$-944.4 kcal \cdot mol^{-1}$）与实验值（$-944.5 kcal \cdot mol^{-1}$）非常接近。实际上，C—C键的键强度 $DH^{\ominus} = 88 kcal \cdot mol^{-1}$（$368 kJ \cdot mol^{-1}$）是正常的（表3-2）。

观察环己烷的分子模型有助于我们认识该分子构象的稳定性。从任何一个C—C键的方向看过去，可以看到所有的取代基都处于交叉式的位置。我们可以通过Newman投影式更明确地表示这种交叉式构象（图4-6）。因为没有环张力，环己烷就像直链烷烃一样表现出化学惰性。

### 环己烷的几个稳定性稍差的构象

环己烷也会采取其他不太稳定的构象。其中一个是**船式构象❶**（boat form），这是C-1和C-4以相同的方向移出平面而得到的（图4-7）。船式构象比椅式构象稳定性稍差，约$6.9 kcal \cdot mol^{-1}$。产生这个差别的一个原因是船式构象中船底8个氢原子的重叠相互作用；另一个原因是船式构象中船骨架的两个内侧氢原子过于接近而产生的空间位阻（2-9节）。这两个氢原子之间的距离只有1.83Å，小到已经足够产生$3 kcal \cdot mol^{-1}$（$13 kJ \cdot mol^{-1}$）的排斥能。这种效应是**跨环张力**（transannular strain）的一个例子。跨环张力是由于跨越环的两个基团的空间拥挤而导致的张力（*trans*，拉丁文，"跨"的意思；*anulus*，拉丁文，"环"的意思）。

环己烷的船式构象具有相当的柔性。如果一个C—C键相对于另一个C—C键扭曲一定角度，这种构象将因为部分消除跨环张力而在一定程度上变得稳定。所得的这种新的构象被称为环己烷的**扭船式**（twist-boat）构象或**斜船式**（skew-boat）**构象**（图4-8）。相对于船式构象而言，扭船式构象

比船式更稳定 $1.4 kcal \cdot mol^{-1}$

或　　或

船式

扭船式
比船式更稳定 $1.4 kcal \cdot mol^{-1}$

**图4-8** 环己烷通过船式构象进行扭船式-扭船式翻转。

---

❶ 译者注：目前较为准确的表述是，船式构象是两个扭船式构象之间互变的一个过渡态，是势能的最高点，类似于反应的过渡态，不认为是环己烷可以长时间存在一种构象异构体。

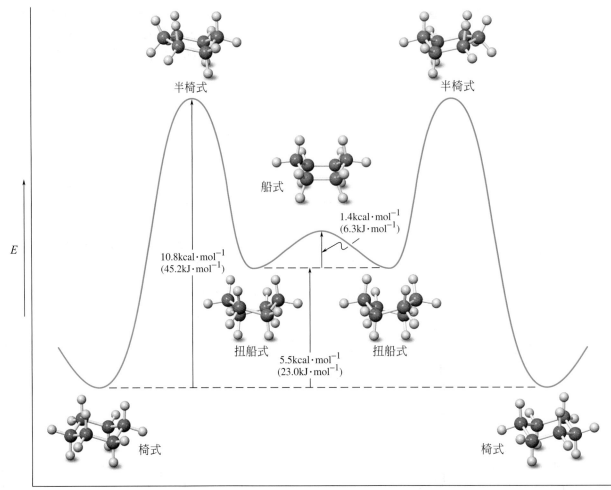

图4-9　环己烷通过扭船式和船式发生的椅式-椅式构象互变的势能图。从左到右的过程中，椅式先转化为一个扭船式（通过扭转其中一个 C—C 键），活化能垒是 10.8kcal·mol⁻¹。过渡态的结构被称为是半椅式。扭船式再以船式构象为过渡态（能垒高 1.4kcal·mol⁻¹）翻转为另一个扭船式结构（图4-8），最后变回椅式的环己烷（环翻转）。可通过构建分子模型模拟这些转变。

一把椅子和一条船。你在环己烷中看到它们了吗？

的能量要低，约为 1.4kcal·mol⁻¹。如图 4-8 所示，可能有两种扭船式构象。这两种扭船式构象以船式构象为过渡态（可以通过分子模型验证），相互之间的转化非常快。因此，船式构象的环己烷通常并不能被分离出来，扭船式构象的量非常少，椅式构象是最主要的构象体（图 4-9）。从最稳定的椅式构象转化为扭船式构象需克服 10.8kcal·mol⁻¹ 的活化能垒。我们可以看到图 4-9 描述的平衡对于环己烷环上取代基的位置在结构方面会有非常重要的影响。

### 环己烷具有直立的和平伏的两类氢原子

　　环己烷的椅式构象模型表明分子中含有两种类型的氢原子。六个碳氢键几乎与主分子轴（图 4-10）平行，因此被称为**直立（axial）键**；其余 6 个碳氢键与主分子轴几乎垂直，与赤道平面❶接近，因此被称为**平伏（equatorial）键**。

---

❶　赤道平面定义为垂直于一个旋转体的旋转轴，并与旋转体的两极距离相等，例如行星地球的赤道。

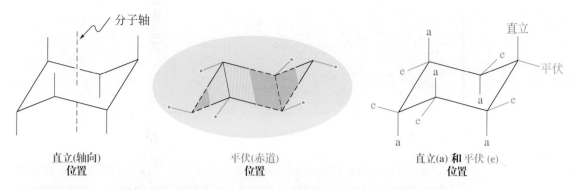

直立(轴向) 位置      平伏(赤道) 位置      直立(a) 和 平伏 (e) 位置

**图4-10** 环己烷椅式构象中氢的直立位置和平伏位置。蓝色阴影代表包含（蓝色）平伏氢的赤道平面。黄色和绿色阴影区域分别位于该平面的上方和下方。

---

**指导原则：如何画出环己烷的椅式构象**

- 1. 画环己烷的椅式构象时，将C-2和C-3原子置于C-5和C-6下方稍偏右处。左端位的C-1指向左下方，右端位C-4指向右上方。理想情况下，正对应的跨环键（指C-1—C-6键与C-3—C-4键；C-2—C-3键和C-5—C-6键；C-1—C-2键和C-4—C-5键）应该是相互平行的。

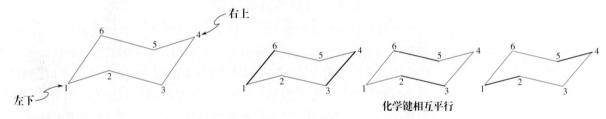

化学键相互平行

- 2. 用垂直的实线表示直立键，C-1、C-3和C-5上的键指向下方；C-2、C-4和C-6上的键指向上方。也就是说，直立键在环周围交替地指向上方或下方。

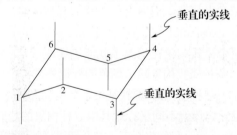

- 3. 画出C-1和C-4上的平伏键。C-1上的平伏键朝上，与C-2和C-3形成的单键平行，C-4上的平伏键朝下，与C-5和C-6形成的单键平行，它们都与水平方向呈一个很小的角度。

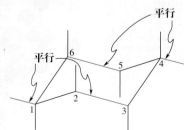

- 4. 这条书写规则是最难的：在C-2、C-3、C-5和C-6上画出剩下的平伏键，使它们平行于"间隔一个"的C—C键，如下所示。

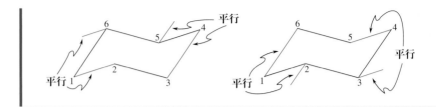

## 练习 4-7

（**a**）用 Newman 投影式画出环丙烷、环丁烷、环戊烷和环己烷中碳碳键最稳定构象的预测结构。使用为练习 4-1 准备的模型作为辅助，并参考图 4-6。每个投影式中每个相邻 C—H 键之间的（近似）扭转角是多少？（**b**）根据上述的指导原则，画出下列分子的椅式构象。将下列平面结构中的成环原子（取代碳原子或者氧原子）置于顶部，使它出现在所画出的椅式构象的右上角。

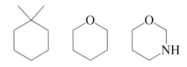

## 构象翻转使直立氢和平伏氢互变

当环己烷的椅式构象和船式构象相互平衡时，平伏氢和直立氢的特性会发生什么变化呢？可以利用分子模型来模拟图 4-9 中的构象翻转过程。从左边的椅式构象开始，只需把左边最远的 $CH_2$（前节中的 C-1）向上"翻转"穿过平伏面就能得到船式构象。如果想让分子回到椅式构象，则不是通过相反的移动，而是通过另一种同样可能的替代方法，即把 C-1 对面的 $CH_2$（C-4）向下翻转，你将发现原来的直立位置和平伏位置互换了。也就是说，环己烷发生椅式-椅式构象互变（"翻转"）时，一种椅式构象中的所有直立氢在另一种椅式构象中都变成平伏氢，而所有的平伏氢都变成直立氢（图 4-11）。发生翻转的活化能是 $10.8 kcal \cdot mol^{-1}$（图 4-9）。正如 2-8 节和 2-9 节中所提到的那样，这个数值很低，两个椅式构象在室温下就能迅速地互变（大约 200000 次 /s）。

图 4-11 所示的两种椅式构象除了颜色的标记外是完全相同的。我们可以通过引入取代基来区分这种简并性：取代基位于平伏位置的椅式环己烷与取代基位于直立位置的构象异构体就不同了。对其中一种构象的趋向性极大地影响到环己烷的立体化学和反应性。我们将在下一节介绍这样的取代所引起的结果。

**动画**
环己烷的环翻转

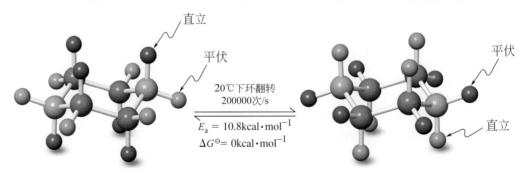

**图 4-11**　环己烷中的椅式-椅式互变（"环翻转"）。 这一过程在室温下迅速进行，位于分子一端的（绿色）碳向上移动，而与它对应的另一端的碳（也是绿色）向下移动。最初处于直立位置的所有基团（左侧结构中的红色）变为平伏位置，而那些开始位于平伏位置（蓝色）的基团变为直立位置。

## 小　结

　　计算得到和实验测量得到的环烷烃燃烧热值之间存在的差异，大致可归因于三种形式的张力：键角张力（四面体碳的变形）、重叠（扭转）张力和跨环张力。正是因为这些张力，小的环烷烃具有化学活泼性，能发生开环反应。环己烷是没有张力的。它有最低能量的椅式构象，也有较高能量的其他构象，特别是船式和扭船式的结构。环己烷的椅式-椅式互变在室温下迅速进行；这是一个平伏氢原子和一个直立氢原子互换位置的过程。

# 4-4 | 取代环己烷

　　将构象分析的知识应用到取代环己烷中，让我们来看看最简单的烷基环己烷——甲基环己烷。

### 直立取代和平伏取代的甲基环己烷在能量上不等价

　　在甲基环己烷中，甲基占据一个平伏位置或者一个直立位置。这两种构象等价吗？很显然不等价。在甲基位于平伏键的构象中，甲基取代基伸向远离环己烷分子的空间。相反，在甲基位于直立键的构象中，甲基取代基与位于分子同一侧的另外两个直立氢靠得很近，甲基与这些氢间的距离太近（约 2.7Å）以致产生位阻排斥力，也是一种跨环张力的例子。因为此效应是由直立位置取代基的碳原子是 1,3-位的关系引起的（下图，1,3- 和 1,3′-），因此称为 1,3-双直立键相互作用。这种相互作用与丁烷的邻交叉（*gauche*）构象的作用相同（2-8 节）。因此，直立的甲基与环上的两个碳原子（C-3 和 C-3′）是属于邻交叉型的，而平伏的甲基相对于它们是对交叉型的。

> 烃类化合物的燃烧（3-11 节和4-2 节）通常从 $O_2$ 攫取氢原子开始。甲基环己烷燃烧特别充分，因为存在相对较弱的三级 C—H 键（3-1 节），因此被用作喷气燃料的添加剂。

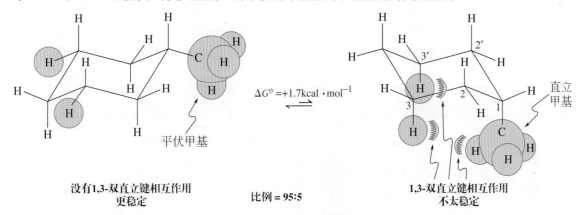

没有1,3-双直立键相互作用
更稳定

$\Delta G^{\ominus} = +1.7\text{kcal} \cdot \text{mol}^{-1}$

比例 = 95∶5

1,3-双直立键相互作用
不太稳定

平伏甲基　　　　　　　　　　　　　　　　直立甲基

　　这两种椅式的甲基环己烷是处于平衡的。甲基位于平伏位置的构象异构体要稳定 $1.7\text{kcal} \cdot \text{mol}^{-1}$（$7.1\text{kJ} \cdot \text{mol}^{-1}$），在 25℃时以 95∶5 的比例占优势（2-1 节）。甲基环己烷进行椅式-椅式互变的能垒与环己烷本身的相近 [约 $11\text{kcal} \cdot \text{mol}^{-1}$（$46\text{kJ} \cdot \text{mol}^{-1}$）]，在室温下两种构象异构体迅速建立平衡。

　　从带有取代基的环 C—C 键的 Newman 投影式可以容易地看出，含有直立取代基的构象异构体的 1,3-双直立键相互作用是不利的。与含直立取代基的构象异构体（取代基与两个环键是邻交叉的）相反，含平伏取代基的构象异构体（取代基与两个环键呈对交叉式）的取代基是远离直立氢的（图 4-12）。

## 练习 4-8

由 $\Delta G^{\ominus}$ 为 1.7kcal·mol$^{-1}$ 计算甲基环己烷中甲基分别在平伏键和直立键位置的平衡常数 $K$ 值。利用表达式 $\Delta G^{\ominus}$（以 kcal·mol$^{-1}$ 为单位）$= -1.36\lg K$。（提示：如果 $\lg K = x$，则 $K = 10^x$。）计算结果与文中提到的 95：5 的构象异构体的比例一致吗？

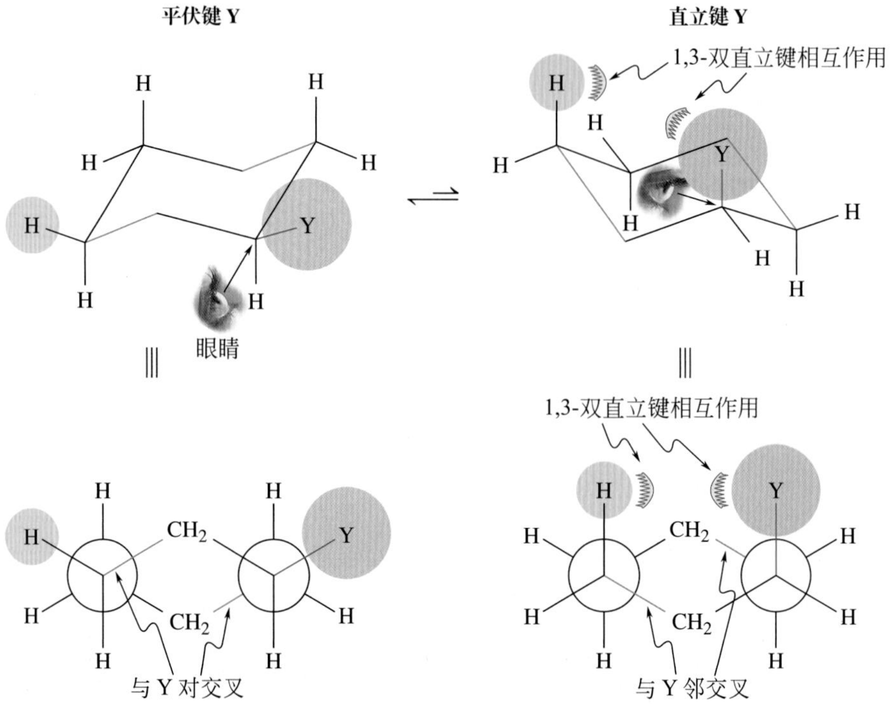

图4-12　取代环己烷的Newman 投影式。带有直立的Y取代基的构象由于1,3-双直立键的相互作用而不太稳定，图中只画出了一个相互作用（从图中"眼睛"看的方向做Newman投影式）。直立的Y对于绿色的环键是邻交叉型的，而平伏的Y是对交叉型的。

已经测量出很多单取代环己烷的直立取代形式和平伏取代形式间的能量差，部分列于表 4-3 中。在很多情况（并不是所有）中，尤其是烷基取代时，两种形式间的能量差值随取代基的空间体积增加而增加，这是不利的 1,3-双直立键相互作用增加的直接结果。这种效应在（1,1-二甲基乙基）环己

表4-3　环己烷平伏键取代的构象异构体翻转为直立键取代的构象异构体的吉布斯自由能变

| 取代基 | $\Delta G^{\ominus}$/kcal·mol$^{-1}$(kJ·mol$^{-1}$) | | 取代基 | $\Delta G^{\ominus}$/kcal·mol$^{-1}$(kJ·mol$^{-1}$) |
|---|---|---|---|---|
| H | 0 | (0) | F | 0.25　(1.05) |
| CH$_3$ | 1.70 | (7.11) | Cl | 0.52　(2.18) |
| CH$_3$CH$_2$ | 1.75 | (7.32) | Br | 0.55　(2.30) |
| (CH$_3$)$_2$CH | 2.20 | (9.20) | I | 0.46　(1.92) |
| (CH$_3$)$_3$C | ≈5 | (21) | HO | 0.94　(3.93) |
| $\overset{\displaystyle O}{\underset{\displaystyle HOC}{\parallel}}$ | 1.41 | (5.90) | CH$_3$O | 0.75　(3.14) |
| $\overset{\displaystyle O}{\underset{\displaystyle CH_3OC}{\parallel}}$ | 1.29 | (5.40) | H$_2$N | 1.4　(5.9) |

注：在所有的例子中，取代基位于平伏键的构型是更为稳定的。

烷（即叔丁基环己烷）中尤为显著，两种形式的能量差（约 5kcal·mol$^{-1}$）非常大，以致平衡中只有很少量（0.01%）的直立键取代的构象异构体出现。在其他情况下，$\Delta G^{\ominus}$ 值与取代基基团大小的相关性并不明显。例如在卤素系列中，正如预期 $\Delta G^{\ominus}$ 值首先从 F 到 Cl 是增加的，但随后到 Br 减少了，再到 I 甚至更少。为了理解这种看似矛盾的差异，务必清楚我们是通过环己烷环上取代基的 1,3-双直立键相互作用来测量能量差大小的。从 F 到 I 时，基团与碳环的键长增加，从而抵消了相应的空间体积增加引起的 1,3-双直立键相互作用。

## 解题练习 4-9

**运用概念解题：构建可视化的空间位阻模型**

环己基环己烷发生从直立键到平伏键的翻转的 $\Delta G^{\ominus}$ 值与（1-甲基乙基）环己烷发生翻转的 $\Delta G^{\ominus}$ 值相同，都是 2.20kcal·mol$^{-1}$。这合理吗？请解释。

**策略：**

处理构象问题时，宜建立分子模型来进行。

**解答：**

• 分子模型显示环己基环己烷可被视为（1-甲基乙基）环己烷的环状类似物，其中两个甲基通过 $(CH_2)_3$ 链连接（4-1 节）。

• 两种结构都是柔性的，都有很多构象异构体，但你将会发现看似位阻更大的环己基比 1-甲基乙基能旋转得更远离环己烷核，以避免 1,3-双直立键的相互作用。因此，两者发生翻转的吉布斯自由能变的数值相同是合理的。

## 4-10 自试解题

互为同分异构体的烃 A 和 B（页边）的优势构象显示甲基都是在平伏键上的，而 B 比 A 更稳定 2.3kcal·mol$^{-1}$。这种差异的根源是什么？（**注意：** A 和 B 环是翻转异构体吗？**提示：** 建立分子模型并观察甲基取代环己烷环的构象的性质。）

**A**

**B**

## 取代基竞争平伏位置

为预测多取代环己烷更稳定的构象，必须要考虑取代基在直立键或者在平伏键的累积效应；另外，还要考虑可能的 1,3-双直立键取代基团或者 1,2-邻交叉（2-9 节）相互作用。在很多情况中，我们可以忽略后两者的作用，而只是简单地应用表 4-3 的值进行预测。

可以由一些二甲基环己烷的异构体来说明这一点。在 1,1-二甲基环己烷中，总是有一个直立甲基和一个平伏甲基。两个椅式构象是相同的，所以它们的能量相等。

一个直立甲基
一个平伏甲基

一个直立甲基
一个平伏甲基

**1,1-二甲基环己烷**
**(构象在能量上相等，同样稳定)**

**动画**
顺-1,4-二甲基环己烷的环翻转

这两个甲基基团的化学键都是指向向下的；无论构象如何，它们都是顺式的（即在环的同一侧）。

类似的，在顺-1,4-二甲基环己烷中，两个椅式构象中含有一个直立键取代基和一个平伏键取代基，并且具有相等的能量。

一个直立，一个平伏 ⇌ 一个直立，一个平伏

顺-1,4-二甲基环己烷

另一方面，它的反式异构体反-1,4-二甲基环己烷能以两种不同的椅式构象存在：一个含有两个直立甲基（双直立取代的），另一个含有两个平伏甲基（双平伏取代的）。

双平伏的甲基 更稳定 ⇌ 双直立的甲基 不太稳定：+3.4kcal·mol$^{-1}$(14.2kJ·mol$^{-1}$)

反-1,4-二甲基环己烷

这两个甲基一个朝下，另一个朝上。无论构象如何，它们都是反式的（即在环的异侧）。

**动画**
反-1,4-二甲基环己烷的环翻转

实验上测得，双平伏键取代形式比双直立键取代形式要稳定 3.4kcal·mol$^{-1}$，为单甲基取代环己烷的 $\Delta G^{\ominus}$ 值的两倍。事实上，表 4-3 中数据的加和性可应用于很多其他的取代环己烷。例如，反-1-氟-4-甲基环己烷的 $\Delta G^{\ominus}$（双直立键取代 ⟶ 双平伏键取代）值为 −1.95kcal·mol$^{-1}$ [−(1.70kcal·mol$^{-1}$<—CH$_3$> + 0.25kcal·mol$^{-1}$<—F>)]。相反，在顺-1-氟-4-甲基环己烷中，两个基团竞争平伏位置而使对应的 $\Delta G^{\ominus}$= −1.45kcal·mol$^{-1}$ [−(1.70kcal·mol$^{-1}$− 0.25kcal·mol$^{-1}$)]，较大的甲基比较小的氟优先占据平伏位置。

大基团直立 小基团平伏 不太稳定 ⇌ 小基团直立 大基团平伏 更稳定     $\Delta G^{\ominus}$= −1.45kcal·mol$^{-1}$(−6.07kJ·mol$^{-1}$)

顺-1-氟-4-甲基环己烷

### 练习 4-11

（a）1-乙基-1-甲基环己烷；（b）顺-1-乙基-4-甲基环己烷；（c）反-1-乙基-4-甲基环己烷。计算上述三种化合物的两种椅式构象异构体达到平衡时的 $\Delta G^{\ominus}$ 值。

### 练习 4-12

画出下列各异构体的两个椅式构象：（a）顺-1,2-二甲基环己烷；（b）反-1,2-二甲基环己烷；（c）顺-1,3-二甲基环己烷；（d）反-1,3-二甲基环己烷。它们中哪些异构体总是具有相同数目的直立键取代基和平伏键取代基？哪些是存在双直立键取代和双平伏键取代平衡的混合物？

## 解题练习4-13

**运用概念解题：寻找最稳定的环烷烃**

（**a**）按照稳定性（即能量）降低的顺序对下列四种同分异构体烃进行排序：（i）戊基环丙烷；（ii）顺-1-乙基-2-丙基环丙烷；（iii）乙基环己烷；（iv）顺-1,4-二甲基环己烷。

**策略：**

- **W：**有何信息？建立上述四种同分异构体结构的能量近似顺序，并将其转换为相对稳定性。请注意到所有化合物都是$C_8H_{16}$的异构体。因此可以通过测量它们的燃烧热来回答这个问题。稳定性降低会使$\Delta H^{\ominus}_{comb}$的值增加（图3-14）。因这里没有这些数据参考，故需借助比较这些分子中可能表现出相对不稳定的特征结构。

- **H：**如何进行？为了识别存在哪些可以通过改变其能量来稳定或破坏稳定的特征结构，仔细书写这四个化合物的结构是必不可少的。注意，该问题包括命名单元：每个名称都必须转换为结构。最后，为了准确比较，需要书写每个最稳定的可能构象。制作模型对于在三维空间中观察分子是非常有用的。

- **I：**需用的信息？化合物结构的能量越低，它就越稳定。空间拥挤会增加能量并降低稳定性（2-9节）。所以：交叉式的构象比重叠式的构象更稳定；对交叉式构象要比邻交叉式构象稳定；平伏键比直立键更稳定（4-4节）。在每种情况下，更稳定的结构其空间拥挤程度更小。还有其他破坏稳定性的因素吗？小环会受到键角张力影响（4-2节）。我们需要用数据来定量地评估每个问题的重要性。

- **P：**继续进行。

**解答：**

书写四个化合物的所有结构。根据4-3节的指导原则画出椅式环己烷。如上所述，确定影响稳定性的每个特征结构。每个特征结构有多重要？找到定量的信息：（i）中环丙烷的键角张力是最大的去稳定因子（$27.6 \text{kcal} \cdot \text{mol}^{-1}$；4-2节）。然后我们需要在（ii）中补充较强的重叠作用，至少与丁烷最高能量构象中的$4.9 \text{kcal} \cdot \text{mol}^{-1}$一样大的数值（图2-13）。环己烷不受键角张力的影响，但（iv）不能避免一个直立取代基的作用（$1.7 \text{kcal} \cdot \text{mol}^{-1}$，表4-3）。所以，我们有：

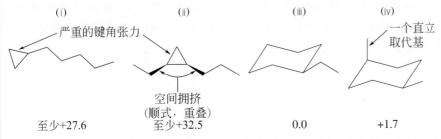

| (i) | (ii) | (iii) | (iv) |
|---|---|---|---|
| 严重的键角张力 | 空间拥挤（顺式，重叠） | | 一个直立取代基 |
| 至少+27.6 | 至少+32.5 | 0.0 | +1.7 |

在每个结构下面给出以$\text{kcal} \cdot \text{mol}^{-1}$为单位的近似相对能量。拥有更高能量的结构不太稳定。基于这些数据，得到的稳定性顺序是：（iii）＞（iv）＞（i）＞（ii）。（如果需要，甚至可以通过添加每种化合物的能量增量来给出近似的能量差异。）

（**b**）虽然表 4-3 中取代基的 $\Delta G^{\ominus}$ 值是可以叠加的，并且可用于指出两个取代的环己烷构象异构体之间的平衡位置，观测到的 $\Delta G^{\ominus}$ 值受到基团之间额外的 1,3- 双直立键相互作用或 1,2-邻交叉相互作用干扰。例如，与反-1,4-二甲基环己烷一样，它的同分异构体顺-1,3-二甲基环己烷存在双平伏键 - 双直立键的平衡，因此应表现出相同的 $\Delta G^{\ominus}$ 值，即 $\Delta G^{\ominus}$ 为 $3.4\text{kcal} \cdot \text{mol}^{-1}$。但是，实际测量值较大，$\Delta G^{\ominus}$ 为 $5.4\text{kcal} \cdot \text{mol}^{-1}$。请解释。（**提示**：对于顺-1,3-二甲基环己烷，仔细观察所有 1,3- 双直立键相互作用，并将它们与反-1,4-二甲基环己烷的双直立键相互作用进行比较。）

**策略：**

同样，解决构象问题的一个好策略是建立模型。首先构建顺-1,3-二甲基环己烷的模型，并模拟双平伏键取代到双直立键取代的环翻转。比较这个体系与"两倍"的甲基环己烷有什么不同？

**解答：**

• 在双平伏键取代的构象异构体中，两个甲基各自位于与甲基环己烷中相同的空间区域。

• 是否在双直立键取代的构象异构体中也是这样呢？答案是否定的。直立的甲基环己烷中环翻转的 $\Delta G^{\ominus}$ 值为 $1.7\text{kcal} \cdot \text{mol}^{-1}$，是来自于两组 $CH_3/H$-1,3- 双直立键相互作用（一个 $CH_3$ 基团与两个氢作用，如 157 页中图片所示的甲基环己烷；也可见图 4-12），每一组为 $0.85\text{kcal} \cdot \text{mol}^{-1}$。在顺-1,3- 二甲基环己烷中，双直立键构象也受到两组 $CH_3/H$ 相互作用（两个 $CH_3$ 基团和单个氢作用）的影响，具有相同的总能量变化 $1.7\text{kcal} \cdot \text{mol}^{-1}$。额外的张力源于两个直立甲基的接近，达到 $3.7\text{kcal} \cdot \text{mol}^{-1}$。

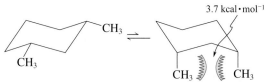

• 因此，顺-1,3-二甲基环己烷的双直立键的构象稳定性远比双平伏键的构象稳定性要差，超过我们最初预期的 $3.4\text{kcal} \cdot \text{mol}^{-1}$。

### 4-14 自试解题

与练习 4-13 中的顺-1,3-二甲基环己烷一样，它的同分异构体反-1,2-二甲基环己烷存在双平伏键-双直立键的平衡，因此预计表现出与反-1,4-二甲基环己烷相同的 $\Delta G^{\ominus}$ 值，即 $3.4\text{kcal} \cdot \text{mol}^{-1}$。但是，其 $\Delta G^{\ominus}$ 测量值较小（$2.5\text{kcal} \cdot \text{mol}^{-1}$）。请解释。（**提示**：考虑两个甲基的接近程度；参见 2-9 节中的邻交叉-对交叉丁烷。）

实验室制造的最大环烷烃是 $C_{288}H_{576}$。由于有伦敦吸引力（2-7 节），分子卷曲成球形。[*courtesy of Peter Vollhardt*]

## 小 结

对环己烷的构象分析使我们能预测它的各种构象异构体的相对稳定性，甚至估计两种椅式构象间的能量差值。体积大的取代基，尤其是一个 1,1- 二甲基乙基基团，趋向于使椅式-椅式的平衡向大取代基位于平伏位置的一侧移动。

# 4-5 | 较大的环烷烃

对于较大的环烷烃是否也有类似相关的性质呢？表 4-2 表明比环己烷大的环烷烃也有更多的张力。这些张力包含了键角的扭曲作用，部分氢的重叠，以及跨环的位阻排斥作用。中等大小的环不可能在一个单一的构象中减少所有产生张力的相互作用。因此，一个可以折中的解决方案就是让分子在几个能量相近的立体结构中建立平衡。在页边处给出了环癸烷的一个构象，其张力为 14kcal·mol$^{-1}$（59 kJ·mol$^{-1}$）。

只有大环的环烷烃才有无张力的构象，如环十四烷（表 4-2）。在这样的环中，碳链变得足够柔性以允许氢交错排列和碳原子最大限度地以反式构象存在。然而，即使在这样的体系中，取代基的引入也会带来各种大小的张力。本书中提到的很多环形分子都不是无张力的。

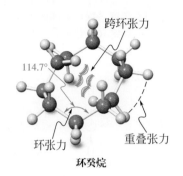

# 4-6 | 多环烷烃

目前讨论过的环烷烃都只含有一个环，因此归于单环烷烃。在更复杂的结构 —— 双环、三环、四环和更高级的多环烃中，它们以两个或更多的环共用一个碳原子。自然界中有很多这样的化合物存在，它们连有各种各样的烷基或官能团。让我们来看看众多种类中一些可能的多环烷烃结构。

### 多环烷烃可能含有稠环或桥环

多环烷烃的分子模型可以通过连接单环烷烃的两个烷基取代基的碳原子很容易地构建。例如，如果将 1,2- 二乙基环己烷的两个甲基上的氢原子各拿掉一个，并连接得到的两个 CH$_2$ 基团，就能得到一个常用名称作十氢萘的新分子。在十氢萘中，两个环己烷共用两个相邻的碳原子，这样的两个环是**稠合的**（fused）。以这种方式构造出来的化合物叫做**稠双环**（fused bicyclic）环系，共用的碳原子也称为**稠环碳原子**（ring-fusion carbon）。连接在稠环碳原子上的基团叫做**稠环取代基**（ring-fusion substituent）。

如果我们以同样的方式处理顺-1,3-二甲基环戊烷的分子模型，我们就能获得另外一种碳骨架，即降冰片烷。降冰片烷是**桥式双环**（bridged bicyclic）环系的一个例子。在桥式双环体系中，两个不相邻的碳原子，即**桥头碳**（bridgehead carbon），为两个环共用。

降冰片烷

降冰片烷

**图4-13** 反-和顺-十氢萘的常规画法和椅式构象。反式异构体在稠环处仅含有平伏的碳-碳键，而顺式异构体包含两个平伏的碳-碳键（绿色）和两个直立的碳-碳键（红色），每个对应一个环。

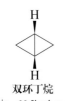

**双环丁烷**

张力 = 66.5kcal·mol⁻¹

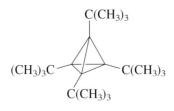

**四(1,1-二甲基乙基)四面体烷**

张力 = 129kcal·mol⁻¹

**四面体烷(C₄H₄)**

张力 = 137kcal·mol⁻¹

**立方烷(C₈H₈)**

张力 = 166kcal·mol⁻¹

**正十二面体烷(C₂₀H₂₀)**

张力 = 61kcal·mol⁻¹

平伏 C—C 键
**反-十氢萘**

直立 C—C 键    平伏 C—C 键
**顺-十氢萘**

如果把一个环当成是另外一个环的取代基，就能确定稠环并环过程中的立体化学关系。特别地，双环系统可以是顺式或反式稠合的。通过观察稠环取代基最容易断定稠环的立体化学关系。例如，反-十氢萘的稠环氢彼此间互为反式，而顺-十氢萘的稠环氢为顺式关系（图 4-13）。

### 练习4-15

构建顺-十氢萘和反-十氢萘的分子模型。如何考虑它们构象的可变性？

### 烃类化合物有张力极限吗？

寻求烃类化合物键张力的极限是一个很吸引人的研究领域，促使化学家们合成了很多奇异的分子。令人好奇的是一个碳原子能承受的键角扭曲力究竟有多大。双环丁烷是双环体系中的一个例子，它的张力为 66.5kcal·mol⁻¹（278kJ·mol⁻¹），这个分子能够存在是很不寻常的，它还可被分离并储存。

一系列具有几何上与柏拉图立体（Platonic solid）等同的碳框架的张力化合物吸引了合成化学家的注意，如四面体（四面体烷）、六面体（立方烷）以及五边形的十二面体（正十二面体烷，页边）。在这些多面体中，所有的面都由相同大小的环组成，分别为环丙烷、环丁烷、环戊烷。六面体烷在 1964 年首次合成出来，它是一个 $C_8H_8$ 的烃，形状像一个立方体，就相应地取名为立方烷。实验测得的张力 [166kcal·mol⁻¹（695kJ·mol⁻¹）] 比六个环丁烷的张力总和要大。尽管四面体烷本身不存在，但它的四(1,1-二甲基乙基)四面体烷的衍生物在 1978 年合成出来了。虽然测到的张力（由 $\Delta H_{comb}^{\ominus}$ 测得）为 129kcal·mol⁻¹（540kJ·mol⁻¹），但该化合物是稳定的，且熔点为 135℃。十二面体烷的合成在 1982 年完成。从简单的环戊烷衍生物出发，经 23 步合成，最后一步得到 1.5 mg 纯化合物。这个产量尽管很小，但已足够用于对该分子进行彻底的结构表征。它的熔点为 430℃，这对于一个 $C_{20}$ 的烃来说是相当高的，显示了该化合物的对称性。相比之下，二十烷也有 20 个碳，熔点为 36.8℃（表 2-5）。正如预期的那样，基于其组成单元的五元环考虑，正十二面体烷的张力只有 61kcal·mol⁻¹（255kJ·mol⁻¹），比它的那些低级的同系物要低很多。

## 小 结

　　双环化合物中的碳原子由两个环（稠环或桥环的形式）共用。碳原子在它所成的键中可能会承受很大的张力，尤其是相对于其他碳原子。这种能力使得制备那些碳的四面体形状发生严重变形的分子成为可能。

# 4-7 自然界中的碳环产物

　　自然界创造了形形色色的环状分子。**天然产物**（natural product）是指由活的生物体产生的有机化合物。它们当中的一些化合物，如甲烷，是非常简单的；另外一些化合物的结构则非常复杂。科学家们试图以各种方式对众多天然产物进行分类。通常，对这些产物的分类按照四种方案：（1）化学结构；（2）生理活性；（3）生物或植物特异性（分类学）；（4）生化来源。

---

**真实生活：**材料 **4-1** 环己烷、金刚烷和类金刚石——金刚石"分子"

　　4-6节简要介绍了多环烷烃，这为有机化学中碳骨架多样性提供了进一步的实例（关于可能的烷烃非环异构体的数量，参见表2-4）。只要有可能，这种多环烷烃分子的结构中，环己烷的环以椅式构象存在，例如反-十氢萘。我们可通过将一个环己烷在平伏位置稠合到另一个环上来构建该分子。构建全椅环己烷多环骨架的另一种方法是通过直立键位置。因此，如果我们将三个直立的—$CH_2$基团添加到环己烷中并通过单个CH单元连接，得到一个全椅式四环笼，$C_{10}H_{16}$，称为金刚烷（*adamantinos*，希腊语，"钻石"）。通过建立分子模型你会发现它的简单对称性，即所有四个面都是等同的。

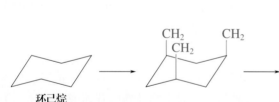 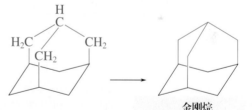

　　金刚烷是$C_{10}H_{16}$异构体中最稳定的。它的紧密形状使其能够在固体中非常好地组装，反映于它具有270℃的高熔点（2-7节）。为了进行比较，它对应的非环状同碳数直链烷烃癸烷在−29.7℃下熔化（表2-5）。金刚烷于1933年在原油中被发现，可以很容易合成，并且现在能够以千克量商业购得。

　　如果将上述"封盖"过程应用于金刚烷中任何环的三个直立键的位置，可得到二金刚烷。它是一种由七个椅式环己烷组成的多环烷烃，并赋予六个等效的面。继续封端产生三金刚烷，这是该系列化合物中第一个含有季碳的金刚烷。从三金刚烷中，我们可以用这种方式构建三个四金刚烷，图示仅为其中一个，带有两个季碳。对于较高的"低聚金刚烷"，可能的异构体数量迅速增加；

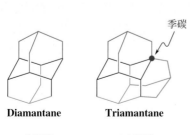   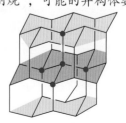

**Diamantane**　　　　**Triamantane**　　　　*anti*-**Tetramantane**　　　　**Decamantane** (Superadamantane)

二金刚烷　　　　三金刚烷　　　　*anti*-四金刚烷　　　　十金刚烷（超级金刚烷）

如有 7 个五金刚烷、24 个六金刚烷和 88 个七金刚烷。十金刚烷，$C_{35}H_{36}$，由于其紧密的排列具有对称性，是一种被称为"超级金刚烷"的独特异构体。它含有一个由四个其他季碳包围的季碳单元。它的结构说明了人们如何设想建立一个由纯碳原子组成的三维链式的椅式环己烷（颜色突出显示）层。这种聚合物是已知的，它是一种名为钻石的碳的结晶形式（真实生活 15-1）。

因为低聚金刚烷代表"微型金刚石"，其中所有外围的碳原子被氢饱和（即所谓的氢封端金刚石），

它们被称为类金刚石。自 2003 年以来，人们就知道较高级的类金刚石（第 1 章开篇），当时加利福尼亚雪佛龙公司的一个研究小组在高沸点石油馏分中确定了该系列的一组化合物，达到十一金刚烷。人们对这些分子的兴趣，不仅源于它们与钻石的关系以及它们在工业钻石生产中作为晶种的潜力，还源于它们的稳定性和化学惰性。因此，它们可为新药、化妆品和聚合物材料提供具有生物相容性的支架。

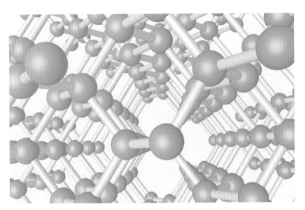

钻石里面的碳晶格［*CrystMol image*］

Golden Jubilee，世界上最大的钻石

有机化学家们对天然产物感兴趣出于很多原因。它们中很多化合物是非常有效的药物，有些能作为染料或调味品，还有一些是重要的原料。对动物分泌物的研究提供了动物如何使用化学物质标记路径、保护自己免受掠食者的伤害，以及吸引异性的特种信息。对生物体新陈代谢或者转化一个化合物的生化途径的研究，是深入了解该生物体机体功能详细工作机制的依据。萜类和甾族化合物这两类天然产物尤其受到有机化学家们的密切关注。

### 植物中的萜类化合物是从异戊二烯单元合成的

大家都闻到过从新捣碎的植物叶子或橘子皮中散发出来的强烈的气味。这种气味是因为它们释放出了一种由挥发性的化合物组成的混合物，这些化合物称为**萜类**（terpene）化合物，通常包含有 10、15 或 20 个碳原子。自然界中已发现了超过 30,000 个萜类化合物。萜类化合物可以用作食品调味剂（丁香或薄荷的提取物），也可以用作香水（玫瑰、薰衣草、檀香）或溶剂（松节油）。

萜类化合物在植物中是通过连接至少两个含有 5 个碳原子的分子单元来合成的。这些单元的结构和 2- 甲基 -1,3- 丁二烯（异戊二烯）的结构相似，因此它们也被称作**异戊二烯单元**（isoprene unit）。依据分子结构中包含有多少个异戊二烯单元，萜类化合物可以被分为单萜（$C_{10}$）、倍半萜（$C_{15}$）和二萜（$C_{20}$）。（下面给出的例子中，异戊二烯单元用彩色标示出来。）

秘鲁的 Matsés 印第安人收集青蛙以提取用于药物和仪式的"sapo"青蛙毒药

檀香木首饰盒

**2-甲基-1,3-丁二烯**
（异戊二烯）

**萜类化合物中的异戊二烯单元**
（一些化合物包含双键)

菊酸是一种含有三元环的单环萜类化合物。它的酯存在于除虫菊（*Chrysanthemum cinerariaefolium*）的花冠里，是天然的杀虫剂。诱杀烯醇（grandisol）含有一个四元环，是雄性棉铃象（*Anthonomus grandis*）的性引诱化合物。

**反-菊酸 (R = H)**
**反-菊酯 (R ≠ H)**

**诱杀烯醇**

薄荷醇（menthol 或 peppermint oil）是一个取代的环己烷天然产物的例子，而樟脑（从樟脑树中提取）和 β-杜松烯（从刺柏和雪松中获得）是两种简单的双环萜类化合物。前者属于降冰片烷体系，后者是一个十氢萘衍生物。

**薄荷醇**

**樟脑**

**β-杜松烯**

太平洋紫杉树：紫杉醇的来源

紫杉醇（taxol 或 paclitaxel），一个含复杂的官能团的二萜化合物，是1962 年由美国国家癌症研究所在寻找具有抗癌活性的天然化合物重大研究计划中，从太平洋紫杉树（*Taxus brevifolia*）的树皮中分离出来的。

**紫杉醇**

　　紫杉醇是从超过 35000 多种植物中提取出的超过 100000 种化合物中最令人感兴趣的一个化合物，也是现在市场上最有效的抗癌药物。因为治疗一个患者大约需要砍伐 6 棵树，所以人们做了很多研究工作去提高药物的功效，扩大适用性以及增加产量。这项研究的大多数工作都是由有机合成化学家进行的，并于 1994 年完成了紫杉醇的两项全合成工作（所谓"全"合成就是以少于或等于 5 个碳的简单的、最好是商品化的化合物为原料合成目标产物）。此外，化学家们还找到了将相关结构更丰富的天然产物转化为紫杉醇的方法，这种方法被称为"半合成"。因此，用于治疗癌症的紫杉醇是来自英国普通红豆杉针叶中的一种化合物，这是一种更容易获得的非牺牲性的来源。

## 练习4-16

画出薄荷醇的较稳定的椅式构象。

## 练习4-17

　　页边所示为昆虫在防御时所使用的两种萜类化合物的结构（12-17 节），请根据单萜、倍半萜或二萜的定义将它们进行归类，并指出其中的异戊二烯单元。

## 练习4-18

　　复习 2-4 节后，指明 4-7 节中所示的萜类化合物中出现的官能团。

### 甾族化合物是一类具有强大生理活性的四环天然化合物

　　**甾族化合物**（steroid）在自然界中大量存在，它的很多衍生物具有生理活性。甾族化合物常常发挥**激素**（hormone）的功能来调节生物体内的生化过程。例如，在人体内它们控制性发育和生育，以及具有其他的一些功能。正是由于甾族化合物具有控制生物体内的生化过程的特征，所以许多甾族化合物（一般为实验室合成的）常用作药物来治疗诸如癌症、关节炎、过敏反应等病症和用作避孕药物。

　　在甾族化合物的结构中，三个环己烷环稠合在一起形成一定的角度，也被称为**角**（angular）。环与环的连接通常是反式的，和反-十氢萘类似。第四个环是一个环戊烷，它的并入使化合物呈现典型的四环结构。这四个环分别被标记为 A、B、C、D，环上碳原子按照甾族化合物特有的标号原则进行标号，如下图所示。很多甾族化合物在 C-10 和 C-13 各有一个甲基，在 C-3 和 C-17 各有一个氧。此外，在 C-17 可能还会有一个更长的侧链。环的反式稠合可以使化合物处于张力最小的全椅式构象，其中环连接处的甲基和氢原子将处于直立键的位置。下面用表雄酮（一种在正常人尿中发现的甾族化合物）来说明这些特征。

**真的吗** **？**

　　甾族化合物无处不在，但在自然界中含量不一定丰富。为了获得第一批纯的、结晶的表雄酮（1931 年），德国化学家阿道夫·布特南特（Adolf Butenandt，1939 年获诺贝尔化学奖）和库尔特·切尔宁（Kurt Tscherning）不得不蒸馏超过 17000L 男性尿液才能分离 50mg 纯表雄酮原料。

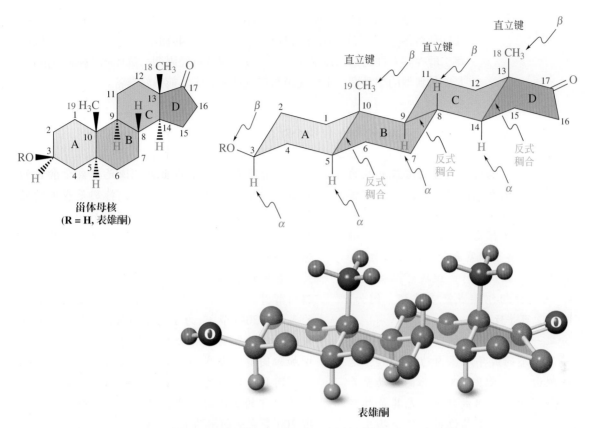

位于甾体母核分子平面上方的基团被写成是 $\beta$ 型取代基团，位于平面下面的则是 $\alpha$ 型取代基团。因此，上图所示表雄酮的结构中含有 $3\beta$-OH、$5\alpha$-H、$10\beta$-CH$_3$ 等。

胆固醇是含量最多的一种甾族化合物，几乎存在于人类和动物的所有组织中（真实生活 4-2）。胆汁酸在肝脏中产生，作为输送到十二指肠的流体中的一部分，以帮助脂肪的乳化、消化和吸收。其中一个典型的甾族化合物是胆酸。可的松，一种被广泛用来治疗风湿性炎症的药物，是由肾上腺外部（皮质）产生的肾上腺皮质激素之一。这些激素参与调节人体内的电解质和水的平衡，以及蛋白质和碳水化合物的代谢。

性激素可分为三类：（1）雄性激素（androgen）；（2）雌性激素（estrogen）；（3）妊娠激素（或孕激素，progestin）。睾酮（本章开篇）是主要的男性性激素。它是由睾丸产生的，用于表征男性（雄性）特征（低沉的声音，面部毛发，一般体质）。合成的睾酮类似物在临床上被用作促进肌肉和组织增长的药物［称为促蛋白合成甾体（anabolic steroid），ana-，希腊语，"向上"。"anabolic"是代谢的反义词］来治疗诸如患肌肉萎缩的患者。然而，这些甾族化合物也被一些人滥用和非法消费，最常见的是健美运动员和职业运动员，尽管这样做所产生的健康危害是非常多的，包括肝癌、冠心病和不育症等。雌二醇（estradiol）是主要的雌性激素，它首次从母猪的卵巢分离得到，4t 卵巢只提取了几毫克纯品。雌二醇控制女性的第二性征的发育，参与调节月经周期。黄体酮（progesterone）是一种典型的孕激素，主要使子宫在受精卵着床之前做好准备。

---

**真实生活：** 医药  **胆固醇——怎么不好？有多不好？**

"胆固醇太多了！"当你想要享用你最喜欢的三个鸡蛋的早餐或巧克力软糖甜点时，你经常听到这种警告吗？警告的原因是高水平的胆固醇与动脉粥样硬化和心脏病有关。动脉粥样硬化是斑块的堆积，可以缩小甚至阻塞血管；而在心脏中，血管阻塞可以导致心脏病发作。斑块可以破裂并随血液流动，使其他组织造成严重破坏。例如，大脑中阻塞的血管可导致中风。

大约三分之一的美国人口的胆固醇水平超过了建议的总量。典型的成年人体内约有 150g，这有一个充分的理由——胆固醇对身体的运动至关重要。它是细胞膜的重要组成部分，尤其是神经系统、大脑和脊髓。它也是其他甾族化合物生物合成中的关键化学中间体，尤其是性激素和皮质激素，包括可的松。人体需要胆固醇来合成胆汁酸，胆汁酸又是帮助消化我们所摄取的脂肪的关键化学物质。胆固醇也可用来形成维生素 D，从而有利于骨骼中钙的吸收。

你可能听过很多关于"好"和"坏"胆固醇的讨论。胆固醇附着在载脂蛋白分子上形成所谓的脂蛋白，脂蛋白是水溶性的，并因此允许胆固醇在血液中运输（对于蛋白质的一般结构，参见 26-4 节）。这些聚集体有两种类型：低密度脂蛋白（LDL）和高密度脂蛋白（HDL）。无论何时需要，低密度脂蛋白可将胆固醇从肝脏运送到身体的其他部位。高密度脂蛋白可作为胆固醇清除剂并将其输送至肝脏以转化为胆汁酸。如果这种精细的平衡被扰乱，使得体内存在太多的低密度脂蛋白，那就是"坏的"，因为过量的胆固醇以前面提到的危险斑块的形式沉积。令人费解且令心脏病学家失望的是，最近的 2016 年临床试验发现，降低低密度脂蛋白或者增加高密度脂蛋白不会对患者的心脏病发作有任何影响。这个结果对两者之间的（简单）因果关系提出了质疑，或者正如一位药物化学家所说："我们又回到了"纸上谈兵的阶段！"

尽管有前面所述的警告，但是来自于食物的胆固醇很少。相反我们的身体，特别是我们的肝脏，每天大约生成 1g 胆固醇，这个数值甚至是高胆固醇饮食摄入量的四倍之多。那为什么那么大惊小怪呢？它与我们食物中摄入的 15%～20% 有关。在中度胆固醇水平升高的人群中，可注意到胆固醇升高与他们的饮食关系重大。这就是脂肪的来源（20-5 节）。为了消化脂肪，我们需要胆汁酸。过多的脂肪摄入会刺激胆汁酸的产生，从而增加胆固醇的合成，并增加胆固醇在血液中的浓度。因此，均衡的低脂肪、低胆固醇饮食有助于维持适宜的胆固醇水平，建议以每 100 毫升血液中 200 毫克胆固醇为宜。

当这样的饮食不能达到有效降低胆固醇含量时，就需要药物的帮助。有一类药物，例如羟丙基甲基纤维素（HPMC；一种纤维素，参见 24-12 节），可以在胃中结合胆固醇，从而防止其被身体吸收。具有讽刺意味的是，HPMC 可被用作食品增稠剂，包括芝士蛋糕和甜点！另一种类型的药物可直接在肝脏中抑制胆固醇的生成，并且在过去十年的使用中已经取得了巨大的成功。例如阿托伐他汀（Atorvastatin，商品名立普妥）和瑞舒伐他汀（Rosuvastatin，商品名可定），2016 年的总销售额超过 40 亿美元（前 10 种处方药清单见表 25-1）。

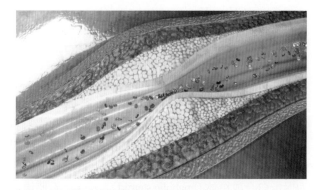

人的心脏冠状动脉的横截面被胆固醇斑块阻塞（黄色）

睾酮　　　　　　　　　　雌二醇　　　　　　　　　　黄体酮

考虑到甾族化合物的生物活性千差万别，它们的结构相似性就显得非常引人注目。甾族化合物是避孕药的有效成分，作为节育剂，它控制着女性的月经周期和排卵。据估计，全世界有超过 1 亿女性服用避孕药作为主要的避孕方式（真实生活 4-3）。尽管这样取得了一些进展，但美国仍有一半的怀孕是意外的，几乎为每年近 300 万。

## 小　结

就像在萜类和甾族化合物中介绍的那样，自然界中存在的有机化合物的结构和功能千差万别。在以后的章节中，我们将会经常对天然产物进行介绍，阐述它们所含的官能团和化学性质，探讨合成策略及试剂的使用，勾画三维关系，并列举一些在医学上的应用。有几类天然产物还会被更加深入地探讨：脂肪（19-13 节和 20-5 节），碳水化合物（第 24 章），生物碱（25-8 节）及氨基酸和核酸（第 26 章）。

---

**真实生活：医药　4-3　节育——从"避孕药"到RU-486再到男性避孕药**

月经周期是由脑垂体分泌的三种蛋白质激素来控制的。卵泡刺激素（FSH）促进卵子的生长；黄体生成素（LH）促使卵子从卵巢排出和被称为黄体的卵巢组织的生成。第三种垂体激素（促黄体激素，也称为促黄体素或催乳素）刺激黄体并维持它的功能。

当月经周期开始，卵子开始生长的时候，卵子周围的组织将会分泌越来越多的雌性激素。当血液中的雌性激素增加到某一浓度的时候，FSH 的分泌就会停止。在这一阶段，卵子在 LH 的作用下就会从卵巢排出。在排卵期，LH 也会引发黄体的生成，而后者转而开始增加黄体酮的分泌量。黄体酮通过阻止 LH 的生成来抑制进一步排卵。如果这个卵子没有受精，那么黄体将会萎缩，卵子和子宫内膜将会排出（月经）。相反，怀孕将会促使生成更多的雌性激素和黄体酮，来抑制垂体激素的分泌，从而抑制重新排卵。

避孕药是由合成的强效雌性激素和黄体酮衍生物组成的混合物。这些衍生物的效力比天然激素更为强大。当在月经周期的绝大部分时段服用后，它们可以抑制 FSH 和 LH 的生成，从而抑制卵子的发育和排出。母体实际上是"被骗"以为自己已经怀孕了。一些市售的避孕药物所含的是炔诺酮（Norethindrone）和炔雌醇（Ethynylestradiol）的混合物。其他的避孕药包含的是结构上微小变化的各种类似物组成的混合物。

分裂前人类的受精卵（合子），尺寸大约为100μm

炔诺酮，R = CH₃
左炔诺孕酮，R = CH₃CH₂

炔雌醇

RU-486 (米非司酮)

孕三烯酮

四氢孕三烯酮 (THG)

左炔诺孕酮是以"B 计划"（自 2013 年以来在美国境内）作为紧急避孕手段出售的"事后避孕药"。它在发生性行为后 120h 内最有效。米非司酮

（RU-486，Mifepristone）是一种合成的甾族化合物，可与女性子宫中的孕激素受体结合，从而阻断黄体酮的作用。如果与诱导子宫收缩的前列腺素（真实生活 11-1）联合使用，RU-486 在妊娠早期使用时会导致流产。该药物自 1988 年开始在欧洲上市，经过多次讨论和测试后，美国食品药品监督管理局（FDA）于 2000 年批准该药物进入美国市场。

你会注意到这些合成化合物中存在与 C-17 连接的 C≡C，这种改变使得药物特别强效。这种叁键可在催化剂存在下用氢气氢化（"饱和"）（13-6 节）。有人怀疑正是商业药物孕三烯酮的这种简单改动导致药物中掺杂了四氢孕三烯酮（THG）。

男性避孕药又是怎么样的呢？由于各种原因，包括"避孕药"起作用的简单事实，以及文化偏见和与开发任何一种药物相关的巨大挑战，其研究一直滞后。然而，自古以来人们就一直有兴趣探索草药、种子、植物和水果的成分作为男性抗生育剂。现代的制药策略各不相同，但由于未能将实验动物的功效转移到人体，而使研究总体上受挫。许多非甾体结构通过以新的方式影响雄性的生殖系统而显示出前景。例如，硝苯地平通过改变精子的新陈代谢，从而破坏其使卵子受精的能力，而酚苄明则能够阻止射精。另一种药物是乙烯基苯（苯乙烯）和 2-丁烯二酸酐（马来酸酐）的共聚物（12-15 节），其在美国以商品名 Vasalgel 进行了成功的动物试验。它被注入精子在射精前通过的血管中。到达卵子之前，将精子暴露于该涂层使其失活。该处理方式可以持续数年，并且可以通过用碳酸氢钠溶液对聚合物进行冲洗来逆转。但这些化合物都没有进入市场。

硝苯地平

酚苄明

乙烯基苯（苯乙烯）与 2-丁烯二酸酐
（马来酸酐）的共聚物

## 总 结

在本章中，我们将所学到的有机化合物结构与功能的知识扩展到单环和多环骨架中，并且我们再次看到了三维立体结构在解释和预测有机分子行为方面的重要性。特别是，我们展示的一些实例。

→ 根据IUPAC规则命名环烷烃（4-1节）。

→ 顺式和反式异构体的存在是立体异构的一种形式（4-1节）。

→ 较小环烷烃中的环张力现象可以由其燃烧热定量计算（4-2节）。

→ C—C键（2-8节和2-9节）固有的构象灵活性原则扩展到环烷烃，特别是环己烷及其取代衍生物的构象异构体（4-3节和4-4节）。

→ 考虑多环碳骨架可能存在的结构多样性，其中许多是在自然界中存在的，例如萜类化合物和甾族化合物（4-6节和4-7节）。

我们将本章中所学内容贯通全书，因为本章内容为理解非环状分子中的立体异构、相对稳定性和反应性、谱学和生物有效性等不同领域奠定了基础。

## 4-8 | 解题练习：综合运用概念

在以下问题中，你需要先了解如何画出环己烷模板，分析其构象，并估算 $\Delta G^{\ominus}_{环翻转}$ 数值。其次，将你的直觉应用于具有张力的碳氢化合物的热异构化机理的解析中。

### 解题练习4-19 画出环己烷的立体异构体

**a. 1,2,3,4,5,6- 六氯环己烷存在很多顺反异构体。使用平面环己烷模板和虚 - 实楔形线，画出所有的这些异构体。**

解答：

在开始用随机的尝试来解决这部分问题之前，应该想一个更加系统的方法。在这一方法中，我们从最简单的所有氯原子处于顺式位置（用实的楔形线表示）的情况开始，然后逐渐增加反式取代基的数目（用虚楔形线表示），观察各种不同的排列。当增加到三个氯原子在"上"，三个氯原子在"下"的情况时，我们就可以停止增加反式取代基的数目了，因为"两上四下"和"四上两下"是等同的，依此类推。"六个全在上"和"五上一下"很独特，因为这两种中的每种情况只有一种可能的结构存在：

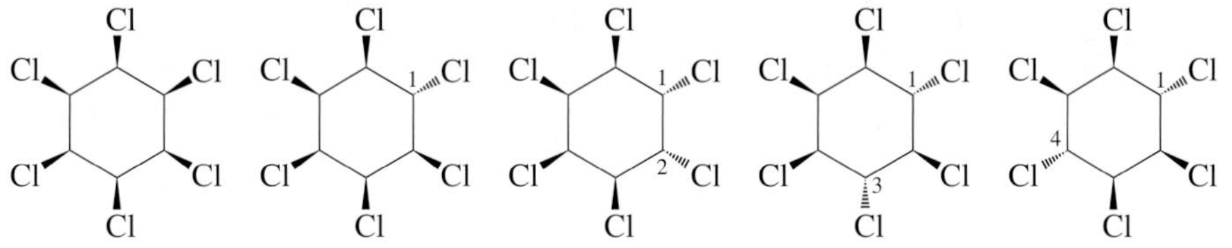

A　　　B　　　C　　　D　　　E

现在，我们看"四上两下"异构体的存在情况。将两个氯放在平面以"下"有三种不同的方式：沿着六元环它们的位置只可能有1,2-(**C**)，1,3-(**D**)

和 1,4-（**E**）三种方式。因为 1,5- 和 1,6- 分别和 1,3- 与 1,2- 的情况相同。最后，沿着相同的思路可以得到将三个氯原子放在平面"下面"，只有三种独特的方式：1,2,3-（**F**）、1,2,4-（**G**）和 1,3,5-（**H**）。

**F**　　　　**G**　　　　**H**

γ-六氯环己烷

**b.** 页边中这个 γ- 异构体是用于处理粮食作物、牲畜和宠物的杀虫剂（林丹，六六六，六氯化苯）。在其配方中最为人所知的是用于根除人体虱子的洗发剂。由于其具有毒性，其使用在 2009 年受到严格限制。画出这种化合物的两个椅式构象。哪个更稳定呢？

**解答：**

注意 γ- 异构体就是（a）中的结构 **E**。为了便于将环己烷的平面结构转变为它们的椅式结构，参看图 4-11 并注意两类氢原子中的交错关系。当我们沿着环观察，能发现直立的或平伏的组合中相邻取代基（也就是那些处于 1,2- 取代的）的排列总是反式的。另一方面，1,3- 取代则总为顺式，而 1,4- 取代的则又为反式了。相反地，在虚 - 实楔形线结构中，当两个相邻的取代基（即 1,2- 取代）为顺式取代时，一个取代基处于直立键位置，另一个取代基无论在分子的哪一种椅式构象中都处于平伏键位置。当它们为反式取代时，在一个椅式构象中两者都位于平伏键位置，而在另一个椅式构象中两者都位于直立键位置。当两个取代基为 1,3- 取代时，对应关系会改变，即：两个取代基为顺式取代时，在椅式构象中呈现双直立键或双平伏键取代的形式；两个取代基为反式取代时，呈现直立键 - 平伏键或平伏键 - 直立键的形式。表 4-4 概括了上述对应关系。

表4-4　取代环己烷两个椅式构象中顺 - 反立体化学和平伏 - 直立键位置的关系

| 顺-1,2 | 直立键-平伏键 | 平伏键-直立键 |
|---|---|---|
| 反-1,2 | 直立键-直立键 | 平伏键-平伏键 |
| 顺-1,3 | 直立键-直立键 | 平伏键-平伏键 |
| 反-1,3 | 直立键-平伏键 | 平伏键-直立键 |
| 顺-1,4 | 直立键-平伏键 | 平伏键-直立键 |
| 反-1,4 | 直立键-直立键 | 平伏键-平伏键 |

这里画出了 γ- 六氯环己烷的两种椅式构象形式：

$\Delta G^{\ominus} = 0 \text{kcal} \cdot \text{mol}^{-1}$

这两种结构中都有三个平伏键和三个直立键的氯取代基，因此它们在能量上是相等的。

**c.** 你认为哪两种环己烷异构体的椅式构象能量相差最大？估计 $\Delta G^{\ominus}$ 值。

**解答：**

六氯环己烷的全平伏键取代到全直立键取代的椅式-椅式构象翻转具有最大的 $\Delta G^{\ominus}$ 值。应用表4-4并观察图4-11可以发现，这种对应关系只对全反式的异构体成立。表4-3给出了 Cl 的 $\Delta G^{\ominus}$（平伏-直立转换）为 $0.52\text{kcal} \cdot \text{mol}^{-1}$，因此该例中，$\Delta G^{\ominus} = 6 \times 0.52\text{kcal} \cdot \text{mol}^{-1} = 3.12\text{kcal} \cdot \text{mol}^{-1}$。

$$\Delta G^{\ominus} = +3.12\text{kcal} \cdot \text{mol}^{-1}$$

全反式六氯环己烷

注意这个数值仅是一个估计值。例如，它忽略了全平伏键椅式构象的六个 Cl 原子之间的邻交叉相互作用，这将会减小两个构象的能量差异。同时，它也忽略了在全直立键椅式构象中的六个 1,3- 双直立键的相互作用，这会产生相反的效果。有关其他示例，请完成习题31到习题35。

## 解题练习4-20　解析反应机理

**a.** 存在张力的四环烷烃 **A** 被认为可以热异构化为环烯烃 **B**。给出一个可能的机理。

**策略：**

• **W**：有何信息？题目要求写出一种机理，即起始原料和产物之间的逐步转化过程。我们有什么信息呢？第一，认为化合物 A 是存在张力的。怎么会这样？4-2 节和4-6 节已经回答：它是一个含有三个互相连接的四元环的多环烷烃。第二，从 A 到 B 的转变是一个异构化反应。我们可确定这两个化合物有着相同的分子式 $C_{12}H_{18}$，可以很快确定这一陈述的真实性。第三，这一过程是一个"纯粹"的热反应过程。没有其他的试剂对 A 进行进攻，加成上去一部分，或者从它消除一部分。第四，发生了什么样的拓扑（连接）变化？这个答案是一个四环化合物散开而成为一个单环的变化过程。换句话说，三个环丁烷环被打开，得到了一个环十二碳三烯。第五，化学键在定性上有什么变化？这个问题的答案是三个单键消失，三个双键形成。

• **H**：如何进行？我们需要通过热解来破坏三个 C—C 键（3-3 节）。要破坏的化学键是三个环丁烷环的键。

• **I**：需用的信息？由于存在环张力，环丁烷中的 C—C 键非常弱（4-2 节，$63\text{kcal} \cdot \text{mol}^{-1}$）。A 中有三种不同的这种化学键。哪一种化学键最弱？答案是取代度更高的键（3-1 节和 3-2 节）。

- **P**：继续进行。

**解答：**

每一次断开一个四元环的 C—C 键，结果如下所示：

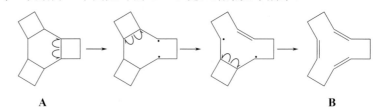

**b. 这一异构化在热力学上是否可行？根据 11-2 节中 $\pi$ 键的强度是 65kcal·mol$^{-1}$ 来估算 $\Delta H^{\ominus}$ 的近似值。**

**解答：**

首先，应当对这一问题有一清晰的认识。它并不是问我们打开这三个环丁烷的化学键在动力学上是否可行。相反的，问题是化学平衡 A $\rightleftharpoons$ B 所处的位置，它是否是正向进行的（2-1 节）？我们已经学过了怎样去估算这一结果：通过计算 $\Delta H^{\ominus}$=(断裂的键的强度之和)-(生成的键的强度之和)（2-1 节和 3-4 节）。根据方程式中的第二项很容易得到：反应形成了三个 $\pi$ 键，其数值为 195kcal·mol$^{-1}$。而怎样去处理三个断裂的 $\sigma$ 键呢？表 3-2 提供了一个 C$_{sec}$—C$_{sec}$ 键强度的估算值：85.5kcal·mol$^{-1}$。在这里，这种键因环的张力而减弱（4-2 节，表 4-2）：85.5kcal·mol$^{-1}$-26.3kcal·mol$^{-1}$=59.2kcal·mol$^{-1}$。这一数值乘以 3 就得到了我们 $\Delta H^{\ominus}$ 计算方程的第一项，177.6kcal·mol$^{-1}$。因此，$\Delta H^{\ominus}$（A $\rightleftharpoons$ B）≈-17.4kcal·mol$^{-1}$。结论：这一反应确实可以进行。注意结构 A 的内在张力是怎样影响它的热解反应进行的。如果没有张力的话，这一反应将是吸热的。

**重要概念**

1. 除了把环作为主体以外，**环烷烃**的命名可以从直链烷烃衍生出来。

2. 除 1,1-二取代环烷烃外，所有的二取代环烷烃都有两种异构体：如果两个取代基位于分子平面的同一侧，那么它们是**顺式**的；如果两个取代基位于分子平面的两侧，那么它们是**反式**的。顺反异构体属于**立体异构体**的范畴，所谓立体异构体是指具有相同的原子连接方式，但是原子在空间的排布却不同的化合物。

3. 一些环烷烃存在**张力**。四面体碳的键扭曲会产生**键角张力**。**重叠（扭曲）张力**是因为化合物结构中的 C—C 键不能采取交叉构象。跨越环上取代原子间的空间排斥作用将导致**跨环张力**。

4. 小环环烷烃的键角张力主要通过形成扭曲的化学键而得到调节。

5. 比环丙烷大的环烷烃（环丙烷必须是平面分子）的键角张力、重叠张力和其他张力可以通过对平面的偏离而得到调节。

6. 小环环烷烃的环张力可以使环发生开环反应。

7. 对平面的偏离可以产生易变的构象结构，例如**椅式**、**船式**和**扭船式**环己烷。椅式构象的环己烷几乎没有张力。

8. 椅式环己烷包含两种类型的氢：**直立**的和**平伏**的。这些氢在室温下可以通过**椅式-椅式构象的相互转化**（"**翻转**"），从而进行快速的互变，活化能为 10.8kcal·mol$^{-1}$（45.2kJ·mol$^{-1}$）。

9. 在单取代的环己烷中，两种椅式构象之间平衡的$\Delta G^{\ominus}$取决于取代基。处于直立键的取代基存在**1,3-双直立键相互作用**。

10. 在含有更多取代基的环己烷中，取代基效应通常具有**加和性**，最大的取代基最倾向于处于平伏键的位置。

11. 完全没有张力的环烷烃是那些可以很容易采取全反式的构象且没有跨环相互作用的环烷烃。

12. **双环**环系可以是**稠环**的或是**桥环**的。稠环可以采取顺式或反式。

13. 天然产物一般可以依据化合物的结构、生理活性、分类学和生物化学起源等来分类。 根据生物化学起源分类的例子有**萜类化合物**，根据化合物的结构分类的例子有**甾族化合物**。

14. 萜类化合物是由含五个碳的**异戊二烯**单元组成的。

15. 甾族化合物含有三个与环戊烷D环连接的、稠合成一定角度的六元环（A、B、C环）。$\beta$-型取代基位于分子平面的上面，$\alpha$-型取代基在下面。

16. **性激素**是一类重要的甾族化合物，它具有许多生理功能，包括控制生育能力。

## 习 题

21. 写出尽可能多的分子式为$C_5H_{10}$的单环化合物的结构，并对它们进行命名。

22. 写出尽可能多的分子式为$C_6H_{12}$的单环化合物的结构，并对它们进行命名。

23. 根据IUPAC系统命名法给下列分子命名。

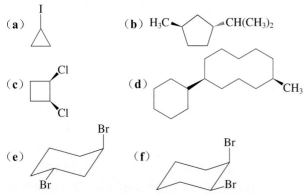

（a）
（b）$H_3C$ ——— $CH(CH_3)_2$
（c）Cl ... Cl
（d） ... $CH_3$
（e）Br ... Br
（f）Br ... Br

24. 画出以下每个分子的结构式。并且给出那些名称与IUPAC命名法不一致的化合物的系统命名：（**a**）异丁基环戊烷；（**b**）环丙基环丁烷；（**c**）环己基乙烷；（**d**）（1-乙基乙基）环己烷；（**e**）（2-氯丙基）环戊烷；（**f**）叔丁基环庚烷。

25. 画出以下每个分子的结构式：（**a**）反-1-氯-2-乙基环丙烷；（**b**）顺-1-溴-2-氯环戊烷；（**c**）2-氯-1,1-二乙基环丙烷；（**d**）反-2-溴-3-氯-1,1-二乙基环丙烷；（**e**）顺-2,4-二氯-1,1-二甲基环丁烷；（**f**）顺-2-氯-1,1-二氟-3-甲基环戊烷。

26. 一些环烷烃的自由基链式氯化反应动力学数据（参见下方的表格）显示环丙烷及环丁烷的C—H键有些异常。 （**a**）结合这些数据，你对环丙烷的C—H键强度和环丙基自由基的稳定性有什么看法？（**b**）请为环丙基自由基的稳定性特征给出一个合理解释。（提示：思考与环丙烷本身有关的自由基的键角张力。）

### 单个氢原子对Cl· 的相对反应性

| 环烷烃 | 相对反应性 |
| --- | --- |
| 环戊烷 | 0.9 |
| 环丁烷 | 0.7 |
| 环丙烷 | 0.1 |

注：环己烷的相对反应性为1.0；68℃，$hv$，$CCl_4$作为溶剂。

27. 写出环己烷的自由基单溴化的机理，表示出链引发、链传递和链终止步骤。画出产物最稳定的构象。

28. 用表3-2和表4-2中的数据估算下列化合物中的C—C键的$DH^{\ominus}$值：

（**a**）环丙烷；（**b**）环丁烷；（**c**）环戊烷；（**d**）环己烷。

29. 画出下列各取代环丁烷的两种可以互相转换的"折叠"构象（图4-3）。当两种构象的能量不同时，判断哪个构象更稳定，并指出是哪种张力引起不稳定构象的相对能量升高。（提示：和椅式环己烷相似，折叠环丁烷也存在平伏键和直立键的位置。）

（**a**）甲基环丁烷

（**b**）顺-1,2-二甲基环丁烷

（**c**）反-1,2-二甲基环丁烷

（**d**）顺-1,3-二甲基环丁烷

（e）反-1,3-二甲基环丁烷

顺-或反-1,2-二甲基环丁烷，顺-或反-1,3-二甲基环丁烷哪一个更稳定？

**30.** 被称为棱晶烷（下图）的一种不同寻常的分子，其张力能大约为128kcal·mol⁻¹。（**a**）这个数值与两个三元环和三个四元环中的总张力相比如何？（**b**）估计在三元环之一中断裂一个键时释放的张力能。

**棱晶烷**

在没有关于棱晶烷的燃烧热数据的情况下，不可能估计其化学键强度。然而，1973年制备的这种化合物的样品，简要地宣布了它的存在以及它可以通过爆炸而分解。

**31.** 指出下面各环己烷衍生物（i）是顺式还是反式异构体，（ii）是否处于最稳定的构象。如果不是最稳定的构象，将环翻转并画出最稳定的构象。

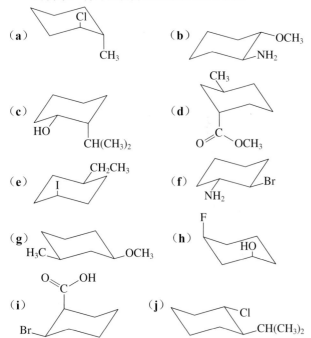

**32.** 利用表4-3中的数据，计算习题31中所示的分子由一种构象翻转到另一种构象的$\Delta G^{\ominus}$值。确保计算结果的符号（正还是负）是正确的。

**33.** 为什么连接在环己烷环上含有C=O的取代基，如CO₂H和CO₂CH₃，具有比甲基基团由平伏到直立位置翻转的更小的$\Delta G^{\ominus}$值。请给出原因。（**提示**：考虑三维几何结构。）

**34.** 画出下列各取代环己烷的最稳定构象。然后对每个构象进行翻转，重新画出这一分子的能量更高的椅式构象。（**a**）环己醇；（**b**）反-3-甲基环己醇（参照下面的结构式）；（**c**）顺-1-甲基-3-(1-甲基乙

基)环己烷；（**d**）反-1-乙基-3-甲氧基环己烷（参照下面的结构式）；（**e**）反-1-氯-4-(1,1-二甲基乙基)环己烷。

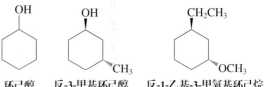

环己醇　　反-3-甲基环己醇　　反-1-乙基-3-甲氧基环己烷

**35.** 对于习题34中的每一个分子，估计其最稳定构象和亚稳定构象之间的能量差。计算两种构象在300 K时的比例。

**36.** 画出甲基环己烷两个可能的椅式构象相互转化的势能图（与图4-9相似），两个可能的椅式构象分别置于反应坐标的左右端。

**37.** 画出环己基环己烷所有可能的全椅式构象。

**38.** 四种甲基环己烷的船式构象中最稳定的是哪一个？为什么？

**39.** 环己烷的扭船式构象要稍微比船式构象更稳定。为什么？

**40.** 反-1,3-双(1,1-二甲基乙基)环己烷的最稳定构象不是椅式。预测这个分子的构象是什么？请说明。

**41.** 将环己烷环与环戊烷环稠合形成的双环烃称为六氢茚满（下图）。用反-和顺-十氢萘的结构作为参考（图4-13），画出反-和顺-六氢茚满的结构，使每个环均处于最稳定的构象。

**六氢茚满**

**42.** 观察图4-13中顺-和反-十氢萘的结构，你认为哪一个是更稳定的异构体？估计两种异构体的能量差。

**43.** 在自然界中存在几种三环化合物，其中环丙烷环可与顺-十氢萘结构稠合，例如分子三环 [5.4.0¹,³.0¹,⁷] 十一烷，下图所示。在不同的国家，其中一些物质具有作为民间药物用于诸如避孕的历史。构建这种化合物的立体模型。环丙烷环如何影响两个环己烷环的构象？顺-十氢萘本身的环己烷环能够（同时）进行椅式-椅式相互转换（回顾练习4-15），那么在三环 [5.4.0¹,³.0¹,⁷] 十一烷中也是如此吗？

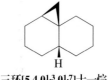

**三环[5.4.0¹,³.0¹,⁷]十一烷**

**44.** 自然界存在的葡萄糖（第24章）以下面两种环状异构体的形式存在。它们分别被称为α-葡萄糖和β-葡

萄糖，它们之间通过在第17章介绍的化学过程而处于平衡中。葡萄糖是所有活细胞的燃料。人的血液中含有约0.1%葡萄糖。它是植物从二氧化碳和水出发，通过吸收行星的最终燃料来源——太阳的光能，经一个称为光合作用的过程中合成的。"副产物"$O_2$对于维持复杂的生命同样重要。

α-葡萄糖　　β-葡萄糖

（**a**）两种形式中哪一种更稳定？

（**b**）处于平衡时，两种异构体以约64∶36的比例存在。计算与该平衡比例相对应的吉布斯自由能差。你所得到的数据和表4-3中的数据有多接近？

**45.** 确定以下的分子是单萜、倍半萜还是二萜？这里所有的名称都是常用名称。

（**a**）香叶醇

（**b**）巴西菊内酯

（**c**）桉叶油醇

（**d**）甘薯黑疤霉酮

（**e**）京尼平（栀子苷元）

（**f**）海狸胺

（**g**）斑蝥素

（**h**）维生素A

**46.** 圈出并且按名称识别习题45中所有结构中的每个官能团。

**47.** 找出习题45中所画的每种存在于自然界的有机分子中2-甲基-1,3-丁二烯（异戊二烯）结构单元。

**48.** 圈出并按名称识别4-7节中所示的任意三种甾族化合物中的所有官能团。用部分正电荷和部分负电荷标记所有的极性键（$\delta^+$和$\delta^-$）。

**49.** 本题给出了自然界存在的具有张力环结构的分子的几个其他的实例。

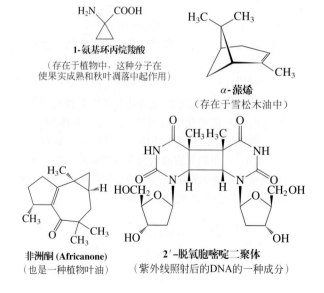

**1-氨基环丙烷羧酸**
（存在于植物中，这种分子在使果实成熟和秋叶凋落中起作用）

**α-蒎烯**
（存在于雪松木油中）

**非洲酮（Africanone）**
（也是一种植物叶油）

**2'-脱氧胞嘧啶二聚体**
（紫外线照射后的DNA的一种成分）

确定上述结构中的萜类化合物（如果有的话）。在每个结构中找出2-甲基-1,3-丁二烯单元并将其按单萜、倍半萜或二萜分类。

**50. 挑战题**  假如环丁烷是平面的，它将有恰好90°的 C—C—C角，并且可以想象用纯的p轨道来形成C—C键。如果分子中的C—H键都是等价的话，那么碳原子可能的杂化状态是什么样的？确切地说，每个碳上的氢将会处于什么位置？和这种假设相矛盾的环丁烷的真实结构是怎样的？

**51.**  比较处于全椅式构象的环癸烷和反-十氢萘。解释为什么全椅式构象的环癸烷是具有高度张力的，而反-十氢萘却是几乎没有张力的。构建分子模型。

**全椅式的环癸烷**          **反-十氢萘**

**52.**  夫西地酸（梭链孢酸，fusidic acid）是一种与甾族化合物相似的、由微生物形成的化合物，它是一种具有广谱生物活性的非常有效的抗生素。它的分子形状最为特别，为科研人员了解甾族化合物在自然界中的合成方法提供了重要线索。

**夫西地酸**

（a）找到夫西地酸中的所有环，并描述它们的构象。

（b）确认分子中的所有环稠合的部分是顺式还是反式。

（c）确认环上所有的基团是α-还是β-取代基。

（d）详细描述这个化合物与典型的甾族化合物在结构及立体化学上的差异（为了有助于回答这个问题，该分子骨架上的碳原子已标号）。

**53.**  烷烃酶促氧化生成醇的反应是形成肾上腺皮质甾体激素的一种简单化学反应模型。在从黄体酮（4-7节）到皮质酮的生物合成中，有连续两步这样的氧化（a,b）。单加氧酶被认为在这些反应中起到复杂的氧原子供体的作用。对于环己烷，假设的机理由下面显示的两步生物合成组成。

黄体酮     甾体单加氧酶，$O_2$

**皮质酮**

计算环己烷氧化中每一步以及总反应过程的 $\Delta H^{\ominus}$。应用以下的 $DH^{\ominus}$ 数据：环己烷的C—H键为98.5kcal·mol⁻¹；O—H自由基中的化学键为102.5kcal·mol⁻¹；环己醇的C—O键为96kcal·mol⁻¹。

**54. 挑战题**  二氯化碘苯可以通过碘苯与氯气的反应生成，它是烷烃C—H键的氯化试剂。正如价层电子对互斥理论（VSEPR，1-3节）所预测的那样，二氯化碘苯采用"T形"几何结构，这样可以保持电子彼此之间的距离最大。

二氯化碘苯

（a）提出用二氯化碘苯氯化一个典型的烷烃RH的自由基链式反应机理。为了有助于开始，下面给出了总的反应方程式以及链引发步骤。

链引发：

（b）二氯化碘苯对典型甾族化合物的自由基氯化主要产生三种单氯化的异构产物：

→ 3个主要的单氯化甾族化合物

基于相对反应性（三级、二级、一级）考虑和空间效应（可能会阻碍试剂接近可能存在反应性的C—H键），预测这个甾族化合物分子中三个主要的氯化位点。可以构建一个分子模型或者仔细分析4-7节的甾体母核的结构图。

**55. 挑战题** 与习题54中描述的实验室氯化不同，在自然界中将官能团引入甾体母核的酶促反应是高度选择性的，如习题53所示。然而，巧妙地改编和设计这种反应，就有可能部分地模拟自然界在实验室中的选择性。两个这样的例子在右面示出。

(a)

$$\xrightarrow{Cl_2, h\nu}$$

(b)

$$\xrightarrow{Cl_2, h\nu}$$

对于这两个反应的结果给出合理的解释。构建上述两个含碘化合物和$Cl_2$反应产物的分子模型（比较习题54）来帮助分析每个体系。

## 团队练习

**56.** 考虑以下的化合物：

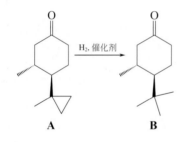

**A**　　　　　**B**

构象分析表明，虽然化合物A以椅式构象存在，但是化合物B没有。

(**a**) 构建A的分子模型。画出椅式构象并且将取代基标为平伏键或直立键。圈出最稳定的构象。（注意羰基的碳是$sp^2$杂化，因此相连的氧既不是平伏的也不是直立的。不要被这个问题所误导）。

(**b**) 构建B的分子模型。分析其两种椅式构象时，同时考虑跨环和邻交叉相互作用。通过与化合物A的比较，讨论这些构象的立体问题。用Newman投影式来表明讨论的要点。对化合物B，提出一个具有较小空间位阻的构象。

## 预科练习

**57.** 以下环烷烃中的哪一个具有最大的环张力？
(**a**) 环丙烷 (**b**) 环丁烷 (**c**) 环己烷 (**d**) 环庚烷

**58.** 以下的化合物具有：
(**a**) 一个直立的氯和一个$sp^2$杂化的碳
(**b**) 一个直立的氯和两个$sp^2$杂化的碳
(**c**) 一个平伏的氯和一个$sp^2$杂化的碳
(**d**) 一个平伏的氯和两个$sp^2$杂化的碳

**59.** 在下面的结构中，哪种表述是正确的

(**a**) D是平伏的
(**b**) —$CH_3$都是平伏的
(**c**) Cl是直立的
(**d**) D是直立的

**60.** 以下哪种结构的燃烧热最小？

(**a**)

(**b**)

(**c**)

(**d**)

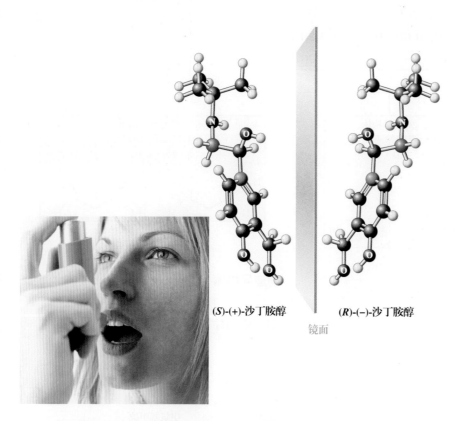

(S)-(+)-沙丁胺醇          (R)-(−)-沙丁胺醇

镜面

　　支气管扩张剂沙丁胺醇［Albuterol，又称舒喘宁（Salbutamol）］与其镜像结构的生理效应显著不同，其中的 R- 异构体可以扩张支气管气道，而镜像 S- 异构体完全没有这种效应，疑似是一种致炎剂。

你是否有过在早晨对着镜子观看你自己，并惊奇地喊出：“那不可能是我！”。你是对的。你所看到的你的镜像，是跟你自己不同的：你与你的镜像是不可叠合的。你可以通过跟你的镜像握手来证明这个事实：当你伸出右手时，你的镜像将会伸出左手！我们会看到许多分子具有这种性质，也就是说，分子本身和它的镜像是不可叠合的，因而是不同的。那么我们怎么区分这些结构呢？它们的功能是不同的吗？如果是，不同在哪里呢？

　　因为它们具有相同的分子式，所以这些分子是异构体，但是这些异构体不同于前面所遇见的异构体。在前几章中我们讲了两种异构体：**构造异构体**（constitutional isomer，也叫结构异构体）和立体异构体（图5-1）。其中构造异构体指的是具有相同的分子式但是各个原子的连接顺序不同的化合物（1-9 节和 2-5 节）。

图 5-1 各类异构体之间的
关系。

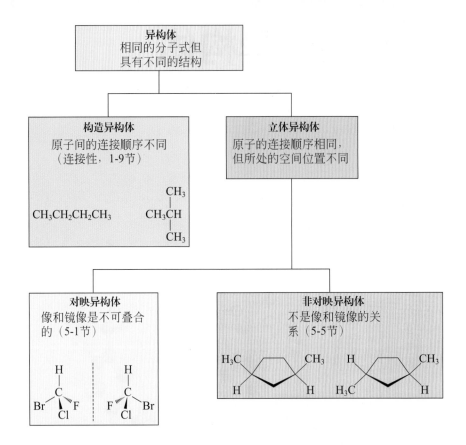

构造异构体

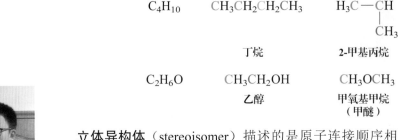

这是谁？

**立体异构体**（stereoisomer）描述的是原子连接顺序相同但空间排列不同的异构体。立体异构体的例子包括相对稳定的顺反异构体和迅速平衡的构象异构体（2-5 节～ 2-7 节和 4-1 节）。

立体异构体

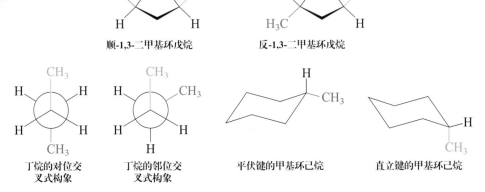

## 练习5-1

（**a**）环丙基环戊烷和环丁基环丁烷是异构体吗？如果是，是什么类型的？

（**b**）顺-1,2-二甲基环戊烷和反-1,2-二甲基环戊烷是184页图中的两个1,3-二甲基环戊烷的异构体。它们是什么类型的异构体？这两个1,2-二甲基环戊烷彼此之间是什么异构关系？

## 练习5-2

画出甲基环己烷的其他（构象）立体异构体。**提示：**用分子模型及图4-8。

本章将主要介绍另外一种立体异构现象，**镜像立体异构体**（mirror-image stereoisomer）。这类分子具有"手征性"，也就是说你的左手和右手是不可叠合的，但是一只手可以看作为另一只手的镜像［图5-2（A）］。这样的话，手就不同于与镜像可以叠合的物体，如锤子［图5-2（B）］。自然界分子中的手征性是非常重要的，因为大部分与生物活性相关的化合物要么是"左手性的"，要么是"右手性的"。像握你朋友的右手与左手是明显不同的一样，"左手性的"和"右手性的"化合物在反应中也是彼此完全不同的。其立体异构关系概括如图5-1。

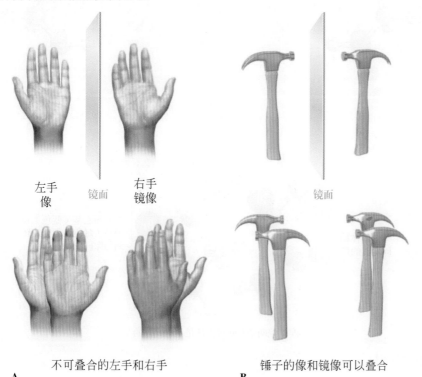

左手　　镜面　　右手
像　　　　　　　镜像　　　　　　　镜面

不可叠合的左手和右手　　　　　锤子的像和镜像可以叠合

A　　　　　　　　　　　　　B

图5-2　（A）左手和右手作为像-镜像关系的立体异构模型；（B）锤子的像和镜像是可以叠合的。

# 5-1 | 手性分子

一个分子怎么会存在两种不可叠合的镜像呢？看一下丁烷的自由基溴化反应。该反应主要是在一个二级碳原子上进行，得到2-溴丁烷。反应物的分子模型似乎表明碳原子上两个氢原子中的任一个被取代都会只得到一种2-溴丁烷（图5-3）。但这是正确的吗？

**图5-3** 取代丁烷中二级碳上两个氢中的一个得到2-溴丁烷的两种立体异构体。

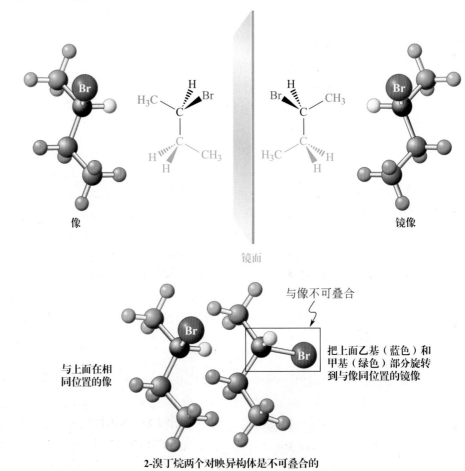

### 手性分子不可能与其镜像叠合

仔细看一下通过溴取代亚甲基上两个氢中的任一个得到的 2-溴丁烷，就会发现事实上这两种结构是不可叠合的，因而也是不等同的。这两个结构是实物与其镜像的关系，要将一个转变为另一个需要断键。一个分子与其镜像不可叠合，我们称之为**手性**（*cheir*，希腊语，"手"）。一对镜像异构体中的任一个被称为**对映体**（*enantios*，希腊语，"相反的"）。在丁烷溴化的例子里，得到的是 1:1 的对映体混合物。

像      镜像

镜面

与像不可叠合

与上面在相同位置的像

把上面乙基（蓝色）和甲基（绿色）部分旋转到与像同位置的镜像

**2-溴丁烷两个对映异构体是不可叠合的**

对映异构体

像      镜像
手性的   手性的

镜面

手性的

与镜像不可叠合

非手性的    非手性的

与镜像可叠合

手性的

与镜像不可叠合

与手性分子（例如 2- 溴丁烷）相反，像与其镜像可以叠合的化合物是**非手性**（achiral）的。手性和非手性的分子举例如上图。前两个手性结构互为对映体。

所有手性化合物的例子均包括一个与四个不同的取代基团相连的碳原子。这样的核称为**不对称原子**（asymmetric atom）（例如，不对称碳原子）或者**立体中心**（stereocenter，也称为手性中心）。这样的中心有时用星号标注。具有一个手性中心的分子总是手性的（5-6 节将会遇到，有一个以上手性中心的分子不一定是手性的）。

手性中心

（C*=不对称碳的立体中心）

## 练习5-3

（**a**）在 4-7 节所示的天然化合物中，哪一个是手性的？ 哪一个是非手性的？给出每个例子中的手性中心的数目。（**b**）下列画出的结构式表示的都是同一个分子，2- 氯丁烷。题目中的 3 个是同一个对映异构体，2 个是它的镜像，哪个属于前一组？哪个属于后一组？提示：构建模型，或画出结构使尽可能多的原子叠合。

## 分子的对称性有助于识别手性与非手性结构

如前所述，手性（chirality）一词来源于希腊语 *cheir*，意思是"手"或者"手征性"。人类的手具有镜像关系，是对映异构体的典型实例［图 5-2（A）］。还有许多别的手性物体，例如鞋子、耳朵、螺丝钉以及螺旋式楼梯。另一方面，也存在许多非手性的物体，例如球、普通水杯、锤子［图 5-2（B）］和钉子。

许多手性物体，例如螺旋式楼梯，没有手性中心。对许多手性分子而言，这种表述也是正确的。记住：手性的唯一标准就是实物与其镜像不可叠合。在本章中，我们将只讨论具有手性中心的手性分子。但是怎么能确定一个分子是否是手性的呢？ 正如你已确切地注意到的那样，确定一个分子手性与否并不总是很容易的，一个简单的方法就是构建分子及其镜像的分子模型，然后寻找可叠合性，然而，这种方法是非常耗时的；一个更简单的方法是寻找所研究的分子的对称性。

对于大多数有机分子，判别手性存在的唯一检测方法：分子中是否存在一个对称面。一个**对称面**（镜面）［plane of symmetry (mirror plane)］就是指一个可以将分子切成两半的面：在镜面一侧的结构部分，与位于镜面的另一侧的结构部分互为镜像。例如，甲烷有六个对称面，一氯甲烷有三个，二氯甲烷有两个，溴氯甲烷有一个，溴氯氟甲烷没有对称面（图 5-4）。

**图5-4** 对称面的举例：（A）甲烷有六个对称面（经过四面体的六条棱各有一个），图中只标出其中一个；（B）一氯甲烷有三个对称面，图中只标出其中一个；（C）二氯甲烷只有两个；（D）溴氯甲烷只有一个；（E）溴氯氟甲烷没有对称面。手性分子不可能有对称面。

对称面（镜面）

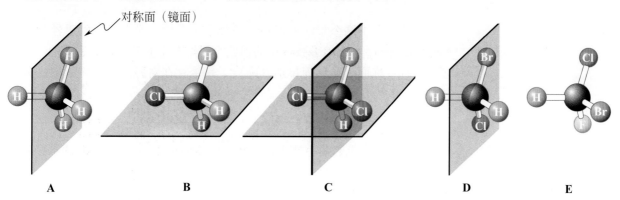

A　　B　　C　　D　　E

**真实生活：**自然  **自然界中的手性物质**

如本章开篇中所述，人体是手性的。的确，我们的宏观世界中到处都有手征性。并且，互为镜像的双方，有一方存在更普遍。比如，我们大多数人都是右撇子，心脏在左侧，而肺在右侧。旋花类植物以左手螺旋缠绕在支撑物上，而忍冬属植物则是相反的，贝壳主要是右手性的（赤道两侧都是这样），等等。

蜗牛的壳：右手性的（左图）与左手性
的比例为20000∶1

这种选择性的手征性在纳米尺度的分子世界中也是存在的。事实上，手性基元分子的存在常常影响宏观手性。因此，自然界中的许多手性有机化合物以单一对映体的形式存在，尽管也有一些是以两种对映体的形式存在。由体内存在手性受体位点可知（真实生活5-4），专一的手征性与专一的生物功能相关。例如，天然的丙氨酸是一种含量丰富的氨基酸，它仅以单一对映体形式存在。然而，乳酸在血液和肌肉液中以单一对映体存在，而在酸奶、一些水果和植物中则以两种对映体混合物的形式存在。

**2-氨基丙酸（丙氨酸）**      **2-羟基丙酸（乳酸）**

另外一个例子就是香芹酮［2-甲基-5-（1-甲基乙烯基）环己-2-烯酮］，在它的六元环上有一个手性中心。如果我们认为环本身是两个不同的独立的取代基，那么这个碳原子就可以认为带有四个不同的取代基团，因为从手性中心来看，取代基按顺时针顺序和逆时针顺序排列的碳原子是不同的。香芹酮的两种对映体在自然界中均存在，每一个都具有特殊的气味。一种对映异构体具有香芹气味作为它的特征气味，而留兰香气味则来自于另一种对映体。

在本书中，你将遇到许多从自然界中获得的、只存在单一对映异构体的手性分子的例子。

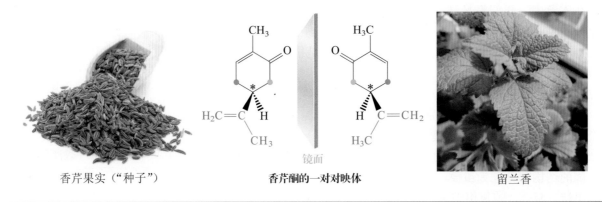

香芹果实（"种子"）          镜面          香芹酮的一对对映体          留兰香

我们怎么用这个想法去识别一个分子是手性还是非手性？手性分子不可能有对称面。例如，图5-4中的前四个甲烷非常清楚都是非手性的，因为它们都有对称面。通过简单地判断分子是否存在对称面，你将能够区分本书中的大多数分子是手性的还是非手性的。

**练习5-4** ────────────

画出下列常见的非手性物体，并标出其对称面：球、普通玻璃水杯、锤子、椅子、衣箱、牙刷。

### 练习5-5

（**a**）自由基氯化 2- 溴丙烷得到两种溴氯丙烷构造异构体，画出它们的结构并确定它们是否是手性的。（**b**）画出二甲基环丁烷的所有结构，并确认哪些是手性的，同时标出非手性结构的对称面。

---

## 小 结

　　手性分子以被称为对映体的两个立体异构体中的任一形式存在。这种对映体之间的关系就是物体与其不可叠合的镜像之间的关系。大多数手性有机分子含有手性中心，但没有手性中心的手性结构也是存在的。含有对称面的分子是非手性的。

## 5-2 ｜ 光学活性

　　本章第一个手性分子的例子是 2- 溴丁烷的两个对映体。如果分离出每一种对映体的纯品，将会发现不能根据两种对映体的物理性质，如沸点、熔点和密度等来区分它们。这不应该令我们感到吃惊：因为它们的键是等同的，能量也是相同的。但是，当一种特殊的光——平面偏振光通过其中一个对映体的样品时，入射光的偏振面在一个方向上会发生偏转（顺时针或者逆时针）。当对另一个对映异构体重复进行同样的实验时，偏振光的面就会在相反的方向发生一个同样大小的偏转。

　　当观察者对着光源观察时，使偏振光平面顺时针方向偏转的对映异构体是**右旋的**（dextrorotatory；*dextert*，拉丁语，"右"），这个化合物被（人为地）称为（+）-对映异构体。而另一个对映异构体，能产生逆时针偏转的，就是**左旋的**（levorotatory；*laevus*，拉丁语，"左"），被称为（−）-对映异构体。这种与光的特殊相互作用称为**光学活性**（optical activity），对映异构体常常也称为**光学异构体**（optical isomers）。

### 用旋光仪测量旋光度

　　什么是平面偏振光，如何测量它的旋转角度呢？ 自然光可认为是电磁波在所有垂直于光传播方向的面上的同时振动。当让光通过一个叫偏光器的部件时，除了一个方向的光外其他的光波均被"滤"掉，所得光束只在一个面上振动，这就是**平面偏振光**（plane-polarized light）（图 5-5）。

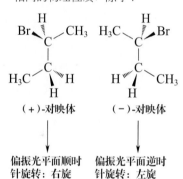

**2-溴丁烷的对映体**

相同的物理性质，除了：

（+）-对映体　　（−）-对映体

偏振光平面顺时针旋转：右旋　　偏振光平面逆时针旋转：左旋

**图5-5** 用旋光仪测量2-溴丁烷的（−）-对映体的旋光。

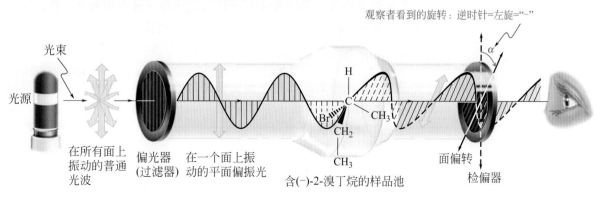

观察者看到的旋转：逆时针=左旋="−"

光束

光源

在所有面上振动的普通光波

偏光器（过滤器）

在一个面上振动的平面偏振光

含(−)-2-溴丁烷的样品池

面偏转

检偏器

手性物质分子的存在并不意味着这个样品一定表现出光学活性。只有当其中至少一个手性化合物的一个对映体含量远超过其他的，才有可能观测到光学活性。

当光经过一个分子时，绕核和不同键上的电子将会和光的电场相互作用。如果一束平面偏振光通过一种手性物质，可以说，电场与"左"和"右"分子的相互作用是不同的。这种相互作用导致了偏振光面的旋转，这就是所谓的**旋光**（optical rotation）；产生旋光的样品就是**光学活性的**（optically active）。

旋光度可用**旋光仪**（polarimeter）测量（图5-5）。在这种仪器中，光首先被偏振面偏振化，然后经过一个装有样品的样品池，偏振面的偏转角度用另一个偏光器（叫做检偏器）来测量，在检偏器后观察到最大透光强度时得到的偏转角度就是旋光度。所测量的旋光度（以度作单位）是一个样品的**表观旋光度 $\alpha$**（observed optical rotation）。它的值依赖于光学活性分子的结构和浓度、样品池的长度、光波波长、溶剂和温度。为了避免混淆，化学家们已经统一了 $\alpha$ 的标准值：**比旋光度 $[\alpha]$**（specific rotation）。这个量（依赖于溶剂）被定义为：

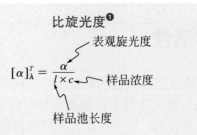

比旋光度❶

$$[\alpha]_\lambda^T = \frac{\alpha}{l \times c}$$

表观旋光度 — $\alpha$
样品浓度 — $c$
样品池长度 — $l$

式中　$[\alpha]$——比旋光度；

$T$——摄氏温度，℃；

$\lambda$——入射光的波长，nm；对常用的钠灯来说，黄色的 D 发射线（常简称为 D）$\lambda = 589$nm；

$\alpha$——表观旋光度，（°）；

$l$——样品池的长度，dm；$l$ 的值一般是 1（也就是 10cm）；

$c$——样品浓度，$g \cdot mL^{-1}$。

### 练习5-6

（**a**）有一种常见的餐桌糖（天然存在的蔗糖）的水溶液，浓度为 $0.1 g \cdot mL^{-1}$，在 10cm 的样品池中测出有顺时针的表观旋光度为 6.65°，计算 $[\alpha]$。这个信息告诉你天然蔗糖的对映体的 $[\alpha]$ 值了吗？（**b**）如表 5-1（见下页）所示，（−）-2-羟基丙酸 [（−）-乳酸] 的比旋光度 $[\alpha]$ 为 −3.8°，其 1g 样品的 10mL 水溶液，在 10cm 样品池中测得的旋光度是多少？

一个光学活性分子的比旋光度就像它的熔点、沸点和密度一样，是其一个特征的物理常数。表 5-1 中列出了四种物质的比旋光度。

## 比旋光度可用于显示对映体的组成

前已述及，两个对映体使平面偏振光向相反的方向偏转相同大小的角度。2-溴丁烷的（−）-对映体使偏振面逆时针偏转 23.1°；它的镜像（+）-2-溴丁烷则顺时针偏转 23.1°。因而，（−）- 和（+）- 对映体 1:1 的混合

---

❶ $[\alpha]$ 的量纲是 $deg \cdot cm^2 \cdot g^{-1}$，单位（对 $l=1$ 而言）是 $10^{-1} deg \cdot cm^2 \cdot g^{-1}$。（记住：$1mL = 1cm^3$。）为了方便，一般情况下 $[\alpha]$ 没有单位，表观旋光度是 $\alpha$（单位为度）。并且，由于实际测量中溶解性的原因，有些文献中给出 $c$ 的单位是 g/100mL，在这种情况下，表观旋光度就应该扩大 100 倍。

表5-1　几种手性化合物的比旋光度 $[\alpha]_D^{25}$

|  |  |
|---|---|
| (-)-2-溴丁烷 | $-23.1°$ |
| (+)-2-溴丁烷 | $+23.1°$ |
| (+)-2-氨基丙酸 [(+)-丙氨酸] | $+8.5°$ |
| (-)-2-羟基丙酸 [(-)-乳酸] | $-3.8°$ |

注：卤代烷用纯液体样；酸用水溶液测定。

物则没有旋光，不具有光学活性。该混合物叫做**外消旋混合物**（racemic mixture）。一个对映体通过转化与其镜像达到平衡，这个过程称为**外消旋化**（racemization）。例如，人们已经发现光学活性的氨基酸如丙氨酸（表 5-1）在化石沉积物上经历非常缓慢的外消旋化，这就导致了光学活性的降低。

　　一个手性分子样品的旋光性与其两个对映体的相对含量直接成正比。只有一个对映体时，它的光学活性最大，样品是光学纯的。当两个对映体等量时，它的光学活性是零，样品是外消旋的，无光学活性。实际上，经常遇到的是一个对映体过量于另一个对映体的混合物。**对映体过量**（enantiomer excess，e.e.）能够得出两者分别是多少：

　　对映体过量（e.e.）=主要对映体的含量（%）-次要对映体的含量（%）

　　由于外消旋混合物由两个对映体 1:1 组成（e.e.=0），e.e. 是外消旋混合物中一个对映体过量多少的量度。e.e. 可以通过该混合物的比旋光度与纯对映体的比旋光度的比值（%）获得，也叫**光学纯度**（optical purity）。

### 光学纯度和对映体过量

对映体过量（e.e.）= 光学纯度 = $[\alpha]_{混合物}/[\alpha]_{纯对映体} \times 100\%$

毒芹碱是毒芹有毒的致命成分，公元前 399 年苏格拉底就是被它毒死的。它以接近外消旋混合物存在于植物中，毒性较大的 (+)-对映体含量略高。

## 解题练习5-7

**运用概念解题：e.e.和光学纯度**

　　一个从化石中得到的 (+)-丙氨酸溶液的比旋光度 $[\alpha]$=+4.25°，它的 e.e. 和光学纯度分别是多少？这个样品的实际对映体组成是多少？如何用其计算该样品的测定旋光值？

　　**策略：**

　　让我们运用 WHIP 来解决这个问题。

- **W**：有何信息？给定了化合物 (+)-丙氨酸，是从化石资源分离得到的，其有可能是对映体（光学）纯的。为了解决这个问题，给出了其比旋光度。要求我们确定其是否是光学纯的，对映体组成是怎样的。
- **H**：如何进行？我们需要查找纯 (+)-丙氨酸的比旋光度是多少，并应用前面的公式得到答案。
- **I**：需用的信息？表5-1给出了纯 (+)-丙氨酸的比旋光度是+8.5°。
- **P**：继续进行。

> **解答：**
> 公式表明：对映体过量（e.e.）= 光学纯度 =（4.25°/8.5°）×100%=50%。
> 这意味着样品中只有 50% 是纯（+）-对映体，另外 50% 是消旋的。因为消旋的部分由等量的（+）-和（-）-对映体组成，所以，该样品的确切组成应该是 75% 的（+）-丙氨酸和 25%（-）-丙氨酸。
> 25% 的（-）-对映体抵消了相应数量的（+）-对映体的旋光，因此，这个混合物的光学纯度就是 75%-25%=50%，测定旋光值是纯（+）-对映体的旋光值的一半。

### 5-8 自试解题

75% 光学纯的（+）-2-溴丁烷样品的比旋光度是多少？这个样品中的（+）-和（-）-对映体的含量分别是多少？50% 和 25% 光学纯的样品中对映体组成如何呢？

### 小　结

　　两个对映体可以通过光学活性，也就是通过由旋光仪所测定的对映体与平面偏振光的作用来区分；其中一个总是顺时针旋转（右旋）偏振光，另一个总是逆时针旋转（左旋）相同的角度。比旋光度 [α]，仅仅是手性分子的一个物理常数。对映体的相互转变导致消旋和光学活性的消失。

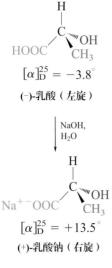

$[\alpha]_D^{25} = -3.8°$

**(-)-乳酸（左旋）**

NaOH, $H_2O$

$[\alpha]_D^{25} = +13.5°$

**(+)-乳酸钠（右旋）**

由X射线衍射分析确定的(+)-乳酸结构

## 5-3 ｜ 绝对构型：*R*, *S* 顺序规则

　　如何确定手性化合物的一个对映体的结构？一旦我们知道了答案，能否准确无误地命名它，并与它的镜像区分？

**X射线衍射能够确定绝对构型**

　　事实上，一个对映体与它的镜像除了旋光符号以外的所有物理性质都是相同的。旋光符号和取代基团的空间排列（**绝对构型**，absolute configuration）之间有无相关性？有没有可能通过测量 [α] 值来确定一个对映异构体的结构呢？遗憾的是，这两个问题的答案都是否定的。一个特定的对映体的旋光和结构之间不存在直接的关系。例如，把乳酸转变为其钠盐后，旋光符号（和大小）就改变了，尽管手性中心的绝对构型并没有改变（页边）。

　　如果旋光符号不能告诉我们任何结构信息，那么怎么区分一个手性分子的两个对映体呢？或换句话说，怎么能知道 2-溴丁烷的左旋异构体具有如表 5-1 所示的结构（并由此推出其镜像右旋异构体的构型）？答案就是只有通过单晶 X 射线衍射分析才能获得这样的信息（1-9 节及页边图），但这并不意味着每一个手性化合物都要通过 X 射线衍射分析来确定结构。绝对构型还能够通过与一个自身构型已经确定的化合物的化学相关性来确定。例如，通过 X 射线衍射知道了（-）-乳酸的手性中心后就可以知道其（+）-乳酸钠盐的绝对构型（也就是说，是相同的）。

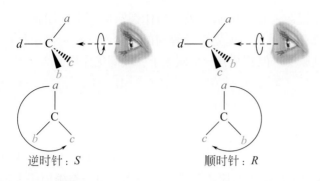

逆时针：S          顺时针：R

## 手性中心标记为R或S

为了准确无误地命名对映异构体，我们需要一个命名体系，能指出分子的手征性，如同"左手"与"右手"的命名。该体系由三位化学家发展而来，他们是罗伯特·卡恩（R. S. Cahn）、克利斯托弗·因戈德（C. Ingold）和伏拉第米尔·普雷劳格（V. Prelog）❶。

不对称碳原子的手征性（R或S）的标记方法，首先是根据优先性降低的顺序排列与手性碳原子连接的四个基团。简单介绍一下排序的规则，取代基a为最高优先性，b为次优先性，c为第三，d为最低。其次，定位一个分子（想象一下，在纸上，或者利用分子模型），使具有最低优先性的基团放在离我们尽可能远的位置（图 5-6）。这样一来剩余的基团就有两种（只有两种）可能的排列方式。如果从a到b再到c的序列是逆时针顺序，手性中心的构型就命名为S（sinister，拉丁语，"左"）。相反，如果序列顺序是顺时针的，构型就是R（rectus，拉丁语，"右"）。符号R或S作为一个前缀放在手性化合物名字前的括号里，如（R)-2-溴丁烷和（S)-2-溴丁烷。消旋混合物可以表示为（R,S)，如（R,S)-溴氯氟甲烷。平面偏振光旋转的旋光符号如果已知的话也可以加上，如（S)-(+)-2-溴丁烷和（R)-(−)-2-溴丁烷。不管如何，符号R和S与旋光符号是没有必然联系的，这一点是很重要的。

**颜色优先性**
a>b>c>d

> **指导原则：基团优先性确定的顺序规则**
>
> 在对手性中心应用R或S命名之前，首先应该利用顺序规则确立优先性。
>
> **规则1**：首先看直接与手性中心连接的原子。原子序数较大的取代基原子优先于原子序数较小的。由此可知，具有最低优先性的就是H。如果存在同位素，则具有较大原子量的同位素优先。
>
>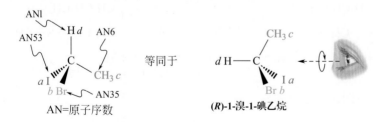
>
> ANI
> AN53   H d   AN6
>       C
> a I         CH₃ c
>  b Br    AN35
> AN=原子序数
>
> 等同于
>
> CH₃ c
> d H—C····I a
>        Br b
> **(R)-1-溴-1-碘乙烷**
>
> **规则2**：当观察与手性中心直接连接的原子时，若两个取代基具有相同的排列顺序，又该怎么办呢？这就需要分别沿着两个取代基链比较直到分出优先次序。

---

❶ 罗伯特·S.卡恩（Robert S. Cahn，1899—1981）博士，英格兰伦敦皇家化学研究所的会士；克利斯托弗·因戈德（Christopher Ingold，1893—1970），英格兰伦敦大学学院教授；伏拉第米尔·普雷劳格（Vladimir Prelog，1906—1998），瑞士苏黎世瑞士联邦理工学院（ETH）教授，获得 1975 年诺贝尔化学奖。

取代基通过悬空键（dangling bond）连接在所讨论分子的手性中心上。

比如说，乙基比甲基优先。为什么？每一个基团直接与手性中心连接的都是碳原子，优先性是等同的。然而，再远离手性中心时，甲基只有氢原子，但乙基有一个碳原子（较高优先性）。

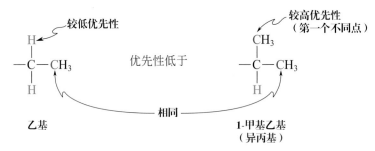

甲基    优先性低于    乙基
较低优先性    较高优先性（第一个不同点）

然而，1-甲基乙基比乙基优先，因为在第一个碳原子上乙基只连有一个碳原子，而 1-甲基乙基有两个碳原子。同理，2-甲基丙基比丁基优先，但没有 1,1-二甲基乙基优先。

**关于—C₄H₉的排序**

—CH₂CH₂CH₂CH₃
丁基

优先性排序低于

CH₃
|
—CH₂CCH₃
|
H

**2-甲基丙基**

优先性排序低于

CH₃
|
—CCH₃
|
CH₃

**1,1-二甲基乙基**
（三级丁基）

较低优先性    较高优先性（第一个不同点）

乙基    优先性低于    1-甲基乙基（异丙基）
相同

须记住的是，优先顺序的决定应沿着类似的两条取代基链，由上面的第一个不同点作出的。达到此点后，链上的其余部位已经无关紧要了。

第一个不同点

—C—CH₂OH    优先性低于    —C—CH₃

第一个不同点

—C—CH₂CH₂CCl₃    优先性低于    —C—CH₃

当遇到链上的分支点时，选择具有较高优先性的分支。当两个取代基有相似的分支时，要对这些分支中的元素进行排序，以找到不同的点，即比较出优先性。

CH₂CH₂CH₃
|
—C—CH₂—SH    优先性低于    —C—CH₂—S—CH₃
|
H

第一个不同点

下图是两个例子。

*d* H—C—I *a*
    CH₂CH₃ *b*
    CH₃ *c*

**(R)-2-碘丁烷**

*d* H—C—C(CH₃)₃ *a*
    CH₂CH₃ *c*
    CH(CH₃)₂ *b*

**(S)-3-乙基-2,2,4-三甲基戊烷**

**规则3**：双键和叁键看成相当数目的单键，其中的原子可以看成是在多重键的另一端相应地连接了两个或三个该原子。

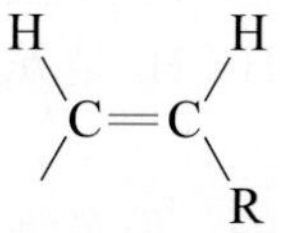

可以认为是

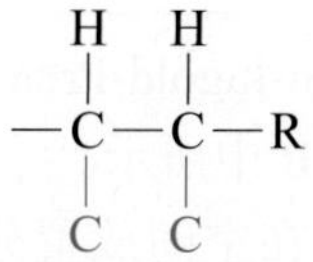

$-C\equiv C-R$ 可以认为是

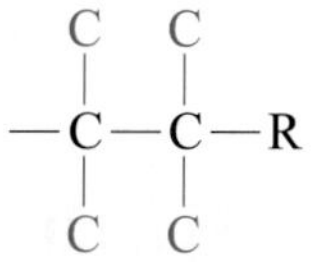

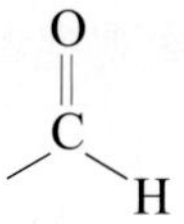

可以认为是

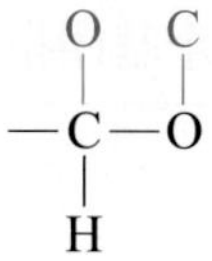

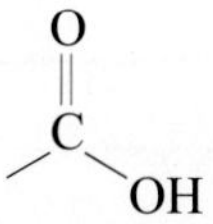

可以认为是

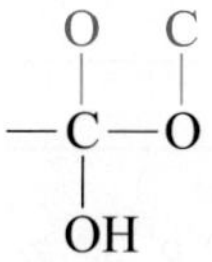

页边所示的例子是本章开始时出现的（$S$)-和（$R$)-沙丁胺醇的结构。

图中右侧基团中的红色原子不是真实存在的，这样表示只是为了确定其左侧每一个相应基团的相对优先性。

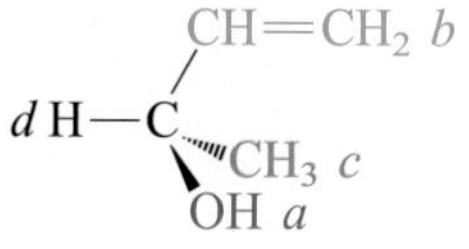

***R***

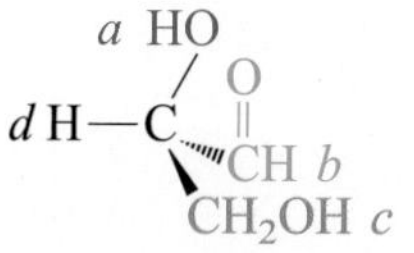

***R***

## 练习5-9

画出下列取代基的结构并根据优先次顺序给出每组的排序。(**a**) 甲基，溴甲基，三氯甲基，乙基；(**b**)2-甲基丙基（异丁基），1-甲基乙基（异丙基），环己基；(**c**) 丁基，1-甲基丙基（仲丁基），2-甲基丙基（异丁基），1,1-二甲基乙基（叔丁基）；(**d**) 乙基，1-氯乙基，1-溴乙基，2-溴乙基。

## 解题练习5-10

**运用概念解题：确定*R*或*S*构型**

确定表 5-1 中（−)-2-溴丁烷的绝对构型。

**策略：**

确定一个分子的绝对构型，不能依赖于其旋光性是左旋的还是右旋的，而应该关注其手性中心，把分子在空间上安排成优先性最低的取代基远离观察者。因此，第一个任务就是根据前面的指导原则确定基团的优先性，第二步就是把分子在空间上按照确定构型的要求放置。

**解答：**

观察（−)-2-溴丁烷，按照其出现在表 5-1 的样子先在下面画出来（标为 A)。

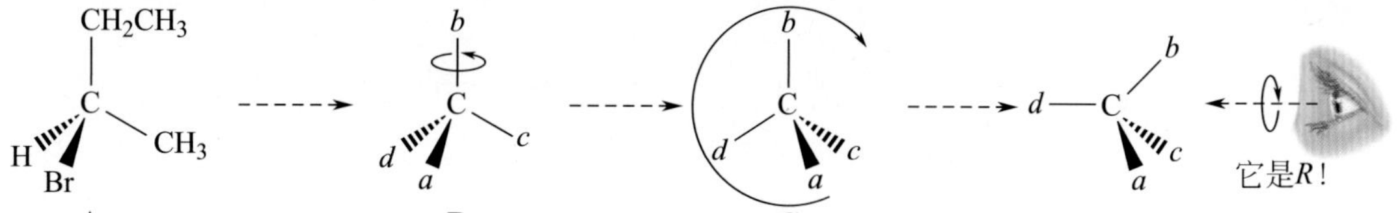


**A** **B** **C** **D**

根据 Cahn-Ingold-Prelog 规则，Br 是 *a*，$CH_2CH_3$ 是 *b*，$CH_3$ 是 *c*，H 是 *d*，如结构 **B** 中所示。

一开始，在空间放置分子可能是比较困难的，但多练习就会变得简单。一个可靠的方法如图 5-6 所示，首先把四面体的骨架移动成 C—*d* 键在纸面上，并指向左侧，想象一下从右侧向里看这个轴。对于结构 **B** 来说，这个过程就是旋转碳原子得到结构 **C**（C—*d* 键在纸面上），然后再顺时针旋转分子成结构 **D**。像图示那样从右侧观看 **D** 确定构型为：*R*。

多做几次这样的练习，就会越来越熟练在三维空间上观察分子，从而实现从 *a*、*b*、*c* 三个基团指向观察者，而 *d* 基团远离观察者的角度来看。

### 5-11 自试解题

确定表 5-1 中其他三个分子的绝对构型。

### 练习 5-12

画出你选择的 *R*- 或者 *S*- 的 2-氯丁烷、2-氯-2-氟丁烷和（HC≡C）（$CH_2$＝CH）C(Br)($CH_3$) 的对映体。（提示：不要尝试画一个特定的对映体，而应该随机地画，但应该是方便确定手性中心是 *R* 或者 *S* 构型的角度）

为了正确地确定异构体的立体结构，必须发展一定的三维"想象力"或者是"立体感"。在已经用来阐明优先性规则的结构中，具有最低优先性的基团在纸平面上放在碳中心的左边，剩余的基团放在右边，右上方的基团也位于纸平面上。但是，这并不是唯一的虚-实楔形线结构的画法，其他的画法也同样是正确的。考虑一下（*S*）-2-溴丁烷结构的一些画法（见下），这些都只不过是同一个分子的不同观察角度而已。

**描述（*S*）-2-溴丁烷的四种方式（仅部分）**

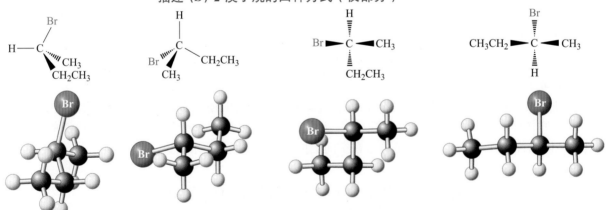

### 小 结

不能用旋光符号来确定一个立体异构体的绝对构型，而必须用 X 射线衍射（或化学相关）法来确定。我们可以用顺序规则（该规则根据优先性顺序排列所有的基团）把一个手性分子的绝对构型表述为 *R* 型或 *S* 型。转动结构把具有最低优先性的基团放在后边可以使剩余的基团顺时针（*R*）或逆时针（*S*）排列。

# 5-4 Fischer投影式

**费歇尔** [1]（Fischer）**投影式**是一种简化了的在二维空间里描述四面体碳原子和其取代基的方法。用这个方法，分子画成十字交叉形式表示，中心碳原子位于交叉点。水平线表示键朝向观察者，竖直线表示键远离观察者。虚 - 实楔形线结构式只有这样排列才便于转化为 Fischer 投影式。

**2-溴丁烷（含手性中心）的虚-实楔形线结构式到Fischer投影式的转化**

真的吗 ?

($R$)-(−)-布洛芬
（无活性）

酶 →

($S$)-(+)-布洛芬
（活性的）

H  
|  
Br—C—CH₂CH₃  
|  
CH₃  

虚-实楔形线结构

($R$)-2-溴丁烷

H  
|  
Br——CH₂CH₃  
|  
CH₃  

Fischer
投影式

H  
|  
CH₃CH₂—C—Br  
|  
CH₃  

虚-实楔形线结构

($S$)-2-溴丁烷

H  
|  
CH₃CH₂——Br  
|  
CH₃  

Fischer
投影式

对同一分子的手性中心，正如存在几种虚-实楔形线的描述方式一样，也存在几种正确的 Fischer 投影式。

### ($R$)-2-溴丁烷的另外两种投影式

H  
|  
CH₃—C—Br  
|  
CH₂CH₃  

⟳ →

H  
|  
CH₃——Br  
|  
CH₂CH₃  

CH₃  
|  
H—C—CH₂CH₃  
|  
Br  

⟳ →

CH₃  
|  
H——CH₂CH₃  
|  
Br  

一种简单地将任何虚-实楔形线结构式正确地转变为 Fischer 投影式的思维方法就是：假定你处于分子大小水平，当你正对着中心原子时，用你的手抓住虚-实楔形线结构中的任意两个取代基来进行。如下所示，在这个动画中，这两个取代基被任意地标记为 $a$ 和 $c$。然后如果你想象抓住分子沿着纸面下滑，剩余的两个基团（位于中心原子后面的）将会"淹没"于纸面下，这样你的左手和右手将会把两个水平的、实线的基团放在正确的水平位置。这个操作过程同时也把余下的两个虚线的基团（分别和你的头与脚并置）放在竖直位置上。

止痛药布洛芬，通常称为 Advil 和 Motrin，作为外消旋体出售，尽管活性成分是（$S$)-(+)-对映体（右旋布洛芬）。外消旋体的活性与 $S$ 型异构体几乎相同。（对发现者来说）幸运的是（参见习题 65），人体的 α-甲基酰化辅酶 A 消旋化酶可以把无活性的 $R$ 型转化成 $S$ 型异构体，转化率 63%，这增加了消旋混合物的价值。

**一个简单的思维方法：　虚-实楔形线结构转化为Fischer投影式**

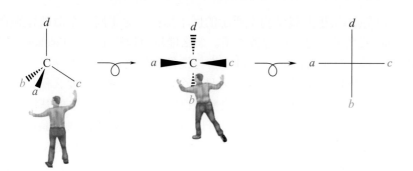

**Fischer模型**

—C—

表示如下

---

[1] 艾米尔·费歇尔（Emil Fischer，1852—1919），德国柏林大学教授，获得 1902 年诺贝尔化学奖。

完成这个转化之后，你就能够通过特定的操作：旋转和基团交换，把一个Fischer投影式变为同一分子的另一个Fischer投影式。接下来需谨慎操作，以免误将 *R* 构型变为 *S* 构型。

## 旋转Fischer投影式可能改变也可能不改变绝对构型

当在纸面上把一个Fischer投影式旋转90°，会发生什么情况呢？出现的结构还能描述原来分子的空间排列吗？由Fischer投影式的定义（水平键指向纸面上，竖直键指向纸面下）可知答案很显然是否定的，因为这种旋转已经改变了水平键和竖直键的相关空间排列；旋转90°结果为其对映体的表达式。但是，在纸面上旋转180°是可以的，由于水平键和竖直键没有互换，所得结构仍为原来的分子。

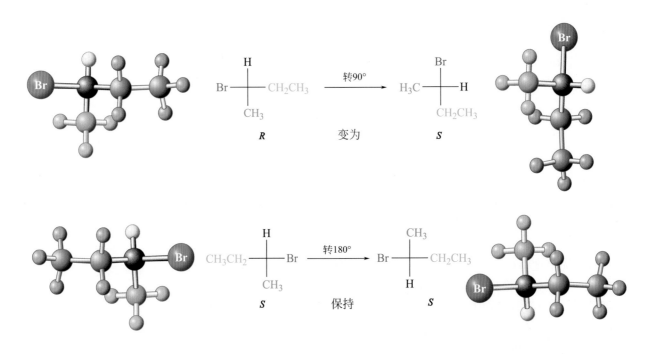

## 练习5-13

画出练习 5-10 和练习 5-12 所有分子的 Fischer 投影式。

## 交换Fischer投影式中的基团也可以改变绝对构型

正如在虚-实楔形线结构中所示的例子那样，对于同一个对映体存在几个Fischer投影式，这可能导致混淆。怎么能迅速地确定两个Fischer投影式描述的是同一个对映体或是一对实物与镜像呢？这就需要去寻找一种可靠的方法把一个Fischer投影式转变为另一个，通过这种转换要么保持它的绝对构型不变，要么改变它的绝对构型。已经证明，通过简单的基团交换可实现绝对构型的保持与改变。我们可以方便地利用分子模型来验证，任何一次这种交换都会将一个对映体转变为它的镜像；两次这样的交换（每次我们可以选择不同的基团）则得到原来的绝对构型。如下所示，这样的操作只不过是同一分子的不同的视图。

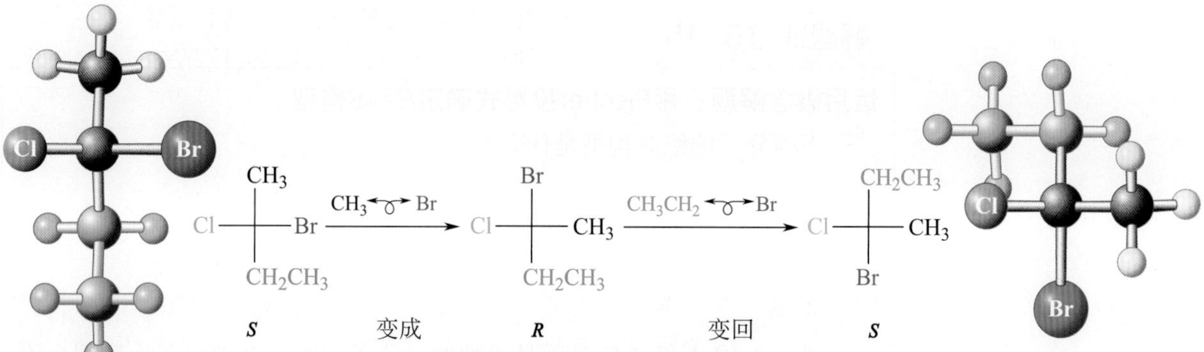

（双箭头表示交换位置的两个基团）

现在有了一个简单的方法来确定两个不同的 Fischer 投影式描述的是相同或是相反的构型。如果一个结构经过偶数次交换得到另一个结构，则这两个结构是等同的；如果经过奇数次交换，则两个结构互为镜像。

例如，以下两个 Fischer 投影式 A 和 B，它们代表具有相同构型的分子吗？答案显而易见。通过两次交换可以把 A 转变为 B，所以 A 和 B 是等同的。

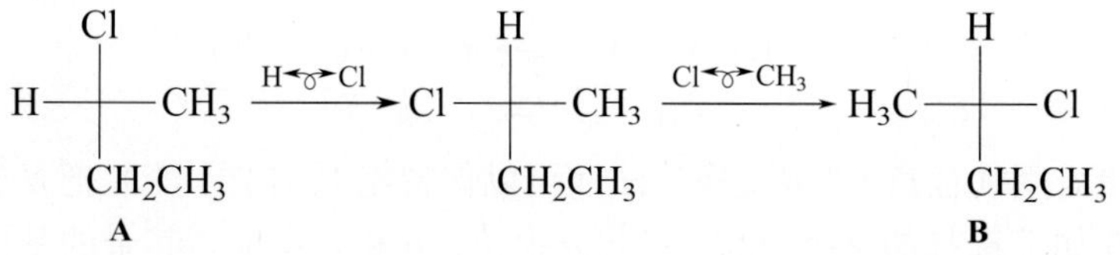

## 练习5-14

画出上述 Fischer 投影式 A 和 B 的虚-实楔形线结构式。通过单键的旋转把 A 转变为 B 可能吗？如果可能，确定需要旋转的键和旋转的角度。如必要的话可利用分子模型。

## Fischer 投影式给出绝对构型

Fischer 投影式可以不需要想象原子的三维排列而判定绝对构型。为此，我们需要：

首先，画出分子的任一 Fischer 投影式。
接着，按照顺序规则排列基团。
最后，如果需要，可以通过两次交换把基团 $d$ 放在顶端。

$d$ 在顶端时，就会发现，优先的三个基团 $a$、$b$ 和 $c$ 只有两种排列方式，要么是顺时针排列，要么是逆时针排列，非常明确地，相对应的分别是 $R$ 或 $S$ 构型。

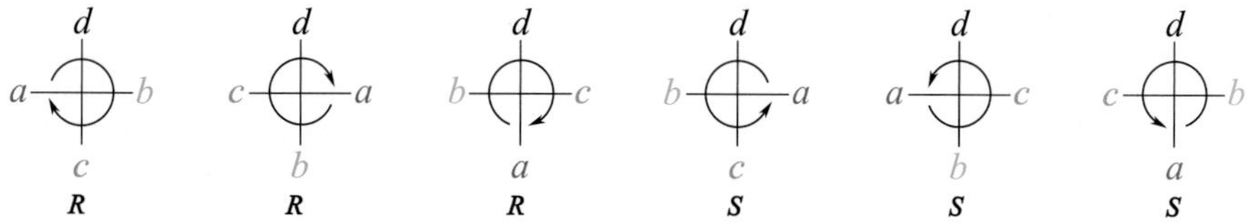

### 解题练习5-15

**运用概念解题：用Fischer投影式确定R和S构型**

下列分子的绝对构型是什么？

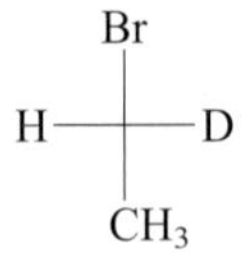

$$
\begin{array}{c}
Br \\
H - \!\!\!\!-\!\!\!\!- D \\
CH_3
\end{array}
$$

**策略：**

这个1-溴-1-氘乙烷分子是手性的，分子中有一个碳原子连有四个不同的取代基，其中的一个是氘，为氢的同位素。第一步是根据顺序规则确定基团的优先性，第二步是排布Fischer投影式，将其中优先性最低的基团放到顶端。

**解答：**

根据Cahn-Ingold-Prelog顺序规则：Br 为 $a$；$CH_3$ 为 $b$；D 为 $c$；H 为 $d$。

为了简化问题，我们用代表取代基的立体化学优先性的字母来代替取代基：

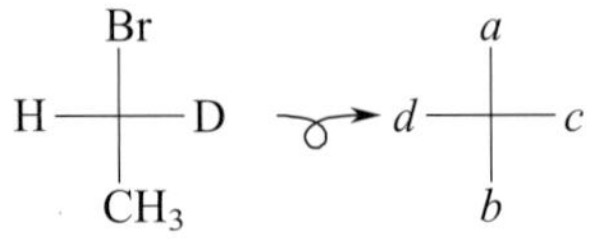

$$
\begin{array}{c}
Br \\
H - \!\!\!\!-\!\!\!\!- D \\
CH_3
\end{array}
\quad\longrightarrow\quad
\begin{array}{c}
a \\
d - \!\!\!\!-\!\!\!\!- c \\
b
\end{array}
$$

接着用（任意）"双交换"法（可以保持绝对构型不变）把 $d$ 放在顶端，在如下选择的交换过程，$d$ 和 $a$ 换位，$b$ 和 $c$ 换位。其余的基团则呈顺时针排列，说明该分子的绝对构型为 $R$ 型。

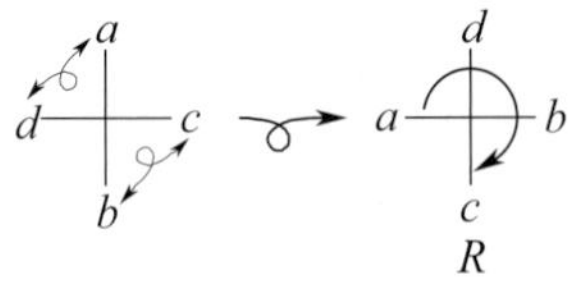

$$
\begin{array}{c}
a \\
d - \!\!\!\!-\!\!\!\!- c \\
b
\end{array}
\quad\longrightarrow\quad
\begin{array}{c}
d \\
a - \!\!\!\!-\!\!\!\!- b \\
c \\
R
\end{array}
$$

也可以用（任意）"双交换"把 $d$ 放在顶端，例如，先交换 $d/a$，再交换 $a/c$，或者按照 $d/c$ 和 $a/d$ 顺序来交换，确保你总是得到相同的答案。

### 5-16 自试解题

确定下列三个分子的绝对构型。

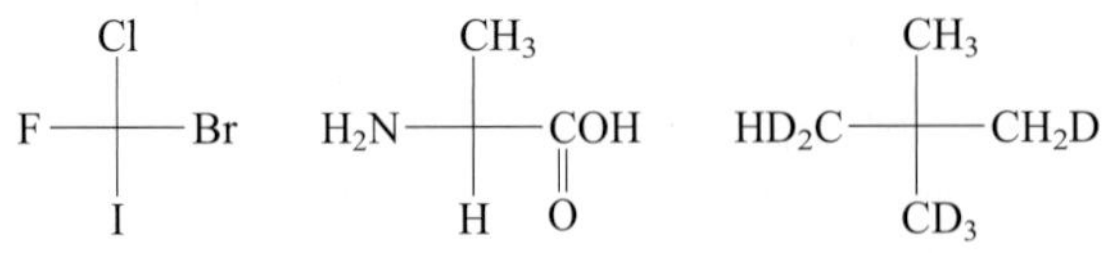

$$
\begin{array}{c}
Cl \\
F - \!\!\!\!-\!\!\!\!- Br \\
I
\end{array}
\qquad
\begin{array}{c}
CH_3 \\
H_2N - \!\!\!\!-\!\!\!\!- COH \\
H \quad O
\end{array}
\qquad
\begin{array}{c}
CH_3 \\
HD_2C - \!\!\!\!-\!\!\!\!- CH_2D \\
CD_3
\end{array}
$$

"手性的氘标记的新戊烷"
（2007年制）

### 练习5-17

把练习5-15和5-16中的Fischer投影式转变为虚-实楔形线结构式，并利用5-3节所讲的方法确定它们的绝对构型。当最低优先性的基团位于Fischer投影式的顶端时，它是位于纸面前还是纸面后？这是否解释了为什么前文列出的由Fischer投影式确定绝对构型的方法是成功的吗？

## 小 结

Fischer 投影式是画手性分子的一种简便的方法。在平面上旋转 180°（保持绝对构型），而不能旋转 90°（改变绝对构型）。如果交换取代基奇数次的话，绝对构型改变；但是交换偶数次时，则绝对构型保持不变。把最低优先性的基团放在 Fischer 投影式的顶端，可以容易地确定绝对构型。

# 5-5 具有多个手性中心的分子：非对映异构体

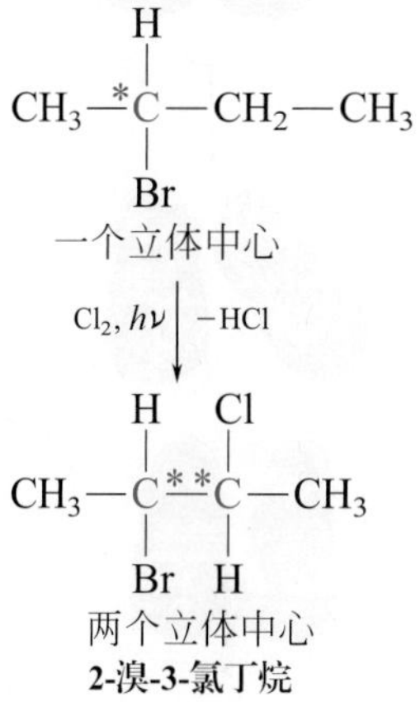


许多分子包含多个手性中心。因为每一个手性中心的构型可能是 *R* 或 *S*，所以就会出现多种可能的结构，这些结构都是互为异构的。

### 两个手性中心能够产生四个立体异构体：2-溴丁烷 C-3 上的氯化

5-1 节讲到如何通过丁烷的自由基卤化产生一个碳原子的手性中心。现在考虑一下消旋的 2-溴丁烷的氯化所得到（除其他产物外）的产物 2-溴-3-氯丁烷。在 2- 溴丁烷 C-3 上引入氯原子将在分子中产生了一个新的手性中心。该中心构型可能是 *R* 或 *S*，这个反应可以用 Fischer 投影式来简单描述，为此，把主链画成一条竖线，与横线的交点作为手性中心。2-溴-3-氯丁烷可能会有多少个立体异构体？通过简单的排列组合计算就可以知道有四个，每一个手性中心的构型可以是 *R* 或 *S*，因此，可能的排列组合是 *RR*、*RS*、*SR* 和 *SS*。通过把每个卤素取代基分别放到主链的右侧或者左侧，总共有四种组合（下图和 202 页页边，及图 5-7），就可以很容易地知道有四个立体异构体存在。

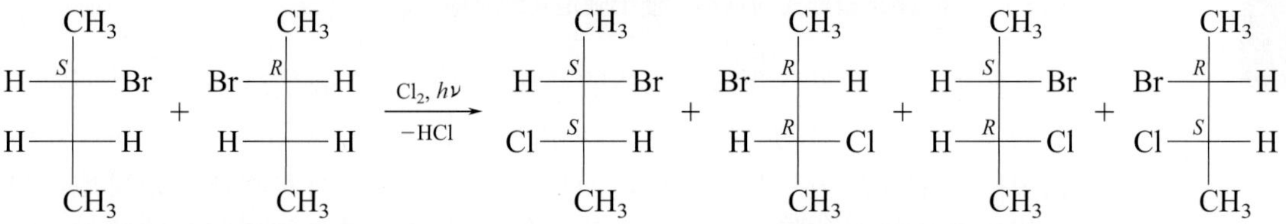

**消旋的2-溴丁烷** **2-溴-3-氯丁烷的四个立体异构体**

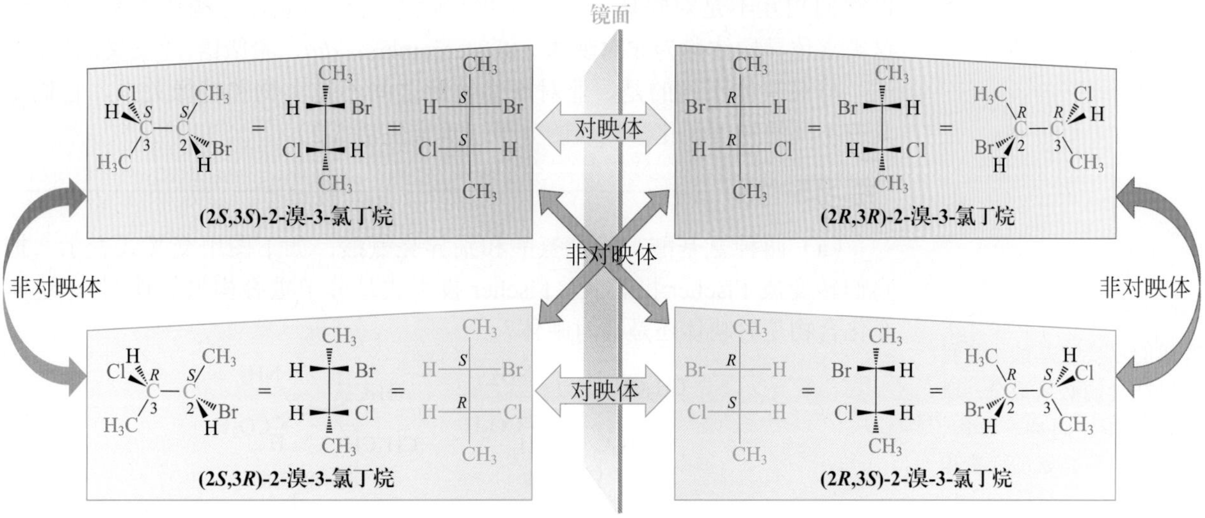


**图 5-7** 2-溴-3-氯丁烷的四个立体异构体。每一个分子都是其余三个中的某一个的对映体（它的镜像），同时又是剩余另外两个的非对映体。例如，(2*R*,3*R*)-异构体是 (2*S*,3*S*)-异构体的对映体，也是 (2*S*,3*R*)-和 (2*R*,3*S*)-异构体的非对映体。注意：只有在每个手性中心的构型都是相反时，两个结构才是对映异构体。

氯化消旋的 2- 溴丁烷的 C-3 位在立体化学上相当于将两对不同的鞋子（消旋体）重新配对：四种排列组合。[*Peter Vollhard*]

因为 Fischer 投影式中所有水平线代表朝向观察者的键，所以 Fischer 投影式表示的是一个处于重叠式构象的分子，不能代表处于最稳定形式的丁烷的骨架，因为最稳定构型是反式的。对于（2*S*,3*S*）-2-溴-3-氯丁烷如下图所示（也可见图 5-7）：

**（2*S*,3*S*）-2-溴-3-氯丁烷：从重叠式的Fischer投影式到反式构象**

Fischer 投影式            反式虚-实楔形线结构            Newman 投影式

为了标记立体构型，可以分别独立讨论每一个手性中心，可把含有其他手性中心的基团当成一个简单的取代基来处理（图 5-8）。

作为一个取代基

画成一个四取代的甲烷    两次交换

问题：*R*或*S*构型？

解答：经查验其手性中心为*S*构型。

图 5-8  确定 2-溴-3-氯丁烷中 C-3 的绝对构型。把包含 C-2 手性中心的取代基看作四个取代基中的一个。优先性（同样用颜色标注）按照一般的方法确定为 Cl＞CHBrCH₃＞CH₃＞H，得到相应手性中心的表示式。经过两次交换把最低优先性的基团（H）放在 Fischer 投影式的顶端，便于确定其绝对构型。

仔细看一下四个立体异构体的结构（图 5-7），我们就会发现是两对相关的化合物：一对为（*R*,*R*）/（*S*,*S*）和另一对（*R*,*S*）/（*S*,*R*）。每对相关化合物中的一个都是另一个的镜像，所以每一对都是一对对映体。相反地，每对相关化合物里的每一个都不是另一对相关化合物里的任一个的镜像，所以它们相互不是对映体。不是实物与镜像关系的立体异构体不是对映体，这类立体异构体称为**非对映体**（diastereomers，*dia*，希腊语，"交叉的"）。

与对映体不同的是，非对映体彼此之间不是实物和镜像关系，它们是具有不同的物理和化学性质的分子（真实生活 5-2）。

### 练习5-18

（**a**）两种氨基酸：异亮氨酸和别异亮氨酸，如下图用交叉式表示。把它们转变成 Fischer 投影式（Fischer 投影式是分子重叠构象的视图）。这两个化合物是对映体还是非对映体？

异亮氨酸            别异亮氨酸

（**b**）阿斯巴甜（Aspartame 或 NutraSweet）是一种人工合成的甜味剂，甜度是蔗糖的 200 倍，已应用于超过 6000 种食物和饮料中，特别是无糖汽水中。有趣的是，该产品所有的其他立体异构体都有点儿苦，把它们都画

异亮氨酸是一种人体不能合成的重要氨基酸，是我们每日饮食的必需成分。研究发现鸡蛋、鸡肉、羊肉、奶酪和鱼中异亮氨酸含量相对较高。

出来，区分出对映体和非对映体。

阿斯巴甜

---

**真实生活：** 自然 **5-2** **酒石酸的立体异构体**

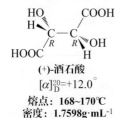

(+)-酒石酸
$[\alpha]_D^{20}=+12.0°$
熔点：**168~170℃**
密度：**1.7598g·mL$^{-1}$**

(−)-酒石酸
$[\alpha]_D^{20}=−12.0°$
熔点：**168~170℃**
密度：**1.7598g·mL$^{-1}$**

*meso*-酒石酸
$[\alpha]_D^{20}=0°$
熔点：**146~148℃**
密度：**1.666g·mL$^{-1}$**

酒石酸（2,3-二羟基丁二酸）是天然存在的含有两个手性中心，并且两个手性中心连有相同取代情况的二酸，所以它以一对对映体（有相同的物理性质，但是使平面偏振光向相反的方向偏转）和一种非手性的内消旋化合物（其化学和物理性质不同于其手性的非对映体）的形式存在。

酒石酸的右旋对映体广泛存在于自然界。它存在于许多水果中，并且人们还发现它的单钾盐在葡萄汁发酵的过程中以沉积物的形式存在。像内消旋的酒石酸一样，纯的左旋酒石酸是很稀少的。

酒石酸是具有历史意义的，因为它是在1848年第一个外消旋体被分离成两个对映体的手性分子，比人们认识到有机分子中的碳原子是四面体结构要早得多。至1848年，天然酒石酸已经被证明是右旋的，并且外消旋体也已从葡萄汁中分离出来。事实上，"外消旋体"（racemate）和"外消旋的"（racemic）这两个词就来源于这种酒石酸的古老的名字，racemic acid（*racemus*，拉丁语，

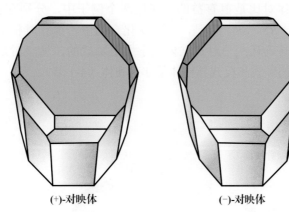

(+)-对映体　　　　　(−)-对映体
酒石酸铵钠晶体的两种对映体的镜像关系

"葡萄串"的意思）。法国化学家路易斯·巴斯德[1]（Louis Pasteur）得到了右旋酒石酸的钠铵盐晶体并且观察到该晶体以两种形式存在：其中一种是另一种的镜像。换句话说，晶体是手性的。

通过手工分离这两种形式的晶体，把它们溶解在水中测量旋光度，Pasteur发现一种是（+）-酒石酸的纯盐，另一种是左旋的形式。值得注意的是，在这少见的情况中，个别分子的手性引起了晶体宏观的手性。他从这个观察中得出结论：分子本身一定是手性的。这些发现和其他发现一起促使在1874年范特霍夫（van't Hoff）和勒贝尔（Joseph Achille Le Bel）[2]分别独立地首次提出：饱和碳原子的键的排列是四面体的，而不是平面四边形的。（为什么平面碳原子的观点和手性中心的观点不相容呢？）

---

[1] 路易斯·巴斯德（Louis Pasteur，1822—1895），法国巴黎大学教授。

[2] 雅可比·H.范特霍夫（Jacobus H. van't Hoff，1852—1911），荷兰阿姆斯特丹大学教授，诺贝尔化学奖获得者（1901年）；约瑟夫·阿齐儿·勒贝尔（Joseph Achille Le Bel，1847—1930），法国巴黎大学博士。

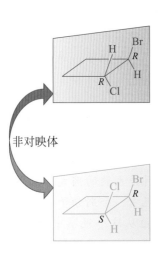

2-溴-3-氯丁烷
(*R*, *S*)/(*S*, *R*)-外消旋体；
沸点：31~33℃

2-溴-3-氯丁烷
(*R*, *R*)/(*S*, *S*)-外消旋体；
沸点：38~38.5℃

它们的空间相互作用和能量不同，就像结构异构体那样，可以通过分馏、结晶和色谱法将其分离，它们具有不同的熔沸点（页边）和密度。另外，它们具有不同的比旋光。

### 练习5-19

下列四个分子具有何种立体化学关系（等同的，对映体，非对映体）？确定每个手性中心的绝对构型。

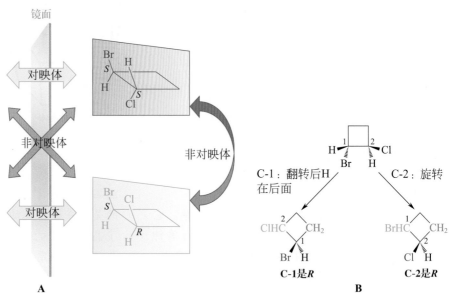

### 顺、反异构体是环状化合物的非对映体

把 2-溴-3-氯丁烷和其环状类似物 1-溴 -2-氯环丁烷（图 5-9）的立体异构体对比是很有益的。在这两个例子中，分别存在四个立体异构体：*RR*、*SS*、*RS*、*SR*。但是，在环状化合物中，第一对和第二对的立体化学关系很容易确认：一对在立体化学上是顺式的，另一对是反式的。事实上，环烷烃的顺式和反式异构体是非对映体（4-1 节）。

镜面

对映体

非对映体

非对映体　　　　　　　非对映体

对映体

C-1：翻转后H
在后面

C-2：旋转

C-1是*R*　　　　　　　　C-2是*R*

A　　　　　　　　　　　　B

图 5-9　（A）顺-和反-1-溴-2-氯环丁烷的非对映异构关系。（B）（*R*, *R*)- 异构体立体构型的确立。回忆一下彩色图示表示的与手性中心相连的基团的优先性：红色 > 蓝色 > 绿色 > 黑色。

### 两个以上手性中心意味着分子有更多的立体异构体

一个含有 3 个手性中心的化合物会有什么样的结构多样性呢？ 可以再次利用排列组合得到各种可能性来解决这个问题。如果我们连续标记三个中心为 *R* 或 *S*，就会出现下列顺序：*RRR*、*RRS*、*RSR*、*SRR*、*RSS*、*SRS*、*SSR*、*SSS* 共有八个立体异构体。把这些立体异构体排列则得到四组对映体。

|       | RRR | RRS | RSS | SRS |
|-------|-----|-----|-----|-----|
| 像    |     |     |     |     |
| 镜像  | SSS | SSR | SRR | RSR |

一般来说，一个化合物如果有 $n$ 个手性中心，则最多可有 $2^n$ 个立体异构体。因此，一个有 3 个手性中心的化合物最多有 8 个立体异构体；有 4 个手性中心的则有 16 个立体异构体；有 5 个手性中心的则有 32 个立体异构体；依此类推。对于更大的体系，结构可能性更多（页边）。

### 练习5-20

画出 2-溴-3-氯-4-氟戊烷的所有立体异构体。

| 2的幂函数 | |
|---|---|
| $n$ | $2^n$ |
| 0 | 1 |
| 1 | 2 |
| 2 | 4 |
| 3 | 8 |
| 4 | 16 |
| 10 | 1024 |
| 20 | 1048576 |
| 30 | 1073741824 |

## 小　结

分子中出现一个以上手性中心就会得到非对映体。它们是彼此之间不具有镜像关系的立体异构体。反之，一对对映体所对应的每个手性中心都有相反的构型，一对非对映体则不然。一个有 $n$ 个手性中心的化合物则最多可以有 $2^n$ 个立体异构体。在环状化合物中，顺式和反式异构体是非对映体。

# 5-6 内消旋化合物

2-溴-3-氯丁烷分子包含两个不同的手性中心，各连着不同的卤素取代基。如果两个手性中心连有相同的取代基则会存在多少种立体异构体呢？

### 两个具有相同取代基的手性中心只得到3个立体异构体

例如，2,3-二溴丁烷，它可以通过 2-溴丁烷的自由基溴化反应得到。像分析 2-溴-3-氯丁烷一样，经过分析 2-溴丁烷的 $R$ 和 $S$ 构型的排列组合，得到四种结构（图 5-10）。

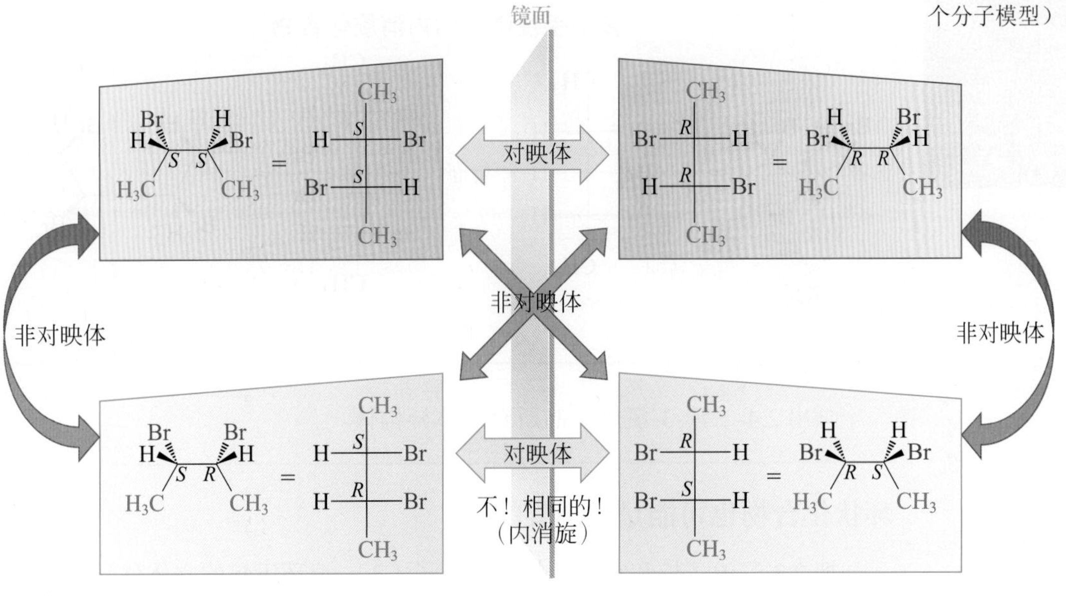

**图5-10** 2,3-二溴丁烷的异构体之间的立体化学关系。下面的一对是等同的结构（构建一个分子模型）。

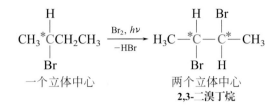

$$CH_3 \overset{*}{C}CH_2CH_3 \xrightarrow[-HBr]{Br_2, \, h\nu} H_3C \overset{*}{-}C-\overset{*}{C}-CH_3$$

（图中标注：上方 H，下方 Br；右侧上方 H Br，下方 Br H）

一个立体中心                    两个立体中心

**2,3-二溴丁烷**

立体异构体中的第一对，具有（$R,R$）-和（$S,S$）-构型，很明显是一对对映体。然而，仔细观察第二对，就会发现（$S,R$）和镜像（$R,S$）是可叠合的，所以是相同的。也就是说，2,3-二溴丁烷的非对映体是非手性的，即没有光学活性的，尽管它包含两个手性中心。两个结构的等同性可以用分子模型证实。

包含两个（或者两个以上）手性中心的，但与其镜像是可叠合的化合物就是**内消旋化合物**（meso compound，*mesos*，希腊语，"中间的"）。内消旋化合物的典型特征就是分子内有一个镜面，这个镜面把分子分成具有互为镜像关系的两部分。例如，2,3-二溴丁烷的 $2R$ 中心就是 $3S$ 中心的镜像。这种关系在重叠式的虚-实楔形线结构中很容易看清楚（图 5-11）。虽然可以存在各种在能量上有利的构象（2-7 节和 2-8 节），但内消旋分子中的镜面足以使分子变成非手性的（5-1 节）。所以，2,3-二溴丁烷只存在三种立体异构体形式：一对对映体（必须是手性的）和一个非手性的内消旋的非对映体。

在 C-3 位溴化外消旋的 2-溴丁烷在立体化学上相当于把两双相同的鞋子（外消旋体）重新组对，只有 3 种不同的排列组合［*Peter Vollhardt*］

相同取代的立体中心

（图示：交叉式 和 重叠式结构，标注 $R$C、$S$C、镜面）

**交叉式**    旋转    **重叠式**    镜面

**图 5-11**    当旋转到如图所示的重叠构象时，内消旋的 2,3-二溴丁烷含有一个分子内的镜面。一个含有一个以上手性中心的化合物只要在任何一个可及的构象里存在镜面，则它就是内消旋的，也是非手性的。内消旋的化合物含有取代基等同的手性中心。

内消旋的非对映体能够存在于含有多于两个手性中心的分子中，例如 2,3,4-三溴戊烷和 2,3,4,5-四溴己烷。

手性还是内消旋？

**多个手性中心的内消旋化合物**

（图示：多个费歇尔投影式，标注 镜面）

一个结构里同时存在 $R$ 和 $S$ 两个手性中心并不意味着这个化合物一定就是内消旋的。内消旋体的手性中心必须具有相同的取代基，并且分子内必须有一个对称镜面。

**练习5-21**

画出 2,4-二溴-3-氯戊烷的所有立体异构体。

## 环状化合物也可能是内消旋的

把 2,3-二溴丁烷和它的环状类似分子 1,2-二溴环丁烷的立体化学特点

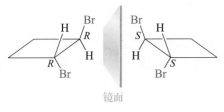

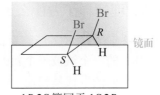

图5-12　1,2-二溴丁烷的反式异构体是手性的；而顺式异构体是一个内消旋的化合物，无光学活性。

手性非对映体的对映体
反-1,2-二溴环丁烷

1R,2S 等同于 1S,2R
内消旋非对映体
顺-1,2-二溴环丁烷

对比一下是很有指导意义的。能够看到反-1,2-二溴环丁烷以一对对映体存在 [（R,R)-和（S,S)-]，是非消旋的，有光学活性。但是顺式的异构体有一个分子内的镜面，所以是内消旋的，非手性的，无光学活性的（图5-12）。

虽然从第4章我们就知道四个碳或更多碳的环状化合物不是平面的，但是为了显示镜面对称性还是把环画成了平面形式。这样判断可以吗？一般来说是可以的，因为像非环状化合物一样，这种化合物在室温可以得到许多构象（4-2节～4-4节和5-1节）。含有两个组成等同手性中心的顺式二取代环烷烃，其至少有一个构象包含必要的镜面就可以判定为非手性的。为了更简便地验证镜面的存在，环状化合物通常被假定为平面的。

### 练习5-22

画出下列化合物，把环表示为平面形式。哪些是手性的？哪些是内消旋的？表示出每个内消旋化合物中镜面的位置。（**a**）顺-1,2-二氯环戊烷；（**b**）（a）的反式异构体；（**c**）顺-1,3-二氯环戊烷；（**d**）（c）的反式异构体；（**e**）顺-1,2-二氯环己烷；（**f**）（e）的反式异构体；（**g**）顺-1,3-二氯环己烷；（**h**）（g）的反式异构体。

### 练习5-23

画出习题5-22每个内消旋体包含镜面的构象。参看4-2节到4-4节以确定这些环系的构象从能量角度而言存在的合理性。

### 小　结

内消旋化合物是含有分子内对称面的非对映体。因此，内消旋体与其镜像是可以叠合的，是非手性的。含有两个或两个以上等同取代手性中心的化合物可能以内消旋异构体的形式存在。

上图的自行车由于被汽车从右侧撞击明显具有手性。从左侧发生同样的交通事故，将产生如下的它的镜像

## 5-7 ｜ 化学反应中的立体化学

我们知道化学反应，如烷烃的卤化，可以把手性特征引入分子，它到底是怎么发生的呢？为了找到答案，再仔细看一下从非手性的丁烷变为手性的2-溴丁烷，所得的是外消旋混合物。一旦这样做了，也将能够理解2-溴丁烷的卤化和一个分子中已存在的手性中心的手性环境对反应立体化学的影响。

### 自由基机理解释了为什么丁烷溴化会得到消旋产物

在 C-2 原子上对丁烷的自由基溴化反应产生了一个手性分子，这是因为亚甲基上的一个氢被一个新的基团取代，生成一个手性中心——一个碳原子与四个不同的取代基相连。

**反应**

$$CH_3CH_2CH_2CH_3 \xrightarrow[-HBr]{Br_2,\ h\nu} \overset{\overset{\textstyle Br}{|}}{CH_3CH_2CHCH_3}$$

**2-溴丁烷**

在自由基卤化机理的第一步（3-4 节和 3-6 节），亚甲基上两个氢原子中的一个氢被进攻的溴原子攫取。这与哪个氢被攫取没有关系，这一步不能产生手性中心，只是生成了一个平面的、$sp^2$ 杂化的且非手性的自由基。这个自由基中心有两个等同的反应位点——p 轨道的两个叶瓣（图 5-13）——同等容易在第二步被溴进攻。我们可以看到，分别得到 2-溴丁烷的对映体的过渡态也是互为镜像的。它们是对映异构的，并且具有相同的能量，因而，R- 或 S- 产物的生成速率也是相同的，因此所得产物就是外消旋体。

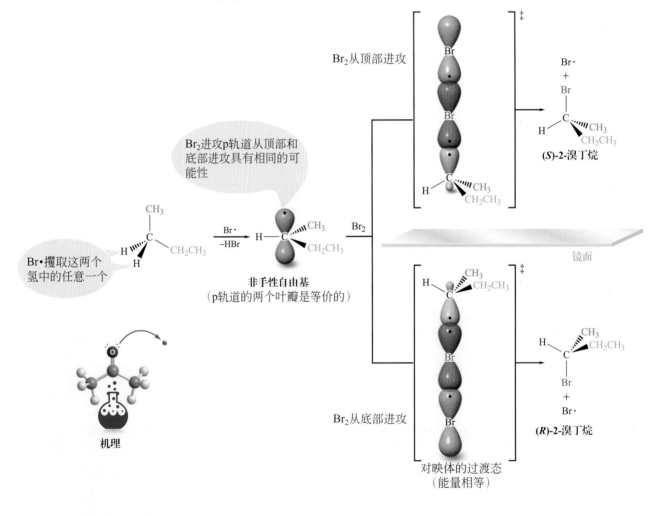

**图 5-13** 通过丁烷 C-2 上的自由基溴化产生外消旋的 2- 溴丁烷。夺取亚甲基上任何一个氢都会得到非手性的自由基。这个自由基和溴的反应在 p 轨道顶部和底部是等同的，得到产物的外消旋混合物。

一般说来，从非手性的反应物（例如，丁烷和溴）生成手性化合物（例如，2-溴丁烷），得到外消旋混合物；或者非光学活性的原料得到非光学活性的产物❶。

## 手性中心的存在影响反应结果：($S$)-2-溴丁烷的氯化反应

现在明白了为什么一个非手性分子经卤化反应得到一个外消旋的卤化物。那么一个手性的、对映体纯分子经卤化反应能得到什么样的产物呢？或者换句话说，结构中手性中心的存在对反应有怎样的影响呢？

例如，我们可以考虑一下（$S$）-2-溴丁烷的自由基氯化反应。在这个例子中，氯有几个进攻选择：两个末端甲基，C-2 上唯一的氢和 C-3 上的两个氢。分别看一下这些反应途径。

### ($S$)-2-溴丁烷C-1或C-4上的氯化反应

任一个末端甲基的氯化反应都是简明的，在 C-1 上氯化得到 2-溴-1-氯丁烷，或者在 C-4 上氯化得到 3-溴-1-氯丁烷。后一种情况，为了保证取代基编号最小，原来的 C-4 已经变成了现在的 C-1。两种氯化产物都是光学活性的，因为原来的手性中心保持完好未变。然而，请注意原来C-1 甲基到氯甲基的转变已经改变了 C-2 周围的优先性顺序。因此，虽然反应过程中手性中心自身没有参与反应，但它的绝对构型已经从 $S$ 变成了 $R$。

手性中心 C-2 的氯化如何呢？（$S$）-2- 溴丁烷在 C-2 上氯化的产物是 2-溴-2-氯丁烷。即使手性中心的取代模式发生了改变，分子依然是手性的。但是，测量产物的 [$\alpha$] 值发现分子是没有手性的：手性中心的卤化得到外消旋混合物。这怎么解释呢？为了找到答案，需回顾一下反应机理过程中所形成自由基的结构。

在该反应中形成外消旋混合物的原因是从 C-2 上攫取一个氢得到一个平面的、$sp^2$ 杂化的、非手性的自由基。

### ($S$)-2-溴丁烷在C-2上的氯化

记住用颜色表示取代基的优先性：
$a$最高——红色；
$b$次高——蓝色；
$c$第三高——绿色；
$d$最低——黑色。

自由基"缺少头脑"。当氢原子被移走时，它们"记不住"自己来自于哪个对映体，使手性中心变成平面非手性的了。因此，在这个特定的实验中，当起始原料的构型是 $S$，$R$，或者它们两个的任意混合物，反应结果没有任何差别。产物一定总是消旋的，因为它是由非手性的自由基形成的。

---

❶ 在后面我们将看到，如果使用光学活性的试剂或者催化剂，从无光学活性的起始原料产生有光学活性的产物是可能的（真实生活 5-3）。

**真实生活：医药  5-3  手性药物——消旋的还是对映体纯的？**

直到 20 世纪 90 年代早期，大部分合成的手性药物都只制备成外消旋混合物，并且销售。原因主要基于实际问题。把一个非手性分子转化为一个手性分子通常生成外消旋体（5-7 节）。另外，通常两个对映体都有相当的生理功能，或者其中一个（所谓"错误"的）是无活性的；这样，就可以认为拆分是不必要的。最后，外消旋体的大规模拆分是昂贵的，实质上增加了药物研发的费用。

天冬酰胺
（氨基酸，第26章）

苦的    甜的

沙丁胺醇
（本章开篇）

拮抗剂    支气管扩张药

但是，在很多情况下，已发现一种药物的对映体中一个是某生物受体位点的阻滞剂，降低了另一个对映体的药效活性。更糟糕的是，其中一种对映体可能具有完全不同的、甚至是有毒的活性谱。这种现象相当普遍，由于自然界的受体位点是手性的（真实生活 5-4），一对对映体具有不同生物活性的两个例子如上所示。

1806 年，天冬酰胺是从自然界分离得到的第一个氨基酸，它是从芦笋汁中分离得到的。

基于这些发现，美国食品药品监督管理局（FDA）修改了对于手性药物商品化的方针，更鼓励制药企业生产医药产品的单一对映体。检测纯对映体的方法更为简单，药物的生物活性更高，通过销售消旋体转变为活性对映体（手性转换）可以延长一个成功药物的专利寿命。因此出现了很多关于改进外消旋体拆分的研究，或者，更好地发展对映选择性的合成方法。这个途径的本质是大自然运用酶催化的反应（参见 5-7 节结尾部分的多巴胺的氧化）：非手性的起始原料在手性环境中，通常是在手性催化剂的存在下，被转化为手性产物。因为在这样的环境下对映性的过渡态（图 5-13）变为非对映性的（图 5-14；注意，在这种情况下，参与反应的碳的手性"环境"是相邻的手性中心提供的），从而可以获得高立体选择性。这个选择性是一个很好的例子，遵循某些绿色化学原理：避免 50% 的"错误"对映体以"废物"的形式生成和繁琐的分离过程，是原子经济和可催化的。如下页所示，这样的方法已经应用在高对映体纯的诸如抗风湿药物萘普生（Naproxen）和抗高血压药物普萘洛尔（Propranolol）的合成中。

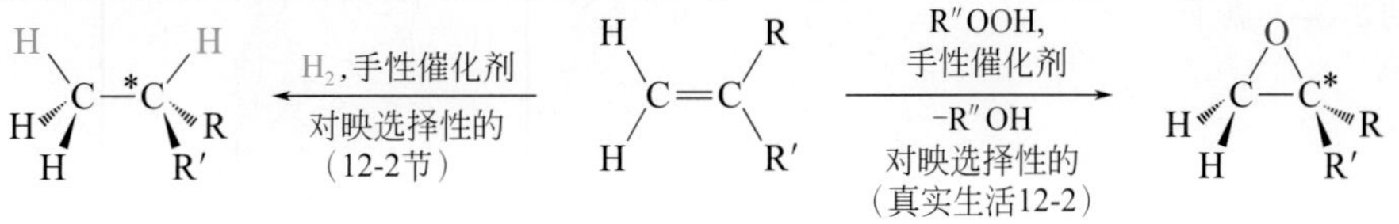


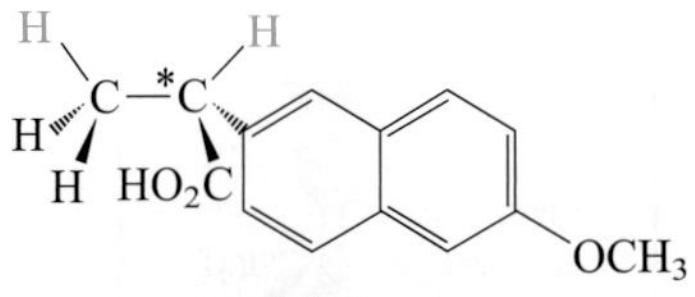
(*R*)-萘普生

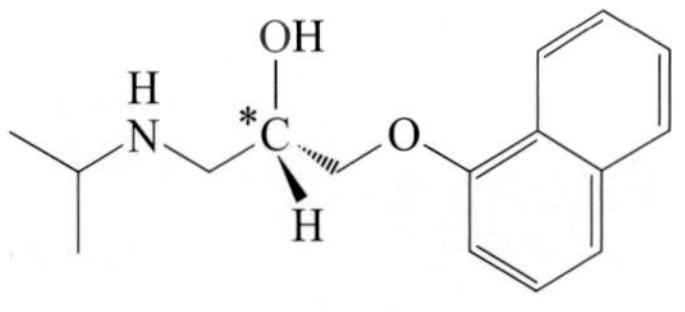
(*S*)-普萘洛尔

(C*=新的立体中心)

这种新兴技术的重要性可通过以下案例说明：单一对映体药物的全球市场销售额每年超过1470亿美金，FDA目前批准的小分子药物中80%是手性的（销售最好的手性药物见表25-1），并且2001年诺贝尔化学奖授予了三位在对映选择性催化方面作出突破性贡献的研究者❶。

❶ 威廉·S. 诺尔什（William S. Knowles，1917—2012）博士，美国密苏里州圣路易斯的孟山多公司；野依良治（Ryoji Noyori，1938年生），日本名古屋大学教授；K. 巴里·夏普勒斯（K. Barry Sharpless，1941年生），美国加利福尼亚州La Jolla的Scripps研究所教授。

氯化反应可以通过能量相同的对映体过渡态在自由基中间体两面的任一面发生，像在丁烷的溴化中一样（图5-13），以相同的速率得到等量的（*S*）-和（*R*）-2-溴-2-氯丁烷。该反应是一个由光学活性的反应物得到非光学活性的产物（外消旋体）的例子。

## 练习5-24

除了上面描述的之外，(*S*)-2-溴丁烷怎样卤化会得到非光学活性的产物？

(*S*)-2-溴丁烷在C-3上的氯化反应不会影响已经存在的手性中心。但是，第二个手性中心的形成导致非对映体的生成。很明确，氯连在C-3左侧得到（2*S*,3*S*）-2-溴-3-氯丁烷，而连在右侧则得到非对映异构体（2*S*,3*R*）-2-溴-3-氯丁烷。

**(*S*)-2-溴丁烷在C-3上的氯化**

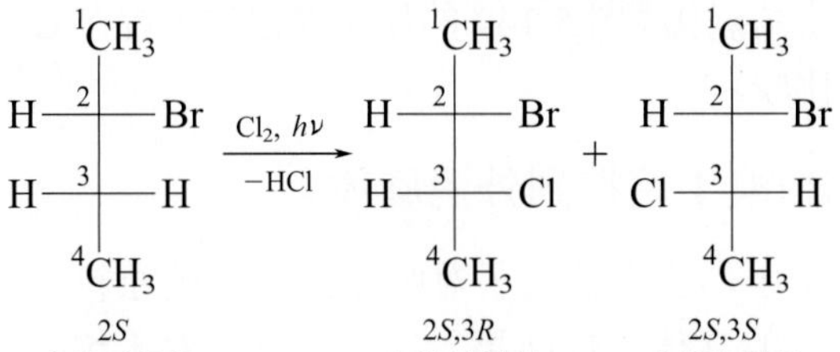


2*S* 光学活性的　　2*S*,3*R* 光学活性的　　2*S*,3*S* 光学活性的

（不等量的）

反应

发生在C-2上的氯化得到1∶1的对映异构体混合物。发生在C-3上的反应也得到等物质的量的非对映异构体的混合物吗？ 答案是否定的。这可以通过分析形成产物的两个过渡态来解释（图5-14）。夺取C-3上的任何一个氢都可以生成一个自由基中心。但是，与C-2上形成的自由基不同的是，C-3自由基的两个面不是互为镜像的，因为C-2手性中心的存在使得C-3自由基保留了原来分子的非对称性。也就是说，p轨道的两侧是不等的。

**图 5-14** 由于 C-2 的手性，(S)-2- 溴丁烷在 C-3 上的氯化产生不等量的 2-溴-3-氯丁烷的两个非对映体。

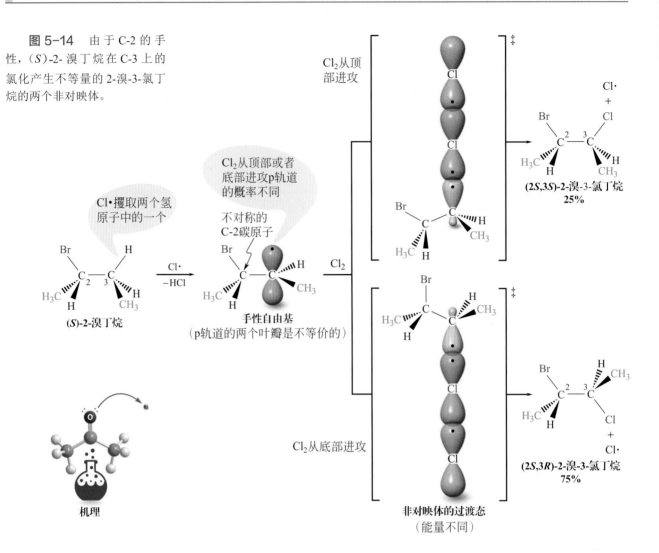

过渡态是非对映体的事实导致产物的形成是不等量的，因此不能够预测产物的实际比例。

这种不等性会导致什么样的结果呢？如果进攻两个面的反应速率不同，则生成两个非对映体的反应速率也应该不同，事实上也是如此：(2S,3R)-2-溴-3-氯丁烷是其 (2S,3S)-异构体的收率的 3 倍（图 5-14）。形成产物的两种过渡态不是互为镜像的，是不可叠合的：它们是非对映异构体。因此这两种过渡态有不同的能量，代表不同的路径。反应势能图（图 5-15）把 (S)-2-溴丁烷在 C-3 自由基氯化（图 5-14）的反应进程与丁烷在 C-2 溴化（图 5-13）的反应进程做了比较。

### 氯化外消旋的 2- 溴丁烷得到外消旋体

在前面的讨论中，我们使用了对映体纯的起始原料 (S)-2 溴丁烷来说明进一步卤化反应的立体活性结果。这个选择性对于绝对构型来说是随机的，也可能有相同的机会来选择 R- 对映体。结果也会是相似的，只是，所有的光学活性化合物，即在 C-1、C-3 和 C-4 氯化的产物，会表现出相反的构型，分别为：(S)-2-溴-1-氯丁烷，(2R,3R)-和（2R,3S)-2-溴-3-氯丁烷（比例为 1:3），(3R)-3-溴-1-氯丁烷。进攻 C-2 也会形成外消旋体，因为在反应过程中手性中心的立体构型消失了。如果以外消旋的 2- 溴丁烷为原料进行该反应，结果又会如何？

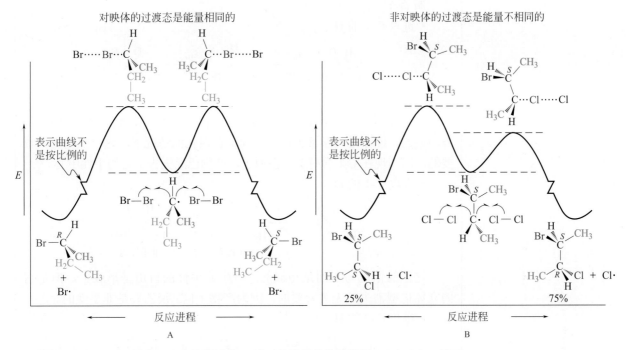

图 5–15　（A）丁烷在 C-2 上溴化形成 2- 溴丁烷消旋体的势能图。（B）（S）-2-溴丁烷在 C-3 上氯化形成不等量的非对映体（2S,3S）-2-溴-3-氯丁烷和（2S,3R）-2-溴-3-氯丁烷的势能图。

## 解题练习 5–25

**运用概念解题：画出一个手性化合物卤化的所有产物**

　　给出（R）-1-溴-1-氘乙烷 A 单溴化的所有产物（参见练习 5-15），并指出它们是否是手性的，光学活性的或是非光学活性。记住 D 是 H 的同位素，定性地说会与氢进行同样的反应。

$$
\underset{\mathbf{A}}{\overset{\displaystyle H \quad D}{\underset{\displaystyle H_3C \;\;_R\; Br}{C}}} \xrightarrow{Br_2,\ h\nu} ?
$$

　　**策略：**

- **W**：有何信息？正在处理的是一个手性的、对映体纯的化合物的自由基溴化。

- **H**：如何进行？先列出 Br· 进攻 A 的所有可能位点，它们是 C-1 上的 H、C-1 上的 D 和 C-2 甲基上的 3 个 H。现在，看一下攫取它们每一个的结果和由此得到自由基是如何生成产物的，关键是要识别当一个四面体的碳原子变成一个平面的自由基中心时其立体活性消失的信息。

- **I**：需用的信息：复习自由基卤化的机理（3-4 节）和本节的内容。

- **P**：继续进行。

解答：

- 进攻 C-1 的 H

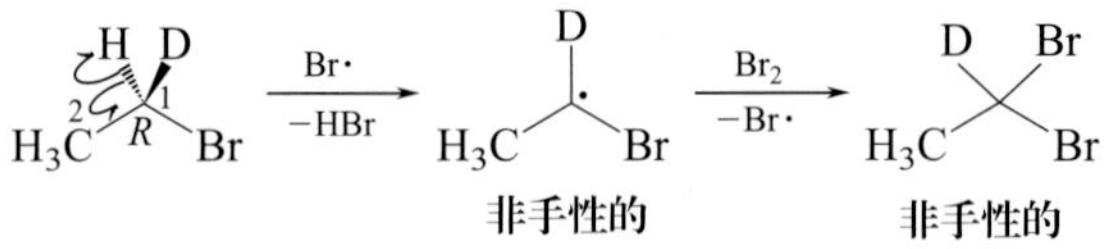

非手性的　　　　　非手性的

这个过程产生一个非手性的自由基，仅这个事实就确定了产物至少是外消旋的，即不是光学活性的。然而，在溴化的情况下，这一点是无关紧要的，因为现在 C-1 含有 2 个溴原子，产物已经失去了它的手性中心。

- 进攻 C-1 的 D

非手性的　　　　　非手性的

这里的情况与上面是相似的：一个非手性的自由基形成了，但是它的立体构型消失是无关紧要的，因为产物 1,1-二溴乙烷是非手性的。

- 进攻 C-2 的 H

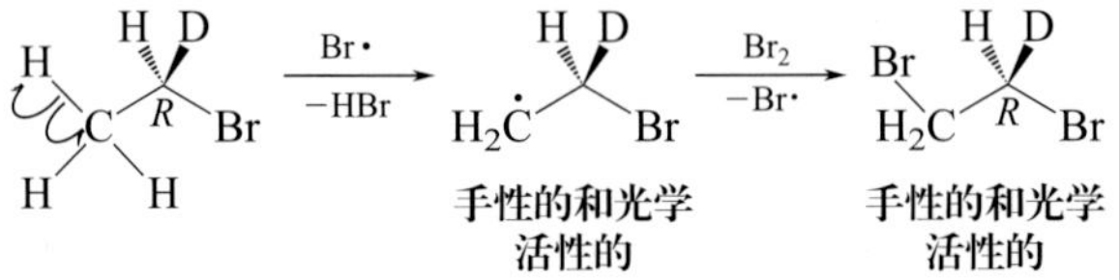

手性的和光学　　　手性的和光学
活性的　　　　　　活性的

进攻 C-2 没有触及手性中心，因此，中间体自由基是手性的，所以产物 1,2-二溴-1-氘乙烷是 R 构型的，是光学活性的。

## 5-26 自试解题

写出（S)-2-溴戊烷在每个碳上的单溴化产物。命名这些产物，指出它们是手性的还是非手性的，它们是否会等量生成，哪一个会是以光学活性形式存在的。

回顾"无光学活性的原料得到无光学活性的产物"这条规则，可以预测所有产物都是外消旋体。因此，进攻 C-1、C-2 或者 C-4 会分别得到消旋的 2-溴 -1-氯丁烷、2-溴 -2-氯丁烷和 3-溴 -1-氯丁烷。重要的是，进攻 C-3 也会得到两个化合物，甚至是外消旋的，即 2-溴 3-氯丁烷的（2S,3S)/(2R,3R)（25%）和（2S,3R)/(2R,3S) 非对映体（75%）。

当涉及外消旋体的时候，书写化学反应方程式的习惯是什么？如果不是特别标注 R/S、旋光符号或一些环绕的文字，一般假定一个反应中的所有成分都是外消旋的。在这种情况下，为了避免书写两个对映体引起的混乱，只画出一个对映体，默认假定另一个对映体等物质的量存在。外消旋 2-溴丁烷在 C-3 上的氯化按照下列方式书写：

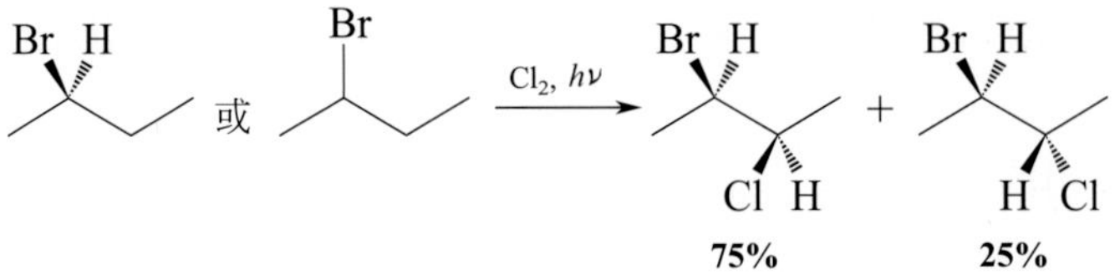

75%　　　　　25%

**真实生活:** 医药  **为什么自然界是"手性的"?**

在本章中,我们发现很多自然界的有机分子都是手性的。更重要的,许多生命有机体内的天然产物不仅是手性的,而且只以单一对映体形式存在。

这类系列化合物的一个例子是氨基酸,它们是多肽的组成单元。自然界中大的多肽称为蛋白质,当它们催化生物转化时被称为酶。

**天然氨基酸和多肽的绝对构型**

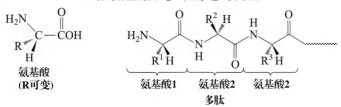

**对映体在酶的受体位点识别示意图**

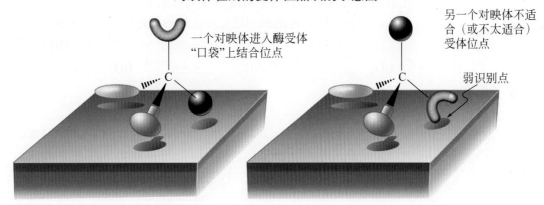

由较小的手性片段组成的酶自组装成较大的簇聚物(conglomerates)。它们也表现出手性,并且是有手征性的。因此,很像一只右手能有效地将另一只右手与左手分开那样,酶(和其他生物分子)有"口袋"。这些"口袋"由于特定的立体化学性质,只可以识别和作用于外消旋体中的一个对映体。手性药物的两个对映体就是基于这种"识别"才具有不同的生理活性(真实生活5-3)。类似于一把手性的钥匙只适合它的像(不是镜像)的锁。这些结构提供的手性环境也可以影响非手性原料高对映选择性地转化成对映体纯的手性产物。用这种方法,自然界如何保持并且增加它自身的手性就可以很好地理解了(至少在原理上)。

更难以理解的是自然界对映体单一性是怎样起源的;换句话说,为什么氨基酸只有一个立体化学构型被选中,而不是另一个?已经吸引了许多科学家试图了解这个秘密,因为这很可能关系到生命的进化。推测的范围从是否有对映体偶然分离("自发拆分")到是否存在手性物理力作用的假设[如手性辐射(像在放射性元素蜕变或者在所谓圆偏振光中观察到的那样)]。另一个假设认为对映体过量(或者生命本身)只是以陨石作为载体从另一行星引入的(这个问题很难回答)。为了检测流星(和其他行星)样品中的非外消旋的氨基酸,人们做了大量尝试,到目前尚未成功。然而,在2016年,在陨石中检测到的碳水化合物分子,如葡萄糖(特别是葡萄糖衍生的羧酸葡萄糖酸)中发现这样的对映体过量。碳水化合物构成了第二类重要的天然生物分子(第24章),这与陆生生命不对称性的地球外起源是一致的。

**练习5-27**

画出在溴代环己烷C-2上单氯化的产物(**注意:** 原料是手性的吗?)

## 立体选择性是对一个立体异构体的优先选择

主要（或专一）地生成若干个可能的立体异构体产物中的一个异构体的反应就是**立体选择性的**（stereoselective）。例如，由于自由基中间体是手性的，(S)-2-溴丁烷在 C-3 上的氯化是立体选择性的。然而，相应的 C-2 上的氯化则不是立体选择性的，因为中间体是非手性的，生成外消旋体。

多高的立体选择性是可能的？ 这个问题很大程度上取决于底物、试剂、特定的反应和反应条件等。在实验室中，化学家用对映体纯的试剂或者催化剂来转化非手性的化合物成为单一对映体产物（对映选择性，真实生活 5-3）。在自然界，酶来完成这个工作（真实生活 5-4）。在每种情况下，都是试剂、催化剂或者酶的手征性来引导手性中心与它们自己的手性兼容。来自自然界中的一个例子是在本章末习题 66 中详细讨论的酶催化氧化多巴胺为（−)- 去甲肾上腺素，酶提供的手性反应环境有高达 100% 的立体选择性，有利于生成所示的对映体。这个情况很像用你的手捏造非手性的可塑性的东西。例如，用你的左手捏出的一块橡皮泥的形状是用你右手捏出来的镜像。

> 多巴胺在奖励-驱动（reward-driven）学习中起了非常重要的作用。当你收到毕业文凭时你很高兴是由于你脑中的多巴胺水平增加。

多巴胺 → （β-单氧化酶，$O_2$；多巴胺）→ (−)-去甲肾上腺素

## 小 结

化学反应，以自由基卤化为例，可以是立体选择性的，也可以不是。从非手性原料（如丁烷）开始，C-2 上的卤化生成外消旋（非立体选择性的）产物。丁烷上一个亚甲基碳上的两个氢被取代的活性是相同的，在自由基溴化的机理上，卤化步骤经历非手性的中间体，两个对映体过渡态的能量是相等的。相似地，从手性的对映体纯的 2-溴丁烷开始，在手性中心的氯化也给出外消旋产物。但是，立体选择性地形成新的手性中心是可能的，因为分子本身保留下来的手性环境导致了两个不等同的对自由基中间体的进攻方式。这两个过渡态是非对映异构体的关系，在此条件下导致以不同速率生成两种产物。

# 5-8 | 拆分：对映体的分离

我们知道，从非手性起始物生成手性产物得到的是外消旋体混合物。那么，怎样制备手性化合物的纯对映体呢？

一个可能的手段是从外消旋体开始，将一种对映体与另一种分离，这种方法称为**拆分**（resolution）。一些对映体，比如酒石酸，结晶成为镜像的形状，可以被人工分离（就像 Pasteur 做的那样；真实生活 5-2）。但是，这种过程既费时又不经济，而且只能少量分离，仅适用于极少数的例子。

一个更佳的拆分策略是基于非对映体的物理性质的不同。假设我们可

以找到一个反应，能把一个外消旋体转化为非对映体混合物。所有的起始对映体混合物中 R-构型的异构体就可以用非对映体的分步结晶、蒸馏或色谱的方法与相应的 S-构型的异构体分开。怎样才能实现这一过程呢？方法就是加入一个可以与外消旋混合物中各对映体成分结合的对映体纯（光学纯）的试剂。例如，我们可以假设一个外消旋体 $X_{R,S}$（其中 $X_R$ 和 $X_S$ 是一对对映体）与光学纯的化合物 $Y_S$（选择 S-构型是任意的；纯的 R- 构型也可以有相同作用）的反应。这个反应生成两个光学活性的非对映体 $X_RY_S$ 和 $X_SY_S$，用标准方法可以分离（图 5-16）。然后断开各个已分离纯化的非对映体中的 X 和 Y 之间的键，释放出对映体纯的 $X_R$ 和 $X_S$。另外，光学纯试剂 $Y_S$ 可以被回收并在下次拆分时重复使用（如页边的类似情形）。

　　那么，我们需要的就是一个易得的、可以在一个简单可逆的反应中被加在待拆分的分子上的光学纯试剂 Y。事实上，自然界为我们提供了大量的、可用的光学纯的分子。(+)-2,3-二羟基丁酸 [(+)-(R,R)-酒石酸] 就是一个例子。一个被广泛应用于对映体拆分的反应是酸碱的成盐反应。例如 (+)-(R,R)-酒石酸可作为有效的外消旋胺的拆分试剂。图 5-17 显示了它对丁 -3- 炔 -2- 胺的拆分。外消旋体先用 (+)-(R,R)-酒石酸处理，形成两个非对映体的酒石酸盐。含有 R- 胺的盐持续析出，并可以过滤与溶液分离。溶液中则含有更多的 S-胺的盐。用碱溶液处理 (+)-盐释放出胺，也就是 (+)-(R)-3-丁炔-2-胺。对溶液进行相似的处理可得 (−)-S-对映体（显然纯度稍差：注意到旋光度稍低）。这个过程仅仅是许多生成非对映体用于拆分的方法之一。

　　一个非常方便而不需用到分离非对映体的对映体拆分方法是所谓的**手性色谱**（chiral chromatography）**法**（图 5-18）。它的原理与图 5-16 中所示的相同，只是光学活性的辅助物 [比如 (+)-(R,R)-酒石酸或者其他合适的廉价光学活性化合物] 被固定在固定相上 [例如硅胶（$SiO_2$），或者氧化铝

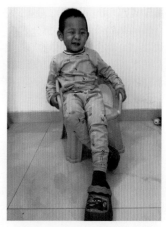

拆分就像用一只脚（比如说右脚）作为手性助剂来找鞋子（在黑暗中）。右脚-右脚穿的鞋的组合与右脚-左脚穿的鞋的组合是完全不同的，就像照片中的小孩发现的那样。

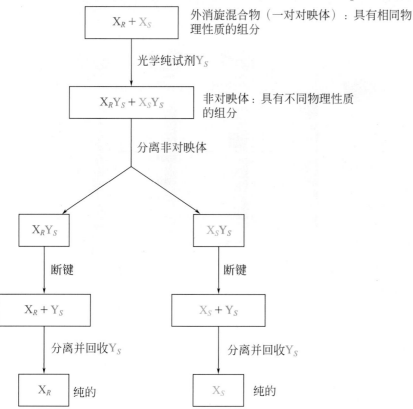

**图5-16**　两个对映体的分离（拆分）流程图。这是基于与一种光学纯的试剂反应生成能够分离的非对映体的转化方法。

$X_R + X_S$ ——外消旋混合物（一对对映体）：具有相同物理性质的组分

　↓ 光学纯试剂 $Y_S$

$X_RY_S + X_SY_S$ ——非对映体：具有不同物理性质的组分

　↓ 分离非对映体

$X_RY_S$　　　　　$X_SY_S$

　↓ 断键　　　　　↓ 断键

$X_R + Y_S$　　　　$X_S + Y_S$

　↓ 分离并回收 $Y_S$　　↓ 分离并回收 $Y_S$

$X_R$　纯的　　　　$X_S$　纯的

**图5-17** 用（+）-2,3-二羟基丁酸
［（+）-(*R*,*R*)-酒石酸］拆分丁-3-
炔-2-胺。两个非对映体的酒石酸
盐在水中的溶解性完全不同，容
易通过过滤实现分离。（这两种
盐的比旋光度［α］大小相近、符
号相反，纯属偶然）。

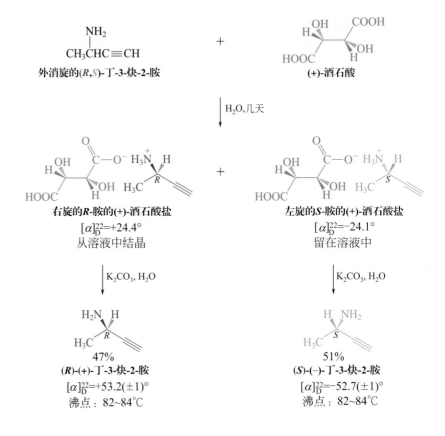

**图5-18** 在手性柱上拆分外消
旋体。样品加到填充有对映体
纯载体的柱子的顶部，其中的
一个对映体（绿色）与载体的
相互作用比另一个（红色）的
强，相对较慢地流过柱子。因
此，红色的对映体比其绿色的
镜像先被洗脱出来。商用的柱
子通常用葡萄糖多聚物纤维素
（24-12节）作为手性固定相。

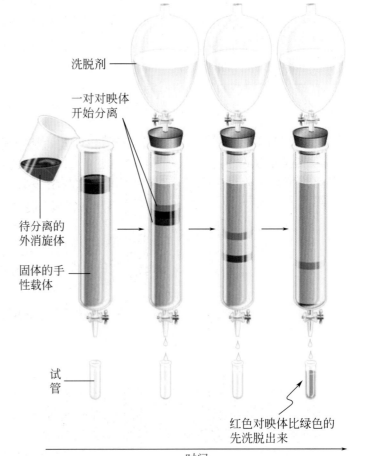

（$Al_2O_3$）]。这种材料被用于填充色谱柱，然后将外消旋体的溶液通过柱子。对映体分别以不同的程度（因为这个作用是非对映体性的）可逆地被吸附在手性载体上，因此在柱子上被吸附的时间（保留时间）也有所不同。因此，一个对映体就比另一个先洗脱出，从而实现分离。

## 总　结

　　本章的结束标志着学习有机化学的一个里程碑。从此往后，我们只会增加很少量的关于分子结构理解的基本的新观点。但本书会在到目前为止学过的基本原则上进行拓展，包括在前述文字中描述的内容。

— 立体异构体与构造异构体的差别是立体异构体的组成原子连接的顺序是相同的（本章开篇）。

— 一个手性中心的存在会产生由两个对映体组成的手性分子，它们之间彼此是互为像和镜像的关系（5-1节）。

— 一个对映体顺时针旋转平面偏振光的平面，其镜像则逆时针旋转（5-2节）。

— 手性分子中围绕手性中心的原子的三维空间排列由R/S命名来描述，根据顺序规则，由基团的顺序确定（5-3节）。

— 在Fischer投影式中，十字描述的是手性中心的三维排列（5-4节）。

— 存在一个以上的手性中心会产生非对映体，它们彼此之间不是互为像和镜像关系的立体异构体（5-5节和5-6节）。

— 当一个非手性原料的反应产生立体中心时，生成的产物是外消旋的（5-7节）。

— 当一个手性原料的一个对映体反应产生立体中心时，生成的产物是光学活性的，除非它分子内含有一个对称镜面（5-7节）。

　　本书剩下的大部分都是按官能团特征来研究各类有机化合物。我们着重于研究这些化合物参与的反应，强调每个反应的机理是怎样被分子结构的细节所影响的。不同反应机理的数量十分有限，了解机理以及有利于一种反应而不是其他反应的条件是理解有机化学的关键。

# 5-9 | 解题练习：综合运用概念

　　下列两个习题类似自由基卤化和催化氢化反应中那样，将综合运用立体化学概念。

### 解题练习5-28　找出自由基卤化反应的所有可能产物

　　化学反应中的选择性是有机合成化学家的一个基本目标。我们已经学习了这样的选择性，至少在某种程度上，知道自由基卤化反应是怎样实现的：在3-7节和3-8节中，学习了关于不同类型的氢被取代（比如，一级氢相对于二级氢和三级氢）；在5-7节中进行了关于立体化学的讨论。你应该已经认识到，因为自由基的反应活性和自由基中间体的中心碳的平面结构，自由基卤化反应常常是缺乏选择性的。因此，所有打算运用它们的合成都必须考虑到预期反应外的所有可能的产物。比如，回顾一下甾体母核的典型结构图（4-7 节），可以发现其中有各种类型的氢，包括三级氢（明确标出的）。所有的氢在原则上都可以被一个卤原子攫取。

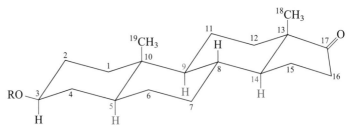

因为甾体是重要的生物分子，它们的选择性官能化一直是许多研究者关注的热点。通过寻找精准控制的反应条件，使用特殊的卤化试剂，化学家们已经不仅可以控制对三级碳原子中心的进攻，还可以对 C-5、C-9 或 C-14（红色标注的，参见第 4 章习题 51 ～ 53）有选择性。下面这个问题用更简单的甾体母核的环己烷片段展示了他们采用的分析方法。

**(S)-2- 溴 -1,1- 二甲基环己烷在 C-2 和 C-6 上的自由基单溴化有多少种产物？画出起始物的结构，命名各个二溴二甲基环己烷产物，标明它们是手性的或非手性的，指出它们是等量或非等量生成的，是否有光学活性。**

策略：

• **W**：有何信息？画出起始物的结构，先忽略立体化学（A）。

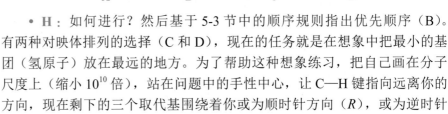

• **H**：如何进行？然后基于 5-3 节中的顺序规则指出优先顺序（B）。有两种对映体排列的选择（C 和 D），现在的任务就是在想象中把最小的基团（氢原子）放在最远的地方。为了帮助这种想象练习，把自己画在分子尺度上（缩小 $10^{10}$ 倍），站在问题中的手性中心，让 C—H 键指向远离你的方向，现在剩下的三个取代基围绕着你或为顺时针方向（R），或为逆时针方向（S）：D 是 S-对映体（页边）的正确结构。

现在我们可以在 C-2 或 C-6 上引入溴原子了。

• **I**：需用的信息？记住自由基卤化反应的机理是很重要的：关键的中间体是一个自由基中心——举例中的 C-2（E）或者 C-6（F）——可以被卤原子从 p 轨道的任意一侧进攻（3-4 节）。

**(S)-2-溴-1,1-二甲基环己烷**

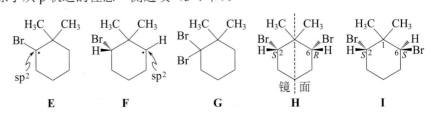

• **P**：继续进行。

解答：

在 E 中，分子是对称的，从 p 轨道顶部和从底部进攻的速率是相等的。

如果卤化是用 $F_2$ 或者 $Cl_2$ 来进行的话，C-2 会保持为手性中心，*R-* 和 *S-* 对映体等量生成（外消旋体；5-7 节，图 5-13）。但是，在这个例子中，C-2 的溴化消除了碳原子的不对称性，即化合物 G 是非手性的，因此无光学活性。

现在来看 F，它的情况就不同了。未改变的原始的手性中心（D 中 C-2）的存在使得自由基中间体 F 中心的两面进攻速率不等同。两个非对映体（H 和 I）以不同的速率生成，因此是不等量的（5-7 节，图 5-14 和图 5-15）。在 H 中，顺 -2,6- 二溴 -1,1- 二甲基环己烷，第二个溴的引入使分子中有了镜面：H 是一个内消旋体，非手性的，因此无光学活性（5-6 节）。另一种对已经发生的反应的描述方式是 D 中 C-2 的手性（即 *S*）被在 C-6 上引入它的镜像（即 *R*）所抵消。这两种立体异构体是无差别的，因为（2*S*,6*R*）-H 和（2*R*,6*S*）-H 是一样的（你可以通过简单地以围绕镜面的虚线旋转化合物 H 证实这一观点）。

另一方面，化合物 I，（2*S*,6*S*）-2,6- 二溴-1,1- 二甲基环己烷分子内不包含镜面。这个分子是手性的，对映体纯的，因此是光学活性的。换句话说，反应保持了 C-2 立体化学的完整性和一致性不变，仅生成了产物的一个对映体，即（2*R*,6*R*）- 非对映体，与其镜像是不能叠合的（5-5 节）。

## 解题练习5-29   氢化柠檬烯的立体化学

本书会在 11-5 节和 12-2 节中讲到烯烃的双键可以被氢气和特定的金属催化剂（3-3 节）氢化，生成相应的烷烃：

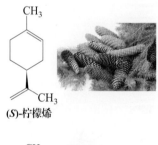
**(S)-柠檬烯**

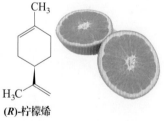
**(R)-柠檬烯**

柠檬烯的两个对映体（页边）的香味是完全不同的。*S* 型异构体存在于云杉树的果实中，有与松节油相似的气味；*R* 型异构体具有橙子的特征香气。(*R*)-柠檬烯是橙汁工业的副产品，是柑橘皮的主要成分，世界年产量超过 70000 吨。

**分别画出 (*R*)- 和 (*S*)-柠檬烯中两个双键都被氢化时的产物。这些产物是异构体、同一物质、手性的、非手性的还是光学活性 / 非光学活性的？**

解答：

首先画出 (*R*)- 和 (*S*)柠檬烯它们各自的双氢化产物。如上所述，两个氢可以从 π 键的上方或下方加成（图 1-21）。这对于在取代基上的氢化是无关紧要的，但是对环上的氢化产物却有重要影响：一种方式生成反式，另一种则生成顺式双取代的环己烷。所以，我们从每个对映体中得到两个立体异构体。两对分别从 *R* 和 *S* 型起始物中得到的产物是什么关系呢？很明显，两个顺式和两个反式异构体是分别可叠合的：它们是一样的。换句话说，柠檬烯的两个对映体得到的是相同的立体异构体混合物。它们是手性的吗？答案是否定的：生成的 1,4-二取代的环己烷包含一个镜面。这样一来，柠檬烯的氢化导致分子的对称化，使它成为非手性的。因此，产物是无光学活性的。

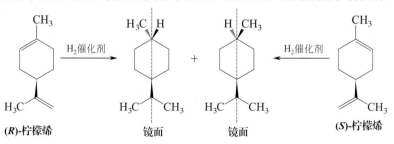

**(R)-柠檬烯**　　　镜面　　　镜面　　　**(S)-柠檬烯**

**重要概念**

1. **异构体**有相同的分子式，但是是不同的化合物。构造（结构）异构体之间的差异是单个原子的连接顺序不同。立体异构体有相同的连接顺序，但是原子在三维空间上的排布有所不同。**镜像立体异构体**之间的关系是实物和镜像的关系。

2. 不能与它的镜像叠合的物体是**手性的**。

3. 一个连接四个不同取代基的碳原子（**不对称碳**）是**立体中心**的一个例子。

4. 两个互不叠合的镜像立体异构体称为**对映体**。

5. 一个包含一个手性中心的化合物是手性的，并且以一对对映体的形式存在。一个1:1的对映体混合物是**外消旋体**（外消旋体混合物）。

6. 手性分子不能有对称面（镜面）。如果分子有**镜面**，那么它是**非手性的**。

7. **非对映体**是互相不存在实物与镜像关系的立体异构体。环状化合物的顺式和反式异构体就是非对映体的实例。

8. 分子中有两个手性中心会产生四种立体异构体——两对非对映关系的对映体。有 $n$ 个手性中心的化合物，其立体异构体最多可以有 $2^n$ 个。当相同取代的手性中心有对称面时，这一数量就会下降。一个包含若干手性中心和一个镜面的分子与它的镜像是等同的（非手性的），该分子被称为**内消旋化合物**。一个分子在任何能量可及的构象中存在一个镜面就足以使其成为非手性的。

9. 对映体的绝大部分物理性质是相同的。主要的例外是它们与**平面偏振光**的作用：一个对映体使偏振平面顺时针旋转（**右旋的**），另一个则使其逆时针旋转（**左旋的**）。这个现象叫做**光学活性**。旋转的程度可用度为单位来衡量，用**比旋光度** $[\alpha]$ 来表示。外消旋体和内消旋体都表现出零旋光。对映体的不等量混合物的**对映体过量**或者**光学纯度**由下式给出：

$$对映体过量（e.e.）=光学纯度=[\alpha]_{混合物}/[\alpha]_{纯对映体}\times100\%$$

10. 一个立体中心的"手征性"（绝对构型）是由X射线衍射测定的，可以用 Cahn-Ingold-Prelog**顺序规则**定为 $R$ 或 $S$ 型。

11. **Fischer投影式**提供了快速画出有手性中心分子的模板。

12. 自由基卤化反应可以把手性引进非手性化合物中，当过渡态是对映异构关系（实物与镜像的关系）时，产物是外消旋体。因为平面自由基的两面以相同速率反应。

13. 如果反应发生在手性中心上，包含一个手性中心的手性分子的自由基卤化会得到外消旋体产物，在其他部位的反应则生成两个非对映体，且不会等量生成。

14. 在多个立体异构体都可能生成时，更倾向于只生成其中一种构型的叫**立体选择性**。

15. 对映体的分离叫做**拆分**，它是通过外消旋体与一个手性化合物的单一纯对映体反应生成可分离的非对映体来实现的。用化学方法除去手性试剂后，则得到原来外消旋体中的两个对映体。另一个分离对映体的方法是在光学活性载体上的**手性色谱法**。

# 习 题

**30.** 将下面日常用品按手性和非手性分类。假设每个物体都是以最简单的形式，没有装饰或也没贴有印刷的标签。（**a**）梯子；（**b**）门；（**c**）电风扇；（**d**）电冰箱；（**e**）地球；（**f**）棒球；（**g**）棒球棍；（**h**）棒球手套；（**i**）一张薄纸；（**j**）餐叉；（**k**）勺子；（**l**）小刀。

**31.** 本题的每个部分都列出了两件物体或者两套物体。用本章的术语尽可能准确地描述两套物体之间的关系；就是说，指出它们是否是相同的，对映体，还是非对映体。（**a**）一辆美国玩具车和一辆英国玩具车相比（颜色式样相同只是方向盘在相反侧）；（**b**）两只左脚穿的鞋和两只右脚穿的鞋相比（相同颜色、尺码和款式）；（**c**）一双袜子和两只右脚穿的袜子相比（相同颜色、尺码和款式）；（**d**）一只右手手套在左手手套上（掌心对掌心）和一只左手手套在右手手套上面相比（掌心对掌心；相同颜色、尺码和款式）。

**32.** 对下列每对分子，指出它们是相同的、构造异构体、构象异构体还是立体异构体。当构象在不能互相转换的温度下时怎样描述它们之间的关系？

（**a**）$CH_3CH_2CH_2CH$ 和 $CH_3CH_2CHCH_2CH_3$

（**b**）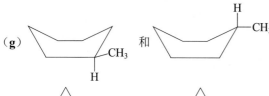

（**c**）$ClCH_2CH_2$ 和 $CH_3CH$

（**d**）

（**e**）$CH_3CHCH_2CH_2CH_3$ 和 $CH_3CHCH_2CHCH_3$

（**f**）

（**g**）

（**h**）

**33.** 下列哪些化合物是手性的？（**提示**：找手性中心。）
（**a**）2-甲基庚烷
（**b**）3-甲基庚烷
（**c**）4-甲基庚烷
（**d**）1,1-二溴丙烷
（**e**）1,2-二溴丙烷
（**f**）1,3-二溴丙烷
（**g**）乙烯，$H_2C=CH_2$
（**h**）乙炔，$HC\equiv CH$

（**i**）苯（注意：像乙烯、苯只有 $sp^2$ 杂化的碳原子，因此是平面形的）

（**j**）肾上腺素

（**k**）香草醛

（**l**）柠檬酸

（**m**）抗坏血酸

（**n**）对薄荷烷-1,8-二醇（水合萜烷）
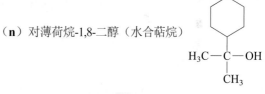
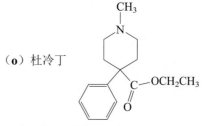

（**o**）杜冷丁
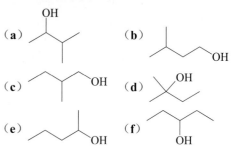

**34.** 下列每个化合物的分子式均为 $C_5H_{12}O$（自己再检验），哪些是手性的？
（**a**）
（**b**）
（**c**）
（**d**）
（**e**）
（**f**）

**35.** 画出习题34中每个手性化合物的对映体中的任意一个，用R或者S标出其立体中心。

**36.** 下面环己烷衍生物中，哪些是手性的？为了确定环状化合物的手性，环可以看作是平面的。

（a）　　（b）

（c）　　（d）

**37.** 用R或者S标出习题36中分子的每一个立体中心。

**38.** 圈出每一个手性分子，给每一个手性碳原子标上星号*，并标出R或者S

**39.** 下列结构是药物沙利度胺的结构。（a）沙利度胺是手性的，确定它的立体中心。

外消旋的沙利度胺于1957年在欧洲开始用作怀孕妇女妊娠晨吐的镇静剂。基于大鼠的毒性实验显示无毒性，该药物当时被认为是安全的。然而，一年之内，这个安全实验的局限性，可悲地导致了服用该药的妇女生下了数千个具有一系列严重先天缺陷的婴儿，比如四肢畸形。接下来发现，沙利度胺的（R)-(+)-对映体具有镇静作用，而（S)-(−)-对映体是致畸的（出生缺陷的原因）。（b）画出并标出沙利度胺的两个对映体。使这个问题复杂化的是沙利度胺的立体中心含有一个中等酸性的氢，其在生理条件下就会离子化，导致两个对映体互相转

化。（c）确定沙利度胺中的相关氢，解释它为什么具有酸性特征（**提示**：复习1-5节，并考虑能够稳定其共轭碱的效应）。

美国食品药品监督管理局的一位住院实习医生Frances Kelsey顶着来自医药公司和导师的压力，拒绝批准沙利度胺。在制药企业提出该药物不能透过胎盘，拒绝遵守她的决定时，她仍然坚持。她的行为拯救了无数的生命，并导致了在美国及世界范围内彻底改革药物审批过程。1962年Kelsey被约翰·F. 肯尼迪总统授予杰出的联邦公务员奖牌。

**40.** 对于下列每对结构，指出两者是构造异构体、对映异构体、非对映异构体，还是等同的分子。

（a）　和
（b）　和
（c）　和
（d）　和
（e）　和
（f）　和
（g）　和
（h）　和
（i）　和
（j）　和
（k）　和
（l）　和

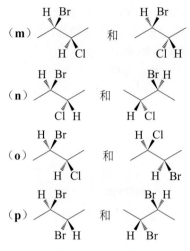

（m）……和……

（n）……和……

（o）……和……

（p）……和……

**41.** 对于下列分子式中的每一个，指出包含一个或多个立体中心的构造异构体；分别给出立体异构体的数量，并且对每种情况画出并命名至少一个立体异构体。

（**a**）$C_7H_{16}$　（**b**）$C_8H_{18}$　（**c**）$C_5H_{10}$，带一个环

**42.** 确定下列每个分子中的手性中心的绝对构型（$R$或$S$）。（**提示**：对于含手性中心的环状结构，将环看成两个恰好在环的远端连接起来的取代基——找第一个不同点，具体操作同非环结构。）

（**a**）　　　　（**b**）

（**c**）　　　　（**d**）

（**e**）　　　　（**f**）

（**g**）　　　　（**h**）

（**i**）　　　　（**j**）

**43.** 标出习题33中每个手性分子的手性中心。画出每个分子的任意一个立体异构体，标明每个手性中心的绝对构型（$R$或$S$）。

**44.** 香芹酮的两个异构体〔系统命名：2-甲基-5-(1-甲基乙烯基)-2-环己烯酮；真实生活5-1〕如下图所示。哪个是$R$型，哪个是$S$型？

（+）-香芹酮
（来自香菜种子）

（−）-香芹酮
（来自留兰香）

**45.** 画出下列每个分子的结构表达式。保证你所画出的结构能明确地表现手性中心的构型。（提示：先画出最容易确定构型的对映体，然后有必要的话，修饰它使之符合题中要求的结构。）（**a**）（$R$）-2-氯戊烷；（**b**）（$S$）-3-溴-2-甲基己烷；（**c**）（$S$）-1,3-二氯丁烷；（**d**）（$R$）-2-氯-1,1,1-三氟-3-甲基丁烷。

**46.** 画出下列每个分子的结构表达式，清楚地表现每个手性中心的构型。（**a**）（$R$）-3-溴-3-甲基己烷；（**b**）（$3R,5S$）-3,5-二甲基庚烷；（**c**）（$2S,3R$）-2-溴-3-甲基戊烷；（**d**）（$S$）-1,1,2-三甲基环丙烷；（**e**）（$1S,2S$）-1-氯-1-三氟甲基-2-甲基环丁烷；（**f**）（$1R,2R,3S$）-1,2-二氯-3-乙基环己烷。

**47.** 画出并命名（$CH_3$）$_2$CHCHBrCHClCH$_3$的所有可能的立体异构体。

**48.** **挑战题**　对下列每个问题，假设所有的测量都是在10cm的旋光仪样品池中进行的。（**a**）0.4g光学活性2-丁醇的10mL水溶液显示出-0.56°的旋光度。它的比旋光度是多少？（**b**）蔗糖（食用糖）的比旋光度是+66.4°。含3g蔗糖的10mL溶液的旋光测定值是多少？（**c**）测得纯（$S$）-2-溴丁烷的乙醇溶液的旋光度$\alpha$=57.3°。如果（$S$）-2-溴丁烷的[$\alpha$]是23.1°，溶液的浓度是多少？

**49.** 天然肾上腺素，[$\alpha$]$_D^{25}$=-50°，用来治疗心脏停搏和突发的严重过敏反应。它的对映体则无药用价值，并且是有毒的。假设你是一名药剂师，一个据称含有1g肾上腺素的20mL液体，但是光学纯度未测定。将它放入一个旋光仪中（10cm旋光管），读数为-2.5°。样品的光学纯度如何？药用是否安全？

**50.** 谷氨酸单钠盐，[$\alpha$]$_D^{25}$=+24°，是活性的调味剂，也称为MSG。其结构缩写式如下图所示。（**a**）画出MSG的$S$-对映体的结构。（**b**）如果MSG的商业样品的[$\alpha$]$_D^{25}$=+8°，它的光学纯度是多少？混合物中$S$-和$R$-对映体的含量是多少？（**c**）对于[$\alpha$]$_D^{25}$=+16°的样品，请回答同样的问题。

$$\text{HOCCHCH}_2\text{CH}_2\text{CO}^-\text{Na}^+$$

**51.** 下列分子是省略了立体化学的薄荷醇（4-7节）。（**a**）确定薄荷醇的所有立体中心。（**b**）薄荷醇有

多少个立体异构体存在？（**c**）画出薄荷醇的所有立体异构体，确定出成对的对映体。

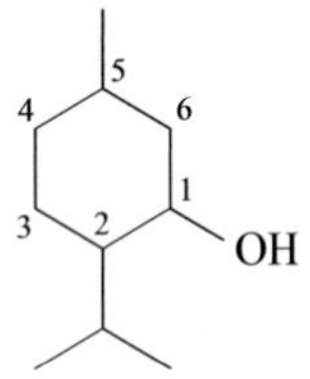

**薄荷醇**

**52. 挑战题**　天然的（−）-薄荷醇，是薄荷香气挥发油的主要成分，是（1*R*,2*S*,5*R*）-立体异构体。（**a**）从习题51（**b**）画出来的结构中确定（−）-薄荷醇。（**b**）薄荷醇的另外一个天然存在的非对映体是（+）-异薄荷醇，即（1*S*,2*R*,5*R*）-立体异构体，从画出来的结构中确定（+）-异薄荷醇。（**c**）第三个是（+）-新薄荷醇，（1*S*,2*S*,5*R*）-化合物，从画出来的结构中找出（+）-新薄荷醇。（**d**）根据你对取代环己烷构象的理解（4-4节），薄荷醇、异薄荷醇和新薄荷醇这三个非对映体的稳定性顺序是什么（从最稳定到最不稳定）？

**53.** 在上面两个问题描述的立体异构体中，（−）-薄荷醇（$[\alpha]_D$=−51°）和（+）-新薄荷醇（$[\alpha]_D$=+21°）是薄荷油的主要成分。在薄荷油的天然样品中，薄荷醇-新薄荷醇混合物的$[\alpha]_D$=−33°，在该油中，薄荷醇和新薄荷醇的含量分别是多少？

**54.** 对于下列每对结构，指出两个化合物是否为同一物质或对映体关系。

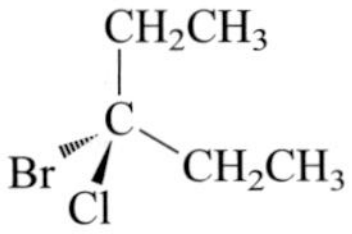

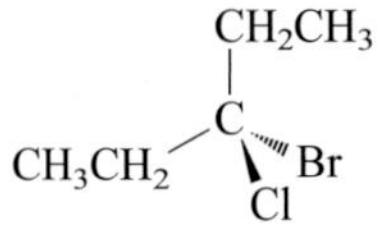

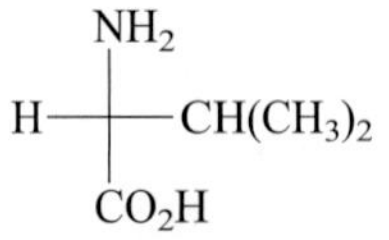

**55.** 确定习题54中每个结构中立体中心是*R*还是*S*构型。

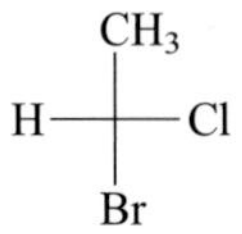

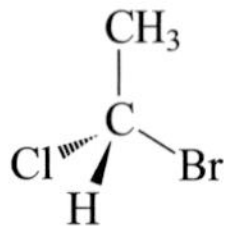

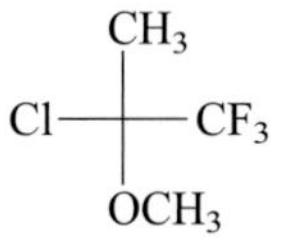

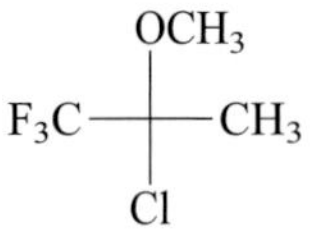

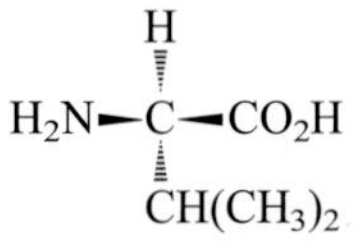

**56.** 下图中所示的化合物是一种名叫（−）-阿拉伯糖的糖。它的比旋光度为−105°。（**a**）画出（−）-阿拉伯糖的对映体。（**b**）（−）-阿拉伯糖是否还有其他对映体？（**c**）画出（−）-阿拉伯糖的一个非对映体。（**d**）（−）-阿拉伯糖是否还有其他非对映体？（**e**）如果可能，预测（a）中所画

的结构的比旋光度。（**f**）如果可能，预测（c）中所画的结构的比旋光度。（**g**）（−）-阿拉伯糖是否有非光学活性的非对映体？如果有，画出一个。

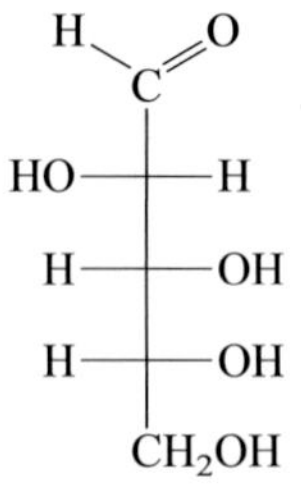

**（−）-阿拉伯糖**

（+）-阿拉伯糖是上面所示糖的对映体，作为低卡路里甜味剂销售。

**57.** 写出下面对映体的完整IUPAC名称（不要忘记立体化学的标记）。

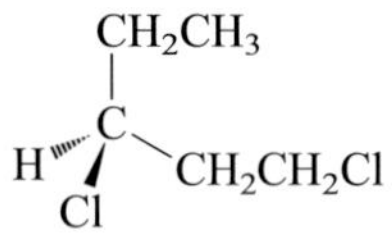

$C_5H_{10}Cl_2$

这个化合物在光照下与1mol $Cl_2$反应生成多种分子式为$C_5H_9Cl_3$的异构体。对于本题的各个部分，给出下列信息：有多少种立体异构体生成？如果生成多于一个异构体，它们是否等量生成？指明每一立体异构体中每个手性中心的*R*或*S*型。

（**a**）C-3上的氯化　　（**b**）C-4上的氯化

（**c**）C-5上的氯化

**58.** 甲基环戊烷的单氯化反应可以生成数种产物。对于甲基环戊烷在C-1、C-2和C-3上的单氯化，给出与习题57中要求的相同信息。

**59.** 画出（*S*）-1-溴-2,2-二甲基环丁烷的所有可能氯化产物。指出它们是否是手性的，是否等量生成，哪些在生成时是光学活性的？

**60.** 演示如何拆分外消旋的1-苯基乙胺（如下所示），用可逆转化为非对映体的方法。

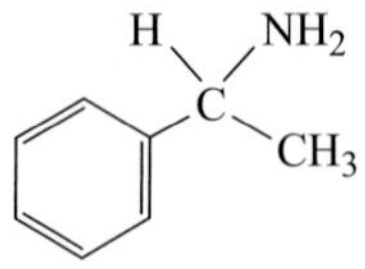

**1-苯基乙胺**

**61.** 画出用（*S*）-1-苯基乙胺拆分外消旋2-羟基丙酸（乳酸，表5-1）的流程图。

**62.** 在下列单溴化反应中，有多少个立体异构体产物生成？（**a**）外消旋的反-1,2-二甲基环己烷；（**b**）纯的（*R*,*R*）-1,2-二甲基环己烷；（**c**）对于（a）和（b）的答案，指出各种产物是否等量生成。指出基于不同物理性质（如溶解性、沸点），产物在多大程度上能被分离？

**63. 挑战题**　做一个顺-1,2-二甲基环己烷的最稳定构象的模型。如果这个分子被锁定在这一构象上不能旋转，它是否是手性的？（构建一个它的镜像的模型，根据它们是否可以叠合来检查你的答案。）

　　翻转此模型的环。它与原来构象的立体异构关系是什么？本题的答案与习题36（a）的答案有何联系？

**64.** 吗啡喃是一大类手性分子吗啡生物碱的母体物质，这一族化合物的（+）-和（−）-对映体有截然不同的生理性质。（−）-对映体，比如吗啡，是"麻醉止痛剂"（镇痛剂），而（+）-对映体是"止咳药"（止咳糖浆内的有效成分）。右旋美沙芬就是后者的最简单和常用的一种。

**吗啡喃**　　　　　　　　**右旋美沙芬**

（**a**）指出右旋美沙芬中所有的手性中心。（**b**）画出右旋美沙芬的对映体。（**c**）尽你所能（不容易）确定右旋美沙芬中所有手性中心的*R*和*S*构型。

**65.** 在第18章中我们会学到与羰基相邻的碳原子上的氢有酸性。化合物（*S*）-3-甲基-2-戊酮（如下），当它被溶解在含有催化剂量的碱的溶液中时会失去光学活性。请解释。

**（*S*）-3-甲基-2-戊酮**

**66.** 向具有重要生物活性的分子中用酶引入官能团，不仅对于该分子在反应的定位上是专一的（第4章，习题53），而且通常在立体化学上也是专一的。肾上腺素的生物合成首先需要将一个羟基专一地引入非手性的底物多巴胺上以生成（−）-去甲肾上腺素。（完整的肾上腺素合成将在第9章习题79中展现）。只有（−）-对映体才在适当的生理活动中有效，所以合成必须是高度立体选择性的。

（**a**）（−）-去甲肾上腺素的构型是*R*还是*S*？（**b**）如果没有酶存在，生成（−）-和（+）-去甲肾上腺素的自由基氧化的过渡态是否会是等能量的？哪个术语描述了这些过渡态间的关系？（**c**）用你自己的话描述酶必须怎样影响这些过渡态能量，才能使（−）-对映体选择性生成。酶一定要是手性的吗，或者它可以是非手性的吗？

## 团队练习

**67.** 已有研究表明化合物A的一个立体异构体是抗某些类型的神经退化紊乱的有效药物。已知结构 A 含有十氢萘型的体系，像B所示，其中的氮可以当作一个碳处理。

（**a**）用模型来分析环的结合处。做结构B的顺式和反式模型，理论上可以做出四种不同的模型。指出它们之间的立体化学关系，比如非对映异构或对映异构。画出异构体并指出环结合处的手性中心的*R*或*S*构型。

（**b**）虽然反式的环结合是能量更有利的一种，但含顺式连接环的化合物是表现出生物活性的结构 A 的立体异构体。构建只含有顺式环结合的结构 A 的模型。确定结构A中所示C-3的立体化学以及与之关联变化的C-6的手性中心。这样，又有四个不同的模型。画出它们，并用标明每个化合物中所有四个手性中心的*R*或*S*构型，确保它们中没有对映体。

（**c**）表现出最大生物活性的化合物A的立体异构体是顺式耦合的环，并且C-3和C-6上的取代基都是平伏键。所画的立体异构体中哪一个包含了这些要素？通过确定C-3、C-4*a*、C-6和C-8*a*的绝对构型的方法指出它。

## 预科练习

**68.** 哪个化合物没有表现出光学活性？（注意它们都是Fischer投影式。）

（c）

$$\begin{array}{c} COOH \\ H \rule{1.5cm}{0.4pt} OH \\ HO \rule{1.5cm}{0.4pt} H \\ HO \rule{1.5cm}{0.4pt} H \\ HO \rule{1.5cm}{0.4pt} H \\ COOH \end{array}$$

（d）

$$\begin{array}{c} COOH \\ H \rule{1.5cm}{0.4pt} OH \\ Cl \rule{1.5cm}{0.4pt} H \\ Cl \rule{1.5cm}{0.4pt} H \\ H \rule{1.5cm}{0.4pt} OH \\ COOH \end{array}$$

（c）$H_3C \rule{1cm}{0.4pt}$ 中心C，上 $CH_2Br$，下 $H$，右 $CH_2Cl$

（d）$H_3C \rule{1cm}{0.4pt}$ 中心C，上 $H$，下 $CH_2Br$，右 $CH_2F$

（e）$H_3C \rule{1cm}{0.4pt}$ 中心C，上 $CH_2Br$，下 $CH_2Cl$，右 $CH_2Br$

**69.** 下列化合物的对映体 $H \rule{1cm}{0.4pt}$ 中心C（S），上 $Cl$，下 $CH_3$，右 $CH_2CH_3$

（**a**）是 $CH_3CH_2 \rule{1cm}{0.4pt}$ 中心C（R），上 $Cl$，下 $CH_3$，右 $H$

（**b**）仅能在低温下存在

（**c**）是非异构的

（**d**）是不能存在的

**70.** 按照 Cahn-Ingold-Prelog规则，*R*构型的分子是（记住它们是Fischer投影式）：

（**a**）$H_3C \rule{1cm}{0.4pt}$ 中心C，上 $H$，下 $CH_3$，右 $CH_2Cl$

（**b**）$H_3C \rule{1cm}{0.4pt}$ 中心C，上 $H$，下 $CH_2Br$，右 $CH_2Cl$

**71.** 哪个化合物不是内消旋化合物？

（**a**）

（**b**）

（**c**）

（**d**）

（**e**）

# 6 卤代烷的性质和反应

## 双分子亲核取代反应

- 认识亲核试剂
- 确定分子中的亲核进攻位点
- 用电子对弯箭头画出亲核试剂和底物反应的可能产物
- 通过反应过程中立体化学变化推测亲核取代反应（$S_N2$）的过渡态结构
- 总结碱性和离去基团离去能力的关系
- 明确影响亲核性的因素
- 区分质子和非质子溶剂
- 认识$S_N2$反应中空间位阻的影响作用

在体内，去甲肾上腺素中氨基上的氮原子通过亲核取代反应进攻 S-腺苷甲硫氨酸中的甲基，得到肾上腺素。肾上腺素是一种"战或逃"的激素，在有压力或者紧急情况时释放到血液中，可以在刺激的体验中使人感受到"血脉喷张"。

有机化学为我们提供了将一种物质转变为另一种物质的多种多样的方法。实际上这些转变的产物就在我们身边。回顾第 2 章，官能团是有机分子反应的活性中心，在我们能实际应用有机化学之前，必须学会如何掌握并使用这些官能团。在第 3 章我们学习了烷烃的卤化反应，即在反应过程中一个 C—X 基团被引入到一个先前未官能化的结构中。那么我们从本章开始继续学些什么呢？

本章将关注卤化反应的产物——卤代烷的化学。我们将看到极性的 C—X 键是如何控制这些物质的反应活性，以及它是怎样被转变为其他官能团的。在常见的卤代烷反应的动力学基础上，我们将介绍一种新的反应机理，以及不同溶剂对此反应过程的影响。我们将总结调控带有极性官能团分子的一般机理行为的原理。最后，把这些原理应用到实际中去，观察它们在有机卤化物向其他物质（例如氨基酸——蛋白质的构造基元）的转化过程中起什么样的作用。

$$\diagup\!\!\!\diagdown C\!-\!\ddot{\underset{\cdot\cdot}{X}}\!:$$

卤代烷

## 6-1 卤代烷的物理性质

表6-1  CH₃X中C—X的键长和键强度

| 卤代甲烷 | 键长 /Å | 键强度 / kcal·mol⁻¹ (kJ·mol⁻¹) | |
|---|---|---|---|
| CH₃F | 1.385 | 110 (460) | |
| CH₃Cl | 1.784 | 85 (356) | 键长增加 ↓ |
| CH₃Br | 1.929 | 70 (293) | 键强度减弱 ↓ |
| CH₃I | 2.139 | 57 (238) | |

卤代烷的物理性质与相应烷烃的物理性质差别很大。为理解这些不同，必须考虑卤原子取代基的大小和 C—X 键的极性。让我们来看一下这些因素是如何影响键强度、键长、分子极性和沸点的。

### C—X的键强度随X原子半径增大而降低

在卤代甲烷 $CH_3X$ 中，C—X 键的解离能按 F、Cl、Br、I 的顺序依次降低。同时，C—X 键的键长依次增长（表 6-1）。C—X 键由一个 C 原子的 sp³ 杂化轨道和一个 X 原子的 p 轨道重叠而成（图 6-1）。在周期表中从 F 到 I，X 原子的半径增大，导致 C—X 键变长变弱。这是一个普遍现象：短键比长键强。

### C—X 键是极化的

卤代烷的主要特征是它的极性 C—X 键。回顾 1-3 节，卤原子的电负性大于碳原子。因此，C—X 键的电子云密度沿着 C—X 键主要分布在 X 原子一方，从而使卤原子带有部分负电性（$\delta^-$），碳原子带有部分正电性（$\delta^+$）。这种极化作用可以从 231 页页边的一氯甲烷的静电势图中看出。氯原子是富电子的（红色），而碳原子的周围是缺电子的（蓝色）。C—X 键的极化作用是如何影响卤代烷的化学行为的呢？ 就像我们在第 2 章中看到的，亲电性的 $\delta^+$ 碳原子易于被负离子和其他富电子的亲核试剂进攻。而正离子和其他缺电子的试剂则进攻 $\delta^-$ 卤原子。

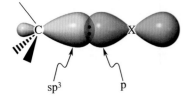

图6-1 一个烷基碳和一个卤原子之间的键。p 轨道的大小由 X=F 到 X=I 逐渐增加，C—X 键相应地变长，键强度减弱。

**C—X键的极性特征**

表6-2　卤代烷烃（R—X）的沸点

| R | X= | H | F | Cl | Br | I |
|---|---|---|---|---|---|---|
| | | | | 沸点 /℃ | | |
| $CH_3$ | | -161.7 | -78.4 | -24.2 | 3.6 | 42.4 |
| $CH_3CH_2$ | | -88.6 | -37.7 | 12.3 | 38.4 | 72.3 |
| $CH_3(CH_2)_2$ | | -42.1 | -2.5 | 46.6 | 71.0 | 102.5 |
| $CH_3(CH_2)_3$ | | -0.5 | 32.5 | 78.4 | 101.6 | 130.5 |
| $CH_3(CH_2)_4$ | | 36.1 | 62.8 | 107.8 | 129.6 | 157.0 |
| $CH_3(CH_2)_7$ | | 125.7 | 142.0 | 182.0 | 200.3 | 225.5 |

## 卤代烷比相应的烷烃的沸点高

C—X 键的极性对卤代烷的物理性质的影响是可以预见的。卤代烷的沸点普遍要比相应的烷烃的沸点高（表6-2）。这主要是因为在液态中 C—X 键偶极两端的正端 C$(\delta^+)$ 和负端 X $(\delta^-)$ 之间的库仑吸引力［**偶极-偶极作用**（dipole-dipole interaction），图 2-6］。

卤代烷的沸点亦随 X 原子的增大而升高，这是伦敦力相互作用增大的结果（2-7 节）。回忆一下，伦敦力是由分子间的电子相互关连作用产生的（图 2-6）当外层电子轨道的电子没有被原子核牢牢吸引住时，这种作用最强烈，就像在较大的原子中那样。为衡量伦敦力的大小，我们定义一个原子或基团的**可极化性**（polarizability），相当于它的电子云在外界电场影响下的变形程度。一个原子或基团的可极化性越强，它的伦敦力相互作用就越大，相应的沸点也就越高。

一氯甲烷

偶极-偶极吸引力

## 卤代烷的应用与危害："较绿色的"替代物

卤代烷的性质使其成为一类商业上重要化合物的丰富来源。例如，全卤代的液体溴甲烷，像 $CBrF_3$ 和 $CBrClF_2$（"哈龙"），是高效的阻燃剂。热诱导弱的 C—Br 键断裂释放出溴原子，可以通过抑制在可燃物上发生的自由基链式反应来阻止燃烧（第 3 章习题 42）。然而，像氟利昂制冷剂一样，溴代烷烃也能破坏臭氧层（3-10 节），除了航空发动机的阻燃系统之外，已被禁止使用。三溴化磷（$PBr_3$），一种含溴量比较高的、非臭氧消耗液体，是商品名为 PhostrEx 的灭火弹系统中的活性成分。它已得到美国环保局（EPA）和联邦航空管理局（FAA）的批准，目前用于商用 Eclipse 500 和 550 喷气式飞机上。

碳-卤键的极性决定了卤代烷的广泛用途，如衣服的干洗剂及机械和电子部件的除油剂。用于此目的的替代品包括氟代溶剂，如 1,1,1,2,2,3,4,5,5,5-十氟代戊烷（$CF_3CF_2CHFCHFCH_3$），为杜邦公司的产品，由于 C—F 键很强，它不能分解释放可以破坏臭氧的卤原子。这个溶剂是安全的、稳定的，可以广泛用于工业，并且是可以回收和循环使用的。习题 52 也介绍了另外一类正在革新工业化学的"绿色"溶剂——离子液体。

## 小　结

按 F、Cl、Br、I 的顺序，卤原子的轨道变大且更为分散。因此,（1）C—X 的键强度下降；（2）C—X 的键长增加；（3）对于相同的 R，沸点依次升高；（4）X 原子的可极化性增强；（5）伦敦力相互作用增大。下文将进一步说明这些相互关联的作用在卤代烷的反应中仍然扮演着重要的角色。

**真实生活：** 医药 **6-1** 氟代药物

在第 3 章我们注意到了有机氟化物在大气科学中，特别是防止臭氧消耗上的重要作用，含有 C—F 键的物质在医药上也有重要的影响。在所有碳-卤键中，C—F 键是最短也是最强的（表 6-1），的确，它比 C—H 稍微长一点，但是更难断裂。它的极性很强 $^{\delta+}$C—F$^{\delta-}$，有孤对电子可以参与，与 H$^{\delta+}$ 形成氢键。因此，在潜在的药物分子中，用 C—F 键替代 C—H 键可以显著影响与药物相关的生物化学性质，包括增强药效和产生副作用的倾向。类似地，氟取代改变了物质的物理特性，如水溶性和通过细胞膜的能力，从而影响药物被吸收入体内的方式。最后，强的 C—F 键可以抵抗代谢分解，使药物在体内可以存在更长的时间，从而增强药效。正是因为这些特点，在

当今市场上有 20% 的药物，包括一些最广泛应用的药物，都含有一个或者多个 C—F 键，这一点儿也不奇怪了。具体例子包括离子泵抑制剂（真实生活 2-1）兰索拉唑（普托平）、降胆固醇药物阿托伐他汀（立普妥）、抗哮喘药物丙酸氟替卡松（Flonase）、麻醉剂三氟溴氯乙烷（氟烷）和七氟醚（Sojourn）。一般的麻醉机制是通过与蛋白质络合控制离子穿过脑部细胞膜的运动。这种络合作用的本质还不是很清楚，但近期关于七氟醚的研究结果指出 C—F 键可能引起了分子中 C—H 键的极化，然后，极化的 F 和 H 原子通过偶极引力分别与离子通道蛋白质中芳香环上的 H 和 π 电子作用（表 2-3），改变了神经脉冲的传输，从而产生麻醉作用。

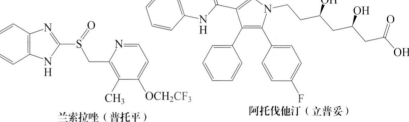

兰索拉唑（普托平）    阿托伐他汀（立普妥）

吸入麻醉剂，如三氟溴氯乙烷（CF₃CHBrCl）或者新药七氟醚 [(CF₃)₂CHOCH₂F]，它们的生物活性来源于 C—X 键的极性。

丙酸氟替卡松（Flonase）

# 6-2 亲核取代反应

卤代烷含有一个亲电的碳原子，它可以与亲核试剂——含有一对未成键电子的物质发生反应。亲核试剂可以是一个阴离子，例如一个氢氧根负离子（$^-$:ÖH），或是一个中性物质，例如氨（:NH₃）。在这种被称为**亲核取代反应**（nucleophilic substitution reaction）的过程中，反应物进攻卤代烷并取代卤原子。很多物质通过这种方法，特别是在溶液中，进行转化。这类反应在自然界中普遍存在，并且可以工业规模地对其进行有效控制。让我们来看一下这个反应发生的细节。

## 亲核试剂进攻亲电中心

卤代烷的亲核取代反应可以用下列两个通用的反应方程式之一来描述。回顾（2-2 节）弯箭头表示电子对的移动。

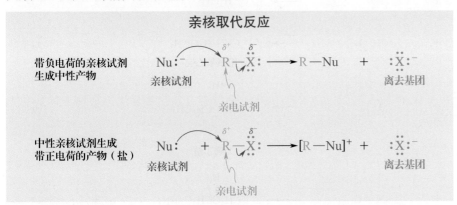

反应

颜色代码
亲核试剂：红色
亲电试剂：蓝色
离去基团：绿色

在第一个例子中，一个带负电荷的亲核试剂与卤代烷反应生成一个中性的取代产物。在第二个例子中，一个中性亲核试剂与卤代烷反应生成了一个带正电荷的产物，与其带负电荷的产物一起组成盐。在两种情况下，被取代的基团都是卤离子 :X:⁻，称为**离去基团**（leaving group）。在后面还会介绍卤素负离子 :X:⁻ 以外的离去基团。这两种类型的亲核取代反应的一些特定的例子列在表 6-3 中，像许多反应式和机理中表述的那样，亲核试剂、亲电试剂以及离去基团分别用红色、蓝色和绿色表示。"**底物**（substrate）"（*substratus*，拉丁语，"被作用"）是指有机起始反应物（在这里指卤代烷）是被亲核剂进攻的靶子。

## 亲核取代反应呈现出显著的多样性

亲核取代反应改变了一个分子的官能团。有许多亲核试剂可以参与这一过程，因而，可以通过这个取代反应得到许多种类的新分子。注意：表 6-3 只描述了甲基、一级和二级卤代烷的亲核取代反应的多样性。在第 7 章将看到三级卤代烷底物对这些亲核试剂的表现是不同的，而且二级卤代烷有时也会得到其他产物。卤代甲烷和一级卤代烷则可以得到"最纯净的"取代产物，相对来说没有副产物。

仔细观察一下这些反应，在反应 1 中，氢氧根离子一般源自氢氧化钠或氢氧化钾，取代了一氯甲烷中的氯原子生成甲醇。这个取代反应是一个常用的将一级卤代烷转变为醇的合成方法。

反应 2 是这个转化的一个变形，甲氧基负离子与碘乙烷反应生成甲氧基乙烷，这是一个合成醚的例子（9-6 节）。

在反应 1 和 2 中，进攻卤代烷的物质是含氧负离子的亲核试剂。反应 3 则说明卤离子不仅可以作为一个离去基团，也可以作为一个亲核试剂。

反应 4 描述的是一个含碳的亲核试剂氰根离子［经常以氰化钠（Na⁺ ⁻CN）］的形式存在，且可以形成一个新的碳-碳键，是一种改变分子结构的重要方法。

反应 5 表示的是反应 2 的硫类似物，表明了周期表中同一族的亲核试剂的反应相似且生成相似的产物，这个结论也可以从反应 6 和 7 中得出。但这两个反应中的亲核试剂是中性的，带负电的离去基团的离开导致一个阳离子的生成，分别是铵盐和鏻盐。

真的吗 ？

卤代甲烷是广泛使用的土壤熏蒸剂，通过对含有 N 和 S 的生物分子的亲核取代甲基化而杀死农业害虫（如用溴甲烷熏蒸草莓田地）。然而，该类化学品对人类也是有毒的。此外，它还是臭氧耗竭剂。所以，对于它们的持续使用是有争议的。

**表6-3 亲核取代反应的多样性**

| 反应编号 | 底物 | | 亲核试剂 | | 产物 | | 离去基团 |
|---|---|---|---|---|---|---|---|
| 1. | CH$_3$Cl: <br> 氯甲烷 | + | HO: $^-$ | ⟶ | CH$_3$OH <br> 甲醇 | + | :Cl: $^-$ |
| 2. | CH$_3$CH$_2$I: <br> 碘乙烷 | + | CH$_3$O: $^-$ | ⟶ | CH$_3$CH$_2$OCH$_3$ <br> 甲氧基乙烷 | + | :I: $^-$ |
| 3. | H <br> \| <br> CH$_3$CCH$_2$CH$_3$ <br> \| <br> :Br: <br> 2-溴丁烷 | + | :I: $^-$ | ⟶ | H <br> \| <br> CH$_3$CCH$_2$CH$_3$ <br> \| <br> :I: <br> 2-碘丁烷 | + | :Br: $^-$ |
| 4. | H <br> \| <br> CH$_3$CCH$_2$I: <br> \| <br> CH$_3$ <br> 1-碘代-2-甲基丙烷 | + | :N≡C: $^-$ | ⟶ | H <br> \| <br> CH$_3$CCH$_2$C≡N: <br> \| <br> CH$_3$ <br> 3-甲基丁腈 | + | :I: $^-$ |
| 5. | Br: <br> 溴代环己烷 | + | CH$_3$S: $^-$ | ⟶ | SCH$_3$ <br> 甲硫基环己烷 | + | :Br: $^-$ |
| 6. | CH$_3$CH$_2$I: <br> 碘乙烷 | + | :NH$_3$ | ⟶ | CH$_3$CH$_2$NH$_3^+$ <br> 碘化乙基铵 | + | :I: $^-$ |
| 7. | CH$_3$Br: <br> 溴甲烷 | + | :P(CH$_3$)$_3$ | ⟶ | CH$_3$ <br> \| <br> CH$_3$PCH$_3^+$ <br> \| <br> CH$_3$ <br> 溴化四甲基鏻 | + | :Br: $^-$ |

注：1. 亲核试剂为红色，亲电试剂为蓝色而离去基团为绿色。
2. 阴离子性的亲核试剂生成中性产物（反应1～5），中性亲核试剂生成盐作为产物（反应6和7）。

表 6-3 中所有的亲核试剂都相当活泼，但是原因各有不同。有的活泼是因为它们是强碱性的（如 HO$^-$，CH$_3$O$^-$）；有的是弱碱（如 I$^-$），其亲核性则是源于其他性质。请注意在每个例子中，离去基团都是卤离子。卤素的不同寻常之处在于它既可以作离去基团也可以作亲核试剂（因此反应 3 是可逆的）。但是，表6-3 中的一些其他亲核试剂不具备上述性质（特别是强碱），它们的反应方向强烈地倾向于表中所指的方向。在 6-7 节和 6-8 节关于决定取代反应可逆性的因素时将回答上述问题。但首先还是让我们来看一下亲核取代反应的反应机理。

**练习6-1**

1-溴丁烷与下列物质反应的取代产物是什么？
（a）:I: $^-$；（b）CH$_3$CH$_2$O: $^-$；（c）N$_3^-$；（d）:As(CH$_3$)$_3$；（e）(CH$_3$)$_2$Se:

## 解题练习6-2

**运用概念解题：设计一个合成路线**

要制备（合成）甲硫基乙烷需要哪些原料？

**策略：**

- **W：** 有何信息？这个问题并没有给定一个制备该分子的方法，但应该是用我们新学过的反应——亲核取代反应。而且，从表6-3可知，含硫化合物是具有亲核性的。

- **H：** 如何进行？设计合成制备的有效方法是从目标分子结构开始逆向找原料，称为**逆合成分析**（retrosynthetic analysis）。我们在此介绍该方法，并将在8-8节再次讲解。通过把问题改述为"必须通过什么物质的亲核取代反应生成需要的产物？"首先画出详细的结构，以便看清楚它包含的所有化学键，确定一个可以通过亲核取代反应形成的键。

- **I：** 需用的信息？对于形成一个含有两个C—S键的含硫化合物，表6-3中的反应5给出了一个参考反应过程。

- **P：** 继续进行。尽管问题并没有告诉我们哪个卤素离子作为离去基团被含硫亲核试剂取代。

**解答：**

选择任何一个可以反应的氯离子、溴离子或者碘离子：

$$\overset{\text{断开C—S键}}{\underset{\underset{\text{连接任何合适的}\\\text{卤离子离去基团}}{}}{H_3C-\underset{\overset{|}{CH_2}}{\ddot{S}}-CH_3}} \Longrightarrow H_3C-\ddot{\ddot{S}}:^- \quad Br-CH_2-CH_3$$

这种类型的箭头表示"衍生于"

画出向右的箭头表示完成反应，就像反应实际进行的那样：

$$CH_3\ddot{S}:^- + CH_3CH_2\ddot{Br}: \longrightarrow CH_3\ddot{S}CH_2CH_3 + :\ddot{Br}:^-$$

**注意：** 我们能够很容易地通过断开硫和甲基碳原子之间的键而非断开硫与乙基碳原子之间的键来进行逆合成分析，这为我们提供另一种同样是正确的制备方法。

$$CH_3\ddot{I}: + {}^-:\ddot{S}CH_2CH_3 \longrightarrow CH_3\ddot{S}CH_2CH_3 + :\ddot{I}:^-$$

如前所述，卤离子离去基团的选择是不重要的。

## 6-3 自试解题

要制备下列物质需要哪些原料？（**提示：** 参考表6-3中的反应，生成相似的产物。）

（**a**）$(CH_3CH_2)_2O$　　（**b**）$(CH_3)_4N^+I^-$

## 小　结

亲核取代反应是一级卤代烷和二级卤代烷的一个相当常见的反应。卤离子作为离去基团，而许多种类的亲核原子可以参与这一过程。

# 6-3 | 包含极性官能团的反应机理：使用"推电子"弯箭头

在第 3 章中讨论自由基卤化反应时，我们认识到反应机理的知识可以帮助解释反应过程中的许多实验现象。亲核取代反应也是如此，事实上，我们遇到的所有的化学反应过程都是这样。亲核取代反应是极性反应的一个例子：它包括带电的体系和极化的键。回顾第 2 章，关于静电学知识的理解对了解反应如何发生是非常重要的。异性电荷相吸——亲核试剂被亲电试剂所吸引——这一原理为我们理解极性有机反应的机理提供了基础。在本节中，我们将扩展电子流动的概念，并学习表示极性反应机理的常用方法，即将电子从富电子部分转移到缺电子部分。

### 用弯箭头描述电子转移

像在 2-3 节中学到的那样，酸碱反应中伴随有电子转移。让我们简要地回顾一下 Brønsted-Lowery 酸碱反应过程，其中酸 HCl 将一个质子转移给溶液中的一个水分子。

**用弯箭头描述Brønsted-Lowery酸碱反应**

这对孤对电子成共享的了

共享电子对完全转移了

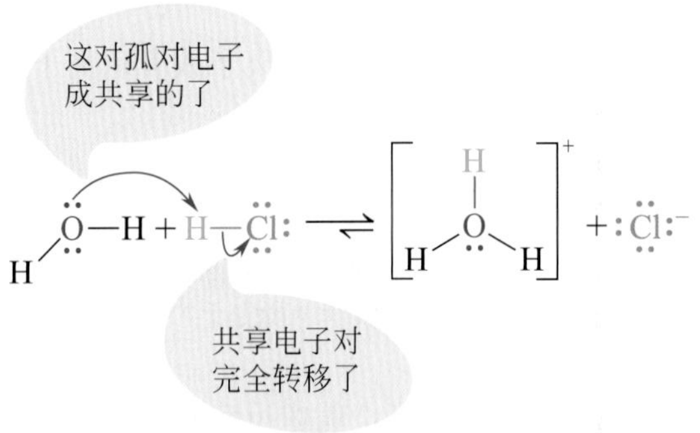

请注意弯箭头起始于氧的孤对电子而终止于 HCl 的 H 原子上，这并不表示孤对电子完全离开了氧原子，它只是变成了氧原子和弯箭头所指的原子之间的共享电子对。然而相反的是，起始于 H—Cl 键而指向氯原子的箭头确实表示键的异裂，并且此共享电子对完全离开了氢原子，全部转移到了氯原子上。

### 练习 6-4

用弯箭头来描述下列酸碱反应中的电子转移：

（a）氢正离子和氢氧根离子；（b）氟离子和三氟化硼（$BF_3$）；（c）氨和氯化氢；（d）硫化氢（$H_2S$）和甲醇钠（$NaOCH_3$）；（e）二甲基氧鎓离子 $[(CH_3)_2OH^+]$ 和水；（f）水自电离生成的水合氢离子和氢氧根离子；（g）甲醇（$CH_3OH$）的自电离生成甲基氧鎓离子（$CH_3OH_2^+$）和甲氧基负离子（$^-OCH_3$）。

表示电子转移的弯箭头是用来描述有机反应机理的方法。我们已经注意到酸碱反应与有机亲电试剂和亲核试剂的反应之间的平行对比关系（2-3 节）。弯箭头表明了亲核取代反应是如何发生的：一个亲核试剂上的孤对电子与一个亲电的碳原子形成一个新键，并将此碳上一个成键的电子对"推"

到离去基团上。然而，亲核取代反应只是运用电子转移箭头描述亲核试剂和亲电试剂相互作用的众多反应机理类型之一。下面这些例子复述在第2章介绍的几个反应类型。

**一些常见反应机理的弯箭头表示法**

$$H-\overset{..}{\underset{..}{O}}:^- \;+\; -\overset{|}{\underset{|}{C}}-\overset{..}{\underset{..}{Cl}}: \xrightarrow{\text{亲核取代反应}} -\overset{|}{\underset{|}{C}}-\overset{..}{\underset{..}{O}}H \;+\; :\overset{..}{\underset{..}{Cl}}:^-$$

与Brønsted酸碱反应比较

$$-\overset{|}{\underset{|}{C}}-\overset{..}{\underset{..}{Cl}}: \xrightarrow{\text{裂解反应}} -\overset{|}{\underset{|}{C}}{}^+ \;+\; :\overset{..}{\underset{..}{Cl}}:^-$$

Lewis酸-Lewis碱反应的逆过程

$$H-\overset{..}{\underset{..}{O}}:^- \;+\; \overset{}{C}=\overset{..}{\underset{..}{O}} \xrightarrow{\text{亲核加成反应}} -\overset{H\overset{..}{O}:}{\underset{|}{C}}-\overset{..}{\underset{..}{O}}:^-$$

只是C和O之间两个键中的一个断裂了

$$\overset{}{\underset{}{C}}=\overset{}{\underset{}{C}} \;+\; H^+ \xrightarrow{\text{亲电加成反应}} \overset{}{\underset{}{C}}{}^+-\overset{H}{\underset{}{C}}-$$

碳-碳双键作为Lewis碱

在每一种情况下，弯箭头都是从一个原子上的一对孤对电子或者一个键的中心开始，其从来不会从缺电子的原子开始，比如 $H^+$（最后一个反应式）：一个质子的运动可以描述成一个箭头从电子源（孤对电子或者键）指向质子。尽管在开始时感觉似乎是违反直觉的，但这对于弯箭头表示形式是非常重要的，弯箭头表示的是电子的移动，而不是原子的移动。

第一个和第三个例子阐明了电子转移的一个特性：如果一对电子移向某个原子，则该原子必须有"一个地方来放置这一对电子"。在亲核取代反应中，卤代烷中的碳原子有一个充满电子的外壳层，如果没有一对在碳和卤素原子间的电子对被取代，另外一对电子是无法加上来的。这两对电子可以看作同时"流动"。一对电子到达闭壳层的原子上的同时，另一对电子离开，因而避免了与碳原子八隅律相冲突。当用弯箭头来描述电子转移时，时刻牢记画 Lewis 结构式的规则是绝对重要的。电子转移箭头的适当运用，可以帮助我们画出正确的结构式，因为所有的电子都是移向它们合适的目的地的。

虽然还有其他类型的反应，但是令人惊讶的是，这样的反应并不多。从反应机理的角度来学习有机化学最重要的结果就是这样的学习会着重于不同类型极性反应的相似之处，即便一些特定的原子和化学键是不同的。

## 练习 6-5

指出前面用弯箭头表示的四种反应机理中的亲核位点和亲电位点。

## 练习6-6

写出练习 6-2 中详细的反应方程式，用弯箭头表示电子对的转移。

## 练习 6-7

重新写出表 6-3 中的反应，并用弯箭头表示出电子对的转移。

### 练习 6-8

用弯箭头描述下列过程中的电子转移，在本章和第 7 章中还将详细讨论这些反应：

（a）$-\overset{|}{\underset{|}{C}}{}^+ + Cl^- \longrightarrow -\overset{|}{\underset{|}{C}}-Cl$　（b）$HO^- + \overset{H}{\overset{|}{\underset{|}{C}-\overset{+}{\underset{|}{C}}-}} \longrightarrow H_2O + \overset{}{\underset{}{C}}=\overset{}{\underset{}{C}}$

---

## 小 结

在反应机理中用弯箭头来描述电子对的转移。电子从亲核的 Lewis 碱性的原子转移到亲电的 Lewis 酸性的位置上。如果一对电子要转移到外层电子已饱和的原子上，那么另一对电子必须离开这个原子，以保证不会超出价层轨道上电子的最大容量（八隅律）。

## 6-4　亲核取代反应机理的进一步研究：动力学

在这个阶段可以提出很多的问题。亲核取代反应的动力学是怎样的？这些信息又将如何帮助我们确定下面的反应机理？对于光学活性的卤代烷又将如何反应？能不能预测取代反应的相对速率？这些问题将在本章后面部分进行讨论。

当氯甲烷与氢氧化钠的混合物在水中加热（用符号△表示，页边反应方程式中箭头的右侧）时，结果高产率地得到两个化合物——甲醇和氯化钠。然而，这个结果并没有告诉我们反应物是如何转变为产物的。那么用什么实验方法可以回答这个问题呢？

化学家使用的一种最有效的方法是测量反应的动力学（2-1 节）。通过比较不同起始浓度的反应物形成产物的速率，我们可以建立一个化学反应的反应速率方程式，或称为**速率定律**（rate law）。让我们看一下这个实验介绍了关于氯甲烷与氢氧化钠反应的哪些信息。

### 氯甲烷与氢氧化钠的反应是双分子的

我们可以通过测量一个反应物的消失或者一个产物的出现来监测反应速率。将该方法应用于氯甲烷与氢氧化钠的反应中，我们发现反应速率取决于这两种试剂的起始浓度。比如，氢氧根离子浓度加倍，反应进行的速率也加倍。同样地，固定氢氧根离子浓度，加倍氯甲烷的浓度也会使速率加倍。两种试剂浓度都加倍的话，反应速率变为原来的 4 倍。这些结果与二级反应过程吻合，可通过下列速率方程式表示：

$$v = k[CH_3Cl][HO^-]\ mol \cdot L^{-1} \cdot s^{-1}$$

表 6-3 中列出的所有反应都表现为二级反应动力学：它们的反应速率与底物和亲核试剂的浓度都成正比。

哪一种反应机制符合二级反应的速率规则？最简单的情况就是两个反应物的反应经一步完成。我们称这样的过程为一个双分子过程，通常用来形容这种类型的取代反应的术语叫做**双分子亲核取代反应**（bimolecular nucleophilic substitution reaction），简写为 **$S_N2$**（S 代表取代反应，N 代表亲核的，2 代表双分子的）。

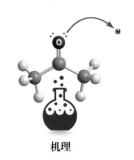

**机理**

$$CH_3Cl + NaOH$$
$$\downarrow {\scriptstyle H_2O,\triangle}$$
$$CH_3OH + NaCl$$

"△"表示反应混合物被加热

## 解题练习6-9

**运用概念解题：浓度与反应速率**

当含有 $0.01 mol \cdot L^{-1}$ 叠氮化钠（$Na^{+}N_3^{-}$）的溶液和 $0.01 mol \cdot L^{-1}$ 碘甲烷的甲醇溶液在 0℃ 下反应并进行动力学监控时，结果显示碘离子的生成速率为 $3.0 \times 10^{-10}\ mol \cdot L^{-1} \cdot s^{-1}$。写出此反应的有机产物的化学式，并计算反应的速率常数 $k$。对于起始浓度 $[NaN_3] = 0.02 mol \cdot L^{-1}$；$[CH_3I] = 0.01 mol \cdot L^{-1}$ 的反应，$I^-$ 的生成速率应该是多少？

**策略：**

通过从表 6-3 中找到一个非常接近的类似例子，写出反应式，然后应用给出的信息解速率方程，求出速率常数 $k$。

**解答：**

表 6-3 中的反应 1 是该反应的模型，亲核试剂是叠氮负离子，不是氢氧根离子，底物是碘甲烷不是氯甲烷，因此，

$$CH_3I + Na^{+}N_3^{-} \longrightarrow CH_3N_3 + Na^{+}I^{-}$$

碘负离子（$I^-$）的生成速率与有机产物的生成速率和两个原料的消耗速率都是相同的。解速率方程求 $k$。

$$3.0 \times 10^{-10}\ mol \cdot L^{-1} \cdot s^{-1} = k\,(10^{-2} mol \cdot L^{-1}) \times (10^{-2}\ mol \cdot L^{-1})$$
$$k = 3.0 \times 10^{-6}\ L \cdot mol^{-1} \cdot s^{-1}$$

现在用反应速率常数 $k$ 求解给定的初始浓度变化的新的速率。

$$v_{新} = (3.0 \times 10^{-6}\ L \cdot mol^{-1} \cdot s^{-1}) \times (2 \times 10^{-2} mol \cdot L^{-1}) \times (10^{-2} mol \cdot L^{-1})$$
$$= 6.0 \times 10^{-10}\ mol \cdot L^{-1} \cdot s^{-1}$$

（**提示：** 作为解决这类问题的捷径，可以简单用浓度变化的倍数乘以原始速率。**注意：** 只在速率方程中物质的浓度变化时考虑这种方法。）

## 6-10 自试解题

对于练习 6-9 中的反应，求出下列反应物起始浓度时，每个反应产物生成的速率是多少？

（**a**）$[NaN_3] = 0.03 mol \cdot L^{-1}$ 和 $[CH_3I] = 0.01 mol \cdot L^{-1}$；（**b**）$[NaN_3] = 0.02 mol \cdot L^{-1}$ 和 $[CH_3I] = 0.02 mol \cdot L^{-1}$；（**c**）$[NaN_3] = 0.03 mol \cdot L^{-1}$ 和 $[CH_3I] = 0.03 mol \cdot L^{-1}$。

## 双分子亲核取代反应是一个协同的一步过程

双分子亲核取代反应是一个一步转化的过程：亲核试剂进攻卤代烷，同时伴随着离去基团的离去。新键形成的同时，旧键断裂。由于这两个步骤"协同"发生，所以我们称这个过程为一个**协同反应**（concerted reaction）。

我们可以设想对这样一个协同取代过程的两个不同的立体化学选择。亲核试剂可以从离去基团的同一侧接近底物，一个基团换成了另一个基团，这种途径称为**正面取代**（frontside displacement）（图 6-2）。第二种可能是**背面取代**（backside displacement），在此过程中亲核试剂从离去基团的背面接近碳原子（图 6-3）。在这两个方程式中，都是一对电子从带有负电荷的氢氧根离子的氧原子上移向碳原子，形成 C—O 键，同时 C—Cl 键间的共享

电子对移到氯原子上，因而将后者转变为 Cl⁻ 离去。且在两个过渡态的任何一个中，负电荷都是同时分布在氧原子和氯原子上的。

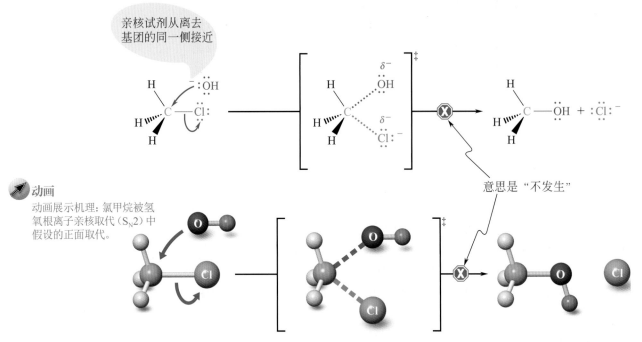

**图6-2**    假设的正面亲核取代（没有发生），方括号中为（假设的）过渡态，用‡标记。

请注意，过渡态的形成不是一个分离的步骤，过渡态仅仅是用来描述反应体系经过一步反应中能量最高点时的几何排布（2-1 节）。

**记住**：符号 ‡ 表示过渡态，非常短暂存在且不能被分离出来（2-1 节和3-4节）。

### 练习 6-11

画出表示碘化钠与 2-溴代丁烷发生 $S_N2$ 反应时，假设的从正面取代和背面取代的机理图（表 6-3）。使用图 6-2 和图 6-3 所示的弯箭头来表示电子对移动。

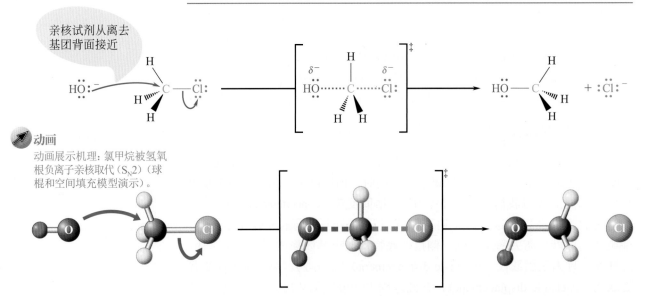

**图6-3**    背面亲核取代，即从离去基团的背面进攻。用点线来表示成键（与 OH）和断键（与 Cl）的协同特性，点线表示过渡态中两者与碳原子的部分键合。

## 小 结

　　氯甲烷和氢氧根离子生成甲醇和氯离子的反应，以及各种亲核试剂与卤代烷的有关转化反应，都是称为 $S_N2$ 反应的双分子过程的实例。对于该反应，两种一步反应机制——正面进攻和背面进攻——是可以想象的。两个都是协同的过程，且均与实验得到的二级动力学相一致。我们可以辨别出这两种之间的区别吗？ 为回答这个问题，我们需回顾前面曾详细讨论过的一个主题：立体化学。

# 6-5 正面进攻还是背面进攻？ $S_N2$反应的立体化学

　　当我们比较图 6-2 和图 6-3 的结构画法中关于组成原子的空间排列时，会注意到在第一个转化过程中三个氢在碳的左边且保持不动，然而在第二个转化过程中它们"移到"了右边。实际上，两个甲醇的图像是实物和镜像的关系。在这个实例中，两种产物是可以叠合的，因而结果无法辨别——非手性分子的特点。对于一个亲电的碳原子为手性中心的手性卤代烷来说，情况就完全不同了。

### $S_N2$ 反应是立体专一性的

　　思考一下 $(S)$-2-溴丁烷与碘离子的反应。正面取代得到的 2-碘丁烷应与反应物有相同的 $S$ 构型；而背面取代应该得到一个构型相反的产物。

　　实际上观察到了什么呢？我们发现 $(S)$-2-溴丁烷与碘化物作用生成 $(R)$-2-碘丁烷。这个反应和所有其他的 $S_N2$ 反应都伴随着**构型翻转**（inversion of configuration）。一个反应的机理要求每个反应物的立体异构体都生成具有特定立体异构体的产物，则称其为**立体专一性**（stereospecific）反应。因此 $S_N2$ 反应是立体专一性反应，按照背面取代的机理进行，在反应的位点发生了构型翻转。

　　在下面的三个方程式中，$(S)$-2-溴丁烷与碘离子的反应过程将分别用传统画法、Spartan 分子模型以及静电势图来描述。可以看到在过渡态时，亲核试剂的负电荷部分地分散到离去基团上。而在反应完成时，负电荷全部转移到离去基团上。在过渡态的静电势图上，这一过程将反映在两个卤原子核周围的红色与反应开始及结束时卤离子鲜艳的红色相比衰减。请注意在用传统画法和 Spartan 分子模型表示反应式时，我们在机理颜色图中用绿色（而不是红色）表示离去基团。在静电势图中，则是用红色表示离去基团，如图 6-4 所示。

　　在一级碳原子上发生取代反应的立体化学是很难直接观察到的。因为一级碳原子除了离去基团外，与两个氢原子相连，它不是手性中心，这个障碍可以通过将两个氢中的一个替换为氘［氢的同位素（原子量为 2）］来克服。结果是一级碳原子成为手性中心，对应的分子转变为手性分子。该策略已被应用于验证在一级碳原子上发生的 $S_N2$ 取代反应确实是发生了构型翻转，如下列所示。

经典的台球撞击是 $S_N2$ 反应中"背面进攻"的模型。当白球撞击橙色球时，橙色球不动，但红色球被驱离了。[*ronen/iStock/ Getty Images*]

## $S_N2$反应中背面取代机理的立体化学

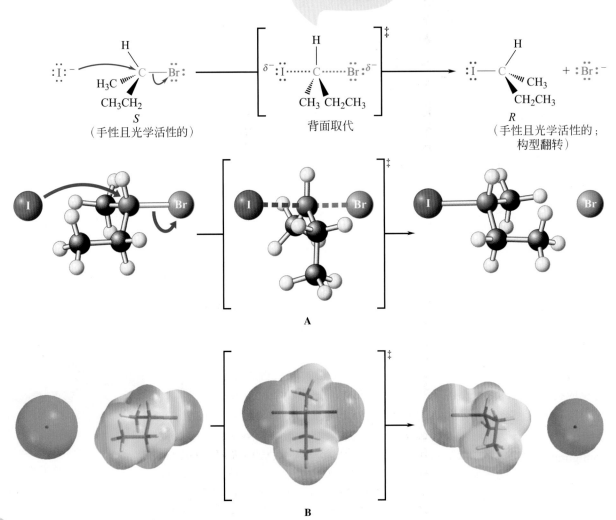

**图6-4**　用分子模型（A）和静电势图（B）描述图示的$S_N2$反应，方括号中为过渡态，用‡标记（3-4节）。

### 一级碳原子上发生的$S_N2$取代反应的立体化学

**(S)-1-氯-1-氘丁烷**
（手性且光学活性的）

$\xrightarrow[\substack{100\%构型翻转的\\S_N2取代反应}]{NaN_3,\ CH_3OH,\ H_2O}$

70%
**(R)-1-叠氮-1-氘丁烷**
（手性且光学活性的；构型翻转的）

亲核试剂叠氮离子（$N_3^-$）立体专一性地从背面取代氯，生成在手性碳原子上发生构型翻转的叠氮烷产物。

### 练习 6-12

写出下列 $S_N2$ 反应的产物。

（**a**）（*R*）-3- 氯庚烷和 $Na^+ SH$；（**b**）（*S*）-2-溴辛烷和 $N(CH_3)_3$；（**c**）（3*R*,4*R*）-4-碘-3-甲基辛烷和 $K^+ SeCH_3$。

---

## 练习 6-13

写出氰基负离子与下列物质发生 $S_N2$ 反应的产物的结构。

（**a**）*meso*-2,4-二溴戊烷（双 $S_N2$ 反应）；（**b**）反-1-碘-4-甲基环己烷。

---

## $S_N2$ 反应的过渡态可以用轨道图描述

$S_N2$ 反应的过渡态可以用图 6-5 所示的轨道图来描述。当亲核试剂接近碳原子与卤原子结合的 $sp^3$ 杂化轨道的背面那瓣时❶，分子的其他部分在过渡态时由于碳原子变为 $sp^2$ 杂化而变成平面形的。当反应产物形成时，构型翻转完成，碳原子又回到四面体的 $sp^3$ 构型。图 6-6 为反应势能-反应坐标图来描述的反应过程。

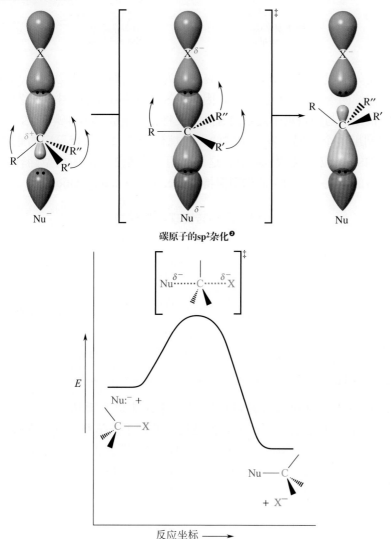

碳原子的 $sp^2$ 杂化❷

雨伞的"构型翻转"

**图6-5** $S_N2$ 反应中背面进攻的分子轨道描述。这一过程使人联想到受狂风吹动的雨伞的翻转。

动画
$S_N2$ 反应的势能图

**图6-6** $S_N2$ 反应的势能图。反应一步完成，有单一的过渡态。

---

❶ 译者注：此处参与轨道重叠的是 C—X 键 σ* 反键轨道，而不是 C—X 键成键轨道。

❷ 在该图中心碳原子上下蓝色的叶瓣可以看作是一个简单的 p 轨道，但它们不是。在这两个叶瓣中有四个电子存在，违反了一个轨道最多只能容纳两个电子的泡利不相容原理。根据分子轨道理论，上面蓝色那瓣来自于碳原子原来的 σ 成键轨道，而下面这瓣来自于与 C—X 键相关的且指向 C—X 键相反方向的反键轨道。该反键轨道最初是空的，得到了来自亲核试剂的电子对，并转化成了新形成的 C—Nu 键的成键 σ 轨道。

# 6-6 | S$_N$2反应中构型翻转的结果

S$_N$2 反应中立体化学构型翻转的结果是什么？因为反应是立体专一性的，我们可以通过取代反应设计合成想要的立体异构体。

## 通过S$_N$2反应合成特定的对映体

考虑用 2-溴辛烷与硫氢负离子（HS$^-$）反应生成 2-辛硫醇的转变。如果我们用光学纯的（R）-溴代物作为底物，将只得到(S)-硫醇而不能得到它的 R 型对映体。

**通过S$_N$2反应翻转光学纯化合物的构型**

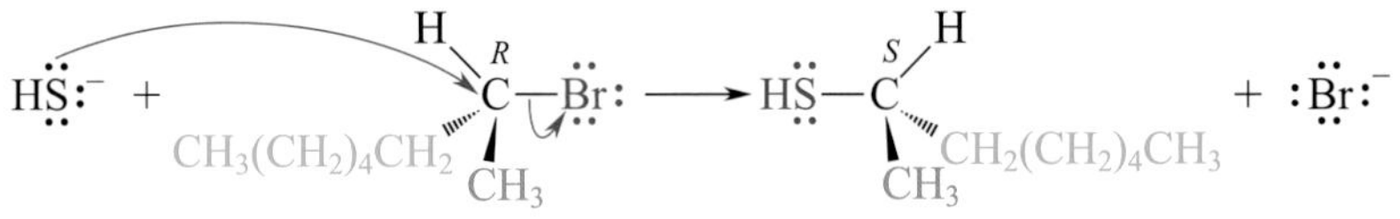

> 代表优先性的颜色代码（5-3节）
> 最高：红色
> 次高：蓝色
> 第三高：绿色
> 最低：黑色

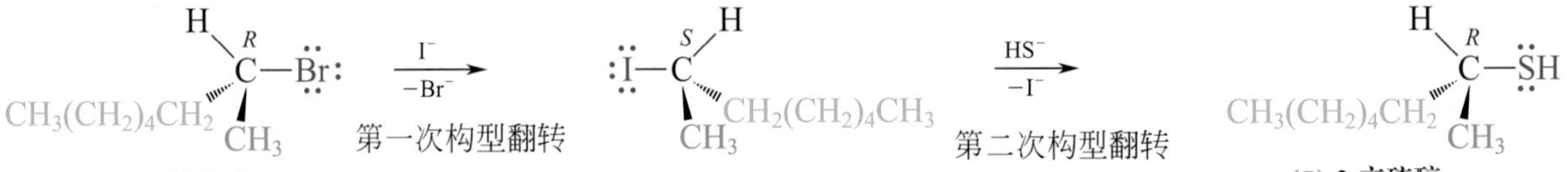

(R)-2-溴辛烷
([α] = −34.6)

(S)-2-辛硫醇
([α] = +36.4)

但是如果我们想把（R）-2-溴辛烷转变为（R）-硫醇该怎么办呢？一种方法是利用连续两个 S$_N$2 反应来实现，因每个 S$_N$2 反应都使手性中心处发生构型翻转。例如，与碘负离子发生的 S$_N$2 反应将首先生成(S)-2-碘辛烷，接下来我们将利用这个构型已发生翻转的卤代烷作为第二个取代反应的底物，这次是与 HS$^-$ 反应生成（R）-硫醇。这样利用两次 S$_N$2 反应的构型翻转将带给我们期望的结果——完全的**构型保持**（retention of configuration）。

**利用两次翻转实现构型保持**

(R)-2-溴辛烷
([α] = −34.6)

第一次构型翻转

(S)-2-碘辛烷
([α] = +46.3)

第二次构型翻转

(R)-2-辛硫醇
([α] = −36.4)

## 练习 6-14

已知香芹酮对映体有时可以通过气味或味道来辨认（第 5 章，习题 44）。3-辛醇以及它的一些衍生物就是这样的例子：在天然的薄荷油中可以发现右旋的化合物，然而它们的(−)-对映体则是薰衣草的主要组成成分。怎样利用(S)-3-碘辛烷合成乙酸-3-辛醇酯的每一个对映体的光学纯的样品？（将乙酸酯转化成醇的反应将在 8-4 节介绍。）

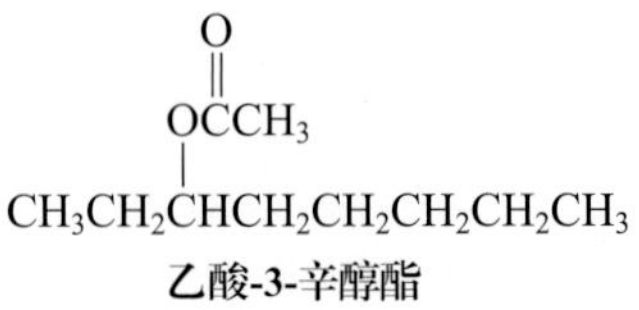

乙酸-3-辛醇酯

## 解题练习6-15

**运用概念解题：$S_N2$取代反应的立体化学结果**

（*S*)-2- 碘辛烷与 NaI 在溶液中反应导致起始有机反应物的光学活性消失，请解释这一现象。

**策略：**

- **W：** 有何信息？写出该反应的方程式，你将发现一些不同寻常的事情，这个反应中碘离子既作为亲核试剂，又作为离去基团。因此，碘离子取代了碘离子。每个取代反应的进行都会在反应位点发生构型翻转，该事实对于探讨这个问题非常重要。

- **H：** 如何进行？（*S*)-2-碘辛烷的光学活性源自于它是手性的且是一个单一的对映体这一事实。它的结构已出现在244页内容中。手性中心是C-2，即带有碘原子的碳。（*S*)-2-碘辛烷是一个二级卤代烷，就像到目前为止我们在本章中看到的许多例子一样，它们可以发生$S_N2$反应，由背面取代且在反应位点发生构型翻转。

- **I：** 需用的信息？如前面提到的，碘离子既是一个好的亲核试剂，又是一个好的离去基团。

- **P：** 继续进行。

**解答：**

由于碘离子在该反应中的双重作用，这一转化过程进行得十分迅速。每次取代反应发生，手性中心都发生构型翻转。因为这个过程很快，每一个底物分子都发生数次反应，每一次都发生构型翻转。最终，得到了起始化合物和最终产物的（*R*)-和（*S*)-立体异构体平衡（也就是说外消旋的）的混合物。

## 6-16 自试解题

（**a**）氨基酸是自然界中多肽和蛋白质的基元分子。它们可以在实验室中以氨作为亲核试剂，通过 $S_N2$ 取代 2-卤代羧酸中的卤素来制备，下图给出了 2-溴丙酸转化成丙氨酸的反应。

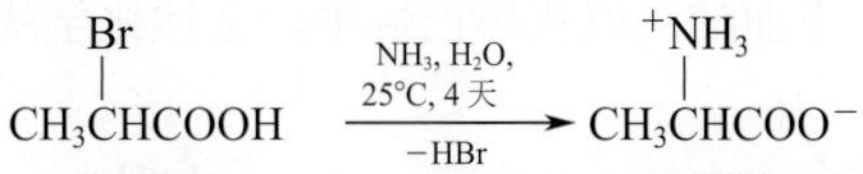

在人体合成的氨基酸（"非必需"氨基酸）中，（*S*)-丙氨酸是最丰富的，约占蛋白质氨基酸组成的8%。

$$\underset{\text{2-溴丙酸}}{\overset{\overset{\text{Br}}{|}}{CH_3CHCOOH}} \xrightarrow[-HBr]{NH_3, H_2O, \ 25°C, \ 4 \text{天}} \underset{\text{丙氨酸}}{\overset{\overset{+NH_3}{|}}{CH_3CHCOO^-}}$$

像大多数自然界存在的氨基酸那样，丙氨酸的手性中心是 *S* 构型，画出（*S*)-丙氨酸和根据上述反应式可用来制备（*S*)-丙氨酸的 2-溴丙酸对映体的准确立体结构。

（**b**）画出下列 $S_N2$ 反应产物，根据 *R*/*S* 顺序规则确定产物的绝对构型。

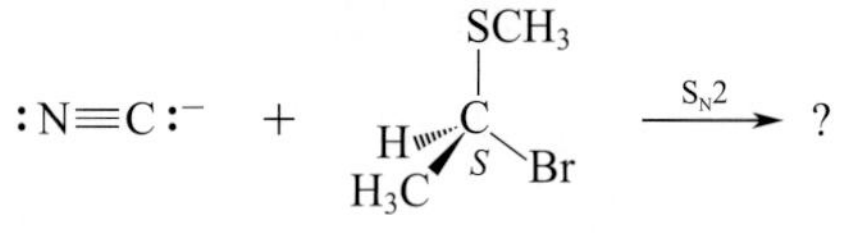

$$:N{\equiv}C:^- \ + \ \underset{H_3C}{\overset{SCH_3}{\underset{H\cdots}{\overset{|}{C}}{\searrow}Br}} \xrightarrow{S_N2} \ ?$$

在含有一个以上手性中心的底物中，构型翻转仅发生在与引入的亲核试剂发生反应的碳原子上。请注意 (2*S*,4*R*)-2-溴-4-氯戊烷与过量的氰基负离子反应生成一个内消旋产物。通过 Fischer 投影式，这个反应的结果就可以很容易看出来。

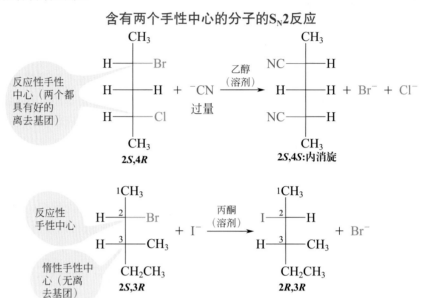

**含有两个手性中心的分子的 S$_N$2 反应**

反应性手性中心（两个都具有好的离去基团）

2*S*,4*R*　　　　　2*S*,4*S*：内消旋

反应性手性中心

惰性手性中心（无离去基团）

2*S*,3*R*　　　　　2*R*,3*R*

在这些反应式中，乙醇和丙酮分别是指定转化反应的溶剂。这些溶剂是极性的（1-3 节），特别适合溶解盐。在 6-8 节我们将讨论溶剂的性质对 S$_N$2 反应的影响。在第二个例子中，注意，发生在 C-2 上的反应对于 C-3 手性中心没有影响。

### 练习 6-17

作为预测立体化学的一个辅助办法，有机化学家经常采用"非对映体生成非对映体"的指导思想。将前述的两个反应中每一个的反应物替换为它的一个非对映体，然后写出其与所给的亲核试剂进行 S$_N$2 取代反应的产物。产物的结构是否符合这个"规则"？

相似地，取代的卤代环烷烃的亲核取代反应也可以改变取代基间的立体化学关系。例如，在下面的二取代环己烷中，立体化学从顺式变成了反式。

顺-1-溴-
3-甲基环己烷　　　　　反-1-碘-3-甲基环己烷　　　+ NaBr

NaI, 丙酮

## 小　结

S$_N$2 反应的构型翻转有着独特的立体化学结果。光学活性的底物生成光学活性的产物，除非亲核试剂和离去基团是相同的，或者生成内消旋化合物。在环状化合物中，顺式和反式的立体化学关系可以相互转换。

# 6-7 | 结构和S$_N$2反应的活性：离去基团

S$_N$2取代反应的难易取决于很多因素，包括离去基团的性质，亲核试剂的反应性（受所选择的溶剂的影响），以及底物中烷基部分的结构。我们通过采用动力学作为工具来评价结构特征的变化对它们在S$_N$2反应中的影响程度。首先从离去基团开始，亲核试剂和底物将在随后的两节中讨论。

## 离去基团的离去能力是取代反应难易度的度量

作为一个普遍原则，只有当被取代的基团 X 容易离去，并将 C—X 键的电子对带走时，亲核取代反应才能发生。有没有一些结构特征可以允许我们，至少是定性地，去预测一个离去基团是"好的"还是"差的"？一般离去基团可以被取代的相对速率，也就是它的**离去能力**（leaving-group ability），与它所容纳负电荷的能力相关。回顾一下，在反应的过渡态中一定量的负电荷被转移到离去基团上（图 6-5）。

对于卤素来说，离去基团的离去能力从 F 到 I 依次递增。因此，I⁻ 被认为是一个"好的"离去基团；而 F⁻ 是很"差的"离去基团，以至于氟代烷的 S$_N$2 反应很难观察到。

**离去基团的离去能力**
I⁻ > Br⁻ > Cl⁻ > F⁻
最好的　　　　　　　最差的
◀── 增加

### 练习 6-18

预测一下 1-氯-6-碘己烷与等物质的量的甲硒醇钠（Na⁺⁻SeCH$_3$）反应的产物。

卤离子并不是在 S$_N$2 反应中可以被亲核试剂取代的唯一基团。其他好的离去基团有硫的衍生物 ROSO$_3^-$ 和 RSO$_3^-$，例如硫酸单甲酯离子（CH$_3$OSO$_3^-$）和各种磺酸根离子。烷基硫酸酯和磺酸酯的离去基团也是经常使用的，这使得它们的俗名，像甲磺酸根（mesylate）离子，三氟甲磺酸根（triflate）离子和对甲苯磺酸根（tosylate）离子，都常出现在化学文献中。

**硫酸酯和磺酸酯的离去基团**

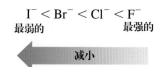

| 硫酸单甲酯离子 | 甲磺酸根离子 | 三氟甲磺酸根离子 | 4-甲基苯磺酸根离子 |

## 弱碱是好的离去基团

有没有一些特性可以区分好的离去基团和差的离去基团呢？有的！好的离去基团是弱碱。弱碱最能够容纳负电荷，使它们具有相对比较容易离开质子和碳原子的性质。在卤离子中，碘离子是最弱的碱，因此是 F⁻、Cl⁻、Br⁻、I⁻ 这个系列中最好的离去基团。硫酸酯和磺酸酯离子也是弱碱。

有没有一种容易识别弱碱的方法呢？X⁻ 作为碱的碱性越弱，它的共轭酸 HX 的酸性就越强。因此，好的离去基团是那些强酸的共轭碱。这条规则应用在四个卤化物上：HF 是共轭酸中最弱的，HCl 稍强，HBr 和 HI 更强。表 6-4 按照碱性强度递减的顺序列出了一些共轭酸和它们的 p$K_a$ 值。像预期的那样，四个卤素离子作为离去基团的离去能力与它们的碱性强度顺序相反。

**碱性**
I⁻ < Br⁻ < Cl⁻ < F⁻
最弱的　　　　　　　最强的
◀── 减小

表6-4　碱的强度和离去基团

| 共轭酸 | | 离去基团 | | 共轭酸 | | 离去基团 | |
|---|---|---|---|---|---|---|---|
| 强 | $pK_a$ | 好 | | 弱 | $pK_a$ | 差 | |
| $CH_3OSO_3H$ | −3.4 | $CH_3OSO_3^-$（最好） | | HF | 3.2 | $F^-$ | |
| HI（最强） | −10.0 | $I^-$ | | $CH_3CO_2H$ | 4.7 | $CH_3CO_2^-$ | |
| $CH_3SO_3H$ | −1.2 | $CH_3SO_3^-$ | 好的离去基团 | HCN | 9.2 | $NC^-$ | 较强碱 |
| HBr | −9.0 | $Br^-$ | | $CH_3SH$ | 10.0 | $CH_3S^-$ | |
| $H_3O^+$ | −1.7 | $H_2O$ | | $CH_3OH$ | 15.5 | $CH_3O^-$ | |
| HCl | −8.0 | $Cl^-$ | | $H_2O$ | 15.7 | $HO^-$ | 好的离去基团 |
| $HNO_3$ | −1.4 | $NO_3^-$ | | $NH_3$ | 35 | $H_2N^-$ | |
| | | | | $H_2$（最弱） | 38 | $H^-$（最差） | |

中性的水和前面展示的硫酸根离子也是弱碱和好的离去基团。然而，如表所示，与从它们共轭酸的 $pK_a$ 值预测结果相比，它们是更好的离去基团。因此，离去基团的离去能力与其碱性强度并不完全匹配。为什么？碱性强度是热力学性质，由平衡位置确定。相反，取代反应的评价是基于动力学的，需比较反应速率。定量地比较它们的关系只有非常接近的相关物质才有可能，如四种卤素负离子这一组内。相似的情况也存在于关于亲核试剂强度的讨论中（6-8 节）。

## 练习 6-19

预测下列各组酸中哪一个酸性较强。如需要可复习一下 2-3 节。

（a）$H_2S$，$H_2Se$；（b）$PH_3$，$H_2S$；（c）$HClO_3$，$HClO_2$；（d）HBr，$H_2Se$；（e）$NH_4^+$，$H_3O^+$。确定出每组酸的共轭碱，并预测它们作为离去基团的相对离去能力。

## 练习 6-20

预测下列各对阴离子中哪一个的碱性较强。

（a）$^-OH$，$^-SH$；（b）$^-PH_2$，$^-SH$；（c）$I^-$，$^-SeH$；（d）$HOSO_2^-$，$HOSO_3^-$。并预测各组碱的共轭酸的相对酸性。

## 小　结

取代基离去基团的离去能力与它的共轭酸的强度相关。两者都取决于离去基团容纳负电荷的能力。除 $Cl^-$、$Br^-$、$I^-$ 外，硫酸酯和磺酸酯（例如甲磺酸酯和 4-甲苯磺酸酯）也是好的离去基团。好的离去基团是弱碱，也就是强酸的共轭碱。我们将在 9-4 节中再讨论硫酸酯和磺酸酯作为离去基团在合成中的应用。

# 6-8 | 结构和 $S_N2$ 反应的活性：亲核试剂

既然已经了解了离去基团离去能力的影响因素，接下来将讨论亲核试剂对 $S_N2$ 反应的影响。怎样来预测亲核试剂相对的亲核强度，即**亲核性**（nucleophilicity）呢？亲核能力取决于一系列的因素：电荷、碱性、溶剂、可极化性以及取代基的特性。为抓住这些影响因素中相对重要的因素，让我们来分析以下一系列对照实验的结果。

## 亲核性随负电荷的增加而增强

如果所用的亲核原子相同，从测量其 $S_N2$ 反应的速率角度看，电荷是否影响给定亲核试剂的反应活性呢？下面的实验回答了这个问题。

**实验 1**

$$CH_3\ddot{\underset{..}{C}l}: + H\ddot{\underset{..}{O}}:^- \longrightarrow CH_3\ddot{\underset{..}{O}}H + :\ddot{\underset{..}{C}l}:^- \quad 快$$

$$CH_3\ddot{\underset{..}{C}l}: + H_2\ddot{\underset{..}{O}} \longrightarrow CH_3\ddot{\underset{..}{O}}H_2^+ + :\ddot{\underset{..}{C}l}:^- \quad 很慢$$

**实验 2**

$$CH_3\ddot{\underset{..}{C}l}: + H_2\ddot{N}:^- \longrightarrow CH_3\ddot{N}H_2 + :\ddot{\underset{..}{C}l}:^- \quad 很快$$

$$CH_3\ddot{\underset{..}{C}l}: + H_3N: \longrightarrow CH_3NH_3^+ + :\ddot{\underset{..}{C}l}:^- \quad 较慢$$

**结论**　对于一对含有相同反应原子的亲核试剂，其中带有负电荷的物质是更强的亲核试剂。或者说，对于一个碱和它的共轭酸，碱总是更亲核的。这一发现直觉上看很合理，因为亲核进攻的特征就是与亲电的碳原子中心成键，进攻亲核试剂的负电性越强，反应速率就应该越快。

## 练习 6-21

预测下列每对中的哪一个是更好的亲核试剂：（**a**）$HS^-$，$H_2S$；（**b**）$CH_3SH$，$CH_3S^-$；（**c**）$CH_3NH^-$，$CH_3NH_2$；（**d**）$HSe^-$，$H_2Se$。

## 同周期的元素，亲核性从左向右逐渐减小

实验 1 和实验 2 比较的是含有相同亲核元素的一对亲核试剂（例如，O 在 $H_2O$ 与 $HO^-$ 中，以及 N 在 $NH_3$ 与 $^-NH_2$ 中）。如果亲核试剂结构相似，但是亲核原子不同又会怎样呢？让我们来检验一下周期表中某同一周期的元素。

**实验 3**

$$CH_3CH_2\ddot{\underset{..}{B}r}: + H_3N: \longrightarrow CH_3CH_2NH_3^+ + :\ddot{\underset{..}{B}r}:^- \quad 快$$

$$CH_3CH_2\ddot{\underset{..}{B}r}: + H_2\ddot{\underset{..}{O}} \longrightarrow CH_3CH_2\ddot{\underset{..}{O}}H_2^+ + :\ddot{\underset{..}{B}r}:^- \quad 很慢$$

**实验 4**

$$CH_3CH_2\ddot{\underset{..}{B}r}: + H_2\ddot{N}:^- \longrightarrow CH_3CH_2\ddot{N}H_2 + :\ddot{\underset{..}{B}r}:^- \quad 很快$$

$$CH_3CH_2\ddot{\underset{..}{B}r}: + H\ddot{\underset{..}{O}}:^- \longrightarrow CH_3CH_2\ddot{\underset{..}{O}}H + :\ddot{\underset{..}{B}r}:^- \quad 较慢$$

**结论**　亲核能力又一次表现出与碱性相关：碱性越强的物质，其亲核能力越强。因此，沿周期表从左向右延伸，亲核能力递减。周期表第二行中亲核试剂反应性的大致顺序是：

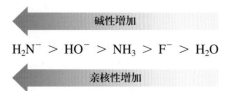

碱性增加

$$H_2N^- > HO^- > NH_3 > F^- > H_2O$$

亲核性增加

用其他亲核试剂观察可以得出实验 1～4 中显示的趋势对于元素周期表中所有的非金属元素（ⅤA～ⅦA 族元素）是通用的。增加负电荷（实验 1 和实验 2）通常比向左移一族有更大的影响（实验 3 和实验 4）。因此，在上述显示的反应性顺序中，$HO^-$ 和 $NH_3$ 都具有比水更好的亲核性，但 $HO^-$ 比 $NH_3$ 的亲核性强。

### 练习 6-22

在下列每对分子中，预测哪一个亲核性更强。

（**a**）$Cl^-$，$CH_3S^-$；（**b**）$P(CH_3)_3$，$S(CH_3)_2$；（**c**）$CH_3CH_2Se^-$，$Br^-$；（**d**）$H_2O$，$HF$。

### 碱性与亲核性应该是相关的吗？

回顾 2-3 节，我们所说的作为碱或亲核试剂的物质是相同的，区别在于它们的作用方式不同。当进攻质子时，称之为碱（通常用 $A^-$ 或 B:表示）；当进攻其他核，如碳，称之为亲核试剂（通常用 $Nu^-$ 或 Nu:表示）。

在 2-3 节中第一次描述的亲核性与碱性的平行关系在直觉上是合理的：强碱通常是好的亲核试剂。然而，两种性质的根本区别基于它们是如何测量的。碱性是一个热力学性质，通过平衡常数来测量：

$$A^- + H_2O \underset{}{\overset{K}{\rightleftharpoons}} AH + HO^- \qquad K \text{ 为平衡常数}$$

相反，亲核性是一个动力学现象，通过比较反应速率来量化：

$$Nu^- + R-X \xrightarrow{k} Nu-R + X^- \qquad k = \text{速率常数}$$

在前一节中，我们已经看到了碱性与离去基团离去能力的关系。然而，尽管存在这些内在的不同，在沿周期表中某一周期的带电荷的与中性的亲核试剂之间，我们还是观察到了碱性和亲核性之间存在很好的联系。如果我们观察周期表中某一族的亲核试剂又会看到什么呢？ 我们会发现情况改变了，因为溶剂在其中起作用了。

### 溶剂化阻碍亲核性

如果亲核性与碱性相关是一个普遍原则，那么周期表中某一族的元素从上到下应该表现出递减的亲核能力。回顾 2-3 节碱性按相似的方式递减。为检验这一预测是否正确，参考另一系列的实验。在下面的方程中，把溶剂甲醇加到反应式中，像我们将看到的那样，溶剂的影响对于理解这些实验结果非常重要。

#### 溶剂化和药物活性

在药物设计中，药物化学家尽量优化使其三维结构适合药物的靶标受体位点（真实生活5-4）。然而，在这种相互作用中两者之间的水溶剂化能对于药效同样是重要的。优化后的结合被不利的水分子去溶剂化所抵消。当药物分子（通常是）从胃到达其预期的靶标的传输过程中，去溶剂化也发生在跨膜过程中，因此溶剂化会影响一个药物的生物利用度。

**实验 5**

$$CH_3CH_2CH_2O\overset{\overset{\textstyle :O:}{\|}}{\underset{\underset{\textstyle :O:}{\|}}{S}}CH_3 + :\ddot{C}l:^- \xrightarrow[\text{（溶剂）}]{CH_3OH} CH_3CH_2CH_2\ddot{C}l: + {}^-O_3SCH_3 \qquad \textbf{慢}$$

$$CH_3CH_2CH_2O\overset{\overset{\textstyle :O:}{\|}}{\underset{\underset{\textstyle :O:}{\|}}{S}}CH_3 + :\ddot{B}r:^- \xrightarrow[\text{（溶剂）}]{CH_3OH} CH_3CH_2CH_2\ddot{B}r: + {}^-O_3SCH_3 \qquad \textbf{较快}$$

$$CH_3CH_2CH_2O\overset{\overset{\textstyle :O:}{\|}}{\underset{\underset{\textstyle :O:}{\|}}{S}}CH_3 + :\ddot{I}:^- \xrightarrow[\text{（溶剂）}]{CH_3OH} CH_3CH_2CH_2\ddot{I}: + {}^-O_3SCH_3 \qquad \textbf{最快}$$

**实验 6**

$$CH_3CH_2CH_2\overset{\cdot\cdot}{\underset{\cdot\cdot}{Br}}: + CH_3\overset{\cdot\cdot}{\underset{\cdot\cdot}{O}}:^- \xrightarrow[\text{(溶剂)}]{CH_3OH} CH_3CH_2CH_2\overset{\cdot\cdot}{\underset{\cdot\cdot}{O}}CH_3 + :\overset{\cdot\cdot}{\underset{\cdot\cdot}{Br}}:^- \quad \text{较慢}$$

$$CH_3CH_2CH_2\overset{\cdot\cdot}{\underset{\cdot\cdot}{Br}}: + CH_3\overset{\cdot\cdot}{\underset{\cdot\cdot}{S}}:^- \xrightarrow[\text{(溶剂)}]{CH_3OH} CH_3CH_2CH_2\overset{\cdot\cdot}{\underset{\cdot\cdot}{S}}CH_3 + :\overset{\cdot\cdot}{\underset{\cdot\cdot}{Br}}:^- \quad \text{很快}$$

**结论**　奇怪的是，亲核性沿周期表从上向下延伸而递增，这种趋势与通过已验证的亲核试剂的碱性来预期的结果是截然相反的。例如，在卤离子系列中，碘离子是最快的，尽管它是最弱的碱。

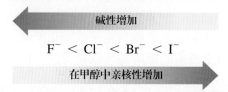

碱性增加

$$F^- < Cl^- < Br^- < I^-$$

在甲醇中亲核性增加

在元素周期表中，硫负离子亲核试剂的活性比相似的含氧负离子亲核试剂的活性高，如其他实验所示，相应的含硒亲核试剂的亲核性更强。因此，这一族与卤素一族中观察到的趋势是一致的。这种现象对元素周期表中的其他族是通用的。

如何解释这种趋势呢？一种重要的解释是溶剂甲醇与阴离子亲核试剂间的相互作用。到目前为止，在讨论有机化学反应时，一直在很大程度上忽略了溶剂的影响。例如，在自由基卤化反应中（第 3 章），溶剂的作用是不重要的。而亲核取代反应的特点是极性的反应物和极性的反应机理，那么溶剂的特性就变得比较重要了，让我们来看看溶剂是怎样影响反应的。

当固体溶解时，将固体分子控制在一起的分子间作用力（2-7 节，图 2-6）被分子与溶剂的相互作用所取代。这样的分子，特别是许多 $S_N2$ 反应的原料盐产生的离子，被称为**溶剂化**（solvation）。盐在醇和水中溶解得很好，因为这些溶剂中含有高度极化了的 $^{\delta+}H\!-\!O^{\delta-}$ 键，其通过离子-偶极相互作用与离子发生作用。因此，阳离子被带负电的极化的氧溶剂化 [图 6-7（A）]，阴离子被带正电的极化的氢溶剂化 [图 6-7（B）和（C）]。阴离子的溶

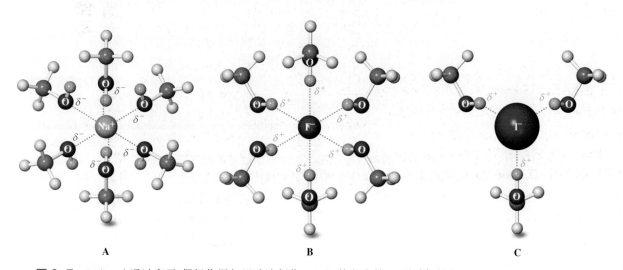

|    A    |    B    |    C    |

**图 6-7**　（A）$Na^+$ 通过离子-偶极作用与甲醇溶剂化。（B）体积小的 $F^-$ 通过氢键与甲醇形成密集的溶剂化近似示意。（C）体积大的 $I^-$ 通过氢键与甲醇形成相对较少的溶剂化近似示意。$F^-$ 周围更紧密的溶剂层降低了其参加亲核取代反应的能力。

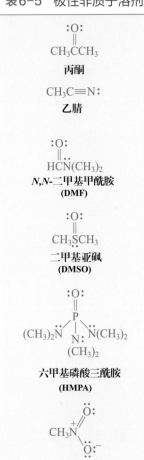

**表6-5　极性非质子溶剂**

:O:
‖
$CH_3CCH_3$

**丙酮**

$CH_3C≡N:$

**乙腈**

:O:
‖ ..
$HCN(CH_3)_2$

**N,N-二甲基甲酰胺**
**(DMF)**

:O:
‖
$CH_3SCH_3$

**二甲基亚砜**
**(DMSO)**

:O:
‖
P
$(CH_3)_2N$　$N(CH_3)_2$
N:
$(CH_3)_2$

**六甲基磷酸三酰胺**
**(HMPA)**

$\overset{..}{O}$:
‖ +
$CH_3N$
‖
$O$:

**硝基甲烷**

剂化特别强，因为体积小的氢核使 $δ^+$ 电荷相对稠密。我们将在第 8 章进一步研究称为**氢键**（hydrogen bond）的这些相互作用。具有形成氢键能力的溶剂叫**质子溶剂**（protic solvent），反之称为**非质子溶剂**（aprotic solvent），如丙酮，将在后面讨论。

回到关于实验结果的问题：怎么解释周期表中同一族从上到下带负电荷的亲核试剂的亲核性递增呢？ 答案就是溶剂化作用通过在亲核试剂周围形成一层溶剂分子，降低亲核试剂进攻亲电试剂的电子密度，从而削弱了它的亲核能力。当在元素周期表中从上往下看，比如从 $F^-$ 到 $I^-$，溶剂化的离子半径越大，其电荷越分散。结果使得溶剂化作用沿着该顺序减小，而亲核性就沿着该顺序增加。图 6-7（B）和（C）画出了对 $F^-$ 和 $I^-$ 的影响。体积较小的氟负离子比体积较大的碘负离子溶剂化严重，因为这种溶剂化影响，质子溶剂对于 $S_N2$ 反应的影响是可以接受的，但不是最优的溶剂。在其他溶剂中是否也是这样呢？

与质子溶剂的溶剂化作用降低

$$F^- < Cl^- < Br^- < I^-$$

亲核性增加

### 非质子溶剂：溶剂化影响降低

其他在 $S_N2$ 反应中有用的溶剂是强极性而非质子的：几个常用的例子列于表 6-5 中。它们都缺乏能够形成氢键的质子，不含有 O—H 或者 N—H 键，但具有极性键，硝基甲烷甚至是以电荷分离的形式存在。

极性的非质子溶剂也可以通过离子-偶极作用溶解盐，虽然不如质子溶剂那么好，因为它们不能形成氢键，对阴离子亲核试剂的溶剂化相对较弱。所导致的结果是双重的，首先，与质子溶剂比较，亲核试剂的反应性增强，有时候增加得很明显。表 6-6 比较了碘甲烷与氯离子在三种质子溶剂（甲醇、甲酰胺和 N-甲基甲酰胺）及两种非质子溶剂 [N,N-二甲基甲酰胺（DMF）和丙酮] 中 $S_N2$ 反应的速率。（甲酰胺和 N-甲基甲酰胺可以通过其 N—H 键形成氢键。）在 DMF 或丙酮中的反应速率比在甲醇中的大百万倍还多。左侧页边中的势能图说明了这些观察结果。

由非质子溶剂的相对较弱的阴离子溶剂化能力所导致的第二个结果就是与在质子溶剂中观察到的亲核性顺序相反。因此，尽管所有阴离子的反应性都会增加，体积较小的阴离子增加的比其他的都多。对于包括卤素离子在内许多亲核试剂来说，碱性作用远超过溶剂化作用：符合我们最初的预期。表 6-7 给出了三个卤素离子在溶剂从水变为丙酮后 $S_N2$ 反应速率的增加。

**极性非质子溶剂加速$S_N2$反应**

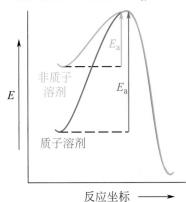

动画
动画展示机理：
甲醇和DMF中亲核取代（$S_N2$）的溶剂化影响。

**表6-6　碘甲烷在不同溶剂中与氯离子的$S_N2$反应速率**

$$CH_3I + Cl^- \xrightarrow[k_{rel}]{溶剂} CH_3Cl + I^-$$

| 溶剂 | | | |
|---|---|---|---|
| 化学式 | 名称 | 分类 | 相对速率（$k_{rel}$） |
| $CH_3OH$ | 甲醇 | 质子溶剂 | 1 |
| $HCONH_2$ | 甲酰胺 | 质子溶剂 | 12.5 |
| $HCONHCH_3$ | N-甲基甲酰胺 | 质子溶剂 | 45.3 |
| $HCON(CH_3)_2$ | N,N-二甲基甲酰胺 | 非质子溶剂 | 1200000 |
| $CH_3COCH_3$ | 丙酮 | 非质子溶剂 | 1500000 |

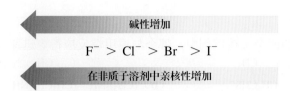

碱性增加

$$F^- > Cl^- > Br^- > I^-$$

在非质子溶剂中亲核性增加

## 增加可极化性以提高亲核能力

前面描述的溶剂化影响仅对于带电的亲核试剂非常显著。然而，对于不带电的亲核试剂，其溶剂效应应该不是很强，但其亲核能力亦沿周期表从上向下延伸而递增，例如，$H_2Se > H_2S > H_2O$，以及 $PH_3 > NH_3$。因此，必然还有其他的因素起作用。

这个因素就是亲核试剂的可极化性（6-1 节）。体积较大的元素含有更大的、更分散的、可极化性更强的电子云。这些分散的电子云使其在 $S_N2$ 反应的过渡态有更有效的轨道重叠（图 6-8）。结果是具有更低的过渡态能量和更快的亲核取代反应速率。

## 练习 6-23

哪一种物质的亲核能力更强？

（a）$CH_3SH$，$CH_3SeH$；（b）$(CH_3)_2NH$，$(CH_3)_2PH$。

## 具有空间位阻的亲核试剂是较差的反应试剂

我们已经看到大量环绕的溶剂会对亲核试剂的性能产生不利影响，这是空间位阻效应的又一例证。亲核试剂自身有可能因为大体积的取代基而产生此类位阻效应。该效应对反应速率的影响可从实验 7 得出。

**表6-7　溴甲烷与选择的三种卤素离子在溶剂从水变成丙酮的 $S_N2$ 反应中相对反应速率增加**

$$CH_3Br + X^- \longrightarrow CH_3X + Br^-$$

| 卤素离子 | $k_{丙酮}/k_{水}$ |
| --- | --- |
| $I^-$ | 1000 |
| $Cl^-$ | 13000 |
| $F^-$ | >8000000 |

**实验 7**

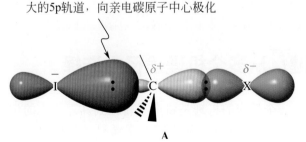

**结论**　具有大空间位阻的亲核试剂的反应速率较慢。

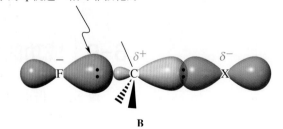

大的5p轨道，向亲电碳原子中心极化　　小的2p轨道，相对非极化的

**图 6-8**　$I^-$ 和 $F^-$ 在 $S_N2$ 反应中的比较。（A）在质子溶剂中，体积较大的 $I^-$ 是较好的亲核试剂，部分原因是其可极化的 5p 轨道向亲电的碳原子扭曲变形；（B）紧密的极化较弱的 $F^-$ 的 2p 轨道与亲电的碳原子不能像在与（A）相近的反应坐标中那样有效地相互作用。

## 练习 6-24

下列每组的两个亲核试剂中，哪个与溴甲烷反应得更迅速？

$$\textbf{（a）} \ CH_3S^- , \ CH_3CHS^- \qquad\qquad\qquad\qquad \textbf{（b）} \ (CH_3)_2NH , \ (CH_3CH)_2NH$$

（a）和（b）各带有一个 $CH_3$ 基团。

### 亲核取代反应可以是可逆的

卤离子 $Cl^-$、$Br^-$ 和 $I^-$ 既是好的亲核试剂又是好的离去基团。因此，它们参与的 $S_N2$ 反应是可逆的。例如，氯化锂与一级溴代或碘代烷在丙酮中的反应是可逆的，平衡向产物为氯代烷的方向移动：

$$CH_3CH_2CH_2CH_2I + LiCl \overset{\text{丙酮}}{\rightleftharpoons} CH_3CH_2CH_2CH_2Cl + LiI$$

这一结果与产物和起始物的相对稳定性有关，平衡偏向于氯代烷。然而，这一平衡可以通过一个简单的"戏法"被逆转：虽然所有的卤化锂都溶于丙酮，但是卤化钠的溶解度按照 $NaI > NaBr > NaCl$ 的顺序急剧递减，实际上最后一个（$NaCl$）在此溶剂中是不溶的。的确，$NaI$ 与一级或二级氯代烷在丙酮中反应，由于 $NaCl$ 的沉淀作用而使反应完全向碘代烷的方向进行（反应可逆性只是表示一下）：

$$CH_3CH_2CH_2CH_2Cl + NaI \overset{\text{丙酮}}{\rightleftharpoons} CH_3CH_2CH_2CH_2I + NaCl\downarrow$$
$$\text{在丙酮中}$$
$$\text{不溶}$$

表 6-3 中反应 3 的平衡方向也可以按照完全同样的方法来控制。然而，当 $S_N2$ 反应中的亲核试剂是一个强碱时（例如，$HO^-$ 或 $CH_3O^-$，表 6-4），它就不能作为离去基团。在这种情况下，平衡常数 $K_{\text{平衡}}$ 会非常大，取代反应基本上是一个不可逆过程（表 6-3，反应 1 和反应 2）。

#### 表6-8 多种亲核试剂与 $CH_3I$ 在甲醇（质子溶剂）中反应的相对速率

| 亲核试剂 | 相对速率 |
|---|---|
| $CH_3OH$ | 1 |
| $NO_3^-$ | ~32 |
| $F^-$ | 500 |
| $CH_3CO^-$（O双键） | 20000 |
| $Cl^-$ | 23500 |
| $(CH_3CH_2)_2S$ | 219000 |
| $NH_3$ | 316000 |
| $CH_3SCH_3$ | 347000 |
| $N_3^-$ | 603000 |
| $Br^-$ | 617000 |
| $CH_3O^-$ | 1950000 |
| $CH_3SeCH_3$ | 2090000 |
| $CN^-$ | 5010000 |
| $(CH_3CH_2)_3As$ | 7940000 |
| $I^-$ | 26300000 |
| $HS^-$ | 100000000 |

亲核性增加

---

## 小 结

亲核性由一系列的因素决定。一般来说负电荷越多，在周期表中从右向左或向下（质子溶剂中）或者向上（非质子溶剂中）延伸都可以增加亲核能力。表6-8比较了一系列亲核试剂与亲核性非常弱的甲醇相比（任意设定为1）的相对反应性。我们可以通过对比各个反应来确定这一节的结论的正确性。非质子溶剂的使用通过消除氢键可以增强亲核能力，尤其是对较小的阴离子。

---

## 6-9 | 成功的关键：从多个机理途径中选择

像 2-2 节指出的那样，一个反应的机理是将电子转移到其理论上的位置，自动地生成反应产物的结构。因此，化学家经常通过"从机理上思考"——对反应物质应用一个合理的机理来预测产物——来解决问题。但是，如果存在多种可能的途径，每一个途径都导致不同的产物，那该怎么办？这种情况并非罕见，最初可能是比较麻烦的，但是是可以通过练习、通过 WHIP 解决问题流程来掌握的。在此给出一些建议。

当确定问题问的是什么（What）时，记下问题陈述中提供的每一点信息，并不是所有信息都是有用的或者是相关的，只是通过编制一个你所知道的信息（What）的完整清单，就可以找到一个解决问题的重要线索。

机理可能是复杂的，你怎么（How）能够知道是否正确解答了问题呢？有时以可能的顺序进行的反应是可逆的，因此，这个途径可能不能生成任何稳定的结构。在这种情况下，自然不得不重新开始，去寻找一个新的、指向有效产物方向的途径。另外，两个不同顺序的步骤可能都能得到合理的化合物，但其中一个可能明显比另一个快，且生成有利的或者专一的产物。或者，你画的弯箭头可能指向一个能量很高不利于形成的分子（例如，张力太大、缺电子等）。你的信息（Information）库是评价这些内容的关键。特别是：

**1.** 当画出建议的机理产生的结构时，你能够认识到哪些是化学上不合理的吗？可能的例子包括：违反八隅律，遇到你以前从来没有遇见过的成键关系，或者由于其他原因不可能形成的。在书写一个可能机理的过程中认出这些高能量的、不稳定的物质的能力将会很快告诉你有没有在正确的路径上。例如，考虑混合下面所示的两个物质

$$CH_4 + :\ddot{I}:^- \longrightarrow ?$$

它们可能会转化成新物质吗？

不要试着猜答案，我们应该通过建议一个机理并且看反应将向哪里进行来解决（Proceed）问题。根据本章内容，考虑 $S_N2$ 取代：

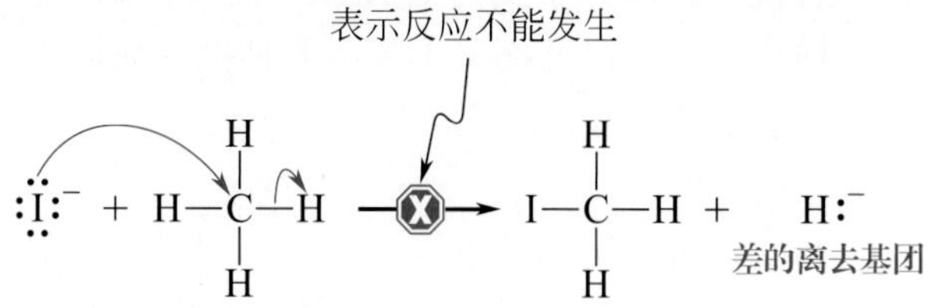

画完如上图所示的箭头转移，显示产物为碘甲烷分子，但是离去基团是氢负离子。我们从表 6-4 中注意到它是一个强碱，因而氢负离子是差的离去基团。结论就是，即使我们可以画出一个形式上正确的机理，反应也不能发生，因为其中的一个产物——氢负离子，在亲核取代反应中作为离去基团其能量太高——太不稳定。在这种情况下，别无选择，正确的答案就是没有反应发生。

**2.** 你考虑过原料可能存在的所有形式的反应性了吗？本节指出许多亲核试剂也是强碱。练习 6-25 展示了一个这样的重要例子。

> **注意：** 确定在建议的亲核取代反应中底物含有一个好的离去基团。如果不是，反应就不可能发生。

## 解题练习6-25

**运用概念解题：通过机理推论给出的反应产物**

4-氯-1-丁醇（$:\ddot{C}lCH_2CH_2CH_2CH_2\ddot{O}H$）与 NaOH 在 DMF 溶剂中反应迅速形成一种分子式为 $C_4H_8O$ 的化合物。写出这种产物的结构式，并提出其形成机理。

**策略：**

→ **W:** 有何信息？我们有一个一级醇，其含有一个一级氯基团。还有一个在非质子溶剂中既具有碱性又具有亲核性的氢氧根离子。

- **H**：如何进行？"从机理上思考"：考虑已有的反应途径。如果你选择的第一个途径不反应，试着提炼问题——在分子中发生了什么变化？这个变化是怎么产生的？

- **I**：需用的信息？醇与氢氧根离子发生酸碱反应（2-3节）。一级卤化物是发生$S_N2$反应的优选底物（表6-3）。DMF是快速亲核取代反应的优良溶剂。

- **P**：继续进行。

**解答：**

尝试的最明显的机理是底物与氢氧根离子的$S_N2$途径。

$$HO:^- + HOCH_2CH_2CH_2{-}CH_2{-}\ddot{C}l: \longrightarrow HOCH_2CH_2CH_2CH_2OH + :\ddot{C}l:^-$$

然而，这个反应式中的产物是不正确的，因为其分子式为$C_4H_{10}O_2$，而不是$C_4H_8O$。

让我们考虑另一种途径：底物的分子式为$C_4H_9OCl$。因此，从它转化到$C_4H_8O$时丢掉了一个氢原子和一个氯原子——一分子强酸HCl。这是怎么发生的呢？

氢氧化物既是碱又是一个亲核试剂，因此，对上面所示的（不正确的）$S_N2$路径的一个合理的改动是与底物中酸性最强的氢的酸碱反应：

$$HO:^- + H{-}OCH_2CH_2CH_2CH_2\ddot{C}l: \longrightarrow :\ddot{O}CH_2CH_2CH_2CH_2\ddot{C}l:^- + H_2\ddot{O}$$

这个转化的有机产物的分子式为$C_4H_8OCl^-$，与正确产物的差异仅是一个氯离子。怎样使氯离子离开而又不加入其他的物质呢？利用分子的另一端带负电荷的亲核氧的取代反应，形成一个环：

$$:\ddot{O}{-}CH_2CH_2CH_2{-}CH_2{-}\ddot{C}l: \longrightarrow \begin{array}{c} H_2C{-}O \\ | \quad\quad | \\ H_2C{-}CH_2 \end{array}CH_2 + :\ddot{C}l:^-$$

确实，这样的分子内$S_N2$反应广泛应用于合成环状化合物（我们将在9-6节再次讲解）。

你可能会问为什么这个反应这样发生。这有两个原因：首先，Brønsted-Lowery酸碱反应——质子从一个碱性的原子到另一个的转移——通常比其他过程要快很多。所以用氢氧根离子从底物的羟基上除掉氢质子（第二个方程式）比同一个氢氧根离子在$S_N2$过程中取代氯（第一个方程式）要快。其次，形成五、六元环的反应与类似的两个分离的分子的反应相比较，从机理上看不论是动力学还是热力学上都是有利的。因此，与前面提及的$S_N2$过程相比，在最后一个方程式中显示的烷氧基负离子对氯的分子内取代是有利的。在这个例子中，分子内取代也从一个反应物生成两个产物（环状产物和氯离子），使能量降低，熵变有利。

## 6-26 自试解题

在乙醚（$CH_3CH_2OCH_2CH_3$）溶液中，对5-氯-1-戊胺 [$Cl(CH_2)_5NH_2$] 进行缓慢升温，可以形成白色固体沉淀，该固体为盐。给出该化合物的结构，并解释它的形成（**提示**：从机理角度思考！）

# 6-10 ｜ 结构和 $S_N2$ 反应的活性：底物

最后，底物中烷基部分的结构，尤其是在含有离去基团的原子附近，是否影响亲核进攻的速率？ 我们可以再次通过观察反应的相对速率来得到相对反应性。让我们来看一下已有的动力学数据。

### 反应位点碳原子上的支链降低 $S_N2$ 反应的速率

如果我们连续地用甲基将卤甲烷中的每一个氢都取代的话会发生什么呢？ 这会影响其 $S_N2$ 反应的速率吗？ 换句话说，甲基、一级、二级和三级卤代烷的双分子亲核反应的相对反应性如何呢？ 动力学实验表明这些反应性按照表 6-9 所示的顺序迅速降低。

我们可以通过比较这四种底物的过渡态来找到解释。图 6-9（A）表示的是氯甲烷与氢氧根离子反应的结构。碳原子被正在进入的亲核试剂、正要出去的离去基团和三个取代基（在这里是三个氢）包围。虽然与开始的卤甲烷相比这五个基团的存在使碳原子的拥挤程度增加了，但由于氢很小，并

**表6-9　带支链的溴代烷与碘离子 $S_N2$ 反应的相对速率**

| 溴代烷 | | 相对速率 |
|---|---|---|
| $CH_3Br$ | $S_N2$反应中反应性降低 | 145 |
| $CH_3CH_2Br$ | | 1 |
| $CH_3CHBr$（含$CH_3$） | | 0.0078 |
| $CH_3CBr$（含$CH_3$、$CH_3$） | | 可忽略不计 |

（左侧箭头：R 大小增加）

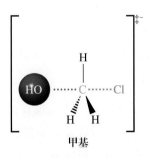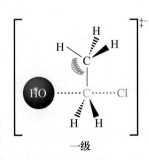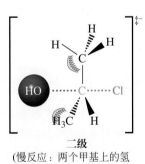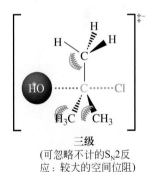

甲基　　　　一级　　　　二级　　　　三级
（慢反应：两个甲基上的氢　（可忽略不计的$S_N2$反
互相妨碍）　　　　应：较大的空间位阻）

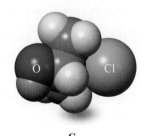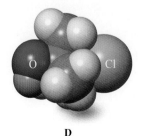

**A**　　　　**B**　　　　**C**　　　　**D**

图 6-9　氢氧根离子与（A）氯甲烷，（B）氯乙烷，（C）2-氯丙烷和（D）2-氯-2-甲基丙烷 $S_N2$ 反应的过渡态。

没有使它与亲核试剂间的空间相互作用增加很多。然而，将一个氢用甲基取代，像在卤乙烷中那样，则与正进入的亲核试剂间就产生了实质的空间排斥，从而使过渡态的势能增加［图 6-9(B)］，这一影响因素明显地延缓了亲核进攻。如果我们继续用甲基取代氢原子，会发现对亲核进攻的空间位阻急剧增大。二级底物中的两个甲基严重地遮蔽了与离去基团相连的碳原子的背面，反应速率降低很多［图 6-9(C)和表 6-9］。最后，在三级底物中，存在着第三个甲基，连有卤离子的碳原子背面被完全堵住了［图 6-9（D）］；$S_N2$ 取代反应过渡态的能量很高，很少观察到三级卤代烷通过这样的机理来进行取代反应。总之，当我们连续地将卤甲烷中的氢用甲基（通常是烷基）取代时，$S_N2$ 反应活性按照下面的顺序递减：

**卤代烷$S_N2$取代反应的相对反应性**

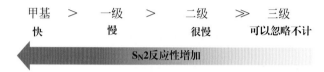

既然已经看到了主要的结构变化对底物在 $S_N2$ 反应过程中反应性的影响，再来进一步研究一下一些更加细微的结构变化的影响。在所有情况下，我们都将看到进攻反应位点碳原子背面的空间位阻是最重要的考虑因素。

## 碳链延长一个或两个碳会降低$S_N2$反应活性

像我们刚才看到的，卤甲烷中的一个氢被一个甲基取代［图 6-9(B)］导致明显的空间位阻和 $S_N2$ 反应速率的降低。氯乙烷的 $S_N2$ 取代反应的活性比氯甲烷小两个数量级。若通过加入亚甲基（$CH_2$）来延长一级烷基的碳链是否会更加降低 $S_N2$ 反应性？动力学实验表明，1-氯丙烷与诸如 $I^-$ 这样的亲核试剂反应的速率是氯乙烷的一半。

当链长继续增长时，这种趋势还继续存在吗？ 答案是否定的。高级的卤代烷，如 1-氯丁烷和 1-氯戊烷的反应速率与 1-氯丙烷大致相同。

对背面取代过渡态的检测再次为这些观察结果提供了解释。在图 6-10（A）和图 6-10（B）中，氯乙烷中甲基碳上的一个氢将正在进入的亲核试剂的进攻路径部分挡住。1-卤丙烷又有一个甲基靠近反应碳原子中心。如果反应从底物最稳定的对位交叉旋转异构体开始，进入的亲核试剂将面临较大的空间位阻［图 6-10(C)］。然而，在进攻前旋转为邻位交叉构象将使 $S_N2$ 的过渡态与卤乙烷的相似［图 6-10(D)］。丙基取代分子与乙基相比在反应性上只降低了一些，这个活性的降低来自于要获得一个邻位交叉构象而需

---

### 练习 6-27

预测氰基负离子与下列每对分子 $S_N2$ 反应的相对速率。

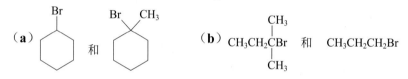

（a）

（b）$CH_3CH_2CBr$ 和 $CH_3CH_2CH_2Br$

对你来说理解环状分子的 $S_N2$ 反应有困难吗？请聚焦在反应位点上：练习27（a）的结构中，带有溴的碳原子分别是二级和三级的。

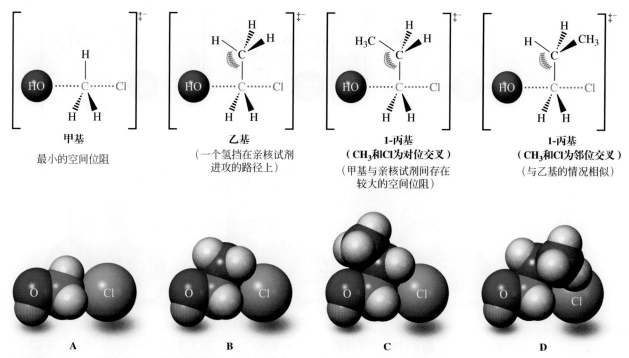

**图6-10**　氢氧根离子与（A）氯甲烷，（B）氯乙烷，（C）和（D）1-氯丙烷的两个构象异构体［（C）对位交叉，（D）邻位交叉］的$S_N2$反应过渡态的虚-实楔形线和空间填充模型演示。这一阻碍在空间填充画法中表现得更加醒目。为简洁起见省略掉部分电荷（参见图6-3）。

要提供的能量。进一步延长碳链则没有影响，因为加入的碳原子不能在过渡态中增加反应碳周围的空间位阻。

## 反应位点碳相邻的支链亦阻碍取代反应

在亲电的碳原子旁边碳上的多重取代会怎样呢？让我们比较一下溴乙烷及其衍生物的反应性（表6-10）。在进一步取代中可以看到反应速率急剧下降：1-溴-2-甲基丙烷与碘离子的反应活性约为1-溴丙烷的1/25，1-溴-2,2-二甲基丙烷几乎是惰性的。远离反应位点的支链的影响要小得多。

我们知道旋转至一个邻位交叉构象对于允许亲核试剂进攻1-卤丙烷是必要的［图6-11（A）］。我们可以用同样的图来理解表6-10中的数据。对于1-卤代-2-甲基丙烷，允许亲核试剂接近反应碳背面的唯一构象会经历两个甲基-卤离子的邻位交叉相互作用，是一个不利的情况［图6-11（B）］。当加入第三个甲基，如在1-卤代-2,2-二甲基丙烷中，通常称为新戊基卤化物，背面进攻几乎完全被阻碍［图6-11（C）］。

### 练习6-28

预测下面两个化合物在$S_N2$反应中的反应活性顺序。如练习6-27，不要被这些底物的环状结构所困扰。聚焦在反应位点（一级）和它的邻位（支链的）上。表6-10中的哪一个化合物分别与这两个结构最接近？

| 表6-10　支链溴代烷与碘离子反应的相对活性 | |
|---|---|
| 溴代烷 | 相对速率 |
| H—CCH$_2$Br | 1 |
| CH$_3$CCH$_2$Br | 0.8 |
| CH$_3$CCH$_2$Br | 0.03 |
| CH$_3$CCH$_2$Br | 1.3 × 10$^{-5}$ |

（反应性降低　R大小增加）

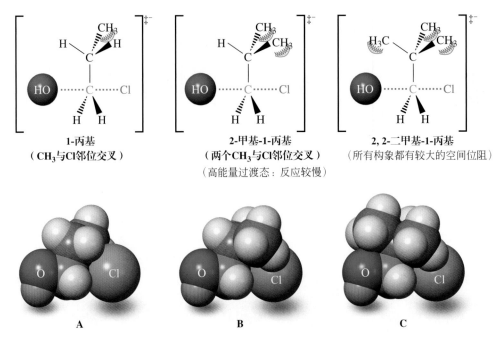

图 6-11　氢氧根离子与（A）1-氯丙烷，（B）1-氯-2-甲基丙烷和（C）1-氯-2,2-二甲基丙烷 $S_N2$ 反应过渡态的虚-实楔形线和空间填充模型演示。在（B）中，另一个邻位交叉相互作用引起的空间位阻降低了反应速率。在（C）中，因为在底物的所有构象中都有一个甲基阻挡了亲核试剂背面的进攻，而使 $S_N2$ 反应性几乎完全消失。（参见图 6-9 和图 6-10。）

## 小　结

卤代烷烷基部分的结构对亲核进攻的速率有显著的影响。简单的碳链延长超过三个碳原子，则对 $S_N2$ 反应的速率影响较小。然而，增加支链将导致较大的空间位阻和反应速率减慢。

# 6-11 | $S_N2$ 反应一览

图 6-12 总结了影响过渡态能量并进一步影响 $S_N2$ 反应速率的因素。

| | |
|---|---|
| 亲核性： | 在元素周期表中，亲核性向左增强（碱性强的 Nu），向下增强（可极化性强的 Nu）。 |
| 溶剂化： | 在 Nu 周围形成溶剂层阻碍亲核性，特别是质子溶剂对带有电荷的、较小的 $Nu^-$。溶剂化作用在非质子溶剂中明显衰减。 |
| 空间位阻： | 反应中心碳原子及其邻位碳原子上的取代基的空间位阻降低反应速率。 |
| 离去基团的离去能力： | 随着 L 的碱性降低而增加。 |

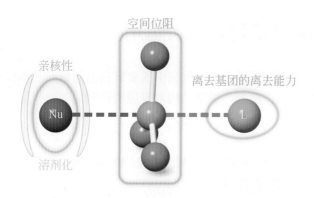

亲核性

Nu

溶剂化

空间位阻

离去基团的离去能力

L

图6-12　影响$S_N2$反应过渡态的因素：亲核性、溶剂化作用、空间位阻和离去基团的离去能力。

年轻的 Stefanie Schore（目前是一位才艺高超的小提琴家）展示$S_N2$反应相对活性。三个试管中从左至右分别为含有 1-溴丁烷、2-溴丙烷和 2-溴-2-甲基丙烷的丙酮溶液。分别加入几滴 NaI 溶液后，一级溴代烷立即生成 NaBr 白色沉淀（左边），二级底物仅在加热后缓慢生成 NaBr 白色沉淀（中间），而三级卤化物即使延长加热时间也没有 NaBr 生成（右边）。[*Courtesy of Neil E. Schore*]

## 总　结

　　在前五章中，我们学习了有机化学最基本的概念。我们将普通化学的原理如轨道理论、热力学和动力学应用在有机分子上。我们还介绍了与有机化学密切相关的内容，如同分异构现象和立体化学。烷烃的性质和反应让我们有机会看到了这些基本原理的作用。烷烃经卤化反应生成卤代烷，它们是含有一类典型官能团碳-卤键的分子。这些化合物通过双分子亲核取代反应或 $S_N2$ 反应过程（有机化学中的基本反应机理之一）进行反应。

- 亲核试剂是带有一对或者多对电子的物质。它们可以是阴离子，也可以是中性的，它们具有进攻卤代烷中亲电性碳原子的能力，生成多样性的取代产物（6-2节）。

- 亲核取代需要一个含有好的离去基团的底物，并且在连接离去基团的位点上发生反应（6-2节和6-7节）。

- 在$S_N2$反应中，使用两个箭头来同时描述亲核试剂的进攻和离去基团从反应位点的离开（6-3节）。

- $S_N2$过程包括亲核试剂从带有离去基团的碳原子背后进攻。当这个碳原子是手性中心时，则发生手性中心的构型翻转（6-4节～6-6节）。

- 当取代反应发生时，离去基团被释放了，并带有一对增加的电子。为了成为好的离去基团，必须能够容纳这对电子。因此，离去基团一定是弱碱（6-7节）。

- 相反，好的亲核试剂必须带有一对能够给出去的电子。因此，好的亲核试剂通常是强碱性的和/或很容易极化的（6-8节）。

- 含有N—H和O—H键的质子溶剂通过氢键与亲核试剂作用抑制$S_N2$反应，对于体积小的、带有负电荷的亲核试剂，如氟离子，影响最大。非质子溶剂没有N—H或O—H键。极性非质子溶剂，如丙酮和$N,N$-二甲基甲酰胺（DMF），不能与亲核试剂形成氢键，因此，对$S_N2$转化反应提供了一个有利的环境（6-8节）。

- 经$S_N2$进攻的原子，其背后的空间位阻阻碍亲核试剂的接近，从而阻止该反应过程。所以，没有空间位阻的卤代烷是最活泼的，反应性依一级＞二级＞三级的顺序降低（6-10节）。

# 6-12 | 解题练习：综合运用概念

在本节，你遇到了两个 $S_N2$ 反应中需要解决的问题：基本机理和改变离去基团、亲核试剂、溶剂、烷基结构对反应的影响。

**解题练习6-29    改变反应条件对 $S_N2$ 反应过程的影响**

**a.** 写出乙醇钠（$NaOCH_2CH_3$）与溴乙烷（$CH_3CH_2Br$）在乙醇（$CH_3CH_2OH$）溶剂中的反应机理和最终产物。

解答：

反应机理是背面进攻，反应物的亲核性原子进攻底物中含有离去基团的原子（6-5 节）。我们从识别这些组成部分开始。亲核性的原子是乙氧基负离子（$CH_3CH_2O^-$）中带负电荷的氧原子。进攻发生在与底物分子 $CH_3CH_2$—$Br$ 中的溴相连的碳上：

$$CH_3CH_2\ddot{\underset{..}{O}}:^- \quad \overset{H_3C}{\underset{\underset{H}{H}}{C}}\!\!-\!\!\ddot{\underset{..}{Br}}: \longrightarrow CH_3CH_2\ddot{\underset{..}{O}}-CH_2CH_3 + :\ddot{\underset{..}{Br}}:^-$$

产物是溴离子和乙氧基乙烷（$CH_3CH_2\ddot{\underset{..}{O}}CH_2CH_3$，一种醚）。

**b.** 下列每一种变化将如何影响前面反应？
**1.** 把溴乙烷换成氟乙烷。
**2.** 把溴乙烷换成溴甲烷。
**3.** 把乙醇钠换成乙硫醇钠（$NaSCH_2CH_3$）。
**4.** 把乙醇换成二甲基甲酰胺（DMF）。

解答：

**1.** 表 6-4 告诉我们氟离子是比溴离子更强的碱，因此，氟是较差的离去基团。这个反应可能会发生，但是，可能会非常慢。（实际的反应速率降低了 $10^4$ 个数量级。）

**2.** 在溴甲烷中带有离去基团的碳原子比溴乙烷中的空间位阻更小，因此反应速率将增加（6-10 节）。反应的产物会是甲氧基乙烷（$CH_3OCH_2CH_3$）。

**3.** 乙氧基负离子和乙硫基负离子都是带有负电荷的，乙氧基负离子中的氧比乙硫基负离子中的硫的碱性强（表 6-4），但是乙硫基负离子中的硫原子比较大、可极化性强，且在可形成氢键的乙醇溶剂中溶剂化作用弱（与 6-7 节比较）。我们知道强碱是好的亲核试剂，但是在周期表同一族中由较大原子增加的可极化性和减少的溶剂化作用超过了碱性影响（6-8 节）。故乙硫基负离子反应要快几百倍，生成的产物是 $CH_3CH_2SCH_2CH_3$，一种硫醚（9-10 节）。

**4.** 从一个可以形成氢键的质子溶剂转化成极性的非质子溶剂，可以通过降低对带负电荷氧原子的溶剂化作用极大地加速反应（与表 6-6 比较）。见习题 59 相似的例子。

**解题练习6-30    分析底物结构的 $S_N2$ 反应性**

**a.** 下列化合物中哪个将与叠氮化钠（$NaN_3$）在乙醇中可以以适当的速率发生 $S_N2$ 反应？哪个不行？为什么不行？

（i）$\diagdown\diagup\diagdown$ $\ddot{\text{N}}\text{H}_2$ （ii）$\diagup\!\!\!\!\diagdown\!\!\!\!\diagdown$ $\ddot{\ddot{\text{I}}}$: （iii）$\diagup\diagdown\diagup\diagdown$ $\ddot{\ddot{\text{Br}}}$: （iv）$\diagdown\diagup\diagdown$ $\ddot{\text{O}}\text{H}$ （v）$\bigcirc\!\!\!\diagdown\diagup$ $\ddot{\ddot{\text{Cl}}}$: （vi）$\diagdown\diagup$ CN:

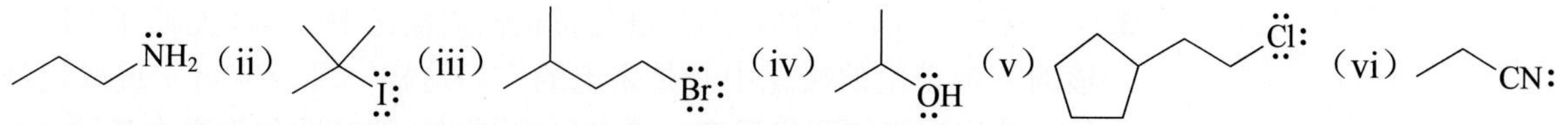

**策略：**

让我们应用 WHIP 方法来分析解决此问题。

**W：** 有何信息？已知的亲核试剂和几个可能反应的底物，必须确定给出的哪一个分子可以通过 $S_N2$ 过程在乙醇中与叠氮负离子反应。然而，更重要的一点是在问题中存在一个词"为什么"这一线索。"怎么"和"为什么"的问题总是要求仔细检查的情况，通常是从机理的观点，需要对于每一个底物的结构仔细考虑 $S_N2$ 机理。

**H：** 如何进行？在 $S_N2$ 过程的背景下，考虑每个底物的特点，是否含有切实可行的离去基团，什么样的碳原子与潜在的离去基团相连？有其他相关的结构特征存在吗？

**I：** 需用的信息？这六个分子每一个都含有一个好的离去基团吗？如果需要，可以参见 6-7 节。作为一个好的离去基团，这个物质必须是弱碱。下一步，参考 2-6 节的定义，说明离去基团连接的是一级、二级还是三级碳原子。另外，考虑底物中阻碍亲核试剂接近的空间位阻（6-10 节）。

**P：** 继续进行。

**解答：**

我们首先确定带有好的离去基团的分子。参考表 6-4，作为一般的规则，只有强酸的（$pK_a$ 值<0）共轭碱是可以的。因此，底物（i）、（iv）和（vi）将不能发生 $S_N2$ 取代反应，它们缺少好的离去基团：$^-NH_2$、$^-OH$ 和 $^-CN$ 对于取代反应来说碱性太强（因此，对于这三个底物，这里回答了"为什么不行"）。底物（ii）含有一个好的离去基团，但是反应位点是一个三级碳，因此按照 $S_N2$ 机理反应在空间上是非常不利的。这样就剩下了底物（iii）和（v），这两个都是一级卤代烷，在取代反应位点周围空间位阻很小，它们将很容易按照 $S_N2$ 机理转化。

**b.** 比较将与叠氮负离子发生 $S_N2$ 反应的底物（iii）和（v）的反应速率

**解答：**

按照 WHIP 方法，我们寻找这两个底物在 $S_N2$ 反应机理背景中的重要区别，从背面取代来看，它们的空间位阻是差不多的。它们都只在远位碳原子上有支链，在空间位阻上没有不良影响。剩下的唯一合理的决定性因素就是离去基团自身的特点，在这一点上，溴离子比氯离子好（HBr 是比 HCl 更强的酸，表 6-4），并且更容易被取代。因此，我们可以预期（iii）的反应速率比较大。习题 58 需要相似的推理。

**c.** 根据 IUPAC 系统命名法命名底物（iii）和（v）

**解答：**

如果需要，复习 2-6 节和 4-1 节

（iii）1- 溴 -3- 甲基丁烷 （v）（2- 氯乙基）环戊烷

## 重要概念

**1. 卤代烷** 通常称为烷基卤代物，由一个烷基和一个卤素组成。

**2.** 卤代烷的物理性质受 C—X 键的极化作用和 X 原子的可极化性的强烈影响。

**3.** 带有孤对电子的试剂，当其进攻带正电的极化中心（不是质子）时称为**亲核的**。带正电的极化中心是**亲电的**。当这样一种反应可实现取代基的取代，被称为**亲核取代反应**。被亲核试剂取代的基团称为**离去基团**。

**4.** 亲核试剂与一级（及大多数二级）卤代烷反应的动力学是二级的，是**双分子**反应机理的一种表示。这一过程称为**双分子亲核取代反应**（$S_N2$反应）。这是一个**协同反应**，其中一个旧键断裂的同时形成一个新键。通常用弯箭头来描述反应进程中的电子转移。

**5.** $S_N2$反应是**立体专一性的**，并通过**背面取代**进行，因而使反应中心发生**构型翻转**。

**6.** $S_N2$**过渡态**包括一个平面三角形的$sp^2$杂化的碳原子中心，亲核试剂与亲电碳原子间部分键形成的同时该碳原子与离去基团间部分键断裂。亲核试剂和离去基团都带有部分电荷。

**7.** **离去基团的离去能力**可用于衡量取代反应难易程度，大致与共轭酸的强度成正比。特别好的离去基团都是弱碱，例如氯离子、溴离子、碘离子和磺酸根离子。

**8.** **亲核性**：（a）负电荷越多，（b）周期表中越靠左和靠下的元素，（c）在极性非质子溶剂越大。

**9.** **极性非质子溶剂**可以加速$S_N2$反应，因为亲核试剂可以很好地与带相反电荷的离子分开，但又不会被强烈地溶剂化。

**10.** 底物中反应碳原子上或其相邻碳上的支链导致$S_N2$过渡态的空间位阻增大，并因此降低双分子取代反应的速率。

## 习 题

**31.** 根据IUPAC系统命名法命名下列分子。

（**a**）$CH_3CH_2Cl$　　　（**b**）$BrCH_2CH_2Br$

（**c**）$\begin{matrix} CH_3CH_2CHCH_2F \\ | \\ CH_2CH_3 \end{matrix}$　　（**d**）$(CH_3)_3CCH_2I$

（**e**）〈环己基〉—$CCl_3$　　（**f**）$CHBr_3$

**32.** 画出下列每一个分子的结构：（**a**）3-乙基-2-碘戊烷；（**b**）3-溴-1,1-二氯丁烷；（**c**）顺-1-溴甲基-2-（2-氯乙基）环丁烷；（**d**）（三氯甲基）环丙烷；（**e**）1,2,3-三氯-2-甲基丙烷。

**33.** 画出所有分子式为$C_3H_6BrCl$的可能构造异构体的结构式并命名。

**34.** 画出所有分子式为$C_5H_{11}Br$的构造异构体并命名。

**35.** 对于习题33和34中的每一个构造异构体，指出所有的手性中心，并给出每种结构可能存在的立体异构体的总数。

**36.** 对于表6-3中的每个反应，指出亲核试剂、亲核原子（首先画出它的Lewis结构）、底物中的亲电原子和离去基团。

**37.** 习题36中有一个亲核试剂可以画出另一个Lewis结构。（**a**）指出这个亲核试剂并画出它的另一种结构

（实际上就是第二种共振式），（**b**）该亲核试剂中是否有另一个亲核原子存在？如果是的话，用新的亲核原子重新写出习题36的反式式，并写出产物正确的Lewis结构。

**38.** 对这里的每一个反应，指出亲核试剂、亲核原子、底物分子中的亲电原子和离去基团。写出反应的有机产物。

（**a**）$CH_3I+NaNH_2 \longrightarrow$

（**b**）〈环戊基〉—$Br + NaSH \longrightarrow$

（**c**）〈丙基〉—$\overset{O}{\underset{O}{\overset{\|}{\underset{\|}{S}}}}$—$CF_3 + NaI \longrightarrow$

（**d**）〈异丙基〉$\begin{matrix} \\ H \quad Cl \end{matrix} + NaN_3 \longrightarrow$

（**e**）$CH_3Cl + \overset{\phantom{x}}{\underset{CH_3}{N}}(C_2H_5)_2 \longrightarrow$

（**f**） $+ KSeCN \longrightarrow$

**39.** 画出习题38中每一个反应的反应机理，用弯箭头标出电子转移。

**40.** 一个含有0.1mol·L$^{-1}$ CH$_3$Cl和0.1mol·L$^{-1}$KSCN的DMF溶液，反应以2×10$^{-8}$mol·L$^{-1}$·s$^{-1}$的初始速率生成CH$_3$SCN和KCl。（**a**）这个反应的速率常数是多少？（**b**）对于下列每组反应物的起始浓度，计算出反应的初始速率。（**i**）[CH$_3$Cl]=0.2mol·L$^{-1}$，[KSCN]=0.1mol·L$^{-1}$；（**ii**）[CH$_3$Cl]=0.2mol·L$^{-1}$，[KSCN]=0.3mol·L$^{-1}$；（**iii**）[CH$_3$Cl]=0.4mol·L$^{-1}$，[KSCN]=0.4mol·L$^{-1}$。

**41.** 写出下列每个双分子取代反应的产物。溶剂如反应式箭头上方所示。

（**a**）CH$_3$CH$_2$CH$_2$Br + Na$^+$I$^-$ $\xrightarrow{\text{丙酮}}$

（**b**）(CH$_3$)$_2$CHCH$_2$I + Na$^{+-}$CN $\xrightarrow{\text{DMSO}}$

（**c**）CH$_3$I + Na$^{+-}$OCH(CH$_3$)$_2$ $\xrightarrow{\text{(CH}_3\text{)}_2\text{CHOH}}$

（**d**）CH$_3$CH$_2$Br + Na$^{+-}$SCH$_2$CH$_3$ $\xrightarrow{\text{CH}_3\text{OH}}$

（**e**）$\bigcirc$—CH$_2$Cl + CH$_3$CH$_2$SeCH$_2$CH$_3$ $\xrightarrow{\text{丙酮}}$

（**f**）(CH$_3$)$_2$CHOSO$_2$CH$_3$ + N(CH$_3$)$_3$ $\xrightarrow{\text{(CH}_3\text{CH}_2\text{)}_2\text{O}}$

**42.** 下列的箭头转移式对应于上面习题41中的反应，指出哪些正确使用了弯箭头，哪些没有，对于错的，画出正确的弯箭头。

（**a**）CH$_3$CH$_2$CH$_2$—Br　Na$^+$　:Ï:$^-$

（**b**）(CH$_3$)$_2$CHCH$_2$—I　Na$^+$　:CN:

（**c**）CH$_3$—I　Na$^+$　$^-$:ÖCH(CH$_3$)$_2$

（**d**）CH$_3$CH$_2$—Br　Na$^+$　:S̈CH$_2$CH$_3$

（**e**）$\bigcirc$—CH$_2$—C̈l:　CH$_3$CH$_2$—S̈e—CH$_2$CH$_3$

（**f**）(CH$_3$)$_2$CH—Ö—SO$_2$—CH$_3$　:N(CH$_3$)$_3$

**43.** 指出下列S$_N$2反应中反应物和产物的*R/S*构型。哪些产物是具有光学活性的？

（**a**）CH$_3$—C(H)(Cl)—CH$_2$CH$_3$ + Br$^-$　（**b**）H$_3$C—C(Cl)(H)—C(H)(CH$_3$)(Br) + 2 I$^-$

（**c**）环己烷—Cl（顺）+ $^-$OCCH$_3$（O）（HO取代）

（**d**）环己烷—Cl + $^-$OCCH$_3$（O）（HO取代）

**44.** 对习题43中的每个反应，用弯箭头的表示方法写出反应机理。

**45.** 写出1-溴丙烷与下列每个试剂的反应产物，如反应不发生，写"不反应"。（**提示**：仔细评估每个试剂

的亲核能力。）

（**a**）H$_2$O　（**b**）H$_2$SO$_4$　（**c**）KOH　（**d**）CsI
（**e**）NaCN　（**f**）HCl　（**g**）(CH$_3$)$_2$S　（**h**）NH$_3$
（**i**）Cl$_2$　（**j**）KF

**46.** 写出下列每个反应可能的产物。像习题45那样，如反应不发生，写"不反应"（**提示**：确定每个底物的预期离去基团，并估计其进行取代的能力）。

（**a**）CH$_3$CH$_2$CH$_2$CH$_2$Br + K$^{+-}$OH $\xrightarrow{\text{CH}_3\text{CH}_2\text{OH}}$

（**b**）CH$_3$CH$_2$I + K$^+$Cl$^-$ $\xrightarrow{\text{DMF}}$

（**c**）$\bigcirc$—CH$_2$Cl + Li$^{+-}$OCH$_2$CH$_3$ $\xrightarrow{\text{CH}_2\text{CH}_2\text{OH}}$

（**d**）(CH$_3$)$_2$CHCH$_2$Br + Cs$^+$I$^-$ $\xrightarrow{\text{CH}_3\text{OH}}$

（**e**）CH$_3$CH$_2$CH$_2$Cl + K$^{+-}$SCN $\xrightarrow{\text{CH}_3\text{CH}_2\text{OH}}$

（**f**）CH$_3$CH$_2$F + Li$^+$Cl$^-$ $\xrightarrow{\text{CH}_3\text{OH}}$

（**g**）CH$_3$CH$_2$CH$_2$OH + K$^+$I$^-$ $\xrightarrow{\text{DMSO}}$

（**h**）CH$_3$I + Na$^{+-}$SCH$_3$ $\xrightarrow{\text{CH}_3\text{OH}}$

（**i**）CH$_3$CH$_2$OCH$_2$CH$_3$ + Na$^{+-}$OH $\xrightarrow{\text{H}_2\text{O}}$

（**j**）CH$_3$CH$_2$I + K$^{+-}$OCCH$_3$（O） $\xrightarrow{\text{DMSO}}$

**47.** 写出下列每个转化反应是如何实现的。

（**a**）(*R*)-CH$_3$CHCH$_2$CH$_3$（OSO$_2$CH$_3$） $\longrightarrow$ (*S*)-CH$_3$CHCH$_2$CH$_3$（N$_3$）

（**b**）结构式转化（Br → CN）

（**c**）双环结构（Br → SCH$_3$）

（**d**）$\bigcirc$N—CH$_3$ $\longrightarrow$ $\bigcirc$N$^+$（H$_3$C）（CH$_3$）

**48.** 按照碱性、亲核性和离去基团的离去能力的大小顺序，将下列每组中各物质排序。简要解释你的答案。
（**a**）H$_2$O，HO$^-$，CH$_3$CO$_2^-$；（**b**）Br$^-$，Cl$^-$，F$^-$，I$^-$；（**c**）$^-$NH$_2$，NH$_3$，$^-$PH$_2$；（**d**）$^-$OCN，$^-$SCN；（**e**）F$^-$，HO$^-$，$^-$SCH$_3$；（**f**）H$_2$O，H$_2$S，NH$_3$。

**49.** 写出下列每个反应的产物。若反应不发生，写"不反应"。

**（a）** $CH_3CH_2CH_2CH_3 + Na^+Cl^- \xrightarrow{CH_3OH}$

**（b）** $CH_3CH_2Cl + Na^{+-}OCH_3 \xrightarrow{CH_3OH}$

**（c）** [纽曼投影式结构] $+ Na^+I^- \xrightarrow{丙酮}$

**（d）** [结构式] $+ Na^{+-}SCH_3 \xrightarrow{丙酮}$

**（e）** $\underset{OH}{CH_3CHCH_3} + Na^{+-}CN \longrightarrow$

**（f）** $\underset{OSO_2CH_3}{CH_3CHCH_3} + HCN \xrightarrow{CH_3CH_2OH}$

**（g）** $\underset{OSO_2CH_3}{CH_3CHCH_3} + Na^{+-}CN \xrightarrow{CH_3CH_2OH}$

**（h）** [对甲苯磺酸酯结构] $+K^{+-}SCN \xrightarrow{CH_3OH}$

**（i）** $CH_3CH_2NH_2 + Na^+Br^- \xrightarrow{DMSO}$

**（j）** $CH_3I + Na^{+-}NH_2 \xrightarrow{NH_3}$

**50.** 对于习题49中的每个实际上可以进行并给出产物的反应，用弯箭头的表示方法写出反应机理。

**51.** 下列给出的五个溴代烷中，哪一个与溴代环戊烷具有最相似的$S_N2$反应性？解释你的推理。（a）溴甲烷；（b）溴乙烷；（c）1-溴丙烷；（d）2-溴丙烷；（e）2-溴-2-甲基丙烷。

**52.** 化合物六氟磷酸1-丁基-3-甲基咪唑盐（BMIM，如下）尽管是一个由正负离子组成的盐，在室温仍是是一种液体。BMIM和其他离子液体为有机反应提供了一类新的溶剂，因为它们不仅可以溶解有机物，也可以溶解无机物。更重要的是，它们对环境相对比较友好或者是"绿色"的，因为它们很容易与反应产物分离，并且事实上可以无限次地重复使用，所以，与传统溶剂不同，它们不存在废液处理问题。（a）你怎么确定BMIM是一种溶剂？极性的还是非极性的？质子的还是非质子的？（b）把氰化钠与1-氯戊烷间的亲核取代反应的溶剂从乙醇换成BMIM，反应速率将受到怎样的影响？

[咪唑盐结构] $CH_3CH_2CH_2CH_2$—N...N$^+$—$CH_3$　$PF_6^-$

**六氟磷酸1-丁基-3-甲基咪唑盐（BMIM）**

**53.** （2$S$,3$S$)-3-羟基亮氨酸是一种氨基酸（第26章），它是许多"酯肽"类药物，如**Sanjoinine**（如

下所示），结构中的一个重要组分。（**a**）找出**Sanjoinine**中衍生于（2$S$,3$S$)-3-羟基亮氨酸的结构部分。（**b**）尽管许多酯肽类抗生素存在于自然界，但含量太低无法作为药物使用。因此，这些物质只能通过合成获得。（2$S$,3$S$)-3-羟基亮氨酸也不能从自然界大量获得，也必须得合成。可能的原料是2-溴-3-羟基-4-甲基戊酸（如下所示）的四个非对映体。画出这些非对映体的结构式，并确定这四个非对映体中的哪一个是制备（2$S$,3$S$)-3-羟基亮氨酸的最合适的原料。

[结构式]

**（2$S$,3$S$)-3-羟基亮氨酸**

[结构式]

**2-溴-3-羟基-4-甲基戊酸**

[Sanjoinine 结构式]

**Sanjoinine**

**54. 挑战题** 碘代烷可以很容易地由相应的氯代烷与碘化钠在丙酮中进行$S_N2$反应来制备。这一特定过程十分有用，因为其无机副产物——氯化钠不溶于丙酮，它的沉淀使反应平衡向期望的方向移动。因此，不需要用过量的NaI，且反应在很短的时间内完成。由于反应非常简便，这个反应用它的发现者的名字命名为Finkelstein反应。为了合成光学纯的（$R$)-2-碘庚烷，一名学生制备了（$S$)-2-氯庚烷的丙酮溶液。为保证反应成功，他加入了过量的碘化钠并使混合物搅拌了一周。产物2-碘庚烷的产量很高，然而，令他沮丧的是，产物是外消旋的。请解释。

**55. 挑战题** 用第3章和第6章的知识，提出用丙烷作为有机原料和其他任何需要的原料合成下列每个化合物的最好的方法。[提示：在3-7节和3-8节知识的基础上，不要期望给（a）、（c）和（e）找到非常好的答案。一个普通的方法就是最好的。]

（a）1-氯丙烷　（b）2-氯丙烷　（c）1-溴丙烷
（d）2-溴丙烷　（e）1-碘丙烷　（f）2-碘丙烷

**56.** 分别用（a）顺-1-氯-2-甲基环己烷；（b）反-1-氯-2-甲基环己烷为原料，写出两种合成反-1-甲基-2-(甲硫基）环己烷（如下所示）的途径。

[环己烷结构式]

**57.** 在下列每一对分子中，指出哪一个最适合发生$S_N2$反应。

（a）亲核试剂：$NH_3$，$PH_3$

（b）底物：

（c）溶剂：

（d）离去基团：$CH_3OH$，$CH_3SH$

**58.** 按照$S_N2$反应活性递增的顺序将下列每组分子进行排序（**提示**：如有必要可参考表6-9和表6-10）。

（a）$CH_3CH_2Br$，$CH_3Br$，$(CH_3)_2CHBr$

（b）$(CH_3)_2CHCH_2CH_2Cl$，$(CH_3)_2CHCH_2Cl$，$(CH_3)_2CHCl$

（c）$CH_3CH_2Cl$，$CH_3CH_2I$，

（d）$(CH_3CH_2)_2CHCH_2Br$，$CH_3CH_2CH_2CHBr$，$(CH_3)_2CHCH_2Br$

**59.** 预测下面所给的变化对反应速率的影响。

$$CH_3Cl + {}^-OCH_3 \xrightarrow{CH_3OH} CH_3OCH_3 + Cl^-$$

（a）将底物由$CH_3Cl$变为$CH_3I$；

（b）将亲核试剂由$CH_3O^-$变为$CH_3S^-$；

（c）将底物由$CH_3Cl$变为$(CH_3)_2CHCl$；

（d）将溶剂由$CH_3OH$变为$(CH_3)_2SO$。

**60.** 下面的表格列出了$CH_3I$与三种不同的亲核试剂在两种不同溶剂中的反应速率。这些结果对于认识在不同条件下亲核试剂的相对反应性有什么意义？

| 亲核试剂 | $k_{rel}$，$CH_3OH$ | $k_{rel}$，DMF |
|---|---|---|
| $Cl^-$ | 1 | $1.2 \times 10^6$ |
| $Br^-$ | 20 | $6 \times 10^5$ |
| $NCSe^-$ | 4000 | $6 \times 10^5$ |

**61.** 用反应机理来解释下列转化的结果。

（a）$HSCH_2CH_2Br + NaOH \xrightarrow{CH_3CH_2OH}$

（b）$BrCH_2CH_2CH_2CH_2CH_2Br + NaOH \xrightarrow[\text{过量}]{DMF}$

（c）$BrCH_2CH_2CH_2CH_2CH_2Br + NH_3 \xrightarrow[\text{过量}]{CH_3CH_2OH}$

**62. 挑战题**　卤代环丙烷和卤代环丁烷底物的$S_N2$反应比类似的脂肪族二级卤代烷要慢得多。给出这一现象的解释。（**提示**：考虑键角应力对过渡态能量的影响；图6-5。）

**63.** 亲核试剂进攻卤代环己烷与进攻脂肪族二级卤代烷相比也要迟缓一些，虽然这里键角的限制已不是一个重要的因素。请解释（**提示**：建立一个模型，参考第4章和6-10节）。

**团队练习**

**64.** 化合物 A～H 是分子式为$C_5H_{11}Br$的溴代烷的异构体。和你的小组成员一起，画出所有八个构造异构体。指出所有手性中心，但在完成你的分析之前不要将它（们）标上$R$或$S$。运用下面的数据确定A～H的结构。将问题分成相同的部分，共享在寻找问题答案时的思考过程。重新集合并讨论你们的分析结果。这时候，你需要在必要时用虚-实楔形线来表示立体化学。

- 化合物A到G与NaCN在DMF中反应遵循二级反应动力学，并表现为下面的相对速率：

$$A \cong B > C > D \cong E > F \gg G$$

- 在前述条件下化合物 H 不发生$S_N2$反应。
- 化合物C、D、F具有光学活性，手性中心都具有绝对构型$S$。D和F与NaCN在DMF中进行构型翻转的取代反应，而C在同样条件下进行构型保持的反应。

**预科练习**

**65.** $S_N2$反应机理最适用于：

（a）环丙烷和$H_2$；　　（b）1-氯丁烷和NaOH水溶液；

（c）KOH 和 NaOH；（d）乙烷和$H_2O$。

**66.** 反应 $CH_3Cl + OH^- \longrightarrow CH_3OH + Cl^-$ 对于氯甲烷和氢氧化物均为一级，反应速率常数为$k = 3.5 \times 10^{-3}$ $mol \cdot L^{-1} \cdot s^{-1}$。在下面的浓度下观察到的反应速率是多少？

$[CH_3Cl] = 0.50 mol \cdot L^{-1}$

$[OH^-] = 0.015 mol \cdot L^{-1}$

（a）$2.6 \times 10^{-5} mol \cdot L^{-1} \cdot s^{-1}$

（b）$2.6 \times 10^{-6} mol \cdot L^{-1} \cdot s^{-1}$

（c）$2.6 \times 10^{-3} mol \cdot L^{-1} \cdot s^{-1}$

（d）$1.75 \times 10^{-3} mol \cdot L^{-1} \cdot s^{-1}$

（e）$1.75 \times 10^{-5} mol \cdot L^{-1} \cdot s^{-1}$

**67.** 哪个离子在水溶液中是最强的亲核试剂？

（a）$F^-$　（b）$Cl^-$　（c）$Br^-$　（d）$I^-$

（e）所有这些一样强

**68.** 下列过程中只有一个可以在室温下显著发生。哪一个？

（a）：$\ddot{F}$−$\ddot{Cl}$：

（b）：$N \equiv C$： $CH_3$−$\ddot{I}$：

（c）：$N \equiv N$： $CH_3$−$\ddot{I}$：

（d）：$\ddot{O} = \ddot{O}$： $CH_2 = CH_2$

# 卤代烷的其他反应

## 单分子取代反应和消除反应历程

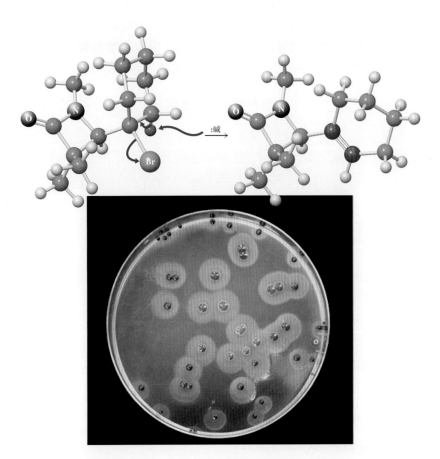

药物化学家利用很多反应来研究具有生理活性的化合物的构效关系。例如，连接在 $\beta$-内酰胺上的溴代环己基可以脱除 HBr 转化为环己烯基。$\beta$-内酰胺为四元环状酰胺，它是青霉素、头孢菌素等多种抗生素的基本骨架，对其进行修饰和衍生化是降低抗药性的重要途径。此照片为培养金黄色葡萄球菌的培养皿。金黄色葡萄球菌会导致疖、脓肿以及尿路感染等。

我 们已学习了 $S_N2$ 取代反应，此反应对卤代烷而言是一个重要的反应过程。但是，$S_N2$ 是取代反应的唯一机理吗？卤代烷是否还有与 $S_N2$ 取代反应完全不同的其他转化方式呢？在本章中，我们将会发现卤代烷可以进行与 $S_N2$ 取代反应不同的反应历程，尤其是三级卤代烷或二级卤代烷的取代反应。事实上，双分子取代反应只是四种可能反应形式中的一种。其他三种反应形式为单分子取代反应和两种消除反应。在消除反应中卤代烷失去 HX 形成碳-碳双键，消除反应是有机化合物中合成多重键的基础反应。

# 7-1 | 三级卤代烷和二级卤代烷的溶剂解反应

在 6-10 节中，我们了解到当反应位点从一级碳原子转化为二级、三级碳原子时，$S_N2$ 反应速率急剧减小。然而，此现象只出现在双分子取代反应中。二级和三级卤代烷也可发生取代反应，但却是按照另一种反应机理。实际上，即使亲核试剂较弱，这些底物也很容易发生取代反应。

例如，当 2-溴-2-甲基丙烷（叔丁基溴）在室温下和水混合时，可以很快转变为 2-甲基-2-丙醇（叔丁醇）和溴化氢。在此反应中，水是亲核性很弱的亲核试剂。这种底物被溶剂分子取代的反应称为**溶剂解**（solvolysis），如甲醇解、乙醇解等。当溶剂为水时，称为**水解**（hydrolysis）。

**溶剂解实例：水解**

弱亲核试剂
也可快速反应

$$CH_3\overset{\overset{\displaystyle CH_3}{|}}{\underset{\underset{\displaystyle CH_3}{|}}{C}}\ddot{B}r: + H-\ddot{O}H \underset{}{\overset{\text{相对较快}}{\rightleftharpoons}} CH_3\overset{\overset{\displaystyle CH_3}{|}}{\underset{\underset{\displaystyle CH_3}{|}}{C}}\ddot{O}H + H\ddot{B}r:$$

2-溴-2-甲基丙烷　　　　　　　　　2-甲基-2-丙醇
（叔丁基溴）　　　　　　　　　　　（叔丁醇）

2-溴丙烷也可以水解，但水解速率要慢得多。而 1-溴丙烷、溴乙烷、溴甲烷在此条件下都不发生水解反应。

**二级卤代烷的水解**

$$CH_3\overset{\overset{\displaystyle CH_3}{|}}{\underset{\underset{\displaystyle H}{|}}{C}}\ddot{B}r: + H-\ddot{O}H \underset{}{\overset{\text{相对较慢}}{\rightleftharpoons}} CH_3\overset{\overset{\displaystyle CH_3}{|}}{\underset{\underset{\displaystyle H}{|}}{C}}\ddot{O}H + H\ddot{B}r:$$

2-溴丙烷　　　　　　　　　　2-丙醇
（异丙基溴）　　　　　　　　（异丙醇）

溶剂解反应也可以在醇中进行。

**2-氯-2-甲基丙烷在甲醇中的溶剂解：甲醇解**

溶剂解——溶剂也可以作为亲核试剂

$$CH_3\overset{\overset{\displaystyle CH_3}{|}}{\underset{\underset{\displaystyle CH_3}{|}}{C}}\ddot{C}l: + CH_3\ddot{O}H \rightleftharpoons CH_3\overset{\overset{\displaystyle CH_3}{|}}{\underset{\underset{\displaystyle CH_3}{|}}{C}}\ddot{O}CH_3 + H\ddot{C}l:$$

溶剂

2-氯-2-甲基丙烷　　　　　　　2-甲氧基-2-甲基丙烷

**卤代甲烷和一级卤代烷：
不发生溶剂解反应**

$CH_3Br$

$CH_3CH_2Br$

$CH_3CH_2CH_2Br$

**在室温时与水基本不反应**

表 7-1 列出了 2-溴丙烷和 2-溴-2-甲基丙烷与水反应生成相应醇的相对速率，并且比较了无支链的卤代烷与水的反应速率。尽管这个过程得到的产物与 $S_N2$ 反应预期的相同，但底物的反应性顺序和经典的 $S_N2$ 条件下的顺序相反。一级卤代烷和水的反应速率很慢，二级卤代烷较快，三级卤代烷的反应速率约为一级卤代烷的 100 万倍。

这些现象说明，二级卤代烷尤其是三级卤代烷的溶剂解一定不同于双分子取代反应。为了详细了解此转化的过程，我们将利用与研究 $S_N2$ 反应同样的方法，包括动力学、立体化学、底物结构和溶剂对反应速率的影响。

**表 7-1　各种卤代烷和水反应的相对反应性**

| 溴代烷 | 相对速率 | |
|---|---|---|
| $CH_3Br$ | 1 | 溶剂解反应性增强 |
| $CH_3CH_2Br$ | 1 | |
| $(CH_3)_2CHBr$ | 12 | |
| $(CH_3)_3CBr$ | $1.2\times10^6$ | |

## 练习 7-1

在乙醇中,化合物 A(如右所示)非常稳定,而化合物 B 则可以迅速转化为另一个化合物。请解释原因。

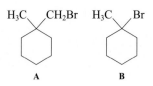

# 7-2 单分子亲核取代反应

在这一节中,我们将学习亲核取代反应的一个新机理。首先,回顾 $S_N2$ 反应的特点:

- 二级动力学反应
- 反应过程中,底物构型翻转,产物具有立体专一性
- 卤代甲烷反应最快,一级卤代烷、二级卤代烷逐次变慢
- 三级卤代烷基本不反应,即使能发生,反应速率也极慢

相反,溶剂解反应具有以下特点:

- 遵循一级速率方程
- 产物没有立体专一性
- 各种卤代烷的反应活性顺序与 $S_N2$ 反应相反

让我们看看这些现象如何从反应机理上进行解释:

### 溶剂解反应遵循一级速率方程

在第 6 章中,卤代甲烷和亲核试剂反应的动力学研究表明该反应历经双分子过渡态:$S_N2$ 反应的速率与两种反应底物的浓度成正比。用同样的方法研究 2-溴-2-甲基丙烷的水解反应。改变甲酸(亲核性很弱的极性溶剂)溶液中 2-溴-2-甲基丙烷和水的浓度,测定水解的速率。实验结果表明溴代物水解的速率仅与溴代物的起始浓度成正比,和水的浓度无关。

$$r = k \left[ (CH_3)_3CBr \right] \, mol \cdot L^{-1} \cdot s^{-1}$$

这个实验结果意味着什么?首先,实验结果清楚地表明在其他变化发生之前,卤代烷必须先发生转化。其次,由于最终产物中含有羟基,水(或任何亲核试剂)必须参与反应,但发生在较后阶段,并且基本上不影响速率方程。解释这一结果的唯一方式是假设卤代烷最初反应的其他步骤都相对较快。换句话说,表观速率是各反应步骤中最慢的一步的速率,即**决速步骤**(rate-determining step)。这也就是说只有参与决速步骤过渡态形成的物质才会体现在速率方程中。在这个反应中,决速步骤中只有起始的卤代烷。

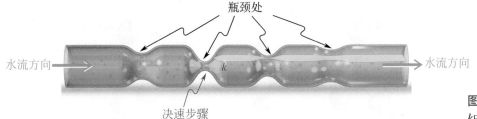

**图7-1** 水通过此橡胶管的速率 $k$ 由管子的最狭窄处决定。

若做一个类比，可把决速步骤看成一个瓶颈。设想一根橡胶管上嵌着几个夹子来限制流速（图 7-1）。我们可以看到水从管子末端流出的速率取决于管子中最窄的部分。如果颠倒水流的方向（以此模拟反应的可逆性），流速同样取决于管子中最窄的部分。这种情况和包含多步转化过程的反应一样，例如溶剂解反应。那么，溶剂解反应实例中这些步骤是怎样的呢？

### 基于碳正离子形成的溶剂解机理

2-溴-2-甲基丙烷的水解是按**单分子亲核取代反应**（unimolecular nucleophilic substitution reaction）进行的，简称为 S$_N$1。数字 1 表示只有一个分子（即卤代烷）参与到决速步骤中：反应速率与亲核试剂的浓度无关。该反应机理包含三个步骤。

**步骤 1.** 决速步骤是卤代烷解离成烷基正离子和溴离子，2-2 节已经讲述了这个过程。由于在此过程中碳-卤键需要异裂形成具有相反电荷的两个离子，因此其速率是缓慢的。

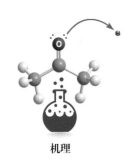

机理

动画
动画展示机理：
(CH$_3$)$_3$CBr 和 HOH 的亲核取代反应（S$_N$1）

**卤代烷中卤素解离形成碳正离子**

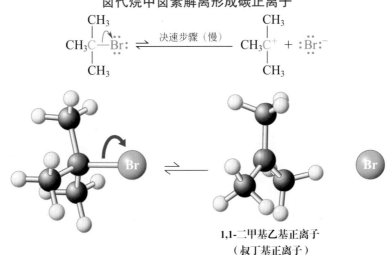

1,1-二甲基乙基正离子
（叔丁基正离子）

这种转化是异裂的实例之一，所形成的碳氢产物含有一个带正电荷、与其他三个基团相连接、只有 6 个价电子的中心碳原子。此结构称为**碳正离子**（carbocation）。

**步骤 2.** 在步骤 1 中所形成的 1,1-二甲基乙基（叔丁基）正离子是一个很强的亲电基团，会立即被周围的水分子捕获。这个过程可视为溶剂分子亲核进攻缺电子碳的过程。

术语"捕获"或"俘获"用于描述一种活性中间体被另一个化学物种快速进攻。

**水分子亲核进攻**

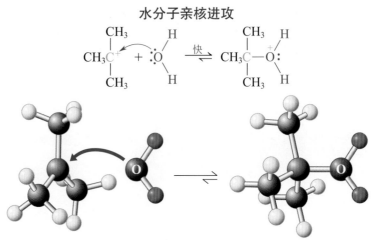

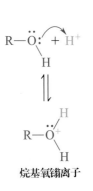

烷基氧鎓离子

烷基氧鎓离子

反应产生的**烷基氧鎓离子**（alkyloxonium ion），是一种醇的共轭酸（见272 页边），此例中为 2-甲基-2-丙醇（此反应过程的最终产物）的共轭酸。

**步骤 3.** 与水合氢离子 $H_3O^+$（氧鎓离子中的第一个成员）❶类似，所有烷基氧鎓离子都是强酸。因此，它们很容易被反应体系中的水分子脱去质子，生成最终产物醇。

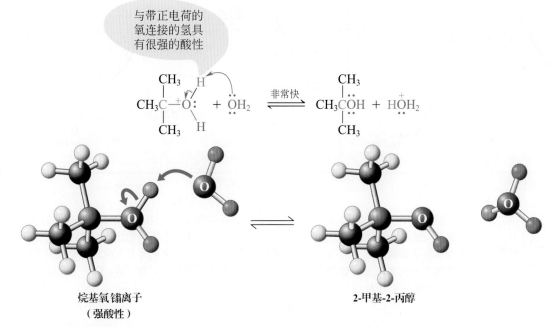

**去质子**

与带正电荷的氧连接的氢具有很强的酸性

非常快

烷基氧鎓离子
（强酸性）

2-甲基-2-丙醇

**练习 7-2**

（**a**）利用表 3-1 中的键能数据，计算 2-氟-2-甲基丙烷水解生成 2-甲基-2-丙醇与氟化氢的 $\Delta H^\ominus$。[**注意**：不要与这些反应的离子化机理混淆。$\Delta H^\ominus$ 用于衡量整个转化的热量变化，无需考虑反应机理（2-1 节）。]（**b**）用弯箭头画出下面反应的机理：

（i）　$\xrightarrow[\text{−HCl}]{CH_3OH}$　　（ii）　$\xrightarrow[\text{−HBr}]{CH_3OH}$

（**c**）当把（**b**）中反应（i）的起始原料三级氯代烷浓度增加一倍，甲醇解反应的反应速率如何变化？当用等量的 $CH_3CH_2OCH_2CH_3$ 稀释溶剂甲醇，甲醇解反应的反应速率又如何变化？

图 7-2 对比了氯甲烷和氢氧根离子的 $S_N2$ 反应与 2-溴-2-甲基丙烷和水的 $S_N1$ 反应的势能变化。$S_N1$ 势能图表明反应过程有三个过渡态，分别对应反应机理中的每一步。其中第一个过渡态具有最高的能量——故为决速步骤——因为在这一步中要求正电荷和负电荷分离。

溶剂解反应机理中的三个步骤都是可逆的。反应总的平衡可通过选择合适的反应条件向任一方向驱动。因此，过量的亲核性溶剂可确保溶剂解反应进行完全。在第 9 章中，将讲述这个反应是如何被逆转的，即将醇转化为三级卤代烷。

❶ 事实上，IUPAC 建议用氧鎓离子而非水合氢离子来命名 $H_3O^+$。

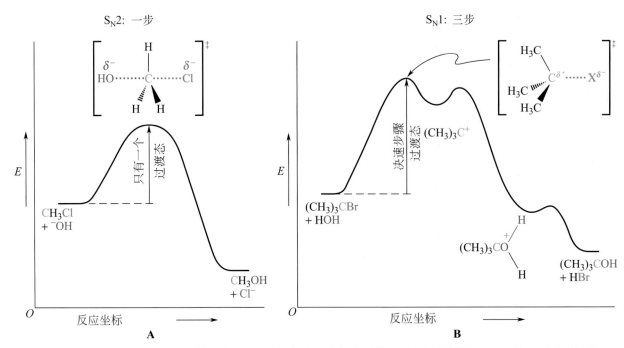

图7-2  （A）氯甲烷和氢氧根离子的$S_N2$反应势能图；（B）2-溴-2-甲基丙烷的$S_N1$水解反应势能图。$S_N2$反应过程只有一步，$S_N1$过程却由三个不同的步骤组成：卤代烷解离为卤离子和碳正离子的反应决速步骤、水分子亲核进攻碳正离子生成烷基氧鎓离子以及氧鎓离子失去质子转化为最终产物。注意：为了清楚起见，图（B）略去了反应中间过程生成的无机物种。

**动画**
（CH₃)₃CBr 与 HOH的亲核取代反应($S_N1$)的势能变化过程。

## 小 结

卤代烷溶剂解反应的动力学过程让我们认识了一种包含三步转化的机理。其中，至关重要的过程是底物分子先解离离去基团形成碳正离子，此过程是决速步骤。因为只有底物分子参与到了决速步骤中，这个过程称为单分子取代反应，即 $S_N1$ 反应。让我们再看看还有哪些其他实验结果可以进一步支持 $S_N1$ 反应机理。

## 7-3 | $S_N$1反应的立体化学特征

依据中间体碳正离子的结构，从单分子亲核取代反应的机理可以推测反应的立体化学特征。为使电子间的排斥作用最小，带正电荷的碳采取了平面三角形的几何构型，是 sp² 杂化的结果（1-3 节和 1-8 节）。该碳正离子中间体是非手性的。因此，即使以具有光学活性的且手性中心连接了离去卤原子的二级和三级卤代烷为起始原料，在 $S_N1$ 反应条件下，得到的产物应该是外消旋的（图 7-3）。实际上，在许多溶剂解反应中都得到这样的结果。通常，从具有光学活性的底物形成外消旋产物，可作为反应过程中生成对称的、非手性中间态如碳正离子的有力证据。

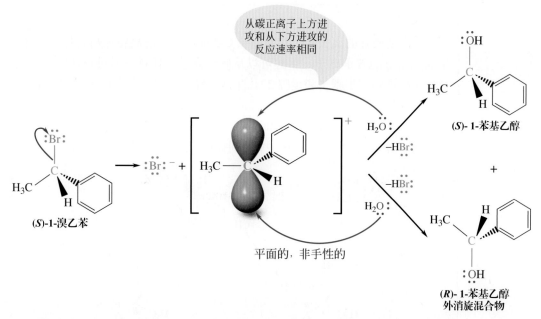

图 7-3 手性、光学纯的 (S)-1-溴乙苯进行 $S_N1$ 水解反应的外消旋化过程。最初的离子化作用生成了平面、非手性的碳正离子。碳正离子被水分子捕获，形成外消旋醇。

## 练习7-3

（R）-3-溴-3-甲基己烷溶于强极性但非亲核性溶剂硝基甲烷中时，便会外消旋化，失去光学活性。请用反应机理详细解释。（**注意**：当写反应机理时，用弯箭头表示电子的流向，分别画出每一步过程；用完整的结构表示产物和中间体，包括电荷和相关的电子对；准确利用反应箭头将起始原料或中间体与各自的产物相关联。不要觉得麻烦，更不要马虎！）

📽 动画
用动画展示机理过程：
（R）-3-溴-3-甲基己烷和 $H_2O$ 亲核取代反应（$S_N1$）的外消旋化过程

## 解题练习7-4

### 运用概念解题：$S_N1$取代反应中的立体化学特征

缓慢加热（2R,3R）-2-碘-3-甲基己烷的甲醇溶液可以得到两个甲醚化的立体异构体。这两个异构体相互之间有何关系？请用机理解释此结果。

**策略：**

- **W：**有何信息？先画起始原料的结构式，包含其立体化学特征。此原料有两个手性中心，其中一个与活泼的离去基团相连。其他组分只有溶剂甲醇。

- **H：**如何进行？底物中的反应位点为二级碳。因此，取代反应可以采取$S_N1$或$S_N2$反应机理。考虑以下反应条件，按照哪一类反应机理更容易进行，其结果如何。

- **I：**需用的信息？回顾第6章以及本章迄今所涉及的内容。反应在甲醇中进行，甲醇的亲核性很弱（不易进行$S_N2$反应），但却是一类极性强的质子溶剂，适合二级和三级卤代烷解离形成离子（易进行$S_N1$反应）。

- **P：**继续进行。

**注意！** 在描述$S_N1$反应机理时，需要避免以下两个很常见的错误：（1）在与碳正离子成键前，不能将$CH_3OH$解离成甲氧基负离子（$CH_3O^-$）和质子。甲醇是弱酸，此解离在热力学上是不利的。（2）不能将$CH_3OH$解离成甲基正离子和氢氧根负离子。尽管醇带有—OH官能团，这会使人想起无机氢氧化物，但醇不能提供氢氧根负离子。

解答：

- I⁻ 是极好的离去基团，可以从 C-2 碳原子上解离将原料转化为一个平面三角形的碳正离子。甲醇可以从碳正离子的任意一面进攻（对比 7-2 节反应机理中的步骤 1 和步骤 2），生成氧鎓离子的两个立体异构体。带有正电荷的氧使得其上的氢具有很强的酸性。失去质子后，转化为两个立体异构化的醚（7-2 节中反应机理的步骤 3，参见图 7-3）。由于亲核试剂就是溶剂（甲醇），我们又有了另一个溶剂解反应的实例（即甲醇解）。

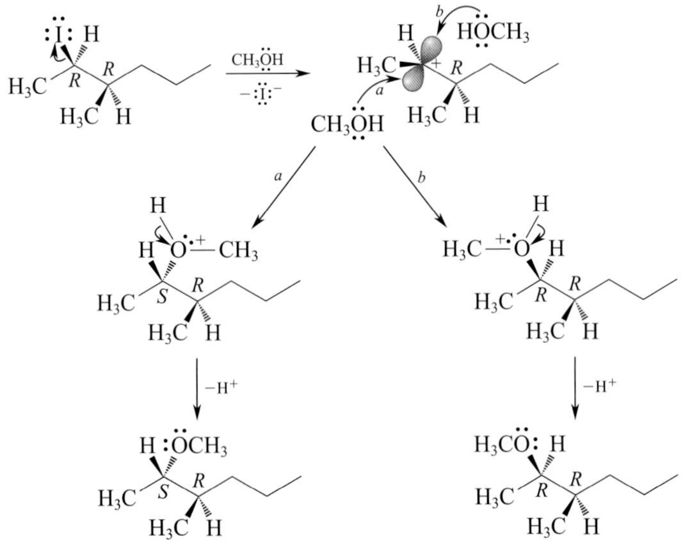

- 两个立体异构化的产物醚为非对映异构体（2S,3R）和（2R,3R）。甲醇从碳正离子的两边进攻（途径 a 和 b）使得反应位点 C-2 的手性为 R 和 S 两种构型，而 C-3 位的手性中心由于没有参与反应，其原来的 R 构型保持不变。

## 7-5 自试解题

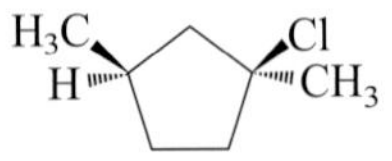

分子 A（页边）水解将转化为两种醇类化合物。请解释原因。

# 7-4 | S_N1反应的影响因素：溶剂效应、离去基团的离去能力、亲核试剂的亲核性

与 S_N2 反应（6-10 节）一样，溶剂、离去基团和亲核试剂的变化会极大地影响单分子取代反应。

### 极性溶剂可以加速 S_N1 反应

在 S_N1 反应的决速步骤中，C–X 键的异裂导致高度极化的过渡态（图 7-4），

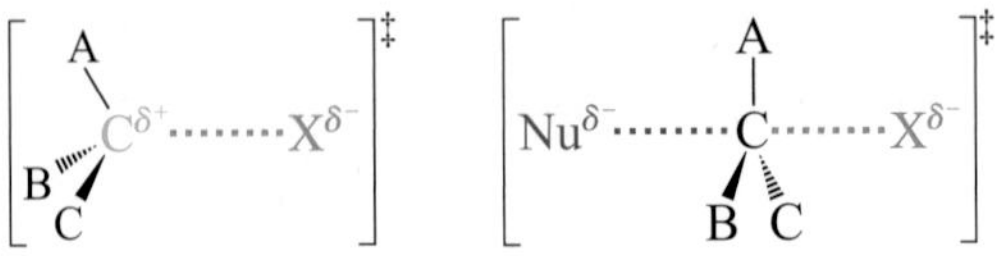

图7-4  S_N1和S_N2反应不同的过渡态可以解释S_N1反应过程可被极性溶剂大大加快的原因。异裂需要电荷分离，这个过程可被极性溶剂化而加速。

最终形成两个带电离子。相反，在典型的 $S_N2$ 反应过渡态中，并不会产生电荷，而只是电荷分离（图 7-4）。

由于过渡态是极性的，当溶剂极性增强时，$S_N1$ 反应的速率也随之加快。当溶剂从非质子溶剂变为质子溶剂时，这种影响尤其显著。例如，2-溴-2-甲基丙烷在纯水中的水解速率要比在丙酮和水（9∶1）的混合溶剂中快得多。质子溶剂可以加速 $S_N1$ 反应，因为质子溶剂可以通过与离去基团形成氢键的方式稳定图 7-4 中所示的过渡态（页边）。相反，极性非质子溶剂可加速 $S_N2$ 反应，其主要原因是溶剂效应对亲核试剂反应活性的影响。

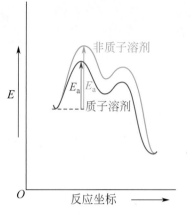

**极性质子溶剂可以加速 $S_N1$ 反应**

非质子溶剂

质子溶剂

### 溶剂效应对 $S_N1$ 速率的影响

$$(CH_3)_3CBr \xrightarrow[\text{强极性溶剂}]{100\%\ H_2O} (CH_3)_3COH + HBr$$

相对速率 400000

$$(CH_3)_3CBr \xrightarrow[\text{弱极性溶剂}]{90\%\ \text{丙酮},\ 10\%\ H_2O} (CH_3)_3COH + HBr$$

1

硝基甲烷（$CH_3NO_2$，表 6-5）是一种极性很强且几乎没有亲核性的溶剂。因此，硝基甲烷对研究溶剂分子不参与亲核取代过程的 $S_N1$ 反应是很有用的。

## 离去能力强的离去基团可以加速 $S_N1$ 反应

由于离去基团的离去是 $S_N1$ 反应的决速步骤，因此随着离去基团离去能力的提高，反应速率将会加快。三级碘代烷比相应的溴代烷更容易发生溶剂解反应，以此类推，溴代烷要比氯代烷更易反应。磺酸根是特别易于离去的基团。

### RX（R=三级烷基）溶剂解反应的相对速率

$$X = -OSO_2R' > -I > -Br > -Cl$$

← 速率增加

## 亲核能力的强弱会影响产物的分布，但不影响反应速率

改变亲核试剂对 $S_N1$ 反应的速率有影响吗？答案是否定的。在 $S_N2$ 反应中，当进攻物质的亲核性增强时，$S_N2$ 反应的速率显著加快。然而，由于单分子取代反应的决速步骤不包含亲核试剂，因此，改变亲核试剂的结构（或浓度）并不影响卤代烷消耗的速率。尽管如此，若两个或更多的亲核试剂在捕获碳正离子中间体的过程中存在竞争时，亲核试剂的相对强度和浓度会对相应产物的收率产生很大影响。

例如，将 2-氯-2-甲基丙烷溶液水解，生成预期的产物 2-甲基-2-丙醇（叔丁醇），速率常数为 $k_1$。当有可溶性的甲酸钙存在时，进行同样的实验，会得到完全不同的结果：产物不是叔丁醇而是 1,1-二甲基乙基甲酸酯（叔丁基甲酸酯），但反应速率完全相同，其速率常数仍为 $k_1$。在此情况下，甲酸根离子具有比水分子更强的亲核能力，在与碳正离子中间体成键的竞争中胜出，因此，$k_3 > k_2$。起始原料的消耗速率取决于速率常数 $k_1$（不考虑最终形成的产物），但产物的相对收率却取决于参与竞争的亲核试剂的相对活性和浓度。

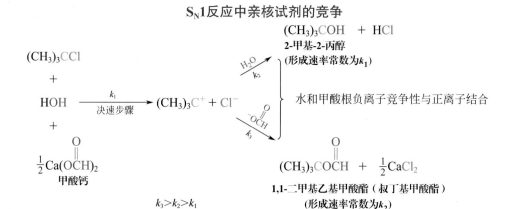

$$k_3 > k_2 > k_1$$

### 解题练习7-6

**运用概念解题：亲核试剂间的竞争**

1,1-二甲基乙基（叔丁基）甲磺酸酯溶于极性非质子溶剂中，加入等量的 NaF 和 NaBr 后，生成 75% 的 2-氟-2-甲基丙烷，而 2-溴-2-甲基丙烷只有 25%。请利用反应机理解释。（**提示**：有关非质子溶剂中卤离子相对亲核能力的信息请参考 6-8 节以及第 6 章中的习题 60。）

**策略：**

底物的反应位点为三级碳，因此，取代反应只能通过 $S_N1$ 机理进行。反应中两种亲核试剂的物质的量相等，但两种取代产物的产率并不相等。对此问题的解答必须依据在此反应条件下亲核试剂的亲核能力以及其与碳正离子反应能力的差异。

**解答：**

• 极性非质子溶剂中不存在氢键，因此，亲核基团的亲核能力由可极化性和碱性所决定。

• 溴离子体积大易极化，但氟离子碱性更强（表 2-2 或表 6-4）。哪种影响占优势呢？这两种影响非常接近，第 6 章中习题 60 中的表格给出了答案：在 DMF 中（表 6-5），碱性较强的 $Cl^-$ 亲核性约是 $Br^-$ 的 2 倍，$F^-$ 碱性更强。因此，与其他卤离子相比，$F^-$ 与碳正离子中间体的成键能力更强。

> 习题中的"解释"通常是指为了解决问题需要认真思考反应机理。

### 7-7 自试解题

推测 2-溴-2-甲基丙烷与浓氨水混合生成的主要取代产物。[**注意**：虽然依据反应方程式 $NH_3 + H_2O \rightleftharpoons NH_4^+ + \ ^-OH$，氨水溶液可以形成氢氧化铵，但此过程的平衡常数 $K_{eq}$ 非常小，氢氧根离子的浓度很低。（在表 2-2 查找 $H_2O$ 和 $NH_4^+$ 的 $pK_a$ 值）]

## 小 结

我们找到了进一步的证据以支持三级卤代烷、二级卤代烷与某些亲核试剂发生的是 $S_N1$ 反应。反应过程中的立体化学、溶剂效应、离去基团的离去能力对反应速率的影响、亲核试剂亲核能力的变化并不影响 $S_N1$ 反应速率，这些都与单分子取代反应机理相吻合。

# 7-5 | $S_N1$反应中的烷基效应：碳正离子的稳定性

三级卤代烷的亲核取代反应遵循 $S_N1$ 反应机理，而一级卤代烷则是 $S_N2$ 反应机理，其特殊性在哪里？二级卤代烷又是如何进行亲核取代反应的？无论如何，反应位点碳原子的取代程度决定了卤代烷（以及相关衍生物）与亲核试剂反应所遵循的机理。只有二级和三级碳能形成碳正离子。正是由于这个原因，三级卤代烷的空间体积阻止其发生 $S_N2$ 反应，而只能发生 $S_N1$ 反应。一级卤代烷只能发生 $S_N2$ 反应，二级卤代烷按哪种方式反应取决于反应的条件。

## 一级、二级、三级碳正离子的稳定性依次增强

一级卤代烷只能发生双分子亲核取代反应。相反，二级卤代烷常通过碳正离子中间体进行转化反应，三级卤代烷实际上总是通过碳正离子反应。产生这种差异的原因主要有二：首先，从一级卤代烷、二级卤代烷到三级卤代烷的空间位阻依次增加，因此，$S_N2$ 反应速率依次减慢；其次，随着反应位点碳原子上取代基数目的增加，碳正离子的稳定性也随之增强。在 $S_N1$ 反应条件下，从能量角度考虑只有二级和三级碳正离子是可行的。

**碳正离子的相对稳定性**

$$CH_3CH_2CH_2\overset{+}{C}H_2 \; < \; CH_3CH_2\overset{+}{C}HCH_3 \; < \; (CH_3)_3\overset{+}{C}$$

一级 ＜ 二级 ＜ 三级

碳正离子的稳定性增强 →

现在我们明白了为什么三级卤代烷容易发生溶剂解反应。由于三级碳正离子比取代程度低的碳正离子更稳定，因此更容易形成。但是，又是什么原因导致了这种碳正离子的稳定性顺序呢？

## 超共轭效应可以稳定正电荷

碳正离子的稳定性顺序和相应的自由基稳定性顺序一致。这两种顺序都来源于同一效应：超共轭效应。回顾 3-2 节，超共轭效应是 p 轨道和相邻的成键分子轨道重叠的结果，如与 C—H 或 C—C 的成键分子轨道重叠。在自由基体系中，p 轨道上只有一个单电子；在碳正离子中，p 轨道是空轨道。在这两种情况下，烷基对缺电子中心贡献了部分电子云密度，从而稳定了碳正离子和自由基（页边）。图 7-5 对比了甲基、1,1-二甲基乙基（叔丁基）碳正离子的轨道图，并列出甲基、乙基、1-甲基乙基（异丙基）和 1,1-二甲基乙基碳正离子的静电势图。图 7-6 为叔丁基碳正离子的结构。叔丁基碳正离子十分稳定，分离得到后可利用 X 射线衍射实验进行表征。

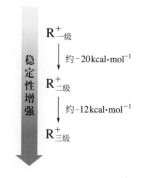

$$R^+_{二级}$$
↓ 约 $-20\,kcal\cdot mol^{-1}$
$$R^+_{二级}$$
↓ 约 $-12\,kcal\cdot mol^{-1}$
$$R^+_{三级}$$

稳定性增强

## 二级碳可同时发生$S_N1$和$S_N2$取代反应

从前面的讨论已经知道，二级卤代烷的取代反应最为多样化。$S_N1$ 和 $S_N2$ 反应都可能发生：虽然空间位阻的增加可以降低双分子亲核进攻速率，但不能阻止双分子亲核进攻。与此同时，由于二级碳正离子的相对稳定性增加，单分子解离变得具有一定的竞争力。反应路径的选择则取决于反应条件：溶剂、离去基团和亲核试剂。

图7-5 （A）甲基正离子的部分轨道图表明了它不能被超共轭效应稳定的原因。（B）1,1-二甲基乙基（叔丁基）正离子的稳定性得益于三个超共轭效应的相互作用。（C）甲基，（D）乙基，（E）1-甲基乙基（异丙基）以及（F）1,1-二甲基乙基（叔丁基）正离子的静电势图表明超共轭效应随着一级、二级以及三级碳上取代基增多而增强，最初强的缺电子（蓝色）中心碳原子的电子云密度也随之增加（蓝色依次由深变浅）。

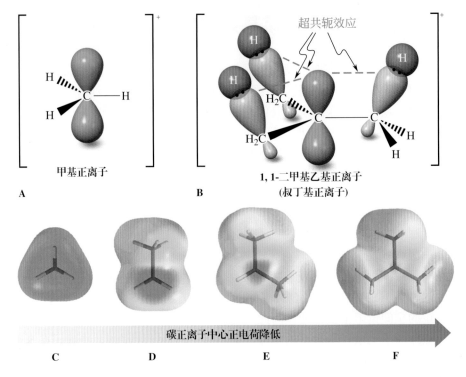

本章前五节讲解了许多关于 $S_N1$ 反应的背景知识，用于理解 $S_N1$ 反应机理是如何发生的，哪些因素有利于此过程顺利进行。请记住，在卤代烷的 C–X 键解离为离子前需满足两个条件：必须是二级或三级碳原子，才能形成具有足够热力学稳定性的碳正离子；必须在极性溶剂中进行反应，因为极性溶剂既可以和正负离子相互作用，又可以使它们稳定。然而，在许多有机反应中，碳正离子是常见的中间体，将在后续的章节中继续研究。

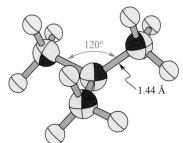

图 7-6　1,1-二甲基乙基（叔丁基）正离子的 X 射线晶体结构测定图。四个碳原子位于同一平面，且 C—C—C 键夹角为 120°，与中心碳原子上的 $sp^2$ 杂化结果一致。C—C 键长为 1.44 Å，比正常的 C—C 单键（1.54 Å）短，这是超共轭效应使得轨道重叠的结果。

如果底物中的离去基团具有很强的离去能力，亲核试剂的亲核能力较弱，且溶剂为极性质子溶剂（$S_N1$ 反应条件），这就有利于单分子取代反应的发生。如果使用高浓度、具有很强亲核能力的亲核试剂，极性非质子溶剂以及含有较强离去能力的离去基团的卤代烷（$S_N2$ 反应条件），则双分子取代反应占优势。表 7-2 总结了不同卤代烷与亲核试剂的反应性的实验结果。

### 在 $S_N1$ 反应条件下二级碳的取代反应

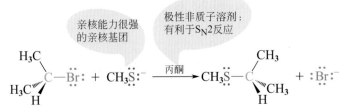

### 在 $S_N2$ 反应条件下二级碳的取代反应

表7-2　亲核取代反应中的R-X反应性对比：$R-X + Nu^- \longrightarrow R-Nu + X^-$

| R | S$_N$1 | S$_N$2 |
|---|--------|--------|
| CH$_3$ | 在溶液反应中未观测到（甲基正离子能量太高） | 常见，连接离去能力强的离去基团或与亲核能力强的亲核试剂反应，反应速率快 |
| 一级碳 | 在溶液中未观测到（一级碳正离子能量太高）[a] | 常见，连接离去能力强的离去基团或亲核能力强的亲核试剂反应，反应速率快，若相邻的C-2连接取代基，反应速率减慢 |
| 二级碳 | 相对较慢，最好在极性质子溶剂中反应，并连接离去能力强的离去基团 | 相对较慢，最好在极性非质子溶剂中与高浓度的亲核试剂反应 |
| 三级碳 | 常见，在极性质子溶剂中且连接离去能力强的离去基团时，反应特别快 | 极慢 |

（左侧箭头）S$_N$1更好　（右侧箭头）S$_N$2更好

[a] 能通过共振形式形成稳定碳正离子除外，参见第14章。

## 解题练习7-8

### 运用概念解题：二级卤代烷

解释以下实验结果。

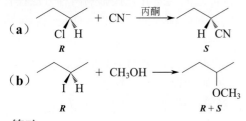

（a）

（b）

**策略：**

- **W**：有何信息？以上两个反应均为取代反应，反应底物均是具有一个确定手性的二级卤代烷。反应（a）的产物也是一个对映体，但是发生了构型翻转。反应（b）的产物为一个外消旋体。解释这些不同的结果：从机理的角度考虑如何解释。

- **H**：如何进行？仔细分析每个反应中涉及的反应物质，并根据它们的性质判断反应可能遵循的反应机理。

- **I**：需用的信息？查阅表7-2。两种反应底物均为具有良好离去基团的二级卤代烷，可以通过S$_N$1或S$_N$2反应机理进行取代反应。为了确定在每种情况下哪一种反应机理占主导地位，需要认真考虑亲核试剂和溶剂。

- **P**：继续进行。使用此练习之前的例子作为指导。

**解答：**

- 反应（a）中的 CN$^-$ 是强亲核试剂（表6-8）。丙酮是一类极性非质子溶剂，二者结合，更适合 S$_N$2 反应。从离去基团的背面进攻，使得反应位点的碳构型翻转。（图6-5）。

- 反应（b）中的 CH$_3$OH 既是溶剂又是亲核试剂。如同练习 7-4，具备了通过 S$_N$1 反应机理进行溶剂解的反应条件，得到醚的两个对映体。

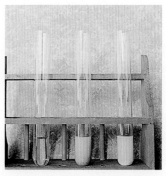

S$_N$1 反应性的可视演示。三个试管从左到右分别是含有1-溴丁烷、2-溴丙烷和2-溴-2-甲基丙烷的乙醇溶液。向每种溶液中加入几滴 AgNO$_3$ 溶液，三级溴代烷中立即形成大量的 AgBr 沉淀（右），二级溴代烷中（中间）形成的 AgBr 沉淀较少，一级溴代烷没有 AgBr 沉淀形成（左）。[*Courtesy of Neil E. Schore*]

## 7-9 自试解题

（a）以下反应均可能属于取代反应，起始原料为对映体纯。画出主要产物的结构式。标明产物的立体化学构型，并判断反应是 S$_N$1 还是 S$_N$2 机理，并给出合理的解释。（**提示：**根据底物的结构、亲核试剂的亲核能力、离去基团以及溶剂等影响因素进行分析。）

（i） [结构式] $\xrightarrow[\text{（溶剂）}]{Na^+{}^-SCH_3, \; CH_3CN}$

（ii） [结构式] $\xrightarrow[\text{（溶剂）}]{Na^+{}^-CN, \; (CH_3CH_2)_2O}$

（iii） [结构式] $\xrightarrow[\text{（溶剂）}]{Na^+{}^-HSO_4, \; CH_3OH}$

（iv） [结构式] $\xrightarrow[\text{丙酮（溶剂）}]{K^+{}^-Br,}$

（**b**）是否可以利用（*R*）-2-氯丁烷经氨水处理的方法合成（*R*）-2-丁胺，[（*R*）-$CH_3CH_2CH(NH_2)CH_3$]？如果行，为什么？如果不行，又是为什么？能否提供更为合适的合成路线？

## 哪一种更为"绿色"：$S_N1$ 还是 $S_N2$？

$S_N1$ 和 $S_N2$ 机理的立体化学特征之间的差异直接影响两种方法在合成中的应用。$S_N2$ 过程是立体专一性的：对映体纯的底物经 $S_N2$ 反应后生成单一立体异构体（6-6 节）。相反，几乎所有按 $S_N1$ 机理在底物的手性中心上进行的反应，都会生成立体异构体的混合物。更为不利的是：所有 $S_N1$ 反应的中间体均为碳正离子，其化学性质和反应十分复杂。正如将在第 9 章中看到的，碳正离子很容易重排，经常生成复杂的产物，且为混合物。此外，

**真实生活：医药  7-1  非比寻常的立体选择性$S_N1$取代反应在抗癌药物合成中的应用**

$S_N1$ 取代反应通常生成立体异构体的混合物。具有较高能量的碳正离子中间体与所遇到的第一个亲核物质反应，无需考虑亲核物质靠近碳正离子的哪一个 p 轨道。下面所示的实例是一个非常

不寻常的特例：一个具有较强离去基团（溴负离子）的二级卤代烷在强极性但亲核性弱的质子溶剂（水）中反应，（$S_N1$ 反应的理想条件），反应位点手性中心的构型 90% 却被保留了下来。

[反应结构式] $\xrightarrow[-HBr]{H_2O}$ [反应结构式]

相应的碳正离子的结构如下所示。碳正离子 p 轨道上方的叶瓣被离得近一些的乙基部分阻挡，同时也被离得远一些的酯基所阻挡（绿色）。另外，如图所示，处于环下方的羟基通过形成氢键的方式"引导"亲核试剂水分子从下方进行亲核反应。

此反应的立体化学结果至关重要，因为被命名为阿克拉菌酮（aklavinone）的产物是强效抗癌药物阿克拉霉素 A（Aclacinomycin A）的重要组成部分。阿克拉霉素 A 属于蒽环类化疗药物。大多数蒽环类化疗药物由于其毒性而被限制应用于临床。阿克拉霉素［也称为阿柔比星（Aclarubicin）］对心脏毒性比其他蒽环类低，因此在临床上已用于治疗几种癌症。

在后面的章节中还会讲述碳正离子另一个重要的转变：失去质子形成双键。

总的来说，与 $S_N2$ 反应过程不同，$S_N1$ 反应在合成中的用途是有限的，因为它们未能达到"绿色"反应的前两个标准（真实生活 3-1）：原子效率低，而且总体上是浪费的，因为生成的产物往往是立体异构体的混合物和其他有机化合物。因此，$S_N2$ 反应更为"绿色"。

## 小　结

尽管三级卤代烷由于较大的空间位阻难以发生 $S_N2$ 反应，但在亲核试剂存在时仍有反应活性：稳定碳正离子的超共轭效应使三级碳正离子很容易形成。随后，碳正离子被亲核试剂如溶剂捕获（溶剂解），生成亲核取代的产物。一级卤代烷不按这种方式反应：一级碳正离子由于能量太高（不稳定）不能在溶液中形成，而是按 $S_N2$ 机理反应。对于二级卤代烷，可以按照两种取代反应机理进行反应，得到取代产物。究竟按哪种方式进行取决于离去基团、溶剂和亲核试剂的性质。

# 7-6 ｜ 单分子消除反应：E1

碳正离子中带正电荷的碳很容易被亲核试剂所捕获。然而，这不是唯一的反应方式。另外一种竞争反应是亲核试剂作为碱攫取碳正离子 $\beta$ 位的质子生成一类新的化合物——烯烃。形成烯烃是可能的，原因在于碳正离子 $\beta$ 位的氢通常具有酸性。

**亲核试剂和碱进攻碳正离子的竞争反应**

亲核取代反应的产物　　　　碳正离子　　　　　烯烃

以卤代烷为起始原料，转化过程包括消除一分子 HX 并同时形成双键。通常，这样的过程称为**消除**（**elimination**），简写为 **E**。

**消除**

消除反应可通过几种机理进行，下面先介绍溶剂解反应过程中发生的机理。

将 2-溴-2-甲基丙烷溶于甲醇，2-溴-2-甲基丙烷很快消失。正如预期的，主要产物是溶剂解生成的 2-甲氧基-2-甲基丙烷。然而，还有相当数量的另一种化合物 2-甲基丙烯。它是起始原料消除 HBr 后的产物。因此，在与离去基团被取代的 $S_N1$ 反应的竞争中，还有另外一种转化机理使三级卤代烷转变为烯烃。这是一种什么机理呢？它和 $S_N1$ 反应有关吗？

再次利用动力学分析，发现生成烯烃的速率只取决于起始卤代烷的浓

反应

度，可确定反应为一级反应。因为是单分子反应，因此这种消除反应被称为 **E1**。E1 反应的决速步骤和 S$_N$1 反应相同：底物解离为碳正离子。碳正离子中间体除了被亲核试剂捕获外，还有第二种反应方式：与碳正离子相邻的 $\beta$ 位碳原子上脱去一个质子。

**2-溴-2-甲基丙烷与甲醇的溶剂解反应中E1和S$_N$1的竞争**

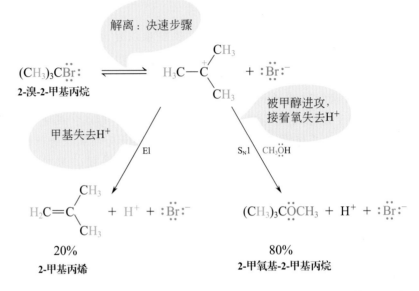

质子是如何失去的？图 7-7 用轨道图表示了此过程。尽管我们常用化学符号 H$^+$ 表示化学过程产生的质子，但在常规的有机反应条件下，并不是"游离"的质子参与了反应。常用 Lewis 碱除去质子（2-3 节）。在水溶液中，水分子起到生成 H$_3$O$^+$ 的作用。在此反应中，质子被 CH$_3$OH 攫取形成烷基

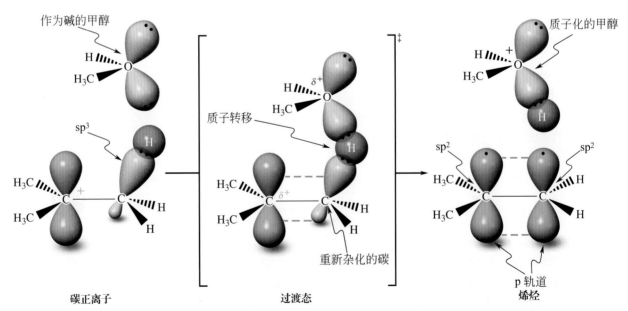

**图 7-7**　单分子消除（E1）反应中生成烯烃的反应过程：1,1-二甲基乙基（叔丁基）碳正离子被溶剂甲醇去质子化。在轨道图表示的质子攫取中，溶剂 CH$_3$OH 上氧的孤对电子进攻与碳正离子相邻的 $\beta$ 位碳原子上的氢。质子转移后，在这个碳上留下一对电子。碳重新进行杂化，从 sp$^3$ 转变为 sp$^2$，这两个电子在新形成双键的两个 p 轨道上重新分布。

氧鎓离子 $CH_3OH_2^+$。被攫取了氢的碳原子重新进行杂化，从 $sp^3$ 杂化转变为 $sp^2$ 杂化。当 C—H 键断裂时，电子发生转移，以与相邻碳正离子中心的空 p 轨道重叠的方式形成 π 键，生成含有双键的碳氢化合物——烯烃。整个反应机理表示如下。

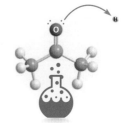

反应机理

### E1 反应机理

任何一个连接在离去基团 β 位的氢均可能参与 E1 反应。1,1-二甲基乙基（叔丁基）碳正离子 β 位连接了 9 个这样的氢，每一个氢都有相同的机会参与消除反应。在这种情况下，无论失去哪一个质子，产物都是相同的。在其他情况下，如果 β 位的氢参与消除反应的概率不同，产物可能不止一种。这些反应途径将在第 11 章中详细讨论。

### 产物为混合物的E1反应

由于取代反应和消除反应生成的碳正离子是相同的，因此，离去基团的性质对这两种反应产物的比例几乎没有影响。表 7-3 列出的数据证实了该结论。然而，加热确实可以影响反应产物的比例（表 7-3 的最后一行）。消除反应的结果是将一个分子转化为两个分子，这是一个熵增过程。回想一下 2-1 节所讨论的，升高反应温度有利于熵增过程。

反应产物的比例可能因为加入一些温和的碱，如有机胺，而受到影响。但是，在碱的浓度较低时，这种影响很小，E1 和 $S_N1$ 产物的比例近似保持恒定。的确，在溶剂解的条件下，通过 E1 机理进行的消除反应通常在某种程度上伴随着 $S_N1$ 取代的次要副反应。有没有办法使消除反应为主而只生成烯烃？答案是完全有可能：在溶剂解反应中，溶剂既作为亲核试剂又作为碱，如果改变此反应的条件，改为使用极性非质子溶剂（表 6-5）并使用温和的有机胺作为碱。此时，溶剂仅用于促进卤代烷的解离，而碱的加入只为了促进 E1 消除反应。不幸的是，这个过程只适用于三级卤代烷（页边），因为二级卤代烷会进行 $S_N2$ 反应（表 6-3）。

然而，还有另一种方法，不仅可以消除三级卤代烷，还可以消除二级

**表7-3 2-卤代-2-甲基丙烷（$CH_3)_3CX$ 的水解反应中 $S_N1$ 与 E1 产物比**

| X | T/℃ | $k_{S_N1}/k_{E1}$ |
|---|---|---|
| Cl | 25 | 83:17 |
| Br | 25 | 87:13 |
| I | 25 | 87:13 |
| Cl | 65 | 64:36 |

$(CH_3)_3CCl$

$(CH_3)_3N$    E1   |   $(CH_3CH_2)_2O$ 或 $CH_3NO_2$（溶剂）

$H_2C=C{\scriptstyle\begin{matrix}CH_3\\CH_3\end{matrix}}$

**100%**

---

❶ 该式代表酸已从起始物料中离去。在实际反应中，质子通常被 Lewis 碱攫取。本书中的其他消除反应中偶尔也会使用这种表示。

和一级卤代烷，即利用强碱，尤其是空间位阻大的强碱。这些物质通过一种新的机理起作用，将在下一节中详述。

## 练习 7-10

当2-溴-2-甲基丙烷在25℃溶于乙醇水溶液时，生成30%的($CH_3$)$_3$COCH$_2$CH$_3$、60% 的（$CH_3$)$_3$COH 以及 10% 的（$CH_3$)$_2$C＝CH$_2$ 混合物。请解释原因。

---

### 小　结

在溶剂解中形成的碳正离子不但可被亲核试剂捕获形成 S$_N$1 反应产物，也可通过 E1 消除反应脱去质子。在这个过程中，亲核试剂（通常是溶剂）起碱的作用。通过 E1 机理的消除反应通常只是 S$_N$1 反应过程的一个副反应，但如果升高反应温度，将会有利于 E1 消除反应转变为主反应。

## 7-7　双分子消除反应：E2

卤代烷与亲核试剂的反应，除了 S$_N$2、S$_N$1 和 E1 反应外，当亲核试剂是强碱时，还有第四种反应机理，即双分子消除反应。这种方法是形成烯烃的主要反应。

### 强碱对双分子反应的影响

前一节已讲述单分子消除反应可能会与取代反应竞争。然而，在较高浓度的强碱作用下，反应动力学会发生很大的变化。烯烃的生成速率与起始卤代烷和碱的浓度都成正比：消除反应的动力学是二级的。这个过程称为**双分子消除反应**（bimolecular elimination reaction），简称 **E2**。

**2-氯-2-甲基丙烷的E2反应动力学**

$$(CH_3)_3CCl + Na^+\ ^-OH \xrightarrow{\ k\ } CH_2{=}C(CH_3)_2 + NaCl + H_2O$$
$$r = k[(CH_3)_3CCl][^-OH]\,mol\cdot L^{-1}\cdot s^{-1}$$

**反应**

是什么引起了反应机理的改变？强碱（如氢氧根离子 HO$^-$，烷氧基负离子 RO$^-$）可以在碳正离子形成之前进攻卤代烷。进攻的目标是连接在离去基团 $\beta$ 位的氢。这种反应过程不限于三级卤代烷，二级和一级卤代烷也可以发生此消除反应，尽管它们还会存在 S$_N$2 竞争反应。7-8 节将讲述以这些底物进行的 S$_N$2 或 E2 反应中分别占主导地位的反应条件。

## 练习 7-11

溴代环己烷与氢氧根离子反应的产物是什么？

---

## 练习 7-12

如果以下化合物能进行 E2 反应，请写出其产物的结构式：$CH_3CH_2I$；$CH_3I$；（$CH_3$)$_3$CCl ；（$CH_3$)$_3$CCH$_2$I。

## E2反应一步进行

双分子消除过程为一步反应。在氢氧根离子作用下 2-氯-2-甲基丙烷消除反应的过渡态中，键的变化可以用电子转移的弯箭头表示。如图 7-8 轨道图所示。该过程一共发生了三个变化：

**1.** 碱攫取质子。

**2.** 离去基团离去。

**3.** 参与反应的两个碳从 $sp^3$ 杂化转化为 $sp^2$ 杂化，从而提供了将要形成的双键所需要的两个 p 轨道。

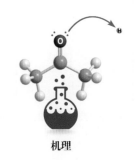

机理

### E2 反应机理

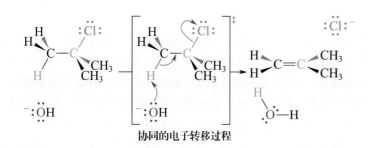

协同的电子转移过程

**记住：** 协同反应中，多个键的变化是同时发生的或"相互协作"的（回顾$S_N2$过程，6-4节）。

所有三个变化同时发生：E2 消除是一步完成的协同反应过程。

注意，E1（图 7-7）和 E2 反应机理非常相似，只是在反应顺序上有所不同。在双分子反应中，质子的攫取和离去基团的离去是同步的，如上面的过渡态所示［有关 Newman 投影式，参见 288 页页边］。在 E1 反应过程中，卤素负离子先离去，随后 $\beta$ 位的氢被碱攫取。为了理解这种差异，可设想参与 E2 反应的强碱更具进攻性。它等不及三级或二级卤代烷的 C–X 解离，而是直接进攻底物中 $\beta$ 位的氢。

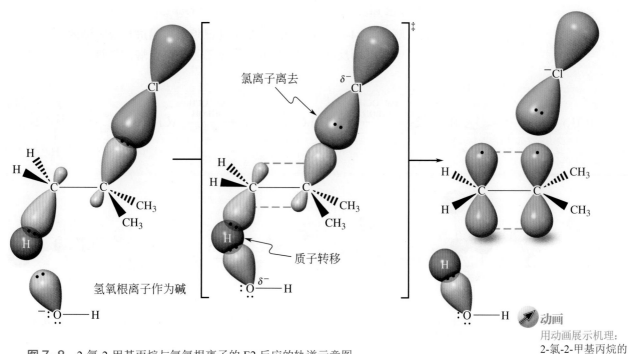

动画

用动画展示机理：
2-氯-2-甲基丙烷的
消除（E2）反应

**图 7-8** 2-氯-2-甲基丙烷与氢氧根离子的 E2 反应的轨道示意图。

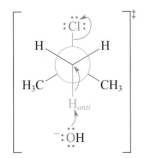

**E2过渡态的 Newman 投影式**

离去基团和被碱攫取的氢必须反式共平面

**E2 反应中卤代烷的相对反应性**

RI > RBr > RCl > RF

增加

## E2过渡态详细结构的实验证据

E2 反应一步过程的过渡态如图 7-8 所示，那么支持这个过程的实验证据是什么呢？这里有三条相关的信息。首先，二级反应速率方程要求卤代烷和碱都参与决速步骤中；其次，离去能力强的离去基团可加快消除反应速率。这些实验结果意味着在过渡态中与离去基团相连的键已部分断裂。

### 练习 7-13

解释下面的实验结果。

Cl—⬡—⬡—I  $\xrightarrow{CH_3O^-}$  Cl—⬡—⬡(=)

第三条信息不但有力支持了在反应过渡态中 C—H 和 C—X 两个键的断裂，而且描述了反应时它们的空间相对取向。图 7-8 说明了 E2 反应的主要特点：立体化学。用图表示就是在底物的反应构象中将需断裂的 C—H 和 C—X 键处于反式。我们怎样准确地确定过渡态的结构？可以运用构象和立体化学的原理解决这个问题。顺-1-溴-4-(1,1-二甲基乙基)环己烷与强碱混合会快速发生双分子消除反应，生成相应的烯烃。相反，在相同条件下，反-1-溴-4-(1,1-二甲基乙基)环己烷却反应很慢。这是为什么呢？当我们分析顺式化合物最稳定的椅式构象时，发现当取代基 Br 为直立键时，有两个氢与 Br 处于反式共平面。这种几何结构类似于 E2 反应所采取的过渡态，因此容易发生消除反应。相反，在反式底物中，没有 C—H 键与位于平伏键的离去基团处于反式（自己做一个模型）。在这种情况下，E2 消除反应将会要求环翻转至双直立键构象（参见 4-4 节）或消去一个与 Br 处于邻交叉位置上的氢，两者都会消耗能量。后者更是一个通过不利于反应的顺式过渡态（*syn*，希腊语，"在一起"）的消除过程的典型例子。我们将在第 11 章更详细地讨论 E2 消除反应。

**顺-1-溴-4-(1,1-二甲基乙基)环己烷很容易进行反式消除，而反-1-溴-4-(1,1-二甲基乙基)环己烷则很难**

$(CH_3)_3C$—⬡(H,Br,H)  反式  $\xrightarrow[\text{快}]{Na^+ {}^-OCH_3, CH_3OH}$  $(CH_3)_3C$—⬡(=)  $\xleftarrow[\text{非常慢}]{Na^+ {}^-OCH_3, CH_3OH}$  $(CH_3)_3C$—⬡(H,Br,H)

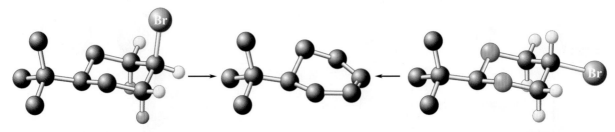

顺-1-溴-4-(1,1-二甲基乙基)环己烷
（两个反式氢，有利于E2消除机理）

反-1-溴-4-(1,1-二甲基乙基)环己烷
（没有反式氢只有位于环中的反式碳，不利于E2消除机理）

### 解题练习7-14

**运用概念解题：消除反应的速率和机理**

顺-1-溴-4-(1,1-二甲基乙基)环己烷消除反应的速率与底物和碱的浓度都成正比，但其反式异构体只与底物的浓度成正比。请结合反应机理解释此结果。

**策略：**

对于这个问题，我们已经了解了需要解释的反应速率信息。在第6章和第7章中，已经学习了反应动力学如何帮助和确定反应机理。应用这些知识，考虑每个反应动力学的级数及其与反应机理的相应关系。

**解答：**

· 由于碱作用下的顺-1-溴-4-(1,1-二甲基乙基)环己烷消除反应的速率与底物和碱的浓度都成正比，因此，一定遵循 E2 反应机理。

· E2 消除反应的反应构象要求离去基团和被碱攫取的氢必须反式共平面。上图（288 页最下，左图）表明这种取向已经存在于底物分子最稳定的椅式构象中。因此，E2 消除反应很容易进行，碱攫取 H（蓝色）同时导致 Br⁻（绿色）的离去。

· 相反，在反式异构体最稳定的构象中，Br 位于平伏键，C—Br 键与环己烷环中（蓝色）的两个 C—C 键处在反式共平面上（288 页最下，右图）。β 位的碳上没有氢与 Br 处在反式的位置上。这种构象很难进行 E2 消除。

· 如果此反式异构体要易于按 E2 反应进行，椅式构象首先需要转化，使 Br 处在直立键上。然而，这个构象转化的能量是非常不利的，因为其导致的结果是体积庞大的叔丁基和 Br 均处在了直立键上，此构象的能量非常高（表 4-3）。

· 实际上，反式异构体消除的反应速率仅与底物浓度成正比，而与碱的浓度不成正比，这表明反应机理是 E1，而不是 E2。

· 考虑到各种可能性（如下所示），反应动力学实验证明在反式异构体的消除过程中离去基团优先离去，使反应遵循单分子消除机理。通过椅式构象转化使之符合 E2 反应的要求是不可行的。

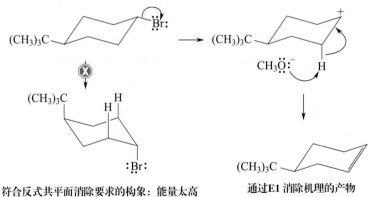

符合反式共平面消除要求的构象：能量太高　　　通过 E1 消除机理的产物

记住："解释"=思考反应机理。

注意：在消除反应中，被碱攫取的氢是位于离去基团的 β 位。不要攫取与离去基团连接在相同碳上的H！

### 7-15 自试解题

（**a**）页边为 1,2,3,4,5,6-六氯环己烷其中一个异构体的立体结构式。在进行 E2 消除反应时，其他异构体要比该异构体快 7000 倍。请说明原因。

（**b**）请解释以下实验结果。

唯一产物    未发现

---

## 小 结

强碱与卤代烷不仅可以发生取代反应，而且还可以进行消除反应。这些反应的动力学表现为二级反应动力学，实验结果表明其为双分子机理。反应过渡态要求离去基团和被攫取的氢处在反式共平面，在离去基团离去的同时，碱攫取一个质子。

---

# 7-8 成功的关键：取代还是消除——结构决定功能

在亲核试剂作用下，卤代烷可能会发生 $S_N2$、$S_N1$、E2 以及 E1 等多种反应，这很令人困惑。考虑到许多参数都会影响这些转换反应的相对重要性，那么是否有一些简单的指导原则可以让我们预测反应的结果，至少可以判断反应大致按哪个特定的途径进行？答案是谨慎肯定的。本节将解释如何从碱强度和反应物空间构型的角度考虑，帮助我们确定究竟是取代反应还是消除反应占主导地位。我们将看到，这些参数的变化甚至可以控制反应路径。

### 弱碱性的亲核试剂主要进行取代反应

比氢氧化物碱性弱但亲核能力强的亲核试剂在与一级或二级卤代烷反应时，主要进行 $S_N2$ 反应并且产率较高，而与三级卤代烷作用时，则进行 $S_N1$ 反应。这些亲核试剂包括：$I^-$、$Br^-$、$RS^-$、$N_3^-$、$RCOO^-$、$NH_3$ 以及 $PR_3$ 等。例如，2-溴丙烷与 $I^-$ 和 $CH_3COO^-$ 只发生 $S_N2$ 反应，消除反应几乎没有竞争的可能性。

$$CH_3\underset{H}{\overset{CH_3}{C}}Br + Na^+\,I^- \xrightarrow[S_N2]{丙酮} CH_3\underset{H}{\overset{CH_3}{C}}I + Na^+\,Br^-$$

$$CH_3\underset{H}{\overset{CH_3}{C}}Br + CH_3\overset{O}{\overset{\|}{C}}O^-\,Na^+ \xrightarrow[S_N2]{丙酮} CH_3\underset{H\ \ O}{\overset{CH_3}{C}}OCCH_3 + Na^+\,Br^-$$

100%

弱亲核试剂（如水和醇）只有与二级和三级卤代烷作用时，才会发生明显的反应，且反应都按 $S_N1$ 机理进行。单分子消除反应通常是次要的副反应。

$$CH_3CH_2\underset{Br}{\overset{|}{C}HCH_2CH_3} \xrightarrow[S_N1]{H_2O,\ CH_3OH,\ 80℃} CH_3CH_2\underset{OH}{\overset{|}{C}HCH_2CH_3} + CH_3CH\!=\!CHCH_2CH_3$$

85%    15%

## 随着底物空间位阻的增加，强碱性亲核试剂更容易进行消除反应

在 7-7 节中，我们已经看到强碱有利于通过 E2 机理与底物发生消除反应。在与取代反应竞争时，有没有一些简单的方法可以预测在特定情况下会有多少消除产物？答案是可以的，但同时还要考虑其他的因素。现在，我们来考察强碱乙醇钠和某些卤代烷的反应，确定每个反应中醚和烯烃的相对产量。

简单的一级卤代烷与强碱性的亲核试剂反应时，大多采用 $S_N2$ 反应机理。当连接离去基团的碳原子周围的取代基空间体积增加时，与消除反应速率相比，取代反应变慢，因为亲核试剂进攻碳原子时产生的空间位阻比进攻 $\beta$ 位氢原子的大。这样，连接支链的一级卤代烷生成 $S_N2$ 和 E2 产物的量大致相等，而二级卤代烷则以 E2 产物为主。

$S_N2$ 机理一般不适用于三级卤代烷。在中性或弱碱性条件下，$S_N1$ 和 E1 反应相互竞争。然而，当有高浓度的强碱存在时，只发生 E2 反应。

## 大空间位阻、强碱性亲核试剂更有利于发生消除反应

我们已经知道一级卤代烷与亲核能力强的亲核试剂（包括强碱）发生取代反应。当空间体积较大的亲核试剂阻碍进攻亲电性的碳原子时，反应将发生改变。这时，即使是一级卤代烷，消除反应也有可能占主导，因为分子中氢周围的空间位阻较小，去质子化更容易。

两种空间位阻大的强碱叔丁醇钾和二异丙基氨基锂（LDA），常用于消除反应。叔丁醇钾中的氧连有一个大空间位阻的叔丁基，而 LDA 的氮上连接两个二级烷基。在消除反应中，这两种碱常分别溶解于各自的共轭酸中，即2-甲基-2-丙醇（叔丁醇，$pK_a = 18$）和 $N$-(1-甲基乙基)-1-甲基乙胺（二异丙胺，$pK_a = 36$）中。

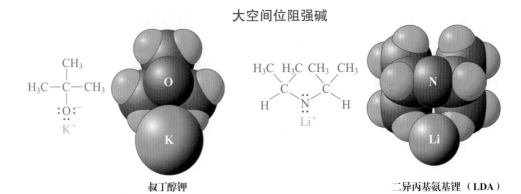

大空间位阻强碱

叔丁醇钾　　　　　　　　　　　　　　　　　　　　　　二异丙基氨基锂（LDA）

## 小　结

已经确定影响取代反应和消除反应相互竞争的三个主要因素：亲核试剂的碱性、卤代烷的空间位阻以及亲核（碱性）位点原子周围的空间体积。

因素 1. 亲核试剂的碱性强弱

　　　　　　　　　　　　　弱碱　　　　　　　　　　　　　　　　　　强碱

$H_2O$,❶ $ROH$,❶ $PR_3$, 卤代烷 , $NH_3$, $RS^-$, $N_3^-$, $NC^-$, $RCOO^-$　　　　$HO^-$, $RO^-$, $H_2N^-$, $R_2N^-$

亲核能力弱　　　　　　　亲核能力强　　　　　　　　　　　消除反应的可能性增加
　　　　　　　　　　　　更易进行取代反应

因素 2. 反应位点的空间位阻

　　　空间位阻小　　　　　　　　　　　　空间位阻大
　　一级卤代烷　　　　　带支链的一级卤代烷，二级、三级卤代烷
更易发生取代反应　　　　　　　　消除反应的可能性增加

因素 3. 亲核试剂（强碱）的空间位阻

　　　空间位阻小　　　　　　　　　　　　空间位阻大
$HO^-$，$CH_3O^-$，$CH_3CH_2O^-$，$H_2N^-$　　　$(CH_3)_3CO^-$，$[(CH_3)_2CH]_2N^-$
可能发生取代反应　　　　　　　　更易发生消除反应

　　为了进行简单的预测，假设每个因素对消除反应和取代反应比例的影响是相同的。因此，数量优者胜出（the majority rules）。这种分析方法是相当可靠的，将在本节的实例和下一节总结部分得到证实。

### 练习 7-16

　　下面每对化合物中哪一个亲核试剂与 1-溴-2-甲基丙烷反应时，生成的消除反应产物 / 取代反应产物的比例更高？

（a）$N(CH_3)_3$, $P(CH_3)_3$　　　（b）$H_2N^-$, $(CH_3CH)_2N^-$（上方 $CH_3$）　　　（c）$I^-$, $Cl^-$

（d）$CH_3O^-$, $(CH_3)_2N^-$　　　（e）$CH_3O^-$, $CH_3S^-$

### 练习 7-17

　　存在消除反应和取代反应竞争的所有反应中，升高反应温度有利于增加消除反应产物的比例。因此，2-溴-2-甲基丙烷进行水解作用时，当温度从 25℃升高到 65℃，消除产物的产量增加 1 倍。2-溴丙烷与乙氧基负离子反应，在 25℃时消除产物的产率为 80%，温度升到 55℃时消除反应的产率为 100%。试解释上述结果。

---

❶ 只与 $S_N1$ 底物反应，不与简单的一级卤代烷或甲基卤代烷反应。

# 7-9 | 卤代烷反应性总结

表 7-4 总结了一级、二级和三级卤代烷的取代反应和消除反应。每个实例都给出了各种底物与不同亲核试剂反应的主要机理。

**表7-4　卤代烷与亲核试剂（碱）反应的可能机理**

| 卤代烷的类型 | 亲核试剂（碱）的类型 | | | |
| --- | --- | --- | --- | --- |
| | 弱亲核试剂（如 $H_2O$） | 弱碱性、亲核能力强的亲核试剂（如 $I^-$） | 强碱性、无位阻的亲核试剂（如 $CH_3O^-$） | 强碱性、有空间位阻的亲核试剂 [ 如（$CH_3$）$_3CO^-$ ] |
| 甲基 | 无反应 | $S_N2$ | $S_N2$ | $S_N2$ |
| 一级 | | | | |
| 　无空间位阻 | 无反应 | $S_N2$ | $S_N2$ | E2 |
| 　带支链 | 无反应 | $S_N2$ | E2 | E2 |
| 二级 | 慢 $S_N1$，E1 | $S_N2$ | E2 | E2 |
| 三级 | $S_N1$，E1 | $S_N1$，E1 | E2 | E2 |

**一级卤代烷。** 无位阻的一级卤代烷总是进行双分子反应，生成的产物绝大多数为取代产物。但在使用空间位阻大的强碱如叔丁醇钾时，会有例外。在这些情况下，由于空间位阻的作用，$S_N2$ 反应会变得很慢，这使得反应以 E2 消除为主。另一种减少取代反应的方法是在底物上引入支链。即使如此，亲核能力强的亲核试剂仍然得到以取代为主的产物。只有使用强碱如烷氧负离子（$RO^-$）或氨基负离子（$R_2N^-$）时，才倾向于发生消除反应。一级（含甲基）卤代烷和弱亲核试剂的反应非常慢，实际上我们认为基本不会反应。

## 练习 7-18

确定 1-溴丙烷在以下反应体系中的主要机理——$S_N2$、$S_N1$、E2 还是 E1，并写出主要产物的结构式：（**a**）NaCN 的丙酮溶液；（**b**）$NaOCH_3$ 的甲醇溶液；（**c**）（$CH_3$）$_3$COK 的叔丁醇溶液。

## 练习 7-19

确定 1-溴-2-甲基溴丙烷在以下反应体系中的主要机理——$S_N2$、$S_N1$、E2 还是 E1，并写出主要产物的结构式：（**a**）NaI 的丙酮溶液；（**b**）$NaOCH_2CH_3$ 的乙醇溶液。

**二级卤代烷。** 二级卤代烷可根据不同的反应条件，按双分子或单分子的路径发生消除反应或取代反应。亲核能力强的亲核试剂有利于 $S_N2$ 反应，强碱有利于 E2 反应，在弱亲核性极性溶剂中主要发生 $S_N1$ 和 E1 反应。

## 练习 7-20

确定 2-溴丙烷在以下反应体系中的主要机理—— $S_N2$、$S_N1$、E2 还是 E1，并写出主要产物的结构式：（**a**）$CH_3CH_2OH$；（**b**）$NaSCH_3$ 的乙醇溶液；（**c**）$NaOCH_2CH_3$ 的乙醇溶液。

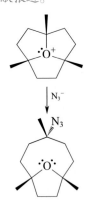
三级卤代烷。三级卤代烷和高浓度的强碱发生 E2 反应，在非碱性介质中发生 $S_N1$ 反应。几乎从未观察到双分子取代反应，但 E1 消除反应过程中常伴随 $S_N1$ 反应。

### 练习 7-21

确定以下反应体系进行的主要机理——$S_N2$、$S_N1$、E2 还是 E1，并写出主要产物的结构式：（**a**）2-溴-2-甲基丁烷与水的丙酮溶液；（**b**）3-氯-3-乙基戊烷与 NaOCH₃ 的甲醇溶液。

### 练习 7-22

预测下面各对反应中，哪一个反应 E1/E2 产物比例最高，并解释原因。

（**a**） $\underset{\underset{CH_3}{|}}{CH_3CH_2CHBr} \xrightarrow{CH_3OH} ?$ 　　　$\underset{\underset{CH_3}{|}}{CH_3CH_2CHBr} \xrightarrow{CH_3O^-Na^+,\ CH_3OH} ?$

（**b**） 环己基碘 $\xrightarrow[(CH_3CH_2)_2N^-Li^+,\ (CH_3CH_2)_2NH]{CH_3\ \ \ \ CH_3} ?$ 　　环己基碘 $\xrightarrow[(CH_3CH_2)_2NH]{CH_3} ?$

---

### 总　结

　　在本章节中，通过介绍除 $S_N2$ 反应外卤代烷其他三种新的反应机理——$S_N1$、E1 和 E2，从而完成了卤代烷的学习。

- 质子极性溶剂虽然亲核性弱，但可以与二级和三级卤代烷发生亲核取代反应，这个过程称为溶剂解反应（7-1 节）。

- 溶剂解反应的步骤1为离去基团离去形成碳正离子中间体。碳正离子中间体中带正电荷的碳原子带六个价电子，其外围连接了三个基团（7-2 节）。

- 溶剂解反应中溶剂分子（通常是水分子或醇分子）进攻碳正离子中间体，溶剂分子中的氧与此碳原子相连接，接着质子从氧上离去而完成反应（7-2 节）。

- 与双分子（$S_N2$）反应相反，由于 $S_N1$ 反应的决速步骤仅涉及底物的解离，因此为单分子动力学反应（7-3 节）。

- 由于碳正离子中间体是平面的和非手性的，因此，$S_N1$ 反应使反应位点的手性中心消旋化（7-3 节）。

- 超共轭效应决定了碳正离子的相对稳定性，且使其易于形成。三级碳正离子最稳定，二级碳正离子稳定性次之。甲基正离子和一级碳正离子在一般反应条件下不能稳定存在，因此很难形成（7-5 节）。

- 三级卤代烷的 $S_N1$ 反应速率最快，因为三级碳正离子最稳定。二级碳正离子反应速率次之，一级和甲基卤代烷由于不能形成相应的碳正离子，因此不能发生 $S_N1$ 反应（7-5 节）。

- 通过 E1 单分子消除反应形成烯烃的同时伴随 $S_N1$ 副反应，升高反应温度可能使 E1 反应更为有利。与 $S_N1$ 一样，E1 反应过程开始于离去基团解离形成碳正离子，但随后的反应不是亲核试剂亲核进攻，而是碳正离子相邻碳上的质子被攫取。使用强碱性亲核试剂时，将会发生E2一步消除反应形成主要产物烯烃（7-6节和7-7节）。

— 消除和取代反应之间的竞争以及随后的主要反应路径取决于三个主要因素：底物的空间位阻、亲核试剂的碱性和亲核试剂的空间体积（尤其亲核试剂是强碱时）。溶剂和温度也会影响实验结果的平衡性（7-4节、7-8节和7-9节）。

# 7-10 │ 解题练习：综合运用概念

本节介绍两个例题的解答过程。这两个例题涉及取代和消除反应，同时包含立体化学、详细反应机理和动力学竞争过程。

### 解题练习7-23　在取代和消除反应之间选择

思考以下反应是通过取代反应还是消除反应进行？哪些因素可以决定其最可能的机理？写出预期的产物和形成此产物的反应机理。

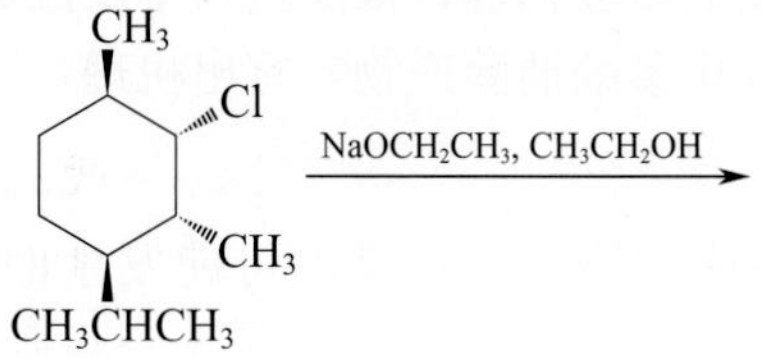

**策略：**

• **W**：有何信息？有一个立体构型已知的、取代的氯代环己烷。反应条件是质子溶剂乙醇和具有较强亲核能力及碱性的乙醇钠。

• **H**：如何进行？必须考虑 $S_N2$、$S_N1$、E2 和 E1 等反应机理，以及起始原料如何通过这些机理进行转化。此外，建议将环己烷画成椅式构象，并依据底物中的立体化学信息确定每个取代基在环上处于直立键还是平伏键。

• **I**：需用的信息：在亲核试剂/碱存在下回顾二级卤代烷的反应活性（7-9 节）和各取代基的立体构型。注意题中取代环己烷的立体构象，这也是有用的信息（4-3 节和 4-4 节）。

• **P**：继续进行。

**解答：**

• 基于 7-8 节和 7-9 节中的内容，二级卤代烷和强碱性亲核试剂倾向于发生 E2 消除反应（表 7-4）。

• 该反应机理对离去基团和被碱攫取的氢的相对几何构型有特定的要求：必须处于反式共平面，即二者相对于它们之间的 C—C 键一定处于反式构象（7-7 节）。

• 为了画出此分子合理的构象，必须利用第 4 章（4-4 节）学过的取代环己烷的构象。如下图所示，优势构象为椅式构象，体积大的 1-甲基乙基（异丙基）位于平伏键。注意：离去基团必须位于直立键，与离去基团相邻的碳上必须有一个处于直立键的 H，正好与 Cl 处在反式共平面：

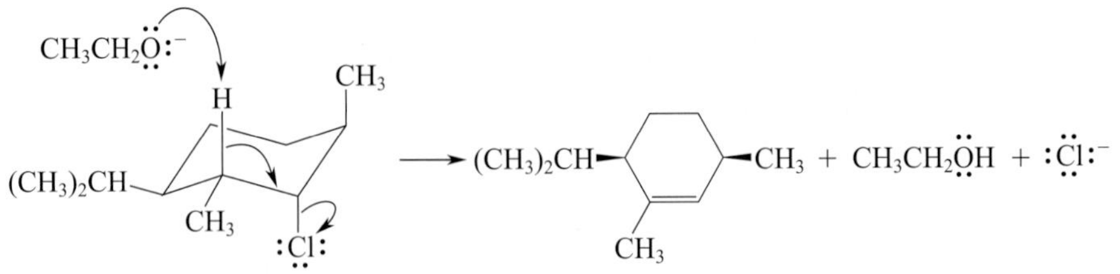

・用弯箭头表示一步完成的 E2 机理，产物为环状烯烃，双键位于图中所示的位置。烯键上取代的甲基与双键共平面（从 1-8 节可知形成烯键的碳杂化方式为 $sp^2$，为平面三角形）。注意，环上其他两个烷基取代基连接的碳原子在反应中没有任何化学变化，在反应前为顺式，反应后仍保持顺式。

・**避免常见的错误**：在 E2 反应中，从错误的碳原子上移去一个氢原子。在正确的机理中，脱氢的碳原子和连接离去基团的碳原子一定是相邻的，绝不会是同一个碳原子。

### 解题练习 7-24　溶剂和亲核试剂对三级卤代烷反应活性的影响

**a.** **2-溴-2-甲基丙烷（叔丁基溴）在硝基甲烷中可以迅速与氯离子和碘离子反应。**

**1. 写出取代产物的结构和形成其中一个产物的完整机理。**

**2. 假设所有反应物的浓度相等，推测这两个反应的相对速率。**

**3. 哪一个反应生成更多的消除产物？写出机理。**

解答：

**1.** 先分析参与反应的物质，再推测可能发生的反应类型。底物是一个带有良好离去基团的卤代烷，离去基团位于三级碳上。根据表 7-4，通过 $S_N2$ 机理的取代反应不会发生，但 $S_N1$、E1 和 E2 反应都有可能发生。氯离子和碘离子都是好的亲核基团且均为弱碱，这表明取代反应占优势，分别生成 $(CH_3)_3CCl$ 和 $(CH_3)_3CI$（7-8 节）。如 7-2 节所示的反应机理（$S_N1$），C—Br 键先解离生成三级碳正离子，接着卤素负离子直接进攻碳正离子生成最终产物。强极性硝基甲烷是一个良好的 $S_N1$ 反应溶剂（7-4 节）。

**2.** 从 7-4 节中了解到，不同的亲核能力对单分子过程的速率没有影响，因此两个反应的速率应相同（实验上也是如此）。

**3.** 这部分需要更多的思考。根据表 7-4 和 7-8 节，E1 机理的消除反应总是伴随 $S_N1$ 取代反应。然而，增加亲核试剂的碱性能使 E2 反应发生，消除产物的比例也会上升。根据表 6-4 和表 6-8，我们知道氯离子的碱性（亲核性弱）比碘离子的强，因此氯离子参与的反应中将产生更多的消除产物。反应机理如图 7-7 所示，氯离子作为碱从碳正离子上攫取一个质子。

**b.** **把下图所示的氯化物溶于含有不同量的 $H_2O$ 和 $NaN_3$ 的丙酮溶液中。相关反应数据如下页页边表中所示：**

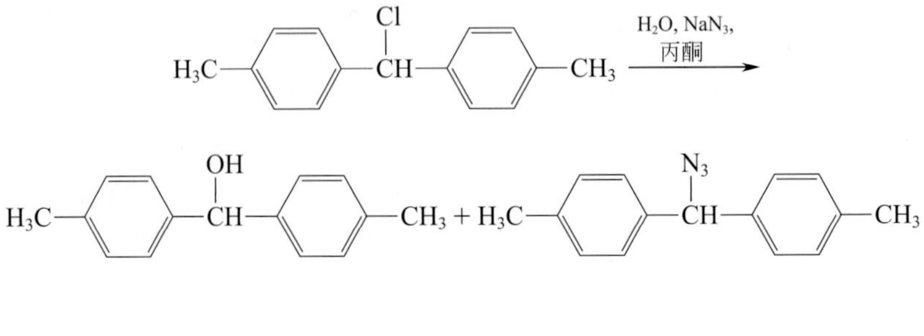

表中 $\varphi_{H_2O}$ 是指溶剂中水的体积分数，$[N_3^-]$ 是 $NaN_3$ 的初始浓度，$\omega_{RN_3}$ 是与醇的产物混合物中有机叠氮化合物的质量分数。$k_{rel}$ 是从起始原料消耗速率推导出的相对速率常数。在所有的实验中，底物的起始浓度均为 0.04 $mol \cdot L^{-1}$。请回答下列问题：

**1.** 解释水的体积分数对反应速率和产物比例的影响。

**2.** 解释 $[N_3^-]$ 对反应速率和产物比例的影响。此外，当用 $Br^-$ 或 $I^-$ 代替 $N_3^-$ 时，反应速率相同。

解答：

**1.** 从研究表中的数据开始，尤其是 2 ～ 5 行的数据，在 $N_3^-$ 浓度保持不变的情况下，改变水的含量时反应速率的变化。水的体积分数增加，取代反应的速率迅速加快，但两种产物的比例保持不变，即 60% 的 $RN_3$ 和 40% 的醇。结果说明提高水的含量只是增加反应体系的极性，使底物解离转化为离子的速度加快。即使水的体积分数为 10%，也已经过量，并与 $N_3^-$ 竞争捕获碳正离子，它以尽可能快的速度捕获同一中间体（7-2 节）。

**2.** 从表中第 1 行和第 2 行可知，当加入 $NaN_3$ 时，反应速率提高约 50%。如果没有其他信息，我们可以推测这是发生 $S_N2$ 反应的结果。然而，如果是这样的话，其他的阴离子对反应速率会有不同的影响。虽然碘离子和溴离子的亲核能力要强得多，但对反应速率的影响与 $N_3^-$ 完全相同。我们只能假设取代反应全部按 $S_N1$ 机理进行来解释此现象，阴离子的加入仅通过增加溶剂的极性和加快离子化的速度来影响反应速率（7-4 节）。

从表中 5 ～ 8 行可知，产物中 $RN_3$ 的比例随 $N_3^-$ 浓度的增加而增加。在较高的浓度时，叠氮离子比水具有更强的亲核能力，在与碳正离子中间体反应的竞争中占优势。

| $\varphi_{H_2O}$ /% | $[N_3^-]$ /mol·L$^{-1}$ | $\omega_{RN_3}$ /% | $k_{rel}$ |
|---|---|---|---|
| 10 | 0 | 0 | 1 |
| 10 | 0.05 | 60 | 1.5 |
| 15 | 0.05 | 60 | 7 |
| 20 | 0.05 | 60 | 22 |
| 50 | 0.05 | 60 | * |
| 50 | 0.10 | 75 | * |
| 50 | 0.20 | 85 | * |
| 50 | 0.50 | 95 | * |

*速度太快，无法测量。

## 新反应

**1. 双分子取代反应——$S_N2$（6-2 节～6-11 节，7-5 节）**

只有一级和二级卤代烷才能进行：

从离去基团的背面直接进攻，构型完全翻转

**2. 单分子取代反应——$S_N1$（7-1 节～7-5 节）**

只有二级和三级卤代烷才能进行：

经由碳正离子中间体：反应位点的手性中心外消旋化

**3. 单分子消除——E1（7-6 节）**

只有二级和三级卤代烷才能进行：

经由碳正离子中间体

## 4. 双分子消除——E2（7-7 节）

$$CH_3CH_2CH_2I \xrightarrow{:B^-} CH_3CH=CH_2 + BH + I^-$$

离去基团和 $\beta$-氢同时离去

**重要概念**

1. 在极性溶剂中，二级卤代烷的**单分子取代反应**进行较慢，而三级卤代烷则较快。当溶剂作为亲核试剂时，此过程称为**溶剂解**。

2. 在单分子取代反应中，反应中最慢的步骤或决速步骤是C–X键解离形成**碳正离子**中间体。加入强的亲核试剂只会改变产物，但反应速率不变。

3. **超共轭效应**能稳定碳正离子：三级碳正离子最稳定，二级碳正离子次之，一级碳正离子和甲基碳正离子不稳定，在溶剂中很难形成。

4. 当手性碳发生单分子取代反应时，通常会发生**外消旋化**。

5. 二级和三级卤代烷发生**单分子消除反应**转化为烯烃时并伴随取代反应。

6. 高浓度的强碱可引起**双分子消除反应**。离去基团离去的同时伴有 $\beta$ 位上的一个质子被碱攫取。立体化学研究表明这个质子和离去基团必须反式共平面。

7. 无空间位阻的底物和小体积的、碱性弱的亲核试剂有利于取代反应。

8. 有空间位阻的底物和大体积的、碱性强的亲核试剂有利于消除反应。

## 习 题

**25.** 请画出以下溶剂解反应主要取代产物的结构式：

（a）$CH_3\underset{\underset{CH_3}{|}}{\overset{\overset{CH_3}{|}}{C}}Br \xrightarrow{CH_3CH_2OH}$

（b）$(CH_3)_2CCH_2CH_3 \xrightarrow{CF_3CH_2OH}$ （Br 在季碳上）

（c）（环戊烷，Cl 和 $CH_2CH_3$ 取代）$\xrightarrow{CH_3OH}$

（d）（环己基）$\overset{\overset{Br}{|}}{\underset{\underset{CH_3}{|}}{C}}CH_3 \xrightarrow{HCOOH}$

（e）$CH_3\underset{\underset{CH_3}{|}}{\overset{\overset{CH_3}{|}}{C}}Cl \xrightarrow{D_2O}$

（f）$CH_3\underset{\underset{CH_3}{|}}{\overset{\overset{CH_3}{|}}{C}}Cl \xrightarrow{\text{环己基 OD}}$

**26.** 对习题25中每个反应，用弯箭头分步写出完整的分步反应机理。确保写出每个机理的单独步骤，写出该步产物的完整结构，然后进入下一步转换。

**27.** 写出以下反应的两个主要取代反应产物。（a）用反应机理解释每个产物的形成。（b）通过对反应混合物的检测，表明起始原料的一个异构体也是反应中间体。画出它的结构并解释它是怎样形成的。

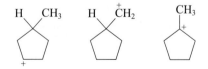

**28.** 画出以下反应的两个主要取代产物的结构式：

$$H_3C,\ H_3C \overset{OSO_2CH_3}{\underset{H}{\bigcirc}} C_6H_5,\ C_6H_5 \xrightarrow{CH_3CH_2OH}$$

**29.** 在习题25每个溶剂解反应中加入以下试剂，将会对反应产生什么样的影响？

（a）$H_2O$       （b）KI

（c）$NaN_3$     （d）$CH_3CH_2OCH_2CH_3$（**提示**：极性低。）

**30.** 将以下碳正离子按稳定性从强到弱进行排序：

（三个环戊烷碳正离子结构：$H, CH_3$ 取代带正电；$H, \overset{+}{C}H_2$ 取代；$\overset{+}{C}H_3$ 取代）

**31.** 下列各组化合物在丙酮水溶液中发生溶剂解反应，将各组化合物按反应速率从快到慢的顺序进行排序。

（a）
$$CH_3CHCH_2CH_2Cl \qquad CH_3CHCHCH_3 \qquad CH_3CHCH_2CH_3$$
（中间结构含 CH₃ 和 Cl，右结构含 CH₃ 和 Cl）

（b）
含 OCCH₃（酯基）的环己烷　　含 Cl 的环己烷　　含 OH 的环己烷

（c）
含 Br 的环己烷　　含 Cl 的环己烷　　含 H₃C、Cl 的环己烷

**32.** 画出下列取代反应产物的结构式。判断各产物是通过 $S_N1$ 还是 $S_N2$ 机理形成的，并写出详细的反应机理。

（a）$(CH_3)_2CHOSO_2CF_3 \xrightarrow{CH_3CH_2OH}$

（b）（环戊烷，含 CH₃ 和 Br）$\xrightarrow{\text{过量 } CH_3SH,\ CH_3OH}$

（c）$CH_3CH_2CH_2CH_2Br \xrightarrow{(C_6H_5)_3P,\ DMSO}$

（d）$CH_3CH_2CHClCH_2CH_3 \xrightarrow{NaI,\ 丙酮}$

**33.** 画出下列取代反应产物的结构式。指出哪些反应的速率在极性非质子溶剂［如丙酮、二甲基亚砜（DMSO）］中比在极性质子溶剂（如水、甲醇）中快，并用反应机理解释。

（a）$CH_3CH_2CH_2Br + Na^+\ {}^-CN \longrightarrow$

（b）$(CH_3)_2CHCH_2I + Na^+\ N_3^- \longrightarrow$

（c）$(CH_3)_3CBr + HSCH_2CH_3 \longrightarrow$

（d）$(CH_3)_2CHOSO_2CH_3 + HOCH(CH_3)_2 \longrightarrow$

**34.** 以 (R)-2-氯丁烷为原料合成 (R)-$CH_3CHN_3CH_2CH_3$。

**35.** 完成以下两个 (S)-2-溴丁烷的取代反应，并标明产物的立体化学。

$(S)\text{-}CH_3CH_2CHBrCH_3 \xrightarrow{\overset{O}{\underset{}{HCOH}}}$

$(S)\text{-}CH_3CH_2CHBrCH_3 \xrightarrow{\overset{O}{\underset{}{HCO^-Na^+,\ DMSO}}}$

**36.** 以下反应为以反-1-氯-3-甲基环戊烷为原料立体专一性合成顺-3-甲基环戊基乙酸酯。请为此转换提供合适的反应试剂、溶剂和条件。

（环戊烷结构，含 Cl 和 CH₃）$\xrightarrow{?}$（环戊烷结构，含 OCCH₃ 和 CH₃）

反-1-氯-3-甲基环戊烷　　顺-3-甲基环戊基乙酸酯

**37.** 以下两个看上去类似的反应却得到了不同的反应结果。

$$CH_3CH_2CH_2CH_2Br \xrightarrow{NaOH,\ CH_3CH_2OH} CH_3CH_2CH_2CH_2OH$$

$$CH_3CH_2CH_2CH_2Br \xrightarrow{NaSH,\ CH_3CH_2OH} CH_3CH_2CH_2CH_2SH$$

第一个反应的产率很高。但是，第二个反应的产率因大量 $(CH_3CH_2CH_2CH_2)_2S$ 的生成而降低。请利用反应机理解释 $(CH_3CH_2CH_2CH_2)_2S$ 形成的原因，并说明为何第一步不会有类似的副产物产生。

**38.** 画出习题25中每一个反应的E1产物结构式。

**39.** 分步画出习题38中每一个反应的E1反应的完整的分步转化机理。

**40.** 与本章讨论的 $S_N1$ 和E1反应机理类似，甲烷的氯化反应也经历了多步转换反应机理（3-4节）。写出此转换过程合理的速率方程。（**提示**：参考图3-7。）

**41.** 光学纯 (−)-2-氯-6-甲基庚烷发生水解反应转化为醇，其中有少量构型完全翻转的产物（大约10%）。请解释原因。（**提示**：考虑C—Cl键断裂后离去基团的位置，以及碳正离子被周围的溶剂分子进攻所造成的影响。）

**42.**（a）画出以下反应的两个主要产物的结构式。

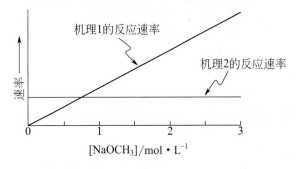

如图所示，反应速率与NaOCH₃的浓度有关。

（b）机理1属于哪一类型？

（c）机理2属于哪一类型？

（d）NaOCH₃在大约什么浓度下，两个机理的反应速率相同？

**43.** 画出以下消除反应产物的结构式，并写出形成这些产物可能的反应机理。

（a）$(CH_3CH_2)_3CBr \xrightarrow{NaNH_2,\ NH_3}$

（b）$CH_3CH_2CH_2CH_2Cl \xrightarrow{KOC(CH_3)_3,\ (CH_3)_3COH}$

（c）（二环己基甲基，含 Br）$\xrightarrow{\text{过量 } KOH,\ CH_3CH_2OH}$

（d）（环己烷，含 Cl 和 CH₃）$\xrightarrow{NaOCH_3,\ CH_3OH}$

**44.** 为以下转换选择合适的反应试剂（a）～（f）：（i）一级RX的$S_N2$反应；（ii）一级RX的E2反应；（iii）二级RX的$S_N2$反应；（iv）二级RX的E2反应。

（**a**）$NaSCH_3$的甲醇溶液

（**b**）$(CH_3)_2CHOLi$的异丙醇溶液

（**c**）$NaNH_2$的液氨溶液

（**d**）KCN的DMSO溶液

（**e**）

（**f**）$CH_3CH_2CH_2CONa$的DMF溶液

**45.** 写出1-溴丁烷和以下反应体系反应的主要产物，并判断这些产物是通过$S_N1$、$S_N2$、E1还是E2形成的。如果某个反应不能进行或反应很慢，就可以认为"不反应"。假定每一个反应试剂都大大过量，反应溶剂也已给出。

（**a**）KCl的DMF溶液

（**b**）KI的DMF溶液

（**c**）KCl的$CH_3NO_2$溶液

（**d**）$NH_3$的$CH_3CH_2OH$溶液

（**e**）$NaOCH_2CH_3$的$CH_3CH_2OH$溶液

（**f**）$CH_3CH_2OH$

（**g**）$KOC(CH_3)_3$的$(CH_3)_3COH$溶液

（**h**）$(CH_3)_3P$的$CH_3OH$溶液

（**i**）$CH_3CO_2H$

**46.** 写出2-溴丁烷与习题45中的每一组试剂反应的主要产物和机理。

**47.** 写出2-溴-2-甲基丙烷与习题45中的每一组试剂反应的主要产物和机理。

**48.** 下面给出2-氯-2-甲基丙烷的三个反应。（**a**）写出这些反应的主要产物。（**b**）比较这三个反应的速率。假定溶剂极性和反应溶剂浓度都相同。利用反应机理进行解释。

$$(CH_3)_3CCl \xrightarrow{H_2S,\ CH_3OH}$$

$$(CH_3)_3CCl \xrightarrow{CH_3CO^-K^+,\ CH_3OH}$$

$$(CH_3)_3CCl \xrightarrow{CH_3O^-K^+,\ CH_3OH}$$

**49.** 写出以下反应主要产物的结构式。判断以下反应按哪类机理进行：$S_N1$、$S_N2$、E1还是E2。如果反应不能进行，则写"不反应"。

（**a**）

（**b**）

（**c**）

（**d**）

（**e**）$(CH_3)_2CHCH_2CH_2CH_2Br \xrightarrow{NaOCH_2CH_3,\ CH_3CH_2OH}$

（**f**）

（**g**）

（**h**）

（**i**）

（**j**）

（**k**）$(CH_3)_3CCHCH_3 \xrightarrow{KOH,\ CH_3CH_2OH}$ （Br在CH上）

（**l**）$CH_3CH_2Cl \xrightarrow{CH_3COH\ (O)}$

**50.** 下面的反应或机理存在一个或多个的错误。指出这些错误，解释原因，并给出正确的机理。

（**a**）反应1

$$CH_3Cl + NaOH \longrightarrow CH_3OH + NaCl$$

错误的机理1

（**b**）反应 2

$$CH_3CH_2CH_2Br + CH_3OH \longrightarrow CH_3CH_2CH_2OCH_3 + HBr$$

错误的机理2

**（c）反应 3**

$$CH_3-\underset{\underset{CH_3}{|}}{\overset{\overset{CH_3}{|}}{C}}-Cl \ + \ CH_3CH_2OH \longrightarrow CH_3-\underset{\underset{CH_3}{|}}{\overset{\overset{CH_3}{|}}{C}}-OH$$

错误的机理 3

$$CH_3-\underset{\underset{CH_3}{|}}{\overset{\overset{CH_3}{|}}{C}}\curvearrowright Cl \longrightarrow H_3C-\underset{\underset{CH_3}{|}}{\overset{\overset{CH_3}{|}}{C}}{}^+$$

$$CH_3CH_2\curvearrowleft OH \longrightarrow CH_3CH_2^+ \ + \ {}^-OH$$

$$H_3C-\underset{\underset{CH_3}{|}}{\overset{\overset{CH_3}{|}}{C}}{}^+ \ + \ {}^-OH \longrightarrow CH_3-\underset{\underset{CH_3}{|}}{\overset{\overset{CH_3}{|}}{C}}-OH$$

**51.** 在下表的空格处填写每一个卤代烷与试剂反应的主要产物。

| 卤代烷 | 试剂 | | | |
|---|---|---|---|---|
| | $H_2O$ | $NaSeCH_3$ | $NaOCH_3$ | $KOC(CH_3)_3$ |
| $CH_3Cl$ | —— | —— | —— | —— |
| $CH_3CH_2CH_2Cl$ | —— | —— | —— | —— |
| $(CH_3)_2CHCl$ | —— | —— | —— | —— |
| $(CH_3)_3CCl$ | —— | —— | —— | —— |

**52.** 判断习题51中形成每个产物的主要反应机理（简单表明$S_N2$、$S_N1$、E2或E1）。

**53.** 判断以下反应能否进行：能进行、反应很慢、基本不能进行。如果能进行，写出产物的结构式。

**（a）** $CH_3CH_2\underset{\underset{Br}{|}}{CH}CH_3 \xrightarrow{\text{NaOH, 丙酮}} CH_3CH_2\underset{\underset{OH}{|}}{CH}CH_3$

**（b）** $CH_3\underset{\underset{H_3C}{|}}{CH}CH_2Cl \xrightarrow{CH_3OH} CH_3\underset{\underset{H_3C}{|}}{CH}CH_2OCH_3$

**（c）** 环己烷（H、Cl）$\xrightarrow{HCN, CH_3OH}$ 环己烷（H、CN）

**（d）** $CH_3-\underset{\underset{CH_3SO_2O}{|}}{\overset{\overset{CH_3}{|}}{C}}-CH_2CH_2CH_2OH \xrightarrow{\text{硝基甲烷}}$ 四氢吡喃环（$H_3C$、$H_3C$、O）

**（e）** 环戊烷（$H_3C$、$CH_2I$）$\xrightarrow{NaSCH_3, CH_3OH}$ 环戊烷（$H_3C$、$CH_2SCH_3$）

**（f）** $CH_3CH_2CH_2Br \xrightarrow{NaN_3, CH_3OH} CH_3CH_2CH_2N_3$

**（g）** $(CH_3)_3CCl \xrightarrow{NaI, \text{硝基甲烷}} (CH_3)_3CI$

**（h）** $(CH_3CH_2)_2O \xrightarrow{CH_3I} (CH_3CH_2)_2\overset{+}{O}CH_3 + I^-$

**（i）** $CH_3I \xrightarrow{CH_3OH} CH_3OCH_3$

**（j）** $(CH_3CH_2)_3COCH_3 \xrightarrow{NaBr, CH_3OH} (CH_3CH_2)_3CBr$

**（k）** $CH_3\underset{\underset{CH_3}{|}}{CH}CH_2CH_2Cl \xrightarrow{NaOCH_2CH_3, CH_3CH_2OH} CH_3\underset{\underset{CH_3}{|}}{CH}CH=CH_2$

**（l）** $CH_3CH_2CH_2CH_2Cl \xrightarrow{NaOCH_2CH_3, CH_3CH_2OH} CH_3CH_2CH=CH_2$

**54.** 以提供的试剂为原料合成所需的化合物。可以利用所需要的任何其他试剂或溶剂。某些反应可能会形成混合物，并没有可以替换的反应。如果这样，尽量利用各种试剂和反应条件使所需产物的反应产率最大化（参见第6章习题55）。

**（a）** 以丁烷为原料制备$CH_3CH_2CHICH_3$

**（b）** 以丁烷为原料制备$CH_3CH_2CH_2CH_2I$

**（c）** 以甲烷和2-甲基丙烷为原料制备$(CH_3)_3COCH_3$

**（d）** 以环己烷为原料制备环己烯

**（e）** 以环己烷为原料制备环己醇

**（f）** 以1,3-二溴丙烷为原料制备 （含两个S的二硫代环化合物）

**55. 挑战题**　下面给出的［（1-溴-1-甲基）乙基］苯严格按照一级动力学反应进行单分子溶剂解反应。当$[RBr] = 0.1mol \cdot L^{-1}$，溶剂为（体积比为9:1）丙酮/水，测得反应速率为$2 \times 10^{-4}$ $mol \cdot L^{-1} \cdot s^{-1}$。

**（a）** 从所给数据计算反应的速率常数$k$，反应的产物是什么？

**（b）** 向反应体系中加入$0.1 mol \cdot L^{-1}$ $LiCl$，尽管此溶剂解反应仍为严格的一级反应，但反应的速率增加至$4 \times 10^{-4} mol \cdot L^{-1} \cdot s^{-1}$。计算新的反应速率常数$k_{LiCl}$，并给出合理的解释。

**（c）** 当用$0.1 mol \cdot L^{-1}$ $LiBr$代替$LiCl$时，反应速率降至$1.6 \times 10^{-4} mol \cdot L^{-1} \cdot s^{-1}$，试解释该现象，并用适当的化学反应式来描述这些反应。

$$RBr = \text{苯基}-\underset{\underset{CH_3}{|}}{\overset{\overset{CH_3}{|}}{C}}-Br$$

**56.** 在本章中，我们已经介绍了大量的$S_N1$溶剂解反应的实例，而且基本上按以下的方式进行：

$$R\curvearrowright X \xrightarrow{r_1 = k_1[RX]} X^- + R^+ \xrightarrow{r_2 = k_2[R^+][Nu:]} R-\overset{+}{\underset{\cdot\cdot}{O}}H_2$$

质子被攫取后形成最终产物。尽管有大量事实证明了碳正离子中间体的形成，但是由于碳正离子很快就与亲核试剂结合，因此很难直接观测到。目前，发现了一些$S_N1$溶剂解反应的实例，并获得了一些特殊的实验结果。例如：

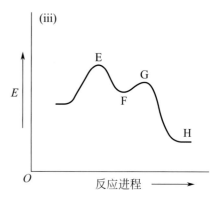

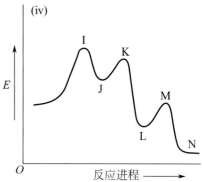

将无色底物和溶剂混合，马上形成橘红色溶液，这表明形成了碳正离子中间体。此颜色在1min内褪去，分析结果表明最终产物的产率为100%。

（**a**）此例中，生成可测定浓度的碳正离子的原因有两个：一是从该特定底物中解离形成的碳正离子异常稳定（第22章将会解释此现象）。另一个原因是即使与醇（如乙醇等）相比，溶剂（2,2,2-三氟乙醇）也是亲核能力很差的亲核试剂。请解释此溶剂亲核能力差的原因。（**b**）请对这两步反应的相对速率（速率1和速率2）进行说明，并与常规的$S_N1$反应机理进行比较。（**c**）在$S_N1$反应中，增加碳正离子的稳定性和降低溶剂的亲核能力如何影响速率1和速率2的相对大小？（**d**）为以上反应提供合理、分步、完整的反应机理。

**57.** 为下面的反应找出匹配的反应势能图，并在反应势能图标有大写字母的地方画出物种的结构式。

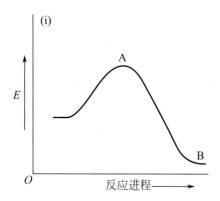

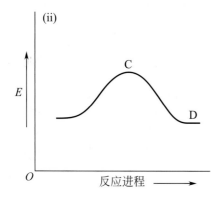

（**a**）$(CH_3)_3CCl + (C_6H_5)_3P \longrightarrow$

（**b**）$(CH_3)_2CHI + KBr \longrightarrow$

（**c**）$(CH_3)_3CBr + HOCH_2CH_3 \longrightarrow$

（**d**）$CH_3CH_2Br + NaOCH_2CH_3 \longrightarrow$

**58.** 下式为4-氯-4-甲基-1-戊醇在中性、极性溶液中的反应式，试写出最可能的产物的结构式。

$$(CH_3)_2\overset{\overset{\displaystyle Cl}{|}}{C}CH_2CH_2CH_2OH \longrightarrow HCl + C_6H_{12}O$$

在强碱性溶液中，起始原料转化为分子式为$C_6H_{12}O$的化合物，但这个化合物与中性条件下的产物具有完全不同的结构。这个化合物是什么？对这两个不同的结果做出解释。

**59.** 下面的反应可分别通过E1和E2两种机理进行。

$$CH_3-\overset{\overset{\displaystyle CH_3}{|}}{\underset{\underset{\displaystyle CH_3}{|}}{C}}-Br \xrightarrow[CH_3CH_2OH]{NaOCH_2CH_3,} CH_2=\overset{\overset{\displaystyle CH_3}{|}}{C}\underset{\displaystyle CH_3}{}$$

E1反应的速率常数$k_{E1}=5.5\times10^{-5}\,s^{-1}$，E2反应的速率常数$k_{E2}=5.0\times10^{-4}\,L\cdot mol^{-1}\cdot s^{-1}$。卤代烷的浓度为0.05$mol\cdot L^{-1}$。（**a**）$NaOCH_3$的浓度为0.01$mol\cdot L^{-1}$时，哪一种消除反应占优势？（**b**）当$NaOCH_3$的浓度为1.0$mol\cdot L^{-1}$时，哪一种消除反应占优势？（**c**）当碱的浓度为多少时，50%的反应原料按E1机理进行，另50%按E2机理进行？

**60.** 以下反应的起始原料为羧酸甲酯。该甲酯与LiI反应转化为羧酸锂盐。反应使用的溶剂为吡啶。

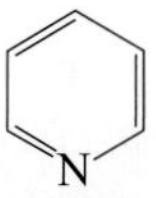

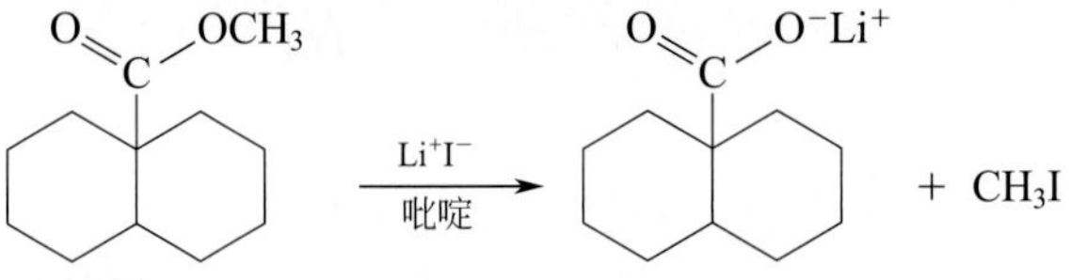

请设计一些实验方案验证此反应的可能的转化机理。

**61. 挑战题** 如下图所示，1,1-二甲基乙基（叔丁基）醚很容易被稀的强酸分解：

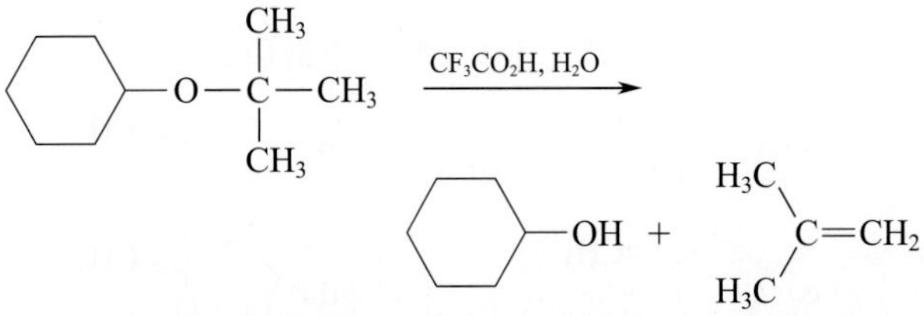

为此反应提供可能的机理。其中强酸起什么作用？

**62.** 某二级卤代烷在极性非质子溶剂中与下列亲核试剂反应，写出每个反应的反应机理和主要产物。括号中的数字为亲核试剂共轭酸的p$K_a$值。

（a）$N_3^-$（4.6）　　　（b）$H_2N^-$（35）

（c）$NH_3$（9.5）　　　（d）$HSe^-$（3.7）

（e）$F^-$（3.2）　　　（f）$C_6H_5O^-$（9.9）

（g）$PH_3$（−12）　　　（h）$NH_2OH$（6.0）

（i）$NCS^-$（−0.7）

**63.** 可的松是一种重要的甾体消炎药。以所给的烯烃为原料，可以高效合成可的松。

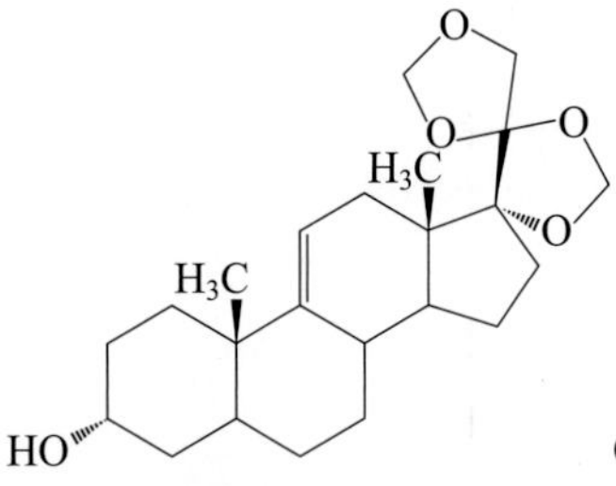

**烯烃** 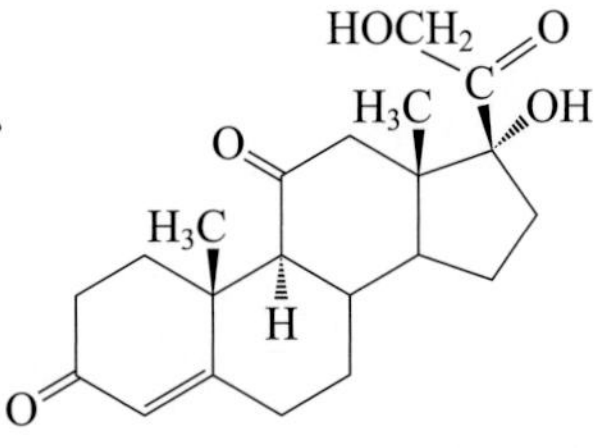　　　　　　**可的松**

有如下三种氯代的化合物A、B、C，其中两种在碱的作用下通过 E2 消除反应得到上面的烯烃且产率适中，但有一种化合物不能生成这种烯烃，这个化合物是哪一个？说明原因。这个化合物进行 E2 消除反应时生成什么产物？（**提示：注意每个化合物的几何结构。**）

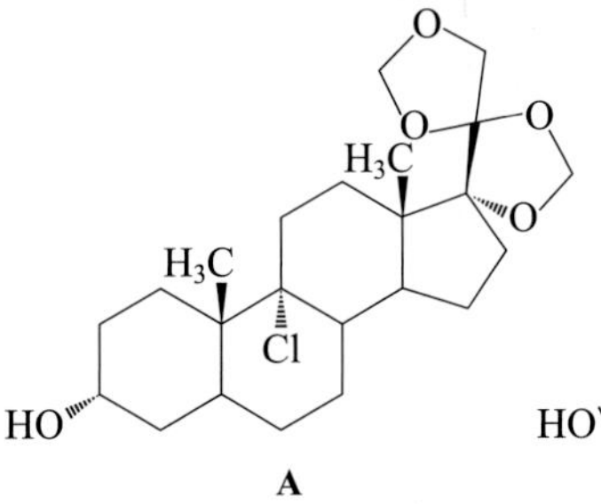

**A** 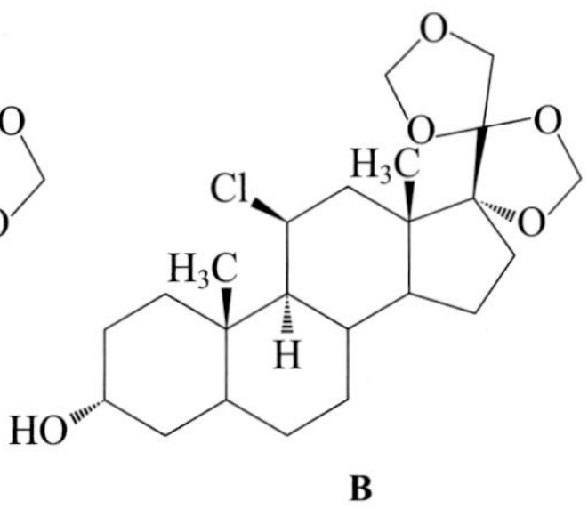　　　　　　**B**

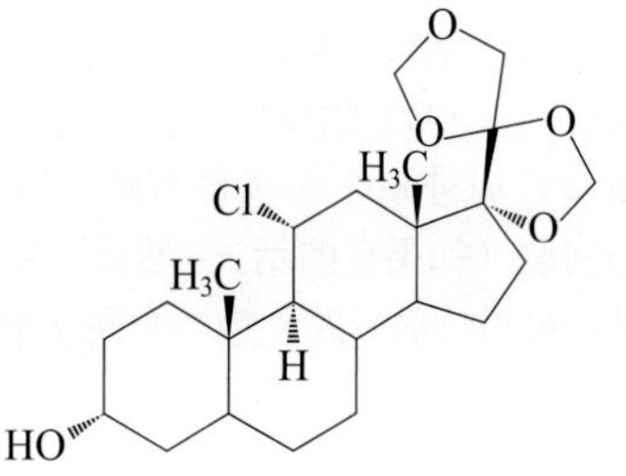

**C**

**64. 挑战题** 反-十氢萘衍生物的化学很有意思，其环系是甾体结构的一部分。搭建下面两个溴代衍生物的模型（i和ii）有助于回答下述问题。

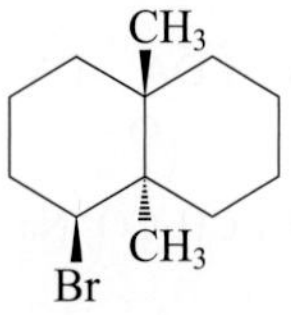

**i** 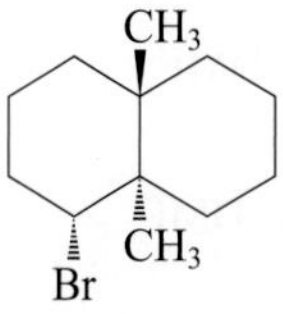　　　　　　**ii**

（**a**）在$CH_3CH_2OH$溶剂中，其中一个分子和$NaOCH_2CH_3$发生E2反应的反应速率比另一个快得多。快的是哪一个？慢的是哪一个？解释原因。（**b**）化合物i和ii的氘代类似物和碱反应生成如下产物。

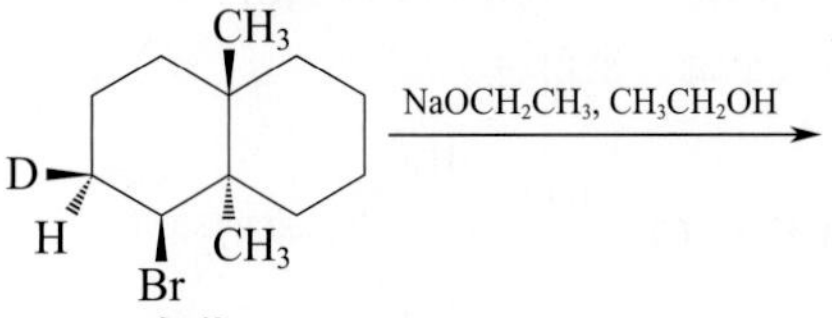

**i-氘代**

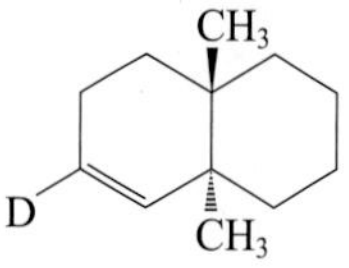

（所有氘均被保留）

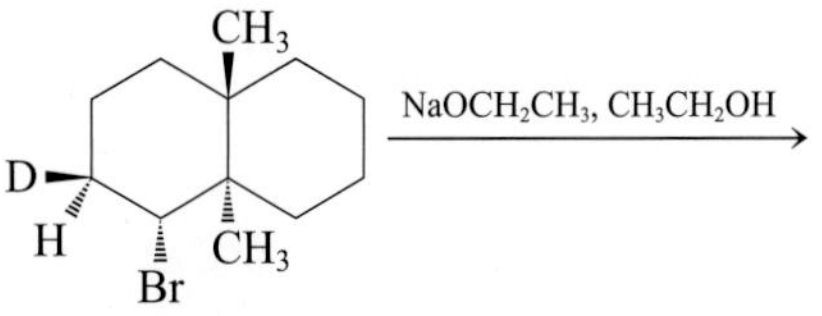

**ii-氘代**

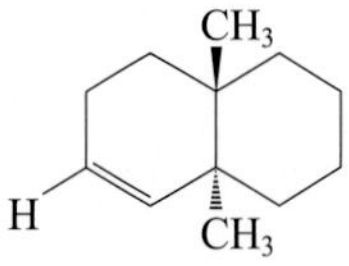

（所有氘均被氢置换）

说明发生的消除反应是反式（*anti*）还是顺式（*syn*）。写出分子发生消除反应时必须采取的构象。问题（b）的答案对解决问题（a）是否有帮助？

**团队练习**

**65.** 溴代烷的取代-消除反应可用下式表示：

$$R—Br \xrightarrow{Nu/碱} R—Nu + 烯烃$$

当底物的结构和反应条件变化时，反应机理和产物有何不同？为揭示单分子和双分子取代反应和消除反应的细微差别，在反应条件（a）～（e）下进行溴代烷（A～D）的反应。把问题均匀分配给小组的各成员，以使每个成员都有解决反应机理和产物分布的问题（如果有的话）。然后，集合并讨论各自的结果，最后达成一致。当一个同学给其他成员解释反应机理时，用弯箭头标明电子的流向。在必要的地方用R或S表明起始原料和产物的立体化学特征。

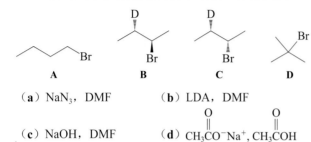

（a）NaN$_3$，DMF          （b）LDA，DMF

（c）NaOH，DMF          （d）CH$_3$CO$^-$Na$^+$，CH$_3$COH

（e）CH$_3$OH

**预科练习**

**66.** 下面的卤代烷中，哪一个水解反应的速率最快？

（a）（CH$_3$）$_3$CF          （b）（CH$_3$）$_3$CCl

（c）（CH$_3$）$_3$CBr          （d）（CH$_3$）$_3$CI

**67.** 下述反应属于哪一类机理？

$$(CH_3)_3CCl \xrightarrow{CH_3O^-} \begin{array}{c} H_3C \\ H_3C \end{array} C{=}CH_2$$

（a）E1    （b）E2    （c）S$_N$1    （d）S$_N$2

**68.** 在下面的反应中，哪一个是 A 最合适的结构？

$$A \xrightarrow{H_2O, \text{丙酮}} CH_3CH_2C(CH_3)_2\text{—OH}$$

（a）BrCH$_2$CH$_2$CH(CH$_3$)$_2$

（b）CH$_3$CH$_2$C(CH$_3$)$_2$Br... CH$_3$CH$_2$CBr(CH$_3$)CH$_3$

（c）CH$_3$CH$_2$CH(CH$_3$)CH$_2$Br

（d）CH$_3$CHCHCH(CH$_3$)$_2$ Br

**69.** 下列碳正离子异构体中，哪一个最稳定？

（a）    （b）    （c）    （d）

**70.** 哪一种反应中间体参与下面的反应？

$$2{-}\text{甲基丁烷} \xrightarrow{Br_2, h\nu} 2{-}\text{甲基-3-溴丁烷（非主要产物）}$$

（a）二级自由基

（b）三级自由基

（c）二级碳正离子

（d）三级碳正离子

# 羟基官能团：醇

## 性质、制备以及合成策略

此图为意大利 Cotignola 地区酿造葡萄酒的传统方法：将粗制的葡萄汁发酵，可制备葡萄酒中的乙醇。

**学习目标**

— 醇的结构、画法以及命名

— 认识醇中氢键的性质

— 回顾酸性与碱性的概念，并将其应用于醇中

— 利用亲核取代反应制备醇

— 建立醇、醛以及酮之间的氧化还原关系

— 除了亲核性氢负离子或金属有机试剂与醛和酮反应制备醇外，进一步认识羰基碳的亲电性

— 利用逆合成分析解决合成问题

当你听到 "醇" 这个词的时候，马上想到的是什么？毫无疑问，不管你乐意不乐意，在某种方式上它总和在酒精类饮料中含有的一种醇类化合物——乙醇联系在一起。饮用（有限的）酒精能够产生愉悦感，人们认识并有目的使用乙醇的时间已长达上千年。这也许还不足为奇，因为乙醇可以由自然界的碳水化合物通过发酵而成。例如，在糖的水溶液中添加酵母可以制备乙醇，并产生 $CO_2$ 气体。

$$C_6H_{12}O_6 \xrightarrow{\text{酵母}} 2\ CH_3CH_2OH\ +\ 2\ CO_2$$
$$\text{糖} \qquad\qquad\qquad \text{乙醇}$$

目前，乙醇可作为可再生的"绿色"燃料，因此也被称为生物乙醇，可以作为添加剂在汽油中掺入 5% ～ 25%，因此也被叫做汽油乙醇。各类常用食物，如甘蔗、玉米、柳枝稷、麦秆等，均可以通过发酵高效地转化为乙醇（真实生活 3-1）。2015 年，全世界的乙醇产量为 257 亿加仑 [1 加仑（美）=3.7854 升]。

乙醇是被称为"**醇**（alcohol）"的一大类化合物中的一员。本章将介绍一些关于它们的化学性质。在第 2 章，我们知道醇是由含有—OH 取代基也就是官能团**羟基**（hydroxy）的碳骨架组成的。它们可以看作水的一个氢原子被烷基取代的衍生物。如果把另一个氢原子也取代就得到**醚**（ether）（第 9 章）。官能团羟基很容易转化为其他官能团，如烯烃中的 C＝C 双键（第 7、9 和 11 章），以及醛、酮中的 C＝O 双键（本章和第 17 章）。

醇在自然界中含量丰富，在结构上变化多端（例如，4-7 节）。简单的醇可用作溶剂，其他的则用来合成更复杂的分子。它们是研究官能团和有机

H—Ö—H
水

H₃C—Ö—H
甲醇
（一种醇）

H₃C—Ö—CH₃
二甲醚
（甲氧基甲烷）
（一种醚）

这些玉米将用于生产乙醇。发酵产品可作为蒸馏酒的原料以及牲畜的饲料。

化合物结构与功能之间关系的一个很好实例。

　　我们的讨论从醇的命名开始，然后对它们的结构和其他一些物理性质作简要介绍，尤其是与烷烃以及卤代烷相对比。最后，在醇的制备中将介绍高效合成有机新化合物的策略。

# 8-1　醇的命名

　　像其他化合物一样，醇可以同时有系统名和常用名。系统命名法是把醇看作烷烃的衍生物，即将烷烃 alkane 的末尾加上 -ol。为了避免出现两个相邻的元音字母，如 alkaneol，将烷烃末尾的 -e 去掉。因此，alkane（烷烃）就变成 alkanol（**烷基醇**）。例如，最简单的醇 methanol（甲醇）就是源自 methane（甲烷）。Ethanol（乙醇）源自 ethane（乙烷），propanol（丙醇）源自 propane（丙烷），以此类推。在更复杂的带支链的醇类化合物中，醇的命名是将含有羟基取代基的最长链作为主链，而不是简单地把分子中最长的链作为主链。在以下结构式中，主链均用黑色表示。

**methylheptanol**
甲基**庚醇**

**methylpropyloctanol**
甲基正丙基**辛醇**

　　从最靠近羟基的碳原子一端开始，逐个给主链碳原子编号。主链上其他取代基的命名可以作为前缀加到某醇的前面。其他沿着主链的取代基的名称和位置依次放在命名中。更复杂的烷基取代基则根据 IUPAC 碳氢化合物命名规则来命名（2-6 节），依据 *R/S* 规则确定手性中心的构型（5-4 节）。如果主链连有多个羟基取代基，此分子可以称为二醇（alkanediol）、三醇（alkanetriol），以此类推。因为没有元音字母相邻，此时烷烃英文命名的词尾 -e 就保留了下来。

> 在非环状的烷基醇中，—OH 连接的碳原子只有位于主链的末端时，才会被编号为1。

$$\overset{3}{C}H_3\overset{2}{C}H_2\overset{1}{C}H_2OH$$

1-propanol
或propan-1-ol
1-丙醇

$$\overset{1}{C}H_3\overset{2}{\underset{OH}{C}}\overset{3}{C}H_2\overset{4}{C}H_2\overset{5}{C}H_3$$

2-pentanol
或pentan-2-ol
2-戊醇

(3*R*)-2,2,5-trimethyl-3-hexanol
或(3*R*)-2,2,5-trimethylhexan-3-ol
(3*R*)-2,2,5-三甲基-己-3-醇

$$HO\overset{1}{C}\overset{2}{C}\overset{3}{C}\overset{4}{C}OH$$

1,4-butanediol
或butane-1,4-diol
1,4-丁二醇

　　环状的醇命名为**环烷醇**（cycloalkanol），连接羟基官能团的碳原子自动编号为1。

cyclohexanol
环己醇

1-ethylcyclopentanol
1-乙基环戊醇

*cis*-3-chlorocyclobutanol
顺-3-氯环丁醇

当—OH 作为取代基命名时，其名称为羟基（hydroxy）。当有更高命名优先次序的官能团与—OH 共存时（如页边结构），—OH 作为取代基称为羟基，如羟基酸。IUPAC 继续保留了单词 hydroxyl 作为羟基自由基的名称。像卤代烷一样，醇也可以分为一级醇、二级醇或者三级醇。

$$\underset{\text{一级醇}}{RCH_2OH} \qquad \underset{\text{二级醇}}{\overset{\displaystyle OH}{\underset{\displaystyle H}{|} \\ RCR'}} \qquad \underset{\text{三级醇}}{\overset{\displaystyle OH}{\underset{\displaystyle R''}{|} \\ RCR'}}$$

在普通命名中，烷基的名字后面跟着醇（alcohol），且是分开写的。在较早的文献中可以发现很多常用名。虽然我们最好不要使用常用名，但还是应该知道。

$$\underset{\substack{\textbf{methyl} \text{ alcohol}\\ \text{甲醇}}}{CH_3OH} \qquad \underset{\substack{\textbf{isopropyl} \text{ alcohol}\\ \text{异丙醇}}}{\overset{\displaystyle CH_3}{\underset{\displaystyle OH}{| \\ CH_3CH}}} \qquad \underset{\substack{\textit{tert-}\textbf{butyl} \text{ alcohol}\\ \text{叔丁醇}}}{\overset{\displaystyle CH_3}{\underset{\displaystyle CH_3}{| \\ CH_3COH}}}$$

总结此节，你会发现以前介绍的烷烃的命名规则很有用，但需要将其调整为醇的命名。

---

**规则：醇的命名规则**

— **第1步**：确定主链。
— **第2步**：命名所有取代基。
— **第3步**：命名主链。
— **第4步**：按英文字母顺序命名所有取代基。

---

## 练习8-1

画出以下化合物的结构式：（**a**）4-辛醇；（**b**）2,2,2-三氯乙醇；（**c**）（*S*）-3-甲基-3-己醇；（**d**）反-2-溴环戊醇；（**e**）2,2-二甲基-1-丙醇（新戊醇）。

---

## 练习8-2

命名以下化合物。如有立体化学问题，不要忘记用 *R* 和 *S* 标记其立体构型。

（**a**）
$$\overset{\displaystyle CH_3 \quad OH}{\underset{}{| \qquad |}} \\ CH_3CHCH_2CHCH_3$$

（**b**）

（**c**）

（**d**）

（页边结构）
$$\underset{\substack{\text{(−)-2-羟基丙酸}\\ \text{[(−)-乳酸]}}}{HOOC\overset{\displaystyle H}{\underset{\displaystyle CH_3}{— C —}}OH}$$

# 8-2 | 醇的结构和物理性质

在很大程度上羟基决定了醇的物理性质。羟基影响醇的分子结构，并能形成氢键，使醇的沸点升高，在水中的溶解度增加。

### 醇与水分子的结构类似

图8-1展示了甲醇与水以及甲氧基甲烷（二甲醚）在结构上的相似度。在这三种分子里，键角反映了电子互斥效应和中心氧原子上取代基空间位阻效应的增加。尽管并不严格准确（练习1-17），但可以认为氧原子都是$sp^3$杂化的，与氨和甲烷分子一样（1-8节），其形状是围绕着杂原子呈近四面体形。两对孤对电子处于两个未成键的$sp^3$杂化轨道中。

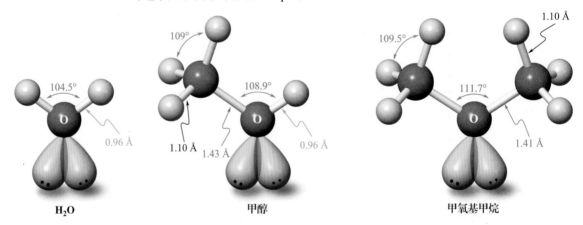

图8-1　水、甲醇以及甲氧基甲烷分子结构的相似度。

O—H键比C—H键短得多，部分原因是氧的电负性比碳高。一定要记住电负性（表1-2）决定了原子核对其周边电子（包括成键电子）的束缚力。与键长较短相吻合的是键强的顺序：$DH^{\ominus}_{O—H}=104\text{kcal·mol}^{-1}$（435kJ·mol$^{-1}$）；$DH^{\ominus}_{C—H}=98\text{kcal·mol}^{-1}$（410kJ·mol$^{-1}$）

氧的电负性使得醇分子内电荷分布不均匀，从而进一步极化了O—H键。因此，氢带有部分正电荷，并且产生分子偶极矩（1-3节），就像在水分子中观测到的那样。这种极化效应可以在水和甲醇的静电势图中清楚地看到。

**水和甲醇的键和分子偶极矩**

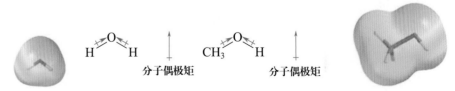

**表8-1　醇与其类似物卤代烷和烷烃的物理性质**

| 化合物 | IUPAC名 | 常用名 | 熔点/℃ | 沸点/℃ | 在水中的溶解度（23℃） |
|---|---|---|---|---|---|
| 甲醇（$CH_3OH$） | methanol | methyl alcohol | −97.8 | 65.0 | 无限 |
| 氯甲烷（$CH_3Cl$） | chloromethane | methyl chloride | −97.7 | −24.2 | 0.74g/100mL |
| 甲烷（$CH_4$） | methane |  | −182.5 | −161.7 | 3.5mL（气体）/100mL |
| 乙醇（$CH_3CH_2OH$） | ethanol | ethyl alcohol | −114.7 | 78.5 | 无限 |
| 氯乙烷（$CH_3CH_2Cl$） | chloroethane | ethyl chloride | −136.4 | 12.3 | 0.447g/100mL |
| 乙烷（$CH_3CH_3$） | ethane |  | −183.3 | −88.6 | 4.7mL（气体）/100mL |
| 正丙醇（$CH_3CH_2CH_2OH$） | 1-propanol | propyl alcohol | −126.5 | 97.4 | 无限 |
| 丙烷（$CH_3CH_2CH_3$） | propane |  | −187.7 | −42.1 | 6.5mL（气体）/100mL |
| 正丁醇（$CH_3CH_2CH_2CH_2OH$） | 1-butanol | butyl alcohol | −89.5 | 117.3 | 8.0g/100mL |
| 正戊醇（$CH_3(CH_2)_4OH$） | 1-pentanol | pentyl alcohol | −79 | 138 | 2.2g/100mL |

## 氢键提高了醇的沸点和在水中的溶解度

在6-1节中，我们用卤代烷的极性解释了为什么它们的沸点比相应的非极性烷烃高。醇的极性与卤代烷相似。是否可以认为卤代烷和醇的沸点相当呢？从表8-1中可看出它们并不相同：醇的沸点非常高，与相应的烷烃和卤代烷相比，它的沸点要高得多。

上述结果可以用氢键来解释。一个醇分子的氧原子和另外一个醇分子的羟基氢原子之间可以形成氢键。利用此作用，醇分子形成了一个庞大的网状体系（图8-2）。虽然氢键较长且键能 $[DH^\ominus \approx 5 \sim 6\text{kcal} \cdot \text{mol}^{-1}(21 \sim 25\text{kJ} \cdot \text{mol}^{-1})]$ 比O—H共价键能（$DH^\ominus = 104\text{kcal} \cdot \text{mol}^{-1}$）要弱得多，但是许多氢键结合在一起的强度却足以阻止分子从液体中逃逸。这一结果导致沸点较高。

在水中，这种效应更加明显，因为水有两个可以用来形成氢键的氢原子（图8-2）。这就是水的分子量只有18，但是沸点却高达100℃的原因。如果没有这一性质，水在常温下只能是气体。考虑到水在所有生物体中的重要性，就可以想象，没有液体水，我们这个星球上的生命体会面临什么。

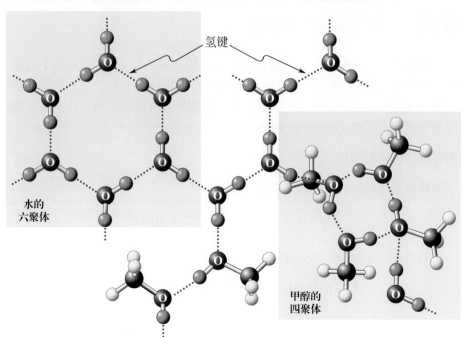

**图8-2** 甲醇水溶液中的氢键。这些分子形成了一个复杂的三维阵列，这里只画出了其中的一层。纯水（例如在冰中的水分子）趋向于自聚成环状六聚体单元（左上）；纯的小分子醇趋向于形成一个环状四聚体结构（右下）。

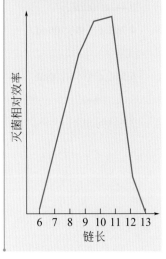
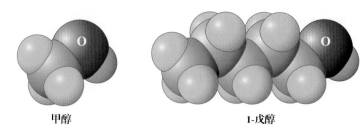

甲醇　　　　　　　　1-戊醇

图 8-3　甲醇和 1- 戊醇（空间填充模型）中疏水（绿色）和亲水（红色）部分。甲醇的极性官能团决定了它的物理性质：在水中全溶，但在己烷中只能部分溶解。相反，在更高级的醇中，疏水部分比例大大增加，使其在己烷中无限互溶，在水中的溶解度减小（表 8-1）。

水和醇的氢键还赋予这些化合物另外一种特性：很多醇都有一定的水溶性（表 8-1）。这一特点恰好与非极性烷烃很难溶于水形成了鲜明的对比。烷烃因为不溶于水的特性，通常被称为是"**疏水性的**"（hydrophobic；*hydro*，希腊语，"水"；*phobos*，希腊语，"畏惧"）。大多数烷基链就是如此。疏水效应有两个根源：首先，烷基链溶解在水中需要打破溶剂中的氢键网络；其次，烷基链可以通过色散力自聚集（2-7 节）。

和烷基官能团的疏水性相反，羟基和其他极性取代基，如—COOH和—NH₂ 等是**亲水性的**（hydrophilic）：它们增强了化合物的水溶性。

正如表 8-1 中的数据所示，醇的烷基（疏水的）部分越大，它在水中的溶解度越小。同时，烷基部分增加了醇在非极性溶剂中的溶解度（图 8-3）。低级醇，尤其是甲醇和乙醇的"似水"结构，使它们成为极性化合物甚至是盐的良好溶剂。毫无疑问，在 $S_N2$ 反应中，经常用醇作质子溶剂（6-8 节）。

## 小　结

醇（和醚）中的氧原子是 sp³ 杂化、四面体构型。O—H 共价键比 C—H 键更短，更强。由于氧的电负性，醇表现出一定的分子极性，水和醚也是如此。羟基上的氢和其他的醇分子形成氢键，这一性质使它们的沸点升高，并且与烷烃和卤代烷相比在极性溶剂中的溶解度显著增加。

# 8-3　醇的酸性和碱性

醇的许多用途是基于它既能作为酸又能作为碱（参见 2-3 节中关于这些概念的总结）。醇失去质子形成烷氧基负离子（alkoxide ion）。我们将介绍醇的结构是怎么影响 p$K_a$ 值的。氧的孤对电子使醇具有碱性，质子化后可得到烷基氧鎓离子（alkyloxonium ion）。

### 醇的酸性与水相似

醇在水中的酸性用平衡常数 $K$ 表示。

$$RO\!-\!H + H_2O \xrightleftharpoons{K} RO^{:-} + H_3O^+$$

烷氧基负离子

利用水的浓度恒定（55mol·L⁻¹，2-3 节），可以推出一个新的平衡常数 $K_a$。

$$K_a = K[H_2O] = \frac{[H_3O^+][RO^-]}{[ROH]}\ mol\cdot L^{-1}, pK_a = -\lg K_a$$

**表8-2 醇在水溶液中的 $pK_a$ 值**

| 化合物 | $pK_a$ | 化合物 | $pK_a$ |
|---|---|---|---|
| HOH | 15.7 | $ClCH_2CH_2OH$ | 14.3 |
| $CH_3OH$ | 15.5 | $CF_3CH_2OH$ | 12.4 |
| $CH_3CH_2OH$ | 15.9 | $CCl_3CH_2OH$ | 12.7 |
| $(CH_3)_2CHOH$ | 17.1 | $CBr_3CH_2OH$ | 13.4 |
| $(CH_3)_3COH$ | 18.0 | $CF_3CH_2CH_2OH$ | 14.6 |
| | | $CF_3CH_2CH_2CH_2OH$ | 15.4 |

表8-2 给出了部分醇的 $pK_a$ 值。与表 2-2 中的无机酸和其他强酸相比，醇与水一样，是相当弱的酸。然而，它们的酸性远大于烷烃和卤代烷。有近百万倍的差异。

为什么醇类具有酸性，而烷烃和卤代烷没有呢？原因在于质子所连接的氧具有比较强的电负性，能稳定烷氧基负离子的负电荷。

为了促使醇和烷氧基负离子之间的平衡向共轭碱一边移动，有必要使用比形成的烷氧基负离子更强的碱（例如，从比醇酸性更弱的共轭酸转化的碱，参见 9-1 节）。例如，氨基钠（$NaNH_2$）和甲醇的反应生成了甲醇钠和氨。

$$CH_3\overset{..}{\underset{..}{O}}{-}H + Na^+\ {}^-:\overset{..}{N}H_2 \xrightleftharpoons{K} CH_3\overset{..}{\underset{..}{O}}:^- Na^+ + :NH_3$$

$pK_a = 15.5$ 　　　　氨基钠 　　　　　甲醇钠 　　　　$pK_a = 35$

这个平衡明显偏向右边（$K \approx 10^{35-15.5} = 10^{19.5}$），因为甲醇的酸性比氨强得多；或者反过来说，氨基负离子的碱性比甲氧基负离子强得多。不出所料，与反应方程式左边的氮相比，反应方程式右边的氧能承担更多的负电荷。

## 解题练习8-3

**运用概念解题：预测酸碱平衡**

通过甲醇与 KCN 反应制备甲醇钾，这个方法可行吗？

**策略：**

- **W**：有何信息？我们需要先写出希望实现的反应方程式。
- **H**：如何进行？然后，将方程式中所有酸的 $pK_a$ 值加在方程式上。（表2-2或表6-4，以及表8-2）。
- **I**：需用的信息？如果右边（共轭）酸的 $pK_a$ 比左边甲醇的 $pK_a$ 大2个数量级，则反应平衡（>99%）趋向于右边（$K>100$）。
- **P**：继续进行。

**解答：**

• 此平衡反应和相应的 $pK_a$ 值如下：

$$CH_3OH + K^+CN^- \rightleftharpoons CH_3O^-K^+ + HCN$$

$pK_a = 15.5$ 　　　　　　　　　$pK_a = 9.2$

• HCN 的 $pK_a$ 比甲醇的小 6.3。因此，HCN 的酸性比较强。

• 此反应平衡趋向于左边，$K = 10^{-6.3}$。因此利用此方法制备甲醇钾是不可行的。

## 8-4 自试解题

以下哪些碱可以使甲醇完全去质子化？共轭酸的 p$K_a$ 已在括号里给出。
（**a**）CH$_3$CH$_2$CH$_2$CH$_2$Li(50) （**b**）CH$_3$CO$_2$Na(4.7)；
（**c**）LiN[CH(CH$_3$)$_2$]$_2$(LDA, 36)； （**d**）KH(38)； （**e**）CH$_3$SNa(10)。

有时，在反应中产生比化学计量平衡浓度少的烷氧基负离子就足够了。出于这个目的，可以加一些碱金属的氢氧化物到醇中产生少量的烷氧基负离子。

$$CH_3CH_2\overset{..}{\underset{..}{O}}-H + Na^+\; {}^-\!:\overset{..}{\underset{..}{O}}H \quad \overset{K}{\rightleftharpoons} \quad CH_3CH_2\overset{..}{\underset{..}{O}}{:}^-\;Na^+ + H_2\overset{..}{\underset{..}{O}}$$
$$pK_a = 15.9 \qquad\qquad\qquad\qquad\qquad pK_a = 15.7$$

假定起始原料物质的量浓度相等，在氢氧化钠作用下，大约一半的醇以烷氧基负离子的形式存在。然而，如果醇作为溶剂（即大大过量），则使平衡向右移动，所有的碱都会以烷氧基负离子的形式存在。

### 空间位阻和诱导效应决定了醇的酸性

从表 8-2 可看出醇的 p$K_a$ 值有近百万倍的差异。仔细观察第一列，就会发现从甲醇到一级醇、二级醇和最终的三级醇，其酸性依次变弱（p$K_a$ 值增大）。

**醇的p$K_a$值对比**

CH$_3$OH< 一级醇 < 二级醇 < 三级醇
强酸　　　　　　　　　　　　（弱酸）

**酸性增强**

这一顺序是由于烷基的空间位阻破坏了烷氧基负离子的溶剂化作用和氢键作用（图 8-4）。因为溶剂化和氢键都可以稳定氧的负电荷，这一过程的破坏导致了 p$K_a$ 的增大。

表 8-2 第二列表明了对醇 p$K_a$ 值的另外一个贡献：卤原子取代增强了醇的酸性。回想一下，C—X 键的碳由于受卤原子的强电负性影响而带极性正电荷（1-3 节和 6-1 节）。卤原子的吸电子效应使得更远的原子也带上一些极

**图8-4** 较小的甲氧基负离子比较大的叔丁氧基负离子能更好地被溶剂化。

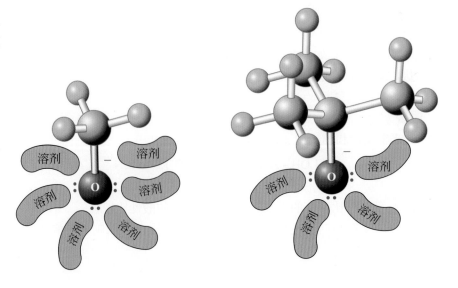

性正电荷。这种通过主链原子的 σ 键传递正电荷或者负电荷的现象，叫做**诱导效应**（inductive effect）。此处，它利用静电吸引作用稳定了烷氧基负离子中氧的负电荷。醇中的诱导效应随着电负性和电负性基团数目的增加而增大，但是随着与氧距离的增加而减小。

**2-氯乙氧基负离子中氯的吸电子诱导效应**

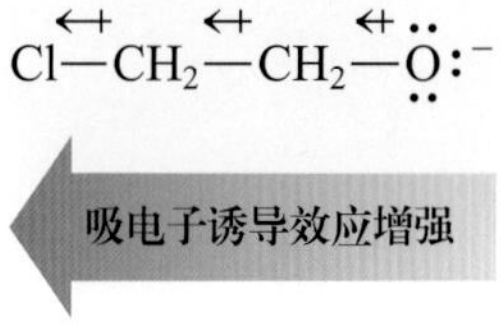

$$Cl-CH_2-CH_2-\overset{..}{\underset{..}{O}}:^-$$

吸电子诱导效应增强

### 练习8-5

按酸性增加的顺序将下列醇进行排列：

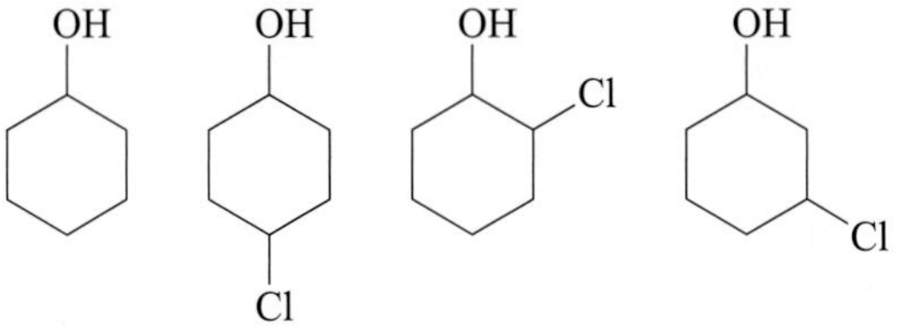

### 练习8-6

下面的反应平衡可能向哪一边移动（假定起始化合物的浓度相等）？

$$(CH_3)_3CO^- + CH_3OH \rightleftharpoons (CH_3)_3COH + CH_3O^-$$

## 氧上的孤对电子使醇具有弱碱性

与水分子一样，醇也是碱性的，虽然很弱，这是由于氧的相对较高的电负性使得其孤对电子很难被质子化。需要用很强的酸才能使羟基质子化，这表明它们的共轭酸——烷基氧鎓离子的 $pK_a$ 值很小（强酸性，表 8-3）。同时具有酸性和碱性的分子叫**两性**（amphoteric；*ampho*，希腊语，"双"）分子。

羟基官能团的两性本质体现了醇的化学反应特点。在强酸中，它们以烷基氧鎓离子的形式存在，在中性介质中为醇，在强碱中为烷氧基负离子。

**醇是两性的**

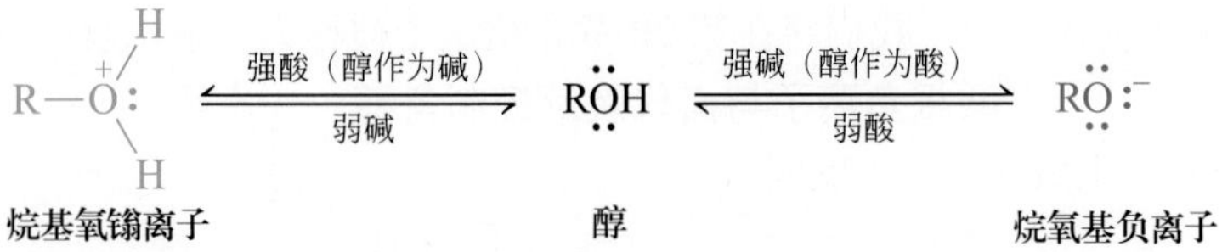

**表8-3　四个质子化醇的 $pK_a$ 值**

| 化合物 | $pK_a$ |
|---|---|
| $CH_3\overset{+}{O}H_2$ | -2.2 |
| $CH_3CH_2\overset{+}{O}H_2$ | -2.4 |
| $(CH_3)_2CH\overset{+}{O}H_2$ | -3.2 |
| $(CH_3)_3C\overset{+}{O}H_2$ | -3.8 |

### 小　结

醇是两性的。氧的电负性使醇具有酸性，并且可用强碱转化为烷氧基负离子。在溶液中，取代烷基链的空间位阻阻碍了烷氧基负离子的溶剂化，因此提高了相应醇的 $pK_a$ 值。接近羟基官能团的吸电子取代基可降低醇的 $pK_a$ 值。醇类也有弱碱性，可以被强酸质子化得到烷基氧鎓离子。

## 8-4 利用亲核取代反应合成醇

我们可以利用许多起始原料小规模制备醇。例如，可以分别利用氢氧化物和水作为亲核试剂与卤代烷的 $S_N2$ 和 $S_N1$ 反应制备醇，这些反应已经在第 6 章和第 7 章中介绍过。然而，这些方法的应用范围并没有像我们想象的那样广泛，因为所使用的卤代烷通常都只能从相应的醇制备（第 9 章）。它们还具有亲核取代反应常见的缺点：双分子消除反应是大位阻反应体系的一个主要副反应；三级卤化物易形成碳正离子，从而进行 E1 反应。当然，使用极性非质子溶剂可以克服其中一些缺点（表 6-5）。

**利用亲核取代反应制备醇**

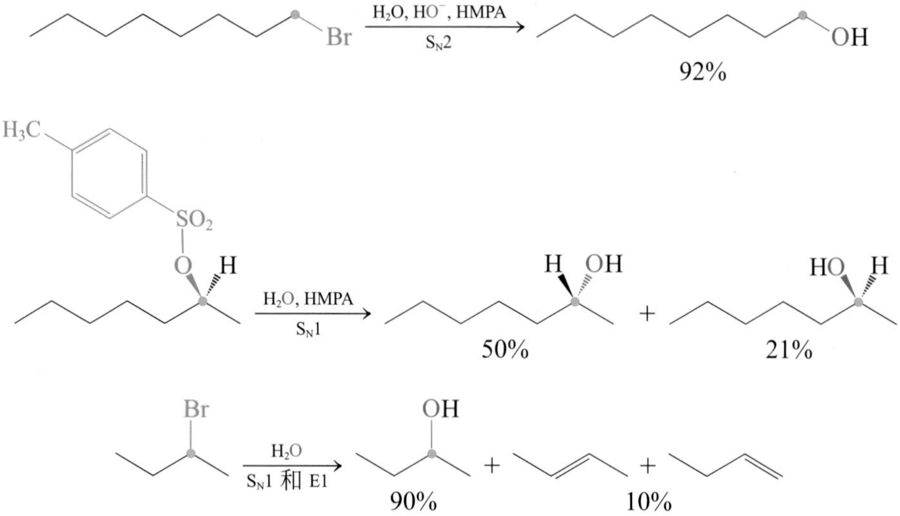

92%

50%    +    21%

90%    +    10%

## 练习8-7

如何将下列卤代烷转化为醇？

（**a**）溴乙烷；（**b**）卤代环己烷；（**c**）3-氯-3-甲基戊烷。

---

二级或大位阻带支链的一级底物与氧亲核试剂的 $S_N2$ 反应常伴随消除反应，解决此问题的方案是采用比水碱性小的亲核试剂或基团，例如乙酸根负离子（6-8 节）。生成的烷基乙酸酯（酯类化合物）可以用氢氧化物的水溶液水解为所要制备的醇。我们将在第 20 章介绍这个被称为"酯水解"的反应。

**乙酸根负离子与卤代烷反应制备醇——水解**

**步骤 1.** 生成酯（$S_N2$ 反应）

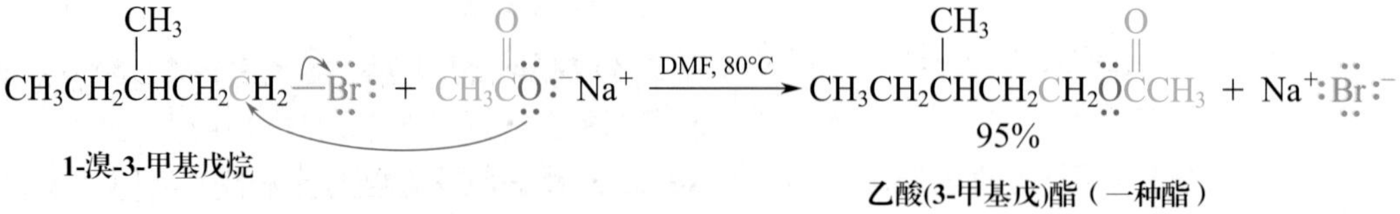

1-溴-3-甲基戊烷    95%    乙酸(3-甲基戊)酯（一种酯）

**步骤 2.** 转化为醇（酯的水解）

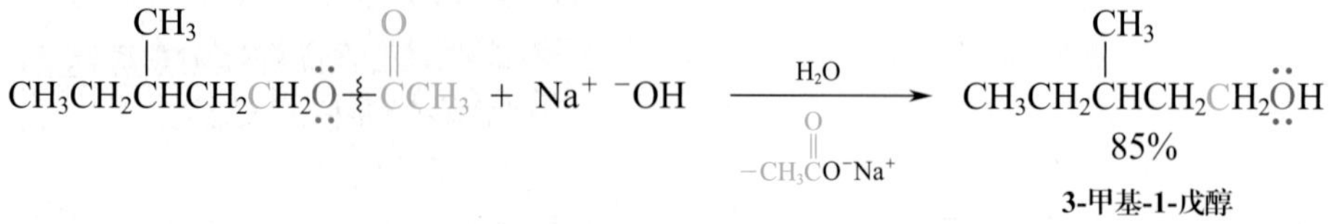

85%    3-甲基-1-戊醇

### 小 结

如果卤代烷容易获得，并且没有诸如消除反应等副反应干扰，则可以通过亲核取代反应由卤代烷制备醇。

# 8-5 | 醇的合成：醇与羰基化合物之间的氧化还原关系

本节讲述醇类的一种重要合成方法：醛和酮的还原。随后，将学习金属有机试剂与醛或酮亲核加成转化成醇，并形成一个新的碳-碳键。由于醛和酮在合成上的广泛应用，我们也将介绍由醇氧化制备醛和酮的方法。

## 氧化和还原在有机化学中有特殊的意义

我们熟悉氧化和还原的化学定义，一般认为分别是电子的得与失的过程（页边）。对于有机化合物，在一个反应中很难明确界定其电子的得失。因此，有机化学家发现用分子术语定义氧化和还原更有用。在碳上加上电负性比碳大的原子，如氧原子或卤原子，或者消除一个氢原子的过程称为氧化。反之，在碳上消除卤原子或氧原子，或者加上氢原子被定义为还原。画出甲烷（$CH_4$）逐步氧化为二氧化碳（$CO_2$）的方程式，就很容易理解这一定义了。

银附着在铜条上，铜被溶解后显蓝色

$$2Ag^+ + Cu \longrightarrow Cu^{2+} + 2Ag$$

### $CH_4$ 向 $CO_2$ 转化的逐步氧化

$$CH_4 \xrightarrow{+O} CH_3OH \xrightarrow{-2H} H_2C{=}O \xrightarrow{+O} HCOH \xrightarrow{-2H} O{=}C{=}O$$

这种氧化和还原反应定义可使我们将醇与醛、酮联系在一起。加两个氢原子到羰基化合物的碳 - 氧双键上构成还原反应，形成相应的醇。还原醛得到一级醇；还原酮得到二级醇。相反，从醇中消除氢原子可以形成羰基化合物，是氧化反应的一个例子。这些过程结合在一起称为**氧化还原反应**（redox reaction）。

### 醇与羰基化合物间的氧化还原关系

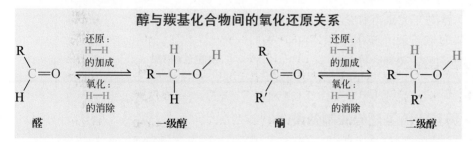

在这些反应式中，电子的得失均隐含于所发生的分子变化中。想象实验可以使这个电子转移更清晰。让我们把氢气，H—H，看成是由两个质子和两个电子组成。现在，我们可以将它们分步加到官能团羰基的碳和氧上。两个电子的转移（还原）产生假想的羰基双阴离子，随后的双质子化反应形成醇。对于氧化过程，我们反向思考即可。

### 从电子-质子偶合转移的角度看氢化-脱氢过程

H—H 可以被认为 $2e^- + 2H^+$

实验室如何进行这一过程？本节其余部分将介绍羰基化合物还原和醇氧化的最常用方法。

**真实生活：** 医药 **8-1** 身体中的氧化和还原反应

在生物体系中，醇通过代谢氧化成羰基化合物。例如，乙醇通过阳离子氧化剂烟酰胺腺嘌呤二核苷酸辅酶（简称 NAD$^+$，真实生活 25-2）氧化为乙醛。该过程是由醇脱氢酶催化的（该酶还可以催化此反应的逆过程，使醛和酮还原成醇，参见本章习题 58 和习题 59）。当 1-氘代乙醇的两个对映体被该酶氧化时，研究表明该生化氧化是立体专一的，NAD$^+$ 只能从乙醇的 C-1 位除去下面第一个反应中箭头标记的氢（真实生活 25-2）。

$$\underset{(S)\text{-}1\text{-氘代乙醇}}{\overset{CH_3}{\underset{D}{\overset{|}{\underset{H}{C}}}}-OH} + NAD^+ \xrightarrow[-NAD-H]{\text{醇脱氢酶}} \underset{}{\overset{O}{\underset{CH_3}{\overset{\|}{C}}}-D}$$

$$\underset{(R)\text{-}1\text{-氘代脱氢酶}}{\overset{CH_3}{\underset{H}{\overset{|}{\underset{D}{C}}}}-OH} + NAD^+ \xrightarrow[-NAD-D]{\text{醇脱氢酶}} \underset{}{\overset{O}{\underset{CH_3}{\overset{\|}{C}}}-H}$$

其他醇类也被类似的生物化学氧化过程所氧化。甲醇（俗称木醇）毒性相对较高，主要是由于它被氧化成甲醛后，能针对性干扰负责在生物分子的亲核位点之间转移一碳片段的体系。

食物的代谢降解功能之一是可控的"焚烧"[即燃烧 (combustion)，3-11 节]，从而提供了我们身体所需的能量。另一个功能是可以将官能团，特别是羟基，选择性地引入分子的非官能化部位，换而言之，如烷基取代基部分。这个过程叫做羟基化。细胞色素蛋白是协助完成此任务的关键生物分子。大约在 15 亿年前，在动植物作为独立物种进化之前，这些分子就出现了，并几乎存在于所有活细胞中。细胞色素 P450（22-9 节）在 O$_2$ 参与下完成有机分子的直接羟基化。在肝脏中，此过程用来消解对我们身体而言外来物质（异物）的毒性，大部分外来物是我们吃的药物。通常，羟基化的主要作用只是赋予羟基化产物更大的水溶性，从而加速药物的排泄，达到防止其积累到产生毒害的水平。

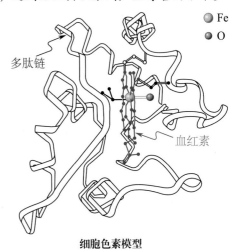

● Fe
● O

多肽链

血红素

**细胞色素模型**

## 羰基的负氢还原法制备醇

甲醛

从概念上讲，还原羰基最简单的方法是在碳-氧双键上直接加氢，H—H。尽管可以实现，但需要高压和特殊的催化剂才能做到这一点。一种更方便的方法是将其极化，即形成氢负离子（H:$^-$）和质子（H$^+$），接着被同时或先后连接在碳-氧双键上。最终的结果是一样的，因为 H:$^-$+H$^+$=H—H。如何通过实验完成这个过程呢？

羰基中的电子在碳氧两个原子之间呈不均匀分布。因为氧的电负性比碳大，所以羰基碳是亲电的，氧是亲核的。这种极化可以用电荷分离的共振式表示（1-5 节）。页边甲醛（H$_2$C=O）的静电势图清楚地反映了此电荷分布。

### 羰基官能团的极化形式

$$\overset{\delta^+}{\underset{\longrightarrow}{C}}=\overset{\delta^-}{\overset{\cdot\cdot}{\underset{\cdot\cdot}{O}}} \quad \left[ \underset{亲电的}{C=\overset{\cdot\cdot}{\underset{\cdot\cdot}{O}}} \longleftrightarrow \underset{亲核的}{\overset{+}{C}-\overset{\cdot\cdot}{\underset{\cdot\cdot}{O}}:^-} \right]$$

选择性羟基化在类固醇合成中具有很重要的作用（4-7 节）。例如，黄体酮 C-17、C-21 和 C-11 位三羟基化可转化为皮质醇。蛋白质不仅选择特定的位置作为靶点立体专一性地引入官能团，还可以控制这些反应发生的次序。仔细观察细胞色素模型时，可以发现这种选择性的来源。

在此模型中，血红素分子嵌入到多肽（蛋白质）链所形成的空腔中，而与血红素分子紧密结合的铁原子就是活性位点（26-8 节）。活性中心 Fe 与 $O_2$ 结合形成 Fe-$O_2$ 体系，随后被还原为 $H_2O$ 和 Fe=O。如下图所示，Fe=O 作为自由基（3-4 节）与片段 R—H 进行自由基反应，形成一个 Fe—OH 中间体和自由基 R·。然后，这个碳自由基攫取羟基形成醇。

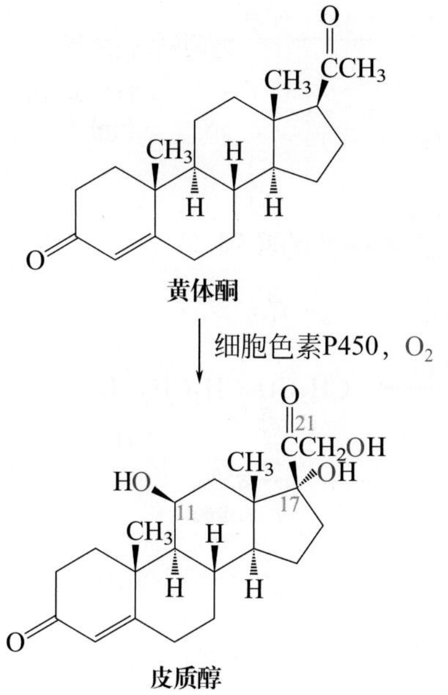

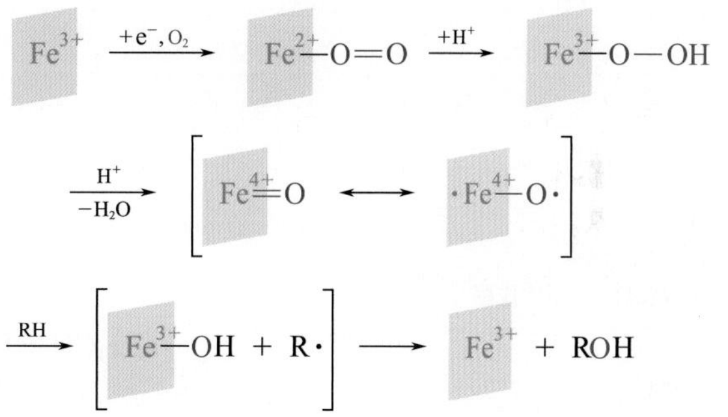

黄体酮

细胞色素P450，$O_2$

皮质醇

由多肽形成的空腔所提供的空间和电子环境可以使底物，例如孕酮，只能以非常特定的取向接近活性位点铁，导致仅在某些位置优先被氧化，例如 C-17、C-21 和 C-11 位。

因此，只要有合适的含有亲核氢的试剂，就有可能将氢负离子与碳连接、将质子与氧连接，从而实现羰基的还原。这些试剂为硼氢化钠（$Na^+{}^-BH_4$）和氢化铝锂（$Li^+{}^-AlH_4$）。$BH_4^-$ 和 $AlH_4^-$ 具有类似 $CH_4$ 的结构，在电子和结构上也类似于甲烷（第 1 章习题 23 解答），但是因为硼和铝在周期表中处于碳的左边（表 1-1），所以它们带负电荷。结果，这两个化合物中的氢相当于"氢负离子"，并且能将它们的成键 σ 电子对转移以进攻羰基碳，从而生成烷氧基负离子。电子对移动的过程从 B—H 键开始，到羰基氧上结束，可以将其画出来（页边）。

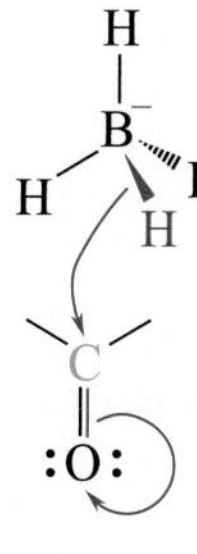

在单独的（或同时的）反应过程中，烷氧基负离子被质子化，或者通过溶剂（还原剂为 $NaBH_4$ 的情况下，溶剂为乙醇），或者用水后处理（还原剂为 $LiAlH_4$）。通常，甲醛（$CH_2$=O）被还原为甲醇（$CH_3OH$）；醛（RCH=O）被还原为一级醇（$RCH_2OH$）；酮（RR'C=O）被还原为二级醇（RR'CHOH）。对于不对称酮，其还原位点形成一个手性中心（习题 8-8）。

反应

## 醛和酮被氢化物还原制备醇的基本过程

$$\underset{\text{甲醛}}{H-\overset{\displaystyle O}{\overset{\|}{C}}-H} + NaBH_4 \xrightarrow{CH_3CH_2OH} \underset{\text{甲醇}}{H-\overset{\displaystyle OH}{\underset{\displaystyle H}{\overset{|}{\underset{|}{C}}}}-H}$$

$$\underset{\text{醛}}{R-\overset{\displaystyle O}{\overset{\|}{C}}-H} + NaBH_4 \xrightarrow{CH_3CH_2OH} \underset{\text{一级醇}}{R-\overset{\displaystyle OH}{\underset{\displaystyle H}{\overset{|}{\underset{|}{C}}}}-H}$$

$$\underset{\text{酮}}{R-\overset{\displaystyle O}{\overset{\|}{C}}-R'} + LiAlH_4 \xrightarrow{(CH_3CH_2)_2O} \xrightarrow{H_2O \text{ 后处理}} \underset{\text{二级醇}}{R-\overset{\displaystyle OH}{\underset{\displaystyle H}{\overset{|}{\underset{|}{C}}}}-R'}$$

▷ 动画
动画展示机理
利用硼氢化钠还原戊醛

## 醛和酮被氢化物还原制备醇的实例

$$CH_3CH_2CH_2CH_2\overset{\displaystyle O}{\overset{\|}{C}}H \xrightarrow[CH_3CH_2OH]{NaBH_4,} CH_3CH_2CH_2CH_2\overset{\displaystyle OH}{\underset{\displaystyle H}{\overset{|}{\underset{|}{C}}}}H$$

戊醛                          85%
**1-戊醇**

▷ 动画
动画展示机理
利用氢化铝锂还原环丁酮

$$\text{环丁酮} \quad \xrightarrow[\text{2. H}^+\text{, H}_2\text{O}]{\text{1. LiAlH}_4,\ (CH_3CH_2)_2O} \quad \text{环丁醇}$$

90%

## 练习8-8

用化学式表示下列化合物进行 $NaBH_4$ 还原的所有产物，并指明哪些产物是手性的。

环丁酮的还原可用含有几个反应步骤的一个简单流程来表示。第1步，起始原料与 $LiAlH_4$ 在乙氧基乙烷（乙醚）中反应。第2步，用酸性水溶液处理反应产物。正确理解和使用此反应顺序很重要。如将第1步和第2步的试剂直接混合将导致 $LiAlH_4$ 剧烈水解。

**(a)** $CH_3\overset{\displaystyle O}{\overset{\|}{C}}CH_2CH_2CH_3$     **(b)** $CH_3CH_2\overset{\displaystyle O}{\overset{\|}{C}}CH_2CH_3$     **(c)** $CH_3CH_2\overset{\displaystyle O}{\overset{\|}{C}}\overset{\displaystyle CH_3}{\underset{\displaystyle H}{\overset{|}{\underset{|}{C}}}}CH_2CH_3$

**(d)**           **(e)**

## 练习8-9

由于电子排斥，对羰基官能团的亲核进攻不是垂直于（90°）羰基进行的，而是在远离氧（负极化）的角度（107°）进行。因此，亲核试剂以尽量接近羰基取代基的方式进攻目标碳。由于这个原因，氢化物还原羰基的反应可能具有立体选择性，从底物分子空间位阻较小的一侧传递氢。推测用 $NaBH_4$ 处理化合物 A 时可能的立体化学产物。（**提示**：画出化合物 A 的椅式构象。）

**A**

为什么不使用更简单的试剂 LiH 或 NaH（1-3 节）进行此还原反应？其原因在于 $BH_4^-$ 和 $AlH_4^-$ 形式的氢化物碱性降低，且 B 和 Al 试剂在有机溶剂中具有较好的溶解度。例如，游离的氢负离子是一种非常强的碱，很容易被质子化溶剂质子化形成氢气 [习题 8-4(d)]，但是与硼结合形成 $BH_4^-$ 后显著降低了其反应性，所以 $NaBH_4$ 可以在乙醇等质子溶剂中进行反应。在此反应体系中，$NaBH_4$ 提供氢负离子进攻羰基，同时形成的氧负离子被溶剂质子化。乙醇被攫取质子后产生的乙氧基负离子与氢负离子从 $BH_4^-$ 离去后形成的 $BH_3$（此时，硼只有 6 个电子，为缺电子体系，1-8 节）结合生成乙氧基硼氢化物。

### $NaBH_4$ 还原机理

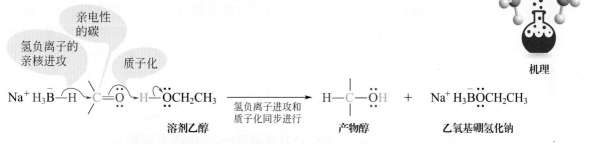

亲核性的碳

氢负离子的亲核进攻　　质子化

$$Na^+ H_3\overset{-}{B}-H \quad C=\overset{..}{\underset{..}{O}} \quad H-\overset{..}{\underset{..}{O}}CH_2CH_3 \xrightarrow[\text{质子化同步进行}]{\text{氢负离子进攻和}} H-\overset{|}{\underset{|}{C}}-\overset{..}{\underset{..}{O}}H \quad + \quad Na^+ H_3\overset{-}{B}\overset{..}{\underset{..}{O}}CH_2CH_3$$

溶剂乙醇　　　　　　　　产物醇　　　　乙氧基硼氢化钠

接下来，乙氧基硼氢化物可以继续进攻另外三个底物中的羰基，直到 $NaBH_4$ 中所有氢原子完全用完为止。结果，1mol 硼氢化钠能够将 4mol 醛或酮还原成醇。最后，硼试剂转化为四乙氧基硼酸酯 $[B(OCH_2CH_3)_4]^-$。

氢化铝锂比硼氢化钠具有更强的还原能力（因此其选择性较差，参见 8-6 节和后续章节）。由于 Al（更趋于电正性）的电负性比 B 差（表 1-2），$AlH_4^-$ 中的氢原子与金属 Al 之间的束缚力较弱，因而更易负极化。它们也因此具有更强的碱性（亲核性也更强），会与水和醇剧烈反应生成氢气。所以，使用氢化铝锂的还原反应须在乙醚等非质子溶剂中进行。

机理

### $LiAlH_4$ 在质子溶剂中的分解过程

$$LiAlH_4 + 4 CH_3\overset{..}{\underset{..}{O}}H \xrightarrow{\text{快}} LiAl(\overset{..}{\underset{..}{O}}CH_3)_4 + 4 H-H\uparrow$$

向醛或酮中加入氢化铝锂最初形成烷氧基氢化铝，该氢化物继续将氢负离子输送到另外三个羰基上，1mol 氢化铝锂以此方式可以还原 4mol 醛或酮。用水后处理除去过量的氢化铝锂，将四烷氧基铝酸盐水解成氢氧化铝 $[Al(OH)_3]$，并生成产物醇。

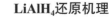

## LiAlH₄还原机理

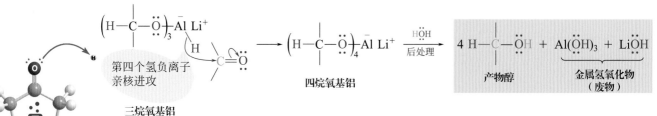

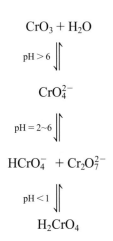

机理

### 练习8-10

用化学方程式表示能够产生下列醇的还原反应。（**a**）正癸醇；（**b**）4-甲基-2-戊醇；（**c**）环戊基甲醇；（**d**）1,4-环己二醇。

$$CrO_3 + H_2O$$

$$pH > 6 \quad \Updownarrow$$

$$CrO_4^{2-}$$

$$pH = 2 \sim 6 \quad \Updownarrow$$

$$HCrO_4^- + Cr_2O_7^{2-}$$

$$pH < 1 \quad \Updownarrow$$

$$H_2CrO_4$$

## 还原制备醇的反应可被逆转：铬试剂对醇的氧化反应

我们刚刚学习了如何利用氢化物试剂还原醛或酮制备醇。我们也能进行相反的操作：醇可以被氧化成醛或酮。用来实现这个目标的一个非常有用的试剂是一种高氧化态的过渡金属：Cr(Ⅵ)。在此价态下，铬呈现橘黄色。Cr(Ⅵ)在与醇的反应中被还原成特征的深绿色Cr(Ⅲ)（真实生活8-2）。此试剂经常以重铬酸盐（$K_2Cr_2O_7$或者$Na_2Cr_2O_7$）或者$CrO_3$的形式存在。二级醇氧化成酮的反应经常在酸性水溶液中进行；在此条件下，所有的铬试剂都可转化为铬酸（$H_2CrO_4$），转化的量取决于溶液的pH值。

### 在Cr(VI)水溶液中二级醇氧化成酮

反应

$$\xrightarrow{\text{Na}_2\text{Cr}_2\text{O}_7, \text{ H}_2\text{SO}_4, \text{ H}_2\text{O}}$$

96%

在这些条件下，一级醇趋向于被过度氧化成羧酸，如正丙醇氧化反应式所示。其原因在于醛在水溶液中可以被水加成转化为相应的偕二醇（即缩醛）。偕二醇中的一个羟基进一步被铬试剂氧化成羧酸。醛和酮的水合反应将在第17章进一步讨论。

$$CH_3CH_2CH_2OH \xrightarrow[\text{H}_2\text{SO}_4, \text{ H}_2\text{O}]{\text{K}_2\text{Cr}_2\text{O}_7,} CH_3CH_2\overset{\text{O}}{\underset{}{C}}H \xrightleftharpoons[]{\text{H}^+, \text{ H}_2\text{O}} CH_3CH_2\overset{\text{OH}}{\underset{\text{OH}}{C}}H \xrightarrow{\text{过度氧化}} CH_3CH_2\overset{\text{O}}{\underset{}{C}}OH$$

丙醛　　　　　　　1,1-丙二醇　　　　　丙酸

**真实生活：**医药  **不要酒后驾车——呼吸式酒精检测仪**

大多数酒后驾驶测试都是根据醉驾嫌疑司机呼出的乙醇的氧化进行的。检测工作原理是血液中的酒精可以通过肺呼出，分配比大约为2100∶1（即2100毫升呼出气体中乙醇的量与1毫升血液中乙醇的量相当）。较老的方法是基于本节中描述的化学反应，观察 Cr(Ⅵ)（橙色）到 Cr(Ⅲ)（绿色）的颜色变化。嫌疑人要向装有 $K_2Cr_2O_7$、$H_2SO_4$ 与粉状硅胶（$SiO_2$）混合物的管子吹气，持续10～20秒；管子从橙色到绿色的逐渐变化可以显示吹入的酒精量。

在此基础上，目前研制了更为复杂和精确的各种分析仪器，包括微型气相色谱仪、红外光谱仪（11-8 节），以及目前最流行的电化学分析仪。电化学分析仪有一个加入乙醇后可以产生电流的燃料电池。在电化学装置的阳极上乙醇被氧化成乙酸，而氧气在阴极被还原成水。电子流动的速率（电流）与样品中乙醇的量成正比，并显示在显示器上。

电流（转换为血液中乙醇的含量）

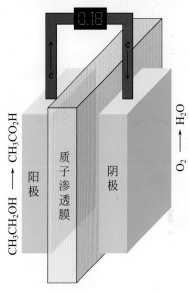

**阳极**
$$CH_3CH_2OH + H_2O \longrightarrow CH_3CO_2H + 4\,H^+ + 4\,e^-$$
**阴极**
$$O_2 + 4\,H^+ + 4\,e^- \longrightarrow 2\,H_2O$$
**总反应**
$$CH_3CH_2OH + O_2 \longrightarrow CH_3CO_2H + H_2O$$

有些人声称呼吸分析仪可能因吸烟、嚼咖啡豆、吃大蒜或事先摄入叶绿素制剂等方法被"欺骗"，从而产生"假阴性"掩盖喝酒的事实：这些说法是错误的。（关于乙醇的生理作用，参见9-11 节。）

---

然而，在没有水的情况下，醛不易被过度氧化。因此，将 $CrO_3$ 与 HCl 反应，然后加入有机碱吡啶，可以得到无水 Cr(Ⅵ) 氧化剂，即氧化剂氯铬酸吡啶（pyridinium chlorochromate，缩写为 $pyH^+CrO_3Cl^-$ 或 PCC，见 322 页页边），其中盐的疏水阳离子增加了氧化剂在有机溶剂中的溶解度。在二氯甲烷溶剂中，一级醇可以高产率被氧化为醛。

**一级醇被PCC氧化成醛**

$$CH_3(CH_2)_8CH_2OH \xrightarrow{pyH^+CrO_3Cl^-,\,CH_2Cl_2} CH_3(CH_2)_8\overset{\displaystyle O}{\overset{\|}{C}}H$$
$$92\%$$

PCC 也常用于氧化二级醇，因为相对非酸性的反应条件可减少副反应（例如，碳正离子的形成，7-2 节、7-3 节和9-3 节），而且经常得到比 Cr(Ⅵ) 水溶液氧化更高的产率。三级醇不能被 Cr(Ⅵ) 氧化，因为三级醇中与羟基相连的碳上不再带氢原子，因此无法形成碳-氧双键。

吡啶
（一种碱）

+ HCl

↓ 吡啶盐
形成

↓ CrO₃

氯铬酸吡啶
(PCC或pyH⁺CrO₃Cl⁻)

机理

## 练习8-11

写出以下反应产物的结构式。如产物涉及立体化学，请标明。

（a）顺-4-甲基环己醇

$$\xrightarrow[\text{H}_2\text{SO}_4, \text{H}_2\text{O}]{\text{Na}_2\text{Cr}_2\text{O}_7,}\xrightarrow{\text{NaBH}_4}$$

（b）

$$\xrightarrow[\text{2.H}_2\text{O 后处理}]{\text{1.过量 LiAlH}_4} \text{C}_7\text{H}_{16}\text{O}_2\text{(两种醇)}$$

（c）光学活性

$$\xrightarrow{} \text{非光学活性}$$

### 铬酸酯是醇氧化中的中间体

Cr（Ⅵ）氧化醇的机理是什么？第一步是**铬酸酯**（chromic ester）中间体的形成。在此过程中，铬的氧化态保持不变。

**由醇形成铬酸酯**

$$\text{RCH}_2\ddot{\text{O}}\text{H} + \text{H}\ddot{\text{O}}-\text{Cr(VI)}-\ddot{\text{O}}\text{H} \rightleftharpoons \text{RCH}_2\ddot{\text{O}}-\text{Cr(VI)}-\ddot{\text{O}}\text{H} + \text{H}_2\ddot{\text{O}}$$

铬酸　　　　　　　　　　　铬酸酯

醇氧化的第二步相当于一个 E2 反应。此时，水（在 PCC 作氧化剂时为吡啶）作为一个弱碱，攫取醇中连接氧原子的碳上的质子。Cr（Ⅵ）的强吸电子诱导效应使得这个质子的酸性增强（记住，它想要被还原！）。HCrO₃是一个非常好的离去基团。由于 Cr（Ⅵ）得到一对电子，从而使其氧化态降低两个单位，产生 Cr（Ⅳ）。

**铬酸酯转化为醛：E2 反应**

$$\xrightarrow{\text{E2}} \text{C}=\ddot{\text{O}} + \text{H}_3\text{O}\colon^+ + {}^-\text{O}_3\text{Cr(IV)H}$$

与前面学习过的 E2 反应比较，这个消除反应形成了一个碳 - 氧双键而不是碳 - 碳双键。所形成的 Cr（Ⅳ）化合物再经过一个自身氧化还原反应生成 Cr（Ⅲ）和 Cr（Ⅴ），Cr（Ⅴ）又可以独立地作为一个氧化试剂。最后所有的 Cr（Ⅵ）都被还原成 Cr（Ⅲ）。

**练习8-12**

用化学反应表示由相应的醇类制备下列羰基化合物的合成路线。

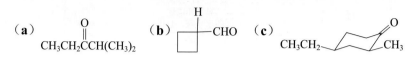

（a）$CH_3CH_2CCH(CH_3)_2$（带O）　（b）环丁基CHO（带H）　（c）$CH_3CH_2$—环己酮—$CH_3$（带O）

### 小　结

　　由氢化物试剂分别还原醛和酮的反应是一级醇和二级醇的通用合成方法。其逆反应，氧化一级醇成醛，以及氧化二级醇成酮，可以利用铬（Ⅵ）试剂来实现。使用氯铬酸吡啶（PCC）可以防止一级醇过度氧化成羧酸。

## 8-6　金属有机试剂：醇合成中的亲核性碳的来源

　　由氢化物试剂还原醛或酮的反应是一个有用的醇合成方法。如果能够运用亲核性碳代替氢化物的话，这个方法会变得更加有用。一个碳亲核基团进攻一个羰基可以得到一个醇，同时生成一个碳-碳键。这种在一个分子中增加碳原子的反应对于由较简单的前体为原料合成新的结构具有根本的实际意义。

　　为了实现这类转化反应，需要找到一种办法来制造碳基亲核试剂，$R:^-$。本节将讲述如何实现这个目标。金属，特别是锂和镁，与卤代烷反应产生新的化合物，其分子式为 RLi 和 RMgX，此类试剂称为**金属有机试剂**（organometallic reagent），在这类试剂中，有机基团的一个碳原子和一个金属原子连接在一起。这些物质是强碱，同时也是很好的亲核试剂，因此在有机合成中的用途非常广泛。

### 以卤代烷为原料制备烷基锂和烷基镁试剂

　　利用卤代烷和悬浮在乙醚或四氢呋喃（THF）中的金属锂和镁直接反应，可以很方便地制备相应的金属有机化合物。卤代烷的反应活性随着 Cl < Br < I 的顺序增加；相对不活泼的氟化物在这些反应中很少作为起始化合物。有机镁化合物，RMgX，也叫**格氏试剂**（Grignard reagent），是以它们的发现者 F. A. Victor Grignard[1] 命名的。

　　格氏试剂制备的反应过程。自上而下：镁屑浸入乙醚中；加入有机卤化物后，格氏试剂开始形成；反应混合物显示镁的溶解增加；最终的反应溶液，准备进一步转化。［*Dr. John Mouser/Seattle Pacific University*］

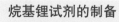

**烷基锂试剂的制备**

$$CH_3Br + 2\,Li \xrightarrow[\text{甲基锂}]{(CH_3CH_2)_2O\,(\text{乙醚}),\ 0\sim10^\circ C} CH_3Li + LiBr$$

反应

---

**❶** 弗兰考斯·奥古斯特·维克多·格利雅（François Auguste Victor Grignard，1871–1935），法国里昂大学教授，1912 年诺贝尔化学奖获得者。

## 烷基镁试剂（格氏试剂）的制备

**1-甲基乙基碘化镁**

这些试剂在金属表面进行反应，碳-卤键被两个电子还原。记住：金属是强还原剂，因为它们需要给出电子才能实现稀有气体的电子构型（1-3节）。因此，Li 需要失去一个电子转化为 $Li^+$，才能形成与氦一样的电子层，而镁需要失去两个电子转化为 $Mg^{2+}$，才能形成与氖一样的电子层。R—X 键得到两个电子后解离为 $R^-$ 和 $X^-$，两者与金属离子结合，从而得到了含有极性共价键或离子键的产物。注意，对于一价锂来说，卤素负离子与 $Li^+$ 形成 LiX；而对于二价镁，卤素负离子成为了金属有机试剂 RMgX 的一部分。

### 两电子还原R—X键的过程

有机锂化合物和格氏试剂很少能分离出来，它们在溶液中形成，然后立即用于后续的反应。由于它们对水汽和空气很敏感，所以必须在严格无水无氧条件下制备和处理。一些简单的金属试剂，如甲基锂、甲基溴化镁、丁基锂等，都已经商品化。

RLi 和 RMgX 的分子式过度简化了这些试剂的真实结构。如上所述，金属离子是高度缺电子的。为了构建出它们的八隅体结构，金属离子可作为 Lewis 酸（2-2 节），且可以与具有 Lewis 碱的溶剂分子结合。例如，烷基卤化镁因与两分子醚键合而稳定。溶剂与金属**配位**（coordinate）。这种配位很少在方程式中体现，但是对于格氏试剂的形成非常重要。

### 格氏试剂与溶剂配位

### 烷基金属键具有很强的极性

烷基锂和烷基镁试剂均有高度极化的碳-金属键，正电性强的金属（表1-2）是偶极的正电端，正如 325 页页边所示的 $CH_3Li$ 和 $CH_3MgCl$。极化程度有时称为"离子键成分百分比"。例如碳-锂键，有 40% 的离子键性质，而碳-镁键为 35%。在化学反应中这些体系好像是一个带负电的碳原子。为了用符号表示这些行为，可以用一个把所有负电荷都放在碳原子上的共振式来表示碳-金属键。在此共振式中，碳相当于一个**碳负离子**（carbanion）。碳负离子（R⁻）可以通过连续移走电子的方式转变为烷基自由基 R·（3-2 节），以及碳正离子 R⁺（7-5 节）。由于电荷排斥，碳负离子中的碳呈 sp³ 杂化和四面体构型［练习 1-16（a）］。

甲基锂

### 烷基锂和烷基镁中的碳-金属键

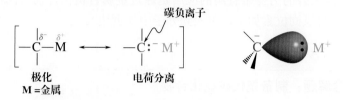

甲基氯化镁

由卤代烷制备烷基金属化合物代表有机合成化学中一个重要的原则：**极性反转**（reverse polarization）。在卤代烷里，电负性卤素的存在导致碳成为一个亲电中心。与金属作用后，$C^{\delta+}$—$X^{\delta-}$ 部分被转化为 $C^{\delta-}$—$Mg^{\delta+}$。换而言之，极化的方向被反转了。与金属的反应（金属化）过程把亲电的碳转变成一个亲核中心。

### 烷基金属试剂中的烷基是强碱

碳负离子是非常强的碱。实际上，烷基金属化合物的碱性比氨基负离子和烷氧基负离子要强得多，因为与氮原子或氧原子相比，碳原子的电负性更小（表 1-2），没有能力携带一个负电荷。烷基是极弱的酸（表 2-2，2-2 节）：甲烷的 $pK_a$ 值估计为 50。因此，碳负离子是强碱就不奇怪了。毕竟，它们是烷烃的共轭碱。它们的碱性使得金属有机试剂对水分十分敏感，与羟基或类似的酸性官能团不相容。因此，不可能用卤代醇或卤代羧酸制备有机锂或格氏试剂。另一方面，这种烷基金属可有效地将醇转化为相应的烷氧基负离子（8-3 节），副产物是烷烃。这种转变的结果完全可以在静电作用层面进行预测。

#### 甲基锂与叔丁醇反应生成叔丁氧基负离子

$$(CH_3)_3CO \overset{\delta-}{-} \overset{\delta+}{H} + \overset{\delta+}{Li} \overset{\delta-}{-} CH_3 \longrightarrow (CH_3)_3CO^- \ Li^+ + H-CH_3$$

2-甲基-2-丙醇　　　　甲基锂　　　　　　　　　叔丁氧基锂　　　　　甲烷
（叔丁醇）　　　　　　　　　　　　　　　　　　　　　　　　　　$pK_a \approx 50$
$pK_a = 18$

同样，金属有机试剂很容易水解——常常非常剧烈——生成烷烃和金属氢氧化物。

#### 金属有机试剂水解分解

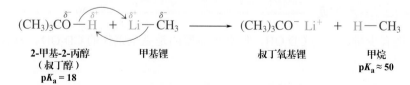

CH₃
|
$CH_3CH_2CHCH_2CH_2MgBr$ + HOH ⟶ $CH_3CH_2CHCH_2CH_2H$ + BrMgOH
　　　　　　　　　　　　　　　　　　　　　　　　100%
3-甲基戊基溴化镁　　　　　　　　　　　　3-甲基戊烷

格氏试剂（或烷基锂）的形成过程也称为金属化，然后水解可以将卤代烷转化为烷烃。实现相同目标的更直接的方法是卤代烷与氢化铝锂（一个强的氢负离子供体）反应，卤素经 $S_N2$ 反应被 H 取代。反应性较低的 $NaBH_4$ 不能进行这种取代反应。

$$CH_3(CH_2)_7CH_2-Br \xrightarrow[\substack{-LiBr \\ S_N2}]{LiAlH_4,\ (CH_3CH_2)_2O} CH_3(CH_2)_7CH_2-H$$

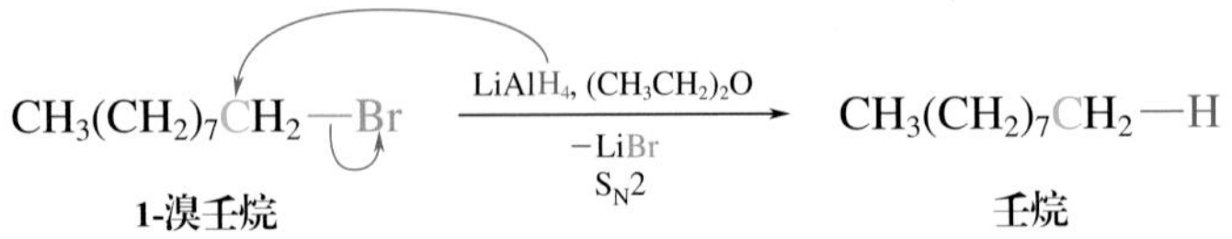

**1-溴壬烷**　　　　　　　　　　　　　　　　　　**壬烷**

金属化-水解的另一个有用的应用是通过金属有机化合物与同位素标记的水反应，将氢同位素如氘，引入到分子中（页边）。

**金属有机试剂与D₂O反应引入氘同位素**

$$(CH_3)_3CCl \xrightarrow[\ \ 2.\ D_2O\ \ ]{1.\ Mg} (CH_3)_3CD$$

你可能已经注意到我们开始把有机化学的知识应用到更复杂的问题上。这个过程和学习语言没有什么不同：每个反应都可以看成是词汇的一部分，现在我们正在学习如何由词汇形成句子。这里要写的"句子"是从环己烷到单氘代环己烷。我们将在8-8节中看到，为了使句子合理有意义，从产物开始进行逆向操作是最容易的。

### 解题练习8-13

**运用概念解题：制备氘代碳氢化合物**

如何以环己烷为原料合成单氘代环己烷？

**策略：**

- **W：**有何信息？将起始原料中的一个氢被氘代。

- **H：**如何进行？解决这个问题的最佳途径就是回忆，也就是说，问自己一个问题：关于合成氘化烷烃，我了解什么？

- **I：**需用的信息？前文中已经给出了答案：已经学习了两种将卤代烷转化成氘化烷的方法。所用的两种试剂是 $LiAlD_4$ 或 Mg，然后是 $D_2O$。解决这个问题需要其中一种试剂和卤代环己烷。怎么从环己烷制备单卤代环己烷呢？答案在第3章：自由基卤化反应。

- **P：**继续进行。

**解答：**

将以上这些线索结合在一起，一个可能的解决方案是：

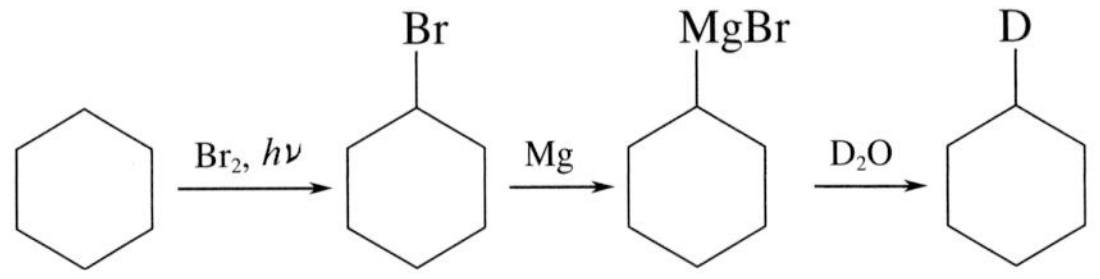

### 8-14 自试解题

现有少量昂贵的 $CD_3OH$，但真正需要的是完全氘代的 $CD_3OD$。怎么能做到呢？

## 小 结

在溶剂醚中，卤代烷与相应的金属反应生成锂或者镁的金属有机化合物（格氏试剂）。在这些衍生物中，烷基是负电性的，与卤代烷中的电子分布完全相反。虽然烷基-金属键在很大程度上是共价的，然而连接在金属上的碳原子表现出强碱性碳负离子的性质，例如，它易质子化。

# 8-7 利用金属有机试剂合成醇

镁和锂的金属有机试剂最实际的应用之一是那些负电性的烷基作为亲核基团参与反应。像氢负离子一样，这些试剂可以进攻醛或酮的羰基生成醇（经水溶液后处理）。不同的是，在这个过程中形成了新的碳-碳键。

**以醛、酮和金属有机试剂为原料合成醇**

反应

追踪电子的流动可以帮助我们理解反应。在第一步中，金属有机化合物中具有亲核能力的烷基进攻羰基碳。当来自烷基的电子对移动以形成新的碳-碳键时，随之将羰基的两个电子推到氧上，从而产生金属醇盐。加入稀酸的水溶液，水解金属-氧键，转化为醇，这是利用水进行后处理的另一个实例。

金属有机化合物与甲醛反应生成一级醇。在下面的静电势图中，丁基溴化镁的富电子碳（橙红色）进攻甲醛的缺电子碳（蓝色）生成1-戊醇。

**格氏试剂与甲醛反应生成一级醇**

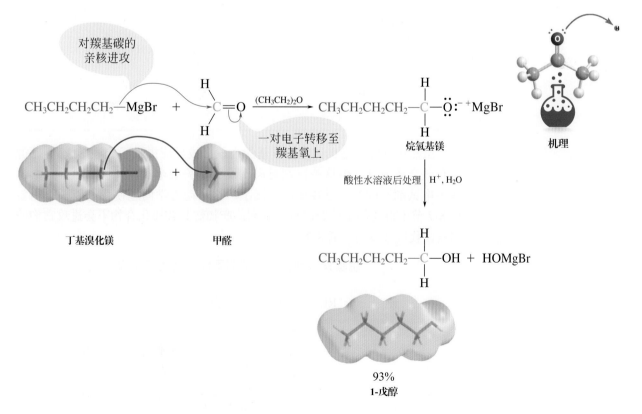

机理

然而，除甲醛外，其他的醛都转化为二级醇。

**动画**

动画展示机理
丁基溴化镁与乙醛反应生成
2-己醇

### 格氏试剂与醛反应生成二级醇

$$CH_3CH_2CH_2CH_2-MgBr \ + \quad \underset{H}{\overset{H_3C}{C}}=O \quad \xrightarrow[\text{2. H}^+, \text{H}_2\text{O}]{\text{1. (CH}_3\text{CH}_2)_2\text{O}} \quad CH_3CH_2CH_2-\underset{H}{\overset{CH_3}{C}}-OH$$

丁基溴化镁　　　　　　　　乙醛　　　　　　　　　　　　　　　　　78%
　　　　　　　　　　　　　　　　　　　　　　　　　　　　　　**2-己醇**

酮则转化为三级醇。

### 格氏试剂与酮反应生成三级醇

$$CH_3CH_2CH_2CH_2-MgBr \ + \quad \underset{H_3C}{\overset{H_3C}{C}}=O \quad \xrightarrow[\text{2. H}^+, \text{H}_2\text{O}]{\text{1. THF}} \quad CH_3CH_2CH_2-\underset{CH_3}{\overset{CH_3}{C}}-OH$$

丁基溴化镁　　　　　　　　丙酮　　　　　　　　　　　　　　　　95%
　　　　　　　　　　　　　　　　　　　　　　　　　　**2-甲基-2-己醇**

### 练习8-15

写出一条以 2-溴丙烷和 $(CH_3)_2CHBr$ 为起始原料合成 2-甲基-1-丙醇 $[(CH_3)_2CHCH_2OH]$ 的路线。

### 练习8-16

设计以不多于四个碳原子的有机化合物为起始原料合成下列化合物的路线。

（**a**）$CH_3(CH_2)_4OH$　　　　（**b**）$CH_3CH_2CH_2\overset{OH}{\underset{|}{CH}}CH_2CH_3$

（**c**）$\underset{}{\square}\overset{C(CH_3)_3}{-OH}$　　　（**d**）⟨结构图⟩ OH（外消旋体）

虽然烷基锂和格氏试剂对羰基的亲核加成反应提供了一种形成碳-碳键的有效合成方法，但这些试剂对卤代烷和相关亲电试剂（例如第6章中那些亲电试剂）的亲核进攻就显得慢了。这个动力学问题使我们能顺利制备在8-7节中讲述的那些金属有机试剂：产物烷基金属化合物不会进攻它们的原料卤代烷（真实生活8-3）。

### 烷基锂试剂和格氏试剂不能与卤代烷反应

$$RLi \ 或 \ RMgX \xrightarrow[\quad\quad\bigotimes\quad\quad]{R'X} R-R'$$

---

## 小　结

烷基锂或烷基镁试剂与醛或酮的加成反应生成醇，在此过程中，金属有机试剂的烷基和原来的羰基碳形成了一个新的碳-碳键。

# 8-8 | 成功的关键：合成策略简介

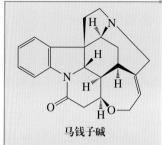

目前为止，所介绍的反应都是有机化学"词汇表"的一部分，除非我们掌握了词汇表，否则就不能用有机化学的语言来说话。这些反应让我们能够熟练操纵分子并实现官能团的互相转化，因此逐步熟悉这些转化是很重要的——它们的类型、使用的试剂、发生的条件（特别是当条件对过程成功与否至关重要时）以及每种类型的局限。

这项任务看上去非常繁杂，需要大量记忆。但是通过对反应机理的理解可以使它变得更容易。我们已经知道，反应性可以通过少数因素来预测，例如电负性、库仑力和键能。让我们来看看有机化学家如何应用这些概念来设计有用的合成策略，也就是说，利用最少的高产率的反应步骤构建所需目标化合物的合成路线。

让我们先从一些例子开始，在机理层面上来预测反应性。然后转向合成——创造分子。化学家们是如何发展新的合成方法的，而我们又将如何尽可能有效地合成一个"目标"分子？这两个主题是紧密联系的。第二个主题，就是所谓的"**全合成**（total synthesis）"，往往需要一系列的反应才能完成。因此，通过完成这些任务，我们还将回顾迄今为止我们已经考虑过的许多反应化学。

**马钱子碱**

复杂天然产物马钱子碱（25-8节）分子中包括7个稠环和6个手性中心。经过半个多世纪合成方法的研究，它的全合成已得到了全面改进。R. B. Woodward在1954年报道了它的第一个全合成路线（14-9节）：从简单的吲哚衍生物（25-4节）开始，需要28个合成步骤才能得到目标分子，总收率为0.00006%。2011年报道了最新的全合成路线，共采取了12个步骤，总收率为6%。

## 反应机理有助于预测反应产物

首先，回忆一下我们怎么预测一个反应的产物。是什么因素让反应按一个特定的机理进行？这里有三个例子。

### 如何从机理层面上预测反应产物

**实例 1.** 将 I⁻ 加入到 $FCH_2CH_2CH_2Br$ 中会发生什么？

$$ICH_2CH_2CH_2Br \xleftarrow{\quad\otimes\quad} FCH_2CH_2CH_2Br \xrightarrow{\quad I^-\quad} FCH_2CH_2CH_2I$$
不能形成

**解释：** 溴是比氟更好的离去基团。

**实例 2.** 格氏试剂如何与羰基进行加成反应？

不能形成

**解释：** 正极性的羰基碳与金属有机试剂中负电性的烷基形成一个新键。

**实例 3.** 溴自由基与甲基环己烷的反应产物是什么？

其他溴化物+　　　　　　　　 $\xleftarrow{\quad\otimes\quad}$　　　 $\xrightarrow{Br_2,\ h\nu}$

不能形成

**解释：** 三级 C—H 键比一级或者二级 C—H 键要弱一些，而 $Br_2$ 在自由基卤化反应中选择性很好。

## 真实生活：化学 8-3　镁不能完成但铜却可以——金属有机试剂的烷基化反应

含正电性碳的卤代烷与含负电性碳的烷基金属的偶联反应一般是放热的。

$$\overset{\delta^+}{R}{-}\overset{\delta^-}{X} + \overset{\delta^-}{R'}{-}\overset{\delta^+}{M} \longrightarrow R{-}R' + MX$$

然而，如果是 Li 和 Mg，这种偶联反应在室温下进行得太慢，而在加热下则会导致更多的副反应，生成混合物。由于这一过程是 C—C 键形成的最基本反应之一，毫无疑问，合成化学家为解决这个问题付出了相当大的努力，相关工作仍在继续。其中一个解决办法是用铜盐作为催化剂，该催化剂能通过能量较低的过渡态机理使反应进行得更快（3-3 节）。

$$\text{Br}{-}\!\!\!\curvearrowright\!\!\!{-}O{-}CH_2CH_3 + CH_3(CH_2)_5CH_2MgCl \xrightarrow[-\,MgBrCl]{5\%\ CuI} CH_3(CH_2)_8OCH_2CH_3$$
$$82\%$$

该方法已应用于家蝇性诱剂（Muscalure）的工业化规模生产。它与一个毒性成分一起用于害虫控制，特别是在家禽、猪、奶牛的设施和马厩中（12-17 节）。

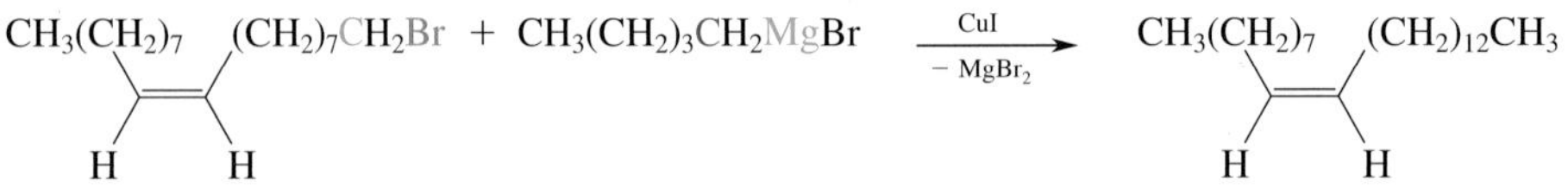

$$\text{CH}_3(\text{CH}_2)_7 \quad (\text{CH}_2)_7\text{CH}_2\text{Br} + \text{CH}_3(\text{CH}_2)_3\text{CH}_2\text{MgBr} \xrightarrow[-\,\text{MgBr}_2]{\text{CuI}} \text{CH}_3(\text{CH}_2)_7 \quad (\text{CH}_2)_{12}\text{CH}_3$$

80%
**家蝇性诱剂 (Muscalure)**

这一反应过程通过有机铜试剂进行，也称为铜酸盐（18-10 节），它可以以化学计量比生成和使用，例如，以烷基锂试剂为原料。

$$2\ CH_3CH_2CH_2CH_2Li + CuI \longrightarrow (CH_3CH_2CH_2CH_2)_2CuLi + LiI$$
**二丁基铜锂**

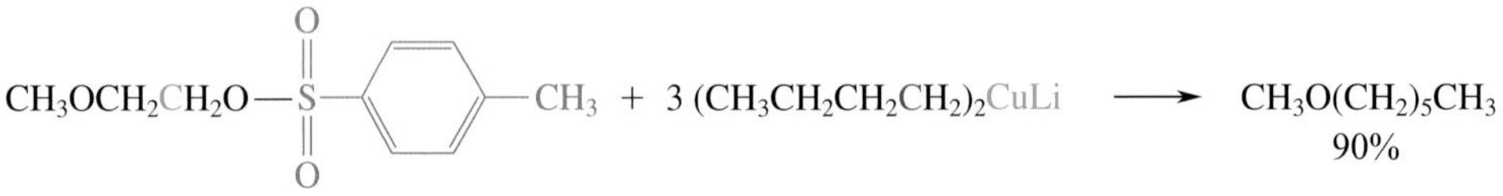

$$CH_3OCH_2CH_2O{-}\overset{O}{\underset{O}{S}}{-}\!\!\!\bigcirc\!\!\!{-}CH_3 + 3\ (CH_3CH_2CH_2CH_2)_2CuLi \longrightarrow CH_3O(CH_2)_5CH_3$$
$$90\%$$

---

## 解题练习8-17

### 运用概念解题：如何利用反应机理预测反应结果

用反应机理预测和解释以下反应结果。

$$\begin{array}{c} CH_2Cl \\ | \\ ClCH_2CH_2CH_2C(CH_3)_2 \end{array} + NaOH \xrightarrow{H_2O}$$

**策略：**

第一步是确定两种起始原料中的反应位点。然后列出这些官能团可能的反应，并找出最适合的反应过程。

**解答：**

• 此反应底物为二卤代烷。因此，它有两个反应位点，可能会发生第 6 章和第 7 章中讲述的化学反应：$S_N2$、$S_N1$、E2 以及 E1 反应。

最近，该类反应得到了诸多拓展，发展了在镍、钯、铁和铑系催化剂存在下，基于 M=Zn、Sn、Al 以及其他金属的不同的偶联反应，在此不一一列举。这些反应不仅着眼于提高反应产率，还可提高官能团的兼容性。例如，与烷基锂和格氏试剂不同，相应的锌试剂不会与羰基发生反应。

52%

62%

在这些反应中，反应机理不是直接的亲核取代，而是如以下简图所示，由催化剂组装两个片段 R 和 R′ 进行连接。

$$R-X \xrightarrow[]{+ \text{Ni}} R-Ni-X \xrightarrow[- \text{ZnX}_2]{R'\text{ZnX}} R-Ni-R' \xrightarrow[- \text{Ni}]{} R-R'$$

过渡金属催化的 C—C 键形成反应的发展在过去十年中呈爆炸式增长，在真实生活 12-3 和 13-1 节以及 13-9 节、18-10 节和 20-2 节中将讨论目前广泛使用的利用金属与烯烃和炔烃进行偶联的反应。

致命的诱惑：利用家蝇性诱剂吸引家蝇。

---

- 无机物 NaOH 是一个无空间位阻的强碱，也是亲核试剂。参照表 7-4，可以发现氢氧根离子通过 $S_N2$ 反应进攻卤素取代的一级碳生成醇，进攻空间位阻较大的位置（亲核进攻）经 E2 反应形成烯烃。
- 从卤代烷的角度考虑，一个 Cl 位于一个没有空间位阻的一级碳上，它应该通过 $S_N2$ 被 OH 取代。第二个 Cl 也与一个一级碳相连，但是它存在 $\beta$ 位支链取代基的空间位阻。这种空间位阻阻碍了亲核进攻，有利于 E2 反应，但必须在 $\beta$ 位有氢可以被攫取的情况下才能进行。在本例中，该碳相当于新戊基，没有 $\beta$ 位氢，不可能进行 E2 反应。因此，该碳原子不参与任何反应。因此，产物是：

## 8-18 自试解题

依据反应机理预测和解释以下反应的结果。

（**a**）ClCH₂CH₂CH₂C(CH₃)₂ + CH₃CH₂OH ⟶
（上方标注 Br）

$$（\mathbf{a}）\ ClCH_2CH_2CH_2\overset{Br}{\underset{}{C}}(CH_3)_2\ +\ CH_3CH_2OH\ \longrightarrow$$

$$（\mathbf{b}）\ HOCH_2CH_2CH_2\overset{OH}{\underset{}{C}}(CH_3)_2\ \xrightarrow{PCC,\ CH_2Cl_2}$$

## 新反应带来新的合成方法

新反应是通过设计或偶然发现的。例如，设想两个学生如何发现格氏试剂可以与酮反应生成醇。第一个学生了解电负性和酮的电荷分布，并预测格氏试剂中具有亲核能力的烷基应该可以进攻亲电的羰基碳。这个学生会对实验的成功感到高兴，因为在实验过程中验证了化学原理。第二个学生，化学知识较少，可能试图用丙酮，常被认为是一种非常好的极性溶剂，来稀释高浓度的格氏试剂溶液。剧烈的反应会立即证明这个想法是不正确的，进一步的研究将会发现此试剂在醇的合成中具有强大的潜力。

当一个反应被发现后，了解它的应用范围和局限是非常重要的。出于这个目的，需要尝试许多不同的底物，确定副产物（如果有的话），测试反应条件下新的官能团，并开展反应机理的研究。如果这些研究证明新的反应是普遍适用的，那么它就被作为一种新的合成方法添加到有机化学家的"武器库"中。

因为反应导致分子发生非常特定的转化，所以强调这种"分子转化"的普适性是很有用的。一个简单的例子是在甲醛中加入格氏试剂或烷基锂试剂，这个转化在分子结构上发生了什么变化？在烷基中加入了一个一碳单元。这种方法是有价值的，因为它简便地实现了单个碳原子的延伸，也叫做**同系延伸**（homologation）。

**同系延伸**

R—M
烷基
+
H₂C=O
一碳单元

R—CH₂—OH

---

**一种"绿色"的还原方法**

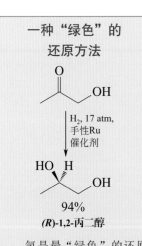

94%
（**R**）-1,2-丙二醇

氢是最"绿色"的还原剂。工业上羰基化合物的大规模还原优选催化氢化（即使需要加压），在这种情况下，使用手性催化剂只会得到产物的一种对映体。

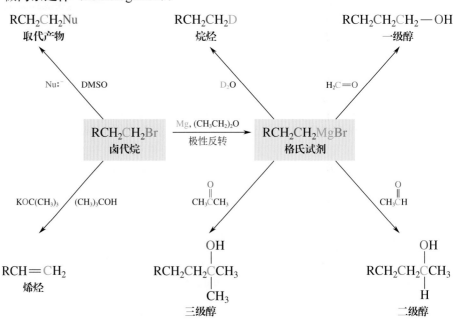

尽管目前我们的合成"词汇量"相对有限，但我们已经掌握了相当多的分子变化。例如，溴代烷烃是许多转化的理想起始原料。

上图中的每一个产物都可以各自进一步转化，生成一些更加复杂的产物。

当问"一个反应有多好？通过这个反应可以合成哪些化合物？"时，我们其实是在谈论一个名为"合成方法学"的课题。再问一个不同的问题，假设希望制备一个特定的目标分子，如何设计出一条有效的路线来完成它？如何找到合适的起始原料？我们要解决的这个问题就叫"全合成"。

有机化学家想合成具有特定功能的复杂分子。例如，相当多有珍贵药用价值的天然产物很难从自然资源中大量得到。生物化学家们需要用特定的同位素标记分子来追踪其代谢途径。物理有机化学家们经常设计新的结构进行研究。因此，有许多原因要进行有机化合物的全合成。

无论最终的目标产物是什么，一个成功的合成是以简捷性和高的总产率为特征的。起始原料必须方便易得，最好是便宜的商业化产品。"绿色"化学的原则需要遵循（真实生活 3-1），它的目的是最大限度地减少安全和环境问题，如潜在的危险反应条件和成分，以及有毒废物的产生。

## 逆合成分析简化了合成问题

许多价廉且已商业化的有机化合物都是含有六个甚至更少碳原子的小分子。因此，合成化学家面临的问题大多是从较小、较简单的片段构建一个更大、更复杂的分子。制备一个目标分子最佳的办法是在纸上反方向进行它的合成，叫做**逆合成分析** ❶（retrosynthetic analysis; *retro*，拉丁文，"反向的"），如页边所示。在这种分析中，策略性地将目标分子中需要构建的碳-碳键"打断"。这种逆向思维方式一开始可能对你来说有些陌生，因为我们已经熟悉了正向学习一个反应，例如，"A 和 B 反应生成 C"。逆合成需要用相反的方式来思考这个过程，例如，"C 是由 A 和 B 反应得到的"。

为什么要进行逆合成分析？答案是，在由简单砌块构建复杂框架的过程中，正向进行时添加片段的各种可能性急剧增加，并且包括无数"死胡同"路径。相反，在逆向分析中，复杂性大大降低，不可行的方案被最小化。简单地说，这好比是一个拼图游戏（页边）：逐步拆散拼好的图肯定比从头拼装要简单得多。

例如，考虑以下任务：以含有不超过三个碳的有机分子为起始原料，设计合成 3- 己酮（$CH_3CH_2\overset{\overset{\displaystyle O}{\|}}{C}CH_2CH_2CH_3$）。我们采用 WHIP 方法把问题分解成各个部分。

• **W**：有何信息？实际上，需要考虑很多因素。这个产物是酮，所以必须生成相应的官能团。目标产物有六个碳原子，而你只能从含三个碳原子的分子开始，所以必须构建（至少）一个碳-碳键，还必须决定使用什么起始原料，用什么反应。这是相当复杂的。

• **H**：如何进行（1）？需要合成一个酮类化合物。你知道生成酮类化合物的反应吗？

• **I**：需用的信息（1）？到目前为止，只有一个反应：用铬（Ⅵ）试剂氧化二级醇（8-5 节）。

• **P**：继续进行（1）。通过逆合成分析，我们知道酮来源于仲醇（下图左侧）。下面给出了合成酮的实际反应，它必须是答案中的最后步骤：

### 页边栏

**逆合成分析过程**

┌─────────────┐
│ 复杂目标化合物 │
└─────────────┘
↓ 思考可以将前体转化为目标分子的各类反应

┌─────────────┐
│ 较简单(较小的)前体 1 │
└─────────────┘
↓ 思考将化合物2转化为前体1的各类反应

┌─────────────┐
│ 更小的化合物2 │
└─────────────┘
⇓
继续，尽可能达到给定的起始原料

拼图游戏：把它拆开比拼在一起更容易。

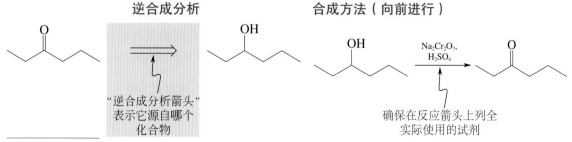

**逆合成分析** ⟹ **合成方法（向前进行）**

$\xrightarrow{\text{Na}_2\text{Cr}_2\text{O}_7,\ \text{H}_2\text{SO}_4}$

"逆合成分析箭头"表示它源自哪个化合物

确保在反应箭头上列全实际使用的试剂

---

❶ 逆合成分析是由艾里亚斯·J. 科里（Elias J. Corey，生于 1928 年）提出的。他是哈佛大学教授，1990 年诺贝尔化学奖得者。

双轴箭头，即"逆合成箭头"，表示所谓的**策略性切断**（strategic disconnection）。在前面的分析中，我们找到了"断裂"的键，即 C 和 O 之间的 π 键，可以通过我们所学的反应，即 3-己醇的氧化，进行构建。此过程是答案的最后一步。

•**W**：有何信息？现在面临着一个新的合成问题：这个反应的起始原料 3-己醇是二级醇。

•**H**：如何进行（2）？想一想，你知道二级醇的合成方法吗？

•**I**：需用的信息（2）？你有两种方法，用氢化试剂还原酮（8-5 节），用醛与格氏试剂的反应（8-7 节）。

•**P**：继续进行（2）。检查以上两个方案的可行性。酮的还原在这里不是一个可行的方法，因为需要还原转化为 3-己醇的酮就是我们需要合成的目标产物：3-己酮。我们只是在兜圈子。转向第二条路线，考虑格氏试剂和醛反应生成 3-己醇。从逆合成分析的角度考虑，有两种切断的可能性：可以将留在羟基左边的碳-碳键（键 a）切断，或者将羟基右边的碳-碳键（键 b）切断：

**3-己醇的逆合成分析：两个方案**

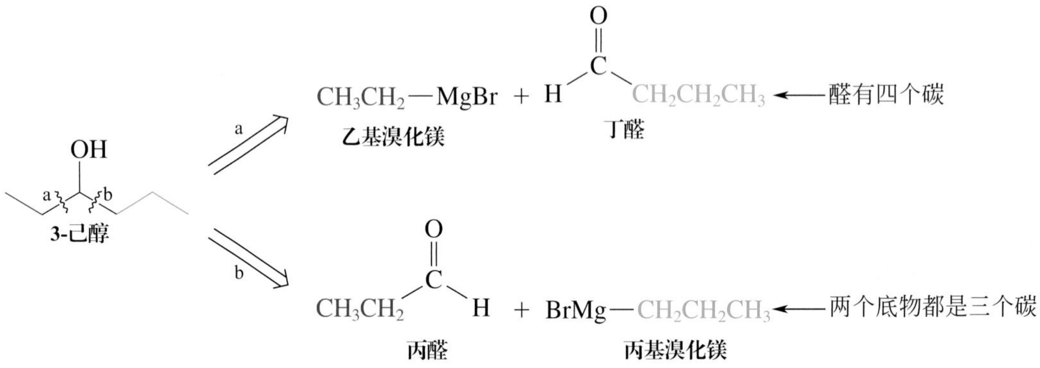

$CH_3CH_2$—$MgBr$  +  $H$—$\overset{\displaystyle O}{\underset{\phantom{O}}{C}}$—$CH_2CH_2CH_3$  ⟵ 醛有四个碳
乙基溴化镁                                 丁醛

OH
‖
a  b

3-己醇

$CH_3CH_2$—$\overset{\displaystyle O}{\underset{\phantom{O}}{C}}$—$H$  +  $BrMg$—$CH_2CH_2CH_3$  ⟵ 两个底物都是三个碳
丙醛                                丙基溴化镁

这两种逆合成切断反映了策略的合理性：可以形成 a 键，但是其中一个起始原料是含有四个碳的醛。因为只能使用含三个碳或更少碳原子的起始原料，所以我们必须用更小的分子来合成醛。另一方面，我们可以通过两个三碳组分的格氏反应来构建 b 键。所需的格氏试剂由卤代烷（如 1-溴丙烷）和镁反应制备（8-6 节）。最后的合成方案如下：

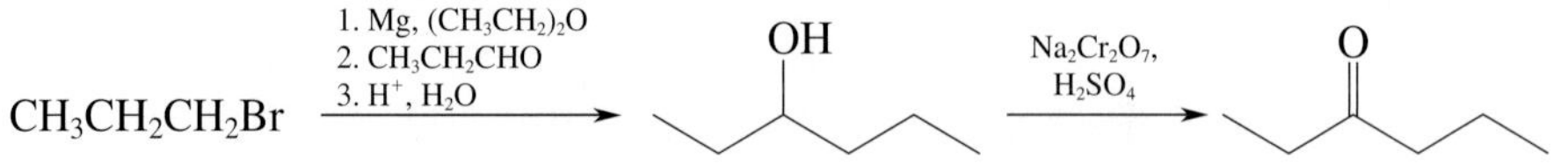

$CH_3CH_2CH_2Br$  $\xrightarrow[\text{3. H}^+\text{, H}_2\text{O}]{\substack{\text{1. Mg, (CH}_3\text{CH}_2)_2\text{O} \\ \text{2. CH}_3\text{CH}_2\text{CHO}}}$  OH  $\xrightarrow[\text{H}_2\text{SO}_4]{\text{Na}_2\text{Cr}_2\text{O}_7,}$  O

如上所述，上述两种通过格氏化学制备 3-己醇的方法都是合理的。然而，一般来说，逆合成分析切断的分子片段应尽量具有相等的碳原子。因此，尽管此题没有明确的限制，然而将两个含三个碳原子的分子连接起来的方法应该更具有优势。

同样，使用 $S_N2$ 反应（8-4 节）进行 3-己醇的替代逆合成分析通常是一种较差的解决方案，因为它没有简化目标分子的结构：

**目标分子3-己醇的较差的逆合成分析**

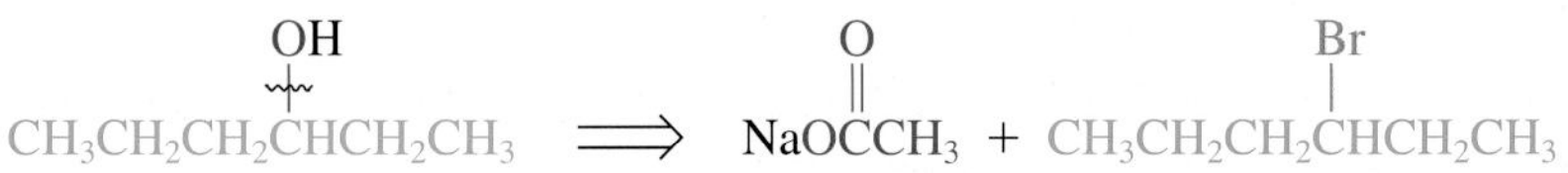

OH
|
$CH_3CH_2CH_2CHCH_2CH_3$  $\Longrightarrow$  $NaOCCH_3$  +  $CH_3CH_2CH_2CHCH_2CH_3$
                                    ‖O                        |Br

随着对所掌握的反应越来越熟悉，学习找到最有效的合成方法，就可以用它们从不太复杂的起始原料去合成更复杂的目标分子。

## 制备醇类化合物的逆合成分析

让我们运用逆合成分析合成一个三级醇，4-乙基-4-壬醇。由于其空间位阻和疏水性质，该醇及其同系物有重要的工业应用：在某些聚合过程中作为共溶剂和添加剂（12-14 节）。在逆合成分析过程的每个阶段有两个步骤。首先，确定所有可能的切断策略，"切断"已知的反应中可能形成的所有键。其次，评估这些切断方式的优点，并寻找最能简化目标分子结构的切断。4-乙基-4-壬醇中最先策略性切断的键是官能团周围的键。有三种切断可以导向更简单的前体。切断 a 从 C-4 位断开获得乙基，可以将乙基溴化镁作为原料，与 4-壬酮反应。切断 b 可以得到另一条可替代的路线，即丙基格氏试剂和 3-辛酮作为反应底物。最后，切断 c 提供了第三种合成路线，即 3-己酮与戊基溴化镁的反应。

### 4-乙基-4-壬醇合成的部分逆合成分析

$$CH_3CH_2MgBr \ + \ CH_3CH_2CH_2\overset{\displaystyle O}{\overset{\|}{C}}CH_2CH_2CH_2CH_3$$
乙基溴化镁　　　　　　　　　　　　4-壬酮

$$CH_3CH_2CH_2MgBr \ + \ CH_3CH_2\overset{\displaystyle O}{\overset{\|}{C}}CH_2CH_2CH_2CH_3$$
丙基溴化镁　　　　　　　　　　　　3-辛酮

$$\underset{\text{4-乙基-4-壬醇}}{CH_3CH_2\underset{\underset{CH_2CH_2CH_2CH_3}{|}}{\overset{OH}{\overset{|}{C}}}CH_2CH_3}$$

$$CH_3CH_2CH_2CH_2CH_2MgBr \ + \ CH_3CH_2\overset{\displaystyle O}{\overset{\|}{C}}CH_2CH_2CH_3$$
戊基溴化镁　　　　　　　　　　　　3-己酮

评价表明，路线 c 是最好的：必要的构建模块大小几乎相等，分别包含 5 个和 6 个碳原子；因此，这一切断实现了结构的最大简化。

### 练习8-19

对 4-乙基-4-壬醇应用逆合成分析，断开碳-氧键。这是否是一个有效的合成路线？请解释。

我们能否将从路线 c 中得到的片段进一步简化成更简单的起始原料？答案是肯定的。酮可从 Cr（Ⅵ）试剂氧化二级醇得到（8-5 节），因此也可以从相应的 3-己醇制备 3-己酮。

$$\underset{\text{3-己酮}}{CH_3CH_2CH_2\overset{\displaystyle O}{\overset{\|}{C}}CH_2CH_3} \ \Longrightarrow \ Na_2Cr_2O_7 \ + \ \underset{\text{3-己醇}}{CH_3CH_2CH_2\overset{OH}{\overset{|}{C}H}CH_2CH_3}$$

因为前面已经找出一条有效的把 3-己醇切断成两个三碳片段的路线，现在我们可以写出这条完整的合成路线了：

**4-乙基-4-壬醇的合成**

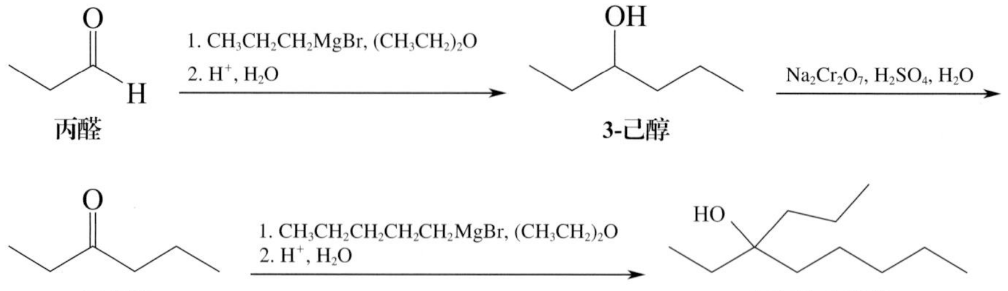

丙醛 3-己醇 3-己酮 4-乙基-4-壬醇

这个例子是构建复杂醇类的一种非常有用的通用方法：首先，将格氏试剂或有机锂试剂与醛反应生成一个二级醇；然后二级醇可氧化成酮；最后，酮再与另外一个金属有机试剂发生加成反应生成一个三级醇。

**醇的氧化反应在合成中的应用**

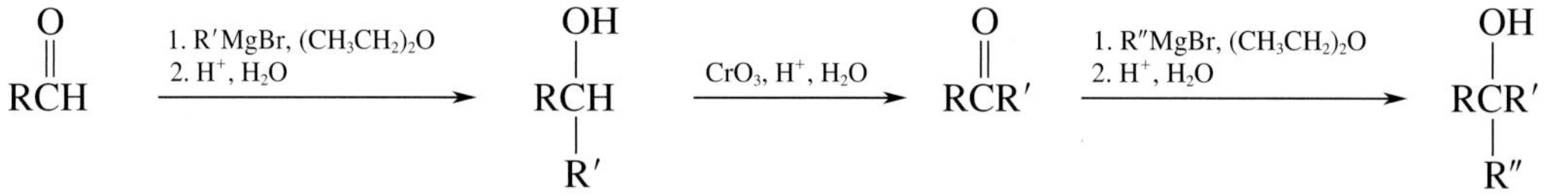

醛 二级醇 酮 三级醇

## 解题练习 8-20

**运用概念解题：从目标分子开始进行逆合成分析**

写出从含有四个或者更少碳原子的起始原料合成 3-环丁基-3-庚醇的逆合成分析。

**策略：**

我们使用 WHIP 方案。

- **W**：有何信息？画出目标化合物的结构：它是一个三级醇，具有三个不同的烷基取代基，分别是乙基、丁基和环丁基。注意：只能使用最多含有四个碳原子的起始原料。
- **H**：如何进行？应用逆合成分析：找出所有可能的策略性切断，然后评估这些切断的相对优点。在这里，我们的评估必须考虑到原料中不多于4个碳的限制。
- **I**：需用的信息？回顾本节中的逆合成分析方案。
- **P**：继续进行。

**解答：**

- 将目标分子进行逆合成分析，有三种可能性：a、b 和 c。

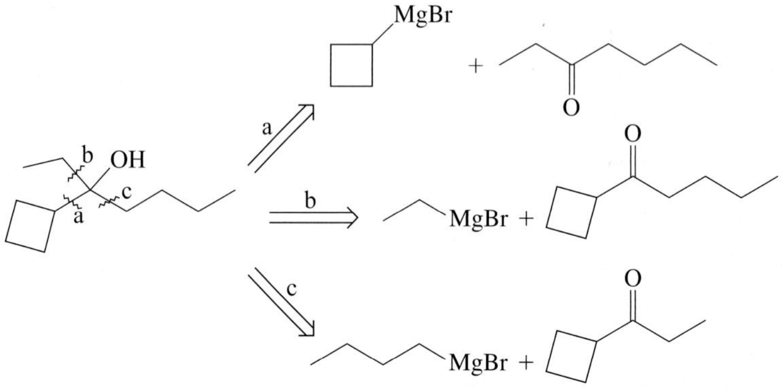

- 所有的这些切断都使目标产物成为更小的片段，但是没有一条路线能提供符合题目要求大小的片段：四个碳原子或者更少。相反，目标化合物酮分别含有七个或者九个碳原子，需要从相应的更小的分子独立合成。

- 很明显，在我们的分析中，切断 b 导出的酮太大，以至于不能直接从两个四碳单元构建起来。由于还不知道如何通过 C—C 键形成反应直接制备酮，所以我们需要通过写出相应的醇来对酮进行逆合成分析，我们知道如何通过进一步的逆合成分析进行切断（知道如何进行正向氧化，8-5 节）。然后，醇的分子结构可以进行进一步的 C—C 切断，如波浪线所示：

在两个路线里，都只有一种切断方式提供了所要求的四个碳和三个碳的片段。

- 这个问题我们有两种完美的合理答案：一个是先引入环丁基部分，而另外一个后引入。究竟哪一条路线更为合理？人们可能会说是第二个路线。因为张力较大的环比较敏感，而且容易发生副反应，因此在合成过程中晚些引入是更有利的。

## 8-21 自试解题

（**a**）以甲烷为唯一起始原料合成 2-甲基-2-丙醇。（**b**）以丁烷为原料合成 3,4-二甲基-3-己醇。

## 小心合成路线过程中的陷阱

在进行合成的分析过程中，有几点注意事项需要牢记，这将会帮助你在目标分子的合成设计中避免不成功的或者低产率的路线。

首先，尽量减少将初始原料转化成目标产物所需的反应步骤。

这一点非常重要，在有些时候，可以接受一个低产率但能明显缩短合成步骤的反应。例如（假设所有的起始原料价格都是差不多的），一个总共有七步的合成路线，每步产率为 85%，肯定不如一个总共有四步但其中三步产率为 95% 一步产率为 45% 的合成路线。第一个合成路线的总产率为（0.85×0.85×0.85×0.85×0.85×0.85×0.85）×100%=32%，而第二个合成路线的总产率为（0.95×0.95×0.95×0.45）×100%=39%，而且总反应路线减少了三步。

在这些例子中，所有的步骤逐次进行，这种过程叫做**线性合成**（linear synthesis）。一般来说，只要总步骤是一样的，用两条或者更多条并行的路线来合成复杂的目标分子是更好的选择，这种策略叫做**汇聚式合成**（convergent synthesis）。虽然对于汇聚式合成不可能进行简单的总产量计算，但是通过比较两种方法制备相同数量的产品所需的实际原料量，就可以很容易判断汇聚式合成更为有效。在下面的例子中，首先以线性合成经过三步反应 A→B→C→H（每步产率 50%）合成 10g 产物 H；而在第二个方法里以汇聚式合成从 D 和 F 开始，分别经过 E 和 G 再合成目标分子 H。如果我们假定（为求简化）这些化合物的分子量是相同的，那么第一种方法需要 80g 起始原料，而第二种合成路线只需要（组合）40g 起始原料。

$$A \xrightarrow{50\%} B \xrightarrow{50\%} C \xrightarrow{50\%} H$$
$$80g \qquad\quad 40g \qquad\quad 20g \qquad\quad 10g$$

**H的线性合成**

$$D \xrightarrow{50\%} E$$
$$20g \qquad\quad 10g$$
$$\searrow_{50\%} \; H$$
$$10g$$
$$F \xrightarrow{50\%} G \nearrow$$
$$20g \qquad\quad 10g$$

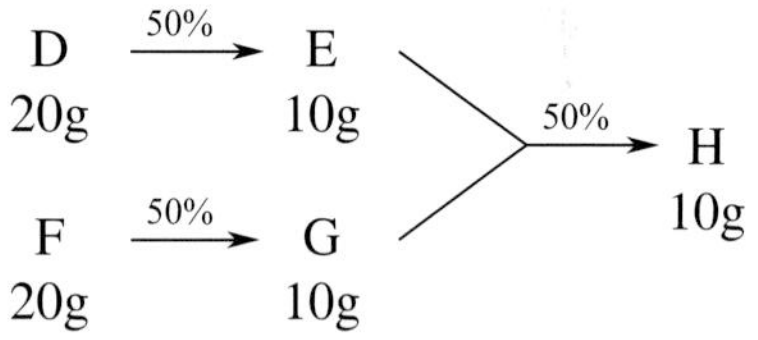

**H的汇聚式合成**

其次，不要使用那些含有会干扰预期反应的官能团的试剂。

例如，格氏试剂与羟基醛会导致一个酸碱反应，破坏金属有机试剂，而不是形成碳-碳新键。

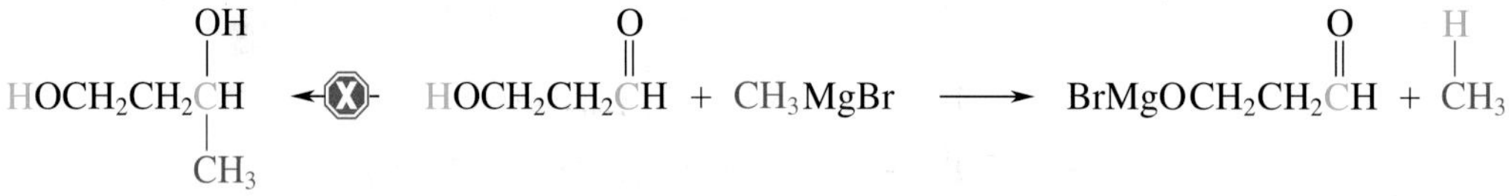

$$HOCH_2CH_2\overset{OH}{\underset{CH_3}{CH}} \xLeftarrow{\;\otimes\;} HOCH_2CH_2\overset{O}{CH} + CH_3MgBr \longrightarrow BrMgOCH_2CH_2\overset{O}{CH} + CH_3\overset{H}{}$$

这一问题的一种可能解决方案是加入 2mol 格氏试剂：1mol 用来和如图所示的酸性氢反应，另外 1mol 用来完成预期的与羰基的加成反应。另一种解决方案是以形成醚的方式"保护"羟基。我们将会在 9-8 节学习这种方法。

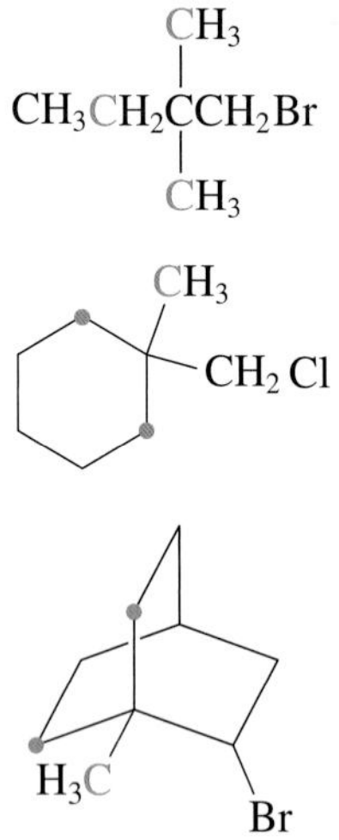

不要尝试从溴代酮制备格氏试剂。这种试剂很不稳定，它一经生成即可与自身的羰基（同一个分子的或另外一个分子的）反应而被消耗。我们将在 17-8 节中学习如何保护羰基。

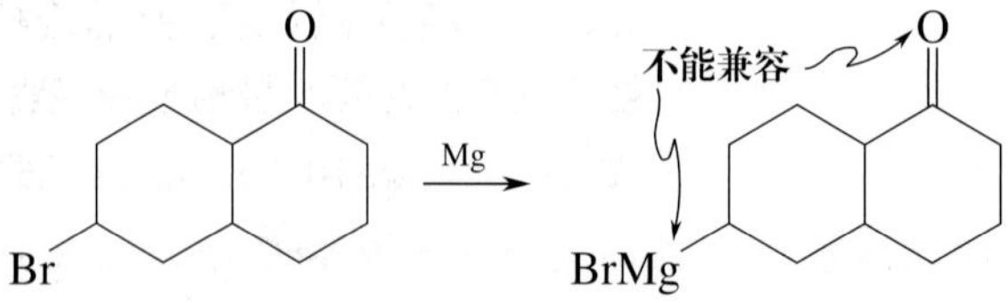

**空间位阻大的2,2-二取代卤代烷**

$$CH_3$$
$$CH_3CH_2\overset{CH_3}{\underset{CH_3}{C}}CH_2Br$$

第三，应该考虑机理或者分子结构的限制对所涉及反应的影响。

例如，自由基溴化反应比氯化反应更有选择性。要牢牢记住亲核反应中对反应底物结构的限制，别忘记 2,2-二甲基-1-卤代丙烷的反应性很差的原因。虽然有时候很难意识到，许多卤代烷确实也有类似大的空间位阻，同样很难进行这些反应。尽管如此，这些化合物可以形成金属有机试剂，并且可以通过这种形式进行进一步的官能化。例如，由 1-溴 -2,2-二甲基丙烷制备的格氏试剂与甲醛反应，可生成相应的醇。

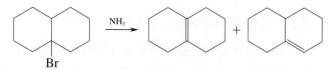

$$(CH_3)_3CCH_2Br \xrightarrow[\substack{3.\ H^+,\ H_2O}]{\substack{1.\ Mg \\ 2.\ CH_2=O}} (CH_3)_3CCH_2CH_2OH$$

**1-溴-2,2-二甲基丙烷**　　　　　　　　**3,3-二甲基-1-丁醇**

三级卤代烷烃如果与一个更加复杂的结构拼接在一起，有时也是很难辨认的。记住：三级卤代物不能发生 $S_N2$ 反应，但在碱的存在下会发生消除反应。

与有机化学的其他许多方向一样，合成化学也是在实践过程中发展起来的。计划合成复杂分子时需要回顾前面章节中涉及的反应和机理，并运用由此获得的知识去解决合成上的问题。为了帮助完成这项任务，本章以及第 9、11、12、13、15、17、19、20、21 章的末尾都有**反应总结路线图**（Reaction Summary Road Map），它们给出了一页涉及各种主要官能团反应性的概览。各类化合物的制备图表明了反应前体的官能团的来源，这在逆合成设计中特别有用。反应图显示每个官能团的作用。并按章节顺序排列，覆盖了整本书。在学习有机化学的任何阶段，只使用你已经学习过的知识，并在下一步的学习中不断复习。

## 总　结

我们现在已经学习了什么？还将学习什么？在第 8 章里，我们已经在卤代烷之后开始讨论有机化合物中第二种重要的功能性化合物——醇。我们已经利用卤代烷来说明两种主要的反应机理：自由基反应（用来制备卤代烷；第 3 章）和离子化途径（用来展示它们在取代反应和消除反应中的反应性，第 6 章和第 7 章）。与此相对应的是，我们已经用醇来引入新的反应：氧化反应、还原反应，以及金属有机试剂对醛和酮的加成反应。这些讨论使我们能够检验设计合成路线的理念。尤其是我们已经学习了：

- 醇类系统命名IUPAC规则（8-1节）。

- 氢键对醇的物理性质有明显的影响（8-2节）。

- 醇既有酸性，又有碱性（8-3节）。

- 可以通过氢氧根离子将一个离去基团亲核取代制备醇（8-4节）。

- 通过氧化还原反应可以将醇类与醛和酮类关联起来（8-5节）。

- 氢负离子或金属有机试剂对醛和酮的亲核进攻可以制备醇（8-6节和8-7节）。

- 设计合成复杂分子要进行逆合成分析。反过来，这个步骤可以通过策略性切断目标分子中的某些键将其分解成更简单的前体（8-8节）。

随着课程的深入，我们逐步建立起关于化合物类别以及相关化学的知识体系，以后将会不断地重复合成策略，用于对这些信息的分类及应用。本章和下一章将按照以下格式介绍所有要学习的官能团：(a) 命名方法；(b) 结构与性质；(c) 合成路径；(d) 可进行的反应类型及应用。

# 8-9 | 解题练习：综合运用概念

接下来的两个习题将涉及本章的两个方面。首先，通过复习逆合成分析的概念，清楚如何利用小的结构单元合成更为复杂的醇类分子。第二个是在普通化学中接触过的话题：氧化还原平衡；熟悉这一过程将有助于理解后续有氧化态变化的反应。

### 解题练习8-22　复杂醇分子的逆合成分析

在一些利用 Lewis 酸性金属化合物作为催化剂的工业反应中，三级醇是一类重要添加剂（2-3 节）。它可给金属提供空间位阻保护和疏水的环境（图8-3 以及真实生活 8-1），这可以保证金属化合物在有机溶剂中的溶解度、更长的寿命以及在对底物活化过程中的选择性。这些三级醇通常都遵循 8-8 节中的合成原则。

以环己烷为原料，利用含有四个或者更少碳原子的结构单元，以及其他需要的试剂，设计一条合成三级醇 A 的路线。

**策略：**

• **W**：有何信息？在用漫无目的的试错方法来解决这个问题之前，最好查看一下所给的条件。首先，有环己烷，而且注意这个单元在目标产物三级醇 A 中是作为一个取代基存在的。其次，总共还有七个另外的碳原子出现在产物里面，由于不能使用含有超过四个碳原子的化合物，所以我们的合成需要将一些小的片段结合在一起。

• **H**：如何进行？不要试图从环己烷开始向前推进。相反，利用逆合成分析。

• **I**：需用的信息？目标产物 A 是一个三级醇，在 8-8 节中介绍的逆合成分析对它应该是合适的（M 为金属）：

• **P**：继续进行。

**解答：**

由于路线 a 把三级醇 A 切断成大小均匀的两个片段 B 和 C，显然是选择之一。

选择了路线 a 作为最合适的路线，那就需要寻找合成 A 的最直接的前体，我们通过逆向分析做进一步研究：B 和 C 的合适前体是什么？化合物 B 很容易通过逆合成分析追踪到我们的起始化合物，环己烷；金属有机化合物 B 的前体必然是一个卤代环己烷，后者又可以通过自由基卤化反应由环己烷制备：

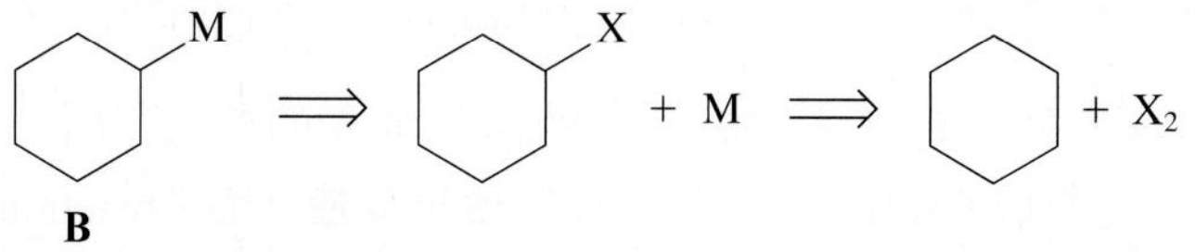

酮 C 必须被切断成两个小的片段。最好的切断是"4+3"的碳原子组合：它是大小最均匀的解决之道，建议使用环丁基中间体。因为在现阶段我们唯一知道的实现 C—C 切断的方法是使用醇类，所以从化合物 C 开始的逆合成分析的第一步是它的前体醇（加上一个铬氧化剂），更进一步的逆合成分析得到了符合要求的片段 D 和 E。

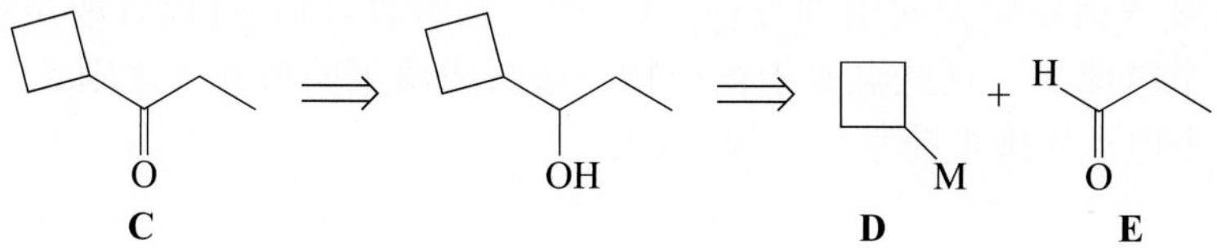

现在我们以正向的方式写出详细的合成路线，其中环己烷和片段 D、E 是起始化合物：

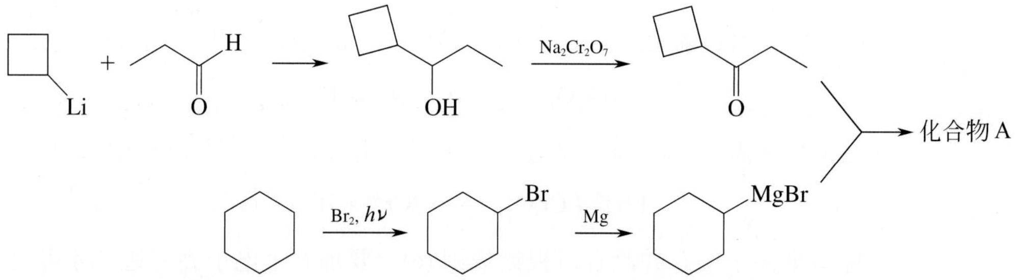

最后的注意事项：在此题以及本书随后的合成练习题中，逆合成分析要求不仅能按正向的方式（例如，起始原料＋试剂──→产物），而且能按逆向的方式（例如，产物◄──起始原料＋试剂）掌握所有的反应。这两种方式提出了两个不同的问题。第一个问题是：在已知试剂存在下，由原料生成的所有可能的产物是什么？第二个问题是：利用合适的试剂，用于合成产物的所有可能的起始原料有什么？在本章末尾以及随后章节里的，两类反应示意图总结都强调了这一点。

## 解题练习8-23　普通化学回顾——反应平衡方程

这一章介绍了醇与醛、酮之间相互转化的氧化还原反应。使用的试剂是 Cr(Ⅵ)（以铬酸盐的形式，例如 $Na_2Cr_2O_7$）和 $H^-$（以 $NaBH_4$ 和 $LiAlH_4$

的形式）。有机化学家们通常不担心这些过程的无机产物，因为它们最后通常是被遗弃的。尽管如此，出于保持电子平衡的目的（在实验步骤中），写出平衡方程式是有用的（必不可少的），以表示有多少起始原料参与反应而又产生了多少可能的产物。大多数人在普通化学学习中都配平过方程式，但通常只涉及金属之间的氧化还原。

**你能配平下面一级醇氧化成醛的方程式吗？**

$$RCH_2OH + H_2SO_4 + Na_2Cr_2O_7 \longrightarrow RCHO + Cr_2(SO_4)_3 + Na_2SO_4 + H_2O$$

解答：

最好把这个转化理解成同时发生的两个独立的反应：（1）醇的氧化，（2）Cr(Ⅵ)还原成Cr(Ⅲ)。这两部分叫做**半反应**（half-reaction）。水是此类反应和其他类似氧化还原过程常用的溶剂，我们按以下方式处理水：

**a.** 把任何消耗掉或者生成的氢原子处理成 $H_3O^+$ 的形式（或者简化为 $H^+$），

**b.** 把任何消耗掉或者生成的氧原子处理成 $H_2O$（在酸性水溶液中）或者 $OH^-$（在碱性水溶液中）的形式，

**c.** 在缺负电荷的一侧添加电子。

将这些指导原则应用到方程（1）中，则方程（1）可以看成是从醇中移走2个氢原子。这些氢原子在产物一边写成质子的形式（规则a），通过添加2个电子实现电荷平衡（规则c）：

$$RCH_2OH \longrightarrow RCHO + 2H^+ + 2e^- \tag{1}$$

对铬的半反应，我们知道，$Cr_2O_7^{2-}$ 被变成（两个）$Cr^{3+}$：

$$Cr_2O_7^{2-} \longrightarrow 2Cr^{3+}$$

在反应式右边需要7个氧原子，规则（b）认为生成了7个 $H_2O$ 分子：

$$Cr_2O_7^{2-} \longrightarrow 2Cr^{3+} + 7H_2O$$

这个转化需要14个氢加到左边；根据规则（a）应该是14个 $H^+$：

$$14H^+ + Cr_2O_7^{2-} \longrightarrow 2Cr^{3+} + 7H_2O$$

电荷平衡了吗？并没有，根据规则 (c)，要加6个电子到左边，才得出平衡的方程式（2）。

$$14H^+ + Cr_2O_7^{2-} + 6e^- \longrightarrow 2Cr^{3+} + 7H_2O \tag{2}$$

如上所述，观察两个半反应可以发现，方程（1）产生2个电子（氧化反应，8-5节），方程（2）消耗6个电子（还原反应，8-5节）。由于化学反应方程式不表示出电子，那就需要平衡电子的产生与消耗。可通过简单地把（1）乘以3来实现：

$$3RCH_2OH \longrightarrow 3RCHO + 6H^+ + 6e^- \tag{3}$$

现在，彼此相加把两个已平衡的半反应结合起来，也就是（3）+（2），是一个把电子消除而得到方程（4）的过程。

$$3RCH_2OH \longrightarrow 3R\overset{\displaystyle O}{\overset{\|}{C}}H + 6H^+ + 6e^- \qquad (3)$$

$$14H^+ + Cr_2O_7^{2-} + 6e^- \longrightarrow 2Cr^{3+} + 7H_2O \qquad (2)$$

$$3RCH_2OH + 14H^+ + Cr_2O_7^{2-} \longrightarrow 3R\overset{\displaystyle O}{\overset{\|}{C}}H + 6H^+ + 2Cr^{3+} + 7H_2O \qquad (4)$$

在方程（4）中，左右两边都含有 $H^+$，可以通过移去"多余的" $H^+$ 简化得到方程（5）。

$$3RCH_2OH + 8H^+ + Cr_2O_7^{2-} \longrightarrow 3R\overset{\displaystyle O}{\overset{\|}{C}}H + 2Cr^{3+} + 7H_2O \qquad (5)$$

最后，添加不参与反应的"旁观离子"来表示出合理的化学计量组成，得到方程（6）。

$$3RCH_2OH + 4H_2SO_4 + Na_2Cr_2O_7 \longrightarrow 3R\overset{\displaystyle O}{\overset{\|}{C}}H + Cr_2(SO_4)_3 + Na_2SO_4 + 7H_2O \qquad (6)$$

已平衡的方程（6）非常完美地体现了为什么这个反应必须在酸性介质中进行：$H_2SO_4$ 被消耗了。它同时也突出了重铬酸盐的氧化能力：1mol 重铬酸盐就可氧化 3mol 醇。

### 新反应

#### 1. 醇类化合物的酸性与碱性（8-3 节）

$$R-\overset{\displaystyle +}{\underset{\displaystyle H}{\overset{\displaystyle H}{O}}} \xrightleftharpoons{H^+} ROH \xrightleftharpoons[\text{碱}:B^-]{} RO^- + BH$$

烷基氧鎓离子　　　　　　　醇　　　　　　烷氧基负离子

酸性：RO—H ≈ HO—H > $H_2$N—H > $H_3$C—H

碱性：RO⁻ ≈ HO⁻ < $H_2$N⁻ < $H_3$C⁻

### 实验室中醇类化合物的制备方法

#### 2. 卤素和其他离去基团被氢氧根离子亲核取代（8-4 节）

$$RCH_2X + HO^- \xrightarrow[S_N2]{H_2O} RCH_2OH + X^-$$

X = 卤素，磺酸根

一级、二级卤代烷或磺酸酯（三级卤代烷通常发生消除反应）

$$R\underset{\displaystyle R'}{\overset{\displaystyle |}{C}}HX + CH_3\overset{\displaystyle O}{\overset{\|}{C}}O^- \xrightarrow{S_N2} R\underset{\displaystyle R'}{\overset{\displaystyle |}{C}}HO\overset{\displaystyle O}{\overset{\|}{C}}CH_3 \xrightarrow[\text{酯水解}]{HO^-} R\underset{\displaystyle R'}{\overset{\displaystyle |}{C}}HOH$$

$$R'\underset{\displaystyle R''}{\overset{\displaystyle R}{\underset{\displaystyle |}{\overset{\displaystyle |}{C}}}}X \xrightarrow[S_N1]{H_2O,\ 丙酮} R'\underset{\displaystyle R''}{\overset{\displaystyle R}{\underset{\displaystyle |}{\overset{\displaystyle |}{C}}}}OH$$

**制备三级醇的最佳方法**

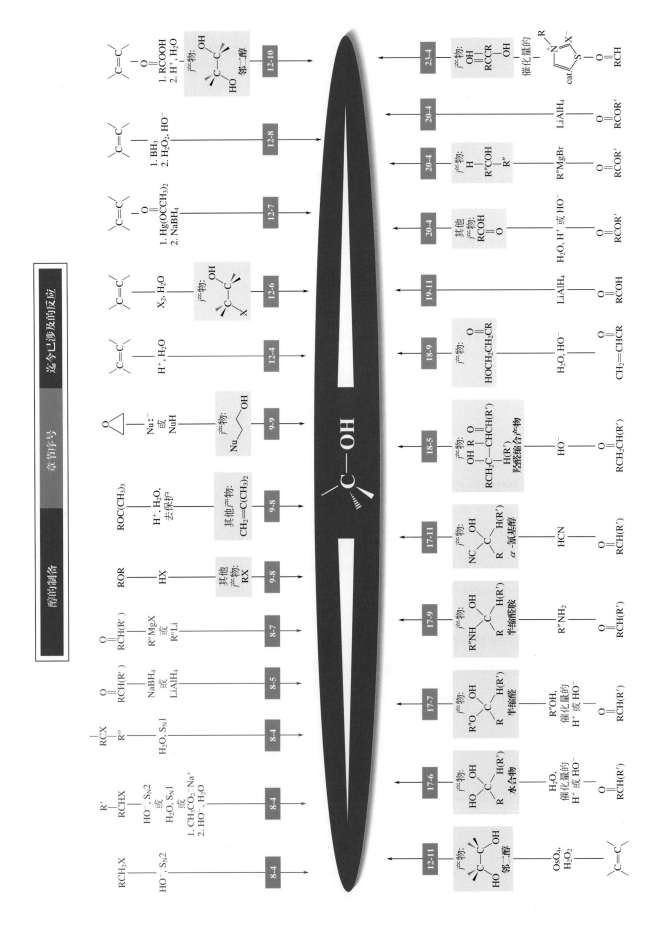

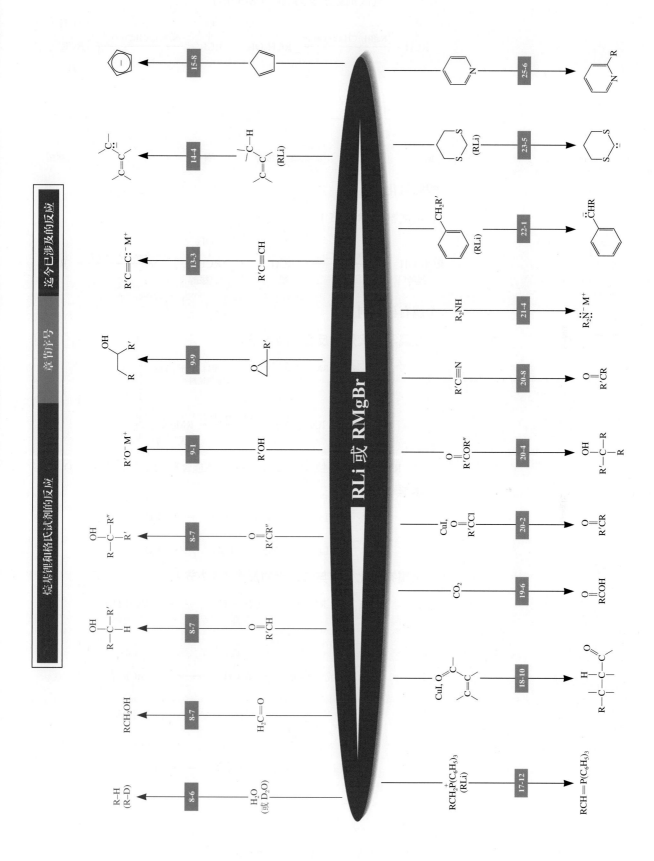

### 3. 利用负氢试剂还原醛和酮 （8-5 节）

$$\underset{RCH}{\overset{O}{\|}} \xrightarrow{\text{NaBH}_4,\ \text{CH}_3\text{CH}_2\text{OH}} RCH_2OH \qquad \underset{RCR'}{\overset{O}{\|}} \xrightarrow{\text{NaBH}_4,\ \text{CH}_3\text{CH}_2\text{OH}} \underset{\underset{H}{|}}{\overset{\overset{OH}{|}}{RCR'}}$$

$$\underset{RCH}{\overset{O}{\|}} \xrightarrow[\text{2. H}^+,\ \text{H}_2\text{O}]{\text{1. LiAlH}_4,\ (\text{CH}_3\text{CH}_2)_2\text{O}} RCH_2OH \qquad \underset{RCR'}{\overset{O}{\|}} \xrightarrow[\text{2. H}^+,\ \text{H}_2\text{O}]{\text{1. LiAlH}_4,\ (\text{CH}_3\text{CH}_2)_2\text{O}} \underset{\underset{H}{|}}{\overset{\overset{OH}{|}}{RCR'}}$$

醛　　　　　　　　一级醇　　醛　　　　　　　　　　　二级醇

## 醇的氧化

### 4. 铬试剂 （8-5 节）

$$\underset{\text{一级醇}}{RCH_2OH} \xrightarrow{\text{PCC, CH}_2\text{Cl}_2} \underset{\text{醛}}{\overset{O}{\overset{\|}{RCH}}} \qquad \underset{\text{二级醇}}{\overset{OH}{\overset{|}{RCHR'}}} \xrightarrow{\text{Na}_2\text{Cr}_2\text{O}_7,\ \text{H}_2\text{SO}_4} \underset{\text{酮}}{\overset{O}{\overset{\|}{RCR'}}}$$

## 金属有机试剂

### 5. 金属与卤代烷的反应 （8-6 节）

$$RX + 2\,Li \xrightarrow{(\text{CH}_3\text{CH}_2)_2\text{O}} \underset{\text{烷基锂试剂}}{RLi} + LiX$$

$$RX + Mg \xrightarrow{(\text{CH}_3\text{CH}_2)_2\text{O}} \underset{\text{格氏试剂}}{RMgX}$$

R 不能含有酸性基团，如 O—H；或不能含有亲电基团，如 C=O。

### 6. 水解（8-6 节）

$$RLi\ \text{或}\ RMgX + H_2O \longrightarrow RH$$

$$RLi\ \text{或}\ RMgX + D_2O \longrightarrow RD$$

### 7. 金属有机化合物与醛、酮的反应（8-7 节）

$$RLi\ \text{或}\ RMgX + \underset{\text{甲醛}}{CH_2{=}O} \longrightarrow \underset{\text{一级醇}}{RCH_2OH}$$

$$RLi\ \text{或}\ RMgX + \underset{\text{醛}}{\overset{O}{\overset{\|}{R'CH}}} \longrightarrow \underset{\text{二级醇}}{\underset{\overset{|}{H}}{\overset{\overset{OH}{|}}{RCR'}}}$$

$$RLi\ \text{或}\ RMgX + \underset{\text{酮}}{\overset{O}{\overset{\|}{R'CR''}}} \longrightarrow \underset{\text{三级醇}}{\underset{\overset{|}{R''}}{\overset{\overset{OH}{|}}{RCR'}}}$$

醛或酮中不能含有能与金属有机试剂反应的官能团，如羟基或羧基等。

### 8. 卤代烷与氢化铝锂反应制备烷烃（8-6 节）

$$RX + LiAlH_4 \xrightarrow{(\text{CH}_3\text{CH}_2)_2\text{O}} RH$$

**重要概念**

1. 醇在IUPAC命名系统中称为**烷基醇**（alkanol）。含有官能团的主链作为醇的主名称。烷基和卤原子取代基作为前缀。

2. 像水一样，醇有一个**极化**的且键长较短的O—H键。羟基是**亲水性**的，而且可以形成**氢键**。其结果使醇具有较高的沸点，而且在许多情况下，有很好的水溶性。分子中烷基部分是**疏水性**的。

3. 醇还像水一样是**两性**的：它们既具有酸性又具有碱性。如果某些碱的共轭酸远远弱于醇类的共轭酸，那么这些碱可以使醇完全去质子化，形成**烷氧基负离子**。醇与质子反应可以形成**烷基氧镓离子**。在溶液中，酸性顺序是：一级醇>二级醇>三级醇。吸电子取代基可使醇的酸性增强（同时碱性减弱）。

4. 将卤代烷烃中亲电性的烷基，$C^{\delta+}—X^{\delta-}$，转变成**金属有机化合物**中亲核性类似物，$C^{\delta-}—M^{\delta+}$，是**极性反转**的一个例子。

5. 醛或酮的**羰基**（C=O）中的碳原子是亲电性的，因此易被亲核试剂或基团进攻，例如**负氢试剂**中的氢负离子或者金属有机化合物中的烷基负离子。随后，水解后处理，转化成产物醇。

6. 铬（Ⅵ）试剂**氧化**醇生成醛和酮，开创了后续醛或酮与金属有机试剂进一步反应的可能性。

7. 通过判断可以由一系列有效反应来构建策略性的化学键，**逆合成分析**实现了复杂有机分子的合成设计。

**习　题**

24. 根据IUPAC规则命名下列醇类化合物，判断其立体化学特征（如果有的话），确定羟基标为一级、二级或者三级。

（a）
$$OH$$
$$CH_3CH_2CHCH_3$$

（b）
$$Br \quad OH$$
$$CH_3CHCH_2CHCH_2CH_3$$

（c）$HOCH_2CH(CH_2CH_2CH_3)_2$

（d）
$$CH_2Cl$$
$$H—C—OH$$
$$H_3C$$

（e）
$$CH_2CH_3$$
$$\square\text{—OH}$$

（f）
$$OH$$
$$Br$$

（g）$C(CH_2OH)_4$

（h）
$$CH_2OH$$
$$H—OH$$
$$H—OH$$
$$CH_2OH$$

（i）
$$OH$$
$$CH_2CH_2OH$$

（j）
$$CH_2OH$$
$$H_3C—Cl$$
$$CH_2CH_3$$

（k）下面所示的分子结构是一种新的称为特立坦（Tritan）的聚合物的一个单体。Tritan透明、韧性强、难切断。基于双酚A的聚碳酸酯塑料因其潜在的内分泌干扰活性而备受争议（22-3节和真实生活22-1），Tritan聚酯取代了这些旧材料。画出该化合物所有可能的立体异构体，并命名，确定羟基为一级、二级或三级。

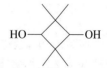

25. 画出下列醇类化合物的结构：（a）2-（三甲基硅基）乙醇；（b）1-甲基环丙醇；（c）3-（1-甲基乙基）-2-己醇；（d）（R）-2-戊醇；（e）3,3-二溴环己醇。

26. 按照沸点升高的顺序排列下列每组化合物：（a）环己烷、环己醇、氯代环己烷；（b）2,3-二甲基-2-戊醇、2-甲基-2-己醇、2-庚醇。

27. 解释下列各组化合物在水中的溶解度顺序：（a）乙醇>氯乙烷>乙烷；（b）甲醇 > 乙醇 > 1-丙醇。

28. 与1,2-二氯乙烷相比，1,2-乙二醇的优势构象为邻位交叉构象，请解释此现象。你预计2-氯乙醇邻位交叉与对位交叉构象的比例究竟类似于哪个化合物，是1,2-二氯乙烷还是1,2-乙二醇？

29. 反-1,2-环己二醇最稳定的椅式构象为两个羟基均处在平伏键上。（**a**）画出其结构式，如有可能，基于这个构象建立此化合物的模型。（**b**）此二醇与氯硅烷R₃SiCl〔R=(CH₃)₂CH（异丙基）〕反应，形成相应的二硅醚，其结构式如下。值得注意的是，这一转变使椅式构象发生翻转，两个硅醚基团处于直立键上。用结构图或模型解释这一结果。

**30.** 按照酸性降低的顺序排列下列每组化合物。

（**a**）CH₃CHClCH₂OH，CH₃CHBrCH₂OH，BrCH₂CH₂CH₂OH

（**b**）CH₃CCl₂CH₂OH，CCl₃CH₂OH，(CH₃)₂CClCH₂OH

（**c**）(CH₃)₂CHOH，(CF₃)₂CHOH，(CCl₃)₂CHOH

**31.** 写出一个合适的方程式表示下列醇是如何在溶液中作为碱或酸使用的？与甲醇相比，这些醇的碱性和酸性是增强还是减弱？（**a**）(CH₃)₂CHOH；（**b**）CH₃CHFCH₂OH；（**c**）CCl₃CH₂OH。

**32.** 已知CH₃ȮH₂的p$K_a$值是−2.2，CH₃OH的p$K_a$值是15.5，计算下列溶液的pH。（**a**）含有等量的CH₃ȮH₂和CH₃O⁻的甲醇；（**b**）50% CH₃OH和50% CH₃ȮH₂的溶液；（**c**）50% CH₃OH和50% CH₃O⁻的混合溶液。

**33.** 超共轭效应对烷基氧鎓离子（例如，RȮH₂、R₂ȮH）的稳定性是否有重要作用？为什么？

**34.** 评价下列哪一种醇的合成方法好（所合成的醇是主要或唯一产物）、不太好（想要的产物是副产物）或者毫无价值。（**提示**：参见7-9节。）

（**a**）CH₃CH₂CH₂CH₂Cl $\xrightarrow[\text{O}]{\text{H}_2\text{O, CH}_3\text{C}\text{CH}_3}$ CH₃CH₂CH₂CH₂OH

（**b**）CH₃OSO₂—⟨C₆H₄⟩—CH₃ $\xrightarrow{\text{HO}^-,\ \text{H}_2\text{O},\triangle}$ CH₃OH

（**c**）

（**d**）CH₃CHICH₂CH₂CH₃ $\xrightarrow{\text{H}_2\text{O},\ \triangle}$ CH₃CHOHCH₂CH₂CH₃

（**e**）CH₃CHCNCH₃ $\xrightarrow{\text{HO}^-,\ \text{H}_2\text{O},\triangle}$ CH₃CHOHCH₃

（**f**）CH₃OCH₃ $\xrightarrow{\text{HO}^-,\ \text{H}_2\text{O},\triangle}$ CH₃OH

（**g**）

（**h**）CH₃CHCH₂Cl(CH₃) $\xrightarrow{\text{HO}^-,\ \text{H}_2\text{O},\triangle}$ CH₃CHCH₂OH(CH₃)

**35.** 习题34中某些过程得到目标产物的产率比较低，如果可能的话，给出一种更好的方法。

**36.** 写出下列每个反应的主要产物。水相后处理过程（需要时）已经省略。

（**a**）CH₃CH=CHCH₃ $\xrightarrow[\text{（提示：参见 2-2 节）}]{\text{H}_3\text{PO}_4,\ \text{H}_2\text{O},\triangle}$

（**b**）CH₃CCH₂CH₂CCH₃ (O, O) $\xrightarrow[\text{2. H}^+,\ \text{H}_2\text{O}]{\text{1. LiAlH}_4,\ (\text{CH}_3\text{CH}_2)_2\text{O}}$

（**c**） $\xrightarrow{\text{NaBH}_4,\ \text{CH}_3\text{CH}_2\text{OH}}$

（**d**） $\xrightarrow{\text{LiAlH}_4,\ (\text{CH}_3\text{CH}_2)_2\text{O}}$

（**e**） $\xrightarrow{\text{NaBH}_4,\ \text{CH}_3\text{CH}_2\text{OH}}$

（**f**） $\xrightarrow{\text{NaBH}_4,\ \text{CH}_3\text{CH}_2\text{OH}}$

**37.** 判断下列反应的平衡方向如何？（提示：H₂的p$K_a$值大约为38）。

$$\text{H}^- + \text{H}_2\text{O} \rightleftharpoons \text{H}_2 + \text{HO}^-$$

**38.** 用化学式表示出下列每个反应的产物，反应溶剂都是乙醚。

（**a**）CH₃CHO $\xrightarrow[\text{2. H}^+,\ \text{H}_2\text{O}]{\text{1. LiAlD}_4}$ （**b**）CH₃CHO $\xrightarrow[\text{2. D}^+,\ \text{D}_2\text{O}]{\text{1. LiAlH}_4}$

（**c**）CH₃CDO $\xrightarrow[\text{2. H}^+,\ \text{H}_2\text{O}]{\text{1. LiAlH}_4}$ （**d**）CH₃CH₂I $\xrightarrow{\text{LiAlD}_4}$

这些反应的产物是手性的吗？如果是，在产物形成过程中，是否会表现出光学活性？为什么或为什么不？

**39.** 画出习题38中每一个反应的机理。

**40.** 给出下列每个反应的主要产物［反应（d）、（f）和（g）是用酸性水溶液后处理的］。

（a）CH₃(CH₂)₅CHCH₃ (Cl) $\xrightarrow{\text{Mg, (CH}_3\text{CH}_2)_2\text{O}}$

（b）反应(a)的产物 $\xrightarrow{\text{D}_2\text{O}}$

（c）环戊基溴 $\xrightarrow{\text{Li, (CH}_3\text{CH}_2)_2\text{O}}$

（d）反应(c)的产物 + 环戊酮 $\longrightarrow$

（e）CH₃CH₂CH₂Cl + Mg $\xrightarrow{\text{(CH}_3\text{CH}_2)_2\text{O}}$

（f）反应(e)的产物 + 苯乙酮 $\longrightarrow$

（g）环丁基溴 + 2 Li $\xrightarrow{\text{(CH}_3\text{CH}_2)_2\text{O}}$

（h）2mol 反应 (g)的产物+1mol CH₃CCH₂CH₂CCH₃ $\longrightarrow$

**41.** 实验室清洗玻璃仪器经常使用丙酮，但有时会导致意外发生。例如，有个学生计划制备甲基碘化镁（CH₃MgI），准备把它加到苯甲醛（C₆H₅CHO）中。在水溶液后处理后，他希望得到的产物是什么？他使用刚刚洗过的玻璃仪器，并开始按反应步骤进行反应，结果却得到了一个意料之外的三级醇。他究竟得到了什么物质？它是如何形成的？

**42.** 下列哪种卤化物能用于制备格氏试剂，且接着与醛或酮反应制备醇？哪些不能？为什么？

（a）略　（b）略

（c）略　（d）略

（e）略

（提示：对于（e），参见第 1 章习题 50。）

**43.** 给出下列反应的主要产物（经水后处理）。反应中的溶剂是乙醚。

（a）环丙基MgBr + HCHO $\longrightarrow$

（b）CH₃CHCH₂MgCl (CH₃) + CH₃CHO $\longrightarrow$

（c）C₆H₅CH₂Li + C₆H₅CHO $\longrightarrow$

（d）CH₃CHCH₃ (MgBr) + 环己酮 $\longrightarrow$

（e）环戊基MgCl + 2-乙基丁醛 $\longrightarrow$

**44.** 写出习题43中每个反应完整的分步反应机理，包括酸性水溶液的后处理。

**45.** 写出乙基溴化镁（CH₃CH₂MgBr）与下列羰基化合物反应的产物结构式。判断哪些产物有一个以上的立体异构体，并说明这些立体异构体是否会以不同的产率生成。

（a）略　（b）略

（c）略　（d）略

（e）略　（f）略

（g）略　（h）略

（i）略　（j）略

**46.** 画出下列反应主要产物的结构式。其中PCC是氯铬酸吡啶的缩写（8-5节）。

（a）CH₃CH₂CH₂OH $\xrightarrow{\text{Na}_2\text{Cr}_2\text{O}_7,\ \text{H}_2\text{SO}_4,\ \text{H}_2\text{O}}$

（b）$(CH_3)_2CHCH_2OH$ $\xrightarrow{PCC,\ CH_2Cl_2}$

（c） $\xrightarrow{Na_2Cr_2O_7,\ H_2SO_4,\ H_2O}$

（d） $\xrightarrow{PCC,\ CH_2Cl_2}$

（e） $\xrightarrow{PCC,\ CH_2Cl_2}$

**47.** 写出习题46中每一个反应的机理。

**48.** 写出下列经过一系列反应的主要产物的结构式。其中PCC是氯铬酸吡啶。

（a）
$(CH_3)_2CHOH$ $\xrightarrow[\substack{3.\ H^+,\ H_2O}]{\substack{1.\ CrO_3,\ H_2SO_4,\ H_2O\\2.\ CH_3CH_2MgBr,\ (CH_3CH_2)_2O}}$

（b）
$CH_3CH_2CH_2CH_2Cl$ $\xrightarrow[\substack{3.\ \bigcirc\text{-Li},\ (CH_3CH_2)_2O\\4.\ H^+,\ H_2O}]{\substack{1.\ ^-OH,\ H_2O\\2.\ PCC,\ CH_2Cl_2}}$

（c）
反应(b)的产物 $\xrightarrow[\substack{3.\ H^+,\ H_2O}]{\substack{1.\ CrO_3,\ H_2SO_4,\ H_2O\\2.\ LiAlD_4,\ (CH_3CH_2)_2O}}$

**49.** **挑战题**　与格氏试剂和有机锂试剂不同，大多数电负性很小的金属（Na、K等）的金属有机化合物可以与卤代烷迅速反应。因此，RX与相应的金属反应无法形成RNa或RK，将会直接形成烷烃，此过程称为Wurtz偶联反应。

$$2RX + 2Na \longrightarrow R-R + 2NaX$$

这里由于

$$R-X + 2Na \longrightarrow R-Na + NaX$$

随后迅速发生

$$R-Na + R-X \longrightarrow R-R + NaX$$

　　Wurtz偶联反应曾主要用于将两个相同的烷基偶联制备烷烃［例如，下面的方程（1）。解释Wurtz偶联为何不适用于两个不同烷基的偶联［方程（2）］。

$$2CH_3CH_2CH_2Cl + 2Na \longrightarrow$$
$$CH_3CH_2CH_2CH_2CH_2CH_3 + 2NaCl（1）$$

$$CH_3CH_2Cl + CH_3CH_2CH_2Cl + 2Na \longrightarrow$$
$$CH_3CH_2CH_2CH_2CH_3 + 2NaCl（2）$$

**50.** 2mol镁和1mol 1,4-二溴丁烷反应生成化合物A。1mol A和2mol乙醛（$CH_3CHO$）反应，然后用稀的酸性水溶液后处理，生成化合物B，分子式是$C_8H_{18}O_2$。写出化合物A和B的结构式。

**51.** 请给出下列每个简单醇类化合物的最佳合成路线，在每例中请选用最简单的烷烃作为起始原料。并说明以烷烃作为合成的起始原料，缺点有哪些？
（a）甲醇　　（b）乙醇　　（c）1-丙醇
（d）2-丙醇　（e）1-丁醇　（f）2-丁醇
（g）2-甲基-2-丙醇

**52.** 对于习题51中的每个醇类化合物，如果可能的话，设计一条首先以醛为起始原料，其次才是以酮为起始原料的合成路线。

**53.** 写出以合适的醇为起始原料制备下列每个化合物的最佳方案。

（a） 　　（b）$CH_3CH_2CH_2CH_2COOH$

（c） 　　（d）

（e）

**54.** 设计三条制备2-甲基-2-己醇的不同路线。每一条路线必须使用下列原料中的一种作为起始原料。多少步反应和任何试剂都可。

（a） 　　（b）

（c）

**55.** 设计三条制备3-辛醇的不同合成路线，起始原料分别为：（a）酮；（b）醛；（c）使用与（b）中不同的醛。

**56.** 在以下合成方案所示的转化中填入缺失的所需试剂。如果转换需要多个步骤，则按顺序为各个步骤编号。

**57.** 蜡是天然存在的酯（烷基烷酸酯），含有长直链烷基。鲸油中含有蜡十六酸十六烷酯，其结构如下所示。如何通过$S_N2$反应合成这种蜡？

$$CH_3(CH_2)_{14}\overset{O}{\overset{\|}{C}}O(CH_2)_{15}CH_3$$

**十六酸十六烷酯**
**1-hexadecyl hexadecanoate**

**58.** 辅酶烟酰胺腺嘌呤二核苷酸（NAD⁺；真实生活8-1）的还原形式是NADH。在不同的酶催化剂存在下，它作为生物负氢给体，能够根据以下通式将醛和酮还原为醇：

$$\overset{O}{\overset{\|}{R-C-R}} + NADH + H^+ \xrightarrow{\text{酶}} \overset{OH}{\overset{|}{R-CH-R}} + NAD^+$$

羧酸官能团—COOH不能被还原。写出下面每个化合物的NADH还原产物的结构式。

（a）$CH_3\overset{O}{\overset{\|}{C}}H + NADH \xrightarrow{\text{醇脱氢酶}}$

（b）$CH_3\overset{O}{\overset{\|}{C}}\overset{O}{\overset{\|}{C}}OH + NADH \xrightarrow{\text{乳酸脱氢酶}}$

**2-氧代丙酸**　　　　　　　　**乳酸**
**（丙酮酸）**

（c）$HO\overset{O}{\overset{\|}{C}}CH_2\overset{O}{\overset{\|}{C}}\overset{O}{\overset{\|}{C}}OH + NADH \xrightarrow{\text{苹果酸脱氢酶}}$

**2-氧代丁二酸**　　　　　　　**苹果酸**
**（草酰乙酸）**

**59.** NADH的还原反应（习题58）具有立体专一性，产物的立体化学由酶控制（真实生活8-1）。在乳酸脱氢酶和苹果酸脱氢酶作用下，通常只生成乳酸和苹果酸的S构型立体异构体。写出这些立体异构体的结构式。

**60. 挑战题** 在药物合成中，化学修饰后的甾族化合物的重要性不断提升。写出下列反应可能的产物的结构式。在每个实例中，根据进攻试剂从底物分子位阻较小的一边进攻的原则，判断产物的主要立体异

| 目标分子 | 清单 （价格） | |
|---|---|---|
| ![分子结构]OH 2-环己基-2-丁醇 A | 2-溴丁烷 （$31/kg） | 环己醇 （$14/kg） |
| | 溴代环己烷 （$50/kg） | 1-环己基乙醇 （$120/25g） |
| | 溴乙烷 （$20/kg） | 环己基甲醇 （$42/100g） |
| | 溴甲烷 （$400/kg） | （溴甲基） 环己烷 （$86/100g） |
| | 2-丁醇 （$23/kg） | |

构体。（**提示**：制作模型或者参见4-7节。）

（a）

1. 过量 CH₃MgI
2. H⁺, H₂O →

（b）

1. 过量 CH₃Li
2. H⁺, H₂O →

**61. 挑战题** 为什么习题60中所示的两个反应都分别要求使用过量的CH₃MgI和CH₃Li？在这两个反应中，需要几倍量的金属有机试剂？每个分子中每个功能位点的产物是什么？

## 团队练习

**62.** 设计一条合成三级醇2-环己基-2-丁醇（A）的路线。2-环己基-2-丁醇使香水具有山谷百合"清新"的香味。实验室备有常用的有机、无机试剂和溶剂。下面的试剂清单里有许多合适的卤代烷和醇。作为一个小组，对A进行逆合成分析并提出所有可能的策略性切断。检查试剂清单后，在现有的起始原料下考察这些路线是否可行。然后把提出的路线平均分给小组成员，让大家评价这些合成路线的优劣。基于选出的2-环己基-2-丁醇的逆合成分析路线，写出一个详细的合成计划。然后重新一起讨论，并决定是支持还是反对这些计划。最后，把所用的起始原料的价格考虑进去，评价哪一条合成A的路线最经济。

## 预科练习

**63.** 一个已知只含有C、H和O的化合物通过元素分析得到以下结果（原子量：C=12.0，H=1.00，O=16.0）：52.1% C，13.1% H。它的沸点是78℃。它的结构是（　　）。
（a）$CH_3OCH_3$　　　　（b）$CH_3CH_2OH$
（c）$HOCH_2CH_2CH_2CH_2OH$（d）$HOCH_2CH_2CH_2OH$
（e）以上都不是

**64.** 结构为 $\overset{(CH_3)_2CHCH_2CHCH_2CH_3}{\underset{|}{OH}}$ 的化合物的最佳IUPAC命名是（　　）。
（a）2-甲基-4-己醇
（b）5-甲基-3-己醇
（c）1,4,4-三甲基-2-己醇
（d）1-异丙基-2-己醇

**65.** 在下述转化里，（　　）是"A"最有可能的结构?

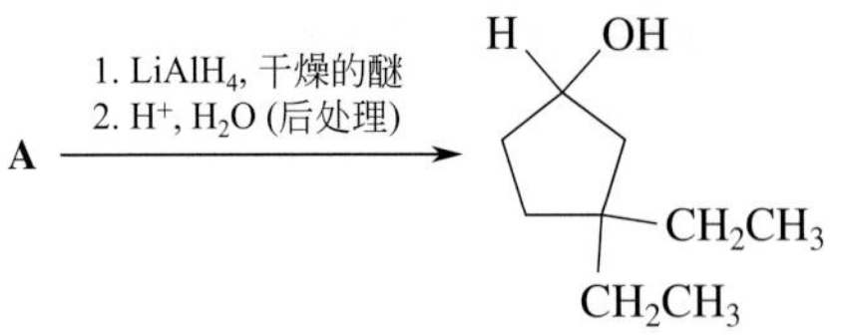

1. LiAlH₄, 干燥的醚
2. H⁺, H₂O (后处理)

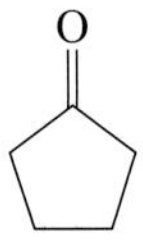

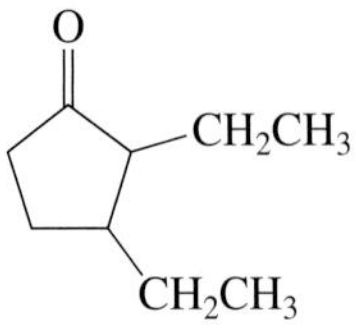

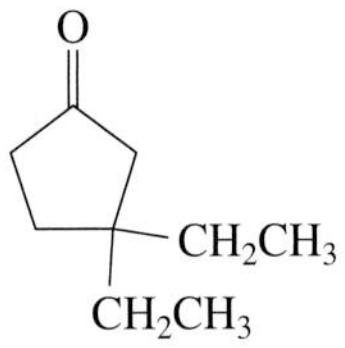

A ────────────────▶ (产物: 环戊醇衍生物，含 H、OH、CH₂CH₃、CH₂CH₃)

（a）环戊酮

（b）2,3-二乙基环戊酮（CH₂CH₃、CH₂CH₃）

（c）3,3-二乙基环戊酮（CH₂CH₃、CH₂CH₃）

（d）2,3-二乙基-2-环戊烯酮（CH₂CH₃、CH₂CH₃）

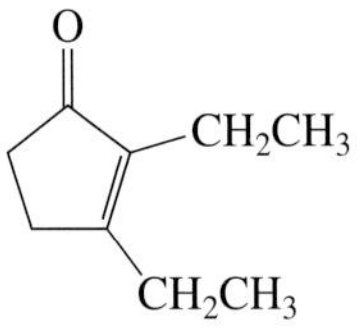

**66.** 下列哪一个方程式是酯水解的最佳方式？

（a）
$$CH_3OCCH_3 \xrightarrow{H^+,\ H_2O} CH_3OCH_3 + CO$$

（b）
$$CH_3OCCH_3 \xrightarrow{H^+,\ H_2O} CH_3OH + HOCCH_3$$

（c）
$$CH_3OCH_2OH \xrightarrow{H_2O} CH_3OH + H-C-H$$

（d）
$$CH_3OH + CH_3CO_2H \xrightarrow{H_2O} CH_3OCCH_3$$

# Chapter

## 9

# 醇的其他反应和醚的化学

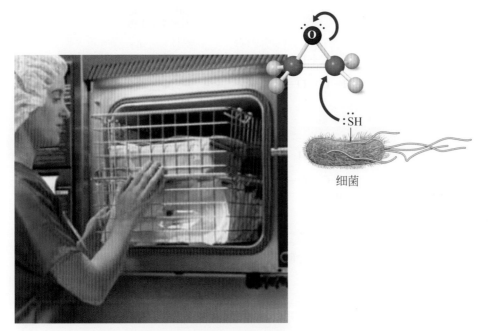

细菌

  氧杂环丙烷（环氧乙烷）通常用于对在传统的高温蒸汽灭菌过程中会损坏的敏感工具和设备的灭菌，例如电子设备、塑料包装和塑料容器。它通过对有机生物分子中亲核基团（例如半胱氨酸中的巯基）的烷基化来杀死细菌和其他微生物。

**还** 记得你（或你的老师）把金属钠小球放到水里时发出的嘶嘶声吗[1]？这一剧烈的反应是因为金属钠和水作用生成了氢氧化钠和氢气。醇可认为是"烷基化的水分子"（8-2 节），也有同样的反应，可以生成醇钠（NaOR）和氢气（$H_2$），但和水相比没有那么剧烈。本章将进一步讲述羟基官能团的化学转化。

  醇有多种反应模式（图 9-1），用 a、b、c、d 标记的四个化学键通常至少有一个键会发生断裂。在第 8 章中，我们知道断裂 a 键和 d 键，可以将醇氧化为醛和酮；把这种氧化反应和金属有机试剂的加成反应结合起来，我们就找到了合成各种各样结构不同的醇的方法。

  在深入探讨醇的各类反应之前，我们先回顾一下它的酸碱特性。在 a 键处去质子，可形成既能作为强碱又能作为亲核试剂（7-8 节）的烷氧基负离子（8-3 节）；而用强酸能将醇转变为烷基氧鎓离子（8-3 节），将羟基（差的离去基团）转化为水（好的离去基团）（8-3 节）。其次，在 b 键处断裂发生取代反应；或者通过 b 键和 c 键的断裂发生消除反应。我们还将了解到用酸和二级醇或三级醇作用能生成碳正离子中间体，围绕它将会出现一系列的化学反应。

---

 [1] 危险操作，切勿随意进行——译者注。

**图9-1** 醇的四个典型反应模式。每个模式中，标记为a、b、c、d的一个或者多个键断裂（波浪线表示键的断裂）：（a）通过碱的去质子化反应；（b）通过酸的质子化及随后进行单分子或双分子取代反应；（b，c）消除反应；（a，d）氧化反应。

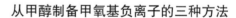

在介绍完酯的制备以及它在合成中的应用后，将讨论醚和硫化合物的化学。醇、醚以及它们的含硫类似物在自然界中广泛存在，并大量应用在工业和医药中。

# 9-1 醇与碱的反应：烷氧基负离子的制备

在 8-3 节中，我们知道醇既是酸又是碱。本节将回顾醇羟基去质子化生成其共轭碱（烷氧基负离子）的方法。

### 需用强碱来完全除去醇羟基上的质子

要用比烷氧基负离子更强的碱才能夺走醇羟基上的质子（图 9-1 中 a 键的断裂）。这些碱包括：二异丙基氨基锂（7-8 节）；正丁基锂（8-6 节）；碱金属的氢化物（8-5 节，习题 8-4），例如氢化钾（KH）。这些氢化物非常有效，因为反应唯一的副产物是氢气。

钠与水反应剧烈，放出氢气。

### 从甲醇制备甲氧基负离子的三种方法

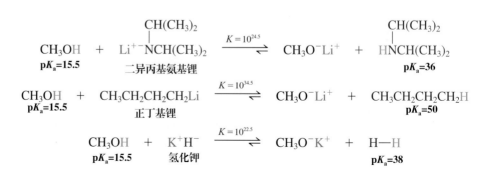

**练习9-1**

我们接下来遇到的许多反应都需要催化量的碱，例如在甲醇中催化量的甲醇钠。假设你现在想制备 1L 含有 10mmol 甲醇钠的甲醇溶液，是直接在 1L 甲醇中加入 10mmol 氢氧化钠这么简单吗？［**注意**：简单比较两者 p$K_a$ 的值（表 2-2）是不够的。**提示**：参见 2-3 节。］

## 碱金属通过还原 H$^+$ 脱去醇的质子

获得醇盐的另外一个常用方法是将醇与碱金属反应，例如，和金属锂反应。这些金属能将水还原，通常反应剧烈，产生碱金属氢氧化物和氢气。如果是更为活泼的金属（钠、钾、铯）暴露在空气中和水分接触，产生的氢气能够自燃甚至爆炸。

$$2 \text{H—OH} + 2 \text{M (Li, Na, K, Cs)} \longrightarrow 2 \text{M}^{+-}\text{OH} + \text{H}_2$$

碱金属同样能和醇发生类似的作用而产生烷氧基负离子，但反应没有那么剧烈。以下是两个例子：

**由碱金属和醇反应生成烷氧基负离子**

$$2 \text{CH}_3\text{CH}_2\text{OH} + 2 \text{Na} \longrightarrow 2 \text{CH}_3\text{CH}_2\text{O}^-\text{Na}^+ + \text{H}_2$$
$$2 \text{(CH}_3)_3\text{COH} + 2 \text{K} \longrightarrow 2 \text{(CH}_3)_3\text{CO}^-\text{K}^+ + \text{H}_2$$

随着取代基的增多，醇与碱金属反应的活性降低，甲醇活性最高，而三级醇的反应活性较低。

**ROH与碱金属反应的相对活性**

R=CH$_3$>一级醇>二级醇>三级醇

活性降低

2-甲基-2-丙醇由于和钾反应缓慢，所以在实验室中可安全地用于处理残余的金属钾。

烷氧基负离子有什么用途？其实我们早就知道它们在有机合成中是很有用的试剂。例如，位阻大的烷氧基负离子和卤代烷可进行消除反应。

$$\text{CH}_3\text{CH}_2\text{CH}_2\text{CH}_2\text{Br} \xrightarrow[\text{E2}]{\text{(CH}_3)_3\text{CO}^-\text{K}^+,\ \text{(CH}_3)_3\text{COH}} \text{CH}_3\text{CH}_2\text{CH}=\text{CH}_2 + \text{(CH}_3)_3\text{COH} + \text{K}^+\text{Br}^-$$

而位阻较小的烷氧基负离子可以和一级卤代烷发生 S$_N$2 反应生成醚。这个方法将在 9-6 节中讨论。

## 小 结

醇和强碱或者碱金属反应可以生成烷氧基负离子。碱性越强，越有利于烷氧基负离子的生成。碱金属能与醇反应，生成醇盐和氢气，这个过程与位阻有关。

## 9-2 | 醇和强酸的反应：醇的取代反应和消除反应中的烷基氧鎓离子

我们已经了解到在强碱作用下醇羟基的 O—H 键很容易发生断裂。那醇的 C—O 键是否也很容易断裂呢（键 b，图 9-1）？这是不太容易的，因为氢氧根负离子是个差的离去基团。回顾一下（6-7 节），离去基团的离去能力与碱性成反比，而氢氧根负离子是一个强碱（2-3 节）。所以，醇要进行取代反应和消除反应，羟基必须首先转化为一个较好的离去基团。

将醇中的羟基取代基转化为好的离去基团最简单方法是添加强酸，建立一个酸碱平衡反应并生成相应的烷基氧鎓离子。质子化把羟基从一个差的离去基团变成一个好的离去基团：水。

> "质子化"似乎意味着氢原子是"进攻者"，但事实上反应物相互进攻。电子从氧原子流向 $H^+$，而不是其他方式。

**羟基的质子化将其转化为好的离去基团**

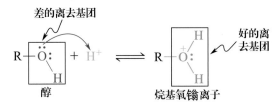

$H_2O$ 的离去能力介于 $Cl^-$ 和 $Br^-$ 之间（表 6-4），因此氧鎓离子应表现出与相应卤化物非常相似的反应性。$S_N2$、$S_N1$ 和 E1 遵循相同的规则。 E2 途径不会发生，因为它需要强碱，而其他反应介质必须是酸性的。

### 一级醇和卤化氢通过 $S_N2$ 反应生成卤代烷

正如所预期的那样，基于对亲核取代中一级卤化物的了解（第 6 章），只要 $X^-$ 是良好的亲核试剂，例如 HBr 和 HI 中的 $X^-$，一级醇的烷基氧鎓离子就会受到酸性 HX 的抗衡离子的亲核进攻。例如，用浓 HBr 溶液处理 1-丁醇产生的丁基氧鎓离子经溴化物置换形成 1-溴丁烷。最初的亲核（红色）氧被亲电的质子（蓝色）质子化，得到烷基氧鎓离子，它含有亲电的（蓝色）碳和作为离去基团（绿色）的 $H_2O$。在随后的 $S_N2$ 反应中，溴离子充当亲核试剂。

反应

机理

**从醇合成一级溴代烷**

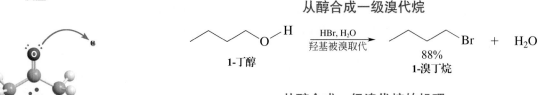

**从醇合成一级溴代烷的机理**

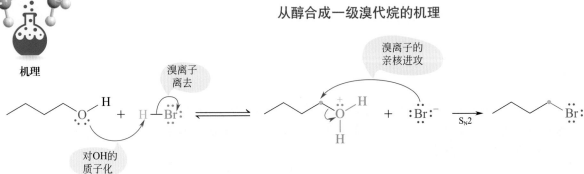

类似的，HI 水溶液能够将相应的一级醇转化为碘代烷。

$$\text{HO} \diagdown\diagup\diagdown\text{OH} \xrightarrow{\text{HI, H}_2\text{O, } \triangle} \text{I} \diagdown\diagup\diagdown\text{I}$$

1,4-丁二醇　　　　　　　　　　　　86%
　　　　　　　　　　　　　　　　1,4-二碘丁烷

浓盐酸的这一过程相对缓慢，因为氯离子在质子溶剂中的亲核性相对差些（6-8 节）。因此，氯代烷的合成往往用其他试剂（9-4 节）。其他的强酸，例如 $H_2SO_4$ 和 $H_3PO_4$，也可以被看成是 OH 质子化的产物，但它们的共轭阴离子的碱性太弱。因为氧鎓离子失水形成一级碳正离子的过程被排除了（7-5 节），因此醇没有发生反应。

那么，二级醇和三级醇呢？

## 二级醇、三级醇和氢卤酸的反应：碳正离子，$S_N1$ 和 E1

与一级烷基氧鎓离子截然不同，由二级醇和三级醇产生的烷基氧鎓离子非常容易失去水生成相应的碳正离子，并进行 $S_N1$ 和 E1 过程（7-5 节和 7-7 节）。这类反应性上的差别与碳正离子的稳定性差异相关。

---

**烷基氧鎓离子的反应性**

不解离：只发生 $S_N2$　　　　解离：发生 $S_N1$ 和 E1

$$\text{R}_{\text{一级}}\!-\!\overset{+}{\text{O}}\text{H}_2 \ll \text{R}_{\text{二级}}\!-\!\overset{+}{\text{O}}\text{H}_2 < \text{R}_{\text{三级}}\!-\!\overset{+}{\text{O}}\text{H}_2$$

越容易形成碳正离子 →

---

对于二级醇，研究表明在某些强酸条件下，底物上带电荷的离去基团，以及含有强烈氢键相互作用的 $H_2O$ 作为溶剂时，$S_N1$ 明显优于 $S_N2$，虽然后者的一小部分贡献尚未被排除。例如，环己醇在温和条件下通过 $S_N1$ 途径与 HBr 反应形成溴代环己烷，可能的竞争途径 E1 过程产生环己烯的干扰很小。类似地，与 HCl 和 HI 反应分别产生氯代和碘代环己烷。随着反应温度的升高，环己烯的产量逐渐增加，是 E1 途径竞争的结果（7-6 节）。采用带有非亲核阴离子的酸，例如 $H_2SO_4$ 或 $H_3PO_4$，不发生取代而只有 E1 反应。醇的 E1 反应也称为**脱水反应**（dehydration reaction），因为它会导致失去一个水分子（b、c 键，图 9-1；9-3 节和 9-7 节），这也是一种合成烯烃的方法（11-7 节）。注意：脱水是一个酸催化的反应。

**环己醇与 $H_2SO_4$ 或 HBr 的反应：$S_N1$ 与 E1**

$$\text{环己烯} \xleftarrow[\substack{-\text{H}_2\text{O}\\ \text{E1}\\ \text{脱水}}]{\substack{\text{H}_2\text{SO}_4, \text{H}_2\text{O},\\ 130\sim140℃}} \text{环己醇} \xrightarrow[\text{S}_\text{N}1]{\text{HBr, H}_2\text{O, 30℃}} \text{溴代环己烷}$$

87%　　　　　　　　　　　　　　　　90%
环己烯　　　　　　环己醇　　　　　　溴代环己烷

## 环己醇与HX反应的机理

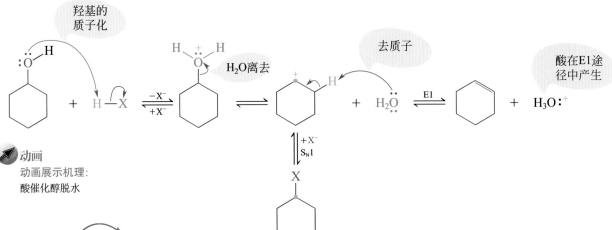

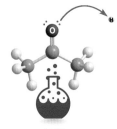

**机理**

**反应**

质子化的三级醇同样不能进行 $S_N2$ 反应：低温下发生 $S_N1$，高温下进行 E1。因此，三级卤代烷是通过用浓卤化氢水溶液处理三级醇得到的。该机理恰恰与水解相反（7-2 节）。

### 2-甲基-2-丙醇向2-溴-2-甲基丙烷的转化

$$(CH_3)_3COH + HBr \xrightarrow{\quad} (CH_3)_3CBr + H_2O$$
过量

### 三级醇和氢卤酸的S_N1反应机理

$$(CH_3)_3C{-}\ddot{O}H + H{-}\ddot{B}r{:} \rightleftharpoons (CH_3)_3C{-}\overset{+}{\ddot{O}}H_2 + {:}\ddot{B}r{:}^-$$

$$\rightleftharpoons H_2\ddot{O} + (CH_3)_3\overset{+}{C} + {:}\ddot{B}r{:}^- \rightleftharpoons H_2\ddot{O} + (CH_3)_3C{-}\ddot{B}r{:}$$

**机理**

### 练习9-2

（**a**）画出 4-甲基-1-戊醇和浓碘化氢水溶液反应的产物结构，并给出产物形成的机理。（**b**）在硫酸溶液中沸腾 1,4-丁二醇能够生成氧杂环戊烷（四氢呋喃），请给出机理。

### 练习9-3

写下 1-甲基环己醇与下列物质反应生成预期产物的结构：（**a**）浓 HCl，（**b**）浓 $H_2SO_4$。比较两个过程的机理（**提示**：比较 $Cl^-$ 和 $HSO_4^-$ 的相对亲核性）。**注意**：写机理时，使用弯箭头来表示电子转移；每一步都分开；写出完整的结构，包括电荷和相关电子对；并画出明确的反应箭头，将原料或中间体与产物连接起来。（不要走捷径，也不要马虎！）

## 小　结

　　强酸和醇作用会导致醇羟基质子化而生成烷基氧鎓离子；对于一级醇，在好的亲核试剂存在下发生 $S_N2$ 反应；而二级醇或三级醇生成的烷基氧鎓离子转变为碳正离子，而后生成取代反应产物和消除反应（脱水）产物。

$$ROH \xrightarrow{H^+} R\overset{\pm}{-}O \begin{cases} \overset{H}{} \\ \overset{H}{} \end{cases}$$

$$\xrightarrow[R = 一级]{X^-, S_N2} RX + H_2O$$

$$\xrightarrow[R = 二级，三级]{-H_2O} R^+ \begin{cases} \xrightarrow{X^-, S_N1} RX \\ \xrightarrow{-H^+, E1} 烯烃 \end{cases}$$

# 9-3 ｜ 碳正离子重排

　　当醇转变为碳正离子中间体时，碳正离子本身可进行重排反应。负氢迁移和烷基迁移是两类重排反应，可发生在大多数类型的碳正离子上。重排生成的分子能进一步发生 $S_N1$ 或 E1 反应，通常反应的结果是复杂的混合物，除非有很强的热力学驱动力才能获得专一的产物。

### 负氢迁移产生新的 $S_N1$ 产物

　　用溴化氢和 2-丙醇作用得到 2-溴丙烷，但将多取代的二级醇——3-甲基-2-丁醇在同样条件下反应，却得到让人惊奇的结果，$S_N1$ 产物——2-溴-3-甲基丁烷仅仅是次要的组分，而主产物是 2-溴-2-甲基丁烷。

**常规 $S_N1$ 反应（没有重排）**

$$\overset{OH}{\underset{|}{CH_3CHCH_3}} + HBr \xrightarrow{0℃} \overset{Br}{\underset{|}{CH_3CHCH_3}} + H-OH$$

**醇和溴化氢 $S_N1$ 反应中的负氢迁移**

|  3-甲基-2-丁醇 | 2-溴-3-甲基丁烷（正常产物）次要产物 | 2-溴-2-甲基丁烷（重排产物）主要产物 |

　　这种转化的机理是什么？答案是碳正离子通过**负氢迁移**（hydride shift）而发生了重排——氢原子（黄色）带着一对电子离开它原先的位置，并迁移到相邻的碳原子上。首先，醇被质子化继而失去水，产生二级碳正离子；接着，三级碳原子上的氢迁移到其缺电子的邻位，产生一个更为稳定的三级碳正离子。这个三级碳正离子最终被溴离子捕获生成重排的 $S_N1$ 产物。

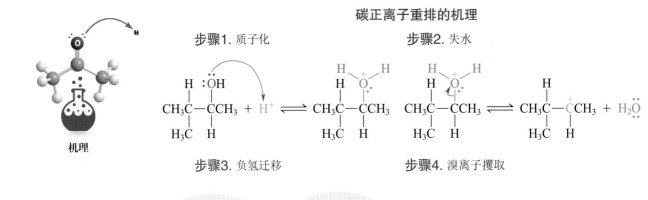

**碳正离子重排的机理**

**步骤1.** 质子化 　　　　　　　　　　　　　**步骤2.** 失水

**步骤3.** 负氢迁移 　　　　　　　　　　　　**步骤4.** 溴离子攫取

动画
动画展示机理：
碳正离子重排

H和成键电子
对一起移动

H和正电荷
已交换

二级碳正离子
（较不稳定）　　　　　　　　　　　三级碳正离子
　　　　　　　　　　　　　　　　　（较稳定）

热力学有利

**记住：**颜色用于表示亲电性（蓝）、亲核性（红）以及离去基团（绿）等反应中心的特性。因此，当反应进行时，一种颜色可从一种基团或一个原子转换到另一个上面去。

图 9-2 详细说明了负氢迁移的过渡态。在解释碳正离子中负氢迁移的机理时有一个简单的规则需要记住，即氢原子和正电荷只在参加反应的两个邻近碳原子之间互换位置。

碳正离子中的负氢迁移通常是非常快的，活化能在 $2\sim4\mathrm{kcal\cdot mol^{-1}}$，要比 $S_N1$ 和 E1 都快。这么快速的迁移应部分归结于超共轭作用削弱了 C—H 键的强度［7-5 节和图 9-2（B）］。当新产生的是一个更为稳定的碳正离子时，这种作用更为明显，如图 9-2 所示（也可以参见 361 页页边的势能图）。

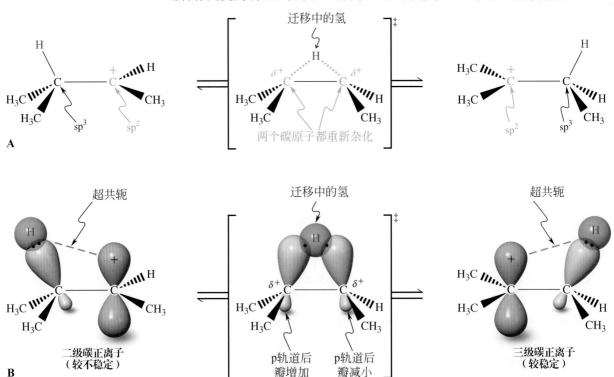

**图 9-2** 负氢迁移引起的碳正离子重排（A）点线方式；（B）轨道图。注意迁移的氢和正电荷互换位置。还可以看到超共轭作用是怎样通过将电子转移到邻近的空 π 轨道而削弱了 C—H 键强度的。

**练习9-4**

预测下面的碳正离子能否重排为更稳定的碳正离子。如果可以的话，请用弯箭头画出重排过程。

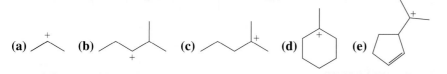

[**提示**：记住烯丙基的共振式（1-5 节）。]

**碳正离子重排：势能图**

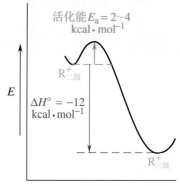

反应坐标 ——→
二级到三级碳正离子

# 解题练习9-5

**运用概念解题：画出碳正离子重排过程**

2-甲基环己醇在 HBr 作用下生成 1-溴-1-甲基环己烷。解释反应的机理。

**策略：**

我们采用 WHIP 策略解题。

- **W**：有何信息？画出反应方程式，列一个清单，剖析问题。
- 如何描述该方程式？答案是：一个二级醇用 HBr 处理，得到一个三级溴代物。
- 从起始原料到产物，分子式发生了什么改变？答案是：起始物是 $C_7H_{14}O$，产物是 $C_7H_{13}Br$；净结果是羟基被溴原子所取代，与起始物相比没有碳原子的增减。
- 分子在拓扑结构或者键的连接上发生了什么样的变化？答案是六元环仍然保留，但官能团从二级碳转移到了三级碳上。

- **H**：如何进行？为得到所需的碳正离子，第一步很可能是醇羟基质子化。
- **I**：需用的信息？回顾本节和9-2节的内容，复习醇与酸的反应。
- **P**：继续进行。

**解答：**

- 上述第 1 点的回答（醇和酸）和第 3 点的考虑（重排），强烈暗示了通过碳正离子进行的酸催化重排。
- 为得到所需的碳正离子，在最初的羟基质子化后，我们需要除去离去基团（$H_2O$），形成二级碳正离子。

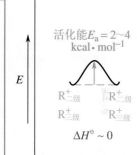

- 我们知道该产物中与三级碳中心相连的是 Br 取代基。因此，必须发生氢迁移。

**碳正离子重排：势能图**

活化能 $E_a = 2\sim4$ kcal·mol$^{-1}$

$\Delta H^\ominus \sim 0$

反应坐标 ——→
二级到二级碳正离子
或
三级到三级碳正离子

- 随后三级碳正离子被溴离子捕获得到产物。

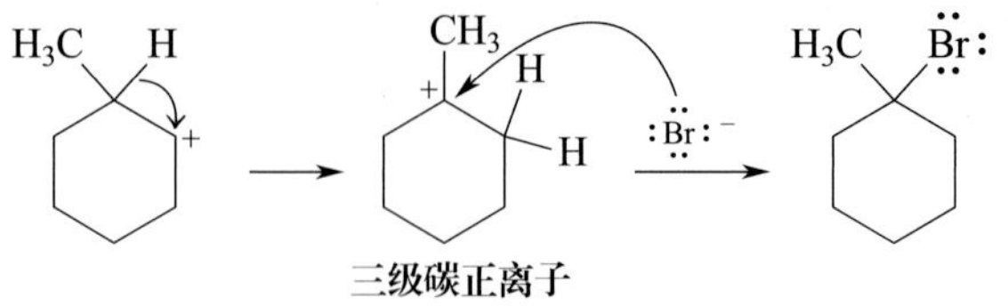

三级碳正离子

## 9-6 自试解题

预测下面几个反应的主产物：

（a）2-甲基-3-戊醇和硫酸作用，甲醇为溶剂　（b）

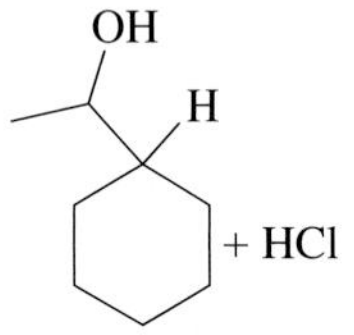

+ HCl

---

一级碳正离子不稳定，不能通过重排形成。然而具有相近稳定性的碳正离子之间，例如，两个二级碳之间，或者三级碳之间，很容易平衡。下面的例子表明，外加的亲核试剂可以捕获到所有可能存在的碳正离子中间体而得到复杂的产物。

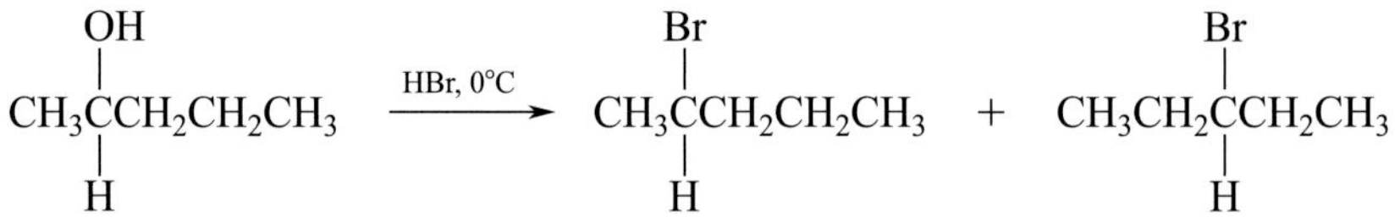

不论碳正离子的前体化合物性质如何，碳正离子重排都能发生，如醇（本章）、卤代烷（第7章）和烷基磺酸酯（6-7节）。下面的例子是2-溴-3-乙基-2-甲基戊烷的乙醇解反应，得到两种可能的三级醚。

### 卤代烷溶剂解中的重排

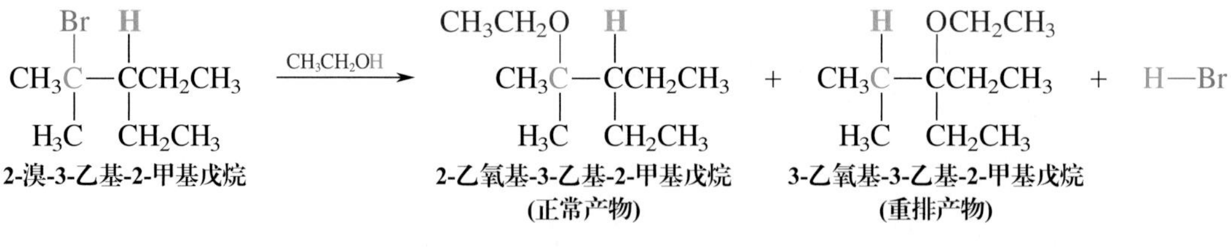

## 练习9-7

解释上述反应的机理并预测2-氯-4-甲基戊烷和甲醇反应的结果（**提示**：尝试两次连续负氢迁移得到稳定的碳正离子）。

---

### 碳正离子重排也能产生新的E1产物

如果在有利于消除的反应条件下，中间体的重排将会对反应的结果产生怎样的影响？在相对非亲核性的介质中并且升高温度，重排的碳正离子会通过E1机理生成烯烃（7-6节和9-2节）。例如，2-甲基-2-戊醇和硫酸在80℃下反应得到的产物和以4-甲基-2-戊醇为起始物生成的产物是一样的。而后者的反应包括了一个初始碳正离子的负氢迁移并继而去质子化。

### E1消除中的重排

$$CH_3\underset{\underset{CH_3}{|}}{\overset{\overset{OH}{|}}{C}}-CH_2CH_2CH_3 \xrightarrow[-H_2O]{H_2SO_4,\ 80℃} \underset{H_3C}{\overset{H_3C}{>}}C=C\underset{H}{\overset{CH_2CH_3}{<}} \xleftarrow[\text{重排}]{H_2SO_4,\ 80℃ \atop -H_2O} \underset{\underset{CH_3}{|}}{\overset{\overset{H}{|}}{C}}H_3C-CH_2\underset{\underset{H}{|}}{\overset{\overset{OH}{|}}{C}}CH_3$$

2-甲基-2-戊醇　　　　　　　　　　　　　　2-甲基-2-戊烯　　　　　　　　　　4-甲基-2-戊醇

　　　　　　　　　　　　　　　　　　　　　　　主产物

### 练习9-8

（a）给出上述 E1 反应的机理；（b）4-甲基环己醇和热的酸溶液作用生成 1-甲基环己烯，解释该反应的机理（**提示**：考虑连续多次负氢迁移）。

> **记住**：碳正离子总能生成$S_N1$和E1产物。产物的相对比例由正离子的结构、亲核试剂的亲核性以及温度决定。

## 通过烷基迁移进行的其他碳正离子重排

　　在碳正离子中，如果带正电荷的碳原子的邻位没有合适的（二级和三级）氢原子，则会发生另外一种方式的重排，也就是**烷基迁移**（alkyl group migration 或 alkyl shift）。

### $S_N1$反应中的烷基迁移重排

$$CH_3\underset{\underset{H_3C}{|}}{\overset{\overset{H_3C\quad CH_3}{|\quad\ |}}{C}}-\overset{|}{C}OH \xrightarrow[-HOH]{HBr} CH_3\underset{\underset{H_3C}{|}}{\overset{\overset{Br\quad CH_3}{|\quad\ |}}{C}}-\overset{|}{C}CH_3$$

3,3-二甲基-2-丁醇　　　　　　　　　94%

　　　　　　　　　　　　　　　　2-溴-2,3-二甲基丁烷

反应

　　和负氢迁移一样，迁移的基团带着一对电子和其相邻的碳正离子成键。迁移的烷基和正电荷之间形式上互换位置。364 页页边的势能图给出了反应的相对能量。

### 烷基迁移的机理

$$CH_3\overset{H_3C\ \ CH_3}{\underset{H_3C\ \ \ \ H}{C-COH}} + H^+ \underset{+H_2\ddot{O}}{\overset{-H_2\ddot{O}}{\rightleftharpoons}} CH_3\overset{H_3C}{\underset{H_3C\ \ H}{C-\overset{+}{C}CH_3}} \xrightarrow{CH_3\text{迁移}} CH_3\overset{CH_3}{\underset{H_3C\ \ H}{\overset{+}{C}-CCH_3}} \underset{-\ddot{Br}:^-}{\overset{+:\ddot{Br}:^-}{\rightleftharpoons}} CH_3\overset{:\ddot{Br}:\ CH_3}{\underset{H_3C\ \ H}{C-CCH_3}}$$

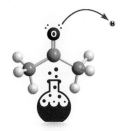

机理

　　当生成的碳正离子具有相似的稳定性时，烷基和负氢的迁移速率是差不多的。然而，如果最终都是生成三级碳正离子，则任何一种迁移方式相对于生成二级碳正离子都是更快的。这就解释了前文讨论负氢迁移时为什么没有观察到烷基的重排，那样将产生较少取代的正离子。只有当有促使烷基优先迁移的强制因素，例如电子稳定作用和张力释放（解题练习 9-30和习题 69）时才会出现例外。

**针对此反应的势能图**

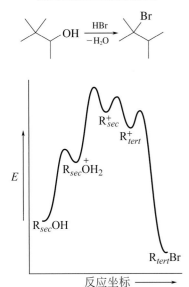

**练习9-9** ———————————

对于下列碳正离子，判断它们是否可以通过烷基或者负氢迁移形成更稳定的碳正离子，如果可以的话，用弯箭头表示出来。

**(a)** **(b)** **(c)** **(d)** **(e)**

[提示：记住烯丙基的共振式（1-5节）。]

---

## 解题练习9-10

### 运用概念解题：画出复杂碳正离子重排过程

A 分子可以脱水形成 B 分子，请给出机理。

$$\underset{\textbf{A}}{} \xrightarrow[-H_2O]{H_2SO_4} \underset{\textbf{B}}{}$$

**策略：**

首先仔细观察分子 A 与分子 B 以及使用的试剂：这是一个三级醇在酸中的反应。在该反应条件能得到碳正离子。此外，由于净反应是脱水，所以这暗示了一个 E1 过程。第二点，比较两者的碳骨架，可以看见角甲基迁移到了邻近的碳上。结论：可以说这是一个包含了甲基迁移的碳正离子重排。

**解答：**

第一步是质子化，然后失水形成碳正离子。

接下来有多种途径，例如它可以被 $HSO_4^-$ 捕获（$S_N1$）。但是，$HSO_4^-$ 是一个很弱的碱（6-8 节），即便它成键了，这一过程也是很容易可逆的（$HSO_4^-$ 是一个很好的离去基团，6-7 节）。同时，它可以通过两种途径失去质子。这也是个可逆的过程而且没有被观察到。取而代之的，邻近的甲基发生迁移，形成 B 的骨架。

$$\xrightarrow{-H^+} \textbf{B}$$

最后，碳正离子被 $HSO_4^-$ 攫取质子（用去质子来表示），得到产物。

## 9-11 自试解题

在 100℃ 下，3,3-二甲基-2-丁醇的 E1 反应能生成三种产物，一个来自未发生重排的碳正离子，另外两个则来自烷基迁移，写出这些消除反应的产物。

### 一级醇可以发生重排

一级醇和 HBr 或者 HI 作用，通过烷基氧镓离子进行 $S_N2$ 反应，生成相应的卤代烷（9-2 节）。然而，在一些例子中，即使一级碳正离子没有在溶液中形成，也能观察到烷基或负氢迁移到具有离去基团的一级碳上。例如，2,2-二甲基-1-丙醇在强酸条件下，虽然一级碳正离子不会是中间体，但也发生了重排。

**一级底物的重排**

$$\underset{\substack{\text{2,2-二甲基-1-丙醇}\\ \text{(新戊醇)}}}{\underset{\overset{|}{CH_3}}{\overset{\overset{|}{CH_3}}{CH_3CCH_2OH}}} \xrightarrow[-H-OH]{HBr,\triangle} \underset{\substack{\text{2-溴-2-甲基丁烷}}}{\underset{\overset{|}{CH_3}}{\overset{\overset{|}{Br}}{CH_3CCH_2CH_3}}}$$

在这个例子中，质子化后生成烷基氧镓离子，位阻因素阻碍了溴离子的直接取代反应（6-10 节）。实际上，甲基从邻近碳迁移过来与水的离去是同时进行的，从而避免了一级碳正离子的形成，协同机理通过羟基被质子化后的"拉"电子效应和叔丁基的"推"电子效应共同实现，称为"推-拉"效应（页边）。

**烷基迁移的协同机理**

反应

| 亲核试剂：红 |
| 亲电试剂：蓝 |
| 离去基团：绿 |

质子化　　自发的甲基迁移以及水分子的离去　　亲核进攻

机理

一级醇底物的重排是相对困难的，通常需要较高的温度和较长的反应时间。

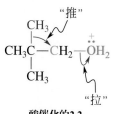

酸催化的2,2-二甲基-1-丙醇(新戊醇)的重排

## 小　结

除了常规的 $S_N1$ 和 E1，碳正离子还可以通过负氢迁移和烷基迁移来重排。在这些例子中，迁移将它们的成键电子对转移到带正电的邻近碳原子上。重排可以形成更加稳定的碳正离子——例如从二级碳正离子重排为三级碳正离子。一级醇也可以进行重排，但它们是通过协同机理而不是一级碳正离子中间体。

# 9-4 | 醇生成酯以及卤代烷的合成

醇与羧酸反应可以生成**有机酸酯**（organic ester），也称为**羧酸酯**（carboxylate）或者是**烷基酸酯**（alkanoate）（表 2-3），它们形式上都是由羧酸的羟基被烷氧基取代而得。**无机酸酯**（inorganic ester）是相应的无机酸的衍生物，比如下图中基于磷与硫不同氧化态的酯。在这些无机酸酯中，与杂原子相连使得醇中离去能力较弱的羟基转变成好的离去基团（用绿色框标注的部分），可以用来合成卤代烷（9-2 节）。我们已经介绍了硫酸根和磺酸基团在 $S_N2$ 反应中良好的离去能力（6-7 节）。现在我们要介绍为何这些磷酸和磺酸试剂有这么好的离去能力。

**有机和无机酸酯**

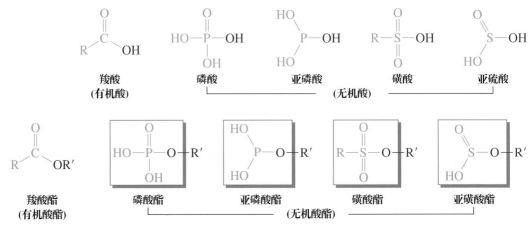

**将醇转化为相应卤代烷的方法**

$$R-OH \xrightarrow{\text{试剂}} R-L \xrightarrow{X^-} R-X$$
醇　　　　　无机酸酯　　　　卤代烷

## 醇和羧酸反应生成有机酸酯

醇在催化量的强无机酸（硫酸、盐酸）条件下能和羧酸反应，生成酯和水，这个反应过程称为**酯化反应**（esterification）。在这个转换中，起始物和产物存在平衡，可以向两边移动。有机酸酯的形成和反应将在第 19 章和第 20 章中详细讨论。

**酯化反应**

$$\underset{\text{乙酸}}{CH_3\overset{O}{\overset{\|}{C}}OH} + \underset{\text{乙醇（溶剂）}}{CH_3CH_2OH} \overset{H^+}{\rightleftharpoons} \underset{\text{乙酸乙酯}}{CH_3\overset{O}{\overset{\|}{C}}OCH_2CH_3} + HOH$$

## 卤代烷可由醇经无机酸酯制得

酸催化下由醇转化为卤代烷显得有些困难和复杂（9-2 节），所以发展了很多替代的方法：使用一些无机试剂将羟基官能团在温和的条件下转变为好的离去基团。所以，一级醇和二级醇与 $PBr_3$ 反应（三溴化磷是易得的商品试剂），能得到溴代烷和亚磷酸。这是由醇生成溴代烷的一般方法。三个溴原子都可以从磷转移到烷基上。

尽管亚磷酸写成了 $H_3PO_3$，但事实上存在以下平衡：

$$\underset{\text{主要}}{\underset{\text{亚磷酸}}{H\overset{O}{\overset{\|}{\underset{HO}{P}}}OH}} \rightleftharpoons \underset{\text{次要}}{HO\overset{OH}{\underset{}{P}}OH}$$

### 用PBr₃合成溴代烷烃

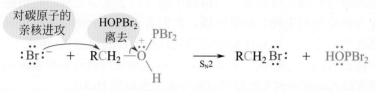

3-戊醇 $+$ PBr₃ $\xrightarrow{(CH_3CH_2)_2O}$ 3-溴戊烷 $+$ H₃PO₃

3-戊醇　　　三溴化磷　　　　　　　3-溴戊烷　　　亚磷酸

反应

这个使用 PBr₃ 的反应是什么样的机理？第一步，醇作为一个亲核试剂和磷试剂形成了一个质子化的无机酸酯，即亚磷酸的衍生物。

**步骤 1**

对磷原子的亲核进攻　溴离子离去

$RCH_2OH + :P-Br: \xrightarrow{S_N2} RCH_2-\overset{+}{O}H(PBr_2) + :Br:^-$

机理

**步骤 2**

对碳原子的亲核进攻　HOPBr₂离去

$:Br:^- + RCH_2-\overset{+}{O}(PBr_2)H \xrightarrow{S_N2} RCH_2Br: + HOPBr_2$

接着，第一步中产生的溴离子进行 S_N2 进攻，好的离去基团 HOPBr₂ 离去，最终产生卤代烷。

这是合成卤代烷非常有效的方法，因为 HOPBr₂ 可以继续和另外两分子的醇反应，也将它们转化为卤代烷。

$2\,RCH_2OH + HOPBr_2 \longrightarrow 2\,RCH_2Br: + H_3PO_3$

如果我们需要相应的碘代烷而不是溴代烷，又该怎样做呢？这时，我们需要 PI₃，这个试剂最好在反应体系中生成，因为它很活泼，制备后很难储存。通常是将红磷和碘加入到醇中，PI₃ 一旦产生就被消耗掉了。

### 利用磷和碘由醇合成碘代烷

$CH_3(CH_2)_{14}CH_2OH \xrightarrow{P,\,I_2,\,\triangle} CH_3(CH_2)_{14}CH_2I + H_3PO_3$

85%

二氯亚砜（SOCl₂）是一种氯代试剂，常用于把醇转化为氯代烷。在二氯亚砜存在下，加热醇即可释放出二氧化硫和氯化氢，同时生成氯代烷。

### 利用二氯亚砜合成氯代烷

$CH_3CH_2CH_2OH + SOCl_2 \longrightarrow CH_3CH_2CH_2Cl + O{=}S{=}O + HCl$

91%

反应

机理表明，醇（RCH₂OH）仍然首先形成无机酸酯（RCH₂O₂SCl），生成的氯离子作为亲核试剂和酯进行 S_N2 反应，得到氯代烷，并释放出各一分子的二氧化硫和氯化氢。

**步骤 1**

$RCH_2-\overset{..}{O}H + :Cl-\overset{:O:}{S}-Cl: \longrightarrow RCH_2-\overset{..}{O}-S{-}Cl + H^+ + :Cl:^-$

机理

**步骤2**

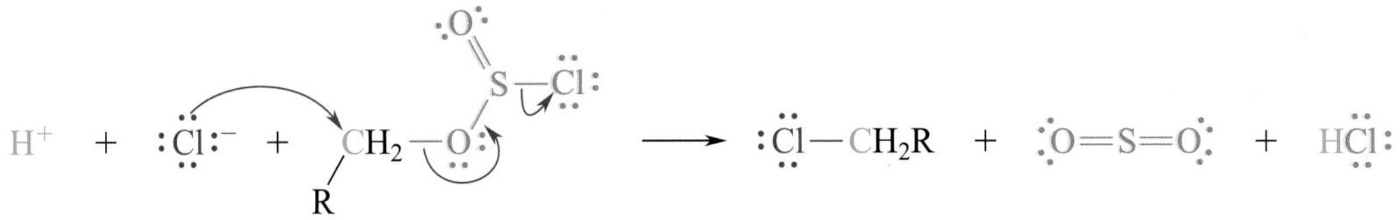

（CH₃CH₂)₃N:

*N*,*N*-二乙基乙胺
（三乙胺）
+
HCl

↓

$(CH_3CH_2)_3\overset{+}{N}H\ Cl^-$

胺的存在可以中和掉所产生的氯化氢，使反应进行得更好。*N*, *N*- 二乙基乙胺（三乙胺）就是这样一种试剂，在反应中它生成相应的氯化铵（页边）。

尽管 PBr₃ 和 SOCl₂ 可用于将一级醇和二级醇转化为相应的卤化物，但三级醇不适合作底物，因为碳正离子的介入会导致重排和消除产物。

接下来，我们将介绍烷基磺酸酯的使用，它允许卤素离子以外的亲核试剂进行取代反应。

### 烷基磺酸酯可被分离并且在取代反应中是非常有用的底物

到目前为止所讲述的所有将醇转化为相应的卤代烷的方法都是通过不稳定的物质进行的，该物质可与溶液中的卤离子立即反应。我们能不能将醇转化为稳定的衍生物？如果可以，我们将会有一个使用亲核试剂置换羟基的更通用的方法。烷基磺酸酯是满足这些条件的化合物（6-7 节）。它含有好的离去基团——RSO₃⁻（表 6-4），可以从相应的磺酰氯和醇来制备和分离。通常加入温和的碱如吡啶或叔胺以除去形成的 HCl。

**醇羟基亲核取代反应中的磺酸酯中间体**

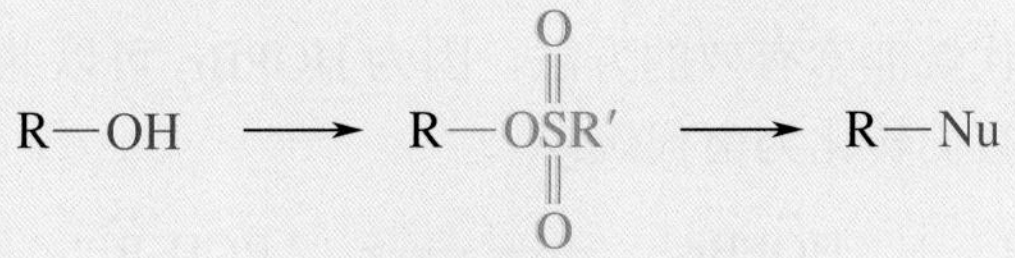

**烷基磺酸酯的合成**

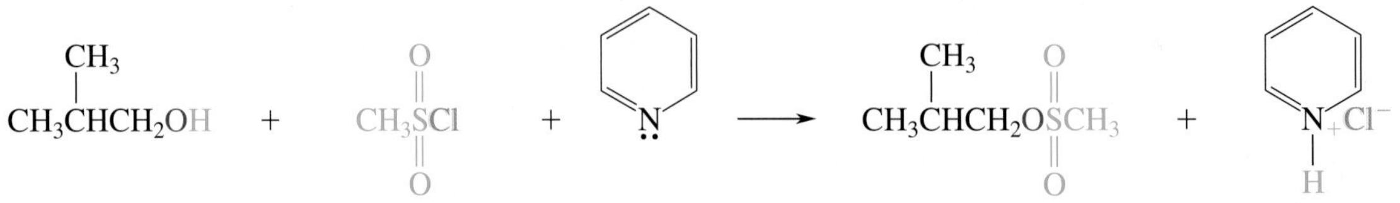

**2-甲基-1-丙醇**　　　**甲磺酰氯**　　　**吡啶**　　　**2-甲基丙基甲磺酸酯**　　　**吡啶盐酸盐**

与氧鎓离子或 PBr₃ 和 SOCl₂ 生成的无机酸酯不同，烷基磺酸酯在其形成条件下很稳定，可以分离纯化后为下一步反应所用。这一特性使得它们可以和相当多的亲核试剂反应生成相应的亲核取代产物。

**烷基磺酸酯的取代反应**

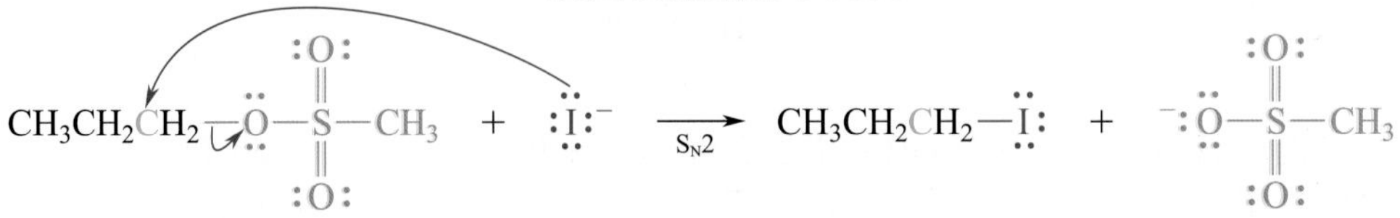

90%

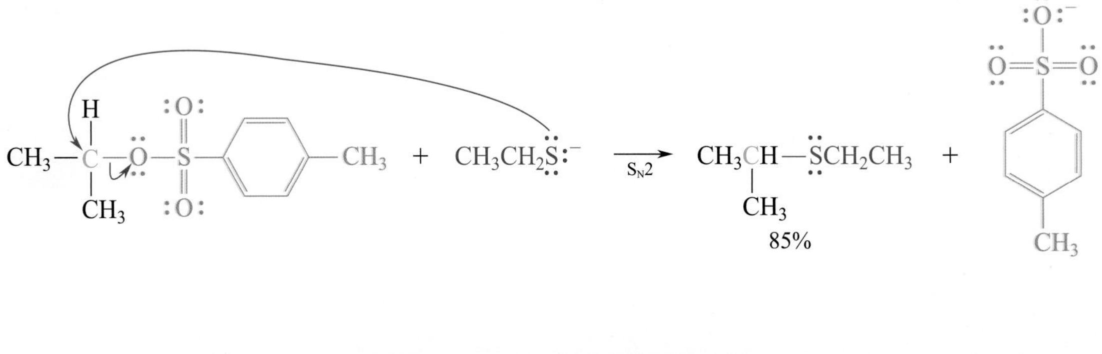

85%

## 练习9-12

（a）页边反应的产物是什么？

（b）给出以相应醇合成下列卤代烷的试剂。

（i）I(CH$_2$)$_6$I　　　（ii）(CH$_3$CH$_2$)$_3$CCl　　　（iii）

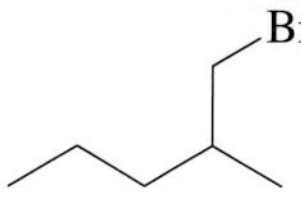

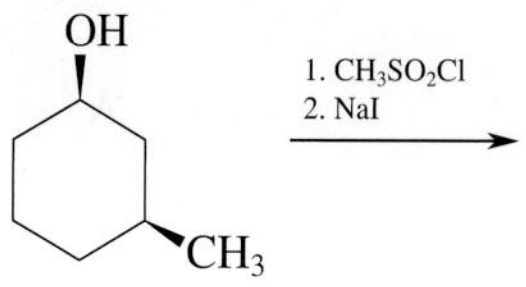

## 解题练习9-13

**运用概念解题：进一步进行逆合成分析**

我们已经把逆合成分析概念用在金属有机试剂合成醇的反应上（第8章），现在这一方法扩展到了本章，因为你学会了更多的反应。设计使用 A 和 B 作为原料合成溴代烷 C 的路线。

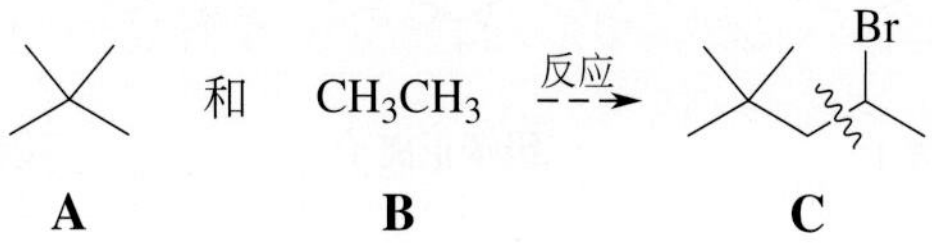

**策略：**

- **W**：有何信息？我们有两个碳氢化合物作为原料，可以看到所有的碳都参与了产物的形成。用波浪线表示了需要形成的碳-碳键。

- **H**：如何进行？我们进行逆合成分析，从C开始并逆推（8-8节）。因为C含有溴官能团，我们需要找到一种适当的前体，利用逆合成分析步骤和之前学习的知识，它可以转化成我们所需的卤化产物。什么反应可以做到呢？

- **I**：需用的信息？回顾前面的章节，最方便的是使用"新反应"，因为我们没有任何方法可以在形成碳-碳键的同时生成卤化产物。然而，卤化物可以来自于醇，醇可通过金属有机偶联反应生成，产生新的C—C连接（8-6节）。

- **P**：继续进行。

**解答：**

完整的逆合成分析如下所述，我们将 C 中的溴替换为羟基得到 D，而 D 可以由 E 和 F 的偶联生成，接下来的几步可以简单地逆推到 A 和 B。

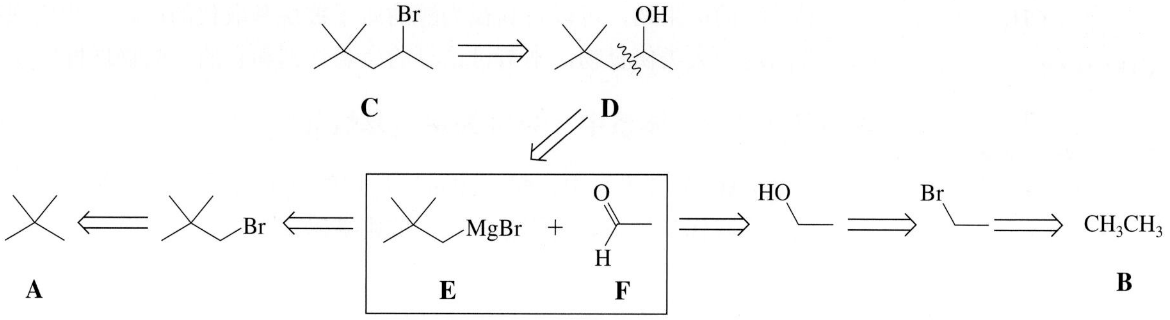

基于上述分析，我们可以写出答案。

你也许会疑惑为什么在最后一步我们选择用 PBr₃ 而不是 HBr，那是因为 HBr 与二级醇 D 的反应将主要通过涉及二级碳正离子的 S_N1 机理进行，二级碳正离子可能会发生重排，导致最终产生完全不同的产物（9-3 节）。

PBr₃ 与二级醇的反应遵循 S_N2 途径，可避免碳正离子的形成。

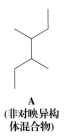

**A**
（非对映异构体混合物）

### 9-14 自试解题

概述使用丁烷作为唯一原料合成 A（页边）的路线。（**提示**：利用逆合成分析找一个方法在 A 上添加关键的官能团，并且在后面的过程中去掉。）

---

## 小　结

醇和羧酸反应，失去水而得到有机酸酯；而与无机卤化物，如 PBr₃、SOCl₂ 和 RSO₂Cl 等反应，失去 HX，生成相应的无机酸酯。这些无机酸酯在亲核取代反应中是很好的离去基团。

CH₃ÖCH₂CH₃
**甲氧基乙烷**

## 9-5　醚的命名和性质

醚是醇的衍生物，可以将其视为醇的质子被烷基取代的产物。我们现在系统介绍这一大类化合物，本节讨论醚的命名规则和它的一些物理性质。

### 在 IUPAC 命名体系中，醚称为烷氧基烷烃

CH₃CH₂ÖCCH₃（带两个 CH₃，上下各一个）
**2-乙氧基-2-甲基丙烷**

在 IUPAC 命名体系中，**醚**（ether）是烷氧基取代的烷烃，即烷氧基烷烃。较小的取代基是烷氧基部分，较大的则被确定为烷烃的主链。对于取代的环烷烃，环优先（参见 4-1 节）。

ÖCH₃，ÖCH₂CH₃
**顺-1-乙氧基-2-甲氧基环戊烷**

常用名中，在两个烷基后直接添加"醚"即可。如 CH₃OCH₃ 为二甲醚，CH₃OCH₂CH₃ 为乙基甲基醚，依此类推。醚通常是不活泼的（张力较大的环状衍生物除外，9-9 节），因而在有机反应中常用作溶剂。有些醚溶剂是环状的，有的含有多个醚的官能团。它们都有常用名。

### 醚类溶剂及其名称

CH₃CH₂OCH₂CH₃
ethoxyethane
(diethyl ether)
乙氧基乙烷
（二乙基醚）

**1,4- dioxacyclohexane
(1,4- dioxane)**
1,4-二氧杂环己烷
（1,4-二氧六环）

CH₃OCH₂CH₂OCH₃
**1,2- dimethoxyethane
(glycol dimethyl ether，glyme)**
1,2-二甲氧基乙烷
（甘醇二甲醚，glyme）

oxacyclopentane
(tetrahydrofuran)
氧杂环戊烷
（四氢呋喃，
THF）

环醚是一类有一个或多个碳原子被杂原子取代的环烷烃，这里的杂原子〔除碳原子和氢原子外，其余统称为**杂原子**（heteroatom）〕是氧原子。这类环状化合物称为**杂环**（heterocycles），在第 25 章会详细讨论。

以**氧杂环烷烃**（oxacycloalkane）为主体是最简单的环醚命名体系，词头"氧杂"表明环上的碳原子被氧原子所取代。例如，三元环醚被称为氧杂环丙烷（即环氧化合物、环氧乙烷或者乙烯氧化物）；四元环体系是氧杂环丁烷，接下来的两个同系物就是氧杂环戊烷（四氢呋喃）和氧杂环己烷（四氢吡喃）。这些化合物都是以氧原子开始沿着环编号。

### 氢键的缺失影响醚的物理性质

烷基醚与烷基醇的通式同为 $C_nH_{2n+2}O$，然而，因为没有氢键作用，所以醚的沸点比它相应的醇异构体低很多（表 9-1）。烷基醚和烷基醇这两个系列中，最小的两个化合物（二甲醚和乙醇）能分别与水互溶，但随着烷基链的增大，醚的水溶性降低。例如，甲醚与水互溶，乙醚则只能形成约 10% 的水溶液。

### 金属离子的多醚溶剂化物：冠醚和离子载体

以乙二醇为结构单元的环状多醚，含有多个醚官能团被称为**冠醚**（crown ether），如此命名是因为这些分子在晶体结构中或在溶液中，呈皇冠状的构象。图 9-3 是 18-冠-6 多醚的结构。18 是指环上一共有 18 个原子，6 指其中 6 个氧原子。静电势图表明此环内是富电子的，因为孤对电子都集中在醚氧上，从而使其成为 Lewis 碱。因为有很多氧原子包围着金属离子，所以多醚结构对金属离子的溶剂化作用非常强。冠醚的特殊结构使其能作为阳离子的强结合剂，包括普通盐中的阳离子。这样，冠醚可使盐类溶于有机溶剂。例如，深紫红色的高锰酸钾固体在苯中完全不能溶解；但加入冠醚后它在苯中很易溶解，这意味着使用高锰酸钾作为氧化剂的氧化反应可以在有机溶剂中进行。冠醚的 6 个氧原子对金属离子的有效溶剂化作用使得溶解成为可能。

### 表9-1 醚及其一级醇异构体的沸点

| 醚 | 中文名称 | 沸点/℃ | 1-烷醇 | 沸点/℃ |
|---|---|---|---|---|
| CH₃OCH₃ | 甲氧基甲烷（二甲基醚） | -23.0 | CH₃CH₂OH | 78.5 |
| CH₃OCH₂CH₃ | 甲氧基乙烷（乙基甲基醚） | 10.8 | CH₃CH₂CH₂OH | 82.4 |
| CH₃CH₂OCH₂CH₃ | 乙氧基乙烷（二乙基醚） | 34.5 | CH₃(CH₂)₃OH | 117.3 |
| (CH₃CH₂CH₂CH₂)₂O | 1-丁氧基丁烷（二丁基醚） | 142 | CH₃(CH₂)₇OH | 194.5 |

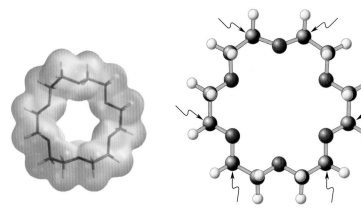

从此角度观察，6个氢原子藏在碳后
（箭头所指）

从此角度观察，其中2个氧原子为相连的碳所屏蔽
（箭头所指）

**图 9-3** 18-冠-6 的冠状结构。

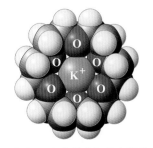

[K$^+$18-冠-6] 的空间填充模型

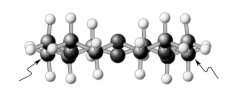

**18-冠-6**　　　　　**[K$^+$18-冠-6] MnO$_4^-$**

通过合成可以调整冠醚中"空穴"的大小，以使它选择性地只结合某一特定阳离子，即离子半径和冠醚的孔径匹配得最好。多环醚类［也称**穴醚**（cryptands, *kryptos*，希腊语，"隐秘的"）］的合成在三维意义上成功地拓展了这一概念，并且能高度选择性地结合碱金属离子或其他金属离子（图 9-4）。1987 年的诺贝尔化学奖授予三名化学家——Cram、Lehn 和 Pedersen❶，这些化合物的重要性得到了公认。

冠醚和穴醚又常称为**离子转移剂**（ion transport agent），属于**离子载体**（ionophores; *-phoros*，希腊语，"携带"，因此，有"离子载体"之意）一族，通过配位作用它们围绕阳离子组装起来。总的来说，这种现象是由于亲水性

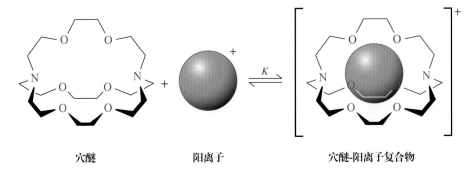

穴醚　　　　　　　　阳离子　　　　　　穴醚-阳离子复合物

**图 9-4**　通过穴醚和阳离子结合形成嵌合物（cryptate）。图中的体系对钾离子有选择性，其结合常数达到 $K=10^{10}$。选择顺序 K$^+$ > Rb$^+$ > Na$^+$ > Cs$^+$ > Li$^+$，对 Li$^+$ 的结合常数只有 100。由此可见，对碱金属离子的识别，在结合常数上跨越了 8 个数量级。

❶ 唐纳德·J. 克拉姆（Donald J. Cram，1919—2001），洛杉矶，加州大学教授；让-马里·莱恩（Jean-Marie Lehn，生于 1939 年），法国巴黎，斯特拉斯堡大学和法兰西学院教授；查尔斯·J. 佩德森（Charles J. Pedersen，1904—1989）博士，杜邦公司，美国特拉华州，威明顿。

强的离子被疏水性的壳层掩盖而增加了阳离子在非极性溶剂中的溶解性。在自然界中，离子载体能透过疏水性的细胞膜传送离子。细胞内外离子平衡必须有精确的调控，以维持细胞生存。任何不当的干扰都能破坏细胞。这一特性在医药上的应用就是利用聚醚抗生素对抗微生物的入侵。然而，离子的传输也能影响神经的传导，因此，一些天然存在的离子载体也是致命的神经毒素（如下）。

在新西兰昆士兰附近海滩上的赤潮。赤潮指大量的浮游植物将海水变成红棕色或绿色。繁殖的藻类可以产生多醚神经毒素，例如裸藻毒素 B 会导致大规模的鱼类死亡和食物中毒。裸藻毒素 B 与神经和肌肉细胞膜的钠通道结合，导致细胞死亡。

莫能霉素
（来自链霉菌的一种抗生素）

河豚毒素
（河豚中的神经毒素）

裸藻毒素
（与赤潮相关的藻类所含有的神经毒素）

## 小　结

链醚可以按照烷氧基烷烃或者烷基醚来命名，环醚则可称为氧杂环烷烃。由于没有分子间氢键的作用，醚的沸点比相同大小的醇要低很多。醚上的氧原子有孤对电子，呈现 Lewis 碱性，特别是在多醚中，能和金属离子有效地形成络合物。

# 9-6　Willamson醚合成法

烷氧基负离子是很好的亲核试剂，本节将讨论它们在合成醚类化合物的最常用方法中的应用。

### 通过$S_N 2$反应制备醚

醚最简单的合成方法是用烷氧基负离子和一级卤代烷或者磺酸酯在典型的 $S_N 2$ 条件下反应（第6章），也称为 **Williamson**[1] 醚合成法。与烷氧基负

❶ 亚历山大·W. 威廉森（Alexander W. Williamson，1824—1904），英国伦敦大学学院教授。

　　离子对应的醇可作为溶剂使用（如不太贵），但其他极性溶剂，如二甲亚砜（DMSO）或六甲基磷酰胺（HMPA）常常更好（表6-5）。

## Williamson醚合成法

$$CH_3CH_2CH_2CH_2OH, 14\ h$$
或DMSO, 9.5 h
$-Na^+Cl^-$
$S_N2$

60%（丁醇溶剂）
95%（DMSO溶剂）
1-丁氧基丁烷

---

## 真实生活：自然　9-1　1,2-二氧杂环丁烷的化学发光

2-溴过氧化物

3,3,4,4-四甲基-1,2-二氧杂环丁烷
（1,2-二氧杂环丁烷）

丙酮

$$\triangle \longrightarrow 2\ CH_3CCH_3 + h\nu$$

　　在特殊的分子内 Williamson 醚合成中，以2-溴过氧化物为起始物，生成1,2-二氧杂环丁烷。这个化合物很特殊，它能分解为相应的羰基化合物并发光（化学发光，chemiluminescence）。自然界有些物种可能就是因为含有二氧杂环丁烷而有生物发光（bioluminescence）现象。萤火虫等是大家熟知的陆地发光生物；但大部分的发光生物生活在海洋中，从微小的细菌、浮游生物到鱼类都能发光。生物发光有很多用途，如求偶、交流、区分性别、猎食或者防御天敌等。

　　萤火虫的荧光素是化学发光的一个例子。在碱和氧气作用下生成二氧杂环丁烷中间体，按照3,3,4,4-四甲基-1,2-二氧杂环丁烷的类似模式，分解产生复杂的杂环化合物、二氧化碳并发出荧光。

萤火虫荧光素

$$\xrightarrow{\text{碱, O}_2}$$

1,2-二氧环丁酮中间体

$$+ CO_2 + h\nu$$

　　生物发光时，光能转化效率很高。萤火虫将40%左右的化学能变为光能。而普通灯泡只有10%的效率，大部分能量作为热量发出。

雌性萤火虫发光

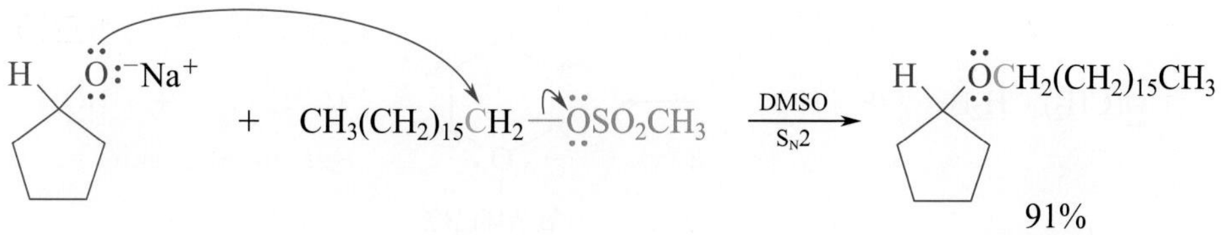

烷氧基负离子是很强的碱，所以在醚的合成中，只能和无位阻的一级烷基化试剂反应，否则会生成大量的 E2 产物（7-8 节）。

> 亲核试剂：红
> 亲电试剂：蓝
> 离去基团：绿

## 练习9-15

原则上，下面的醚可以由不止一种 Williamson 醚合成法来制备：（**a**）1-乙氧基丁烷；（**b**）2-甲氧基戊烷；（**c**）丙氧基环己烷；（**d**）1,4- 二乙氧基丁烷。[**注意**：Ⅰ. 烷氧基负离子是很强的碱。Ⅱ. 对于（**d**）来说，为什么不能用 4-溴 -1-丁醇作为原料？]

## 通过分子内Williamson合成制备环醚

以卤代醇为起始物，用 Williamson 醚合成也可制备环醚。图 9-5 中展示氢氧根离子进攻溴代醇的反应。黑色的曲线表示和官能团相连的碳链。机理中，首先是碱快速夺取羟基上的质子，形成溴代烷氧基负离子；接着，闭环形成环醚。闭环过程是分子内的取代反应的例子。环醚的形成要比溴原子被羟基直接取代生成二醇的副反应快很多（图 9-5）。原因是熵。在分子内反应中，两个反应中心在一个分子中，一分子溴代烷氧化物变为两个产物分子——醚和离去基团。在分子间反应中，烷氧化物和亲电体必须以熵降低为代价才能达成过渡态，总的来说，反应前后分子数是一样的。此例中，实质上是分子内 $S_N2$ 反应与分子间 $S_N2$ 反应的竞争。高度稀释可有效抑制分子间的反应，这种条件急剧地降低了双分子过程的速率（2-1 节）。

运用分子内的 Williamson 合成可以制备各种大小的环醚化合物，包括一些小环。

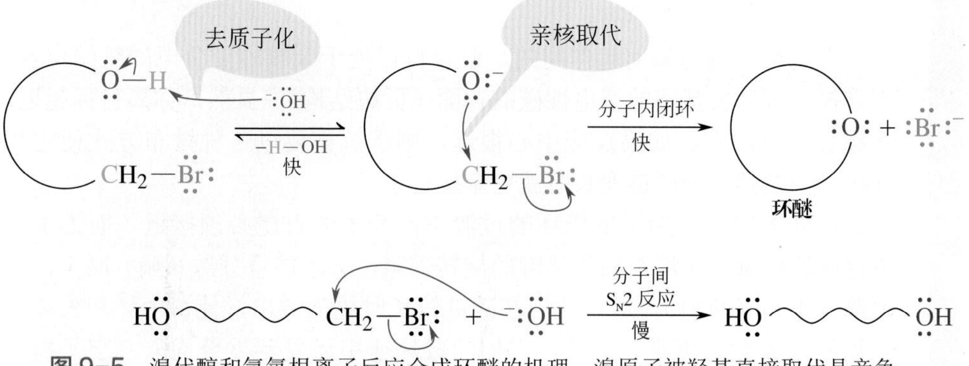

> **熵变**：正值（有利的）增加了体系的混乱度或者（更严格意义上）是增加了体系能量的分散。

**图 9-5**　溴代醇和氢氧根离子反应合成环醚的机理。溴原子被羟基直接取代是竞争性的且是较慢的副反应。波浪线表示碳链。

> 蓝色的点代表这个碳原子就是闭环前原料中对应的碳原子。

### 环醚的合成

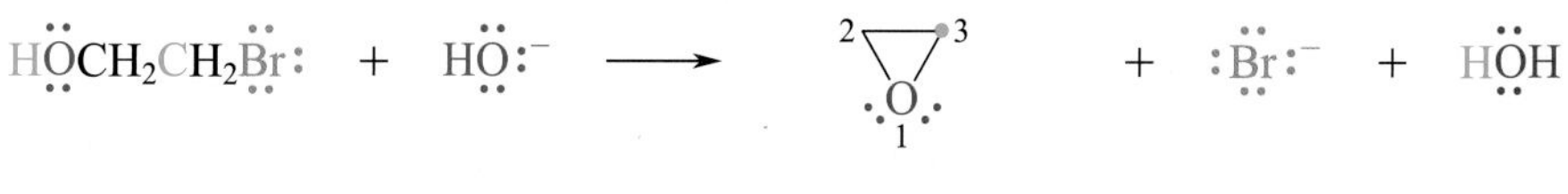

**氧杂环丙烷**
**（环氧乙烷，氧化乙烯）**

$$HO(CH_2)_4CH_2Br: + HO:^- \longrightarrow \quad + :Br:^- + HOH$$

氧杂环己烷
（四氢吡喃）

### 练习9-16

5-溴-3,3-二甲基-1-戊醇和氢氧根离子反应生成环醚，写出反应的机理和产物。

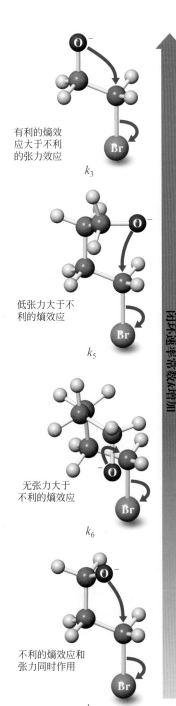

有利的熵效应大于不利的张力效应

$k_3$

低张力大于不利的熵效应

$k_5$

无张力大于不利的熵效应

$k_6$

不利的熵效应和张力同时作用

$k_4$

成环速率常数$k$增加

### 环的大小决定了环醚的生成速率

比较环醚生成的相对速率，发现了一个有趣的事实：环张力较大的三元环能够快速生成，与五元环的生成速率相当；六元环、四元环以及更大的氧杂环烷烃的生成要相对慢些。

**环醚形成的相对速率**

$$k_3 \geqslant k_5 > k_6 > k_4 \geqslant k_7 > k_8$$

$k_n$= 反应速率常数，$n$= 环大小

在这里什么因素起作用？既然我们关心速率，那么就要比较分子内Williamson醚合成的过渡态的结构和相对能量（2-1节）。我们将发现影响因素与熵和焓都有关系。回想一下，焓变不仅仅反映反应过程中键强度的变化，也与张力有关（4-2节）。另一方面，熵与系统中有序度（或能量分散）的变化有关。那么，考虑熵和焓，以上成环过程中的过渡态有什么不同呢？

从大环到三元环的形成，最明显的焓效应是环张力。如果焓效应占主导，尽管张力的全部效应并不能在过渡态的结构中都表现出来，但是张力大的环应该最慢形成。然而实验中观察到的并不是这样。我们需要考虑其他因素，也就是熵的影响。

为了理解熵是如何起作用的，假设自己处于亲核的带负电的氧的位置，去寻找带有离去基团的亲电性碳的背面（页边结构）。显然，你离目标越近，就越容易发现它。如果反应中心很远，则碳链需要以一种排布方式使它相互接近。尤其是当碳链变长时就更难接近了。

在分子层面，为了形成环的过渡态，分子的首尾必须接近。而为了达成这样的构象，所涉及的化学键的旋转受阻，分子能量分散（熵）减少，导致熵变不利（负值）。这个效应在碳链较长时更为突出，使得中环和大环化合物的合成尤为困难。此外，它们的成环速率还受到重叠构象、交叉构象以及跨环张力的影响（4-5节）。相比之下，小环的构建对化学键的旋转要求比较低，因此熵变更加有利。3～6元环的合成尤为有利。事实上，单从熵变的角度考虑，成环速率的相对大小应当是$k_3>k_4>k_5>k_6$，但是各种因素的叠加导致了上面观察到的排序（页边结构）。

最近的研究表明，仅仅用熵效应还不能解释为什么三元环能形成得那么快。第二个焓效应，也称"邻基效应"，同样发挥着作用，尤其是对于2-

卤代烷氧化合物。为便于理解，需要记得在所有 $S_N2$ 反应中底物都要受亲核试剂空间位阻的影响（6-10 节）。在 2-卤代烷氧基负离子（及相关的三元环的前体）中，亲核部分与分子中的亲电碳如此接近，以致过渡态的张力其实在基态中已经存在。换句话说，就是分子已被激活到刚好能沿着反应坐标发生正常的（无张力）取代反应。邻基参与的加速过程，在合成四元环时显著降低（熵优势也同样降低），而环张力仍然很大，因此，氧杂环丁烷的闭环速率相对较慢（如页边的空间填充模型所示）。正如我们发现的那样，本节中得出的结论也适用于后续章节中遇到的闭环反应。

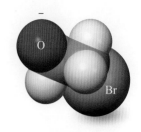

2-溴乙氧基负离子中的氧正在"推"亲电的碳原子

## 分子内 Williamson 合成是立体专一性的

Willamson 醚合成也遵循 $S_N2$ 反应机理：与离去基团相连的碳原子的构型发生翻转。亲核试剂从离去基团的背面进攻亲电的碳原子。卤代烷氧基负离子中，只有一种构象可以进行有效的取代过程。例如，亲核试剂和离去基团处于反位交叉构象才能形成氧杂环丙烷，而另外的两个邻位交叉式则不能生成产物（图 9-6）。

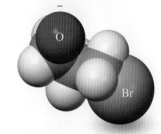

3-溴丙氧基负离子中的氧正与亲电的碳处于合适的距离

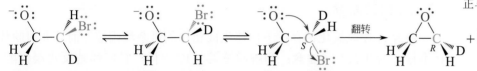

邻位交叉：不利于$S_N2$　　邻位交叉：不利于$S_N2$　　反位交叉：有利于$S_N2$

**图 9-6** 只有 2-溴代烷氧化物的反式构象可以发生取代反应形成氧杂环丙烷，两个邻位交叉构象不能发生从含溴碳原子背面进攻的分子内取代反应

---

### 解题练习 9-17

**运用概念解题：分子内 Williamson 醚合成的立体化学**

（$1R,2R$）-2-溴环戊醇与氢氧化钠快速反应生成一个没有光学活性的产物；相比之下，（$1S,2R$）-2-溴环戊醇的反应性要低很多，为什么？

**策略：**

- **W：** 有何信息？我们拟回答的问题是解释一个结果，因此需要搞清楚反应的机理。

- **H：** 如何进行？画出两个异构底物的结构（甚至最好搭建模型）。就可以看出它们的区别：

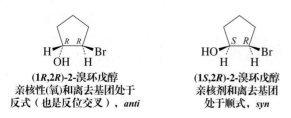

（$1R,2R$）-2-溴环戊醇　　　　（$1S,2R$）-2-溴环戊醇
亲核性（氧）和离去基团处于　　亲核剂和离去基团
反式（也是反位交叉），*anti*　　处于顺式，*syn*

- **I：** 需用的信息？考虑这两个化合物的机理，它们的立体化学如何影响其反应性？

- **P：** 继续进行。

解答：

• 图 9-6 告诉我们用碱处理 2-卤代醇加碱会脱去羟基的质子，随后烷氧化物会取代邻位卤素形成氧杂环丙烷。与图 9-6 不同，此处两个 2-溴环戊烷的环结构限制了含有两个官能团的化学键的自由旋转，在 $(1R,2R)$-异构体中，氧和卤素相互处于反式，因此溴可以被烷氧基负离子背面进攻取代。形成的氧杂环丙烷有一个镜面，是内消旋的非手性化合物。

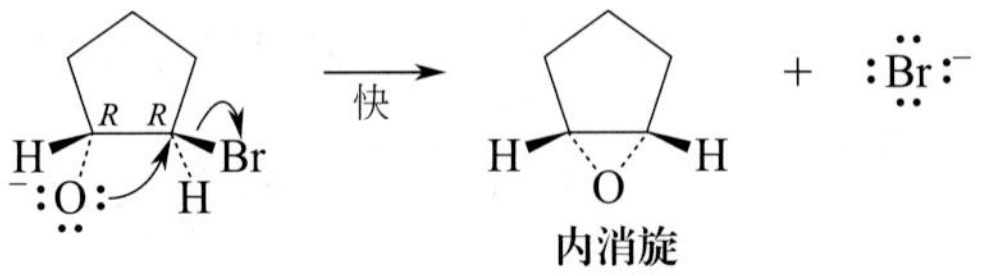

• 相比之下，在 $(1S,2R)$-异构体中，五元环上同样的两个官能团是在同侧，要生成相同的产物，需要从官能团前面进行取代，非常困难。因此 $(1R,2R)$-异构体比 $(1S,2R)$-异构体反应迅速。

## 9-18 自试解题

溴醇 A 在氢氧化钠存在下快速生成相应的氧杂环丙烷，而其非对映体 B 不行，为什么？（**注意：**和解题练习 9-17 一样，它们都是反式溴代醇。**提示：**画出两个异构体最稳定的环己烷椅式构象（4-4 节），再画出分子内 Williamson 醚合成的过渡态。）

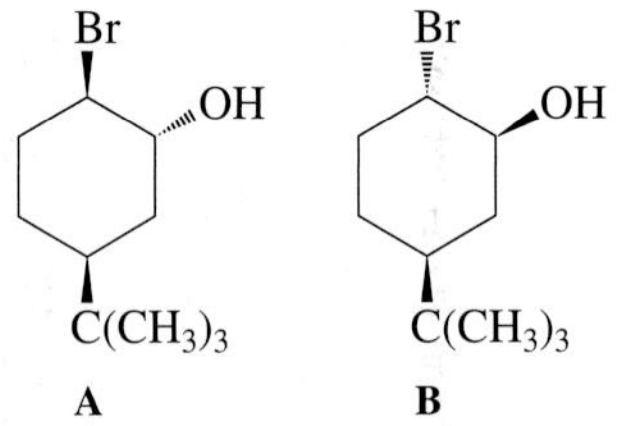

## 小　结

Willamson 合成可以制备醚，它是烷氧基负离子和卤代烷的 $S_N2$ 反应。对一级卤代烷烃或磺酸酯，此反应特别顺利，且不发生消除反应。这一反应的分子内过程可以制备环醚，形成三元环和五元环的相对速率通常是最快的。

# 9-7 醚的合成：醇与无机酸

另一个简单但选择性较差的合成醚的方法是醇与无机强酸（例如 $H_2SO_4$）的反应：一分子醇羟基被质子化，生成水作为离去基团，第二分子的醇进行亲核取代置换这个离去基团，生成相应的醚。

## $S_N2$ 和 $S_N1$ 机理都可从醇生成醚

我们已经知道，将一级醇与溴化氢或者碘化氢作用，通过烷基氧镓离子中间体，生成相应的卤代烷（9-2 节）。但是在高温下使用非亲核性的强酸（如硫酸）时，主要产物是醚。

### 由一级醇与强酸合成对称醚

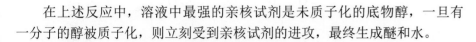

$$2\ CH_3CH_2OH \xrightarrow[\text{高温}]{H_2SO_4,\ 130℃} CH_3CH_2OCH_2CH_3\ +\ HOH$$

在上述反应中，溶液中最强的亲核试剂是未质子化的底物醇，一旦有一分子的醇被质子化，则立刻受到亲核试剂的进攻，最终生成醚和水。

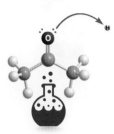

反应

### 由一级醇合成醚的机理：质子化和$S_N2$反应

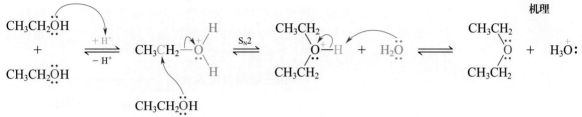

机理

这个方法只能合成对称的醚。

在更高温度下，也可脱水生成烯烃（7-6 节和 9-2 节）。即中性的醇作为碱进攻烷基氧鎓离子，发生 E2 反应（7-7 节和 11-7 节）。

反应

### 高温条件下由一级醇和强酸合成烯烃：E2

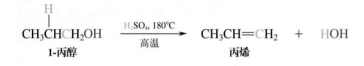

### 1-丙醇通过酸催化脱水的E2机理

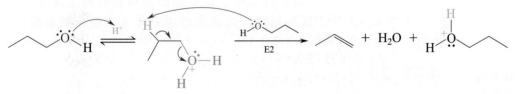

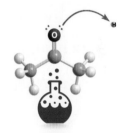

机理

二级醚和三级醚也可以由二级醇和三级醇用酸处理的方法制备。此时，先生成碳正离子中间体，后经醇捕获生成醚（$S_N1$，9-2 节）。

反应

### 从二级醇合成对称醚

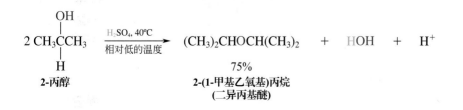

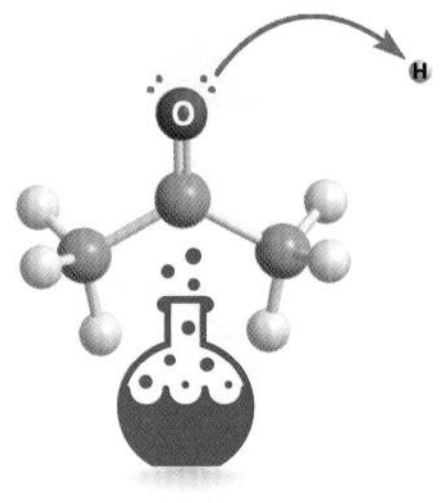

机理

**2-丙醇通过酸催化的S$_N$1机理形成醚**

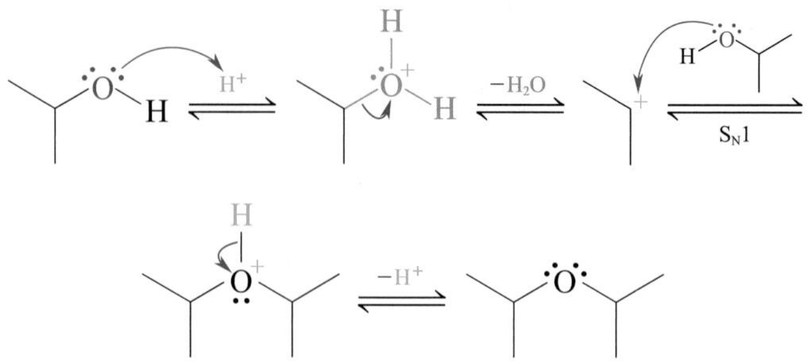

主要的副反应遵循 E1 历程，在较高温度下副反应占优势。

利用上面的方法很难合成两边是不同烷基的醚：将两种不同的醇在酸性条件下反应常得到三种可能产物的混合物。但在稀酸条件下，三级醇能和一级醇或二级醇以良好的产率得到两边取代基不同的混合醚。这是快速生成的三级碳正离子被另一个醇捕获的缘故。

**由三级醇合成混合醚**

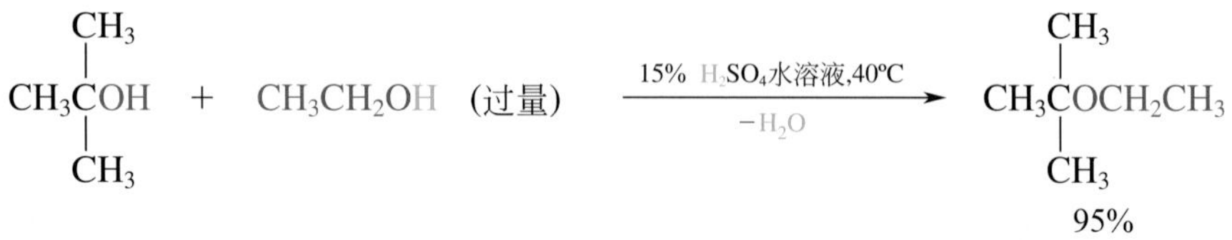

95%
**2-乙氧基-2-甲基丙烷**

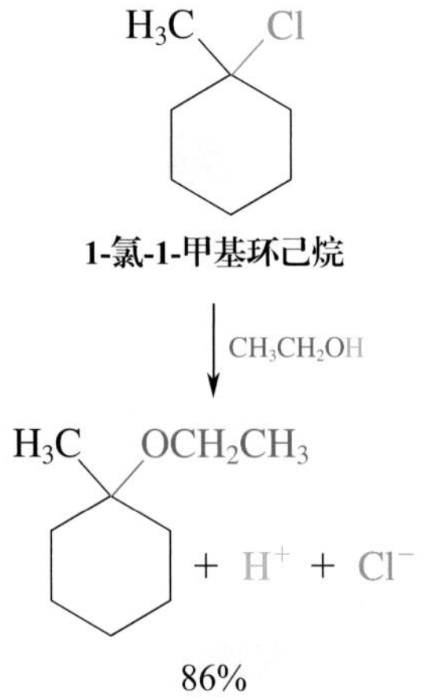

**1-氯-1-甲基环己烷**

↓ CH$_3$CH$_2$OH

86%
**1-乙氧基-1-甲基环己烷**

**练习9-19**

给出下列反应的机理：（**a**）前述的（CH$_3$）$_3$COH + CH$_3$CH$_2$OH + H$^+$；（**b**）5-甲基-1,5-己二醇 + H$^+$ ⟶ 2,2-二甲基氧杂环己烷（2,2-二甲基四氢吡喃）。

### 通过醇解制备醚

我们已知三级或二级卤代烷烃、烷基磺酸酯可被醇解生成相应的醚（7-1 节），并且只需将起始物溶解在醇中直至 S$_N$1 反应结束即可。（页边）。

**练习9-20**

由醇和卤代烷制备醚的方法很多，选择合适的方法制备下列醚类化合物：（**a**）2-甲基-2-（1-甲基乙氧基）丁烷；（**b**）1-甲氧基-2,2-二甲基丙烷。［提示：（**a**）中的产物是个三级醚，（**b**）中的产物是个新戊基醚。］

**记住**：溶液中没有自由的 H$^+$，H$^+$往往与任何可能存在的电子对结合，例如，上面结构中的乙醇或者乙氧基中的氧原子，以及氯离子。

## 小　结

在酸性条件下，通过烷基氧镓离子或碳正离子中间体，经历 S$_N$2 和 S$_N$1 途径，可由醇制备醚；也可以将三级或二级卤代烷烃、磺酸酯醇解制备相应的醚。

## 9-8 醚的反应

前面提到过，醚是比较惰性的化合物。然而，它们能和氧气通过自由基机理缓慢形成氢过氧化物和过氧化物。由于过氧化物会爆炸，所以对暴露在空气中数天的醚样品要特别留心。

**由醚合成过氧化物**

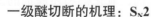

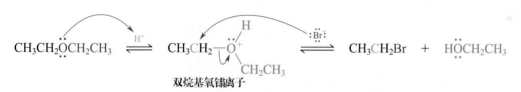

　　醚的一个更有用的反应是在强酸中的断裂，醚中的氧原子和醇一样，也可以被质子化生成双烷基氧鎓离子。取代基的不同会使氧鎓离子有不同的反应性。在亲核性强酸（如 HBr）存在下，一级取代基会发生 $S_N2$ 取代反应。

**一级醚被HBr切断**

$$CH_3CH_2OCH_2CH_3 \xrightarrow{HBr} CH_3CH_2Br + CH_3CH_2OH$$
乙醚　　　　　　　　　　溴乙烷　　　　　乙醇

**一级醚切断的机理：$S_N2$**

双烷基氧鎓离子

反应中生成的醇可以被 HBr 继续转化为溴代烷。

### 练习9-21
含 1mol HI 的热浓溶液与 1mol 二甲醚反应得到 2mol 碘甲烷，给出机理。

### 练习9-22
氧杂环己烷（四氢吡喃，页边）与热的浓 HI 溶液反应得到 1,5-二碘戊烷，请给出机理。

**氧杂环己烷**
**(四氢吡喃)**

　　从二级醚获得的氧鎓离子根据体系和反应条件的不同，可以通过 $S_N2$ 或 $S_N1$（E1）等多种途径进一步转化（7-9 节，表 7-2 和表 7-4）。例如，2-乙氧基丙烷在 HI 水溶液中质子化后，碘离子选择性进攻位阻小的一级碳，转化为 2-丙醇和碘乙烷。

反应

机理

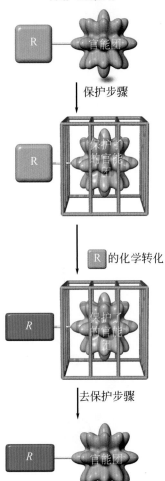

保护基策略

保护步骤

R 的化学转化

去保护步骤

## 一级-二级醚被 **HI** 切断：在一级中心发生 $S_N2$ 反应

位阻小

$\xrightarrow{\text{HI, H}_2\text{O}}$

OH

2-乙氧基丙烷　　　　　2-丙醇　　　碘乙烷

## 叔丁基醚是醇的保护基

含有三级烷基的醚，即使在稀酸条件下也能形成三级碳正离子中间体。当有好的亲核试剂存在时，碳正离子中间体可被 $S_N1$ 反应捕获；在没有好的亲核试剂时也能脱质子进行消除。

### 一级-三级醚被稀酸切断：在三级中心发生 $S_N1$ 和 **E1** 反应

$\xrightarrow{\text{H}_2\text{SO}_4,\ \text{H}_2\text{O},\ 50\text{℃}}$

OH　　　+

由于三级醚可由醇在相似的温和条件下制得（9-7 节），所以三级醚可以作为羟基官能团的**保护基**（protecting group）。保护基使分子中特定的官能团对于通常能使其转化的试剂变得惰性。保护以后对分子中其他部分进行化学反应时，这个官能团可不受干扰。随后可恢复原来的官能团（去保护）。保护基要能容易且高产率地可逆装卸。例如，用三级醚来保护羟基，使其不受碱、金属有机试剂、氧化剂和还原剂的影响，也可以用酯化的方法保护羟基（9-4 节，真实生活 9-2）。

| 用叔丁醚保护羟基 | | | |
|---|---|---|---|
| | | 后续可使用格氏试剂、氧化剂等在 R 上进行反应 | |
| $\text{ROH} \xrightarrow[-\text{H}_2\text{O}]{\text{(CH}_3)_3\text{COH, H}^+} \text{ROC(CH}_3)_3$ | | $\text{R}'\text{OC(CH}_3)_3 \xrightarrow{\text{H}^+,\ \text{H}_2\text{O}} \text{R}'\text{OH}$ | |
| 保护步骤 | 已保护的醇 | R 变成 R′ | 去保护 |

保护基在有机合成中应用广泛，它能帮助化学家进行很多本来不可能的转化。在后面的课程中，我们还可以结合其他官能团学习其他的保护策略。

### 练习9-23

如何实现下列转化（虚线表示需要多步）？（**提示**：需要保护羟基）。

（**a**）$\text{BrCH}_2\text{CH}_2\text{CH}_2\text{OH} \dashrightarrow \text{DCH}_2\text{CH}_2\text{CH}_2\text{OH}$

（**b**）

**真实生活：医药　9-2　睾酮合成所用的保护基**

保护基在许多有机合成中都是不可或缺的。用胆固醇衍生物作为起始物合成性激素睾酮（testosterone）是其中的一个实例（4-7节）。天然的甾族激素远远不能满足医药和研究工作的需求，所以需要大量合成。在下面的例子中，我们需要将 C-17 的羰基和 C-3 的羟基互换位置来得到预期的睾酮前体。换句话说，需要选择性还原 C-17 的羰基，并将 C-3 的羟基氧化。在反应过程中你会发现所有操作都围绕着反应中心 C-3 和

C-17，看起来很复杂的甾体分子其余部分仅充当了一个模板。

因此，把 C-3 形成叔丁基醚保护了之后再对 C-17 进行还原，第二步保护是对 C-17 酯化（9-4节）。酯在稀酸中稳定，于是可以对叔丁基醚进行水解。随后释放的 C-3 的羟基被氧化，而 C-17 保持不变。最后在强酸下把所示的前体变成最终产物睾酮。

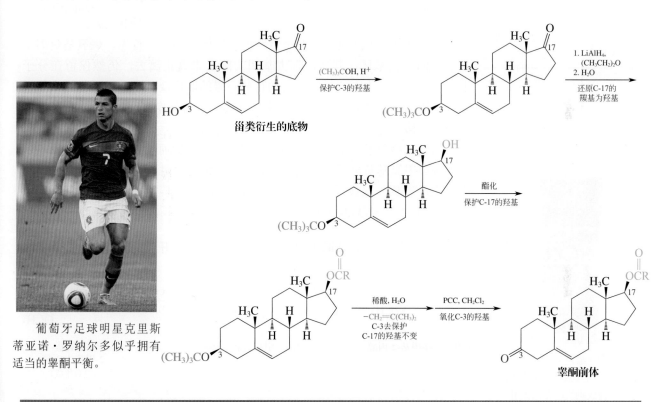

葡萄牙足球明星克里斯蒂亚诺·罗纳尔多似乎拥有适当的睾酮平衡。

甾类衍生的底物

睾酮前体

---

## 小　结

醚能被（强）酸切断。质子化甲基醚或其他一级烷基醚产生的双烷基氧鎓离子很容易与亲核试剂进行 $S_N2$ 反应；当质子化二级烷基醚或三级烷基醚时，则产生碳正离子，导致 $S_N1$ 和 E1 产物。羟基可以以叔丁基醚的方式被保护。

---

# 9-9 ｜ 氧杂环丙烷的反应

虽然普通的醚是相对惰性的，但有张力的氧杂环丙烷可以进行亲核性开

**氧杂环丙烷对亲核试剂是有活性的：势能图**

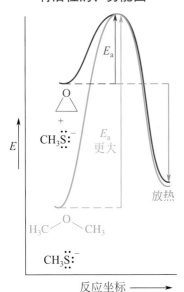

**环氧胶**

下图（绿色）所示的氯甲基氧杂环丙烷（氯甲基环氧化物）是一个合成砌块，在碱作用下与二醇发生共聚生成环氧树脂。环氧树脂是高性能黏合剂，具有优良的耐热和耐溶剂性（如环氧胶）。

**环氧树脂**

环反应（本章开篇）。本节将要详细讨论这些过程。

## 氧杂环丙烷的 $S_N2$ 亲核性开环反应具有区域选择性和立体专一性

氧杂环丙烷容易受到负离子型亲核试剂的进攻，发生双分子的开环反应。因为底物是对称的分子，所以取代反应发生在任一个碳原子上都是一样的。反应的过程是亲核进攻，醚的氧原子为分子内的离去基团。

环氧开环的 $S_N2$ 过程有两个特殊性，原因有两个：首先，烷氧基负离子是很差的离去基团；其次，离去基团实际上未真正离去，仍然保留在分子上。反应的驱动力可能是环张力的释放。醚的取代反应通常因活化能高是禁阻的，提高基态能量可降低活化能（页边所示势能图）。开环释放环张力驱使平衡右移。

如果底物分子是不对称的环氧结构，情况会如何呢？以 2,2-二甲基氧杂环丙烷和甲氧基负离子反应为例来说明反应的选择性。这时有两个可能的反应位点：进攻一级碳原子 a，得到 1-甲氧基-2-甲基-2-丙醇；进攻三级碳原子 b，得到 2-甲氧基-2-甲基-1-丙醇。但实验证据显示，只发生了 a 途径的转化。

### 不对称取代的氧杂环丙烷的亲核性开环反应

**1-甲氧基-2-甲基-2-丙醇**　　**2,2-二甲基氧杂环丙烷**　　**2-甲氧基-2-甲基-1-丙醇**
（没有生成）

这个结果意外吗？不。因为我们知道，在有多个反应可能性时，$S_N2$ 反应只选择在位阻小的碳原子上进行（6-10 节）。氧杂环丙烷进行亲核开环反应呈现出的选择性称为**区域选择性**（regioselectivity）——在两个相似的、可能的区域，亲核试剂只选择性地进攻一个位置。

此外，如果开环反应发生在手性中心上，则还会发生构型翻转。由此可见，在简单烷基衍生物中提出的亲核取代反应规则，也可以用于有张力的环醚。

## 负氢试剂和金属有机试剂能将张力环醚转化为醇

高活性的氢化铝锂能使氧杂环丙烷开环生成醇，普通的醚没有氧杂环丙烷的环张力，则不与 $LiAlH_4$ 发生反应。这个反应也是通过 $S_N2$ 机理来进行的。在不对称体系中，氢负离子只进攻取代基较少的一侧；当进攻的是不对称碳原子时，构型会发生翻转。

## 氧杂环丙烷在氢化铝锂作用下开环

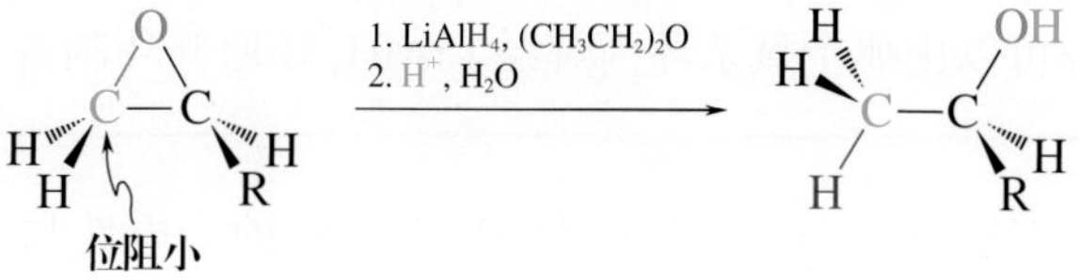

位阻小

## 氧杂环丙烷开环的翻转

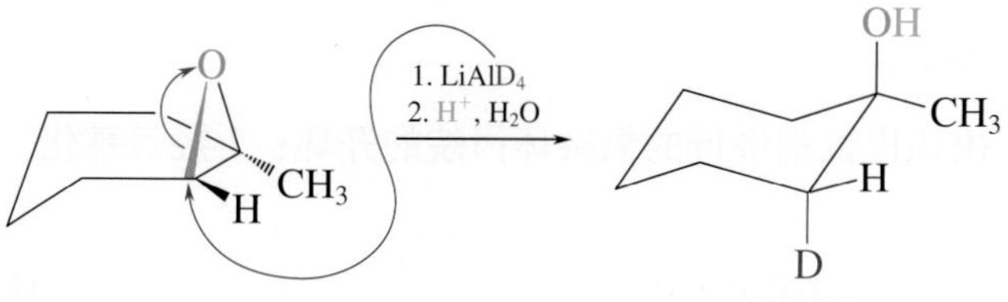

1. LiAlD$_4$
2. H$^+$, H$_2$O

99.4%

**D 和 OH 是反式，不是顺式**

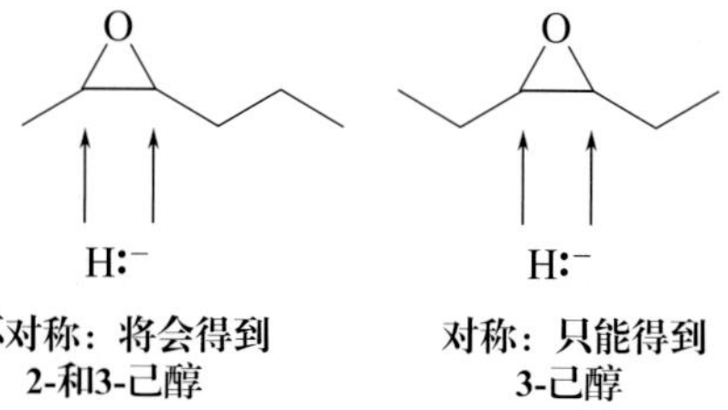

## 氧杂环丙烷：药物的活性部分

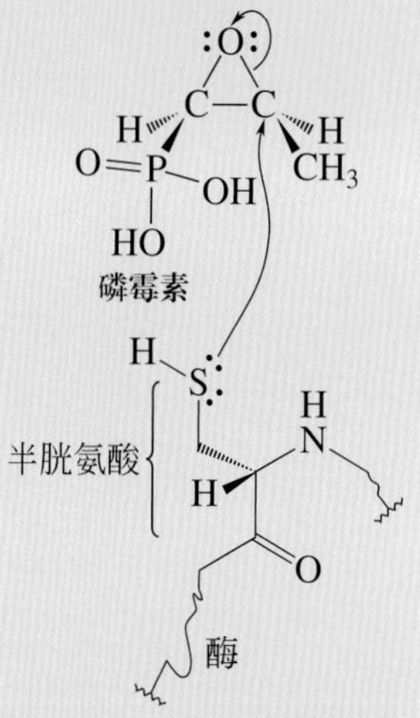

磷霉素

半胱氨酸

酶

抗生素磷霉素通过氧杂环丙烷的开环来阻止细菌细胞壁的合成。合成细胞壁的关键酶会因为巯基与张力醚反应而失活［结构见练习9-29（c）］

### 解题练习9-24

**运用概念解题：氧杂环丙烷的逆合成分析**

运用 8-8 节的逆合成分析，先用氢化铝锂再用酸性水溶液后处理来合成外消旋的 3-己醇，哪个氧杂环丙烷是最好的前体？

**策略：**

先画出 3-己醇的结构，然后观察共有多少种途径可由氧杂环丙烷得到这种结构以及各自的可行性。

**解答：**

可以看出从 3-己醇到氧杂环丙烷有两种可能的逆合成途径，移去一个反式的 H$^-$：从"左边"或者"右边"同时闭环，分别用 a 与 b 表示。

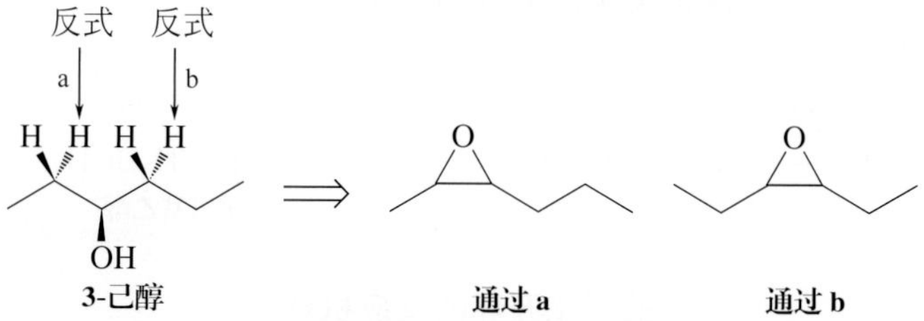

反式  反式

a    b

3-己醇  ⟹  通过 a    通过 b

现在有了两个可能的前体，可以看看哪个化合物在与 LiAlH$_4$ 反应时更好。（**注意**：氧杂环丙烷的两个碳原子都有亲电性，所以与氢化物反应有两种可能的途径。）

途径 a 得到一个不对称的前体，因为两边的碳原子位阻相似，使用氢化物将会得到两个异构体，2-己醇和 3-己醇。

另一方面，途径 b 的逆合成分析得到对称的氧杂环丙烷，氢化物反应的区域选择性不影响结果。因此这个前体是更好的。

H:$^-$    H:$^-$

不对称：将会得到    对称：只能得到
2-和3-己醇    3-己醇

## 9-25 自试解题

(2*R*)-丁醇可以由哪个氧杂环丙烷经 LiAlH₄ 还原开环制备？

和卤代烷相比（8-7 节），氧杂环丙烷有足够的亲电性与金属有机化合物反应。格氏试剂和烷基锂试剂在醚开环反应中以 S_N2 机理被 2-羟乙基化。该反应使烷基链增加两个碳，由甲醛形成的烷基金属有机试剂只增长一个碳（8-7 节和 8-8 节）。

### 由格氏试剂进行的氧杂环丙烷的开环：2-羟乙基化

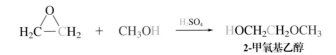

氧杂环丙烷          正丁基溴化镁                              1-己醇："2-羟乙基丁烷"

## 练习9-26

以不超过 4 个碳原子的原料合成 3,3-二甲基 -1-丁醇。（**提示**：逆合成分析产物，可认为它是 2- 羟乙基化的叔丁基。）

### 酸催化下的氧杂环丙烷开环反应

在酸催化下，氧杂环丙烷也能发生开环反应。在这一情况下这个过程首先是形成环状双烷基氧鎓离子，随后亲核试剂进攻开环。

#### 酸催化下的氧杂环丙烷开环反应

$$H_2C—CH_2 + CH_3OH \xrightarrow{H_2SO_4} HOCH_2CH_2OCH_3$$

2-甲氧基乙醇

#### 酸催化开环的反应机理

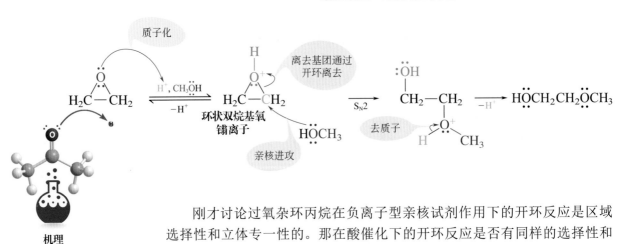

刚才讨论过氧杂环丙烷在负离子型亲核试剂作用下的开环反应是区域选择性和立体专一性的。那在酸催化下的开环反应是否有同样的选择性和专一性？答案是肯定的，但具体的过程不同。例如，2,2-二甲基氧杂环丙烷在酸催化下甲醇解，开环反应发生在位阻大的碳原子上。

**真实生活：化学**  **氧杂环丙烷的水解动力学拆分**

正如我们在真实生活5-4中所指出的，自然界是手性的，只对手性物质其中的一个对映体有着即便不是唯一也是相当大的倾向性。这种倾向性在药物研发中十分重要，因为手性药物的一对对映体中通常只有一个是有效的（真实生活5-3）。因此，单一对映体的制备非常重要，这对于化学家来说是个"绿色"的重要挑战（真实生活3-1）。对映异构体拆分的传统方法是让底物与光学纯的化合物反应，生成非对映异构体，再通过色谱法或者分步结晶法进行分离（5-8节）。有点类似用右手组合去分开多双鞋子。一旦所有右手都拿到鞋了，结果自然分成两组，即右手/右鞋和右手/左鞋。这两组间没有镜面对称关系，它们是非对映异构体。在我们这个例子中，每组成员在结构上都完全不一样，可以通过一个非手性的装置分开，例如筛子，将分成两堆的右手收回并循环，剩下右鞋就与左鞋分开了。

一个更好的例子是钓鱼装置，钩子可以做成右脚（或者左脚）的形状。这个机器只能挑出右鞋，允许它们被选择性地标记，例如挂一个重物。左鞋和右鞋可以通过非手性的装置来分辨，因为它们质量不同。在分子水平上的过程称为催化动力学拆分。一个例子是甲基氧杂环丙烷的碱性水解。通常，从外消旋体开始，产物是外消旋的1,2-丙二醇。这是预料之中的，R- 和 S- 起始原料醚对应的两个反应过渡态也是对映异构的（5-7节）。

$$\text{外消旋氧杂环丙烷} \quad \xrightarrow{\text{H}_2\text{O, HO}^-} \quad \text{外消旋1,2-丙二醇}$$

但是，在手性钴催化剂存在下（类似上面装置中的右脚）。水进攻 R 比 S 更快，将它选择性地转化为（2R）-1,2-丙二醇（"选择性标记"），将纯的（S）-氧杂环丙烷留下来。原因就是催化剂的手性使得反应的两个非对映异构体分别处于两个过渡态。因为它们的能量不同，使一个氧杂环丙烷对映异构体比另外一个水解得更快。

从下面催化剂的结构可以看出取代环己烷骨架决定了金属周边的手性环境，钴作为 Lewis 酸，选择性地进攻 R 型氧杂环丙烷上的孤对电子（2-3节），因此加速了其被水开环的过程。

$$\text{外消旋甲基环氧丙烷} \quad \xrightarrow{\substack{\text{H}_2\text{O},\\ \text{手性 Co}^{2+}\\ \text{催化剂}}}$$

**钴催化剂**

使用所示催化剂的镜像异构体得出了互补结果：只有（S）-甲基氧杂环丙烷被进攻得到（S）-二醇，留下未反应的 R 型原料。这种高度官能化的小手性砌块在合成中具有重大意义，无论对于药物化学家，还是合成化学家都有很大的吸引力。上面的反应已被优化到用小于 1kg 的催化剂生成 1t 产物。

反应

**2,2-二甲基氧杂环丙烷在酸催化下开环**

亲核进攻

2,2-二甲基氧杂环丙烷 　$\xrightarrow{H_2SO_4,\ CH_3OH}$　 2-甲氧基-2-甲基-1-丙醇

为什么会在位阻大的一侧发生反应？醚的氧原子被质子化后产生活性中间体双烷基氧鎓离子，后者具有明显极化的碳-氧键。极化使环上碳原子带部分正电荷，但由于烷基是电子供体（7-5 节），因而更多的正电荷分布在三级碳原子上而不是一级碳原子上。可以从页边处的静电势图看到其中的差别，底端的三级碳原子（蓝色）要比上端的一级碳原子（绿色）更为缺电子，在后侧的质子为深蓝色。颜色-能量标尺在此图中有些改变，以更好体现细微的层次变化。

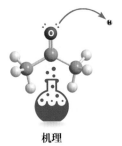

质子化的2,2-二甲基氧杂环丙烷

**2,2-二甲基氧杂环丙烷与甲醇作用的酸催化开环机理**

类似一级碳正离子：位阻小，但是正电荷少　　　类似三级碳正离子：位阻更大，但是正电荷更多

$\xrightarrow{H^+}$　　　或者

$\downarrow$ $-H^+$ | $CH_3OH$　　　　　　$\downarrow$ $-H^+$ | $CH_3OH$

1-甲氧基-2-甲基-2-丙醇
（没有生成）　　　　　　　2-甲氧基-2-甲基-1-丙醇

电荷不均匀的分布抵消了位阻作用：三级碳上的库仑力要比一级碳上的更能吸引甲醇。虽然此例中结果很明确，但当两边碳原子差别不大时，结果就不那么明确了。例如，2-甲基氧杂环丙烷在酸催化下开环反应生成的是各种异构体产物的混合物。

在酸催化的开环反应中，为什么不能直接把游离碳正离子作为中间体呢？原因在于环状双烷基氧鎓离子具有八隅体结构，而碳正离子中间体的碳只有六个电子。事实上，实验发现手性中心在开环后构型翻转。和氧杂环丙烷与负离子亲核试剂反应相似，在酸催化下，高度极化的环状双烷基氧鎓离子也同样经历背面进攻的取代过程。

### 练习9-27

预测 2,2-二甲基氧杂环丙烷在下列反应条件下的主要开环产物：（**a**）氢化铝锂，然后酸处理；（**b**）$CH_3CH_2CH_2MgBr$，然后酸处理；（**c**）$CH_3SNa$ 的甲醇溶液；（**d**）稀盐酸的乙醇溶液；（**e**）浓溴化氢溶液。

## 小　结

虽然普通的醚是相对惰性的，但氧杂环丙烷能区域选择性和立体专一性地发生开环反应。对于负离子亲核试剂，通常遵循双分子亲核取代反应规则，进攻位阻小的碳原子，并伴随构型翻转。在酸催化条件下，区域选择性发生改变，进攻位阻大的碳原子。负氢试剂和金属有机试剂与负离子亲核试剂一样，通过 $S_N2$ 机理生成醇。

# 9-10 醇和醚的硫类似物

元素周期表中，硫在氧的下方，所以人们预测醇、醚的硫类似物很可能应该和醇、醚有相似的性质。本节将讨论这一假定是否正确。

**醇和醚的硫类似物是硫醇和硫醚**

醇的含硫类似物，R—SH，IUPAC 命名为**硫醇**（thiol；*theion*，希腊语，"硫黄"，硫早期的名称）。和醇的命名相似，以最长的碳链为主链，在烷基后加上"硫醇"即可；—SH 称为**巯基** [mercapto；*mercurium* 和 *captare* 组合，拉丁语，前者为"汞"，后者为"捕获"，因为硫有沉淀汞离子（及其他重金属）的能力]。巯基的位置也在最长主链上编号指明。在官能团命名顺序上，羟基要优先于巯基。

| $CH_3\overset{..}{\underset{..}{S}}H$ | $CH_3CH_2\overset{CH_3}{\underset{4\ 3\ 2}{|}}CHCH_2\overset{..}{\underset{..}{S}}H$ | $CH_3CH_2\overset{:\overset{..}{S}H}{|}CHCH_2CH_3$ | | $H\overset{..}{\underset{..}{S}}CH_2CH_2\overset{..}{\underset{..}{O}}H$ |
|---|---|---|---|---|
| **methanethiol** | **2-methyl-1-butanethiol** | **3-pentanethiol** | **cyclohexanethiol** | **2-mercaptoethanol** |
| 甲硫醇 | 2-甲基-1-丁硫醇 | 3-戊硫醇 | 环己基硫醇 | 2-巯基乙醇 |

醚的含硫类似物常用名为**硫醚**（thioether）。RS 基团称为**烷硫基**（alkylthio），RS⁻ 称为**烷硫基负离子**（alkanethiolate）。出于命名的需要，硫醚可看作是烷硫基取代的烷烃，叫**烷硫基烷烃**（alkylthioalkane）。同样的，较小的烷基作为烷硫基片段的一部分，而更大的烷基作为主链。

| $CH_3\overset{..}{\underset{..}{S}}CH_2CH_3$ | $CH_3\overset{CH_3}{\underset{CH_3}{\overset{|}{\underset{|}{C}}}}\overset{..}{\underset{..}{S}}(CH_2)_6CH_3$ | $CH_3\overset{..}{\underset{..}{S}}CH_2CH_2\overset{..}{\underset{..}{O}}H$ | $CH_3\overset{..}{\underset{..}{S}}{:}^-$ |
|---|---|---|---|
| **methylthioethane** | **1-(1,1-dimethylethylthio) heptane** | **2-methylthioethanol** | **methanethiolate ion** |
| 甲硫基乙烷 | 1-(1,1-二甲基乙硫基) 庚烷基硫醚 | 2-甲硫基乙醇 | 甲硫基负离子 |

**与醇比较，硫醇中氢键作用较弱但酸性较强**

硫原子体积大，轨道弥散，并且 S—H 键相对非极性（表 1-2），使其不能有效地形成氢键。所以，硫醇的沸点要比相应的醇低很多，但挥发性与相应的卤代烷相似（表 9-2）。

由于 S—H 键键能（87kcal·mol⁻¹）小以及硫原子的极化，能够稳定负电荷，硫醇比水的酸性强，$pK_a$ 值在 9～12 范围内变化，所以很容易被氢氧根和烷氧基负离子去质子化。

**硫醇的酸性**

$$R\overset{..}{\underset{..}{S}}H \quad + \quad H\overset{..}{\underset{..}{O}}{:}^- \quad \rightleftharpoons \quad R\overset{..}{\underset{..}{S}}{:}^- \quad + \quad H\overset{..}{\underset{..}{O}}H$$

$pK_a = 9\sim11$ 相对更强的酸　　　　　　　　　　　　　　　　$pK_a = 15.7$ 相对弱的酸

**硫醇和硫醚的反应类似于醇和醚**

硫醇和硫醚的许多反应与相应的醇和醚类似。硫醇和硫醚中硫原子的

**表9-2　硫醇、卤代烷和醇的沸点比较**

| 化合物 | 沸点 /℃ |
|---|---|
| $CH_3SH$ | 6.2 |
| $CH_3Br$ | 3.6 |
| $CH_3Cl$ | −24.2 |
| $CH_3OH$ | 65.0 |
| $CH_3CH_2SH$ | 37 |
| $CH_3CH_2Br$ | 38.4 |
| $CH_3CH_2Cl$ | 12.3 |
| $CH_3CH_2OH$ | 78.5 |

亲核性比相应的醇和醚中氧原子的亲核性更强，碱性更弱。所以，硫醇和硫醚很容易以 RS⁻ 或 HS⁻ 与卤代烷发生亲核反应而制得。制备硫醇需要用大大过量的 HS⁻ 与卤代烷反应，以防止硫醇和卤代烷进一步反应生成二烷基硫醚。

$$CH_3\overset{\underset{\displaystyle CH_3}{|}}{C}HBr \;+\; Na^{+\,-}SH \xrightarrow{\;CH_3CH_2OH\;} CH_3\overset{\underset{\displaystyle CH_3}{|}}{C}HSH \;+\; Na^+Br^-$$

过量　　　　　　　　　　　　　2-丙硫醇

在碱（如氢氧化物）的存在下，硫醇的烷基化反应可制备硫醚。碱作用产生的烷硫基负离子，随即以 S$_N$2 过程与卤代烷反应，由于 RS⁻ 的亲核性强，氢氧根离子在亲核反应中无法与其竞争。

---

**硫醇烷基化制备硫醚**

$$RSH \;+\; R'Br \xrightarrow{\;NaOH\;} RSR' \;+\; NaBr \;+\; H_2O$$

---

硫原子亲核性的另一表现为：硫醚能和卤代烷反应生成**硫鎓离子**（sulfonium ion）。

$$\underset{H_3C}{\overset{H_3C}{>}}\!\ddot{S}\!\cdot\cdot \;+\; CH_3\text{—}\ddot{I}\!: \longrightarrow \underset{H_3C}{\overset{H_3C}{>}}\!\overset{+}{S}\text{—}CH_3 \;+\; :\ddot{I}:^-$$

95%
碘化三甲基硫

与硫鎓离子相连的碳很容易受到亲核试剂进攻，此时，硫醚作为离去基团离去（第 6 章开篇）。

$$H\ddot{O}:^- \;+\; CH_3\overset{+}{\text{—}}S(CH_3)_2 \longrightarrow H\ddot{O}CH_3 \;+\; \ddot{S}(CH_3)_2$$

士兵穿着防化服

**练习9-28**

硫醚 A（下图）是一种强毒剂，称为"芥子气"，这种摧毁性的化学武器曾用于第一次世界大战，在 20 世纪 80 年代持续 8 年的两伊战争中，以及在中东地区持续至今的动荡中疑似被再次使用。1925 年《日内瓦公约》明确禁止使用化学武器和生物武器；1972 年生物武器和 1993 年化学武器大会禁止拥有这些物质，但对条约的实施和强制执行仍有相当大的疑虑。问题之一是这些化学毒剂的制备相对简单，正如本题所示。（**a**）以氧杂环丙烷为起始物，写出合成硫醚 A 的方法。（**提示**：逆合成分析表明 A 的前体化合物是一个二醇。）（**b**）它的作用机理认为涉及了硫鎓离子 B，它再和体内的亲核试剂作用。化合物 B 是怎样形成和怎样与亲核试剂作用的？

$$ClCH_2CH_2SCH_2CH_2Cl$$
**A**

$$ClCH_2CH_2\overset{+}{S}\!\!\underset{CH_2}{\overset{CH_2}{<}}Cl^-$$
**B**

---

### 硫原子价层扩充使硫醇和硫醚有特殊的反应性

硫是具有 d 轨道的第三周期元素，价层可以扩充以容纳较八隅体更多的电子（1-4 节）。一些含硫化合物中，硫原子的价层有 10 个甚至 12 个价电子。

这使得硫可以进行其氧类似物不能进行的反应。例如，用强氧化剂（如过氧化氢或高锰酸钾）氧化硫醇生成相应的磺酸，按照这个方法，甲硫醇被氧化为甲磺酸；磺酸和 $PCl_5$ 反应生成磺酰氯，磺酰氯可用于磺酸酯的合成，如 9-4 节所述。

用温和的氧化剂（如碘），可将硫醇氧化为二硫化物（disulfides），它是过氧化物的硫类似物（9-8 节）。

$CH_3SH$
甲硫醇

↓ $KMnO_4$

$CH_3SOH$（中间为 O）
甲磺酸

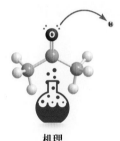
反应

### 氧化硫醇到二硫化物

$$2\ CH_3CH_2CH_2S{-}H\ +\ I_2\ \xrightarrow{CH_3OH}\ CH_3CH_2CH_2S{-}SCH_2CH_2CH_3\ +\ 2\ HI$$

**1-丙硫醇** ·················· 94%
二丙基二硫化物

这个反应的机理是巯基的硫原子亲核进攻碘原子，生成硫鎓离子，像烷基化一样。紧接着，第二分子的硫醇取代碘原子形成二硫键，最后去质子得到产物。

### 硫醇氧化为二硫化物的机理

硫原子的亲核进攻　碘离去　⟶ $S_N2$ ⟶　硫鎓离子　+　I⁻

机理

碘离去 ⟶ $S_N2$ ⟶ 硫原子亲核进攻形成二硫键 ⟶ $-H^+$ 溶剂去质子 ⟶

在温和的还原剂存在下二硫化物很容易被还原回硫醇，例如在水中的硼氢化钠。反应是通过氢化物直接进攻 S—S 键来进行的（练习 9-29）。

### 二硫化物还原为硫醇

$$CH_3CH_2CH_2S{-}SCH_2CH_2CH_3\ +\ NaBH_4\ \xrightarrow{H_2O}\ 2\ CH_3CH_2CH_2SH$$

通过氧化生成二硫化物及其逆反应是重要的生物过程，大自然会运用较上述更温和的氧化还原条件。很多蛋白质和多肽含有自由的巯基，以此来形成桥连的二硫键。自然界通过二硫键连接氨基酸链，从而控制酶的立体构象，使得生物催化更高效和更有选择性。

SH ⋯⋯ SH ⟶ SH　HS ⟶（氧化）⟶ S—S

氨基酸链　　　　　　氨基酸链　　　　　二硫桥键

硫醚能被氧化为**砜**（sulfone），这一转化过程经过**亚砜**（sulfoxide）中间体。例如，二甲硫醚首先被氧化为二甲基亚砜（DMSO），继续反应被氧化为二甲基砜。曾提到过二甲基亚砜是强极性非质子溶剂，在有机化学中应用广泛，特别是在亲核取代反应中。（6-8 节和表 6-5）。

二甲硫醚　　　　　　　二甲基亚砜　　　　　二甲基砜
　　　　　　　　　　　（DMSO）

### 练习9-29

（**a**）写出 $CH_3S$—$SCH_3$ 在水中被 $NaBH_4$ 还原为 $CH_3SH$ 的机理。

（**b**）2-氨基乙硫醇有两个 $pK_a$ 值，其中一个是巯基的，为 8.3，另一个是氨基的（它的共轭酸的 $pK_a$，2-3 节），为 10.8。因此这个化合物在水相中是以哪种合理的形式存在呢？

（**c**）2-氨基乙硫醇可用来治疗胱氨酸病和胱氨酸尿症——一种遗传紊乱所导致的胱氨酸富集症。胱氨酸是半胱氨酸氧化形成的二硫化物。身体中过多的胱氨酸会结晶破坏细胞。此药物的功能是通过亲核加成打开胱氨酸的二硫键（不是通过还原）。写出 $CH_3S$—$SCH_3$ 进行此切断的机理。（**提示**：利用 2-氨基乙硫醇在水相中的优势结构。）

半胱氨酸　　　　　　　　　　　　　胱氨酸

---

## 小　结

　　硫醇和硫醚的命名与醇、醚类似。硫醇与醇相比，挥发性更高，酸性更强，亲核性更强。硫醇和硫醚都能被氧化，前者能形成二硫化物或者磺酸，后者能生成亚砜和砜。

---

# 9-11 | 醇和醚的生理作用及应用

　　由于我们生活在氧气氛围中，因此自然界的化学物质中大量存在氧元素就不足为奇了。它们中有许多是具有不同生物学功能的醇和醚，并被药物化学家在药物合成中利用。工业化学家大规模生产醇类和醚类，用作溶剂和合成中间体。本节简要介绍这些化合物的多种用途。

　　甲醇，可以通过一氧化碳的催化加氢大量制备，它可用作颜料和其他材料的溶剂，也可作为露营炉和软焊接枪的燃料，或者作为合成中间体。甲醇剧毒——吞入或慢性暴露可能导致失明。有报道称摄入不到 30mL 就能导致死亡。有时将其添加到商业乙醇中以使其不适合食用（变性酒精）。甲醇的毒性源自其代谢氧化成甲醛，$CH_2$=O，干扰了产生视觉的生理过程。甲醛进一步氧化成为甲酸（HCOOH），它导致酸中毒，血液 pH 值异常降低。

这种情况会破坏血液中的氧运输，并最终导致昏迷。

甲醇是汽油的可能前体。例如，某些沸石催化剂（3-3 节）可将甲醇转化为烃的混合物，长度范围从四碳链到十碳链不等，通过蒸馏得到的主要成分为汽油（表 3-3）。

$$n\,CH_3OH \xrightarrow{\text{沸石, }340\sim375^\circ C} \underset{67\%}{C_nH_{2n+2}} + \underset{6\%}{C_nH_{2n}} + \underset{27\%}{\text{芳烃}}$$

不同浓度的乙醇水溶液是一种酒精饮料。在药理学上将其归类为抑制剂，因为它能诱导非选择性的可逆性中枢神经系统抑制。大约 95% 的酒精摄入后在体内（通常在肝脏中）代谢最终转化为二氧化碳和水。虽然量很高，但乙醇没有什么营养价值。

大多数药物的代谢速率随着它在肝脏中浓度的提高而提高，但对于酒精来说并非如此，体内酒精浓度随时间线性下降。一个成年人每小时能够代谢 10mL 纯酒精，这大概相当于一杯鸡尾酒，或者一罐啤酒中乙醇的含量。只需两三杯饮料——取决于一个人的体重、乙醇饮料的含量及其消耗速率——就可以使血液中的酒精含量超过 0.08%，即浓度达到或超过法定限度，在美国大部分地区超过这一限度禁止驾驶机动车辆。

乙醇是有毒的，其在血液中的致死浓度约为 0.4%。它可引起进行性亢奋、去抑制、定向障碍和判断迟缓（醉酒），然后是全身麻醉、昏迷甚至死亡。它能引起血管扩张，产生"温暖的血液"，但实际上降低了体温。长期摄取适量酒精（相当于每天约两瓶啤酒）似乎没有害处，但大量摄入可能会导致各种生理和心理症状，通常用酒精中毒来统称这些症状：幻觉、精神运动性躁动、肝脏疾病、痴呆症、胃炎和酒瘾。

人们日常消耗的乙醇来自糖和淀粉（大米、土豆、玉米、小麦、花、水果等，第 24 章）的发酵。发酵过程经由酶多步催化，最终将碳水化合物转变成乙醇和二氧化碳。

$$\underset{\text{淀粉}}{(C_6H_{10}O_5)_n} \xrightarrow{\text{酶}} \underset{\text{葡萄糖}}{C_6H_{12}O_6} \xrightarrow{\text{酶}} \underset{\text{乙醇}}{2\,CH_3CH_2OH} + 2\,CO_2$$

对用这种"绿色"来源生产乙醇（"生物乙醇"）的兴趣大增是因为其可以作为汽油添加剂（"汽油醇"），甚至具有替代汽油的潜力（第 8 章开篇）。例如，在拥有世界上最大的生物燃料计划的巴西，乙醇可满足该国 50% 以上的汽车燃料需求。虽然乙醇的热量不如汽油中烃类混合物高（表 3-7），但乙醇燃烧效率更高，更干净：

$$CH_3CH_2OH + 3\,O_2 \xrightarrow{\text{燃烧}} 2\,CO_2 + 3\,H_2O \quad \Delta H^{\ominus} = -326.7\,kcal\cdot mol^{-1}$$

因此，作为一种生物燃料，其本质上是将葡萄糖转化为二氧化碳和水：

$$\underset{\text{葡萄糖}}{C_6H_{12}O_6} + 6\,O_2 \longrightarrow 6\,CO_2 + 6\,H_2O + \text{热量（车辆里程）}$$

这个过程是可持续的，因为植物通过光合作用进行逆过程（真实生活 24-1）：

$$6\,CO_2 + 6\,H_2O \xrightarrow[\text{光合作用}]{\text{阳光}} \underset{\text{葡萄糖}}{C_6H_{12}O_6} + 6\,O_2$$

因此，简单地说，这一做法是间接将阳光作为汽车的能量。然而实际上，转向生物燃料并非没有问题，主要是因为我们的燃料需求量太巨大了。

**真的吗？**

在英国伦敦 Middlesex 医院的一项经典研究中，20 名志愿者饮用指定酒水每周喝醉一次（血液酒精含量 0.17%）。分析表明宿醉的严重程度按照以下酒水类型依次降低：白兰地、红酒、朗姆酒、威士忌、白葡萄酒、杜松子酒和伏特加。对该序列酒水的化学分析表明，其所含的有毒发酵副产物如乙醛、甲醇、1-丙醇、2-甲基和 3-甲基丁醇的浓度确实依次递减。

例如，2015 年，美国承诺将其 30％的玉米用于制备 150 亿加仑的乙醇。将此与我们每日消耗的 3.85 亿加仑汽油相比较，你会意识到这项任务艰巨！将地球上的大型农业区域投入生物燃料生产对环境、经济和食品供应（及价格）的潜在负面影响是一个值得关注的问题。在更基础的层面上，一些批评者认为，至少对某些作物来说，生长、收获、发酵，然后分配生物燃料的完整过程消耗的能量超过其返回的能量，这对此类付出的可行性是一个致命打击。

不用作饮料的商业酒精在工业上是通过乙烯的水合作用生产的（12-4节）。例如，它可用作香水、清漆和香料中的溶剂或作为合成中间体，如之前的方程式所示。

1,2-乙二醇（乙二醇）是将乙烯氧化成氧杂环丙烷，然后水解制备。全球生产数量超过 2500 万吨。其熔点低（−13℃）、沸点高（198℃）、与水完全混溶等性质使它成为一种有用的防冻剂。其高毒性与其他简单醇类似（乙醇除外）。

乙二醇对飞机除冰很有效。
[*sheilades/istock/Getty Lmages*]

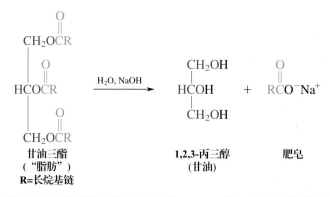

1,2,3-丙三醇（甘油，$HOCH_2CHOHCH_2OH$）是黏稠油状物，溶于水，无毒，可以在碱性条件下水解甘油三酯（脂肪组织中的主要成分）而得到，由脂肪（脂肪酸，第 19 章）制得的长链脂肪酸的钠盐或钾盐是固体，即肥皂。

1,2,3-丙三醇的磷酸酯（磷酸甘油酯，20-4 节）是细胞膜的重要成分。

1,2,3-丙三醇可用于沐浴液、其他化妆品和医药制品中。用硝酸处理得到的三硝酸酯称为硝化甘油，可用于治疗心绞痛，尤其是因心脏供血不足导致的胸痛。该药物可以扩张血管，增加血液流量。硝化甘油完全不同的另一个用途是作为强力炸药。硝化甘油的爆炸威力是由于它在碰撞下能发生强烈放热的分解反应，瞬间产生大量的气体（氮气、二氧化碳、水蒸气和氧气），使温度升高至 3000℃以上，压力大于 2000atm（真实生活 16-1）。

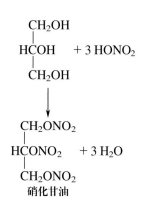

乙氧基乙烷（乙醚）曾被用作麻醉剂，它因能降低中枢神经系统的活性而导致麻醉。由于存在呼吸道的刺激和剧烈呕吐等副作用而未能继续使用。1-甲氧基丙烷［甲基丙基醚（methyl propylether 或称"neothyl"）］和其他化合物（真实生活 6-1）代替了乙醚成为新的麻醉剂。乙醚和其他醚类化合物与空气混合会发生爆炸。

氧杂环丙烷（环氧乙烷或氧化乙烯）是工业合成的中间体以及种子和谷物的熏蒸剂，同时因为它对精密仪器没有损伤，在医疗健康行业中被广泛用作消毒剂（本章开篇）。在自然界中，氧杂环丙烷衍生物能控制昆虫的变态（真实生活 12-1），由芳香族碳氢化合物在酶催化氧化过程中产生，并常导致高致癌性（carcinogenic）产物（16-7 节）。

很多天然产物，其中有些生理活性很高，含有醇和醚官能团。例如，吗啡是很强的镇痛药；海洛因（广泛滥用的毒品）是二乙酰吗啡。四氢大麻酚是大麻中的主要活性成分，它的情绪调节作用已有上千年的历史。鉴于大麻能减轻诸如癌症、艾滋病、多发性硬化、癫痫以及其他病症所带来的恶心、疼痛和食欲不佳等症状，美国和世界上的其他国家正在评估其作为药物的可能性。

吗啡
(R = H)
海洛因
$\left(\begin{array}{c} R = CCH_3 \\ O \end{array}\right)$

四氢大麻酚

罂粟的活性成分是吗啡的来源

低分子量的硫醇和硫醚具有难闻的臭味。乙硫醇的臭味即使在空气中被稀释 5000 万倍都不能消失。臭鼬的防御喷雾的主要挥发成分是 3-甲基-1-丁硫醇、反-2-丁烯-1-硫醇和反-2-丁烯基甲基二硫化物。2004 年，香水行业的化学家分析了腋窝出汗散发的众所周知的体臭的成分，主要的化学元凶是 3-巯基-3-甲基己-1-醇，特别令人讨厌的是其 S-对映体。它与 25％的 R-对映异构体一起排出，奇怪的是后者有一种水果味。

3-甲基-1-丁硫醇

反-2-丁烯-1-硫醇

反-2-丁烯基甲基二硫化物

3-巯基-3-甲基己-1-醇

奇怪的是，当高度稀释时，含硫化合物会产生令人愉悦的气味。例如，新切的洋葱和大蒜的气味来自低分子量的硫醇和硫醚（习题 81）。二甲硫醚是红茶芳香气味中的主要成分。虽然化合物 2-(4-甲基-3-环己烯基)-2-丙硫醇（页边）是葡萄中特殊味道的成分，它的含量在十亿分之几（ppb，即 $10^{-9}$）量级，甚至更低，但再稀释 $10^4$ 倍，也能感知。换句话说，将 1mg 此化合物溶解于 1000 万升水中，你仍能感知它的存在。

很多药物的分子骨架中含有硫，特别是磺酰胺类或称磺胺类药物，它们都是很好的抗菌药物（15-10 节）。

2-(4-甲基-3-环己烯基)-2-丙硫醇

磺胺嘧啶
(抗菌药)

二氨基二苯砜
(抗麻风药)

## 小　结

> 醇和醚用途广泛，既可作为化学原料，也可作为医用药物。它们的衍生物，一些是天然存在的，一些则是合成出来的。

## 总　结

现在我们已经结束了醇这一章，这是本书第二大类官能团化合物。但这并不意味着我们不再接触到醇。相反，在之后的每一个章节都会涉及醇，往往与新官能团的取代有关。

本章节包含以下知识：

- LDA、烷基锂和KH等强碱可以使醇去质子得到烷氧基负离子（9-1节）。

- 强酸，例如HX、$H_2SO_4$和$H_3PO_4$，可以将醇变为烷基氧鎓离子，然后进行取代或者消除过程（9-2节）。

- 碳正离子不仅仅可以进行$S_N1$和E1过程，还可以通过烷基迁移和负氢迁移进行重排（9-3节）。

- 卤代烷不仅可以用HX处理醇得到，还可以用$PBr_3$、$PCl_3$、$P+I_2$、$SOCl_2$以及可分离的烷基磺酸酯反应得到。后者也可以参与其他亲核进攻（9-4节）。

- 醚可命名为烷氧基烷烃（9-5节）。

- 醚可以由Williamson醚合成法或者由醇经强酸处理来获得（9-6节和9-7节）。

- 醚一般是惰性的，除非是在强酸中（9-8节）。但是，氧杂环丙烷的张力使得负离子亲核进攻或者酸催化开环成为可能（9-9节）。

- 硫醇和硫醚是醇和醚的硫类似物。硫原子的大体积和可极化性使得它具有相对更强的亲核力以及价层扩充能力，例如形成10或12价电子的化合物（9-10节）。

在进一步学习含有其他官能团的其他类型的有机化合物前，我们将先学习有机化学家用于确定分子结构的一些关键分析手段：谱学。通过记录分子与各种形式电磁辐射的作用，我们能够确定分子的连接方式、三维结构、官能团种类和分子的电子结构。

## 9-12　解题练习：综合运用概念

本节介绍含有几个关键反应的两个解题练习。第一个涉及碳正离子重排机理，第二个是关于氧杂环丙烷的合成应用。

### 解题练习9-30　碳正离子的重排

**醇 A** 在酸性条件下与甲硫醇反应生成硫醚 **B**。解释这个反应的机理。

策略：

• **W**：有何信息？这是一个机理问题而不是合成问题。换句话说，为了解题，我们不能像多步合成那样添加其他试剂；我们看到的就是我们要解决的。接下来看看我们已有的信息：

**1.** 三级醇结构消失了，取而代之的是二级硫醚（来自 $CH_3SH$）结构。

**2.** 四元环成为了五元环环戊烷。

**3.** 化合物 A 的分子式 $C_7H_{14}O$，转变为了化合物 B，$C_8H_{16}S$。

只关注连接在相应官能团上的烷基部分，我们可以将反应重写为

$C_7H_{13}—OH \longrightarrow C_7H_{13}—SCH_3$。

**4.** 在三级醇存在下，反应介质中含催化量的酸。

• **H**：如何进行？我们可以从这些信息中推断出什么？我们从 9-3 节知道的碳正离子重排（9-3 节），可把具有张力的环丁烷扩环为取代环戊烷。

• **I**：需用的信息？最初的碳正离子必须通过质子化-脱水得到（9-2 节）。B 必须由一个 A 重排形成的碳正离子与 $CH_3SH$ 进行 $S_N1$ 反应得到。

• **P**：继续进行。

解答：

我们现在将这些想法一步步写出来。

**步骤 1.** 羟基被质子化，随后失去水分子。

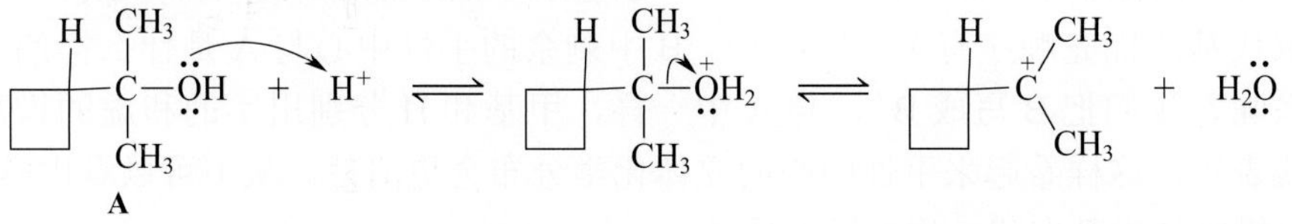

**步骤 2.** 三级碳正离子经历烷基迁移而开环（迁移的碳用一个黑点表示）。

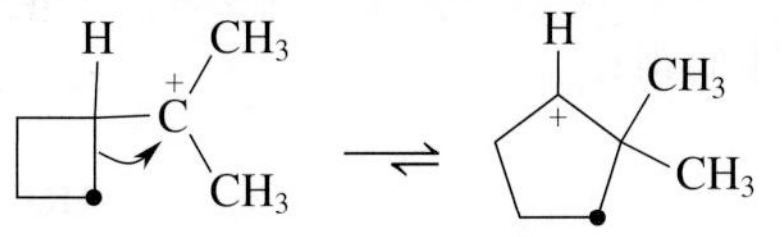

**步骤 3.** 新生成的碳正离子被相对更亲核的 $CH_3SH$（相对于水）捕获，随后去质子生成产物 B（9-10 节）。

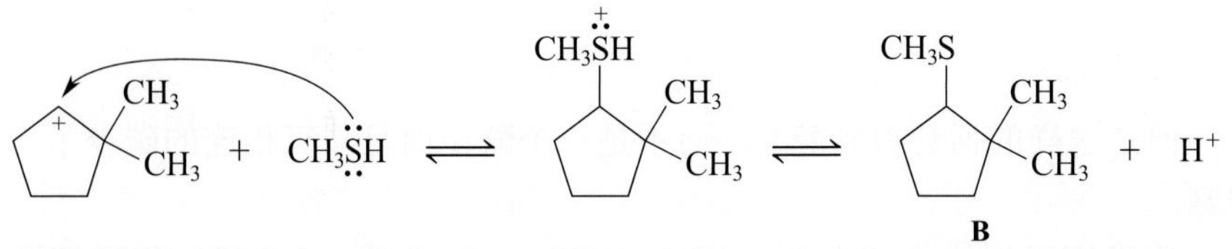

看上去，在这个过程中最难的是步骤 2，因为它包括一个相当极端的结构变化：迁移碳"拖曳"附加链，这是环的一部分。为避免混淆，一个好方法是标记分子中的"移动片段"，就像图示中的第 2 步那样，牢记"骨架"烷基（或 H）位移。因此，只有三个关键原子参与：阳离子中心，它将接收迁移基团；邻近的碳，将形成碳正离子；迁移原子。一个简单的口诀可以帮助记住碳正离子重排的基本特征："电荷和迁移中心互换位置。"

最后，注意重排步骤 2 将三级碳正离子转化为二级碳正离子。驱动力是从四元环（26.3kcal·mol$^{-1}$）到五元环（6.5kcal·mol$^{-1}$，4-2 节）环张力的释放。在本例中，二级碳正离子被高亲核性硫醇中的硫捕获，从而避免进一步的甲基迁移重排成三级碳正离子，由此可能生成的其他产物实验中都没有观测到。习题 42 和习题 69 为此机理的进一步练习。

## 解题练习9-31　氧杂环丙烷立体选择性开环的应用

写出从对映体 A 合成对映体 B 的合成策略。

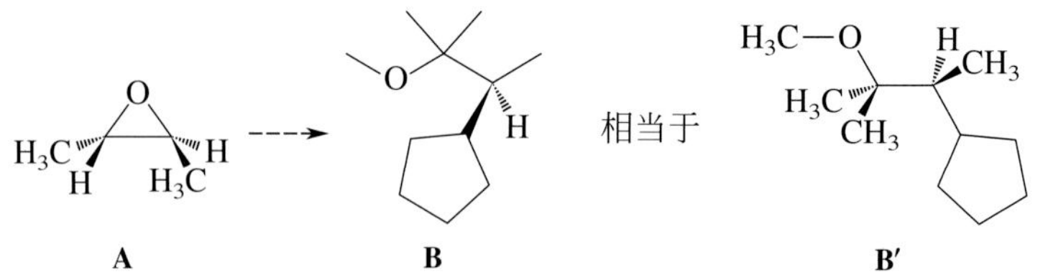

**解答：**

这是一个合成问题，而不是机理问题。换句话说，为了解决这个问题，需要新的试剂、特定的条件以及多步反应。让我们先列一个清单：

**1.** 原料中的氧杂环丙烷开环生成另一个醚。

**2.** A 的分子式 $C_4H_8O$ 变成了 B 的分子式 $C_{11}H_{22}O$。因此加上的部分是 $C_7H_{14}$。一个非常明显的部分是环戊基，$—C_5H_9$，于是只剩下一个类似乙基的 $—C_2H_5$；但是，与原料 A（含两个甲基）相比，B 中额外的两个碳是新引入的两个甲基（除新加的环戊基外）。

**3.** 在原料中有两个手性中心（都是 $S$ 型），在产物中只有一个 $S$ 型手性中心。回忆一下，$R/S$ 命名系统并不与绝对构型的变化相关，只与手性中心取代基的优先顺序有关（5-3 节）。B 中剩余的手性中心与 A 是什么样的关系呢？我们把 B 写成 B′，与 A 中一样，甲基和 H 分别用实的和虚的楔形线表示，这样看起来手性中心的立体化学分布会更清楚。从中可以看出碳-氧键被环戊基取代，构型发生翻转。

我们从以上分析中得到什么提示？显然 B 可以由 A 通过金属有机试剂对环氧的亲核进攻开环而得：

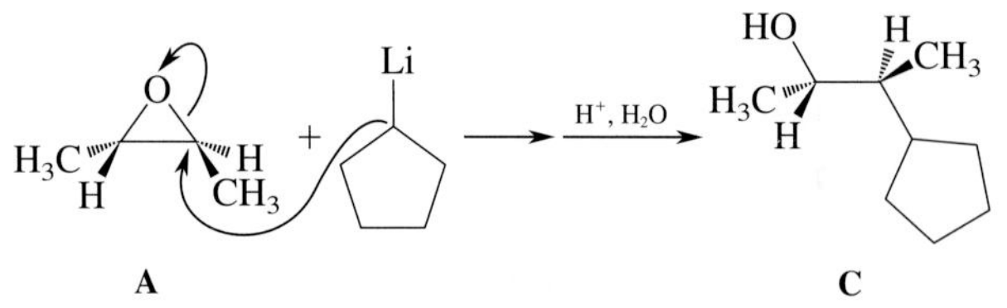

但是这样的话会得到醇 C，而不是一个醚，而且与氧相连的碳少了一个甲基。

让我们运用逆合成分析。用逆 -Williamson 合成（9-6 节）将醚切断成为三级醇 D，如何从 D 到 C？答案：回顾 8-8 节，可知复杂的醇可以由金属有机化合物进攻羰基获得：

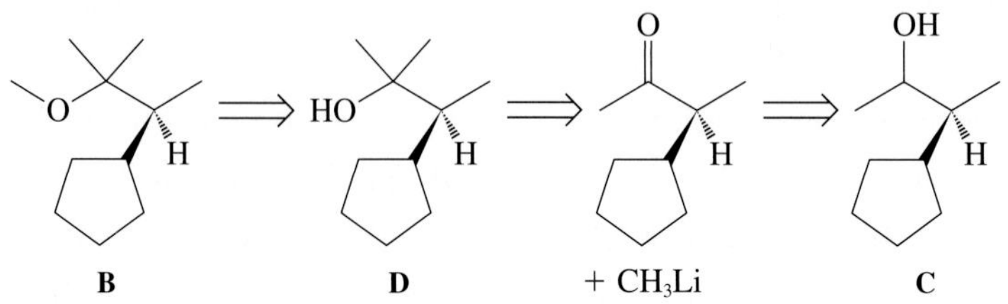

因此，解答是：

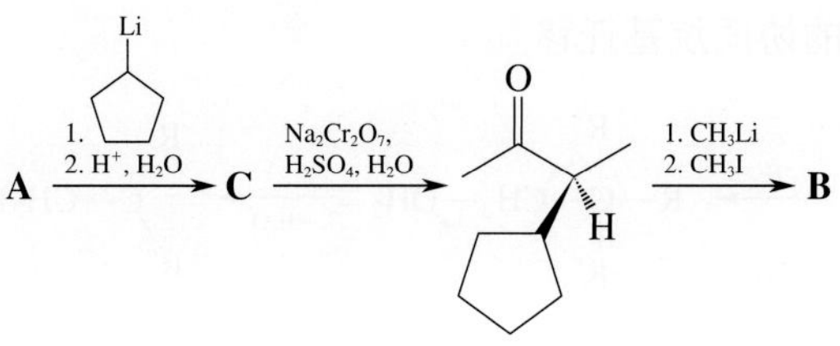

习题 61 为类似的合成练习。

## 新反应

### 1. 从醇合成烷氧基负离子（8-3 节，9-1 节）

使用强碱：

$$ROH \underset{}{\overset{强碱}{\rightleftharpoons}} RO^-$$

强碱：$Li^+ {}^-N[CH(CH_3)_2]_2$，$CH_3CH_2CH_2CH_2Li$，$K^+H^-$

使用碱金属：

$$ROH + M \longrightarrow RO^-M^+ + \frac{1}{2}H_2$$

$$M = Li, Na, K$$

### 从醇合成卤代烷

### 2. 使用氢卤酸（8-3 节，9-2 节，9-3 节）

$$一级 ROH \xrightarrow{浓HX} RX \qquad 二级或三级 ROH \xrightarrow{浓HX} RX$$

$X = Br$ 或 $I$（$S_N2$ 机理）　　　　$X = Cl$、$Br$ 或 $I$（$S_N1$ 机理）

### 3. 使用磷试剂（9-4 节）

$$3ROH + PBr_3 \longrightarrow 3RBr + H_3PO_3$$

$$6ROH + 2P + 3I_2 \longrightarrow 6RI + 2H_3PO_3$$

对于一级和二级 ROH，为 $S_N2$ 机理

与 HX 相比，碳正离子重排的可能性较小

### 4. 使用硫试剂（9-4 节）

$$ROH + SOCl_2 \xrightarrow{N(CH_2CH_3)_3} RCl + SO_2 + (CH_3CH_2)_3\overset{+}{N}HCl^-$$

$$ROH + R'SO_2Cl \longrightarrow \underset{烷基磺酸酯}{ROSO_2R'} \xrightarrow{Nu^-, DMSO} RNu + R'SO_3^-$$

### 醇相关的碳正离子重排

### 5. 烷基迁移或者负氢迁移（9-3 节）

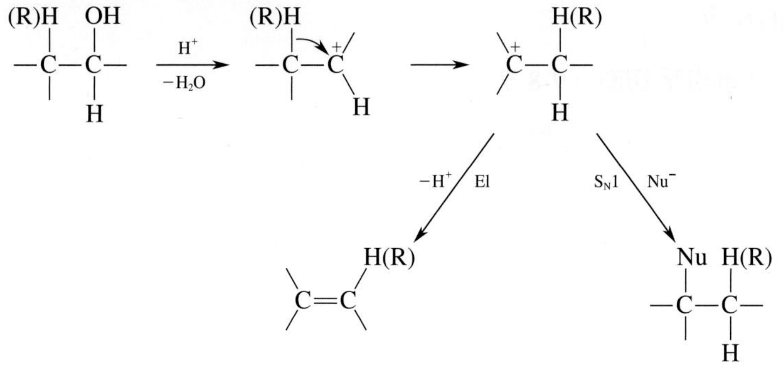

**6. 一级醇中的协同烷基迁移**

$$R-\overset{\overset{R'}{|}}{\underset{\underset{R''}{|}}{C}}-CH_2OH \xrightarrow{H^+} R-\overset{\overset{R'}{|}}{\underset{\underset{R''}{|}}{C}}-CH_2-\overset{+}{O}H_2 \xrightarrow{-H_2O} \overset{\overset{R}{|}}{\underset{\underset{R''}{|}}{\overset{+}{C}}}-CH_2R' \longrightarrow 等等$$

## 醇的消除反应

**7. 使用强的非亲核性酸脱水（9-2 节，9-3 节，9-7 节，11-5 节）**

$$-\overset{\overset{H}{|}}{C}-\overset{\overset{OH}{|}}{C}- \xrightarrow{H_2SO_4, \triangle} \overset{}{C}=\overset{}{C} + H_2O$$

可能发生碳正离子重排

所需温度

一级 ROH：170 ~ 180℃（E2 机理）
二级 ROH：100 ~ 140℃（通常是 E1）
三级 ROH：25 ~ 80℃（E1 机理）

## 醚的制备

**8. Williamson 醚合成法（9-6 节）**

$$ROH \xrightarrow{NaH, DMSO} RO^- Na^+ \xrightarrow[S_N2]{R'X, DMSO} ROR'$$

R′ 必须是甲基或一级烷基

ROH 可以是一级或者二级（三级烷氧化物往往得到 E2 消除产物，除非 R′ = 甲基）

分子内形成环醚的容易程度：$k_3 \geqslant k_5 > k_6 > k_4 \geqslant k_7 > k_8$

（$k_n$ = 反应速率常数，$n$ = 环大小）

**9. 无机酸方法（9-7 节）**

一级醇：

$$RCH_2OH \xrightarrow{H^+, 相对低温} RCH_2\overset{+}{O}H_2 \xrightarrow[-H_2O]{RCH_2OH, 130~140℃} RCH_2OCH_2R$$

二级醇：

$$\overset{\overset{OH}{|}}{RCHR} \xrightarrow[-H_2O]{H^+} \overset{\overset{R}{|}}{\underset{\underset{R}{}}{CH}}-O-\overset{\overset{R}{|}}{\underset{\underset{R}{}}{CH}} + \text{E1 产物}$$

三级醇：

$$R_3COH + R'OH \xrightarrow[S_N1, -H_2O]{NaHSO_4, H_2O} R_3C-OR' + \text{E1 产物}$$

**R′ = (主要是) 一级**

## 醚的反应

**10. 被氢卤酸切断（9-8 节）**

$$ROR \xrightarrow{浓 HX} RX + ROH \xrightarrow{浓 HX} 2RX$$

X = Br 或 I

一级 R：$S_N2$ 机理
二级 R：$S_N1$ 或 $S_N2$ 机理
三级 R：$S_N1$ 机理

**11. 氧杂环丙烷的亲核开环（9-9 节，25-2 节）**

负离子亲核进攻：

$$\ddot{N}u^- \text{-氧杂环丙烷-} R, R \xrightarrow{H^+, H_2O} NuCH_2CR_2 \text{（OH）}$$

可能的 **Nu**: HO⁻, RO⁻, RS⁻

酸催化开环：

$$\overset{H}{\underset{Nu}{O^+}}\text{-氧杂环丙烷-}R, R \longrightarrow HOCH_2CR_2 \text{（Nu）}$$

可能的 **Nu**: H₂O, ROH, 卤素

**12. 氢化铝锂对氧杂环丙烷的亲核开环（9-9 节）**

$$H_2C{-}CH_2 \text{（O）} \xrightarrow[\text{2. } H^+, H_2O]{\text{1. LiAlH}_4, (CH_3CH_2)_2O} CH_3CH_2OH$$

**13. 金属有机化合物对氧杂环丙烷的亲核开环（9-9 节）**

$$RLi \text{ 或 } RMgX + H_2C{-}CH_2 \text{（O）} \xrightarrow{THF} \xrightarrow{H^+, H_2O} RCH_2CH_2OH$$

**硫化合物**

**14. 硫醇和硫醚的制备（9-10 节）**

$$RX + \underset{\text{过量}}{HS^-} \longrightarrow \underset{\text{硫醇}}{RSH}$$

$$RSH + R'X \xrightarrow{\text{碱}} \underset{\text{硫醚（烷硫基烷烃）}}{RSR'}$$

**15. 硫醇的酸性（9-10 节）**

$$RSH + HO^- \rightleftharpoons RS^- + H_2O \qquad pK_a(RSH) = 9{\sim}12$$

酸性：RSH > H₂O ~ ROH

**16. 硫醚的亲核性（9-10 节）**

$$R_2\ddot{S} + R'X \longrightarrow \underset{\text{硫鎓}}{R_2\overset{+}{S}R' \; X^-}$$

**17. 硫醇的氧化（9-10 节）**

$$RSH \xrightarrow{KMnO_4 \text{ 或 } H_2O_2} \underset{\text{烷基磺酸}}{RSO_3H} \qquad\qquad RSH \xrightleftharpoons[\text{NaBH}_4]{I_2} \underset{\text{二烷基二硫化物}}{RS{-}SR}$$

**18. 硫醚的氧化（9-10 节）**

$$R\ddot{S}R' \xrightarrow{H_2O_2} \underset{\text{二烷基亚砜}}{R\overset{O}{\underset{..}{S}}R'} \xrightarrow{H_2O_2} \underset{\text{二烷基砜}}{R\overset{O}{\underset{O}{S}}R'}$$

**重要概念**

1. ROH与碱金属反应生成**烷氧基负离子**的反应性顺序是R=CH₃>一级醇>二级醇>三级醇。

2. 在酸与亲核试剂存在下，一级醇可以发生S_N2反应。在酸性条件下，二级醇和三级醇会形成**碳正离子**，伴随着**重排**，形成**S_N1**产物和**E1**产物。

3. **碳正离子重排**可以是**烷基迁移**或者**负氢迁移**，它往往导致二级碳正离子之间的转化或者将二级碳正离子转化为三级碳正离子。一级**烷基氧鎓离子**可以经协同失水与烷基或者负氢迁移形成二级或者三级碳正离子。

4. 使用**无机酸酯**在合成二级或者一级卤代烷的同时，可避免重排副反应。

5. 醚既可以由**Williamson醚合成法**制备也可以由醇与非亲核性酸反应制备。第一种方法在S_N2反应性很高的时候非常适合。后面的情况，高温下消除（脱水）是一个竞争反应。

6. **冠醚**与**穴醚**是一类**离子载体**，多醚与金属离子配位，使它们可以在疏水介质中溶解。

7. 根据S_N2规则，尽管亲核性的**氧杂环丙烷开环**是从位阻小的一侧开始，酸催化的机理往往从更多取代基的位置反应，因为亲核进攻由电性控制。

8. 硫与氧相比有着更加弥散的轨道。在**硫醇**中，S—H键的极性比O—H键要小，因此导致**氢键削弱**。因为S—H键和O—H键相比要弱一些，所以硫醇的**酸性**比相应的醇**更强**。

9. **注意颜色的使用**：在本书的主要部分，从第6章开始，机理中的反应物和新转化中的例子，用**红色**表示**亲核试剂**，**蓝色**表示**亲电试剂**，**绿色**表示**离去基团**。（在练习、新反应总结和章末习题里不用颜色表示。）

## 习 题

**32.** 下面的平衡倾向于哪一侧（左或右）？

（a）$(CH_3)_3COH + K^+{}^-OH \rightleftharpoons (CH_3)_3CO^-K^+ + H_2O$

（b）$CH_3OH + NH_3 \rightleftharpoons CH_3O^- + NH_4^+$ （p$K_a$=9.2）

（c）
$$CH_3CH_2OH + \text{（哌啶N}^-\text{Li}^+) \rightleftharpoons CH_3CH_2O^-Li^+ + \text{（哌啶N—H）} \quad (\text{p}K_a = 40)$$

（d）$NH_3(\text{p}K_a = 35) + Na^+H^- \rightleftharpoons Na^+{}^-NH_2 + H_2 (\text{p}K_a \approx 38)$

**33.** 下面哪一个试剂有足够强的碱性可将乙醇高产率地转化为烷氧基负离子？

（a）$CH_3MgBr$      （b）$NaHCO_3$

（c）$NaSH$      （d）$MgF_2$

（e）$CH_3CO_2K$      （f）$CH_3CH_2CH_2CH_2Li$

**34.** 给出下列反应的主要产物。

（a）$CH_3CH_2CH_2OH \xrightarrow{\text{浓 HI}}$

（b）$(CH_3)_2CHCH_2CH_2OH \xrightarrow{\text{浓 HBr}}$

（c）（环己烷，带H和OH的取代基）$\xrightarrow{\text{浓 HI}}$

（d）$(CH_3CH_2)_3COH \xrightarrow{\text{浓 HCl}}$

**35.** 对于习题34的各个反应，给出分步机理。

**36.** 下面三个弯箭头机理图哪个正确描述了从二级碳正离子转化为三级碳正离子的重排过程？

（a）

（b）

（c）

**37.** 对于下面每一个醇，请写出它们与酸反应后生成的烷基氧鎓离子的结构；如果这个烷基氧鎓离子是容易失水的，写出反应生成的碳正离子的结构；如果得到的碳正离子有可能发生后续的重排，请给出所有预期能生成的碳正离子的结构。

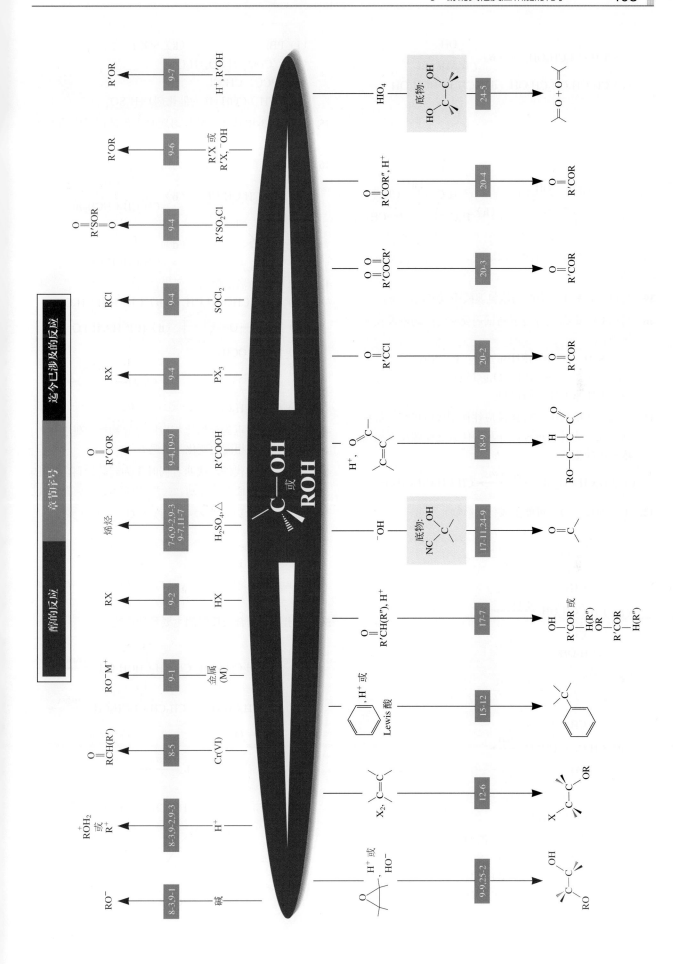

（a）CH₃CH₂CH₂OH

（b）$CH_3\overset{\overset{\displaystyle OH}{|}}{C}HCH_3$

（c）CH₃CH₂CH₂CH₂OH　（d）(CH₃)₂CHCH₂OH

（e）(CH₃)₃CCH₂CH₂OH

（f）

（g）　（h）

**38.** 写出习题37中所有醇在浓硫酸条件下发生消除反应的产物。

**39.** 写出习题37中所有醇与浓氢溴酸中反应的产物。

**40.** 写出3-甲基-2-戊醇与下列试剂反应的产物以及反应机理。

（a）NaH　（b）浓HBr　（c）PBr₃

（d）SOCl₂　（e）浓H₂SO₄, 130℃

（f）(CH₃)₃COH, 稀H₂SO₄

**41.** 一级醇在硫酸中与NaBr反应往往生成溴代烷。解释这个反应为什么可行，以及为什么这样做比直接用浓氢溴酸更好。

$$CH_3CH_2CH_2CH_2OH \xrightarrow{NaBr, H_2SO_4} CH_3CH_2CH_2CH_2Br$$

**42.** 下面的反应最有可能生成什么产物？

（a） $\xrightarrow{CH_3CH_2OH, H_2SO_4}$

（b）$CH_3\overset{\overset{\displaystyle CH_3}{|}}{C}H CH_2OH \xrightarrow{浓\ HI}$ （中间CH₃下方另有CH₃）

（c） $\xrightarrow{浓\ H_2SO_4, 180℃}$

（d）$CH_3\overset{\overset{\displaystyle CH_3}{|}}{\underset{\underset{\displaystyle CH_3}{|}}{C}}\ \overset{\overset{\displaystyle I}{|}}{C}HCH_3 \xrightarrow{H_2O}$

**43.** 写出习题37中的醇与PBr₃反应的主要预期产物，把结果与习题39相比较。

**44.** 写出1-戊醇与下列试剂反应的预期产物。

（a）K⁺⁻OC(CH₃)₃　（b）金属钠

（c）CH₃Li　（d）浓HI

（e）浓HCI　（f）FSO₃H

（g）浓H₂SO₄, 130℃　（h）浓H₂SO₄, 180℃

（i）CH₃SO₂CI, (CH₃CH₂)₃N

（j）PBr₃　（k）SOCl₂

（l）K₂Cr₂O₇+H₂SO₄+H₂O

（m）PCC, CH₂Cl₂

（n）(CH₃)₃COH（作为催化剂）+H₂SO₄

**45.** 给出反-3-甲基环戊醇与习题44中各试剂反应的预期产物。

**46.** 从相应的醇出发写出下列化合物的合成路线。

（a）CH₃CH₂CH₂Cl　（b）$CH_3CH_2\overset{\overset{\displaystyle CH_3}{|}}{C}HCH_2Br$

（c）　（d）$CH_3\overset{\overset{\displaystyle I}{|}}{C}HCH(CH_3)_2$

**47.** 用IUPAC命名法命名下列化合物。

（a）(CH₃)₂CHOCH₂CH₃　（b）CH₃OCH₂CH₂OH

（c）　（d）(ClCH₂CH₂)₂O

（e）　（f）$CH_3O-$$-OCH_3$

（g）CH₃OCH₂Cl

**48.** 解释醇的沸点为什么比相应同分异构体的醚要高？水溶性也有相同的变化趋势吗？

**49.** 使用醇或卤代烷，或两者同时作为起始原料，写出下列醚的最佳合成方法。

（a）　（b）

（c）　（d）

（e）　（f）

**50.** 写出下列醚合成反应的主要预期产物。

（a）$CH_3CH_2CH_2Cl + CH_3CH_2\overset{\overset{\displaystyle O^-}{|}}{C}HCH_2CH_3 \xrightarrow{DMSO}$

（b）$CH_3CH_2CH_2O^- + CH_3CH_2\overset{\overset{\displaystyle Cl}{|}}{C}HCH_2CH_3 \xrightarrow{HMPA}$

（c） $+ CH_3I \xrightarrow{DMSO}$

（d）(CH₃)₂CHO⁻ + (CH₃)₂CHCH₂CH₂Br $\xrightarrow{(CH_3)_2CHOH}$

（e） $\xrightarrow{环己醇}$

（f） $+ CH_3CH_2I \xrightarrow{DMSO}$

**51.** 对于习题50中的反应，写出详细的分步机理。

**52.** 对于习题50中那些产率低的反应，请设计一个替代方案，使用合适的醇或者卤代烷作为原料。（**提示：参见第7章的习题25。**）

**53.** （**a**）反-2-溴环辛醇（下图）与NaOH反应的产物是什么？（**b**）比较图9-6和练习9-17中所示的熵对这个反应过渡态的影响。

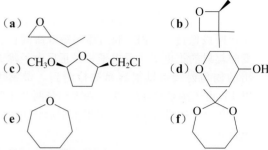

反-2-溴环辛醇

**54.** 用卤代烷或者醇作为起始原料，写出下列醚的高效合成路线。

（**a**）
$$CH_3CH_2CHOCH_2CH_3$$
（上方有 $CH_3$）

（**b**）
$$OCH_2CH_2CH_3$$
（环己基，有 $CH_3$）

（**c**）
（四氢呋喃环，有两个 $CH_3$）

（**d**）
（两个环戊基通过O相连）

**55.** 写出下列反应生成的主要产物。

（**a**）$CH_3CH_2OCH_2CH_2CH_3$ ——过量浓 HI——→

（**b**）$CH_3OCH(CH_3)_2$ ——过量浓 HBr——→

（**c**）$CH_3OCH_2CH_2OCH_3$ ——过量浓 HI——→

（**d**）——过量浓 HBr——→

（**e**）——过量浓 HBr——→

（**f**）——过量浓 HBr——→

**56.** 写出2,2-二甲基氧杂环丙烷与下列试剂反应的主要预期产物。

（**a**）稀$H_2SO_4$在$CH_3OH$中　（**b**）$Na^+OCH_3$在$CH_3OH$中
（**c**）稀HBr　　　　　　　（**d**）浓HBr
（**e**）$CH_3MgI$，然后酸处理　（**f**）$C_6H_5Li$，然后酸处理

**57.** 写出由环己酮和3-溴丙醇合成化合物

（环己基上有$CH_2CH_2CH_2OH$和$OH$）的路线。（**提示：注意设计**

**58.** 切断叔丁基醚需要使用水溶液中的酸（第7章习题61，9-8节）。为什么强碱不能像打开氧杂环丙烷一样切断醚？

**59.** 用IUPAC命名法命名下列化合物。

（**a**）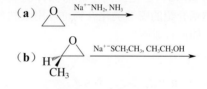　　（**b**）

（**c**）$CH_3O$（四氢呋喃环）$CH_2Cl$　（**d**）

（**e**）　　　　　　　（**f**）

**60.** 写出下列反应的主要产物。（**提示：张力大的氧杂环丁烷的反应性类似氧杂环丙烷。**）

（**a**）（氧杂环丙烷）——$Na^{+-}NH_2, NH_3$——→

（**b**）$H^{\cdots}$（氧杂环丙烷，$CH_3$）——$Na^{+-}SCH_2CH_3, CH_3CH_2OH$——→

（**c**）（氧杂环丁烷）——过量的浓 HBr——→

（**d**）（氧杂环丁烷，两个$CH_3$）——稀HCl在$CH_3OH$中——→

（**e**）（氧杂环丁烷，两个$CH_3$）——$Na^+OCH_3$在$CH_3OH$中——→

（**f**）（氧杂环丙烷，两个$CH_3$）——1. $LiAlD_4$, $(CH_3CH_2)_2O$　2. $H^+$, $H_2O$——→

（**g**）（氧杂环丙烷，两个$CH_3$）——1. $(CH_3)_2CHMgCl$, $(CH_3CH_2)_2O$　2. $H^+$, $H_2O$——→

（**h**）（氧杂环丙烷）——1. （环戊基）$Li$, $(CH_3CH_2)_2O$　2. $H^+$, $H_2O$——→

**61.** 对于第8章习题51中的每个醇，给出由氧杂环丙烷作为原料的合成路线（如果可能的话）。

**62.** 给出下列反应的主要预期产物。观察其立体化学（见下面的起始原料模型）。

（a） 稀 $H_2SO_4$ 在 $CH_3CH_2OH$ 中 →

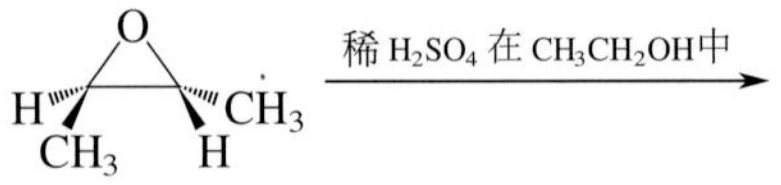

（b） 1. $LiAlD_4$, $(CH_3CH_2)_2O$ 　 2. $H^+$, $H_2O$ →

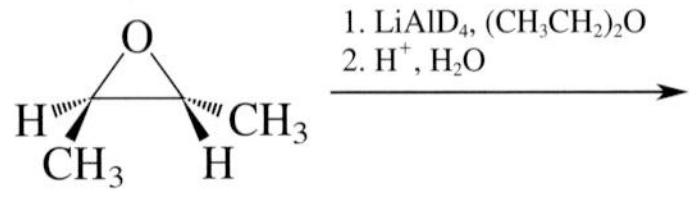

**63.** 正电子发射断层扫描（PET）是个非常强大的医学诊断成像技术。PET利用那些短寿命同位素衰变时辐射的正电子（反电子）。正反电子湮灭给出的伽马射线可以很容易被检测到。最常用的PET正电子源是氟-18，半衰期大约是两个小时。在生物分子中引入氟-18可以用来指示分子的输运位置。

　　PET探针的常用结构是1-氟（$^{18}F$）-2-烷基醇片段，如下面左边所示的结构，右边是个具体的例子，［$^{18}F$]FMISO，它是应用于肿瘤探针的放射追踪剂。本章介绍的哪一类化合物可以用来制备这类分子，如何合成呢？

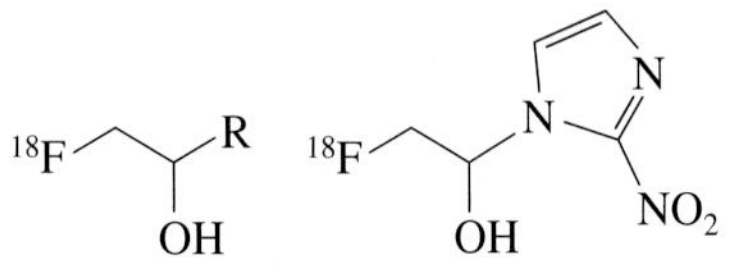

**［$^{18}F$]FMISO**

**64.** 用IUPAC命名法命名下列化合物。

（a） 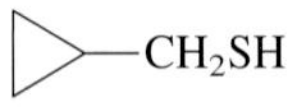 —$CH_2SH$

（b）

（c） $CH_3CH_2CH_2SO_3H$　（d） $CF_3SO_2Cl$

**65.** 自然界存在的2-（4-甲基-3-环己烯基）-2-丙硫醇（"葡萄柚硫醇"；9-11节）具有$R$构型，请画出它的结构。

**66.** 在下面每对化合物中，指出哪一个是更强的碱，哪一个是更强的酸。（a）$CH_3SH$，$CH_3OH$；（b）$HS^-$，$HO^-$；（c）$H_3S^+$，$H_2S$。

**67.** 给出下列反应的合理产物。

（a） $ClCH_2CH_2CH_2CH_2Cl$ →（1 e.q. $Na_2S$）

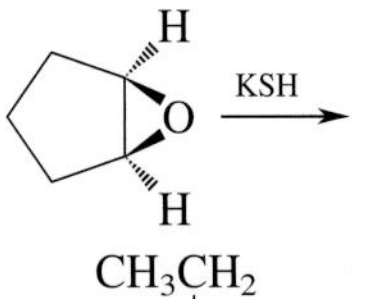

（b） 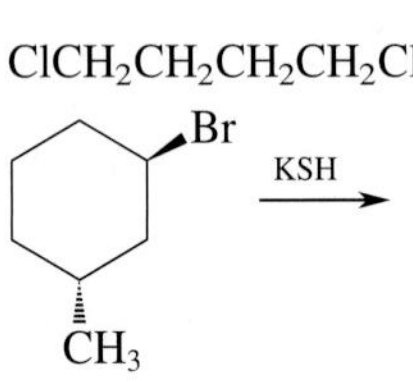 KSH →

（c） KSH →

（d） $CH_3SH$ →

（e） $I_2$ →

（f） 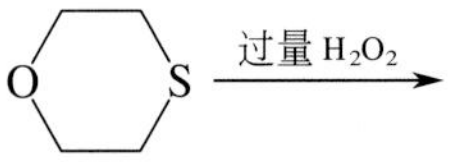 过量 $H_2O_2$ →

**68.** 从下图信息中写出A、B、C（包含立体化学）的结构（**提示**：A是链状的），产物属于哪类化合物？

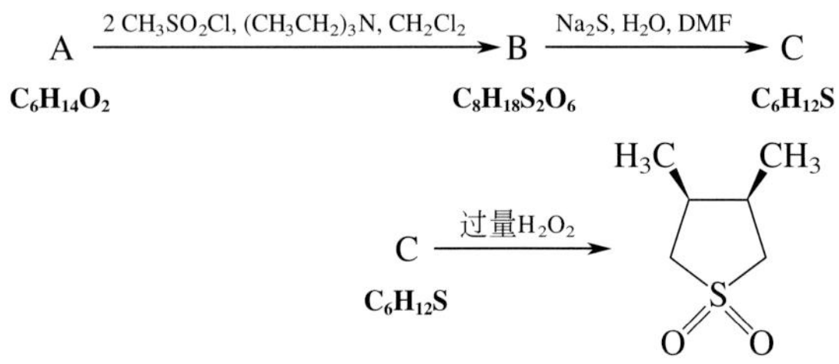

**69.** 利用下面的反应尝试合成（1-氯戊基）环丁烷，然而分离出的最终产物不是目标分子而是它的异构体。写出产物的结构以及生成机理。（**提示**：参考解题练习9-30。）

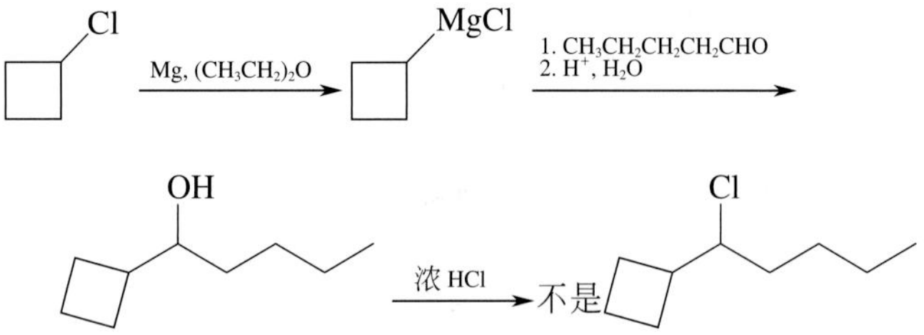

**70.** 为习题69中最后一步合成找一个更好的方法。

**71.** **挑战题**　在亲核取代反应立体化学的前期研究中，用对甲苯磺酰氯处理光学纯的（$R$）-1-氘代-1-戊醇形成相应的对甲苯磺酸酯，随后用氨水处理将它转化为1-氘代-1-戊胺。

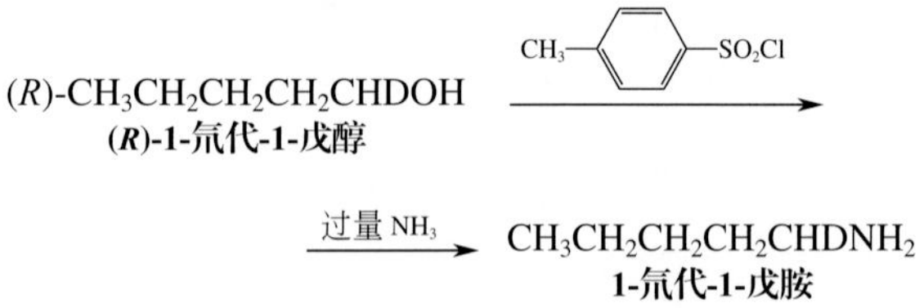

（**a**）写出中间体对甲苯磺酸酯和产物胺C-1位预期的立体化学。

（**b**）实际反应进行时，并没有得到预期的结果。最后得到的胺是70:30的（$S$）-与（$R$）-的混合物，写出机理。（**提示**：回忆醇与磺酰氯反应中生成的氯离子的亲核性。）

**72.** 下面反应的产物是什么（注意反应中心的立体化学）？这个反应在动力学上是几级的？

$$\underset{\substack{H \cdots \\ CH_3}}{\overset{O^-}{C}}CH_2CH_2\underset{\substack{\cdots H \\ D}}{\overset{Br}{C}} \xrightarrow{\ \ DMSO\ \ }$$

**73. 挑战题** 写出下列分子的合成方法，基于前几章（尤其是8-8节）介绍的合成策略设计合适的起始原料，波浪线的位置是建议的碳-碳键形成位置。

（**a**）CH$_3$CH$_2$CH┼CH$_2$CH$_2$SO$_3$H（环戊基）

（**b**）CH$_3$CH$_2$CH$_2$┼C┼CHO（带CH$_3$、CH$_3$、CH$_2$CH$_3$取代）

**74.** 从指定原料开始，给出下列化合物的有效合成路线。

（**a**）反-1-溴-2-甲基环戊烷，从顺-2-甲基环戊醇

（**b**）（结构，CN），从3-戊醇

（**c**）3-氯-3-甲基己烷，从3-甲基-2-己醇

（**d**）（1,4-硫氧杂环己烷结构，O和S），从2-溴乙醇（2 e.q.）

**75.** 比较下列由一级醇合成烯烃的方法，陈述优势与劣势。

$$RCH_2CH_2OH \xrightarrow{\ H_2SO_4,\,180\,^\circ C\ } RCH=CH_2$$
$$RCH_2CH_2OH \xrightarrow{\ PBr_3\ } RCH_2CH_2Br \xrightarrow{\ K^+\,{}^-OC(CH_3)_3\ } RCH=CH_2$$

**76.** 糖，作为多羟基分子（第24章），能够进行许多与醇相关的反应。在糖酵解（糖的新陈代谢）的最后几步，具有残留羟基的葡萄糖代谢物之一的2-磷酸甘油酸，被转化为2-磷酸烯醇式丙酮酸。这一反应在Mg$^{2+}$这样的Lewis酸存在下由烯醇化酶催化完成。（**a**）如何归类这个反应？（**b**）Lewis酸金属离子的作用是什么？

$$HOCH_2-\underset{OPO_3^{2-}}{CH}-COOH \xrightarrow{\ 烯醇化酶,\,Mg^{2+}\ } CH_2=\underset{CO_2H}{\overset{OPO_3^{2-}}{C}}$$

**2-磷酸甘油酸**　　　　**2-磷酸烯醇式丙酮酸**

**77.** 看上去很复杂的分子5-甲基四氢叶酸（缩写为5-甲基-FH$_4$）是从简单分子开始发生碳转化的一系列生物反应的产物，比如从甲酸和组氨酸组合中获取甲基。

**甲酸**（HCOOH 结构）　　**组氨酸**（结构）

甲酸 —四步→　组氨酸 —七步→

**5-甲基四氢叶酸（5-甲基-FH$_4$）**（结构，标有5位和CH$_3$）

合成5-甲基四氢叶酸最简单的方法是用四氢叶酸（FH$_4$）和三甲基硫鎓离子反应，土壤中微生物可进行这一反应。

**FH$_4$**（结构，CH$_2$NH—）　+　**三甲基硫鎓离子**（(CH$_3$)$_3$S$^+$结构）　→

**5-甲基-FH$_4$**（结构，CH$_2$NH—）　+　H$_3$C—S—CH$_3$ + H$^+$

（**a**）能认为这个反应是通过亲核取代机理进行的吗？写出机理，用推电子弯箭头表示。（**b**）确认反应中的亲核试剂、参与反应的亲电和亲核原子以及离去基团。（**c**）基于6-7节、6-8节、9-2节和9-9节中介绍的概念，（**b**）中所有基团的反应性是否合理？这是否有助于理解诸如H$_3$S$^+$类的物质是非常强的酸（例如：CH$_3$SH$_2^+$的p$K_a$值是-7）？

**78. 挑战题** 5-甲基-FH$_4$（习题77）在生物学上常作为小分子的甲基给体。典型的例子是由半胱氨酸合成甲硫氨酸。针对这一转化，回答与习题77同样的问题。FH$_4$中圈起来的氢的p$K_a$值为5。这一数值与你提出的机理是否相符？事实上，5-甲基-FH$_4$的甲基转移反应需要一个质子源。复习9-2节，特别是"一级醇和卤代氢通过S$_N$2反应制备卤代烷"这一小节的内容，建议一个在上述反应中质子参与的有效模式。

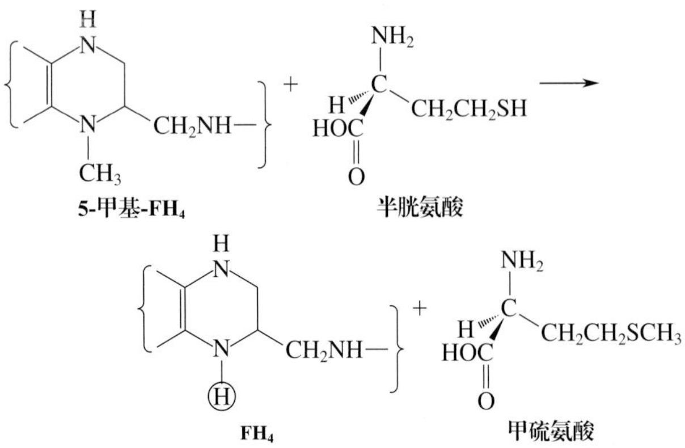

**5-甲基-FH₄**     **半胱氨酸**

**FH₄**     **甲硫氨酸**

**79.** 肾上腺素（第6章开篇），在你的身体里经历两步反应产生，完成了从甲硫氨酸转移甲基（习题78）到去甲肾上腺素的反应（参见反应1和反应2）。（**a**）分析这两个反应的驱动力，并解释ATP分子的作用。（**b**）你认为甲硫氨酸能与去甲肾上腺素直接反应吗？请解释。（**c**）写出实验室中从去甲肾上腺素合成肾上腺素的方法。

**反应1**

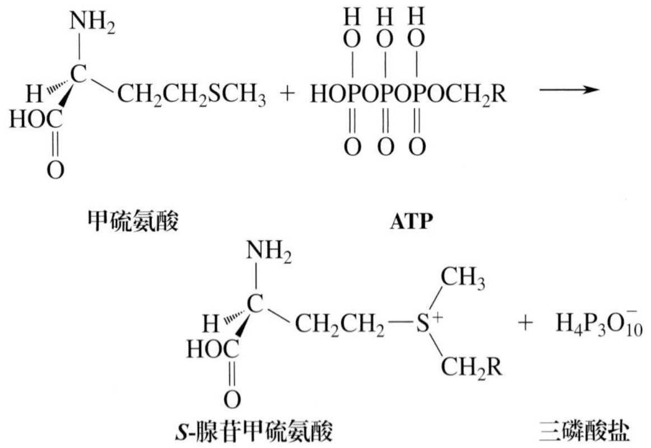

**甲硫氨酸**     **ATP**

**S-腺苷甲硫氨酸**     **三磷酸盐**

**反应2**

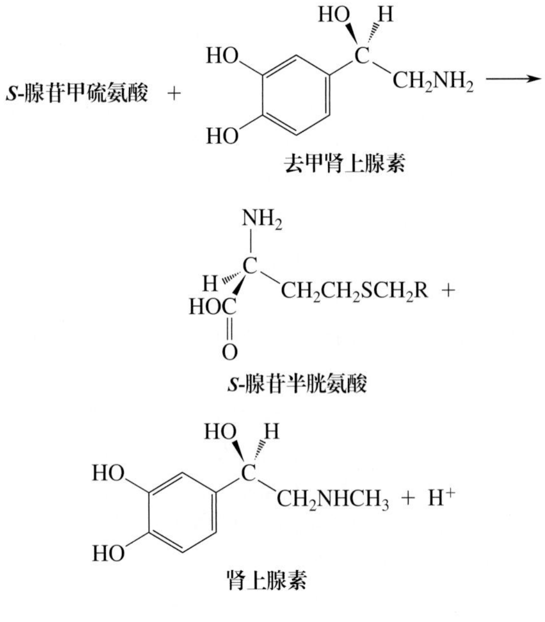

**S-腺苷甲硫氨酸** +

**去甲肾上腺素**

**S-腺苷半胱氨酸**

**肾上腺素**

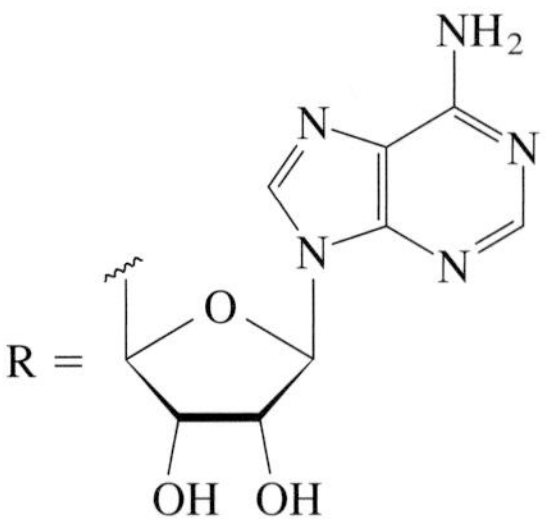

R =

**80.** （**a**）只有2-溴环己醇的反式异构体才能与氢氧化钠反应生成含有氧杂环丙烷结构的产物，解释顺式异构体没有反应活性的原因。（**提示**：画出两者在C-1—C-2附近的顺式和反式异构体的合适构象，与图4-12比较。有必要的话使用模型。）（**b**）合成含有氧杂环丙烷结构的甾族化合物可以从甾类的溴酮出发经过两步得到。给出完成下列反应的合适试剂。（**c**）你所设计的反应步骤中有哪一步需要特别的立体化学才能保障氧杂环丙烷结构的成功构建？

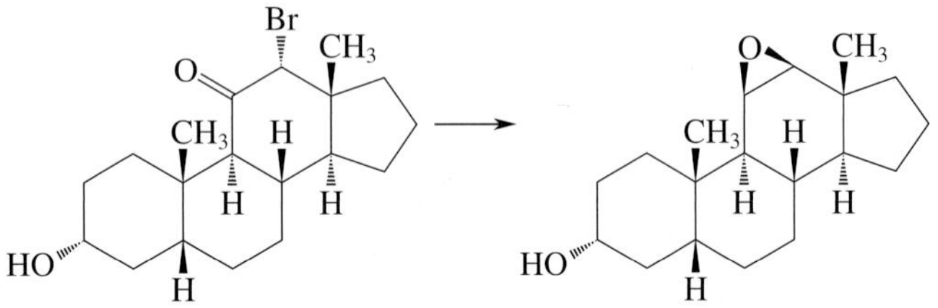

**81.** 新切的大蒜中含有大蒜素（下图），它是蒜味产生的原因。请给出由3-氯丙烯合成大蒜素的简短合成路线。

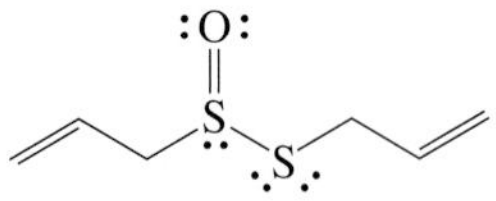

**大蒜素**
**（一种调味剂）**

## 团队练习

**82.** （4S）-2-溴-4-苯基环己醇有四个非对映异构体（下面的A～D）。作为一个团队，确定每个异构体的结构并画出其最稳定的椅式构象（参见表4-3，直立键的苯基与平伏键的苯基的ΔG⊖值为2.9kcal·mol⁻¹）。分成两组，考虑每个异构体与碱（⁻OH）反应的结果。

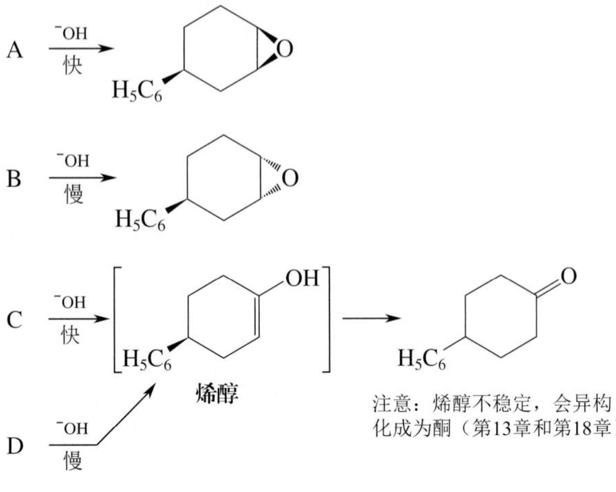

注意：烯醇不稳定，会异构化成酮（第13章和第18章）。

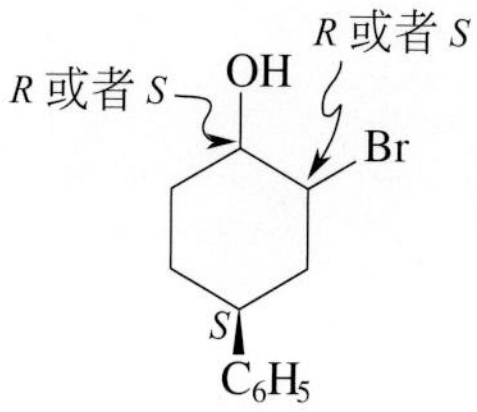

(4S)-2-溴-4-苯基环
己醇的非对映
异构体A～D

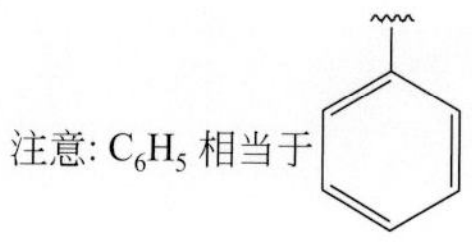

注意：$C_6H_5$ 相当于

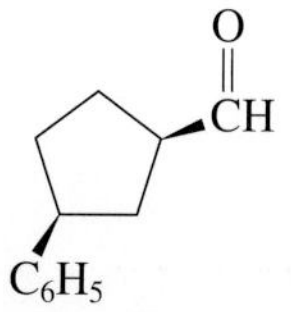

E

（a）用弯箭头表示（6-3节）碱进攻每一个环己烷
构象异构体的电子转移。重新集合，向你的团
队讲述你的机理，并证明A～D的结构归属。
找到A、B、C、D反应速率和反应路径差异的
原因。

（b）当化合物A～D在$Ag^+$存在下处于有利于溴化物
解离的环境中时（不溶性AgBr的形成会加速
反应），A、C、D会得到与碱性条件相同的产
物，按小组讨论机理。

（c）令人好奇的是，化合物B在（b）的条件下重
排成了醛E，讨论出一个可能的机理。（**提
示**：记住9-3节的一些规则，反应机理历经一
个羟基阳离子中间体。这个转化的驱动力是
什么？）

**83.** 按照IUPAC命名法， 最恰当的名
称是（　　）。

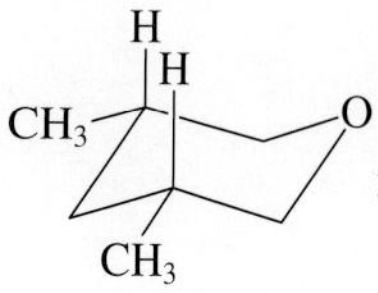

（a）3,5-二甲基环戊基醚

（b）3,5-二甲基氧杂环戊烷

（c）顺-3,5-二甲基氧杂环己烷

（d）反-3,5-二甲基氧杂环己烷

**84.** 1-丙醇在浓硫酸存在下脱水的详细机理的第一步是
（　　）。

（a）失去$HO^-$

（b）形成硫酸酯

（c）醇的质子化

（d）醇失去$H^+$

（e）醇脱水

**85.** 指出下列反应的亲核试剂：

$$RX + H_2O \longrightarrow ROH + H^+X^-$$

（a）$X^-$　（b）$H^+$　（c）$H_2O$　（d）$ROH$　（e）$RX$

**86.** 下面哪种方法能合成（$CH_3CH_2$）$_3COCH_3$？

（a）$CH_3Br + (CH_3CH_2)_3CO^-K^+$

（b）$(CH_3CH_2)_3COH + CH_3MgBr$

（c）$(CH_3CH_2)_3CMgBr + CH_3OH$

（d）$(CH_3CH_2)_3CBr + CH_3O^-K^+$

# 利用核磁共振波谱解析结构

### 学习目标

- 各种波谱的定义，特别是核磁共振波谱（NMR）

- 说明NMR峰的位置如何反映对应的原子核的电子环境

- 说明NMR信号的积分值如何反映分子中等价核的相对丰度

- 将信号的多重度与邻位非等价核的数量相关联

- 应用核磁共振氢谱和碳谱来解析有机分子的结构

一位研究人员准备将样品放入世界上最强大的核磁共振波谱仪之一的探头中。它的超导磁铁高近 15 英尺（1 英尺 =0.3048 米），重达 40 吨，并且产生超过 21T 的磁场——是地磁场的 400000 倍。[*Courtesy of the Department of Energy's Environmental Molecular Sciences Laboratory*]

# 我

们知道，研究有机化学的主要目的之一是了解分子的详细结构是如何影响分子的化学反应性能的——不论这些反应是发生在工业生产中、实验室合成中或是在人体的内部。但是怎样才能知道分子的详细结构呢？怎样才能鉴定新生成的产物或确定从反应混合物中分离得到的产物正是我们想要的东西呢？如果有一项技术能够确认一个分子中某些特定的原子核的存在，计算出相对数量，描述出电子环境等特征，并能告知它们与其他原子之间是如何连接的，岂不是很方便？

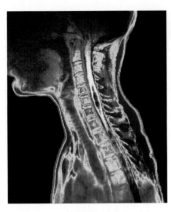

颈椎脊髓空洞症患者颈部的 MRI。该病症的特征是脊髓内存在充满液体的空腔。[*MEDICAL/ISM*]

核磁共振（NMR）波谱学就是这样的一门技术。该方法不仅能够鉴定有机分子的化学结构，而且能够应用于整个人体器官的成像研究，即磁共振成像技术（MRI）。正如 NMR 已成为有机化学家最得力的工具之一，MRI 已成为医疗诊断中最有效的应用手段之一。

我们首先简单回顾一下经典的物理测试和化学测量是如何帮助人们确定化合物结构的，然后将阐释波谱的工作机制，如何解析波谱，以及能从波谱仪器及技术的最新进展中获得什么信息。

## 10-1 ｜物理和化学测试

假设我们已经完成了一个反应并得到了一种未知化合物。为了研究它，我们必须首先用色谱法、蒸馏或重结晶等手段进行纯化，然后将其熔点、沸点以及其他物理性质与已知化合物的数据进行比较。即使得到的数据与文献（或合适的工具书）一致，也不能非常有把握地确定该分子的结构。况且很多在实验室里新合成的化合物没有已知数据可供参考，必须依靠某些方法来首次确定其结构。

元素分析可以揭示未知物的大致化学组成，而对化合物的化学测试则可以帮助我们鉴定它的官能团。例如，在 1-9 节中，根据物理性质的不同，可以区分出甲氧基甲烷（二甲醚）和乙醇。在 9-1 节中，还可以基于不同反应性来区分两种化合物，比如在钠的存在下，乙醇可以生成乙醇钠和氢气，而甲氧基甲烷是惰性的。

当分子较大时，问题就会变得更加困难。比如在一个反应中，生成物是分子式为 $C_7H_{16}O$ 的醇，那么该如何鉴别呢？与金属钠的反应只能表明该分子中有羟基存在，但不能给出该分子的确切结构。事实上，它的结构有多种可能性，下面仅列出其中三种。

### 分子式为 $C_7H_{16}O$ 的醇的三种可能的结构式

$$CH_3(CH_2)_5CH_2OH \qquad CH_3\underset{\underset{CH_3}{|}}{\overset{\overset{CH_3}{|}}{C}}CH_2CH_2CH_2OH \qquad CH_3\underset{\underset{CH_3}{|}}{\overset{\overset{CH_2CH_3}{|}}{C}}CH_2CH_2OH$$

### 练习 10-1

写出分子式为 $C_7H_{16}O$ 的其他二级醇和三级醇的结构。

为了进一步区分这些可能的结构，现代有机化学家采用另一种方法：波谱。

## 10-2 ｜波谱的定义

波谱（spectroscopy）是用来分析分子结构的一类技术，通常基于物质对电磁辐射的吸收不同。尽管波谱种类很多，但只有四种在有机化学中最常用：（1）核磁共振波谱（NMR）；（2）红外光谱（IR）；（3）紫外光谱（UV）；

（4）质谱（MS）（原理不同）。其中，**核磁共振波谱**（NMR spectroscopy）通过测定核（特别是氢原子核和碳原子核）邻近的结构可提供分子中各原子间相互连接最为详细的结构信息。

本章首先简单介绍波谱的概况，因为波谱和 NMR、IR 以及 UV 相关。然后讲述波谱仪的工作原理。最后将详细介绍核磁共振谱的原理及其应用。其他三种波谱的主要内容将分别在第 11 章和 14 章中介绍。

## 分子的特征激发

电磁辐射可以用波（或粒子，1-6 节）来描述。波可以用波长 $\lambda$（参见右图）或频率 $\nu$ 来表示。两者的关系可由下式来表示：

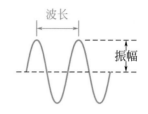

$$\nu = c/\lambda \text{ 或 } \lambda\nu = c$$

式中，$c$ 为辐射速度，即光速，$3\times10^{10}$cm·s$^{-1}$。频率的单位是周 / 秒（c/s）或者赫兹［Hz，为了纪念德国物理学家赫兹（R. H. Hertz）］。分子以不连续的"能量差"即**量子**（quanta）化的形式吸收电磁辐射，这是波谱学工作的基础。只有当外界辐射能量与化合物的能级差恰好相等时，才会发生吸收。如果辐射频率为 $\nu$，则能量差 $\Delta E = h\nu$（图 10-1）。

分子吸收能量后引起分子内电子或机械"运动"，这一过程称为**激发**（excitation）。这种运动也是量子化的，由于分子可有多种不同的激发方式，因此每一种运动需要特定的能量。例如，X 射线是一种高能辐射，能使电子由原子内层跃迁到外层，这一过程称为**电子跃迁**（electron transition），需要高于 300kcal·mol$^{-1}$ 的能量。相对而言，紫外辐射和可见光仅激发价层电子，通常是由成键分子轨道激发至未充满的反键轨道（图 1-12），需要的能量范围为 40～300kcal·mol$^{-1}$。我们通过颜色可以感知电磁辐射的可见部分。红外辐射引起化学键的振动激发（$\Delta E = 2\sim10$kcal·mol$^{-1}$），而微波辐射的能量能使键发生旋转（$\Delta E \approx 10^{-4}$kcal·mol$^{-1}$）。最后，无线电波能改变磁场中核磁矩的排列（$\Delta E \approx 10^{-6}$kcal·mol$^{-1}$）。在下一节我们将会学习这一现象是怎样成为核磁共振谱的工作基础的。

图 10-2 列出了不同形式的辐射、每种辐射的能量（$\Delta E$）以及对应的波长和频率。可以看到，频率也可以用波数来表示，定义为 $\tilde{\nu} = 1/\lambda$，即每厘米中波的数目，在红外光谱中经常用来测量能量。波长 $\lambda$（nm）用于紫外和可见光谱中。

在讨论各种波谱时，经常会用到图 10-2，现在应记住辐射能随着频率（$\nu$）或波数（$\tilde{\nu}$）的增加而增加，但与波长（$\lambda$）成反比（参见右图）。

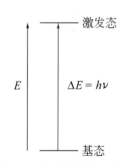

**图10-1** 分子在基态和激发态之间的能量差（$\Delta E$）可以由频率为 $\nu$ 的入射辐射恰好补偿（$\nu$，吸收辐射的频率；$h$，普朗克常数，$6.626\times10^{-34}$J·s）。

## 练习 10-2

要引发甲烷的自由基氯化反应，需要的最小辐射是哪一种（以波长 $\lambda$ 计）？［**提示**：链引发步需要断裂 Cl—Cl 键（3-4 节）。］

## 波谱仪记录辐射的吸收

如图 10-1 所示，分子对量子辐射的吸收导致由（正常的）基态到（一系列）激发态的跃迁，通过**波谱仪**（spectrometer）将这些吸收作图记录下来的过程称为波谱。

图 10-2　电磁辐射谱图。第一行是能量标度，单位是kcal·mol⁻¹，从右到左递增。下一行是对应的波数，$\tilde{\nu}$，单位是cm⁻¹。与之对应的辐射种类和主要的波谱形式及每种形式的跃迁列在中间。最后一行是波长标度（$\lambda$，纳米，1nm=10⁻⁹m；微米，1μm=10⁻⁶m；毫米，mm；米，m）。$\Delta E(\text{kcal}\cdot\text{mol}^{-1})=28600/\lambda$（nm）。

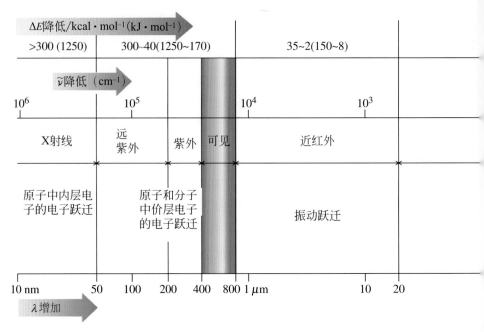

图 10-3 为波谱仪工作原理示意。它有一个具有特定辐射频率的电磁射频源（如可见、红外或无线电辐射等），使一定波长范围的辐射（NMR、IR、UV 等）通过样品。对于传统的连续波（CW）波谱仪，辐射频率不断变化，对应的强度由检测器检测并记录在坐标纸上。没有吸收时，辐射的扫描呈直线，称为**基线**（baseline）。一旦样品吸收电磁辐射，对应的强度变化会被检测器记录为一个**峰**（peak）或是与基线的偏差，得到的图形就是样品的**谱图**（spectrum）。

新一代的波谱仪采用一种不同的更为快速的记录技术，应用可以覆盖整个频率范围（NMR、IR、UV）的电磁辐射脉冲，能够立即获得整个谱图。不仅如此，不像过去传统的 CW 仪器只能记录简单吸收，现在还可以记录吸收辐射随时间的衰减过程，这需要**傅里叶变换**（Fourier Transformation，FT），一种以法国数学家约瑟夫·傅里叶（Joseph Fourier，1768—1830）名字命名的更为精密的计算机分析方法。除了快速的特点外，这种技术能对同一谱图进行多次叠加，使其具有更高的灵敏度，并使少量样品的测试成为可能，因而具有非常重要的意义。

## 小　结

波谱可以用来测量分子所吸收电磁辐射入射能量的量子数。波谱仪利用不同波长的电磁波来扫描被测定的样品，从而得到在特定能量处发生吸收的曲线：谱图。

图 10-3　波谱仪的示意图。电磁辐射通过样品并在一定频率被吸收，入射光束变成透射光束。这一变化被检测仪检测到，放大，通过与之相连的终端得出谱图。

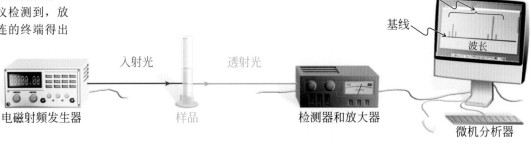

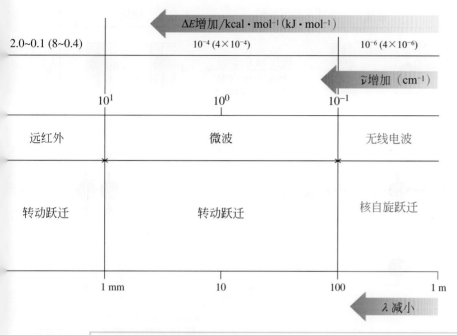

## 10-3　氢核磁共振

核磁共振吸收的是射频（RF）范围的低能辐射，这一节将讲述核磁共振的原理。

### 吸收无线电波激发核自旋

许多原子核都可认为是围绕它们自己的轴在旋转，称为**核自旋**（nuclear spin）。氢就是其中之一，记为 $^1H$（质量数为1的氢同位素）来与其他同位素 [氘（$^2H$）、氚（$^3H$）] 相区别。氢的最简单形式是质子。由于质子带正电，它的自旋能产生磁场（任何带电粒子的运动均能产生磁场），因此可以把质子看作是在溶液或空间自由漂浮的微小磁体（参见右图）。当质子处于一个强度为 $H_0$ 的外加磁场时，具有两种自旋取向：与外磁场顺向排列，处于低能态；与外磁场反向排列，是一种高能态的取向（与一般的条形磁体不同）。这两种取向分别称为 α、β **自旋态**（spin state）（图10-4）。

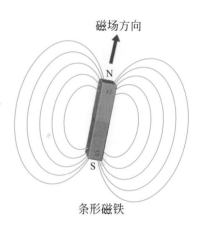

条形磁铁

自旋的质子
自旋的质子产生磁场

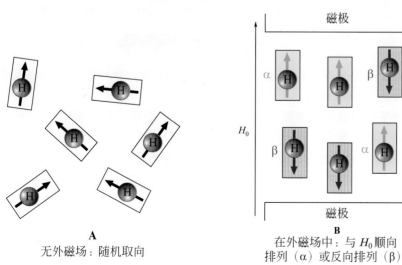

**A**
无外磁场：随机取向

**B**
在外磁场中：与 $H_0$ 顺向
排列（α）或反向排列（β）

图10-4　（A）单个质子（H）作为微小磁体，由核自旋产生的磁场方向用箭头表示。（B）在强度为 $H_0$ 的外加磁场中，质子核自旋与磁场方向相同（α），或者与磁场方向相反（β）。

**图 10-5** （A）当质子处于外加磁场中时，两种自旋态之间的能量差$\Delta E = h\nu$。（B）用频率为$\nu$的能量辐射产生吸收。质子由$\alpha$态"翻转"至$\beta$态（核磁共振）。（C）能级图。质子获得$\Delta E = h\nu$的能量，从$\alpha$态"翻转"至$\beta$态。注意，这两个质子是被大量的样品包围的，其中$\alpha$态稍过量于$\beta$态。吸收的结果是使这一比率接近1:1。

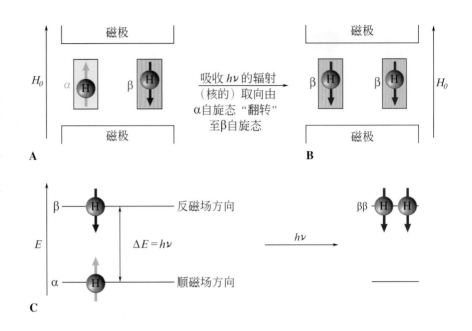

具有两种能量不同的自旋态是产生核磁共振波谱的必要条件。当对样品施加辐射时，若频率恰好为$\alpha$、$\beta$态的能级差，则发生**共振**（resonance），质子由$\alpha$态"翻转"至$\beta$态。图 10-5 展示了一对质子的共振现象。激发后，核以多种方式发生弛豫回到基态（这里不对弛豫方式进行讨论），所有能量均以热的形式释放。因此，共振是持续的激发与弛豫过程。

正如所预想的那样，增加磁场强度$H_0$会使$\alpha \rightarrow \beta$自旋"翻转"更加困难。实际上，两个自旋态之间的能量差$\Delta E$与$H_0$成正比。由于$\Delta E = h\nu$，因此共振频率也与磁场强度成正比。可以在商用波谱仪中看到这种关系，其中磁场强度以特斯拉[1]（T）为单位，而相应的氢共振频率以兆赫兹（MHz）为单位。

**磁场强度$H_0$与共振频率$\nu$成正比**

| | | $H_0$增大 ⟶ | | | | |
| --- | --- | --- | --- | --- | --- | --- |
| 磁场强度$H_0$/T: | 2.11 | 4.23 | 7.05 | 11.8 | 14.1 | 21.1 |
| 氢共振频率$\nu$/MHz: | 90 | 180 | 300 | 500 | 600 | 900 |
| | | ⟵ $\nu$增大 | | | | |

为了更好地理解这些磁场的大小，作为对比，地球表面的地磁场的最大强度约为 0.00007 T。

质子核自旋从$\alpha$态到$\beta$态的跃迁需要多少能量呢？由$\Delta E_{\beta-\alpha} = h\nu$计算得知，这个能量差非常小，300MHz 时$\Delta E_{\beta-\alpha}$仅为$3 \times 10^{-5}$kcal·mol$^{-1}$（$1.5 \times 10^{-4}$ kJ·mol$^{-1}$）。两种自旋态的转换很快，在磁场中通常只有略微过半的质子核处于$\alpha$态，其余的处于$\beta$态。在发生共振时，随着自旋从$\alpha$态翻转为$\beta$态，$\alpha$态与$\beta$态之间的数量差进一步减小，但$\alpha$态与$\beta$态之间的比例几乎变化不大。

---

[1] 尼古拉·特斯拉（Nikola Tesla，1856—1943），美国发明家（塞尔维亚裔）、物理学家、机械和电气学家，纽约。

**表10-1　部分核的NMR活性和天然丰度**

| 核 | NMR活性 | 天然丰度/% | 核 | NMR活性 | 天然丰度/% |
|---|---|---|---|---|---|
| $^1H$ | 活性 | 99.985 | $^{16}O$ | 无活性 | 99.759 |
| $^2H(D)$ | 活性 | 0.015 | $^{17}O$ | 活性 | 0.037 |
| $^3H(T)$ | 活性 | 0 | $^{18}O$ | 无活性 | 0.204 |
| $^{12}C$ | 无活性 | 98.89 | $^{19}F$ | 活性 | 100 |
| $^{13}C$ | 活性 | 1.11 | $^{31}P$ | 活性 | 100 |
| $^{14}N$ | 活性 | 99.63 | $^{35}Cl$ | 活性 | 75.53 |
| $^{15}N$ | 活性 | 0.37 | $^{37}Cl$ | 活性 | 24.47 |

缩写：D——氘；T——氚。

## 很多原子核能发生磁共振

不只氢能发生核磁共振。表10-1列出了一些有机化学中重要的有NMR信号的原子核，以及一些没有NMR活性的原子核。一般来说，质子数为奇数的核，如$^1H$（及其同位素）、$^{14}N$、$^{19}F$和$^{31}P$，或者中子数为奇数的核，如$^{13}C$，能够产生核磁共振。相反，当质子数和中子数都是偶数时，如$^{12}C$和$^{16}O$，则无核磁信号。

在相同的磁场条件下，不同的NMR活性核发生核磁共振的频率不同。例如，假定用7.05 T的磁场扫描氟氯甲烷（$CH_2FCl$），假设谱图中将会出现六个吸收峰，分别对应于样品中六个NMR活性核：高丰度的$^1H$、$^{19}F$、$^{35}Cl$和$^{37}Cl$，以及低丰度的$^{13}C$（1.11%）和$^2H$（0.015%），如图10-6所示。

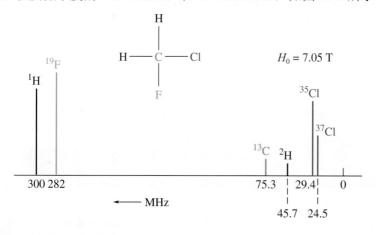

图10-6　$CH_2ClF$在7.05T的磁场中扫描所得假定NMR波谱。由于每个NMR活性核的特征共振频率不同，可以看到六条谱线。为了简化起见，这里谱线的高度相似，虽然$^{13}C$和$^2H$的天然丰度要比其他元素低得多。因为大多数的NMR波谱仪每次只能扫描一类核，如$^1H$，所以这样一张图谱不可能一次完成。

## 高分辨核磁共振谱可以区分同一元素不同的核

现在考虑一下甲氧基氯甲烷（$ClCH_2OCH_3$）的NMR谱图。在7.05T磁场条件下从0～300MHz的扫描给出了每个元素的吸收峰［图10-7（A）］。正如显微镜能放大宏观世界的细节一样，我们能够"窥探"这些信号中的任何一个，将其放大以获得更多信息，这种技术称为**高分辨核磁共振谱**（high-resolution NMR spectroscopy），可用于研究氢在300000000～300003000Hz的共振。发现该区域中形似单峰的一个峰实际由两个最初没有分开的峰组成［图10-7（B）］。类似地，$^{13}C$的高分辨核磁共振谱在75.3MHz附近也有两个峰［图

**图10-7** 高分辨NMR谱图能显示更多的峰。（A）在低分辨的7.05T磁场中，$ClCH_2OCH_3$的谱图有六个峰，对应分子中六个NMR活性同位素。（B）在高分辨的氢谱中有两个峰，表明存在两组氢（一类用蓝色标示，另一类用红色）。注意高分辨核磁共振仪的扫描范围仅为低分辨的0.001%。（C）$^{13}C$的高分辨谱图（10-9节）表明分子有两种不同的碳原子。

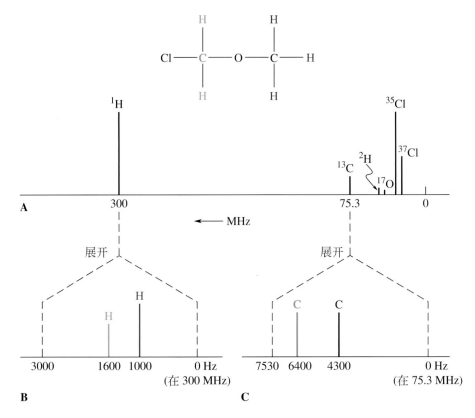

10-7（C）]。这些吸收表明分别存在两种不同类型的氢和碳。图 10-8 给出了 $ClCH_2OCH_3$ 的真实 $^1H$ NMR 谱图。因为高分辨 NMR 谱能区别不同化学环境中的氢原子或碳原子，所以它是解析结构的有力工具。在所有波谱技术中，有机化学家最常用的就是 NMR 谱。

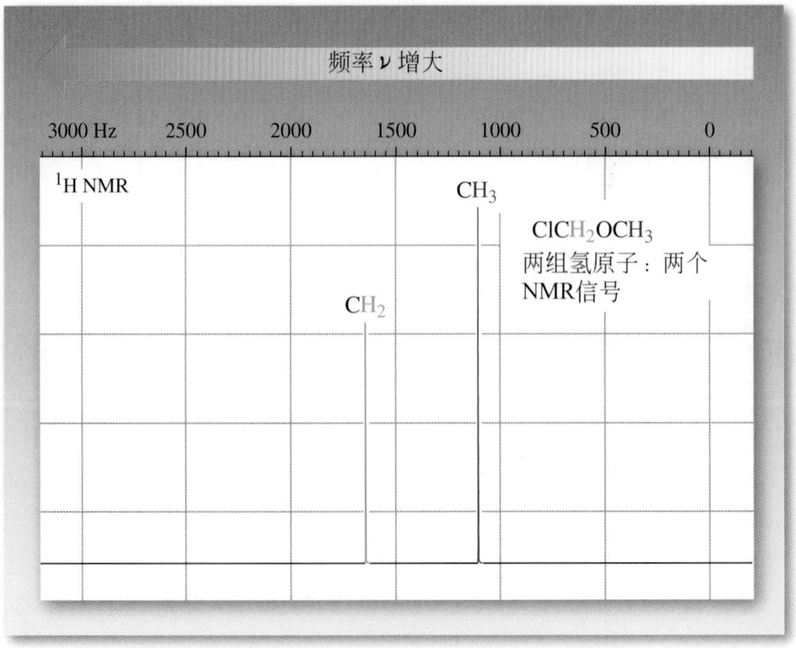

频率 $\nu$ 增大

3000 Hz    2500    2000    1500    1000    500    0

$^1H$ NMR

$CH_3$

$ClCH_2OCH_3$
两组氢原子：两个
NMR信号

$CH_2$

**图10-8** 甲氧基氯甲烷的 300MHz $^1H$ NMR谱图。因为需研究的频率范围从300MHz开始，为了简便起见，将该频率设置为记录纸右侧的0Hz。

**真实生活：波谱**  **记录一张NMR谱图**

为了获得 NMR 谱图，首先将待研究的样品（几毫克）溶解在 0.3～0.5mL 溶剂（最好不含在研究条件下能产生 NMR 信号的原子）中。常用溶剂为氘代的，包括：氘代氯仿（氘代三氯甲烷），$CDCl_3$；氘代丙酮，$CD_3COCD_3$；六氘代苯，$C_6D_6$；八氘代四氢呋喃（八氘代氧杂环戊烷），$C_4D_8O$。将氢用氘取代是为了消除氢谱中的溶剂峰，因为氘的共振频率与氢（$^1H$）完全不在

同一波谱区（图 10-6）。将样品溶液转移到核磁管（圆柱形玻璃管）中，并将核磁管放入超导磁场中（左图）。为了确保样品中所有分子在磁场中的位置能够快速平均化，射频（RF）线圈内部的空气喷头使核磁管快速旋转（参见示意图）。样品受射频脉冲照射，并由检测器记录其响应，波谱信号随时间的衰减通过计算机进行傅里叶变换，最后输出谱图。右图是一名学生在终端分析 NMR 数据。

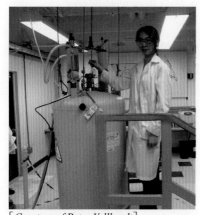

[*Courtesy of Peter Vollhardt*]

[*Courtesy of Peter Vollhardt*]

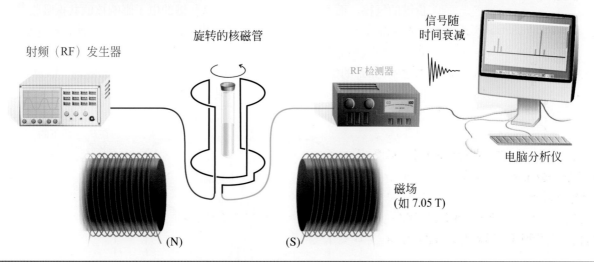

### 练习 10-3

（**a**）作为肽和蛋白质的组分，氨基酸已广泛应用 NMR 技术进行研究。用 NMR 可以观测到丙氨酸甲酯（右图）中多少个核？

（**b**）丙氨酸甲酯中能观测到多少个高分辨 $^1H$ NMR 信号？

丙氨酸甲酯

## 小　结

某些特定的核，如 $^1H$ 和 $^{13}C$ 可以看作微小的原子磁体，在外界磁场的作用下，采取与磁场顺向（α 态，低能态）或反向（β 态，高

能态）的排列。两种状态的能量不同，这是应用核磁共振谱的基础。发生核磁共振时，原子核吸收射频辐射实现α态到β态的跃迁（激发）。β态通过释放少量热量弛豫回到α态。共振频率取决于原子核及其所处的化学环境，并与外界磁场的强度成正比。

# 10-4 | 利用NMR分析分子结构：氢的化学位移

为什么甲氧基氯甲烷（$ClCH_2OCH_3$）中两个不同基团的氢产生不同的NMR峰？分子结构是怎样影响NMR信号出现的位置的？这一节我们将解答这些问题。

NMR信号的吸收位置，也称为**化学位移**（chemical shift），取决于氢原子周围的电子云密度，而电子云密度是由核所处的化学环境决定的。因此，分子中氢的化学位移是确定该分子结构的重要线索。同时，分子的结构也决定了它在NMR实验中如何起"作用"。

## NMR信号的位置取决于核的电子环境

图10-8所示的甲氧基氯甲烷的高分辨 $^1H$ NMR谱图中，两种氢产生两个不同的共振吸收。产生这一效应的原因是什么？这是因为氢核处于不同的电子环境中。自由的质子基本上不受电子干扰，但是有机分子中包含已形成共价键的氢核，而不是自由质子，所以这些键的电子影响核的共振吸收❶。

成键的氢被轨道包围着，轨道的电子云密度随键的极性、相连原子的杂化程度以及所带的给电子或吸电子基团的不同而不同。当被电子包围的核置入强度为 $H_0$ 的磁场中时，这些电子的运动产生小的**局部磁场**（local magnetic field），$h_{局部}$，方向与 $H_0$ 相反。结果，氢核周围总的磁场强度减弱，即核外

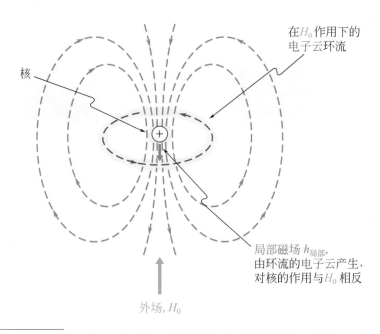

**图10-9** 外加磁场 $H_0$，使价电子围绕氢核产生循环电流，此循环电流形成与 $H_0$ 方向相反的局部磁场［楞次（Lenz）定律，以俄国物理学家海因里希·楞次（Heinrich Friedrich Emil Lenz，1804—1865）命名。注意电子运动的方向与相应的电流方向相反，电流方向定义为从阳极（+）到阴极（−）］。

在 $H_0$ 作用下的电子云环流

核

局部磁场 $h_{局部}$，由环流的电子云产生，对核的作用与 $H_0$ 相反

外场，$H_0$

---

❶ 在讨论 NMR 时，"质子"和"氢"二词通常可以互换（虽然不准确）。"质子 NMR"和"分子中的质子"即使对共价键中的氢也使用。

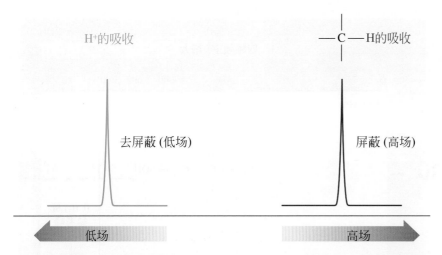

图中标注：

H⁺的吸收

—C—H的吸收

去屏蔽（低场）

屏蔽（高场）

低场　　高场

图 10-10　共价结合的氢的屏蔽效应。裸露的核H⁺，没有价电子，故无屏蔽。换句话说，核磁信号在谱图的左侧或低场。与碳相连的氢，被周围的价电子屏蔽，核磁信号移向右侧或高场。

电子对 $H_0$ 有**屏蔽**（shielding）作用（图10-9）。屏蔽程度取决于核周围的电子云密度。电子云密度增加，屏蔽作用增强；反之，产生**去屏蔽**（deshielding）。

　　屏蔽效应对 NMR 吸收的相对位置有何影响？就 NMR 谱图的展现方式而言，屏蔽作用使吸收峰移向右侧，去屏蔽作用则使之移向左侧（图 10-10）。不过，化学家们不使用左和右，而是沿用旧的（傅里叶变换之前的）术语。为了抵消屏蔽作用，增加外磁场强度 $H_0$，以得到共振（记住：$H_0$ 与 $\nu$ 成正比），NMR 信号移向**高场**（high field 或 upfield），即移向右侧；反之，去屏蔽作用使信号移向**低场**（low field），即移向左侧。

　　每个化学不等价的氢都有一个独特的电子环境，从而产生一个特征性的共振峰。反之，化学等价的氢都在同一位置出峰。化学等价氢是那些对称关联的氢，例如甲基（$CH_3$）的氢、正丁烷中亚甲基（$CH_2$）的氢或环烷烃中所有的氢（10-5 节）。

**¹H NMR：不同种类的氢产生不同的信号**

$$H_3C-O-CH_3 \qquad H_3C-\overset{\overset{\displaystyle CH_3}{|}}{\underset{\underset{\displaystyle CH_3}{|}}{C}}-O-CH_3 \qquad H_3C-O-CH_2-CH_3 \qquad H_3C-\overset{\overset{\displaystyle CH_3}{|}}{\underset{\underset{\displaystyle CH_3}{|}}{C}}-CH_2-OH$$

一种氢：一个信号　　两种氢：两个信号　　三种氢：三个信号　　三种氢：三个信号

　　在下一节中，我们将更详细地讲述化学等价性的判定规则，但对简单分子来说这种等价性是显而易见的。例如图 10-11 中的 2,2-二甲基-1-丙醇的 NMR 谱图有三个吸收峰：一个（受屏蔽作用最强）是叔丁基的九个等价的甲基氢，一个是—OH 的氢，第三个（受屏蔽作用最弱）是—$CH_2$ 的氢。

## 化学位移说明NMR峰的位置

　　如何表示谱图数据呢？如前所述，在 300MHz ¹H NMR 谱图中，大多数氢的吸收在 3000Hz 范围内。我们并不记录每一个确切的共振频率，而是设置一个内标，测定其与内标的相对频率。选定的内标为四甲基硅，$(CH_3)_4Si$，它的 12 个氢是等价的，且相对于绝大多数有机分子而言，它们是受屏蔽的，从而远离通常的波谱区域。待测化合物的 NMR 吸收可以根据吸收峰的位置与内标的相对位置（单位为 Hz）来确定。例如，2,2-二甲基-1-丙醇（图 10-11）的吸收位置可以表示为位于自 $(CH_3)_4Si$ 向低场方向的 266Hz、541Hz 和 978Hz。

**图 10-11**　2,2-二甲基-1-丙醇在氘代氯仿（CDCl$_3$）中的300 MHz $^1$H NMR谱图（含有少量四甲基硅作为内标）。三个峰对应三种不同类型的氢。（横坐标是化学位移$\delta$，将在下一小节中提到。）

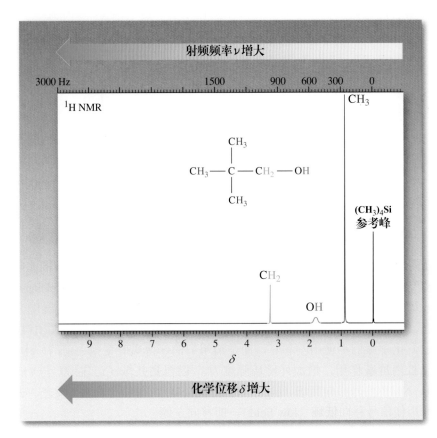

这种方法带来的问题是这些数值随着外加磁场强度的变化而变化。由于场强和共振频率是成正比的，磁场强度增加2倍或3倍，吸收峰相对于内标的位置距离（Hz）也相应增加。为了便于与文献报道的谱图比较，我们通过将吸收峰与（CH$_3$）$_4$Si的距离（Hz）除以波谱仪的频率（MHz）来标准化测量的频率。这样便得到了独立于磁场强度的相对值——**化学位移（chemical shift）**$\delta$。

**化学位移**

$$\delta = \frac{\text{谱图中吸收峰与（CH}_3\text{）}_4\text{Si的距离（Hz）}}{\text{波谱仪的频率（MHz）}} \times 10^6$$

将（CH$_3$）$_4$Si的化学位移定义为0.00。2,2-二甲基-1-丙醇（图 10-11）的NMR可表示为：$^1$H NMR（300MHz，CDCl$_3$）$\delta$=0.89，1.80，3.26。

### 练习 10-4

用90MHz NMR波谱仪测定时，2,2-二甲基-1-丙醇的三个吸收峰分别位于自（CH$_3$）$_4$Si向低场方向的80Hz、162Hz和293Hz。请计算$\delta$值，并与300 MHz NMR波谱仪得到的数值相比较。

### 官能团引起的特征化学位移

NMR之所以成为非常有用的分析工具，是因为它能确定分子中特定类型的氢。基于化学环境的不同，每一种氢都有特征的化学位移。表 10-2 列出了标准有机结构单元的特征氢的化学位移。熟悉这些结构类型的化学位

**表10-2　氢在有机分子中的特征化学位移**

| 氢类型 [*] | 化学位移 δ | |
|---|---|---|
| 一级烷基，$RCH_3$ | 0.8～1.0 | |
| 二级烷基，$RCH_2R'$ | 1.2～1.4 | 烷烃和类烷烃的氢 |
| 三级烷基，$R_3CH$ | 1.4～1.7 | |
| 烯丙基（邻近双键），$R_2C{=}C\overset{CH_3}{\underset{R'}{}}$ | 1.6～1.9 | |
| 苯基（邻近苯环），$ArCH_2R$ | 2.2～2.5 | 邻近不饱和官能团的氢 |
| 酮，$RCCH_3$（$\overset{\|}{O}$） | 2.1～2.6 | |
| 炔烃，$RC{\equiv}CH$ | 1.7～3.1 | |
| 氯代烷，$RCH_2Cl$ | 3.6～3.8 | |
| 溴代烷，$RCH_2Br$ | 3.4～3.6 | |
| 碘代烷，$RCH_2I$ | 3.1～3.3 | 邻近电负性原子的氢 |
| 醚，$RCH_2OR'$ | 3.3～3.9 | |
| 醇，$RCH_2OH$ | 3.3～4.0 | |
| 末端烯烃，$R_2C{=}CH_2$ | 4.6～5.0 | 烯烃的氢 |
| 内烯烃，$R_2C{=}CH$（$R'$） | 5.2～5.7 | |
| 芳基，$ArH$ | 6.0～9.5 | |
| 醛，$RCH$（$\overset{\|}{O}$） | 9.5～9.9 | |
| 醇羟基，$ROH$ | 0.5～5.0 | （可变的） |
| 硫醇，$RSH$ | 0.5～5.0 | （可变的） |
| 胺，$RNH_2$ | 0.5～5.0 | （可变的） |

[*] R,R′代表烷基；Ar代表芳基（不是氢）。

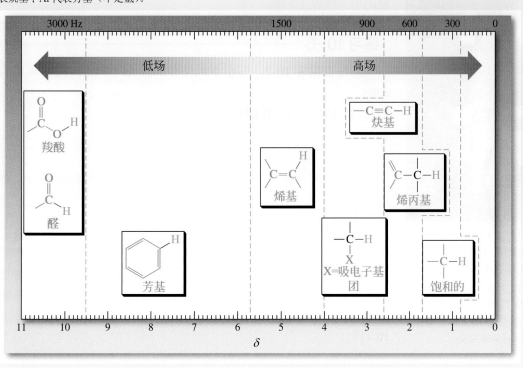

**表10-3　电负性原子的去屏蔽效应**

| $CH_3X$ | X 的电负性（来自表 1-2） | 甲基的化学位移 δ |
|---|---|---|
| $CH_3F$ | 4.0 | 4.26 |
| $CH_3OH$ | 3.4 | 3.40 |
| $CH_3Cl$ | 3.2 | 3.05 |
| $CH_3Br$ | 3.0 | 2.68 |
| $CH_3I$ | 2.7 | 2.16 |
| $CH_3H$ | 2.2 | 0.23 |

电负性增强 → 化学位移增大 →

移值是非常重要的，包括烷烃、卤代烷、醚、醇、醛和酮。其他类型的氢的吸收将在后面的章节中详细讨论。

　　注意烷基氢的吸收在相对高场（δ=0.8～1.7）。靠近吸电子基团或原子的氢（如卤素或氧）移向低场，因为这些取代基对相邻基团具有去屏蔽效应。表 10-3 给出了邻近杂原子对甲基氢的化学位移的影响。原子的电负性越强，对甲基氢的去屏蔽作用相对于甲烷也越强。多个吸电子取代基具有累积效应，如左图氯代甲烷系列所示。吸电子基团的去屏蔽作用随距离的增加迅速降低，这种"递减"在 1-溴丙烷的静电势图中可以看出（右图）。与溴相连的碳是缺电子的（蓝色），沿着丙基碳链颜色开始变绿，接着是橙黄色，这表明沿着丙基碳链电子云密度增加。

**氯代甲烷的累积去屏蔽效应**

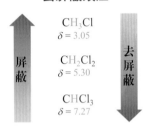

屏蔽 ← | 去屏蔽 →

$CH_3Cl$　δ = 3.05
$CH_2Cl_2$　δ = 5.30
$CHCl_3$　δ = 7.27

1-溴丙烷

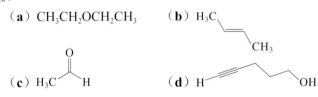

### 练习 10-5

解释甲氧基氯甲烷的 $^1H$ NMR 信号（图 10-8）。（**提示**：考虑每种氢邻近的电负性原子的数量。）

### 练习 10-6

通过查阅表 10-2，写出下列化合物的 $^1H$ NMR 谱图中预期的化学位移 δ 值。

**（a）** $CH_3CH_2OCH_2CH_3$　　**（b）** $H_3C$ —CH=CH— $CH_3$

**（c）** $H_3C$—CHO　　**（d）** HC≡C—$CH_2CH_2CH_2$—OH

NMR 可用于检测未开封陈酒中的醋酸杂质。图中，来自加利福尼亚大学戴维斯分校的 April Weekly 博士和 Matthew Augustine 教授正准备测定一瓶 1959 年的波尔多红酒的 NMR 谱图。[*Courtesy of Neil Schore*]

表 10-2 中，羟基、巯基、氨基氢的吸收频率很宽。在含有上述基团的图谱中，与杂原子相连的氢的吸收峰相对较宽。这种化学位移的可变性是由氢键和质子交换引起的，同时与温度、样品浓度以及水（潮气）的存在有关。简单说来，不同程度的氢键的形成改变了氢核的电子环境。如果谱图中出现了宽峰，通常表示有—OH、—SH 或—$NH_2$（—NHR）基团的存在（图 10-11）。

**图 10-12**　分子对称性判断：甲基的旋转。

---

## 小 结

有机分子中不同的氢原子可以由其特征 NMR 吸收峰所处的化学位移 $\delta$ 来确定。缺电子环境具有去屏蔽作用，使吸收峰移向低场（$\delta$ 高）；而富电子环境的屏蔽作用使吸收峰移向高场。化学位移用实测的共振频率与内标（$CH_3)_4Si$ 的差值（Hz）与波谱仪频率（MHz）相除而得。醇的—OH、硫醇的—SH、胺的—$NH_2$（NHR）在 NMR 谱图上呈现出宽的特征吸收峰，其 $\delta$ 值与浓度和湿度有关。

---

# 10-5 | 化学等价性的判定

在前面提到的 NMR 谱中，化学位置等价的两个或多个氢只给出一个 NMR 吸收峰。一般说来，化学等价的氢有相同的化学位移。但是，化学等价核的判定并不总是那么容易的。我们将借助第 5 章中提到过的对称操作来帮助判断特定化合物的预期 NMR 谱图。

### 分子对称性帮助建立化学等价性

要建立化学等价性，首先要了解分子及其取代基的对称性。已知镜面对称是对称的一种形式（5-1 节图 5-4），另一种是旋转等价性。如图 10-12 所示，连续两次 120° 的旋转后，甲基上的每个氢占据了其他两个氢的位置，但没有改变其化学结构。因此，在快速旋转的甲基中，所有的氢是等价的，因此具有相同的化学位移。事实也确是如此。

运用旋转或镜面对称可以确定其他化合物的等价核（图 10-13）。

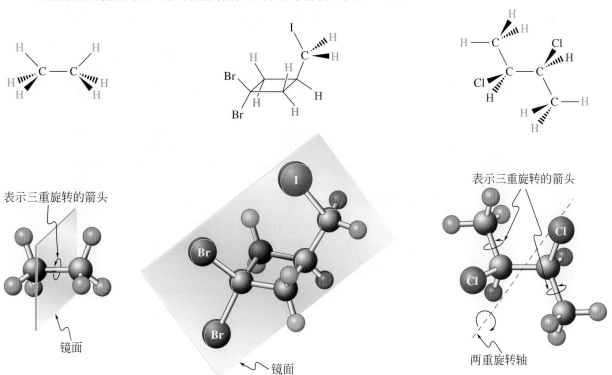

**图 10-13**　有机分子中的旋转对称性和镜面对称性能够判定分子中化学位移相同的氢。不同颜色代表产生不同吸收的核，具有不同的化学位移。

## 解题练习10-7

**运用概念解题：如何判定化学等价氢**

你认为 $CH_3OCH_2CH_2OCH_2CH_2OCH_3$ 中有多少组 $^1H$ NMR 吸收峰？

**策略：**

解决这类问题的最佳方法是详细地制作模型或书写结构，并指出所有氢的位置。

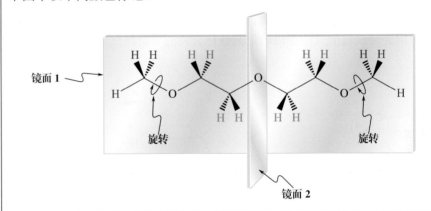

然后需要确定任何能产生化学等价氢原子组的镜面或旋转轴。

**解答：**

• 垂直镜面1，它与分子平面重合，并使所有楔形线表示的氢与同碳的虚线表示的氢等价。

• 接下来，我们可以找到镜面2，它垂直于分子平面并通过中心氧，并使分子的左半部分与右半部分等价。

• 最后，甲基的旋转使得甲基上的氢原子等价。

• 不存在能将一个亚甲基变为与之相邻的亚甲基的对称操作，同时甲基与亚甲基明显不等价。

因此，我们预测可以得到三组质子共振信号，对应的三种氢原子在下图中以不同颜色标记。

镜面1 ⟶   旋转   旋转   镜面2

## 10-8 自试解题

以下化合物各有多少组 $^1H$ NMR 吸收峰？

（**a**）2,2,3,3-四甲基丁烷；（**b**）环氧乙烷；（**c**）2,2-二溴丁烷；（**d**）顺-1,2-二甲基环丁烷；（**e**）2-甲硫基乙醇。

### 构象互换在NMR时间尺度上能形成等价的氢

仔细研究氯乙烷和环己烷这两个例子。氯乙烷应该有两组吸收峰，因为它有两组等价氢；环己烷有 12 个化学等价氢，应该只有一个吸收峰。但是这些预测合理吗？我们考虑这两个分子可能的构象（图 10-14）。

**图 10-14** （A）氯乙烷的 Newman 投影式。在最初的构象式中，$H_{b_1}$ 和 $H_{b_2}$ 与氯原子邻位交叉，而 $H_{b_3}$ 与氯反式交叉，因此两者的化学环境不同。但是，快速转动使每种氢原子通过各个位置，因此所有甲基氢在 NMR 时间尺度上平均化。（B）任何给定的环己烷的构象中，直立键与平伏键的氢不同。但是在 NMR 时间尺度内构象翻转非常快速，因此仅得到平均信号。在这里颜色用来区别不同的化学环境以及由此产生的特定的化学位移。

　　首先来看氯乙烷。它的最稳定构象是交叉构象，一个甲基氢（参见图 10-14 中第一个 Newman 投影式中的 $H_{b_3}$）与氯原子处于反式交叉位置。由此可推测这个氢的化学位移会与两个邻位交叉的氢（$H_{b_1}$ 和 $H_{b_2}$）不同。实际上，甲基的快速转动使 $H_b$ 的信号平均化，致使 NMR 波谱仪无法分辨这两种氢的区别。这种转动称为"NMR 时间尺度的快速转动"。结果是使 $H_b$ 的化学位移表现为两个吸收信号的平均值 $\delta$。

　　理论上，可以通过冷却样品来减缓氯乙烷的旋转。实际上，"冻结"旋转很难做到，因为旋转的活化能垒仅有几千焦每摩尔，冷却温度需达到 $-180℃$。此时多数溶剂已经凝固，普通的 NMR 波谱仪无法测量。

　　环己烷的情形与氯乙烷类似。快速的构象异构化使直立键与平伏键的氢在 NMR 时间尺度内处于平衡 [图 10-14（B）]。因此，室温下环己烷 NMR 谱图上只有 $\delta = 1.36$ 处的一个尖峰。但与氯乙烷不同的是，在 $-90℃$ 时这个过程就慢到可以观察到两个吸收峰：6 个直立键的氢 $\delta=1.12$；另外 6 个平伏键的氢 $\delta=1.60$。环己烷的构象异构化能够在这个温度下，在 NMR 时间尺度内冻结，这是因为环状化合物的旋转能垒 [$E_a = 10.8\,\text{kcal·mol}^{-1}$（$45.2\,\text{kJ·mol}^{-1}$）；4-3 节] 比氯乙烷的旋转能垒要高得多。

　　通常，分子在平衡态下的存在寿命必须在秒级才能被 NMR 波谱仪分辨。如果存在寿命少于这个时间，得到的是平均化的谱图。这种温度依赖的 NMR 波谱被有机化学家用来测量化学过程的速率和活化参数（2-1 节）。作一个简单的类比：可以将 NMR 时间尺度的现象与视觉联系起来。如果把眼睛看作"波谱仪"，只有当物体低于一定速度运动时才能"分辨"它们。试着在你自己面前来回移动一只手：在每秒一次的速度时，视力是敏锐的；在每秒五次的速度时，手将以平均模糊的方式显现（参见右图）。

$$CH_3CH_2Cl$$
$$\quad b \quad a$$

电风扇旋转得很快，看起来开始模糊。

## 练习 10-9

　　溴代环己烷的 $^1$H NMR 谱图中有多少种信号？（**注意**：即使考虑快速的环翻转，与溴原子成顺式的氢原子会与成反式的氢等价吗？请建立一个模型。）

## 解题练习 10-10

**运用概念解题：两种立体异构体的 $^1$H NMR 谱图**

顺-和反-1,2-二氯环丁烷的 $^1$H NMR 谱图中各有多少种信号？

**策略：**

在解决立体化学问题时，建立分子模型总是有用的。用楔形线表示两个分子的立体化学，随后寻找对称元素：镜面和旋转轴。

**解答：**

• 观察顺式异构体，你会发现该分子具有一个平分 C-1—C-2 和 C-3—C-4 化学键的镜面，分子的左半部分（下图左边的结构）与右半部分互为镜像，使该分子成为一个内消旋异构体（5-6 节），同时使对应的氢原子对化学等价。注意：与氯原子处于顺式的绿色氢原子不能等价于处于反式的蓝色氢（练习 10-9）。因此，预测该异构体的 $^1$H NMR 谱图有三种信号。

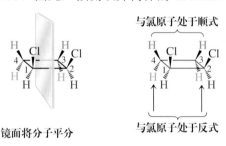

顺-1,2-二氯环丁烷

• 反式异构体没有镜面，故具有手性（5-6 节），但有一个旋转轴。这一对称性质也将该分子分为三对等价氢原子（以颜色标记），但是在 C-3 和 C-4 上的分配与顺式异构体不同：颜色相同的氢互相处于反式位置。绿色的氢很特殊，因为与相距较近的氯原子处于顺式，而与相距较远的氯处于反式；相反地，蓝色的氢与较近的氯处于反式而与较远的氯处于顺式。因此，该化合物也会给出三种信号，但化学位移与顺式异构体不同。此外，它的镜像具有完全相同的 NMR 性质。

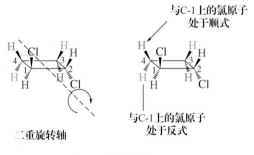

反-1,2-二氯环丁烷

### 10-11 自试解题

回顾 5-5 节：在 2-溴-3-氯丁烷的两种非对映异构体的 $^1$H NMR 谱图中，各有多少种信号？（**注意**：这些分子有对称性吗？）

**真实生活：** 医药　　医学中的核磁共振成像（MRI）

20 世纪 60 年代后期，在 NMR 引入有机化学后不久，物理学家和化学家就在想 NMR 技术能否应用于医疗诊断。如果谱图可以看作分子的一种影像，那么，它为什么不能使人体（或动物）器官成像呢？20 世纪 70 年代早期至 80 年代中期，人们找到了答案，但不是基于化学位移、积分、自旋-自旋裂分等普通的信息，而是基于另一现象：质子弛豫时间。发生 α → β 自旋翻转的氢"弛豫"回到 α 态的速率不是常数，而是随环境而变化的。弛豫时间的范围从几毫秒到几秒，并且会影响核磁信号的形状。在体内，与生物分子表面相连的水分子的氢的弛豫比正常的水快。此外，由于组织结构的性质不同，水的核磁信号也略有不同。例如，某些肿瘤细胞中水的弛豫时间比正常细胞要短。这些差别可以用来给人体内部成像，即核磁共振成像（MRI）。进行 MRI 时，患者的身体处于大型电磁铁的磁极中，收集 NMR 氢谱，经电脑处理给出一系列信号强度的截面图。这些截面图经过组合得到器官组织质子密度的三维图像。

由于大多数的信号与水有关，因此任何异于正常水密度的改变都可以被探测并用于诊断。过去十年来技术的改进将分析时间由几分钟缩短为几秒钟，可以直接观察身体的每个部位并即时监测其环境的变化。现在，血流、肾脏分泌、内分泌失调、血管状况、胰腺异常、心脏功能及其他重要的医学现象均已可视化。2003 年诺贝尔生理学或医学奖被授予 MRI 技术的发现 [1]。MRI 还可以检测 CAT（computerized axial tomography [2]）和普通 X 射线扫描不能发现的异常情况。与其他的成像方法不同，MRI 是非侵害性的，既不需要离子辐射，也不需要注射用于显像的放射性物质。

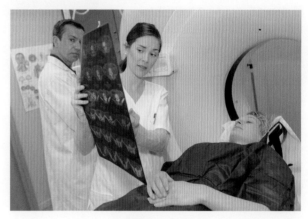

MRI大脑检测

[1] 保罗·C. 劳特布尔（Paul C. Lauterbur）教授（1929—2007），伊利诺伊大学厄巴纳 - 香槟分校，伊利诺伊；彼得·曼斯菲尔德（Peter Mansfield）教授（1933—），诺丁汉大学，英国。

[2] tomography：X 射线断层摄影术，是一种拍摄物体某一特定平面的技术。

## 小　结

分子的对称性质，特别是镜面和旋转轴，能帮助我们判断有机分子中氢原子的等价性或不等价性。室温下，在 NMR 时间尺度内发生快速构象变化的结构仅显示平均吸收。某些条件下，这一过程可以在低温下被"冻结"，从而观察到不同的吸收。

# 10-6 ｜ NMR信号的积分

前面学习的只是 NMR 吸收峰的位置，这一节我们将会学习 NMR 的另一有用特征，即能测量信号的相对积分强度，这与引起该吸收的核的相对数目成正比。

## 积分表示某一NMR峰所对应氢的相对数目

分子中某种氢的数目越多，NMR 的吸收越强。通过计量峰的面积（积分面积），并与其他信号的峰面积相比较，能得到氢的比例。例如，在 2,2-二甲基-1-丙醇的谱图中［图 10-15（A）］，三个信号的面积比为 9∶2∶1。

这些数值是由计算机得到的，并以**积分**（integration）的形式标在峰的一侧。在这种积分方式中，记录笔从吸收峰开始，向上垂直移动的距离正比于峰的面积，然后平行移动直到下一个峰出现。可以用标尺测量平行线在每个峰处被移动的距离，这些移动峰的相对大小即为所得信号的各种氢的数目比。图 10-15 给出了 2,2-二甲基-1-丙醇和 1,2-二甲氧基乙烷的 $^1$H NMR 谱，包括积分图。

**图 10-15**　（A）2,2-二甲基-1-丙醇和（B）1,2-二甲氧基乙烷的 300MHz $^1$H NMR 谱图［在含 $(CH_3)_4Si$ 的 $CDCl_3$ 中］。（A）中，标尺测量的积分面积为 5∶2.5∶22。归一化后得到峰的比例为 2∶1∶9。**注意**：积分给出的只是氢的比值，不是样品中氢数的绝对值。因此在（B）中，积分比为 3∶2，化合物实际氢数比是 6∶4。

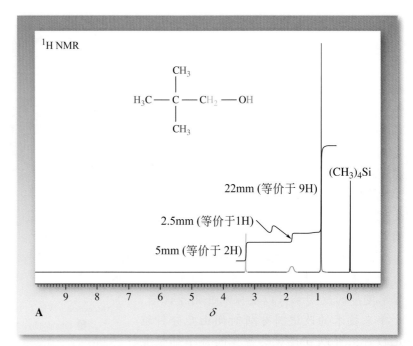

**NMR积分比为3∶2的其他分子**

$CH_3OCH_2Cl$

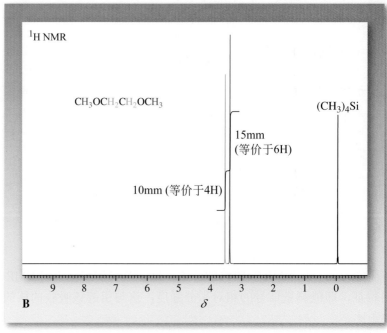

如果分子有多种类型的氢，或者样品不纯，或者是混合物，谱图非常复杂时，使用积分图就非常有用。通常计算机会自动给出积分值，因此得到的谱图中相应吸收信号上方会给出积分值。

## 用化学位移和峰的积分确定分子结构

1-氯丙烷单氯化后得到三种产物，都有相同的分子式 $C_3H_6Cl_2$，且物理性质（如沸点）相似。

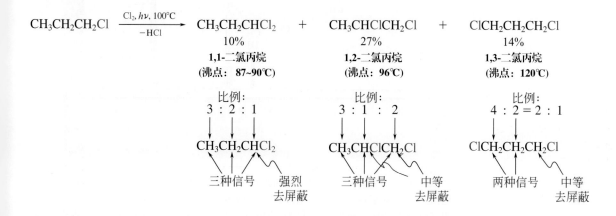

NMR 谱图能清楚区分这三种异构体。1,1-二氯丙烷含有三种非等价的氢，产生的核磁信号比为 3:2:1。由于两个氯原子的累积去屏蔽效应，单氢的吸收在相对低场（$\delta = 5.93$），其他吸收在相对高场（$\delta=1.01$ 和 2.34）。

1,2-二氯丙烷也含有三种吸收信号，分别对应于—$CH_3$、—$CH_2$ 和—CH 基团（真实生活 10-3）。但是，它们的化学位移与 1,1-二氯丙烷不同。后两个基团都有氯原子，吸收发生在低场（—$CH_2$，$\delta=3.68$；—CH，$\delta=4.17$）。只有一个吸收信号——积分为三个氢的—$CH_3$ 基团，在相对高场（$\delta=1.70$）。

最后，1,3-二氯丙烷仅有两个吸收峰（$\delta=3.71$ 和 2.25），比例为 2:1，明显不同于其他两个异构体。通过 NMR 谱图，三种产物很容易被区分开。

### 练习 10-12

氯代环丙烷的氯代反应得到三种分子式为 $C_3H_4Cl_2$ 的化合物。写出它们的结构，并说明如何用 ¹H NMR 谱图进行区分。（**提示：**寻找对称性，利用氯的去屏蔽效应和峰的积分。）

---

### 小 结

积分模式下的 NMR 谱记录了各种峰的相对面积，其值表示给出这些吸收的氢的相对数目。积分信息和化学位移相结合，可以用于结构解析，例如区分化合物的异构体。

---

# 10-7 | 自旋-自旋裂分：非等价邻位氢的效应

到目前为止，所示的高分辨核磁共振谱图都是非常简单的谱线形式——

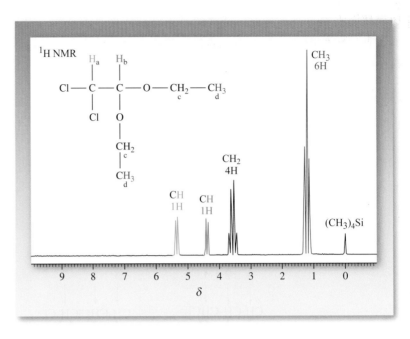

**图 10-16** 1,1-二氯-2,2-二乙氧基乙烷的90MHz $^1$H NMR谱图中的自旋-自旋裂分。裂分图谱包括：两个双重峰，一个三重峰，一个四重峰，对应四种类型的质子。这些多重峰表明邻位氢的效应。**注意**：$H_a$和 $H_b$的相对位置不易区分（表10-3），还需要其他数据才能区分。

一个尖锐的峰，称为**单峰**（singlet）。产生这些谱图的化合物有一个共同的特征：非等价氢均被至少一个碳原子或氧原子隔开。之所以选择这些例子，是因为邻位氢核的存在会使谱图复杂化，这一现象称为**自旋-自旋裂分**（spin-spin splitting）或**自旋-自旋偶合**（spin-spin coupling）。

图 10-16 所示的是 1,1-二氯-2,2-二乙氧基乙烷的核磁共振谱图，四个吸收峰对应于四种不同类型的氢原子（$H_a \sim H_d$）。它们都不是单峰，而是更为复杂的峰形，称为**多重峰**（multiplet）：两个双峰吸收，称为**双重峰**（doublet）（蓝色和绿色），一个**四重峰**（quartet）（黑色），一个**三重峰**（triplet）（红色）。多重峰的裂分方式取决于直接与产生信号的核的邻近氢原子的种类和数目❶。

化学位移、积分和自旋-自旋裂分三者结合可以帮助我们解析一个未知化合物的结构。那么，应该怎样利用这些信息呢？

## 一个邻位氢将共振核裂分为双重峰

首先考虑两个相对积分为 1 的双重峰，指定为两个单氢，$H_a$ 和 $H_b$。两个峰的裂分由外磁场中核的行为来解释。氢核就像微小的磁体与磁场顺向（α）或反向（β）排列，由于两种自旋态的能量差非常小（10-3 节），室温下处于两种自旋态的氢的数目几乎相等，这就意味着 $H_a$ 有两种磁场类型：近一半的邻位 $H_b$ 处于 α 态，另一半处于 β 态。反之，$H_b$ 也有两种状态：一半的邻位 $H_a$ 在 α 态，另一半在 β 态。$H_a$ 和 $H_b$ 的磁性"相邻"是通过它们之间的三个共价键传递的，这种作用对 NMR 谱图会产生什么影响呢？

❶ 严格地说，$CH_2$基团的两个氢是非等价的，因为没有镜面将一个氢反映为另一个。然而，由于它们各自的化学位移基本相同，因此在本节讨论时认为它们是等价的（10-8 节和真实生活 10-3）。

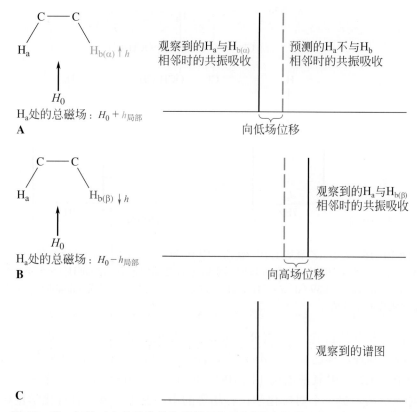

**图 10-17** 氢核对邻位核化学位移的影响是自旋-自旋裂分的实例。由于观察的氢有两种类型的邻位氢，故产生两个吸收峰。（A）当邻位核 $H_b$ 处于 α 态时，$H_0$ 增加了一个局部磁场 $h_{局部}$，因此 $H_a$ 移向低场。（B）当邻位核处于 β 态时，局部磁场与外磁场反向，$H_a$ 移向高场。（C）所得到的吸收峰是双重峰。

与外磁场顺向排列的 $H_b$ 自旋产生的感应磁场，使 $H_a$ 所处的总磁场增强。因此外加较小的磁场即可引发共振（与无邻位干扰核 $H_a$ 相比），表现为吸收峰移向低场 ［图 10-17（A）］，但这只是一半 $H_a$ 的吸收。另一半 $H_a$ 则与处于 β 态、与外磁场反向排列的 $H_b$ 相邻，这使得 $H_a$ 周围的局部磁场强度减弱，所以外磁场强度必须增大才能产生共振，使吸收移向高场 ［图 10-17（B）］。因此，所得的 $H_a$ 谱图为双重峰 ［图 10-17（C）］。

由于 $H_b$ 的两种自旋态对磁场 $H_0$ 局部贡献的绝对值相等，因此信号向低场和向高场的位移相同。无邻位氢的 $H_a$ 的单峰被 $H_b$ 裂分成为双重峰，每一个峰的积分对每个氢的贡献是 50%。$H_a$ 的化学位移按双重峰的中心位置记录（图 10-18）。

$H_b$ 信号的情形类似，也有两类邻位氢——$H_{a(α)}$ 和 $H_{a(β)}$，因此 $H_b$ 被 $H_a$ 裂分为双重峰。$H_a$ 和 $H_b$ 间的相互裂分是相等的，也就是说，每个双重峰中两个吸收峰间的距离（Hz）完全一样，这一距离称为**偶合常数**（coupling constant），$J$。如图 10-18，$J_{ab}=7Hz$。偶合常数仅与邻位核通过相关键对磁场的贡献有关，而与外磁场强度无关。尽管使用的 NMR 波谱仪的磁场强度不同，但偶合常数保持不变。

自旋-自旋裂分通常只在相邻的氢之间发生，即相同碳上的氢 ［**同碳偶合**（geminal coupling，源于 *geminus*，拉丁语，"孪生的"）］，或者两个相邻碳上的氢 ［**邻位偶合**（vicinal coupling，源于 *vicinus*，拉丁语，"相邻"）］。多于两个碳的氢核之间距离太远，偶合作用微弱，可忽略。而且，等价核

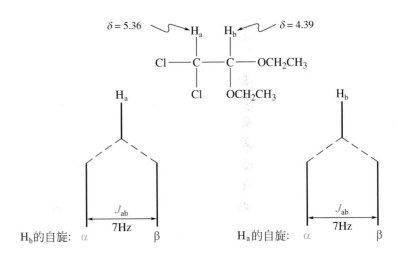

**图 10-18**  2,2-二乙氧基-1,1-二氯乙烷中 $H_a$ 和 $H_b$ 之间的自旋-自旋裂分。两个双重峰的偶合常数 $J_{ab}$ 相同。化学位移取双重峰中心处的值，表示为 $\delta(H_a) = 5.36$（d，$J=$ 7Hz，1H），$\delta(H_b) = 4.39$（d，$J = 7$Hz，1H）。这里"d"代表裂分方式（doublet），最后一项是对吸收的积分值。

之间没有相互的自旋-自旋裂分。例如，乙烷的 NMR 谱只在 $\delta=0.85$ 处有一个单峰，同理，环己烷只在 $\delta=1.36$ 处有一个单峰（室温下，10-5 节）。另一个例子是 1,2-二甲氧基乙烷［图 10-15（B）］，在 NMR 中给出两个单峰：一个对应甲基，另一个对应化学位移相等的中心亚甲基氢。只有化学位移不同的核之间才有裂分。

### 多于一个氢的局部场贡献是加和性的

邻位有两个或多个氢时怎么办呢？事实证明，必须分别考虑每一个氢的效应。1,1-二氯-2,2-二乙氧基乙烷的谱图（图 10-16）中，除了 $H_a$ 和 $H_b$ 的双重峰，还有一个甲基质子 $H_d$ 的三重峰和亚甲基氢 $H_c$ 的四重峰。由于 $H_c$ 和 $H_d$ 这两类不同组的氢相邻，故能够发生邻位偶合。但是 $H_c$ 和 $H_d$ 的偶合情况要比 $H_a$ 和 $H_b$ 复杂得多。通过扩展 $H_a$ 和 $H_b$ 偶合方式的说明来解释多个氢的邻位偶合。

首先看三重峰，化学位移和积分值可以认定是由两个甲基的 $H_d$ 产生的，我们看到的不是一个峰，而是三个，比例约为 1:2:1。裂分肯定是由邻位亚甲基的偶合效应引起的，但是如何引起的呢？

在每个乙氧基中甲基的三个等价的氢 $H_d$ 都有两个邻位等价的亚甲基氢 $H_c$，每一个亚甲基氢都可以采取 α 态或 β 态的取向。因此，$H_d$ 就可以"看

**相邻氢之间的偶合**

$J_{ab}$，同碳偶合，
0~18 Hz（可变）

$J_{ab}$，邻位偶合，
通常 6~8 Hz

$J_{ab}$，1,3-偶合，
通常可忽略

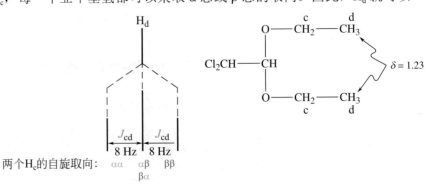

**图 10-19**  $H_d$ 的三个吸收峰，由三个磁不等价的氢组合产生：$H_{c(\alpha\alpha)}$，$H_{c(\alpha\beta \text{ 和 } \beta\alpha)}$，$H_{c(\beta\beta)}$。化学位移值取三重峰的中点：$\delta(H_d) =1.23$（t，$J = 8$Hz，6H），其中"t"代表三重峰。

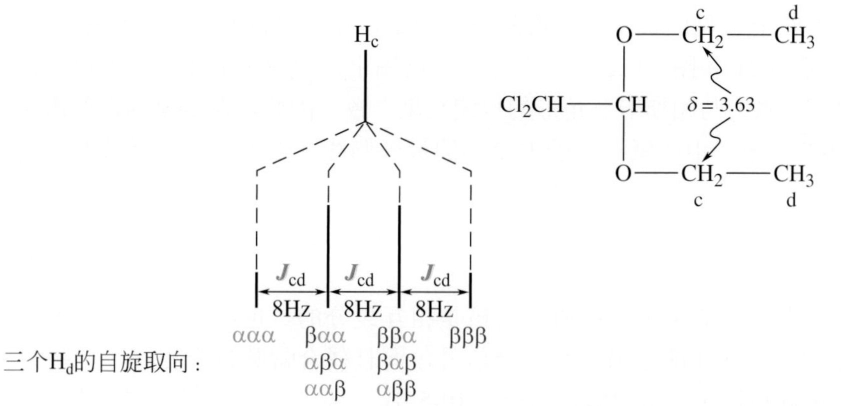

**图 10-20**　$H_d$ 的自旋组合将 $H_c$ 裂分为四重峰。化学位移值取四重峰的中点：$\delta(H_c) =$ 3.63（q，$J = 8$ Hz，4H），其中"q"代表四重峰。

成"是两个邻位 $H_c$ 的四种组合：$\alpha\alpha$，$\alpha\beta$，$\beta\alpha$，$\beta\beta$（图 10-19）。处于 $H_{c(\alpha\alpha)}$ 邻位的甲基氢，受到 2 倍的局部磁场增强作用，引起低场吸收。在 $\alpha\beta$ 或 $\beta\alpha$ 组合中，一个 $H_c$ 核与外磁场顺向，另一个反向，净结果是局部磁场对 $H_d$ 没有影响。此时吸收峰的化学位移与无 $H_c$-$H_d$ 偶合效应时相同。甚至，由于两个等价的 $H_c$ 的组合 [$H_{c(\alpha\beta)}$ 和 $H_{c(\beta\alpha)}$] 对这一信号均有贡献（而不是只有一个如 $H_{c(\alpha\alpha)}$ 对第一个峰有贡献），它的积分高度应该为第一个峰的 2 倍。最后，邻位 $H_{c(\beta\beta)}$ 使 $H_d$ 的外加磁场减弱，得到相对强度为 1 的位于高场的峰。结果得到 1:2:1 的三重峰，总积分数为 6（两个甲基），偶合常数 $J_{cd} = 8$ Hz（以每对峰中间的距离测得）。

图 10-16 所示的 $H_c$ 的四重峰，也可用同样的方法进行分析（图 10-20）。这个核的邻位 $H_d$ 有四种不同的组合形式：一种形式是所有质子和磁场为顺向排列 [$H_{d(\alpha\alpha\alpha)}$]；另外有三种相等的组合，其中一个 $H_d$ 与外加磁场取反向，另两个取顺向 [$H_{d(\beta\alpha\alpha,\alpha\beta\alpha,\alpha\alpha\beta)}$]；再有三种相等的组合是只有一个取顺向，另两个取反向 [$H_{d(\beta\beta\alpha,\beta\alpha\beta,\alpha\beta\beta)}$]；最后一种可能是全取与外磁场反向的排列 [$H_{d(\beta\beta\beta)}$]。最终的预期谱图（观察到的也是一样）是 1:3:3:1 的四重峰（积分强度为 4）。偶合常数 $J_{cd}$ 与三重峰中 $H_d$ 的相等，也是 8Hz。

### 多数情况下，自旋-自旋裂分遵循（$N$+1）规则

现将已有分析归结为如下的简单规则。

> **记住：** $^1$H NMR 的裂分图形给出了邻位氢的数目，但没有提供关于吸收氢本身的信息。

> **指导原则：预测简单的自旋-自旋裂分**
>
> - **1.** 等价核被一个邻位氢共振裂分为双重峰；
> - **2.** 等价核被另一组等价的两个邻位氢共振裂分为三重峰；
> - **3.** 等价核被三个等价的邻位氢共振裂分为四重峰。
> - **4.** 表 10-4 列出了 $N$ 个邻位等价核的裂分方式。这些核的 NMR 信号裂分为（$N$+1）个峰，即（$N$+1）规则。它们的相对比例由帕斯卡❶三角形（Pascal's triangle，也叫杨辉三角，一种数学记忆法，中国古代数学的叫法）给出。三角形中的每一个数值都是上一行离它最近的两个数字之和。

---

❶ 布莱士·帕斯卡（Blaise Pascal，1623—1662），法国数学家、物理学家、宗教哲学家。

两个常见的烷基——乙基和 1-甲基乙基（异丙基）的裂分图形分别列于图 10-21 和图 10-22 中。在这两张谱图中，相应多重峰的单个峰的相对强度（大致）与帕斯卡三角形的预测结果一致。因此，在 2-碘丙烷的谱图（图 10-22）中，中心氢对应的七重峰的最外侧线几乎不可见，容易被遗漏。对被多个邻位氢的偶合所裂分的氢信号而言，这一问题十分普遍，必须要仔细地解析。整合各个多重峰可以揭示相关氢的相对数目，从而辅助解析工作。

有一点非常重要：相邻的核是相互裂分的。也就是说，谱图中一个裂分吸收必定伴随着另一个裂分信号，而且偶合常数肯定相同。一些常见的多重峰和相应的结构单元列于表 10-5 中。

图 **10-21** 溴乙烷的300 MHz $^1$H NMR谱图说明了（$N+1$）规则。具有三个等价邻位氢的亚甲基表现为一个四重峰（$\delta$=3.43，$J$=7Hz）。具有两个等价邻位氢的甲基氢表现为一个三重峰（$\delta$=1.67，$J$=7Hz）。

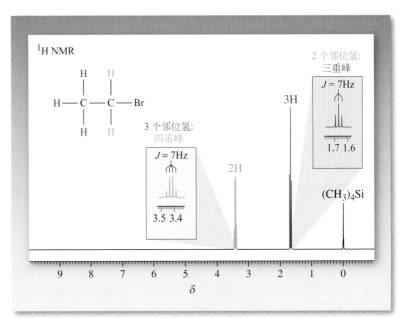

图 **10-22** 2-碘丙烷的300 MHz $^1$H NMR谱图：$\delta$=4.31（sep，$J$=7.5Hz，1H），1.88（d，$J$=7.5Hz，6H）。两个甲基的6个等价氢将三级氢裂分为七重峰[（$N+1$）规则]。

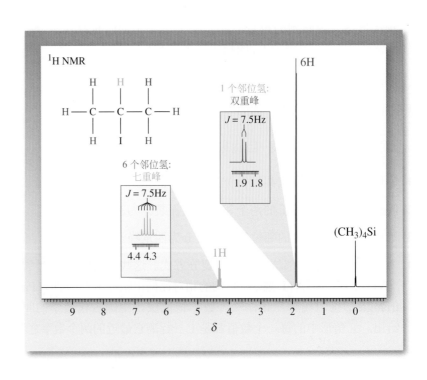

表10-4 具有 $N$ 个等价邻位氢的NMR裂分和积分比（帕斯卡三角形）

| 邻位等价氢数（$N$） | 峰数（$N+1$） | 裂分峰名称（缩写） | 峰积分比 |
|---|---|---|---|
| 0 | 1 | 单峰（s） | 1 |
| 1 | 2 | 双重峰（d） | 1 : 1 |
| 2 | 3 | 三重峰（t） | 1 : 2 : 1 |
| 3 | 4 | 四重峰（q） | 1 : 3 : 3 : 1 |
| 4 | 5 | 五重峰（quin） | 1 : 4 : 6 : 4 : 1 |
| 5 | 6 | 六重峰（sex） | 1 : 5 : 10 : 10 : 5 : 1 |
| 6 | 7 | 七重峰（sep） | 1 : 6 : 15 : 20 : 15 : 6 : 1 |

表10-5 烷基中常见的自旋－自旋裂分

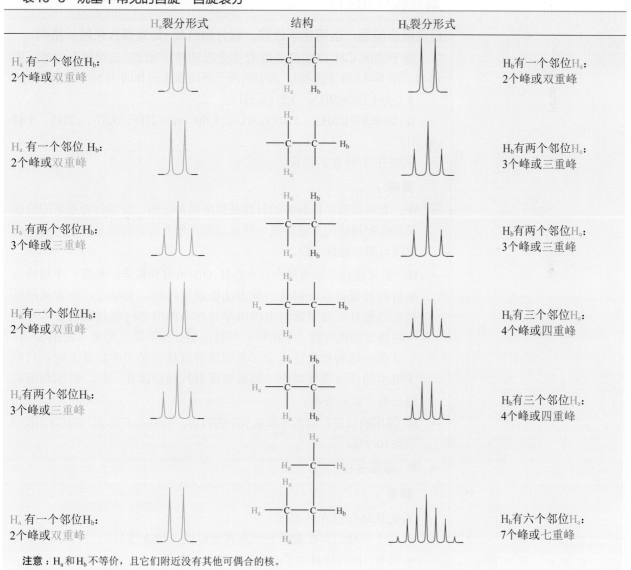

| $H_a$裂分形式 | 结构 | $H_b$裂分形式 |
|---|---|---|
| $H_a$ 有一个邻位$H_b$：2个峰或双重峰 | | $H_b$ 有一个邻位$H_a$：2个峰或双重峰 |
| $H_a$ 有一个邻位 $H_b$：2个峰或双重峰 | | $H_b$ 有两个邻位$H_a$：3个峰或三重峰 |
| $H_a$ 有两个邻位$H_b$：3个峰或三重峰 | | $H_b$ 有两个邻位$H_a$：3个峰或三重峰 |
| $H_a$ 有一个邻位$H_b$：2个峰或双重峰 | | $H_b$有三个邻位$H_a$：4个峰或四重峰 |
| $H_a$有两个邻位$H_b$：3个峰或三重峰 | | $H_b$有三个邻位$H_a$：4个峰或四重峰 |
| $H_a$ 有一个邻位 $H_b$：2个峰或双重峰 | | $H_b$有六个邻位$H_a$：7个峰或七重峰 |

**注意**：$H_a$ 和 $H_b$ 不等价，且它们附近没有其他可偶合的核。

## 练习 10-13

（**a**）预测以下化合物的 NMR 谱图，估测其化学位移，并标出相对丰度（积分值）与多重度（如 d 或 t）。

（i）乙氧基乙烷（乙醚）；（ii）1,3-二溴丙烷；（iii）2-甲基-2-丁醇；（iv）1,1,2-三氯乙烷。

（**b**）如何利用 $^1$H NMR 区分以下同分异构体？请依据化学位移（表 10-2）、积分和（$N+1$）规则说明。

（i） 　（ii）

（iii） 　（iv）

---

### 解题练习 10-14

**运用概念解题：运用化学位移、积分和自旋-自旋偶合来解析结构**

分子式为 $C_5H_{12}O$ 的醇和醚有多个异构体（如 2,2-二甲基-1-丙醇；图 10-11，图 10-15 和习题 48）。其中的两个异构体 A 和 B 的 $^1$H NMR 如下所示。

A：$\delta=1.19$（s,9H），3.21（s,3H）

B：$\delta=0.93$（t,3H），1.20（t,3H），1.60（sex,2H），3.37（t,2H），3.47（q,2H）

试推导 A 和 B 的结构。

**策略：**

- **W**：有何信息？拟解答的问题是提出两种结构，既要符合给定的组成又要匹配相应的波谱数据。答案必须与所有给定的信息完全一致，而非仅与部分数据一致。

- **H**：如何进行？你可能会画出 $C_5H_{12}O$ 的所有异构体，看哪一个结构与所给的数据符合，但这一种方法很浪费时间。实际上，在尝试画结构之前最好从波谱数据中推出尽可能多的信息，而且我们很容易将一些特定结构片段（子结构）与特定裂分图形联系起来（表10-5）。一旦这些结构片段被确定，我们就可以从分子式中将其去除，只剩下很小的片段需要考虑。最后将所有片段拼凑在一起，给出与所有信息最一致的答案。

- **I**：需用的信息？请参考本章节中的内容，特别是表10-2、表10-5、10-5 节和10-7节。

- **P**：继续进行。

**解答：**

首先从化合物 A 开始。

- 两个单峰的存在表明分子具有对称性（10-5 节）。

- 没有 1H 的峰排除了—OH 的存在，因此该分子是一个醚。

- 积分为 3H 的单峰表明存在—$CH_3$，单峰的位移值说明它与氧相连（表 10-2）。

- 从 $C_5H_{12}O$ 中去除 $CH_3O$，剩下 $C_4H_9$，它肯定是烷烃区内高场单峰的来源（表 10-2）。

• 9 个 H 的积分表明存在三个等价的—$CH_3$ 基团,唯一的结构是叔丁基—$C(CH_3)_3$。将几个片段组合起来,得到 A 的结构:$CH_3OC(CH_3)_3$。(熟悉吗?请看本章开篇。)

$$\delta = 3.21 \rightarrow H_3C - O - \overset{\displaystyle CH_3}{\underset{\displaystyle CH_3 \ \ CH_3}{C}} \Big\}\ \delta = 1.19$$

没有可偶合的
邻近氢:单峰

没有可偶合的
邻近氢:单峰

对于化合物 B,我们也可以采用同样的分析方法。

• 这个分子有 5 组信号峰,且所有这些信号峰都是裂分的。再说一遍,没有单峰,故排除了羟基—OH 的存在。

• 我们注意到,其中两个峰的 $\delta$ 值相对较大,可确定为连在 O 上的两种类型的氢:$\delta=3.37$ 为三重峰,2H;$\delta=3.47$ 为四重峰,2H。这表明分子中存在一个不对称的结构,X—$CH_2OCH_2$—Y。

• 我们可以从与 X 和 Y 相邻的 $CH_2$ 的偶合模式推断 X 和 Y 基团的性质(见前面的指导原则):必须有一个 $CH_3$ 才能导致四重峰的出现;另一个必须是 $CH_2$ 片段才能出现三重峰。因此,可以把 $CH_3CH_2OCH_2CH_2O$—作为一个结构片段。

• 从 $C_5H_{12}O$ 中减去这个结构片段,只剩下 $CH_3$ 作为最终片段;因此推断化合物可能是 $CH_3CH_2OCH_2CH_2CH_3$。这个结构是否与其他数据吻合?

• 观察高场区,图谱数据中有 2 组三重峰,每一组峰都有三个等价的氢。这是两个单独的 $CH_3$ 基团作为"封端",每个 $CH_3$ 都连接一个相邻的 $CH_2$,也就是,两个乙基。最后,一个 2H 的六重峰表示存在一个有 5 个邻位氢的 $CH_2$ 基团。这些信息与推断的可能结构 $CH_3CH_2OCH_2CH_2CH_3$ 相一致,也是唯一的结构。

$\delta=3.47$
3 个偶合的邻位H:
四重峰

$\delta=3.37$
2个偶合的邻位H:
三重峰

$\delta=1.60$
5个偶合的邻位H:
六重峰

$$H_3C - CH_2 - O - CH_2 - CH_2 - CH_3$$

$\delta=1.20$
2个偶合的邻位H:
三重峰

$\delta=0.93$
2个偶合的邻位H:
三重峰

## 10-15 自试解题

$C_5H_{12}O$ 的另一异构体给出如下 $^1H$ NMR 谱图数据:$\delta = 0.92$(t,3H),1.20(s,6H),1.49(q,2H),1.85(br s,1H)。它具有怎样的结构?(**提示:**$\delta = 1.85$ 处的单峰为宽峰。)

## 小 结

自旋-自旋裂分发生在邻位和偕位(同碳)的非等价氢之间。通常 $N$ 个邻位等价氢会裂分得到($N+1$)个峰,它们的相对强度符合帕斯卡(杨辉)三角形。普通的烷基基团会产生特征 NMR 裂分。

# 10-8 自旋-自旋裂分：一些复杂因素

10-7 节所讲述的裂分规则是比较理想的情形。很多情况下，由于两个吸收峰之间 $\delta$ 之差很小，峰形复杂，不借助于计算机很难解释。而且，当存在两种或多种邻位氢且它们与核的偶合常数差别很大时，$(N+1)$ 规则不能直接应用。最后，羟基质子即使存在邻位氢也可能表现为单峰（图 10-11）。本节我们将依次讨论这些复杂因素。

## 非常靠近的峰形产生非一级谱

仔细观察图 10-16、图 10-21 和图 10-22 会发现，裂分峰的相对强度与帕斯卡（杨辉）三角所预计的理想比例并不完全一致：峰形不是完全对称的，而是变形的。特别是，两个相互偶合的氢的 2 个多重峰会相互变形，使彼此相邻的峰的强度比预期的稍大。只有在两个偶合质子间的共振频率的差别远远大于其偶合常数，即 $\Delta\nu \gg J$ 时，才能观察到符合帕斯卡三角形和 $(N+1)$ 规则的吸收峰强度比例。这种情况下得到的谱图称为**一级**（first order）**谱**❶。但是当 $\Delta\nu$ 变小时，峰的变形程度增大。

在极端情况下，10-7 节中的简单规则不再适用，共振吸收峰形更为复杂，我们称之为**非一级**（non-first order）**谱**。尽管这种复杂谱可以借助计算机进行模拟，但这样的处理不在我们的讨论范围之内。

非一级谱最突出的例子是含烷基链的化合物。图 10-23 是正辛烷的 NMR 谱图，因为所有非等价氢（有四类）具有非常相近的化学位移，所以得到非一级谱，所有亚甲基的吸收产生一个宽的多重峰。此外，末端甲基的三重峰发生高度变形。

**图 10-23** 正辛烷的 300MHz $^1H$ NMR 谱图。具有烷基链的化合物经常表现出这类非一级谱图。

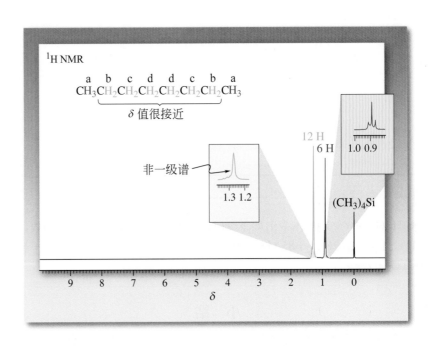

❶ 这个定义源自术语一级原理，即仅考虑系统中最重要的变量和条件。

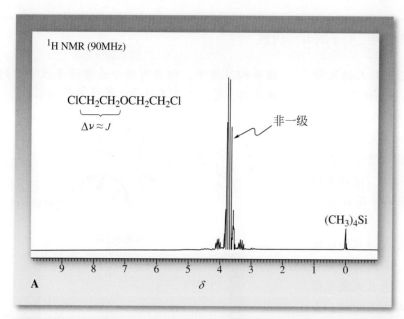

**图 10-24**　非一级NMR谱图的场强效应：2-氯-1-(2-氯乙氧基)乙烷在（A）90MHz和（B）500MHz下的谱图。在高场强下，原本在90MHz下观察到的多重峰简化为两组轻微畸变的三重峰，这是由两组$CH_2$的相互偶合产生的。

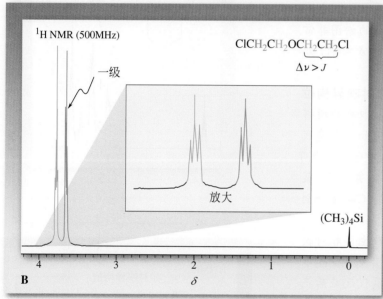

当 $\Delta\nu \approx J$ 时也会产生非一级谱。由于共振频率与外加磁场强度成正比，而偶合常数 $J$ 与场强无关（10-7 节），所以可以通过增加外加磁场的强度来"改善"多重峰的峰形。因此，在更强的磁场下测定时，多重峰裂分得更开（可分辨的），非常靠近的峰产生的非一级效应逐渐消失。这种效应与用放大镜观察普通物体时的效果类似：眼睛的分辨率相对较低，不能识别样品的精细结构，而经过适当放大后，就非常清楚了。

高场强对 2-氯-1-(2-氯乙氧基)乙烷的谱图有着巨大的影响（图 10-24）。在这个化合物中，氧的去屏蔽效应与氯几乎相同，结果两组亚甲基形成非常接近的峰。90MHz 时，尽管峰形对称，但是极为复杂，有 32 个不同强度的吸收峰，但是在 500MHz 时 ［图 10-24（B）］，得到的是一级谱。

## 非等价邻位氢的偶合对简单（$N+1$）规则的修正

当氢与两种非等价的氢偶合时，产生复杂裂分。1,1,2-三氯丙烷的谱图说

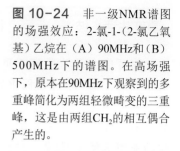

**连续的（$N+1$）规则**

当存在两类邻位氢时，设其数目分别为 $N$ 与 $n$，其偶合常数 $J$ 分别为 $J_1$ 与 $J_2$，则简单的（$N+1$）规则成为：

峰的个数 $=(N_{J_1}+1)\times(n_{J_2}+1)$

**真实生活：波谱**  **非对映异构位质子的非等价性**

你可能会认为所有亚甲基（CH₂）上的氢都是等价的，在 NMR 谱图中只产生一个吸收信号。在分子结构中含有对称元素（如镜面或旋转对称轴）时，这一结论是成立的（例如丁烷或者环己烷的亚甲基氢）。但是，这样的对称性很容易在发生取代反应后消失（第 3 章和第 5 章），这种变化不仅对立体异构现象有着深远的影响（第 5 章），而且对 NMR 波谱的影响也很大。

例如，用自由基溴化反应将环己烷转化为溴代环己烷。这一转换不仅使 C-1、C-2、C-3、C-4 各不相同，而且使所有与溴处于顺式的氢与反式氢变得不同。换句话说，CH₂ 上的氢是同碳非等价的，各自的化学位移不同，相互之间存在同碳偶合（也有邻位偶合）。在 300MHz 波谱仪上获得的谱图非常复杂，如右图所示。唯一容易归属的是 $\delta = 4.17$ 处被溴去屏蔽的 C-1 位氢。

不等价的亚甲基氢原子称为**非对映异构位**（diastereotopic）。这个词基于这些氢被取代后所得的立体化学结果：非对映异构体。例如，在溴代环己烷中，C-2 中楔形实线表示的氢原子（红色）被取代后得顺式产物；楔形虚线表示的氢原子（蓝色）被取代得反式异构体。在 C-3、C-4 上分别进行取代也可以得到相同的结果。

你可能认为是环状结构的刚性产生了非对映异构位的氢，但是回顾 5-5 节的内容会发现这是不正确的。在 2-溴丁烷的 C-3 位进行氯代反应后产生两个非对映异构体。所以，2-溴丁烷也有两个非对映异构位质子。产生这一效应的根源是：手性中心的存在排除了通过 CH₂ 碳产生镜面对称的可能，旋转也不可能使两个氢等价。为了阐明在这种非环状手性分子中的非对映异构位现象，以 1-氯丙烷的三种单氯代产物（10-6 节）中的 1,2-二氯丙烷为例。300MHz NMR 谱图显示有四组吸收峰（而不是三组），其中两组是由 C-1 的非对映异构位氢产生的，是双重峰的双重裂分，$\delta$ 分别为 3.58、3.76，同碳偶合常数为 $J_{\text{同碳}}=10.8\text{Hz}$，与 C-2 位氢的偶合常数 $J_{\text{邻位}}$ 分别为 4.7 和 9.1 Hz。

通常，非对映异构位质子的化学位移非常相近，它们的非等价性在 NMR 中分辨不出来。例如，在手性 2-溴己烷中，全部三个 CH₂ 都有非对

映异构位质子，但只有两个最靠近手性中心的能被分辨，第三个离手性中心太远而检测不到。

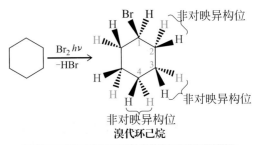

溴代环己烷

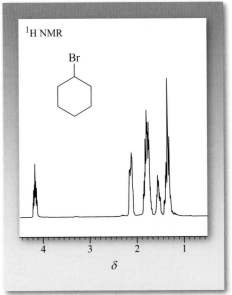

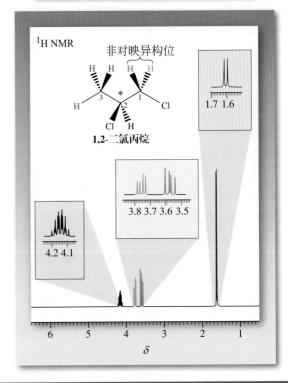

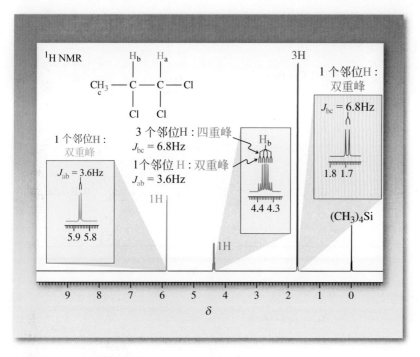

**图 10-25**　1,1,2-三氯丙烷的300MHz $^1$H NMR谱：$H_b$在 $\delta$ = 4.35处产生的双峰被四重裂分得到8个峰。

明了这一点（图10-25）。化合物中C-2上的氢（$H_b$）处于—$CH_3$和—$CHCl_2$之间，分别独立地与这两个基团的氢发生偶合并且具有不同的偶合常数。

仔细分析这一谱图。首先注意到有两组双重峰，一组位于低场（$\delta$ = 5.886，$J$ = 3.6Hz，1H），一组位于高场（$\delta$ = 1.69，$J$ = 6.8 Hz，3H）。低场吸收是C-1上的氢（$H_a$），因为靠近两个去屏蔽的卤原子。甲基氢（$H_c$）的共振吸收在最高场。对应于（$N+1$）规则，每个信号被C-2上的氢（$H_b$）裂分为双重峰。但是 $H_b$ 的吸收和预期的完全不同，它的邻位共有 4 个氢：1 个 $H_a$ 和 3 个 $H_c$。根据（$N+1$）规则，应该有五重峰。但是在 $\delta$ = 4.35 处有八条谱线，且相对强度也与普通的裂分不同（表10-4和表10-5）。是什么原因引起这种复杂性的呢？

（$N+1$）规则仅适用于邻位等价氢。这个分子中，$H_b$ 的邻位有两组非等价氢，它们与 $H_b$ 的偶合常数不同。但是连续运用（$N+1$）规则也能解释这种偶合效应。甲基氢将 $H_b$ 裂分为四重峰，$J_{bc}$ = 6.8Hz。接着，$H_a$ 将四重峰的每一个峰裂分为双峰，$J_{ab}$ = 3.6Hz。结果得到了所观察到的八重峰（图10-26）。C-2上的氢被称为四重峰的双重裂分。

1- 溴丙烷中 C-2上的氢也与两组非等价氢偶合。但是，裂分方式似乎遵循（$N+1$）规则，得到轻微变形的六重峰（图10-27）。原因是这两个不同基团的偶合常数非常接近，都在 6～7Hz。如果采用与1,1,2-三氯丙烷相似的分析方法，应该会得出 12 条谱线（三重峰的四重裂分），但是几乎相同的偶合常数使许多谱线重合，从而简化了谱图（图10-28）。多数简单烷基衍生物的氢的偶合常数都很相近，因此可以认为遵循（$N+1$）规则。

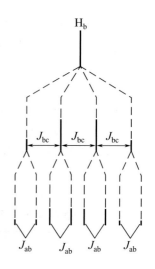

**图10-26**　1,1,2-三氯丙烷的$H_b$的裂分图形遵循连续的（$N+1$）规则。由甲基氢偶合的四重峰被C-1上的氢进一步裂分为双重峰。

图 10-27  1-溴丙烷的300MHz $^1$H NMR谱图。

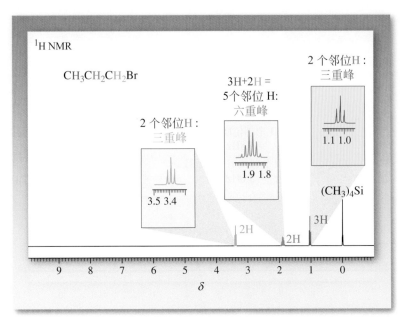

图 10-28  正丙基衍生物中$H_b$的裂分图形：当$J_{ab} \approx J_{bc}$时，一些峰重合，产生看似简单，易于误解的谱图：六重峰。

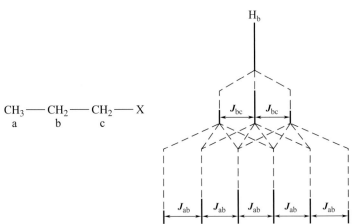

## 解题练习10-16

**运用概念解题：应用$(N+1)$规则**

首先根据简单的$(N+1)$规则，随后根据连续的$(N+1)$规则，预测所示结构中黑体氢的偶合图形。

$$\overset{\displaystyle CH_3}{\underset{\displaystyle \mathbf{H}}{H_3C - C - CH_2 - OH}}$$

**策略：**

- **W**：有何信息？题目展示了一个含有四种不同类型氢的醇——2-甲基-1-丙醇，我们需要分析C-2上三级氢的$^1$H NMR信号如何被其邻近核裂分。

- **H**：如何进行？一般来说，要预测特定氢的裂分图形，需要明确它们的邻近核的"身份"。为了完成这项任务，通常要构建模型并完整地书写结构（显示所有的氢）。通过这种方式，可以识别对称性，并确定不同种类的邻近氢及其相对丰度。

- **I**：需用的信息？请记住（通常）只有直接邻近的氢会导致自旋-自旋裂分，并复习10-7节和10-8节有关的裂分规则。
- **P**：继续进行。

**解答：**

- 应用简单的($N+1$)规则是容易的：我们所要做的就是数出黑体氢的邻近氢数目来确定$N$。在本例中，能找到两个邻近的$CH_3$与一个邻近的$CH_2$，总计 8 H。因此，黑体氢应该显示为一个九重峰或九条线，它们的相对强度遵循帕斯卡（杨辉）三角（表10-4）：$1:8:28:56:70:56:28:8:1$。实际上，不必确定这些确切的数字，只需在强度最高的中心线周围寻找从左侧上升、从右侧下降的对称图案。另外，需要放大谱图以确保不会遗漏最外侧的线。

然而，只有当甲基和亚甲基氢的偶合常数相等时，才能得到对称的九重峰。

- 如果非等价邻位氢的$J$值不相等，则需要应用连续的($N+1$)规则。在这种情况下，首先假定只有一种类型的邻位氢存在，并确定预期的裂分图形。例如，如果假定只有$CH_3$存在，则 6 个邻位氢对应七重峰。然后，再考虑由另一组邻位氢（在本例中为$CH_2$）引起的附加分裂，从而将原始七重峰的每一条线裂分为三重峰。结果是七重峰的三重裂分，共计 21 条线。这种分析顺序是任意的，可以颠倒过来，得出三重峰的七重裂分，也是 21 条线。在实践中，首先写出具有较大$J$值的偶合模式，然后按$J$值从大到小的顺序写出其他偶合模式。你可能对实际的裂分模式感到好奇：它是一个$J=6.5\ Hz$的九重峰。换句话说，两种不等价的邻位氢的偶合常数相等，因此适用于简单的($N+1$)规则。

## 10-17 自试解题

首先根据简单的($N+1$)规则，随后根据连续的($N+1$)规则，预测下列结构中黑体氢的偶合模式。

（**a**）$BrCH_2CH_2CH_2Cl$

（**b**）$CH_3CHCHCl_2$
　　　　　　$|$
　　　　　$OCH_3$

（**c**）$Cl_2CHCHCHCH_3$
　　　　　　$|\quad|$
　　　　$CH_3S\ \ Br$

（**d**）

（**e**）给出（a）～（d）中其他所有氢信号的多重度。

## 练习 10-18

在 10-6 节中你学会了如何只通过化学位移和积分值区分三种 1-氯丙烷的单氯化产物——1,1-、1,2-和 1,3-二氯丙烷。你能否根据它们的偶合模式来进行区分？

### 快速质子交换对羟基氢的去偶作用

学习了邻位偶合的知识，再回到醇的 NMR 谱。我们注意到，2,2-二甲基-1-丙醇的 NMR 谱（图10-11）中，OH 呈现一个单峰，没有任何裂分。

这是非常奇特的，因为它有两个邻位氢，应该裂分为三重峰，同时 $CH_2$ 的氢应该表现为具有相同偶合常数的双重峰而非单峰。那么为什么没有观察到自旋-自旋裂分呢？因为 OH 的氢具有弱酸性，在室温下，NMR 时间尺度内，能与其他醇分子或与痕量水之间发生快速的质子交换。由于这一交换过程，NMR 检测到的只是 OH 的氢的平均信号。因为质子与氧的结合时间太短（约为 $10^{-5}$ s），所以看不到偶合作用。同样 $CH_2$ 的氢也没有偶合，只形成单峰。

**具有不同 $CH_2$-α，β 自旋组合的醇分子间的快速质子交换使 $\delta_{OH}$ 被平均化**

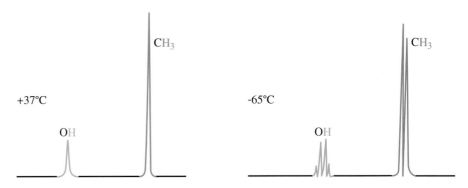

**α-质子与 β-质子间的快速交换使 $\delta_{CH_2}$ 被平均化**

这种类型的吸收称为**快速质子交换去偶**（decoupled by fast proton exchange）。可以通过除去痕量水与酸，或通过冷却使交换减速。这样，OH 键可以保持足够长的时间（大于 1s），从而能在 NMR 时间尺度上检测到偶合作用。图 10-29 是甲醇的例子：37℃ 时得到的是两个单峰，对应于两种未发生自旋-自旋裂分的氢。但在 −65℃ 时，可以观测到预期的偶合模式：一个四重峰和一个双重峰。

**图 10-29** 甲醇中温度依赖的自旋-自旋裂分。37℃ 时的单峰说明了醇的快速质子交换效应（*H. Günther*，NMR-Spektroskopie，*Georg Thieme Verlag*，*Stuttgart*，1973）。

### 快速磁交换引起氯、溴、碘核的"自去偶"

所有的卤素核都是磁性的。因此，卤代烷的 $^1H$ NMR 谱图中由于这些核的存在产生自旋-自旋裂分（除了正常的 H-H 偶合之外）。但实际上，只有氟原子有这种效应，与 H-H 偶合类似，但是 $J$ 值大得多。因此，$CH_3F$ 的 $^1H$ NMR 谱有一个 $J=81Hz$ 的双重峰。由于含氟有机化合物相对较少，我们不再详细讨论。

考虑其他卤素，观察图 10-16、图 10-21、图 10-22、图 10-24、图 10-25、图 10-27 中卤代烷的谱图，没有发现这些核引起的自旋-自旋裂分。原因在于在 NMR 时间尺度内，卤素内部存在快速的磁平衡，使邻近质子不能

分辨它们与外磁场 $H_0$ 的取向。与羟基氢的"交换去偶"不同，卤素是"自去偶"。

---

### 小 结

当非等价氢间的化学位移差与偶合常数相近时，NMR 的峰形不是一级的。使用高场 NMR 波谱仪可以改善这类谱图的外观。与非等价邻位氢的偶合是分别发生的，且偶合常数不同。在某些情况下，偶合常数差别很大，可以分析多重峰的裂分。在很多简单的烷基衍生物中，偶合常数非常相近（$J=6\sim7\,\mathrm{Hz}$），得到被简化的谱图，可以看作遵循（$N+1$）规则。由于快速质子交换，醇羟基的邻位偶合通常观察不到。

---

## 10-9 | ¹³C 的核磁共振

质子核磁共振是非常有效的确定结构的方法，因为大多数的有机化合物都含氢原子。而具有更大应用潜力的是碳的核磁共振。毕竟，根据定义，所有的有机化合物都含碳原子。¹³C NMR 与 ¹H NMR 相结合，已经成为有机化学家最重要的分析工具。而且，因为可以避开自旋-自旋裂分，¹³C NMR 谱图比 ¹H NMR 谱图更为简单。

### 碳的核磁共振采用低天然丰度的同位素：¹³C

碳的核磁共振是可能的，但是有一个问题：碳丰度最高的同位素 ¹²C 没有 NMR 活性。幸运的是，自然界中存在另一种同位素 ¹³C，含量为 1.11%。¹³C 在磁场中的行为与 ¹H 相同，据此可以推断其谱图与 ¹H NMR 相似。这一推断仅有一部分是正确的，因为这两项 NMR 技术有一些重要的（同时也是很有用的）不同点。

¹³C NMR 的记录要比氢谱困难得多，不仅是因为碳核的天然丰度太低，同时 ¹³C 的磁共振强度要弱得多。因此，在相同条件下，¹³C 的信号强度仅是 ¹H 的 1/6000。在这里 FTNMR（10-3 节和 10-4 节）更有价值，因为射频脉冲允许信号累加从而得到更强的信号。

¹³C 低丰度的一个优势在于不存在 C-C 偶合。与氢原子一样，如果两个磁不等价的碳核相邻（如在溴乙烷中）会相互裂分。但是，实际上并没有观察到这种裂分。为什么呢？因为只有当两个 ¹³C 相邻时偶合才能发生，而 ¹³C 在分子中的含量只有 1.11%，这种情况发生的概率很低（大约 1/10000）。绝大多数的 ¹³C 被无自旋的 ¹²C 核包围，因而不会产生自旋裂分。这一特征使 ¹³C NMR 谱图大大简化，将分析简化为确定与任何相连的氢引起的偶合模式。

图 10-30 给出了溴乙烷的 ¹³C NMR 谱图（¹H NMR 谱图参见图 10-21）。碳谱的化学位移 $\delta$ 的定义与氢相同，即通过与内标（$CH_3$）$_4$Si 的碳吸收值相比较来确定。碳的 $\delta$ 范围比氢要大得多，大多数有机物在 $\delta=200$ 之内，而氢只有相对较窄的谱"窗口"，范围仅为 $\delta=10$。图 10-30 给出的是由 ¹³C-H

**真的吗？**

碳具有 15 个从 ⁸C 到 ²³C 的已知同位素，其中只有三种存在于地球上：稳定的 ¹²C 和 ¹³C；放射性同位素 ¹⁴C，其半衰期为 5700 年。用高能宇宙射线轰击 ¹⁴N 会在高层大气中产生微量 ¹⁴C，这是考古学"碳定年法"的基础。最不稳定的同位素为 ⁸C，半衰期为 $2\times10^{-21}\mathrm{s}$。

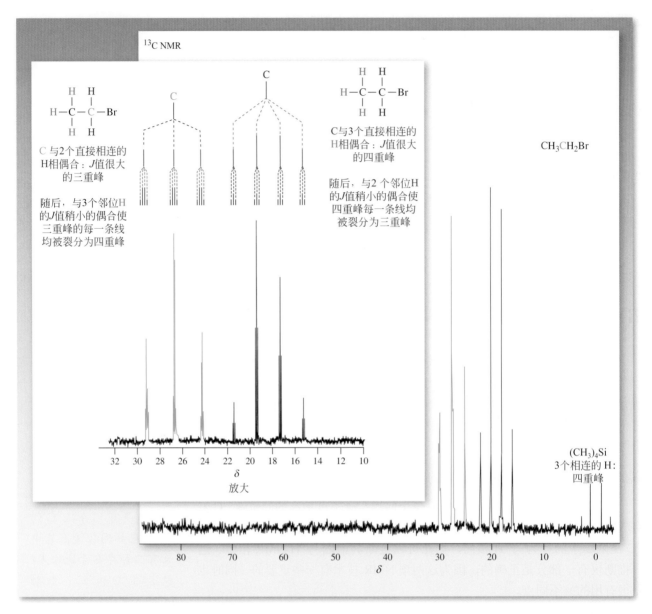

**图 10-30**　溴乙烷的 $^{13}$C NMR 谱图表明了 $^{13}$C-H 偶合的复杂性。两个碳原子中，一个是位于高场的四重峰（$\delta=18.3$，$J=126$Hz），一个是低场的三重峰（$\delta=26.6$，$J=151$Hz）。注意碳谱具有很宽的化学位移范围。如在 $^1$H NMR 中，四甲基硅的化学位移定义为 $\delta=0$。在 $^{13}$C NMR 中，其中碳原子被三个等价的氢裂分，是一个四重峰（$J=118$Hz；外侧的两个峰勉强看见）。内置图是放大图，显示每一个主峰的精细结构（每个 $^{13}$C 原子被相邻碳上的氢原子裂分）。因此，高场四重峰（红色）的每一条线又被裂分为三重峰，$J=3$Hz，低场三重峰（蓝色）的每一条线被裂分为四重峰，$J=5$Hz。

自旋-自旋裂分引起的复杂吸收谱。毫无意外，直接相连的氢的偶合最强（约 125～200Hz）。但是随着距离的增加，偶合逐渐消失，同碳偶合常数 $J_{^{13}C—C—H}$ 仅为 0.7～6.0Hz。

你也许会问为什么在 $^{13}$C NMR 谱中观察到碳与氢的偶合，而在 $^1$H NMR 中没有看到氢与碳的偶合。答案在于 $^{13}$C 同位素的低天然丰度和 $^1$H 核的高丰度。样品中 99% 的核是 $^{12}$C，因此氢谱中看不到与 $^{13}$C 的偶合；而样品中有 99.9% 的 $^1$H（表 10-1），因此碳谱中有与 $^1$H 的偶合。

**练习 10-19**

推测 1-溴丙烷的 $^{13}C$ NMR 谱图（$^1H$ NMR 谱图参见图 10-27）。[**提示**: 使用连续的($N+1$)规则。]

## 质子去偶给出单峰

完全消除 $^{13}C$-H 偶合的技术称为**氢（或质子）宽带去偶**[broad-band hydrogen (or proton) decoupling]。这种方法使用强的、覆盖所有氢共振频率的射频信号，同时使用此相同频率记录 $^{13}C$ NMR 谱。例如，场强为 7.05 T 时，$^{13}C$ 在 75.3MHz 处共振，H 在 300MHz（图 10-7）处共振。为了获得质子去偶碳谱，在该场强使用双频激发样品。第一个射频信号用来产生碳的 NMR，同时照射的第二个射频信号使所有的氢进行快速的 α-β 自旋翻转，使它们对局部磁场的贡献平均化。结果可以消除氢的偶合。这一技术将溴乙烷 $^{13}C$ NMR 简化为两个单峰，如图 10-31 所示。

当检测较为复杂的分子时，质子去偶的优势就更明显了。每一个磁不等价的碳在碳谱中只给出一个单峰。考虑烃类（如甲基环己烷），由于 8 种不同类的氢的化学位移很相近，$^1H$ NMR 谱图的分析非常困难，但是质子去偶的 $^{13}C$ 谱只有五个峰，清楚地表明了五种不同碳原子以及结构中双重对称的存在（图 10-32）。$^{13}C$ NMR 谱图也有局限性：通常不容易进行积分。由于宽带去偶的影响，峰的强度与核的数目不再成比例。

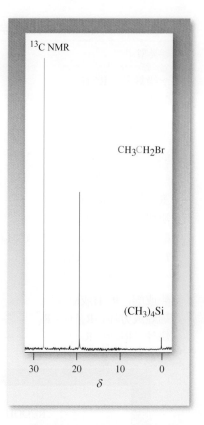

**图 10-31** 250MHz 宽带去偶后溴乙烷的 62.8MHz $^{13}C$ NMR 谱图。包括（$CH_3$）$_4Si$ 的吸收在内，所有的峰成为单峰。

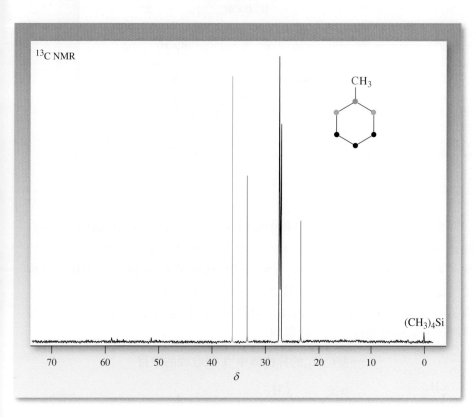

**图 10-32** 质子去偶的甲基环己烷的 $^{13}C$ NMR 谱（在 $C_6D_6$ 中）。化合物中五种磁不等价的碳分别得到不同的峰：$\delta=23.1$，26.7，26.8，33.1，35.8。

表10-6　$^{13}C$ NMR特征化学位移

| 碳类型 | 化学位移 $\delta$ |
|---|---|
| 一级烷基，$RCH_3$ | 5～20 |
| 二级烷基，$RCH_2R'$ | 20～30 |
| 三级烷基，$R_3CH$ | 30～50 |
| 季碳烷基，$R_4C$ | 30～45 |
| 烯丙基，$\underset{R''}{R_2C=C}$ | 20～40 |
| 氯代烷，$RCH_2Cl$ | 25～50 |
| 溴代烷，$RCH_2Br$ | 20～40 |
| 醚或醇，$RCH_2OR'$ 或 $RCH_2OH$ | 50～90 |
| 羧酸，$RCOOH$ | 170～180 |
| 醛或酮，$R\overset{O}{\overset{\|}{C}}H$ 或 $R\overset{O}{\overset{\|}{C}}R'$ | 190～210 |
| 烯烃或芳环，$R_2C=CR_2$ | 100～160 |
| 炔烃，$RC\equiv CR$ | 65～95 |

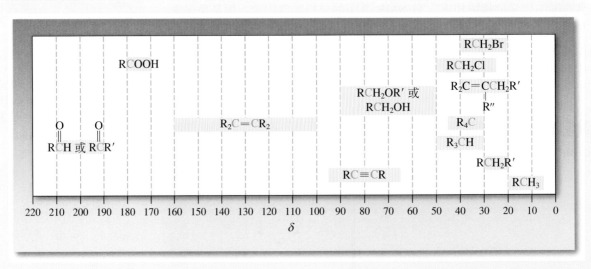

表 10-6 列出了不同化学结构中碳的特征化学位移。与 $^1$H NMR 中一样，吸电子基团产生去屏蔽效应，化学位移以一级＜二级＜三级的顺序升高。除了 $\delta$ 值对判断结构有用之外，了解分子中碳原子类型的数目也有助于结构的鉴定。例如，甲基环己烷和其他分子式为 $C_7H_{14}$ 的异构体的区别：它们含有的非等价碳的数目不同，因此碳谱也不同。注意分子对称性（或缺少对称性）对碳谱复杂程度的不同影响。

### 一些 $C_7H_{14}$ 的异构体中 $^{13}C$ 吸收峰的数目

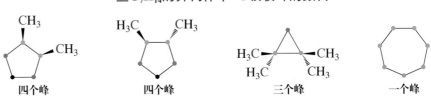

## 练习 10-20

推测下列化合物的质子去偶 $^{13}C$ NMR 谱图有多少个峰？（**提示**：寻找对称性。）

（**a**）2,2-二甲基-1-丙醇　（**b**）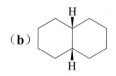　（**c**）

（**d**）　（**e**）顺-1,4-二甲基环己烷，在 20℃ 和在 -60℃ 条件下（**提示**：复习 4-4 节和 10-5 节。）　（**f**）四（1,1-二甲基乙基）四面体烷（164页页边）

## 解题练习 10-21

**运用概念解题：利用 $^{13}C$ NMR 区分异构体**

在练习 2-20（a）中给出了 $C_6H_{14}$ 的五个可能异构体，其中之一的 $^{13}C$ NMR 谱图有三个峰，分别位于 $\delta=13.7, 22.7, 31.7$ 处。推断它的结构。

**策略：**

我们需要写出所有可能的异构体，看一看分子的对称性（或无对称性）对吸收峰（用 a，b，c，d 表示）的影响。

**解答：**

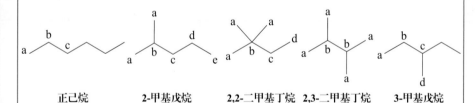

正己烷　2-甲基戊烷　2,2-二甲基丁烷　2,3-二甲基丁烷　3-甲基戊烷

• 只有一个异构体有三个不同的碳：正己烷。

## 10-22 自试解题

研究人员在储藏室里发现了两个未贴标签的瓶子。其中一个装有 D-核糖，另一个装有 D-阿拉伯糖（均以 Fischer 投影式表示，见下图），但不知道哪个瓶子含有哪种糖。该如何借助硼氢化钠和 NMR 波谱来区分这两种糖？

D-核糖　　　　D-阿拉伯糖

## FTNMR的发展有助于结构解析：DEPT $^{13}$C NMR和2D-NMR

傅里叶变换技术（FT）在 NMR 中的运用是相当广泛的，它使核磁数据的收集和表示方式多种多样，且均能提供分子结构的信息。许多最新进展得益于复杂的时间依赖的脉冲序列技术的发展，包括 2D-NMR 或其应用（真实生活 10-4）。利用这些方法，可以确定相邻氢的偶合（同核相关）或碳和相连氢原子间的偶合（异核相关），以及它们的成键情况。通过 $^1$H NMR 和 $^{13}$C NMR 测定沿着碳链的邻位原子间的相互磁效应，可以确定分子的连接。

**DEPT $^{13}$C NMR 谱**［**无畸变极化转移增强**（distortionless enhanced polarization transfer，DEPT）谱］是脉冲序列的一个实例，现已成为研究工作实验室里的常规方法，它能告诉我们 $^{13}$C 谱中各种类型的碳所给出的特定信号：CH$_3$、CH$_2$、CH 或季碳，并且避免了由质子偶合引起的 $^{13}$C NMR 的复杂形式（图 10-30），特别是十分靠近的碳信号的重叠。DEPT 方法由具有不同脉冲序列的谱图组合而成：正规的宽带去偶谱和一系列只显示与 3、2 或 1 个氢相连的碳信号（CH$_3$、CH$_2$ 或 CH）的谱图。图 10-33 给出了苎烯的 DEPT 系列谱图（解题练习 5-29）。

第一个谱图（图 10-33A）是普通的质子去偶碳谱，共 10 条线，分成六个高场的烷基碳和四个低场的烯烃碳两组。其余的谱图专门鉴别三种可能含氢的碳：CH$_3$［红色；图 10-33（B）］，CH$_2$［蓝色；图 10-33（C）］和 CH［绿色；

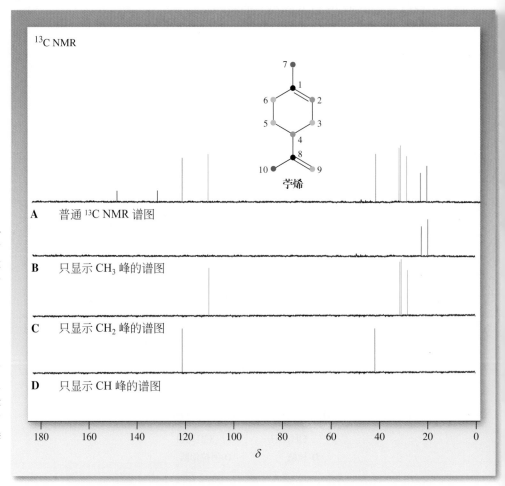

**图10-33** 将DEPT $^{13}$C NMR 方法应用于苎烯：（A）宽带去偶谱，显示出6个烷基碳在高场（$\delta$=20～40），4个烯基碳在低场（$\delta$=108～150；表10-6）；（B）仅显示C-7和C-10两个CH$_3$信号（红色）的谱图；（C）仅显示C-3、C-5、C-6和C-9四个CH$_2$信号（蓝色）的谱图；（D）仅显示C-2和C-4两个CH信号（绿色）的谱图。（A）中剩余的谱线归属于C-1和C-8两个季碳（黑色）。

图 10-33（D）]。季碳信号在后三个实验中并不出现。从图 10-33（A）所示全谱中扣除图 10-33（B）～（D）中所有谱线，能对季碳信号进行定位。

在本书之后的章节中，只要 $^{13}$C NMR 谱中出现 CH$_3$、CH$_2$、CH 或季碳归属的谱线，都是基于 DEPT 实验的结果。

## $^{13}$C NMR 谱可用于解决 1-氯丙烷的单氯化问题

在 10-6 节中，我们学习了用 $^1$H NMR 的化学位移和积分值来区分 1-氯丙烷单氯代后得到的三种二氯丙烷的异构体。练习 10-13（A）中叙述了用自旋-自旋裂分图形作为补充方法来解决这一问题。$^{13}$C NMR 怎样解决这个问题呢？我们的推导直接、明确：1,1-二氯丙烷和 1,2-二氯丙烷都有三个碳信号，但是位置明显不同，因为前者在同一个碳上有两个吸电子的氯原子（因此，在另两个碳原子上没有氯），而后者 C-1 和 C-2 上各有一个氯原子。由于 1,3-二氯丙烷的对称性，应该只有两条谱线，很容易与其他两个异构体区分开。下页页边的实验数据肯定了我们的推测。在 1,2-二氯丙烷中两个连有去屏蔽氯的碳原子的特定归属可以由 DEPT 谱区分：$\delta=49.5$ 处的信号为 CH$_2$，而 $\delta=55.8$ 处的信号为 CH。

从上例可以看到 $^1$H NMR 和 $^{13}$C NMR 是如何互补的。$^1$H NMR 谱图提供对氢核所处电子环境（如富电子和缺电子）的估计（$\delta$），相对丰度（积分）的测定以及指出其邻位氢的数量和种数（自旋-自旋裂分）。质子去偶 $^{13}$C NMR 给出化学不等价碳的总数与其电子环境（$\delta$），在 DEPT 谱中甚至能得到与其相连的氢的数目。应用这两项技术解析结构时有些像解纵横字谜，横向（$^1$H NMR 数据）必须与纵向（$^{13}$C NMR 信息）相对应才能给出正确的答案。

**三个信号**

CH$_3$CH$_2$CHCl$_2$

$\delta=10.1$　34.9　73.2

强烈去屏蔽

**三个信号**

CH$_3$CHClCH$_2$Cl

$\delta=22.4$　55.8　49.5

中等去屏蔽

**两个信号**

ClCH$_2$CH$_2$CH$_2$Cl

$\delta=42.2$　35.6

中等去屏蔽

## 练习 10-23

质子去偶 $^{13}$C NMR 谱能将下图所示的二环化合物 A 和 B 区分开吗？用 DEPT 谱能解决这个问题吗？

A　　　B

## 小 结

由于 $^{13}$C 同位素的天然丰度很低，且对磁场的灵敏度较低，$^{13}$C NMR 需要使用傅里叶变换技术（FT）。$^{13}$C-$^{13}$C 的偶合通常观察不到，因为样品中 $^{13}$C 同位素含量太低，使得两个 $^{13}$C 核相邻的可能性可忽略不计。$^{13}$C-H 偶合可以观测到，但是通常用质子宽带去偶消除，从而使各个非等价碳均得到单线峰。$^{13}$C NMR 的化学位移范围较大，有机物结构约为 $\delta=200$。$^{13}$C NMR 谱不能积分，但是 DEPT 谱可以确定每个峰是归属为 CH$_3$、CH$_2$、CH 或季碳。

**真实生活：波谱**  **如何确定NMR中各原子的连接顺序**

我们已经了解了 NMR 在确定分子结构中的巨大作用。我们能通过 NMR 了解化合物中核的种类及数目，也可以利用自旋偶合确定核相互的连接关系。后者可以结合复杂的脉冲技术和相关的计算机分析得出一张特殊的图表：二维（2D）NMR。该方法将分子的两张谱图分别放置在横轴和纵轴，

相互间的偶合信号在 x-y 坐标图上表示为"斑点"或相关峰。因为这张图将距离较近（因此存在自旋-自旋裂分）的核彼此相关，这种谱称为相关谱（correlation spectroscopy）或 COSY。

首先选一个已知的例子：1-溴丙烷（图 10-27）。其 COSY 谱图如下所示：

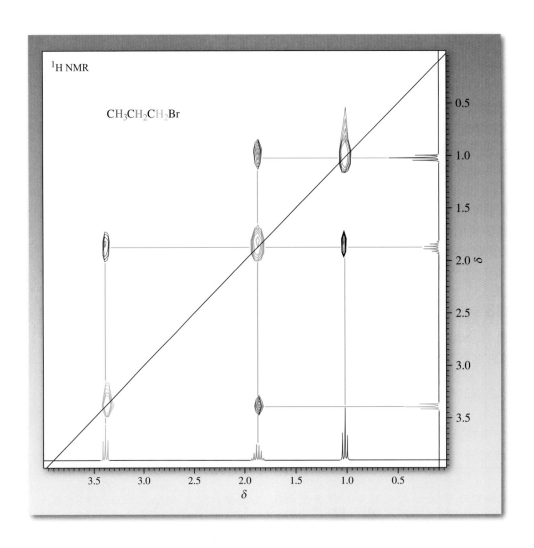

沿着 x、y 轴的两个谱与图 10-27 相同。对角线上的标记（彩色的"斑点"）是相同峰的自身相关，可以忽略。对角线以外的相关（以橙色线标出）能够证明分子中氢的连接。因此，δ=1.05 处甲基的三重峰（红色）与 δ=1.88 处亚甲基（绿色）

的六重峰有一交叉峰（黑色"斑点"），建立了它们的邻位相关。同样地，δ=3.40 处被溴原子去屏蔽了的亚甲基的峰（蓝色）也与 δ=1.88 的氢相关。最后，中心碳上氢的吸收与两个邻位氢均有交叉峰，从而证明了分子的结构。

当然，1-溴丙烷的例子过于简单，仅用来说明 COSY 谱图的工作原理。根据 1-溴己烷的例子，通过 COSY 谱图可以迅速判定单个亚甲基基团。首先从最容易识别的两个信号开始，即甲基（特征的高场三重峰）以及 $CH_2Br$ 的质子（特征的低场三重峰）。我们可以沿着相关信号从一个亚甲基"行进"到另一个邻近亚甲基，直到完全理清分子的连接顺序。

采用异核相关谱（heteronuclear correlation spectroscopy，HETCOR）可以更有效地揭示分子的连接关系。这种方法是将 $^1H$ NMR 与 $^{13}C$ NMR 谱放在一起，通过鉴定 C-H 成键的片段，沿着全部 C-H 骨架"绘制"出分子结构。HETCOR 的工作原理以 1-溴丙烷为例进行说明，如下图所示。

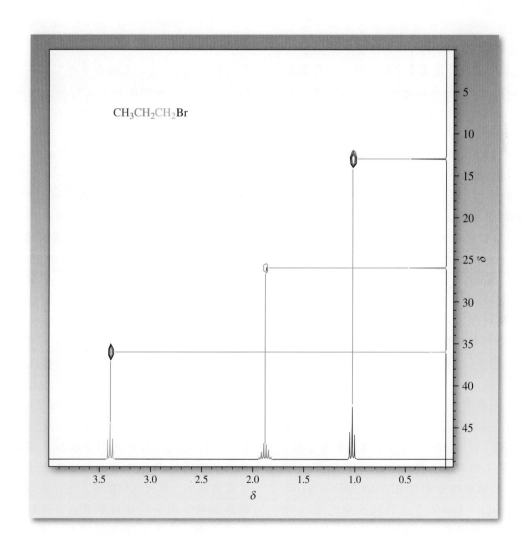

$^{13}C$ NMR 谱图位于 $y$ 轴，有三个峰。基于对 $^{13}C$ NMR 的了解，我们很容易判断出 $\delta=13.0$ 的信号是甲基碳，$\delta=26.2$ 处是亚甲基的碳，$\delta=36.0$ 处是与溴相连的碳。即使没有这些信息，也可以从氢与对应碳的交叉相关很快确定它们的归属。因此，甲基氢的三重峰与 $\delta=13.0$ 处的碳相关，亚甲基的六重峰与 $\delta=26.2$ 处的碳相关，低场质子的三重峰与 $\delta=36.0$ 处的碳相关。

**真实生活：**医药  天然和"非天然"产物的结构表征——葡萄籽中的抗氧化剂和草药中的假药

葡酚酮

葡萄籽的提取物被认为能预防一系列疾病，包括心脏病、癌症和牛皮癣。

植物世界是有用的药学、医学和化学保护性物质的丰富来源。2004 年从葡萄籽中分离出了十五碳化合物葡酚酮（viniferone）（一种倍半萜，参见 4-7 节）。它是葡萄籽原花青素中的一种，对自由基（第 3 章）和氧化应激具有较高抑制活性（22-9 节）。从 10.5kg 葡萄籽中仅能分离得到 40mg 该化合物。因此，元素分析、化学测试以及其他任何可能破坏微量可用材料的手段都不能应用于其结构解析。实际上，采用组合波谱技术（NMR，IR，MS 和 UV）得出了图示的结构，随后被 X 射线晶体学证实。

葡酚酮的结构表征利用 ${}^1$H 和 ${}^{13}$C NMR 数据。质子的化学位移为结构的关键片段提供了证据。在内部烯烃和芳香氢区有三个信号（在结构图中以橙色显示）位于 $\delta = 5.9 \sim 6.2$（典型的氢化学位移参见表 10-2）。另外三个信号在 $\delta > 3.8$ 处，反映出与连有氧的碳相连的三个质子（红色）的存在。最后，有四个相对较低的吸收峰位于 $\delta = 2.5 \sim 3.1$，可以分配给两对（绿色）非对映异构位氢（真实生活 10-3）。

${}^{13}$C NMR 同样有用（典型的碳化学位移参见表 10-6），因为它清楚地揭示了 $\delta = 171.0$ 和 $\delta = 173.4$ 的两个 C=O 碳，以及 $\delta > 95$ 的八个烯基和芳基碳。三个连接在氧上的四面体碳在 $\delta = 67 \sim 81$ 出峰，剩下的两个四面体碳信号出现在 $\delta = 28.9$ 和 $\delta = 37.4$。通过采用与 DEPT NMR 等效的技术确定连接的氢的数目，进一步证实了上述信息。

自旋-自旋裂分和相关（COSY）氢谱（真实生活 10-4）确定了分子结构。例如，六元醚环中，与 C-3 邻位氢（$\delta = 3.90$）的偶合使 C-2 氢（$\delta = 4.61$）显示为双重峰。同样地，C-4 上的两个非对映异构位质子（$\delta = 2.53$ 和 $\delta = 3.02$）各自产生双重裂分的双重峰，是因为它们之间的相互偶合和各自与 C-3

氢的独立偶合。C-3 上的质子产生了一个无法解析的多重态。葡酚酮结构测定的其他方面将在第 14 章中介绍（真实生活 14-3）。

再来讨论"非天然"产物，合成药物的世界充斥着"非法"化合物，它们往往没有任何有用的活性，有时甚至是危险的。一个典型的例子是草药膳食补充剂（HDSs），这是一个年销售额接近 1000 亿美元且在全球范围内不断扩张的市场。它们的成功很大程度上取决于人们普遍的观念：天然产物比合成产品更安全（真实生活 25-4）。尽管这些混合物未经有效性和毒性试验，并且无需处方即可轻松地从网站上购得。具有讽刺意味的是，为了提高声誉，一些制造商向这些混合物中非法添加处方药，从根本上破坏了 HDSs 的整体目的。草药制剂作为治疗勃起功能障碍的替代方案就是一个例子，而该疾病在临床上已通过西地那非（伟哥，参见第 25 章引言和解题练习 25-29）及其类似物伐地那非（艾力达）成功治愈。在一些产品中，已经发现这些补充剂里添加了实际药物，这是药品监管机构和使用者都极其关注的问题。通过波谱技术，包括 NMR 谱，可以很容易地识别这种添加物。例如，伐地那非在 $\delta = 7.4 \sim 8.0$ 区间内显示三个（橙色）芳香区信号，在 $\delta = 2.9 \sim 4.2$ 区间内显示另外三个峰［对应 12 个与吸电子的氮或氧原子相连的（红色）氢］。剩余烷基片段在高场出峰，最显著的是 $\delta = 2.5$ 处的甲基单峰，还有三个甲基三重峰（绿色）位于 $\delta = 0.9 \sim 1.4$ 区间内。${}^{13}$C NMR 谱图显示（预期的）21 个信号，包括六个不同的 $CH_2$ 碳（通过 DEPT NMR 确认），其中四

西地那非(R = CH₃)
伐地那非(R = CH₃CH₂)

"乙酰伐地那非"

个（与N或O相连）位于δ=43～51区间内，另外两个位于δ=20和δ=27处。此外，还有四个不同的CH₃峰。剩下的共振都在低场出峰，包括δ=155处的C=O中的碳。药物执法机构定期记录这些（和其他）谱图，并将数据与存储在数据库中的数据进行计算机匹配。为了避免在药物检查中被检测到，不法分子已开始使用真品的假冒类似品。例如，在2011年，一种"全天然生活方式增强补充剂"被发现含有一种新的（未经测试的）标记为"乙酰伐地那非"的化合物，这项波谱检测工作部分依靠NMR分析。虽然其谱图与真正的伐地那非非常相似，但还有新增的峰：在氢谱中，δ=3.78处的单峰揭示了一个额外的CH₂基团；在碳谱中，除了该CH₂片段产生的信号，还有一个额外的羰基吸收

峰位于δ=194.7处。药物化学家们用乙酰基取代了SO₂连接基团，虽然很巧妙，但无法通过现代分析技术的审查。

"天然伟哥"草药

## 总 结

到目前为止，在有机化学学习中，你可能会想过，化学家如何知道这一点？他们如何确立真实的结构？他们如何遵循某分子消失的动力学原理？如何确定平衡常数？他们什么时候知道反应已经结束？NMR波谱的引入提供了可用于回答这些问题的各种实用工具的一瞥。

以下是学到的知识：

— 波谱记录分子对电磁辐射的响应，从而揭示分子结构的细节（10-2节）。

— 核磁共振氢谱具有三个诊断性的特征：通过化学位移可得知被观察的氢周围的电子环境（10-3节～10-5节）；通过积分可得知某个特定的信号由多少等价氢产生（10-6节）；通过自旋-自旋裂分可得知邻近氢的"身份"和数量（10-7节和10-8节）。

— 通过质子去偶可以极大地简化核磁共振碳谱，从而仅产生单峰（10-9节）。

其他形式的波谱可以给出关于分子的其他重要信息。我们将结合它们特别诊断的官能团来进行介绍。

## 10-10 | 解题练习：综合运用概念

我们将以一些练习题总结本章内容，这些问题将测试我们分析 NMR 谱的技能。第一个练习题涉及一种未知物的结构鉴定，它是一种常规环氧烷开环反应的副产物。第二个练习题测试将 NMR 峰归属于分子中对应的 $^1H$ 和 $^{13}C$ 核的能力，然后说明当该分子发生异构化时引起的谱图的明显变化。

### 解题练习10-24    利用NMR波谱解析未知物的结构

为了制备 (S)-2-氯丁烷，某一个研究者进行了如下反应步骤：

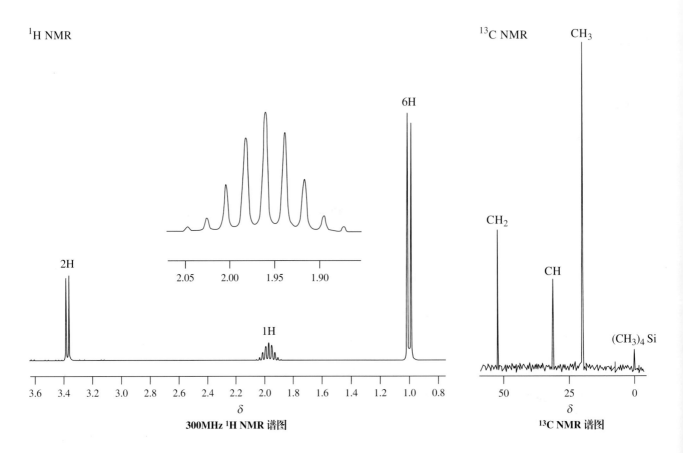

对反应产物（沸点 68.2℃）仔细进行制备型气相色谱分离，得到极少量的另一种化合物 $C_4H_9Cl$（沸点 68.5℃）。该化合物无光学活性，并显示出如下图所示的 NMR 谱图。这种化合物的结构是什么，是如何形成的？

策略：

再次使 WHIP 分析法（参见解题练习 10-14 和解题练习 10-16）来解决这一问题。

• W：有何信息？首先需要推断出给定反应序列的次要产物的结构。随后，解释这种化合物是"如何"形成的。如前所述，解答"如何"和"为什么"的问题通常需要机理层面的洞察力。请按顺序解决这些问题。

• **H**：如何进行？未知化合物的分子组成 $C_4H_9Cl$ 告诉我们它是主产物的异构体。它的 $^1H$ 和 $^{13}C$ NMR 谱图可用于分析。我们还可将原料转化为主产物的试剂。哪些信息对我们最有用？可以不依靠谱图数据，而尝试提出不同于反应步骤中两个反应的其他路径，但实际上，有必要使用波谱来确认我们提出的任何假设结构。从谱图开始更有意义，因为至少知道它们是否能给我们一个明确的答案。

• **I**：需用的信息？10-4 节～10-7 节揭示了 $^1H$ NMR 谱图所包含的信息。10-9 节则涉及 $^{13}C$ NMR 谱图，更为简单。根据一般策略，应尝试从最容易分析的资源中提取尽可能多的信息。首先从 $^{13}C$ NMR 谱图开始，再转向 $^1H$ NMR 谱图。

• **P**：继续进行。

**解答：**

未知物的分子式是 $C_4H_9Cl$。它有四个碳，但其 $^{13}C$ NMR 谱图（通过 DEPT 归属）只显示三条谱线，所以其中必有一条谱线来源于两个等价碳原子。位于最低场 $\delta=51$（$CH_2$）的谱线受去屏蔽作用影响大，因此最有可能由特有的连接氯原子的碳产生。这一推理表明了—$CH_2Cl$ 子结构的存在。其他两条谱线分别位于 $\delta=20$（$CH_3$）与 $\delta=31$（CH），在烷基区内。这两条谱线中的一条必定由两个等价碳产生，可以根据分子式和已知的—$CH_2Cl$ 子结构鉴定出到底是哪一条。因此，如果 $\delta=31$（CH）的信号由两个等价碳产生，那么我们会得到分子式 $CH_3 + 2CH + CH_2Cl = C_4H_7Cl$，与所给的分子式并不匹配。相反地，如果 $\delta=20$（$CH_3$）的信号对应两个等价碳，那么会得到正确的分子式 $2CH_3 + CH + CH_2Cl = C_4H_9Cl$。因此，未知物含有两个等价的 $CH_3$ 基团。我们可以连接这些片段，以便得到一个可能的答案，但让我们耐心看看从 $^1H$ NMR 谱图中能得出什么信息。

$^1H$ NMR 谱图显示了 $\delta=1.0$，1.9 和 3.4 的三种氢。按照与上述对去屏蔽作用最强的碳原子的归属相同的逻辑，去屏蔽作用最强的氢必须连接在连有氯的碳原子上（10-4 节）。三个氢信号的积分值分别为 6、1 和 2，加起来得到已知的 9 个氢原子（10-6 节）。最后，谱图中有自旋-自旋裂分。最高场和最低场的信号均为双重峰，且 $J$ 值基本相等，这说明这一系列氢（6 + 2，总计 8 个）中的每一个氢都仅有一个邻近氢（第 9 个 H）。该氢在谱图中央显示为九重峰，正如（$N+1$）规则所预测的那样（$N=8$；参见 10-7 节）。

现在将这些信息整合到结构解析中。和大多数谜题一样，可以通过几种方式得出答案。在 NMR 波谱问题中，通常最好从 $^1H$ NMR 谱图规定的部分结构的表述开始，并使用其他信息作为佐证。因此，积分为 6 H 的高场双重峰表明存在（$CH_3$）$_2CH$—子结构。类似地，低场对应峰指向—$CH_2CH$—。将这两个片段结合起来，给出—$CH_2CH(CH_3)_2$，随后加上 Cl 原子，得到答案：非手性（无光学活性）的 1-氯-2-甲基丙烷 $ClCH_2CH(CH_3)_2$。该解析由 $^{13}C$ NMR 谱图确证：最高场的谱线对应两个等价甲基碳，中心谱线对应三级碳，去屏蔽作用最强的吸收由连有氯的碳产生（表 10-6）。可以利用相对较小的分子式，以另一种方式确证你的解答。只有四种可能的氯丁烷异构体：$CH_3CH_2CH_2CH_2Cl$、$CH_3CH(Cl)CH_2CH_3$（主产物）、（$CH_3$）$_2CHCH_2Cl$（次要产物）和（$CH_3$）$_3CCl$。它们的 $^1H$ NMR 和 $^{13}C$ NMR 谱图在信号数目、化学位移、积分值和多重度等方面截然不同（请证实）。

这个问题的第二个方面与机理有关。我们如何从前述反应步骤中得到1-氯-2-甲基丙烷？使用第一张图中的试剂进行逆合成分析后，就可以得出答案。

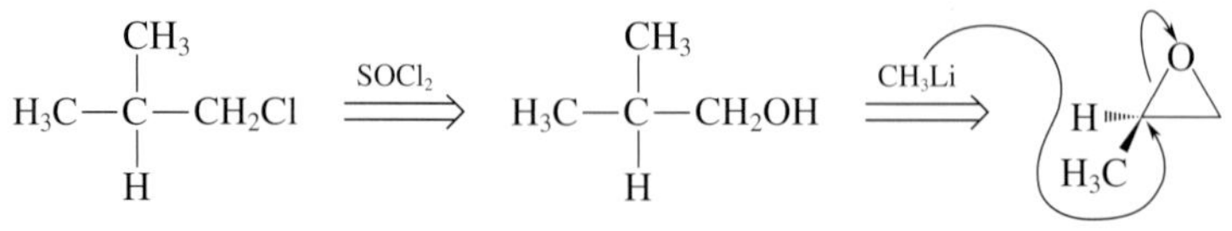

$$\text{H}_3\text{C} - \overset{\overset{\displaystyle\text{CH}_3}{|}}{\underset{\underset{\displaystyle\text{H}}{|}}{\text{C}}} - \text{CH}_2\text{Cl} \xrightarrow{\text{SOCl}_2} \text{H}_3\text{C} - \overset{\overset{\displaystyle\text{CH}_3}{|}}{\underset{\underset{\displaystyle\text{H}}{|}}{\text{C}}} - \text{CH}_2\text{OH} \xrightarrow{\text{CH}_3\text{Li}}$$

获得同一个碳上连接两个 $CH_3$ 基团化合物的唯一方法是将 $CH_3Li$ 的甲基加成到环氧乙烷中已经连有一个 $CH_3$ 的碳上。因此，观察到的次要产物是起始化合物在位阻更大的位置被亲核进攻开环的结果，这一过程相对不利，因此通常被忽略。

### 解题练习10-25  利用NMR谱揭示重排

**a.** 某研究生采集了光学纯（1*R*, 2*R*）-顺-1-溴-2-甲基环己烷（A）在氘代硝基甲烷（$CD_3NO_2$）溶剂（表6-5）中的 $^1$H NMR 和 $^{13}$C NMR 谱图，并记录了下列数据。$^1$H NMR 谱图：$\delta=1.06$（d, 3 H），1.42（m, 6 H），1.90（m, 2 H），2.02（m, 1 H），3.37（m, 1 H）；$^{13}$C NMR（DEPT）：$\delta=16.0$（$CH_3$），23.6（$CH_2$），23.9（$CH_2$），30.2（$CH_2$），33.1（$CH_2$），35.0（CH），43.2（CH）。在表10-2和表10-6的帮助下，尽可能地归属这些谱图。

**解答：**

$^1$H NMR 谱图。除最高场的双重峰外，所有信号均显示为复杂的多重态。这并不奇怪，考虑到每个氢（除了 $CH_3$ 中的三个氢）都是磁不等价的，围绕着环有多个邻位和同碳偶合，并且这些 $\delta$ 值（除了溴取代基附近的氢）很接近。另外，甲基如预期的那样出现在最高场，并且由于与邻近叔氢的偶合而成为双重峰。为了完成任务，必须比平常更加依靠化学位移和积分值。

溴对其附近的预期影响是什么？答：Br 是去屏蔽的（10-4 节），主要作用于直接相邻的氢，其效应随距离的增加而逐渐减弱。实际上，$\delta$ 值被分为两组：一组较高（$\delta=3.37$, 2.02, 1.90），另一组较低（$\delta=1.42$, 1.06）。位于 $\delta=3.37$ 处，去屏蔽作用最强的单个氢可以很容易地被归属为溴旁边的 C-1，第二被去屏蔽的位置是它邻近的 C-2 和 C-6。$\delta=2.02$ 处的信号积分仅有 1 H，因此必须是 C-2 处的单个叔氢，然后可以将 $\delta=1.90$ 处的峰分配给 C-6 处的 $CH_2$。该选择也与仲氢信号通常比叔氢信号位于更高场的观点一致（表10-2）。剩下的六个氢在几乎相同的地方（$\delta=1.42$）产生吸收，未被解析。

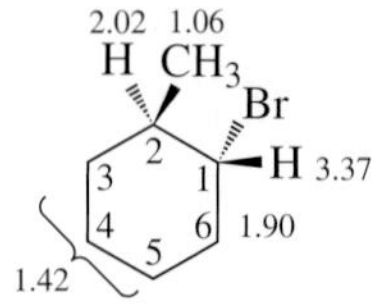

A
$^1$H NMR 归属

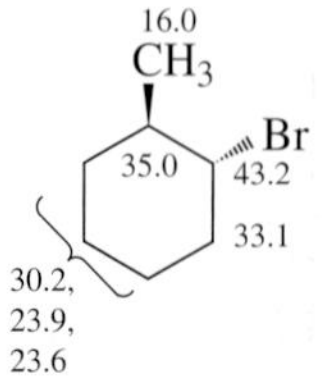

A
$^{13}$C NMR 归属

$^{13}$C NMR 谱图。将 DEPT 相关性和溴的去屏蔽效应结合使用，可以在上图所示的范围内进行归属。

**b.** 令人惊讶的是，该样品的光学活性随着时间的推移而下降。同时 **A** 的 NMR 谱图强度减弱，并出现无光学活性的异构体 **B** 的峰。$^{1}$H NMR：$\delta = 1.44$（m，6 H），1.86（m，4 H），1.89（s，3 H）；$^{13}$C NMR（DEPT）：$\delta = 20.8$（CH$_2$），26.7（CH$_2$），28.5（CH$_3$），37.6（C$_季$），41.5（CH$_2$）。根据 **A** 消失的速率 $k$[**A**]，那 **B** 是什么？它是怎样形成的？

**解答：**

分析 **B** 的谱图，特别是与 **A** 进行比较。在 $^{1}$H NMR 谱图中，我们注意到信号的数目从五个减少到仅三个。而且，**A** 中溴旁边的氢给出的 $\delta = 3.37$ 的低场峰消失了，原来的甲基双重峰变为了单峰并且移向低场。在 $^{13}$C NMR 谱图中，我们认识到从七个峰到五个峰有类似的简化（说明对称化）。此外，叔碳（CH）消失，仅有三种 CH$_2$，并且出现了季碳。相对被去屏蔽的 CH$_3$ 碳也很明显。

**结论**。溴原子现在必须位于与 CH$_3$ 取代基相同的位置，如在非手性的 1-溴-1-甲基环己烷中：

为什么会发生这种重排？答：我们有一个通过碳正离子重排（9-3 节）进行的 S$_N$1 反应的案例（7-2 节）。

上述机理解释了所有观察到的结果：光学活性的消失，**A** 的"一级速率"消失和 **B** 的形成。

**重要概念**

1. **NMR** 是推断有机分子**结构**最重要的波谱工具。

2. **波谱**的工作基础是分子以各种能量形式存在，较低能量的分子通过吸收量子化的**电磁辐射**可转换为更高能量的状态。

3. NMR 的工作基础是特定核（特别是 $^{1}$H 和 $^{13}$C）暴露于强磁场中时，会与之顺向（α）或反向（β）排列。从 α 态到 β 态的转变可以通过射频辐射实现，从而产生**共振**和具有特征吸收的谱图。外部场强越高，共振频率越高。例如，7.05T 的磁场使氢在 300 MHz 吸收，14.1T 的磁场则使氢在 600MHz 吸收。

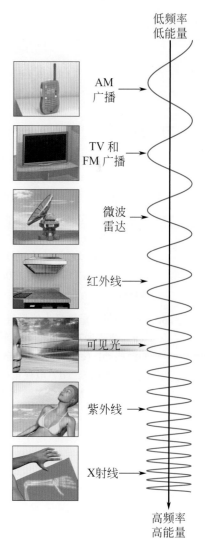

**各种形式的电磁辐射及其应用**

低频率低能量

AM 广播

TV 和 FM 广播

微波雷达

红外线

可见光

紫外线

X 射线

高频率高能量

4. **高分辨NMR**能够区分不同化学环境的氢和碳核。它们在谱图中的特征位置以**化学位移δ**的形式被测定，以四甲基硅烷为内标。

5. 化学位移高度依赖于电子云密度的存在（引起**屏蔽作用**）或不存在（引起**去屏蔽作用**）。屏蔽作用导致相对高场峰［向右，朝向（CH₃）₄Si］，去屏蔽作用则导致低场峰。因此，给电子取代基引起屏蔽，吸电子取代基则引起去屏蔽。醇、硫醇和胺的杂原子上的质子通常具有可变的化学位移，且由于氢键和交换而表现为宽峰。

6. 化学等价的氢或碳具有相同的化学位移。通过**对称**操作［例如**镜面**和**旋转**］的应用能最好地确定等价性。

7. 峰的氢数量通过**积分**来测定。

8. 核的邻位氢数通过其NMR共振的**自旋-自旋裂分**形式确定，遵循（*N*+1）**规则**。等价氢不显示相互的自旋-自旋裂分。

9. 当相互偶合的氢之间的化学位移之差与它们的偶合常数相当时，会观察到具有复杂模式的**非一级谱图**。

10. 当核与非等价邻位氢的偶合常数不同时，应遵循**连续的**（*N*+1）**规则**。

11. **核磁共振碳谱**使用低丰度的¹³C同位素。在普通的¹³C NMR谱图观察不到碳-碳偶合。可以通过质子去偶来解除C-H偶合，从而将大多数¹³C NMR谱图简化为单峰的集合。

12. **DEPT** ¹³C NMR可以将吸收峰分别归属于CH₃、CH₂、CH或季碳。

## 习 题

26. 以下频率会定位在图10-2中的哪个位置？AM无线电波（$\tilde{\nu}$1MHz =1000kHz=$10^6$Hz=$10^6$s$^{-1}$，或周/秒）；FM广播频率（$\tilde{\nu}$100MHz=$10^8$s$^{-1}$）。

27. 将下列每个量转换为指定的单位：（**a**）1050cm$^{-1}$转换为λ（单位：μm）；（**b**）510nm（绿光）转换为ν（单位：s$^{-1}$，周/秒或Hz）；（**c**）6.15 μm转换为$\tilde{\nu}$（单位：cm$^{-1}$）；（**d**）2250cm$^{-1}$转换为ν（单位：s$^{-1}$或Hz）。

28. 将下列每个量转换为能量值（单位：kcal·mol$^{-1}$）：（**a**）波数为750cm$^{-1}$的键旋转；（**b**）波数为2900cm$^{-1}$的键振动；（**c**）波长为350nm的电子转移（紫外线，能导致晒伤）；（**d**）电视第6频道的音频信号的广播频率（87.25MHz；在数字电视出现之前）；（**e**）波长为0.07nm的"硬"X射线。

29. 计算氢核在以下磁场中经历α→β自旋翻转时吸收的能量（保留三位有效数字）：（**a**）一个2.11T的磁铁（ν = 90MHz）；（**b**）一个11.75T的磁铁（ν = 500 MHz）；（**c**）计算本章开头所示的NMR磁铁中α→β¹H自旋转变的频率和能量。

30. 对于以下每项改变，指出它们引起NMR谱图中峰向右移动还是向左移动：（**a**）增大射频频率（磁场强度恒定）；（**b**）增大磁场强度（射频频率恒定；向高场移动；10-4节）；（**c**）增大化学位移；（**d**）增大屏蔽效应。

31. 绘制假设的低分辨NMR谱图，显示以下每个分子中所有磁性核的共振峰的位置。假设外磁场强度为2.11T。当磁场变为8.46T时，谱图会如何变化？
　　（**a**）CFCl₃（氟利昂11，3-10节）
　　（**b**）CH₃CFCl₂（HCFC-141b，正逐步被淘汰的氟利昂）
　　（**c**）CF₃CHClBr （氟烷，真实生活6-1）

32. 如果习题31中各分子的NMR谱图均在高分辨条件（对于每个核）下记录，会观察到什么差异？

33. CH₃COCH₂C(CH₃)₃（4,4-二甲基-2-戊酮）在300 MHz下记录的¹H NMR谱图在如下位置显示信号：四甲基硅烷低场方向307、617和683Hz处。（**a**）这些信号的化学位移（δ）是多少？（**b**）如果谱图在90 MHz或500 MHz下记录，这些峰与四甲基硅烷的相对位置（单位：Hz）会是多少？（**c**）将每个信号归属于分子中的氢。

34. 按化学位移（从最低到最高）对以下化合物的¹H NMR信号进行排序。哪一个在最高场？哪一个在最低场？
　　（**a**）H₃C—CH₃　　　　（**b**）H₂C═CH₂

（c）H₃C—O—CH₃　　（d）H₃C—$\overset{\overset{\text{O}}{\|}}{\text{C}}$—CH₃

（e）⬡（环己二烯结构）　　（f）$\underset{\text{H}_3\text{C}}{}$—$\overset{\overset{\text{CH}_3}{|}}{\text{N}}$—CH₃

**35.** 在NMR实验中，下列分子中的哪些氢显示出更低场的信号［相对于(CH₃)₄Si］？请进行解释。

（a）(CH₃)₂O 或 (CH₃)₃N　（b）CH₃$\overset{\overset{\text{O}}{\|}}{\text{C}}$CH₃
　　　　　　　　　　　　　　 ↑ 或 ↑

（c）CH₃CH₂CH₂OH　（d）(CH₃)₂S 或 (CH₃)₂S=O
　　　↑ 或 ↑

**36.** 下面所示的每种环丙烷衍生物的¹H NMR谱图中会存在多少种信号？仔细考虑每个氢周围的立体环境。

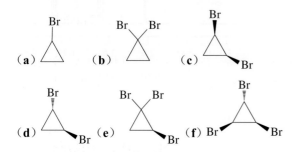

**37.** 以下每个分子的¹H NMR谱图中会存在多少种信号？每种信号的近似化学位移是多少？（忽略自旋-自旋裂分。）

（a）CH₃CH₂CH₂CH₃　　（b）CH₃CHCH₃
　　　　　　　　　　　　　　　　　|
　　　　　　　　　　　　　　　　　Br

（c）HOCH₂$\overset{\overset{\text{CH}_3}{|}}{\underset{\underset{\text{CH}_3}{|}}{\text{C}}}$Cl　（d）CH₃$\overset{\overset{\text{CH}_3}{|}}{\text{CH}}$CH₂CH₃

（e）CH₃$\overset{\overset{\text{CH}_3}{|}}{\underset{\underset{\text{CH}_3}{|}}{\text{C}}}$NH₂　　（f）CH₃CH₂CH(CH₂CH₃)₂

（g）CH₃OCH₂CH₂CH₃　（h）$\begin{array}{c}\text{H}_2\text{C}—\text{CH}_2\\ |\qquad\quad|\\ \text{H}_2\text{C}—\text{C}\\ \qquad\;\;\|\\ \qquad\;\;\text{O}\end{array}$

（i）CH₃CH₂—$\overset{\overset{\text{O}}{\|}}{\text{C}}$—H　（j）CH₃$\overset{\overset{\text{CH}_3\text{O}}{|}}{\text{CH}}$—$\overset{\overset{\text{CH}_3}{|}}{\underset{\underset{\text{CH}_3}{|}}{\text{C}}}$—CH₃

**38.** 指出以下每组异构体中每种化合物¹H NMR谱图中的信号数目、每个信号的近似化学位移及其积分比（忽略自旋-自旋裂分）。每组中的全部异构体能否通过上述三项信息彼此区分？

（a）CH₃$\overset{\overset{\text{CH}_3}{|}}{\underset{\underset{\text{Br}}{|}}{\text{C}}}$CH₂CH₃，　BrCH₂$\overset{\overset{\text{CH}_3}{|}}{\text{CH}}$CH₂CH₃，　CH₃$\overset{\overset{\text{CH}_3}{|}}{\text{CH}}$CHCH₂CH₂Br

（b）ClCH₂CH₂CH₂CH₂OH，　$\overset{\overset{\text{CH}_2\text{Cl}}{|}}{\text{CH}_3\text{CHCH}_2\text{OH}}$，　$\overset{\overset{\text{CH}_3}{|}}{\underset{\underset{\text{Cl}}{|}}{\text{CH}_3\text{CCH}_2\text{OH}}}$

（c）ClCH₂$\overset{\overset{\overset{\text{CH}_3\;\;\text{CH}_3}{|\quad\;|}}{\text{C}—\text{CHCH}_3}}{\underset{\underset{\text{Br}}{|}}{}}$，　ClCH₂$\overset{\overset{\overset{\text{CH}_3}{|}}{\text{CH}—\text{C}\text{CH}_3}}{\underset{\underset{\text{Br}}{|}}{}}$，

ClCH₂$\overset{\overset{\overset{\text{CH}_3}{|}}{\underset{\underset{\text{CH}_3}{|}}{\text{C}}}—\text{CHCH}_3}{\underset{\underset{\text{Br}}{|}}{}}$，　ClCH₂$\overset{\overset{\text{CH}_3}{|}}{\text{CHCHCH}_3}\underset{\underset{\text{Br CH}_3}{|\;\;\;|}}{}$

**39.** 两种卤代烷的¹H NMR谱图如下所示。为这些化合物提出符合谱图的结构：（a）C₅H₁₁Cl，谱图A；（b）C₄H₈Br₂，谱图B。

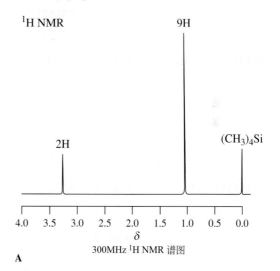

A

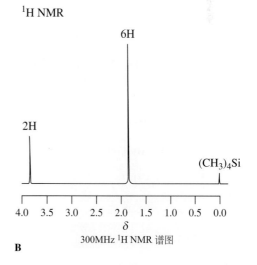

B

**40.** 以下是三个具有醚官能团的分子的¹H NMR信号。所有信号都是单重（尖）峰，给出这些化合物的结构：（a）C₃H₈O₂，δ=3.3，4.4（比例为3∶1）；（b）C₄H₁₀O₃，δ=3.3，4.9（比例为9∶1）；（c）C₅H₁₂O₂，δ=1.2，3.1（比例为1∶1）。比较这些谱图，并与1,2-二甲氧基乙烷的谱图［图10-15（B）］进行对比。

**41.** （a）分子式为C₆H₁₂O的酮的¹H NMR谱图中有δ=1.2和

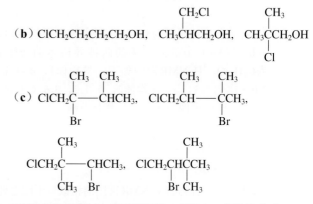

2.1的两个峰（比例为3∶1），写出该分子的结构。（**b**）与（**a**）中的酮相关的两种异构体的分子式为 $C_6H_{12}O_2$，$^1H$ NMR谱图如下：异构体1，$\delta=1.5$，2.0（比例为3∶1）；异构体2，$\delta=1.2$，3.6（比例为3∶1）。这些谱图中所有信号都是单峰。写出这些化合物的结构。它们属于哪类化合物？

**42.** 列出 $^1H$ NMR的四个重要特征以及可以从中获得的信息。（**提示**：10-4节～10-7节。）

**43.** 描述下列化合物的 $^1H$ NMR谱图的相似与不同之处，需包括习题42中列出的全部四个特征。这些化合物各属于哪类化合物？

$$CH_3CH_2\overset{\displaystyle O}{\overset{\|}{-}C}-O-CH_3 \quad CH_3\overset{\displaystyle O}{\overset{\|}{-}C}-O-CH_2CH_3$$

$$CH_3CH_2\overset{\displaystyle O}{\overset{\|}{-}C}-CH_3 \quad CH_3CH_2CH_2\overset{\displaystyle O}{\overset{\|}{-}C}-H$$

**44.** 下面在左侧给出了三种 $C_4H_8Cl_2$ 的异构体，右侧列出了三套应用简单（$N+1$）规则得到的 $^1H$ NMR数据。请将结构与适当的波谱数据相匹配。（**提示**：在草稿纸上画出谱图对解题会很有帮助。）

（**a**） $CH_3CH_2\overset{Cl}{\overset{|}{C}}H\overset{Cl}{\overset{|}{C}}H_2$ （i）$\delta=1.5$(d, 6H)，4.1(q, 2H)

（**b**） $CH_3\overset{Cl}{\overset{|}{C}}H\overset{Cl}{\overset{|}{C}}HCH_3$ （ii）$\delta=1.6$(d, 3H)，2.1(q, 2H)，3.6(t, 2H)，4.2(sex, 1H)

（**c**） $CH_3\overset{Cl}{\overset{|}{C}}HCH_2\overset{Cl}{\overset{|}{C}}H_2$ （iii）$\delta=1.0$(t, 3H)，1.9(quin, 2H)，3.6(d, 2H)，3.9(quin, 1H)

**45.** 预测习题37中每个化合物的NMR谱图中能观察到的自旋-自旋裂分。（**记住**：与氧或氮相连的氢通常不会出现自旋-自旋裂分。）

记住：

**$^1H$ NMR 信息**

化学位移

积分值

自旋-自旋裂分

**46.** 预测习题38中每个化合物的NMR谱图中能观察到的自旋-自旋裂分。

**47.** 下列每个化合物均给出了 $^1H$ NMR化学位移。请尽可能地将每个信号归属给分子中合适的氢原子组，并画出每个化合物的谱图，适当地加上自旋-自旋裂分：（**a**）$Cl_2CHCH_2Cl$，$\delta=4.0,5.8$；（**b**）$CH_3CHBrCH_2CH_3$，$\delta=1.0,1.7,1.8,4.1$；（**c**）$CH_3CH_2CH_2COOCH_3$，$\delta=1.0,1.7,2.3,3.6$；（**d**）$ClCH_2CHOHCH_3$，$\delta=1.2$，3.0,3.4,3.9。

**48.** $^1H$ NMR谱图C～F（下方）分别对应分子式为 $C_5H_{12}O$ 的醇的四种异构体，请写出它们的结构。

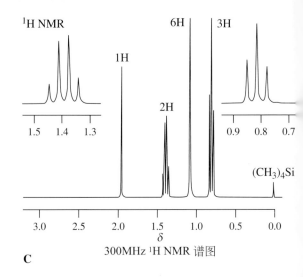

300MHz $^1H$ NMR 谱图

**C**

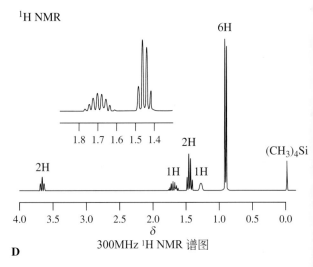

300MHz $^1H$ NMR 谱图

**D**

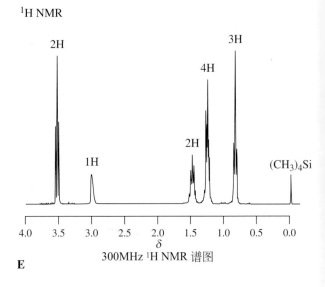

300MHz $^1H$ NMR 谱图

**E**

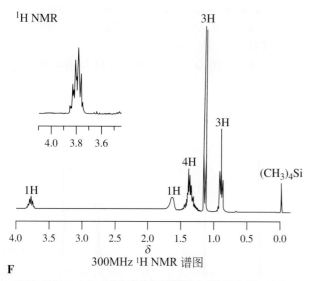

300MHz ¹H NMR 谱图

**F**

**49.** 绘制以下化合物的¹H NMR谱图，预测其化学位移
（10-4节），并显示出具有自旋-自旋偶合的峰的适
当多重态。

（**a**）$CH_3CH_2OCH_2Br$；　　　（**b**）$CH_3OCH_2CH_2Br$；
（**c**）$CH_3CH_2CH_2OCH_2CH_2CH_3$；（**d**）$CH_3CH(OCH_3)_2$。

**50.** 化学式为$C_6H_{14}$的烃产生¹H NMR谱图G。它具有怎
样的结构？该分子具有与另一化合物类似的结构特
征，后者的谱图在本章中已说明，它是什么分子？
解释两者谱图中的相似与不同之处。

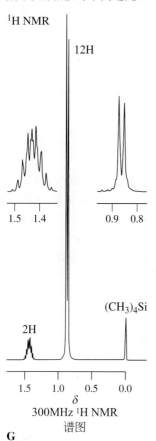

300MHz ¹H NMR
谱图

**G**

**51.** 用热的、浓HBr处理与习题48中NMR谱图D对应的
醇，得到分子式为$C_5H_{11}Br$的化合物。它的¹H NMR
谱图在$\delta$=1.0（t,3H），1.2（s,6H），1.6（q,2H）处具有
信号。请解释原因。（**提示：**参见习题48中的NMR
谱图C。）

**52.** 以下是1-氯戊烷在60MHz（谱图H）和500MHz（谱
图I）下的¹H NMR谱图。解释两种谱图的外观差
异，并将信号分配给分子中的特定氢。

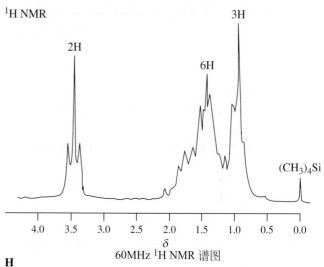

60MHz ¹H NMR 谱图

**H**

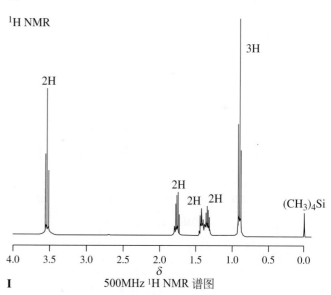

**I**　　　500MHz ¹H NMR 谱图

**53.** 描述习题36所示的六种溴代环丙烷衍生物的¹H NMR
谱图中每个信号预期的自旋-自旋裂分模式。**注意：**
在这些化合物中，同碳偶合常数（同一碳原子上非
等价氢之间；10-7节）和反式邻位偶合常数（约
5Hz）比顺式邻位偶合常数（约8Hz）小。

**54.** 能否将戊烷的三种异构体从宽带质子去偶¹³C NMR
谱图中区分开？己烷的五种异构体呢？

**55.** 预测习题37中各化合物的质子去偶和非质子去偶
¹³C NMR谱图。

记住：

> **¹³C NMR 信息**
>
> 化学位移
>
> DEPT

**56.** 将¹H NMR谱图换为¹³C NMR谱图，重做习题38。

**57.** 习题36和习题38中讨论的化合物的DEPT ¹³C NMR谱图与普通的¹³C NMR谱图在外观上有何不同？

**58.** 从下列每组三个分子中，选出与质子去偶¹³C NMR数据最相符的结构，并解释选择的原因。

（**a**）$CH_3(CH_2)_4CH_3$，$(CH_3)_3CCH_2CH_3$，$(CH_3)_2CH—CH(CH_3)_2$；$\delta=19.5, 33.9$；

（**b**）1-氯丁烷，1-氯戊烷，3-氯戊烷；$\delta=13.2, 20.0, 34.6, 44.6$；

（**c**）环戊酮，环庚酮，环壬酮；$\delta=24.0, 30.0, 43.5, 214.9$；

（**d**）$ClCH_2CHClCH_2Cl$，$CH_3CCl_2CH_2Cl$，$CH_2=CHCH_2Cl$；$\delta=45.1, 118.3, 133.8$。

（**提示**：参考表10-6。）

**59.** 在已给的分子式、¹H NMR和质子去偶¹³C NMR数据

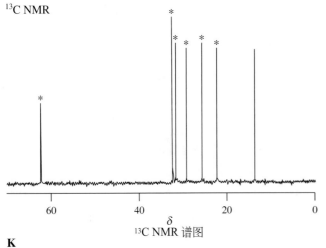

J

300MHz ¹H NMR 谱图

¹³C NMR

K

¹³C NMR 谱图

的基础上，为下列每种分子提出合理的结构。

（**a**）$C_7H_{16}O$，谱图J和谱图K（通过DEPT确定*=$CH_2$）；

（**b**）$C_7H_{16}O_2$，谱图L和谱图M（由DEPT确定M中的归属）。

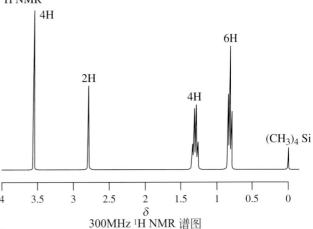

L

300MHz ¹H NMR 谱图

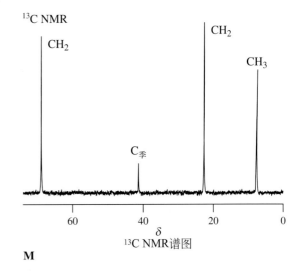

M

¹³C NMR谱图

**60. 挑战题** 苯甲酸胆固醇酯（4-7节）的¹H NMR谱图如谱图N所示。尽管很复杂，但它具有一些明显的特征。分析用积分值标记的吸收峰。插入的图是$\delta=4.85$处信号的放大，呈现出近似一级的裂分模式。如何解释这种模式？［**提示**：$\delta=2.5, 4.85, 5.4$处的峰形由于出现相等的化学位移和（或）偶合常数而被简化。］

---

**苯甲酸胆固醇酯与液晶显示器**

苯甲酸胆固醇酯是第一种被发现具有液晶特性的材料：介于液态流体和固态晶体之间的有序状态。当处于电场中时，初始的有序状态被扰动，从而改变对入射光的透明度。这种响应是快速的，从而奠定了在显示器（"LCDs"）中使用液晶的基础。

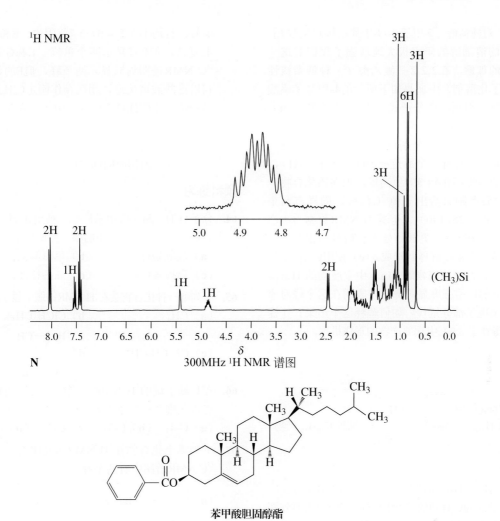

苯甲酸胆固醇酯

300MHz ¹H NMR 谱图

**N**

**61. 挑战题**　萜烯——$\alpha$-松油醇（terpineol）分子式为 $C_{10}H_{18}O$ 并且是松油的组分。正如英文名中的-ol结尾所示，它是一种醇。使用¹H NMR谱图（谱图O）尽可能多地推断$\alpha$-松油醇的结构。[**提示**：（1）$\alpha$-松油醇具有许多其他萜烯（例如：香芹酮；第5章习题44）中同样具有的1-甲基-4-异丙基环己烷骨架；（2）在对谱图O的分析中，关注最明显的特征（$\delta$=1.1，1.6和5.4处的峰），并借助化学位移、积分值和$\delta$=5.4处信号（插图）的裂分图形。]

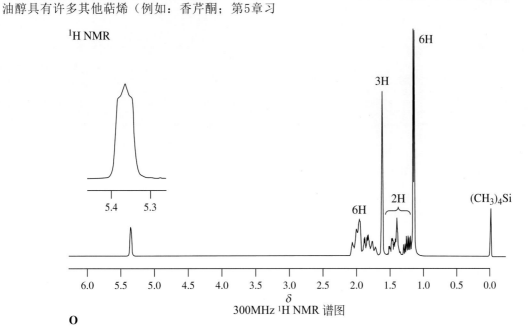

300MHz ¹H NMR 谱图

**O**

**62. 挑战题** 对薄荷醇［5-甲基-2-(1-甲基乙基)环己醇］衍生物的溶剂解的研究极大地增强了我们对这一类反应的理解。在2,2,2-三氟乙醇（一种低亲核性的高离子化溶剂）中加热如下所示的4-甲基苯磺酸酯衍生物，得到两个分子式为$C_{10}H_{18}$的产物。（**a**）主产物的$^{13}C$ NMR谱图显示出10个不同的信号，其中两个在相对低场，分别位于约$\delta=120$和145处。$^1H$ NMR谱图具有一个靠近$\delta=5$的三重峰（1H），所有其他信号都在$\delta=3$的更高场，识别该化合物。（**b**）次要产物只给出七种$^{13}C$信号，同样有两个在低场（$\delta\approx125$，140）。但其$^1H$ NMR数据与主产物的相反，在$\delta=3$的更低场处没有信号。识别该产物，并从机理角度解释其形成。（**c**）使用C-2被氘代的酯作为溶剂解的底物时，（**a**）中主产物的$^1H$谱图在$\delta=5$处的信号强度显著降低，表明在这个峰对应的位置出现了部分氘代。如何解释这个结果？［**提示**：答案在于（**b**）中次要产物的形成机理。］

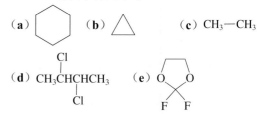

两种 $C_{10}H_{18}$ 产物

## 团队练习

**63.** 分子式为$C_4H_9BrO$的四种异构体A～D与KOH反应生成分子式为$C_4H_8O$的产物E～G。分子A和B分别产生化合物E和F。化合物C和D具有相同的NMR谱图，并产生相同产物G。尽管一部分起始原料具有光学活性，但产物均不具有光学活性。此外，E、F和G分别都只有两个具有不同化学位移的$^1H$ NMR信号，且均不在$\delta=4.6\sim5.7$范围内。E和G的共振都很复杂，但F只显示两个单峰。E和G的质子去偶$^{13}C$ NMR谱图均只显示两个峰，但F的显示三个。利用这些波谱信息，团队合作确定$C_4H_9BrO$的哪种异构体产生$C_4H_8O$的相应异构体。在完成了对底物和产物的匹配后，请自行分配预测E、F和G的NMR氢谱和碳谱的任务。预测所有化合物的$^1H$和$^{13}C$化学位移，并预测相应的DEPT谱图。

## 预科练习

**64.** 分子$(CH_3)_4Si$（四甲基硅烷）被用作$^1H$ NMR谱中的一种内标。下列性质中的哪一种使其尤为有用？

（**a**）高顺磁性；　　　（**b**）色彩鲜艳；

（**c**）高挥发性；　　　（**d**）高亲核性。

**65.** 下列哪一种化合物会在$^1H$ NMR谱图中显示出双重峰。

（**a**）$CH_4$ 　　　　　（**b**）$ClCH(CH_3)_2$

（**c**）$CH_3CH_2CH_3$　（**d**）

**66.** 在1-氟丁烷的$^1H$ NMR谱图中，去屏蔽化最强的氢连接在哪个碳原子上？

（**a**）C-4；　（**b**）C-3；　（**c**）C-2；　（**d**）C-1。

**67.** 下列哪个化合物在$^1H$ NMR谱图中有一个峰，而在$^{13}C$ NMR谱图中有两个峰？

（**a**）　（**b**）△　　（**c**）$CH_3$—$CH_3$

（**d**）$CH_3CHCHCH_3$　（**e**）

# 烯烃

## 红外光谱与质谱

　　顺-9-十八碳烯酸，也称为油酸。从欧洲橄榄树果实中提取的天然橄榄油中含有 80% 的油酸。油酸被认为是一种有益于人类心血管健康的不饱和脂肪酸。相反，它的反式双键异构体对身体健康有许多不利的影响。

**液**体食用油与固体酥油有什么不同呢？它们在结构上唯一的不同在于液体食用油中含有碳-碳双键，而固体酥油中没有。食用油是**烯烃**（alkene）的衍生物，而烯烃是含有多重键的最简单的有机化合物。本章和第 12 章将讨论烯烃的性质、制备和反应性。

　　在前面几章中已经学过，卤代烷和醇是含有单键官能团的两类重要化合物，它们在合适的条件下可以发生消除反应，生成烯烃。本章将回顾这些反应，并讨论一些影响反应结果的其他因素。第 12 章将讨论烯烃的反应，我们会发现烯烃可以通过加成反应再变回单键物质。烯烃是一类重要的有机合成中间体，也是合成塑料、合成纤维、建筑材料和许多重要工业物质的经济实用且有价值的原料。例如，许多气态烯烃的加成反应可以生成一些油类物质，这就是烯烃过去被称为 "olefins"（来源于拉丁语 *oleum facere*，意为 "产生油"）的原因。事实上，"margarine"（人造黄油）也是它最初名字 "oleomargarine" 的缩写❶。因为烯烃可以发生加成反应，因此它们是**不饱和的**（unsaturated）。相应地，含有单键而不发生加成反应的烷烃是**饱和的**（saturated）。

本章将从烯烃的命名和物理性质开始，然后学习如何估计烯烃异构体之间的相对稳定性。复习已经学过的消除反应，并进一步讨论烯烃的制备。

在本章我们也将学习另外两种测定分子结构的方法：①红外光谱（IR）；②能够判断分子是由哪些元素组成的技术——质谱（MS）。这两种方法（红外光谱和质谱）是对核磁共振谱（NMR）的补充，可以帮助有机化学家直接判断分子中是否存在官能团以及其特征的化学键（O—H、C=C 等）和在结构中的排列方式。

烯烃双键

## 11-1 | 烯烃的命名

**碳-碳双键**是烯烃的特征官能团。烯烃的分子通式是 $C_nH_{2n}$，与环烷烃相同。

和其他有机化合物一样，一些烯烃常使用常用名。英文命名时将烷烃中的词尾 -ane 改成 **-ylene** 即可。取代基的名称作为前缀加在 -ylene 前。

**典型烯烃的常用名**

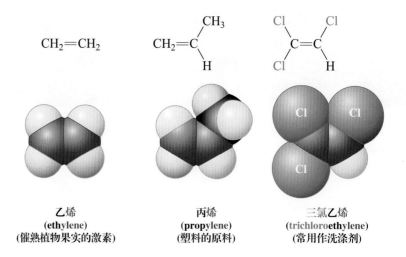

乙烯
(ethylene)
(催熟植物果实的激素)

丙烯
(propylene)
(塑料的原料)

三氯乙烯
(trichloroethylene)
(常用作洗涤剂)

在 IUPAC 命名法中，将词尾 -ylene 改为更简单的 **-ene**。例如，ethene（乙烯）和 propene（丙烯）。复杂的烯烃需要修正和扩展烷烃的命名规则（2-6 节）。

---

❶ 人造黄油（margarine）的名字间接来源于希腊语 "*margaron*"（意为珍珠），直接来源于珍珠酸（margaric acid）。珍珠酸是人造黄油中所含脂肪酸的一种，化学名为十七烷酸。之所以俗名是珍珠酸，是因为十七烷酸可以形成有光泽的珍珠般的晶体。

---

指导原则: **烯烃的IUPAC命名规则**

● **规则1**. 找出分子中的最长碳链。如果最长的碳链中包含组成双键的两个碳原子，可以直接将词尾改为烯（-ene），取代基的名称作为前缀加在"烯"前。假设最长的碳链中不包含碳-碳双键或者是取代的环烷烃，那么该分子以烷烃（2-6节）或者环烷烃（4-1节）的命名方法来命名。含有碳-碳双键的碳链作为取代基的命名参照规则7和规则8。

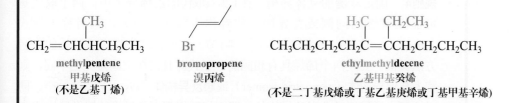

| | | |
|---|---|---|
| CH₂=CHCHCH₂CH₃ | | CH₃CH₂CH₂CH₂C=CCH₂CH₂CH₂CH₃ |
| **methylpentene** | **bromopropene** | **ethylmethyldecene** |
| 甲基戊烯 | 溴丙烯 | 乙基甲基癸烯 |
| （不是乙基丁烯） | | （不是二丁基戊烯或丁基乙基庚烯或丁基甲基辛烯） |

● **规则2**. 根据规则1确认该分子是某"烯"，则从主链靠近双键的一端开始编号（忽略烷基和卤素取代基），除非碳链中含有类似于—OH的优先于双键的官能团（规则6）。依次对碳原子进行编号，使双键碳原子的编号最小。编号可以放在"某烯"的前面（编号-某烯），也可以放在"烯"的前面（某-编号-烯）。在本书中，依然沿用之前的命名规则（环烯烃不需要加数字前缀，但是构成双键的碳原子编号是1和2，除非含有类似于—OH的优先于双键的官能团，参见规则6）。

　　具有相同的分子式但双键位置不同的烯烃，称为**双键异构体**（double-bond isomer），例如，1-丁烯和2-丁烯。1-烯烃通常称为**端烯**（terminal alkene），其他的则称为**内烯**（internal alkene）。值得注意的是，烯烃易用键线式来表示。

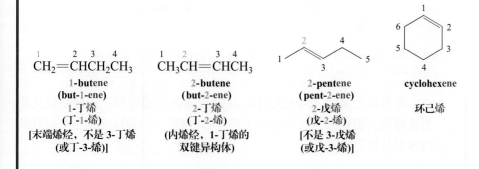

| | | | |
|---|---|---|---|
| CH₂=CHCH₂CH₃ | CH₃CH=CHCH₃ | | |
| **1-butene** | **2-butene** | **2-pentene** | **cyclohexene** |
| (but-1-ene) | (but-2-ene) | (pent-2-ene) | |
| 1-丁烯 | 2-丁烯 | 2-戊烯 | 环己烯 |
| [丁-1-烯] | (丁-2-烯) | (戊-2-烯) | |
| [末端烯烃，不是3-丁烯（或丁-3-烯）] | (内烯烃，1-丁烯的双键异构体) | [不是3-戊烯（或戊-3-烯）] | |

● **规则3**. 取代基以及它们的编号作为前缀写在某烯之前。对于对称的烯烃，应该使第一个取代基的位置编号最小。

| | | |
|---|---|---|
| CH₂=CHCHCH₂CH₃ | | CH₃CHCH=CHCH₂CH₃ |
| **3-methyl-1-pentene** | **3-fluorocyclohexene** | **2-methyl-3-hexene** |
| 3-甲基-1-戊烯 | 3-氟环己烯 | 2-甲基-3-己烯 |
| （不是3-甲基-4-戊烯） | （不是6-氟环己烯） | （不是5-甲基-3-己烯） |

## 练习 11-1

命名下列烯烃或画出烯烃的结构。

（**a**） [结构式] CH₃ / CH₃ / CH₃

（**b**） [结构式] Br

（**c**）（*S*）-3-氯-1-丁烯

（**d**）反-4,5-二甲基环己烯

**规则4.** 确定双键的立体异构。在1,2-双取代的乙烯分子中，两个取代基可能在双键的同侧或者异侧。前者称为顺式（*cis*），后者称为反式（*trans*）。这种命名方法与前面（4-1节）双取代环烷烃顺反异构的命名方法类似。如果两个烯烃具有相同的分子式并且仅在空间排列上不同，则称为**几何异构体**（geometric isomer）或**顺反异构体**（*cis-trans* isomer）。同时这两个烯烃还是非对映异构体，即它们互相都不是对方的镜像异构体。

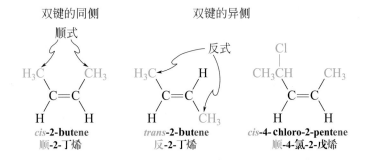

双键的同侧　　　　　　双键的异侧

顺式　　　　　　　　　反式

*cis*-2-butene　　　*trans*-2-butene　　　*cis*-4-chloro-2-pentene
顺-2-丁烯　　　　　　反-2-丁烯　　　　　　顺-4-氯-2-戊烯

## 练习 11-2

命名下列烯烃或画出烯烃的结构。

（**a**） [结构式] Cl Cl / H H

（**b**） [结构式]

（**c**） [结构式] Br

（**d**）（*S*）-顺-1-溴-4-甲基-1-环己烯　（**e**）反-4,4-二甲基-2-戊烯

在有取代基的小环烯烃中，双键只能是顺式构型。原因是反式构型具有较大的环张力（搭建分子模型）。但是，在大环烯烃中，反式异构体也是稳定的。

[结构式] CH₃ / F

[结构式] CH₃ / CH₂CH₃ / H₃C

[结构式]

**3-fluoro-1-methylcyclopentene**
3-氟-1-甲基环戊烯

**1-ethyl-2,4-dimethylcyclohexene**
1-乙基-2,4-二甲基环己烯

*trans*-**cyclodecene**
反-环癸烯

**（这两种结构中只有顺式异构体是稳定的）**

**规则5.** 当双键上带有三个或者四个不同的取代基时，无法用顺反异构的方法来表示。对于这类烯烃，IUPAC采用***E/Z*体系**来表示。在这种方法中，双键上每个碳原子的两个取代基的优先顺序遵循 R/S 方法（5-3节）中所采用的顺序规则。两个双键碳原子上的两个原子序数大的原子或基团在双键的异侧叫做 E 型（entgegen，德文，"相反"）；在同侧的叫做 Z 型（zusammen，德文，"在一起"）。

C-1优先 →　Br　　　F ←—— C-2优先

$$C \!=\! C$$

**(Z)-1-bromo-1,2-difluoroethene**
**(Z)-1-溴-1,2-二氟乙烯**

**(E)-1-chloro-3-ethyl-4-methyl-3-heptene**
**(E)-1-氯-3-乙基-4-甲基-3-庚烯**

由此可以看出，E/Z 体系中的优先顺序规则要比确定手性中心的 R/S 简单得多。确定烯烃的 E/Z 构型，不需要判断碳-碳双键上四个取代基的优先顺序，只需要判断组成双键的每一个碳原子上的两个取代基的优先顺序。

## 练习 11-3

命名下列烯烃或画出烯烃的结构。

（**a**）　（**b**）　（**c**）

（**d**）（Z)-1-甲氧基-2,4,4-三甲基 -2- 戊烯；

（**e**）（E)-1,3-二碘-2-甲基-1-甲硫基-1-丙烯

规则6. 双键是在羟基之后引入的一个新的官能团。规则6可用来解决同时含有双键和羟基两种官能团的化合物应该如何命名的问题：将它命名为烯烃还是醇？事实上，羟基优先于双键。如果最长的碳链中含有这两种官能团，这个化合物被称为**烯醇**（alkenol），并且对含有这两种官能团的碳链进行编号时，羟基的编号应该尽量小。为了将其与烯烃区别开来，这类化合物通常以"-ol"结尾。需要注意的是，在烯醇的英文命名（alkenol）中，烯烃词尾"-ene"中最后的e是去掉的。

$$\overset{3}{C}H_2 \!=\! \overset{2}{C}H\overset{1}{C}H_2OH$$

**2-propen-1-ol**
**2-丙烯-1-醇**
（不是 1-丙烯-3-醇）

**(Z)-5-chloro-3-ethyl-4-hexen-2-ol**
**(Z)-5-氯-3-乙基-4-己烯-2-醇**
（两个手性中心未标明）

**(R)-3-cyclohexen-1-ol**
**(R)-3-环己烯-1-醇**
[不是(R)-1-环己烯-4-醇]

**练习 11-4** ————————————————————————————

命名下列化合物或画出化合物的结构。

（a） 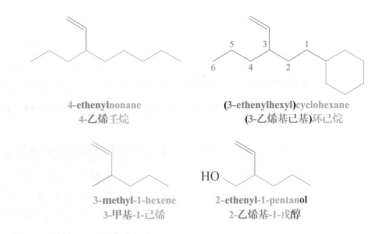   （b）

（c）反-3-戊烯-1-醇    （d）（*S*）-2-环己烯-1-醇

---

→ **规则7**. 含有双键的取代基称为**烯基**（alkenyl），例如，乙烯基（ethenyl 或 vinyl）、2-丙烯基（烯丙基）、顺-1-丙烯基。通常，从支链与主链相连的碳原子开始进行编号。

$$\overset{2}{C}H_2=\overset{1}{C}H— \qquad \overset{3}{C}H_2=\overset{2}{C}H—\overset{1}{C}H_2— \qquad$$

**乙烯基**          **2-丙烯基(烯丙基)**          **顺-1-丙烯基**

　　正如上面所说，当碳-碳双键没有包含在最长的碳链中时，可以用烯基来命名。例如，4-乙烯基壬烷。同样，碳-碳双键作为取代基与环类化合物相连时，也可采用相同的规则来命名。例如，4-乙烯基壬烷变为（3-乙烯基己基）环己烷。这是因为 IUPAC 规定所有的碳氢化合物，不论是否含有碳-碳双键（或第13章出现的碳-碳叁键），都遵循链状烷烃（2-6 节）以及环烷烃（4-1 节）的命名规则。

**4-ethenylnonane**
**4-乙烯壬烷**

**(3-ethenylhexyl)cyclohexane**
**(3-乙烯基己基)环己烷**

**3-methyl-1-hexene**
**3-甲基-1-己烯**

**2-ethenyl-1-pentanol**
**2-乙烯基-1-戊醇**

　　但是，所有非碳氢类的官能团，例如，羟基（以及之后会遇到的羰基、羧基等）都具有优先顺序。因此在命名时选取含有官能团在内的最长碳链（参见 8-1 节醇类化合物的命名）。对于含有碳-碳双键的化合物，只有最长的碳链中含有组成碳-碳双键的碳原子，烯烃部分才会以"烯"的形式命名，类似于规则6中烯醇的命名。否则，只作为取代基来命名。例如上面的例子中，将—OH 引入到 3-甲基-1-己烯中，此时化合物命名为 2-乙烯基-1-戊醇。

## 练习 11-5

命名下列化合物或画出化合物的结构。
（**a**）反-2-乙烯基环丙醇； （**b**）反-5-(1-丙烯基)壬烷；

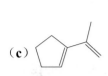

（**c**）                              （**d**）

---

➤ **规则8.** 当双键中只有一个碳原子不在主碳链中，则用**亚烷基**（alkylidene）来命名，例如：亚甲基，亚乙基，亚丙基。

$$H_2C=\qquad H_3C-CH=\qquad CH_3CH_2-CH=$$
　　亚甲基　　　　　亚乙基　　　　　亚丙基

下面化合物的命名就采用了这个规则。

CH₃CH₂—C—CH₂CH₃
  1  2   3

**3-methylidenepentane**
3-亚甲基戊烷
（不是2-乙基-1-丁烯）

**(Z)-5-ethylideneoctan-3-ol**
(Z)-5-亚乙基辛基-3-醇
[不是(Z)-5-丙基-5-己烯-3-醇]

**4-methylidenecyclopentene**
4-亚甲基环戊烯

根据规则2，包含碳-碳双键的环烯烃中，构成双键的碳原子的编号是1和2，因此亚甲基连接在C-4上。

---

## 解题练习 11-6

### 运用概念解题：如何命名复杂的烯烃

　　按 IUPAC 规则命名页边的化合物。

　　**策略：**

➤ **W：**有何信息？化合物结构的主要特点是什么？化合物中有一个具有立体构型的双键、一个环、一个羟基和一个手性中心。

➤ **H：**如何进行？遵循化合物命名的一般准则：

**步骤 1.** 确定主链。

**步骤 2.** 命名所有取代基。

**步骤 3.** 给主链碳编号。

**步骤 4.** 按英文字母顺序写出取代基的名称，前置取代基所连的碳原子编号。

➤ **I：**需用的信息？复习烯烃（本章）、烷烃（2-6节）、环烷烃（4-1节）、醇（8-1节）的命名规则，以及R/S方法中的顺序规则（5-3节）。

➤ **P：**继续进行。

解答：

• 化合物是醇类，最长的碳链有 7 个碳原子并且包含碳-碳双键，所以是庚烯醇。

• 取代基有氯原子、环己基、甲基。

• 编号非常简单，因为是末端醇，因此连接羟基的碳原子编号是 C-1。

• 可以写一个初始名称：6-氯-4-环己基-5-庚烯-1-醇。

• 还需要确定化合物的立体构型。手性中心碳原子 C-4 上的四个取代基的优先顺序为：丙烯基（a）、环己基（b）、羟丙基（c）、氢原子（d）。所以这个分子是 R 构型。再看双键上的取代基，C-5 上的优先基团是环己基醇，C-6 上的优先基团是氯原子，两个基团处于同侧，因此是 Z 构型。

• 答案：（R,Z）-6-氯-4-环己基-5-庚烯-1-醇。

### 11-7 自试解题

按 IUPAC 规则命名页边的化合物。

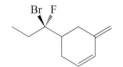

# 11-2 乙烯的结构和化学键：π键

烯烃中的碳-碳双键具有特殊的电子和结构特征。本节将讨论双键中碳原子的杂化、双键中 σ 键和 π 键的性质以及它们的相对强度。本节以最简单的烯烃——乙烯为例。

## 双键由 σ 键和 π 键组成

乙烯是平面结构，两个碳原子呈三角形结构，键角接近 120°（图 11-1）。因此，乙烯的两个碳原子是 $sp^2$ 杂化（1-8 节，图 1-21 以及相关的动画）。每个碳原子的两个 $sp^2$ 杂化轨道与氢原子的 1s 轨道重叠形成四个碳-氢键。每个碳原子剩余的一个 $sp^2$ 杂化轨道相互重叠形成碳-碳 σ 键。每个碳原子还拥有一个 2p 轨道，它们相互平行并且距离相近，可以相互重叠，从而形成 π 键（π bond）[ 图 11-2（A）]。π 键的电子云分布在两个碳原子所处分子平面的上下两方，如图 11-2（B）。

## 乙烯中的 π 键是相对较弱的键

双键中 π 键和 σ 键对双键的键强度分别有多大贡献呢？在 1-7 节中已经知道：键是由轨道重叠形成的，因而它们的相对强度由轨道重叠的程度决

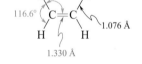

图11-1　乙烯的分子结构。

图11-2　乙烯中双键的杂化轨道示意图。$sp^2$-$sp^2$轨道重叠形成碳-碳σ键，垂直于乙烯分子平面的一对p轨道相互重叠形成π键。可以用两种方式来描述，一种如（A）中绿色虚线所示，将轨道叶瓣人工地分开；另外一种如（B）中所示，"π电子云"分布在两个碳原子所处分子平面的上方和下方。参见图1-13（E）。

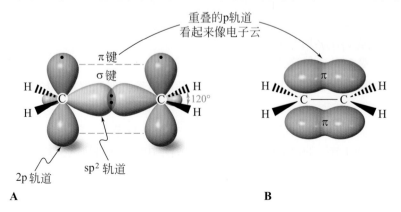

A　　　　　　　　　　　　　　　　　B

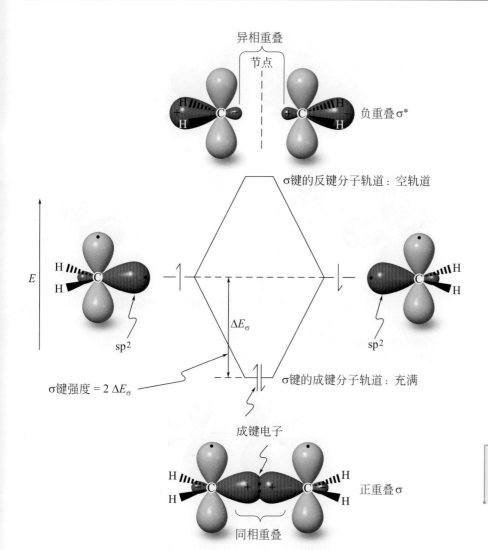

**图11-3** 两个sp²杂化轨道（各有一个电子，图中红色区域）的相互重叠决定了乙烯分子中σ键的相对强度。具有相同符号的波函数发生同相相互作用，增强了键合作用，形成成键分子轨道［波函数的同相重叠，图1-4（B）］。［注意：这些符号并不是指电荷，如"+"是任意指定的（图1-11）。］这两个电子占据着成键分子轨道，同时尽最大可能地分布在原子核间轴向附近。轨道稳定能$\Delta E_\sigma$与σ键的键强度对应。相反符号［图1-4（C）］的波函数发生异相相互作用，形成一个未填充的反键分子轨道（记作σ*），同时出现一个节点。

> **记住：** 键合（任何）两个原子轨道会产生两个新的分子轨道。

定。可以认为分子中 σ 键的轨道重叠程度要大于 π 键的轨道重叠程度，因为 sp² 杂化轨道是沿着原子核轴向延伸的（图 11-2）。这种情况可以用能级相互作用图来说明（图 11-3 和图 11-4），这与前面用到的描述氢分子成键情况的方法类似（图1-11 和图1-12）。图 11-5 概括了乙烯分子中形成双键的分子轨道的相对能量情况。

## 衡量 π 键的强度——热异构化

如何用实验数据来验证对 π 键键强度的推断呢？可以通过测量取代烯烃，如 1,2-二氘乙烯由顺式转化为反式所需要的能量，这个过程称为**热异构化**（thermal isomerization）。构成 π 键的两个 p 轨道旋转了 180°。当旋转到中点 90° 时，π 键（不是 σ 键）发生断裂（图 11-6）。因此，这个反应的活化能可以粗略近似为双键中 π 键的键强度。

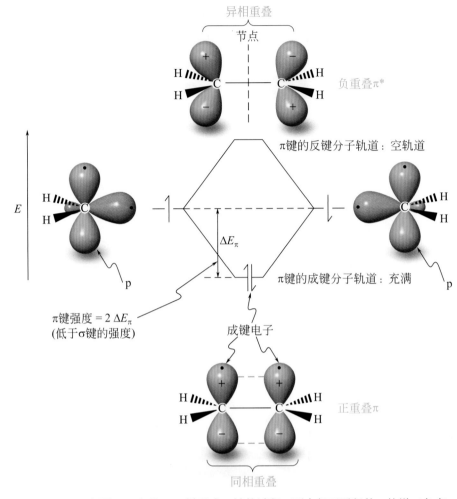

**图 11-4**  与图 11-3 相比，乙烯形成 π 键的过程。两个相互平行的 p 轨道（各有一个电子，图中蓝色所示）的同相相互作用产生正重叠，形成被电子填充的 π 轨道。从图中可以看出，电子最有可能分布在两个碳原子所在分子平面的上方和下方。因为 π 键的轨道重叠不如 σ 键的重叠得多，因此轨道稳定能 $\Delta E_\pi$ 比 $\Delta E_\sigma$ 小，即 π 键弱于 σ 键。异相相互作用形成反键分子轨道 π*。

热异构化通常只在较高的温度（>400℃）下才发生。它的活化能是 65 kcal·mol$^{-1}$（272kJ·mol$^{-1}$），这个数值被认为是键的键强度。低于 300℃时，双键的构型是稳定的，即顺式和反式不能相互转化。乙烯中双键的键强度（即解离成两个 $CH_2$ 片段所需的能量）是 173kcal·mol$^{-1}$（724kJ·mol$^{-1}$）。因此，碳-碳 σ 键的键强度为 108kcal·mol$^{-1}$（452kJ·mol$^{-1}$，图 11-7）。值得注意

**图 11-5**  组成双键的分子轨道的能级顺序。四个电子都填充在成键轨道中。

反键分子轨道：π*，σ*
成键分子轨道：π，σ

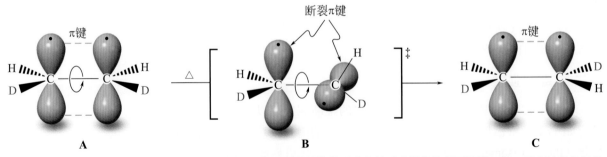

**图 11-6**  顺-二氘乙烯热异构化形成它的反式异构体需要断裂 π 键。反应过程从起始原料（A）开始，围绕碳-碳键旋转，直至达到最高能量点——过渡态（B）。在这个阶段，原来构成 π 键的两个 p 轨道相互垂直。继续朝此方向旋转得到反-二氘乙烯（C）。

**记住：** 图11-6中符号"‡"表示过渡态。

的是，烯烃中连在双键碳原子上的其他 σ 键的键强度要高于烷烃中类似的 σ 键的键强度（表3-2）。这主要是因为相对紧凑的 $sp^2$ 杂化轨道增加了成键的电子与碳原子核之间的相互吸引。因此，在自由基反应中烯基氢原子不容易被攫取，而较弱的 π 键的加成反应成为烯烃的特征反应（第12章）。

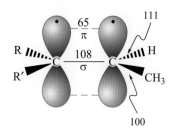

图 11-7　烯烃中各个键的近似键强度（单位：kcal·mol⁻¹）。注意：π 键是相对较弱的键。

## 小　结

　　烯烃双键的杂化模式解释了烯烃的物理和电子特性。烯烃中存在双键，且双键由平面三角形的 $sp^2$ 杂化的碳原子与碳上共平面的取代基组成。它们的杂化模式也解释了较强的 σ 键和较弱的 π 键，稳定的顺反异构体以及取代烯烃中 σ 键的键强度。烯烃易发生加成反应，反应中断裂的是较弱的 π 键而不是 C—C σ 键。

# 11-3 | 烯烃的物理性质

　　由于碳-碳双键的存在，烯烃与烷烃在物理性质上有很多的不同。烯烃的沸点与相应的烷烃类似，可能是因为烯烃与烷烃具有相似的伦敦力［图 2-6(C)］。例如，乙烯、丙烯和丁烯在室温下也都是气体。但是，化合物的熔点部分取决于晶格中分子的堆积方式（分子形状的函数）。在顺式双取代烯烃中，其分子弯曲成 U 形，破坏了分子的堆积方式，从而降低了其熔点，因此要低于相应的烷烃和反式异构体（表 11-1）。植物油的熔点低于室温就是因为分子中含有顺式双键。

　　烯烃的结构决定了其分子具有弱偶极性。为什么？烷基和烯基碳原子之间的键是极化的，方向指向 $sp^2$ 杂化的原子，这是因为 $sp^2$ 杂化轨道中 s 的成分多于 $sp^3$ 杂化轨道中 s 的成分。相对于 p 成分较多的杂化轨道，s 成分较多的杂化轨道中电子更靠近原子核，从而使 $sp^2$ 杂化的碳原子具有相对的吸电子性质（尽管这种吸电子性质要远远弱于电负性原子，如氧和氯），形成弱的取代基和烯基碳原子之间的偶极。换言之，烷基取代基被认为是 π 键的给电子取代基。

　　通常，在顺式双取代烯烃中，总的分子偶极是两个独立偶极的加和。在反式双取代烯烃中，各个键的极化方向相反，偶极往往相互抵消。因此，极性更高的顺式双取代烯烃要比它们的反式异构体具有更高的沸点。且分子中单个键的偶极越大，其沸点的差异越大。例如，两个1,2-二氯乙烯异构体中，两个强电负性的氯原子会形成相对于 C—C 键相反方向的两个偶极。

### 表11-1　烷烃和烯烃的熔点比较

| 化合物 | 熔点 /℃ |
| --- | --- |
| 丁烷 | -138 |
| 反-2-丁烯 | -106 |
| 顺-2-丁烯 | -139 |
| 戊烷 | -130 |
| 反-2-戊烯 | -135 |
| 顺-2-戊烯 | -180 |
| 己烷 | -95 |
| 反-2-己烯 | -133 |
| 顺-2-己烯 | -141 |
| 反-3-己烯 | -115 |
| 顺-3-己烯 | -138 |

### 烯烃的极化作用：烷基的诱导给电子效应

$$H_3C \quad CH_3 \qquad H_3C \quad H \qquad Cl \quad Cl \qquad Cl \quad H$$
$$C=C \qquad C=C \qquad C=C \qquad C=C$$
$$H \quad H \qquad H \quad CH_3 \qquad H \quad H \qquad H \quad Cl$$

总偶极　　　　沸点 4℃　　　　总偶极为0　沸点 1℃　　　总偶极　　沸点 60℃　　　总偶极为0　沸点 48℃

　　$sp^2$ 杂化碳原子的吸电子性质也增加了烯基上氢原子的酸性。乙烷的 $pK_a$ 值约为 50，而乙烯的 $pK_a$ 值约为 44，即乙烯的酸性强于乙烷。尽管如此，乙烯的酸性还是远远弱于其他化合物，例如羧酸和醇。

烯基氢原子的酸性

$$CH_3-CH_2-H \underset{K \approx 10^{-50}}{\rightleftharpoons} CH_3-\ddot{C}H_2^- + H^+$$
乙基负离子

相对酸性更强 ⟶ H

$$CH_2=\overset{H}{\underset{H}{C}} \underset{K \approx 10^{-44}}{\rightleftharpoons} CH_2=\ddot{C}H^- + H^+$$
乙烯基负离子

## 练习 11-8

乙烯基锂通常由乙烯基氯的金属化反应得到（8-6节），而不是通过乙烯的直接去质子化得到的。

$$CH_2=CHCl + 2Li \xrightarrow{(CH_3CH_2)_2O} CH_2=CHLi + LiCl$$
60%

乙烯基锂与丙酮反应后，经水解得到一种无色液体，产率为74%。请写出产物的结构。

## 小 结

与烷烃相比，双键的存在并没有对烯烃的沸点产生明显的影响，但是相比于其反式异构体，顺式双取代烯烃因为晶格中分子的堆积方式不利，因此具有更低的熔点。另外，$sp^2$ 杂化的碳原子的吸电子性质导致烯基氢原子与烷烃相比具有更强的酸性。

# 11-4 烯烃的核磁共振谱

烯烃由于双键的存在而在核磁共振氢谱和碳谱中具有特征的化学位移（表 10-2 和表 10-6）。接下来介绍如何用这些信息来确定化合物的结构。

### π电子对烯基氢的去屏蔽效应

图 11-8 是反-2,2,5,5-四甲基-3-己烯的 $^1H$ NMR 谱图。图中只有两个峰，

**图 11-8**
反-2,2,5,5-四甲基-3-己烯在四氯化碳中的 $^1H$ NMR 谱图（300MHz）。图中表明了烯烃中 π 键的去屏蔽效应。谱图中有对应于两组氢的两个尖的单峰，分别代表甲基上的 18 个氢原子（$\delta=0.97$）和 2 个高度去屏蔽的烯基上的氢原子（$\delta=5.30$）。

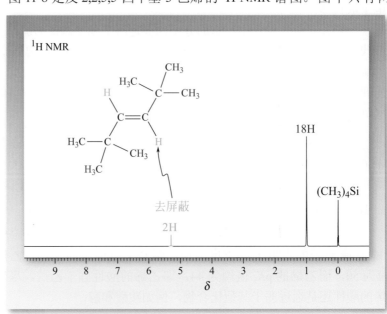

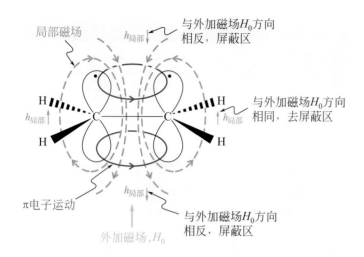

图 11-9 π键中电子的运动使烯基氢原子产生显著的去屏蔽效应。外加磁场（$H_0$）使得烯烃双键上的π电子在双键平面的上方和下方形成环运动（红色圆圈）。环运动产生感应局部磁场（图中绿线）。在双键的中间，局部磁场与外加磁场方向相反，但是烯基氢原子所处区域的外加磁场得到加强。

分别对应着 18 个甲基氢原子和 2 个烯基氢原子。两个吸收峰均为单峰，这是因为甲基上的氢原子和烯基上的氢原子距离太远，无法产生可观测到的偶合。低场峰（$\delta=5.30$）是典型的烯基氢原子的共振峰。末端烯烃（$RR'C{=}CH_2$）上氢原子的共振峰出现 $\delta=4.6\sim5.0$ 处，内烯烃（$RCH{=}CHR'$）上氢原子的共振峰出现在 $\delta=5.2\sim5.7$ 处。

　　为什么烯基氢原子的去屏蔽效应这么明显呢？$sp^2$ 杂化碳原子的吸电子性质对此有部分贡献，但是更重要的原因是 π 键中电子的运动。当受到垂直于双键轴向的外加磁场作用时，烯烃双键上的 π 电子形成环运动而产生一个局部感应磁场，从而增强了双键两端的外加磁场（图 11-9）。结果，双键上的氢原子在很大程度上被去屏蔽了（10-4 节）。

### 练习 11-9

　　与烯基碳原子相连的甲基上的氢原子，其核磁共振峰在 $\delta=1.6$ 左右（表 10-2）。请解释与烷烃甲基上的氢原子相比较，这些氢原子的去屏蔽作用。（**提示**：应用图 11-9 中的原理。）

### 双键的顺式与反式异构体的偶合常数是不同的

　　当烯烃中双键不是对称取代时，烯基上的氢原子是不等价的，从顺-和反-3-氯丙烯酸的 $^1$H NMR 谱图（图 11-10）可以观察到双键上两个氢原子的自旋-自旋偶合。顺式构型中两个氢原子的偶合常数 $J_{cis}=9$Hz，而反式构型中氢原子的偶合常数 $J_{trans}=14$Hz，二者是不同的。表 11-2 给出了双键周围氢原子的各种可能的偶合常数范围。尽管顺式与反式构型中氢原子的偶合常数范围有重叠，但在一组异构体中，$J_{cis}$ 总是小于 $J_{trans}$。这样，顺反异构体就可以区分开了。

　　相邻碳原子上的氢原子之间的偶合称为**邻位偶合**（vicinal coupling），例如 $J_{cis}$ 和 $J_{trans}$。同一碳原子上不等价氢原子之间的偶合称为**同碳（偕位）偶合**（geminal coupling）。在烯烃中，同碳偶合常数通常比较小（表 11-2）。邻位烷基上的氢（**烯丙基**，参见 11-1 节）和越过双键[**1,4-**或**远程**（long-range）]的氢也有可能产生偶合作用，从而使谱图变得十分复杂。因此，适用于饱和体系的简单规则，如相隔两个碳原子以上的氢的偶合可以不计，并不适用于烯烃。

**图 11-10** 顺-3-氯丙烯酸（A）和反-3-氯丙烯酸（B）的$^1$H NMR 谱图（300MHz）。两个烯基氢原子是不等价的且相互偶合。图中左上角的宽峰是羧酸中质子（—CO$_2$H）的峰，$\delta$=10.80。

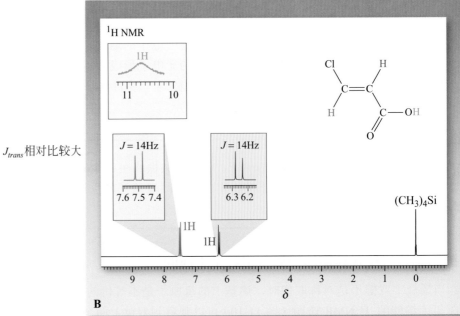

$J_{cis}$ 相对比较小

$J_{trans}$ 相对比较大

## 进一步的偶合导致更加复杂的谱图

3,3-二甲基-1-丁烯和1-戊烯的 $^1$H NMR 谱图说明了偶合模式的潜在复杂性。在这两个氢谱中，烯基氢原子都出现了复杂的多重峰。在3,3-二甲基-1-丁烯的氢谱中［图 11-11（A），484 页］，H$_a$ 位于更多取代的碳原子上，它的共振峰在低场（$\delta$=5.86），形成两个两重峰（dd 峰），同时具有两个比较大的偶合常数（反式 $J_{ab}$ = 18Hz，顺式 $J_{ac}$ =10.5Hz）。质子 H$_b$ 和 H$_c$ 由于彼此之间的偶合以及与 H$_a$ 的偶合作用，也形成 dd 峰。它们彼此之间的偶合常数较小（$J_{bc}$ =1.5Hz）。在 1-戊烯的氢谱中［图 11-11（B）］，由于烯基氢原子与烷基上的氢原子还有额外的偶合作用（表 11-2），所以谱形变得更加复杂。尽管如此，还是可以清楚地区分两组氢原子（末端氢和内部氢）。另外，由于

烯基氢的"dd"裂分模式符合（$N$+1）规则（10-8节）。一个氢原子被相邻的氢原子（$J_1$）裂分形成两重峰，随后又被另一个相邻的氢原子（$J_2$）裂分形成两个两重峰。因此共有（$N_{J_1}$+1）×（$N_{J_2}$+1）=2×2=4 重峰。

**表11-2　双键周围的偶合常数**

| 偶合类型 | 名称 | J/Hz | |
| --- | --- | --- | --- |
| | | 范围 | 典型值 |
| 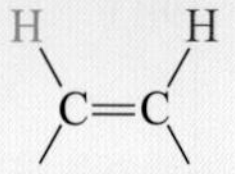 （H—C=C—H 顺式结构图） | 邻位，顺 | 6～14 | 10 |
| 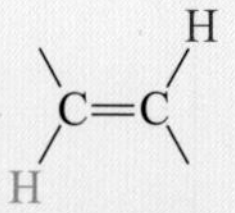 （H—C=C—H 反式结构图） | 邻位，反 | 11～18 | 16 |
| 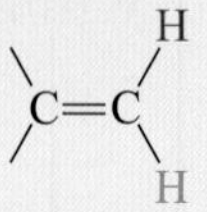 （C=C 同碳 结构图） | 同碳 | 0～3 | 2 |
| 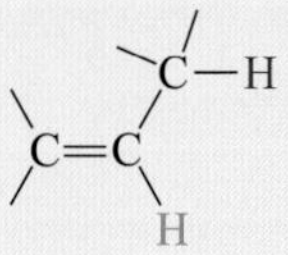 （C=C—C—H 结构图） | 无 | 4～10 | 6 |
| 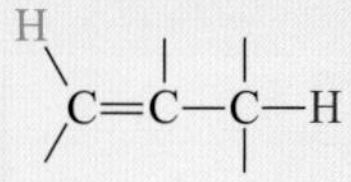 （H—C=C—C—H 结构图） | 烯丙位，1,3-顺或-反 | 1.5～3.0 | 2 |
| 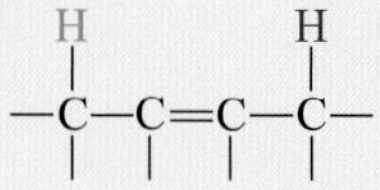 （—C—C=C—C— 结构图） | 1,4-或远程 | 0.0～1.6 | 1 |

$sp^2$ 杂化碳原子的吸电子性质和 π 电子（图11-9）的运动，使得与烯基直接相连的亚甲基（烯丙基）$CH_2$ 的质子吸收峰略向低场移动。烯基上氢原子与相连的亚甲基 $CH_2$ 氢原子的偶合常数（6～7Hz）和与其相连的另外一个亚甲基氢原子的偶合常数近似相等。因此，烯丙基 $CH_2$ 的氢原子的共振吸收峰近似为四重峰（末端氢对它还有远程偶合），符合简单的（N+1）规则：N=

$$\left(2H\ \text{来自于}\ CH_2\right)+\left(1H\ \text{来自于}\ =\!C\!\!\begin{array}{c}\diagup\\[-2pt]\diagdown\\ H\end{array}\right)=3。$$

## 烯基碳在 $^{13}C$ NMR中的去屏蔽效应

　　烯烃在核磁共振碳谱中也具有特征的化学位移。与烷烃相比，烯基碳（带有相似的取代基）的吸收峰出现在比烷基碳化学位移高100的低场中（表10-6）。从表11-3中的两个代表性实例，可以比较烯烃的碳与其相应饱和化合物的碳的化学位移。已知在宽带去偶的 $^{13}C$ NMR谱图中，所有碳的吸收峰都是尖锐的单峰（10-9节）。因此，$sp^2$ 杂化的碳原子很容易通过 $^{13}C$ NMR断定。

## 小　结

　　核磁共振是确定有机分子中双键存在与否的一种有效手段。双键的氢原子和碳原子都具有很强的去屏蔽效应。偶合常数的顺序为 $J_{gem}<J_{cis}<J_{trans}$。另外，烯丙基取代基的偶合常数也非常典型。在 $^{13}C$ NMR中，烯基碳与烷基碳相比化学位移在低场，从而可以识别烯基碳原子。

**图 11-11**　3,3-二甲基-1-丁烯（A）和1-戊烯（B）的¹H NMR谱图（300MHz）。

$J_{ab}(cis) = 18Hz$

$J_{ac}(trans) = 10.5Hz$

$J_{bc}(同碳) = 1.5Hz$

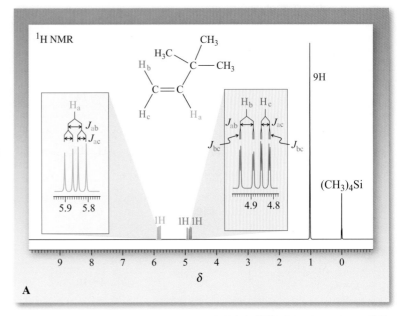

烯基氢原子的谱图并不是典型的一级谱图，但是($N$+1)规则能够完美地解释 $\delta$ = 5.82 位置处氢原子的裂分（图中用蓝色表示）。这个氢原子的周围有四个其他氢原子，处于反式和顺式的氢原子（图中用绿色表示）有较大的偶合常数（$J_{trans}$ = 16Hz，$J_{cis}$ = 10 Hz）。烯丙位上的 $CH_2$ 中的两个氢原子有较小的偶合常数 $J_{烯丙位}$ = 8Hz。根据($N$+1)规则计算：$(N_{J_{trans}}+1) \times (N_{J_{cis}}+1) \times (N_{J_{vic}}+1) = 2 \times 2 \times 3 = 12$。其中有两对峰重合，所以共有十重峰。

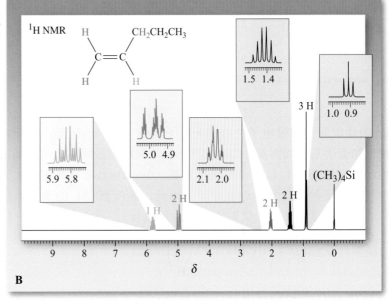

**表11-3　烯烃与相应烷烃的¹³C NMR吸收峰的比较**

## 解题练习11-10

### 运用概念解题：分析烯烃的核磁共振谱图

2-丁烯酸乙酯（巴豆酸乙酯）$CH_3CH=CHCO_2CH_2CH_3$，$^1H$ NMR($CCl_4$)：$\delta=6.95$（dq, $J=16, 6.8Hz, 1H$），$5.81$（dq, $J=16, 1.7Hz, 1H$），$4.13$（q, $J=7Hz, 2H$），$1.88$（dd, $J=6.8, 1.7Hz, 3H$），$1.24$（t, $J=7Hz, 3H$）。dd 代表两个两重峰，dq 代表两个四重峰。请归属各组峰所代表的氢，并指出双键是顺式还是反式的？（表 11-2）

**策略：**

- **W**：有何信息？$^1H$　NMR谱图中给出了化学位移、积分、裂分等信息。需要根据这些信息归属氢。

- **H**：如何进行？观察化合物的结构，找到最容易判断化学位移并且可以预测多重度的基团，通常是末端基团，在本例中是两个甲基。

- **I**：需用的信息？复习表10-2中给出的化学位移，10-7节和10-8节中自旋-自旋裂分的内容以及本章节中讨论的内容。

- **P**：继续进行。

**解答：**

- 首先从最高场的信号开始，即最小的 $\delta$ 值 1.24 处，积分表明有 3 个氢原子，因此它必然是分子中两个 $CH_3$ 中的一个。再看裂分，谱图中表明是三重峰，自旋-自旋裂分的（$N+1$）规则表明这个基团连接在一个有两个氢原子的碳上，即分子中的 $CH_2$ 上（2 个邻位的氢原子 +1 = 3 重峰）。通过谱图可以确认 $CH_2$ 的信号峰在 4.13 处，并且是一个四重峰（3 个相邻的甲基氢原子 +1 = 4 重峰）。通过排除法，可以确定烯基碳上的 $CH_3$ 的信号在 $\delta=1.88$ 处。这个峰被裂分为两个两重峰，表明是烯基碳上的两个氢原子分别进行裂分。

- 再看 $\delta=5.81$ 和 $\delta=6.95$ 处的两个信号峰，两个峰的裂分模式都是两个四重峰，也就是说一共有八重峰。这说明什么呢？这说明每一个氢原子都被烯基碳上所连的 $CH_3$ 裂分为四重峰（3+1 = 4），随后各自被彼此裂分为两重峰（1 个相邻氢原子 +1 = 2 重峰）。如何归属它们呢？ $\delta=6.95$ 处信号的偶合常数比较大，$J=6.8Hz$，表明它与 $CH_3$ 直接相连。$\delta=5.81$ 的信号峰的偶合常数较小，$J=1.7Hz$，符合远程裂分的数值范围。值得注意的是，在本题中所给裂分的偶合常数的顺序：“dq, $J=16, 6.8Hz$”即“d”裂分对应的偶合常数是 $J=16Hz$，而 q 裂分的偶合常数是 $J=6.8Hz$。

- 最后，通过“d”裂分对应的偶合常数 $J=16Hz$ 对应表 11-2，判断两个烯基氢原子处于反式位置。在类似的问题中，以图示方式再现所有信息会非常清晰，如下图所示。这种表示方法有助于判断具有相同偶合常数 $J$ 值的彼此之间的偶合作用。例如，甲基上的氢原子对左边烯基氢原子的裂分偶合常数为 6.8 Hz，那另外一个信号峰必然是右边的烯基氢原子。

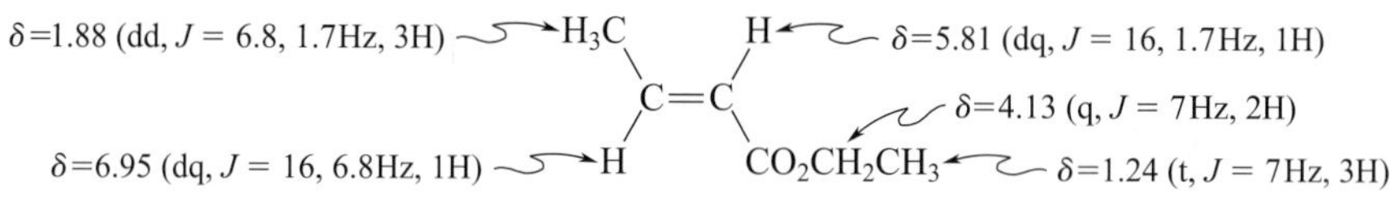

$\delta=1.88$ (dd, $J=6.8, 1.7Hz, 3H$) $\rightarrow H_3C \qquad H \leftarrow \delta=5.81$ (dq, $J=16, 1.7Hz, 1H$)

$$C=C$$

$\leftarrow \delta=4.13$ (q, $J=7Hz, 2H$)

$\delta=6.95$ (dq, $J=16, 6.8Hz, 1H$) $\rightarrow H \qquad CO_2CH_2CH_3 \rightarrow \delta=1.24$ (t, $J=7Hz, 3H$)

记住：

**$^1H$ NMR** 谱图提供的信息

化学位移

积分

自旋-自旋裂分

## 11-11 自试解题

乙酸乙烯酯$\left(CH_3\overset{\overset{\displaystyle O}{\|}}{C}OCH{=}CH_2\right)$的 $^1$H NMR 谱图的数据为：$\delta=2.10$（s，3H），4.52（dd，$J=6.8，1.6$Hz，1H），4.73（dd，$J=14.4，1.6$Hz，1H），7.23（dd，$J=14.4，6.8$Hz，1H）。请解析这个谱图。

---

**真实生活：** 医药　11-1　复杂化合物的核磁共振——前列腺素

核磁共振广泛用于测定含有多个官能团的复杂分子的结构。右图所示的前三个化合物是前列腺素家族中具有生物活性的三个成员。这几种前列腺素的 $^1$H NMR 谱图，由于吸收峰的相互重叠而变得非常复杂。但是，在 $^{13}$C NMR 谱图中，通过计算化学位移特定范围内峰的个数可以迅速区分三个前列腺素衍生物。例如，PGE$_2$ 在 $\delta=70$ 处有两个羟基碳原子的共振峰，在 $\delta=125\sim140$ 处有四个烯基碳原子的共振峰，在高于 $\delta=170$ 处有两个羰基碳原子的共振峰。

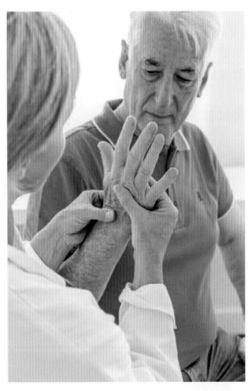

前列腺素的抑制与骨关节炎症状的缓解有关。

前列腺素（PGs）是一类具有多种生物功能的极强的类激素物质，其作用包括肌肉刺激、抑制血小板凝聚、降低血压、提高应激反应以及促进分娩等（真实生活4-3）。实际上，阿司匹林的消炎作用（真实生活22-2）归因于其抑制前列腺素的生物合成。所以，服用阿司匹林会有一些副作用，比如胃溃疡，因为有一些前列腺素具有保护胃黏膜的功能。而合成的类前列腺素物质米索前列醇也具有类似的保护作用，所以经常与阿司匹林或其他消炎药一起服用，以抑制溃疡的形成。

**PGE$_1$**

**PGE$_2$**

**PGF$_{2\alpha}$**

**米索前列醇**

# 11-5 烯烃的催化氢化反应：双键的相对稳定性

烯烃和氢气在催化剂（如钯和铂）的作用下，两个氢原子加成到双键上生成饱和烷烃（12-2 节），此反应称为**氢化反应**（hydrogenation）。这是一个放热反应，放出的热量称为**氢化热**（heat of hydrogenation），每个双键的氢化热约为 $-30 \text{kcal·mol}^{-1}$（$-125 \text{kJ·mol}^{-1}$）。

烯烃的氢化反应

$$\text{C=C} + \text{H—H} \xrightarrow{\text{Pd 或 Pt}} -\overset{|}{\underset{H}{C}}-\overset{|}{\underset{H}{C}}- \qquad \Delta H^{\ominus} \approx -30 \text{kcal·mol}^{-1}$$

烯烃的氢化热可以精确测量，所以可以用来衡量烯烃的相对内能，即热力学稳定性。下面看看是如何做的。

黄油和硬的（棒状的）人造黄油中的脂肪分子都是高度饱和的，但是，植物油中含有较高比例的顺式烯烃。后者部分氢化可以生成软的（盒子中装的）人造黄油。

## 氢化热是稳定性的量度

在 3-11 节中学习过利用燃烧热衡量相对稳定性的方法。不稳定的分子含有较多的能量，在燃烧的过程中会放出更多的能量。与之相类似，也可以用氢化热来衡量烯烃的相对稳定性。

例如，三个异构体 1-丁烯、顺-2-丁烯和反-2-丁烯，它们的相对稳定性顺序如何？这三个异构体的氢化反应都生成丁烷。如果它们的内能相等，那么它们的氢化热也应该是一样的。但是，如图 11-12 所示，它们的氢化热是不同的。末端双键的氢化反应放出的热量最多，顺-2-丁烯其次，反-2-丁烯放出的热量最少。因此，三个异构体的热稳定顺序是：1-丁烯<顺-2-丁烯<反-2-丁烯（图 11-12）。

## 烯烃随着取代基的增多而更加稳定；反式异构体比顺式异构体更稳定

上述氢化反应的结果可以归纳为：烯烃随着取代基的增多而更加稳定；反式异构体比顺式异构体更稳定。前者是因为超共轭效应的存在，正如自由基随着烷基取代基的增多而更加稳定（3-2 节）一样，烷基取代基也可以稳定 π 键的 p 轨道，后者很容易通过分子模型来解释，对于顺式双取代烯烃，取代基常常挤到一起。顺式烯烃的空间位阻在能量上是不利的，而反式异构体不存在这种影响（图 11-13）。

烯烃的相对稳定性

$$\text{CH}_2\text{=CH}_2 < \text{RCH=CH}_2 < \underset{\underset{H}{|}}{\overset{\overset{R}{|}}{C}}\text{=}\underset{\underset{H}{|}}{\overset{\overset{R}{|}}{C} \quad < \quad \underset{\underset{R}{|}}{\overset{\overset{H}{|}}{C}}\text{=}\underset{\underset{H}{|}}{\overset{\overset{R}{|}}{C} \quad < \quad \underset{\underset{R}{|}}{\overset{\overset{R}{|}}{C}}\text{=}\underset{\underset{H}{|}}{\overset{\overset{R}{|}}{C} \quad < \quad \underset{\underset{R}{|}}{\overset{\overset{R}{|}}{C}}\text{=}\underset{\underset{R}{|}}{\overset{\overset{R}{|}}{C}$$

（顺）　　　　（反）

最不稳定　　　　　　　　　稳定性增强　　　　　　　　　最稳定

氢化热减少

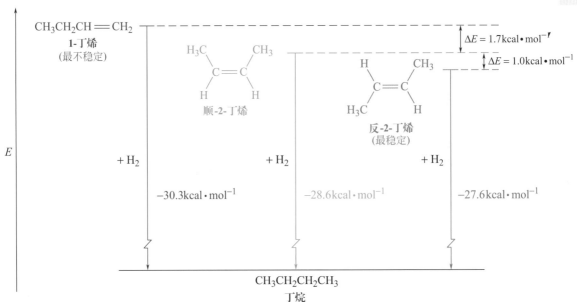

$$1\text{-丁烯} \quad + \quad H_2 \quad \xrightarrow{Pt} \quad \text{丁烷} \qquad \Delta H^\ominus = -30.3\text{kcal} \cdot \text{mol}^{-1}$$
$$(-126.8\text{kJ} \cdot \text{mol}^{-1})$$

$$\text{顺-2-丁烯} \quad + \quad H_2 \quad \xrightarrow{Pt} \quad \text{丁烷} \qquad \Delta H^\ominus = -28.6\text{kcal} \cdot \text{mol}^{-1}$$
$$(-119.7\text{kJ} \cdot \text{mol}^{-1})$$

$$\text{反-2-丁烯} \quad + \quad H_2 \quad \xrightarrow{Pt} \quad \text{丁烷} \qquad \Delta H^\ominus = -27.6\text{kcal} \cdot \text{mol}^{-1}$$
$$(-115.5\text{kJ} \cdot \text{mol}^{-1})$$

氢化热增加

**图 11-12** 丁烯异构体的相对内能。它们的氢化热可以衡量它们之间的相对稳定性。该图没有按比例绘制。

超共轭效应对双键的另一个影响是，烷基取代基越多，双键的电子云密度越大，导致双键更容易受到亲电进攻，这将在第 12 章中介绍。

## 练习 11-12

排列下列化合物的双键在氢化反应中的稳定性（按氢化反应 $\Delta H^\ominus$ 的顺序）：2,3-二甲基-2-丁烯，顺-3-己烯，反-4-辛烯和1-己烯。

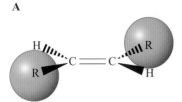

**图11-13** （A）顺式双取代烯烃存在空间位阻；（B）反式双取代烯烃没有空间位阻。分子模型解释了反式异构体的高稳定性。

环烯烃不遵循反式异构体比顺式异构体更稳定的规则。在中等环和小环化合物中（4-2 节），反式异构体的环张力较大（11-1 节）。分离得到的最小的简单反式环烯烃是反-环辛烯。它比顺-环辛烯更不稳定，能量高约 9.2kcal·mol$^{-1}$（38.5kJ·mol$^{-1}$），其双键也高度扭曲（页边）。

**反-环辛烯的分子结构模型**

## 练习 11-13

烯烃A经氢化反应生成B，释放 65kcal·mol$^{-1}$ 的能量，要远高于图11-12 中的烯烃，请解释。

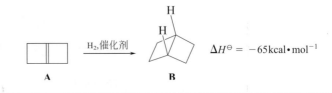

## 小 结

烯烃的氢化热可以衡量烯烃异构体的相对内能。能量高的烯烃具有较高的氢化热 $\Delta H^{\ominus}$。由于超共轭效应，烯烃随着取代基的增多而更加稳定。由于空间位阻效应，反式异构体比顺式异构体更稳定。由于环张力作用，在中等环和小环化合物中，顺式异构体更稳定。

## 11-6 由卤代烷和烷基磺酸酯制备烯烃：重温双分子消除反应

在了解了烯烃的结构和稳定性等物理性质后，看一下烯烃的制备方法。最常用的方法是消除反应，即碳链上相邻的两个基团被除去。在实验室中，制备烯烃最常用的方法是 E2 反应（7-7 节）。另外一种方法是醇的脱水反应（11-7 节）。

**消除反应通式**

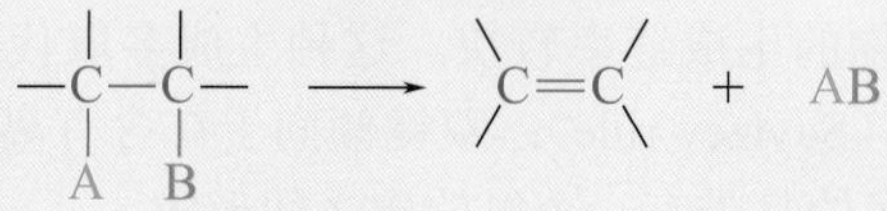

$$-\underset{\underset{A}{|}}{C}-\underset{\underset{B}{|}}{C}- \longrightarrow \ \diagdown C=C\diagup \ + \ AB$$

### 碱决定了E2反应的区域选择性

在第 7 章中学过卤代烷（或烷基磺酸酯）在强碱作用下消除 HX 的同时生成碳-碳双键。对于许多反应物，分子中可能不止有一个碳原子能脱去氢原子，从而生成双键异构体。在这种情况下，能够控制消去哪一个氢原子？换句话说，能够控制反应的区域选择性吗（9-9 节）？答案是肯定的，但是只在一定程度上如此。2-溴-2-甲基丁烷的脱溴化氢反应就是这样一个例子。在热的乙醇中，在乙醇钠的作用下，反应主要生成 2-甲基-2-丁烯，并且伴随部分 2-甲基-1-丁烯的生成。

**2-溴-2-甲基丁烷与乙醇盐的E2反应**

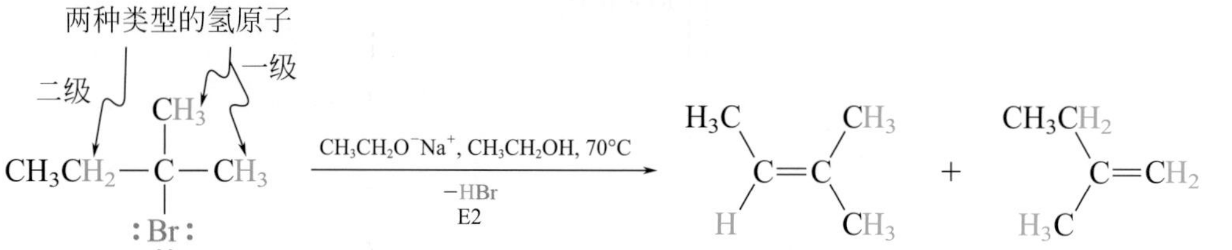

在上面的例子中，反应主要生成的是热力学上比副产物更稳定的三取代双键产物。实际上，许多消除反应的区域选择性就是通过生成热力学上更稳定的产物来实现的。这个结果可以通过分析反应的过渡态来解释（图 11-14）。HBr 的消除过程是通过碱进攻与离去基团相邻的碳原子处于反式的氢

**注意：** 箭头下的 "–HBr" 表示在消除反应中从起始物质中消去的物质。

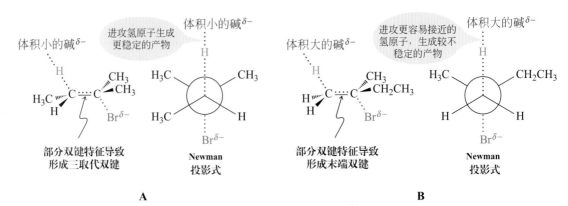

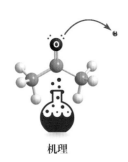

机理

图 11-14　2-溴-2-甲基丁烷发生消除 HBr 反应形成烯烃的两种过渡态。使用体积小的碱时（$CH_3CH_2O^-Na^+$），因为过渡态 A 的部分碳-碳双键有较多的取代基，根据 Saytzev 规则，过渡态 A 比过渡态 B 有利。使用体积大的碱时，因为过渡态 B 进攻位阻较小的氢原子，根据 Hofmann 规则，过渡态 B 比过渡态 A 有利。

实现的。在过渡态中，部分 C—H 键断裂，部分碳-碳双键形成，部分 C—Br 键断裂（与图 7-8 比较）。生成 2-甲基-2-丁烯的过渡态比生成 2-甲基-1-丁烯的过渡态略为稳定 ［图 11-15（A）］。由于反应过渡态的结构类似于产物的结构，因此更稳定产物的生成速率较快。这种生成多取代烯烃的消除反应遵守**扎依采夫** ❶ **规则**（Saytzev rule）：双键倾向于在含有离去基团的碳和与之相邻的含取代基较多的且带有一个氢的碳之间形成。

如果使用体积大的碱，可以得到不同的产物分布。热力学上不稳定的产物——末端烯烃成为主产物。

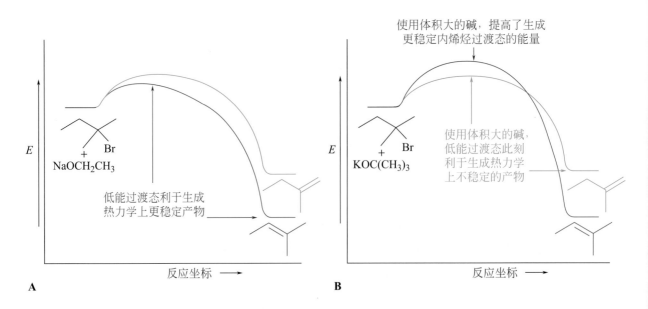

图 11-15　2-溴-2-甲基丁烷的 E2 反应势能图：（A）乙醇钠作为碱（Saytzev 规则）；（B）叔丁醇钾作为碱（Hofmann 规则）。

───────────────

❶　亚历山大·M. 扎依采夫（Alexander M. Saytzev，也拼写为 Zaitsev 或者 SaytZeff；1841—1910），喀山大学教授，俄国化学家。

**2-溴-2-甲基丁烷与体积大的碱（叔丁醇盐）的E2反应**

更容易进攻伯氢原子

$$\text{CH}_3\text{CH}_2-\overset{\overset{\text{CH}_3}{|}}{\underset{\underset{\textbf{:}\ddot{\text{Br}}\textbf{:}}{|}}{\text{C}}}-\text{CH}_3 \quad \xrightarrow[\substack{-\text{HBr}\\ \text{E2}}]{(\text{CH}_3)_3\text{CO}^-\text{K}^+,\ (\text{CH}_3)_3\text{COH}}$$

27%　　　　73%

　　再通过过渡态来看为什么消除反应倾向于生成末端烯烃。攫取仲碳上的氢（起始溴化物的C-3）在空间位阻上比攫取末端甲基上的氢困难。当使用体积大的叔丁醇盐作为碱时，由于空间位阻的影响，生成较稳定产物的过渡态能量比相应较少取代基产物的过渡态能量高，因此，较少取代基的产物成为主产物［图 11-15（B）］。这种生成热力学上不稳定产物的 E2 反应遵循霍夫曼[1]规则（Hofmann rule），这条规则是化学家 Hofmann 研究了一系列消除反应后总结出的一类具有特殊区域选择性的消除反应模式（21-8 节）。

## 练习 11-14

将下列物质分别与（a）、（b）反应，预测并画出主产物的结构。
（a）$\text{Na}^+{}^-\text{OCH}_3$；（b）$\text{K}^+{}^-\text{OC}(\text{CH}_3)_3$。

（i）　　（ii）

## 解题练习 11-15

**运用概念解题：消除反应中的区域选择性**

　　下面的反应物在 2-甲基-2-丙醇（叔丁醇）溶液中，与叔丁氧基负离子反应时，生成 A 和 B，两者比例为 23∶77。而在乙醇溶液中，反应物与乙氧基负离子反应，也生成 A 和 B，但两者比例为 82∶18。请写出产物 A 和 B 的结构，并解释产物不同比例的原因。

**策略：**

- **W：有何信息？** 起始化合物在仲碳上且在 $\beta$ 位有一个很好的离去基团。当它与碱反应时，生成两种产物并且产物的比例会随着碱体积大小的改变而改变。练习题的标题说这是什么类型的反应：消除反应。问题是"怎么做"，所以应该从机理的角度思考。

- **H：如何进行？** 确定所有可能与碱发生反应的氢原子，即与离去基团相邻碳上的氢原子。画出两种可能的消除产物。

---

[1] 奥格斯特·威廉·冯·霍夫曼（August Wilhelm von Hofmann，1818—1892），柏林大学教授，德国化学家。

- **I**：需用的信息？记住磺酸根是非常好的离去基团（6-7节），复习E2反应（7-7节）。

- **P**：继续进行。应用本节所学内容判断每一个碱对应的消除产物。

  解答：

  · 叔丁氧基负离子是一种体积大的碱，因而更易于攫取位阻较小的末端甲基氢，主要形成 Hofmann 规则产物 B。

$$(CH_3)_3CO:^- \quad \cdots \quad \longrightarrow \quad B$$

主产物(**Hofmann**规则)

  · 与之相反，乙氧基负离子更易于攫取叔碳上的氢，主要形成 Saytzev 规则产物 A，即更稳定的三取代烯烃。

$$CH_3CH_2O:^- \quad \cdots \quad \longrightarrow \quad A$$

主产物(**Saytzev**规则)
（更稳定）

## E2反应中生成顺式和反式烯烃的势能图

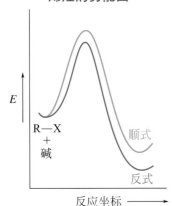

$E$

R—X
+
碱

顺式

反式

反应坐标 ———➤

## 11–16 自试解题

（**a**）2-溴-2,3-二甲基丁烷 $[(CH_3)_2CBrCH(CH_3)_2]$ 发生 E2 反应，使用乙氧基负离子作为碱在乙醇中反应生成两种产物 A 和 B，两者比例为 79 : 21；而使用叔丁氧基负离子作为碱在 2-甲基-2-丙醇中反应，产物 A 和 B 的比例为 27 : 73。A 和 B 分别是什么？（**b**）$(CH_3CH_2)_3CO^-$ 作为碱的时候，产物比例为 8 : 92。请解释之。

## E2 反应常倾向于生成反式产物

根据底物的结构，E2 反应可生成顺式和反式烯烃的混合物，在一些情况下 E2 反应是有选择性的。例如，2-溴戊烷在乙醇钠作用下生成 51% 的反-2-戊烯和 18% 的顺-2-戊烯，剩下的是末端烯烃异构体。这在一定程度上是由产物的热力学稳定性所控制的，因此反应容易生成更稳定的反式烯烃（页边）。

### 2-溴戊烷的立体选择性：脱溴化氢反应

$$CH_3CH_2CH_2CBr: \xrightarrow[\substack{-HBr \\ E2}]{\substack{CH_3CH_2O^-Na^+, \\ CH_3CH_2OH}} \quad 51\% \quad + \quad 18\% \quad + \quad CH_3CH_2CH_2CH=CH_2 \quad 31\%$$

从有机合成的角度来看，非常遗憾的是，E2 反应无法实现完全的反式选择性。第 13 章将会用其他方法来合成立体专一性的顺式和反式烯烃。

## 某些E2反应过程是立体专一性的

在 7-7 节中我们学过消除反应的过渡态优先选择与离去基团处于反式的氢。

**2-溴-3-甲基戊烷在 E2 反应中的立体专一性**

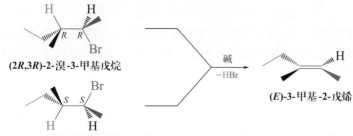

(2*R*,3*R*)-2-溴-3-甲基戊烷

(2*S*,3*S*)-2-溴-3-甲基戊烷

(*E*)-3-甲基-2-戊烯

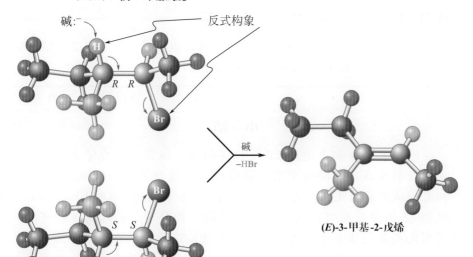

反式构象

碱
−HBr

(*E*)-3-甲基-2-戊烯

　　E2反应过程中的立体专一性来自于反应底物的反式构象，机理如图所示。

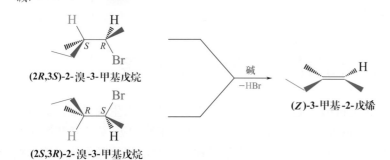

(2*R*,3*S*)-2-溴-3-甲基戊烷

(2*S*,3*R*)-2-溴-3-甲基戊烷

(*Z*)-3-甲基-2-戊烯

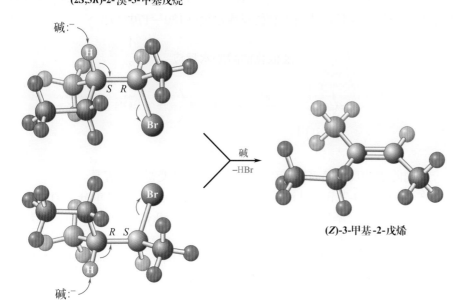

碱
−HBr

(*Z*)-3-甲基-2-戊烯

因此，E2反应进行前，化学键首先旋转成为反式构象。当反应生成Z或E异构体时，这个旋转会产生其他的影响。例如，2-溴-3-甲基戊烷的两个非对映异构体的E2反应生成3-甲基-2-戊烯就是立体专一性的。($R,R$)-和($S,S$)-异构体都专一性地生成E式烯烃异构体。相反地，($R,S$)-异构体和($S,R$)-异构体只专一性地生成Z式烯烃异构体。（构建分子模型！）

如上述三维结构所示，反式消除HBr最终决定了产物的双键构型。E2反应是立体专一性的，一个非对映异构体（及其镜像）只生成烯烃的一种立体异构体，另外一个非对映异构体生成相反构型的烯烃。

### 练习 11-17

请问 2-溴-3-氘丁烷的哪种非对映异构体可以生成（$E$）-2-氘-2-丁烯，哪种非对映异构体可以生成（$Z$）-2-氘-2-丁烯？

## 小 结

烯烃大部分都是通过 E2 反应得到的。通常，热力学更稳定的内烯烃的生成速率要快于末端烯烃的生成速率（Saytzev 规则）。体积大的碱更容易生成热力学不稳定的（例如末端的）双键（Hofmann 规则）。消除反应可以是立体选择性的，由外消旋的起始原料可以得到反式异构体多于顺式异构体的产物。消除反应也可以是立体专一性的，某些卤代烷的非对映异构体只可以生成两种烯烃异构体中的一种。

# 11-7 | 由醇的脱水反应制备烯烃

醇和无机酸一起加热反应，醇失去一分子水生成烯烃。此过程称为**脱水反应**（dehydration reaction），通过 E1 或 E2 反应（第 7 章和第 9 章）进行。本节从烯烃的角度回顾这一化学过程。通常，醇的脱水反应在硫酸或磷酸的作用下进行，并且需要相当高的反应温度（120～170℃）。

**酸催化的醇脱水反应**

醇消除水的反应随着羟基碳上取代基的增多变得更加容易。

在 7-6 节和 9-2 节中讨论过，仲醇和叔醇的脱水反应是单分子消除反应（E1）。弱碱性的羟基质子化形成烷基氧镓离子（alkyloxonium ion），醇羟基以水的形式离去，形成相应的仲碳和叔碳正离子，然后失去一个质子形成烯烃。这个反应会伴随发生碳正离子所能进行的所有副反应，特别是氢和烷基的重排反应（9-3 节）。

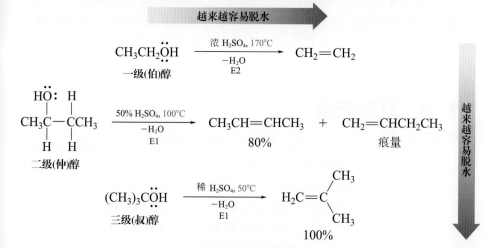

**醇（RÖH）脱水反应的相对反应活性**

**R = 一级(伯)醇 < 二级(仲)醇 < 三级(叔)醇**

越来越容易脱水

**脱水反应中的重排**

## 练习 11-18

　　根据 7-6 节和 9-3 节中的讨论结果，请给出上述反应的机理。[**注意：** 再次强调，在写反应机理时，用"箭头"来表示电子的流动；分开写每一步；完整的结构（包括价态以及孤对电子）；用箭头将反应物、中间体以及产物连接起来。不要走捷径，也不要马虎！]

　　在酸的催化下，醇的单分子脱水反应生成热力学稳定的烯烃或烯烃混合物。因此，只要可能，反应倾向于生成多取代的产物。如果存在顺反异构体，通常反式异构体多于顺式异构体。例如，在酸的催化下 2-丁醇脱水，生成丁烯的平衡混合物中含有 74% 的反-2-丁烯和 23% 的顺-2-丁烯，并且只有 3% 的 1-丁烯。

　　在高温下，伯醇在无机酸催化下也会生成烯烃。例如，由乙醇生成乙烯和由 1-丙醇生成丙烯（9-7 节）。

$$CH_3CH_2CH_2OH \xrightarrow[E2]{浓 H_2SO_4,\ 180℃} CH_3CH=CH_2$$

　　脱水反应的机理首先是氧的质子化，然后硫酸氢根离子或者另一个醇分子进攻邻位氢，经历一个双分子脱水过程。

## 练习 11-19

　　（**a**）请为浓硫酸作用下 1-丙醇脱水形成丙烯的反应提出一个合理的机理。（**b**）丙烯也可以在同样条件下由 1-丙氧基丙烷（二丙醚）制备，请解释。

$$CH_3CH_2CH_2OCH_2CH_2CH_3 \xrightarrow{浓 H_2SO_4,\ 180℃} 2\ CH_3CH=CH_2 + H_2O$$

## 小 结

烯烃可以通过醇的脱水反应制备。仲醇和叔醇的脱水反应历经碳正离子中间体；而伯醇则是通过双分子消除反应（E2），历经烷基氧鎓离子中间体。这些反应都容易发生重排反应而得到混合物。

# 11-8 | 红外光谱

接下来将介绍另外两种测定有机化合物结构的方法：**红外光谱**（infrared spectroscopy，IR）和**质谱**（mass spectrometry，MS）。红外光谱能够确定许多官能团的存在，因此红外光谱是确定有机化合物结构的一种非常有用的工具。红外光谱可测定键连原子的振动激发（vibrational excitation）。吸收峰的位置取决于官能团的种类，每个物质都有其与众不同的红外光谱图。

### 吸收红外线产生分子振动

比可见光能量稍低的光线能够引起分子中化学键的**振动激发**（vibrational excitation）：振动运动的振幅增加，也就是能量增加。这部分电磁波位于红外区域（图10-2），其中间部分又称**中红外区**（middle infrared），对有机化学家而言非常有用。红外吸收带可以用吸收光的波长 $\lambda$ 表示（单位：$10^{-6}$m；$\lambda \approx 2.5\sim16.7\mu$m；参见图10-2），也可以用波长的倒数，波数 $\tilde{\nu}$（单位：$cm^{-1}$；$\tilde{\nu} = 1/\lambda$）来表示。因此，红外光谱的范围通常是 $\tilde{\nu} = 600\sim4000cm^{-1}$，对应这一辐射范围的吸收能量变化为 $1\sim10$kcal·mol$^{-1}$（$4\sim42$kJ·mol$^{-1}$）。

简易的光谱仪原理如图10-3所示，也可适用于红外光谱仪。现在的红外光谱仪采用了快速扫描技术并且与计算机相连。这种仪器可进行数据存储、谱图处理和计算机数据库搜索，以便于未知化合物和库存谱图进行对照。

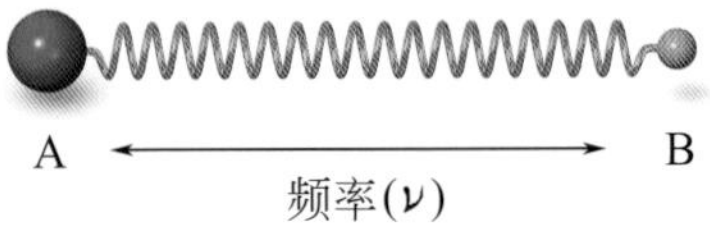

振动激发可以用一个简化模型来说明，设想 A 和 B 代表两个原子，中间用柔性键相连，如图 11-16 所示，两个原子以各自的质点通过一根键相连，这根键就像弹簧一样以一定的频率（$\nu$）进行伸缩振动，两个原子的振动频率取决于它们之间键的键强度以及两个原子的质量。实际上，这种振动遵循虎克[1]（Hooke）定律，就像弹簧的运动一样。

**图 11-16** 两个不同质量的球体在弹簧上振动：一种化学键振动激发的模型。

#### Hooke定律和振动激发

$$\tilde{\nu} = k\sqrt{f\frac{(m_1 + m_2)}{m_1 m_2}}$$

式中   $\tilde{\nu}$——以波数表示振动的频率，$cm^{-1}$；

    $k$——常数；

    $f$——力常数，代表着弹簧的强度（键强度）；

$m_1$，$m_2$——两边物体（原子）的质量。

我们并不关心这个方程式的定量关系，但是从方程式中可以很容易理解，当力常数 $f$ 增加时，振动频率的波数 $\tilde{\nu}$ 会增加。同样，因为质量 $m_1$，$m_2$ 出现在分母中，因此振动的原子质量越小，振动频率 $\tilde{\nu}$ 越大。所以可以

键越强，红外吸收光谱（**IR**）频率（$\tilde{\nu}$）越高：

$\tilde{\nu}_{O-H} > \tilde{\nu}_{N-H} > \tilde{\nu}_{C-H}$ 和 $\tilde{\nu}_{C\equiv C}$
$> \tilde{\nu}_{C=C} > \tilde{\nu}_{C-C}$

键的极性越大，红外吸收光谱（**IR**）的强度（$I$）越大：

$I_{O-H} > I_{N-H} > I_{C-O} > I_{C-C}$ 和
$I_{C=N} > I_{C=C}$

[1] 罗伯特·虎克（Robert Hooke, 1635—1703），伦敦格雷舍姆学院教授，物理学家。

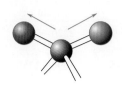
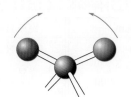

对称的伸缩振动
（两个原子同时远离或
朝向中心原子）

对称的面内弯曲振动
（剪切）

对称的面外弯曲振动
（扭曲）

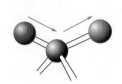
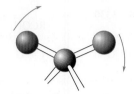
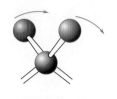

非对称的伸缩振动
（一个原子远离中心原子，
另一个朝向中心原子）

非对称的面内弯曲振动
（摇动）

非对称的面外弯曲振动
（摇摆）

**图 11-17**　四面体碳原子周围的各种振动模型。这些运动方式有对称的和非对称的伸缩振动和弯曲振动，对称的面内弯曲振动（剪切），非对称的面内弯曲振动（摇动），对称或非对称的面外弯曲振动（扭曲或摇摆）。

看出，在有机分子中，与折合质量小的氢原子结合的官能团 C—H、N—H、O—H 键的伸缩振动吸收带都在红外光谱的高波数 $\tilde{\nu}$ 一端。

　　Hooke 定律的方程式会让我们想到分子中每一个独立的键在红外光谱中都有特定的吸收峰。然而，实际上红外光谱图的解析是非常复杂的，并且超出了有机化学家的需求。这是因为吸收红外光的分子不仅有伸缩振动，还有多种弯曲振动以及两种振动的组合（图 11-17）。弯曲振动一般强度较弱，并常常与其他吸收峰重叠，导致峰形变得复杂。此外，一个化学键吸收红外光，它的振动运动必然引起分子内偶极的变化。所以，极性键的振动会产生非常强的红外吸收带，而非极性键的红外吸收可能很弱甚至完全没有。实际上，有机化学家可以很好地利用红外光谱，其中有两个原因：①许多官能团的振动带是特征的；②任一化合物的红外光谱的谱图特征都是独特的，这就可以使之与其他化合物区分开。

### 具有特征红外吸收光谱的官能团

　　表 11-4 列举了常见结构单元中化学键（图中红色的键）的代表性伸缩振动的波数值。值得注意的是，大部分这种伸缩振动的吸收区域高于 1500cm$^{-1}$。后面的章节中介绍新的化合物类型时都会给出新官能团的典型红外光谱图。

　　图 11-18 和图 11-19 是正戊烷和正己烷的红外光谱图。在高于 1500cm$^{-1}$ 的区域，只看到处于 2840～3000cm$^{-1}$ 区域烷烃典型的 C—H 键伸缩振动吸收峰。因为没有官能团存在，两个化合物在这一区域的谱图是非常相似的。但是在低于 1500cm$^{-1}$ 区域，它们是不同的，正如图中更高灵敏度扫描所示。这个区域称为**指纹区**（fingerprint region），这是由 C—C 键伸缩振动和 C—C 键以及 C—H 键弯曲振动相互重叠而形成的复杂谱图。饱和碳氢化合物大都在 1460cm$^{-1}$、1380cm$^{-1}$ 和 730cm$^{-1}$ 左右有吸收峰。

　　图 11-20 是 1-己烯的红外光谱图。与烷烃相比，烯烃有较强的 $C_{sp^2}$—H 键，在红外光谱图中对应有较高能量的峰。所以，图 11-20 中由于这种振动

**表11-4　有机分子的特征红外伸缩振动的波数范围**

| 键或官能团 | $\tilde{\nu}/\mathrm{cm}^{-1}$ | 键或官能团 | $\tilde{\nu}/\mathrm{cm}^{-1}$ |
|---|---|---|---|
| RO—H（醇） | 3200~3650 | RC≡N（腈） | 2220~2260 |
| RCO—H（羧酸） | 2500~3300 | RCH, RCR′（醛，酮） | 1690~1750 |
| $R_2N$—H（胺） | 3250~3500 | RCOR′（酯） | 1735~1750 |
| RC≡C—H（炔烃） | 3260~3330 | RCOH（羧酸） | 1710~1760 |
| C=C（烯烃）| 3050~3150 | C=C（烯烃） | 1620~1680 |
| —C—H（烷烃） | 2840~3000 | RC—OR′（醇，酯） | 1000~1260 |
| RC≡CH（炔烃） | 2100~2260 | | |

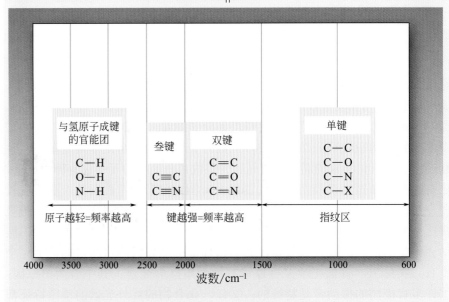

图 11-18　正戊烷的红外光谱图。注意图的格式：波数为横坐标（波数从左到右减小）。透过率/%为纵坐标。100%的透过率代表没有吸收，因此，红外光谱图中的峰都是指向下的。2960cm⁻¹、2930cm⁻¹和2870cm⁻¹代表C—H键伸缩振动吸收峰（$\tilde{\nu}_{C-H伸缩}$），1460cm⁻¹、1380cm⁻¹、730cm⁻¹代表C—H键弯曲振动吸收峰（$\tilde{\nu}_{C-H弯曲}$）。图中600cm⁻¹、1300cm⁻¹区域是指纹区的详细图形，红色部分为高灵敏度记录。

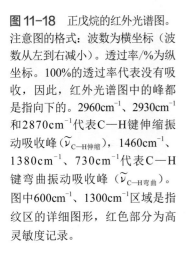

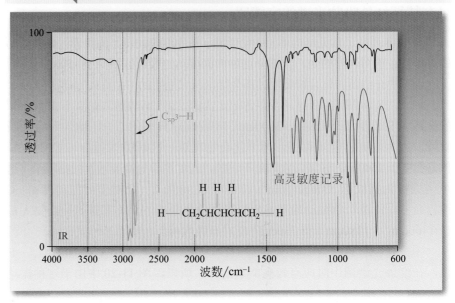

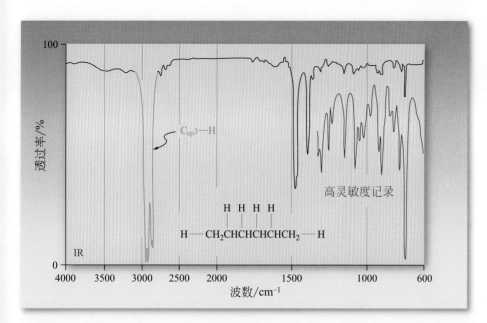

**图 11-19** 正己烷的红外光谱图。与图11-18正戊烷的红外光谱图相比，主要谱带的位置和形状非常相似，但红色部分指纹区的高灵敏度记录则有显著区别。

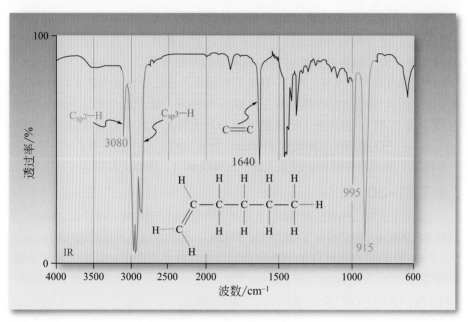

**图 11-20** 1-己烯的红外光谱图：$\tilde{\nu}_{C_{sp^2}—H伸缩}=3080cm^{-1}$；$\tilde{\nu}_{C=C伸缩}=1640cm^{-1}$；$\tilde{\nu}_{C_{sp^2}—H弯曲}=995cm^{-1}$和$915cm^{-1}$。

在 3080cm$^{-1}$ 出现一个尖峰，这个吸收峰的波数高于其他 C—H 键伸缩振动吸收峰的波数。这是一个非常有用的经验法则，$C_{sp^3}$—H 键伸缩振动的波数通常低于 3000cm$^{-1}$，$C_{sp^2}$—H 键伸缩振动的波数通常高于 3000cm$^{-1}$。

根据表 11-4，C=C 键的伸缩振动吸收峰在 1620～1680cm$^{-1}$ 区域。图 11-20 中的 1640cm$^{-1}$ 处相对较强的尖峰就是 C=C 键的伸缩振动吸收峰。其他主要的峰为弯曲振动吸收峰。例如，915cm$^{-1}$ 和 995cm$^{-1}$ 是末端烯烃典型的吸收峰。

另外，两种较强的弯曲振动模式可以作为判定烯烃取代基位置的手段。一种模式是 890cm$^{-1}$ 处的单峰，即 1,1-二烷基烯烃的特征峰；另一种模式是 970cm$^{-1}$ 处的尖峰，即反式双键 $C_{sp^2}$—H 弯曲振动的吸收峰。内烯烃 C=C 键的振动要比末端烯烃弱，原因是末端烯烃 C=C 键的伸缩振动会引起分子内偶极的改变。分子的对称性越高，吸收峰越弱。高度对称的分子，例如反-3-己烯，C=C 键的振动太弱以至于观察不到。

图 11-21　环己醇的红外光谱图：$\tilde{\nu}_{O-H伸缩}$ = 3345cm$^{-1}$；$\tilde{\nu}_{C-O}$ = 1070cm$^{-1}$；注意O—H键的宽峰。

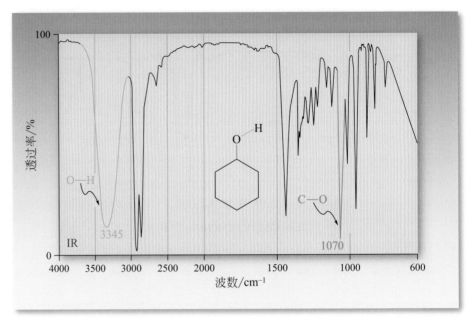

然而反-3-己烯中烯基 C—H 键的弯曲振动在 970cm$^{-1}$ 处有一个非常强的吸收尖峰。结合核磁共振谱图（11-4 节），对这种特定取代双键结构的确定是相当肯定的，也容易判断这类结构单元的存在与否。

醇（第 8 章和第 9 章）的 O—H 键的伸缩振动在红外光谱中是非常典型的，O—H 键的伸缩振动吸收峰出现在 3200~3650cm$^{-1}$ 处，是一个易于辨识的强宽峰（图 11-21）。原因是 O—H 键可以与其他醇分子或水形成氢键导致吸收峰变宽。C—O 键的伸缩振动在 1100cm$^{-1}$ 处有尖峰，而卤代烷中 C—X 键（第 6 章和第 7 章）的伸缩振动能量太低（<800cm$^{-1}$），所以无法确定 C—X 键。

### 饮酒、驾驶和红外光谱

酒精在3360cm$^{-1}$和1050cm$^{-1}$处的强烈红外波段被呼吸分析器记录下来，以检测体内的酒精含量。

[powerofforever/Getty Images]

### 练习 11-20

（**a**）分子式为C$_4$H$_8$的三种烯烃，在红外光谱中有如下吸收峰：烯烃A，964cm$^{-1}$；烯烃B，908cm$^{-1}$ 和986cm$^{-1}$；烯烃C，890cm$^{-1}$。请确定这三种烯烃的结构。

（**b**）分子式为 C$_2$H$_6$O 的两种化合物，在红外光谱图中，其中一种化合物的最强吸收峰在 2890cm$^{-1}$ 和 1180cm$^{-1}$ 处，另一种的最强吸收峰在 3360cm$^{-1}$、2970cm$^{-1}$ 和 1090cm$^{-1}$ 处。请确定它们的结构。

### 烯烃的主要弯曲振动吸收峰红外频率的近似范围

$$R_2C=CH_2$$
**915cm$^{-1}$、995cm$^{-1}$**

$$RCH=CHR\ (顺)$$
**890cm$^{-1}$**

$$RCH=CHR\ (反)$$
**970cm$^{-1}$**

### 小　结

红外光谱可以用来确定一些特征官能团的存在。红外线使分子中的键产生振动激发。较强的键和较轻的原子伸缩振动频率［以波数度量（波长的倒数）］相对较高，相反，较弱的键和较重的原子伸缩振动出现在低波数区，从 Hooke 定律也可以得到同样的结论。极性键有较强的吸收峰。由于同时存在多种伸缩振动和弯曲振动，红外光谱通常比较复杂，但是这些谱图的指纹区可以用来判断特定的化合物。3080cm$^{-1}$（C—H）和 1640cm$^{-1}$（C═C）处的伸缩振动峰和 890cm$^{-1}$、990cm$^{-1}$ 处的弯曲振动峰，可以帮助确定各种取代烯烃的存在。醇在 3200~3650cm$^{-1}$ 处有一个—OH 的特征峰。通常，红外光谱图的左半图（高于 1500cm$^{-1}$）可用于鉴别官能团，而右半图（低于 1500cm$^{-1}$）可用于鉴别特定的化合物。

# 11-9 | 测定有机化合物的分子量：质谱

在确定有机化合物结构的各种不同例子和问题中，迄今为止，总会被告知"未知物"的分子式。那如何获得分子式的信息呢？元素分析（1-9 节）可给出经验式，但是它仅仅告诉分子中不同元素的比例。事实上，经验式和分子式未必统一。例如，环己烷的元素分析只显示碳和氢的比例为 1:2，并未告诉分子中含有六个碳原子和十二个氢原子。为了解决这个问题，化学家们转向另外一种用于表征有机分子的重要物理技术——**质谱法**（mass spectrometry）。本节先介绍质谱仪及其依据的物理原理，接着考察在分子量测定条件下的裂解过程，从而得到质谱记录的谱图即**质谱**（mass spectra）。质谱能够帮助化学家区分结构异构体，并辨认未知分子中存在的官能团，如羟基和烯基等。

## 质谱仪通过质量辨别离子

质谱不是传统意义上的波谱形式，因为没有光波吸收（10-2 节）。将有机化合物的样品注入气化室（图 11-22，左上方），样品气化后，少量的气化样品进入质谱仪的离子源室。在这里，中性分子（M）通过高能 [常为 70eV，大约 1600kcal·mol$^{-1}$（6700kJ·mol$^{-1}$）] 电子束，经电子撞击，有些分子释放出一个电子，形成被称为**母体离子**（parent ion）或**分子离子**（molecular ion）的自由基正离子 M$^{+\cdot}$。大多数有机分子只发生单离子化。

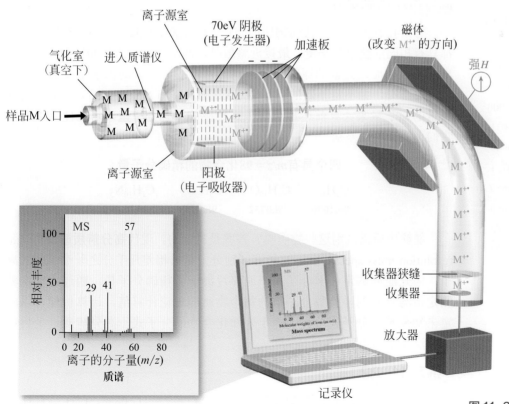

图 11-22  质谱仪的示意图。

## 电子碰撞时分子的离子化

$$M \quad + \quad e^-(70eV) \quad \longrightarrow \quad M^{+\cdot} \quad + \quad 2e^-$$

中性分子　　　电子束　　　　自由基正离子
　　　　　　　　　　　　　　（分子离子）

作为带电荷的粒子，分子离子在电场作用下加速到高速（没有离子化的分子保留在离子源室内直至被真空泵抽去）。加速的 $M^{+\cdot}$ 被送到一个磁场中，磁场使离子由线形飞行转向弧形，弧形的曲率是磁场强度的函数。就像 NMR 光谱仪（10-3 节），磁场的强度可以改变，因而能够调节离子飞行的曲率，从而使所需的离子通过收集器狭缝到达收集器，并在那里被收集和计数。与较重的物质相比，轻的物质转向更多，驱使离子通过狭缝到达收集器所需的磁场强度是 $M^{+\cdot}$ 质量的函数，也是原来分子 M 质量的函数。因此，在一个设定的磁场强度下，只有特定质量的离子才能够通过收集器狭缝，其他离子将与仪器的内壁碰撞。最后，到达收集器的离子被转化为电信号，并被记录成质谱图。

质谱图是以质量与电荷的比例（$m/z$）为横坐标，相对丰度为纵坐标；相对丰度表示一定 $m/z$ 值离子的相对数目。由于一般形成的仅是单电荷物质（$z=1$），所以测得的 $m/z$ 值就是被检测离子的质量。

### 有机分子的分子量

$CH_4$
$m/z = 16$

$CH_3OH$
$m/z = 32$

$$\underset{m/z = 74}{CH_3\overset{\overset{O}{\|}}{C}OCH_3}$$

### 练习 11-21

三个只含 C、H 和 O 的未知化合物的分子量如下，试画出尽可能多的合理结构。（**a**）$m/z = 46$；（**b**）$m/z = 30$；（**c**）$m/z = 56$。

## 高分辨质谱确定分子式

考察具有下列分子式的物质：$C_7H_{14}$、$C_6H_{10}O$、$C_5H_6O_2$ 和 $C_5H_{10}N_2$。它们都具有相同的**整数分子量**；最接近整数时，四个分子都产生 $m/z = 98$ 的分子离子峰。然而，元素的原子量是由自然存在的同位素的原子量及其相对丰度计算所得，并不是整数。如果用 C、H、O 和 N（表 11-5）的最丰富同位素的原子量来计算前述每个分子式相应的**精确分子量**，那么便可以看出它们之间的明显差别。

### 四个具有 $m/z = 98$ 化合物的精确分子量

| $C_7H_{14}$ | $C_6H_{10}O$ | $C_5H_6O_2$ | $C_5H_{10}N_2$ |
|---|---|---|---|
| **98.1096** | **98.0732** | **98.0368** | **98.0845** |

能够用质谱区别这些物质吗？答案是肯定的。现代**高分辨质谱仪**（high-resolution mass spectrometer）能够区别分子量只相差几千分之一个单位的离子。因此能够测定任何分子离子或碎片离子的精确分子量。通过比较实验测定值与具有同样整数分子量的每个物质的理论计算值，计算机便可以确定未知离子的分子式。对于确定未知化合物的分子式，高分辨质谱是目前最广泛使用的方法。

### 表 11-5 几种常见同位素的精确原子量

| 同位素 | 原子量 |
|---|---|
| $^1H$ | 1.00783 |
| $^{12}C$ | 12.00000 |
| $^{14}N$ | 14.0031 |
| $^{16}O$ | 15.9949 |
| $^{32}S$ | 31.9721 |
| $^{35}Cl$ | 34.9689 |
| $^{37}Cl$ | 36.9659 |
| $^{79}Br$ | 78.9183 |
| $^{81}Br$ | 80.9163 |

### 练习 11-22

选择与精确分子量相匹配的分子式。（**a**）$m/z = 112.0888$，$C_8H_{16}$、$C_7H_{12}O$ 或 $C_6H_8O_2$；（**b**）$m/z = 86.1096$，$C_6H_{14}$、$C_4H_6O_2$ 或 $C_4H_{10}N_2$。

### 分子离子发生裂解

　　质谱不仅提供分子离子的信息，而且也给出其组成的结构信息。由于离子束的能量远远超过断裂典型有机键所需的能量，因而一些分子离子会裂解成各种可能的中性和离子化碎片。这种**裂解**（fragmentation）生成许多低于分子离子质量的其他质谱峰，所获得的谱图就是**质谱裂解图**（mass-spectral fragmentation pattern）。谱中最强的峰称为**基峰**（base peak），其相对强度被定为 100，所有其他峰的强度为基峰强度的百分比。质谱中的基峰可能是分子离子峰，也可能是一个碎片峰。

　　例如，甲烷的质谱图中除了含有分子离子峰外，还含有 $CH_3^+$、$CH_2^{+\cdot}$、$CH^+$、$C^{+\cdot}$ 的峰（图 11-23）。这些峰通过页边所示的过程形成。这些物质的相对丰度由峰的高度表示，也为它们形成的相对难易程度提供了有用的信息。可以看出，第一个 C—H 键容易裂解，$m/z$=15 峰达到了基峰（分子离子峰）相对丰度的 85%，第二个 C—H 键的裂解比较困难，相应的离子具有较低的相对丰度。11-10 节有裂解过程更详细的讨论，并说明了如何使用裂解图来确定分子结构。

### 质谱显示同位素的存在

　　甲烷质谱中一个不寻常的特征是在 $m/z$=17 处有一个小峰（1.1%），它被指认为 $(M+1)^{+\cdot}$ 峰。怎么可能有多一个质量单位的离子存在？答案在于碳并不是同位素纯的。自然界中碳含有大约 1.1% 的 $^{13}C$ 同位素（表 10-1），这是形成这个额外峰的原因。在乙烷的质谱中，$m/z$=31 处 $(M+1)^{+\cdot}$ 峰的高度大约是分子离子峰的 2.2%。这是一个统计结果，在含有两个碳的化合物中，发现 $^{13}C$ 原子的概率是含一个碳分子化合物的 2 倍；对于含有三个碳的分子，概率将是 3 倍，依此类推。

　　其他元素同样也存在天然的更高质量的同位素，如氢（氘，$^2H$，相对丰度约为 0.015%），氮（0.366% $^{15}N$）和氧（0.038% $^{17}O$，0.2040% $^{18}O$）。这些同位素对于高于 $M^{+\cdot}$ 质量峰的强度也有贡献，但比 $^{13}C$ 的小。

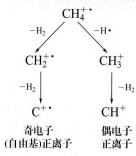

甲烷在质谱仪中的裂解

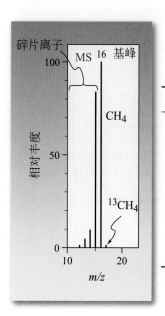

| 表格化的谱图 | | |
|---|---|---|
| $m/z$ | 相对丰度 /% | 分子或碎片离子 |
| 17 | 1.1 | $(M+1)^{+\cdot}$ |
| 16 | 100.0（基峰） | $M^{+\cdot}$（分子离子） |
| 15 | 85.0 | $(M-1)^{+\cdot}$ |
| 14 | 9.2 | $(M-2)^{+\cdot}$ |
| 13 | 3.9 | $(M-3)^{+\cdot}$ |
| 12 | 1.0 | $(M-4)^{+\cdot}$ |

**图 11-23** 甲烷的质谱图。左边是实际测得的谱图。右边是表格形式，最大峰（基峰）定义为100%。对于甲烷，$m/z$=16 的基峰是分子离子峰。裂解产生低分子量的碎片峰。

**真实生活：** 医药   **质谱检测兴奋剂类药物**

最近臭名昭著的使用违禁药品来提高运动员成绩的案件表明，已经有相关的技术能够检测出这些药品（第4章开篇）。测试样品首先被气相色谱仪（GC）分离为不同的单一组分，被分离的组分再通过高分辨质谱进行定性分析。该方法之所以能够成功检测出"作弊"是因为它具有极高的灵敏度和定量精确度。

被怀疑服用合成代谢类固醇类药品（如睾酮）的运动员（4-7节），可以通过两种方式检测。第一种是比较睾酮（T）和表睾酮（E；T的立体异构体，与T相同，只是五元环上的羟基是朝向"下"而不是"上"）的比例。正常情况下，E和T在人体中存在的数量大致相等，但E和T不同，不能改善运动员的表现。服用人工合成的T会改变体内T和E的比例，因此，非常容易被检测出来。所以有些运动员会一起服用人工合成的T和E，保持体内T和E的比例在正常范围之内。实际上，质谱也能够检测出这种情况。这来源于生物学上的巧合：人工合成的类固醇的前体来源于植物，因此这种人

工合成的类固醇中 $^{13}C$ 含量（相对于 $^{12}C$）略低于人体内生物合成的类固醇。虽然差别非常小（千分之几），但是仍然可以被检测出来：GC将类固醇从样品中分离后，经过燃烧生成二氧化碳，然后检测生成的 $^{13}CO_2$ 和 $^{12}CO_2$ 的比例。可以发现，$^{13}C$ 和 $^{12}C$ 的比例明显与人体中自然存在的不同，而且该方法鉴定出的植物来源的合成类固醇也被认为是服用"兴奋剂"的有力证据。

2016年巴西里约热内卢奥运会兴奋剂检测实验室。
[*Antonio Lacerda/Newscom/EFE/Río de Janeiro/Río de Janeiro/Brasil*]

氟和碘是同位素纯的原子，然而，氯（75.53% $^{35}Cl$；24.47% $^{37}Cl$）和溴（50.54% $^{79}Br$；49.46% $^{81}Br$）都各以两种同位素混合物的形式存在，并且具有易于辨认的同位素图。例如，1-溴丙烷的质谱图（图11-24）在 $m/z=122$

**图11-24** 1-溴丙烷的质谱图。注意，在 $m/z=122$ 和124处是几乎等高的两个峰，这是由于溴的两个同位素原子几乎等相对丰度的原因。

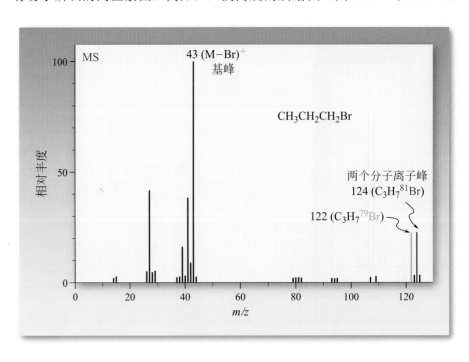

和 124 处显示两个几乎等强度的峰。为什么？因为分子的同位素组成是 $CH_3CH_2CH_2{}^{79}Br$ 和 $CH_3CH_2CH_2{}^{81}Br$ 接近于 1:1 的混合物。类似地，单氯代烷的谱图中有两个相差两个质量单位的强度比为 3:1 的离子峰，这是由于存在大约 75% 的 $R^{35}Cl$ 和 25% 的 $R^{37}Cl$。这些特征峰对揭示氯或溴的存在非常有用。

## 练习 11-23

对于二溴甲烷的分子离子峰，你预计它会有什么样的峰形？

## 练习 11-24

含有 C、H 和 O 的非自由基化合物具有偶数分子量，而那些含有 C、H、O 和奇数个 N 原子的化合物具有奇数分子量，但含有偶数个 N 原子的化合物，其分子量又是偶数。请解释之。

## 小　结

分子能够被 70eV 能量的电子束离子化生成自由基正离子，自由基正离子经电场加速，然后经过磁场时，通过不同的偏向而分开。在质谱仪中，此效应被用于测定分子的分子量。高分辨质谱被用来确定未知化合物的分子式。分子离子通常伴有较低质量的碎片，由于低丰度同位素的存在会出现同位素"卫星"峰，有些情况下，如含有 Cl 和 Br 时，会出现强度较大的多于单一同位素的分子离子峰。

# 11-10 有机分子的裂解模式

在电子撞击时，分子中先断裂较弱的键，然后断裂较强的键而解离。由于原始的分子离子带有正电荷，因此它总是解离成一个中性碎片和一个正离子碎片。通常，所形成的正离子碎片总是在最可能稳定正电荷的中心上带电荷。本节主要讲述弱键优先裂解和形成较稳定碳正离子碎片二者是如何相结合使质谱成为确定分子结构的一种有力工具的。

### 裂解更可能发生在多取代的中心

戊烷、2-甲基丁烷和 2,2-二甲基丙烷这三个异构体的质谱图（图 11-25～图 11-27）揭示了几种可能的 C—C 键解离过程的相对难易程度。在每种情况下，分子离子峰都相对较弱，除此以外，三个化合物的质谱差别很大。

戊烷 C—C 键的断裂有四种可能的方式，每种都产生一个碳正离子和一个自由基。在质谱中，仅观察到带正电荷的正离子（页边）；自由基是中性的，是"看不见"的。例如，一种过程断裂 C-1—C-2 键，产生甲基正离子和丁基自由基。在质谱中（图 11-25），$m/z=15$ 处的 $CH_3^+$ 峰很弱，这和该碳正离子的不稳定性有关（7-5 节）。类似地，$m/z=57$ 处的弱峰，源于裂解形成了丁基正离子和甲基自由基。尽管丁基正离子比 $CH_3^+$ 稳定，但甲基自由基是高能物质，这种裂解方式不利于它的形成。有利的断裂模式生成 $m/z=29$

**戊烷的碎片离子**

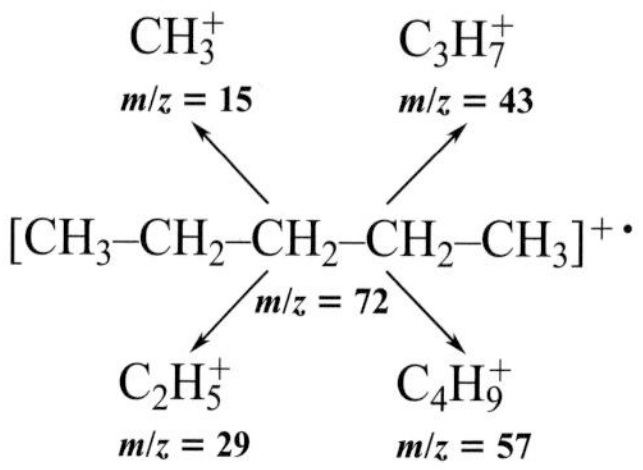

$CH_3^+$ 　　　$C_3H_7^+$
$m/z=15$ 　$m/z=43$

$[CH_3-CH_2-CH_2-CH_2-CH_3]^{+\cdot}$
$m/z=72$

$C_2H_5^+$ 　　$C_4H_9^+$
$m/z=29$ 　$m/z=57$

图 11-25 戊烷的质谱图。此图说明链中所有的 C—C 键都可被断裂。

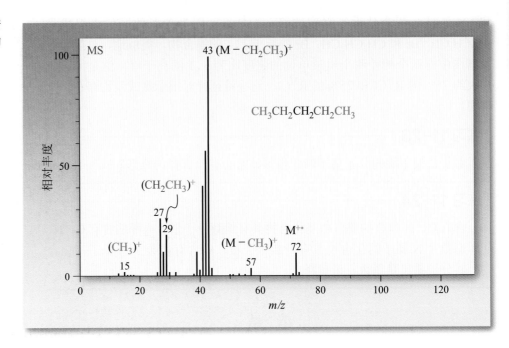

图 11-26 2-甲基丁烷的质谱图。$m/z=43$ 和 57 的峰来自于 C-2 周围的优先裂解，生成二级碳正离子。

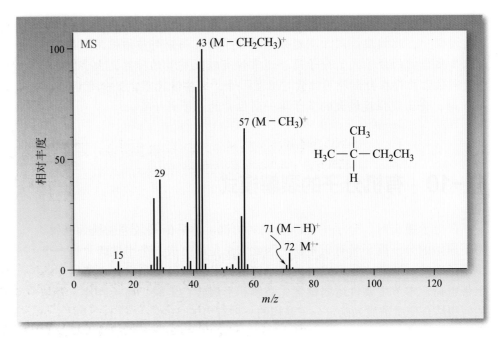

C—C 键的断裂得到更稳定的碳正离子是质谱中烷烃的主要裂解模式。C—H 键的键能更大，不太容易断裂（表 3-2）。

和 43 的峰，它们分别代表乙基正离子和丙基正离子。这些裂解过程都产生一级正离子和一级自由基，并避免形成甲基碎片。由于 $^{13}C$ 的存在，每个峰都被一簇更小的峰包围，有一个高出一个质量单位的峰和失去一个或多个氢而产生的低于一个质量单位的峰。需要注意的是，即便失去 H· 后的碳正离子也是稳定的，也不能产生强峰，因为氢原子是高能物质（3-1 节）。

2-甲基丁烷的质谱图（图 11-26）类似于戊烷，然而，各个峰的相对强度却不一样。C-2 上失去 H· 生成三级碳正离子，因此，$m/z=71(M-1)^+$ 处的峰较高。$m/z=43$ 和 57 处的信号较强，这是由于二者均来自于 C-2 上失去一个烷基自由基而形成的二级碳正离子。

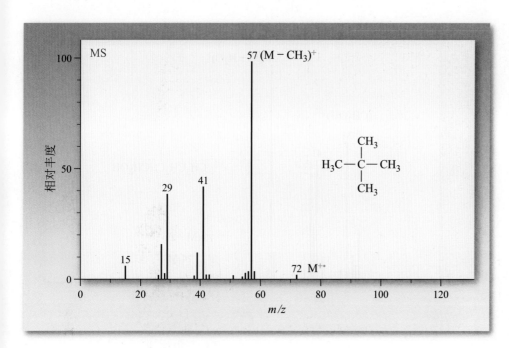

**图11-27**　2,2-二甲基丙烷的质谱图。由于裂解形成三级碳正离子是有利的，因此，只能看到很弱的分子离子峰。

在 2,2-二甲基丙烷的质谱图中（图 11-27），更倾向于在取代基多的中心进行裂解。在这里，分子离子失去一个甲基自由基，从而在 $m/z = 57$ 处产生作为基峰的 1,1-二甲基乙基（叔丁基）正离子。这个裂解过程非常容易，以至于几乎看不见分子离子峰。在 $m/z = 41$ 和 29 处也有碎片峰，它们来自于复杂的结构重组，比如在 9-3 节中讲的碳正离子重排等。

## 练习 11-25

如何仅通过质谱来区分甲基环己烷和乙基环戊烷？

## 碎片峰也有助于识别官能团

在卤代烷的质谱图中，也能看到相对较弱的键特别容易裂解的情况。碎片离子（M–X）⁺ 在质谱图中通常是基峰。类似现象在醇的质谱图中也可以观察到，醇脱水产生一个比分子离子低 18 的强的 $(M-H_2O)^{+\bullet}$ 峰（图 11-28）。

图 11-28　1-丁醇的质谱图。因为容易失去水，所以在 $m/z=56$ 处得到碎片峰，因而使得 $m/z=74$ 处的分子离子峰很弱。$\alpha$-裂解形成的其他碎片离子有丙基（$m/z=43$）、2-丙烯基（烯丙基）（$m/z=41$）和羟甲基（$m/z=31$）。

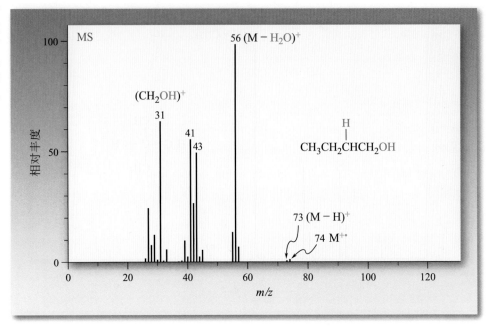

与 C—OH 相连的键也容易发生 $\alpha$-裂解，生成共振稳定的羟基碳正离子。

$$R \overset{|}{\underset{|}{\cancel{|}C}} - \ddot{O}H \xrightarrow[-R\cdot]{70\ eV} \left[ \overset{+}{\diagdown}C - \ddot{O}H \longleftrightarrow \diagdown C = \overset{+}{\ddot{O}}H \right]$$

在 1-丁醇的质谱图中，$m/z=31$ 处的强峰即为羟甲基正离子（$^{+}CH_2OH$），它是由 $\alpha$-裂解形成的。

### 通过脱水和α-裂解的醇的碎片离子

$$\left[ \begin{array}{c} HO\ \ \ H \\ | \ \ \ \ | \\ R-C-CHR' \\ | \\ H \end{array} \right]^{+\cdot} \longrightarrow [RCH=CHR']^{+\cdot} + H_2O$$

$$\mathbf{M^{+\cdot}} \qquad\qquad\qquad \mathbf{(M-18)^{+\cdot}}$$

$\swarrow -R\cdot \qquad \downarrow -H\cdot \qquad \searrow -R'CH_2\cdot$

$$\left[ \begin{array}{c} HO \\ | \\ C \\ \diagup \ \diagdown \\ H \ \ \ CH_2R' \end{array} \right]^{+} \qquad \left[ \begin{array}{c} HO \\ | \\ C \\ \diagup \ \diagdown \\ R \ \ \ CH_2R' \end{array} \right]^{+} \qquad \left[ \begin{array}{c} HO \\ | \\ C \\ \diagup \ \diagdown \\ R \ \ \ H \end{array} \right]^{+}$$

> 质谱中的裂解更容易形成稳定的正离子。所以，醇通常裂解形成共振稳定的羟基碳正离子。

### 练习 11-26

试预测 3-甲基-3-庚醇的质谱图。

### 烯烃裂解形成共振稳定的碳正离子

　　烯烃的裂解模式也倾向于先断开分子中较弱的键形成稳定的碳正离子。烯烃中与碳-碳双键直接相连的碳原子上的化学键也就是所谓的烯丙基键比较容易断裂，形成共振稳定的碳正离子。例如，直链末端烯烃 1-丁烯断裂形成 $m/z=41$ 的 2-丙烯基（烯丙基）碳正离子，即质谱图的基峰［图 11-29（A）］。

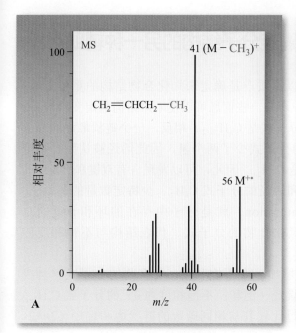

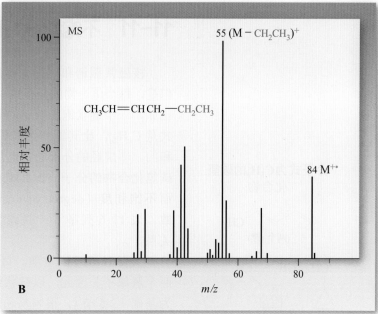

烯丙基键

$$\left[CH_2\!=\!CH\!-\!CH_2\overset{\raisebox{2pt}{\tiny\textbar}}{\phantom{x}}CH_3\right]^{+\cdot}\ \underset{-CH_3\cdot}{\longrightarrow}\ \left[\begin{matrix}CH_2\!=\!CH\!\overset{\frown}{\phantom{x}}\!\overset{+}{CH_2}\\ \updownarrow\\ \overset{+}{CH_2}\!-\!CH\!=\!CH_2\end{matrix}\right]$$
$$m/z=56$$

**2-丙烯基(烯丙基)碳正离子**
$$m/z=41$$

**图 11-29** 1-丁烯的质谱图（A），在烯丙位断裂形成 $m/z=41$ 的基峰，即共振稳定的2-丙烯基（烯丙基）碳正离子；2-己烯的质谱图（B），与1-己烯相似的断裂模式（C-4和C-5处断裂）形成 $m/z=55$ 的2-丁烯基碳正离子。

支链烯烃和内烯烃同样可在烯丙位断裂。图 11-29（B）是 2- 己烯的质谱图，$m/z=55$ 处的基峰即共振稳定的 2-丁烯基碳正离子。

$$\left[CH_3\!-\!CH\!=\!CH\!-\!CH_2\overset{\raisebox{2pt}{\tiny\textbar}}{\phantom{x}}CH_2\!-\!CH_3\right]^{+\cdot}\ \underset{-C_2H_5\cdot}{\longrightarrow}\ \left[\begin{matrix}CH_3\!-\!CH\!=\!CH\!\overset{\frown}{\phantom{x}}\!\overset{+}{CH_2}\\ \updownarrow\\ CH_3\!-\!\overset{+}{CH}\!-\!CH\!=\!CH_2\end{matrix}\right]$$
$$m/z=84$$

**2-丁烯基碳正离子**
$$m/z=55$$

## 练习 11-27

4-甲基-2-己烯的质谱数据为：$m/z=69$、83 和 98，解释每一个碎片离子的来源。

## 小 结

裂解模式的解释可用于阐明分子的结构。例如，烷烃的自由基正离子断裂形成最稳定的正电荷碎片，卤代烷断裂碳-卤键，醇容易脱水并发生 $\alpha$-裂解，烯烃容易在烯丙位断裂形成共振稳定的碳正离子。

# 11-11 | 不饱和度：确定分子结构的另一种辅助手段

核磁共振谱和红外光谱以及质谱是确定未知化合物结构的重要工具。但是，每个化合物的分子式中还有一些信息可以使未知结构确定变得容易。比如，一个链状饱和烷烃的分子式是 $C_nH_{2n+2}$。相反，一个链状烯烃的分子式是 $C_nH_{2n}$，比其饱和烷烃的分子式少了两个氢，因此烯烃被认为是不饱和的。环烷烃的分子通式也是 $C_nH_{2n}$。因此，可以发现含有双键和/或环的碳氢化合物的分子式比其饱和烷烃的分子式 $C_nH_{2n+2}$ 少特定数量的氢原子。而**不饱和度**（degree of unsaturation）就是分子中存在的环和 π 键的总数。表 11-6 列举了一些碳氢化合物的分子式、代表结构与不饱和度的关系。

从表 11-6 可以发现，每增加一个不饱和度，化合物的分子式就会少两个氢原子。因此，以链状烷烃（饱和；不饱和度为 0）的分子式 $C_nH_{2n+2}$ 为基础（2-5 节），很容易通过比较其与相同碳数的链状饱和烷烃（2n+2，n = 碳原子数）的氢原子个数，得到化合物的不饱和度。例如，分子式为 $C_5H_8$ 的化合物的不饱和度是多少呢？碳数为 5 的链状饱和烷烃的分子式为 $C_5H_{12}$（$C_nH_{2n+2}$，n = 5）。因为该化合物的氢原子数比链状饱和烷烃的少 4 个，所以化合物的不饱和度是 4/2 =2。也就是说分子中存在的环和 π 键的总数为 2。

杂原子的存在对计算是有影响的。如下面几个饱和化合物的分子式：乙烷（$C_2H_6$）和乙醇（$C_2H_6O$），它们含有相同的氢原子；氯乙烷（$C_2H_5Cl$）少一个氢原子；乙胺（$C_2H_7N$）多一个氢原子。因此，如果分子中含有卤素，饱和化合物中氢原子的数目减少；如果分子中含有氮原子，饱和化合物中氢原子的数目增加；如果分子中含有氧原子，饱和化合物中氢原子的数目不变。下面，总结一下从分子式计算不饱和度的步骤：

**分子式为 $C_5H_8$ 的碳氢化合物**

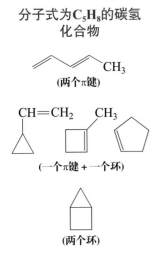

（两个π键）

（一个π键 + 一个环）

（两个环）

**表11-6　化合物结构的一个关键信息：不饱和度**

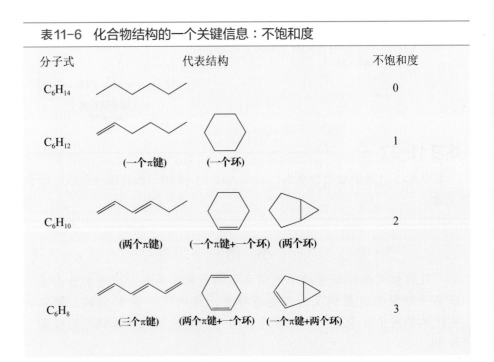

| 分子式 | 代表结构 | 不饱和度 |
|---|---|---|
| $C_6H_{14}$ | | 0 |
| $C_6H_{12}$ | （一个π键）　　（一个环） | 1 |
| $C_6H_{10}$ | （两个π键）　（一个π键+一个环）　（两个环） | 2 |
| $C_6H_8$ | （三个π键）　（两个π键+一个环）　（一个π键+两个环） | 3 |

---

指导原则: **从分子式计算不饱和度的步骤**

→ **步骤1.** 计算饱和化合物中氢原子的数目$H_{饱和}$。其中$n_C$为碳原子数，$n_X$为卤素个数，$n_N$为氮原子数。

$$H_{饱和} = 2n_C + 2 - n_X + n_N（不考虑氧原子与硫原子）$$

→ **步骤2.** 与分子中实际氢原子的数目$H_{实际}$相比，得到化合物的不饱和度。

$$不饱和度 = \frac{H_{饱和} - H_{实际}}{2}$$

这两个步骤可以总结在一个方程式中：

$$不饱和度 = \frac{2n_C + 2 + n_N - n_H - n_X}{2}$$

---

## 练习11-28

计算下列分子式的不饱和度。

（**a**）$C_5H_{10}$；（**b**）$C_9H_{12}O$；（**c**）$C_8H_7ClO$；（**d**）$C_8H_{15}N$；（**e**）$C_4H_8Br_2$。

---

## 解题练习11-29

**运用概念解题：确定化合物的不饱和度**

分子式为$C_5H_8$的三个化合物的谱图数据如下，（a）IR：910、1000、1650、3100$cm^{-1}$；$^1H$ NMR：$\delta = 2.79（t, J = 8Hz）$，4.8～6.2（m），积分面积之比为1:3；（b）IR：900、995、1650、3050$cm^{-1}$；$^1H$ NMR：$\delta = 0.5～1.5$（m），4.8～6.0（m），积分面积之比为5:3；（c）IR：1611、3065$cm^{-1}$；$^1H$ NMR：$\delta = 1.5～2.5$（m），5.7（m）、积分面积之比为3:1。其中 m 表示多重峰。请指出各化合物的结构。满足条件的化合物的结构是否唯一？（**提示**：其中一个化合物为非环状化合物，其他两个化合物各有一个环。）

**策略**：

→ **W**：有何信息？根据IR和$^1H$ NMR谱图推断出三个分子式为$C_5H_8$的化合物的结构。

→ **H**：如何进行？首先，从分子式中能够得到什么信息？然后与核磁共振结合起来。记住：化学位移、积分以及自旋-自旋裂分。

→ **I**：需用的信息？复习如何计算分子的不饱和度以及不饱和度的含义，复习11-4节和11-8节谱图分析的相关知识。

→ **P**：继续进行。不饱和度说明分子中存在的π键和环的总数。找到它，并通过IR确定分子中是否存在π键，再通过NMR确定可能的分子结构。

**解答**：

• 分子式为$C_5H_8$的化合物的不饱和度为2，也就是说所有分子中存在的环和π键的总数都是2。依次看看这几种化合物的结构是什么？

（a）红外光谱中有4个吸收峰，1650$cm^{-1}$、3100$cm^{-1}$毫无疑问对应着C＝C键和烯基氢的伸缩振动；910$cm^{-1}$、1000$cm^{-1}$说明分子中有一CH＝$CH_2$结构单元（11-8节）。$^1H$ NMR 有两组峰，并且积分面积之比为1:3。因为分子中总共有8个氢原子，所以分子中有两组氢原子，一组为2个氢原子，另一组为6个氢原子。2个氢原子在$\delta=2.79$处为三重峰，说明分子中有—$CH_2$—单元，并且与该碳原子邻近的两个氢原子发生偶合。在$\delta=4.8\sim6.2$处的6个氢原子是典型的烯基氢原子，说明分子中有两个—$CH=CH_2$单元。结合这些单元，可以推测化合物的结构为$CH_2=CH—CH_2—CH=CH_2$。

（b）红外光谱与（a）类似，说明分子中也有—$CH=CH_2$结构单元。$^1H$ NMR 有 5 个氢原子在高场，3 个低场氢原子是烯基氢原子，与—$CH=CH_2$结构单元中的氢原子一致。剩下的$C_3H_5$片段的$^1H$ NMR 显示为烷基，因此，剩下的 1 个不饱和度应该是环，化合物的结构只能是：

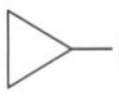

▷—$CH=CH_2$

（c）红外光谱数据只说明分子中有 $C=C$ 和烯基 $C—H$ 的吸收峰，在 $1000cm^{-1}$ 以下没有其他信息。需要更多地依靠 NMR，$^1H$ NMR 中高场的氢原子数是低场氢原子的 3 倍，说明分子中含有 6 个烷基氢原子和 2 个烯基氢原子。从这些信息中可以发现，分子中无法存在另外的双键，另一个不饱和度一定是环。因此，可能的结构为：⬠ 和 ▷—$CH_2—CH_3$ 后一种结构的可能性比较小，因为其分子中甲基应该为清晰的三重峰，但是数据中没有给出。

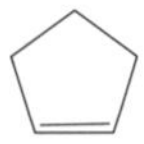

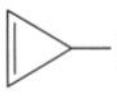

## 11-30 自试解题

推测另外一种分子式也为 $C_5H_8$ 的结构。其红外光谱在 $1600\sim2500cm^{-1}$ 区域没有吸收。

## 小　结

不饱和度是分子中环和 π 键的总和。计算分子的不饱和度有助于根据谱图数据解决结构问题。

## 总　结

本章我们开始学习烯烃，它也是本书中出现的第一类含有不饱和官能团的化合物，它的官能团是碳-碳双键。我们也学习了另外两种鉴定化合物结构的方法：红外光谱（IR）和质谱（MS）。

本章中我们学习了：

- 烯烃的命名方法与烷烃相似，如果碳-碳双键包含在主链中，可以直接将编号写在烯的前面来表示；如果不在主链中，将烯烃部分作为取代基进行命名（11-1节）。

- 烯烃中的双键是平面结构，存在顺/反和E/Z异构体，它也是另一种形式的立体异构（11-2节）。

- σ键和π键都对双键的键强度有贡献，但是σ键更强，贡献更多（11-2节）。

- 烯基氢在$^1H$ NMR谱图中由于去屏蔽作用出现在低场，$\delta=4.6\sim5.7$。它们的裂解模式可能很复杂，偶合常数的大小取决于氢之间的结构关系（11-4节）。

烯烃的稳定性与催化氢化反应释放的热量相反。取代基越多，稳定性越高（11-5节）。

碱催化的卤代烷的消除反应和酸催化的醇的消除反应都遵守Saytzev规则，生成的主产物是热力学更稳定的烯烃；E2反应中，使用体积大的碱，遵守Hofmann规则，生成的主产物是热力学不稳定的烯烃（11-6节和11-7节）。

红外光谱（IR）通过有机分子特有的振动频率来检测几种常见化学键的存在（11–8节）。

质谱（MS）是一种既能测定分子量，又能测定被高能电子碰撞产生的分子离子碎片的方法（11-9节）。

质谱（MS）条件下的分子裂解，优先形成相对稳定的碎片离子（11-10节）。

通过分子式可以计算化合物的不饱和度，也就是分子中存在的环与$\pi$键的总数（11-11节）。

在接下来的一章中将学习烯烃的反应，了解不饱和双键结构是如何决定化合物的性质的。

# 11-12 | 解题练习：综合运用概念

下面的两个练习结合了第 7 章和第 11 章关于碱和酸催化的消除反应的内容。

### 解题练习11-31　根据反应机理预测反应产物

写出下面反应的主产物：

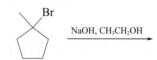

**策略：**

• **W**：有何信息？之前在第 6 章和第 7 章遇到过类似的问题，预测反应产物。尽管这个问题并没有明确地问"为什么"——也就是我们思考反应机理的线索，但卤代烷在不同的反应条件下有不同的反应。所以，这道题其实是在问反应的机理。

• **H**：如何进行？首先，需要确定起始反应物和反应试剂属于哪一类。看看是否可以找到解决办法。

氢氧根离子——好的亲核试剂——能立刻想到亲核取代反应吗？

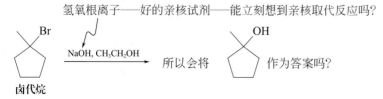

等一下！再看一次：这个化合物是三级碳中心，并且 OH⁻ 是强碱。

· I：需用的信息？表 7-4 说明，三级碳化合物和强碱反应时会发生 E2 消除反应。但是还没有结束，因为生成的产物不止一个，11-6 节讲解了 E2 消除反应的区域选择性：体积小的碱（例如氢氧根离子）会遵循 Saytzev 规则生成热力学更稳定的产物。主产物的判定取决于 11-5 节中提供的关于烯烃的相对稳定性的内容：右边的烯烃是三取代的，而左边的烯烃是双取代的，因此右边的烯烃是主产物。

· P：继续进行。

解答：

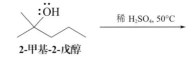

Hofmann（次产物）    Saytzev（主产物）

### 解题练习11-32    通过谱图确定产物结构

**记住：**

**¹H NMR 谱图信息**
化学位移
积分
自旋-自旋裂分

**¹³C NMR 谱图信息**
化学位移
DEPT

酸催化 2-甲基-2-戊醇（稀硫酸，50℃）的脱水反应，生成一种主产物和一种次产物。元素分析表明，这两种产物中碳原子和氢原子的个数比都为 1：2，高分辨质谱表明两种产物的分子量都是 84.0940。谱图数据如下：

1. 主产物　IR：1660 和 3080cm⁻¹；¹H NMR：$\delta$=0.91（t，$J$ = 7Hz，3H），1.60（s，3H），1.70（s，3H），1.98（quin，$J$ = 7Hz，2H），5.08（t，$J$ = 7Hz，1H）；¹³C NMR（DEPT）：$\delta$=14.5（$CH_3$），17.7（$CH_3$），21.5（$CH_2$），26.0（$CH_3$），126.4（CH），131.3（$C_{quat}$）。

2. 次产物　IR：1640 和 3090cm⁻¹；¹H NMR：$\delta$=0.92（t，$J$ = 7Hz，3H），1.40（sex，$J$ = 7Hz，2H），1.74（s，3H），2.02（t，$J$ = 7Hz，2H），4.78（s，2H）；¹³C NMR（DEPT）：$\delta$=13.5（$CH_3$），21.0（$CH_2$），22.3（$CH_3$），40.7（$CH_2$），110.0（$CH_2$），146.0（$C_{quat}$）。

**请推断产物的结构，说明产物的形成机理，并讨论主产物较多的原因。**

解答：

首先写出起始原料的结构（醇的命名，参见 8-1 节）和反应条件。

稀 $H_2SO_4$，50°C

**2-甲基-2-戊醇**

这是酸催化叔醇的脱水反应（11-7 节）。尽管根据已学过的知识可以写出产物，还是先从谱图数据出发，观察分析得到的结构与预计的产物是否一致。

两个化合物有相同的分子式，所以它们是异构体。元素分析给出经验式是 $CH_2$。$CH_2$ 的质量是 12.000+2×（1.00783）=14.01566。因此，通过高分辨质谱给出的分子量，可以判定该化合物的分子式是 6（$CH_2$）=$C_6H_{12}$，因为 84.0940/14.01566 = 6。

主产物的红外光谱在 1660cm⁻¹ 和 3080cm⁻¹ 处的峰处于烯烃 C=C 键和烯基 C—H 键伸缩振动频率范围内（1620～1680cm⁻¹ 和 3050～3150cm⁻¹，参见表 11-4）。有了这个信息再结合 ¹H NMR 谱图，可以知道 $\delta$ 在 4.6～5.7

处的峰是烯基氢的特征区域（表 10-2 和 11-4 节）。数据中有 $\delta=5.08$，因此，结构中有烯基氢。从具体峰的信息（t，$J=7Hz$，1H）知道，这个氢的邻位碳上有两个氢才能使其裂分为三重峰，偶合常数为 7Hz，相对积分强度说明是 1 个氢。积分各为 3H 的 3 个峰出现在 $\delta=0\sim4$ 处，说明可能存在 3 个甲基，因为不存在与 3 个甲基相抵触的信息，说明结构中应该存在 3 个甲基：2 个甲基为单峰，1 个为三重峰。最后积分为 2H 的五重峰出现在 $\delta=1.98$ 处。假设此峰为亚甲基（$CH_2$），此结构中含有的片段包括 1 个 $CH=C$、3 个 $CH_3$ 和 1 个 $CH_2$。这个结果和 $^{13}C$ NMR（DEPT）的谱图一致。事实上，也可以从 $^{13}C$ NMR（DEPT）开始分析，然后通过 $^1H$ NMR 推导出更多的细节。它们的总和与分子式 $C_6H_{12}$ 一致，这使我们确信在正确的途径上进行。这些片段组合的可能性不多，可以得到下面两种可能的结构：

$$CH_3-CH=\overset{\overset{\displaystyle CH_3}{|}}{C}-CH_2-CH_3（不考虑立体化学）\quad 和 \quad CH_3-CH_2-CH=\overset{\overset{\displaystyle CH_3}{|}}{C}-CH_3$$

虽然 $^{13}C$ NMR 谱图不能区分这两种结构，但是可以用化学知识或是再次借助谱图来判断哪一个是正确的。应用 $^1H$ NMR 谱图的裂分模式可以快速作出判断。应用（$N+1$）规则（10-7 节），在理想条件下 NMR 信号可被相邻的 $N$ 个氢裂分为（$N+1$）条谱线。上述第一个结构中，烯基氢与一个 $CH_3$ 相邻，因此应该有 3+1=4 条谱线，是四重峰。但是从 $^1H$ NMR 数据可以看到烯基氢被裂分成三重峰，说明与之相邻的烷基碳上有 2 个氢原子。另外，从 3 个甲基的裂分情况来看，如果是第一种结构，3 个甲基相应的有 0、1、2 个相邻的氢，即应该表现为单峰、双峰和三重峰，这与真实谱图不符。而第二种结构符合：烯基氢有 2 个相邻氢，符合三重裂分。3 个甲基中的 2 个是与烯基碳相连的，没有相邻氢，应为单峰。再运用化学知识，正确结构中碳的连接方式应与起始物相同，而不正确的结构则必须经过重排反应才能得到。

与主产物的分析方法一样。次产物的红外光谱显示烯烃 C=C 键伸缩振动（1640$cm^{-1}$）和烯基氢伸缩振动（3090$cm^{-1}$）。$^1H$ NMR 谱图在 $\delta=4.78$ 处有积分为 2H 的单峰，是 2 个烯基氢。另有 2 个甲基信号和积分为 2H 的第二个峰。因此次产物结构中含有的片段为 2 个 $CH_3$、2 个 $CH_2$ 和 2 个烯基氢，加上 C=C，与已知的分子式 $C_6H_{12}$ 一致。组合这些片段，可以得到多种可能的结构，但是结合 $^1H$ NMR 谱图中峰的裂分，同样很容易得到结构的信息：1 个 $CH_3$ 为单峰，说明与它相连的碳上没有氢。再根据之前推测的可能存在的片段，后面的碳只能是烯基碳。因此，可以确定分子中肯定有 $CH_3-$ **C**$=$**C**$-$片段，加粗的碳原子上没有氢原子。该反应是消除反应，因此烯基氢都与另一个烯基碳相连：$CH_3-\overset{|}{\textbf{C}}=CH_2$。结合这些信息和剩余的片段，可以得到唯一的结构：

$$\begin{array}{c} CH_3-CH_2-CH_2 \\ | \\ CH_3-C=CH_2 \end{array}$$

推测的结果与 $^{13}C$ NMR（DEPT）谱图一致。因此，可以完成整个反应方程式：

2-甲基-2-丙醇　　稀 $H_2SO_4$，50℃　　主产物

这个结果与化学预期的结果一致吗？从反应机理考虑（11-7 节），仲醇

**记住：**溶液中不可能存在游离的$H^+$，但是$H^+$可以与孤对电子结合，比如水中的氧原子（或者硫酸氢根离子）。

和叔醇在酸性条件下的脱水反应，首先是氧原子的质子化，形成更好的离去基团水。

离去基团离去，形成碳正离子。脱去邻位碳上的质子（最有可能的是另外一分子醇作为Lewis碱）形成烯烃。整个过程是E1过程：

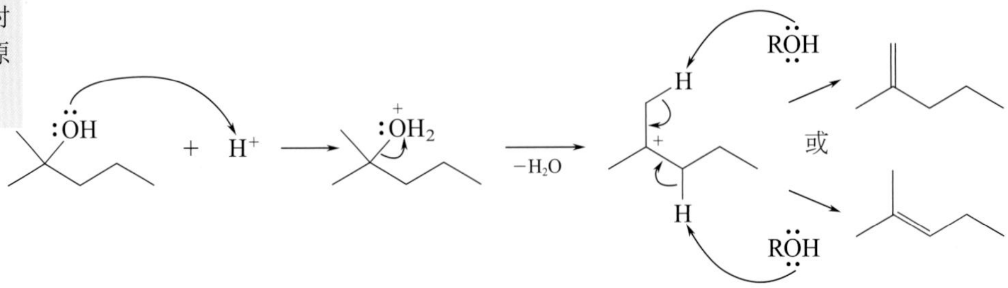


在典型的E1脱水反应中，主产物是热力学更稳定的多取代烯烃（11-5节和11-7节）。

## 新反应

### 1. 烯烃氢化（11-5节）

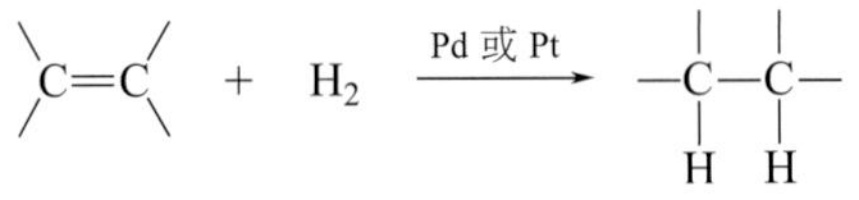


$\Delta H^{\ominus} \approx -30\mathrm{kcal \cdot mol^{-1}}$

双键的稳定性顺序

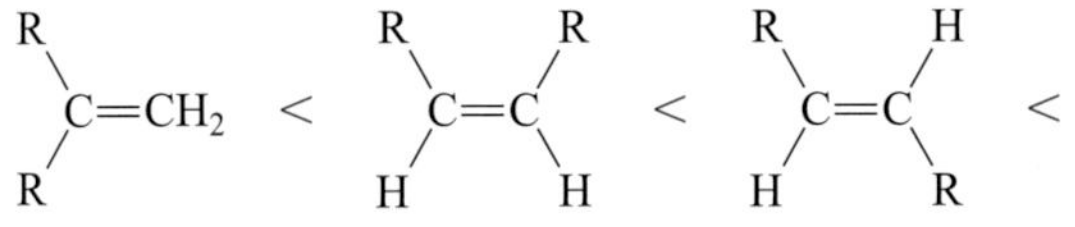


< 取代更多的烯烃

### 烯烃的制备

### 2. 从卤代烷制备，在体积小的碱作用下发生E2反应（11-6节）

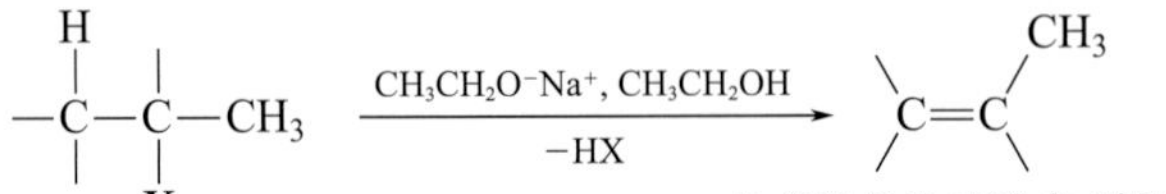


Saytzev 规则

取代较多的(更稳定)烯烃

### 3. 从卤代烷制备，在体积大的碱作用下发生E2反应（11-6节）。

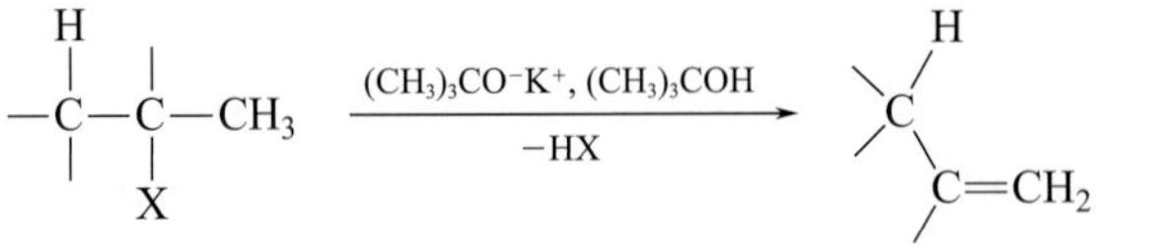


Hofmann 规则

取代较少的(较不稳定)烯烃

### 4. E2反应的立体化学（11-6节）

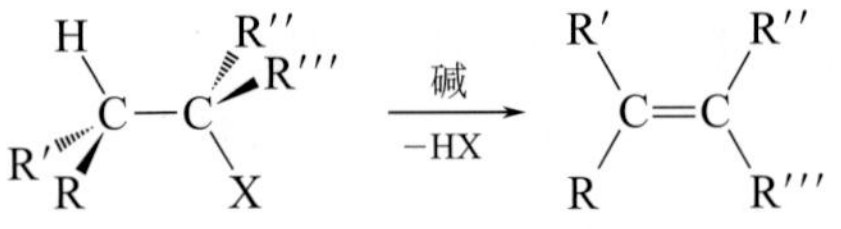


反式消除

### 5. 醇的脱水反应（11-7节）

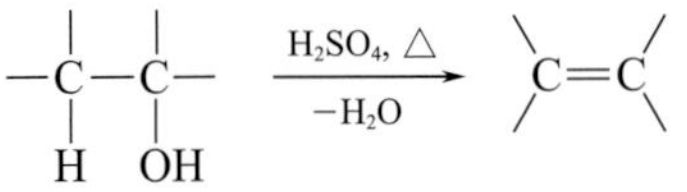


**更稳定的烯烃是主产物，伯醇脱水是E2过程，仲醇和叔醇是E1过程，碳正离子可能发生重排。**

**反应活性顺序：伯醇 < 仲醇 < 叔醇**

**重要概念**

1. 烯烃是**不饱和**分子。其IUPAC命名由烷烃衍生而来，最长的包含双键的碳链为主链。**双键异构**包括**末端烯烃、内烯烃**和**顺反**异构体。三取代和四取代的烯烃用**E/Z体系**命名，取代基的优先顺序与*R/S*中所用规则相同。

2. 双键由一个σ键和一个π键组成，σ键由两个碳的$sp^2$杂化轨道重叠形成，π键由两个碳的p轨道相互作用形成。**π键**（约65kcal·$mol^{-1}$）弱于σ键（约108kcal·$mol^{-1}$），但仍足够强，使顺反异构体可以稳定存在。

3. 烯烃中的双键是平面结构，**$sp^2$杂化**使其产生偶极，并使烯基氢具有较高的酸性。

4. 烯基氢和碳在$^1$H NMR （$\delta$=4.6～5.7）和$^{13}$C NMR （$\delta$=100～140）中都出现在**低场**，偶合常数$J_{trans}$大于$J_{cis}$，$J_{同碳}$非常小，$J_{烯丙基}$不确定，但是较小。

5. 比较烯烃异构体的**氢化热**可以衡量它们的相对稳定性。随着取代基的减少，稳定性也降低。反式异构体比顺式异构体稳定。

6. 卤代烷和其他烷基衍生物的消除反应遵循**Saytzev规则**（体积小的碱，形成内烯烃）或者**Hofmann规则**（体积大的碱，形成末端烯烃）。产物中反式烯烃多于顺式烯烃。消除反应是**立体专一性**的，由它的反式过渡态所决定。

7. 强酸作用下，醇的**脱水反应**通常得到混合物，最稳定的烯烃为主产物。

8. 红外光谱测量的是**振动激发**。常用的红外辐射能量为1～10kcal·$mol^{-1}$（对应的波长为2.5～16.7μm，波数为600～4000$cm^{-1}$）。一些官能团有特征的吸收峰，这是键的伸缩振动、弯曲振动、其他振动以及这些振动的组合。而且，每一个化合物在红外光的**指纹区**（1500$cm^{-1}$以下）有特征的红外光谱图。

9. 在红外光谱中，烷烃C—H键的特征吸收峰在2840～3000$cm^{-1}$，烯烃中C＝C键的伸缩振动在1620～1680$cm^{-1}$，烯基上C—H键的特征吸收峰在3100$cm^{-1}$附近。弯曲振动有时在1500$cm^{-1}$以下产生有用的吸收峰。醇的O—H键振动在3200～3650$cm^{-1}$处有一特征的宽峰。

10. **质谱法**是一项分子离子化技术，它按照分子量的不同将离子在磁场中分离开。由于电子束具有高能量，因而离子化的分子可以裂解成为更小的**碎片**，所有这些碎片都能被分开，并被记录成化合物的**质谱**。用**高分辨质谱**获得的**精确分子量**值可确定分子式。某些元素（比如Cl、Br）的存在可通过它们的同位素峰来鉴定。质谱中碎片离子信号可用于推断分子的结构。

11. 化合物**不饱和度**（环数与π键的总和）的计算

$$不饱和度 = \frac{H_{饱和} - H_{实际}}{2}$$

其中，$H_{饱和} = 2n_C + 2 - n_X + n_N$（不用考虑氧原子和硫原子）。

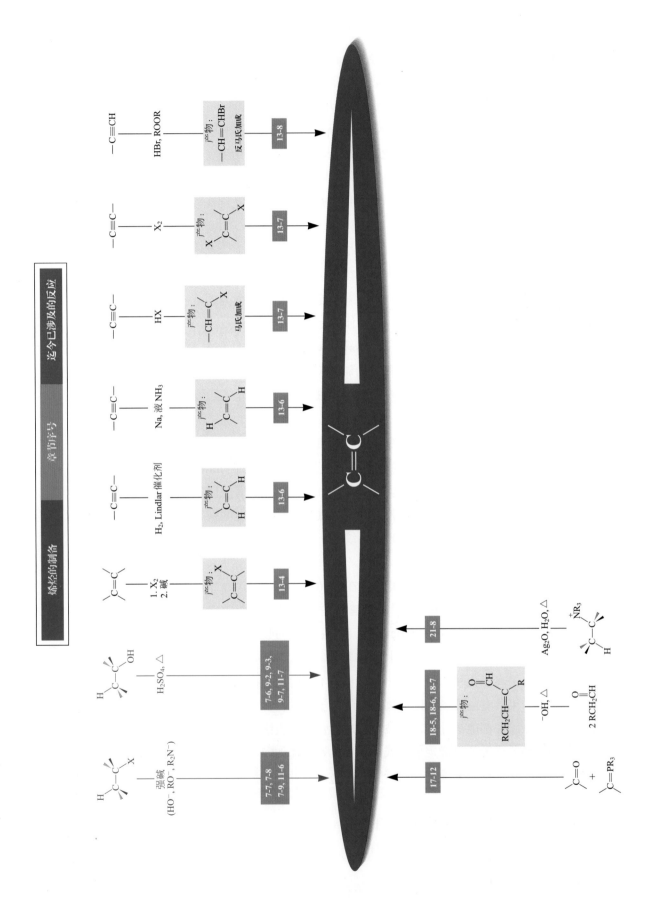

## 习 题

**33.** 画出下面分子的结构式。
- （**a**）4,4-二氯-反-2-辛烯
- （**b**）（Z）-4-溴-2-碘-2-戊烯
- （**c**）5-甲基-顺-3-己烯-1-醇
- （**d**）（R）-1,3-二氯环庚烯
- （**e**）（E）-3-甲氧基-2-甲基-2-丁烯-1-醇

**34.** 按IUPAC命名规则命名下列化合物。

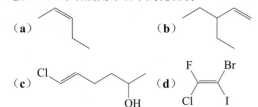
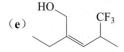
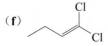
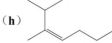
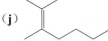
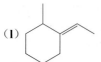

**35.** 命名下列化合物，并用顺/反或E/Z表明化合物的立体结构。

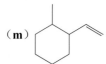

**36.** 预测下面每一对烯烃中哪一个的偶极矩更高？沸点更高？
（**a**）顺-和反-1,2-二氟乙烯；（**b**）（Z）-和（E）-1,2-二氟丙烯；（**c**）（Z）-和（E）-2,3-二氯-2-丁烯

**37.** 画出下列化合物的结构，并根据酸性强弱进行排列，圈出酸性最强的氢。
环戊烷，环戊醇，环戊烯，3-环戊烯-1-醇

**38.** 根据¹H NMR得出下列分子的结构（图A～图E），注意分子的立体构型。

- （**a**）$C_4H_7Cl$，NMR谱图A；
- （**b**）$C_5H_8O_2$，NMR谱图B；
- （**c**）$C_4H_8O$，NMR谱图C；
- （**d**）另一个$C_4H_8O$，NMR谱图D（下一页）；
- （**e**）$C_3H_4Cl_2$，NMR谱图E（下一页）。

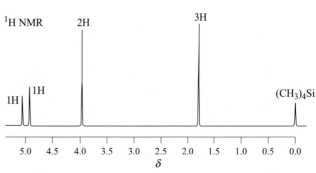

300MHz ¹H NMR谱图

**A**

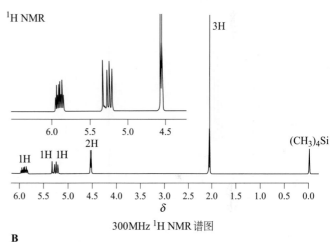

300MHz ¹H NMR谱图

**B**

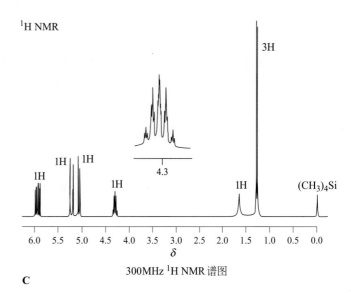

300MHz ¹H NMR谱图

**C**

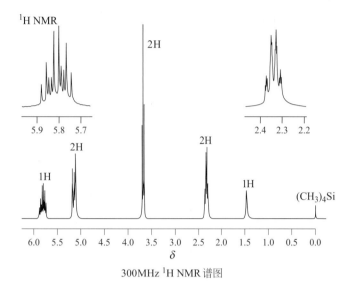

300MHz $^1$H NMR 谱图

**D**

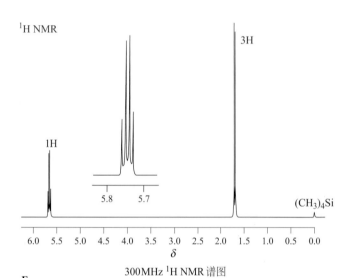

300MHz $^1$H NMR 谱图

**E**

**39.** 详细解释 $^1$H NMR 谱图 D 的裂分，内置图是 $\delta=5.7 \sim 6.7$ 这个区域放大 5 倍的图。

**40.** 下面每一对烯烃是否只通过测定极性就可以区分它们？如果可以，请预测哪一个化合物的极性更大？

（**a**） H₂C=C(H)(CH₃) 和 CH₃CH₂CH=CH₂

（**b**）

（**c**）

**41.** 请对下列每一组烯烃按照双键的稳定性和氢化热由低到高排序。

（**a**） CH₂=CH₂

（**b**）

（**c**）

（**d**）

（**e**）

**42.** 写出所有可能的简单烯烃的结构，其在铂的作用下催化氢化得到：（**a**）2-甲基丁烷；（**b**）2,3-二甲基丁烷；（**c**）3,3-二甲基戊烷；（**d**）1,1,4-三甲基环己烷。每组当中你可以写出不止一种烯烃吗？对每一组可能的烯烃按照稳定性顺序来排列。

**43.** 2-溴丁烷在乙醇溶液中与乙醇钠反应，得到三种 E2 反应产物，请说出三种产物的结构，并预测它们的相对含量。

**44.** 有的卤代烷发生 E2 反应时，产物为多种立体异构体的混合物（习题 43 中的 2-溴丁烷），而有的卤代烷（2-溴-3-甲基戊烷，参见 11-6 节）发生 E2 反应的产物为单一产物，请说出是结构上的什么区别导致了两种卤代烷这样的结果。

**45.** 请写出下列卤代烷在乙醇溶液中与乙醇钠反应或在 2-甲基-2-丙醇（叔丁醇）溶液中与叔丁醇钾反应的主产物？
（**a**）氯甲烷；（**b**）1-溴戊烷；（**c**）2-溴戊烷；（**d**）1-氯-1-甲基环己烷；（**e**）（1-溴乙基）-环戊烷；（**f**）（2R,3R）-2-氯-3-乙基己烷；（**g**）（2R,3S）-2-氯-3-乙基己烷；（**h**）（2S,3R）-2-氯-3-乙基己烷。

**46.** 三种溴代烷烃与乙醇钠在乙醇中发生 E2 反应的相对速率为：CH₃CH₂Br，1；CH₃CHBrCH₃，5；(CH₃)₃CBr，40。（**a**）定性地解释这些数据。（**b**）根据题干，预测 CH₃CH₂CH₂Br 在相同反应的条件下发生 E2 反应的速率。

**47.** 画出2-溴-3-甲基戊烷四种立体异构体适合E2消除反应构象的Newman投影式（493页"2-溴-3-甲基戊烷在E2反应中的立体专一性"）。这些反应构象是最稳定的构象吗？请解释之。

**48.** 参考第7章习题38答案，定性预测消除反应生成的各烯烃异构体的相对含量。

**49.** 参考第9章习题38的答案，定性预测每个消除反应生成的各烯烃异构体的相对含量。

**50.** 比较和对照2-氯-4-甲基戊烷在两个反应条件下（**a**）乙醇溶液中与乙醇钠；（**b**）2-甲基-2-丙醇（叔丁醇）溶液中与叔丁醇钾，发生脱卤化氢反应的主产物。写出每个反应的机理。另外，考虑4-甲基-2-戊醇在130℃下与浓硫酸反应，并比较其与（**a**）和（**b**）产物及反应机理的区别（**提示**：在脱卤化氢反应中没有生成脱水反应的主产物）。

**51.** 参考第7章习题63，写出每一种氯代类固醇的E2消除反应生成烯烃的主要结构。

**52.** 1-甲基环己烯比亚甲基环己烷（A）稳定，而亚甲基环丙烷（B）比1-甲基环丙烯更稳定，请解释原因。

A　　　B

**53.** 写出下面两个卤化物异构体发生E2消除反应的产物。

其中一个化合物的消除速率是另一个的50倍，请指出这个化合物并解释原因？（**提示**：参见习题45）

**54.** 写出下面两个反应的机理，详细比较产物为什么不同。

**55.** 已知下列一些化合物的分子式及其$^{13}$C NMR数据，碳的种类由DEPT谱图测得。请推断其结构。

（**a**）$C_4H_6$：30.2（$CH_2$），136.0（CH）；（**b**）$C_4H_6O$：

18.2（$CH_3$），134.9（CH），153.7（CH），193.4（CH）；

（**c**）$C_4H_8$：13.6（$CH_3$），25.8（$CH_2$），112.1（$CH_2$），139.0（CH）；

（**d**）$C_5H_{10}O$：17.6（$CH_3$），25.4（$CH_3$），58.8（$CH_2$），125.7（CH），133.7（$C_{quat}$）；（**e**）$C_5H_8$：15.8（$CH_2$），31.1（$CH_2$），103.9（$CH_2$），149.2（$C_{quat}$）；（**f**）$C_7H_{10}$：25.2（$CH_2$），41.9（CH），48.5（$CH_2$），135.2（CH）。

（**提示**：这个比较难。分子中有一个双键。它有多少个环？）

**56.** 已知化合物的分子式$C_5H_{10}$及其$^{13}$C NMR（DEPT）数据，碳的种类由DEPT谱测得。请推断其结构。

（**a**）25.3（$CH_2$）；（**b**）13.3（$CH_3$），17.1（$CH_3$），25.5（$CH_3$），118.7（CH），131.7（$C_{quat}$）；（**c**）12.0（$CH_3$），13.8（$CH_3$），20.3（$CH_2$），122.8（CH），132.4（CH）.

**57.** 根据Hooke定律，能否得出普通卤代烷中C—X（X=Cl、Br、I）键在红外光谱中吸收峰的波数高于或低于碳与其他较轻原子（例如，氧）吸收峰的波数？

**58.** 将以下IR吸收频率转换成μm。

（**a**）1720cm$^{-1}$（C=O）　（**b**）1650cm$^{-1}$（C=C）

（**c**）3300cm$^{-1}$（O—H）　（**d**）890cm$^{-1}$（烯键弯曲）

（**e**）1100cm$^{-1}$（C—O）　（**f**）2260cm$^{-1}$（C≡N）

**59.** 请从下面找出与红外光谱数据相对应的结构。其中：w，弱吸收；m，中等吸收；s，强吸收；br，宽峰。

（**a**）905（s），995（m），1040（m），1640（m），2850~2980（s），3090（m），3400（s，br）cm$^{-1}$；

（**b**）2840（s），2930（s）cm$^{-1}$；

（**c**）1665（m），2890~2990（s），3030（m）cm$^{-1}$；

（**d**）1040（m），2810~2930（s），3300（s，br）cm$^{-1}$。

A　　　B

C　　　D

**60.** 在化学品储藏室中寻找几种异构的溴戊烷。架子上有标为$C_5H_{11}$Br的三瓶试剂，但标签已脱落。若NMR已坏，只能设计下述实验来判断哪个瓶子中是哪种异构体。先在乙醇的水溶液中，将每瓶物质与NaOH作用，产物的红外光谱数据如下：

（i）$C_5H_{11}$Br（瓶A）$\xrightarrow{NaOH}$ IR：1600，2850~3020，3350cm$^{-1}$

（ii）$C_5H_{11}$Br（瓶B）$\xrightarrow{NaOH}$ IR：1670，2850~3020cm$^{-1}$

（iii）$C_5H_{11}$Br（瓶C）$\xrightarrow{NaOH}$ IR：2850~2960，3350cm$^{-1}$

（**a**）这些数据能够提供关于产物（或混合产物）的什么信息？

（**b**）提出三个瓶内物质可能的结构。

**61.** 下面哪一个化合物与所给的红外光谱图（F）最符合？

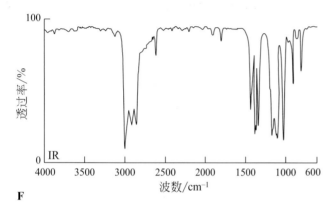

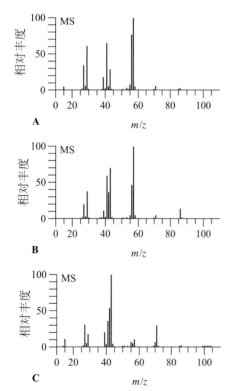

**F**

**62.** 下面为三个化合物己烷、2-甲基戊烷和3-甲基戊烷相应的质谱图。基于碎片裂解方式，确认各化合物，以使其结构与相应的谱图最吻合。

**63.** 尽可能多地归属1-溴丙烷（图11-24）质谱图中的峰。

**64.** 下表列出了分子式为$C_5H_{12}O$的三种异构体醇的部分质谱数据。根据峰的位置和强度，为三种异构体各

提出一个结构。短横表示峰很弱或根本不存在。

| 相对峰强 | | | |
| --- | --- | --- | --- |
| $m/z$ | 异构体 A | 异构体 B | 异构体 C |
| 88 $M^+$ | — | — | — |
| 87 $(M-1)^+$ | 2 | 2 | — |
| 73 $(M-15)^+$ | — | 7 | 55 |
| 70 $(M-18)^+$ | 38 | 3 | 3 |
| 59 $(M-29)^+$ | — | — | 100 |
| 55 $(M-15-18)^+$ | 60 | 17 | 33 |
| 45 $(M-43)^+$ | 5 | 100 | 10 |
| 42 $(M-18-28)^+$ | 100 | 4 | 6 |

**65.** 请根据下面化合物的结构写出它们的分子式，并计算其不饱和度。判断计算结果是否与结构相符。

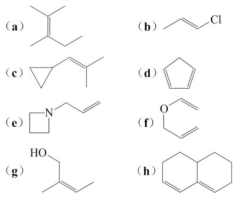

**66.** 请根据下面化合物的分子式计算不饱和度。（**a**）$C_7H_{12}$；（**b**）$C_8H_7NO_2$；（**c**）$C_6Cl_6$；（**d**）$C_{10}H_{22}O_{11}$；（**e**）$C_6H_{10}S$；（**f**）$C_{18}H_{28}O_2$。

**67.** 一个分子量为96.0940的碳氢化合物的谱图数据如下，$^1H$ NMR：$\delta=1.3$（m,2H），1.7（m,4H），2.2（m,4H），4.8（quin,$J$=3Hz,2H）；$^{13}C$ NMR：$\delta=26.8$，28.7，35.7，106.9，149.7；IR如下图G。氢化反应生成分子量为98.1096的产物。推测可能的化合物的结构。

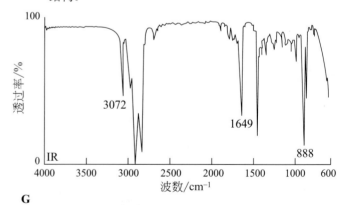

**G**

**68.** $C_{60}$是1990年分离得到的分子碳的一种新形式，由于它是由碳组成的一个类似足球的结构，因此它又被称为"buckyball"（不必知道其IUPAC命名）。其氢

化产物的分子式为$C_{60}H_{36}$，计算$C_{60}$和$C_{60}H_{36}$的不饱和度。氢化反应的结果能否说明"buckyball"的环和π键总数是有限的吗？（关于$C_{60}$的更多信息参见真实生活15-1）。

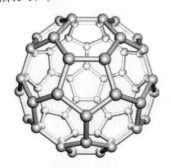

**69. 挑战题**　假设你刚刚被任命为一家著名香水公司（Scents "R" Us）的总经理，现在寻找一种热销的商品推向市场，你偶遇一个标签为$C_{10}H_{20}O$的瓶子，内装有一种具有美妙的甜玫瑰芳香气味的液体。你想弄清它的结构，因此测试并得到如下五组数据。（i）$^1H$ NMR数据为：$\delta=0.94$（d,$J=7Hz$,3H），1.63（s,3H），1.71（s,3H），3.68（t,$J=7Hz$,2H），5.10（t,$J=6Hz$,1H）；其余8H的吸收峰互相重叠，出现在$\delta=1.3\sim2.2$区域。（ii）$^{13}C$ NMR（$^1H$去偶）的数据为：$\delta=60.7$，125.0，130.9；其余7个峰在高场$\delta=40$。（iii）IR：$\tilde{\nu}\,1640cm^{-1}$和$3350cm^{-1}$；（iv）用缓冲的PCC（8-5节）氧化后得到分子式为$C_{10}H_{18}O$的产物。此化合物的光谱图数据与原化合物相比有以下变化，$^1H$ NMR：$\delta=3.68$处的峰消失，在$\delta=9.64$处出现新峰；$^{13}C$ NMR：$\delta=60.7$处的峰消失，在$\delta=202.1$处出现新峰；IR：$3350cm^{-1}$处的峰消失，在$1728cm^{-1}$出现新峰。（v）氢化后产物的分子式为$C_{10}H_{22}O$，其结构与天然产物香叶醇（下面）的氢化产物一致。请写出这种有美妙气味的液体的结构。

香叶醇

**70.** 运用表11-4中的数据，指出下列天然产物所对应的红外光谱：樟脑、薄荷醇、菊酸酯和表雄酮（结构参见4-7节）。（**a**）$3355cm^{-1}$；（**b**）1630，1725，$3030cm^{-1}$；（**c**）1730，$3410cm^{-1}$；（**d**）$1738cm^{-1}$。

**71. 挑战题**　从下面所给的信息确定A、B、C的结构并解释所发生的化学反应。下面所示的醇在吡啶溶液中与4-甲基苯磺酰氯反应，生成A（$C_{15}H_{20}O_3S$）。A与二异丙基氨基锂（LDA，参见7-8节）反应，得到单一化合物B（$C_8H_{12}$），在$^1H$ NMR中$\delta=5.6$处有一积分为2H的多重峰。但是，如果A首先与NaI反应，再与LDA反应，则生成B和异构的C，C在$^1H$ NMR中$\delta=5.2$有一积分为1H的多重峰。

**72. 挑战题**　柠檬酸循环是一系列的生物反应，在细胞的新陈代谢中起核心作用。循环包括苹果酸和柠檬酸的脱水反应，分别生成富马酸和乌头酸（均为常用名）。这两个反应严格遵循酶催化的反式消除机理。

苹果酸 $\xrightarrow[-H_2O]{\text{富马酸酶}}$ 富马酸

柠檬酸 $\xrightarrow[-H_2O]{\text{顺乌头酸酶}}$ 乌头酸

（**a**）在每一次脱水反应中，只有带星号的氢和它下边碳上的羟基一起脱去。写出产物富马酸和乌头酸的结构，并指明立体构型。（**b**）正确使用顺/反或$E/Z$来标记产物的立体构型。（**c**）异柠檬酸（下面）也可以通过顺乌头酸酶作用脱水。异柠檬酸存在几种立体异构体？注意此反应遵循反式消除机理，请写出异柠檬酸的立体异构体的结构。该结构在脱水时会生成与柠檬酸脱水形成的乌头酸相同的异构体，并且用$R/S$指明手性碳的立体构型。

$$HO_2CCHCHCH_2CO_2H$$

异柠檬酸

**团队练习**

**73.** 如下面方程式所示，某种氨基酸衍生物的脱水反应是立体专一性的。

1. $H_3C$—〔〕—$SO_2Cl$, 吡啶
2. $R_3N$ 碱

**1**

**2**

|   | R$^1$ | R$^2$ |
|---|-------|-------|
| a | CH$_3$ | H |
| b | H | CH$_3$ |
| c | CH(CH$_3$)$_2$ | H |
| d | H | CH(CH$_3$)$_2$ |

小组内分工分析所给的数据，并确定立体控制的消除反应的性质。标明化合物**1a～1d**的绝对构型（*R/S*）和化合物**2a～2d**的构型（*E,Z*）。画出每一种起始物（**1a～1d**）中活性构型的Newman投影式。全小组运用所学的知识指定化合物中带星号碳的绝对构型。化合物3脱水生成化合物4，化合物4是合成抗癌药物5的重要中间体。

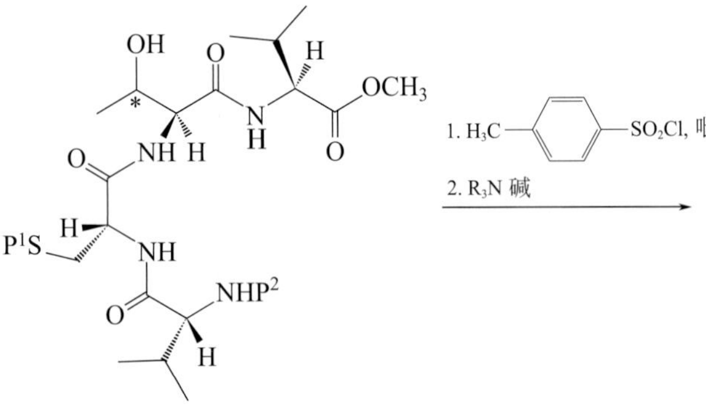

**3**
（P$^1$ 和 P$^2$ 是保护基团）

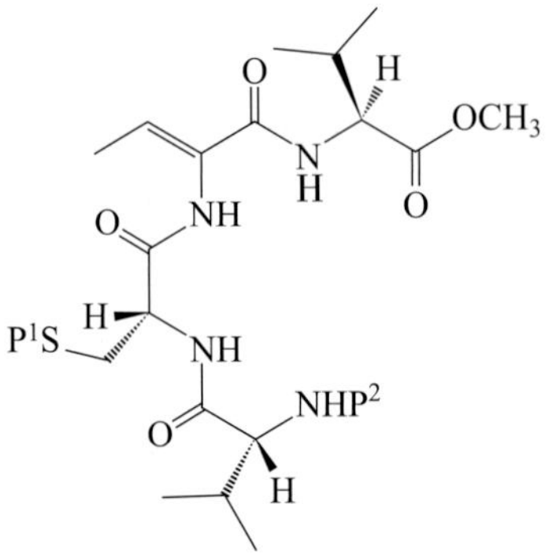

**4** 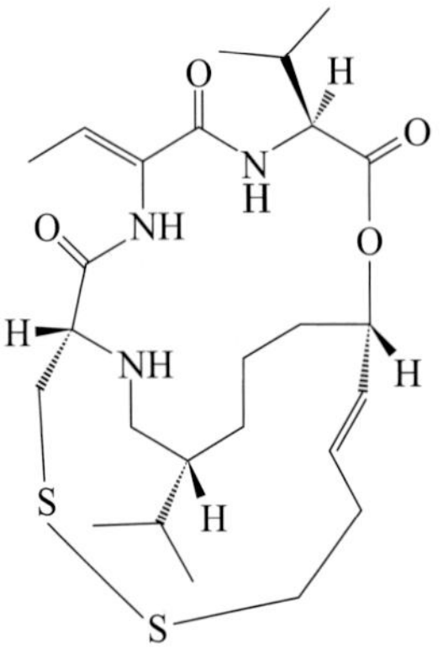 **5**

## 预科练习

**74.** 下面哪一个是化合物A的经验式？

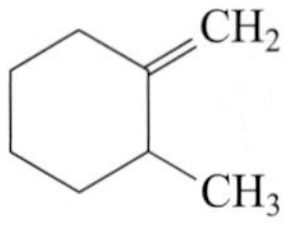

**A**

（**a**）C$_8$H$_{14}$；（**b**）C$_8$H$_{16}$；（**c**）C$_8$H$_{12}$；（**d**）C$_4$H$_7$。

**75.** 环丁烷的不饱和度是多少？

（**a**）0；（**b**）1；（**c**）2；（**d**）3。

**76.** 化合物B的IUPAC命名是哪一个？

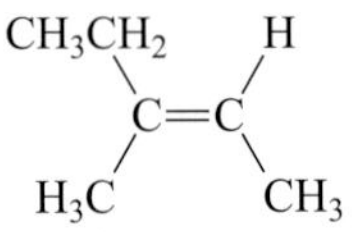

**B**

（**a**）（*E*）-2-甲基-3-戊烯； （**b**）（*E*）-3-甲基-2-戊烯；
（**c**）（*Z*）-2-甲基-3-戊烯； （**d**）（*Z*）-3-甲基-2-戊烯。

**77.** 下面哪一个化合物的氢化热最低？

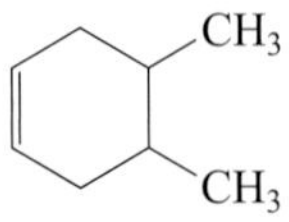

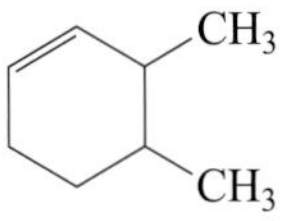

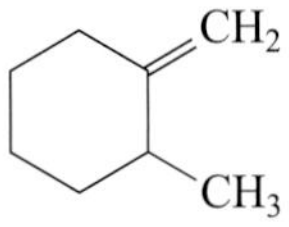

**A**

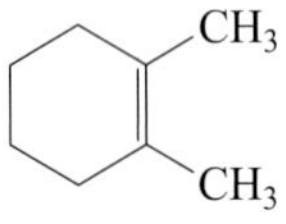

**78.** 某个含8碳的碳氢化合物，不饱和度为2，IR光谱中1640cm$^{-1}$处没有吸收峰。下面哪一个结构与之最相符？

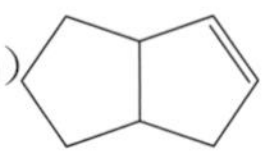

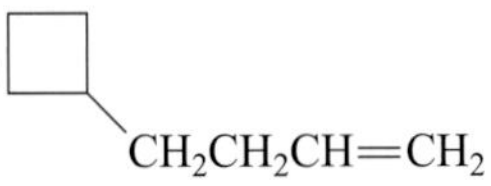

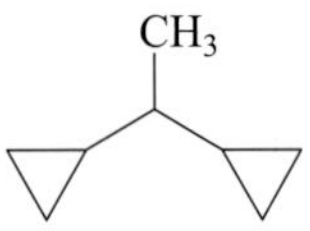

# 烯烃的反应

现代电子设备（例如图中的 iPhone 7）依靠可以充电数千次的电池而运行。1,1-二氟乙烯聚合形成一种高性能的膜（聚偏氟乙烯），允许单个锂离子电池之间的电荷流动，以保护电池不受内部短路和灾难性故障的影响。锂离子聚合物电池在重量和容量方面都比早期的锂离子电池和镍材料电池有显著的优势。它们在移动电话和笔记本电脑等消费类电子产品上的应用越来越多，并且也已开发应用到混合动力汽车中。

**当**环顾屋子的四周，你能够想象除去所有由聚合物（包括塑料）制造的物品后，你的屋子会变成什么样吗？确实，聚合物在现代社会中扮演着非常重要的角色。烯烃的化学性质是人类生产具有不同结构、强度、弹性和功能的聚合物材料的基础。在本章后几节中，将具体讨论这些过程。然而，这些只是烯烃众多反应中的一部分。

加成反应是烯烃最大的一类化学反应，可以得到许多饱和产物。通过加成反应，我们可以充分利用烯烃的官能团连接两个碳原子，以及可以对构成双键的两个碳进行修饰。幸运的是，大多数对 π 键的加成反应都是放热的，如果机理允许，反应很容易进行。

在对双键简单加成基础上，其他一些特点进一步加强了加成反应的实用性和多样性。许多烯烃具有固定的立体化学结构（*E* 和 *Z*）；在后面的讨论中会发现，烯烃的很多加成反应是立体化学专一的。综合起来推测，非对称烯烃的区域选择性加成反应也是可能的。因此，可以通过多种方法控制烯烃加成反应的进程，从而控制生成产物的结构。这种精巧的控制，已广泛应用于对映体纯的药物的合成（真实生活 5-3 和 12-2、12-2 节）。

本章首先讨论烯烃的氢化，重点讨论催化活化。接下来讨论加成这一大类反应，即质子、卤素和金属离子等亲电试剂对烯烃的加成。其他加成反应可进一步丰富有机合成手段，包括硼氢化反应、几种氧化反应（如果需要，可以完全断裂双键）和自由基反应。这些反应各有各的特点。本章最后给出了反应总结表，提供了制备烯烃以及由烯烃起始的各种相互转化反应的全貌。

# 12-1 | 加成反应的驱动力：热力学可行性

由于碳-碳 π 键相对较弱，因此烯烃化学主要是 π 键的反应。最常见的反应就是试剂 A—B 与 π 键的**加成反应**（addition reaction），生成饱和化合物。在这个过程中，A—B 键断裂，A 和 B 分别与碳形成单键。因此，这个过程的热力学可行性取决于 π 键的强度、A—B 键的解离能 $DH^{\ominus}_{A-B}$ 和新生成的 C—A 及 C—B 键的强度。

烯烃双键的加成反应

在 2-1 节和 3-4 节中学习过估算某个反应 $\Delta H^{\ominus}$ 的方法，即用断裂键的键能总和减去新形成键的键能总和：

$$\Delta H^{\ominus} = (DH^{\ominus}_{\pi键} + DH^{\ominus}_{A-B}) - (DH^{\ominus}_{C-A} + DH^{\ominus}_{C-B})$$

其中 C 代表碳。

表 12-1 给出了一些键的 $DH^{\ominus}$ 值［由表 3-1 和表 3-4 中的数据而来，π 键的键能按照 65kcal·mol$^{-1}$（272kJ·mol$^{-1}$）计算］和一些乙烯加成反应的 $\Delta H^{\ominus}$ 估算值。在所有的例子中，新形成键的键能之和都大于断裂键的键能之和，有的非常明显。因此，在热力学上，烯烃的加成反应是放热的。然而，回忆一下 2-1 节中所学的，热力学方程 $\Delta G^{\ominus} = \Delta H^{\ominus} - T\Delta S^{\ominus}$ 控制热力学平衡，熵也有贡献。而表 12-1 中的反应，两个分子（烯烃和 A—B）被转化为一个分子，这些反应过程的典型熵变 $\Delta S^{\ominus}$ 约为 -30 个熵单位（单位为 cal·K$^{-1}$·mol$^{-1}$，2-1 节）。在 $T = 25$ ℃（298K）时，$-T\Delta S^{\ominus} = +9$kcal·mol$^{-1}$。由此可以看出，即使热力学方程中考虑了熵的校正，表中 $\Delta G^{\ominus}$ 仍然为负值。唯一的例外是烯烃的水合反应，基本上接近热中性（$\Delta H^{\ominus} = -11$kcal·mol$^{-1}$，$\Delta G^{\ominus} \approx -2$kcal·mol$^{-1}$）。事实上，我们已经学习了该反应的逆过程，即醇的脱水反应，在酸催化条件下，该反应非常容易进行（9-2 节和 11-7 节）。

**表12-1　乙烯加成反应的估算 $\Delta H^\ominus$ 值（单位：kcal·mol$^{-1}$）$^a$**

| | | | | | | |
|---|---|---|---|---|---|---|
| | $CH_2{=}CH_2$ | $+$ | $A{-}B$ | $\longrightarrow$ | $\overset{A}{\underset{H}{H-C}}\,\overset{B}{\underset{H}{-C-H}}$ | |
| | $DH^\ominus_{\pi键}$ | | $DH^\ominus_{A-B}$ | | $DH^\ominus_{A-C}\qquad DH^\ominus_{B-C}$ | $\sim\Delta H^\ominus$ |
| 氢化反应 | $CH_2{=}CH_2$ | $+$ | $H{-}H$ | $\longrightarrow$ | $\overset{H}{\underset{}{CH_2}}\overset{H}{\underset{}{-CH_2}}$ | $-33$ |
| | 65 | | 104 | | 101　　101 | |
| 溴化反应 | $CH_2{=}CH_2$ | $+$ | $:\!\ddot{Br}\!-\!\ddot{Br}\!:$ | $\longrightarrow$ | $\overset{:\ddot{Br}:}{\underset{H}{H-C}}\,\overset{:\ddot{Br}:}{\underset{H}{-C-H}}$ | $-29$ |
| | 65 | | 46 | | 70　　70 | |
| 氢氯化反应 | $CH_2{=}CH_2$ | $+$ | $H{-}\ddot{Cl}:$ | $\longrightarrow$ | $\overset{H}{\underset{H}{H-C}}\,\overset{:\ddot{Cl}:}{\underset{H}{-C-H}}$ | $-17$ |
| | 65 | | 103 | | 101　　84 | |
| 水合反应 | $CH_2{=}CH_2$ | $+$ | $H{-}\ddot{O}H$ | $\longrightarrow$ | $\overset{H}{\underset{H}{H-C}}\,\overset{:\ddot{O}H}{\underset{H}{-C-H}}$ | $-11$ |
| | 65 | | 119 | | 101　　94 | |

$^a$这些数值只是估算值，没有考虑C—C和C—H的σ键在杂化过程中的变化。

**练习 12-1**

计算 $H_2O_2$ 与乙烯加成反应生成 1，2-乙二醇（乙二醇）的 $\Delta H^\ominus$。[$DH^\ominus_{HO-OH} = 49$kcal·mol$^{-1}$（205kJ·mol$^{-1}$）。]

催化剂Pt表面的扫描隧道显微镜（scanning tunneling microscope，STM）成像。STM 提供原子分辨率的图片（右下角的蓝色部分表示 5nm = 50Å）。可以看到 Pt 原子以高度有序的模式（棕色表示）平行排列。黄色的"交叉线"表示催化剂的表面，大部分的催化反应都是在催化剂的表面上进行。[*Courtesy Professor Gabor A. Somorjai and Dr. Franklin（Feng）Tao，University of California at Berkeley*]

# 12-2 催化氢化反应

双键发生的最简单反应是与氢气反应生成其饱和化合物。如 11-5 节所述，这个反应有助于通过反应的氢化热来比较取代烯烃的相对稳定性。催化氢化反应所使用的催化剂既可以是均相的，也可以是非均相的——即催化剂在反应介质中既可以是可溶的，也可以是不溶的。

## 发生在非均相催化剂表面的氢化反应

尽管氢化反应是放热的，但是在单纯加热的条件下，烯烃不会发生氢化反应生成烷烃。在气相条件下，乙烯与氢气在 200℃下长时间加热，没有观察到变化。但是，一旦加入催化剂，即使在室温条件下，氢化反应也会很顺利地进行。催化剂通常是不溶性物质，例如，钯（如分散在碳上的 Pd-C）、铂［亚当斯[1]（Adams）催化剂，$PtO_2$，在氢气中转变成胶状铂金属］和镍［高度分散的，如雷尼[2]（Raney）镍，Ra-Ni］。

催化剂的主要作用是活化氢气，使之在金属表面生成与金属键合的氢（图 12-1）。如果没有金属，较强 H—H 键的热裂解在能量上是禁止的。氢化反应中常用的溶剂有甲醇、乙醇、乙酸和乙酸乙酯。

**催化氢化反应**

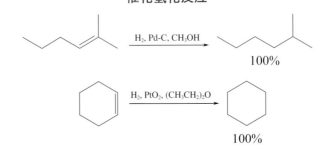

100%

100%

反应

**图12-1** 乙烯催化氢化生成乙烷的机理：首先氢原子键合到金属表面上，然后转移到吸附在金属表面的烯烃碳上。

氢原子键合到催化剂的金属表面上

第一个氢原子转移到烯烃的碳上

催化剂表面

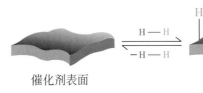

第二个氢原子转移完成氢化反应

烷烃从催化剂表面解离

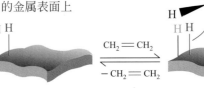

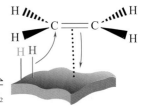

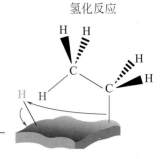

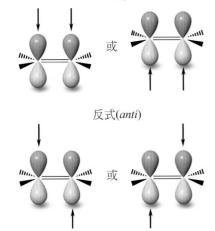

机理

H—H
顺式加成
（syn）

**烯烃加成的两种拓扑结构**

顺式（syn）

或

反式（anti）

或

## 氢化反应是立体专一性的

催化氢化反应的一个重要特点是立体专一性。因此，表 12-1 的任何试剂 A—B 原则上都可以按照两种拓扑结构中任何一种方式加成：两个氢原子加成到双键的同一侧叫做**顺式加成**（*syn* addition）；加成到双键的两侧叫做**反式加成**（*anti* addition）（页边）。如果反应没有选择性，则两种反应模式的产物都可以观察到。反应的结果在很大程度上取决于反应的机理。

在催化氢化的情况下，从图 12-1 中可以看出，两个氢原子发生顺式加成；也就是说，催化氢化反应具有立体专一性（6-5 节）。这个反应过程中，如果参与反应的两个碳原子上并没有产生新的立体中心就没有关系了，就像上面的催化氢化反应一样。

[1] 罗杰·亚当斯（Roger Adams，1889—1971），伊利诺伊大学厄巴纳-香槟分校教授。

[2] 莫里·雷尼（Murray Raney）博士（1885—1966），雷尼催化剂公司，田纳西州南匹兹堡。

## 解题练习 12-2

### 运用概念解题：烯烃氢化反应条件下的顺反异构化

在油酸（一种天然脂肪酸）催化氢化顺式双键的过程中，可以观察到一些反式异构体的形成。请解释。（**提示**：考虑图 12-1 所示机理的可逆性。）

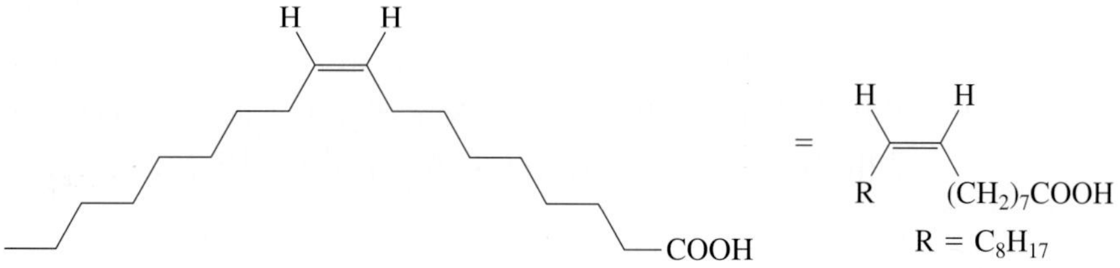

油酸

R = C$_8$H$_{17}$

**策略**：

**W**：有何信息？需要找到一种从烯烃催化氢化反应生成其反式异构体的方法。双键的旋转所需的能量比单键要高，所以不可能通过简单的热旋转反应生成其反式异构体。

**H**：如何进行？从提示入手：这个问题要求解释一个化学结果，而提示已经告诉我们可以从机理角度出发。

**I**：需用的信息？图12-1已经给出的反应机理。

**P**：继续进行。

观察图 12-1 中的机理，找到一种路径，该路径满足两个条件：（1）原来双键的两个碳组成的键可以发生旋转；（2）能够以反式构型再次形成双键。

**解答**：

• 从机理中可以发现解决此问题的两个关键点。第一个关键点：前三步反应中每一步都是可逆的。第二个关键点：两个氢原子分步加成到双键上。让我们看看如何利用这两个关键点来确定异构化反应的途径。

• 从烯烃与催化剂表面的结合开始，写出反应机理（注意：一步一步写，不要合并！否则，可能会漏掉关键的中间体）。反应机理如下所示：首先第一个氢原子加成到双键上。

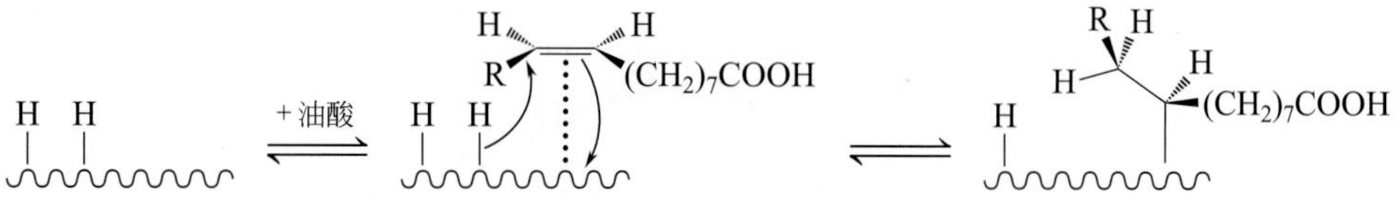

单个氢原子加成的中间体

• 根据图 12-1 的描述，接下来的反应机理是：第二个氢原子加成到中间体上，生成氢化产物［硬脂酸，CH$_3$(CH$_2$)$_{16}$COOH］。但是，最后一步反应是不可逆的。一旦发生，就不会再次形成顺式或反式烯烃。因此，顺式或反式异构化只可能涉及此步机理中出现的物质。

• 仔细观察单个氢原子加成到烯烃上形成的中间体，其构象是可变的（2-9 节）。将该中间体进行 120° 旋转并脱除一个氢原子就可以得到反式烯烃，如下图：

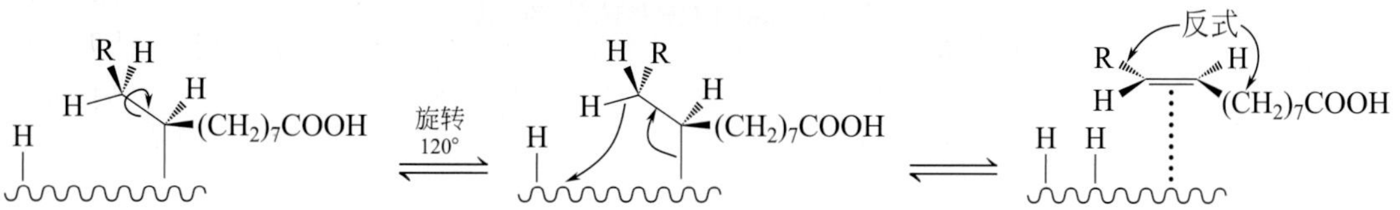

• 烯烃从催化剂表面释放，完成异构化反应。这种转变过程正是植物油部分氢化过程中所发生的，而部分氢化也是人造黄油和其他一些饱和油脂的商业化生产过程。这些产品中的反式双键——所谓的**反式脂肪酸**（trans fatty acid）——会对人体健康产生各种各样的不良影响，这些影响在真实生活 19-2 中有更详细的介绍。

## 12-3 自试解题

在 3- 甲基 -1- 丁烯催化氢化反应中，能观察到部分 2-甲基-2-丁烯的生成，请解释。

然而，当四取代的烯烃发生氢化反应时，顺式加成的选择性就会很明显。例如，1-乙基-2-甲基环己烯在铂的催化下，专一性地得到顺-1-乙基-2-甲基环己烷。氢化反应可以发生在分子平面的上方或者下方，它们的概率是相等的，因此，产物是一对互为镜像的对映体，并且是外消旋的。

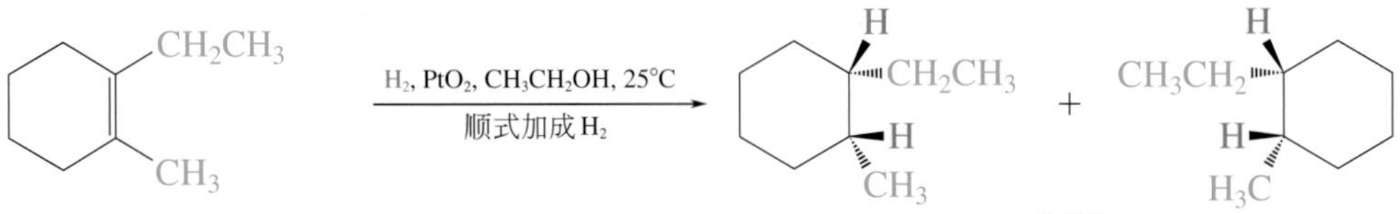
$CH_2CH_3$
$CH_3$
$H_2$, $PtO_2$, $CH_3CH_2OH$, 25°C
顺式加成 $H_2$
H
$CH_2CH_3$
H
$CH_3$
+
H
$CH_3CH_2$
H
$H_3C$

**1-乙基-2-甲基环己烯**
**(四取代的烯烃)**

82%
**顺-1-乙基-2-甲基环己烷**
**(两个氢原子加成到环的同一边)外消旋的**

在上述方程式中，画出了产物的两个对映体。但是在之前的章节中，在由外消旋或非手性反应物生成外消旋手性产物的反应中，为了避免混乱，我们只写一种对映体（任意一种）；另外一种对映体被默认是等量存在的（5-7 节）。

### 手性催化剂有利于对映选择性氢化反应

当存在空间位阻抑制双键一侧的氢化反应时，加成反应只发生在空间位阻小的一侧。这一原则已经被用于对映选择性的氢化反应也就是“不对称”氢化反应中。这个反应过程通常使用均相催化剂（可溶的），它是由铑（Rh）等金属和一种对映体纯的手性膦配体组成的。一个比较常用的催化剂是金属 Rh 与双膦配体的配合物（页边）。烯烃双键和一个 $H_2$ 分子配位到金属 Rh 上，随后与非均相的金属催化剂一样，两个氢原子顺式加成到双键上。

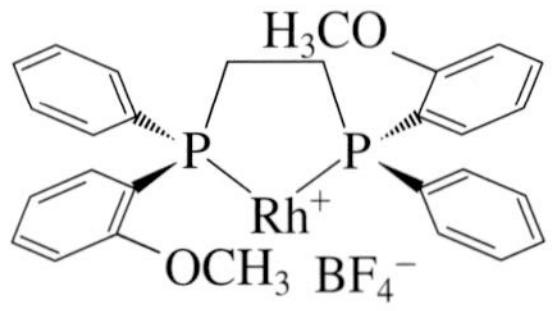
$H_3CO$
P
P
$Rh^+$
$OCH_3$ $BF_4^-$

**Rh-(*R*,*R*)-DIPAMP$^+$ $BF_4^-$**

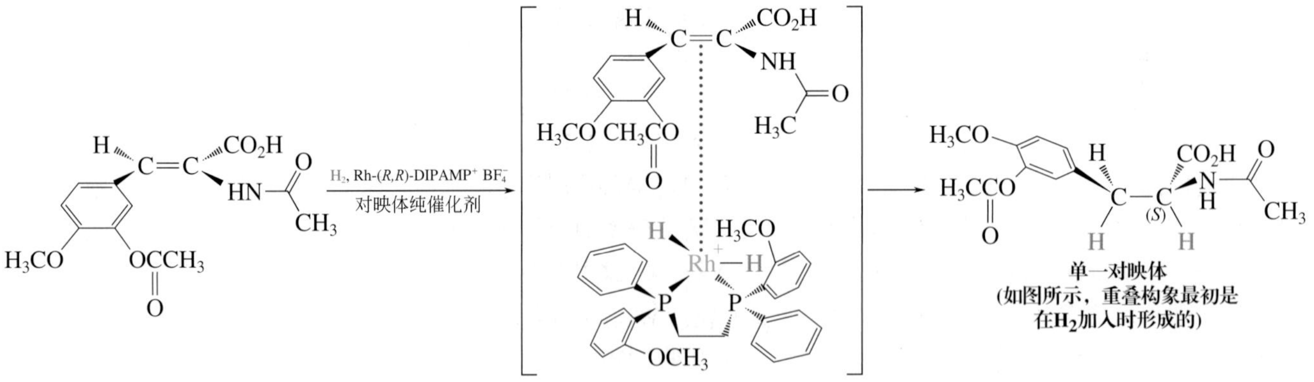
H
$CO_2H$
O
HN
$CH_3$
$H_3CO$
$OCCH_3$
O
$H_2$, Rh-(*R*,*R*)-DIPAMP$^+$ $BF_4^-$
对映体纯催化剂
H
$CO_2H$
NH
O
$H_3C$
$H_3CO$ $CH_3CO$
O
H
$H_3CO$
Rh
H
P
P
$OCH_3$
$H_3CO$
$H_3CCO$
O
H
$CO_2H$
O
N
H
$CH_3$
(*S*)
H
H
单一对映体
(如图所示，重叠构象最初是在$H_2$加入时形成的)

**氢原子从金属Rh上只转移到烯烃的一边**

但是，手性膦配体中大位阻的取代基使得氢化反应高度选择性地发生在双键的一侧，因此，导致立体选择性的形成氢化产物两种对映体中的一种（真实生活 5-3 和 9-3）。

不对称氢化反应已经被证明是一种合成重要对映体纯药物的有效方法。例如，抗帕金森病药物 L-多巴（L-DOPA，531 页页边）的工业合成在关键步骤中就使用了不对称氢化反应，并高效专一地得到所需的 *S* 构型的立体异构体。

## 练习 12-4

命名下列烯烃及其氢化产物（Pd-C 催化剂）。产物是手性的吗？它们具有旋光性吗？（**注意**：烯烃的氢化反应是否会产生新的立体中心和／或影响现有的立体中心？）

**(a)** **(b)** **(c)**

**(d)** **(e)** **(f)**

## 小　结

烯烃中双键的氢化反应需要催化剂。氢化反应是立体专一的，即顺式加成。如果反应有选择性，反应发生在分子空间位阻小的一侧。这一原理也为手性催化剂催化的"不对称"氢化反应的发展奠定了基础。

## 12-3　π键的碱性和亲核性：卤化氢的亲电加成反应

前面提到，双键中 π 电子不如 σ 键那样强。位于烯烃分子平面上方和下方的 π 电子云是可极化的，且具有碱或者亲核试剂的功能，就像典型的 Lewis 碱中的孤对电子（2-3 节）。如页边所示，2,3-二甲基丁烯的静电势图中红色部分所示，双键具有相对高的电子云密度。在接下来的几节中，将讨论具有亲核作用的烯烃 π 键与不同亲电试剂的反应。与氢化反应一样，这些反应都是加成反应。但是，这些亲电加成反应的机理是不一样的，反应可以具有也可不具有区域选择性和立体专一性。从最简单的亲电试剂——质子开始。

### 质子亲电进攻形成碳正离子

强酸的质子可以加成到双键上（作为碱）生成碳正离子（2-2 节）。这个过程就是 E1 反应中去质子过程的逆过程，它们有同样的过渡态（图 7-7）。当有一个好的亲核试剂存在时，特别是在较低的温度下，碳正离子与亲核剂反应生成**亲电加成**（electrophilic addition）产物。例如，烯烃与卤化氢反应生成相应的卤代烷烃。下面的静电势图可以帮助我们清楚地了解整个过程中电子云密度的变化。

### 卤化氢对烯烃亲电加成反应的机理

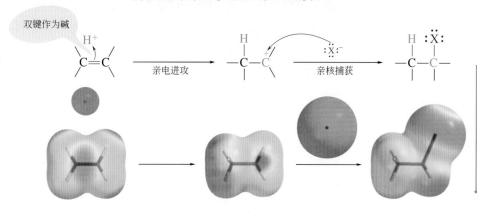

> **L-多巴和帕金森病**
>
> 帕金森病是一种渐进性脑疾病，其部分特征是产生多巴胺的细胞死亡。多巴胺能够将信号从神经元传递到控制运动功能的细胞。这种疾病最明显的症状是颤抖、行动缓慢和僵硬。多巴胺本身不能用来治疗这些症状，因为它不能穿过血脑屏障。但是 L-多巴可以，并且能够被一种酶转化为多巴胺。
>
> **多巴胺**
>
> **L-多巴**
> （重叠构象）

> **记住**：尽管在很多机理中都将 H⁺作为反应物，但是 H⁺在溶液中通常与 Lewis 碱相结合，如本例中的 X⁻。正如"两个人跳探戈"一样，H⁺进攻双键与双键进攻 H⁺是同样的意思。

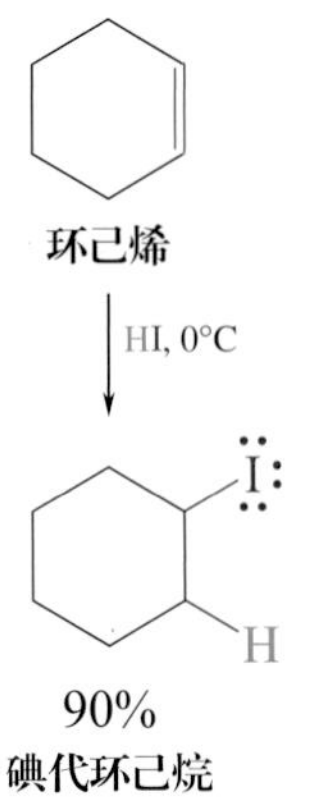

环己烯

↓ HI, 0°C

90%
碘代环己烷

第一步，一对电子从 π 键（上图中橙红色）移动到质子上（紫色）形成新的 σ 键。这一步形成的碳正离子产物（图中中间部分）表明此时新形成的碳正离子是缺电子的。随后，卤素负离子加成到碳正离子上（图中红色部分），从而得到右边的卤代烷产物。新形成的 C—X 键的极性用橙红色的强电负性的卤素原子（$\delta^-$）表示，其余部分用青蓝色到紫色的颜色范围，表示剩余原子之间的 $\delta^+$ 的特征分布。

代表性实验过程是 HCl、HBr 或 HI 等卤化氢气体通过鼓泡进入纯的或者被溶解的烯烃中。另外，HX 也可以通过溶解在乙酸等溶剂中加入烯烃中。反应水解后得到高产率的卤代烷（页边）。

### 碳正离子的亲核捕获是非立体选择性的

碳正离子的介入对烯烃与卤化氢亲电加成反应的立体化学有重要的影响。例如，顺-2-丁烯和反-2-丁烯与氯化氢的反应。两个烯烃反应的产物相同，都是外消旋混合物 2-氯丁烷。我们可以通过反应机理来理解这个反应现象。

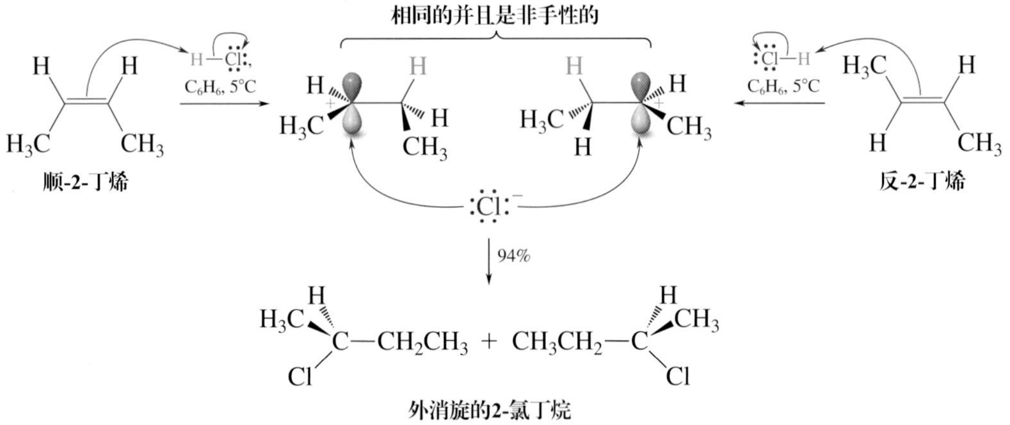

外消旋的2-氯丁烷

可以看到，不论是顺式还是反式烯烃在经过第一步质子化反应之后，烯烃的立体结构特征消失并且生成相同的碳正离子中间体。在这个中间体中，可以看到一个非手性的 $CH_2$ 基团连接着一个非手性的 $sp^2$ 杂化的碳原子。氯离子可以从对映体过渡态的上方或者下方进攻碳正离子（图 5-13）生成外消旋的 2-氯丁烷。

如果质子化和亲核捕获这两个步骤都产生两个新的相邻的立体中心会怎样呢？这种情况下会生成两个非对映体，并且每一个非对映体都是外消旋混合物。例如 1,2-二甲基环己烯与氯化氢的反应，如下图：第一步，质子化反应可能发生在双键的任意一面（也是通过对映体的过渡态；图 5-13）。因此，形成的碳正离子如果是手性的，那一定是外消旋的（只画了一种对映体）。第二步，氯离子可以从碳正离子的上方或者下方进攻。此时的过渡态是非对映异构的（图 5-14），生成不等量的两种产物，并且都是外消旋体。

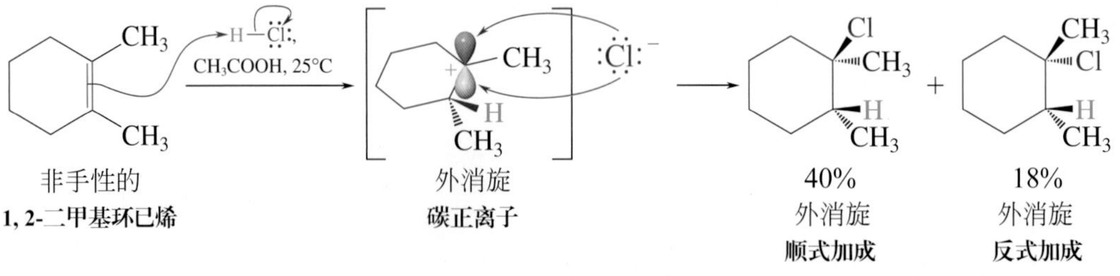

非手性的
1, 2-二甲基环己烯

外消旋
碳正离子

40%
外消旋
顺式加成

18%
外消旋
反式加成

可以注意到，在拓扑结构上最后的顺式和反式加成同时发生，而不像上一节烯烃的氢化反应，具有顺式加成的立体专一性。

## 练习 12-5

写出上图所示的环己烯与 HI 反应的两种分步机理（532 页，页边）。首先，将游离的质子作为亲电试剂。然后，在亲电加成这一步中使用未解离的 HI。确保包含所有必要的弯箭头来描述电子对的转移。

## Markovnikov 规则预测亲电加成反应中的区域选择性

目前为止，我们研究的都是对称烯烃的加氢卤代反应，也就是说 $H^+$ 加到一个碳原子上，$X^-$ 加到另一个碳原子上。那如果是不对称烯烃呢？会有区域选择性吗？要回答这些问题，让我们看一下丙烯与 HCl 的反应。该反应有两种可能的产物：2-氯丙烷和 1-氯丙烷。但是，实验只得到唯一的产物 2-氯丙烷。

**丙烯的区域选择性亲电加成反应**

$$CH_3CH=CH_2 \xrightarrow{HCl:} CH_3CHCH_2 \quad 没有 CH_3CHCH_2$$

$$\underset{:Cl:H}{} \quad \underset{H:Cl:}{}$$

取代基较少的碳：　　2-氯丙烷　　　　1-氯丙烷
质子进攻此位置

反应

与之类似，2-甲基丙烯与 HBr 的反应，也得到唯一的产物 2-溴-2-甲基丙烷，1-甲基环己烯与 HI 的反应中唯一的产物是 1-碘-1-甲基环己烷。

**另外两个区域选择性加成的例子**

$$\underset{H_3C}{\overset{H_3C}{>}}C=CH_2 \xrightarrow{HBr:} CH_3\underset{:Br:}{C}CH_2H$$

较少取代位置

较少取代位置

从这些例子中可以发现，如果参与反应的双键中两个碳未被等价取代，那么 HX 中的氢加到取代基较少的碳上，而卤素则加到取代基较多的碳上。这种现象被称为**马尔科夫尼科夫[1] 规则**（Markovnikov rule，简称马氏规则）。该规则可以用质子与烯烃亲电加成反应的机理来解释，关键在于生成的碳正离子中间体的相对稳定性。

例如丙烯与 HCl 的加成反应，反应的区域选择性取决于反应的第一步，质子进攻 π 键形成碳正离子中间体。碳正离子生成的速率决定整个反应的速率，一旦生成碳正离子，氯离子马上与之结合生成产物。我们仔细地看一下关键的第一步，质子可能进攻双键中两个碳中的任意一个，如果进攻中间碳 C-2，则生成一级丙基正离子。

**丙烯中 C-2 的质子化——取代基较多的碳（不发生）**

TS-1

一级碳正离子(未发现)

一级碳上带部分正电荷(不利的)

---

[1] 瓦拉德米尔·V. 马尔科夫尼科夫（Vladimir V. Markovnikov，1838—1904），莫斯科大学教授。

相反，如果进攻末端碳（C-1），则生成二级碳正离子——1-甲基乙基（异丙基）正离子。

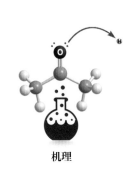

机理

动画
动画展示机理：
丙烯与HCl的亲电加成反应

**丙烯中C-1的质子化——取代基较少的碳**

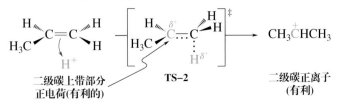

众所周知，一级碳正离子非常不稳定，不能作为溶液中合理的反应中间体。相反，二级碳正离子相对稳定。此外，需要注意的是，两种加成方式的过渡态分别在一级碳和二级碳上呈现出正电性。因此，过渡态的能量和稳定性将反映它们所生成的碳正离子的相对能量。反应生成二级碳正离子过渡态的能量（也就是活化能）更低，因此二级碳正离子过渡态的生成速率较快。图 12-2 是两种加成路径的势能图。由图可以看出后期过渡态的能量与产物正离子的能量非常接近。

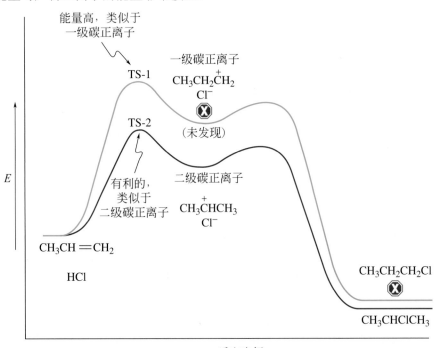

图 12-2　丙烯与HCl加成反应两种可能反应路径的势能图。过渡态1（TS-1）生成能量较高的一级丙基正离子，与过渡态2（TS-2）生成二级1-甲基乙基（异丙基）正离子相比，能量上是不利的。

在此分析的基础上，经验性的 Markovnikov 规则也可以叙述为：HX 与非对称烯烃加成时，起始的质子化步骤倾向于生成更稳定的碳正离子。如果烯烃中两个 $sp^2$ 杂化碳的取代基相似，则可以预测反应的产物为混合物，因为碳正离子中间体稳定性是类似的。与其他碳正离子的反应类似（例如 $S_N1$，参见 7-3 节），当一个非手性烯烃发生加成反应生成一种手性产物时，所得到的产物是外消旋混合物。

**练习 12-6**

预测下列化合物与 HBr 加成反应的产物：（**a**）1-己烯；（**b**）反-2-戊烯；（**c**）2-甲基-2-丁烯；（**d**）4-甲基环己烯。每种反应可生成几个区域异构体和立体异构体？［**注意：**（**d**）的反应物包含一个立体中心。］

## 练习 12-7

画出练习 12-6 中（c）的反应势能图。

### 亲电质子化后可能发生碳正离子重排反应

碳正离子可能会通过负氢或者烷基的转移发生重排反应（9-3 节）。这类重排反应会使烯烃和酸的亲电加成反应变得更复杂。例如，3-甲基-1-丁烯与 HCl 的加成反应中符合 Markovnikov 规则的加成产物只有 40%。主产物来自负氢迁移，由最初的二级碳正离子生成更稳定的三级碳正离子，然后与氯离子结合形成。

> 记住：碳正离子重排反应中，迁移基团与正电荷交换位置。

**3-甲基-1-丁烯与 HCl 的加成反应伴随重排反应**

$$(CH_3)_2C-CH=CH_2 \xrightarrow[\text{H}-\overset{..}{\underset{..}{Cl}}:, CH_3NO_2, 25°C]{} (CH_3)_2C-CH-CH_2 + (CH_3)_2C-CH-CH_2$$

转移的氢

40%
2-氯-3-甲基丁烷
正常的
Markovnikov 加成产物

60%
2-氯-2-甲基丁烷
碳正离子重排产物

## 练习 12-8

（**a**）逐步写出上面反应的机理。必要时参考 9-3 节。（**b**）对于下列每一种底物和 HCl 的反应，画出正常的 Markovnikov 规则加成产物和竞争的重排产物。

（i）　　　　　（ii）　　　　　（iii）

碳正离子重排的程度很难预测，这是因为重排反应与烯烃的结构、溶剂、亲核试剂的能力和浓度以及温度有关。例如，在低温和过量的以盐形式存在的亲核试剂的情况下，可以降低重排反应发生的可能性。

### 小　结

HX 与烯烃的反应是亲电加成反应，首先双键质子化生成碳正离子，然后与卤素离子结合生成最终产物。Markovnikov 规则可以预测生成卤代烷的氢卤代反应的区域选择性。与任何碳正离子的反应一样，如果没有好的亲核试剂存在，则会发生重排反应。

## 12-4 | 亲电水合反应合成醇：热力学控制

迄今，我们学习了质子进攻双键形成碳正离子，然后碳正离子中间体被负离子亲核进攻生成最终产物。其他的亲核试剂也可以发生类似的反应吗？硫酸根是一个较弱的亲核试剂。因此，烯烃在硫酸水溶液中，第一步反应虽然也同样是质子进攻双键形成碳正离子，然而接着是水作为亲核试剂捕获碳正离子生成最终产物。整个反应的结果是水加成到双键上，亦称为**亲电水合反应**（electrophilic hydration reaction）。此反应同样遵循 Markovnikov 规则：质子加成到双键中取代基较少的碳上，OH⁻ 加到取代基较多的碳上。在涉及碳正离子中间体的反应中，通过负氢和烷基转移的重排反应可形成更稳定的碳正离子。然而水合反应会限制重排反应的发生，具体原因将在 12-7 节解释。

水合反应是酸诱发的醇脱水反应的逆反应（11-7 节），其反应机理正好相反，正如 2-甲基丙烯水合反应机理所示。这个反应也是工业生产 2-甲基-2-丙醇（叔丁醇）的重要反应。

反应

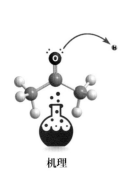

机理

### 亲电水合反应

H₃C,H₃C—C=CH₂（2-甲基丙烯）$\xrightarrow{50\% \text{ HÖH, } H_2SO_4}$ H₃C—C(CH₃)(:ÖH)—CH₂—H

92%

2-甲基丙烯　　　　　　　　　　2-甲基-2-丙醇

### 2-甲基丙烯的水合反应机理

质子化　　　　　H₂O，亲核进攻　　　　　去质子化

从机理中可以发现：H⁺ 在第一步中与烯烃反应而被消耗，但是第二步反应中又重新生成了 H⁺，所以 H⁺ 在整个反应中作为催化剂，并没有被消耗。事实上，没有酸的存在，水合反应是不发生的，烯烃在中性的水中是稳定的。

## 烯烃水合反应与醇脱水反应是可控的平衡过程

**水合-脱水平衡方程**

$RCH=CH_2$ + $H_2\ddot{O}$

⇵ 催化量的 H⁺

$RCHCH_3$
　|
　:ÖH

如何将 9-2 节和 11-7 节描述的醇脱水反应与本节描述的与其完全相反的水合反应保持一致？表 12-1 和 12-1 节的讨论可以给出答案。我们可以发现，尽管烯烃水合反应的焓变 $\Delta H^{\ominus}$ 明显为负值（乙烯水合反应的焓变大概是 $-11\text{kcal·mol}^{-1}$），但不利的熵变 $\Delta S^{\ominus}$ 却会导致吉布斯自由能变 $\Delta G^{\ominus}$ 接近于 0。因此，酸催化剂在烯烃 $+H_2O$ 和醇之间建立了一个平衡（页边），并且在合适的反应条件下平衡可以向任何一个方向进行。在低温（使 $-T\Delta S^{\ominus}$ 的值最小）和大量水（Le Chtelier 原理）存在下，平衡向生成醇的方向进行。与之相反，在高温和高浓度的或无水的酸中易进行脱水反应，平衡向烯烃方向进行。

烯烃　+　$H_2O$　$\underset{\text{浓}H_2SO_4, \text{高温}}{\overset{H_2SO_4, \text{过量的}H_2O, \text{低温}}{\rightleftharpoons}}$　醇

### 练习 12-9

（**a**）乙烯、丙烯、2-甲基丙烯水合反应的相对速率比为：$1:1.6×10^6:2.5×10^{11}$，请解释。（**b**）2-甲基丙烯在 0℃、催化量的氘代硫酸（$D_2SO_4$）的氘代水（$D_2O$）溶液中生成 $(CD_3)_3COD$，请用机理解释。（**提示：考虑可逆性！**）

## 烯烃质子化的可逆性导致烯烃平衡化

在 11-7 节中解释了酸催化下醇脱水生成混合烯烃，较稳定的烯烃是主产物。碳正离子的重排反应，随后的 E1 反应都是导致这一结果的部分原因。而更重要的原因是：为了达到热力学平衡，E1 反应过程是可逆的，正如上面所讨论的，烯烃可以被酸质子化形成碳正离子。

2-丁醇在酸性条件下的脱水反应可说明可逆质子化反应的特点。为了避免发生 $S_N1$ 反应，选用硫酸作为催化剂，因为硫酸根负离子不是好的亲核试剂，因而可以抑制 $S_N1$ 反应。反应的第一步是羟基的质子化反应，随后质子化的醇脱水形成二级碳正离子。随后该碳正离子经历 E1 反应过程失去质子，生成三种产物：1-丁烯，顺-2-丁烯和反-2-丁烯。这些异构体的初始比例由它们过渡态的相对能量控制，即动力学控制过程（2-1 节）。但是在强酸性条件下，质子能够再次加成到双键上。对于两个 2-丁烯而言，会生成相应的二级碳正离子。对于 1-丁烯而言，正如前面所讨论的，通过区域选择性的 Markovnikov 加成也生成同样的二级碳正离子。因为这个碳正离子仍会失去质子重新生成三种烯烃异构体，因此总的净效应是异构体相互转化为平衡混合物。结果，热力学上最稳定的异构体成为主产物。因此，这个体系是一个热力学控制反应的例子（2-1 节）。

### 热力学控制的酸催化2-丁烯脱水反应机理

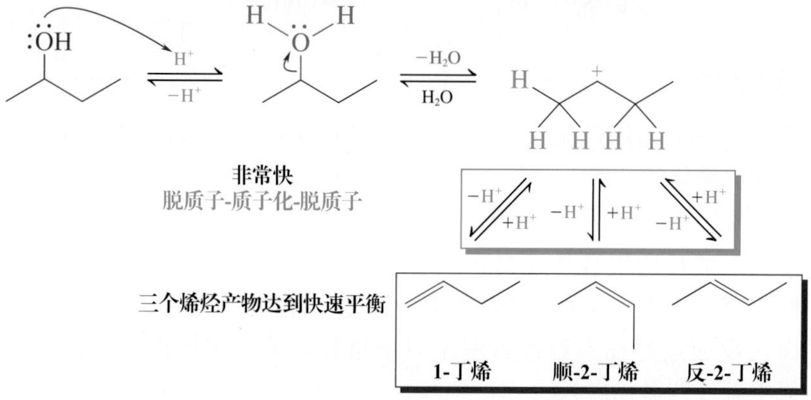

非常快
脱质子-质子化-脱质子

三个烯烃产物达到快速平衡

1-丁烯　　　顺-2-丁烯　　　反-2-丁烯

通过这个过程，较不稳定的烯烃能够被催化转化成更稳定的异构体（下式及页边）。

### 酸催化下烯烃的平衡反应

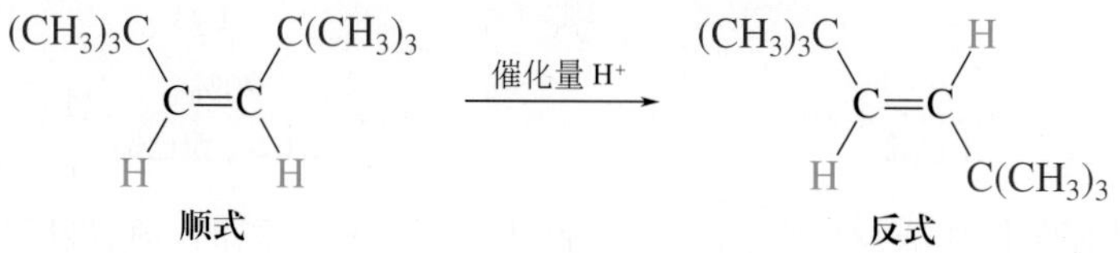

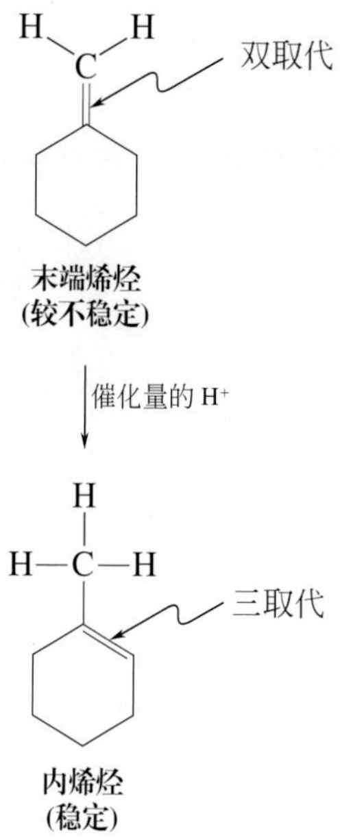

顺式　　　　　　　　　　　　　反式

双取代

末端烯烃
（较不稳定）

催化量的 H⁺

三取代

内烯烃
（稳定）

## 练习 12-10

写出下面重排反应的机理。该反应的驱动力是什么？

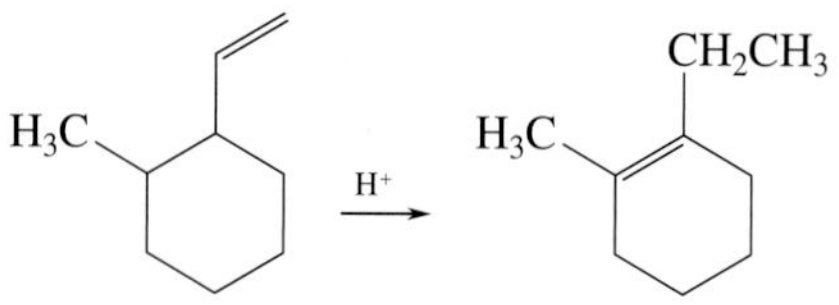

## 小　结

质子与烯烃加成形成的碳正离子可被水捕获生成醇，是醇失水合成烯烃的逆反应。酸催化的可逆质子化反应使烯烃达到平衡，因此，形成热力学控制的异构体混合物。

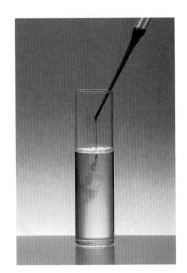

溴水滴加到烯烃中，$Br_2$ 的红棕色立刻随着反应的发生而消失。[*W. H. Freeman photo by Ken Karp*]

# 12-5 卤素对烯烃的亲电加成反应

尽管卤素分子中看似不存在亲电的原子，但是它们还是可以与烯烃发生亲电加成反应生成邻二卤化物。这类化合物可以作为干洗剂和脱脂剂的溶剂以及汽油抗爆剂的添加剂。

卤素的亲电加成反应中进行得最顺利的是氯和溴。氟的反应太剧烈所以通常不用，碘的加成反应在热力学上是不利的。

**烯烃的卤代反应**

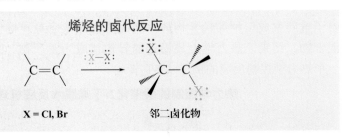

X = Cl, Br　　　　　邻二卤化物

### 练习 12-11

计算 $F_2$ 和 $I_2$ 与烯烃加成反应的 $\Delta H^\ominus$（表 12-1）。根据 12-1 节对熵的讨论，你如何评价碘化的效率？

反应

溴的加成反应很容易观察到，这是因为当溴溶液加到烯烃中时，颜色由红棕色变为无色。这种现象常被用于检测化合物的不饱和性。

卤代反应最好在室温或者室温以下进行，溶剂常用惰性的卤代溶剂，如四氯甲烷（四氯化碳）。

**$Br_2$ 与 1-己烯的亲电卤代加成反应**

$$CH_3(CH_2)_3CH=CH_2 \xrightarrow{\ddot{B}r-\ddot{B}r:,\ CCl_4} CH_3(CH_2)_3CHCH_2\ddot{B}r:$$

$$\underset{:\ddot{B}r:}{\phantom{x}}$$

90%

**1-己烯**　　　　　　　　　　**1,2-二溴己烷**

双键的卤代加成反应可以看作与氢化反应类似。然而，它们的反应机理是完全不一样的，如溴代反应的立体化学所示，其他卤素的反应也是类似的。

### 溴代反应是反式加成反应

溴代反应的立体化学是怎样的？两个溴原子是加成到双键的同侧（类似催化氢化反应）还是异侧（页边）？先看一下环己烯的溴代反应。如果加成到双键的同侧，应该生成顺-1,2-二溴环己烷；如果加成到双键的异侧，则应该生成反-1,2-二溴环己烷。实验结果表明，反应是**反式加成**（*anti addition*）。因为两种反式加成模式的可能性是一样的，可以从 π 键的上方也

记住：
**烯烃加成的两个拓扑结构**

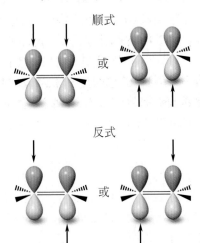

顺式

或

反式

或

可以从下方，因此，产物是外消旋的。

**环己烯的反式溴代反应**

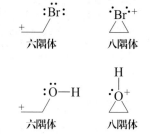

83%
**外消旋的反-1,2-二溴环己烷**

对于非环状烯烃，反应仍然具有立体专一性。例如，顺-2-丁烯的溴代反应生成（2*R*,3*R*)-和（2*S*,3*S*)-2,3-二溴丁烷外消旋混合物；反-2-丁烯的溴代反应生成内消旋非对映异构体。

**立体专一性的2-丁烯溴代反应**

**两种异构体的外消旋混合物**
(2*R*,3*R*)-2,3-二溴丁烷　　(2*S*,3*S*)-2,3-二溴丁烷

动画
顺-2-丁烯的溴代反应

**相同的**
*meso*-2,3-二溴丁烷

动画
反-2-丁烯的溴代反应

## 环状溴鎓离子解释立体化学

溴分子中看似不存在亲电中心，那么它是如何进攻富电子的双键并发生亲电加成反应的呢？答案就是 Br—Br 键的极化，因 Br—Br 键与亲核试剂反应易发生异裂。烯烃的 π 电子云具有亲核性，它进攻溴分子的一端，同时一对电子转移到另一个溴原子上形成溴离子，类似 $S_N2$ 过程。

这个过程的产物是什么呢？我们可能会认为是碳正离子，类似于 12-3 节和 12-4 节中质子的加成。但其实是一种结构更稳定的三元环状的**溴鎓离子**（bromonium ion），其中溴原子桥连双键的两个碳原子，形成一个三元环（图 12-3）。与氧杂环丙烷的质子化反应相似（9-9 节）。溴鎓离子是一个电子八隅体，避免形成缺电子的碳正离子（页边）。这个离子的结构是刚性的，所以，溴负离子只能从桥连溴原子的反方向进攻。离去基团是桥连的溴原子。因此，三元环的开环是立体专一的（反式）。所以，环己烯的溴代反应只生成了反-1,2-二溴环己烷；2-丁烯异构体也相应形成 2,3-二溴环丁烷的两个非对映异构体。如果选用的起始化合物是非手性的，所有的产物（假如是手性的）都是外消旋的（5-7 节）。如果溴与环己烯加成的第一步反应生成碳正离子，那么反应过程中释放出的溴负离子应该可以从环的同一侧或相反的方向进攻碳正离子，从而得到顺-和反-1,2-二溴环己烷混合物。但是，在上面的例子中，只观察到一种反式产物。

烯烃的卤代反应与烷烃的卤代反应不同（3-4 节～3-9 节），烯烃卤代反应的机理可以理解为亲核试剂（烯烃的 π 键）与亲电试剂（如 $Cl_2$ 和 $Br_2$）通过电子对转移的反应。

**环状鎓离子的电子六隅体和八隅体**

:Br:
＋
六隅体

Br:＋
八隅体

:O—H
＋
六隅体

H
O＋
八隅体

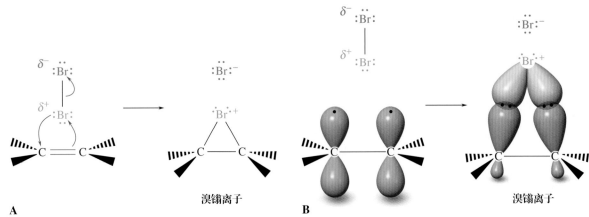

**图 12-3**（A）环状溴鎓离子形成过程中的推电子图。烯烃（红色）作为亲核试剂将溴分子中的溴离子（绿色）置换出来。被极化的溴分子中，一个原子可被当作溴正离子，另一个可被当作溴负离子。（B）环状溴鎓离子形成过程的轨道图。

### 环状溴鎓离子的形成和亲核开环

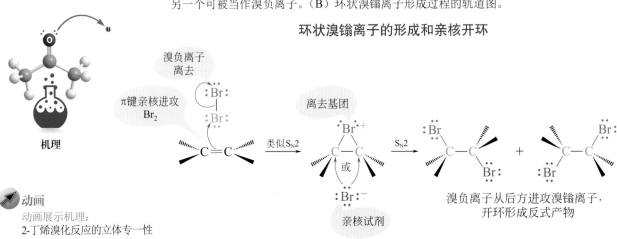

机理

动画
动画展示机理：
2-丁烯溴化反应的立体专一性

溴负离子从后方进攻溴鎓离子，开环形成反式产物

### 练习 12-12

（**a**）画出练习 12-4 中烯烃（a）～（e）与溴反应生成的所有可能的立体异构体。指出它们是非手性的还是手性的，外消旋的还是具有光学活性的。（**b**）乙烯、1-丁烯和反-2-丁烯溴化的相对速率为 1∶22∶35000。请解释。

相反，烷烃的卤化反应是自由基机理：首先要形成卤素自由基，这一步反应需要加热、光照或者自由基引发剂（例如过氧化物）；接着经过单电子转移过程完成反应。

### 小　结

卤素可以作为亲电试剂与烯烃发生加成反应并生成邻二卤代物。反应开始形成桥卤鎓离子。这个中间体被由第一步被置换的卤负离子进攻发生立体专一性的开环反应，即溴是反式加成到双键上的。在后面的章节中，我们会看到其他的立体化学选择性也是可能的，这取决于亲电试剂。

## 12-6 亲电加成反应的通性

卤素只是众多亲电-亲核组合试剂中的一种。在本节中，会介绍一些其他非常重要的试剂与烯烃的反应。首先介绍水（亲核试剂）溶液中的烯烃与卤素（亲电试剂）的反应。反应生成 2-卤醇（常用名为卤代醇），广泛应用于工业和合成中。除此之外，它们也是生成氧杂环丙烷衍生物的重要中间体（环氧化合物，参见 9-9 节）。

### 溴鎓离子被其他亲核试剂捕获

如果存在其他亲核试剂，烯烃溴代生成溴鎓离子，随后溴鎓离子被亲核试剂捕获时会发生竞争反应。例如，环戊烯在水溶液中的溴代反应生成邻溴醇（常用名为溴代醇）。在这个反应中，由于水是大量过量的，因此溴鎓离子被水进攻。净反应结果是 Br 和 OH 对双键的反式加成，并伴随 HBr 的生成。用类似的方法，也可以用氯在水中经过氯鎓离子中间体制备邻氯醇。

**邻溴醇（溴代醇）的合成**

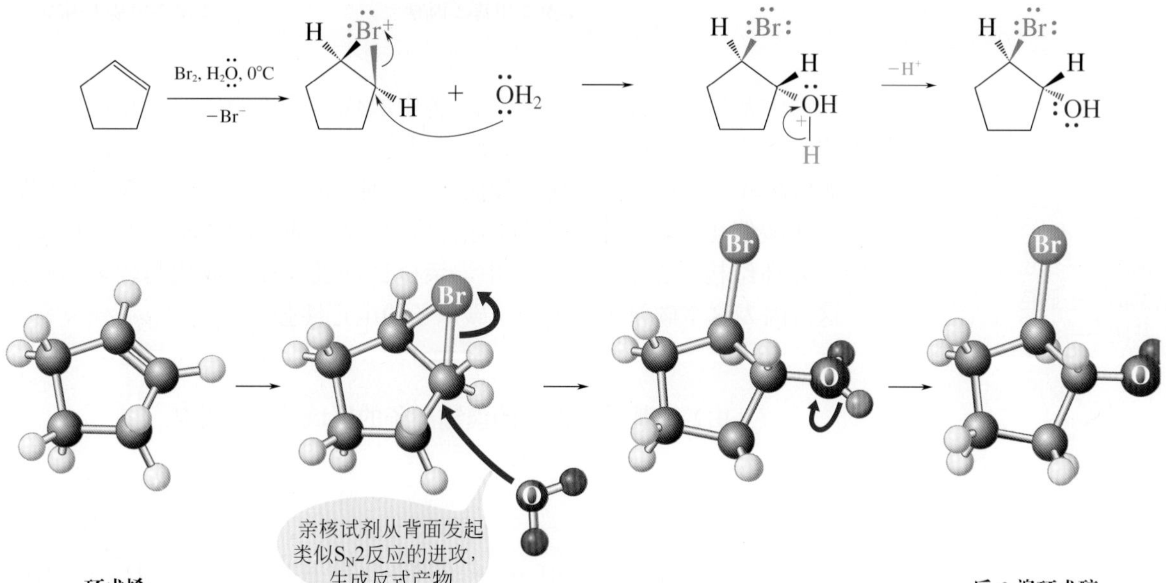

环戊烯　　亲核试剂从背面发起类似 S_N2 反应的进攻，生成反式产物　　反-2-溴环戊醇

### 练习 12-13

写出下面两个化合物与氯水溶液反应的预期产物，并标明产物的立体化学：（**a**）反-2-丁烯；（**b**）顺-2-戊烯。

在碱性条件下，邻卤醇化合物可以发生分子内成环反应（9-9 节），生成氧杂环丙烷衍生物。因此，邻卤醇化合物是一种有用的有机合成中间体。

**经由邻卤醇从烯烃合成氧杂环丙烷衍生物**

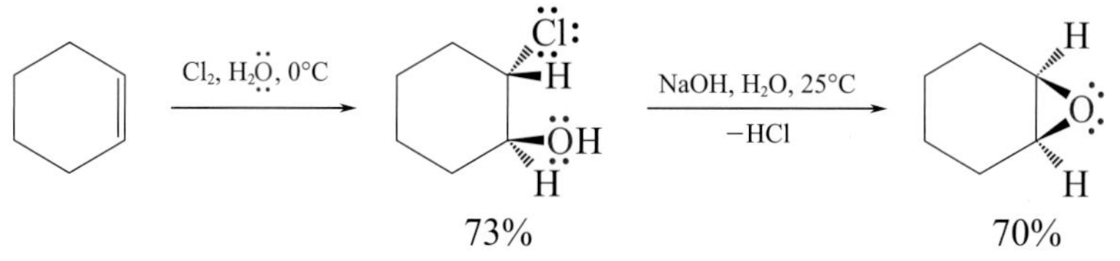

73%　　　　70%

**邻卤醚化合物的合成**

76%

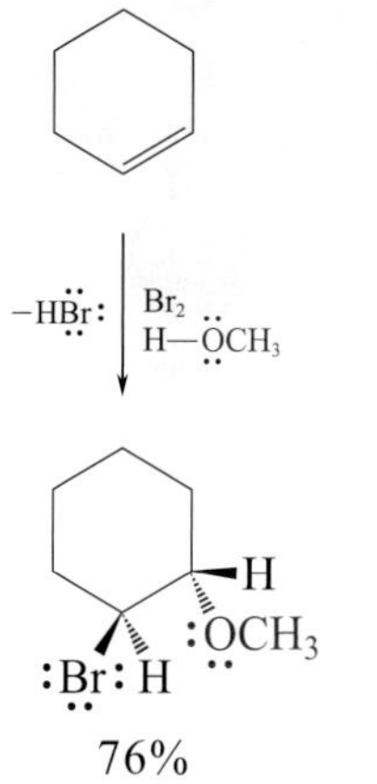

反-1-溴-2-甲氧基环己烷

在这些卤代反应中，如果用醇代替水作溶剂，则相应地生成邻卤醚化合物（上页页边）。

### 卤鎓离子的开环可以是区域选择性的

与双溴代反应相比，双键的混合加成反应存在区域选择性问题。Br 和 OR 与非对称双键的加成反应有选择性吗？答案是肯定的。例如，2-甲基丙烯在溴水溶液中只生成 1-溴-2-甲基-2-丙醇，而没有观察到它的另一个异构体 2-溴-2-甲基-1-丙醇。

反应

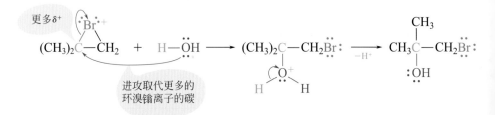

1-溴-2-甲基-2-丙醇    2-溴-2-甲基-1-丙醇

产物中亲电的卤素总是与原来双键中取代基较少的碳原子相连，随后加入的亲核试剂与取代基较多的碳原子相连。

如何解释这种现象呢？这与酸催化氧杂环丙烷的亲核开环反应（9-9 节）类似，在酸催化下，氧杂环丙烷的亲核开环反应的中间体是氧原子被质子化的三元环结构。在这两个反应中，亲核试剂进攻环上取代基较多的碳原子，这是因为这个碳原子比另一个碳原子的电正性强。

**记住：**
亲核试剂——红色
亲电试剂——蓝色
离去基团——绿色

#### 由2-甲基丙烯形成的溴鎓离子的区域选择性开环

更多 δ+

进攻取代更多的
环溴鎓离子的碳

$(CH_3)_2C—CH_2$ + $H—\overset{..}{\underset{..}{O}}H$ ⟶ $(CH_3)_2C—CH_2\overset{..}{\underset{..}{Br}}:$ $\xrightarrow{-H^+}$ 

非对称的亲电加成方式与 Markovnikov 加成类似，即亲电基团与双键中取代基较少的碳原子相连。只有当双键上两个碳原子的取代基没有明显区别时，得到的产物是混合物 [练习 12-14（b）]。

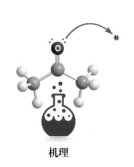

机理

### 练习 12-14

写出下面反应的产物：

（a）$CH_3CH=CH_2$ $\xrightarrow{Cl_2, CH_3OH}$ （b） [环己烯结构，H_3C 取代] $\xrightarrow{Br_2, H_2O}$

## 解题练习12-15

### 运用概念解题：烯烃亲电加成反应的机理

写出练习 12-14（a）的反应机理。

**策略：**

这个问题与 541 页上的反应十分相似，可简单地用氯代替溴，用甲醇代替水。但是，烯烃是不对称的，所以需要解决区域选择性问题。

**解答：**

• 首先是烯烃的 π 键与氯分子反应，生成环状氯鎓离子：

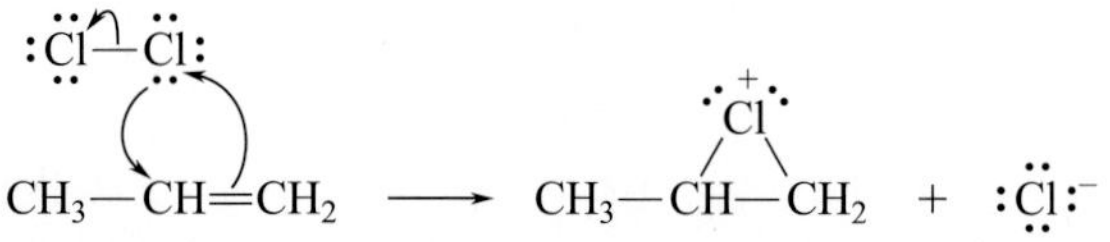

• 这个中间体是非对称的，双键的两个碳原子与氯正离子键合，内侧的二级碳原子的电正性更强。因此，作为亲核试剂的甲醇倾向于进攻这个碳原子。最后，氧鎓离子失去一个质子形成产物，完成反应：

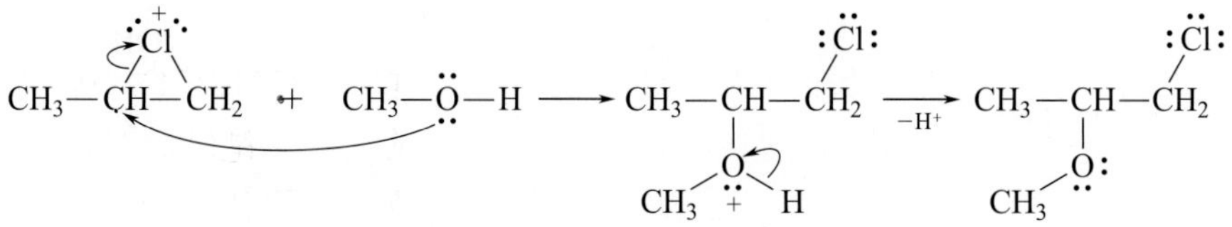

## 12-16 自试解题

写出练习 12-14（b）的反应机理。[**注意**：环己烯上的甲基取代基具有明显的立体化学效应（与本节中的其他示例进行比较）！**提示**：烯烃的 π 键与卤素反应时，卤素既可以从包含甲基取代基的平面进攻也可以从相反方向进攻 π 键。那烯烃的 π 键与卤素的加成反应可以生成多少个异构体？]

## 练习 12-17

用来合成（2R, 3R）-和（2S, 3S）-2-溴-3-甲氧基戊烷外消旋混合物的合理烯烃前体是什么？你所给的反应还有其他异构体产物生成吗？

通常，烯烃可以与 A—B 类型的试剂发生立体专一性和区域选择性的加成反应，其中 A—B 键是极化的。A 作为亲电试剂 A$^+$，B 作为亲核试剂 B$^-$。表 12-2 给出了这类试剂和 2-甲基丙烯的反应。

## 小　结

卤鎓离子的立体专一性和区域选择性的开环反应在反应机理上与氧杂环丙烷衍生物的亲核开环反应类似。卤鎓离子可以被卤素离子、水或者醇捕获，相应地生成邻二卤代烷、邻卤醇或者邻卤醚。亲电加成反应原理可用于含有极化或者可极化化学键的 A—B 型试剂。

---

### 自然界中的羟卤化反应

自然界中实现本节所描述的羟卤化反应需要借助酶的催化。例如，一种来自真菌烟曲霉（*Caldariomyces fumago*）的过氧化物酶能够按照 Markovnikov 规则将香茅醇溴化羟基化为非对映体溴二醇。该产物是合成玫瑰芳香氧化物的中间体。当然，酶不使用具有强烈腐蚀性的溴来实现这种转化，而是用 NaBr（在 H$_2$O$_2$ 存在下）作为氧化剂。

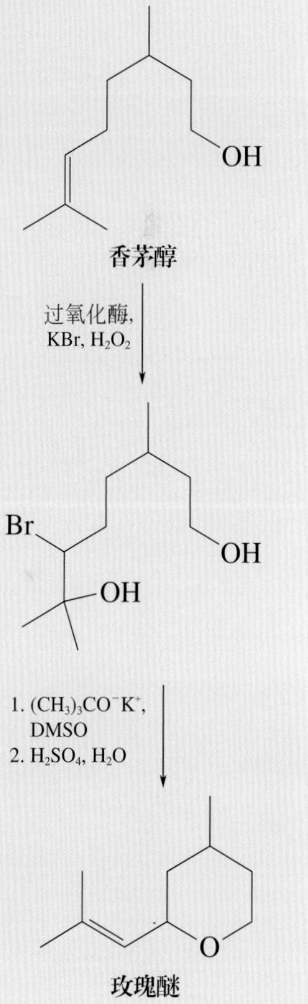

香茅醇

过氧化酶，
KBr, H$_2$O$_2$

1. (CH$_3$)$_3$CO$^-$K$^+$,
DMSO
2. H$_2$SO$_4$, H$_2$O

玫瑰醚

**表12-2　试剂A—B与烯烃的亲电加成反应**

| | | |
|---|---|---|
| $\begin{array}{c} H \\ \diagdown \\ C \\ \diagup \\ H \end{array} C = C \begin{array}{c} CH_3 \\ \diagup \\ \diagdown \\ CH_3 \end{array}$ | $+ \quad {}^{\delta^+}A{-}B^{\delta^-} \quad \longrightarrow$ | $H{-}\underset{\underset{A}{\mid}}{\overset{\overset{H}{\mid}}{C}}{-}\underset{\underset{B}{\mid}}{\overset{\overset{CH_3}{\mid}}{C}}{-}CH_3$ |

| 名称 | 结构 | 2-甲基丙烯的加成产物 |
|---|---|---|
| 氯化溴 | $:\!\ddot{B}r{-}\ddot{C}l\!:$ | $:\!\ddot{B}rCH_2C(CH_3)_2$ <br> $\quad\;\; :\!\ddot{C}l\!:$ |
| 溴化氰 | $:\!\ddot{B}r{-}CN\!:$ | $:\!\ddot{B}rCH_2C(CH_3)_2$ <br> $\qquad CN\!:$ |
| 氯化碘 | $:\!\ddot{I}{-}\ddot{C}l\!:$ | $:\!\ddot{I}CH_2C(CH_3)_2$ <br> $\qquad :\!\ddot{C}l\!:$ |
| 次磺酰氯 | $R\ddot{S}{-}\ddot{C}l\!:$ | $R\ddot{S}CH_2C(CH_3)_2$ <br> $\qquad :\!\ddot{C}l\!:$ |
| 汞盐 | $XHg{-}X^a,\, H\ddot{O}H$ | $XHgCH_2C(CH_3)_2$ <br> $\qquad :\!\ddot{O}H$ |

*X 表示乙酸根。

# 12-7 | 羟汞化-脱汞反应：一种特殊的亲电加成反应

　　表 12-2 中最后一个例子是汞盐与烯烃的亲电加成反应，这个反应称为**汞化反应**（mercuration reaction），产物为烷基汞衍生物，汞在进一步反应中可以被去除。其中十分有用的反应是**羟汞化 - 脱汞反应**（oxymercuration-demercuration reaction），乙酸汞作为反应试剂。第一步反应（羟汞化反应）是在水存在下，乙酸汞与烯烃反应生成相应的加成产物。

**羟汞化反应**

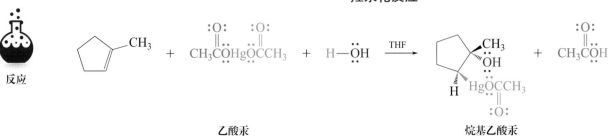

乙酸汞　　　　　　　　　　　　　　　　　　　　　烷基乙酸汞

　　接下来的脱汞反应，使用的是碱性的硼氢化钠溶液，汞取代基可以被氢取代。净反应结果是双键水合生成醇。

脱汞反应

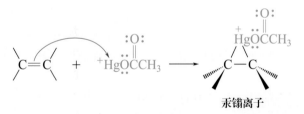

**1-甲基环戊醇**

　　羟汞化反应是反式立体专一和区域选择性的。反应结果意味着其反应机理与迄今所讨论的亲电加成反应机理类似。汞试剂首先解离为乙酸根和汞正离子。汞正离子进攻烯烃的双键形成汞鎓离子，其结构与环状溴鎓离子类似。水进攻取代基较多的碳（Markovnikov 规则，区域选择性），生成烷基乙酸汞中间体。接着，汞取代基被硼氢化钠中的氢替换（脱汞反应）生成醇。脱汞反应是一个复杂的过程，机理尚不清楚，而且反应不是立体专一的。

　　脱汞反应生成的醇与起始原料的 Markovnikov 水合反应（12-4 节）的产物一样。但是，羟汞化-脱汞反应是酸催化水合反应有价值的替代方法，因为它不涉及碳正离子的形成，所以羟汞化-脱汞反应不发生重排反应，而这是在酸催化条件下常常发生的（12-3 节）。但是该方法受到汞试剂费用和毒性的限制，需要小心地从产品中除掉汞并做安全处理。

### 羟汞化-脱汞反应的机理

**步骤 1.** 乙酸汞的解离

$$CH_3CO\text{—}HgOCCH_3 \rightleftharpoons CH_3CO^- + {}^+HgOCCH_3$$

高度亲电

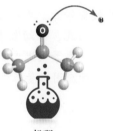

机理

**步骤 2.** ${}^+Hg(O_2CCH_3)$ 对双键的亲电进攻

$$C\!\!=\!\!C + {}^+HgOCCH_3 \longrightarrow C\text{—}C$$

**汞鎓离子**

**步骤 3.** 水的亲核开环（Markovnikov 规则，区域选择性）

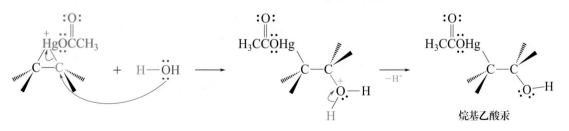

**烷基乙酸汞**

**步骤 4.** 还原

## 真实生活：医药  与虫媒疾病作斗争的保幼激素类似物

保幼激素（Juvenile hormone，JH）是一种控制昆虫幼体变形的物质。它是由一类雄性野蚕蛾（*Hyalophora cecropia* L.）分泌的，可以抑制昆虫幼体的成熟，直到达到适当的发育阶段。

疟蚊的蛹通过两根呼吸管进行呼吸，这两根呼吸管可穿过蚊子生活的水环境表面。疟蚊是一种携带疟原虫的物种。保幼激素在疟蚊的蛹期可以阻止蚊子进一步发育。

暴露在充满保幼激素的环境中会使昆虫在蛹期的蜕变停止，即蚊子不能发育成叮咬、产卵的成虫。因此，保幼激素在控制疟疾、黄热病和西尼罗河病毒等蚊媒疾病方面具有潜在的应用价值。但是这种应用却受限于保幼激素非常不稳定，难以自然分离、难以合成等因素。因此，科学家一直在寻找一类稳定的、具有适当生物活性且易于制备的保幼激素类似物。

有机合成分子甲氧普林具有所有这些理想的特性。它的合成方法中利用了我们已经学习过的几个反应：羟汞化-脱汞反应生成叔甲基醚，酯的水解反应（8-4节），以及PCC氧化伯醇生成醛的反应（8-5节）。

早期制备的保幼激素类似物的活性非常低，而甲氧普林对多种害虫的生物活性是保幼激素的1000倍。它对跳蚤、蚊子和火蚁都非常有效，自20世纪70年代中期以来，它就以多种商标上市销售。最近，它也被用于抑制另一种蚊媒疾病——寨卡病毒。寨卡病毒在2014年初出现在西半球。感染寨卡病毒的婴儿出现小头畸形症的概率很高，是一种影响大脑发育的疾病。甲氧普林可用于消灭室内跳蚤，大大减少了对传统杀虫剂的需求。尽管该产品不能杀死已经成年的昆虫，但它们在接触过该产品后产下的卵不能发育成成虫。在蚊子繁殖的地区喷洒甲氧普林颗粒会阻碍蚊子蛹期后的生存。甲氧普林对脊椎动物的毒性较低，并且不像氯化杀虫剂，如DDT（真实生活3-2），它不会一直存在于环境中。虽然它足够稳定，可以在使用后数周至数月内有效，但是随着时间的推移，它会被阳光分解成无害的小分子。甲氧普林和其他几种保幼激素类似物已经成为害虫管理的重要新工具。

甲氧普林(保幼激素类似物)

这一反应过程相比于酸催化水合反应的优点可以用下页的两个反应说明。用硫酸水溶液处理1-己烯得到预期的2-己醇混合物，但是伴随部分重排异构体3-己醇的生成。尽管负氢转移生成重排产物的反应不是放热的，只是从一个二级碳正离子变成另一个二级碳正离子，但它的反应速率足以与水进攻最初形成碳正离子的反应速率相抗衡。相反，羟汞化-脱汞

反应不经历碳正离子的形成过程，不发生重排反应，并能够以高产率得到 Markovnikov 产物 2-己醇

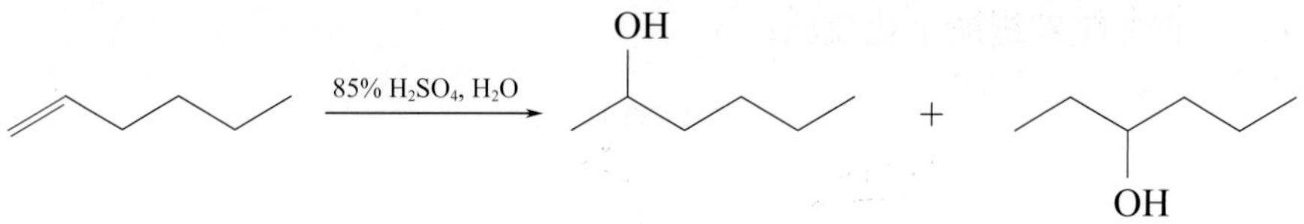
85% H2SO4, H2O
OH
+
OH

70% **2-己醇** 常规产物

30% **3-己醇** 重排产物

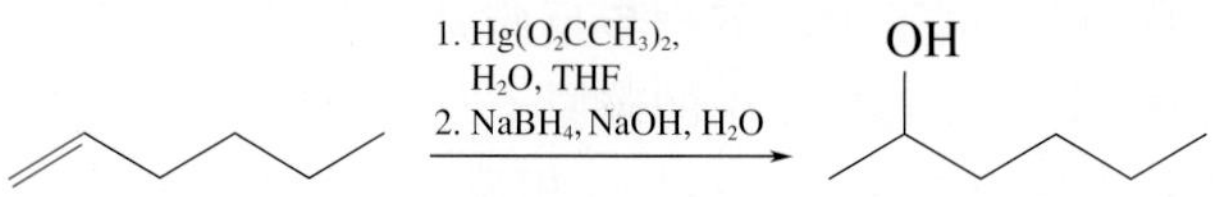
1. Hg(O2CCH3)2, H2O, THF
2. NaBH4, NaOH, H2O
OH

95%

如果烯烃的羟汞化反应在醇溶液中进行，会相应地生成醚，见页边的反应。

**通过羟汞化-脱汞反应合成醚**

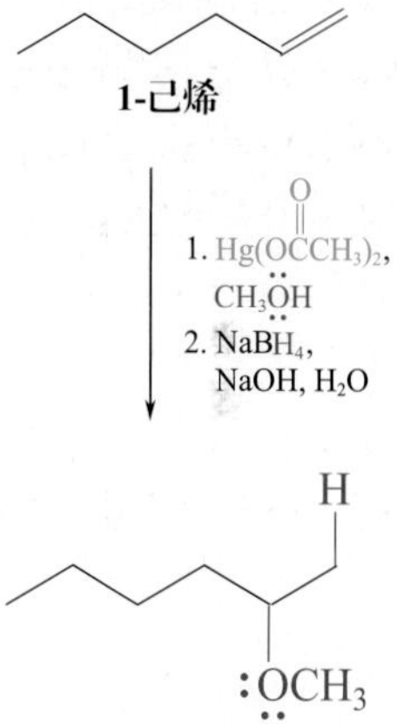
O
1. Hg(OCCH3)2, CH3OH
2. NaBH4, NaOH, H2O
H
:OCH3

**1-己烯**

65% **2-甲氧基己烷**

## 练习 12-18

写出下列反应的结果，是否有其他产物？如果反应条件变为 $H_2SO_4$ 和 $H_2O$ 呢？

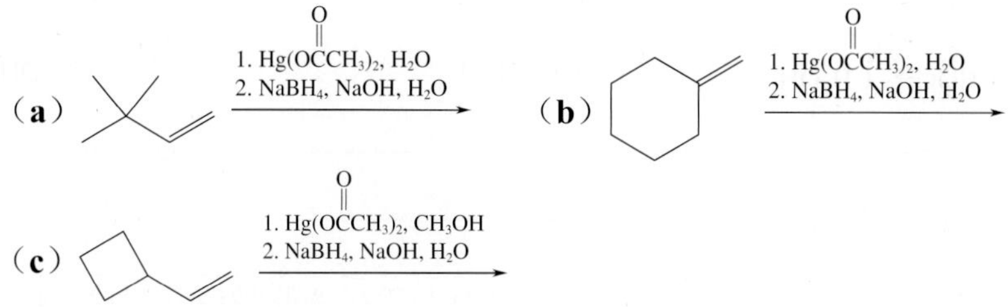
(a)
O
1. Hg(OCCH3)2, H2O
2. NaBH4, NaOH, H2O
(b)
O
1. Hg(OCCH3)2, H2O
2. NaBH4, NaOH, H2O
(c)
O
1. Hg(OCCH3)2, CH3OH
2. NaBH4, NaOH, H2O

（提示：复习解题练习 9-30）

## 解题练习 12-19

**运用概念解题：解决一个困难的机理问题**

解释下面反应的结果。

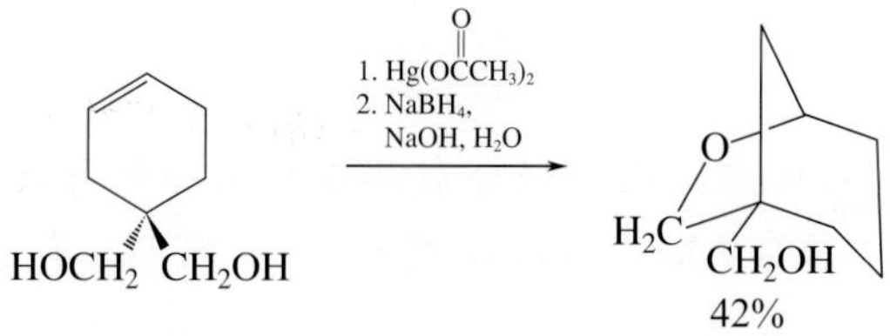
O
1. Hg(OCCH3)2
2. NaBH4, NaOH, H2O
HOCH2 CH2OH
O
H2C
CH2OH

42%

**策略：**

- **W**：有何信息？我们被要求为一个乍一看很奇怪的反应转化提供机理解释。底物上有烯烃和两个远端OH基团。这个反应看起来像羟汞化反应，但是水没有参与到第一步反应中。
- **H**：如何进行？首先对比反应底物和产物在结构上的差别。对底物的碳原子进行编号，而后在产物中找到相应的碳原子，这可能是解开复杂过程的关键。在本题中，底物中的C-4上连有$CH_2OH$基团，在产物中找到相同的碳原子，并对它和分子的其他部分进行相应的编号（下文）。
- **I**：需用的信息？羟汞化反应的分步机理。

**记住：**“解释”=分析机理。

**P**：继续进行。

**解答**：

• 首先是双键的汞化反应：

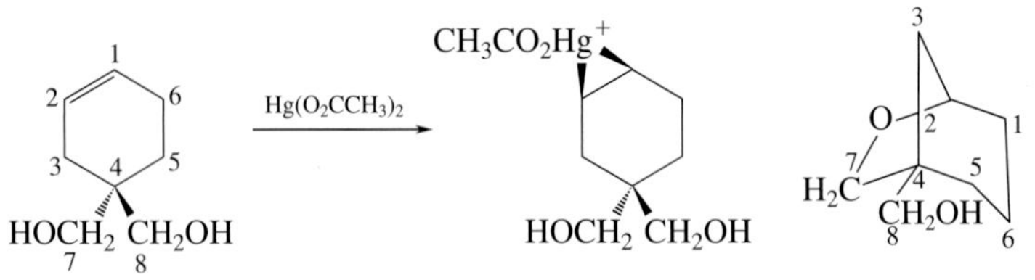

• 在前面所有的例子中，下一步反应是一分子溶剂（水或者醇）提供亲核的氧原子，与汞𬬿离子中的碳原子发生开环反应。但是在本题中，可以发现第一步反应中水没有参与。相反，底物中已经有一个位于 C-7 上的氧原子，而在产物中则成为连接原有双键中碳原子（C-2）的氧。因此，这个过程是分子内成键反应。汞取代基被硼氢化钠中的氢替代（脱汞反应）生成最终产物：

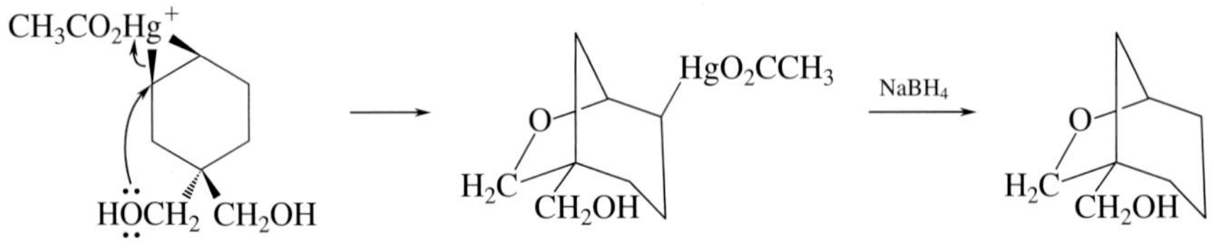

### 12-20 自试解题

下面的反应得到一个环状产物，并且它是反应底物的异构体。推测一个可能的结构。（**提示**：从机理角度思考。首先是亲电进攻反应，找出反应底物中存在的能够发生亲核进攻的原子完成反应。**注意**：这是一个区域选择性问题。使用本章中的示例作为参考。）

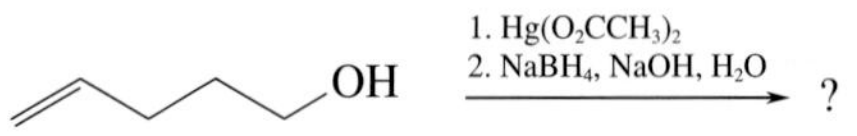

### 小　结

　　羟汞化-脱汞反应是由烯烃合成醇或醚的一种有效方法，反应具有区域选择性（符合 Markovnikov 规则）。反应中没有形成碳正离子，因此没有重排反应发生。

## 12-8 | 硼氢化-氧化反应：立体专一性的反马氏水合反应

　　在本章中我们已经学习了水与烯烃加成生成醇的两种方法。这一节我们将学习第三种方法，这种方法与之前两种方法的立体化学不同，是对另外两种方法的补充。这个过程从机理上看是处在氢化反应和亲电加成反应之间的：双键的硼氢化反应。生成的烷基硼烷可以氧化为醇。

## 硼-氢键与双键的加成

不需要催化剂活化硼烷（$BH_3$）就可以与双键发生加成反应，这个反应称为**硼氢化反应**（hydro-boration）。此反应由赫伯特·C.布朗[1]（H.C.Brown）发现。

### 烯烃的硼氢化反应

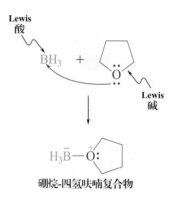

硼烷（通常以二聚体的形式存在，$B_2H_6$）溶解在乙醚或者四氢呋喃（THF）中出售。在这些溶液中，硼烷与乙醚中的氧原子形成 Lewis 酸-碱络合物（2-3 节和 9-5 节），这个聚集态使硼具有八电子结构（$BH_3$ 的分子轨道图，参见图 1-17）。

B—H 键是如何与 π 键加成的呢？因为 π 键是富电子的，硼是缺电子的，因此它们之间形成一种 Lewis 酸-碱络合物的结构是合理的，类似于溴鎓离子（图 12-3），需要硼烷 $BH_3$ 空的 p 轨道参与。电子云由烯烃转移到硼上。接下来硼烷中的一个氢原子通过四中心过渡态转移到烯烃的一个碳原子上，同时硼转移到另外一个碳原子上。加成的立体化学是顺式的。硼烷中三个B—H 键都可以发生类似的反应。最后形成的产物烷基硼烷中的硼又成为缺电子的原子。下面的静电势图（在一定程度上对颜色变化作了加深）表示硼烷中的硼由缺电子的原子（蓝色）变成在络合物中富电子的原子（红色），最后又变成缺电子的原子（蓝色）。

### 硼氢化反应的机理

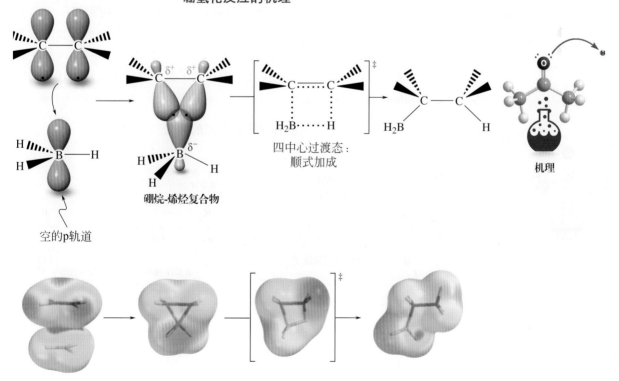

**硼氢化反应的区域选择性**

$$3\ RCH{=}CH_2\ +\ BH_3$$

位阻较小的碳

$$RCH_2CH_2 \underset{B}{\underset{|}{\qquad}} CH_2CH_2R$$
$$CH_2CH_2R$$

硼烷中的三个B—H键都与烯烃加成，形成三烷基硼烷化合物

反应

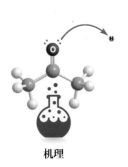
动画
动画展示机理：
硼氢化-氧化

机理

硼氢化反应不仅是立体专一的（顺式加成），还是区域选择性的？与前面亲电加成反应不一样，硼氢化反应的区域选择性，立体效应大于电子效应：硼与空间位阻小（取代基较少）的碳原子相连（页边）。硼氢化反应形成的三烷基硼烷是非常有用的，下一节会具体介绍。

### 烷基硼烷氧化生成醇

三烷基硼烷能被碱性过氧化氢水溶液氧化成醇，其中羟基取代了硼原子。**硼氢化-氧化**（hydroboration-oxidation）这两步反应的净结果是水加成到双键上。与12-4节和12-7节所讲的水合反应的区域选择性相反，在这个过程中，羟基与取代基较少的碳原子相连，遵循**反马氏加成**（anti-Markovnikov addition）规则。

**硼氢化-氧化反应的序列过程**

$$3\ RCH{=}CHR\ \xrightarrow{BH_3,\ THF}\ (RCH_2CHR)_3B\ \xrightarrow{H_2O_2,\ NaOH,\ H_2O}\ 3\ \overset{R}{RCH_2CH}\ddot{O}H$$

$$(CH_3)_2CHCH_2CH{=}CH_2\ \xrightarrow[\text{2. }H_2O_2,\ NaOH,\ H_2O]{\text{1. }BH_3,\ THF}\ (CH_3)_2CHCH_2CH_2CH_2\ddot{O}H$$

80%

**4-甲基-1-戊烯**　　　　　　　　　　　　　　　　　　**4-甲基-1-戊醇**

在烷基硼烷氧化反应机理中，亲核的过氧化氢离子进攻缺电子的硼原子，生成的中间体发生重排反应，烷基携同一对电子转移到邻近的氧原子上并保持构型不变，同时离去一个氢氧根离子。尽管氢氧根离子作为离去基团非常少见（6-7节），但是相邻硼原子上负电荷的"推电子"效应以及相对较弱的O—O键都促进氢氧根离子的离去。在2,2-二甲基-1-丙醇（新戊醇，参见9-3节）的酸催化重排反应中遇到了类似的转化过程：迁移的甲基推动水的离去（551页边）。

**烷基硼烷氧化反应的机理**

硼上六个电子　　　电负性更强的氧亲核进攻　　　HO⁻ 被迁移的 R基团推开

$$R{-}\underset{R}{\underset{|}{B}}\ +\ {:}\ddot{O}{-}\ddot{O}H\ \longrightarrow\ R{-}\underset{R}{\underset{|}{B}}{-}\ddot{O}{-}\ddot{O}H\ \xrightarrow{-HO{:}^-}\ R{-}\underset{{:}\ddot{O}{-}R}{\underset{|}{B}}$$

过氧化氢负离子　　　　　　　R基团携同一对电子迁移

$$O{-}\underset{R}{\underset{|}{B}}\ +\ {-}{:}\ddot{O}{-}\ddot{O}H\ \longrightarrow\ O{-}\underset{R}{\underset{|}{B}}{-}\ddot{O}{-}\ddot{O}H\ \xrightarrow{-HO{:}^-}\ O{-}\underset{{:}\ddot{O}{-}R}{\underset{|}{B}}$$

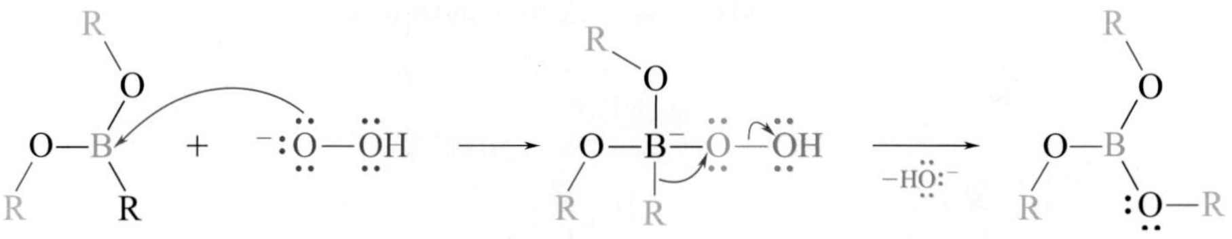


如图所示，这个过程可以重复进行三次，直到烷基硼烷中的三个烷基都迁移到氧原子上，形成三烷基硼酸酯，[$(RO)_3B$]。这种无机酸酯在碱性条件下水解生成醇和硼酸钠。

$$(RO)_3B + 3\,NaOH \xrightarrow{H_2O} Na_3BO_3 + 3\,ROH$$

因为硼烷与双键的加成反应和下一步的氧化反应都是有选择性的，因此该系列反应成为从烯烃立体专一和区域选择性合成醇的方法。硼氢化-氧化反应的 anti-Markovnikov 规则的区域选择性反应补充了酸催化水合反应和羟汞化-脱汞反应。另外，硼氢化反应与羟汞化反应一样，过程中也没有碳正离子的参与，因此没有重排反应发生。

**两个类似的重排过程**

**烷基硼过氧化物的重排**

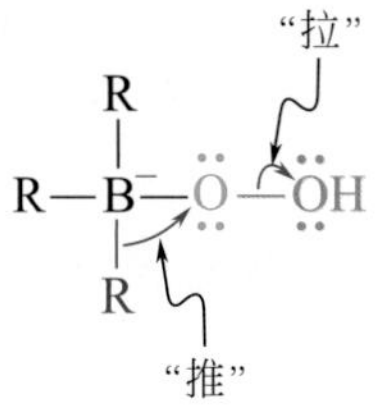


**质子化的2,2-二甲基-1-丙醇的重排**

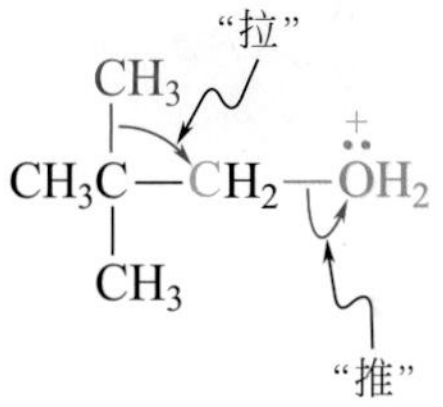


**通过硼氢化-氧化反应立体专一性和区域选择性地合成醇**

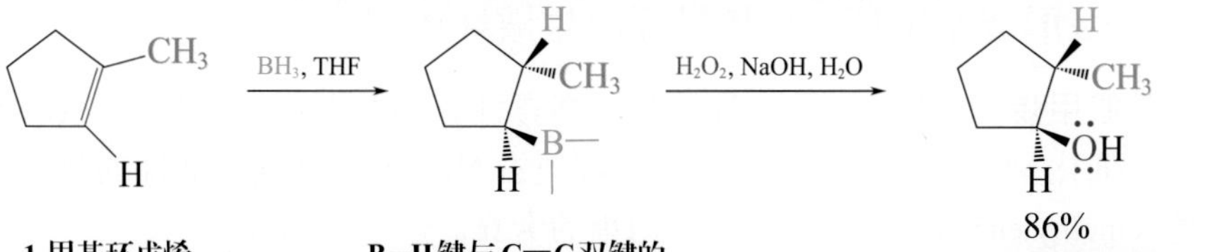


**1-甲基环戊烯**　　**B—H 键与 C═C 双键的顺式加成产物**　　**反-2-甲基环戊醇 注意 H 和 OH 是顺式关系**

## 练习 12-21

写出下面两个烯烃硼氢化-氧化反应的产物，并清楚标明产物的立体构型。(**a**) 丙烯；(**b**) (*E*)-3-甲基-2-戊烯；(**c**) 亚乙基环己烷；(**d**) (*S*)-2,3-二甲基-1-戊烯。

### 小　结

硼氢化-氧化反应是烯烃水合的又一种方法。起始的加成反应是顺式的和区域选择性的，硼与空间位阻小的碳原子相连。烷基硼烷在碱性过氧化氢水溶液中发生氧化反应生成遵循 anti-Markovnikov 规则的醇，烷基的构型在反应过程中保持。

# 12-9 重氮甲烷、卡宾以及环丙烷的合成

环丙烷的环张力高，结构精巧有刚性，是有机合成中一个有趣的合成目标（4-2 节）。它们同时也存在于自然界中许多具有生物活性的化合物中。环丙烷可以通过被称为**卡宾**（carbene）的活泼物质与烯烃的加成反应来合成。卡宾的一般结构式为 $R_2C$:，中心碳原子具有六电子结构。从这个角度出发，卡宾类似于碳正离子、硼烷和 $X^+$（X 表示卤原子）。实际上，可以概念上把卡宾看成是由碳正离子去质子化得到的，事实上卡宾并不是这样制备的。

**从概念上理解卡宾：去质子的碳正离子**

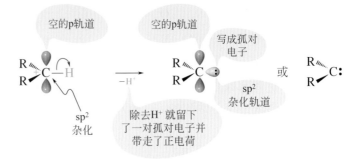

虽然卡宾是电中性的，但是卡宾是缺电子的，它作为亲电试剂可以与烯烃反应得到三元环产物环丙烷衍生物。这是一个协同的反应过程，可以用推电子箭头来表示，如页边所示。

不像遇到的其他活泼中间体，比如碳正离子或者自由基，卡宾不能直接放入反应瓶中反应，它必须由适当的前体在烯烃捕获剂存在下生成，如下所述。

**卡宾加成到双键上**

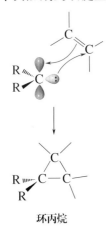

环丙烷

### 重氮甲烷形成亚甲基，与烯烃反应生成环丙烷

**重氮甲烷**（$CH_2N_2$）是一种黄色、高毒性且具有爆炸性的气体。在光、热或者催化量的金属铜作用下重氮甲烷失去 $N_2$，形成高反应活性的物质**亚甲基**（methylene），$H_2C:$，一种最简单的卡宾。

$$H_2\ddot{C}\text{—}\overset{+}{N}\text{≡}N: \xrightarrow[\text{—N}_2]{h\nu\text{或}\triangle\text{或}Cu} H_2C: + :N\text{≡}N:$$

重氮甲烷　　　　　　　　　亚甲基

在有烯烃存在的情况下，生成的亚甲基可以很快与之发生加成反应生成环丙烷。这个反应相当于 Lewis 酸-碱加成，通常是立体专一性的，起始双键的构型保持。

**亚甲基与双键的加成反应**

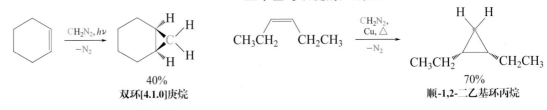

40%
双环[4.1.0]庚烷

70%
顺-1,2-二乙基环丙烷

### 练习 12-22

（**a**）重氮甲烷是重氮烷烃（重氮化合物，$R_2C\text{=}N_2$）中最简单的一个。重氮化合物 A 溶于庚烷中，于 −78℃下照射，生成碳氢化合物 $C_4H_6$。在 $^1H$ NMR 中有三个峰，$^{13}C$ NMR 中有两个峰，所有的峰均出现在脂肪族化合物的区域。写出产物的结构。

$$CH_2\text{=}CHCH_2CH\text{=}\overset{+}{N}\text{=}\overset{..}{\underset{..}{N}}^-$$

**A**

（**b**）如何从丁烷制备反-1,2-二甲基环丙烷？（**提示**：逆合成分析。）

### 卤代卡宾和类卡宾与双键反应也生成环丙烷

卤代卡宾也可以用来合成环丙烷，它是由卤代甲烷制备的。例如，三氯甲烷（氯仿）在强碱作用下发生不寻常的消除反应，质子和离去基团从同一个碳上离去，生成二氯卡宾，烯烃与之反应生成环丙烷。

**由氯仿生成二氯卡宾然后用环己烯捕获**

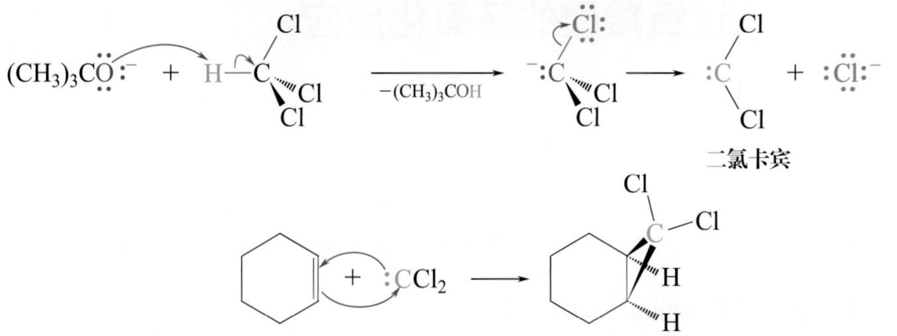

二氯卡宾

59%

合成环丙烷衍生物的另外一种方法是二碘甲烷在锌粉（通常用铜活化）的作用下生成 $ICH_2ZnI$（**Simmons-Smith**[1] **试剂**），然后与烯烃反应生成环丙烷衍生物。Simmons-Smith 试剂是**类卡宾**（carbenoid）的一种，这是因为它的反应性与卡宾类似，也可以将烯烃立体专一地转化为环丙烷衍生物。使用 Simmons-Smith 试剂合成环丙烷衍生物可以避免制备重氮甲烷的高危险性。

**Simmons-Smith试剂在环丙烷衍生物合成中的应用**

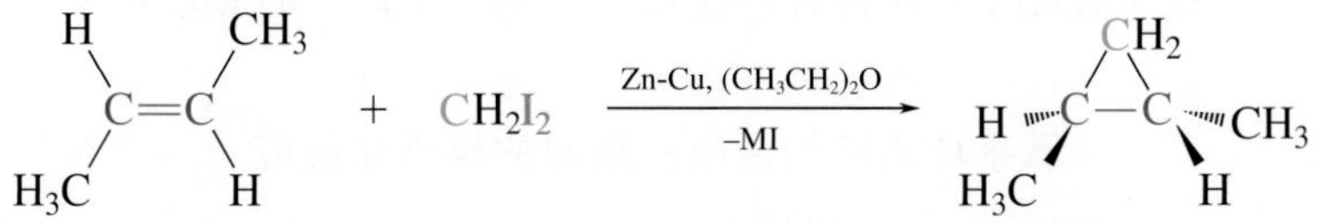

应用 Simmons-Smith 试剂的一个成功例子是合成天然产物 Jawsamycin。Jawsamycin 是一种不寻常的具有高杀菌作用的化合物，它是 1990 年从一种 *Streptoverticillium fervens* 发酵液中得到的，并于 1996 年首次成功合成。它最值得注意的地方是其脂肪酸残基，这部分含有五个环丙烷结构，其中四个是连在一起的，这五个环丙烷结构都是用 Simmons-Smith 试剂环丙烷化反应制备的。

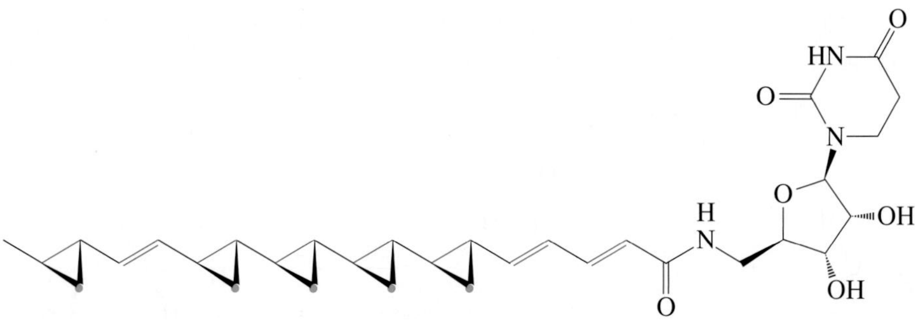

**Jawsamycin**

## 小 结

重氮甲烷是一种有用的有机合成中间体，它作为亚甲基来源可以和烯烃合成环丙烷衍生物。由卤代甲烷脱卤化氢反应制备的卤代卡宾和由二碘甲烷在锌粉作用下形成的类卡宾物质——Simmons-Smith 试剂，都可以与烯烃反应生成环丙烷衍生物。卡宾与烯烃的加成反应不同于其他加成反应，因为只有一个碳原子与烯烃的两个碳原子相连。

❶ 霍华德·E. 西蒙（Howard E.Simmons）博士（1929—1997）及罗纳德·D. 史密斯（Ronald D. Smith）博士（生于1930 年）均在威尔明顿特拉华州杜邦公司。

## 12-10 氧杂环丙烷衍生物（环氧化物）的合成：过氧羧酸的环氧化反应

**过氧羧酸**

亲电氧原子

过氧羧酸

过氧乙酸

间氯过氧苯甲酸
(MCPBA)

反应

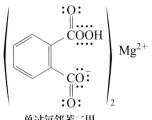

单过氧邻苯二甲
酸镁盐(MMPP)

本节将描述亲电氧化试剂如何引入一个氧原子与烯烃双键的两个碳原子相连，生成氧杂环丙烷衍生物，并且进一步反应生成反式邻二醇的方法。12-11 节和 12-12 节将分别介绍通过双键部分断裂，并在每个烯烃碳上连接一个氧原子生成顺式邻二醇和双键完全断裂生成羰基化合物的方法。

### 过氧羧酸传递氧原子到双键上

过氧羧酸（RCOOH）OH 中的氧原子是亲电性的，可以与烯烃反应，氧原子加成到双键上生成氧杂环丙烷。该反应的另外一个产物是羧酸。这个反应非常重要，因为氧杂环丙烷是非常有用的合成中间体（9-9 节）。此反应是在室温下、惰性溶剂（如氯仿、二氯甲烷或者苯）中进行的。这个反应通常称为**环氧化反应**（epoxidation reaction），这个名字是从环氧化物（氧杂环丙烷的旧称）衍生而来的。实验室中常用的过氧羧酸是间氯过氧苯甲酸（MCPBA）。但在大量合成和工业中用更便宜（更安全）的单过氧邻苯二甲酸镁盐（MMPP）代替对碰撞稍有敏感（爆炸）的 MCPBA。

**氧杂环丙烷的合成：双键的环氧化反应**

亲电性

$$C=C + R-C-O-O-H \longrightarrow C-C + R-C-O-H$$

氧杂环丙烷

氧原子的转移是立体专一性的（顺式），原料烯烃的立体化学特征在产物中保持。例如，反-2-丁烯生成反-2,3-二甲基氧杂环丙烷，相对应地顺-2-丁烯生成顺-2,3-二甲基氧杂环丙烷。

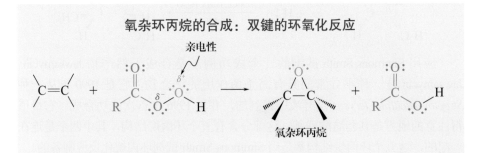

反-2-丁烯 　　　间氯过氧苯甲酸 　　　反-2,3-二甲基氧杂环丙烷
(MCPBA)
85%

这个氧化反应的机理是怎样的呢？氧化反应的机理与亲电卤代反应的机理（12-5 节）类似，但不完全一致。在环氧化反应中，可以写出一个环状过渡态，亲电氧原子加成到 π 键上，同时过氧羧酸上的质子转移到自身的羰基上，最后失去一分子的羧酸（一个好的离去基团）。产物氧杂环丙烷中两个新形成的 C—O 键是由 π 键上的电子对和断裂 O—H 键后产生的电子对形成的。

## 氧杂环丙烷形成的协同机理

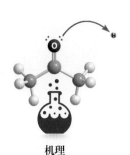

机理

动画
动画展示机理：
氧杂环丙烷的形成机理

### 练习12-23

（**a**）写出下列化合物发生环氧化反应的产物：（ⅰ）1-己烯；（ⅱ）亚甲基环己烷；（ⅲ）(*R*)-3-甲基-1-己烯。（注意：立体中心的立体化学结果是什么？）（**b**）设计一条由环己烯合成反-2-甲基环己醇的简便合成路线。（**提示**：参照9-9节中有关氧杂环丙烷的反应）

与亲电加成反应机理一致，烯烃与过氧羧酸的反应随着烷基取代基的增多而加快，这是因为烷基具有诱导给电子效应（11-3节）和超共轭效应（7-5节和11-5节）。因此可以进行选择性的氧化反应。例如：

在更富电子的双键上
发生环氧化反应

CH₃COOH (1 e.q.), CHCl₃, 10°C

双取代    单取代

86%

## 氧杂环丙烷水解生成反式二羟基产物

在催化量的酸或碱作用下，氧杂环丙烷与水反应发生开环反应，生成邻二羟基产物。反应遵循9-9节中所描述的反应机理：亲核试剂（水或者氢氧根）从三元环与氧相反的一边进攻。因此，氧化-水解反应的结果是烯烃**反式二羟基化**（anti dihydroxylation）。通过这种方法，反-2-丁烯生成 *meso*-2,3-丁二醇，而顺-2-丁烯生成一对外消旋（2*R*,3*R*）和（2*S*,3*S*）对映体。

### 烯烃的邻位反式二羟基化反应

1. MCPBA, CH₂Cl₂
2. H⁺, H₂O

### 2,3-丁二醇异构体的合成

1. MCPBA, CH₂Cl₂
2. H⁺, H₂O

反-2-丁烯    →    *meso*-2,3-丁二醇

1. MCPBA, CH₂Cl₂
2. H⁺, H₂O

顺-2-丁烯    →    (2*R*,3*R*)-2,3-丁二醇    +    (2*S*,3*S*)-2,3-丁二醇
（外消旋混合物）

**练习 12-24**

写出下列烯烃与 MCPBA 反应后在酸性溶液中水解的产物：（**a**）1-己烯；（**b**）环己烯；（**c**）顺-2-戊烯；（**d**）反-2-戊烯。

---

## 小 结

过氧羧酸提供氧原子将烯烃转化为氧杂环丙烷（环氧化物）。氧化-水解反应立体专一性地将烯烃转变成反式邻二羟基产物。

**四氧化锇**

**反应**

# 12-11 利用四氧化锇的邻位顺式双羟基化反应

四氧化锇与烯烃经过两步反应生成相应的立体专一的邻位顺式双羟基产物。这种方法是对前节所述反式选择性的环氧化反应 - 水解反应的有益补充。

**与四氧化锇的邻位顺式双羟基化反应**

$$\ce{C=C} \xrightarrow[\text{2. H2S}]{\text{1. OsO4, THF, 25°C}} \underset{\text{C-C}}{\overset{\text{HO:\qquad :OH}}{}}$$

反应首先形成可以分离得到的环状酯，然后使用 $H_2S$、酸性亚硫酸盐或者 $NaHSO_3$ 的还原性水解生成邻位顺式双羟基产物。例如，中间体虽然是可分离的，但通常是直接还原后处理得到游离的二醇产物。

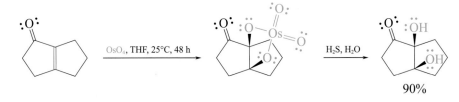

90%

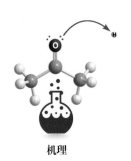

**机理**

这个过程的机理是什么？π 键与四氧化锇首先发生协同的加成反应（6-4节），三对电子同时移动形成环状 Os（Ⅵ）酯。这个过程可以看作是对烯烃的亲电进攻：两个电子由烯烃转移到锇原子上，[Os（Ⅷ）→ Os（Ⅵ）]。由于存在空间位阻，四氧化锇中的两个氧原子只能够与烯烃的双键发生顺式加成。

**烯烃与四氧化锇氧化的反应机理**

因为四氧化锇（$OsO_4$）比较贵且毒性很高，一个常用的改良法是使用催化量的锇试剂和化学计量的其他氧化剂（如 $H_2O_2$），后者用于重新氧化被还原的锇。

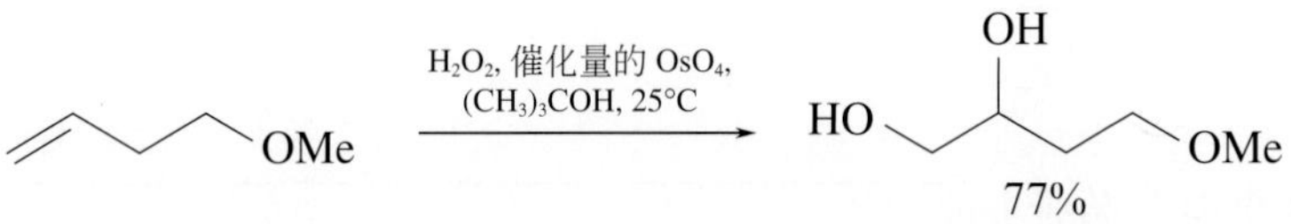

**4-甲氧基-1-丁烯**　→(H₂O₂, 催化量的 OsO₄, (CH₃)₃COH, 25℃)→　**4-甲氧基-1,2-丁二醇** 77%

　　过去，烯烃的邻位顺式双羟基化反应常使用高锰酸钾。尽管高锰酸钾的作用机理与四氧化锇类似，但是由于高锰酸钾的氧化性较强，会把生成的二醇进一步氧化，因而二醇的产率较低，这个方法现已较少使用。高锰酸钾溶液可以用来检验烯烃：与烯烃反应后，紫色的高锰酸钾溶液立即产生棕色的沉淀——二氧化锰。

### 用高锰酸钾检验烯烃中的双键

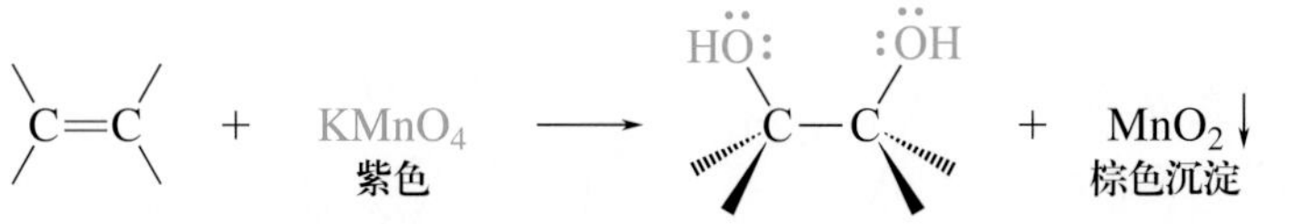

---

### 真实生活：医药 12-2　抗肿瘤药物的合成——Sharpless对映选择性的氧杂环丙烷化（环氧化）和双羟基化反应

　　20世纪90年代，新药物的合成发生了重大的变革。在此之前，合成对映体纯的手性分子的大部分方法都不适用于工业化生产。因此通常是合成外消旋混合物，尽管在大多数情况下混合物中只有一种对映体具有所需的生物活性。但是，催化剂基本概念的发展改变了这种情况。最成功的例子是 K. B. Sharpless 开发的一系列高度对映选择性双键氧化反应（真实生活5-3）。

　　第一个高度对映选择性双键氧化过程是在12-10节中讨论的氧杂环丙烷化反应的改良，特别适用于2-丙烯基（烯丙基）醇。此处使用的试剂不是过氧羧酸，而是叔丁基过氧化氢和四异丙基钛酸酯（"Sharpless 环氧化"），以酒石酸二乙酯作为手性助剂（真实生活5-2）。天然的（+）-［2R,

3R］-酒石酸二乙酯和其非天然（-）-（2S,3S）-的镜像异构体都是商业可得的。如下图所示，前者将一个氧原子从双键的一面进攻，而后者使氧原子从反面进攻，反应能以高对映体过量得到氧杂环丙烷的任一对映体（5-2节）。

　　手性配体的作用是形成一个口袋，反应物只能以一种空间排列的方式进入（真实生活9-3和12-2节）。这一点与许多酶以及生物催化剂的作用类似（真实生活5-4和第26章）。如果没有手性催化剂，得到的是外消旋混合物。

　　Sharpless 对映选择性的氧杂环丙烷化反应在许多合成手性对映体纯的分子模块中有重要应用，而这些分子模块可以用来合成重要的药物，如强力抗肿瘤剂阿克拉霉素A（真实生活7-1）。

### Sharpless氧杂环丙烷化试剂

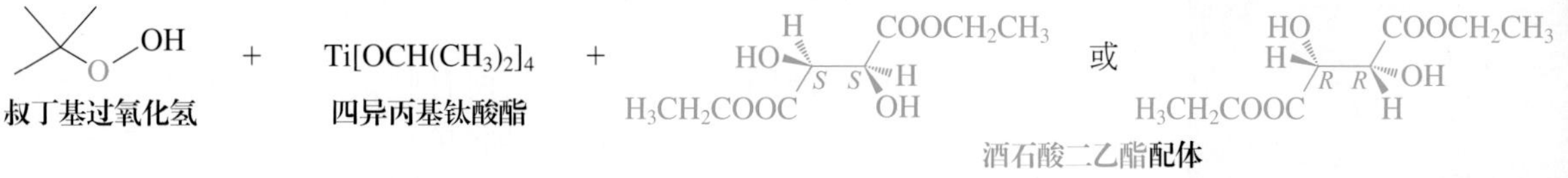

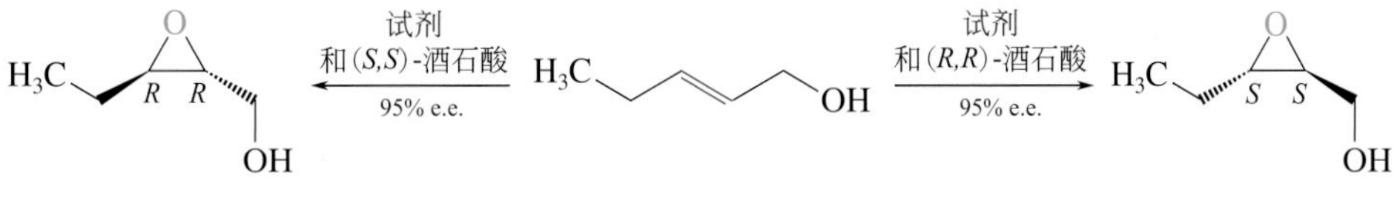

叔丁基过氧化氢　＋　四异丙基钛酸酯　＋　酒石酸二乙酯配体

真实生活：医药  12-2 （续）

Sharpless 应用相同的原理，通过中心金属将手性导向基团拉近到烯烃底物，实现了对映选择性的 $OsO_4$ 催化烯烃的双羟基化反应（12-11 节），在这个反应中，手性助剂是一种来自于天然生物碱家族的叫做金鸡纳（Cinchona）的胺类化合物（25-8 节）。其中有一种胺是二氢奎宁，如右图所示，以二聚体的形式添加在反应中。这个反应没有使用过氧化氢（12-11 节），而是使用化学计量的 $Fe^{3+}$ ［如 $K_3Fe(CN)_6$］作为氧化剂。例如，反-1-氯-2-丁烯的对映选择性的顺式双羟基化反应基本上可以立体专一性地得到（2S,3R）-二醇。这种小的、对映体纯的二醇化合物是构建天然产物和药物结构的重要分子模块。

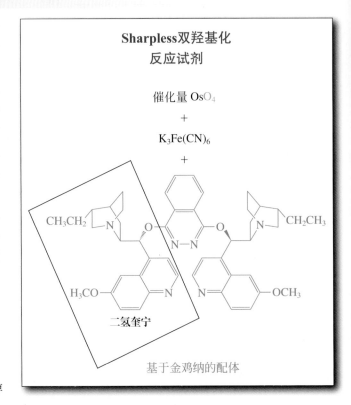

Sharpless双羟基化
反应试剂

催化量 $OsO_4$
+
$K_3Fe(CN)_6$
+

二氢奎宁

基于金鸡纳的配体

$K_3Fe(CN)_6$, 催化量 $OsO_4$, 基于金鸡纳的配体, $(CH_3)_3COH$, $H_2O$, $0°C$
95% e.e.

反-1-氯-2-丁烯

75%
(2S, 3R)-1-氯-2, 3-丁二醇

---

**练习 12-25**

烯烃的邻位顺式双羟基化反应与邻位反式双羟基化反应互为补充。写出顺-和反-2-丁烯的邻位顺式双羟基化产物，并标明产物的立体化学。

---

**小　结**

化学计量比的或者催化量的四氧化锇与另外一种氧化试剂的组合均可以与烯烃反应生成 syn-1,2-二醇。紫色的高锰酸钾也发生类似反应，并伴随有褪色现象，因此这个反应常用来检验双键的存在。

---

## 12-12　氧化断裂：臭氧化分解反应

四氧化锇氧化烯烃时只断裂 π 键，而有些试剂可以同时断裂 σ 键。常用的可以温和地断裂烯烃双键的反应是将烯烃和臭氧作用，这个反应称为**臭氧化分解反应**（ozonolysis reaction）。产物为羰基化合物。

实验室中，臭氧（$O_3$）可以由臭氧发生器产生。臭氧发生器可以使干燥的氧气流在电弧中产生 3%～4% 的臭氧。这种含有臭氧的氧气流通过烯烃的甲醇或二氯甲烷溶液。第一个可分离的中间体是一种叫做**臭氧化物**（ozonide）的物质，在锌的乙酸溶液中或在二甲硫醚的作用下，臭氧化物可以直接被还原。经过臭氧化分解-还原反应，烯烃的 C＝C 键断裂，氧原子分别与原来双键的碳原子相连。

臭氧是一种蓝色气体，冷凝后是非常不稳定的深蓝色液体。臭氧是一种有效的杀菌剂。因此，臭氧发生器可以用于水池或温泉中水的消毒。[*Ross Chapple*]

## 烯烃的臭氧化分解反应

反应

CH$_3$CH$_2$　　CH$_3$
　　　＼　　／
　　　C＝C　　　$\xrightarrow[\text{2. Zn, CH}_3\text{COOH}]{\text{1. O}_3\text{, CH}_2\text{Cl}_2}$　　CH$_3$CH$_2$CCH$_3$　＋　CH$_3$CH
　　　／　　＼
　　CH$_3$　　H　　　　　　　　　　　　　90%

**(Z)-3-甲基-2-戊烯**　　　　　　2-丁酮　　　　乙醛

　　臭氧化分解反应的机理是：首先臭氧与双键发生亲电加成反应，生成**分子臭氧化物**（molozonide）中间体。这步反应与其他一些反应机理类似，在环状过渡态中发生六电子的同步移动。分子臭氧化物不稳定，分解为一个羰基片段和一个羰基氧化物（carbonyl oxide）片段，此时又发生了一次六电子移动。这两个片段重新结合形成臭氧化物。

### 臭氧化分解反应的机理

**步骤 1.** 分子臭氧化物的形成和分解

**A 分子臭氧化物**　　　　　　　　**羰基氧化物**

**步骤 2.** 臭氧化物的形成和还原

**臭氧化物**

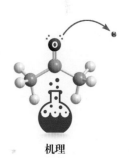

机理

🎬 **动画**
动画展示机理：
臭氧化反应

## 练习 12-26

　　某一未知化合物的分子式为 C$_{12}$H$_{20}$，$^1$H NMR 数据如下：$\delta$=1.47（m，3H），2.13（m，2H）；$^{13}$C NMR（DEPT）：$\delta$=27.5（CH$_2$），28.4（CH$_2$），30.3（CH$_2$），129.5（C$_{quat}$）。1mol 该化合物通过臭氧化分解反应得到 2mol 的环己酮（页边），请问这个未知化合物的结构是什么？

## 练习 12-27

写出下列反应的产物。

（**a**）　　　　　　　　　（**b**）　　　　　　　　　（**c**）

H$_3$C　　$\xrightarrow[\text{2. (CH}_3\text{)}_2\text{S}]{\text{1. O}_3\text{, CH}_2\text{Cl}_2}$　　　　CH$_2$　$\xrightarrow[\text{2. Zn, CH}_3\text{COH}]{\text{1. O}_3\text{, CH}_2\text{Cl}_2}$　　　　CH$_3$　$\xrightarrow[\text{2. (CH}_3\text{)}_2\text{S}]{\text{1. O}_3\text{, CH}_2\text{Cl}_2}$

CH$_2$＝CH

## 解题练习12-28

**运用概念解题：推断臭氧化分解反应底物的结构**

写出下列反应中反应底物的结构。

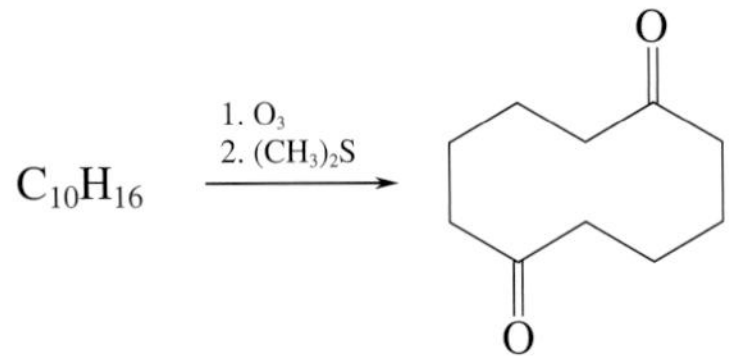

**策略：**

- **W**：有何信息？已知反应底物的分子式是 $C_{10}H_{16}$，从分子式可知该化合物的不饱和度是3（11-11节）。该化合物经过臭氧化分解反应得到双羰基取代的化合物，所以分子中必然存在双键。

- **H**：如何进行？统计原子数。将产物的分子式与反应底物的分子式进行比较，然后，逆合成分析并重新构建产生两个C=O片段的双键。

- **I**：需用的信息？只需要本节的内容。

- **P**：继续进行。

**解答：**

• 产物的分子式是 $C_{10}H_{16}O_2$，C、H 原子数与反应底物相同，只多了两个氧原子。

综合信息可以简化成两个问题：①氧原子是如何引入的？②如果不引入氧原子，它的初始结构是什么？

• 这是一个臭氧化分解反应，最终的反应结果就是在反应底物中引入两个氧原子，这也正是我们观察到的结果。

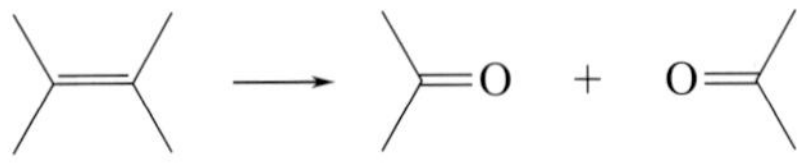

• 重新构建反应底物，只需要去除两个氧原子并用双键将两个羰基碳连接起来即可。

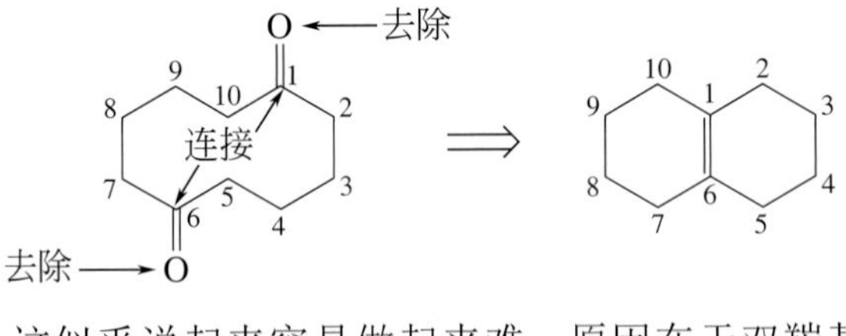

乍一看，这似乎说起来容易做起来难，原因在于双羰基产物的书写方式。但是，如果按图示给碳进行编号，并记得碳碳单键是可以形成多重构象的柔性分子，就会发现连接两个碳原子并不是很难。

### 12-29 自试解题

推测一个分子式是 $C_7H_{12}$ 的反应底物的结构，该反应底物经过臭氧化分解反应，随后被（$CH_3$）$_2$S 还原得到结构简式为 $CH_3COCH_2CH_2CH_2CH_2CHO$ 的产物。（**提示**：首先写出产物的键线式，这样就能清楚地看到它的结构和碳原子的数目。）

## 小 结

　　臭氧化分解反应紧接着还原使烯烃的 C=C 双键断裂，生成醛和酮。从机理上讲，12-10 节～12-12 节中的反应与亲电氧化剂进攻断裂 π 键的程度有关。但与 12-10 节与 12-11 节中研究的反应过程不同，臭氧化分解反应会同时断裂 π 键和 σ 键

# 12-13 ｜ 自由基加成反应：反马氏产物的形成

　　自由基的最外层电子层没有排满，因此能够与双键反应。但是，一个自由基只需要一个电子成键，不像本章前面的亲电试剂在加成时需要 π 键的两个电子。自由基加成到烯烃上，产物是烷基自由基。反应的区域选择性取决于新形成自由基的相对稳定性：取代基越多越稳定。接下来本节将介绍烯烃的自由基氢溴化反应，该反应遵循这个原则。

> 本节与第 3 章类似，将自由基和单原子标为绿色。

### 溴化氢可以与烯烃发生反马氏加成反应：机理上的变化

　　新蒸馏的 1-丁烯与 HBr 反应，只生成马氏产物 2-溴丁烷。这个结果符合 12-3 节中的 HBr 与烯烃亲电加成反应的离子型机理。奇怪的是，同样的反应，但使用的是曾暴露在空气中的 1-丁烯时，反应进行得非常快并且生成完全不同的反马氏规则产物 1-溴丁烷。

　　这个结果在早期的烯烃化学中难以被理解，因为看似相同的反应，有的研究者得到一种氢溴化产物，有的研究者却得到另外一种氢溴化产物或混合物。20 世纪 30 年代，卡拉什[1]（Kharasch）揭开了这个反应的神秘面纱。原来，导致反马氏规则加成反应发生的原因是由过氧化物（ROOR）生成的自由基，而长期存放的烯烃中常会生成这种过氧化物。在实际操作中，为了控制反应发生反马氏氢溴化反应，会在反应混合物中故意加入过氧化物等自由基引发剂。它们之所以起作用，是因为它们含有较弱的化学键（如 RO—OR），这些化学键在稍高的温度下就会发生均裂。双（1,1-二甲基乙基）过氧化物（二叔丁基过氧化物）和二苯甲酰过氧化物都是商业可得的自由基引发剂（页边）。

$$(CH_3)_3C-O-O-C(CH_3)_3$$
双（1,1-二甲基乙基）
过氧化物
（二叔丁基过氧化物）

二苯甲酰过氧化物

**HBr 的马氏加成反应**

$$CH_3CH_2CH=CH_2 \xrightarrow{\text{HBr, 24 h}} CH_3CH_2\overset{\displaystyle :\overset{..}{Br}:}{\underset{}{C}}HCH_2H$$

（新蒸馏）

90%
马氏产物
（离子型机理）

**HBr 的反马氏加成反应**

$$CH_3CH_2CH=CH_2 \xrightarrow{\text{HBr, ROOR, 4 h}} CH_3CH_2\overset{\displaystyle H}{\underset{}{C}}HCH_2\overset{..}{\underset{..}{Br}}:$$

（暴露在 O₂ 中）

65%
反马氏产物
（自由基机理）

反应

[1] 莫里斯·S. 卡拉什（Morris S. Kharasch，1895—1957），芝加哥大学教授。

在这种条件下，加成反应不再是离子型的，而是更快的**自由基链式**（radical chain）过程。这是因为自由基反应中放热步骤的活化能非常小，正如之前讨论烷烃的自由基卤代时所观察到的现象（3-4 节）一样。因此，在自由基存在的情况下，反马氏氢溴化反应的反应速率远远超过正常的马氏加成反应路径。其链引发步骤是：

1. 弱的 RO—OR 键均裂 $[DH^{\ominus} \approx 39\,kcal \cdot mol^{-1}\,(163\,kJ \cdot mol^{-1})]$；

2. 产生的烷氧基自由基与 HBr 反应。

第二步反应（放热）的驱动力是形成强的 O—H 键。生成的溴自由基进攻双键引发链增长，π 键的一个电子与溴原子未成对电子结合形成碳-溴键，另外一个电子留在碳上，继续生成下一个自由基。

卤素原子进攻 π 键是区域选择性的，优先生成更稳定的二级自由基，而不是一级自由基。这一结果让我们想起 12-3 节中 HBr 的离子型加成反应，不同点在于质子和溴的作用相反。在离子型加成反应机理中，质子首先进攻 π 键，生成更加稳定的碳正离子，然后溴离子捕获碳正离子。而在自由基加成反应机理中，溴原子首先进攻 π 键，生成更稳定的自由基中心。然后生成的烷基自由基再与 HBr 反应攫取氢，并再次生成链传递的溴自由基。和其他自由基反应一样，链的终止是由于自由基之间相互结合或者链传递的自由基被其他试剂捕获（3-4 节）。

## 自由基氢溴化反应的机理

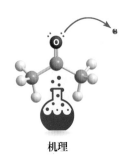

机理

**链引发步骤**

均裂　　　　　　　　　　反应开始

$$\text{RO}\overset{\frown}{\text{—}}\text{OR} \xrightarrow{\triangle} 2\,\text{RO}\cdot$$

自由基引发剂　　　烷氧基自由基

$\Delta H^{\ominus} \approx +39\,kcal \cdot mol^{-1}$
$(+163\,kJ \cdot mol^{-1})$

攫取氢原子

$$\text{RO}\cdot + \text{H}{:}\ddot{\text{B}}\ddot{\text{r}}{:} \xrightarrow{\triangle} \text{RO}\text{H} + {:}\ddot{\text{B}}\ddot{\text{r}}{:}$$

$\Delta H^{\ominus} \approx -15\,kcal \cdot mol^{-1}$ [计算数据：$DH^{\ominus}_{\text{H-Br}} = 87\,kcal \cdot mol^{-1}$; $DH^{\ominus}_{\text{H-OR}} = 102\,kcal \cdot mol^{-1}$ $(-63\,kJ \cdot mol^{-1})$]

动画
动画展示机理：
1-丁烯的自由基氢溴化反应

**链增长步骤**

Br·自由基进攻双键得到更稳定的多取代自由基

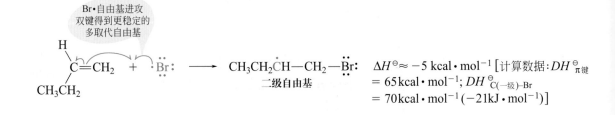

$\Delta H^{\ominus} \approx -5\,kcal \cdot mol^{-1}$ [计算数据：$DH^{\ominus}_{\pi \text{键}}$ $= 65\,kcal \cdot mol^{-1}$; $DH^{\ominus}_{\text{C(一级)-Br}}$ $= 70\,kcal \cdot mol^{-1}\,(-21\,kJ \cdot mol^{-1})$]

二级自由基

攫取氢原子生成产物

Br·再生进入下一个链增长循环

$$CH_3CH_2\overset{..}{C}HCH_2\overset{..}{\underset{..}{Br}}: \ + \ H\overset{..}{\underset{..}{Br}}: \longrightarrow CH_3CH_2\overset{\overset{H}{|}}{C}HCH_2\overset{..}{\underset{..}{Br}}: \ + \ :\overset{..}{\underset{..}{Br}}·$$

$\Delta H^{\ominus} \approx -11.5\,\text{kcal·mol}^{-1}$ [计算数据:$DH^{\ominus}_{H-Br}$ = 87 kcal·mol$^{-1}$; $DH^{\ominus}_{H-C(二级)}$ = 98.5 kcal·mol$^{-1}$($-48$kJ·mol$^{-1}$)]

**链终止步骤（两个例子）**

$$CH_3CH_2\overset{..}{C}HCH_2\overset{..}{\underset{..}{Br}}: \ + \ CH_3CH_2\overset{..}{C}HCH_2\overset{..}{\underset{..}{Br}}: \longrightarrow \begin{array}{c} CH_3CH_2\overset{|}{C}HCH_2\overset{..}{\underset{..}{Br}}: \\ | \\ CH_3CH_2CHCH_2\overset{..}{\underset{..}{Br}}: \end{array}$$

$$:\overset{..}{\underset{..}{Br}}· \ + \ ·\overset{..}{\underset{..}{Br}}: \longrightarrow :\overset{..}{\underset{..}{Br}}-\overset{..}{\underset{..}{Br}}:$$

## 练习 12-30

（**a**）写出下列化合物发生自由基氢溴化反应的产物：（i）1-己烯；（ii）反-2-己烯；（iii）顺-2-己烯；（iv）乙烯基环己烷。（**b**）设计一条从正丁烷合成 1-溴丁烷的路径。

## 自由基加成反应普遍吗？

HCl 和 HI 不与烯烃发生反马氏规则加成反应，因为在这两种情况下，链增长阶段中的其中一步是吸热的，因此自由基加成过程不再与极性加成竞争。卤化氢中只有 HBr 可以与烯烃发生自由基加成反应，生成反马氏规则的产物。而 HCl 和 HI，不管是否存在自由基，只与烯烃发生离子型加成反应，生成马氏规则的产物。但是其他试剂，如硫醇，也可以与烯烃发生自由基加成反应。

### 硫醇与烯烃的自由基加成反应

$$CH_3CH{=}CH_2 \ + \ CH_3CH_2\overset{..}{\underset{..}{S}}H \xrightarrow{\ ROOR\ } CH_3\overset{|}{C}HCH_2{-}\overset{..}{\underset{..}{S}}CH_2CH_3$$
$$\hspace{8.5cm} \overset{|}{H}$$

乙硫醇　　　　　　　　　　1-(乙硫基)丙烷

在这个例子中，链引发反应的烷氧基自由基攫取硫上的氢生成新自由基 $CH_3CH_2\overset{..}{\underset{..}{S}}·$，然后新生成的自由基进攻双键。

正如在硼氢化反应（12-8 节）中看到的一样，反马氏规则加成反应在有机合成中是非常有用的，因为这类反应的产物与离子型加成反应的产物互为补充。区域选择性控制是开发新的有机合成方法的一个重要方面。

**练习 12-31**

（**a**）使用 $DH^{\ominus}_{\text{H—OR}} = 102\text{kcal}\cdot\text{mol}^{-1}$ 和表 3-1 中的数据，计算 1-丁烯分别与 HCl 以及 HI 发生自由基反应时，链增长过程慢步骤的 $\Delta H^{\ominus}$？（**b**）1-辛烯和二苯基膦 [$(C_6H_5)_2\text{PH}$] 的混合物在紫外线照射下可以发生自由基加成反应。写出可能的反应机理。

$$(C_6H_5)_2\text{PH} + H_2C\!\!=\!\!CH(CH_2)_5CH_3 \xrightarrow{h\nu} (C_6H_5)_2P\!\!-\!\!CH_2\!\!-\!\!CH_2(CH_2)_5CH_3$$

## 小 结

自由基引发剂改变了 HBr 与烯烃加成反应的机理，从离子型转为自由基链式。这种变化的结果是反马氏规则的区域选择性。其他试剂（特别是硫醇，不包括 HCl 或者 HI）也可以发生类似的反应。

## 12-14 | 烯烃的二聚、寡聚和聚合反应

烯烃之间会发生反应吗？答案是肯定的，但是必须存在合适的催化剂，如酸、自由基、碱或过渡金属。在这类反应中，烯烃单体（monomer，来自希腊语 "*monos*" 和 "*meros*"，意为 "单个的" 和 "部分"）的不饱和中心连接成二聚体、三聚体、**寡聚体**（oligomer，来自希腊语 *oligos*，意为 "少数" 或 "小的"）以及最后的**聚合物**（polymer，来自希腊语 *polymeres*，意为 "很多部分"），成为具有重要工业价值的物质。

聚合

单体                                                        聚合物

### 碳正离子进攻 π 键

用热的硫酸水溶液处理 2-甲基丙烯，可以得到两种二聚体：2,4,4-三甲基-1-戊烯和 2,4,4-三甲基-2-戊烯。这种转化可能是由于 2-甲基丙烯在此反应条件下发生质子化，从而形成 1,1-二甲基乙基（叔丁基）碳正离子。这种碳正离子能够进攻 2-甲基丙烯的富电子双键，从而形成新的碳-碳键。根据 Markovnikov 规则，亲电加成反应能够生成更稳定的碳正离子。随后通过任何一个与之相邻碳原子的去质子化即可得到上述两种产物的混合物。

**2-甲基丙烯的二聚反应**

反应

$$CH_2\!\!=\!\!C(CH_3)_2 \;+\; CH_2\!\!=\!\!C(CH_3)_2 \xrightarrow{H^+} CH_3CH_2\underset{\overset{|}{CH_3}}{\overset{\overset{CH_3}{|}}{C}}\!\!=\!\!CH_2 \;+\; CH_3\underset{\overset{|}{CH_3}}{\overset{\overset{CH_3}{|}}{C}}CH\!\!=\!\!C(CH_3)_2$$

**2,4,4-三甲基-1-戊烯**　　　**2,4,4-三甲基-2-戊烯**

### 酸催化2-甲基丙烯二聚反应的机理

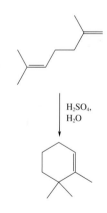

机理

### 重复进攻导致寡聚和聚合反应

2-甲基丙烯的两种二聚体可以进一步与烯烃单体反应。例如，当2-甲基丙烯在浓度更高的条件下用强酸处理时，通过碳正离子中间体对双键进行反复的亲电进攻，可以生成三聚体、四聚体、五聚体等。这种生成中等长度烷基链的过程叫**寡聚反应**（oligomerization reaction）。

### 2-甲基丙烯二聚体的寡聚反应

寡聚反应继续进行得到具有很多亚单元的聚合物。为了控制这些放热反应的温度，从而使 E1 反应最小化并且使聚合物的长度最大化，工业上大多采取降温冷却的方法。

### 2-甲基丙烯的聚合反应

$$n\ CH_2=C(CH_3)_2 \xrightarrow{H^+,\ -100^\circ C} H-(CH_2-\underset{CH_3}{\overset{CH_3}{C}})_{n-1}-CH_2\underset{CH_3}{C}=CH$$

聚(2-甲基丙烯)(聚异丁烯)

### 练习12-32

为页边的反应提出一个可能的机理。

## 小　结

在酸催化下，可以发生烯烃与烯烃的加成反应，生成具有不同组分的二聚体、三聚体、寡聚体，最后生成具有很多烯烃亚单元的聚合物。

# 12-15 | 聚合物的合成

模特身上穿的华丽礼服，如果没有合成的聚合物是不可能做出来的。

很多烯烃都可以作为聚合反应的单体。聚合反应在化学工业中是非常重要的，因为很多聚合物都有很好的性能，如耐久性、耐化学腐蚀性、弹性、透明性、电阻性以及耐热性。

虽然聚合物的生产会导致环境污染——因为很多聚合物是不可生物降解的，但是聚合物在合成纤维、薄膜、管材、涂料以及模塑件等方面具有广泛的应用。聚合物正越来越多地被用作医用植入物的覆盖层。一些聚合物，如聚乙烯、聚氯乙烯（PVC）、特氟龙、聚苯乙烯、奥纶（Orlon）以及有机玻璃等（表 12-3），已经变得家喻户晓。

酸催化的聚合反应，如前所述的聚（2-甲基丙烯），是在以 $H_2SO_4$、HF 和 $BF_3$ 为引发剂的条件下进行的。因为该聚合过程经历碳正离子中间体，故又称作阳离子聚合反应。其他聚合反应的机理有自由基聚合、阴离子聚合以及金属催化聚合等。

## 由自由基聚合得到具有商业用途的材料

**自由基聚合**（radical polymerization）的一个实例就是在有机过氧化物的存在下，于高压、高温条件下进行的乙烯聚合。该聚合过程的机理在链引发阶段类似于烯烃自由基加成的初始阶段（12-13 节）。过氧化物引发剂先裂解形成烷氧基自由基，该自由基加成到乙烯双键上，即开始聚合反应。形成的烷基自由基随即进攻另一个乙烯分子中的双键，产生新的自由基中心，如此反复。该聚合反应可以通过二聚、自由基歧化或被其他自由基捕获而终止（3-4 节）。

### 表12-3　常用聚合物及其单体

| 单体 | 结构 | 聚合物（常用名） | 结构 | 用途 |
|---|---|---|---|---|
| 乙烯 | $H_2C = CH_2$ | 聚乙烯 | $-(CH_2CH_2)_n-$ | 食品袋、容器 |
| 氯乙烯 | $H_2C = CHCl$ | 聚氯乙烯（PVC） | $-\underset{\underset{Cl}{\vert}}{(CH_2CH)}_n-$ | 乙烯基纤维管道 |
| 四氟乙烯 | $F_2C = CF_2$ | 特氟龙 | $-(CF_2CF_2)_n-$ | 不粘锅 |
| 苯乙烯 | (苯环)CH=CH$_2$ | 聚苯乙烯 | $-\underset{\underset{\text{(苯环)}}{\vert}}{(CH_2CH)}_n-$ | 泡沫包装材料 |
| 丙烯腈 | $H_2C=\underset{\underset{C\equiv N}{\vert}}{\overset{\overset{H}{\vert}}{C}}$ | 奥纶（聚丙烯腈） | $-\underset{\underset{CN}{\vert}}{(CH_2CH)}_n-$ | 衣服、合成纤维 |
| 甲基丙烯酸甲酯 | $H_2C=\underset{\underset{\underset{O}{\Vert}}{\underset{COCH_3}{\vert}}}{\overset{\overset{CH_3}{\vert}}{C}}$ | 有机玻璃（聚甲基丙烯酸甲酯） | $-\underset{\underset{CO_2CH_3}{\vert}}{\overset{\overset{CH_3}{\vert}}{(CH_2C)}}_n-$ | 防撞嵌板 |
| 2-甲基丙烯 | $H_2C=\underset{\underset{CH_3}{\vert}}{\overset{\overset{CH_3}{\vert}}{C}}$ | 人造橡胶［聚（2-甲基丙烯）］ | $-\underset{\underset{CH_3}{\vert}}{\overset{\overset{CH_3}{\vert}}{(CH_2C)}}_n-$ | 原油泄漏清除剂 |

## 乙烯自由基聚合的机理

**链引发步骤**

$$RO\text{—}OR \longrightarrow RO\cdot$$

$$RO\cdot + CH_2{=}CH_2 \longrightarrow ROCH_2\text{—}\dot{C}H_2$$

**链增长步骤**

$$ROCH_2CH_2\cdot + CH_2{=}CH_2 \longrightarrow ROCH_2CH_2CH_2CH_2\cdot$$

$$ROCH_2CH_2CH_2CH_2\cdot \xrightarrow{(n-1)\,CH_2{=}CH_2} RO\text{—}(CH_2CH_2)_n\text{—}CH_2CH_2\cdot$$

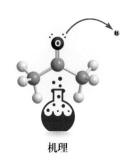

机理

**聚乙烯**（polyethylene）　通过自由基聚合反应得到的聚乙烯并没有预期的线性结构。因为在生长的分子链上可能被另外的自由基夺去一个氢原子，从而产生新的自由基，随即在此新的活性点上引发聚合，生长出新的分子链而产生支化效应。这种聚乙烯的平均分子量接近 $1\times10^6$。

**聚氯乙烯**［polychloroethene 或 polycvinyl chloride，PVC］　也是由类似的自由基聚合反应得到的。有趣的是，该反应具有区域选择性。因为在邻近氯原子的位置形成的自由基中心是比较稳定的，所以过氧化物引发剂和中间体的链自由基只加成到单体没有取代基的碳上。这样，PVC 就具有十分规整的头 - 尾相连的结构，分子量则可以超过 $1.5\times10^6$。虽然 PVC 本身的质地是相当硬和脆的，但可以通过加入一种被称为**增塑剂**（plasticizer，源自希腊语 *plastikos*，意为"形成"）的物质使其软化，如加入一些羧酸酯（20-4 节）。由此所得到的弹性材料可制造"人造革"、塑料封皮、花园的水管等。

$$CH_2{=}CHCl \xrightarrow{ROOR} {-}(CH_2CH)_n{-}$$
$$\underset{\text{Cl}}{|}$$

**聚氯乙烯**
**［聚(乙烯基)氯］**

一种罕见的肝癌（angiocarcinoma）被认为与长期接触氯乙烯有关。美国职业安全与健康管理局（OSHA）限定：在 8h 工作日内，工作者所处环境中氯乙烯的浓度应低于 $1\,mg/m^3$。

铁盐 $FeSO_4$ 在过氧化氢存在下，能够促进丙烯腈的自由基聚合。**聚丙烯腈**［polypropenenitrile，$-(CH_2CHCN)_n-$］，也就是人们熟知的奥纶，常用来制作纤维。用其他单体经过类似的聚合可以制备特氟龙和有机玻璃。

### 练习 12-33

2005 年之前，保鲜膜（Saran Wrap）是由 1,1-二氯乙烯和氯乙烯通过自由基聚合而成，试写出其结构式。**注意**：这是两个单体都保留在聚合物中的"共聚反应"。

## 需要碱引发的阴离子聚合反应

**阴离子聚合反应**（anionic polymerization reaction）是由强碱催化剂如烷基锂、氨化物、烷氧基负离子和氢氧根离子引发的。例如，2-氰基丙烯酸甲酯（$\alpha$-氰基丙烯酸甲酯）甚至可以在极少量氢氧化物的存在下发生快速聚合。在两相界面处铺展时，可以形成结实的固态薄膜将界面黏结在一起。基于

---

**乙烯的自由基聚合反应**

$$n\,CH_2{=}CH_2$$

$$\downarrow \begin{array}{l}\text{ROOR,}\\\text{1000atm,}\\{>}100^\circ C\end{array}$$

$${-}(CH_2\text{—}CH_2)_n{-}$$

**聚乙烯**
**（加上支链异构体）**

**聚乙烯的支化**

$$\underset{\underset{\underset{\sim}{CH_2}}{|}}{\underset{\underset{CH_2}{|}}{\overset{\overset{H}{|}}{\sim\sim\sim CH_2CCH_2CH_2\sim\sim}}}$$

---

虽然塑料废弃物已经成为严重的待处理问题，但是一些聚合物可以吸收自身重量数倍的有机污染物从而改善环境。例如表 12-3 中的聚（2-甲基丙烯）（Elastol）是一种清除原油泄漏的有效材料。

因南非海岸原油泄漏，这只企鹅成为石油经济的受害者。

这个原因，这种单体常用于商业上制备"强力胶"。

聚合如此容易进行的原因是什么呢？可以解释为：当碱进攻 $\alpha$-氰基丙烯酸甲酯的亚甲基时会生成碳负离子，其负电荷邻近氰基和酯基，而这两个基团都是强吸电子的基团。这时阴离子是稳定的，因为氮原子和氧原子可以使它们的多重键发生极化而形成 $^\delta{}^+C \equiv N^{\delta-}$ 及 $^\delta{}^+C \equiv O^{\delta-}$，并且通过共振效应使电荷发生离域化。

**强力胶（$\alpha$-氰基丙烯酸甲酯）的阴离子聚合反应**

2-氰基丙烯酸甲酯
（$\alpha$-氰基丙烯酸甲酯，强力胶）

共振稳定的阴离子

### 练习 12-34

画出氢氧根离子与 2-氰基丙烯酸甲酯加成产物的共振式。

### 金属催化聚合得到高度规整的链

由齐格勒-纳塔[1]（Ziegler-Natta）催化剂引发的聚合是一个重要的**金属催化聚合**（metal-catalyzed polymerization）反应的实例。该催化剂通常由四氯化钛和三烷基铝 [如三乙基铝，$Al(CH_2CH_3)_3$] 组成。这一催化体系可以在相对较低的压力下催化烯烃的聚合，特别是乙烯，容易进行而且效率很高。其机理是将单体（乙烯）反复插入钛-烷基键中（页边）。

Ziegler-Natta 催化聚合有两个显著的特点：①由取代的烯烃（如丙烯）聚合形成的取代烷基链的高规整度；②高度线性分子链。通过这种方式得到的聚合物比自由基聚合得到的聚合物有更大的密度和更高的强度。一个很好的对比实例就是由这两种方法得到的聚乙烯的性能比较。由于在乙烯的自由基聚合过程中会形成支化的分子链，可以得到柔韧的、透明的聚乙烯（低密度聚乙烯）材料，常用作食品包装袋；而由 Ziegler-Natta 方法得到的是强度好、耐化学腐蚀的塑料材料（高密度聚乙烯），可以通过注模制作各种容器。

**Ziegler-Natta催化聚合的机理示意图**

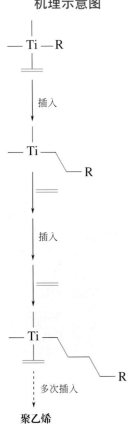

—— Ti —— R

↓ 插入

—— Ti —— R

↓ 插入

—— Ti —— R

↓ 多次插入

聚乙烯

> ### 小 结
>
> 烯烃可以被碳正离子、自由基、碳负离子和过渡金属进攻，从而发生聚合，得到聚合物。原则上，任何烯烃均可作为单体。形成的反应中间体遵循控制电荷或自由基中心的稳定性原则。

## 12-16 | 乙烯：重要的工业原料

乙烯是化学工业中烯烃重要性的典型案例。这种单体是生产聚乙烯的

---

[1] 卡尔·齐格勒（Karl Ziegler, 1898—1973），德国米尔海姆马克斯·普朗克煤炭研究所教授，1963 年诺贝尔化学奖获得者；居里奥·纳塔（Giulio Natta, 1903—1979），意大利米兰理工大学教授，1963 年诺贝尔化学奖获得者。

基础。在美国，每年生产 1800 万吨的聚乙烯。乙烯原料的主要来源有如下几个途径：①石油裂解；②从天然气中得到的碳氢化合物（如乙烷、丙烷或其他烷烃以及环烷烃）的裂解（3-3 节）。

除了直接用作聚合单体，乙烯还是很多其他化工产品的起始原料，如乙醛就是由乙烯和水在钯（Ⅱ）催化剂、空气和 $CuCl_2$ 存在下制得的。反应首先生成乙烯醇，该物质不稳定，自发重排生成醛（第 13 章和第 18 章）。乙烯催化转化为乙醛的过程也称为瓦克[1]（Wacker）过程。

**Wacker过程**

$$CH_2{=}CH_2 \xrightarrow{H_2O,\ O_2,\ 催化量\ PdCl_2,\ CuCl_2} CH_2{=}CHOH \longrightarrow CH_3CH{=}\overset{..}{\underset{..}{O}}$$

乙烯醇（不稳定）　　　乙醛

氯乙烯（乙烯氯）是由乙烯通过氯化-脱氯化氢过程得到的。在此过程中，乙烯首先和加入的氯气发生加成反应，生成 1,2-二氯乙烷，再脱去 HCl 得到预期的产物。

**氯乙烯（乙烯氯）的合成**

$$CH_2{=}CH_2 \xrightarrow{Cl_2} \underset{\underset{1,2\text{-二氯乙烷}}{CH_2{-}CH_2}}{\overset{}{\underset{:Cl:\ \ :Cl:}{}}} \xrightarrow[-HCl]{\triangle} \underset{氯乙烯（乙烯氯）}{CH_2{=}CHCl:}$$

在银的存在下，用氧气氧化乙烯可以得到氧杂环丙烷（环氧乙烷），将其水解，可以得到 1,2-乙二醇（乙二醇）（9-11 节）。乙烯的水合反应得到乙醇（9-11 节）。

$$CH_2{=}CH_2 \xrightarrow{O_2,\ 催化量\ Ag} \underset{\substack{氧杂环丙烷\\（环氧乙烷）}}{H_2C{-}CH_2} \xrightarrow{H^+,\ H_2O} \underset{\substack{1,2\text{-乙二醇}\\（乙二醇）}}{CH_2{-}CH_2}$$

## 小 结

乙烯是众多化工原材料（如乙醇，乙二醇等）的重要来源，同时也是聚合物工业中重要的单体来源。

# 12-17 自然界中的烯烃：昆虫信息素

许多天然产物的结构中都含有 π 键，在 4-7 节和 9-11 节中已经提到过一些。这一节我们将看到另外一类天然烯烃**昆虫信息素**（insert pheromone；*pherein*，希腊语，带有的意思；*hormon*，希腊语，刺激的意思）。

**昆虫信息素**

欧洲藤蛾　　　　　　　　　　　　日本甲虫

---

**真的吗？**

乙烯是植物和水果中天然存在的生长激素，能够调节植物的开花、果实的成熟、叶子的脱落和化学防御。乙烯在商业催熟室中以百万分之几的比例使用。在古代，人们通过切开水果（能够产生乙烯）或者把水果放在熏香中（不完全燃烧能够产生乙烯）等方法加速水果的成熟。高等植物的各个部位包括叶、茎、根都可以散发出乙烯。你可以自己在家里试一下：如果买的香蕉太绿了，把它们放在一个装有苹果或者西红柿的纸袋里过夜，第二天早上香蕉就会变黄。

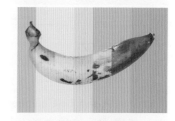

香蕉成熟的不同阶段。

这种信息素诱捕器可以将豌豆蛾的雄性幼虫除掉，以避免传播。

**雄性棉铃象鼻虫**

**美洲蟑螂**

**（两个对映体）**
**金甲虫幼虫的防御激素**

　　昆虫的信息素是生物物种传递信息的一种化学物质，有性信息素、跟踪信息素、示警信息素和防御信息素等。许多昆虫的信息素是简单的烯烃，可以从昆虫的一些特定部位提取得到，然后用色谱技术分离得到纯净的化合物。通常通过分离得到的昆虫信息素的量非常少，因此引发了很多有机

---

**真实生活：医药　12-3　烯烃末端交叉复分解反应——环的构建**

　　烯烃的复分解反应是最令人惊叹的金属催化反应之一。该反应就是两个烯烃交换其双键碳原子的过程，如下图通式所示：

$$W_2C{=}CX_2 \quad + \quad Y_2C{=}CZ_2 \xrightleftharpoons{\text{催化剂}} \overset{CW_2}{\underset{CY_2}{\|}} \quad + \quad \overset{CX_2}{\underset{CZ_2}{\|}}$$

　　该可逆反应的平衡可以通过移除四个组分中的一个来调节（Le Châtelier 原理）。由于不利的张力和熵因素，这种方法也被用来构建比较难合成的中环或大环化合物。下面的例子就是链状末端烯烃化合物的成环反应。反应的产物是环状烯烃和乙烯。因为乙烯是气体，会从反应混合物中迅速释放，所以推动平衡向产物方向移动。

　　应用烯烃复分解方法的一个示例是平间智广❶报道的雪卡毒素（Ciguatoxin）的合成。雪卡毒素是由与海藻共生的海洋微生物产生的，并且是由

---
❶ 平间智广（Masahiro Hirama，生于1948年），东北大学教授，日本。

大约 400 种温水珊瑚鱼富集而成。雪卡毒素的毒性是短裸甲藻毒素（brevetoxin）也就是在 9-5 节中提到的"赤潮"毒素的 100 倍以上。并且它也是人类食用海鲜中毒的最主要原因：每年有 2 万多人因误食雪卡毒素中毒，临床表现为胃肠道、心血管和神经系统异常，甚至可能导致瘫痪、昏迷和死亡。

　　因为鱼肉中雪卡毒素的含量很低，基本上不会影响口感和味道。因此，亟需提供该化合物用于发展高灵敏度的检测方法。雪卡毒素含有 13 个醚环和 30 个立体中心，合成难度极大。科学家们花了 12 年的时间才成功地合成出雪卡毒素。该合成通过连接分别含五个环和七个环的两个多环片段，使用烯烃复分解反应构建最后的九元"F"环。

雪卡毒素在珊瑚鱼的体内不断积累时会致命。

合成化学家的兴趣。有趣的是，信息素的特定活性往往取决于双键的构型（E 或 Z）和手性中心的绝对构型（R 和 S），以及异构体混合物的组成。例如，雄性蚕蛾的性激素，10-反-12-顺-十六烷基二烯-1-醇（亦称蚕醇，bombykol，参见页边）的生物活性比 10-顺-12-反-十六烷基二烯-1-醇的高百亿倍，比 10-反-12-顺十六烷基二烯-1-醇高十万亿倍。

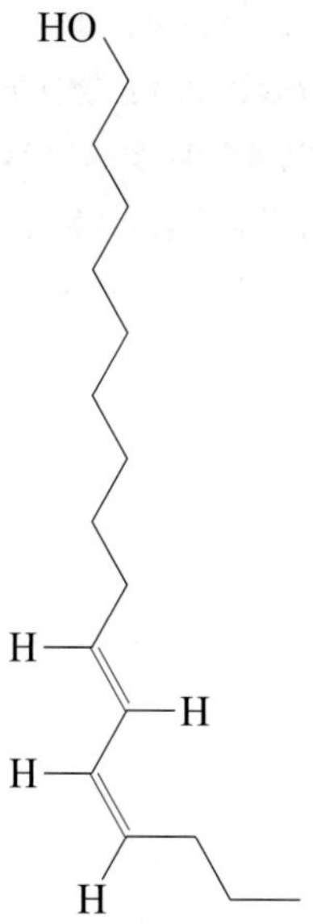

就像保幼激素一样（真实生活 12-1），信息素的研究对控制害虫的生长有重要的作用。每英亩的土地只需要极少量的性激素就可以使雄性生物无法找到它们的雌性配偶。这些信息素作为引诱剂可以有效地除去昆虫，而不需要对农作物喷洒大量的化学药品。

那么人类的信息素呢？尽管经过了 50 年的研究，但是仍然没有人能够明确地证明人类也能受到信息素的刺激。相反，动物用来感受信息素的嗅觉器官在人类身上已经失去了功能。

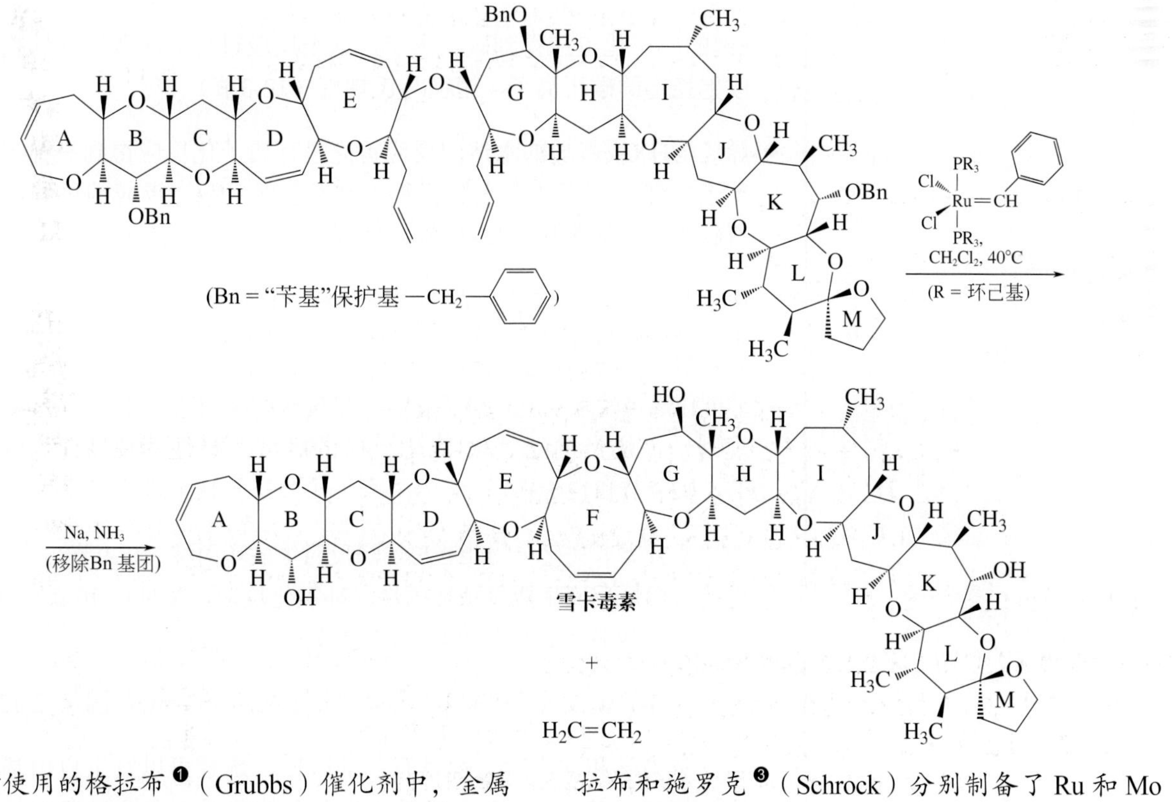

蚕醇

(Bn = "苄基"保护基 —CH₂— ⟨⟩ )

雪卡毒素

$H_2C=CH_2$

所使用的格拉布[1]（Grubbs）催化剂中，金属钌与碳原子双键相连，是一类被称为金属卡宾的配合物。金属卡宾在几十年前被肖万[2]（Chauvin）提出并被证实为烯烃复分解反应的中间体。之后，格拉布和施罗克[3]（Schrock）分别制备了 Ru 和 Mo 的卡宾配合物，并且以一种可控的方式催化这一过程。烯烃复分解反应也是目前合成中、大环结构的最可靠、应用最广泛的方法之一。

[1] 罗布特·H.格拉布（Robert H. Grubbs，生于1942年），加州理工学院教授，2005年诺贝尔化学奖获得者。
[2] 伊夫·肖万（Yves Chauvin，1930—2015），法国石油研究所教授，吕埃-马尔迈松，法国，2005年诺贝尔化学奖获得者。
[3] 理查德·R.施罗克（Richard R. Schrock，生于1945年），麻省理工学院教授，2005年诺贝尔化学奖获得者。

## 总　结

在第 11 章中，已经认识到烯烃中双键的 π 键比 σ 键弱，因此，π 键的活性比较高。在本章中，我们学习了：

- 烯烃比较容易发生加成反应并且在能量上是有利的，因为结构中较弱的 π 键变为较强的 σ 键（12-1 节）。

- 尽管烯烃的加成反应在热力学上是有利的，但是烯烃的氢化反应仍然需要催化剂来辅助断裂 H—H 键，从而降低整个反应过程的活化能（12-2 节）。

- 每一个加成反应的立体化学取决于各自的机理：氢化反应（12-2 节）、硼氢化反应（12-8 节）、环丙烷化反应（12-9 节）、环氧化反应（12-10 节）和双羟基化反应（12-11 节）都是顺式（*syn*）加成，而卤素加成反应（12-5）是反式（*anti*）加成。从质子化开始的过程在立体化学上是非选择性的（12-3 节和 12-4 节）。

- 双键的电子云密度比较高，所以 π 键可以发生亲核反应，并且容易被亲电试剂进攻（12-3 节～12-11 节）。

- π 键的质子化反应得到碳正离子，这个反应过程的区域选择性趋向于形成更稳定的碳正离子，遵循马氏规则（12-3 节）。

- 烯烃与 HX 或者酸的水溶液反应首先进行质子化反应得到最稳定的碳正离子，然后卤素或者水捕获碳正离子完成反应；反应的过程可能伴随着碳正离子的重排（12-3 节和 12-4 节）。

- 卤素与烯烃的加成反应首先生成环状的卤𬭸离子，随后可以被卤素、水或者醇捕获生成反式加成产物（12-5 节和 12-6 节）。

- 酸催化烯烃的水合反应和羟汞化-脱汞反应的区域选择性符合 Markovnikov 规则；而烯烃的硼氢化-氧化反应的区域选择性为反马氏规则（12-4 节，12-7 节和 12-8 节）。

- 卡宾或者类卡宾化合物能够与烯烃反应生成环丙烷（12-9 节）；过氧羧酸也能与烯烃反应生成氧杂环丙烷（环氧化反应，参见 12-10 节）；$OsO_4$ 与烯烃反应最后得到 1,2-二醇（12-11 节）。

- 烯烃的臭氧化反应会切断碳-碳双键并生成两个 C=O 基团（12-12 节）。

- 当在热力学和动力学上都是有利的时候，烯烃可以发生自由基加成反应。例如，烯烃与 HBr 在过氧化物存在的情况下会通过自由基加成反应，得到反马氏规则产物（12-13 节）。

- 自由基、阳离子或者阴离子可以引发烯烃的聚合，生成聚合物（12-14 节）。

烯烃化学中的许多概念也可以应用到碳-碳叁键（炔烃）中。在第 13 章中，将学习炔烃的一些性质，并看到炔烃化学是如何将烯烃化学延伸到两个 π 键体系。

# 12-18 | 解题练习：综合运用概念

本节提出了两个问题，它们综合了本章中遇到的大部分反应。第一个问题是针对一个结构明确的烯烃底物，比较其几种加成反应的立体化学。第二个问题是将一些新试剂应用于天然产物的氧化反应，并结合谱图信息确定产物结构。

### 解题练习12-35　复习烯烃的反应

比较和对照下列每种试剂与（E）-3-甲基-3-己烯的加成反应：$H_2$（催化剂 $PtO_2$）、HBr、稀硫酸、$Br_2$ 的 $CCl_4$ 溶液、乙酸汞的水溶液，以及 $B_2H_6$ 的四氢呋喃溶液。考虑区域选择性和立体化学。哪些反应可以用来合成醇？生成的醇有何不同？

**解答：**

首先确定反应物的结构。根据 11-1 节，"E"是指立体异构体中两个优先级最高的基团（根据 5-3 节中 Cahn-Ingold-Prelog 规则）处于双键的相反方向，即互为反式。在 3-甲基-3-己烯中，两个乙基是最高优先基团。因此起始化合物的结构如页边所示。

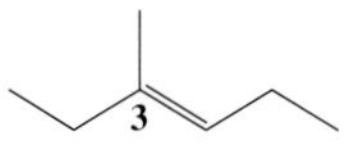

接下来考虑所给试剂与这种烯烃的反应性质。对于每一种试剂，有必要选择两种不同的区域化学情况和两种不同的立体化学情况中的一种。这是因为起始原料烯烃双键中两个碳的取代基不同，具有区域化学的特点和固定的（E）型立体化学。要想正确回答这些问题，必须考虑每一个反应的机理，也就是要从机理的角度思考。

$PtO_2$ 催化加氢是催化氢化反应的一个例子。因为两个相同的原子（氢原子）加到每一个烯烃的碳上，因此不考虑区域选择性。但是，必须考虑立体选择性。催化氢化反应是顺式加成，两个氢加到烯烃键的同面（12-2 节）。如果把烯烃平面看成垂直于纸平面（图 12-1），那么就会出现下面两种方式的加成，从纸平面上方和从纸平面下方的加成各占 50%：

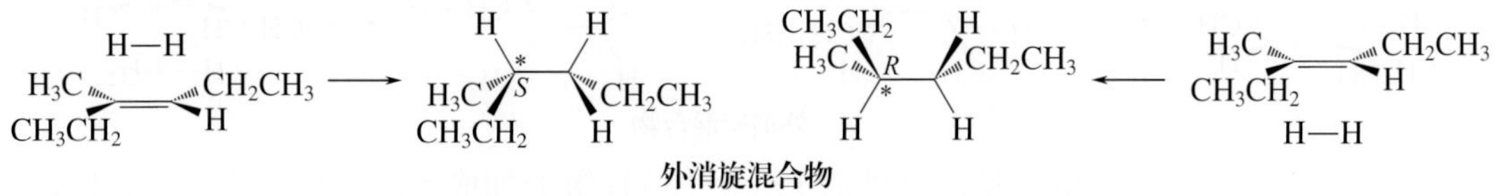

外消旋混合物

加成反应生成一个手性中心（被标记的碳），因此每一个产物都是手性的（5-1 节）。因为两种产物的量相等，因此产物是外消旋的（R）- 和（S)-3-甲基己烷的混合物。

下面两个反应，与 HBr 和与硫酸水溶液反应，首先是亲电试剂 $H^+$ 的加成（12-3 节和 12-4 节）。反应形成碳正离子并遵循马氏规则的区域化学指导原则：$H^+$ 与取代基少的烯基碳相连，生成更稳定的碳正离子。接着被亲核试剂（HBr 中的 $Br^-$，硫酸水溶液中的水）捕获。这两步反应都没有立体选择性，而且生成的碳正离子已经是三级碳正离子，所以不可能将其重排为更稳定的碳正离子，因此结果是：

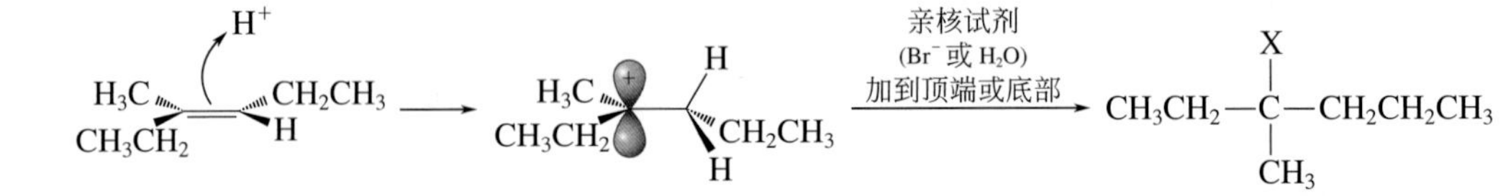

X = Br (来自 HBr) 或
OH (来自稀 H₂SO₄)
外消旋混合物

下面两个反应都是亲电试剂加成得到环状正离子中间体：第一个例子的环状溴鎓离子（12-5 节）和第二个例子的环状汞离子（12-7 节）。下一步的加成反应是反式立体专一的（12-3 节），因为对于环状离子来说，进攻只可能发生在桥的反面。Br₂ 参与的反应，两个溴与烯烃的双键碳相连，因此没有区域选择性。羟汞化反应中，亲核试剂是水，水将与取代基多的碳相连，因为它是叔碳并且具有部分正电荷，必须考虑立体化学。因为在亲电加成时产生了一个立体中心，而且从上方和从下方加成的概率相等，因此同样得到外消旋混合物。

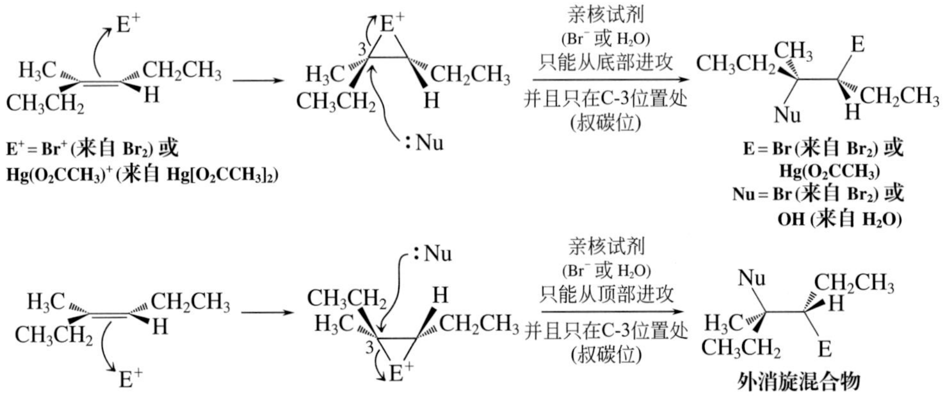

E⁺ = Br⁺（来自 Br₂）或
Hg(O₂CCH₃)⁺（来自 Hg[O₂CCH₃]₂）

E = Br（来自 Br₂）或
Hg(O₂CCH₃)
Nu = Br（来自 Br₂）或
OH（来自 H₂O）

外消旋混合物

**生成两种等量的、手性的、对映异构的外消旋混合物**

最后看一下硼氢化反应。同样，必须同时考虑区域选择性和立体选择性。与氢化反应一样，反应的立体化学是顺式加成，与前述的亲电加成反应不同，区域化学遵循反马氏规则规则，即硼与取代基少的烯基碳相连：

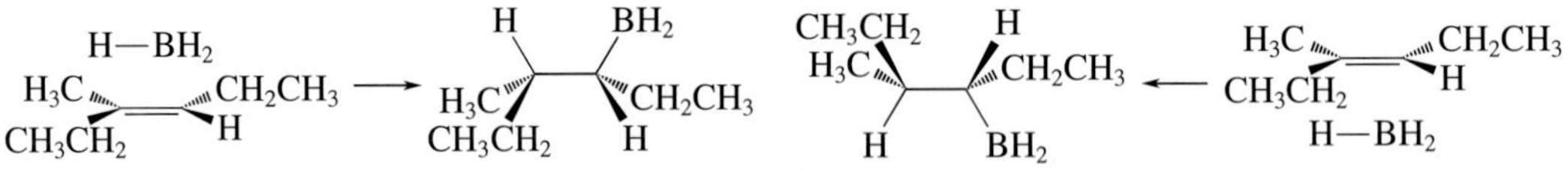

外消旋混合物

为简单起见，只显示了一个 B—H 键的加成反应。与氢化反应相似，但因为试剂的非对称性，烯烃的两个双键碳都转化成了立体中心。

六个反应中有三个可以用来制备醇：酸催化水合反应，羟汞化反应（NaBH₄ 还原 C—Hg 键）和硼氢化反应（H₂O₂ 氧化 C—B 键）。比较酸催化水合反应生成的醇和羟汞化产物还原脱汞反应生成的醇：

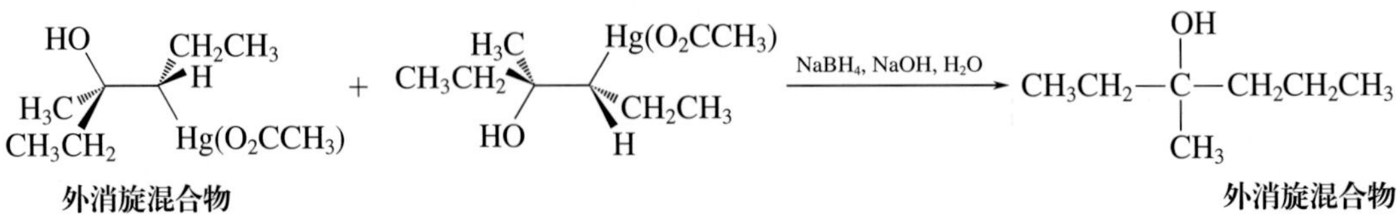

外消旋混合物                                        外消旋混合物

它们是相同的。如果酸催化水合过程中有重排，结果将不同（9-3 节）。对硼氢化反应产物进行氧化，可得到与上面不同的区域选择性的醇。生成的醇具有两个立体中心，也是一对外消旋混合物（图中硼原子上的其他烷基未画出）：

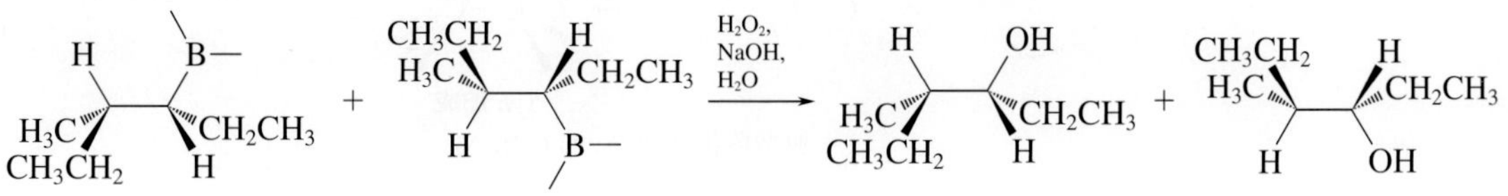

外消旋混合物　　　　　　　　　　　　　　外消旋混合物

## 解题练习12-36　利用化学反应和谱学来推断天然产物的结构

崖柏烯（thujene）存在于许多植物油中，其分子式为 $C_{10}H_{16}$，它是一种单萜化合物（4-7 节）。它的化学和谱学性质如下。（i）崖柏烯与等物质的量的 $KMnO_4$ 水溶液反应，紫色褪去后生成棕色沉淀。继续加 $KMnO_4$ 水溶液，不褪色。（ii）硼氢化 - 氧化反应后生成 $C_{10}H_{18}O$，称为崖柏醇（thujyl alcohol）。其 $^1H$ NMR 谱图中有一个氢在 3.40 处有信号。（iii）羟汞化 - 脱汞反应生成另外一种醇（$C_{10}H_{18}O$）。其 $^1H$ NMR 谱图在 $\delta=3$ 处没有信号。（iv）臭氧化分解反应得到页边所示的产物，每一种反应能告诉你什么信息？推测崖柏烯的结构。

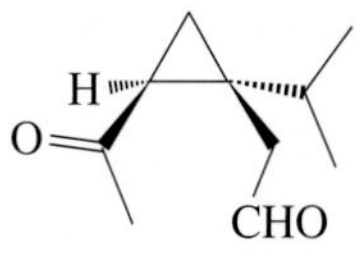

解答：

由分子式计算化合物的不饱和度（11-11 节）：$[(2×10+2)-16]/2=3$。（i）崖柏烯只与等物质的量的 $KMnO_4$ 水溶液反应，说明化合物不饱和键中只有一个是 π 键（12-11 节）；其他两个一定是环。（ii）崖柏醇的 $^1H$ NMR 谱图中只有一个氢在 3.40 处有信号，说明崖柏醇为仲醇  ：因为 3～4 只有一个氢的信号。（iii）羟汞化-脱汞反应生成的另外一种醇的 $^1H$ NMR 谱图在 $\delta=3$ 处没有氢的信号，说明在带有—OH 的碳上没有氢，即这个醇为叔醇。

这三点说明崖柏烯的结构有两个环和一个三取代的双键：（iv）臭氧化反应得到的产物同样有十个碳，这个产物断裂双键变成两个羰基：一个为酮，另一个为醛。因此简单地将两个羰基碳相连，就可以得到崖柏烯的结构。逆转这个过程：

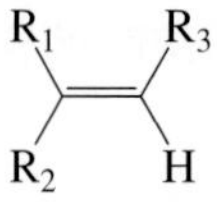

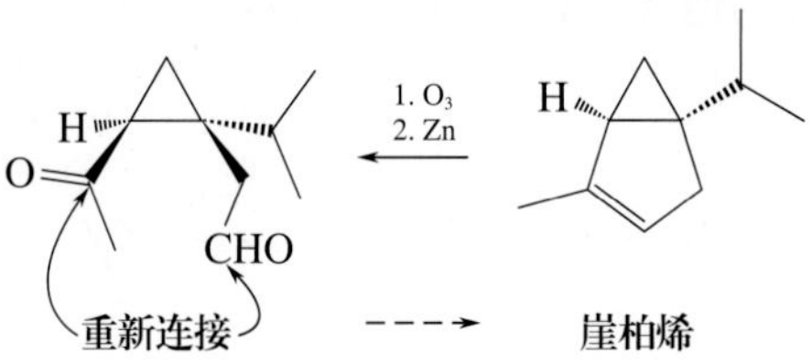

## 新反应

### 1. 烯烃加成反应的通式（12-1 节）

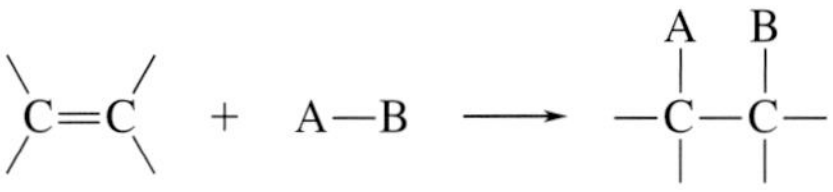

### 2. 氢化反应（12-2 节）

$$C=C \xrightarrow{H_2, \text{催化剂}} \begin{array}{c} H \quad H \\ | \quad | \\ C-C \\ \end{array}$$

syn 加成

**典型催化剂: PtO₂, Pd-C, Ra-Ni**

## 亲电加成反应

### 3. 氢卤化反应（12-3 节）

$$\begin{array}{c} R \\ | \\ C=CH_2 \\ | \\ H \end{array} \xrightarrow{HX} \begin{array}{c} R \\ | \\ H-C-CH_3 \\ | \\ X \end{array}$$

立体专一
(马氏规则)

通过更稳定的碳正离子

### 4. 水合反应（12-4 节）

$$C=C \xrightarrow{H^+, H_2O} \begin{array}{c} H \quad OH \\ | \quad | \\ -C-C- \\ | \quad | \end{array}$$

通过更稳定的碳正离子

### 5. 卤代反应（12-5 节）

$$C=C \xrightarrow{X_2, CCl_4} \begin{array}{c} X \\ | \\ C-C \\ | \\ X \end{array}$$

立体专一 (anti 加成)

**X₂ = Cl₂ 或 Br₂, 但不能是 I₂**

### 6. 邻卤醇的合成（12-6 节）

$$C=C \xrightarrow{X_2, H_2O} \begin{array}{c} X \\ | \\ C-C \\ | \\ OH \end{array}$$

**OH 进攻取代较多的碳**

### 7. 邻卤醚的合成（12-6 节）

$$C=C \xrightarrow{X_2, ROH} \begin{array}{c} X \\ | \\ C-C \\ | \\ OR \end{array}$$

**OR 进攻取代较多的碳**

### 8. 亲电加成反应的通式（12-6 节，表 12-2）

$$C=C \xrightarrow{AB} \overset{+}{\overset{A}{\underset{C-C}{\triangle}}} \xrightarrow{B^-} \begin{array}{c} A \\ | \\ C-C \\ | \\ B \end{array}$$

**A = 正电性, B = 负电性**
**B 进攻取代较多的碳**

### 9. 羟汞化 - 脱汞反应（12-7 节）

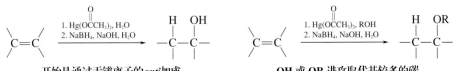

开始是通过汞鎓离子的anti加成　　　　　　　　　　OH 或 OR 进攻取代基较多的碳

## 10. 硼氢化反应（12-8 节）

R C=CH₂ ＋ BH₃ → (RCH₂CH₂)₃B

$\overset{\text{THF}}{\longrightarrow}$

**立体专一**

**B 进攻取代较少的碳**

3 [甲基环己烯] ＋ BH₃ $\overset{\text{THF}}{\longrightarrow}$ [环己烷 CH₃/H/H/B]

**立体专一 (syn加成)**
**反马氏规则**

## 11. 硼氢化 - 氧化反应（12-8 节）

C=C $\xrightarrow[\text{2. H}_2\text{O}_2, \text{ HO}^-]{\text{1. BH}_3, \text{ THF}}$ $-\overset{H}{\underset{}{C}}-\overset{OH}{\underset{}{C}}-$

**立体专一 (syn加成)**
**反马氏规则**
**OH 进攻取代较少的碳**

## 12. 卡宾加成合成环丙烷（12-9 节）

使用重氮甲烷：

R R′ ＋ CH₂N₂ $\xrightarrow{h\nu \text{ 或} \triangle \text{ 或 Cu}}$ [环丙烷 R R′]

**立体专一**

卡宾或卡宾类似物的其他来源：

CHCl₃ $\xrightarrow{\text{碱}}$ :CCl₂     CH₂I₂ $\xrightarrow{\text{Zn-Cu}}$ ICH₂ZnI

# 氧化反应

## 13. 氧杂环丙烷的合成（12-10 节）

C=C $\xrightarrow{\text{RCOOH, CH}_2\text{Cl}_2}$ [环氧 C—O—C] ＋ RCOH

**立体专一(syn加成)**

## 14. 邻位反式双羟基化反应（12-10 节）

C=C $\xrightarrow[\text{2. H}^+, \text{ H}_2\text{O}]{\text{1. RCOOH, CH}_2\text{Cl}_2}$ HO—C—C—OH ＋ RCOH

## 15. 邻位顺式双羟基化反应（12-11 节）

C=C $\xrightarrow{\text{1. OsO}_4, \text{ 2. H}_2\text{S; 或催化量 OsO}_4, \text{ H}_2\text{O}_2}$ HO—C—C—OH

**通过环状中间体**

## 16. 臭氧化分解反应（12-12 节）

C=C $\xrightarrow[\text{2. (CH}_3)_2\text{S; 或 Zn, CH}_3\text{COH}]{\text{1. O}_3, \text{ CH}_3\text{OH}}$ C=O ＋ O=C

**通过分子臭氧化物和臭氧化物中间体**

# 自由基加成反应

## 17. 自由基氢溴化反应（12-13 节）

$$\diagdown C = CH_2 \xrightarrow{\text{HBr, ROOR}} \begin{array}{c} H \quad Br \\ | \quad | \\ -C-C-H \\ | \quad | \\ \quad H \end{array}$$

**反马氏规则**
**HCl 或 HI 不发生**

### 18. 其他自由基加成反应（12-13 节）

$$\diagdown C = C \diagup \xrightarrow{\text{RSH, ROOR}} \begin{array}{c} H \quad SR \\ | \quad | \\ -C-C- \\ | \quad | \end{array}$$

**反马氏规则**

## 单体和聚合物

### 19. 二聚、寡聚和聚合反应（12-14 节和 12-15 节）

$$n \diagdown C = C \diagup \xrightarrow{\text{H}^+ \text{ 或 RO· 或 B}^-} \begin{array}{c} | \quad | \\ -(C-C)_n- \\ | \quad | \end{array}$$

**重要概念**

1. 双键的活性表现为发生放热的**加成**反应生成**饱和**产物。

2. 在没有**催化剂**（能够切断强的H—H键）的情况下，烯烃的**氢化反应**非常缓慢。常用的催化剂有Pd-C、铂（如二氧化铂）和Raney镍。氢化加成反应受空间位阻影响，取代基少的双键在空间位阻较小的一面优先发生反应。

3. 作为Lewis碱，π键易与酸等**亲电试剂**反应，例如，$H^+$、$X_2$和$Hg^{2+}$。如果初始中间体是游离的**碳正离子**，通常形成多取代基的碳正离子。另一方面，**环状鎓离子**的亲核开环发生在取代基较多的碳原子上。前者具有区域选择性（**马氏规则**），后者既受区域化学因素控制又受立体化学因素控制。

4. 从机理上讲，硼氢化反应介于**氢化反应**和亲电加成反应之间。第一步是π键与缺电子的硼络合，第二步是氢向碳的协同转移。烯烃通过**硼氢化-氧化反应**生成**反马氏规则**的水合产物。

5. **卡宾**和类卡宾是烯烃合成环丙烷的常用试剂。

6. 可以认为**过氧羧酸**中有亲电性的氧原子与烯烃反应生成**氧杂环丙烷**，此过程称为**环氧化反应**。

7. 四氧化锇可以作为烯烃的亲电氧化试剂，在反应中Os（Ⅷ）→Os（Ⅵ）。加成反应是协同的顺式加成，通过环状六电子过渡态生成邻二醇。

8. **臭氧化分解**反应后接着还原反应，可以切断烯烃双键，生成羰基化合物。

9. 烯烃的**自由基链加成反应**中，自由基与π键加成生成多取代基的自由基。采用这种方法，烯烃发生氢溴化反应生成反马氏规则的产物，硫醇也可以和烯烃发生类似的自由基反应。

10. 某些离子、自由基或者一些金属可以引发烯烃与烯烃反应，生成**聚合物**。对双键初始的进攻形成活泼的中间体，这些中间体可以继续反应形成碳-碳键。

## 习 题

**37.** 根据表3-1和表3-4中的$DH^{\ominus}$值，计算下列化合物与乙烯加成反应的$\Delta H^{\ominus}$值。其中π键的键能为65kcal·mol⁻¹。

  （**a**）$Cl_2$

  （**b**）IF（$DH^{\ominus}=67$kcal·mol⁻¹）

  （**c**）IBr（$DH^{\ominus}=43$kcal·mol⁻¹）

  （**d**）HF

  （**e**）HI

  （**f**）HO—Cl（$DH^{\ominus}=60$kcal·mol⁻¹）

  （**g**）Br—CN（$DH^{\ominus}=83$kcal·mol⁻¹；$DH^{\ominus}_{C_{sp^3}-CN}=124$kcal·mol⁻¹）

  （**h**）CH₃S—H（$DH^{\ominus}=88$kcal·mol⁻¹；$DH^{\ominus}_{C_{sp^3}-S}=60$kcal·mol⁻¹）

**38.** 双环烯烃蒈-3-烯，为松节油的一种成分，催化氢化得到两种可能的立体异构体。但是产物的常用名是顺-蒈烷，表示环己烷上的甲基和环丙烷在同一面上。请解释立体化学的结果。

**39.** 写出下列烯烃催化氢化的产物，标明产物的立体化学，并解释。

**40.** 小环化合物（如环丁烯）的催化氢化反应与环己烯相比，放出的热量是多了还是少了？（**提示：**环丁烯和环丁烷中哪一个化合物的键角张力大？）

**41.** 写出下列化合物与各个烯烃反应的主产物：（i）没有过氧化物的HBr和（ii）存在过氧化物的HBr。

  （**a**）1-己烯；（**b**）2-甲基-1-戊烯；（**c**）2-甲基-2-戊烯；（**d**）（*Z*）-3-己烯；（**e**）环己烯。

**42.** 写出Br₂与习题41中各个烯烃反应的主产物。注意产物的立体化学。

**43.** 写出习题41中各个烯烃与硫酸水溶液反应生成醇的结构。羟汞化-脱汞反应中产物醇的结构会有不同吗？硼氢化-氧化反应呢？

**44.** 写出完成下列转化所需的试剂和条件，并从热力学上讨论每个反应。（**a**）环己醇到环己烯；（**b**）环己烯到环己醇；（**c**）氯代环戊烷到环戊烯；（**d**）环戊烯到氯代环戊烷。

**45.** 第6章的习题53中提供了一种合成氨基酸（2*S*，3*S*）-3-羟基亮氨酸的方法，反应需要对映体纯的2-溴-3-羟基-4-甲基戊酸作为起始原料。把液溴和水加到4-甲基-2-戊烯酸甲酯（下面）中可以得到相应的2-溴-3-羟基-4-甲基戊酸酯：（**a**）哪一种立体构型的不饱和酯是必须加入的，顺式还是反式？（**b**）这种方法能使溴醇成为单一的对映体吗？从机理的角度解释。

$$(CH_3)_2CHCH=CHCO_2CH_3$$
**4-甲基-2-戊烯酸甲酯**

**46.** 写出下面反应的一个或多个产物。注意产物的立体化学。

  （**b**）反-3-庚烯 $\xrightarrow{Cl_2}$

  （**c**）1-乙基环己烯 $\xrightarrow{Br_2,\ H_2O}$

  （**d**）（**c**）的产物 $\xrightarrow{NaOH,\ H_2O}$

  （**f**）顺-2-丁烯 $\xrightarrow{Br_2,\ 过量的\ Na^+N_3^-}$

  （**h**）保幼激素类似物甲氧普林具有生物活性的是*S*构型（真实生活12-1），画出其结构。真实生活12-1所描述的合成甲氧普林的起始反应物中存在的立体中心对羟汞化-脱汞反应的产物有立体化学的影响吗？

**47.** 选择合适的烯烃合成下列化合物。

  [*meso*-(4*R*,5*S*)-异构体]

**（d）**

［外消旋的(4R,5R)-和(4S,5S)-异构体］

**（e）**

**（f）** (较难。**提示**：参见12-6节)

**48.** 提出有效的方法完成下列转化（多数为多步反应）。

**（a）**

**（b）** ［*meso*-(2R,3S)-**异构体**］

**（c）** ［外消旋的(2R,3R)-和(2S,3S)-异构体］

**（d）**

**49.** 复习反应。不查看584~585页反应总结图的情况下，

写出将烯烃 转化为下列产物所需要的试剂。

**（a）**

**（b）** (马氏产物)

**（c）**    **（d）**

**（e）** (反马氏产物)

**（f）**    **（g）**

**（h）** (反马氏产物)

**（i）**    **（j）**

**（k）** (马氏产物)

**（l）**    **（m）**

**（n）** (聚合物) **（o）**

**（p）**

**（q）** (反马氏产物)

**50.** 写出下列试剂与2-甲基-1-戊烯反应的主产物。

（a）$H_2$，$PtO_2$，$CH_3CH_2OH$；

（b）$D_2$，Pd-C，$CH_3CH_2OH$；

（c）$BH_3$，THF然后加入$NaOH + H_2O_2$；

（d）HCl；　（e）HBr；　（f）HBr +过氧化物；

（g）HI +过氧化物；　（h）$H_2SO_4 + H_2O$；

（i）$Cl_2$；　（j）ICl；　（k）$Br_2 + CH_3CH_2OH$；

（l）$CH_3SH$+过氧化物；（m）MCPBA，$CH_2Cl_2$；

（n）$OsO_4$，然后加入$H_2S$；

（o）$O_3$, 然后加入 $Zn + CH_3\overset{O}{\overset{\|}{C}}OH$ ；

（p）$Hg(O\overset{O}{\overset{\|}{C}}CH_3)_2 + H_2O$, 然后加入 $NaBH_4$

（q）催化量的$H_2SO_4$+热；

**51.** 写出习题50中的试剂与（E）-3-甲基-3-己烯反应的产物。

**52.** 写出习题50中的试剂与1-乙基环戊烯反应的产物。

**53.** 逐步写出习题50中的（c）、（e）、（f）、（h）、（j）、（k）、（m）、（n）、（o）和（p）的反应机理。

**54.** 下面所画的聚合物的单体结构是什么？

**55.** 写出下列试剂与3-甲基-1-丁烯反应的主产物。并从机理上解释产物的不同。

（a）50%的硫酸水溶液；

（b）Hg(OCCH$_3$)$_2$的水溶液，然后用 NaBH$_4$ 处理；
（上式中O双键标注在C上）

（c）BH$_3$的THF溶液，然后用NaOH和H$_2$O$_2$处理。

**56.** 用乙烯基环己烷替换习题55中的3-甲基-1-丁烯，回答同样的问题。

**57.** 写出下列烯烃与单过氧邻苯二甲酸镁盐（MMPP）反应的主产物并写出上述产物在酸溶液中水解得到的物质的结构。

（a）1-己烯；　　　　　（b）(Z)-3-乙基-2-己烯；
（c）(E)-3-乙基-2-己烯；　（d）(E)-3-己烯；
（e）1,2-二甲基环己烯。

**58.** 写出习题57中烯烃与OsO$_4$反应，然后与H$_2$S反应的主产物。

**59.** 写出习题57中烯烃在过氧化物存在下与CH$_3$SH反应的主产物。

**60.** 写出在过氧化物引发下1-己烯与CH$_3$SH反应的可能机理。

**61.** 写出下列反应的主产物。

（a）(E)-2-戊烯 + CHCl$_3$ $\xrightarrow{\text{KOC(CH}_3)_3,\ (\text{CH}_3)_3\text{COH}}$

（b）1-甲基环己烯+CH$_2$I$_2$ $\xrightarrow{\text{Zn-Cu, (CH}_3\text{CH}_2)_2\text{O}}$

（c）丙烯+CH$_2$N$_2$ $\xrightarrow{\text{Cu, }\triangle}$

（d）(Z)-1,2-二苯乙烯 + CHBr$_3$ $\xrightarrow{\text{KOC(CH}_3)_3,\ (\text{CH}_3)_3\text{COH}}$

（e）(E)-1,3-戊二烯+2 CH$_2$I$_2$ $\xrightarrow{\text{Zn-Cu, (CH}_3\text{CH}_2)_2\text{O}}$

（f）CH$_2$=CHCH$_2$CH$_2$CH$_2$CHN$_2$ $\xrightarrow{hv}$

**62.** 分子式为C$_3$H$_5$Cl的化合物，它的$^1$H NMR谱图如A图所示，$^{13}$C NMR的数据为：45.3、118.5和134.0。IR数据为730（第11章中习题57）、930、980、1630、3090cm$^{-1}$。（a）推断化合物的结构。（b）归属$^1$H NMR谱图中各组峰所代表的氢。（c）$\delta = 4.05$处的两重峰的偶合常数$J = 6$Hz，这与（b）中的结果一致吗？（d）如果这个两重峰再放大5倍，结果如内置图所示，峰为两个三重峰，三重峰的偶合常数$J \approx 1$Hz。为什么会出现三重峰？这与（b）中的结果一致吗？

**63.** 习题62中谱图A的化合物C$_3$H$_5$Cl与Cl$_2$的水溶液反应，生成分子式同为C$_3$H$_6$Cl$_2$O的两种产物，$^1$H NMR如图B和图C所示。$^1$H NMR谱图为B的分子的质子去偶合的$^{13}$C NMR图谱中有两个信号峰；而图谱为C的分子有三个信号峰。这两种产物与KOH作用生成相同的产物C$_3$H$_5$ClO（D图，下一页）。内置图表示部分多重峰的放大。D图化合物的质子去偶合$^{13}$C NMR谱图的信号在$\delta = 45.3$、46.9和51.4处。IR在720cm$^{-1}$和1260cm$^{-1}$处有信号峰，在1600～1800cm$^{-1}$和3200～3700cm$^{-1}$均没有峰。（a）推断图B、C、D所代表的化合物的结构。（b）为什么与Cl$_2$的水溶液反应生成两种异构体？（c）写出C$_3$H$_6$Cl$_2$O的两种异构体形成C$_3$H$_5$ClO的机理。

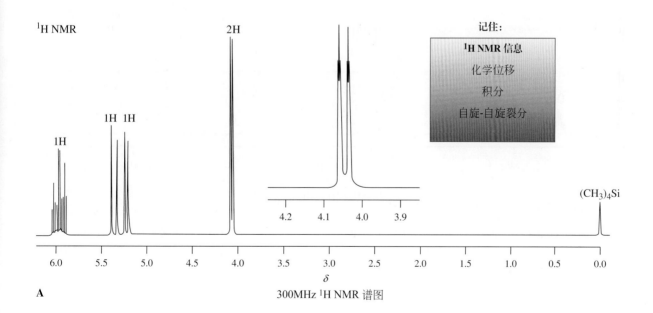

**A**　　　300MHz $^1$H NMR 谱图

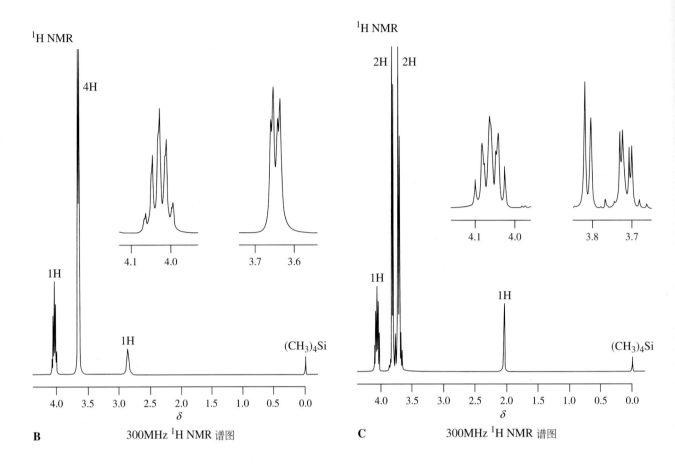

B　　　300MHz $^1$H NMR 谱图

C　　　300MHz $^1$H NMR 谱图

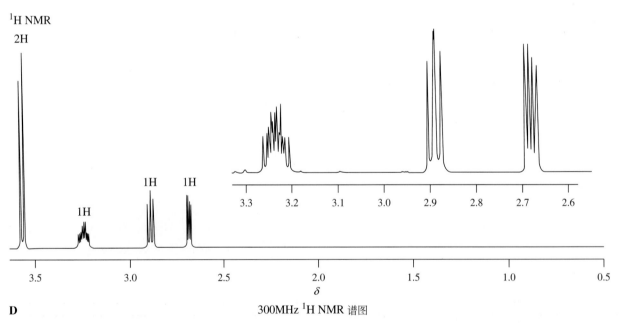

D　　　300MHz $^1$H NMR 谱图

64. 分子式为$C_4H_8O$化合物的$^1$H NMR谱图如E所示，IR数据为945、1015、1665、3095、3360$cm^{-1}$。（**a**）推断化合物的结构。（**b**）归属$^1$H NMR以及IR谱图中的信号峰。（**c**）解释$\delta$=1.3、4.3和5.9（参见放大10倍的内置图）处的裂分情况。

65. 习题64中与E图对应的化合物与$SOCl_2$反应，生成氯代烷$C_4H_7Cl$，$^1$H NMR谱图中除$\delta$=1.5处的峰消失

外，其他部分几乎与E图相同。IR在700（第11章中习题57）、925、985、1640、3090$cm^{-1}$处有信号峰；在$PtO_2$催化氢化下得到$C_4H_9Cl$（图F）。IR中除了700$cm^{-1}$处的峰仍然存在，其余的峰都消失了。推断这两种化合物的结构。

66. 习题65中描述两种化合物的质谱图显示了两个分子离子峰，两个质量单位的高度比约为3∶1。请解释。

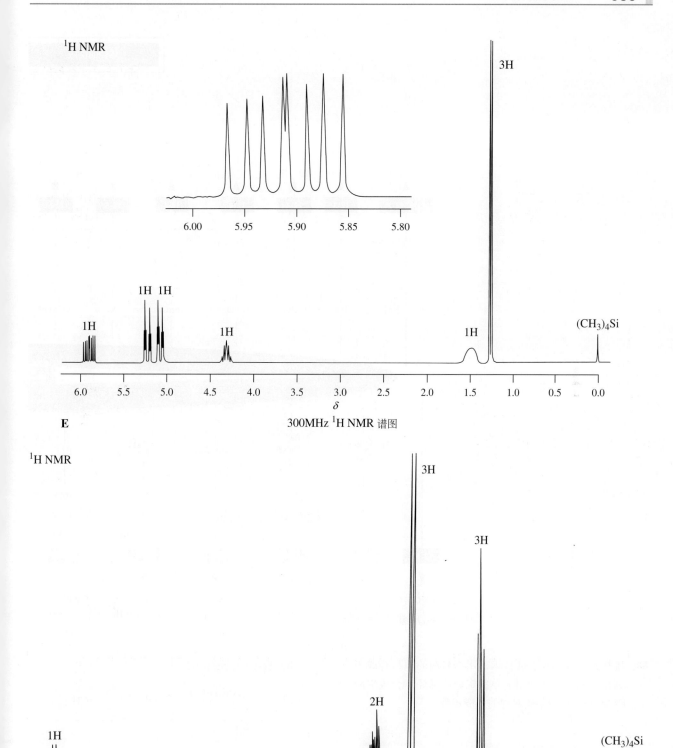

<sup>1</sup>H NMR

6.00    5.95    5.90    5.85    5.80

1H

1H 1H

1H

1H

3H

(CH₃)₄Si

6.0    5.5    5.0    4.5    4.0    3.5    3.0    2.5    2.0    1.5    1.0    0.5    0.0

δ

E                    300MHz ¹H NMR 谱图

¹H NMR

3H

3H

2H

1H

(CH₃)₄Si

4.0    3.5    3.0    2.5    2.0    1.5    1.0    0.5    0.0

δ

F                    300MHz ¹H NMR 谱图

**67.** 写出能够与臭氧反应后经过二甲基硫醚还原生成下列羰基化合物的烯烃的结构。

（**a**）只有CH₃CHO

（**b**）CH₃CHO和CH₃CH₂CHO

（**c**）（CH₃）₂C＝O和H₂C＝O

（**d**）CH₃CH₂CCH₃ 和 CH₃CHO

（**e**）环戊酮和CH₃CH₂CHO

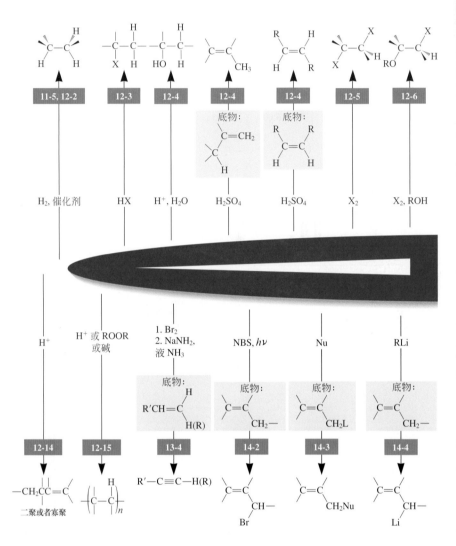

**68. 挑战题** 运用逆合成技术，用括号内的原料合成下列化合物，可以使用简单的烷烃和烯烃。合成中应至少包括一次碳-碳双键的形成步骤。

（**a**）CH₃CH₂CCHCH₃（丙烯）

（**b**）CH₃CH₂CH₂CHCH₂CH₂CH₃（丙烯）

（**c**） （环己烯）

**69.** 由环戊烷出发合成下列化合物。
（**a**）顺-1,2-二氘环戊烷

（**b**）反-1,2-二氘环戊烷

（**c**） 

（**d**） 

（**e**） 

（**f**）1,2-二甲基环戊烯
（**g**）反-1,2-二甲基-1,2-环戊二醇

**70.** 给出下列反应预期的主产物。

（**a**）CH₃OCH₂CH₂CH=CH₂ $\xrightarrow[\text{2. NaBH}_4,\text{ CH}_3\text{OH}]{\text{1. Hg(OCCH}_3)_2,\text{ CH}_3\text{OH}}$

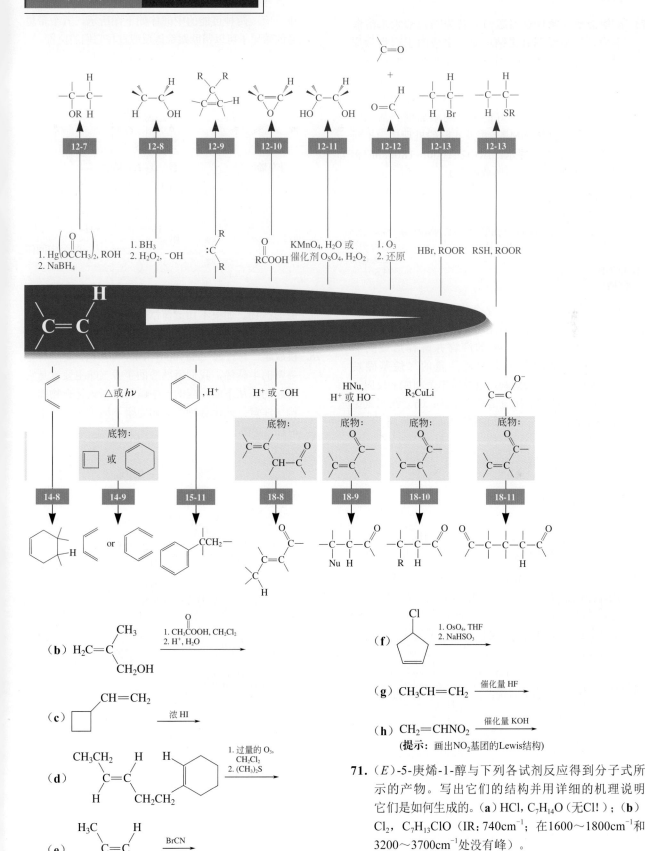

（**b**）$H_2C=\overset{\overset{\displaystyle CH_3}{|}}{\underset{\underset{\displaystyle CH_2OH}{|}}{C}}$ $\xrightarrow[\text{2. } H^+, H_2O]{\text{1. } CH_3COOH, CH_2Cl_2}$

（**c**）$\square\!-CH=CH_2$ $\xrightarrow{\text{浓 HI}}$

（**d**）$\underset{\underset{\displaystyle H}{|}}{\overset{\overset{\displaystyle CH_3CH_2}{|}}{C}}=\overset{\overset{\displaystyle H}{|}}{\underset{\underset{\displaystyle CH_2CH_2}{|}}{C}}$ $\xrightarrow[\text{2. } (CH_3)_2S]{\text{1. 过量的 } O_3,\ CH_2Cl_2}$

（**e**）$\underset{\underset{\displaystyle CH_3CH_2}{|}}{\overset{\overset{\displaystyle H_3C}{|}}{C}}=\overset{\overset{\displaystyle H}{|}}{\underset{\underset{\displaystyle CH_3}{|}}{C}}$ $\xrightarrow{BrCN}$

（**f**）$\xrightarrow[\text{2. } NaHSO_3]{\text{1. } OsO_4,\ THF}$

（**g**）$CH_3CH=CH_2$ $\xrightarrow{\text{催化量 HF}}$

（**h**）$CH_2=CHNO_2$ $\xrightarrow{\text{催化量 KOH}}$
（**提示**：画出 $NO_2$ 基团的 Lewis 结构）

**71.** （$E$）-5-庚烯-1-醇与下列各试剂反应得到分子式所示的产物。写出它们的结构并用详细的机理说明它们是如何生成的。（**a**）HCl, $C_7H_{14}O$（无 Cl!）；（**b**）$Cl_2$，$C_7H_{13}ClO$（IR: 740cm$^{-1}$；在 1600~1800cm$^{-1}$ 和 3200~3700cm$^{-1}$ 处没有峰）。

**72.** 少量的碘在光或热存在下，可以使顺式烯烃发生异构化，形成一些反式异构体。请提出可能的反应机理。

**73.** α-松油醇（第10章习题61）首先与乙酸汞水溶液反应，然后经硼氢化钠还原，生成的主产物为原料的同分异构体（$C_{10}H_{18}O$），而不是水合产物。这个异构体是桉树油的主要成分，故应称为桉油精（eucalyptol）。因为它具有令人愉快的气味和芳香性而常用作味道不好的药物的添加剂。从已给的质子去偶的[13]C NMR数据及实际的机理化学推断桉油精的结构。（**提示**：IR中在1600~1800$cm^{-1}$和3200~3700$cm^{-1}$处没有吸收峰。）

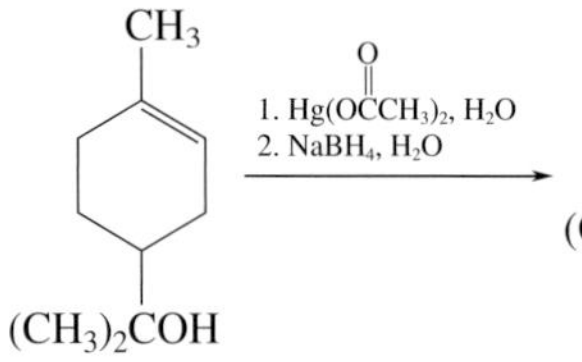

α-松油醇

$\xrightarrow[\text{2. NaBH}_4, \text{H}_2\text{O}]{\text{1. Hg(OCCH}_3)_2, \text{H}_2\text{O}}$ 桉油精，（$C_{10}H_{18}O$）

[13]C NMR: δ 22.8, 27.5, 28.8, 31.5, 32.9, 69.6, 73.5

**74.** 硼烷和MCPBA能够与化合物中不同环境的双键（如2-甲基-1,5-己二烯和苧烯）发生高选择性的反应。请写出下列反应的产物并解释形成的原因：（**a**）在THF中与等物质的量的二烷基硼烷（$R_2BH$，R = 二级烷基，只发生单个加成）反应，然后在碱性的过氧化氢溶液中水解；（**b**）在二氯甲烷（$CH_2Cl_2$）中与等物质的量的MCPBA反应。

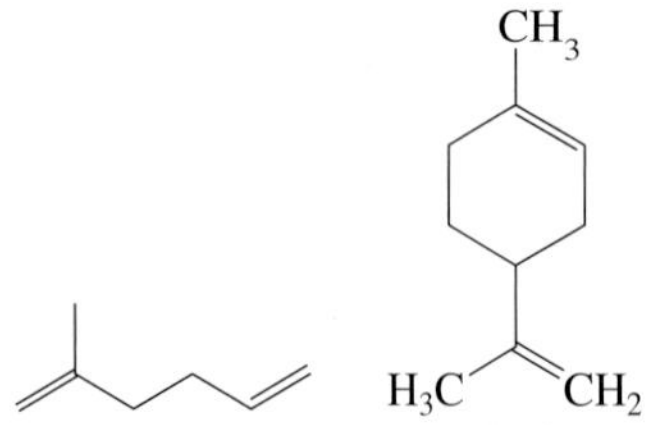

**2-甲基-1,5-己二烯**　　**苧烯**

**75.** 一种植物甘牛至（marjoram）含有某种令人愉快的具有柠檬气味的物质，$C_{10}H_{16}$（化合物G）。经过臭氧化分解反应，G生成两个产物，其中一个产物H的分子式为$C_8H_{14}O_2$，可以通过以下反应合成得到化合物H：

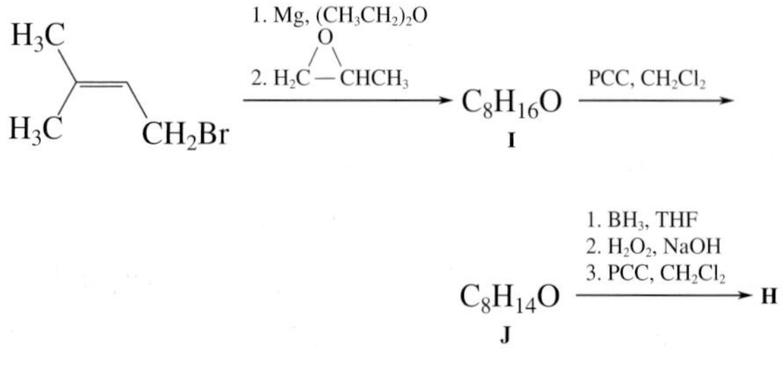

$\xrightarrow[\text{2. H}_2\text{C}-\text{CHCH}_3]{\text{1. Mg, (CH}_3\text{CH}_2)_2\text{O}}$ $C_8H_{16}O$ **I** $\xrightarrow{\text{PCC, CH}_2\text{Cl}_2}$

$C_8H_{14}O$ **J** $\xrightarrow[\text{3. PCC, CH}_2\text{Cl}_2]{\begin{array}{l}\text{1. BH}_3, \text{THF}\\ \text{2. H}_2\text{O}_2, \text{NaOH}\end{array}}$ **H**

根据这些信息推断化合物G和J合理的结构。

**76. 挑战题**　葎草烯（humulene）和石竹烯醇（α-caryophyllene alcohol）是从康乃馨提取的萜类化合物的成分。前者可以通过酸催化水合反应一步合成后

者。请写出反应的机理（**提示**：反应机理包括正离子诱导的双键异构化、环化、负氢和烷基迁移的重排反应。两种可能的中间体如下图所示，五个带星号的碳原子可以帮助跟踪该反应过程它们的位置。）

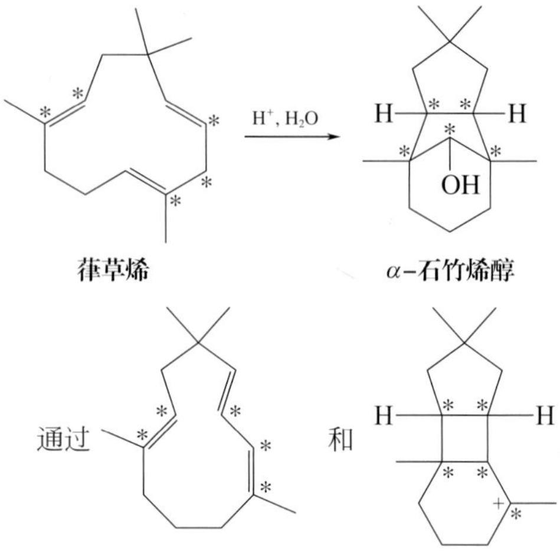

葎草烯　　　　　α-石竹烯醇

通过　　　　和　　　　两个中间体

**77.** 预测葎草烯（习题76）被臭氧化，随后被乙酸锌还原的产物。如果不知道葎草烯的结构，那么能通过臭氧化的产物确定葎草烯的结构吗？

**78. 挑战题**　石竹烯（caryophyllene，$C_{15}H_{24}$）是一种不寻常的半萜烯，我们所熟悉的丁香气味主要就是它引起的。从下面反应的一些信息推断该化合物的结构（**注意**：此化合物的结构完全不同于习题76中的α-石竹烯醇）。

**反应1**

石竹烯 $\xrightarrow{\text{H}_2, \text{Pd-C}}$ $C_{15}H_{28}$

**反应2**

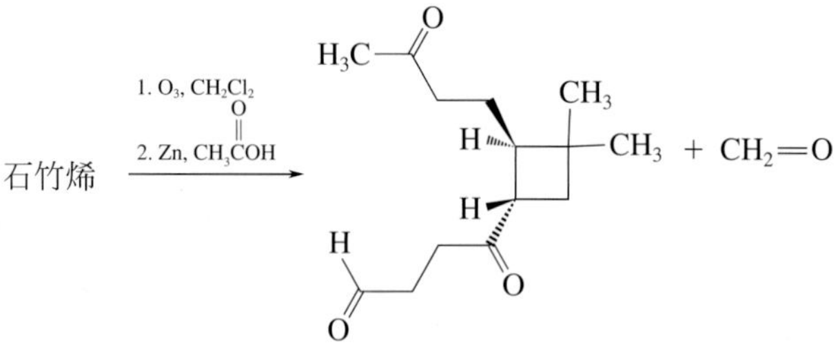

石竹烯 $\xrightarrow[\text{2. Zn, CH}_3\text{OH}]{\text{1. O}_3, \text{CH}_2\text{Cl}_2}$ $+ CH_2=O$

**反应3**

石竹烯 $\xrightarrow[\text{2. H}_2\text{O}_2, \text{NaOH, H}_2\text{O}]{\text{1. 1 e.q. 的BH}_3, \text{THF}}$ $C_{15}H_{26}O$ $\xrightarrow[\text{2. Zn, CH}_3\text{OH}]{\text{1. O}_3, \text{CH}_2\text{Cl}_2}$

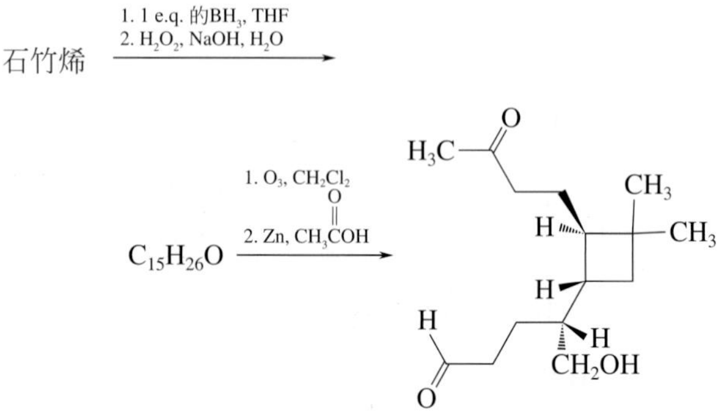

石竹烯的异构体，异石竹烯，在氢化和臭氧化分解反应中得到和石竹烯相同的产物，在硼氢化-氧化反

应中却得到反应3产物的异构体$C_{15}H_{26}O$，但进一步的臭氧化分解反应仍得到与反应3相同的产物。石竹烯和异石竹烯的结构差别在哪里？

79. 以甲基环己烷为反应底物，提供一种合成环己烷衍生物（如下图所示）的方法。通过逆合成分析确保你的合成路径短而有效，并且确保你的方法能够提供目标产物的区域选择性和相对立体化学性质。

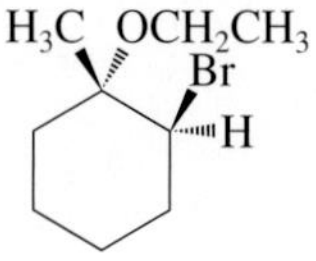

## 团队练习

80. 硼氢化反应的选择性随着硼烷上取代基体积的增大而增加。（**a**）例如，1-戊烯与顺-和反-2-戊烯的混合体系中，在双（1,2-二甲基丙基）硼烷（二仲异戊基硼烷）或者9-硼杂双环[3.3.1]-壬烷（9-BBN）的作用下，选择性地只与1-戊烯反应。小组内分工讨论并正确解释合成上述大空间位阻硼烷试剂所需的起始烯烃。建造模型直观观察这些能够导致结构选择性的试剂的特点。（**b**）在对映选择性地合成仲醇的方法中，2mol α-蒎烯与1mol $BH_3$作用，反应生成的硼烷与顺-2-丁烯反应，最后在碱性条件下用过氧化氢氧化，生成光学活性的2-丁醇。

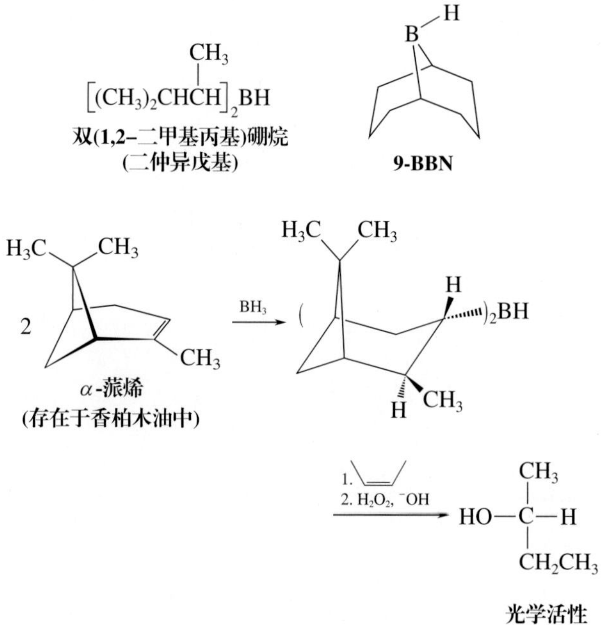

同样建造α-蒎烯及所得硼烷试剂的模型。讨论影响硼氢化-氧化反应对映选择性的因素。在氧化反应中，除了产物2-丁醇，还有什么化合物生成？

## 预科练习

81. 某手性化合物（$C_5H_8$）催化氢化生成一个非手性化合物，$C_5H_{10}$。下面哪一个名称更适合这个手性化合物？（**a**）1-甲基环丁烯；（**b**）3-甲基环丁烯；（**c**）1,2-二甲基环丙烯；（**d**）环戊烯。

82. 300g 1-丁烯，在25℃四氯化碳溶液中与过量的$Br_2$反应，生成418g 1,2-二溴丁烷。反应的产率是多少？（原子量：$C = 12.0$，$H = 1.00$，$Br = 80.0$）
    （**a**）26；（**b**）36；（**c**）46；（**d**）56；（**e**）66.

83. 反-3-己烯和顺-3-己烯在下述反应中，只有一个产物是不同的，请问是哪一个？（**a**）氢化反应；（**b**）臭氧化反应；（**c**）在四氯化碳溶液中与$Br_2$加成反应；（**d**）硼氢化-氧化反应；（**e**）燃烧。

84. 下列哪一个是下面反应的中间体？

$$RCH=CH_2 \xrightarrow{\text{HBr, ROOR}} RCH_2CH_2Br$$

（**a**）自由基；（**b**）碳正离子；（**c**）氧杂环丙烷；（**d**）溴鎓离子。

85. 1-戊烯与乙酸汞反应，然后用硼氢化钠还原，产物是什么？
    （**a**）1-戊炔；（**b**）戊烷；（**c**）1-戊醇；（**d**）2-戊醇。

# 炔烃

## 碳－碳叁键

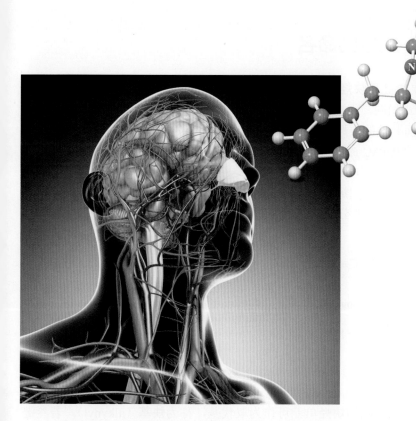

　　司来吉兰（Selegiline）是一类与 L- 多巴（DOPA）共同的治疗早期帕金森病的炔烃药物，该病的标志是大脑中多巴胺（5-8 节）的缺失。L-多巴能够增加多巴胺的供量（12-2 节），与此同时，丙炔苯丙胺也具有阻止酶分解多巴胺的辅助作用。

炔烃是含碳-碳叁键的碳氢化合物。作为双键化合物的兄弟，炔烃与烯烃的性质和功能相似也就不足为奇了。在本章中可以看到，和烯烃一样，炔烃在现代社会也有广泛的用途。例如，从前体化合物，乙炔（HC≡CII）出发制得的聚合物可加工成轻型全塑电池的导电板。乙炔也是一种含有较高能量的化合物，这一性能可使其应用于产生氧乙炔焰。无论是天然的还是合成的炔烃化合物，都因其具有抗菌、抗寄生虫和抗真菌的活性而广泛地应用于医药化合物中。

$$-C\equiv C-$$
**炔烃的叁键**

　　由于—C≡C—含有两个相互垂直的 π 键（图 1-21），它的反应活性和双键非常相似。例如，和烯烃相似，炔烃分子也是富电子的，因而易受亲电试剂的进攻。

　　很多用于制备高分子纤维、弹性体和塑料的烯烃单体化合物，都是通过乙炔或其他炔烃的亲电加成反应制得的。炔烃可以通过与生成烯烃类似的消除反应制备。与烯烃相似，相比于末端多重键，内部的多重键更稳定。炔烃的另一个重要的特征是炔基氢比相应的烯基氢或烷基氢的酸性更强，因而更易被强碱去质子化。生成的炔基负离子在合成中是一个很有用的亲核试剂。

本章将从炔烃的命名、结构特点和谱学开始进行介绍。章节的后续部分将讨论这类分子的合成和所能发生的反应类型，最后概述炔烃广泛的工业应用和生理活性。

# 13-1 | 炔烃的命名

**炔烃的常用名**

HC≡CH

乙炔

CH₃C≡CCH₃

二甲基乙炔

CH₃CH₂CH₂C≡CH

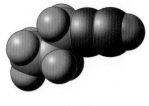

丙基乙炔

碳-碳叁键是**炔烃**（alkyne）的特征官能团。其通式为 $C_nH_{2n-2}$，与环状烯烃的通式相同。很多炔烃化合物仍可使用常用名。最小的炔烃 $C_2H_2$，称为乙炔。而其他的炔烃可看作是乙炔的衍生物，如烷基乙炔。

烯烃的 IUPAC 命名规则（11-1 节）也可应用于炔烃的命名。当叁键是主链的一部分时，词尾以 -yne（炔）代替 -ene（烯）即可。标注的数字表明叁键在主链的位置。如同烯烃的命名，数字可以在炔烃部分的前面或在炔烃词尾（-yne）的后面。除非分子中有其他官能团（见后），否则将采用常规的命名。

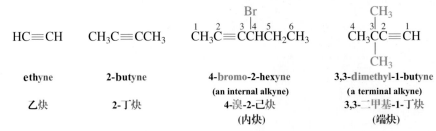

| HC≡CH | CH₃C≡CCH₃ | $\overset{1}{C}H_3\overset{2}{C}\equiv\overset{3}{C}\overset{4}{C}H\overset{5}{C}H_2\overset{6}{C}H_3$ | $\overset{4}{C}H_3\overset{3}{C}\overset{2}{C}\equiv\overset{1}{C}H$ |
|---|---|---|---|
| **ethyne** | **2-butyne** | **4-bromo-2-hexyne** | **3,3-dimethyl-1-butyne** |
| | | **(an internal alkyne)** | **(a terminal alkyne)** |
| 乙炔 | 2-丁炔 | 4-溴-2-己炔 | 3,3-二甲基-1-丁炔 |
| | | （内炔） | （端炔） |

通式 RC≡CH 为**端炔**（terminal alkyne）而 RC≡CR′ 为**内炔**（internal alkyne）。

叁键不在主链的炔烃单元可作为取代基，称为**炔基**（alkynyl）。若叁键作为片段连于环上，也照此命名。如下例所示：取代基—C≡CH 为**乙炔基**（ethynyl），它的同系物—CH₂C≡CH 为 2-**丙炔基**（2-propynyl）（常用名为炔丙基）。与烷烃和烯烃相同，炔烃也可以用直线表示法来描述。

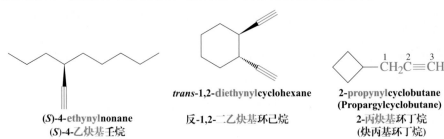

**(S)-4-ethynylnonane**
**(S)-4-乙炔基壬烷**

***trans*-1,2-diethynylcyclohexane**
反-1,2-二乙炔基环己烷

**2-propynylcyclobutane**
**(Propargylcyclobutane)**
2-丙炔基环丁烷
（炔丙基环丁烷）

按 IUPAC 命名规则，主链中既含双键又含叁键的烃被称为**烯炔**（alkenyne）（按字母排序"en"在"yne"之前）。从主链离任一官能团最近的一端开始编号，如果双键和叁键与两端距离相等，则给双键以较低的编号。含羟基的炔烃被命名为**炔醇**（alkynol）。注意，烯炔中 enyne 省略了原词 -ene 中的末端字母 e；而炔醇中 alkynol 则省略了原词 -yne 中的末端字母 e。在对主链编号时，羟基优先于双键和叁键。命名炔醇时，为避免意义不清，烯烃中叁键的位置和炔醇中羟基的位置必须分别标明在炔之前和醇结尾之前。

$$\overset{6}{C}H_3\overset{5}{C}H_2\overset{4}{C}H=\overset{3}{C}H\overset{2}{C}\equiv\overset{1}{C}H$$

**3-hexen-1-yne**
**3-己烯-1-炔**
（不是 3-己烯-5-炔）

$$\overset{1}{C}H_2=\overset{2}{C}H\overset{3}{C}H_2\overset{4}{C}\equiv\overset{5}{C}H$$

**1-penten-4-yne**
**1-戊烯-4-炔**
（不是 4-戊烯-1-炔）

$$H\overset{3}{C}\equiv\overset{2}{C}\overset{1}{C}H_2OH$$

**2-propyn-1-ol**
**2-丙炔-1-醇**
**（炔丙基醇）**
（不是 1-丙炔-3-醇）

**5-hexyn-2-ol**
**5-己炔-2-醇**
（不是 1-己炔-5-醇）

总结本节时，你会发现，如同之前烷烃和醇的命名一样，参照"指导原则"是很有用的。

---

**指导原则:炔烃的命名规则**

• **步骤1.** 确定分子主链，确保其含有叁键（如果叁键不在主链，应命名为取代基）。

• **步骤2.** 命名所有的取代基。

• **步骤3.** 对主链碳进行编号。

• **步骤4.** 按首字母顺序排列取代基，并前置其位置编号，写出命名。

---

**练习13-1**

按 IUPAC 规则命名：（**a**）所有以通式 $C_6H_{10}$ 表示的炔烃（包括所有可能的立体异构体）；

（**b**）
$$\begin{array}{c} H_3C \\ \phantom{H}C-C\equiv CH \\ H^{\prime\prime\prime} \\ CH=CH_2 \end{array}$$

（**c**）所有的丁炔醇（包括所有可能的立体异构体）。

---

# 13-2 | 炔烃的性质和成键

对叁键本质的了解有助于理解炔烃的物理和化学性质。根据分子轨道理论，叁键中碳原子是 sp 杂化的，四个单电子填充的 p 轨道形成两个垂直的 π 键。

### 炔烃是相对非极性的

炔烃的沸点与相应的烯烃和烷烃非常相似。但乙炔是一个例外，在一个大气压下，乙炔没有沸点，而在 -84℃升华。丙炔（沸点 -23.2℃）和 1-丁炔都是气体，而 2-丁炔（沸点 27℃）在室温下刚好是液体。中等大小的炔烃是可蒸馏的液体。

### 乙炔是线形的，键短而强

乙炔中两个碳原子是 sp 杂化的［图 13-1（A），参见 1-8 节，图 1-21，

**C—C键的解离能**

$$HC\equiv CH$$

$$\Delta H^{\ominus}= 229kcal \cdot mol^{-1}$$
$$(958kJ \cdot mol^{-1})$$

$$H_2C=CH_2$$

$$\Delta H^{\ominus}= 173kcal \cdot mol^{-1}$$
$$(724kJ \cdot mol^{-1})$$

$$H_3C-CH_3$$

$$\Delta H^{\ominus}= 90kcal \cdot mol^{-1}$$
$$(377kJ \cdot mol^{-1})$$

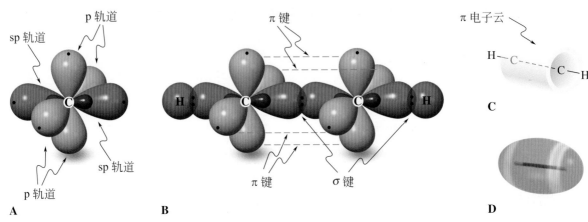

**A**　　　　　　**B**　　　　　　**C**

**D**

图 13-1　（A）sp 杂化碳的轨道图显示两个相互垂直的 p 轨道。（B）乙炔中的叁键：两个 sp 杂化 CH 片段的轨道互相重叠形成一个 σ 键和两个 π 键。（C）围绕乙炔的分子轴，两个 π 键形成圆柱状的电子云。（D）静电势图揭示围绕分子轴中心部位的电子云密度很大（红色带）。

以及相关动画]。每个碳原子的杂化轨道之一和一个氢原子重叠；剩余的 sp 杂化轨道相互重叠，在两个碳原子间形成一个 σ 键。每个碳原子还有两个相互垂直的 p 轨道，各个 p 轨道都含有一个电子。两组轨道重叠形成了两个相互垂直的 π 键 [图 13-1（B）]。因为 π 键是弥散的，叁键的电子云呈圆柱状分布 [图 13-1（C）]。由于杂化作用和两个 π 键的相互作用，叁键的键能是 229kcal·mol$^{-1}$，比碳-碳双键或碳-碳单键强得多（页边所列数据）。但是，和烯烃一样，炔烃的 π 键比叁键中的 σ 键弱得多。这一特性导致炔烃的化学反应性。端炔的 C—H 键的解离能也高达 131kcal·mol$^{-1}$（548kJ·mol$^{-1}$）。

1.203 Å

H—C≡C—H

1.061 Å　　180°

**线形的乙炔**

图13-2　乙炔的分子结构。

乙炔的两个碳原子都是 sp 杂化的，因而它的结构是线形的（图 13-2），碳-碳键键长 1.20Å，比双键的要短（1.33Å，图 11-1）。同样，由于和氢原子成键的 sp 杂化轨道中 s 的成分较大，碳-氢键也较短。处于这些轨道中的电子（以及与其他轨道重叠成键后形成的轨道中的电子）距原子核相对更近，从而形成的键更短，也更强。

## 炔烃是高能化合物

炔烃叁键的一个特点是在相对小的空间里集结了四个 π 电子。相应的电子与电子互斥使得两个 π 键相对较弱，也使炔烃分子本身含有很高的能量。由于这一特点，炔烃在反应时往往会释放出大量的能量，务必要小心处理：炔烃很容易聚合，倾向于发生爆炸式分解。乙炔可以装入内置丙酮和多孔材料（如浮石）作为稳定剂的钢瓶中运输。

乙炔的燃烧热高达 311kcal·mol$^{-1}$，反映了其高能属性。如乙炔燃烧的反应方程式所示，这个能量仅仅分布在三个产物分子中：一个水分子和两个 $CO_2$ 分子，致使每个产物都被加热到极高的温度（>2500℃），足以用作焊接火焰。

**乙炔的燃烧**

$$HC≡CH \ + \ 2.5\,O_2 \ \longrightarrow \ 2\,CO_2 \ + \ H_2O \qquad \Delta H^\ominus = -311kcal·mol^{-1}$$
$$(-1301kJ·mol^{-1})$$

乙炔燃烧可达到焊接所需的温度。

和讨论烯烃的稳定性一样（11-5 节），氢化热的测定也是确定炔烃异构体相对稳定性的一个简便方法。在催化量的铂碳或钯碳存在下，丁炔的两个异构体可以被 2mol $H_2$ 氢化生成丁烷。正如在烯烃中发现的那样，内炔异构体的氢化反应放出较少的能量。由此可以得出结论，两个异构体中，2-丁炔更稳定。超共轭作用是导致内炔烃较端炔烃稳定的原因。

$$CH_3CH_2C\equiv CH + 2\,H_2 \xrightarrow[\text{放热较多}]{\text{催化剂}} CH_3CH_2CH_2CH_3 \qquad \Delta H^{\ominus}= -69.9\,\text{kcal}\cdot\text{mol}^{-1}$$
$$(-292.5\,\text{kJ}\cdot\text{mol}^{-1})$$

$$CH_3C\equiv CCH_3 + 2\,H_2 \xrightarrow[\text{放热较少}]{\text{催化剂}} CH_3CH_2CH_2CH_3 \qquad \Delta H^{\ominus}= -65.1\,\text{kcal}\cdot\text{mol}^{-1}$$
$$(-272.4\,\text{kJ}\cdot\text{mol}^{-1})$$

### 练习13-2

根据已知的和 11-5 节提供的数据，计算出丁炔中第一个 $\pi$ 键的氢化热，并与丁烯中 $\pi$ 键的氢化热进行比较。

## 端炔烃有很强的酸性

从 2-3 节可以了解到，酸（H—A）的酸性随原子 A 的电负性或吸电子能力的增加而增加。同一原子的电负性在所有分子结构环境中都是一样的吗？答案是否定的：从 11-3 节内容可以了解并注意到，$sp^2$ 与 $sp^3$ 杂化的碳原子相比有较强的吸电子能力（因而，相对于烷基氢，烯基氢的酸性更强），可见电负性随杂化方式的不同而改变。与 p 轨道中的电子相比，原子核更强地吸引 s 轨道中的电子。原子杂化轨道中 s 成分高者（如：sp 轨道有 50% 的 s 和 50% 的 p）比 s 成分低者（如：$sp^3$ 轨道有 25% 的 s 和 75% 的 p）的电负性稍大。下图所示的乙烷、乙烯和乙炔的静电势图说明了这种效应。氢原子正极化作用的增加可由图中蓝色阴影的增加看出，从乙烷到乙炔，碳原子变得更加富电子（红色）。端炔碳杂化轨道中较高的 s 成分使炔烃比烯烃和烷烃的酸性更强。乙炔的 $pK_a$ 是 25，远小于乙烯和乙烷的 $pK_a$ 值。

**炔烃的相对稳定性**

$$RC\equiv CH < RC\equiv CR'$$

更稳定

**炔烃的去质子化**

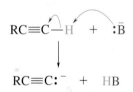

$$RC\equiv C\!-\!H + :B^-$$
$$\downarrow$$
$$RC\equiv C:^- + HB$$

**烷烃、烯烃和炔烃的相对酸性**

| $H_3C-CH_3$ | < | $H_2C=CH_2$ | < | $HC\equiv CH$ |
|---|---|---|---|---|
| 杂化: $sp^3$ | | $sp^2$ | | sp |
| $pK_a$: 50 | | 44 | | 25 |

酸性增强

这一性质很有用，因为强碱，如液氨中的氨基钠、烷基锂和格氏试剂都可以使端基炔去质子生成**炔基负离子**（alkynyl anion）。它和其他的碳负离子一样可以作为碱和亲核试剂进行反应（13-5 节）。

**端基炔的去质子化**

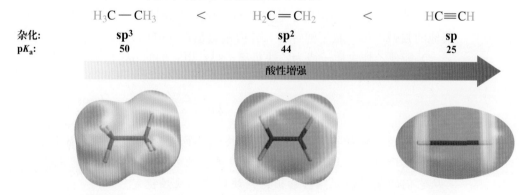

$$CH_3CH_2C\equiv CH + CH_3CH_2CH_2CH_2Li \xrightarrow{(CH_3CH_2)_2O} CH_3CH_2C\equiv CLi + CH_3CH_2CH_2CH_3$$

（强酸）　　　　　（强碱）　　　　　　　　　　　　　（弱碱）　　　　　（弱酸）

$pK_a\approx 25$　　　　　　　　　　　　　　　　　　　　　　　　$pK_a\approx 50$

**解题练习13-3**

> **运用概念解题：炔烃的去质子化**
>
> 前页所示的酸碱反应的平衡常数，$K_{eq}$是多少？它的数值能否解释为什么只用一个向前的箭头表示反应的走向，即反应的"不可逆性"？
>
> **策略：**
>
> - **W**：有何信息？确定酸碱反应的平衡常数。已知反应几乎完全。这提示我们，$K_{eq}$应该是一个大的数值。我们也知道了p$K_a$值。
> - **H**：如何进行？p$K_a$的含义是什么？怎样与酸的解离常数相关，怎样才能测得整个反应的$K_{eq}$。
> - **I**：需用的信息？参见2-3节，获取需要的信息。
> - **P**：继续进行。
>
> **解答：**
>
> - p$K_a$是酸解离常数的负对数。炔烃的解离常数$K_a \approx 10^{-25}$，与一般的酸相比解离极为不利。但是，丁基锂是丁烷的共轭碱，解离常数$K_a \approx 10^{-50}$。丁烷作为酸，比端基炔的酸性弱25个数量级。因此，相比于炔基负离子，丁基锂是一个更强的碱。
>
> - 所示反应的正方向是1-丁炔的解离，反方向是丁烷的解离。相应的，反应的$K_{eq}$由左边酸的$K_a$与右边酸的$K_a$相除得到，$10^{-25}/10^{-50}=10^{25}$。反应向正方向进行极为有利，实际上，可以把该反应看作是不可逆的。（**注意**：在解答酸碱问题时，应遵循常识避免犯错，例如在确定平衡时，选错了反应的方向等。**提示**：酸碱反应正确的方向是强酸／强碱对转化为弱酸／弱碱对）。

## 13-4 自试解题

除了上面提到的可用于炔烃去质子化的强碱外，之前的章节也提到了其他的强碱，如：叔丁醇钾和二异丙基氨基锂（LDA）。这两个碱（或其中之一）能使乙炔去质子成为乙炔负离子吗？用它们的p$K_a$值加以说明。

## 小 结

炔烃叁键的杂化特性决定了炔烃的物理和化学性质，如强的键能、线形结构和端基炔氢的相对酸性。此外，炔烃也是高能化合物。从它们的相对氢化热可看出，内炔烃比端炔烃稳定。

# 13-3 | 炔烃的谱学特征

烯基氢原子（以及烯基碳原子）是去屏蔽的，因此，其NMR信号与饱和烷烃相比（11-4节）处于低场。相反，炔基氢原子的化学位移在较高场，非常接近烷基氢的化学位移。同样，sp杂化的碳原子，其化学位移介于烷基碳和烯基碳之间。用红外光谱可以很容易地鉴别炔烃，特别是末端炔烃。最后，质谱可用作确认和阐明炔烃结构的工具。

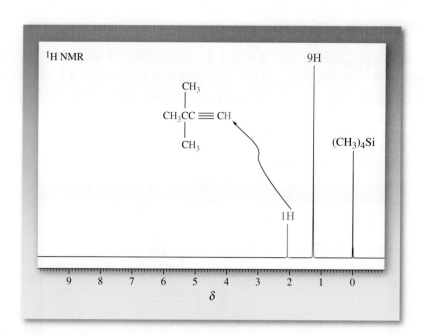

## 炔基氢的NMR信号显示一种特征性的屏蔽效应

与烯基氢不同，sp 杂化的碳原子所连质子的化学位移出现在 $\delta = 1.7 \sim 3.1$（表 10-2）；而烯基氢由于去屏蔽效应，其 $^1$H NMR 信号位于 $\delta = 4.6 \sim 5.7$，例如，3,3-二甲基-1-丁炔的 $^1$H NMR 谱图中炔基氢的信号在 $\delta = 2.06$（图 13-3）。

为什么末端炔基氢会被显著屏蔽呢？和烯烃分子中的 π 电子一样，在经受一个外加磁场时，叁键中的 π 电子也会进入一个环流（图 13-4）。但这些电子呈圆柱状分布 [图 13-1(C)]，使得环流的主要方向与炔烃分子垂直，产生的局部磁场与炔基氢附近 $H_0$ 的方向相反，从而导致很强的屏蔽效应。这个屏蔽效应抵消了吸电子的 sp 杂化的碳原子造成的去屏蔽作用，使得炔基氢的化学位移出现在较高场。

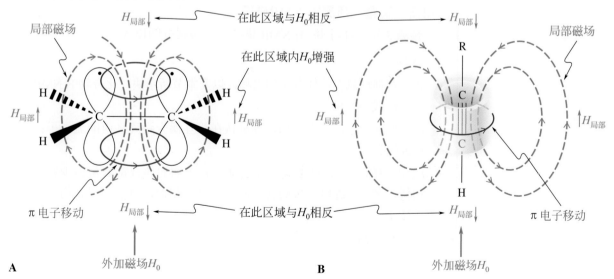

**图 13-4** 在有外加磁场时，电子环流产生局部磁场，导致烯基氢和炔基氢的特征化学位移。（A）烯基氢处于被 $H_{局部}$ 加强的 $H_0$ 的区域内，因此这些质子是相对去屏蔽的。（B）炔烃分子的电子环流产生的局部磁场与在炔基氢附近的 $H_0$ 方向相反，从而使这些质子被屏蔽。

**炔烃的远程偶合**

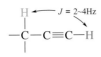

$$J = 2 \sim 4Hz$$

## 叁键传递自旋-自旋偶合

炔基官能团能很好地传递偶合作用，即便相隔三个碳原子的端炔氢仍可被叁键另一边的氢裂分。这是一个远程偶合的例子（11-4 节），其偶合常数很小，在 2~4Hz。图 13-5 是 1-戊炔的 $^1H$ NMR 谱图。因为炔基氢与 C-3 上两个相同的氢（$\delta = 2.16$）偶合，它在 $\delta = 1.94$ 的信号是一个三重峰（$J = 2.5Hz$）。C-3 上的氢和 C-4 上的两个氢偶合（$J = 6Hz$），又和 C-1 上的氢偶合（$J = 2.5Hz$）形成了一组二重的三重峰。

**图13-5** 1-戊炔的$^1H$ NMR谱图（300MHz）显示炔基氢（绿色）和炔丙基氢（蓝色）的偶合。

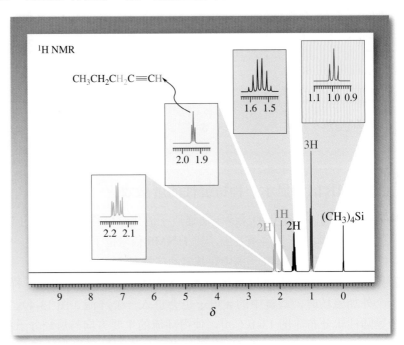

---

### 解题练习13-5

**运用概念解题：预测$^1H$ NMR谱图**

预测 3-甲基-1-丁炔 $^1H$ NMR 谱图中一级裂分的模式。

**策略：**

- **W**：有何信息？已知分子的名称，以及本节所示炔烃化合物$^1H$ NMR谱裂分模式的实例。

- **H**：如何进行？写出结构，并确认在相互偶合距离之内的氢原子：邻近或远程。

- **I**：需用的信息？每个氢（或氢基团）预期的偶合常数是多少？如果相似，那么（$N+1$）规则就可行。如果不相似，可能需要采用修正的（$N+1$）规则（10-8 节）。

- **P**：继续进行。

  **解答：**

- 分子结构如下：

$$\underset{3}{CH_3} - \underset{}{\overset{\overset{\displaystyle CH_3}{|}}{CH}} - \underset{2}{C} \equiv \underset{1}{CH}$$

- 两个等同的甲基被C-3上的一个氢原子裂分为二重峰（$N+1=2$ 条线），其偶合常数（$J$ 值）为 $6 \sim 8$ Hz，属于典型的饱和烃体系（10-7 节）。
- C-1 上的炔基氢（—C≡CH）和 C-3 上的氢有远程偶合，形成一个二重峰，但偶合常数较小，$J$ 约为 3 Hz。
- 最后，C-3 上的氢呈现复杂的模式，由于甲基六个氢的 $6 \sim 8$ Hz 裂分，七重峰（$N+1 = 7$ 条线）。七重峰的每一条线又被炔基氢偶合，进一步裂分为二重峰（$J = 3$ Hz）。这样，我们面临必须使用（$N+1$）规则：C-3 氢的模式含有（$6+1$）×（$1+1$）=14 条线，这是双重的七重峰。如实测的谱图所示，这组七重双峰的最外侧的边峰，因强度太小（表 10-4 和表 10-5）而很难在图谱上看到。（注意：在解析 $^1$H NMR 谱图时，应该知晓多重裂分中最外的边峰的信号强度非常小。实际上，合理的假设是，这种信号可能包含有比实际看到的更多的裂分峰。）

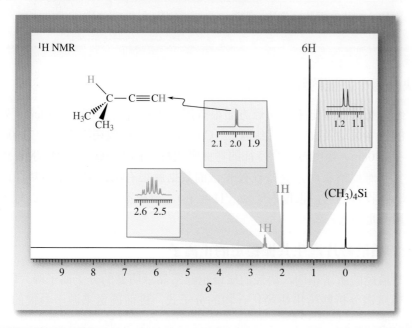

### 真的吗 ?

　　自然界存在的纯碳结构主要是三维的钻石（都是 sp$^3$）和二维的石墨（都是 sp$^2$，参见真实生活 15-1）。一维模式的聚乙炔链（都是 sp）仍令人困惑（关于其制备方法的报道仍存在很大的争议），但合成化学家已经接近目标，合成得到了结构明确的含高达 44 个连续 sp 杂化碳的低聚物！$^{13}$C NMR 谱显示了中心约在 $\delta = 63.7$ 处的一簇峰，推测可能为长链聚合物的信号。

钻石: sp$^3$

石墨: sp$^2$

聚乙炔链: sp

### 13-6 自试解题

预测 2- 戊炔 $^1$H NMR 谱图的一级裂分模式。

## 炔烃碳的 $^{13}$C NMR 化学位移与烷烃和烯烃的碳有明显区别

　　$^{13}$C NMR 谱对推测炔烃的结构是很有用的。例如，烷基取代的炔烃中叁键碳的信号处于 $\delta = 65 \sim 95$，与烷基碳（$\delta = 5 \sim 45$）和烯基碳的化学位移（$\delta = 100 \sim 150$）有显著的区别（表 10-6）。

### 炔烃的典型 $^{13}$C NMR 化学位移

HC≡CH

HC≡CCH$_2$CH$_2$CH$_2$CH$_3$

CH$_3$CH$_2$C≡CCH$_2$CH$_3$

$\delta = 71.9$　　68.6　84.0　18.6　31.1　22.4　14.1　　81.1　15.6　13.2

**图13-6** 1,7-辛二炔的IR谱图

$\widetilde{\nu}_{C_{sp}-H伸缩}=3300cm^{-1}$；

$\widetilde{\nu}_{C\equiv C伸缩}=2120cm^{-1}$；

$\widetilde{\nu}_{C_{sp}-H弯曲}=640cm^{-1}$。

键强度增加 →

$C_{sp^3}-H \quad C_{sp^2}-H \quad C_{sp}-H$

IR吸收频率增高 →

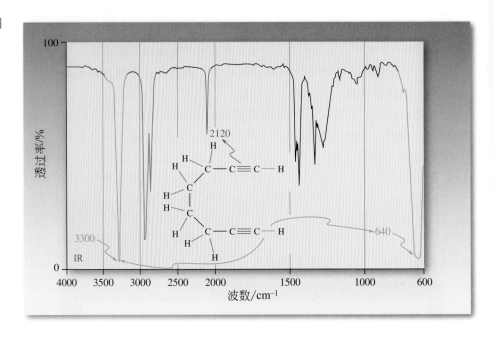

## 端炔有两个特征的红外吸收

红外光谱在鉴定末端炔烃方面很有用。炔基氢在 $3260\sim3330cm^{-1}$ 处有特征的伸缩振动吸收带，而叁键 C≡C 的伸缩振动吸收带在 $2100\sim2260cm^{-1}$ 处，在 $640cm^{-1}$ 处也有一个特征的弯曲吸收峰（图 13-6）。当 $^1$H NMR 谱图非常复杂难以解析时，这些红外光谱的数据就很有用。但是，内炔烃的伸缩振动吸收带很弱，很像内烯烃（11-8 节）。故在鉴别内炔烃时，红外光谱的作用不是很大。

## 炔烃的质谱碎片产生共振稳定的正离子

与烯烃的质谱相同，炔烃的质谱也经常显示明显的分子离子峰。因此，高分辨质谱分析能给出炔烃化合物的分子式，进而确定来源于叁键的 2 个不饱和度。

此外，还能检测到远离叁键的碳的断裂，形成共振稳定的正离子峰。例如，3-庚炔的质谱（图 13-7）显示在 $m/z = 96$ 有强的分子离子峰，失去甲基（断裂 $a$）和乙基（断裂 $b$）后，分别在 $m/z = 81$ 和 67（基峰）形成两个不同的稳定正离子。

### 炔烃在质谱中的断裂模式

$$\left[ CH_3 \overset{a}{\vert} CH_2-C\equiv C-CH_2 \overset{b}{\vert} CH_2CH_3 \right]^{+\cdot}$$

$$m/z = \mathbf{96}$$

$a \diagup -\overset{\cdot}{C}H_3 \qquad\qquad -C_2H_5\cdot \diagdown b$

$$\left[\begin{array}{c} \overset{+}{C}H_2-C\equiv C-CH_2-CH_2CH_3 \\ \updownarrow \\ CH_2=C=C-CH_2-CH_2CH_3 \\ \overset{+}{\phantom{CH_2=C=}} \end{array}\right] \qquad \left[\begin{array}{c} CH_3-CH_2-C\equiv \overset{+}{C}-CH_2 \\ \updownarrow \\ CH_3-CH_2-C=C=CH_2 \\ \phantom{CH_3-CH_2-}\overset{+}{\phantom{C}} \end{array}\right]$$

$$m/z = \mathbf{81} \qquad\qquad\qquad m/z = \mathbf{67}$$

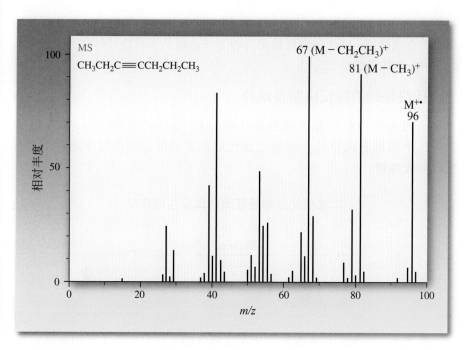

图13-7　3-庚炔的质谱显示在$m/z = 96$的分子离子峰和因C-1—C-2和C-5—C-6键断裂分别出现在$m/z = 67$和81的重要碎片峰。

遗憾的是，在质谱实验的高能条件下，叁键的迁移可以发生。因此，此类断裂模式对于确认长链炔烃中叁键的位置不是十分有用。

### 练习13-7

考察以下反应

$$\xrightarrow[\text{90\%}]{\text{PBr}_3,\text{吡啶},(\text{CH}_3\text{CH}_2)_2\text{O}} \quad \textbf{B}$$

化合物 B 有下列谱图数据。质谱中分子离子峰为 $m/z=120$ 和 118（比例为 1：1，强度为 20%），基峰在 $m/z=39$（100%）。其他的谱图数据是：$^1$H NMR：$\delta=2.53$(t, $J=3.1$Hz,1H)，3.85(d, $J=3.1$Hz,2H)；$^{13}$C NMR(DEPT)：$\delta=21.3$(CH$_2$)，73.8(C$_{quat}$)，82.0(C$_{quat}$)；IR：$\lambda_{max} = 653$，2125，3295cm$^{-1}$。化合物 B 的分子结构是什么？归属谱学的特征峰。从 A 到 B 的反应条件你应该熟悉，从哪里能找到呢？

---

### 小　结

围绕碳-碳叁键的圆柱形 π 电子云产生一个局部磁场，使得炔基氢的 NMR 化学位移相比烯基氢处于较高场。可以观察到通过碳-碳叁键的远程偶合。红外光谱显示特征的 C≡C 和 ≡C—H 键吸收峰，在表征端炔时是对 NMR 数据的有益补充。在质谱分析中，炔烃裂解可形成共振稳定的正离子。

## 13-4　通过双消除反应制备炔烃

制备炔烃化合物有两个基本的方法：1,2-二卤代烷烃的双消除反应和炔基负离子的烷基化反应。本节将讨论第一种方法，它提供了一条从烯烃到炔烃的合成路线；13-5 节将讨论第二种方法，即从末端炔烃转化为更复杂的炔烃——内炔烃的合成方法。

### 二卤代烷烃经消除反应制备炔烃

在 11-8 节中已讨论了通过卤代烷经 E2 反应制备烯烃的方法。可以应用这个原理合成炔烃，即邻二卤代烷在 2 倍量强碱作用下通过双消除反应形成叁键。

**二卤代化合物经双消除反应生成炔烃**

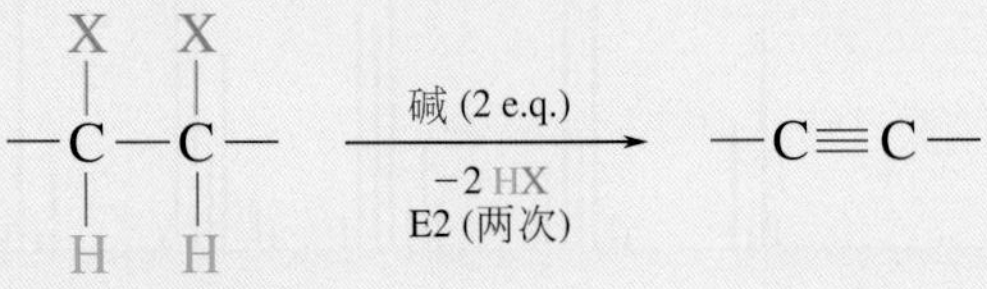

邻二卤代烷

事实上，将 1,2-二溴 -3,3- 二甲基丁烷（由 3,3- 二甲基丁烯的溴化制备）加入到叔丁醇钾的 DMSO 溶液中，能以较好的产率得到 3,3- 二甲基 -1- 丁炔。采用同样的方法，改用氨基钠的液氨溶液，反应后挥发除去溶剂，加水后处理生成 1- 己炔。

**二卤代烷烃经双脱卤化氢反应得到炔烃**

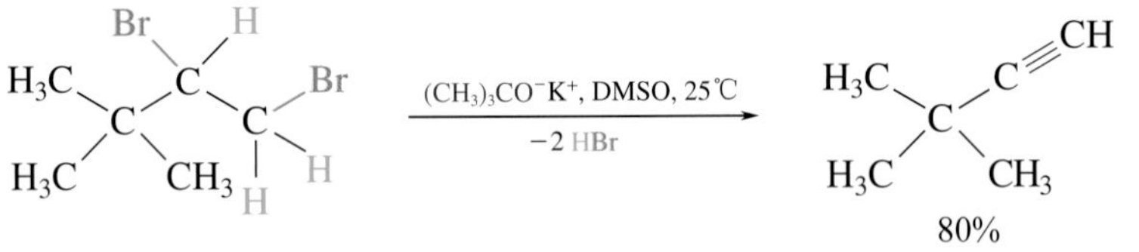

1,2-二溴-3,3-二甲基丁烷　　　　　　　　　　　3,3-二甲基-1-丁炔
80%

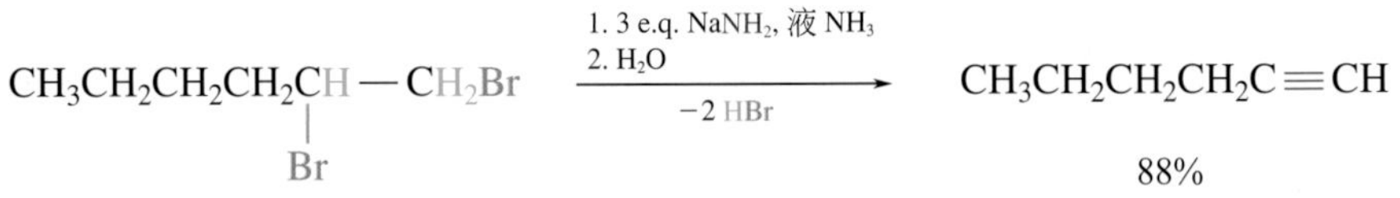

1,2-二溴己烷　　　　　　　　　　　1-己炔
88%

氨基钠是一个强碱，足以使端基炔去质子化（13-2 节，练习 13-4）。此时，需用 3 倍量的 $NaNH_2$，首先产生炔基负离子，该离子在加水处理时被质子化得到端炔。在液氨中消除反应通常在液氨的沸点（-33℃）下进行。

由于烯烃通过卤化反应很容易得到邻位的二卤代烷，这个由烯烃转化成相应炔烃的简便合成方法又被称为**卤化 - 双脱卤化氢反应**。

**卤化-双脱卤化氢反应用于炔烃的合成**

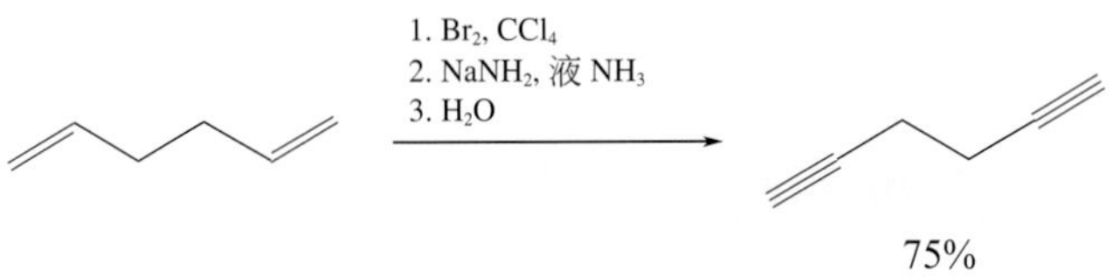

1. $Br_2$, $CCl_4$
2. $NaNH_2$, 液 $NH_3$
3. $H_2O$

75%

1,5-己二烯　　　　　　　　　　　1,5-己二炔

### 练习13-8

请给出采用卤化-双脱卤化氢策略合成下列炔烃化合物的合适烯烃原料。
（**a**）2-戊炔；（**b**）1-辛炔；（**c**）2-甲基-3-己炔。

## 卤代烯烃是经消除反应合成炔烃的中间体

二卤代烷的脱卤化氢反应历经**卤代烯烃**（alkenyl halide）（又称为烯基卤化物）中间体。若只用 1 倍量的碱处理二卤代烷烃，可以分离得到这个中间体。虽然原则上可能生成 *E*- 和 *Z*- 卤代烯烃的混合物，但若使用的邻二卤代烷是单一的非对映异构体，则仅得到一个化合物，因为消除反应是立体专一性的反式消除（11-6 节及页边）。

### 练习13-9

给出顺 -2-丁烯经溴化-双脱溴化氢反应合成 2-丁炔时中间体溴代烯烃的结构。对反式异构体也做同样处理。（**注意**：两步反应都涉及立体化学问题。**提示**：参见 12-5 节提供的信息并利用模型解答）。

经溴化-双脱溴化氢反应合成炔烃化合物时，中间体卤代烯烃的立体化学并不重要。因为 *E*- 和 *Z*- 异构体在碱的作用下消除得到的是同一个炔烃。

### 小 结

邻二卤代烷经双消除反应可得到炔烃。卤代烯烃是中间体，在第一个消除反应中立体专一性地生成。

# 13-5 从炔基负离子制备炔烃化合物

炔烃化合物也可以由其他的炔制备。端炔负离子能与烷基化试剂，例如，一级卤代烷、环氧乙烷、醛或酮反应形成碳-碳键。从 13-2 节已经了解到，端炔在强碱作用下可以很容易地生成炔基负离子（常用的强碱有烷基锂试剂、氨基钠／液氨或格氏试剂）。与甲基或者一级卤代烷进行的烷基化反应通常在液氨或醚类溶剂中进行。这个反应过程比较特殊，因为普通的烷基金属有机化合物是不与卤代烷发生反应的。但是，炔基负离子是一个例外。

> **注意！** 这些烷基化反应遵循 $S_N2$ 反应机理，炔基负离子是强碱。因此，只有甲基和一级的卤代烷是合适的烷基化试剂（底物，参见7-8节和7-9节以及表7-4）。

### 炔基负离子的烷基化反应

85%
**1-戊炔基环己烷**

由于亲核试剂具有强碱性（7-8 节），炔基负离子与二级或三级卤代物的烷基化反应得到 E2 产物。通过选择性地生成单负离子，乙炔可以经过连续多步反应得到单烷基化物和双烷基化产物。

和其他金属有机试剂一样（8-7 节和 9-9 节），炔基负离子能与其他亲电试剂如环氧乙烷及羰基衍生物反应。

### 炔基负离子的反应

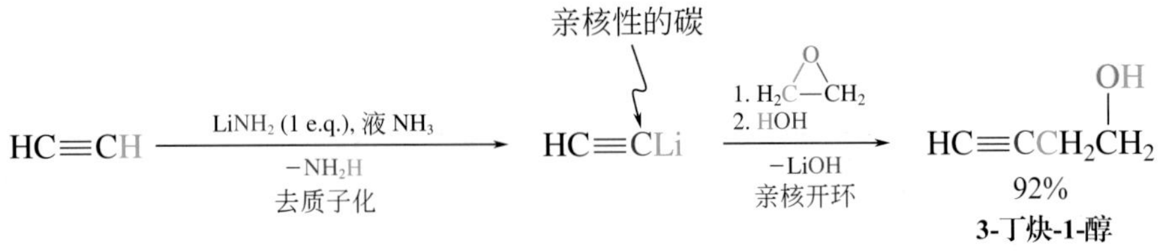

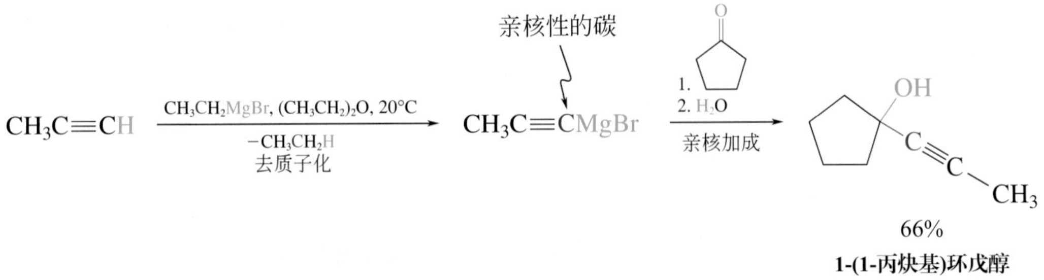

3-丁炔-1-醇

1-(1-丙炔基)环戊醇

---

### 练习13-10

写出合成以下两个化合物有效而简短的路线（**提示**：参见 8-8 节）。

**（a）** ，自 起始

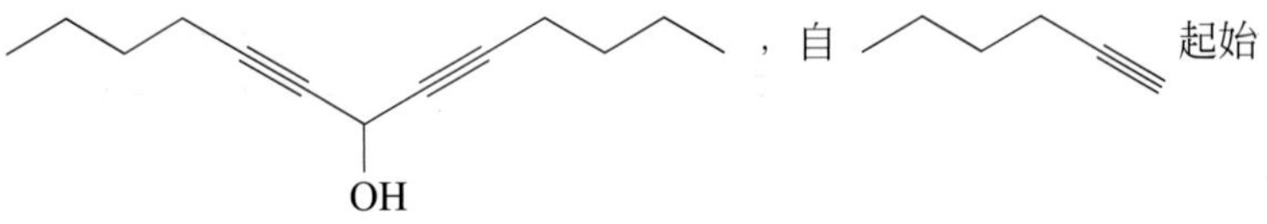

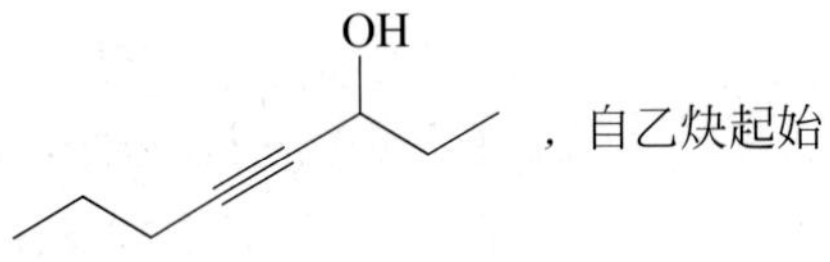

**（b）** ，自乙炔起始

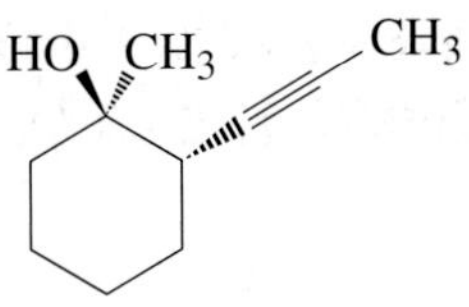

---

### 练习13-11

**外消旋体**

以甲基环己烷和其他合成砌块或试剂为原料，对页边所示的炔醇进行逆合成分析（**注意**：参见 8-9 节。要求写出从产物开始到原料的步骤，原料中必须有甲基环己烷。采用逆合成箭头：$\Longrightarrow$。须把控相关的立体化学）。

---

## 小 结

炔烃可以通过其他炔烃与一级卤代烷、环氧乙烷或羰基化合物等的烷基化反应制备。炔烃自身也可以通过多步反应进行烷基化。

# 13-6 | 炔烃的还原：两个π键的相对反应性

现在，从炔烃的制备转到叁键的特征反应。除了炔基能提供两个π键外，在很多方面，炔烃的反应很像烯烃。炔烃也能发生加成反应，如氢化反应和亲电进攻。

**试剂A—B对炔烃的加成**

$$R-C\equiv C-R \xrightarrow{A-B} \underset{A}{\overset{R}{C}}=\underset{B}{\overset{R}{C}} \ \text{或} \ \underset{A}{\overset{R}{C}}=\underset{R}{\overset{B}{C}} \xrightarrow{A-B} A-\underset{A}{\overset{R}{\underset{B}{C}}}-\underset{B}{\overset{R}{C}}-B \ \text{或} \ A-\underset{B}{\overset{R}{\underset{A}{C}}}-\underset{A}{\overset{R}{C}}-B$$

本节将介绍两个新的氢加成反应即：分步氢化反应和钠参与的溶解-金属还原反应，分别生成顺式和反式烯烃。

## 炔烃的催化氢化反应可生成顺式烯烃

炔烃的氢化反应可在与烯烃氢化相同的条件下进行，典型的条件是：在氢气气氛下，把铂碳或钯碳悬浮在炔烃的溶液中。在此条件下，叁键可被完全氢化。

**炔烃的完全氢化**

$$CH_3CH_2CH_2C\equiv CCH_2CH_3 \xrightarrow{H_2, Pt} \underset{\underset{\text{庚烷}}{100\%}}{CH_3CH_2CH_2CH_2CH_2CH_2CH_3}$$

**3-庚炔**

炔烃的氢化反应是分步进行的。通过采用改性的催化剂，如：林德拉[1]（Lindlar）催化剂可以使氢化反应停留在中间体烯烃阶段。把钯沉淀在碳酸钙表面上，并经乙酸铅和喹啉处理可制得 Lindlar 催化剂。相对于钯碳，该催化剂的金属表面重排成活性较低的构型，导致炔烃只有第一个π键被氢化。和烯烃的催化氢化反应一样（12-2 节），$H_2$ 对炔的加成是顺式加成（见页边）。这样就提供了一个从炔烃立体选择性地合成顺式烯烃的方法。

**对炔烃的一个π键的加成有两个拓扑模式**

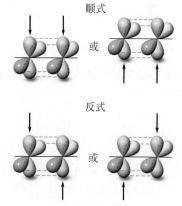

顺式

或

反式

**林德拉（Lindlar）催化剂催化氢化**

**3-庚炔** $\xrightarrow[\text{两个氢顺式加成}]{H_2, \text{Lindlar 催化剂, } 25°C}$ **顺-3-庚烯**
100%

**Lindlar催化剂的组分**

5% Pd-CaCO₃,

$$Pb(O\overset{\displaystyle O}{\overset{\|}{C}}CH_3)_2,$$

**喹啉**

❶ 赫伯特·W. 林德拉（Herbert W. Lindlar，1909—2009）博士，罗氏制药（Hoffman–La Roche）有限公司，巴塞尔，瑞士。

## 练习13-12

写出下列反应产物的结构。

$\xrightarrow{\text{H}_2, \text{Lindlar 催化剂, 25°C}}$

## 练习13-13

香料工业大量利用天然产物，如玫瑰和茉莉的萃取物。很多情况下，通过分离天然产物只能获得少量的芳香油，以至于必须用合成方法来制备。紫罗兰的香味成分就是一个例子，它含有反-2-顺-6-壬二烯-1-醇和相应的醛。在大量合成时，顺-3-己烯-1-醇是中间体。工业制备顺-3-己烯-1-醇的方法属于"高度机密"。采用本节和前节介绍的方法，提出从1-丁炔合成顺-3-己烯-1-醇的路线。

有些香水具有星级的品质。

掌握了合成顺式烯烃的方法，是否可以改进炔烃还原反应以获得单一的反式烯烃呢？回答是肯定的。使用不同的还原试剂，经过不同的反应历程，就能达到这一目的。

### 炔烃连续单电子还原生成反式烯烃

使用溶于液氨的金属钠（**溶解-金属还原反应**）作为炔烃的还原试剂可以得到反式烯烃。例如，用此法可以将3-庚炔还原成反-3-庚烯。与液氨中作为强碱的氨基钠不同，钠溶于液氨生成 Na$^+$ 和溶剂化的电子，液氨中的元素钠是强的电子供体（也就是一个还原试剂）。

**炔烃的溶解-金属还原反应**

$\xrightarrow[\substack{\text{两个氢原子的} \\ \text{反式(anti)加成}}]{\substack{\text{1. Na, 液 NH}_3 \\ \text{2. H}_2\text{O}}}$

86%

**3-庚炔**                                    **反-3-庚烯**

反应

还原反应机理：步骤1是叁键的 π 骨架接受一个电子生成自由基负离子。这个负离子被溶剂氨质子化（步骤2）产生烯基自由基，接着被进一步还原，接受另一个电子成为烯基负离子（步骤3）。这个负离子再被质子化（步骤4）得到烯烃化合物，产物不能被进一步还原，并且优先给出空间位阻较小的反式烯基自由基，产物烯烃的反式立体化学在反应的前两步就被决定了，在此反应条件下（液氨，-33℃），第二个单电子转移比自由基的顺式-反式异构体间的互变平衡要快得多。这类还原反应通常都得到立体化学纯度大于98%的反式烯烃。

## 液氨中金属钠还原炔烃的反应机理

**步骤1.** 第一次单电子转移

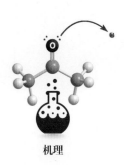

机理

R基团接受反式几何构型
以使空间位阻最小化

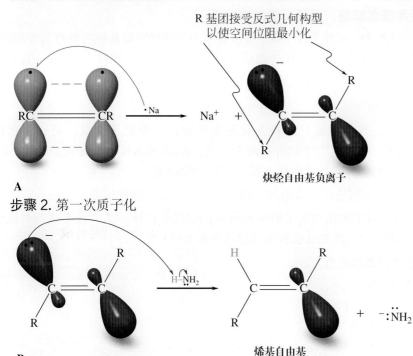

炔烃自由基负离子

**A**

**步骤2.** 第一次质子化

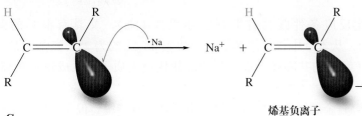

烯基自由基

**B**

**步骤3.** 第二次单电子转移

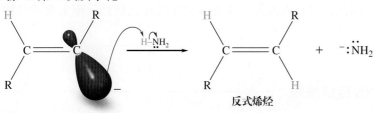

烯基负离子

**C**

**步骤4.** 第二次质子化

反式烯烃

**D**

云杉蚜虫是严重的害虫。

　　下列反应式显示了溶解-金属还原反应在合成云杉蚜虫性信息素中的应用。该蚜虫对北美的云杉和冷杉树林是最具破坏性的害虫。在美国和加拿大有几百处采用信息素"诱饵"作为控制害虫综合策略的一部分（12-17节）。关键反应是还原11-十四炔-1-醇得到相应的反式烯醇。后续的氧化成醛的反应完成了整个合成。

伯醇

被PCC氧化为醛(8-5节)

$$HO(CH_2)_{10}C \equiv CCH_2CH_3 \xrightarrow[\text{还原}]{Na, \text{液 }NH_3}$$

**11-十四炔-1-醇**

反-11-十四烯-1-醇

$$\xrightarrow[\text{氧化}]{PCC, CH_2Cl_2 \atop (8-5\text{节})}$$

云杉蚜虫的性信息素

**解题练习13-14**

**运用概念解题：还原反应的选择性**

　　1,7-十一二炔（11个碳）与液氨中的金属钠和氨基钠的混合物作用时，只有内炔烃被还原得到产物反-7-十一烯-1-炔，请解释。（**提示**：氨基钠和端炔氢之间会发生什么反应？**注意**：$NH_3$ 的 $pK_a=35$）。

　　**策略**：

- **W**：有何信息？原料含有两个叁键：一个处于末端，另一个在内部。在"瓶"中同时有两个试剂：Na和$NaNH_2$，已知反应结果，我们的任务就是从机理上解释所得到的结果。

- **H**：如何进行？考虑在上述反应条件下底物的作用。

- **I**：需用的信息？了解钠和氨基钠的化学性质。其中每个试剂对底物中的官能团起什么作用（13-2节和本节）？

- **P**：继续进行。

　　**解答**：

- 反应式如下：

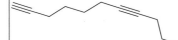

$$\xrightarrow{\text{Na, NaNH}_2,\ NH_3}$$

- 此反应条件既具有很强的还原性（Na），又具有很强的碱性（$NaNH_2$）。从本章中已经了解到，端炔氢 $pK_a$ 大约为25。氨基钠是非常弱的酸（氨）的共轭碱，很容易使端炔快速去质子，生成炔基负离子，$RC≡C:^-$。

- 溶解-金属还原反应过程需要电子转移到叁键。但是，去质子化后端炔上的负电荷排斥任何外加电子的进入，致使这种特定的叁键不能被还原。因此，只有内部的叁键被还原生成反式烯烃，而末端的叁键保持不变。

---

**13-15 自试解题**

　　2,7-十一烷二炔与液氨中的金属钠和氨基钠的混合物作用，反应结果是什么？解释与练习13-14的结果有哪些区别。

---

## 小　结

　　炔烃在反应性上和烯烃很相似，只是炔烃有两个 π 键，这两个 π 键都能进行加成反应而达到饱和。采用 Lindlar 催化剂可以只氢化一个 π 键，得到顺式烯烃。炔烃用液氨中的钠处理，可转化成反式烯烃，反应包括两个连续的单电子还原过程。

## 13-7 | 炔烃的亲电加成反应

作为高电子密度的中心，叁键很容易被亲电试剂进攻。本节将讲述三个这样的反应：卤化氢的加成反应，与卤素的反应和水合反应。水合反应用二价汞离子催化。与加成到非对称烯烃的情况一样（12-3 节），末端炔烃的反应也遵循马氏（Markovnikov）规则：亲电试剂加成到末端（较少取代）碳原子上。

### 卤化氢的加成反应生成卤代烯烃和偕二卤代烷烃

溴化氢与 2-丁炔的加成反应生成 (Z)-2-溴-2-丁烯。研究表明 HX 对炔的加成反应的确切机理取决于炔的性质和反应条件。除了中间体是烯基碳正离子外，我们可以化繁为简，写出与卤化氢加成烯烃类似的反应机理（12-3 节）。在这些物种中，碳正离子是 sp 杂化，因而具有线形结构。空轨道与 π 键垂直，并且是 p 轨道，它是炔的第二个 π 键的一部分，与 sp² 杂化碳原子及其取代基共平面（页边图）。由于 sp 杂化的正电中心的电负性相对于 sp² 杂化的大，烯基碳正离子的反应活性远远高于相应的烷基碳正离子（13-2 节）。

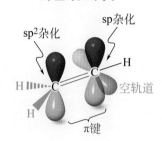

烯基碳正离子

sp² 杂化

sp杂化

空轨道

π键

#### 卤化氢对内炔烃的加成反应

$$CH_3C{\equiv}CCH_3 \xrightarrow{HBr,\ Br^-}$$

（图：(Z)-2-溴-2-丁烯结构式）

60%

**(Z)-2-溴-2-丁烯**

反应

#### HBr对2-丁炔加成反应机理

**HBr 的顺式加成**

$$H^+ + H_3C{-}{\equiv}{-}CH_3 \longrightarrow$$

空 p 轨道

小位阻：动力学进攻

sp 杂化碳

sp² 杂化碳

:Br:⁻

顺式产物: E

机理

**E 式到 Z 式的异构化**

绕单键旋转

共振稳定

更稳定的产物: Z

2-丁炔氢溴化反应的机理是从质子化产生相应的烯基碳正离子开始的。溴负离子的亲核淬灭发生在位阻较小的一侧（与 H 取代基相连的 sp$^2$ 杂化碳原子同侧），先形成 (E)-2-溴-2-丁烯。该产物有两个互为顺式的大位阻甲基，能够发生酸催化的重排反应，生成观测到的更稳定产物 (Z)-2-溴-2-丁烯。由于是经过共振稳定的碳正离子中间体，卤代烯烃的这种重排相当容易。因此，HX 对炔的加成很难停留在这个阶段，很快就会发生双加成反应。依据马氏（Markovnikov）规则，产物有两个卤原子连接在同一碳原子上，即偕（geminal）二卤代烷。

$$\underset{\text{H}_3\text{C}}{\overset{\text{H}}{\diagdown}}\text{C}=\text{C}\underset{\text{Br}}{\overset{\text{CH}_3}{\diagup}} \quad\xrightarrow{\text{HBr}}\quad \text{CH}_3\text{CHCCH}_3 \;\; \overset{\text{H}\;\text{Br}}{\underset{\text{Br}}{}}$$

两个溴加到同一个碳上

90%

2,2-二溴丁烷

卤化氢对端基炔的加成也按马氏（Markovnikov）规则进行。例如：即使在低温下，反应也不能有效地停止在卤代烯烃的阶段。

**卤化氢对端基炔的加成**

$$\text{CH}_3\text{C}{\equiv}\text{CH} \quad\xrightarrow{\text{HI},\,-70\,^\circ\text{C}}\quad \underset{\text{H}_3\text{C}}{\overset{\text{I}}{\diagdown}}\text{C}=\text{C}\underset{\text{H}}{\overset{\text{H}}{\diagup}} \;+\; \text{CH}_3\text{C}-\text{C}-\text{H}$$

两个碘加到同一碳上

两个氢加到同一碳上

35%　　　　　　65%

### 练习13-16

写出下列化合物进行双氢碘化反应的产物：（**a**）1-壬炔；（**b**）4-壬炔；（**c**）环壬炔。（**注意：** 每个反应仅有一个产物吗？）

**3-己炔溴化反应的环状溴镓离子中间体**

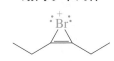

## 卤化反应可能发生一次或二次

卤素对炔烃的亲电加成反应的中间体是邻二卤代烯烃，是一个单一的反式加成产物。如同烯烃的卤化一样，炔的卤化也经过环状的溴镓离子中间体（页边），这解释了上述的结果。再与更多的卤素反应得到四卤代烷烃。例如，3-己炔的卤化反应产生预期的 (E)-二卤代烯烃和四卤代烷烃。

**炔烃的双卤化反应**

$$\text{CH}_3\text{CH}_2\text{C}{\equiv}\text{CCH}_2\text{CH}_3 \xrightarrow[\text{反式加成}]{\text{Br}_2,\,\text{CH}_3\text{COOH},\,\text{LiBr}} \underset{\text{Br}}{\overset{\text{CH}_3\text{CH}_2}{\diagdown}}\text{C}=\text{C}\underset{\text{CH}_2\text{CH}_3}{\overset{\text{Br}}{\diagup}} \xrightarrow{\text{Br}_2,\,\text{CCl}_4} \text{CH}_3\text{CH}_2\text{C}-\text{CCH}_2\text{CH}_3 \;\underset{\text{Br}\;\text{Br}}{\overset{\text{Br}\;\text{Br}}{}}$$

3-己炔　　　　　　　　　　　　　99%　　　　　　　　　95%

　　　　　　　　　　　(E)-3,4-二溴-3-己烯　　3,3,4,4-四溴己烷

### 练习13-17

写出一分子和两分子 Cl$_2$ 与 1-丁炔加成反应的产物。

### 汞离子催化炔烃的水合反应生成酮

和烯烃化合物的水合反应过程类似，水也能按马氏（Markovnikov）规则加到炔烃上得到醇，在这里得到的是**烯醇**（enol），即羟基和双键碳相连。在 12-16 节中已提到，烯醇通过羟基的去质子化和远端双键碳的再质子化自动重排成其异构体羰基化合物。这个称之为**互变异构**（tautomerism）的过程可使两个异构体通过同时发生质子和双键的移动而相互转化。可说成是烯醇互变异构化为羰基化合物，而这两个物质称作**互变异构体**（tautomer，希腊语，*tauto* 是"相同"的意思，*meros* 是"部分"的意思）。在第 18 章讨论羰基化合物的化学性质时，将更详细地讨论互变异构现象。水合反应及随后的互变异构使炔烃转化成酮。和烯烃一样，炔烃的水合反应也能在含水的酸中进行，但是，由于中间体烯基正离子的能量较高，需要较高的反应温度。使用 Lewis 酸催化剂可以解决这个问题，除 Ag(+1 价) 或 Cu(+2 价)盐外，最常使用 $HgSO_4$ 作催化剂。

**炔烃的水合反应**

$$RC \equiv CR \xrightarrow{\text{HOH, H}^+, \text{催化剂 HgSO}_4} RCH = CR \text{(OH)} \xrightarrow{\text{互变异构}} RC \text{(H)} - CR \text{(H, O)}$$

烯醇　　　　　　　　　酮

炔烃的水合反应遵循马氏（Markovnikov）规则：端炔产生甲基酮。

**端炔的水合反应**

$$\xrightarrow{\text{H}_2\text{SO}_4, \text{H}_2\text{O}, \text{HgSO}_4}$$

91%

#### 练习13-18

写出上述反应中烯醇中间体的结构。

对称的内炔烃生成单一的羰基化合物，而不对称的炔烃生成酮的混合物。

**内炔烃的水合反应**

$$\xrightarrow{\text{H}_2\text{SO}_4, \text{H}_2\text{O}, \text{HgSO}_4}$$

80%
唯一可能的产物

**内炔烃的水合反应生成两个酮的混合物的示例**

$$CH_3CH_2CH_2C \equiv CCH_3 \xrightarrow{\text{H}_2\text{SO}_4, \text{H}_2\text{O}, \text{HgSO}_4} CH_3CH_2CH_2\overset{O}{\overset{\|}{C}}CH_2CH_3 + CH_3CH_2CH_2CH_2\overset{O}{\overset{\|}{C}}CH_3$$

50%　　　　　　　　　　　　　　　50%

### 练习13-19

（**a**）写出（i）乙炔，（ii）丙炔，（ii）1-丁炔，（iv）2-丁炔，（v）2-甲基-3-己炔的汞离子催化水合反应的产物。

（**b**）写出 Lewis 酸催化水合反应能生成下列酮的炔烃化合物。

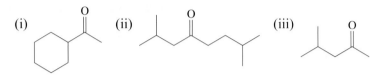

(i)　　　(ii)　　　(iii)

### 解题练习13-20

**运用概念解题：炔烃在合成中的应用**

设计一条从化合物 A 到 B（页边）的合成路线。[**提示**：考虑经过炔基醇 $(CH_3)_2CC\equiv CH$ 的合成路线]。

**策略：**

- **W：** 有何信息？提示告诉我们，本题的逆合成分析可能为下式：

- **H：** 如何进行？先考虑从本章中学到了哪些有利于解题的知识。本节学习了炔烃如何经过汞离子催化的水合反应转变成酮。13-5节介绍了通过炔基负离子形成碳-碳键的新策略。从三碳酮A（丙酮）出发，首先的任务是引入两个碳的炔基。

- **I：** 需用的信息？参见13-5节，可以选择一个方法把乙炔转化成相应的负离子。

- **P：** 继续进行。

**解答：**

- 负离子加到丙酮得到需要的中间体醇。

$$HC\equiv CH \xrightarrow{\text{LiNH}_2 \text{ (1 e.q.), 液 NH}_3} HC\equiv CLi \xrightarrow[\text{2. H}_2\text{O}]{\text{1.}} $$

- 最后，如同前页所示的环己基衍生物的水合反应，进行末端炔基官能团的水合反应以完成整个合成。

$$\xrightarrow{\text{H}_2\text{SO}_4,\ \text{H}_2\text{O},\ \text{HgSO}_4}$$

设计由 1-丁炔合成反-3-己烯的路线。

## 小 结

炔烃能和亲电试剂，如卤化氢或卤素进行一次或两次反应。端炔的反应遵循 Markovnikov 规则。汞离子催化的水合反应生成烯醇，随后通过互变异构转化成酮。

# 13-8 | 叁键的反马氏加成

正如双键能进行反马氏（anti-Markovnikov）加成（12-8 节及 12-13 节）一样，端炔也可进行相似的反马氏加成。

### HBr 的自由基加成端炔得到 1-溴烯烃

和烯烃一样，在光照或其他自由基引发剂的存在下，溴化氢经过自由基反应对叁键进行反马氏加成，溴优先加到链端，而且顺式和反式加成都存在。

$$CH_3(CH_2)_3C\equiv CH \xrightarrow{\text{HBr, ROOR}} CH_3(CH_2)_3CH=CHBr$$

74%

**1-己炔**        **顺- 和反-1-溴-1-己烯**

## 练习 13-22

参见 12-13 节，描述在过氧化物引发下丙炔的反马氏（anti-Markovnikov）溴化氢加成反应的机理。注明链引发和链增长步骤。

### 端炔的硼氢化-氧化反应生成醛

和烯烃的反应相同，炔烃的硼氢化反应是区域选择性的，并遵循反马氏规则，硼进攻位阻较小的碳原子。但是，若使用无取代的硼烷，两个 π 键可被连续硼氢化。为了停在烯基硼烷的阶段，必须使用带有大位阻基团的硼烷试剂，例如，二环己基硼烷。

**末端炔烃的硼氢化反应**

$$CH_3(CH_2)_5C\equiv CH + \left(\bigcirc\right)_2 BH \xrightarrow[\text{反马氏加成}]{\text{THF}}$$

94%

**1-辛炔**    **二环己基硼烷**    **二环己基(E-1-辛烯基) 硼烷**

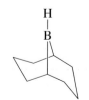

**双(1,2-二甲基丙基)硼烷**

**9-硼杂双环[3.3.1]壬烷 (9-BBN)**

## 练习 13-23

（**a**）二环己基硼烷可通过硼氢化反应制备。反应的原料是什么？（**b**）双(1,2-二甲基丙基)硼烷和 9-硼杂双环[3.3.1]壬烷（简写为 9-BBN，参见页边）是两个在有机合成中常用的二烷基硼烷。请提出它们的制备方法。

和烷基硼烷（12-8 节）一样，烯基硼烷能被氧化成相应的醇，此时，端烯醇可自动重排成醛。

**端炔的硼氢化-氧化反应**

$$CH_3(CH_2)_5C\equiv CH \xrightarrow[\text{反马氏硼氢化-氧化反应}]{\substack{\text{1. 二环己基硼烷}\\ \text{2. }H_2O_2,\ HO^-}}\ \left[\ \underset{\text{烯醇}}{\overset{\displaystyle CH_3(CH_2)_5}{\underset{H}{C}}=\overset{\displaystyle H}{\underset{OH}{C}}\ }\right]\ \xrightarrow{\text{互变异构}}\ \underset{\substack{70\%\\ \text{辛醛}}}{CH_3(CH_2)_5\overset{H}{\underset{H}{C}}-\overset{O}{C}H}$$

1-辛炔                      OH 连在取代基少的碳上

## 练习13-24

（**a**）写出（i）乙炔，（ii）1-丙炔，（iii）2-丁炔，（iv）环壬炔的硼氢化-氧化反应的产物。

（**b**）通过硼氢化-氧化反应得到下列羰基化合物，哪些炔烃是适合的前体？

(i)    (ii)    (iii)

## 练习13-25

列出由 2,2- 二甲基丁烷得到下列化合物的合成路线。

$$(CH_3)_3CCH_2\overset{O}{C}H$$

---

## 小 结

在过氧化物存在下，HBr 与端炔进行遵循反马氏规则的加成反应得到 1-溴烯烃。端炔和带有大位阻基团的硼烷进行硼氢化-氧化反应得到烯醇中间体，然后互变异构成最终的产物醛。

---

# 13-9 | 烯基卤化物的化学

已知，脱卤化氢制备炔烃的反应和卤化氢对炔烃的加成反应都经过中间体卤代烯烃（烯基卤化物）。近年来，由于金属有机化学的发展，作为合成中间体，烯基卤化物的重要性越来越受到关注。但是，这个体系并不同于我们熟知的卤代烷烃的反应机理（第 6 章和第 7 章）。本节将讨论它们的反应性。

## 烯基卤化物不发生 $S_N2$ 或 $S_N1$ 反应

和卤代烷烃不同，烯基卤化物对亲核试剂是相对不活泼的。虽然我们已经知道在强碱作用下，烯基卤化物经消除反应能得到炔烃，但是，烯基卤化物并不与弱碱或相对来说不具碱性的亲核试剂（例如碘化物）反应。同样，一般也不发生 $S_N1$ 反应，因为过渡态中间体烯基正离子是高能量的。

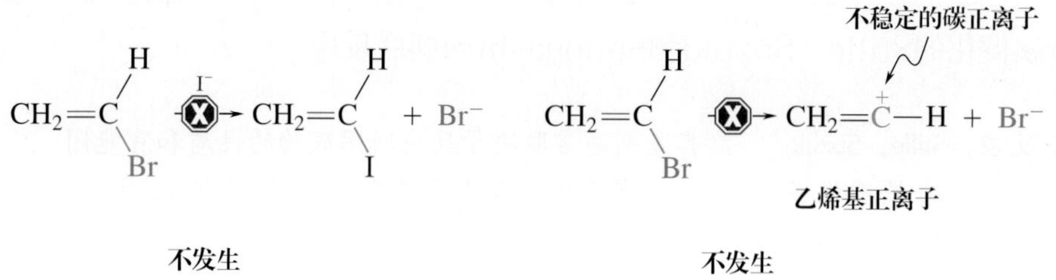

不发生　　　　　　　　　不发生

但是，烯基卤化物可以通过生成烯基金属有机化合物作为中间体进行反应（练习 11-6）。从这个中间体出发可以合成许多特定取代的烯烃化合物。

### 烯基金属有机化合物在合成中的应用

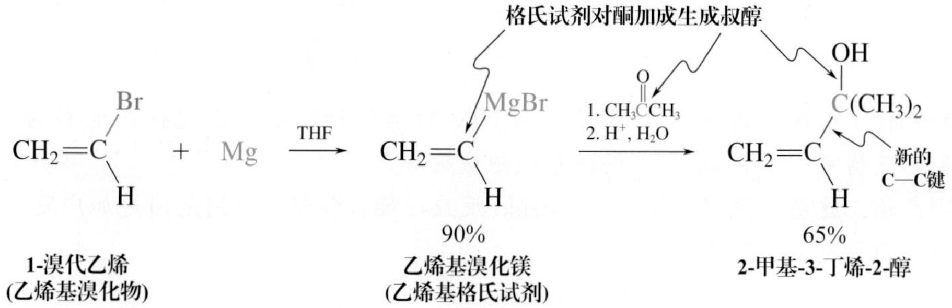

格氏试剂对酮加成生成叔醇

1-溴代乙烯
(乙烯基溴化物)

乙烯基溴化镁
(乙烯基格氏试剂)

2-甲基-3-丁烯-2-醇

90%　　　　65%

## Heck反应：金属催化剂使烯基卤化物与烯烃偶联

在可溶的金属络合物（如：Ni 和 Pd 的络合物）存在时，烯基卤化物能与烯烃发生形成碳-碳键的反应，生成二烯，同时释放出一分子的卤化氢，这个过程称为 **Heck**[1] **反应**（Heck reaction）。

### Heck反应

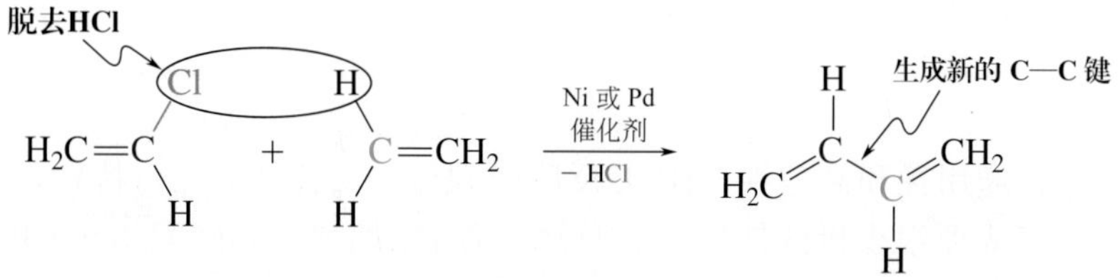

脱去HCl　　　　　　生成新的 C—C 键

和其他过渡金属催化的交叉偶联反应一样（8-3 真实生活），该反应以催化剂为中心进行片段组装，然后形成碳-碳键。Heck 反应的简化机理起始于金属进攻烯基卤化物，得到烯基金属卤化物（1）。然后，烯烃与金属络合（2），插入到碳-金属键中，形成新的碳-碳键（3）。最后，以类似 E2 模式脱去 HX 得到二烯产物，并释放出金属催化剂（4）。

### Heck反应的机理

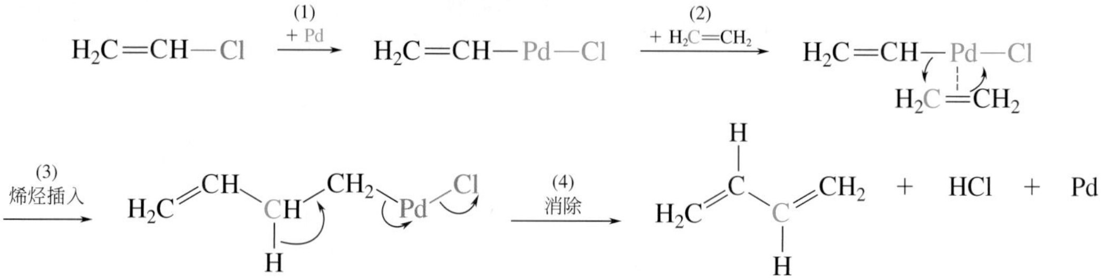

(1) + Pd　　(2) + H₂C=CH₂

(3) 烯烃插入　　(4) 消除

❶ 理查德·F. 赫克（Richard F. Heck，1931—2015）教授，美国特拉华大学，2010年诺贝尔化学奖获得者。

**真实生活：** 合成  **金属催化的Stille、Suzuki和Sonogashira偶联反应**

除 Heck 反应之外另有三个反应，Stille，Suzuki 和 Sonogashira[1] 反应进一步扩展了过渡金属催化成键反应的范围。所有的反应都只用催化量的钯或镍；其差别通常取决于反应所用底物的性质和官能团。

在 Stille 偶联反应中，Pd 催化烯基卤化物与烯基锡试剂直接偶联。

### Stille偶联反应

93%

碘化亚铜（I）和砷衍生的配体（$R_3As$）进一步加速这个高效的反应。该反应产物可以转化成与微生物衍生紧密相关的天然产物，这些天然产物是与免疫和炎症应答因子相关的抑制剂。这个因子也对 HIV 的活化和细胞凋亡过程产生影响，而使癌细胞被破坏。

Suzuki 反应以硼代替锡，应用范围更加广泛。

### Suzuki偶联反应

63%

[1] 约翰·K. 斯蒂尔（John K. Stille，1930—1990 年）教授，科罗拉多州立大学；铃木章（Akira Suzuki，1930 年生）教授，仓敷艺术科学大学，日本，2010 年诺贝尔化学奖获得者；蘭头健吉（Kenkichi Sonogashira，1931 年生）教授，大阪城市大学，日本。

由于其通用性和高效性，Heck 反应受到日益增长的关注。特别是，相对于底物仅需要很少量的催化剂。通常仅需 1% 醋酸钯和膦配体（$R_3P$）就足以催化反应。

### Heck反应示例

72%

67%

Suzuki 偶联反应成功地应用于一级和二级卤代烷, 但这些底物并不适于 Stille 反应。在下面的例子中, Ni 的结果比 Pd 更好。含硼的底物（硼酸）可以由端炔烃与专门试剂（邻苯二酚硼烷）的硼氢化反应制备。

**烯基硼酸的制备**

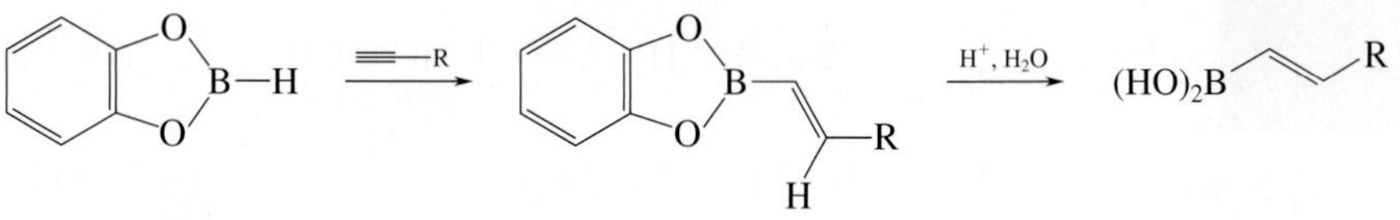

邻苯二酚硼烷                            烯基硼酸

在商业上, 硼酸被大量制备, Suzuki 偶联反应已成为主要的工业生产方式。硼酸比有机锡化合物稳定且易处理。有机锡化合物有毒, 处理时要特别小心。

最后, Sonogashira 反应有自己的特点, 在连接烯基和炔基的结构单元方面是首选方法。如同 Stille 反应, 采用 Pd、CuI 和氮族元素配体。但是, 对于端炔不需要锡即可直接反应。加入碱以除去副产物 HI。

**Sonogashira偶联反应**

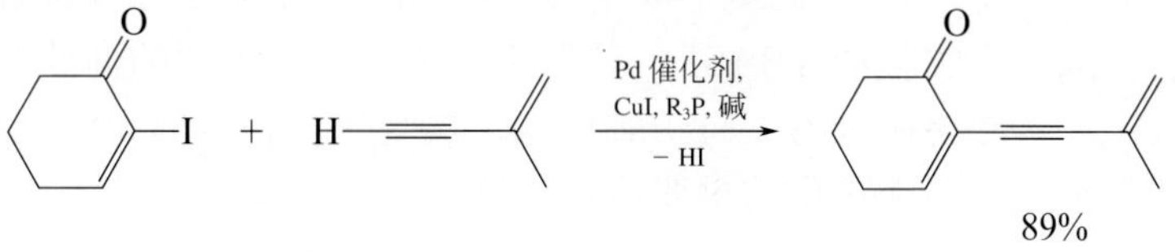

89%

---

**练习13-26**

写出所列 Heck 反应示例中的第一个反应的机理。

---

## 小 结

烯基卤化物在亲核取代反应时是不活泼的。但是, 在转化为烯基锂或烯基格氏试剂后, 或有过渡金属催化剂, 如 Ni 和 Pd 存在时, 能参与形成碳-碳键的反应。

# 13-10 | 作为工业原料的乙炔

乙炔曾是化学工业中 4～5 个主要原料中的一个, 其原因有二：单个 π 键的加成反应可得到很有用的烯烃单体 (12-15 节); 同时, 乙炔又是高含热化合物。由于石油化工技术的发展, 很容易得到廉价的乙烯、丙烯、丁二烯和其他烃类化合物, 乙炔的工业应用日益减少。但是, 预期在 21 世纪石油资源

乙炔燃烧时的生动展示，其中乙炔是由水加碳化钙而产生的。[*W. H. Freeman photo by Ken Karp*]

会迅速减少，以致必须开发其他能源，煤就是其中之一。目前还没有一个已知的技术能把煤直接转化成前面提到的烯烃化合物。然而，通过煤和氢气作用或以焦炭（煤除去挥发性物质后的残余物）与石灰石作用生成的碳化钙为原料都可以制备乙炔。这样，乙炔可能会再次成为重要的工业原材料。

### 煤生产乙炔需要高温

乙炔是高含热化合物，决定了其生产过程也是高能耗的。煤和氢气制备乙炔的生产过程需在电弧反应器中进行，反应温度高达数千摄氏度。

$$煤 \ + \ H_2 \xrightarrow{\triangle} HC{\equiv}CH \ + \ 非挥发的盐$$
$$转化率33\%$$

工业上大规模生产乙炔最老的方法是以碳化钙为原料的。把石灰石（氧化钙）和焦炭一起加热到大约 2000℃，得到预期的产物碳化钙，并放出一氧化碳。

$$\underset{煤}{3\,C} \ + \ \underset{石灰}{CaO} \xrightarrow{2000℃} \underset{碳化钙}{CaC_2} \ + \ CO$$

然后，碳化钙与水在室温下反应生成乙炔和氢氧化钙。

$$CaC_2 \ + \ 2\,H_2O \longrightarrow HC{\equiv}CH \ + \ Ca(OH)_2$$

### 乙炔是制备许多工业用重要单体的原料

20 世纪 30～40 年代，德国路德维希港的 Badische Anilin 和 Sodafabriken 的实验室（BASF）对乙炔化学进行了重要的商业开发。有催化剂存在时，乙炔在压力下与一氧化碳、羰基化合物、醇和酸反应可合成出多种可用于进一步转化的重要原料。例如，羰基镍催化的一氧化碳和水对乙炔的加成生成丙烯酸。在相同的条件下，若以醇或氨替代水可得到相应的羧酸衍生物。所有这些产物都是很有用的单体（2-15 节）。

**乙炔的工业化学**

$$HC{\equiv}CH \ + \ CO \ + \ H_2O \xrightarrow{Ni(CO)_4,\ 100atm,\ >250℃} \underset{丙烯酸}{\overset{\displaystyle H}{\underset{\displaystyle H}{C}}{=}CHCOOH}$$

丙烯酸及其衍生物的聚合反应可以制备有广泛用途的材料。聚丙烯酸酯是一类有韧性、有弹性且柔软的聚合物，在很多方面可代替天然橡胶（14-10 节）。聚丙烯酸乙酯可用作 O 型环、阀门的密封材料，以及汽车用的有关材料。其他的聚丙烯酸酯在生物医学和牙科（如假牙）中也有应用。

使用炔化铜作催化剂，甲醛可高效地与乙炔加成。

$$HC{\equiv}CH \ + \ CH_2{=}O \xrightarrow{Cu_2C_2\text{-}SiO_2,\ 125℃,\ 5atm} \underset{\substack{\textbf{2-丙炔-1-醇}\\\textbf{(炔丙基醇)}}}{HC{\equiv}CCH_2OH} \ 或 \ \underset{\textbf{2-丁炔-1,4-二醇}}{HOCH_2C{\equiv}CCH_2OH}$$

生成的醇是很有用的合成中间体。例如，通过氢化反应和酸催化的脱水反应，2-丁炔-1,4-二醇是生产四氢呋喃（氧杂环戊烷）的前体。四氢呋喃是使用格氏试剂和有机锂试剂时最广泛使用的溶剂之一。

**氧杂环戊烷（四氢呋喃）的合成**

$$HOCH_2C \equiv CCH_2OH \xrightarrow{\text{催化剂, } H_2} HO(CH_2)_4OH \xrightarrow[-H_2O]{\substack{H_3PO_4, pH=2, \\ 260\sim280℃, 90\sim100atm}}$$

99%
**氧杂环戊烷**
**(四氢呋喃, THF)**

目前已开发了一些试剂 $^{\delta+}A—B^{\delta-}$ 催化加成叁键的合成技术。例如，与氯化氢催化加成得到氯乙烯（乙烯基氯化物），与氰化氢加成生成丙烯腈。

**乙炔的加成反应**

$$HC \equiv CH + HCl \xrightarrow{Hg^{2+}, 100\sim200℃} \underset{H}{\overset{H}{C}} = CHCl$$

**氯乙烯**
**（乙烯基氯化物）**

$$HC \equiv CH + HCN \xrightarrow{Cu^+, NH_4Cl, 70\sim90℃, 1.3atm} \underset{H}{\overset{H}{C}} = CHCN$$

80%~90%
**丙烯腈**

聚氯乙烯在建筑工业上（如软管和硬管、"乙烯"壁板和门窗框架等）、电缆的绝缘体、医疗器械以及在服装上（如哥特和朋克年轻人的流行服装）都得到广泛的应用。

2014 年，全世界生产了 300 万吨**丙烯酸纤维**（acrylic fiber），其中至少 85% 是聚丙烯腈。它们的应用包括服装（奥伦）、地毯和绝缘体等。丙烯腈与氯乙烯（10%～15%）的共聚物有阻燃功能，已用于婴儿的睡衣。

## 小 结

乙炔曾一度是，将来也可能再次成为具有很大应用价值的工业原料，因为它能与许多底物反应生成大量的有用单体和其他带有官能团的化合物。乙炔可由煤和 $H_2$ 在高温下反应制备。或由碳化钙水解制备。乙炔的某些反应，如羰基化反应、与甲醛的加成反应以及与 HX 的加成反应等，都可进行大规模的工业化反应。

## 13-11 ｜ 自然界和药物中的炔烃

虽然自然界中炔烃化合物相对较稀少，但它们已从各种植物、高级真菌和海洋无脊椎动物中分离得到。目前已知的这类物质已经超过 1000 种，其中有很多具有令人感兴趣的生理活性。1826 年，从春黄菊花中分离得到了第一个具有抗肿瘤特性的天然炔烃化合物——去氢母菊酯。毛蒿素（Capillin）是一类从菊花（*Chrysanthemum*）中萃取的物质，除了能阻止结肠癌、胰腺癌和肺癌的细胞增生外，还具有杀真菌的活性。20 世纪 80 年代，发现了一类全新的、具有极强抗菌、抗肿瘤活性的化合物，例如，卡奇霉素（Calicheamicin）和埃斯帕胺（Esperamicin），它们含有高活性的烯二炔（—C≡C—CH＝CH—C≡C—）和三硫（RSSSR）官能团。

反-去氢母菊酯
(抗肿瘤药)

毛蒿素
(抗真菌和抗肿瘤)

烯二炔基团

卡奇霉素 (X = H)
埃斯帕胺 (X = OR′)
R 和 R′ = 糖基 (第24章)

现转向更多的历险故事。亚马逊河下游盆地的印第安人用一种毒物涂在箭的头部，炔烃化合物鱼石脂（ichthyothereol）是该毒物的活性组分，可引起哺乳动物痉挛。箭毒蛙碱（histrionicotoxin）中有两个烯炔基官能团，它是从"箭毒蛙"的皮中分离得到的。箭毒蛙是树棘蛙属（Dendrobates）中一个带有鲜艳色彩的蛙种。该蛙能释放箭毒蛙碱及类似的毒液和黏膜刺激物，以抵御哺乳动物和爬行动物的进攻。

"箭毒蛙"分泌一种称为箭毒蛙碱的强毒性物质。

鱼藤酮
(抗惊厥)

箭毒蛙碱

很多药物的改进是在合成时引入炔基取代基，用以增加药物的生物利用度和活性，同时降低潜在的毒性。比如：乙炔雌激素，17-乙炔雌二醇，是比天然激素更加有效的生育控制药（4-7 节）。

17-乙炔雌二醇

BIIB021
(肿瘤抑制剂)

EC144
(第二代药)

目前，引入炔基增加有效性的原因还不是很清楚，原因之一可能是疏水炔基结构紧凑，且具有类似于乙基或大小相近基团的"刚性棒"形状。近期开发的处于临床试验阶段的抗癌药 BIIB021 也具有这一特点。在最初的筛选实验时发现，该药物与一种称作热休克蛋白 90——Hsp90 的测试蛋白结合得很紧密。在温度突然升高细胞受激时，热休克蛋白可以起到保护细胞的作用，因此而得名。这个蛋白质还可以调控其他蛋白质的折叠，其中一些蛋白质跟癌变相关。因此对该蛋白的抑制有望对癌症治疗产生积极影响（本例中所料不虚）药物结合部位的 X 射线图（页边）表明，分子与周围环境完美契合，但在五元氮环的上方有一个窄的未占空间（通常被溶剂分子填满）。据此，设计了改良的第二代药物——EC144。其中的改进是，引入一个炔基能精确地指向"空洞"的方向。研究结果表明，该药与 Hsp90 结合的能力更加优良，在小鼠实验中抑制肿瘤生长的性能也更好。

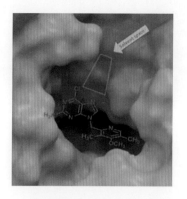

BIIB021 与 Hsp90 的键合（如类似云状的多肽表面所示）。在五元氮环的上方有一个未被占据的空间。[*Courtesy of Peter Vollhardt*]

## 小 结

　　炔烃的结构单元存在于许多具有生理活性的天然和合成化合物中。

## 总 结

　　有关炔烃的学习中遇到的许多问题大都是在烯烃部分所学内容的扩展和延伸。本章探讨了炔烃和烯烃的相似与不同，还应掌握：

- 炔烃的命名与烯烃相似，但是，因为炔烃的碳-碳叁键是线形的，因而没有立体化学的问题（13-1节）。

- 叁键由一个σ键和两个π键组成，连接两个sp杂化的碳原子。叁键比C—C单键和C＝C双键都强（13-2节）。

- 炔基C—H键的氢具有不寻常的酸性（p$K_a$=25），这归结于炔基碳的高s成分的特点（13-2节）。

- 炔烃的红外光谱图显示，在约2100cm⁻¹处有一弱峰（叁键的伸缩振动）和在约3300cm⁻¹处有一强峰（末端C—H）；在¹H NMR谱图中，末端H的峰在约δ = 2处，并与炔基另一边的氢有远程偶合；在¹³C NMR谱图中，炔基碳的峰出现在δ=65～85；质谱裂解会优先生成主要的共振稳定的2-丙炔基（炔丙基）碳正离子（13-3节）。

- 通过邻或偕二卤代烷烃的双E2反应，以及炔基负离子的S$_N$2烷基化反应可制备炔烃化合物（13-4节和13-5节）。

- 根据反应条件和方法H$_2$、HX和卤素可以与炔烃可发生一次或两次加成反应（13-6节和13-7节）。

- 炔烃叁键的催化氢化能完全反应生成烷烃化合物。当使用Lindlar催化剂时，H$_2$单次加成得到顺式烯烃；相反，当使用溶解-金属还原反应，例如，钠在液氨中，则生成反式烯烃（13-6节）。

- 炔烃的亲电加成反应进行的机理与烯烃的相似，生成马氏（Markovnikov）和反马氏（anti-Markovnikov）产物都有可能，主要取决于使用的试剂（13-6节～13-8节）。

- Hg$^{2+}$盐能催化炔烃的Markovnikov水合反应，而炔烃的硼氢化（采用R$_2$BH试剂）-氧化反应则符合反马氏选择性（13-7节和13-8节）。

- 炔烃水合反应的最初产物是烯醇，它不够稳定，会互变异构成更稳定的酮或醛（13-7节和13-8节）。

- 烯基卤化物可发生金属介导的碳-碳键形成反应（13-9节）。

下一章将讨论含多个双键的化合物，包括一些由 Heck 反应或我们刚刚接触到的新的金属有机反应生成的化合物。在第 11 ~ 13 章中反复出现的同样的原理将用来描述这些体系的行为。

# 13-12 | 解题练习：综合运用概念

下面的两个练习将涉及炔烃化学相关的合成和反应机理。第一个练习将比较两个合成复杂酮化合物的方法：首先，应用第 8 章讲到的形成碳-碳键的策略，然后，探讨推广已学习的炔烃偶联方法。第二个练习将第 12 章提到的烯烃 π 键羟溴化反应扩展到叁键的氢溴化，揭示一个有趣的转变。

### 解题练习 13-27　设计以炔烃为基础的合成

**利用含不多于四个碳原子的有机原料，设计高效合成 2,7- 二甲基-4-辛酮的路线。**

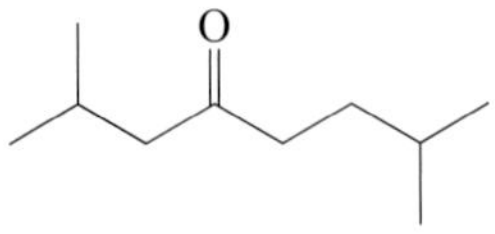

2,7-二甲基-4-辛酮

**解答：**

首先，用逆合成法分析这个问题（8-8 节）。已知哪些制备酮的方法？醇的氧化是一个方法，但这是正确的分析方向吗？如果关注相应的醇前体，我们就会想到，用适当的金属有机试剂加成到醛上可生成 a 键或 b 键（8-8 节）。

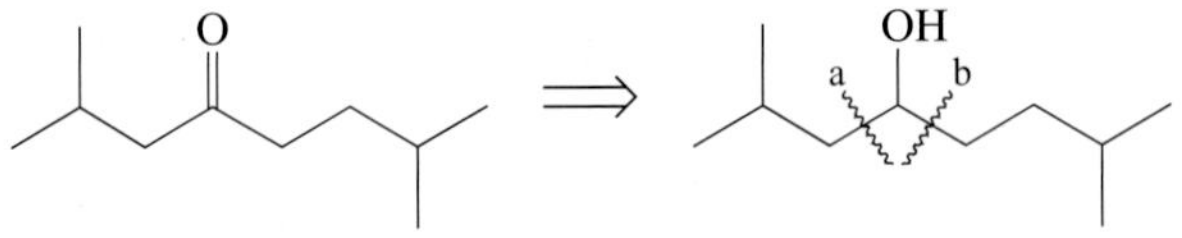

目标分子　　　　　　　　　　　醇前体

计算在合成路线中每个结构单元所需碳原子的数目。合成 a 键需要四个碳的金属有机试剂加成到六个碳的醛上。合成 b 键则需要两个五碳的原料。记住问题的规定，原料仅限于不多于四个碳原子的有机试剂。因此，现在选择的合成路线都是不可采用的。再次考察路线 a，而不是路线 b。为什么？因为，后者需要构建 2 个五碳的片段，而前者仅需要 1 个六碳片段，这个片段可以从四碳或更少的碳构建。

现在，让我们考虑截然不同的第二个合成酮的方法——炔烃的水合反应（13-7 节）。无论 2,7-二甲基-3-辛炔或 2,7-二甲基-4-辛炔都将给出目标分子。但是，只有后者这一对称的炔烃进行水合反应，无需考虑加成的方向都能生成单一的酮。

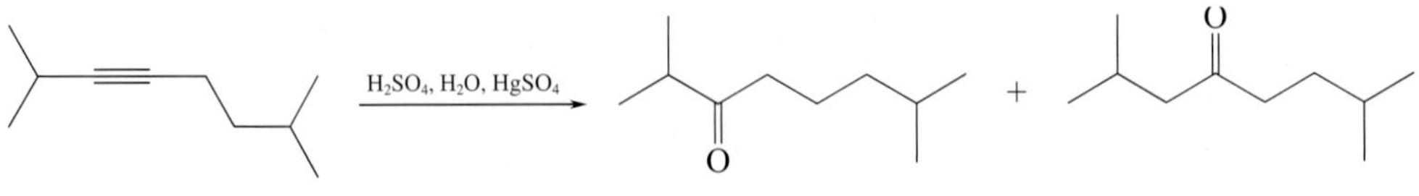

2,7-二甲基-3-辛炔

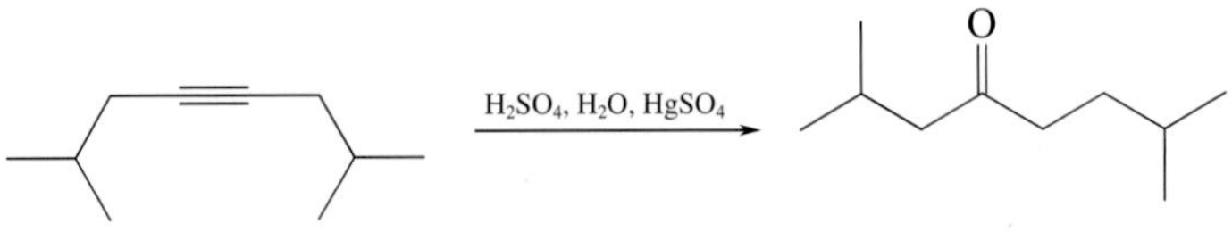

2,7-二甲基-4-辛炔

在选择了 2,7-二甲基-4-辛炔为前体化合物后，要研究从四碳或更少碳的原料合成该前体化合物的方法。端炔的烷基化（13-5 节）提供了成键的方法，分子可分成三个适当的片段，如下所示：

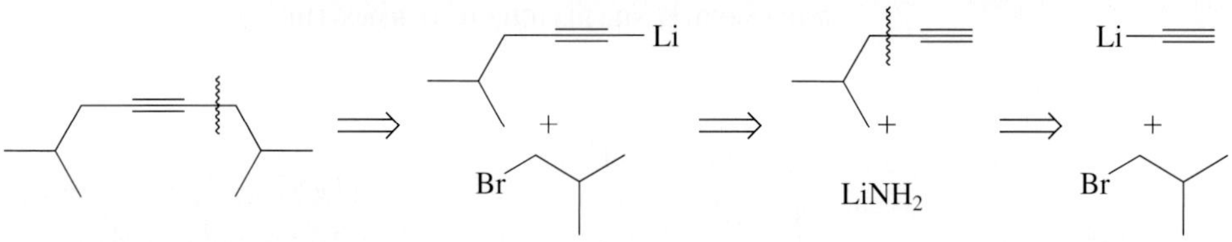

按此分析合成路线可为：

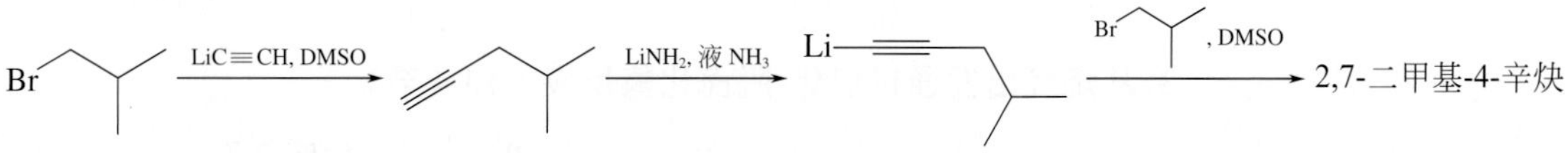

虽然这个三步合成路线是最有效的答案，但最初的考虑是从醇出发合成酮也是一个相关方法。该合成也可以通过炔烃进行。已知构建目标分子 a 键的方法要求金属有机试剂加成到六碳醛。如前式所示的端炔通过硼氢化-氧化反应（13-8 节）可以生成六碳醛。

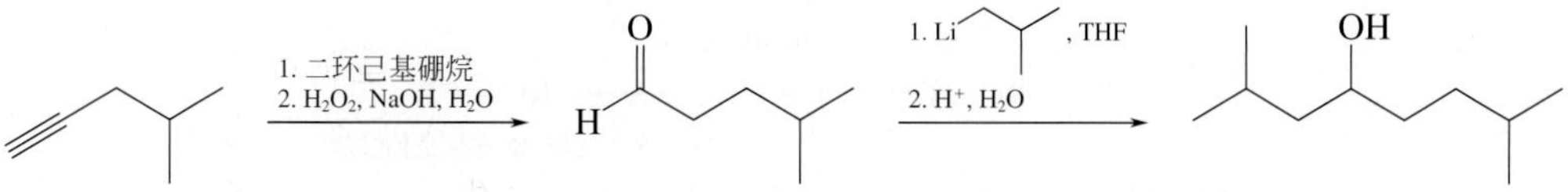

采用 Cr（Ⅵ）试剂进行醇的氧化反应（8-5 节）完成了整个合成，只比前述的第一条优化路线稍长。

## 解题练习13-28　从反应机理预测新反应的产物

**预测在水中溴与端炔反应的产物，反应式如下：**

$$CH_3CH_2C \equiv CH \xrightarrow{Br_2, H_2O}$$

解答：

从反应机理考虑问题。溴加到 π 键生成环状的溴鎓离子，然后被任一亲核试剂进攻开环。和烯烃的反应相似（12-6 节），亲核试剂直接进攻取代基多的烯基碳原子，也就是，带有更多正电荷的碳原子。以此类推，以水作亲核试剂，可以假定下列有合理机理的步骤。

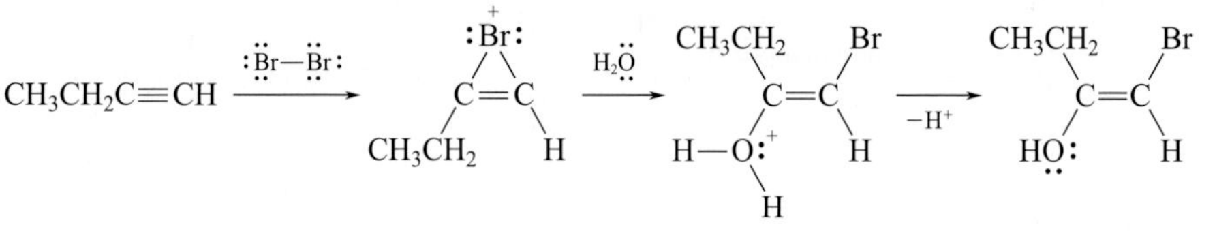

反应的产物是烯醇。我们已知（13-8 节）烯醇是不稳定的，会迅速互变异构成羰基化合物。这时，最后的产物是溴代酮 $CH_3CH_2 \overset{\overset{\displaystyle :O:}{\|}}{-} C-CH_2Br$。

## 新反应

**1. 1- 炔烃的酸性（13-2 节）**

$$RC\equiv CH \;+\; :B^- \rightleftharpoons RC\equiv C:^- \;+\; BH$$

$\mathbf{p}K_a \approx 25$

碱 (B): $NaNH_2$-液 $NH_3$; RLi-$(CH_3CH_2)_2O$; RMgX-THF

### 炔烃的制备

**2. 二卤代烷的双消除反应（13-4 节）**

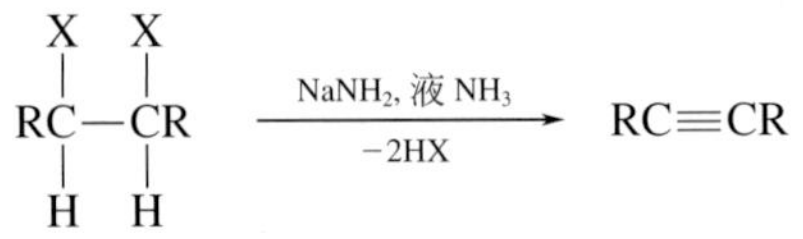

邻二卤代烷

**3. 从烯烃出发通过卤化-脱卤化氢反应（13-4 节）**

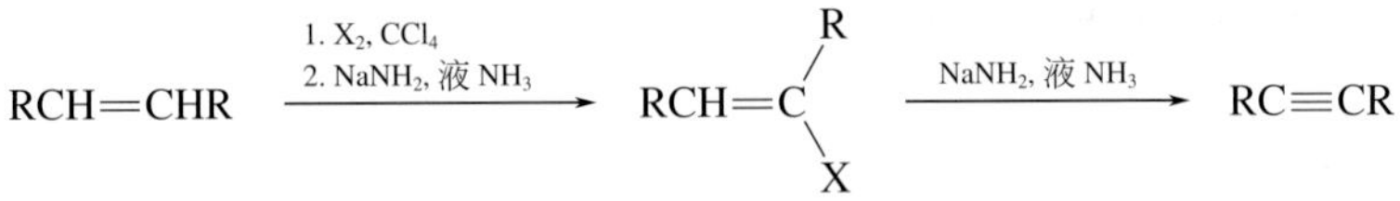

烯基卤化物中间体

### 炔烃转化成其他炔烃化合物

**4. 炔基负离子的烷基化反应（13-5 节）**

$$RC\equiv CH \xrightarrow[]{1.\ NaNH_2,\ 液\ NH_3;\ 2.\ R'X} RC\equiv CR'$$

$S_N2$ 反应: R′ 必须是伯烷基

**5. 环氧乙烷的烷基化反应（13-5 节）**

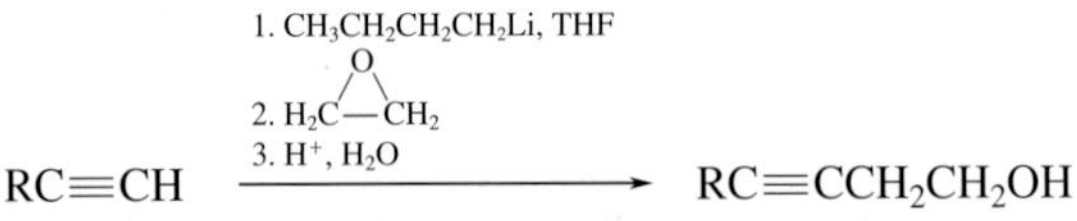

进攻发生在非对称环氧乙烷的取代较少的碳上

**6. 羰基化合物的烷基化反应（13-5 节）**

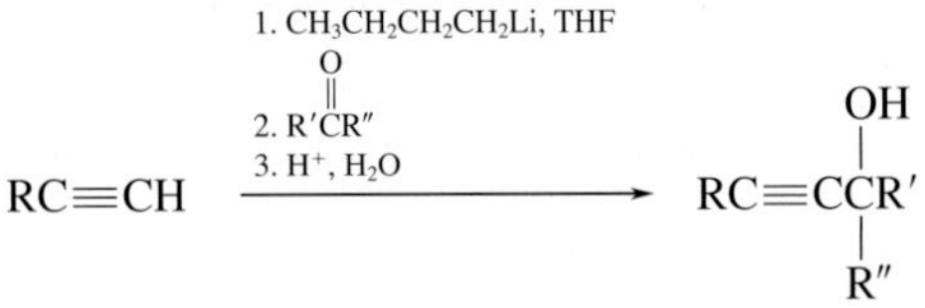

### 炔烃的反应

**7. 氢化反应（13-6 节）**

$$RC\equiv CR \xrightarrow{催化剂,\ H_2} RCH_2CH_2R \qquad \Delta H^{\ominus} \approx -70\ kcal \cdot mol^{-1}$$

催化剂: Pt, Pd-C

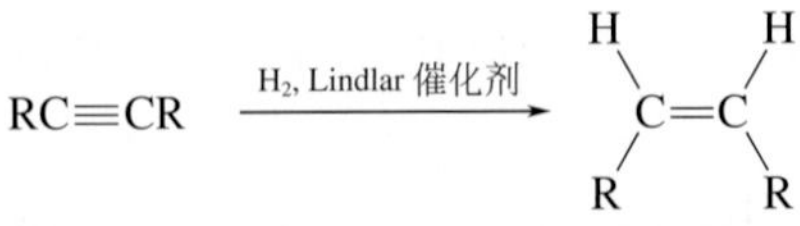

$\Delta H^{\ominus} \approx -40\ kcal \cdot mol^{-1}$

顺式烯烃

**8. 以液氨中的钠作还原剂的反应（13-6 节）**

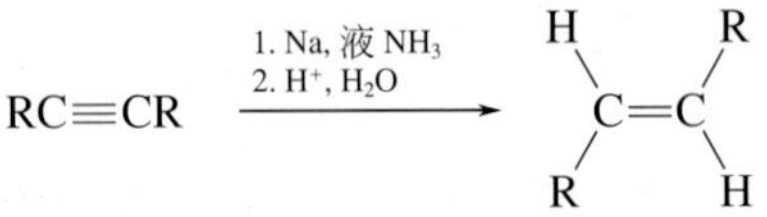

反式烯烃

## 9. 亲电（和马氏）加成反应：氢卤化、卤化和水合反应（**13-7 节**）

$$RC \equiv CR \xrightarrow{HX} RCH = CXR \xrightarrow{HX} RCH_2CX_2R$$
偕二卤代烷

$$RC \equiv CH \xrightarrow{2\,HX} RCX_2CH_3$$

$$RC \equiv CR \xrightarrow{Br_2, Br^-} \underset{\substack{| \\ Br \quad R}}{\overset{\substack{R \quad Br}}{C = C}} \xrightarrow{Br_2} RCBr_2CBr_2R$$
主要是反式产物

$$RC \equiv CR \xrightarrow{Hg^{2+},\ H_2O} RCH_2 \overset{O}{\overset{\|}{C}} R$$

## 10. 溴化氢的自由基加成反应（**13-8 节**）

$$RC \equiv CH \xrightarrow{HBr,\ ROOR} RCH = CHBr$$
反马氏

溴连接在较少取代的碳上

## 11. 硼氢化反应（**13-8 节**）

$$RC \equiv CH \xrightarrow{R_2'BH,\ THF} \underset{\substack{| \\ H \quad BR_2'}}{\overset{\substack{R \quad H}}{C = C}}$$

反马氏和立体专一(*syn*)加成

硼连接在较少取代的碳上

二环己基硼烷：(**R′** = ⬡— )

## 12. 烯基硼烷的氧化反应（**13-8 节**）

$$\underset{\substack{| \\ R \quad H}}{\overset{\substack{H \quad B-}}{C = C}} \xrightarrow{H_2O_2,\ HO^-} \left[ \underset{\substack{| \\ R \quad H}}{\overset{\substack{H \quad OH}}{C = C}} \right] \xrightarrow{互变异构} RCH_2 \overset{O}{\overset{\|}{C}} H$$

烯醇

## 金属有机试剂

## 13. 烯基金属有机试剂（**13-9 节**）

$$\underset{\substack{| \\ R' \quad R''}}{\overset{\substack{R \quad X}}{C = C}} \xrightarrow{Mg,\ THF} \underset{\substack{| \\ R' \quad R''}}{\overset{\substack{R \quad MgX}}{C = C}}$$

## 14. Heck 反应（**13-9 节**）

$$\underset{\substack{| \\ R' \quad R''}}{\overset{\substack{R \quad Cl}}{C = C}} + \underset{\substack{| \\ R^1 \quad R^2}}{\overset{\substack{H \quad R^3}}{C = C}} \xrightarrow[- HCl]{Ni\ 或\ Pd\ 催化剂} \underset{\substack{| \\ R \quad R^1}}{\overset{\substack{R'' \quad R^3}}{R' \, C = C \, C = C \, R^2}}$$

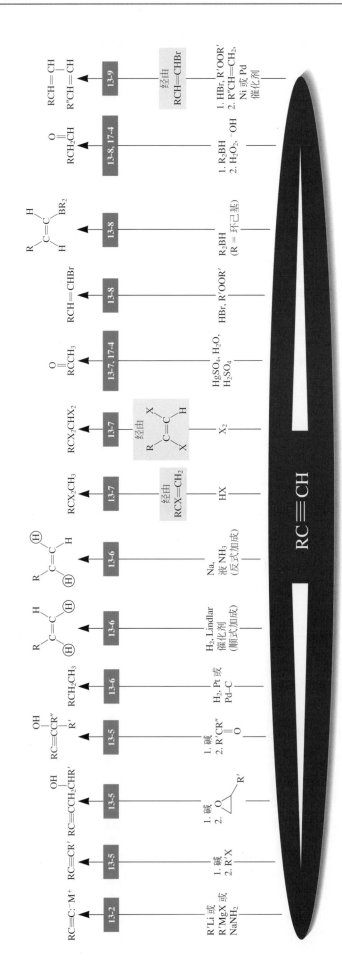

**重要概念**

1. **炔烃命名**规则与烯烃基本相同。同时具有双键和叁键的分子称为**烯炔**，如果两种键处于相等的位置，双键以较小的数字编号。在给**炔醇**编号时，羟基优先。

2. **叁键**的**电子结构**包括互相垂直的两个π键和两个互相重叠的sp杂化轨道形成的一个σ键。叁键的强度约为229kcal·mol$^{-1}$；炔基C—H键的强度为131kcal·mol$^{-1}$。相对于所连接的原子，叁键成**线形结构**，叁键中的C—C键（1.20Å）和C—H键（1.06Å）都较短。

3. 端炔C-1的高s特性使得与其相连的氢相对显酸性（p$K_a$≈25）。

4. 与烯基氢的化学位移相比，炔基氢的化学位移（$\delta$=1.7~3.1）在高场，这是由外加磁场诱导产生的环绕分子轴的电流的屏蔽效应造成的。叁键会产生远程偶合。红外光谱中2100~2260cm$^{-1}$和3200~3330cm$^{-1}$处的吸收峰是端炔烃中C≡C和≡C—H键的特征谱带。

5. 邻二卤代烷的消除反应能区域选择性和立体专一性地生成烯基卤化物。

6. 采用Lindlar催化剂可以选择性地实现炔烃**顺式双氢化**，这是因为Lindlar催化剂的表面不如活性炭上的钯活泼，不能继续氢化已生成的烯烃。通过溶于液氨的金属钠可以选择性地实现**反式双氢化**，这是因为简单的烯烃不能被单电子转移还原。立体化学来源于反式双取代的烯基自由基中间体更好的稳定性。

7. 一般来说，炔烃能发生与烯烃相同的加成反应，这些反应可连续发生两次。炔烃的水合反应较为独特，需要Hg（+2价）催化剂，初始产物**烯醇**会经**互变异构**重排成酮。

8. 为了使末端炔烃的**硼氢化反应**停留在烯基硼烷中间体的阶段，需采用经修饰的二烷基硼烷，特别是二环己基硼烷。生成的烯基硼烷经氧化反应得到烯醇，进而可经互变异构成醛。

9. 在金属催化下，Heck反应能使烯烃和烯基卤化物偶联。

**习　题**

**29.** 画出下列化合物的分子结构。
（**a**）1-氯-1-丁炔；（**b**）(Z)-4-溴-3-甲基-3-戊烯-1-炔；
（**c**）4-己炔-1-醇；（**d**）4-亚甲基-1-辛炔；（**e**）1-乙炔基环戊烯；（**f**）4-(2-丙炔基)环辛醇；（**g**）2-溴-1-丁烯-3-炔；（**h**）反-1-(3-丁炔基)-2-甲基环丙烷

**30.** 按照IUPAC系统命名规则给下列化合物命名。

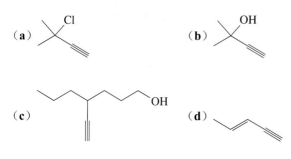

**(a)**　　　　　**(b)**

**(c)**　　　　　**(d)**

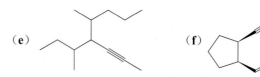

**(e)**　　　　　**(f)**

**31.** 比较乙烷、乙烯和乙炔中C—H键的强度。用键的杂化、键的极性和氢的酸性解释这些数据。

**32.** 比较丙烷、丙烯和丙炔中C-2—C-3键，它们的键长或键强上有无不同？如果有，它们为何会变化？

**33.** 预测下列阳离子序列的酸性强度的顺序：CH$_3$CH$_2$NH$_3^+$，CH$_3$CH=NH$_2^+$，CH$_3$C≡NH$^+$。[**提示**：查找相应碳氢化合物的类似物（13-2节）]。

**34.** 具有分子式C$_5$H$_8$的三个化合物的燃烧热如下：环戊烯，$\Delta H_{燃烧}$=−1027kcal·mol$^{-1}$；1,4-戊二烯，$\Delta H_{燃烧}$=−1042kcal·mol$^{-1}$和1-戊炔，$\Delta H_{燃烧}$=−1052kcal·mol$^{-1}$。按照相对稳定性和键的强度加以

说明。

**35.** 按稳定性降低的顺序排列下列化合物。

（**a**）1-庚炔和3-庚炔；

（**b**）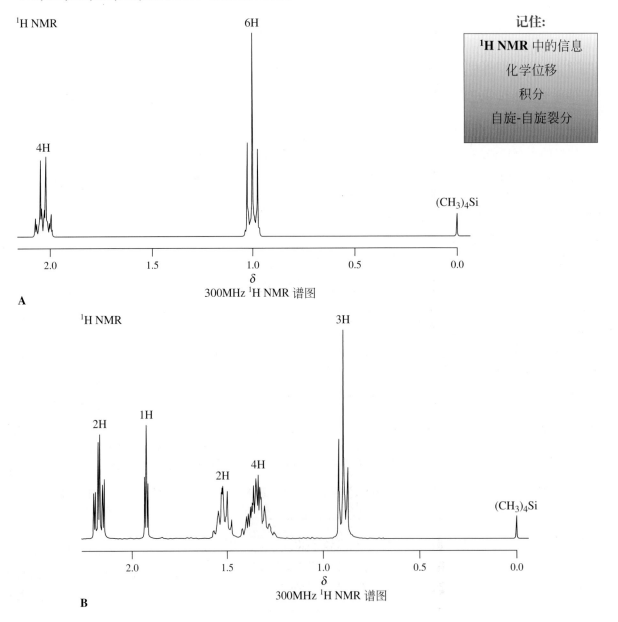

（**提示**：搭建第三个化合物的结构模型，它的叁键有什么不同寻常之处？）

**36.** 推定下列每个化合物的结构。（**a**）分子式$C_6H_{10}$：NMR谱图A（后）质子去偶信号在$\delta$=12.6，14.5及1.0；IR谱图在2100cm$^{-1}$和2300cm$^{-1}$之间或3250cm$^{-1}$和3350cm$^{-1}$之间没有强的吸收带；（**b**）分子式$C_7H_{12}$：NMR谱图B（后），质子去偶的$^{13}$C NMR信号为$\delta$ = 14.0，18.5，22.3，28.3，31.1，68.1和84.7。依据DEPTNMR

谱，在$\delta$=14.0和68.1处连接奇数个氢；IR谱图在2120cm$^{-1}$和3300cm$^{-1}$处有吸收带；（**c**）化合物的质量分数为71.41%的碳和9.59%的氢（剩余的是氧），准确分子量为84.0584；NMR谱图C和IR谱图C（下页）；NMR谱图C的插图在$\delta$ = 1.6～2.4之间的信号显示出更好的分辨率。该化合物的$^{13}$C NMR信号为$\delta$=15.0，31.2，61.1，68.9和84.0。

**37.** 1,8-壬二炔的IR谱在3300cm$^{-1}$处有一个很强的尖峰，说明这个吸收峰的归属。1,8-壬二炔与NaNH$_2$反应，再用D$_2$O处理引入两个氘原子，分子的其他部分没有变化。IR谱图显示3300cm$^{-1}$的峰消失，而在2580cm$^{-1}$出现一个新峰。（**a**）这个反应的产物是什么？（**b**）2580cm$^{-1}$处新峰的归属？（**c**）根据Hooke规则按原始分子的结构及其IR谱图计算新峰的预期位置。假设$k$和$f$不变。

**记住：**

| $^1$H NMR 中的信息 |
| :---: |
| 化学位移 |
| 积分 |
| 自旋-自旋裂分 |

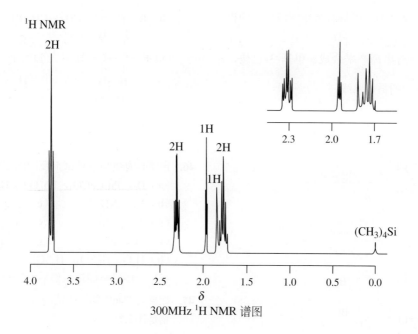

300MHz $^1$H NMR 谱图

**C**

**38.** 写出下列每个反应的预期产物。

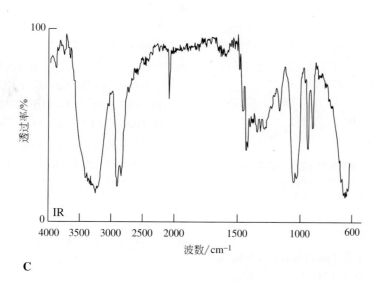

（a） $CH_3CH_2CHCHCH_2Cl$ (带有 $CH_3$ 和 $Cl$ 取代基) $\xrightarrow{\text{3 NaNH}_2, \text{液 NH}_3}$

（b） $CH_3OCH_2CH_2CH_2CHCHCH_3$ (带有 $Br$ $Br$ 取代基) $\xrightarrow{\text{2 NaNH}_2, \text{液 NH}_3}$

（c） meso-$CH_3CHCH_2CHCHCH_2CHCH_3$ (带有 $CH_3$ $Cl$ $Cl$ $CH_3$ 取代基) $\xrightarrow{\text{NaOCH}_3 \text{ (1 e.q.), CH}_3\text{OH}}$

（d） (4R,5R)-$CH_3CHCH_2CHCHCH_2CHCH_3$ (带有 $CH_3$ $Cl$ $Cl$ $CH_3$ 取代基) $\xrightarrow{\text{NaOCH}_3 \text{ (1 e.q.), CH}_3\text{OH}}$

**39.** （a）写出3-辛炔与溶于液氨中的金属钠反应的预期产物。（b）当环辛炔进行相同反应时［习题35（b）］，得到的是顺式环辛烯，而不是反式环辛烯，用反应机理给予解释。

**40.** 写出在THF中，1-丙炔锂$CH_3C\equiv C^-Li^+$与下列分子反应预期的主要产物。

（a） $CH_3CH_2Br$

（b） [结构式：带Cl取代基的支链结构]

（c） 环己酮

（d） [环戊基甲醛结构，含 $O$ 和 $CH$]

（e） $CH_3CH\underset{O}{\overset{}{-}}CH_2$ （环氧结构）

（f） [十氢萘酮结构，含 $CH_3$、$O$、$H$]

**41.** 写出1-丙炔锂与反-2,3-二甲基氧杂环丙烷反应的机理和最后的产物。

**42.** 从下列的路线中选出高产率合成2-甲基-3-己炔，（结构）的最佳路线。

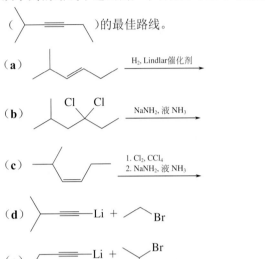

**43.** 应用逆合成分析的原理提出合成下列炔烃化合物的合理路线。在合成目标分子时，每个炔基官能团都必须来自另一独立的分子，可以是含两个碳的任意化合物，如乙炔、乙烯、乙醇等。

**(a)** （结构） **(b)** （结构，含OH）

**(c)** （结构，含OH） **(d)** (CH₃)₃CC≡CH
[注意！(CH₃)₃CCl+ ⁻:C≡CH是错的?]

**44.** 画出(R)-4-氘代-2-己炔的结构。设计按照Sₙ2反应合成该化合物的合适前体化合物。

**45.** 综合考虑各类反应，不参看在p624展示的反应路线图，提出由常用的炔烃RC≡CH转化为下列化合物的试剂。

**(a)** R—C=C—Br（Br、H） **(b)** R—C—C—H（Br Br / Br Br）

**(c)** R—C—C—H（O、H，马氏加成产物）

**(d)** R—C—C—H（I H / I H） **(e)** R—C≡C:⁻M⁺

**(f)** R—C≡C—C—R″（OH、R′）**(g)** R—C≡C—R′

**(h)** R—C≡C—CH₂—CH₂OH

**(i)** R—C—C—H（H H / H H） **(j)** （烯烃结构，R、H）

**(k)** R—C—C—H（H O / H，反马氏加成产物）

**46.** 预测1-丙炔与下列试剂反应的主要产物。
（**a**）D₂，Pd-CaCO₃，Pb(O₂CCH₃)₂，喹啉；
（**b**）Na，ND₃； （**c**）1 e.q. HI；
（**d**）2 e.q. HI； （**e**）1 e.q. Br₂；
（**f**）1 e.q. ICl； （**g**）2 e.q. ICl；
（**h**）H₂O，HgSO₄，H₂SO₄；
（**i**）二环己基硼烷，然后，NaOH，H₂O₂。

**47.** 如果习题46中的这些试剂与1,2-二环己基乙炔反应，产物是什么？

**48.** 丙炔和4-辛炔与二环己基硼烷反应，然后使用NaOH、H₂O₂处理，写出生成的烯醇互变异构体的结构〔习题46（i）和习题47（i）〕。

**49.** 给出习题47中前两个反应的产物分别与下列试剂反应所得到的产物。（**a**）H₂，Pd-C，CH₃CH₂OH；（**b**）Br₂，CCl₄；（**c**）BH₃，THF，然后NaOH，H₂O₂；（**d**）MCPBA，CH₂Cl₂；（**e**）OsO₄，然后H₂S。

**50.** 分别从下列试剂出发合成顺-3-庚烯。请注意从所提出的各条路线得到的最终产物中，目标化合物究竟是主要产物还是次要产物。（**a**）3-氯庚烷；（**b**）4-氯庚烷；（**c**）3,4-二氯庚烷；（**d**）3-庚醇；（**e**）4-庚醇；（**f**）反-3-庚烯；（**g**）3-庚炔。

**51.** 分别提出合成下列分子合理的路线，在每个合成中至少有一次要用炔烃。
**(a)** （结构，Br Cl） **(b)** （结构，I I）

（**c**）内消旋-2,3-二溴丁烷

（**d**）（2R,3R)- 和（2S,3S)-2,3-二溴丁烷的外消旋混合物

**(e)** （结构：CH₃, Br—Cl, H—Cl, CH₃）

**(f)** （酮结构）

**(g)** （结构，OH、HO）

**(h)** （环戊基乙醛结构）

**(i)** （乙烯基环己烯结构）

**52.** 如何采用Heck反应合成下列分子。

（a）

（b）

**53.** 根据碳化钙（CaC₂）的化学反应性（13-10节），提出它的合理结构。它的系统命名可能是什么？

**54.** 芳樟醇（Linanool）是从肉桂、黄樟和橙花油中分离得到的萜类化合物。从所列的八碳酮出发，并用乙炔作为所需的另外的二碳原料，设计两条不同的合成芳樟醇的路线。

芳樟醇

**55.** 桧木精油（Chamaecynone）是从红桧树（Benihi）中提炼的挥发油，它的合成要求将氯代醇转化成炔代酮。设计完成这个转化的合成策略。

桧木精油

**56.** **挑战题** 设计从下式所示的醇合成倍半萜烯——香柠檬烯（Bergamotene）的路线，香柠檬烯是大麻油的微量组分。建议完成这个合成的序列反应。

香柠檬烯

**57.** **挑战题** 下面是一个未知化合物的¹H NMR和IR谱图，谱图D。该化合物与H₂在Lindlar催化剂下反应得到一个产物，1mol该产物被臭氧化，接着在酸的水溶液中与Zn反应得到1mol的CH₃CCH和2mol的$\overset{O}{\underset{}{\parallel}}$

HCH。给出起始化合物的分子结构。

**58.** **挑战题** 给出乙炔在氯化汞催化下水合反应的可能机理。（提示：参见12-7节中烯烃在汞离子催化下水合反应的机理。）

**59.** 倍半萜烯法尼醇（Farnesol）的合成要求首先从二氯化物转化成如下式所示的炔基醇。提出实现这个转化的方法。（提示：先将起始化合物转化成端炔。）

法尼醇

¹H NMR

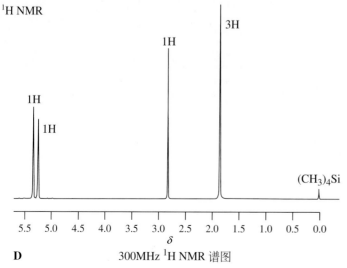

D　300MHz ¹H NMR 谱图

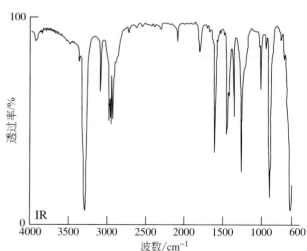

## 团队练习

**60.** 假设你们小组正在研究烯二炔体系的分子内环合反应，这对全合成具有强抗肿瘤活性的双炔霉素A（dynemicin A）很重要。一个研究小组试图从下列几个路线来完成环合，可惜所有尝试都没有成功。自行分工一下，写出化合物A～D的结构。（**注意：R′和R″是保护基。**）

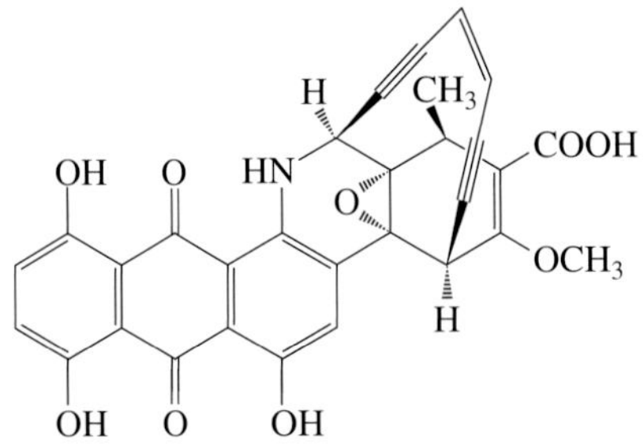

**双炔霉素 A**

1.

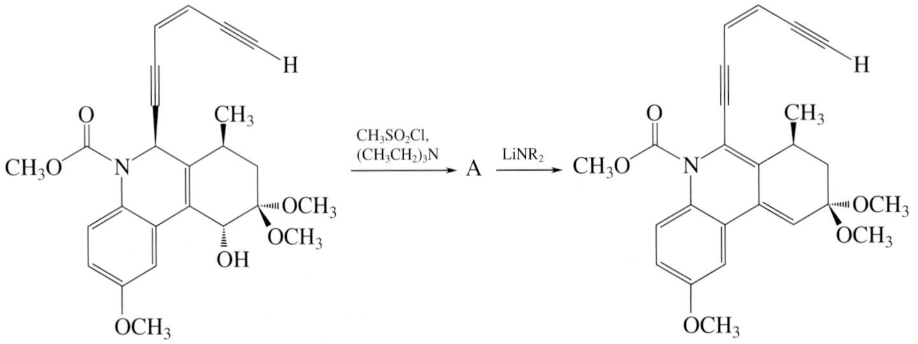

2.

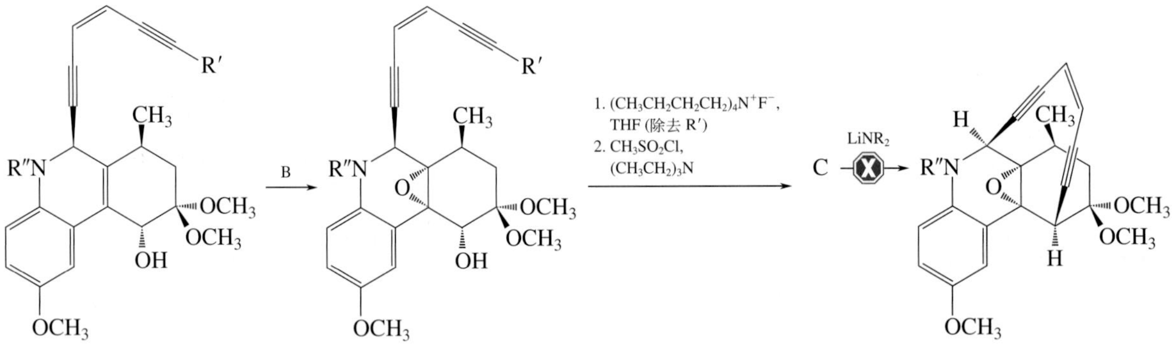

3.

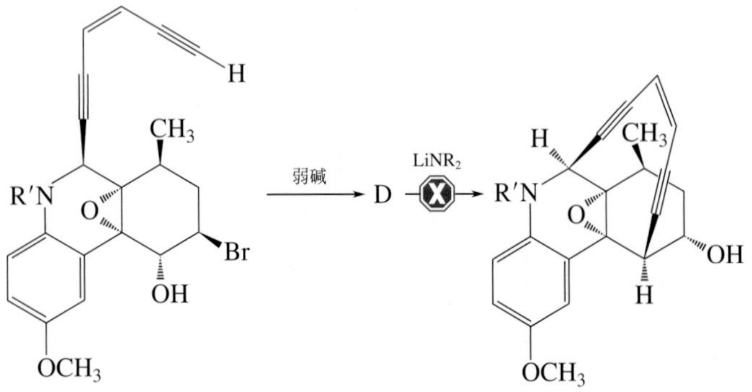

一个成功的模型反应（如图）提供了实现全合成的另一个策略。

讨论该策略的优点，并应用到上述路线1～3提及的相应的化合物。

## 预科练习

**61.** 结构为H—C≡C(CH₂)₃Cl的化合物最合适IUPAC命名为：

（**a**）4-氯-1-戊炔；　　（**b**）5-氯戊-1-炔；

（**c**）4-戊炔-1-氯炔；　（**d**）1-氯戊-4-炔。

**62.** 丙炔去质子化后生成的亲核试剂是：

（**a**）⁻:CH₂CH₃;　　　（**b**）⁻:HC=CH₂;

（**c**）⁻:C≡CH;　　　（**d**）⁻:C≡CCH₃;

（**e**）⁻:HC=CHCH₃

**63.** 当环辛炔与稀硫酸水溶液以及HgSO₄作用时，生成的新化合物最可能是：

（**a**）

（**b**）

（**c**）

（**d**）

**64.** 从下列选项中选出一个最能表示化合物A的结构。

$$A \xrightarrow[270°C, 100\ atm]{H_3PO_4,\ pH=2,}$$

（**a**）HOCH₂CH(CH₂)₂OH　　（**b**）HOCH₂CHCH₂OH
　　　　　　|CH₃　　　　　　　　　　　　|CH₃

（**c**）HC≡CCHCH₂OH　　（**d**）HC≡CCH₂CHCH₂OH
　　　　　|CH₃　　　　　　　　　　　　　|CH₃

**65.** 从下列选项中选出一个能代表化合物A的结构。

$$CH_3C\underset{Br\ Br}{\overset{Br\ Br}{-}}CCH_2OH \xleftarrow{Br_2(2\ e.q.)} \underset{\substack{(伯醇;\\ C:68.6\%,\\ H:8.6\%,\\ O:22.9\%)}}{A} \xrightarrow{H_2(2\ e.q.),\ 雷尼\ Ni} 1\text{-丁醇}$$

（**a**）CH₂=CHCH₂CH₂OH

（**b**）△—CH₂OH

（**c**）CH₃C≡CCH₂OH

（**d**）CH₃CH=CH—CH=CHOH

（**e**）⬜—OH

# 离域的 π 体系

## 应用紫外-可见光谱进行研究

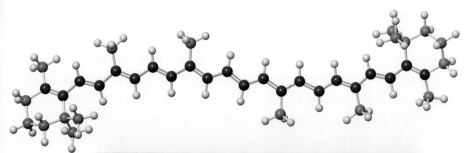

β-胡萝卜素（β-carotene）是一种对光合作用很重要的色素，属于类胡萝卜素家族。在自然界，每年产生高达 1 亿吨的类胡萝卜素，它是胡萝卜及许多水果和蔬菜的橘红色的来源。胡萝卜素分子中有 11 个连续的双键，从而可以吸收可见光，这是它呈现橘色的分子原因。

## 学习目标

- 通过结构和反应性说明 2-丙烯基（烯丙基）中电子离域的概念

- 将离域的概念从2-丙烯基扩展到共轭二烯

- 描述离域对共轭二烯亲电进攻反应的影响：动力学产物形成与热力学产物形成的对应控制

- 了解共轭双键独有的反应新模式：协同的狄尔斯-阿尔德（Diels-Alder）环加成反应，及其立体化学

- 了解共轭双键第二个独有的反应新模式：协同的开环和闭环反应，称作电环化反应

- 学习如何通过共轭二烯的聚合反应制备合成橡胶和天然橡胶

- 展示新的光谱技术——紫外-可见光谱学，它们是基于共轭体系中π电子的激发

**我** 们生活在这样一个色彩斑斓的世界里，之所以能够看到和辨别几千种颜色的色彩和色泽，归结于分子能吸收不同频率的可见光，而分子的这些性质又常常是存在多重 π 键的结果。

在前面的三章中，曾讨论过含碳-碳 π 键的化合物，其中 π 键由两个相邻的平行 p 轨道重叠形成。研究发现对这类化学上丰富多样的体系，通过加成反应既能够得到在合成上有用的相对简单的产物；也能得到较复杂的物质，如对现代社会产生巨大影响的聚合物。本章将讨论的范围扩展到有三个或更多平行的 p 轨道参与重叠而形成 π 键的化合物。这些轨道上的电子被三个或多个原子中心所共享，即**离域**（delocalization）。

烯丙基自由基　　　　　　共轭二烯
(2-丙烯基自由基)

从含有三个相互作用 p 轨道的 2-丙烯基（也称为烯丙基）体系开始，然后扩展到含几个双键的化合物：双烯和更高一级的同系物，这些化合物可用于合成在现代社会最广泛使用的一些聚合物，从汽车轮胎到用于写作本书的计算机的塑料外壳。

双键和单键交替出现的特殊情况形成了**共轭**（conjugated）的二烯、三烯等，此类体系中的 π 电子具有更加扩展的离域作用。这些物质显现出新的反应模式，包括：热化学、光化学环加成反应和闭环反应。此类反应是合成环状化合物（如甾体类药物）最有效的方法，同时，这些反应过程也示例了一类全新的反应机理：周环反应。这是本书要讨论的最后一类反应机理。在本章最后，通过幕间曲，复习一下本书中提及的所有主要的反应类型。以讨论具有离域 π 体系的分子对光的吸收——紫外-可见光谱的基础作为本章的结尾。

# 14-1 三个相邻p 轨道的重叠：2-丙烯基(烯丙基)体系中电子的离域

相邻双键对碳中心的反应活性有什么影响？三个重要的实验现象回答了这个问题。

**现象 1**：丙烯中一级（伯）碳的 C—H 键相对较弱，仅为 87kcal·mol$^{-1}$。

**各种C—H键的解离能**

CH$_2$=CHCH$_2$⫟H
$DH^{\ominus}$= 87kcal·mol$^{-1}$ (364kJ·mol$^{-1}$)

(CH$_3$)$_3$C⫟H
$DH^{\ominus}$= 96.5kcal·mol$^{-1}$ (404kJ·mol$^{-1}$)

(CH$_3$)$_2$CH⫟H
$DH^{\ominus}$= 98.5kcal·mol$^{-1}$ (412kJ·mol$^{-1}$)

CH$_3$CH$_2$⫟H
$DH^{\ominus}$= 101kcal·mol$^{-1}$ (423kJ·mol$^{-1}$)

键的强度减小

与其他烃类化合物的数据（页边）比较，它甚至比三级（叔）碳的 C—H 键还要弱。显然，2-丙烯基自由基的稳定性具有某种特殊性。

**现象 2**：与饱和一级卤代烷不同，3-氯丙烯在 S$_N$1 反应（溶剂解）条件下解离相对较快，它通过碳正离子中间体发生快速的单分子取代反应。

这个现象和预期结果（7-5 节）明显矛盾。显然，从 3-氯丙烯生成的正离子比其他一级碳正离子在某种程度上要更稳定。有多稳定呢？在溶剂解反应中，生成 2-丙烯基正离子与生成二级碳正离子几乎同样容易。

**现象 3**：丙烯的 p$K_a$ 约为 40。

$$H_2C=C \begin{matrix} H \\ \end{matrix} \overset{K \approx 10^{-40}}{\underset{酸性}{\rightleftharpoons}} H_2C=C \begin{matrix} H \\ \end{matrix} + H^+$$

**2-丙烯基负离子**

这样，丙烯比丙烷（p$K_a \approx 50$）的酸性大得多，通过去质子化生成丙烯基负离子要比丙基负离子稳定得多。

如何解释这三个实验现象呢？

## 离域作用稳定 2-丙烯基（烯丙基）中间体

上述三个不同的历程分别产生不同的活性碳中心：自由基、碳正离子和碳负离子。这些碳活性中心与双键的 π 骨架相邻。这样的排列似乎能使结构特别稳定。原因就是电子的离域：每个体系都可被描述为一对有等同贡献的共振式（1-5 节）。这些三碳中间体命名为**烯丙基**（allyl）（后缀合适的术语：自由基、正离子或负离子）。被活化的碳称为**烯丙位**（allylic）碳。

### 2-丙烯基(烯丙基)体系中离域的共振表示

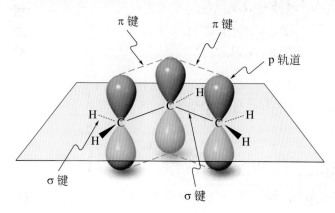

> **记住**：共振式不是异构体而是分子部分表示形式。真正的结构（共振杂化体）是它们的叠合，可以更好地用经典结构（右边的点线结构）表示。

## 2-丙烯基（烯丙基）π 体系可由三个分子轨道表示

共振作用使 2-丙烯基（烯丙基）体系稳定，这也可以用分子轨道来描述。三个碳原子都是 sp$^2$ 杂化的，并带有一个与分子平面垂直的 p 轨道（图 14-1）。从搭建的模型中可看出：分子结构是对称的，且 C—C 键长相等。

图 14-1 2-丙烯基（烯丙基）的三个 p 轨道相互重叠，给出电子离域的对称结构。σ 键以黑线表示。

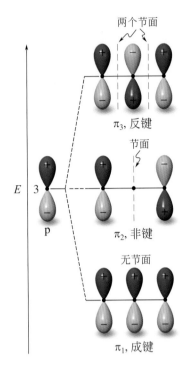

两个节面

$\pi_3$, 反键

节面

$E$  3

p

$\pi_2$, 非键

无节面

$\pi_1$, 成键

**图14-2** 通过把三个相邻原子的p轨道结合形成2-丙烯基（烯丙基）体系的三个π分子轨道。注意成键分子轨道$\pi_1$能量的降低意味着体系稳定性增加。$\pi_2$分子轨道与初始的p轨道处于相同能级，因此被称为非键分子轨道

记住：混合（任意）三个轨道（这里是三个原子的p轨道）形成三个新的分子轨道。

忽略σ键的结构，可以用数学方法把三个p轨道合并得到三个π分子轨道。这种处理方法和把两个原子轨道混合成两个分子轨道来描述一个π键非常相似（图11-2和图11-4），只是现在有了第三个原子轨道。如图14-2所示，在所形成的三个分子轨道中，一个（$\pi_1$）是成键的，没有节面；一个（$\pi_2$）是非键的（换句话说，与未相互作用的p轨道能量相同），有一个节面；另一个（$\pi_3$）是反键的，有两个节面。我们可根据Aufbau原理，以适当数目的电子来填充图14-2中的π分子轨道，以构成2-丙烯基正离子、自由基和负离子（图14-3）。烯丙基正离子总共有两个电子，仅含一个已填满的$\pi_1$轨道。对于自由基和负离子，分别有一个或两个电子充入到非键的$\pi_2$轨道。每个体系的π电子的总能量比预期的三个未相互作用p轨道的总能量低（更有利）。这是因为$\pi_1$轨道被极大地稳定，在所有的情况下，都有两个电子填充；而反键轨道$\pi_3$总是空的。

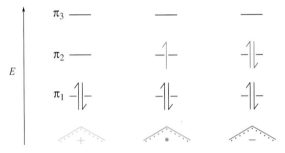

**图 14-3** Aufbau原理应用于填充2-丙烯基（烯丙基）正离子、自由基和负离子的π分子轨道。在每种情况下，π电子的总能量低于三个未相互作用的p轨道。正如$\pi_2$分子轨道分布所示，三个体系部分正离子、自由基或负离子的特征都体现在末端碳上。

三个2-丙烯基体系的共振式表明，在离子中，电荷主要集中在两个末端碳上，而对自由基，则是奇数的电子主要集中在末端碳上。分子轨道图符合如下的描述：三个体系结构的差别仅仅表现为分子轨道$\pi_2$上电子数目的不同，$\pi_2$轨道有一个穿过中心碳的节点。因此，在这个位置上很少出现一些多电子或缺电子的情况。三个2-丙烯基体系的静电势图表明了它们的离域性质（阳离子和阴离子用降低的颜色尺度作图以淡化强色遮盖）。在某种程度上，特别是在正离子和负离子中，能分辨出末端碳上相对大的电荷密度。记住这些图综合考虑了所有轨道（σ和π轨道）上的所有电子。

### 2-丙烯基（烯丙基）体系中部分电子密度分布

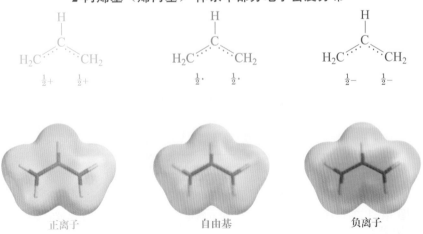

正离子                自由基                负离子

## 小 结

烯丙基自由基、正离子和负离子非常稳定。这种稳定性可以用 Lewis 结构电子离域来解释。用分子轨道描述时，三个相互作用的 p 轨道形成三个新的分子轨道：其中，一个轨道的能量比 p 轨道的能量低很多；另一个处于和 p 轨道相同的水平；第三个轨道则要高出 p 轨道的水平。因为只有前两个轨道有电子填充，因此降低了体系中 π 电子的总能量。

## 14-2 | 烯丙基的自由基卤化反应

离域的结果使得共振稳定的烯丙基中间体很容易参与不饱和分子的反应中。例如：虽然卤素能通过离子机理加成到烯烃上得到相应的邻二卤代物（12-5 节）。但是，如果卤素的浓度较低且加入自由基引发剂（或者光照），反应的历程就会改变。此时，离子型加成非常慢，更快的自由基链式反应成为主导，主要发生**烯丙基自由基取代反应** ❶（radical allylic substitution reaction）。

### 烯丙基的自由基卤化反应

$$CH_2{=}CHCH_3 \xrightarrow{\text{X}_2(\text{低浓度}),\ \text{ROOR 或 } h\nu} CH_2{=}CHCH_2X \ + \ HX$$

在实验室进行烯丙基溴代反应时，常用的试剂是悬浮在四氯化碳中的 *N*-溴代丁二酰亚胺。该试剂在 $CCl_4$ 中几乎不溶，与微量的 HBr 反应可以稳定地产生少量的溴。

### NBS 作为溴的来源

*N*-溴代丁二酰亚胺
(*N*-溴代琥珀酰亚胺, NBS)

丁二酰亚胺

例如，NBS 与环己烯反应生成 3- 溴代环己烯。

$$\xrightarrow{h\nu,\ CCl_4}$$

85%
**3-溴代环己烯**

溴与烯烃的反应通过自由基链式反应机理进行（3-4 节）。反应由光或微量的自由基引发剂引发，使溴解离为溴原子。链增长包括 Br· 攫取以弱键

### 从NBS产生溴的机理

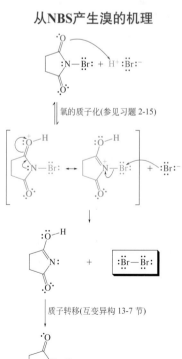

氧的质子化(参见习题 2-15)

质子转移(互变异构 13-7 节)

---

❶ 对这类反应途径改变的解释需要详细的动力学分析，这已经超出了本书的范围。简单地说，在低浓度的溴溶液条件下，与之竞争的加成反应是可逆的，故烯丙基取代反应胜出。

**机理**

**烯丙基溴化反应机理**

**链引发阶段**

$$:\overset{..}{Br}\overset{..}{—}\overset{..}{Br}: \xrightarrow{h\nu} 2 :\overset{..}{Br}\cdot$$

**链传递阶段**

R〜〜〜R + :$\overset{..}{Br}$· $\underset{H\text{ 被攫取}}{\rightleftharpoons}$ R [ 〜〜〜R ↔ R〜〜〜R ] + H—$\overset{..}{Br}$:

$DH^{\ominus} = 87\text{kcal} \cdot \text{mol}^{-1}$ $DH^{\ominus} = 87\text{kcal} \cdot \text{mol}^{-1}$

**共振稳定**

**烯丙基自由基**

[ R〜〜〜R ↔ R〜〜〜R ] + :$\overset{..}{Br}\overset{..}{—}\overset{..}{Br}$: ⟶ R〜〜〜R + :$\overset{..}{Br}$·

Br

$DH^{\ominus} = 46\text{kcal} \cdot \text{mol}^{-1}$ $DH^{\ominus} = 56\text{kcal} \cdot \text{mol}^{-1}$

相连的烯丙基氢。

然后，共振稳定的烯丙基自由基的任意一端与 $Br_2$ 反应生成烯丙基溴，并再次产生自由基 Br·，继续链式反应。和甲烷的自由基卤化反应相似（3-4节），有链终止阶段，也就是在混合物中两个任意自由基结合，如：Br· 与 Br· 或与烯丙基自由基结合，也包括两个烯丙基自由基偶联。但是，记住终止反应表示链的终结；在链式反应中终止反应很少且非必需的，不计入整个反应的化学计量。

如果烯烃与 NBS 反应时生成非对称的烯丙基自由基，产物就是混合物。例如：

$CH_2{=}CH(CH_2)_5CH_3$ $\xrightarrow[-HBr]{\text{NBS, ROOR}}$ [ $CH_2{=}CH\overset{\cdot}{C}H(CH_2)_4CH_3$ ↔ $\cdot CH_2CH{=}CH(CH_2)_4CH_3$ ]
**1-辛烯**

**非对称的烯丙基自由基**

$\underset{(\text{来自 NBS})}{\overset{Br_2}{\downarrow}}{-Br\cdot}$ $\underset{(\text{来自 NBS})}{\overset{Br_2}{\downarrow}}{-Br\cdot}$

Br

$CH_2{=}CHCH(CH_2)_4CH_3$ + $Br{-}CH_2CH{=}CH(CH_2)_4CH_3$

28% 72%

**3-溴-1-辛烯** **1-溴-2-辛烯**

**（顺式和反式异构体的混合物）**

### 练习14-1

不考虑立体化学，给出反-2-庚烯与 NBS 反应生成的产物单溴代庚烯所有的可能异构体。

烯丙基氯化反应在工业上很重要，因为氯气相对较便宜。例如，商用 3- 氯丙烯（烯丙基氯化物）通常由丙烯在 400℃ 下进行气相氯化反应制备。3-氯丙烯是合成环氧树脂以及其他很多有用化合物的原料。

$CH_3CH{=}CH_2$ + $Cl_2$ $\xrightarrow{400℃}$ $ClCH_2CH{=}CH_2$ + HCl
**3-氯丙烯**
**（烯丙基氯）**

**练习14-2**

列出下列物质进行烯丙基单氯化反应生成的所有产物。

（**a**）环己烯     （**b**）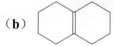

（**c**）($S$)-3-甲基环己烯。清楚地标明立体构型，并注明外消旋（非光学活性）或对映选择性纯（光学活性）的产物（**提示**：需要通过其中包括的反应机理来解答）。

不饱和分子的生化降解通常经历烯丙基氢被含氧体系的自由基俘获过程。此过程将在 22-9 节讨论。

> ## 小 结
>
> 在自由基反应的条件下，含烯丙基氢的烯烃进行烯丙基卤化反应。对于烯丙基溴化反应，$N$-溴丁二酰亚胺 ($N$-bromosuccinimide，NBS) 是一个优良的试剂。

# 14-3 烯丙基卤化物的亲核取代反应：$S_N1$和$S_N2$

14-1 节中 3- 氯丙烯的例子表明，烯丙基卤化物很容易解离成烯丙基正离子。在 $S_N1$ 反应中，该离子的任一端可被亲核试剂捕获。烯丙基卤化物也能容易地进行 $S_N2$ 转化。

## 烯丙基卤化物的$S_N1$反应

烯丙基卤化物的易解离性具有重要的化学意义。如果不同的烯丙基卤化物解离为相同的烯丙基正离子，在溶剂解反应时就可能生成同一个产物。例如，1- 氯-2-丁烯或3-氯-1-丁烯的水解都得到相同的醇混合物，原因是生成了相同的烯丙基正离子中间体。

### 烯丙基氯化物异构体的水解反应

$$CH_3CH=CHCH_2-\overset{\cdot\cdot}{\underset{\cdot\cdot}{Cl}}: \xrightarrow[-Cl^-]{\text{解离}} \left[ \begin{matrix} \overset{4}{CH_3}\overset{3}{CH}=\overset{2}{CH}\overset{1}{CH_2^+} \\ \updownarrow \\ \underset{4}{CH_3}\underset{3}{\overset{+}{CH}}\underset{2}{CH}=\underset{1}{CH_2} \end{matrix} \right] \xleftarrow[-Cl^-]{\text{解离}} CH_3\overset{\overset{\displaystyle :\overset{\cdot\cdot}{Cl}:}{|}}{CH}CH=CH_2$$

1-氯-2-丁烯        共振稳定的烯丙基正离子        3-氯-1-丁烯

$$\downarrow \text{亲核捕获}S_N1 \mid H\overset{\cdot\cdot}{O}H$$

$$CH_3CH=CHCH_2\overset{\cdot\cdot}{\underset{\cdot\cdot}{O}}H \quad + \quad CH_3\overset{\overset{\displaystyle :\overset{\cdot\cdot}{O}H}{|}}{CH}CH=CH_2 \quad + \quad H^+$$

2-丁烯-1-醇        3-丁烯-2-醇

> **记住**：在溶液中游离的$H^+$并不存在，而是连接在任何可能的电子对上，例如，羟基中的氧或在图示中的氯离子。

**练习14-3**

($R$)-3-氯-1-丁烯的水解反应除得到 2-丁烯-1-醇外，还有外消旋的 3-丁烯-2-醇。请给出解释（**提示**：回顾 7-3 节）。

### 解题练习14-4

**运用概念解题：烯丙基醇和酸**

3-丁烯-2-醇经冷的溴化氢处理得到1-溴-2-丁烯和3-溴-1-丁烯。请从机理上给出解释。

**策略：**

- **W**：有何信息？首先把书面的问题转化成平衡的反应方程式。然后观察3-丁烯-2-醇的结构，确定官能团。

- **H**：如何进行？考虑反应条件，确定这些反应条件在单独或同时作用时，都对官能团有什么影响。起始物是酸存在下的二级醇。

- **I**：需用的信息？回顾9-2节。

- **P**：继续进行。

**解答：**

$$\underset{\overset{|}{\text{OH}}}{CH_3CHCH=CH_2} \xrightarrow{\text{HBr}} \underset{\overset{|}{\text{Br}}}{CH_3CHCH=CH_2} + CH_3CH=CHCH_2Br + H_2O$$

- 3-丁烯-2-醇是二级醇，也是烯丙基醇。

- 回忆9-2节的内容，在强酸存在时，醇可以质子化。所形成的氧鎓离子是发生 $S_N2$ 还是 $S_N1$ 反应取决于分子结构。在本例中，明显应为 $S_N1$ 反应途径。

- 共振稳定的烯丙基正离子在烯丙基两端的任一端被溴俘获，生成所观察到的产物。

$$\underset{\overset{|}{\text{OH}}}{CH_3CHCH=CH_2} \xrightarrow{\text{HBr}} \left[ \begin{array}{c} CH_3\overset{+}{C}HCH=CH_2 \\ \updownarrow \\ CH_3CH=CH\overset{+}{C}H_2 \end{array} \right] + H_2O + Br^- \longrightarrow$$

$$\underset{\overset{|}{\text{Br}}}{CH_3CHCH=CH_2} + CH_3CH=CHCH_2Br + H_2O$$

### 14-5 自试解题

写出下列反应的机理。

### 烯丙基卤化物也能进行 $S_N2$ 反应

与良好的亲核试剂（6-8节）进行 $S_N2$ 反应，烯丙基卤化物要比相应的饱和卤代烷快得多。这归结于两个原因。主要的原因是，烯丙基碳与相对吸电子的 $sp^2$ 杂化碳原子（与 $sp^3$ 杂化轨道相反，13-2节）连接，使其更显亲电性。第二个原因是，$S_N2$ 取代反应（图6-5）过渡态中的轨道与双键轨道之间的相互重叠使过渡态更稳定，从而使活化能也相对较低。

**3-氯-1-丙烯和1-氯丙烷的S_N2反应**

相对速率

$$CH_2{=}CHCH_2Cl + I^- \xrightarrow[S_N2]{\text{丙酮，50℃}} CH_2{=}CHCH_2I + Cl^- \quad 73$$

$$CH_3CH_2CH_2Cl + I^- \xrightarrow[S_N2]{\text{丙酮，50℃}} CH_3CH_2CH_2I + Cl^- \quad 1$$

### 练习14-6

在 25℃，3-氯-3-甲基-1-丁烯在乙酸中发生溶剂解反应，最初得到的主要是氯化物的构造异构体，还有一些乙酸酯。经过长时间反应，烯丙基卤化物消失，得到的唯一产物是乙酸酯。解释这个实验结果。

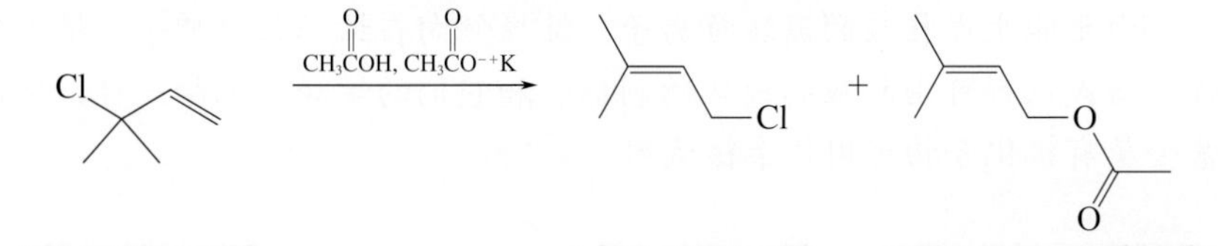

**3-氯-3-甲基-1-丁烯** ... **1-氯-3-甲基-2-丁烯** ... **乙酸(3-甲基-2-丁烯基)酯**

## 小 结

烯丙基卤化物可进行S_N1 和 S_N2 反应。在非对称的烯丙基体系时，S_N1 反应中烯丙基正离子中间体的任一端可被亲核体捕获生成混合产物。与良好的亲核试剂进行 S_N2 反应，烯丙基卤化物比相应的饱和烷烃卤化物快得多。

## 14-4 | 烯丙基金属有机试剂：有用的三碳亲核试剂

由于去质子化后生成的共轭碳负离子相对较稳定（14-1 节），丙烯的酸性比丙烷的酸性要大得多。因此，烯丙基锂试剂可由丙烯的衍生物通过烷基锂攫取质子制备。加入好的溶剂化试剂 $N,N,N',N'$-四甲基-1,2-乙二胺（四甲基乙二胺，TMEDA），可以促进反应进行。

### 烯丙位的去质子化

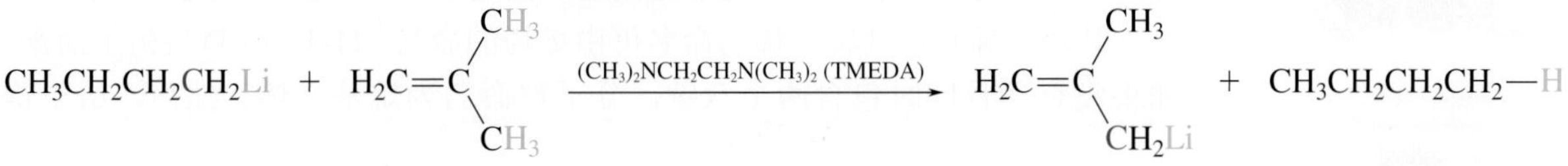

碱 ... 酸 ... 共轭碱 ... 共轭酸

产生烯丙基金属有机试剂的另一个方法是形成格氏试剂。例如：

$$CH_2{=}CHCH_2Br \xrightarrow{\text{Mg, THF, 0℃}} CH_2{=}CHCH_2MgBr$$

**3-溴-1-丙烯** ... **2-丙烯基溴化镁**

和它们的烷基对应物一样（8-7 节），烯丙基锂试剂和格氏试剂都能作为亲核试剂进行反应。这些试剂很有用，因为已有的双键可以进一步进行官能团转化（第 12 章）。

**最简单的共轭二烯和非共轭二烯**

$$CH_2{=}CH{-}CH{=}CH_2$$

**1,3-丁二烯**
**（共轭）**

$$CH_2{=}CHCH_2{-}CH{=}CH_2$$

**1,4-戊二烯**
**（非共轭）**

$$CH_2{=}C{=}CH_2$$

**1,2-丙二烯**
**（联烯，非共轭）**

**练习14-7**

从 2-丙烯基溴化镁和环己酮出发，以尽量少的步骤得到目标产物（**提示：** 烯丙基金属有机试剂与酮的反应机理和一般的金属有机试剂的反应机理相同）。

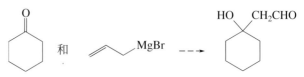

## 小　结

由于能生成相应的离域负离子，烯烃倾向在烯丙位脱质子。烯丙基锂或格氏试剂可由相应的卤化物制备。和它们的烷烃类似物一样，烯丙基金属有机化合物可用作亲核试剂。

# 14-5 ┃ 两个相邻的双键：共轭二烯

既然已经对在三个原子中发生离域作用的结果有了初步的了解，如果再前进一步考察，会发生怎样的结果，这应该是很有趣的。设想引入第四个 p 轨道，这将形成两个被一个单键隔开的双键：**共轭二烯**（conjugated diene，*cojugatio*，拉丁语，"联合"）。在这些化合物中，离域作用仍能导致稳定化，这可从氢化热测得。扩展的 π 重叠体系在其分子和电子结构以及化学性质等方面都得以体现。

**具有两个双键的碳氢化合物命名为二烯**

共轭二烯与它的**非共轭二烯**（nonconjugated diene）异构体及**丙二烯**（allene）[或称**累积二烯**（cumulated diene）]是不同的。其中，非共轭二烯的两个双键被饱和碳原子隔开，而丙二烯的两个 π 键，共享一个 sp 杂化碳原子且相互垂直（图14-4）。从页边的静电势图可以看出，共轭和非共轭二烯的 π 电子分布是有明显差异的。在 1,3-丁二烯中，π 电子密度的区域（红色）相互交叠；而在 1,4-戊二烯中，两个双键被一个没有 π 电子的次甲基隔开。在 1,2-丙二烯中，这些电子更靠近，但处于正交（垂直）的空间里。

共轭二烯和非共轭二烯的命名可由烯烃的命名（11-1 节）直接衍生而来。如果没有环且同时包含两个双键，分子被命名为烷基二烯。然后，给不饱

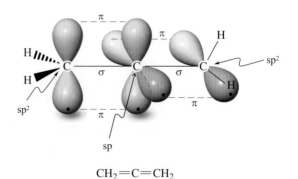

**图14-4** 丙二烯的两个π键共享一个碳原子，且相互垂直。

$$CH_2{=}C{=}CH_2$$

和键和取代基编号，指明它们的位置。如果需要，以顺 / 反或 E/Z 前缀表明双键的几何构型。环状二烯也以相应的方式命名。

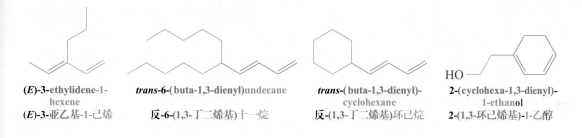

*trans*-1,3-pentadiene
反-1,3-戊二烯

*cis*-2-*trans*-4-heptadiene
顺-2-反-4-庚二烯

(*Z*)-4-bromo-1,3-pentadiene
(*Z*)-4-溴-1,3-戊二烯

*cis*-1,4-heptadiene
顺-1,4-庚二烯
（非共轭二烯）

1,3-cyclohexadiene
1,3-环己二烯

1,4-cycloheptadiene
1,4-环庚二烯
（非共轭环二烯）

如果最长链不含两个双键或体系是取代的环烷烃，不饱和的附加基团按照烯烃的命名规则 7 或规则 8 被命名为取代基（11-1 节）。若有官能团，如—OH，则分子是一个醇，按照在 8-1 节中描述的规则命名。以反-1,3-戊二烯为基础，当外加各种片段时，下列分子的命名也随之变化。

(*E*)-3-ethylidene-1-hexene
(*E*)-3-亚乙基-1-己烯

*trans*-6-(buta-1,3-dienyl)undecane
反-6-(1,3-丁二烯基)十一烷

*trans*-(buta-1,3-dienyl)-cyclohexane
反-(1,3-丁二烯基)环己烷

2-(cyclohexa-1,3-dienyl)-1-ethanol
2-(1,3-环己烯基)-1-乙醇

## 练习14-8

给下列化合物以合适的命名或画出结构。

（**a**）　（**b**）　（**c**）

（**d**）反-3,6-二甲基-1,4-环己二烯；（**e**）顺，顺-1,4-二溴-1,3-丁二烯；（**f**）3-亚甲基-1,4-戊二烯

## 共轭二烯比非共轭二烯更稳定

在前几节已经了解到电子的离域使烯丙基体系特别稳定。共轭二烯是否也有同样的性质呢？如果有，也应该通过它们的氢化热体现出来。末端烯烃的氢化热约为 $-30 kcal \cdot mol^{-1}$（11-7 节）。含两个非相互作用的末端双键（也就是相隔一个或更多的饱和碳原子）的化合物的氢化热约与上述数值相差 2 倍，即 $-60 kcal \cdot mol^{-1}$。实际上，无论是 1,5-己二烯还是 1,4-己二烯，在催化氢化时放出的能量都大致相同。

### 非共轭烯烃的氢化热

$$CH_3CH_2CH = CH_2 + H_2 \xrightarrow{Pt} CH_3CH_2CH_2CH_3 \qquad \Delta H^\ominus = -30.3 kcal \cdot mol^{-1} \, (-127 kJ \cdot mol^{-1})$$

$$CH_2 = CHCH_2CH_2CH = CH_2 + 2H_2 \xrightarrow{Pt} CH_3(CH_2)_4CH_3 \quad \Delta H^\ominus = -60.5 kcal \cdot mol^{-1} \, (-253 kJ \cdot mol^{-1})$$

$$CH_2 = CHCH_2CH = CH_2 + 2H_2 \xrightarrow{Pt} CH_3(CH_2)_3CH_3 \quad \Delta H^\ominus = -60.8 kcal \cdot mol^{-1} \, (-254 kJ \cdot mol^{-1})$$

### 1,3-丁二烯的氢化热

$$CH_2=CH-CH=CH_2 + 2H_2 \xrightarrow{Pt} CH_3CH_2CH_2CH_3 \quad \Delta H^\ominus = -57.1 kcal \cdot mol^{-1} \, (-239 kJ \cdot mol^{-1})$$

**图14-5** 从两分子1-丁烯（末端单烯）和一分子的1,3-丁二烯（有两个末端双键的共轭二烯）的氢化热差值可以看出两者之间的相对稳定性。差值3.5kcal·mol⁻¹是1,3-丁二烯中因共轭所致稳定化作用的一个度量。

当共轭二烯如 1,3-丁二烯进行相同的氢化反应时，放出的能量较少。差值约为 $3.5 kcal \cdot mol^{-1}\,(15 kJ \cdot mol^{-1})$，这归结于如图 14-5 所示的两个双键间的相互稳定作用。

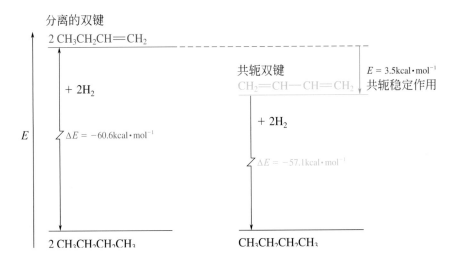

为了更准确地比较氢化热的数值，我们的讨论限于末端双键。当考虑共轭二烯有链内双键时，11-5 节所确立的单烯的一般规则仍有效：随着烷基取代基的增加，稳定性也增加，反式异构体比相应的顺式异构体更稳定。

### 练习14-9

（**a**）下列三个异构体分别用 2 倍量氢气进行氢化时，哪一个产热最多？哪个最少？

**A**    **B**    **C**

（**b**）反-1,3-戊二烯的氢化热是 $-54.2 kcal \cdot mol^{-1}\,(226.6 kJ \cdot mol^{-1})$ 比 1,4-戊二烯小 $6.6 kcal \cdot mol^{-1}\,(27.6 kJ \cdot mol^{-1})$，甚至比 1,3-丁二烯的预期稳定能还要低。请给出解释。

### π键的重叠产生1,3-丁二烯的共轭效应

1,3-丁二烯中的两个双键是怎样相互作用的呢？答案是分子中 π 体系的

排列，使 C-2 和 C-3 上的 p 轨道能相互重叠［图 14-6（A）］。因为 π 电子在四个 p 轨道体系中离域，虽然 C-2 和 C-3 的 π 相互作用较弱，但仍有几千卡每摩尔的键能。

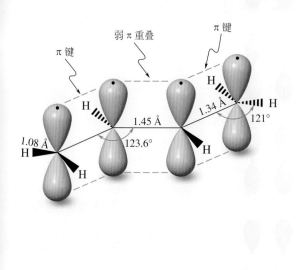

**A**

图14-6 （A）1,3-丁二烯的结构。中间键的键长比烷烃的短（丁烷中间 C—C 键的键长为1.54Å）。p 轨道的排列与分子平面垂直形成一个连续的相互作用的阵列；（B）1,3-丁二烯有两个平面构象。扭曲的 *s-cis* 式中两个"内侧"的氢（以红色表明）相互靠近，显示有空间位阻。

*s-cis* 构象：扭曲的和较不稳定的

$\Delta H^{\ominus} = -2.9 \text{kcal·mol}^{-1}$ $(-12\text{kJ·mol}^{-1})$

*s-trans* 构象：较稳定的

**B**

除了能使二烯稳定外，这个相互作用还能使围绕单键旋转的能垒提高到 4kcal·mol⁻¹（17kJ·mol⁻¹）以上。模型研究表明，分子可以有两个极端的共平面构象。其中一个定义为 **s-cis** 构象，两个 π 键在 C-2 和 C-3 轴的同一侧；另一个被定义为 **s-trans** 构象，π 键处于相反的位置［图 14-6（B）］。前缀 s 代表 C-2 和 C-3 间的连接是一个单键。因为二烯单元内侧两个氢之间的空间位阻作用，且丁二烯骨架中心键形成一个 34°的扭转角，所以 s-cis 构象比 s-trans 构象不稳定，稳定化能约小 3kcal·mol⁻¹（12.5kJ·mol⁻¹）。

## 练习14-10

1,4-戊二烯中间的 C—H 键的解离能仅为 77kcal·mol⁻¹。请给予解释（提示：参看 14-1 节和 14-2 节，并画出 H 原子被撷取后的产物）。

1,3-丁二烯的 π 电子结构可用以四个 p 原子轨道构筑的四个分子轨道来描述（图 14-7）。

## 小 结

按一般烯烃的命名规则命名二烯。以氢化热来衡量，共轭二烯比含两个孤立双键的二烯稳定。在 1,3-丁二烯的分子结构中，共振作用使中心碳-碳键较短，且具有 4kcal·mol⁻¹（17kJ·mol⁻¹）较小的旋转能垒。s-trans 和 s-cis 两个构象异构体在能量上相差约 3kcal·mol⁻¹（12.5kJ·mol⁻¹）。1,3-丁二烯中 π 体系的分子轨道图显示了两个成键轨道和两个反键轨道。四个电子填充在两个成键轨道中。

图14-7　1,3-丁二烯的π分子轨道图，其四个电子填充在两个最低的π轨道上（成键轨道），$\pi_1$和$\pi_2$。

记住：混合四个p轨道产生四个新的分子轨道。

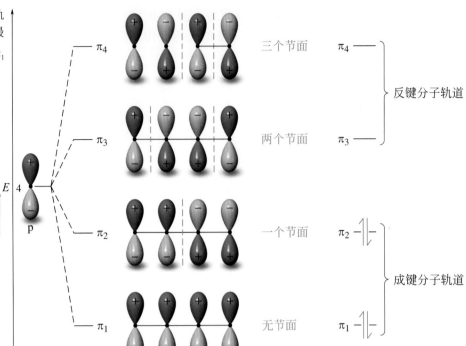

# 14-6 对共轭二烯的亲电进攻：动力学控制和热力学控制

反应

共轭二烯的结构影响其反应活性吗？虽然共轭二烯比具有孤立双键的二烯在热力学上更稳定，但是，在亲电试剂或其他试剂存在时，共轭二烯在动力学上也更活泼。例如，冷的溴化氢很容易加成到1,3-丁二烯上，形成的产物是两个异构体：3-溴-1-丁烯和1-溴-2-丁烯。

$$CH_2=CH-CH=CH_2 \ + \ HBr \ \xrightarrow{0^\circ C} \ HCH_2-CH-CH=CH_2 \ + \ HCH_2-CH=CH-CH_2$$

　　　　　　　　　　　　　　　　　　　　　70%　　　　　　　　　　　　　30%

**3-溴-1-丁烯**　　　　　　　　　**1-溴-2-丁烯**

根据烯烃的一般化学性质，第一个产物的生成很容易理解，这是对一个双键进行马氏加成的结果（12-3 节）。但是，第二个产物是怎样产生的呢？通过反应机理，1-溴-2-丁烯的生成可以得到解释。C-1 的质子化给出热力学上最有利的烯丙基正离子。

动画

动画展示机理：
HCl对1,3-丁二烯的加成反应

**1,3-丁二烯的质子化**

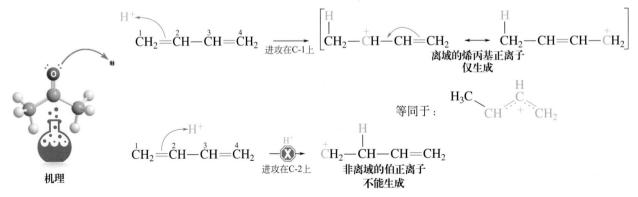

机理

这个正离子有两种可能途径被溴俘获生成两个能观测到的产物：进攻末端碳生成 1-溴-2-丁烯，进攻链内碳则生成 3-溴-1-丁烯。1-溴-2-丁烯可看作是溴化氢对 1,3-丁二烯的 1,4- 加成产物，因为反应发生在底物二烯的 C-1 和 C-4 位。另一个产物是正常的 1,2- 加成的结果。

### 1,3-丁二烯质子化产生的烯丙基正离子被亲核试剂捕获

由于生成烯丙基正离子中间体，很多对双烯的亲电加成反应都会因存在两种加成途径而得到混合物。例如，1,3-丁二烯的溴化反应的中间体是（溴甲基）烯丙基正离子，而不是一般烯烃的环状溴鎓离子（12-5 节，参见练习 14-13）。

到目前为止，仅讨论了亲电进攻对称的 1,3-丁二烯。若是非对称的二烯会有哪些产物呢？其中，哪一个可认为是马氏规则在烯丙基体系的扩展？亲电进攻优先发生在端基，生成更稳定的烯丙基正离子，即在该烯丙基碳正离子中，其共振式具有相对较多的取代基。

### 2-甲基-1,3-丁二烯氢溴化反应的区域选择性

实验可观察到：

没有观察到：

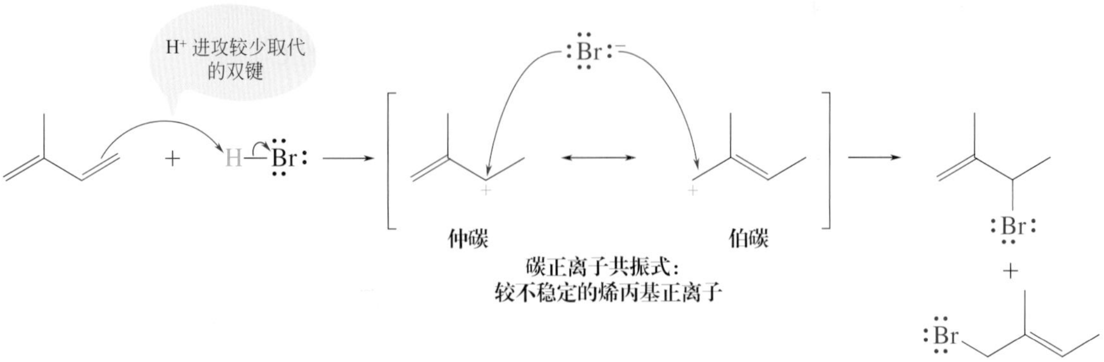
H⁺ 进攻较少取代的双键
仲碳
伯碳
碳正离子共振式：
较不稳定的烯丙基正离子

共轭二烯可作为单体在亲电试剂、自由基或其他引发剂（12-4 节和 12-5 节）的诱导下聚合，这些内容将在 14-10 节中讨论。

## 练习14-11

用制备普通烯烃的方法可以合成共轭二烯。给出（**a**）从 2,3-二甲基-1,4-丁二醇合成 2,3-二甲基-1,3-丁二烯和（**b**）从环己烷合成 1,3-环己二烯的合成路线。

## 练习14-12

（**a**）写出（i）HBr 和（ii）DBr 分别对 1,3-环己二烯的 1,2-加成和 1,4-加成产物。（注意：HX 对非取代的环状 1,3-二烯的 1,2-和 1,4-加成产物有什么特殊之处？）

（**b**）预测下列双烯氢氯化反应的产物。写出反应中间体烯丙基正离子的共振式，合理解释答案。

（i） 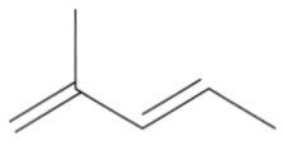 （ii） 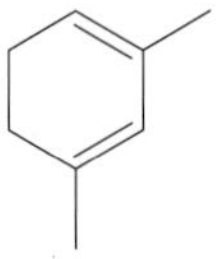 （iii）难题 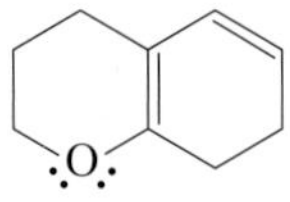 （**提示**：考虑氧上的孤对电子）

### 改变产物的比例：动力学和热力学控制

当 1,3-丁二烯在 40℃，而不是在 0℃下进行氢溴化反应时发现一个奇怪的结果：生成的溴代丁烯混合物中 1,2-和 1,4-加成产物的比例由原来的 70∶30 变为 15∶85。

**1,3-丁二烯在0℃的氢溴化反应：动力学控制**

$$CH_2{=}CH{-}CH{=}CH_2 + HBr \xrightarrow{0°C} HCH_2{-}\underset{}{\overset{Br}{\overset{|}{C}}}H{-}CH{=}CH_2 + HCH_2{-}CH{=}CH{-}\overset{Br}{\overset{|}{C}}H_2$$

70%　3-溴-1-丁烯(较多)　　30%　1-溴-2-丁烯(较少)

**1,3-丁二烯在40℃的氢溴化反应：热力学控制**

$$CH_2{=}CH{-}CH{=}CH_2 + HBr \xrightarrow{40°C} HCH_2{-}\overset{Br}{\overset{|}{C}}H{-}CH{=}CH_2 + HCH_2{-}CH{=}CH{-}\overset{Br}{\overset{|}{C}}H_2$$

15%　(较少)　　85%　(较多)

简单地加热原有比例为 70∶30 的溴化物混合物也可以得到比例为 15∶85 的混合物，更奇怪的是，加热任何一个纯的溴化物异构体都能得到如此比例的混合物。如何解释这个现象呢？

为了理解这些结果，要回顾在 2-1 节中讨论过的关于动力学、热力学或速度和平衡的问题，这些都能调控反应的结果。从实验结果可以看出，在较高温度下，两个异构体处于平衡状态，其比例反映了它们的相对热力学稳定性：1-溴-2-丁烯（带有链内双键，11-5 节）比 3-溴-1-丁烯要稍稳定一些。一般而言，若反应产物的比例反映了它们的热力学稳定性，则为**热力学控制**（thermodynamic control）的反应。在 40℃ 下进行的 1,3-丁二烯的氢溴化反应就属于这种情况。

那么，在 0℃ 下发生了什么呢？在 0℃ 下，两个异构体不会互相转化，因此达不到热力学控制。那么，非热力学控制的产物比例来源于什么呢？答案取决于从中间体烯丙基正离子（如下图中间起始点所示）生成产物的相对速率：虽然 3-溴-1-丁烯在热力学上没有 1-溴-2-丁烯稳定，但生成的速率较快。一般来说，若反应产物的比例反映了生成产物的相对速率（也就是活化能垒的相对高度），则为**动力学控制**（kinetic control）的反应。在 0℃ 下进行的 1,3-丁二烯的氢溴化反应就属于这种情况。

**真的吗?**

### 动力学控制和热力学控制的比较

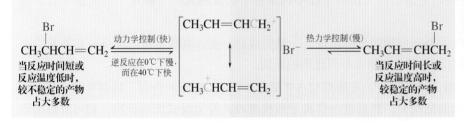

反应的势能图（图 14-8）表明，较低的活化能垒（和较大的速率 $k_1$）与生成不稳定的产物有关，而较高的能垒（和较小的速率 $k_2$）与生成更稳定的相应产物有关。关键在于这些捕获正离子中间体的步骤在动力学上是可逆的（速率 $k_{-1}$）。

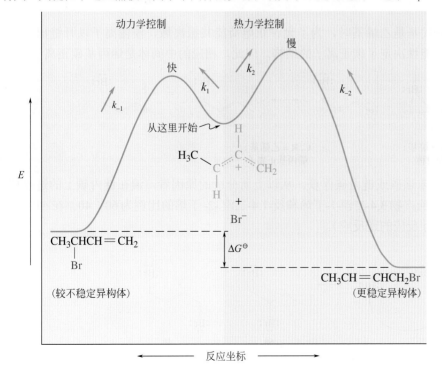

生命本身处于动力学控制中。与这里讨论的"静止"的化学体系不同，这种控制是动态的，要求向体系输入能量以保持种族繁衍、新陈代谢和热量供给等的连续性。你能把它想象成一个正在运转的引擎，在关闭能源之前显得很稳定。同样，氧气或营养供应被中断后，生命（如图片鱼缸中的热带鱼）就终止了，人体经过腐烂才能达到"热力学平衡"。

**图 14-8**　在 1-甲基-2-丙烯基正离子与溴反应（图中）时，动力学控制（图左）与热力学控制（图右）的比较。

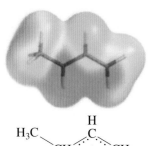

**1-甲基-2-丙烯基正离子**

在0℃下，因为生成3-溴-1-丁烯的逆反应相对较慢，因此不稳定的动力学产物3-溴-1-丁烯占大多数。在40℃下，该产物与它的正离子前体发生快速的平衡，最后得到热力学更稳定的1-溴-2-丁烯。

为什么生成不稳定产物的活化能垒较低呢？因为亲核试剂（此时为溴离子）对有较多取代基的C-3进攻较快。当HBr质子化二烯的末端碳原子时，游离的溴离子相对更接近新形成的烯丙基正离子中临近的C-3。此外，该正离子是非对称的。它的正电荷在C-1和C-3间的分布并不均匀。正如在静电势图中所显示的，更多的正电荷位于二级碳C-3。该位置的电荷密度比没有取代的末端碳的电荷密度小（更显蓝色）。由于具有较多的正电荷，以及与游离出来的亲核试剂的临近效应，因此C-3上的进攻在动力学上更有利。

## 解题练习14-13

**运用概念解题：动力学控制和热力学控制**

1,3-丁二烯的溴化反应（647页）在60℃时，得到产物3,4-二溴-1-丁烯和1,4-二溴-2-丁烯的比例为10：90；而在-15℃，其比例为60：40。请解释。

**策略：**

- **W：**有何信息？为了使问题更清晰，写出两个在不同条件下的反应式。"解释"一词意味着必须考虑反应机理的合理性。

- **H：**如何进行？阐明连接原料和产物的反应机理。一旦完成后，要认真观察每一步反应和涉及的中间体，揣摩在两个不同的温度下，产物有不同比例的原因。

- **I：**需用的信息？处理双键的溴化反应，需回顾12-5节和12-6节有关机理的内容。特别是12-5节中溴鎓离子A的生成（见下面的结构）。然后被溴负离子亲核进攻，发生反式加成反应。12-6节则揭示了当双键上有烷基取代时，溴鎓离子（如在B中）被扭曲，在取代较多的碳上表现出类似碳正离子的特性。

- **P：**继续进行。

**解答：**

• 对于1,3-丁二烯，当取代基是乙烯基时，为了允许正电荷能共振离域，溴鎓离子以开链形式存在。一般来说，共振稳定的可能性决定了碳正离子的结构。因此，相应的中间体是烯丙基碳正离子。

**A, R = H：对称     B, R = 烷基：非对称          C, R = 乙烯基：烯丙基正离子**

• 正离子C被溴负离子在末端碳或链内碳俘获。从以上所分析的原因看，溴在链内碳上的进攻稍快（动力学控制），得到低温反应产物3,4-二溴-1-丁烯和反-1,4-二溴-2-丁烯的比例为60：40。在-15℃，这两个产物稳定而不解离（进行反应的逆反应）。

**动力学控制：**

60 : 40

• 加热到 60℃ 提供足够的能量，能使烯丙基溴化物中溴作为离去基团（通过 $S_N1$ 反应，14-3 节），从而重新产生烯丙基正离子。在这个温度下，虽然高能量的正离子浓度很小，但产物和正离子处于快速平衡状态。即便溴化物进攻正离子的相对速率仍然不变，但这个因素对结果无关紧要。因为热力学控制下产物的分布主要取决于相对稳定性：1,4-二溴异构体比 3,4-二溴异构体更稳定，从而观察到产物的比例变成 10：90。应用 2-1 节所列的方程式可以计算两个异构体的能量差。

**热力学控制：**

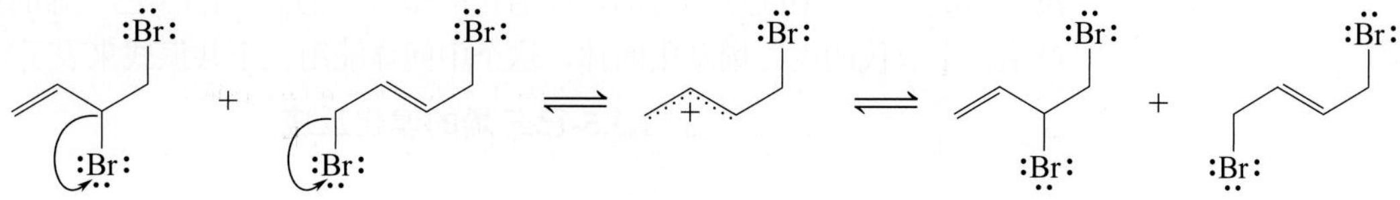

60　：　40　⇌　⇌　10　：　90

### 14-14 自试解题

（**a**）在下式所示的反应中，分别指出相应的 1,2- 和 1,4- 加成产物，并分别指出哪个是动力学控制和哪个是热力学控制的产物。

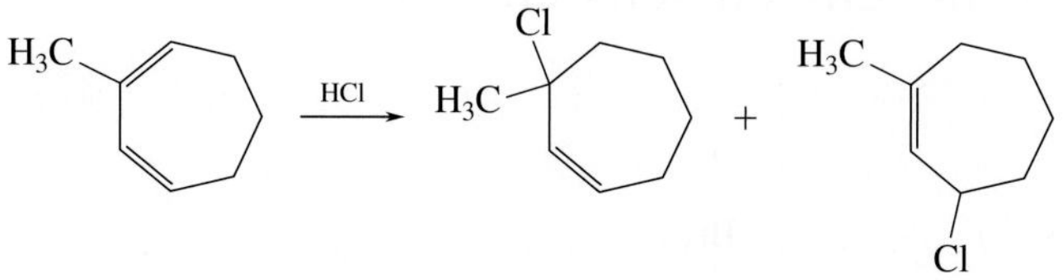

（**b**）在丙酮中，C 异构化到 D。请写出机理，并解释为什么 D 比 C 更稳定。

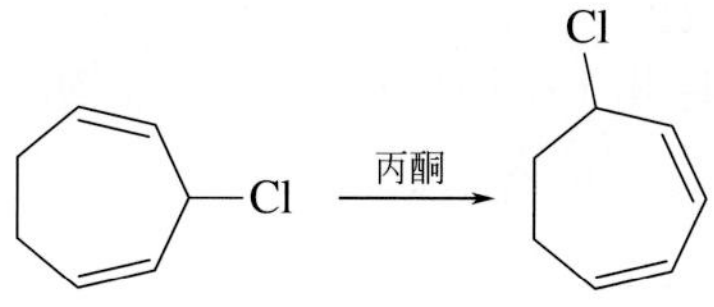

---

### 小　结

　　共轭二烯是富电子的，因而能被亲电试剂进攻生成烯丙基正离子中间体，进而生成 1,2- 和 1,4-加成产物。这些反应在相对较低温度时受动力学控制，而在相对较高的温度时，如果产物的生成是可逆的，动力学产物优先可能会变成热力学产物优先。

---

## 14-7　两个以上 π 键间的离域作用：扩展的共轭体系和苯

　　当分子中存在多于两个共轭双键时，会出现怎样的结果呢？分子的反应活性会增加吗？如果分子是环状的又会怎样呢？它的反应情况和线形类似物相同吗？本节将回答这些问题。

## 扩展的π键体系在热力学上稳定，而在动力学上活泼

当分子中有两个以上的双键处于共轭时称为**扩展的π体系**（extended π system）。如 1,3,5-己三烯是比 1,3-丁二烯高一级的双键同系物。该化合物相当活泼，特别是有亲电试剂存在时很容易聚合。尽管具有离域 π 体系的反应活性，它在热力学上却是相对稳定的。

在扩展的 π 体系中，反应活性的增加是由于亲电加成反应是通过一个高度离域的碳正离子中间体进行的，其活化能垒低。例如，1,3,5-己三烯的溴化反应产生一个取代的戊二烯基中间体，这个中间体能用三个共振式来表示。

### 1,3,5-己三烯的溴化反应

$$CH_2=CH-CH=CH-CH=CH_2 \xrightarrow{Br_2}$$
**1,3,5-己三烯**

$$\left[\begin{array}{c} BrCH_2-\overset{+}{C}H-CH=CH-CH=CH_2 \\ \updownarrow \\ BrCH_2-CH=CH-\overset{+}{C}H-CH=CH_2 \\ \updownarrow \\ BrCH_2-CH=CH-CH=CH-\overset{+}{C}H_2 \end{array}\right] + Br^-$$

$$\downarrow$$

$$\underset{\substack{\text{5,6-二溴-1,3-己二烯}\\ \text{(1,2-加成产物)}}}{BrCH_2\overset{Br}{\underset{|}{C}}HCH=CHCH=CH_2} + \underset{\substack{\text{3,6-二溴-1,4-己二烯}\\ \text{(1,4-加成产物)}}}{BrCH_2CH=CH\overset{Br}{\underset{|}{C}}HCH=CH_2} + \underset{\substack{\text{1,6-二溴-2,4-己二烯}\\ \text{(1,6-加成产物)}}}{BrCH_2CH=CHCH=CH\overset{}{C}H_2Br}$$

最终生成 1,2-、1,4- 和 1,6-加成产物的混合物，1,6-加成产物在热力学上是最稳定的，因为它含有链内共轭双键体系。

### 练习14-15

1mol 的 1,3,5-己三烯和 2mol 的溴作用产生一定量的 1,2,5,6-四溴-3-己烯。写出此产物形成的机理。

---

自然界中存在一些具有高度扩展的 π 体系化合物。比如 β-胡萝卜素（β-carotene）是胡萝卜中的橙色生色剂（本章开章介绍）；β-胡萝卜素的生物降解产物——维生素 A（视黄醇，retinol，参见真实生活18-2），强力的抗真菌的两性霉素 B（amphotericin B，页边）。胡萝卜素的结构改变可以得到蛋黄的，匈牙利红辣椒的，玉米的，西红柿的和柑桔类水果的颜色。由于存在多个双键可被亲电试剂进攻的位点，导致这类化合物非常活泼。相反，某些环状共轭体系的活性相当小，这取决于 π 电子的数目（第 15 章）。这个效应最突出的例子是苯、1,3,5-己三烯的环状类似物。

**两性霉素B**
**(Amphotericin B, Fungilin)**

**β-胡萝卜素**

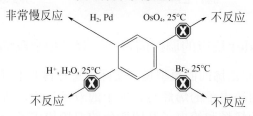

维生素 A（Retinol）

## 苯——一种异常稳定的共轭环三烯

环状共轭体系是特例。最常见的例子是环三烯 $C_6H_6$，即众所周知的苯和它的衍生物（第 15、16 和 22 章）。与己三烯相反，由于特殊的电子结构（第 15 章），无论是在热力学上还是在动力学上，苯都是非常稳定的。苯的特殊性可以从它的共振式看出：苯分子有两个等同的 Lewis 结构。苯不容易发生不饱和体系典型的加成反应，如催化氢化反应、水合反应、卤化反应和氧化反应。实际上，由于其低的反应活性，苯在有机反应中可用作溶剂。

**苯及其共振式**

**苯具有异常稳定性**

非常慢反应　H₂, Pd　OsO₄, 25℃　不反应

H⁺, H₂O, 25℃　　　Br₂, 25℃

不反应　　　　　　不反应

在接下来的两章中可以看到，苯极低的活性和它的环状共轭体系中仅有 6 个 π 电子有关。下一节所述的反应之所以可能进行，也是因为六电子的环状重叠有利于过渡态的形成。

## 小　结

非环的扩展共轭体系显示了热力学稳定性的提高。同样，由于有许多位点可被试剂进攻以及易于形成离域中间体，动力学反应活性也有所增加。相反，环己三烯（苯）稳定性好、反应活性差。

# 14-8 共轭二烯的特殊转化：Diels-Alder环加成反应

共轭双键不只能够进行典型的烯烃反应，例如亲电加成反应，本节还将介绍共轭二烯和烯烃结合生成取代环己烯的反应过程。这个反应过程称为 狄尔斯-阿尔德❶（Diels-Alder）环加成反应。反应中，双烯两端的原子加到烯烃的双键上，从而闭合成环。两个新键同时形成且具有立体专一性。

## 双烯与烯烃的环加成得到环己烯

当 1,3-丁二烯和乙烯的混合物在气相中加热时会有明显的反应发生，两个新的碳-碳键同时形成，生成环己烯。这是 **Diels-Alder 反应**最简单的例子。

❶ 奥托 P. H. 狄尔斯（Otto P. H. Diels，1876—1954），德国基尔大学教授，1950 年诺贝尔化学奖得主；库尔特·阿尔德（Kurt Alder，1902—1958），德国科隆大学教授，1950 年诺贝尔化学奖得主。

在该反应中，共轭二烯加到烯烃上产生环己烯的衍生物。Diels-Alder 反应是一大类 π 体系**环加成反应**（cycloaddition reaction）中的一个特例，环加成反应的产物称作**环加成物**（cycloadduct）。在 Diels-Alder 反应中，含四个 π 电子的四个共轭原子单元与含两个 π 电子的一个双键反应。因此，反应通常又称为 [4+2] 环加成反应。四碳的结构单元简单地称为双烯，而烯烃称为**亲双烯体**（dienophile）。

反应

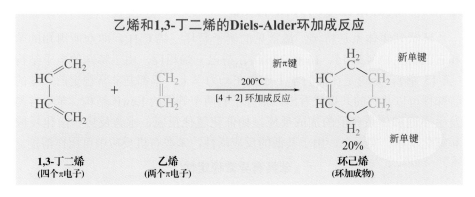

## 高效 Diels-Alder 反应的调控因素——双烯和亲双烯体的反应活性

　　1,3-丁二烯和乙烯间的原型反应实际上进行得并不好，环己烯的产率很低。如果采用缺电子的烯烃与富电子的双烯反应，情况会好得多。吸电子基团取代的烯烃和给电子基团取代的双烯构成了一对优异的反应底物（页边）。

　　例如，由于氟原子的强电负性，三氟甲基具有很强的吸电子能力（8-3节）。分子中有这类基团的存在大大提高了烯烃的 Diels-Alder 反应活性。另一方面，烷基是通过诱导和超共轭效应（7-5节、11-3节、11-7节）给电子的，它们的存在使电子密度增加，有利于提高双烯的 Diels-Alder 反应活性。页边的静电势图说明了这些效应。三氟甲基取代的双键上电子密度（黄色）比甲基取代的双键（红色）小。

　　其他烯烃带有的取代基能通过共振与双键相互作用。例如，通过共振效应，含羰基的基团和氰基表现为良好的电子受体。带有这类取代基的双键是缺电子的，共振作用使得正电荷处于烯烃的碳原子上。

**3,3,3-三氟-1-丙烯**
（缺电子的烯烃）

**2,3-二甲基-1,3-丁二烯**
（富电子的二烯）

### 通过共振效应成为吸电子基团

$$H_2C=C(H)-C(\overset{\cdot\cdot}{\underset{\cdot\cdot}{O}}{:})-R \longleftrightarrow H_2C-C(H)=C(\overset{\cdot\cdot}{O}{:}^-)-R \longleftrightarrow H_2\overset{+}{C}-C(H)=C(\overset{\cdot\cdot}{O}{:}^-)-R$$

$$H_2C=C(H)-C\equiv\overset{\cdot\cdot}{N} \longleftrightarrow H_2C-C(H)=\overset{+}{C}=N{:}^- \longleftrightarrow H_2\overset{+}{C}-C(H)=C=N{:}^-$$

亲双烯体和双烯的反应活性变化趋势如下：

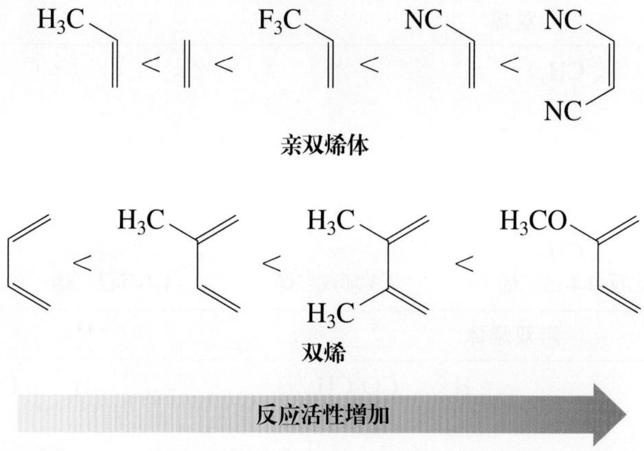

**亲双烯体**

**双烯**

**反应活性增加** ⟶

## 练习14-16

与乙烯进行比较，将下列烯烃按缺电子或富电子分类，并给以解释。

（**a**）$H_2C=CHCH_2CH_3$　（**b**） 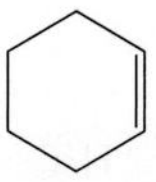　（**c**） 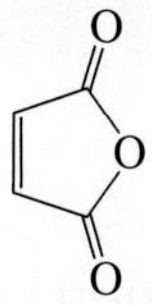　（**d**）

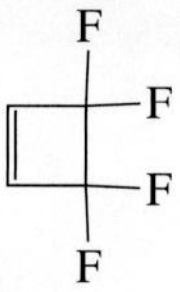

## 练习14-17

硝基乙烯（$H_2C=CHNO_2$）中的双键是缺电子的，而甲氧基乙烯（$H_2C=CHOCH_3$）的双键是富电子的。请用共振式给以解释。

能成对进行高效 Diels-Alder 反应的例子还有 2,3-二甲基-1,3-丁二烯与丙烯醛的反应。

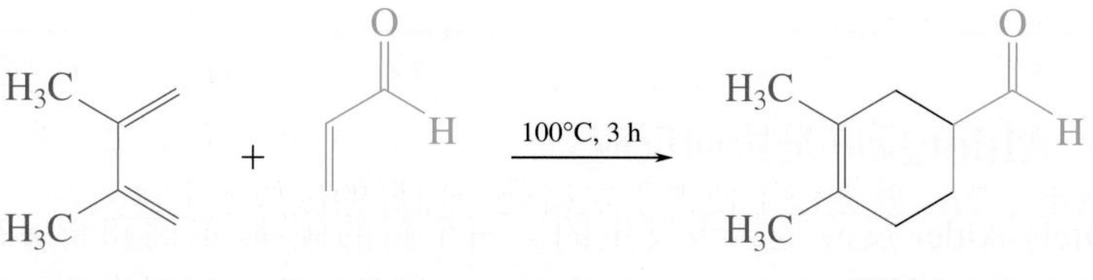

**2,3-二甲基-1,3-丁二烯**　　**丙烯醛**　　　　　　　　　**90%**
　　　　　　　　　　　　　　　　　　　　　**Diels-Alder环加成产物**

环加成产物中碳-碳双键是富电子的，且有大的空间位阻，因此不能和另外的双烯继续反应。

没有取代基的母体 1,3-丁二烯是富电子的，足以和缺电子的烯烃进行环加成反应。

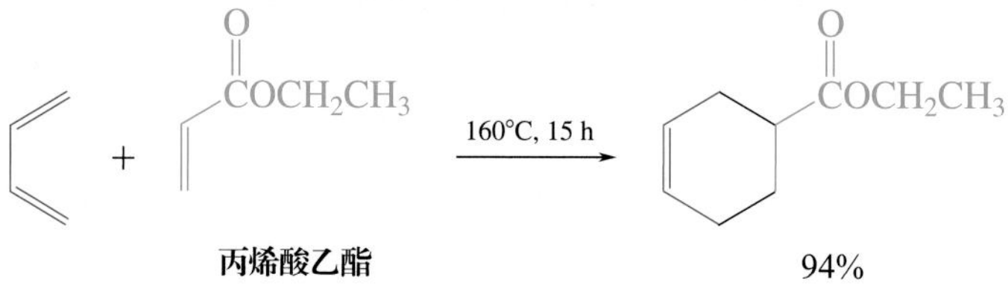

**丙烯酸乙酯**　　　　　　　　　　　　　**94%**

**表14-1  Diels–Alder 反应中典型的双烯和亲双烯体**

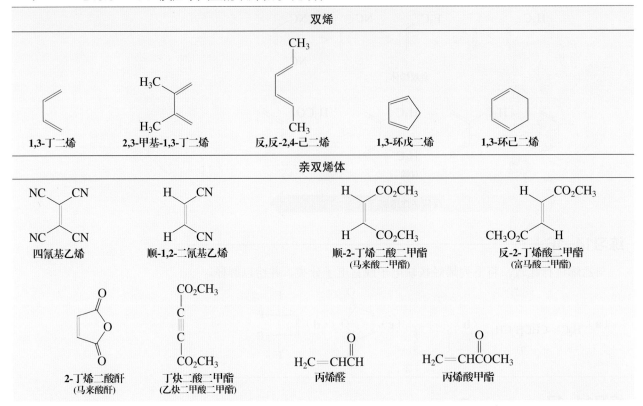

双烯

1,3-丁二烯    2,3-甲基-1,3-丁二烯    反,反-2,4-己二烯    1,3-环戊二烯    1,3-环己二烯

亲双烯体

四氰基乙烯    顺-1,2-二氰基乙烯    顺-2-丁烯二酸二甲酯（马来酸二甲酯）    反-2-丁烯酸二甲酯（富马酸二甲酯）

2-丁烯二酸酐（马来酸酐）    丁炔二酸二甲酯（乙炔二甲酸二甲酯）    丙烯醛    丙烯酸甲酯

由于它们在合成中的用途广泛，许多典型的双烯和亲双烯体都有常用名（表 14-1）。

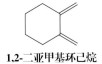

1,2-二亚甲基环己烷

### 练习14-18

给出下列化合物与四氰基乙烯的［4+2］环加成反应产物的结构。

（**a**）1,3- 丁二烯；（**b**）环戊二烯；（**c**）1,2-二亚甲基环己烷（见页边）。

动画
环戊二烯与丁二酸二甲酯的
Diels-Alder反应

## Diels-Alder反应是协同反应

　　Diels-Alder 反应是一步发生的。两个新的碳-碳单键和新 π 键的形成是同时发生的，如同起始分子中的三个 π 键的断裂也同时发生一样。前面曾提到过（6-4 节），键的断裂和键的形成在一步完成的反应是协同反应。转化的协同本质可用以下两种形式描述：用点形成的环表示六个离域的 π 电子，或是用推电子箭头表示。正如六电子环的重叠能稳定苯分子一样（14-7 节），在 Diels-Alder 反应的过渡态中，这样的六电子环状排列也是十分有利的。

机理

**Diels-Alder反应过渡态的两种图示**

新的π键    新C-C键

新C-C键

点线图          推电子图          六元环

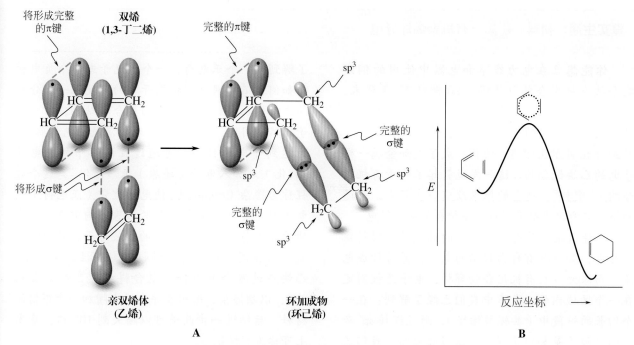

**图 14-9** （A）1,3-丁二烯与乙烯的 Diels-Alder 反应的轨道示意图。1,3-丁二烯的 C-1 和 C-4 上的两个 p 轨道和乙烯的两个 p 轨道相互作用，参与反应的碳原子重新杂化成 $sp^3$，而在两个新形成的单键中使轨道重叠最大化。同时，双烯的 C-2 和 C-3 的 p 轨道间的 π 重叠增加，产生一个完全的双键；（B）势能图：一个过渡态。

  轨道示意图［图 14-9（A）］清楚地表明了亲双烯体 p 轨道与双烯末端的 p 轨道重叠而成键的情况。当这四个碳重新杂化成 $sp^3$ 轨道时，余下的两个处于双烯内部位置的 p 轨道生成新的 π 键。反应的势能图［图 14-9（B）］表明了协同的特性：只有一个过渡态，没有中间体。

  Diels-Alder 反应的机理要求双烯的两个末端指向同一方向，以便能同时接近亲双烯体的两个碳。这意味着，双烯必须采用能量上稍微不利的 *s-cis* 构象，而非更稳定的 *s-trans* 构象（图 14-6）。

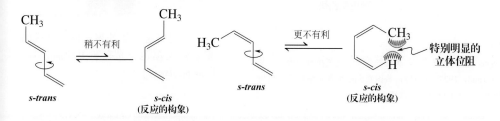

  这些要求影响了环加成反应的速率：特别是在 *s-cis* 构象受阻或不能形成时，反应减慢或根本不发生。相反，若双烯被限制于 *s-cis* 构象，反应则被加速。

**不能反应的二烯**　　　　　　　**活泼的二烯**

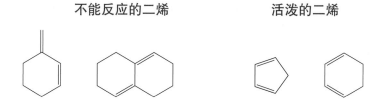

**真实生活：**材料  有机聚烯烃导电

你能想象在电力线路和电器中使用的铜线能全被有机聚合物取代吗？20世纪70年代末，Heeger、MacDiarmid 和 Shirakawa[1] 为实现这一目标迈出了巨大的一步。因此，他们三人获得了2000年诺贝尔化学奖。他们合成了能如金属一样导电的乙炔聚合物。这一发现引起了关于有机聚合物（"塑料"）观念的根本改变。实际上，普通的塑料只能用于绝缘材料以保护我们免于触电。

为什么聚乙炔有如此特殊的性能呢？材料要能导电，必须要有自由移动的电子，并持续成电流。而像大多数有机化合物那样，电子是被固定在一个区域内的。本章中我们已经了解到：在一个增长的链段中（共轭聚烯烃），通过连接 $sp^2$ 杂化的碳原子是如何获得这种离域效应的。我们还

了解到：一个正电荷、一个单电子或一个负电荷是如何沿着 π 网络"扩展开"的，就像一根分子导线。聚乙炔就具有这样的聚合物结构，但是电子仍然太固定，以致不易运动以满足导电的要求。为达到导电的目的，可通过在网络中移去电子（氧化）或加入电子（还原）来"活化"，这个过程称为掺杂（doping）。使电子空穴（正电荷）或电子对（负电荷）在整个聚烯基结构中离域，离域的方式与14-6节中描述的扩展烯丙基链中的离域作用相同。在具有原创性、突破性的实验中，乙炔在过渡金属催化下聚合得到聚乙炔（12-15节），以碘掺杂，给出在导电性上增加一千万倍的材料。后续进一步改进可以增大到 $10^{11}$ 倍，基本上可称为有机铜

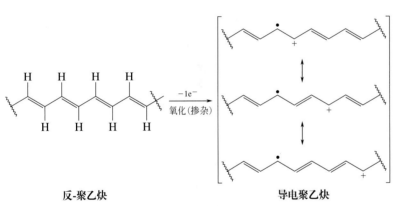

反-聚乙炔                              导电聚乙炔

通过气态乙炔的聚合反应合成的聚乙炔是黑色、光亮和柔软的箔片。
[Kazuo Akagi]

---

**❶** 艾伦·J. 黑格（Alan J. Heeger，生于1936年），美国加州大学芭芭拉分校教授；艾伦 G. 马克迪尔米德（Alan G. MacDiarmid，1927—2007），美国宾夕法尼亚大学教授；白川英树（Hideki Shirakawa，生于1936年），日本筑波大学教授。

## Diels-Alder 反应是立体专一性的

由于协同机理的作用结果，Diels-Alder 反应是立体专一性的。例如，1,3-丁二烯与顺-2-丁烯二酸二甲酯（马来酸二甲酯，顺式烯烃）反应得到顺-4-环己烯-1,2-二羧酸二甲酯。在产物中保留了亲双烯体原有双键的立体构型。在互补反应中，反-2-丁烯二酸二甲酯（富马酸二甲酯，属反式烯烃）生成反式加成物。

聚乙炔对空气和潮气很敏感，所以很难得到实际的应用。但是，关于利用扩展的 π 体系提高有机物的导电性能的思路可以推广到一系列已被证明有应用价值的材料中。这些材料大都含有特别稳定的环状 $6\pi$ 电子的结构单元，例如：苯（15-2 节）、吡咯和噻吩（25-3 节）。

## 有机导体及其应用

**聚( *p*-亚苯基亚乙烯基)**
(电致发光显示，例如应用于手机)

**聚噻吩**
(场效应放大器，如在超市的收款台；
防静电剂，如在照相胶片膜上)

**聚苯胺**
(导电体；电路中的电磁屏蔽；
防静电剂，应用于地毯)

**聚吡咯**
(电解液；屏幕涂层；敏感器件)

除了在电子方面的应用外，导电聚合物在被电场激发时还可"发光"，这个现象称为电致发光，被广泛应用于有机发光二极管（OLED）。简单地说，这些有机材料可当作是有机"灯泡"。它们相对较光亮、柔韧，并包括了颜色很广的光谱。理论上，有机聚合物很容易被加工成任何形状或样式，它们可以提供新的、可弯曲的显示屏，例如书籍、发光的布料和墙壁装饰等。未来真的是一片光明！

因为 OLED，才有了这张亮丽的照片 [*Yonhap News/YNA/Newscom*]

## Diels-Alder反应中，亲双烯体的立体构型是保留的

$\xrightarrow{150\sim160^\circ\text{C},\ 20\ \text{h}}$

**顺-2-丁烯二酸二甲酯**
(马来酸二甲酯，顺式原料)

68%

**顺-4-环己烯-1,2-二甲酸二甲酯**
(顺式产物)

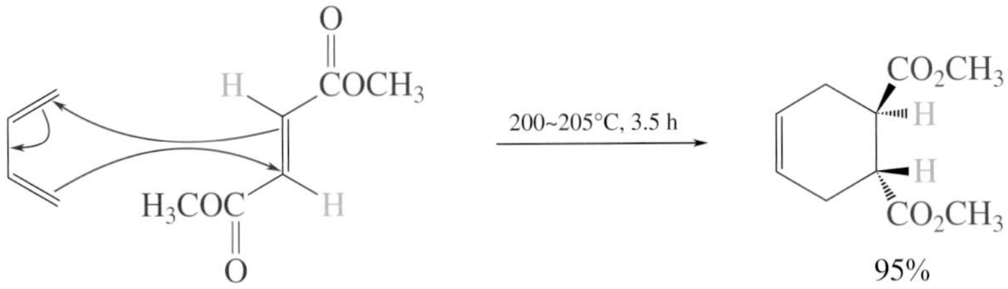

反-2-丁烯二酸二甲酯
（富马酸二甲酯，反式原料）

反-4-环己烯-1,2-二甲酸二甲酯
（反式产物）

同样，双烯的立体构型也是保留的。注意，该环加成物含有二个手性中心，可能是内消旋的或者是手性的。但是，因为原料是非手性的，尽管产物分子中有手性中心，但通过两个能量相等的过渡态生成的产物是消旋的（5-7 节和 12-5 节示例）。换句话说，Diels-Alder 反应所表现的立体专一性是相对的，而不是绝对的立体构型。我们通常只描述手性产物（消旋的）中一个对映体，如图所示反-2-丁烯二酸二甲酯（上式）与顺，反-2,4-己二烯（下式）的环加成反应。

**Dils-Alder 反应中，二烯的立体构型是保留的**

动画
顺,顺-,顺,反-和反,反-2,4-己
二烯与2-丙烯醛（exo-endo）

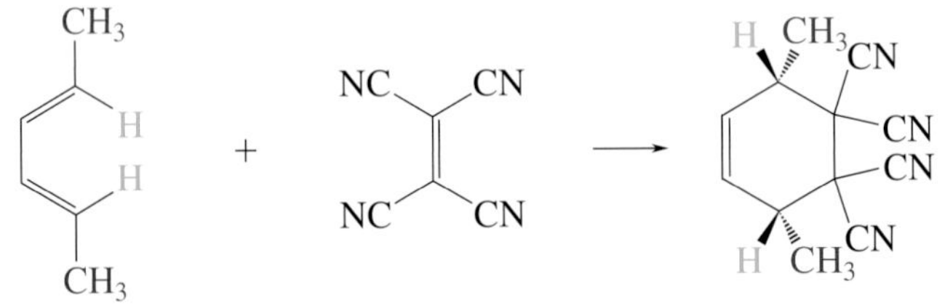

反,反-2,4-己二烯
（两个甲基都在"外侧"）

四氰基乙烯

（甲基呈顺式）

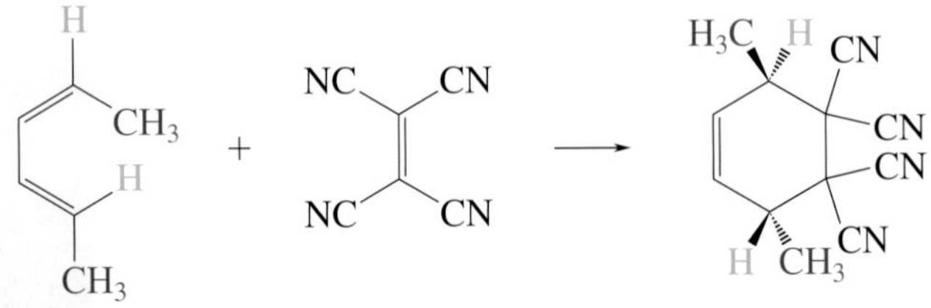

顺,反-2,4-己二烯
（一个甲基在"内侧"，
一个甲基在"外侧"）

（甲基呈反式）

---

## 解题练习 14-19

### 运用概念解题：Diels-Alder 反应

画出下列 Diels-Alder 环加成反应的产物。

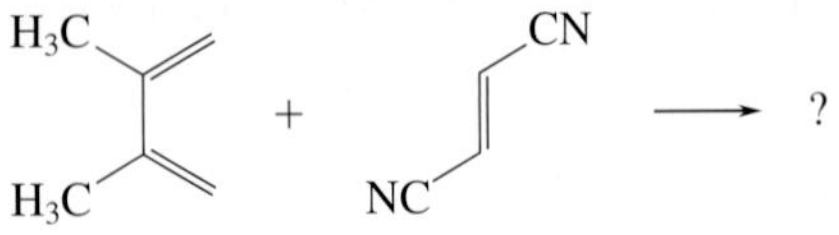

**策略：**

要回答有关 Diels-Alder 反应的问题，最好使用分子模型来重温双烯与亲双烯体空间接近的方式。只要在过渡态中反应物的排列是合适的，就可以试着画出来。

**解答：**

- 用图 14-9（A）作指南，在环加成反应前，准确画出反应的两组分。
- 适度地移动六个参与反应的电子，产生两个新 σ 键和一个新 π 键。
- 如果画得不合适，有些扭曲，直接将键伸直，画出正常的环己烯环，然后加上取代基，包括相对的立体构型。

## 14-20 自试解题

在下列 Diels-Alder 反应式中，填入缺失的化学分子结构。

## 练习14-21

在［4+2］环加成反应中，顺,反-2,4-己二烯反应非常慢；而反,反-异构体反应快得多。请给出解释。**提示：**Diels-Alder 反应要求双烯有 *s-cis* 排列［图 14-9（A）和图 14-6］。

## Diels-Alder 反应遵循内型（endo）规则

Diels-Alder 反应是高度立体控制的，这一点不仅体现在原始双键的取代类型上，也体现在反应碳上新形成的手性中心的相对立体构型。考察一下 1,3-环戊二烯和顺-2-丁烯二酸二甲酯的反应，有两个可能的产物：一个是双环骨架上的两个酯基与亚甲基桥处于同侧（顺式，*cis*），另一个是与亚甲基桥处于异侧（反式，*trans*）。第一个产物称为**外型加成物**（*exo* adduct；其中 *exo*，希腊语，"外部"），第二个称为**内型加成物**（*endo* adduct；其中 *endo*，希腊语，"内部"）。这些术语表示了桥环系统中基团的位置。外型取代基与较短的桥处于顺式的位置，而内型取代基则处于反式的位置。一般来说，外型加成时，亲双烯体的取代基远离双烯。相反，内型加成时，取代基靠近双烯。

**环戊二烯的外型和内型环加成**

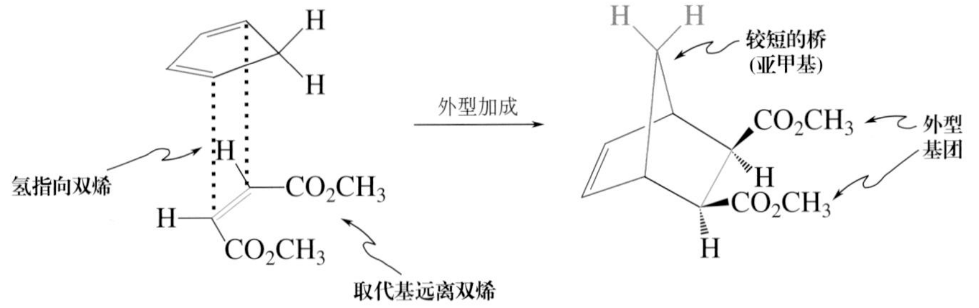


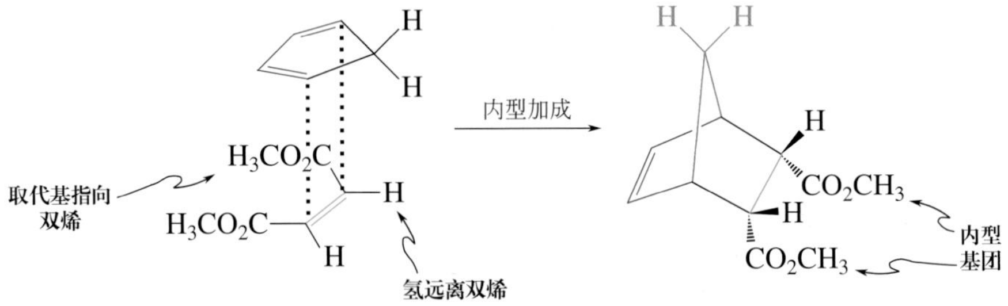


通常，Diels-Alder 反应是立体选择性的，按内型选择性进行；也即内型产物中，亲双烯体的活化吸电子基团处于内型位，这种产物的形成要快于另一外型异构体。即使外型产物常常较内型产物更为稳定，内型选择性仍能进行。这个结果称作**内型规则**（endo rule）。这种优先的选择是对环加成反应过渡态的各种立体和电子因素影响的结果。虽然，内型过渡态在能量上只是低一些，但也足以控制我们将要讨论的大多数反应的结果。在多取代或有某些不同的活化基团存在时，得到混合物是难免的。

**记住：** 我们以非手性原料为起点，这样得到的手性产物是外消旋的。

**内型（endo）规则**

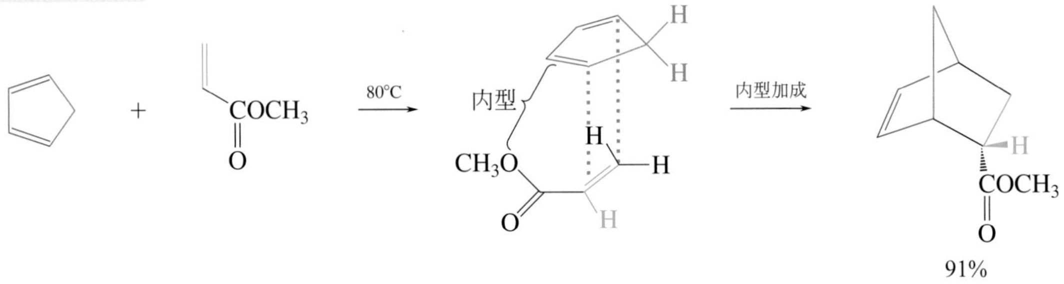


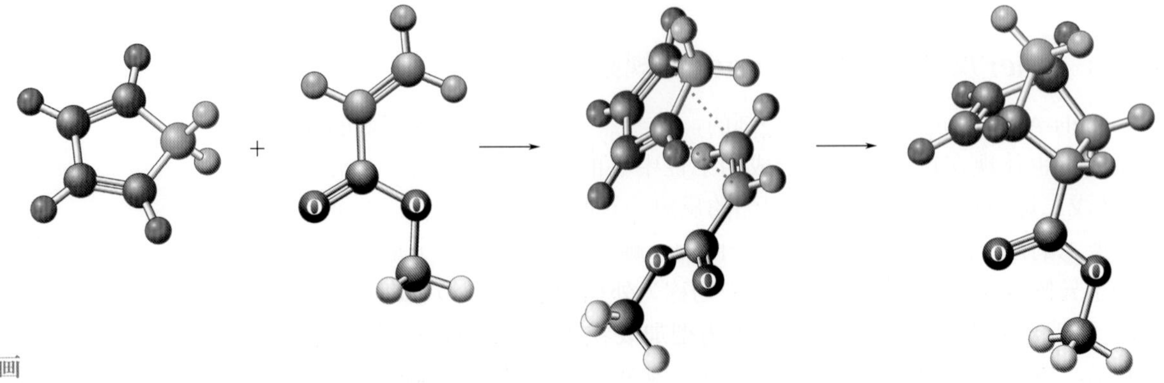


丙烯酸甲酯　　　　内型产物

**动画**
动画展示机理：
Diels-Alder环加成（内型规则）

## 真实生活：可持续性  14-2    Diels-Alder反应是"绿色"的

在 Diels-Alder 反应中，两个原料都被消耗，生成新的产物，而不产生其他的物质。这样的转化称为"原子经济"的过程，因为原料的所有原子都参与到产物中了。原子经济性反应是绿色化学的关键要素（真实生活3-1），Diels-Alder 反应符合绿色化学的一些基本原则。如反应没有（或很少）产生废物，所有原料转化成了产物，而且官能团保留。一般不需要保护基团；也可以与纯净物直接进行，即可以避免使用溶剂；反应的效率足够高，可以用结晶或蒸馏纯化产物，而避免使用柱层析。很多 Diels-Alder 反应需加热才能以适当的速率进行，但是，加入催化剂能解决这个问题，催化剂能使反应在室温下进行。例如，加入 Lewis 酸（2-3 节）使环加成反应大大加速。下列的数据量化了这一效应。催化剂也能影响外型/内型的比例，在使用光学纯的催化剂时，能实现对映选择性（实例见真实生活5-3 和 9-3，及 12-2 节）。Lewis 酸通过与羰基氧的孤对电子络合，使羰基更具吸电子性，从而活化了亲双烯体。

水是"最绿色的"溶剂

有时使用溶剂是不可避免的，比如高度稀释对分子内的反应 ［练习 14-24（a）］非常关键（9-6 节）。应选择绿色溶剂，也就是水。事实上，如下例所示，水不仅可作溶剂，本身也能加速 Diels-Alder 反应，特别是在 Lewis 酸催化的反应中，还能改进反应的立体构型。水的这个效应归因于可生成氢键和过渡态的疏水效应（8-2 节）。

| | $k_{rel}$ | endo | | exo |
|---|---|---|---|---|
| $k_{rel}$（在乙腈中，无催化剂） | 1 | 67 | : | 33 |
| $k_{rel}$（在乙腈中，$Cu^{2+}$ 催化剂） | 158000 | 94 | : | 6 |
| $k_{rel}$（在水中，无催化剂） | 287 | 84 | : | 16 |
| $k_{rel}$（在水中，$Cu^{2+}$ 催化剂） | 232000 | 93 | : | 7 |

下面将说明遵循一般内型规则（下页所示）的 Diels-Alder 反应产物的相对立体构型。为了跟踪取代基的走向，我们使用"o"表示在外侧（outside，即半圆型双烯外侧），"i"表示在内侧（inside），来标记二烯末端基团的两个可能的空间立体取向。然后，以 endo 或 exo 标记亲双烯体取代基在过渡态中的取向。在反应方程式的右边显示了预期产物的结构，包括

所有标记的取代基。可以看出，"o"总是和"endo"成顺式。这个图式可以使我们很快得到产物的结构而不需要画出立体模型。但是，这并不能替代对得出此结果的原理的全面理解。

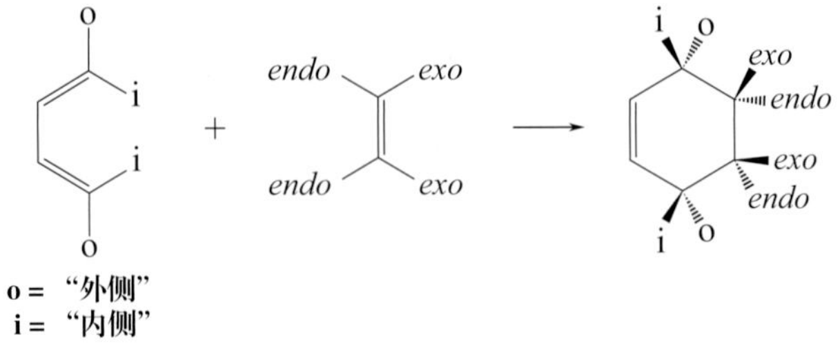

o = "外侧"
i = "内侧"

## 解题练习14-22

**运用概念解题：内型规则**

画出反,反-2,4-己二烯与丙烯酸甲酯反应的产物（清晰标明立体构型）。

**策略：**

首先画出两个反应试剂，反,反-2,4-己二烯和丙烯酸甲酯的结构。然后，为了正确地得到产物的立体构型，需要像图14-9（A）中的过渡态一样，一个反应物放在另一个的上方，用虚线连接。亲双烯体的酯基按内型规则放在内型的位置。

**解答：**

• 按照前示的步骤画出：

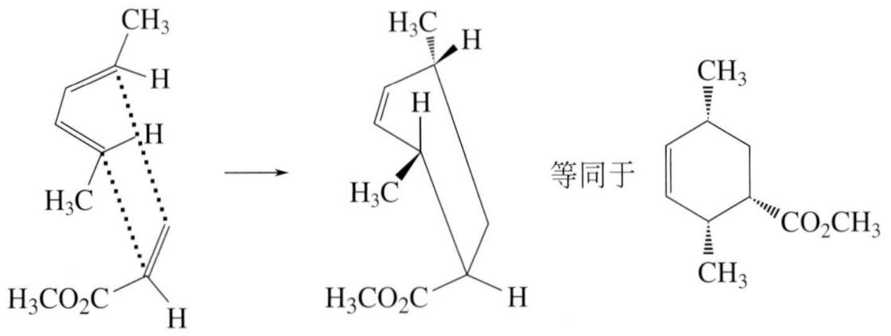

等同于

• 我们可以用本页提到的通用图式来检验所得的结果。为此，对试剂上所有的取代基进行标记。二烯中的两个甲基处在"外部"，标记为"o"；亲双烯体中的酯基被标记为 endo。把这些被标记的基团对应地放进产物的结构中确认本题的答案。

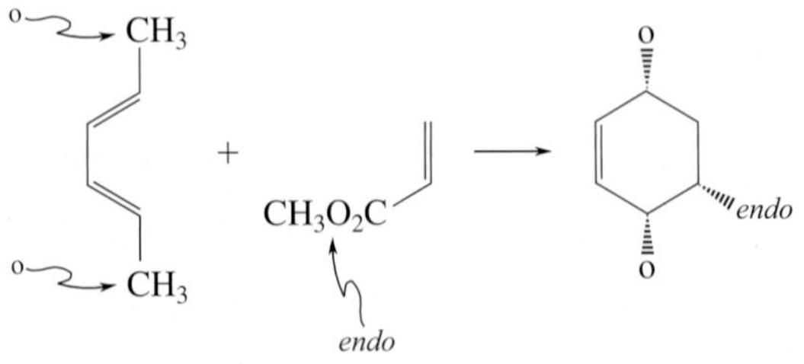

## 14-23 自试解题

预测下列反应的产物（清晰地标明立体构型）：（**a**）反-1,3-戊二烯与 2-丁烯二酸酐（马来酸酐）；（**b**）1,3-环戊二烯与反-2-丁烯二酸二甲酯（富马酸二甲酯）；（**c**）反,反-2,4-己二烯与 2-丙烯醛。

动画

1,3-环戊二烯与 2-丁烯二酸酐的 Diels-Alder 反应

## 练习 14-24

（**a**）Diels-Alder 反应也能在分子内进行。画出在以下反应中生成两个产物的相应过渡态。

$$180\,^\circ\text{C, 5h} \quad 75\%$$

65　：　35

A

（**b**）怎样从非环的原料合成化合物 **A**（页边）。[**提示**：考虑用逆合成分析法（8-8 节）。用逆合成法在目标分子的任意位置引入双键（12-2 节）。]

## 小　结

Diels-Alder 反应是一个协同的环加成反应，富电子的 1,3- 二烯与缺电子的亲双烯体能非常顺利地进行 Diels-Alder 反应生成产物环己烯。相对于双键的立体化学，以及在双烯和亲双烯体上取代基的排列，反应是立体专一性的，遵循内型规则。

# 14-9 电环化反应

Diels-Alder 反应是把两个分离的 π 体系的末端偶联在一起。但是，能把单个的共轭二烯、三烯或多烯烃的末端连接成环吗？答案是肯定的。本节将描述进行这种成环反应（及其逆反应），即**电环化反应**（electrocyclic reaction）的条件。环加成反应和电环化反应同属于一类转化反应，称为**周环反应**（pericyclic reaction；*peri*，希腊语，"环绕"），因为它们的过渡态中原子核和电子都是呈环状排列的。

### 电环化转化被热或光驱动

首先考察 1,3-丁二烯转化为环丁烯的反应。因为环的张力，该反应是吸热反应。事实上，在加热时，闭环的逆反应，即环丁烯的开环反应，更易进行。换句话说，1,3-丁二烯与环丁烯的平衡偏向于二烯的一侧。但是，在体系中加入双键后，情况就反转了。顺-1,3,5-己三烯闭环成 1,3- 环己二烯的反应是放热反应，平衡偏向于环状异构体一侧。能否使这些反应向热不利的方向进行呢？

我们已经知道，在热反应时这个任务很难完成，因为平衡是被热力学

光化学反应在"绿色技术"的应用日益增多。这个反应器安装在 Madrid 的 Complutense 大学的楼顶用作水的消毒。聚合物负载的染料吸收阳光可把氧气转化成更活泼的状态（"单线态氧"），能杀灭水中的有害细菌。[*Courtesy of Professor Guillermo Orellana, UCM*]

动画

1,3,5-己三烯的闭环和开环

控制的（2-1 节）。但是，在某些情况下，如果用光照，所谓的**光化学反应**（photochemical reaction），问题就可以解决。这样，原料分子吸收光子被激发，处于更高的能级。已知这种吸收是光谱学的基础（10-2 节和 14-11 节）。分子可以从这种激发态衰减，而得到相较原料在热力学上不稳定的产物。本书不会详细地讨论光化学的问题，但是，光能驱动电环化反应的平衡偏向能量不利的方向。因此，1,3-环己二烯在适当频率的光照射下能转化为其三烯异构体。同样，1,3-丁二烯在光照射下能闭环合成环丁烯。

**电环化反应**

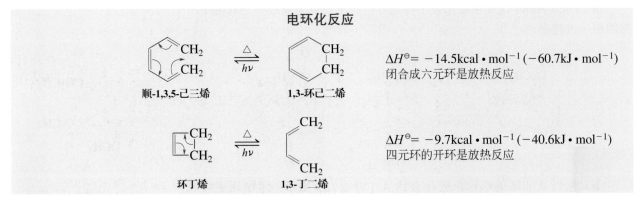

$\Delta H^{\ominus} = -14.5 \text{kcal} \cdot \text{mol}^{-1} (-60.7 \text{kJ} \cdot \text{mol}^{-1})$
闭合成六元环是放热反应

顺-1,3,5-己三烯      1,3-环己二烯

$\Delta H^{\ominus} = -9.7 \text{kcal} \cdot \text{mol}^{-1} (-40.6 \text{kJ} \cdot \text{mol}^{-1})$
四元环的开环是放热反应

环丁烯      1,3-丁二烯

动画

环丁烯的开环和闭环

**练习14-25**

给出加热下列原料得到的反应产物。

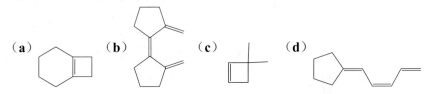

（a）      （b）      （c）      （d）

［**提示**：记住，围绕共轭体系中的单键能很快旋转（图14-6）］。

动画

顺-3,4-二甲基环丁烯的开环和闭环

**电环化反应是协同和立体专一性的**

与 Diels-Alder 环加成反应相似，电环化反应是协同和立体专一性的。例如，顺-3,4-二甲基环丁烯的热异构化反应仅生成顺，反-2,4-己二烯。

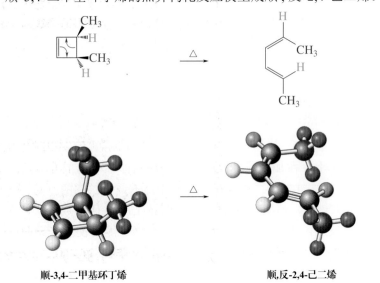

顺-3,4-二甲基环丁烯      顺,反-2,4-己二烯

但是，加热其异构体反-3,4-二甲基环丁烯却只能生成反,反-2,4-己二烯。

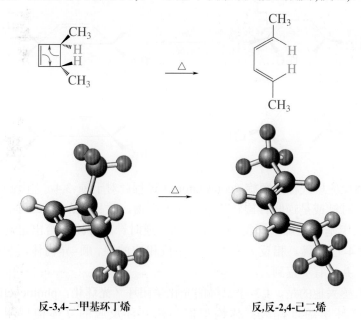

反-3,4-二甲基环丁烯　　　　　反,反-2,4-己二烯

**图14-10**　（A）顺-3,4-二甲基环丁烯的顺旋开环。两个参与反应的碳都可顺时针旋转。环中的sp³杂化轨道变成p轨道，而碳变为sp²杂化。这些p轨道与原料环丁烯中原有的p轨道重叠生成顺,反-二烯的两个双键；（B）反-3,4-二甲基环丁烯同样也是顺旋开环，逆时针旋转产生反,反-二烯；（C）因为在过渡态有较大的立体位阻，反-二甲基环丁烯不能发生顺旋开环。

图 14-10 对这个过程给出了更详细的描述。随着环丁烯中 C-3 和 C-4 碳键的断裂，这些碳原子从 sp³ 重新杂化成 sp²，同时旋转，以使新生成的 p 轨道可以和原有的 p 轨道重叠。在环丁烯热开环反应时，发现两个碳原子都是向同一方向旋转的，或是都为顺时针或是都为逆时针。

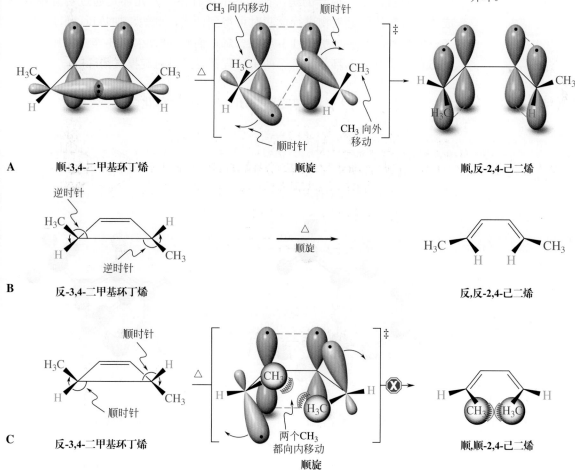

**图14-11** 顺,反-和反,反-2,4-己二烯的对旋光化学闭环反应。在对旋模式中，一个碳顺时针旋转，另一个碳逆时针旋转。

这种反应模式称为**顺旋**（conrotatory）过程。对于顺-3,4-二甲基环丁烯，无论是顺时针或是逆时针旋转都给出同一产物，顺,反-2,4-己二烯。但对于反-3,4-二甲基环丁烯，却得到两个产物。逆时针旋转模式给出可观察到的反,反-2,4-己二烯。相反方向的旋转生成相应的顺,顺-异构体，却因空间位阻大，并没有观察到。

令人感兴趣的是，1,3-丁二烯的光化学闭环（**光环化**，photocyclization）反应生成环丁烯过程的立体构型恰与热开环反应的立体构型相反。此时，两个参与反应的碳以不同的方向旋转而得到产物。换句话说，如果一个以顺时针方向旋转，另一个则以逆时针方向旋转。这种模式称作**对旋**（disrotarory）过程（图 14-11）。

这些现象具有普适性吗？就顺-1,3,5-己三烯和环己二烯互相转化的立体化学而言，令人惊异的是，在加热的条件下，六元环是通过对旋模式形成的。这在使用衍生物进行反应时可得到证实，例如，加热反,顺,反-2,4,6-辛三烯得到顺-5,6-二甲基-1,3-环己二烯，而顺,顺,反-2,4,6-辛三烯则转化为反-5,6-二甲基-1,3-环己二烯。两个过程都是经过对旋模式闭环的。

**2,4,6-辛三烯热闭环反应的立体化学**

动画
反,顺,反-2,4,6-辛三烯的闭环和开环

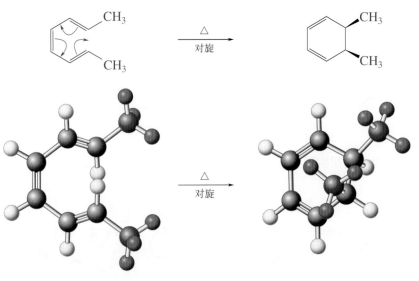

反,顺,反-2,4,6-辛三烯        顺-5,6-二甲基-1,3-环己二烯

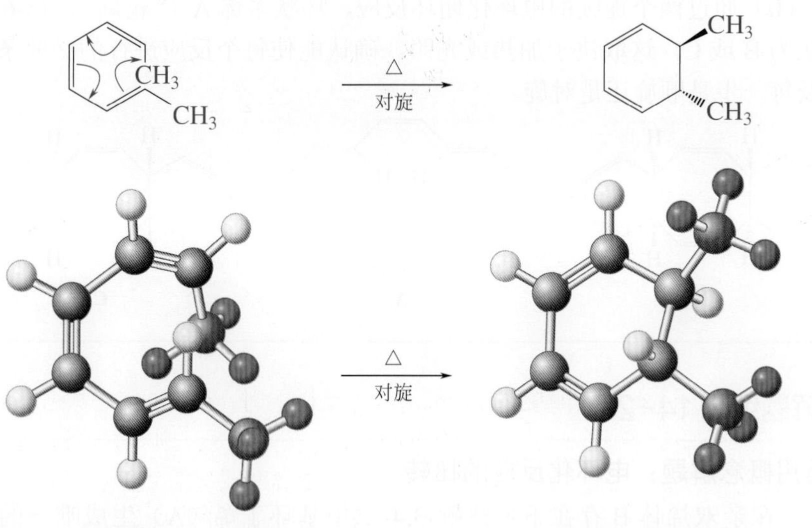

顺,顺,反-2,4,6-辛三烯

反-5,6-二甲基-1,3-环己二烯

相反,相应的光化学反应按顺旋方向进行。

### 2,4,6-辛三烯光化学闭环反应的立体化学

在许多其他的电环化反应中也能观察到这样的立体构型控制,它是由有关的 π 分子轨道的对称性质所决定的。**伍德沃德 - 霍夫曼** [1]（Woodward-Hoffmann）**规则**描述了这些轨道的相互作用,它可从参与反应的电子数目以及反应是光化学过程还是热化学过程预测电环化反应的立体化学。对此规则更全面的论述最好在高等有机化学教程中进行讲述。表 14-2 以简洁的方式总结了电环化反应预估的立体化学过程。

### 表14-2  电环化反应的立体化学过程（Woodward-Hoffmann规则）

| 参与的电子对数目 | 热反应过程 | 光化学过程 |
| --- | --- | --- |
| 偶数 | 顺旋 | 对旋 |
| 奇数 | 对旋 | 顺旋 |

### 练习14-26

（**a**）根据下列电环化反应式,填入缺失的化学物结构或反应条件（加热或光照）。

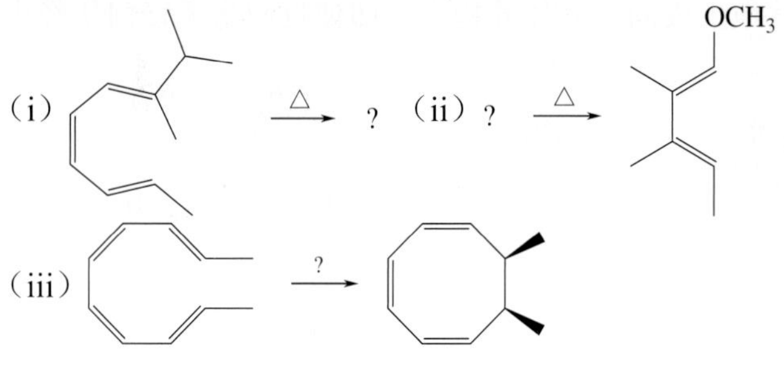

---

[1] 罗伯特·B.伍德沃德（Robert B. Woodward, 1917—1979）,美国哈佛大学教授,1965 年诺贝尔化学奖得主;罗德·霍夫曼（Roald Hoffmann, 1937—）,美国康奈尔大学教授,1981 年诺贝尔化学奖得主。

（**b**）通过两个连续的电环化闭环反应，环状多烯 A（"轮烯"，15-6 节）转化为 B 或 C，这取决于加热或光照。确认能使每个反应进行的必要条件，以及每一步是顺旋还是对旋。

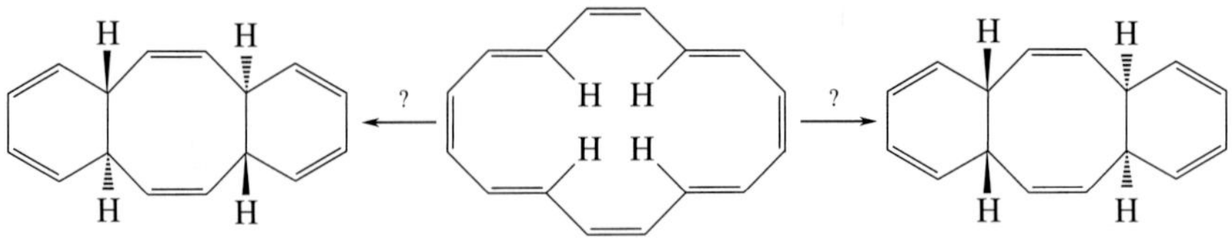

---

## 解题练习14-27

### 运用概念解题：电环化反应的扭转

在亲双烯体 B 存在下加热顺-3,4-二甲基环丁烯（A）生成唯一的非对映体 C。通过机理给以解释。

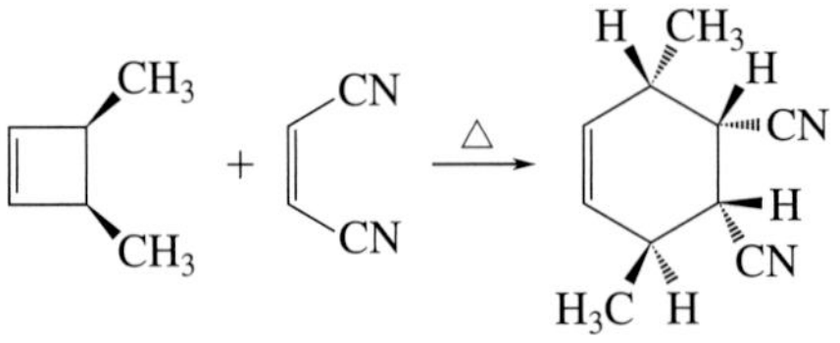

**策略：**

- **W**：有何信息？这个反应看上去像是环加成。可通过考察反应$C_6H_{10}$（A）$+C_4H_2N_2$（B）$=C_{10}H_{12}N_2$（C）中原子的化学计量来确认。

- **H**：如何进行？环加成反应的类型？为回答这个问题，需对产物C做逆合成分析。

- **I**：需用的信息？复习有关Diels-Alder环加成反应（14-8节）和电环化反应（14-9节）的内容。

- **P**：继续进行。

**解答：**

• 从逆合成分析可看出，环己烯 C 像是 B 和 2,4-己二烯异构体经 Diels-Alder 反应的产物。因为 C 中的两个甲基互成反式，二烯不能是对称的：顺,反-2,4-己二烯 D 是唯一的选择

• D 必须是从异构体 A 经热顺旋电环化开环反应得来的。

• B 和 D 的环加成反应的立体构型是外型还是内型？画出两个可能性：两个途径偶然地生成同一立体异构体（即便反应毫无疑问历经内型排列）。

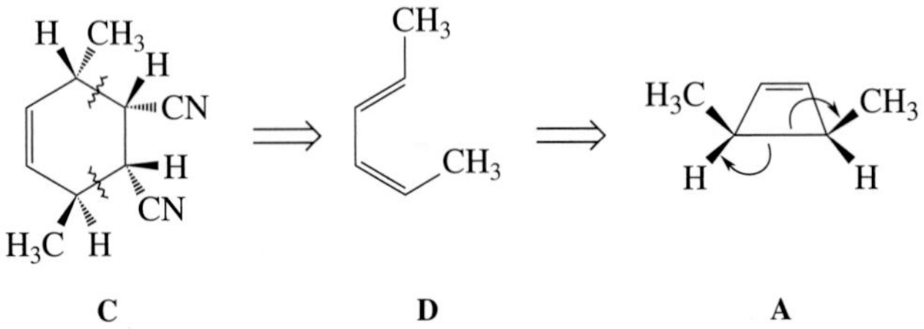

## 14-28 自试解题

光照麦角甾醇（ergosterol）生成维生素 $D_2$ 原（provitamin $D_2$），它是维生素 $D_2$ 的前体，它的缺失会导致骨骼变软，特别是儿童。该开环反应是顺旋还是对旋？（**注意**：所示产物结构是开环产物的一个更稳定构象）。

麦角甾醇       维生素 $D_2$ 原       维生素 $D_2$

---

## 小 结

共轭二烯和己三烯分别能与环丁烯和 1,3-环己二烯进行电环化闭环反应（可逆）。二烯-环丁烯体系优先以热顺旋和光化学对旋的模式进行反应，而三烯-环己二烯体系的反应则以相反的热对旋和光化学顺旋的模式进行。这样的电环化反应的立体化学遵循 Woodward-Hoffmann 规则。

# 14-10 | 共轭二烯的聚合：橡胶

与简单的烯烃（12-14 节和 12-15 节）一样，共轭二烯也可以聚合。经聚合生成的材料具有弹性，可用作合成橡胶。从生化途径得到的天然橡胶以五碳单元 2-甲基-1,3-丁二烯（异戊二烯，4-7 节）的活化形式为特征，它是自然界中重要的组成部分。

### 1,3-丁二烯能形成交联聚合物

当 1,3-丁二烯在 C-1 和 C-2 位聚合时，生成聚乙烯。

1,3-丁二烯的1,2-聚合反应

$$2n\ CH_2{=}CH{-}\underbrace{CH{=}CH_2}_{\text{聚合单元}} \xrightarrow{\text{引发剂}} {-}(CH{-}CH_2{-}CH{-}CH_2)_n{-}$$

而在 C-1 和 C-4 位聚合，则生成反-聚丁二烯、顺-聚丁二烯或混合的聚合物。

1,3-丁二烯的1,4-聚合反应

$$n\ CH_2{=}CH{-}CH{=}CH_2 \xrightarrow{\text{引发剂}} {-}(CH_2{-}CH{=}CH{-}CH_2)_n{-}$$

顺-或反-聚丁二烯

丁二烯的聚合很独特，聚合产物本身可以是不饱和的。初始聚合物中的双键可能在外加条件，比如自由基引发剂或光照作用下发生连接，从而形成

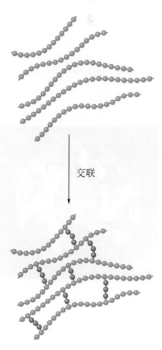

图14-12 聚丁二烯链交联后显示橡胶的弹性，即橡胶中聚丁二烯链的弹性基础。

**交联聚合物**（cross-linked polymer），即单个的链连接在一起构成更固定的网状结构（图 14-12）。一般来说，交联能增加材料的密度和硬度，也极大地影响丁二烯聚合物的一个特征属性：**弹性**（elasticity）。在大多数聚合物中，单个的链之间可以相对运动，从而能模压成型。然而在交联体系中，这样的形变是快速可逆的：聚合物链几乎能瞬间恢复原状。这样的弹性是橡胶的特点。

### 合成橡胶由聚 1,3-二烯衍生而得

由 Ziegle-Natta 催化剂（12-15 节）催化的 2-甲基-1,3-丁二烯（异戊二烯，4-7 节）的聚合反应得到 100% 的 Z 构型合成橡胶（聚异戊二烯）。同样，2-氯-1,3-丁二烯可生成含反式链双键的、具有弹性的以及耐热、耐氧的聚合物，称为氯丁橡胶。美国每年生产数百万吨各种品种的合成橡胶。

$$n\ H_2C{=}C{-}CH{=}CH_2 \xrightarrow{TiCl_4,\ AlR_3}$$

**2-甲基-1,3-丁二烯** （上部为 CH₃）　　　　**(Z)-聚合物**

$$n\ H_2C{=}C{-}CH{=}CH_2 \xrightarrow{TiCl_4,\ AlR_3}$$

**2-氯-1,3-丁二烯** （上部为 Cl）　　　　**氯丁橡胶**

天然的三叶树橡胶是 1,4-聚合的（Z）-聚(2-甲基-1,3-丁二烯)，在结构上与聚异戊二烯相似。为了增加弹性，将它与热的硫单质反应，该过程称作**硫化**（vulcanization, *Vulcanus*，拉丁语火的罗马神），形成硫交联结构。这个反应是 1839 年由固特异 [1]（Goodyear）发现的。硬质橡胶产品最早和最成功的一个应用是制备假牙托，它能模塑成合适的形状。在 19 世纪 60 年代之前，假牙都是嵌在动物的骨骼、象牙或金属上的。乔治·华盛顿的嘴唇显得有些肿（从美元现钞的图像可看出）就是因为使用了不合适的象牙牙托。现在，牙托都是用聚丙烯酸类化合物制备的（13-10 节）。橡胶已成为许多商业产品必不可少的组分，包括轮胎（主要的应用）、鞋、雨衣和其他含弹性纤维的衣服。

近年来，1,3-丁二烯的双键和其他烯烃的双键聚合而得的共聚物显得越来越重要。通过改变聚合反应混合物中单体的比例，可在相当大的范围内"调节"最后产品的性质。丙烯腈、1,3-丁二烯和苯乙烯的三元共聚物，简称为 ABS（acrylonitrile/butadiene/styrene 的共聚物），就是这样的一个例子。双烯提供类似橡胶的柔韧性质，而腈则使聚合物变硬，结果就合成了具有多种性能的材料，可以加工成片状，或模塑成各种形状。高的强度以及能经受形变和应力的能力使 ABS 在从钟表机械到照相机，从计算机的机壳到汽车的车身和保险杠等各个方面都得到了应用。

轮毂的表面覆盖一层 ABS 共聚物。

### 聚异戊二烯是天然橡胶的基本组成成分

自然界中橡胶是怎样产生的呢？植物利用焦磷酸(3-甲基-3-丁烯基)酯（IPP，焦磷酸异戊二烯基酯）作为组成天然橡胶中的聚异戊二烯骨架，这个分子是焦磷酸和 3-甲基-3-丁烯-1-醇生成的酯。酶可使少量的该物质异构

---

[1] 查尔斯·固特异（Charls Goodyear，1800—1860），美国发明家。

为焦磷酸(2-丁烯基)酯，即焦磷酸烯丙基酯［焦磷酸(3-甲基-2-丁烯基)酯，焦磷酸二甲基烯丙基酯，DMAPP］，达到平衡。

### 焦磷酸( 3-甲基丁烯基 )酯的两个异构体的生物合成

胶乳，天然橡胶的前体，可从 *Hevea brasiliensis* 的树皮引出收集。

尽管随后的过程是由酶控制的，还是能用熟知的机理简单地描述（OPP= 焦磷酸）。

### 天然橡胶合成的机理

**步骤 1.** 离子化后生成稳定的（烯丙基）正离子

**步骤 2.** 亲电进攻双键生成叔碳正离子

**步骤 3.** 失去质子

**步骤 4.** 第二次低聚反应

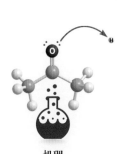

机理

在第一步中，焦磷酸烯丙基酯离子化生成烯丙基正离子；然后被一分子的焦磷酸(3-甲基-3-丁烯基)酯进攻，接着失去质子，生成一个二聚体，称为焦磷酸香叶酯。重复这个反应步骤就得到天然橡胶。

## 许多天然产物都由2-甲基-1,3-丁二烯（异戊二烯）结构单元组成

　　很多天然产物都是从焦磷酸(3-甲基-3-丁烯基)酯衍生得到的，包括在4-7节中首先讨论的萜类化合物。实际上，萜类的结构可切断成相连接的五碳结构单元，如2-甲基-1,3-丁二烯。萜类结构的多样性归因于焦磷酸(3-甲基-3-丁烯基)酯偶联反应的多种途径。单萜香叶醇和倍半萜法尼醇是在植物王国中分布最广泛的物质，可从它们相应的焦磷酸酯的水解产物中得到。

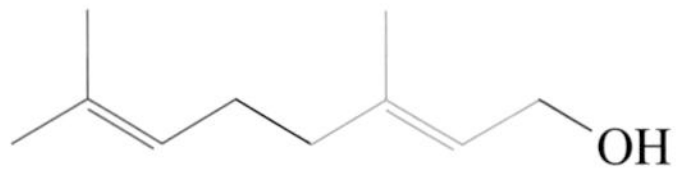

香叶醇 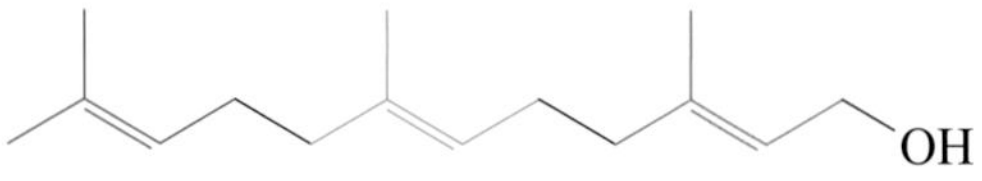　　　　　　　　　　　　法尼醇

　　两分子的法尼醇焦磷酸酯偶联生成角鲨烯，它是甾体母核的一个生物合成前体（4-7节）。

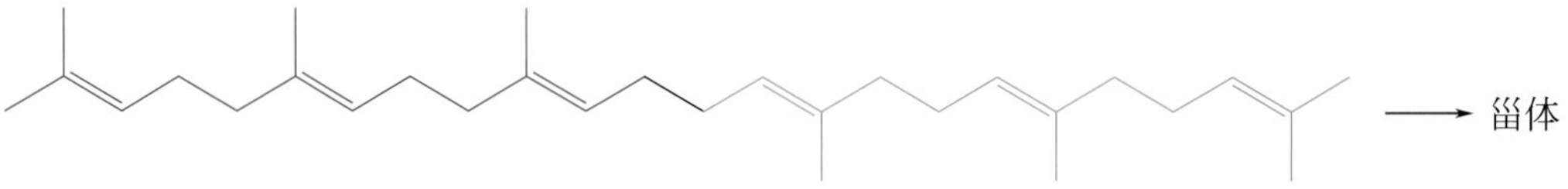

—→ 甾体

角鲨烯

　　双环化合物（如樟脑）是一种应用于卫生球、鼻腔喷雾剂和肌肉按摩的化学品，它可由焦磷酸香叶酯通过酶控制的亲电性碳-碳键生成反应而合成。

### 由焦磷酸香叶酯经生物合成法合成樟脑

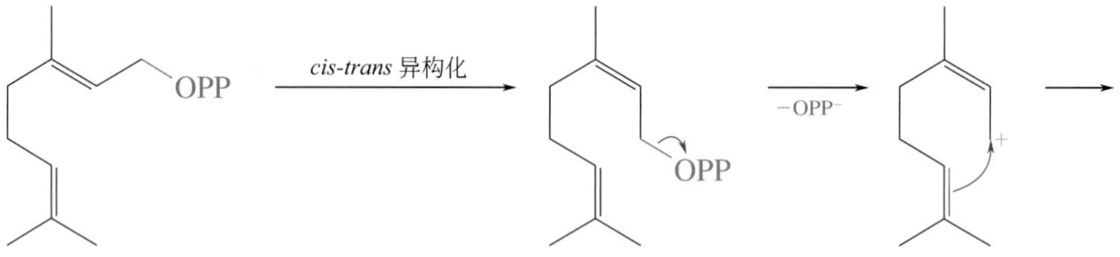

*cis-trans* 异构化　　　　　　　−OPP⁻

焦磷酸香叶酯

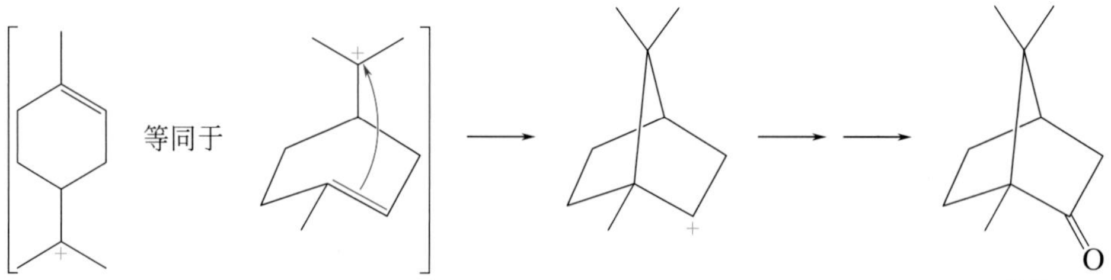

等同于　　　　　　　　　　　　　　　　　樟脑

　　其他的高级萜类化合物也可以经相似的环化反应合成。

## 小　结

　　1,3-丁二烯以1,2-或1,4-模式聚合给出具有不同交联程度的聚丁二烯，因此具有不同的弹性。合成橡胶可由2-甲基-1,3-丁二烯制备，其中含有不同数目的 E 和 Z 双键。天然橡胶经过焦磷酸(3-甲基-3-丁烯基)酯异构化成2-丁烯基衍生物，经离子化和亲电聚合反应（逐步）构筑而成。也可用相似的机理描述由2-甲基-1,3-丁二烯（异戊二烯）结构单元构成的多环萜类结构。

# 14-11 | 电子光谱：紫外-可见光谱

阳光被雨滴分散为其组成原色（可见光谱）形成彩虹。

在 10-2 节中，曾提及有机分子能吸收不同波长的辐射。光谱学之所以可行，是因为只有能量为 $h\nu$ 的光子才能吸收并实现能差为 $\Delta E$ 的专一性激发。

$$\Delta E = h\nu = \frac{hc}{\lambda}\ (c=光速)$$

图 10-2 把电磁辐射的范围分成几个不同的区间，从高能的 X 射线到低能的无线电波。这些区间中，最显眼的是有颜色的可见光谱。实际上，这是人类用眼睛可直接看到的仅有的电磁光谱区间，也就是用眼睛作为光谱仪来分辨解读的"光谱"。其他形式的辐射对我们的作用并不十分确定：X 射线和紫外光（晒伤！）具有破坏性，红外辐射可察觉为热，而微波和无线电波是不能被觉察到的。

为了了解颜色的来源，需回到牛顿的实验。当白光通过棱镜时被分散成全色谱，非常像一条彩虹，此时水滴起到棱镜的作用。因此，白光实际上是"宽带照射"（从 NMR 谱借用的术语，10-9 节）对视网膜中光接收器的作用（真实生活 18-2）。当物体吸收了可见光的一部分，反射出被保留的部分时，我们看到的物体（或化合物）是有颜色的。例如，物体吸收了蓝色光，而显橙色；吸收了绿色光显紫色。橙色吸收使物体变蓝；而紫色吸收使物体变绿。在有机化合物中，这些带颜色的分子常常含系列共轭双键的结构。这些键的电子激发恰好与可见光的能量相吻合（事实表明与大多数紫外区也吻合），使得它们有了颜色。重温在本章开头提到的 β-胡萝卜素的橙色（14-7 节），就可以理解靛蓝染料（页边）对蓝色牛仔裤的作用。

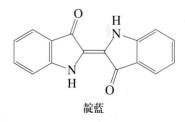

靛蓝

本节将通过波长为 400～800nm 的光谱称为**可见光谱**（visible spectra）（图 10-2 和 676 页页边），以此来定量有机化合物的颜色。我们也要考察波长在 200~400nm 范围的**紫外光谱**（ultraviolet spectra）。因为这两个波长区间相互紧连在一起，可用一个光谱仪同时测定两个光谱。这两项技术对研究不饱和分子的电子结构以及测定它们的共轭程度特别有用。

紫外（UV）-可见光谱仪是按图 10-3 所示的一般原理制作的。如同 NMR 一样，样品一般要溶于在所测波长范围内没有吸收的溶剂中。如乙醇、甲醇和环己烷在 200nm 以上都没有吸收。紫外和可见光照射使电子从填充的成键分子轨道（有时是非成键轨道）跃迁到未填充的反键分子轨道。电子能量的这些改变被记录为**电子光谱**（electronic spectra）。如同 NMR 一样，傅里叶变换谱仪大大地提高了灵敏度，并使光谱数据的采集更容易。

## 紫外和可见光引起电子的激发

对一般分子中的键，完全可以假设：除了孤对电子外，所有的电子都占据在成键分子轨道上。此时化合物处于**电子基态**（ground electronic state）。因为紫外光和可见光的能量足以使这样的成键电子跃迁到反键轨道，形成**电子激发态**（excited electronic state）（图 14-13），从而有可能形成电子光谱。所吸收的能量可通过化学反应的形式（14-9 节），或发光的形式（荧光、磷光），或简单地以热辐射的形式而耗散掉。

蓝色牛仔裤的蓝色是因为有靛蓝染料。

**可见光谱**

| 颜色 | 波长 |
|---|---|
| 紫 | 380~450 nm |
| 蓝 | 450~495 nm |
| 绿 | 495~570 nm |
| 黄 | 570~590 nm |
| 橙 | 590~620 nm |
| 红 | 620~750 nm |

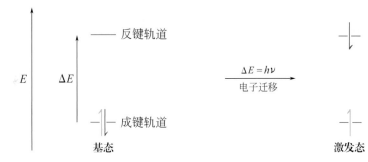

图 14-13　电子从成键轨道跃迁到反键轨道使分子从基态转化成激发态。

有机分子的 σ 键在成键和反键轨道间有一个很大的能垒。要激发这种键中的电子需要波长远低于可实际应用的波长范围（< 200nm）。因此，电子光谱技术主要应用于 π 体系的研究。在 π 体系中，已填充轨道和未填充轨道的能量非常接近。这些电子的激发导致 $\pi \rightarrow \pi^*$ **跃迁**。非成键（n）电子更容易实现 **$n \rightarrow \pi^*$ 跃迁**（图 14-14）。由于 π 分子轨道的数目与 p 轨道的数目相同，扩展的共轭作用会使图 14-14 所示的简单的能级图变得极其复杂，即：可能的跃迁数猛增，以及随之而来的谱图的复杂性。

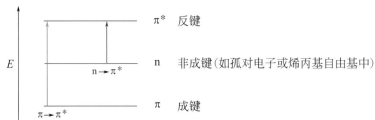

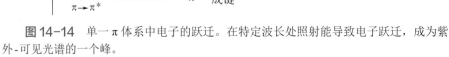

图 14-14　单一 π 体系中电子的跃迁。在特定波长处照射能导致电子跃迁，成为紫外-可见光谱的一个峰。

图 14-15 所示的 2-甲基-1,3-丁二烯（异戊二烯）的光谱是一个典型的 UV 谱图。以最大吸收峰波长 $\lambda_{max}$（以纳米为单位）表示该峰的位置，吸收强度可通过**摩尔消光系数**（molar extinction coefficient），或**摩尔吸光系数**（molar absorptivity，$\varepsilon$）来表示。$\varepsilon$ 是分子的一个特征参数，其值可由测得的峰高（吸光度，$A$）除以样品的摩尔浓度，$C$（假定标准池的长度为 1cm），计算求得。

$$\varepsilon = \frac{A}{C}$$

$\varepsilon$ 的数值范围由小于一百到几十万，它为光的吸收效率提供了一个很好的评价标准。如图 14-15 所示，电子光谱的吸收峰通常较宽，而不像很多典型的 NMR 谱图中的尖峰。

β- 胡萝卜素的橘红色与藻的深蓝色源于 π 电子结构上的差别［Peter Vollhardt］

### 电子光谱显示离域程度

电子光谱常能指出在扩展的 π 体系中离域作用的范围和程度。呈现共轭作用的双键越多，最低能量的激发所需波长越长（同时谱图中出现更多的峰）。例如，乙烯在 $\lambda_{max}$ = 171nm 处有吸收；非共轭的二烯（如 1,4-戊二烯）的吸收在 $\lambda_{max}$ = 178nm；共轭二烯（如 1,3-丁二烯）则在低得多的能量

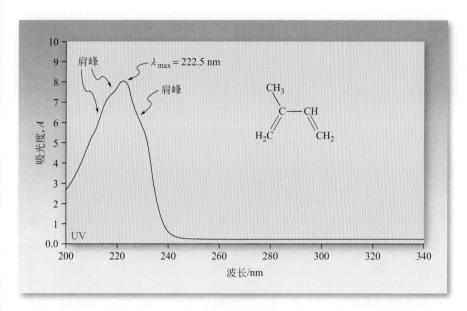

**图 14-15**　2-甲基-1,3-丁二烯在甲醇中的紫外光谱，$\lambda_{max} = 222.5$nm（$\varepsilon = 10800$）。主峰侧边的突出部分被称为肩峰。

（$\lambda_{max} = 217$nm）处有吸收。如表 14-3 所示，共轭体系的进一步扩展使得相应的 $\lambda_{max}$ 数值进一步增加。烷基的超共轭作用和平面环状结构都能对这类增加有所贡献。若吸收波长超过 400nm（在可见光区），分子变得有颜色：先是黄色，接着是橙色、红色、紫色，最后是蓝绿色。例如，β-胡萝卜素（14-7 节）中 11 个连续排列的双键，导致了其深橙色（$\lambda_{max} = 480$nm）的特征色。

　　为什么更大的共轭 π 体系较易得到，且具有能量较低的激发态呢？图 14-16 进行了回答。随着重叠的 p 轨道的排列加长，填充和非填充轨道间的能量差就会变小，而更多的成键和反键轨道造成了更多的电子激发。

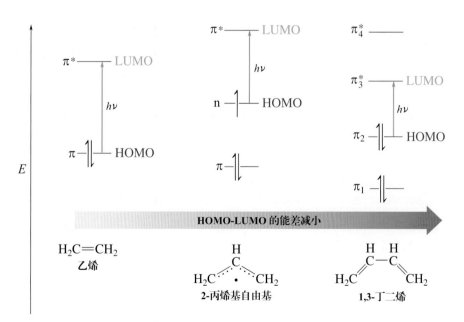

**图 14-16**　最高占有轨道（HOMO）和最低空轨道（LUMO）之间的能量差沿乙烯、2-丙烯基（烯丙基）自由基和 1,3-丁二烯序列减小。因此，激发需要较少的能量，在更长波长处能观察到。

## 即时变色的太阳眼镜

　　自动变色的眼镜含有有机分子，它能在两个具有不同电子光谱的体系间进行热可逆的光异构化反应：

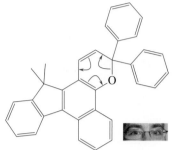

**仅吸收UV光：透明**

$$h\nu \big\Vert \triangle$$

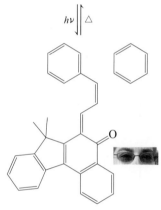

**吸收UV和可见光**

　　上面的分子在可见光区间是透明的，但吸收阳光中的 UV 光，经电环化反应开环转化成下面的分子结构。这个异构体中的进一步扩展的共轭作用导致 $\lambda_{max}$ 位移变成黑色。在黑暗中，体系热逆转成热力学上更稳定的状态。

表14-3　乙烯和共轭π体系中最低能量跃迁的$\lambda_{max}$值

| 烯烃结构 | 名称 | $\lambda_{max}$/nm | $\varepsilon$ |
|---|---|---|---|
| | 乙烯 | 171 | 15500 |
| | 1,4-戊二烯 | 178 | 未测 |
| | 1,3-丁二烯 | 217 | 21000 |
| | 2-甲基-1,3-丁二烯 | 222.5 | 10800 |
| | 反-1,3,5-己三烯 | 268 | 36300 |
| | 反,反-1,3,5,7-辛四烯 | 330 | 未测 |
| | 2,5-二甲基-2,4-己二烯 | 241.5 | 13100 |
| | 1,3-环戊二烯 | 239 | 4200 |
| | 1,3-环己二烯 | 259 | 10000 |
| | 甾体二烯 | 282 | 未测 |
| | 甾体三烯 | 324 | 未测 |
| | 甾体四烯 | 355 | 未测 |
| （结构见14-7节） | β-胡萝卜素（维生素A的前体） | 497（呈橘色） | 133000 |
| | 薁（azulene）环状共轭烃 | 696（呈蓝紫色） | 150 |

**真实生活：谱学**  **红外光谱、质谱和紫外-可见光谱用于表征葡酚酮（viniferone）**

$^1H$ 和 $^{13}C$ NMR 谱的数据可以阐明如下所示的葡萄籽衍生的抗氧化剂——葡酚酮的大部分结构（真实生活 10-5）。特别是表征了分子中含两个羰基碳原子、共有八个烯基或苯基碳原子，以及含有一个显著的六元醚环。从质谱、红外和紫外光谱测得的补充信息有力地帮助解析了剩余的结构部分。

$^{13}C$ NMR 谱给出了碳原子的数目，而高分辨质谱表明该分子的整个分子式是 $C_{15}H_{14}O_8$，因而不饱和度为 9（15 个 $C \times 2 = 30$；$30 + 2 = 32$；$32-14$ 个 $H = 18$；$18/2 = 9$）。红外光谱给出了五元环结构的特征峰，例如在葡酚酮中的五元环：—C＝O 基团在 1700cm$^{-1}$、1760cm$^{-1}$ 和 1790cm$^{-1}$ 处有各种单一的和组合的振动带，而羧基的—O—H 在 2500cm$^{-1}$ 到 3300cm$^{-1}$ 间有一个宽而强的吸收峰。简单的模型化合物也显示类似的红外吸收。

**葡酚酮**

**模型化合物**

从 $^1H$ NMR 谱可以清楚地看到葡酚酮的环与其他结构单元的连接部位。对于较简单的模型化合物，烯烃氢的峰在 $\delta = 6.12$（H-2）和 $7.55$（H-3）出现；而葡酚酮在 $\delta = 6.19$ 处只有一个信号。在 $\delta=7.5\sim7.6$ 范围内没有任何信号，表明葡酚酮分子的连接点是 C-3。

最后，通过在环状共轭结构单元的特征吸收（约为 275nm），紫外光谱帮助我们确定了氧取代苯环的结构单元。这个检测结果也符合不饱和度为 9 的结论：两个—C＝O 基团，一个在五元环中的 C＝C 双键，三个在苯环中的双键，以及整个分子有三个环。

---

最后，环状多烯的共轭作用是由另一套规则决定的，将在下两章中介绍。比较一下无色的苯（图 15-6）的电子谱图与深蓝色的薁的电子谱图（图 14-17），然后，再与表 14-3 中的数据比较。

### 练习14-29

按 $\lambda_{max}$ 从小到大将下列化合物排序。

（**a**）1,3,5-环庚三烯；（**b**）1,5-己二烯；（**c**）1,3-环己二烯

（**d**）　　　　（**e**）聚乙炔　　（**f**）

**图14-17** 薁（azulene）在环己烷中的紫外-可见光谱。纵坐标为吸光度，压缩比例以lg $\varepsilon$作图。横坐标为波长，也是非线性的。

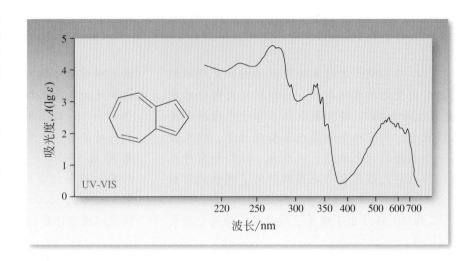

## 漂 白

我们都了解漂白的脱色作用，也就是破坏有机染料的共轭结构，这样，生成的产物不再吸收可见范围内的光。你可能熟悉氯、过氧化氢（很多人用来染金色头发）或次氯酸钠（如在漂白液中）的漂白功能。

$H_2O_2$ 的漂白作用（染发）

## 小 结

　　紫外和可见光谱可用于检测共轭分子中的电子激发。随着分子轨道数目的增加，可能的跃迁形式也增加，因而吸收带的数目也会增加。最长波长的吸收带与电子从最高占有分子轨道到最低未占分子轨道的移动紧密相关。随着共轭作用的增加，最高占有轨道和最低未占轨道间的能差降低。

## 总 结

　　从本章我们已经了解到，$sp^2$ 杂化的碳原子中的 p 轨道可以按序排列，显现出共轭现象。共轭使电子和相应的电荷如同在分子导线上一样实现离域。也可以看作是分子的一端和另一端进行化学上的交流。特别是：

- 2-丙烯基（烯丙基）因离域作用而稳定，使得烯烃的烯丙位在捕获自由基、$S_N1$和$S_N2$反应及去质子化等方面相对活泼（14-1节到14-4节）。

- 共轭二烯也表现出相似的稳定性（14-5节），同样也是相对活泼的，特别在亲电进攻时由于所生成烯丙基正离子的共振作用而更是如此（14-6节）。

- 非对称的烯丙基正离子在其两端以不同的速率被亲核试剂捕获。当反应较快进行生成热力学较不稳定的产物时，该过程被认为受动力学控制。若生成更稳定的产物则表现为热力学控制（14-6节）。

- Diels-Alder反应中提出了一种新的反应模式，双烯与单烯经协同环加成反应生成环己烯环。反应保留了双烯和亲双烯体中双键的立体构型，以及反应碳原子上新生成手性中心的高度立体专一性（内型规则）（14-8节）。

- 通过末端$sp^2$杂化碳之间的成键反应，共轭多烯可参与可逆的热或光化学的闭环反应（14-9节）。对于末端双键的立体化学，该转化无论经历顺旋或对旋都是立体专一性的，取决于双键的数目和反应的条件（加热或光照）。

- 四碳基的组分如丁二烯，聚合得到合成橡胶。自然界则采用烯丙基单体去完成同样的反应，即合成天然橡胶或用作合成天然产物前体的低聚物。

- 共轭体系被波长在200～800nm区间内的光激发电子后，该光谱可以被紫外和可见光谱检测。

这将把我们引向何处呢？回到共轭多烯的类似物作为分子导线，我们可以提出一个简单的问题：如果我们接触分子导线的末端连成一个闭合的环路，会产生什么现象呢？在下面两章中我们将揭示很多有关的内容。

## 14-12 解题练习：综合运用概念

本章总结了有关共轭体系反应性的内容，也就是有关溶剂解和 Diels-Alder 环加成反应的内容。后者，解决组装复杂的立体构型明确的、取代的六碳结构单元的问题时，是很关键的。

### 解题练习 14-30 考察共轭体系的反应活性

**a. 对反,反-2,4-己二烯-1-醇（山梨醇）转化到反-5-乙氧基-1,3-己二烯提出合理的机理**

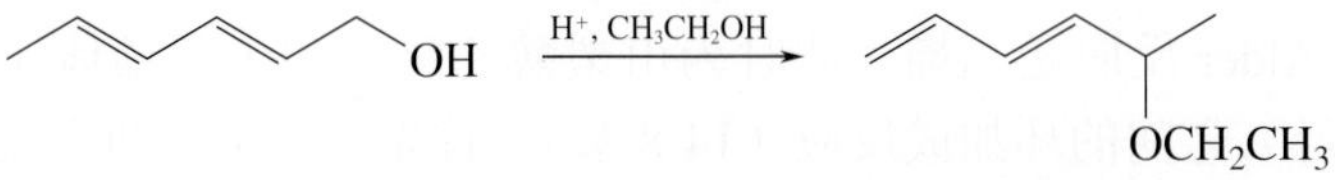


山梨醇　　　　　反-5-乙氧基-1,3-己二烯

解答：

这个过程在酸性乙醇溶液中进行（也称在酒中）。首先考察起始和最后分子的结构，发现（1）乙醇变成了醚；（2）双键移动了。再关注有关官能团的信息。在 9-7 节我们了解到，有酸存在时，两分子的醇生成一分子的醚。醇分子的质子化给出烷基氧鎓离子，氧鎓离子中的离去基团（水）可能被第二个醇分子以 $S_N2$ 或 $S_N1$ 方式取代：

$$CH_3CH_2\overset{+}{O}H_2 + CH_3CH_2OH \xrightarrow{S_N2} CH_3CH_2OCH_2CH_3$$

$$(CH_3)_3C\overset{+}{O}H_2 + CH_3CH_2OH \xrightarrow{S_N1} (CH_3)_3COCH_2CH_3$$

这两个过程机理能适用于眼下所提的问题吗？山梨醇是一类烯丙基醇，如 14-3 节指出，烯丙基卤化物很容易经历 $S_N2$ 和 $S_N1$ 取代反应。第 9 章的一大部分都详细阐述了烷基卤化物与醇的相似和相反的性能：醇中—OH 基团的质子化使取代和消除反应都有可能。因此，可以预期烯丙基醇具有类似的反应活性。下面需要考虑 $S_N2$ 或 $S_N1$ 机理中哪一个更合适。

事实上，在反应过程中，双键有了移动，这是一个很有用的信息。再次参考 14-3 节和 14-6 节，我们注意到，在 $S_N1$ 反应的第一步，因离去基团的离去生成的烯丙基正离子是离域的，因而亲核试剂的进攻不止发生在一个位点。现在将这些思考推广到解释山梨醇的质子化和脱水生成碳正离子的过程中：

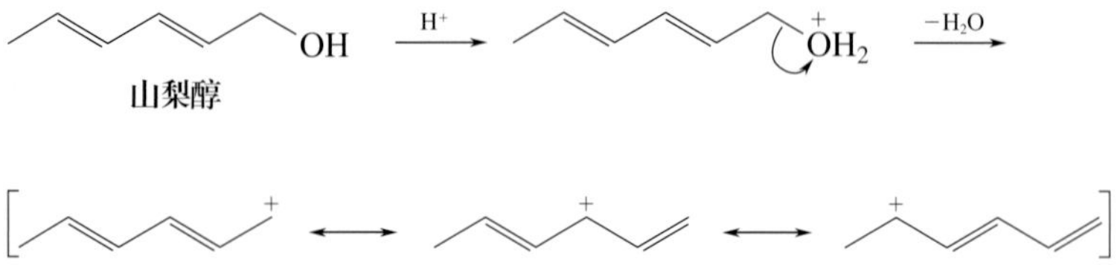

和烯丙基正离子一样，由山梨醇生成的这个碳正离子也是离域的。但是，起始的体系是一个更加扩展的共轭体系，形成的正离子是三个共振式的杂化体，而不是两个。和对共轭三烯的亲电加成反应（14-7节）一样，亲核试剂的进攻有三个位点可供选择。在这个特殊的情况下，乙醇与二级碳原子相连是占主导（动力学）的结果，这是因为正电荷在此二级碳原子上比较集中。

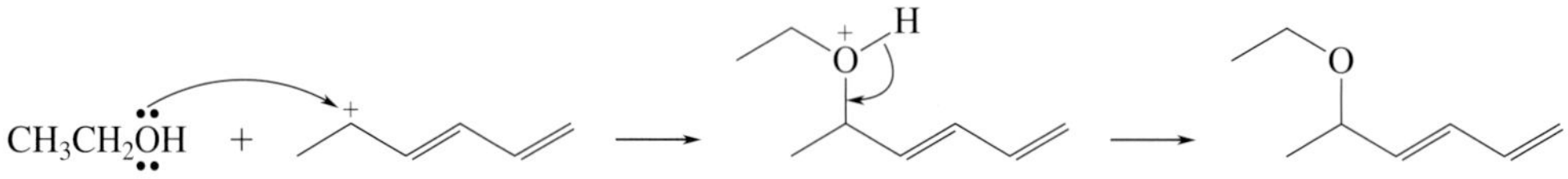

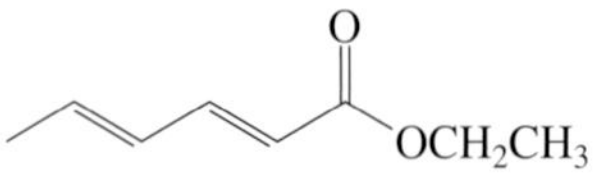

**b.** 食品防腐剂山梨酸（反，反-2,4-己二烯酸）的酯能够进行 **Diels-Alder** 反应。预测加热山梨酸乙酯和 **2-丁烯二酸酐**（马来酸酐，结构见表 14-1）混合物的主要产物。仔细考察反应过程中所有可能的立体构型的表征。

反,反-2,4-己二烯酸乙酯
（山梨酸乙酯）

解答：

Diels-Alder 反应是二烯（此时为山梨酸乙酯）和亲双烯体（通常是缺电子的烯烃）之间的环加成反应（14-8节）。首先看一下这两个底物，设想在这个反应过程中新键是怎样形成的。为此，需将山梨酸乙酯中 C-3 与 C-4 间的单键旋转以使两个双键处于进行反应所必需的构象。要注意的是，不要弄错双键的立体构型：开始两个键是反式构型，在单键旋转后应仍是反式构型。接着，在环加成反应过程中，二烯的末端与亲双烯体的烯烃官能团相连（用点线表示），给出了结合产物的连接方式，但还没有标出产物的立体构型。

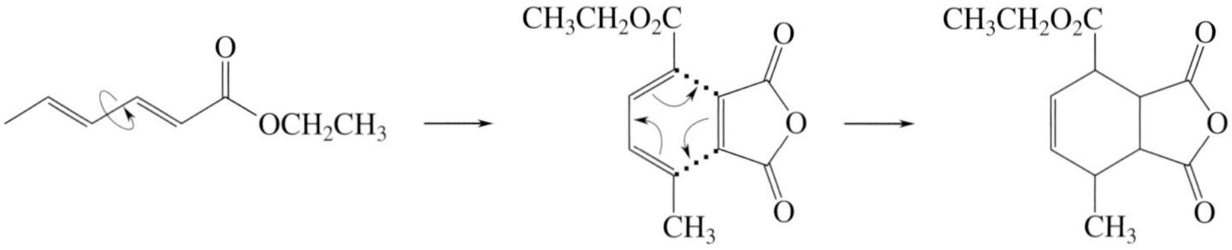

为了解答问题，最后必须考虑 Diels-Alder 反应的两个细节：（1）在反应过程中反应组分的立体构型关系是保持的；（2）在环加成过程中，亲双烯体双键上的不饱和取代基优先地置于二烯体系的下面（内型位置）。利用课本中类似的图示，可以构想反应过程如下：

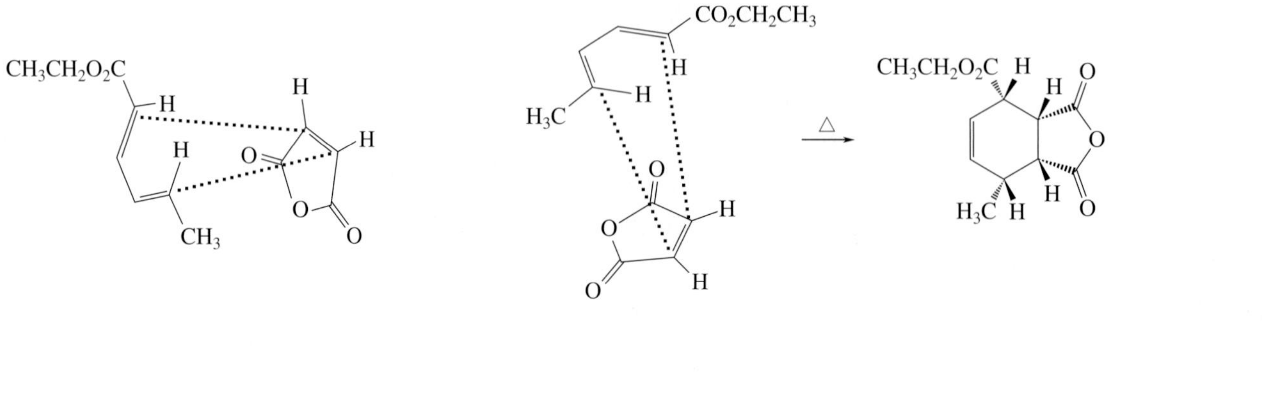

仔细考察过渡态中基团的空间排列如何转化成在产物中最后的位置。在解答本题时，特别要注意参与形成两个新单键的每一个碳原子［过渡态中的点线（反应的左边）］。关注与两个新键相关的碳原子上基团的位置。为此，把图像旋转 90°可能更有利于观察（682 页页边）。从页边的这个图示可以清晰地看到，新形成的环己烯环上的四个氢都朝上而互为顺式。解答习题 56 和习题 68。

### 解题练习 14-31　　Diels-Alder 反应在逆合成中的应用

因为优异的立体选择性，在合成有明确手性中心的非环结构单元时，**Diels-Alder** 反应及后续的开环反应通常被用作关键的步骤。设计从四碳或更少的原料出发合成（外消旋）化合物 **A** 的路线。

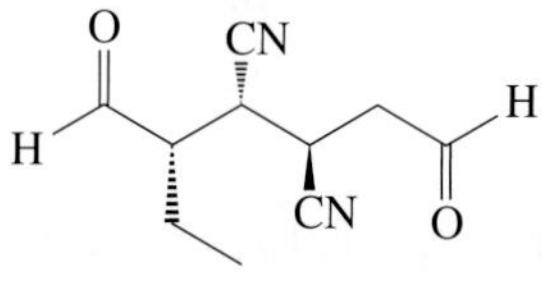

**A**

**策略：**

• **W**：有何信息？已知化合物 **A** 是六碳链，有两个末端羰基和具有明确立体构型的三个取代基。这样，Diels-Alder 反应适用于解答这个问题。

• **H**：如何进行？初看起来本题是不可能实现的。关键是不要很快地给出回答，而要进行逆合成分析。这样，首先要找到合成 **A** 的前体，它应该是一个适当取代的环己烯。之后再考虑如何来合成这个环己烯（通过 Diels-Alder 反应）。在逆合成分析中有将末端碳连接成六元环的方法吗？

• **I**：需用的信息？答案参见 12-12 节：（逆）臭氧化反应，这个过程是用 C=C 双键构建两个羰基。为正确画出生成的环己烯 **B** 的立体构型，在除去两个氧原子和闭环之前，首先应将 **A** 围绕指定的键旋转成折角结构。

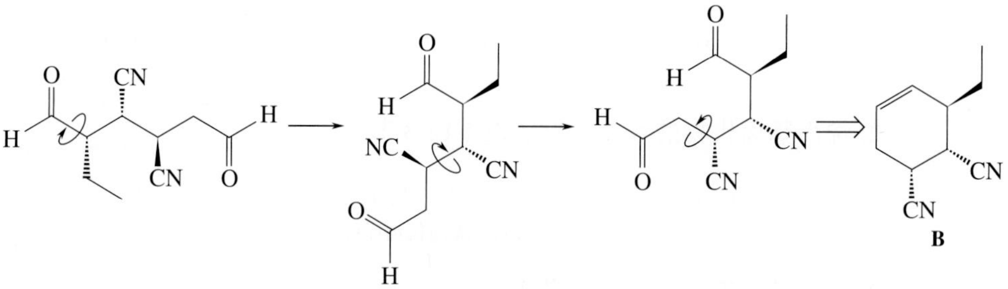

与其他任何的环己烯相同，环己烯 **B** 也能通过逆向内型 Diels-Alder 过程（14-8 节）分解成两个化合物 **C** 和 **D**，它们能按照所需的立体构型进行正向反应。

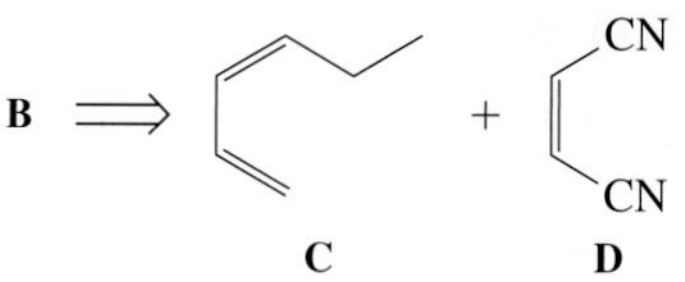

• **P**：继续进行。

解答：

• 亲双烯体 **D** 很容易得到（表 14-1），而顺-1,3-己二烯 **C** 必须要制备，许多方法可供选择。合成的关键是双键的立体构型。如何合成顺式烯烃呢？答案在 13-6 节中：Lindlar 催化剂催化炔烃的氢化反应。因此 **C** 的前体应是烯炔 **E**，**E** 能很容易地被倒推到 **F** 和碘乙烷（13-5 节）。

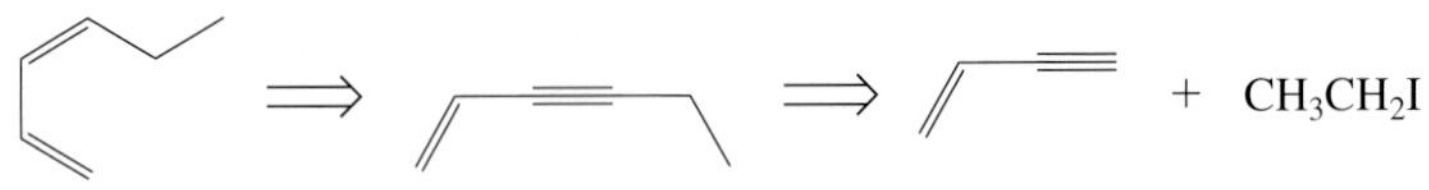

- 在工业上，1-丁烯-3-炔（"乙烯基乙炔"）F 是由 CuCl 催化的乙炔二聚反应制备的。怎么制备它？已经学过，烯烃可以通过卤化-双脱卤化氢反应转化成炔（13-4 节）。这一转化途径使我们选定 1,3-丁二烯为原料。但是，已经了解到 1,3-丁二烯的卤化反应（如溴化反应）和单烯烃是不一样的，会有 1,2- 和 1,4- 加成两种模式（14-6 节）。这会成为问题吗？ 回答是否定的。1,2- 二卤代丁烯按正常的方式消除，先生成 2-溴-1,3-丁二烯（在酸性更强的烯丙位脱质子），然后得到 F：

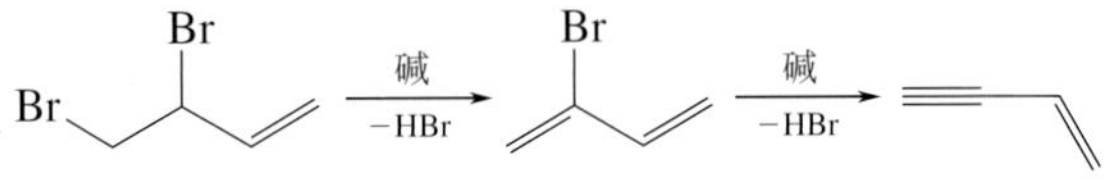

1,4- 二卤代丁烯也能进行消除反应，只不过是利用双键的共轭作用生成 1-溴-1,3-丁二烯作为中间体，同样得到产物 F。

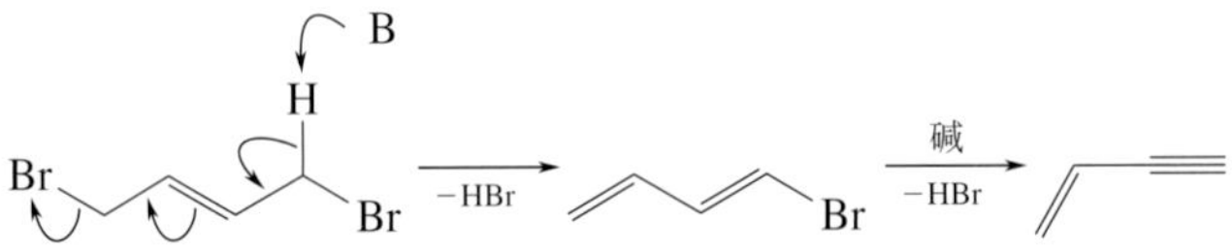

- 以此分析为基础，写出从 1,3-丁二烯、溴乙烷和 D 作为碳源合成 A 的路线图。

### 新反应

**1. 烯丙位自由基卤化反应（14-2 节）**

$$RCH_2CH{=}CH_2 \xrightarrow[\text{烯丙位 C—H 键的}DH^\ominus\text{约为87kcal}\cdot\text{mol}^{-1}]{\text{NBS, CCl}_4, h\nu} \underset{\overset{|}{\text{Br}}}{RCHCH{=}CH_2} + RCH{=}CHCH_2Br$$

**2. 烯丙基卤代物的 $S_N2$ 反应活性（14-3 节）**

$$CH_2{=}CHCH_2X + Nu{:}^- \xrightarrow[\text{比通常的一级卤代物反应快}]{\text{丙酮}} CH_2{=}CHCH_2Nu + X^-$$

**3. 烯丙基格氏试剂（14-4 节）**

$$CH_2{=}CHCH_2Br \xrightarrow[\text{能用于对羰基的加成}]{\text{Mg,（CH}_3\text{CH}_2）_2\text{O}} CH_2{=}CHCH_2MgBr$$

**4. 烯丙基锂试剂（14-4 节）**

$$RCH_2CH{=}CH_2 \xrightarrow{\text{CH}_3\text{CH}_2\text{CH}_2\text{CH}_2\text{Li, TMEDA}} R\bar{C}HCH{=}CH_2Li^+$$

烯丙位 C—H 键的 $pK_a \approx 40$

**5. 共轭二烯的氢化反应（14-5 节）**

$$CH_2{=}CH{-}CH{=}CH_2 \xrightarrow{\text{H}_2,\text{Pd-C},\text{CH}_3\text{CH}_2\text{OH}} CH_3CH_2CH_2CH_3 \quad \Delta H^\ominus = -57.1\text{kcal}\cdot\text{mol}^{-1}$$

但与下式比较：

$$CH_2{=}CH{-}CH_2{-}CH{=}CH_2 \xrightarrow{\text{H}_2,\text{Pd-C},\text{CH}_3\text{CH}_2\text{OH}} CH_3(CH_2)_3CH_3 \quad \Delta H^\ominus = -60.8\text{kcal}\cdot\text{mol}^{-1}$$

## 6. 1,3- 二烯的亲电反应：1,2- 和 1,4- 加成（14-6 节）

$$CH_2=CH-CH=CH_2 \xrightarrow{HX} CH_2=CHCHCH_3 + XCH_2CH=CHCH_3$$

（X 在第二个碳上）

$$CH_2=CH-CH=CH_2 \xrightarrow{X_2} CH_2=CHCHCH_2X + XCH_2CH=CHCH_2X$$

（X 在第二个碳上）

## 7. 烯丙基衍生物 S<sub>N</sub>1 反应中热力学控制和动力学控制（14-6 节）

$$CH_3CH=CHCH_2X \xleftarrow{慢} CH_3CH=CHCH_2^+ + X^- \xrightleftharpoons{快} CH_3CHCH=CH_2$$

更稳定的产物　　　一级烯丙基正离子的稳定性　　　较不稳定的产物
相当于普通的二级正离子　　（较高温度下反应是可逆的）

## 8. Diels-Alder 反应（协同和立体专一性的，内型规则）（14-8 节）

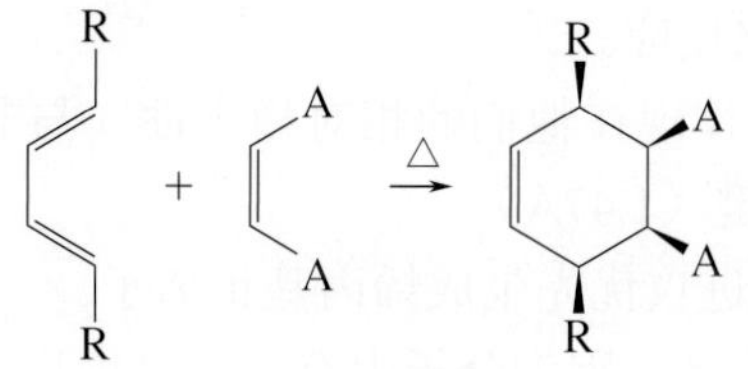

A = 电子受体
需要 s-cis 二烯；最好用缺电子的亲双烯体

## 9. 电环化反应（14-9 节）

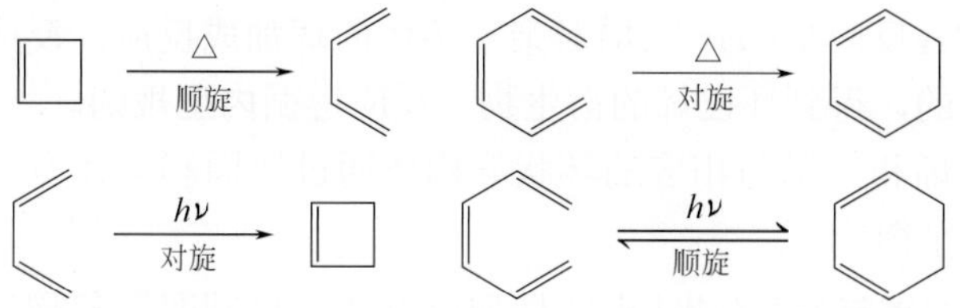

## 10. 1,3- 二烯的聚合反应（14-10 节）

1,2-聚合反应

1,4-聚合反应

$$n\,CH_2=CH-CH=CH_2 \xrightarrow{引发剂} -(CH_2-CH=CH-CH_2)_n-$$

$$cis\ 或\ trans$$

## 11. 焦磷酸（3-甲基-3-丁烯基）酯作为生物化学的反应物基础（14-10 节）

焦磷酸(3-甲基-3-丁烯基)酯　　　　　　　　　烯丙基正离子　　　焦磷酸根离子

C—C 键的生成

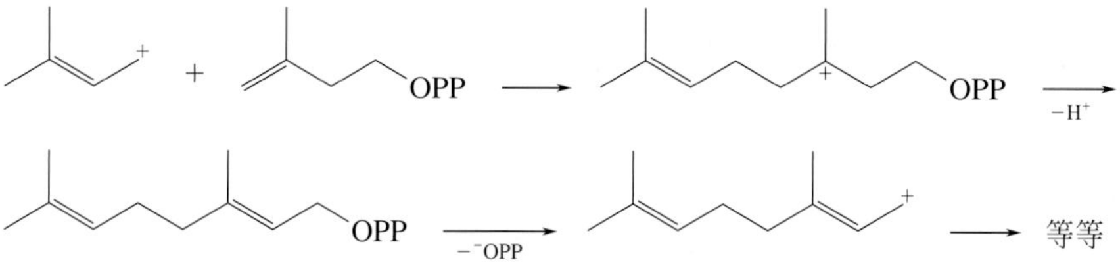

## 重要概念

1. 2-丙烯基（烯丙基）体系因**共振**作用而稳定。分子轨道的描述表明，有三个 π 分子能级：一个成键，一个非键和一个反键。它的结构是对称的，任何电荷或奇数个电子都均等分布在两个末端碳之间。

2. 2-丙烯基（烯丙基）正离子的化学受**热力学控制**和**动力学控制**。带有较多正电荷的链内碳能更快地捕获亲核试剂，生成热力学上较不稳定的产物。通过解离和最终的热力学捕获，动力学产物可以重排成它的热力学异构体。

3. 烯丙基自由基的稳定性使得烯烃的**自由基卤化反应**发生在烯丙位。

4. 烯丙基卤代物的 $S_N2$ 反应由于在过渡态中轨道的重叠而加速。

5. 烯丙基负离子具有特殊的稳定性，在强碱，如丁基锂/TMEDA 存在时，可进行**烯丙位去质子化**反应。

6. 1,3-二烯的**共轭**效应体现在他们的相对稳定性（与非共轭体系相比）和相对较短的链内 C—C 键（1.47Å）。

7. 对 1,3-二烯上的亲电进攻优先生成烯丙基正离子。

8. **扩展的共轭体系**活性高，因为分子中有多个可进攻的位点，并且形成的中间体是共振稳定的。

9. 由于**环状的离域作用**，苯特别稳定。

10. **Diels-Alder**反应是 s-cis-二烯对亲双烯体的**环加成反应**，反应是协同且立体专一性的，得到环己烯的衍生物。反应遵循**内型规则**。

11. 共轭的二烯和三烯与相应的环状异构体通过协同和立体专一性的**电环化反应**达到平衡。

12. 1,3-二烯的**聚合**有 1,2- 和 1,4- 两种加成方式，得到的聚合物可以进一步**交联**，合成橡胶能以这种方式制备。天然橡胶的形成经历了亲电的碳-碳键形成反应，其中包括从焦磷酸（3-甲基-3-丁烯基）酯衍生得到五碳正离子。

13. 分子的共轭程度可用**紫外和可见光谱**估测。电子光谱图中的吸收峰一般较宽，以 $\lambda_{max}$（nm）的数值表示，它们的相对强度以**摩尔吸光系数**（摩尔消光系数）$\varepsilon$ 表示。

## 习 题

32. 画出下列结构的所有共振式和适当的共振杂化式。

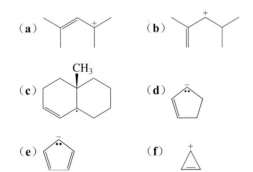

33. 指出习题 32 的每个体系的共振式中哪一个对共振杂化起主要的贡献。请解释你的选择。

34. 利用适当的结构式（包括所有相关的共振式）表示通过以下方式形成的起始物质：（**a**）断裂 1-丁烯中的最弱的 C—H 键；（**b**）用强碱（如丁基锂/TMEDA）处理 4-甲基环己烯；（**c**）加热 3-氯-1-甲基环戊烯的乙醇-水溶液。

35. 按稳定性递减的顺序对一级、二级、三级自由基和烯丙基自由基排序。按照同样的规则对相应的碳正离子也进行排序。这个排序结果能够反映出超共轭和共振作用对稳定自由基和正离子中心的相对能力吗？

36. 给出下列反应的主要产物（一个或多个）。

（**a**）

$$\text{（烯丙醇结构）} \xrightarrow{\text{浓 HBr}}$$

（**b**）

$$\text{（环己烯结构，CH}_3\text{、Cl）} \xrightarrow{H_2O}$$

（c）

$$\xrightarrow{CH_3CH_2OH}$$

（d）

$$\xrightarrow{CH_3COH}$$ （带 O 的乙酸）

（e）

$$\xrightarrow{KSCH_3, DMSO}$$

（f）

$$\xrightarrow{CH_3NO_2, \triangle}$$

**37.** 详细地描述习题36（a），（c），（e），（f）中各个反应的反应机理。

**38** 按下述要求排列一级、二级、三级和（一级）烯丙基氯代物的大致顺序：（**a**）$S_N1$反应活性递减；（**b**）$S_N2$反应活性递减。

**39.** 对下列六个化合物按$S_N1$和$S_N2$反应活性递减大致排序。

（**a**）

（**b**）

（**c**）

（**d**）

（**e**）

（**f**）

**40.** 通过与习题39中化合物的$S_N2$反应性的比较，预测简单的饱和一级、二级和三级氯代烷的$S_N2$反应性。同样比较其$S_N1$反应性。

**41.** 给出下列每个反应的主要产物。

（**a**）

$$\xrightarrow{H_2O}$$

（**b**）

$$\xrightarrow{NBS, CCl_4, ROOR}$$

（**c**）

（**S**）-$CH_3CH_2CHCH=CH_2$ $$\xrightarrow{NBS, CCl_4, ROOR}$$

（**d**）

$$\xrightarrow{CH_3CH_2CH_2CH_2Li, TMEDA}$$

（**e**）

（d）的产物 $$\xrightarrow[2. H^+, H_2O]{1. CH_3CH, THF}$$

（**f**）

$(CH_3)_2C=CH$

$$\xrightarrow{KSCH_3, DMSO}$$

**42.** 详细地写出习题41（a）所示反应的分步机理，表明每个产物是怎样生成的。

**43.** 下列反应生成两个异构体，写出它们的结构。解释产物形成的反应机理。

$$\xrightarrow[2. D_2O]{1. Mg}$$

**44.** 从环己烯出发，提出一个合理的方法，合成下列环己烯衍生物。

**45.** 给出下列每个分子的系统命名。

（**a**）

（**b**）

（**c**）

（**d**）

**46.** 比较1,3-戊二烯和1,4-戊二烯的烯丙位溴化反应，哪一个更快？在能量上哪一个更有利？比较产物混合物有何不同？

$$CH_2=CH-CH=CH-CH_3 \xrightarrow{NBS,ROOR,CCl_4}$$

$$CH_2=CH-CH_2-CH=CH_2 \xrightarrow{NBS,ROOR,CCl_4}$$

**47.** 在14-6节我们了解到，在低的反应温度下，对共轭二烯的亲电加成得出一定比例的动力学产物。而在升温时，动力学混合物可以转化为一定比例热力学产物的混合物。你认为冷却热力学产物混合物至原来的低反应温度，能否使它变回到原来的一定比例的动力学产物吗？为什么能或不能？

**48.** 比较$H^+$对1,3-戊二烯和1,4-戊二烯的加成反应（习题46）。画出产物的结构。画出定性的反应图，在同一图中标明两个二烯和相应的两个质子加成的产物。哪一个二烯对质子加成更快呢？哪一个得到更稳定的产物呢？

49. 预测下列每个试剂对1,3-环庚二烯亲电加成反应的产物：（a）HI；（b）水中的 $Br_2$；（c）$IN_3$；（d）乙醇中的 $H_2SO_4$ [提示：对（b）和（c）参看练习14-13，特别是画出A-C]。

50. 给出反-1,3-戊二烯与习题49中所列试剂反应的产物。

51. 2-甲基-1,3-戊二烯与习题49中所列试剂反应的产物是什么？

52. 详细写出在习题51中生成每个产物的分步机理。

53. 预测碘化氘（DI）与下列底物反应的产物：（a）1,3-环庚二烯；（b）反-1,3-戊二烯；（c）2-甲基-1,3-戊二烯。DI和HI分别与相同底物的反应，在哪些方面可观察到有差异？ [与习题49（a）、50（a）和51（a）比较]。

54. 按稳定性降低的顺序排列下列碳正离子。画出每个碳正离子所有可能的共振式。
（a）$CH_2=CH-\overset{+}{C}H_2$（b）$CH_2=\overset{+}{C}H$
（c）$CH_3\overset{+}{C}H_2$（d）$CH_3-CH=CH-\overset{+}{C}H-CH_3$
（e）$CH_2=CH-CH=CH-\overset{+}{C}H_2$

55. 按能级升高顺序（图14-2和图14-7）构建戊二烯基体系的分子轨道。指出（a）自由基；（b）正离子；（c）负离子，在哪个轨道上有多少电子（图14-3和图14-7）。画出这三个体系所有可能的共振式。

56. 双烯可以由取代的烯丙基化合物的消除反应制备。例如：

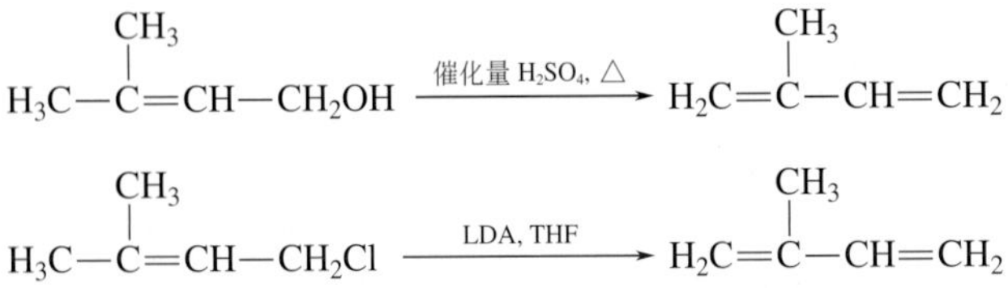

提出每个用于合成2-甲基-1,3-丁二烯（异戊二烯）反应的详细机理。

57. 给出维生素A的酸催化脱水反应所有可能产物的结构（14-7节）。

58. 提出通过Diels-Alder反应合成下列分子的方法。

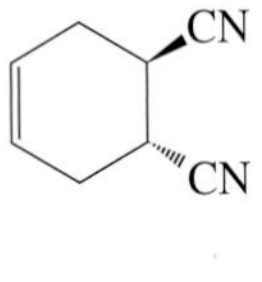

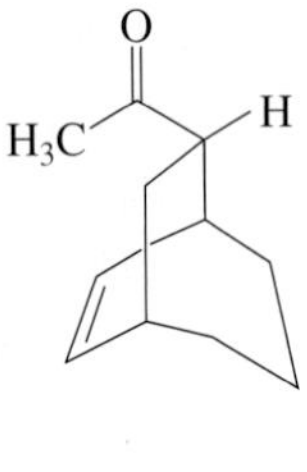

（c）

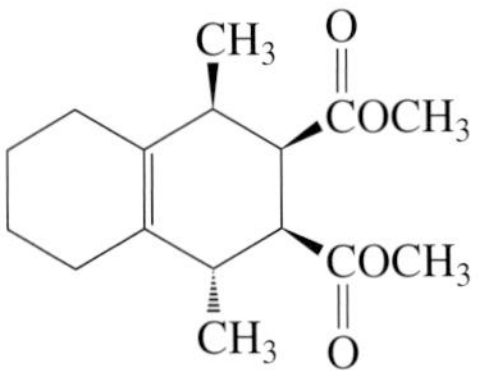

（d）

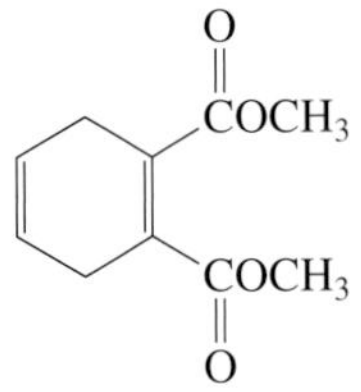

59. 卤代环己烯四醇（haloconduritol）是一类被称为糖苷酶抑制剂的化合物。这些物质具有一系列生物功能，包括抗糖尿病、抗真菌、抑制HIV病毒和癌症转移的活性等。溴代环己烯三醇的立体异构体混合物（下图）通常被用来研究这些性质。最近的合成方法是通过双环醚A和B。（a）确认通过Diels-Alder反应一步合成这两个醚的原料。（b）起始的分子中哪一个是双烯，哪一个是亲双烯体？（c）Diels-Alder反应得出B和A的比例是80∶20，请给以解释。

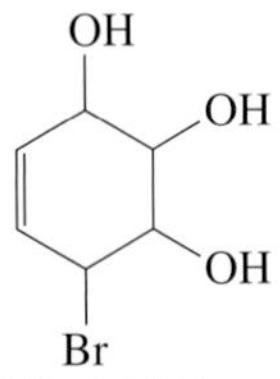

溴代环己烯醇 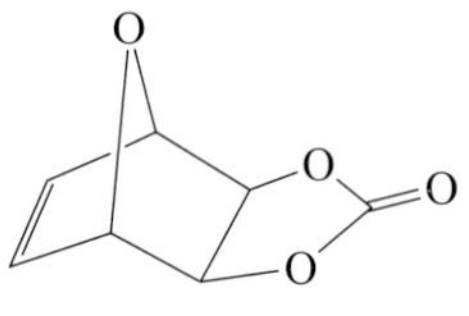　　A 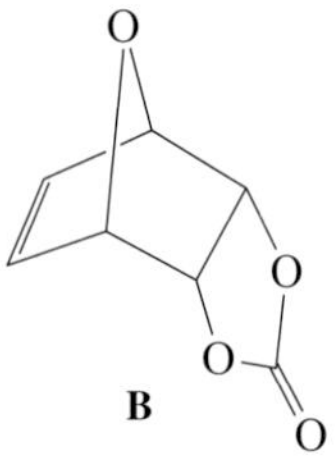　　B

60. 写出下列反应的产物：
（a）3-氯代-1-丙烯（烯丙基氯化物）+ $NaOCH_3$
（b）顺-2-丁烯 + NBS，过氧化物 （ROOR）
（c）3-溴代环戊烯 + LDA
（d）反,反-2,4-己二烯 + HCl
（e）反,反-2,4-己二烯 + $Br_2$，$H_2O$
（f）1,3-环己二烯 + 丙烯酸甲酯
（g）1,2-二亚甲基环己烷 + 丙烯酸甲酯

61. 挑战题 应用基本的逆合成分析策略提出仅从丙烯酸类原料出发高效合成下列环己烯醇化合物的路线。[提示：Diels-Alder反应可能是有效的，但是要注意亲双烯体和双烯的结构特点以使Diels-Alder反应能顺利进行（14-8节）]。

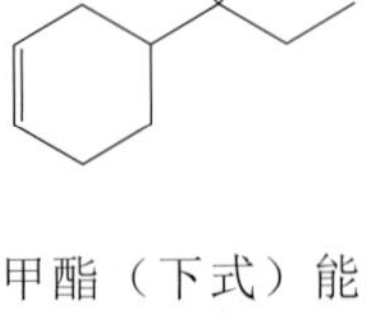

62. 偶氮二甲酸二甲酯（下式）能作为亲双烯体参加Diels-Alder反应。写出该化合物与下列双烯进行环加成反应的产物结构，（a）1,3-丁二烯；（b）反,反-2,4-己二烯；（c）5,5-二甲氧基环戊二烯；（d）1,2-二亚甲基环己烷。忽略产物中氮原子上的立体构型（如21-2节所示，胺会快速翻转）。

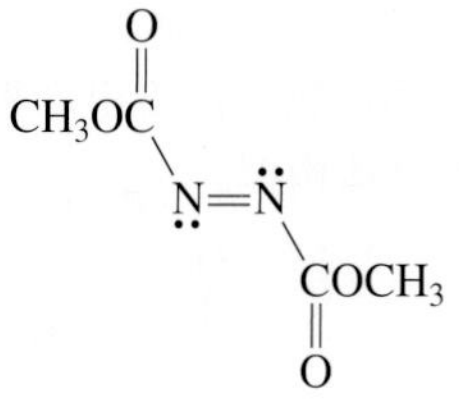

偶氮二甲酸二甲酯

**63.** 双环二烯 A 可以很容易地与适当的烯烃进行 Diels-Alder反应，而双烯 B 则完全不反应。请给予解释。

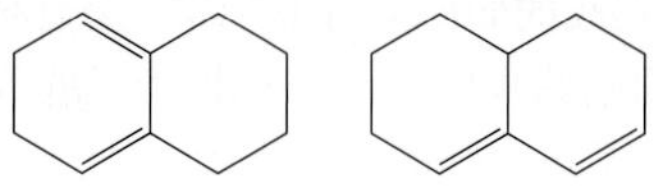

**A**　　　　　**B**

**64.** 写出下列反应的预期产物。

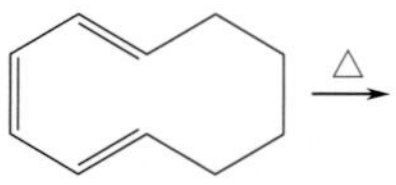

**65.** 微生物是具有潜在药用价值的生物活性分子的丰富资源。在这方面，链霉菌（*Streptomyces*）家族异常活跃，可生成包括多烯在内的一系列化合物，例如，spectinabilin（如下式所示）含有共轭的四烯体系，是抗病毒的化合物。

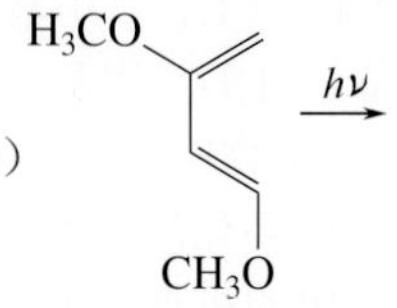

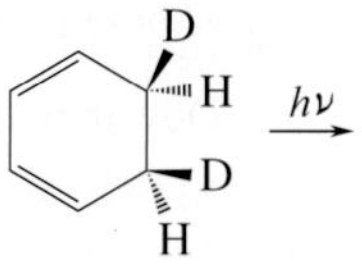

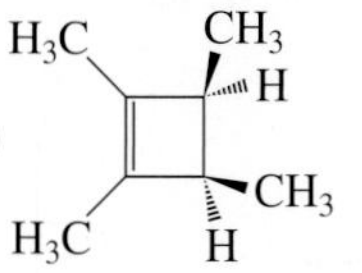

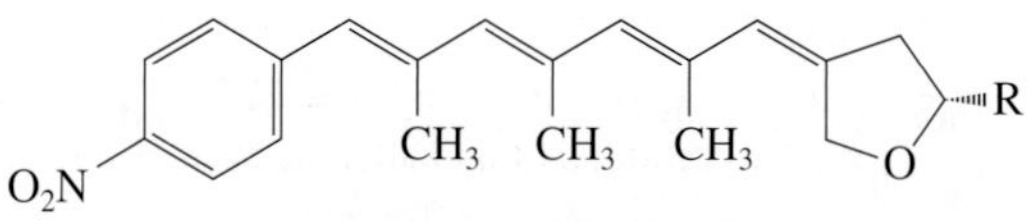

**spectinabilin的局部结构**

（**a**）归属spectinabilin中四烯双键的*E/Z*立体构型。（**b**）spectinabilin显黄色，$\lambda_{max}$=367nm，说明这个性质是如何与其部分结构的特征相吻合的。（**c**）在spectinabilin 的氧杂环戊烷上一个C—O键特别容易断裂而开环。是哪一个键？为什么？（**d**）暴露在阳光下，spectinabilin两个中间的双键显示有光化学构型异构化现象。写出生成产物的结构。（**e**）从（d）得到的产物自发进行两个连续的热电环化-闭环反应，第一个反应有八个π电子参与，第二个则有六个。用双电子箭头表示这个反应过程的机理及其产物，其中第二个产物也有强的生物活性。这些反应是顺旋还是对旋的？

**66.** 解释下列系列反应（**提示**：复习Heck反应，13-9节）。

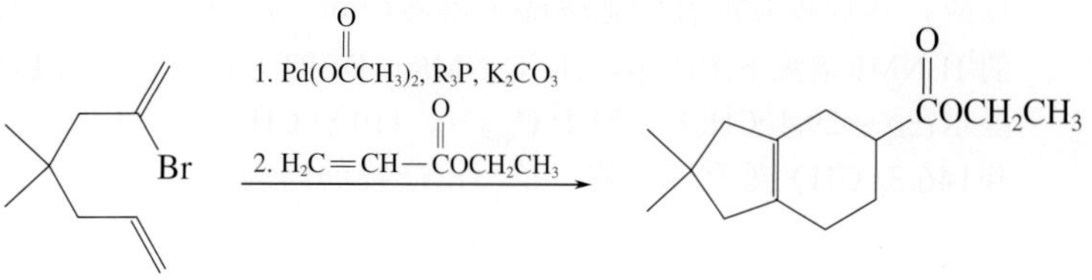

**67.** 给出下列每个化合物的结构简式：（**a**）（*E*）-1,4-聚（2-甲基-1,3-丁二烯）［（*E*）-1,4-聚异戊二烯］；（**b**）1,2-聚（2-甲基-1,3-丁二烯）（1,2-聚异戊二烯）；（**c**）3,4-聚（2-甲基-1,3-丁二烯）（3,4-聚异戊二烯）；（**d**）1,3-丁二烯与乙烯基苯（苯乙烯，$C_6H_5CH=CH_2$）的共聚物（SBR，应用于汽车的轮胎）；（**e**）1,3-丁二烯与丙烯腈（$CH_2=CHCN$）的共聚物（latex）；（**f**）2-甲基-1,3-丁二烯（异戊二烯）与2-甲基丙烯的共聚物（丁基橡胶，用于内衬管）。

**68.** 萜类化合物苧烯的结构如下式所示（解题练习5-29）。指认苧烯中的两个2-甲基-1,3-丁二烯（异戊二烯）结构单元。（**a**）以催化量的酸处理异戊二烯得到多种不同的低聚体，其中之一就是苧烯。画出两分子的异戊二烯在酸催化下转化为苧烯的反应历程。留意在每一步反应中敏感中间体的应用。（**b**）在严格没有任何催化剂的条件下，两分子的异戊二烯也可能通过完全不同的机理转化成苧烯。描述反应的机理。该反应的名称是什么？

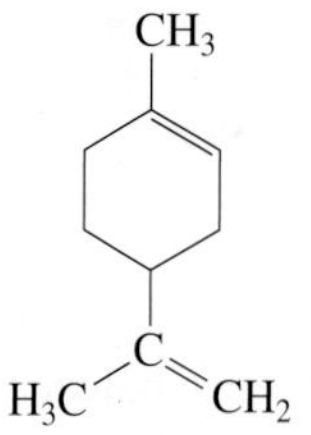

**苧烯**

**69. 挑战题**　从焦磷酸香叶酯（14-10节）得到的碳正离子不仅是樟脑，而且也是苧烯（习题68）和α-蒎烯（第4章的习题49）的生物合成前体。写出生成后两个化合物的机理。

**70.** 下列体系中哪一个的电子跃迁波长最长？在答案中须用分子轨道，如n→π*、$\pi_1 \to \pi_2$来标示。（**提示**：搭建每个物种的分子轨道能级图，如图14-16）。（**a**）2-丙烯基（烯丙基）正离子；（**b**）2-丙烯基（烯丙基）自由基；（**c**）甲醛（$H_2C=O$）；（**d**）$N_2$；（**e**）戊二烯负离子（习题55）；（**f**）1,3,5-己三烯。

**71.** 乙醇、甲醇和环己烷通常用作UV光谱的溶剂，因为它们在大于200nm的波长处没有吸收，为什么没有？

**72.** 3-戊烯-2-酮溶液的紫外波谱（浓度为$2\times10^{-4} mol \cdot L^{-1}$）中，在224nm处有一个π→π*吸收峰（*A*=1.95），在314nm处有一个n→π*吸收峰（*A*=0.008）。计算各个谱带的摩尔吸光系数（摩尔消光系数）。

73. 按已发表的合成实验操作，丙酮与乙烯基溴化镁反应，然后反应混合物被强酸水溶液中和。产物的 $^1$H NMR谱见下图所示，而 $^{13}$C NMR（DEPT）谱显示在 $\delta$ = 29.4（$CH_3$）、71.1（$C_{quat}$）、110.8（$CH_2$）和146.3（CH）处有四个峰。请写出产物的结构。当反应混合物（不恰当地）在酸的水溶液停留过长时间，会产生新的化合物。其 $^1$H NMR谱数据为：$\delta$=1.70（s,3H）、1.79（s,3H）、2.25（bs,1H）、4.10（d,$J$=8Hz, 2H）和5.45（t,$J$=8Hz,1H）。$^{13}$C NMR（DEPT）的数据是：$\delta$=17.9（$CH_3$）、26.0（$CH_3$）、58.6（$CH_2$）、121.0（CH）和 134.7（$C_{quat}$）。第二个产物的结构是什么？它是怎样产生的？

$^1$H NMR

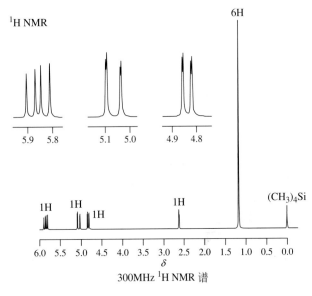

300MHz $^1$H NMR谱

74. **挑战题**　法尼醇分子使花有很好的香味［例如，丁香（lilacs）］。经热的浓 $H_2SO_4$ 处理，法尼醇首先转化成红没药烯（bisabolene），最后转化为杜松烯（cardinene），这是桧树和雪松精油的一个成分。提出这几步转化的详细机理。

**法尼醇**

**红没药烯**　　**杜松烯**

75. $Br_2$ 对1,3-丁二烯的1,2-和1,4-加成产物（14-6节）的比例是依赖于温度的。请说出哪个是热力学产物，哪个是动力学产物，并给以解释。

76. 1,3-丁二烯与下式所示环状亲双烯体的Diels-Alder

环加成反应只在亲双烯体的一个碳-碳双键上发生，得到单一的产物。请给出产物的结构，并给以解释。注意其立体构型。

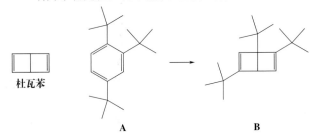

这一转化是伍德沃德（R. B. Woodward）在1951年完成的胆固醇（4-7节）全合成路线（14-9节）中的起始步骤。这个里程碑式的成就对有机合成化学起了革命性的推动作用。

**团队练习**

77. 作为团队思考以下由van Tamelen和Pappas完成的历史性工作（1962）：由1,2,4-三（1,1-二甲基乙基）苯经光化学异构化反应制备三（1,1-二甲基乙基）杜瓦苯（Dewar benzene）的衍生物B。化合物B不能通过热电环化反应或光化学电环化反应逆转到A。团队协作，提出由 **A** 转化为 **B** 的机理，并解释B的动力学稳定性，而不能从B重新生成A。

杜瓦苯

**A**　　　　　　　**B**

**预科练习**

78. 在1,3-丁二烯的最低未占据轨道（LUMO）上，有多少个节面？

（**a**）零个；（**b**）一个；（**c**）两个；（**d**）三个；
（**e**）四个。

79. 按 $S_N1$ 反应性降低的顺序对以下三个氯化物排序。

$CH_3CH_2CH_2Cl$　　$H_2C{=}CHCHCH_3$　　$CH_3CH_2CHCH_3$

　　　　　　　　　　　　　　　　｜　　　　　　　　　｜
　　　　　　　　　　　　　　　Cl　　　　　　　　　Cl

**A**　　　　　　　**B**　　　　　　　**C**

（**a**）A>B>C；　（**b**）B>C>A；
（**c**）B>A>C；　（**d**）C>B>A。

80. 当环戊二烯与四氰基乙烯反应时得到一个新产物，最可能的结构是：

（**a**）　　　　　　　（**b**）

(c)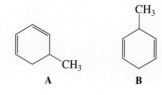

(d)

**A**　　**B**

81. 用哪一种一般的分析方法能最清晰而迅速地区分A和B？

（a）IR 光谱；　　　　（b）UV 光谱；

（c）燃烧分析；　　　　（d）可见光谱。

# 幕间曲：有机反应机理总结

## 有机反应机理总结

虽然关于有机化学的学习才刚过一半，但事实上，随着第 14 章的结束，我们已经了解到有机转化过程的三个主要类型：自由基反应、极性反应和周环反应。本节将对目前我们已经接触到的每个反应类型在机理上做一个总结。

### 自由基遵循链反应机理

自由基反应的起始阶段是通过链引发步骤产生一个活泼、含奇数电子的中间体，然后是经过链增长步骤使原料转化为产物。我们已经了解了**自由基取代反应**（radical substitution reaction）（第 3 章）和**自由基加成反应**（radical addition reaction）（第 12 章）。取代反应能将官能团引入到原来是非官能化的分子上；自由基加成反应则是官能团相互转化的例子。详细的分类见表 1。

### 极性反应是最大的一类有机转化过程

有机化学绝大多数多样性部分来自极化的或带电荷的物质相互作用，这也是有机反应机理类型中数量最多的部分，它们是典型的有机官能团化学。**取代反应**（substitution reaction）和**消除反应**（elimination reaction）的两个机理首先在第 6 章和第 7 章中作了描述。无论是单分子或双分子途径，两个机理都是可行的，具体的机理取决于反应底物的结构，有些情况下还取决于反应的条件。在引入含 π 键的官能团后，可以有两个不同的极性**加成反应**（addition reaction）的形式：第 8 章中的亲核反应和第 12 章中的亲电反应。这些反应过程列于表 2 中。

### 周环反应没有中间体

最后一类反应的特征是环状过渡态，在此过渡态中环状排列的轨道连续地相互重叠。这些转化过程一步发生，没有任何中间体的介入。反应可能把多个组分结合成一个新的环，如 Diels-Alder 反应和其他的**环加成反应**（cycloaddition reaction）；采取开环或闭环的模式，即**电环化反应**（electrocyclic reaction）。表 3 列出了有关的例子。

### 表1　自由基反应的类型

**1 . 自由基取代反应**

机理：自由基链式反应　　　　　　　　　　　　　　　　　　　　　（3-4 节）

链引发

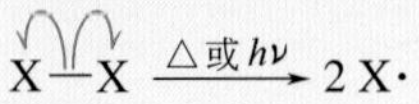

$$X \overset{\frown}{\frown} X \xrightarrow{\triangle \vec{u} h\nu} 2\,X\cdot$$

链增长

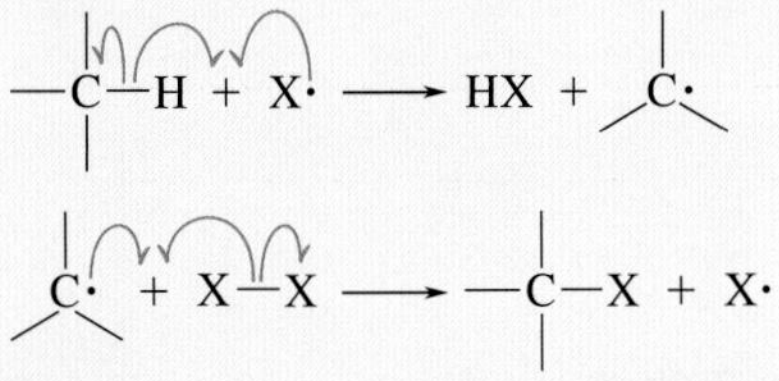

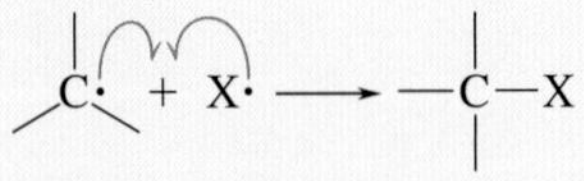

$$\text{（烷烃）} RH + X_2 \xrightarrow{h\nu} RX + HX \qquad\qquad\qquad \text{（3-4 节至 3-9 节）}$$

$$\text{（烯丙基体系）} CH_2 = CHCH_3 + X_2 \xrightarrow{h\nu} CH_2 = CHCH_2X + HX \qquad \text{（14-2 节和 22-9 节）}$$

**2 . 自由基加成反应**

机理：自由基链式反应　　　　　　　　　　　　　　　　　　　　　（12-13 节）

例子：

$$\text{（烯烃）} RCH = CH_2 + HBr \xrightarrow{\text{过氧化物}} RCH_2CH_2Br \qquad \text{（12-13 节和 12-15 节）}$$

**反马氏产物**

$$\text{（炔烃）} RC \equiv CH + HBr \xrightarrow{\text{过氧化物}} RCH = CHBr \qquad\qquad \text{（13-8 节）}$$

**表2　极性反应的类型**

---

### 1. 双分子亲核取代反应

机理：协同的背面取代（$S_N2$）　　　　　　　　　　　　　　（6-2节，6-4节和6-5节）

$$Nu{:}^- \quad {-}\overset{|}{\underset{|}{C}}{-}X \longrightarrow Nu{-}\overset{|}{\underset{|}{C}}{-} \ + \ X^-$$

例子：

$$HO^- + CH_3Cl \longrightarrow CH_3OH + Cl^-$$

**手性中心 100% 反转**　　　　　　　　　　　　　　　　（6-2 节到 6-9 节）

---

### 2. 单分子亲核取代反应

机理：形成碳正离子亲核进攻（$S_N1$，通常伴有 E1）　　　　　　　（7-2 节）

$$-\overset{|}{\underset{|}{C}}{-}X \longrightarrow \overset{|}{C}{}^+ \ + \ X^-$$

$$Nu^- \quad \overset{|}{C}{}^+ \longrightarrow Nu{-}\overset{|}{\underset{|}{C}}{-}$$

例子：

$$H_2O + (CH_3)_3CCl \longrightarrow (CH_3)_3COH + HCl$$

**手性中心外消旋化**　　　　　　　　　　　　　　　　（7-2 节到 7-5 节）

---

### 3. 双分子消除反应

机理：协同地去质子-形成 π 键-除去离去基团（E2）　　　　　　　（7-7 节）

$$B{:}^- \ H{-}\overset{|}{\underset{|}{C}}{-}\overset{|}{\underset{X}{C}} \longrightarrow \ \overset{|}{C}{=}\overset{|}{C} \ + \ HB \ + \ X^-$$

例子：

$$CH_3CH_2O^- + CH_3CHClCH_3 \longrightarrow CH_3CH_2OH + CH_3CH{=}CH_2 + Cl^-$$

**反式过渡态占优势**

---

### 4. 单分子消除反应

机理：形成碳正离子-去质子和形成 π 键（E1，伴随 $S_N1$）　　　　　（7-6 节）

$$H{-}\overset{|}{\underset{|}{C}}{-}\overset{|}{\underset{|}{C}}{-}X \longrightarrow H{-}\overset{|}{\underset{|}{C}}{-}\overset{|}{C}{}^+ \ + \ X^-$$

$$B{:}^- \ H{-}\overset{|}{\underset{|}{C}}{-}\overset{|}{C}{}^+ \longrightarrow \ \overset{|}{C}{=}\overset{|}{C} \ + \ HB$$

例子：

$$(CH_3)_3CCl \xrightarrow{H_2O} (CH_3)_2C{=}CH_2 + HCl$$

（7-6 节和 11-7 节）

**表2　极性反应的类型（续）**

---

**5. 亲核加成反应**

机理：亲核加成-质子化 　　　　　　　　　　　　　　　　　　　　　　　（8-5 节和 8-7 节）

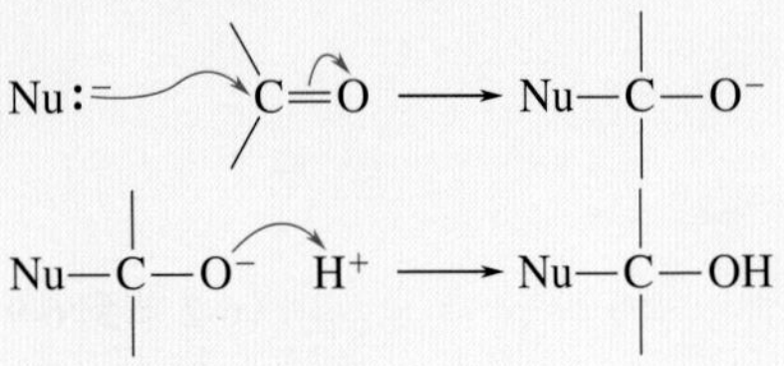

$$Nu:^{-} \quad C=O \longrightarrow Nu-C-O^{-}$$

$$Nu-C-O^{-} \quad H^{+} \longrightarrow Nu-C-OH$$

例子： 　　　　　　　　　　　　　　　　　　　　　　　　　　　　　　　（8-5 节）
（负氢试剂）$NaBH_4 + (CH_3)_2C=O \longrightarrow (CH_3)_2CHOH$

（金属有机试剂）$RMgX + (CH_3)_2C=O \longrightarrow R-\underset{\underset{CH_3}{|}}{\overset{\overset{CH_3}{|}}{C}}-OH$ 　　　（8-7 节和14-4节）

---

**6. 亲电加成反应**

机理：亲电加成 - 亲核进攻 　　　　　　　　　　　　　　　　　　　　（12-3 节和 12-5 节）

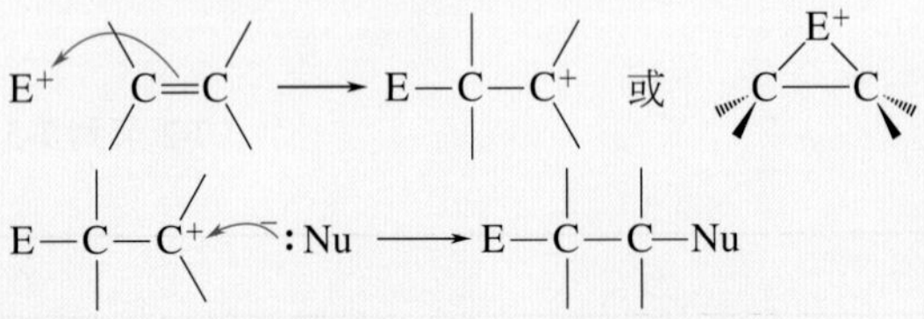

$$E^{+} \quad C=C \longrightarrow E-C-C^{+} \quad 或 \quad \overset{E^{+}}{C-C}$$

$$E-C-C^{+} \quad :Nu \longrightarrow E-C-C-Nu$$

例子：
（烯烃）$RCH=CH_2 + HBr \longrightarrow R\underset{}{\overset{\overset{Br}{|}}{C}HCH_3}$ 　　　　　　（12-3 节和 12-7 节）
　　　　　　　　　　　　**马氏产物**

## 表3　周环反应的类型

### 1. 环加成反应

机理：协同，通过电子的环状排列 （14-8 节）

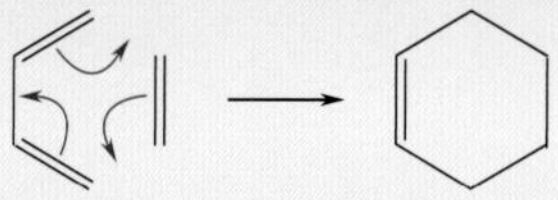

(Diels-Alder 反应)

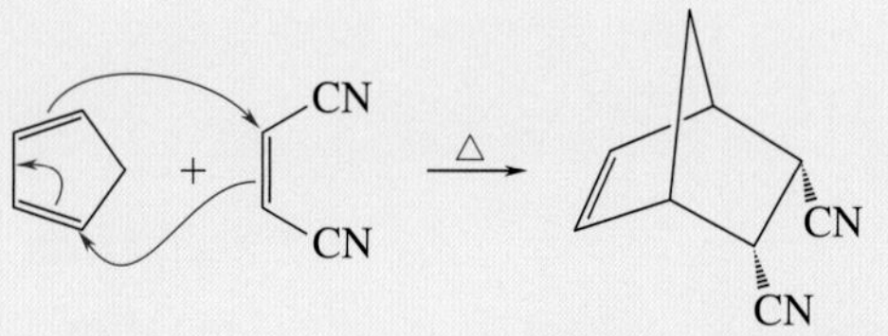

**立体专一，内型产物优先**

### 2. 电环化反应

机理：协同，通过电子的环状排列 （14-9 节）

例子：

(环丁烯 → 己二烯)

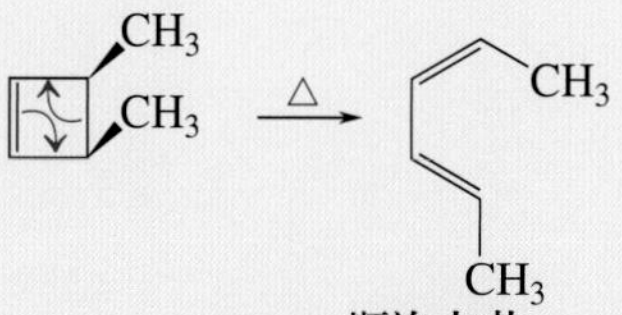

**顺旋-加热**

（14-9 节）

(己三烯 → 环己二烯)

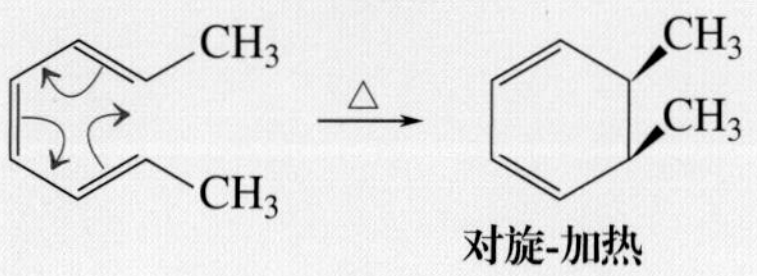

**对旋-加热**

# 15

# 苯和芳香性

## 芳香亲电取代反应

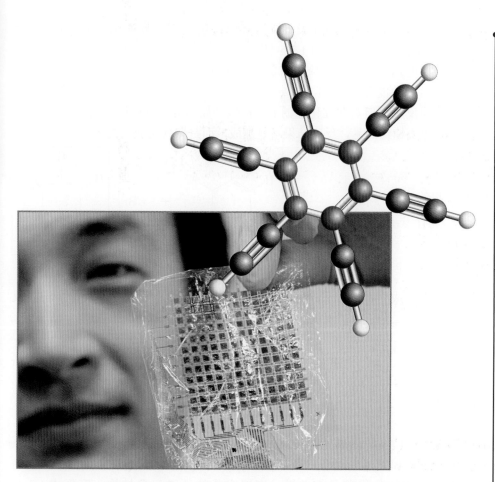

因其特殊的稳定性，苯环（以红色突出显示的部分）用于构筑富碳烃类，进而可作为碳基电子器件的原材料。图中展示的是六乙炔基苯，$C_{18}H_6$，是一种新型碳同素异形体的核心结构单元，可用于未来有机电子电路的组装。随附的照片是为早期检查乳腺癌而开发的碳纳米管基传感器片。

**在** 19世纪初期，伦敦和其他城市的街道照明用油来自熬炼的鲸鱼脂肪（鲸脂）。热衷于确定鲸脂的组成，1825年英国科学家迈克尔·法拉第（Michael Faraday）❶将鲸脂加热，得到一种无色液体（沸点80.1℃，熔点5.5℃），其经验式为CH。该化合物的发现对碳四价理论（即碳原子必须有4个价键与其他原子相连）形成了挑战。此化合物的特殊稳定性和对化学反应的惰性引起了人们极大的兴趣。这个化合物被命名为**苯**（benzene），最终分子式确定为$C_6H_6$。仅在美国，年产就达500万吨。

---

❶ 迈克尔·法拉第（Michael Faraday，1791—1867），英国伦敦皇家化学研究所教授。

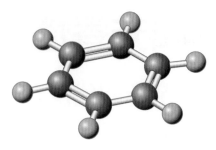

苯

　　苯的不饱和度为 4（表 11-6），满足凯库勒 ❶（Kekulé）和洛希米特 ❷（Loschmidt）最初假设的 1,3,5-环己三烯的结构（一个环，三个双键），但与预期的这种共轭三烯应具有的反应活性不符。换句话说，此种结构与苯表现出的性能并不一致。另外，苯并非完全没有化学反应活性。例如，它可与溴反应，但需在催化量的 Lewis 酸（如 FeBr₃，15-9 节）存在下才能进行。令人惊讶的是，反应结果不是加成，而是取代生成了溴苯。

（反应式）

苯　　　　　　　　　　　　　　　溴苯
　　　　　　　　　　　　　　（取代产物）　　　　　　未形成加成产物

　　只生成一种单溴代产物与苯的六重对称性结构很相符。进一步与溴反应引入第二个卤原子而得到三个异构体：1,2-、1,3-和 1,4-二溴苯。

（反应式）

1,2-二溴苯(与1,6-二溴苯相同)　　　1,3-二溴苯　　　1,4-二溴苯

　　随着研究不断进行，只生成一种产物 1,2-二溴苯的现象又带给人们另一个迷惑。如果苯具有单键、双键交替的环己三烯结构，应形成 1,2-和 1,6-二溴苯两种异构体，即两个取代基分别与单键或双键碳原子相连。Kekulé 很巧妙地解决了上述疑惑，他大胆假设苯应该被看作一组由两个环己三烯异构体构成的快速平衡 [equilibrate，Kekulé 则使用"振荡"（oscillate）一词]，这种平衡体系使 1,2-和 1,6-二溴苯不可区分。现在我们知道这个看法并不十分正确。根据现代电子理论，苯是单一化合物，最好用两个等价的环己三烯共振式来描述（14-7 节）。

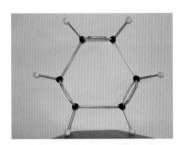

Kekulé 提出的苯的原始模型
[*Courtesy of Peter Vollhardt*]

　　为什么苯分子中环状排布的 π 电子显示出不寻常的稳定性？如何量化这一现象？考虑到 NMR（11-4 节）和电子光谱（14-11 节）对离域 π 电子体系的甄别能力，能否期待苯具有特征谱学信号？本章将回答这些问题。本章首先介绍取代苯的命名原则，其次讨论母体苯分子的电子和分子结构；然后给出其特殊稳定化能，即苯具有**芳香性**（aromaticity）的证据。苯的这种芳香性和特殊结构影响着它的谱学特征和反应性能。我们将看到两个或多个苯环稠合形成扩展的 π 体系时会产生什么结果。类似地，我们将比较苯

---

❶ F. 奥古斯特·凯库勒（F. August Kekulé）教授，参见 1-4 节。
❷ 约瑟夫·洛希米特（Joset Loschmidt，1821—1895），奥地利维也纳大学教授。

与其他环状共轭多烯的性质。最后，我们将学习向苯环引入取代基的一类特殊机理，即**芳香亲电取代反应**（electrophilic aromatic substitution reaction）。

# 15-1 苯的命名

苯及其衍生物多数具有浓郁的芳香味，因此早期被称作**芳香化合物**（aromatic compound）。虽然苯的气味并不特别好闻，它仍被视作芳香化合物的母体分子。无论何时画出含有三个双键的苯环图示，它都应被认为是一对有贡献的共振式中的一个。有时苯环也可用内部带有一个圆圈的正六边形表示。

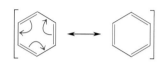

与下式等同

除非苯环连接官能团，如羟基（—OH）、氨基（—NH$_2$）或羧基（—COOH），单取代苯的命名是在苯前面加上取代基名称前缀。如同环烷烃的命名（4-1 节），苯环上有烷基时，无论烷基大小，总是被作为苯的取代基。

**fluorobenzene**
氟代苯

**nitro**benzene
硝基苯

**(1,1-dimethylethyl)benzene**
(1,1-二甲基乙基)苯
(叔丁基苯)

**heptyl**benzene
正庚基苯

二取代苯的取代基有三种可能的排布方式，这些排布方式分别用 **1,2-**（邻或 *o-*），**1,3-**（间或 *m-*）和 **1,4-**（对或 *p-*）取代表示；取代基按字母顺序排列，第一个取代基加前缀 1-。

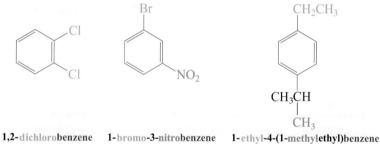

**1,2-dichlorobenzene**
**1,2-二氯苯**
(*o*-二氯苯)

**1-bromo-3-nitrobenzene**
**1-溴-3-硝基苯**
(*m*-溴硝基苯)

**1-ethyl-4-(1-methylethyl)benzene**
**1-乙基-4-(1-甲基乙基)苯**
(*p*-乙基异丙基苯)

对于三取代或更多取代的苯衍生物的命名，则将环上六个碳按最低序列编号，编号方法和环己烷相同。当有两种可能的编号顺序，按照取代基英文名称的字母优先顺序排列。

**1-bromo-2,3-dimethylbenzene**
**1-溴-2,3-二甲基苯**
(按照英文名称的字母优先顺序；
不是3-溴-1,2-二甲基苯)

**2-methyl-1,4-dinitrobenzene**
**2-甲基-1,4-二硝基苯**

**1-ethenyl-3-ethyl-5-ethynylbenzene**
**1-乙烯基-3-乙基-5-乙炔基苯**

本书中将经常涉及以下苯的衍生物：

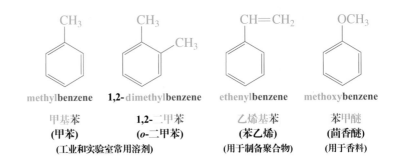

含有官能团的苯衍生物命名时要反映出这个官能团：

除了苯酚、苯胺、苯甲醛、苯甲酸四类化合物之外，我们将使用 IUPAC 命名规则对化合物进行命名。根据美国《化学文摘》和 IUPAC 的索引方法，苯酚、苯胺、苯甲醛和苯甲酸使用常用名（普通命名）代替系统命名。苯环取代的芳香化合物通过将苯环位置编号或用前缀 o-、m-、p- 表示取代基位置，作为母体化合物的取代基编号为 1。

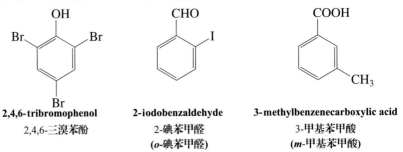

根据它们的香味和天然来源，很多芳香化合物有常用名，一些常用名已被 IUPAC 接受。如同上述，尽可能使用化合物的系统命名，其常用名则在括号内。

### 芳香调味剂

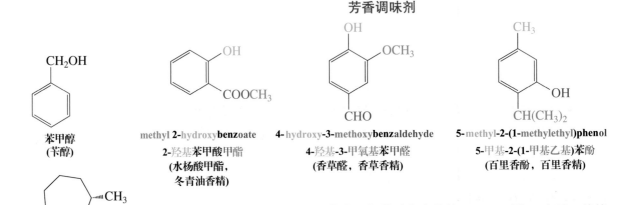

取代苯通称为**芳烃**，芳烃作为取代基时称为**芳基**（aryl），用 Ar 表示。芳基母体是**苯基**（phenyl），$C_6H_5$—，当苯环与比环己烷更大的环烷烃或带官能团的烷基相连时，苯作为取代基（参见页边示例）。与 2-丙烯基（烯丙基）（14-1 节和 22-1 节）相关的 $C_6H_5CH_2$— 基团称为**苯甲基（苄基）**［phenylmethyl（benzyl）］。

总之，在命名取代苯时，遵循的命名规则与前面命名烷、醇、烯、炔类化合物时相同。

> **指导原则：取代苯命名的规则**
>
> —— **步骤1.** 确定母体名称，如苯、苯酚、苯胺等。
> —— **步骤2.** 命名所有取代基。
> —— **步骤3.** 将母体环编号。
> —— **步骤4.** 将取代基按（英文）字母顺序排列，每个取代基放在其位次编号之后。

### 练习 15-1

写出下列取代苯的系统命名。

**（a）** **（b）** **（c）** **（d）** **（e）**

### 练习 15-2

画出下列化合物的结构：（**a**）（1-甲基丁基）苯；（**b**）1-乙烯基-4-硝基苯（对硝基苯乙烯）；（**c**）2-甲基-1,3,5-三硝基苯（2,4,6-三硝基甲苯——炸药 TNT，参见真实生活 16-1）；（**d**）1-苯基-1-丙醇（1-苯基丙-1-醇）。

### 练习 15-3

下列名称是错误的，请写出正确的命名：（**a**）3,5-二氯苯；（**b**）*o*-氨基苯基氟；（**c**）*p*-氟溴苯。（**d**）苯基环丙烷。

---

## 小　结

简单的单取代苯的命名是将取代基名称放在苯之前。对多取代的体系，用 1,2-、1,3-、1,4-（或邻、间、对）表示取代基位置。或者将苯环编号，将取代基按其英文名称的字母顺序排列在母体之前。很多简单的单取代苯有常用名。

---

## 15-2 苯的结构和共振能：对芳香性的初步认识

苯非常不活泼。室温下，苯对酸、氢气、溴、高锰酸钾等均是惰性的；而这些试剂很容易与共轭烯烃加成（14-6 节）。之所以苯的反应性差是由于环状六电子排布以大的共振形式赋予其一种特殊稳定性（14-7 节）。首先看苯的结构特性，然后通过与缺少环状共轭的模型体系（如 1,3-环己二烯）比较氢化热来估算共振能的大小。

### 苯环含有六个相同的相互重叠的 p 轨道

如果苯是共轭三烯（环己三烯），预期苯环中 C—C 键的键长应是单双键交替分布的。事实上，实验证明苯分子是一个完全对称的正六边形（图

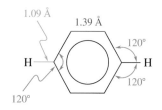

**图 15-1** 苯分子结构，六个 C—C 键是等同的，所有键角为 120°。

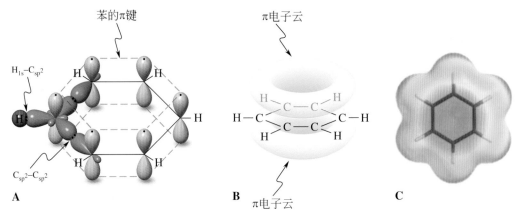

**图 15-2**    苯中成键轨道图。（A）除了与一个明确画出 p 和 sp² 杂化轨道的碳原子连接的键，其他键用直线表示。（B）六个重叠的 p 轨道在苯分子平面上下形成电子云。（C）苯的静电势图显示出苯环的相对富电子性和电荷密度在六个碳原子上平均分布。

15-1），它具有六个同样的碳-碳键，键长为 1.39Å，这个键长介于 1,3-丁二烯的单键（1.47Å）和双键（1.34Å）之间（图 14-6）。

图 15-2 显示了苯环的电子结构。所有碳均为 sp² 杂化，每个 p 轨道与其相邻的两个 p 轨道同等程度重叠，产生的离域电子在分子平面上下形成环状 π 电子云。苯的对称结构是分子中 σ 和 π 电子相互作用的结果。对称的 σ 键骨架与离域的 π 电子云协调作用使苯保持正六边形的几何构型。

## 苯特别稳定：氢化热

确定一系列烯烃相对稳定性的一个方法是测量它们的氢化热（11-5 节和 14-5 节）。可以对苯进行一个类似实验，将其氢化热与 1,3-环己二烯及环己烯比较。这些分子很容易比较，因为它们氢化后均转化成环己烷。

环己烯的氢化是放热的，氢化热为 $-28.6\text{kcal}\cdot\text{mol}^{-1}$，这个数值与预期的顺式双键氢化热相符（11-5 节）。1,3-环己二烯的氢化热（$\Delta H^{\ominus}=-54.9\text{kcal}\cdot\text{mol}^{-1}$）比两个环己烯的氢化热略低，因为共轭二烯有共振稳定化作用（14-5 节），稳定化能是 $2\times28.6\text{kcal}\cdot\text{mol}^{-1}-54.9\text{kcal}\cdot\text{mol}^{-1}=2.3\text{kcal}\cdot\text{mol}^{-1}$。

$$+ \quad H_2 \quad \xrightarrow{\text{催化量的 Pt}} \quad \Delta H^{\ominus} = -28.6 \text{ kcal}\cdot\text{mol}^{-1}(-120 \text{ kJ}\cdot\text{mol}^{-1})$$

$$+ \quad 2\,H_2 \quad \xrightarrow{\text{催化量的 Pt}} \quad \Delta H^{\ominus} = -54.9 \text{ kcal}\cdot\text{mol}^{-1}(-230 \text{ kJ}\cdot\text{mol}^{-1})$$

根据这些氢化热数据，可以计算出预期的苯的氢化热，即将简单的三个双键（如环己烯双键）氢化热加和，再加上额外的共轭烯烃的共振稳定化能（如 1,3-环己二烯）。

$$+ \quad 3\,H_2 \quad \xrightarrow{\text{催化剂}} \quad \Delta H^{\ominus} = ?$$

$$
\begin{aligned}
\Delta H^{\ominus} &= 3\,(\text{氢化} \bigcirc \text{的}\Delta H^{\ominus}) + 3\,(\bigcirc \text{的共振能}) \\
&= 3\times(-28.6)\text{kcal}\cdot\text{mol}^{-1} + 3\times2.3\text{kcal}\cdot\text{mol}^{-1} \\
&= -85.8 \text{ kcal}\cdot\text{mol}^{-1} + 6.9 \text{ kcal}\cdot\text{mol}^{-1} \\
&= -78.9 \text{ kcal}\cdot\text{mol}^{-1}
\end{aligned}
$$

现在来看实验数据。尽管苯的氢化很困难（14-7 节），但在特殊催化

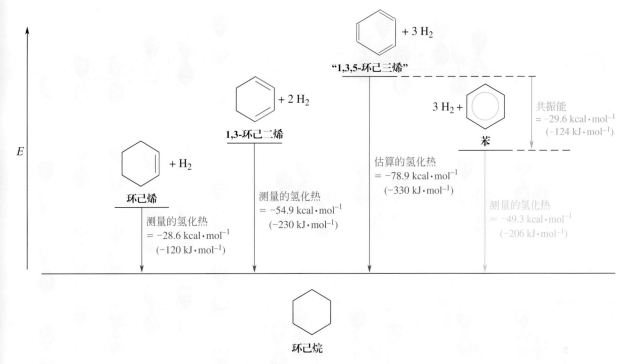

**图 15-3** 氢化热提供了测量苯的特殊稳定性的一种方法。环己烯和 1,3-环己二烯的氢化热实验值使我们能够估算假设的"1,3,5-环己三烯"的氢化热,将此估算值与苯的氢化热的实验值 $\Delta H^{\ominus}$ 比较,得到苯芳香共振能约为 -29.6kcal·mol$^{-1}$。

剂催化下能够进行;苯的氢化热测定值为 $\Delta H^{\ominus}$=-49.3kcal·mol$^{-1}$,比预期的-78.9kcal·mol$^{-1}$ 低很多。

图 15-3 总结了这些结果。显然苯比含有单双键交替的环己三烯稳定得多。两者的差异是苯的**共振能**(resonance energy),约 30kcal·mol$^{-1}$(126kJ·mol$^{-1}$),这个能量也称作离域能、芳香稳定化能或简称为苯的**芳香性**(aromaticity)。"芳香"这个词的原始含义已经随着时间的推移而变化,它已从原来表示气味演变成现在表示热力学性质。

## 小　结

苯的结构是一个由 6 个 sp$^2$ 杂化碳组成的正六边形,C—C 键长介于单、双键之间,p 轨道中的电子在环平面上下形成 π 电子云。苯的结构可用两个等价的环己三烯共振式表示。苯还原成环己烷释放的氢化热比其假设的非芳香模型低约 30kcal·mol$^{-1}$,这个差值就是苯的共振能。

# 15-3 苯的π分子轨道

上一节介绍了苯的原子轨道图,现在来看它的分子轨道图。将苯的 6 个 π 分子轨道与其开链类似物 1,3,5-己三烯的 π 分子轨道进行比较,两个化合物的分子轨道都是由 6 个 p 轨道相互重叠而成的,但环状体系与非环状体系明显不同。通过比较这两个化合物成键轨道的能量,表明三个双键的环状共轭体系比非环状共轭体系更好。

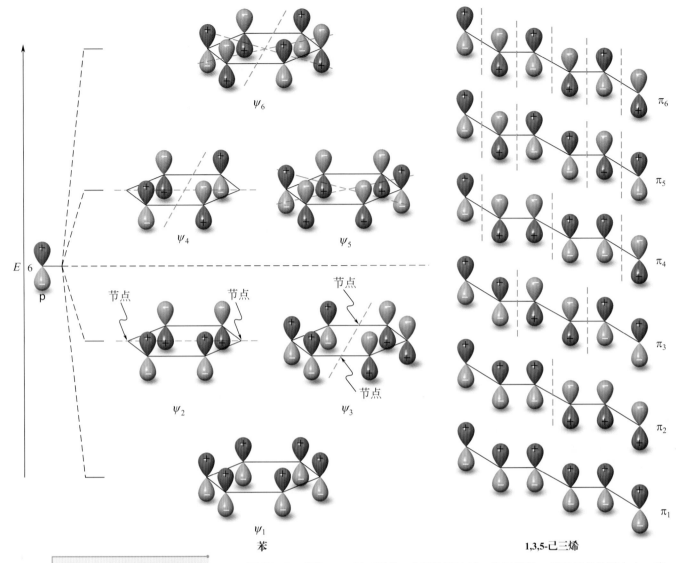

$\psi_6$

$\psi_4$    $\psi_5$

节点    节点

节点

节点

$\psi_2$    $\psi_3$

$\psi_1$

苯

$\pi_6$

$\pi_5$

$\pi_4$

$\pi_3$

$\pi_2$

$\pi_1$

1,3,5-己三烯

$E$ 6

p

**记住：** 六个原子p轨道相互重叠产生六个新的分子轨道。

**图15-4** 苯和1,3,5-己三烯的 π 分子轨道比较。为了简洁，所显示的轨道大小一致。在相同相位的轨道之间发生有效重叠（成键），节面处表示相位的改变（虚线）。随着节面数增加，轨道的能量增加。注意，苯有两组能量简并（能量相等）轨道，即较低能量的占据轨道 ($\psi_2$, $\psi_3$) 和空轨道 ($\psi_4$, $\psi_5$)，如图15-5所示。

## 环状重叠改变了苯分子轨道的能量

图15-4 比较了苯与1,3,5-己三烯的 π 分子轨道。非环三烯的分子轨道与1,3-丁二烯有相似的模式（图14-7），但多了两个分子轨道。所有分子轨道具有不同能量，从 $\pi_1$ 到 $\pi_6$ 节点不断增加。苯的分子轨道图与预期完全不同：不同的轨道能量、两组简并（能量相同）轨道和完全不同的节面模式。

环状的 π 体系是否比非环状体系更稳定？为了回答这个问题，需要比较二者三个填充轨道的总能量。图15-5给出了答案：相对于非环状体系，环状 π 体系更稳定。从1,3,5-己三烯到苯，两个成键轨道（$\pi_1$ 和 $\pi_3$）能量降低，一个成键轨道能量升高，两个轨道能量降低的效应远大于一个轨道能量上升的效应。

考察 1,3,5-己三烯末端碳原子轨道波函数符号（图15-4）可以解释上述轨道能量的变化：当 C-1 与 C-6 相连时，p 轨道在 $\pi_1$ 和 $\pi_3$ 分子轨道中是同相重叠，而在 $\pi_2$ 中则为异相重叠。

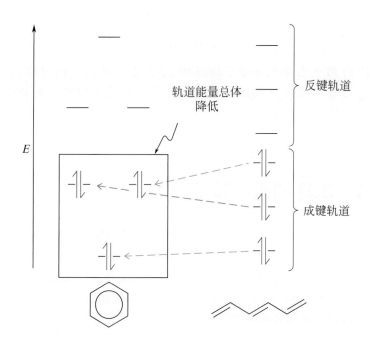

图15-5　苯和1,3,5-己三烯π分子轨道能级图。两分子均将6个π电子填充在三个成键轨道中。在苯的三个成键轨道中，两个能量比1,3,5-己三烯相应的成键轨道能量低。另一个则比1,3,5-己三烯成键轨道能量高。从总体看，从非环状到环状体系，能量降低，稳定性增加。

### 一些反应具有芳香过渡态

六个环状重叠轨道具有相对稳定性，这为一些容易进行却看似复杂的三电子对协同转移反应提供了简单的解释：比如 Diels-Alder 反应（14-8 节）、四氧化锇对烯烃的加成（12-11 节）以及臭氧化分解反应的第一步（12-12 节）。在这三个反应过程中，产生一个 6 个电子在 π 轨道（或具有 π 特征的轨道）中环状重叠的过渡态。这种电子排布与苯相似，在能量上比其他连续的键断裂和键形成过程有利，这种过渡态称为芳香过渡态。

**芳香过渡态**

| Diels-Alder<br>反应 | 四氧化锇加成反应 | 臭氧化分解反应 |

## 练习 15-4

如果苯是环己三烯，1,2-二氯苯和 1,2,4-三氯苯应各有两种异构体。请画出这些异构体。

## 练习 15-5

（**a**）环丁烯在加热时开环生成 1,3-丁二烯，放出约 10kcal·mol⁻¹ 的热量（14-9 节）。相反，苯并环丁烯 A 加热开环生成化合物 B（页边）则吸收相同的热量，试解释之。（**b**）环庚-1,3,5-三烯的氢化热是 −72kcal·mol⁻¹，而其异构体甲苯的氢化热只有 −43kcal·mol⁻¹，请解释之。

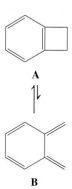

A

B

$\Delta H^{\ominus} \approx +10\ kcal \cdot mol^{-1}$

真的吗？

防晒霜的功效是由防晒系数（SPF）决定的，SPF 可用来衡量能导致晒伤的太阳紫外线辐射量。例如，"SPF 30" 表示只有 1/30 太阳光辐射可到达皮肤。防晒霜 SPF 值越大，其防晒效果也越强。但是，这个数值并不与在太阳下的暴露时间相关，即增强防晒强度 1 倍，并不表示你可以在阳光下安全的增加 1 倍停留时间。原因是太阳光的强度随一天的时间（正午时达到峰值）、地理位置的不同（低纬度地区更大）和云层的出现变化很大。

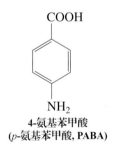

4-氨基苯甲酸
（*p*-氨基苯甲酸, PABA）

## 小 结

苯的两个已填充 π 分子轨道比 1,3,5-己三烯相应轨道的能量低。因此，与非环类似物相比，苯被更大的共振能所稳定。类似的轨道结构也可稳定芳香过渡态。

# 15-4 | 苯环的谱学特征

苯及其衍生物中的电子排布使它们具有特征的紫外-可见光谱。正六边形结构同样显示出红外特征峰。最为突出的是，在 NMR 谱图中，苯环的环状离域产生诱导环电流，导致与芳香环连接的质子具有特殊的去屏蔽效应。另外，取代苯上 1,2-（邻）、1,3-（间）、1,4-（对）位的质子之间具有不同的偶合常数，可用于表明苯的不同取代方式。

### 苯的紫外-可见光谱揭示其电子结构

苯的环状离域使其分子轨道能级具有特征排布（图 15-4），尤其是成键轨道与反键轨道之间的能差相对较大（图 15-5），这个能差是否显示在其电子光谱中？正如 14-11 节所述，答案是肯定的：与非环三烯的光谱相比，苯及其衍生物应具有较小的 $\lambda_{max}$ 值。这一效应可在图 15-6 中验证：苯的最高吸收峰在 $\lambda_{max}=261nm$，更接近 1,3-环己二烯（$\lambda_{max}=259nm$，表 14-3），而非 1,3,5-己三烯（$\lambda_{max}=268nm$）。

随着取代基的引入，芳香化合物的紫外-可见光谱发生变化，这种现象已被应用于染料的设计合成（22-11 节）。简单取代苯的吸收峰在 250～290nm。例如，水溶性的 4-氨基苯甲酸（对氨基苯甲酸，或 PABA，$H_2N-C_6H_4-CO_2H$，参见页边）在 $\lambda_{max}=289nm$ 处有一个吸光系数为 18600 的强吸收峰。由于这个性质，它被用于防晒霜中，可滤除太阳光中在此波段的大部分有害的紫外辐射。有些人因皮肤过敏不能接触 PABA，因此很多新研制的防晒霜使用 PABA 衍生物或其他材料来保护皮肤（不含"PABA"）。

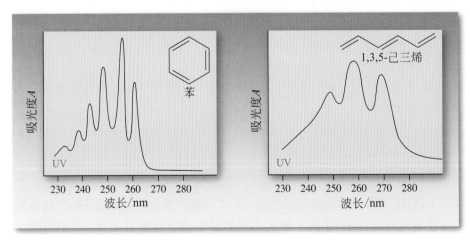

图 15-6　紫外特征吸收峰：苯，$\lambda_{max}(\varepsilon)=234(30)$，$238(50)$，$243(100)$，$249(190)$，$255(220)$，$261(150)$nm。1,3,5-己三烯，$\lambda_{max}(\varepsilon)=247(33,900)$，$258(43,700)$，$268(36,300)$nm。1,3,5-己三烯的吸光系数 $\varepsilon$ 比苯大很多，因此，右侧的紫外光谱是在较稀的溶液中测定的。

## 红外光谱揭示苯衍生物的取代类型

　　苯及其衍生物的红外光谱在三个区域出现特征吸收峰。第一是在 $3030cm^{-1}$，为苯环上 C—H 伸缩振动吸收。第二个吸收范围在 $1500\sim2000cm^{-1}$，为芳环上 C—C 伸缩振动吸收。最后一组有用的吸收带在 $650\sim1000cm^{-1}$ 区域，是苯环上 C—H 面外弯曲振动吸收。

**取代苯典型的面外弯曲振动吸收峰（$cm^{-1}$）**

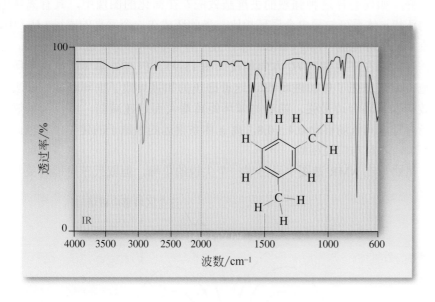

690~710　　　735~770　　　690~710　　　790~840
730~770　　　　　　　　　750~810

　　红外光谱中这些特定位置的峰表明了芳环的取代类型。例如，1,2-二甲苯（*o*-二甲苯）的吸收峰在 $738cm^{-1}$，其 1,4-异构体则在 $793cm^{-1}$，1,3-异构体分别在 $690cm^{-1}$ 和 $765cm^{-1}$ 有两个吸收峰（图 15-7）。

**图15-7**　1,3-二甲苯（*m*-二甲苯）的红外光谱图。有两个C—H键伸缩振动吸收峰，一个属于芳环C—H键吸收峰（$3030cm^{-1}$），另一个是饱和C—H键吸收峰（$2920cm^{-1}$），在$690cm^{-1}$和$765cm^{-1}$的峰是典型的1,3-二取代苯的吸收峰。

## 苯的质谱显示其稳定性

　　图 15-8 是苯的质谱图。值得注意的是，它缺乏任何有意义的碎片峰来证明环状六电子结构具有特殊的稳定性（15-2 节）。$[M+1]^{+\bullet}$峰相对高度为6.8%，与含六个碳原子的分子中 $^{13}C$ 的相对丰度一致。

## 苯衍生物的核磁共振（NMR）谱图显示出环电流效应

　　$^{1}H\ NMR$ 是鉴别苯及其衍生物的一种强有力的谱学技术，芳环的环状离域导致特殊的去屏蔽效应，造成与芳环直接相连的氢原子在非常低场处发生共振（$\delta=6.5\sim8.5$），甚至低于去屏蔽的烯基氢原子（$\delta=4.6\sim5.7$，参见11-4 节）。

**烯丙基氢和苄基氢的化学位移**

$$CH_2=CH-CH_3$$

烯丙基：$\delta=1.68$

CH₃ 苄基：$\delta=2.35$

图15-8  苯的质谱图显示很少的碎片峰。

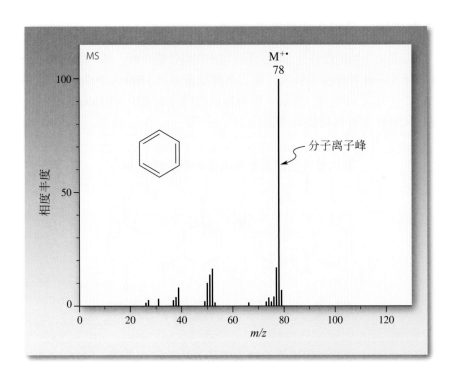

例如，苯的 $^1$H NMR 谱图在 $\delta=7.27$ 处出现一个代表六个等价质子的尖锐单峰。如何解释这种强烈的去屏蔽效应？在简化的图像中，具有离域电子的环状 $\pi$ 体系可与导电金属环相比。当此环放在一个垂直的磁场（$H_0$）中，电流 [又称**环电流**（ring current）] 产生一个新的局部感应磁场（$h_{局部}$）。这个诱导磁场在环内部与 $H_0$ 方向相反（图 15-9），但在外部（即氢原子所处的地方）则加强了外加磁场 $H_0$，这种磁场的加强导致了去屏蔽效应。去屏蔽效应在苯环旁边最强，随着与苯环距离增大而迅速减弱，所以苯基氢只比烯丙基氢向低场移动 0.4～0.8，离 $\pi$ 体系很远的氢原子的化学位移彼此差别不大，并且与烷烃相似。

虽然苯在 NMR 谱图中只出现一个尖锐的单峰，但取代苯可能有更复杂

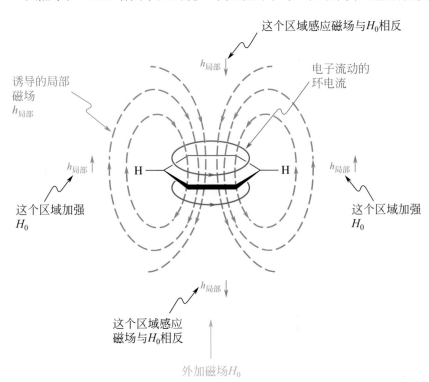

图15-9  苯环的$\pi$电子可与导电金属环中的电子相比较，将此电子环放在外加磁场$H_0$中，使这些电子流动起来。此"环电流"产生一个局部磁场，使环外的外磁场加强。所以，质子在较低场发生共振。

的模式。例如，引入一个取代基导致其邻、间、对位氢原子不等价并产生相互的偶合。例如在溴苯的 NMR 谱图中，邻位氢原子的信号相比于苯中氢原子出现在略低场；此外，所有不等价氢原子均相互偶合，所以得到一个复杂的谱图（图 15-10）。

图 15-11 为 4-($N$,$N$-二甲氨基)苯甲醛的 NMR 谱图。苯环上两组氢的化学位移相差很大，导致了近乎一级的两组双峰模式。观察到的偶合常数是 9Hz，属于典型的邻位质子偶合裂分。

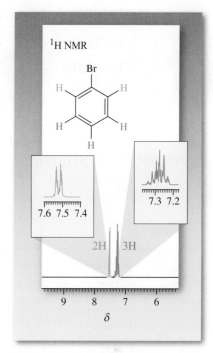

**图15-10** 溴苯的300MHz $^1$H NMR部分谱图（非一级谱图）。

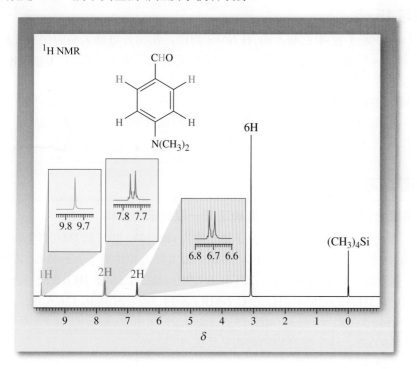

**图15-11** 4-($N$,$N$-二甲氨基)苯甲醛（$p$-二甲氨基苯甲醛）的300MHz $^1$H NMR谱图。除了两组芳环氢原子双峰（$J$=9Hz）之外，另两个单峰分别属于甲基（$\delta$=3.09）和醛基（$\delta$=9.75）上的氢。

图 15-12 显示的一级谱图包含了所有的三种偶合类型。1-甲氧基-2,4-二硝基苯（2,4-二硝基茴香醚）苯环上含有三个不同化学位移和不同裂分的氢原子。甲氧基邻位的氢在 $\delta$=7.23 处出现一个偶合常数为 9Hz 的双峰，两个硝基之间的质子在 $\delta$=8.76 处出现一个双峰，它具有较小的间位偶合常数（$J$=3Hz）。苯环上最后剩余的质子在 $\delta$=8.45 处出现一个双重双峰，因为它同时与环上另两个质子发生偶合。C-3 与 C-6 氢原子之间的对位偶合常数非常小（$J$<1Hz），

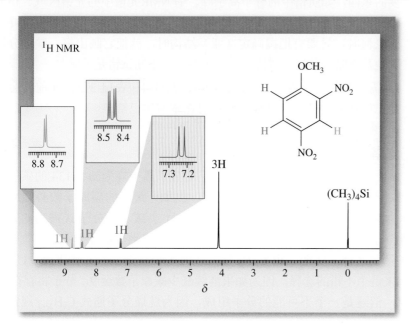

**图15-12** 1-甲氧基-2,4-二硝基苯（2,4-二硝基茴香醚）的300MHz $^1$H NMR谱图。

芳香偶合常数

$$J_{ortho} = 6 \sim 9.5\text{Hz}$$
$$J_{meta} = 1.2 \sim 3.1\text{Hz}$$
$$J_{para} = 0.2 \sim 1.5\text{Hz}$$

两种取代苯的 $^{13}$C NMR数据

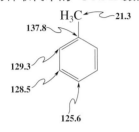

以至于不出现裂分；很明显，这些质子的共振吸收峰都略微变宽。

与 $^1$H NMR 相反，苯衍生物的 $^{13}$C NMR 化学位移主要由杂化态和取代基效应控制。因为诱导环电流正好在芳环碳原子的上下两方流动（图 15-9），芳环碳原子很少受环电流影响。另外，$^{13}$C NMR 化学位移范围很大，约在 $\delta=200$，使得环电流对化学位移的影响（仅几个单位）在 $^{13}$C NMR 谱中显得不明显。因此，苯环碳的化学位移与烯烃碳相似，无取代时出现在 $\delta=120 \sim 135$（页边），苯自身在 $\delta=128.7$ 处出现一个单峰。

## 练习 15-6

（**a**）预测 1-溴-4-乙基苯的 $^1$H NMR 谱图，指出各组峰大概的化学位移、相对丰度（积分）和裂分情况。（**b**）能否仅仅利用质子去偶的 $^{13}$C NMR 谱图中峰的个数区分三甲基苯的三种异构体？请解释。（**c**）在 $^1$H NMR 谱中，桥连苯衍生物分子中黑体的氢在 $\delta=-4.03$ 处出现一组七重峰信号，解释叔氢原子出现的这种不寻常化学位移（表 10-2）的原因。

## 解题练习 15-7

**运用概念解题：利用光谱数据确定某一取代苯的结构**

某碳氢化合物质谱图显示分子离子峰为 $m/z=134$，相应的 [M+1] 峰 $m/z=135$ 的强度为分子离子峰的 10%。质谱中最大峰为碎片离子 $m/z=119$。其他波谱数据如下，$^1$H NMR：$\delta$ 1.22（d, $J=7.0$Hz, 6H），2.28（s, 3H），2.82（sep., $J=7.0$Hz, 1H），7.02（bs, 4H）；$^{13}$C NMR：$\delta$ 21.3, 24.2, 38.9, 126.6, 128.6, 134.8, 145.7；IR：$\tilde{\nu}=813, 1465, 1515, 2880, 2970, 3030\text{cm}^{-1}$；UV：$\lambda_{max}(\varepsilon)=265(450)$ nm。这个化合物的结构是什么？

**策略：**

→ **W**：有何信息？光谱数据给出很多信息，所以第一个问题是从哪开始？通常研究人员首先看最重要的数据——质谱和 $^1$H NMR 谱，然后用其他光谱作为补充证据。

→ **H**：如何进行？下面解题运用的只是几种可行思路中的一种。通常没有必要深入研究单个光谱中所包含的信息。更重要的是首先确定最重要的东西，如质谱中的分子离子峰、$^1$H NMR光谱中的光谱区域、积分值和（或）裂分模式。$^{13}$C 信号峰数量，特征红外频率或紫外吸收峰。无论何时，只要有把握确定（亚）结构时，就把它画出来。继续分析其他数据时，验证（或排除）这个结构。不断试错是关键！

→ **I**：需用的信息？将表10-2、表10-6、表11-4和表14-3放在面前将会有助于解决光谱问题。其他特殊信息在本节中已给出。

→ **P**：继续进行。

**解答：**

• 质谱已经提供了相当多的信息。对分子离子峰为 $m/z=134$ 的碳氢化合物，不能推断出很多合理的分子式。例如，最大的碳原子数必须小于 12（质量数 144，太大）。如果该分子有 11 个碳，则分子式需为 $C_{11}H_2$，但此分子式立刻被 $^1$H NMR 谱图排除了，因为核磁显示分子中含氢数多于 2。（除此之外，你能画出 $C_{11}H_2$ 分子式的多少种结构？）接下来，$C_{10}H_{14}$ 看起来是个不错的选择，因为如果继续减少碳原子数至 9，分子将存在 26 个氢，但这是一个不可能的分子组成，因为烷烃分子通式 $C_nH_{2n+2}$ 规定了一个分子中最大的氢原子数（2-5节）。

• $C_{10}H_{14}$ 有 4 个不饱和度（11-11 节），表明分子中存在一个环、一个双键和一个叁键，但存在叁键与红外光谱不符，因为在 ~2200cm$^{-1}$ 处没有吸收峰（13-3 节）。因此，该分子的不饱和度应该来自双键和（或）环。

• 检查 $^1$H NMR 谱图，并没有正常烯烃的氢信号，但却有芳香环的氢信号峰。一个苯环具有四个不饱和度，所以，我们要讨论的化合物应是一个芳香结构。

• 查看质谱中的碎片峰。$m/z$=119 是分子丢失了一个甲基后的碎片离子的分子量。因此，分子中可能存在一个甲基。

• 再仔细分析 $^1$H NMR 谱图，该分子结构中有 14 个氢，现在可以探究这些氢是如何分布的？$^1$H NMR 表明芳香环区有 4 个氢，它们的化学位移值很接近，产生一个宽单峰。剩余的氢原子信号属于烷基吸收峰；$\delta$=2.28 处的峰显然对应甲基取代基；其他信号显示一个更为复杂的排列，它包含两组彼此偶合的氢核。仔细观察这个排列发现它是一个七重峰（有六个等价相邻氢）和一个双峰（表明邻位只有一个氢原子），这种峰形表明存在一个 1-甲基乙基取代基（表 10-5）。甲基和 1-甲基乙基中叔氢的 $\delta$ 值比正常值较大，表明它们可能与芳香环接近（表 10-2）。

• 再看 $^{13}$C NMR 谱图，前面的分析需要在 $^{13}$C NMR 谱图中至少存在三个 sp$^3$ 杂化碳的峰（表 10-6）。确实，在 $\delta$=21.3、24.2 和 38.9 处分别有三个信号，在这一区域无其他峰。另外，在芳香区看到四个共振信号，由于苯环有六个碳原子，因此分子一定具有某种对称性。

• 红外光谱图显示存在 C$_{芳环}$—H 单元（$\tilde{\nu}$ =3030cm$^{-1}$），在 $\tilde{\nu}$ =813cm$^{-1}$ 处的信号表明是对位取代苯。

• 最后，电子光谱显示存在一个共轭体系，显然是一个苯环。

• 综合全部谱学信息，表明此化合物含有一个苯环和两个取代基，甲基和 1-甲基乙基。$^{13}$C NMR 谱排除了邻位和间位二取代苯的可能性，1-甲基-4-(1-甲基乙基) 苯是唯一的答案（页边）。

(CH$_3$)$_2$CH

CH$_3$

**1-甲基-4-(1-甲基乙基)苯**
(常用名为伞花烃，甲基异丙基苯，是很多植物挥发油的成分之一，其中有小茴香和百里香)

## 15-8 自试解题

推断一个物质的结构，分子式为 $C_{16}H_{16}Br_2$，光谱信息如下，UV：$\lambda_{max}$（lg$\varepsilon$）=226sh（4.33），235sh（4.55），248（4.78），261（4.43），268（4.44），277（4.36）nm（sh=shoulder，肩峰）。IR：$\tilde{\nu}$ =614，892，1060，1362，1456，2233，2933，2964，3030cm$^{-1}$；$^1$H NMR：$\delta$ 1.06（t，$J$=7.4Hz，6H）1.64（sextet，$J$=7.0Hz，4H），2.41（t，$J$=7.0Hz，4H），7.45（s，1H），7.75（s，1H）；$^{13}$C NMR：$\delta$ 13.5，21.5，21.9，78.3，96.7，124.4，125.2，135.2，136.8。（**注意**：参照分子式仔细观察核磁共振谱图。另外，红外光谱图在 $\tilde{\nu}$ =2233 cm$^{-1}$ 有一个非常特征的峰。**提示**：分子具有对称性。）

## 小 结

苯及其衍生物可通过其谱学数据进行辨认和结构表征。电子吸收发生在 $\lambda_{max}$=250nm 和 290nm。红外振动吸收带在 3030cm$^{-1}$（C$_{芳环}$—H），1500~2000cm$^{-1}$（C—C）和 650~1000cm$^{-1}$（C—H 面外弯曲振动）。提供信息最多的是 NMR 谱，芳香氢原子和碳原子均在低场发生共振；邻位氢原子偶合最大，间位和对位之间偶合较小。

## 真实生活：材料 15-1　纯碳构成的化合物——石墨、石墨烯、金刚石（钻石）和富勒烯

根据合成条件和方法的不同，元素能以多种形式存在，称作同素异形体。元素碳能排列出四十多种构型，其中大多数是无定形体（即非晶体），例如，焦炭（3-3 节和 13-10 节）、烟灰、炭黑（用于油墨）和活性炭（用于空气和水过滤器）。你可能对碳的两种晶体形式最熟悉：石墨和金刚石。石墨是碳最稳定的同素异形体，是完全稠合的多环苯型 π 体系，呈开放的蜂窝层状排列，层间距为 3.35Å。这些薄片（所有碳原子均为 $sp^2$ 杂化）完全离域的特性使其显黑色并导电。石墨的润滑性能是其各组成面相互滑动的结果，得益于夹层之间空气分子（或其他蒸汽）的大力帮助。铅笔的"铅芯"是石墨碳，留在纸上的黑色铅笔印由被磨下的碳元素组成。

在无色的金刚石（钻石）中，碳原子（全部 $sp^3$ 杂化）形成一个由环己烷椅式构象交叉连接的绝缘网状结构（真实生活 4-1）。金刚石是在地幔中发现的，10 亿年间在高压（~50000atm）和 ~1000℃ 下形成。相比之下，人造钻石现在可以由等离子体放电分解甲烷成吨制备。金刚石是已知密度最大和最硬的物质（最不易变形）。它比石墨的稳定性差，两者内能差 0.45kcal（以每克碳原子计），在高温（>3000℃）或高能辐射作用下，金刚石可转变成石墨。

3.35Å
3.35Å

石墨

金刚石

1985 年，柯尔（Curl）、克罗托（Kroto）和斯莫利（Smalley）[1] 发现了富勒烯 $C_{60}$（buckminster fullerene, $C_{60}$），一种新的足球形状的碳同素异形体，为此他们获得了 1996 年诺贝尔化学奖。他们发现用激光蒸发石墨时，在气相产生不同的碳原子簇，其中丰度最高的含有 60 个碳原子。在满足碳四价的条件下，组装这样一个原子簇的最佳方式是形式上将 20 个稠合苯环"卷起来"，并以这种方式连接其余价键生成 12 个正五边形，形成一个具有 60 个等价顶点和被削去顶角的正二十面体，如同一只足球。这个分子以布克敏斯特·富勒[2]（Buckminster Fuller）命名，因为它的形状使人联想到由布克敏斯特·富勒设计的"网格穹顶"（geodesic domes）。$C_{60}$ 可溶于有机溶剂，$^{13}C$ NMR 谱图在预计的范围（$\delta=142.7$）内产生一个单峰（15-4 节和 15-6 节）。由于分子表面是弯曲的，$C_{60}$ 分子中的苯环有张力，其内能比石墨相高 10.16kcal（以每克碳原子计）。这种张力也体现在其丰富的化学性质中，包括亲电、亲核、自由基和协同加成反应等（第 14 章）。$C_{60}$ 的发现引发了很多激动人心的新发展，包括设计出数千克级的合成方法（商品售价低至 10 \$/g）；分离得到更大的碳原子簇，统称为富勒烯（fullerene），如橄榄球型的 $C_{70}$；手性富勒烯体系（如在 $C_{84}$ 中）；富勒烯异构形式；内含客体原子（如氦和金属核）的内嵌富勒烯（endohedral fullerene）；导电盐的合成（如 $Cs_3C_{60}$ 在 40K 成为超导体）以及在医药上的应用（例如，成像造影剂、光动力治疗和药物输送）。甚至，对较早期文献的重新核实及更新的研究表明，$C_{60}$ 和其他富勒烯可以简单地通过在一定条件下不完全燃烧有机物或各种热处理烟灰的方法而产生。因此，它们可能在早期地球形成时就已是"天然化合物"了。

---

[1] 罗伯特·F. 柯尔（Robert F. Curl，生于 1933 年），美国得克萨斯州，休斯顿，莱斯大学教授；哈罗德·W. 克罗托（Harold W. Kroto，1939—2016），英国萨塞克斯大学教授；理查德·E. 斯莫利（Richird E. Smalley，1943—2005），美国得克萨斯州，休斯顿，莱斯大学教授。

[2] 理查德·布克敏斯特·富勒（Richard Buckminster Fuller，1895—1983），美国建筑师、发明家和哲学家。

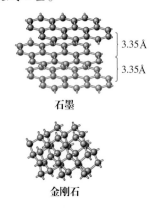

布克敏斯特富勒烯 $C_{60}$　　　　$C_{70}$　　　　手性 $C_{84}$

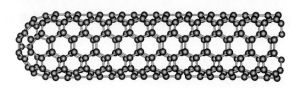

碳纳米管

从材料的角度来看，可能最有用的是合成基于富勒烯骨架的石墨管，即纳米管。纳米管甚至比金刚石还硬，并富有弹性，它具有不寻常的磁学和电学（金属）性能。纳米管可能替代如今已知的计算机芯片，用于生产新一代更快、更小的计算机（真实生活 14-1 和本章开篇）。2013 年报道了第一台"纳米管计算机"的组装，但其功能有限。纳米管也可成为其他结构（如金属催化剂，甚至生物分子）的分子型"包装材料"。旨在构造分子水平器件的富勒烯改性碳已经登上了纳米技术新领域的中心舞台。

在快速发展的碳研究中，2003 年，海姆（Geim）和诺沃肖洛夫（Novoselov）[1]又取得了重大进展。他们发现可以用透明胶带从大块石墨上剥落单片石墨，称为石墨烯。石墨烯中键长为 1.42Å，它吸收很少的光，因此它是肉眼可见的。当被毁坏后，石墨烯与碳氢化合物接触后能自我修复，验证了多聚苯类结构非凡的芳香性。除了在光电材料方面的潜在应用，石墨烯还有卓越的机械性能：它比钢坚固 200 倍，不仅更轻、更硬、更柔韧，而且易于完全回收循环利用。2016 年石墨烯全球销售额超过 3000 万美元。

网格穹顶是美国佛罗里达州迪斯尼世界 EPCOT 中心入口处的一部分，高 180 英尺（1 英尺 =0.3048 米），直径为 165 英尺。此建筑设计的先驱者是布克敏斯特·富勒。

如何获得诺贝尔奖：用透明胶带从石墨上剥落石墨烯。

———————
[1] 安德烈·K. 海姆（Andre K. Geim，生于 1958 年），英国曼彻斯特大学教授，2010 年诺贝尔物理学奖获得者；康斯坦丁·S. 诺沃肖洛夫（Kostya S. Novoselov，生于 1974 年），英国曼彻斯特大学教授，2010 年诺贝尔物理学奖获得者。

# 15-5 | 多环芳烃

当几个苯环稠合在一起产生更加扩展的 π 体系时，分子被称作**多环苯型化合物**（polycyclic benzenoid hydrocarbons）或**多环芳烃**［polycyclic aromatic hydrocarbons，PAHs］。在这些结构中，两个或多个苯环共享两个或多个碳原子。这些化合物是否也具有苯的特殊稳定性？以下两节将说明它们大部分是芳香性的。

无法用简单体系命名这些结构，所以将使用它们的常用名。一个苯环与另一个苯环稠合形成的衍生物，称作萘。苯环进一步以线型方式稠合得到蒽、并四苯（tetracene）、并五苯（pentacene）等，这一系列化合物称作**并苯**（acene）。苯环**角型稠合**（angular fusion）（环合）则形成菲，它可进一步环合成不同的多环苯型化合物。

萘　　　蒽　　　并四苯（萘并萘）　　　菲

每个结构沿着外围有自己的编号体系。根据其与前一个非季碳之间的距离，季碳用它前面碳的编号数字加字母 a、b 等来表示。

## 练习 15-9

命名下列化合物或画出它们的结构：

（**a**）2,6-二甲基萘；（**b**）1-溴-6-硝基菲；（**c**）9,10-二苯基蒽

（**d**）　　　（**e**）

凶猛的台湾白蚁（*Formosan termite*）最早于 20 世纪 60 年代出现在美国。它所产生的萘可作为化学战的毒剂。

### 萘是芳香性的：谱学一览

与液体苯不同，萘是无色晶体，熔点为 80℃。萘最为人熟知的用途是防蛀和用作杀虫剂，虽然它在这些方面的作用现已部分被氯代化合物［如 1,4-二氯苯（*p*-二氯苯）］所代替。

萘的谱学特征强烈表明它具有苯的离域电子结构和热力学稳定性。紫外和 NMR 谱图特别能说明此点。萘的紫外光谱（图 15-13）显示了一种典型的扩展共轭体系，其吸收峰波长较长，在 $\lambda_{max}=320$nm 处。基于这一点，可以得出萘环 π 电子比苯环更加离域（15-2 节和图 15-6）。所以，增加的四个 π 电子与相连的苯环发生有效重叠。事实上，可画出萘分子几种共振式。

**萘的共振式**

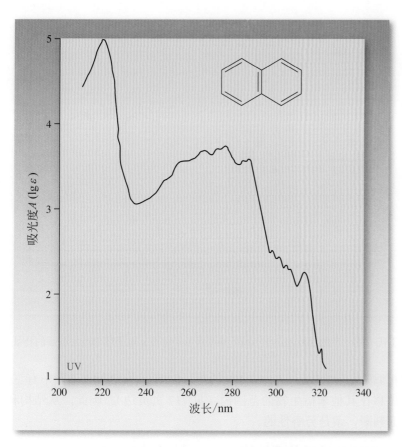

**图15-13** 萘分子的扩展π共轭体系在其紫外光谱中是很明显的（在95%乙醇中测得）。吸收峰的复杂性和位置是典型的扩展π共轭体系吸收。

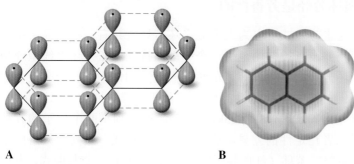

**A**  **B**

**图15-14** （A）萘的分子轨道图，显示其扩展p轨道的重叠。（B）萘的静电势图，揭示10个碳原子上电荷密度的分布情况。

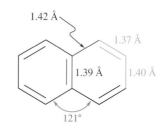

**图15-15** 萘的分子结构，环内键角为120°。

另外，10个p轨道的连续重叠及相当均匀的电荷密度分布如图15-14所示。

根据这些描述，萘的结构应是对称的，具有平面的和几乎正六边形的苯环，两个相互垂直的镜面将分子一分为二。X射线单晶衍射证明了这一预测（图15-15）。C—C键长仅与苯中的键长略有偏差（1.39Å），它们与纯单键（1.54Å）和双键（1.33Å）的键长明显不同。

萘的 $^1$H NMR 谱图进一步表明了其具有芳香性（图15-16）。在 $\delta$=7.49 和7.86处可看到两组对称的多重峰，是具有π电子环电流去屏蔽效应的芳香氢原子的特征峰（15-4节，图15-9）。萘环上氢核之间的偶合常数与取代

萘的 $^{13}$C NMR数据

## 练习 15-10

取代萘 $C_{10}H_8O_2$ 的谱学数据如下，$^1$H NMR：$\delta$ 5.20（bs，2H），6.92（dd，$J$=7.5Hz 和1.4Hz，2H），7.00（d，$J$=1.4Hz，2H），7.60（d，$J$=7.5Hz，2H）；$^{13}$C NMR：$\delta$ 107.5，115.3，123.0，129.3，136.8 和155.8；IR：$\tilde{\nu}$=3100cm$^{-1}$（宽峰）。它的结构是什么？[**提示**：复习苯中 $J_{ortho}$、$J_{meta}$、$J_{para}$ 的数值（15-4节）并考察分子对称性。]

## 真的吗？

连续的苯环与菲角型稠合最终产生螺旋多环苯型排列，称螺烯。这些分子是手性的，在光学纯的情况下，它们有极特殊的旋光度，例如，图中的螺旋烃 $[\alpha]_D^{25} = +5200$！

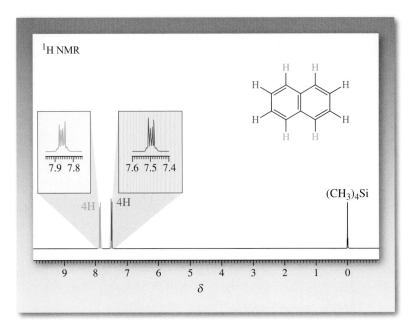

**图 15-16**　萘的 300MHz $^1$H NMR 谱图揭示了它被 π 电子环电流去屏蔽的特征。

苯很相似：$J_{ortho}$=7.5Hz，$J_{meta}$=1.4Hz，$J_{para}$=0.7Hz。$^{13}$C NMR 谱图中有三条线，化学位移在其他苯衍生物的范围内（见 717 页页边）。因此，从结构和谱图两方面判断，萘是芳香性的。

### 大多数稠环芳烃是芳香性的

萘的这些芳香性质也为大多数多环芳烃所共有。很明显，单个苯环中的环状离域并没有被共用至少一个 π 键而扰乱。在萘环上线型或角型稠合第三个苯环分别产生蒽和菲。虽然它们是异构体，且看起来很相似，但它们具有不同的热力学稳定性。尽管两者都是芳香性的，蒽比菲略不稳定，两者能量差为 6kcal·mol$^{-1}$（25kJ·mol$^{-1}$）。通过列举两个分子的各种共振式可以解释二者稳定性的差异。蒽只有四个共振式，且其中只有两个共振式包含两个完整的苯环（红色显示的结构）；而菲有五个共振式，其中三个含有两个芳香苯环，甚至有一个结构包含三个苯环。

**蒽的共振式**

**菲的共振式**

### 练习 15-11

画出并四苯（萘并萘，15-5 节）所有可能的共振式。在这些结构中，具有完整芳香苯环的数目最多是多少？

## 小 结

萘具有典型芳香体系的物理性质。紫外光谱显示其所有π电子形成广泛的离域；分子结构表明该分子的键长和键角与苯很相似；$^1$H NMR 谱图显示环上氢原子处于去屏蔽区，表明存在芳香环电流。其他稠环类芳烃具有类似性质，被认为具有芳香性。

# 15-6 其他环状多烯：Hückel规则

与环状离域相关的特殊稳定性和反应性并非苯和稠环芳烃所独有。事实上，当其他环状共轭多烯含有（$4n+2$）个π电子（$n=0,1,2,3,\cdots$）时，也可以是芳香性的，与之相反，$4n$ π 环状体系可能由于共轭而变得不稳定，它们是**反芳香性的**（antiaromatic）。这个模式被称为**休克尔**[❶]**规则**（Hückel's rule）。非平面体系中环状的轨道重叠被严重破坏，使分子呈现类似烯烃的性质，这类化合物归为**非芳香性的**（nonaromatic）化合物。从 1,3- 环丁二烯开始，看一看一系列环状多烯中的一些例子。

### 最小的环状多烯1,3-环丁二烯是反芳香性的

与 1,3-丁二烯和环丁烯相比，具有 $4n$ π 体系（$n=1$）的 1,3-环丁二烯是一个对空气敏感和极其活泼的分子。这个分子不仅不具备像苯那样的芳香性属性，而且由于π轨道重叠使得分子去稳定化超过 35kcal·mol$^{-1}$（146kJ·mol$^{-1}$），因此它是反芳香性的。结果导致 1,3-环丁二烯呈矩形结构，两个环丁二烯形成不同的异构体，并通过一个对称的过渡态建立平衡，二者之间并非共振关系。

环丁二烯:
反芳香性的

**1,3-环丁二烯是非对称的**

$$E_a \approx 3\sim6\ \text{kcal·mol}^{-1}$$
$$(13\sim26\ \text{kJ·mol}^{-1})$$

**过渡态**

游离的 1,3-环丁二烯只能在非常低的温度下制备和观察到。环丁二烯可快速进行 Diels-Alder 反应，体现了其反应活性。反应中既可作为双烯体（红色显示），又可作为亲双烯体（蓝色显示）。

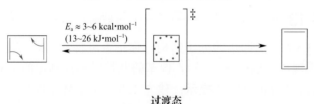

Diels-Alder环加成中的4电子底物

Diels-Alder环加成中的2电子底物

---

[❶] 埃里希·休克尔（Erich Hückel，1896—1984），德国马尔堡大学教授。

## 练习 15-12

1,3-环丁二烯在温度低至 −200℃ 时还能二聚并生成两种产物，试解释其历程。

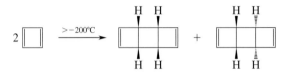

由于空间位阻，取代环丁二烯的反应活性较差，尤其取代基为大体积基团时更是如此，它们已被用于研究环状 $4\pi$ 电子体系的谱学特征。例如，1,2,3-三(1,1-二甲基乙基)环丁二烯（1,2,3-三叔丁基环丁二烯）的 $^1$H NMR 谱图中，环上质子在 $\delta=5.38$ 处发生共振，比芳香体系质子处于更高场。环丁二烯的这种性质及其他性质都显示它与苯完全不同。

### 1,3,5,7-环辛四烯是非平面和非芳香性的

现在考察一个比苯高一级的环状多烯类似物，1,3,5,7-环辛四烯是另一个 $4n\,\pi$（$n=2$）环系化合物。它是否像 1,3-环丁二烯一样是反芳香性的？ 1911 年的威尔斯泰特[1]（Willstätter）首次制备出这个化合物，现在它可由一个特殊反应——乙炔镍催化环四聚反应合成。它是黄色液体（沸点为 152℃），低温下可稳定放置，但加热时聚合。它可被空气氧化，催化氢化生成环辛烷，可发生亲电加成和环加成反应。这些化学性质是正常多烯化合物的特征（14-7 节）。

谱学和结构数据证实了环辛四烯的常规烯烃本质。如 $^1$H NMR 谱图在 $\delta=5.68$ 处出一个尖锐的单峰，这是典型的烯基氢吸收峰。分子结构测定表明环辛四烯实际上是非平面的 U 型结构（图 15-17），双键几乎是相互垂直的，彼此并不共轭。所以，该分子是非芳香性的。

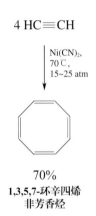

70%
**1,3,5,7-环辛四烯**
**非芳香烃**

## 练习 15-13

根据 1,3,5,7-环辛四烯的分子结构，你是否可将其双键描述成共轭双键（即它是否表现出扩展的 π 重叠）？像苯的共振式那样画出的 1,3,5,7-环辛四烯两个共振式是否正确？ （**提示**：建立 1,2-二甲基环辛四烯两个结构式的模型。）

**图15-17** 1,3,5,7-环辛四烯的分子结构。注意这个非平面的、非芳香性的分子中交替的单键和双键。

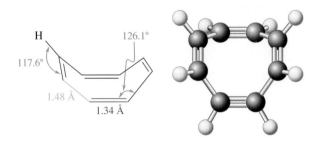

---

[1] 理查德·威尔斯泰特（Richard Willstätter，1872—1942），德国慕尼黑工业大学教授，1915 年诺贝尔化学奖获得者。

## 练习 15-14

环辛四烯 A 与含量低于 0.05% 的双环异构体 B 处于平衡，化合物 B 可通过 Diels-Alder 环加成反应被 2-丁烯二酸酐（马来酸酐，表 14-1）捕获生成化合物 C。

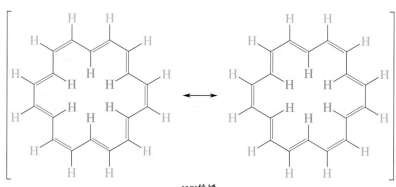

A　　　　　　　　　　　　C

异构体 B 是什么？写出从 A → B → C 转化的历程。（**提示**：从 C 逆推到 B，复习 14-9 节。）

## 只有含（4*n*+2）个 π 电子的环状共轭多烯是芳香性的

与环丁二烯及环辛四烯不同，某些高级环状共轭多烯是芳香性的。所有这些化合物具有两个共同特性：含有（4*n*+2）个 π 电子，分子足够平面使 π 电子能够离域。

1956 年，松德海默 **❶**（Sondheimer）制备了第一个环状多烯——1,3,5,7,9,11,13,15,17-环十八碳九烯，它含有 18 个 π 电子（4*n*+2，*n*=4）。为了避免使用如此复杂的名称，Sondheimer 引进了一种比较简单的方法命名环状共轭多烯体系。他将完全共轭的单环烃（CH）$_N$ 命名为 [*N*]**轮烯**（[*N*] annulene），其中 *N* 代表环大小。因此，环丁二烯被称作 [4] 轮烯；苯是 [6] 轮烯；环辛四烯是 [8] 轮烯。在轮烯系列中，排在苯之后第一个几乎无张力的芳香体系是 [18] 轮烯。

**[18]轮烯**
**(1,3,5,7,9,11,13,15,17-环十八碳九烯)**

## 练习 15-15

下面显示的 [10] 轮烯的三种异构体均已被制备，它们都不具有芳香性，为什么？（**提示**：建立三个化合物的分子模型）

*cis,cis,cis,cis,cis-*　　*trans,cis,cis,cis,cis-*　　*trans,cis,trans,cis,cis-*
**[10]轮烯**　　　　　　**[10]轮烯**　　　　　　**[10]轮烯**

---

**❶** 弗兰茨·松德海默（Franz Sondheimer，1926—1981），英国伦敦大学教授。

**[18]轮烯：芳香性的**

[18]轮烯是近似平面的，单双键交替不明显。它的 π 电子离域程度表示在页边的静电势图中。和苯一样，它可用两个等价共振式来描述。与其芳香特性一致，分子相对稳定并可进行芳香亲电取代反应。它的 $^1$H NMR 谱图也存在像苯环一样的环电流效应（习题 64 和习题 65）。

合成出 [18]轮烯以后，又制备出了很多其他轮烯。只要它们（几乎）是平面的和离域的，则那些含有（$4n+2$）π 电子的轮烯，如苯和 [18]轮烯，都是芳香性的；而含有 $4n$ π 电子的轮烯（如环丁二烯和 [16]轮烯）是反芳香性的。当环状离域被分子的角度或位阻张力阻碍，如环辛四烯或 [10]轮烯（练习 15-15），这样的体系是非芳香性的。当然，没有连续共轭 p 轨道的环状多烯不是轮烯，因此是非芳香性的。

**轮烯和其他环状多烯**

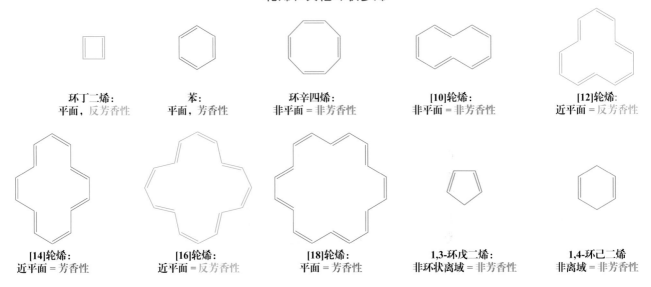

环丁二烯：
平面，反芳香性

苯：
平面，芳香性

环辛四烯：
非平面 = 非芳香性

[10]轮烯：
非平面 = 非芳香性

[12]轮烯：
近平面 = 反芳香性

[14]轮烯：
近平面 = 芳香性

[16]轮烯：
近平面 = 反芳香性

[18]轮烯：
平面 = 芳香性

1,3-环戊二烯：
非环状离域 = 非芳香性

1,4-环己二烯
非离域 = 非芳香性

早在 1931 年，理论化学家 Hückel 就预测了轮烯在芳香性和反芳香性之间交替变化的行为，提出了（$4n+2$）规则。Hückel 规则表明了平面、环状共轭多烯有规律的分子轨道模式。如图 15-18 所示，p 原子轨道混合成等数量的 π 分子轨道。例如，环丁二烯产生四个分子轨道；苯产生六个分子轨道等。除了最低成键和最高反键分子轨道是唯一的，其他分子轨道以简并

**图15-18** （A）Hückel（$4n+2$）规则是以环状共轭多烯有规律的π分子轨道模式为基础。除了最高和最低轨道是唯一的以外，其他能级都是简并轨道。（B）1,3-环丁二烯的分子轨道能级，4个电子不足以形成一个闭壳体系（即分子轨道都填充两个电子），所以分子不是芳香性的。（C）苯中的6个π电子产生一个闭壳构型，所以是芳香性的。

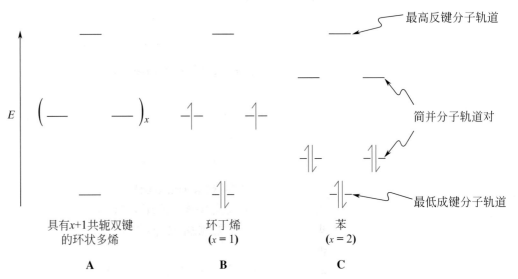

最高反键分子轨道

简并分子轨道对

最低成键分子轨道

$E$

具有$x+1$共轭双键
的环状多烯

环丁烯
($x = 1$)

苯
($x = 2$)

**A**          **B**          **C**

对形式呈对称分布。环丁二烯有一对简并分子轨道；苯有两对简并轨道等。只有当所有成键分子轨道都被占据，即只有（$4n+2$）个 π 电子时，才可能形成闭壳体系（closed-shell system，1-7 节）。相反，$4n$ 个 π 电子环状分子总含有一对单电子占据的轨道，这是不利的电子排布方式。

### 练习 15-16

根据 Hückel 规则，判断下列分子是芳香性的还是反芳香性的：（**a**）[30]轮烯；（**b**）[20]轮烯；（**c**）反-15,16-二氢芘；（**d**）深蓝色的薁（图 14-17）；（**e**）环戊二烯并茚（*s*-indacene）。

反-15,16-二氢芘　　　　薁　　　　环戊二烯并茚
（*s*-indacene）

---

### 小　结

具有（$4n+2$）个 π 电子的环状共轭多烯是芳香性的，这个电子数对应于一组完全填充的成键分子轨道。相反，$4n$ π 电子体系具有开壳的反芳香性结构，分子不稳定，反应活性高，在 $^1$H NMR 中缺少芳香环电流效应。最后，当空间位阻迫使分子不共平面时，环状多烯表现为非芳香烯烃性质。

---

## 15-7 | Hückel规则和带电荷分子

只要能够发生电子环状离域，Hückel 规则也适用于带电荷分子。带电荷分子的芳香性反映在相对的热力学和动力学稳定性、NMR 实验中观察到的环电流效应以及晶体结构中不存在单双键交替分布等方面。本节将讲述如何制备带电荷的芳香化合物。

### 环戊二烯负离子和环庚三烯正离子是芳香性的

1,3-环戊二烯具有不寻常的酸性（$pK_a \approx 16$，与醇的酸性相当，参见 8-3 节），因为环戊二烯脱质子产生的负离子含有一个离域的芳香 6π 电子体系，负电荷均匀分布在 5 个碳原子上。作为比较，丙烯的 $pK_a$ 值为 40。页边是环戊二烯负离子的静电势图，它在一定程度上减弱了本应很强的负电荷效应。

环戊二烯负离子是芳香性的：6个π电子在5个碳原子上形成环状离域。

**芳香性环戊二烯负离子**

$$H \underset{pK_a = 16}{\overset{H}{\diamondsuit}} \rightleftharpoons H^+ + \left[ \cdots \right] \text{ 或 } \ominus$$

环庚三烯正离子是芳香性的，
6个π电子离域在7个碳上。

相反，环戊二烯正离子是 4π 电子体系，只能在低温下产生，并且极其活泼。

当用溴处理 1,3,5-环庚三烯分子时，形成一个稳定的溴化环庚三烯正离子盐。在这个分子中，有机正离子包含 6 个离域的 π 电子，正电荷均匀分布在 7 个碳原子上（页边静电势图）。尽管它是一个碳正离子，分子如同芳香体系那样很不活泼。相反，环庚三烯负离子是反芳香性的；与环戊二烯相比，环庚三烯的酸性很低（p$K_a$=39）。

**芳香性环庚三烯正离子**

### 练习 15-17

画出分子轨道图：（**a**）环戊二烯负离子；（**b**）环庚三烯正离子。（参考图 15-2）

### 练习 15-18

在 25℃ 和 2,2,2-三氟乙醇中，化合物 A 的溶解速率是化合物 B 的 $10^{14}$ 倍，试解释。

### 练习 15-19

根据 Hückel 规则，标明下列分子是芳香性的还是反芳香性的：（**a**）环丙烯正离子；（**b**）环壬四烯负离子；（**c**）环十一碳五烯负离子。

## 非芳香性的环状多烯能形成芳香性的双负离子和双正离子

环状 $4n$ π 电子体系的化合物可通过双电子氧化或还原反应转变成相应的芳香体系。例如，环辛四烯被碱金属还原成相应的芳香双负离子，这个离子是平面的，含有 10 个 π 电子，完全离域在 8 个碳原子上，稳定性相对较高，$^1$H NMR 谱图也表明存在芳香环电流。

非芳香性的环辛四烯形成芳香性的双负离子

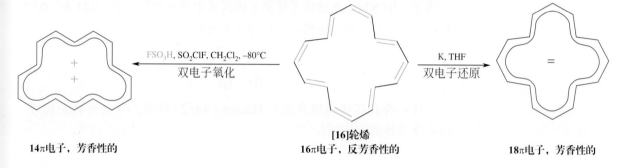

8π电子，  
非芳香性的

10π电子，  
芳香性的

[16]轮烯也可类似地被还原成双负离子或氧化成双正离子，二者均为芳香性离子。在形成双正离子时，分子构型发生变化。

**由反芳香性的[16]轮烯形成的芳香性的[16]轮烯双正离子和双负离子**

FSO₃H, SO₂ClF, CH₂Cl₂, –80℃  
双电子氧化

K, THF  
双电子还原

14π电子，芳香性的

[16]轮烯  
16π电子，反芳香性的

18π电子，芳香性的

---

## 解题练习15-20

**运用概念解题：识别芳香性带电荷分子**

薁［结构和编号参见练习15-16(d)］很容易被亲电试剂进攻 C-1 位（等同于 C-3），而亲核试剂则易进攻其 C-8 位（等同于 C-4 位），试解释。

**策略：**

首先画出薁分子分别被亲电和亲核试剂加成后生成的中间体的各种不同共振式，然后考察这些共振式结构，就可能得出答案。

**解答：**

• 亲电试剂进攻 C-1 位：

环庚三烯正离子，  
芳香性的

亲电试剂进攻 C-1 位生成一个芳香性的稠合环庚三烯正离子结构。

• 亲核试剂进攻 C-8 位：

环戊二烯负离子，  
芳香性的

亲核试剂进攻 C-8 位生成一个芳香性的稠合环戊二烯负离子结构。

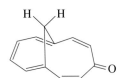

### 15-21 自试解题

（**a**）三烯 A 很容易被两次脱质子，得到稳定的双负离子 B。但是离子 B 的中性类似物四烯 C（并环戊二烯）是极其不稳定的。试解释。

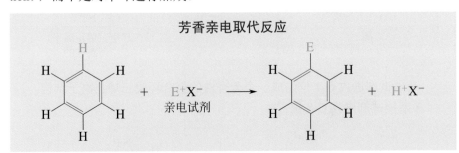

（**b**）页边结构的羰基氧原子可被三氟乙酸定量质子化，形成一个稳定的正离子。$^1H$ NMR 光谱显示该离子桥连亚甲基上的氢（$\delta = -0.21$ 和 $-0.62$）出现不寻常的高场化学位移。解释这两个发现。

---

## 小 结

只要存在环状离域并遵守 Hückel（$4n+2$）规则，带电荷化合物可以是芳香性的。

---

# 15-8 | 苯衍生物的合成：芳香亲电取代反应

本节将开始探讨苯这种典型芳香性化合物的反应性。尽管存在形式上的三个双键，苯的芳香稳定性使其相对不活泼。因此其化学转化需要特殊条件，并以新的途径进行。苯的大部分化学表现为受到亲电试剂进攻。在 22-4 节看到，虽然苯被亲核试剂进攻比较少见，但有合适的离去基团存在时也是可能的。

### 苯和亲电试剂发生取代反应

苯可被亲电试剂进攻。与烯烃相应的亲电反应不同，苯的亲电反应结果是发生氢原子的取代，即**芳香亲电取代**（electrophilic aromatic substitution），而不是对苯环进行加成。

反应

**芳香亲电取代反应**

$$\text{苯} + E^+X^- \xrightarrow{\text{亲电试剂}} \text{E-苯} + H^+X^-$$

在这些反应条件下，非芳香共轭多烯会迅速聚合。但苯环的稳定性使其不会遭到破坏。首先讨论芳香亲电取代反应的一般机理。

### 苯的芳香亲电取代经历了先亲电加成后脱质子的过程

芳香亲电取代反应的机理包括两步。首先，如同进攻普通双键一样，亲电试剂 $E^+$ 先进攻苯核，从而形成共振稳定的正离子中间体；然后，中间

> 记住："$E^+$ 进攻苯"等同于"苯进攻 $E^+$"。

体脱质子重新生成芳香环。注意，在描述这个机理时有两个要点。第一，务必标示出最初亲电试剂进攻位置的氢原子。第二，第一步反应产生的正离子的正电荷由三个共振式表示，分别位于被进攻碳的邻位和对位，这是共振式书写规则的必然结果（1-5 节和 14-1 节）。

### 芳香亲电取代反应机理

**步骤 1. 亲电进攻**

E⁺进攻苯环双键

三个共振式描述在非芳香性中间体上离域的电荷

或

**步骤 2. 脱质子**

失去H⁺重新产生芳香性

+ $H^+$

机理

上述反应机理的步骤 1 在热力学上是不利的。尽管电荷在正离子中间体上离域，C—E 键的形成在苯环上生成了一个 $sp^3$ 杂化的碳，它破坏了环共轭：中间体不是芳香性的（图 15-19）。但是，下一步骤 $sp^3$ 杂化的碳原子脱质子，重新生成芳香环。这个过程比被负离子（与亲电试剂 E⁺ 伴随的负离子部分）亲核捕获有利得多，中间体被亲核试剂捕获将得到一个非芳香性的加成产物。整个取代过程是放热的，因为形成的键比断裂的键更强。

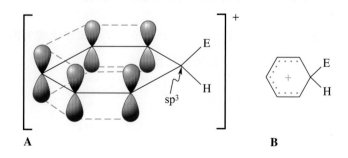

**A**      **B**

**图15-19** （A）亲电试剂进攻苯环后形成的正离子中间体轨道图。由于环状共轭被$sp^3$杂化的碳所破坏，中间体失去芳香性。体系中四个电子没有画出来。（B）虚线表示正离子中间体中电荷是离域的。

图 15-20 为反应过程的势能变化图，其中步骤 1 是决速步骤，这个动力学过程适用于大多数亲电试剂。随后的脱质子比最初的亲电进攻快得多，因为它生成芳香性产物，是一个放热的步骤，它为整个反应过程提供驱动力。

下面几节将更深入地讨论最常用的芳香亲电试剂及它们的反应机理。

**图15-20**　苯与亲电试剂反应过程的势能图。第一个过渡态决定反应速率，脱质子的过程相对较快；全过程速率由$E_a$控制，反应放热量由$\Delta H^\ominus$给出。

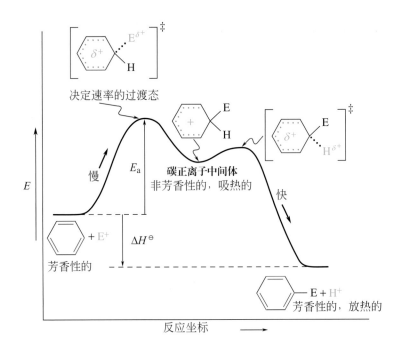

**记住：** 游离的$H^+$不存在于溶液中，而是附着在任何可用电子对上。在芳香亲电取代中，它可与亲电试剂中的负离子、其他添加剂或溶剂相结合。

---

### 练习 15-22

在 11-5 节中得知顺-2-丁烯 $\Delta H^\ominus$ 是 $-28.6\text{kcal}\cdot\text{mol}^{-1}$，将此体系作为苯中双键的模型，估算苯氢化还原成 1,3-环己二烯的 $\Delta H^\ominus$，这两个双键有什么不同？（**提示：** 参考图 15-3。）

---

## 小 结

芳香亲电取代反应的一般机理从亲电试剂 $E^+$ 进攻苯环开始，反应生成一个电荷离域但非芳香性的正离子，此步为决速步骤。随后中间体快速脱质子，重新生成一个取代的芳香环。

## 15-9 | 苯的卤化反应：需要催化剂

卤化反应是芳香亲电取代反应的一个例子，比如苯溴化成为溴苯。

**苯的溴化反应**

反应

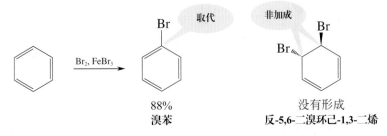

通常情况下苯与卤素是不反应的，因为卤素的亲电性还不能达到破坏苯环芳香性的程度。但是，卤素可被 Lewis 酸催化剂［如三卤化铁（$FeX_3$）或三卤化铝（$AlX_3$）］活化形成更强的亲电试剂。

这种活化作用是怎样发生的？ Lewis 酸有接受电子的能力，当卤素（如溴）与 $FeBr_3$ 相遇，两个分子像 Lewis 酸碱反应一样相互结合。

**用Lewis酸FeBr₃催化剂活化溴分子**

在这个配合物中，Br—Br 键被极化，由此使溴原子具有亲电性。对苯环的亲电进攻发生在末端溴原子上，另一个溴原子则与催化剂结合成好的离去基团 $FeBr_4^-$ 而离去。从电子流动的角度考虑，也可将这个过程看成苯环双键对 $[Br_2FeBr_3]$ 的亲核取代，类似于一个 $S_N2$ 反应。

**活化的溴对苯的亲电进攻**

此反应形成的 $FeBr_4^-$ 进一步作为碱，从环己二烯基正离子中间体上脱去一个质子，这一转化不仅生成了此反应的两个产物，溴苯和溴化氢，也再生了 $FeBr_3$ 催化剂。另一个催化剂是 $AlBr_3$，它通过与 $FeBr_3$ 相同的方式活化溴分子。

**质子转移形成溴苯**

通过快速计算可以证实苯的亲电溴代反应是放热的。反应过程中失去一个苯基 C—H 键（键解离能约为 112kcal·$mol^{-1}$，表 15-1）和一个溴分子（46kcal·$mol^{-1}$）。弥补这一损失的是反应生成了一个苯基 C—Br 键（$DH^{\ominus}=$ 81kcal·$mol^{-1}$）和一个 H—Br 键（$DH^{\ominus}=$87.5kcal·$mol^{-1}$），所以整个反应放热（158-168.5）kcal·$mol^{-1}=-10.5$kcal·$mol^{-1}$（$-43.9$kJ·$mol^{-1}$）。

如同烷烃的自由基卤化反应（3-8 节），芳烃卤化反应的放热程度也按周期表中卤素从上到下的顺序递减。氟化反应放热剧烈，以至于苯与氟气的直接反应会引起爆炸；而氯化反应是可控制的，但需要活性催化剂，如三氯化铝或三氯化铁（730 页页边）。氯化反应机理与溴化反应相同，但活

**表15-1　A—B 键的解离能 [$DH^{\ominus}$]/kcal·$mol^{-1}$（kJ·$mol^{-1}$）**

| A | B | $DH^{\ominus}$ |
|---|---|---|
| F | F | 38（159） |
| Cl | Cl | 58（243） |
| Br | Br | 46（192） |
| I | I | 36（151） |
| F | $C_6H_5$ | 126（527） |
| Cl | $C_6H_5$ | 96（402） |
| Br | $C_6H_5$ | 81（339） |
| I | $C_6H_5$ | 65（272） |
| $C_6H_5$ | H | 112（469） |
| F | H | 135.8（568） |
| Cl | H | 103.2（432） |
| Br | H | 87.5（366） |
| I | H | 71.3（298） |

**苯的氯化反应**

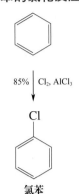

$$\xrightarrow[\text{85\%}]{\text{Cl}_2,\ \text{AlCl}_3}$$

**氯苯**

性氯试剂是 Cl—Cl$^+$—AlCl$_3^-$ 或 Cl—Cl$^+$—FeCl$_3^-$。最后，亲电碘化反应是吸热的，因此，通常它不可能发生。如同烷烃自由基卤化反应，苯（和取代苯，第 16 章）的亲电氯化和溴化反应可引入官能团，进一步应用于反应中，特别是通过金属有机试剂形成 C—C 键的反应（习题 55）。

## 练习 15-23

当苯溶解在 D$_2$SO$_4$ 中，其 $^1$H NMR 谱图中 $\delta=7.27$ 处的吸收峰消失，并生成了一种分子量为 84 的新化合物，这个化合物是什么？推测形成此化合物的机理。（**注意**：在所有芳香亲电取代机理中，要画出亲电试剂进攻苯环碳位置的氢原子。）

## 练习 15-24

乔治·欧拉 ❶（G. Olah）教授和其同事将苯与一种特殊的强酸体系 HF-SbF$_5$ 混合放在核磁管中，他们观察到一个新的 $^1$H NMR 谱图，其吸收峰如下：$\delta=5.69$（2H），8.22（2H），9.42（1H），9.58（2H）。请推断此物质的结构。

### 小　结

苯的卤化反应从 I$_2$（吸热）到 F$_2$（放热和爆炸）放热逐渐增多。氯化和溴化反应需要 Lewis 酸催化剂使 X—X 键极化以活化卤素，增加其亲电性。

# 15-10 | 苯的硝化和磺化反应

在另外两类典型的苯亲电取代反应中，硝化反应的亲电试剂为硝鎓离子（NO$_2^+$），反应生成硝基苯；磺化反应中三氧化硫（SO$_3$）为亲电试剂，产物是苯磺酸。

**苯易受硝鎓离子的亲电进攻**

反应

**苯的硝化反应**

$$\xrightarrow{\text{HNO}_3,\ \text{H}_2\text{SO}_4}$$

NO$_2$

**91%**
**硝基苯**

在中等温度下对苯环进行硝化，仅用浓硝酸处理苯是不足以发生反应

---

❶　乔治·A. 欧拉（George A.Olah，1927—2017），美国洛杉矶，南加州大学教授，1994 年诺贝尔化学奖获得者。

的，因为硝酸中的氮原子亲电性不强，它必须经过活化。加入浓硫酸使硝酸质子化可以达到这个目的。质子化的硝酸脱水生成**硝鎓离子**（nitronium ion）$NO_2^+$，它是强亲电试剂。如其静电势图所示，大部分正电荷在氮原子上。

机理

**通过硫酸活化硝酸**

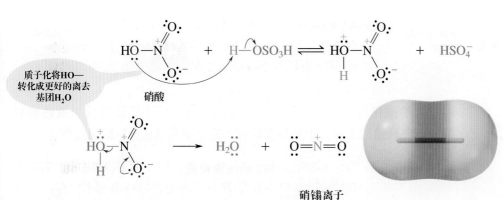

硝鎓离子用其带正电荷的氮原子进攻苯环。

**用硝鎓离子进行芳香硝化反应的机理**

芳香硝化反应是向苯环引入含氮取代基的最佳方法。硝基官能团在进一步的取代反应中充当定位基团（第 16 章），也作为一个掩蔽的氨基官能团（16-5 节），在苯胺中得到显现（22-10 节）。

## 磺化反应是可逆的

**苯的磺化反应**

$$\text{苯} \xrightarrow{SO_3,\ H_2SO_4} SO_3H$$

78%
苯磺酸

反应

室温下浓硫酸不能对苯进行磺化。但是，一种更具活性的酸——发烟硫酸，则可由 $SO_3$ 进行亲电进攻。商用发烟硫酸由浓硫酸中加入 8% $SO_3$ 制成。由于三个氧原子的强吸电子作用，$SO_3$ 中的硫原子有足够的亲电性直接进攻苯环，随后的质子转移从而生成磺化产物——苯磺酸。

## 苯的磺化反应机理

双键亲核进攻    价电子层扩展形式    八隅体形式    脱质子再生芳香性    质子化得到最终产物    苯磺酸

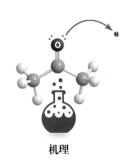

**机理**

🎞 动画
动画展示机理：
苯的芳香亲电磺化反应

苯的磺化反应是可逆的，三氧化硫与水作用生成硫酸反应放热剧烈，以至于在稀硫酸水溶液中加热苯磺酸可完全实现磺化反应的逆过程。

### $SO_3$ 的水合反应

$$:O=S=O: \ + \ H\ddot{O}H \longrightarrow HO-S-OH \ + \ 热量$$

### 磺化反应的逆过程：水解反应

苯磺酸 $\xrightarrow[\text{催化量 }H_2SO_4, 100℃]{H_2O}$ 苯 $+ \ HOSO_3H$

磺化反应的可逆性可用于控制进一步的芳香取代过程。苯环上连有取代基的碳原子不能被亲电试剂进攻，亲电试剂将被引到其他位置。因此，磺酸基可被引入苯环用作定位基团，然后通过磺化反应的逆过程除去。这个策略在合成上的应用将在 16-5 节中讨论。

### 苯磺酸有重要用途

取代苯的磺化可用于合成洗涤剂。如带长支链的烷基苯磺化成相应的磺酸，然后转化成磺酸钠盐。由于这种洗涤剂不容易被生物降解，它们已被更环保的产品所替代，将在第 19 章讨论这类化合物。

### 芳香洗涤剂的合成

$$R-\text{苯} \xrightarrow{SO_3, H_2SO_4} R-\text{苯}-SO_3H \xrightarrow[-H_2O]{NaOH} R-\text{苯}-SO_3^- Na^+$$

**R = 带支链的烷基**

磺化反应的另一用途是生产染料，因为磺酸基团可增加化合物水溶性（第 22 章）。

**磺酰氯**（sulfonyl chloride），即磺酸（9-4 节）的酰氯，通常由磺酸钠盐与 $PCl_5$ 或 $SOCl_2$ 反应制得。

## 苯磺酰氯的制备

有机合成中经常用到磺酰氯。例如，将醇转化成 4-甲基苯磺酸酯（对甲苯磺酸酯）可使羟基转换成一个好的离去基团（6-7 节和 9-4 节）。

磺酰氯是**磺酰胺**（sulfonamide）的重要前体，很多磺酰胺是化学药物。例如，在 1932 年发现的磺胺药（9-11 节）。磺酰胺由磺酰氯和胺反应制得。磺胺类药物均含有 4-氨基苯磺酰胺官能团，它们的作用方式基于其与叶酸中心片段的结构相似性。作用机理是磺胺干扰细菌酶参与的叶酸合成（真实生活 25-3），切断细菌的基本营养，从而导致细菌细胞死亡。人类通过饮食获得叶酸（维生素 B$_9$），不会受药物的影响。

## 磺胺类药物

大约已有 1.5 万个磺胺衍生物被合成并进行了抗菌活性筛选，有些已成为新的药物。随着新一代抗生素的出现，磺胺类药物的使用已大大减少，但是磺胺类药物的发现是药物化学系统发展进程中的一个里程碑。

### 练习 15-25

（**a**）HNO$_3$-H$_2$SO$_4$ 硝化苯的另一种替代方法是用 AlCl$_3$ 催化硝基氯化物（O$_2$NCl）与苯反应，画出反应的机理。（**提示**：参考本节开篇处 AlCl$_3$ 催化苯的氯化反应。）（**b**）画出苯磺化的逆反应机理和与 SO$_3$ 发生水合反应机理。

> **记住**：在画芳香亲电取代机理时，亲电试剂进攻位置上的氢原子一定要显示出来。

---

### 小 结

在苯的硝化反应中需要产生硝鎓离子（$NO_2^+$）作为活泼的亲电试剂，硝鎓离子由质子化的硝酸脱水生成。磺化反应可用发烟硫酸作磺化试剂，其中 $SO_3$ 是亲电试剂。磺化反应在热的酸性水溶液中实现逆反应。苯磺酸用于制备洗涤剂、染料、含离去基团的化合物和磺胺药。

---

## 15-11 | Friedel-Crafts 烷基化反应

形成 C—C 键是有机化学的首要挑战之一，迄今为止还没有提及能够形成 C—C 键的亲电取代反应。原则上，这样的反应可以在苯和一种有足够亲电性的碳亲电试剂之间进行。有两类这样的转化，通称为傅-克[1]（Friedel-Crafts）反应，本节将介绍其中一种。这两类转化成功的秘诀是使用 Lewis 酸催化剂，通常是三氯化铝。在此催化剂存在下，卤代烷和酰卤进攻苯，分别形成烷基苯和酰基苯。

1877 年，Friedel 和 Crafts 发现在卤化铝存在下卤代烷与苯反应，产物是烷基苯和卤化氢。这个反应也可在其他 Lewis 酸催化下进行，被称为苯的 Friedel-Crafts 烷基化反应。

**Friedel-Crafts 烷基化反应**

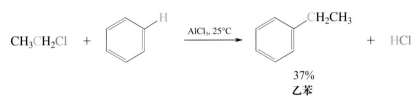

卤代烷的活性随着 C—X 键极性的增强而增强，C—X 键极性顺序为 RI < RBr < RCl < RF，典型的 Lewis 酸催化剂是 $BF_3$、$SbCl_5$、$FeCl_3$、$AlCl_3$ 和 $AlBr_3$。

**苯与氯乙烷的Friedel-Crafts 烷基化反应**

反应

当使用伯卤代烷时，反应首先是 Lewis 酸与卤代烷中卤素络合，如同亲电卤代反应中活化卤素一样。这种络合使连接卤素的碳原子带有部分正电荷，从而增加了它的亲电性。碳亲电试剂对苯环进攻，随后脱质子，从而得到实验观察到的产物。

---

[1] 查尔斯·傅列德尔（Charles Friedel，1832—1899），法国巴黎大学教授。詹姆斯·M.克拉夫茨（James M. Crafts，1839—1917），美国麻省理工学院教授，马萨诸塞州，剑桥。

## 用伯卤代烃进行Friedel-Crafts 烷基化的反应机理

**步骤 1.** 卤代烷活化

缺电子 Lewis 酸

$$RCH_2\!-\!\overset{..}{\underset{..}{X}}: \ + \ AlX_3 \ \rightleftharpoons \ RCH_2\!:\!\overset{\delta+}{\underset{..}{X}}\!:\!\overset{+}{Al}X_3^{-}$$

活化的亲电性碳

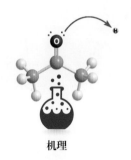

机理

**步骤 2.** 活化卤代烷亲电进攻

双键亲核进攻

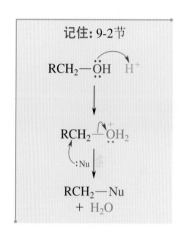

记住: 9-2节

$$RCH_2\!-\!\overset{..}{\underset{..}{O}}H \quad H^+$$

$$RCH_2\!-\!\overset{+}{\underset{..}{O}}H_2$$

:Nu

$$RCH_2\!-\!Nu \\ + \ H_2O$$

**步骤 3.** 脱质子

脱质子，再生
芳香性

使用二级或三级卤代烷作烷基化试剂时，通常形成自由的碳正离子中间体，这些中间体按照与硝鎓离子同样的方式进攻苯环。

### 苯与2-氯-2-甲基丙烷（叔丁基氯）的Friedel-Crafts 烷基化的反应机理

AlCl₃, 25°C

90%
(1,1-二甲基乙基)苯
(叔丁基苯)

$+ \ HCl$

### 用2-氯-2-甲基丙烷（叔丁基氯）对苯进行Friedel-Crafts叔丁基化反应的机理

形成叔碳正离子

芳香亲电取代反应

## 练习 15-26

写出由苯、1-氯-1-甲基环戊烷和催化剂 $AlCl_3$ 生成（1-甲基环戊基）苯的反应机理。

分子内 Friedel-Crafts 烷基化反应可用于在苯核上稠合一个新的环。

### 分子内Friedel-Crafts烷基化反应

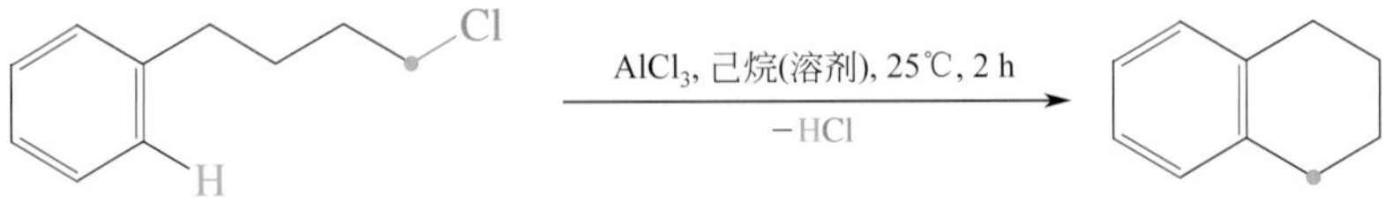

93%
四氢化萘
(常用名)

Friedel-Crafts 烷基化反应的原料可以是任何能作为碳正离子前体的物质，如醇和烯烃（9-2 节和 12-3 节）。

### 使用其他碳正离子前体进行的Friedel-Crafts烷基化反应

形成 $CH_3CH_2\overset{+}{C}HCH_3$

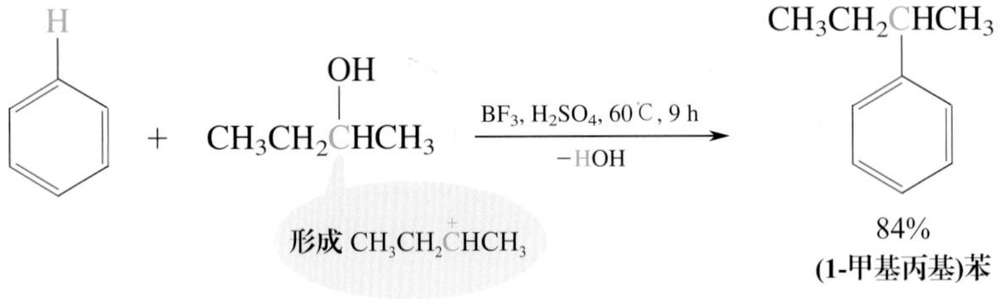

84%
(1-甲基丙基)苯

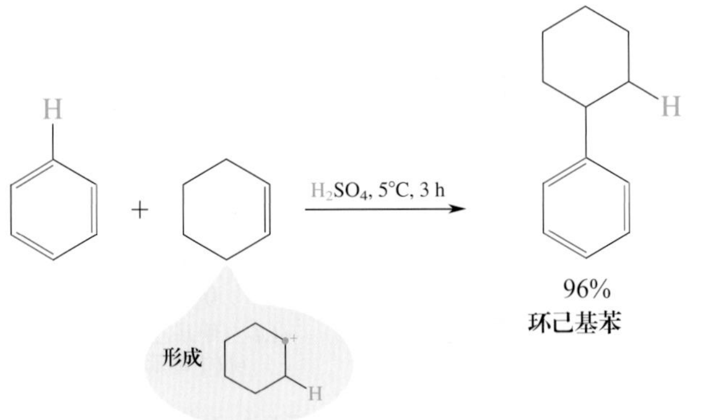

96%
环己基苯

形成

**Friedel-Crafts烷基化反应中惰性的卤代烃**

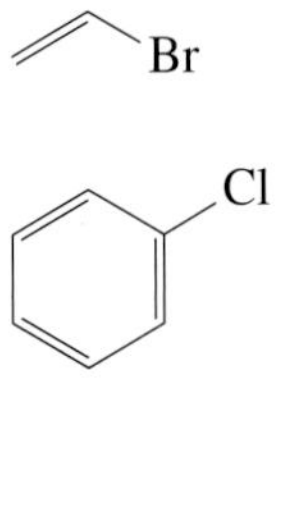

使用卤代烯烃或卤代芳烃进行 Friedel-Crafts 烯基化或芳基化反应是不可能的（页边），因为相应的烯基和芳基碳正离子由于能量很高而难以生成（13-9 节和 22-10 节）。

## 练习 15-27

2015 年，美国生产了超过 260 万吨的（1-甲基乙基）苯（又称异丙苯），它是工业生产苯酚的重要中间体（22-4 节）。工业上异丙苯由苯和丙烯在磷酸催化下制得，请写出此反应的机理。

## 解题练习15-28

**运用概念解题：可逆的Friedel-Crafts烷基化反应**

在 BF$_3$ 存在下，将二甲苯三种异构体中任何一种与 HF 加热至 80℃ 都可形成如下比例的平衡混合物。以 1,2-二甲苯为原料，H$^+$ 代表酸催化剂，画出该异构化的机理。为什么平衡混合物中 1,2-异构体的浓度最低？

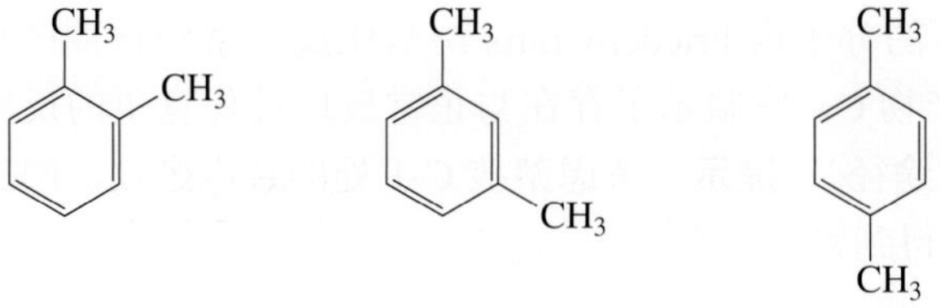

|  |  |  |
|---|---|---|
| 18% | 58% | 24% |
| **1,2-二甲苯** | **1,3-二甲苯** | **1,4-二甲苯** |
| (*o*-二甲苯) | (*m*-二甲苯) | (*p*-二甲苯) |

**策略：**

- **W**：有何信息？我们讨论的是酸催化的二甲苯三种异构体的平衡，在上面三个结构间添加平衡箭头来图示这个平衡。

- **H**：如何进行？在酸存在下苯环将发生什么变化？答案是它将发生质子化（15-8节，练习15-23和练习15-24）。质子化可发生在苯环任何位置，并且可逆。对1,2-二甲苯中所有三个可能的位置都进行质子化，并比较质子化产生的三个正离子，甲基取代的碳质子化的结果是否激发了你的记忆？

- **I**：需用的信息？从结构上看，这些异构化过程类似于前面学习过的碳正离子重排中的烷基迁移。

- **P**：继续进行。

**解答：**

- 苯环上连接甲基的碳质子化生成的碳正离子结构可用下面三种共振式表示。

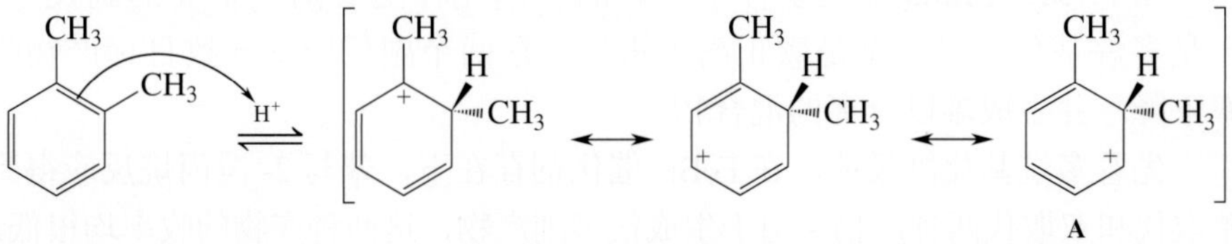

- 对上述共振式进行的考察表明，共振式 A 看起来完全像 9-3 节中所画的用于 H 和烷基迁移的碳正离子。

- 共振式 A 中甲基迁移得到一个新的碳正离子，其脱质子生成1,3-二甲苯。

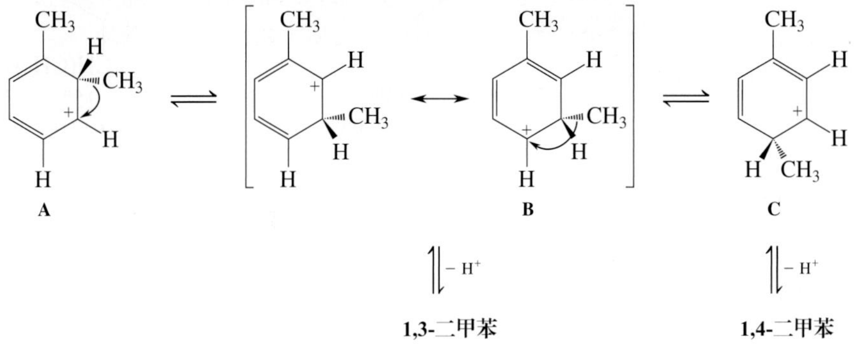

> 另外，共振式 B 上的甲基转移生成 C，然后 C 脱质子生成 1,4-二甲苯。因此，二甲苯异构化的机理实际是质子化的苯上发生的连续烷基迁移。
> - 为什么 1,2-二甲苯是混合物中最少的组分？你可能已猜到答案：空间位阻，如同顺式烯烃（图 11-13）

### 15-29 自试解题

化合物 A 的分子内 Friedel-Crafts 烷基化反应得到预期产物 B，但也生成了 10% 的产物 C，它暗示了存在与正常反应过程竞争的反应途径，请提出一个这样的途径。（**提示：**考虑萘核 C-1 处的亲电进攻，产生的中间体结构能否引导你得到答案？）

## 小 结

Friedel-Crafts 烷基化反应能够通过产生碳正离子（或其等价体），发生芳香亲电取代反应，形成芳基-碳键。在 Lewis 酸或无机酸存在下，卤代烷、烯烃和醇可用作芳香烷基化反应的亲电试剂。

# 15-12 | Friedel-Crafts 烷基化反应的局限性

在 Friedel-Crafts 反应条件下，苯的烷基化伴随着两个重要的副反应，一是多烷基化；另一个是碳正离子重排。这两个副反应均导致目标产物收率下降，并生成难以分离的混合物。

先看多烷基化副反应。在 FeBr$_3$ 催化剂存在下，苯与 2-溴丙烷反应得到单取代和双取代两种产物。由于生成很多副产物，这两种产物的收率均很低。

在 15-9 节和 15-10 节中学习的芳香亲电取代反应能够终止在单取代阶段。为什么 Friedel-Crafts 烷基化反应有多次取代的问题呢？这是因为取代基的电子结构不同（在第 16 章将详细讨论取代基效应）。溴化、硝化和磺化反应向苯环引入一个吸电子基团，它使产物比原料更不容易被亲电试剂进攻。相反，烷基取代苯比未取代的苯更富电子，因此它更容易受到亲电进攻。

## 练习 15-30

在三氯化铝存在下，用氯甲烷处理苯生成一个三甲基、四甲基和五甲基取代苯的混合物，其中一个组分可以选择性地从混合物中结晶出来，它的物理数据如下：熔点为 80℃；分子式为 $C_{10}H_{14}$；$^1H$ NMR：$\delta$ 2.27(s, 12H)，7.15(s, 2H)；$^{13}C$ NMR(DEPT)：$\delta$ 19.2($CH_3$)，131.2($CH_2$)，133.8($C_{quat}$)，画出这个化合物结构。

芳香烷基化的第二个副反应是通过碳正离子中间体中氢或烷基迁移引起的碳骨架重排（9-3 节）。例如，试图用 1-溴丙烷和 $AlCl_3$ 对苯进行丙基化却生成（1-甲基乙基）苯。

反应

在 Lewis 酸存在下，原料卤代烷经过负氢迁移形成热力学上更有利的 1-甲基乙基（异丙基）正离子。

**1-溴丙烷重排形成1-甲基乙基（异丙基）正离子**

在 $AlCl_3$ 存在下，1-氯丁烷对苯进行烷基化反应不仅生成预期的丁基苯，而且得到主要产物（1-甲基丙基）苯，写出这个反应的机理。

## 解题练习 15-31

**运用概念解题：Friedel-Crafts烷基化反应中的重排**

在 $AlCl_3$ 存在下，1-氯丁烷对苯进行烷基化反应不仅生成预期的丁基苯，而且得到主要产物（1-甲基丙基）苯，写出这个反应的机理。

**策略：**

- **W：** 有何信息？首先写出上述反应的方程式。

丁基苯      (1-甲基丙基)苯

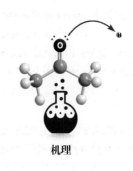

机理

- **H：** 如何进行？我们面临的是一个得到两种产物的Friedel-Crafts烷基化反应，第一个产物是正常取代的结果，而第二个产物含有一个异构化的烷基。

- **I：**需用的信息？复习本练习之前的内容和9-3节中关于碳正离子重排的内容，特别是伯碳正离子重排。

- **P：**继续进行。

　解答：

分别考虑形成每一个产物的机理。

- 第一个产物衍生于正常的 Friedel-Crafts 烷基化反应。

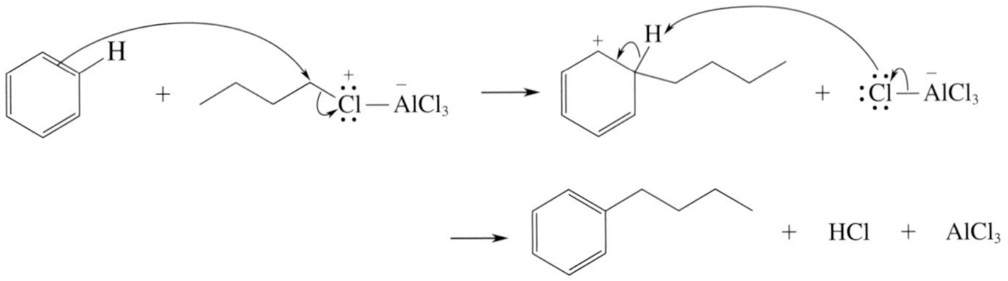

- 第二个产物中包含一个重排的丁基，它是苯被仲丁基正离子亲电芳香取代的结果，所需要的重排是由 Lewis 酸催化的负氢迁移引起的：

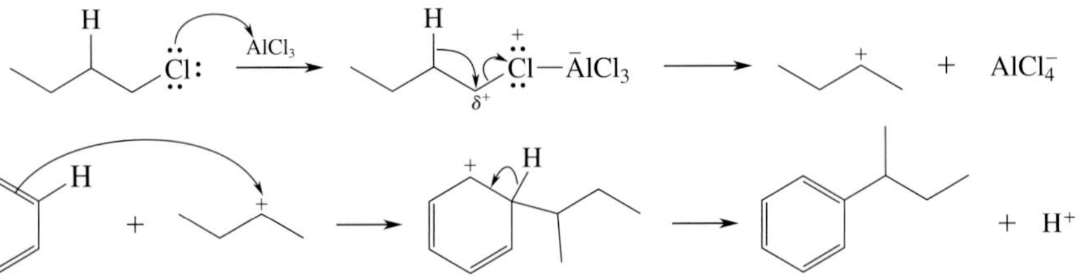

### 15-32 自试解题

写出下列反应机理。

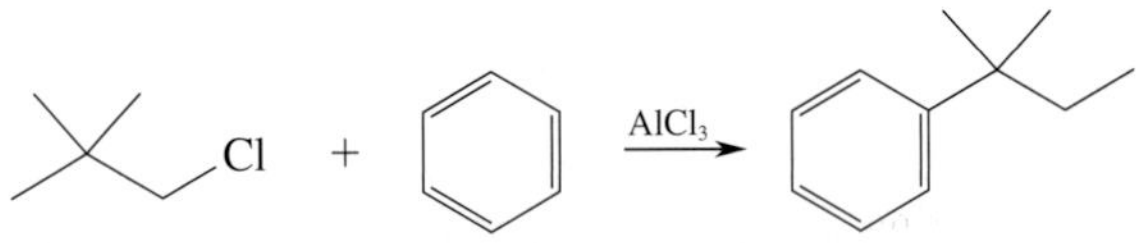

　由于这些局限性，Friedel-Crafts 烷基化反应在合成化学中应用较少。是否能改进这个过程？一个更有用的反应需要一种不会重排的亲电碳中间体，并且它将钝化苯环以防进一步取代。确实存在这样的物质——酰基正离子，它用于第二种 Friedel-Crafts 反应，这是下一节的主要内容。

## 小　结

　Friedel-Crafts 烷基化反应具有过度烷基化及骨架发生氢和烷基迁移重排的缺点。

# 15-13 | Friedel-Crafts 酰基化反应

第二个形成 C—C 键的芳香亲电取代反应是 Friedel-Crafts 酰基化反应。IUPAC保留甲酰基和乙酰基作为基团 $\overset{O}{\underset{\|}{HC}}$— 和 $\overset{O}{\underset{\|}{H_3CC}}$— 的通用命名（17-1节），因此，相应的酰基化就称为甲酰化和乙酰化反应。酰基化反应经历了酰基正离子中间体，其结构通式为 $RC\equiv\overset{+}{O}:$。本节将讲述这些离子怎样进攻苯环生成酮。

**Friedel-Crafts酰基化反应**

$$\text{苯} \xrightarrow[-HX]{RCX,\ AlX_3} \text{苯基酮}$$

## 酰氯为亲电试剂的Friedel-Crafts 酰基化反应

在三卤化铝存在下，苯与酰氯反应得到1-苯基烷酮（苯基酮）。例如，在 Lewis 酸三氯化铝催化下，1-苯基乙酮（苯乙酮）可由苯和乙酰氯制备。

**苯和乙酰氯的Friedel-Crafts酰基化反应**

$$\text{C}_6\text{H}_5\text{H} + \text{CH}_3\text{CCl} \xrightarrow[\text{（后处理）}]{\substack{1.\ AlCl_3 \\ 2.\ H_2O,\ H^+}} \text{C}_6\text{H}_5\text{CCH}_3 + HCl$$

61%
**1-苯基乙酮(苯乙酮)**

反应

酰氯是一种活泼的羧酸衍生物，其很容易由羧酸与亚硫酰氯（$SOCl_2$）反应制得（第 19 章详细解释这个过程）。

**酰氯的制备**

$$\overset{O}{\underset{\|}{RCOH}} + SOCl_2 \longrightarrow \overset{O}{\underset{\|}{RCCl}} + SO_2 + HCl$$

## 酰卤与Lewis酸反应产生酰基正离子

Friedel-Crafts 酰基化反应的关键中间体是酰基正离子，它们可由酰卤和三氯化铝反应制得。由于共振效应，Lewis 酸最初与羰基氧络合（练习2-15）。这个络合物与 Lewis 酸结合在卤原子上的异构体处于平衡。络合物解离产生酰基正离子，后者因共振离域而稳定。与烷基正离子不同，酰基正离子不易发生重排。从酰基正离子静电势图中可以看出，大部分正电荷（蓝色）分布在羰基碳原子上。

### 从酰卤产生酰基正离子

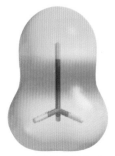

**乙酰基正离子**

[尽管正电荷位于氧原子的共振式是这个离子结构的主要贡献者，但氧原子上存在的孤对电子使它在静电势图中显示较少的正电性（绿色，而不是蓝色）]。

O 上电子对进攻缺电子 Al

Al 从 O 重排到 X 得到反应中间体

由共振而稳定，但不是反应中间体

共振稳定的酰基正离子

有时酰基化反应中用羧酸酐代替酰卤，酸酐与 Lewis 酸的作用方式和酰卤相似，只是离去基团是羧酸铝盐。

### 由酸酐产生酰基正离子

### 酰基正离子进行芳香亲电取代反应

酰基正离子具有足够强的亲电性，它通过正常的芳香亲电取代机理对苯环进行亲电进攻。

### 亲电酰基化反应

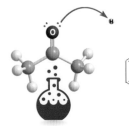

**机理**

由于新引入的酰基取代基是吸电子基（14-8 节和 16-1 节），它使苯环钝化并避免发生进一步取代。因此，多酰基化不会发生，而多烷基化则经常发生（15-12 节）。三氯化铝催化剂和产物酮羰基间形成的强络合物更加强化对苯环的钝化效应。

### Lewis酸与1-苯基烷基酮络合

　　催化剂与产物之间的络合作用除去了反应混合物中的三氯化铝，因此至少需用等物质的量（一般过量）的 Lewis 酸催化剂才能使反应进行彻底。如下面实例所示，反应需要酸性水溶液后处理，方能将酮从其三氯化铝络合物中释放出来。后处理还将剩余的 $AlCl_3$ 水解成 $Al(OH)_3$，在用酸酐进行酰化反应时，用于除去羧酸副产物。由于后处理对大多数有机反应是标准化步骤，在后面的反应式中将其省略。

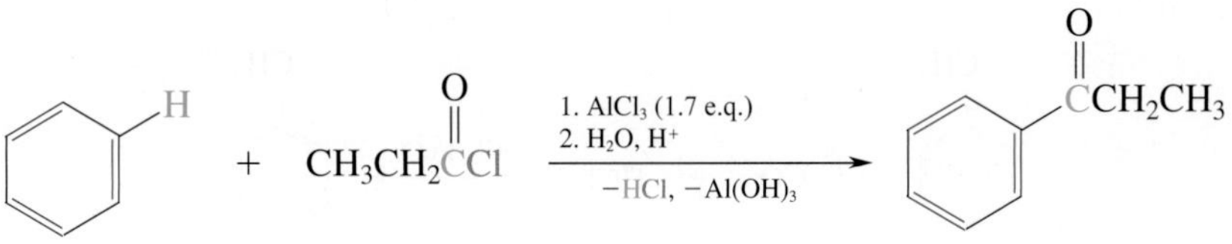

84%
**1-苯基-1-丙酮**
**（苯丙酮）**

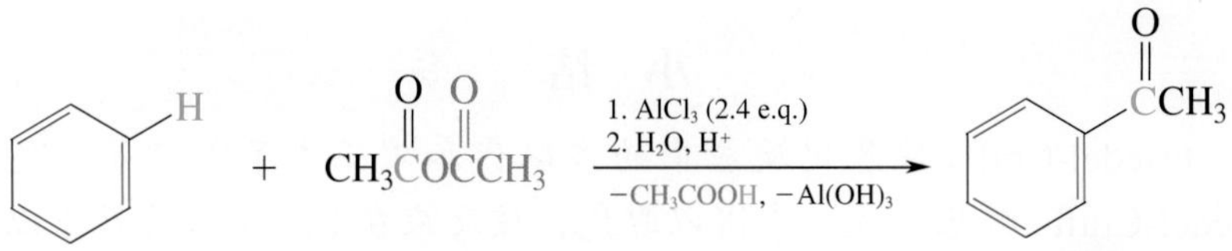

85%
**1-苯乙酮**
**（苯乙酮）**

　　Friedel-Crafts 酰基化反应单取代的倾向性使得可以向苯核选择性地引入碳链，而这个目标在 Friedel-Crafts 烷基化反应中难以实现（15-12 节）。由于我们知道羰基可通过负氢还原成羟基（8-5 节），而羟基可进一步转化为可适用于负氢还原的离去基团（8-6 节），可通过芳香酮合成相应的碳氢化合物。因此，酰化-还原反应构成了一种间接的选择性烷基化策略。将在后面章节中见到更为直接的羰基脱氧反应（16-5 节和 17-10 节）。

**由苯的己酰化-还原反应制备己基苯**

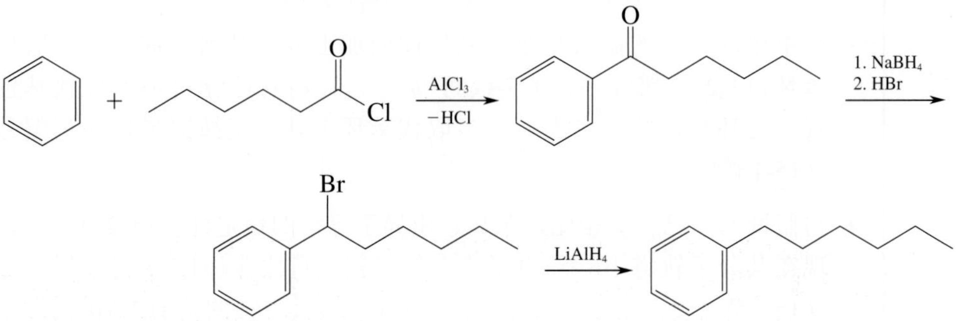

己基苯

## 练习 15-33

　　（a）苯与环状丁二酸酐（琥珀酸酐，见页边）发生 Friedel-Crafts 反应的预期产物是什么？

　　（b）最简单的酰氯甲酰氯，H—C—Cl，是不稳定的，在制备过程中它会分解成 HCl 和 CO。因此，苯直接进行 Friedel-Crafts 甲酰化是不可能的。另一种过程，称为 Gattermann-Koch 反应，通过加压和 HCl 及 Lewis 酸催化

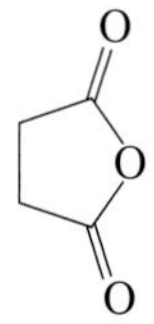

**丁二酸酐**
**（琥珀酸酐）**

尽管它是不稳定且活泼的，甲酰基正离子 $H—C\equiv O^+$，是一种常见的有机小分子，在热火焰和冷星际空间等不同的环境中（相对）丰富。1997 年，壮观访客海尔 - 波普彗星造访地球空间时，其周围大气中就检测到甲酰正离子。

剂存在下苯与 CO 反应，将甲酰基（—CHO）引入苯环。例如，用上述反应在甲苯上甲基对位引入甲酰基，收率为 51%。1997 年，首次通过在高压下用 $HF\text{-}SbF_5$ 处理 CO 观察到了这个过程的亲电试剂，$^{13}C\ NMR：\delta\ 139.5$；$IR：\tilde{\nu}=2110\ cm^{-1}$。这个亲电试剂的结构和它与甲苯反应的机理是什么？解析它的谱学数据。（**提示**：画出 CO 的 Lewis 结构式，考虑它在酸存在下可能形成的物质。可比较的游离 CO 谱学数据为，$^{13}C\ NMR：\delta\ 181.3$；$IR：2143\ cm^{-1}$。）

$$\text{（甲苯）} + CO + HCl \xrightarrow{AlCl_3,\ CuCl} \text{（对甲基苯甲醛）}$$

## 小 结

Friedel-Crafts 烷基化反应中的多取代和碳正离子重排等问题在 Friedel-Crafts 酰基化反应中得以避免，该反应在 Lewis 酸存在下以酰卤或羧酸酐为反应试剂。酰基正离子中间体对苯环进行芳香亲电取代生成相应的芳香酮。

## 总 结

到目前为止，我们已经遇到一系列与电子效应有关的问题，从库仑定律（1-2 节）、八隅律（1-3 节）和 Aufbau 原则（1-6 节）开始。其他的例子包括由超共轭效应导致的自由基（3-2 节）和碳正离子（7-5 节）的稳定性排序，以及由 π 电子离域产生的稳定化现象（第 14 章）等。在本章中，我们已经认识到芳香性是有机化学中另一种重要的电子效应。另外，还学到如下几点：

- 简单单取代苯的命名是在"苯"前面加上取代基名称前缀。双取代苯环以 1,2- 或邻（o-）、1,3- 或间（m-）、1,4- 或对（p-）命名取代基位置。与环烷烃的命名类似，多取代苯环上取代基按照最低序列编号（15-1 节）。

- 与假设的环己三烯相比，苯显示出异乎寻常的稳定性（15-2 节），体现在其分子轨道中 6 个 π 电子排布的累积能量比非环 1,3,5- 己三烯要低（15-3 节）以及谱学特征中（15-4 节）。最具特征的是 $^1H\ NMR$ 谱图中相对去屏蔽的环上氢，这是由 6π 电子在外磁场中形成的环电流所致。

- 在多环芳烃中，多个苯环稠合共享两个或多个碳原子，如最简单的萘（双环稠合）、蒽和菲（三环稠合，15-5 节）。

- 根据 Hückel 规则，包含 4n+2 个 π 电子的环状共轭多烯（轮烯）是芳香性的，而含有 4n 个 π 电子的是反芳香性的。最小化或打破环共轭使这些体系成非芳香性的。此规则也适用于带电荷的轮烯（15-6 节和 15-7 节）。

苯及其衍生物进行亲电取代而非加成反应，可在苯环上引入卤素、硝基、磺酰基、烷基、酰基等基团（15-8节～15-13节）。

我们将在第 16 章探讨芳香性的其他内涵，展示苯环上单个取代基如何影响进一步的取代反应。苯环作为一个结构单元存在于从聚苯乙烯到阿司匹林等有机分子中。学习如何将苯环与其他分子结合以及改变苯环上的取代基是有机合成中很多分支的重要内容。

# 15-14 | 解题练习：综合运用概念

通过两个习题结束本章。第一个习题强化你根据谱学数据推断未知取代苯结构的技能。第二个测试你在推测杀虫剂 DDT 反应机理中的创造力，该制备反应包含了一个不寻常的芳香亲电取代反应。

## 解题练习15-34　根据光谱分析指定取代苯结构

化合物 A（$C_8H_{10}$）在 $FeBr_3$ 存在下与 $Br_2$ 作用得到产物 B（$C_8H_9Br$），化合物 A 和 B 的谱学数据如下，请推断 A 和 B 的结构。

**A.** $^1H$ NMR（$CDCl_3$）：$\delta 2.28$（s,6H），6.95（m,3H），7.11（td,$J$=7.8,0.4Hz,1H）。

$^{13}C$ NMR（$CDCl_3$,DEPT）：$\delta 21.3$（$CH_3$），126.1（CH），128.2（CH），130.0（CH），137.7（$C_{quat}$）。IR（纯）部分数据：$\tilde{\nu}$=691,769,2921,2946,3016$cm^{-1}$。UV（$CH_3OH$）：$\lambda_{max}$=261nm。

**B.** $^1H$ NMR（$CDCl_3$）：$\delta 2.25$（s,3H），2.34（s,3H），6.83（dd,$J$=7.9,2.0Hz,1H），7.02（dd,$J$=2.00,0.3Hz,1H），7.36（dd,$J$=7.9,0.3Hz,1H）。

$^{13}C$ NMR（$CDCl_3$,DEPT）：$\delta$ 20.7（$CH_3$），22.7（$CH_3$），121.6（$C_{quat}$），128.1（CH），131.6（CH），132.1（CH），136.9（$C_{quat}$），137.4（$C_{quat}$）；IR（纯）部分数据：$\tilde{\nu}$=2923,2961,3012$cm^{-1}$。UV（$CH_3OH$）：$\lambda_{max}$=265nm。

**记住：**

| $^1H$ NMR 信息 |
| :---: |
| 化学位移 |
| 积分 |
| 自旋-自旋裂分 |

| $^{13}C$ NMR 信息 |
| :---: |
| 化学位移 |
| DEPT |

**解答：**

粗略地浏览分子式和谱学数据，确定取代苯发生了溴化反应：A（$C_8H_{10}$）分子中一个氢原子被溴原子取代生成B（$C_8H_9Br$），化合物 A 和 B 的 $^1H$ NMR 和 $^{13}C$ NMR 谱图均显示芳香吸收峰。A 和 B 红外光谱图中存在 $C_{芳香}$—H 伸缩振动信号，紫外光谱数据均证实苯环的存在。进一步研究表明两个化合物都在苯环上连有两个甲基（$\delta$=2.3）（表10-2）。从 $C_8H_{10}$（A）中去除 2 个 $CH_3$ 剩余 $C_6H_4$，即一个苯基片段。因此，化合物 A 一定是二甲苯的异构体之一；B 则应该是溴代二甲苯的异构体之一。问题在于它们是哪种异构体？为了解决这个问题，画出所有可能的异构体结构式是很有帮助的。化合物 A 有三种异构体，即邻、间和对二甲苯（15-1节）。

**化合物A的三种可能结构**

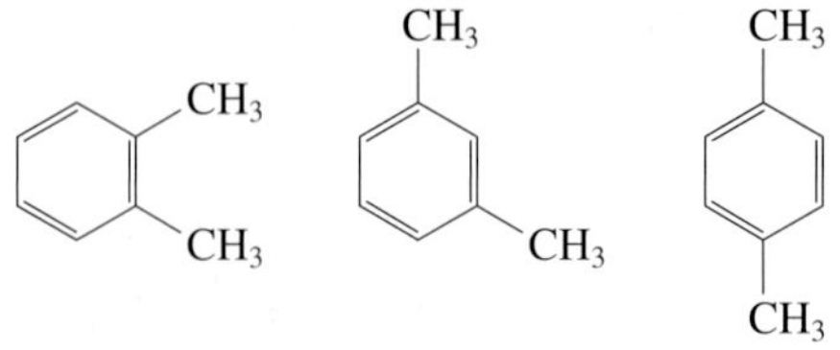

| 邻 | 间 | 对 |

**A**

是否可根据 NMR 谱图区分这些异构体？答案是肯定的，因为每一种异构体中苯环固有的对称程度都不同。实际上，邻位取代异构体在其 NMR 谱图中分别只显示两类芳香氢原子（每种两个氢）和三个苯基碳信号。对位异构体对称性更高，仅含有一种苯环氢和两种苯基碳。所有这些预测均与观察到的化合物 A 的谱学数据不符。化合物 A 的 ¹H NMR 谱图中有些芳香氢没有分辨出来而出现一个多重峰（3H），而在 δ=7.11 处存在唯一的单峰，这些特征仅仅与间二甲苯相符合。（两种可能的单一氢原子中，哪一个产生此单峰？**提示：**观察 ¹H NMR 信号的偶合类型。）类似地，此异构体含有四种不同的苯环碳原子，与其 ¹³C NMR 谱图一致。

有了化合物 A 结构的信息，可以画出其芳香亲电溴化反应可能的产物：

**化合物B的三种可能结构**

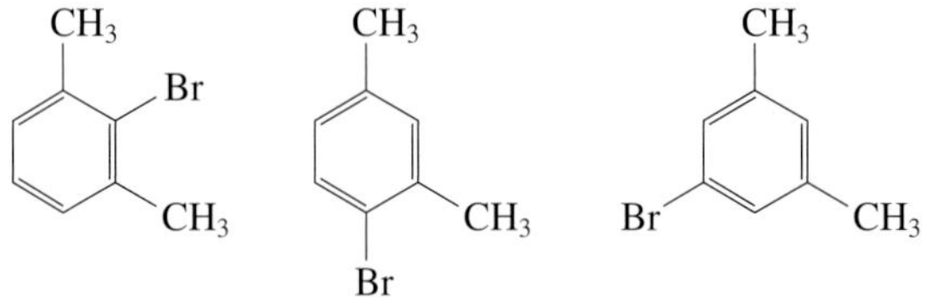

**B**

B 是哪种结构？对称性（或缺少对称性）提供了答案。化合物 B 的 ¹H NMR 谱图显示两个不同的甲基和三组分开的氢原子共振吸收峰，而其 ¹³C NMR 谱图则存在两个甲基碳和六个芳香碳吸收峰。这些数据仅与上面中间的化合物相符合，即 1-溴-2,4-二甲基苯。由 A 生成 B 的反应如下所示：

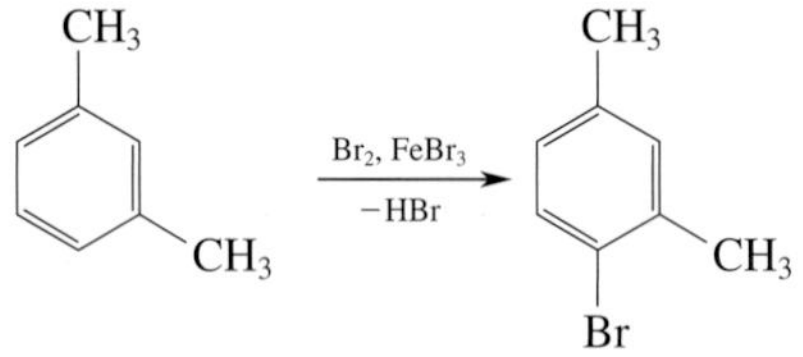

为什么化合物 A 的单溴化反应只生成异构体 B？第 16 章将告诉你答案，但先尝试解答习题 43，对光谱知识进行更多练习。

### 解题练习15-35  运用反应原理推测新反应的机理

杀虫剂 DDT（真实生活 3-2）可用氯苯和 2,2,2-三氯乙醛在浓硫酸存在下反应而成吨地合成，为此反应提出合理的机理。

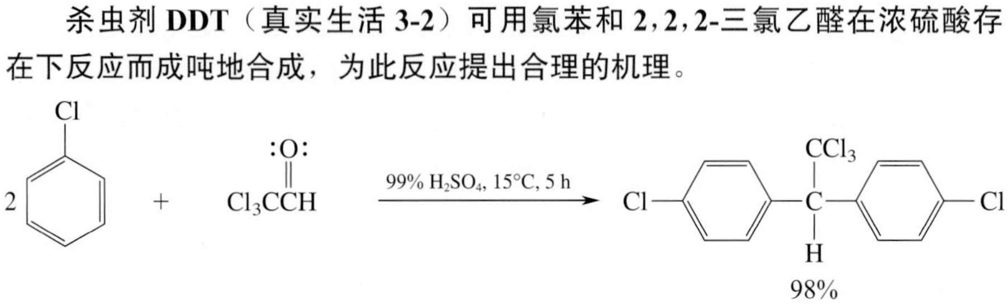

| 氯苯 | 2,2,2-三氯乙醛 | | DDT |

**策略：**

•**W**：有何信息？首先列出已知条件。

1. 产物是由两个氯苯单元和一个醛单元构成。

2. 在反应过程中，起始原料（两分子氯苯和一分子三氯乙醛）的原子总数为 $C_{14}H_{11}Cl_5O$，转化成产物 DDT 后，分子式为 $C_{14}H_9Cl_5$。由此断定反应中失去了一个水分子。

3. 反应条件是强酸性的。

•**H**：如何进行？从结构形式上看，此转化包含烷基碳对两个氯苯对位氢原子的连续取代，这强烈暗示了 Friedel-Crafts 烷基化反应的发生（15-12 节）。

•**I**：需用的信息？复习 15-12 节。如果需要，也复习 1-4 节和 1-5 节关于 Lewis 结构式，以及 2-2 节和 2-3 节中有关电子推动和酸碱化学的内容。

**P**：继续进行。

**解答：**

现在我们可以详细描述一个可能的机理。Friedel-Crafts 烷基化需要正电性极化的或正离子的碳亲电试剂。在本反应中，产物结构表明醛的羰基碳是亲电试剂。由于氧和氯原子取代基的吸电子作用，醛的羰基碳一开始就是正电性极化的。一种非八隅体偶极共振式可说明这一点（1-5 节）。

**活化2,2,2-三氯乙醛作为亲电试剂**

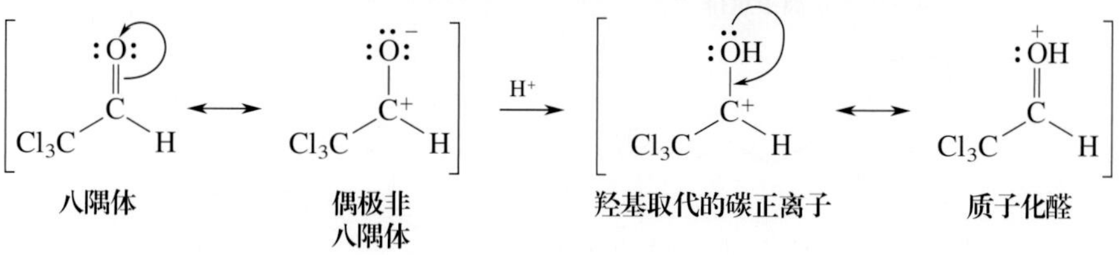

八隅体　　偶极非八隅体　　羟基取代的碳正离子　　质子化醛

在强酸存在下，中性物质中极化的带负电的氧原子被质子化，生成一个带正电荷的中间体，羰基碳的亲电特征在羟基取代的碳正离子共振式中被进一步强化。这一阶段发生二次芳香亲电取代反应中的第一步（15-11 节）。

**第一次芳香亲电取代反应**

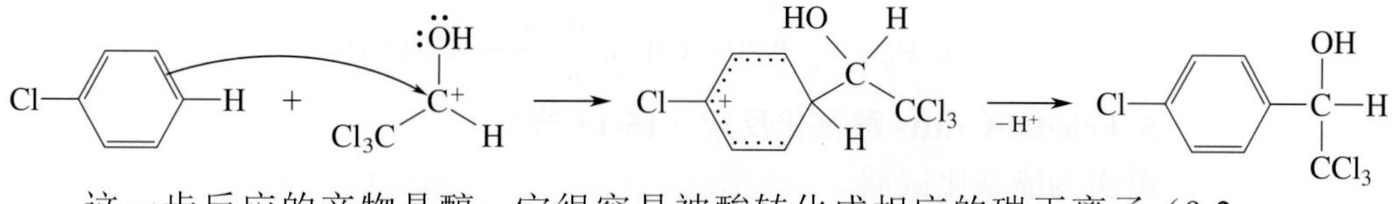

这一步反应的产物是醇，它很容易被酸转化成相应的碳正离子（9-2 节），因为产生的正电荷被相邻的苯环共振稳定（苄基的共振式见 22-1 节，与此相关的烯丙基共振见 14-1 节和 14-3 节）。此碳正离子随后对氯苯进行第二次芳香亲电取代得到 DDT。另一个更进一步的机理练习见习题 66。

**醇的活化和第二次芳香亲电取代反应**

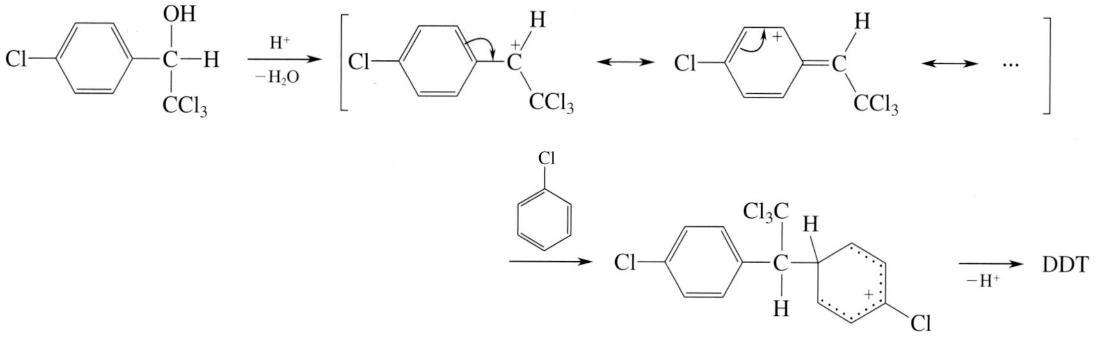

## 新反应

**1. 苯的氢化反应（15-2 节）。**

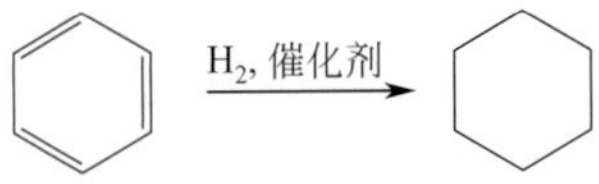

$\Delta H^{\ominus} = -49.3\ \mathrm{kcal \cdot mol^{-1}}$

共振能：$\sim -30\ \mathrm{kcal \cdot mol^{-1}}$

### 芳香亲电取代反应

**2. 氯化、溴化、硝化和磺化（15-9 节和 15-10 节）**

$$C_6H_6 \xrightarrow{X_2,\ FeX_3} C_6H_5X + HX \qquad \mathbf{X = Cl, Br}$$

$$C_6H_6 \xrightarrow{HNO_3,\ H_2SO_4} C_6H_5NO_2 + H_2O$$

$$C_6H_6 \underset{H_2SO_4,\ H_2O,\ \triangle}{\overset{SO_3,\ H_2SO_4}{\rightleftharpoons}} C_6H_5SO_3H \qquad \textbf{可逆}$$

**3. 苯磺酰氯（15-10 节）**

$$C_6H_5SO_3Na + PCl_5 \longrightarrow C_6H_5SO_2Cl + POCl_3 + NaCl$$

**4. Friedel-Crafts 烷基化反应（15-11 节）**

$$C_6H_6 + RX \xrightarrow{AlCl_3} C_6H_5R + HX + \text{多烷基化产物}$$

**$R^+$ 可发生碳正离子重排**

分子内反应

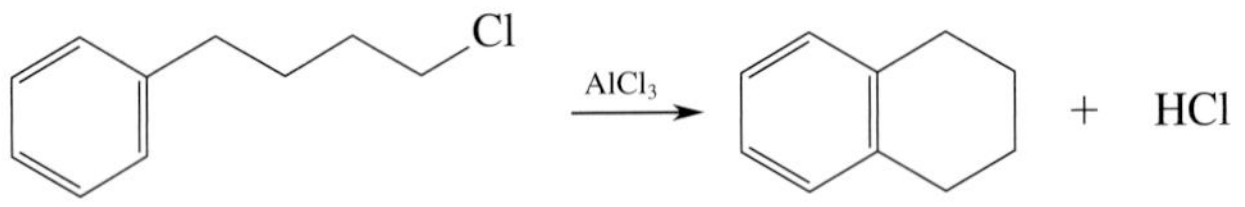

醇和烯烃作为反应底物

$$C_6H_6 + RCH(OH)R' \xrightarrow[-H_2O]{BF_3,\ 60^\circ C} C_6H_5CH(R')R$$

$$C_6H_6 + RCH{=}CH_2 \xrightarrow{HF,\ 0^\circ C} C_6H_5CH(R)CH_3$$

**5. Friedel-Crafts 酰基化反应（15-13 节）**

酰卤为酰基化试剂

$$C_6H_6 + RCCl\ (\text{C=O}) \xrightarrow{1.\ AlCl_3;\ 2.\ H_2O} C_6H_5CR\ (\text{C=O}) + HCl$$

需要至少1 e.q. Lewis酸

酸酐为酰基化试剂

$$C_6H_6 + CH_3COCCH_3\ (\text{O=C–O–C=O}) \xrightarrow{1.\ AlCl_3;\ 2.\ H_2O} C_6H_5CCH_3\ (\text{C=O}) + CH_3COOH$$

## 重要概念

**1.** 取代苯的命名是在“苯”字加前缀或后缀，双取代苯用1,2-、1,3-和1,4-或**邻**、**间**和**对**表示取代基的位置。很多苯衍生物有常用名，有时这些常用名成为命名其取代类似物的母体。作为取代基，芳香体系称作**芳基**，芳基的母体$C_6H_5$称作**苯基**，其同系物$C_6H_5CH_2$称作**苯甲基**（**苄基**）。

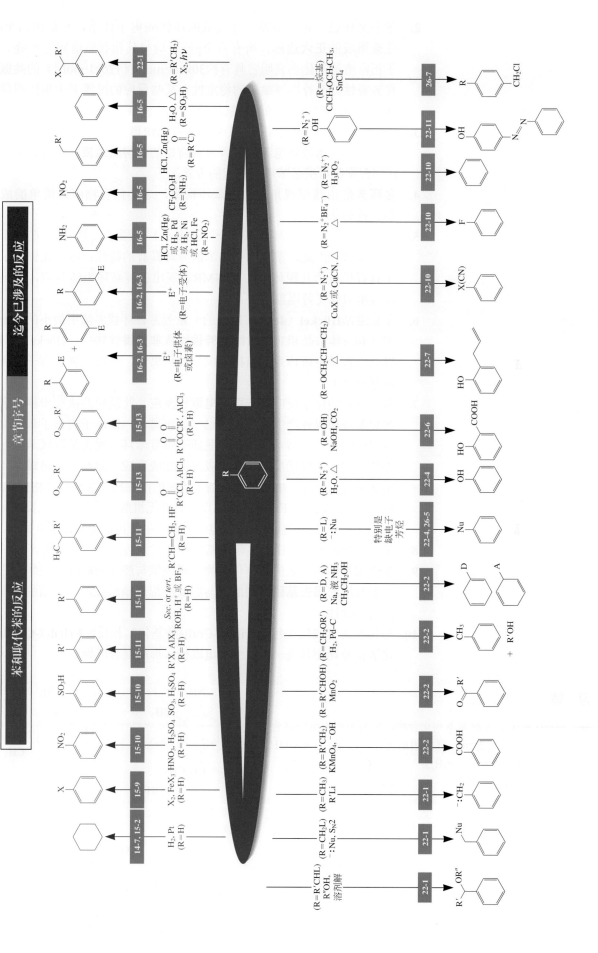

2. 苯不是环己三烯，而是一个离域的环状6π电子体系，它是由六个sp²杂化碳组成的**正六边形**，所有六个p轨道均与其相邻轨道同等重叠。苯低于正常值的氢化热表明它具有约30kcal·mol⁻¹（126kJ·mol⁻¹）的**共振能**或称**芳香性**。芳香离域赋予的稳定性在某些反应的过渡态中也很明显，如Diels-Alder环加成和烯烃臭氧化反应。

3. 苯的特殊结构导致不寻常的UV、IR和NMR谱学数据。¹H NMR谱图尤为特征，因为**诱导环电流**使芳香氢有特别的**去屏蔽效应**。另外，*o*-、*m*-、*p*-偶合常数可揭示苯环上取代的方式。

4. **多环芳烃**由线型或角型稠合苯环构成，这类化合物中最简单的成员是萘、蒽和菲。

5. 在这些分子中，苯环**共享**两个（或多个）碳原子，其π电子在整个环体系中离域。因此，萘显示一些苯的芳环具有的特性：电子光谱揭示其分子具有扩展的共轭体系；¹H NMR表现出去屏蔽环电流效应，并且几乎没有单双键交替现象。

6. 苯是遵循**Hückel（4n+2）**规则的一系列芳香环状多烯中最小的分子。大部分4n π体系是相对活泼的**反芳香性**或**非芳香性**物质。Hückel规则也拓展到芳香带电荷体系，包括环戊二烯负离子、环庚三烯正离子和环辛四烯双负离子。

7. 苯最重要的化学反应是**芳香亲电取代反应**。此反应的决速步骤是亲电试剂对苯环加成并产生离域的环己二烯正离子，该离子失去了苯环原有的芳香性特征。随后中间体迅速脱质子恢复苯环（现在是取代苯环）的芳香性。放热的取代反应优先于吸热的加成反应。此反应可形成卤代苯、硝基苯、苯磺酸、烷基苯和酰基苯等苯的衍生物。必要时，将使用Lewis酸（氯化、溴化和Friedel-Crafts反应）或无机酸（硝化和磺化反应）催化剂，这些催化剂增强试剂的亲电能力或产生带正电荷的强亲电试剂。

8. 苯的**磺化反应**是**可逆的**，磺酸基可在稀酸水溶液中加热除去。

9. **苯磺酸**是苯磺酰氯的前体化合物，磺酰氯与醇反应形成磺酸酯，它包含一个有用的**离去基团**。磺酰氯与胺反应形成磺酰胺，一些磺酰胺有重要的药物活性。

10. 与其他亲电取代（包括Friedel-Crafts酰基化）相反，**Friedel-Crafts烷基化**活化芳环使其进一步发生亲电取代，形成混合产物。

## 习 题

36. 使用IUPAC系统命名下列化合物，如果可能也给出其合理的常用名。（**提示**：官能团的优先顺序是：—COOH＞—CHO＞—OH＞—NH₂）

**37.** 给出下列以常用名命名化合物的IUPAC名称。

(a) 均四甲苯(杜烯)

(b) 4-己基间苯二酚（己雷琐辛）

(c) 丁子香酚

(d)

**38.** 画出下列化合物的结构，如果命名本身是错误的，则用系统命名法予以更正：(a) o-氯苯甲醛；(b) 2,4,6-三羟基苯；(c) 4-硝基-o-二甲苯；(d) m-异丙基苯甲酸；(e) 4,5-二溴苯胺；(f) p-甲氧基-m-硝基苯乙酮。

**39.** 苯完全燃烧时大约放热 $-789\ kcal \cdot mol^{-1}$，如果苯失去芳香性，它的燃烧热是多少？

**40.** 萘分子 $^1H$ NMR谱图显示有两组多重峰（图15-16），高场吸收峰（$\delta=7.49$）是C-2、C-3、C-6和C-7上氢原子信号，而低场的多重峰（$\delta=7.86$）则是C-1、C-4、C-5和C-8上氢原子的吸收峰。解释为什么一组氢原子比另一组受到更强的去屏蔽效应。

**41.** 完全氢化1,3,5,7-环辛四烯放热 $-101\ kcal \cdot mol^{-1}$，氢化环辛烯的过程 $\Delta H^{\ominus}=-23\ kcal \cdot mol^{-1}$，这些数据是否与本章中对环辛四烯的描述大致一致？

**42.** 根据Hückel规则，判断下列结构中哪些具有芳香性？

(a)　(b)　(c)

(d)　(e)

(f) $2K^+$　(g)

**43.** 下面是一些化合物的光谱和其他数据，请推断这些分子的结构：

(a) 分子式：$C_6H_4Br_2$；$^1H$ NMR数据见谱图A，$^{13}C$ NMR

谱图中有三个峰；IR：$\tilde{\nu}=745$（宽）$cm^{-1}$；UV：$\lambda_{max}(\varepsilon)=$ 263(150)，270(250)，278(180)nm。

(b) 分子式：$C_7H_7BrO$；$^1H$ NMR数据见谱图B，$^{13}C$ NMR谱图中有七个峰；IR：$\tilde{\nu}=680$(s)和765(s)$cm^{-1}$。

(c) 分子式：$C_9H_{11}Br$；$^1H$ NMR数据见谱图C，$^{13}C$ NMR（DEPT）：$\delta\ 20.6(CH_3)$，$23.6(CH_3)$，$124.2(C_{quat})$，$129.0(CH)$，$136.0(C_{quat})$，$137.7(C_{quat})$。

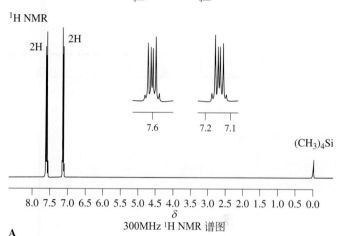

A　300MHz $^1H$ NMR 谱图

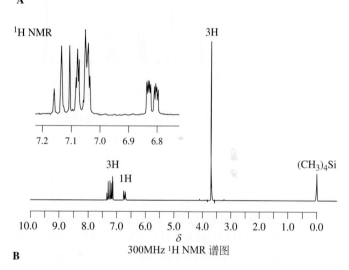

B　300MHz $^1H$ NMR 谱图

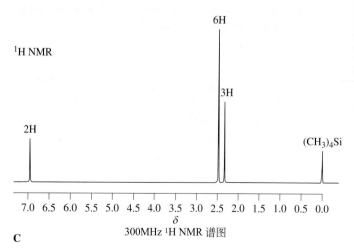

C　300MHz $^1H$ NMR 谱图

**44.** 甲苯和1,6-庚二炔具有相同的分子式（$C_7H_8$）和分子量（$M_r = 92$），下面所示的两张质谱图各自对应哪一个化合物？请解释。

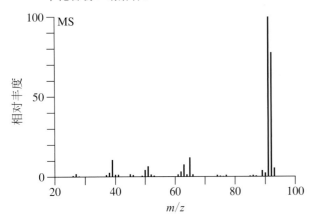

**45.**（**a**）是否可以仅根据质子去偶$^{13}$C NMR谱图中峰的数目来区分二甲氧基苯的三种异构体？试解释。

（**b**）二甲氧基萘有多少种异构体？每一种异构体在质子去偶$^{13}$C NMR谱图中各存在多少个吸收峰？

**46.** 由苯与HF-SbF$_5$加成生成的物质（练习15-24）具有下列$^{13}$C NMR吸收峰：$\delta = 52.2(CH_2)$，$136.9(CH)$，$178.1(CH)$和$186.6(CH)$。在$\delta = 136.9$和$\delta = 186.6$处峰的强度是其他峰的两倍，请归属这些谱学数据。

**47.** 复习反应，不参考第749页的反应路线图，采用试剂将苯转化为下列各种化合物。

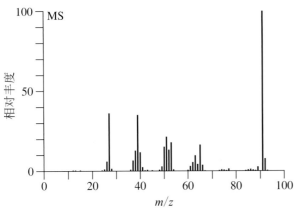

**48.** 预测下列每一组试剂混合物对苯加成的主产物。（**提示：**寻找本章中的类似反应。）

（**a**）$Cl_2 + AlCl_3$

（**b**）$T_2O + T_2SO_4$（T=氚，$^3H$）

（**c**）$(CH_3)_3COH + H_3PO_4$

（**d**）$N_2O_5$（此化合物易分解成$NO_2^+$和$NO_3^-$）

（**e**）$(CH_3)_2C{=}CH_2 + H_3PO_4$

（**f**）$(CH_3)_3CCH_2CH_2Cl + AlCl_3$

（**g**）$(CH_3)_2CCH_2CH_2C(CH_3)_2 + AlBr_3$（带两个Br）

（**h**）$H_3C{-}\langle\rangle{-}COCl + AlCl_3$

**49.** 请写出习题48中（**c**）和（**f**）反应的机理。

**50.** 六氘代苯（$C_6D_6$）是一种测定$^1H$ NMR波谱非常有用的溶剂，因为它能够溶解很多有机化合物，并且它是芳香性的，非常稳定。提出一种制备六氘代苯的方法。

**51.** 提出用氯磺酸（$ClSO_3H$）对苯进行磺酰化反应（如下所示）的机理。

$$\langle\rangle + Cl{-}S(=O)(=O){-}OH \longrightarrow \langle\rangle{-}SO_3H + HCl$$

**52.** 在三氯化铝存在下，苯与二氯化硫（$SCl_2$）反应得到二苯基硫醚$C_6H_5{-}S{-}C_6H_5$，提出该反应的机理。

**53.**（**a**）3-苯基丙酰氯（$C_6H_5CH_2CH_2COCl$）与$AlCl_3$反应生成单一产物，此产物分子式为$C_9H_8O$，$^1H$ NMR谱图在$\delta\,2.53(t, J=8Hz, 2H)$，$3.02(t, J=8Hz, 2H)$和$7.2\sim7.7(m, 4H)$处有吸收峰。推测此产物的结构和反应机理。

（**b**）上面（**a**）描述的产物经历下面一系列反应：（1）$NaBH_4$，$CH_3CH_2OH$，（2）浓$H_2SO_4$，100℃，（3）$H_2/Pd{-}C/CH_3CH_2OH$，最终生成的分子在$^{13}C$ NMR谱图中存在五个共振吸收峰。在这一系列转化中每一步的产物是什么？

**54.** 本章内容阐述烷基苯比苯更容易受到亲电进攻。画出如图15-20所示的曲线图，以说明甲苯和苯的亲电取代反应在能量分布曲线上定量的差别。

**55.** 如同卤代烷烃，卤代芳烃也可容易地转变成金属有机试剂，它们是亲核碳的来源。

$$\langle\rangle{-}Br \xrightarrow{Mg,\ (CH_3CH_2)_2O,\ 25℃} \langle\rangle^{\delta-}{-}^{\delta+}MgBr$$

苯基溴化镁

$$\langle\rangle{-}Cl \xrightarrow{Mg,\ THF,\ 50℃} \langle\rangle^{\delta-}{-}^{\delta+}MgCl$$

苯基氯化镁

}格氏试剂

这些试剂的化学性质与其烷基类似物相似，写出下列反应的主产物。

(**a**) $C_6H_5Br$ $\xrightarrow[\text{3. H}^+, \text{H}_2\text{O}]{\substack{\text{1. Li, (CH}_3\text{CH}_2)_2\text{O} \\ \text{2. CH}_3\text{CHO}}}$ (**b**) $C_6H_5Cl$ $\xrightarrow[\text{3. H}^+, \text{H}_2\text{O}]{\substack{\text{1. Mg, THF} \\ \text{2. } \text{H}_2\text{C—CH}_2 \text{(O)}}}$

**56.** 以苯为原料高效合成下列化合物：(**a**) 1-苯基-1-庚醇；(**b**) 2-苯基-2-丁醇；(**c**) 辛基苯。(**提示**：使用15-13节中的方法。为什么在此不能使用Friedel-Crafts烷基化反应？)

**57.** 香草醛是一种具有多官能团取代的苯衍生物，其中每个官能团都表现出其特有的反应性。你认为香草醛与以下每种试剂反应的产物是什么？
(**a**) $NaBH_4$, $CH_3CH_2OH$
(**b**) $NaOH$，然后加入 $CH_3I$

香草醛

香草醛是从香草属植物的种子荚中提取出来的，其历史可以追溯到至少500年前：墨西哥阿兹特克人（Mexican Aztecs）用它来调制一种称作"xocoatl"风味的巧克力饮料。Cortez在蒙特苏马统治时期发现了它，并将其传入了欧洲。随着对香草醛需求的增长，发展香草醛的合成方法非常必要，其中包括从其他植物源中提取相关的物质。最重要的原料来源之一是造纸产生的木料废弃物，将其先用NaOH水溶液处理，然后在170℃下用加压空气氧化，可以产生大量的香草醛。丁子香酚（丁香提取物）转化为香草醛的方法与上述过程在化学上很类似。首先，将丁子香酚在150℃下和高沸点溶剂中用KOH处理，使其侧链丙烯基中双键的位置发生异构化：

$\xrightarrow{\text{KOH, 150℃, 1.5 h}}$

丁子香酚

随后氧化断裂双键完成香草醛合成（12-12节）。
(**c**) 请提出上述反应式中双键异构化的机理。

**58.** 由于π电子环状离域，下面表示 *o*-二甲苯的结构式A和B仅是同一分子的两个共振式。两个二甲基环辛四烯结构式C和D是否也能认为是同一分子的不同共振式？请解释。

**A**　　**B**

**C**　　**D**

**59.** 下图中定性比较了烯丙基和环丙烯基π体系的能级。(**a**) 画出这两个体系各自的三个分子轨道。如同图15-4，用正号、负号和虚线表示成键重叠和节面。这两个体系含有简并轨道吗？(**b**) 相对于2-丙烯基（烯丙基），多少个电子能使环丙烯基体系获得最大稳定化作用（与图15-5中苯进行比较）？画出这两个体系含有这些电子及一定电荷的Lewis结构式。(**c**) 在 (**b**) 中画出的环丙烯基体系符合芳香性的要求吗？请解释。

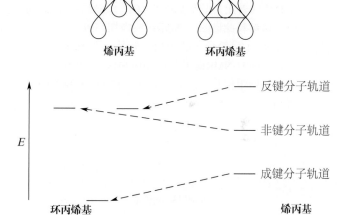

烯丙基　　环丙烯基

反键分子轨道

非键分子轨道

成键分子轨道

环丙烯基　　　　烯丙基

**60. 挑战题**　2,3-二苯基环丙烯酮（结构如下）与HBr作用形成一个具有离子性质（例如盐）的加成产物，画出此产物的结构，并说明此物质稳定存在的理由。

2,3-二苯基环丙烯酮

**61. 挑战题**　根据Hückel规则，环丁二烯二正离子（$C_4H_4^{2+}$）是芳香性的吗？请画出它的π分子轨道图来说明。

**62.** 以下所示的所有分子都是"富烯"（亚甲基环戊二烯）的实例。

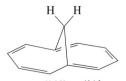

5-甲亚基-1,3-环戊二烯
"富烯"

6-二甲氨基富烯

$H_3C$　　$CH_3$

6,6-二甲基富烯

$C_6H_5$　　$C_6H_5$

6,6-二苯基富烯

（**a**）这些分子结构中有一种比其他分子具有更强的酸性，其$pK_a$值在20左右，确定此分子和其酸性最强的氢，并解释为什么它是一个具有强酸性并仅有碳-氢键的分子。

（**b**）对应于上述富烯分子结构，7-异丙亚基-1,3,5-环庚三烯却没有不寻常的酸性，请解释。

**63.** 富烯的特征反应是亲核加成，你认为亲核试剂更容易进攻富烯中哪个碳原子，为什么？

**64. 挑战题** （**a**）[18]轮烯的$^1$H NMR谱图在$\delta=9.28$（12H）和-2.99（6H）处显示两组信号。负的化学位移意味着此共振吸收峰在（$CH_3$）$_4$Si峰右边的高场区，请解释此谱图。（提示：参考图15-9）（**b**）1,6-亚甲基[10]轮烯（结构如下）是一个不寻常的分子，它的$^1$H NMR谱图在$\delta=7.10$（8H）和-0.50（2H）处产生两组信号，这个结果是分子具有芳香性的标志吗？

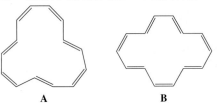

**1,6-亚甲基[10]轮烯**

（**c**）习题42（d）中的分子（1,5-亚甲基[10]轮烯）在$^1$H和$^{13}$C NMR谱图中也都存在不同寻常的信号。$^1$H NMR谱除了在$\delta=6.88\sim8.11$有信号（共计8H）之外，在$\delta=-0.95$（d，$J=12Hz$，1H）和-0.50（d，$J=12Hz$，1H）处也有吸收峰。$^{13}$C NMR除了在$\delta=125.1\sim161.2$的信号外，在$\delta=34.7$有一个峰。请再次给出理由。

**65.** [14]轮烯最稳定的异构体的$^1$H NMR谱图在$\delta=-0.61$（4H）和7.88（10H）处显示两组峰。这里给出了[14]轮烯两个可能的异构体，它们的差别在哪里？哪一种结构与所给出的NMR谱图吻合？

**A**　　　　**B**

**66.** 用反应机理解释下列反应及所示的立体构型。

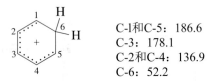

**67.** 金属取代苯在医药领域有很长的应用历史。在发现抗生素以前，许多疾病只能用苯基砷衍生物治疗。至今，苯基汞衍生物一直用作杀菌剂和抗菌剂。根据本章所学的基本原理和你对$Hg^{2+}$化合物特性的认知（12-7节），设计合理的反应合成乙酸苯汞。

$$HgOCCH_3$$

**乙酸苯汞**

## 团队练习

**68.** 小组讨论下列与芳香亲电取代反应机理相关的补充实验结果：

（**a**）HCl和苯的混合溶液是无色的，并且不导电。而HCl、$AlCl_3$和苯的混合溶液有色且导电。

（**b**）下图所列是图中活性中间体的$^{13}$C NMR谱图的化学位移值（参见练习15-24）。

C-1和C-5：186.6
C-3：178.1
C-2和C-4：136.9
C-6：52.2

（**c**）下列化合物氯化反应的相对速率如表所示：

| 化合物 | 相对速率 |
| --- | --- |
| 苯 | 0.0005 |
| 甲苯 | 0.157 |
| 1,4-二甲苯 | 1.00 |
| 1,2-二甲苯 | 2.1 |
| 1,2,4-三甲苯 | 200 |
| 1,2,3-三甲苯 | 340 |
| 1,2,3,4-四甲苯 | 2000 |
| 1,2,3,5-四甲苯 | 240000 |
| 五甲苯 | 360000 |

（**d**）当1,3,5-三甲苯用氟乙烷和1倍量$BF_3$在-80℃处理时，生成一个可分离的、熔点为-15℃的固体盐化合物。加热此盐产生1-乙基-2,4,6-三甲苯。

**预科练习**

**69.** *o*-碘苯胺是下列哪个化合物的常用名？

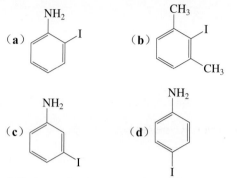

**70.** 根据Hückel规则，下列哪个化合物不是芳香性的？

（a） （b） （c） （d）

**71.** 当化合物A（如下所示）用稀无机酸处理时会发生异构化，下列化合物中哪个是新生成的异构体？

CHCH₃

CHCH₃

**A**

（a） CH₃ CH₂CH₂CH₃ （b） CH₂CH₃ CH₂CH₃

（c） CH₃ CH₂CH₃ CH₃ （d） CH₂CH₃ CH₂CH₃

**72.** 实现下面转化采用哪组试剂最好？

→ Br

（a）HBr，过氧化物；（b）Br₂，FeBr₃；（c）Br₂的CCl₄溶液；（d）KBr。

**73.** 指出下列哪一个分子含有1.39Å的碳-碳键。

（a） （b）

（c） CH₃ CH₃ （d） CH₃

（e）H₃CC≡CCH₃

# 苯衍生物的亲电进攻

## 取代基控制区域选择性

阿司匹林（Aspirin）可以说是有史以来最畅销的药物。工业上，可以通过苯酚的选择性芳香亲电取代制备。其活性代谢产物 2- 羟基苯甲酸（水杨酸），可从白柳树的树皮中获得，用来治疗炎症和缓解因关节炎、软组织损伤和发热引起的疼痛或不适，已经有四千年的历史。阿司匹林是德国拜耳公司在 19 世纪末发现的，具有讽刺意味的是，阿司匹林是与另一种药物海洛因（Heroin）一起销售的，当时后者的成瘾副作用还未被发现。

**在**你的生活中可能已经服用过一种诸如阿司匹林、对乙酰氨基酚（Acetaminophen）、萘普生（Naproxen）或布洛芬（Ibuprofen）的止痛药物，或许人们更熟悉它们的商品名阿司匹林（Aspirin）、泰诺（Tylenol）、萘普生（Naprosyn）和艾德维尔（Advil）等。阿司匹林、对乙酰氨基酚和布洛芬是邻位或对位双取代的苯，而萘普生是双取代的萘。这些化合物是如何合成的？答案是通过芳香亲电取代反应合成的。

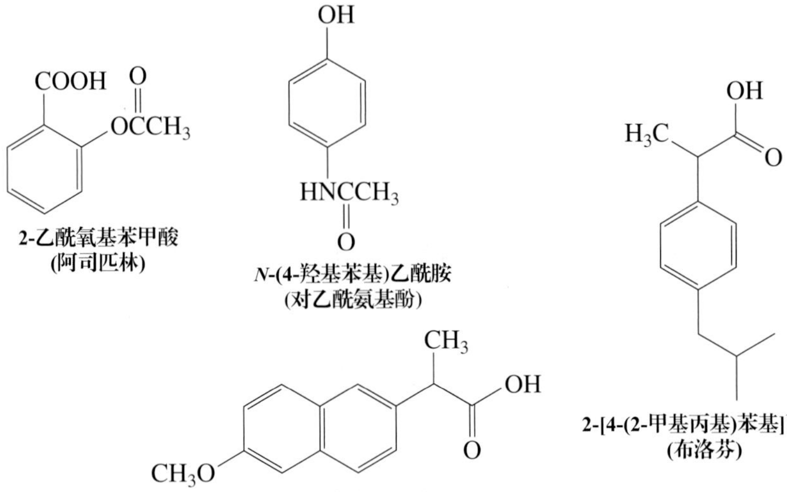

**2-乙酰氧基苯甲酸**
**(阿司匹林)**

**N-(4-羟基苯基)乙酰胺**
**(对乙酰氨基酚)**

**2-[4-(2-甲基丙基)苯基]丙酸**
**(布洛芬)**

**2-[2-(6-甲氧萘基)]丙酸**
**(萘普生)**

　　第 15 章描述了这一转化反应在单取代苯的制备中的应用。这一章我们将分析第一个取代基对随后进行的亲电取代反应的反应性和区域选择性（定位）的影响。确切地讲，我们把苯环上的取代基分成两类：（1）**活化基团**（activator，电子给体）通常引导第二个取代基到电子给体的**邻位**（ortho）、**对位**（para）；（2）**钝化基团**（deactivator，电子受体）通常引导第二个取代基到电子受体的**间位**（meta）。然后我们将讨论用于合成多取代芳烃的策略，以制备上述止痛药物。

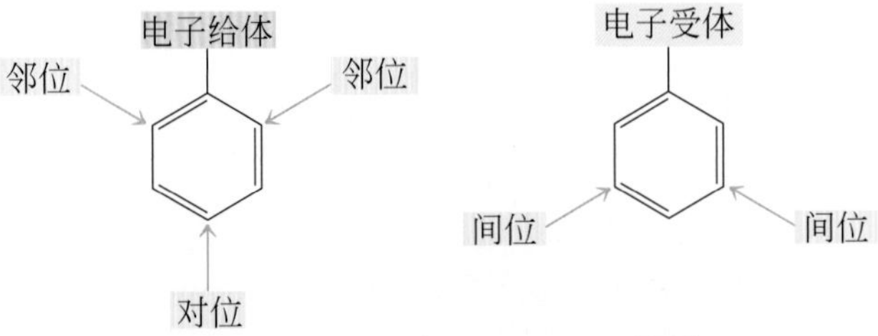

电子给体
邻位　　　邻位

对位
**活化的环**

电子受体

间位　　　间位
**钝化的环**

## 16-1 | 取代基对苯环的活化或钝化作用

　　在 14-8 节中已学过关于取代基对 Diels-Alder 反应效率的影响：共轭二烯上的电子给体和亲双烯体上的受体有利于环加成。第 15 章阐明了这种影响的另一种表现形式：在苯环上引入吸电子取代基（例如在硝化反应中）之后，苯环再进行芳香亲电取代反应（EAS）的速率变慢；引入电子给体，像在 Friedel-Crafts 烷基化反应中那样，则反应速率加快。在这个过程中导致取代基具有活化或钝化性质的因素是什么？它们又是如何影响使单取代苯的进一步亲电进攻的？

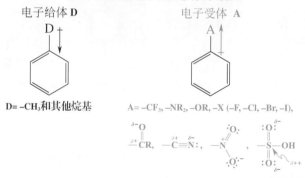

任何取代基的电子效应都是由两种相互关联的效应决定的：**诱导效应**（induction effection）和**共振效应**（resonance effection）。这两种效应取决于取代基的结构，也可能同时发挥作用。诱导效应是通过骨架中的 σ 键传递的，且随距离增加而迅速减弱，主要是由原子的电负性和相应键的极化控制的（表 1-2 和表 8-2）。共振效应是通过 π 键发生作用的，因此范围更大，并且在带电荷体系中效应非常强（1-5 节，第 14 章）。

现在，让我们来看一看通过芳香亲电取代反应引入的一些典型基团的这两种效应。首先是诱导给体和诱导受体。简单的烷基，如甲基，是一个给电子基团，这是由骨架中诱导的（11-3 节）和超共轭的 σ 键赋予的给电子能力（7-5 和11-5 节）。相反，三氟甲基（由于氟原子的电负性）是吸电子基团。类似的还有那些直接键连的杂原子如 N、O 和卤素等（由于它们的相对电负性），以及那些在羰基、氰基、硝基和磺酸基中极化的带正电的原子，都是诱导吸电子基团。

### 苯环上某些取代基的诱导效应

电子给体 **D**

D= –CH₃和其他烷基

电子受体 **A**

A= –CF₃, –NR₂, –OR, –X (–F, –Cl, –Br, –I),

现在再看一下那些能与芳香 π 体系发生共振的取代基。共振给体上至少有一对电子可以离域到苯环上，因此像—NR₂、—OR 和卤素等基团就属于这一类。你会注意到，从诱导效应看它们属于吸电子基团。换句话说，在这里诱导和共振两种相互对立的效应共存。哪一种占优势呢？ 答案取决于杂原子的相对电负性和它们的 p 轨道与芳香 π 体系相互重叠的能力。对于氨基和烷氧基而言，共振效应胜过诱导效应；而对于卤素，诱导效应大于共振效应，使它成为弱的电子受体。

### 对苯环的共振给电子

供体D带正电荷

受体苯环带负电荷

D = –NR₂, –OR, –F:, –Cl:, –Br:, –I:

最后，带有极化双键或叁键的基团，如羰基、氰基、硝基和磺酸基，它们带正电荷的一端（$\delta^+$）与苯环相连，通过共振吸电子。

**对苯环的共振吸电子**

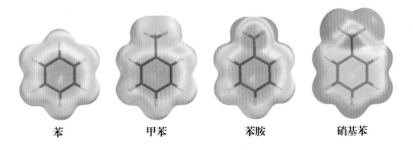

注意，在这里共振增强了诱导效应。

静电势图表明，存在给电子取代基时，苯环呈相对红色，而存在吸电子基团时，苯环呈现出蓝（绿）色。

苯　　　　　甲苯　　　　　苯胺　　　　　硝基苯

## 练习 16-1

解释图 15-11 和 15-12 中 $^1$H NMR 谱线的归属。（**提示**：画出含取代基的苯的共振结构。）

## 练习 16-2

苯酚的 $^{13}$C NMR 谱图有四条谱线，其化学位移为 $\delta=116.1$（C-2），120.8（C-4），130.5（C-3）和 155.6（C-1），解释这四条谱线的归属依据。（**提示**：苯环在 $^{13}$C NMR 谱图中的化学位移 $\delta=128.7$。）

如何确定一个取代基是电子给体还是受体？ 在芳香亲电取代反应中，答案相当简单。因为进攻试剂是亲电性的，芳环的电子越丰富，反应进行得越快。相反，缺电子的芳环反应进行得较慢。因此，电子给体活化苯环，而电子受体钝化苯环。

**$C_6H_5X$的相对硝化速率**

| $X =$ | $NH(C_6H_5)$ | $>$ | $OH$ | $>$ | $CH_3$ | $>$ | $H$ | $>$ | $Cl$ | $>$ | $CO_2CH_2CH_3$ | $>$ | $CF_3$ | $>$ | $NO_2$ |
|---|---|---|---|---|---|---|---|---|---|---|---|---|---|---|---|
| | $10^6$ | | 1000 | | 25 | | 1 | | 0.033 | | 0.0037 | | $2.6\times10^{-5}$ | | $6\times10^{-8}$ |

硝化速率增加

## 练习 16-3

以上述的硝化相对速率作为依据，指出下列化合物发生亲电进攻时，哪些苯环被活化，哪些苯环被钝化。

（a）　　　　（b）　　　　（c）　　　　（d）　　　　（e）

---

## 小　结

当考虑取代基对苯环反应性的影响时，必须分析诱导效应和共振效应贡献的大小。相对苯的芳香亲电取代反应而言，可将取代基分为两类：（1）电子给体加速芳香亲电取代反应；（2）电子受体则使芳香亲电取代反应变慢。

---

## 16-2 烷基的给电子定位效应

现在让我们来解决取代苯的芳香亲电取代反应中的区域选择性（定位）问题。是什么因素控制着苯环上亲电试剂的进攻位置？ 我们从烷基取代苯的亲电取代反应开始，比如甲苯中甲基的给电子效应是通过诱导效应和超共轭效应实现的。

### 给电子基团通过诱导效应和超共轭效应定位活化苯环的邻位和对位

甲苯的亲电溴化反应明显地比苯的溴化反应快，而且甲苯的溴化反应是区域选择性的：主要生成对位取代产物（60%）和邻位取代产物（40%），几乎没有间位产物。

**甲苯的亲电溴化反应生成邻位和对位取代产物**

Br—Br, FeBr₃, CCl₄
−HBr

39%　　　　<1%　　　　60%

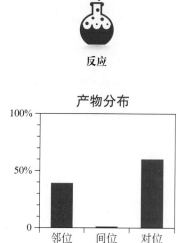

反应

1-溴-2-甲基苯（邻溴甲苯）　　1-溴-3-甲基苯（间溴甲苯）　　1-溴-4-甲基苯（对溴甲苯）

产物分布
邻位　间位　对位

溴化反应是个特例吗？ 答案是否定的。烷基苯的硝化、磺化和 Friedel-Crafts 反应都给出类似的结果：产物主要是邻、对位取代（表 16-2）。显然，进攻的亲电试剂的性质对定位效应没有影响，起定位作用的是烷基。因为几乎没有间位产物，所以说活化的甲基取代基是**邻对位定位基**（ortho and para directing group）。

　　能否用机理来解释这种选择性？ 让我们观察一下在亲电试剂 E⁺ 进攻苯环的第一步即决速步骤反应后，所产生正离子的各种可能的共振式。

### 甲苯的邻、间、对位进攻

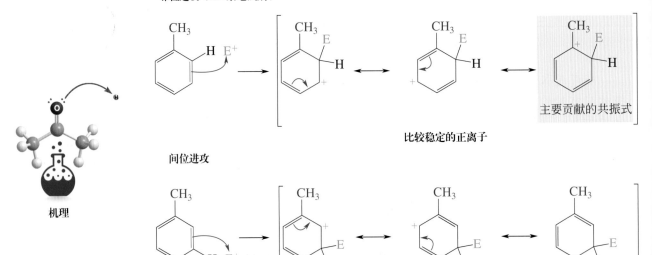

邻位进攻（E⁺=亲电试剂）

间位进攻

对位进攻

**机理**

**药物的卤化衍生物**

　　药物经卤化后可以改善其有效性。比如，抗组胺药和镇静剂非尼拉敏（Pheniramine）（R＝H）氯化后产生活性更高的氯苯那敏（R＝Cl），包括像 Actifed 和 Allerest 这样的药物，以及更持久有效的以 Bromfed 或 Dimethane 为商品名销售的溴苯那敏（R＝Br）。氟化物和碘化物的活性相对较低，但在如疟疾和一些癌症等其他药物研发中受到关注。

　　烷基通过诱导和超共轭作用给电子（16-1 节）。邻、对位上的亲电进攻产生一个碳正离子中间体，中间体的一种共振式中正电荷处于与烷基取代基相连的碳上，类似叔碳正离子（7-5 节）。因为烷基可以增大电荷密度稳定正电荷，所以这个共振式对共振杂化的贡献要大于那些将正电荷放在未取代的碳上的共振式。而间位进攻产生的中间体中，没有一个共振式可以从这样的直接稳定化中获益。因此，在甲基（或其他烷基）邻、对位上的亲电进攻产生的正离子中间体要比在间位进攻产生的正离子中间体更稳定。产生比较稳定中间体的过渡态具有相对较低的能量（Hammond 假设，参见 3-5 节），因此，可以较快抵达。

　　为什么邻、对位这两种优势的产物并不是等量地生成呢？ 通常是因为立体效应。亲电试剂（特别是空间体积较大的）进攻一个取代基（同样具有其他空间体积特别大的取代基）的邻位要比进攻对位的空间位阻大。因此，往往是对位产物多于邻位产物。在甲苯溴化反应中这种差别较小，而在1,1-二甲基乙基苯（叔丁基苯）的卤化反应中这种差别要大得多，对位产物与邻位产物之比约为 10∶1。

这种效应的一个众所周知的"绿色化学"例子（真实生活 3-1）是 2-甲基丙基苯与乙酸酐的 Friedel-Crafts 乙酰化反应。布洛芬中间体的工业生产就是采用此反应 [本章导语；另见练习 16-10（b）]。这里，多孔沸石催化剂（3-3 节）不仅提供酸性表面位点，而且提供了增强对位选择性的环境。该方法避免使用腐蚀性乙酰氯和 $AlCl_3$ 试剂，也就相应地避免形成经典 Friedel-Crafts 乙酰化过程中所产生的有毒副产物 HCl。相反，该过程的副产品是醋酸，而醋酸本身就是一种有用的化学品。

甲苯

### 烷基苯的一个绿色乙酰化反应

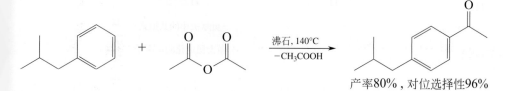

沸石，140℃
$-CH_3COOH$

产率80%，对位选择性96%

## 诱导吸电子基团是钝化基团和间位定位基

在三氟甲基苯中，氟原子强的电负性使得三氟甲基显现出吸电子诱导性质（16-1 节）。在此情况下，苯环被钝化，与亲电试剂的反应很慢。在剧烈的条件下，如加热时，取代反应才能发生，但只得到间位产物。因此三氟甲基是钝化苯环的**间位定位基**（meta directing group）。

反应

### 三氟甲基苯的亲电硝化反应主要生成间位取代产物

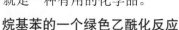

产物分布

| | 6% | 91% | 3% |
| --- | --- | --- | --- |

1-硝基-2-(三氟甲基)苯
[邻硝基(三氟甲基)苯]　　1-硝基-3-(三氟甲基)苯
[间硝基(三氟甲基)苯]　　1-硝基-4-(三氟甲基)苯
[对硝基(三氟甲基)苯]

诱导吸电子取代基的存在使得苯环所有位置上的由亲电进攻得到的碳正离子都是不稳定的。然而，邻、对位的进攻比间位更困难，其原因与甲

### 对三氟甲基苯的邻、间、对位进攻

邻位进攻

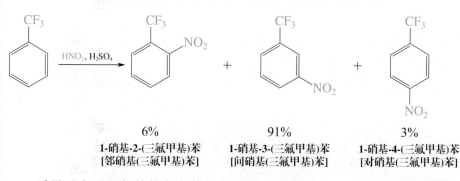

贡献极小的共振式

强去稳定化的正离子

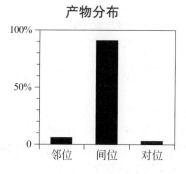

机理

**间位进攻**

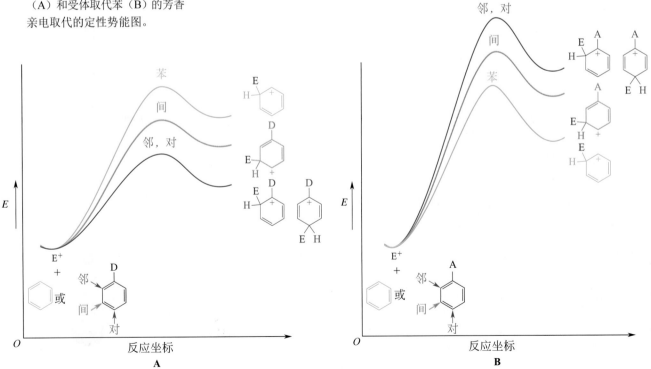

较少去稳定化的正离子

**对位进攻**

贡献极小的共振式

强去稳定化的正离子

苯的亲电进攻在邻、对位更容易是一样的。在所有情况下，碳正离子中间体中有一种共振式是将正电荷放在与取代基相连的碳上。给电子取代基能够使这种结构稳定，而吸电子取代基使这种结构去稳定，因为从碳正离子中心移去电子在能量上是不利的。间位进攻避免了这种情况。间位进攻的中间体虽然仍存在诱导的去稳定化作用，但是程度较小。因此，三氟甲基苯阻碍取代反应发生。但是，当反应发生时，亲电试剂定位在间位，或更确切地说是远离邻、对位碳。

我们可以借助于势能图（图16-1）分别总结供体和受体取代对苯环发生亲电进攻的能量效应。

**图16-1** 比较苯、供体取代苯（A）和受体取代苯（B）的芳香亲电取代的定性势能图。

A

B

## 练习 16-4

按亲电取代反应活性降低的顺序排列下面化合物。

（a）邻-CF₃-甲苯  （b）甲苯  （c）三氟甲基苯  （d）邻二甲苯

## 练习 16-5

（a）等物质的量的甲苯与三氟甲基苯的混合物和 1 倍量的溴进行亲电溴化反应，只得到 1-溴-2-甲苯和 1-溴-4-甲苯。为什么？

（b）确定下列分子发生亲电取代时，哪些以邻位和对位取代为主，哪些以间位取代为主。

（i）乙苯  （ii）$CCl_3$-苯  （iii）环戊基苯  （iv）$CF_2CF_3$-苯

## 小 结

给电子基团通过诱导效应和超共轭效应活化苯环，并使亲电试剂定位在邻、对位。相应的电子受体钝化苯环，是亲电试剂的间位定位基。

# 16-3 与苯环共轭的取代基的定位效应

取代基的电子与苯环共轭时会有什么影响？我们再一次通过比较由不同亲电进攻模式形成的中间体的共振式来回答这个问题。

## 共振给电子基团活化并定位于邻、对位

带有—NH₂ 和—OH 的苯环被大大活化。例如，苯胺和苯酚的卤化反应不仅可以在没有催化剂时发生，而且很难控制在生成单取代产物。反应进行得很快，像烷基的诱导活化效应（16-2 节）一样，全部生成邻、对位的取代产物。

**苯胺和苯酚的亲电溴化反应生成邻、对位取代产物**

苯胺 —[3 Br—Br, H₂O, −3 HBr]→ 2,4,6-三溴苯胺 100%

苯酚 —[3 Br—Br, H₂O, −3 HBr]→ 2,4,6-三溴苯酚 100%

反应

对氨基和羟基进行修饰可使反应更好地控制在单取代产物。例如，*N*-苯基乙酰胺（乙酰苯胺）和甲氧基苯（苯甲醚），这些都是邻、对位定位基团，只是活性不像氨基、羟基那样强（16-5 节）。

### *N*-苯基乙酰胺（乙酰苯胺）的亲电硝化反应

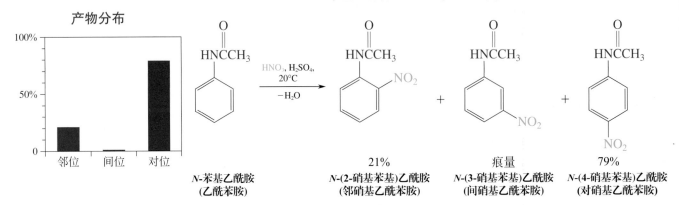

这些化合物的活化性质和亲电取代反应的定位效应可以通过各种中间体碳正离子的共振式来解释。

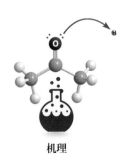

**动画**

动画展示机理：苯胺的芳香亲电取代反应（邻位*vs*间位*vs*对位）

机理

### 苯胺的邻、间和对位进攻

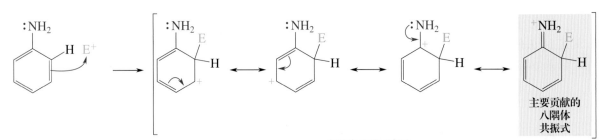

因为氮的电负性比碳强，苯胺中的氨基具有诱导吸电子效应（16-1 节）。但是氮原子上的孤对电子可以参与共振，因此稳定了由邻、对位（但不是间位）取代反应形成的中间体正离子，这种共振效应超过了诱导效应。与烷基相比（16-2 节），氨基不仅为正离子中间体提供了一个额外的共振能，而且形成了非常重要的 Lewis 八隅体共轭结构。结果是大大减小了亲电试剂在邻或对位进攻的活化能垒。相对烷基苯（和苯）而言，对于亲电取代反应，苯胺大大被活化，且反应是高度区域选择性的，几乎全部生成邻、对位产物（请再次参见图 16-1）。

## 解题练习16-6

**运用概念解题：预测芳香亲电取代的区域选择性特征**

预测甲氧基苯与普通亲电试剂 E⁺ 进行亲电芳香取代反应的结果。

**策略：**

- **W**：有何信息？甲氧基是供电子的，所以我们处理的是一个活化的苯环。
- **H**：如何进行？在回答关于取代苯的亲电取代反应的区域选择性问题时，有一个黄金规则：当没把握时，在写出答案前先写出所有进攻模式的中间体。
- **I**：需用的信息？回顾通过苯环上的亲电进攻产生的环己二烯基正离子的共振结构（16-2节和16-3节）。
- **P**：继续进行。

**解答：**

甲氧基苯（茴香醚）在此过程中产生以下正离子：

**邻位进攻**

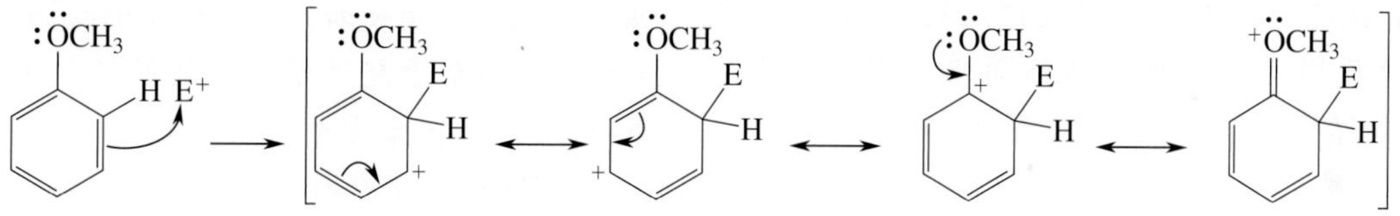

**间位进攻**

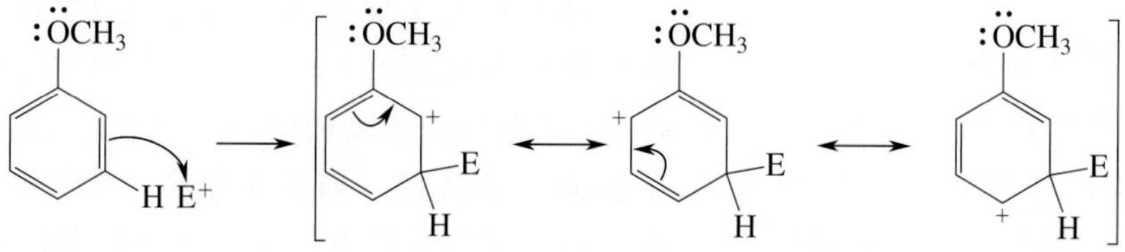

**对位进攻**

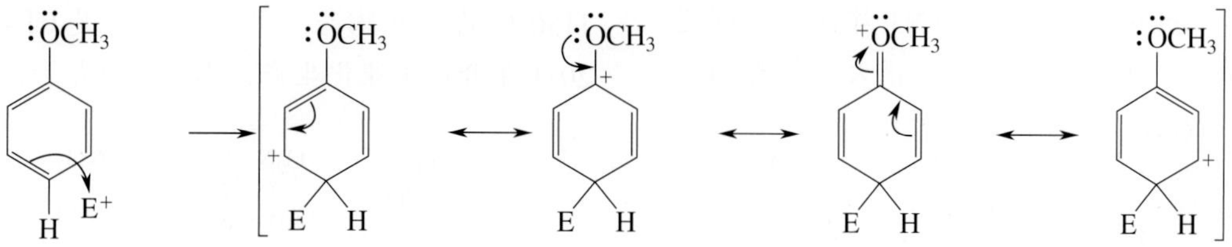

- 它们有什么不同？你可以马上看出，邻位和对位进攻分别产生了四种共振式的中间体，并且在每种情况下，其中的一种共振式都与甲氧基上的孤对电子有关。
- 相比之下，间位取代通过仅有三种共振式描述的正离子过程进行，其中氧孤对电子没有参与任何一种的形成。
- 因此，取代反应只会发生在起始原料中由甲氧基取代基定位的邻位和对位。

**真实生活：材料**  16-1    爆炸性硝基芳烃——TNT和苦味酸

甲苯和苯酚完全邻、对位硝化，分别得到相应的三硝基衍生物：TNT和苦味酸。这两种化合物都是强力炸药。TNT（发现于1863年）和苦味酸（发现于1771年）用作军事和工业炸药已有悠久的历史。

2-甲基1,3,5-三硝基苯
(2,4,6-三硝基甲苯, TNT)

2,4,6-三硝基苯酚
（苦味酸）

炸药通常是能够快速分解的高能量密度的物质。与推进剂（如火箭燃料）不同，它们不燃烧，而是靠自身内能引爆。炸药通常产生高热量和大量气态产物，产生（通常是破坏性的）冲击波。TNT的爆速为7459m·s$^{-1}$。爆炸可以通过撞击（包括雷管）、摩擦、热和火焰、放电（包括静电）或紫外线照射来启动，具体方式取决于化合物。硝基在这些材料中起着重要的作用，因为它是周围碳骨架的氧化剂（产生CO和$CO_2$气体），也是$N_2$的前体。

TNT炸药是历史上使用最广泛的军用炸药。其流行的原因是成本低，制备简单，操作安全（对冲击和摩擦的敏感性低），有相对较高的爆炸威力（且具有良好的化学稳定性和热稳定性），低挥发性和低毒性，与其他炸药兼容，熔点低，允许配方熔铸。

TNT已成为衡量其他炸药杀伤力的标准，特别是在军事方面，往往把其他爆炸物的破坏力与等当量的TNT相比较。例如，1945年7月16日美国在新墨西哥州引爆的第一颗原子弹，其破坏力相当于19000吨TNT炸药。在日本广岛上空爆炸的原子弹，相当于13000吨TNT炸药，造成超过14万人丧生。看起来这些数字很大，但与相当

于1000万吨TNT的氢弹相比就相形见绌了。为了进一步比较，第二次世界大战的总爆炸物"仅"相当于200万吨TNT。

海面上可以清楚地看到爱荷华号的巨型机枪开火产生的球形冲击波［*Time Life Pictures/Getty Images*］

苦味酸除了用作炸药之外，在其他的商业领域，如火柴、制革工业、电池和彩色玻璃方面都有应用。苦味酸之所以被称作酸，是因为所含的羟基有极高的酸性（p$K_a$=0.38，22-3节）。三个硝基的吸电子作用使酚羟基超过了醋酸的酸性（p$K_a$ = 4.7），甚至于超过了氢氟酸的酸性（p$K_a$= 3.2，表2-2）。这个性质也是苦味酸在军事用途中被TNT取代的部分原因。例如，在炮弹中，它会腐蚀外壳并造成泄漏，从而造成危险事故。

TNT和苦味酸逐渐被特屈儿（Tetryl）、RDX和硝化甘油所取代（9-11节）。在研究方面，化学家们正在继续探索新的结构。一个典型的例子就是在2000年合成的八硝基立方烷，其中较大的环张力增加了材料的震力。它的分子式为$C_8N_8O_{16}$，表示有可能产生8个$CO_2$，4个$N_2$分子，同时伴随着1150倍的体积膨胀。另一个例子是CL-20，它从2011年开始工业化生产，已经用于火箭推进剂中。

2,4,6-三硝基苯基-
*N*-甲基硝胺
（特屈儿）

1,3,5-三硝基-1,3,5-
三氮杂环己烷
（RDX）

八硝基立方烷

CL-20

## 16-7　自试解题

在强酸条件下，苯胺对于亲电进攻变得十分不活泼，而且间位取代的产物增加，请解释原因。（**提示：苯胺上的氮原子具有碱性，如何按 16-1 节讨论的框架对所产生的取代基进行分类？**）

### 共振吸电子基团钝化苯环并定位于间位

有些基团通过共振效应钝化苯环（16-1 节）。苯甲酸（$C_6H_5CO_2H$）中的羧基就是一个例子。苯甲酸硝化反应的速率仅相当于苯硝化速率的 1/1000，而且反应主要发生在间位。羧基是钝化基团，像诱导钝化（16-2 节）一样也是间位定位基。

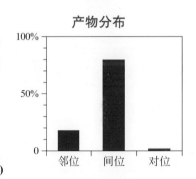

**反应**

**苯甲酸的间位亲电硝化反应**

$$\begin{array}{c}
\text{C}_6\text{H}_5\text{CO}_2\text{H} \xrightarrow[\substack{\text{H}_2\text{SO}_4, \triangle \\ -\text{H}_2\text{O}}]{\text{HNO}_3,}
\end{array}$$

18.5%　　　　　80%　　　　　1.5%
2-硝基苯甲酸　　3-硝基苯甲酸　　4-硝基苯甲酸
(邻硝基苯甲酸)　(间硝基苯甲酸)　(对硝基苯甲酸)

**产物分布**

让我们看一下羧基（—COOH）官能团的共轭效应是如何影响苯甲酸亲电进攻所生成的正离子的共振式的。

**苯甲酸的邻、间、对位进攻**

**邻位进攻**

贡献极小的共振式　　贡献极小的共振式
**强去稳定化的正离子**

**间位进攻**

均有贡献
**较少去稳定化的正离子**

**机理**

**对位进攻**

贡献极小的共振式　　贡献极小的共振式

**强去稳定化的正离子**

间位进攻避免了将正电荷放在与吸电子的羧基相连的位置，而邻、对位进攻则不可避免地产生这种不稳定的共振式。当取代基钝化了所有的位置时，邻、对位被钝化的程度要大于间位被钝化的程度。可以说，间位是"因邻、对位弃权而获胜"。所涉及的过渡态相对势能的定性图参见图 16-1。

### 练习 16-8

硝基苯的亲电硝化反应产物几乎全是 1,3-二硝基苯，写出 $NO_2^+$ 进攻邻、对位所生成中间体正离子的共振式，并解释其结果。

### 特例：卤素取代基虽是钝化基团，却是邻、对位定位基

**反应**

卤素取代基是诱导吸电子的（16-1 节）。但是，它们又是共振给电子的。综合两种效应，诱导效应占主导地位，产生了钝化的卤代芳烃。然而，亲电取代反应主要发生在邻、对位。

#### 溴苯的亲电溴化反应产生邻、对位二溴苯

产物分布

邻位　间位　对位

| | | |
|---|---|---|
| 13% | 2% | 85% |
| **1,2-二溴苯**<br>（邻二溴苯） | **1,3-二溴苯**<br>（间二溴苯） | **1,4-二溴苯**<br>（对二溴苯） |

共振效应和诱导效应之间的竞争可解释这种看似矛盾的反应性。同样，我们必须讨论各种可能的中间体的共振式。

## 在卤代苯的邻、间和对位上的进攻

**邻位进攻**

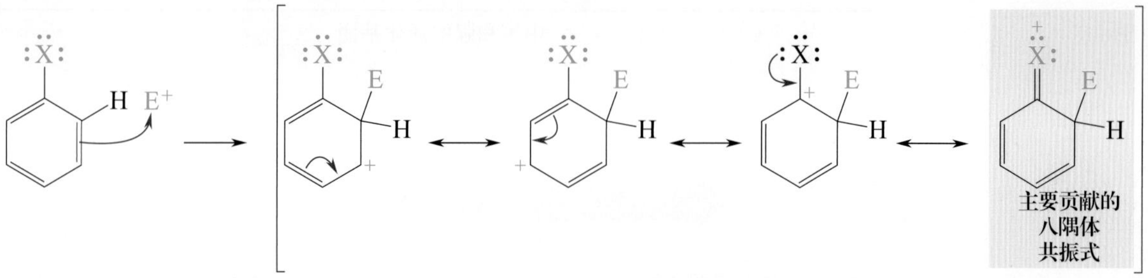

较稳定的正离子

主要贡献的
八隅体
共振式

**间位进攻**

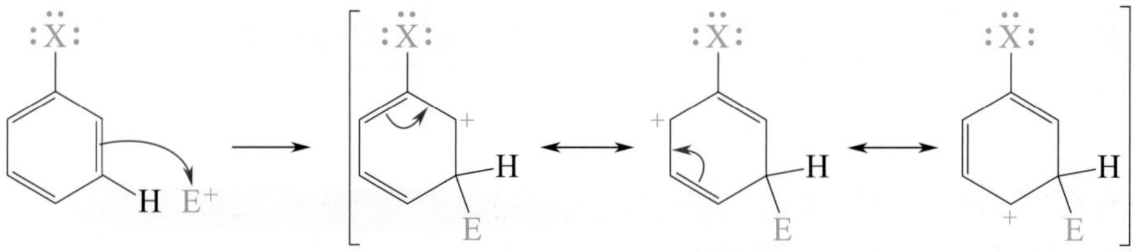

不太稳定的正离子

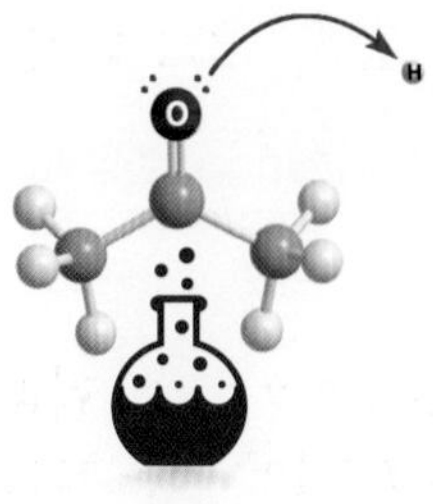

机理

**对位进攻**

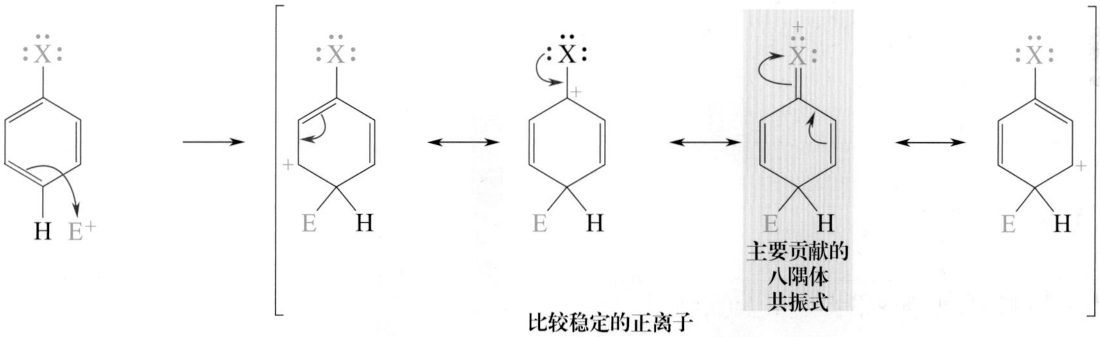

比较稳定的正离子

主要贡献的
八隅体
共振式

注意，邻、对位进攻产生的共振式中，正电荷分布在与卤素相连的碳上。尽管卤素的吸电子诱导效应也许是不利的，但孤对电子的共振会使电荷离域。因此，邻、对位取代变成了有利的反应模式。卤素的诱导效应仍然足够强，使得间位进攻产生的所有三个可能的正离子都不如未取代苯的正离子稳定。因此，我们得到了不寻常的结论：卤素是**邻对位定位基**（ortho and para directing group），但却是**钝化基团**（deactivating group）。

本节概述了单取代苯进行亲电进攻的区域选择性，结论总结在表16-1 中。表 16-2 按活化能力排列了各种取代基并列出了苯环亲电硝化反应得到的产物分布。

表16-1　芳香亲电取代反应中的取代基效应

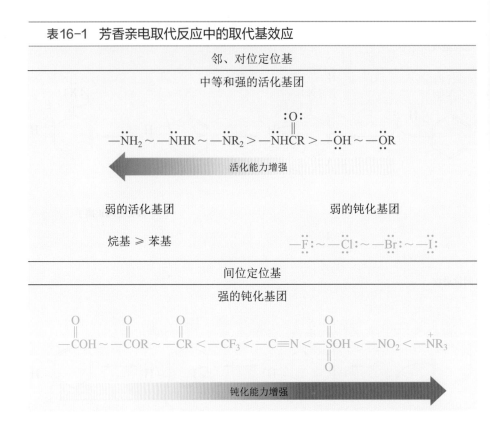

邻、对位定位基

中等和强的活化基团

$$-\overset{..}{N}H_2 \sim -\overset{..}{N}HR \sim -\overset{..}{N}R_2 > -\overset{..}{N}HC\overset{\overset{:O:}{||}}{R} > -\overset{..}{O}H \sim -\overset{..}{O}R$$

⟵ 活化能力增强

弱的活化基团　　　　　　　　　　　弱的钝化基团

烷基 ≥ 苯基　　　　　　　　　$-\overset{..}{F}: \sim -\overset{..}{C}l: \sim -\overset{..}{B}r: \sim -\overset{..}{I}:$

间位定位基

强的钝化基团

$$-\overset{\overset{O}{||}}{C}OH \sim -\overset{\overset{O}{||}}{C}OR \sim -\overset{\overset{O}{||}}{C}R < -CF_3 < -C\equiv N < -\overset{\overset{O}{||}}{\underset{||}{S}}OH < -NO_2 < -\overset{+}{N}R_3$$

钝化能力增强 ⟶

表16-2　一些单取代苯（$RC_6H_5$）硝化反应的相对速率和定位优势

| | R | 相对速率 | 异构体分布 /% | | |
| --- | --- | --- | --- | --- | --- |
| | | | 邻位 | 间位 | 对位 |
| 邻、对位定位基 | $NH(C_6H_5)$ | $8.4 \times 10^5$ | 71 | <0.1 | 29 |
| | OH | 1000 | 40 | <2 | 58 |
| | $CH_3$ | 25 | 58 | 4 | 38 |
| | $C_6H_5$ | 8 | 30 | <0.6 | 70 |
| | H | 1 | | | |
| 特殊：邻、对位定位基 | I | 0.18 | 41 | <0.2 | 59 |
| | Cl | 0.033 | 31 | <0.2 | 69 |
| 间位定位基 | $CO_2CH_2CH_3$ | 0.0037 | 24 | 72 | 4 |
| | $CF_3$ | $2.6 \times 10^{-5}$ | 6 | 91 | 3 |
| | $NO_2$ | $6 \times 10^{-8}$ | 5 | 93 | 2 |
| | $\overset{+}{N}(CH_3)_3$ | $1.2 \times 10^{-8}$ | 0 | 89 | 11 |

（活化能力增强↑）（硝化速率增大↑）（钝化能力增强↓）

**练习 16-9**

取代基（**a**）$NO_2$，（**b**）$^+NR_3$ 和（**c**）$-SO_3H$ 是间位定位基。这是由于诱导效应、共振效应还是两者兼有？（**d**）为什么苯基是活化基团和邻、对位定位基（表 16-1）？[**提示**：写出联苯（IUPAC 首选名称）亲电进攻产生的正离子中间体的共振式。]

## 练习 16-10

（**a**）当用过量的 $HNO_3$、$H_2SO_4$ 处理氯苯和三氟甲基苯的等物质的量的混合物时，通过 [1]H NMR 检测反应过程，发现反应初期只生成 1-氯-2-硝基苯和 1-氯-4-硝基苯，直至所有的氯苯都反应消耗完，谱图才逐渐显示出 1-硝基-3-(三氟甲基)苯的生成。请给出解释。

（**b**）化合物 A 是合成布洛芬的一个中间体（本章导语）。提出以（2-甲基丙基)苯为起始原料合成 A 的合成路线。（**提示**：需要用亲核取代引入氰基。）

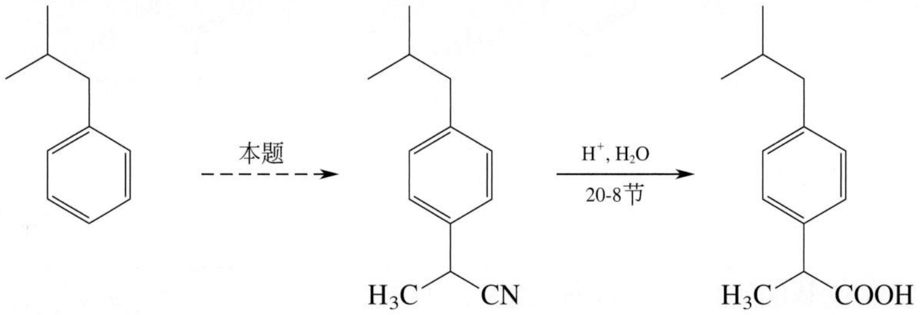

**(2-甲基丙基)苯**　　　　　　　　A　　　　　　　　布洛芬

（**c**）以苯为起始原料合成以下化合物。

（i） 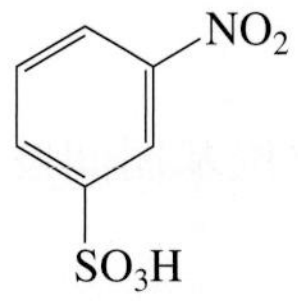　　　　　　　　　（ii） 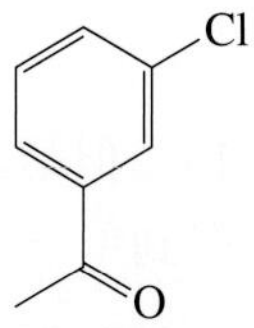　　　　　　　　　（iii）

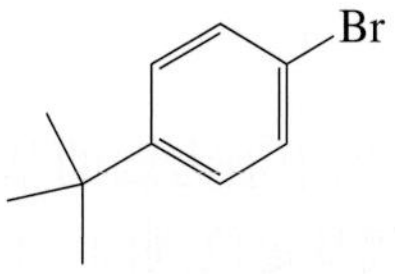

---

## 小　结

　　活化基团无论是通过诱导、超共轭还是共振作用，都使亲电试剂定位于邻位和对位，钝化基团则定位至间位。这一规律适用于各类基团，但卤素除外。它们通过诱导效应引起钝化，但又通过共振效应稳定正电荷，以这种方式发生邻位、对位取代。

---

# 16-4 | 双取代苯的亲电进攻

　　到目前为止，本章所讨论的规则能够预测多取代苯的反应性和区域选择性吗？ 只要综合考虑每一个取代基的单独影响，就能预测反应结果。让我们研究一下双取代苯与亲电试剂的反应。

### 最强的活化基团决定反应结果

　　在尝试预测双取代苯亲电取代反应的区域选择性时，不得不用到理解单取代基定位效应所运用的方法（16-1 节~16-3 节）。起初这可能相当困难，因为这两个取代基可能是邻、对位定位基，也可能是间位定位基，它们有三种可能方式即 1,2-、1,3- 或 1,4-取代分布在环上。其实，只要记住邻、对位定位基团是活化基团，相对于苯而言，它们加速在邻、对位上的亲电进攻，问题就变得很简单了。相反，间位定位基是钝化基团，减慢邻、对位取代速率的程度大于间位，并由此来实现区域定位。综合考虑取代基的电子效应与空间位阻效应（立体效应），我们能形成一套简单的规则，预测大部分芳香亲电取代反应的结果。

指导原则: 预测芳香亲电取代的可能位置

指导原则1. 最强的活化基团控制进攻位置（用黄色箭头表示）

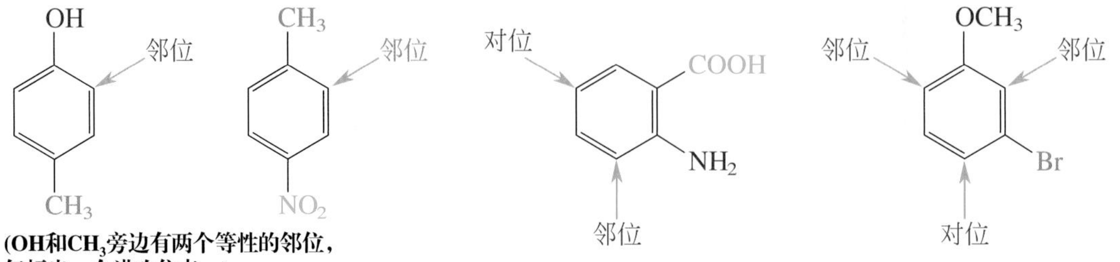

OH —邻位

CH₃ —邻位 ⋯ NO₂

对位← COOH, NH₂—邻位

邻位← OCH₃ →邻位, Br 对位

(OH和CH₃旁边有两个等性的邻位，仅标出一个进攻位点。)

指导原则2. 根据实验结果，可将取代基的定位能力分为三组：

$$NR_2, OR \quad > \quad X, R \quad > \quad 间位定位基$$
$$I \qquad\qquad II \qquad\qquad III$$

　　定位能力强的基团优先于能力弱的基团（指导原则1）。但是，同组中的定位基团间发生竞争，产生异构体的混合物（取代基定位到同一位置或因对称性得到单一产物时除外）。

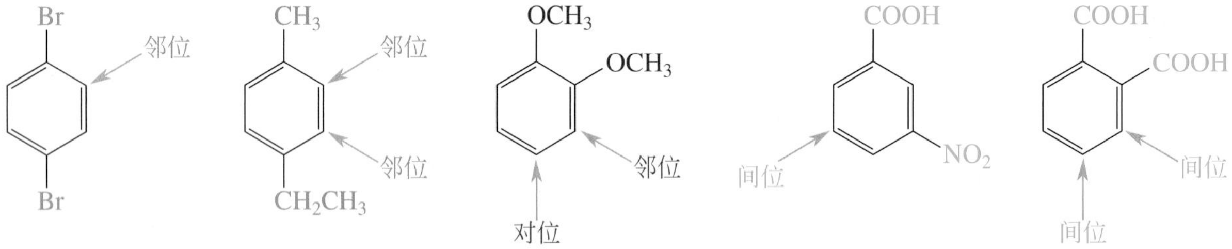

Br, Br —邻位

CH₃, CH₂CH₃ —邻位

OCH₃, OCH₃ —邻位, 对位

COOH, NO₂ —间位

COOH, COOH —间位

(对于2个溴取代基，有4个等性的邻位，仅标出一个进攻位点。)

(2个CH₃O取代基有4对邻、对位，仅标出一组进攻位点。)

(相对于2个COOH取代基有4对邻、对位，仅标出一组进攻位点。)

指导原则3. 在根据指导原则1、指导原则2预期得到混合产物的情况下，可将那些在较大取代基邻位进攻的产物或在两个取代基中间的进攻产物（用黑色虚线箭头表示）舍去。

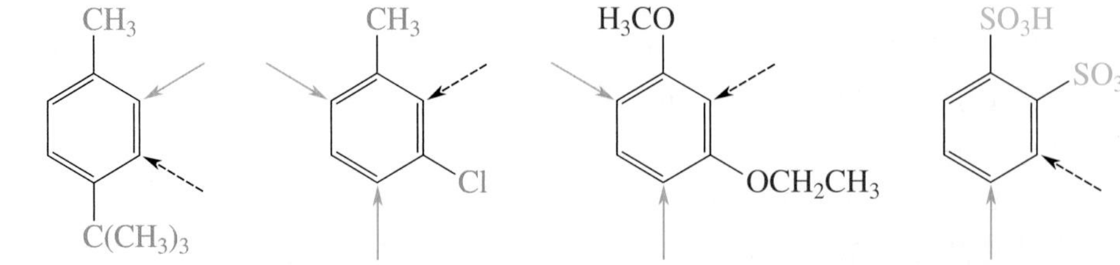

CH₃, C(CH₃)₃

CH₃, Cl

H₃CO, OCH₂CH₃

SO₃H, SO₃H

[ CH₃ 和C(CH₃)₃，旁边有两个等性的邻位，仅标出一个。]

（两个SO₃H 基团有4对等性的间位，仅标出一个。）

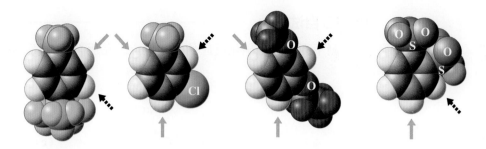

- **指导原则4.** 指导原则1～3用于含更多取代基的苯时，反应位置的数目减少，同时也简化了生成产物的数目。

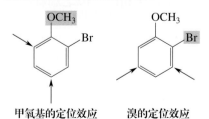

## 解题练习16-11

**运用概念解题：预测双取代和多取代苯芳香亲电取代的区域选择性**

预测 1-溴-2-甲氧基苯（ 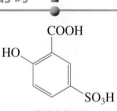 ）单硝化的结果。

**策略：**

- **W：** 有何信息？反应底物是具有两个不同取代基的二取代苯。

- **H：** 如何进行？遵循前述预测多取代苯中芳香亲电取代的可能位置的指导原则。

- **I：** 需用的信息？表16-1显示甲氧基是一种中等强度的活化基团，而溴是一种弱的钝化基团。指导原则1和2指出甲氧基在这两个基团的竞争中"获胜"。

- **P：** 继续进行。

**解答：**

- 甲氧基是一种中等强度的活化基团，定位在邻位、对位。

- 溴是一种弱的钝化基团，但仍定位于邻位、对位。显然，这两个基团的定位效应使亲电试剂进攻的位置相矛盾。

甲氧基的定位效应　　溴的定位效应

指导原则 1 和 2 使我们根据定位能力明确地选择强定位基：甲氧基起决定作用。

## 16-12 自试解题

预测下列分子单硝化反应的首选位点。在适当的时候，需要考虑空间位阻。

(a)

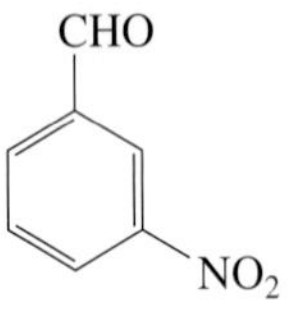

(b)

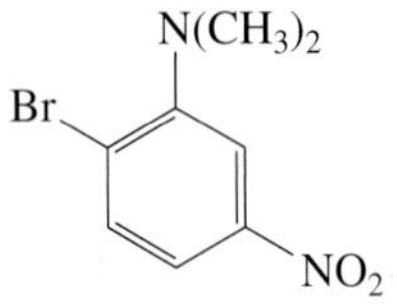

(c)

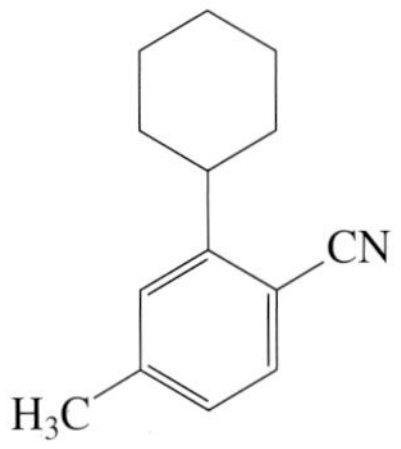

(d)

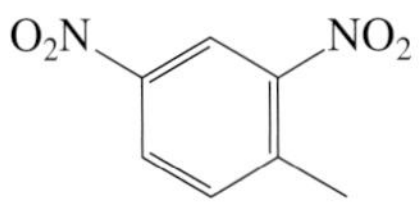

(e)

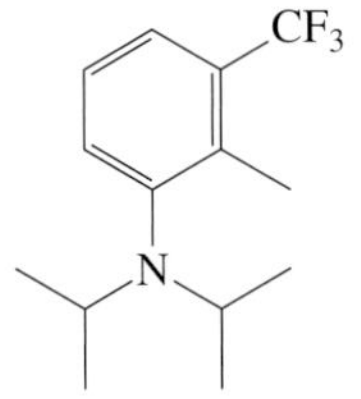

(f)

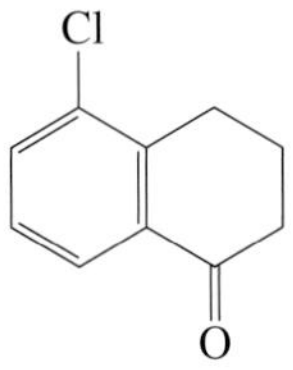

## 练习 16-13

德国化学家 Wilhelm Körner（1839—1925）在 1874 年发现三种二溴苯 A、B、C 进一步溴化时，得到不同数量的三溴苯，并确认各自结构。试根据下列结果做类似的结构确认。

（i）A 给出两种数量相同的三溴苯；

（ii）B 给出三种三溴苯，其中一种数量较少；

（iii）C 只给出一种三溴苯。

## 练习 16-14

食物防腐剂 BHT（叔丁基羟基甲苯）有如下结构，提出一个从 4-甲基苯酚（对甲酚）合成 BHT 的路线。（**注意**：引入叔丁基所需的步骤会产生叔丁基苯酚醚。如有疑问，参见 9-8 节。）

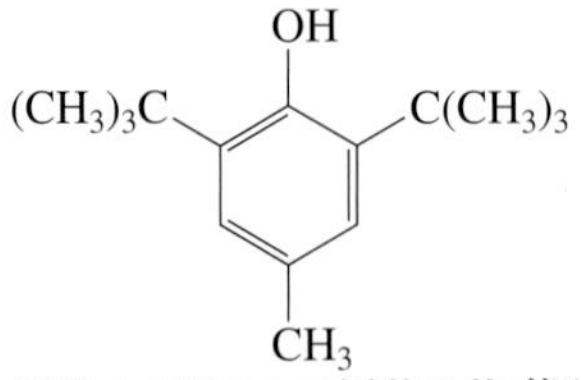

4-甲基-2,6-双(1,1-二甲基乙基)苯酚
(2,6-二叔丁基-4-甲基苯酚)

## 小 结

多取代苯的芳香亲电取代反应由最强活化基团控制，空间位阻效应也起一定作用。当只有一个占主导地位的活化基团或当取代类型能使异构体数目尽可能少时，产物的选择性最高。

# 16-5 成功的关键：取代苯的合成策略

为了合成特殊取代类型的苯衍生物需要制定合成方案。我们如何解决目标产物的取代类型与取代基定位效应不一致的问题？ 例如，如何得到间位取代的苯胺，或邻、对位取代的硝基苯？要解决诸如此类的问题，我们需要掌握几个合成的窍门，包括：邻、对位定位基与间位定位基之间的化学互变，例如硝基——氨基，或羰基——亚甲基等；以及一些关于某些亲电取代反应的实用性和应用磺酸基在某些位置上进行可逆封端的技巧。

## 我们可以改变取代基的定位能力

硝化反应是将含氮取代基引入芳烃的最简便方法。但是许多希望得到的取代苯是含有氨基官能团的。硝基是一个间位定位基，不适合制备邻、对位取代的产物。这个问题可以通过一个简单试剂将间位定位基硝基与邻、对位定位基氨基进行可逆转化来解决。硝基可以通过催化氢化或在活泼金属如铁、锌汞齐存在的酸性介质中还原成氨基官能团。相反，苯胺可以用三氟过氧乙酸氧化成硝基苯。

**硝基（间位定位基）与氨基（邻、对位定位基）的相互转化**

以 3-溴苯胺的制备作为运用这种合成技巧的例证。苯胺直接溴化得到的是完全邻、对位取代产物（16-3 节），因此苯胺直接溴化不可取。但用硝基苯溴化，然后通过还原硝基得到目标化合物 3-溴苯胺是可行的。最终得到的苯衍生物中两个邻、对位定位取代基处于互为间位的位置。

## 练习 16-15

溴苯硝化反应是制备 3-溴苯胺的可取方法吗？

### 练习 16-16

设计从苯合成 3-氨基苯磺酸［3-氨基苯磺酸用于合成偶氮染料（22-11节），如间胺黄和某些磺胺类药物（15-10节）］的合成路线。

### 练习 16-17

用刚学过的方法设计从苯合成 4-硝基苯磺酸的路线。［**提示**：磺化反应选择性地发生在活化基团的对位，因为所用试剂具有空间位阻，且磺化反应是可逆的（15-10节）。］

另一个苯环上取代基定位能力相互转化的例子是酰基到烷基（酰基⇌烷基）的氧化还原互变。酰基芳烃中的羰基可以用钯催化氢化，或者在浓盐酸中用锌汞齐处理［**克莱门森**[1]（Clemmensen）**还原**］而完全还原。另一方面，在烷基芳烃中与芳环相连的亚甲基可用 $CrO_3$ 和 $H_2SO_4$ 氧化成羰基（22-2节）。

**酰基（间位定位基）与烷基（邻、对位定位基）的相互转化**

这个相互转化有用吗？研究一下从苯制备 1-氯-3-乙基苯的路线就明白了。逆合成分析（8-9节）表明氯苯和乙基苯都不适合作为合成产物的前体，因为它们都是邻、对位定位基。但乙基是乙酰基（间位定位基）的产物，而乙酰基苯（苯乙酮）很容易通过 Friedel-Crafts 乙酰化反应制备。同时它还是很好的中转点，因为它可以在间位发生氯化。羰基完成定位任务后又可以被还原成所希望的烷基。

### 练习 16-18

提出从丙基苯到 1-氯-3-丙基苯的合成路线。

酰基芳烃到烷基芳烃的还原也提供了一种合成烷基苯的方法，避免了复杂的烷基重排和过度烷基化反应。例如合成丁基苯的最好方法是用丁酰氯与苯进行 Friedel-Crafts 酰化反应，然后再用 Clemmensen 还原法还原羰基得到丁苯。

[1] 埃里克·克里斯蒂安·克莱门森（Erik Christian Clemmensen，1876—1941），克莱门森化学公司主席，美国新泽西州纽瓦克。

**无重排的丁基苯合成**

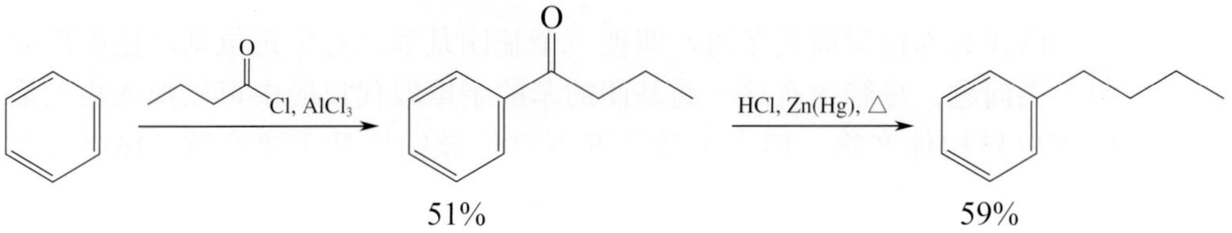

换成直接用 Friedel-Crafts 丁基化反应制备丁基苯是不行的。因为直接丁基化有重排产物（1-甲基丙基）苯（仲丁基苯，15-12 节）和二烷基及三烷基化产物生成。

## 练习 16-19

写出从苯到（2-甲基丙基）苯 [异丁基苯，合成布洛芬的起始原料，参见练习 16-10（b）] 的有效合成路线。[**提示：**预测苯与 1-氯-2-甲基丙烷（异丁基氯）Friedel-Crafts 烷基化反应的主要单取代产物。]

## Friedel-Crafts 亲电试剂不进攻强烈钝化的苯环

让我们考察一下 1-(3-硝基苯基)乙酮（间硝基苯乙酮）的可能合成路线。因为两个基团都是间位定位基，所以有两种可能的路线：用 1-苯基乙酮进行硝化反应或用硝基苯进行 Friedel-Crafts 乙酰化反应。但实际上只有第一条路线是成功的。

**成功和失败的 1-(3-硝基苯基) 乙酮（间硝基苯乙酮）的合成**

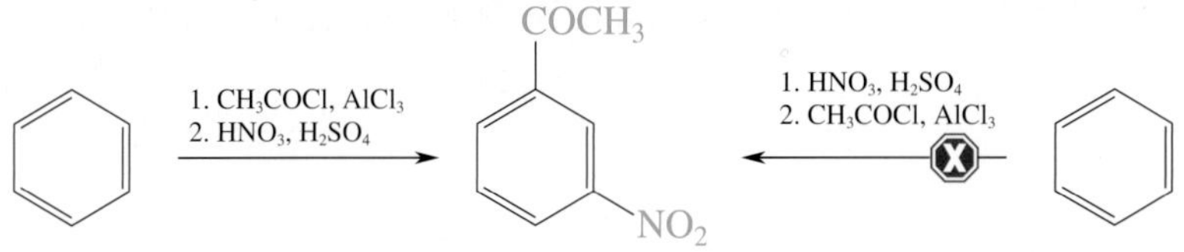

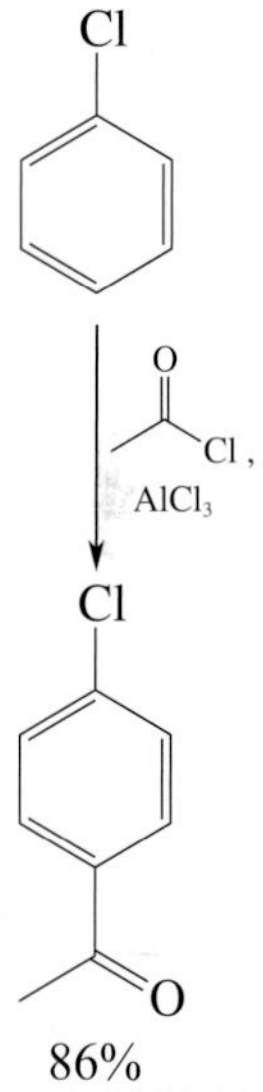

第二条路线的失败源于多种因素。一是因为硝基苯环是强钝化的；另一个原因是与芳香取代中其他亲电试剂相比，乙酰离子的亲电能力是相当弱的。作为一般规律，被间位定位基强烈钝化的苯衍生物不发生 Friedel-Crafts 烷基化反应，也不发生酰基化反应。但是，卤素作为一个弱的钝化基团，反应是可以发生的（页边）。除此之外，如下图所示，钝化基团的效应会被另一个活化基团的活化效应所削弱或覆盖。

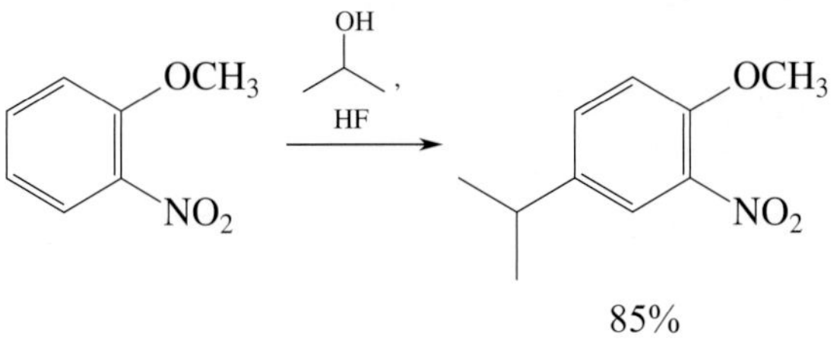

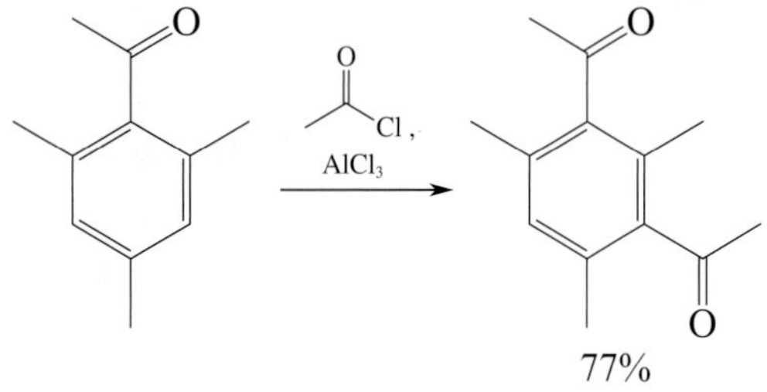

## 练习 16-20

提出以苯为原料制备 5-丙基-1,3-苯二胺的合成路线。[**提示：**仔细考虑基团引入的顺序。]

## 可逆的磺化反应可以有效地合成邻位双取代苯

拟合成邻位双取代苯时，即使一个基团是邻、对位定位基，也会出现另一类问题。尽管含有这一类基团的苯的亲电取代反应中可以形成相当量的邻位异构体产物，但在多数情况下对位异构体是主要产物（16-2 节和16-3 节）。假如要有效地合成 1-(1,1-二甲基乙基)-2-硝基苯（邻叔丁基硝基苯），直接用 1,1-二甲基乙基苯（叔丁基苯）硝化是得不到满意结果的。

**1-(1,1-二甲基乙基)-2-硝基苯（邻叔丁基硝基苯）的低效合成**

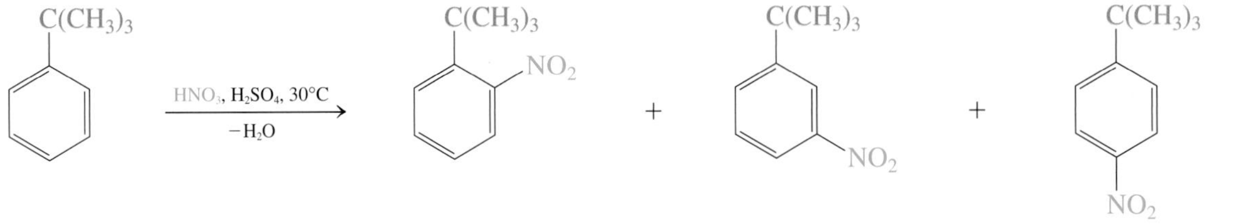

16%
1-(1,1-二甲基乙基)-
2-硝基苯
（邻叔丁基硝基苯）

11%
1-(1,1-二甲基乙基)-
3-硝基苯
（间叔丁基硝基苯）

73%
1-(1,1-二甲基乙基)-
4-硝基苯
（对叔丁基硝基苯）

可逆磺化反应（15-10 节）的封端过程是解决上述问题的巧妙方法。取代基和亲电试剂都有较大的空间位阻，因此，1,1-二甲基乙基苯的磺化反应几乎完全发生在对位，使这个被封住的碳不再受其他亲电试剂进攻。进行硝化反应时，只发生在烷基的邻位。然后在酸性水溶液中加热除去磺酸基保护基团，完成整个合成。

**可逆的磺化反应作为保护基团的过程**

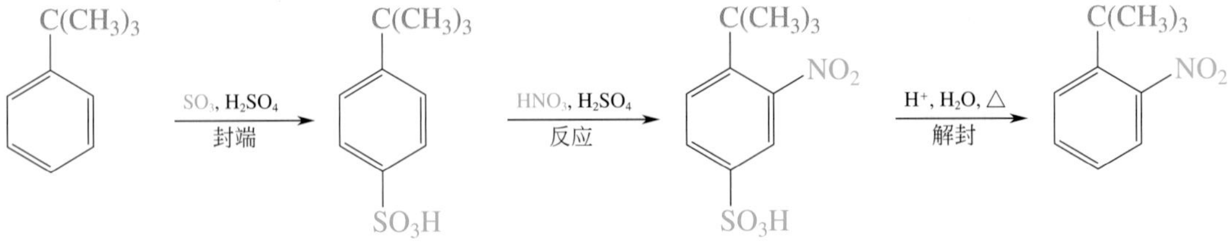

### 练习 16-21

（**a**）异丙酚（如下所示）是广泛使用的镇静剂和麻醉剂，因在 2009 年导致了著名流行歌手迈克尔·杰克逊的死亡而闻名。请设计一个以苯为起始原料的合成路线。

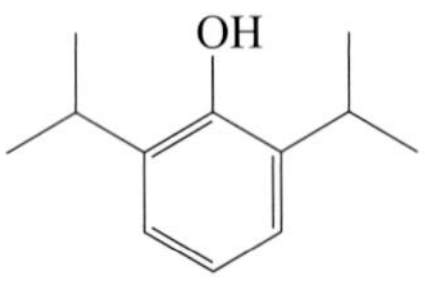

**保护苯酚中的羟基**

苯酚

浓HI ⇅ NaOH, CH₃I

甲氧基苯
（苯甲醚）

异丙酚

（**b**）如何由苯合成 1,3-二溴-2-硝基苯？（**c**）如何由甲氧基苯（苯甲醚）合成 1-甲氧基-4-(1-甲基乙基)-2-硝基苯？

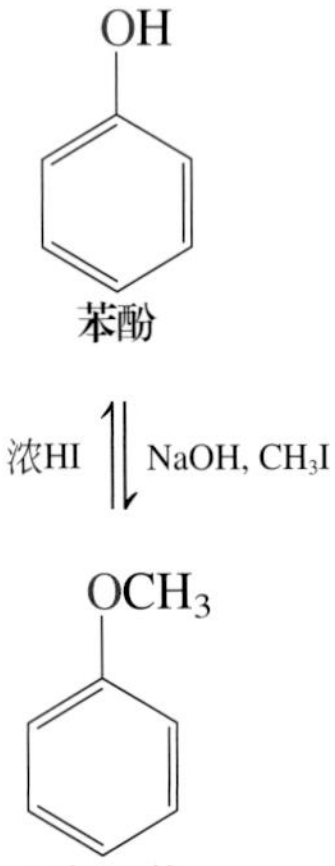

## 运用保护策略调节氨基和羟基的活化能力

在 16-3 节中，我们注意到亲电进攻发生在苯胺和苯酚上时，由于 NH₂ 和 OH 具有高活性，很难停留在单取代产物的阶段。另外由于它们可作为 Lewis 碱（2-2 节），可能产生直接进攻杂原子的复杂情况。为了防止这些问题，可采用基团保护的措施：用乙酰基保护苯胺生成 N-苯基乙酰胺（乙酰苯胺，20-2 节和 20-6 节），用甲基保护酚生成甲氧基苯，然后分别在碱性或酸性下水解即可脱去保护基。

用这个方法可实现选择性卤化、硝化和 Friedel-Crafts 反应。例如，采用这种保护技巧以及"磺化封端"对位的方法，可以成功制备 2-硝基苯胺（邻硝基苯胺）。

### 通过保护苯胺合成2-硝基苯胺（邻硝基苯胺）

苯胺     N-苯基乙酰胺（乙酰苯胺）     2-硝基苯胺（邻硝基苯胺）

---

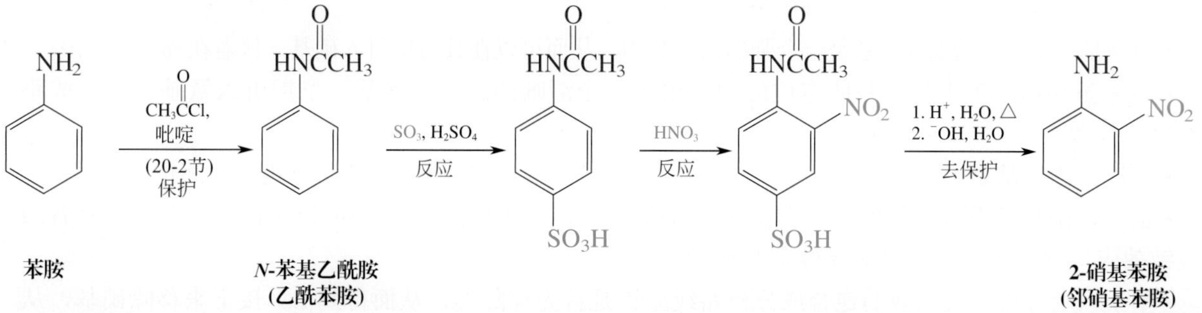

## 解题练习16-22

### 运用概念解题：芳香亲电取代中的合成策略

苯衍生物 A 的最优合成路线是什么？该化合物可以作为合成非天然氨基酸寡聚体的中间体。你可以使用任意单取代的苯衍生物作为初始原料。

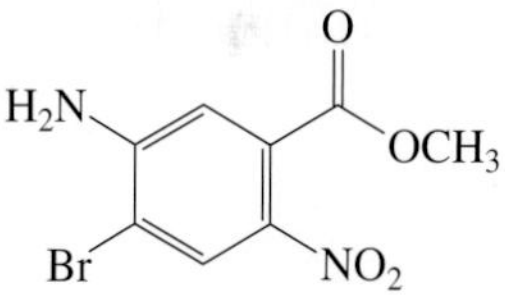

A

**策略：**

- **W：有何信息？**

这是一个合成问题，要求我们选择最适合的单取代苯衍生物，从而利用它的区域选择性来合成目标产物 A。

- **H：如何进行？**

该合成路线的设计乍一看比较难。可以选择含有 A 中任意一个取代基的苯去试验。试想一下，例如，从硝基苯开始合成。硝基是间位定位基，可以利用它来引入溴。那么接下来，溴是一个邻对位定位基，我们能利用它吗？我们并不知道如何在接下来的步骤中引入乙酰基，因此这一路线走不通。我们可以尝试在溴的邻位使用硝化反应增加第二个硝基，不过对位硝化产物也是一种可能的副产物。就算不考虑这一点，也并不能将其中的一个硝基选择性地还原成氨基。这一条路线也是走不通的。以上分析迫使我们必须重新选择路线，而这一尝试也无法保证比第一次有更高的成功率。

### 失败的合成路径

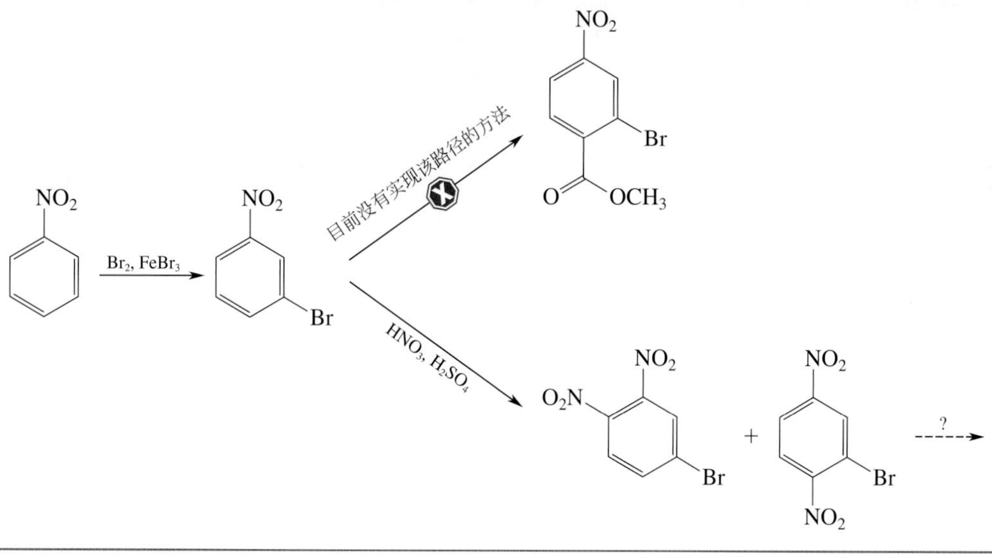

- **I**：需用的信息？如何避免这样的陷阱呢？利用逆合成分析结合本节学习的内容，我们能更得心应手地设计合成路线。接下来的讨论会给出一个解决方案。也许你能设计出更多的合成路径。我们可以从权衡每一个基团的定位能力着手。

- **P**：继续进行。

### 解答：

- 按顺时针方向对基团进行分析，溴是一个邻、对位定位基，却是钝化基团，因此将其作为定位基引入氨基或羧基看起来不是一个好的方案。

- 氨基是一个更好的选择，它是一个强的活化基团，从而可以在其对位引入硝基，接着在邻位引入溴。

- 第一条和第二条中基于基团定位能力给出了一个清晰的选择：氨基。早期引入氨基会对合成路线的设计有利。

- 其次，乙酰基是一个间位定位基，也可能有用。因为它可以通过硝基的形式引入间位的氨基。

- 最后，硝基是没有用处的（至少在这一合成路径中），因为它是一个间位定位基，并且它具有的强致钝效应，这会使得反应速率变得尤为慢。

- 基于以上分析，最高效的逆合成分析路线应该是首先移除溴，从而得到 B。接下来移除硝基，从而得到 C，其中氨基作为邻、对位定位基是后面引入其他两个基团得到目标产物的关键。

- 对于 C 来说，问题就变得简单了，氨基可以由 D 中的硝基还原得到，而 D 是合成路线中初始原料 E 的硝化产物。

#### A的逆合成分析

- 有了以上的合成策略，我们可以开始合成并且考虑一些其他实际的问题。我们可以购买到 E，接着可以直接硝化得到 D（16-3 节）。

#### A的合成路线

- 通过还原我们可以得到 C，原计划是利用 C 直接硝化得到 B，但是 C 中游离的氨基能很有效地促使 B 进一步硝化，因此需要生成乙酰化产物（F）来调节反应活性。由此保证了单硝化反应的进行，同时由于空间位阻效应，也只会得到对位取代的产物 G。

- 在甲醇中使用酸进行氨基的去保护，并保留酯基（9-4 节），从而生成 B。

- 最后，预计最终的溴化将发生在氨基位阻相对较小的邻位，从而得到终产物。

## 16-23 自试解题

（**a**）利用以上讨论的合成 2-硝基苯胺的策略来合成 4-乙酰基-2-氯代苯酚，起始原料为苯酚。

（**b**）仅使用以下所示含碳的化合物合成化合物 A，可以使用任意必要的其他不含碳的化合物作为反应原料。（**提示**：使用逆合成分析。可能需要通过本章及之前的章节来扩展合成设计思路。）

含碳的初始原料只能为以上两种

## 小　结

　　仔细选择引入新基团的顺序，能设计出合成多取代苯的独特合成路线。这些合成策略包括改变取代基的定位能力，调节它们的活化能力和在苯环上进行可逆性封端。

# 16-6 | 多环芳烃的反应性

　　这一节，我们以萘环为例，应用共振式来预测多环芳烃（15-5 节）的区域选择性和反应性。在 16-7 节将研究这些物质的反应性所具有的若干生物学意义。

## 萘具有亲电取代反应活性

　　萘的芳香特性体现在反应性上：它可进行亲电取代反应而不是加成反应。例如，用溴处理萘，即使无催化剂，仍然能够顺利地转化成 1-溴萘。该反应可在温和的条件下进行，表明对于芳香亲电取代反应萘环是活化的。

反应

$$\xrightarrow[-HBr]{Br-Br, CCl_4, \triangle}$$

75%
**1-溴萘**

　　其他的亲电取代反应同样可以顺利进行，而且反应高度选择性地发生在 C-1 位上。例如：

$$\xrightarrow[-H_2O]{HNO_3, CH_3COOH, 20\,℃}$$

84%
**1-硝基萘**

8%
**2-硝基萘**

　　中间体的高度离域特性解释了为什么容易发生亲电进攻，正离子中间体可以很好地用五种共振杂化体来表示。

### 萘的亲电取代：在C-1上的进攻

对C-1的亲电进攻使得C-2上产生了一个离域的正电荷

**主要贡献的共振式**

但是，亲电进攻 C-2 同样产生可以用五种共振式来表示的中间体正离子。

### 对萘环C-2位的亲电进攻

对C-2的亲电进攻使得C-1上产生了一个离域的正电荷

**主要贡献的共振式**

那么，为什么萘的亲电进攻优先在 C-1 位而不是 C-2 位？仔细思考一下两个正离子的主要贡献的共振式，就可以发现二者之间的重要差别：在 C-1 位进攻产生的中间体共振式中允许有两个保持完整的苯环，有利于芳香环的离域化；而在 C-2 位进攻只有一个这样结构的共振式，这样的碳正离子是较不稳定的，处于能量不利的过渡态。因为芳香亲电取代反应的第一步是决速步骤，所以在 C-1 位的进攻比 C-2 位的进攻快。

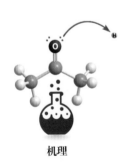

机理

### 亲电试剂区域选择性进攻取代萘

单取代苯上亲电进攻的定位规则能够比较容易地扩展到萘体系中。带有取代基的环受到的影响最大：活化基团通常引导亲电进攻发生在同一个环上，钝化基团引导亲电进攻远离该环。例如，1-萘酚进行 C-2 和 C-4 位的亲电硝化反应。钝化基团一般引导亲电取代在另一环上，并优先在 C-5 和 C-8 位上。

$$\xrightarrow[{-H_2O}]{HNO_3,\ H_2SO_4,\ 0\,^\circ C}$$

30%
**1,8-二硝基萘**

+

60%
**1,5-二硝基萘**

与此相反，1-甲氧基萘更倾向于在甲氧基取代的环上于 C-2 和 C-4 位进行亲电硝化。

**1-甲氧基萘的硝化**

$\xrightarrow[\text{−H}_2\text{O}]{\text{HNO}_3, \text{CH}_3\text{COOH}}$

对位进攻
（只给出了最主要的共振式）

和

邻位进攻
（只给出了最主要的共振式）

−H⁺

63%
1-甲氧基-4-硝基萘

+

次要产物
1-甲氧基-2-硝基萘

## 解题练习16-24

**运用概念解题：预测含取代基的萘环上的亲电进攻位置**

预测 1-（1-甲基乙基）萘发生亲电进攻的主要位置。

**策略：**

利用本节新学习的定位规律：活化程度越高（钝化程度越低）的环越容易被进攻

**解答：**

· 萘环上带有烷基取代基，烷基是活化基团以及邻对位定位基。

· 1-甲基乙基具有一定空间位阻，因此它的邻位取代被限制了。

硝化更倾向于在 C-4 位进行。

## 16-25 自试解题

预测以下化合物亲电取代芳环硝化的位置。（**a**）2-硝基萘；（**b**）5-甲氧基-1-硝基萘；（**c**）1,6-二（1,1-二甲基乙基）萘；（**d**）2-甲氧基-3-甲基萘；（**e**）7-氯-4-硝基-1-萘胺。[**注意**：在（c）中，两个环都被活化了。**提示**：考虑空间位阻效应。]

---

**共振式有助于预测较大的多环芳烃的区域选择性**

取代基的共振、空间位阻和定位能力等规则同样适用于较大环系的多环芳烃，该类芳烃可以通过萘进一步苯并衍生而来，如蒽和菲（15-5 节）。菲环上亲电进攻优先发生在 C-9（或 C-10）位，因为产生的正离子中间体共振式中有两个保持完整的、离域化的苯环，而其他的共振式则破坏了其中一个或两个苯环的芳香性。

**菲上的亲电进攻**

类似的思路适用于预测蒽和更高级多环芳烃在不同位置上发生亲电进攻的难易程度。

### 练习 16-26

写出菲 C-9 位亲电进攻所产生的正离子中间体中所有苯环的芳香性都遭破坏的一个共振式。

### 练习 16-27

蒽的亲电质子化反应显示出如下相对速率：$k(C\text{-}9)：k(C\text{-}1)：k(C\text{-}2) \approx 11000：7：1$，请解释。（蒽骨架编号参见 15-5 节。）

## 小 结

对于亲电取代反应，萘是活化的，进攻位点优先发生在 C-1 位。取代萘的亲电进攻发生在活化的环上，而远离钝化的环。区域选择性与苯衍生物的芳香亲电取代的普遍规则一致。类似的思路适用于更高级多环芳烃。

# 16-7 多环芳烃与癌症

森林火灾产生大量环境污染物，包括苯并[a]芘。

许多多环芳烃物质是致癌的。1775 年，伦敦巴塞洛缪医院的外科医生波特（Pott）爵士首次观察到这些物质会致癌。他发现烟囱清扫工易患阴囊癌。此后，人们进行了大量的研究来确定多环芳烃物质的生理性质及其结构与性质的关系。特别是对环境中广泛分布的污染物苯并[a]芘进行了深入研究。它是有机物在燃烧过程中产生的，例如汽车燃料和燃油（民用供暖及工业发电）、废物焚烧、森林火灾、纸烟和雪茄的燃烧，甚至在烤肉过程中都可以产生该致癌物质。仅在美国一个国家每年排放到大气中的苯并[a]芘约为 3000 多吨。

**致癌的多环芳烃**

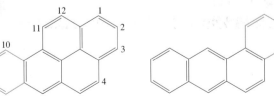

苯并[a]芘　　　苯并[a]蒽

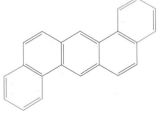

二苯并[a, h]蒽

苯并[a]芘的致癌机制是什么？肝脏中的氧化酶将芳香烃类在C-7和C-8位转化成氧杂环丙烷结构，环氧水合酶催化其水合反应生成反式二醇。然后，进一步地快速氧化，在C-9和C-10位形成新的氧杂环丙烷结构，即最终的致癌分子。

**苯并[a]芘向最终致癌物的酶催化转化**

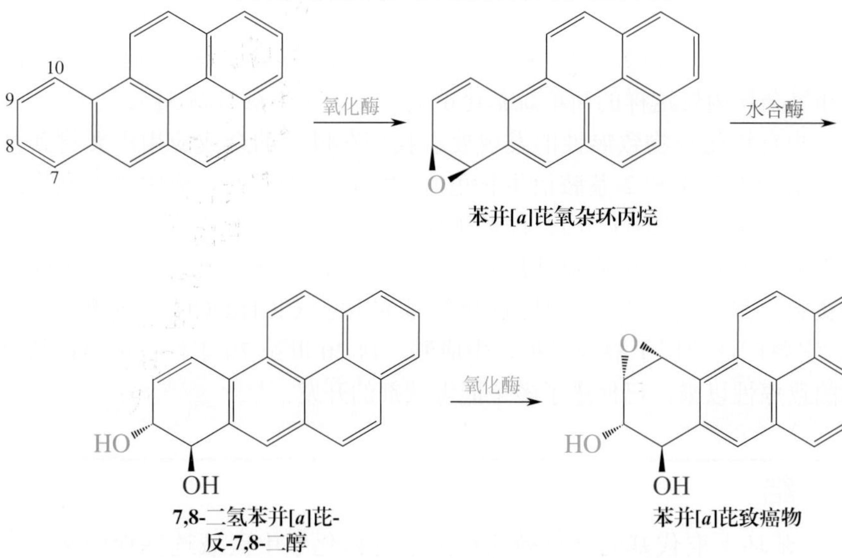

**苯并[a]芘氧杂环丙烷**

**7,8-二氢苯并[a]芘-反-7,8-二醇**

**苯并[a]芘致癌物**

多环芳烃在外太空也是普遍存在的。这张图展示了距离我们1270万光年的螺旋星系NGC7793，它是由斯必泽红外空间望远镜观测到的。蓝色表示从星系发射出的波数$\tilde{\nu}=2800\text{cm}^{-1}$的波。绿色和红色分别表示从多环芳烃和可能的灰尘所发射的波数$\tilde{\nu}=1700\text{cm}^{-1}$和$\tilde{\nu}=1250\text{cm}^{-1}$的波。[NASA]

是什么使该化合物致癌呢？目前认为是鸟嘌呤中的氨基氮［鸟嘌呤是DNA中的一种碱基（第26章）］作为亲核试剂进攻氧杂环丙烷。反应后的鸟嘌呤破坏了DNA的双螺旋结构，导致DNA复制中发生错配。

**致癌过程**

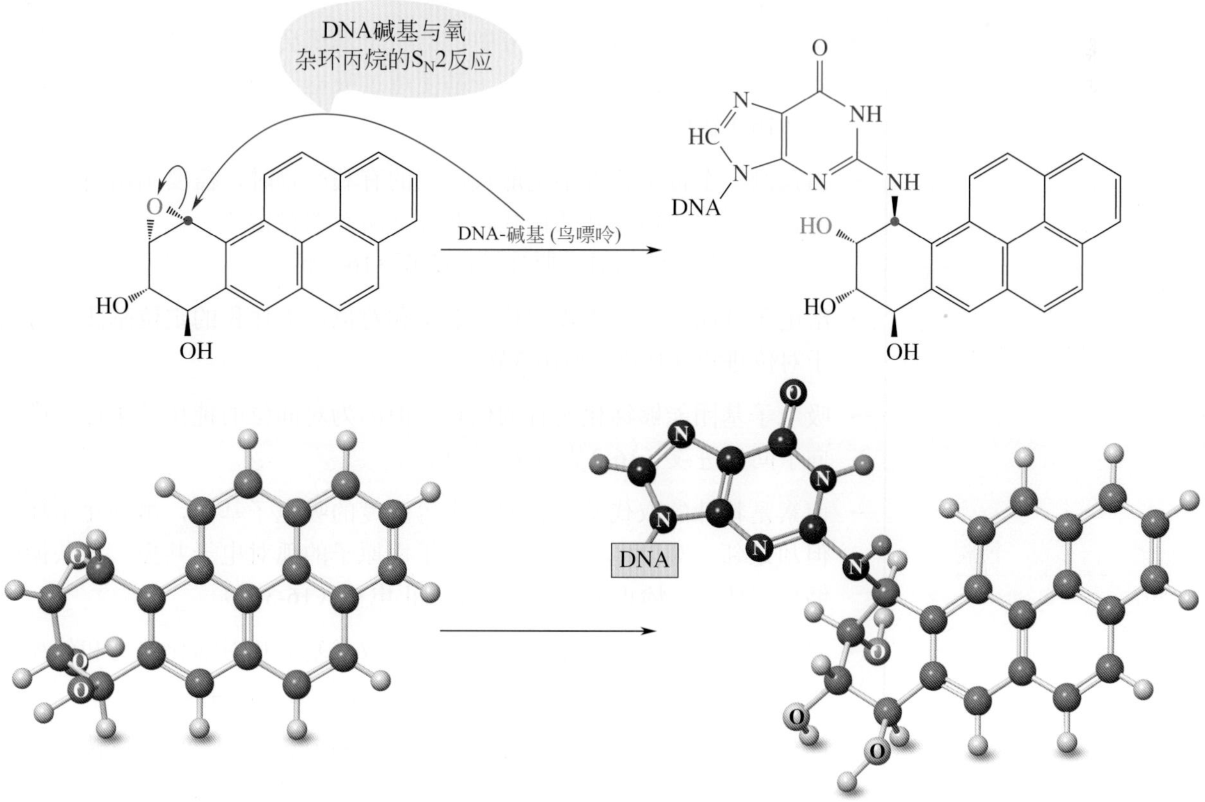

DNA碱基与氧杂环丙烷的$S_N2$反应

DNA-碱基 (鸟嘌呤)

**致癌性烷基化试剂和活性位点**

**1,2-二溴乙烷**

**氧杂环丙烷**

$ClCH_2OCH_3$

**氯(甲氧基)甲烷**

这个变化可以导致遗传密码的改变，即突变。然后产生一系列快速且无区分地大量增殖的癌症典型细胞。并不是所有的突变都会致癌。事实上，其中大部分只是导致被侵袭细胞的坏死。但是，接触致癌物质会增加致癌的可能性。

人们注意到致癌物的作用就像 DNA 的烷基化试剂。这就意味着其他的烷基化试剂同样也是致癌的。事实也是如此，美国职业安全和健康管理局（OSHA）公布了一份致癌和可能致癌的物质清单，其中就包括像 1,2-二溴乙烷和氧杂环丙烷这样的简单烷基化试剂（参见第 1 章习题 51）。

一些有机化合物致癌性的发现要求我们在以后的合成应用中要将其替换掉。由于 1-萘胺和 2-萘胺衍生物色彩亮丽，在染料的合成中曾得到广泛应用（偶氮染料，22-11 节）。许多年前发现这些物质是致癌的，这个发现促使人们在有机合成中避免使用它们作中间体，并开发出结构完全不同的新型染料。最近的一个例子是氯（甲氧基）甲烷（$ClCH_2OCH_3$，氯甲基甲基醚），它曾广泛地用于醇的保护，生成醚。自 20 世纪 70 年代发现该烷基化试剂的致癌性以来，已促进了多个低毒试剂的开发。

## 总　结

苯环上取代基的定位效应构成了有机化学中区域选择性的又一类型。我们在之前的学习中遇到过类似的选择性问题，如氧杂环丙烷（9-9 节）和卤鎓离子（12-6 节）的亲核开环反应、离域正离子（如烯丙基正离子，14-6 节）的亲核捕获、消除反应（11-6 节）以及烯烃（12-3 节，12-8 节，12-13 节和 12-14 节）和炔烃（13-7 节和 13-8 节）的加成反应等。在这一章中，我们学习到：

- 在苯环的芳香亲电取代反应中，给电子基团会通过给电子诱导或共振效应活化苯环；相反，吸电子基团通过吸电子诱导或共振效应钝化苯环（16-1节）。

- 当预测一个特定芳香亲电取代反应的有利产物时，需要画出所有可能的正离子中间体及其共振式，并评估所有的稳定或去稳定化的电子和空间位阻效应的相对重要性（16-2节～16-4节）。

- 给电子基团的亲电进攻定位于邻位和对位。大体积的定位基团更有利于对位进攻（16-2节和16-3节）。

- 吸电子基团能够钝化所有的位点，但因为对间位的钝化效果最弱而趋向于间位进攻（16-2节和16-3节）。

- 卤素是特殊的取代基。它们是中等强度的吸电子基团，虽钝化苯环，但却是邻、对位定位基。这归结于卤原子的孤对电子共振，该共振能够稳定环己二烯正离子中间体中的正电荷（16-3节）。

- 双取代和多取代苯的亲电进攻位置由取代基的相对活化能力和体积大小决定。一般而言，强的活化基团起决定作用（16-4节）。

- 间位定位基与邻、对位定位基之间的可逆转化，比如硝基转化为氨基、酰基转化为烷基，极大地拓展了多取代苯的区域选择性合成策略（16-5节）。

- 通过可逆磺化反应占据取代苯上的活性位点，能够在相对惰性的位点引入额外的取代基（16-5节）。
- 上述这些原则可以应用于多环芳烃的选择性芳香亲电取代反应（16-6节）。

现在我们已经完成了有关碳原子之间形成的多键，包括烯、炔、共轭双烯、苯和其他芳香化合物的学习。接下来将学习碳和氧原子之间的双键，主要存在于含有羰基的一类重要化合物中。

# 16-8 ┃ 解题练习：综合运用概念

本书介绍了两个关于取代苯环的芳香亲电取代反应的习题。第一个习题的重点是设计区域选择性的四取代苯的合成策略。第二个习题是给出以 Friedel-Crafts 烷基化为终止步骤的碳正离子串联反应的机理。

### 解题练习16-28　运用芳香亲电取代中的定位基策略

含特定取代基和官能化的苯胺是医药化学和染料工业中非常重要的合成中间体。请提出从甲氧基苯（茴香醚）A 选择性合成 5-氯-2-甲氧基-1,3-苯二胺 B 的路线。

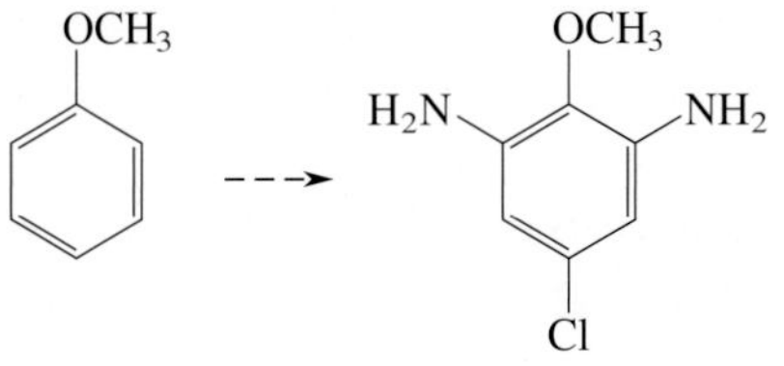

**A**　　　　　**B**

解答：

如 a、b 或 c 所示，哪一个是可直接得到 B 的更简单前体的可行策略？下面的逆合成分析（8-8 节）回答了这个问题吗？一个也没有。逆合成 a 提出的转变用目前所学的反应是不可能达到的。事实上，即使采用特殊试剂（需要 $CH_3O^+$ 源）也是很困难的。偏离本题主旨，选择步骤 a 是不明智的，因为它拆开了起始原料中的键。步骤 c 是一个逆向亲电氯化反应（15-9 节），原则上可行，而实际不可行，因为在 C-5 位上没有选择性。$CH_3O$— 是对位定位基（指向 C-5 位），正像所希望的那样。而氨基却定位到邻、对位，更强地活化其他的位点（定位 C-4 和 C-6 位，16-3 节）。因此，要做更好的选择，必须放弃 c。

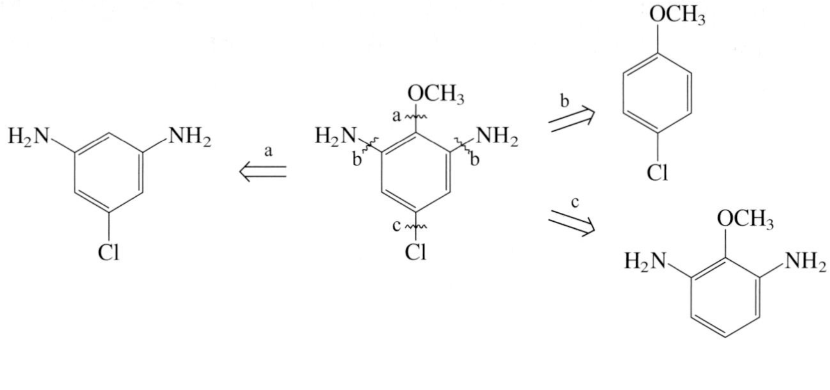

断裂 b 键如何？尽管直接在芳烃上进行亲电氨化反应（像烷氧基化、羟基化那样）是不可行的，但是我们知道通过硝化然后再还原的间接方式可以实现氨基化的目的（16-5 节）。于是问题简化到 1-氯-4-甲氧基苯的硝化问题。这个过程能给出所希望的区域选择性吗？ 16-4 节中指导原则 2 的回答是肯定的。这个分析把 1-氯-4-甲氧基苯作为新的中间体，可以通过甲氧基苯的氯化反应制得，同时也生成邻位异构体。

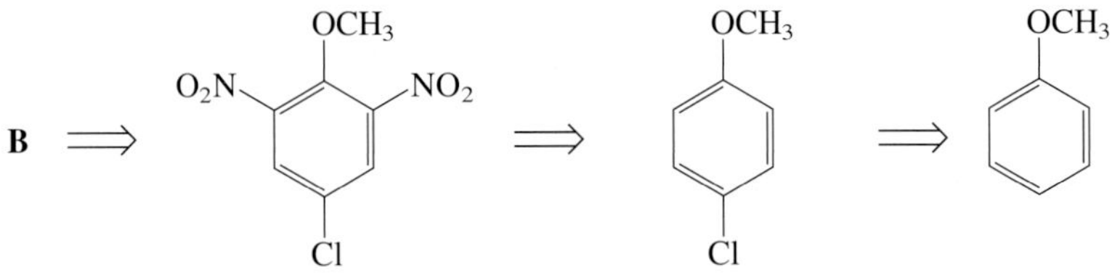

**1-氯-4-甲氧基苯**

因此，合理的答案如下面的路线所示，图中还列出了试剂、合成中间体及反应进行的方向。

### 合成路线 1

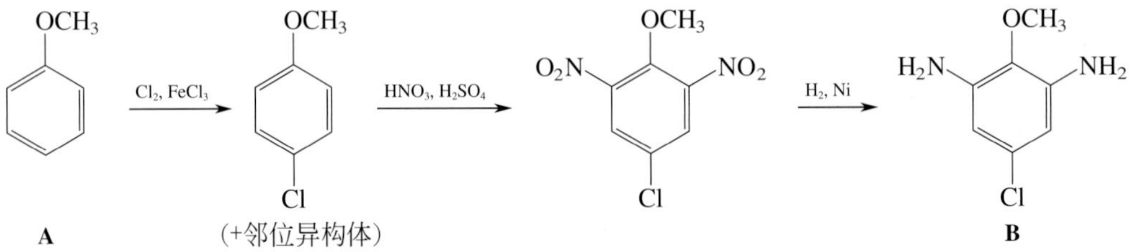

如果追求完美，你也许不会满意第一步反应的化学区域控制，它不仅降低了产率，同时还增加了繁琐的分离步骤。利用磺化反应的封端技巧或许是有帮助的（16-5 节）。SO$_3$ 比氯的空间位阻大，将在甲氧基苯的取代反应中给出专一的对位产物。对位封端后只允许在甲氧基邻位发生双硝化反应。脱除封端后，可在对位引入氯，如下面合成路线所示。

### 合成路线 2

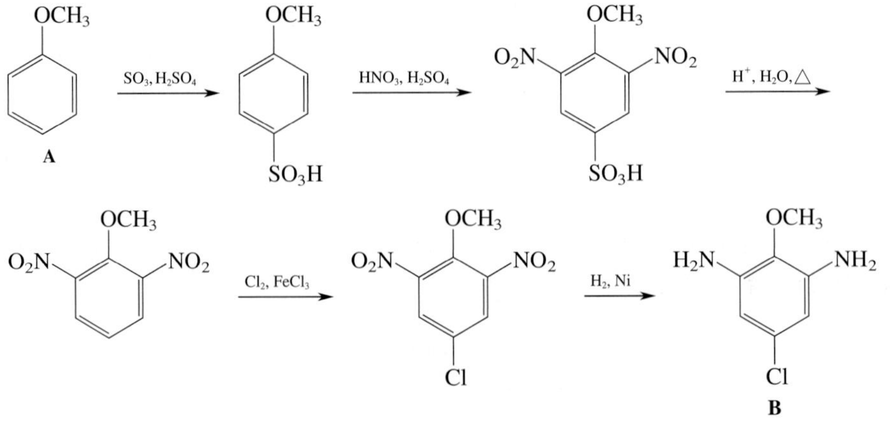

这个路线增加了两步反应。但实际上，合成总产率，实验的难易程度（包括后处理），废物处理的费用，原料的价格和易得性将决定路线 1 和路线 2 的取舍。

**解题练习16-29  给出含有一个碳正离子串联反应的机理**

无论是自然界还是合成化学家，在构建复杂的多环分子包括甾族化合物（4-7节）的过程中都会运用酸催化的串联（连锁）反应。请提出下列多环化过程的机理。

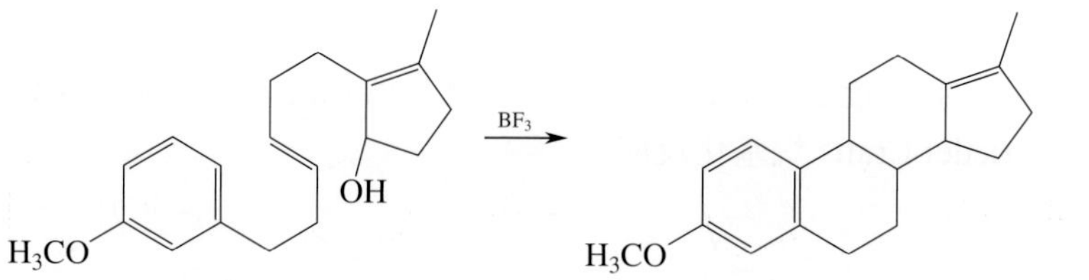

解答：

这是机理而不是合成问题，因此我们只能用上面给出的信息。让我们看一下这个过程的特点。起始原料中仅有两个环，通过生成两个新的 C—C 键，然后在反应过程的某步中失去羟基，最终转化为含有四个环的产物。试剂 $BF_3$ 是 Lewis 酸（2-3节），它有得到一对电子的趋势，而羟基中的氧就是电子对来源。在反应过程中分子组成上发生了什么具体的变化呢？通过观察分子式的变化就会得到答案，$C_{19}H_{26}O_2$ 转变成 $C_{19}H_{24}O$。总体看来，在反应过程中有一个脱水步骤（$-H_2O$）。

经过上述分析之后，我们就可以探寻详细的机理。用 Lewis 酸处理一个二级醇（烯丙醇）会发生什么变化？回答是形成烯丙基碳正离子 C（9-2节、9-3节和14-3节）。

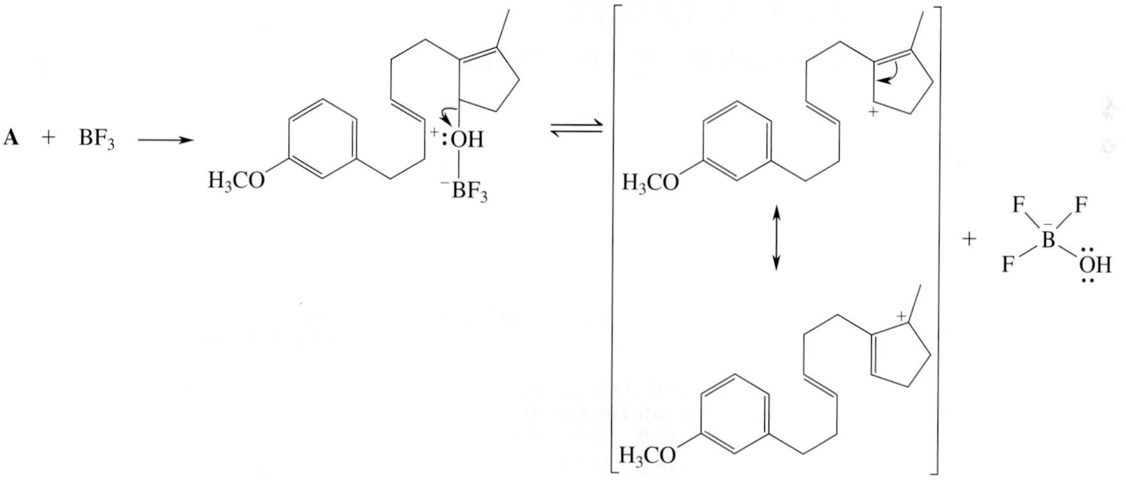

碳正离子在邻近双键存在下会发生什么变化？回答是发生亲电加成反应（12-14节），形成新的碳正离子 D。

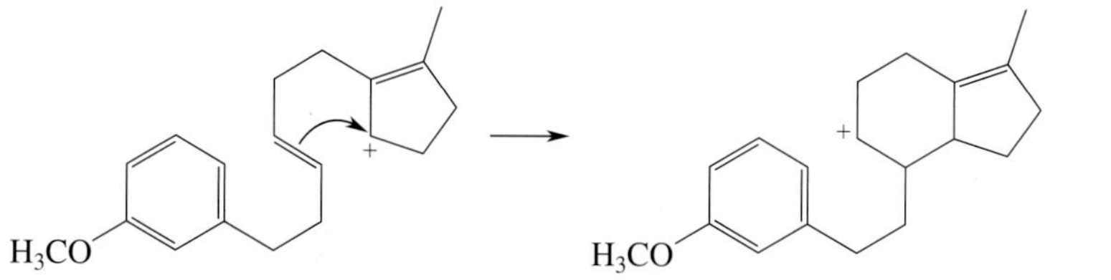

当这些回答满足了生成最终产物的结构要求时，我们可以思考几个关于 D 生成过程中的选择性问题。第一，C 中包含两个亲电位点，为什么只发生在一个上？回答：空间位阻效应小的碳反应快。第二，转化成 D 生成一个六元环，为什么不进攻双键的另一端而形成五元环？回答：六元环具有较小的环张力（4-3 节）。第三，当由 C 到 D 时，共振稳定的烯丙型碳正离子转化成普通的二级碳正离子，驱动力是什么？回答：形成了新的 C—C 键。到达 D 后，我们能够认识到，最后一步就是活化的苯在甲氧基定位基的对位发生 Friedel-Crafts 烷基化反应。

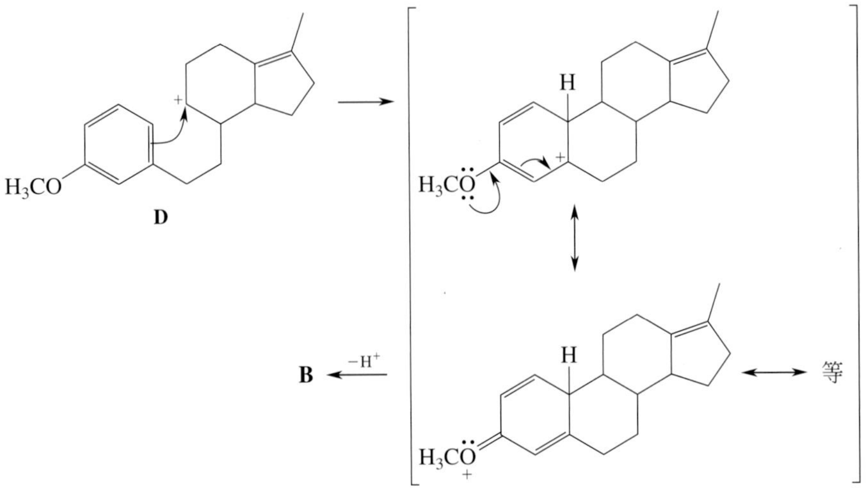

## 新反应

### 取代苯的亲电取代反应

#### 1. 邻、对位定位基（16-1 节～16-3 节）

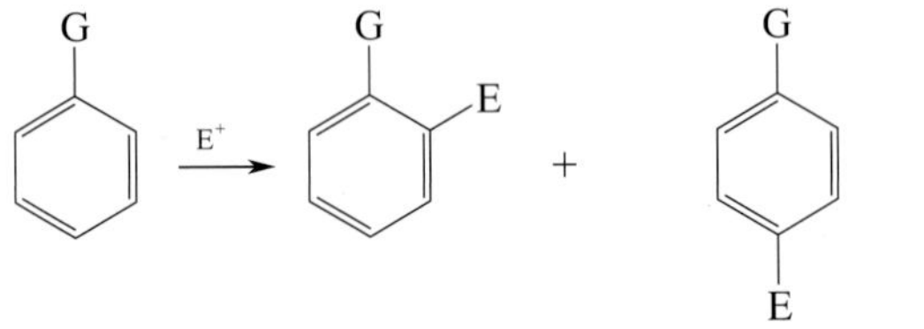

邻位异构体　　　对位异构体
（通常是主导产物）

G=NH$_2$, OH; 强活化
　= NHCOR, OR; 中等活化
　=烷基，芳基; 弱活化
　=卤素; 弱钝化

#### 2. 间位定位基（16-1 节～16-3 节）

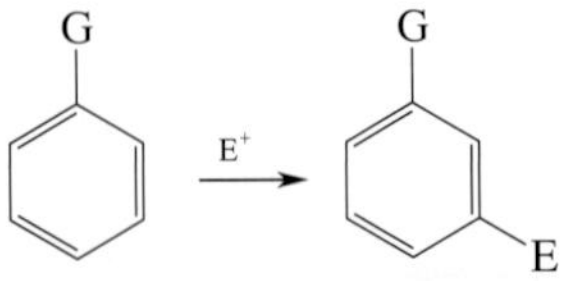

间位异构体

G= $\overset{+}{N}$(CH$_3$)$_3$, NO$_2$, CF$_3$, C≡N, SO$_3$H; 非常强的钝化
　= CHO, COR, COOH, COOR, CONH$_2$; 强钝化

## 合成设计：定位能力的转化和封端

### 3. 硝基和氨基的相互转化（16-5 节）

间位定位　　　　　　　　　　　　　　　　　邻、对位定位

反应条件：HCl, Zn(Hg) 或 H₂, Pd 或 H₂, Ni 或 Fe, HCl（正向）；CF₃CO₃H（逆向）

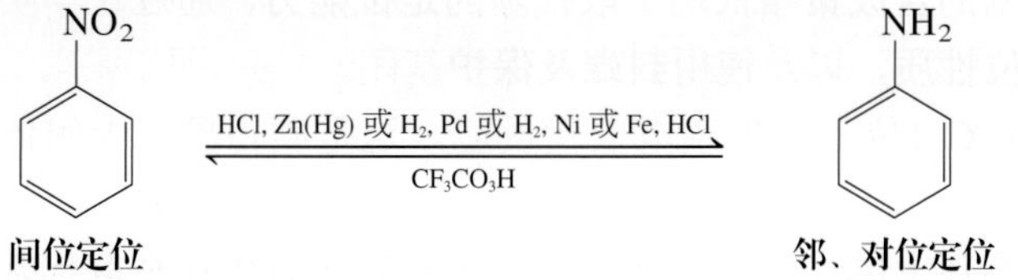

### 4. 酰基和烷基的相互转化（16-5 节）

间位定位　　　　　　　　　　　　　　　　　邻、对位定位

反应条件：H₂, Pd, CH₃CH₂OH 或 Zn(Hg), HCl, △（正向）；CrO₃, H₂SO₄, H₂O（逆向）

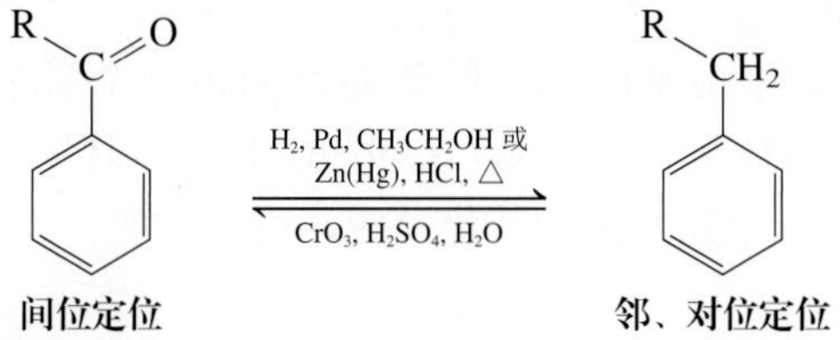

### 5. 通过磺化反应封端（16-5 节）

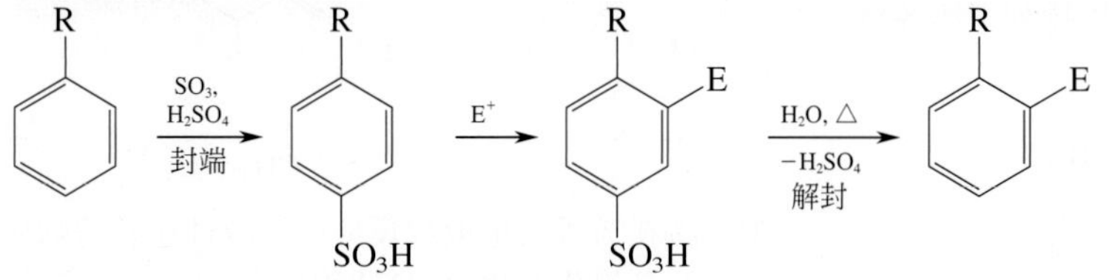

反应条件：SO₃, H₂SO₄（封端）；E⁺；H₂O, △, −H₂SO₄（解封）

### 6. 通过保护调节强活化基团（16-5 节）

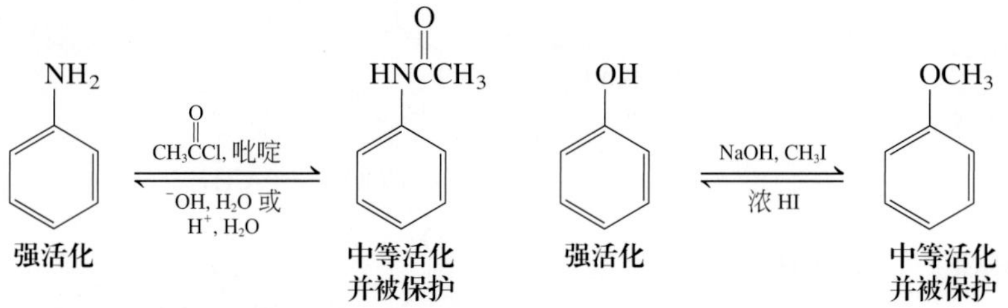

强活化　　　　　　　　中等活化并被保护　　　　　　强活化　　　　　　中等活化并被保护

### 7. 萘的芳香亲电取代（16-6 节）

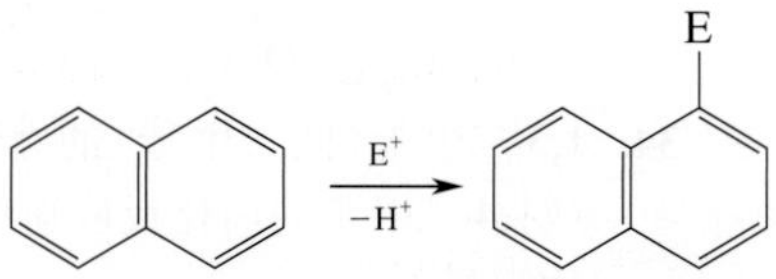

## 重要概念

1. 苯环上的取代基可以分成两类：通过**给电子**活化苯环的**活化基团**和通过**吸电子**钝化苯环的**钝化基团**。吸电子或给电子的机理是基于**诱导效应**和**超共轭效应**或**共振效应**。这些效应可以同时发挥作用，或是相互增强或是相互抵消。氨基和烷氧基是强活化基团，烷基和苯基是弱活化基团，硝基、三氟甲基、磺酸基、羰基、氰基和阳离子是强钝化基团，卤素是弱钝化基团。

2. **活化基团**是**邻、对位**定位基，**钝化基团**则是**间位**定位基，间位定位反应的速率要慢很多。**卤素**例外，是钝化基团，却是**邻、对位**定位基。

3. 当有几个取代基存在时，最强的活化基团（或最弱的钝化基团）控制

进攻位置的选择性，控制能力的递减顺序为：

$$NR_2，OR > X，R > 间位定位基$$

4. 多取代苯的**合成策略**依赖于取代基的**定位能力**，通过化学实验**改变**取代基的**定位性质**，以及使用**封端**及**保护**基团。

5. **萘**优先在**C-1**位上发生亲电取代反应，这是碳正离子中间体的相对稳定性决定的。

6. 萘的一个环上的给电子取代基定位亲电进攻发生在与取代基同环的邻、对位上。吸电子取代基定位亲电进攻在远离取代基的另一环上，主要发生在C-5和C-8位。

7. 从苯并[*a*]芘衍生出来的真正的致癌剂应是一个氧杂环丙烷二醇衍生物，在C-7和C-8位上含双羟基，C-9和C-10位为环氧桥连。这个分子与DNA碱基中的一个氮发生烷基化反应，引起突变。

## 习 题

30. 按亲电取代反应的反应性递减的顺序排列下述各组化合物，并给出排序理由。

(a)

(b)

(c)

31. (氯甲基)苯的硝化反应速率是苯的硝化速率（假设 $r=1$）的0.71倍。(氯甲基)硝基苯的混合产物中包含32%邻位产物、15.5%间位产物和52.5%对位产物。请解释这些现象。

32. 指出下列化合物中的苯环是被活化还是被钝化。

(a) (b) (c)

(d) (e)

(f) (g)

33. 按在芳香亲电取代反应中反应性递减的顺序排列下列各组化合物并解释原因。

(a)

(b)

34. 1,3-二甲苯（间二甲苯）的卤化反应速率比1,2-二甲苯或1,4-二甲苯的卤化反应速率快100倍，请给出合理的解释。

35. 写出下列芳香亲电取代反应中预期的主要产物的结构。（**a**）甲苯硝化反应；（**b**）甲苯磺化反应；（**c**）1,1-二甲基乙基苯（叔丁基苯）硝化反应；（**d**）1,1-二甲基乙基苯（叔丁基苯）磺化反应。解释底物的结构从（**a**）和（**b**）中的甲苯变成（**c**）和（**d**）中的1,1-二甲基乙基苯（叔丁基苯）是怎样影响主要产物的相对含量的。

36. 写出下列亲电取代反应的主要产物的结构。（**a**）甲氧基苯的磺化反应；（**b**）硝基苯的溴化反应；（**c**）苯甲酸的硝化反应；（**d**）氯苯的Friedel-Crafts乙酰化反应。

37. 画出合适的共振式来解释苯磺酸中磺酸基的钝化效

应和间位定位特点。

38. 你同意下列的论述吗？"苯环上强的吸电子基团是间位定位基，因为它们钝化间位的程度小于钝化邻、对位的程度"。请解释你的答案。

39. 画出合适的共振式来解释联苯中苯环取代基活化的邻、对位定位性质。

**联苯**

40. 给出下列亲电取代反应所预期的主要产物。

（a）（结构：HNCCH₃，苯环）$\xrightarrow{CH_3CCl, AlCl_3}$ （b）（氯苯）$\xrightarrow{Br_2, FeBr_3}$

（c）（苯乙酮结构，O，乙基）$\xrightarrow{HNO_3, H_2SO_4}$ （d）（异丙苯）$\xrightarrow{SO_3, H_2SO_4}$

（e）（H₃CO 苯）$\xrightarrow[\text{（参见第15章的习题51）}]{ClSO_3H}$ （f）（NO₂ 苯）$\xrightarrow{HNO_3, H_2SO_4, \triangle}$

（g）写出从（a）到（f）中每个反应的详细机理。

（h）推测16-5节中1-甲氧基-2-硝基苯与2-丙醇在HF作用下的反应机理。

41. 反应回顾。在不参考749页的反应路径图的情况下，给出合成下列各个化合物的试剂和单取代苯的组合。
（提示：参考表16-2。**注意**：定位效应来源于已经存在于苯环上的基团而不是准备引入的基团。）

（a）（Br，NO₂ 苯）
（b）（Br，I 苯）
（c）（CH₃，OCH₃ 苯）
（d）（OCH₃，H₃C—C＝O 苯）
（e）（NO₂，SO₃H 苯）
（f）（NO₂，CH₃ 苯）

（g）（NO₂ 苯，NO₂ 苯）
（h）（Cl 苯，CH₃ 苯，CH₃）

42. 反应回顾。下列化合物需要多于一步的路线来合成。和习题41一样，给出合成下列化合物所需的单取代苯原料和其他各步骤所需的试剂。

（a）（Br，NH₂ 苯）
（b）（Br，I 苯）
（c）（CH₂CH₂CH₂CH₃，OCH₃ 苯）
（d）（H₃C—C＝O，C＝O—CH₃ 苯）
（e）（NH₂，NO₂ 苯）
（f）（Br，CH₂CH₃ 苯）
（g）（NO₂，NO₂ 苯）
（h）（SO₃H，CH₂CH₃ 苯）

43. 给出下列反应的主要产物。

（a）（NO₂，CH₃ 苯）$\xrightarrow{Cl_2, FeCl_3}$

（b）（Cl，CH₃ 苯）$\xrightarrow{SO_3, H_2SO_4}$

（c）（COOH，CH₂CH₃ 苯）$\xrightarrow{HNO_3, H_2SO_4}$

（d）
$\xrightarrow{\text{Br}_2,\ \text{FeBr}_3}$

（e）
$\xrightarrow{\text{Br}_2,\ \text{FeBr}_3}$

（f）
$\xrightarrow{\text{SO}_3,\ \text{H}_2\text{SO}_4}$

（g）
$\xrightarrow{\text{HNO}_3,\ \text{H}_2\text{SO}_4}$

（h）
$\xrightarrow{\text{Cl}_2,\ \text{FeCl}_3}$
（i）
$\xrightarrow{\text{CH}_3\text{Cl},\ \text{AlCl}_3}$

**44. 挑战题** （a）三种二甲苯（邻、间、对二甲苯）的混合物（均为1mol），在Lewis酸存在下用1mol氯处理，三种二甲苯中有一种二甲苯以100%产率得到了单氯化的产物，而其他两种完全没有发生反应。哪一种异构体发生了反应？解释三者反应性的差别。
（b）当下列三种三甲基苯的混合物进行同样的实验时，得到了类似的结果。请回答（a）中提出的关于异构体混合物的问题。

**1,2,3-三甲基苯**　　**1,2,4-三甲基苯**　　**1,3,5-三甲基苯**

**45.** 提出从苯合成下列多取代苯的合理路线。

（a）
（b）

（c）
（d）

（e）
（f）

（g）
（h）

**46.** 4-甲氧基苯甲醇（又称茴香醇，如下所示）是甘草香味和薰衣草香味的主要成分，提出从甲氧基苯（茴香醚）制备该化合物的合理路线。（**提示**：在醇的合成范围内考虑，必要时请参考第15章习题55。）

**4-甲氧基苯甲醇**
**(茴香醇)**

**47.** 提出一个从合适的原料通过一步反应合成磺基水杨酸（775页页边）的路线。

**48.** 止痛科学在过去的几年中获得了很快的发展。人体通过释放花生四烯酸乙醇胺（anandamide）来应对疼痛（20-6节）。花生四烯酸乙醇胺可以与能够识别大麻活性成分的大麻受体结合。与这个位点结合能够抑制疼痛的感觉。这种效果不是持久的，因为另外一种酶能够分解花生四烯酸乙醇胺。最近的研究集中在寻找能够阻止降解花生四烯酸乙醇胺的酶的治疗性分子。联苯衍生物URB597是一个展现出具有目标酶抑制作用的实验物质，并且已经在小鼠身上证明了其具有疼痛抑制效果。
　　分析URB597的结构并回答以下问题：URB597是一个以联苯（习题39）为起始原料容易合成的分子还是难合成的分子？如果你认为容易合成，解释如何应用本章学习的知识来合成。如果你认为困难，解释原因。

**URB597**

**49.** 下面几页给出了四个未知的化合物A～D的NMR和IR谱图，它们的实验式（排序无特殊含义）是 $C_6H_5Br$、$C_6H_6BrN$和 $C_6H_5Br_2N$（其中的一个分子式用了两次，即有两个未知物是异构体）。在它们的 $^1H$ NMR谱图中，A、B和D有四个峰，而C有六个。写出它们的结构并提出以苯为起始原料制备每个未知物的合理路线。

**50.** 用 Pd-C对1mol萘催化加氢，很快得到加2mol $H_2$ 的产物，指出产物的结构。

**51.** 预测下列双取代萘的单硝化产物：（**a**）1,3-二甲基萘；（**b**）1-氯-5-甲氧基萘；（**c**）1,7-二硝基萘；（**d**）1,6-二氯萘。

**52.** 写出下列反应的预期产物。

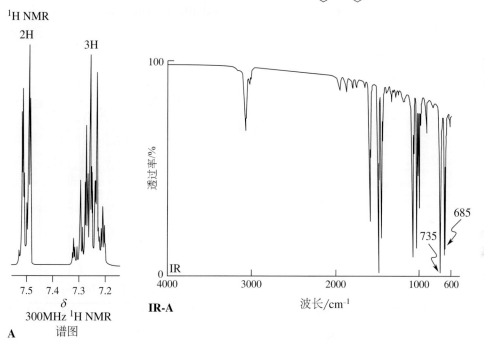

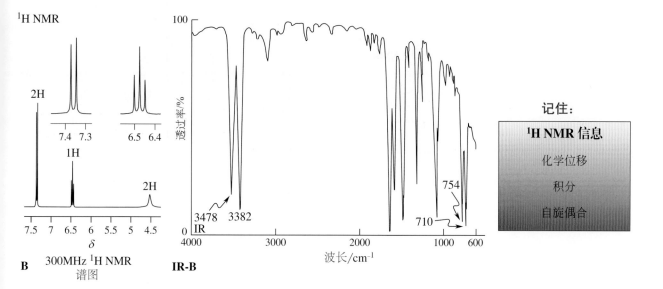

IR-A

**A** 300MHz $^1H$ NMR 谱图

**B** 300MHz $^1H$ NMR 谱图

IR-B

记住：

$^1H$ NMR 信息

化学位移

积分

自旋偶合

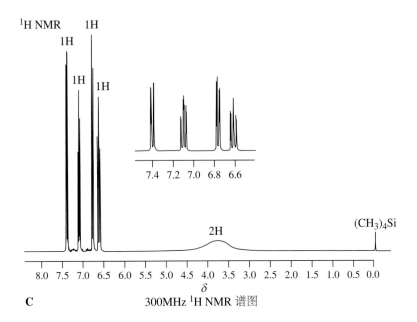

C          300MHz $^1$H NMR 谱图

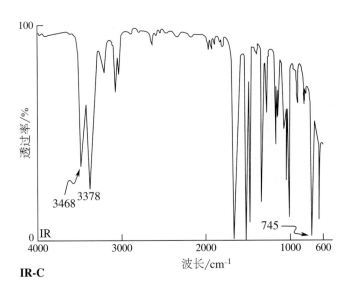

**IR-C**

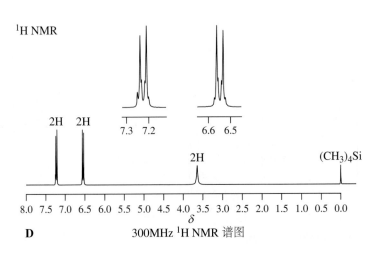

D          300MHz $^1$H NMR 谱图

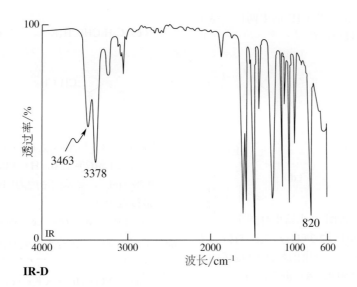

$3463$

$3378$

$820$

IR

**IR-D**

波长/cm⁻¹ → 波长/$cm^{-1}$

透过率/%

53. **挑战题** 萘在80℃下磺化，得到的几乎全部是1-萘磺酸，而160℃下发生同样的反应得到的是2-萘磺酸，请给出解释。（提示：参见14-6节基本原理）

54. 巯基苯（苯硫酚，$C_6H_5SH$）的苯环上不可能发生亲电取代反应，为什么？巯基苯与亲电试剂反应会生成什么？（提示：复习9-10节。）

55. （**a**）尽管甲氧基是一个强的活化基团和邻、对位定位基，与苯相比甲氧基苯的间位发生亲电反应时略微被钝化，请给出解释。（**b**）画出与16-2中类似的一组势能曲线来比较苯和甲氧基苯的邻、对、间位亲电取代反应。

56. 预测下列单硝化反应的结果。

（**a**）

（**b**）

（**c**）

（**d**）

（**e**）

57. **挑战题** 苯环上的亚硝基（—NO）可作为邻、对位定位基，但却是钝化基团。用亚硝基的Lewis结构式以及对苯环的诱导和共振作用解释这一现象。（**提示**：考虑是邻、对位定位基，但却是钝化基团的类似取代基。）

58. 下列反应列出了典型的亚硝基化反应条件，提出这一反应的详细机理。

$$\text{（苯酚）} \xrightarrow{NaNO_2, HCl, H_2O} \text{（邻-亚硝基苯酚）} + \text{（对-亚硝基苯酚）}$$

## 团队练习

59. 聚苯乙烯（聚乙烯基苯）是一种大家熟悉的制备发泡塑料杯和包装用填料的高分子材料。从原理上讲，在酸性条件下，进行苯乙烯正离子聚合可制备聚苯乙烯，但这是不成功的，因为反应形成了二聚体A。

**苯乙烯** $\xrightarrow{H_2SO_4, H_2O}$ **A**

分成两组，第一组写出酸性条件下苯乙烯正离子聚合的机理；第二组写出二聚体A的形成机理。集合并比较讨论的结果。正常聚合的哪一阶段发生偏离而产生A？

## 预科练习

60. 下列哪一个是芳香亲电取代反应？

（**a**）$C_6H_{12} \xrightarrow{Se, 300°} C_6H_6$

（**b**）$C_6H_5CH_3 \xrightarrow{Cl_2, h\nu} C_6H_5CH_2Cl$

（**c**）$C_6H_6 + (CH_3)_2CHOH \xrightarrow{BF_3, 60°C} C_6H_5CH(CH_3)_2$

（**d**）$C_6H_5Br \xrightarrow{Mg, 乙醚} C_6H_5MgBr$

**61.** 反应 $C_6H_6 + E^+ \rightarrow A \rightarrow C_6H_5E + H^+$ 的中间体正离子 A，表达为下列哪一个最合适？

（a）

（b）

（c）

（d）

**62.** 未知化合物的 $^1H$ NMR 谱图（未给出峰的多重性）的化学位移为 $\delta= 0.9$（6H），2.3（1H），7.3（5H）。下面五个结构式中哪一个符合给出的数据？（**提示：**乙烷的 $^1H$ NMR 信号位于 $\delta=0.9$，苯在 $\delta=7.3$。）

（a）$C_6H_5CH_2CH_2CH_3$　（b）

![间二甲苯结构 CH3]

（c）$C_6H_5CH(CH_3)_2$　（d）

![对二甲苯结构 CH3 H3C]

（e）

![邻乙基甲苯结构 CH2CH3 CH3]

**63.** 用过量的 $Cl_2$ 和 $AlCl_3$ 处理135mL苯，生成50mL氯苯。已知原子量 C = 12.0，H = 1.0，Cl = 35.5，苯的密度为 $0.78g\cdot mL^{-1}$，氯苯的密度为 $1.10g\cdot mL^{-1}$。该反应的产率最接近于（　）。

（a）15%；（b）26%；（c）35%；（d）46%；（e）55%。

**64.** 下列选项中，在芳香亲电取代反应中能活化苯环的是（　）。

（a）—$NO_2$；（b）—$CF_3$；（c）—$CO_2H$；（d）—$OCH_3$；（e）—Br。

# 醛和酮

## 羰基化合物

学习目标

- 画出醛和酮的结构并命名
- 描述羰基双键的轨道组成和极性
- 识别表明羰基存在的谱学特征
- 复习醛和酮的合成方法
- 对醛和酮加成反应的一般机理进行分类
- 了解醛和酮可逆加成反应的结果
- 在合成中应用缩醛（酮）作为保护基
- 了解将醛和酮转化为烷烃、烯烃、亚胺和酯的方法

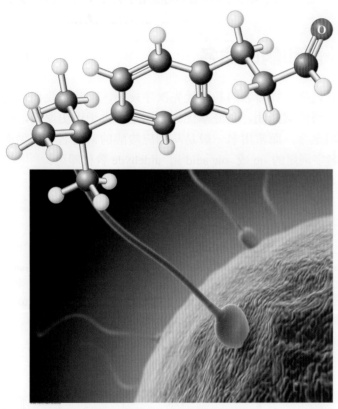

在生殖的生物化学机制中，精子能够"闻到"附近的卵子，从而使卵子受精。图中所示对叔丁基苯丙醛可以激活精子的"嗅觉"，而直链的十一醛则能阻碍这一生物过程。这张照片显示的是放大了 3500 倍的受孕过程。

　　缕芬芳突然唤醒了你早已忘怀的一个记忆，有过这样的体验吗？如果有的话，你就体验了一种独特的嗅觉现象。嗅觉属于一种原生的感觉，相关的嗅觉神经是唯一一种作为大脑的一部分而存在的感觉神经。嗅觉神经可对挥发性分子的形状及其分子结构中的极性官能团作出响应。在所有的有机化合物中，具有浓郁的、各种各样气味的主要是分子结构中含有碳-氧双键即**羰基**（carbonyl group）的化合物。

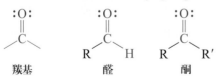

本章和第 18 章将讲述两类最简单的羰基化合物：**醛**（aldehyde）和**酮**（ketone）。醛的羰基碳原子至少和一个氢原子直接相连；酮的羰基碳原子则和两个碳原子直接相连。这些化合物在自然界中广泛存在，它们和很多食物的风味有关，并对很多酶的生物功能有促进作用。即使是单个细胞，如上面插图中的

精子，也显示出与嗅觉相关的感知能力。对叔丁基苯丙醛可以模拟女性生殖系统产生的一类未知分子，从而达到吸引最敏感的精子完成受精的目的。了解这些过程可能对生殖医学有重要意义。此外，醛和酮作为合成试剂和溶剂，还广泛应用于工业生产。实际上，羰基常常被认为是有机化学中最重要的官能团。

本章将讲述醛和酮的命名原则及其结构和物理性质。与醇相似，羰基含有一个带两对孤对电子的氧原子，这一结构特征使得羰基可以作为一个弱的 Lewis 碱。另外，由于碳-氧双键的高度极化，羰基碳具有相当强的亲电性。在本章余下的部分中，将讲述羰基的这些性质如何塑造了其多功能官能团的化学性质。

## 17-1 醛和酮的命名

按照有机化合物命名的基团优先次序规则，羰基是我们目前为止遇到的最高优先级的官能团，且醛基优先于酮基。由于历史原因，简单醛类的常用名沿用至今，而常用名一般是从相应羧酸的常用名中衍生而来，即将羧酸英文名字词尾的 -ic 或 -oic acid 用 -aldehyde 替代即可。

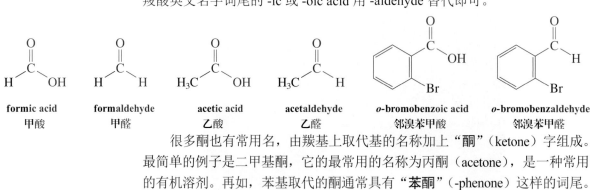

| formic acid 甲酸 | formaldehyde 甲醛 | acetic acid 乙酸 | acetaldehyde 乙醛 | o-bromobenzoic acid 邻溴苯甲酸 | o-bromobenzaldehyde 邻溴苯甲醛 |

很多酮也有常用名，由羰基上取代基的名称加上"酮"（ketone）字组成。最简单的例子是二甲基酮，它的最常用的名称为丙酮（acetone），是一种常用的有机溶剂。再如，苯基取代的酮通常具有"苯酮"（-phenone）这样的词尾。

| dimethyl ketone (acetone) 二甲基酮 (丙酮) | ethyl methyl ketone 甲基乙基酮 | diethyl ketone 二乙基酮 | acetophenone 乙酰苯 (苯乙酮) | benzophenone 苯甲酰苯 (二苯甲酮) |

本书将遵循 IUPAC 命名法，即系统命名法，将醛视为烷烃的衍生物。在命名时，将相应烷烃名称的词尾"烷"字用"醛"字替代（英文中将烷烃末尾的 -e 替换为 -al）即为醛（alkanal）的名称。于是，系统命名中最简单的醛即甲醛（methanal）由甲烷（methane）衍生而来，乙醛由乙烷而来，丙醛由丙烷而来，其他依此类推。为与美国《化学文摘》和 IUPAC 保持一致，在之后的讨论中，将只使用甲醛和乙醛的常用名。在命名醛时，不论结构中是否存在更长的链，都将含有醛基的最长链作为主链，并从羰基碳的位置开始对碳链进行编号。

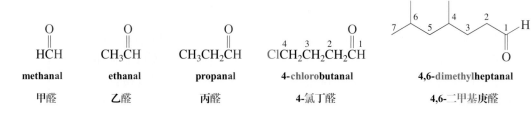

| methanal 甲醛 | ethanal 乙醛 | propanal 丙醛 | 4-chlorobutanal 4-氯丁醛 | 4,6-dimethylheptanal 4,6-二甲基庚醛 |

　　可以看出，醛的系统命名和一级醇的命名相似（8-1 节），不同之处是醛的羰基位置编号在命名时无需标出，因为醛的羰基碳总是 1 号位。具有两个醛基的化合物则用"**二醛**"（-dial）这样的词尾标记。

　　当醛基（—CHO）连接在碳环上时，此化合物称为**环烷甲醛或芳环甲醛**（carbaldehyde），在命名时，带有醛基的碳原子编号为 C-1。例如，芳醛的母体 benzenecarbaldehyde 为正式命名，但它的常用名苯甲醛（benzaldehyde）使用更广泛，因而也被美国《化学文摘》和 IUPAC 所接受。在命名时，不论结构中是否存在其他大小的环或者长链，都指定带有醛基的最大环为母环。

**戊二醛**

**cyclohexanecarbaldehyde**　　　**benzenecarbaldehyde**　　　**4-**hydroxy**-3-**methoxy**-benzenecarbaldehyde**

**环己烷甲醛**　　　　　　　　　　**苯甲醛**　　　　　　　**4-**羟基**-3-**甲氧基苯甲醛
（**香草醛**）

带有醛基的碳原子编为 C-1

　　系统命名法把酮称为某**烷酮**（alkanone），即也看成是烷烃的衍生物。在命名时，将相应烷烃词尾的"烷"字用"酮"字替代（英文中将烷烃末尾的 -e 替换为 -one）即为酮的名称。这其中的一个例外是最小的酮——二甲基酮，其常用名丙酮已经被 IUPAC 接受。与醛的命名相似，在命名酮时，选择含有羰基即 C=O 基团的结构单元作为主链。同时，不论分子中是否有其他取代基或 OH、C=C 或 C≡C 等官能团存在，羰基碳在碳链的编号中都尽可能取最小值。芳香酮命名为芳基取代烷酮。与醛不同的是：酮羰基可以成为碳环的一部分，此类化合物称为**环烷酮**（cycloalkanone）。含有多个酮羰基的化合物则用"**二酮**"（-dione）、"**三酮**"（-trione）这样的词尾标记，依此类推。

从离羰基最近的链端开始编号

环上羰基碳编为 C-1

**2-pentanone**　　　　**4-**chloro**-6-**methyl**-3-**heptanone　　**1-**phenylethanone　　**2,2-**dimethyl**cyclopentanone**

**2-戊酮**　　　　　　　**4-**氯**-6-**甲基**-3-**庚酮　　　　**1-**苯基乙酮
（**苯乙酮**）　　　**2,2-**二甲基**环戊酮**

　　在编号和命名时，醛羰基是目前为止遇到的最高优先级的官能团。醛羰基和酮羰基的优先级均高于醇羟基，但低于将在第 19 章中讲述的羧酸基团。所有常见官能团的优先级完整排序也将在第 19 章中介绍。

**heptane-2,6-dione**
**庚烷-2,6-二酮**

### 带有其他官能团的醛和酮

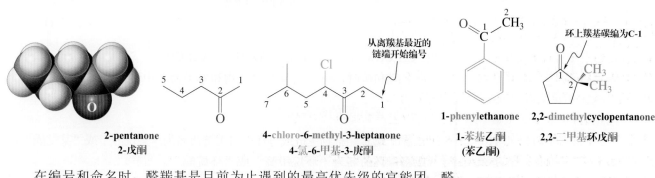

**7-**hydroxy**-7-**methyl**-4-**octen**-2-**one　　**propynal**　　**5-**bromo**-3-**ethynyl**cycloheptanone**

**7-**羟基**-7-**甲基**-4-**辛烯**-2-**酮　　　　　**丙炔醛**　　　**5-**溴**-3-**乙炔基**环庚酮**

（注意：-ene 和 -yne 中的 e 在 -enone 和 -ynal 中可以省略）

（**R**）**-3-**formyl**hexanedial**
（**R**）**-3-**甲酰基己二醛

***cis*-2-acetyl**cyclohexane-
carboxylic acid
**顺-2-乙酰基环己酸**

**3-氧代丁醛**

**真的吗**❓

为什么衣物洗过之后仍然有味道？三种酮类化合物，即 2-庚酮、2-辛酮和 2-壬酮，是造成脏袜子、毛巾和其他衣物有异味的罪魁祸首。这样大小范围内酮分子有十分难闻气味。幸运的是，这些化合物通过冷水清洗即可很容易去除。其他异味来源还包括甲硫基甲烷（二甲硫醚，$CH_3SCH_3$）和丁酸（第 18 章，$CH_3CH_2CH_2CO_2H$）。但到目前为止，最难处理的是二甲基三硫化物 $CH_3SSSCH_3$。它就是臭袜子中的"臭气"和使用时间过长的毛巾中会有的异味。日常生活中我们越来越倾向于使用更节能、更环保的方法，但在处理这类异味时是无能为力的：冷水在去除衣物上此类异味时的效果不尽如人意。真是很抱歉。

$RC$— 称为**酰基**（acyl，15-13 节）。IUPAC 和美国《化学文摘》都保留了 $HC$— 和 $CH_3C$— 的常用名，分别为**甲酰基**（formyl）和**乙酰基**（acetyl）。当酮羰基和醛基同时存在于分子中时，可以用**氧代**（oxo）来标识酮羰基所处位置（如页边处的示例）。

**练习17-1**

命名或画出下列化合物的结构。

（a）　　　　（b）　　　　（c）6-溴-1-氯-4-辛炔-3-酮

（d）（R）-3-羟基丁醛 （e）4-溴环己酮　　（f）

　　醛和酮可以用许多方式来表示。通常用简式或键线式来表示。用简式表示时，碳原子后紧接着与其直接相连的氢原子。也就是说，醛基官能团应简写为 —CHO 而不是 —COH，以避免和醇羟基混淆。甲醛应写作 HCHO，乙醛写作 $CH_3CHO$，丙醛写作 $CH_3CH_2CHO$，依此类推。

**醛和酮的各种写法**

丁醛： $CH_3CH_2CH_2CH$　$CH_3CH_2CH_2CHO$　$CH_3CH_2CH_2\overset{O}{\overset{||}{C}}-H$

**注意不是一个羟基**

2-丁酮： $CH_3CH_2CCH_3$　$CH_3CH_2COCH_3$　$CH_3CH_2\overset{O}{\overset{||}{C}}-CH_3$

命名醛和酮时，可使用碳氢化合物和醇类命名中讲述的准则。

---

**指导原则：醛和酮的命名规则**

- **步骤1.** 确定化合物主链或母环，将主链命名为"某烷醛"或"某烷酮"，或将母环命名为"环烷甲醛"或"环烷酮"。
- **步骤2.** 命名所有取代基。
- **步骤3.** 对主链（或母环）碳编号。
- **步骤4.** 取代基团按其英文名称的字母顺序排列，并在基团前冠以其所在位置。

---

**小　结**

　　在系统命名法中，醛和酮命名为某烷醛和某烷酮。按照基团命名的优先次序规则，羰基在碳链中的编号优先于羟基、碳-碳双键和叁键，醛羰基优先于酮羰基。然后，按照通常的规则给主链（或母环）和其他的取代基编号。

# 17-2 羰基的结构

　　如果将羰基看成是烯烃官能团的氧代类似物，就可以正确地预测羰基的分子轨道图、醛和酮的结构以及它们的某些物理性质。但是，氧原子的电负性和它带有的两对孤对电子，使得羰基的反应活性与烯烃的碳-碳双键有很大的差异。

## 羰基含有一个短而强的极性键

　　羰基的碳和氧都是 $sp^2$ 杂化。因此它们和碳上的两个取代基处在同一平面，键角约为 $120°$。碳原子和氧原子上的两个 p 轨道与分子骨架所在的平面垂直，并形成一个 π 键（图 17-1）。

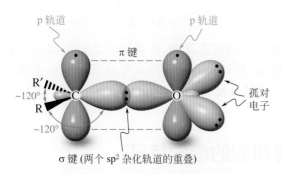

**图17-1** 羰基的分子轨道示意图。它的 $sp^2$ 杂化和轨道分布与乙烯相似（图11-2）。但氧原子上的两对孤对电子及其电负性改变了官能团的性质。

　　图 17-2 描述了乙醛的一些结构特征。正如预期的那样，整个分子处于同一平面，有一个三角形的羰基碳和具有双键特征的短的碳-氧键。毫不意外，这一碳-氧键键能很大，为 $175 \sim 180 kcal \cdot mol^{-1}$（$732 \sim 753 kJ \cdot mol^{-1}$）。

　　比较羰基和烯烃双键的电子结构，可以发现两个重要差别。首先，氧原子带有两对处于 $sp^2$ 杂化轨道的孤对电子；其次，氧的电负性比碳强，这使得碳-氧双键显著极化，碳原子上带有部分正电荷，而氧原子带有等量的负电荷。因此，羰基的碳是亲电性的，而氧是亲核性和弱碱性的。羰基的这种极化可以用它的极化共振式表示或用部分电荷表示。从页边甲醛的静电势图中也可清楚看到这种极化，碳原子周围区域为蓝色（正电性），氧原子周围区域为红色（负电性）。如前所述（16-1 节），羰基碳上的部分正电荷使得酰基为吸电子基团。

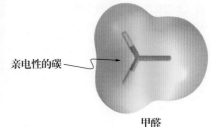

**图17-2** 乙醛的分子结构。

**羰基的表示方法**

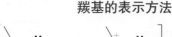

甲醛

亲电性的碳

## 极化改变了醛和酮的物理常数

　　羰基官能团的极化使得醛和酮的沸点比与其大小和分子量相似的碳氢化合物更高（表 17-1）。由于羰基的极性，小分子的羰基化合物，如乙醛和丙酮，可以和水完全混溶，而甲醛水溶液则作为消毒剂和杀菌剂使用。但是，随着分子中疏水碳氢部分的增大，其水溶性降低。六个碳以上的羰基化合物几乎不溶于水。

表17-1 醛和酮的沸点

| 结构式 | 名称 | 沸点 /℃ |
|---|---|---|
| HCHO | 甲醛 | −21 |
| CH₃CHO | 乙醛 | 21 |
| CH₃CH₂CHO | 丙醛 | 49 |
| CH₃COCH₃ | 丙酮 | 56 |
| CH₃CH₂CH₂CHO | 丁醛 | 76 |
| CH₃CH₂COCH₃ | 丁酮（乙基甲基酮） | 80 |
| CH₃CH₂CH₂CH₂CHO | 戊醛 | 102 |
| CH₃COCH₂CH₂CH₃ | 2-戊酮 | 102 |
| CH₃CH₂COCH₂CH₃ | 3-戊酮 | 102 |

**¹H NMR中醛和酮的去屏蔽化**

$$RCH_2C\overset{\displaystyle O}{\overset{\displaystyle \|}{H}}$$

$\delta \approx 2.5$   $\approx 9.8$

$$RCH\overset{\displaystyle R'}{\underset{}{}}C\overset{\displaystyle O}{\overset{\displaystyle \|}{C}}H_3$$

$\delta \approx 2.6$   $\approx 2.0$

## 小 结

　　醛和酮分子中的羰基是碳-碳双键的氧代类似物。但是，氧原子的电负性使得 π 键极化，从而造成了酰基的吸电子性。羰基中与碳和氧相连的化学键共处同一平面，这是 $sp^2$ 杂化的结果。

# 17-3 | 醛和酮的谱学特征

　　羰基化合物有哪些谱学特征呢？在 ¹H NMR 谱图中，醛基质子的信号体现了强烈的去屏蔽化，出现在醛类化合物特有的化学位移区间 9～10 处。这种效应的产生有两方面的原因。首先，与烯烃相似（11-4 节），π 电子的运动形成一个局部磁场，强化了外部磁场；其次，极化造成的羰基碳原子的正电荷引起额外的去屏蔽效应。图 17-3 为丙醛的 ¹H NMR 谱图，醛基质子的共振信号出现在 $\delta = 9.79$ 处，由于和邻位（C-2）的氢原子发生微弱偶合，其分裂成了一个三重峰（$J = 2\,Hz$）。由于羰基的吸电子作用，与一般的烷烃分子中的质子相比，羰基邻位的质子也体现出轻微的去屏蔽化。羰基的吸电子性造成的这种去屏蔽效应也可以在酮类化合物的 ¹H NMR 谱图中

　　图17-3中$\delta = 2.46$处（归属于$CH_2$）的信号（绿色）体现了连续（$N+1$）规则（10-8节）。此处质子受两组、共四个相邻的氢原子偶合作用影响。一组（—$CH_3$）$J = 7\,Hz$，另一组（—CHO）$J = 2\,Hz$，从而使属于$CH_2$的质子发生$(3+1)\times(1+1)=8$重峰的裂分，图上体现为四个（$J = 7\,Hz$）双峰（$J = 2\,Hz$）。注意这两个偶合常数也出现在这些相邻质子的三重峰信号中。

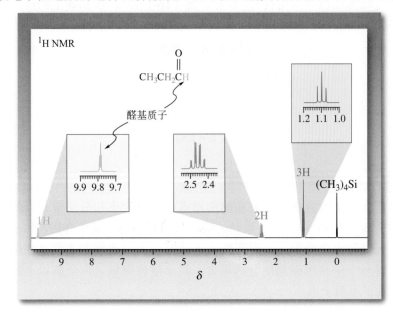

图17-3 丙醛的300MHz ¹H NMR 谱图。醛基质子（$\delta = 9.79$）受到强烈的去屏蔽化。

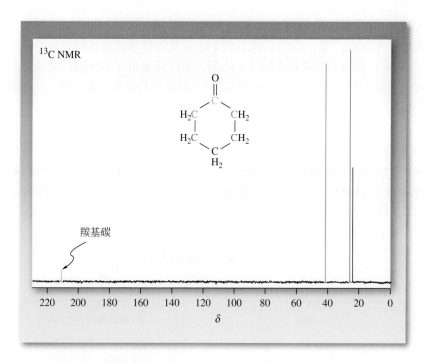

图17-4 环己酮的 $^{13}$C NMR 谱图。相比其他的碳，位于 $\delta$=211.8处的羰基碳被强烈地去屏蔽化。由于该化合物分子的结构对称，图中只有四个峰；三组亚甲基碳的化学位移随着与羰基的接近而移向更低场。

观察到：酮羰基的 $\alpha$-H 通常出现在 $\delta$ = 2.0～2.8 处。

基于羰基碳的特征化学位移，可用 $^{13}$C NMR 谱图判定醛和酮类化合物。羰基碳的信号出现在比烯烃 $sp^2$ 杂化碳（11-4 节）更低场处（$\delta \approx 200$），部分原因是由于羰基碳和强电负性的氧原子直接相连。和离羰基距离较远的碳相比，与羰基相邻的碳也具有去屏蔽效应。图 17-4 为环己酮的 $^{13}$C NMR 谱图。

**一些典型的醛和酮的 $^{13}$C NMR 化学位移**

$$CH_3—CH \quad CH_3—CH_2—CH \quad CH_3—C—CH_3 \quad CH_3—C—CH_2—CH_2—CH_3$$

$\delta$  31.2   199.6　　$\delta$  5.2   36.7   201.8　　$\delta$  30.2   205.1　　$\delta$  29.3   206.6   45.2   17.5   **13.5**

红外光谱是直接检测羰基是否存在的有效方法。C＝O 伸缩振动在红外光谱中通常出现在较窄的区域内，表现为一个很强的吸收谱带（1690～1750cm$^{-1}$，

图17-5 3-戊酮的IR谱图（$\widetilde{\nu}_{C＝O \text{伸缩}}$=1715cm$^{-1}$）。

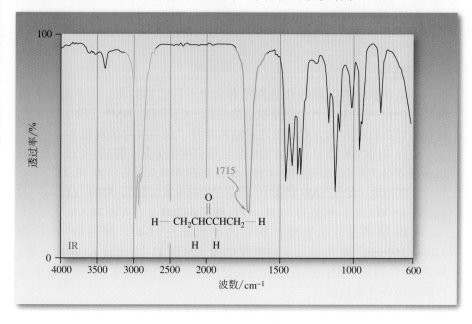

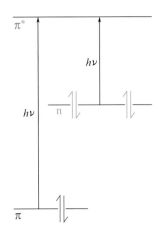

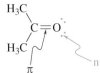

**图17-6** 丙酮的π→π*和n→π* 跃迁。

图17-5）。醛羰基的吸收峰大约在1735cm$^{-1}$处；开链的烷酮和环烷酮的吸收峰大约在1715cm$^{-1}$处。与烯烃或苯的π体系共轭将导致羰基的吸收频率下降30～40cm$^{-1}$；因此，1-苯基乙酮（苯乙酮）的红外光谱在1680cm$^{-1}$处出现一个强峰。相反，对于少于六个原子的环，环上羰基的伸缩振动频率增大，如环戊酮的羰基吸收峰在1745cm$^{-1}$处，环丁酮的羰基吸收峰则在1780cm$^{-1}$处。

由于氧原子上的非键孤对电子能够发生低能量的n→π* 跃迁，羰基也具有特征的紫外吸收光谱（UV）（图17-6）。例如，在环己烷中丙酮的n→π* 跃迁最大峰出现在280nm（$\varepsilon$ = 15）。相应的π→π* 跃迁吸收峰在190nm（$\varepsilon$ = 1100）。如果羰基和碳-碳双键共轭，吸收峰向长波方向移动。例如，3-丁烯-2-酮，$CH_2=CHCOCH_3$，有两个最大吸收峰，分别在324nm（$\varepsilon$ = 24，n→π*）和219nm（$\varepsilon$ = 3600，π→π*）。

**丙酮和3-丁烯-2-酮的电子跃迁**

---

### 解题练习17-2

**运用概念解题：回顾光谱的应用**

如何通过谱学方法区分 $CH_3CH_2CH_2CH_2OH$ 和 $CH_3CH_2CH_2CHO$？指出你认为最有用的谱学方法和特征。

**策略：**

- **W**：有何信息？给定两种化合物，它们的区别是什么？一种是醇类，另一种是醛类。两种化合物中氢的数目与种类不同，而碳的数目相同。两种化合物与官能团相连的碳类型明显不同，分子结构式也是不同的：$C_4H_{10}O$和$C_4H_8O$。

- **H**：如何进行？仔细研究已经掌握的各种光谱技术，以确定这两种分子之间的不同之处。

- **I**：需要用的信息？复习10-4节、11-8节和11-9节。

- **P**：继续进行。

**解答：**

- 从结构上看，两种化合物具有完全不同的官能团：一个是属于伯醇的—$CH_2$—O—H，另一个是属于醛类的—CH=O。NMR、IR 和 UV 光谱都将以各自特有的方式反映这种结构差异。最明显的区别如下。

- 在 $^1$H NMR 谱中，两者的化学位移有明显差异。醇的—$CH_2$—O—H位移在$\delta$=3.7左右，而醛的—CH=O 位移在$\delta$=9.7左右（表10-2）。

- 类似地，在 $^{13}$C NMR 谱图中，两者的出峰位置也不同。醇的—$CH_2$—O—H位移在$\delta$=70左右，而醛的—CH=O 位移在$\delta$=200左右（表10-6）。

- IR 谱图是区分官能团的有力手段（表11-4）。醇的 O—H 将在3200～3600cm$^{-1}$产生强且宽的吸收谱带（与图11-21 比较）。相比之下，醛的 C=O 将在1735cm$^{-1}$左右有尖锐但同样很强的吸收峰（与图17-5 中 3-戊酮的吸收光谱相似）。

- 简单醇类没有明显的 UV 谱图吸收带，而醛的羰基在 280nm 左右有最大吸收峰。
- 最后，两种化合物的分子量相差两个单位。比较质谱将清楚地显示它们的差异。

## 17-3 自试解题

针对以下各对分子，回答与解题练习 17-2 相同的问题。

（**a**）$CH_3COCH_2CH_3$ 与 $CH_3CH_2CH_2CHO$
（**b**）$CH_3CH{=}CHCH_2CHO$ 与 $CH_3CH_2CH{=}CHCHO$
（**c**）2-戊酮和 3-戊酮

记住：

**¹H NMR 信息**

化学位移

积分

自旋-自旋裂分

## 练习17-4

一个分子式为 $C_4H_6O$ 的未知化合物，其谱学数据如下，¹H NMR：$\delta$ 2.03（dd，$J$ = 6.7，1.6 Hz，3 H），6.06（ddq，$J$ = 16.1，7.7，1.6 Hz，1 H），6.88（dq，$J$ = 16.1，6.7 Hz，1 H），9.47（d，$J$ = 7.7 Hz，1 H）；¹³C NMR（DEPT）：$\delta$ 18.4（$CH_3$），132.8（CH），152.1（CH），191.4（CH）；UV：$\lambda_{max}(\varepsilon)$ = 220（15000） 和 314（32）nm，推断其结构。

记住：

**¹³C NMR 信息**

化学位移

DEPT

### 醛和酮的质谱裂解提供结构信息

羰基化合物的裂解模式在结构鉴定中常常十分有用。例如，互为异构体的 2-戊酮、3-戊酮和 3-甲基-2-丁酮（图 17-7）的质谱表明各化合物具有完全不同的碎片离子。主要分解途径是 $\alpha$-裂解，它将烷基键与羰基官能团断开，得到相应的共振稳定的**酰基正离子**（acylium cation）和烷基自由基。

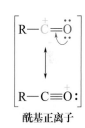

酰基正离子

#### 羰基化合物的 $\alpha$-裂解

$$:O{\equiv}CR' \xleftarrow[-R^\bullet]{\alpha\text{-裂解}} \left[\begin{array}{c} :O: \\ \| \\ C \\ R \diagup \diagdown R' \end{array}\right]^{+\bullet} \xrightarrow[-R'^\bullet]{\alpha\text{-裂解}} RC{\equiv}O:^+$$

酰基正离子(共振稳定)

通过这些碎片离子可以从质谱中推断出酮中两个烷基的总体组成情况。通过这一方法，可以发现 2-戊酮与 3-戊酮明显不同：2-戊酮的 $\alpha$-裂解得到两个酰基正离子，$m/z$ 分别为 43 和 71；而 3-戊酮的 $\alpha$-裂解则仅得到一个酰基离子，$m/z$ 为 57。（3-戊酮质谱中 $m/z$ 为 29 的离子峰属于 $CH_3CH_2^+$ 和 $HC{\equiv}O^+$，是由 $CH_3CH_2C{\equiv}O^+$ 失去一分子 $C_2H_4$ 得到的。）

#### 2-戊酮的 $\alpha$-裂解

$$:O{\equiv}CCH_2CH_2CH_3 \longleftarrow \begin{array}{c} :O: \\ \| \\ C \\ H_3C \diagup \diagdown CH_2CH_2CH_3 \end{array} \longrightarrow CH_3C{\equiv}O:^+$$

$m/z = 71$        $m/z = 86$        $m/z = 43$
2-戊酮

图17-7 （A）2-戊酮质谱图，有两个离子峰，一个为α-裂解产生，另一个为McLafferty重排导致；（B）3-戊酮质谱图，由于分子的对称性，仅有一个α-裂解产生的离子峰；（C）3-甲基-2-丁酮质谱图，有两个α-裂解导致的离子峰。

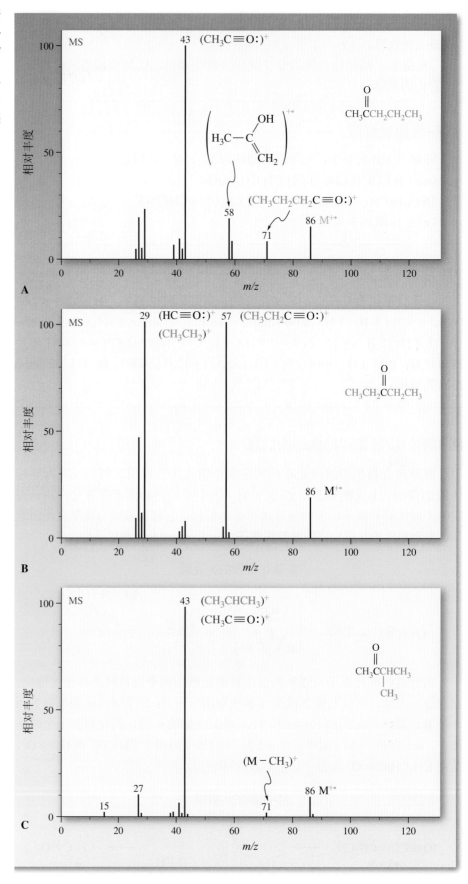

### 3-戊酮的α-裂解

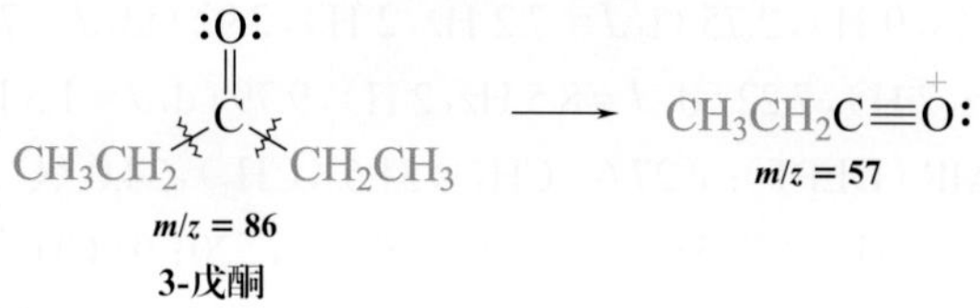

$$\underset{\substack{m/z = 86 \\ \text{3-戊酮}}}{CH_3CH_2 \overset{\displaystyle :\!O\!:}{\underset{\displaystyle \|}{C}} CH_2CH_3} \longrightarrow \underset{m/z = 57}{CH_3CH_2C\overset{+}{\equiv}O\!:}$$

如何区分 2-戊酮与 3-甲基-2-丁酮呢？观察 α-裂解在此并不奏效——因为在两个分子中取代基都是—CH₃ 和—C₃H₇。

### 3-甲基-2-丁酮的α-裂解

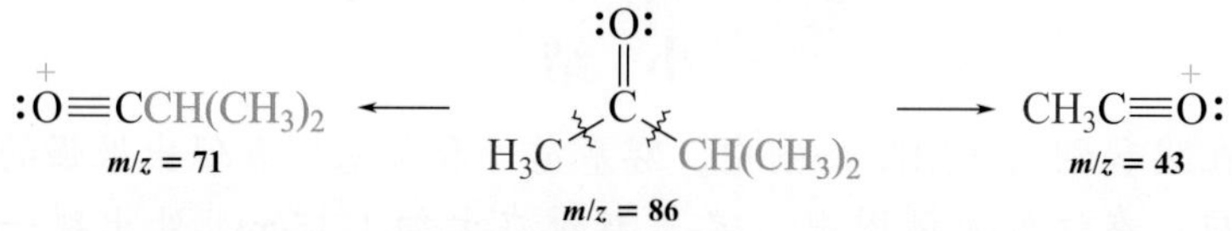

$$\underset{m/z = 71}{:\!O\!\equiv\!CCH(CH_3)_2} \longleftarrow \underset{\substack{m/z = 86}}{H_3C \overset{\displaystyle :\!O\!:}{\underset{\displaystyle \|}{C}} CH(CH_3)_2} \longrightarrow \underset{m/z = 43}{CH_3C\overset{+}{\equiv}O\!:}$$

但是，比较两个化合物的质谱图 [（图 17-7（A）和（C）] 可以发现，2-戊酮还有 $m/z$ 为 58 的主要离子峰，由分子失去一个 $m/z$ 为 28 的碎片产生。其他异构体的质谱图中均不存在这一碎片，这是分子中具有位于羰基 γ 位的氢原子的特征。具有该结构特征的体系具有足够的灵活性，能够使 γ-H 接近羰基氧，发生**麦克拉佛特**[❶]（McLafferty）**重排**。反应中起始酮的分子离子分裂为两部分（一个中性碎片以及一个自由基正离子）。

### McLafferty重排

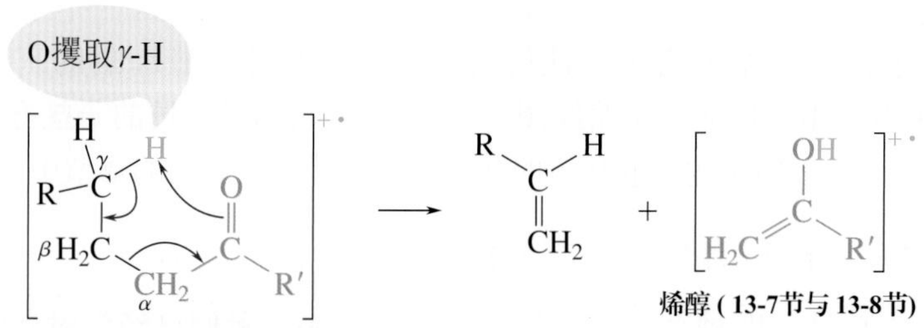

O攫取γ-H

希腊字母用于表示碳原子（及相关取代基）与官能团的距离

经 McLafferty 重排分子离子生成一分子烯烃以及一个新的酮分子的烯醇式自由基正离子。对于 2-戊酮，生成一分子乙烯和丙酮的烯醇式，丙酮的烯醇式的自由基正离子 $m/z$ 为 58。

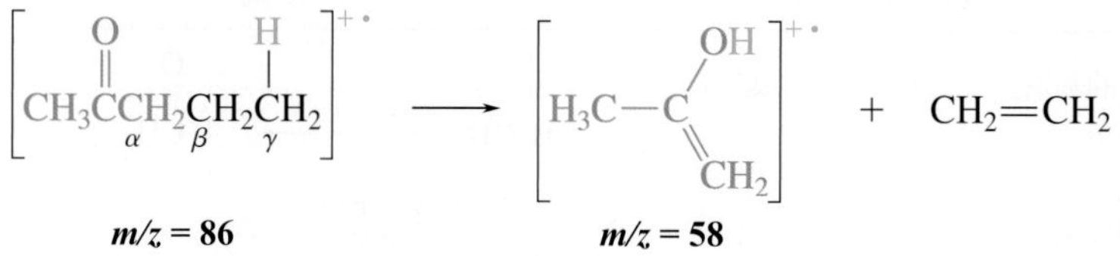

3-戊酮和 3-甲基-2-丁酮都不具有 γ-H，因此均无法发生 McLafferty 重排。

## 练习17-5

（**a**）如何仅通过质谱图来区分以下物质：（ⅰ）3-甲基-2-戊酮与 4-甲基-2-戊酮；（ⅱ）2-乙基环己酮与 3-乙基环己酮。（**b**）某一具有生物活性

**合成类致幻药与质谱裂解**

2009 年，一批名为"浴盐"的新型合成类致幻药进入市场，其成分为安非他明（Amphetamine）类似物卡西酮（Cathinone）及其羰基官能团两侧以多种形式修饰的衍生物（箭头所示）。卡西酮是阿拉伯茶咖特（khat）中的活性成分，来源于阿拉伯半岛和东非地区的一种有花植物，咀嚼这种植物在当地十分盛行。法医化学家通过气相色谱-质谱法精确地确定由 α-裂解所产生的两个碎片的组成，在浴盐中检测到了卡西酮（及其取代衍生物）的存在。在卡西酮的质谱图中，两个主要的离子峰 $m/z$ 分别为 77（$C_6H_5^+$）和 44（$CH_3CH=NH_2^+$）。

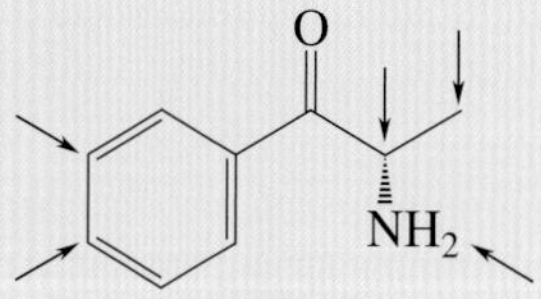

卡西酮

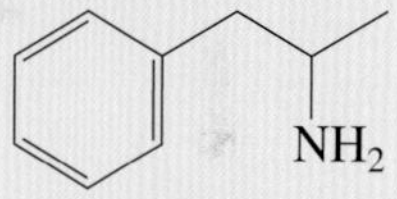

安非他明

2012 年 7 月，"浴盐"中的活性成分被列入美国一级管制药物清单，相关销售、购买或持有行为均为非法行为。

[❶] 佛瑞德·W. 麦克拉佛特（Fred W. McLafferty，生于 1923 年），美国纽约伊萨卡康奈尔大学教授。

的分子，其谱学数据如下，请据此推测其结构。经验分子式为 $C_{13}H_{18}O$。
$^1H$ NMR：$\delta$ 1.27（s，9 H），2.75（t，$J$ = 7.2 Hz，2 H），2.92（td，$J$ = 7.2，1.3 Hz，2 H），7.01（d，$J$ = 8.5 Hz，2 H），7.22（d，$J$ = 8.5 Hz，2 H），9.79（d，$J$ = 1.3 Hz，1 H）；IR：$\tilde{\nu}$ = 1735 cm$^{-1}$；$^{13}C$ NMR（DEPT）：$\delta$ 27.6（$CH_2$），31.5（$CH_3$），34.0（$C_{quat}$），44.9（$CH_2$），124.8（CH），127.6（CH），137.5（$C_{quat}$），149.1（$C_{quat}$），201.0（CH）；UV：$\lambda_{max}$ = 260，295（拐点）nm；MS：$m/z$ = 190（$M^{+\cdot}$）；$(M+1)^+$ 峰丰度为 $M^{+\cdot}$ 峰的 13%；代表性碎片：$m/z$ = 189（M−1）$^+$，$m/z$ = 175（M−15）$^+$（基峰），$m/z$ = 161（M−29）$^+$，$m/z$ = 133（M−57）$^+$ 及 $m/z$ = 57（M−133）$^+$。

---

## 小　结

在醛和酮的 NMR 谱图中，醛基质子和羰基碳表现出很强的去屏蔽效应。在红外光谱图中，碳-氧双键在大约 1715cm$^{-1}$ 处出现一个很强的吸收峰，该吸收峰受共轭作用影响向低频移动，当羰基为醛羰基或在小环上时向高频移动。非键孤对电子可被激发到 π* 分子轨道上，从而使得羰基显示出特征的、在较长波长的 UV 吸收。最后，在质谱分析中，醛和酮通过 α-裂解和 McLafferty 重排两种途径发生裂解。

# 17-4 | 醛和酮的制备

在讲述其他官能团的化学性质时，已经涉及几种醛和酮的制备方法（850～851 页的本章反应总结路线图）。本节将复习已经学过的一些方法及其特点，并给出更多的实例。醛和酮的其他合成路线将在后面的章节中介绍。

### 实验室合成醛和酮的四种常用方法

表 17-2 总结了四种合成醛和酮的方法。首先，我们已经学过（8-5 节）用铬（Ⅵ）试剂氧化醇可得到羰基化合物。二级（仲）醇氧化得到酮，一级（伯）醇氧化得到醛，但是只有在无水的条件下，才能避免伯醇过度氧化为羧酸。铬（Ⅵ）试剂有选择性，不氧化烯烃和炔烃单元。

**表 17-2　醛和酮的合成**

| 反应 | 图例 |
| --- | --- |
| 1. 醇的氧化<br>（8-5 节） | 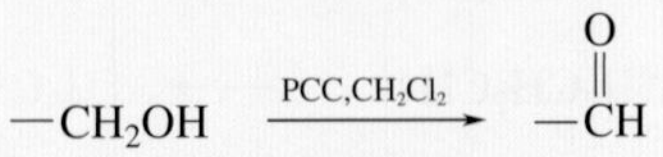 $-CH_2OH \xrightarrow{PCC,CH_2Cl_2} -\overset{\displaystyle O}{\overset{\|}{C}}H$ |
| 2. 烯烃的臭氧化分解<br>（12-12 节） | 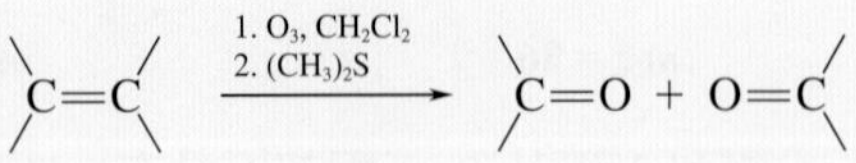 $\diagdown C=C\diagup \xrightarrow[\text{2. }(CH_3)_2S]{\text{1. }O_3,\,CH_2Cl_2} \diagdown C=O + O=C\diagup$ |
| 3. 炔烃的水合<br>（13-7 节和 13-8 节） | 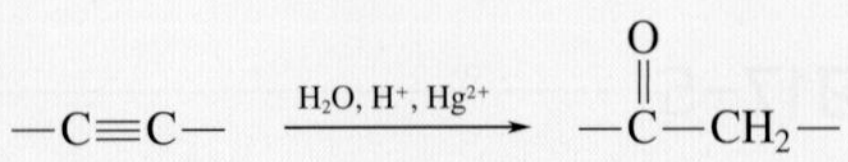 $-C\equiv C- \xrightarrow{H_2O,\,H^+,\,Hg^{2+}} -\overset{\displaystyle O}{\overset{\|}{C}}-CH_2-$ |
| 4. Friedel-Crafts 酰基化<br>（15-13 节） | 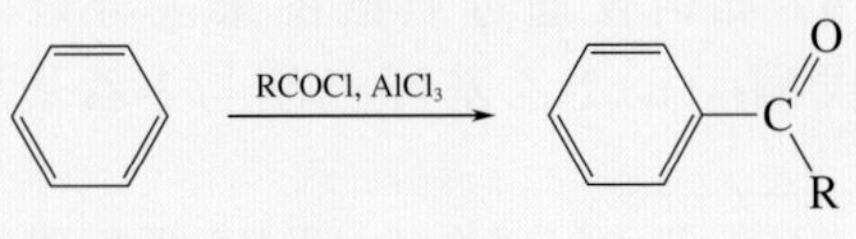 $\bigcirc \xrightarrow{RCOCl,\,AlCl_3} \bigcirc\overset{\displaystyle O}{\overset{\|}{C}}_R$ |

### 醇的选择性氧化

CH₃CHC≡C(CH₂)₃CH₃  (OH)  $\xrightarrow[\text{不影响叁键}]{\text{CrO}_3, \text{H}_2\text{SO}_4, \text{丙酮}, 0°\text{C}}$  CH₃CC≡C(CH₂)₃CH₃  (=O)
80%

**3-辛-2-醇**                                     **3-辛-2-酮**

### 醇类的"绿色"氧化

**苯甲醇(苄醇)**

$\xrightarrow[\text{铜催化剂}]{\text{空气, 1 atm,}}$

100%
**苯甲醛**

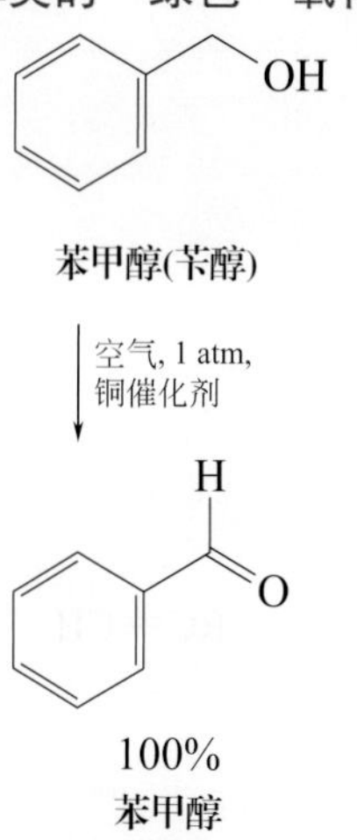

空气是"最绿色"的氧化剂。在温和的有氧条件下实现醇的氧化是目前许多工作的研究目标。

### 用PCC（CrO₃+吡啶+HCl）将一级（伯）醇氧化成醛

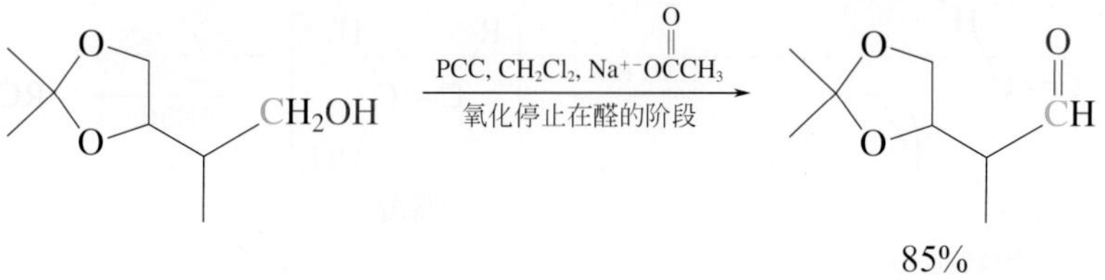

$\xrightarrow[\text{氧化停止在醛的阶段}]{\text{PCC, CH}_2\text{Cl}_2, \text{Na}^+ \text{ }^-\text{OCCH}_3}$

85%

在水的存在下，醛能够发生过度氧化（8-5 节），其原因在于生成了醛的水合物 1,1-二醇（17-6 节），二醇继续氧化就生成了羧酸。

### 水造成一级醇的过度氧化

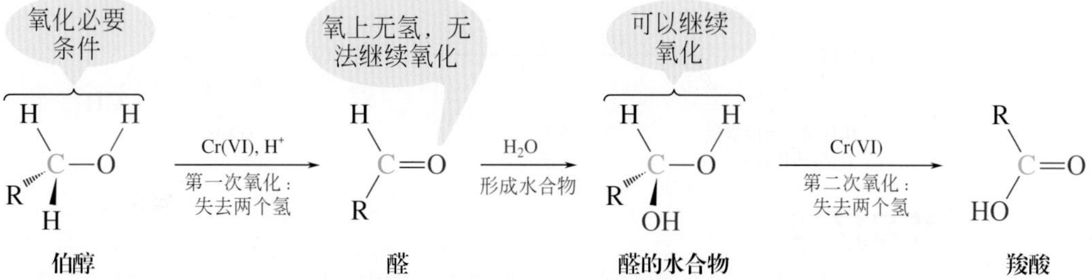

另一个专一性地氧化烯丙醇的温和试剂是二氧化锰。如下图所示，反应物分子中普通的羟基在室温不被氧化，烯丙位羟基则被选择性地氧化，得到在肾上腺中发现的甾族化合物。

### 二氧化锰的选择性烯丙位氧化反应

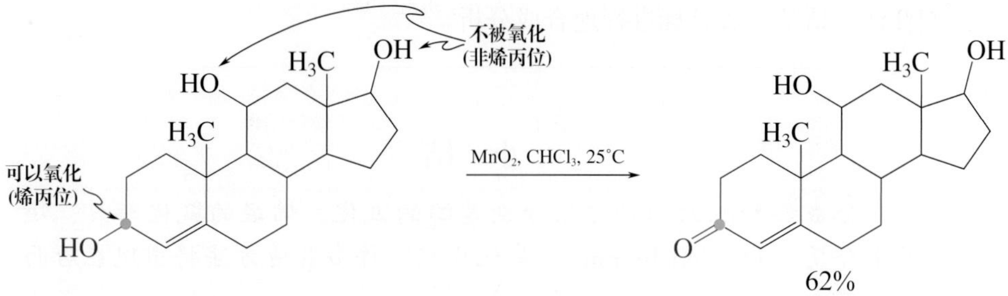

$\xrightarrow{\text{MnO}_2, \text{CHCl}_3, 25°\text{C}}$

62%

### 臭氧化分解反应

$\xrightarrow[\text{2.还原剂}]{\text{1. O}_3}$

CH₃C(CH₂)₄CH  (两个 =O)
85%

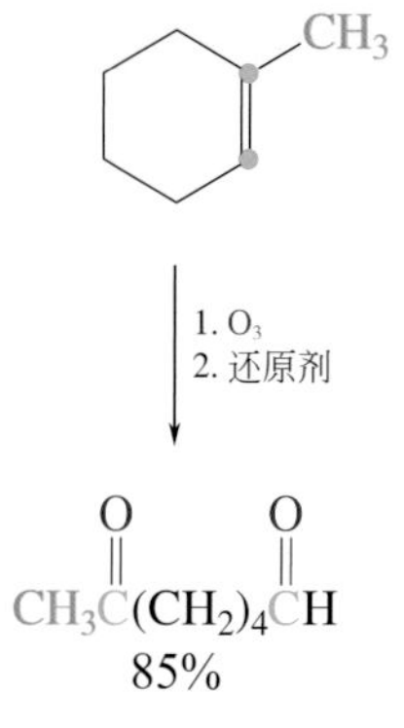

第二种我们学习过的制备方法是碳-碳双键的氧化断裂反应——臭氧化分解反应（12-12 节）。烯烃先与臭氧反应，然后用温和的还原剂如锌或二甲基硫醚（CH₃SCH₃）处理，烯烃将发生断裂反应生成醛和酮。

第三种方法，通过碳-碳叁键的水合反应生成烯醇，随即异构化为羰基化合物（13-7 节和 13-8 节）。在汞离子存在下，水对炔烃的加成反应遵循 Markovnikov 规则而得到酮。

**炔烃的Markovnikov水合反应**

$$RC\equiv CH \xrightarrow{HOH, H^+, Hg^{2+}} \left[\begin{array}{c} HO \quad\quad H \\ C=C \\ R \quad\quad H \end{array}\right] \xrightarrow{\text{异构化为更稳定的异构体}} \underset{\text{酮}}{RCCH_3}$$

烯醇

炔烃的硼氢化-氧化反应遵循 anti-Markovnikov 加成规则。

**炔烃的anti-Markovnikov水合反应**

$$RC\equiv CH \xrightarrow{(\quad)_2BH} \begin{array}{c} R \quad\quad H \\ C=C \\ H \quad\quad B(\quad)_2 \end{array} \xrightarrow{H_2O_2, HO^-} \left[\begin{array}{c} R \quad\quad H \\ C=C \\ H \quad\quad OH \end{array}\right] \xrightarrow{\text{异构化}} \underset{\text{醛}}{RCH_2CH}$$

硼加成到炔烃上位阻较小的一端    烯醇

最后，在 15-13 节讨论了通过 Friedel-Crafts 酰基化反应合成芳基酮的方法，这是一种芳烃亲电取代反应。下面的例子合成了一个工业上有重要用途的香料添加剂。

**Friedel-Crafts酰基化反应**

$$H_3CO-\langle\text{苯环}\rangle \xrightarrow{CH_3COCCH_3, AlCl_3, CS_2} H_3CO-\langle\text{苯环}\rangle-\underset{CH_3}{\overset{O}{C}}$$

具有邻、对位定位与活化效应                93%

## 练习17-6

（**a**）以下各个逆合成断开（⌇）方式中，指出能够构建所标化学键的反应。

（**b**）以环己烷为原料，设计 1-环己基-2-丁炔-1-酮的合成路线，其他试剂任选。请从合成目标进行逆合成分析。

---

### 小 结

合成醛和酮的四种方法分别是醇的氧化、烯烃的氧化断裂、炔的水合反应和 Friedel-Crafts 酰基化反应。许多其他方法将出现在后面的章节中。

# 17-5 | 羰基的反应性：加成反应机理

羰基的结构（17-2 节）如何帮助我们理解它的化学反应性呢？可以发现，碳-氧双键与烯烃的 π 键相似，易于发生加成反应。但是，由于羰基的高度极化，其碳原子易受亲核试剂进攻，而氧原子易受亲电试剂进攻。本节将开始讨论醛和酮中羰基的化学性质。

### 醛和酮的三个反应活性区域

醛和酮的绝大多数反应发生在三个区域：呈 Lewis 碱性的羰基氧、亲电性的羰基碳和与羰基直接相连的 $\alpha$-碳。

**醛和酮的反应活性区域**

本章下面的内容将涉及前两个反应活性区域，两者都导致对羰基 $\pi$ 键的离子加成。其他的反应中心是 $\alpha$-碳上的酸性氢，这将是第 18 章的讨论主题。

### 羰基的离子加成反应

极性试剂按照 Coulomb 规则（1-2 节）和 Lewis 酸 -Lewis 碱相互作用的基本原理（2-3 节）可以与极化的羰基发生加成反应。亲核试剂与亲电的羰基碳发生反应，呈 Lewis 碱性的羰基氧则与亲电试剂反应。8-5 节和 8-7 节已经讲述了几种金属有机试剂和氢化物试剂与羰基加成生成醇类化合物的反应（表 17-3）。这些强碱性亲核试剂的加成是不可逆反应，遵循 2-2 节讲述的常规反应机理类型 4(a)。

**表17-3　氢化物和金属有机试剂对醛和酮的不可逆加成反应**

| 反应 | 方程式 | | |
| --- | --- | --- | --- |
| 1. 醛 + 氢化物试剂 | RCHO | $\xrightarrow{NaBH_4, CH_3CH_2OH}$ RCH$_2$OH | 一级醇 |
| 2. 酮 + 氢化物试剂 | R$_2$CO | $\xrightarrow{NaBH_4, CH_3CH_2OH}$ R$_2$CHOH | 二级醇 |
| 3. 甲醛 + 格氏试剂 | H$_2$CO | $\xrightarrow{R'MgX, (CH_3CH_2)_2O}$ R'CH$_2$OH[a] | 一级醇 |
| 4. 醛 + 格氏试剂 | RCHO | $\xrightarrow{R'MgX, (CH_3CH_2)_2O}$ R'RCHOH[a] | 二级醇 |
| 5. 酮 + 格氏试剂 | R$_2$CO | $\xrightarrow{R'MgX, (CH_3CH_2)O}$ R'R$_2$COH[a] | 三级醇 |

[a]酸性水溶液处理后。

**羰基的离子加成反应**

$$\underset{\delta^+}{C}\!=\!\underset{\delta^-}{O} + \overset{\delta^+}{X}\!-\!\overset{\delta^-}{Y} \longrightarrow -\underset{Y}{\overset{OX}{C}}-$$

反应

氢化物试剂如 NaBH$_4$ 和 LiAlH$_4$ 能还原羰基但不能还原碳-碳双键，因此可用于将不饱和醛和酮转化为不饱和醇。

$$\text{（肉桂醛）} \xrightarrow[\text{2. H}^+, \text{H}_2\text{O}]{\text{1. LiAlH}_4, (\text{CH}_3\text{CH}_2)_2\text{O}, -10\text{℃}} \text{（肉桂醇）}$$

90%

本节和 17-6 节～17-9 节，将讨论一些碱性较弱的亲核试剂 Nu—H，如水、醇、硫醇和胺的离子加成反应。这些反应过程没有剧烈放热，而是形成一个平衡，通过选择合适的反应条件可以推动反应向任一方向进行。表 17-4 总结了此类反应。

这些温和的亲核试剂对碳-氧双键的离子加成反应是通过什么机理进行的呢？可以用两种反应历程来阐明：（1）亲核加成-质子化历程和（2）亲电质子化-加成历程。第一种反应历程首先在中性或更多的是在碱性条件下（如在 NaOH 或 Na₂CO₃ 存在下）发生亲核进攻。当亲核试剂（通常是负离子型）靠近亲电的羰基碳原子时，碳原子重新杂化而且 π 键的一对电子转移到氧原子上，从而产生一个烷氧基负离子。再经由随后的质子化生成最终的加成产物，质子一般来源于质子性溶剂，如水或醇。

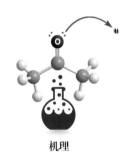

**机理**

碱性条件下，参与加成反应的物质通常是中性或带负电荷的。带正电的物质非常少见。

### 亲核加成-质子化反应（碱性条件）

平面三角形 sp² 碳原子 → 四面体 sp³ 碳原子

$$\underset{\text{Nu:}^-}{\overset{\delta^+}{\text{C}}}=\overset{\delta^-}{\text{O}} \xrightarrow{\text{亲核试剂进攻羰基碳}} \underset{\text{Nu}}{\text{C}}-\overset{\cdot\cdot}{\underset{\cdot\cdot}{\text{O}}}:^- \xrightarrow[\text{烷氧基负离子的质子化}]{\text{H}-\text{OH}} \underset{\text{Nu}}{\text{C}}-\overset{\cdot\cdot}{\text{O}}\text{H} + \text{HO:}^-$$

**烷氧基负离子**

**表 17-4    中等碱性的亲核试剂对醛和酮的可逆加成反应**

| 亲核试剂 | 中间体（一般不做分离） | 最终产物（稳定） |
|---|---|---|
| 1. 水 | $\text{C}=\text{O} \underset{\text{酸或碱}}{\overset{\text{H}_2\text{O}}{\rightleftharpoons}} \left[\underset{\text{OH}}{\overset{\text{OH}}{\text{C}}}\right]$ 偕二醇（水合物） | |
| 2. 醇 | $\text{C}=\text{O} \underset{\text{酸或碱}}{\overset{\text{ROH}}{\rightleftharpoons}} \left[\underset{\text{OR}}{\overset{\text{OH}}{\text{C}}}\right]$ 半缩醛 | $\xrightarrow[\text{仅酸可以}]{\text{ROH}, -\text{H}_2\text{O}} \underset{\text{OR}}{\overset{\text{OR}}{\text{C}}}$ 缩醛 |
| 3. 氨水（R=H）或伯胺（R=烷基或芳基） | $\text{C}=\text{O} \underset{}{\overset{\text{RNH}_2}{\rightleftharpoons}}_{\text{酸}} \left[\underset{\text{NHR}}{\overset{\text{OH}}{\text{C}}}\right]$ 半缩醛胺（α-氨基醇） | $\underset{\text{酸}}{\overset{-\text{H}_2\text{O}}{\rightleftharpoons}} \text{C}=\text{NR}$ 亚胺 |
| 4. 仲胺 | $\underset{\underset{\text{H}}{\overset{|}{\text{C}}}}{\overset{|}{\text{C}}}=\text{O} \underset{\text{酸}}{\overset{\text{R}_2\text{NH}}{\rightleftharpoons}} \left[\underset{\underset{\text{C}}{\overset{|}{\text{C}}}}{\overset{\text{OH}}{\underset{\text{NR}_2}{\text{C}}}}\right]$ 半缩醛胺（α-氨基醇） | $\underset{\text{酸}}{\overset{-\text{H}_2\text{O}}{\rightleftharpoons}} \underset{\overset{|}{\text{C}}}{\overset{|}{\text{C}}}-\text{NR}_2$ 烯胺 |

　　注意新的 Nu—C 键完全由来自亲核试剂的一对电子形成。整个转化过程与 $S_N2$ 反应非常相似。在 $S_N2$ 反应中，一个离去基团被取代；而在这里，则是碳-氧之间的一对共用的电子完全转移到了氧原子上。强碱性的亲核试剂对羰基的加成反应通常是经由亲核加成-质子化的反应历程来进行的。

　　第二种机理是在酸性条件下进行的，参与反应的通常是中性或较弱的亲核试剂。这种反应历程的顺序与第一种相反。首先呈 Lewis 碱性的羰基氧原子接受质子的进攻得到质子化的羰基化合物，其中质子来源于体系中催化量的 $H_2SO_4$、HCl 或类似的酸。此步骤中有一个不利的平衡——生成物质的 $pK_a$ 为 -8 左右。但是，平衡中的羰基碳是强亲电性的，这就十分有利于后续的亲核进攻反应，从而得到最终的加成产物。

> 酸性条件下，参与加成反应的物质通常是中性或带正电荷的。带负电的物质非常少见。

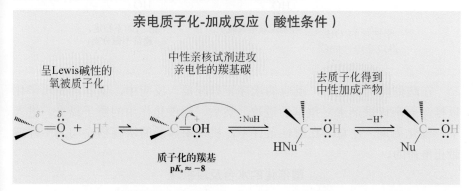

**亲电质子化-加成反应（酸性条件）**

呈Lewis碱性的氧被质子化　　　中性亲核试剂进攻亲电性的羰基碳　　　去质子化得到中性加成产物

质子化的羰基
$pK_a \approx -8$

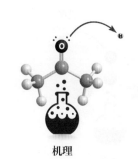

机理

　　从本质上来说，亲电质子化-加成的机理最适用于碱性相对较弱的亲核试剂。

## 小　结

　　醛和酮的分子中有三个反应活性区域。前两个涉及羰基的两个原子，这是本章后面要讨论的内容；第三个是羰基的 $\alpha$-碳。加成过程决定了羰基的化学反应性。亲核的金属有机试剂和氢化物试剂与羰基的反应是不可逆地合成醇的反应（质子化后）。NuH（Nu=OH，OR，SR，$NR_2$）对羰基的离子加成是可逆反应，可以先发生对羰基碳的亲核进攻，然后产生的烷氧基负离子被亲电试剂捕捉。若在酸性介质中，则先发生质子化过程，而后进行亲核加成反应。

> 这一机理验证了 Le Châtelier 原理：反应中最初形成的少量质子化羰基产物被随后发生的亲核加成反应不断的消耗，初始平衡随即向正方向移动来补充质子化中间体，从而推动整个反应进行得到产物。

# 17-6 ┃ 与水加成形成水合物

　　本节以及 17-7 节和 17-8 节将介绍醛和酮与水和醇的反应。在酸或碱的催化下，水和醇按 17-5 节讲述的机理进攻羰基。

### 羰基的水合反应

　　水能够进攻醛和酮的羰基。这一转化可用酸或碱催化，可逆平衡生成相应的**偕二醇**（geminal diol），$RC(OH)_2R'$，也称**羰基水合物**（carbonyl hydrate）。

**羰基的水合反应**

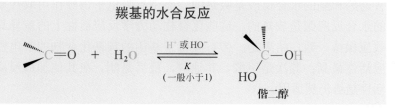

（一般小于1）　　偕二醇

反应

在碱催化的机理中，氢氧根即为亲核试剂。加成中间体，即羟基烷氧基负离子随后在水存在下完成质子化，得到产物偕二醇，并使催化剂再生。注意，在碱性条件下，机理中涉及的所有物质均为中性或带负电荷的。

**碱催化的水合反应机理**

机理

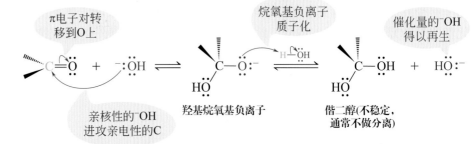

π电子对转移到O上

亲核性的¯OH进攻亲电性的C

羟基烷氧基负离子

烷氧基负离子质子化

偕二醇(不稳定，通常不做分离)

催化量的¯OH得以再生

在酸催化的机理中，反应的次序正好相反。反应中，羰基首先质子化以推动弱亲核试剂水对羰基的进攻。然后，起催化作用的质子离去，进入下一催化周期。注意，在酸性条件下，机理中涉及的所有物质均为中性或带正电荷的。

**酸催化的水合反应机理**

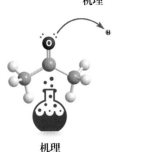

机理

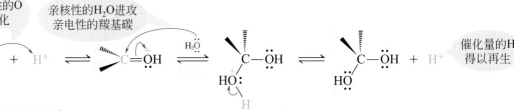

Lewis碱性的O被质子化

亲核性的$H_2O$进攻亲电性的羰基碳

质子化的羰基(易于接受亲核进攻)

偕二醇

催化量的H得以再生

记住：溶液中不存在游离的$H^+$。上面反应式的最后一步中，$H^+$最有可能被转移到溶剂水的氧或起始羰基化合物的氧上。

## 水合反应是可逆的

正如上面的方程式所示，醛和酮的水合反应是可逆的。酮的反应平衡有利于逆反应；对于甲醛和带有吸电子诱导作用取代基的醛，反应平衡有利于正反应。对于普通醛来说，平衡常数趋近于1。

如何解释这种趋势呢？看一下页边所示羰基的共振式，在17-2节中曾经描述过这种结构。在极化共振式中，碳具有碳正离子的性质。因此，对碳正离子起稳定化作用的烷基（7-5节）对羰基也起稳定化作用。与此相反，具有吸电子诱导作用的取代基，例如$CCl_3$和$CF_3$，可增加羰基碳的正电荷，从而使羰基不稳定。图17-8的静电势图生动地体现了羰基碳的正电性从丙酮（最右侧）到三氯乙醛（最左侧）的增强情况。产物二醇的稳定性受取代基的影响较小。考虑上述两种效应的综合结果，与甲醛的水合反应相比，普通醛和酮的水合反应是吸热的，而带有吸电子诱导作用取代基的醛和酮的水合反应则是放热的。这些化合物动力学反应活性上的差异与其热力学效应保持一致，结果是：带有吸电子基团的羰基化合物的亲电性最强，反应活性最高；其次是甲醛、其他醛，最后是酮。在其他加成反应中，这一活性趋势仍然适用。

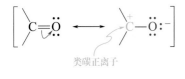

类碳正离子

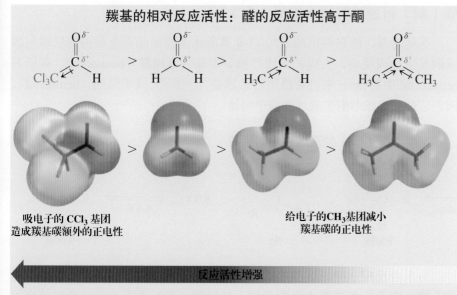

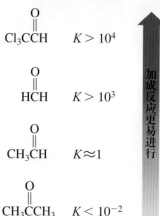

图 17-8　四种醛和酮的静电势图，显示了当取代基从吸电子基团（Cl₃CCHO，最左侧）向给电子基团（CH₃COCH₃，最右侧）转变时羰基碳（蓝色）正电性降低的情况。

### 练习17-7

（a）按水合的容易程度增大的顺序排列下列化合物：

$$Cl_3CCH,\quad Cl_3CCCH_3,\quad Cl_3CCCCl_3$$

（b）丙酮用 $H_2{}^{18}O$ 和催化量的 HCl 处理后形成标记了的丙酮，$CH_3\overset{^{18}O}{C}CH_3$，请解释。

事实上尽管水合反应在某些情况下是能量上有利的反应，通常不可能分离到纯的羰基水合物。原因是此类化合物特别容易失水重新生成原来的羰基化合物。但是，水合物可以作为中间体参与随后的化学反应，例如，在水存在下醛氧化成羧酸的反应（8-6 节和 17-4 节）。

> **小　结**
>
> 　　醛和酮的羰基与水反应生成羰基水合物。醛的反应活性高于酮。吸电子取代基使羰基的亲电性增强。水合反应可以被酸或碱催化，是一个可逆的平衡过程，但平衡一般倾向于羰基一侧。

## 17-7 | 与醇加成形成半缩醛（酮）和缩醛（酮）

本节将讲述醇与羰基的加成反应，反应方式与水相同。酸和碱均可催化该反应的进行。此外，酸还可以催化最初生成的加成产物，即半缩醛（酮），进一步转化为缩醛（酮），即半缩醛（酮）的羟基被一个烷氧基所取代。

### 醛（酮）可逆地形成半缩醛（酮）

不足为奇，醇也可以通过与 17-6 节所述水的加成完全相同的机理与醛或酮发生加成反应。生成的加成产物分别称为**半缩醛**（hemiacetal，英语名 hemiacetal 中的 *hemi* 来自希腊语，意思是"一半"）或半缩酮（hemiketal），因为它是缩醛或缩酮生成过程的中间体。

**半缩醛（酮）的形成：平衡反应**

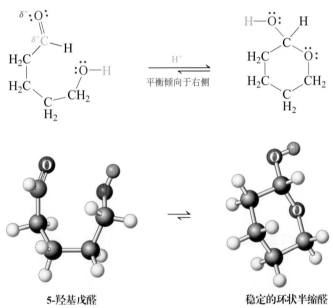

与水合反应一样，这些加成反应通常是可逆平衡的，倾向于起始羰基化合物。因此，和羰基水合物类似，半缩醛（酮）通常是无法通过分离得到的。反应活性高的羰基化合物，如甲醛或 2,2,2- 三氯乙醛生成的半缩醛除外。对于能够发生分子内环化形成相对无张力的五元环和六元环的羟基醛和羟基酮，其半缩醛（酮）也可以实现分离。

**分子内半缩醛的形成：**
**环状半缩醛比非环状半缩醛稳定**

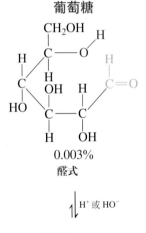

葡萄糖

0.003%
醛式

$\uparrow\downarrow$ H⁺ 或 HO⁻

CH₂OH

> 99%
环状半缩醛
（两个立体异构体）

新的立体中心

5-羟基戊醛    稳定的环状半缩醛

分子内半缩醛的形成在糖化学（第 24 章）中非常普遍。例如，自然界中最普通和简单的糖——葡萄糖，以混合物平衡存在，该平衡包含了非环状的五羟基戊醛和两个互为立体异构体的环状半缩醛。在水溶液中，以环状半缩醛状态存在的葡萄糖占混合物的 99% 以上。

### 酸催化的缩醛（酮）的形成

在过量醇存在下，酸（仅酸可以，碱不可以）催化的醛（酮）的醇加成在形成半缩醛（酮）后会继续发生反应。在这些条件下，反应开始生成

的加成产物，即半缩醛（酮）的羟基被另一个来自醇的烷氧基取代，所生
成的产物称为**缩醛**（acetal）或**缩酮**（ketal）。

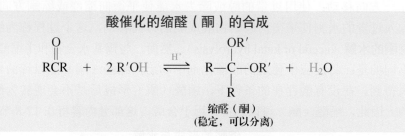

酸催化的缩醛（酮）的合成

$$\text{RCR} + 2\,R'OH \overset{H^+}{\rightleftharpoons} R{-}\underset{R}{\overset{OR'}{C}}{-}OR' + H_2O$$

缩醛（酮）
（稳定，可以分离）

反应

　　整个转化结果是羰基氧被两个烷氧基取代，并产生一分子水。
　　让我们分析一下醛的上述转化机理。首先是常规的酸催化的第一分子
醇的加成。形成的半缩醛上的羟基可以质子化，随即将该取代基转化为水，
而水分子是很好的离去基团。失去水后形成的碳正离子因与氧原子上的孤
对电子共振而稳定。然后，第二分子醇加成到亲电性的碳上，先形成质子
化的缩醛，再去质子化生成最终产物。

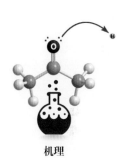

机理

### 缩醛的形成机理

**步骤 1.** 半缩醛的形成：酸催化的第一分子醇的加成

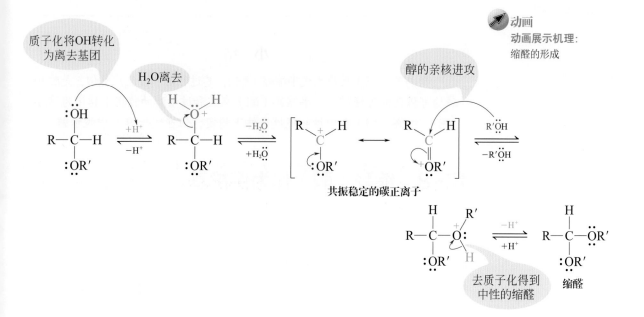

**步骤 2.** 缩醛的形成：酸催化的第二分子醇对水的 $S_N1$ 取代

上述机理中的每一步都是可逆的，整个反应过程从羰基化合物开始，直至生成缩醛，这是一个平衡的过程。在酸催化剂的存在下，平衡可以向任一方向移动：使用过量的醇或除去水能使平衡向缩醛或缩酮方向移动；加入过量的水则使平衡向起始物醛或酮的方向移动，这个过程称为**缩醛或缩酮的水解**（acetal or ketal hydrolysis）。然而，与羰基水合物和半缩醛（酮）不同的是：将反应中使用的酸催化剂中和后，缩醛（酮）能以纯的物质分离得到。在没有酸存在的条件下，缩醛（酮）形成后是不会逆转为醛或酮的。因此，缩醛（酮）可以制备并用于合成，这部分内容将在 17-8 节介绍。

**缩醛的形成与水解**

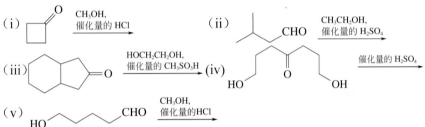

乙醛　　　　　乙醇　　　　　　　　　　　　64%　　　　　过量的水推动平
　　　　　过量的醇推动平衡　　　**1,1-二乙氧基乙烷**　　衡向左侧移动
　　　　　向右侧移动　　　　　（通过与过量醇反应得到）

### 练习17-8

（**a**）画出下列反应产物的结构：

(i) $\quad$ 环丁酮 $\xrightarrow{\text{CH}_3\text{OH,}\ \text{催化量的 HCl}}$

(ii) $\xrightarrow{\text{CH}_3\text{CH}_2\text{OH,}\ \text{催化量的 H}_2\text{SO}_4}$

(iii) $\xrightarrow{\text{HOCH}_2\text{CH}_2\text{OH,}\ \text{催化量的 CH}_3\text{SO}_3\text{H}}$ (iv) $\xrightarrow{\text{催化量的 H}_2\text{SO}_4}$

(v) $\quad$ HO — (CHO) $\xrightarrow{\text{CH}_3\text{OH,}\ \text{催化量的HCl}}$

（**vi**）写出反应（i）和（iv）的机理。如有必要，可在练习答案部分查找产物结构。

（**b**）三过氧化三丙酮（页边）是一种恐怖分子曾经在炸弹和自杀式袭击中使用过的爆炸物。不幸的是，该化合物可以很容易地在酸性条件下通过丙酮与过氧化氢的反应制备。写出其可能的合成机理。

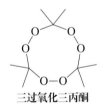

**三过氧化三丙酮**

---

### 小 结

　　醇与醛（酮）反应生成半缩醛（酮），其过程与水合反应类似，是酸和碱均可催化的可逆过程。半缩醛（酮）在酸和过量醇的作用下转化为缩醛（酮）。缩醛（酮）在中性和碱性条件下稳定，但在酸性溶液中被水解。

---

## 17-8 | 缩醛（酮）作为保护基

　　醛（酮）转化为缩醛（酮）后，活泼的羰基官能团就转化为一个反应活性较低的类似醚的分子片段。由于缩醛（酮）化是可逆反应，该反应过程就成为屏蔽或保护羰基的方法之一。当需要对分子中某一官能团进行选择性反应（例如，与亲核试剂反应）时，同一分子中未保护的羰基有可能会干扰反应，就有必要对羰基进行保护。本节将介绍这种保护策略。

## 形成环状缩醛（酮）保护羰基不受亲核试剂的进攻

与普通的醇相比，二醇（尤其是 1,2-乙二醇）是特别有效的缩醛（酮）制备试剂。用二醇可以将醛（酮）转化为较开链类似物通常更稳定的环状缩醛（酮）。部分原因是形成环状缩醛（酮）的反应熵比形成开链缩醛（酮）相对更为有利（或者更准确说，不利的程度较低，2-1 节）。因而，如下式所示，这一过程中两分子起始反应物（羰基化合物和二醇）转化成了两分子产物（缩醛和水）。相比之下，用普通的醇形成缩醛时（17-7 节），三个分子（一分子羰基化合物和两分子醇）参加了反应，得到两分子产物（缩醛和水），熵变上是十分不利的。

乙醛发生酸催化的环三聚反应生成的缩醛，俗称三聚乙醛，这是一种催眠镇静剂，也用于抑制皮革上霉菌的生长。

### 环状缩醛化

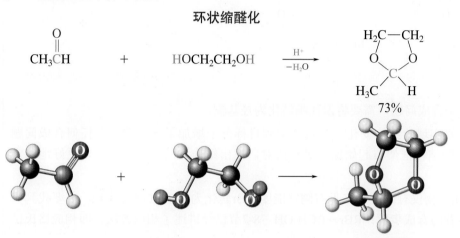

环状缩醛（酮）在酸性水溶液容易水解，但与许多碱性试剂、金属有机试剂和氢化物都不反应。这些性质使其成为醛羰基和酮羰基最有用的保护基。使用叔丁基醚保护醇类时，我们已经了解了这类保护基（9-8 节和真实生活 9-2）。通过形成醚使酸性 OH 基团成为惰性官能团，然后在酸性水溶液中经由叔丁基正离子中间体实现醇的脱保护。本节中，环状缩醛（酮）化将极性 C=O 基团转变成对亲核试剂稳定的环"二醚"，然后在酸性水溶液中通过共振稳定的羟基

### 在合成中使用保护的醛

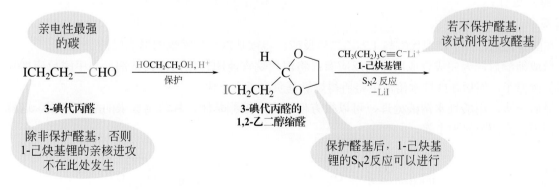

碳正离子中间体（17-6节）也可以容易地脱保护。炔基负离子和3-碘代丙醛的1,2-乙二醇缩醛的烷基化反应就是这样一个例子（如前页所示）。

当用未保护的 3-碘代丙醛进行同样的烷基化反应时，炔基负离子进攻羰基。

## 解题练习17-9

**运用概念解题：在合成中使用缩醛（酮）保护基**

提出一个将化合物 A 转化为 B 的简便方法。

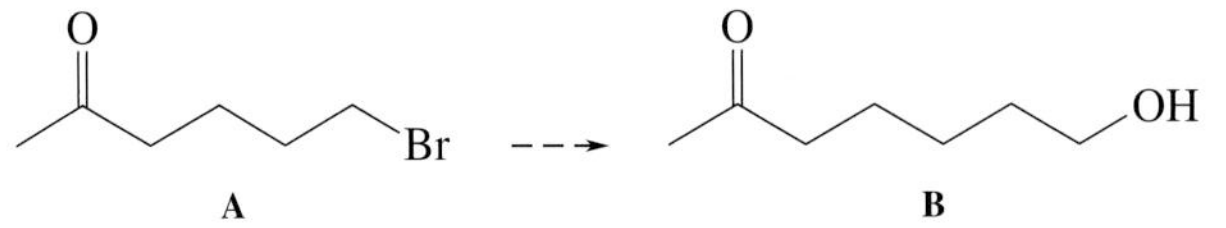

**策略：**

- **W：有何信息？** 这是一个合成问题，需要将溴代酮转化为羟基酮。

- **H：如何进行？** 确定需要实现的结构变化。是否注意到目标分子增加了一个碳呢？任何合成问题中，都建议将目标产物的结构框架与起始原料进行比对，找出结构上的相似之处，以更好地确定合成上需要实现的变化。

- **I：需用的信息？** 两个化合物仅有的区别在于右侧官能团：Br转化为了$CH_2OH$。因此，需要找到一种能够将前者转变为后者的合成步骤：$RBr \rightarrow RCH_2OH$。8-7节已经讲述了相应方法，即相应格氏试剂与甲醛的反应：

$$RMgBr \xrightarrow[\text{2. } H^+, H_2O]{\text{1. } H_2C=O, \text{乙醚}} RCH_2OH$$

问题在于底物 A 含有一个羰基，该官能团与生成格氏试剂的反应不兼容。要解决这一问题，答案就在本节中。在前面紧接本练习的示例中，提到了具有与醚相似功能的缩醛（酮）基团，该基团与金属有机试剂不反应。因此，将起始原料中的酮羰基转化为缩酮单元，将能够在形成和使用对本合成十分重要的格氏试剂的过程中保护羰基。

- **P：继续进行。**

**解答：**

- 在酸催化剂存在下使溴代酮与 1,2-乙二醇反应，将羰基以环状缩酮的形式保护。

- 形成缩酮后，为完成合成所需的反应有：将溴代烷官能团转化为格氏试剂，与甲醛反应增加一个必需的碳原子，然后在酸性水溶液中将所得烷氧基负离子质子化。

- 最后一步，用酸性水溶液处理，可以很方便地水解缩酮基团，释放出原来的酮官能团。这就是上文示例中提到的脱保护步骤。

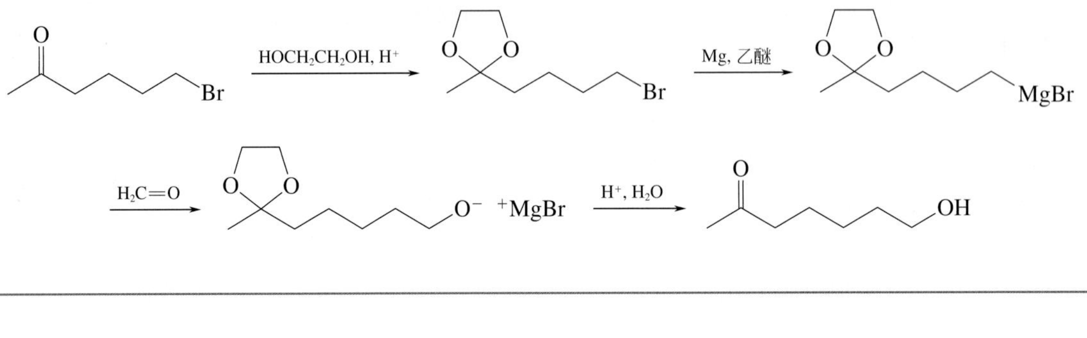

## 17-10 自试解题

（**a**）提出从溴苯合成 HOCH$_2$—⟨苯环⟩—C(=O)CH$_3$ 的路线。

通过逆合成方式解题！通过什么反应和合成步骤能够在苯环上构建两个新的 C—C 键？（**提示**：参见 15-13 节和 16-3 节。）

（**b**）本节通过二醇保护醛和酮中的羰基，反之也是可行的，即通过一个辅助的羰基化合物（如丙酮）保护二醇。设计将化合物 A 转化为 B 的合成步骤。

A ⟶ B

### 硫醇和羰基反应形成二硫代缩醛（酮）

硫醇是醇的硫代类似物（9-10 节），它与醛（酮）发生反应的机理和醇相同。硫醇的反应在醚类溶剂中进行，一般不使用质子酸催化剂，而常常使用 Lewis 酸，如 BF$_3$ 或 ZnCl$_2$。反应生成硫代的缩醛或缩酮类似物**二硫代缩醛**（dithioacetals）或**二硫代缩酮**（dithioketals）。同样，该反应对于环状体系尤其容易进行。

二硫代缩醛

#### 酮形成环状二硫代缩酮

⟨环状反应式：
HSCH$_2$CH$_2$SH, ZnCl$_2$, (CH$_3$CH$_2$)$_2$O, 25°C
－H$_2$O ⟩

95%
**环状二硫代缩醛**

硫代衍生物在酸性水溶液中稳定，而一般的缩醛（酮）将被水解。当必须区分同一分子中两个不同羰基时，这种反应活性上的差异在合成上可能会很有用。在氯化汞的存在下，二硫代缩酮在乙腈水溶液中可被水解。反应的驱动力是不溶的硫化汞的生成。

#### 二硫代缩酮的水解［需要 Hg（Ⅱ）离子参与］

⟨反应式：
H$_2$O, HgCl$_2$,
CaCO$_3$, CH$_3$CN ⟩

### 解题练习 17-11

**运用概念解题：区分不同羰基**

如何完成下列合成转化？（**提示**：参见 8-7 节。）

⟨合成转化结构式⟩

**策略：**

- **W：有何信息？** 可以看到，起始原料中含有两个被保护的羰基：其中左侧酮羰基以环状二硫代缩酮的形式保护，右侧醛基官能团则以环状缩醛的形式保护。而产物中左侧形态未发生改变，其他部分的变化有：碳链延长了一个丙基，且原始的醛基碳转变为带有羟基的碳。

- **H：如何进行？** 必须对醛基官能团进行选择性脱保护，然后才能通过金属有机化学的方法连接一个含有三个碳的单元。

- **I：需用的信息？** 本节中已经讲述了缩醛和二硫代缩酮的水解条件，并且已经在8-7节中学习了如何从醛制备二级醇。

- **P：继续进行。**

**解答：**

- 在酸性水溶液中水解缩醛，二硫代缩酮在此条件下不反应。
- 所得醛与适当的格氏试剂反应得到目标醇化合物。

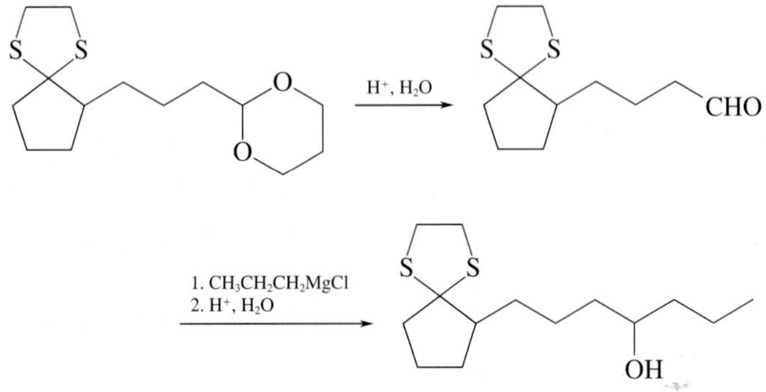

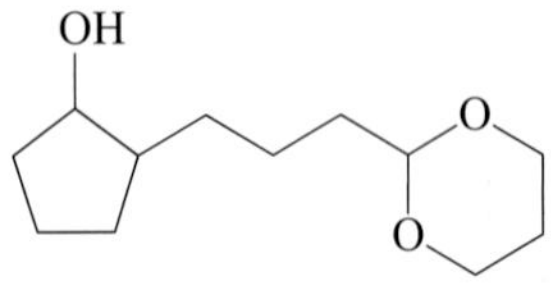

## 17-12 自试解题

如何将练习17-11中的起始原料转化为页边处的醇。

---

二硫代缩酮用 Raney 镍（12-2 节）处理发生**脱硫反应**（desulfurized reaction）生成相应的碳氢化合物。二硫代缩酮的形成和随后的脱硫反应可用于在中性条件下将羰基转化为亚甲基。

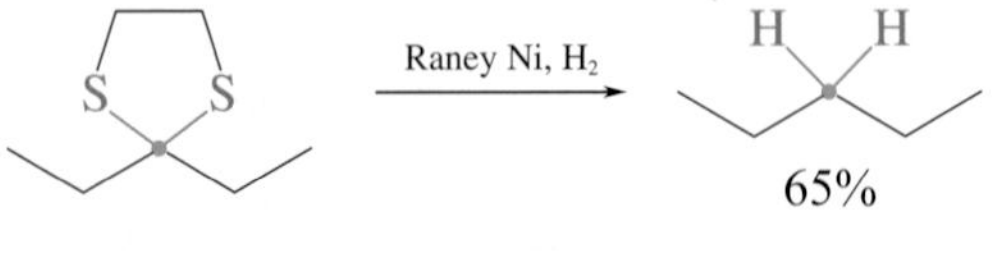

## 练习17-13

给出从 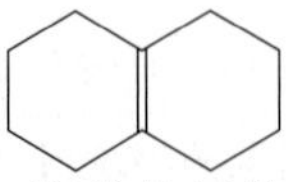 合成环癸烷的可行路线。

（**注意**：简单的氢化反应无法完成以上转化。**提示**：参见 12-12 节。）

## 小　结

　　缩醛（酮）和二硫代缩醛（酮）是醛和酮有用的保护基。缩醛（酮）在酸性条件下形成，对碱和亲核试剂稳定。它们可在酸性水溶液中水解。二硫代缩醛（酮）常常在 Lewis 酸的催化下制备，在酸性和碱性水溶液中都能稳定存在。二硫代缩醛（酮）的水解需要使用汞盐，还可以用 Raney 镍脱硫生成相应的碳氢化合物。

# 17-9 | 氨及其衍生物的亲核加成

　　氨和胺可以看成是水和醇的氮代类似物。它们会与醛和酮发生加成吗？事实上，氨和胺的确能对醛和酮加成，并且生成与我们刚学过的水和醇反应产物相似的化合物。但是，两种反应之间还存在一个重要的区别。氨及其衍生物的加成物失水后生成一类新的羰基衍生物：亚胺和烯胺。

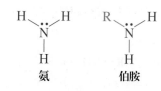

### 氨和伯胺形成亚胺

　　醛（酮）在弱酸性条件下与胺反应，首先形成半缩醛的氮代类似物**半缩醛（酮）胺**，又称 *α*-氨基醇。伯胺的半缩醛（酮）胺逐渐脱去一分子水形成碳-氮双键。该官能团称为**亚胺** [imine，旧称**席夫** [1]（Schiff）**碱**]，是羰基的氮代类似物。

#### 胺与醛或酮反应生成亚胺

$$R-\ddot{N}H_2 + \quad \overset{\backslash}{\underset{/}{C}}=\ddot{O} \quad \xrightarrow{\text{加成}} \quad \underset{R}{\overset{H}{\underset{\big|}{\ddot{N}}}}-\underset{\big|}{\overset{\big|}{C}}-\ddot{O}H \quad \underset{\substack{+H_2O \\ \text{决速步骤}}}{\overset{\substack{\text{脱水} \\ -H_2O}}{\rightleftharpoons}} \quad R-\ddot{N}=C\overset{\backslash}{\underset{/}{}}$$

半缩醛（酮）胺　　　　　亚胺

反应

　　半缩醛（酮）胺的形成机理与酸性条件下羰基水合物和半缩醛（酮）的形成机理十分相似（17-6 节和 17-7 节）。首先，羰基氧质子化以增强羰基碳的亲电性，随后被亲核性的氨基氮原子进攻生成四面体中间体，最后脱除氮上的 $H^+$ 得到半缩醛（酮）胺。

#### 半缩醛（酮）胺的形成机理

$$\overset{\backslash}{\underset{/}{C}}=\ddot{O} \quad \underset{-H^+}{\overset{+H^+}{\rightleftharpoons}} \quad \overset{\backslash}{\underset{/}{C}}=\overset{+}{O}-H \quad \underset{\substack{-RNH_2 \\ \text{亲核加成}}}{\overset{R-\ddot{N}H_2}{\rightleftharpoons}} \quad \underset{R}{\overset{\overset{R\ H}{\underset{}{}}}{\underset{H}{\overset{+}{N}}}}-\underset{}{\overset{}{C}}-\ddot{O}H \quad \underset{+H^+}{\overset{-H^+}{\rightleftharpoons}} \quad \underset{R}{\overset{H}{\underset{}{\ddot{N}}}}-\underset{}{\overset{}{C}}-\ddot{O}H$$

醛或酮　　　　　　　　　　　　　　　　　　　　　　　　　　半缩醛（酮）胺

机理

　　半缩醛（酮）胺消除脱水的机理与半缩醛（酮）分解生成其羰基化合物前体和醇的机理相同。这一过程同样从羟基的质子化开始（碱性更强的氨基的质子化便生成原来的羰基化合物），然后是脱水生成中间体**亚胺离子**（iminium ion），最后去质子化得到亚胺。

---

❶ 雨果·席夫（Hugo Schiff，1834—1915），意大利佛罗伦萨大学教授。

## 半缩醛（酮）胺的脱水反应机理

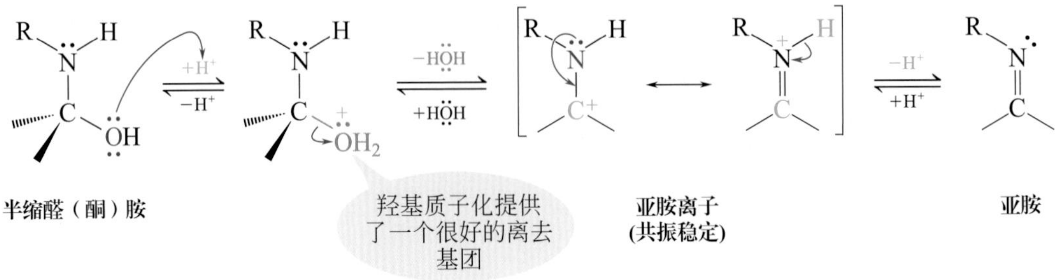

半缩醛（酮）胺 · 羟基质子化提供了一个很好的离去基团 · 亚胺离子（共振稳定）· 亚胺

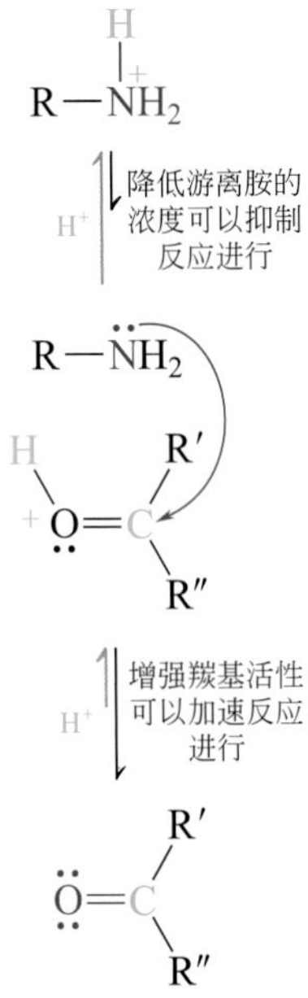

降低游离胺的浓度可以抑制反应进行

增强羰基活性可以加速反应进行

有些亚胺的制备无需任何催化剂，将胺与羰基化合物简单混合即可。相对于氧，氮的亲核性更强，有可能在中性条件下完成初始加成反应。然而，大多数合成中都需要催化量的酸（如 HCl）来加快决速步骤，即最终脱水步骤的反应速率。但由于胺是碱性的，过量的酸不利于反应，胺会被质子化为铵盐（表 2-2），从而降低游离胺的浓度，进而减缓第一步的反应速率（左侧页边）。因此，总体而言，制备亚胺的最佳 pH 范围为 4~5。

在伯胺与醛或酮形成亚胺的反应中，两个分子结合，同时失去一分子水（或其他小分子，如醇），此类反应过程称为**缩合反应**（condensation reaction）。

### 酮和伯胺的缩合反应

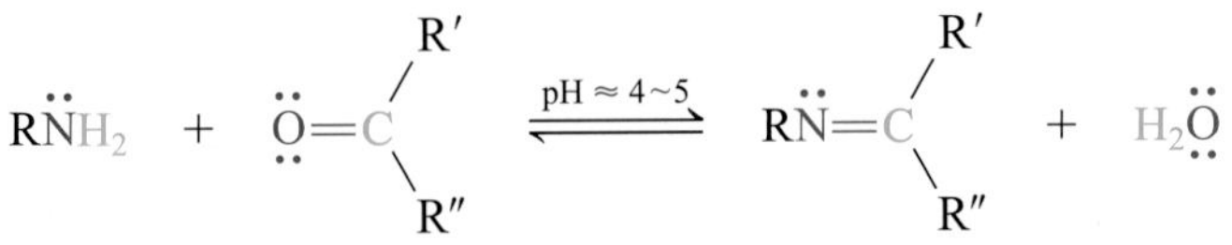

$$RNH_2 + O=C\overset{R'}{\underset{R''}{}} \xrightleftharpoons{pH \approx 4 \sim 5} RN=C\overset{R'}{\underset{R''}{}} + H_2O$$

亚胺是一类用途广泛的化合物。例如，亚胺通常被用于制备更复杂的胺类化合物（21-6 节）。但如上所述，由于缩合反应是可逆反应，使得亚胺极易水解，一般难以作为纯化合物分离。因此，当某一合成步骤需要亚胺作为反应中间体时，通常在亚胺进一步转化所需的反应试剂存在下，在体系中加入所需的胺和羰基化合物，亚胺形成后将立即进行后续反应。这样，根据 Le Châtelier 原理，缩合反应平衡不断地向生成亚胺的方向移动，直至反应最终完成。

如果将缩合反应产生的水小心地从反应体系中除去（例如，把水从反应混合物中不断蒸馏出来），常常可以高产率分离得到亚胺。例如，

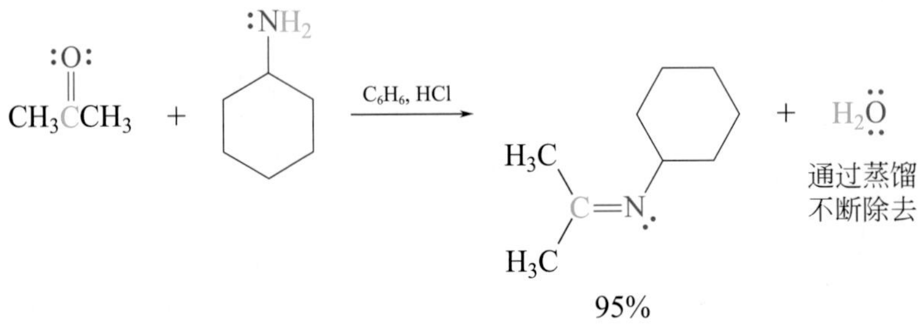

$$CH_3\overset{O}{\underset{}{C}}CH_3 + \quad \xrightarrow{C_6H_6, HCl} \quad + H_2O$$

95%    通过蒸馏不断除去

相反，在过量的酸性水溶液中可以实现亚胺的水解。

## 真实生活：生物化学　17-1　亚胺介导的氨基酸的生物化学

吡哆醇
(维生素 B$_6$)

亚胺在蛋白质的基本单位——2-氨基羧酸（氨基酸）的生物转化过程中发挥着关键作用（第 26 章）。吡哆醛和吡哆胺是维生素 B$_6$（吡哆醇）的两个衍生物，能够促进氨基酸和 2-氧代羧酸（酮酸）的相互转化。此过程中的关键中间体即为亚胺，通过该中间体实现了氨基酸的生物降解［也称分解代谢（catabolism）］。

氨基酸　　　　吡哆醛　　　　　　　　亚胺 1　　　　　亚胺互变异构化

亚胺 2　　　　　　　　吡哆胺　　　　+ 　　酮酸

以上转化步骤中，氨基酸和维生素的氧化态——吡哆醛，首先反应生成亚胺。该亚胺互变形成一个新的异构体（同时发生质子和双键的转移，参见 13-7 节和 13-8 节），进一步水解生成吡哆胺和酮酸。基于机体的代谢需求，此处生成的吡哆胺有可能继续与其他酮酸反应生成所需的氨基酸（即上图所示反应的逆反应），或者使氮最终以这种形式作为排泄物排出体外。

### 练习 17-14

（**a**）画出以下化合物缩合反应的产物结构：（i）丙酮与苯胺；（ii）环己酮与乙胺（CH$_3$CH$_2$NH$_2$）。

（**b**）指出得到以下缩合反应产物所需的原料：

（i）　　　　　　　　　（ii）

（**c**）画出下列亚胺水解反应的产物结构：

（i）　　　　　　　　　（ii）

（**d**）2-氨基酮类化合物和 3-氨基酮类化合物（如兴奋剂卡西酮，第 811 页页边）以及血管扩张剂麻黄苯丙酮均可稳定存在，而 4-（和 5-）氨基酮类化合物（如 4-氨基-1-苯基-丁酮）则是十分活泼的化合物（化合物结构见下页）。请解释。

卡西酮　　　　　　　麻黄苯丙酮　　　　　　4-氨基-1-苯基-1-丁酮

（e）试剂 A 和醛反应可制备晶体状的咪唑烷衍生物，如化合物 B，用于醛的分离和结构鉴定。写出化合物 B 形成的反应机理。［**提示**：注意产物是缩醛的氮代类似物。根据缩醛形成的机理（17-7 节），用起始原料二胺的两个氨基代替两个醇类分子，提出一个与缩醛形成类似的机理］。

$$\text{A} + \text{H}_3\text{C—CHO} \xrightarrow[-\text{H}_2\text{O}]{\text{CH}_3\text{CH}_2\text{OH, H}^+} \text{B} \quad (87\%)$$

A
N,N'-二苯基-1,2-乙二胺

B　(87%)
2-甲基-1,3-二苯基-1,3-二氮杂环戊烷
(2-甲基-1,3-二苯基咪唑烷)
(熔点 102℃)

## 特殊亚胺及其应用

　　一些伯胺衍生物与醛和酮缩合可以形成比普通亚胺更耐水解的产物。这些伯胺包括羟胺和肼（$H_2NNH_2$，参见练习 3-2）及其衍生物，如 2,4-二硝基苯肼和氨基脲（semicarbazide）（全部为常用名），所得产物分别称为**肟**（oxime）、**腙**（hydrazone）和**脲腙**（semicarbazone）（表 17-5）。如页边处肟的共振结构所示，上述官能团均可通过亚胺氮原子相连氧或氮上孤对电子的共振离域来稳定。肟、腙和脲腙通常具有明确的熔点。在有机波谱出现之前，这些化合物的熔融行为被广泛用于鉴定醛和酮。

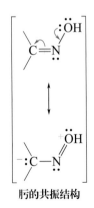

肟的共振结构

**表 17-5　醛和酮的亚胺衍生物**

| 试剂 | 与 C=O 反应的产物 |
|---|---|
| H₂NOH<br>羟胺 | C=NOH<br>肟 |
| 2,4-二硝基苯肼 | 2,4-二硝基苯腙 |
| H₂N—NHCNH₂<br>O<br>氨基脲 | 脲腙 |

在有水存在的环境中，这种经修饰过的亚胺基团的相对惰性可被用于将聚合物负载的药物选择性地输送到其各自的靶标。所选聚合物必须是亲水性的，从而确保其水溶性，然后将药物通过亚胺键连接到聚合物上。一个例子是常见的抗肿瘤药阿霉素（Adriamycin，24-12 节），通过腙链可以将其连接到 N-（2- 羟丙基）甲基丙烯酰胺（HPMA）- 甲基丙烯酰胺（MA）共聚物（对于丙烯酸聚合物，参见表 12-3）上，该腙单元在血液 pH 值（7.4）下能够稳定存在。由于肿瘤细胞在结构上存在缺陷，比正常组织更容易积累聚合物，通过以上方法，将赋予药物肿瘤靶向性的特征，并使药物的循环半衰期得以改善。利用癌细胞的环境比健康细胞酸性更强这一发现，仔细筛选聚合物和药物之间的连接键，使其在 pH=5 的条件下实现水解。

**药物输送过程中腙键的水解**

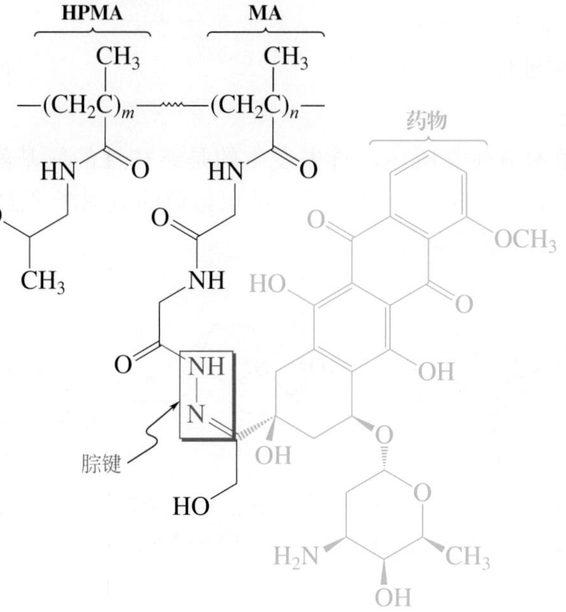

## 与仲胺缩合形成烯胺

由于需要氮原子提供生成水所需的两个氢原子，所以，迄今为止所讲述的胺缩合反应都只适用于伯胺。鉴于此，醛和酮与仲胺（如氮杂环戊烷，即吡咯烷）的反应过程与之完全不同。发生初始加成后，中间体通过碳原子上的去质子化消除一分子水，生成**烯胺**（enamine）。该官能团既含有烯烃的烯键，也含有胺分子中的氨基。

**烯胺的形成**

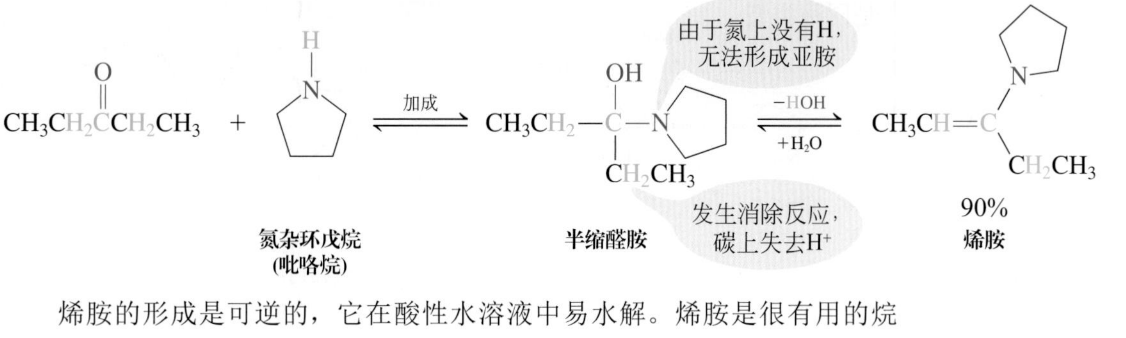

烯胺的形成是可逆的，它在酸性水溶液中易水解。烯胺是很有用的烷基化底物（18-4 节）。

## 解题练习17-15

**运用概念解题：烯胺的形成**

写出上页酸催化条件下形成烯胺的详细反应机理。

**策略：**

- **W：**有何信息？反应式中已经明确了该反应的起始原料、中间体和产物，目前的任务是写出用推电子弯箭头补足详细的反应机理。

- **H：**如何进行？首先画出氨或伯胺与醛和酮加成最终得到亚胺的机理，然后找出仲胺结构中使得反应机理偏离亚胺形成的原因所在。

- **I：**需用的信息？反应进行到分歧点时，除氮原子失去质子外，体系还需具备什么特质？

- **P：**继续进行。

**解答：**

• 正如本节前文所述，首先发生的是亲核性的氨基氮原子的加成，带负电荷的氧原子接受一个质子，带正电荷的氮原子失去一个质子，形成常规的半缩酮胺中间体。

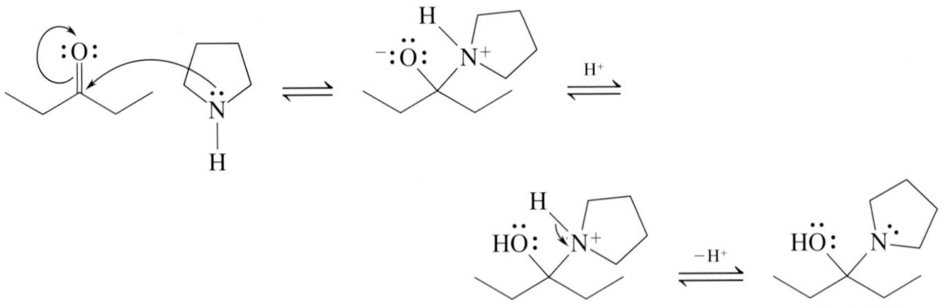

半缩酮胺

• 在催化量的酸存在下，氧原子质子化，形成一个较好的离去基团（水）。与亚胺的形成相同，水离去后得到一个亚胺离子。

• 此时氮原子缺少另外一个可以消除的质子：无法形成亚胺。因此体系必须采取另一反应途径。

• 检查实际烯胺产物的结构：与氮直接相连的碳的邻位碳原子（即 $\alpha$- 碳）上失去了一个氢原子。亚胺离子中间体可以失去一个质子，从而得到最终产物。注意该步骤与 E1 消除机理中脱除 $H^+$ 的反应过程（7-6 节）是同种类型。

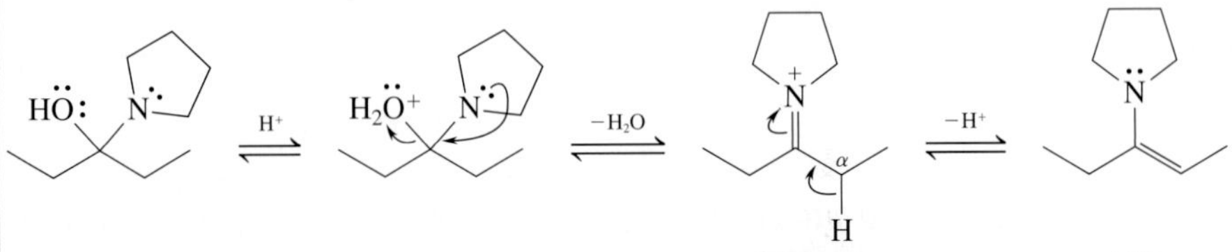

亚胺离子          烯胺

## 17-16 自试解题

（**a**）写出下列酸催化条件下的反应产物与形成机理。

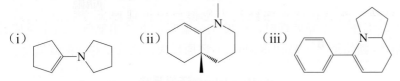

（**b**）要合成下列烯胺，需要使用何种起始原料？

（i）　　　　　　（ii）　　　　　　（iii）

（**c**）写出下列烯胺的水解产物。

（i）　　　　　　（ii）

## 练习17-17

写出酸催化条件下反应（a）和（b）的产物，并（从机理上）解释反应结果。

（**a**）　　　+　　　　（**b**）$CH_3CHCHCH_3$（内消旋）　+　$CH_3CH_2C—CCH_3$

（**c**）　　　$\xrightarrow{C_6H_5NHNH_2}$　$HO\qquad\qquad NNHC_6H_5$

---

## 小　结

伯胺进攻醛和酮发生缩合反应形成亚胺。羟胺、肼和氨基脲与醛或酮缩合则分别生成肟、腙和脲腙。仲胺与醛和酮反应得到烯胺。亚胺和烯胺两类产物均可在过量酸性水溶液中水解。

---

# 17-10 羰基的脱氧反应

在 17-5 节中，我们复习了羰基化合物还原成醇的方法。将 C=O 基团还原成 $CH_2$（脱氧反应）也是可能的。实现这一转化有两种途径：Clemmensen 还原法（16-5 节）和基于二硫代缩醛（酮）的脱硫反应（17-8 节）。本节将介绍醛和酮脱氧的第三种方法——Wolff-Kishner 还原反应。

## 强碱将简单的腙转化成碳氢化合物

肼与醛和酮的缩合反应生成简单的腙：

### 腙的合成

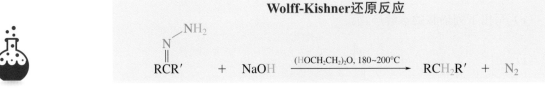

$$\text{CH}_3\text{CCH}_3 + \text{H}_2\text{N}—\text{NH}_2 \xrightarrow[-\text{H}_2\text{O}]{\text{CH}_3\text{CH}_2\text{OH}} \quad \text{丙酮腙} \quad 90\%$$

肼

在高温下用强碱处理时，腙发生分解反应并放出氮气。这个反应被称为**沃尔夫-凯惜纳** [1]（Wolff-Kishner）**还原反应**，产物是相应的碳氢化合物。

### Wolff-Kishner还原反应

$$\text{RCR}' + \text{NaOH} \xrightarrow{(\text{HOCH}_2\text{CH}_2)_2\text{O},\ 180\sim200°\text{C}} \text{RCH}_2\text{R}' + \text{N}_2$$

反应

氮的消除机理包括一系列碱导致的氢原子迁移过程。碱首先攫取腙氮原子上的一个质子生成相应的离域负离子。该中间体氮原子可以重新质子化，使起始原料再生；质子化也可以发生在碳原子上，得到一个中间体偶氮衍生物（22-11 节），它是起始原料的互变异构体。接下来，碱攫取偶氮中间体氮原子上的一个质子生成一个新的负离子，随即发生不可逆的快速分解，同时释放出氮气。所形成的碱性极强的烷基负离子（碳负离子）立即在水溶液中被质子化生成最终的碳氢化合物。整体来看，该级联反应将初始位于腙末端氮原子上的两个质子转移到相应的碳原子上，同时放出了氮气。

### Wolff-Kishner还原反应的脱氮机理

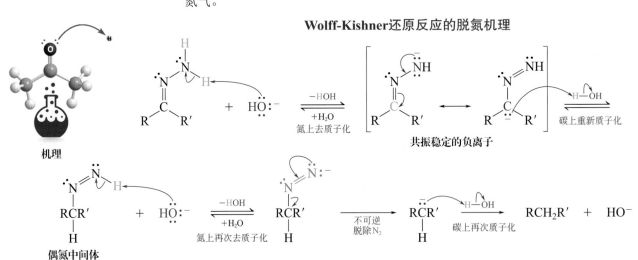

机理

偶氮中间体

在实际进行 Wolff-Kishner 还原反应时，一般不分离反应的中间体腙。将 85% 的肼水溶液（水合肼）加到含羰基化合物和 NaOH 或 KOH 的高沸点醇类溶液中，醇溶剂可以是二甘醇（$\text{HOCH}_2\text{CH}_2\text{OCH}_2\text{CH}_2\text{OH}$，沸点 245℃）或三甘醇（$\text{HOCH}_2\text{CH}_2\text{OCH}_2\text{CH}_2\text{OCH}_2\text{CH}_2\text{OH}$，沸点 285℃），加热

[1] 路德维希·沃尔夫（Ludwig Wolff，1857—1919），德国耶拿大学教授；尼古拉·马特维奇凯惜纳（Nikolai Matveevich Kishner，1867—1935），俄罗斯莫斯科大学教授。

混合物进行反应。加水进行后处理得到纯的碳氢化合物。

$$\text{（二酮）} \xrightarrow[\text{2. H}_2\text{O}]{\text{1. H}_2\text{NNH}_2, \text{H}_2\text{O}, \text{二甘醇}, \text{NaOH}, \triangle} \text{（产物）} \quad 69\%$$

Wolff-Kishner 还原反应作为醛和酮的脱氧方法之一，是对 Clemmensen 还原法以及二硫代缩醛（酮）脱硫法的补充。Clemmensen 还原法不适用于含有对酸敏感基团的化合物，而在用 Raney 镍催化氢化法脱硫时，多重键会被氢化。上述这些官能团一般不受 Wolff-Kishner 还原反应条件的影响。

### Wolff-Kishner还原反应用于烷基苯的合成

已知 Friedel-Crafts 酰基化反应的产物可以通过 Clemmensen 还原法转化成烷基苯。Wolff-Kishner 脱氧反应也经常用于这一目的，对于那些对酸敏感而对碱稳定的底物，这一方法尤其适用。

**用Wolff-Kishner还原反应还原Friedel-Crafts酰基化反应的产物**

$$\text{（苯乙酮）} \xrightarrow{\text{NH}_2\text{NH}_2, \text{H}_2\text{O}, \text{KOH}, \text{三甘醇}, \triangle} \text{（乙苯）} \quad 95\%$$

**练习17-18**

（a）设计从己酸制备己基苯的合成路线。（提示：参见 15-13 节。）

（b）α-蒎烯（页边）是一种从柏木油中分离的天然产物（参见第 4 章习题 49），该化合物经臭氧化分解后进行 Wolff-Kishner 还原反应，得到一个非手性的化合物。请画出其结构。

---

### 小　结

Wolff-Kishner 还原反应是碱作用下腙的分解反应，是第二类醛和酮脱氧方法。这种方法是对 Clemmensen 还原法以及二硫代缩醛（酮）脱硫法的补充。

## 17-11　与氰化氢加成形成氰醇

除了醇和胺以外，还有其他几种亲核试剂也可以进攻羰基。其中尤其重要的是碳亲核试剂，因为用这种方法能够形成新的碳-碳键。8-7 节已经讲述了金属有机化合物（如格氏试剂和烷基锂试剂）与醛和酮加成生成醇的反应。本节和 17-12 节将讨论非金属有机类的碳亲核试剂与羰基的加成反应，如氰离子和一类名为叶立德的新型化合物。

**真的吗?**

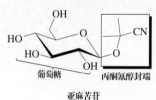

斑蛾利用与葡萄糖结合的氰醇亚麻苦苷作为有化学防御功能的 HCN 贮存器。在酶催化下，缩醛单元水解产生丙酮氰醇，后者释放出有毒气体。雌斑蛾挑选亚麻苦苷含量较高的雄性为伴侣。在交配期间，亚麻苦苷作为一种重要"彩礼"被送给雌性。

亚麻苦苷

α-蒎烯

氰化氢与羰基加成可逆地生成羟基烷基腈加合物，一般称之为**氰醇**（cyanohydrin）。用液态 HCN 作溶剂可以使反应平衡向形成加合物的方向移动。但是，使用如此大量的 HCN 是十分危险的，因为 HCN 易挥发且剧毒。因此，通常的做法是：将 HCl 缓慢地滴加到过量的强碱性 NaCN 溶液中，在碱性适度的混合溶液中原位生成 HCN。

反应

**氰醇的生成**

$$\text{环己酮} + \text{Na}^+{}^-\text{CN} \xrightarrow[-\text{NaCl}]{\text{浓盐酸}} \text{1-羟基环己基腈}$$

60%
**1-羟基环己基腈**
**(环己酮氰醇)**

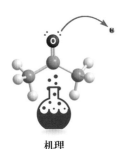

机理

HCN 的 p$K_a$ = 9.2，因此，反应最好在中等碱性 pH 条件下进行，如此才能使形成氰醇所必需的游离氰离子和未解离的 HCN 同时存在。在反应机理的第一步，氰化物缓慢且可逆地加成到羰基碳上。第二步中，所生成的带负电荷的氧被 HCN 快速质子化。这种能量上有利的质子化是促使反应平衡向生成产物的方向移动所必需的。

**氰醇生成的机理**

$$:\text{N}{\equiv}\text{C}:^- + \quad\text{C}{=}\ddot{\text{O}} \underset{\text{缓慢亲核进攻}}{\rightleftharpoons} \underset{\text{NC}}{\text{C}}{-}\ddot{\text{O}}:^- + \text{H}{-}\text{CN} \underset{\text{快速质子化}}{\rightleftharpoons} \underset{\text{NC}}{\text{C}}{-}\ddot{\text{O}}\text{H} + {}^-:\text{CN}$$

### 练习17-19

按与 HCN 加成在热力学上的有利程度，排列下面羰基化合物：丙酮、甲醛、3,3-二甲基-2-丁酮、乙醛。（**提示**：参见 17-6 节。）

在接下来的章节（19-6 节和 26-2 节）中，将看到氰醇是非常有用的中间体，原因在于氰基可以在后续反应中被修饰转化。

---

## 小 结

醛和酮的羰基可以被碳亲核试剂进攻，与金属有机试剂反应生成醇，与氰化物反应生成氰醇。

---

# 17-12 | 与磷叶立德加成：Wittig反应

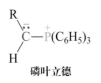

**磷叶立德**

亲核加成反应中另一种十分有用的试剂是被相邻带正电荷的膦基所稳定的碳负离子。该物质称为**磷叶立德**（phosphorus ylide），它对醛和酮的加成称为**维蒂希**[❶]（Wittig）**反应**。Wittig 反应是由醛和酮选择性合成烯烃非常有效的方法。

---
❶ 格奥尔格·维蒂希（Georg Wittig，1897—1987），德国海德堡大学教授，1979 年诺贝尔化学奖获得者。

### 鏻盐去质子化形成磷叶立德

获得磷叶立德最简便的方法是由卤代烷经两步反应制备。反应的第一步，卤化物被三苯基膦亲核取代生成一个烷基三苯基鏻盐。

**鏻盐的合成**

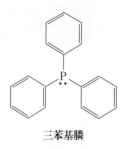

三苯基膦

带有正电荷的磷原子使得邻位的质子显酸性，在反应第二步中可用碱（例如烷氧基负离子、氢化钠或丁基锂）去质子，形成磷叶立德。叶立德可以分离得到，尽管它在溶液中形成后直接与其他试剂反应。

**叶立德的形成**

由于磷带正电荷，此处氢显酸性

叶立德（共振稳定）

叶立德负电荷可以离域到磷原子上，这样可写出其第二个共振式。该共振式中，磷原子的价电子层扩充到十个电子，并形成一个碳-磷双键。

### Wittig 反应形成碳-碳双键

当叶立德与醛或酮反应时，叶立德的碳和羰基碳发生偶合，最终生成烯烃。反应的副产物是三苯基氧膦。

**Wittig 反应**

$$C=O \quad + \quad (C_6H_5)_3P=C \quad \longrightarrow \quad C=C \quad + \quad (C_6H_5)_3P=O$$

醛或酮　　　　　叶立德　　　　　烯烃　　　　　三苯基氧膦

反应

$$CH_3CH_2CH_2CH \quad + \quad CH_3CH_2C=P(C_6H_5)_3 \xrightarrow[-(C_6H_5)_3PO]{(CH_3CH_2)_2O, 10℃} CH_3CH_2CH_2CH=CCH_2CH_3$$

亲电性的羰基碳　　　　亲核性的叶立德碳

66%

3-甲基-3-庚烯

新生成双键的位置可以精确控制

鉴于在构建碳-碳双键上的价值，Wittig 反应是合成"武器库"非常重要的补充。与消除反应相比（11-6 节和 11-7 节），Wittig 反应生成新的碳-碳双键的位置是确定的。以 2-乙基-1-丁烯的两种合成方法（Wittig 反应和消除反应）为例，可以发现：

### 2-乙基-1-丁烯两种合成方法的比较

**Wittig 反应（生成单一产物）**

$$CH_3CH_2\overset{\overset{\textstyle O}{\|}}{C}CH_2CH_3 \ + \ CH_2{=}P(C_6H_5)_3 \ \longrightarrow \ CH_3CH_2\overset{\overset{\textstyle CH_2}{\|}}{C}CH_2CH_3 \ + \ (C_6H_5)_3P{=}O$$
$$\textbf{（仅一种异构体）}$$

**消除反应（生成两种烯烃异构体的混合物）**

$$CH_3CH_2\underset{\underset{\textstyle Br}{|}}{\overset{\overset{\textstyle CH_3}{|}}{C}}CH_2CH_3 \ \xrightarrow{\ \text{碱}\ } \ CH_3CH_2\overset{\overset{\textstyle CH_2}{\|}}{C}CH_2CH_3 \ + \ CH_3CH_2\overset{\overset{\textstyle CH_3}{|}}{C}{=}CHCH_3$$
$$\textbf{（两种异构体的混合物）}$$

## Wittig 反应的机理是有争议的

Wittig 反应是通过何种机理进行的呢？对于反应的初始阶段，人们提出了两种反应途径，依据不同反应条件两种途径均有可能发生。第一种机理中，磷叶立德与羰基首先发生协同的 [2 + 2] 环加成反应，直接得到**氧磷杂环丁烷**（oxaphosphacyclobutane）中间体（氧杂磷烷）：一个含有磷和氧原子的四元环。该环加成反应的定位受底物静电控制，即叶立德中亲核性的碳进攻羰基亲电性的碳，负电性的羰基氧则与磷成键。

**氧磷杂环丁烷形成的协同途径**

当反应在极性较低的溶剂中进行时，协同反应的证据尤其明显。低极性溶剂有利于制备叶立德时产生的锂盐副产物从体系中析出。

Wittig 反应的另外一种机理是分步成环机理，即负电性的叶立德碳首先对正电性的羰基碳亲核进攻，生成一个**磷内盐** ❶（phosphorus betaine），这样的偶极物称为两性离子（英文名 *zwitterion* 中的词首 *Zwitter* 在德语中意思是"杂化"）。这种磷内盐不稳定，很快形成 P—O 键，从而形成与上述相同的四元环中间体。

**氧磷杂环丁烷形成的分步途径**

磷内盐形成的证据颇具争议，但在极性条件下，其带电特性使其成为 Wittig 反应的合理中间体。

无论氧磷杂环丁烷是通过何种途径生成的，最后都将分解生成产物烯烃和三苯基氧膦。最后一步反应的驱动力是一个很强的氧-磷双键的形成。

---

❶ 氨基酸（CH₃）N⁺CH₂COO⁻名为甜菜碱（*betaine* 中 *beta* 是拉丁文，意为甜菜），是在甜菜糖中发现的以两性离子形式存在的一种氨基酸。*Betaine* 现泛指内镓盐。

### Wittig反应最后一步的机理

$$\underset{\text{氧磷杂环丁烷}}{(C_6H_5)_3P\overset{\displaystyle H-\overset{\displaystyle R}{\underset{\displaystyle |}{C}}-\overset{\displaystyle R'}{\underset{\displaystyle |}{C}}-R''}{\cdots\ddot{O}:}} \longrightarrow \underset{\text{烯烃}}{\overset{\displaystyle R}{\underset{\displaystyle H}{C}}=\overset{\displaystyle R'}{\underset{\displaystyle R''}{C}}} \quad + \quad \underset{\text{三苯基氧膦}}{(C_6H_5)_3P=\ddot{O}:}$$

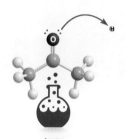

机理

动画
动画展示机理：
Wittig反应

Wittig 反应可以在醚、酯、卤素、烯和炔官能团的存在下进行。因此，尽管对反应立体选择性尚未提出合理解释，Wittig 反应仍然十分有用。例如，非共轭叶立德与醛的反应通常会以良好的选择性生成顺式（或 Z）烯烃。

### 立体选择性的Wittig反应主要得到顺式产物

$$CH_3CH_2CH_2CH=P(C_6H_5)_3 \xrightarrow[-(C_6H_5)_3PO]{CH_3(CH_2)_4CHO,\ THF} \underset{\substack{70\% \\ \textbf{(顺式:反式 = 6:1)}}}{\overset{CH_3CH_2CH_2}{\underset{H}{C}}=\overset{(CH_2)_4CH_3}{\underset{H}{C}}}$$

反之，如果叶立德中存在共轭体系，通常将生成反式（trans）产物。如下图所示，德国巴斯夫（Badische Anilin and Soda Fabriken，BASF）化学公司合成维生素 A₁（14-7 节）时采用的商业制备路线中，Wittig 反应只生成反式烯烃。

高度反式选择性的 Wittig 反应：BASF 维生素 A₁ 的合成路线

维生素 A₁

## 练习17-20

设计合成路线，以（**a**）2-环己烯酮和（**b**）3-溴环己烯为起始原料，通过 Wittig 反应制备 3-亚甲基环己烯。

## 练习17-21

设计合成路线，用指定原料合成下面的二烯酮［**提示**：应用保护基（17-8 节）］。

$$由 CH_3CCH_2CH_2CH_2Br\ 和\ HCCH=CH_2\ 制备\ CH_3CCH_2CH_2CH=CHCH=CH_2$$

> **记住**：解题时使用逆合成方法，从目标产物逆推比从起始原料出发更容易解题。

**练习17-22**

设计由起始原料合成产物的简明路线。除指定原料外，可以使用任何其他试剂（有可能需要多步反应）。

（a）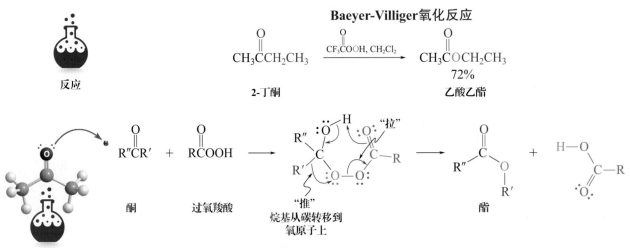 ----→ $CH_2$=$CH(CH_2)_4CH$=$CH_2$ （提示：参见12-12节。）

（b） ----→ （提示：参见14-8节。）

---

## 小　结

磷叶立德与醛和酮的反应结果是在叶立德与羰基碳原子之间构建碳-碳双键。Wittig 反应提供了一种由羰基化合物和卤代烷烃合成烯烃的方法，反应中间体是相应的鏻盐。

# 17-13 | 过氧羧酸的氧化：Baeyer-Villiger 氧化反应

当酮用过氧羧酸处理时（12-10节），羰基被氧化成酯，这一转化过程称为**拜耳-维利格**[1]（Baeyer-Villiger）**氧化反应**。反应机理是过氧酸的过氧端对羰基亲核加成，生成一个高活性的半缩酮的过氧化物类似物。该加合物不稳定，可通过一个环状过渡态发生分解，羰基碳原子上的一个烷基迁移到氧原子上生成酯。

**反应**

**Baeyer-Villiger氧化反应**

$$CH_3\overset{O}{\underset{\parallel}{C}}CH_2CH_3 \xrightarrow{CF_3COOH,\ CH_2Cl_2} CH_3\overset{O}{\underset{\parallel}{C}}OCH_2CH_3$$
72%

2-丁酮　　　　　　　　　　　　乙酸乙酯

**机理**

酮　　　　　过氧羧酸　　　　　　　　　　　　　　　酯

烷基从碳转移到氧原子上

这种电子"推拉"过程中，离去基团（拉）导致邻位（烷基）基团发生迁移（推），类似于 2,2-二甲基-1-丙醇（新戊醇，9-3节）在酸催化下的

---

[1] 约翰·弗雷德里克·威廉·阿道夫·冯·拜耳（Johann Friedrich Wilhelm Adolfvon Baeyet, 1835—1917），德国慕尼黑大学教授，1905 年诺贝尔化学奖获得者；维克多·维利格（Victor Villiger, 1868—1934），曾就职于德国路德维希港巴斯夫（BASF）化学公司。

重排和烷基硼烷的氧化机理（12-8节）。在重排过程中，当羧基离去时，烷基通过将成键轨道从碳滑动到受体氧上而实现迁移。因此，若烷基是手性的，其原有的立体化学在重排过程中将得以保持。

(**R**)-3-苯基丁-2-酮 → (**R**)-1-苯基乙基乙酸酯

C6H5COOH, CHCl3, 20℃, 65 h

**构型保持**

69%

在 Baeyer-Villiger 氧化中，环酮将转化为环酯。不对称的酮，例如下面的反应，理论上可生成两个不同的酯。为什么只观察到一个产物呢？答案是有些基团比其他基团更容易发生迁移。人们已经通过实验确定了各种基团发生迁移的相对难易程度，即**迁移倾向**（migratory aptitude）的大小。

三级(叔)碳优先迁移

CH3COOH, CHCl3

56%

基团的迁移倾向顺序（从迁移倾向最差的甲基到最易迁移的叔丁基）显示，在重排反应的过渡态中发生迁移的碳带有碳正离子的性质。

**Baeyer-Villiger反应中基团迁移倾向顺序**
甲基＜一级碳＜苯基≈二级碳＜三级碳

## 练习17-23

预测下列化合物与过氧羧酸发生氧化反应的产物。

（a）

（b） CH3

（c）

---

## 小 结

酮可以被过氧羧酸氧化成酯；当不对称的酮反应时，只有一个取代基可以发生迁移，选择性地生成一种酯。

# 17-14 | 醛的氧化反应试验

尽管 NMR 和其他光谱的出现使得现在极少通过化学试验来检测官能团，但在其他分析方法有可能失效的一些特殊情况下，化学试验方法仍然适用。两种典型的用于醛基检测的方法将在第 24 章有关糖化学的讨论中再次出现，这两种方法都利用了醛易氧化为羧酸的性质。第一种方法是**斐林**

在 Fehling 试验中（左侧），向蓝色的硫酸铜（Ⅱ）（右侧）溶液中加入含有醛基官能团的分子形成砖红色的氧化亚铜（Ⅰ）沉淀。[*W. H.Freeman photo by Ken Karp*]

Tollens 试验可检测有机分子中易氧化的功能性物质的存在，例如甲酰基。在氨水中，醛与银（Ⅰ）反应（右图），会迅速在容器玻璃壁上沉积眼镜（左图）。[*W. H.Freeman photo by Ken Karp*]

**A**

（Fehling[1]）**试验**，铜离子［如 $CuSO_4$ 中的 Cu（Ⅱ）］作为氧化剂。在碱性介质中，砖红色的氧化亚铜沉淀表明了醛基官能团的存在。

**Fehling试验**

$$\underset{RCH}{\overset{O}{\parallel}} + Cu^{2+} \xrightarrow[\text{H}_2\text{O}]{\text{NaOH, 酒石酸盐 (真实生活 5-2),}} \underset{\text{砖红色沉淀}}{Cu_2O} + \underset{RCOH}{\overset{O}{\parallel}}$$

第二种方法是**土伦**[2]（Tollens）**试验**，银离子（如 $AgNO_3$）溶液遇醛产生沉淀，形成银镜。

**Tollens试验**

$$\underset{RCH}{\overset{O}{\parallel}} + Ag^+ \xrightarrow[]{\text{NH}_3, \text{H}_2\text{O}} \underset{\text{银镜}}{Ag} + \underset{RCOH}{\overset{O}{\parallel}}$$

Fehling 试验和 Tollens 试验通常不用于大规模合成。但 Tollens 反应在工业上可用于在玻璃表面制备发亮的银镜，如保温瓶的内壁。

### 练习17-24

化合物 A（页边）在 Fehling 试验和 Tollens 试验中均显阳性，为什么？

---

### 总　结

　　我们对含有羰基的化合物进行了扩展性学习。在这一章中，我们了解到：

- 醛和酮包含C═O双键；命名分子时，此官能团优先级高于迄今为止已介绍的所有其他官能团（17-1节）。

- 羰基双键由一个σ键和一个π键组成，将$sp^2$杂化的平面三角形碳原子与氧相连；该双键强度高于C—C单键和C═C双键，并高度极化，碳原子显强亲电性（17-2节）。

- 关于谱学特征，此类体系中的C═O表现出很强的红外波段吸收，其中酮羰基的伸缩振动吸收约为1715$cm^{-1}$，醛羰基约为1735$cm^{-1}$；$^1$H NMR中，醛基氢（—CHO）在$\delta=10$左右出峰；$^{13}$C NMR中，醛和酮的羰基碳信号位于$\delta=190\sim210$的区域；由于n→π*跃迁，醛和酮在280nm左右具有低能量的UV最大吸收峰；通过$\alpha$-裂解和McLafferty重排两种途径，醛和酮在质谱分析中发生裂解（17-3节）。

- 醛和酮通常分别通过一级和二级醇的氧化来制备；其他合成方法包括烯烃臭氧化分解、炔烃水合和芳烃的Friedel-Crafts酰基化（17-4节）。

- 亲核试剂可以与C═O基团的羰基碳加成；氢化物和金属有机试剂可以与其发生迅速且不可逆的加成反应，而较温和的亲核物质（如氧和氮型亲核试剂）的反应则得到加成产物与未反应羰基化合物的平衡混合物（17-5节～17-9节）。

---

❶ 赫尔曼·C. 冯·斐林（Hermann C. von Fehling，1812—1885），德国斯图加特工学院教授。

❷ 伯纳德·C. G. 土伦（Bernhard C. G. Tollens，1841—1918），德国哥廷根大学教授。

- 可逆的亲核加成反应酸碱均可催化；某些情况下，可通过后续的有利转化推动反应平衡向加成产物方向移动（17-5节~17-9节）。

- 醛或酮具有广泛的合成用途：经保护可以转化为缩醛或缩酮（17-8节），脱氧可转化为烷烃（17-10节），加入HCN可以生成氰醇（17-11节），通过Wittig反应生成烯烃（17-12节），或者发生Baeyer-Villiger氧化生成酯（17-13节）。

醛和酮在有机化学中占有重要地位，正如刚刚在本章讨论的那样，部分原因是由于羰基碳原子具有亲电试剂的属性。但也要看到羰基反应性的另一个方面：羰基基团邻位碳原子具有潜在的亲核反应性。下一章中，我们将讨论如何使醛和酮的 $\alpha$-碳产生亲核反应性，并利用它的化学反应性与各种各样的亲电试剂，包括碳原子型和其他类型分子，生成新的化学键。

# 17-15 | 解题练习：综合运用概念

以下两个练习涉及本章的机理和合成方面的内容。对于第一个练习，要求从机理上分析合成上的意外结果；第二个练习，要求完成一项合成任务，颇有难度。

### 解题练习17-25    分析意外结果

以 PCC（PyH$^+$CrO$_3$Cl$^-$，参见 8-5 节）氧化 4-羟基丁醛并无预期的二醛生成，而是形成一种称为内酯的环状化合物：

请解释这一结果。

策略：

- **W**：有何信息？此练习要求通过合理的机理分析解释反应的意外结果。问题是羟基醛与 PCC 反应，理应将羟基醛氧化为二醛，然而，结果并非如此。

- **H**：如何进行？把手头掌握的信息再梳理一下。首先需要了解的是，PCC 是否确实可以发挥氧化剂作用。所发生的转化是否可以称为氧化反应呢？与很多其他问题一样，非常有用的方法是检查化合物的分子式：由起始原料的 $C_4H_8O_2$ 转化为产物 $C_4H_6O_2$。体系中确实发生了氧化反应。其次，仍然与很多其他问题的解决思路相同，考察反应中的拓扑变化：非环状化合物转变为环状产物。羟基醛能够发生环化反应吗？

- **I**：需用的信息？17-7 节讲到醇对醛的可逆加成生成半缩醛；并且，当反应产物形成一个五元或六元环时，反应平衡强烈地偏向生成产物的方向。例如：

- **P**：继续进行。

**解答：**

如果把半缩醛（上页）与前面实际发生的氧化反应的产物作比较，就可以发现是半缩醛氧化生成了观察到的产物。注意：一般来说，半缩醛分子中具有和普通醇类结构相同的、可被氧化为羰基的分子片段：

$$\begin{array}{c} \quad\ \ \overset{\displaystyle H}{|} \\ -\overset{|}{\underset{|}{C}}-O-H \end{array}$$

### 解题练习17-26　应用涉及保护基的逆合成分析

**a.** 异炔诺酮是一种常用口服避孕药的主要成分［埃诺维（Enovid），与真实生活4-3对比］，以下面的去甲睾酮衍生物（左侧结构）作为原料，设计其合成线路。

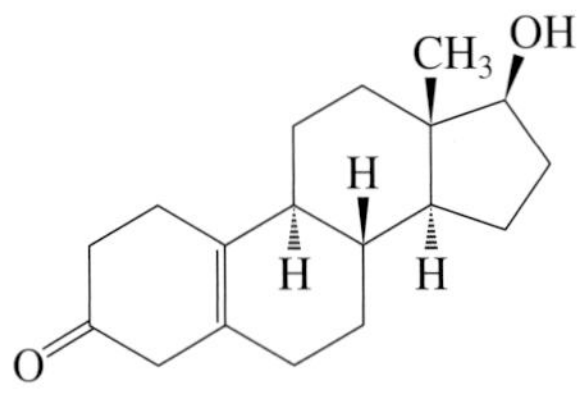

起始原料 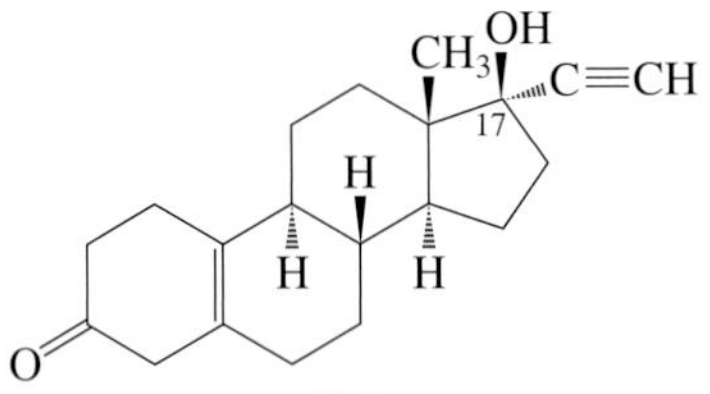　　　　　　　　异炔诺酮

**策略：**

• **W**：有何信息？考察两个分子的结构，可以发现，产物结构与原料几乎等同，仅需在 C-17 位引入一个乙炔基。

• **H**：如何进行？用逆合成法（8-8节）分析这个问题。金属有机试剂对酮的加成生成三级醇（8-7节）。

• **I**：需用的信息？ 13-5 节讲到可利用炔基负离子进行加成反应。所需要的试剂是 $Li^+ {}^-C{\equiv}CH$。是否可以基于这一化学方法设计合成路线呢？

• **P**：继续进行。

**解答：**

合成路线的最后一步应该是 $LiC{\equiv}CH$ 对 C-17 位酮羰基的加成，但是，下面的反应式表明这是有问题的：反应前体分子中左下方的六元环上（C-3位上）存在第二个羰基。在对 C-17 位羰基的加成过程中，C-3 位羰基不反应是不可能的。

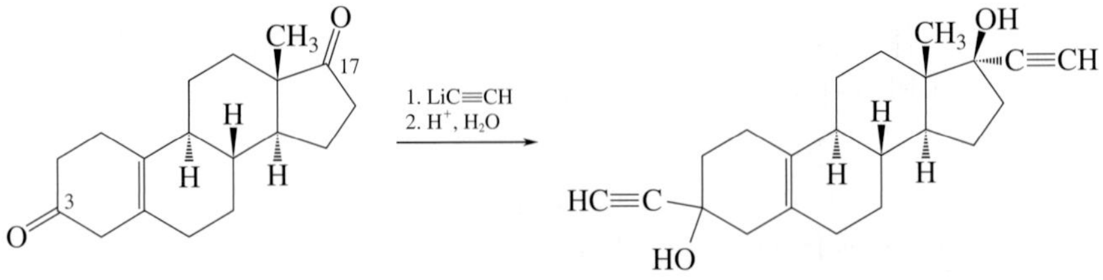

怎么办呢？真实生活9-2中讲述睾酮的合成时曾经遇到类似的问题，解决方法是使用保护基。这里，可以采取类似方法，而潜在的主要问题是必须避免合成过程中任何一个分子的 C-3 位和 C-17 位同时存在羰基。如果做不到这点，合成就会失败。考虑到以上问题，可以设想对合成计划的最后步骤进行如下修改：在对 C-17 位羰基进行上述加成之前，应该预先用一个对金属有机试剂稳定的保护基将 C-3 位碳-氧双键保护好。完成加成反应后，该保护基可以脱除。酮与1,2-乙二醇形成的缩酮应该是很好的保护基（17-8节）。

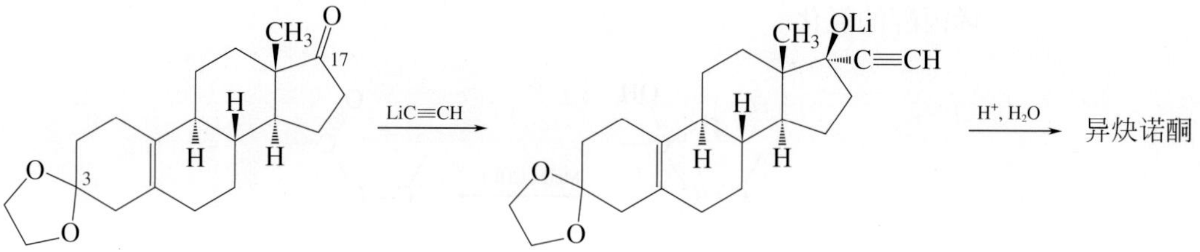


在该反应式中，酸性水溶液具有两个作用：将炔基锂加成后形成的烷氧基负离子质子化；以及将缩酮水解成酮。

合成是如何开始的？起始原料分子中的 C-17 位羟基必须氧化为羰基，但不能在 C-3 位羰基存在的情况下进行氧化反应，因为这与前面提到的原则相悖：得到一个同时含有两个羰基的分子，而在后面与其他试剂的反应中又无法区别它们。考虑到这些，很显然，在氧化 C-17 位羟基之前，必须先保护 C-3 位羰基：

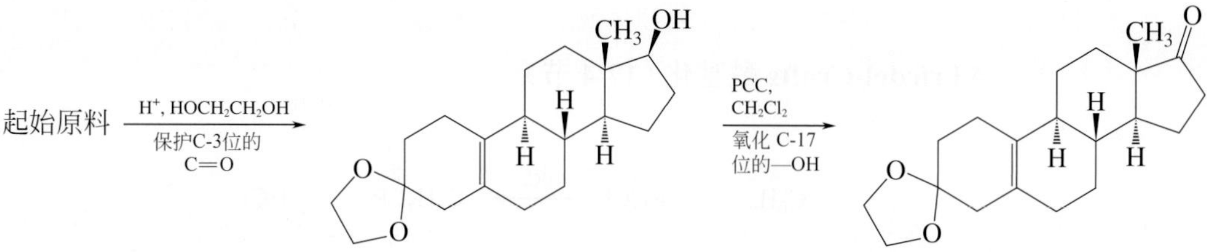


**b. 在第二步氧化反应中，为什么在 $CH_2Cl_2$ 中氯铬酸吡啶盐（PCC）是比 $K_2Cr_2O_7$ 更好的氧化剂？**

解答：

使用 $K_2Cr_2O_7$ 会出现什么问题呢？考虑其使用条件：一般是硫酸水溶液（8-5 节）。因此，使用该试剂有可能使缩酮基团在酸性条件下水解（17-8 节）。PCC 是一个中性的、非水相使用的试剂，对于含有对酸敏感官能团的底物非常理想。

**c. 炔基锂对 C-17 位羰基的加成立体选择性地生成三级醇。为什么？对 C-3 位羰基的加成也可能是立体选择性的吗？**

解答：

反应的立体选择性一般是怎样产生的呢？反应中心邻近区域内的空间位阻常常是造成立体选择性的原因。与 C-17 位邻位的甲基处于六元环上轴向的 a 键上，在空间上阻碍了炔基负离子从 C-17 位羰基所在平面的上方接近（4-7 节）。因此，从羰基平面的下方加成是相对更有利的。而对于 C-3 位羰基，邻近区域并不存在类似的空间位阻，不足以使羰基任何一方的加成反应产生优势。

## 新反应

### 醛和酮的合成

**1. 醇的氧化（17-4 节）**

$$\mathrm{RCH(OH)R'} \xrightarrow{CrO_3,\ H_2SO_4} \mathrm{RC(=O)R'} \qquad \mathrm{RCH_2OH} \xrightarrow{PCC,\ CH_2Cl_2} \mathrm{RCH(=O)}$$

对氧化剂稳定

烯丙醇的氧化

$$\text{（烯丙醇）} \xrightarrow{\text{MnO}_2,\ \text{CHCl}_3} \text{（烯酮）}$$

## 2. 烯烃的臭氧化分解（17-4 节）

$$\text{C=C} \xrightarrow[\text{2. Zn, CH}_3\text{CO}_2\text{H}]{\text{1. O}_3,\ \text{CH}_2\text{Cl}_2} \text{C=O} \quad + \quad \text{O=C}$$

## 3. 炔烃的水合（17-4 节）

$$\text{RC} \equiv \text{CH} \xrightarrow{\text{H}_2\text{O, Hg}^{2+},\ \text{H}_2\text{SO}_4} \overset{\text{O}}{\underset{}{\text{RCCH}_3}}$$

## 4. Friedel-Crafts 酰基化（17-4 节）

$$\text{C}_6\text{H}_6 \quad + \quad \overset{\text{O}}{\underset{}{\text{RCCl}}} \xrightarrow{\text{AlCl}_3} \text{C}_6\text{H}_5\text{CR} \quad + \quad \text{HCl}$$

## 醛和酮的反应

## 5. 负氢还原（17-5 节）

$$\overset{\text{O}}{\underset{}{\text{RCH}}} \xrightarrow{\text{NaBH}_4,\ \text{CH}_3\text{CH}_2\text{OH}} \text{RCH}_2\text{OH}$$

$$\overset{\text{O}}{\underset{}{\text{RCR}'}} \xrightarrow[\text{2. H}^+,\ \text{H}_2\text{O}]{\text{1. LiAlH}_4,\ (\text{CH}_3\text{CH}_2)_2\text{O}} \overset{\text{OH}}{\underset{\text{H}}{\text{RCR}'}}$$

选择性还原

$$\text{RCH=CHCR}' \xrightarrow[\text{2. H}^+,\ \text{H}_2\text{O}]{\text{1. LiAlH}_4,\ (\text{CH}_3\text{CH}_2)_2\text{O}} \overset{\text{OH}}{\underset{\text{H}}{\text{RCH=CHCR}'}}$$

## 6. 金属有机试剂的加成（17-5 节）

$$\text{RLi 或 RMgX} \quad + \quad \underset{\text{甲醛}}{\text{CH}_2\text{=O}} \xrightarrow{\text{THF}} \underset{\text{一级醇}}{\text{RCH}_2\text{OH}}$$

$$\text{RLi 或 RMgX} \quad + \quad \underset{\text{醛}}{\overset{\text{O}}{\text{R}'\text{CH}}} \xrightarrow{\text{THF}} \underset{\text{二级醇}}{\overset{\text{OH}}{\underset{\text{H}}{\text{RCR}'}}}$$

$$\text{RLi 或 RMgX} \quad + \quad \underset{\text{酮}}{\overset{\text{O}}{\text{R}'\text{CR}''}} \xrightarrow{\text{THF}} \underset{\text{三级醇}}{\overset{\text{OH}}{\underset{\text{R}''}{\text{RCR}'}}}$$

## 7. 水和醇的加成——半缩醛（酮）（**17-6 节**和 **17-7 节**）

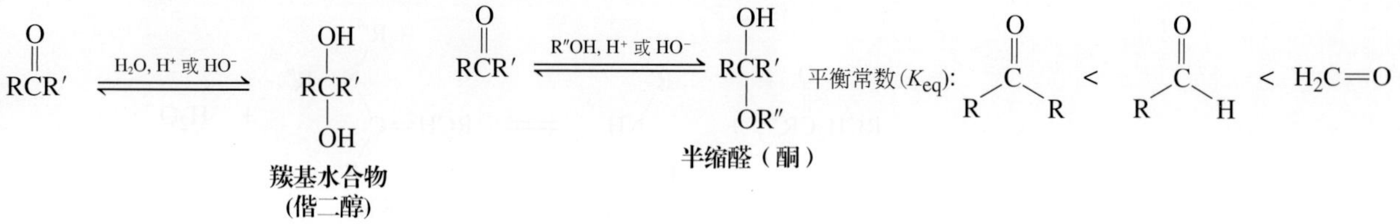

羰基水合物
（偕二醇）

半缩醛（酮）

平衡常数（$K_{eq}$）：

### 分子内加成

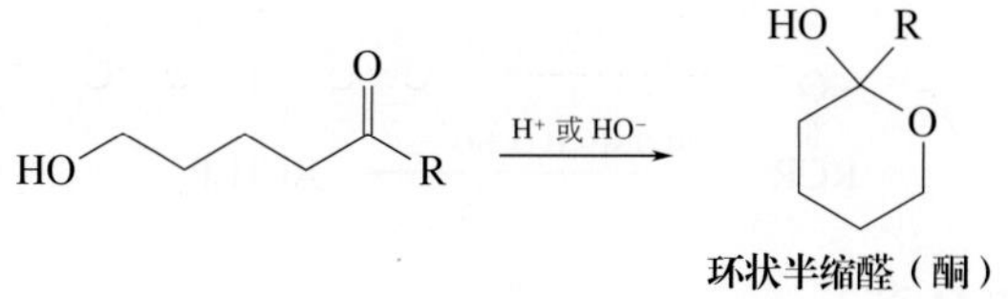

环状半缩醛（酮）

## 8. 酸催化下醇的加成——缩醛（酮）（**17-7 节**和 **17-8 节**）

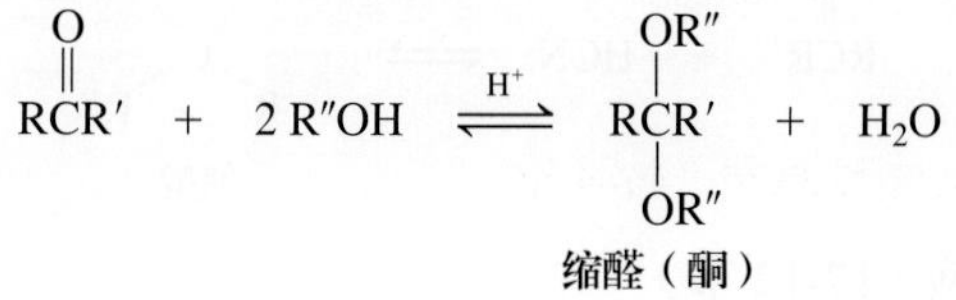

缩醛（酮）

### 环状缩醛（酮）

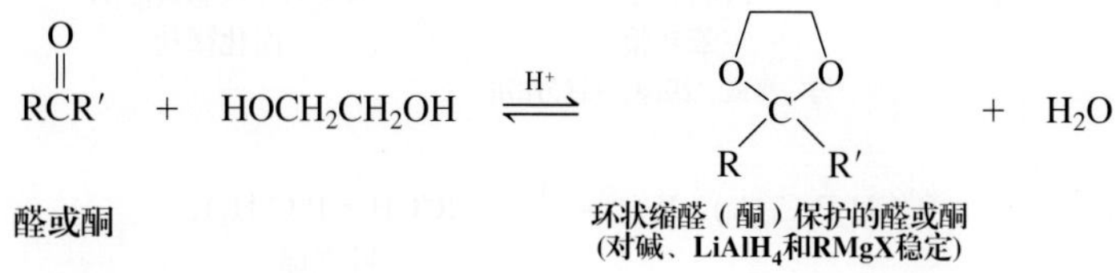

醛或酮

环状缩醛（酮）保护的醛或酮
（对碱、$LiAlH_4$ 和 $RMgX$ 稳定）

## 9. 二硫代缩醛（酮）（**17-8 节**）

### 生成

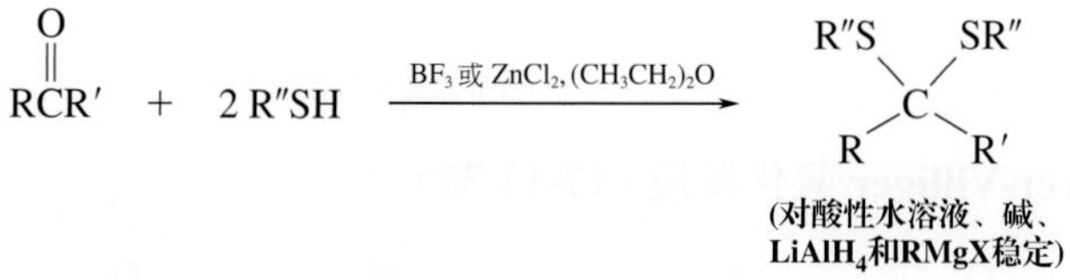

（对酸性水溶液、碱、
$LiAlH_4$ 和 $RMgX$ 稳定）

### 水解

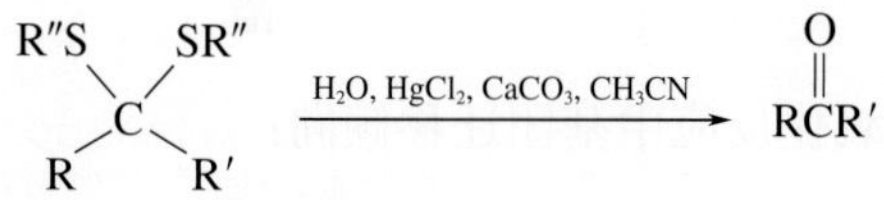

## 10. Raney 镍脱硫（**17-8 节**）

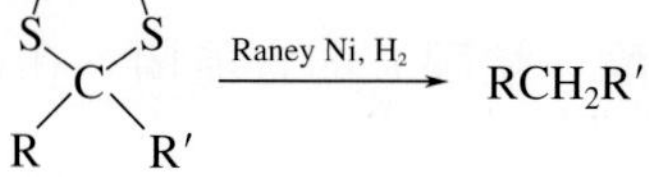

## 11. 胺衍生物的加成（**17-9 节**）

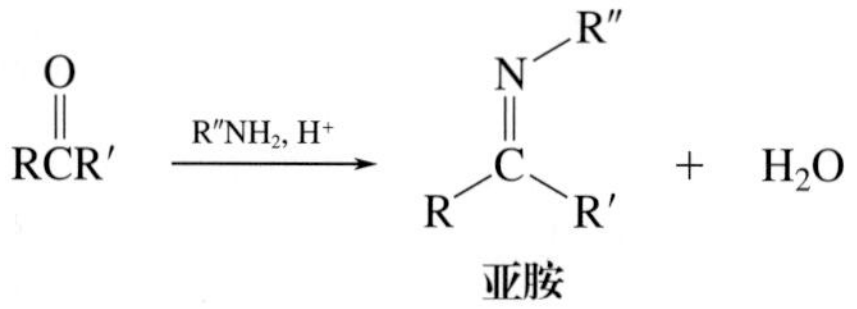

亚胺

**12. 烯胺（17-9 节）**

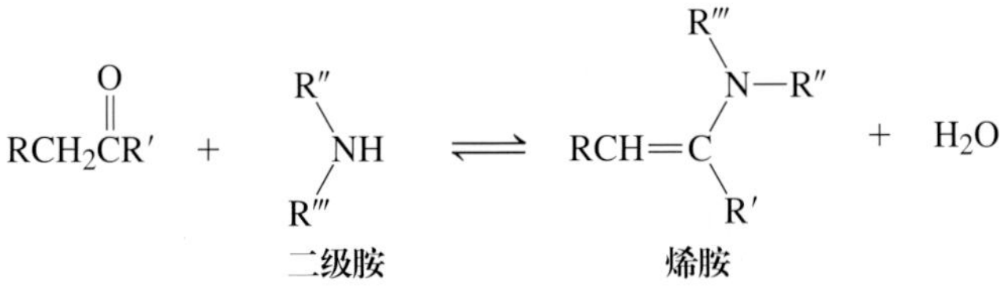

$$RCH_2CR' + \underset{\text{二级胺}}{\underset{R'''}{\overset{R''}{N}}H} \rightleftharpoons \underset{\text{烯胺}}{RCH=C\underset{R'}{\overset{N-R''}{\overset{R'''}{|}}}} + H_2O$$

**13. Wolff-Kishner 还原反应（17-10 节）**

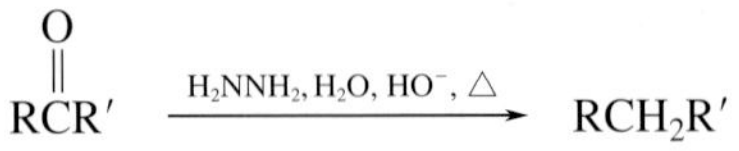

$$RCR' \xrightarrow{\text{H}_2\text{NNH}_2,\text{H}_2\text{O},\text{HO}^-,\triangle} RCH_2R'$$

**14. 氰醇（17-11 节）**

$$RCR' + HCN \rightleftharpoons \underset{\text{氰醇}}{\underset{R}{\overset{HO\quad CN}{C}}R'}$$

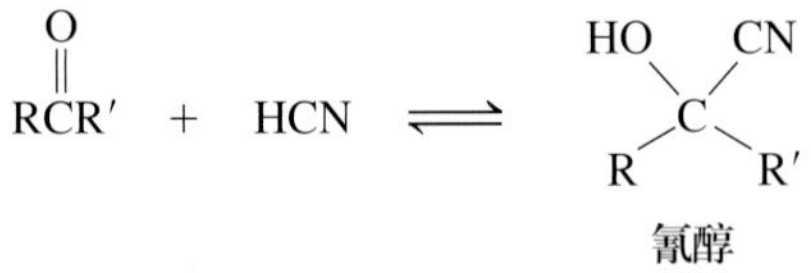

**15. Wittig 反应（17-12 节）**

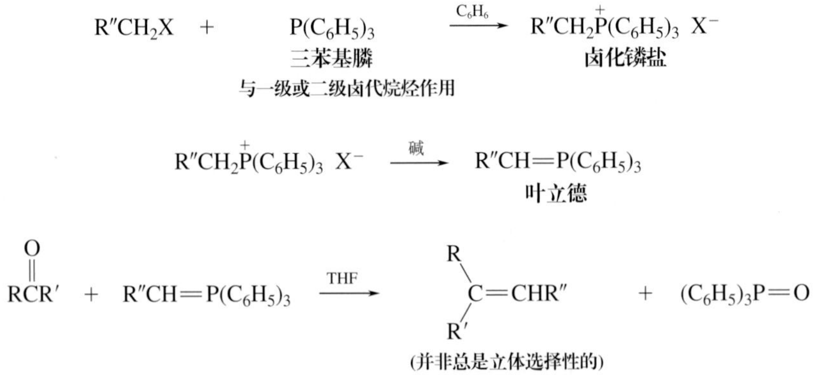

$$R''CH_2X + \underset{\substack{\text{三苯基膦}\\ \text{与一级或二级卤代烷烃作用}}}{P(C_6H_5)_3} \xrightarrow{C_6H_6} \underset{\text{卤化鏻盐}}{R''CH_2\overset{+}{P}(C_6H_5)_3 \ X^-}$$

$$R''CH_2\overset{+}{P}(C_6H_5)_3 \ X^- \xrightarrow{\text{碱}} \underset{\text{叶立德}}{R''CH=P(C_6H_5)_3}$$

$$RCR' + R''CH=P(C_6H_5)_3 \xrightarrow{THF} \underset{\text{（并非总是立体选择性的）}}{\underset{R'}{\overset{R}{C}}=CHR''} + (C_6H_5)_3P=O$$

**16. Baeyer-Villiger 氧化反应（17-13 节）**

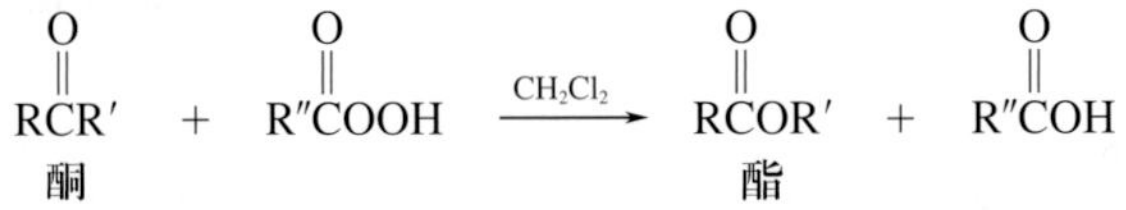

$$\underset{\text{酮}}{RCR'} + R''COOH \xrightarrow{CH_2Cl_2} \underset{\text{酯}}{RCOR'} + R''COH$$

Baeyer-Villiger 氧化反应中基团迁移倾向：

甲基<一级碳<苯基≈二级碳<环己基<三级碳

### 重要概念

1. **羰基**是醛（烷醛）和酮（烷酮）的官能团。在命名时，羰基优先于羟基、烯基和炔基。

2. 醛和酮的碳-氧双键和与之直接相连的两个原子处于同一平面。C=O键是**极化**的，氧原子带部分负电荷，碳原子带部分正电荷。

3. 醛的[^1]H NMR谱图在$\delta=9.8$出现特征峰。[^13]C NMR谱图中羰基碳的吸收峰在$\delta=200$。醛和酮在1690～1750cm$^{-1}$的区域有很强的红外吸收峰，是C=O键伸缩振动的表现。由于低能量的n→π*跃迁的存在，醛和酮的电子光谱在相对长波波段有吸收带。此类化合物围绕羰基官能团产生特征性的质谱裂解。

4. 碳-氧双键可发生**离子加成**。这一过程的催化剂是酸和碱。

5. 羰基的反应活性随着羰基碳的**亲电性**增强而增大。因此，醛比酮更活泼。

6. 伯胺与醛和酮**缩合**生成亚胺；仲胺缩合生成烯胺。

7. Friedel-Crafts酰基化反应和Wolff-Kishner还原或Clemmensen还原反应联用可以合成烷基苯，弥补了用Friedel-Crafts烷基化合成烷基苯的局限性。

8. **Wittig反应**是一个重要的直接从醛和酮合成烯烃的形成碳-碳键的反应。

9. **过氧羧酸**和酮羰基反应生成**酯**。

## 习 题

**27.** 画出下列化合物的结构式并给出其IUPAC命名。

（**a**）甲基乙基酮；（**b**）乙基异丁基酮；（**c**）甲基叔丁基酮；（**d**）二异丙基酮；（**e**）苯乙酮；（**f**）间硝基苯乙酮；（**g**）环己基甲基酮。

**28.** 命名或画出下列化合物的结构式：

（**a**）$(CH_3)_2CHCOCH(CH_3)_2$

（**b**）

（**c**）

（**d**）

（**e**）

（**f**）

（**g**）（Z）-2-乙酰基-2-戊醛

（**h**）反-3-氯环丁基甲醛

**29.** 分子式为$C_8H_{12}O$的两个羰基化合物的谱学数据如下所示。推断出它们的结构式。字母m表示在谱图的特定区域出现的无法分辨的多重峰。（**a**）$^1H$ NMR：$\delta$ 1.60（m，4 H），2.15（s，3 H），2.19（m，4 H），6.78（t，1 H）；$^{13}C$ NMR（DEPT）：$\delta$ 21.6（$CH_2$），22.0（$CH_2$），23.0（$CH_2$），25.1（$CH_3$），26.1（$CH_2$），139.7（$C_{quat}$），140.9（CH），199.2（$C_{quat}$）。（**b**）$^1H$ NMR：$\delta$ 0.94（t，3 H），1.48（sex，2 H），2.21（q，2 H），5.8～7.1（m，4 H），9.56（d，1 H）；$^{13}C$ NMR：$\delta$ 13.6（$CH_3$），21.9（$CH_2$），35.2（$CH_2$），129.0（CH），135.2（CH），146.7（CH），152.5（CH），193.2（CH）。

**30.** 习题29中两个化合物的紫外（UV）吸收光谱差别很大。其中一个化合物的紫外吸收峰为$\lambda_{max}(\varepsilon)$=232（13000）和308（1450）nm，而另一个化合物的紫外吸收峰为$\lambda_{max}(\varepsilon)$=272（35000）nm，并在320nm附近有较弱的吸收峰（由于强吸收峰的影响，320nm处的吸收峰很难确定精确位置）。根据习题29中已推定的化合物，将其结构与UV谱学数据对应，并根据化合物结构解释UV光谱。

**31.** 某未知化合物的光谱和分析数据如下所示。推断其结构。经验分子式：$C_8H_{16}O$。$^1H$ NMR：$\delta$ 0.90（t，3 H），1.0～1.6（m，8 H），2.05（s，3 H），2.25（t，2 H）；$^{13}C$ NMR：14.0～43.8有七个信号峰，208.9处有一个信号峰；IR：$\tilde{\nu}$=1715 $cm^{-1}$；UV：$\lambda_{max}(\varepsilon)$=280（15）nm；MS：$m/z$=128（$M^{+\cdot}$）；（M+1）$^+$离子峰的相对丰度为$M^{+\cdot}$峰的9%；重要碎片的$m/z$值分别为113，(M-15)$^+$；85，(M-43)$^+$；71，(M-57)$^+$；58，(M-70)$^+$（第二大高丰度峰）；43，(M-85)$^+$（基峰）。

**32.** 反应复习 I 。在不参考第850～851页的反应总结路线图的情况下，给出能够将以下各种原料转化为3-己酮的试剂。

（**a**）

（**b**）

（**c**）

（**d**）

（**e**）

（**f**）

（**g**）

（**h**）

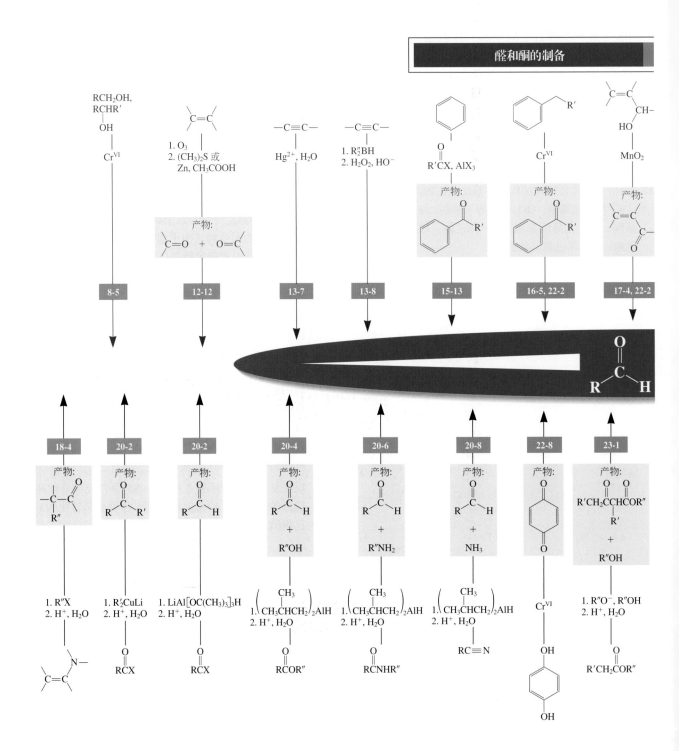

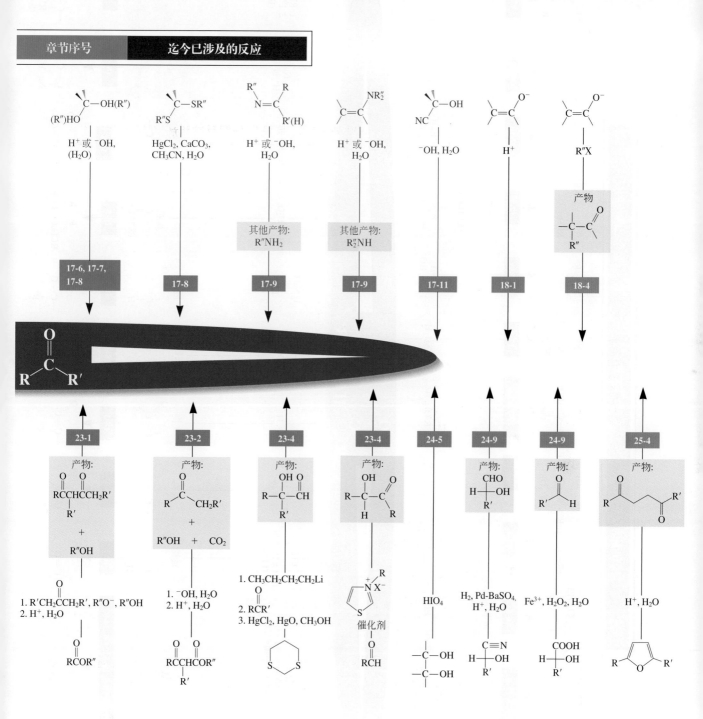

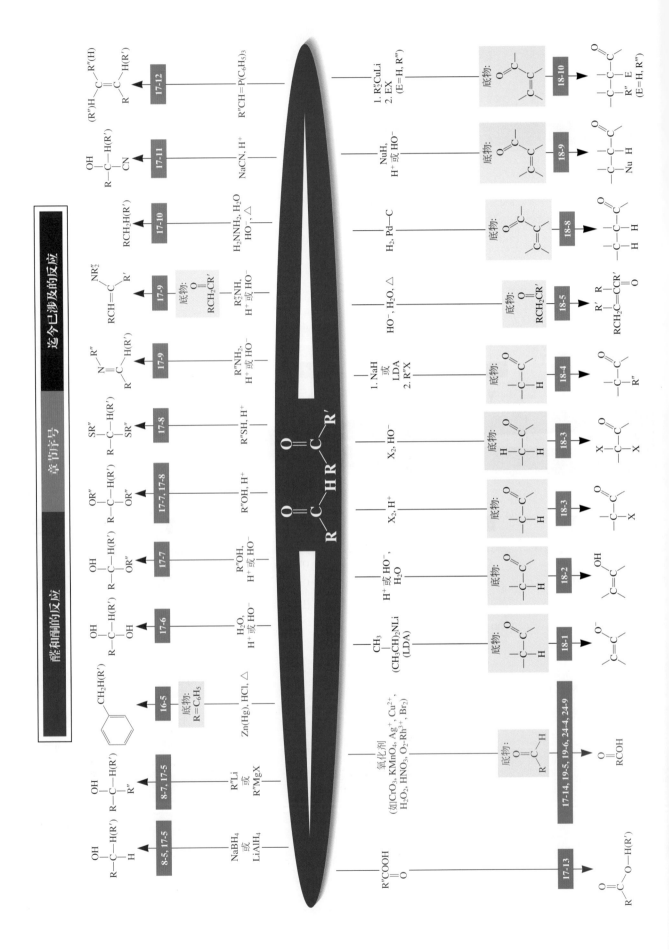

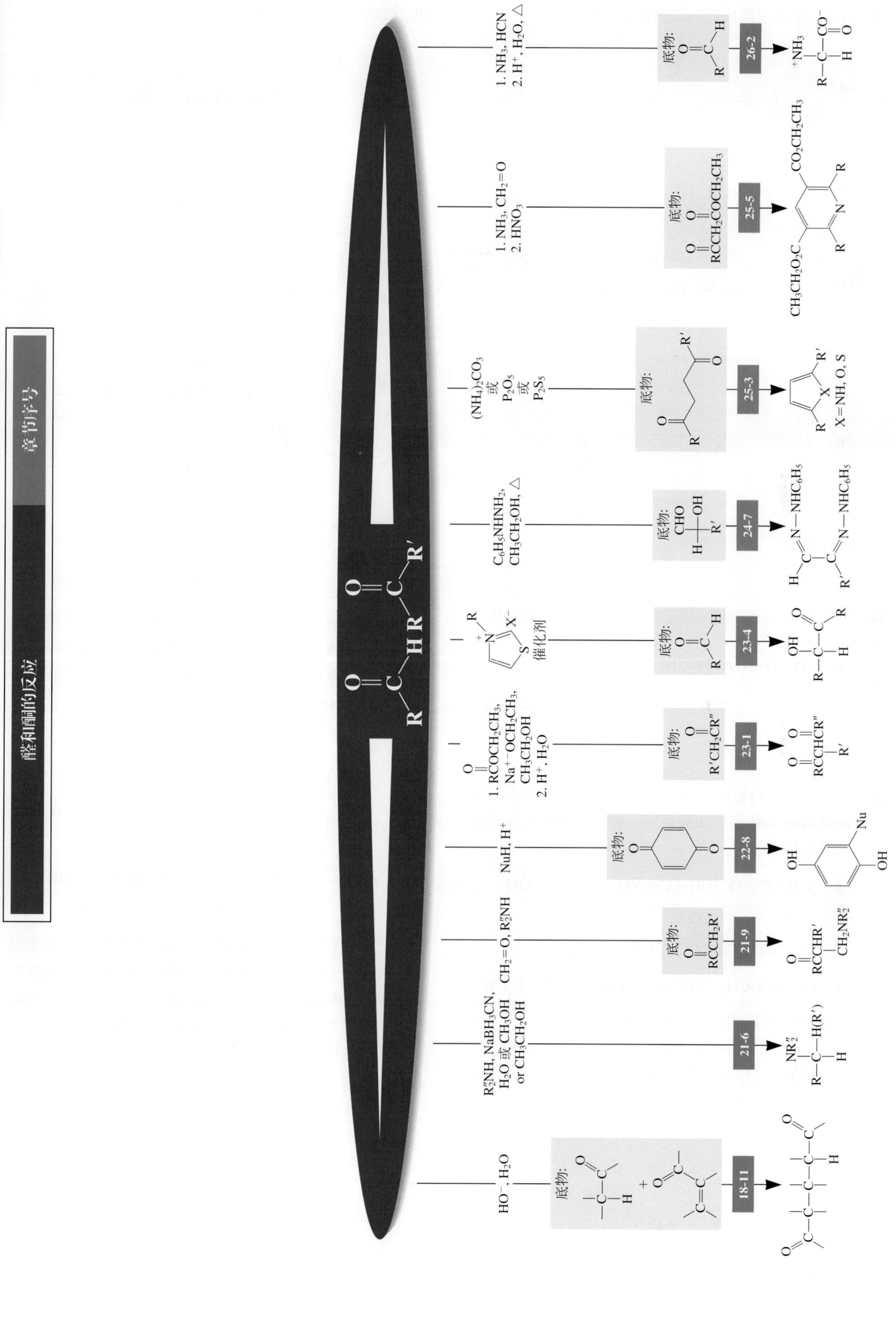

章节序号

醛和酮的反应

$$\overset{O}{\underset{R}{\overset{\|}{C}}}\overset{O}{\underset{H}{\overset{\|}{C}}}\overset{}{\underset{R'}{\overset{}{R'}}}$$

1. NH₃, HCN
2. H⁺, H₂O, △

底物:  26-2

1. NH₃, CH₂=O
2. HNO₃

底物: RCCH₂COCH₂CH₃  25-5

(NH₄)₂CO₃ 或 P₂O₅ 或 P₂S₅

底物:  25-3  X=NH, O, S

C₆H₅NHNH₂, CH₃CH₂OH, △

底物:  24-7

催化剂

底物:  23-4

1. RCOCH₂CH₃, Na⁺⁻OCH₂CH₃, CH₃CH₂OH
2. H⁺, H₂O

底物:  23-1

NuH, H⁺

底物:  22-8

CH₂=O, R₂'NH

底物: RCCH₂R'  21-9

R₂'NH, NaBH₃CN, H₂O 或 CH₃OH or CH₃CH₂OH

21-6

HO⁻, H₂O

底物:  18-11

**33.** 给出最适合下面反应的试剂或试剂组合。

（a）

（b）

（c） $\longrightarrow$ CH$_3$CCH$_2$CH$_2$CH$_2$CHO

（d）

（e）

（f）

**34.** 写出下列分子臭氧化分解反应的（12-12节）预期产物。

（a）CH$_3$CH$_2$CH$_2$CH=CH$_2$　（b）

（c）　　　　（d）

**35.** 下面各组化合物中，针对亲核试剂对分子中亲电性最强的sp$^2$杂化碳的加成反应，按反应活性从高到低的顺序排序。

（a）(CH$_3$)$_2$C=O, (CH$_3$)$_2$C=NH, (CH$_3$)$_2$C=$\overset{+}{O}$H

（b）

（c）BrCH$_2$COCH$_3$, CH$_3$COCH$_3$, CH$_3$CHO, BrCH$_2$CHO

**36.** 给出丁醛和下列试剂反应的预期产物。

（a）LiAlH$_4$，(CH$_3$CH$_2$)$_2$O，然后加入H$^+$，H$_2$O

（b）CH$_3$CH$_2$MgBr，(CH$_3$CH$_2$)$_2$O，然后加入H$^+$，H$_2$O

（c）HOCH$_2$CH$_2$OH，H$^+$

**37.** 给出2-戊酮与习题36中各种试剂反应的预期产物。

**38.** 给出1-（3-环己烯基）-1-乙酮（）与习题36中各种试剂反应的预期产物。

**39.** 给出下面各反应的预期产物。

（a） + 过量的 CH$_3$OH $\xrightarrow{^-OH}$

（b） + 过量的 CH$_3$OH $\xrightarrow{H^+}$

（c） + H$_3$C—⟨⟩—$\overset{O}{\underset{O}{S}}$—NHNH$_2$ $\xrightarrow{H^+}$

（d）CH$_3$CCH$_3$ + HOCH$_2$CHCH$_2$CH$_3$ $\xrightarrow{H^+}$

（e） + 2 CH$_3$CH$_2$SH $\xrightarrow{BF_3, (CH_3CH_2)_2O}$

（f） + (CH$_3$CH$_2$)$_2$NH $\longrightarrow$

**40.** 下面所示乙醛在酸性水溶液中水合的反应机理是错误的。（a）补足各步骤缺失的电子对并指出存在的问题。（b）分步写出该反应过程的正确机理。

（1）

（2）

（3）

**41.** 写出下列转化的详细机理：（a）乙醛在酸催化和碱催化下与甲醇反应生成半缩醛；（b）5-羟基戊醛在酸催化和碱催化下发生分子内反应生成环状半缩醛（17-7节）；（c）丁醛在BF$_3$催化下与CH$_3$SH反应生成二硫代缩醛（17-8节）。

**42.** **挑战题**　一级醇过度氧化成羧酸一般是由常用的Cr（Ⅵ）试剂的酸性水溶液中的水造成的。水先加成到最初形成的醛上，生成水合物，然后进一步被氧化为酸（17-4节和17-6节）。基于以上结果，解释下列两种现象：（a）二级醇转化成酮时，水同样加成到酮上形成水合物，但未观察到类似的过度氧化；（b）如果要用无水PCC试剂将一级醇成功氧化为醛，必须将醇缓慢滴加到Cr（Ⅵ）试剂中。

如果反过来，将PCC加入到醇中（即所谓"反向加料"），则将生成新的副反应产物——酯。例如，下面1-丁醇的反应。

$$CH_3CH_2CH_2CH_2OH \xrightarrow[\text{反向加料}]{PPC, CH_2Cl_2} CH_3CH_2CH_2\overset{\overset{\displaystyle O}{\|}}{C}OCH_2CH_2CH_2CH_3$$

（c）给出3-苯基-1-丙醇和无水CrO₃在下面两种反应条件下的预期产物：（1）醇加入到氧化剂中；（2）氧化剂加入到醇中（反向加料）。

**43.** 从机理上解释下列反应的结果。

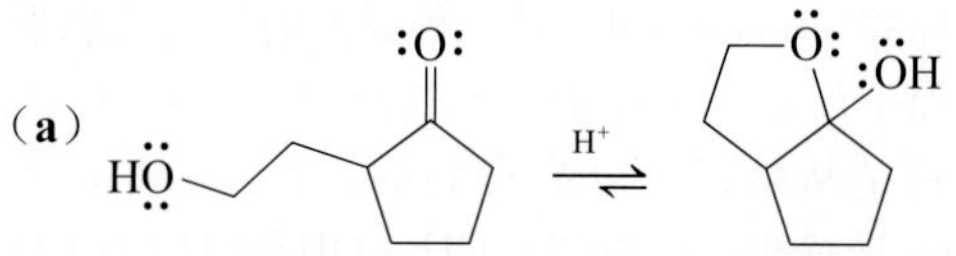

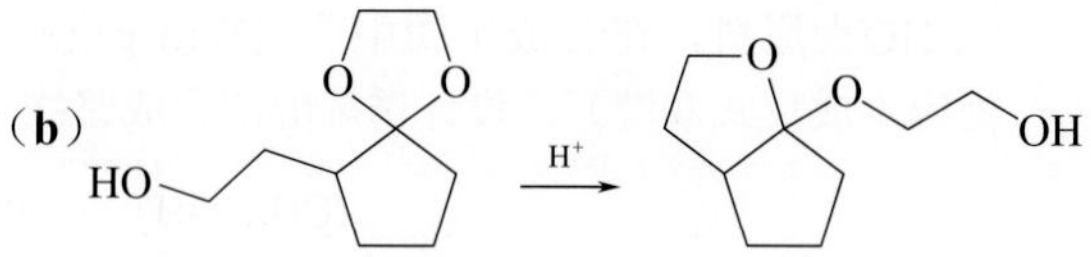

（a）

（b）

（c）解释为何半缩醛（酮）的形成可以酸催化也可以碱催化，而缩醛（酮）的形成只能酸催化，不可以碱催化。

**44.** 下面是天然存在的昆虫信息素的两种异构体结构。左边的异构体吸引雄橄榄果蝇，而右边的异构体则吸引雌橄榄果蝇。（a）这两种结构之间存在什么样的异构关系？（b）分子中含有什么官能团？（c）两种化合物均可在酸性水溶液中水解，画出产物结构。两个互为异构体的起始原料水解产物是否相同？

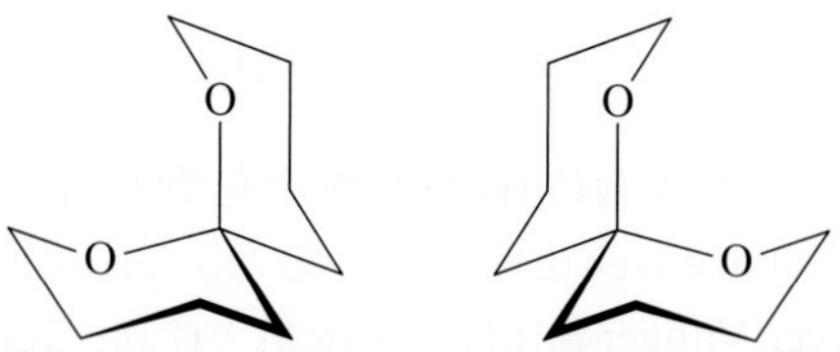

**45.** 含氟有机化合物的生物活性已经在药物研发中被广泛应用（真实生活6-1）。下图所示化合物是合成一种具有重要前景的抗炎药物的前体。截至2016年底，该药物正在进行最后阶段的研究，以期获得美国食品药品监督管理局（FDA）批准，用作关节炎的缓释型治疗药物。这种疾病会导致严重的关节疼痛，且很难有效治疗。

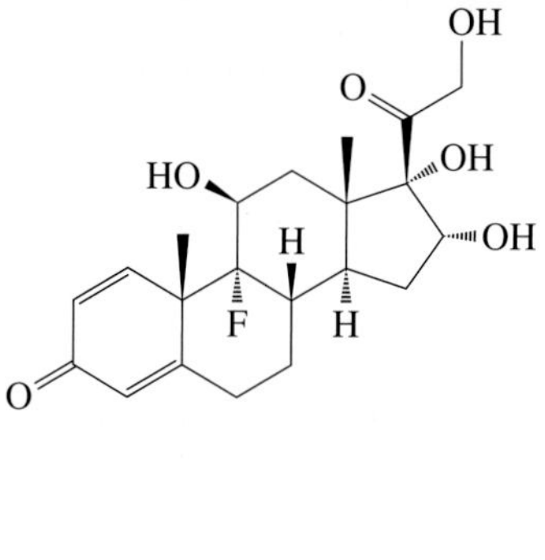

上图分子在催化量的酸存在下与丙酮反应得到真正意义上的候选药物。基于分子中的官能团以及本章介绍的有关酮的转化，推测反应过程的可能产物，并写出它们的形成机理。

**46.** 下图所示分子为2-乙酰基-1-吡咯啉（2-AP），是白面包和香米香气的来源。浓度较高时，能够赋予熟爆米花独特的奶油香气。2-AP香气十分浓郁：水中浓度低于1ng·L⁻¹时也能检出。其奶油香气来源于分子的水解反应。指出分子中对水解反应敏感的官能团，并写出化合物在酸性条件下水解的机理以及产物的结构。

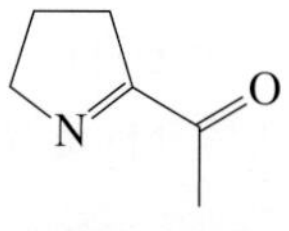

**2-乙酰基-1-吡咯啉**

熊猫的尿液中含有2-AP。据认为，熊猫将这种分子用作性引诱剂（信息素，真实生活2-2和12-17节）。所以如果有人问你为什么熊猫的味道有点像爆米花……

**47.** 神经退行性疾病，如阿尔茨海默病和帕金森病，因其对人类生活质量的破坏性影响而受到备受关注。几十年来，人们一直在努力寻找有效的治疗方法。近年来，一些小分子化合物在动物细胞实验阶段取得了很有前景的结果，但尚未解决的技术问题使其无法实现人体测试。其中一个是如图所示的腙类化合物，代号为"化合物B"。

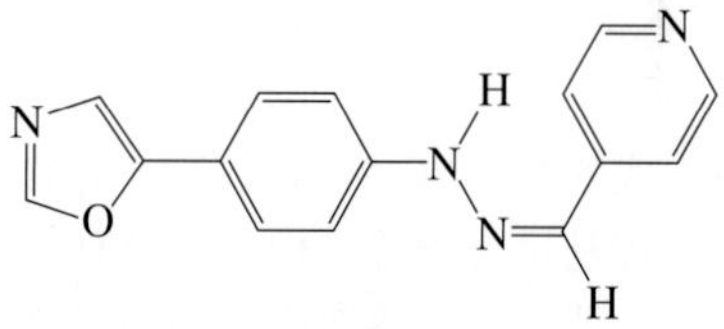

**化合物 B**

化合物B可以从哪两个化合物制备呢？写出反应机理。

**48.** 反应复习Ⅱ。在不参考第852页的反应总结路线图的情况下，给出能够将环己酮转化为以下各化合物的试剂。

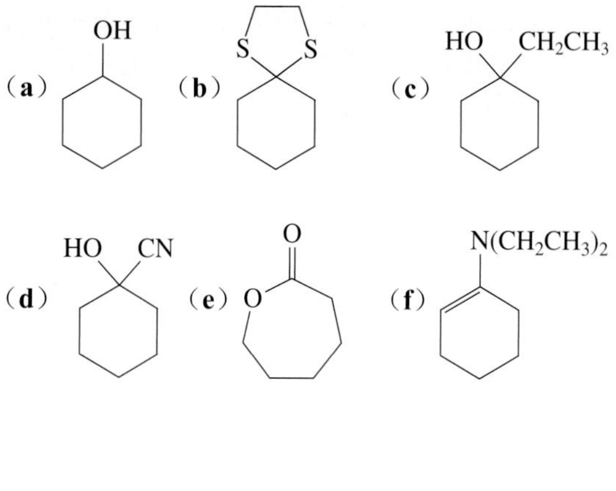

（a）

（b）

（c）

（d）

（e）

（f）

（g）$\overset{\text{CH}_2}{\bigcirc}$　（h）$\bigcirc$　（i）$\overset{\text{CH}_3\text{O}\quad\text{OCH}_3}{\bigcirc}$

（j）　（k）HO——　（l）$\bigcirc\!\!=\!\!N\text{—}C_6H_5$

**49.** 用指定的原料，设计合成下列分子的合理路线。

[提示：从标有 〜 处断开 C—C 键，采取逆合成策略，反向推导，然后分析是否存在保护基的潜在需求。]

（a）用 $\overset{O}{\overset{\|}{CH_3C}}\text{———}OH$ 合成 $HO\text{———}OH$

（b）用 3-戊醇合成 $C_6H_5N\!\!=\!\!C(CH_2CH_3)_2$

（c）用 1,5-戊二醇合成 $HO\text{—}\underset{O}{\bigcirc}\text{—}OH$

（d）用 $\overset{O}{\underset{}{\bigcirc\text{—}CH\!\!=\!\!CH_2}}$ 合成 $\overset{OH}{\underset{O}{\bigcirc\text{———}}}$

**50.** 醛和酮形成的 2,4-二硝基苯腙衍生物的 UV 吸收和颜色取决于羰基化合物的结构。假设有三个标签已脱落的瓶子，要求确定各瓶中所装为何物。标签表明三个瓶中物质分别是丁醛、反-2-丁烯醛与反-3-苯基-2-丙醛。以三个瓶子所装物质为原料制备的 2,4-二硝基苯腙衍生物具有如下谱学特征。

1 号瓶：m.p. 187～188℃；$\lambda_{max}$ = 377 nm；橙色

2 号瓶：m.p. 121～122℃；$\lambda_{max}$ = 358 nm；黄色

3 号瓶：m.p. 252～253℃；$\lambda_{max}$ = 394 nm；红色

　　把腙和相应的醛匹配起来（注意不能事先查阅这些衍生物的熔点），并解释原因（**提示**：参见 14-11 节）。

**51.** 给出实现下列转化的最佳试剂。

（a）$\overset{O}{\underset{\underset{O}{}}{\bigcirc\text{—}CH_2C}} \longrightarrow \bigcirc\text{—}CH_2CH_2CH_3$

**（b）** $CH_3CH\!\!=\!\!CHCH_2CH\overset{O}{\overset{\|}{C}}H \longrightarrow CH_3CH_2CH_2CH_2CH_2\overset{O}{\overset{\|}{C}}H$

**（c）** $CH_3CH\!\!=\!\!CHCH_2CH_2\overset{O}{\overset{\|}{C}}H \longrightarrow CH_3CH\!\!=\!\!CHCH_2CH_2CH_2OH$

**（d）** $\overset{OH}{\underset{OH}{\bigcirc}} \longrightarrow \overset{O}{\underset{O}{\bigcirc}}$

**52.** 诱烯醇（bombykol）是一种高效的昆虫信息素，结构如下所示，是雌蚕蛾的性引诱剂（12-17 节）。最初是从蛾蛹中分离得到的，2 吨蚕蛹中分离出 12mg 诱烯醇。以 $BrCH_2(CH_2)_9OH$ 和 $CH_3CH_2CH_2C\!\!\equiv\!\!CCHO$ 为原料，在合成步骤中应用 Wittig 反应（此处应生成反式双键），设计诱烯醇的合成路线。

$CH_3CH_2CH_2\text{———}(CH_2)_9OH$

**诱烯醇**

**53.** 以题中指定的不同化合物为原料，设计两种合成下列目标产物的方法。

（a）以一个醛和另一个不同的醛为原料合成 $CH_3CH\!\!=\!\!CHCH_2CH(CH_3)_2$

（b）以一个二醛和一个二酮为原料合成

$\overset{CH_3}{\underset{CH_3}{\bigcirc\bigcirc}}$

**54.** 三个分子式为 $C_7H_{14}O$ 的酮类化合物异构体，通过 Clemmensen 还原均可转化为庚烷。化合物 A 经 Baeyer-Villiger 氧化反应生成单一产物；化合物 B 生成两个产物，且两者收率差异很大；化合物 C 也得到两个产物，两者比例基本上是 1∶1。给出 A、B 和 C 的结构。

**55.** 给出己醛和下列各种试剂反应的产物。

（a）$HOCH_2CH_2OH$，$H^+$

（b）$LiAlH_4$，然后加 $H^+$，$H_2O$

（c）$NH_2OH$，$H^+$

（d）$NH_2NH_2$，$KOH$，加热

（e）$(CH_3)_2CHCH_2CH\!\!=\!\!P(C_6H_5)_3$

（f）$\underset{\underset{H}{N}}{\bigcirc}$，$H^+$　　（g）$Ag^+$，$NH_3$，$H_2O$

（h）$CrO_3$，$H_2SO_4$，$H_2O$　（i）$HCN$

**56.** 给出环庚酮与习题 55 中各种试剂反应的产物。

**57.** 写出1-苯基乙酮（苯乙酮）经Wolff-Kishner还原生成乙基苯的详细机理（第835页）。

**58.** Baeyer-Villiger氧化反应的通式（第840页）从酮和过氧羧酸的反应开始，先形成一个半缩酮的过氧化类似物。写出这一转化过程的详细机理。

**59.** （**a**）写出下图中的酮发生Baeyer-Villiger氧化反应的详细机理（参考练习17-23）。

（**b**）在Baeyer-Villiger氧化反应的条件下，醛将转化为羧酸。例如，苯甲醛将氧化为苯甲酸。解释其原因。

**60.** 给出下面各个化合物理论上可能生成的两个Baeyer-Villiger氧化产物，并指出优势产物。

（**a**）

（**b**）

（**c**）

（**d**）

（**e**）$C_6H_5CCH_3$

**61.** 从指定的起始原料出发，设计下列化合物的高效合成路线。

（**a**）用         合成

（**b**）用         合成

（**c**）用3-氯丙醇（ClCHCH₂CH₂OH）合成

**62. 挑战题** 解释下面的实验事实：虽然甲醇和环己酮形成半缩酮的反应在热力学上是不利的，但是甲醇对环丙酮的加成却几乎可以反应完全：

$$\text{（环丙酮）} + CH_3OH \rightleftharpoons \text{（HO—OCH}_3\text{取代的环丙烷）}$$

**63.** $NH_2OH$与醛和酮的反应速率对pH值非常敏感。在pH值低于2或高于7的溶液中，反应速率很慢；在中等酸性的溶液（pH≈4）中反应速率最快。解释上述现象。

**64.** 分子式为$C_8H_{14}O$的化合物D与$CH_2=P(C_6H_5)_3$反应生成分子式为$C_9H_{16}$的化合物E。化合物D用$LiAlH_4$处理得到两个互为异构体的产物F和G，分子式均为$C_8H_{16}O$，两者产率不同。将F或G与浓硫酸一起加热生成分子式为$C_8H_{14}$的H。化合物H臭氧化分解后再用$Zn-H^+$和水处理得到一个酮醛。该酮醛用Cr（Ⅵ）水溶液氧化生成下面的化合物：

给出化合物D～H的结构。特别注意D的立体化学。

**65.** 1862年，人们发现胆固醇（结构式参见4-7节）可被人体消化道中的细菌转化为一种叫做粪甾醇（coprostanol）的新物质。利用下面提供的信息推断出粪甾醇的结构，并且给出未知化合物J～M的结构。

（ⅰ）粪甾醇用Cr（Ⅵ）试剂处理得到化合物J，UV: $\lambda_{max}(\varepsilon)=281(22)$ nm，IR: $\tilde{\nu}=1710cm^{-1}$。（ⅱ）在Pt催化下对胆固醇加氢，生成粪甾醇的立体异构体K。用Cr（Ⅵ）试剂处理化合物K得到J的立体异构体L，L的UV吸收峰与J非常相似，$\lambda_{max}(\varepsilon)=258(23)$ nm。（ⅲ）将Cr（Ⅵ）试剂小心加入到胆固醇中生成化合物M，UV: $\lambda_{max}(\varepsilon)=286(109)$ nm。M在Pt催化下加氢也得到L。

**66. 挑战题** 本题中的三个反应都与习题65中的化合物M有关。回答以下问题。（**a**）在乙醇中用催化量的酸处理时，M会异构化为化合物N。UV: $\lambda_{max}(\varepsilon)=241(17500)$和$310(72)$ nm。推断N的结构。（**b**）化合物N催化氢化（$H_2-Pd$，乙醚为溶剂）得到化合物J（习题65）。该反应结果是意料之内，还是有些不寻常之处呢？（**c**）化合物N经Wolff-Kishner还原（$H_2NNH_2$, $H_2O$, $HO^-$, △）得到3-胆甾烯。推测该转化的机理。

**3-胆甾烯**

**团队练习**

**67.** 在酸性甲醇中，3-氧代丁醛转化成分子式为$C_6H_{12}O_3$

的化合物（参见下面的反应式）。

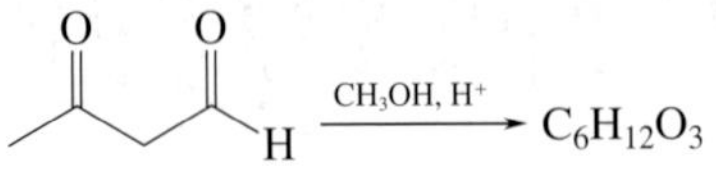

**3-氧代丁醛**

$$\xrightarrow{CH_3OH, H^+} C_6H_{12}O_3$$

作为一个团队，分析下面的$^1$H NMR和IR谱学数据。$^1$H NMR（CCl$_4$）：$\delta$ 2.19（s，3 H），2.75（d，2 H），3.38（s，6 H），4.89（t，1 H）；IR：$\tilde{\nu}$=1715cm$^{-1}$。考虑NMR谱图中各个信号的化学位移、峰的裂分方式和积分，讨论可能的分子片段在谱图中将呈现的峰型和位置。利用IR数据推断新生成分子中的官能团。说明你的结构判断依据（包括谱学数据解析），并提出生成新化合物的详细机理。

## 预科练习

**68.** 针对下面所示反应，以下哪一个化合物最有可能是化合物A（使用IUPAC命名）？

（**a**）5-辛炔-7-酮；（**b**）5-辛炔-2-酮；（**c**）3-辛炔-2-酮；（**d**）2-辛炔-3-酮。

$$3\text{-辛炔-2-醇} \xrightarrow{CrO_3, H_2SO_4, 丙酮} A$$

**69.** 反应式 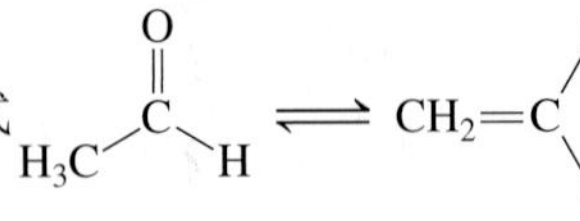 表示（**a**）共振；（**b**）互变异构；（**c**）共轭；（**d**）去屏蔽。

**70.** 下列哪种试剂可以将苯甲醛转化成肟？（**a**）H$_2$NNHC$_6$H$_5$；（**b**）H$_2$NNH$_2$；（**c**）O$_3$；（**d**）H$_2$NOH；（**e**）CH$_3$CH（OH）$_2$。

**71.** 下面哪种说法是正确的？在3-甲基-2-丁酮的IR光谱中，最强吸收是在（**a**）$\tilde{\nu}$=3400cm$^{-1}$，由—OH的伸缩振动造成；（**b**）$\tilde{\nu}$=1700cm$^{-1}$，由C=O的伸缩振动造成；（**c**）$\tilde{\nu}$=2000cm$^{-1}$，由CH的伸缩振动造成；（**d**）$\tilde{\nu}$=1500cm$^{-1}$，由异丙基的摇摆振动造成。

# 18 烯醇、烯醇负离子和羟醛缩合反应

## α,β-不饱和醛与酮

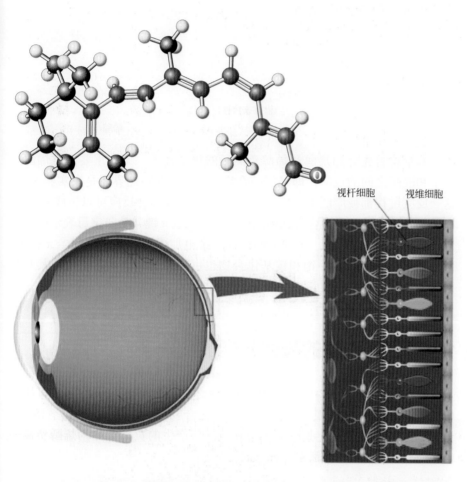

视杆细胞　视维细胞

学习目标

- 识别醛和酮的α-氢，理解醛和酮α-氢具有酸性的原因及其共轭碱烯醇负离子的稳定性

- 复习酮式-烯醇式互变异构，理解互变异构对化学性质的影响

- 对比酸性和碱性条件下醛和酮的α-卤代反应

- 比较醛酮烷基化与烯胺烷基化反应的可行性

- 掌握醛和酮发生羟醛缩合反应的一般机理

- 比较简单型、交叉型和分子内羟醛加成反应和羟醛缩合反应

- 明确α,β-不饱和醛、酮的稳定性及反应性

- 对比更倾向于与α,β-不饱和醛、酮发生1,2-加成而非1,4-加成的试剂

- 利用Michael加成-Robinson环化反应构建六元环

图为视网膜中视杆细胞和视锥细胞的显微照片。所有已知的能够分辨图像的眼睛，确切地说是自然界里所有已知的视觉系统，都依赖于同一个分子顺-视黄醛来检测光线。光照下，视黄醛吸收一个光子使顺式双键异构化为反式，同时，整个分子的几何形状发生巨大变化，从而激发神经脉冲，产生视觉感知。

顾本章的开篇图示。我们可以看见它，归功于本章标题提到的这类化学反应：光子撞击与蛋白质结合的顺-视黄醛分子的π体系（14-11 节），引发顺反互变异构化。伴随的构象变化在皮秒时间范围内激发神经脉冲，随即被大脑翻译成"视觉"（真实生活 18-2）。使这一过程成为可能的视黄醛的关键化学特征是羰基和与之相连的π体系的共轭（本示例中为大共轭体系）信息传递。本章将讲述在更为简单的体系中，共振作用对羰基（与普通的碳碳双键相似，参见 14-1 节）邻位 C—H 键和 C=C 键的活化作用。在你完全领会本章内容后，回头再读这一页时，你的想法将会完全不同！

**希腊字母与官能团之间的距离**

用希腊字母表示碳原子（及相关取代基）与官能团之间的距离

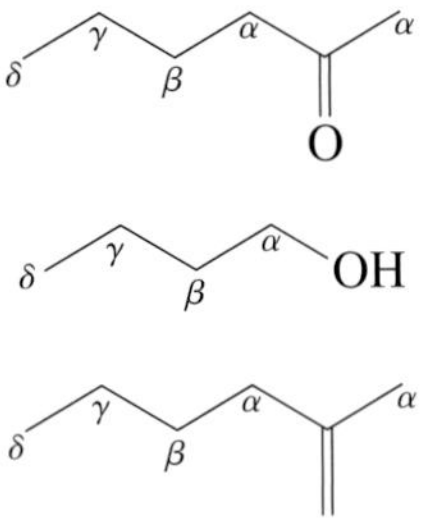

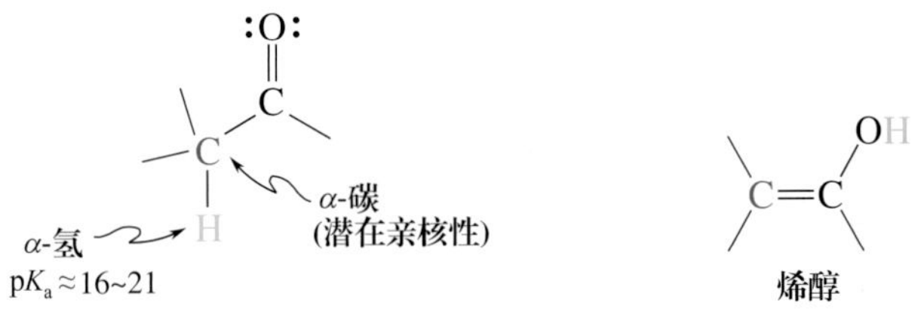

**α-氢的酸性**

在上一章中，我们了解了羰基这样一种极化的多重键结构，是如何赋予其特征的官能团行为的：在加成反应中，亲电进攻（通常是被质子亲电进攻）发生在 Lewis 碱性的氧原子上，而亲核试剂进攻羰基碳。本章中，我们将讨论醛和酮的第三个反应位点——羰基的邻位碳原子，即通常所说的 **α-碳**。羰基的存在使 α-碳上质子的酸性增强。攫取 **α-氢**可以形成下述两种富电子物质之一：不饱和醇（烯醇）或其共轭碱（烯醇负离子）。烯醇和烯醇负离子均为重要的亲核试剂，可以进攻包括质子、卤素、卤代烷甚至其他羰基化合物在内的亲电物质。

本章将首先介绍烯醇和烯醇负离子的化学性质。尤为重要的是烯醇负离子和醛酮之间的反应，即羟醛缩合反应。无论在自然界还是在实验室中，这一反应过程都被广泛用于碳-碳键的形成。羟醛缩合反应可以生成 $\alpha,\beta$- 不饱和醛、酮，其分子中含有共轭的碳-碳和碳-氧 π 键（希腊字母表示碳的位置，参见页边空白处）。像预期的那样，亲电加成可以发生在任一 π 键上。但更重要的是，$\alpha, \beta$-不饱和羰基化合物也可以接受亲核试剂进攻，其整个共轭体系都可能参与反应。

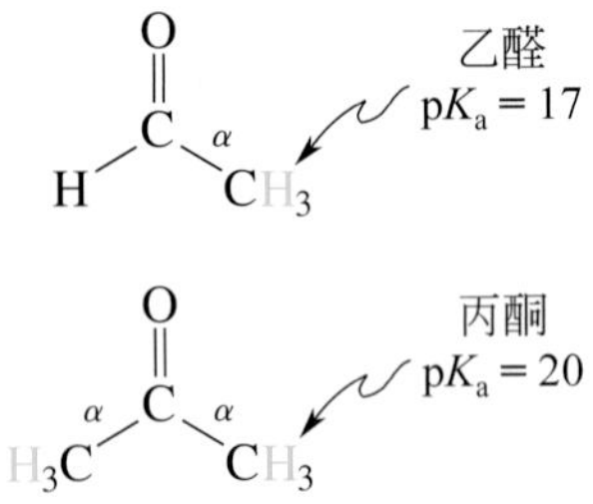

# 18-1 | 醛和酮的酸性：烯醇负离子

醛和酮 α-氢的 $pK_a$ 值一般在 $16\sim21$ 之间，比烯烃（$pK_a=44$）和炔烃（$pK_a=25$）的 $pK_a$ 值低很多，但是与醇类化合物的 $pK_a$ 值（$pK_a=15\sim18$）相当。因此，强碱能够使其脱去一个 α-氢，所产生的负离子称为**烯醇负离子**（enolate ion）或简称**烯醇盐**（enolate）。

**羰基化合物在α-碳上的去质子化**

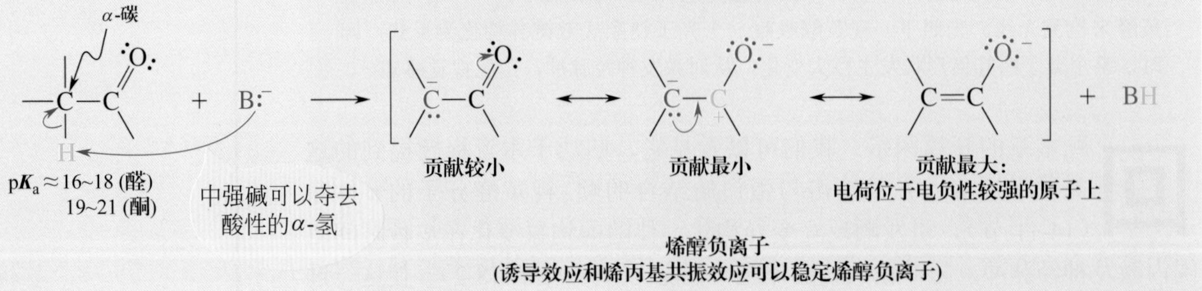

为何醛和酮的酸性相对较强呢？众所周知，共轭碱的稳定作用会增强相应酸的酸性（2-3 节）。在烯醇负离子中，极化的带部分正电荷的羰基碳的吸电子诱导效应可以极大地稳定 α-碳上的负电荷。醛（$pK_a\approx16\sim18$）比酮（$pK_a\approx19\sim21$）的酸性更强，这是因为醛羰基碳原子比酮羰基碳原子的正电性更强（17-6 节）。如上图烯丙基共振式所示，电荷向电负性氧原子的离域又进一步增强了烯醇负离子的稳定性。页边丙酮烯醇负离子的静电势图清楚地显示了这种电荷离域效应（颜色标尺被调低），负电荷（红色）既在 $\alpha$-碳上也在羰基氧原子上。

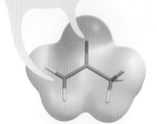

负电荷既在$\alpha$-碳上也在羰基氧上

丙酮烯醇负离子

## 选择合适的碱用于烯醇负离子的形成

在研究形成烯醇负离子的条件时需要考虑几个因素。由于反应构成一个简单的酸碱平衡，所以碱的选择将决定平衡向产物方向进行的程度。如 2-3 节所述，一个共轭酸 $pK_a$ 明显大于醛和酮 $pK_a$ 值的碱，可以定量地使醛和酮转化为烯醇负离子。然而，从 17 章可知，碱也可以作为亲核试剂（2-3 节）对羰基碳进行加成。因此在选择碱的时候还要尽可能减少其对碳基的加成反应。为避免此种情况，一般使用空间位阻较大的碱，例如环己酮（$pK_a$= 19）可以在**二异丙基氨基锂**（kinetic enolate，LDA；二异丙基胺的 $pK_a$=36，参见 7-8 节）的作用下去质子化形成烯醇负离子。

### LDA使酮定量转化为烯醇负离子

$pK_a \approx 19$　　　　　LDA　　　　　　环己酮烯醇负离子　　　　$pK_a \approx 36$

另一种常用的方法是使用碱金属的氢化物，例如氢化钠 [NaH，$H_2$ 的 $pK_a$=38；参见练习 8-4(d)] 只起碱的作用。这是因为 $H:^-$ 的 1s 轨道倾向于与质子的 1s 轨道重叠生成 $H_2$，而不是与羰基碳的 $sp^2$ 杂化轨道重叠。这也是在还原醛和酮为羟基的过程中要选择碱性较弱的 $NaBH_4$ 和 $LiAlH_4$ 的原因（8-5 节）。

### NaH使醛定量转化为烯醇负离子

$pK_a \approx 17$　　　　　氢化钠　　　　　2-甲基丙醛烯醇负离子　　　$pK_a \approx 38$

上述方法可以定量地生成烯醇负离子，并将其用于随后的转化反应中，比如烷基化（18-4 节）。其实，在水或醇中分别使用相应的氢氧化物或烷氧化物作为碱，可以使许多反应中的醛和酮与其烯醇负离子处于平衡，后者被反应混合物中的其他试剂捕获后导致平衡向生成新产物方向移动。例如，乙醛在甲醇盐的作用下与其烯醇负离子处于平衡。由于甲醇的 $pK_a$ 值小于醛的 $pK_a$ 值，平衡有利于向左侧移动，不会观察到转化反应。只有当烯醇负离子能够与体系中其他物质反应生成热力学稳定的产物时，才会观察到起始原料的消失。

醛与其烯醇负离子的平衡

$$pK_a \approx 17 \qquad\qquad\qquad\qquad pK_a = 15.5$$

识别醛和酮的 $\alpha$-碳及 $\alpha$-碳上酸性的氢是非常重要的，因其与周围其他 C—H 的性质相反。$\beta$-H 或者是距离羰基碳更远的氢不会被碱夺去（页边）。同样，酰基负离子不能通过共振稳定，因此醛中与甲酰基直接相连的氢的酸性也不足，所以主要还是生成烯醇负离子。气相和液相研究表明其 $pK_a > 32$。后面，我们会讨论如何从被保护的醛中生成酰基负离子的等价形式（23-4 节）。

## 练习18-1

找出下面每个分子中酸性最强的氢并写出去质子化后形成的烯醇负离子的结构式。（**a**）乙醛；（**b**）丙醛；（**c**）丙酮；（**d**）4-庚酮；（**e**）环戊酮。

## 生成烯醇负离子的区域选择性

不对称的酮，如 2-甲基环戊酮，去质子化会生成两个互为异构体的烯醇盐，其中一个取代基多，另一个取代基少。双键上取代基多的要比取代基少的更稳定[1]（11-5 节）。与卤代烷的 E2 消除机理一样（7-7 节），碱以及反应条件的选择决定生成产物的种类。例如，将 2-甲基环戊酮加入冷的 LDA 的 THF 溶液中，主要生成稳定性较差、取代基少的烯醇盐。因为 LDA 的位阻大，倾向于除去位阻小的 $\alpha$-碳上的氢，生成较不稳定的负离子，即**动力学烯醇盐**（kinetic enolate）。在这种条件下，即在低温、没有质子源的情况下，平衡不会倾向于更稳定的烯醇盐。动力学烯醇盐也可用于进一步的转化反应。

**动力学条件下2-甲基环戊酮的去质子化**

相反，在室温及有质子源的条件下，例如稍微过量的酮作为起始原料，会存在动力学和**热力学烯醇盐**（thermodynamic enolate）的平衡。未反应的酮与相应的两个互为区域异构体的烯醇盐发生质子交换，导致两种烯醇盐

---

[1] 由于大部分负电荷位于氧原子上，因此羰基碳与 $\alpha$-碳之间的键具有双键的性质，烯醇负离子的相对稳定性与烯烃类似：烷基取代可以通过超共轭作用稳定双键。

因其热力学稳定性而处于一定的比例。通过这种选择性反应，如用卤代烷
进行烷基化反应（18-4 节），主要生成多取代的产物。

### 平衡条件下2-甲基环戊酮的去质子化

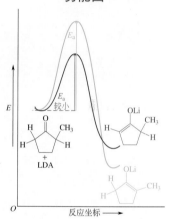

页边的势能图说明，生成动力学烯醇盐（红色）的能垒较低。在质
子源的存在下，这个过程是可逆的，最终生成更稳定的热力学异构体
（蓝色）。

另一种更简便的生成热力学烯醇盐的方法是使用水溶液中的氢氧化
物或醇中的醇盐作碱（如本节前面所述）。这些碱比 LDA 弱得多（$pK_a \approx$
$15 \sim 18$；参见 8-3 节），因此仅能以很低的平衡浓度使醛和酮可逆去质
子化。但在这种条件下，卤代烷与碱和烯醇负离子之间会发生竞争性反
应，因此这种方法不适用于醛和酮的烷基化反应。在本章的后面我们将
会看到，某些试剂可以捕获烯醇负离子使得平衡向生成新产物的方向移
动。

### 烯醇负离子是两可亲核试剂

每一个共振式都对烯醇负离子的特性有贡献，进而影响羰基化合物的
化学性质。共振杂化体显示碳和氧原子均带有部分负电荷（页边；参见861
页的静电势图）。因此，烯醇负离子是亲核性的，与亲电试剂的反应可发生
在这两个位置上。分子中有两个位置可发生反应并能生成不同产物的物质
称为**两可物**（ambident，或"双"底物，两可中间体的英文 ambident 来自拉
丁语中 *ambi*，两个；*dens*，齿）。因此，烯醇负离子是一个两可负离子。其
$\alpha$-碳通常是发生反应的位置，可以和 $S_N2$ 反应底物（如合适的卤代烷）发生
亲核取代反应。因为此反应将一个烷基连接到具有反应性的碳原子上，故
整个反应称为**烷基化**（alkylation）**反应**（更确切地说是 C-烷基化反应）。
18-4 节将提及烷基化反应是酮类化合物形成碳-碳键的有效方法。例如，环
己酮烯醇负离子和3-氯丙烯的烷基化反应发生在碳原子上。然而，发生在
氧上的烷基化（O-烷基化）反应很少，氧原子一般是发生质子化的位置，
产物为不饱和的醇，即**烯醇**（alkenol，简写为 enol）。烯醇不稳定，很快就
异构化为原来的酮（回顾互变异构，13-7 节）。

### 环己酮烯醇负离子的两可反应性

### 练习18-2

（a）环己酮与LDA（物质的量之比1:1，-78℃）反应得到环己酮烯醇负离子。写出环己酮烯醇负离子和下列化合物反应生成的主要产物：（i）碘乙烷（C-烷基化）；（ii）三甲基氯硅烷（O-硅基化）。

（b）下列两种条件下生成的2-甲基环戊酮烯醇负离子是否相同？2-甲基环戊酮与LDA（物质的量之比1:1，-78℃），2-甲基环戊酮与LDA（物质的量之比1.1:1，25℃）。

---

## 小　结

　　醛和酮羰基邻位碳上的质子显酸性，其$pK_a$值为16~21。去质子化形成相应的烯醇负离子。对于不对称的酮，可能生成动力学或热力学烯醇负离子。烯醇负离子既可以在氧上也可以在碳上与亲电试剂发生反应；氧原子的质子化生成烯醇。

# 18-2 酮式-烯醇式平衡

　　我们已经知道，烯醇负离子的质子化发生在氧上，并生成得到烯醇。烯醇是醛和酮的不稳定异构体，很快转化为羰基，即发生**互变异构**（tautomerism）（13-7节）。这些异构体称为**烯醇式**（enol）和**酮式**（keto）**互变异构体**。本节我们首先讨论影响酮式-烯醇式平衡的因素，一般酮式为主要存在形式。然后，将了解互变异构的机理及其相关的化学反应。

**在酸性或碱性溶液中烯醇和酮式异构体形成平衡**

　　烯醇式和酮式互变异构可以由酸或碱催化。碱可脱去烯醇氧原子上的一个质子，是质子化的逆反应。随后的C-质子化（慢反应）形成热力学更稳定的酮式。

**碱催化的烯醇式-酮式平衡**

$$
\text{C=C}\overset{\cdot\cdot}{\text{O}}-\text{H} + :\text{B}^- \xrightleftharpoons[]{\text{氧上去质子化}} \left[ \text{C=C}\overset{:\ddot{O}:^-}{} \longleftrightarrow \overset{-}{\text{C}}-\text{C}\overset{\ddot{O}:}{} \right] + \text{BH} \xrightleftharpoons[]{\text{碳上再质子化}} -\overset{H}{\text{C}}-\text{C}\overset{\cdot\cdot}{\text{O}} + :\text{B}^-
$$

烯醇式　　　　　　　　　　　　　　　　烯醇负离子　　　　　　　　　　　　　　　　酮式
（通常更稳定）

**该烯醇碳具有电负性**

乙烯醇

　　正如之前所述，碱性条件下的物质倾向于显中性或带负电荷，通常不会遇到带正电的中间体。

　　在酸催化过程中，烯醇式中与羟基碳相邻的双键碳发生质子化。乙烯醇的静电势图（页边）表明这个碳上带有更多的负电荷（红色）。而且，所产生的正离子可以被相连的羟基共振稳定。仔细观察相应的共振式，可以发现该物质其实是一个质子化的羰基，去质子化后形成产物。

## 酸催化的烯醇式-酮式平衡

质子化发生在远端富电子的碳上

烯醇式    碳上质子化    质子化的羰基（共振稳定）    氧上去质子化    酮式

以上机理描述的酸催化反应中只涉及中性或带正电的中间体，负离子并未出现。

无论是酸催化还是碱催化，只要在溶液中有痕量的催化剂存在，烯醇式和酮式的相互转化就很快发生。需要记住的是，尽管酮式通常是主要的存在形式，但酮式与烯醇式之间的转化是可逆的，酮式向烯醇式平衡转化的机理正是上述两个反应式的逆向过程。

## 取代基可以使酮式-烯醇式平衡发生移动

对于一般的醛和酮，酮式转化为烯醇式［即**烯醇化**（enolization）］的平衡常数非常小，体系中只有痕量的烯醇（不稳定，与酮式能量相差约 $8 \sim 12 \text{kcal} \cdot \text{mol}^{-1}$）存在。但是，乙醛的烯醇式比丙酮的烯醇式的稳定性高 100 倍，与酮式的稳定性相反，这是因为取代基较少的醛羰基比取代基较多的酮羰基更不稳定。

### 酮式-烯醇式平衡

$$H-CH_2CH \quad \underset{K = 6 \times 10^{-7}}{\rightleftharpoons} \quad H_2C=C \qquad \Delta G^{\ominus} \approx +8.5 \text{ kcal} \cdot \text{mol}^{-1}$$
$$(+35.5 \text{ kJ} \cdot \text{mol}^{-1})$$

乙醛    乙烯醇

$$H-CH_2CCH_3 \quad \underset{K = 5 \times 10^{-9}}{\rightleftharpoons} \quad H_2C=C \qquad \Delta G^{\ominus} \approx +11.3 \text{ kcal} \cdot \text{mol}^{-1}$$
$$(+47.3 \text{ kJ} \cdot \text{mol}^{-1})$$

丙酮    2-丙烯醇

酮 C=O 比醛 C=O 更稳定，平衡更倾向于左侧酮式

## 烯醇的形成引起氘交换和立体异构化

酮通过互变异构形成烯醇对化合物有什么影响？其中一个影响就是在 $D_2O$ 中用痕量的酸或碱处理酮，会使所有的 $\alpha$-氢被氘代。

### 可烯醇化的氢原子的氢-氘交换

$\alpha$-氢（在 $D_2O$ 中交换）    不是 $\alpha$-氢（不被交换）

$$CH_3CCH_2CH_3 \quad \xrightarrow{D_2O, \ DO^-} \quad CD_3CCD_2CH_3$$

2-丁酮    1,1,1,3,3-五氘代-2-丁酮

**烯醇化不能通过直接质子转移进行**

若碳和氧之间直接发生分子内质子转移的烯醇化反应，通过计算该假设过渡态的能量可以揭示酮式-烯醇式互变异构中催化剂的重要性。对于丙酮，实现上述质子转移的能量是 53kcal·mol$^{-1}$，也就是说如果不使用催化剂，要想使丙酮发生互变异构需要的温度大约为 500℃。计算得出的过渡态结构表明，由于原子需要以四元环形式排列，体系中将出现能量不利的强 C—H 键和 C═O 键拉伸以及键角畸变。

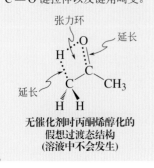

**无催化剂时丙酮烯醇化的假想过渡态结构（溶液中不会发生）**

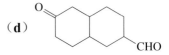

用 $^1$H NMR 能很方便地跟踪这一反应过程，质子信号随着氘代的依次进行而逐渐消失。利用这一方法，可以快速确定一个分子中 $\alpha$-氢的数目。

## 练习18-3

用合适的推电子弯箭头分别画出酸催化和碱催化条件下丙酮的一个 $\alpha$-氢被 $D_2O$ 中的氘取代的反应机理。

## 练习18-4

写出下列化合物用 $D_2O$-NaOD 处理可能的产物（如果有的话）。

（**a**）环庚酮　　　　　　　（**b**）2,2- 二甲基丙醛

（**c**）3,3- 二甲基丁酮　　（**d**）

### 解题练习18-5

**运用概念解题：归属环酮的NMR信号**

环丁酮的 $^1$HNMR 谱图在 $\delta=2.00$ 处有一个五重峰，在 $\delta=3.13$ 处有一个三重峰。指出环丁酮分子中与这些峰相对应的质子。

**策略：**

使用 17-3 节关于酮中氢的化学位移信息，运用第 10 章掌握的 NMR 分析方法。

**解答：**

• 环丁酮的结构表明其 $^1$H NMR 谱图中应显示两组峰：一组是 4 个 $\alpha$-氢（分别是 C-2 和 C-4 上的氢），另一组是两个 $\beta$-氢（C-3 上的氢；参见页边处的结构）。

• 如 17-3 节所述，羰基对 $\alpha$-氢有比 $\beta$-氢更明显的去屏蔽效应。而且，按照自旋-自旋裂分的（$N$+1）规则（10-7 节），$\alpha$-氢的信号峰将被相邻的两个 $\beta$-氢裂分为三重峰。因此，将 $\delta=3.13$ 处的三重峰归属为 4 个 $\alpha$-氢。

• 相反，$\beta$-氢由于被相邻的 4 个 $\alpha$-氢影响，将裂分形成五重峰，因此 $\delta=2.00$ 的五重峰为 $\beta$-氢。

### 18-6 自试解题

用 $D_2O$-NaOD 处理环丁酮，环丁酮的 $^1$H NMR 谱图会出现什么变化？（**提示**：氘原子在 $^1$H NMR 谱图中没有信号。）

烯醇化的另一个结果是使 $\alpha$-碳的立体异构体发生相互转化。例如，用温和的碱处理顺-2,3-二取代的环戊酮，生成相应的反式异构体。由于分子中空间位阻的影响，反式异构体更稳定。

**α-取代酮的碱催化异构**

不稳定的顺式异构体　　　　　　　　　　烯醇负离子：平面的α-碳　　　　　稳定的反式异构体
（空向位阻）　　　　　　　　　　　（质子化可从上面或下面进行）　　　　>95%

上述反应是通过烯醇负离子进行的，而烯醇负离子具有平面的α-碳，不再是一个立体中心。该中间体从 3-甲基同侧方向再质子化，得到反式异构体（4-1 节和 5-5 节）。

烯醇化会使得含唯一 α-碳立体中心的醛或者酮，将很难保持旋光活性。这是为什么？ 因为当（非手性的）烯醇或烯醇负离子转化回原来的酮式时，会产生一个同时含有 R-和 S-对映体的外消旋混合物。例如，在碱性的乙醇溶液中，旋光活性的 3-苯基-2-丁酮在半分钟内便发生消旋化。

**旋光活性的3-苯基-2-丁酮的消旋化**

(S)-3-苯基-2-丁酮　　　　　烯醇负离子　　　　　(R)-3-苯基-2-丁酮
（平面非手性）

前面我们讨论了在水溶液或醇溶液中酸或碱催化的酮式-烯醇式互变异构。你可能已经注意到，这些反应条件与水或醇对羰基加成生成相应的水合物或半缩醛（酮）的条件完全相同（17-6 节和 17-7 节）。水或醇对羰基的加成在这里会发生吗？事实上，加成反应和烯醇化是竞争反应，均有可能发生。在这两种情况下，我们仅着重解释所讨论的反应中的转化机理，而忽略了相互竞争的反应。之所以这样做是因为所有的反应都是可逆的。因此，醛或酮与其水合物或半缩醛（酮）以及相应的烯醇或烯醇负离子同时处于平衡中。

讨论碱催化的 α-取代酮的立体异构化时，仅限于描述烯醇化相关的反应机理。正如 17-7 节所述，醛和酮烯醇化的同时，体系中也会可逆地形成半缩醛（酮），但是不会生成稳定的产物。相反，在酸催化下，半缩醛（酮）平衡会被打破，将进一步生成热力学稳定的缩醛（酮）。接下来，在介绍新反应机理时，仅以说明从起始原料到相应产品的转化过程为唯一目的。但应该意识到的是反应存在其他可能的途径。如果按照这些途径进行，有可能遭遇可逆的"死胡同"型平衡，也有可能生成热力学不稳定的高能量物质。

### 练习18-7

（**a**）用碱处理时，双环的酮 A 很快和另一个立体异构体形成平衡，但是酮 B 则不会。请解释原因。

A　　　　　B

（**b**）在痕量酸的存在下，下列对映体会迅速失去其旋光活性。为什么？

[**提示**：共轭效应（14-5节）]

(i) (R)-3-苯基-2-丁酮

(ii) (R)-3-甲基-2,4-环己二酮

## 小 结

醛和酮与它们的烯醇式形成互变平衡，后者更不稳定，与酮式能量相差约 $10 \, kcal \cdot mol^{-1}$。酸或碱均可催化酮式-烯醇式平衡。烯醇化使得 $\alpha$-氢在 $D_2O$ 中极易发生 H-D 交换，也可使羰基邻位的立体中心发生异构化。

# 18-3 醛和酮的卤代反应

本节将探讨羰基通过烯醇或烯醇负离子中间体进行的一种反应——卤代反应。醛和酮与卤素的反应发生在 $\alpha$-碳上。氘代反应在酸或碱催化时进行得很完全，与氘代反应不同，卤代反应进行的程度取决于使用的是酸催化剂还是碱催化剂。

在酸存在下，卤代反应通常在引入第一个卤原子后停止，如下面的例子所示：

**酸催化下酮的 $\alpha$-卤代反应**

$$H\text{—}CH_2CCH_3 \xrightarrow{\text{Br–Br, } CH_3CO_2H, H_2O, 70^\circ C} BrCH_2CCH_3 + HBr$$
44%
溴代丙酮

酸催化的卤代反应速率与卤素的浓度无关，这一现象说明羰基底物参与了决定反应速率的第一步，即烯醇化过程。然后，卤素快速进攻烯醇的双键，形成一个被氧原子稳定化的卤代碳正离子。该物质随后去质子化生成卤代产物。

**酸催化下丙酮的溴代反应机理**

**步骤1. 烯醇化（决速步骤）**

羰基氧的质子化　　碳上去质子化

$$CH_3CCH_3 + H^+ \rightleftharpoons H\text{—}C\text{—}C\text{—}CH_3 \rightleftharpoons H_2C\text{=}C\text{—}CH_3 + H^+$$

**步骤2. 卤素进攻**（回顾12-5节，溴对烯烃的加成）

共振

亲核进攻 $Br_2$

$$H_2C\text{=}C\text{—}CH_3 \longrightarrow \left[ H_2C\text{—}C\text{—}CH_3 \longleftrightarrow H_2C\text{—}C\text{—}CH_3 \right] + Br^-$$

Br—Br

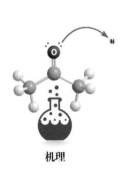
反应

机理

**记住**：在酸性条件下发生的反应，其机理涉及中性及带正电荷的物质，但是不存在带负电荷的物质。机理中如果出现烯醇负离子是不对的。

**步骤3.** 去质子化

$$
\overset{\overset{\displaystyle \cdot\,H}{+\!:\!\overset{}{O}}}{BrCH_2CCH_3} \longrightarrow \overset{:\overset{}{O}:}{BrCH_2CCH_3} + H^+
$$

　　为什么进一步卤代会受到阻碍？答案就在烯醇化所需的条件。按照通常的酸催化反应机理，重复进行卤代反应，卤代羰基化合物必须再次烯醇化。然而，与原来的羰基化合物相比，卤素的吸电子作用使得羰基氧的碱性降低，从而使羰基氧的质子化，即烯醇化关键的起始步骤变得更难。

### 卤代不利于质子化从而使烯醇化变慢

比未被取代的
酮碱性小　　　$:\overset{}{O}:$　　　　　$+:\overset{\cdot\,H}{O}$

$$
\underset{\text{吸电子}}{BrCH_2CCH_3} \quad\underset{H^+}{\rightleftharpoons}\quad BrCH_2CCH_3
$$

　　因此，单卤代产物不再接受其他卤素的进攻，直至起始原料醛或酮被消耗完全，反应停止。

　　碱催化的卤代反应则完全相反。反应中首先形成烯醇负离子，然后进攻卤素。在这种反应中，卤代在同一个 $\alpha$-碳上发生直至卤代完全，在未使用足量的卤素时，会有未反应的原料残留。为什么碱催化的卤代反应难以控制在单卤代阶段？原因是卤素的吸电子作用使得剩下的 $\alpha$-氢的酸性增强，推动了进一步烯醇化反应的进行，从而有利于继续发生卤代。多卤代酮不是特别稳定，容易发生水解反应。在下面的例子中，羰基上连有位阻较大的芳基，可以对产物起稳定作用，因此可以高收率得到目标产物。

### 碱催化的酮的 $\alpha$-卤代反应

89%

### 烯醇负离子的卤代反应机理

酸性比未取代的酮强
（继续发生卤代）

## 练习18-8

　　（**a**）写出酸和碱催化的环己酮溴代反应的产物。（**b**）非对称的酮在酸催化下卤代生成一对单卤代区域异构体混合物，其中取代多的 $\alpha$-碳发生卤代的选择性较高（产物占比较大）。利用下面的例子给出合理的解释。

3　:　1

---

## 小 结

　　酸催化下醛和酮的卤代反应能选择性地形成单卤代羰基化合物。在碱性条件下，原料中第一个分子中所有的 $\alpha$-氢都被卤代后，第二个分子才开始接受进攻。

# 18-4 | 醛和酮的烷基化反应

我们已经看到，醛和酮用强碱如 LDA 或 NaH 处理可以定量形成烯醇负离子（7-8 节和 18-1 节）。烯醇负离子中亲核性的 α-碳可与合适的卤代烷发生 SN2 烷基化反应，反应过程中形成一个新的碳-碳键。这一节将讨论烯醇负离子烷基化反应的某些特征，并与相关的烯胺的烷基化反应作对比（17-9 节）。

## 烯醇负离子的烷基化可能难以控制

原则上，醛或酮的烯醇负离子的烷基化仅仅是一个亲核取代反应。

**醛或酮的烷基化**

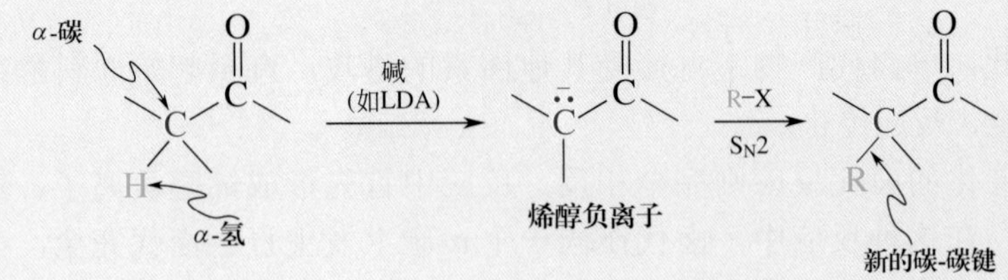

实际上，有些因素可使反应复杂化。烯醇负离子是一个较强的碱，因此，通常只有在与卤代甲烷和一级卤代烷反应时，其烷基化反应才是切实可行的；否则，E2 消除反应就会成为主要的反应，即将卤代烷转化为烯烃（7-8 节）。其他的副反应也会影响烷基化的进行。醛的烷基化通常难以进行，醛形成的烯醇负离子迅速发生更有利的缩合反应，这部分内容将在 18-5 节讨论。即使是酮的烷基化反应也可能出问题。你也许会认为，只要严格按照生成动力学烯醇负离子的条件（低温下，使用 LDA）应该就能得到取代基较少的 α-碳被烷基化的产物。然而事实上，因为单烷基化后的酮是质子源，会与未反应的烯醇负离子反应去质子化，生成一个新的烯醇负离子，从而进行第二次烷基化（18-1 节）。重复此循环，就会生成各种多烷基化的区域异构体。2-甲基环己酮与碘甲烷的反应说明了这些问题。

**2-甲基环己酮的烷基化产物：不可控过程**

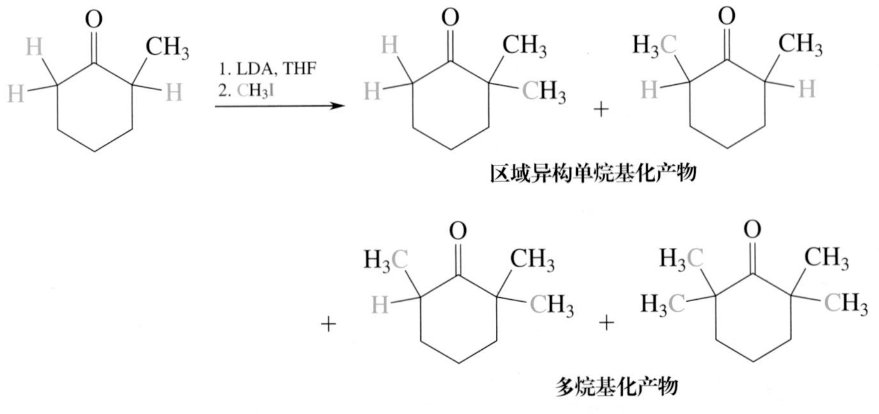

区域异构单烷基化产物

多烷基化产物

在某些情况下，酮类化合物也能成功地烷基化。下面列举的几乎是个理想的例子：酮的分子中只有一个 $\alpha$-氢，烯丙基溴是一个极好的 $S_N2$ 反应底物（14-3 节）。这个例子所用的碱是氢化钠。

**酮烷基化的成功例子**

$$C_6H_5CCH(CH_3)_2 \xrightarrow[\substack{-\ H\text{–}H,\\-\ NaBr}]{\substack{1.\ NaH,\ THF\\2.\ (CH_3)_2C=CHCH_2Br}} C_6H_5CC(CH_3)_2$$

分子中唯一的 $\alpha$-氢

CH$_2$CH=C(CH$_3$)$_2$

88%

**2-甲基-1-苯基-1-丙酮**　　　　　　**2,2,5-三甲基-1-苯基-4-己烯-1-酮**

## 练习18-9

用 KOH 水溶液处理页边的化合物生成三个分子式为 $C_8H_{12}O$ 的异构体，分别是什么？（**提示**：考虑分子内烷基化。注意：18-1 节所述烯醇的烷基化"一般"发生在碳上。此例属于"一般"情况吗？）

## 练习18-10

环己酮的烯醇负离子（18-1 节）与 3-氯丙烯的 C-烷基化反应比它与 1-氯丙烷的反应要快得多。为什么？（**提示**：参见 14-3 节。）环己酮的烯醇负离子和下列卤代烷反应，可能生成哪种产物？（**提示**：参见第 7 章。）（**a**）2-溴丙烷；（**b**）2-溴-2-甲基丙烷。

### 烯胺提供了醛和酮烷基化的另一种途径

17-9 节讨论了仲胺如氮杂环戊烷（吡咯烷）与醛和酮反应生成烯胺的反应。正如下面的共振式所示，含氮的取代基使烯胺的碳碳双键变得富电子。此处，尽管烯胺本身是中性的，偶极共振式的存在使得 $\alpha$-碳的亲核性大大增强，因此可以接受亲电试剂进攻。接下来就让我们来讨论如何应用这一亲电进攻反应合成烷基化的醛和酮。

氮杂环戊烷
(吡咯烷)

**中性烯胺共振式与烯醇负离子共振式的比较**

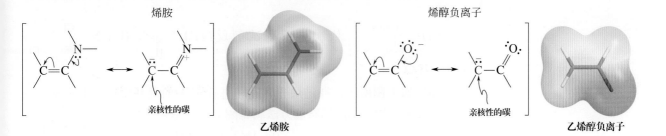

烯胺与卤代烷反应，会在 $\alpha$-碳上发生烷基化生成一个亚胺盐。经水处理后，亚胺盐发生水解，反应机理是 17-9 节所述亚胺生成反应的逆向历程。水解产物包括一个新的烷基化的醛或酮以及原来的仲胺。该反应对于 $S_N2$ 反应性高的烷基化试剂（如烯丙基卤代物）效果特别好。

## 烯胺的烷基化

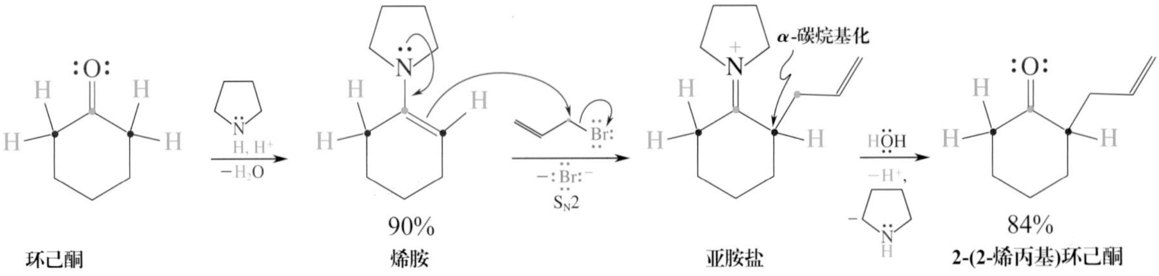

环己酮 → 烯胺 90% → 亚胺盐 → 2-(2-烯丙基)环己酮 84%

### 练习18-11

用合适的推电子弯箭头写出上述反应式中最后一步亚胺水解的机理。

烯胺和烯醇负离子的烷基化反应有何区别？烯胺的烷基化远优于烯醇的烷基化，它能够减少双烷基化和多烷基化反应。原因在于烯胺第一步烷基化后会生成亚胺盐，亚胺盐相对比较稳定，不能进一步与卤代烷反应。以环己酮的烯丙基化反应为例，环己酮烯醇负离子烯丙基化得到2-（2-丙烯基）环己酮的产率还不到上述烯胺路线的一半。

另一个优越之处就是通过烯胺也可以制备烷基化的醛，如下所示。（下节我们将看到醛的烯醇负离子会参与一个新反应——羟醛缩合反应，因此不容易发生烷基化。）

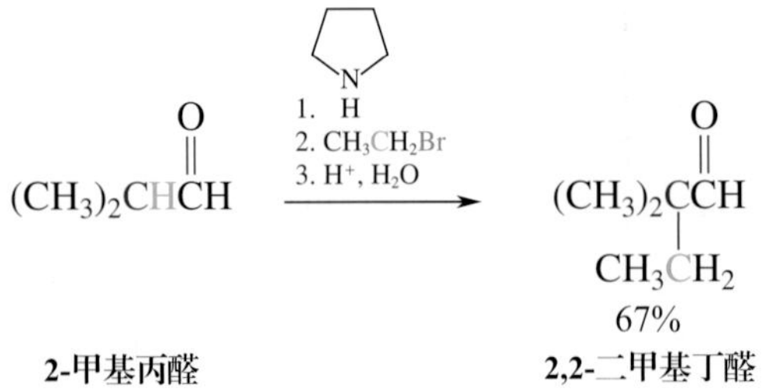

$(CH_3)_2CHCH$ ⟶ $(CH_3)_2CCH$ 
2-甲基丙醛    2,2-二甲基丁醛 67%

试剂：1. 吡咯烷, H; 2. $CH_3CH_2Br$; 3. $H^+$, $H_2O$

### 练习18-12

（**a**）写出下面反应的产物。

（i）丙酮依次与下列试剂反应：1.（$CH_3$)$_2$NH，$H^+$；2. 苄基溴；3. $H^+$，$H_2O$。

（ii）（CHO）依次与下列试剂反应：1. 吡咯烷，$H^+$；2. 2-氯甲基-3-氯丙烯；
3. $H^+$，$H_2O$。

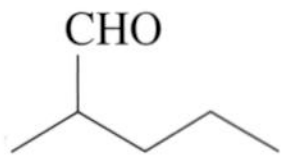

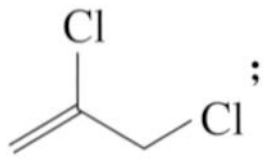

（**b**）如下图所示，通过烯醇负离子进行酮 A 的烷基化反应很难避免双烷基化反应。如何利用烯胺的方法制备酮的单烷基化产物 B？

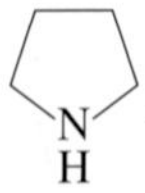

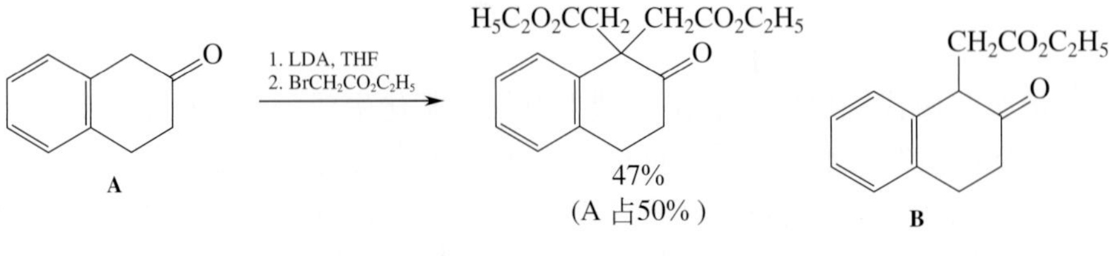

A → 1. LDA, THF  2. $BrCH_2CO_2C_2H_5$ → 
$H_5C_2O_2CCH_2$ $CH_2CO_2C_2H_5$ 47%（A 占50%）    B   $CH_2CO_2C_2H_5$

## 小　结

　　烯醇负离子与卤代烷会发生烷基化反应。在这类反应中，当底物分子中有多个位点可参与反应时，很难控制烷基化的区域选择性和反应进行的程度。由醛和酮衍生而来的烯胺的烷基化反应生成亚胺盐，水解之后得到烷基化的羰基化合物。

## 18-5 ｜ 烯醇负离子对羰基的进攻：羟醛缩合反应

　　已学习过羰基化合物的双重反应性：羰基碳的亲电性和邻位 $\alpha$-碳潜在的亲核性。本节将介绍一种最常用的碳-碳键形成的策略：烯醇负离子对羰基碳进攻，反应生成 $\beta$-羟基羰基化合物。该化合物随后有可能消除一分子水生成 $\alpha,\beta$-不饱和醛、酮。在接下来的三节（18-6 节、18-7 节和 18-8 节）里，将详细介绍这些反应，真实生活 18-1 还将展示它们在生物过程中的作用。

### 醛在碱催化下发生缩合反应

　　将少量冷的稀氢氧化钠水溶液加入到乙醛中，就会引发乙醛二聚，生成 3-羟基丁醛。该转化通常称为**羟醛加成**（aldol addition，aldol 来源于 aldehyde 和 alcohol）。加热时，羟基醛将脱水生成最终的缩合产物——$\alpha,\beta$-不饱和醛，此反应中为反-2-丁烯醛。以上整个反应过程就是一个典型**羟醛缩合反应**（aldol condensation reaction）。羟醛缩合反应一般发生在醛类化合物的分子上，但有时酮也能成功进行这一反应。接下来首先介绍它的反应机理，然后再探讨它在合成中的用途。

**两个乙醛分子间的羟醛缩合反应**

$$\underset{\text{新的碳-碳键}}{}$$

（反应式图示：H$_2$C=O + H$_3$C-CH=O + CH$_3$CH(OH)CH$_2$CHO (3-羟基丁醛) 经 NaOH, H$_2$O, 5℃ 羟醛加成，再经 △ 脱水生成反-2-丁烯醛（一种 $\alpha,\beta$-不饱和醛）+ H$_2$O）

3-羟基丁醛　　　反-2-丁烯醛（一种 $\alpha,\beta$-不饱和醛）

　　羟醛缩合反应重点展示了羰基化学反应性两个最主要的方面：烯醇负离子的形成以及亲核试剂对羰基碳的进攻。正如本章开始时所述，氢氧化物等碱的强度不足以将醛完全转化为烯醇负离子，但是它能使醛和少量生成的烯醇负离子形成平衡。由于体系中存在过量的醛，烯醇负离子形成后其亲核性的 $\alpha$-碳将进攻另一个醛分子中的羰基。生成的烷氧基负离子在去质子化后生成 3-羟基丁醛。

**羟醛反应机理**

步骤 1. 烯醇负离子的形成

（反应式图示：HO$^-$ + H-CH$_2$-CHO ⇌ H$_2$C=CHO$^-$ + HOH）

p$K_a$ = 17　　　低平衡浓度的烯醇负离子　　p$K_a$ = 15.7

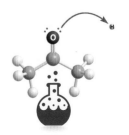

机理

动画

动画展示机理：
羟醛缩合-脱水

**记住：** 此处仅展示生成目标产物的机理。需要注意的是，体系中同时还会发生羰基的水合反应以及酮式-烯醇式的互变异构平衡。然而，这两种反应是可逆的"死胡同"型平衡，因此不参与所示的反应途径（18-2 节）。

**步骤 2. 亲核进攻**

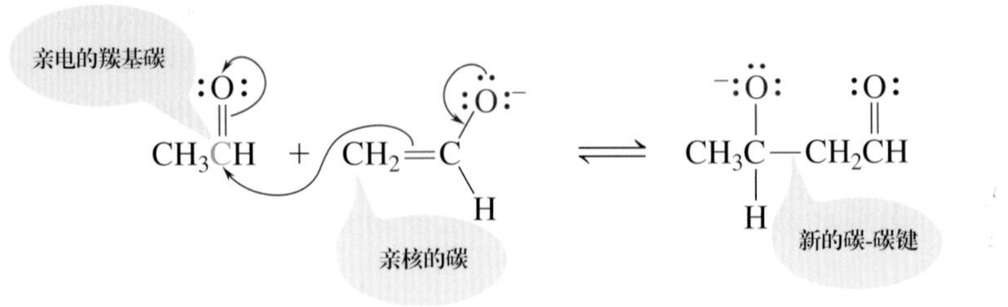

亲电的羰基碳

$CH_3CH$ + $CH_2=C$ ⇌ $CH_3C—CH_2CH$

亲核的碳

新的碳-碳键

**步骤 3. 质子化**

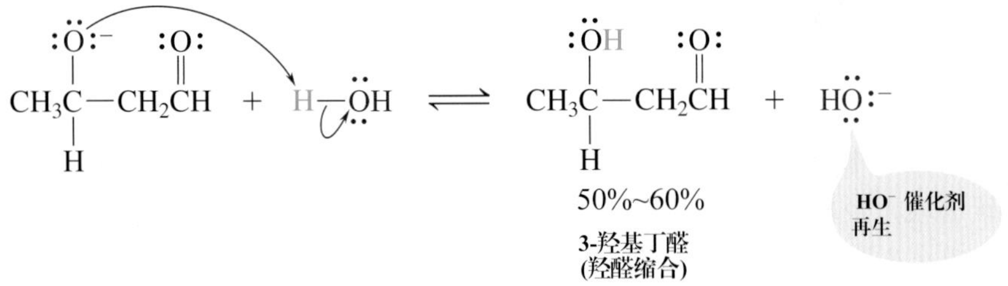

$CH_3C—CH_2CH$ + $H—OH$ ⇌ $CH_3C—CH_2CH$ + $HO^-$

50%~60%

**3-羟基丁醛**
**(羟醛缩合)**

$HO^-$ 催化剂
再生

注意，在这个反应过程中氢氧根离子是一个催化剂。后两步反应推动第一步本来不利的平衡反应向产物方向移动，但是整个过程的放热并不明显。羟醛加成产物的产率为 50%～60%，低温下（5℃）产物不会进一步反应。

## 练习18-13

给出下列醛在 5℃时发生羟醛加成反应预期的羟基醛产物。（**a**）丙醛；（**b**）丁醛；（**c**）2-苯基乙醛；（**d**）3-苯基丙醛。

## 练习18-14

苯甲醛能发生羟醛缩合反应吗？请解释原因。

升高反应温度时，羟醛将转化成烯醇负离子。氢氧根离子通常是离去能力较差的离去基团，消除氢氧根离子反应的驱动力是形成热力学上更稳定的最终共轭产物。如果有两个氢可消除，则主要得到位阻更小的反式双键。例如乙醛发生羟醛缩合反应生成反-2-丁烯醛。

### 羟醛脱水反应机理

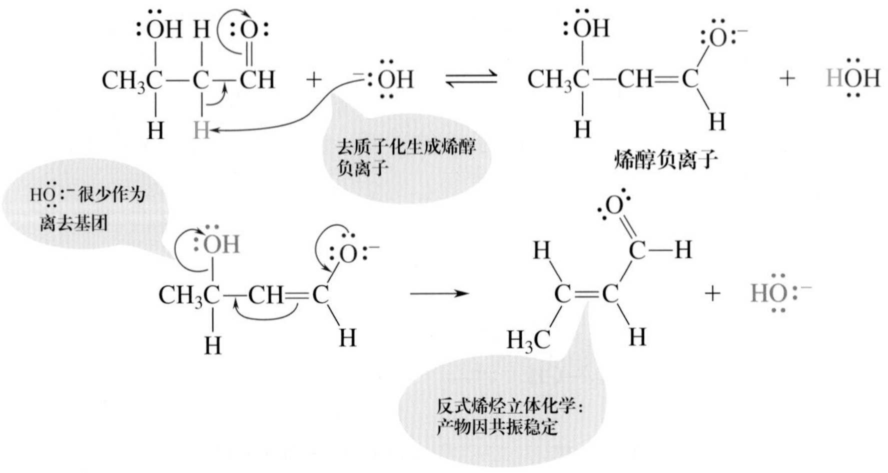

$CH_3C—C—CH$ + $^-OH$ ⇌ $CH_3C—CH=C$ + $HOH$

去质子化生成烯醇
负离子

烯醇负离子

$HO^-$ 很少作为
离去基团

$CH_3C—CH=C$ → 

反式烯烃立体化学：
产物因共振稳定

+ $HO^-$

整个过程的净结果是氢氧根离子催化的羟醛脱水反应。将整个羟醛加成反应及随后的脱水反应称为**羟醛缩合反应**（aldol condensation reaction）。在此回顾17-9节的内容，缩合反应是指两个有机分子相互作用后以共价键结合形成一个大分子，并常伴有失去一分子水的反应。18-8节将讨论，羟醛缩合产物中C═C和C═O共轭使其稳定。

为什么羟醛缩合反应是合成上非常有用的反应？这是因为该反应能够将两个羰基化合物以新的碳-碳键连接在一起，生成一个既含一个羰基又带有一个羟基或双键的产物。因此，在低温下通过羟醛缩合反应可得到$\beta$-羟基羰基化合物：

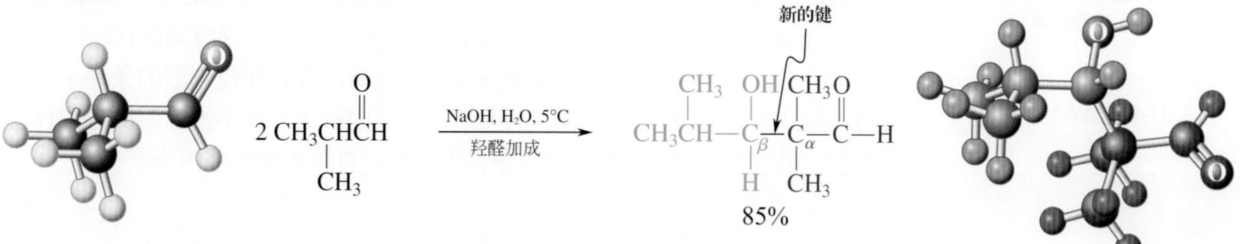
新的键
2 CH3CHCH
NaOH, H2O, 5°C
羟醛加成
85%

2-甲基丙醛　　　　3-羟基-2,2,4-三甲基戊醛

在较高的温度下，通过羟醛缩合反应可得到$\alpha,\beta$-不饱和羰基化合物，该化合物在合成中有非常广泛的应用（18-9节～18-11节）。

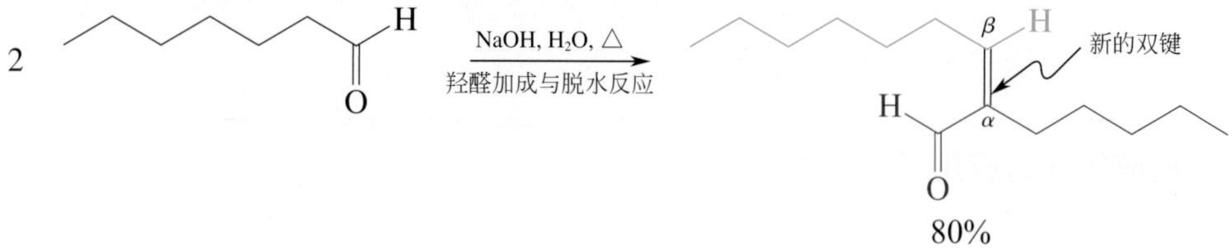
NaOH, H2O, △
羟醛加成与脱水反应
新的双键
80%

庚醛　　　　(*Z*)-2-正戊基-2-壬烯醛

**羟醛缩合反应的拓扑结构**

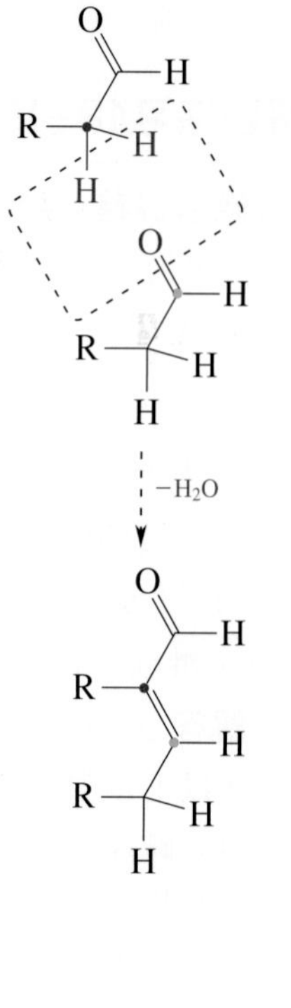
−H2O

如页边所示，羟醛缩合反应的拓扑变化涉及从一个醛分子中脱去两个$\alpha$-氢，从另一个醛分子中脱去一个氧，脱去氢和氧的部位通过碳-碳双键连接在一起。相反，从逆合成的角度来说，将$\alpha,\beta$-不饱和羰基化合物分解为羟醛加成反应的底物时，可以在$\alpha$-碳位上添加两个氢原子，在$\beta$-碳上添加一个氧原子。

## 练习18-15

（**a**）写出练习18-13中醛发生羟醛缩合反应得到的$\alpha,\beta$-不饱和醛的结构。

（**b**）写出可用于制备下列羟醛缩合产物的原料。

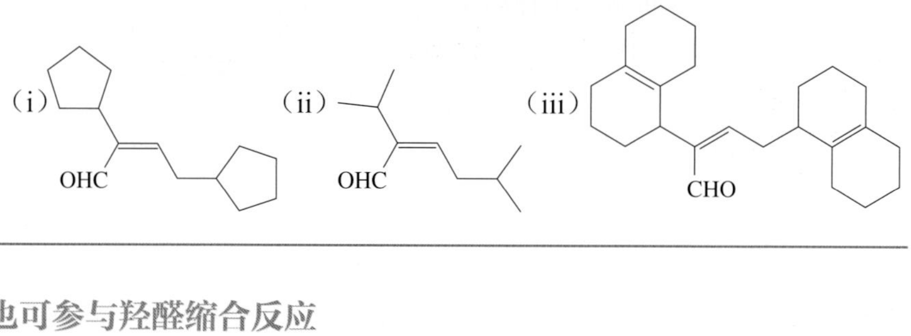
(i)
(ii)
(iii)
OHC
OHC
CHO

## 酮也可参与羟醛缩合反应

到目前为止，我们只讨论了以醛为底物进行的羟醛缩合反应，酮是否

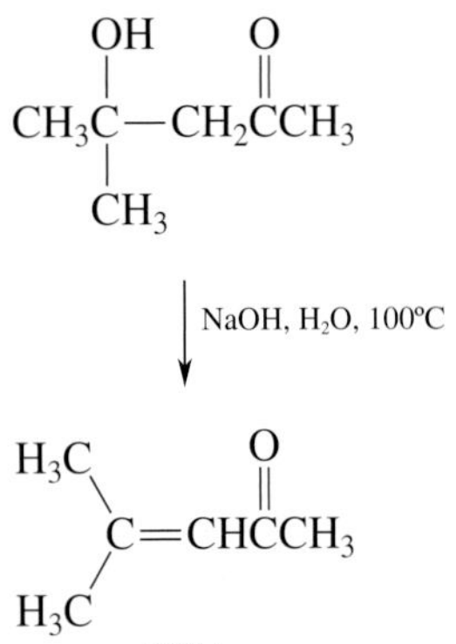

也可以参与反应呢？低温下，丙酮用碱处理确实会生成少量的 4-羟基-4-甲基-2-戊酮，但由于反应平衡对产物不利，转化率非常低。

80%
4-甲基-3-戊烯-2-酮

+

H₂O (除去)

### 丙酮的羟醛缩合反应

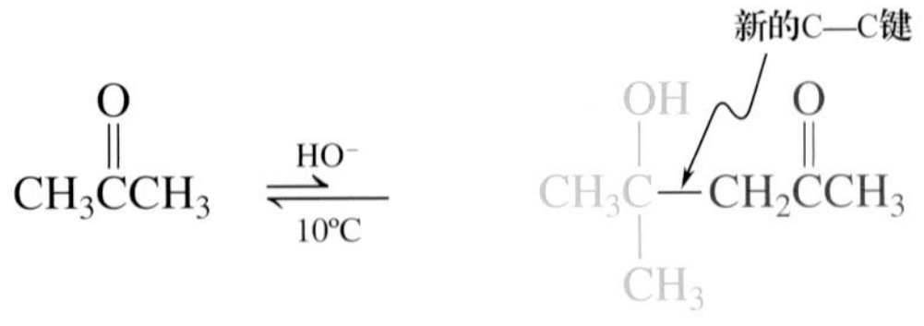

94%　　　　　　　　　6%
4-羟基-4-甲基-2-戊酮

酮的羟醛缩合反应的驱动力较小，原因是酮比醛更稳定 [约 3kcal·mol⁻¹ (12.5kJ·mol⁻¹)]。所以，酮的羟醛缩合反应是吸热反应。为了驱动反应进行，可以将生成的产物醇不断地从反应混合物中分离；或者在较剧烈的条件下发生脱水反应并将水蒸出反应体系，从而促进平衡向形成 α,β-不饱和酮的方向移动（页边）。在实际生产中，酮在碱性条件下加热可直接得到羟醛缩合产物。

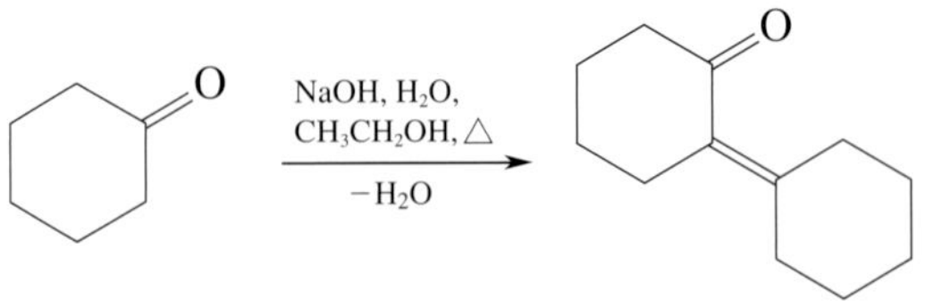

90%
2-环己基乙烯基环己酮

## 解题练习18-16

**运用概念解题：羟醛缩合反应机理的应用**

写出丙酮发生羟醛缩合反应的机理。

**策略：**

- **W：** 有何信息？已经给出反应方程式，要求我们逐步写出机理。
- **H：** 如何进行？与乙醛发生羟醛缩合反应的机理相同，将底物改为丙酮。
- **I：** 需用的信息？注意各反应底物官能团，确保所有键的生成和断裂都发生在正确位置，尤其是要仔细区分参与生成新的碳-碳键的碳的亲核性和亲电性。
- **P：** 继续进行。

**解答：**

按以下步骤解题：

（1）碱性条件下，丙酮的一个 α-碳去质子化形成烯醇负离子。
（2）将烯醇负离子亲核性的碳与另一分子酮的羰基进行加成。
（3）所得到的烷氧基负离子质子化得到最终的羟基酮。

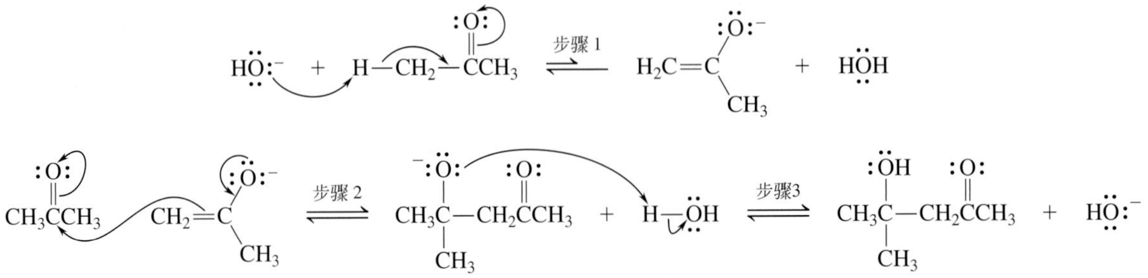

葡萄糖（$C_6H_{12}O_6$，参见 24-1 节）是自然界最常见的糖，也是地球上所有生命必不可少的糖。对许多生命体而言，葡萄糖是主要器官包括中枢神经系统的唯一能量来源。所有生命体都是从更小的分子来合成葡萄糖。此过程称为糖异生（gluconeogenesis），利用（可逆的）交叉羟醛缩合反应（由醛缩酶催化），在两个三碳前体之间构建一个碳-碳键。

反应中，酶的伯胺基（赖氨酸残基，参见 26-1 节）首先与 1,3-二羟基丙酮单磷酸酯的羰基缩合生成亚胺离子。亚胺离子随即互变异构成烯胺（17-9 节），烯胺亲核性的碳（红色）进攻 2,3-二羟基丙醛（甘油醛）-3-磷酸酯的羰基碳（蓝色）。生成的含氮交叉羟醛缩合产物具有 100% 的立体选择性：酶催化下，两个底物仅能通过单一高度有序的几何结构相互连接。烯胺碳（红色）从背面进攻连接羰基碳（蓝色）形成立体专一性的新化学键，得到如图所示的产物立体化学。生成的亚胺盐经水解得到六碳糖果糖磷酸酯，再经过后续转化生成葡萄糖。

（反应图示）

1,3-二羟基丙酮单磷酸酯 —  $-H_2O$  — 烯胺  +  (R)-甘油醛-3-磷酸酯  —  $H_2O$，$-酶—NH_2$  — 果糖-1,6-二磷酸酯

自然界通过烯胺中间体短暂连接立体定向酶的策略被化学家们利用在简单分子的合成中，比如天然氨基酸脯氨酸（26-1 节）的合成。脯氨酸具有生成烯胺所必需的二级胺单元，还含有一个 S 构型的手性羧基。如下图所示，脯氨酸催化丙酮与 2-甲基丙醛的立体选择性羟醛加成反应。与酶催化的过程相同，首先是脯氨酸与丙酮生成烯胺，随后烯胺与醛发生加成反应。该步骤中，羧基的质子与醛基的氧形成氢键，从而限定了过渡态的立体结构，反应几乎单一地生成 R 构型的产物。中间体水解后，脯氨酸催化剂再生。注意，脯氨酸作为真正意义上的催化剂，不会在反应中耗尽，只需要少量就可以使转化顺利进行。这类催化剂与前面常用的酸催化剂及金属催化剂明显不同，被称为"有机小分子催化剂"（金属立体选择性催化剂参见 12-2 节和真实生活 12-2）。

（反应图示）

$H_3CCCH_3$  丙酮  — 催化剂 脯氨酸 $-H_2O$ — 中间体脯氨酸-丙酮烯胺 — 2-甲基丙醛 — 催化剂再生 $H_2O$ — (R)-4-羟基-5-甲基-2-己酮  97%

### 18-17 自试解题

（**a**）丙酮的羟醛加成反应是可逆的（第 876 页）。使用合理的推电子弯箭头，写出加成产物 4-羟基-4-甲基-2-戊酮在 ¯OH 存在下转化为两分子丙酮的反应机理。

（**b**）写出下面的酮发生羟醛缩合反应的产物。（**注意**：反应生成空间位阻较小的双键。）

（**c**）写出下列羟醛缩合产物的原料酮的结构。

---

## 小 结

在碱催化下，可烯醇化的醛在低温时生成 β-羟基醛，加热时生成 α,β-不饱和醛。该反应通过烯醇负离子对羰基进行进攻。酮羰基的羟醛加成反应在能量上是不利的。要促进酮的羟醛缩合反应形成产物，必须使用特殊的反应条件，例如及时除去反应生成的水或羟醛缩合产物。

# 18-6 | 交叉羟醛缩合反应

如果用一个醛的烯醇负离子和另一个醛的羰基进行羟醛缩合反应，情况又如何？这样的反应称为**交叉羟醛缩合反应**（crossed aldol condensation reaction）。体系中两个醛的烯醇负离子同时存在，可以进攻任一原料的羰基，因此反应势必给出混合物。例如，乙醛和丙醛的 1:1 混合物将可能生成四个相同产率的羟醛加成产物。

**乙醛与丙醛的非选择性交叉羟醛缩合反应**
（所有四个反应同时发生）

1. 丙醛烯醇负离子加成到乙醛上

$$CH_3CH\text{O} \quad + \quad CH_3CH=CH\ddot{O}:^{-} \longrightarrow CH_3\underset{H}{C}\text{(OH)}-\underset{CH_3}{CH}CH\text{O}$$

**3-羟基-2-甲基丁醛**

2. 乙醛烯醇负离子加成到丙醛上

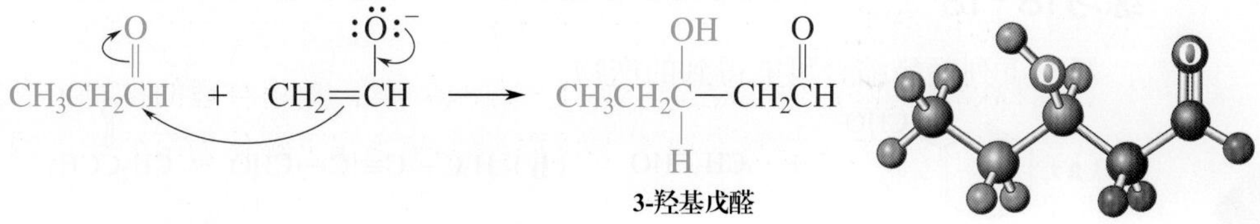

**3-羟基戊醛**

**3. 乙醛烯醇负离子加成到乙醛上**

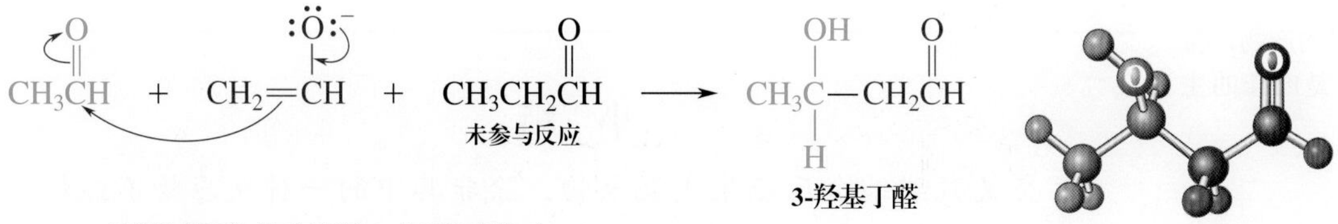

未参与反应

**3-羟基丁醛**

**4. 丙醛烯醇负离子加成到丙醛上**

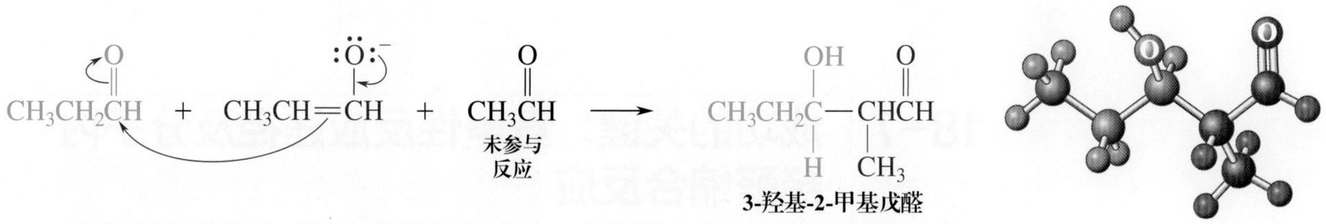

未参与反应

**3-羟基-2-甲基戊醛**

我们能通过两种不同的醛高效合成单一的羟醛产物吗？答案是肯定的。只要其中一种醛没有可烯醇化的氢就可以，此时四种可能的缩合产物中有两种不能形成。具体做法是：在碱的催化下，将可烯醇化的醛缓慢地滴加到不可烯醇化的醛中。加入的醛一旦形成烯醇负离子，立刻就被大量存在的另一种醛捕获生成产物。不能烯醇化的醛与酮也可发生类似的反应。

## 成功的交叉羟醛缩合反应

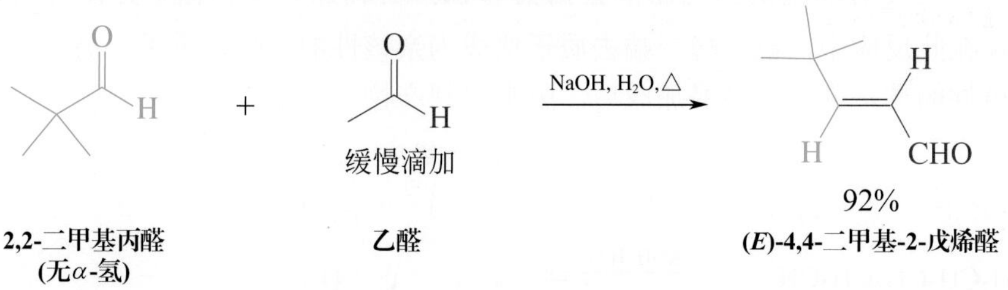

缓慢滴加

NaOH, H₂O,△

92%

**2,2-二甲基丙醛**
**(无α-氢)**　　**乙醛**　　**(E)-4,4-二甲基-2-戊烯醛**

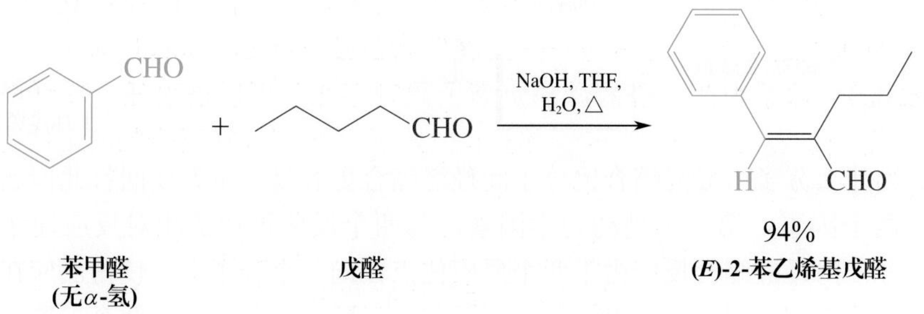

NaOH, THF,
H₂O,△

94%

**苯甲醛**
**(无α-氢)**　　**戊醛**　　**(E)-2-苯乙烯基戊醛**

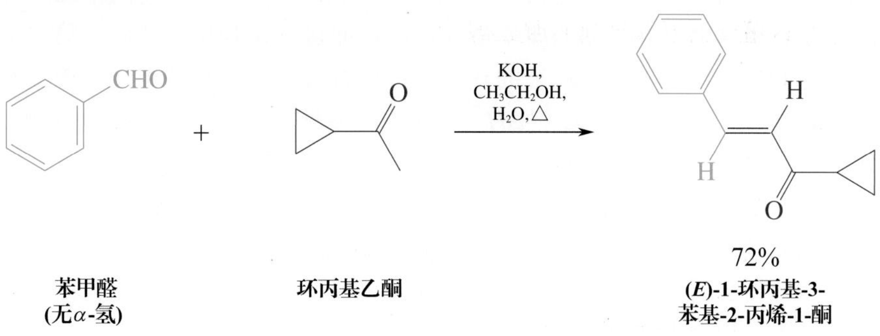

KOH,
CH₃CH₂OH,
H₂O,△

72%

**苯甲醛**
**(无α-氢)**　　**环丙基乙酮**　　**(E)-1-环丙基-3-**
**苯基-2-丙烯-1-酮**

**练习18-18**

写出下列羟醛缩合可能得到的产物。

(a) 苯甲醛 CHO ＋ CH₃CHO　(b) H₃C—C≡C—CHO ＋ CH₃CCH₃ (带羰基)

(c) CH₂=CHCHO+CH₃CH₂CHO　(d) (CH₃)₃CCHO ＋ 环戊酮

练习 18-18（a）的产物，常用名为肉桂醛，它是肉桂的主要味道来源。

---

## 小　结

交叉羟醛缩合反应生成混合物，除非其中的一种反应物不能烯醇化。

---

# 18-7 | 成功的关键：竞争性反应途径及分子内羟醛缩合反应

同一个分子中的两个羰基也能发生羟醛缩合反应，这样的反应称为**分子内羟醛缩合反应**（intramolecular aldol condensation reaction）。分子内羟醛缩合反应是合成环状化合物，尤其是合成五元环和六元环时非常重要的反应。

### 分子内羟醛缩合是熵有利的

将己二醛的稀溶液与碱的水溶液共热，得到环状化合物 1-环戊烯基甲醛。在此反应中，己二醛一端去质子化成为亲核性的烯醇负离子，另一端为亲电性的羰基部分。羟醛加成后，脱水得到产物。

$$HOCH_2CH_2CH_2CH_2CH \xrightarrow[\text{羟醛加成}]{KOH,\ H_2O,\ \triangle} \left[\text{新键}\right] \xrightarrow[\text{脱水}]{-H_2O} \text{1-环戊烯基甲醛}$$

生成烯醇负离子的位点　一分子转化为一分子　　62%　1-环戊烯基甲醛

**分子间羟醛加成反应**

2 己二醛 $\xrightarrow[\text{H}_2\text{O}, \triangle]{\text{NaOH}, }$ 两分子转化为一分子

为什么分子内羟醛缩合比分子间羟醛缩合更容易发生？要回答此问题要考虑两个因素：第一个是动力学因素，与两个反应过程的相对反应速率有关。分子内羟醛缩合反应由于两个反应位点在同一个分子上，使得反应在动力学上熵有利，因此反应更快（9-6 节）。高度稀释的条件可使两个二醛分子在反应混合物中彼此相遇的概率最小化，从而进一步强化该效应。第二个因素更为重要，与两种反应途径的热力学平衡有关，尤其是每类反应熵变对总自由能变 $\Delta G^{\ominus}$ 的贡献（$\Delta G^{\ominus}=\Delta H^{\ominus}-T\Delta S^{\ominus}$，参见 2-1 节）。从热力学角度看，分子内反应的 $\Delta S^{\ominus}\approx 0$，因此更有利。总体上，是从一个分子（二醛）转化为一个分子（羟醛加成产物）。相反，分子间的反应是从两分子的二醛转化为一分子羟醛加成产物（页边），其熵变 $\Delta S^{\ominus}$ 为负数，使得总自由能变 $\Delta G^{\ominus}$ 增加，不利于反应。因为羟醛加成反应为可逆反应，二聚物与原料处于动态平衡，最终转化为环状羟基醛，之后经脱水得到最终产物。

## 分子内酮缩合：可逆性有利于生成非张力环

二酮的分子内缩合反应的熵优势更加明显，方便用于合成环状和双环 $\alpha,\beta$-不饱和酮。由于酮有两个可烯醇化的 $\alpha$-碳，因此反应可能生成多种产物。实际上，反应的可逆性导致通常只得到张力最小的环，如典型的五元环或六元环。比如，2,5-己二酮以分子末端甲基（C-1 烯醇化）和 C-5 位的羰基发生分子内缩合反应，生成 3-甲基-2-环戊烯酮。

**二酮的分子内羟醛缩合**

2,5-己二酮　　　　　3-甲基-2-环戊烯酮

如果被碱脱去的是 C-3 位上的质子，会发生什么情况呢？生成的烯醇负离子是否可以继续与 C-5 位的羰基反应生成三元环（页边）？答案是不确定的：从动力学角度来说，亲核进攻是可以发生的，但是形成张力环的过程从能量来说是不利的，平衡极大地倾向于原料一侧。因此反应基本不会受这种分子内反应的影响，主要生成五元环。那么是否会发生分子间反应？答案同样也是不确定的。与前一页所述二醛的反应一样，分子间反应生成的产物能量高于分子内环化产物。反应的可逆性最终导致生成能量更低的分子内缩合产物。

前面的讨论强调了醛和酮化学反应中可逆性的重要性。因此，在羟醛缩合反应中，除了酮式-烯醇式互变异构和溶剂-羰基加合物（第 817 页，页边）外，原则上反应本身会产生多种不同的产物。当这些途径都是可逆反应时，最终的结果由热力学控制。根据 Le Châtelier 原理（第 817 页，页边），当某一物质通过热力学上最有利的途径转化为产品并被消耗时，反应体系中所有其他的平衡都会向有利于此物质生成的方向移动以补充其浓度。理想的结果是只得到一种最终产物。否则，该方法的应用会受到限制。这种情况也可见于羰基的其他转化反应中。

**2,5-己二酮生成高张力的三元环**

高度吸热的产物：未观察到

### 练习18-19

预测下列化合物发生分子内羟醛缩合的产物。

（**a**）环癸烷-1,5-二酮

（**b**） $C_6H_5\overset{O}{\overset{\|}{C}}(CH_2)_2\overset{O}{\overset{\|}{C}}CH_3$

（**c**）

（**d**）2,7-辛二酮

### 练习18-20

原则上，2-(3-氧代丁基)环己酮的分子内羟醛缩合可以生成 4 种不同的产物（不考虑立体化学）。写出它们的结构，并指出最有可能形成的产物。（**提示**：构建模型。）

2-(3-氧代丁基)环己酮

## 真实生活：自然  不饱和醛吸收光子实现"可视化"

反-视黄醛　　　　　　　　　　　　　　　　　　　　　　顺-视黄醛

维生素A（视黄醇，参见14-7节及本章开头）是视觉系统的一种重要营养素。酶催化的氧化反应可将其转化成反-视黄醛。反-视黄醛存在于人眼的光受体细胞中，但是在其发挥生物功能之前，首先必须在一种酶（视黄醛异构酶）的催化下，发生异构化形成顺-视黄醛。由于顺式双键的位阻作用，顺-视黄醛就像一个"压缩弹簧"（11-5节），可以很好地与视蛋白（分子量大约38000）的活性位点结合。如章节首页所示，顺-视黄醛和视蛋白的一个氨基反应生成视紫质亚胺，它是眼睛中对光敏感的化学元件。视紫质的电子光谱中$\lambda_{max}$在506nm（$\varepsilon$=40000）处的吸收表明了质子化亚胺的存在。

当光子撞击视紫质时，顺-视黄醛就以极快的速度在几皮秒（$10^{-12}$s）内异构化为反式异构体。这种异构化引起极大的几何结构变化，从而破坏了原来分子在蛋白质活性空腔中紧密的结合。该光反应产物在几纳秒（$10^{-9}$s）的时间内生成一系列新的中间体，伴随着蛋白质构象的变化，最终与活性空腔不匹配的视黄醛单元被水解。这一变

化过程引发一次神经脉冲，于是我们就感受到了光。然后，反-视黄醛在视黄醛异构酶的催化下，发生异构化重新形成顺-视黄醛，并再生视紫质，为下一个光子的进攻做准备。这一机理的最特别之处在于其灵敏度，即使小到50个光子对视网膜的撞击，眼睛也能记录下来。

利用神经细胞进行的研究表明，视紫质上视黄醛的异构化导致蛋白质几何结构变化，从而使细胞膜上的离子通道蛋白质物理性地开了一个"孔"。带正电荷的离子可以通过这个孔进入细胞，形成电流。此过程与视觉过程的区别在于视紫质的几何结构改变并不直接打开视觉细胞的离子通道，而是通过反-视黄醛从视紫质上解离激活一种被称为G蛋白的物质。G蛋白是吉尔曼[1]和罗德贝尔[2]发现的，连接在细胞膜的内表面，一旦激活就会打开离子通道启动神经脉冲的电信号。

[1] 阿尔弗雷德·G.吉尔曼（Alfred G. Gilman,1941—2015），德克萨斯大学西南医学中心教授，1994年诺贝尔生理学或医学奖获得者。

[2] 马丁·罗德贝尔（Martin Rodbell, 1925—1998）博士，美国国家环境卫生科学研究院，1994年诺贝尔生理学或医学奖获得者。

### 练习18-21

通过逆合成分析将下列几个分子拆分为相应的起始原料，然后利用羟醛加成或缩合反应对其进行合成。

（a）　　（b）　　（c）

## 小 结

醛和酮都可以成功地进行分子内羟醛缩合反应。这一反应有可能是高度区域选择性的，生成张力最小的环烯酮。

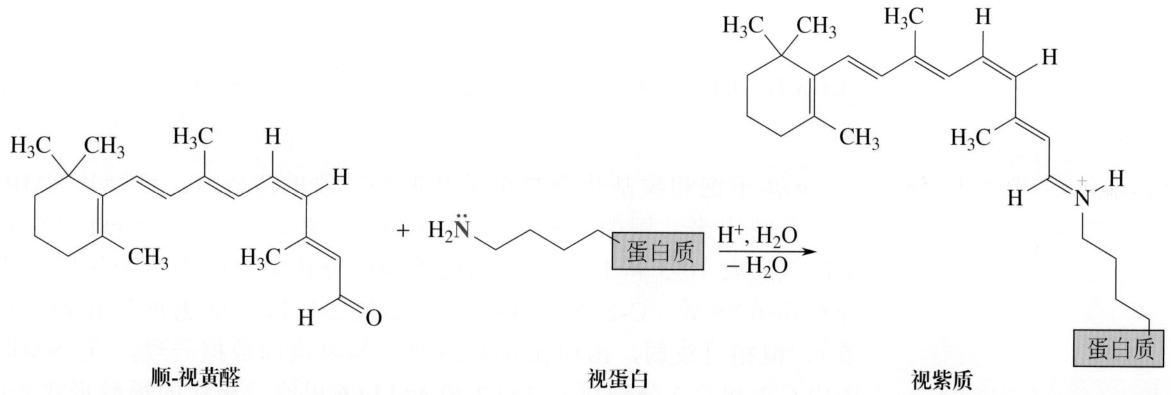

顺-视黄醛      视蛋白      视紫质

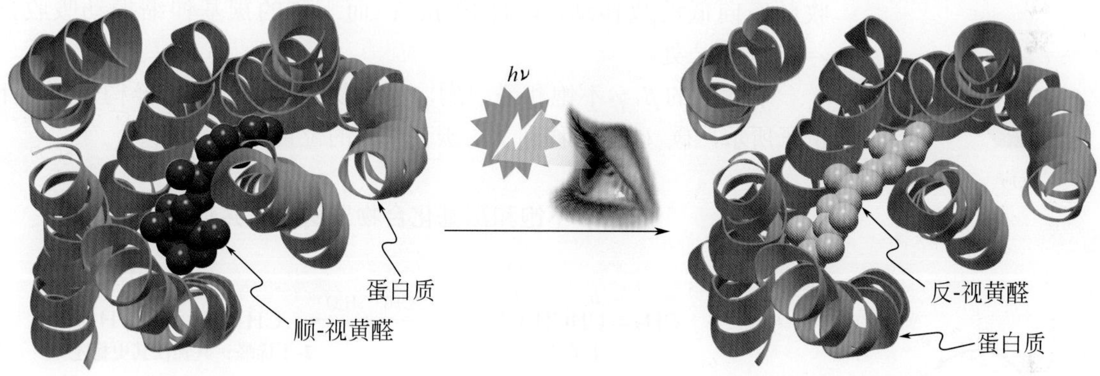

吸收光子之前的视紫质      吸收光子之后的视紫质

# 18-8 $\alpha,\beta$-不饱和醛、酮的性质

羟醛缩合反应的产物是 $\alpha,\beta$-不饱和醛与酮。与一般独立的碳-碳双键和碳-氧双键相比较，$\alpha,\beta$-不饱和醛与酮的性质有何不同呢？我们会发现，在某些情况下，它们的化学性质仅仅是两类双键的简单加合。但是在另一些情况下，其化学性质涉及 $\alpha,\beta$-不饱和羰基或**烯酮**（enone）这一整体官能团。正如以后几章中将描述的那样，这种复杂的反应性是含有两个官能团或**双官能团化合物**（difunctional compound）的典型性质。

## 共轭不饱和醛、酮比非共轭不饱和醛、酮更稳定

与共轭二烯（14-5 节）相似，$\alpha,\beta$-不饱和醛与酮通过共振而稳定，也使得羰基碳上的部分正电荷离域。正如 884 页页边 2-丁烯醛的静电势图所示，

2-丁烯醛

碳-碳双键是缺电子（绿色，不是红色；与 12-3 节比较）的，因此，β-碳是亲电性的（蓝色）。

## 2-丁烯醛的共振式

$$\left[ CH_3CH=CH-\overset{\displaystyle :\ddot{O}:}{\overset{\displaystyle \|}{CH}} \longleftrightarrow CH_3CH=CH-\overset{\displaystyle :\ddot{O}:^-}{\overset{\displaystyle |}{\overset{\displaystyle +}{CH}}} \longleftrightarrow CH_3\overset{\displaystyle +}{CH}-CH=CH\overset{\displaystyle :\ddot{O}:^-}{} \right]$$

$\alpha,\beta$-不饱和羰基化合物由于共振式导致电荷离域，可以从 NMR 谱图上反映出来。例如，反-2-丁烯醛，C-3（$\beta$-碳）上的氢与典型的烯烃上的氢（表 10-3 和 11-4 节）相比受到部分正电荷的去屏蔽作用，共振峰在 $\delta=6.88$ 处。C-2 上的氢虽然也受到邻位羰基的去屏蔽作用（17-3 节），但相对较弱，出现在 $\delta=6.15$ 处。与氢谱的数据一致，$^{13}C$ NMR 谱图中 C-3 和 C-2 分别在 $\delta=154.3$ 和 $\delta=134.6$ 出峰。极化的烯醇形式表明，C=O 键的双键性质被减弱。事实上，反-2-丁烯醛羰基的红外伸缩振动吸收频率向低波数移动，$\tilde{\nu}=1699cm^{-1}$；而丁醛的羰基伸缩振动吸收出现在 $\tilde{\nu}=1731cm^{-1}$ 处。

未共轭的 $\beta,\gamma$-不饱和醛、酮，很容易重排成共轭的异构体。如下面的例子所示，碳-碳双键移到了与羰基共轭的位置。

反应

## $\beta,\gamma$-不饱和羰基化合物异构化为共轭体系

$$\overset{\gamma}{CH_2}=\overset{\beta}{CH}CH_2\overset{\displaystyle O}{\overset{\displaystyle \|}{CH}} \xrightarrow{\text{H}^+ \text{ 或 HO}^-, \text{H}_2\text{O}} \overset{}{CH_3}\overset{\beta}{CH}=\overset{\alpha}{CH}\overset{\displaystyle O}{\overset{\displaystyle \|}{CH}}$$

3-丁烯醛                     2-丁烯醛：共轭使其更稳定

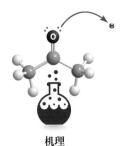

机理

这种异构化不仅可以被酸催化也可以被碱催化。在碱催化的机理中，中间体是共轭的二烯醇负离子，然后在碳末端发生质子化。

## 碱催化的 $\beta,\gamma$-不饱和羰基化合物的异构化机理

脱去 $\alpha$-氢，启动反应

$$CH_2=CH-\overset{\displaystyle H}{\overset{\displaystyle |}{\underset{\displaystyle |}{\underset{\displaystyle H}{C}}}}-\overset{\displaystyle :O:}{\overset{\displaystyle \|}{CH}} + \ ^-\!:\!\ddot{O}\!H \underset{}{\overset{\text{去质子化}}{\rightleftharpoons}}$$

$$\left[ CH_2=CH-\ddot{C}-\overset{\displaystyle :\overset{..}{O}:}{\overset{\displaystyle \|}{CH}} \longleftrightarrow CH_2=CH-CH-\overset{\displaystyle :\ddot{O}:^-}{\overset{\displaystyle |}{CH}} \longleftrightarrow \ ^-\!:\!CH_2-CH=CH-\overset{\displaystyle :O:}{\overset{\displaystyle \|}{CH}} \right] + H-\overset{..}{\underset{..}{O}}H$$

二烯醇负离子                                    质子化生成共轭醛

$$\xrightarrow{\text{再质子化}} CH_3-CH=CH-\overset{\displaystyle :O:}{\overset{\displaystyle \|}{CH}} + HO:^-$$

平衡利于稳定的共轭体系

## 练习18-22

（**a**）写出酸催化下3-丁烯醛异构化为2-丁烯醛的机理。（**提示**：回顾酸催化的酮式-烯醇式互变异构。）

（**b**）写出下列化合物用酸或碱处理得到的产物。

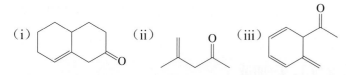

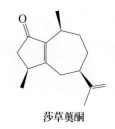

**莎草薁酮**

## $\alpha, \beta$-不饱和醛、酮可发生典型的碳-碳双键和碳-氧双键的反应

根据已知的碳-碳双键和碳-氧双键的化学性质，可以很好地预测 $\alpha, \beta$-不饱和醛、酮发生的许多反应。例如，钯-碳催化的氢化反应生成饱和的羰基化合物。

$$\xrightarrow{\text{H}_2,\ \text{Pd-C},\ \text{CH}_3\text{CO}_2\text{CH}_2\text{CH}_3\ (\text{溶剂：乙酸乙酯})}$$

95%

碳-碳 $\pi$ 体系可发生亲电加成。例如，$\alpha, \beta$-不饱和醛、酮经溴化反应生成二溴羰基化合物（与12-5节作比较）。

$$\text{CH}_3\text{CH}=\text{CHCCH}_3 \xrightarrow{\text{Br-Br},\ \text{CCl}_4} \text{CH}_3\text{CHCHCCH}_3$$

**3-戊烯-2-酮**　　　　　　　　　60%

**3,4-二溴-2-戊酮**

羰基官能团可发生普通的加成反应（17-5节）。例如，4-苯基-3-丁烯-2-酮与羟胺发生亲核加成（17-9节），生成预期的缩合产物肟（下节特例中的反应）。

$$\xrightarrow[-\text{H}_2\text{O}]{\text{NH}_2\text{OH},\ \text{H}^+}$$

**4-苯基-3-丁烯-2-酮**　　　　　　　　　**肟**
（熔点为115℃）

黑胡椒（图中所示为干燥之前的果实）的辛辣味来自倍半萜（4-7节）莎草薁酮，一种双环 $\alpha, \beta$-不饱和酮。莎草薁酮类化合物也存在于罗勒、牛至、百里香等植物中，同时，也是导致一些红酒具有辛辣味的原因，习题46就是利用分子内羟醛缩合合成莎草薁酮的。

## 练习18-23

设计一条从丙醛出发合成3-苯基-2-甲基-1-丙醇的路线。

## 小　结

$\alpha, \beta$-不饱和醛、酮比它们的非共轭异构体更稳定。碱或酸都可以催化 $\beta, \gamma$-不饱和醛、酮向 $\alpha, \beta$-不饱和醛、酮异构化。烯烃和羰基化合物的典型反应同样也是 $\alpha, \beta$-不饱和醛、酮的特征反应。

# 18-9　α, β-不饱和醛、酮的共轭加成反应

现在我们开始讲述α,β-不饱和醛、酮分子中共轭的羰基作为一个整体官能团参与的反应。这些反应类似前面遇到的共轭二烯（如1,3-丁二烯）的1,4-加成（14-6节）。根据反应试剂的不同，反应可以通过酸催化、自由基或亲核加成的机理进行。

## 整个共轭体系参与1,4-加成

一个共轭体系中只有其中一个π键参与的加成反应称为1,2-加成（与14-6节比较）。例如，α,β-不饱和醛、酮分子中，$Br_2$对碳-碳双键的加成，以及$NH_2OH$对碳-氧双键的加成等（18-8节）。为了从机理上区分各种不同加成反应的途径，化学家们用数字对α,β-不饱和羰基化合物中的原子进行编号，氧原子设为“1”，羰基碳原子为“2”，α-碳为“3”，β-碳为“4”。因此，下图中A—B对C=C的加成也被称为3,4-加成。

**极性试剂A—B对共轭烯酮的1,2-加成**

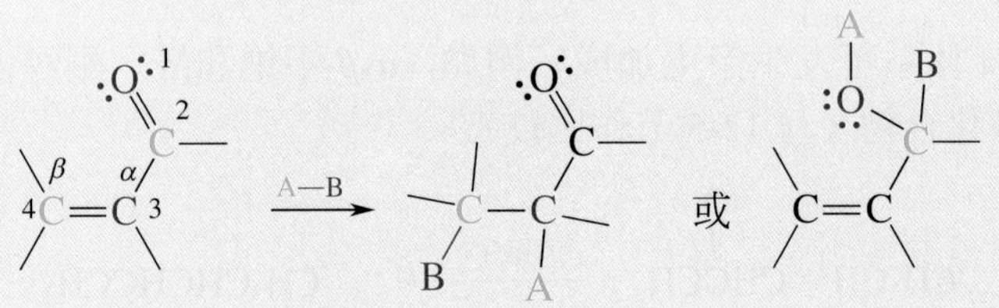


但是，有些试剂以1,4-加成的方式对共轭π体系进行加成，这一过程也称为**共轭加成**（conjugate addition）。在这些转化中，试剂的亲核性部分连接到羰基的β-碳上，而亲电部分（通常是质子）连到氧原子上。如下图的共振式和共振杂化式所示，α,β-不饱和羰基化合物中除了羰基碳以外（回顾17-2节），β-碳也带部分正电荷，形成第二个亲电反应位点。因此，亲核试剂对β-碳的加成反应属于预料中的过程。

**α, β-不饱和羰基化合物的共振式**

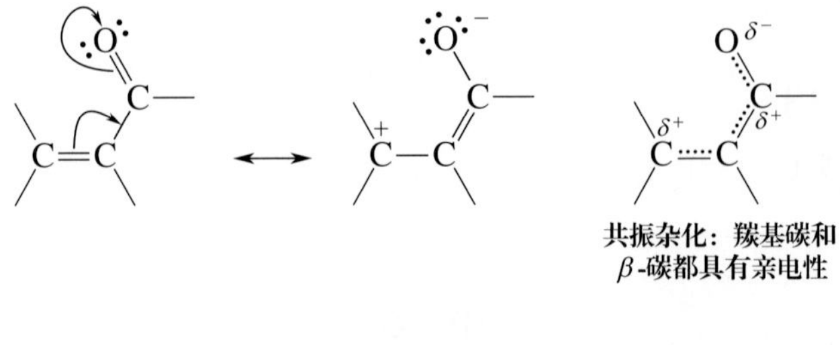

共振杂化：羰基碳和β-碳都具有亲电性

α,β-不饱和羰基化合物共轭加成首先生成烯醇，然后发生互变异构形成酮式异构体。因此，整个过程的最终结果可以看作是Nu—H对碳碳双键的1,2-加成（即对整个体系的3,4-加成）。

极性试剂A—B对共轭烯酮的1,4-加成

## 含氧和氮的亲核试剂可进行共轭加成

如下面例子（水合和胺化）所示，水、醇、胺以及类似的亲核试剂可进行1,4-加成。尽管这些反应可以在酸或碱催化下进行，但一般在碱催化下生成产物的速率更快而且产率更高。在高温下，这些反应很容易逆向进行。

β-碳：亲核进攻位点

**3-丁烯-2-酮** → **4-羟基-2-丁酮**

亲核进攻位点

**4-甲基-3-戊烯-2-酮** → 75% **4-甲基-4-甲氨基-2-戊酮**

什么因素决定发生1,2-加成还是1,4-加成反应呢？图中所示的亲核试剂反应都是可逆的。但是通常发生1,4-加成，因为1,4-加成产物是羰基化合物，比1,2-加成得到的其他物质［如水合物、半缩醛（酮）和半缩醛（酮）胺，参见17-6节、17-7节和17-9节］更稳定。胺的衍生物比较特殊，如羟胺、氨基脲或肼，它们发生1,2-加成反应生成的亚胺类产物可以从溶液中沉淀出来，从而驱动平衡不断向生成1,2-加成产物的方向移动。1,2-加成与1,4-加成之间的竞争进一步说明了羰基中典型的 Le Châtelier 平衡原理。

碱催化下对共轭醛和酮的加成反应机理是亲核试剂直接进攻β-碳，先形成一个烯醇负离子，然后被质子化。

**碱催化的α, β-不饱和醛、酮的水合机理**

亲核性的 HO⁻进攻
亲电性的 β -碳

烯醇负离子质子化

催化量的氢氧根离子再生

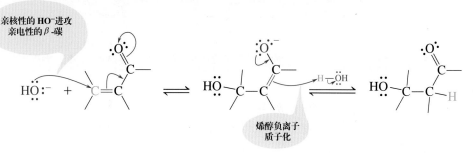

反应

机理

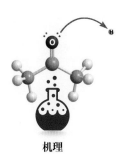

**练习18-24**

（a）写出下列反应的产物。

（i） [结构式] + CH₃OH, Ca(OH)₂

（ii） H₂C＝CHCHO + C₆H₅CH₂SH，NaOH

（iii） [结构式] + C₆H₅NH₂, H₂O

（b）在甲醇中用甲醇钠处理 3-氯-2-环己烯酮得到 3-甲氧基-2-环己烯酮，写出反应机理。（**提示**：从共轭加成开始。）

α,β-不饱和醛、酮与亲核试剂反应可以在 β-碳上形成新键，这使得它们在合成化学上很有价值。将这种能力扩展到碳亲核试剂，提供了一个形成碳-碳键的方法。本章后面的部分将讨论这一类型的反应。

### 与氰化氢也发生共轭加成

与氰醇的形成过程不同（17-11 节），在酸存在下，氰化物与共轭醛或酮反应，结果是氰基进攻 β-碳。这一转化过程通过 1,4-加成机理进行。反应包括氧原子的质子化、对 β-碳的亲核进攻和最后的烯醇式-酮式互变异构。

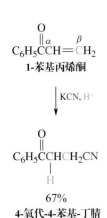

O
‖  α    β
C₆H₅CCH＝CH₂
**1-苯基丙烯酮**

↓ KCN, H⁺

O
‖
C₆H₅CCHCH₂CN
|
H

**67%**
**4-氧代-4-苯基-丁腈**

**练习18-25**

（a）用推电子弯箭头表示酸催化下氰化物对 1-苯基丙烯酮的 1,4-共轭加成反应机理（页边）。

（b）设计一条如下图所示的二醇合成产物的路线。

[结构式] HO～～～OH ---> [环戊烷结构，含 CHO 和 CN 取代基]

---

**小 结**

由于可以发生 1,4-加成反应，α,β-不饱和醛、酮是应用广泛的有机合成单元。与氰化氢加成生成 β-氰基羰基化合物，含氧和氮亲核试剂也可以加成到 β-碳上。

---

## 18-10 | 与金属有机试剂的1，2-和1，4-加成

金属有机试剂与 α,β-不饱和醛、酮反应时，既可以发生 1,2-加成，也可以发生 1,4-加成。例如，有机锂试剂几乎专一性地亲核进攻羰基碳原子。

## 有机锂试剂专一性的1, 2-加成

$$CH_3-C(CH_3)=CH-C(=O)-CH_3 \xrightarrow[\text{2. }H^+,H_2O]{\text{1. }CH_3Li, (CH_3CH_2)_2O} CH_3-C(CH_3)=CH-C(OH)(CH_3)-CH_3$$

**4-甲基-3-戊烯-2-酮**　　　　　　**2,4-二甲基-3-戊烯-2-醇** 81%

格氏试剂与 $\alpha,\beta$-不饱和醛、酮的反应一般用途不大，因为根据反应物结构和反应条件的不同，格氏试剂有可能发生 1,2-加成、1,4-加成或两种反应同时发生。幸运的是，另一种金属有机试剂即有机铜试剂非常有效，反应只生成共轭加成产物。**有机铜试剂**（organocuprate）的经验式是 $R_2CuLi$，其制备方法是将两分子的有机锂试剂加入到一分子的碘化亚铜（CuI）中（真实生活 8-3）。

## 有机铜试剂的制备

$$2CH_3Li + CuI \longrightarrow (CH_3)_2CuLi + LiI$$
**二甲基铜锂**
**（有机铜试剂）**

有机铜试剂对 1,4-加成有很高的选择性：

## 有机铜锂试剂专一性的1,4-加成

$\beta$-碳:亲核
反应进攻位点

$$CH_3(CH_2)_5CH=C(CH_3)-CH=O \xrightarrow[\text{2. }H^+,H_2O]{\text{1. }(CH_3)_2CuLi, THF, -78°C, 4 h} CH_3(CH_2)_5CH(CH_3)-CH(CH_3)-CH=O$$

**2-甲基-2-壬烯醛**　　　　　　**2,3-二甲基壬醛** 40%　　　反应

由铜介导的 1,4-加成反应是通过复杂的电子转移机理进行的。第一个能分离到的中间体是烯醇负离子，可以被烷基化试剂捕获，如 18-4 节所示。共轭加成串联烷基化反应，构成了对不饱和醛、酮进行 $\alpha,\beta$-双烷基化的有效方法。

### 不饱和羰基化合物的α, β-双烷基化

$$\begin{array}{c} \text{（烯酮）} \xrightarrow[\text{2. }R'X]{\text{1. }R_2CuLi} \text{（双烷基化产物）} \end{array}$$

### 不饱和羰基化合物的双烷基化反应的机理

**步骤 1. 铜试剂亲核进攻**

烯醇负离子

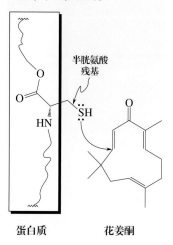

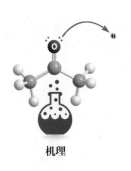

**机理**

步骤 2. 卤代烷的亲电进攻

下面的反应就是一个很好的例子。

**(E)-3-戊烯-2-酮**

1. (CH$_3$)$_2$CuLi, (CH$_3$CH$_2$)$_2$O
2. H$_2$C=CHCH$_2$Br

**3-(1-甲基乙基)-
5-己烯-2-酮**

1. (CH$_3$CH$_2$CH$_2$CH$_2$)$_2$CuLi, THF
2. CH$_3$I

84%, 4∶1

**反- 和顺-3-丁基-2-甲基环己酮
(位阻小的反式产物为主)**

---

## 解题练习18-26

**运用概念解题：共轭加成在有机合成中的应用**

如何从 3-甲基-2-环己烯酮合成 ？

**策略：**

- **W：**有何信息？目标产物及原料是什么？合成题主要测试逆合成分析能力。换句话说，逆合成分析并不是从起始原料开始，而是通过你所知道的反应逐步构建目标化合物。直接从原料开始设计的方法很难得到目标产物。

- **H：**如何进行？从哪里开始？写出原料的结构，找出目标产物中原料的骨架。预计产物中需要构建哪些键。

- **I：**需用的信息？本节所学的反应能否用于构建必要的键？

- **P：**继续进行。

**解答：**

• 目标产物中多了一个环，这表明可能通过分子内羟醛缩合来构建第二个环。先进行逆合成分析，再继续下一步。

• 目标分子含有的 α,β- 不饱和酮的 C=C（箭头所指），可以通过环己酮的 α-碳与醛基侧链（核心结构）的分子内羟醛缩合反应构建。

• 由于醛基侧链与环己酮的 β-碳相连，因此，以 3-甲基-2-环己烯酮为指定原料，通过共轭加成可以得到相应的酮醛中间体。

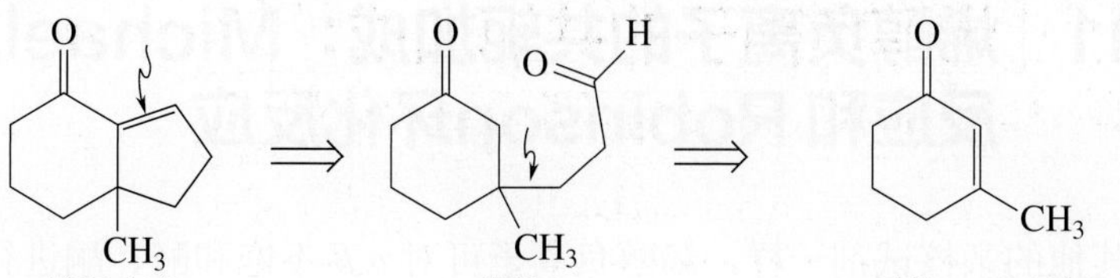

目标分子　　酮醛　　3-甲基-2-环己烯酮

• 在根据逆合成分析设计合成路线之前，请注意侧链是用于进行 1,4-亲核加成的，必须引入有机铜试剂，而有机铜试剂需由卤代烷经过有机锂试剂制备。然而，侧链分子同时还含有一个醛基，必须对醛基进行保护才能成功制备有机锂试剂（回顾 17-8 节）。

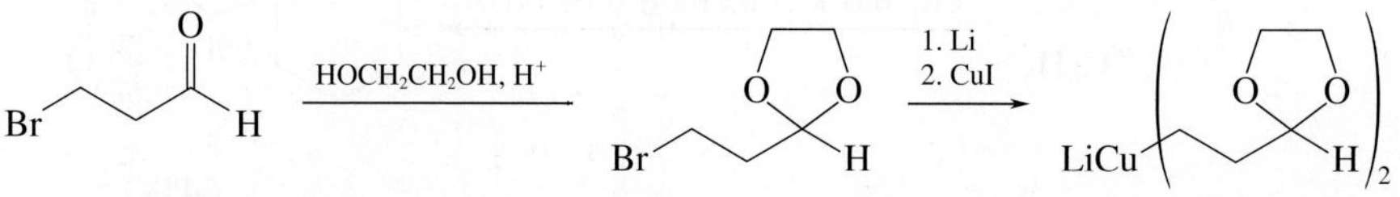

• 整个合成路线如下：环己烯酮与有机铜试剂加成，缩醛水解释放出醛基，然后发生分子内羟醛缩合反应。

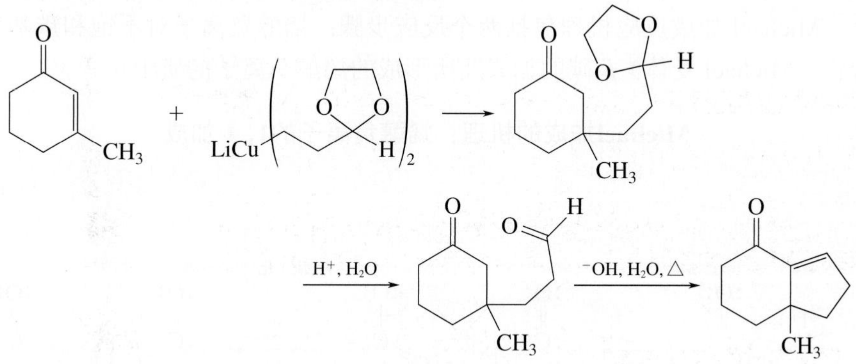

• 在碱的作用下，最后一步的酮醛有不止一个 $\alpha$-碳可去质子化。考虑所有可能发生的羟醛反应（18-7 节），说明仅得到图示的缩合产物的原因。

## 18-27 自试解题

设计一条由 3-甲基-2-环己烯酮合成 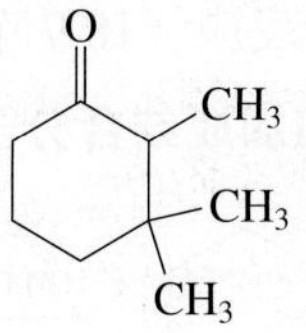 的路线。从目标产物入手逆推。

## 小 结

有机锂试剂对 $\alpha,\beta$-不饱和羰基体系进行 1,2-加成，而有机铜试剂进行 1,4-加成。1,4-加成反应先生成 $\beta$-取代的烯醇负离子，再与卤代烷反应形成 $\alpha,\beta$-双烷基化的醛和酮。

## 18-11 | 烯醇负离子的共轭加成：Michael加成反应和Robinson环化反应

与其他的亲核试剂一样，烯醇负离子可对 $\alpha,\beta$-不饱和醛、酮进行共轭加成反应，这一反应称为**迈克尔[1]加成**（Michael addition）。

**Michael加成**

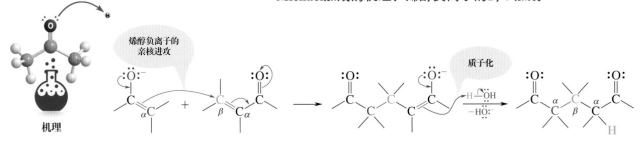

64%

在上述例子中，反应条件有利于生成热力学稳定的烯醇负离子，其负电荷位于取代基更多的碳原子上（红色，回顾 18-1 节）。

Michael 加成反应机理包括两个反应步骤：烯醇负离子对不饱和羰基化合物（Michael 受体）$\beta$-碳的加成及所形成的烯醇负离子的质子化。

**Michael加成的机理：烯醇负离子的1，4-加成**

烯醇负离子的亲核进攻

质子化

> 再次强调，此处仅展示生成目标化合物的机理，体系中同时还会生成烯醇负离子及半缩醛（酮），由于这两种反应是可逆的"死胡同"型平衡反应，因此在反应式中不予显示。

正如机理所示，整个反应之所以能发生，是因为烯醇负离子的 $\alpha$-碳具有亲核性，而 $\alpha,\beta$-不饱和羰基化合物的 $\beta$-碳是亲电性的。反应结果得到一个双羰基化合物，两个羰基之间隔着三个碳原子，按 $\alpha$-$\beta$-$\alpha$ 的顺序排列。

对于某些 Michael 受体，如 3-丁烯-2-酮，最先产生的加成产物可以进一步发生分子内羟醛缩合反应（18-7 节），从而形成一个新的六元环。

**Michael加成结合分子内缩合：Robinson环化**

3-丁烯-2-酮

CH₃CH₂O⁻Na⁺, CH₃CH₂OH, (CH₃CH₂)₂O, −10°C
热力学稳定的烯醇负离子的Michael加成

分子内羟醛缩合

△, HO⁻
− HOH

54%          86%

---
[1] 亚瑟·迈克尔（Arthur Michael，1853—1942），美国哈佛大学教授。

Michael 加成之后接着进行的分子内羟醛缩合反应称为**罗宾森❶环化**（Robinson annulation）。

动画展示机理：
Robinson环化

## Robinson环化反应

Robinson 环化反应在多环体系的合成中有着广泛的应用，包括甾族化合物和其他含六元环的天然产物。

## 解题练习18-28

**运用概念解题：Michael加成和Robinson环化在合成中的应用**

利用 Michael 加成和 Robinson 环化合成

**策略：**
- **W：** 有何信息？练习中给出了要使用的合成方法，即环己烯环的构建方法。
- **H：** 如何进行？将目标分子与Robinson环化反应给出的例子相比较，利用逆合成分析推测出需要的原料。
- **I：** 需用的信息？万事俱备，只需确保在逆合成分析时首先从$\alpha,\beta$-不饱和酮的C＝C双键处切断，然后利用本节学到的反应向后推进。
- **P：** 继续进行。

**解答：**
- $\alpha,\beta$-不饱和酮的 C＝C 双键可通过羟醛缩合来构建。因此，首先将目标化合物的 C＝C 双键切断，将原来的 $\beta$-碳用羰基（C＝O）取代。为什么要用羰基取代？因为在羟醛缩合反应中，原料中的羰基会转化为产物中的 $\beta$-碳。切断后得到一个下页所示的酮醛。

---

❶ 罗伯特·罗宾森（Robert Robinson，1886—1975），英国牛津大学，1947 年诺贝尔化学奖获得者。

• 此化合物是一个"1,5-二羰基"化合物：无论从哪个羰基开始编号，另一个羰基都位于 5 号位。此类化合物可以通过烯醇负离子对 $\alpha,\beta$-不饱和羰基化合物的 Michael 加成反应制备。对可能使用的原料进行逆合成分析，此化合物有两个 $\alpha$-$\beta$ 键，可以从任一个 $\alpha$-$\beta$ 键切断，因此有两种切断方式：

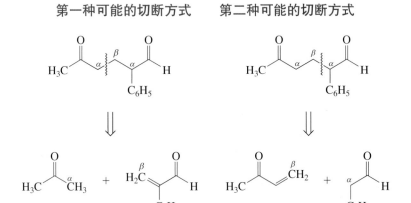

• 我们有两种方案可选：丙酮烯醇负离子对 2-苯基丙烯醛的 Michael 加成（上图左侧）和 2-苯基乙醛烯醇负离子对 3-丁烯-2-酮的 Michael 加成（上图右侧）。到底哪个方案更好？ Michael 加成反应通常是在碱性条件下进行，并且醛比酮更易发生羟醛缩合（18-5 节）。因此，第二种方案可能会受到 2-苯基乙醛自身缩合的影响，风险较高。第一种方案，丙酮烯醇负离子与醛发生 Michael 加成反应要比丙酮自身发生羟醛缩合反应更容易。另外，所使用的醛没有 $\alpha$-氢，因此不会发生自身羟醛缩合反应。这样，我们就明确了正向合成所需的所有原料，接下来利用 Robinson 环化反应完成合成。

## 18-29 自试解题

基于 Michael 加成（a）或 Robinson 环化［(b)，(c)］反应，写出下列化合物的逆合成步骤。

（a）　　（b）　　（c）

抗生素平板霉素的
结构片段（下页页边）

# 小　结

　　Michael 加成反应的结果是一个烯醇负离子发生共轭加成生成二羰基化合物。Robinson 环化反应结合了 Michael 加成反应和随后的分子内羟醛缩合反应，最终生成一个新的环状烯酮。

---

# 总　结

　　本章我们继续就羰基化合物进行了讨论，主要学习了 α 位碳原子和氢原子的特殊性质，具体内容包括：

- 与羰基相邻的 α-碳上的氢是酸性的，可在强碱的作用下脱去，生成共振稳定的烯醇负离子（18-1 节）。

- 在酸或碱的存在下，具有 α-氢的醛或酮与其较不稳定的异构体烯醇式处于互变平衡，该平衡中 α-氢转移到氧原子上生成了平面的 $sp^2$ 杂化的 α-碳（18-2 节）。

- 烯醇和烯醇负离子均可以和卤素反应生成 α-卤代醛和酮。碱性条件下，反应持续进行，以至所有的 α-氢都被卤代；酸性条件下，反应在单卤代后终止（18-3 节）。

- 虽然烯醇负离子具有良好的亲核性，但是与卤代烷以 $S_N2$ 反应途径直接进行烷基化往往产生较多副反应。通常利用烯胺进行烷基化是更好的选择（18-4 节）。

- 羟醛加成和羟醛缩合反应可在一个羰基的 α-碳与另一个分子的羰基碳之间构建化学键。酸或碱均可催化反应，中间体分别为亲核性的烯醇或烯醇负离子（18-5 节）。

- 对于可烯醇化的醛来说，羟醛反应通常会伴随二聚反应。两个不同的醛反应将生成所有四个可能的产物，除非其中一个醛不具有可反应的 α-氢。酮的羟醛反应需要较高的能量，因此不像醛那样容易进行，但是可以生成五元环或六元环的分子内反应是一个特例（18-6 节和 18-7 节）。

- 羟醛缩合的产物是 α,β-不饱和醛或酮。C=C 键和 C=O 键的共轭使得体系更加稳定，同时使 β-碳具有亲电性。所以既可以发生 1,2-加成也可以发生 1,4-加成（18-8 节）。

- α,β-不饱和醛酮亲核加成的区域选择性取决于所用的亲核试剂：RLi 发生 1,2-加成，而 $R_2CuLi$ 发生 1,4-加成。烯胺和烯醇负离子作为亲核试剂也发生 1,4-加成，此类反应称为共轭或 Michael 加成（18-9 节和 18-10 节）。

- 将烯醇负离子对 α,β-不饱和醛、酮的 Michael 加成与分子内羟醛缩合结合起来可以制备取代的环己烯酮，称为 Robinson 环化反应（18-11 节）。

---

## Robinson 环化反应用于合成抗生素

　　Robinson 环化反应在复杂分子构建方面的强大能力在新型抗生素平板霉素（Platensimycin）的合成中得到了体现[练习 29(c)]。

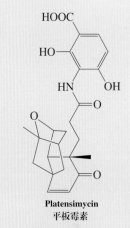

**Platensimycin**
平板霉素

　　平板霉素是 2006 年从链霉菌菌株中分离出来的抗生素，对耐药菌株具有抗菌活性（真实生活 20-2）。平板霉素通过抑制病原体的细胞膜生长从而抑制细菌。其作用机制新颖，不会在人体内发生，因此基本无毒。但是平板霉素药代动力学性质较差，在体内很快被清除，其临床应用受到限制。近十年来人们努力提高其生理半衰期，但目前唯一有效方式仍是持续注射给药。

下一章我们将继续学习羰基化合物羧酸，了解这一高度氧化的体系与一般的羰基化合物相比有何特性。与羰基相邻的碳原子上的氢（$\alpha$-氢）的强酸性，将通过羧酸类化合物 O—H 基团质子的酸性来阐述。另外，羧基的羟基部分是潜在的离去基团。第 19 章将介绍另一种新型的取代反应，即羧酸衍生物化学反应的核心内容：加成-消除反应的途径。

# 18-12 | 解题练习：综合运用概念

本章最后练习羟醛缩合、Michael 加成和 Robinson 环化反应的合成应用问题。

### 解题练习18-30　利用逆合成分析，基于羟醛缩合构建分子

尽可能设计多种页边所示双环酮的合成方法，每一种方法至少使用一次羟醛缩合。可以使用任何原料。

策略：

• **W**：有何信息？利用可生成 $\alpha,\beta$-不饱和酮的羟醛缩合反应，设计多种双环饱和酮的合成方法。

• **H**：如何进行？需要逆向思考。如何将目标化合物和羟醛缩合产物联系起来？由于双键可以通过催化氢化还原。因此，进行逆合成分析时可以在分子中引入双键。

• **I**：需用的信息？复习分子内羟醛缩合反应，下图所示的三种 $\alpha,\beta$- 不饱和酮可以作为前体化合物。

• **P**：继续进行。

解答：

找出了这些前体的结构，就可以开始思考使用什么原料，如何通过分子内羟醛缩合反应构造这三个前体化合物的结构。用逆合成分析法，断开双键。每一个断开的 $\beta$-碳来自于一个羰基。这样就给出了如下所示的三个结构式，按照上述与它们对应的羟醛烯酮产物相同的方式从左到右排列。

剩下的就是利用必要的试剂按照上述分析完成合成。下面只以三个原料中的第一个原料为例列出合成反应式，另外两个可以用类似的方法完成。

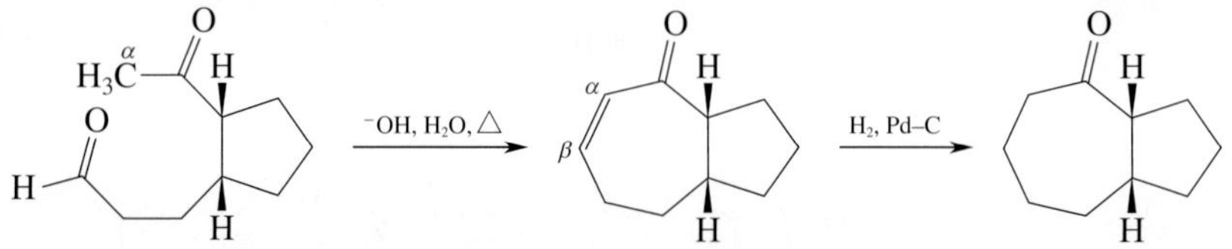

## 解题练习18-31　利用Robinson环化反应构建环状化合物

**Robinson** 环化反应是构建六元环非常有效的方法。因此，这一反应在甾族化合物的合成中有着广泛应用。以页边的双环化合物为原料，提出合成下面甾族化合物的方法。合成线路中可以应用一步或几步 Robinson 环化反应。

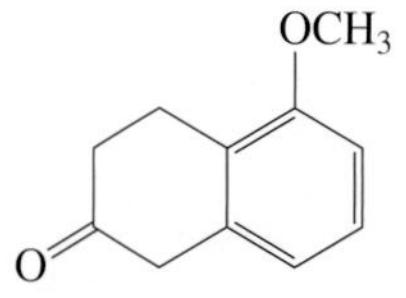

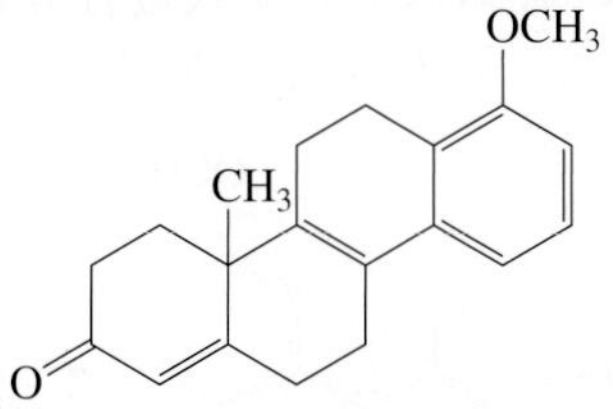

**策略：**

• **W**：有何信息？ Robinson 环化反应结合了 $\alpha,\beta$-不饱和酮的 Michael 加成反应和分子内羟醛缩合反应（18-11 节）形成一个环己烯酮。

• **H**：如何进行？你能看出目标化合物的哪部分结构对应页边的分子吗？（**提示**：找出两个分子中甲氧基取代的苯。）对目标化合物进行逆合成分析（8-8 节），结果是 A 环可断开两个键：逆羟醛缩合反应断开碳-碳双键；以及逆 Michael 加成反应断开碳-碳单键。

• **I**：需用的信息？通过 Robinson 环化反应构建 A 环与 18-11 节中示例的 2-甲基环己酮和 3-丁烯-2-酮的缩合反应紧密相关。

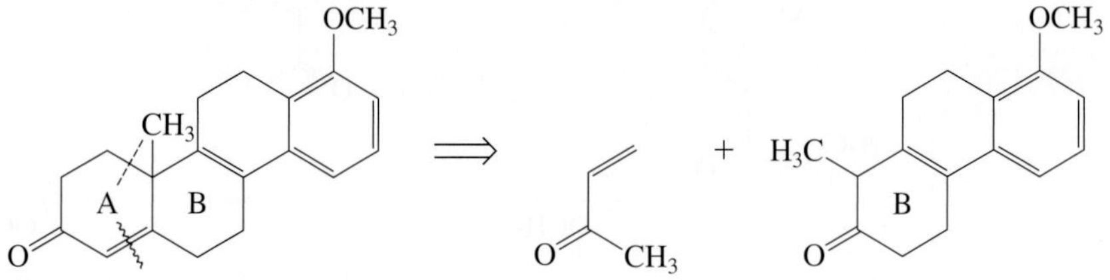

• **P**：继续进行。

**解答：**

在这一阶段已经将目标化合物的四环体系简化为三环体系。但是，后者是一个 $\beta,\gamma$-不饱和酮，并不是能通过 Robinson 环化构建 B 环的原料。如果暂时不考虑这一问题，能从酮出发通过 Robinson 环化合成一个与上述三环化合物一样的分子骨架吗？答案是肯定的。事实上，能合成一个双键异构体：

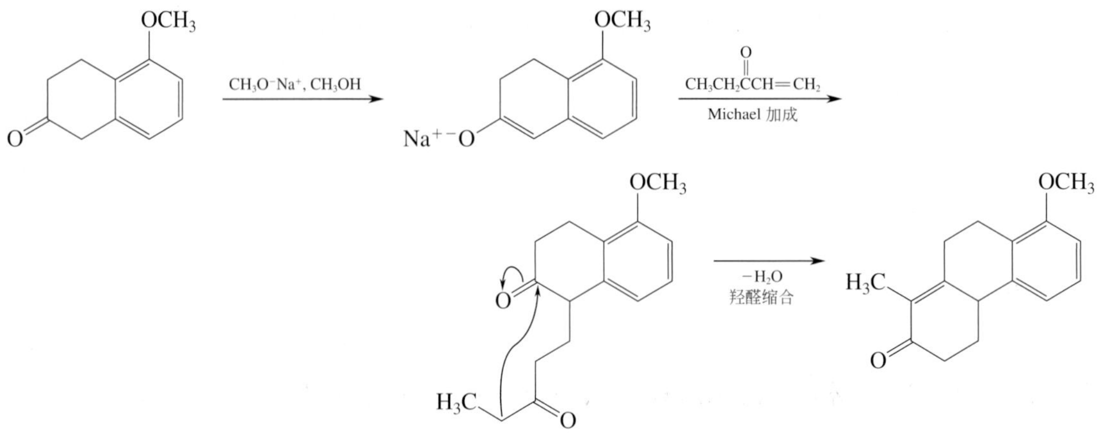

　　到此问题已经基本解决了。剩下的就是如何用制备的三环酮经第二次 Robinson 环化得到四环化合物。要做到这点，可以从反应机理来考虑，提出这样的问题："发生环化反应所需的烯醇负离子的结构应该是怎样的？"需要的烯醇负离子是下图中右边的结构，它是一个烯丙基烯醇负离子（14-4 节），写出另一个共振式，对第二个共振式进行分析，可以推断它可以通过前面生成的三环化合物烯丙（γ）位去质子化得到。

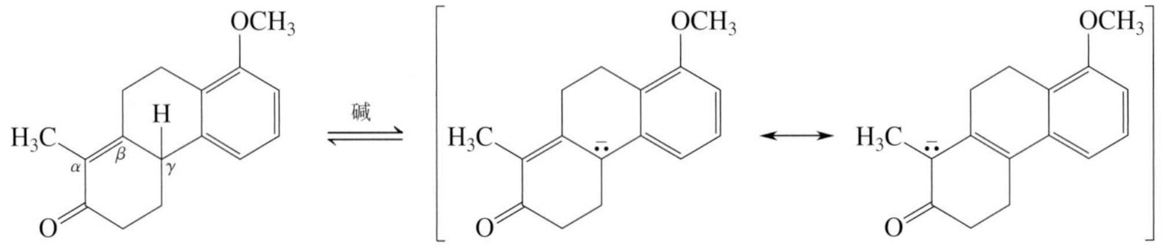

共振稳定的烯丙基烯醇负离子

　　上述分析结果实际上意味着什么？这意味着可以直接用前面反应得到的 $\alpha,\beta$-不饱和酮进行所需的 Robinson 环化反应，没必要制备逆合成分析中所需的 $\beta,\gamma$-不饱和酮，因为去质子化后它们可得到相同的烯醇负离子。整个合成线路如下所示：

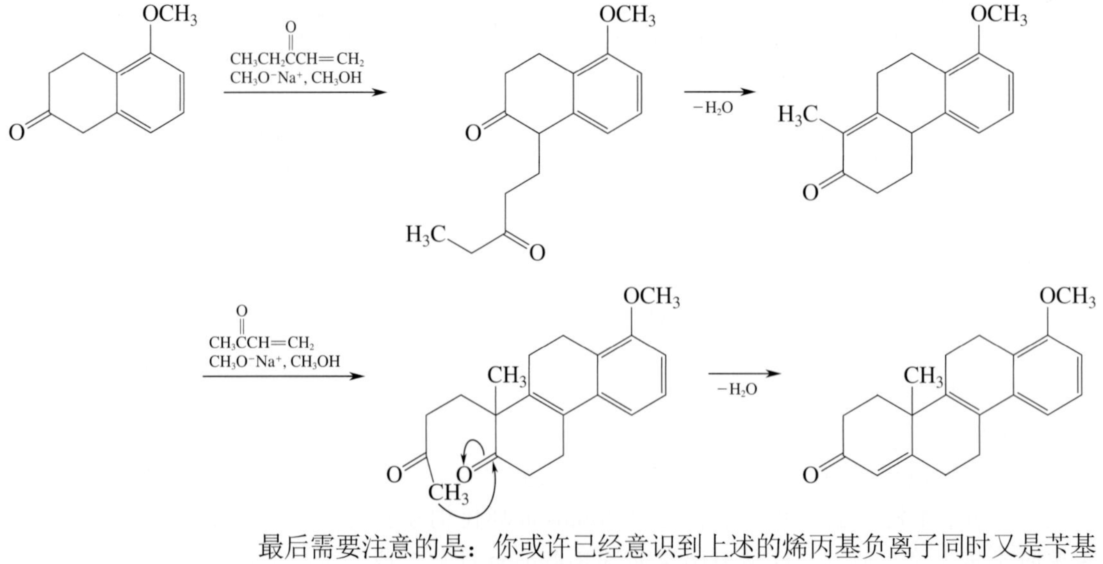

　　最后需要注意的是：你或许已经意识到上述的烯丙基负离子同时又是苄基负离子，因此和苯环共轭而更加稳定。苄基的共振将在 22-1 节中详细讨论。欲进行更多的有关 Robinson 环化反应的练习，请看习题 59、习题 63 和习题 64。

## 新反应

### 烯醇负离子和烯醇的合成与反应

#### 1. 烯醇负离子（18-1 节）

$$RCH_2CR' \xrightarrow[\text{或其他强碱, } -78℃]{\text{LDA 或 KH 或 } (CH_3)_3CO^-K^+} RCH=C(O^-)R'$$

烯醇负离子

#### 2. 酮式-烯醇式平衡（18-2 节）

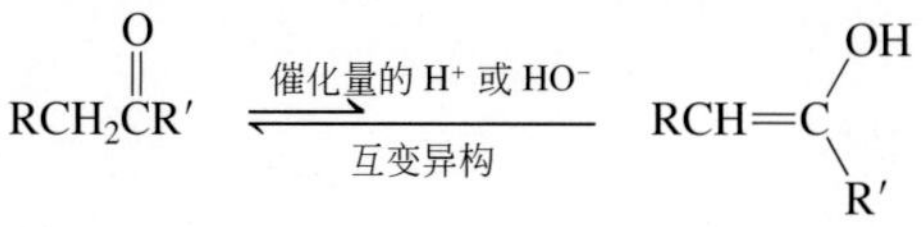

$$RCH_2CR' \underset{\text{互变异构}}{\overset{\text{催化量的 } H^+ \text{ 或 } HO^-}{\rightleftharpoons}} RCH=C(OH)R'$$

#### 3. 氢-氘交换（18-2 节）

$$RCH_2CR' \xrightarrow{D_2O,\ DO^- \text{ 或 } D^+} RCD_2CR'$$

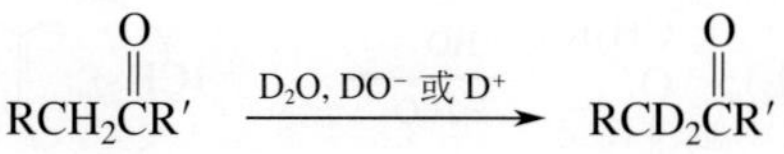

#### 4. 立体异构化（18-2 节）

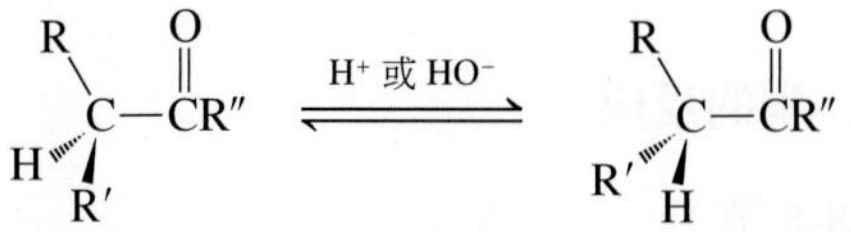

$$\xrightarrow{H^+ \text{ 或 } HO^-}$$

#### 5. 卤代反应（18-3 节）

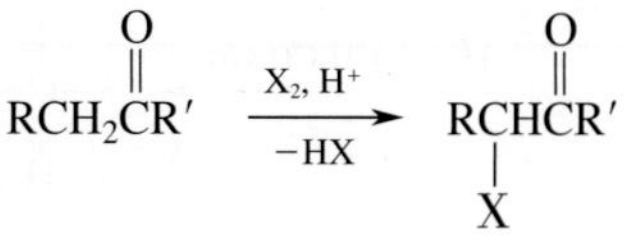

$$RCH_2CR' \xrightarrow[-HX]{X_2,\ H^+} RCH(X)CR'$$

#### 6. 烯醇负离子的烷基化反应（18-4 节）

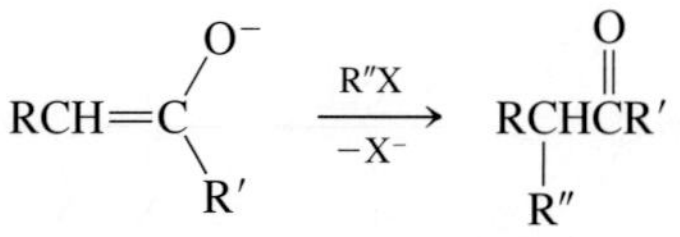

$$RCH=C(O^-)R' \xrightarrow[-X^-]{R''X} RCH(R'')CR'$$

$S_N2$反应：R″X 必须是甲基卤或伯卤代烷

#### 7. 烯胺的烷基化反应（18-4 节）

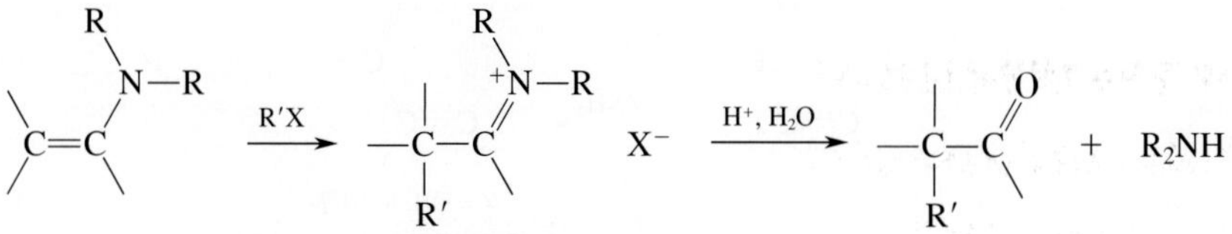

$S_N2$ 反应：R′X 必须是甲基卤, 伯卤代烷或仲卤代烷

#### 8. 羟醛缩合反应（18-5 节～18-7 节）

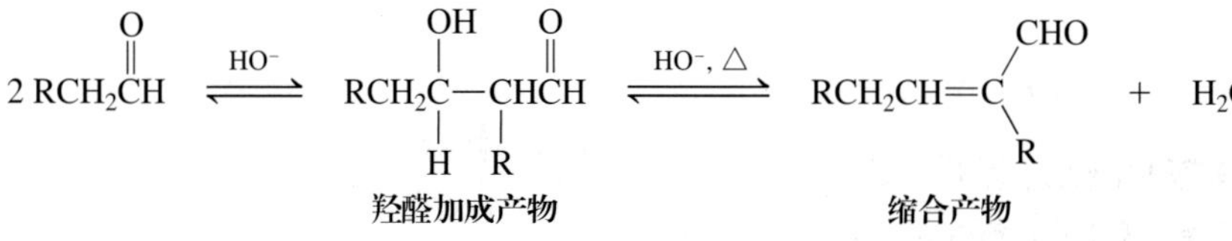

羟醛加成产物　　　缩合产物

交叉羟醛缩合反应（其中一个醛不能烯醇化）

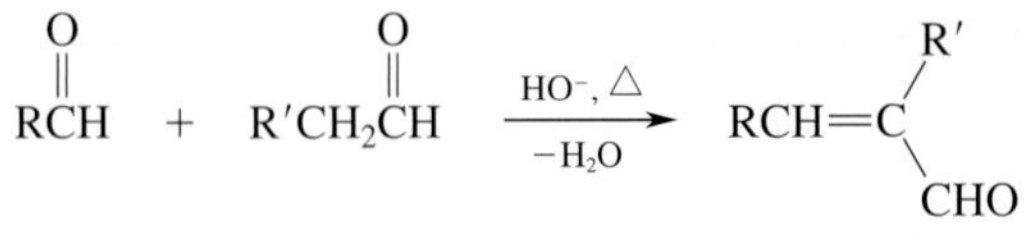

$$RCHO + R'CH_2CHO \xrightarrow[-H_2O]{HO^-,\ \triangle} RCH=\underset{CHO}{\overset{R'}{C}}$$

酮

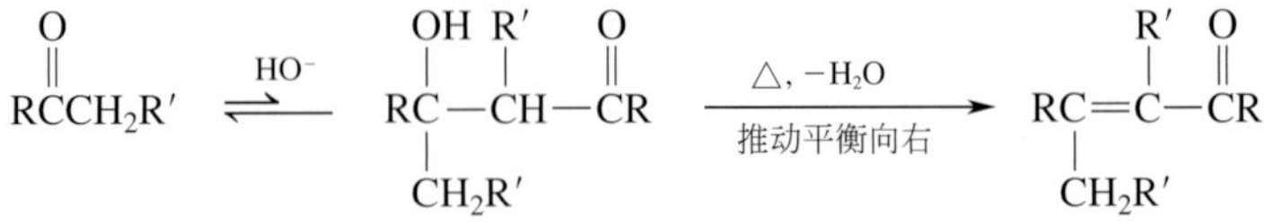

$$RCOCH_2R' \underset{}{\overset{HO^-}{\rightleftharpoons}} \underset{CH_2R'}{\overset{OH\ R'}{RC-CH-COR}} \xrightarrow[\text{推动平衡向右}]{\triangle,\ -H_2O} \underset{CH_2R'}{\overset{R'\ O}{RC=C-CR}}$$

分子内羟醛缩合反应

$$\xrightarrow[-H_2O]{HO^-}$$

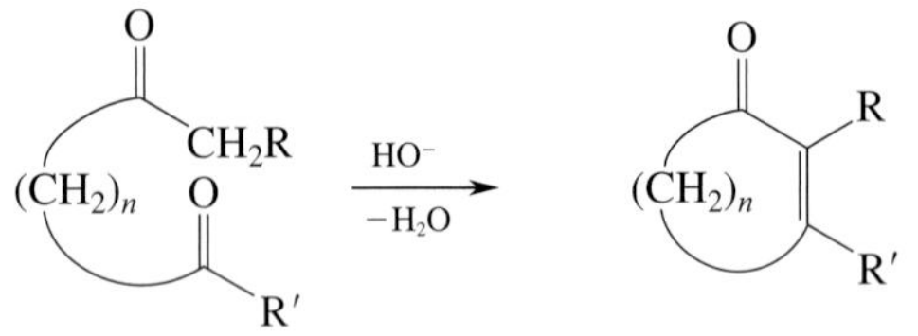

张力小的环优先

## $\alpha, \beta$-不饱和醛、酮的反应

### 9. 氢化反应（18-8 节）

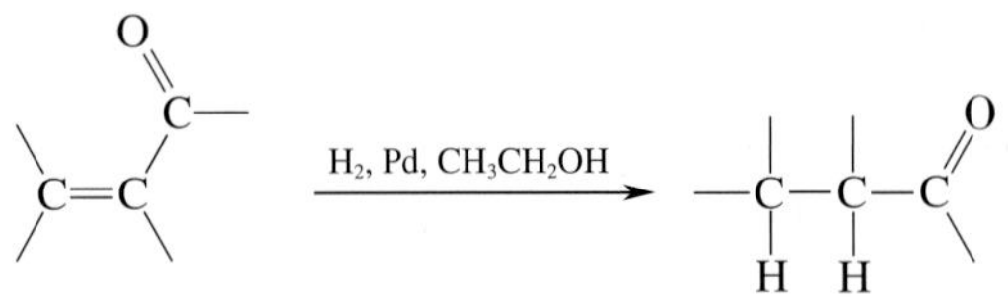

$$\xrightarrow{H_2,\ Pd,\ CH_3CH_2OH}$$

### 10. 卤素加成反应（18-8 节）

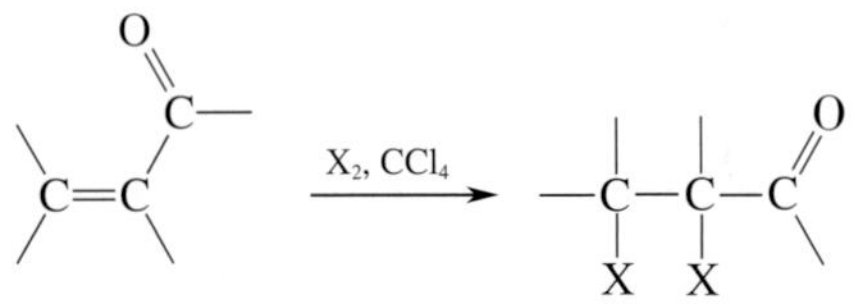

$$\xrightarrow{X_2,\ CCl_4}$$

### 11. 与胺衍生物的缩合反应（18-8 节）

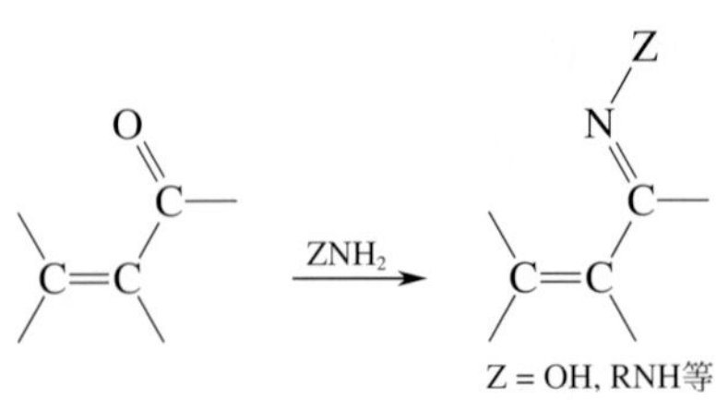

$$\xrightarrow{ZNH_2}$$

Z = OH, RNH 等

## $\alpha, \beta$- 饱和醛、酮的共轭加成反应

### 12. 氰化氢加成（18-9 节）

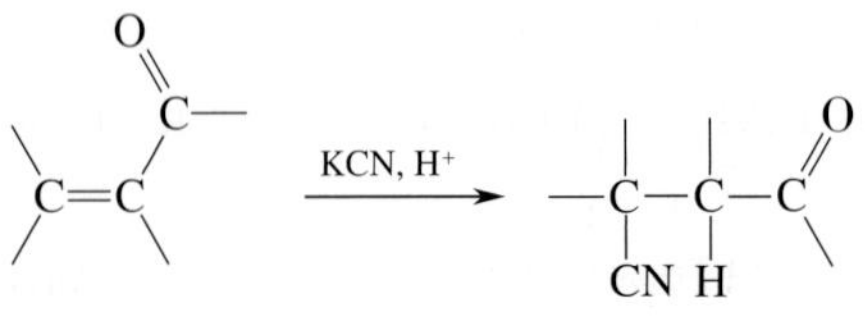

$$\xrightarrow{KCN,\ H^+}$$

### 13. 与水、醇、胺的加成（18-9 节）

### 14. 金属有机试剂加成（18-10 节）

取决于试剂和底物的结构，**RMgX**的加成反应
可能是**1,2-加成**或 **1,4-加成**。

有机铜试剂加成及烯醇负离子烷基化

### 15. Michael 加成（18-11）

### 16. Robinson 环化（18-11）

## 重要概念

1. 羰基邻位的氢（$\alpha$-氢）是酸性的，原因是羰基为吸电子基团，而且所形成
   的**烯醇负离子**因共振而得以稳定。非对称的酮在低温下用LDA处理得到
   取代少的**动力学烯醇负离子**。在较高的温度下使用较弱的碱得到取代多的

热力学烯醇负离子。

**2.** 对烯醇负离子的亲电进攻可以发生在α-碳，也可以在氧原子上。卤代烷一般进攻α-碳，氧原子的质子化形成**烯醇**。

**3.** **烯胺**是烯醇盐的中性类似物。氮原子上孤对电子的共振使双键远端的β-碳具有亲核性。因此，可以发生烷基化反应得到亚胺盐正离子，然后在水相中进行后处理水解生成醛和酮。

**4.** 醛和酮与它们的烯醇式形成互变异构平衡，酸或碱可以催化**烯醇式-酮式互变异构**。这种互变异构平衡可用于实现α-氘代和立体异构化平衡。

**5.** 酸或碱均可催化羰基化合物的**α-卤代反应**。酸催化时，卤素进攻烯醇的碳-碳双键发生卤代反应。卤原子的取代使得随后重新烯醇化的速率减慢。碱催化时，卤素进攻烯醇负离子的α-碳，随后的烯醇化速率由于卤原子的引入而加快。

**6.** 烯醇负离子是亲核性的，它们在**羟醛缩合反应**中可逆地进攻醛或酮的羰基碳；也可在Michael加成反应中进攻α,β-不饱和羰基化合物的β-碳。

**7.** α,β-不饱和醛、酮表现出普通碳-碳双键和羰基的化学性质，但有时共轭体系作为一个整体发生反应，例如酸和碱催化的1,4-加成反应。有机铜试剂进行1,4-加成，而有机锂试剂通常进攻羰基。

## 习 题

**32.** 在下列化合物结构中的α-碳下面划线，并圈出α-氢。

（a）CH₃CH₂CCH₂CH₃ 的结构式，含有羰基 O

（b）CH₃CCH(CH₃)₂ 的结构式，含有羰基 O

（c）环己酮结构（2,6-二甲基环己酮，顺式）H₃C、CH₃

（d）环己酮结构（2,6-二甲基环己酮，反式）H₃C、CH₃

（e）2,2-二甲基环己酮结构 CH₃ CH₃

（f）环己基甲醛结构 CHO

（g）(CH₃)₃CCH 的结构式，含有羰基 O

（h）(CH₃)₃CCH₂CH 的结构式，含有羰基 O

**33.** 写出习题32中各羰基化合物可能形成的所有烯醇和烯醇负离子的结构式。

**34.** 如果将习题32中各羰基化合物分别用下列试剂处理，将生成何种产物？
（a）碱的D₂O溶液；（b）1e.q.溴的乙酸溶液；
（c）过量Cl₂的碱溶液。

**35.** 从相应的非卤代酮出发，合成下列卤代酮，写出最佳实验条件。

（a）C₆H₅CHCCH₃ 的结构式，含有 Br 和 O

（b）结构式 Cl Cl Cl Cl 和 O

（c）结构式 O 与 Cl

（d）结构式 O 与 Br Br

**36.** 提出下列反应的机理。（**提示：**注意反应形成的所有产物，并参考18-3节讲述的酸催化下丙酮的溴代反应机理。）

$$
\text{环己酮} + SO_2Cl_2 \xrightarrow{\text{催化量 HCl, CCl}_4} \text{2-氯环己酮} + SO_2 + HCl
$$

**37.** 一分子3-戊酮与一分子的LDA反应，然后加入一分子的下列各种试剂。写出各个反应的预期产物。

（a）CH₃CH₂Br
（b）(CH₃)₂CHCl

（c）(CH₃)₂CHCH₂OSO₂——CH₃（对甲苯磺酸酯结构）
（d）(CH₃)₃CCl

**38.** 写出下列反应的产物。

（a）
结构：吡咯烷 N
1. H, H⁺
2. (CH₃)₂C=CHCH₂Cl
3. H⁺, H₂O

CH₃CHO ⟶

（**b**）

$$\underset{}{\boxed{}}\!-\!CH_2CHO \xrightarrow[\substack{2.\ \boxed{}-CH_2Br \\ 3.\ H^+,\ H_2O}]{1.\ H,\ H^+}$$

**39.** 18-4节曾经提到，用碘甲烷和碱对酮进行烷基化时，会出现双烷基化和单烷基化的问题。在某些情况下，即使使用1倍量的碘甲烷和碱，双烷基化反应也能发生，写出详细的机理。解释为何使用烯胺烷基化方法可以解决这个问题。

**40.** 使用烯胺而不是烯醇盐，会增大酮与二级卤代烷发生烷基化反应的可能性吗？

**41.** 写出酸催化下环己酮的吡咯烷烯胺的水解反应机理（下面的反应式）。

$$\underset{}{\boxed{}} + H_2O \xrightarrow{H^+} \underset{}{\boxed{}} + \underset{N\ H}{\boxed{}}$$

**42.** 写出下列化合物的羟醛缩合反应产物：（**a**）戊醛；（**b**）3-甲基丁醛；（**c**）环戊酮。

**43.** 写出在高温下过量苯甲醛与下列化合物发生交叉羟醛缩合反应的主要产物的结构式：（**a**）1-苯基乙酮（苯乙酮的结构式参见17-1节）；（**b**）丙酮；（**c**）2,2-二甲基环戊酮。

**44.** 写出习题43（**c**）的详细反应机理。

**45.** 给出下列羟醛反应的可能产物。

（**a**）2 $\boxed{}\!-\!CH_2CHO \xrightarrow{NaOH,\ H_2O}$

（**b**）$\boxed{}\!-\!CHO + (CH_3)_2CHCHO \xrightarrow{NaOH,\ H_2O}$

（**c**）$H\underset{H_3C\ \ CH_3}{\overset{O}{-}}\cdots\overset{O}{}-CH_3 \xrightarrow{NaOH,\ H_2O}$

（**d**）$\underset{CHO}{\overset{CHO}{\boxed{}}} \xrightarrow{NaOH,\ H_2O}$

**46.** 莎草薁酮是一种天然产物，是胡椒、多种草药和红酒中辛辣香气的来源（第885页页边）。什么结构

的环二酮经分子内羟醛缩合能够生成莎草薁酮？

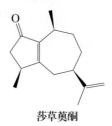

**莎草薁酮**

**47.** 写出下列各对反应物在碱催化下发生交叉羟醛缩合反应所有可能的产物。（**提示：** 每一个反应都可能生成多个产物，无论热力学上是否有利，都要包括在答案中。）
（**a**）丁醛和乙醛
（**b**）2,2-二甲基丙醛和苯乙酮
（**c**）苯甲醛和2-丁酮

**48.** 在习题47的三个交叉羟醛反应中，若有多种可能的产物，指出主产物并解释原因。

**49.** 羟醛缩合反应可以在酸催化下进行。指出酸催化反应中H⁺的作用。（**提示：** 思考在酸性反应溶液中存在何种亲核物质？烯醇负离子是不可能存在的。）

**50.** 反应复习I。不参考第852～853页反应总结路线图，写出能够将正丁醛转化为以下各化合物的试剂。

（**a**）$\underset{Cl}{\overset{O}{-}}H$ （**b**）$\underset{Br\ Br}{\overset{O}{-}}H$

（**c**）$\underset{}{\overset{O}{-}}H$ （**d**）$\underset{\boxed{}}{\overset{O}{-}}H$

（**e**）$\underset{}{\overset{O}{-}}H$ （**f**）$\underset{OH}{\overset{O}{-}}H$

（**g**）$\underset{}{\overset{O}{-}}H$ （**h**）$\underset{C_6H_5\ \ \ C_6H_5}{\overset{O}{-}}H$

**51.** 反应复习II。不参考第852～853页反应总结路线图，给出能够将苯乙酮转化为以下各化合物的试剂。

（a） 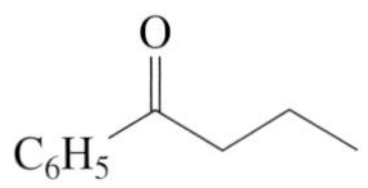　（b） 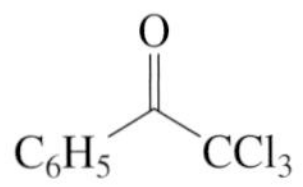　（c） 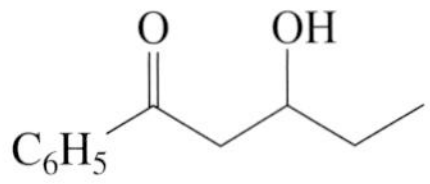　（d） 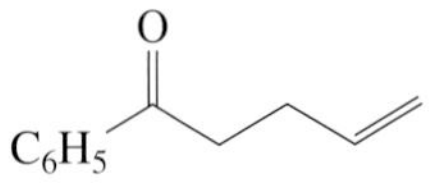　（e） 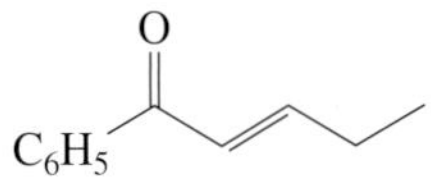　（f）

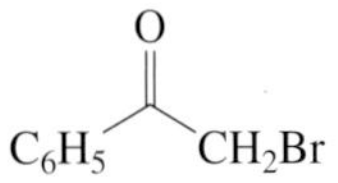

**52.** 反应复习Ⅲ。不参考第852～853页反应总结路线图，给出能够将3-丁烯-2-酮转化为以下各化合物的试剂。

（a） 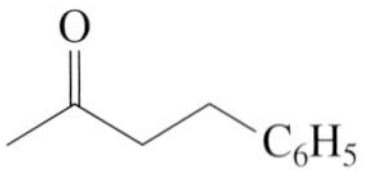　（b） 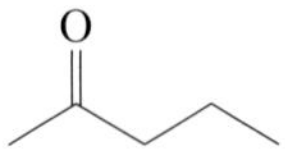　（c） 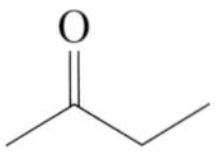　（d） 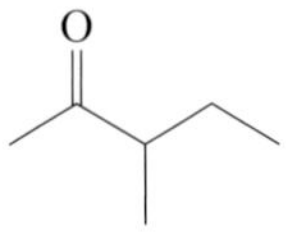　（e） 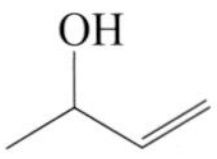　（f） 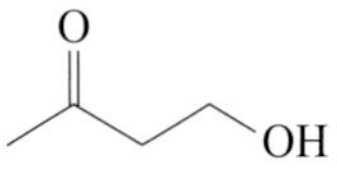　（g） 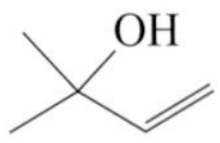　（h）

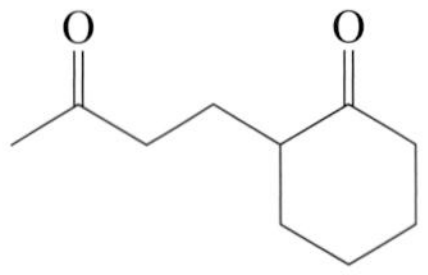

**53.**　（a）许多高度共轭的有机化合物是防晒霜的成分。其中使用比较广泛的是4-甲基亚苄基樟脑（4-MBC），其结构如下所示。该化合物能有效吸收所谓的UV-B辐射（$\lambda_{max}$值介于280nm到320nm之间，是造成大多数晒伤的原因）。给出通过交叉羟醛缩合反应合成该分子的简单路线。

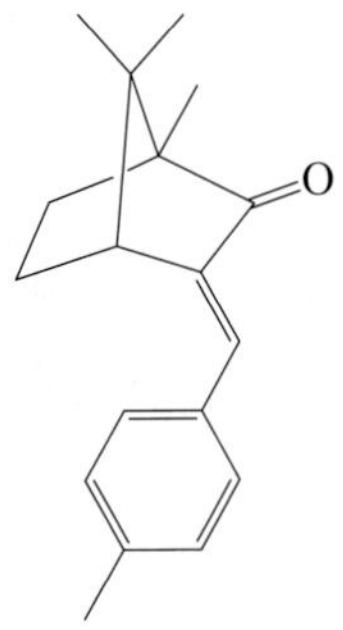

**4-MBC** 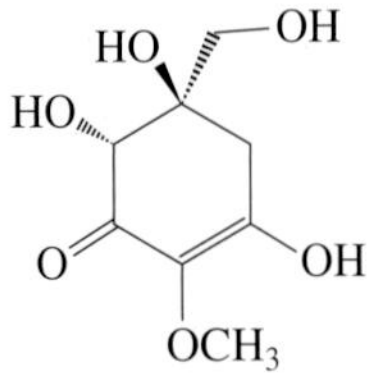　　**Gadusol**

（b）上图右侧的化合物Gadusol（注意化合物倾向于以烯醇互变异构体存在）是在2015年发现的一种天然防晒剂，存在于包括鱼类和一些脊椎动物在内的许多有机体中。对"绿色"环保防晒霜的需求引起了人们对这种生物基化合物的兴趣。4-MBC和Gadusol的何种结构特点赋予了它们吸收紫外线的能力？

**54.** **挑战题**　檀香的蒸馏物是香水中最古老和珍贵的香料之一。天然檀香油一直供不应求。直到最近，人工仍然很难合成其替代品。聚檀香醇（下图）是目前为止最成功的替代品。

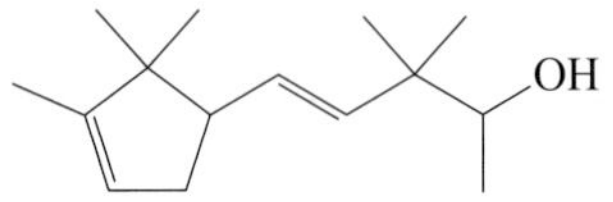

**聚檀香醇**

其合成需经由如下羟醛缩合反应。

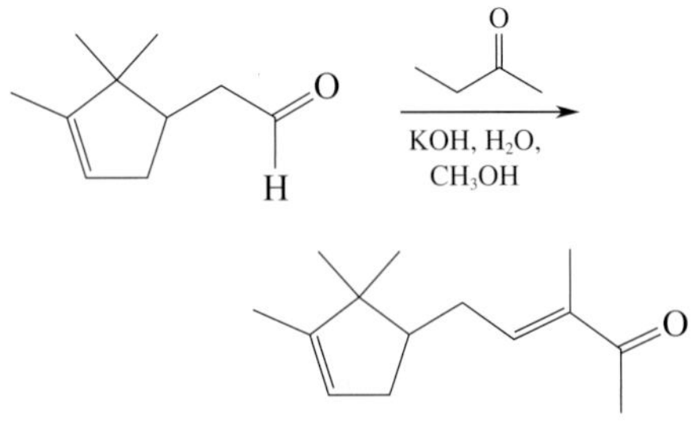

（a）该步骤虽然可以进行，但存在一个明显缺点，导致反应仅能达到中等收率（60%）。详细讨论存在的问题。

（b）最近报道了一种能够规避传统羟醛缩合反应的方法。首先制备一种溴代酮，与镁金属反应生成烯醇化镁；然后该烯醇盐选择性地与醛反应，得到羟基酮，脱水可生成所需产物。讨论如何采用这种方法解决（a）部分提出的问题。

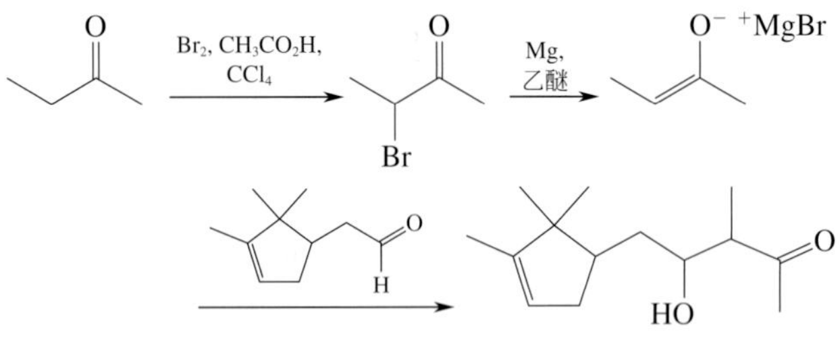

**55.** 写出下列各羰基化合物（i）～（iii）与试剂（a）～（h）反应的主要预期产物。

（i） 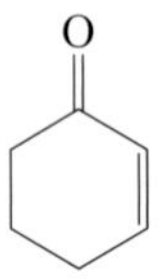　（ii） 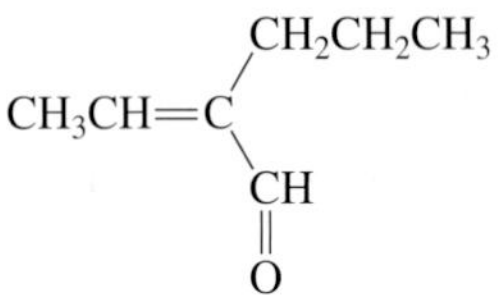　（iii）

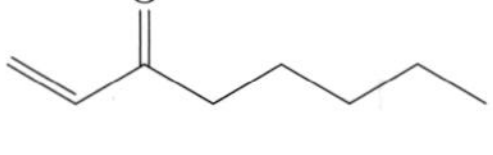

（**a**）$H_2$，Pd，$CH_3CH_2OH$　（**b**）$LiAlH_4$，$(CH_3CH_2)_2O$

（**c**）$Cl_2$，$CCl_4$　　　　（**d**）KCN，$H^+$，$H_2O$

（**e**）$CH_3Li$，$(CH_3CH_2)_2O$

（**f**）$(CH_3CH_2CH_2CH_2)_2CuLi$，THF

（**g**）$NH_2NHCNH_2$（O），$CH_3CH_2OH$

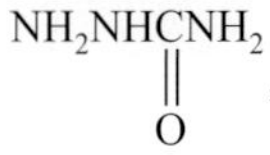

（**h**）先与（$CH_3CH_2CH_2CH_2)_2CuLi$反应，再在THF中与$CH_2=CHCH_2Cl$反应。

**56.** 针对下列逆合成策略中的断开处（以～～表示），写出能够构建指定C—C键的反应或反应过程。

（**a**）（**b**）

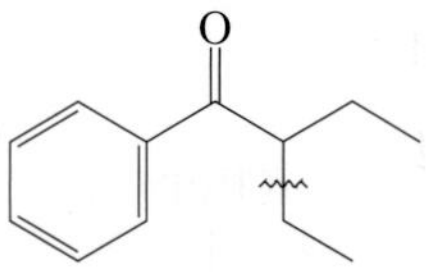

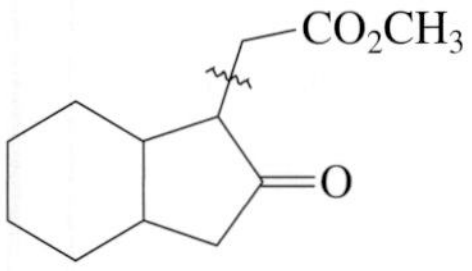

（**c**）（**d**）

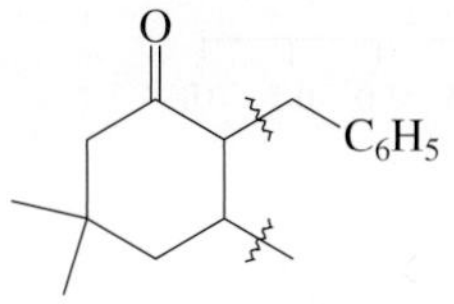

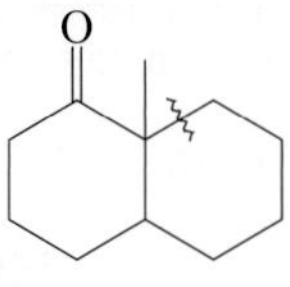

**57.** 写出下列室温反应经水处理后的产物：

（**a**）$C_6H_5CCH_3$（O）+ $CH_2=CHCC_6H_5$（O）$\xrightarrow{\text{LDA, THF}}$

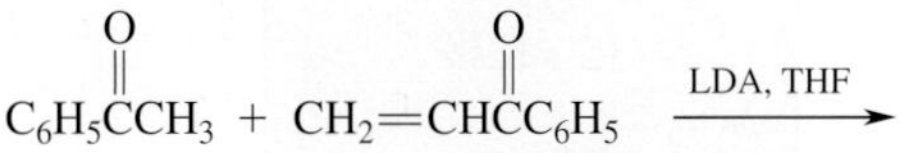

（**b**）+ $(CH_3)_2C=CHCH$（O）$\xrightarrow{\text{NaOH, }H_2O}$

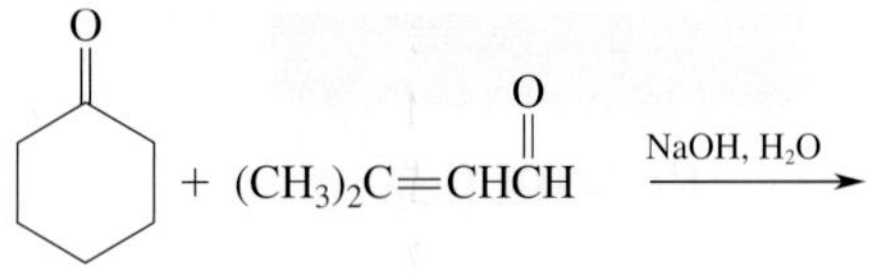

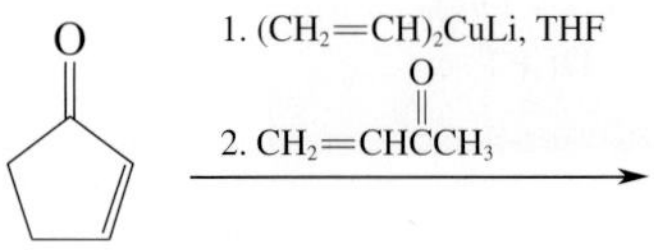

（**c**）$\xrightarrow[\text{2. }CH_2=CHCCH_3]{\text{1. }(CH_2=CH)_2CuLi, \text{THF}}$

（**d**）$\xrightarrow[\text{2. }(CH_3)_2C=CHCCH_3]{\text{1. }(CH_3)_2CuLi, \text{THF}}$

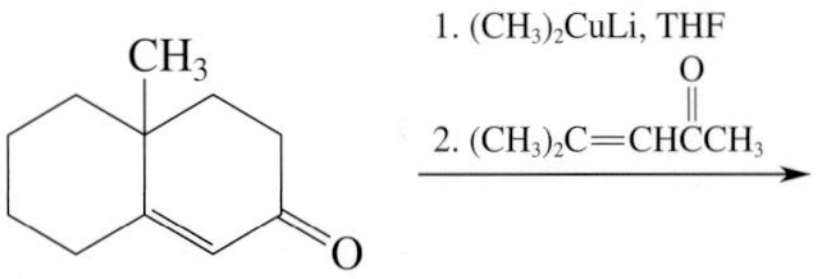

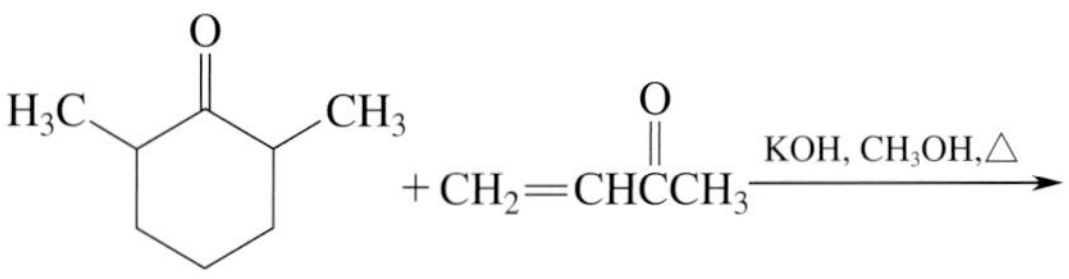

（**e**）写出反应（**c**）和（**d**）在溶剂沸腾温度下反应，然后用碱处理的预期产物。

**58.** 写出下列反应过程的最终产物。

（**a**）$\cdots O + CH_2=CHCCH_3$（O）$\xrightarrow{\text{NaOCH}_3, \text{CH}_3\text{OH}, \triangle}$

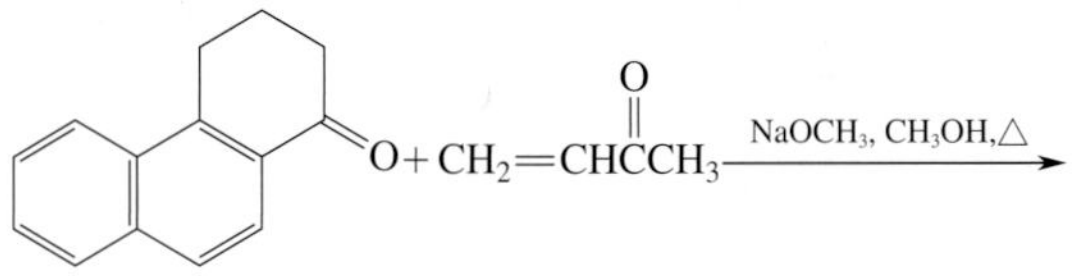

（**b**）$H_3C$ $CH_3$ + $CH_2=CHCCH_3$（O）$\xrightarrow{\text{KOH, CH}_3\text{OH}, \triangle}$

（**c**）$\xrightarrow[\text{2. }HC\equiv CCH_3]{\text{1. LDA, THF}}$

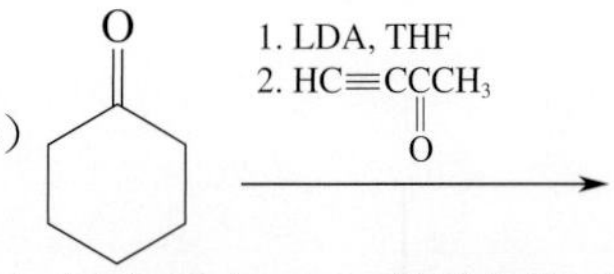

（**d**）写出反应（**c**）的详细机理。（**提示**：在反应第一步中将3-丁炔-2-酮作为Michael受体。）

**59.** 先用Michael加成，再用羟醛缩合的方法（Robinson环化）提出下列化合物的合成路线。这些化合物分别是一个或多个甾体激素全合成中非常关键的中间体。（**提示**：找到环己酮环，然后以逆环化顺序打开。）

（**a**）

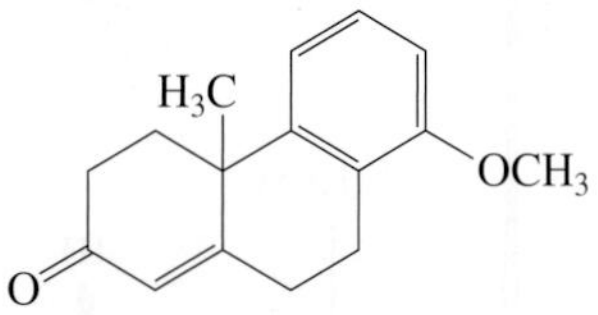

（**b**）

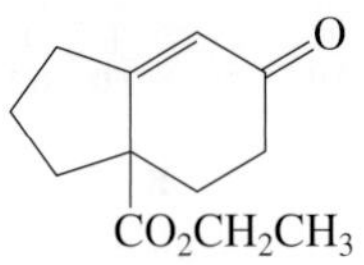

（**c**）

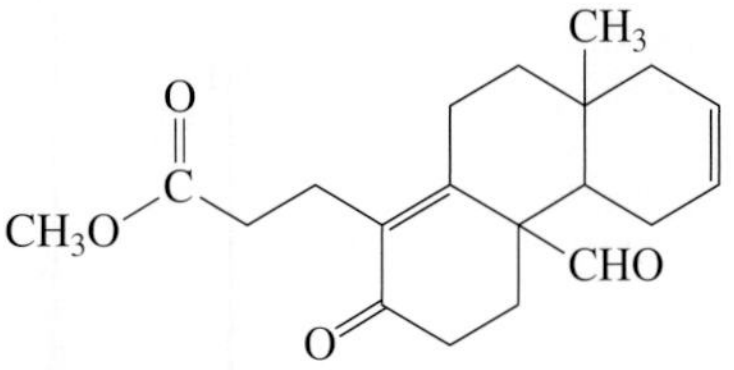

（**d**）

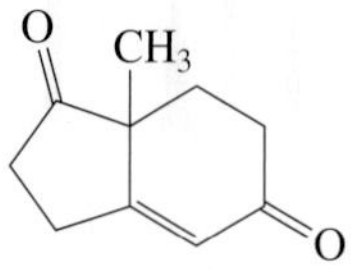

**60.** HCl对3-丁烯-2-酮（如下图）双键的加成反应是否会遵循Markovnikov规则？并从机理上解释。

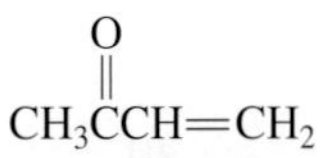

$CH_3CCH=CH_2$（O）
**3-丁烯-2-酮**

**61.** 利用下面的信息以及下页的$^1$H NMR谱图A～D，推断各个化合物的结构。（**a**）$C_5H_{10}O$；$^1$H NMR谱图A；$^{13}$C NMR（DEPT）：$\delta$ 13.7（$CH_3$），17.4（$CH_2$），29.8（$CH_3$），45.7（$CH_2$），208.9（$C_{quat}$）；UV：$\lambda_{max}(\varepsilon)=280$（18）nm；（**b**）$C_5H_8O$；$^1$H NMR谱图B；$^{13}$C NMR（DEPT）：$\delta$ 18.0（$CH_3$），26.6（$CH_3$），133.2（CH），142.7（CH），197.0（$C_{quat}$）；UV：$\lambda_{max}(\varepsilon)=220$（13200），310（40）nm；（**c**）$C_6H_{12}$；$^1$H NMR谱图C；$^{13}$C NMR（DEPT）：$\delta$ 13.8（$CH_3$），20.9（$CH_2$），22.3（$CH_3$），40.4（$CH_2$），109.9（$CH_2$），146.0（$C_{quat}$）；UV：$\lambda_{max}(\varepsilon)=189$（8000）nm；（**d**）$C_6H_{12}O$；$^1$H NMR谱图D；$^{13}$C NMR（DEPT）：$\delta$ 22.6（$CH_3$），4.7（CH），30.3（$CH_3$），52.8（$CH_2$），208.6（$C_{quat}$）；UV：$\lambda_{max}(\varepsilon)=282$（25）nm。

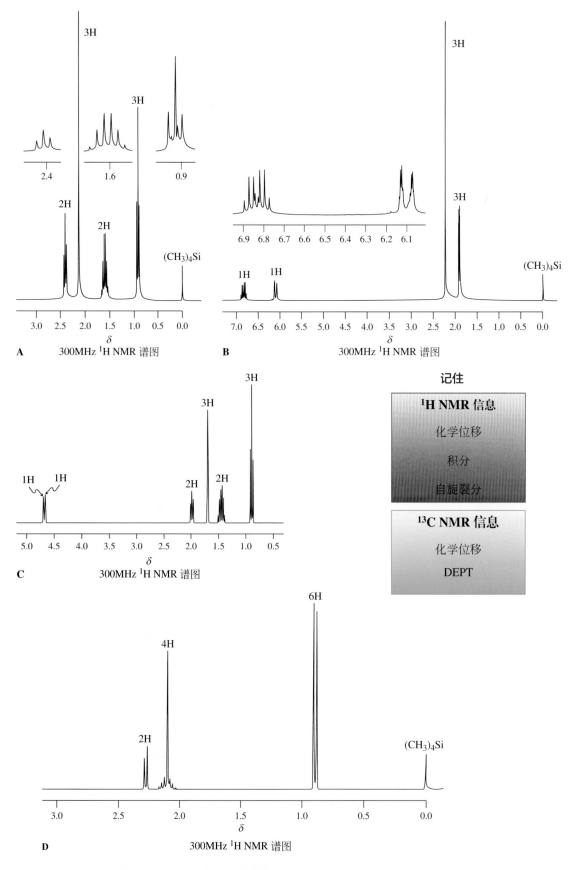

**A** 300MHz $^1$H NMR 谱图

**B** 300MHz $^1$H NMR 谱图

**C** 300MHz $^1$H NMR 谱图

**D** 300MHz $^1$H NMR 谱图

### 记住

**$^1$H NMR 信息**

化学位移

积分

自旋裂分

**$^{13}$C NMR 信息**

化学位移

DEPT

然后，指出实现下列转化反应所需的合适的反应试剂。（大写字母表示 NMR 谱图中 A～D 代表的化合物。）

（**e**）A → C；（**f**）B → D；（**g**）B → A。

**62. 挑战题**　在碱的存在下，环戊烷-1,3-二酮用碘甲烷处理主要生成下面三种产物的混合物。

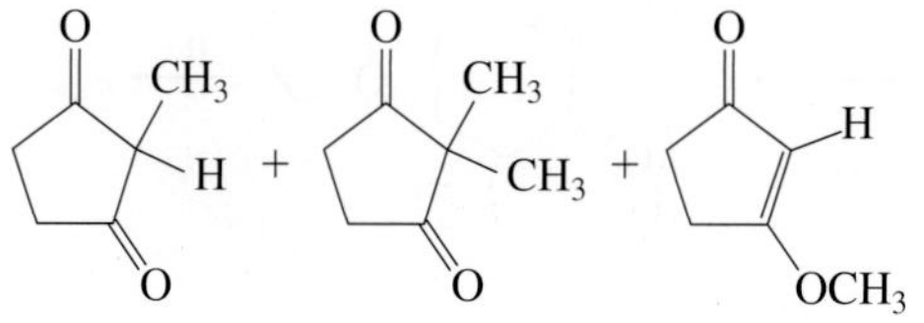

（**a**）说明形成这三种化合物的反应机理。

（**b**）产物C与有机铜试剂反应会失去甲氧基生成D（下一栏顶部）。

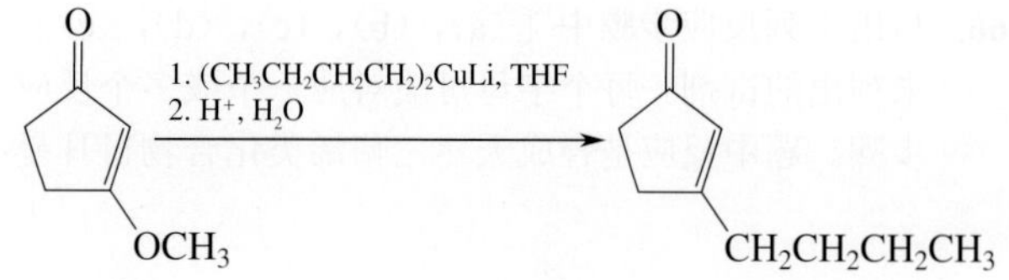

这是合成β-取代烯酮的另一种途径，提出该反应的机理。［**提示**：练习18-24（b）。］

**63. 挑战题**　在一个特殊的与可的松相关的甾族化合物的合成中，包括下面的两步反应。

（**a**）提出这两个反应的机理。注意起始原料烯酮中最初去质子化的位置，尤其是烯键上的质子，在此反应中其酸性不足以最先被碱除去。

（**b**）设计一个反应过程，将第三个化合物结构中箭头所指的两个碳连接起来形成另一个六元环。

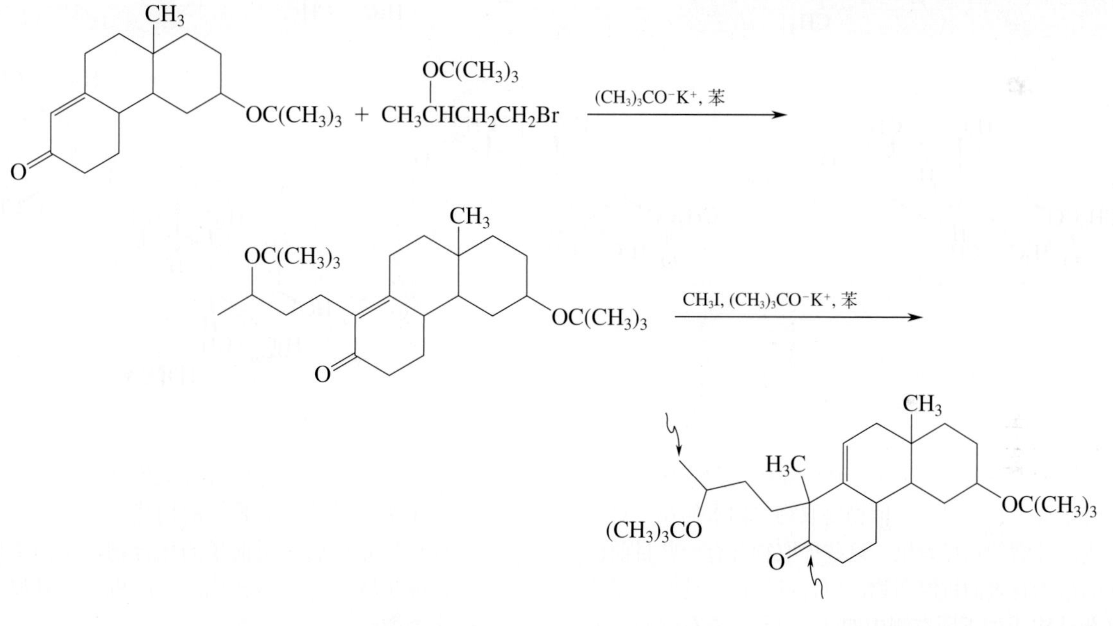

**64.** 下列甾族化合物的合成涉及本章讲述过的两个重要反应类型的改进形式。指出这两种反应类型，并写出每个反应的详细机理。

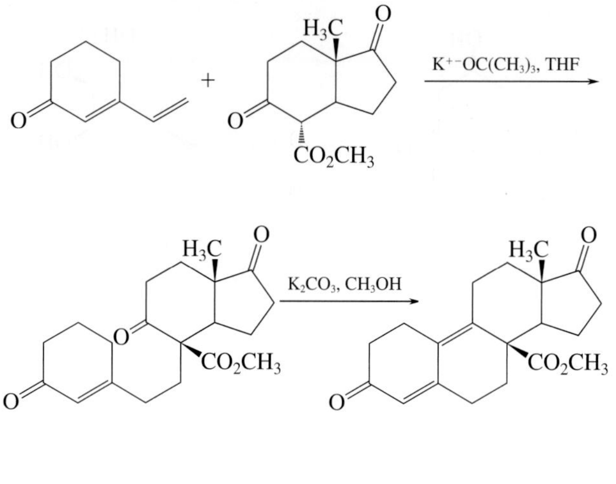

**65.** 不考虑立体化学，为下列化合物的设计合理的合成路线。

（**a**）以环己酮为起始原料合成

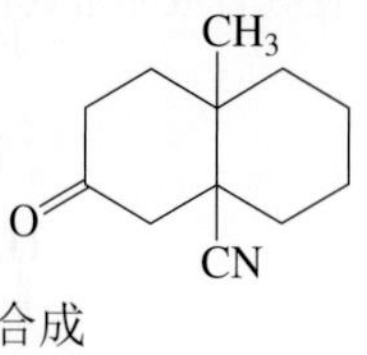

（**b**）以2-环己烯酮为起始原料合成

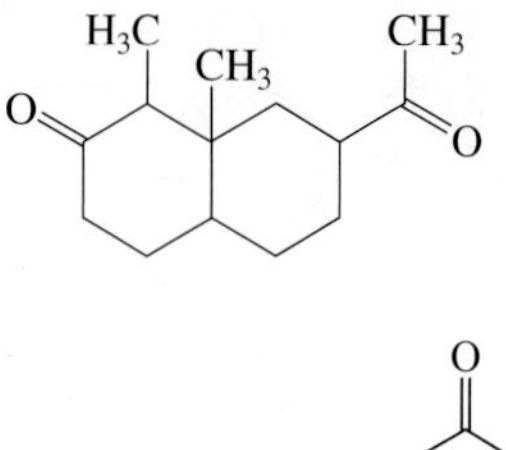

（**提示**：第一步先制备

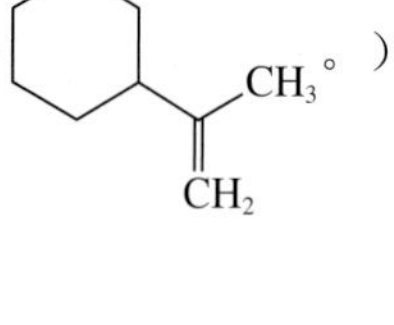

　）

**66.** 写出下列反应步骤中〔(a)，(b)，(c)，(d)，(e)〕未列出的试剂。每个字母可能对应一个或多个反应步骤。题中反应是合成天然三萜烯类化合物日耳曼醇（Germanicol）的最初几步。步骤（a）与（b）之间使用了二醇，用于选择性保护反应性较高的羰基。〔提示：解答（b）时可以参考习题63。〕

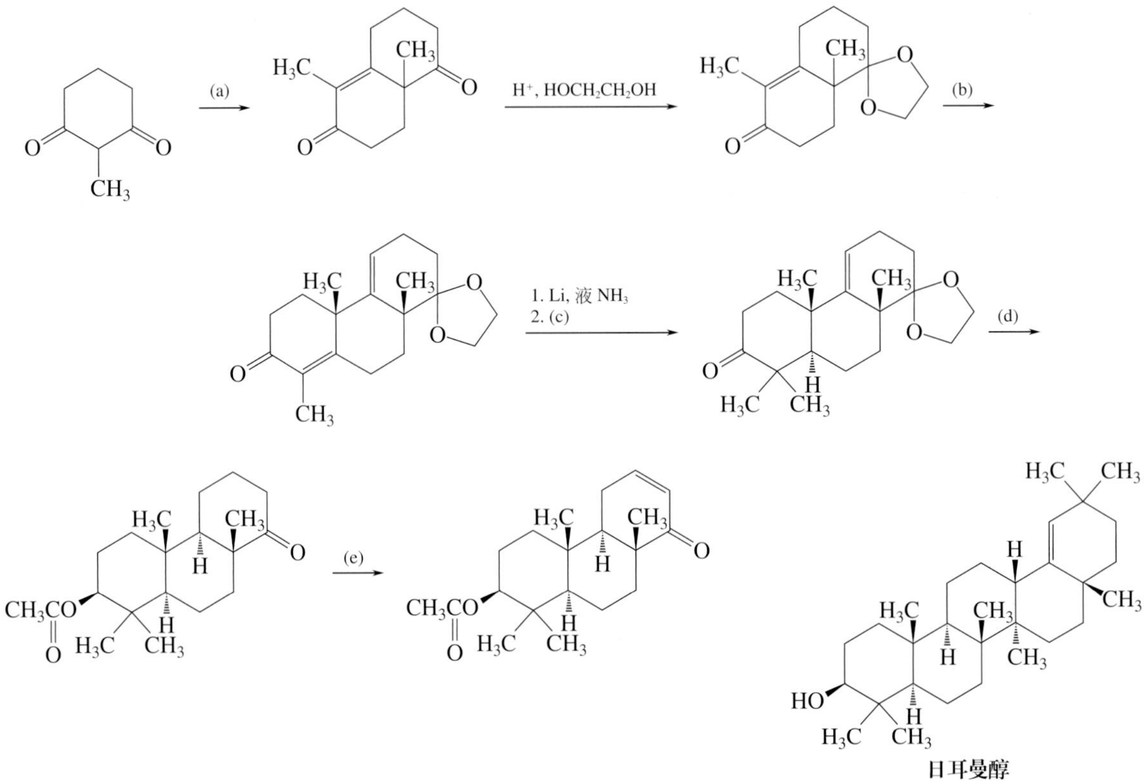

**日耳曼醇**

**67.** 古希腊和古罗马的医生，如希波克拉底和老普林尼，已经了解了石蒜科野生植物提取物（如水仙花）对疣和皮肤肿瘤的治疗效果。这些提取物含有一些目前已知的最为有效的抗癌药物，但含量很低。这些分子的复杂结构〔如下图右侧中的（+)-反-二氢石蒜西定〕使其合成非常具有挑战性。

2014年，有报道通过叠氮酮参与本章涉及的某一转化实现了其核心骨架的构建。对于图中右侧这一具有良好抗癌应用前景的化合物，下图给出了关键合成步骤，提出该转化的反应机理及其属于哪种反应类型。

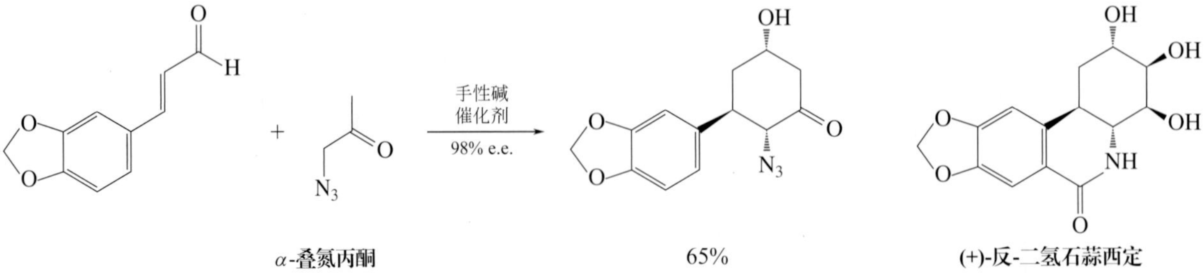

α-叠氮丙酮　　　　　65%　　　　（+)-反-二氢石蒜西定

---

❶ 电子转移过程（与13-6节炔烃还原比较），相当于在 *β*- 碳上加氢 H:⁻。产物是饱和酮的烯醇负离子。

## 团队练习

**68.** 在下列两个不同的反应条件下，当2-甲基环戊酮用位阻大的碱，即三苯甲基锂处理时，两种可能形成的烯醇负离子以不同的比例生成。解释其原因。

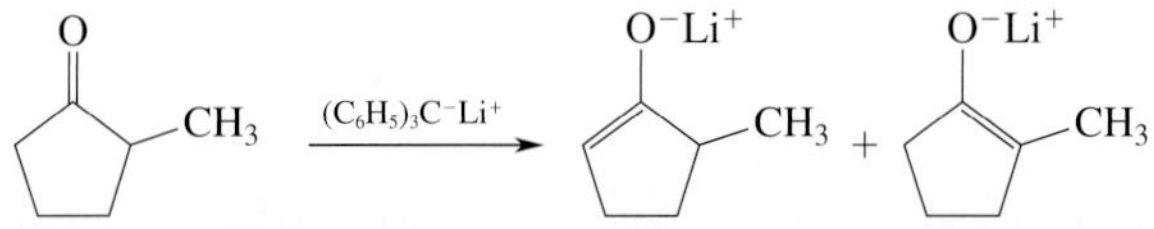

条件A: 酮加入到过量碱中　　72%　　28%
条件B: 过量酮加入到碱中　　6%　　94%

　　要解答此问题，必须借助动力学控制和热力学控制的原理（复习11-6节、14-6节和18-2节）。哪种烯醇负离子能更快形成？哪种更稳定？分组讨论，一组负责条件A，另一组考虑条件B。用弯箭头表示形成烯醇负离子时电子的移动方向。然后，考虑反应条件是易于形成互变平衡（热力学控制）还是不易于形成平衡（动力学控制）。重新集合，一起讨论这个问题，并定性地画出两个$\alpha$-碳去质子化进程的势能图。

## 预科练习

**69.** 在催化量酸存在下，用过量的$D_2O$处理3-甲基-1,3-二苯基-2-丁酮，化合物中的部分氢可以被氘取代。有几个氢可以被取代？（**a**）一个；（**b**）两个；（**c**）三个；（**d**）六个；（**e**）八个。

**70.** 下面的反应归为哪一类反应最恰当？（**a**）Wittig反应；（**b**）氰醇的形成；（**c**）共轭加成反应；（**d**）羟醛缩合反应。

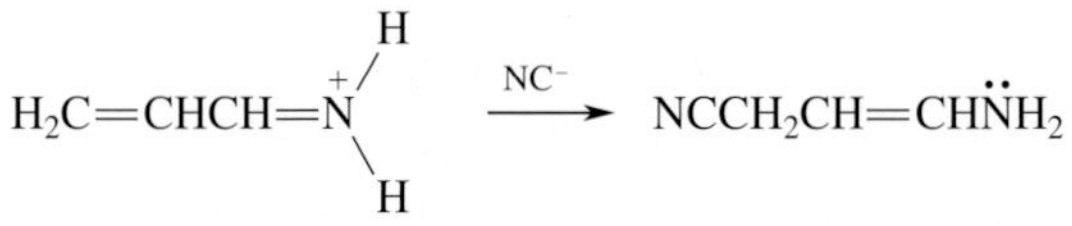

**71.** 在氢氧化物水溶液催化下，下图所示化合物与$(CH_3)_3CCHO$反应只生成单一产物。下面哪一个是该反应的产物？

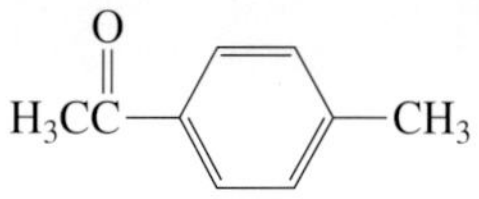

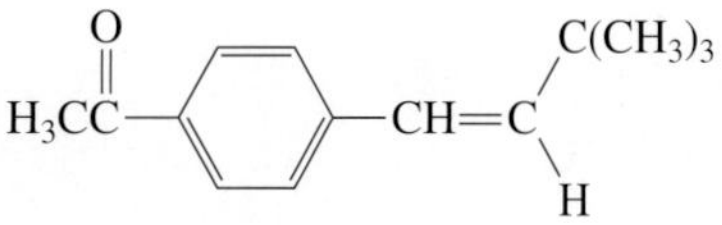

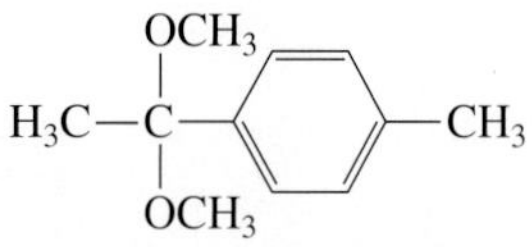

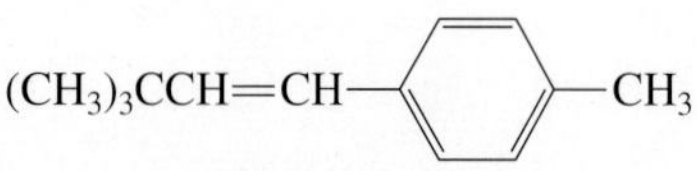

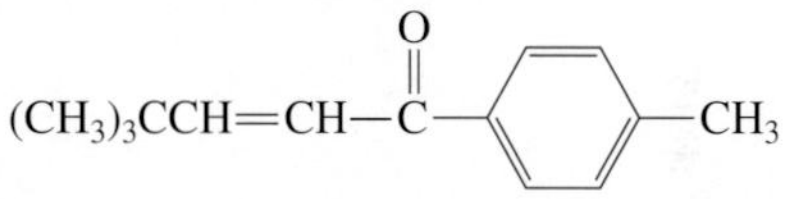

**72.** 2,4-戊二酮的$^1H$ NMR谱图表明该二酮烯醇互变异构体的存在。该烯醇式最可能的结构是哪个？

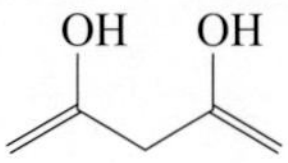

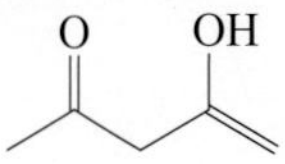

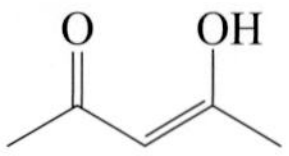

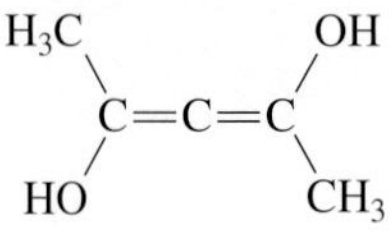

　　羧酸衍生物非索非那定（Fexofenadine，商品名为艾来锭，Allegra）是一个畅销的用于过敏症治疗的非镇静抗组胺药。它虽然含有一个立体中心，但是两个对映异构体等效，因此，它以外消旋体形式出售。

什么类型的化合物是生物代谢的最终产物？我们吸入氧气呼出二氧化碳，这是有机化合物氧化的一个产物（第 3 章）。**羧酸**（carboxylic acid）也是在氧化条件下发生生化反应的主要产物，因此它广泛存在于地球上的生物体中。你可能对那瓶已变成醋的酒比较熟悉，那是乙醇被酶氧化生成醋酸的结果。羧酸的特征是存在**羧基**（carboxy group），这是一个羟基连于羰基的官能团。羧基通常写成 —COOH 或 —CO$_2$H。在本章中，羧基的两种表述方式都有使用。

　　羧酸不仅广泛分布于自然界中，也是重要的工业化学品。例如，醋酸不仅是复杂生物分子组装中的最重要砌块，还是大量生产的化工产品。

如果从结构上把羧酸当作是羰基的羟基衍生物，那么我们便可以预见它们的许多性质和功能。因此，羟基氢是酸性的，氧具有碱性和亲核性，而羰基碳可受亲核进攻。

在本章中，我们先介绍羧酸的命名方法，再列举它们的物理和谱学特征。然后考察它们的酸性和碱性，这两个特性显著地受到吸电子羰基和羟基间相互作用的影响。接下来学习羧基的制备方法，随后是对其反应性的考察。羧酸的反应遵循新的两步取代机理，即**加成-消除**（addition-elimination）机理。羧酸中的羟基可被其他亲核试剂如卤化物、醇盐和氨基化合物取代。由这些反应转化形成羧酸衍生物的化学性质是第 20 章的主题。

# 19-1 | 羧酸的命名

像其他有机化合物一样，许多羧酸有常用名，并在文献中广泛使用。这些名字通常显示该酸首次被分离的天然来源（表 19-1）。美国《化学文摘》和 IUPAC 都保留了两种最简单的酸的常用名，即**蚁酸**（formic acid）和**醋酸**（acetic acid）。命名时，羧基及其衍生物的官能团优先于到目前为止讨论过的其他基团。

**官能团优先顺序**

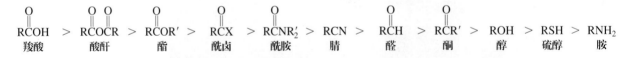

命名中优先顺序

上面给出了常见官能团的总体"优先顺序"。遗憾的是，这个排序不是概念性的，而是与连接于官能团或是官能团的一部分碳的氧化态大致相关。在任何含有多个官能团的分子中，优先级最高的官能团以后缀的形式出现在名称中，所有其他取代基都以前缀的形式出现。例如，$HOCH_2CH_2COCH_2CHO$，它是一种含有醇、酮和醛官能团的分子。在它的名称中，前两个基团以前缀形式出现（分别是羟基和氧代），醛基作为分子中优先级最高的基团，以后缀 -al 表示，这个物质命名为 5-羟基-3-氧代戊醛（5-hydroxy-3-oxopentanal）。烯烃和炔烃是例外，它们的排列顺序低于胺，但当碳-碳双键或叁键是分子的母链或环的一部分时，在最高级官能团的后缀前面插入烯［-en(e)-］或炔［-yn(e)-］。下面的羧酸命名举例说明了这些原理。

IUPAC 命名法通过把烷烃英文名的字尾 -e 用 -oic acid 代替而衍生出羧酸的名字。命名时以带有羧基的最长链为链烷酸（alkanoic acid）的主链，通过指定羧基碳为 1 进行编号，并标记最长链上的其他取代基。

表19-1　羧酸的名称和天然源

| 结构 | IUPAC 命名 | 普通命名 | 天然来源 |
|---|---|---|---|
| 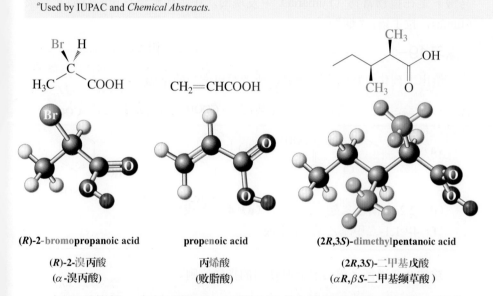 HCOOH | 甲酸 Methanoic acid | 蚁酸 Formic acid[a] | 源于蚂蚁的"破坏性蒸馏"（*formica*，拉丁语，"蚁"） |
| $CH_3COOH$ | 乙酸 Ethanoic acid | 醋酸 Acetic acid[a] | 醋（*acetum*，拉丁语，"醋"） |
| $CH_3CH_2COOH$ | 丙酸 Propanoic acid | 丙酸 Propionic acid | 乳制品（*pion*，希腊语，"脂肪"） |
| $CH_3CH_2CH_2COOH$ | 丁酸 Butanoic acid | 酪酸 Butyric acid | 黄油（尤其是腐臭的）（*butyrum*，拉丁语，"黄油"） |
| $CH_3(CH_2)_3COOH$ | 戊酸 Pentanoic acid | 缬草酸 Valeric acid | 缬草根 |
| $CH_3(CH_2)_4COOH$ | 己酸 Hexanoic acid | 羊油酸 Caproic acid | 山羊的气味（*caper*，拉丁语，"山羊"） |

[a]Used by IUPAC and *Chemical Abstracts*.

H₃C—CHBr—COOH　　　$CH_2{=}CHCOOH$

**(*R*)-2-bromopropanoic acid**　　　**propenoic acid**　　　**(2*R*,3*S*)-dimethylpentanoic acid**

(*R*)-2-溴丙酸　　　丙烯酸　　　(2*R*,3*S*)-二甲基戊酸
(α-溴丙酸)　　　（败脂酸）　　　(α*R*,β*S*-二甲基缬草酸)

　　如下面的第一个例子所示，如果双键或叁键不是母链或环的一部分，它就被标记为取代基。还需要注意的是，当羧酸中主链的另一端有一个醛基时，醛基可以由与酮相同的氧前缀来表示。饱和环酸命名为**环烷基羧酸**（cycloalkanecarboxylic acid），芳香族对应物是**苯甲酸**（benzoic acid）。在这些衍生物中，与羧基官能团相连的碳是 C-1。

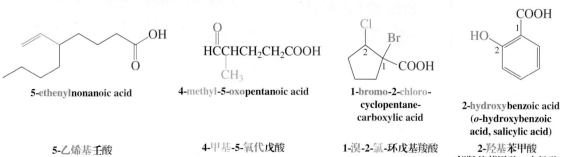

**5-ethenylnonanoic acid**　　　**4-methyl-5-oxopentanoic acid**　　　**1-bromo-2-chloro-cyclopentane-carboxylic acid**　　　**2-hydroxybenzoic acid (*o*-hydroxybenzoic acid, salicylic acid)**

5-乙烯基壬酸　　　4-甲基-5-氧代戊酸　　　1-溴-2-氯-环戊基羧酸　　　2-羟基苯甲酸（邻羟基苯甲酸，水杨酸）

$HCCHCH_2CH_2COOH$ （CH₃）

2-羟基苯甲酸（水杨酸）作为一种镇痛药已有 2000 多年的历史，它存在于柳树树皮（salix，拉丁文，"柳树"）中，被民间用作止痛药。水杨酸的乙酸酯便是著名的阿司匹林（真实生活 22-2）。

二羧酸被称为二酸（dioic acid）。

从史前时代起，人类就知道咀嚼白杨树的树皮可以缓解疼痛。

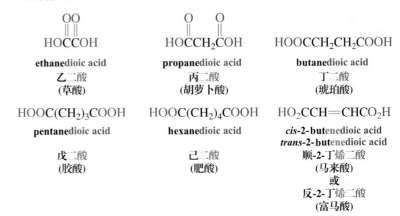

二酸的常用名也源于它们的天然来源。例如，丁二酸（琥珀酸）是从琥珀的蒸馏物中发现的（succinum，拉丁语，"琥珀"），反-2-丁烯二酸（富马酸）是在植物富马（Fumaria）中发现的，在古代焚烧该植物以防止邪灵（fumus，拉丁语，"烟"）。

## 练习 19-1

给出下列化合物的系统命名，或者写出适当的结构。

（a）　　　　　（b）　　　　　（c）

（d）2,2-二溴己二酸　　　　（e）4-羟基戊酸

（f）4-(1,1-二甲基乙基)苯甲酸

羧酸命名遵循之前命名醛时使用的指导原则。

### 指导原则：羧酸命名规则

→ **步骤1.** 识别并命名母链为"链烷酸"或环为"环烷基羧酸"。

→ **步骤2.** 命名所有取代基。

→ **步骤3.** 给主链碳编号。

→ **步骤4.** 按字母顺序排列取代基并前置各自的位次。

## 小　结

羧酸的系统命名基于链烷酸主链。环的衍生物被称为环烷基羧酸，它们的芳香族对应物被称作苯甲酸，而二羧酸则命名为烷基二酸。

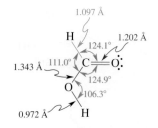

# 19-2 ｜ 羧酸的结构和物理性质

　　典型羧酸的结构是什么？羧酸的特征物理性质是什么？这节将从蚁酸的结构开始来回答这些问题。我们将看到羧酸主要以氢键键合的二聚体形式存在。

### 甲酸为平面形分子

　　图 19-1 为甲酸（蚁酸）的分子结构。与预期的羟基取代的羰基衍生物结构类似，该分子近似于平面，具有一个几乎为三角形的羰基碳［比较甲醇（图 8-1）与乙醛的结构（图 17-2）］。这些结构特征在羧酸中很常见。

**图 19-1** 甲酸的分子结构。它是平面形的，相对于羰基碳几乎为等边三角形排列。

### 羧基是极性基团，并形成氢键键合的二聚体

　　羧酸官能团的强极性来自于它的羰基双键和羟基，可以与其他极性分子，如水、醇类以及其他的羧酸形成氢键。因此，低级羧酸（甲酸至丁酸）完全溶于水。在纯液体以及在很稀的溶液中（在非质子溶剂中），羧酸很大程度上都以氢键二聚体的形式存在，每一个 O—H⋯O 作用强度为 $6\sim8$ kcal·mol$^{-1}$。

**羧酸很容易形成二聚体**

$$2\ RCOOH \longrightarrow$$

两个氢键

　　表 19-2 显示羧酸具有相对高的熔点和沸点，这是由于它们在固态和液态下能够形成氢键。

#### 表19-2　具有不同链长的官能团化烷烃衍生物的熔点和沸点

| 衍生物 | 熔点 /℃ | 沸点 /℃ |
|---|---|---|
| CH$_4$ | −182.5 | −161.7 |
| CH$_3$Cl | −97.7 | −24.2 |
| CH$_3$OH | −97.8 | 65.0 |
| HCHO | −92.0 | −21.0 |
| HCOOH | 8.4 | 100.6 |
| CH$_3$CH$_3$ | −183.3 | −88.6 |
| CH$_3$CH$_2$Cl | −136.4 | 12.3 |
| CH$_3$CH$_2$OH | −114.7 | 78.5 |
| CH$_3$CHO | −121.0 | 20.8 |
| CH$_3$COOH | 16.7 | 118.2 |
| CH$_3$CH$_2$CH$_3$ | −187.7 | −42.1 |
| CH$_3$CH$_2$CH$_2$Cl | −122.8 | 46.6 |
| CH$_3$CH$_2$CH$_2$OH | −126.5 | 97.4 |
| CH$_3$COCH$_3$ | −95.0 | 56.5 |
| CH$_3$CH$_2$CHO | −81.0 | 48.8 |
| CH$_3$CH$_2$COOH | −20.8 | 141.8 |

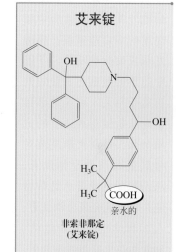

**艾来锭**

非索非那定
（艾来锭）

亲水的

　　许多抗过敏药物在服用后会引起嗜睡，这是药物穿过血脑屏障时产生的副作用。这个屏障是用来阻止大分子或亲水性分子进入脑液的。畅销药物艾来锭（本章开篇）符合这一描述，部分原因是存在极性羧基功能，该功能赋予（相当大的）分子亲水特性。

（E）-3-甲基-2-己烯酸

羧酸，尤其是那些具有相对低的分子量和相应高的挥发性的羧酸，具有特殊的强烈气味。例如，丁酸的存在使许多乳酪具有特殊的气味，而（E）-3-甲基-2-己烯酸则被认为是对人的汗味起作用的化合物之一。

## 小　结

羧基官能团为平面形，并含有一个极化的羰基。羧酸以氢键二聚体的形式存在，显示出不寻常的高熔点和高沸点。

# 19-3 | 羧酸的光谱和质谱分析

极化的双键和羟基促成了羧酸的特征谱图。在本节中，我们将阐述如何用 NMR 和 IR 方法表征羧基，也将阐述在质谱仪中羧酸是如何断裂的。

### 羧基氢和碳被去屏蔽

和在醛和酮中一样，位于羰基邻位碳上的氢在 $^1$H NMR 谱图中稍微被去屏蔽，该去屏蔽效应随着与官能团距离的增加而迅速减弱。羟基共振于较低场（$\delta=10\sim13$）。如同醇的 NMR 谱图一样，由于—OH 基团有着强的氢键形成能力，因而化学位移随着浓度、溶剂和温度不同而显著变化。图 19-2 为戊酸的 $^1$H NMR 谱图。

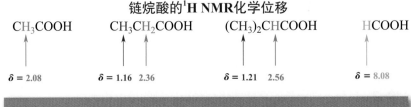

链烷酸的 $^1$H NMR 化学位移

$CH_3COOH$　　$CH_3CH_2COOH$　　$(CH_3)_2CHCOOH$　　$HCOOH$

$\delta = 2.08$　　$\delta = 1.16\ \ 2.36$　　$\delta = 1.21\ \ 2.56$　　$\delta = 8.08$

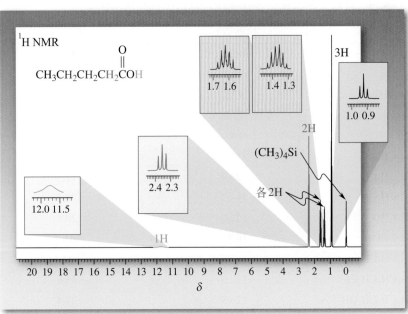

**图 19-2**　戊酸的（300MHz）$^1$H NMR 谱图。为了显示出酸质子在 $\delta=11.75$ 处的信号，扫描范围扩展到 20。C-2 上亚甲基氢的吸收以一个三重峰出现在次最低场（$\delta=2.35$，$J=7Hz$），接下来的一个五重峰和一个六重峰分别归属于另外两个亚甲基质子。甲基以一个扭曲的三重峰出现在最高场（$\delta=0.92$，$J=6Hz$）。

羧酸的 $^{13}C$ NMR 谱图化学位移也类似于醛和酮，表现为羰基的邻位碳被中等程度地去屏蔽以及羰基典型的低场吸收。然而，羰基碳的正极化作用由于额外—OH 基团的存在而一定程度地被削弱，因而使得去屏蔽的程度较小。

**链烷酸的典型$^{13}$C NMR 化学位移**

这种削弱作用最好通过共振式来理解。回忆 17-2 节，醛和酮是通过两个共振式来描述的。偶极 Lewis 结构显示了 C=O 键的极化，尽管这种贡献较小（由于碳不满足八隅体），但解释了羰基碳的去屏蔽。然而，羧酸中相应的偶极形式贡献小于共振杂化贡献：羟基氧提供一个电子对形成第三种共振式，其中的碳原子和两个氧原子为八隅体。羰基碳上的正电荷程度和因此产生的去屏蔽效应都大大减小。从丙酮到乙酸的羰基周围的电子云密度变化，可通过它们相应的静电势图显示。丙酮中羰基碳的强正极化作用（蓝色）在乙酸中减弱（绿色）。

**醛和酮中的共振**

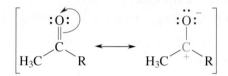

第二种共振式的贡献虽然是次要的，但解释了羰基和邻近碳的强去屏蔽作用

**羧酸中的共振**

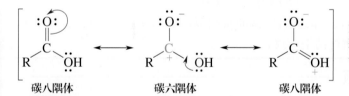

碳八隅体　　　　碳六隅体　　　　碳八隅体

第三种共振式解释了羰基碳相对于醛和酮减弱的去屏蔽作用

丙酮

乙酸

## 解题练习19-2

**运用概念解题：依据核磁共振数据推断羧酸的结构**

一种气味难闻，沸点为 164℃的羧酸具有以下的核磁共振数据。$^1$H NMR: $\delta$ 1.00（t, $J$=7.4Hz, 3H），1.65（sextet, $J$=7.5Hz, 2H），2.31（t, $J$=7, 4Hz, 2H），11.68（s, 1H）；$^{13}$C NMR（DEPT）：$\delta$ 13.4（$CH_3$），18.5（$CH_2$），36.3（$CH_2$），179.6（$C_{quat}$）。确定其结构。

**策略：**

- **W**：有何信息？我们正在处理一个用核磁共振波谱法确定羧酸的结构问题。

- **H**：如何进行？$^{13}$C NMR证实羧基碳的存在，并告诉我们分子中其他的碳原子（3个）和它们连接的氢数。类似地，$^1$H NMR清楚地显示了独特的羧基氢和其他有区别的各组氢原子（3个）。

记住：

**¹H NMR 信息**

化学位移

积分

自旋-自旋裂分

**¹³C NMR 信息**

化学位移

DEPT

- **I**：需用的信息？记住NMR谱图提供的基本信息（第10章和页边）。从 ¹H NMR谱图中，我们通过信号的数量来推断不同组的氢的数量；通过积分得到每一组氢原子的相对数目；通过化学位移信息得知它们的电子环境；以及通过它们自旋-自旋裂分模式知道相邻质子数。从 ¹³C NMR（DEPT）谱图中，确定不同碳原子的数量以及它们携带的氢原子数。

- **P**：继续进行。

  **解答：**

  - ¹³C NMR 谱共显示 4 个信号，其中一个是 179.6，为羧基碳。其他三个信号峰都在饱和碳区域（10-9 节），其中一个（$\delta=36.3$）相对于另外两个去屏蔽作用稍弱，这是因为它是靠近羧基的一个碳原子。

  - 再来看 ¹H NMR 谱，除了有其他三种不同的氢信号外，我们在 $\delta=11.68$ 处发现羧基氢信号。同样，后面的氢信号出现在饱和区域（表 10-2），其中一种氢信号（$\delta=2.31$）相对于其他两组显示去屏蔽作用，可能是邻近羧基碳上的氢。

  - 接下来关注氢信号的积分值，我们注意到它们相对于单个羧基质子的比值是 3∶2∶2。最高场峰在 $\delta=1.00$ 处，积分为 3 个氢，可能是存在一个甲基；$\delta=2.31$ 处的信号，推测是因连接有一个羧基而有去屏蔽作用，积分为 2 个氢，这表明存在一个—$CH_2COOH$ 的子结构。

  - 分析裂分模式，显示甲基为三重峰，有两个等价的相邻氢，这表明存在 $CH_3$—$CH_2$—。此外，$\delta=2.31$ 处的信号也是一个三重峰，结合上述结果表明存在子结构—$CH_2CH_2COOH$。

  - 综合所有信息，得出解答：$CH_3CH_2CH_2COOH$（丁酸或酪酸，带有发臭黄油的味道）。我们可以通过一个 $CH_2$ 的 ¹H NMR 信号的多重性来确认结构，在 $CH_3CH_2CH_2COOH$ 中，该 $CH_2$ 的一边连接 $CH_3$ 而另一边是 $CH_2$。假设两个方向上的偶合常数非常相似，（$N+1$）规则可以预测该 $CH_2$ 为六重峰，正如所得结果一致。

## 19-3 自试解题

根据下列核磁共振数据确定羧酸的结构。¹H NMR：$\delta$ 1.20（d, $J=7.5$Hz，6H），2.58（septet, $J=7.5$Hz, 1H），12.17（s, 1H）；¹³C NMR（DEPT）：$\delta$ 18.7（$CH_3$），33.8（$C_{quat}$），184.0（$C_{quat}$）。（**注意**：¹³C NMR 谱仅显示分子中独特的碳原子数。**提示**：在 ¹H NMR 谱中存在一个积分为 6 个氢的信号，这非常重要，因为一个碳不可能连有 6 个氢。）

### 羧基显示两个重要的IR谱带

羧基由一个羰基和一个相连的羟基组成。因此在红外光谱中看到两个特征的伸缩振动吸收峰。由于强的氢键作用，因而与醇相比较，羧酸中 O—H 键在更低波数（2500～3300cm⁻¹）处显示一个很宽的带。图 19-3 为丙酸的 IR 光谱。

### 羧酸的质谱显示三种裂解模式

羧酸的质谱通常显示出相当弱的分子离子峰，因为裂解很容易以多种方式发生。与醛和酮一致，能够观察到 $\alpha$-裂解和麦克拉佛特（McLafferty）

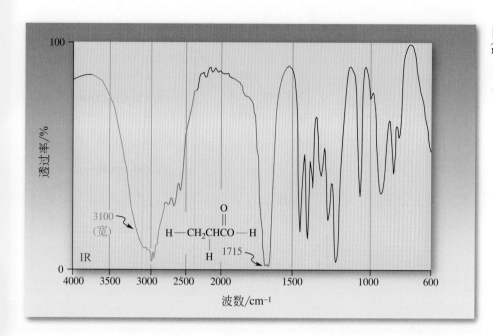

**图19-3** 丙酸的红外光谱：$\tilde{\nu}_{O-H伸缩}=3000\,cm^{-1}$；$\tilde{\nu}_{C=O伸缩}=1715\,cm^{-1}$，由于氢键作用，使得与这些伸缩振动相关的峰很宽。

重排。此外，由于形成共振稳定的碳正离子，结果使 C-3—C-4 键发生裂解，同时发生 $\alpha$-氢到氧的迁移。

**羧酸的质谱裂解**

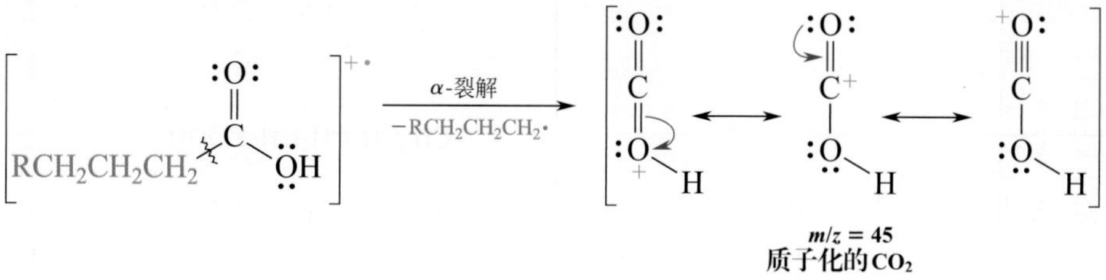

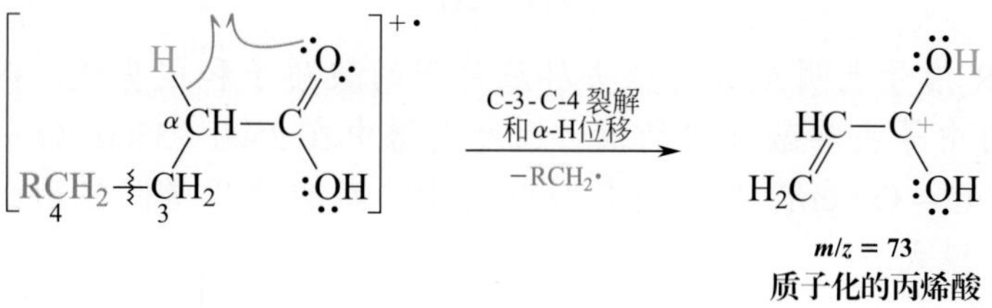

$$\left[RCH_2CH_2CH_2 \overset{!}{-} \overset{\overset{\displaystyle :O:}{\|}}{C} - \overset{..}{\underset{..}{O}}H\right]^{+\cdot} \xrightarrow[-RCH_2CH_2CH_2\cdot]{\alpha\text{-裂解}} \left[ \cdots \leftrightarrow \cdots \leftrightarrow \cdots \right]$$

$m/z = 45$
质子化的 $CO_2$

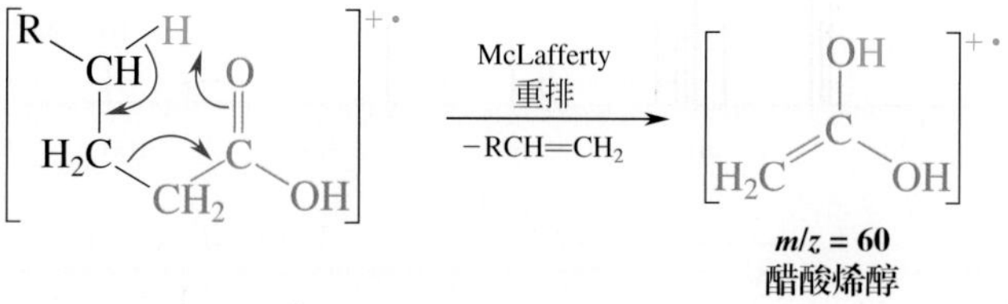

$$\xrightarrow[-RCH=CH_2]{McLafferty\ 重排} \left[\overset{..}{H_2C}=C\overset{OH}{\underset{OH}{}}\right]^{+\cdot}$$

$m/z = 60$
醋酸烯醇

$$\xrightarrow[-RCH_2\cdot]{C\text{-}3\text{-}C\text{-}4\ 裂解\ 和\ \alpha\text{-}H位移}$$

$m/z = 73$
质子化的丙烯酸

图 19-4 为丁酸的质谱图。

## 练习 19-4

图 19-5 戊酸的质谱图。指认上述三种裂解模式产生的峰。

**图19-4** 丁酸的质谱图。文中描述被指认的不同裂解模式产生的分子离子峰。

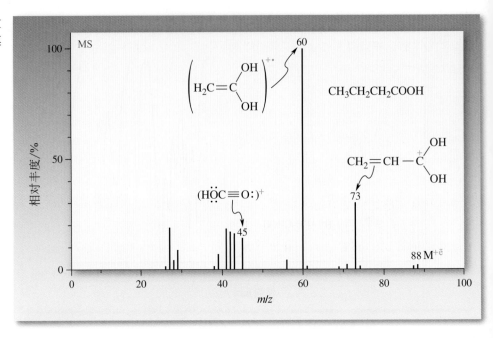

**图19-5** 戊酸的质谱图（练习19-4）。注意分子离子峰具有相对低的丰度。

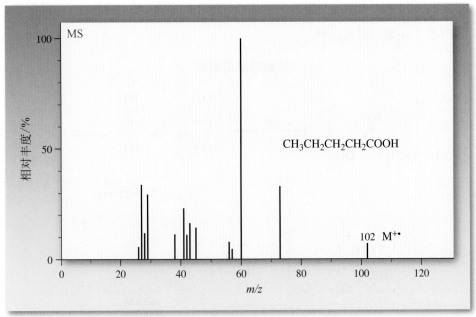

## 小 结

NMR 信号表明羧酸有强去屏蔽作用的酸质子和羰基碳，以及邻近官能团的中等去屏蔽作用的核。红外光谱中在 2500～3300（O—H）cm$^{-1}$ 和 1710（C=O）cm$^{-1}$ 处有特征吸收谱带。羧酸的质谱图显示出三种典型的裂解模式。

# 19-4 | 羧酸的酸性和碱性

　　与醇（8-3 节）一样，羧酸表现出酸性和碱性特征：去质子变为羧酸根离子相对容易，质子化则比较困难。

## 羧酸为相对较强的酸

羧酸具有比醇低得多的 $pK_a$ 值，尽管在两种情况下相应的氢都是羟基氢。

**羧酸容易解离**

$$RC\overset{\ddot{O}}{\overset{\|}{O}}H \ + \ H_2\ddot{O} \ \rightleftharpoons \ RC\overset{\ddot{O}}{\overset{\|}{O}}:^- \ + \ H\overset{+}{\ddot{O}}H_2$$

羧酸　　　　　　　　　　　　　羧酸根离子
$K_a \approx 10^{-4} \sim 10^{-5}$　　　　　　　（共轭碱）
$pK_a \approx 4 \sim 5$

为什么羧酸比醇具有更大的解离度？差别在于羧酸的羟基连在羰基上，正极化以及 $sp^2$ 杂化的羰基碳表现出强的吸电子诱导效应。另外，通过共振作用，羧酸根离子非常稳定，很像醛和酮通过 $\alpha$-碳去质子形成烯醇负离子（18-1 节）。

### 羧酸根离子和烯醇负离子的共振

(B = 碱)

$$pK_a \approx 4 \sim 5$$

羧酸根离子

$$pK_a \approx 19 \sim 21$$

烯醇负离子

与烯醇负离子不同，羧酸根离子的三个共振式中有两个是等同的（1-5 节），结果导致羧酸根离子是对称的，具有相等的碳-氧键长（1.26Å），该键长介于相应酸中典型的碳-氧双键（1.20Å）和单键（1.34Å）之间（图 19-1）。相对于烯醇负离子，由于羧酸根离子中负电荷均匀地分布在两个电负性氧上，使其非常的稳定。因此，羧酸平均比酮的酸性要强 15 个数量级。在页边所示醋酸根离子的静电势图中，显示出两个氧有相等的负电荷（红色）分布。

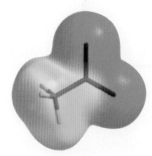

醋酸根离子

## 吸电子取代基增加羧酸的酸性

我们之前看到（8-3 节），邻近羟基官能团的吸电子基团的诱导效应可增加醇的酸性，在羧酸中也可观察到类似的现象。表 19-3 列出了一些羧酸的 $pK_a$ 值。应注意的是，在 $\alpha$-碳上如果有两或三个吸电子基团，可使有机酸具有与典型无机酸相近的酸度。

二酸有两个 $pK_a$ 值，每个—$CO_2H$ 基团有一个 $pK_a$ 值。在乙二酸（草酸）和丙二酸中，由于第二个羧基对第一个羧基的吸电子诱导效应，使得第一个 $pK_a$ 值降低。在较高级的二酸中，两个 $pK_a$ 值与一元羧酸的 $pK_a$ 值接近。

羧酸的相对强酸性意味着它们相应的**羧酸盐**（carboxylate salt）容易通过碱（例如，NaOH、$Na_2CO_3$ 或 $NaHCO_3$）经酸处理而得到。这些盐通常由指定金属和羧酸根来命名，即把酸英文名字末端的 -ic acid 换成 -ate。因此，$HCOO^- Na^+$ 被称为甲酸钠（sodium formate）；$CH_3COO^- Li^+$ 被命名为乙酸锂

**表19-3　不同羧酸和其他酸的p$K_a$值**

| 化合物 | p$K_a$ | 化合物 | p$K_a$ |
|---|---|---|---|
| 链烷酸 | | 二酸 | |
| HCOOH | 3.55 | HOOCCOOH | 1.27，4.19 |
| $CH_3COOH$ | 4.76 | $HOOCCH_2COOH$ | 2.83，5.69 |
| $ClCH_2COOH$ | 2.82 | $HOOCCH_2CH_2COOH$ | 4.20，5.61 |
| $Cl_2CHCOOH$ | 1.26 | $HOOC(CH_2)_4COOH$ | 4.35，5.41 |
| $Cl_3CCOOH$ | 0.63 | | |
| $F_3CCOOH$ | 0.23 | 其他酸 | |
| $CH_3CH_2CH_2COOH$ | 4.82 | $H_3PO_4$ | 2.15（p$K_{a_1}$） |
| $CH_3CH_2CHClCOOH$ | 2.84 | $HNO_3$ | −1.4 |
| $CH_3CHClCH_2COOH$ | 4.06 | $H_2SO_4$ | −3.0（p$K_{a_1}$） |
| $ClCH_2CH_2CH_2COOH$ | 4.52 | HCl | −8.0 |
| | | $H_2O$ | 15.7 |
| 苯甲酸 | | $CH_3OH$ | 15.5 |
| $4-CH_3C_6H_4COOH$ | 4.36 | | |
| $C_6H_5COOH$ | 4.20 | | |
| $4-ClC_6H_4COOH$ | 3.98 | | |

（lithium acetate）；依此类推。羧酸盐比相应的酸水溶性要好得多，这是由于极性负离子基团容易溶剂化。

## 练习19-5

按照酸性减弱的次序排列下列羧酸化合物。

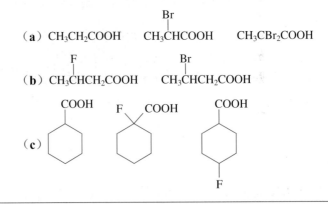

（a）$CH_3CH_2COOH$　　$CH_3CHCOOH$（上标Br）　　$CH_3CBr_2COOH$

（b）$CH_3CHCH_2COOH$（上标F）　　$CH_3CHCH_2COOH$（上标Br）

（c）

---

**羧酸盐的形成**

$$CH_3CCH_2CH_2COOH \xrightarrow{NaOH, H_2O} CH_3CCH_2CH_2COO^- Na^+ \ + \ HOH$$

（左侧 4,4-二甲基戊酸，微溶于水；右侧 4,4-二甲基戊酸钠，高水溶性盐）

## 羧酸的羰基氧可被质子化

正如醇可被强酸质子化生成烷基氧鎓离子（8-3节和9-2节）一样，羧基中两个氧原子上的孤对电子原则上也能被质子化。已经发现，（羧基中）

羰基氧的碱性更强。为什么？ 因为羰基氧质子化后，其正电荷通过共振而离域，而羟基的质子化不具有这种稳定化作用（参见练习。羟基的质子化，则不能受益于 2-15）。

**羧酸的质子化**

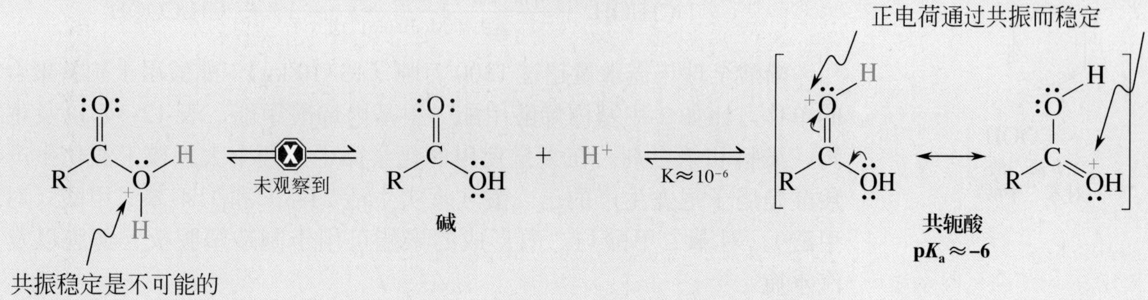

正电荷通过共振而稳定

共振稳定是不可能的

碱

共轭酸
p$K_a$ ≈ -6

$K ≈ 10^{-6}$

必须注意，羧酸的质子化是相对不利的，这可从其共轭酸具有很强的酸性（p$K_a$ ≈ -6）中看出。然而，我们会看到这样的质子化在羧酸及其衍生物的许多反应中都很重要。

**练习19-6**

质子化丙酮的 p$K_a$ 是 -7.2，而质子化醋酸的 p$K_a$ 是 -6.1。请解释。

## 小　结

总的来说，羧酸的酸性是因为极化的羰基碳具有强的吸电子性，而脱去质子后则产生共振稳定的羧酸根负离子。与羰基相连的吸电子基团会相应增加羧基的酸性，但是随着吸电子基团与羰基距离的增加，这种效应会迅速减弱。羧酸的质子化是比较困难的，但还是可能在羰基氧上发生质子化，以提供一个共振稳定的正离子。

# 19-5　羧酸的工业合成

羧酸是有用的试剂和合成前体。工业上大量生产的是两个最简单的羧酸。甲酸用于皮革制造的鞣制过程，在农业中作为干草和动物饲料的仓储防腐剂，也可用来杀灭螨虫。粉状氢氧化钠和一氧化碳在加压下反应可有效地合成甲酸，该转化过程首先是亲核加成，然后是质子化。全球每年消耗近 100 万吨甲酸。

**甲酸合成**

$$NaOH + CO \xrightarrow[(0.689MPa)]{150℃, 100psi} HCOO^-Na^+ \xrightarrow{H^+, H_2O} HCOOH$$

醋酸有三种重要的工业制备方法：乙烯经过乙醛的氧化反应（12-16节），丁烷的空气氧化以及甲醇的羰基化。这些反应的机理都很复杂。

**通过乙烯氧化合成醋酸**

$$CH_2{=}CH_2 \xrightarrow[\text{Wacker 工艺}]{O_2, H_2O, \text{催化量 PdCl}_2 \text{ 和 CuCl}_2} CH_3CHO \xrightarrow{O_2, \text{催化量 Co}^{3+}} CH_3COOH$$

**1,4-苯二酸**
**(对苯二甲酸)**

### 通过丁烷氧化合成醋酸

$$CH_3CH_2CH_2CH_3 \xrightarrow{\text{O}_2,\ \text{催化量 Co}^{3+},\ 15\sim20\text{atm},\ 180°C} CH_3COOH$$

### 通过甲醇羰基化合成醋酸

$$CH_3OH \xrightarrow[\text{孟山都(Monsanto)工艺}]{\text{CO, 催化量 Rh}^{3+},\ \text{I}_2,\ 30\sim40\text{atm},\ 180°C} CH_3COOH$$

醋酸全球年需求量超过 1300 万吨（$13×10^9$kg）。醋酸用于制备聚合反应的单体，比如 2-甲基丙烯酸甲酯（甲基丙烯酸甲酯，表 12-3）以及生产医药、染料和杀虫剂。在大量使用的化学品中，两个大规模工业化生产的二羧酸是用于尼龙生产的己二酸（真实生活 21-3）和 1,4-苯二甲酸（对苯二甲酸）。对苯二甲酸与二醇形成的聚酯可用于制造塑胶板、薄膜以及用作汽水瓶。

## 19-6 | 引入羧基官能团的方法

伯醇和醛通过 Cr（VI）水溶液氧化形成羧酸已分别在 8-5 节和 17-4 节中讲述，本节介绍适用于羧酸合成的另外两个试剂。通过在卤代烷中增加一个碳原子的方法引入羧基也是可行的。这个转化可通过两种途径来实现：金属有机试剂的羰基化或腈的制备和水解。

### 伯醇和醛氧化形成羧酸

伯醇氧化生成醛，醛容易进一步氧化形成相应的羧酸。

#### 氧化法合成羧酸

$$RCH_2OH \xrightarrow{\text{氧化}} \overset{\displaystyle O}{RCH} \xrightarrow{\text{氧化}} \overset{\displaystyle O}{RCOH}$$

> 记住：伯醇和醛在水中氧化成羧酸要经过醛水合物中间体（17-6节）。

除 $CrO_3$ 水溶液外，该过程中还经常使用 $KMnO_4$ 和硝酸（$HNO_3$）。因为硝酸是最便宜的强氧化剂之一，所以常用于大规模制备和工业应用。

$$2\,HNO_3 + ClCH_2CH_2\overset{\displaystyle O}{CH} \xrightarrow{25°C} ClCH_2CH_2\overset{\displaystyle O}{COH} + 2\,NO_2 + H_2O$$
$$\underset{\textbf{3-氯丙醛}}{\phantom{xxxxxx}} \underset{\substack{79\% \\ \textbf{3-氯丙酸}}}{\phantom{xxxxxx}}$$

#### 练习 19-7

写出硝酸氧化的产物：（**a**）戊醛；（**b**）1,6-己二醇；（**c**）4-(羟甲基)环己基甲醛。

### 金属有机试剂与二氧化碳反应合成羧酸

金属有机试剂进攻二氧化碳（固态形式，亦称为干冰），很像它们进攻醛或酮。这个**羰基化**（carbonation）过程的产物是羧酸盐，它可在酸性水溶液中质子化生成羧酸。

**金属有机物的羧基化**

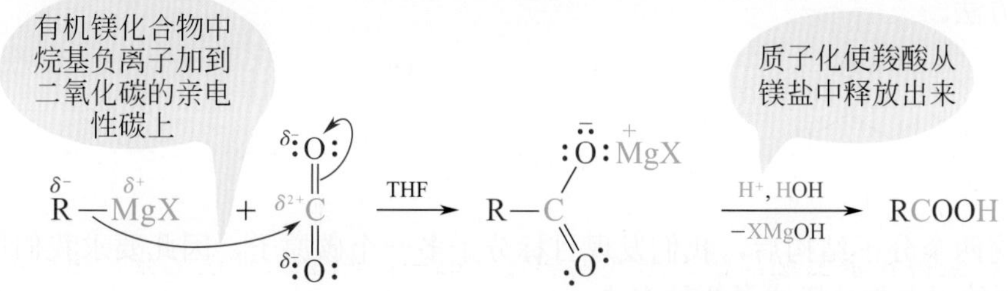


$$RLi + CO_2 \xrightarrow{THF} RCOO^-Li^+ \xrightarrow[-LiOH]{H^+, HOH} RCOOH$$

前文提到，金属有机试剂通常可由相应的卤代烷制备：RX+Mg ⟶ RMgX。因此，金属有机试剂的羰基化使 RX 经两步反应转化成 RCOOH，即多一个碳原子的羧酸。例如：

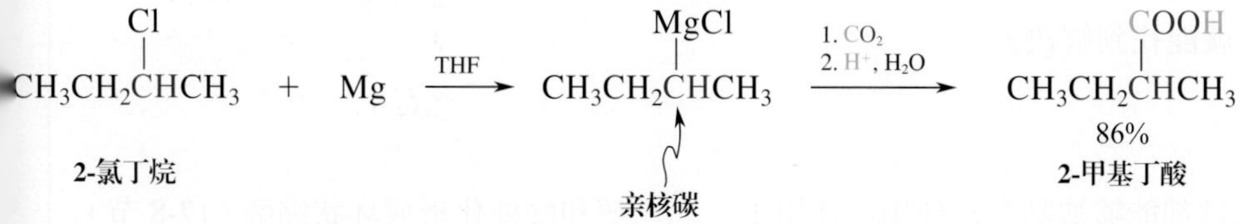


## 腈水解生成羧酸

把卤代烷转化成多一个碳原子羧酸的另一种方法是通过腈（RC ≡ N）的制备和水解。前文提到（6-2 节）氰负离子是个好的亲核试剂，可通过 $S_N2$ 反应合成腈。腈在热的酸或碱中水解生成相应的羧酸（和氨或铵离子）。

**卤代烷经过腈合成羧酸**

$$RX \xrightarrow[-X^-]{^-CN} RC{\equiv}N \xrightarrow[-NH_3 \text{ 或 } NH_4^+]{1.\ HO^-;\ 2.\ H^+, H_2O} RCOOH$$

此反应的机理将在 20-8 节中详细描述。

当底物含有羟基、羰基和硝基等易于和金属有机试剂反应的基团时，利用腈水解合成羧酸是比经格氏试剂羧基化更可取的方法。

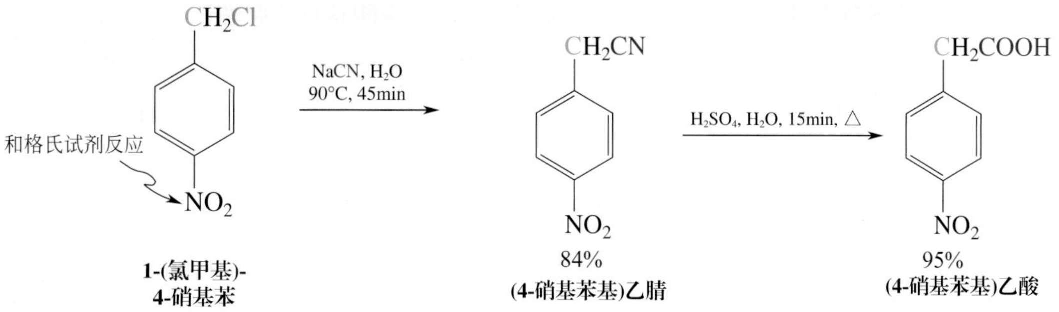

## 解题练习19-8

**运用概念解题：由卤代烷合成羧酸**

提出一个完成下列转化的方法。

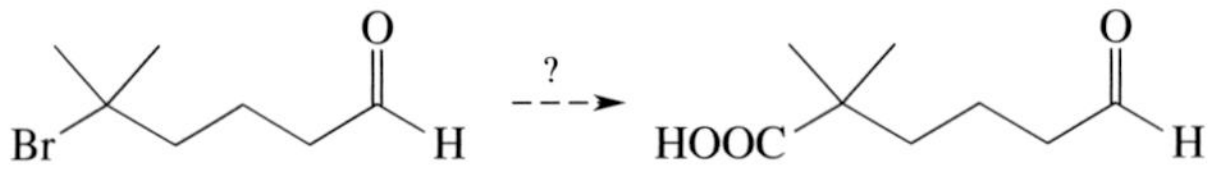

**策略：**

- **W：有何信息？** 仔细考察这两个分子结构后，我们发现目标分子多一个碳原子，因此要求我们用一个羧基取代卤化物。前面的正文部分概述了两种方法。

- **H：如何进行？** 首先回答哪些是不可以的：不要试图通过用某种"羧基"亲核试剂取代溴化物来一步完成这个转变——无论是在这里还是在考试中，这样的物质是不存在的，这样的答案也是无稽之谈。查看正文部分了解可能的选项，然后查看应用其中任何一个选项可能需要什么。

- **I：需用的信息？** 寻找兼容性问题。研究可能影响格氏试剂-羧基化作用途径或氰化物置换-水解途径的初始物质的特征。事实上，两者都不能直接使用。醛的存在是个问题，因为醛和格氏试剂反应（8-7节和17-5节）。氰化物的置换会失败，因为卤化物是三级的，需要的$S_N2$反应不会发生，将主要发生消除反应（7-8节和7-9节）。能解决这两个问题吗？是的，如果我们能以某种方式阻止羧基干扰格氏试剂反应，就能找到解决方法。

- **P：继续进行。**

**解答：**

- 先保护醛基以使格氏试剂能够被制备和使用：使用1,2-乙二醇和酸催化形成环状缩醛（17-8节）。
- 接下来制备格氏试剂并加入到$CO_2$中。
- 最后经酸性水溶液处理，使羧酸盐经质子化转变成酸，同时也使环状缩醛水解而使醛官能团去保护。

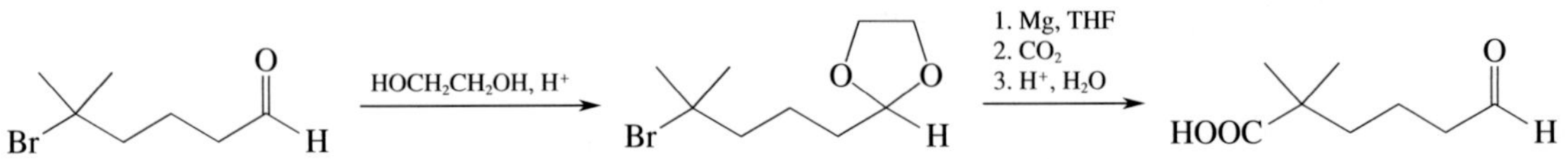

## 19-9 自试解题

使用化学方程式，表明如何把下列的每个卤代物转变成多一个碳的羧酸。如果有多种方法，则都表示出来；如果没有，那么在选择的方法之后给出理由。（**a**）1-氯戊烷；（**b**）碘代环戊烷；（**c**）4-溴丁酸（**提示**：8-6节和8-8节）；（**d**）氯乙烯（**提示**：13-9节）；（**e**）溴代环丙烷（**提示**：第6章第62题）。

氰醇可通过HCN对醛或酮的加成制备（17-1节），而氰醇中腈基的水解是合成2-羟基羧酸的常用途径。2-羟基羧酸具有防腐性。

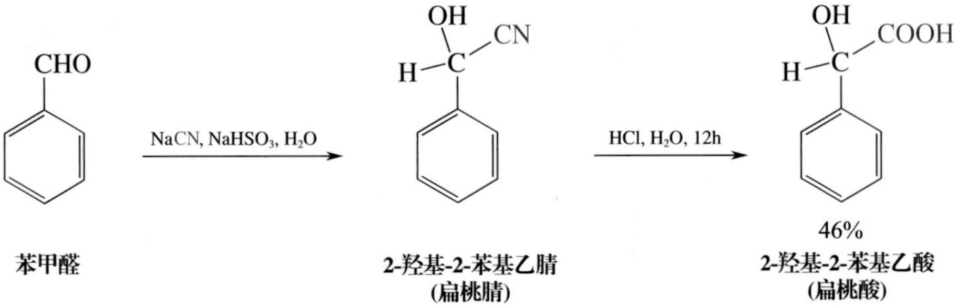

苯甲醛      2-羟基-2-苯基乙腈（扁桃腈）     2-羟基-2-苯基乙酸（扁桃酸）

46%

**练习19-10**

给出下列转化的有效方法（需要一步以上）。

(a) CHO ----> HOCHCOOH

(b) ----> H₃C COOH

(c) Br / OCH₃ ----> COOH / OCH₃ （注意：立体化学！）

---

## 小 结

有几种试剂可以氧化伯醇和醛生成羧酸。卤代烷转化成多一个碳的羧酸，既可以先转变成金属有机试剂再羧基化，也可以使卤化物经氰基取代，接着通过腈水解的方法实现。

# 19-7 羧基碳上的取代反应：加成–消除机理

羧酸中的羰基表现出与醛、酮中羰基类似的反应性：亲核试剂进攻碳和亲电试剂进攻氧。然而，羧基结构中—OH基团的存在使得羧酸有着另一方面的化学性质：如同在醇中一样，这个—OH可被转变成离去基团（9-2节）。结果，在羰基碳的亲核加成发生后，离去基团离去，从而产生净取代过程和生成新的羰基化合物。本节介绍这个过程及其发生的一般机理。

### 羰基碳受到亲核试剂的进攻

如从醛和酮的研究中学到的一样，羰基碳是亲电性的，可能被亲核试剂进攻。在羧酸和**羧酸衍生物**（carboxylic acid derivatives，通式为RCOL，其中L代表离去基团）中观察到了这类反应性。

羧酸衍生物

**羧酸衍生物**

| O || RCX 酰卤 | O || RCOCR 酸酐 | O || RCOR′ 酯 | O || RCNR′₂ 酰胺 |

与醛和酮的加成产物不同（17-5节~17-7节），羧基碳上亲核进攻形成的中间体通过消除一个离去基团而分解。结果是亲核试剂通过**加成–消除**（addition-elimination）过程而取代离去基团。

### 在羰基碳上通过加成–消除发生的取代反应

羰基碳是三角形的，采取sp²杂化。正如烯烃（第12章）和苯的反应（第15章）一样，与饱和、四面体、sp³杂化碳原子相关的取代机理通常不会发生在不饱和、平面三角体系中。它们的平面性使得背面、S_N2型取代反应难度大，且 $sp^2$ 杂化碳原子形成的碳正离子稳定性小，也不利于 $S_N1$ 反应。

通过加成-消除进行的取代反应包括两个简单的机理过程。亲核试剂对羰基碳的加成是我们熟知的反应，而消除是加成过程的逆过程。2-2 节中第4(a)类反应机理可用于解释这两种反应机理，如下所示。

正向-加成： $X:^- \quad + \quad {}^{\delta+}A = B^{\delta-} \quad \longrightarrow \quad X{-}A{-}B:^-$

逆向-消除： $X{-}A{-}B:^- \quad \longrightarrow \quad X:^- \quad + \quad A = B$

当进攻点（原子 A）已经包含一个潜在的离去基团（Y）时，上面的两个步骤可以一个接一个地进行，发生 X 代替 Y 的净取代反应。

### 一般的加成-消除机理模式

$$X:^- \curvearrowright A = B \xrightleftharpoons[]{\text{X}^-\text{的加成}} X{-}A{-}B:^- \xrightleftharpoons[]{\text{Y}^-\text{的消除}} A = B \ + \ Y:^-$$

正如这个通式所示，加成-消除中的两个步骤都是可逆的。下面化学式显示了羧酸衍生物的加成-消除过程。消除之前的加成反应形成的中间体（与起始原料和产物不同）含有一个四面体的碳中心，因此被称为**四面体中间体**（tetrahedral intermediate）。

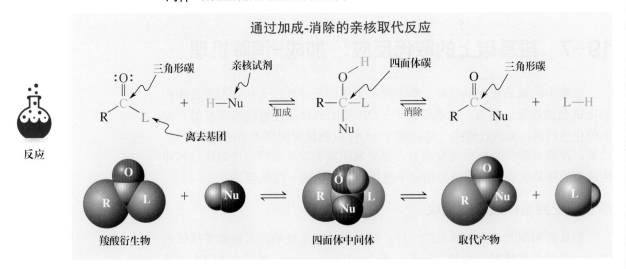

**通过加成-消除的亲核取代反应**

羧酸衍生物　　　　四面体中间体　　　　取代产物

通过加成-消除机理的取代反应，是羧酸衍生物生成及其互相转变的最重要途径（即 RCOL $\longrightarrow$ RCOL′）。本节的其余部分和接下来的几节将讲述如何通过羧酸制备这些衍生物，第 20 章将探讨它们的物理性质和化学性质。

### 加成-消除反应是由酸或碱催化的

加成-消除反应可以在碱性或酸性条件下进行。我们已经看到亲核试剂是如何通过碱或酸催化对醛和酮进行加成的（17-5 节～17-9 节，表 17-4）。亲核试剂对于羧酸衍生物的加成也一样。四面体中间体的消除也有类似的催化作用。回想一下，这个过程在机理上与加成正好相反。因此，也观察到同样的催化作用。让我们详细考察碱和酸的作用。

所有亲核试剂都是 Lewis 碱。然而，具有可除去质子的亲核试剂（Nu-H）能够被强碱（表示为 B$^-$）去质子，产生带负电荷的亲核试剂——Nu$^-$，因

此 $Nu^-$ 具有更强的亲核性，它是进攻物种（步骤1）。发生加成-消除（步骤2）时，碱再生（步骤3），使其成为整个过程的催化剂。这类反应中的典型亲核试剂包括水和醇，它们在去质子后分别生成氢氧根离子和烷氧离子。

**碱催化的加成-消除机理**

**步骤 1.** NuH 的去质子化

$$Nu{-}H \ + \ ^-\!:B \ \rightleftharpoons \ ^-\!:Nu \ + \ BH$$

典型的碱包括 $^-OH$ 和 $^-OR$

**步骤 2.** 加成-消除

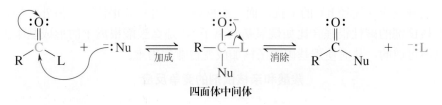

四面体中间体

**步骤 3.** 催化剂的再生

$$^-\!:L \ + \ H{-}B \ \rightleftharpoons \ LH \ + \ ^-\!:B$$

（另一选择，$^-\!:L$可以在步骤1中用作碱）

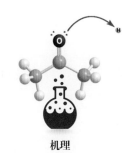

机理

> **记住：**
> 在碱性条件下，机理中只有带负电荷的和中性的物质参与。

在亲核试剂已经很强的情况下，碱催化是不必要的，整个机理可以通过上面的步骤 2 来描述。

加成-消除反应也可能由酸催化。酸有两种功能：首先，质子化羰基氧（步骤1），活化羰基使其更容易被亲核进攻（17-5 节）；其次，L 的质子化（步骤2）使其成为更好的离去基团（6-7 节和 9-2 节）。

**酸催化加成-消除机理**

**步骤 1.** 质子化

羰基氧质子化使碳更具有亲电性

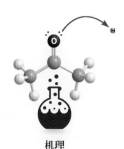

机理

**步骤 2.** 加成-消除

四面体中间体

甚至更弱的中性亲核试剂也容易加成到质子化的C=O上

**步骤 3.** 去质子化；再生催化量的质子

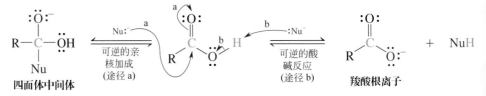

### 羧酸的取代反应可受到离去能力较差的基团和酸性质子的抑制

我们可以把一般的加成-消除过程应用于羧酸转化成相应衍生物的反应中。然而，我们必须首先解决两个问题。第一，我们知道氢氧根离子是一个离去能力较差的基团（6-7 节）。第二，羧基质子是酸性的，而大多数亲核试剂是碱（6-8 节）。因此，预期的亲核进攻（下列方程中的途径 a）会遇到酸碱反应（途径 b）的干扰，而一般酸碱反应过程是很快的。另外，如果亲核试剂的碱性很强（比如烷氧基负离子），那么羧酸根离子的形成基本上是不可逆的，从而使羰基碳的亲核加成变得非常困难。

**羧酸和亲核试剂的竞争反应**

另一方面，使用碱性较弱的亲核试剂，特别是在酸性条件下，羧酸根的质子化具有高度的可逆性，允许亲核试剂竞争加成，最终通过加成-削除机理导致取代。一个典型的例子是羧酸的酯化反应（9-4 节），其中醇和羧酸反应生成酯和水。这种转化需要额外的强酸催化，通常是少量的硫酸或盐酸。醇虽然是弱亲核剂，但也是弱碱；因此，酸的去质子化不影响反应进行。无机酸催化剂先将羰基氧质子化，使之活化而易于被乙醇亲核进攻，形成一个"四面体"的中间体加合物，然后再需要一个催化质子，将其中一个羟基转化为一个更好的离去基团，即水。

**酯化反应**

RCOOH　+　R′OH

$$\downarrow H^+$$

RCOOR′　+　H_2O

### 酯化反应中的酸催化

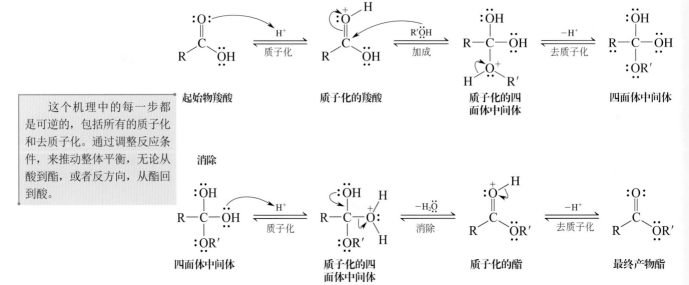

接下来的几节将详细讨论此反应和其他的羧酸取代反应。

**练习 19-11** ───────────────────────

阐述甲醇与乙酸的酸催化反应机理。

---

## 小 结

羧酸衍生物羰基上的亲核进攻是加成-消除取代反应中的一个关键步骤。酸或碱都可催化此反应。对于羧酸而言，该过程是由离去能力较差的基团（氢氧根离子）和亲核试剂（作为碱）的竞争性去质子化而推动的；用弱碱性的亲核试剂，加成反应能够发生。

## 19-8 | 羧酸衍生物：酰卤和酸酐

从这节开始介绍羧酸衍生物的制备。RCOOH 中羟基被卤素取代形成**酰卤**（acyl halide），被羧酸根离子（RCOO⁻）取代则得到**酸酐**（carboxylic anhydride）。两个过程都需要先将羟基官能团转化成离去能力较好的基团。

### 通过用羧酸的无机衍生物形成酰卤

羧酸转化成酰卤使用与醇合成卤代烷同样的试剂（9-4 节），即 $SOCl_2$ 和 $PBr_3$。两种情况下需要解决的问题是同样的——把不易离去的基团（—OH）变成易离去的基团。

酰卤

#### 酰卤的合成

$$CH_3CH_2CH_2COOH \xrightarrow[\substack{-O=S=O \\ -HCl}]{ClSCl, 回流} CH_3CH_2CH_2CCl$$

丁酸    85%  丁酰氯

反应

$$3 \bigcirc COH \xrightarrow[-H_3PO_3]{PBr_3} 3 \bigcirc CBr$$

90%

[这些反应不适用于甲酸（HCOOH），因为甲酰氯（HCOCl）和甲酰溴（HCOBr）不稳定，参见练习 15-33（b）]

如下图所示，使用 $SOCl_2$ 时，羧基中—OH 被转化为—OSOCl。使用 $PBr_3$ 时，它被转变为 $OPBr_2$。在这些过程中产生了 $H^+$ 和相应的卤离子，这两种离子都在随后的加成-消除过程中发挥作用。

#### 用亚磺酰氯形成酰氯的机理

**步骤 1.** 羟基的活化

$$\underset{R}{\overset{O}{\|}}C—O—H + Cl—S—Cl \longrightarrow R—C(=O)—O—S(=O)—Cl + H^+ + :\ddot{Cl}:^-$$

$^-:\ddot{O}H$ 是离去
能力较差的基团

是离去能力
较好的基团

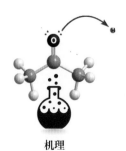
机理

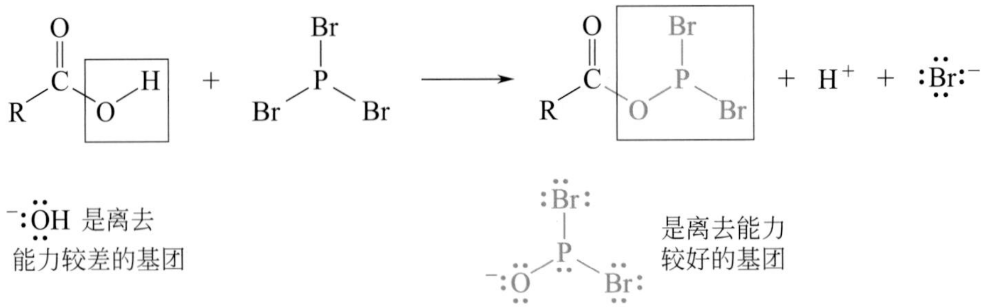

$^-$:ÖH 是离去
能力较差的基团

是离去能力
较好的基团

**步骤 2.** 加成

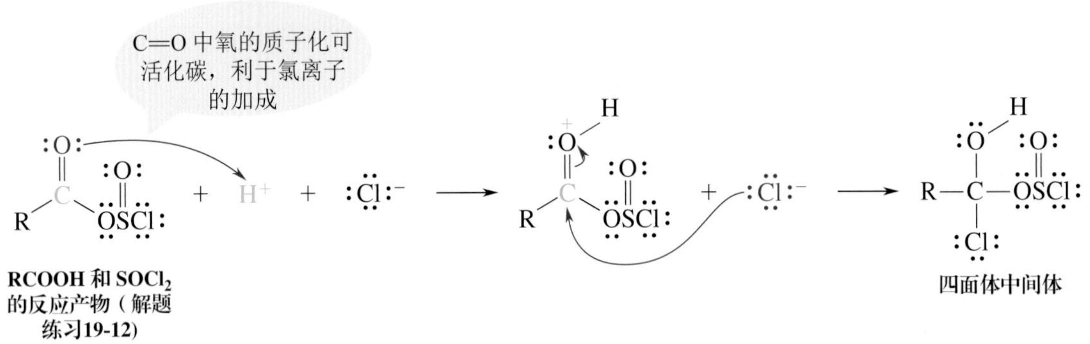

C=O 中氧的质子化可
活化碳，利于氯离子
的加成

RCOOH 和 SOCl$_2$
的反应产物（解题
练习19-12）

四面体中间体

**步骤 3.** 消除

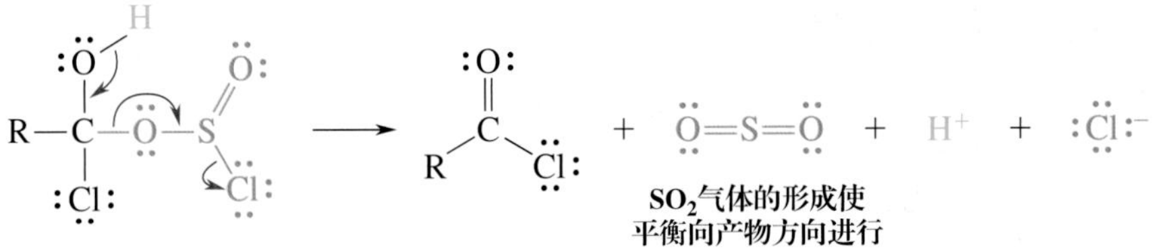

SO$_2$气体的形成使
平衡向产物方向进行

利用三溴化磷（PBr$_3$）形成酰溴的机理是类似的（9-4 节）。

## 解题练习19-12

**运用概念解题：氯代亚硫酸酯的形成**

　　提出 SOCl$_2$ 与羧酸反应产生无机衍生物（一种氯代亚硫酸酯）的机理，如前一页步骤 1 所示。

　　策略：

- **W**：有何信息？在最初的氯代烷烃合成中（9-4节），已经遇到SOCl$_2$用于醇的转化形成相应的烷基氯代亚硫酸酯，ROSOCl。

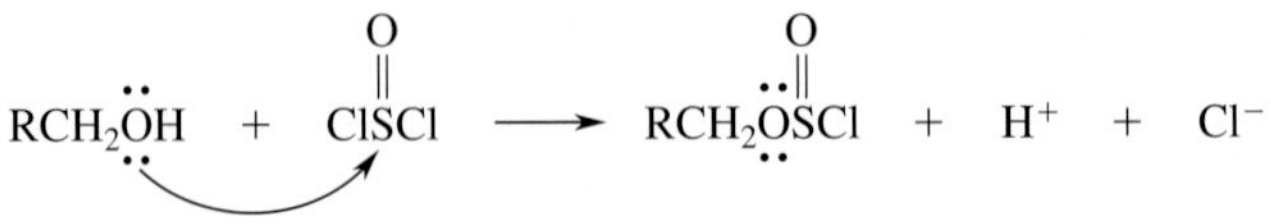

$$RCH_2\ddot{O}H + Cl\overset{O}{\underset{||}{S}}Cl \longrightarrow RCH_2\ddot{O}\ddot{S}Cl + H^+ + Cl^-$$

- **H**：如何进行？然而，将这种机理直接应用于羧酸不像是正确的。如何进行？

- **I**：需用的信息？我们在19-4节中看到羧酸的质子化发生在羰基氧原子上，而不是羟基的氧上，因为前一个过程能够形成共振稳定的中间产物。对于羧酸与任何亲电试剂（如SOCl$_2$中的硫或PBr$_3$中的磷）的反应都是如此。

- **P**：继续进行。利用这些信息来指导我们。

**解答：**

- 可能的转化途径如下所示：

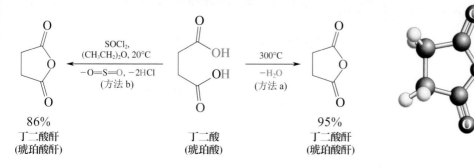

- 这个反应途径将羰基氧，而不是羟基，转化成离去基团。
- 据我们所知，这种特殊的机理还没有经过实验验证。我们将它作为一个假设机理的例子，这个假设是基于对其他类似物的实验观察，针对一组反应分子提出的。

## 19-13 自试解题

提出一个 PBr₃ 与羧酸反应形成无机衍生物（酰基二溴磷酸酯）的机理，如解题练习 19-12 步骤 1 所示。

### 酸和酰卤结合生成酸酐

在酰卤中卤素的电负性活化了羰基，使其易受其他亲核试剂，甚至是弱的亲核试剂的进攻（第 20 章）。例如，酰卤用羧酸处理生成**酸酐**（carboxylic anhydride），该反应通常是在碱存在下进行的，首先生成羧酸根离子，然后遵循标准的碱催化加成-消除机理。

$$\underset{\text{丁酸}}{CH_3CH_2CH_2\overset{\overset{\displaystyle O}{\|}}{C}OH} + \underset{\text{丁酰氯}}{Cl\overset{\overset{\displaystyle O}{\|}}{C}CH_2CH_2CH_3} \xrightarrow[\substack{-HCl\\作为铵盐}]{Et_3N, \triangle, 8h}$$

$$\underset{\substack{85\%\\丁酸酐}}{CH_3CH_2CH_2\overset{\overset{\displaystyle O}{\|}}{C}O\overset{\overset{\displaystyle O}{\|}}{C}CH_2CH_2CH_3}$$

正如名字所示，酸酐（carboxylic anhydride）是由相应的酸失水衍生得到的。尽管羧酸脱水不是酸酐合成的通用方法，但是环状酸酐可通过加热二元羧酸来制备（如下方法 a）。这个转化成功的条件是闭环形成五元环或六元环产物。一种更为温和的替代方法是通过用二氯亚砜处理酸形成单酰氯中间体，然后立即经过分子内反应形成酸酐（方法 b）。

#### 环状酸酐形成的两种方法

$$\underset{\substack{86\%\\丁二酸酐\\(琥珀酸酐)}}{\text{酸酐}} \xleftarrow[\substack{-O=S=O, -2HCl\\(方法 b)}]{\substack{SOCl_2,\\(CH_3CH_2)_2O, 20°C}} \underset{\substack{丁二酸\\(琥珀酸)}}{\text{二酸}} \xrightarrow[\substack{-H_2O\\(方法 a)}]{300°C} \underset{\substack{95\%\\丁二酸酐\\(琥珀酸酐)}}{\text{酸酐}}$$

右侧文字：

$$\underset{酸酐}{R\overset{\overset{\displaystyle O}{\|}}{C}O\overset{\overset{\displaystyle O}{\|}}{C}R}$$

由于酰卤中的卤素和酸酐中的 $RCO_2$ 取代基都是易离去基团，并且它们还活化了相连的羰基官能团，因此这些羧酸衍生物为合成其他化合物的有用中间体。这一主题将在 20-2 节和 20-3 节中讨论。

---

### 练习 19-14

以羧酸为原料，为下列每个化合物提出一种制备方法。

$$\underset{\text{（a）}}{}\ \overset{\text{O O}}{CH_3COCCH_2CH_3} \qquad \underset{\text{（b）}}{}\ \overset{H_3C\ \ O}{CH_3CHCCl} \qquad \text{（c）}$$

---

### 练习 19-15

（a）用化学反应方程式写出由丁酸钠和丁酰氯合成丁酸酐的机理。（b）提出一个由二酸通过热反应形成丁二酸酐的机理。

---

## 小　结

羟基中的羟基能被卤素取代，使用的试剂与由醇转变成卤代烷所用的试剂（$SOCl_2$ 和 $PBr_3$）相同。生成的酰卤活性足够大，能被羧酸进攻而生成酸酐。环状酸酐可由二羧酸经过热脱水的方法制得。

---

# 19-9 　羧酸衍生物：酯

酯（ester）具有通式 RCOOR′。酯在自然界的广泛存在以及许多实际应用，使得它们有可能成为最重要的羧酸衍生物。本节讲述无机酸催化条件下，羧酸和醇形成酯的反应。

### 羧酸和醇反应形成酯

当羧酸和醇混合在一起时，不发生反应。然而，当加入催化量的无机酸（例如，硫酸或盐酸）时，两个组分通过一个平衡过程生成酯和水（9-4 节）。1895 年，传奇的德国化学家埃米尔·菲舍尔［Emil Fischer］（5-4 节）和他的同事阿瑟·斯皮尔（Arthur Speier）首次提出了这种酯的形成方法，因此它被称为费歇尔-斯皮尔（Fischer-Speier）或**费歇尔酯化反应**（Fischer esterification reaction，此名更常用）。

反应

> **酸催化（Fischer）酯化反应**
>
> $$\overset{O}{RCOH} \ +\ R'OH \ \underset{}{\overset{H^+}{\rightleftharpoons}} \ \overset{O}{RCOR'} \ +\ H_2O$$
>
> 羧酸　　　　　醇　　　　　　　酯

酯化反应放热不多，$\Delta H^{\ominus}$ 通常接近于零，相关的熵变也很小，因此，$\Delta G^{\ominus} \approx 0$ 且 $K \approx 1$。那么平衡如何移向酯的方向？一种办法是使两个原料中任意一个过量；另一种办法是从反应中除去酯或水。实际上，酯化反应通常使用低级（或便宜）醇作为溶剂。

$$CH_3COH + CH_3OH \underset{-H_2O}{\overset{H_2SO_4, \triangle}{\rightleftharpoons}} CH_3COCH_3$$

乙酸　　　溶剂　　　　乙酸甲酯
　　　　（或过量）　　　85%

## 练习 19-16

给出下面每对化合物的酸催化反应的产物。

（**a**）甲醇 + 戊酸；（**b**）甲酸 +1-戊醇；（**c**）环己醇 + 苯甲酸；（**d**）2-溴乙酸 +3-甲基 -2-丁醇。

与酯化反应相反的反应过程是**酯水解**（ester hydrolysis）。此反应与酯化反应的条件相同，但是为了使平衡移动，可在与水混溶的溶剂中加入过量的水。

$$CH_3CH_2CH_2CH_2\underset{CH_3}{\overset{CH_3}{C}}COOCH_2CH_3 \xrightarrow[\text{过量水}]{H_2SO_4, HOH, 丙酮, \triangle} CH_3CH_2CH_2CH_2\underset{CH_3}{\overset{CH_3}{C}}COOH + CH_3CH_2OH$$

**2,2-二甲基己酸乙酯**　　　　　　　　　　　　**2,2-二甲基己酸**
　　　　　　　　　　　　　　　　　　　　　　85%

酯形成和水解的互补过程阐明了勒夏特列（Le Châtelier）原理的应用：可以通过控制平衡中所用试剂的相对量来控制可逆过程的结果。我们已经了解了在酸性条件下控制缩醛（酮）生成-水解反应的相同策略（17-7 节）。

## 练习 19-17

给出下列各酯的酸催化水解产物。

（**a**）$CH_3(CH_2)_3C \equiv CCH_2CH_2COOCH(CH_3)_2$　（**b**）

（**c**）$CH_3CH_2\underset{CH_3}{\overset{\phantom{C}}{C}}HCH_2OOC-$

## 通过酸催化的加成-消除机理进行酯化

在酯形成的机理中，酸催化剂的作用显著，它既能使羰基官能团受醇的亲核进攻（该例子中的甲醇，步骤 2），又使羟基能以水的形式离去（步骤 3）。前面已介绍过这个机理（19-7 节），这里将再详细介绍。

**酸催化的酯化机理**

**步骤 1.** 羧基的质子化

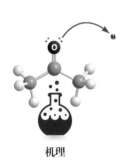

机理

**步骤 2.** 甲醇的进攻与去质子化形成四面体中间体

动画
动画展示机理：
酸催化酯化作用

四面体中间体
中转站：
←既能回到原料
又能前进到产物→

　　四面体中间体的质子化可以发生在它的三个氧中的任何一个上面，产生一个离去基团。如果失去甲醇，反应回到起始原料。如果水离去，体系就会生成产物。

**步骤 3.** 质子化和水的消除

共振稳定

　　一开始，羧基氧质子化形成一个离域的碳正离子（步骤1），于是羧基碳易受到甲醇的亲核进攻。初始的加成物中失去质子形成四面体中间体（步骤2）。这种物质是个重要的中转站，因为它在无机酸催化剂存在下能以两种方式反应。首先，它能够通过步骤1和步骤2的逆反应而失去甲醇，这个过程由甲醇氧的质子化开始，最后回到羧酸；而第二种可能性是任意一个羟基氧的质子化导致水的消除和酯的形成（步骤3）。所有步骤都是可逆的，因此无论过量醇的加入还是水的除去，都分别有利于步骤2和步骤3的平衡向酯化方向进行。酯水解反应按逆向途径进行，水的存在有利于水解反应。

**练习 19-18**

　　给出羧酸（RCOOH）与甲醇酯化反应的机理，其中醇氧以 $^{18}O$ 同位素标记（$CH_3^{18}OH$）。标记的氧出现在产物酯中还是在水中？

## 羟基酸可以经过分子内酯化反应生成内酯

羟基酸经催化量的无机酸处理，可以形成环状酯或**内酯**（lactone）。这个过程称为**分子内酯化**（intramolecular esterification）作用，五元环和六元环的内酯容易形成。与分子间酯化反应不同，熵有利于平衡的进行，且从起始原料中去除水使反应变得特别容易。

### 内酯的形成

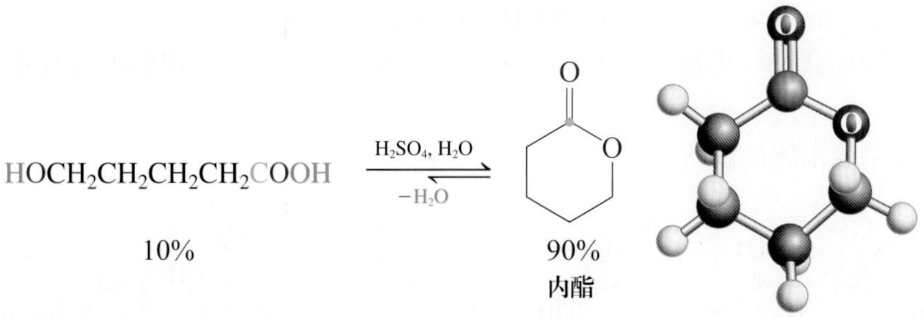

$$HOCH_2CH_2CH_2CH_2COOH \xrightarrow[-H_2O]{H_2SO_4, H_2O}$$

10%

90%
内酯

---

### 解题练习 19-19

**运用概念解题：多步机理**

解释下列结果。

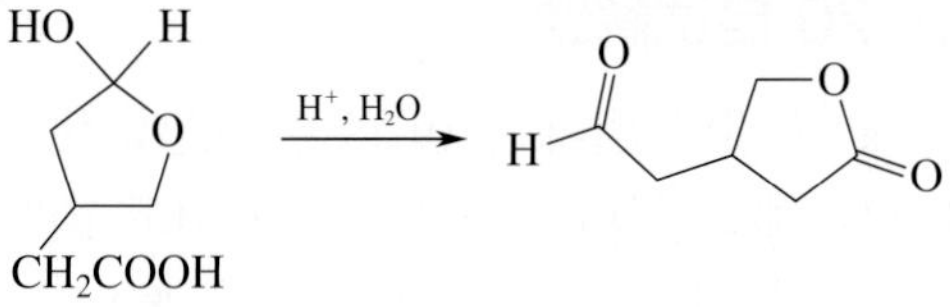

$$\xrightarrow{H^+, H_2O}$$

**策略：**

- **W：** 有何信息？这个问题所要求的是一个机理解释。和往常一样，线索是问题中的"解释"这个词。我们有一个含多个氧官能团的两分子之间酸催化的转化反应。

- **H：** 如何进行？乍一看，原料和产物在结构上似乎少有共同之处。努力寻找二者的共有元素。首先，它们有相同数量的碳原子。看看它们各自的分子式，以 $C_6H_{10}O_4$ 开始，以 $C_6H_8O_3$ 结束，在这个过程中失去了一个（而且只有一个）$H_2O$ 分子。再看内含的官能团，起始原料含有一个羧基。产物是否含有以羧酸衍生物形式存在的碳原子？是的，它是内酯，一个环状酯。同样，产物中含有醛羰基。起始原料含有醛氧化态的碳原子吗？是的，以五元环半缩醛的形式存在。通过识别这些特征，可以在初始原料中的碳原子和产物分子之间建立可能的联系。

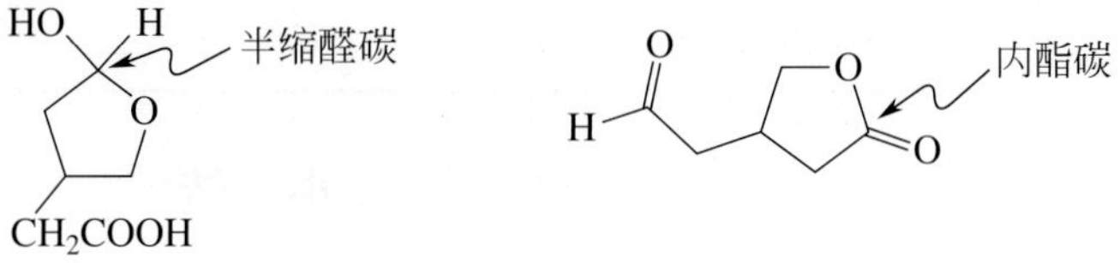

半缩醛碳

内酯碳

- **I：** 需用的信息？17-7节告诉我们，环状半缩醛在酸性或碱性条件下与其开链羟基醛异构体相互转化。应用这些可以由此开始，然后利用在本节中关于内酯的信息以便继续进行。

- **P：** 继续进行。

**解答：**

- 写出半缩醛与其开链异构体平衡的机理。

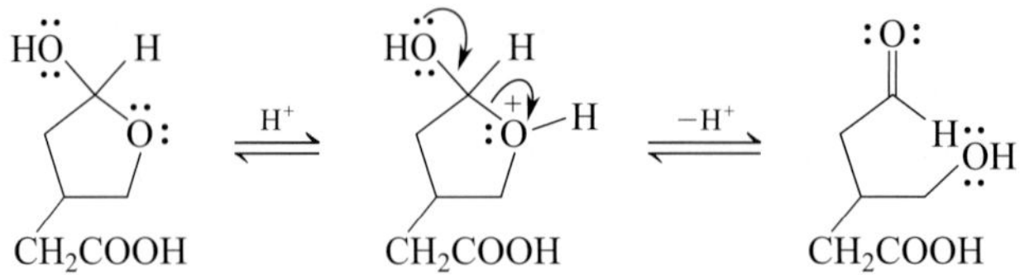

生成的产物结构包含三个官能团：醛羰基、醇羟基和羧酸的羧基。继续。

- 羟基与羧酸的分子内反应生成环状酯（内酯），这一过程还释放出水分子，使产物的组成有别于起始原料的组成。

- 通过一步一步地写出机理来完成本题的解答。

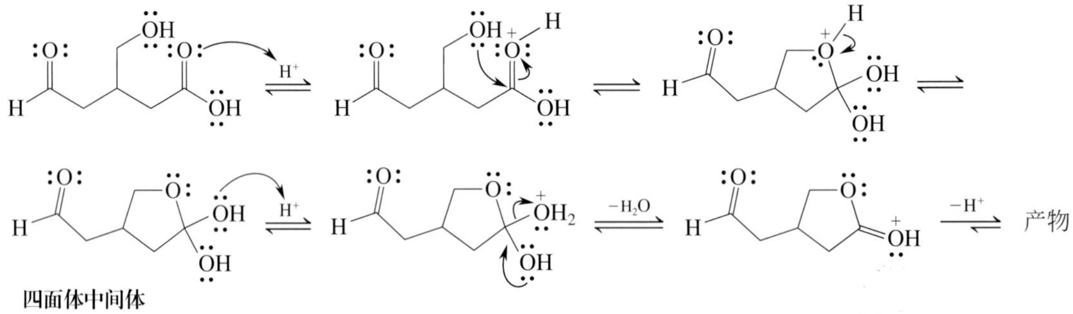

**四面体中间体**

## 19-20 自试解题

（**a**）如果解题练习 19-19 中的起始化合物在其环的氧原子处用 $^{18}O$ 同位素标记，那么 $^{18}O$ 标记最终会出现在产物中的何处？

（**b**）氧化甲基双氢睾酮（氧甲氢龙）是一种广泛使用的（甚至是被滥用的，参见第 4 章开头）睾酮合成类似物（4-7 节有关代谢类固醇的合成），通常被医生开处方用于防止手术、受伤或长期感染造成的体重下降。它通过刺激体内蛋白质的产生而起作用，但没有雄性激素的强烈雄性化（"男性化"）作用。关键的结构改变是用内酯取代环己酮 A 环，在合成的最后一步通过下面的还原得到。这种转化的机理是什么？（**提示：** $NaBH_4$ 水溶液 pH$\approx$10，参见 17-7 节。）

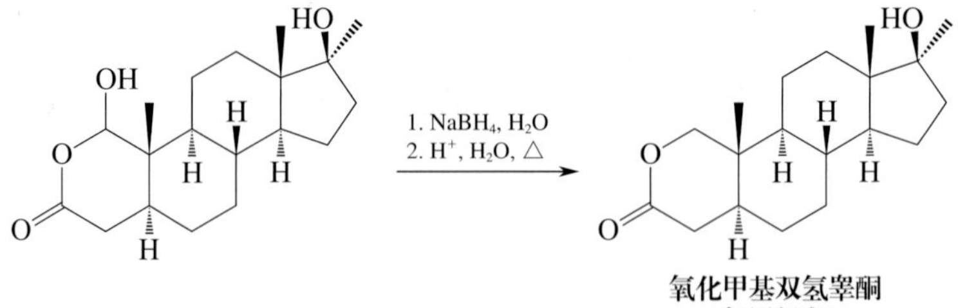

**氧化甲基双氢睾酮（氧甲氢龙）**

## 小 结

只要有无机酸催化剂存在，羧酸和醇便能反应形成酯。这个反应仅轻微放热，因而反应平衡依照反应条件的不同，可以移向任一个方向。酯形成的逆反应是酯的水解。酯化反应的机理是酸催化下醇对羰基的加成，接着通过酸催化脱水。分子内酯化反应生成内酯，只有生成五元环或六元环时才是有利的。

# 19-10 ｜ 羧酸衍生物：酰胺

如前面所讲（17-9 节），胺也能够进攻羰基官能团。当胺进攻的羰基是羧酸时，产物便是**酰胺** ❶（carboxylic amide），这是最后一类主要的羧酸衍生物。该反应也经历加成-消除机理，但由于酸碱化学的存在而复杂化。

## 胺与羧酸反应时既作为碱又作为亲核试剂

氮在周期表中位于氧的左边，因此与醇比较，胺（第 21 章）既是较好的碱又是较好的亲核试剂（6-8 节）。因此，为了合成酰胺，必须注意 19-7 节中讨论的问题：竞争性酸碱反应的干扰。事实上，羧酸与胺反应，一开始就形成羧酸铵盐，其中带负电荷的羧酸根离子很难被亲核进攻。

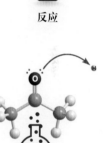

### 由羧酸形成铵盐：酸碱反应

注意，盐的形成虽然非常有利，但却是可逆的。加热条件下，根据 Le Châtelier 原理，酸和胺发生较慢但热力学上非常有利的反应。如果从平衡中除去酸或胺，那么最终盐的形成完全逆转。在第二个反应模式中，氮作为亲核试剂进攻羰基碳，经加成-消除反应生成酰胺。虽然这种方法很方便，但是需要较高的温度逆转羧酸胺。更好的方法依赖于使用活化的羧酸衍生物，如酰氯（第 20 章）。

### 由胺和羧酸形成酰胺

$$CH_3CH_2CH_2COH + (CH_3)_2NH \xrightarrow[-H_2O]{155\,°C} CH_3CH_2CH_2CN(CH_3)_2$$

84%

**N, N-二甲基丁酰胺**

### 酰胺形成的机理

NH₃的亲核进攻 　　　　质子由N移到O　　　　离去基团离去

四面体中间体　　　　　　　　　　　胺

---

❶　不要混淆酰胺（amide）与胺的碱金属盐的名字，后者也称为 amide［如氨基锂（lithium amide）］，LiNH₂。

在上述所示的机理中，消除步骤是从两性的四面体中间体开始的。然而，这个物质的存在可能高度依赖于 pH 值。例如，胺和羧酸的结合产生了带有弱碱性的混合物。因此，质子转移很容易发生，同时也会出现另一些中间产物。酰胺形成是可逆的。因此，用热的酸或碱的水溶液处理酰胺，可使组分羧酸和胺再生。

## 二元羧酸与胺反应生成酰亚胺

二元羧酸可以和氨或伯胺反应两次，最终生成**酰亚胺**（imide），即环状酸酐（933 页）的氮类似物。

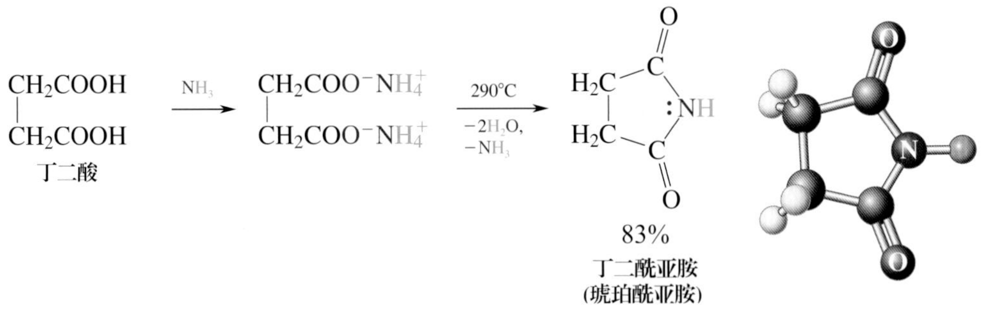

$$\begin{array}{c} CH_2COOH \\ | \\ CH_2COOH \end{array} \xrightarrow{NH_3} \begin{array}{c} CH_2COO^-NH_4^+ \\ | \\ CH_2COO^-NH_4^+ \end{array} \xrightarrow[-2H_2O,\ -NH_3]{290℃} \begin{array}{c} H_2C-C \\ | \qquad \\ H_2C-C \end{array} :NH$$

丁二酸

83%
丁二酰亚胺
（琥珀酰亚胺）

回忆 *N*-卤代丁二酰亚胺在卤化反应中的用途（14-2 节）。

## 氨基酸环化生成内酰胺

与羟基酸生成内酯类似，一些氨基酸经过环化反应，生成相应的环状酰胺，也称为**内酰胺**（lactam）（20-6 节）。

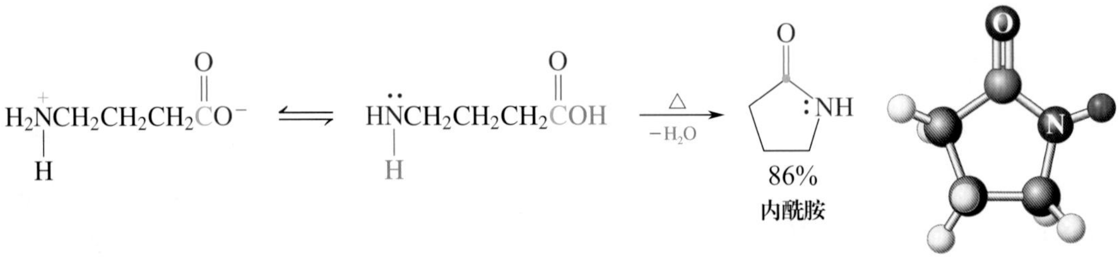

$$H_2\overset{+}{N}CH_2CH_2CO^- \rightleftharpoons HNCH_2CH_2COH \xrightarrow[-H_2O]{\triangle} $$

86%
内酰胺

青霉素类抗生素的生物活性源自于分子中的内酰胺官能团（真实生活 20-2）。内酰胺是内酯的氮类似物（19-9 节）。

### 练习 19-21

（**a**）写出由丁二酸和氨反应形成丁二酰亚胺的详细机理。（**b**）写出上述内酰胺酸催化水解的机理。

## 小　结

胺和羧酸反应通过加成-消除过程形成酰胺，反应以胺对羰基碳的亲核进攻开始。酰胺的形成过程由于羧酸被碱性胺可逆性去质子生成铵盐而变得复杂。

# 19-11 | 羧酸通过氢化铝锂还原

氢化铝锂能够彻底还原羧酸，反应经酸性水溶液处理后，得到相应的伯醇。

**羧酸的还原**

$$RCOOH \xrightarrow[\text{2. } H^+, H_2O]{\text{1. } LiAlH_4, THF} RCH_2OH$$

反应

例子：

$$\text{（降冰片烷-COOH）} \xrightarrow[\text{2. } H^+, H_2O]{\text{1. } LiAlH_4, THF} \text{（降冰片烷-CH}_2\text{OH）}$$

65%

尽管还未完全认识这个转化反应的确切机理，但清楚的是负氢试剂首先作为碱，形成酸的锂盐和氢气。一般地，羧酸盐不接受亲核试剂的进攻。尽管羧酸根带负电荷，氢化铝锂的高反应活性，能够为羧酸盐的羰基官能团提供两个氢负离子，该过程可能由铝协助（8-5节），结果生成简单的烷氧基产物，后者经质子化后生成醇。

机理

### LiAlH₄还原羧酸的反应机理

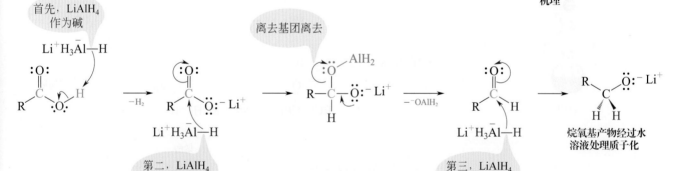

首先，LiAlH₄作为碱

离去基团离去

第二，LiAlH₄作为亲核试剂

第三，LiAlH₄作为亲核试剂

烷氧基产物经过水溶液处理质子化

## 练习 19-22

提出下列由化合物 A 合成化合物 B 的反应式。

（a）$CH_3CH_2CH_2CN$　　$CH_3CH_2CH_2CH_2OH$　　（b）$\triangleright\!-CH_2COOH$　　$\triangleright\!-CH_2CD_2OH$
　　　　　**A**　　　　　　　　　　**B**　　　　　　　　　　　　**A**　　　　　　　**B**

## 小　结

氢化铝锂的高亲核反应性足以使羧酸盐还原成伯醇。

## 19-12 | 羧基邻位的溴化反应：Hell-Volhard-Zelinsky反应

与醛和酮一样，链状烷基酸的 α-碳在赫尔-乌尔哈-泽林斯基[1]（Hell-Volhard-Zelinsky）反应中可被 $Br_2$ 单溴化。为了使反应开始，必须加入痕量的 $PBr_3$。由于 $PBr_3$ 的高腐蚀性，它常在反应瓶中（原位）产生。通过加入少量单质磷（红磷）到原料的混合物中，与反应物中存在的溴快速反应转变成 $PBr_3$。

反应

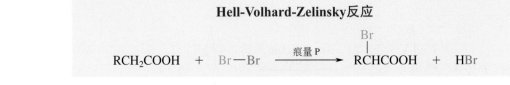

$$\text{Hell-Volhard-Zelinsky反应}$$

$$RCH_2COOH + Br-Br \xrightarrow{\text{痕量 P}} \overset{\overset{\displaystyle Br}{|}}{R}CHCOOH + HBr$$

$$CH_3CH_2CH_2CH_2COOH \xrightarrow{Br-Br,\ \text{痕量 P}} CH_3CH_2CH_2\overset{\overset{\displaystyle Br}{|}}{C}HCOOH + HBr$$
$$\underset{\text{2-溴戊酸}}{80\%}$$

$PBr_3$ 和羧酸反应首先形成酰溴（19-8 节），酰溴在酸催化下快速烯醇化。接着，烯醇溴化生成溴代酰溴，这个衍生物再与未反应的酸经过交换反应，生成产物溴代酸和另一个酰溴分子，后者重新进入反应循环。

### Hell-Volhard-Zelinsky反应机理

**步骤 1.** 酰溴的形成（练习 19-12 和练习 19-8）

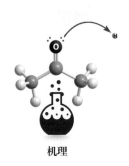

机理

$$3\ RCH_2\overset{\overset{\displaystyle O}{||}}{C}OH + PBr_3 \longrightarrow 3\ \underset{\text{酰溴}}{RCH_2\overset{\overset{\displaystyle O}{||}}{C}Br} + H_3PO_3$$

**步骤 2.** 烯醇化（18-2 节）

$$RCH_2\overset{\overset{\displaystyle O}{||}}{C}Br \underset{}{\overset{H^+}{\rightleftharpoons}} RCH=\underset{\underset{\displaystyle Br}{|}}{\overset{\overset{\displaystyle OH}{|}}{C}}$$
烯醇

**步骤 3.** 溴化（18-3 节）

$$RCH=\underset{\underset{\displaystyle Br}{|}}{\overset{\overset{\displaystyle OH}{|}}{C}} \xrightarrow{Br-Br} R\overset{\overset{\displaystyle}{}}{C}H\underset{\underset{\displaystyle Br}{|}}{\overset{\overset{\displaystyle O}{||}}{C}}Br + HBr$$

**步骤 4.** 交换（解题练习 19-25）

$$\underset{\underset{\displaystyle Br}{|}}{R\overset{\overset{\displaystyle O}{||}}{C}HCBr} + RCH_2\overset{\overset{\displaystyle O}{||}}{C}OH \rightleftharpoons \underset{\underset{\displaystyle Br}{|}}{R\overset{\overset{\displaystyle O}{||}}{C}HCOH} + \underset{\underset{\text{步骤 2}}{\text{重新进入}}}{RCH_2\overset{\overset{\displaystyle O}{||}}{C}Br}$$

[1] 卡尔·M. 赫尔（Carl M. Hell, 1849—1926），德国斯图加特大学教授；雅各布·乌尔哈（Jacob Volhard，1834— 1910），德国哈雷大学教授；尼古拉·D. 泽林斯基（Nicolai D. Zelinsky，1861—1953），俄罗斯莫斯科大学教授。

由 Hell-Volhard-Zelinsky 反应形成的溴代羧酸可以转化成其他 2-取代的衍生物。例如，用碱的水溶液处理 2-溴代羧酸可生成 2-羟基酸，而胺与 2-溴代羧酸反应则可生成 α-氨基酸（第 26 章）。氨基酸合成的一个例子是外消旋的 2-氨基己酸（正亮氨酸，一个天然但稀少的氨基酸）的制备，具体如下：

$$CH_3(CH_2)_4COOH \xrightarrow[70\sim100°C, 4\ h]{Br_2, 痕量 PBr_3,} \underset{\substack{86\% \\ \textbf{2-溴代己酸}}}{CH_3(CH_2)_3\overset{Br}{\underset{|}{C}}HCOOH} \xrightarrow[50°C, 30\ h]{NH_3, H_2O,} \underset{\substack{64\% \\ \textbf{2-氨基己酸} \\ \textbf{（正亮氨酸）}}}{CH_3(CH_2)_3\overset{NH_2}{\underset{|}{C}}HCOOH}$$

己酸

## 练习 19-23

（a）写出 Hell-Volhard-Zelinsky 反应中步骤 2 和步骤 3 的详细机理。（提示：步骤 2 参见 18-2 节，步骤 3 参见 18-3 节。）

（b）为下列转换设计一个合成方案。需要应用前几章中提到的反应。

（i）

（ii）

## 小　结

使用痕量的磷（或三溴化磷），羧酸可在 C-2 位被溴化（Hell-Volhard-Zelinsky 反应），该转化反应经历 2-溴代烷基酰溴中间体。

# 19-13 | 羧酸的生物活性

考虑羧酸可进行的多种反应，不难看出羧酸不仅是实验室中重要的合成中间体，而且在生物体系中也很重要。本节将简述天然羧酸丰富多样的结构和功能。氨基酸的讨论参见第 26 章。

如表 19-1 所示，即使最简单的羧酸在自然界中也很丰富。蚁酸不仅作为一个警报信息素和化学武器存在于蚂蚁中，而且也存在于植物中。例如，碰了刺人的荨麻后，人的皮肤受到伤害的原因之一就是在伤口上存在蚁酸。

经发酵产生的乙醇，可通过酶的氧化形成醋酸。醋是稀醋酸水溶液（4%～12%）的总称。因此，稀醋酸可由苹果酒、葡萄酒和麦芽提取物产生。Louis Pasteur 于 1864 年确定，这个传统酿造过程的氧化反应中涉及细菌。

## 脂肪酸由乙酸偶联衍生而来

醋酸表现出各种不同的生物活性，从某些蚂蚁和蝎子中的防御信息素，到作为多数天然有机化合物生物合成的最主要组成部分，比任何其他单一前体所得天然产物都要多。例如，焦磷酸（3-甲基-3-丁烯）酯，是一个合成萜烯

**真实生活：材料**  **由长链羧酸盐和磺酸盐制造肥皂和洗涤剂**

在水溶液中长链羧酸的钠盐和钾盐具有聚集成称为胶束（micelle）的球状簇的特性。在这样的聚集体中，酸的疏水烷基链（8-2节），由于伦敦力而相互吸引（2-7节）并具有避开极性水的倾向，因而结合在一起。如下图所示，极性的、被水溶剂化的羧酸盐"头基"在碳氢端内核周围形成球壳。

由于这些羧酸盐在水的表面也能够产生膜，因此它们可用作肥皂。极性基团插入水中，同时烷基链组装成疏水层。该结构减少了水（表面活性剂）的表面张力，致使它可渗透到衣服以及其他的纺织品中，从而产生肥皂的发泡特征。通常把平常与水不溶的物质（油、脂肪）溶解进胶束的内部——碳氢部分，来完成清洗。

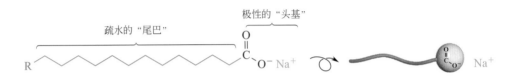

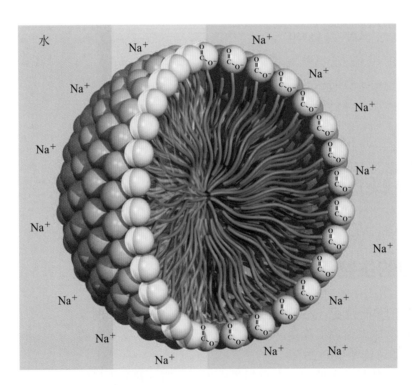

羧酸盐肥皂的一个问题是它们与硬水中存在的离子（如 $Mg^{2+}$ 和 $Ca^{2+}$）形成凝乳状的沉淀物。为了避免这一缺点，在新一代的洗涤剂中引入了支链烷基苯磺酸盐。然而，遗憾的是这些具有支链烷基链结构的洗涤剂都不容易被生物降解，因为一般污水处理过程中的微生物只能降解直链体系。因此，现代产品（肥皂）只用线性烷基衍生物，如 4-(1-丁基辛基)苯磺酸钠及其位置异构体。典型的配方含有 15% 的表面活性剂。大多数由水软化剂组成，例如 $Na_2CO_3$，使 $Mg^{2+}$ 和 $Ca^{2+}$ 沉淀为相应的碳酸盐或者三磷酸钠，它们能通过紧密的多键作用，使这些离子被隔离。

某些甾类胆汁酸（bile acid），如在胆管中发现的胆酸（cholic acid）（4-7 节）也具有类似表面活性剂和洗涤剂的特性。这些物质释放到上肠道，通过形成胶束乳化不溶于水的脂肪，然后通过水解酶消化这些分散的脂肪分子。

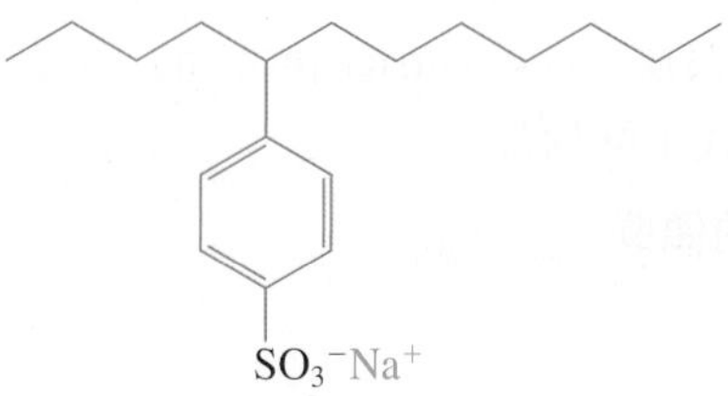

**4-(1-丁基辛基)-苯磺酸钠**

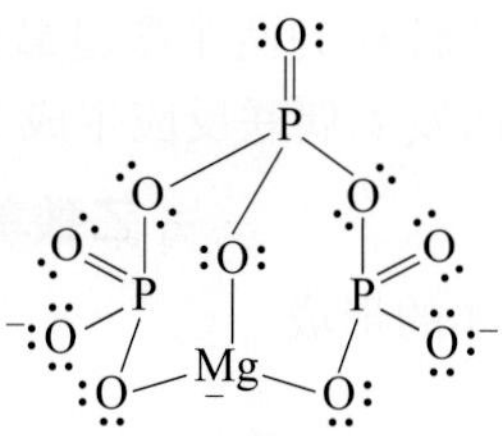

**三磷酸镁**

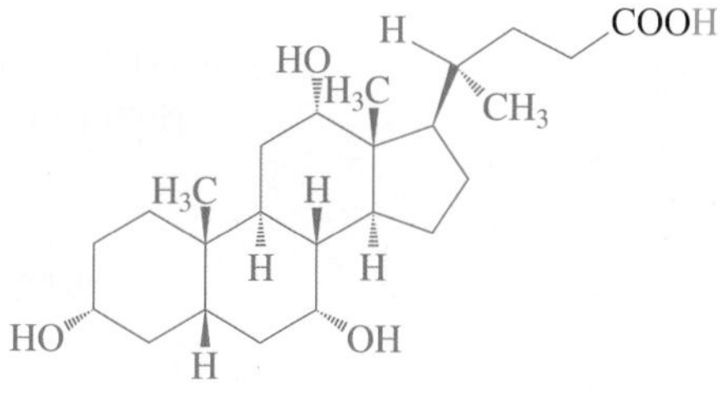

**胆酸**

的关键前体（14-10 节），它由三分子 $CH_3COOH$ 经过酶促转化制得，反应过程经过一个所谓的甲羟戊酸（mevalonic acid）中间体。进一步反应使体系降解成五碳（异戊二烯）单元的产物。

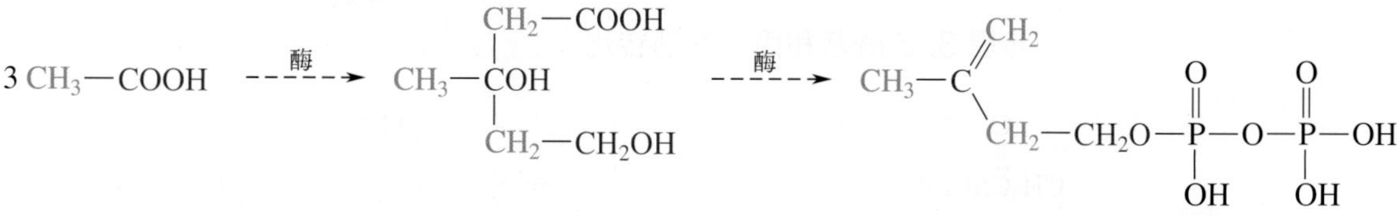

**甲羟戊酸**

**焦磷酸（3-甲基-3-丁烯基）酯**
**（异戊烯基焦磷酸, IPP）**

在**脂肪酸**（fatty acid）的生物合成中发现了一个概念上更直接的多偶联模式。这类化合物的名字源于天然的来源，即天然**脂肪**（fat），它们是长链羧酸的酯（20-4 节）。水解或**皂化**（saponification）**反应**（如此叫法是由于其生成的相应盐可制为肥皂，*sapo*，拉丁语，"肥皂"。参见真实生活 19-1）生成相应的脂肪酸。其中最重要的是链长为12至22个碳，并可能含有顺式碳-碳双键脂肪酸。

**脂肪酸**

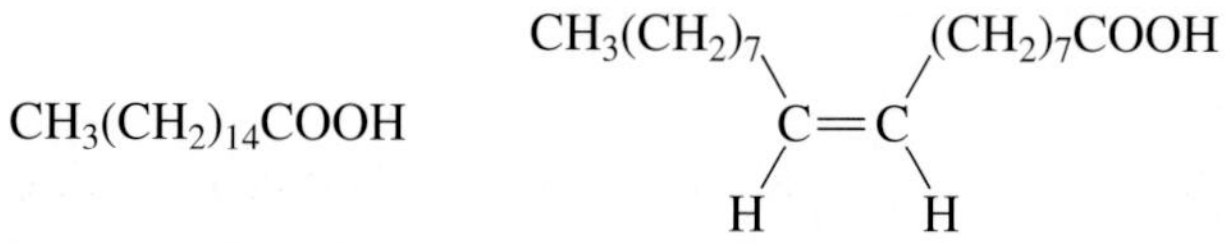

$CH_3(CH_2)_{14}COOH$

**十六酸**
**（棕榈酸）**

**顺-9-十八烯酸**
**（油酸）**

与生物合成的起源一致，脂肪酸多数由偶数碳链组成。一个精确而简洁的实验表明，线性偶合以高度规范的方式发生。该实验中，单标记的放射性（$^{14}C$）醋酸置入几个生物体的培养液中，结果生成的脂肪酸仅在相隔的碳原子上有标记。

$$CH_3{}^{14}COOH \xrightarrow{\text{生物体}} CH_3{}^{14}CH_2CH_2{}^{14}CH_2CH_2{}^{14}CH_2CH_2{}^{14}CH_2CH_2{}^{14}CH_2CH_2{}^{14}CH_2CH_2{}^{14}CH_2CH_2{}^{14}COOH$$
标记的十六烷酸（棕榈酸）

链形成的机理很复杂，但是下列反应式展示了该过程的一个基本思路。辅酶 A 是一种重要的传递酰基的酶，起关键作用的是辅酶 A 中的巯基（HSCoA，参见图 19-6）。该官能团通过形成**硫酯**（thiol ester）接于醋酸上，称为乙酰基辅酶 A。羧基化反应把一些硫酯转变成丙二酸单酰基辅酶 A。然后两个乙酰基被转移到两个**酰基载体蛋白质**（acyl carrier protein）分子中。伴随 $CO_2$ 失去而发生偶联反应生成 3-氧代丁酸硫酯。

## 乙酸单元的偶联

**步骤 1.** 硫酯的形成

$$CH_3COOH + HSCoA \longrightarrow CH_3\overset{\overset{\displaystyle O}{\|}}{C}SCoA + HOH$$
乙酸　　　　辅酶A　　　　　　乙酰辅酶A

**步骤 2.** 羧基化

$$CH_3\overset{\overset{\displaystyle O}{\|}}{C}SCoA + CO_2 \xrightarrow{\text{乙酰辅酶A 羧化酶}} HO\overset{\overset{\displaystyle O}{\|}}{C}CH_2\overset{\overset{\displaystyle O}{\|}}{C}SCoA$$
丙二酰基辅酶A

**步骤 3.** 乙酰基和丙二酰基转化

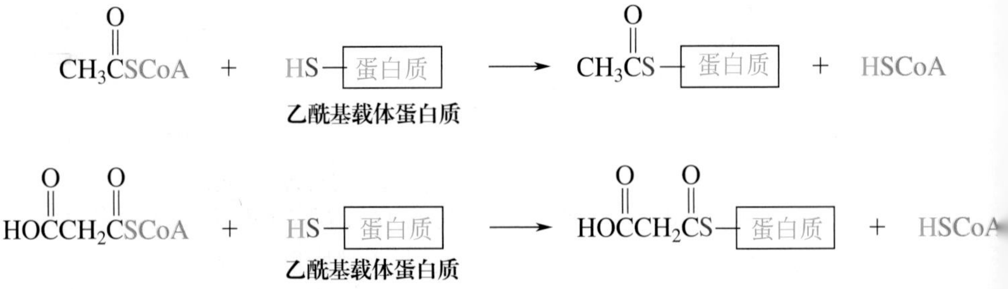

$$CH_3\overset{\overset{\displaystyle O}{\|}}{C}SCoA + HS-\boxed{\text{蛋白质}} \longrightarrow CH_3\overset{\overset{\displaystyle O}{\|}}{C}S-\boxed{\text{蛋白质}} + HSCoA$$
乙酰基载体蛋白质

$$HO\overset{\overset{\displaystyle O}{\|}}{C}CH_2\overset{\overset{\displaystyle O}{\|}}{C}SCoA + HS-\boxed{\text{蛋白质}} \longrightarrow HO\overset{\overset{\displaystyle O}{\|}}{C}CH_2\overset{\overset{\displaystyle O}{\|}}{C}S-\boxed{\text{蛋白质}} + HSCoA$$
乙酰基载体蛋白质

**步骤 4.** 偶联

$$HO\overset{\overset{\displaystyle O}{\|}}{C}CH_2\overset{\overset{\displaystyle O}{\|}}{C}S-\boxed{\text{蛋白质}} \xrightarrow[-CO_2]{CH_3\overset{O}{C}S-\boxed{\text{蛋白质}}} CH_3\overset{\overset{\displaystyle O}{\|}}{C}CH_2\overset{\overset{\displaystyle O}{\|}}{C}S-\boxed{\text{蛋白质}}$$
3-氧代丁酸硫酯

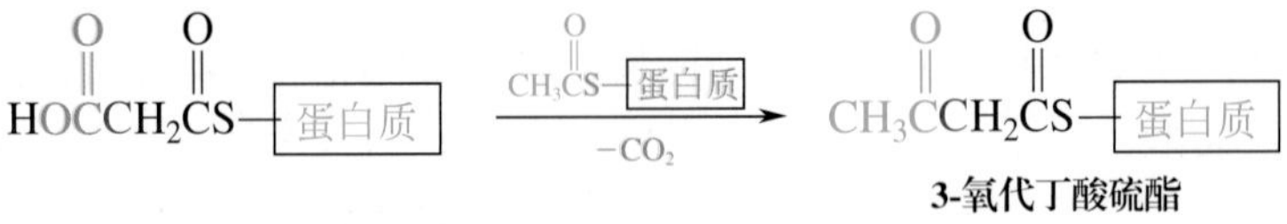

**图19-6**　辅酶A的结构。对于辅酶A，重要部分是巯基官能团。为了方便，分子缩写成HSCoA。

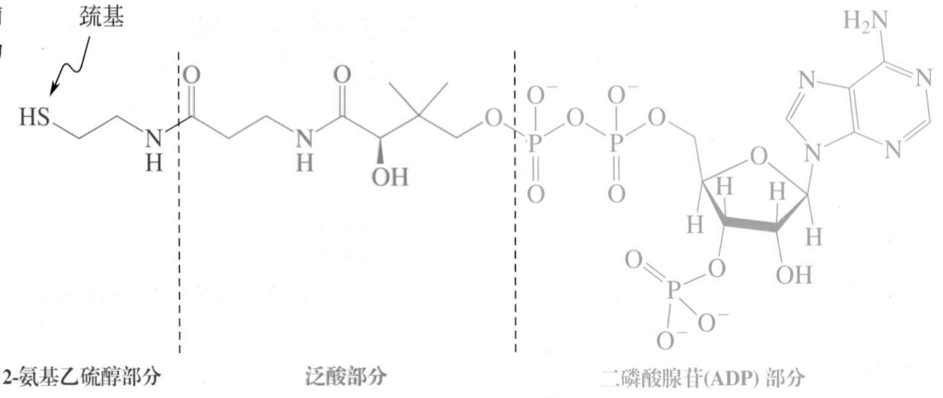

2-氨基乙硫醇部分　　　　泛酸部分　　　　二磷酸腺苷(ADP) 部分

**真实生活：健康**  **逐渐淘汰导致动脉阻塞的反式脂肪酸**

天然不饱和脂肪酸中 90% 以上的双键具有顺式构型，因此植物油与饱和的脂肪相比，具有较低的熔融温度（11-3 节）。在催化氢化的条件下，植物油能够形成固体人造奶油。然而，此过程不能使所有的双键氢化。正如在练习 12-2 中看到的，很大一部分顺式双键仅被催化剂异构化为反式结构，并存在于最终的固态产物中。例如，一个美国品牌合成的硬质条状人造奶油含有大约 18% 的饱和脂肪酸（SFAs）和 23% 的反式脂肪酸（TFAs）。而软质盒装人造奶油催化氢化时间少于硬质人造奶油，虽然二者的 SFAs 含量大致相同，但软质人造奶油的 TFAs 含量较低（5%~10%）。作为比较，天然黄油含有 50%~60% 的饱和脂肪酸，但只有 3%~5% 的反式脂肪酸。

人类饮食中的 TFAs 对健康的影响是什么？长期以来，人们一直怀疑 TFAs 不能像顺式脂肪酸一样在人体内进行代谢。20 世纪 60 年代和 70 年代，研究结果显示食物中的 TFAs 大大地影响脂质的代谢，从而证实了这个怀疑。也许最使人警觉的发现是 TFAs 在细胞膜中累积，增加了血液中低密度脂蛋白（low-density lipoproteins，LDLs，通常但并不准确地称为"坏胆固醇"）的水平，同时减小

新薯条：现在不含反式脂肪酸

高密度脂蛋白（high-density lipoprotein，HDLs，即所谓的"好胆固醇"，参见真实生活4-2）的水平。

开始于 20 世纪 90 年代的研究结果显示，饮食中的 TFAs 有增加乳腺癌和心脏病的风险。现在人们普遍认为，TFAs 对健康的影响比 SFAs 更为不利。因此，美国食品药品监督管理局从 2006 年开始要求所有食品都要列出 TFAs 的含量；美国于 2018 年全面禁止含 TFAs 食品的供应。在此之前，美国各地的许多社区，包括纽约、费城等主要城市，以及整个加利福尼亚州，都已经颁布禁令，禁止在餐馆烹饪时使用部分氢化的含量高的 TFAs 油。公众压力变得如此之大，以至于到 2008 年底，大多数大型快餐连锁店在所有产品中都转向使用低或无 TFAs 的食用油。然而，在油炸食品的制备过程中使用天然的、不含 TFAs 的植物油存在一个严重的实际缺点：这些油含有大量的多不饱和脂肪酸，如十八烷基-9,12-二烯酸（亚油酸）。虽然亚油酸是一种相对健康的膳食成分，但它在 C-11 上的双烯丙基 $CH_2$ 基团对自由基化学反应非常敏感，例如空气氧化（14-2 节）会导致分解产生腐坏的副产物，而且保质期很短。作为一种潜在的解决方案，食品工业采用选择性植物育种和基因工程技术来开发作物衍生的廉价油，其中大部分亚油酸被相对健康的油酸（十八烷基-9-烯酸）所取代，后者是橄榄油的主要成分。油酸没有 C-12 与 C-13 之间的双键，因此对氧化腐败有更强的抵抗力。所谓"高油酸"的葵花籽油、红花油和大豆油已于 2013 年投入市场。

亚油酸

将酮还原成亚甲基，由此产生的丁酸硫酯通过重复进行类似的一系列反应，延长链的长度，通常是两个碳。最终的产物是长链酰基，它可通过水解从蛋白质中去除。

$$CH_3CH_2-(CH_2CH_2)_n-CH_2C-S-\boxed{蛋白质} \xrightarrow{H_2O} CH_3CH_2-(CH_2CH_2)_n-CH_2C-OH + HS-\boxed{蛋白质}$$

脂肪酸

## 花生四烯酸是生物学上重要的不饱和脂肪酸

天然存在的不饱和脂肪酸能够发生进一步的转化，生成多种特殊的结构。

例如花生四烯酸，它是人体中许多重要分子如前列腺素（真实生活 11-1）、血栓烷、前列环素的生物合成前体。在人受伤后，它通过荷尔蒙刺激或在毒素的存在下从细胞膜中释放出来。然后，环氧合酶（COX）通过一系列自由基在四烯骨架上进行氧化环化，形成前列腺素 $G_2$，由此也能够产生其他衍生物。这些代谢物被认为是导致炎症、肿胀、疼痛和发热的原因。

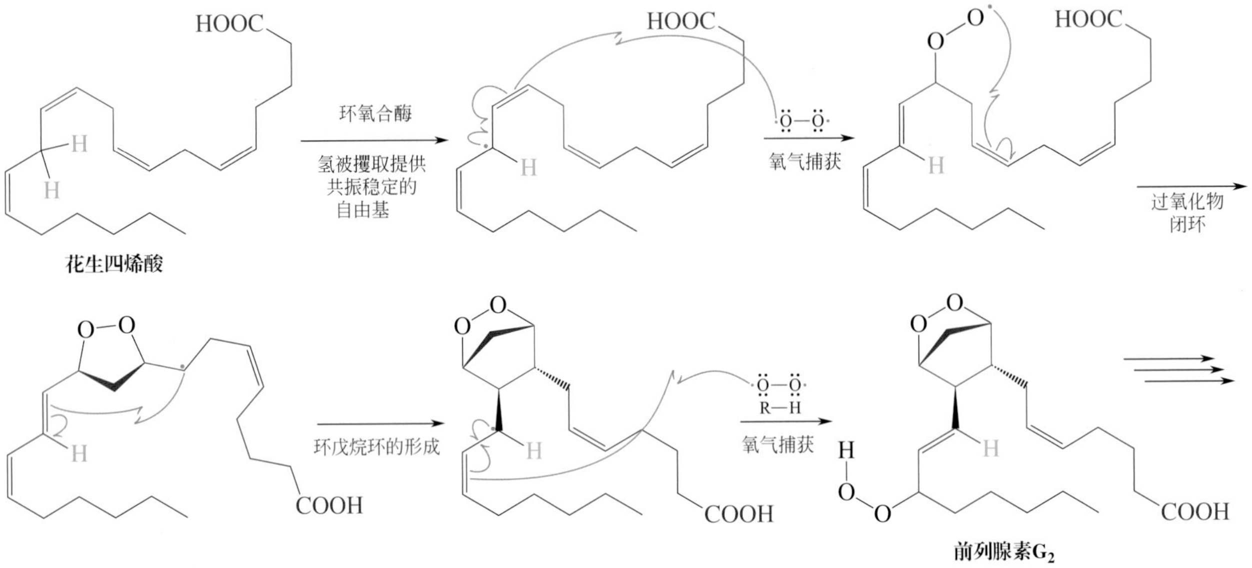
HOOC
环氧合酶
氢被攫取提供
共振稳定的
自由基
花生四烯酸
氧气捕获
过氧化物
闭环
环戊烷环的形成
R—H
氧气捕获
COOH
前列腺素G₂

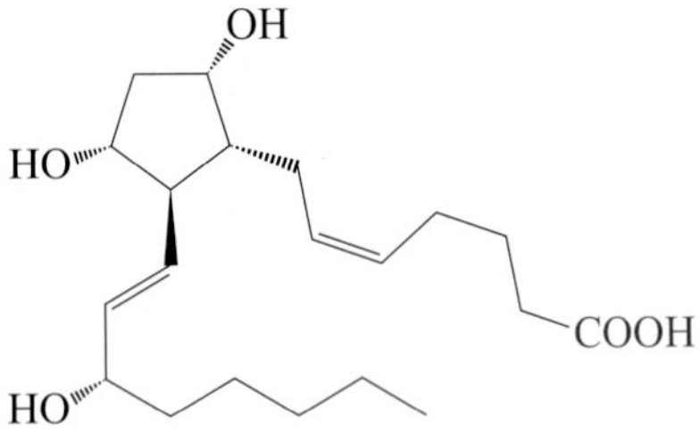

**前列腺素 $F_{2a}$**
**(引产、流产、月经)**

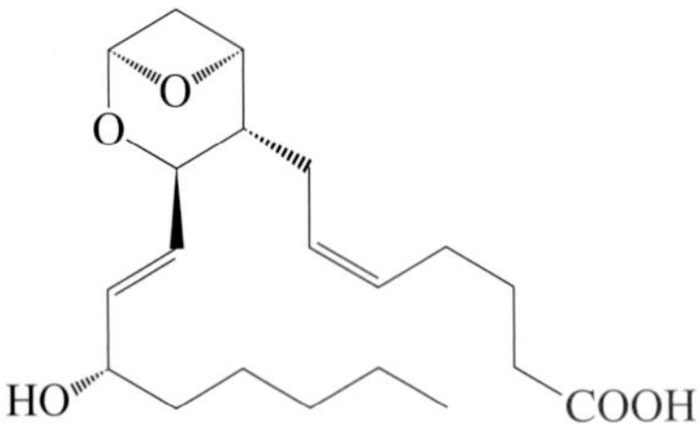

**凝血酶素 $A_2$**
**(收缩平滑肌，聚集血小板)**

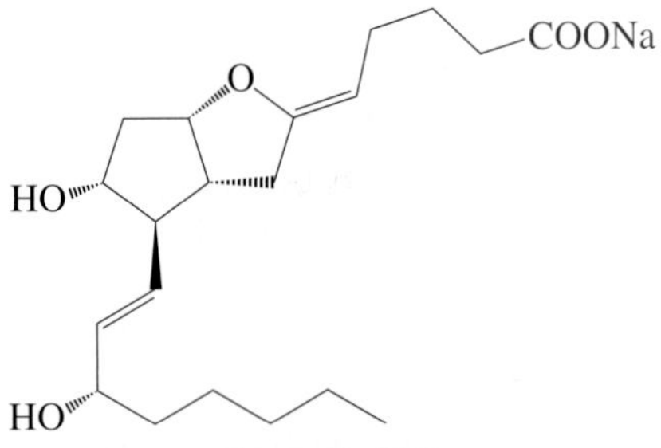

**前列环素 $I_2$，钠盐**
**(血小板聚集抑制剂；血管扩张剂，用于心脏搭桥手术和肾移植患者)**

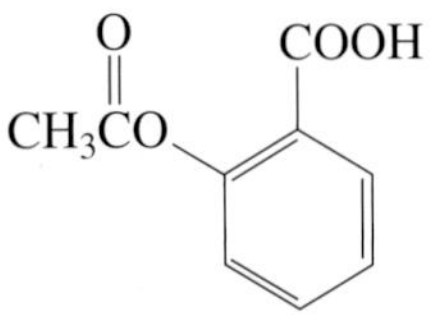

**阿司匹林**

因此，抗前列腺素靶标 COX 所引起症状的药物，如阿司匹林（真实生活 22-2，页边）或阻止花生四烯酸自身生物合成的皮质类固醇（4-7 节），都会抑制 COX 活性。

## 练习 19-24

COX 能够影响除花生四烯酸以外的不饱和脂肪酸的氧化，如下所示是二十碳五烯酸（EPA，富含脂肪的鱼如鲑鱼和沙丁鱼中的一种膳食成分）的氧化产物之一。写出它的形成机理。

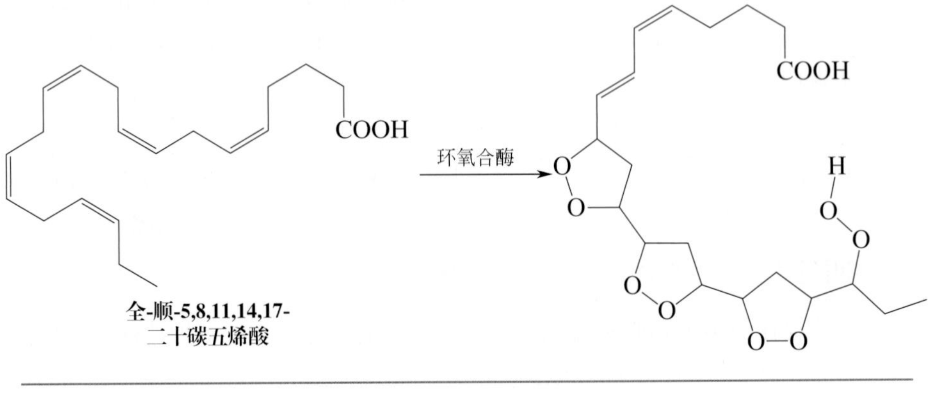
COOH
全-顺-5,8,11,14,17-
二十碳五烯酸
环氧合酶
COOH

**真实生活：** 材料  源于生物质羟基酯的绿色塑料、纤维和能源

在 21 世纪的前十几年里，天然的但非石油化学衍生的原材料在许多方面的应用出现了巨大的变化。

用于织物制造的合成纤维几乎完全是从石油基衍生出来的。替代聚酯，如聚乳酸（PLA，Ingeo），可以由蔬菜物质（最初是玉米）制成，但最终可以从无法使用的植物残留物（茎杆、麦杆、稻草等）中提取淀粉。据估计，这种聚酯的制备所使用的化石燃料比传统纤维制造少了三分之二，而且这个过程所排放的温室气体要少 80%~90%。

由玉米糖纤维制成的 Ingeo 服装风靡时尚界。［*CP PHOTO/Frank Gunn/AP Photo*］

随着高度抗降解物质接近垃圾填埋场的容量极限，塑料垃圾处理问题变得越来越严重（12-15 节）。可降解塑料为不可重复使用的物品提供了一种选择，如塑料袋、包装纸和瓶子。最近发展并已商业化的、生物基和生物可降解的塑料是聚（β-羟基丁酸-co-β-羟基戊酸酯，PHBV），它是 3-羟基丁酸和 3-羟基戊酸的共聚物。PHBV 是一种由醋酸和丙酸混合物进行细菌发酵产生的聚酯。这两种羟基酸的比例控制着塑料的性能——五碳酸越多，越柔韧；四碳酸越多，越坚硬。PHBV 在 140℃ 的温度下是稳定的，但是当它接触土壤、堆肥或水中的微生物时，在 6 个月内完全降解为无害的有机小分子。PHBV 的一种应用是控释药物：该聚合物包封了一种药物，这种药物在涂层经过酯水解充分降解后，形成两种原始的羟基酸，然后释放出来。这两种酸是人体新陈代谢的天然产物，而且是无害的。

生物塑料在这一领域的应用尚未实现：生物塑料的制造成本无法与传统石化产品塑料的制造成本竞争。然而，最近的研究扩大了这些材料可用天然前体的范围，使这一领域更接近经济可行性。

2016 年，生物质能用于储能发电被航空业采纳，几家主要航空公司将生物燃料用于定期商业航班。这种燃料的原料之一是亚油酸（真实生活 19-2），它是从植物油中提炼出来的，其中一部分到目前为止只有很少的商业用途。

生物可降解的塑料瓶有望把这堆垃圾变成堆肥。［*MICHAEL REYNOLDS/Newscom/European Pressphoto Agency/BEIJING/China*］

**PLA**
**(Ingeo)**

**PHBV**
(R = –CH₃, –CH₂CH₃)

## 自然界也产生复杂的多环羧酸

许多具有生物活性的天然产物，其羧基作为复杂多环结构的取代基，其生理活性源于分子中其他部分。这些化合物中，羧基的作用可能是增加分子的水溶性、可以形成盐或进行离子传递，以及形成胶束型聚集体。赤霉酸和麦角酸是两个例子。前者通过发酵产生，是植物生长素的一种。后者是麦角的水提取物的主要水解产物，麦角菌是生长在草（包括黑麦）中的寄生性真菌。

许多麦角酸衍生物具有强的致幻活性。在中世纪，数千人因吃过被麦角污染的黑麦面包而中毒，表现出这些化合物的典型中毒效应，如幻觉、

黑麦谷物上的麦角菌

惊厥、神志失常、癫痫和死亡（"圣安东尼之火病"）。合成的麦角酸二乙酰胺（LSD）是目前已知最强的致幻剂之一。人的有效口服剂量仅为 0.05mg。

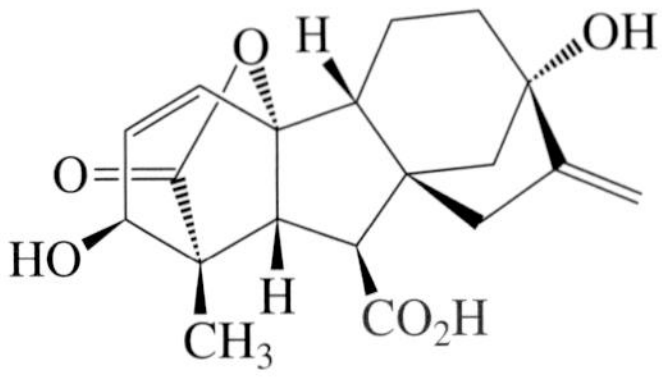

赤霉酸

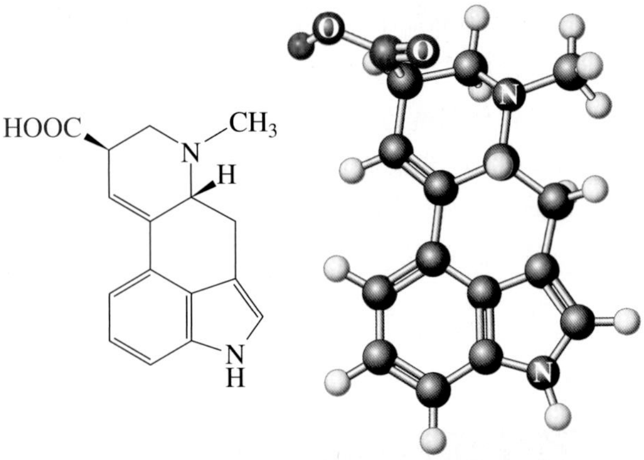

麦角酸

## 小　结

　　自然界中存在的许多羧酸在结构上和功能上是不相同的。多个乙酰基单元的缩合反应生成直链脂肪酸。脂肪酸又被转化成各种各样的物质，这些物质具有不同的生物活性，并且常常表现出有效的药物特性。

## 总　结

　　在这一章中，讨论了羧酸及其衍生物，它们是合成化学和生物化学中普遍存在的化合物。从中学习到：

- 羧酸将羰基和羟基官能团相结合形成特征的羧基（—COOH）单元，在命名（19-1节）中优先于所有其他官能团。

- 羧酸具有很强的极性并存在很强的分子间氢键，相对于其他具有类似组成的化合物，其熔点和沸点也相对较高。羧基官能团是平面的，π体系扩展到二个氧和中心碳原子上，同时—OH基团氧上的孤对电子离域到 C=O π键上，减少了羰基碳上的部分正电荷（19-2节和19-3节）。

- 在谱学上，羧酸由于C=O伸缩振动在1715cm$^{-1}$左右显示强的IR带，其 O—H键的伸缩振动出现在3000～3100cm$^{-1}$区域。在它们的$^1$H NMR谱图中，酸性氢呈现出$\delta=11$～12的宽峰；在其$^{13}$C NMR谱图中，羰基碳的信号出现在$\delta=175$～185区域；在质谱中，观察到通过$\alpha$-裂解和McLafferty重排的碎片峰（19-3节）。

- 由于羧酸共轭碱的诱导和共振稳定作用，羧酸具有中等强度的酸性，其p$K_a$值在4～5范围内；邻近的吸电子基团通过诱导作用能够增强它们的酸性。在外加强酸存在下，羰基氧可被质子化，增加该位点的亲电性（19-4节）。

- 羧酸可以通过伯醇或醛的氧化、金属有机试剂的羧基化反应或腈（有机氰化物）的水解（19-6节）来制备。

- 亲核试剂加成到C═O基团的羰基碳上，形成四面体中间体；根据试剂和反应条件的不同，该中间体可以可逆地形成或者继续通过离去基团的消除形成产物，从而完成在羰基碳上取代的加成-消除过程（19-7节～19-10节）。
- 加成-消除方法使羧酸能够转化为酰卤、酸酐（19-8节）、酯（19-9节）和酰胺（19-10节）。
- $LiAlH_4$还原羧酸生成伯醇（19-11节）。
- Hell-Volhard-Zelinsky反应是使用磷催化羧酸$\alpha$-碳上的溴化（19-12节）。

下一章将详细介绍主要的羧酸衍生物：酰卤、酸酐、酯和酰胺。

在完成了羰基化学的介绍之后，剩下要讨论的唯一简单体系就是胺（第 21 章）。本书的最后五章将讨论结合多种官能团的结构，重点是那些在合成化学和生物化学方面占有重要地位的结构。

## 19-14 解题练习：综合运用概念

在本节中，首先详细地研究 Hell-Volhard-Zelinsky 反应的最后一步，即中间体 $\alpha$-溴代酰溴与起始羧酸之间的溴化物交换。在第二个问题中，以一个双内酯应用为例，讨论环状酯（内酯）的形成。

### 解题练习 19-25 应用羧基官能团的机理模式

**这样的交换发生在 Hell-Volhard-Zelinsky 反应的步骤 4 中，提出一个酰溴和羧酸交换的机理。**

$$RCH(Br)C(=O)Br + RCH_2C(=O)OH \rightleftharpoons RCH(Br)C(=O)OH + RCH_2C(=O)Br$$

**解答：**

首先，必须确切地考虑发生了哪些变化，然后考虑通过哪些途径发生这些变化。这两种起始物质在羰基上交换了 Br 和 OH 取代基。鉴于本章的主题是羰基取代反应的加成-消除途径，让我们寻找一种合乎逻辑的方法来实现这一过程。

$\alpha$-溴代酰基溴因两个溴的吸电子作用，使其具有强的亲电性（$\delta^+$）羰基碳。因此，这个酰基溴化物易于受到两个化合物中具有最强亲核性的原子 —— 羧酸的羰基氧的进攻。回忆一下，羰基氧由于能够形成共振稳定的结构，因而是最有利于亲电试剂进攻的位点。

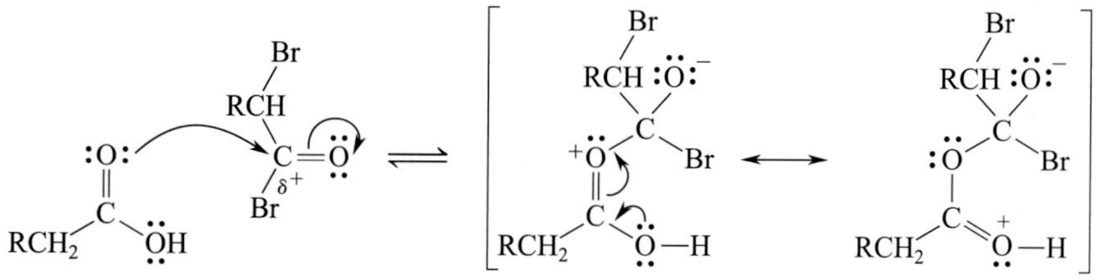

从这个四面体中间体中除去溴离子得到质子化的酸酐。溴化物在酸酐的活化羰基上重新加成形成一个新的四面体中间体。在这个阶段，交换可以通过消除羧酸来完成。这个过程可以被看作是一个质子通过六元环过渡态从一个氧原子转移到另一个氧原子的过程，类似于我们之前见过的一些情况。这一步骤直接生成两个交换产物分子，α-溴代羧酸和α-碳上没有取代的酰溴。

## 解题练习19-26　高分子聚酯与大环内酯的相互转化

假如环张力和跨环相互作用减小，那么大于六元环的内酯是可以合成的（**4-2 节～4-5 节**和 **9-6 节**）。最重要的商品麝香的香味之一源于二内酯，即巴西基酸乙二醇环酯。它的合成是从酸催化十三烷二酸和 **1,2-乙二醇**之间的反应开始的，生成一个分子式为 $C_{15}H_{28}O_5$ 的物质 **A**。在 **A** 形成的条件下，它可以转化为聚合物（左下方结构）。高温加热使聚合物的生成反应逆转，重新产生物质 **A**。**A** 以一个较慢的过程转变为最终的大环产物（右下方结构），它可从反应混合物中蒸馏出来，从而有利于平衡向生成产物的方向移动。

### 一个大环麝香的商业合成

**a. 推导化合物 A 的结构。**

策略：

• **W**：有何信息？有关化合物 **A** 已知什么信息？我们已知它的分子式，以及它的直接前体和产物的结构。

• **H**：如何进行？计算上述反应式中各组分的分子式。我们发现，两种起始原料的分子式加在一起是 $C_{15}H_{30}O_6$，或物质 **A** 加上一个水分子，而巴西基酸乙二醇环酯分子式是 $C_{15}H_{26}O_4$，或者 **A** 减去一个水分子。聚合物中的重复单元（方括号内）也是 $C_{15}H_{26}O_4$。

• **I**：需用的信息？回忆酸和醇形成酯时失去一水分子（**19-9 节**）。

- **P**：继续进行。

**解答：**

我们可以用两种方式得到 A 的结构。可以把水分子加入到聚合物的重复单元中，左边连着一个 OH，右边连着一个 H；或者，可以把十三烷二酸和 1,2-乙二醇结合成一个酯单元，失去一个水分子。无论哪种方式，都可以得到下面的结构。

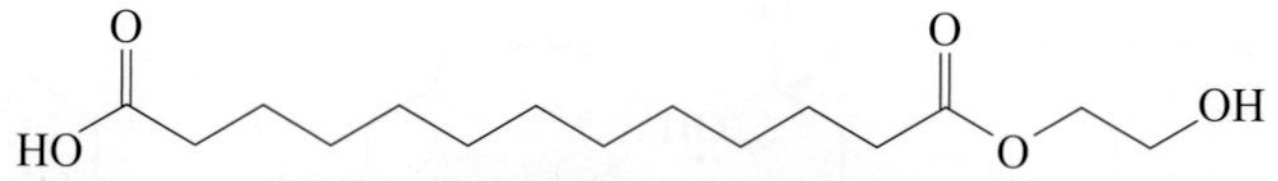

**十三烷二酸的乙二醇单酯(A)**

**b. 推导结构 A 与聚合物以及与大环互相转化反应的机理。**

**策略：**

利用加成-消除方式（19-9 节），并记住本题原式中标明的酸催化剂的使用。

**解答：**

聚合物的形成始于结构 A 的一分子羟基和另一个分子羧基之间的酯的形成。记住：机理问题的回答，应该只利用那些在反应中给定的化学物质。各步骤的机理直接采用本书中的例子：（1）被进攻的羰基碳质子化；（2）羟基氧的亲核加成形成四面体中间体；（3）中间体中一个羟基质子化而形成离去能力较好的基团；（4）脱水；（5）质子从氧上离去生成最终产物。该过程的产物是个二聚体，这样的酯形成反应在这个分子的两个末端重复多次，最后生成反应中观察到的聚酯。加热时，反应逆向进行，聚合物可转化成单酯 A。

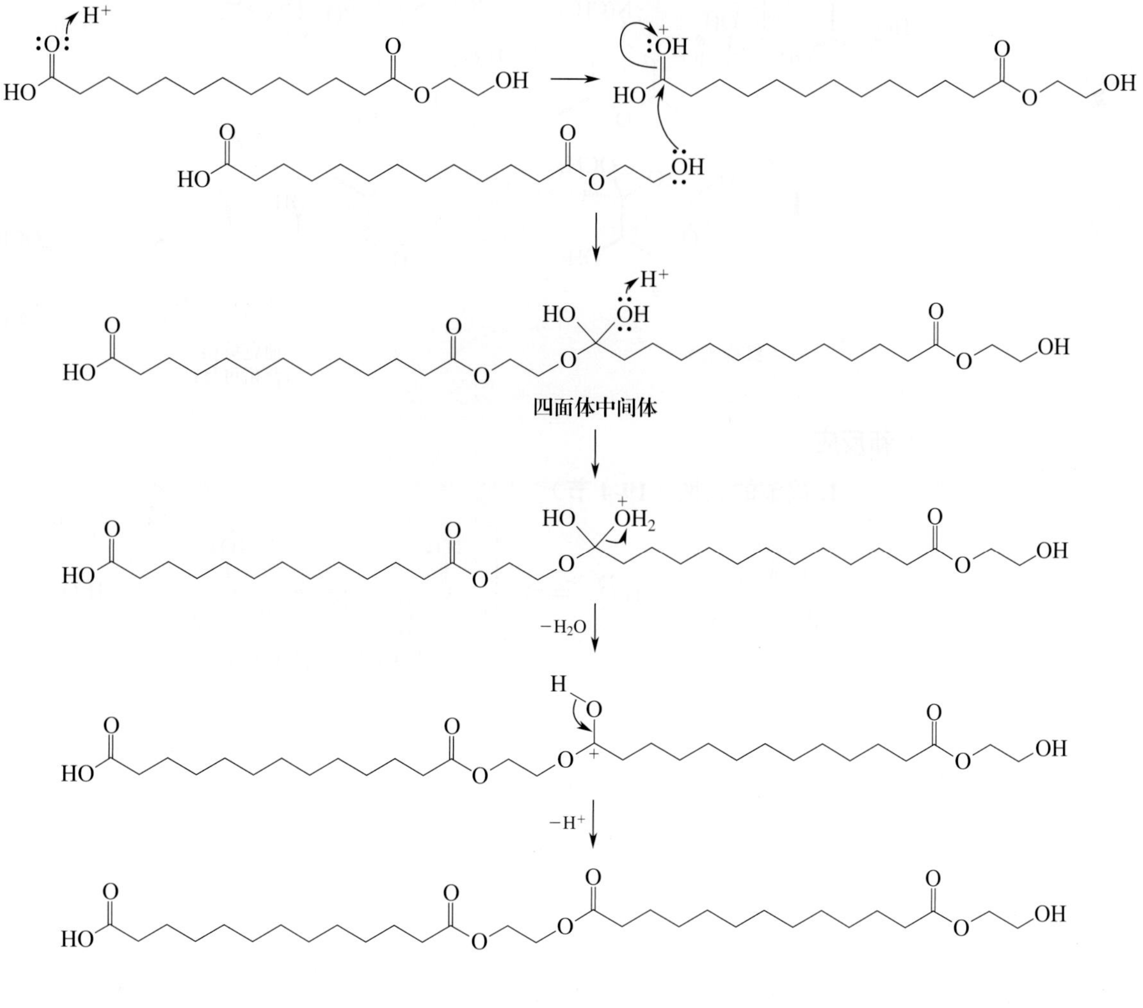

**四面体中间体**

大环内酯形成的机理是什么？我们了解该过程必须是分子内成环（比较 9-6 节和 17-7 节）。如同酯化反应一样，能够确切地写出同样的步骤顺序，但是要用分子 A 一端上的自由羟基进攻另一端的羧基碳。

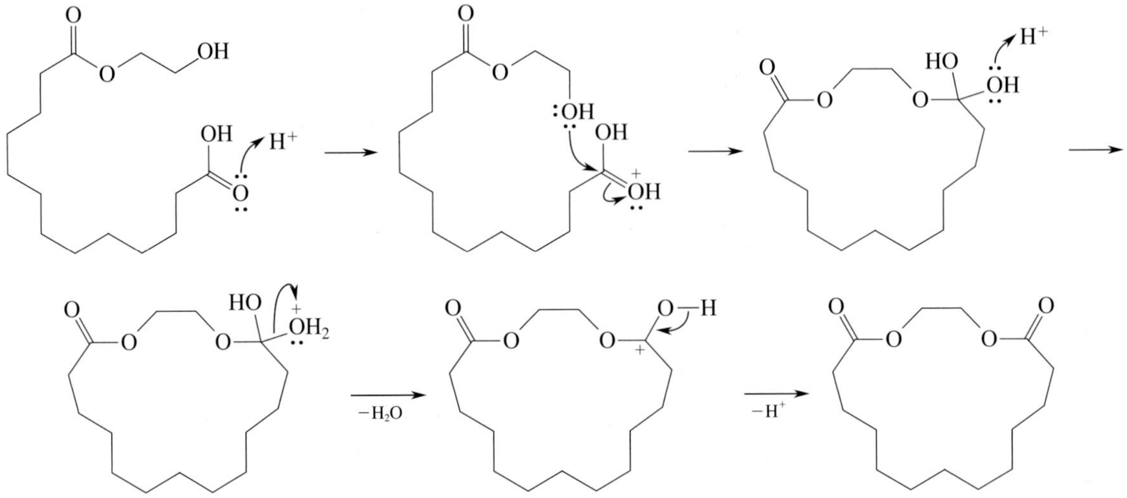

大环内酯的合成对于制药工业来说是个相当有趣的课题，这是由于医药上许多有价值的化合物的基本骨架都由大环内酯组成。例如，红霉素 A，它是一类广泛使用的大环内酯抗生素（真实生活 20-2）；他克莫司（Tacrolimus，商品名为普乐可复），是一个强效免疫抑制剂，广泛用于减少人体移植器官的排斥反应。

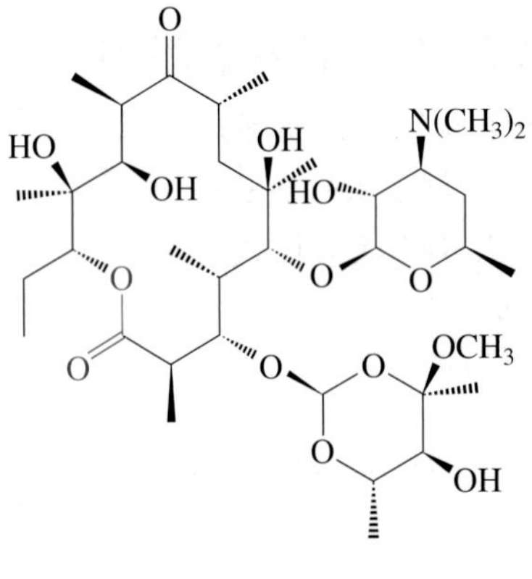

红霉素A

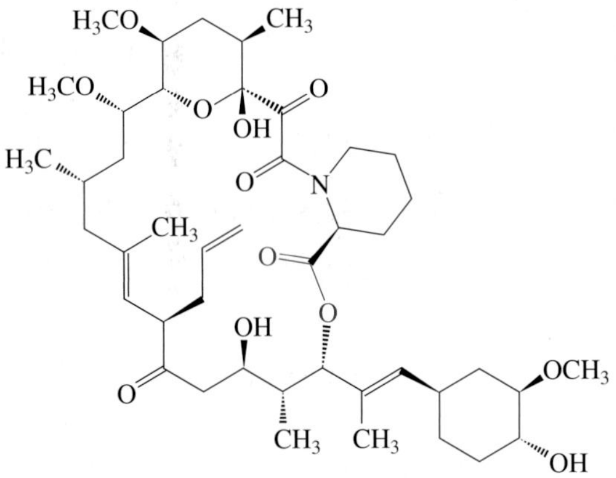

他克莫司
（普乐可复）

## 新反应

### 1. 羧酸的酸性（19-4 节）

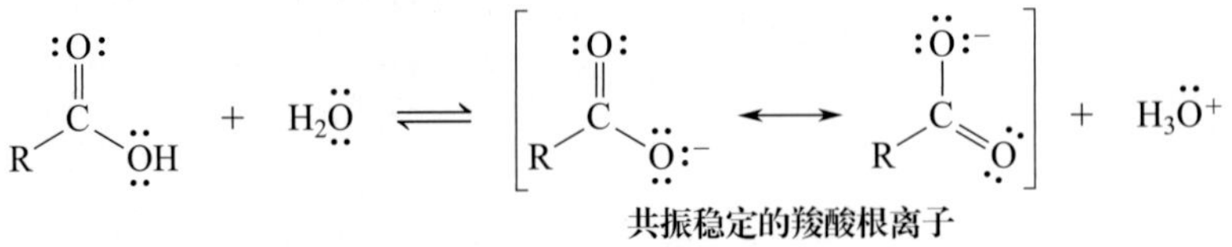

共振稳定的羧酸根离子

$K_a = 10^{-4} \sim 10^{-5}$，$pK_a = 4 \sim 5$

盐的形成

$$RCOOH + NaOH \longrightarrow RCOO^-Na^+ + H_2O$$
也可用 $Na_2CO_3$、$NaHCO_3$

## 2. 羧酸的碱性（19-4 节）

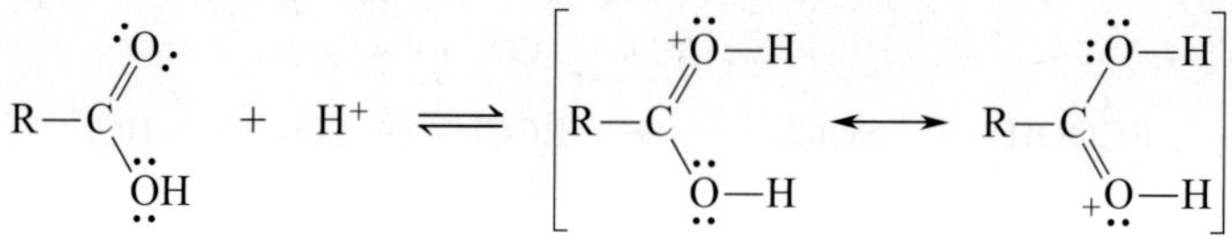

共振稳定的质子化羧酸

## 羧酸的制备

### 3. 伯醇和醛的氧化（19-6 节）

$$RCH_2OH \xrightarrow{\text{氧化剂}} RCOOH$$

氧化剂: $CrO_3$水溶液, $KMnO_4$, $HNO_3$

$$RCHO \xrightarrow{\text{氧化剂}} RCOOH$$

氧化剂: $CrO_3$, $KMnO_4$, $Ag^+$, $H_2O_2$, $HNO_3$水溶液

### 4. 金属有机试剂的羰化反应（19-6 节）

$$RMgX + CO_2 \xrightarrow{THF} RCOO^{-+}MgX \xrightarrow{H^+, H_2O} RCOOH$$

$$RLi + CO_2 \xrightarrow{THF} RCOO^-Li^+ \xrightarrow{H^+, H_2O} RCOOH$$

### 5. 腈的水解（19-6 节）

$$RC{\equiv}N \xrightarrow{H_2O, \triangle, H^+ \text{或} HO^-} RCOOH + NH_3 \text{ 或 } NH_4^+$$

## 羧酸的反应

### 6. 羰基上的亲核进攻（19-7 节）

碱催化的加成-消除反应

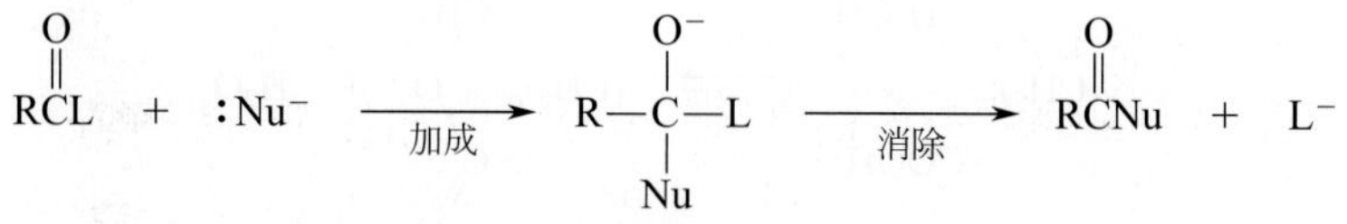

L = 离去基团　　　四面体中间体

酸催化的加成-消除反应

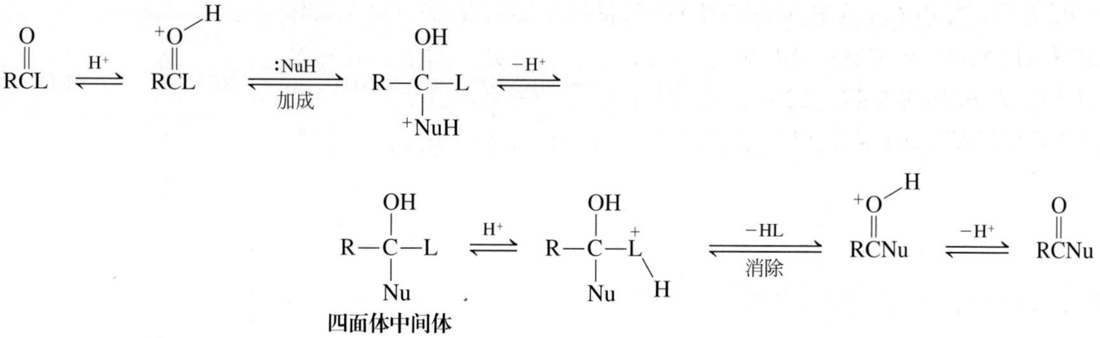

四面体中间体

## 羧酸衍生物

### 7. 酰卤（19-8 节）

$$RCOOH + SOCl_2 \longrightarrow \underset{\text{酰氯}}{RCCl(=O)} + SO_2 + HCl$$

$$3\,RCOOH + PBr_3 \longrightarrow 3\,\underset{\text{酰溴}}{RCBr(=O)} + H_3PO_3$$

### 8. 酸酐（19-8 节）

$$RCOOH + RCCl(=O) \longrightarrow \underset{\text{酸酐}}{RCOCR} + HCl$$

环状酸酐

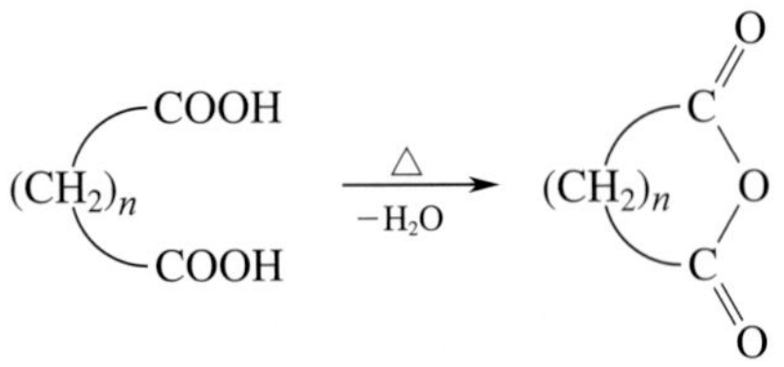

最好为五元环或六元环

### 9. 酯（19-9 节）

酸催化酯化反应

$$RCO_2H + R'OH \underset{K \approx 1}{\overset{H^+}{\rightleftharpoons}} \underset{\text{酯}}{RCOR'(=O)} + H_2O$$

环酯（内酯）

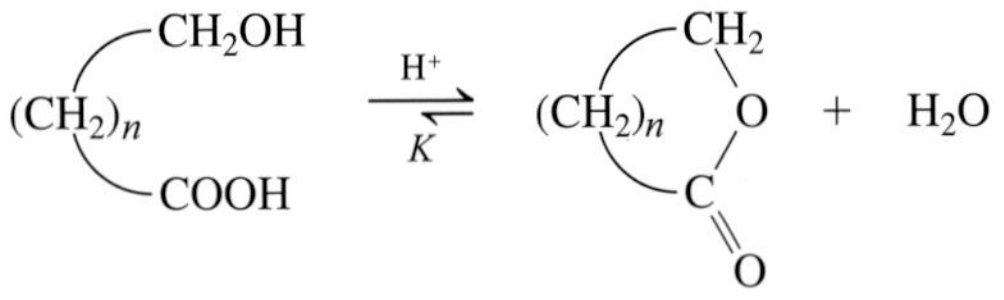

内酯

对于五元环或六元环：$K > 1$

### 10. 酰胺（19-10 节）

$$RCOOH + R'NH_2 \longrightarrow RCOO^- + R'NH_3^+ \overset{\triangle}{\longrightarrow} \underset{\text{酰胺}}{RCNHR'(=O)} + H_2O$$

酰亚胺

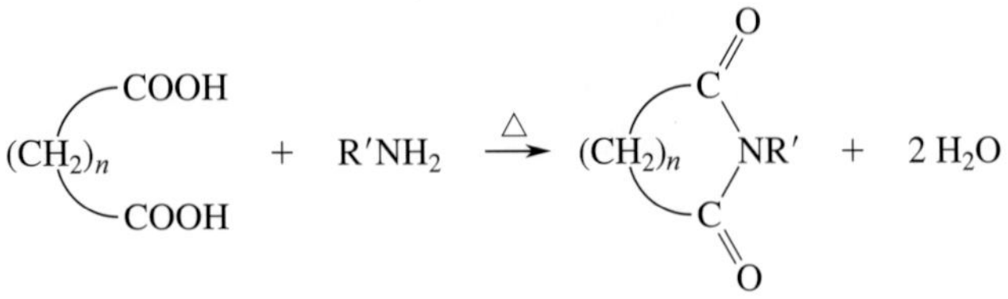

环酰胺（内酰胺）

$$(CH_2)_n \overset{CH_2NH_2}{\underset{COOH}{|}} \xrightarrow{\triangle} (CH_2)_n \overset{CH_2}{\underset{C}{|}} NH + H_2O$$

内酰胺

## 11. 用氢化铝锂还原（19-11 节）

$$RCOOH \xrightarrow[\text{2. } H^+, H_2O]{\text{1. } LiAlH_4, (CH_3CH_2)_2O} RCH_2OH$$

## 12. 溴化：Hell-Volhard-Zelinsky 反应（19-12 节）

$$RCH_2COOH \xrightarrow{Br_2, \text{微量 P}} R\overset{Br}{\underset{}{|}}CHCOOH$$

## 重要概念

1. **羧酸**被命名为**链烷酸**。在含有羧基的最长链中，羧基碳编号为1。二羧酸被称为**烷基二羧酸**。环和芳香体系分别被称为**环烷基羧酸**和**苯甲酸**，在这些体系中连有羧基的环碳编号为1。

2. **羧基**结构接近于**平面三角形**。除在很稀的溶液中以外，羧酸都通过氢键形成二聚体。

3. 羧酸**质子的化学位移**由于氢键作用而不确定，但化学位移在相对较高场（$\delta=10\sim13$）。**羰基碳**也相对地**去屏蔽**，但是由于羟基的共振作用，去屏蔽程度没有在醛和酮中的大。羧基官能团有两个重要的红外吸收带，一个在大约1710cm$^{-1}$，为C=O吸收带；而另一个则是在2500～3300cm$^{-1}$之间的一个很宽的带，为O—H吸收带。

4. 羧酸中的羰基经由**加成-消除**过程进行亲核取代。亲核试剂的加成生成不稳定的**四面体中间体**，这个中间体可以通过羟基的消除而分解，得到**羧酸衍生物**。

5. **氢化铝锂**具有足够强的亲核性，可以对羧酸根离子中的羰基加成。这个过程能使羧酸还原生成**伯醇**。

## 习　题

27. 命名（IUPAC或美国《化学文摘》系统）或画出下列各化合物的结构。

(a) [结构图] (b) [结构图]

(c) [结构图] (d) [结构图]

(e) [结构图] (f) [结构图]

(g) [结构图] 2,4-二羟基-6-甲基苯甲酸 (h) [结构图] 邻苯二甲酸

(i) 4-氨基丁酸（也称GABA，它是脑生物化学中的一个关键物质）；（j）内消旋-2,3-二甲基丁二酸；（k）2-氧代丙酸（丙酮酸）；（l）反-2-甲酰基环己基甲酸；（m）（Z）-3-苯基-2-丁烯酸；（n）1,8-萘二甲酸。

28. 根据IUPAC或《化学文摘》命名下列化合物。注意主链的选择和官能团的优先顺序。

（a）HO–CH₂–CO–CH₃ （结构，带Cl）

（b）结构式（带 CHO, COOH, 两个乙基）

（c）结构式（环戊烯，带 OH, COOH）

（d）结构式（苯环带 COOH, NO₂, 乙酰基）

**29.** 按照沸点和在水中溶解度的递减顺序排列下列分子，并给予解释。

苯甲酸 COOH　甲苯 CH₃　苯甲醛 CHO　苯甲醇 CH₂OH

**30.** 按照酸性递减次序排列下列各组有机化合物。

（a）CH₃CH₂CO₂H, CH₃CCH₂OH (O), CH₃CH₂CH₂OH

（b）BrCH₂CO₂H, ClCH₂CO₂H, FCH₂CO₂H

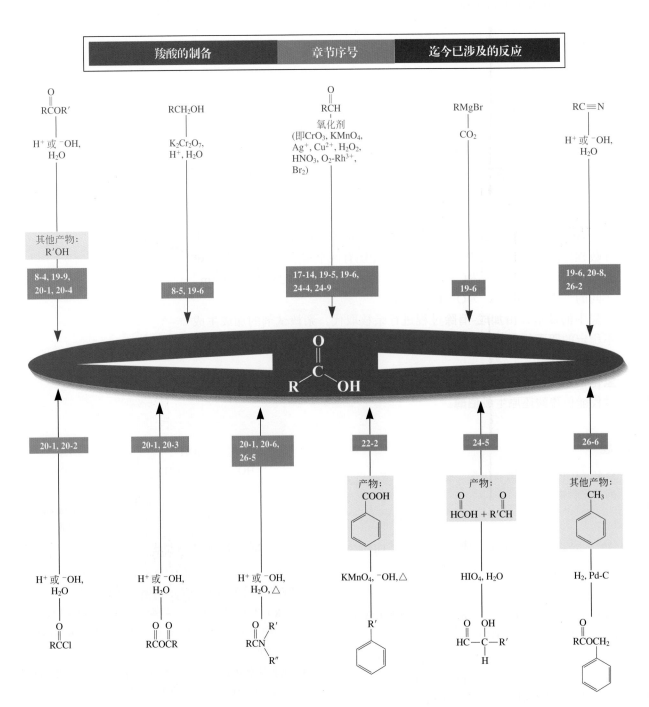

羧酸的制备　章节序号　迄今已涉及的反应

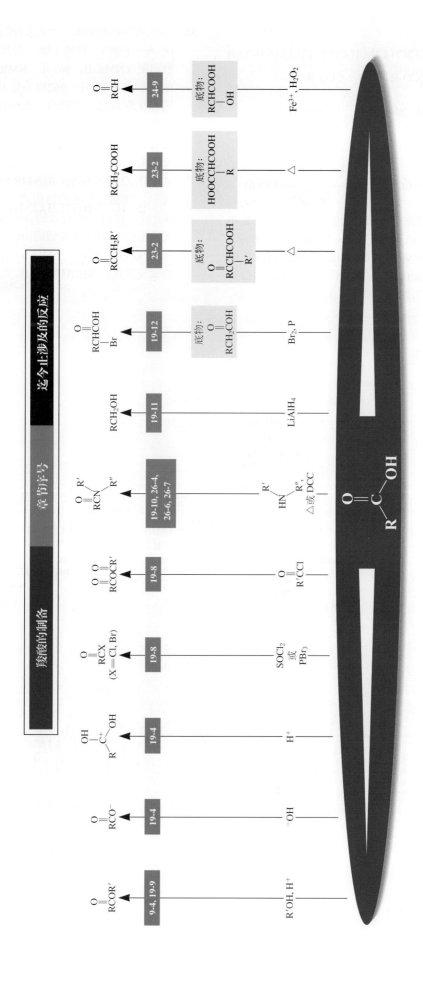

（c）$CH_3\overset{Cl}{\underset{|}{C}HCH_2CO_2H}$, $ClCH_2CH_2CH_2CO_2H$, $CH_3CH_2\overset{Cl}{\underset{|}{C}HCO_2H}$

（d）$CF_3CO_2H$，$CBr_3CO_2H$，$(CH_3)_3CCO_2H$

（e）⬡—COOH，$O_2N$—⬡—COOH，

$O_2N$—⬡（$NO_2$）—COOH，$CH_3O$—⬡—COOH

**31.** 根据如下光谱数据指出化合物的结构式。在质谱中分子离子出现在 $m/z=116$。IR：$\tilde{\nu}=1710(s)$，$3000(s$，宽）$cm^{-1}$；$^1H$ NMR：$\delta\ 0.94(t,J=7.0Hz,6H)$，$1.59(m,4H)$，$2.36(quin,J=7.0Hz,1H)$，$12.04(宽,s,1H)$；$^{13}C$ NMR：$\delta\ 11.7,24.7,48.7,183.0$。

**32.**（a）未知化合物A，分子式为$C_7H_{12}O_2$，红外光谱为IR-A（下面）。它属于哪一类化合物？（b）结合其他谱图（NMR-B，961页，NMR-F，962页；IR-D，IR-E和IR-F，961～962页）以及反应过程各步的谱图和化学信息，判断化合物A的结构和其他未知物B至F的结构。虽然可以参考前面的相关章节，但是在没有其他帮助而设法解决这个问题之前，不要查看它们。（c）另一个未知化合物G，具有分子式$C_8H_{14}O_4$以及标明G的NMR和IR谱图（962～963页）。推测该分子的结构式。（d）化合物G容易由B合成，提出一个有效的合成途径。（e）提出一个完全不同于（b）中步骤的由C转化成A的合成途径。（f）最后，构筑一个与（b）中所示的相反的一个合成反应式，即由A转化成B。

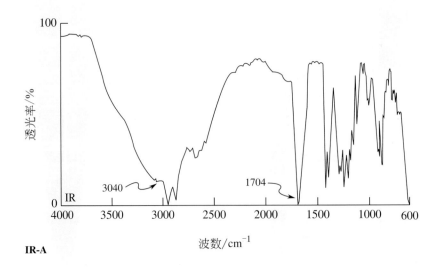

$C_6H_{10}$
**B**
$^{13}C$ NMR：$\delta=22.1$
$\qquad 24.5$
$\qquad 126.2$
$^1H$ NMR-B

$\xrightarrow[\text{12-7节}]{\substack{1.\ Hg(OCCH_3)_2,\ H_2O\\ 2.\ NaBH_4}}$

$C_6H_{12}O$
**C**
$^{13}C$ NMR：$\delta=24.4$
$\qquad 25.9$
$\qquad 35.5$
$\qquad 69.5$

$\xrightarrow[\text{8-5节}]{\substack{CrO_3,\ H_2SO_4,\\ 丙酮,\ 0℃}}$

$C_6H_{10}O$
**D**
$^{13}C$ NMR：$\delta=23.8$
$\qquad 26.5$
$\qquad 40.4$
$\qquad 208.5$
**IR-D**

$\xrightarrow[\text{17-12节}]{CH_2=P(C_6H_5)_3}$

$C_7H_{12}$
**E**
**IR-E**

$\xrightarrow[\text{12-8节}]{\substack{1.\ BH_3,\ THF\\ 2.\ HO^-,\ H_2O_2}}$

$C_7H_{14}O$
**F**
**IR-F**
$^1H$ NMR-F

$\xrightarrow[\text{8-5节}]{Na_2Cr_2O_7,\ H_2O,\ H_2SO_4}$ **A**

IR-A

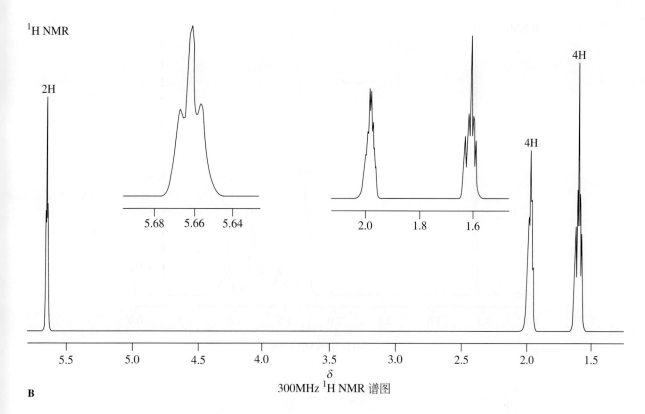

300MHz $^1$H NMR 谱图

**B**

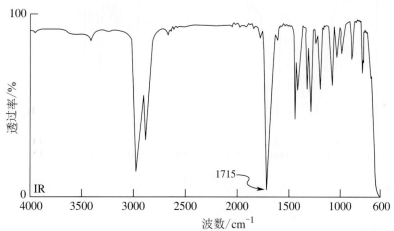

**IR-D**

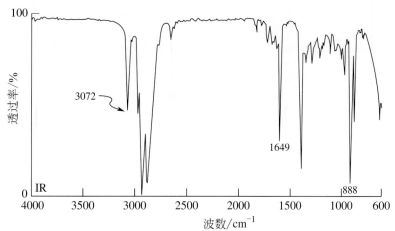

**IR-E**

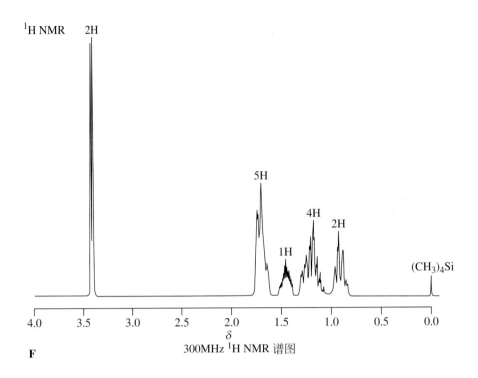

F

300MHz $^1$H NMR 谱图

IR-F

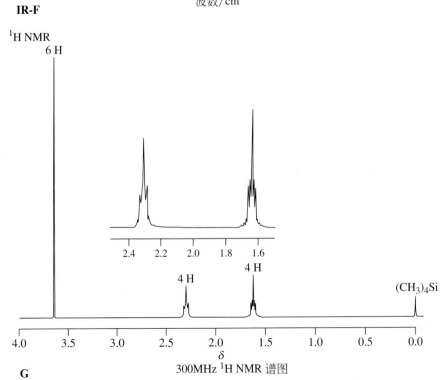

G

300MHz $^1$H NMR 谱图

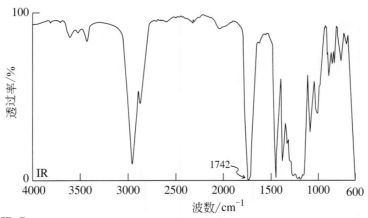

**IR-G**

**33.** 给出下列各反应的产物。

（**a**）(CH₃)₂CHCH₂CO₂H + SOCl₂ ⟶

（**b**）(CH₃)₂CHCH₂CO₂H + CH₃COBr ⟶

（**c**）环戊烷-COOH + CH₃CH₂OH $\xrightarrow{H^+}$

（**d**）CH₃O-苯基-COOH + NH₃ ⟶

（**e**）高温加热（d）

（**f**）高温加热邻苯二甲酸［习题27（h）］

**34.** 当由1,4-和1,5二羧酸，比如丁二酸（琥珀酸）（19-8节），经SOCl₂或PBr₃处理试图制备二酰卤时，得到了相应的环酸酐。解释反应机理。

**35.** 反应复习Ⅰ。不查阅958页上的反应路线图，写出将下列每种起始原料转化为己酸的试剂：（**a**）己醛；（**b**）己酸甲酯；（**c**）1-溴戊烷；（**d**）1-己醇；（**e**）己腈。

**36.** 反应复习Ⅱ。不查阅959页上的反应路线图，写出将己酸转化为以下每种化合物的试剂：（**a**）1-己醇；（**b**）己酸酐；（**c**）己酰氯；（**d**）2-溴己酸；（**e**）己酸乙酯；（**f**）己酰胺。

**37.** 填写合适的试剂，进行以下转化。

（**a**）(CH₃)₂CHCH₂CHO ⟶ (CH₃)₂CHCH₂CO₂H

（**b**）环戊烷-CHO ⟶ 环戊烷-CH(OH)CO₂H

（**c**）

（**d**）

（**e**）

（**f**）(CH₃)₃CCO₂H ⟶ (CH₃)₃CCO₂CH(CH₃)₂

（**g**）苯基-NHCH₃ ⟶ 苯基-N(CH₃)-CO-CH₃

**38.** 写出下列各羧酸的合成方法，其中使用至少一个形成碳-碳键的反应

（**a**）CH₃CH₂CH₂CH₂CH₂CH₂CO₂H

（**b**）CH₃CH(OH)CH₂CO₂H

（**c**）H₃C-C(CH₃)₂-CO₂H

**39.**（**a**）写出一个由丙酸和¹⁸O标记的乙醇进行酯化反应的机理，并清楚地表示出¹⁸O标记的过程。（**b**）一个未标记的酯和¹⁸O标记的水（H₂¹⁸O）的酸催化水解反应，结果一些¹⁸O分别处在羧酸产物的两个氧原子上。通过机理予以解释。（**提示**：机理中所有步骤都是可逆的。）

**40.** 给出丙酸和下列各试剂反应的产物。

（**a**）SOCl₂  （**b**）PBr₃

（**c**）CH₃CH₂COBr + 吡啶  （**d**）(CH₃)₂CHOH + HCl

（**e**）苯基-CH₂NH₂  （**f**）高温加热（e）的产物

（**g**）LiAlH₄，然后H⁺，H₂O（**h**）Br₂，P

**41.** 给出环戊酸和习题40中的各试剂反应的产物。

**42. 挑战题** 当甲基酮在碱存在下用卤素处理时，甲基碳上的三个氢原子被替换成CX₃取代的酮（18-3节）。这个产物在碱中不稳定，能够进一步与氢氧化物发生反应，最终生成羧酸（作为其共轭碱）和HCX₃分子。HCX₃分子有一个共同的名字卤仿（即氯仿、溴仿和碘仿，分别代表X＝Cl、Br和I）。

例如：

RCCBr₃ + ⁻:ӦH ⟶ RCӦ:⁻ + HCBr₃

提出将三溴取代的酮转化为羧酸盐的一系列机理步骤。离去基团是什么？为什么认为它在这个过程中能够作为离去基团？

**43.** 解释2-甲基己酸（MS-H）质谱中标记的峰。

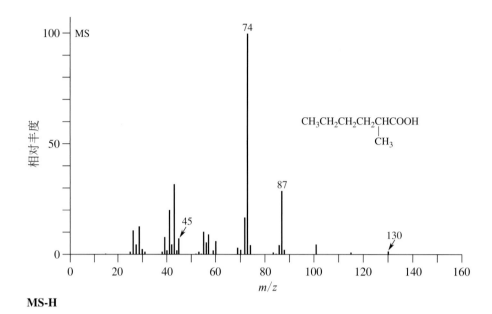

**MS-H**

**44.** 写出一个由戊酸制备己酸的方法。

**45.** 给出试剂和反应条件，使2-甲基丁酸能够有效地转化为（**a**）相应的酰氯；（**b**）相应的甲酯；（**c**）与2-丁醇形成的相应的酯；（**d**）酸酐；（**e**）N-甲基酰胺；

（**f**）CH₃CH₂CHCH₂OH　（**g**）CH₃CH₂CCO₂H
　　　　　　|　　　　　　　　　　|
　　　　　　CH₃　　　　　　　　　CH₃（带Br）

**46.** 在稀的碱水溶液中，4-戊烯酸（如下所示）用Br₂处理，生成一个非酸性化合物，其分子式为$C_5H_7BrO_2$。（**a**）推测该化合物的结构式，并提出其形成的机理；（**b**）你能够发现一个在形成机理上也是合理的新的异构化产物吗？（**c**）试讨论决定上述两个产物中哪一个是主要产物的因素。（**提示**：复习12-6节。）

**4-戊烯酸**

**47.** 说明Hell-Volhard-Zelinsky反应如何用于下列各化合物的合成过程中，在每种情况下均由一个简单的单羧酸开始。在下列合成过程中，写出其中一个的详细机理，包括全部反应。

（**a**）CH₃CH₂CHCO₂H
　　　　　　　|
　　　　　　　NH₂

（**b**）苯基-CHCO₂H
　　　　　　　　|
　　　　　　　　CO₂H

（**c**）

（**d**）HO₂CCH₂SSCH₂CO₂H

（**e**）(CH₃CH₂)₂NCH₂CO₂H

（**f**）(C₆H₅)₃⁺PCHCO₂H Br⁻
　　　　　　　|
　　　　　　　CH₃

**48.** 尽管原来的Hell-Volhard-Zelinsky反应只限于溴代羧酸的合成，但氯代物和碘代物也可通过改进的方法制备。因此，酰氯通过与N-氯代和N-溴代丁二酰亚胺（N-氯-和N-溴代琥珀酰亚胺，NCS和NBS，参见14-2节）反应，可以分别转化为α-氯代和α-溴代衍生物。酰氯和I₂反应生成α-碘代化合物。为这些过程中任意一个提出一个反应机理。

C₆H₅CH₂CH₂COCl
　NCS, HCl, SOCl₂, 70°C → C₆H₅CH₂CHClCOCl　84%
　NBS, HBr, SOCl₂, 70°C → C₆H₅CH₂CHBrCOCl　71%
　I₂, HI, SOCl₂, 85°C → C₆H₅CH₂CHICOCl　75%

**49.**（**a**）（4-硝基苯基）乙腈（19-6节，第925页）可用作在高pH值范围内的酸碱指示剂，它在p$K_a$小于13.4时是黄色，大于13.4时是红色。利用控制pH值的原理，确定分子中酸性最强的氢，画出其共轭碱的结构，并对其酸性进行解释。
（**b**）画出共振式来解释质子化丙烯酸的稳定性（19-3节，第919页），这是长链羧酸质谱中常见的碎片。
（**c**）你认为乙酰胺的酸性和醋酸的酸性相比如何？和丙酮相比呢？乙酰胺中哪个质子的酸性最强？你能推测出乙酰胺中哪部分可被非常强的酸质子化吗？

CH₃CNH₂（带O）
**乙酰胺**

**50.** 在用CrO₃氧化1,4-丁二醇生成丁二酸时，却得到较高产率的γ-丁内酯。解释其机理。

**γ-丁内酯**

**51.** 按照19-7节所示的机理图，写出下列每个取代反应的详细机理。（**注意：**这些转化反应是第20章的一部分，但是不要往后看，设法独立解决这些问题。）

（**a**）

（**b**） $CH_3CNH_2 + H_2O \xrightarrow{H^+} CH_3COH + \overset{+}{N}H_4$

**52.** 推测下列各合成反应的产物结构式。

H
IR: $\tilde{\nu} = 1745 \ cm^{-1}$

1. N，H$^+$
2. $(CH_3)_2C=CHCH_2Br$
3. H$^+$，H$_2$O

$C_{14}H_{22}O$
H
IR: $\tilde{\nu} = 1675$ 和 1745 $cm^{-1}$

HOCH$_2$CH$_2$OH，H$^+$

$C_{16}H_{26}O_2$
I
IR: $\tilde{\nu} = 1670 \ cm^{-1}$

1. O$_3$，CH$_2$Cl$_2$
2. Zn，CH$_3$COOH
3. KMnO$_4$，NaHCO$_3$

$C_{13}H_{20}O_4$
J
IR: $\tilde{\nu} = 1715$ 和 3000（宽）$cm^{-1}$

1. H$^+$，H$_2$O
2. NaBH$_4$

$C_{11}H_{18}O_3$
K
IR: $\tilde{\nu} = 1715$，3000（宽），和3350 $cm^{-1}$

催化量H$^+$，$\triangle$

$C_{11}H_{16}O_2$
L
IR: $\tilde{\nu} = 1770 \ cm^{-1}$

**53.** 通过简单的羧酸根离子和卤代烷在水溶液中发生S$_N$2反应（8-4节），一般不能以高产率得到酯。（**a**）解释其原因。（**b**）1-碘丁烷与醋酸钠的反应，如果在醋酸中进行则能够得到高产率的酯（如下所示），为什么对于这个过程醋酸是比水更好的溶剂？

$$CH_3CH_2CH_2CH_2I + CH_3\overset{O}{\overset{\|}{C}}O^-Na^+ \xrightarrow{CH_3CO_2H，100℃}$$

**1-碘丁烷**　　　　**醋酸钠**

$$CH_3CH_2CH_2CH_2\overset{O}{\overset{\|}{O}}CCH_3 + Na^+I^-$$
95%
**醋酸丁酯**

（**c**）1-碘丁烷与十二酸钠在水溶液中的反应尤其好，比与醋酸钠的反应要好很多（参见下面的反应式）。解释这个结果。（**提示：**十二酸钠是一种肥皂，能在水中形成胶束。参见真实生活19-1。）

$$CH_3CH_2CH_2CH_2I + CH_3(CH_2)_{10}CO_2^-Na^+ \xrightarrow{H_2O}$$

$$CH_3(CH_2)_{10}\overset{O}{\overset{\|}{C}}OCH_2CH_2CH_2CH_3$$

**54.** **挑战题** （**a**）环烯醚萜（iridoids）是一类单萜烯，具有高效和多样的生物活性。它们可用作杀虫剂（抗捕食性昆虫的防御剂）和动物引诱剂。下列反应是新假荆芥内酯（neonepetalactone，假荆芥内酯之一）的合成，它是假荆芥（catnip）的主要组成。利用所给的信息推断有关化合物的结构，包括新荆芥内酯本身的结构。

$C_{10}H_{16}O_2$
M
IR: $\tilde{\nu} = 890, 1645, 1725$（很强）和1705 $cm^{-1}$

碱

CrO$_3$，H$_2$SO$_4$，0℃

$C_{10}H_{14}O_2$
N
IR: $\tilde{\nu} = 890, 1630, 1640, 1720$ 和3000（宽峰）$cm^{-1}$

CH$_3$OH，H$^+$

$C_{11}H_{16}O_2$
O
IR: $\tilde{\nu} = 890, 1630, 1640$ 和1720 $cm^{-1}$

1. 二环己基硼烷，THF
2. HO$^-$，H$_2$O$_2$

$C_{11}H_{18}O_3$
P
IR: $\tilde{\nu} = 1630, 1720$，和3335 $cm^{-1}$

$H^+$，H$_2$O，$\triangle$

**?**
**新假荆芥内酯**
IR: $\tilde{\nu} = 1645$ 和1710 $cm^{-1}$
UV: $\lambda_{max} = 241 \ nm$

（**b**）荆芥内酯是由含醛的羧酸A在酸催化反应中产生的。为该转变提出一种机理。

**A**　　　　**荆芥内酯**

荆芥内酯产自假荆芥（猫薄荷），用来防御害虫，它会吸引蚜虫，这看起来可能会适得其反，但它也会吸引蚜虫的捕食者。这是一种聪明的植物。目前，人们正在探索这种化合物作为避蚊胺（DEET，N,N-二乙基-3-甲基苯甲酰胺，参见1012页）的替代品，以防止蚊虫叮咬。当然，你可能会发现自己成为邻居猫群不受欢迎的对象。不要在动物园里戴着它。在发现这种物质后不久，化学家们发现它能使狮子"从一种昏睡状态变成一种极度兴奋状态"。

**55.** **挑战题** 为下面的反应提出两个可能的机理。（**提示：**考虑分子中质子化的可能位置和每种情况下的机理结果。）设计一个可以区分两个机理的同位素标记实验。

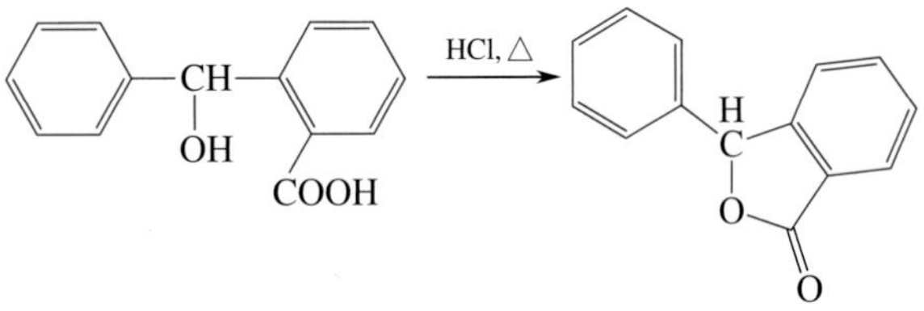

**56.** 提出一个从丙炔开始合成2-丁炔酸（CH₃C≡CCO₂H）的短的合成路径。（**提示**：复习13-2节和3-5节。）

**57.** 自然界中许多化合物的苯环是通过类似于脂肪酸合成的生物合成途径制备的。乙酰单元被偶联，但是酮的官能团不还原。反应结果生成聚酮硫酯，它通过分子内的羟醛缩合形成环。

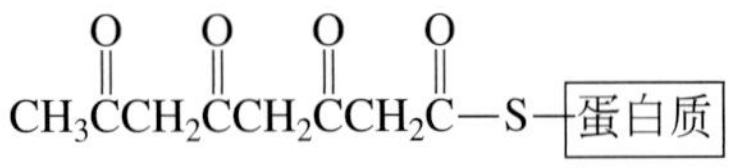

**聚酮硫酯**

苔色酸［有关结构，见习题27(g)］是水杨酸的衍生物，它由上面所示的聚酮硫酯通过生物合成方法制备。解释这个转化如何发生。硫酯水解生成游离的羧酸是最后的步骤。

## 团队练习

**58.** 按照19-9节所示，4-羟基酸和5-羟基酸通过酸催化的分子内酯化反应，能够以高的产率生成相应的内酯。下面有两个内酯化反应的例子，把反应结果的分析任务分派到小组中，要求提出合理的机理以解释各个反应产物的形成。

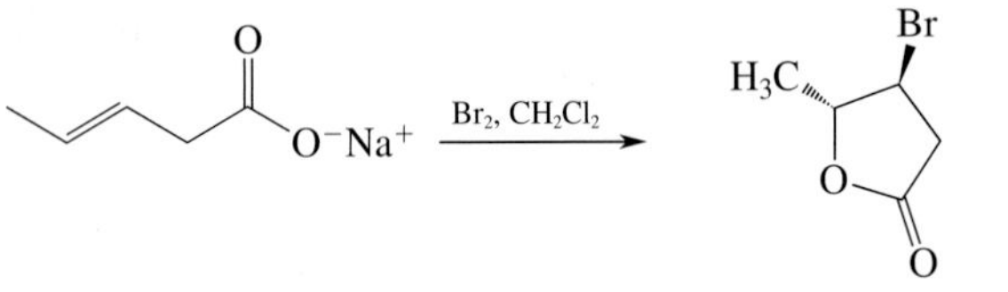

**(注意立体化学!)**

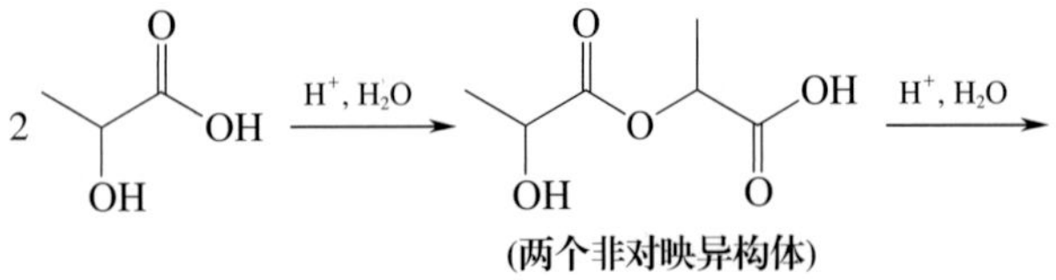

**(两个非对映异构体)**

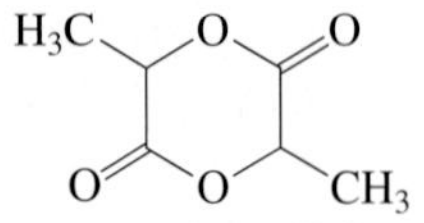

**(顺式和反式异构体)**

相互讨论你们提出的机理。

## 预科练习

**59.** 下面所示化合物的IUPAC命名是什么？

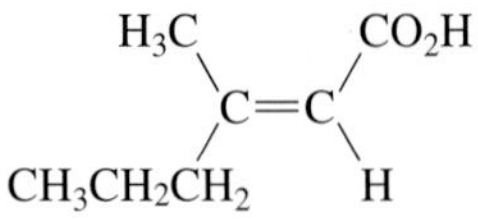

（**a**）（*E*)-3-甲基-2-己烯酸

（**b**）（*Z*)-3-甲基-2-己烯酸

（**c**）（*E*)-3-甲基-3-己烯酸

（**d**）（*Z*)-3-甲基-3-己烯酸

**60.** 选择具有最高$K_a$值的酸（即最低p$K_a$）。

（**a**）$H_3CCO_2H$

（**b**）

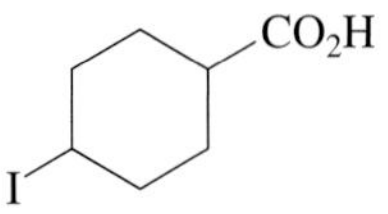

（**c**）

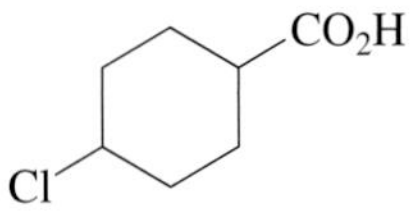

（**d**）$Cl_2CHCO_2H$

**61.** 对于结构如下所示的酸，可以通过下面哪个反应途径来制备？

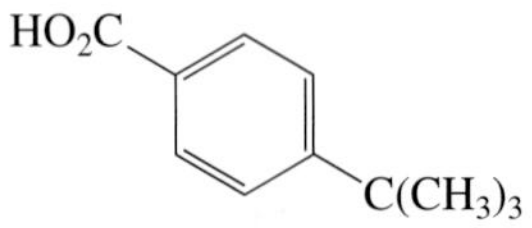

（**a**）$H_3CBr + Br_3CCO_2H$ $\xrightarrow{K}$ $\xrightarrow{苯}$

（**b**）$(CH_3)_3CI$ $\xrightarrow{Mg, 醚}$ $\xrightarrow{CO_2}$ $\xrightarrow{H^+, H_2O (后处理)}$

（**c**） $\xrightarrow{KMnO_4}$

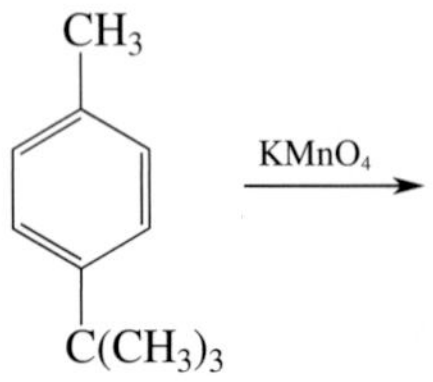

（**d**） $\xrightarrow{KMnO_4}$

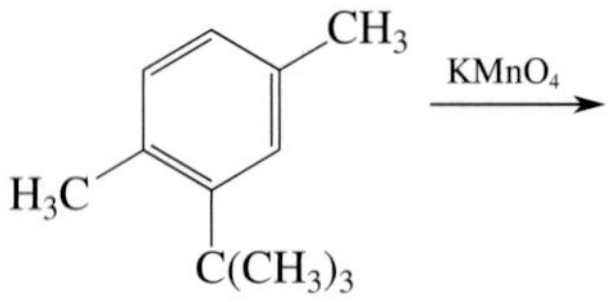

# 20 羧酸衍生物

## 学习目标

- 描述区分羧酸及其衍生物性质和反应性的结构特征
- 应用加成-消除机理解释羧酸衍生物羰基碳的取代反应
- 认识羧酸衍生物的不同反应活性的影响因素
- 讨论羧酸衍生物的水解与相互转化的方法和条件
- 阐明将羧酸衍生物转变为其他官能团化分子的反应

商业上称为芳纶（Kevlar）的聚（对亚苯基对苯二甲酰胺）可用于制作防弹背心以及盔甲，其特性足以证明酰胺链的高强度。芳纶是由杜邦公司化学家斯蒂芬妮·克沃勒克（Stephanie Kwolek，1923—2014）开发的，她是 20 世纪最杰出的女性化学家之一。芳纶的性能源自其苯环的平面性以及酰胺键不能自由旋转的性质（20-6 节）。这种非凡的材料保护了成千上万的执法人员的生命，能够抵挡得住一颗用 9mm 手枪以每秒 1200 英尺（1 英尺 =0.3048 米）速度射来的子弹。

**在**自然界构筑复杂有机体系的时候，常常把羧酸的羰基和醇、胺或硫醇的杂原子相结合。为什么？在第 19 章中介绍的加成-消除过程为不同取代羧酸衍生物间的互相转化提供了一个活化能相对低的反应途径。许多羧酸衍生物在生物学中都有着重要的作用（第 26 章）。正如本章所涉及的四个主要的羧酸衍生物：酰卤、酸酐、酯和酰胺，化学家发现它们都非常有用。

$$L = X, OCR, OR, NR_2$$

**羧酸衍生物**

每个羧酸衍生物都有一个取代基（L），它在取代反应中起着离去基团的作用。例如，酰卤中的卤素被羧基取代生成酸酐。

本章先对羧酸衍生物的结构、性质和相对反应性进行比较，然后再探究每类化合物的化学性质。酰卤及酸酐是合成其他羧基化合物非常有使用价值的试剂。酯和酰胺在自然界中极其重要，例如，酯类包括有普通的调味剂、蜡、脂肪和油类；酰胺中有脲和青霉素。由于具有类似的反应性质，本章内容也将涉及烷基腈（RCN）。

# 20-1 | 羧酸衍生物的相对反应性、结构和谱学特征

羧酸衍生物与亲核试剂（如水、金属有机化合物和氢化物还原剂）之间发生取代反应。这些转化过程通过我们熟悉的（通常为酸或碱催化）加成-消除过程进行（19-7 节）。

**羧酸衍生物的加成-消除机理**

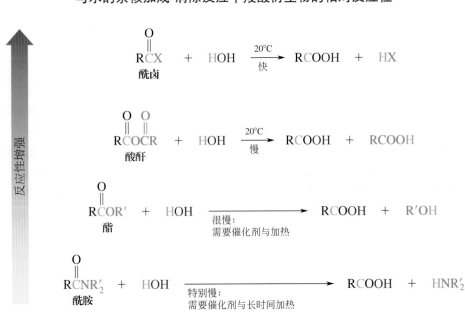

底物的相对反应性的次序一般为：酰卤的反应性最强，接着是酸酐，然后是酯，最后是酰胺。酰胺的反应性最弱。

**与水的亲核加成-消除反应中羧酸衍生物的相对反应性**

反应性的次序直接取决于离去基团 L 的结构：是否为易离去基团以及它对毗邻的羰基官能团有着什么样的效应。这种效应可以通过观察不同的共振式 A～C 对羧酸衍生物结构的贡献程度来理解。在下图中，共振式 B 的贡献很小，因为它是一个电子六隅体。用这种共振式只是为了强调羰基的极性。我们有 A 和 C 两种偶极选择，其中共振式 A 永远是主要的，因为它没有电荷分离（1-5 节）。问题是 C 能够在多大程度上有助于通过取代基 L 上的孤对电子离域到羰基氧上来稳定官能团。

### 羧酸衍生物的共振

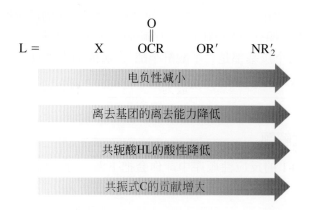

非八隅体，次要的

这个问题的答案在于 L 的电负性：电负性的降低导致共振式 C 贡献的增加。正如在 6-7 节中看到的，电负性的降低也伴随着离去基团的离去能力的降低，相应的离去基团共轭酸的酸性也降低。

$$L = \qquad X \qquad \overset{\displaystyle O}{\overset{\displaystyle \|}{OCR}} \qquad OR' \qquad NR_2'$$

电负性减小 →

离去基团的离去能力降低 →

共轭酸HL的酸性降低 →

共振式C的贡献增大 →

因此，当 L 是 $NR_2'$ 时，C 偶极共振的贡献最大，这是由于氮是这一系列中电负性最小的原子。因此，酰胺是活性最低的羧酸衍生物。在酯中，共振式 C 作用较小，这是由于氧比氮的电负性大。尽管如此，共振作用仍然很强（16-1 节），虽然酯比酰胺的活性更高，但酯和酰胺都仍然对亲核试剂的进攻具有一定的抵抗力。另一方面，酸酐与酯相比具有更高的活性，这是由于酸酐中间氧上的孤对电子被两个羰基共享，使它们不易形成共振式 C 所示的共振模式。最后，酰卤反应性最高，原因有两个：首先，F 和 Cl 的电负性高于 O 和 N（表 1-2），增加了羰基碳的亲电性；其次，从 Cl 到 Br 到 I，卤素原子半径逐渐变大，它与碳的键变长变弱，因此热力学反应性增加。页边的静电势图中给出了两个极端的例子：乙酰氯和乙酰胺。酰氯中的羰基碳（蓝）比酰胺中的羰基碳（绿）具有更多的正电荷。同时，酰胺中羰基氧（红）负电荷增多，说明共振式 C 的贡献较大。

乙酰氯

乙酰胺

## 解题练习20-1

**运用概念解题：羧酸衍生物的相对反应性**

光气、氯甲酸苯甲酯、二(1,1-二甲基乙基)二碳酸酯、碳酸二甲酯和脲是碳酸衍生物（把 $CO_2$ 溶解于水中制得）。按照在亲核加成-消除中的活性减小次序排列：

| ClCCl | $C_6H_5CH_2OCCl$ | $(CH_3)_3COCOCOC(CH_3)_3$ | $CH_3OCOCH_3$ | $H_2NCNH_2$ |
|---|---|---|---|---|
| 光气 | 氯甲酸苯甲酯 | 二(1,1-二甲基乙基)二碳酸酯 | 碳酸二甲酯 | 脲 |

**策略：**

- **W**：有何信息？如在碳酸 $HO-\overset{O}{\underset{\parallel}{C}}-OH$ 中一样，这些化合物在羰基碳的两边都含有杂原子（O，N或卤素）取代基。

- **H**：如何进行？本节关于羧酸衍生物相对反应性的结论，在这里同样适用。

- **I**：需用的信息？大致初步考虑羰基两边的取代基效应具有加和性。唯一不同的是第二个取代基对羰基的影响有所降低，这是由于两个基团必须要竞争性地与 C=O 的 π键共振。

- **P**：继续进行。

**解答：**

- 光气分子因两侧卤素可被看作为"双酰卤"，它的反应性最强。
- 反应性按照化合物的图示顺序减弱：氯甲酸酯为"半酰卤半酯"；二碳酸酯中两个羰基都是"半酸酐半酯"；碳酸酯为"双酯"；而脲则是个双酰胺，其反应性最差。

## 20-2 自试解题

在练习 20-1 的反应性顺序中，你会把下面的分子放在哪里？（**提示**：考虑立体效应。）

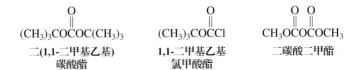

| $(CH_3)_3COCOC(CH_3)_3$ | $(CH_3)_3COCCl$ | $CH_3OCOCOCH_3$ |
|---|---|---|
| 二(1,1-二甲基乙基)碳酸酯 | 1,1-二甲基乙基氯甲酸酯 | 二碳酸二甲酯 |

### 共振越强，C—L键长越短

在羧酸衍生物的结构中能够直接观察到共振的程度。从酰卤到酯再到酰胺，由于双键特征增强，C—L 键逐渐地变短（表 20-1）。酰胺的 NMR 谱显示，C—N 键旋转受到限制。例如，在室温下，$N,N$-二甲基甲酰胺中的两个甲基表现为两个单峰，这是因为在 NMR 时间尺度内围绕 C—N 键的旋转非常慢。上述现象例证了氮上孤对电子和羰基碳之间有明显的 π作用，具体表现为酰胺中偶极共振式变得更加重要，所测量的旋转能垒是 $21\text{kcal·mol}^{-1}$（$88\text{kJ·mol}^{-1}$）。

### 表20-1 RCOL中C—L键长与R—L单键的键长比较

| L | R—L 中的键长 /Å | $\overset{\displaystyle O}{\underset{\displaystyle RC-L}{\parallel}}$ 中的键长 /Å |
|---|---|---|
| Cl | 1.78 | 1.79（不短） |
| F | 1.39 | 1.35（短 0.04Å） |
| OCH$_3$ | 1.43 | 1.36（短 0.07Å） |
| NH$_2$ | 1.47 | 1.36（短 0.11Å） |

> 从氯代烷到酰氯的C—Cl键长变化不大，说明酰氯中C—Cl π键键合的贡献比其他酰基衍生物要小得多。

### *N,N*-二甲基甲酰胺中绕C—N键缓慢地旋转

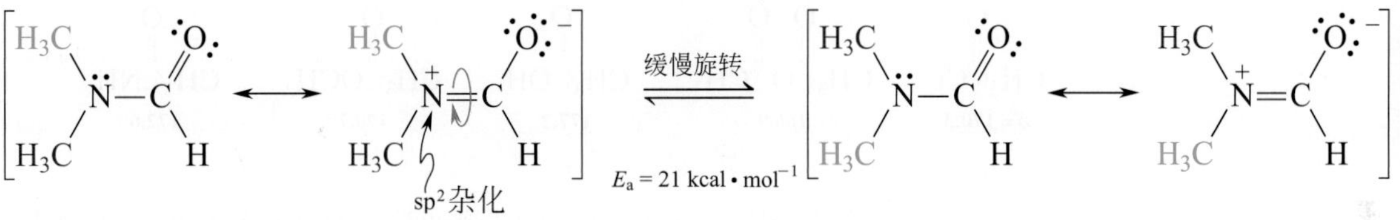

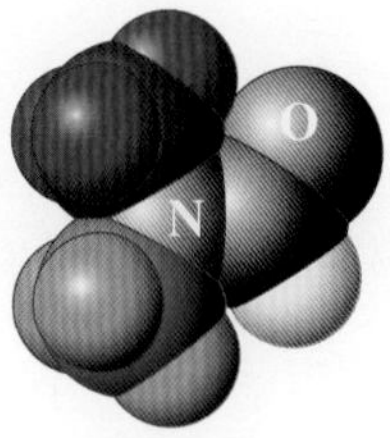

注意这些结果与 1-8 节中图 1-20 所示氨的结构不一致。氨（和简单胺将在 21-2 节中介绍）采用 sp³ 杂化的几何结构，使电子对之间的排斥力最小化。相反，酰胺中氮上的孤对电子位于 p 轨道上，可以与羰基碳原子上的 p 轨道发生 π 相互作用。因此，酰胺氮原子具有平面三角几何形状和 sp² 杂化，平面形式的 π 重叠所带来的稳定性优于正常的电子对四面体排列。我们将在 26-4 节中看到，酰胺中氮的平面性是决定肽和蛋白质结构和功能的最重要决定因素。

## 练习 20-3

在 1-乙酰基-2-苯肼（页边所示）的 $^1$H NMR 谱图中，甲基在室温下于 $\delta$=2.02 和 2.10 处出现两个单峰，而当在核磁管内加热至 100℃ 时，同样的化合物在此区域内仅出现一个信号。解释此现象。

$$\overset{\displaystyle O}{\underset{\displaystyle CH_3CNHNHC_6H_5}{\parallel}}$$
**1-乙酰基-2-苯肼**

红外光谱也能用于探测羧酸衍生物中的共振。偶极共振结构使 C＝O 键减弱造成羰基伸缩振动频率相应减小（表 20-2）。

### 表20-2 羧酸衍生物RCOL的羰基伸缩振动频率

| L | $\widetilde{\nu}_{C=O}/cm^{-1}$ | |
|---|---|---|
| Cl | 1790～1815 | |
| $\overset{\displaystyle O}{\underset{\displaystyle OCR}{\parallel}}$ | 1740～1790 1800～1850 | 观察到两个谱带，归属于不对称和对称的伸缩振动 |
| OR | 1735～1750 | |
| NR$_2'$ | 1650～1690 | |

$\widetilde{\nu}_{C=O}$ 逐渐增加

19-3 节中所显示的羧酸红外光谱数据通常指其二聚体形式，其中氢键作用降低了 O—H 和 C=O 的伸缩振动频率，使 $\tilde{\nu}$ 分别为 3000 cm$^{-1}$ 和 1700 cm$^{-1}$。一种特殊的技术——低温气相沉积——可以测试羧酸单体的红外光谱，可用于与羧酸衍生物的光谱进行直接比较。乙酸单体显示 $\tilde{\nu}_{C=O}$ 为 1780cm$^{-1}$，该值与羧酸酐相似，高于酯，低于酰卤，与羧酸的共振离域程度一致。

除了羰基的红外吸收带外，酰胺还因其 N—H 键的伸缩振动而呈现特征的红外吸收带。对于含有两个 N—H 键的酰胺，在 $\tilde{\nu}$ =3100~3400 cm$^{-1}$ 区域显示出两个红外吸收峰，含一个 N—H 键则只有一个吸收峰（21-3 节）。

在羧酸衍生物中，羰基碳的 $^{13}$C NMR 信号对于溶剂极性的差别不敏感，羰基碳的信号峰落在 $\delta$=170 左右的一个狭窄的范围内。

### 羧酸衍生物中羰基碳的 $^{13}$C NMR 化学位移

$$CH_3\overset{O}{\overset{\|}{C}}Cl \qquad CH_3\overset{O}{\overset{\|}{C}}O\overset{O}{\overset{\|}{C}}CH_3 \qquad CH_3\overset{O}{\overset{\|}{C}}OH \qquad CH_3\overset{O}{\overset{\|}{C}}OCH_3 \qquad CH_3\overset{O}{\overset{\|}{C}}NH_2$$

$\delta$ = 170.3　　　166.9　　　177.2　　　170.7　　　172.6

与其他羰基化合物一样，羧酸衍生物的质谱通常显示出 $\alpha$-裂解和 McLafferty 重排的峰。

### 练习 20-4

戊酸甲酯（分子量 116）的质谱在 $m/z$ = 85, 74, 57 处呈现碎片峰。归属这些碎片峰。

## 羧酸衍生物的碱性和酸性

羧酸衍生物的碱性（羰基氧的质子化）和酸性（烯醇的形成）也能体现其共振程度。在所有情况下，质子化需要强酸，但是随着 L 基团的给电子能力增加，质子化逐渐变得容易。在酸催化的亲核加成-消除反应中，质子化很关键。

### 羧酸衍生物的质子化

这种共振形式相对大的贡献可以稳定质子化的化合物

### 练习 20-5

相对于乙酰胺，乙酰氯是更弱的碱，请用共振结构式予以解释。

出于相似的原因，邻近羰基的氢的酸性按照下列顺序增加。酮的酸性在酰氯和酯之间。

**羧酸衍生物和丙酮中 $\alpha$-氢的酸性比较**

$$CH_3CN(CH_3)_2 \quad < \quad CH_3COCH_3 \quad < \quad CH_3CCH_3 \quad < \quad CH_3CCl$$

$\mathbf{p}K_a \qquad \sim 30 \qquad\qquad \sim 25 \qquad\qquad \sim 20 \qquad\qquad \sim 16$

酸性增强

### 练习 20-6

从第 19 章中找出能够利用酰卤中 $\alpha$-氢相对较高酸性的一个反应例子。

## 小　结

在 RCOL 中，L 的相对电负性和体积大小控制其孤对电子的共振程度和羧酸衍生物在亲核加成-消除反应中的相对反应性。这个效应不仅清楚地反映在其本身的结构和谱图中，而且清楚地反映在 $\alpha$-氢和羰基氧的相对酸性和碱性中。

# 20-2 | 酰卤的化学

**酰卤**（RCOX）由衍生它们的某链状烷基羧酸来命名，命名为**链烷基酰卤**。环烷基羧酸的卤化物被称为**环烷基酰卤**。

酰卤经历加成-消除反应，反应中亲核试剂取代离去基团卤负离子。这些化合物的反应性很强，通常不需要催化剂进行转化。

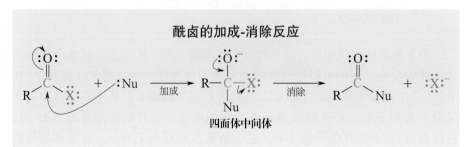

**酰卤的加成-消除反应**

四面体中间体

图 20-1 为各种不同的亲核试剂和相应的产物。正是这样广泛的反应性使得酰卤成为有用的合成中间体。

让我们逐个考察这些转化反应（酸酐除外，已在 19-8 节中作过介绍）。酰氯最容易得到，因此以它的反应为例，它的转化反应在很大程度上也适用于其他的酰卤。

乙酰氯

3-甲基丁酰溴

戊酰氟

环己基甲酰氟

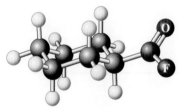

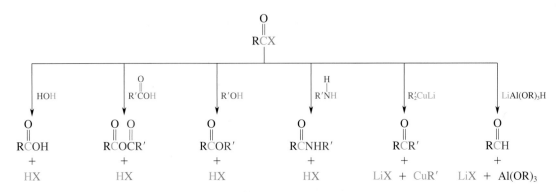

**图 20-1** 酰卤的亲核加成-消除反应。

## 酰氯水解生成羧酸

反应

酰氯和水通常发生激烈地反应，生成相应的羧酸和氯化氢。这是加成-消除反应的一个简单例子，代表了这类化合物的大多数反应。

**酰氯水解**

$$CH_3CH_2CCl + HOH \longrightarrow CH_3CH_2COH + HCl$$

丙酰氯                                     100%     丙酸

**酰氯的水解机理**

机理

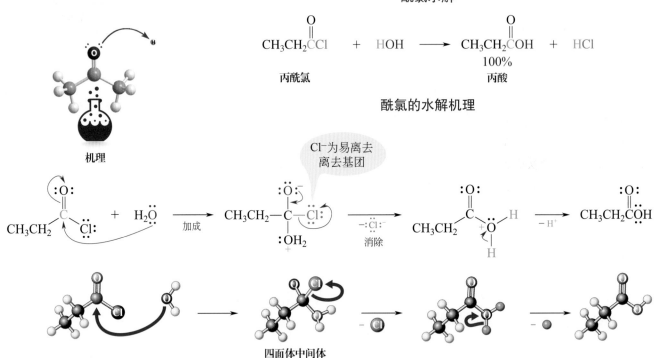

四面体中间体

由于酰卤的高反应性，这个过程不需要催化剂。因为它在基本中性的条件下开始反应，我们可以把四面体中间体写成两性离子（第 838 页和 19-10 节），其中既有带负电荷的原子，也有带正电荷的原子。从中间产体中失去氯会产生质子酸，质子酸很容易失去它的质子。当我们把后者写成 H⁺ 时，记住自由 H⁺ 不能存在于溶液中。它会附着在任何电子对上，包括水溶剂的中性氧、羧基的氧和 Cl⁻ 离去基团的电子对。

## 醇使酰氯转化成酯

酰氯和醇的类似反应是合成酯的高效方法。该方法常需加入碱金属氢氧化物、吡啶或叔胺等碱，用于中和副产物 HCl。由于酰氯容易由相应的羧酸制备（19-8 节），因此 RCOOH → RCOCl → RCOOR′的一系列反应成为制备酯的好方法。通过保持中性或碱性条件，可以使这个制备反应避免出现酸催化下酯形成反应的平衡移动问题（Fischer 酯化反应，参见 19-9 节）。

**羧酸经酰氯合成酯**

$$\underset{\text{RCOH}}{\overset{\overset{\text{O}}{\|}}{\phantom{.}}} \xrightarrow[-\text{HCl},-\text{SO}_2]{\text{SOCl}_2} \underset{\text{RCCl}}{\overset{\overset{\text{O}}{\|}}{\phantom{.}}} \xrightarrow[-\text{HCl}]{\text{R'OH, 碱}} \underset{\text{RCOR'}}{\overset{\overset{\text{O}}{\|}}{\phantom{.}}}$$

$$\underset{\text{乙酰氯}}{\overset{\overset{\text{O}}{\|}}{\text{CH}_3\text{CCl}}} + \underset{\text{1-丙醇}}{\text{HOCH}_2\text{CH}_2\text{CH}_3} \xrightarrow[\text{（习题 35）}]{\text{N(CH}_2\text{CH}_3)_3} \underset{\substack{\text{75\%} \\ \text{乙酸丙酯}}}{\overset{\overset{\text{O}}{\|}}{\text{CH}_3\text{COCH}_2\text{CH}_2\text{CH}_3}} + \underset{\text{三乙基氯化铵}}{\overset{+}{\text{HN(CH}_2\text{CH}_3)_3}\,\text{Cl}^-}$$

### 练习 20-7

根据 2-甲基-2-丙醇（叔丁醇）在酸存在下的脱水反应（9-2 节），请提出一个由乙酸合成乙酸（1,1-二甲基乙酸）酯（乙酸叔丁酯，页边所示）的方法，避免使用可能导致醇脱水的条件。

$$\underset{\substack{\text{乙酸（1,1-二甲基乙基）酯}\\\text{（乙酸叔丁酯）}}}{\overset{\overset{\text{O}}{\|}}{\text{H}_3\text{C}-\text{C}-\text{OC(CH}_3)_3}}$$

## 胺使酰氯转化成酰胺

仲胺、伯胺以及氨都可使酰氯转化成酰胺。如下面的第一个例子所示，对于简单酰胺的合成，氨水的反应效果很好。因为 $NH_3$ 与水相比是强得多的亲核试剂，它可以优先与羰基衍生物反应。如在酯的形成反应中一样，可通过加入碱（可以是过量的胺）而中和生成的 HCl。

**由酰卤形成酰胺**

$$\underset{\text{苯甲酰氯}}{\overset{\overset{\text{O}}{\|}}{\text{C}-\text{Cl}}} + \underset{\substack{\text{NH}_3\\\text{过量}}}{} \xrightarrow{\text{H}_2\text{O}} \underset{\substack{86\%\\\text{苯甲酰胺}}}{\overset{\overset{\text{O}}{\|}}{\text{C}-\text{NH}_2}} + \overset{+}{\text{NH}_4}\text{Cl}^-$$

$$\underset{\text{丙烯酰氯}}{\overset{\overset{\text{O}}{\|}}{\text{CH}_2{=}\text{CHCCl}}} + 2\,\text{CH}_3\text{NH}_2 \xrightarrow{\text{苯,5℃}} \underset{\substack{68\%\\N\text{-甲基丙烯酰胺}}}{\overset{\overset{\text{O}}{\|}}{\text{CH}_2{=}\text{CHCNHCH}_3}} + \overset{+}{\text{CH}_3\text{NH}_3}\text{Cl}^-$$

此转化反应也是按照加成-消除反应机理的，从亲核试剂胺上的氮进攻羰基碳开始。

**由酰氯形成酰胺的机理**

$$\underset{\text{R}}{\overset{\overset{\text{:O:}}{\|}}{\text{C}}}{-}\ddot{\text{C}}\text{l:} + \text{H}_2\ddot{\text{N}}\text{R}' \xrightarrow{\text{加成}} \underset{\substack{\text{R}'-\overset{+}{\text{N}}-\text{H}\\|\\\text{H}}}{\overset{\overset{:\ddot{\text{O}}:^-}{|}}{\text{R}-\text{C}-\ddot{\text{C}}\text{l:}}} \xrightarrow[\text{消除}]{-\,:\ddot{\text{C}}\text{l}:^-} \underset{\substack{\text{R}'\diagdown\;\diagup\text{H}\\\text{H}}}{\overset{\overset{:\text{O}:}{\|}}{\text{R}-\text{C}-\overset{+}{\text{N}}-\text{H}}} \longrightarrow \underset{\substack{|\\\text{H}}}{\overset{\overset{:\text{O}:}{\|}}{\text{R}-\text{C}-\overset{}{\ddot{\text{N}}}-\text{R}'}} + \text{H}^+$$

四面体中间体

反应

机理

注意：在最后一步，质子必须要从氮上脱去才能生成酰胺。因此，叔胺（在氮上没有氢）不能形成酰胺，而是将酰卤转化为酰基铵盐。在这些物质中，氮不能通过共振稳定羰基官能团的孤对电子。相反，氮上正电荷激活了羰基碳的亲核进攻。因此，酰基铵盐的反应性与酰卤相似。这种性质的作用是，其他官能团的酰化反应可以在叔胺取代基存在下进行。

**叔胺醇经酰铵盐中间体乙酰化的过程**

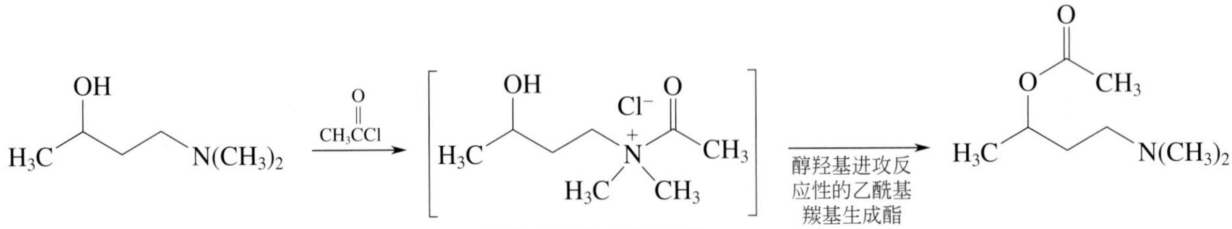

反应性中间体乙酰基铵盐

### 练习 20-8

由于从酰卤制备酰胺时需要的伯胺或仲胺太昂贵，故不能用它们作碱来中和卤化氢。请提出一个解决的方法。

### 金属有机试剂使酰氯转化成酮

金属有机试剂（RLi 和 RMgX）进攻酰氯的羰基，可生成相应的酮。然而，这些产物酮本身很容易进一步受到相对无选择性的有机锂（RLi）和格氏试剂（RMgX）的进攻，生成醇（8-7 节）。酮最好是通过二烷基铜试剂来制备（18-10 节），二烷基铜比 RLi 或 RMgX 的选择性好，能使反应停在酮的阶段。

**由酰卤和有机铜试剂生成酮的过程**

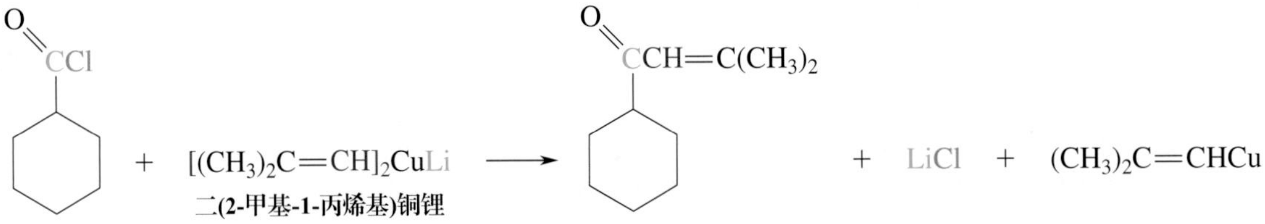

二(2-甲基-1-丙烯基)铜锂

70%

### 酰氯选择性还原生成醛

我们可通过氢化物催化把酰氯还原转化成醛。在这个转化反应中，将再一次面临选择性的问题：硼氢化钠和氢化铝锂都可把醛转变成醇。因此，为了防止过度还原，必须先让 1mol $LiAlH_4$ 与 3mol 2-甲基-2-丙醇（叔丁醇，参见 8-5 节）反应使其改性，中和 $LiAlH_4$ 中的三个活性负氢原子，剩余一个氢有足够的亲核性进攻酰氯而不进攻醛。

**通过改性氢化铝锂的还原**

试剂的制备

$$LiAlH_4 \; + \; 3\,(CH_3)_3COH \; \longrightarrow \; LiAl[OC(CH_3)_3]_3H \; + \; 3\,H\text{—}H$$

三(叔丁氧基)氢化铝锂

还原：停在醛阶段

$$\underset{RCCl}{\overset{O}{\parallel}} + LiAl[OC(CH_3)_3]_3H \xrightarrow[\text{2. H}^+, \text{H}_2\text{O}]{\text{1. 醚溶剂}} \underset{RCH}{\overset{O}{\parallel}} + LiCl + Al[OC(CH_3)_3]_3$$

**酰卤还原成醛**

$$CH_3CH{=}CH\overset{O}{\underset{\parallel}{C}}Cl \xrightarrow[\text{2. H}^+, \text{H}_2\text{O}]{\text{1. LiAl[OC(CH}_3)_3]_3\text{H, (CH}_3\text{OCH}_2\text{CH}_2)_2\text{O, }-78℃} CH_3CH{=}CH\overset{O}{\underset{\parallel}{C}}H$$

　　　　2-丁烯酰氯　　　　　　　　　　　　　　　　　　　　　48%
　　　　　　　　　　　　　　　　　　　　　　　　　　　　　2-丁烯醛

## 练习 20-9

由丁酰氯制备下列化合物。

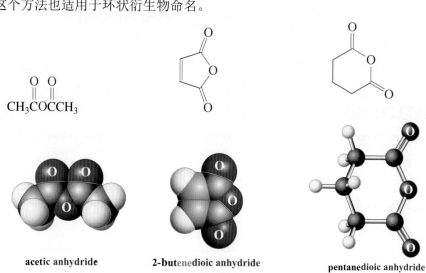

（**a**）　　（**b**）

（**c**）　（**d**）　　（**e**）

## 小　结

　　酰氯可受不同种类的亲核试剂进攻，反应通过加成-消除机理生成新的羧酸衍生物、酮和醛。酰卤的反应性使得它们成为合成其他羰基衍生物的有用合成中间体。

# 20-3 | 酸酐的化学

　　简单酸酐（$\overset{O\quad O}{\underset{RCOCR}{\parallel\quad\parallel}}$）命名时，只需在羧酸名称后加上"酐"字；混酐命名时，把简单的酸放在前面，复杂的酸放在后面，最后加一个"酐"字。这个方法也适用于环状衍生物命名。

1,2-benzenedicarboxylic anhydride
1,2-苯二甲酸酐
（邻苯二甲酸酐）

$$\underset{CH_3COCCH_3}{\overset{O\quad O}{\parallel\quad\parallel}}$$

acetic anhydride
乙酸酐

2-butenedioic anhydride
2-丁烯二酸酐
（马来酸酐）

pentanedioic anhydride
戊二酸酐
（胶酸酐）

$$\underset{CH_3COCCH_2CH_3}{\overset{O\quad O}{\parallel\quad\parallel}}$$

acetic propanoic anhydride
乙酸丙酸酐
（混酐）

反应

机理

尽管酸酐与亲核试剂的反应不太剧烈，但是完全类似于酰卤的反应。不同的只是离去基团是羧酸根离子而非卤负离子。

### 酸酐的典型反应

$$CH_3\overset{O}{\overset{\|}{C}}O\overset{O}{\overset{\|}{C}}CH_3 \xrightarrow[\text{水解}]{HOH} CH_3\overset{O}{\overset{\|}{C}}OH + HO\overset{O}{\overset{\|}{C}}CH_3$$

乙酸酐　　　　　　　　　100%
　　　　　　　　　　　乙酸

$$\xrightarrow[\text{醇解}]{CH_3OH} \quad \overset{O}{\overset{\|}{C}}OCH_3 + HO\overset{O}{\overset{\|}{C}}$$

丙酸酐　　　　　　83%
　　　　　　　　丙酸甲酯　　　丙酸
（酯的形成）

### 酸酐的亲核加成-消除机理

四面体中间体

羧酸根离子：离去
能力较好的基团

$$CH_3\overset{O}{\overset{\|}{C}}O\overset{O}{\overset{\|}{C}}CH_3 + H_2N-\overset{}{\underset{\overset{\|}{O}}{C}}OCH_3 \xrightarrow{DMF} CH_3\overset{O}{\overset{\|}{C}}-\underset{H}{N}-\overset{}{\underset{\overset{\|}{O}}{C}}OCH_3$$

乙酸酐　　　甘氨酸甲酯　　　　　　92%
　　　　（2-氨基乙酸甲酯）　　乙酰基甘氨酸甲酯
　　　　　　　　　　　　（2-乙酰氨基乙酸甲酯）

除水解反应外，在每个加成-消除反应中，羧酸副产物通常都是不需要的，它可以通过碱的水溶液处理而被除去。环状酸酐经历类似的亲核加成-消除过程，造成开环反应，产物中既有酯的官能团也有羧基基团。

### 环状酸酐的亲核开环

$$\xrightarrow[\text{（习题 38）}]{CH_3OH,\ 100℃} HO\overset{O}{\overset{\|}{C}}CH_2CH_2\overset{O}{\overset{\|}{C}}OCH_3$$

丁二酸酐 (琥珀酸酐)　　　　　　96%

### 练习 20-10

在升温条件下，用氨处理丁二酸酐（琥珀酸酐）生成化合物 $C_4H_5NO_2$，其结构是什么？（**提示**：请参阅 19-10 节。）

### 练习 20-11

写出乙酸酐在硫酸存在下与甲醇反应的机理。

　　尽管酸酐的化学性质类似于酰卤的化学性质，但酸酐实用性更强。酰卤的反应性太高，易被空气中的水所水解，以至于难以长期储存。因此，化学家通常在使用酰卤之前才制备。酸酐对亲核试剂的反应性稍弱，因而更稳定，并且有些酸酐（包括本节中所描述的所有例子）还是可以购买得到的。因此，酸酐常成为制备羧酸衍生物的优选试剂。

　　含嵌体药物的酸酐聚合物在临床应用中被用作缓释剂。例如，含有抗癌药物卡莫司汀（Carmustine）的癸二酸（绿色）和二苯甲酸（蓝色）共聚物的片剂以商品名 Gliadel 销售。在脑肿瘤手术中，它们被植入颅骨，以便于后续的化疗。这种不溶性聚合物缓慢水解成可生物降解的二酸，以这种方式可在几天到几年的时间内释放抗肿瘤药物。卡莫司汀是一种"芥子"类化合物（练习 9-28），它通过烷基化将 DNA 链交联，从而防止癌细胞增殖。

4,4′-(1,3-丙二氧基)二苯甲酸癸二酸
**混合聚酐**

卡莫司汀

---

## 小　结

　　除了离去基团为羧酸根离子外，酸酐和亲核试剂的反应方式与酰卤相同。环状酸酐经亲核开环反应生成二羧酸衍生物。

---

# 20-4 ｜ 酯的化学

　　正如 19-9 节中所提到的，酯（RCOR′）可能是最重要的一类羧酸衍生物。它们在自然界中的分布特别广，尤其是许多鲜花和水果的悦人气味与芳香均来源于酯。酯具有典型的羰基化合物性质，但相对于酰卤和酸酐而言，反应性降低。本节先讨论酯的命名。接下来再讲述酯与各种不同亲核试剂间的化学反应。

**酯是链烷酸烷基酯**

　　酯可以命名为链烷酸烷基酯。酯基（—COR）如果作为一个取代基，则称为**烷氧羰基**（alkoxycarbonyl）。环酯称为**内酯**（lactone，常用名，参见 19-9 节），系统名为**氧杂-2-环烷酮**（oxa-2-cycloalkanone，25-1 节）。环酯的常用名根据环的大小可以加上 *α*-、*β*-、*γ*-、*δ*- 等前缀。

　　除广泛存在于植物之中，酯在动物中也发挥着重要的生物学作用。12-17 节中就介绍了几个可作为昆虫信息素的酯的例子，这些酯中最怪异的也许是

$CH_3COCH_3$
methyl acetate
乙酸甲酯

$CH_3CH_2COCH_2CH_3$
ethyl propanoate
丙酸乙酯

$CH_3COCH_2CH_2CHCH_3$
3-methylbutyl acetate
乙酸（3-甲基丁基）酯
（乙酸异戊酯）
（香蕉香味的成分）

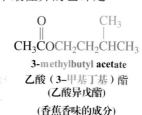

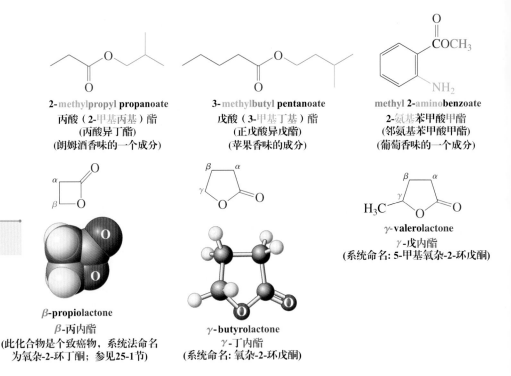

**2-methylpropyl propanoate**
丙酸（2-甲基丙基）酯
（丙酸异丁酯）
（朗姆酒香味的一个成分）

**3-methylbutyl pentanoate**
戊酸（3-甲基丁基）酯
（正戊酸异戊酯）
（苹果香味的成分）

**methyl 2-aminobenzoate**
2-氨基苯甲酸甲酯
（邻氨基苯甲酸甲酯）
（葡萄香味的一个成分）

**记住：内酯是环酯。**

*β*-**propiolactone**
*β*-丙内酯
（此化合物是个致癌物，系统法命名
为氧杂-2-环丁酮；参见25-1节）

*γ*-**butyrolactone**
*γ*-丁内酯
（系统命名：氧杂-2-环戊酮）

*γ*-**valerolactone**
*γ*-戊内酯
（系统命名：5-甲基氧杂-2-环戊酮）

乙酸（Z）-7-十二烷烯酯

乙酸（*Z*）-7-十二烷烯酯，它是一些飞蛾信息素混合物的成分之一。最近发现此化合物也是大象的交配信息素（谁说自然界没有幽默感？）。20-5 节将讲述酯的许多更常见的生物功能。

内酯（环酯）也广泛分布于自然界中。从可再生植物中容易得到 *γ*-戊内酯，它可作为一种潜在的"绿色"生物燃料。习题 46（d）部分详细地介绍了这一过程。

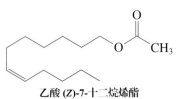

这对幸福的大象夫妇毫不知情，他们之所以彼此吸引源于同飞蛾一样的酯类信息素。

## 练习 20-12

命名或画出下列酯。

**（a）**

**（b）** Cl

**（c）** CH₂=CHCO₂CH₃

**（d）** 环己烷甲酸苯酯

**（e）** 2-氯丙酸环己基酯

**（f）** 4-戊炔酸-2-羟乙基酯

工业上，像乙酸乙酯（沸点：77℃）和乙酸丁酯（沸点：127℃）等较低级的酯常用作溶剂。例如，在电子元件比如计算机芯片的加工中，丁酸丁酯已经取代了会减少臭氧的三氯乙烷而作为清洗溶剂。较高级的不挥发的酯可作为脆性聚合物的软化剂（称为增塑剂，参见 12-15 节），用于柔韧管［如 Tygon（聚乙烯）管］、橡胶管和室内装潢品等。

### 酯水解生成羧酸；离去基团的问题

在酸催化酯化过程中，过量的醇使反应平衡向产物酯方向进行。相反，过多的水会将反应推向相反的方向，从而使水解成为可能。

酯通过加成-消除的途径进行亲核取代反应，尽管相对于酰卤和酸酐而言，它具有较弱的反应性。因此，反应常需要酸或碱的催化。例如，酯在过量的水以及强酸存在下，可水解生成羧酸和醇，该反应需要加热才能够以一定的反应速率进行。这个转化的机理是酸催化酯化的逆过程（19-9 节）。与酯化反应一样，酸的作用有两个：对羰基氧进行质子化，使酯对亲核试剂的反应性更高；

对四面体中间体的烷氧基的氧进行质子化，使其成为离去能力更好的基团。

## 解题练习20-13

**运用概念解题：酯在酸中水解**

给出酸催化 $\gamma$-丁内酯（结构见上页）水解的机理。

**策略：**

- **W：** 有何信息？$\gamma$-丁内酯是一种环酯，其水解过程属于酸性条件下的水解。
- **H：** 如何进行？环酯没有什么神奇之处。RCOOR′中除了R和R′连接在一起，"反应活性"部分仍然是烷氧羰基。如果你是质子，你会在哪里进攻这个基团？
- **I：** 需用的信息？找出酯在酸性条件下加成-消除的一般机理（19-7节）。或者在19-9节中查看酸催化（Fischer）酯化的机理。水解的机理恰恰相反。在这两种情况下，使用内酯作为底物。
- **P：** 继续进行。

**解答：**

一步步，从羰基氧的质子化开始：

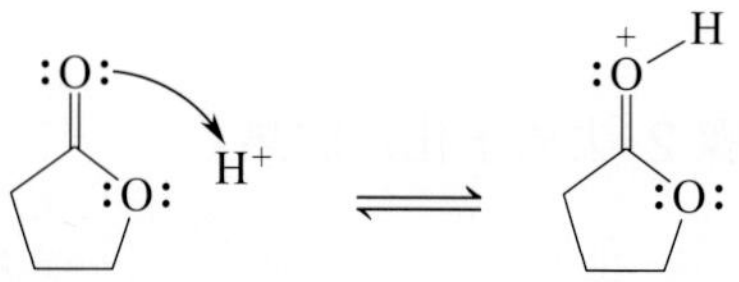

继续参考加成-消除机理。水是亲核试剂，利用质子化作用把环上的氧变成一个离去能力较好的基团。在四面体中间体中，（前）羰基碳和环氧之间的键发生断裂。

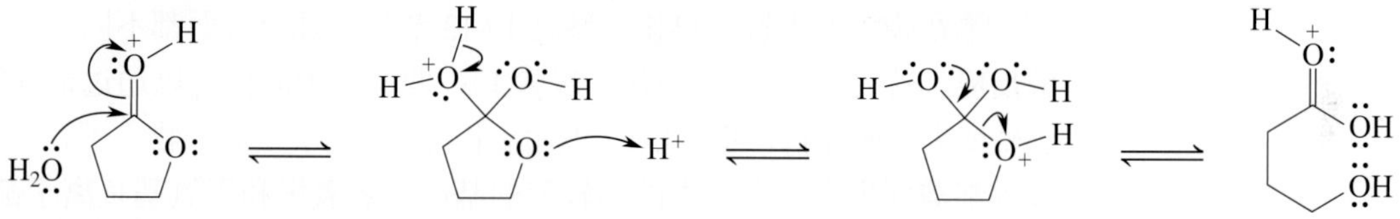

羰基氧去质子化，完成反应，得到产物。

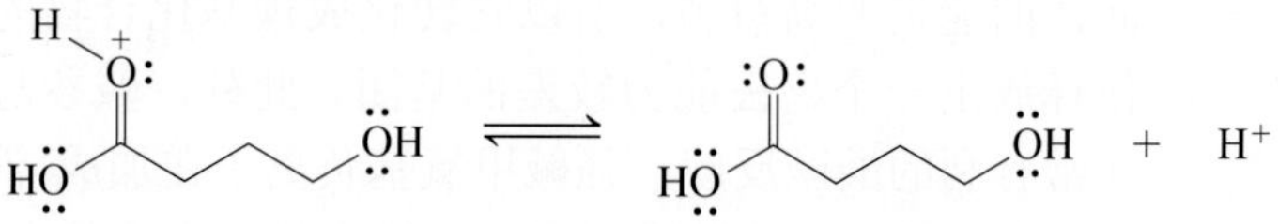

## 20-14 自试解题

写出碱参与的 $\gamma$-丁内酯的水解机理。

强碱也能够使酯通过加成-消除的机理水解（19-7 和 20-1 节）。碱（B:⁻）能够把弱亲核试剂水转化成带负电荷且具有更高亲核活性的氢氧根离子。

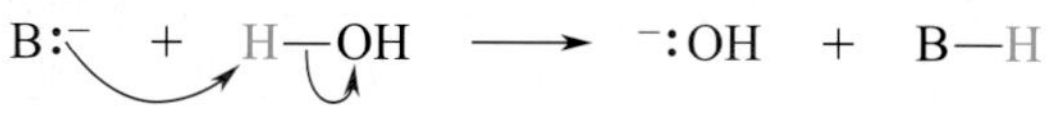

$$B:^- \ + \ H-OH \longrightarrow \ ^-:OH \ + \ B-H$$

酯的水解通常需要至少化学计量比的氢氧化物作为碱来实现。

**反应**

## 碱性水溶液使酯水解的示例

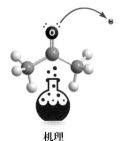

3-甲基丁酸甲酯 $\xrightarrow[\text{2. H}^+, \text{H}_2\text{O}]{\text{1. KOH, H}_2\text{O, CH}_3\text{OH, }\triangle}$ 3-甲基丁酸 100% + CH$_3$OH

## 碱参与的酯水解机理

**步骤 1.** 加成-消除：一个平衡

> 甲氧基负离子：
> 离去能力较差
> 的基团

四面体中间体

**步骤 2.** 去质子化：放热

**机理**

羧酸 + 甲氧基负离子（强碱） $\xrightarrow{\text{酸碱反应}}$ 羧酸根离子 + HOCH$_3$  步骤2有利的酸碱反应驱动步骤1的平衡

氯霉素(R=H)

　　酯在碱中的水解（皂化，参见 19-13 节）在几个方面都不同于酸催化的水解反应。首先考虑加成-消除（步骤 1）：四面体中间体可以通过消除氢氧根离子转变为起始原料，也可以通过消除甲氧基负离子生成产物。不管怎样，这个过程都需要失去一个离去能力较差的基团。氢氧根和甲氧基负离子都是强碱，强碱都是离去能力较差的基团（6-7 节）。那么这些转换该如何发生呢？

　　答案部分在于 C＝O 键的强度和羧基衍生物相应的稳定性。四面体中间体的能量要高得多，所以它转化成羧基化合物的过程通常是放热的，即使释放出一个离去能力较差的基团。此外，碱参与的过程得益于步骤 2 中非常有利的酸碱反应：强碱甲氧基负离子在加成-消除阶段被释放，迅速脱去酸的质子，生成羧酸根离子。这个放热步骤基本上驱动了整个水解过程。随后的酸性水溶液处理生成羧酸产物。

　　药物化学家利用酯类化合物可裂解成羧酸和醇片段的潜力，开发了酯类前药。前药是非活性药物衍生物，它们能够在生理条件下转化为活性形式。它们的作用是延长循环寿命、改变溶解度、降低毒性、改善药物靶向递送，使药物的疗效更佳。例如，氯霉素（页边）是一种广泛用于治疗细菌感染的抗生素。但是，患者服用该药物存在问题；尤其是由于其在水中的溶解性较差，静脉注射治疗难度较大。使用氯霉素丁二酸单酯（R＝COCH$_2$CH$_2$COOH）注射克服了这一缺点，其游离的羧基改善了化合物的水溶性。一旦这种物质进入血液，活性分子就通过酯水解释放出来。此外，尽管这种方法可以解决问题，但患者不喜欢"注射"，通常更喜欢口服药物（可以理解）。然而，氯霉素（在水悬浮液中）尝起来非常苦，导致口服不愉快，特别是对儿童。这种副作用可以通过含有十六酸酯 [$R=CO(CH_2)_{14}CH_3$] 的前药来避免，在前药中，长链而非极性的脂肪酸阻止了药物在口腔中的溶解，也干扰了药物与苦味受体位点的对接，使药物"失去味道"。一旦摄入，十二指肠中的酯酶就会分解前药并释放出真正的活性药物。

## 与醇发生酯交换反应

在酸或碱的催化下，酯与醇的反应称为**酯交换反应**（transesterification reaction）。

### 酯交换反应

$$\underset{\text{烷氧基交换位置}}{RCOR' + R''OH \underset{}{\overset{H^+ \text{ 或 } :\ddot{O}R''}{\rightleftharpoons}} RCOR'' + R'OH}$$

它能够使一个酯直接转变为另一个酯而不需经过游离酸。如同酯化反应一样，酯交换反应也是可逆反应。为了有利于平衡进行，通常需要使用过量的一种醇，有时甚至以该醇作溶剂。

### 乙酯转化为甲酯

内酯通过酯交换反应开环生成羟基酯。

### 内酯转化为开链酯

除了亲核试剂是醇而不是水外，通过酸和碱催化的酯交换反应机理，类似于相应的酯生成羧酸的水解反应机理。因此，酸催化酯交换反应以羰基氧的质子化开始，接着醇对羰基碳进行亲核进攻。相反，在碱性条件下，醇首先去质子化，所得到的烷氧基负离子再对酯羰基进行加成。

### 练习20-15

写出酸和碱催化条件下，$\gamma$-丁内酯与3-溴-1-丙醇的酯交换反应机理。**注意：**在碱条件下，反应实际上不会按预期进行。为什么？（**提示：**请参阅9-6节。）

### 胺将酯转变成酰胺

　　胺比醇的亲核性更强，容易将酯转变成酰胺。反应不需要催化剂，但需加热。

**由甲酯形成酰胺**

$$\underset{\text{O}}{\text{RC}}\text{OCH}_3 \;+\; \underset{\text{H}}{\text{R′N}}\text{H} \;\xrightarrow{\;\triangle\;}\; \underset{\text{O}}{\text{RC}}\text{NHR′} \;+\; \text{CH}_3\text{OH}$$

**酯在无催化剂的条件下转化形成酰胺**

$$\text{CH}_3(\text{CH}_2)_7\text{CH}=\text{CH}(\text{CH}_2)_7\underset{\text{O}}{\text{C}}\text{OCH}_3 \;+\; \text{CH}_3(\text{CH}_2)_{11}\underset{\text{H}}{\text{N}}\text{H} \;\xrightarrow[\text{（习题 43）}]{230°\text{C}}$$

**9-十八烯酸甲酯**　　　　　　　　　　**1-十二烷基胺**

$$\text{CH}_3(\text{CH}_2)_7\text{CH}=\text{CH}(\text{CH}_2)_7\underset{\text{O}}{\text{C}}\text{NH}(\text{CH}_2)_{11}\text{CH}_3 \;+\; \text{CH}_3\text{OH}$$

69%

*N*-十二烷基-9-十八烯酰胺

反应

### 格氏试剂把酯转变成醇

　　使用 2mol 格氏试剂，可将 1mol 酯可转变成 1mol 醇。以这种方式反应，一般的酯可被转化成三级醇，甲酸酯则形成二级醇。

**由酯和格氏试剂反应生成醇**

$$\text{CH}_3\text{CH}_2\underset{\text{O}}{\text{C}}\text{OCH}_2\text{CH}_3 \;+\; 2\,\text{CH}_3\text{CH}_2\text{CH}_2\text{MgBr} \;\xrightarrow[-\text{CH}_3\text{CH}_2\text{OH}]{\substack{1.\ (\text{CH}_3\text{CH}_2)_2\text{O} \\ 2.\ \text{H}^+,\ \text{H}_2\text{O}}}\; \underset{\text{CH}_2\text{CH}_2\text{CH}_3}{\overset{\text{OH}}{\text{CH}_3\text{CH}_2\text{C}\text{CH}_2\text{CH}_2\text{CH}_3}}$$

由格氏试剂衍生的两个相同的烷基

**丙酸乙酯**　　　　　　**丙基溴化镁**　　　　　　　　　69%　　**4-乙基-4-庚醇**

$$\text{HC}\underset{\text{O}}{}\text{OCH}_3 \;+\; 2\,\text{CH}_3\text{CH}_2\text{CH}_2\text{CH}_2\text{MgBr} \;\xrightarrow[-\text{CH}_3\text{OH}]{\substack{1.\ (\text{CH}_3\text{CH}_2)_2\text{O} \\ 2.\ \text{H}^+,\ \text{H}_2\text{O}}}\; \underset{\text{CH}_2\text{CH}_2\text{CH}_2\text{CH}_3}{\overset{\text{OH}}{\text{HCCH}_2\text{CH}_2\text{CH}_2\text{CH}_3}}$$

85%

**甲酸甲酯**　　　　　　**丁基溴化镁**　　　　　　　　　**5-壬醇**

　　该反应先由 1mol 金属有机试剂对羰基官能团以常见的方式加成，生成半缩醛（酮）的镁盐（17-7 节）。接着镁盐在室温下迅速消除，形成中间体酮（或由甲酸酯形成醛）。中间体酮立即与另外 1mol 的格氏试剂进行加成（8-7 节）。经酸性水溶液处理，得到相应的醇。

## 由酯和格氏试剂合成醇的机理

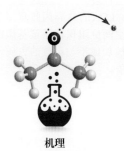

机理

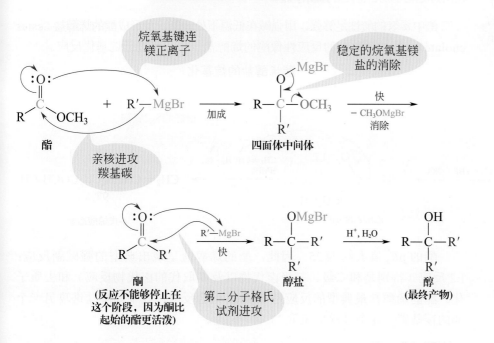

## 练习 20-16

提出一个由苯甲酸甲酯与溴苯为原料合成三苯基甲醇 [(C₆H₅)₃COH] 的方法。

$$C_6H_5COCH_3$$
**苯甲酸甲酯**

### 酯被氢化物试剂还原生成醇或醛

1mol 酯被 0.5mol LiAlH₄ 还原生成 1mol 醇，因为每个酯基只需要两个氢。该反应过程与双格氏加成反应类似：第一个氢化物发生加成-消除生成醛，醛快速与第二个氢化物反应形成醇（水处理后）。

#### 酯还原生成醇

使用温和的还原剂可以使反应停留在醛的氧化态阶段，双(2-甲基丙基)氢化铝（二异丁基氢化铝）就是一个这样的试剂，反应通常以甲苯为溶剂在低温下进行。

#### 酯还原生成醛

**酯形成能够烷基化的烯醇盐**

酯中 α-氢的酸性足够强，用强碱在低温下处理酯，可形成**酯的烯醇盐**（ester enolate）。酯的烯醇盐的反应性像酮的烯醇盐一样，可进行烷基化反应。

**酯烯醇盐的烷基化**

伯烯丙基溴：很好的 $S_N2$ 底物

$$CH_3COCH_2CH_3 \xrightarrow{\text{LDA, THF, }-78°C} CH_2=C\text{(OCH}_2\text{CH}_3)\overset{..}{\text{O}}{}^-Li^+ \xrightarrow[-LiBr]{CH_2=CHCH_2-Br, \text{ HMPA}} CH_2=CHCH_2CH_2COCH_2CH_3$$

$pK_a \approx 25$

亲核性碳　乙酸乙酯烯醇盐

97%　4-戊烯酸乙酯

酯的 $pK_a$ 值大约为 25。因此，酯的烯醇盐呈现出典型的强碱副反应：E2 反应（特别是和二级、三级卤代物以及 β-取代的卤代物反应）和去质子化。酯的烯醇盐最典型的反应是 Claisen 缩合反应，其中烯醇盐进攻另一个酯的羰基碳。这个过程将在第 23 章中讨论。

### 练习 20-17

（**a**）给出环己烷羧酸乙酯和下列化合物或在下列条件下（如需要，可经过酸处理）的反应产物。（i）$H^+$，$H_2O$；（ii）$HO^-$，$H_2O$；（iii）$CH_3O^-$，$CH_3OH$；（iv）$NH_3$，△；（v）$2CH_3MgBr$；（vi）$LiAlH_4$；（vii）1.LDA；2.$CH_3I$。

（**b**）演示如何完成以下几步的转换。运用逆合成分析法！

### 小　结

酯的名称为链烷酸烷基酯。许多酯具有令人愉悦的气味，并存在于自然界中。酯比酰卤及酸酐的反应性低，因此转化反应常需要酸或碱的存在。与水反应，酯水解生成相应的羧酸或羧酸盐；与醇反应，酯经历酯交换反应，生成一个新的酯；与胺反应，在升温条件下，酯和胺的反应生成酰胺。格氏试剂对于酯两次加成生成三级醇（或由甲酸酯生成二级醇）。氢化铝锂可将酯直接还原到醇，而双（2-甲基丙基）氢化铝（二异丁基氢化铝）则可使酯的还原停留在醛的阶段。使用 LDA，酯能形成烯醇盐，它可被亲电试剂烷基化。

## 20-5 | 自然界中的酯：蜡、脂肪、油和类脂

酯是所有生物体细胞中的基本成分。本节介绍几类最常见的天然酯，并简述它们的生物功能。

## 蜡是简单的酯，而脂肪和油则是较复杂的酯

由长链羧酸和长链醇制得的酯称为**蜡**。它存在于皮肤上，也在动物的毛、鸟的羽毛以及许多植物的果实和叶子上，形成疏水的（8-2 节）和绝缘的薄层。在室温下，鲸蜡和蜂蜡是液体或很软的固体，可用作润滑剂。羊毛可提供羊毛蜡，后者在纯化时产生的羊毛脂被广泛用作化妆品的基质。巴西的棕榈树叶是巴西棕榈蜡的来源，它是几个固体酯的混合物，硬且抗水。巴西棕榈蜡使用价值高，具有保持高光泽的能力，被用作地板蜡和汽车蜡。

$$CH_3(CH_2)_{14}CO(CH_2)_{15}CH_3$$

**十六烷酸十六酯**
（棕榈酸鲸蜡酯）
（源于抹香鲸的蜡）

$$CH_3(CH_2)_nCO(CH_2)_mCH_3$$
$$n = 24, 26; m = 29, 31$$

**蜂蜡**

1,2,3-丙三醇（甘油醇）和长链羧酸形成的三酯为**脂肪**（fat）和**油**（oil）（11-3 节和 19-13 节），它们也被称为**甘油三酯**（triglyceride）。脂肪和油中的酸（**脂肪酸**）为典型的非支化的酸，含有偶数碳原子。如果脂肪是不饱和的，则双键通常是顺式。脂肪是生物的能量储存物，它们储存在身体的组织里，直到被代谢最后生成 $CO_2$ 和水。油在植物的种子里具有类似的功能。作为食物成分，脂肪和油是食物香味和色素的溶媒，并让人在食用后有饱腹感，这是由于它们离开胃的速度相对较慢。饱和脂肪含有十六烷酸（棕榈酸）、十四烷酸（肉豆蔻酸）和十二烷酸（月桂酸），它们被认为是动脉粥样硬化（动脉硬化，真实生活 4-2）的饮食因素，不过这一结论的证据最近正受到重新评估。幸运的是对于巧克力喜爱者来说，可可脂主要是低熔点的甘油三酯，它含有两分子的十八烷酸（硬脂酸）和一分子的（Z)-9-十八烯酸（油酸）。前者尽管是饱和的酸，但不引起低密度脂蛋白（LDL）的升高或动脉粥样硬化，后者也是橄榄油的主要脂肪酸成分，是希腊人（心脏病发病率很低）饮食中脂肪的主要来源。

## 类脂是在非极性溶剂中可溶的生物分子

用非极性溶剂萃取生物原料可以获得多种化合物，其中包括萜烯、甾族类化合物、脂肪和油以及大量其他低极性的物质，它们统称为**类脂**（lipid，源于 *lipos*，希腊语，"脂肪"）。类脂部分包括**磷脂**（phospholipid），它是细胞膜的重要成分，可由羧酸和磷酸衍生得到。在**磷酸甘油酯**（phosphoglyceride）中，甘油的两个相邻羟基被两个脂肪酸酯化，另一羟基被磷酸酯化，其中磷酸带有另一个由低分子量醇，比如胆碱 $[HOCH_2CH_2N(CH_3)_3]^+\ ^-OH$ 而衍生的取代基。这里列举的是**卵磷脂**（lecithin）的例子，卵磷脂是在脑和神经系统中发现的类脂化合物。

**磷酸甘油酯**

**十六烷酸（棕榈酸）单元**

顺式
$$CH_3(CH_2)_7CH=CH(CH_2)_7COCH$$

**顺-9-十八烯酸（油酸）单元**

$$CH_2OC(CH_2)_{14}CH_3$$

$$CH_2OPO(CH_2)_2N(CH_3)_3$$

**胆碱单元**

**棕榈酰油酰磷脂酰胆碱（卵磷脂）**

**1,2,3-丙三醇（甘油醇）**

$$CH_2OH$$
$$CHOH$$
$$CH_2OH$$

**1,2,3-丙三醇三酯（甘油三酯）**

$$CH_2OCR$$
$$HCOCR'$$
$$CH_2OCR''$$

**真实生活：可持续性**  **远离石油——源于植物油的绿色燃料**

鲁道夫·迪塞尔（Rudolf Diesel）于1900年在巴黎世博会上向世界推出的内燃机，选用的燃料是花生油。经过一个多世纪的周而复始，所谓的生物柴油燃料已经成为柴油发动机广泛使用的石油碳氢混合物的流行替代品。鲁道夫·迪塞尔最终发现纯植物油黏性太大，不实

用，会在相对较短的时间内造成发动机污染。然而，一个简单的酯交换反应所生成的低分子量的长链脂肪酸甲酯混合物能够作为燃料直接使用，并且基本上可以不改变引擎，如果有，也是极小的改变。（从酯混合物中分离出来的甘油副产品具有各种商业用途，例如肥皂的生产。）

$$H_2COC(CH_2)_{16}CH_3$$
$$HCOC(CH_2)_7CH=CH(CH_2)_7CH_3$$
$$H_2COC(CH_2)_7CH=CHCH_2CH=CH(CH_2)_4CH_3$$

典型的植物油

$$\xrightarrow{NaOH, CH_3OH}$$

$$CH_2OH$$
$$HCOH$$
$$CH_2OH$$
甘油

$$CH_3OC(CH_2)_{16}CH_3$$
硬脂酸甲酯

$$CH_3OC(CH_2)_7CH=CH(CH_2)_7CH_3$$
油酸甲酯

$$CH_3OC(CH_2)_7CH=CHCH_2CH=CH(CH_2)_4CH_3$$
亚油酸甲酯

大豆油、炸薯条油甚至餐馆用过的油脂都是生产生物柴油的合适原料——仅美国每年就扔掉30亿加仑（1加仑＝3.79升）的废弃食用油。生物柴油燃烧起来比传统燃料干净得多，不排放硫或挥发性有机物，是唯一完全符合1990年美国《清洁空气法》的燃料。与石油柴油相比，生产生物柴油所需的能源也少得多，而且是可再生的。正如前面提到的（真实生活19-3），生物燃料已经在航空工业中使用。生物柴油的价格与原料油的价格有关，因此目前高于普通燃料。生物柴油可以直接与传统柴油混合使用，也可以只使用最简单的柴油。纯生物柴油更有可能在低温下"凝固"，所以混合燃料更适合寒冷的气候。含有5%～20%生物柴油的混合燃料很受欢迎，也很普遍。截至2012

年，美国50个州共有1600多家生物柴油混合燃料零售店。2015年的产量超过20亿加仑，高于2003年的2000万加仑和1999年的50万加仑。预计到2022年，生物柴油至少可以替代美国10%的柴油需求，从而帮助在开发新燃料技术所需的时间上提供一座"桥梁"。

美国公路和高速公路上的1500万辆卡车每年消耗大约540亿加仑的柴油。

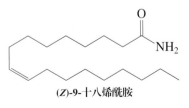

(*Z*)-9-十八烯酰胺

这类化合物在神经脉冲的传输中起作用，并有其他的生物效应。例如，最近证明一个含有油酸的酰胺类似物［(*Z*)-9-十八烯酰胺］的类脂是脑中重要的睡眠诱导剂。的确，严格控制脂类饮食的人有难以深睡的经历。

由于这些分子中带有两条长的疏水脂肪酸链和一个极性的端基（磷酸酯和胆碱取代基），它们在水溶液中能够形成胶束（真实生活19-1）。在胶束中磷酸酯单元在壳外被水溶剂化，而酯链则在疏水的胶束壳内簇集（图20-2A）。

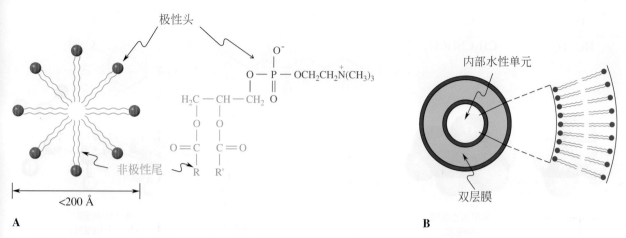

**图 20-2** 磷脂是取代的类脂，是细胞膜结构的必要组成，这些分子簇集形成（A）胶束或（B）脂质双层。磷脂中极性头部基团和非极性的尾部基团驱动这类簇集作用。

　　磷酸甘油酯也能够以另一方式聚集：它们可以形成所谓的**脂质双层**（lipid bilayer）结构（图 20-2B）。这一性质很重要，因为胶束的直径通常小于 200Å，而双层的长度却可达到 1mm（$10^7$ Å）。这个特点使它们成为细胞膜的理想组成成分，可形成控制分子传输进出细胞的屏障。脂质双层是相对稳定的分子聚集体，它们形成的驱动力类似于形成胶束的作用力，即疏水烷基链之间的伦敦力（2-7 节）、极性端基之间以及这些极性基团与水之间的库仑力和溶剂化作用力。

## 小　结

　　蜡、脂肪和油是自然界存在的具有生物活性的酯。类脂是指可溶于非极性溶剂中的一大类生物分子，其中包括构成细胞膜的甘油三酯衍生物。

## 20-6 ┃ 酰胺：反应活性最小的羧酸衍生物

　　在所有的羧酸衍生物中，酰胺（RCONR$_2'$）最不易受亲核试剂进攻。本节先简单地介绍酰胺的命名，然后讲述它们的反应。

### 酰胺被命名为烷酰胺，环状酰胺为内酰胺

　　酰胺被称为**烷酰胺**（alkanamide），英文中即烷烃词根后的 -e 被 **-amide** 取代。常用名中，酸名字后的 -ic 被 **-amide** 词尾取代。在环状体系中，末端的 -carboxylic acid 被 **-carboxamide** 取代。氮上的取代基可以依据基团数，冠以前缀 *N*- 或 *N,N*-。相应地就有伯酰胺、仲酰胺和叔酰胺。

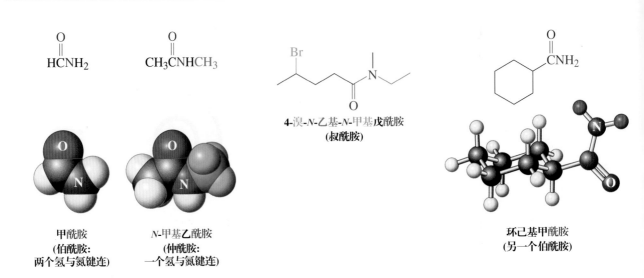

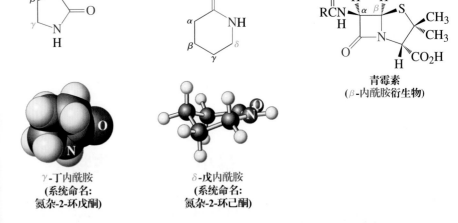

碳酸（$H_2CO_3$）的酰胺衍生物有脲、氨基甲酸和氨基甲酸酯（尿烷）。

脲          氨基甲酸          氨基甲酸酯
                                （尿烷）

环状酰胺称为**内酰胺**（lactam，19-10 节），它们的系统命名是氮杂-2-环烷酮（25-1 节），其命名遵循内酯命名所用的规则。青霉素是并环的 β-内酰胺。

青霉素
（β-内酰胺衍生物）

γ-丁内酰胺
（系统命名：
氮杂-2-环戊酮）

δ-戊内酰胺
（系统命名：
氮杂-2-环己酮）

聚氨酯类是重量轻、质硬和耐磨的高性能材料，是理想的体育运动器械用材。

对于生物化学而言，酰胺极为重要。氨基酸是蛋白质的基本单元通过酰胺基团连接起来，形成称为蛋白质的生物聚合物（第 26 章）。许多较简单的酰胺具有各种不同的生物活性。例如，已经发现，花生四烯酸（19-13 节）与 2-氨基乙醇形成的花生四烯酰胺（anandamide，源于梵语 ananda，"狂喜"），与大麻中的活性成分四氢大麻酚（9-11 节）在大脑中是与同一受体结合的。花生四烯酰胺的释放和结合是身体抑制疼痛感觉的机制（第 16 章习题 48）。它也与所谓的"跑步者的兴奋"现象有关，长跑者体验到的兴奋感会突然迸发，焦虑和疼痛会减轻。二十碳四烯酰胺已从巧克力中分离出来，对于那些声称"对巧克力成瘾"的人们，这也许是他们真正偏爱的理由。

二十碳四烯酰胺

## 酰胺的水解需要在浓酸或碱中并加强热下进行

酰胺是羧酸衍生物中反应性最低的，部分原因是因为它们显著地受到氮上孤对电子离域化的稳定作用（20-1 节）。这导致它们的亲核加成-消除反应需要相对剧烈的条件。例如，酰胺通过加成-消除机理水解生成相应的羧酸，需要在强酸或强碱的水溶液中长时间加热才能完成。酸性条件下水解释放的胺以铵盐形式存在。

### 酰胺的酸水解

3-甲基戊酰胺 $\xrightarrow[\text{（习题 51）}]{H_2SO_4, H_2O, \triangle, 3\,h}$ 3-甲基戊酸 + $(NH_4)_2SO_4$

碱水解需要失去一个离去能力较差的基团，在这种情况下为无机氨基离子 $^-\!:\!\ddot{N}H_2$。反应继续进行是因为（如同酯水解一样）四面体中间体与共振稳定的底物和产物分子相比具有较高的能量。此外，强碱性离去基团通过被消除步骤中释放的羧酸快速质子化而驱动反应进行，这是 Le Châtelier 原理的另一个例子。因此，整个反应过程提供了羧酸盐，它在随后的水处理过程中被质子化生成酸。

### 酰胺的碱水解

$$CH_3CH_2CH_2\overset{O}{\overset{\|}{C}}\ddot{N}HCH_3 \xrightarrow{H\ddot{O}:^-,\ H_2O,\ \triangle} CH_3CH_2CH_2\overset{O}{\overset{\|}{C}}\ddot{O}:^- + CH_3\ddot{N}H_2 \xrightarrow{H^+,\ H_2O} CH_3CH_2CH_2\overset{O}{\overset{\|}{C}}\ddot{O}H + CH_3\overset{+}{N}H_3$$

N-甲基丁酰胺　　　　　　　　　　　　　　　　　　　　　　　　87%　丁酸

### 酰胺被碱水溶液水解的机理

四面体中间体

离去能力较差的基团

有利的酸碱过程驱动反应进行

无机氨基离子：强碱

## 酰胺能被还原生成胺或醛

与羧酸和酯的情况相反，酰胺和氢化铝锂反应生成胺，而不是醇。

动画
动画展示机理：酰胺水解

反应

机理

**真实生活：医药  20-2  杀死抗药性细菌——抗生素的战争**

1928 年晚夏，苏格兰细菌学家弗莱明[1] 爵士去度假。当他回来的时候，人类的历史进程发生了变化。弗莱明在实验室桌上留了一个含有金色葡萄球菌（*Staphylococcus aureus*）的培养皿，在他离开时，一段时间的冷天气终止了细菌的生长。与此同时，青霉菌的芽孢碰巧从地板上漂浮上来落入培养皿中。当弗莱明回来的时候，天气已经变暖，这两种微生物都开始复苏生长。原本打算清洗和消毒培养皿。然而，幸运的是他首次注意到青霉菌正在侵吞着细菌的菌落。1939 年，具有这种抗生素效应的物质得到分离，并被命名为青霉素（Penicillin）。自 1942 年以来，它已被广泛用于临床。

弗莱明原先用的霉菌产生的是苄基青霉素或青霉素 G（R=$C_6H_5CH_2$）。此后，人们合成了许多青霉素的类似物，组成了一大类所谓的 β-内酰胺类抗生素，它们均含有大张力的四元内酰胺环作为结构上和功能上的特征（第 7 章开头）。由于环张力在开环时被释放，因而和普通的酰胺相比，β-内酰胺具有不寻常的反应活性。在维持细菌细胞壁结构的一个聚合物的生物合成中，转肽酶（transpeptidase）催化着一个关键的反应。酶的亲核性氧与一个氨基酸的羧酸官能团连接，催化它与另一个氨基酸分子中的氨基反应形成酰胺。这个过程的不断重复则产生聚合物。青霉素的 β-内酰胺羰基和酶上这一关键性的氧很容易并且不可逆地发生反应，使酶失去活性，从而阻止细胞壁的合成，并杀死细菌。

一些细菌能够耐青霉素，因为它们自身能产生一种青霉素酶（penicillinase），破坏抗生素中的 β-内酰胺环。青霉素类似物的合成只能部分解决耐药性问题。因此，人们最终把目光转向发展具有完全不同作用模式的抗生素。1952 年首次在菲律宾的土壤样品中发现了一种名字叫链霉菌（*Streptomyces*）的菌株，由它产生的红霉素（Erythromycin）具有完全不同的作用方式。红霉素是一个大环内酯，它能够干扰细菌合成细胞壁蛋白质的核糖体（ribosome）。尽管红霉素不受青霉素酶的影响，但是自从它作为抗生素应用以来，对它耐药的细菌也在数十年的应用中不断出现。

**青霉素的作用**

青霉素 G

转肽酶
（对细菌细胞壁的完整性至关重要的酶）

细菌酶失活

红霉素是通过—OH基团（红色）与细菌核糖体两个氮形成氢键而发挥作用。遗憾的是，这种敏感细菌发现了一种简单的规避方法，即发展一种催化剂，使这些氮通过$S_N2$反应发生甲基化，从而破坏与抗生素的氢键作用并产生抗药性。

1956 年，从一种细菌的发酵液中发现了一个更为复杂的抗生素，万古霉素（Vancomycin），该细菌来源于婆罗洲丛林的土壤之中。当对几乎所有已知抗生素都具有耐药性的金黄色葡萄球菌的危险菌株对人类的健康构成严重威胁时，"万古"（Vanco，由 vanquish 征服一字而来）很快就成了治疗此类感染的抗菌素中的"最后一招"。万古霉素的效果源于全新的化学作用：它的形状和结构使它可以与细胞壁生长中高分子末端上的氨基酸形成紧密的氢键网络，从而阻止它们与其他氨基酸键连。但是在十年内，又出现了耐万古霉素的金黄色葡萄球菌株，它在聚合物末端微小的结构改性，破坏了万古霉素与之键合的能力。细菌聚合物中一个酰胺键突变为酯键将氢键引力（蓝色虚线）转变为两个氧原子之间的静电斥力。对这种修饰的精确性质的了解使万古霉素衍生物得以开发。在一个实验中，（橙色）酰胺羰基被亚甲基（—$CH_2$）取代。随着排斥相互作用的消除，这种衍生物对正常细菌的活性大大降低，但对一种抗万古霉素菌株却是致命的。对结构的进一步修饰包括用 NH 取代药物中（橙色）C=O 的氧，从而得到脒官能团。不仅排斥力消失，而且与细菌目标建立了一个新的氢键。这些方面的持续研究证实了万古霉素在临床中的重要性。

---

[1] 亚历山大·弗莱明（Sir Alexander Fleming，1881—1955），英国伦敦圣玛丽医院，1945 年诺贝尔生理学或医学奖。

万古霉素与细菌细胞壁靶分子结合

红霉素

阿维巴坦

头孢他啶

爱维卡兹
（复方抗菌药）

对万古霉素敏感的结构：

从—NH到—O的改变导致对于药物分子的氢键吸引力变为O—O排斥力

抗万古霉素的结构：

科学家与细菌世界之间的战争仍在继续。最近一项迅速发展的战略是开发现有抗生素的添加剂，即所谓的佐剂。这种佐剂针对细菌产生耐药性的生物途径，从而抑制耐药性。几种 β-内酰胺类抗生素和青霉素酶与 β-内酰胺酶的新型抑制剂的组合正在药物研发中。其中第一个是爱维卡兹（Avycaz）在 2016 年获得了美国食品药品监督管理局（FDA）的批准。它是一种含有抗生素头孢他啶和 β-内酰胺酶抑制剂阿维巴坦（Avibactam）的组合药物，对假单胞菌和肠杆菌科感染均有药效。

与此同时，微生物也在继续适应和发展它们的生化机制，以阻止抗生素的进攻。"超级细菌"——对所有已知抗生素都有抗药性的细菌——的名单正以惊人的速度增长。始于二十世纪中叶的"抗生素时代"是否会在二十一世纪走得很远，这是一个悬而未决的问题。但是最近的这些进展给科学家带来了希望，他们可能很快就能扭转这种抗药细菌的局面。与此同时，美国疾病控制中心在 2015 年的一份报告中指出，在一些发达国家，减少不恰当的抗生素

使用，导致了抗生素耐药性的降低。

开发一种新药的费用，估计要超过 20 亿美元（这一数字包括失败的药物），加上细菌出现耐药性的时间越来越短，这些都促使制药工业要去寻求合成方法，以获得通过新机制起作用的全新骨架的分子。自然界也在寻找这种结构，例如，生活在奇特环境中，如新墨西哥州有 400 万年历史的 1200 英尺（1 英尺=0.3048 米）深的勒丘吉拉洞穴（Lechuguilla cave）中的微生物，也能够产生具有生物活性的化合物。

在勒丘吉拉洞穴寻找奇特细菌。

## 酰胺还原生成胺

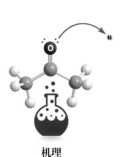

*N,N*-二乙基-4-甲基戊酰胺

1. LiAlH₄, (CH₃CH₂)₂O
2. H⁺, H₂O

85%
*N,N*-二乙基-4-甲基戊胺

还原的机理始于氢化物的加成，给出四面体中间体；接着消除烷氧基铝生成**亚胺离子**（iminium ion）；第二个氢化物的加成得到最终的胺产物。

## 酰胺被 LiAlH₄ 还原的机理

N 上孤对电子有助于使铝氧基团离去

LiAlH₄ 加成

－Al—O⁻ 消除

亚胺离子

LiAlH₄

## 练习 20-18

你能预测页边图示的化合物经 LiAlH₄ 还原生成的产物吗？

酰胺通过双（2-甲基丙基）氢化铝（二异丁基氢化铝）还原生成醛。前文所述的酯也能被这个试剂转化成醛（20-4 节）。

## 酰胺还原生成醛

N(CH₃)₂

1. (CH₃CHCH₂)₂AlH, (CH₃CH₂)₂O
2. H⁺, H₂O

92%
戊醛

*N,N*-二甲基戊酰胺

### 解题练习 20-19

**运用概念解题：酰胺还原**

酰胺 A 经 LiAlH₄ 处理，接着通过酸的水溶液处理，得到化合物 B。请予以解释。

A

LiAlH₄, (CH₃CH₂)₂O → H⁺, H₂O

B

**策略：**

- **W**：有何信息？起始物 A 包含缩酮部分和酰胺官能团，它首先与 LiAlH₄ 反应，然后再经酸性水溶液处理。

- **H**：如何进行？考虑每一步的反应结果。首先，考虑 LiAlH₄ 将对这两个官能团中的哪个起作用（如果有的话）。确定第一个反应的可能产物，并考虑下一步可能发生什么，能够将其转化为最终产物 B。

- **I**：需用的信息？回顾本节内容和缩酮的反应性（17-7节）。
- **P**：继续进行。

**解答：**

- A 经 LiAlH$_4$ 处理的结果是什么？正如本节所示，酰胺官能团被还原成伯胺。

- 虽然缩酮遇到强碱或强还原剂都能保持不变，但经酸性水溶液处理，缩酮水解给出酮官能团。因此，我们得到下面的氨基酮：

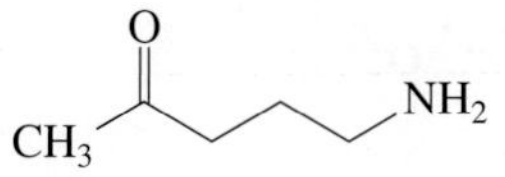

$$CH_3 \overset{O}{\underset{\|}{C}} \!-\!\!-\!\!-\!\!-\!\!-\! NH_2$$

- 比较这个结构和最终产物 B 的结构，氨基氮已键连到羰基碳上生成环状亚胺。酸催化的氨基与羰基（17-9 节）的缩合，为这个转化反应提供了合理的解释。

### 20-20 自试解题

酰胺 A（练习 20-19）经二异丁基氢化铝处理，接着通过酸性水溶液处理，与练习20-19所述结果完全不同：产物是2-环戊烯酮。请予以解释。（**提示：** 参见18-7节和第18章习题49。）

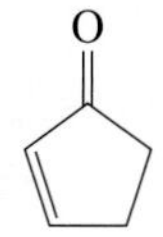

$$\text{（2-环戊烯酮结构式）}$$

---

### 小　结

　　酰胺被命名为烷酰胺，如果是环状酰胺的话，则命名为内酰胺。酰胺能够被酸或碱水解生成羧酸，并被氢化铝锂还原生成胺。用双（2-甲基丙基）氢化铝（二异丁基氢化铝）还原酰胺，反应可停留在醛的阶段。

---

## 20-7 | 酰胺负离子和它们的卤代反应：Hofmann重排

　　酰胺中，邻近羰基的碳原子上和氮原子上的氢均为酸性。NH上氢的 p$K_a$ 大约为 22，碱脱除后生成**酰胺负离子**（amidate ion）。CH 质子为弱酸性，其 p$K_a$ 大约为 30（20-1 节）；因此，$\alpha$-碳的去质子化及形成**酰胺的烯醇负离子**（amide enolate）比较困难。

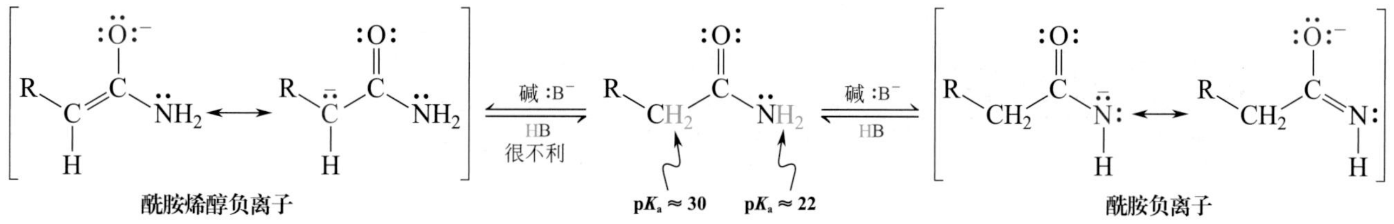

酰胺烯醇负离子　　　　　　　　p$K_a \approx 30$　　p$K_a \approx 22$　　　　　　酰胺负离子

因此，实际上只有对于叔酰胺（氮上没有连接的氢），质子才能够从 α-碳上除去。

通过伯酰胺去质子化形成的酰胺负离子是合成中有用的亲核试剂。本节将集中介绍其中的一个反应，即霍夫曼（Hofmann）重排反应。

### 练习 20-21

（**a**）1,2-苯二甲酰亚胺（邻苯二甲酰亚胺，A）的 p$K_a$ 值是 8.3，远低于苯甲酰氨（B）的 p$K_a$ 值。为什么？

**A**　　　　　　**B**

（**b**）设计一个合成路线实现下列转换：

---

在碱的存在下，伯酰胺经历一个特殊的卤代反应，即 Hofmann[1] 重排。该反应中，羰基从分子中除去，生成少一个碳原子的伯胺。

**Hofmann重排**

$$RCNH_2 \xrightarrow{\ X_2,\ NaOH,\ H_2O\ } RNH_2 \ + \ O{=}C{=}O$$

$$CH_3(CH_2)_6CH_2CONH_2 \xrightarrow{\ Cl_2,\ NaOH\ } CH_3(CH_2)_6CH_2NH_2 \ + \ O{=}C{=}O$$
66%

壬酰胺　　　　　　　　　　　　　辛胺

反应

Hofmann 重排首先是氮的去质子化，形成一个酰胺负离子（步骤 1）；接着是氮的卤代反应，很像醛和酮烯醇盐的 α-卤代（步骤 2，参见 18-3 节）；然后，酰胺氮上的第二个质子被另一个碱夺取，生成 N-卤代酰胺负离子（步骤 3），这个含有较弱氮-卤键和较好离去能力的离去基团的化合物，能够失去卤离子，同时伴随着 R 基团从羰基碳向氮迁移（步骤 4）。这种重排的产物是**异氰酸酯**（isocyanate），R—N=C=O，一种二氧化碳（O=C=O）的氮类似物。在异氰酸酯中，sp 杂化的羰基碳具有很高的亲电性，受水分子的进攻生成不稳定的氨基甲酸。最后，氨基甲酸分解生成二氧化碳和胺（步骤 5）。

**Hofmann重排的机理**

**步骤 1.** 酰胺负离子的形成（不利因素：酰胺 N—H 的 p$K_a$ 大约 22）

机理

---

[1] 就是 E2 反应中 Hofmann 规则的 Hofmann（11-8 节）。

**步骤 2.** 卤代反应（非常有利，推动步骤 1 中的平衡向前进行）

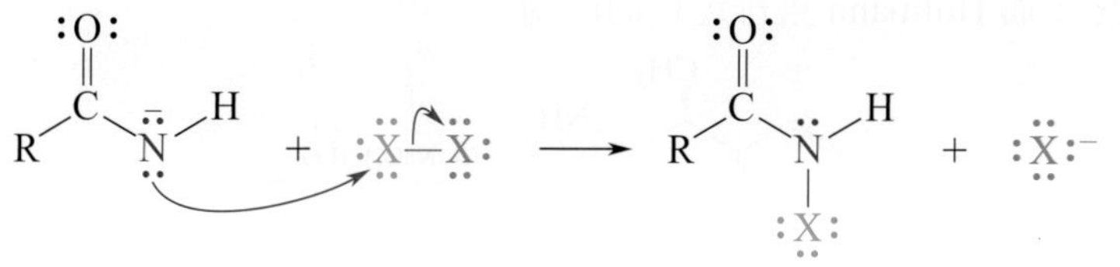

**步骤 3.** *N*-卤代酰胺负离子的形成

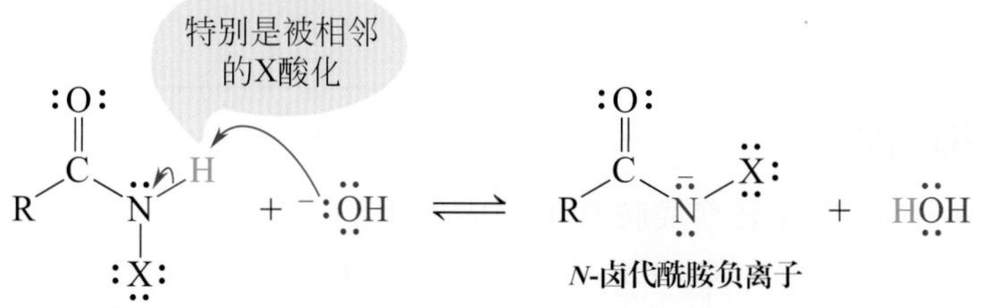

特别是被相邻的 X 酸化

*N*-卤代酰胺负离子

**步骤 4.** 重排及卤化物的消除

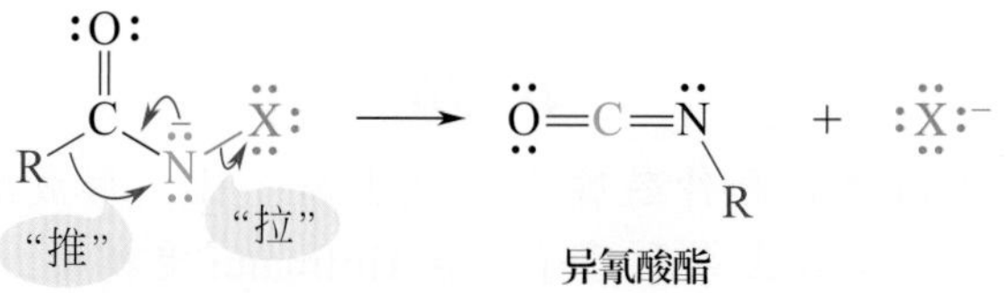

"推"　"拉"

异氰酸酯

**步骤 5.** 氨基甲酸的水合和分解

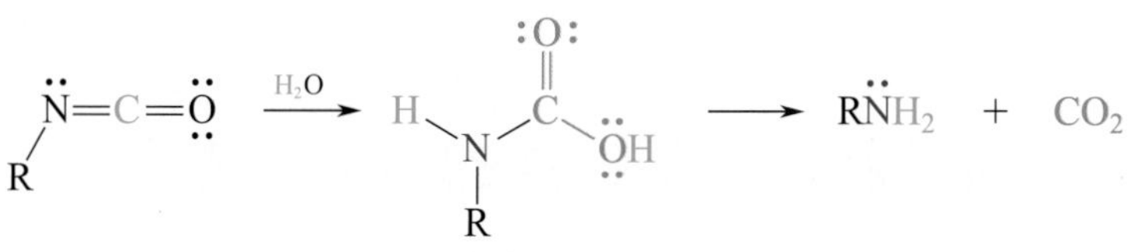

氨基甲酸

你可能会想为什么 Hofmann 重排的条件不会导致酰胺水解。究其原因，是脱质子生成酰胺负离子，然后卤化，比碱对羰基的亲核攻击快得多。相反，在碱参与的伯、仲酰胺（氮上含有质子）水解反应中，与酰胺负离子的平衡是一个快速的、不生成产物的、可逆的终端背景反应。

动画
动画的机理：
Hofmann 重排

在重排步骤中，随着卤离子的离去，烷基从羰基的碳上"滑"到氮上，并保持与前面碳键连的同"面"朝向。因此，当烷基有手性时，其原来的立体化学在重排过程中保持不变。这种电子"推-拉"过程类似于 2,2-二甲基-1-丙醇（新戊醇，9-3 节）的酸催化重排过程、烷基硼烷的氧化反应机理（12-8 节）和拜耳-维利格（Baeyer-Villiger）氧化反应机理（17-13 节）。

**"推-拉"过渡态**

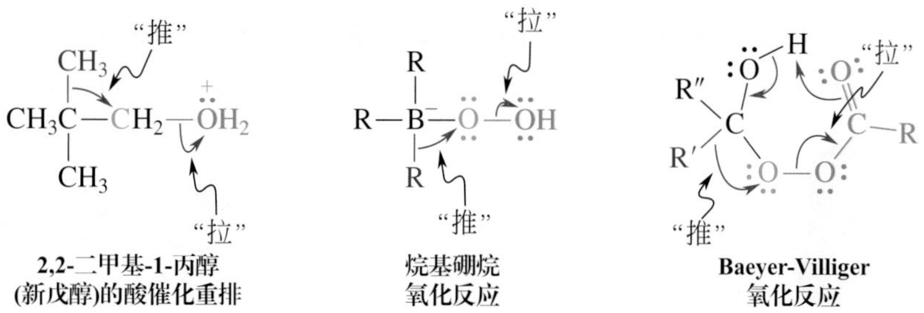

"推"　"拉"

2,2-二甲基-1-丙醇
(新戊醇)的酸催化重排

烷基硼烷
氧化反应

Baeyer-Villiger
氧化反应

## 练习 20-22

给出下面 Hofmann 重排过程的产物。

$$\xrightarrow{\text{Cl}_2, \text{NaOH}, \text{H}_2\text{O}}$$

## 练习 20-23

写出在碱性条件下，水对异氰酸酯加成以及产生氨基甲酸的脱羧反应的详细机理。

## 练习 20-24

提出一个由酯 A 转变成胺 B 的合成步骤。

COOCH₃ --→ NH₂

A　　　　　　　B

---

## 小　结

用碱处理伯酰胺和仲酰胺可使氮去质子化，形成酰胺负离子。碱可从叔酰胺的 $\alpha$-碳上夺取质子。在 Hofmann 重排中，伯酰胺和卤素在碱中反应，生成少一个碳原子的胺，在此过程中，烷基发生迁移，异氰酸酯水解脱去 $CO_2$ 生成胺。

---

# 20-8 | 烷基腈：一类特殊的羧酸衍生物

$\text{CH}_3\text{C}\equiv\text{N}$

乙腈

腈（RC≡N）可认为是羧酸的衍生物，这是因为腈中的碳和羧酸中的碳具有相同的氧化态，并且腈很容易转化成其他的羧酸衍生物。本节将阐述腈的命名规则、结构、成键以及一些谱学特征，然后对腈和其他的羧酸衍生物之间的化学性质进行比较。

### 在IUPAC命名法中，腈由烷烃来命名

此类化合物的系统命名为**烷基腈**（alkanenitrile）。普通命名法中，腈的命名从羧酸而来，即将酸的词尾换成腈。英文中羧酸的词尾酸（-ic acid）通常被**腈**（-nitrile）取代。烷基链的编号与羧酸中的编号一样。类似的规则适用于从二羧酸衍生的二腈。取代基—CN 被称作**氰基**（cyano）。氰基环烷烃被称为环烷基腈。从苯甲酸而来的腈命名为**苯（基）腈**（carbonitrile），英文中保留用 benzonitrile（源于 benzoic acid），而不用 benzenecarbonitrile。

$\text{CH}_3\text{CH}_2\text{C}\equiv\text{N}$
**丙腈**

$$\text{CH}_3\underset{\overset{|}{\text{CH}_3}}{\text{CH}}\text{CH}_2\text{C}\equiv\text{N}$$
**3-甲基丁腈**

C≡N

**苯腈**

$$\underset{\overset{|}{\text{CH}_2\text{C}\equiv\text{N}}}{\text{CH}_2\text{C}\equiv\text{N}}$$
**丁二腈（琥珀腈）**

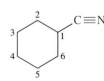

**环己基腈**

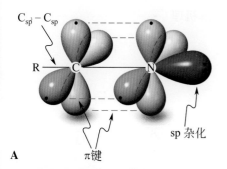

图 20-3 （A）氰基的分子轨道图，表明了 CN 官能团中两个原子的 sp 杂化。（B）乙腈的分子结构，类似于相应的炔。（C）乙腈的静电势图，可看出正极化的氰基碳（蓝）和相对负极化的氮（绿）及其孤对电子（红）。

## 腈中的 C≡N 键类似于炔烃中的 C≡C 键

在腈中，官能团中的两个原子都是 sp 杂化，并且氮上有一对孤对电子占据一个 sp 杂化轨道，它沿着 C—N 轴指向分子外。腈官能团的杂化和结构与炔非常类似（图 20-3，也参见图 13-1 和图 13-2）。

红外光谱中，C≡N 伸缩振动出现在大约 $2250 cm^{-1}$ 处，这与 C≡C 吸收的范围相同，但由于腈叁键的极性性质（如图 20-3C 静电势图所示），导致其强度大得多。腈的 $^1H$ NMR 谱图显示，邻近氰基的质子被去屏蔽，去屏蔽程度与其他羧酸衍生物和炔衍生物中的相当（表 20-3）。

氰基碳的 $^{13}C$ NMR 吸收（$\delta \approx 112 \sim 126$）出现在比炔（$\delta \approx 65 \sim 85$）更低场，这是由于氮比碳的电负性大，并且使后者带部分正电荷（图 20-3C）。

表 20-3 取代甲烷 $CH_3X$ 的 $^1H$ NMR 化学位移

| X | $\delta_{CH_3}$ |
|---|---|
| —H | 0.23 |
| —Cl | 3.05 |
| —OH | 3.40 |
| $\overset{\displaystyle O}{\overset{\displaystyle \|}{-CH}}$ | 2.18 |
| —COOH | 2.08 |
| —CONH₂ | 2.02 |
| —C≡N | 1.98 |
| —C≡CH | 1.80 |

## 练习 20-25

1,3-二溴丙烷在氘代二甲亚砜-$d_6$ 中用氰化钠处理，混合物通过 $^{13}C$ NMR 检测。几分钟后，出现了四个新的中间体峰，其中一个不同于其他的峰，位于很低场（$\delta=117.6$）。后来，其他三个峰开始在 17.6、22.6 和 119.1 处增长，直到原料和中间体的信号消失。请予以解释。

## 腈水解生成羧酸

正如在 19-6 节中所提到的，腈能够被水解生成相应的羧酸。反应条件通常很苛刻，需要在浓酸或碱中高温条件下进行。

$$N≡C(CH_2)_4C≡N \xrightarrow{H^+, H_2O, \triangle} HOOC(CH_2)_4COOH$$
$$97\%$$

己二腈 己二酸

反应

这些反应的机理通过酰胺中间体进行，并包括加成-消除步骤。

在酸催化过程中，起始时氮上的质子化有利于水的亲核进攻。氧失去质子形成中性的中间体，它是酰胺的互变异构体。接着，氮上发生第二次质子化，氧上脱除质子形成酰胺。酰胺的水解通过寻常的加成-消除途径进行。

## 腈的酸催化水解机理

在碱催化的腈水解中，氢氧离子的直接进攻生成酰胺互变异构体的负离子，接着氮上发生质子化。然后，氧上的质子被碱除去，接着发生第二次 *N*-质子化生成酰胺。酰胺的水解按照 20-6 节所描述的机理进行。

## 腈的碱催化水解机理

### 金属有机试剂进攻腈生成酮

强亲核试剂，比如金属有机试剂，对腈加成形成负离子的亚胺盐，亚胺盐经酸的水溶液处理生成中性的亚胺，亚胺迅速水解生成酮（17-9 节）。

**由腈合成酮**

## 腈通过氢化物还原生成醛和胺

如同与酯和酰胺的反应，双（2-甲基丙基）氢化铝（二异丁基氢化铝，DIBAL）对腈一次加成生成亚胺衍生物，后者进一步水解生成醛。

**由腈合成醛**

$$R—C≡N + R_2'AlH \longrightarrow R—\underset{H}{\overset{N—AlR_2'}{C}} \xrightarrow{H^+, H_2O} \underset{R}{\overset{O}{C}}H$$

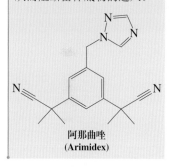

85%

腈用强的氢化物还原试剂处理会导致二次氢化加成，进一步经水处理生成胺。实现这一目的的最好试剂是氢化铝锂。

$$CH_3CH_2CH_2C≡N \xrightarrow[\text{2. H}^+, \text{H}_2\text{O}]{\text{1. LiAlH}_4} CH_3CH_2CH_2CH_2NH_2$$

$$\underset{\text{丁腈}}{} \qquad\qquad \underset{\text{丁胺}}{\overset{85\%}{}}$$

### 练习 20-26

腈通过氢化铝锂还原生成胺，需要增加四个氢原子到 C≡N 上：其中两个氢来自还原试剂，另两个氢则来自于后处理中的水。写出这个转化反应的机理。

像炔烃的叁键（13-6 节）一样，腈也可以被活化的氢气催化氢化。其结果与氢化铝锂还原形成胺相同，只是所有四个氢都来自于氢气。

$$CH_3CH_2CH_2C≡N \xrightarrow{\text{H}_2, \text{PtO}_2, \text{CH}_3\text{CH}_2\text{OH, CHCl}_3} CH_3CH_2CH_2CH_2NH_2$$

$$\underset{\text{丁腈}}{} \qquad\qquad\qquad \underset{\text{丁胺}}{\overset{96\%}{}}$$

### 练习 20-27

说明你如何由戊腈制备下列化合物？

（**a**）$CH_3(CH_2)_3COOH$

（**b**）$CH_3(CH_2)_3\overset{O}{\overset{\|}{C}}(CH_2)_3CH_3$

（**c**）$CH_3(CH_2)_3\overset{O}{\overset{\|}{C}}H$

（**d**）$CH_3(CH_2)_3CD_2ND_2$

## 小　结

　　腈被命名为烷基腈。构成C≡N单元的两个原子都是sp杂化，氮上带有一对处于sp杂化轨道的孤对电子。腈的伸缩振动出现在$\tilde{\nu}=2250\ cm^{-1}$处，$^{13}C$ NMR的吸收大约在$\delta=120$。腈在酸或碱的催化条件下水解生成羧酸。金属有机试剂（RLi，RMgBr）对腈加成，接着经水解后得到酮。使用双（2-甲基丙基）氢化铝（二异丁基氢化铝，DIBAL），经加成和水解反应后生成醛。此外，$LiAlH_4$或催化氢化，可以把腈转变成胺。

## 总　结

　　在这一章中，我们已经完成了对主要羧酸衍生物的学习。已经学习到：

→　在RCOL中，L的电负性、离去基团的性能以及作为孤对电子给体的能力决定了羧酸衍生物的相对反应性：酰卤＞酸酐＞酯＞酰胺（20-1节）。

→　羧酸及其衍生物在亲核试剂存在下通过加成-消除进行转化。不同于活性较低的酯和酰胺，相对活性较高的酰卤和酸酐不需要酸性或碱性催化剂。酸的催化通过氧上的质子化进行，从而活化羧基；碱催化的特点是使中性亲核试剂去质子化，使其具有更强亲核性（20-2节～20-4节和20-6节）。强亲核试剂，如金属有机试剂或氢化物试剂，能直接进攻所有衍生物。

→　活性较高的羧酸衍生物容易转化为活性较低的衍生物（20-2节～20-4节）。

→　对于反应性较差的衍生物的水解和相互转化反应（20-4节和20-6节），要求越来越苛刻的条件（热、酸或碱催化）。

→　烯醇酯可在远端碳上烷基化；伯酰胺在脱质子后经卤代反应、Hofmann重排转化为胺；腈的化学性质与酰胺相似（20-4节、20-7节和20-8节）。

　　羰基化学描述了有机化学的许多基本特征，仔细研究能够作为一个很好的起点，便于更全面地掌握所有其他官能团的性质。将来如果在任何时候为了任何目的需要回顾有机化学课程时，前面四章羰基化学将会是一个很好的起点，因为它能够帮助提高洞察力，更彻底地理解其他大部分章节的主要内容。

　　在第21章，我们转到本课程最后一类简单的化合物——胺。此外，极性键和酸碱化学也将发挥重要作用。

## 20-9　解题练习：综合运用概念

　　接下来的两个练习整合了本章和前面章节的内容。第一个是酯化学在内酯中的应用。第二个是利用文献中一种天然产物的全合成来考察化学反应知识。

### 解题练习20-28　由酯化学外推到内酯化学

　　一些二醇类化合物的一个有用合成方法为"双格氏"试剂与内酯的反应：

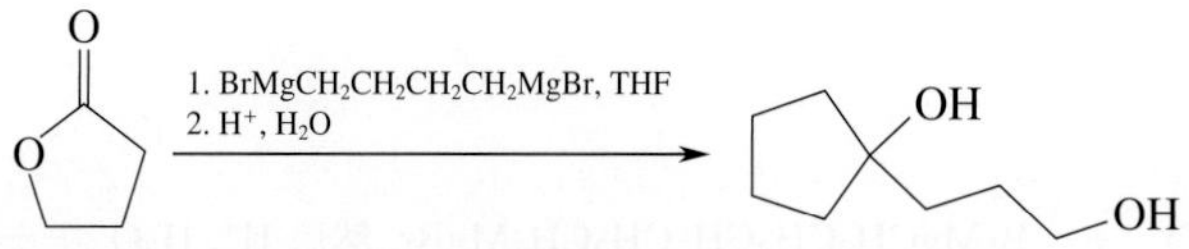

（a）写出这个转化反应的一个机理。

解答：

先注意内酯是个环酯，因此，可以把在20-4节所描述的酯与格氏试剂的反应，用于指导这个问题的解答。

酯依次与两个格氏试剂官能团反应：与第一个格氏试剂发生加成-消除反应，形成新的碳-碳键，在除去一个烷氧离去基团后，生成酮。第二个的格氏试剂对这个酮的羰基碳加成，生成最终叔醇产物。本习题与此反应模式有两点不同：首先酯是环酯，因此，当第一个格氏试剂的加成-消除过程打开环后，烷氧离去基团在中间体酮中通过与碳链相连仍被保留。与两个独立的格氏试剂分子不同，这里所用的是含有两个格氏试剂官能团化的单一分子。因此，当第二个格氏试剂官能团对同一羰基碳进行加成时，形成一个新的环：

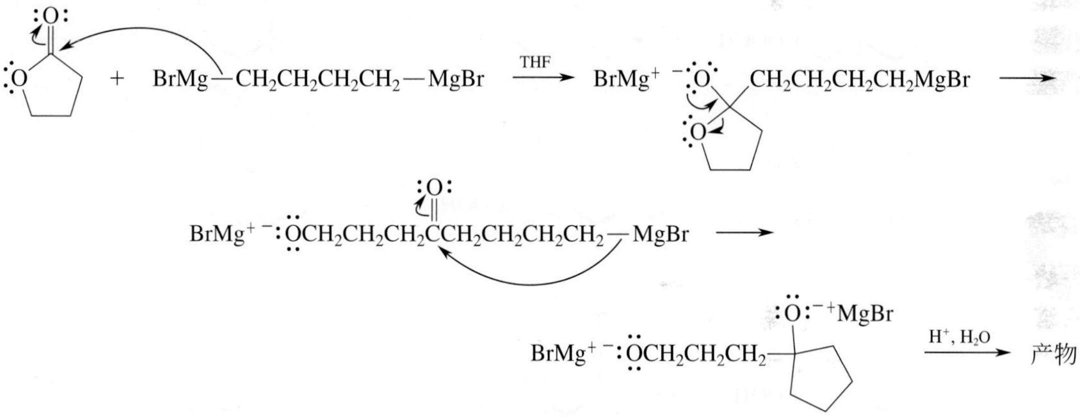

（b）解释如何把此方法应用于二醇 A 和 B 的合成。

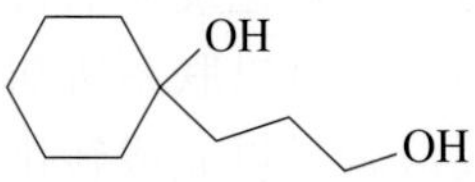

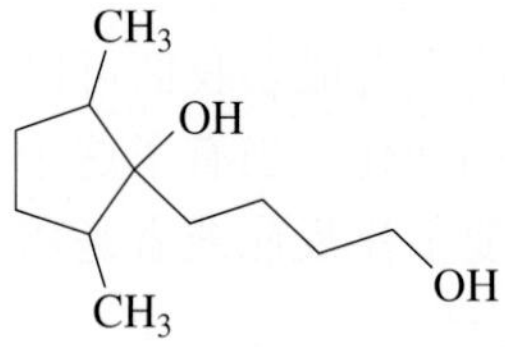

解答：

参照（a）中的机理，我们可以用如下所示的转化来概括此反应模式。

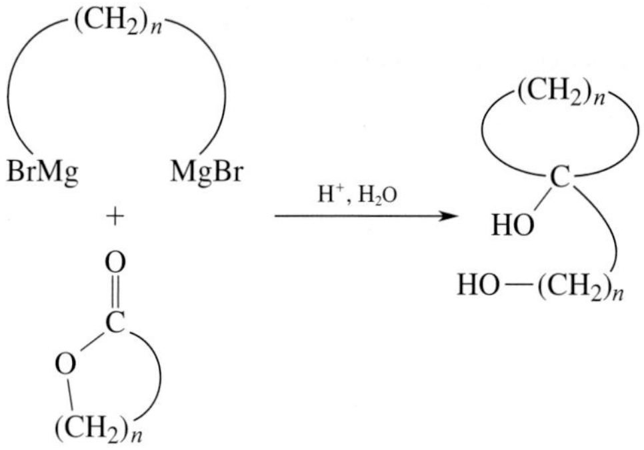

答案是：

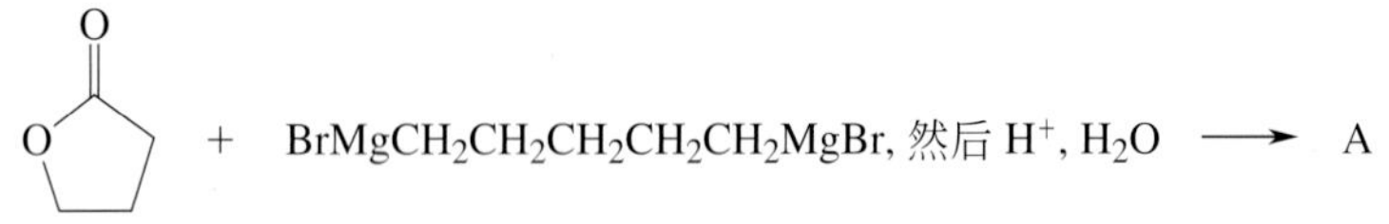

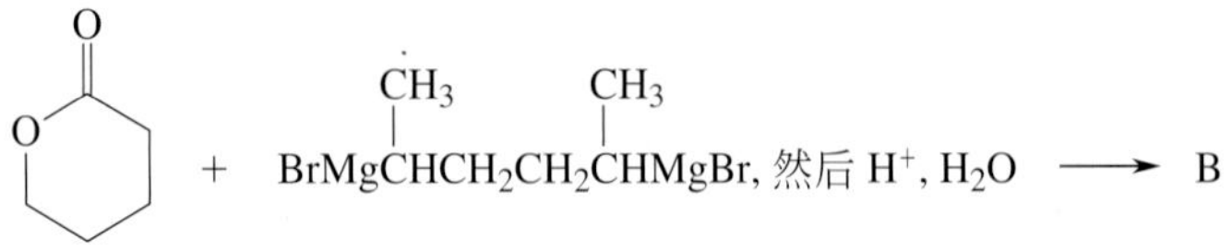

**解题练习20-29    提供合适试剂完成下列的合成反应**

丁香烯（clovene）是倍半萜，由石竹烯（caryophyllene）的酸催化重排而得（第 12 章中习题 78——丁香气味）。下列的转化反应是丁香烯全合成的一部分，但是省略了试剂。为每个转化反应提供合适的试剂和反应条件，其中有些转化需要多步反应。在有些情况下，可能需要参考前面章节的内容，特别是第 17 章～第 19 章。

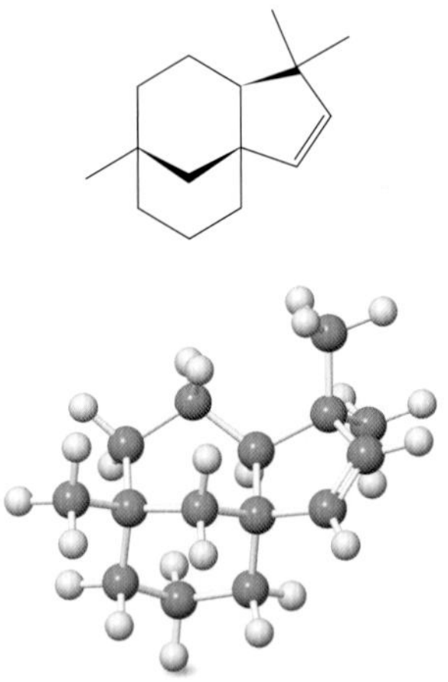

丁香烯

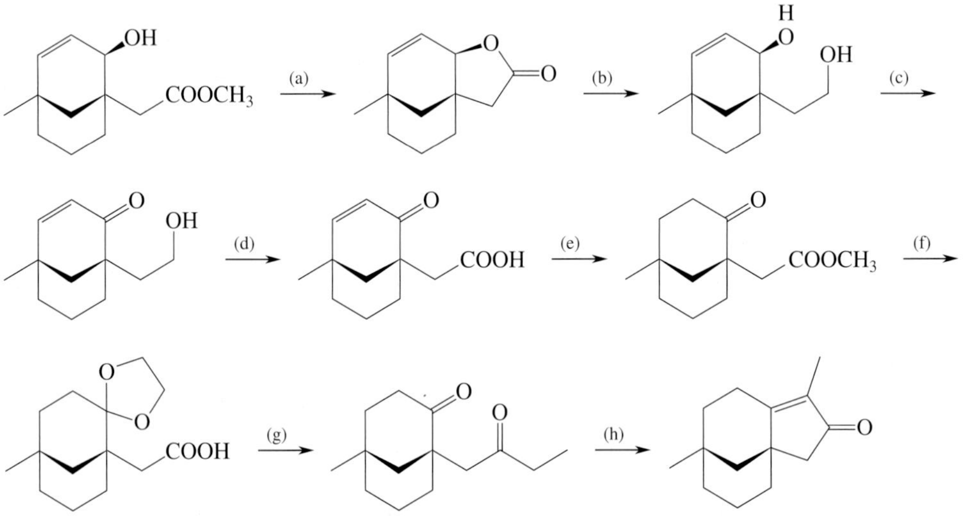

**解答：**

如何分析此类合成？我们可以从关注每步转化反应的特征开始：准确地确定所发生的变化。当有了这个信息后，就可以联系所知道的反应，最后决定是否需要多步反应或者是用一步反应就足以完成转化过程。让我们按照上述步骤进行。

a. 由含有甲氧羰基和羟基官能团的分子转变成环酯（内酯）。从一个酯变到另一个酯是酯交换过程（20-4 节），是一个通过酸或碱催化都能进行的可逆过程。如何使反应平衡向所需的方向进行？注意：甲醇是这个过程的副产物，它具有低的沸点（65℃，表 8-1），可以通过加热反应混合物而除去。因此，a 的条件是：催化量的质子酸（$H^+$）。

b. 内酯转化成二醇。可以通过两步反应实现：先进行水解反应使内酯分解，生成羟基酸（20-4 节）；然后通过 $LiAlH_4$ 还原形成二醇（19-11 节）。然而，更简单的方法是通过 $LiAlH_4$ 还原内酯，直接生成二醇。注意（20-4 节）：在此还原过程中，烷氧化合物是起始产物，需要酸处理才能得到醇。因此，（b）的条件是：1. $LiAlH_4$，醚（此类还原反应的典型溶剂）和 2. $H^+$，$H_2O$。

c. 该步需要一些想象力。它有两个羟基，而我们只需要氧化其中一个。

基于常用的 Cr（Ⅲ）氧化方法不能够区分此处二个羟基，因而不能使用。然而，两个羟基中其中一个（在环上的）是烯丙型的，它能够被 $MnO_2$ 选择性地氧化生成 $\alpha,\beta$- 不饱和酮（17-4 节），留下另一个羟基不变化。所以 c 的条件是：$MnO_2$，丙酮。

d. 现在回到更直接的化学转化——伯醇氧化生成羧酸。在水中，任何 Cr（Ⅵ）试剂（比如 $K_2Cr_2O_7$ 的酸性水溶液）都可以使伯醇氧化生成羧酸（8-6 节和 19-6 节）。因此，d 的条件是：$K_2Cr_2O_7$，$H_2SO_4$，$H_2O$。

e. 有两个官能团发生变化：烯酮 C=C 双键被还原以及羧基的酯化。我们见过由烯酮还原生成饱和酮的方法（18-8 节），其中最简单可行的方法是催化氢化（金属-氨的还原没有必要，因为与选择性无关）。甲酯的实现可以通过两种途径中的任一个（19-8 节、19-9 节和 20-2 节）：通过酰卤（由 $SOCl_2$ 制得）和甲醇反应或通过直接与甲醇的酸催化反应。反应步骤的次序有问题吗？因为酸或酯都不受催化氢化条件的影响，并且酯化反应可以在烯酮或普通的酮存在下实现，所以答案是"没有关系"。于是 e 的条件为：1. $H_2$，Pd-C，$CH_3CH_2OH$ 和 2. $CH_3OH$，$H^+$。

f. 这里是一对奇怪的变化：羰基被保护为环缩酮，而酯官能团却被水解回—COOH 基团。这里出现了一个问题，即为什么羧基在上一步要被酯化？最可能的解释是，研究本课题的化学家们试图在含有自由羧基的分子上形成环缩酮时遇到了困难。羰基的保护需要酸催化剂和 1,2-乙二醇（17-8 节），该条件下也可能使羧基形成酯，从而使问题复杂化。不管怎样，在缩酮化之前使羧基酯化可以解决这个问题。因此，对于 f，条件为：1. $HOCH_2CH_2OH$，$H^+$ 和 2. $^-OH$，$H_2O$（为了防止缩酮水解，酯用碱水解，参见 20-4 节）。

g. 环上羰基去保护，并使羧基转化成酮。这是在本合成中第一次于羧基碳和乙基之间引进新的碳-碳键，对于环上羰基按步骤 f 保护好之后，这个过程最好使用金属有机试剂。由哪种羧酸衍生物制备酮？酰卤（20-2 节）和腈（20-8 节）。由于不知道如何把羧酸转化成腈，所以为 g 选择以下步骤：1. $SOCl_2$（生成酰卤）；2. $(CH_3CH_2)_2CuLi$，醚（将酰卤转变为乙基羰基）和 3. $H^+$，$H_2O$（环羰基去保护，参见 17-8 节）。

h. 形成另一个碳-碳键，生成一个环。在这步反应的前后，跟踪碳原子以辨认相连的是哪一个碳（页边）。它们是环羰基碳和处于边链羰基 $\alpha$ 位的乙基的 $CH_2$。这里所用的是分子内的羟醛缩合反应（18-7 节），容易通过碱水溶液的方法实现。所以最后一步 h 的条件是 $HO^-$，$H_2O$。

**步骤（h）的醇醛缩合反应分析**

## 新反应

**1. 羧酸衍生物的反应活性次序（20-1 节）**

酯和酰胺需要酸或碱催化，才能与弱的亲核试剂反应

**2. 羰基氧的碱性（20-1 节）**

L=离去基团
随着共振式 C 贡献的增大，碱性也增大。

### 3. 烯醇负离子的形成（20-1 节）

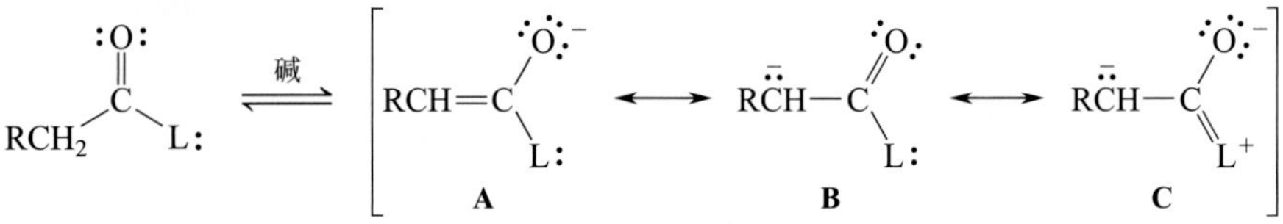

一般地，随着共振式C在负离子中贡献的减少，中性衍生物的酸性增加。

## 酰卤的反应

### 4. 水（20-2 节）

$$RCX + H_2O \longrightarrow RCOH + HX$$

羧酸

### 5. 羧酸（19-8 节和 20-2 节）

$$RCX + R'CO_2H \longrightarrow RCOCR' + HX$$

酸酐

### 6. 醇（20-2 节）

$$RCX + R'OH \longrightarrow RCOR' + HX$$

酯    （用吡啶、三乙胺或其他碱除去）

### 7. 胺（20-2 节）

$$RCX + R'NH_2 \longrightarrow RCNHR' + HX$$

酰胺    （用吡啶、三乙胺、过量RNH$_2$
或其他碱除去）

### 8. 有机铜试剂（20-2 节）

$$RCX \xrightarrow[\text{2. H}^+, \text{H}_2\text{O}]{\text{1. R}'_2\text{CuLi, THF}} RCR' + R'Cu + LiX$$

酮

### 9. 氢化物（20-2 节）

$$RCX \xrightarrow[\text{2. H}^+, \text{H}_2\text{O}]{\text{1. LiAl[OC(CH}_3)_3]_3\text{H, (CH}_3\text{CH}_2)_2\text{O}} RCH + LiX + Al[OC(CH_3)_3]_3$$

醛

## 酸酐的反应

### 10. 水（20-3 节）

$$RCOCR + H_2O \longrightarrow 2\ RCOH$$

羧酸

**11. 醇（20-3 节）**

$$\underset{\text{O O}}{RC\text{-}O\text{-}CR} + R'OH \longrightarrow \underset{\text{酯}}{RC\text{-}OR'} + RC\text{-}OH$$

**12. 胺（20-3 节）**

$$\underset{\text{O O}}{RC\text{-}O\text{-}CR} + R'NH_2 \longrightarrow \underset{\text{酰胺}}{RC\text{-}NHR'} + RC\text{-}OH$$

## 酯的反应

**13. 水（酯水解）（19-9 节和 20-4 节）**

酸催化

$$RC\text{-}OR' + H_2O \xrightarrow{\text{起催化作用的 } H^+} \underset{\text{羧酸}}{RC\text{-}OH} + R'OH$$

碱催化

$$RC\text{-}OR' + \underset{\textbf{1 e.q.}}{^-OH} \xrightarrow{H_2O} \underset{\text{羧酸根离子}}{RC\text{-}O^-} + R'OH$$

**14. 醇（酯交换反应）和胺（20-4 节）**

$$RC\text{-}OR' + R''OH \xrightarrow{H^+ \text{ 或 } ^-OR''} \underset{\text{酯}}{RC\text{-}OR''} + R'OH$$

$$RC\text{-}OR' + R''NH_2 \xrightarrow{\triangle} \underset{\text{酰胺}}{RC\text{-}NHR''} + R'OH$$

**15. 金属有机试剂（20-4 节）**

$$RC\text{-}OR'' \xrightarrow[\text{2. } H^+, H_2O]{\text{1. 2 } R'MgX, (CH_3CH_2)_2O} \underset{\text{叔醇}}{R\text{-}\overset{OH}{\underset{R'}{C}}\text{-}R'} + R''OH$$

甲酸甲酯

$$HC\text{-}OCH_3 \xrightarrow[\text{2. } H^+, H_2O]{\text{1. 2 } R'MgX, (CH_3CH_2)_2O} \underset{\text{仲醇}}{H\text{-}\overset{OH}{\underset{R'}{C}}\text{-}R'} + CH_3OH$$

**16. 氢化物（20-4 节）**

$$RC\text{-}OR' \xrightarrow[\text{2. } H^+, H_2O]{\text{1. LiAlH}_4, (CH_3CH_2)_2O} \underset{\text{醇}}{RCH_2OH}$$

$$\underset{\text{醛}}{\overset{\displaystyle O}{\text{RCOR}'}} \xrightarrow[\text{2. H}^+, \text{H}_2\text{O}]{\overset{\text{CH}_3}{1.\ (\text{CH}_3\text{CHCH}_2)_2\text{AlH}, \text{甲苯}, -60^\circ\text{C}}} \underset{\text{醛}}{\overset{\displaystyle O}{\text{RCH}}}$$

### 17. 烯醇负离子（20-4 节）

$$\underset{}{\overset{\displaystyle O}{\text{RCH}_2\text{COR}'}} \xrightarrow{\text{LDA, THF}} \left[ \underset{\text{酯的烯醇负离子}}{\overset{\displaystyle :O:}{\text{R}\ddot{\text{C}}\text{H}-\text{COR}'} \longleftrightarrow \overset{\displaystyle -:\ddot{O}:}{\text{RCH}=\text{COR}'}} \right] \xrightarrow{\text{R}''\text{X}} \underset{}{\overset{\displaystyle R''\ \ O}{\text{RCHCOR}'}}$$

## 酰胺的反应

### 18. 水（20-6 节）

$$\underset{}{\overset{\displaystyle O}{\text{RCNHR}'}} + \text{H}_2\text{O} \xrightarrow{\text{H}^+, \triangle} \underset{\text{羧酸}}{\overset{\displaystyle O}{\text{RCOH}}} + \text{R}'\overset{+}{\text{N}}\text{H}_3$$

$$\underset{}{\overset{\displaystyle O}{\text{RCNHR}'}} + \text{H}_2\text{O} \xrightarrow{\text{HO}^-, \triangle} \underset{}{\overset{\displaystyle O}{\text{RCO}^-}} + \text{R}'\text{NH}_2$$

### 19. 氢化物（20-6 节）

$$\underset{}{\overset{\displaystyle O}{\text{RCNHR}'}} \xrightarrow[\text{2. H}^+, \text{H}_2\text{O}]{1.\ \text{LiAlH}_4, (\text{CH}_3\text{CH}_2)_2\text{O}} \underset{\text{胺}}{\text{RCH}_2\text{NHR}'}$$

$$\underset{}{\overset{\displaystyle O}{\text{RCNHR}'}} \xrightarrow[\text{2. H}^+, \text{H}_2\text{O}]{\overset{\text{CH}_3}{1.\ (\text{CH}_3\text{CHCH}_2)_2\text{AlH}, (\text{CH}_3\text{CH}_2)_2\text{O}}} \underset{\text{醛}}{\overset{\displaystyle O}{\text{RCH}}}$$

### 20. 烯醇负离子和酰胺负离子（20-7 节）

$$\underset{\text{p}K_a \approx 30}{\overset{\displaystyle :O:}{\text{RCH}_2\text{CNR}'_2}} \xrightarrow{\text{碱}} \underset{\text{酰胺的烯醇负离子}}{\overset{\displaystyle \ddot{\text{O}}:^-}{\text{RCH}=\text{C}\diagdown_{\text{NR}'_2}}}$$

$$\underset{\text{p}K_a \approx 22}{\overset{\displaystyle :O:}{\text{RCH}_2\text{CNHR}'}} \xrightarrow{\text{碱}} \underset{\text{酰胺负离子}}{\overset{\displaystyle :\ddot{\text{O}}:^-}{\text{RCH}_2\text{C}=\ddot{\text{N}}\text{R}'}}$$

### 21. Hofmann 重排（20-7 节）

$$\underset{}{\overset{\displaystyle O}{\text{RCNH}_2}} \xrightarrow{\text{Br}_2, \text{NaOH}, \text{H}_2\text{O}, 75^\circ\text{C}} \underset{\text{胺}}{\text{RNH}_2} + \text{CO}_2$$

## 腈的反应

### 22. 水（20-8 节）

$$\text{RC}\equiv\text{N} + \text{H}_2\text{O} \xrightarrow{\text{H}^+ \text{或 HO}^-, \triangle} \underset{\text{酰胺}}{\overset{\displaystyle O}{\text{RCNH}_2}} \xrightarrow{\text{H}^+ \text{或 HO}^-, \triangle} \underset{\text{羧酸}}{\overset{\displaystyle O}{\text{RCOH}}}$$

### 23. 金属有机试剂（20-8 节）

$$RC{\equiv}N \xrightarrow[\text{2. H}^+,\text{ H}_2\text{O}]{\text{1. R}'\text{MgX 或 R}'\text{Li}} \underset{\text{酮}}{RCR'}$$

（产物为酮，含 C=O）

### 24. 氢化物（20-8 节）

$$RC{\equiv}N \xrightarrow[\text{2. H}^+,\text{ H}_2\text{O}]{\text{1. LiAlH}_4} \underset{\text{胺}}{RCH_2NH_2}$$

$$RC{\equiv}N \xrightarrow[\text{2. H}^+,\text{ H}_2\text{O}]{\text{1. (CH}_3\text{CHCH}_2)_2\text{AlH}} \underset{\text{醛}}{RCH}$$

（试剂中含 $CH_3$；产物为醛，含 C=O）

### 25. 催化氢化（20-8 节）

$$RC{\equiv}N \xrightarrow{\text{H}_2,\text{ PtO}_2,\text{ CH}_3\text{CH}_2\text{OH}} \underset{\text{胺}}{RCH_2NH_2}$$

## 重要概念

1. 在**羧酸衍生物**中，给电子性强的取代基使羰基碳的**亲电性**减弱。这个效应（可以通过红外光谱法测量）不仅使其与亲核试剂和酸的反应性减弱，而且使碱性按如下次序增强：酰氯—酸酐—酯—酰胺。酰胺中氮的共振给电子能力很高，以至于在NMR时间范围内，酰胺键的**旋转受阻**。

2. 根据官能团的不同，羧酸衍生物分别被命名为**酰卤、酸酐、烷基链烷酸酯、烷酰胺和烷基腈**。

3. 红外光谱中，**羰基伸缩振动频率**可用于判断羧酸衍生物类型，酰卤的吸收在 $\tilde{\nu}=1790\sim1815\ cm^{-1}$、酸酐在 $\tilde{\nu}=1740\sim1790\ cm^{-1}$ 和 $1800\sim1850\ cm^{-1}$、酯在 $\tilde{\nu}=1735\sim1750\ cm^{-1}$、酰胺在 $\tilde{\nu}=1650\sim1690\ cm^{-1}$。

4. 羧酸衍生物一般可与**水**反应（在酸或碱催化下），水解生成相应的羧酸；与**醇**反应生成酯；与**胺**反应生成酰胺；与**格氏试剂**及其他**金属有机试剂**反应生成酮。酯可以进一步反应形成相应的醇。羧酸衍生物通过**氢化物**还原得到不同氧化态的产物：醛、醇或胺。

5. 动植物**蜡**的组成是长链酯。自然界的**油**和**脂肪**中含有三脂酰甘油，其水解得到**肥皂**。含有磷酸酯的**三脂酰甘油**属于**磷脂**。由于它们带有一个高度极化的头部基团和疏水的尾部，因此磷脂可以形成**胶束**和**脂质双层**。

6. **酯交换反应**能够使一个酯转变成另一个酯。

7. **腈**有点类似于炔，官能团中两个组成原子都是sp杂化。IR伸缩振动大约出现在 $\tilde{\nu}=2250\ cm^{-1}$ 处。$^1$H NMR中与氰基邻近的氢被去屏蔽。由于氮电负性的结果，氰基碳的 $^{13}$C NMR吸收在相对低场（$\delta=112\sim126$）。

## 习 题

**30.** 用IUPAC系统命名或画出下列各化合物的结构。

（a）　　（b）

（c）$CF_3COCCF_3$（双O）　　（d）

（e）$(CH_3)_3CCOCH_2CH_3$　　（f）$CH_3CONH$—

（g）丁酸丙酯　　（h）丙酸丁酯

（i）苯甲酸 2-氯乙酯　　（j）$N, N$-二甲基苯甲酰胺

（k）2-甲基己腈　　（l）环戊基腈

**31.** 根据IUPAC或《化学文摘》规则命名下列结构。注意官能团的优先顺序。

（a）　　（b）

（c）　　（d）

**32.**（a）用共振式详细解释20-1节中所描述的羧酸衍生物的酸性次序。（b）利用诱导效应论断羧酸衍生物酸性的相对次序。

**33.** 试推测下列每对化合物中，针对所给定的性质，哪个更长、更强或更高。（a）C—X键长：乙酰氟或乙酰氯；（b）黑体标记H的酸性：$CH_2(COCH_3)_2$或$CH_2(COOCH_3)_2$；（c）对于亲核加成的反应活性：（i）酰胺或（ii）酰亚胺（如下所示）；（d）高能红外羰基伸缩振动频率：乙酸乙酯或乙酸乙烯酯。

i

ii

**34.** 写出下列各反应的产物。

（a）

（b）

（c）

（d）

（e）

**35.** 写出975页所示的有关乙酰氯和1-丙醇反应的机理。

**36.** 写出乙酸酐与下列各试剂反应的产物。假设在所有情况下试剂均过量存在。

（a）$(CH_3)_2CHOH$　　（b）$NH_3$

（c）—$MgBr$，THF；然后 $H^+$，$H_2O$

（d）$LiAlH_4$，$(CH_3CH_2)_2O$；然后 $H^+$，$H_2O$

**37.** 写出丁二酸酐（琥珀酸酐）与习题36中所列各试剂反应的产物。

**38.** 写出978页中所显示的丁二酸酐（琥珀酸酐）和甲醇反应的机理。

**39.** 写出戊酸甲酯与下列各试剂在指定条件下反应的产物。

（a）$NaOH$，$H_2O$，加热；然后$H^+$，$H_2O$

（b）$(CH_3)_2CHCH_2CH_2OH$（过量），$H^+$

（c）$(CH_3CH_2)_2NH$，加热

（d）$CH_3MgI$（过量），$(CH_3CH_2)_2O$；然后$H^+$，$H_2O$

（e）$LiAlH_4$，$(CH_3CH_2)_2O$；然后$H^+$，$H_2O$

（f）$[(CH_3)_2CHCH_2]_2AlH$，甲苯，低温；然后$H^+$，$H_2O$

**40.** 写出$\gamma$-戊内酯（5-甲基氧杂-2-环戊酮，参见20-4节）与习题39中各试剂反应的产物。

**41.** 画出下列各化合物的结构。（a）$\beta$-丁内酯；（b）$\beta$-戊内酯；（c）$\delta$-戊内酯；（d）$\beta$-丙内酰胺；（e）$\alpha$-甲基-$\delta$-戊内酰胺；（f）$N$-甲基-$\gamma$-丁内酰胺。

**42.** 写出2-甲基丙酸乙酯（异丁酸乙酯）的酸催化酯交换反应形成相应甲酯的机理。该机理应该清楚地描述质子的催化作用。

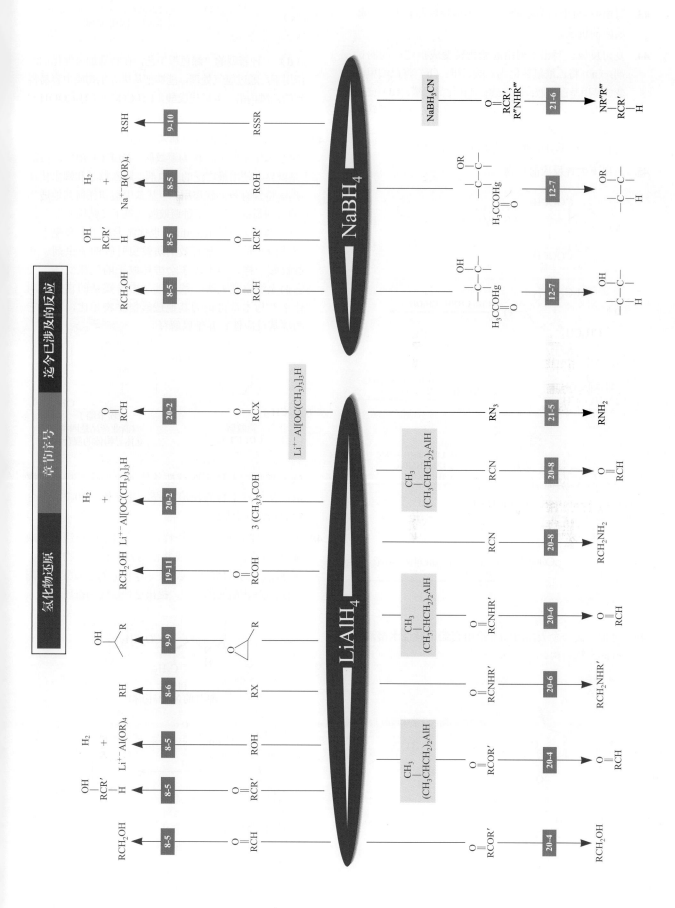

**43.** 写出984页中所显示的9-十八烯酸甲酯与1-十二烷胺反应的机理。

**44.** 复习反应。写出下列由起始物转变成指定产物的试剂：（**a**）将乙酰氯转化为乙酸己酐；（**b**）将己酸甲酯变成N-甲基己酰胺；（**c**）己酰氯转化为己醛；（**d**）己腈转化为己酸；（**e**）己酸胺转化为己胺；（**f**）己酰胺转化为戊胺；（**g**）己酸乙酯转化为3-乙基-3-辛醇；（**h**）己腈转化为1-苯基-1-己酮［C₆H₅CO(CH₂)₄CH₃］。

**45.** 写出下列各反应的产物。

（**a**）

（**b**）

（**c**）

（**d**）

（**e**）

**46.** 对于下面每个天然内酯，给出它们用碱性水溶液水解的产物结构。

（**a**）

瑟丹酸内酯，芹菜味道的主要来源

（**b**）

荆芥内酯［第19章，习题54（b）］，猫薄荷主要活性成分。（注意：你注意到其中一个官能团水解后有什么异常吗？）

（**c**）

γ-戊内酯，在香水工业和潜在的生物燃料中重要

（**d**）一种新型的"绿色"工艺，在特殊加氢催化剂的作用下，通过氢气处理，能够从废弃生物质中容易得到的乙酰丙酸（4-氧代戊酸，CH₃COCH₂CH₂COOH）转化为γ-戊内酯。推测该反应如何发生。

**47.**（**a**）N, N-二乙基-3-甲基苯甲酰胺（N, N-二乙基-m-甲基苯甲酰胺），作为避蚊胺（DEET）销售，可能是世界上使用最广泛的驱虫剂，阻断蚊子和蜱虫传播疾病特别有效。建议用3-甲基苯甲酸和任何其他适当的试剂制备一种或多种避蚊胺（见下文结构）。

（**b**）埃卡瑞丁（Icaridin，也称派卡瑞丁，参见下面的结构）是另一种有效的防蚊虫叮咬的驱虫剂。和避蚊胺一样，埃卡瑞丁会破坏蚊子的气味受体，使它们无法察觉人类。埃卡瑞丁中含羰基的官能团叫什么？与本章讨论的其他羧酸衍生物相比，推测它的羰基反应性？并予以解释。

避蚊胺
（**DEET**）

埃卡瑞丁
（商业产品是四种立体异构体的混合物）

（**c**）推测埃卡瑞丁在碱性条件下的水解产物。（**提示**：从机理上检查反应过程，并寻找与20-7节中介绍的相似化合物。）

**48.**（**a**）与许多手性药物一样，广泛用于治疗注意力缺陷障碍的利他林被合成并作为外消旋混合物销售。合成活性对映体的路线（下示结构）始于硫酸二甲酯与六元环内酰胺的反应。提出这种反应的机理。

利他林
（活性的立体异构体）

（**b**）利他林含有多少个立体中心？它们的绝对构型是什么（R或S）？利他林有多少个立体异构体，它们的结构有什么关系？

**49.** 写出由乙酸甲酯与氨反应形成乙酰胺（CH₃CONH₂）的机理。

**50.** 写出戊酰胺与习题39（a）、（e）、（f）中所用试剂进行反应的产物。写出N,N-二甲基戊酰胺与习题39（a）、（e）、（f）中所用试剂反应的产物。

**51.** 写出991页中所示的3-甲基戊酰胺的酸催化水解机理。（**提示**：以19-7节中所描述的一般的酸催化加成-消除机理作为模型。）

**52.** 为了实现下列转化，需要什么试剂？（**a**）环己基甲酰氯→1-环己基-1-戊酮；（**b**）2-丁烯二酸酐（马来酸酐）→（Z）-2-丁烯-1,4-二醇；（**c**）3-甲基丁酰溴→3-甲基丁醛；（**d**）苯甲酰胺→1-苯基甲胺；（**e**）丙腈→3-己酮；（**f**）丙酸甲酯→4-乙基-4-庚醇。

**53.** 在下列每一个逆合分析的断键（〜〜）处，给出能够形成所指示的C—C键的反应。

（**a**） （两种反应）

（**b**）

（**c**）

**54.** 用LDA处理，然后质子化，化合物A和B均发生顺-反异构化，但是化合物C不发生异构化。请予以解释。

A B C

**55.** 2-氨基苯甲酸（邻氨基苯甲酸）由1,2-苯二甲酸酐（邻苯二甲酸酐）通过下面所示的两个反应制得。解释这些过程的机理。

**1,2-苯二甲酸酐**
（邻苯二甲酸酐）

**1,2-苯二甲酰亚胺**
（邻苯二甲酰亚胺）

**2-氨基苯甲酸**
（邻氨基苯甲酸）

**56.** 根据本章所讲述的反应写出酯和酰胺的反应总结图，类似于酰卤的反应总结图（图20-1）。比较每类化合物的反应性。这个结果与所了解的各官能团的相对反应性一致吗？

**57.** 说明如何由羧酸A或B合成氯苯那敏（第762页，页边），该药物是几种减充血剂中使用的强效抗组胺药物。在每个合成中使用不同的酰胺。

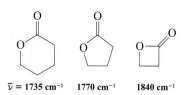

A B

**氯苯那敏**

**58.** 红外光谱中，酯羰基的典型伸缩振动频率大约在$\tilde{\nu}=1740\text{cm}^{-1}$，但内酯的羰基吸收带随环的大小变化很大。下面给出了三个例子，随着内酯环的环数减小，羰基伸缩振动能量增大，请予以解释。

$\tilde{\nu}=1735\text{ cm}^{-1}$  1770 cm$^{-1}$  1840 cm$^{-1}$

**59.** 在完成一个合成实验后，每个化学工作者都会面对清洗玻璃器皿的工作。由于残留在玻璃器皿上的化合物，在某些情况下是危险的或者是具有令人不愉快的性质，因此在"清洗器皿"之前，认真地进行化学思考是有好处的。假设刚刚完成己酰氯的合成，将要进行习题34（b）的反应。然而在实验之前，你必须先清洗被酰氯污染的玻璃瓶。己酰氯和己酸都有难闻可怕的气味。（**a**）用肥皂和水清洗玻璃瓶是好主意吗？请予以解释。（**b**）基于酰卤和不同羧酸衍生物的物理特性（特别是气味），给出一个更好的选择。

**60. 挑战题** 表明你如何完成下列转化，其中分子左下端的酯官能团转化成羟基，而右上方的酯基则保留。（**提示**：不要试图进行酯水解。仔细看酯基是如何连在甾体母核上的，想一个基于酯交换反应的方法。）

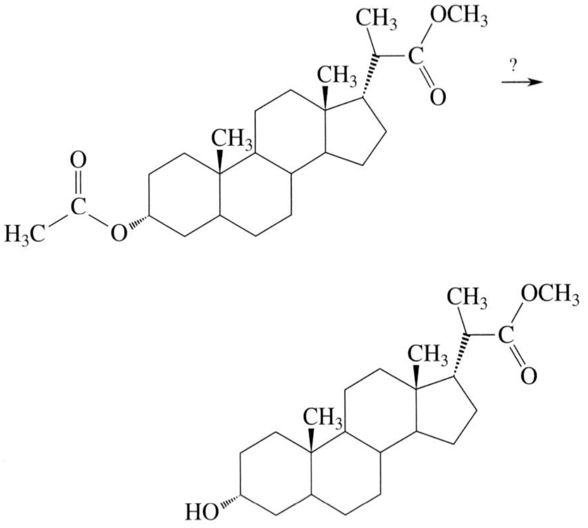

**61.** 从相对容易得到的孕甾烷家族中的甾体合成许多激素（比如睾酮）中关键的一步是从某些甾体脱除C-17的侧链。

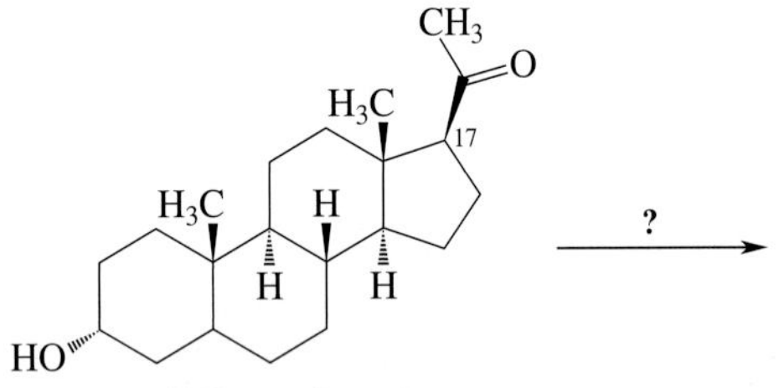

孕甾烷-3α-醇-20-酮

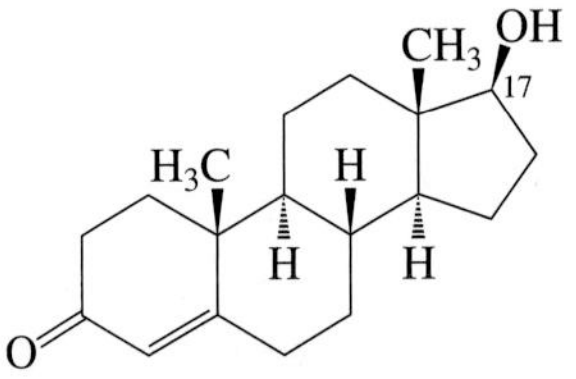

睾酮

你如何完成下面所示的相似转化反应，即由1-环戊基-1-乙酮到环戊醇的反应？（**注意**：在这个和接下来的合成问题中，可能需要用到第17章～第20章中所讨论的羰基化学几个方面的反应。）

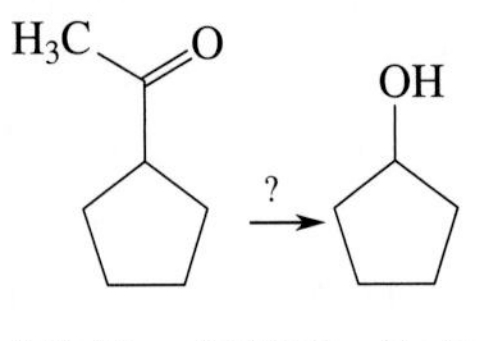

**62.** 提出一个合成路线，把羧酸A转变成为天然产物倍半萜α-姜黄烯（α-curcumene）。

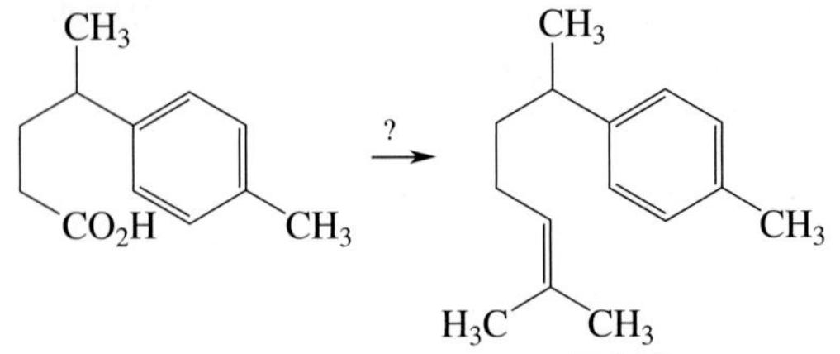

**63.** 提出一个合成途径，把内酯A转变成胺B。B是天然产物单萜C的一个前体。

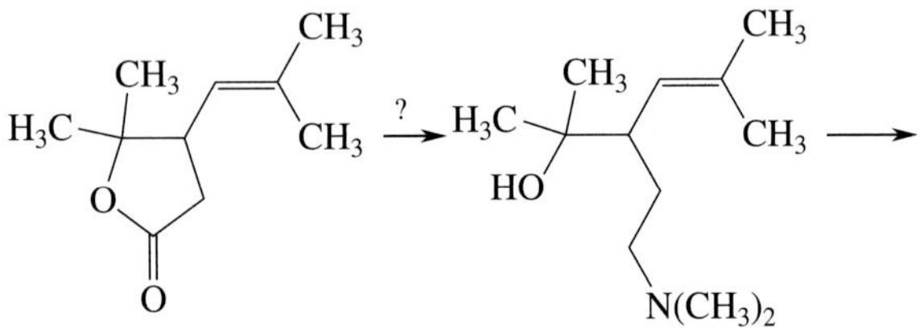

**64. 挑战题** 由所示的醇开始，提出一个合成β-芹子烯（倍半萜家族中的普通一员）的方法，要在合成中使用腈。模型考察有助于获得所需要的立体化学方法。（1-甲基乙烯基是处在直立位还是平伏位？）

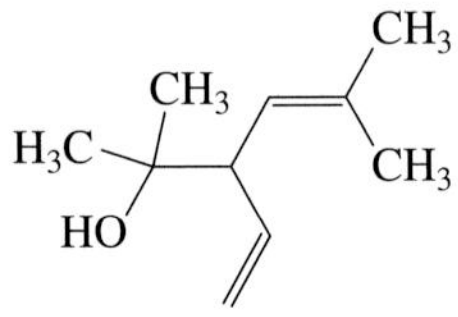

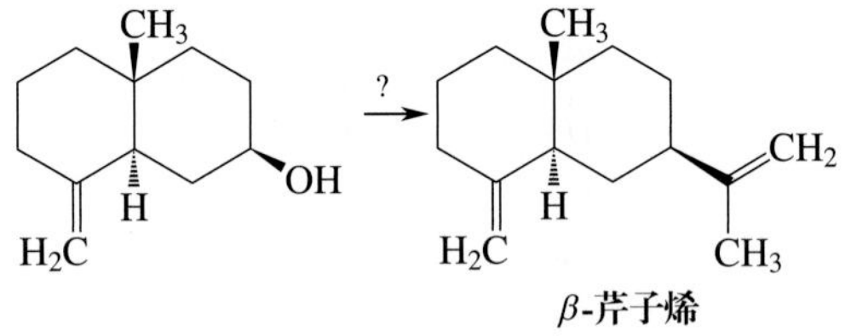

β-芹子烯

**65.** 写出下列反应中第一个产物的结构，然后再提出一个反应式，最终将它转化为式子末端所示的一个甲基取代的酮。这个例子描述了一个通用的合成方法，以把角甲基引入所制备的甾体中。（**提示**：必须保护羰基官能团。）

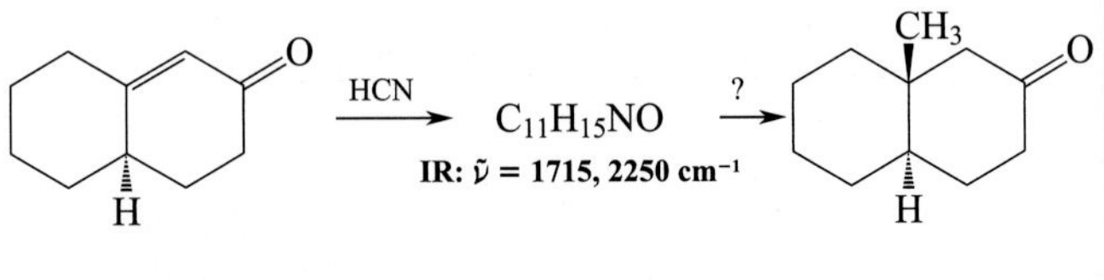

$$\xrightarrow{HCN} C_{11}H_{15}NO \quad IR: \tilde{\nu} = 1715, 2250 \text{ cm}^{-1}$$

66. **挑战题** NMR-A和NMR-B中给出了两个羧酸衍生物的谱学数据。这些化合物可能含有C、H、O、N、Cl和Br，但没有其他元素，确定化合物结构。
（a）¹H NMR：谱图A（一个信号被放大以显示多重峰中的所有峰）。¹³C NMR（DEPT）：$\delta$ 9.20（$CH_3$），21.9（$CH_3$），28.0（$CH_2$），67.4（CH），174.0（$C_{quat}$）；IR：$\tilde{\nu}=1728\,cm^{-1}$；高分辨质谱：m/z（分子离子）=116.0837。重要的MS碎片峰值见表所示。
（b）¹H NMR：谱图B。¹³C NMR（DEPT）：$\delta$ 14.0（$CH_3$），21.7（$CH_3$），40.2（CH），62.0（$CH_2$），170.2（$C_{quat}$）；IR：$\tilde{\nu}=1739\,cm^{-1}$；高分辨质谱：未裂解的分子给出两个几乎等强度的峰：m/z=179.9786和181.9766。由表可见重要的MS碎片峰。

| 未知B的质谱 | |
|---|---|
| m/z | 相对于基峰的强度 / % |
| 182 | 13 |
| 180 | 13 |
| 109 | 78 |
| 107 | 77 |
| 101 | 3 |
| 29 | 100 |

| 未知A的质谱 | |
|---|---|
| m/z | 相对于基峰的强度 / % |
| 116 | 0.5 |
| 101 | 12 |
| 75 | 26 |
| 57 | 100 |
| 43 | 66 |
| 29 | 34 |

¹H NMR

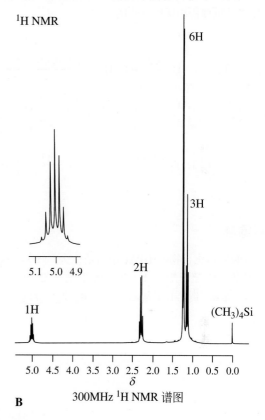

**B** 300MHz ¹H NMR 谱图

¹H NMR

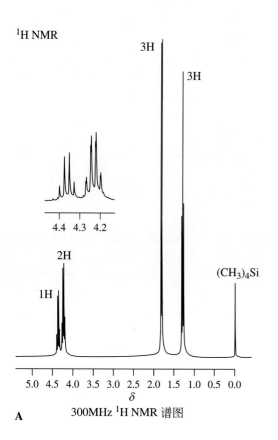

**A** 300MHz ¹H NMR 谱图

## 团队练习

67. 傅-克（Friedel-Crafts）酰基化反应最好用酰卤来进行。尽管其他羧酸衍生物，比如酸酐和酯也可以发生这个反应，但是这些试剂具有一些缺点，这是本习题的主题。

大家先一起来讨论15-13节中酰卤和酸酐形成酰基正离子的机理，然后分成两组，分析下列两个反应的结果。用所给的NMR谱图数据进一步验证所确定产物的结构。（**提示：** D通过C形成。）

化合物A中 $^1$H NMR：$\delta$=2.60(s,3H)，7.40～7.50(m 2H)，7.50～7.60(m,1H)，7.90～8.00(m,2H)。

化合物B中 $^1$H NMR：$\delta$=2.22(d,6H)，3.55(sep,1H)，7.40～7.50(m,2H)，7.50～7.60(m,1H)，7.90～8.00(m,2H)。

化合物C中 $^1$H NMR：$\delta$=1.20(t,3H)，2.64(q,2H)，7.10～7.30(m,5H)。

化合物D中 $^1$H NMR：$\delta$=1.25(t,3H)，2.57(s,3H)，2.70(q,2H)，7.20(d,2H)，7.70(d,2H)。

一起讨论你们的答案。特别注意，在使用所示试剂时所引起问题复杂性的本质。最后，通过运用反应的机理提出所得产物的结构。

$$C_{10}H_{12}O_2 \xrightarrow{SOCl_2} C_{10}H_{11}ClO \xrightarrow{AlCl_3} C_{10}H_{10}O$$

## 预科练习

**68.** 下面所示化合物的IUPAC命名是什么？（**a**）2-氟-3-甲基丁酸异丙酯；（**b**）2-氟异丁酰基-2-丙酸酯；（**c**）2-氟-丁酸-1-甲基乙基酯；（**d**）2-氟异丙基异丙酸酯；（**e**）2-氟-2-甲基丙酸-1-甲基乙基酯。

$$\underset{(CH_3)_2CCO_2CH(CH_3)_2}{\overset{F}{|}}$$

**69.** 给出（$CH_3$）$_2$CHOC$^{18}$OCH$_2$CH$_2$CH$_3$和NaOH水溶液的皂化反应。

（**a**）（$CH_3$）$_2$CHCO$_2^-$Na$^+$ + CH$_3$CH$_2$CH$_2$$^{18}$OH；

（**b**）（$CH_3$）$_2$CHC$^{18}$O$_2^-$Na$^+$ + CH$_3$CH$_2$CH$_2$OH；

（**c**）（$CH_3$）$_2$CHOCH$_2$CH$_2$CH$_3$ + C≡$^{18}$O；

（**d**）（$CH_3$）$_2$CHCHO + CH$_3$CH$_2$CH$_2$$^{18}$OH。

**70.** 化合物A的最好表述是（**a**）酰胺；（**b**）内酰胺；（**c**）醚；（**d**）内酯。

**71.** 下面三种物质哪个更易在碱性条件下水解？

# 胺及其衍生物

## 含氮官能团

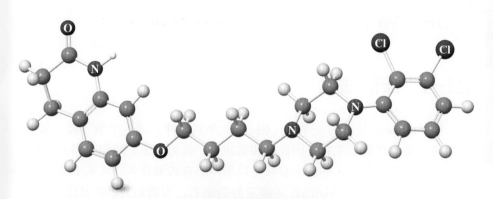

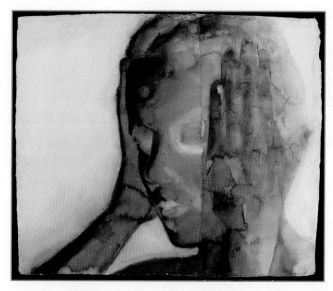

白噪声（格雷姆·迪安，英国画家，生于 1951 年）

2016 年畅销药阿立哌唑（Aripiprazole，商品名：安立复）是医治精神分裂症和躁郁症的药物。氨基官能团的存在对其活性至关重要。[*Graham Dean/Corbis/Getty Images*]

我们周围的空气是由大约 1/5 的氧气（$O_2$）和 4/5 的氮气（$N_2$）组成。我们充分认识到氧的重要性，因为人们呼吸离不开氧气，自然界中水、醇、醚和许多其他的有机和无机分子也含有丰富的氧。氮这一组分怎么样呢？$N_2$ 本身是惰性的，不像 $O_2$ 是生物氧化中的主要反应要素。但是，氮的还原形态氨（$NH_3$）及其有机衍生物胺，在自然界中起着像氧一样积极的作用。**胺**及其他含氮的化合物是最丰富的有机分子，作为氨基酸、多肽、蛋白质和生物碱的组分，它对生物化学而言是不可或缺的。

很多胺，如神经递质，具有很强的生理活性，其相关物质具有去肿胀、麻醉、镇静和兴奋等药理活性（真实生活21-1）；氮位于环上的环胺，即氮杂环也被发现有类似的活性（第25章）。

在很多方面，胺的化学性质类似于醇和醚（第8章和第9章），例如所有的胺都是碱性的（尽管伯胺和仲胺也可以作为酸），它们能形成氢键，在取代反应中可作为亲核试剂。但是反应活性有些差别，因为氮的电负性比氧小。例如，伯胺和仲胺与醇相比其酸性更小，所形成的氢键更弱，而其碱性更强，亲核性更大。本章将阐述这些胺的基本物理和化学特性，以及胺类的各种合成方法。

虽然高等生物不能用还原成氨的方法来活化氮气，但一些微生物却能做到。大豆根部的结节是根瘤菌还原氮气的部位。

# 21-1 ｜ 胺的命名

**胺**（amine）是氨的一个氢（**伯**）、二个氢（**仲**）或三个氢（**叔**）被烷基或芳香基取代的衍生物。因此胺和氨相关，就如同醚、醇和水相关一样。但你会注意到，伯胺、仲胺、叔胺是以不同的方式来命名的（见下面）：在醇（ROH）中，其 R 基团的性质决定醇的命名；对胺而言，R 基团在氮上的取代数目决定着胺的分类。

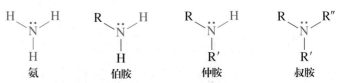

|  | | | |
|---|---|---|---|
| 氨 | 伯胺 | 仲胺 | 叔胺 |

胺的命名系统是比较混乱的，因为文献中有许多常用名。脂肪胺最好的命名方法是 IUPAC 和 CA 所采用的系统，即把它写成**烷（烃）胺**（alkanamine），将烷烃的烃字用胺代替。在英文中，即用烷的名称保留词干而词尾 -e 用 -amine 代替。官能团氨基的位置是由前缀来标明它所连接的碳原子的位置，如同醇一样（8-1节）。

腐烂的鱼主要是由于产生了腐胺而气味难闻。

|  |  |  |  |
|---|---|---|---|
| CH₃NH₂ | | CH₃CHCH₂NH₂ | |
| **methanamine** | **cyclohexanamine** | **2-methyl-1-propanamine** | **(R)-*trans*-3-penten-2-amine** |
| 甲胺 | 环己胺 | 2-甲基-1-丙胺 | (R)-反-3-戊烯-2-胺 |

带有两个氨基官能团的分子称为**二胺**（diamine），其中两个例子是 1, 4-丁二胺和 1, 5- 戊二胺，由于它们是死鱼和腐肉的气味的主要来源，因而常分别被称为腐胺和尸胺。

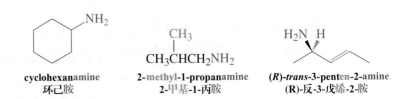

| **1,4-butanediamine** | **1,5-pentanediamine** |
|---|---|
| 1,4-丁二胺 | 1,5-戊二胺 |
| （腐胺） | （尸胺） |

芳香族的胺称为**苯胺**（aniline, 15-1节），当苯环带有多于一个氨基时，称为苯二胺、苯三胺等。对仲胺和叔胺，以氮上最大的烷基取代基为烷胺主链，氮上其他基团用斜体字母 *N-* 后接其取代基的名称来命名。

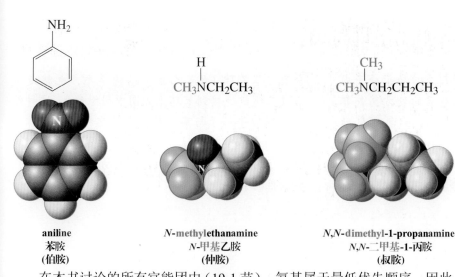

aniline
**苯胺**
**（伯胺）**

*N*-methylethanamine
*N*-**甲基乙胺**
**（仲胺）**

*N*,*N*-dimethyl-1-propanamine
*N*,*N*-**二甲基-1-丙胺**
**（叔胺）**

CH₃NH₂
**methylamine**
**甲胺**

(CH₃)₃N
**trimethylamine**
**三甲胺**

**benzylcyclohexylmethylamine**
**苄基环己基甲胺**

在本书讨论的所有官能团中（19-1 节），氨基属于最低优先顺序。因此，当分子中有其他官能团存在时，它被当作主链的取代基，称为氨基。

3-(*N*-ethylamino)-1-butanol
3-(*N*-乙氨基)-1-丁醇

(*S*)-4-amino-2-hexanone
(*S*)-4-氨基-2-己酮

(*R*)-2-(*N*,*N*-dimethylamino)butanoic acid
(*R*)-2-(*N*,*N*-二甲氨基)丁酸

许多常用名是基于**烷基胺**（alkylamine，页边）这个名词来命名的，如烷基醇一样。

在胺的命名中，你可能会发现以前醇的命名中制定的一些指导原则仍然是有用的。

---

**指导原则：胺的命名规则**

- **步骤1.** 确定胺（或苯胺）的主链；

- **步骤2.** 氮上所连接的取代基用前缀 "*N*-" 标明其名字；

- **步骤3.** 对主链碳编号；

- **步骤4.** 按字母顺序写出所有取代基的名字，其前面冠以它的位置或者前缀 "*N*-"。

---

## 练习21-1

（**a**）分别用胺和烷基胺命名下列分子。

（ⅰ）
CH₃CHCH₂CH₃
NH₂

（ⅱ）
N(CH₃)₂

（ⅲ）
H₃C  H
Br     NH₂

（**b**）根据 IUPAC 规则命名下列化合物。

（ⅰ）
NH₂
HO

（ⅱ）
COOH
N

（ⅲ）
N    OCH₃

## 真实生活：医药  21-1 生理活性的胺和体重控制

大量有生理活性的化合物都应归功于分子内存在氨基。几个简单的例子是有名的处方药或非法药物，像肾上腺素（Adrenaline），六氢脱氧麻黄碱（Benzedrex），安非他酮（Bupropion），苯异丙胺（Amphetamine）和墨斯卡灵（Mescaline）。决定因素是这些化合物中大多数（不是所有的）含有 2-苯乙胺（β-苯乙胺）结构单元，也就是氮通过二碳链连接到苯环上（图中用绿色）。这种结构特征似乎对于与某些神经末梢起神经递质作用的大脑受体部位的结合至关重要。这种胺能影响多种行为：从控制食欲和肌肉活动到产生潜在的、成瘾性的兴奋作用。

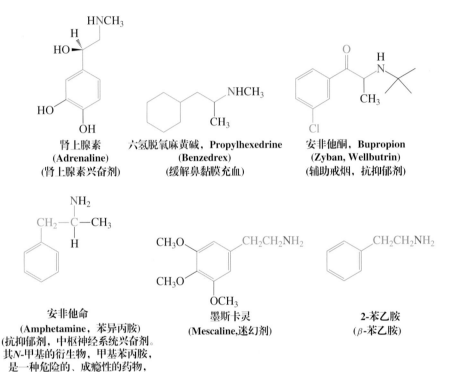

肾上腺素
(Adrenaline)
(肾上腺素兴奋剂)

六氢脱氧麻黄碱，Propylhexedrine
(Benzedrex)
(缓解鼻黏膜充血)

安非他酮，Bupropion
(Zyban, Wellbutrin)
(辅助戒烟，抗抑郁剂)

安非他命
(Amphetamine，苯异丙胺)
(抗抑郁剂，中枢神经系统兴奋剂。
其N-甲基的衍生物，甲基苯丙胺，
是一种危险的、成瘾性的药物，
又称摇头丸、冰毒。)

墨斯卡灵
(Mescaline,迷幻剂)

2-苯乙胺
(β-苯乙胺)

在跑步机上原地跑步来保持体形，控制体重。

通过分子设计选择性地作用于这些靶点，在开发体重控制和抗肥胖药物中起着重要的作用。在过去的十年中，这项工作已经取得了多个方向的研究进展，由于该研究的成果会产生从抑郁到不良心脏反应等副作用，许多人都因副作用而受到伤害。但经过 13 年的努力，2012 年，一些有希望的药物已经开始出现在市场上：与许多经典的基于安非他命的"减肥药丸"所产生的厌食（抑制食欲）作用不同，新型 β-苯丙胺衍生物鲁卡色林（Lorcaserin；商品名为比维克，

Belviq）则起兴奋剂的作用，是增加食欲的饱腹感，换句话说，你感到饿了，但开始进食后很快就感觉饱了，或者感觉饱的时间更长了。另一种不同策略基于芬特明（Phentermine）和托吡酯（Topimarate，商品名为 Qsymia）这两种药物的结合，前者是兴奋剂（冰毒的一种异构体）和食欲抑制剂，它的副作用似乎会被后者一种抗惊厥和情绪稳定剂所减弱。

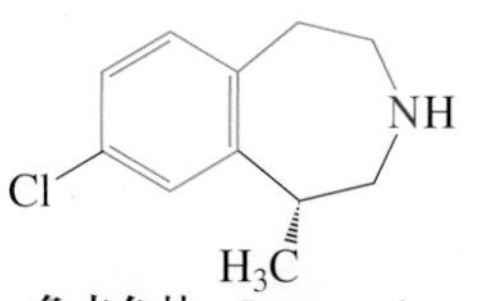

鲁卡色林，Lorcaserin
（比维克，Belviq）

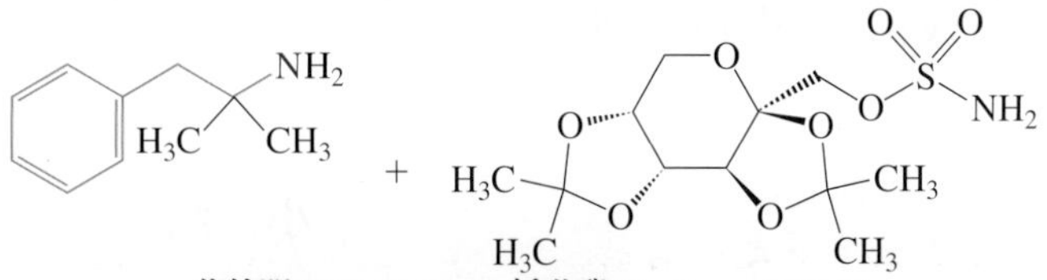

芬特明(Phentermine)-托吡酯(Topimarate)(1:6)
(Qsymia)

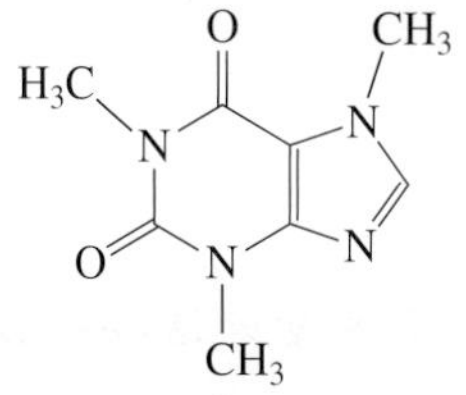

咖啡因

另一个途径是通过增加代谢速率（也就是增加体温）来控制体重，锻炼就能达到这个最简单和最普通的目的。一种有争议但不那么费力的替代方法是使用能产生热量的药，如咖啡因，但它所能增加代谢速率的效应是短暂的，随后便是一段时间的代谢抑制。

能产生热量的药物通过"燃烧掉脂肪"来控制体重，反其道而行之的办法是开发另一类药物来阻止代谢以抑制热量的摄入。奥利司他（Orlistat，FDA 1999年批准）就是一个例子，它是一种能在肠内抑制脂肪酶促分解的分子。脂肪酶催化甘油三酯（组成脂肪和油脂的1,2,3-丙三醇的三酯，20-5节）水解成脂肪酸，脂肪酸能溶于水并被人体吸收。当酶促水解受到阻碍，食物中的甘油三酯未经消化而被直接排泄掉。作为第一个减肥药，奥利司他最初是以处方药出售的，2007年被美国FDA批准为非处方药（商品名为阿利，Alli），成为第一个减肥药。

胺类不是研究的唯一具有潜在控制体重的药物。例如，完全不易消化的不含氮的脂肪蔗糖聚酯（Olestra），它的开发是基于发现带有五条以上长链酯的分子不能被肠壁吸收。虽然蔗糖聚酯的结构看起来很复杂，实际上它是普通食用糖——蔗糖的简单八酯物（第24章，蔗糖用绿色标示）。蔗糖聚酯现用于一些食品，特别是美味小吃，如土豆条、奶酪泡芙和饼干中。

减肥药的研究除了减肥后满足了人的虚荣之外，还有更多其他的应用，因为肥胖对健康是主要的危害，它会引起慢性病，如心血管和呼吸道疾病、高血压、糖尿病和某些癌症，它缩短了那些受肥胖折磨的人的寿命。肥胖主要是由无法控制的代谢疾病导致的（或许对一些人来说是遗传的因素）。

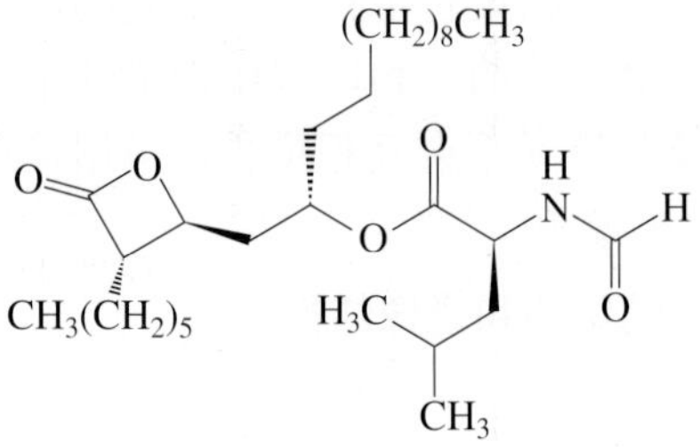

奥利司他（Orlistat）
(Xenical, Alli)

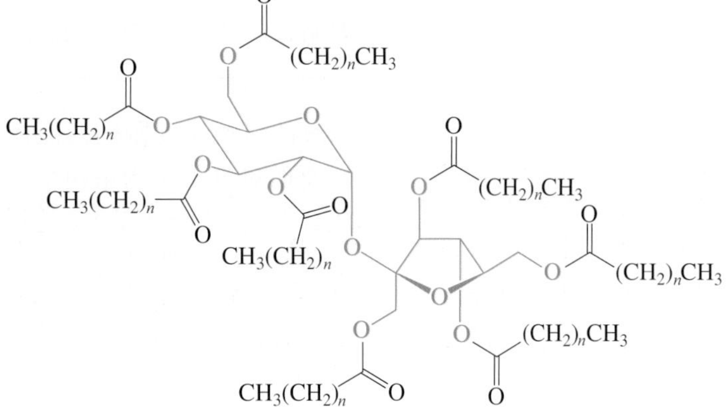

蔗糖聚酯（Olestra）

### 练习21-2

画出下列分子的结构（括号内为常用名）。

（**a**）2-炔丙胺（炔丙胺）；（**b**）*N*-(2-烯丙基)苯甲胺（*N*-烯丙基苄胺）；（**c**）*N*,2-二甲基-2-二丙胺（叔丁基甲胺）；（**d**）1-（反-3-氨基环戊基)-1-乙酮；（**e**）2-氨基苯甲酸甲酯。

---

## 小　结

命名胺的首选方法是用烷（烃）胺（alkanamine）或苯胺（aniline）。一般命名用烷基胺（alkylamine），其他官能团放在胺的前面，取代基用 *N*- 来标明。

---

# 21-2 | 胺的结构和物理性质

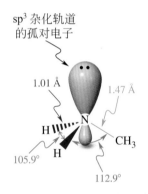

sp³ 杂化轨道的孤对电子

1.01 Å    1.47 Å

H    N    CH₃

105.9°    112.9°

H

**图21-1** 近似四面体的电子对排列和甲胺的锥形结构（甲基胺）。

氮常采用四面体结构，类似于碳，但由一对孤对电子代替碳的第四个键。因此胺通常具有以杂原子为中心的四面体构型，但是这样的排列不是刚性的，这是由于分子发生了称为"翻转"的快速异构化过程。氮的电负性不如氧，因此氮所形成的氢键比"氧"所形成的氢键弱。这导致胺的沸点比相应的醇的沸点要低。

### 烷基胺中氮是四面体结构

与酰胺（20-1 节）不同，胺的氮原子轨道非常接近 sp³ 杂化（1-8节），形成近似的四面体排列。四面体的三个顶点由三个取代基占据，第四个则为孤对电子，这个孤对电子正是胺具有碱性和亲核性的根源。**锥形**（pyramidal）这个词常用来描述氮和它的三个取代基所形成的几何形状。图21-1 显示了甲胺的结构。

### 练习21-3

甲胺中连接到氮上的键（图 21-1）均比甲醇（图 8-1）中连接到氧上的键要略长，请说明原因（**提示**：表1-2）。

---

胺的氮原子周围的四面体几何形状显示：如果它带有三个不同的取代基，而孤对电子作为第四个基团，分子会是手性的。和以碳作为手性中心的化合物类似（5-1 节），这样的化合物及其镜像不会互相重叠，可用简单的手性烷基胺 *N*-甲基乙胺（乙基甲基胺）来说明。

*N*-甲基乙胺（乙基甲基胺）的结构和镜像结构

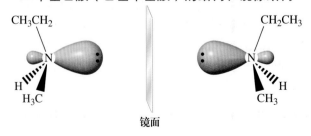

镜面

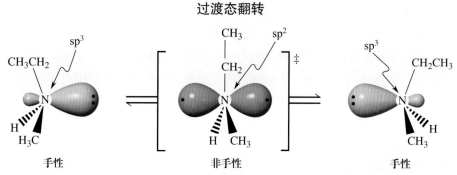

过渡态翻转

手性       非手性       手性

**图21-2** *N*-甲基乙基胺（乙基甲基胺）的两个对映体在氮上快速互变而翻转，这导致化合物显示没有光学活性。

但是，为什么胺的样品显示没有光学活性？以氮原子为手性中心的胺的构象不稳定，这是由于所谓翻转过程引起的快速异构化。分子反转经历了氮原子的 $sp^2$ 杂化的过渡态，如图 21-2 所示。这种过渡态类似于图 6-4 中在 $S_N2$ 反应中所观察到的翻转一样（6-5 节）。在通常的小分子胺中，这种过程的能垒由光谱技术测得为 $5\sim7\,kcal\cdot mol^{-1}$（约为 $20\sim30\,kJ\cdot mol^{-1}$）。对于简单的二或三烷基胺，当氮原子是唯一的手性中心时，在室温下消旋化，因此不可能保持对映体纯。

## 胺形成的氢键比醇的氢键更弱

因为醇容易形成氢键（$5\sim6\,kcal\cdot mol^{-1}$，8-2 节），所以它的沸点非常高。原则上胺也应该如此，表 21-1 的数据说明了这一点。但因为胺所形成的氢键❶ 比醇的弱，所以它的沸点较低，在水中溶解度也较小。一般来说，胺的沸点是介于相应的烷烃和醇的沸点之间。较小的胺可溶于水和醇，因为它们能与溶剂形成氢键。如果胺的疏水部分超过六个碳，在水中的溶解度就快速降低，较大分子的胺基本上不溶于水。

### 表21-1 胺、醇和烷烃的物理性质

| 化合物 | 熔点 /℃ | 沸点 /℃ | 化合物 | 熔点 /℃ | 沸点 /℃ |
|---|---|---|---|---|---|
| 甲烷（$CH_4$） | $-182.5$ | $-161.7$ | 二甲胺（$(CH_3)_2NH$） | $-93$ | $7.4$ |
| 甲胺（$CH_3NH_2$） | $-93.5$ | $-6.3$ | 三甲胺（$(CH_3)_3N$） | $-117.2$ | $2.9$ |
| 甲醇（$CH_3OH$） | $-97.5$ | $65.0$ | | | |
| 乙烷（$CH_3CH_3$） | $-183.3$ | $-88.6$ | 二乙胺（$(CH_3CH_2)_2NH$） | $-48$ | $56.3$ |
| | | | 三乙胺（$(CH_3CH_2)_3N$） | $-114.7$ | $89.3$ |
| 乙胺（$CH_3CH_2NH_2$） | $-81$ | $16.6$ | 二正丙胺（$(CH_3CH_2CH_2)_2NH$） | $-40$ | $110$ |
| 乙醇（$CH_3CH_2OH$） | $-114.1$ | $78.5$ | 三正丙胺（$(CH_3CH_2CH_2)_3N$） | $-94$ | $155$ |
| 正丙烷（$CH_3CH_2CH_3$） | $-187.7$ | $-42.1$ | 氨（$NH_3$） | $-77.7$ | $-33.4$ |
| 正丙胺（$CH_3CH_2CH_2NH_2$） | $-83$ | $47.8$ | 水（$H_2O$） | $0$ | $100$ |
| 正丙醇（$CH_3CH_2CH_2OH$） | $-126.2$ | $97.4$ | | | |

## 小 结

胺采用近似的四面体构型，其中孤对电子占据四面体的一个顶点。原则上胺中氮原子是手性的，但是很难保持对映体纯的状态，这是因为孤对电子在氮原子上的快速翻转。胺的沸点高于同样大小的烷烃的沸点，低于相似醇的沸点，这是因为氢键较弱的缘故，胺的水溶性介于烷烃和醇之间。

---

❶ 所有的胺在氢键中都能作为质子受体，只有伯胺和仲胺还能作为质子供体，但叔胺不能，因为它缺少这样的质子。

—NH₂中氢的剪切振动

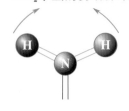

# 21-3 | 胺的谱学特征

伯胺和仲胺可用红外光谱来识别，因为它们在波数为3250～3500cm⁻¹范围内显示一个特征的宽带 N—H 伸缩振动吸引峰。伯胺在这个范围内有两个强峰，而仲胺只出现一个很弱的单峰（参见胺的红外光谱，20-1 节）。伯胺在靠近 1600cm⁻¹ 处还显示一条谱带，这是由氨基的剪切振动所产生的（11-8 节的图 11-17 和页边）。叔胺不出现这样的信号，因为它的氮上没有氢。图 21-3 是环己胺的红外光谱。

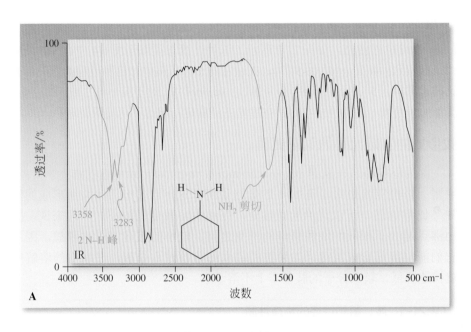

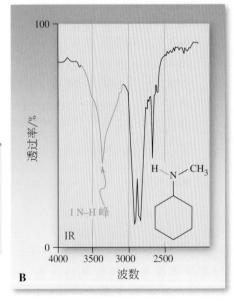

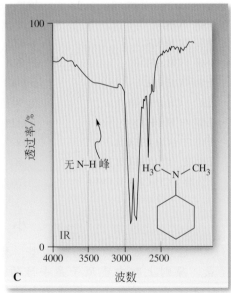

**记住：** 一般情况下，极性较强的键的红外伸缩振动吸收强度也较强（11-8节），N—H键的极性比O—H键弱，因此，它的红外谱带也相对较弱。（比较图21-3和图11-21）。

**图 21-3** （A）环己胺的红外光谱。分子在波数为3250～3500cm⁻¹ 出现两个强吸收峰，这是伯胺官能团 N—H 伸缩振动的特征吸收峰。靠近 1600cm⁻¹ 的宽带是 N—H 键剪切振动的结果。（B）*N*-甲基环己胺只在3300cm⁻¹ 出现一个 N—H 峰。（C）*N,N*-二甲基环己胺在 3250～3500cm⁻¹ 没有峰。

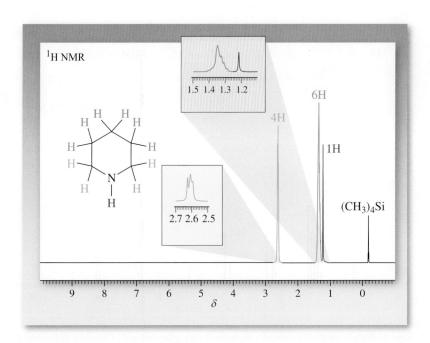

**图21-4** 氮杂环己烷（哌啶）的300MHz $^1$H NMR谱图。像醇中O—H的信号一样，胺的N—H峰可能出现在通常H化学位移范围内的几乎任何位置，这里N—H吸收峰出现在δ=1.22，因使用干燥的溶剂（CDCl$_3$），峰形较尖。

核磁共振对于测定氨基的存在也是很有用的，与醇的核磁共振谱中的O—H信号一样，胺中的氢往往是共振产生的宽峰。它们的化学位移通常在δ=0.5～5.0，主要取决于在溶剂中与水的质子交换速率和形成氢键的程度。图21-4显示，一个环状仲胺氮杂环己烷（哌啶）的 $^1$H NMR谱图。氮氢峰出现在δ=1.22处，另外两组信号在δ=1.34和2.61处。较低场的吸收可归属于氮邻位的碳氢，这是因氮的电负性造成的去屏蔽效应。

### 练习21-4

预测一下胺 RCH$_2$NH$_2$ 中杂原子邻位 H 比醇 RCH$_2$OH 中杂原子邻位 H 的去屏蔽作用大还是小？说明原因（**提示：**练习21-3）。

胺的 $^{13}$C NMR谱显示同样的倾向：直接连到氮上的碳比烷烃中的碳原子在更低场发生共振，然而，与在 $^1$H NMR谱图（练习21-4）中一样，氮的去屏蔽效应比氧小。

**真的吗** ❓

有一个报道称大多数美国纸币受到可卡因污染，一个作者从某银行得到一张新的50美元纸币并做质谱分析。竟然真的有一个峰（峰C，分子离子峰）以及三乙醇胺（峰A，清洁剂和墨水中的一种乳化剂和表面活性剂）、尼古丁（峰B），最突出的是邻苯二甲酸二辛酯（峰D，一种增塑剂，特别是在 PVC 塑料中）。但其含量很低，每张纸币平均含 16μg。

#### 各种胺的 $^{13}$C NMR谱化学位移

25.5 27.2 47.5 对比 23.6 26.6 68.0 25.1 25.7 36.7 50.4 NH$_2$ (CH$_3$CH$_2$)$_2$NH 15.4 44.2 CH$_3$NCH(CH$_3$)$_2$ 33.6 50.9 22.6

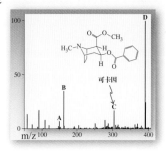

质谱方法容易确定有机化合物中氮的存在。氮是三价，而碳是四价，由于形成这些价键的需要和氮的原子量（14）是偶数，因此带一个氮原子的分子（或者任何奇数氮）的分子量是奇数（回顾练习11-24）。对含有一个氮的烷基胺的分子式为 C$_n$H$_{2n+3}$N，很容易理解上述结论。

**图21-5** $N, N$-二乙基乙胺（三乙胺）的质谱，在$m/z = 101$处出现一个分子离子峰。通常含一个氮原子的分子的分子量是奇数，基峰是由于失去一个甲基而形成的$m/z = 86$的亚胺离子。

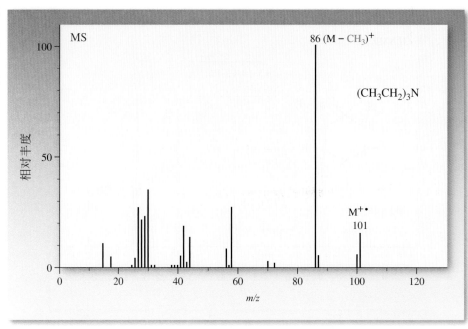

胺的质谱碎片对结构确定也是有帮助的。例如，$N, N$-二乙基乙胺（三乙胺）的质谱显示分子离子峰$m/z = 101$（图21-5），而比较突出的基峰$m/z = 86$则是因 $\alpha$-裂解失去一个甲基所引起的（11-10节），由于**亚胺离子**（iminium ion）的共振稳定，结果有利于这种碎片的形成。

**$N,N$-二乙基乙胺的质谱碎片**

$$(CH_3CH_2)_2\overset{+\cdot}{N}CH_2 \overset{|}{\underset{|}{\;}} CH_3 \longrightarrow CH_3\cdot + \left[ (CH_3CH_2)_2\overset{+}{N}=CH_2 \longleftrightarrow (CH_3CH_2)_2\overset{+}{\ddot{N}}-CH_2 \right]$$

$m/z = 101$<br>$N,N$-二乙基乙胺<br>（三乙胺）　　　　　　　　　　　　$m/z = 86$<br>亚胺离子

氮的邻位碳-碳键的断裂一般是很容易的，以至于观察不到分子离子峰。例如，1-己胺的质谱几乎看不到分子离子峰（$m/z = 101$），而主峰对应的却是甲基亚胺离子碎片 $[CH_2=NH_2]^+$（$m/z = 30$）。

## 解题练习21-5

**运用概念解题：胺的结构推定**

一个分子式为 $C_8H_{11}N$ 的化合物显示下列谱图数据：

MS：$m/z$（相对强度）$= 121(M^+, 6)$，$91(15)$，$30(100)$；$^1H$ NMR：$\delta$ 1.16（s, 2H），2.73（t, $J = 7Hz$, 2H），2.93（t, $J = 7Hz$, 2H），7.20（m, 5H）；$^{13}C$ NMR（DEPT）：$\delta$ 40.2（$CH_2$），43.6（$CH_2$），126.1（CH），128.4（CH），128.8（CH），139.9（$C_{qua_t}$）；IR（neat）：选择吸收带 $\tilde{\nu} = 700cm^{-1}$，746$cm^{-1}$，1603$cm^{-1}$，2850$cm^{-1}$，2932$cm^{-1}$，3026$cm^{-1}$，3062$cm^{-1}$，3284$cm^{-1}$，3366$cm^{-1}$。说出这是何种化合物？

**策略：**

综合谱图数据来推测这个未知物的结构。首先让我们对这些已知信息进行如下分析：先以质谱和 $^1H$ NMR 进行初步推测，然后看其他剩下的数据是否支持这一推测。但是，像这样的问题，也可以从你以为最相

关的任何一个谱图信息开始，从一种类型的谱图跳到另一种类型进行分析，然后结合起来解答。

**解答：**

- 质谱显示的分子离子峰（$m/z = 121$）对应的分子式应该是 $C_8H_{11}N$。
- 比较有用的是碎片峰：第一个是 $m/z = 91$，意味着分子离子峰失去一个分子量为 30 的片段，这个失去的片段正好是第二个碎片离子的值。换句话说，分子有效地断裂成两个碎片 $m/z = 91$ 和 30。我们应如何来把 $C_8H_{11}N$ 切成这两个碎片呢？你马上就会想到 $m/z = 30$ 一定是由 $[CH_2=NH_2]^+$ 产生的，因为没有其他合理的选择（带有这个分子量的分子只有乙烷 $C_2H_6$）。因此，$m/z = 91$ 的组分是 $C_7H_7$。
- 再看 $^1H$ NMR 谱，我们注意到所有的氢可分成四组，其比例为 $2:2:2:5$。第一组氢是单峰，是一对没有紧接着邻位氢的氢原子，或者是连到氮上的氢，如 $NH_2$（由快速质子交换去偶）；接下来的两组氢是三重峰，必定是由 $CH_2$ 基团（邻位）间的相互偶合引起的，推测存在一个 $A—CH_2—CH_2—B$ 结构。
- 从 $C_8H_{11}N$ 减去 $C_2H_4$ 留下 $C_6H_7N$ 的结构为 A + B。
- 最后我们在 $\delta = 7.20$ 处观察到一组芳香环的多重峰，共五个氢，明显是苯基（$—C_6H_5$），把这个基团定为 A，那么 B 就是 $NH_2$。一个可能的结构就是 2-苯乙胺（$C_6H_5CH_2CH_2NH_2$）。这样的解释肯定应和质谱中主要碎片是甲基亚胺和苄基正离子 $[C_6H_5CH_2]^+$ 相一致 [附带说明：苄基正离子在质谱条件下快速重排成它的比较稳定的芳香大环异构体环庚三烯正离子（15-7 节）]。
- 让我们再看看剩下的光谱数据是否支持这一初定结构，$^{13}C$ NMR 谱出现预期的六条化学位移谱线（表 10-6，21-3 节）。
- 红外光谱除了芳香结构上的 H 和饱和 C—H 吸收以外，还含有氨基的吸收带，$\tilde{\nu} = 3366cm^{-1}$、$3284cm^{-1}$ 和 $1603cm^{-1}$，与图 21-3（A）显示的那些非常相似。所有数据完全符合页边所提示的结构。

练习 21-5 中提到的分子用谱学技术证实存在于多种动物中，据发现食肉动物如狮子、老虎和浣熊的尿液中含有这种胺的量是食草动物的 3000 倍。对食肉动物的潜在猎物的研究表明，这些动物对检测发现该化合物具有高度敏感的嗅觉受体，能引起先天的应激反应。

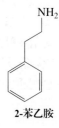

2-苯乙胺

## 21-6　自试解题

你能预测一下页边中所显示的化合物 N-乙基 -2, 2- 二甲基丙胺的大致光谱（IR，NMR，$m/z$）数据吗？

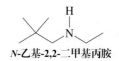

N-乙基-2,2-二甲基丙胺

## 小　结

N—H 键的 IR 伸缩振动吸收范围在 $3250 \sim 3500cm^{-1}$，相应的 $^1H$ NMR 通常是宽峰，可在不同的化学位移（$\delta$）处找到。吸电子的氮引起邻位的碳和氢的去屏蔽作用，但其去屏蔽化程度不如醇和醚中的氧。因为氮的三价特性，只含一个氮原子的简单烷基胺的质谱有一个奇数分子离子峰。碎片断裂是以产生共振稳定的亚胺离子的方式出现的。

# 21-4 | 胺的酸性和碱性

像醇一样（8-3 节），胺既是酸性又是碱性的。因为氮的电负性比氧小，胺的酸性比相应的醇大约小 20 个数量级。相反，氮上孤对电子非常容易质子化，使得胺成为一个更好的碱。

**胺的酸性和碱性**

$$胺作为一种酸：\quad RNH_2 + \,^-:B \,\xrightleftharpoons{K_a}\, R\ddot{N}H + HB$$

酸                                共轭碱

$$胺作为一种碱：\quad R\ddot{N}H_2 + HA \,\xrightleftharpoons{K_b}\, RNH_2^+ + \,^-:A$$

碱                                共轭酸

## 胺是很弱的酸

很多事实表明胺的酸性比醇弱得多：氨基负离子（$R_2N^-$）可用于脱除醇的质子（9-1 节）。这种质子转移的平衡强烈地趋向于烷氧基负离子。高的平衡常数值（大约 $10^{20}$）是由于氨基负离子的强碱性，这和胺的弱酸性是一致的。氨和烷基胺的 $pK_a$ 值大约在 35 左右。

记住：$K_a$ 把作为溶剂的 $[H_2O]$ 包括在内，并认定是常数，即水的物质的量浓度为 $55.5 mol \cdot L^{-1}$。因此，平衡常数 $K_a = 55.5 \times K$（2-2 节）。

**胺的酸性**

$$R\ddot{N}H_2 + H_2\ddot{O} \,\xrightleftharpoons{K}\, R\ddot{N}H + H_2\overset{+}{\ddot{O}}H \qquad K_a = \frac{[R\ddot{N}H][H_2\overset{+}{\ddot{O}}H]}{[R\ddot{N}H_2]} \approx 10^{-35}$$

胺        氨基负离子        $pK_a \approx 35$
（弱酸）    （强碱）

胺的去质子化需要非常强的碱，如烷基锂试剂。例如，二异丙基氨基锂（LDA）是常用于一些双分子消除反应的大位阻碱（7-8 节），在实验室中由 *N*-(1-甲基乙基)-2-丙胺（二异丙胺）和丁基锂反应来制备。

**LDA的制备**

$$\underset{\substack{\text{N-(1-甲基乙基)-2-丙胺}\\(二异丙胺)}}{\overset{\begin{array}{cc}H_3C & CH_3\\ | & |\end{array}}{CH_3CH\ddot{N}CHCH_3}} \xrightarrow[-CH_3CH_2CH_2CH_2H]{CH_3CH_2CH_2CH_2Li} \underset{\substack{\text{二异丙基氨基锂}\\(LDA)}}{\overset{\begin{array}{cc}H_3C & \overset{Li^+}{CH_3}\\ | & |\end{array}}{CH_3CH\overset{-}{\ddot{N}}CHCH_3}}$$

**氨基钠的制备**

$$2\,Na \quad + \quad 2\,NH_3$$

$$\downarrow \text{催化量的 } Fe^{3+}$$

$$2\,NaNH_2 \quad + \quad H_2$$

氨基负离子合成的另一个方法是由胺和碱金属反应：把碱金属溶解在胺中（尽管相对较慢），反应放出氢气并生成胺盐（与碱金属溶于水和醇时放出大量氢气和生成氢氧化物或醇盐类似，9-1 节）。例如氨基钠可由液氨和金属钠在催化量的正三价铁离子（$Fe^{3+}$）存在下制备，$Fe^{3+}$ 能加速电子转移到氨上。没有这种催化剂，金属钠仅溶于氨中（标记为"Na，液 $NH_3$"）形成很强的还原溶液（13-6 节）。

## 胺为中等碱性，铵离子为弱酸性

胺可以较小程度地从水中获得一个质子，形成铵离子和氢氧根离子，因此胺的碱性比醇强，但不如醇盐的碱性强。质子化发生在氮的孤对电子上，如页边中 $N,N$-二甲基甲胺（三甲胺）的静电势图。

$N,N$-二甲基甲胺
（三甲胺）

$$CH_3\overset{+}{N}H_3\,Cl^-$$
氯化甲铵

**胺的碱性**

$$RNH_2 + H-\overset{..}{O}H \underset{}{\overset{K_b}{\rightleftharpoons}} R\overset{\overset{H}{|}{+}}{N}H_2 + H\overset{..}{O}{:}^-$$
胺　　　　　　　　　　　　铵离子

环戊基乙基甲铵
碘化物

反应产生的铵盐可以是伯、仲、叔的，这取决于氮上取代基的数目。

$$R\overset{+}{N}H_3\,Cl^-$$　　$$R_2\overset{+}{N}H_2\,Br^-$$　　$$R_3\overset{+}{N}H\,I^-$$
氯化伯铵　　　　　溴化仲铵　　　　　碘化叔铵

铵盐的命名是在取代基的名字后加铵（后缀 -ammonium），后接阴离子。

用胺的共轭酸（2-2 节）即铵离子的酸性强弱来度量胺的碱性强弱是很有用的。铵离子是一种比水（p$K_a$=15.7，表 2-2）或醇的酸性强，但比羧酸（p$K_a$=4～5，19-4 节）的酸性弱得多的酸。

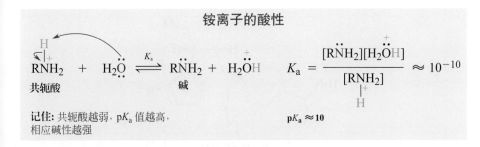

**铵离子的酸性**

$$R\overset{\overset{H}{|}{+}}{N}H_2 + H_2\overset{..}{O} \overset{K_a}{\rightleftharpoons} R\overset{..}{N}H_2 + H_2\overset{+}{O}H \qquad K_a = \frac{[R\overset{..}{N}H_2][H_2\overset{+}{O}H]}{[RNH_2\overset{\overset{H}{|}{+}}{}]} \approx 10^{-10}$$

共轭酸　　　　　　　　　　　碱

记住：共轭酸越弱，p$K_a$ 值越高，相应碱性越强　　　　　　　　p$K_a \approx 10$

*[L. E. Gilbert, university of Texas at Austm]*

在北美和南美地区发生了褐色疯蚂蚁（左边，*Nylanderia fulva*）和火蚁（*Solenopsis invicta*）之间的激烈的战斗，前者获胜了，因为它用自己的化学武器——甲酸使对手的胺类毒液被简单地质子化而去除了毒性。

任何能增加胺中氮的电子云密度的因素，如取代基或杂化，也能增加胺的碱性和相应的铵盐的 p$K_a$ 值。相反，减少胺中氮的电子云密度也会减小其碱性和相应的铵盐的 p$K_a$ 值。例如，烷基铵盐比铵根离子（$NH_4^+$）的酸性略小，因此，相应胺的碱性较大，这是因为烷基的给电子特性（7-5 节和 16-1 节）。但是，正如下页所示，随着烷基取代基的增加，其 p$K_a$ 值并不逐渐增大。事实上，叔胺的碱性比仲胺还弱，造成上述结果的原因是溶剂化效应。因为在胺的氮上增加烷基数目，空间位阻障碍不利于溶剂化层形成（8-3 节），同时，烷基取代基增多减少了连到氮上的氢的数目，而这些氢可能参与形成有利的氢键（21-2 节）。这两种现象均抵消了溶液中烷基的诱导给电子性质。事实上，气相中没有溶剂，胺的碱性与预期的趋势是一致的：（p$K_a$）$NH_4^+$ < $CH_3NH_3^+$ < $(CH_3)_2NH_2^+$ ≪ $(CH_3)_3NH^+$。

*cis* 和 *trans*

火蚁毒液
**R** = 烷基或烯基

疯蚂蚁的解毒剂：甲酸

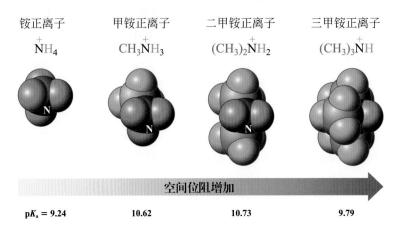

**一系列简单铵离子的p$K_a$值❶**

| 铵正离子 | 甲铵正离子 | 二甲铵正离子 | 三甲铵正离子 |
|---|---|---|---|
| $\overset{+}{N}H_4$ | $CH_3\overset{+}{N}H_3$ | $(CH_3)_2\overset{+}{N}H_2$ | $(CH_3)_3\overset{+}{N}H$ |

空间位阻增加

| p$K_a$ = 9.24 | 10.62 | 10.73 | 9.79 |

游离胺和铵盐的快速平衡对胺类药物的制剂配方和活性是很重要的。由于其中性状态不溶于水，因此出售的药物都是以其盐的形式，以利于口服或静脉给药。氨基的p$K_a$值也影响着药物的分布、代谢、排泄以及与受体部位的结合。例如，药品摄入后，胃的酸性环境（pH=2~4）将使药物质子化，因此，通过非极性的胃壁时仅很少量被吸收。一旦进入肠内（pH=5~7），酸碱平衡移向胺，大量药物就会透过肠壁被吸收。这个平衡状态会继续直到药物分子到达活性部位，并以氢键作用（中性形式）或极性相互作用（盐型）停留在靶标处。药物化学家经常会进行微调使其结构达到最佳p$K_a$配置。例如，对下面显示的实验血液抗凝剂的骨架进行了广泛的修饰以调节它的酸性在p$K_a$为2~11范围内。

**R = H, p$K_a$ = 11**
**R = F, p$K_a$ = 2**
**血液抗凝剂**

## 芳香胺、酰胺和亚胺中氮上孤对电子不太容易质子化

和简单的烷基胺比较，氮上带有吸电子取代基的胺的碱性更弱。例如，质子化的2-[双(2-羟乙基)氨基]乙醇（下页）的p$K_a$只有7.75，这是因为存在三个诱导性吸电子氧的结果。相似地，苯胺（p$K_a$ = 4.63）比饱和的类似物环己胺（p$K_a$ = 10.66）和其他伯胺的碱性弱得多。产生这种效应有两个原因：其一是苯胺中连到氮上的芳香环碳为sp$^2$杂化，使得该碳相应地具有吸电子性（11-3节和13-2节），这样，氮的孤对电子较难质子化；其二是

---

❶ 文献中一个混乱之处是把铵离子的p$K_a$值当成中性胺的p$K_a$值，当说"甲胺的p$K_a$值为10.62"时，意思是甲铵离子的p$K_a$值为10.62，实际上甲胺的p$K_a$值是35。

由于电子对向芳香 π 体系（16-1 节）的离域形成共振稳定结构，而质子化将失去该共振稳定作用。类似的例子是乙酰胺，其中氮的孤对电子由于诱导（羰基碳是正极化）和共振效应而传递到乙酰基（20-1 节）。

| | | | |
|---|---|---|---|
| 2-[双(2-羟乙基)氨基]乙醇（三乙醇胺） | 苯胺（共振减少 N 上孤对电子的可利用性） | 环己胺 | 乙酰胺（共振减少 N 上孤对电子的可利用性） |

| | | | |
|---|---|---|---|
| p$K_a$ = 7.75 | 4.63 | 10.66 | 0.63　质子化发生在氧上 |

可以预料的是氮本身的杂化也会极大地影响其碱性，下列碱性大小排序：$NH_3$ > $R_2C=\ddot{N}R'$ > $RC\equiv N:$，这是我们在讨论烷烃、烯烃和炔烃的相对酸性时曾遇见的现象（13-2 节）。相应地，亚胺离子（17-9 节）的 p$K_a$ 值估计在 7～9；N-质子化腈（20-8 节）的酸性更强（p$K_a$<-5）。表 21-2 总结了一些代表性胺的共轭酸的 p$K_a$ 值。

**表 21-2　各种胺的 p$K_a$ 值**

| 化合物 | 共轭酸 p$K_a$ 值 | 化合物 | 共轭酸 p$K_a$ 值 |
|---|---|---|---|
| $:NH_3$ | 9.24 | 苯胺 :NH₂ | 4.63 |
| $CH_3\ddot{N}H_2$ | 10.62 | | |
| $(CH_3)_2\ddot{N}H$ | 10.73 | 乙酰胺 :O: CH₃—C—NH₂ | 0.63 |
| $(CH_3)_3N:$ | 9.79 | | |
| $(HOCH_2CH_2)_3N:$ | 7.75 | $\underset{R}{\overset{R}{C}}=\underset{R}{N}:$ | 7～9 |
| 环己胺 :NH₂ | 10.66 | | |
| | | $R—C\equiv N:$ | <-5 |

## 练习 21-7

（**a**）将下列胺类按碱性递减顺序排列：

（**b**）解释下列质子化胺的p$K_a$值为什么逐渐降低。

$$\underset{10.7}{\text{~~~~}\!\!\!\!\!\!\!\!\!\!\!\!\text{NH}_2} \qquad \underset{9.5}{\text{~~~~}\!\!\!\!\!\!\!\!\!\!\!\!\text{NH}_2} \qquad \underset{8.2}{\text{~~~~}\!\!\!\!\!\!\!\!\!\!\!\!\text{NH}_2}$$

p$K_a$ =      **10.7**           **9.5**           **8.2**

## 小 结

胺是弱酸，需要用烷基锂试剂或碱金属处理才能形成氨基负离子。同样，它们也是中等强度碱，能生成一定弱酸性的铵盐。

## 21-5 | 烷基化合成胺

这一节中我们将讲述合成烷基胺的各种途径。我们已经了解怎么样从芳烃经亲电硝化反应合成硝基芳烃，接下来合成芳香类相似物苯胺（16-5节）。这个两步反应的一个例子是甲基苯（甲苯）转变成4-甲基苯-1,3-二胺。要合成烷基胺，我们可利用氮在许多分子中的重要性质：亲核性。因此，可采用直接或间接的化学方法使这种类型的化合物中的氮烷基化来合成胺。

**硝化还原成苯胺的路线**

甲基苯        94%        74%
（甲苯）    1-甲基-2,4-二硝基苯    4-甲基苯-1,3-二胺
             （2,4-二硝基甲苯）

### 胺可由其他胺衍生而来

作为亲核试剂，胺和卤代烷烃反应生成铵盐（6-2节）。遗憾的是这个反应并不是单一的，因为所生成的胺常发生进一步的烷基化反应。为什么会发生这样的复杂反应呢？

**氨的甲基化**

**第一次烷基化。两步生成伯胺**

第一步，亲核取代

$$H_3N: + CH_3-Br \longrightarrow CH_3\overset{+}{N}H_3 \ Br^-$$

溴甲铵

第二步，去质子化

$$CH_3\overset{+}{N}H_2 \ Br^- + :NH_3 \rightleftharpoons CH_3\overset{\cdot\cdot}{N}H_2 + H\overset{+}{N}H_3 \ Br^-$$

甲胺
（甲基胺）

细想氨和溴甲烷的烷基化反应，当这个转化是用等物质的量的起始物进行时，弱酸性产物（溴甲铵）一旦形成，就会（可逆地）提供一个质子给起始物（弱碱性的氨）。在这种情况下生成的甲胺就会有效地跟氨争夺烷基化试剂，进一步甲基化生成二甲铵盐。

这个过程不会就此停止，该盐会提供一个质子给反应体系中存在的其他两个含氮的碱中的任一个，生成 *N*-甲基甲胺（二甲胺）。这个化合物又构成另一个争夺溴甲烷的亲核试剂，进一步反应生成 *N*,*N*-二甲基甲胺（三甲胺），一直到最后生成溴化四甲铵（季铵盐）。反应最终得到胺和铵盐的混合物。

**氨的连续甲基化**

**继续烷基化。**生成相应的仲胺、叔胺、季铵或铵盐

$$CH_3\overset{\cdot\cdot}{N}H_2 \xrightarrow[\text{脱去溴化氢}]{CH_3Br} (CH_3)_2\overset{\cdot\cdot}{N}H \xrightarrow[\text{脱去溴化氢}]{CH_3Br} (CH_3)_3N\colon \xrightarrow{CH_3Br} (CH_3)_4N^+ \ Br^-$$

　　　　　　　　　　　*N*-甲基甲胺　　　　　　　　　　*N*,*N*-二甲基甲胺　　　　　　溴化四甲铵
　　　　　　　　　　　（二甲胺）　　　　　　　　　　　（三甲胺）

卤代烷烃和氨或胺反应生成混合物是该方法的一个严重不足，它限制了直接烷基化方法在合成上的应用。因此，常常使用间接烷基化的方法，特别是在合成伯胺中。

## 练习21-8

像其他胺一样，苯胺也能用氯甲基苯（苄氯，$C_6H_5CH_2Cl$）来苄基化。与在室温下进行的脂肪胺反应相反，这个反应需要加热到 90～95℃，说明原因（**提示**：参见 21-4 节）。

## 间接烷基化生成伯胺

由卤代烷烃合成烷基伯胺需要一个只与它反应一次，随后转变为氨基的亲核试剂。例如，氰基离子（⁻CN），把伯或仲卤代烷转变成腈，接着再还原成相应的胺（20-8 节）。这个两步反应使 RX ⟶ RCH$_2$NH$_2$ 的转变成为可能。但是，这个方法在卤代烷的骨架上多引入一个碳，因为氰基烷基化是在碳原子上而不是在氮原子上。

> **由氰化物取代-还原使卤代烷烃转变成同系物胺**
>
> $$RX + {}^-CN \xrightarrow{S_N2} RC{\equiv}N + X^-$$
>
> $$RC{\equiv}N \xrightarrow{\text{LiAlH}_4 \text{ 或 } H_2, \text{ 金属催化剂}} RCH_2NH_2$$

$$CH_3(CH_2)_8Br + NaCN \xrightarrow[-NaBr]{DMSO} \underset{93\%}{CH_3(CH_2)_8CN} \xrightarrow{H_2, \text{ Raney Ni, 100 atm}} \underset{92\%}{CH_3(CH_2)_8CH_2NH_2}$$

**1-溴壬烷**　　　　　　　　　　　　　　　　　　　　**癸腈**　　　　　　　　　　　　　　　　　　　**1-癸胺**

要将卤代烷烃选择性地转化为相应的胺而不增加碳链长度，需要一

R—N₃
烷基叠氮化物

个改良的氮亲核试剂，它在烷基化后就不再反应。这种亲核试剂就是**叠氮离子**（azide ion）N₃⁻，它与卤代烷烃反应生成**烷基叠氮**（alkyl azide）。接着，叠氮化物由催化氢化（钯-碳）或氢化铝锂还原成伯胺。

## 叠氮化物取代-还原

**反应**

91%
**3-环戊基-1-丙基叠氮化物**

89%
**3-环戊基-1-丙胺**

下面给出了用氢化铝锂还原叠氮化物的可能机理。

## 用LiAlH₄还原叠氮化物的机理

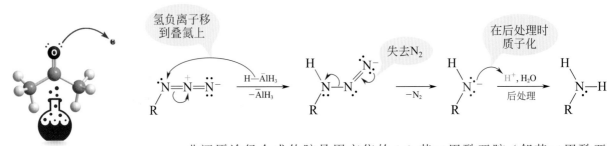

**机理**

氢负离子移到叠氮上

失去N₂

在后处理时质子化

非还原途径合成伯胺是用市售的1,2-苯二甲酰亚胺（邻苯二甲酰亚胺）的负离子，它是1,2-苯二甲酸（邻苯二甲酸）的酰亚胺。这个反应就是著名的**盖布瑞尔**❶（Gabriel）**合成法**。因为亚胺中的氮连两个羰基，NH 基团的酸性（p$K_a$ = 8.3）比普通的酰胺强得多（p$K_a$ = 22，20-7 节）。因此，用像碳酸盐这么弱的碱就能达到去质子化作用，生成的单烷基化负离子产率很高。接着用酸水解释放出铵盐，然后用碱处理盐就得到游离的胺。

## Gabriel伯胺合成法

:NH₃,
300°C
—H₂O

K₂CO₃,
H₂O

HC≡CCH₂—Br,
DMF, 100°C
—KBr
S$_N$2 反应

97%

相对酸性：
p$K_a$ = 8.3

**1,2-苯二甲酸**
（邻苯二甲酸）

**1,2-苯二甲酰亚胺**
（邻苯二甲酰胺）

---

❶ 西格蒙德·盖布瑞尔（Siegmund Gabriel，1851—1924），德国柏林大学教授。

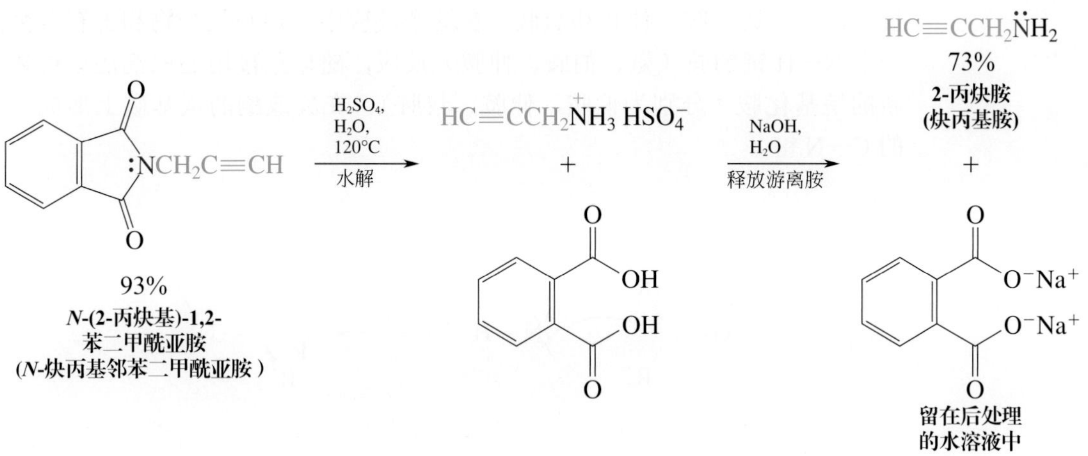

$$HC{\equiv}CCH_2\overset{\cdot\cdot}{N}H_3\ HSO_4^-$$

73%
2-丙炔胺
（炔丙基胺）

93%
*N*-(2-丙炔基)-1,2-
苯二甲酰亚胺
（*N*-炔丙基邻苯二甲酰亚胺）

留在后处理
的水溶液中

## 练习21-9

通常，用碱或肼（H₂NNH₂）来断裂 *N*-烷基-1,2-苯二甲酰亚胺（*N*-烷基邻苯二甲酰亚胺），两种处理方法的产物分别为 1,2-苯二甲酸盐 A 或者酰肼 B。请写出这两种转换的机理（**提示**：复习 20-6 节）。

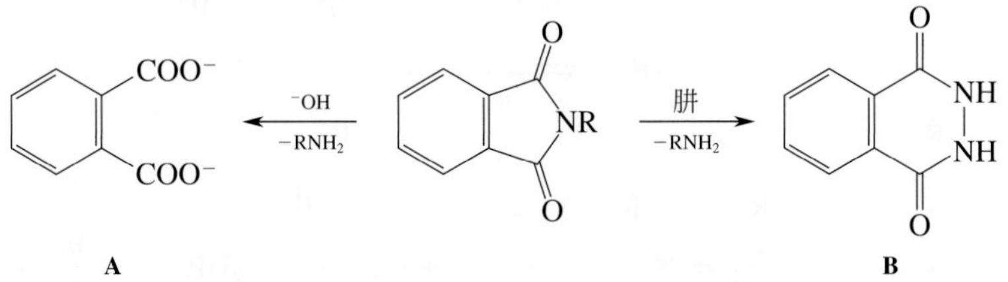

## 练习21-10

给出怎样用 Gabriel 方法来合成下列每一个胺：（**a**）1-己胺；（**b**）3-甲基戊胺；（**c**）环己胺；（**d**）甘氨酸（H₂NCH₂CO₂H）（**注意**：在合成甘氨酸时，需要特别注意羧基官能团。为什么？）对于这四种物质的合成，若用叠氮化物的取代-还原方法则是一样好、还是较好或较差？

### 小 结

胺可由氨或其他胺通过简单的烷基化反应来制备，但这个方法得到的是混合物，产率低。伯胺最好是用分步合成来制备，应用氰基和叠氮基或其他保护体系，如 Gabriel 合成法中的 1,2-苯二甲酰亚胺（邻苯二甲酰亚胺）。

# 21-6 | 还原胺化法合成胺

胺的更普适的合成方法称为醛和酮的**还原胺化**（reductive amination）

反应，能合成伯胺、仲胺和叔胺。在这个反应中，羰基化合物和含有至少一个 N—H 键的胺（氨、伯胺、仲胺）反应，随后直接用还原剂还原得到新的烷基化胺（分别为伯胺、仲胺、叔胺），在醛或酮的羰基碳上形成新的 C—N 键。

## 一般的还原胺化

$$O \overset{\delta^+}{=} C \overset{R}{\underset{R'}{\big<}} \quad :N-H \xrightarrow{\text{还原}} \overset{H}{\underset{R'}{R}} C-N:$$

反应顺序始于胺和羰基化合物（17-9 节）缩合得到相应的亚胺（氨和伯胺）或亚胺离子（仲胺），类似于醛和酮中的碳-氧双键，中间体碳-氮双键随即用催化氢化或加入特制的氢化物试剂来还原。

## 酮和伯胺的还原胺化

动画
动画展示机理：
还原胺化

$$\overset{R}{\underset{R'}{\big>}}C=O \ + \ H_2NR'' \ \underset{\text{缩合}}{\overset{\text{平衡}}{\rightleftharpoons}} \ \overset{R}{\underset{R'}{\big>}}C=N-R'' \ + \ H_2O$$

$$\overset{R}{\underset{R'}{\big>}}C=N-R'' \xrightarrow{\text{还原}} R'-\overset{R}{\underset{H}{C}}-NHR''$$

这个反应的成功在于还原剂的选择性：在催化剂铂或镍（12-2 节）存在下的氢气或氰基硼氢化钠（Na$^+$BH$_3$CN）。在所采用的条件下，这两个试剂和亚胺双键的反应速率比羰基的双键快，用 Na$^+$BH$_3$CN 时反应条件相对酸性（pH = 2～3），氮的质子化使亚胺双键得以活化，于是，氢化物对亚胺离子的亲核进攻比对羰基起始物的反应性要大好几个数量级，竞争结果最后生成胺而不是醇。正如页边所示，改良的硼氢化物试剂在这么低的 pH 中相当稳定（在这个条件下硼氢化钠水解，8-5 节），这是由于存在吸电子的氰基，它使氢的碱性（负氢化）变小。典型的操作中，在还原剂存在下让羰基组分和胺能与亚胺和水达到平衡。就这样，用氨得到了伯胺，用伯胺得到仲胺。

$$\underset{\substack{\text{从 H 到 :H}^-,\\ \text{能力减少,}\\ \text{因此试剂对}\\ \text{H}^+ \text{敏感度降低}}}{\overset{\substack{\text{N}\\ \|\|\\ \delta^+\text{C} \quad \uparrow \text{吸电子}\\ | \\ \text{H} \cdots \text{B} \cdots \text{H}\\ \text{H}}}{}}$$

## 通过还原胺化合成胺

由氨生成伯胺

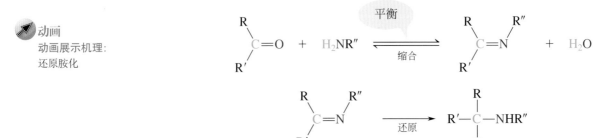

1-苯基-2-丙酮        不分离        安非他命
（工业产品）

由伯胺还原胺化生成仲胺

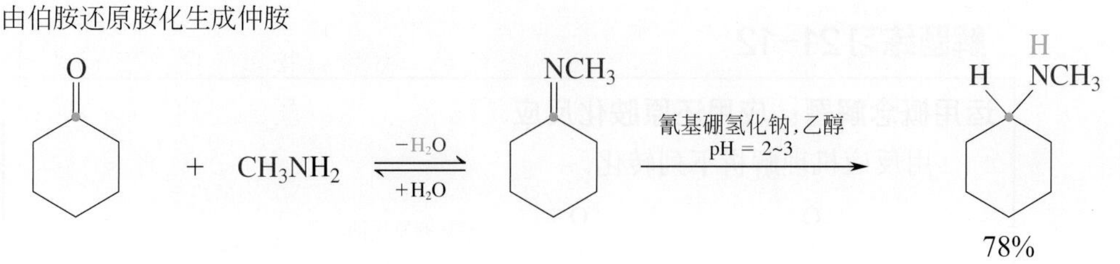

环己酮　　　　　　　　　　　　　　不分离　　　　　　　　　　78%
N-甲基环己胺

类似地用仲胺的还原胺化得到叔胺。

由仲胺还原胺化得到叔胺

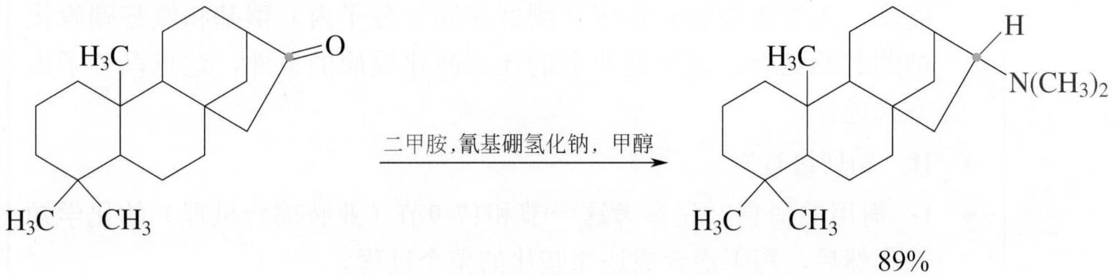

二甲胺,氰基硼氢化钠,甲醇

89%

仲胺不能与醛和酮形成亚胺，而是和相应的 N,N- 二烷基铵离子处于平衡（17-9 节），后者被氰基硼氢化钠的氢负离子（H⁻）的加成而还原成最终产物叔胺。

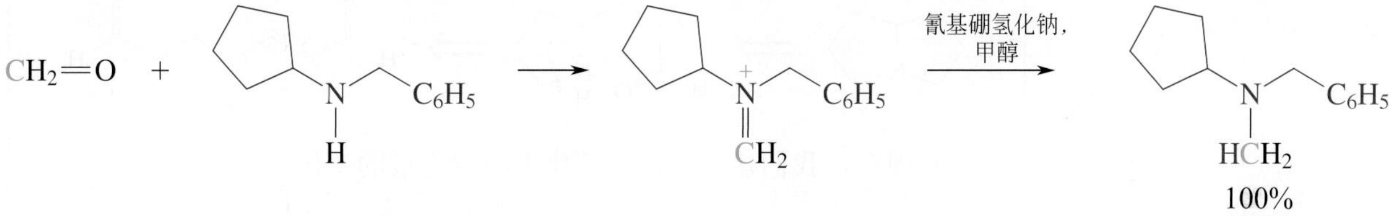

N-(苯甲基)环戊胺
(苄基环戊胺)　　　　　　亚胺离子　　　　　　　　N-甲基-N-(苯甲基)环戊胺
(苄基环戊基甲胺)
氰基硼氢化钠,甲醇
100%

### 练习21-11

（a）用反应式表示上述例子中仲胺的还原胺化机理。

（b）下面结构经逆合成分析包含三种可能的键的断裂，指出在构成指定键处还原胺化的前体。

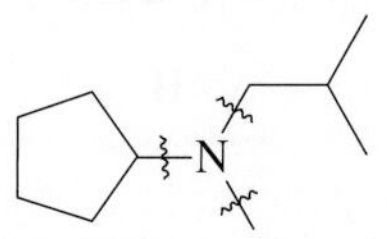

（c）设计一条由氯甲基苯合成 N-甲基-1-苯基-2-丙胺（甲基苯丙胺，真实生活 21-1）的路线。用逆合成分析法。

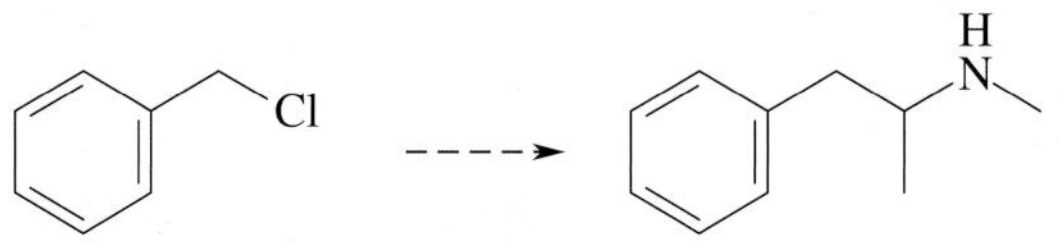

氯甲基苯　　　　　　　　　　N-甲基-1-苯基-2-丙胺

**解题练习 21-12**

**运用概念解题：应用还原胺化反应**

用反应机理解析下列转化。

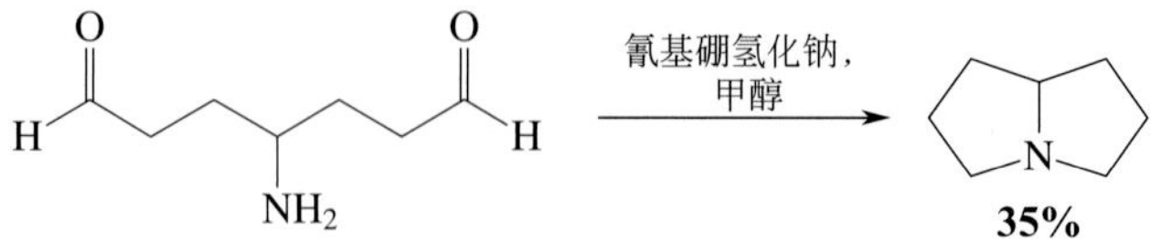

**策略：**

**W**：有何信息？通常，先要梳理一下原料、试剂和产物中存在的官能团。先考虑在胺存在下（刚好在同一分子内）羰基和氰基硼氢化钠的起始结合，这些是典型的还原胺化反应的条件，这里以分子内方式进行。

**H**：如何进行？

**I**：需用的信息？先参考这一节和17-9节（亚胺缩合机理）的化学知识。然后，写下逆合成还原胺化的整个过程。

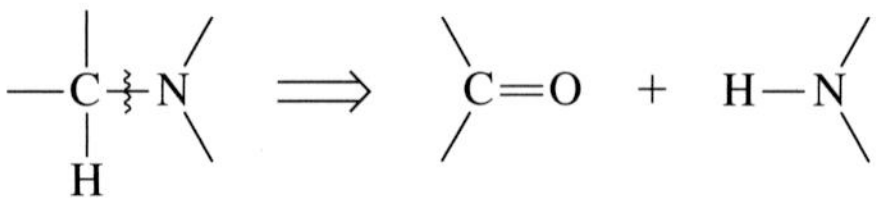

• 接下来，一次一个键地用逆合成方式写出产物中C—N键的断键模式：

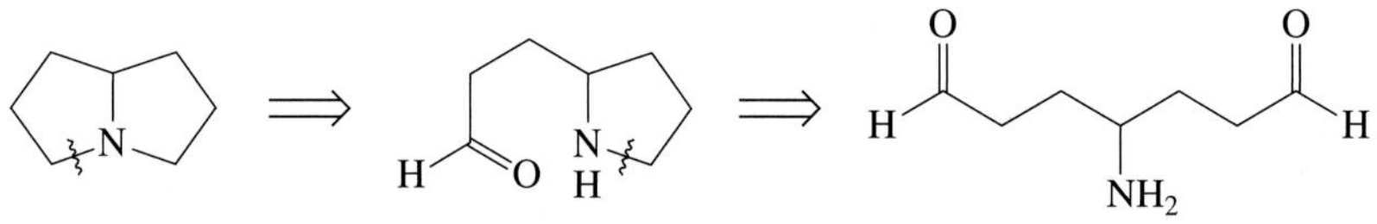

• 现在，我们建立了这一转化中的键连接的变化。

**P**：继续进行。

**解答：**

• 正反应的机理如下式所列（并未将所有的中间体或推电子弯箭头都列出）：

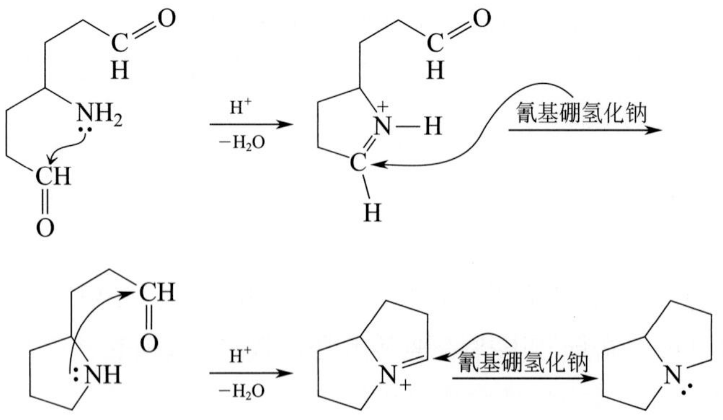

## 21-13 自试解题

如下式中所示，用改性氰基硼氢化钠试剂处理醛 A 得到天然产物 Buflavine，它是一种生长在南非名叫黄柏植物的块茎中的生物活性组分，它的质谱分子离子峰出现在 $m/z = 283$ 处，请给出建议结构。

以下反应式：

A (结构图)

经 $NaBH(OCCH_3)_3$ 处理 → Buflavine 35%

---

## 小　结

还原胺化反应是通过胺和醛或酮的还原性缩合生成烷基胺的过程。

---

# 21-7　由酰胺合成胺

酰胺能作为将羰基还原而得到胺的有用前体（20-6 节）。由于酰胺很容易由酰卤和胺反应而得到（20-2 节），因此胺类化合物依次经酰化-还原可得到可控的单烷基化胺。

**酰胺在胺合成中的应用**

$$RCCl + H_2\ddot{N}R' \xrightarrow[-HCl]{\text{碱}} RC\ddot{N}HR' \xrightarrow{LiAlH_4, (CH_3CH_2)_2O} RCH_2\ddot{N}HR'$$

在氢氧化钠存在下用溴或氯来氧化，可使伯酰胺转化成胺，换句话说，就是由 Hofmann 重排反应（20-7 节）来制备胺。在这个转化中羰基作为二氧化碳被释放，结果所形成的胺比原料少一个碳。

**Hofmann重排反应合成胺**

$$RCNH_2 \xrightarrow{Br_2, NaOH, H_2O} RNH_2 + O=C=O$$

### 练习21-14

根据页边 *N*-甲基己胺所示断键（⁓）处用逆合成分析法列出三种不同的反应路线，可使用任何原料构建 *N*-甲基己胺中的 C—N 键。

（页边结构：$H_3C$—NH—己基链）

---

## 小　结

酰胺经氢化铝锂处理可还原成胺。Hofmann 重排反应可把酰胺转变为胺，并失去羰基。

## 21-8 | 季铵盐的反应：Hofmann消除反应

与醇的质子化使羟基变成较易离去的基团 $^+OH_2$（9-2 节）一样，胺的质子化使生成的铵盐易受亲核进攻。在取代反应中，实际上胺不是足够好的离去基团（它们的碱性比水强）。然而，它们在 Hofmann❶ 消除反应中却能起这样的作用，在该反应中四烷基铵盐受到强碱的作用变为烯烃。

21-5 节描述了如何进行胺的彻底烷基化得到相应的季铵盐，但这类化合物在强碱存在下是不稳定的，因为它们会发生双分子消除反应生成烯烃（7-7 节）。碱进攻氮的 $\beta$ 位的氢，三烷基胺作为中性离去基团从分子中除去。

**季铵离子的双分子消除反应**

在 Hofmann 消除反应过程中，首先用过量的碘甲烷使胺**彻底甲基化**（exhaustive methylation），然后用湿的氧化银（$OH^-$ 的来源）处理以产生季铵碱。加热降解这种盐转化成烯烃。当反应产物可能有多个区域异构体时，和大多数双分子消除反应（E2）相反，Hofmann 消除反应倾向于生成较少取代基的烯烃（主要产物）。回顾11-6节，这个结果仍然符合Hofmann规则，由于铵盐的体积使得碱进攻分子中位阻较小的质子。

**1-丁胺的Hofmann消除反应**

$$CH_3CH_2CH_2CH_2NH_2 \xrightarrow[S_N2]{\text{过量 } CH_3I, K_2CO_3, H_2O} CH_3CH_2CH_2CH_2\overset{+}{N}(CH_3)_3 \; I^- \xrightarrow[-AgI]{Ag_2O, H_2O}$$

1-正丁胺　　　　　　　　　　　　　　　　　　　　　1-丁基三甲基碘化铵

$$\xrightarrow[E2]{\triangle} CH_3CH_2CH = CH_2 \; + \; HOH \; + \; N(CH_3)_3$$

1-丁基三甲基氢氧化铵　　　　　　　　　1-丁烯

### 练习21-15

给出下面两个化合物发生 Hofmann 消除反应生成的可能的烯烃产物结构：
（**a**）*N*-乙基丙胺（乙丙胺）；（**b**）2-丁胺。（**注意**：在 2-丁胺的 Hofmann 消除反应中需要考虑多个产物。**提示**：参见 11-6 节）。

---

❶ 这里的 Hofmann 就是有关双分子消除反应（E2）的 Hofmann 规则（11-6 节）和 Hofmann 重排（20-7 节）的 Hofmann。

胺的 Hofmann 消除反应曾用于解析含氮天然产物［如生物碱（25-8 节）］的结构。每次完全甲基化和 Hofmann 消除的结果是断裂一个 C—N 键，重复循环可给出杂原子的精确位置，特别是当杂原子在环上时。在这里所举的例子中，第一次 C—N 键断裂时环即被打开。

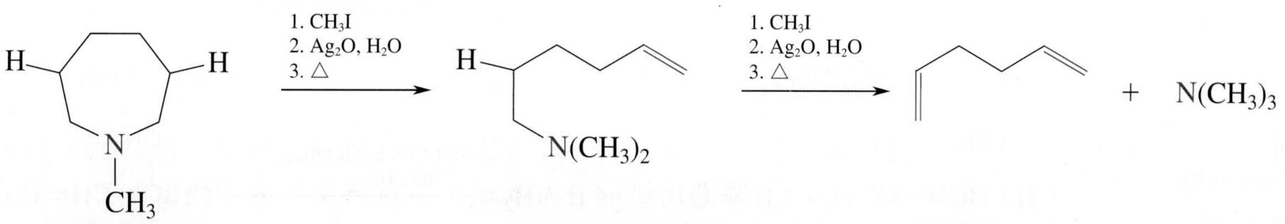

*N*-甲基氮杂环庚烷          *N*, *N*-二甲基-5-己烯胺          1,5-己二烯

### 练习21-16

用 Hofmann 消除反应推导结构时，为什么用完全甲基化而不用完全乙基化？（**提示**：寻找其他可能的消除途径）。

### 练习21-17

某一个未知胺的分子式是 $C_7H_{13}N$，$^{13}C$ NMR（DEPT）谱只在 δ 为 21.0（CH）、26.8（$CH_2$）和 47.8（$CH_2$）处有三条谱线，经三次循环的 Hofmann 消除反应生成 3-乙烯基-1,4-戊二烯（三乙烯基甲烷，页边）和它的双键异构体（由碱催化异构化产生的副产物）。请给出这未知物的结构。

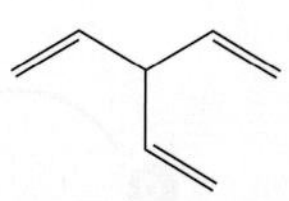

**3-乙烯基-1,4-戊二烯**

## 小　结

　　由胺的甲基化合成的季甲基铵盐在碱存在下发生双分子消除反应得到烯烃。

# 21-9 | Mannich反应：亚胺离子的烯醇烷基化反应

在羟醛缩合反应中，烯醇负离子进攻醛或酮的羰基（18-5 节）形成 β-羟基羰基产物。与此非常类似的一个过程称为**曼尼希** [1]（Mannich）**反应**。烯醇在这里是亲核试剂，而第二个羰基组分和胺缩合产生的亚胺离子作为底物，结果生成 β-氨基羰基产物。

为了区别 Mannich 反应中三个组分的反应活性，通常在含有 HCl 的醇溶液中用（1）酮或醛、（2）反应活性较大的醛（经常用甲醛，17-6 节）和（3）胺来反应，这些条件下得到的是产物的盐酸盐。游离的胺称为 **Mannich 碱**，可以用碱处理得到。

---

[1] 卡尔·U. F. 曼尼希（Carl U. F. Mannich，1877—1947），德国柏林大学教授。

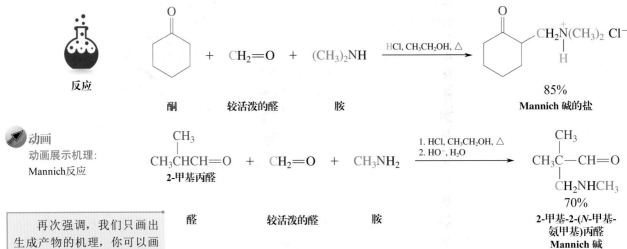

**Mannich反应**

反应

酮　　　　　较活泼的醛　　　　胺

$\xrightarrow{\text{HCl, CH}_3\text{CH}_2\text{OH, }\triangle}$

$+ \quad CH_2{=}O \quad + \quad (CH_3)_2NH$

$CH_2\overset{+}{N}(CH_3)_2 \; Cl^-$ / H

85%
**Mannich 碱的盐**

动画
动画展示机理:
Mannich反应

$\underset{\textbf{2-甲基丙醛}}{CH_3CHCH{=}O} \quad + \quad CH_2{=}O \quad + \quad CH_3NH_2 \xrightarrow[\text{2. HO}^-, \text{H}_2\text{O}]{\text{1. HCl, CH}_3\text{CH}_2\text{OH, }\triangle}$

$\overset{CH_3}{\underset{CH_2NHCH_3}{CH_3C{-}CH{=}O}}$

70%
**2-甲基-2-(N-甲基-氨甲基)丙醛**
**Mannich 碱**

醛　　　　　较活泼的醛　　　　胺

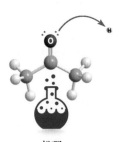

再次强调，我们只画出生成产物的机理，你可以画出多步可能的反应 [质子化；烯醇、半缩醛（酮）及半缩醛（酮）胺（α-氨基醇）的形成；羟醇加成]，所有这些都是可逆的"死胡同"，从而使Mannich反应成为可能。

这个反应过程的机理是：一方面由醛（例如甲醛）和胺首先形成亚胺离子；另一方面是酮的烯醇化。在页边的静电势图表明亚胺离子（蓝色）的缺电子和烯醇相对富电子（红和黄色）。也可以这样来看，与带羟基的碳（绿色）相邻的 α-碳（黄色）的电子云密度较大。烯醇一旦形成，它就在亲电的亚胺碳上发生亲核进攻，所生成的中间体因质子由羰基氧向氨基转移而形成 Mannich 盐。比较碱催化的羟醇加成反应，值得注意的是：烯醇组分的亲核能力和由羰基衍生的组分的亲电能力是十分匹配的。在羟醇反应中，烯醇被活化成烯醇化物来进攻羰基。在与之类似的 Mannich 反应中，羰基组分被活化（成数量级地）形成亚胺类（离子），弥补了中性烯醇所降低的亲核能力。

**Mannich反应的机理**

**步骤 1.** 形成亚胺离子

$CH_2{=}O \quad + \quad (CH_3)_2\overset{+}{N}H_2\,Cl^- \longrightarrow \quad CH_2{=}\overset{+}{N}(CH_3)_2\,Cl^- \quad + \quad H_2O$

**步骤 2.** 烯醇化（18-2 节）

**亚胺离子**

**步骤 3.** 碳-碳键形成

亲核的烯醇进攻亲电的亚胺碳

**烯醇**

**步骤 4.** 质子转移

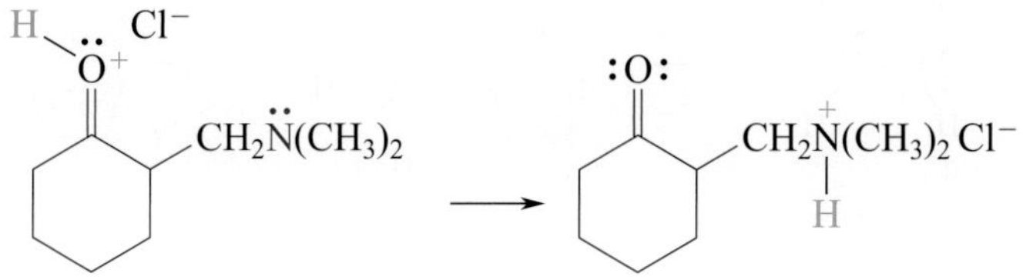

**Mannich 碱的盐**

下面的例子给出 Mannich 反应在天然产物合成中的应用。在这个例子中，一个环是由氨基和两个羰基中的一个缩合形成的。生成的亚胺盐接着和另一个羰基形成的烯醇式发生 Mannich 反应。产物含有倒千里光裂碱（Retronecine）的骨架（页边），这种生物碱存在于很多灌木中，对一些吃草的家畜来说是一种肝毒素（可引起肝损伤）。

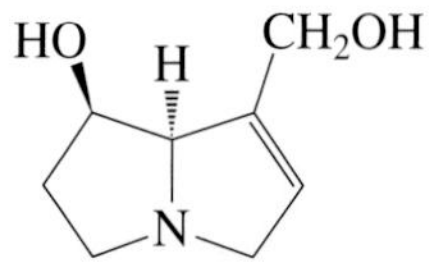

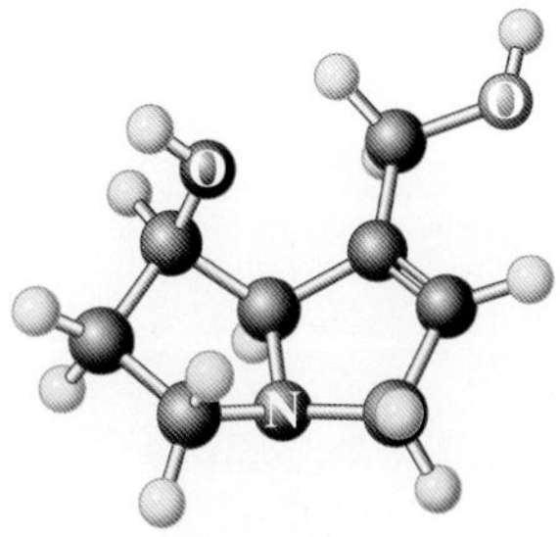

**Mannich反应的合成应用**

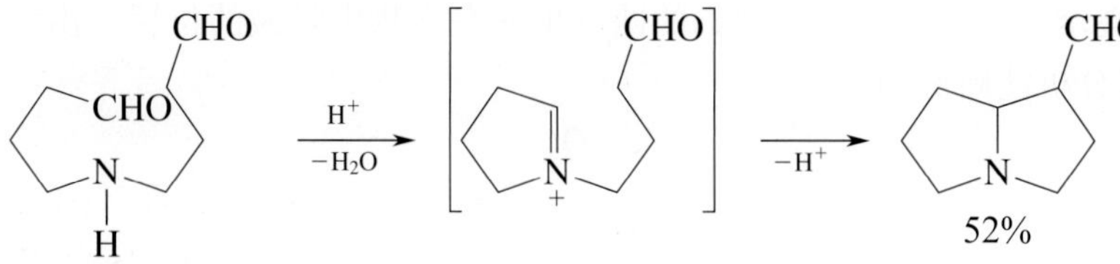

52%

倒千里光裂碱
（**Retronecine**）

### 解题练习21-18

**运用概念解题：练习Mannich反应**

写出氨、甲醛和环戊酮的 Mannich 反应的产物。

**策略：**

- **W**：有何信息？我们需要做的是什么？当然是鉴定反应产物。这个问题常常是相对直接的，因为在Mannich反应中，我们有三个有机组分，反应混合液成分复杂，需要在提出答案时非常小心。

- **H**：如何进行？要预测Mannich反应结果，需要遵循反应的机理，包括几步反应，重要的是按照顺序写出它们的反应式。

- **I**：需用的信息？Mannich反应的特点是两个羰基化合物和氨或胺（参见相关章节）。特别是我们必须鉴定两个羰基中比较活泼的羰基组分，因为反应是由它与胺的缩合开始。然后是形成的亚胺离子受到较不活泼的羰基组分的烯醇异构体的进攻。

- **P**：继续进行。我们按上面的几步反应机理推测。

**解答：**

- 比较活泼的羰基是甲醛。

- 甲醛和氨缩合成

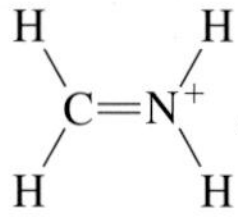

- 环戊酮的烯醇互变异构体是

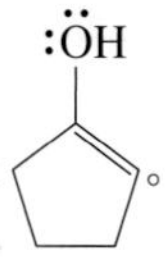

- 两个片段的反应：由富电子的烯醇进攻正极化的亚胺离子和碱后处理去质子化，从而完成反应。

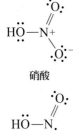

### 21-19 自试解题

写出下列每组 Mannich 反应的产物：（**a**）1-己胺 + 甲醛 +2-甲基丙醛；（**b**）*N*-甲基甲胺 + 甲醛 + 丙酮；（**c**）环己胺 + 甲醛 + 环己酮。

---

### 练习21-20

（**a**）*β*-二烷氨基醇和它们的酯是有用的局部麻醉剂，请提出以 2-丁酮和其他任何有机原料合成麻醉剂徒托卡因（Tutocaine）盐酸盐的路线（结构如下）。

（**提示**：确定由 2-丁酮得到的四碳单元在产物中隐藏的位置。由它运用逆合成分析法断键。）

**徒托卡因盐酸盐**

（**b**）曲马多（Tramadol）是一种很有效的潜在成瘾性的阿片类止痛药。它在美国每年处方量超过五千万美元。商业上用环己酮为原料，生成两个外消旋的立体异构体。提出如何用你选择的任何其他试剂来合成曲马多？同样，用逆合成分析法进行。

**曲马多**

---

## 小 结

醛（如甲醛）和胺缩合得到亲电的亚胺离子，在 Mannich 反应中受到酮（或其他醛）的烯醇异构体的进攻。产物是 *β*-氨基羰基衍生物。

**硝酸**

**亚硝酸**

## 21-10 | 胺的亚硝化反应

胺和亚硝酸（硝酸的一种低氧化态的同系物）反应是通过对活性中间体**亚硝酰正离子**（nitrosyl cation）NO$^+$ 上的亲核进攻而发生的。产物很大程度上取决于反应原料是脂肪胺还是苯胺，也取决于反应原料是伯胺、仲胺还是叔胺。本节讨论脂肪胺的反应，下一节讨论芳香胺的反应。

**真实生活：** 医药  **食品添加剂亚硝酸钠、_N_-亚硝基二烷基胺和癌症**

_N_-亚硝基二烷基胺是众所周知对多种动物的强致癌物质。尽管没有直接的证据，但也被怀疑会引发人类的癌症。大多数亚硝胺可引发肝癌，但它们中有一些在致癌性上显示出对器官（膀胱、肺、食道和鼻腔等）的特异性。

它们致癌作用的机理可能是先经酶促氧化连接到半缩醛胺（α-氨基醇，17-9 节）的一个 α-碳上，最后形成不稳定的单烷基-_N_-亚硝胺，如下所示的形成 _N_-亚硝基乙胺的过程：

酶促氧化

单烷基-_N_-亚硝胺

单烷基-_N_-亚硝胺是本节所述的碳正离子的来源，碳正离子很强的亲电性被认为是可进攻 DNA 的一个碱基，造成基因损伤，这似乎就是癌细胞产生的原因。

20 世纪 70 年代初，在挪威的农场，使用相当大剂量亚硝酸盐腌制的鲱鱼肉喂食农庄动物，这些动物开始出现高发的肝脏疾病，包括肝癌。鱼肉含有胺（如三甲胺是其气味的主要来源），不久人们就认识到胺和加入的亚硝酸盐反应会生成亚硝胺。这一发现使人们感到不安，因为肉中也有胺，在腌制肉时常常加入亚硝酸钠。亚硝酸钠抑制引起肉毒中毒的细菌的生长、延缓贮藏时腐败变味、保存添加的香味和熏味（如果肉是熏制的）。此外，它给予肉一种增进食欲的粉红色和腌肉的特殊风味。这颜色源于由亚硝酸产生的一氧化氮（NO），它与肌红蛋白中的铁形成红色的络合物（肌红蛋白的氧络合物显示血的独特颜色，26-8 节）。

腌肉的制作工艺会导致亚硝胺污染吗？答案是肯定的。在各种各样腌制的肉类中，如熏鱼、牛肉香肠（_N_-亚硝基二甲胺）和煎培根［_N_-亚硝基氮杂环戊烷（_N_-亚硝基吡咯烷），练习 25-7］中都检测到有亚硝胺存在。这个发现造成人们对环境问题左右为难：不用亚硝酸钠作为食品添加剂可以防止它成为亚硝胺的来源，但又会使肉毒中毒素大幅度增加。然而，人类受亚硝胺的侵害不仅仅是通过肉，啤酒中也有亚硝胺，脱脂奶粉、烟草制品、橡胶、一些化妆品和胃液中也都存在。存在胃中的亚硝胺可称为天然的，它可追踪到嘴里的细菌，这些细菌可以还原硝酸盐（普遍存在

于蔬菜，像菠菜、甜菜、萝卜、芹菜和甘蓝菜）成亚硝酸盐，这些亚硝酸盐会与我们食用的其他食物中存在的胺起反应。

因为亚硝胺对人类有潜在的致癌作用，亚硝酸盐在食品中的添加标准受到严格的限制（小于 200mg/kg）。在过去的二十年中，采用一些措施，如腌肉时使用添加剂以抑制亚硝胺的形成（如维生素 C，22-9 节）或改变生产工艺（例如啤酒制造），大大减少了人们可能摄入亚硝胺的量，估计大约每天 1μg。也有人认为人们已逐渐形成对这么少量的耐受性，但是仍然缺少确切的数据（参见真实生活 25-4，天然杀虫剂）。

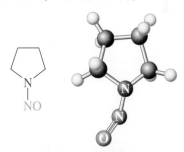

_N_-亚硝基氮杂环戊烷
（_N_-亚硝基吡咯烷）

在煎制的培根里发现亚硝胺

因为亚硝酸是不稳定的，我们必须用酸（如盐酸）处理它的盐——亚硝酸钠（NaNO₂）来制备。这种溶液含有胺，达到平衡后含有亚硝酰正离子（比较用硝酸来制备硝鎓正离子的结果，15-10 节）。

**从亚硝酸制备亚硝酰正离子**

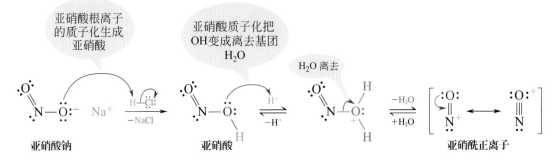

亚硝酰正离子是亲电的，受到胺的进攻形成 *N*-亚硝铵盐。

现在，亚硝化反应过程取决于胺上的氮是否带有氢，不带氢还是带一个氢或两个氢？*N*-亚硝叔铵盐只有在低温下才稳定，加热时就分解成混合物。*N*-亚硝仲铵盐仅仅发生去质子化而形成相对稳定的主产物 *N*-亚硝胺。

88%~90%
*N*-亚硝基二甲胺

*N*-亚硝胺是致癌物质，它存在于食品中，如鱼、腌肉和啤酒（真实生活 21-2）。

以伯胺开始的类似反应起初先得到单烷基-*N*-亚硝胺类似物。但是这些产物不稳定，因为氮上仍留有质子。通过一系列的氢转移，它们首先重排成相应的重氮氢氧化物，然后质子化，接着失去水，得到高活性的**重氮离子**（diazonium ion）R—N₂⁺。当 R 是仲烷基或叔烷基时，这些离子失去氮分子（N₂），形成相应的碳正离子，这些碳正离子可继续发生重排、脱质子或被亲核试剂捕获（9-3 节），生成所观察到的混合物。

下面所示反应流程图中，游离 H⁺ 不存在于溶液中，而是连到任何有利的电子对上，通常是溶剂水中的氧。

**N-亚硝伯胺的分解机理**

**步骤 1.** 互变异构成重氮氢氧化物

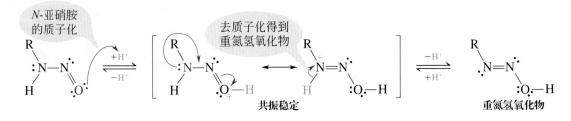

**步骤2. 失水生成重氮离子**

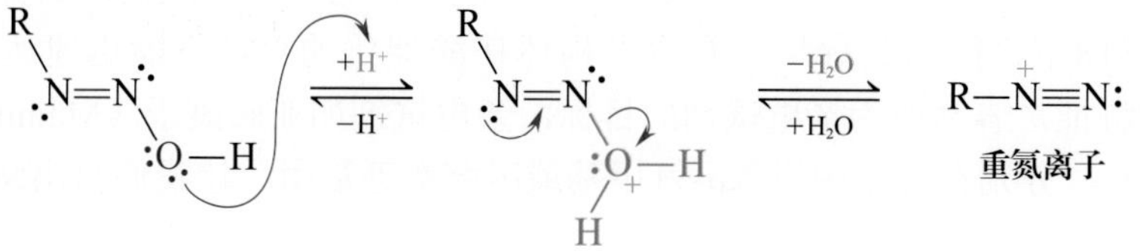

**步骤3. 失氮生成碳正离子**

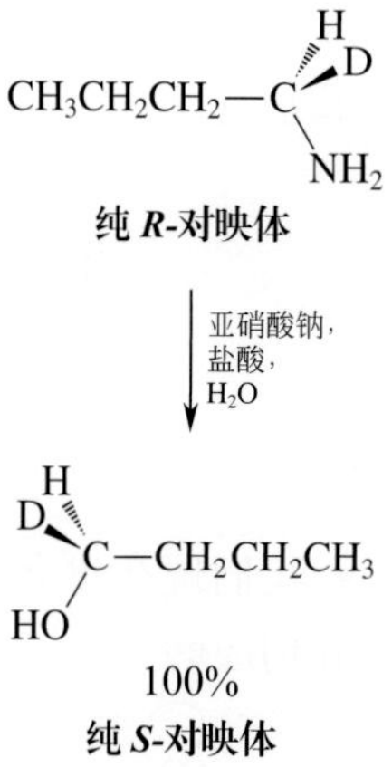

$$R \overset{+}{-} N \equiv N: \xrightarrow{-N_2} R^+ \longrightarrow 混合产物$$

## 练习21-21

刚刚显示的是 R 为仲烷基或叔烷基时重氮离子的分解机理。页边描述的结果是 1991 年报道的选择 R 为伯烷基的过程。请说明是不是同样的机理？

纯 *R*-对映体

亚硝酸钠, 盐酸, $H_2O$

100%

纯 *S*-对映体

亚硝酰正离子也同样进攻 *N*-甲基酰胺的氮，产物 *N*-甲基-*N*-亚硝基酰胺是有用的合成中间体的前体。

### *N*-甲基酰胺的亚硝化

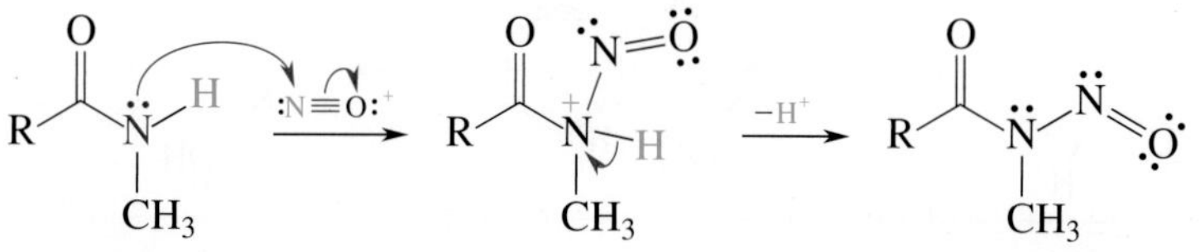

*N*-甲基酰胺　　　　　　　　　　　　　　　　*N*-甲基-*N*-亚硝基酰胺

## 解题练习21-22

**运用概念解题：运用基本原理——一个新的NO⁺的反应**

下面所述为酮发生亚硝化反应得到相应的肟（17-9 节），请用反应机理说明。

亚硝酸钠, 盐酸

**策略：**

- **W**：有何信息？这是一个新的反应，未在课本中讨论。要想了解它，需要弄清楚从原料到产物所发生的变化并回想反应试剂的功能。一个好的办法是用分子式：原料酮（$C_9H_{10}O$）转变为产物 $C_9H_9NO_2$，用NO取代H。

- **H**：如何进行？回到试剂，这一节中曾表明亚硝酸钠在酸存在下是亲电性亚硝酰正离子的来源。因此，是NO⁺进攻酮的α位，并取代一个质子。写出这个转化的假想产物。

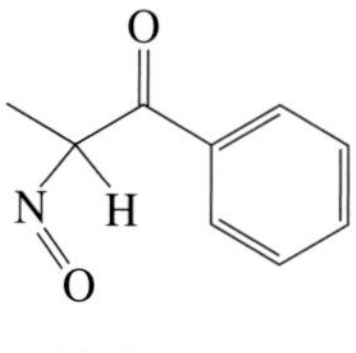

详细观察这个结构揭示它是产物的互变异构体！

- **I**：需用的信息？我们了解亲电试剂如何以这种方式进攻酮的吗？或者换句话说，我们怎么样使α-羰基碳变成亲核性的？回顾第18章，酮与其烯醇式互变异构体在酸催化的存在下能迅速达到平衡。这些烯醇具有富电子双键特征，容易成为亲电试剂的目标，亲电试剂如亚胺离子（Mannich反应，21-9节）或卤素（18-3节），分别在分子中引入α-氨甲基或α-卤素等基团。让我们写出NO⁺引发的类似的进攻。

- **P**：继续进行。

  解答：

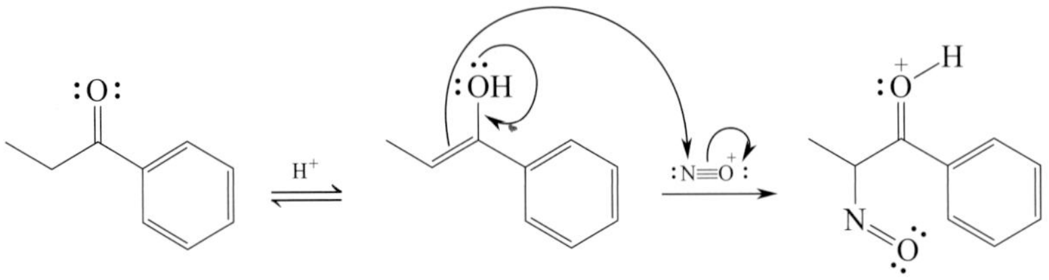

- 我们现在建立了最终产物中键的连接，要形成到最终产物，需要羰基的去质子化和亚硝酰部分互变异构成肟。

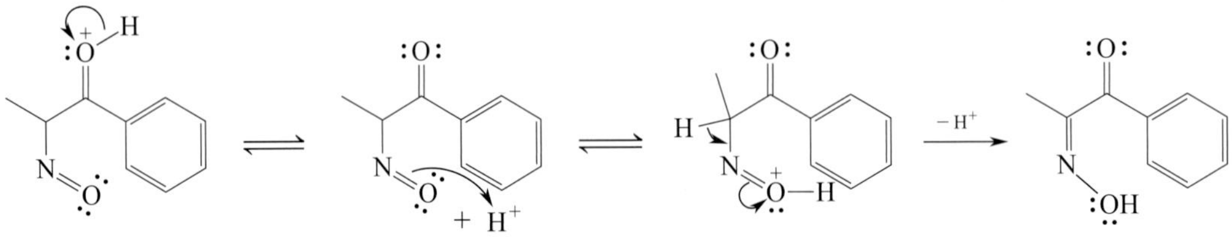

## 21-23 自试解题

下列反应可能用作制备对乙酰氨基酚的第一步（第16章开头）。它的反应机理是什么？与练习 21-22 所描述的反应过程的机理相关联的机理是什么？

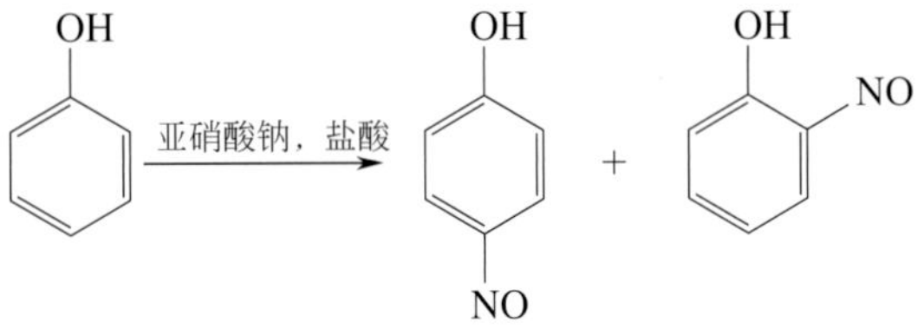

---

### 用碱处理 *N*-甲基-*N*-亚硝基脲得到重氮甲烷

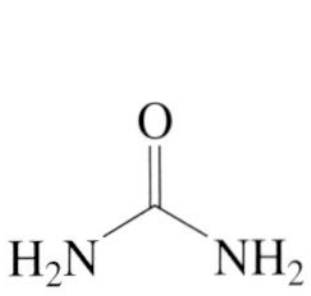

一种专门从脲（页边、真实生活 1-1 和 20-6 节）衍生而来的 *N*-甲基-*N*-亚硝基酰胺，即 *N*-甲基-*N*-亚硝基脲，用碱的水溶液处理变成**重氮甲烷**（diazomethane）$CH_2N_2$。这个转化的机理是首先用碱催化水解脲中一个酰胺键（20-6 节）释放出 *N*-甲基重氮氢氧化物，这种反应不像酸介导的脱水生成前面描述的重氮离子（本节），而是由不寻常的碱催化的甲基去质子化，接着失去羟基的脱水反应。

脲

#### 制备重氮甲烷

反应 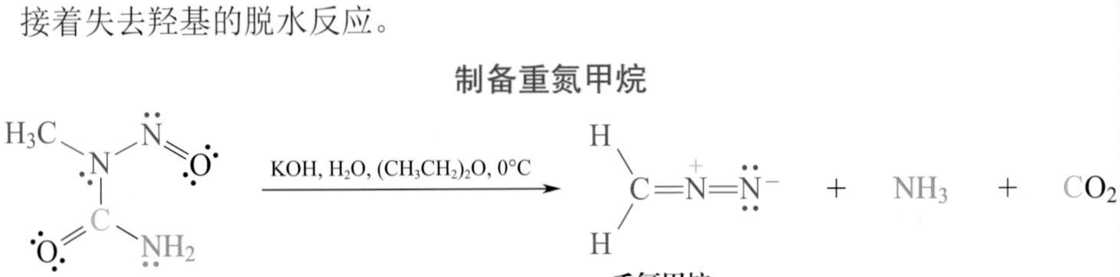          *N*-甲基-*N*-亚硝基脲                              重氮甲烷

**由*N*-甲基-*N*-亚硝基脲形成重氮甲烷的机理**

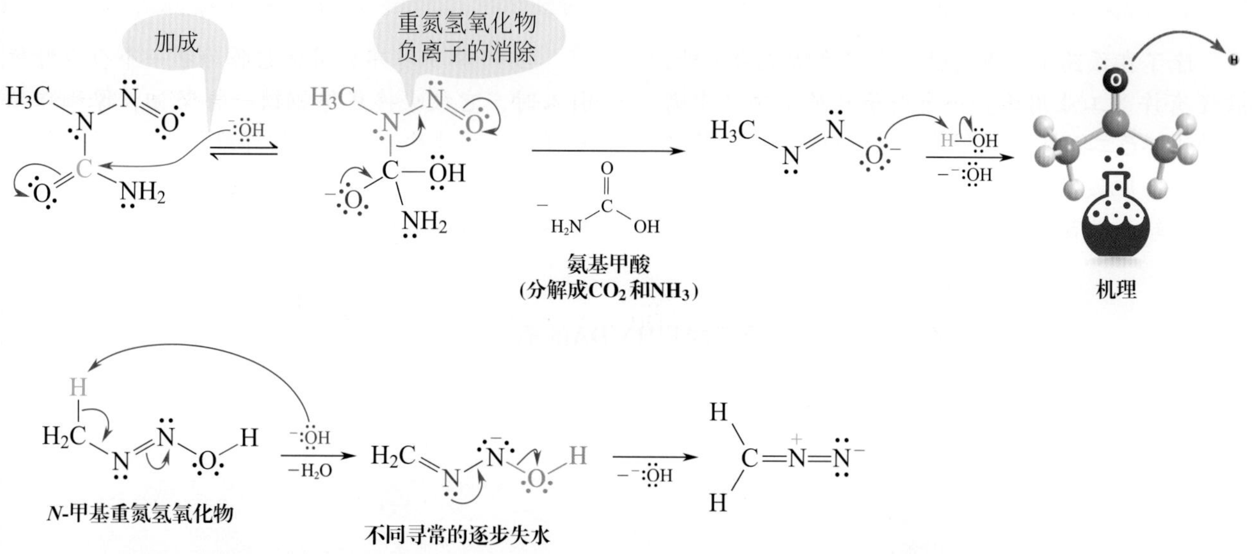
加成
重氮氢氧化物负离子的消除
氨基甲酸
(分解成$CO_2$和$NH_3$)
机理
*N*-甲基重氮氢氧化物
不同寻常的逐步失水

在由烯烃合成环丙烷时我们已用过重氮甲烷作为试剂（12-9 节），它也可用于由羧酸合成甲酯。但是，重氮甲烷在气态（沸点为 −24℃）和浓的溶液中是有剧毒且极易爆炸的。因此，通常是在稀的乙醚溶液中制备并立刻让它与酸反应。这个方法很温和，能使带有对酸和碱敏感的官能团的羧酸分子酯化，如下面例子所示。

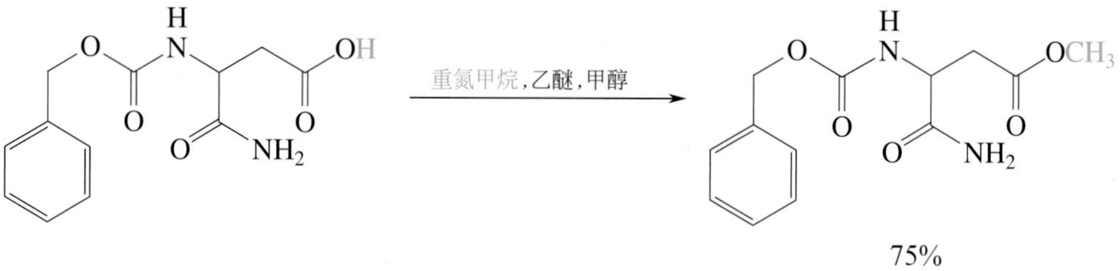
重氮甲烷，乙醚，甲醇
75%

当被光照或暴露在催化量的铜中时，重氮甲烷会放出氮气，生成活泼的卡宾——亚甲基（$H_2C$:），卡宾与烯烃加成反应生成立体专一性的环丙烷（12-9 节）。

## 练习21-24

用反应式表达重氮甲烷进行甲基酯化的机理（**提示**：参见 1-5 节中 $CH_2N_2$ 的共振结构，并回顾练习 21-21）。

## 小 结

亚硝酸进攻胺引起 *N*-亚硝化。仲胺经亚硝化反应得到 *N*-亚硝胺，它是臭名昭著的致癌物。从伯胺衍生的 *N*-亚硝胺通过 $S_N1$ 或 $S_N2$ 过程分解成多种产物。*N*-甲基酰胺的 *N*-亚硝化，产生相应的 *N*-亚硝基酰胺，在用氢氧化物处理时释放出重氮甲烷。重氮甲烷是一种活泼的物质，用于羧酸的甲酯化和作为烯烃的环丙烷化反应中亚甲基的来源。

**真实生活：**材料  **胺在工业上的应用——尼龙，"神奇的纤维"**

除了在医药上的重要性（真实生活 21-1）外，胺还有许多工业用途。一个例子是尼龙制造中需要的 1,6-己二胺（六亚甲基二胺，HMDA）。胺与己二酸（肥酸）缩聚生成尼龙 66，用它做成针织品、齿轮和数百万吨的纺织纤维。

当 1938 年杜邦公司把它作为第一个合成纤维引入时，它被吹捧成像钢铁一样坚韧，像蜘蛛丝一样细，并被称为"神奇的纤维"，是天然纤维的廉价替代品，非常耐用，还柔软易延展，是当今世界上应用最多的聚合物之一。

### 己二酸和HMDA的缩聚

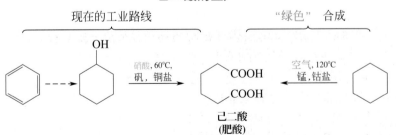

对尼龙的大量需求促使人们去发展一些巧妙、便宜的合成其前体单体的方法。因此，现在生产的己二酸是由苯经三条不同的多步路线来制备的，所有方法最后一步都是用硝酸在金属盐催化下氧化环己醇（或环己醇-环己酮混合物）。2006 年由法国 Rhodia 化学公司的化学家发布了一条"绿色"路线，用空气作为氧化剂来代替有毒、有腐蚀性的硝酸（HNO₃），而且更便宜。

电影明星玛丽·威尔逊的左腿（从吊车上可看到摇晃地悬挂着）穿着尼龙长袜的广告（好莱坞，1949）。
[*Bettmann/Getty Images*]

### 己二酸的生产

尼龙的己二胺组分原是杜邦公司的卡罗塞斯[1]从己二酸制备的，先把己二酸用氨处理变成己二腈，最后催化氢化得到二胺。

### 从己二酸制己二胺

$$HOC(CH_2)_4COH \xrightarrow[-4\ H_2O]{NH_3, \triangle} N{\equiv}C(CH_2)_4C{\equiv}N \xrightarrow{H_2,\ Ni,\ 130°C,\ 2000\ psi} H_2N(CH_2)_6NH_2$$

己二酸　　　　　　　　　　己二腈　　　　　　　　　　1,6-己二胺

当前，杜邦公司已把生产量调整为每年 30 万吨，依靠 1,3-丁二烯的直接氢氰化，所用镍和锌催化剂的混合物使双重反马式加成成为可能。

### 氢氰酸对 1, 3-丁二烯的加成

$$CH_2{=}CH{-}CH{=}CH_2 \xrightarrow{HCN,\ Ni[OP(C_6H_5)_3]_4,\ ZnCl_2} NCCH_2CHCHCH_2CN$$

Monsanto 发展了一个有竞争力的方法，使用更贵的原料，但只要一步反应：丙烯腈的电解加氢二聚。

### 丙烯腈的电解加氢二聚

$$2\ CH_2{=}CHC{\equiv}N + 2e^- + 2H^+ \longrightarrow N{\equiv}CCHCH_2{-}CH_2CHC{\equiv}N$$

丙烯腈

由于己二腈的工业重要性，世界上很多公司都在试验不同的转化方法，包括原料腈在钌催化剂的存在下直接加氢二聚或者另一种替代的磷化氢催化二聚，接着催化氢化。

---

[1] 华莱士·H. 卡罗塞斯博士（Dr. Wallace H. Carothers, 1896—1937）杜邦公司，美国特拉华州威明顿市。

## 总　结

　　我们在本书中已经多次看到胺的功能是作为碱或亲核试剂。早在1-3节和1-8节中用氨作例子就了解了它的价电子数和杂化形式；在2-2节，我们又看到它首次用作碱或亲核试剂；在5-8节特别介绍它的一项实际应用，用于酒石酸铵的拆分；第6章和第7章的核心是胺的亲核性；在17-9、18-4、18-9、19-10、20-6和20-7等节中详细介绍了它在合成方面的作用。

　　本章总结、强化并扩充这些内容，特别是指出了：

- 把胺命名为烷（烃）胺或苯胺，胺的官能团在本书中讨论的所有官能团优先顺序中排在最低位置。因此，在其他官能团存在下，它被称为取代氨基（21-1节）。

- 胺在氮上快速翻转，通常不能观察到明确的对映异构体（21-2节）。

- 因为氮比氧的电负性小，故胺形成的氢键比醇弱。

- 谱学特征：IR光谱，胺在$3250 \sim 3500 cm^{-1}$显示宽的N—H伸缩振动；$^1$H NMR谱，与电负性氮相邻的氢出现在$\delta = 2 \sim 3$，比相应的醇和醚略为高场；$^{13}$C NMR谱，连接氮的碳信号在$\delta = 30 \sim 50$之间，比连接氧的碳去屏蔽程度小。含有奇数氮原子的分子显示奇数的分子离子峰，实验很容易得到由$\alpha$-裂解成亚胺离子的质谱碎片（21-3节）。

- 胺是弱酸（$pK_a \approx 35$），去质子形成强的氨基碱$R-\overset{\cdot\cdot}{\underset{\cdot\cdot}{N}}-R'$。在质子化成铵离子（$pK_a \approx 10$）时它们也是弱碱（21-4节）。

- 氨和胺可直接烷基化合成从伯胺到季胺的烷（烃）胺。伯胺可通过烷基叠氮化物中间体，接着经负氢还原而间接地得到。另一个是Gabriel合成法，其特点是1,2-苯二甲酰胺（邻苯二甲酰胺）负离子的烷基化，随后水解制得（21-5节）。

- 另外一个制备胺的方法是还原胺化，其特点是在氰基硼氢化钠存在下，混合醛（或酮）和胺反应制备胺。当反应物胺是氨时生成伯胺，伯胺时生成仲胺，仲胺时则生成叔胺（21-6节）。

- 酰胺在用氢化铝锂还原时可得到胺，当伯酰胺用溴和氢氧化钠处理时发生Hofmann重排，生成少一个羰基碳的伯胺（21-7节）。

- 季铵盐和碱（如$Ag_2O$）反应时发生双分子消除（E2）反应（21-8节）。

- 在Mannich反应中，醛和酮发生了$\alpha$-氨甲基化，这是经过亚胺离子模式的羟醛缩合反应而进行的（21-9节）。

- 胺受到亚硝酸产生的$NO^+$的进攻发生$N$-亚硝化反应（21-10节）。

　　我们现在已经完成了用简单官能团来划分的各类基本有机化合物的学习。在本书的其余部分，我们将考察带多个相同或不同官能团的化合物。在这些章节里，特别是在杂环、蛋白质和核酸的学习中，我们还会再次看到氨基和胺的衍生物，我们将了解到氨基和羰基的组合是构成生命本身的分子结构的基础。

# 21-11 | 解题练习：综合运用概念

下面两个解题练习将会增强在逆合成分析和提出机理方面的能力。这些练习以这一章胺的化学作为基础，在解答中也综合运用其他各章中所述的原理。

### 解题练习21-25　复杂药物的逆合成分析和合成实践

在本章所提供的胺的合成方法的基础上，用4-三氟甲基苯酚和苯作为原料对抗抑郁症药物氟西汀（Prozac）进行逆合成分析。

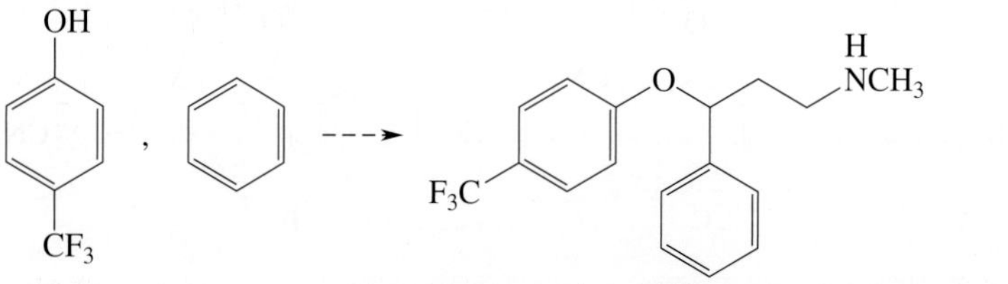

**氟西汀**
[(*R*,*S*)-*N*-甲基-3-(4-三氟甲基苯氧基)-3-苯基-1-丙胺]

**解答：**

任何一个合成问题，都可以想象很多可能的解答方法。但是，受到所给原料、汇聚性和实用性的限制，可供选择的方法就大大减少。显然，引入4-三氟甲基苯氧基团的最好办法是 Williamson 醚合成法（9-6 节），即用一个合适的苄基卤化物，如化合物 A（22-1 节）和第一个原料——4-三氟甲基苯酚反应。

**逆合成步骤到 A**

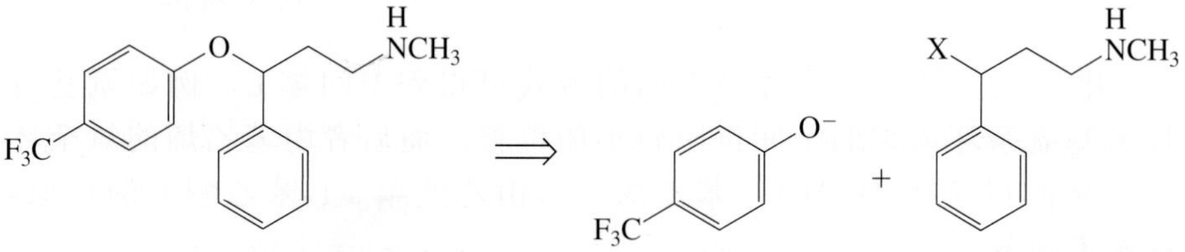

为此，接下来的工作就简化为用第二个原料苯和合适的合成砌块来设计一条合成 A 的路线。我们知道导入一条烷基链到苯环上的最好方法是 Friedel-Crafts 酰基化反应（15-13 节）。这个反应也提供了一个像化合物 B 一样的羰基官能团，它很容易转变成化合物 A 或其他类似物 [先把羰基还原成醇（8-5 节），再把羟基转变成好的离去基团 X（第 9 章）]。画在纸上的一个有吸引力的酰基化试剂是 1-甲胺基丙酰氯（$\overset{\text{O}}{\underset{}{\text{ClCCH}_2\text{CH}_2\text{NHCH}_3}}$）。但是，这个试剂带有两个官能团，它们会相互反应，分子间反应生成聚酰胺（真实生活 21-3），分子内反应生成 $\beta$- 内酰胺（20-6 节）。这个问题可用一个离去基团代替氨基官能团来规避。离去基团的引入可用 21-5 节中介绍的方法之一。

### 化合物 A 的逆合成

用氰化物作为砌块（21-5 节）的考虑开辟了另一条从化合物 C 开始的逆合成分析化合物 B 的路线（因此也是化合物 A 的逆合成路线）。

### 化合物 B 的逆合成

所需要的化合物 D 可设想来自 1-苯基乙酮（苯乙酮）（由苯的 Friedel-Crafts 乙酰化制得），接着酮的酸催化卤化反应（18-3 节）。化合物 C 中氰基的还原伴随羰基转化得到化合物 A 的伯胺形式，即化合物 E。由还原胺化可很方便地实现 $N$-甲基化（尽管我们将在第 22 章中看到苄基的位置可能对所用的还原条件是敏感的）。

### 化合物 E 的逆合成

用亲核的氰化物以各种不同的方式可得到中间体 E，例如氰基进攻苯基氧杂环丙烷的空间位阻较小的位置，而后者由苯乙烯的氧杂环丙烷化而得（12-10 节），苯乙烯容易由乙酰苯（1-苯乙酮）的还原-脱水来制备。

查看 21-5 节至 21-8 节所描述的合成方法，可能给你更多的关于如何开展氟西汀（Prozac）合成的想法，但它们仅是已列出的合成方案的各种变化而已。然而，Mannich 反应（21-9 节）提供了一条根本不同的、有吸引力的途径，因为它是一条能高度汇聚性地得到化合物 B 衍生物，而氨基已经就位的方法。确实这是一条由 Eli Lilly 公司最终采用的合成该药物的工业路线。

### B（X=CH$_3$NH）的逆 Mannich 合成

## 解题练习21-26　烯胺重排机理

列出下列反应的机理。

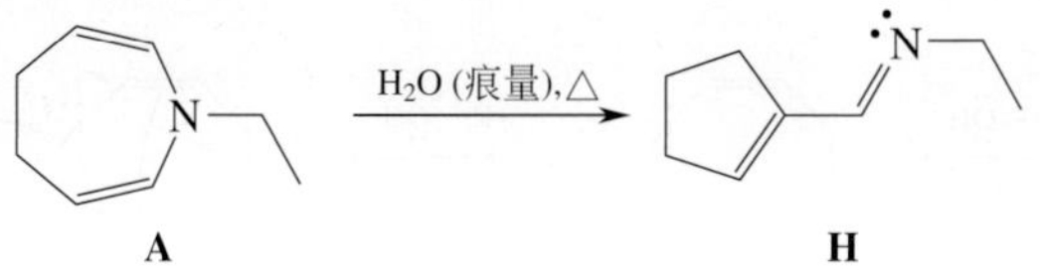

**策略：**

• **W**：有何信息？与往常一样，在探讨可能的解答办法之前，让我们首先分析题目给出的已知信息。我们注意到左边和右边变化前后同是 $C_8H_{13}N$，我们会考虑这是互变异构化反应，因为没有试剂而只有催化量的水（质子源）。七元环的结构变为五元环，二烯胺（17-9 节）官能团变成 $\alpha,\beta$-不饱和醛的亚胺基团（18-8 节）。

• **H**：如何进行？我们的任务是找出一个方法，它可以用水把七元环打开，最后它又将非环中间体关闭成五元环产物。烯胺在水存在下会怎样？答案是水解（17-9 节）。

• **I**：需用的信息？要解决这个问题，参见亚胺和烯胺的化学（17-9 节和 18-4 节）。

• **P**：继续进行。

**解答：**

• 当原料为 A 时，让我们用反应式写出这步反应的机理。处理烯胺的关键是注意它的 $\beta$-碳上增强了的碱性和亲核性，也是这个位点更容易质子化（17-9 节）和烷基化（18-4 节）。因此，A 质子化得到 B，它受到氢氧根离子的进攻形成 C，这样就完成了烯胺水解（17-9 节）开始的水合步骤。下一步是打开碳-氮键，但在我们所解的题中出现了一些"意外"：通常，氮由直接质子化活化而离去，而在此的氮原子是烯胺单元中的一部分，它在碳上（再次）质子化导致形成含有亚胺离子为离去基团的 D。因此，开环经过 E，得到 F。

### 水解机理

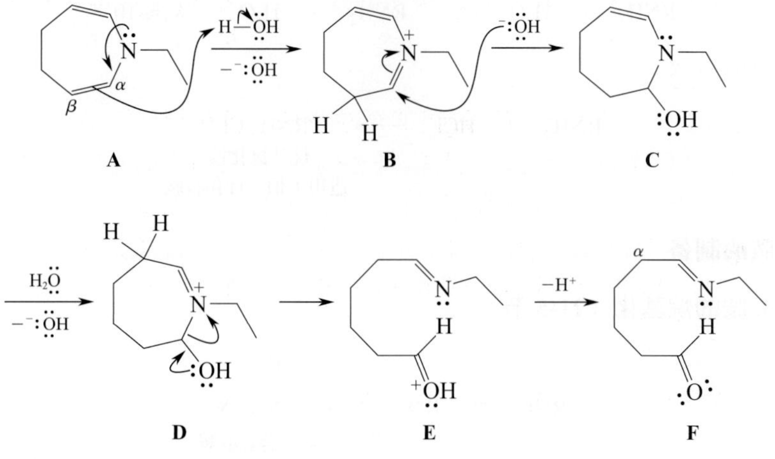

• 现在已完成环的打开，下一步怎么做呢？简单地看一下结构式 F 和所希望的 H，可看到需要在亚胺的 $\alpha$-碳和羰基的碳之间形成一个双键。如果亚胺是一个酮，那么由分子内的羟醛缩合就能做到这点（18-7 节）。这里我们把亚胺作为一个保护了的酮，经由作为亲核试剂 G 得到的烯胺，相应的各步反应与酮的反应完全类似。

## "亚胺型"分子内羟醛缩合

注意由亚胺 F 到烯胺 G 的快速转化避免了分子内 Mannich 反应（21-9 节）这一种途径，请写出这一种途径。

### 新反应

**1. 胺的酸性和氨基负离子的形成（21-4 节）**

$$RNH_2 \ + \ H_2O \ \underset{}{\overset{K}{\rightleftharpoons}} \ R\bar{N}H \ + \ H_3O^+ \qquad K_a \approx 10^{-35}$$

$$R_2NH \ + \ CH_3CH_2CH_2CH_2Li \ \longrightarrow \ R_2N^-Li^+ \ + \ CH_3CH_2CH_2CH_3$$
$$\text{二烷基氨基锂}$$

$$2\,NH_3 \ + \ 2\,Na \ \xrightarrow{\text{催化量的 Fe}^{3+}} \ 2\,NaNH_2 \ + \ H_2$$

**2. 胺的碱性（21-4 节）**

$$RNH_2 \ + \ H_2O \ \rightleftharpoons \ R\overset{+}{N}H_3 \ + \ HO^-$$

$$R\overset{+}{N}H_3 \ + \ H_2O \ \underset{}{\overset{K}{\rightleftharpoons}} \ RNH_2 \ + \ H_3O^+ \qquad K_a \approx 10^{-10}$$

铵盐形成

$$RNH_2 \ + \ HCl \ \longrightarrow \ R\overset{+}{N}H_3\,Cl^-$$
$$\text{烷基氯化铵}$$
$$\text{适用于伯、仲和叔胺}$$

### 胺的制备

**3. 胺的烷基化（21-5 节）**

$$R\ddot{N}H_2 \ + \ R'X \ \longrightarrow \ \overset{\overset{\displaystyle R'}{\displaystyle |}}{R\overset{+}{N}H_2}\,X^-$$
$$\text{适用于伯、仲和叔胺}$$

缺点：多重烷基化

$$\overset{\overset{\displaystyle R'}{\displaystyle |}}{R\overset{+}{N}H_2}\,X^- \ + \ R'X \ \longrightarrow \ \longrightarrow \ R\overset{+}{N}R'_3\,X^-$$

**4. 由腈制备伯胺（21-5 节）**

$$RX + {}^{-}CN \xrightarrow[-X^{-}]{\text{DMSO, } S_N2} RCN \xrightarrow{LiAlH_4 \text{ 或 } H_2, \text{催化剂}} RCH_2NH_2$$

R限定为甲基、伯烷基和仲烷基

**5. 由叠氮化物制备伯胺（21-5 节）**

$$RX + N_3^{-} \xrightarrow[-X^{-}]{CH_3CH_2OH,\ S_N2} RN_3 \xrightarrow{1.\ LiAlH_4,\ (CH_3CH_2)_2O;\ 2.\ H_2O} RNH_2$$

R限定为甲基、伯烷基和仲烷基

**6. Gabriel 伯胺合成法（21-5 节）**

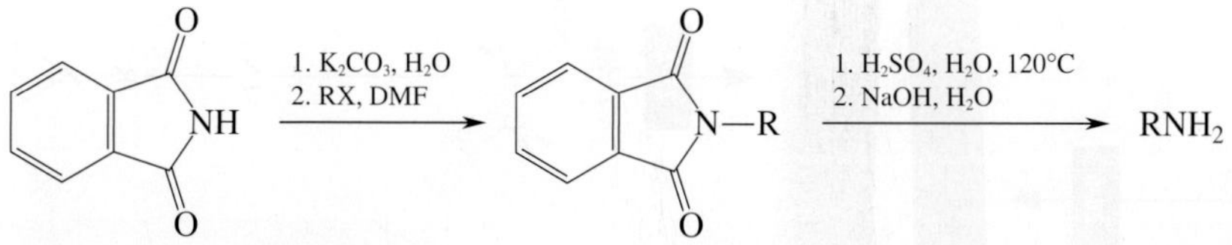

R限定为甲基、伯烷基和仲烷基

**7. 还原胺化合成胺（21-6 节）**

$$RC(=O)R' \xrightarrow{NH_3,\ NaBH_3CN,\ H_2O \text{ 或 } CH_3CH_2OH} R\text{—}CH(NH_2)\text{—}R'$$

**用甲醛的还原甲基化**

$$R_2NH + CH_2{=}O \xrightarrow{NaBH_3CN,\ CH_3OH} R_2NCH_3$$

**8. 由羧酰胺制备胺（21-7 节）**

$$RC(=O)NR'R'' \xrightarrow{1.\ LiAlH_4,\ (CH_3CH_2)_2O;\ 2.\ H_2O} RCH_2NR'R''$$

**9. Hofmann 重排（21-7 节）**

$$RC(=O)NH_2 \xrightarrow{Br_2,\ NaOH,\ H_2O} RNH_2 + CO_2$$

**胺的反应**

**10. Hofmann 消除反应（21-8 节）**

$$RCH_2CH_2NH_2 \xrightarrow{\text{过量 } CH_3I,\ K_2CO_3} RCH_2CH_2\overset{+}{N}(CH_3)_3\ I^{-} \xrightarrow[-AgI]{Ag_2O,\ H_2O}$$

$$RCH_2CH_2\overset{+}{N}(CH_3)_3\ {}^{-}OH \xrightarrow{\triangle} RCH{=}CH_2 + N(CH_3)_3 + H_2O$$

**11. Mannich 反应（21-9 节）**

$$RC(=O)CH_2R' + CH_2{=}O + (CH_3)_2NH \xrightarrow{1.\ HCl;\ 2.\ HO^{-}} RC(=O)CHR'(CH_2N(CH_3)_2)$$

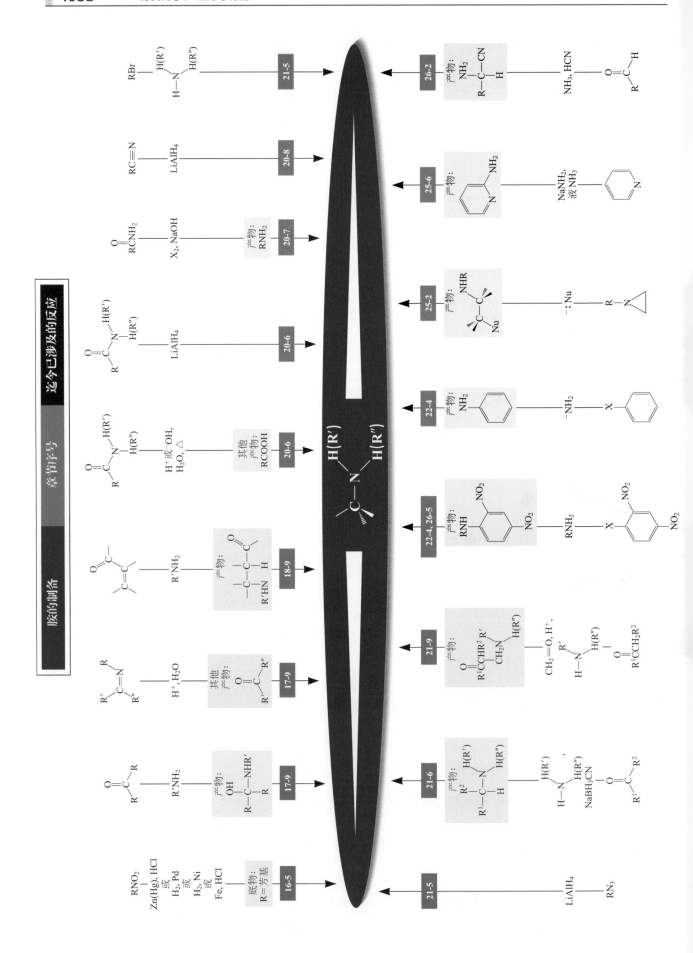

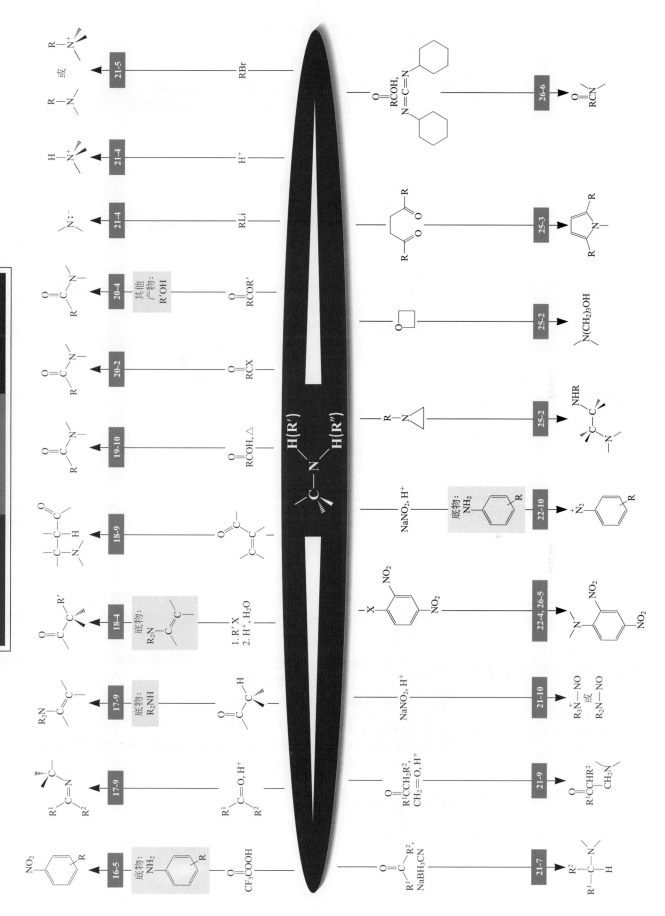

迄今已涉及的反应

章节序号

胺的反应

## 12. 胺的亚硝化（21-10 节）

叔胺

$$R_3N \xrightarrow{\text{NaNO}_2,\ \text{H}^+\text{X}^-} R_3\overset{+}{N}-NO\ X^-$$

**N-亚硝基叔铵盐**

仲胺

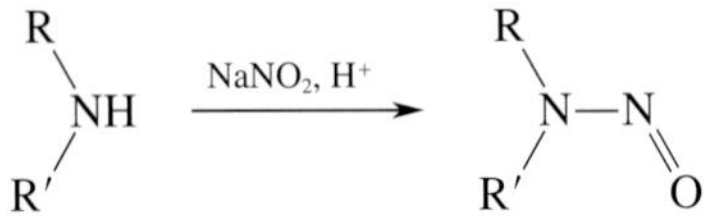

**N-亚硝胺**

伯胺

$$RNH_2 \xrightarrow{\text{NaNO}_2,\ \text{H}^+} RN{=}NOH \xrightarrow[\ -\text{H}_2\text{O}\ ]{\text{H}^+} R\overset{+}{N}_2 \xrightarrow{-\text{N}_2} R^+ \longrightarrow 混合产物$$

## 13. 重氮甲烷（21-10 节）

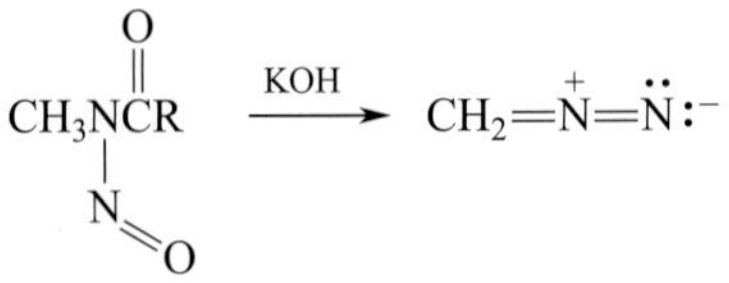

用重氮甲烷酯化

**重要概念**

**1.** **胺**可看作是**氨**的衍生物，就像醚和醇可当作是水的衍生物。

**2.** 美国《化学文摘》（CA）把胺叫做**烷（烃）胺**（和**苯胺**），氮上烷基取代基被称为*N*-烷基；另一个命名系统是以氨基烷烃名称为基础；常用名则以烷基胺这个名称为基础。

**3.** 胺中的**氮**是sp³**杂化**，非成键电子对的作用等同于取代基。这种四面体的排列通过一个平面过渡态**快速翻转**。

**4.** 胺中的**孤对电子**不如醇和醚那么牢固，因为氮的**电负性**比氧小，其结果是形成氢键的能力下降，具有较高碱性和亲核性，较低酸性。

**5.** **红外光谱**有助于区别伯胺和仲胺；**核磁共振谱**能指出N—H键的存在，与氮相邻的氢和碳都受到去屏蔽作用；**质谱**具有显示亚胺离子碎片的特性。

**6.** 胺的**合成**方法中，间接的方法如叠氮化物或氰化物的取代，或者还原胺化，要优于氨的直接烷基化。

**7.** 季铵R′N⁺R₃中的**NR₃**基团，是双分子消除反应（E2）的良好离去基团，它使Hofmann消除反应能够发生。

**8.** 胺的**亲核反应性**在与亲电性碳原子（卤代烷烃、醛、酮和羧酸及它们的衍生物中）的反应中得到体现。

## 习　题

**27.** 给出下列每个胺的至少两个名称。

**(a)** 结构式（戊烷-3-胺，带 $NH_2$）

**(b)** 结构式（$N$-甲基异丙胺）

**(c)** 结构式（2-氯苯胺，带 $NH_2$ 和 $Cl$）

**(d)** 结构式（$CH_3$ 和 $N(CH_2CH_2CH_3)$ 苯基）

**(e)** $(CH_3)_3N$

**(f)** $CH_3CH_2CH_2N(CH_3)_2$（带 $O$ 羰基）

**(g)** 结构式（含环戊基、$Cl$ 支链胺）

**(h)** $(CH_3CH_2)_2NCH_2CH{=}CH_2$

**28.** 写出对应于下列每个名称的结构式。
（**a**）$N, N$-二甲基-3-环己烯胺；（**b**）$N$-乙基-2-苯基乙胺；（**c**）2-氨基乙醇；（**d**）间氯苯胺。

**29.** 根据IUPAC或CA命名原则给在真实生活21-1中画出的下列每个化合物命名，并注意官能团的优先顺序。
（**a**）六氢脱氧麻黄碱；（**b**）安非他命；（**c**）墨斯卡灵；（**d**）肾上腺素。

**30.** 如21-2节所说明的，氮的翻转需要杂化的改变，（**a**）在氨和简单胺中四面体氮（$sp^3$ 杂化）和三角平面氮（$sp^2$ 杂化）之间能量差大约是多少？（**提示：参考翻转能 $E_a$**）；（**b**）比较氨中的氮原子和下列体系中的碳原子：甲基正离子、甲基自由基和甲基负离子。比较每个体系的最稳定的立体构型和杂化情况。运用轨道能量和键能的基本概念解释它们的异同点。

**31.** 应用下列NMR和质谱数据鉴定两个未知化合物A和B的结构。
**A**：$^1H$ NMR：$\delta$ 0.92（t，$J$=6Hz，3H），1.32（br s，12H），2.28（br s，2H），2.69（t，$J$=7Hz，2H）。$^{13}C$ NMR：$\delta$ 14.1，在22.8~34.0有六个信号峰，42.4。质谱：$m/z$（相对强度）=129（0.6），30（100）。
**B**：$^1H$ NMR：$\delta$ 1.00（s，9H），1.17（s，6H），1.28（s，2H），1.42（s，2H）。$^{13}C$ NMR：$\delta$ 31.7，32.9，51.2，57.2。质谱 $m/z$（相对强度）= 129（0.05），114（3），72（4），58（100）。

**32.** 下面是分子式为 $C_6H_{15}N$ 的胺的几个异构体的谱图数据（$^{13}C$ NMR和IR），提出每个化合物的结构。

（**a**）$^{13}C$ NMR（DEPT）：$\delta$ 23.7（$CH_3$），45.3（CH）；IR：$\tilde{\nu}$=3300 $cm^{-1}$。（**b**）$^{13}C$ NMR（DEPT）：$\delta$12.6（$CH_3$），46.9（$CH_2$）；IR：在3250~3500$cm^{-1}$ 内无峰。（**c**）$^{13}C$ NMR（DEPT）：$\delta$ 12.0（$CH_3$），23.9（$CH_2$），52.3（$CH_2$）；IR：$\tilde{\nu}$=3280$cm^{-1}$。（**d**）$^{13}C$ NMR（DEFT）：$\delta$ 14.2（$CH_3$），23.2（$CH_2$），27.1（$CH_2$），32.3（$CH_2$），34.6（$CH_2$）和42.7（$CH_2$）；IR：$\tilde{\nu}$=1600（宽）、3280和3365$cm^{-1}$。（**e**）$^{13}C$ NMR（DEPT）：$\delta$ 25.6（$CH_3$），38.7（$CH_3$）和53.2（季碳）；IR：3250~3500$cm^{-1}$无峰。

**33.** 下列质谱数据来自于习题32中的两个化合物，请把质谱与其化合物对应。
（**a**）$m/z$（相对强度）=101（8），86（11），72（79），58（10），44（40）和30（100）；（**b**）$m/z$（相对强度）=101（3），86（30），58（14）和44（100）。

**34.** 共轭酸的 $pK_a$ 值高的分子与共轭酸的 $pK_a$ 值低的另一个分子相比，其碱性更强还是更弱？请用平衡通式解释。

**35.** 你预测下列每个平衡移向哪个方向？
（**a**）$NH_3 + {}^-OH \rightleftharpoons NH_2^- + H_2O$
（**b**）$CH_3NH_2 + H_2O \rightleftharpoons CH_3NH_3^+ + {}^-OH$
（**c**）$CH_3NH_2 + (CH_3)_3NH^+ \rightleftharpoons CH_3NH_3^+ + (CH_3)_3N$

**36.** （**a**）预测一下下列各类化合物与简单伯胺比较是酸还是碱？
（i）羧酸酰胺，如乙酰胺；
（ii）酰亚胺，如 $CH_3CONHCOCH_3$；
（iii）烯胺，如 $CH_2{=}CHN(CH_3)_2$；
（iv）苯胺，如　结构式（苯环—$NH_2$）。

（**b**）下面所示的四胺衍生物被发现与人类的几种癌症有很大的关系，它虽然相当少，天然存在于人类血清中的多胺不到0.5%，但是在患非小细胞肺癌患者的尿中，它的浓度上升约50%，这是导致癌症死亡的原因。当治疗可能更有效时，检测这种物质有望于早期诊断疾病，最近研究指出这种物质在结肠癌患者的含量水平升高，它揭示了该物质不仅是癌的生物标志物，而且是癌症的促进剂。因此，在结肠的细菌生物膜中有利于这种化合物的积累，抗生素治疗来清除生物膜使其浓度减少至正常，这为控制癌的生长的新途径奠定基础。

结构式（$N^1,N^{12}$-二乙酰基精胺，含四个氮原子的长链二酰胺）

$N^1,N^{12}$-二乙酰基精胺

在正常的生理pH值下，这种物质以双质子化形式存在，其p$K_a$值为10.2和10.6。写出在pH = 7、10.4和12时的结构。

**37.** 有些含氮的官能团比普通的胺碱性强得多，DBN和DBU中的脒基就是其中之一，这两个化合物作为有机碱广泛用于各类有机反应中。

脒基　　1,5-二氮杂双环[4.3.0]壬-5-烯 (DBN)　　1,8-二氮杂双环[5.4.0]十一-7-烯 (DBU)

另一个很强的有机碱是胍（$H_2NCNH_2$），指出这些化合物中哪一个氮最容易被质子化，并解释它们比简单胺碱性强的原因。

**38.** 反应复习。不要查阅1058页的反应路线图，提出下列每个起始原料转变为指定产物所需的试剂。

（**a**）氯甲基苯（苄氯）变为苯甲胺（苄胺）；（**b**）苯甲醛变为苯甲胺（苄胺）；（**c**）苯甲醛变为N-乙基苯甲胺（苄基乙基胺）；（**d**）氯甲（基）苯（苄氯）变为2-苯基乙胺（苯乙胺）；（**e**）苯甲醛变为N, N-二甲（基）苯甲胺（苄基二甲胺）；（**f**）1-苯乙酮（苯乙酮）变为3-氨基-1-苯基-1-丙酮；（**g**）苯甲腈变为苯甲胺（苄胺）；（**h**）2-苯乙酰胺变为苯甲胺（苄胺）。

**39.** 在下列胺的合成中，指出哪些情况下合成能顺利进行？哪些进行得差或完全不进行？如果这种合成方法不能很好进行，说明原因。

（**a**）$CH_3CH_2CH_2CH_2Cl$ →（1. KCN, $CH_3CH_2OH$ 2. $LiAlH_4$, $(CH_3CH_2)_2O$）→ $CH_3CH_2CH_2CH_2NH_2$

（**b**）$(CH_3)_3CCl$ →（1. $NaN_3$, DMSO 2. $LiAlH_4$, $(CH_3CH_2)_2O$）→ $(CH_3)_3CNH_2$

（**c**）

（**d**）

（**e**）

**40.** 对于习题39中不能很好进行的每个合成，试用同样的原料或用具有相似结构和官能团的原料，提出合成最终产物胺的其他方案。

**41.** 给出氯乙烷和氨反应可能形成的所有含氮有机产物的结构（**提示**：考虑多重烷基化）。

**42.** 苯丙醇胺（PPA）很久以来是抗感冒药物和食欲抑制剂的成分，2000年末美国食品药品监督管理局（FDA）要求制造商从市场中撤走含有这种化合物的产品，因为有证据表明它会增加出血性中风的危险。这一行动要求把较安全的伪麻黄碱作为这些药的活性成分。

苯丙醇胺　　伪麻黄碱

假设你是一个主要的制药实验室的主任，并有大量储备的苯丙醇胺在手中，而公司总裁发出命令"从现在起生产伪麻黄碱！"分析一下你所有的选择，并提出解决问题的最好办法。

**43.** 食欲抑制剂（Apetinil）（也就是减肥药丸，真实生活21-1）的结构写在下页中。它是伯胺、仲胺还是叔胺？提出以下列每种原料来合成 Apetinil 的有效

（**f**）

（**g**）

（**h**）$H_2NCH_2CH_2CHO$ →（$NaBH_3CN$, $CH_3CH_2OH$）→

（**i**）

（**j**）

方法，请尝试用多种方法。

**Apetinil**

（**a**）$C_6H_5CH_2COCH_3$　（**b**）$C_6H_5CH_2\overset{Br}{C}HCH_3$

（**c**）$C_6H_5CH_2\overset{CH_3}{C}HCOOH$

**44.** 利用不含氮的任何有机化合物原料，给出下列胺的最好的合成方法：
（**a**）丁胺；（**b**）*N*-甲基丁胺；（**c**）*N*,*N*-二甲基丁胺。

**45.** 给出下列每一种胺的Hofmann消除反应的可能烯烃产物的结构。如果化合物能多次发生消除反应，给出每次反应的产物。

（**a**）　（**b**）

（**c**）　（**d**）

（**e**）

**46.** 哪个伯胺在Hofmann消除反应中能得到下列每个烯烃或烯烃混合物？（**a**）3-庚烯；（**b**）2-和3-庚烯混合物；（**c**）1-庚烯；（**d**）1-和2-庚烯混合物。

**47.** 用反应式写出1042页上所示的2-甲基丙醛、甲醛和甲胺之间的Mannich反应的详细机理。

**48.** 叔胺托品酮和溴甲基苯（苄基溴）反应得到不是一个而是两个季铵盐A和B。

**托品酮**
**(C₈H₁₃NO)**

化合物A和B是立体异构体，碱能使它们相互

转化；任一纯的异构体用碱处理会导致形成二者的平衡混合物。（**a**）写出 A 和 B 的结构；（**b**）A和B属于哪种立体异构体；（**c**）提出由碱引起A和B平衡的机理（**提示**：考虑可逆Hofmann消除反应）。

**49.** $\beta$-碳上含羟基的胺的Hofmann消除反应得到的是氧杂环丙烷产物而不是烯烃。

（**a**）对这个变化提出一个合理的机理。
（**b**）正如它们的相似名称所暗示的，伪麻黄碱（习题42）和麻黄碱是密切相关的天然产物，事实上它们是一对立体异构体。从下面的反应结果推导出麻黄碱和伪麻黄碱的精确的立体化学结构。

**50.** 指出如何用Mannich或类似Mannich反应来合成下列每个化合物（**提示**：用倒推法，确定Mannich反应所形成的键）。

**51.** 托品酮（习题48）是由罗宾森爵士（S. R. Robinson，有名的Robinson环化反应，18-11节）于1917年用下列反应首次合成的。写出这个转化的机理。

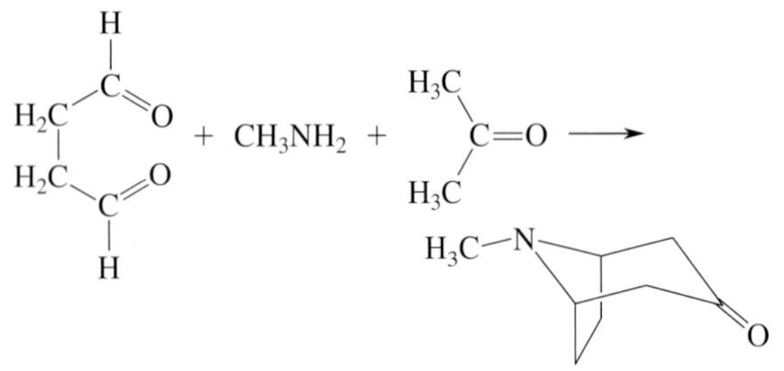

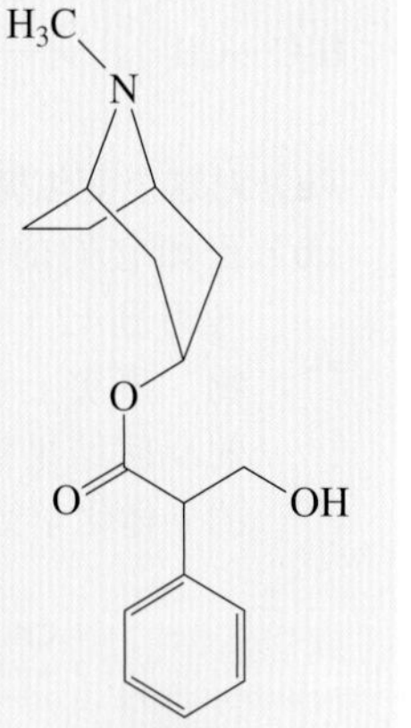

托品酮是药物阿托品的合成前体，阿托品是眼科医生对散瞳患者的局部用药，它天然存在于有毒植物颠茄中。之所以取颠茄（意大利语：美丽的女人）这样的名字，因为地中海周边妇女声称用它的提取液制成眼药水能使她们显得更加妩媚。

阿托品

**52.** 应用21-8节和21-9节中所讲述的反应组合，用反应式说明完成下列转化的方法。

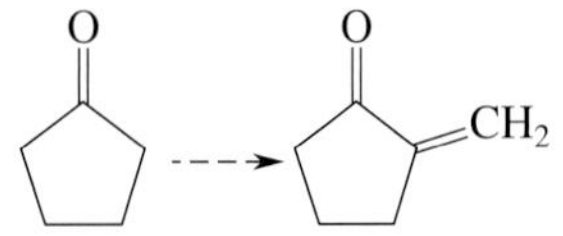

**53.** 给出下列每个反应的预期产物（或多个产物）。

（a）

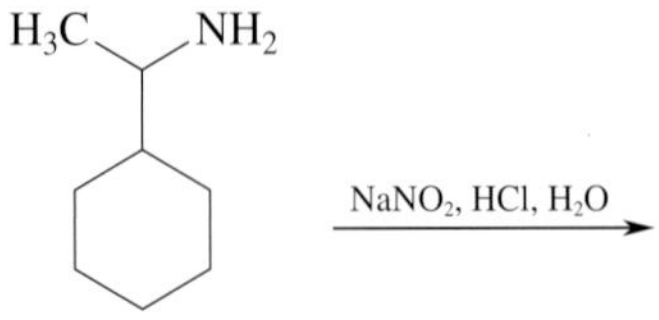

NaNO₂, HCl, H₂O

（b）

NaNO₂, HCl, 0℃

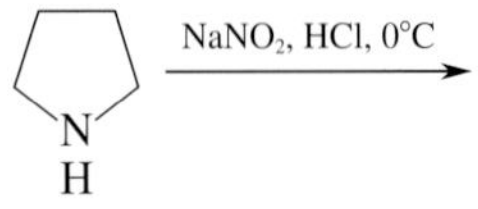

**54.** 叔胺作为亲核试剂很容易加成到羰基衍生物上，但是由于氮上缺少氢，它们不能去质子化生成稳定产物。但是，加成结果反而得到一个对其他亲核试剂高度活性的中间体。为此，叔胺有时用于弱亲核试剂加成到羧酸衍生物的催化剂。

（a）填上下列路线图中缺失的结构式。

(CH₃)₃N + CH₃COCl ⇌ 中间体 A C₅H₁₂ClNO ⇌⁻ᶜˡ⁻ 中间体 B (C₅H₁₂NO)⁺

（b）中间体B很容易和弱亲核试剂反应，如苯酚（下图）。画出这个过程的机理和得到的产物的结构。

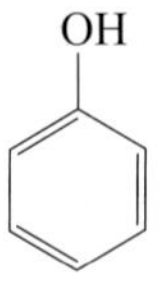

苯酚

**55.** **挑战题** 叔胺发生可逆共轭加成到α,β-不饱和酮上（第18章）。这个反应是Baylis-Hillman反应的基础，由叔胺催化，类似于交叉羟醛缩合反应。下面举一个例子。

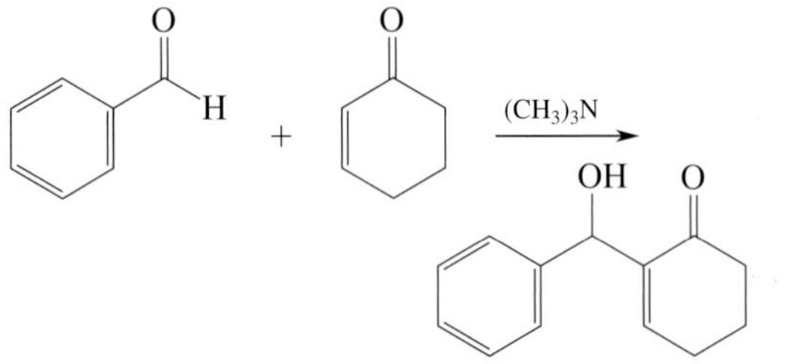

（a）画出这个反应的机理，以胺对烯酮的共轭加成开始。

给出下列每个Baylis-Hillman反应的产物：

（b）CH₃CHO + →(CH₃)₃N→

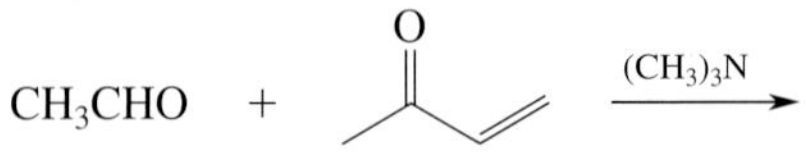

（c） →(CH₃)₃N→

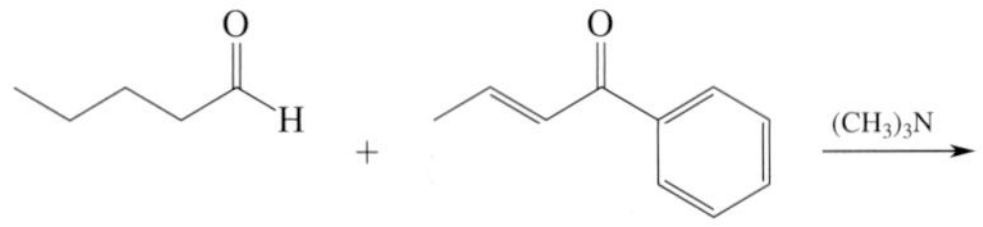

**56.** **挑战题** 过量甲醛和伯胺的还原胺化反应，得到二甲基化的叔胺产物（见下面例子）。请给出一个合理的解释。

(CH₃)₃CCH₂NH₂ + 2 CH₂=O →NaBH₃CN, CH₃OH→ (CH₃)₃CCH₂N(CH₃)₂ 84%

2,2-二甲基丙胺　　N,N,2,2-四甲基丙胺

**57.** 一些天然氨基酸是由2-氧代羧酸在称为吡哆胺的特殊辅酶的催化下反应来合成的。应用推电子弯箭头来描述下列从苯丙酮酸合成苯丙氨酸的每一步反应。

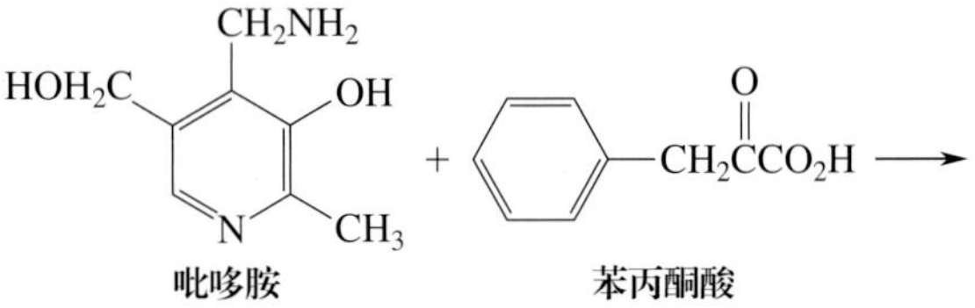

吡哆胺　　苯丙酮酸

吡哆醛 + 苯丙氨酸

$$C_{14}H_{16}O_2 \xrightarrow[\text{2. Zn, H}_2\text{O}]{\text{1. O}_3, \text{CH}_2\text{Cl}_2} 2\,CH_2O + \text{(OHC)(CHO)C(C}_6\text{H}_5)\text{CO}_2\text{CH}_2\text{CH}_3$$

（**a**）根据这些信息给出哌替啶的结构。

（**b**）提出用苯乙酸乙酯和顺-1,4-二溴-2-丁烯为原料合成哌替啶的方法（**提示**：先制备下面所示的二醛酯，然后把它变成哌替啶）。

$$\text{OHCCH}_2\text{—}\overset{\text{C}_6\text{H}_5}{\underset{\text{CH}_2\text{CHO}}{\text{C}}}\text{—CO}_2\text{CH}_2\text{CH}_3$$

### 受欢迎的副作用

哌替啶在1930年代首次作为缓解痉挛（例如胃痉挛）的解痉药进行研究。值得注意的是，注射该药物后小鼠尾巴升高呈现S型，这和吗啡给药所观察到的现象相同，这就导致杜冷丁发展成为止痛药。一些成功的药物就是这样偶然得到的结果。例如，安非他酮（从抗抑郁剂到协助戒烟，真实生活21-1）和西地那非［Sildenafil；商品名为万艾可（Viagra），从降压到刺激勃起，第25章前言］。

---

**58. 挑战题** 毒芹胺（Conine）是从毒芹属植物中发现的毒性胺（5-2节）。请根据下列信息推导出毒芹胺的结构。IR：$\tilde{\nu}=3300\,\text{cm}^{-1}$；$^1$H NMR：$\delta$ 0.91（t，$J=7\text{Hz}$，3H），1.33（s，1H），1.52（m，10H），2.70（t，$J = 6\text{Hz}$，2H）和3.07（m，1H）；$^{13}$C NMR（DEPT）：$\delta$ 14.4（CH$_3$），19.1（CH$_2$），25.0（CH$_2$），26.7（CH$_2$），33.0（CH$_2$），39.7（CH$_2$），47.3（CH$_2$），56.8（CH）；MS：$m/z$（相对强度）=127（M$^+$，43），84（100）和56（20）。

$$\text{毒芹胺} \xrightarrow[\substack{\text{2. Ag}_2\text{O, H}_2\text{O}\\ \text{3. }\triangle}]{\text{1. CH}_3\text{I}} \begin{array}{c}\text{三种化合}\\ \text{物的混合}\end{array} \xrightarrow[\substack{\text{2. Ag}_2\text{O, H}_2\text{O}\\ \text{3. }\triangle}]{\text{1. CH}_3\text{I}}$$

$$(\text{CH}_3)_3\text{N} + \begin{array}{c}\text{1,4-辛二烯和}\\ \text{1,5-辛二烯的混合物}\end{array}$$

**59.** 哌替啶（Pethidine）是麻醉止痛药物杜冷丁（Demerol）的活性成分，经二次彻底甲基化和Hofmann消除反应，然后臭氧分解得到下列结果：

$$\underset{\text{哌替啶}}{\text{C}_{15}\text{H}_{21}\text{NO}_2} \xrightarrow[\substack{\text{2. Ag}_2\text{O, H}_2\text{O}\\ \text{3. }\triangle}]{\text{1. CH}_3\text{I}} \text{C}_{16}\text{H}_{23}\text{NO}_2 \xrightarrow[\substack{\text{2. Ag}_2\text{O, H}_2\text{O}\\ \text{3. }\triangle\\ \text{-(CH}_3)_3\text{N}}]{\text{1. CH}_3\text{I}}$$

**60.** 珊瑚碱（Skytanthine）是一种具有下列性质的单萜烯生物碱。元素分析：$C_{11}H_{21}N$；IR：$\tilde{\nu} \geqslant 3100\,\text{cm}^{-1}$无峰；$^1$H NMR：在$\delta=1.20$和1.33处有两个CH$_3$双峰（$J = 7\text{Hz}$），在$\delta=2.32$处有一个CH$_3$单峰，在$\delta=1.3\sim2.7$处是其他氢产生的宽峰；$^{13}$C NMR（DEPT）：$\delta$ 17.9（CH$_3$），19.5（CH$_3$），44.9（CH$_3$）和另外八个信号。从这些信息中推导出珊瑚碱和降解产物A、B和C的结构。

$$\text{珊瑚碱} \xrightarrow[\substack{\text{2. Ag}_2\text{O, H}_2\text{O}\\ \text{3. }\triangle}]{\text{1. CH}_3\text{I}} \underset{\substack{\text{A}\\ \text{IR: }\tilde{\nu} = 1646\,\text{cm}^{-1}}}{\text{C}_{12}\text{H}_{23}\text{N}} \xrightarrow[\text{2. Zn, H}_2\text{O}]{\text{1. O}_3, \text{CH}_2\text{Cl}_2}$$

$$CH_2{=}O + \underset{\substack{\text{B}\\ \text{IR: }\tilde{\nu} = 1715\,\text{cm}^{-1}}}{\text{C}_{11}\text{H}_{21}\text{NO}} \xrightarrow[\text{2. KOH, H}_2\text{O}]{\text{1. (3-Cl-C}_6\text{H}_4\text{)CO}_3\text{H}}$$

$$CH_3COOH + \underset{\substack{\text{C}\\ \text{IR: }\tilde{\nu} = 3620\,\text{cm}^{-1}}}{\text{C}_9\text{H}_{19}\text{NO}} \xrightarrow{\text{小心氧化}}$$

IR：$\tilde{\nu} = 1745\,\text{cm}^{-1}$

**61.** 在自然界中许多生物碱是由称为全去甲劳丹碱（norlaudanosoline）的前体分子合成而来，它又是由胺A和醛B缩合衍生而来，用反应式写出这个转化的机理。注意，在这个过程中形成了碳-碳键，说出在本章出现的与这个碳-碳键形成有密切关系的反应的名称。

**A**        **B**

全去甲劳丹碱

## 团队练习

**62.** 季铵盐催化溶在互不相溶的两相中的物质之间的反应，即相转移催化（真实生活26-2）。例如，加热溶于癸烷中的1-氯辛烷和氰化钠水溶液的混合物没有产生$S_N2$反应产物（壬腈）的迹象。另一方面，加入少量（苯甲基）三乙基氯化铵，产生快速和定量的反应结果。

1-氯辛烷        (苯甲基)三乙基氯化铵

$$CH_3(CH_2)_7CN + Na^+Cl^-$$
100%
壬腈

作为一个团队，讨论下列问题的可能答案：
（**a**）催化剂在两种溶剂中的溶解度怎样？
（**b**）为什么没有催化剂时$S_N2$反应这么慢？
（**c**）铵盐如何促进反应？

## 预科练习

**63.** 下列四种胺中哪一种是叔胺？
（**a**）丙胺；　（**b**）N-甲基乙胺；
（**c**）N,N-二甲基甲胺；　（**d**）N-甲基丙胺。

**64.** 确定下列转化最佳的反应条件：

$$CH_3CH_2CNH_2 \longrightarrow CH_3CH_2NH_2 + CO_2$$

（**a**）$H_2$，金属催化剂；（**b**）过量$CH_3I$，$K_2CO_3$；
（**c**）$Br_2$，NaOH，$H_2O$；（**d**）$LiAlH_4$，乙醚；
（**e**）$CH_2N_2$，乙醚。

**65.** 按顺序排列下列三种含氮化合物的碱性（碱性最强的排在前面）：

$$NH_3 \qquad CH_3NH_2 \qquad (CH_3)_4N^+NO_3^-$$
**A** **B** **C**

（**a**）A＞B＞C；　（**b**）B＞C＞A；　（**c**）C＞A＞B；
（**d**）C＞B＞A；　（**e**）B＞A＞C。

**66.** 下列分子式中哪一个最能代表重氮甲烷？

（**a**）$CH_2=\overset{+}{N}=\overset{..}{\overset{..}{N}}{}^-$　（**b**）$H-\overset{..}{N}=C=\overset{..}{N}-H$

（**c**）$\overset{..}{N}=C=\overset{+}{N}$　（**d**）$:\overset{-}{C}H_2-N\equiv N:$

（**e**）$CH_2-\overset{+}{N}\equiv\overset{-}{N}:$

**67.** 应用IR和MS部分数据，从下列所给结构中确定一个结构。IR：$\tilde{\nu}=3300cm^{-1}$和$1690cm^{-1}$；MS：$m/z = 73$（分子离子）。

（**a**）（**b**）

（**c**）$H_2NCH_2C\equiv CCH_2NH_2$　（**d**）

（**e**）

# 苯取代基的化学

## 烷基苯、苯酚和苯胺

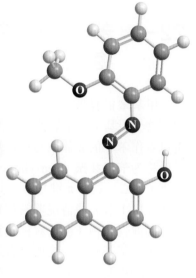

学习目标

— 理解苄基共振稳定化的概念

— 描述苄基在氧化、还原中的反应性

— 讨论酚的命名、制备和反应性

— 介绍苯环的新型电环化反应：Claisen重排

— 检验苯二酚的氧化还原化学性质

— 比较芳香重氮盐分解生成取代苯的机理

苏丹 R（2-甲氧基苯基偶氮-2-萘酚）是一种含有偶氮链—N＝N—的取代芳香化合物，是偶氮染料大家族的一部分。它也是文身墨水的成分之一。[*Courtesy Maïa Pal, in P. Vollhardt's garden*]

**苯**（第 15 章）过去一直被用作普通的实验室溶剂，直至 OSHA（美国职业安全和健康管理局）将其列入致癌物名单。化学家现在用**甲基苯**（甲苯，methylbenzene）来代替苯，因它与苯有很相似的溶解性，但不致癌。为什么不致癌？原因是苄基氢有相当高的反应活性，它使甲苯快速代谢降解并被排出体外，不会像苯那样留在脂肪和其他组织中很多天而不被破坏。虽然苯环因本身的芳香性而相当不活泼，但它可以活化相邻的键，或更通俗地说，影响了苯取代基的化学性质。对这一点不必太惊讶，因为它是对第 16 章结论的补充。在那一章我们看到取代基影响苯的性质，而在这一章我们将看到其相反的情况。

苯环如何改变相邻反应中心的性质？这章我们将更详尽地考察苯环对烷基取代基，以及所连的羟基和氨基官能团的反应活性所产生的影响。我们将看到由于发生共振改变了这些基团（第3、8章和第21章所介绍的）的性质。在考察了芳香取代的（苄基）碳原子的特殊反应性后，我们将把注意力转到酚和苯胺的制备和反应性上。这些化合物广泛存在于自然界，并在用作如阿司匹林、染料和维生素等物质的合成前体。

## 22-1 | 苯甲基（苄基）碳的反应性：苄基的共振稳定性

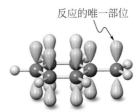

反应的唯一部位

**苯甲基(苄基) 系统**

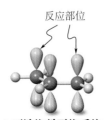

反应部位

**2-丙烯基(烯丙基)系统**

甲基苯很容易代谢是因为其甲基中的 C—H 键较弱，易发生均裂和异裂。这个甲基中一个氢被移除得到苯甲基（苄基），$C_6H_5CH_2$（见页边），它可以看作苯环的 π 体系与相连烷基碳上的 p 轨道发生重叠。这种相互作用一般称为**苄基共振**（benzylic resonance），稳定了相连的自由基、正离子和负离子中心，这和 π 键与第三个 p 轨道重叠而稳定了2-丙烯基（烯丙基）中间体（14-1 节）的情况非常相似。但不像烯丙基体系，在两端都会发生转化得到混合产物（在不对称底物的情况下），而苄基反应是区域选择性的，只发生在苄基碳上。之所以有这种选择性，在于若是苯环受到进攻则会引起芳香性的破坏，而芳香性的破坏是相对困难的。

### 苄基自由基是烷基苯卤化的活性中间体

我们已经看到苯不和氯或溴反应，除非加入 Lewis 酸。酸能催化苯环的卤化反应（15-9 节）。

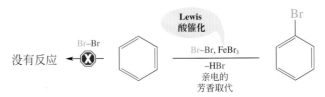

没有反应 **Br–Br** | Br–Br, FeBr₃, –HBr, 亲电的芳香取代 | Lewis 酸催化

相反，即使没有催化剂，热和光也能使氯或溴进攻甲基苯（甲苯）。分析产物表明，反应发生在甲基上，而不是在芳香环上，过量卤素导致多取代。每次取代产生一分子卤化氢副产物。

反应

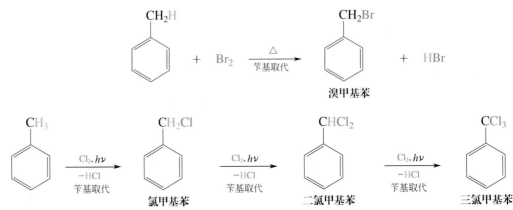

像烷烃的卤化（3-4节～3-6节）和烯烃的烯丙基卤化（14-2节）一样，苄基卤化是通过自由基中间体进行的。热或光诱发卤素分子离解成原子，其中一个卤原子夺取一个苄基氢，反应产生卤化氢（HX）和苯甲基（苄基）自由基。这个中间体和另一个卤素分子反应得到产物卤甲基苯（苄卤）和另一个卤原子，这另一个卤原子进一步增长链式过程。

**苄基的卤化机理**

链引发:

$$:\overset{..}{\underset{..}{X}}{-}\overset{..}{\underset{..}{X}}: \xrightarrow{\triangle 或 h\nu} 2\,:\overset{..}{\underset{.}{X}}\cdot$$

链增长:

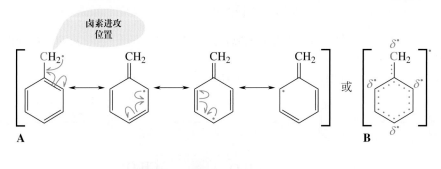

苯甲基（苄基）自由基　　卤甲基苯（苄卤）

怎么来解释苄基卤化易于进行呢？答案是苄基共振对苯甲基（苄基）自由基有稳定作用（图22-1）。其结果是苄基的C—H键相对较弱（$DH^{\ominus}=87\text{kcal}\cdot\text{mol}^{-1}$，$364\text{kJ}\cdot\text{mol}^{-1}$，类同于烯丙基的C—H键，14-1节），它的断裂相对而言是有利的，并且活化能较低。

图22-1的共振式揭示了为什么氯只进攻苄基位置而不是进攻芳香碳。除了苄基碳外任何位置上的反应都会破坏苯环的芳香性。

**记住:** 单箭头（鱼钩）表示单电子转移。

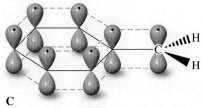

图22-1 苯甲基（苄基）自由基的苯π体系和邻近自由基中心发生共振，离域化的程度可用（A）共振式，（B）点线和（C）轨道来表示。

---

## 练习22-1

对下列每个化合物，画出其结构，并指出在溴存在下加热，哪个位置最有可能发生自由基卤化。然后，排出下列化合物在溴化条件下反应活性降低的顺序（**提示：共振作用胜于超共轭作用**）（**a**）乙基苯；（**b**）甲基苯；（**c**）（反-3-苯基-1-丙烯基）苯；（**d**）（苯甲基）苯；（**e**）环己基苯。

### 苄基正离子正电荷的离域

联想在对应的烯丙基体系（14-3 节）中所遇见的效应，苄基共振会强烈影响苄基卤和苄磺酸酯在亲核取代中的反应性。例如，4-甲氧苯甲醇（4-甲氧苄醇）的 4-甲基苯磺酸酯（甲苯磺酸酯）经 $S_N1$ 机理快速与溶剂乙醇反应。这个反应是溶剂解，特别是乙醇解的一个例子，在第 7 章曾讲述过。

反应

$CH_3O$——⟨⟩——$CH_2OS$(=O)(=O)——⟨⟩——$CH_3$　+　$CH_3CH_2OH$　$\xrightarrow[\text{乙醇解}]{S_N1}$

**4-甲苯磺酸4-甲氧基苯甲基酯**
**(对甲苯磺酸酯)**

$CH_3O$——⟨⟩——$CH_2OCH_2CH_3$　+　$HO_3S$——⟨⟩——$CH_3$

**1-(乙氧甲基)-4-甲氧基苯**

原因是苄基正离子的正电荷通过苯环离域，使得底物因离去能力较好的离去基团磺酸酯的离去而相对容易的离解（6-7 节）。

### 苄基的单分子亲核取代反应的机理

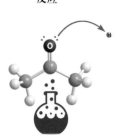

机理

**在决速步骤离去基团离开**

$CH_3\overset{..}{\underset{..}{O}}$——⟨⟩——$CH_2$⌒$L$　$\xrightarrow{-L^-}$

**$CH_3CH_2OH$ 进攻位点**

[共振结构式] $\longleftrightarrow$ ... **苄基正离子** ... **八隅体型** ... $\xrightarrow{CH_3CH_2OH}$ 产物

有些苄基正离子足够稳定，可分离得到。例如，图 22-2 所示叔碳体系（做成 $SbF_6^-$ 盐）的 X 射线结构是在 1997 年获得的，结果显示除了所预期的平面骨架和所有 $sp^2$ 碳的三角排列之外，苯基-碳键的键长（1.41Å）介于单纯单键（1.54Å）和双键（1.33Å）之间，正如预期的离域苄基体系。

动画
动画展示机理：
苄基亲核取代

### 练习22-2

下列两个氯化物中哪一个会比较快地发生溶剂解，（1-氯乙基）苯（$\underset{\underset{CH_3}{|}}{C_6H_5CHCl}$）或二苯基氯甲烷 [$(C_6H_5)_2CHCl$]？给出你的答案。

[图22-2 分子结构] H₃C 123° 122° ... 114° 1.41 Å 116° ... H₃C 1.48 Å 1.43 Å 1.37 Å 1.40 Å

**图22-2** 叔苄基正离子的结构。

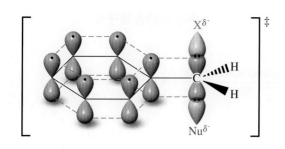

图22-3　在苄基中心，苯的π体系和S<sub>N</sub>2过渡态轨道重叠（图6-5）。其结果稳定了过渡态，因此降低了卤代甲基苯S<sub>N</sub>2反应的活化能垒。

对位甲氧基的存在会加速上述的 $S_N1$ 反应，因它能额外稳定正电荷。没有这个取代基，可能以 $S_N2$ 历程为主。因此，没有对位甲氧基取代的母体苯甲基（苄基）卤和磺酸酯反应时，则是优先并特别快地发生 $S_N2$ 取代反应。即使在溶剂解条件下，特别是在好的亲核试剂存在下，如同烯丙基的 $S_N2$ 反应（14-3 节），两个因素都加速这个反应。其中主要的一个因素是苄基碳因为邻位 $sp^2$ 杂化的苯基碳变得相对更加亲电（与 $sp^3$ 杂化的截然不同，参见13-2 节）。第二个因素是与苯 π 体系重叠稳定 $S_N2$ 过渡态（图 22-3）。

动画
动画展示机理：
苄基的亲核取代

(溴甲基)苯
(苄溴)
(比简单的伯烷基溴的 $S_N2$ 反应快大约100倍)

81%
苯乙腈

## 练习22-3

在盐酸存在下，苯甲醇（苄醇）变成氯甲基苯比乙醇变成氯乙烷要快得多。请解释原因。

苯甲基（苄基）
正离子

## 苄基负离子共振导致苄基氢酸性较强

与苄基自由基和苄基正离子的稳定方式非常相似，接近苯环的负电荷如苯甲基（苄基）负离子，由于共轭而被稳定。页边的三种静电势图（颜色比例降低以达到最佳反差）分别表示正离子和负离子中的离域正电荷（蓝色）和负电荷（红色），以及中性自由基中离域的电子（黄色）。

苯甲基 (苄基)
自由基

### 苄基负离子的共振

$pK_a \approx 41$

因此，甲基苯的酸性（甲苯，$pK_a \approx 41$）要比乙烷的酸性（$pK_a \approx 50$）大得多，和去质子化生成共振稳定的 2-丙烯（烯丙基）负离子（14-4 节）的丙烯的酸性差不多（$pK_a \approx 40$）。所以，丁基锂能使甲基苯（甲苯）去质子化产生苯甲基锂。

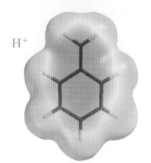

苯甲基 (苄基)
负离子

甲基苯的去质子化

$$CH_3 + CH_3CH_2CH_2CH_2Li \xrightarrow[\text{酸碱反应}]{(CH_3)_2NCH_2CH_2N(CH_3)_2,\ THF,\ \triangle} CH_2Li + CH_3CH_2CH_2CH_2H$$

甲基苯
(甲苯)

苯甲基锂
(苄基锂)

### 练习22-4

（**a**）下列每对分子和指定的试剂反应，哪一个分子比较容易反应，为什么？

（i）$(C_6H_5)_2CH_2$ 或 $C_6H_5CH_3$ 与 $CH_3CH_2CH_2CH_2Li$ 反应

（ii）

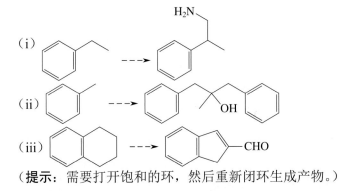

与 NaOCH_3 在 CH_3OH 中反应

（iii）　　　　　或　　　　　与 HCl 反应

（**b**）用本节所学的化学知识并结合前面章节中的反应，提出下列从原料到产物的合成路线图。

（i）

（ii）

（iii）

（提示：需要打开饱和的环，然后重新闭环生成产物。）

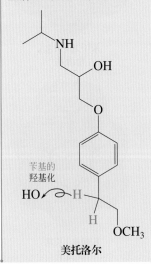

### 药物的苄基代谢

苄基的不稳定性使它们容易成为药物代谢的攻击目标。例如，降压药美托洛尔（Lopressor），它通过阻断心肌和其他组织中的肾上腺素的受体起作用。它在体内降解的第一步是细胞色素酶催化的苄基位点羟基化（真实生活8-1和22-9节）。

苄基的
羟基化

美托洛尔

### 小 结

苄基自由基、苄基正离子和苄基负离子通过和苯环的共振而稳定。这一结果使自由基卤化反应、$S_N1$ 和 $S_N2$ 反应以及苄基负离子的形成相对地容易。

## 22-2 取代苯的氧化和还原

苯环因其芳香性是相当不容易反应的。虽然苯环确实可以发生亲电芳香取代反应（第15、16章），而有一些反应，如氧化和还原反应，要破坏其芳香性的六电子环流，实现起来要困难得多。相反，这些反应如发生在苄基位置就比较容易。本节首先讲述有些试剂是怎样来氧化和还原苯环上的烷基取代基的。本节以一个特例结束，即把苯和取代苯还原成1,4-环己二烯。

## 烷基取代苯氧化生成芳香酮和酸

热的高锰酸钾和重铬酸钠溶液等能氧化烷基苯直至生成苯甲酸。在这个过程中苄基的碳-碳键断裂，它通常要求原料中至少有一个苄基 C—H 键存在（也就是说叔烷基苯是惰性的）。

**烷基链的完全苄位氧化**

**1-丁基-4-甲基苯**

1. KMnO₄, HO⁻, △
2. H⁺, H₂O
−3 CO₂

**80%**
**1,4-苯二羧酸**
**（对苯二甲酸）**

烷基链的完全苄位氧化反应过程首先通过苄醇，然后是酮，在温和条件下可停留在酮这一步（页边和 16-5 节）。

苄基醇氧化成相应的羰基化合物所需要的温和条件也可体现苄基位置的特殊反应性。例如，二氧化锰（MnO₂）在其他（非苄基的）羟基存在下能选择性地发生这个氧化反应。（回忆 MnO₂ 把烯丙醇转化为 $\alpha,\beta$-不饱和醛、酮的反应，参见 17-4 节。）

**二氧化锰选择性氧化苄醇**

MnO₂, 丙酮, 25°C, 5 h

**94%**

## 苄醚的氢解断裂

苄醇、苄醚或苄酯在金属催化剂存在下暴露于氢气中，结果发生活性苄基碳-氧键的断裂。这个转化是**氢解**（hydrogenolysis）的一个例子，是由催化活化氢引起的 σ 键断裂。

**苄基醚的氢解断裂**

H₂, Pd-C, 25°C

+ HOR

**1,2,3,4-四氢萘**
**（四氢化萘）**

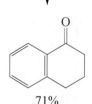

CrO₃, CH₃COOH,
H₂O, 21°C

OH

**不分离**

O

**71%**
**1-氧代-1,2,3,4-四氢萘**
**（1-四氢萘酮）**

## 练习22-5

（**a**）写出下列从原料到产物的合成路线图。

（i）

（ii）

（iii）

（**b**）陆续用下列试剂（i）溴（Br₂），加热，（ii）镁（Mg）和（iii）二氧化碳（CO₂）处理 1-甲氧基-4-甲苯，得到一个化合物，具有以下谱学数据。MS：$m/z$（相对强度）$=166（M^+,28），121（100）；^1H\ NMR：\delta\ 3.59（s,2H），3.80（s,3H），6.87（d,J=8.4\ Hz,2H），7.20（d,J=8.4\ Hz,2H）；^{13}C\ NMR（DEPT）：\delta\ 40.0（CH_2），55.2（CH_3），114.0（CH），125.2（C_{quat}），130.3（CH），158.8（C_{quat}），178.1（C_{quat}）；IR（纯）\tilde{\nu}=820,1020,1180,1240,1520,1610,1710,3100（宽）cm^{-1}$。这是什么化合物？

---

普通的醇、醚和酯不可能发生氢解。因此，苯甲基（苄基）取代基是很有价值的羟基保护基。下面的反应显示了它在桉叶烷类挥发性植物油成分部分合成中的应用，此精油中含有在医药和香料方面都具有重要意义的物质。

### 复杂化合物合成中的苯甲基保护

---

❶ 虽然文献报道使用的是特殊氧化剂，原则上 2.H₂O₂、⁻OH 和 3.CrO₃ 也是令人满意的氧化剂。

因为最后一步苯甲基醚（苄基醚）的氢解是在中性条件下发生的，故叔醇官能团未受影响。用叔丁基醚作保护基不是一个好的选择，因为它的碳-氧键断裂需要用酸（9-8 节），这可能引起叔丁醇基的脱水作用（9-2 节）。

## 苯的单电子还原：1,4-环己二烯的合成

苯的催化氢化是很难的，需要特别的催化剂和压力。一旦发生，在所有三个双键被完全还原之前是不会停止的（15-2 节）。但是，在单电子转移条件下选择性还原也是可能的，如同用钠-液氨可把炔转变为反式烯一样（13-6 节）。因此，当把溶解在液氨和乙醇混合物里的苯用碱金属处理时，结果生成 1,4-环己二烯。此反应称为**伯奇**❶（Birch）**还原**。

### 苯的 Birch 还原

$$\text{苯} \xrightarrow{\text{Na, 液 NH}_3,\ CH_3CH_2OH,\ -33^\circ C} \text{1,4-环己二烯}$$

Birch 还原反应的机理是以单电子从钠向苯转移开始，生成自由基负离子。然后，乙醇使其质子化得到环己二烯自由基，容易进一步单电子还原，结果环己二烯负离子随后又被质子化。有趣的是，尽管这种质子化可以生成热力学更稳定的共轭 1,3-环己二烯，但是这一途径并未发生，得到的唯一产物却是 1,4-环己二烯。这一动力学结果可用计算来解释，即电子在负离子中分布不均匀，在 π 体系的中心碳上电荷密度更大。

### Birch 还原反应机理

反应

**步骤 1.** 单电子从钠转移到苯上

共振稳定的苯自由基负离子

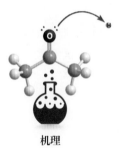
机理

**步骤 2.** 乙醇提供的质子化

共振稳定的环己二烯自由基

**步骤 3.** 第二个单电子从钠转移到环己二烯自由基

共振稳定的环己二烯负离子

---

❶ 亚瑟·J. 伯奇（Arthur J. Birch，1915—1995 年），澳大利亚国立大学教授，堪培拉，澳大利亚。

**步骤 4.** 由乙醇提供的第二次质子化

取代基可以控制 Birch 还原的方向。电子供体通常最终与烯烃碳结合，而电子受体是在产物的饱和位置出现的。但是，这样的控制性取代基仅限于那些对强烈还原反应条件稳定的分子。因此，炔类、共轭的醛和酮、卤化物和带有可还原的官能团的其他化合物与 Birch 还原反应所用的试剂经常是不相容的。羧酸效果很好，因为它们在氨中以不被还原的羧酸盐存在。Birch 还原一个特别受欢迎的应用是烷氧基芳烃的还原，因为最后生成的甲氧二烯可用酸的水溶液水解成相应的 2-环己烯酮（22-7 节）。

（反应式图）

88%
1-甲基-1,4-环己二烯

（反应式图）

75%
1-甲氧基-1,4-环己二烯

97%
2-环己烯酮

（反应式图）

90%
2,5-环己二烯羧酸

Birch 还原的区域选择性有多种解释，但仍未定论。一般认为第一步决定反应的结果，与在芳香亲电取代反应（16-1～16-4 节）所遇到的类型即简单的电子定位取代基效应相一致。差别是这里处理的是离域化的负离子而不是正离子。很容易确定的一点是接受电子的取代基更倾向位于负离子的负电荷旁边，如计算得到的优势共振式 A（页边），而电子供体则不是这样，如 B（页边）。对带有几个取代基的体系，一个简单的预测规则是吸电子基团尽可能不连在 1,4-环己二烯产物的双键上，而供电子基团则尽可能连在上面。

## 练习22-6

指出下列化合物 Birch 还原反应的结果。

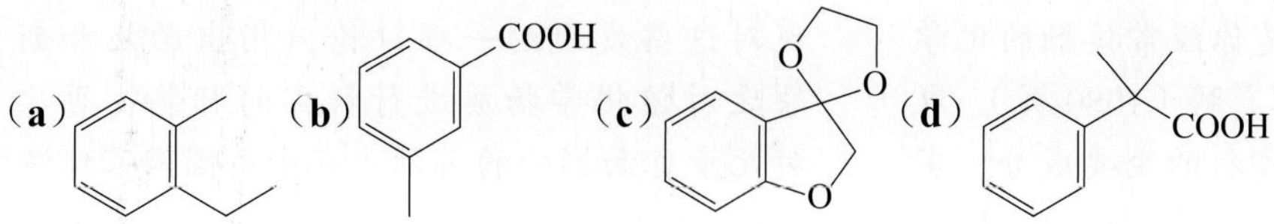

**(a)** 　**(b)** 　**(c)** 　**(d)**

## 练习22-7

写出 1-甲氧基-1,4-环己二烯在酸催化下水解成 2-环己烯酮的机理。

---

### 小　结

　　在高锰酸盐或铬酸盐存在下会发生烷基的苄（基）氧化，而二氧化锰把苄醇转化成相应的酮。苄醚官能团能被氢解断裂，这一转化使苯甲基（苄基）取代基可用作醇羟基官能团的保护基。用碱金属处理苯环可使苯环还原生成 1,4-环己二烯，且双键的位置由取代基决定。

---

# 22-3 | 酚的命名和性质

　　羟基取代的芳烃称为**酚**（phenol）（15-1 节）。苯环的 π 体系与氧原子上已占有的 p 轨道重叠，结果导致类似于在苄基负离子（22-1 节）中所看到的离域化。这种扩展的共轭作用使酚具有特别的烯醇结构。回想一下，烯醇通常是不稳定的：它们容易互变异构成相应的酮，这是由于相对强的羰基键（18-2 节）的缘故。但是，酚优先取烯醇式而不是酮式结构，因为这样更有利于保持苯环的芳香性。

#### 丙酮和酚的酮式和烯醇式

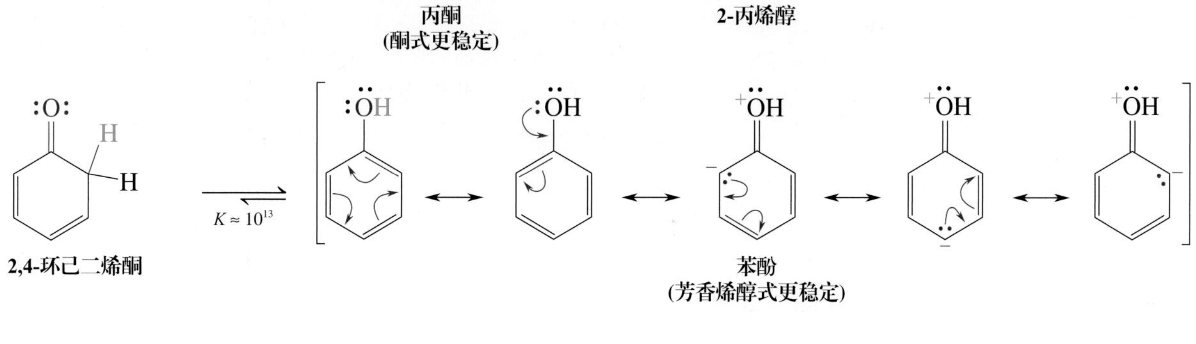

丙酮
（酮式更稳定）

2-丙烯醇

2,4-环己二烯酮

苯酚
（芳香烯醇式更稳定）

**真实生活：** 医药  新闻中的两种酚——双酚A和白藜芦醇

本节提到的两种酚可能是你经常接触的化学品：双酚A（1079页）和白藜芦醇（1080页）。双酚A是大家熟悉的聚碳酸酯塑料的主要成分，用于制婴儿奶瓶、幼儿配方奶粉罐、手机、眼镜片、汽车零配件、食品和饮料容器的内衬和可重复应用的塑料瓶等。全球需求量达到八百万吨。最初于1891年制得，然而，对这种单体仍然存在持续的争议，这一争议说明了在人类风险评估方面解释科学数据的难度。

现对这些发现的一项评论，指出胎儿和新生儿缺乏对该化学物质进行解毒的肝酶，再次引起对儿童负面影响的关注。正如美国国家环境健康

使用中的聚碳酸酯塑料瓶

**聚碳酸酯塑料**

问题是双酚A在动物体内表现为雌激素类似作用。其单体会从塑料中逸出，当加热时（如在微波炉中），逸出速率增加。例如，2003年，一项研究指出甚至在双酚A含量很低（大约20μg/kg）时，也会导致发育小鼠卵的染色体畸变。这些量与人体血和尿中的量在同一范围。因为人类和小鼠的受精过程非常相似，这项研究值得关注，尽管它不能证明人类处于危险之中。此外，用成年大鼠做的其他研究中，双酚A似乎对繁殖和发育没有不利影响。2008年，出

科学研究所报告中所强调的，这类研究的差别可能是使用不同种系的动物，不同程度的暴露和不同背景水平的雌激素污染物，不同控制给药以及动物的不同居住环境（单独对群组）。记住，我们在讨论非常小浓度的生物活性组分（十亿分之几的水平），它们只是不同程度地影响一定比例的动物。那么有一个大问题是，

**练习22-8**

很多天然存在的酚是由非芳香前体通过最终产品的芳香性驱动的重排衍生而来的。例如，香芹酮（真实生活5-1）发生酸催化重排成香芹酚 [2-甲基-5-（1-甲基乙基）酚]。香芹酚是草药牛至、百里香和墨角兰的组分，会发出它们特有的气味。提出这一反应的机理。

H₂SO₄, H₂O

香芹酮　　　　　　　　　　香芹酚

苯酚及其醚在自然界无处不在，一些衍生物可用于医药和除草，而其

动物研究与人类有多大的相关性？以及由于进化的自然解毒机理的存在，是否有人类能够耐受的接触药物的阈值？由于对胎儿和幼儿期接触的担忧，几个欧洲国家，加拿大和美国在2012年禁止双酚A用于儿童使用的瓶子和杯子，2016年，美国的几大罐头食品制造商开始用聚酯涂层代替双酚A。

　　环境中可能有害的化学物质带来的问题与其潜在的有益效果同样重要。白藜芦醇是一个例子。这个化合物在传统医学中用于治疗心脏和肝脏疾病，科学家最近对其生理活性很感兴趣。它存在于各种植物和食品中，例如桉树、百合、桑葚、花生，最突出的是葡萄皮，特别是红葡萄的皮中，浓度为$50\sim100\mu g/g$。它是对抗入侵机体组织如真菌的化学武器。葡萄可酿酒，因此红酒中存在白藜芦醇，最高可达每盎司160μg。经常饮用红葡萄酒会降低冠心病的发病率，这一发现被称为"法国悖论"，即尽管饮食中含有相对较高的脂肪，但法国人的心脏发病率低。白藜芦醇可能是活性物质，如最近的研究指出它具有正性心血管效应，它还可作为抗氧化剂抑制脂质过氧化（22-9节），也可作为抗血小板剂（真实生活22-2）预防动脉粥样硬化。实际上，已经发现它与环氧合酶（COX）形成氢键受体位点与阿司匹林相同，这可解释为什么它们具有相似的活性（真实生活22-2和19-13节）。其他研究表明该分子也是一种活性抗肿瘤剂，可以延缓某些癌症的诱发、生长和扩散，似乎毒性很小。也许最有趣的发现是，白藜芦醇能显著延长某些种类的酵母、小虫、果蝇和鱼类的寿命。类似这些说明信息，它抵消了高脂肪饮食对老鼠寿命缩短的影响。我们现在知道，分子通过级联式机制作用于负责控制身体能量平衡的酶上，同样酶也受到饮食的影响，人们早就知道饮食与长寿直接相关。由于这些颇具希望的发现，白藜芦醇被制造商誉为"瓶中的法国悖论"，并被推动大量消费。此外，一个大范围的临床试验和附加测试正在探索其作为健康补品的潜力。在这期间，专家建议大家要谨慎。例如，关于它的新陈代谢以及它如何影响肝脏知之甚少，上述结果在很大程度上来自体内和动物实验。像双酚A，它有类雌性激素的生理效应，可加快乳腺癌细胞的生长。目前，偶尔喝一杯红酒可能是最好的选择。

如图所示，白藜芦醇保护葡萄免受真菌侵害。
[*Courtesy of Ed Hellman, Texas A&M University*]

他的则是重要的工业原料。这一节首先解释它们的名称，然后讲述酚和醇之间的重要差别。因为羟基连接在芳香环上，所以酚是较强的酸。

## 酚是羟基芳烃

　　苯酚以前称为石炭酸，为无色针状结晶（熔点为41℃），有特殊的气味，稍溶于水。它（或甲基取代衍生物）的水溶液用作消毒剂，但主要用于制备聚合物（酚醛树脂，参见22-6节）。纯苯酚会引起严重的皮肤烧伤，而且有毒，曾有报道仅摄取1g就会死亡。也可经由皮肤吸收而产生致命的中毒。

　　尽管一些俗名也被IUPAC所接受（22-3节），按照15-1节所讲的，取代酚，系统命名为苯酚、苯二酚或苯三酚。这些物质被发现应用于摄影、染料和制革工业中。化合物双酚A（页边所示，参见真实生活22-1）是合成环氧树脂和聚碳酸酯的重要单体，这些材料广泛用于制造经久耐用的塑料制品、食品包装、牙科密封材料和饮料罐头的内壁涂层。

OH

$H_3C-C-CH_3$

OH

**双酚 A**

含有最高优先顺序的羧酸官能团的苯酚称为**羟基苯甲酸**（hydroxybenzoic acid）。许多化合物都有俗名。苯基醚称为**烷氧基苯**（alkoxybenzene）。作为一个取代基，$C_6H_5O$ 称为**苯氧基**（phenoxy）。

4-**methyl**phenol

4-**甲基苯酚**
（*p*-甲基苯酚）

4-**chloro-3-nitro**phenol

4-**氯-3-硝基苯酚**

3-**hydroxy**benzoic acid

3-**羟基苯甲酸**
（*m*-羟基苯甲酸）

1,4-benzenediol

1,4-**苯二酚**
（对苯二酚，氢醌）

1,2,3-benzenetriol

1,2,3-**苯三酚**
（邻苯三酚，焦棓酚）

本书中提到了很多酚衍生物特别是那些有生理活性的化合物的例子（真实生活5-3、9-1、21-1、22-1和22-2以及4-7节、9-11节、15-1节、22-9节、24-12节、25-8节和26-1节）。下面的四种酚衍生物中，你很可能在不知情的情况下吃过它。

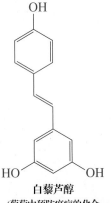

**白藜芦醇**
（葡萄中预防癌症的化合物，参见真实生活22-1）

**辣椒素**
（辣椒中的活性成分
如墨西哥青辣椒或红辣椒，参见下页边注）

**4-(4-羟苯基)-2-丁酮**
（树莓的风味物质）

**没食子儿茶素-3-没食子酸酯**
（绿茶中的化学抗癌剂）

### 酚是不寻常的酸

酚的 $pK_a$ 值在 8～10。虽然，酚的酸性比羧酸（$pK_a$=3～5）弱，但仍比脂肪醇（$pK_a$=16～18）强得多。其原因是共振，被称为酚氧离子（phenoxide ion）的共轭碱的负电荷会向苯环离域而得以稳定。

### 苯酚的酸性

$pK_a \approx 10$

酚氧离子

能够共振的取代基对酚的酸性影响很大。例如，4-硝基苯酚（对硝基苯酚）的 $pK_a$ 是 7.15。

$pK_a = 7.15$

负电荷离域到硝基上

C-2 位硝基取代酚具有相似的酸性（$pK_a$=7.22），而 C-3 位的硝基取代使 $pK_a$ 值升为 8.39。多个硝基会使酚的酸性增加至羧酸甚至无机酸的强度。供电子取代基具有相反的效应，提高 $pK_a$ 值。

2,4-二硝基苯酚 $pK_a = 4.09$

2,4,6-三硝基苯酚（苦味酸） $pK_a = 0.25$

4-甲基苯酚（$p$-甲酚） $pK_a = 10.26$

正如 22-5 节所示，在醚引起酸催化裂解的情况下，苯酚及其醚中的氧也是弱碱性的。

**练习22-9**

（a）为什么 3-硝基苯酚（间硝基苯酚）的酸性比 2-位和 4-位异构体的酸性弱，但比苯酚本身的酸性强？（b）按酸性增加的顺序排序下列化合物：苯酚，A；3,4- 二甲苯酚，B；3-羟基苯甲酸（间羟基苯甲酸），C；4-（氟甲基）苯酚［对（氟甲基）苯酚］，D。

## 小 结

因芳香环的稳定化作用，酚以烯醇式存在。它们的命名是按照 15-1 节介绍的芳香化合物的命名规则。环中带有羧基的衍生物称为羟基苯甲酸。酚是酸性的，因为相应的负离子可通过共振而稳定。

# 22-4 酚的制备：芳香亲核取代反应

酚的合成与普通取代苯的制备方法有很大不同。OH 直接对芳烃的亲电

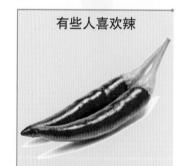

**有些人喜欢辣**

辣椒以辣椒素（习题63）作为对抗食草动物以及某些入侵的真菌的化学武器。它的灼烧感（对有些人是痛）是蛋白质激活的结果，这种蛋白质参与疼痛的传递，特别是由过热、强酸或磨损引起的疼痛。因此，辣椒素"欺骗"我们的神经元向大脑输入疼痛信号，而实际上没有组织损伤。然而，由于二次化学反应可能产生真正的炎症，与前列腺素的作用相似（真实生活11-1和19-13节）。值得注意的是，长期接触辣椒素会使我们的神经化学"过载"（有点像神经电路短路），导致痛感不敏感。药物 Qutenza 是一种高效辣椒素（8%）外用贴剂，用于治疗与带状疱疹感染相关的疼痛。带状疱疹所引起的疼痛可持续好几年，但据说用药30min可缓解三个月的疼痛。

加成是困难的，因为缺少能产生亲电羟基（如 OH⁺）的试剂。酚的制备是通过氢氧化物（OH⁻）对芳环离去基团的亲核取代进行的。这让人想起从卤代烷烃合成链烷醇，但两者机理上是完全不同的。本节讨论能够完成这一转化的方法。

### 芳香亲核取代反应可能按照加成–消除方式进行

用氢氧化物处理 1-氯-2,4-二硝基苯，卤素可被亲核试剂取代得到相应的取代酚。其他亲核试剂如醇盐或氨也能相似地分别用来形成烷氧基芳烃和芳胺。在这个过程中，一个基团而不是一个氢从芳香环被取代，称为原位（ipso，拉丁文"本身"的意思）取代。这些反应的产物可用来制备染料中间体。

反应

**芳香亲核原位取代**

原位 —— Cl，NO₂，吸电子，NO₂ ＋ :Nu⁻ ⟶ Nu，NO₂，NO₂ ＋ Cl⁻

（1-氯-2,4-二硝基苯）——Na₂CO₃, HOH, 100°C——（2,4-二硝基苯酚）90% ＋ NaCl

1-氯-2,4-二硝基苯 ⟶ 2,4-二硝基苯酚

（2-氯-1,4-二硝基苯结构）——:NH₃, △——（2,4-二硝基苯胺结构）85% ＋ NH₄Cl

2,4-二硝基苯胺

这个转化称为芳香亲核取代反应，成功的关键是苯环上离去基团的邻或对位存在一个或多个强的吸电子基团。这些取代基团通过共振稳定了中间体负离子。与卤代烷烃的 S_N2 反应相反，这些反应中取代以两步历程发生，即加成-消除顺序，类似于羧酸衍生物（19-7 节和 20-2 节）的取代机理。

## 芳香亲核取代反应的机理

**步骤 1.** 加成（因共振稳定化而加速）

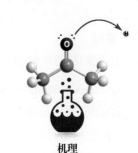

**机理**

负电荷因邻位和对位硝基的共振而被强烈稳定

**步骤 2.** 消去（仅显示了一种共振结构）

重建芳香离域

步骤 1，也就是决速步骤，由亲核试剂的原位进攻产生了一个电荷高度离域的负离子，对此可写出如图所示的几个共振结构来。注意，负电荷能被离域到吸电子基团上去。相反，这种离域在 1-氯-3,5-二硝基苯中是不可能的，因为这些基团位于间位，所以该化合物在所使用的反应条件下不能发生原位取代反应。

动画
动画展示机理：
芳香亲核取代

间位硝基不能使负电荷共振稳定

步骤 2，脱去离去基团，重新生成芳香环。卤代芳烃在亲核取代中的反应活性随着试剂的亲核性和环上吸电子基团数目的增加而增大，特别是吸电子基位于邻位或对位时。

## 练习22-10

写出在沸腾的甲醇中 1-氯-2,4-二硝基苯和甲醇钠反应的产物。

## 解题练习22-11

**运用概念解题：在合成中运用芳香亲核取代反应**

氧氟沙星（Ofloxacin）是一种用于治疗呼吸道和尿道、眼睛、耳朵和皮肤组织感染的喹诺酮类抗生素（25-7 节）。在防御对青霉素（和其他药）有抗药性的细菌的持续战斗中，氧氟沙星是另一选择。下面给出的是合成氧氟沙星的最后三步，最后一步是简单的酯水解（20-4 节）。写出从 A 到 B，然后到 C 两步转化反应的机理。

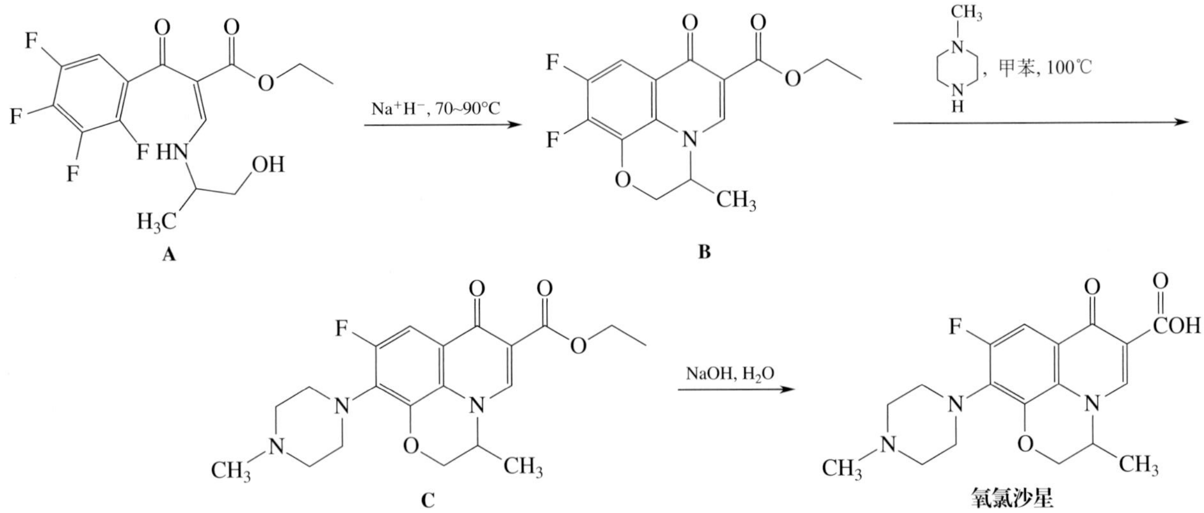

**策略：**

让我们按照以前的策略 WHIP 模式来解题。

- **W：** 从A到氧氟沙星的转化，我们看到了什么变化？列出结构变化和键形成及断裂清单，我们注意到B和C分别是两个连续的分子内和一个分子间芳香亲核取代的结果。
- **H：** 如何进行？第一步是环的闭合，从熵和焓而言是特别有利的（六元环的形成是有利的反应，参9-6节和17-7节）。A中芳香环对于亲核进攻一定是高活性的，因为它除了含有共振吸电子的羰基外，还带有四个诱导吸电子的氟取代基。
- **I：** 需要的信息？复习芳香亲核取代反应这一节的内容。
- **P：** 继续进行。

**解答：**

- 在 A 到 B 的转化中，使用了强碱氢化钠（$Na^+H^-$），A 中酸性的位点在哪里？最明显的是羟基（p$K_a \approx 15 \sim 16$，8-3 节，表8-2），肯定会脱去质子。
- 氨基怎么样？细察结构 A 得知，氮是通过双键连到两个羰基上，因此，它像普通的酰胺一样可通过共振而稳定（但更甚之）。

**A的共振**

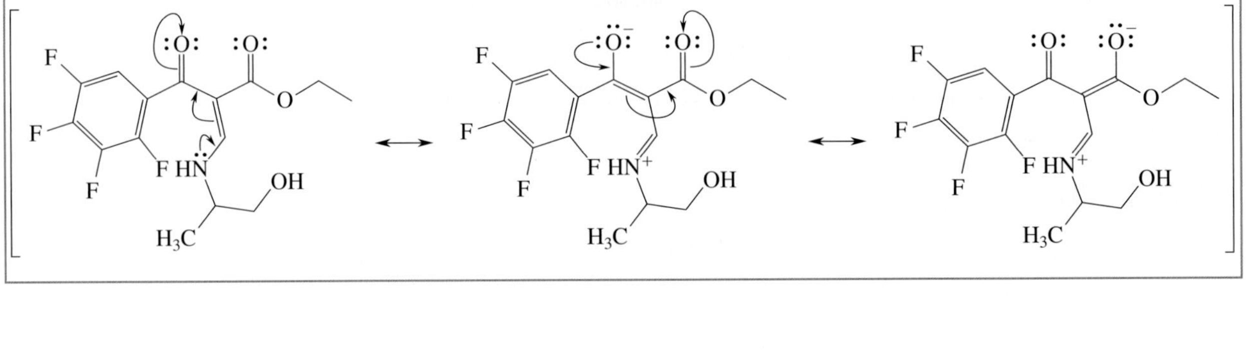

所以相对来说，它是酸性的，甚至比酰胺酸性更强（p$K_a \approx 22$，20-7 节）。因此，在进攻苯核之前 A 很可能是双去质子化的，芳香亲核取代很容易构建第一个新环。在下面的路线图中，只显示了一个（主要的）由芳烃上的亲核进攻产生的负离子的共振形式，其中负电荷离域到羰基氧上。

**第一个环闭合反应**

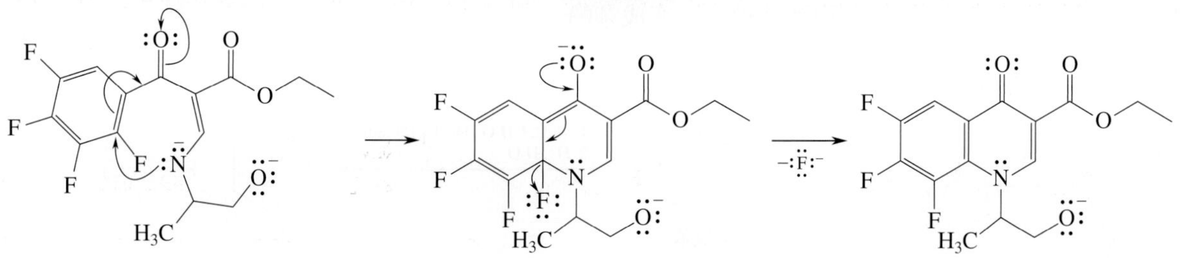

由烷氧基负离子所引起的第二个亲核取代比较特殊，因为它只能发生在羰基的间位，所以中间体负离子无法通过共振而稳定，仅仅是诱导效应在起作用。这种立体选择性是由张力控制的，因为烷氧基负离子不能到达位于羰基对位的更加有利的碳上进行反应。

**第二个环闭合到 B**

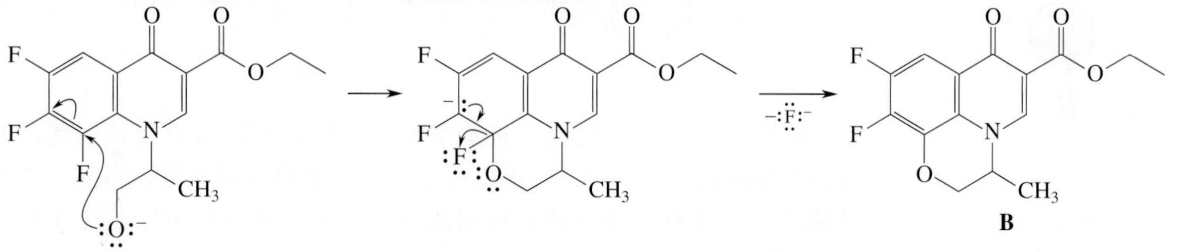

由 B 到 C 的转变特征是胺亲核试剂的分子间取代。两个带有潜在的氟离去基团的碳中，羰基对位的碳被选中，这是由于中间体负离子被共振稳定化的缘故。最初形成的产物是铵盐，用碱处理后释放出游离的碱 C。

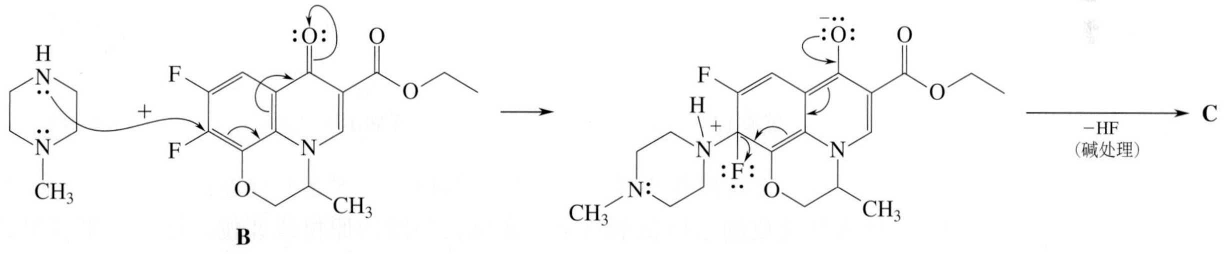

## 22-12 自试解题

提出下列转化的机理，考虑第一步是决定速率的，画出描述反应进程的势能图（**提示**：这是一个芳香亲核取代反应）。

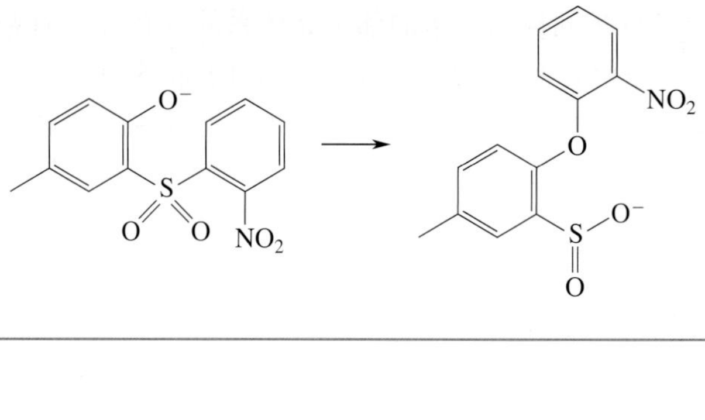

## 卤代芳烃可经过苯炔中间体发生取代反应

缺少吸电子取代基的卤代芳烃不会发生简单的原位取代反应，但当卤代芳烃用强碱亲核试剂处理时，如果需要，在高温下，它们也会转化为卤素被亲核试剂取代的产物。例如，氯苯在热的氢氧化钠溶液中反应，接着经中和处理，会变成苯酚。

用氨化钾处理，结果得到苯胺。

反应

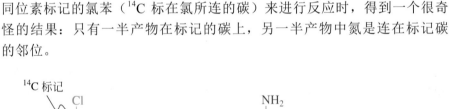

可以假设这个取代机理是本节前面讲述的原位芳香亲核取代，但用同位素标记的氯苯（$^{14}C$ 标在氯所连的碳）来进行反应时，得到一个很奇怪的结果：只有一半产物在标记的碳上，另一半产物中氮是连在标记碳的邻位。

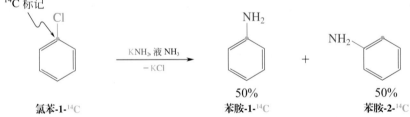

看来直接取代不像是这个反应的机理，那么此问题的答案是什么呢？线索是进攻的亲核试剂只是连在离去基团的原位或邻位。这个结果可用起始碱诱导时从苯环上消去了 HX 来解释，这让人想起卤代烯烃脱除卤化氢生成炔烃的过程（13-4 节）。在当前这种情况下，消除不是协同过程，而是以连续方式发生的，去质子化发生在离去基团的断裂（所示机理的第一步）之前。第一步的两个阶段都很困难，第二阶段比第一阶段更难，为什么？对于初始负离子的形成，想一想（11-3 节）$C_{sp^2}$-H 的酸性很弱（$pK_a \approx 44$），通常苯基的氢也是同样的。苯的邻位 π 体系的存在并没有帮助，因为苯基负离子中的负电荷处于与 π 体系结构相垂直的 $sp^2$ 轨道上，所以不可能与六元环的双键产生共振。因此卤代芳烃的去质子化需要强碱。反应发生在卤素的邻位，因为卤素的诱导吸电子效应使邻位氢的酸性相对要高一些。

尽管去质子化不容易发生，但第一步的第二阶段消除 $X^-$ 更加困难，因为生成的活性组分是高张力结构，这个活性组分称为 **1,2-脱氢苯**（1,2-dehydrobenzene）或**苯炔**（benzyne）。

## 单卤代芳烃的亲核取代机理

**步骤 1.** 逐步消除

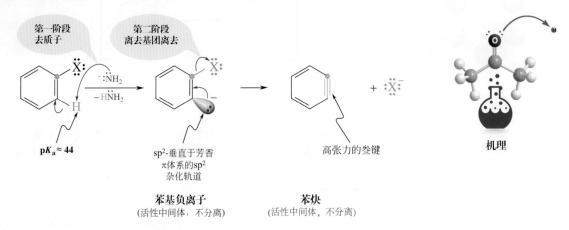

第一阶段
去质子

第二阶段
离去基团离去

pK$_a$ ≈ 44

sp$^2$-垂直于芳香
π体系的sp$^2$
杂化轨道

高张力的叁键

机理

**苯基负离子**
(活性中间体，不分离)

**苯炔**
(活性中间体，不分离)

**步骤 2.** 在两个高张力碳上的加成

动画
动画展示机理：
经由苯炔的芳香
亲核取代

氨基负离子的亲核进攻

苯基负离子中间体的质子化

　　为什么苯炔的张力这么大？回忆一下，炔通常采取线形结构，这是构成叁键的碳原子 sp 杂化的结果（13-2 节）。由于苯炔的环结构，叁键被迫弯曲，使得它有显著的反应活性。因此，在这些条件下苯炔仅作为反应中间体存在，很快会受到任何存在的亲核试剂的进攻。例如（步骤 2），氨基负离子甚至氨溶剂都能进行加成产生苯胺产物。因为叁键的两端是等同的，加成可发生在两个碳中的任意一个上，这就可以解释从 $^{14}$C 标记的氯苯得到苯胺时标记产物的分布。

　　苯炔的反应活性太高以至无法将它分离并贮藏，但在特殊条件下可利用光谱观察到。在 77K（-196℃）的冷冻氩气中（熔点为 -189℃），苯并环丁烯-1,2- 二酮光解生成一种脱去两分子 CO 所形成的产物，IR 和 UV 光谱可将其归属为苯炔。

### 活性苯炔中间体的产生

$$\xrightarrow{h\nu,\ 77\ K}$$ + 2 CO

**苯并环丁烯-1,2-二酮**

　　尽管苯炔通常用环炔来表示（图 22-4A），它的叁键 IR 伸缩频率是 1846cm$^{-1}$，介于正常的双键（环己烯，1652cm$^{-1}$）和叁键（2-己炔，2054cm$^{-1}$）之间。这两个碳的 $^{13}$C NMR 值（$\delta$=182.7）也是非典型的叁键（13-3 节），表现出累积三烯（14-5 节）共振态（图 22-4B）的一定贡献。叁键性质的变弱实质上是因为环平面上 p 轨道重叠较弱引起的。

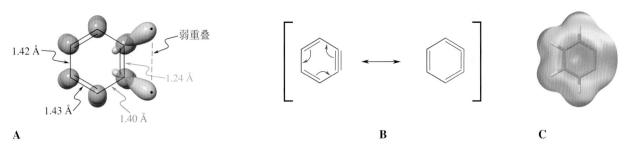

1.42 Å    弱重叠
1.24 Å
1.43 Å
1.40 Å

**A**    **B**    **C**

图 22-4 （A）苯炔的轨道图显示六个芳香性 π 电子位于与构成扭曲叁键的另外两个杂化轨道相垂直的轨道上，后者的两个轨道之间重叠较弱，因此苯炔显示高反应活性；（B）苯炔中的共振；（C）苯炔的静电势图显示出了六元环平面上扭曲 sp 杂化碳位置上的电子密度（红色）。

## 练习22-13

把 1-氯-4-甲基苯（对氯甲苯）作为起始原料和热的氢氧化钠溶液直接反应制备 4-甲基苯酚（对甲酚）不是好选择，因为它形成含两种产物的混合物。为什么会这样？两种产物是什么？

## 练习22-14

解释下列反应所观察到的区域选择性（**提示**：考虑氨基负离子对苯炔中间体进攻时甲氧基对选择性的影响）。

$$\underset{\text{主产物}}{}\quad \xrightarrow[-\text{KBr}]{\text{KNH}_2,\ \text{液 NH}_3}\quad \underset{\text{主产物}}{} \ + \ \underset{\text{次要产物}}{}$$

## 从芳基重氮盐制备酚

传统的实验室制备酚的方法是从芳胺中通过它们的**芳基重氮盐**（arenediazonium salt），$ArN_2^+X^-$ 合成。回忆一下，我们学习过伯胺能发生 N-亚硝化反应，但生成物重排成重氮离子，此重氮离子不稳定，失去氮气分子后得到碳正离子（21-10 节）。相反，芳香伯胺（苯胺）受冷亚硝酸进攻，发生**重氮化**（diazotization）**反应**，生成相当稳定、易分离、仍然有反应活性的芳基重氮盐。与烷基重氮盐相比，这些化合物具有共振稳定性，并且可以防止立即失去氮气分子产生高能量的芳基正离子（在 22-10 节还会详细讨论）。

### 重氮化反应

$$\underset{R}{\text{NH}_2} \quad \xrightarrow{\text{NaNO}_2,\ \text{H}^+,\ \text{H}_2\text{O},\ 0^\circ\text{C}} \quad \underset{R}{\overset{\overset{\cdots}{\text{N}}}{\underset{\text{N}^+}{\|}}}$$

芳基重氮盐离子

芳基重氮盐离子在水中温和加热时会产生氮气，所生成的芳基正离子很快被溶剂捕获，得到苯酚。

### 芳基重氮盐在水中分解成酚

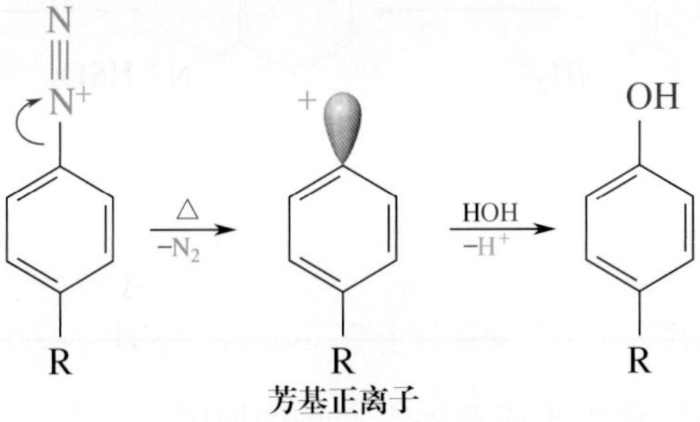

芳基正离子

在这些反应中，"超级"离去基团 $N_2$ 能顺利被羟基取代，而在卤苯中，只有高度缺电子的苯核（芳香亲核取代）或在极端条件下（通过苯炔中间体），卤素才能被羟基取代。这三种机理完全不同：在芳香亲核取代中，亲核进攻发生在离去基团离开前；在苯炔机理中，亲核试剂最初作为碱，接着挤出离去基团并对扭曲的叁键亲核进攻；在芳基重氮离子分解中，离去基团首先离去，接着被水捕获。

回想一下，通过还原硝基芳烃可得到芳胺，而硝基芳烃可通过芳香亲电取代从其他芳烃来制备（第 15 章和第 16 章）。在逆合成分析时，（8-8 节）我们可在苯环上任何能发生亲电硝化的位置放上一个羟基。

### 从酚到芳烃的逆合成连接

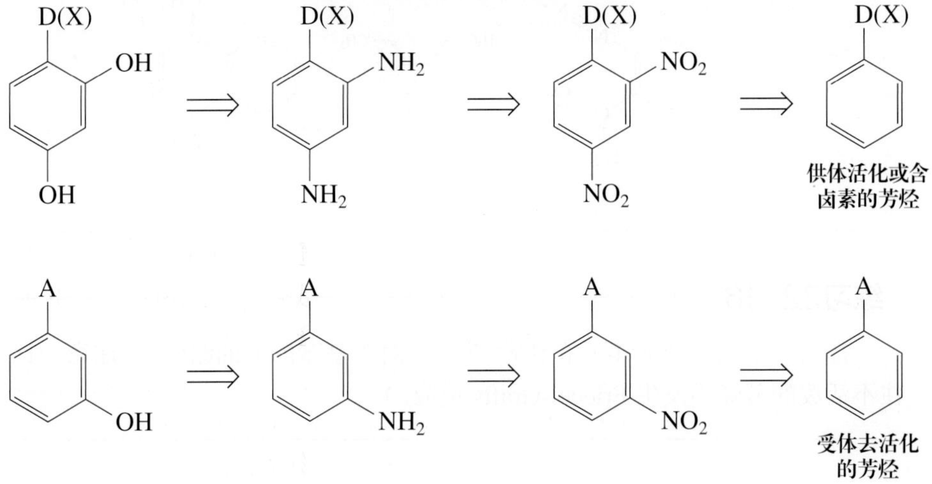

供体活化或含卤素的芳烃

受体去活化的芳烃

下面给出了两个例子。

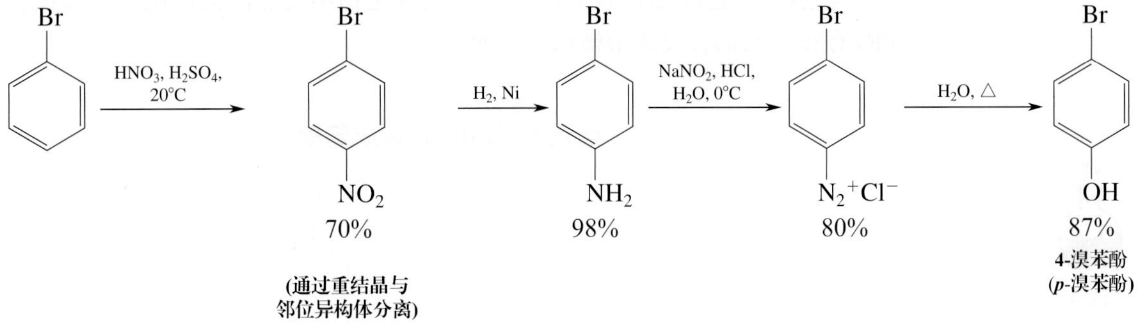

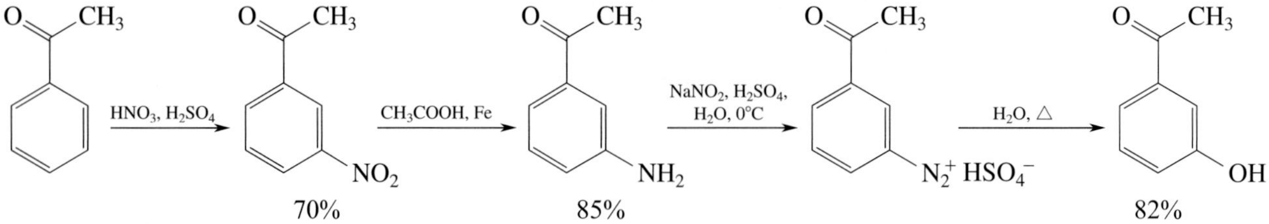
HNO3, H2SO4
CH3COOH, Fe
NaNO2, H2SO4, H2O, 0°C
H2O, △
70%
85%
82%

1-(3-羟苯基)乙酮
(*m*-羟基苯乙酮)

## 练习22-15

（**a**）解释下列转化中生成意外主产物的原因。

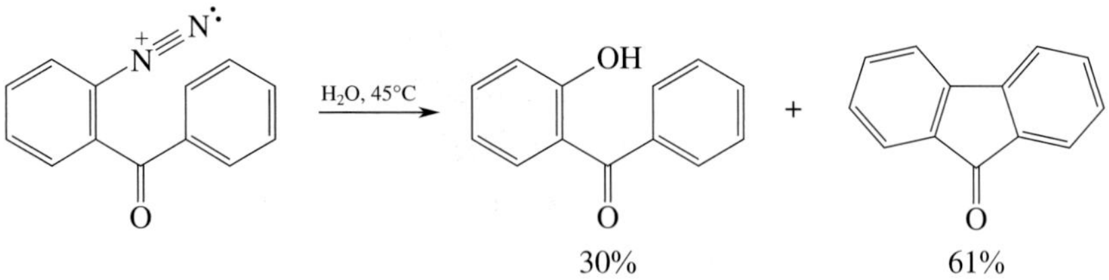
H2O, 45°C
30%
61%

（**b**）邻重氮基苯甲酸盐 A（由 2-氨基苯甲酸重氮化制备，参见习题 20-55）有爆炸性，当和反,反-2,4-己二烯在溶液中温热时，会形成化合物 B。用机理说明之（**提示**：形成两种其他产物，都是气体）。

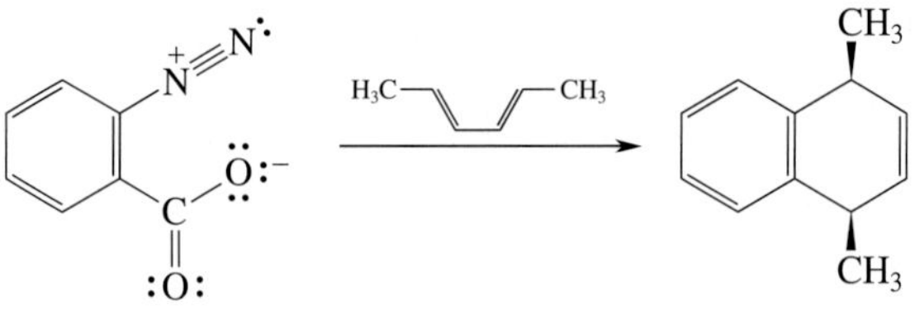

A　　　B

## 练习22-16

提出一条从苯合成 4-（苯甲基）苯酚（对苄基苯酚）的路线。（**注意**：记住不活泼的芳烃不发生 Friedel-Grafts 反应。）

### 酚可由卤代芳烃经由钯催化制备

虽然我们已经知道普通的卤苯与氢氧化物不反应，但在钯盐和膦配体 $PR_3$ 存在下它们会发生亲核取代反应。

反应

**卤代芳烃Pd催化合成苯酚**

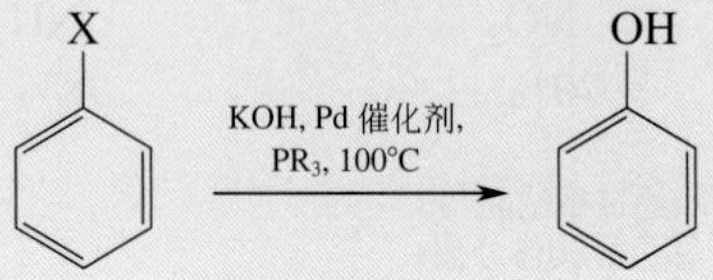
X
OH
KOH, Pd 催化剂,
PR3, 100°C

该反应对取代苯是通用的，为前述重氮甲烷方法提供了补充。

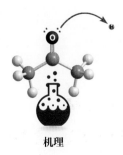

机理

该机理与 Heck 反应和其他 Pd 催化反应的机理有关（13-9 节，真实生活 13-1）。如下面简式所示，反应以金属插入芳卤键开始，然后羟基和卤素交换，最后释放产物的同时催化剂再生。

### 卤代芳烃钯催化合成苯酚的机理

可以用醇盐进行类似的取代反应得到酚醚，用胺（包括氨）得到苯胺。

**3-甲氧基-N-(2-甲基丙基)苯胺**

**2-(1-甲基乙基)苯胺**
(**o**-异丙基苯胺)

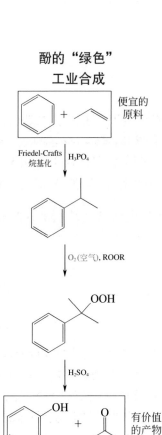

酚的 "绿色"
工业合成

便宜的原料

Friedel-Crafts 烷基化  H₃PO₄

O₂(空气), ROOR

H₂SO₄

有价值的产物

尽管先前的方法在制备特殊取代的酚时有价值，但工业上制备苯酚则是由空气氧化（1-甲基乙基）苯（异丙苯或枯烯，参见练习 15-27）生成苄基过氧化氢，接着用酸分解（页边）。"副产品"丙酮本身就是有价值的，这使得这个过程具有很高的成本收益，更不用说使用环境友好的空气作为氧化剂了。

### 练习 22-17

如何从所给的原料开始制备下列酚？（**提示**：参考第 15 章和第 16 章。）

（a） CF₃ ... OH    原料    CF₃

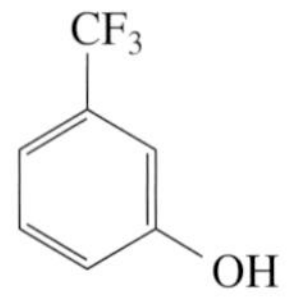

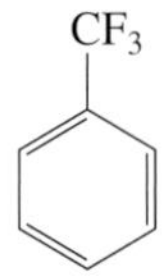

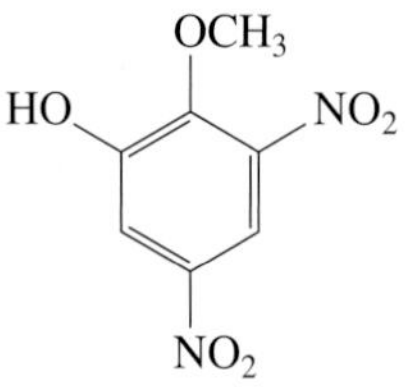

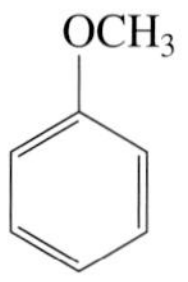

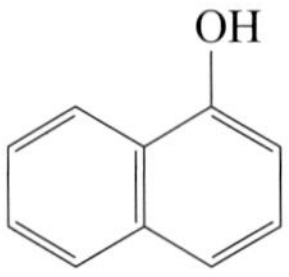

（b） HO—OCH₃, NO₂, NO₂    原料    OCH₃

（c） OH 萘酚    原料    萘

---

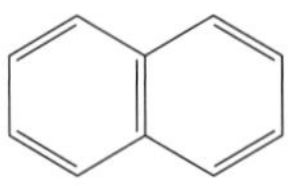

## 小 结

当苯环带有足够多的强吸电子取代基时，很容易发生亲核加成反应得到电荷被离域的中间体负离子，接着发生离去基团的消除（芳香亲核原位取代反应）。当亲核试剂是氢氧根离子时得到酚，是氨时得到芳基胺（苯胺），是烷氧基负离子时得到烷氧基芳烃。强碱能从卤代芳烃中消除 HX 形成活泼的苯炔中间体，受到亲核进攻得到取代产物。最后，酚还可由芳基重氮盐在水中分解和卤代芳烃的 Pd 催化羟基化来制备。

---

# 22-5 | 酚的醇化学

酚的羟基可发生醇的一些反应（第 9 章），如质子化、威廉森（Williamson）醚合成和酯化反应。

### 酚中的氧仅为弱碱性

酚不仅显酸性，而且也可显弱碱性。强酸能使酚（及其醚）质子化成相应的苯基氧鎓离子（phenyloxonium ion）。像链烷醇一样，羟基显示两性特性（8-3 节）。但是，酚的碱性比链烷醇更弱，因为氧上的孤对电子向苯环离域（16-1 节和 16-3 节）。所以，苯基氧鎓离子的 p$K_a$ 值比烷基氧鎓离子的 p$K_a$ 值更低。

**甲基氧鎓离子和苯基氧鎓离子的 p$K_a$ 值**

$$CH_3\overset{+}{O}H_2 \rightleftharpoons CH_3\ddot{O}H + H^+$$
p$K_a = -2.2$

苯基氧鎓离子 $\rightleftharpoons$ :ÖH + H⁺
p$K_a = -6.7$

不像由醇衍生的仲和叔烷基氧鎓离子，苯基氧鎓离子不解离成苯基正离子，因为这种离子有很高的内能（见 22-10 节）。酚中的苯-氧键是很难断裂的。但是，烷氧基苯质子化后烷基和氧之间的键在亲核试剂如 Br⁻ 或 I⁻ 的存在下（例如来自 HBr 或 HI）容易断裂，得到酚和相应的卤代烷烃。

$$3\text{-甲氧基苯甲酸} \xrightarrow[\substack{\text{酚醚}\\\text{水解}}]{\text{HBr},\ \triangle} 3\text{-羟基苯甲酸} + CH_3Br$$

**3-甲氧基苯甲酸**
(*m*-甲氧基苯甲酸)

90%

**3-羟基苯甲酸**
(*m*-羟基苯甲酸)

---

## 练习22-18

为什么由酸引起的烷氧基苯的断裂不生成卤代苯和链烷醇？

---

# Williamson醚合成法制备烷氧基苯

通过 Williamson 醚合成法（9-6 节）容易制备很多**烷氧基苯**（alkoxy-benzene）。酚脱质子化得到的酚氧离子（22-3 节）是良好的亲核试剂，它们能从卤代烷烃和烷基磺酸酯中取代离去基团。

$$\text{3-氯苯酚} + CH_3CH_2CH_2Br \xrightarrow[\substack{-NaBr,\ -HOH\\ S_N2}]{\text{NaOH, H}_2O} \text{1-氯-3-丙氧基苯}$$

**3-氯苯酚**
(*m*-氯苯酚)

63%

**1-氯-3-丙氧基苯**
(*m*-氯苯丙醚)

## 酯化反应生成链烷酸苯酯

羧酸和苯酚反应（19-9 节）形成苯基酯是吸热的，因此酯化反应需要一个活化的羧酸衍生物，如酰氯或酸酐。

$$\text{4-甲基苯酚} + CH_3CH_2\overset{\displaystyle O}{\overset{\|}{C}}Cl \xrightarrow[\substack{-NaCl,\ -HOH\\ \text{加成-消除反应}}]{\text{NaOH, H}_2O} \text{4-甲苯基丙酸酯}$$

**4-甲基苯酚**
(*p*-甲基酚)

**丙酰氯**

**4-甲苯基丙酸酯**
(*p*-甲苯基丙酸酯)

---

## 练习22-19

（**a**）说明为什么在制备对乙酰氨基酚（真实生活 22-3）时生成的是酰胺而不是酯（**提示**：回顾 6-8 节）。（**b**）双水杨酸酯（水杨酸水杨酸酯的简称），即两个水杨酸分子形成的酯（页边），它是风湿性关节炎患者止痛和消炎的处方药，是萘普生和布洛芬的替代品（第 16 章开篇），因为它不会引起胃不舒服。制定一条从 2-羟基苯甲酸（水杨酸）为原料的合成路线（**提示**：你需要制定一个保护基策略，参见 9-8 节或 22-2 节）。（**c**）提出一条从甲苯合成 2-甲基-1-环己酮的路线（**提示**：复习 16-5 节和 22-2 节 Birch 反应中芳香亲电取代的思路）。

**双水杨酸酯**

**真实生活：** 医药  22-2  阿司匹林——一种神奇的药物

阿司匹林通过减少冠状动脉血栓的形成来预防心脏病发作。照片显示患者的左主肺动脉血栓。

2017 年是 2-羟基苯甲酸（水杨酸）的乙酸酯，即 2-乙酰氧基苯甲酸（乙酰水杨酸），知名的阿司匹林合成 120 周年。阿司匹林是它在 1899 年上市之前先进行临床试验的第一个药物。全世界人类每年服用超过 1000 亿片来减轻头痛、风湿痛和其他疼痛，控制发热和治疗痛风及关节炎，单是美国每年的生产能力就达到 10000 吨。

水杨酸［也称为螺旋酸（spiric acid），阿司匹林（aspirin）的名字由此而来，其中的"a"代表乙酰基］存在于柳树皮或绣线菊植物的提取液中，自古以来就用于治疗疼痛、发热和肿胀。1829 年首次分离到水杨酸的纯品，然后在实验室里合成。最后在 19 世纪大规模生产并用作镇痛、退热和消炎的处方药。它的苦味和副反应，如口腔刺激和胃出血，促使了对其更好衍生物的研究，结果发现了阿司匹林。

在人体中阿司匹林（有相当活性的链烷酸苯酯，参见习题 62）起环氧合酶（COX）的乙酰化试剂作用，它与活性部位（见下面）多肽链的丝氨酸中的羟基发生酯交换作用。有趣的是，水杨酸本身也是一种环氧合酶抑制剂，它的作用机理不同，即抑制编码酶的遗传信息，从而减弱它的产生。

环氧合酶调节前列腺素的产生（真实生活 11-1 和 19-13 节），前列腺素又是炎症和疼痛产生的化学分子。此外，其中之一的血栓素 A$_2$ 能聚集血小板，这是当发生伤害时血液凝固所必需的。但是，这一过程发生在血管内则是有害的，因血块位置的不同而引起心脏病或脑中风。确实，20 世纪 80 年代进行的大量研究表明阿司匹林降低男性心脏病的风险几乎达到 50%，在心脏病发作时减少死亡率 23% 左右。

阿司匹林的许多潜在应用正在研究中，像在治疗与妊娠有关的并发症、艾滋病患者中的病毒炎症、痴呆、阿尔茨海默病和癌症等。尽管它非常普及，但阿司匹林还是有一些严重的副作用，如对肝的毒性、延长出血时间，引起胃刺激，并被怀疑可能引起致命脑损伤的 Reye 氏综合征。因为存在这么一些缺陷，在市场上，特别在止痛药市场上出现了很多与之竞争的药物，如萘普生、布洛芬和对乙酰氨基酚（第 16 章开篇）。对乙酰氨基酚，更为知名的名字是泰诺（Tylenol），它是使用 4-氨基苯酚通过乙酰化制备的。

## 小 结

酚和烷氧基苯的氧虽然比链烷醇和烷氧基烷（醚）中的氧的碱性要小，但是也能被质子化。质子化的酚和它们的衍生物不能离子化成苯基正离子，但用 HX 可把醚断裂成苯酚和卤代烷烃。由 Williamson 醚合成法合成烷氧基苯，用链烷酰化合成链烷酸芳基酯。

# 22-6 | 酚的亲电取代反应

酚的芳香环也是反应中心，羟基和环的相互作用强烈活化环上邻和对位的亲电取代反应（16-1 节和 16-3 节）。例如，使用稀硝酸也能进行硝化反应。

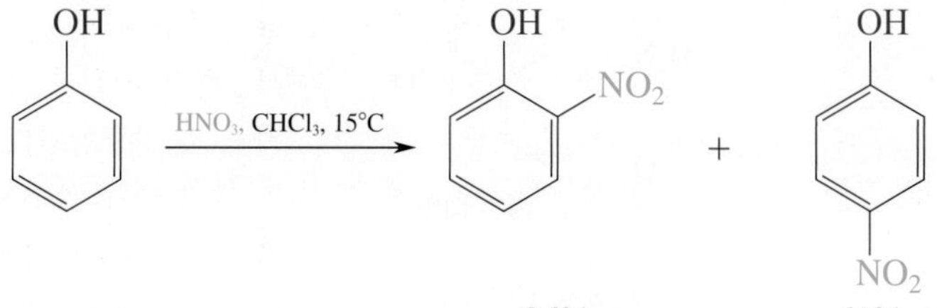

|  | 26% | 61% |
|---|---|---|
|  | 2-硝基苯酚 | 4-硝基苯酚 |
|  | (o-硝基苯酚) | (p-硝基苯酚) |

酚的 Friedel-Crafts 酰基化反应由于会生成酯而使反应变得复杂，最好是用酚的醚衍生物（16-5 节）进行。

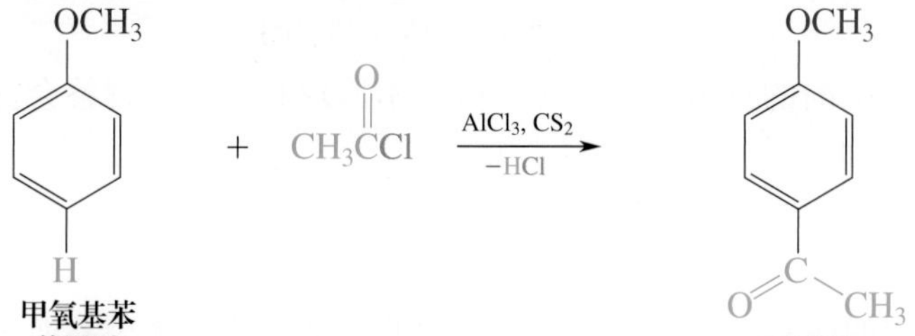

甲氧基苯
（苯甲醚）

70%
1-(4-甲氧苯基)乙酮
(p-甲氧苯乙酮)

酚的卤化很容易，不需催化剂，并常常有多重卤化作用（16-3 节）。如下列反应所示，20℃下在水中就会发生三溴化，但通过降低反应温度和使用极性较小的溶剂，能控制反应生成单卤化产物。

### 酚的卤化反应

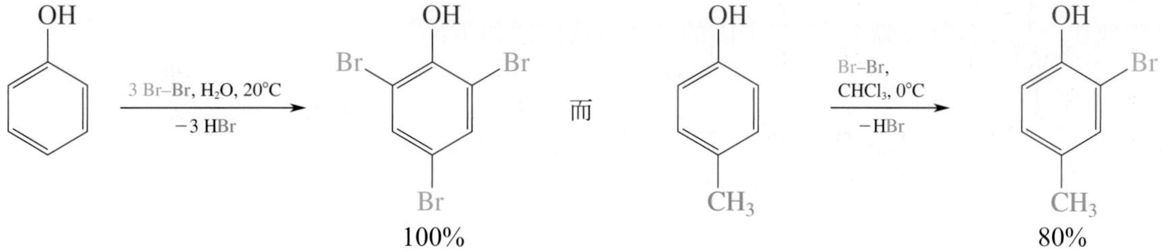

|  |  | 100% |  |  | 80% |
|---|---|---|---|---|---|
| 苯酚 |  | 2,4,6-三溴苯酚 | 4-甲基苯酚 |  | 2-溴-4-甲基苯酚 |
|  |  |  | (p-甲苯酚) |  |  |

由于立体效应，对位的亲电进攻是主要方式，但是，通常得到邻位和对位取代的混合产物，产物组成主要取决于试剂和反应条件。

## 练习22-20

甲氧基苯（茴香醚）和氯甲烷的 Friedel-Crafts 甲基化反应在三氯化铝（AlCl₃）存在下得到比例为 2：1 的邻位和对位产物。在同样的条件下甲氧基苯和 2-氯-2-甲基丙烷（叔丁基氯）反应，只得到 1-甲氧基-4-（1,1-二甲基乙基）苯（对叔丁基苯甲醚），试说明之（**提示**：复习 16-5 节）。

## 解题练习22-21

### 运用概念解题：以取代酚开始的合成设计思路

丙美卡因（Proparacaine）是一种局部麻醉剂，主要用在小手术，如除去异物或缝合时，使眼睛麻木。说明如何从 4-羟基苯甲酸来合成丙美卡因。

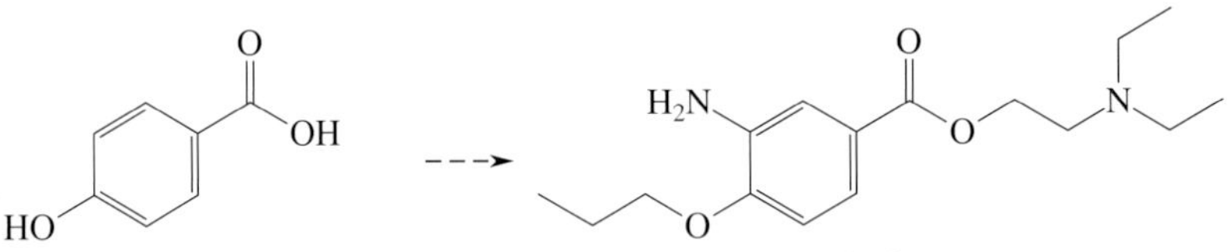

4-羟基苯甲酸　　丙美卡因

**策略：**

- **W**：有何信息？仔细观察原料和产物这二者的结构，看出有三个地方结构上发生了改变：（1）苯环上引入了氨基，建议设计硝化-还原步骤（16-5节），硝化-还原与羟基取代基的邻位定位效应有关；（2）酚官能团醚化，最好用 Williamson 醚合成法（22-5节）；（3）羧基官能团用适当的氨基醇酯化（20-2节）。

- **H**：如何进行？这些操作的最佳顺序是什么？要回答这个问题，还要考虑各种官能团和建议的反应步骤之间可能的干扰。

- **I**：需用的信息？复习这一节和之前有关酚的章节，如果对一些基本原理有疑虑，解答会提示参考前面的章节。

- **P**：继续进行。

**解答：**

- 用原料进行第一步修饰，得到相应的氨基酸，但是，没有保护的氨基（从前体硝基而来）预示会给第二步第三步带来困难，因为胺比醇具有更强的亲核性。因此，醚化氨基酚势必导致胺的烷基化（21-5 节）。同样，在氨基存在下的酯化也会形成大量酰胺（19-10 节）。最好的选择是先引入硝基并保持不变，直到其它官能团都被保护为止。

- 第二步修饰，Williamson 醚合成法在羧基存在下是有利的，因为羧酸盐离子比苯氧离子的亲核性更差。

- 酚官能团的预先保护对第三步修饰即用氨基醇来酯化的成功是很重要的，特别是如果想以酰氯的形式活化羧基时。

- 把这些放在一起（包括文献），丙美卡因的可能合成路线如下：

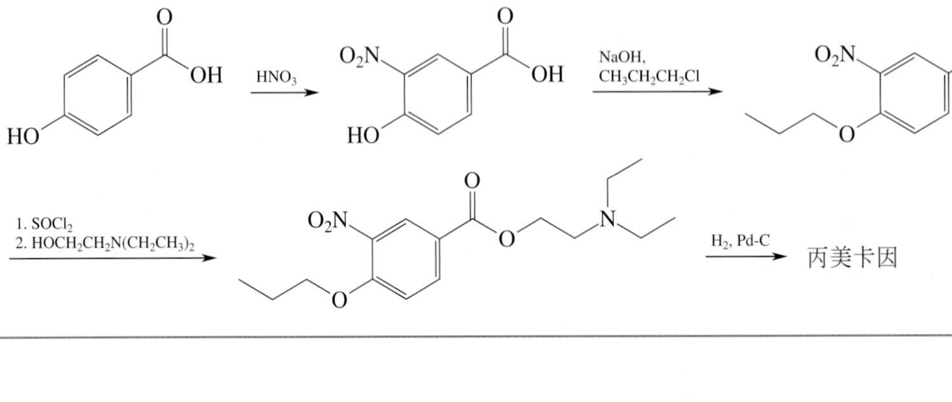

• 为什么在最后一步氨基醇的氮不和酰卤反应？毕竟胺比醇更具亲核性。答案是确实没反应，因为胺是三级的，只能形成酰基铵盐。这个官能团有类似于酰氯的反应活性，通过这种方式，羟基对酰基铵盐上羰基的进攻最终得到热力学控制的产物酯（20-2 节）。

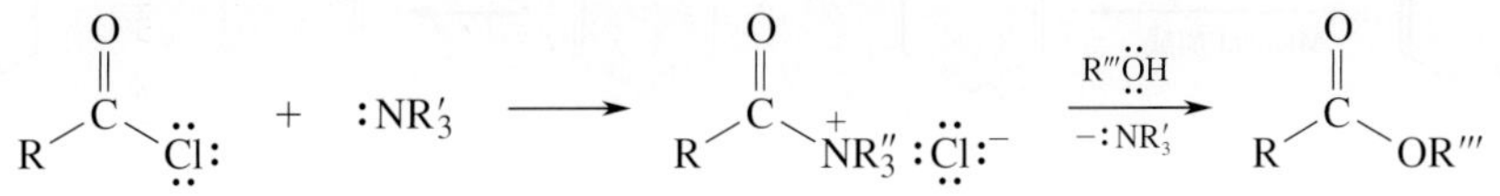

## 22-22 自试解题

设计另一条在 Pd 催化下从 4-羟基苯甲酸合成丙美卡因的路线。

在碱性条件下，即使用很温和的亲电试剂，酚也能经苯氧离子中间体发生亲电取代。工业上一个重要的应用是和甲醛反应，使酚的邻位和对位羟甲基化。从机理上看，这个过程可认为是烯醇缩合，非常像羟醛缩合反应（18-5 节）。

**酚的羟甲基化**

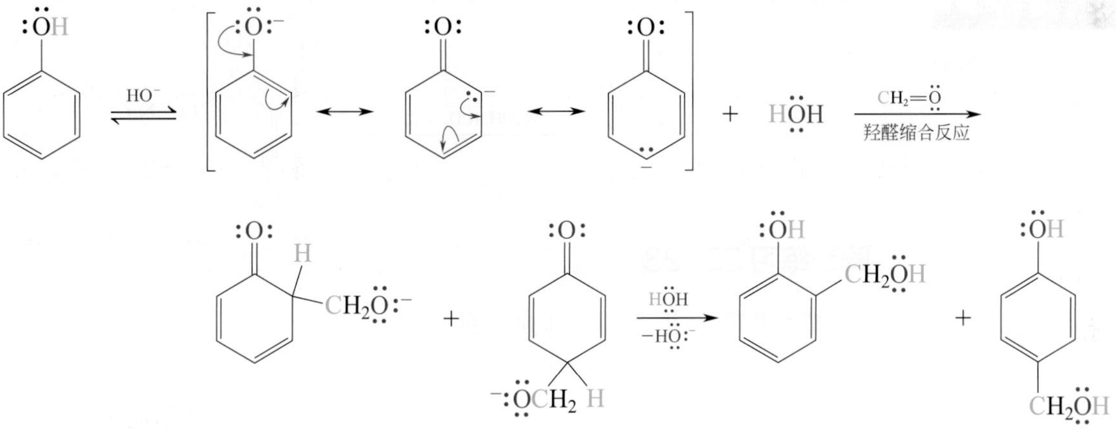

初始的羟醛缩合产物是不稳定的，在加热时脱水得到活泼的中间体亚甲基醌（quinomethane）。

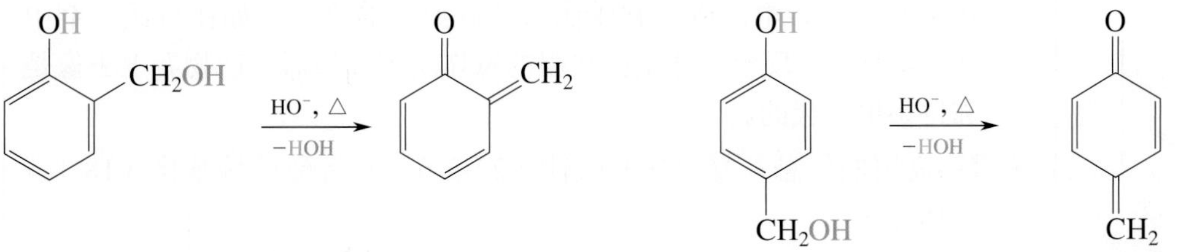

*o*-亚甲基醌　　　　　　　　　*p*-亚甲基醌

因为亚甲基醌是 $\alpha, \beta$-不饱和羰基化合物，它们会与过量的酚盐离子发生 Michael 加成（18-11 节），结果生成的酚又被羟甲基化，整个过程重复进行。最后形成复杂的酚-甲醛共聚物，也称为酚醛树脂（即胶木）。它主要用于制胶合板（45%）、绝缘材料（14%）、模塑料（9%）、纤维板和粒面板（9%）及层压板（8%）。

## 酚醛树脂的合成

$$\text{（反应机理图示）} \quad \xrightarrow{\text{Michael 加成}} \quad \xrightarrow{\quad} \quad \xrightarrow[\text{羟醛缩合}]{CH_2=O}$$

$$\text{（反应机理图示）} \quad \longrightarrow \quad \longrightarrow \quad \xrightarrow{\quad} \quad \longrightarrow \quad \text{聚合物} \quad + \quad n\,H_2O$$

含有酚醛树酯的各种板材
制品。常用于建造房屋。

在柯尔柏[1]-施密特[2]（Kolbe-Schmidt）反应中，酚进攻二氧化碳生成2-羟基苯甲酸的盐（邻羟基苯甲酸、水杨酸、阿司匹林的前体，参见真实生活22-2）。

$$\text{（酚）} \quad + \quad :O{=}C{=}O: \quad \xrightarrow{NaOH,\ H_2O,\ \text{压力}} \quad \text{（2-羟基苯甲酸钠）} :\!O\!:^-Na^+$$

### 解题练习22-23

**运用概念解题：把苯酚看作是一种烯醇**

写出 Kolbe-Schmidt 反应的机理。

**策略：**

- **W**：有何信息？清点反应的各组分：原料、其他试剂、反应条件和产物，看需要什么？

- **H**：如何进行？酚是富电子芳烃（本节和16-3节）并具有酸性。二氧化碳有一个亲电的碳，它受到亲核碳原子的进攻，如在格氏试剂中（19-6节）。反应条件是在很强的碱作用下，最后，产物看上去像是邻位亲电取代的。

- **I**：需用的信息？复习酚的酸性（22-3节）和烯醇的烷基化（18-1节和18-4节）。

- **P**：继续进行。

**解答：**

- 在碱性条件下，酚以酚氧离子的形式存在，像烯醇离子，可用两种共振式来描述（页边）；

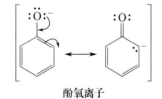

酚氧离子

**[1]** 阿道夫·威廉·赫尔曼·柯尔柏（Adolph Wihelm Hermann Kolbe，1818—1884年），德国莱比锡大学教授。

**[2]** 鲁道夫·施密特（Rudolf Schmidt，1830—1898年），德国德累斯顿工业大学教授。

- 烯醇烷基化发生在碳上（18-1 节、18-4 节和 18-10 节）。类似地，可画出酚氧离子进攻二氧化碳亲电碳的过程，或者，也可把这个反应看作二氧化碳亲电进攻高活性的苯环；
- 最后，发生去质子化再生芳香族芳烃。

你可能已注意到，二氧化碳对邻位进攻的选择性是这个反应过程所特有的。尽管现在还不能完全断定，但可能存在酚氧负电荷邻近的钠离子（$Na^+$）对亲电试剂的定位作用。

### 22-24 自试解题

吩妥胺（Phentolamine，一种水溶性的甲磺酸盐），是一种用于牙科的抗高血压药。它将局部麻醉药麻醉效果恢复所用时间减少了一半。其制备中的关键步骤可追溯至 1886 年，反应如下所示。它的机理是什么？（**注意：** 这不是芳香亲核取代反应。**提示：** 考虑酮-烯醇互变异构。）

### 练习22-25

六氯酚（页边）以前常用作肥皂的皮肤杀菌剂，由 2,4,5-三氯苯酚和甲醛在硫酸存在下由一步反应制得，这个反应是怎样进行的？（**提示：** 写出第一步酸催化羟甲基化的反应式。）

六氯酚

### 小 结

酚中的苯环能发生芳香亲电取代反应，特别是在碱性条件下。酚氧离子可被羟甲基化和羧基化。

# 22-7 苯环的电环化反应：Claisen重排

在 200℃ 下，2-丙烯氧基苯（烯丙基苯基醚）发生一个异常反应，导致烯丙醚键断裂：原料重排成 2-(2- 丙烯基)苯酚（邻烯丙基苯酚）。有趣的是，如取代基标记所示，连到原料醚上的烯丙基碳转到产物的（烯丙基的）末端位置。

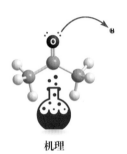

**2-丙烯氧基苯**
**(烯丙基苯基醚)**

75%

**2-(2-丙烯基)苯酚**
**(o-烯丙基苯酚)**

这个转化称为克莱森[1]（Claisen）重排，它是另一个协同反应的例子，其芳香性过渡态涉及六个电子转移过程（14-8 节和 15-3 节）。初始中间体是高能异构体 6-(2- 丙烯基)-2,4- 环己二烯酮，烯醇化成最后产物（18-2 节和 22-3 节）。

## Claisen重排机理

芳香性
过渡态

酮互变异构体

烯醇互变异构体

**6-(2-丙烯基)-2,4-环己二烯酮**

Claisen 重排对其他体系也是通用的，非芳香性的 1-乙烯氧-2-丙烯（烯丙基乙烯基醚）的重排，因为没有烯醇化的驱动力，而停留在羰基阶段，称为脂肪族的 **Claisen 重排**。

## 脂肪族Claisen重排

芳香性
过渡态

255℃

50%

**1-乙烯氧-2-丙烯**
**(烯丙基乙烯基醚)**

**4-戊烯醛**

动画
脂肪族Claisen重排

Claisen 重排中氧变成碳后的类似反应称为柯普[2]（Cope）重排，它发生在含有 1,5-二烯单元的化合物中。

---

[1] 莱纳·鲁德维格·克莱森（Rainer Ludwig Claisen，1851—1930 年），德国柏林大学教授。

[2] 亚瑟·C. 柯普（Arthur C. Cope，1909—1966 年），美国麻省理工学院教授。

## Cope重排

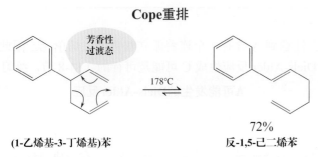

动画
Cope重排

(1-乙烯基-3-丁烯基)苯      72%
反-1,5-己二烯苯

值得注意的是所有这些重排都与顺-1,3,5-己三烯和1,3-环己二烯之间相互转变的电环化反应相关（页边和14-9节），唯一不同的是缺少连接末端 $\pi$ 键的双键。

顺-1,3,5-己三烯的
电环化反应

### 练习 22-26

（**a**）分别画出下列分子的 Claisen 和 Cope 重排产物，以及它们在热力学上比较稳定的理由。[**提示**：记录结构的变化并酌情查找 4-2 节、11-5 节和 18-2 节，对（iv）需考虑键的解离能（kcal·mol$^{-1}$），$C_6H_5O$—烯丙基键的解离能为 53，$C_6H_5$—H 键的解离能为 112，$C_6H_5O$—H 键的解离能为 88，$C_6H_5$—烯丙基键的解离能为 87。]

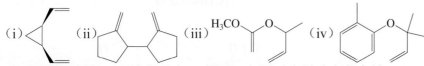

（**b**）用机理解释下列转化反应。（**提示**：如果反应导致电荷离域，Cope 重排可大大加速。）

HO — $\xrightarrow{\text{NaOH, H}_2\text{O}}$ — OHC

---

### 解题练习 22-27

**运用概念解题：应用 Claisen 重排和 Cope 重排**

柠檬醛（B）是柠檬草的成分，用作香料（柠檬和马鞭草香味）。它是 BASF 公司合成维生素 A 工艺中一个重要的中间体（14-7 节，真实生活 18-2）。合成柠檬醛的最后一步需要单独加热烯醇醚 A，怎样把 A 变成 B？

**A**        **B**
                                             柠檬醛

**策略：**

和往常一样，我们先对反应各组分进行盘点：原料、其他试剂和反应条件以及产物。这里很简单，没有试剂，只需加热，看起来是异构化反应。需要证实这个推测，测定 A 和 B 的分子式，两者都是 $C_{10}H_{16}O$，可以为 A 设想什么样的热反应？

**解答：**

- 你会注意到 A 含有一个连着孤立双键的二烯单元。因此，原则上分子内的 Diels-Alder 反应生成 C 可能是可行的（14-8 节，练习 14-24）。

**A可能发生的Diels-Alder反应**

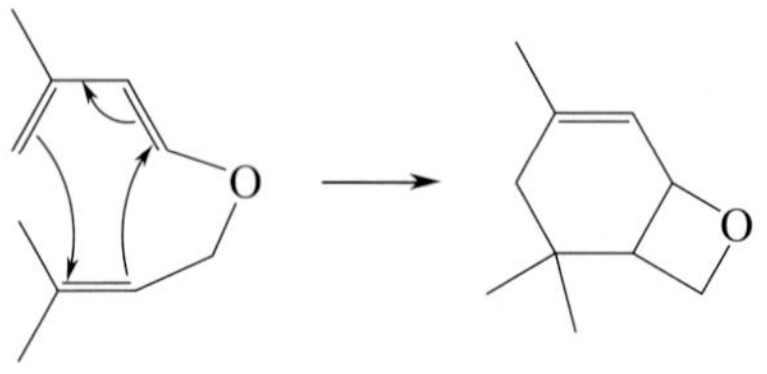

A    C

- 显然有两个原因对这条路线不利：（1）二烯和亲双烯体都是富电子的，因此，对环加成而言它们不是一对理想的反应物（14-8 节）；（2）更加明显的是，C 中形成了有张力的环。

- 另一个选择基于对 1,5-己二烯单元的识别，这是 Cope 重排的前提。在 A 中这个二烯单元含有一个氧，所以可以写一个 Claisen 重排看看会把我们导向哪里。

**A的Claisen重排**

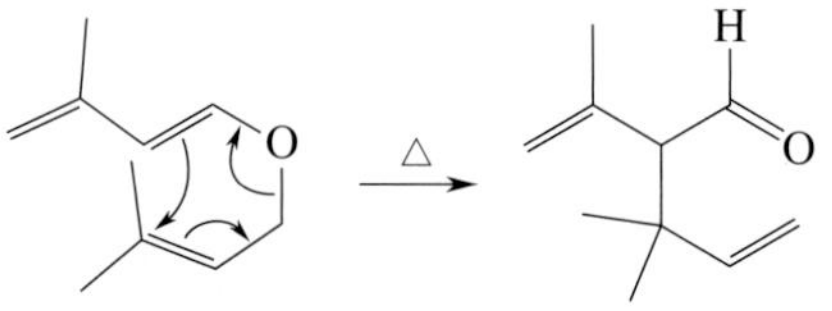

A    D

- 产物 D 含有一个 1,5-二烯子结构，能发生 Cope 重排生成柠檬醛（B）。

**D的Cope重排**

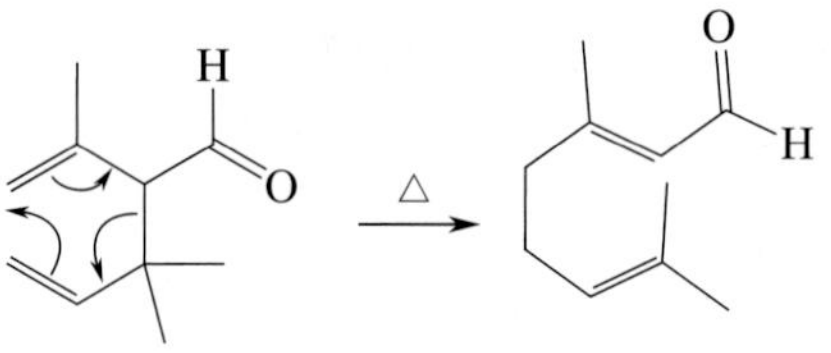

D    B

## 22-28 自试解题

醚 A 在 200℃加热得到 B，用反应式表述反应机理。（**注意：**末端烯碳不能到达苯环对位。**提示：**以 Claisen 重排的第一步开始。）

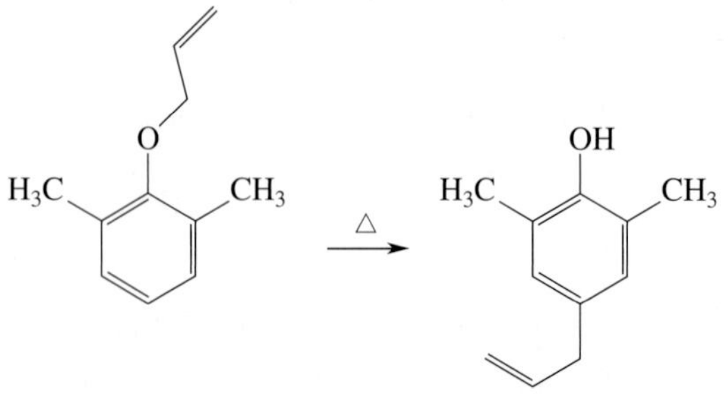

A    B

---

## 小　结

通过移动六个电子的电环化机理，2-丙烯氧基苯重排成 2-（2-丙烯基）苯酚（邻烯丙基苯酚）（Claisen 重排）。脂肪族的不饱和醚进行类似的协同反应（脂肪族 Claisen 重排），含 1,5- 二烯单元的烃也发生类似的协同反应（Cope 重排）。

# 22-8 | 酚的氧化：苯醌

苯酚通过单电子转移机理被氧化成羰基化合物，形成一类新的环二酮，称为**苯醌**（benzoquinone）。

## 苯醌和苯二酚是氧化还原对

用各种氧化剂（如重铬酸钠或氧化银）可把 1,2- 苯二酚和 1,4- 苯二酚 [IUPAC 保留了它们的常用名儿茶酚（catechol）和氢醌（hydroquinone）] 氧化成相应的二酮——邻苯醌和对苯醌。当生成的二酮很活泼时，如邻苯醌，产率不定，在形成的条件下会发生部分分解。

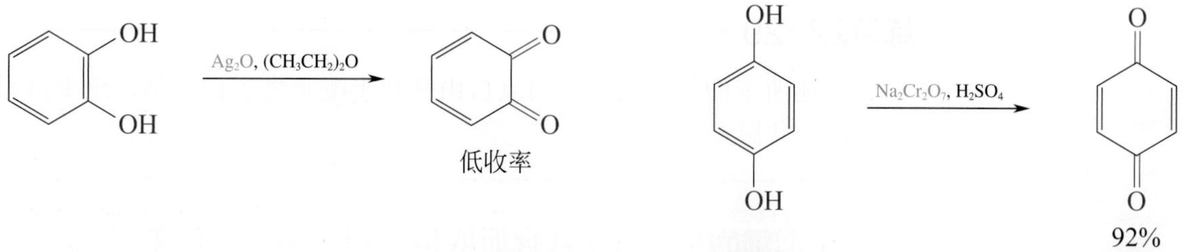

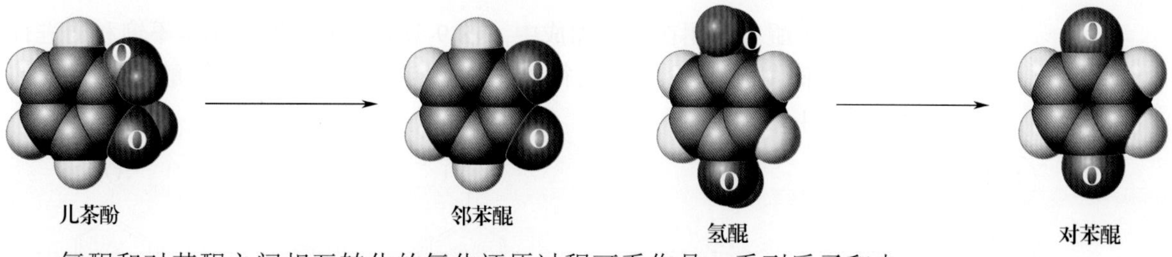

低收率

92%

儿茶酚　　　　邻苯醌　　　　氢醌　　　　对苯醌

氢醌和对苯醌之间相互转化的氧化还原过程可看作是一系列质子和电子转移的结果。起始的去质子化得到酚氧离子，它由单电子氧化变成酚氧自由基。从另一羟基中质子解离得到半醌负离子自由基，经第二个单电子氧化步骤得到苯醌。在这个反应中所有的中间体都受益于共振稳定作用（半醌给出了两种形式）。在 22-9 节中我们将看到类似于这里的氧化还原过程在自然界广泛存在。

### 对苯醌和氢醌之间的氧化还原关系

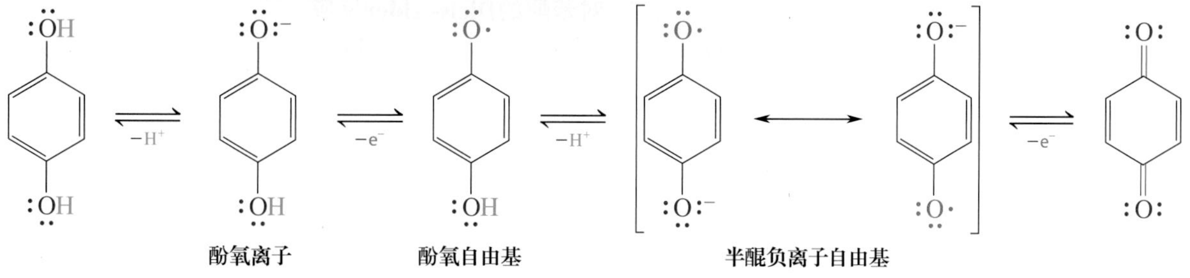

酚氧离子　　　　酚氧自由基　　　　　　半醌负离子自由基

对苯醌的氧化能力被一些节肢动物如千足虫（马陆）、甲虫、白蚁用作化学防卫剂。这些动物种群中最奇异的是炮手甲虫，它的名字表明了它对掠夺者（通常是蚂蚁）的防御机制。它从其臀部的腺体中发射出热的腐蚀性化学物质，具有惊人的准确性。在发生袭击时（在实验室中可用小巧的镊子夹住甲虫来模拟，见照片），位于甲虫腹部末端的两腺体分别分泌氢醌和过氧化氢，这些混合物一进入反应室，反应室里含有的酶即引发爆炸性的二醇氧化成醌的反应，同时过氧化氢分解成氧气和水。这些物质带着声响从甲虫的尾部，借助 270° 的旋转能力非常准确有力地喷向敌人，温度可达 100℃。在某些物种中，发射频率达到每秒 500 次，就像机关枪。

麦克风触发闪光拍照，一只庞巴迪甲虫爆炸式喷射向镊子 [*James P.Blair/Getty Images*]

### 练习22-29

对上述所示的酚氧离子、酚氧自由基和半醌负离子自由基，至少再写出另外两个共振式。

## 对苯醌中的烯酮单元发生共轭加成和Diels-Alder加成

对苯醌官能团在共轭加成中（18-9 节）作为活性的 $\alpha,\beta$-不饱和酮进行反应。例如，氯化氢加成得到中间体羟基二烯酮，再烯醇化成芳香的 2-氯-1,4-苯二酚。

对苯醌　+ H⁺ + :Cl:⁻ → 共轭加成 → 6-氯-4-羟基-2,4-环己二烯酮 → 烯醇化 → 2-氯-1,4-苯二酚

双键也可对二烯发生环加成（14-8 节），最初与 1,3-丁二烯的环加成产物在酸作用下互变异构成芳香体系。

### 对苯醌的Diels-Alder反应

$C_6H_6$, 20℃, 48 h 环加成　　HCl, △ 二次烯醇化

**总得率88%**

**练习22-30**

（**a**）用机理解释下列结果。（**提示**：复习 18-9 节。）

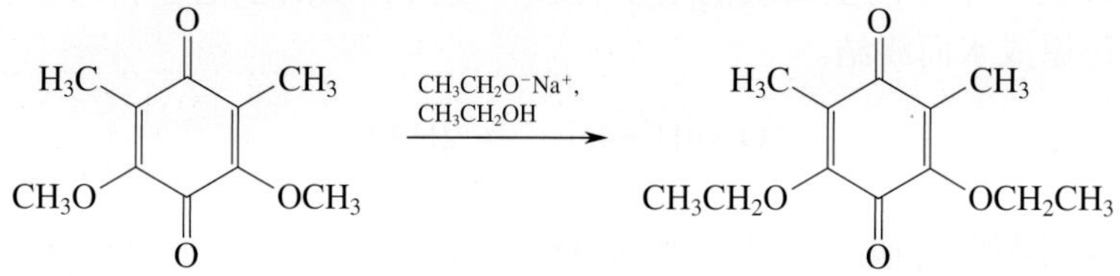

（**b**）甾体母核是用 Diels-Alder 反应以各种方式构建而成的，制定一个合成路线来实现下列所示甾体中间体的转变。（**提示**：一如既往地用逆合成操作！）

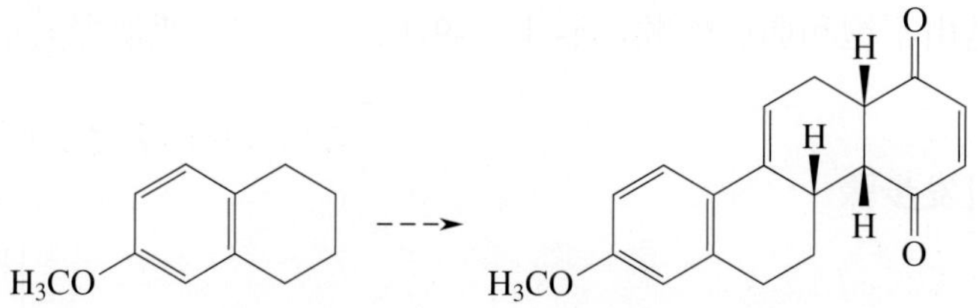

## 小　结

　　酚氧化成相应的苯醌，二酮发生可逆的氧化还原反应，得到相应的二酚。它们也对双键发生共轭加成和 Diels-Alder 加成。

# 22-9 | 自然界中的氧化还原过程

　　本节介绍一些自然界中发生的含氢醌和对苯醌的化学过程。我们从氧气的生化还原开始介绍。氧参与使生物分子损伤的反应。天然存在的抗氧化剂抑制这些转化，像一些合成防腐剂一样。

### 泛醌调节氧的生物还原生成水

　　自然界在可逆的氧化反应中利用了苯醌-氢醌这一氧化还原对。这些过程是复杂串联反应的一部分，其中氧用于生化降解。参与此过程的系列重要化合物是泛醌（这样命名是表示它们广泛存在于自然界中），也通称为辅酶 Q（CoQ 或只写 Q）。泛醌是取代的对苯醌衍生物，带有由 2-甲基 -1,3-丁二烯单元（异戊二烯，参见 4-7 节和 14-10 节）组成的侧链。利用 NADH（真实生活 8-1 和 25-2 节）的酶把 CoQ 变成它的还原态（QH₂）。

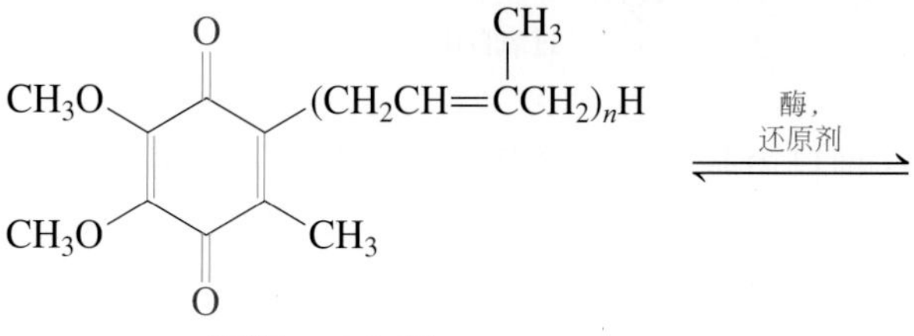

泛醌(n = 6, 8, 10)
(辅酶 Q)

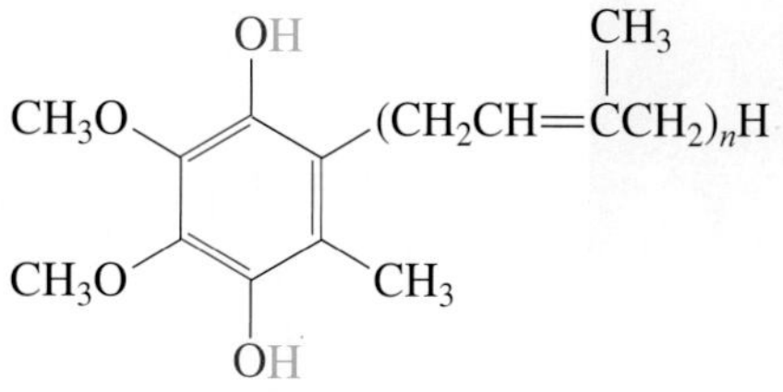

辅酶 Q 的还原形态
(还原形态 Q 或 QH₂)

QH$_2$ 参与了电子输运含铁蛋白质（即细胞色素，真实生活 8-1）的氧化还原链式反应。在细胞色素 b 内，由 QH$_2$ 将 Fe$^{3+}$ 还原至 Fe$^{2+}$ 的反应开启了一系列涉及六个不同蛋白质的电子转移。链反应以四个电子和四个质子加成使氧还原成水而终结。

$$O_2 + 4H^+ + 4e^- \longrightarrow 2H_2O$$

## 酚衍生物保护细胞膜免于受到氧化损伤

氧到成水的生化转化包括一些中间体，有单电子还原产物超氧化物（O$_2^-$）和过氧化氢断裂产生的羟基自由基（·OH）。两者都是高活性的，能破坏有重要生物学意义的有机分子的引发反应。这里所示的例子是磷酸甘油酯，是由不饱和脂肪酸顺,顺-十八-9,12-二烯酸（亚油酸）衍生的细胞膜的组分。

**链引发步骤**

戊二烯自由基

C-11 位的两个烯丙基氢很容易被自由基（如 ·OH）攫取（14-2 节）。

在两步链增长中的第一步，共振稳定的戊二烯自由基快速与 O$_2$ 结合，反应发生在 C-9 或 C-13（下面所示），得到含有共轭二烯单元的两种过氧自由基中的任何一个。

**链增长步骤 1**

过氧自由基

在链增长的第二步，这种自由基从另一个磷酸甘油酯分子（或更通俗的说是类脂类）的 C-11 位除去一个氢原子（20-5 节），从而形成一个新的二烯自由基和一分子脂质过氧化物（lipid hydroperoxide）。二烯自由基随后又重新进行链增长的第一步。用这种方法，仅有的一次引发则可能引起大量脂质分子被氧化。

**链增长步骤 2**

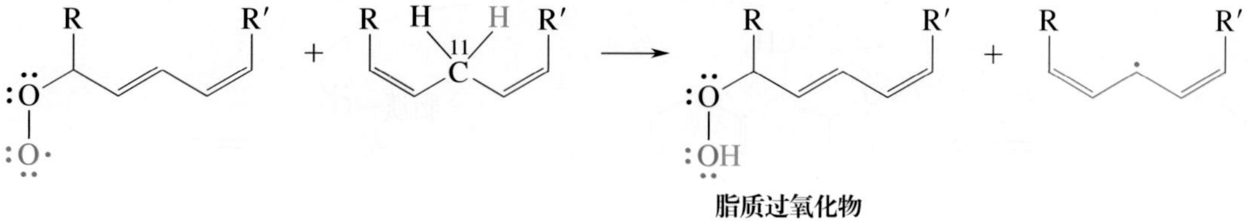

脂质过氧化物

大量研究证实脂质过氧化物是有毒的，它们的分解产物更是如此。例如，由相当弱的 O—O 键断裂失去·OH 产生烷氧自由基，它会断裂相邻的 C—C 键（$\beta$- 断裂），得到不饱和的醛。

**脂质烷氧自由基的$\beta$-断裂**

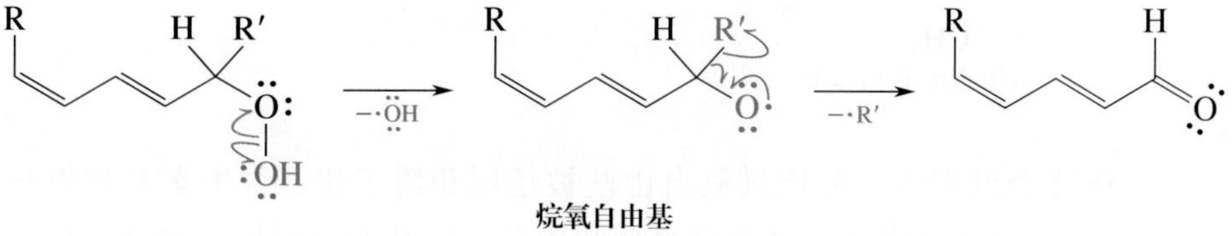

烷氧自由基

通过相关但比较复杂的机理，某些脂质烷氧自由基分解成不饱和的羟基醛，如反-4-羟基-2-壬烯醛及二醛类的丙二醛。这些油脂分子是脂肪腐臭气味的部分根源。

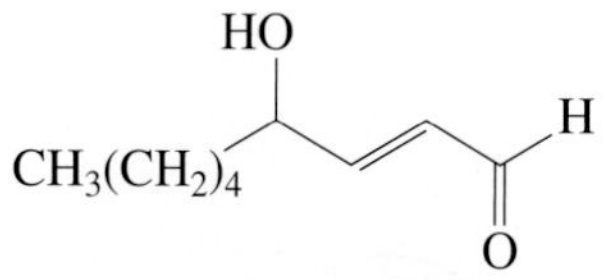

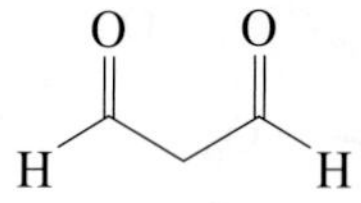

丙二醛和 $\alpha, \beta$- 不饱和醛毒性都极强，因为它们对非常接近细胞膜类脂处的蛋白质是高度反应活性的。例如，二醛和烯醛都能和同一个蛋白质的两个不同部分或两个不同蛋白质分子中亲核的氨基、疏基反应，这些反应使蛋白质产生交联（14-10 节），这种交联严重抑制了蛋白质分子发挥其生物功能（第 26 章）。

反-4-羟基-2-壬烯醛

丙二醛

**与不饱和醛反应引起蛋白质交联**

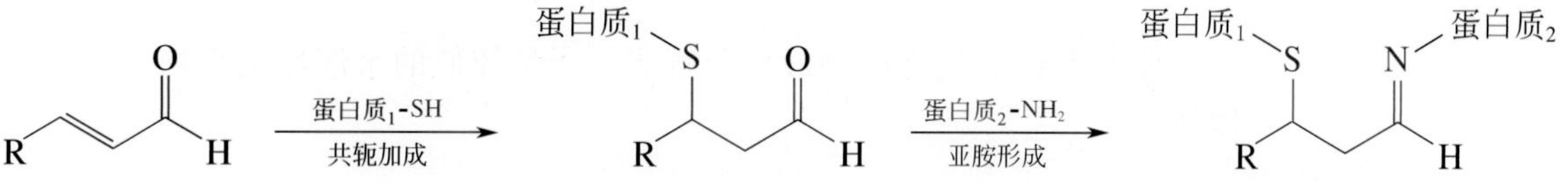

很多人认为这些过程会加速肺气肿、动脉粥样硬化（几种心脏疾病和中风的根本原因）、某些慢性炎症和自身免疫性疾病、癌症以及可能的衰老过程的发展。

自然界是否为生物系统提供了一些方法来保护自身免受这种伤害？各种各样天然存在的抗氧化系统保护细胞膜内类脂分子免受氧化的破坏。最重要的是维生素 E，它是八种具有非常相似结构的化合物的集合，通常由其中一种化合物（$\alpha$-生育酚）来代表（页边）。在葵花籽油、玉米油或棕榈果实油中发现了相对大量的 $\alpha$-生育酚，它们都具有一条很长的烃链，具有脂溶性。它们的还原性源于氢醌类芳环的存在（22-8 节）。对应的酚氧离子是一个非常好的电子供体。维生素 E 的保护能力是由于它能还原自由基从而阻断类脂氧化的链增长。

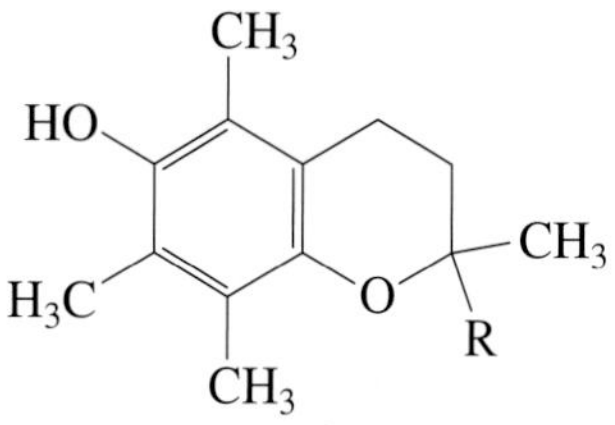

维生素 E
（$\alpha$-生育酚）
R = 支化的 $C_{16}H_{33}$ 链

### 维生素E与脂质过氧化物和烷氧自由基的反应

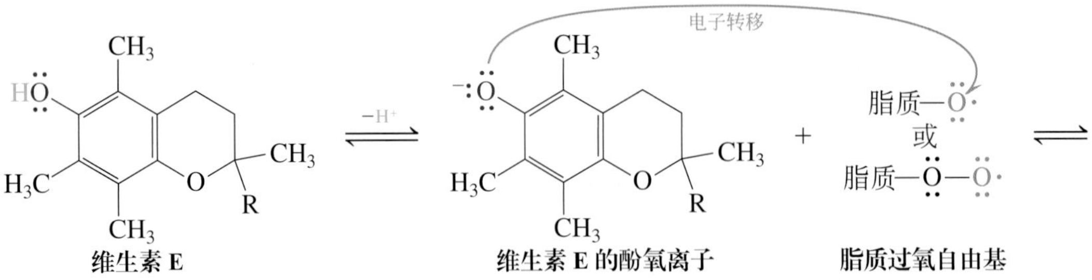

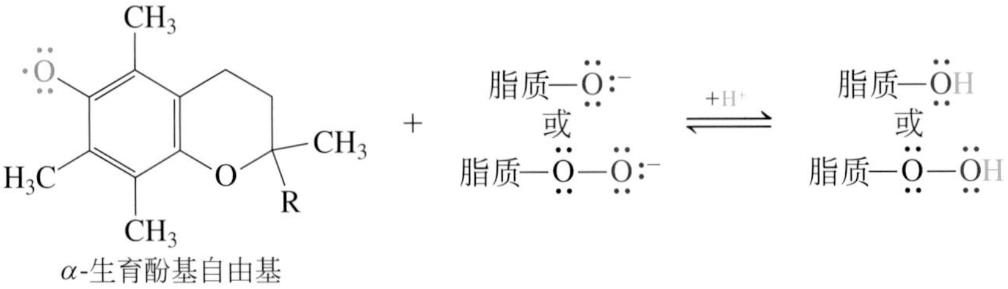

α-生育酚基自由基

在这个过程中，脂质过氧自由基被还原和质子化。维生素 E 被氧化成 α- 生育酚基自由基，因为强离域和甲基取代基的空间位阻使这个自由基相对不活泼。通过在膜表面与水溶性还原剂如**维生素 C** 反应，维生素 E 得以再生。

### 维生素C使维生素E再生

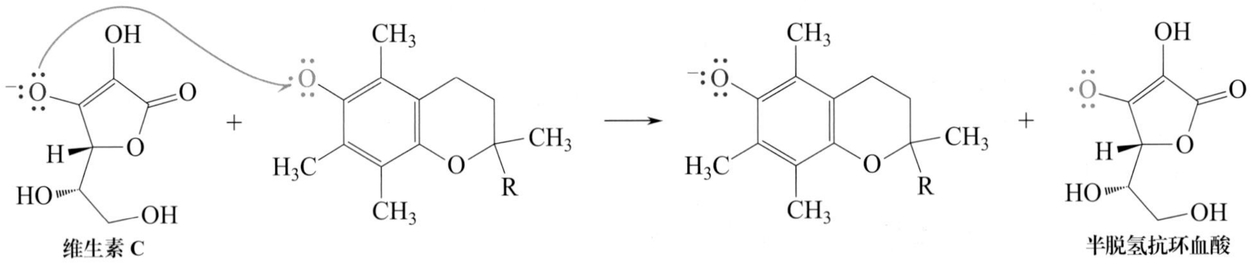

维生素 C 的氧化产物最后分解成分子量较低的水溶性化合物，排泄出体外。

### 练习22-31

（**a**）维生素 C 是有效的抗氧化剂，因为它的氧化产物半脱氢抗坏血酸是共振稳定化的。写出这个物种的其他共振式。

（**b**）商业合成维生素 E 的最后一步（定量）如下所示，提出这一转化机理。

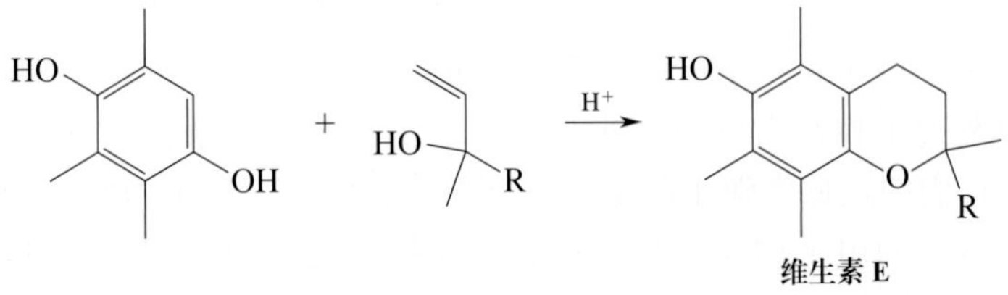

维生素 E

### 谷胱甘肽，一个细胞内抗氧化剂，以及为什么过多的对乙酰氨基酚是有毒的

　　细胞保护自己免受氧化伤害的另一个办法是产生**谷胱甘肽**（glutathione），它是一种带有巯基（—SH）的肽（9-10 节），因有氨基酸半胱氨酸而形成的肽（表 26-1 和 26-4 节），它是自由基和其他氧化剂如过氧化氢（$H_2O_2$）的清道夫。在此过程中，谷胱甘肽变成相应的二硫化物（9-10 节），但在酶促还原下重新再生。

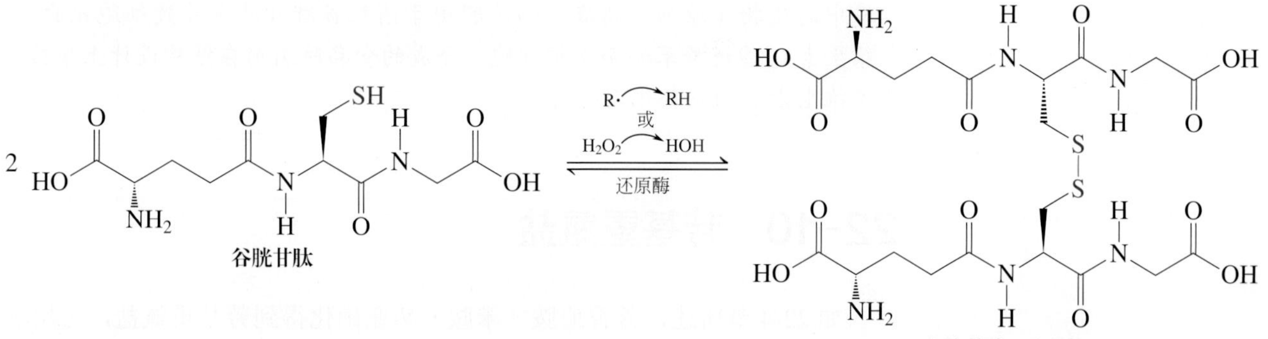

谷胱甘肽　　　　　　　　　　　　　　　　　　　谷胱甘肽二硫化物

　　巯基也可与 α,β- 不饱和羰基化合物发生共轭加成［见 18-9 节和第 889 页是"真的吗？"以及苯醌及其相关体系（22-8 节）］。这一过程是广泛使用的镇痛药对乙酰氨基酚（泰诺）在肝脏中代谢的一部分。细胞色素 P450（真实生活 8-1）酶促氧化对乙酰氨基酚生成具有反应活性的 *N*-乙酰基对苯醌亚胺（NAPQI），它接着被谷胱甘肽亲核进攻捕获。得到的加成产物随后进一步代谢成水溶性的衍生物，从尿中排泄掉。在药物的治疗剂量内，消失的谷胱甘肽很容易通过生物合成来补充。但是，在较高剂量用药，特别是在意外或故意过量使用的情况下，对乙酰氨基酚可能引起潜在的致命性肝功能衰竭，主要是由于谷胱甘肽缺乏引起氧化应激。如今在美国，这种中毒事件占所有急性肝功能衰竭病例的一半左右。具有讽刺意味的是，2011 年的一项研究发现，NAPQI 是对乙酰氨基酚抑制疼痛机制中的活性剂：它抑制参与疼痛感知的蛋白质。

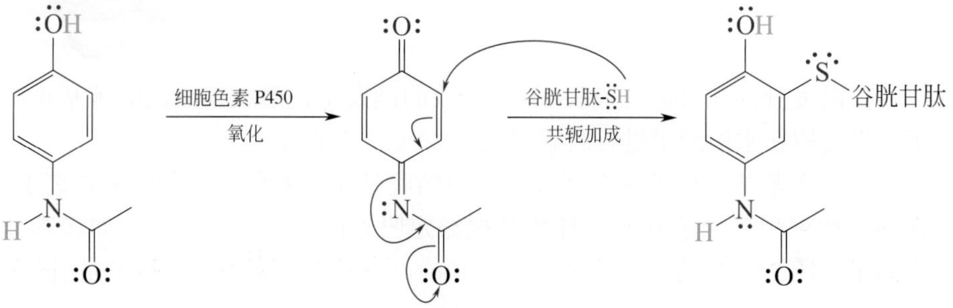

对乙酰氨基酚　　　　　*N*-乙酰基对苯醌亚胺（NAPQI）

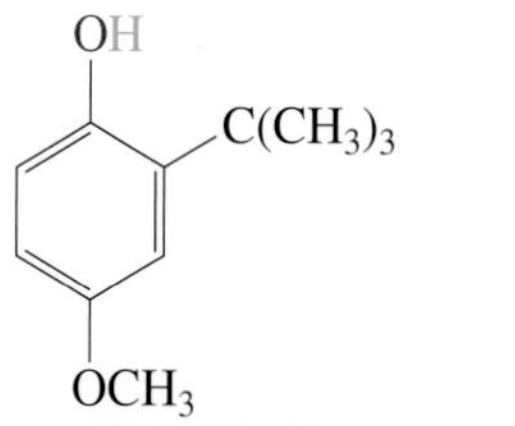

2-(1,1-二甲乙基)-4-甲氧基苯酚(BHA)

2,6-双(1,1-二甲乙基)-4-甲基苯酚(BHT)

### 合成的维生素E类似物是防腐剂

　　合成的酚衍生物在食品工业中广泛用作抗氧化剂和防腐剂。最常用的两种是 2-(1,1-二甲乙基)-4- 甲氧基苯酚（丁基化羟基苯甲醚，BHA）和 2,6-双(1,1- 二甲乙基)-4-甲基苯酚（丁基化羟基甲苯，BHT，参见练习 16-14）。例

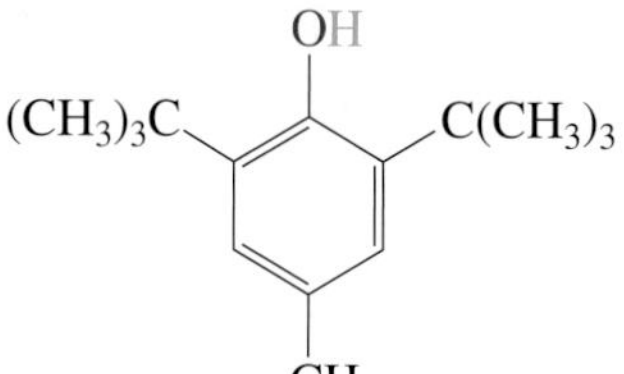

如，黄油中加入 BHA，能使它的贮藏期从几个月增加到几年，BHA 和 BHT 的功能都与维生素 E 相似，能还原氧自由基和阻断氧化过程的链传递。

> ## 小　结
>
> 　　氧衍生的自由基能引发脂质自由基链反应，因此产生有毒的分解产物。维生素 E 是天然存在的酚衍生物，作为抗氧化剂能抑制细胞膜内类脂的这些氧化过程。维生素 C 和谷胱甘肽是存在于细胞内和细胞外水环境中的生物还原剂。高浓度的苯醌由于消耗谷胱甘肽会导致细胞死亡，维生素 C 能还原苯醌而保护细胞。合成的食品防腐剂在结构设计上模仿了维生素 E 的抗氧化剂行为。

# 22-10 芳基重氮盐

　　如 22-4 节所述，芳香伯胺（苯胺）N-亚硝化得到芳基重氮盐，可用于酚的合成。芳基重氮盐被重氮基中和芳香环中的 π 电子共振所稳定。氮被合适的亲核试剂取代，它们可以转变为卤芳烃、芳腈和其他芳香衍生物。

## 共振稳定的芳基重氮盐

　　相对于它们的烷基对应物，芳基重氮盐稳定是因为共振及失去氮所形成的芳基正离子能量太高。组成芳香 π 体系的电子对之一可能离域至官能团上，结果形成电荷分离的、苯环和所连氮之间为双键的共振结构。

### 苯重氮盐正离子的共振

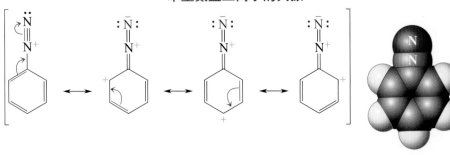

　　在温度升高（>50℃）时，氮的释放的确发生，形成很活泼的苯基正离子。当反应在水溶液里进行时就形成苯酚（22-4 节）。
　　为什么苯基正离子这么活泼？归根结底是作为苯环一部分的碳正离子。它不会像苯甲基（苄基）一样被共振稳定吗？回答是否定的。正如在苯基正离子（图 22-5）的分子轨道图中看到的，与正电荷有关的空轨道是 sp² 杂

图22-5 （A）苯基正离子的结构；（B）苯基正离子的轨道图，它的 sp² 空轨道垂直于芳香环的六 π 电子结构，结果正电荷不能被共振稳定；（C）苯基正离子的静电势图，为更好对比，以浓淡表示，明确表示出了位于六元环平面上的大部分正电荷（右面的蓝色边缘）。

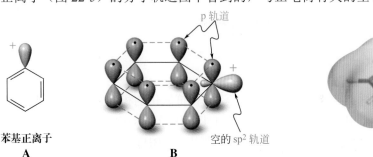

苯基正离子
A

p 轨道

空的 sp² 轨道
B

C

化，它垂直于芳香共振稳定的π体系，因此这个轨道不能与π键重叠，正电荷就不能离域。并且，正离子的碳更喜欢sp杂化，而sp杂化又受到苯环刚性结构的阻碍。我们曾用相似的论断解释了苯去质子成为相应的苯基负离子的困难性（22-4节）。

## 芳基重氮盐可转化成其他取代苯

芳基重氮盐在亲核试剂（不是水）存在下分解，形成相应的取代苯。例如，芳香胺（苯胺）在碘化氢存在下重氮化形成相应的碘代芳烃。

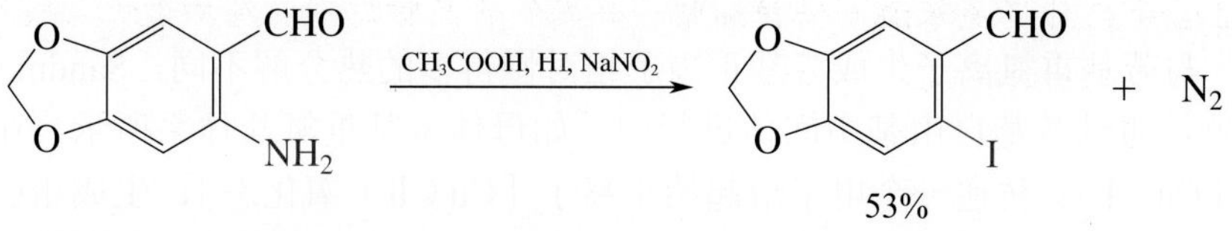


如用这个方法得到其他卤代芳烃常常因副反应而变得复杂。解决这个问题的一种办法是桑德迈尔[1]（Sandmeyer）反应，这个反应利用这样的一个事实，即亚铜盐的存在能大大加速氮取代基和卤素的交换。该添加剂可实现快速、高产的芳香氯化和溴化反应。

反应

**Sandmeyer反应**

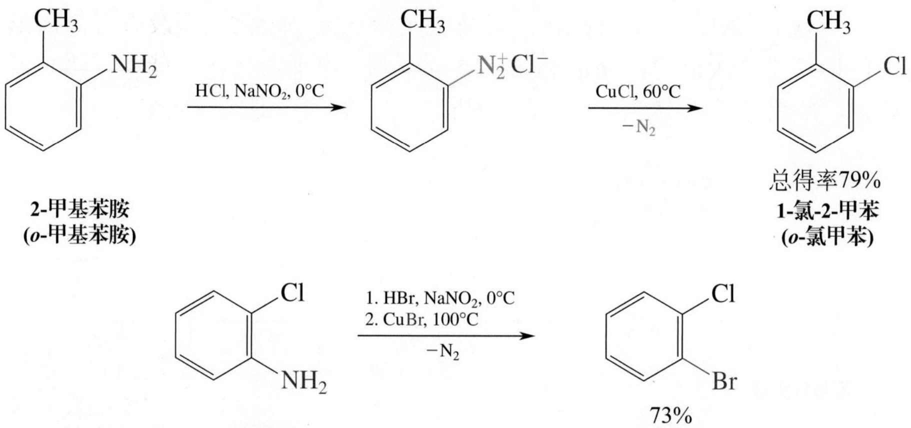


**2-甲基苯胺**
**(*o*-甲基苯胺)**

**1-氯-2-甲苯**
**(*o*-氯甲苯)**

**2-氯苯胺**
**(*o*-氯苯胺)**

**1-溴-2-氯苯**
**(*o*-溴氯苯)**

Sandmeyer条件也改善了经由苯基正离子的酚的热合成（22-4节），但偶尔会遇到讨厌的副反应，其特征是反应混合物中存在的其他亲核试剂捕获了正离子（练习22-15，a部分）。

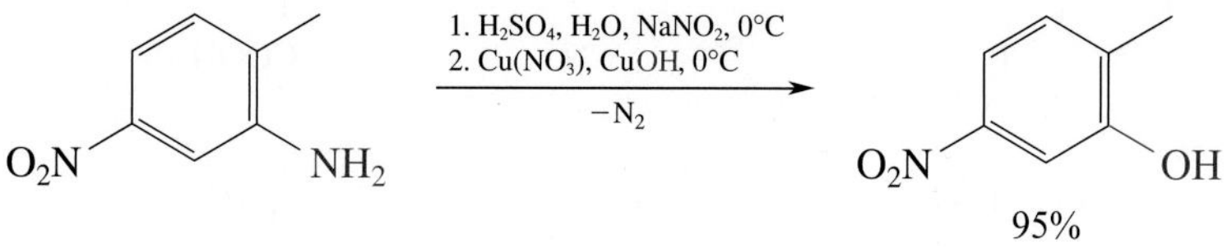


**2-甲基-5-硝基苯胺**　　**2-甲基-5-硝基苯酚**

[1] 特拉古特·桑德迈尔（Traugott. Sandmeyer，1854—1922年）Geigy公司，瑞士巴塞尔。

在过量氰化钾存在下，把氰化亚铜（CuCN）加入到重氮盐后得到芳香腈，从而提供了一种在芳烃上增加一个碳基官能团的新方法。

$$
\underset{\text{NH}_2}{\text{CH}_3} \xrightarrow[\substack{-\text{N}_2}]{\substack{\text{1. HCl, NaNO}_2,\ 0^\circ\text{C} \\ \text{2. CuCN, KCN, 50}^\circ\text{C}}} \underset{\text{CN}}{\text{CH}_3}
$$

70%
4-甲基苯腈

与芳基重氮离子生成芳基正离子相对慢得多的热分解不同，Sandmeyer 反应是通过芳基自由基中间体进行的。如母体苯基重氮盐体系所示，亚铜盐［Cu（Ⅰ）］传递一个电子给起始正离子［Cu（Ⅱ）氧化态］，生成相应的自由基。这种物质比其正离子相对更容易释放氮气，生成苯基自由基，它直接被二价铜［Cu（Ⅱ）］捕获得到有机金属络合物 $C_6H_5CuX$，然后这种络合物消去金属得到最后的产物。

## Sandmeyer反应机理

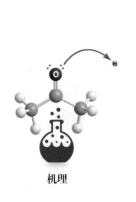

机理

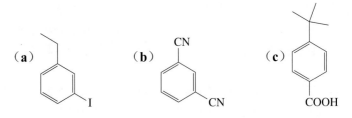

单电子转移
氧化还原

键均裂

苯基自由基被
铜化物捕获

脱去铜化物
得到产物

苯基自由基

## 练习22-32

从苯开始合成下列化合物，并把 Sandmeyer 反应用于方案中。

（a）间乙基碘苯　（b）间二氰基苯（CN、CN）　（c）4-叔丁基苯甲酸（COOH）

重氮基可用还原剂除去。依次重氮化-还原反应是用氢取代芳胺（苯胺）中氨基的一种方法。所用还原剂是次磷酸（$H_3PO_2$）的水溶液。这个方法特别适用于在芳香亲电取代反应中将氨基作为可除去的定位取代基的合成（16-5 节）。

**重氮基的还原除去**

CH₃ ... Br, NH₂
$\xrightarrow{\text{NaNO}_2,\ \text{H}^+,\ \text{H}_2\text{O}}$
CH₃ ... Br, N₂⁺
$\xrightarrow[{-\text{N}_2,\ -\text{H}_3\text{PO}_3}]{\text{H}_3\text{PO}_2,\ \text{H}_2\text{O},\ 25℃}$
CH₃ ... Br, H

**85%**
**1-溴-3-甲基苯**
**(*m*-溴甲苯)**

> 尽管把次磷酸写成$H_3PO_2$，实际上它是两种异构体的混合物：
>
> **主要的　　　　次要的**
> **次磷酸**
>
> 形式上是通过负氢转移还原重氮得到芳烃和$H_3PO_3$（第366页页边）。

　　1,3-二溴苯（间二溴苯）合成中所讲的合成策略是重氮盐的另一应用。苯直接亲电溴化合成间二溴苯是不可行的，因为第一个溴导入后，第二个溴将进攻邻位或对位。需要一个最后能变成溴的间位定向取代基，硝基就是这样的一种取代基。苯的双硝化得到1,3-二硝基苯（间硝基苯），还原（16-5节）得到苯二胺，然后再变成二卤衍生物。

**应用重氮化方法合成1,3-二溴苯**

苯 $\xrightarrow{\text{HNO}_3,\ \text{H}_2\text{SO}_4,\ \triangle}$ 1,3-二硝基苯(NO₂, NO₂) $\xrightarrow{\text{H}_2,\ \text{Pd}}$ 苯二胺(NH₂, NH₂) $\xrightarrow[{2.\ \text{CuBr},\ 100℃}]{1.\ \text{NaNO}_2,\ \text{H}^+,\ \text{H}_2\text{O}}$ 1,3-二溴苯(Br, Br)

**练习22-33**

提出用硝基苯合成1,3,5-三溴苯的方法。

## 小　结

　　由于共振，芳基重氮盐比烷基重氮盐稳定，通过取代反应释放出氮气，它不仅是合成酚，而且是合成卤代芳烃、芳香腈和还原芳烃的原料。因为缺少电子稳定化的特征，这些反应中有一些中间体可能是高活性的芳基正离子，但有些反应的机理可能比较复杂。芳基重氮盐这样的转化反应极大地拓宽了区域选择性合成取代苯的范围。

# 22-11 芳基重氮盐的亲电取代：重氮偶联反应

　　因为带有正电荷，芳基重氮盐离子是亲电的，尽管它们此时不是很活泼，但当底物是活泼的芳烃（如苯酚或苯胺）时，还是能够进行芳香亲电取代反应。这个反应称为重氮偶联，得到颜色很深的化合物——偶氮染料。例如，*N,N*-二甲基苯胺和氯化重氮苯反应得到亮橙色染料——黄油黄，它曾一度被用作食品色素，但美国食品药品监督管理局（FDA）已宣称它是一种可疑的致癌物。像许多偶氮染料一样，它被用作 pH 指示剂，pH 大于4.0 为黄色，pH 小于 2.9 为红色。颜色变化的原因是偶氮中一个氮在低 pH

染料是纺织品工业中重要的添加剂。尽管偶氮染料还在广泛使用，但作为染料已变得不太有吸引力了，因为人们发现它会降解成致癌的苯胺。

时质子化，产生共振稳定的正离子。量化染料颜色的便捷方法是紫外-可见光谱（14-11 节）。因此，黄油黄两种颜色的吸收带分别为 $\lambda_{max}=420nm$（黄色）和 520nm（红色）。

**重氮偶联**

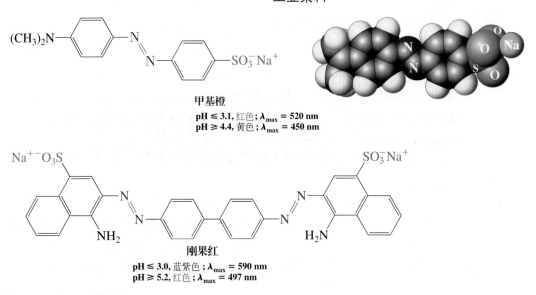

偶氮官能团

黄色

**4-二甲基胺偶氮苯**
（*p*-二甲胺基偶氮苯，黄油黄）

红色

　　用于纺织工业的染料通常含有磺酸基，这使它能溶于水并使染料分子以离子型连到纺织品聚合物组织的带电荷部位。

**工业染料**

$(CH_3)_2N$ — ⬡ — N=N — ⬡ — $SO_3^- Na^+$

**甲基橙**
pH ≤ 3.1, 红色；$\lambda_{max} = 520$ nm
pH ≥ 4.4, 黄色；$\lambda_{max} = 450$ nm

**刚果红**
pH ≤ 3.0, 蓝紫色；$\lambda_{max} = 590$ nm
pH ≥ 5.2, 红色；$\lambda_{max} = 497$ nm

## 练习22-34

（**a**）写出氯化重氮苯和下列每个分子的重氮偶联反应产物。

（ⅰ）甲氧基苯；（ⅱ）1-氯-3-甲氧基苯；（ⅲ）1-(二甲氨基)-4-(1,1-二甲基乙基)苯。（**提示：**重氮偶联反应对空间效应很敏感。）

（**b**）重氮离子在水中分解时不仅生成期望的酚 D，而且生成 B 和 C，写出它们形成的机理。

18%　　　16%　　　22%
A　　　　　　　　B　　　　　　C　　　　　　D

## 小　结

　　芳基重氮正离子以重氮偶联方式进攻活化的苯环，这个过程通常得到具有较深颜色的偶氮苯。

## 总　结

　　本章我们学完了苯环和其所含的烷基、羟基及氨基或修饰的氨取代基之间的相互作用。正如这些取代基的电子特性能活化或钝化环上的取代反应，以及取代基的位置能控制亲电试剂和亲核试剂进攻的位置一样，苯环通过其共振能力影响所含取代基的特殊反应活性。因此，我们已经学习到：

- 因苄基自由基、苄基正离子和苄基负离子发生共振，使连在芳香环上的原子的反应性增强（22-1节）；

- 苯环和它的取代基之间的相互作用体现在苄基易于氧化，苄基醚的氢解，溶解的金属还原的区域选择性化学等方面（22-2节）；

- 酚是羟基芳烃，可由下列方法制备：经由苯炔中间体的芳香亲核取代；芳基重氮盐在水中分解；Pd催化羟基取代卤素（22-3节、22-4节和22-10节）；

- 酚中羟基官能团的反应活性有了改变，但仍然表现得像烷醇中那样（22-5节）；

- 酚优先在邻、对位发生芳香亲电取代（22-6节）；

- Claisen重排把一个烯丙基醚取代基通过芳香过渡态的协同机理转移到所连苯环的邻位。除了在Cope重排中的碳类似物之外，该反应对于烯丙基烯醇醚是通用的（22-7节）；

- 富电子的酚很容易通过电子转移而被氧化，苯二酚氧化得到相应的二酮（苯醌）。自然界利用这个性质促进氧化还原过程，包括防止氧化损伤（22-8节和22-9节）；

- 在亲核试剂存在下铜催化分解芳基重氮盐，提供了一个酚的改良合成方法（水存在下），并能在苯核中导入其它亲核试剂，如卤素、氰化物和氢化物（22-10节）；

- 芳基重氮盐和活化芳烃进行芳香亲电取代反应得到偶氮染料（22-11节）。

下一章我们将继续学习和了解同一分子中两个官能团之间的相互作用，这次会转向羰基。而在第 24 章，我们将研究含有羰基和几个羟基的分子以及它们与生物相关的性质。最后，在第 25 章和第 26 章中，我们将学习含有一系列官能团的具有重要生物学意义的化合物。

# 22-12 | 解题练习：综合运用概念

我们用两个解题练习来完成本章。第一个是应用本章讲述的新的化学方法，合成复杂的多取代苯，扩展我们的合成知识；第二个是在认识到芳香性的驱动力的来龙去脉后，重新审视碳正离子重排这个主题。

## 解题练习 22-35　四取代芳烃的逆合成和合成实践

5-氨基-2,4-二羟基苯甲酸 A 是制备有医药价值的天然产物酚的潜在中间体。提出以甲基苯（甲苯）为起始原料的合成路线。

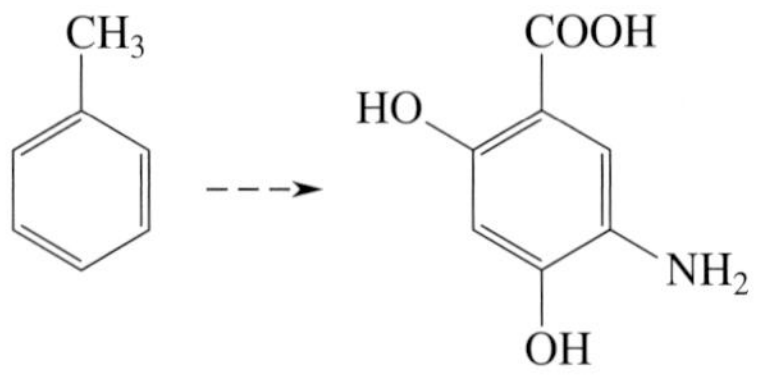

解答：

解答这个问题的基础是在第 16 章，所学的如何控制目标芳香化合物的取代反应模式知识，但现在反应的范围大大扩充了。而且，关键是识别取代基的定位能力是邻位、对位还是间位（16-2 节），以及它们的相互转化（16-5 节）。

化合物 A 的逆合成分析说明含一个碳的取代基即羧基，可以很容易预测它可从原料中的甲基衍生而来（通过氧化，参见 22-2 节）。在原料中，碳的取代基是邻位和对位定位基时，表明它用于（逆合成 1）引入两个羟基（如化合物 B，通过硝化-还原-重氮化-水解，参见 22-4 节和 22-10 节）。在化合物 A 中，它是间位定位基，可能用于 C-3 位（如化合物 C，通过硝化-还原）的氨化（逆合成 2）。

**逆合成1**

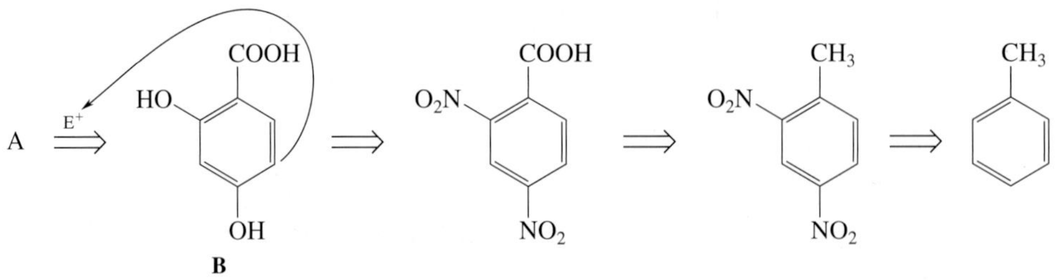

**逆合成2**

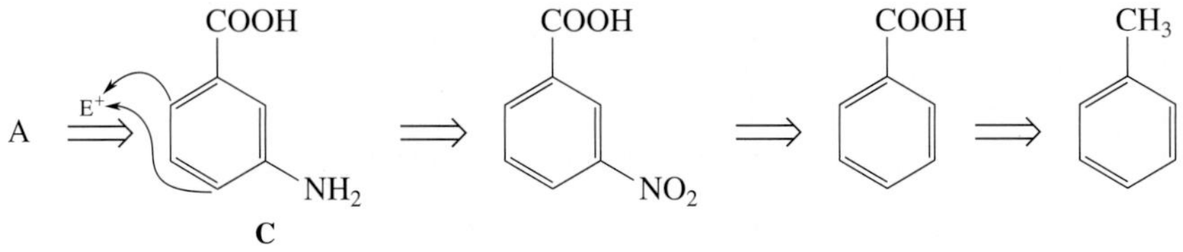

问题是化合物 B 和 C 是否是化合物 A 的有效前体。回答是肯定的。化合物 B 的硝化一定要发生在期望位置（产物的 C-3 位），即分别在两个羟基取代基的邻位和对位上，因此把一个氮放在化合物 A 这个位置上。羟基之间的亲电进攻应该是立体阻碍的（16-5 节）。相反，化合物 C 中的氨基，特别是被保护成酰胺后，会把亲电取代定位至较小阻碍的邻位碳和对位碳，再次得到期望的取代模式。实际提出的合成方案如下：

**合成1**

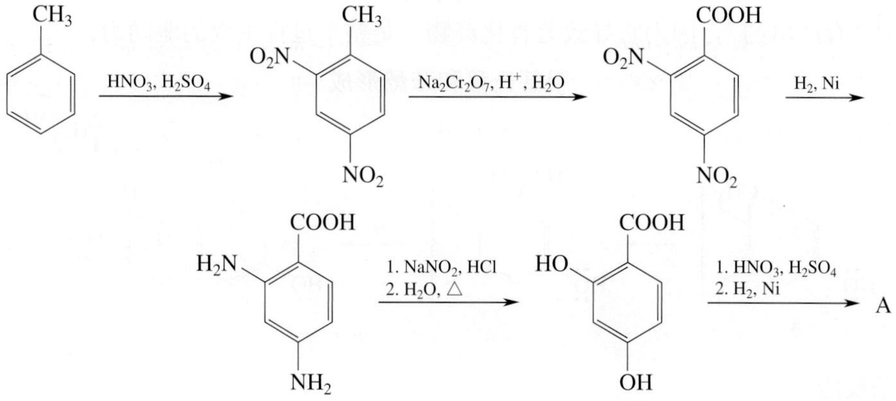

**合成2**

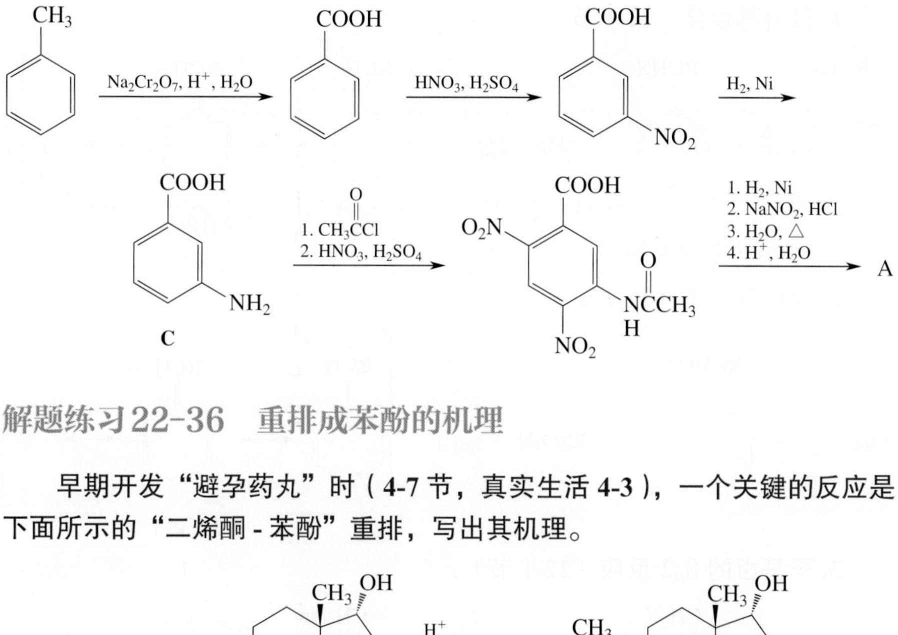

### 解题练习22-36 重排成苯酚的机理

早期开发"避孕药丸"时（4-7 节，真实生活 4-3），一个关键的反应是下面所示的"二烯酮 - 苯酚"重排，写出其机理。

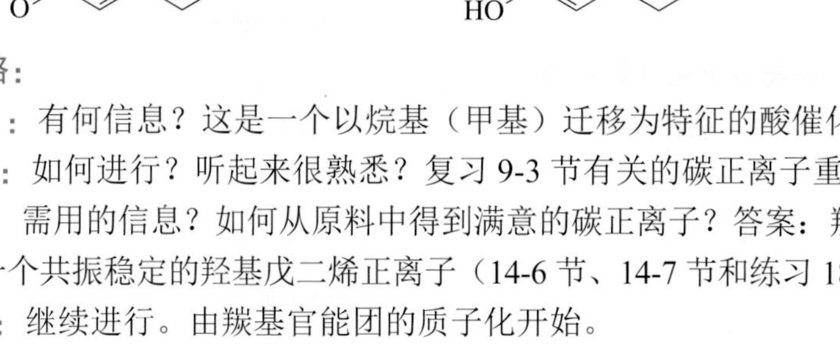

**策略：**

• **W**：有何信息？这是一个以烷基（甲基）迁移为特征的酸催化重排；

• **H**：如何进行？听起来很熟悉？复习 9-3 节有关的碳正离子重排；

• **I**：需用的信息？如何从原料中得到满意的碳正离子？答案：羰基质子化得到一个共振稳定的羟基戊二烯正离子（14-6 节、14-7 节和练习 18-22）；

• **P**：继续进行。由羰基官能团的质子化开始。

解答：

**二烯酮官能团的质子化**

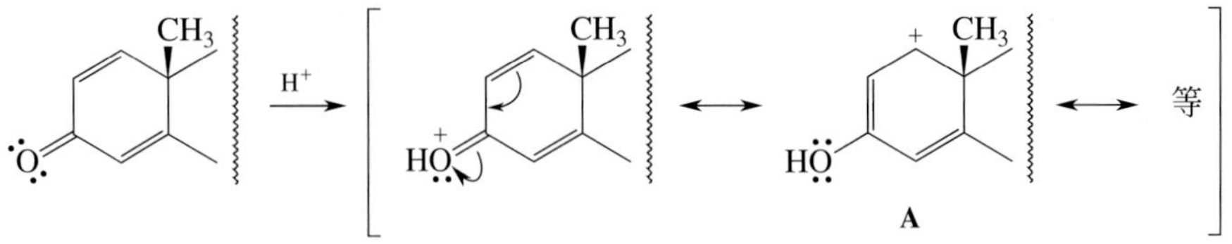


共振结构中（写出所有的）有两个是正电荷在甲基的邻位，只有 A 型是"有产出的"，因为它导致芳香化产物，是整个过程主要的驱动力。

**甲基迁移和苯酚形成**

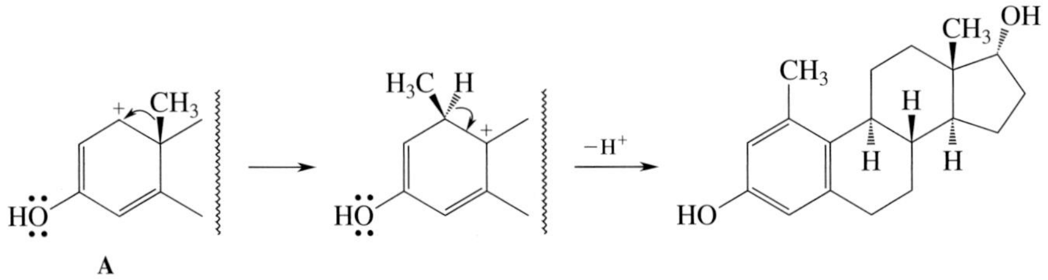


## 新反应

**苄基共振**

**1. 自由基卤化（22-1 节）**

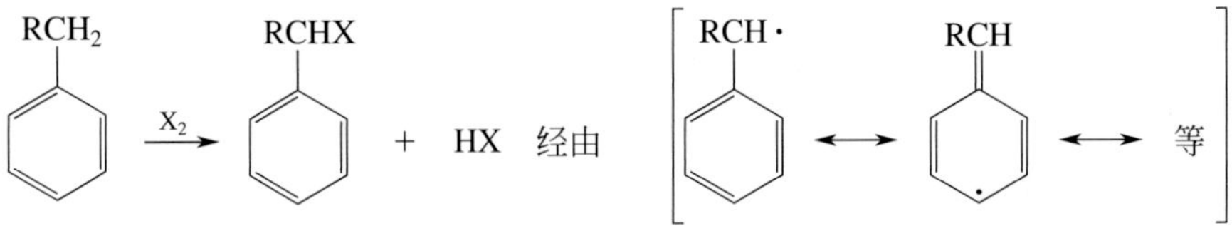


苄基自由基

需要热，光或自由基引发

**2. 溶剂解反应（22-1 节）**

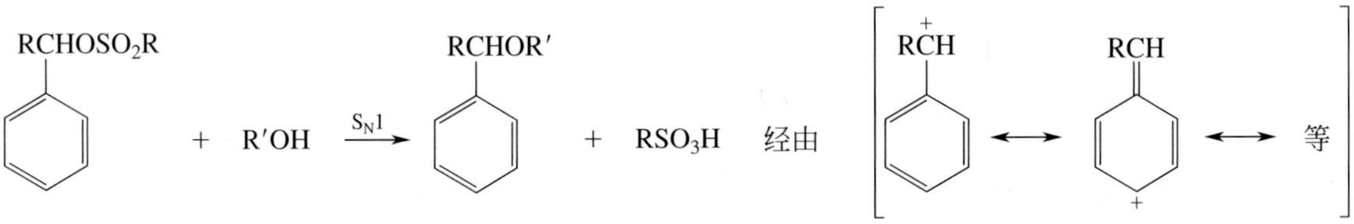


苄基正离子

**3. 苄基卤的 $S_N2$ 反应（22-1 节）**

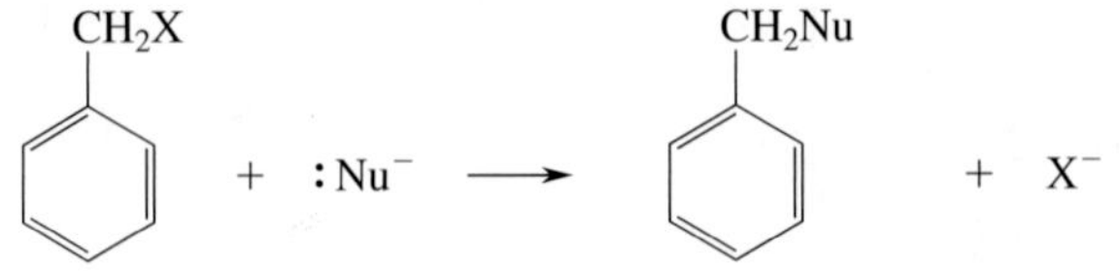


经由离域的过渡态

**4. 苄基去质子化（22-1 节）**

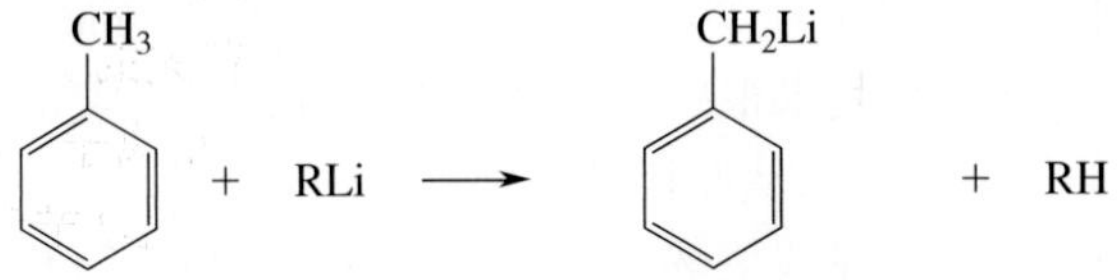


$pK_a \approx 41$

苯甲基锂（苄基锂）

## 氧化和还原反应

### 5. 氧化（22-2 节）

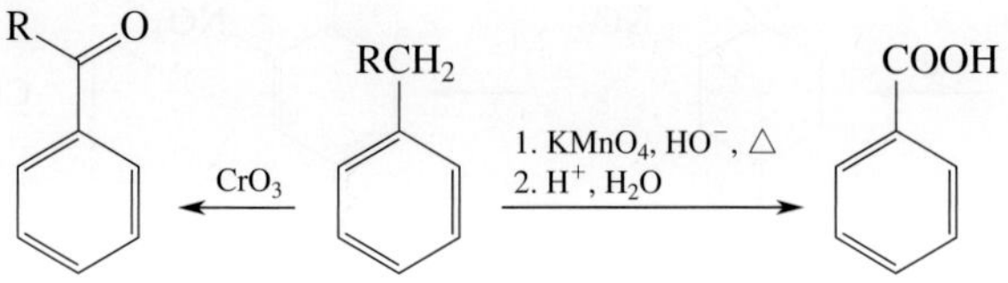

苯醇

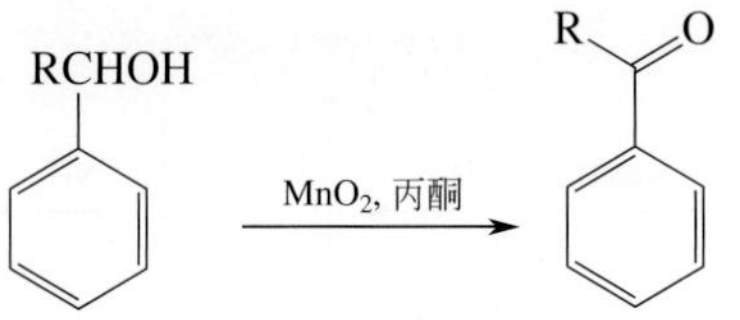

### 6. 还原（22-2 节）

氢解

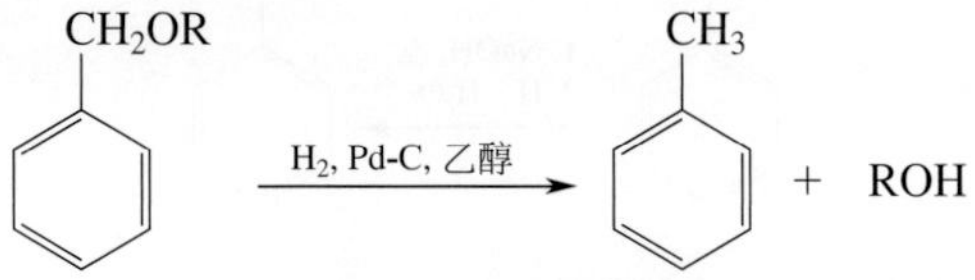

**C₆H₅CH₂ 是 ROH 的保护基**

单电子 Birch 还原

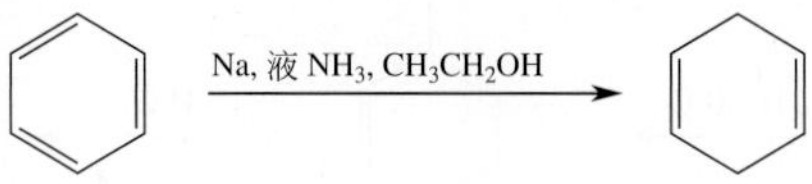

区域选择性：

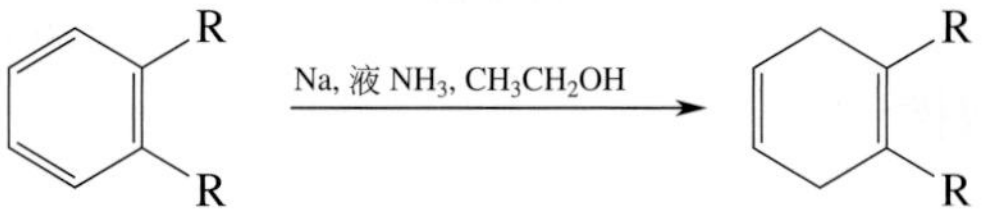

R=烷基

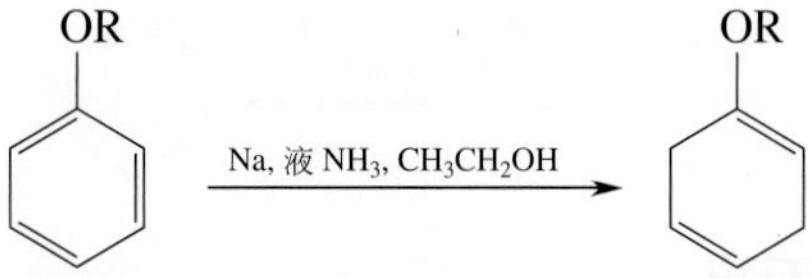

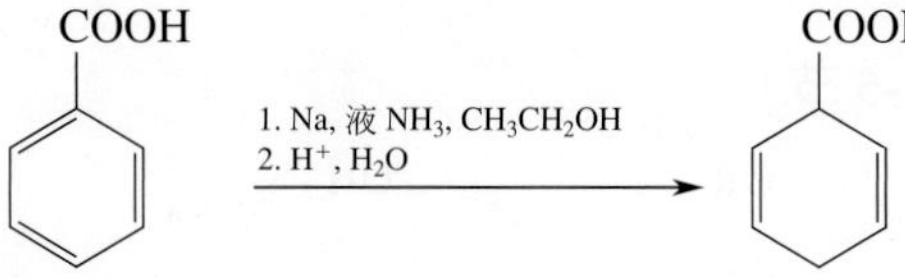

## 酚和原位取代

### 7. 酸性（22-3 节）

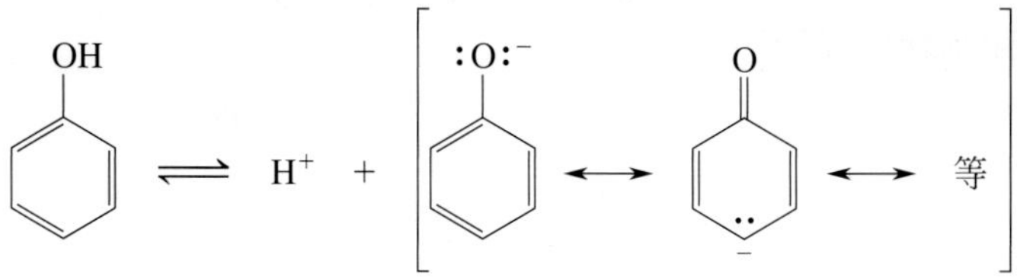

$pK_a \approx 10$
比简单烷醇的酸性强得多

酚氧离子

### 8. 芳香亲核取代（22-4 节）

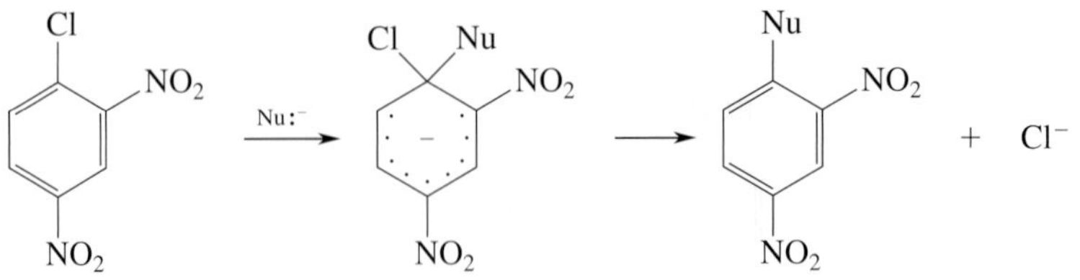

原位亲核进攻

### 9. 经过苄炔中间体的芳香取代（22-4 节）

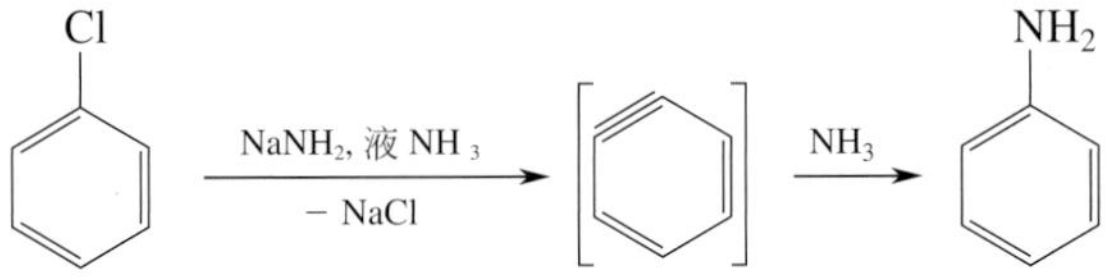

原位和邻位亲核进攻

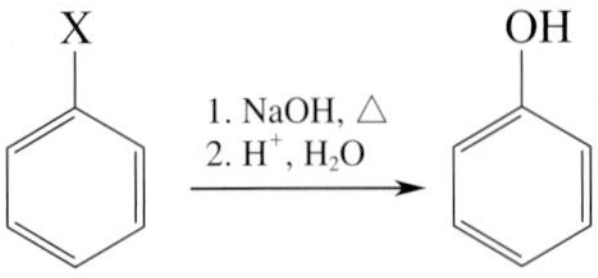

### 10. 芳基重氮盐水解（22-4 节）

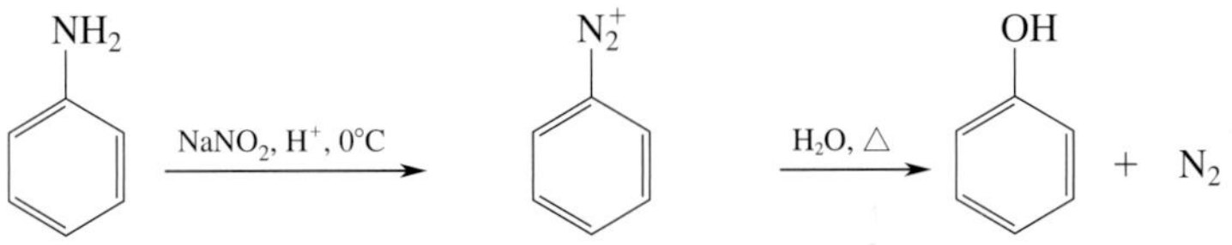

重氮苯正离子

### 11. Pd 催化取代

### 酚和烷氧基苯的反应

### 12. 醚断裂（22-5 节）

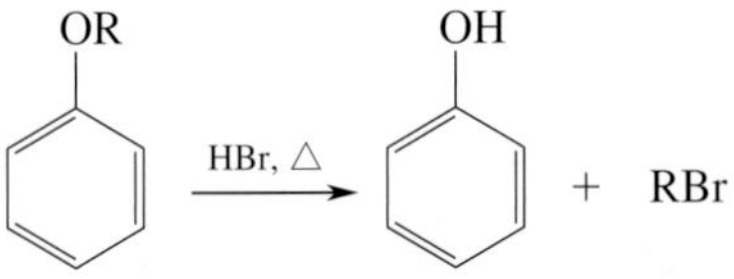

芳基 C—O 键不断裂

### 13. 醚的形成（22-5 节）

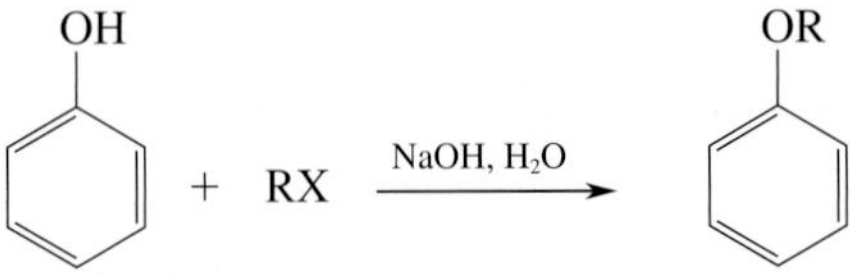

烷氧基苯

**Williamson 醚合成法 (9-6 节)**

## 14. 酯化反应（22-5 节）

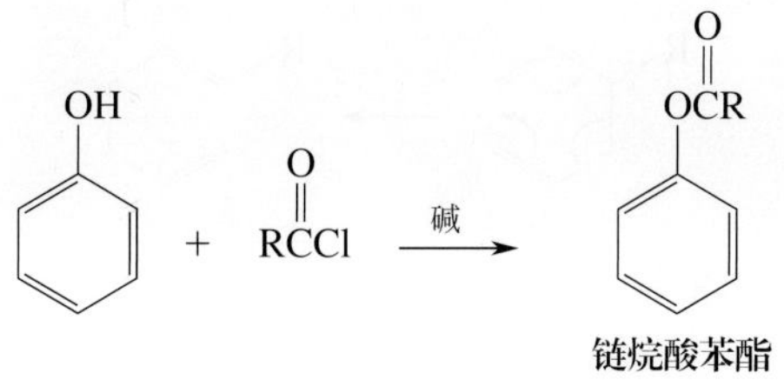

链烷酸苯酯

## 15. 芳香亲电取代反应（22-6 节）

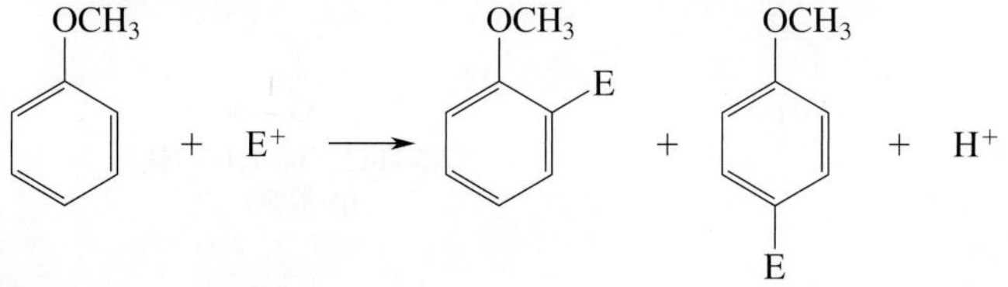

## 16. 酚醛树脂（22-6 节）

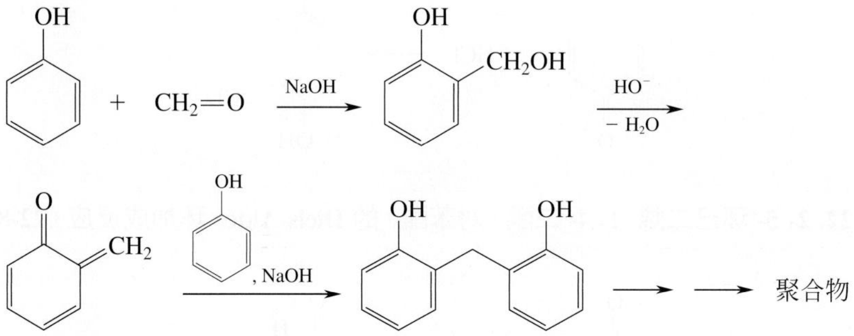

## 17. Kolble-Schmitt 反应（22-6 节）

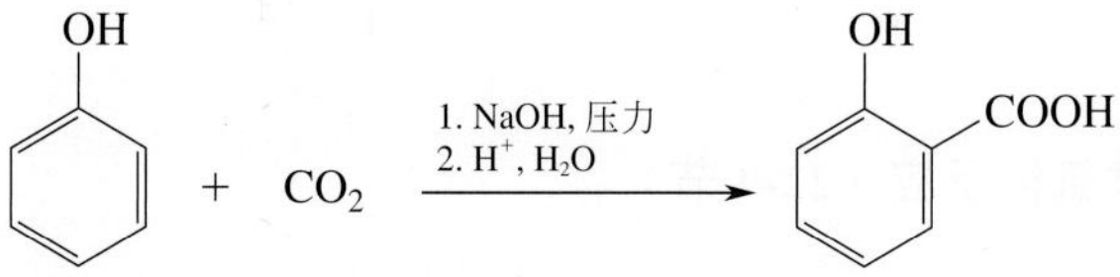

## 18. Claisen 重排（22-7 节）

芳香族 Claisen 重排

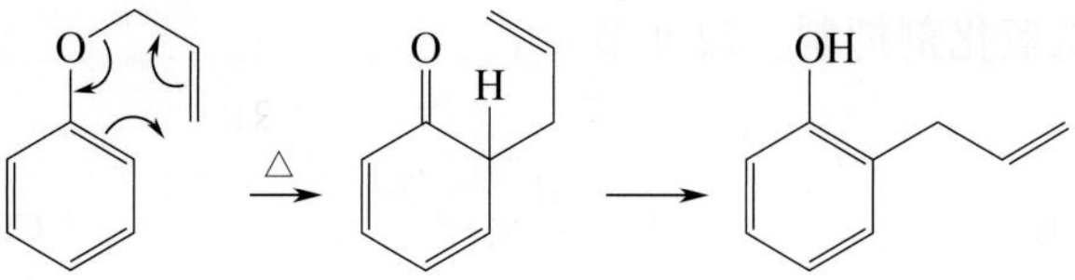

脂肪族 Claisen 重排

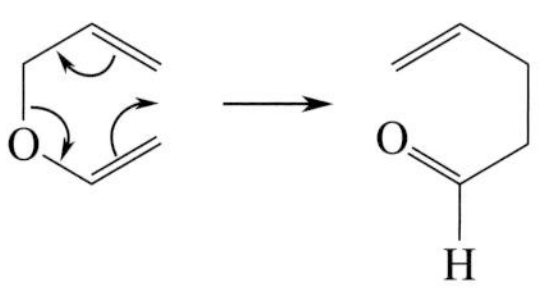

**19. Cope 重排（22-7 节）**

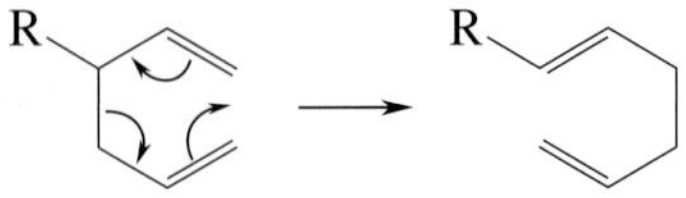

**20. 氧化反应（22-8 节）**

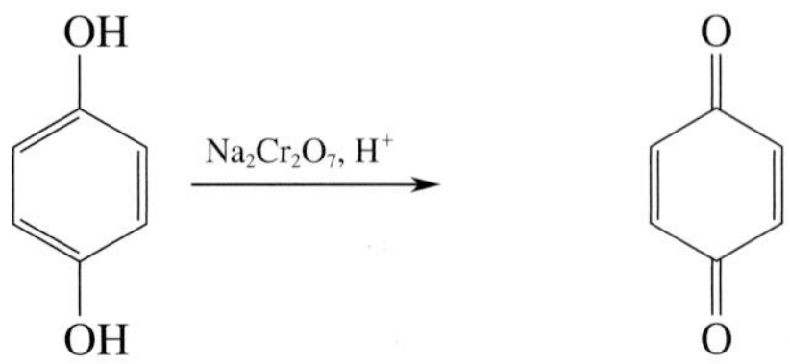

2,5-环己二烯-1,4-二酮
(*p*-苯醌)

**21. 2，5- 环己二烯 -1，4- 二酮（对苯醌）的共轭加成（22-8 节）**

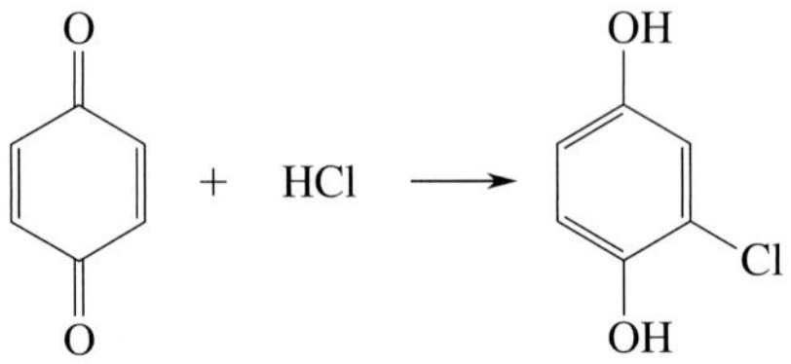

**22. 2，5- 环己二烯 -1，4- 二酮（对苯醌）的 Diels-Alder 环加成反应（22-8 节）**

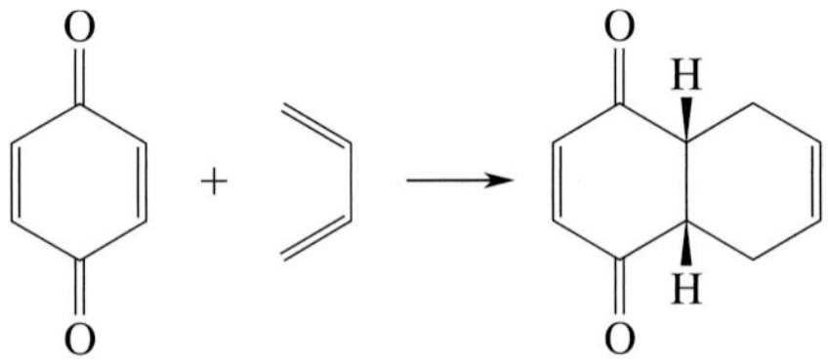

**23. 脂质过氧化反应（22-9 节）**

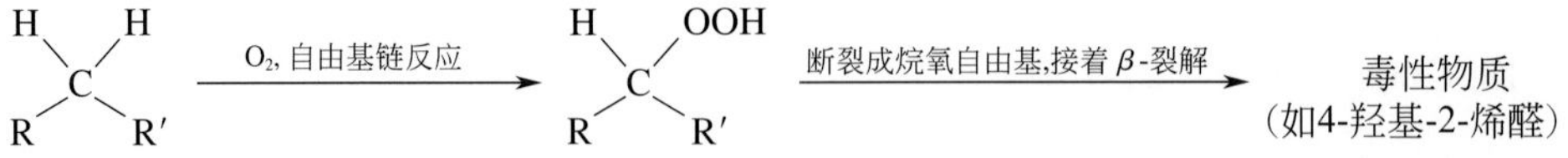

毒性物质
（如4-羟基-2-烯醛）

**24. 通过抗氧化剂抑制（22-9 节）**

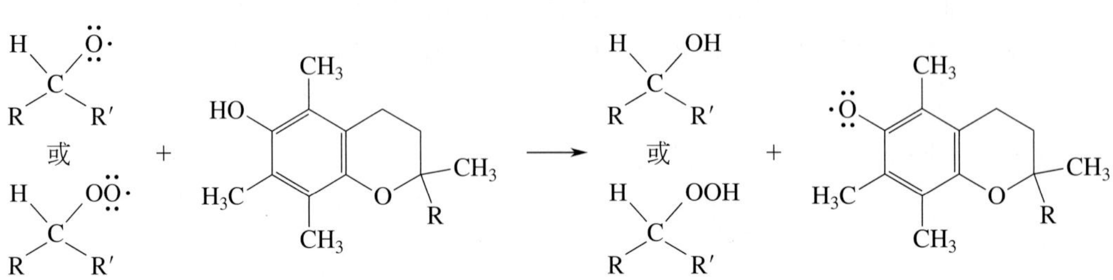

维生素E
(或 BHA 或 BHT)

**25. 维生素 C 作为抗氧化剂（22-9 节）**

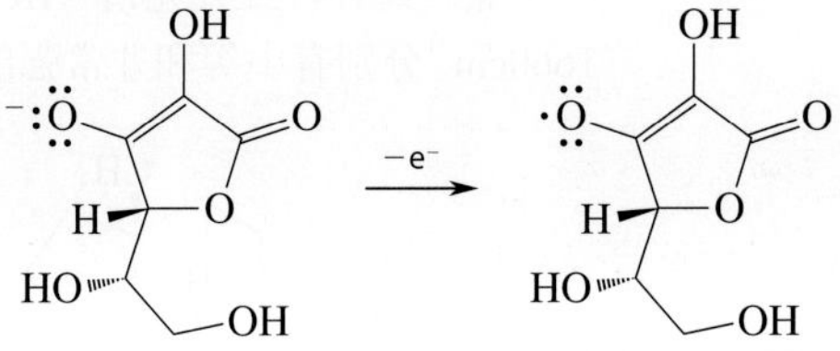

半脱氢抗坏血酸

## 芳基重氮盐

**26. Sandmeyer 反应（22-10 节）**

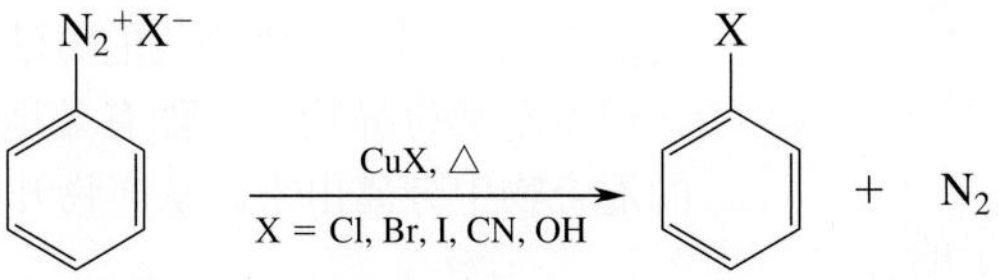

**27. 还原反应（22-10 节）**

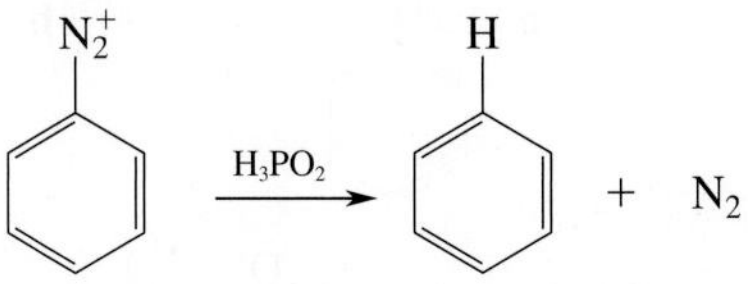

**28. 重氮偶联反应（22-11 节）**

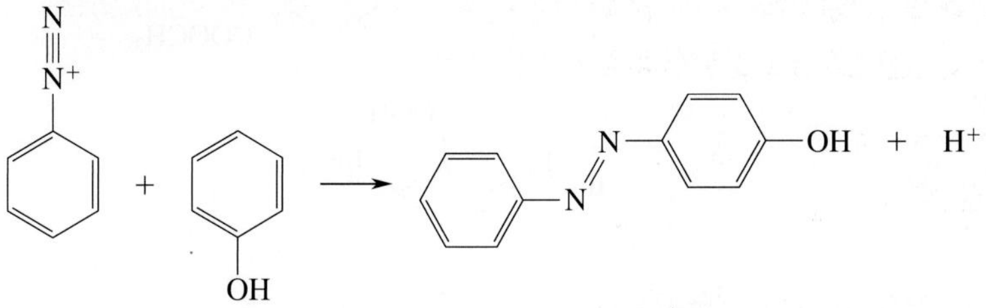

偶氮化合物

仅发生在强活化的芳香环上

## 重要概念

**1.** 苯甲基和其他**苄基自由基、苄基正离子**和**苄基负离子**是活泼的中间体，这些中间体因与苯 π 体系的**共振**而稳定。

**2. 原位芳香亲核取代反应**因进攻基团的亲核性和环上吸电子基团的数目增加而加速，特别是如果它们位于进攻点的邻位或对位时。

**3. 苯炔**是不稳定的，这是由于形成叁键的两个碳的扭曲张力。

**4. 酚**是芳香烯醇，会发生羟基和芳香环的典型反应。

**5.** 在实验室和在自然界，**苯醌**和苯二酚起着氧化还原对的作用。

**6.** 维生素 E 和高取代的酚衍生物 BHA 和 BHT 起着**脂质自由基链氧化反应**抑制剂的作用。维生素 C 也是抗氧化剂，它能在细胞膜表面再生维生素 E。

**7. 芳基重氮盐离子**给出一个活泼的**芳基正离子**，其正电荷不能离域到芳环上。

**8.** 氨基能用于直接芳香亲电取代反应，反应后可被重氮化和包括还原在内的取代反应取代。

## 习 题

**37.** 给出下面每个反应预期的主产物。

（**a**）

$$\xrightarrow{\text{Cl}_2 \text{(1 e.q.)}, h\nu}$$

（**b**）

$$\xrightarrow{\text{NBS (1 e.q.)}, h\nu}$$

**38.** 用分子式写出习题37（b）的反应机理。

**39.** 提出下列每个化合物的合成路线，每个合成都从乙基苯开始。（**a**）1-氯乙基苯；（**b**）2-苯基丙酸；（**c**）2-苯基乙醇；（**d**）2-苯基氧杂环丙烷。

**40.** 预测由下列三个化合物所衍生的三个苄基正离子的相对稳定性顺序：氯甲苯（苄氯）、1-氯甲基-4-甲氧基苯（4-甲氧苄氯）和1-氯甲基-4-硝基苯（4-硝基苄氯）。借助共振式解释答案。

**41.** 画出合适的共振式，说明为什么卤原子在苯甲基（苄基）自由基的对位比在苄基位置上不利。

**42.** 室温下三苯甲基自由基，$(C_6H_5)_3C\cdot$，在惰性溶剂的稀溶液中是稳定的，三苯甲基正离子的盐，$(C_6H_5)_3C^+$，可分离为稳定的结晶。对这些异常的稳定性作出解释。

**43.** 写出下列反应或分步反应的预期产物。

（**a**）$BrCH_2CH_2CH_2$—

—$CH_2Br$ $\xrightarrow{H_2O, \triangle}$

（**b**）

$$\xrightarrow{\substack{1.\ KCN,\ DMSO \\ 2.\ H^+,\ H_2O,\ \triangle}}$$

（**c**）

$$\xrightarrow{\substack{1.\ CH_3CH_2CH_2CH_2Li,\ (CH_3)_2NCH_2CH_2N(CH_3)_2,\ THF \\ 2.\ C_6H_5CHO \\ 3.\ H^+,\ H_2O,\ \triangle}} C_{16}H_{14}$$

**44.** 俗名为芴的烃的酸性（$pK_a \approx 23$）足以成为酸性较高的化合物去质子化反应的有用指示剂。指出芴中酸性最强的氢，画出共振式来说明它的共轭碱的相对稳定性。

芴

**45.** 下面的Birch还原反应广泛用于合成多种高生理活性的甾体化合物。虽然产物的核磁共振光谱（$^1H$ NMR）很复杂，但显示$\delta=5.73$处有一单峰，积分为一个氢。此外，红外光谱（IR）显示在$1620cm^{-1}$和$1660cm^{-1}$分别有中等和非常强的吸收。

$$\xrightarrow{\substack{1.\ Na,\ 液\ NH_3, \\ CH_3CH_2OH,\ -33°C \\ 2.\ H^+,\ H_2O}}$$

提出产物的结构并用机理说明它的形成。

**46.** 从苯或甲基苯开始，概要写出一条简单、实用、有效地合成下列每个化合物的方法。假设对位异构体（但不是邻位异构体）能有效地从邻位和对位取代的混合物中分离出来。从产物开始往前操作。

（**a**）

（**b**）

（**c**）

（**d**）

**47.** 按与氢氧根离子反应活性降低的顺序排列下列化合物。

**48.** 指出下列反应的主产物，描述每一步的作用机理。

（**a**）

$$\xrightarrow{H_2NNH_2}$$

（b）

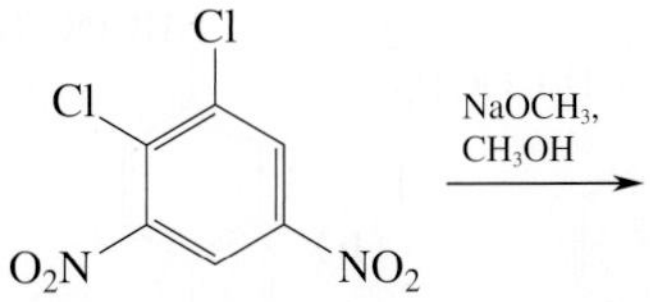

（c）

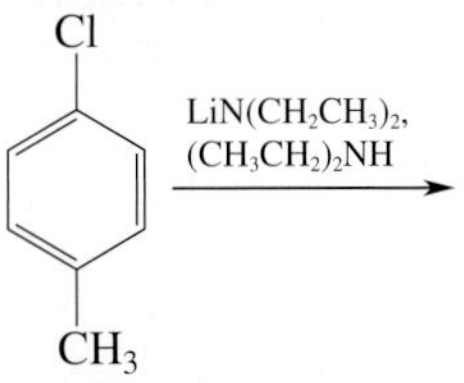

（a）

（b）

（c）

$CH_3O$—⟨⟩—I + $Na^+$ $^-CN$

（d）

**49.** 以苯胺开始，提出一条合成阿克洛胺（Aklomide）的路线。阿克洛胺是一种兽医用来治疗某些外来真菌和原虫感染的兽药。给出的一些中间体提供了一条大概的路线，填补剩下的空白，每处需要多达三个连续反应。（**提示：** 复习16-5节氨基氧化成硝基芳烃的相关内容。）

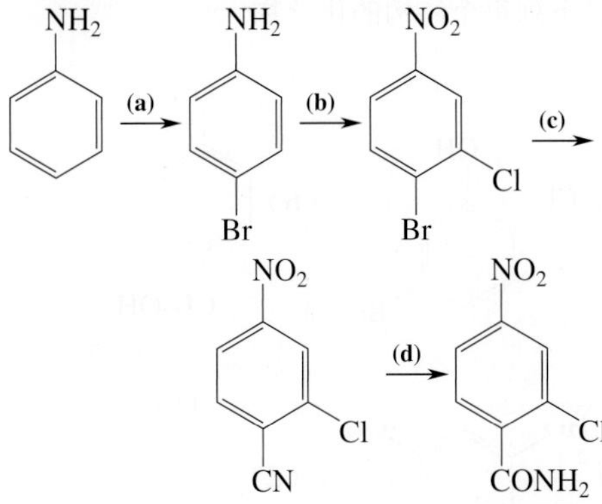

**阿克洛胺**

**50.** 解释下列合成转化的机理。（**提示：** 使用2倍量的丁基锂。）

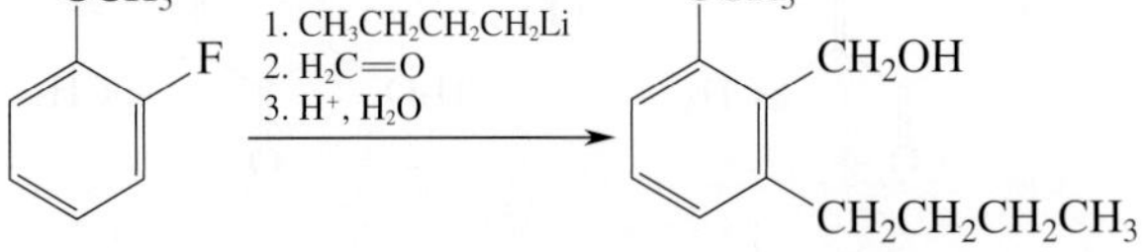

**51.** 通过加成-消除机理发生的芳香亲核取代反应中，氟是最容易被取代的卤素，尽管F⁻是目前为止所有卤素中离去能力最差的离去基团。例如，1-氟-2,4-二硝基苯与胺的反应比相应的氯化物的反应快得多，解释这一现象。（**提示：** 考虑在决速步骤中卤素性质的影响。）

**52.** 根据Pd催化卤代苯和氢氧根离子反应提出的机理，写出Pd催化1-溴-3-甲氧基苯和2-甲基-1-丙胺反应生成3-甲氧-N-（2-甲丙基）苯胺的合理机理，如22-4节所示。

**53.** 给出下列每个反应可能的产物，每个反应的条件都是Pd催化剂、膦和加热。

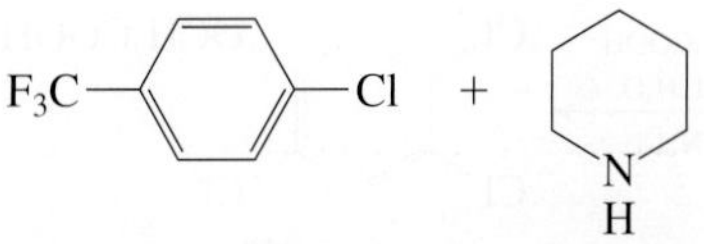

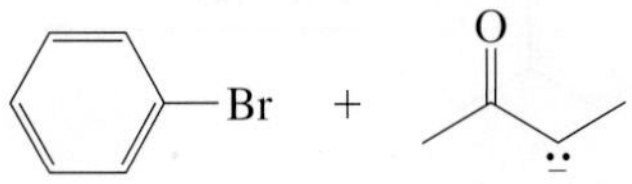

**54.** 2006年报道了一条很有效、很短的合成白藜芦醇（真实生活22-1）的路线。从（a）到（d）填入合适的试剂。需要时可参考课本有关章节。

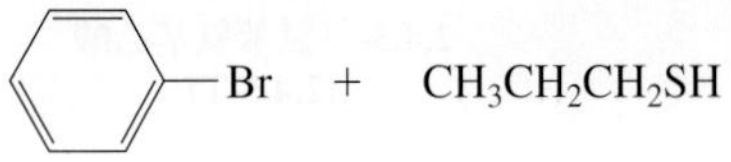

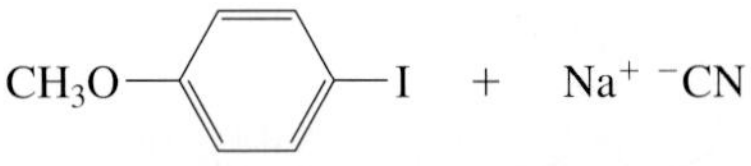

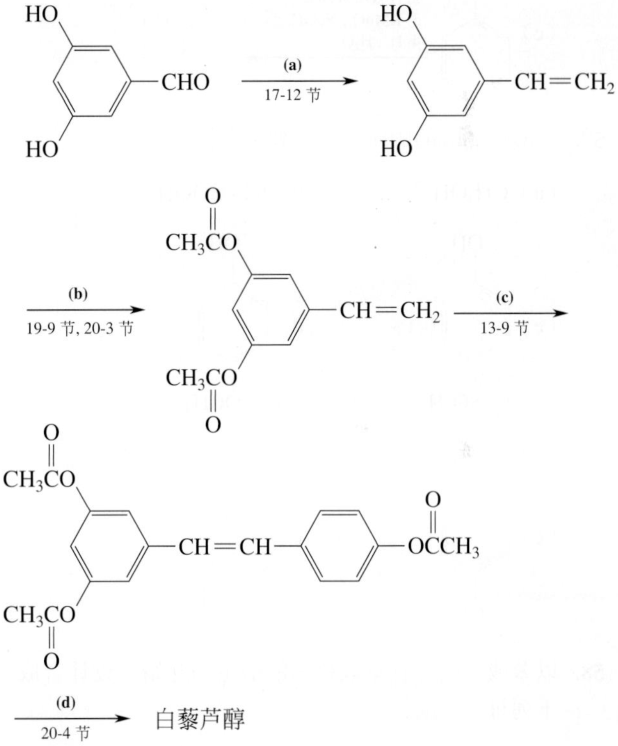

**(d)**
20-4 节 ——→ 白藜芦醇

**55.** 下面给出了合成2,4,5-三氯苯氧乙酸（2,4,5-T，一种强效除草剂）的方法。2,4,5-T 丁酯和它的二氯化类似物2,4-T 丁酯的1:1混合物在1965～1970年的越南战争中被作为脱叶剂使用，代号橙剂。提出合成该物质的反应机理。因接触它而对健康的影响仍然是备受争议的话题。

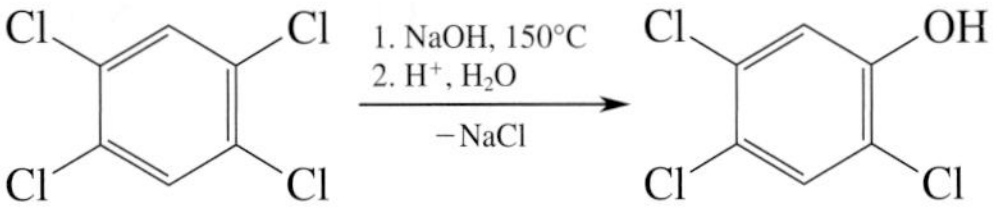

**2,4,5-三氯苯酚**
**(2,4,5-TCP)**

$$\xrightarrow[\substack{\text{ClCH}_2\text{COOH,} \\ \text{NaOH, H}_2\text{O, } \triangle \\ -\text{NaCl}}]{}$$

85%
**2,4,5-三氯苯氧基乙酸
(2,4,5-T)**

**56.** 提出下列每个反应和反应序列的预期主产物。

（a）

$$\xrightarrow[\substack{\text{1. KMnO}_4,\ {}^-\text{OH, } \triangle \\ \text{2. H}^+,\ \text{H}_2\text{O}}]{}$$

（b）
CH₂OH
CH₂COCH₃

$$\xrightarrow[\substack{\text{1. MnO}_2,\ \text{丙酮} \\ \text{2. KOH, H}_2\text{O, } \triangle}]{}$$

（c）
CH₃

$$\xrightarrow[\substack{\text{1. (CH}_3)_2\text{CHCl, AlCl}_3 \\ \text{2. HNO}_3,\ \text{H}_2\text{SO}_4 \\ \text{3. KMnO}_4,\ \text{NaOH, } \triangle \\ \text{4. H}^+,\ \text{H}_2\text{O}}]{}$$

**57.** 按酸性递减的顺序排列下列化合物。

（a）CH₃OH　　　　（b）CH₃COOH

（c）
OH

SO₃H

（d）
OH

OCH₃

（e）
OH

CF₃

（f）
OH

**58.** 以苯或任何一种单取代苯的衍生物开始，设计合成
下列每一种酚。

（a）
OH

CH₃

（b）
OH
Br　　Br

（c）三种苯二酚　　（d）
OH
Cl　　NO₂

NO₂

**59.** 以苯开始，提出合成下列每种酚衍生物的方法。

（a）
OCH₂COOH
Cl

Cl

**除草剂 2,4-D**

（b）
NHCOCH₃

OCH₂CH₃

**非那西丁
（一种停用的止痛药）**

（c）
O
OCCH₃
COOH

Br

Br

**二溴阿司匹林
（一种治疗镰状细胞
贫血的实验药物）**

（d）
OH
OH

**4-(1-甲乙基)-1,3-苯二酚
（用于实验中抗癌药物的
合成中间体）**

**60.** 命名下列每个结构的化合物。

（a）
OH
Cl

Br

（b）
OH

CH₂OH

（c）
HO　　OH

SO₃H

（d）
OH
O

（e）
O

SCH₃

O

（f）
O
H₃C　　CH₃

CH₃O　　OCH₃
O

**61.** 给出下列每个反应序列的预期产物。

（a）
OH

OH

$$\xrightarrow[\substack{\text{1. 2 CH}_2=\text{CHCH}_2\text{Br, NaOH} \\ \text{2. } \triangle}]{}$$

（b）
O
CH₃

$$\xrightarrow[\substack{\text{1. } \triangle \\ \text{2. O}_3,\ \text{然后 Zn, H}^+ \\ \text{3. NaOH, H}_2\text{O, } \triangle}]{}$$

(c) $\xrightarrow{Ag_2O}$

(d) $\xrightarrow{Ag_2O}$

(e) $\xrightarrow{CH_3CH_2SH}$ （两种可能性）

(f)

**62.** 作为一种儿童药物，对乙酰氨基酚（泰诺）比阿司匹林有更大的市场优势。泰诺的液体制剂稳定（特别是将泰诺溶于带有香味的水中），而类似的阿司匹林溶液不稳定。的确，烷基酸苯酯比烷基酸烷基酯更快地进行水解（和酯交换），反应性是阿司匹林（真实生活22-2）作用机理的基础。请说明原因。

**63.** 辣椒含相当大量的维生素A、C和E，以及叶酸和钾。它们也含有少量辣椒素，这是小辣椒"辣"的本质（见1081页）。事实上其纯品是相当危险的，化学家处理辣椒素必须有特殊的空气过滤罩并穿全身保护的工作服。1mg样品放在皮肤上都会引起严重烧伤。辣椒素本身没有味道或气味，它的刺激性以刺激口腔黏膜中神经的形式存在，甚至其样品的水溶液稀释到一千七百万分之一都能检测到。最辣的辣椒的刺激性大概是这种刺激水平的二十分之一。

辣椒素的结构在第1080页，下面列出用以推导其结构的一些数据，尽你可能解释这些信息。

MS: $m/z=305(M^+)$，195(怪!)，137(基峰)，122;

IR: $\tilde{\nu}=972, 1660, 3016, 3445, 3541 cm^{-1}$;

$^1H$ NMR: $\delta$ 0.93（d, $J=8Hz$, 6H），1.35（quin, $J=7Hz$, 2H），1.62（quin, $J=7Hz$, 2H），1.97（q, $J=7Hz$, 2H），2.18（t, $J=7Hz$, 2H），2.20（m, 1H），3.85（s, 3H），4.33（d, $J=6Hz$, 2H），5.33（m, 2H），5.82（broad s, 2H），6.73（dd, $J=8, 2Hz$, 1H），6.78（d, $J=2Hz$, 1H），6.85（d, $J=8Hz$, 1H）。

**64.** **挑战题** 芳香环的生物化学氧化是由肝脏中的芳基羟化酶催化的。这个化学过程的部分反应是把毒性的芳烃（如苯）转变为水溶性苯酚而很容易地排泄掉。但是，该酶的首要用途是合成生物学上有用的化合物，如从苯丙氨酸合成酪氨酸（如下）。

**苯丙氨酸** **酪氨酸**

（**a**）利用所学过的关于苯的化学知识推测下面三种可能性中哪一种最合理：氧是由亲电进攻苯环引入的；氧是由自由基进攻苯环引入的；氧是由亲核进攻苯环引入的。（**b**）大家普遍怀疑氧杂环丙烷在芳烃羟基化中起了作用，部分证据来自如下的实验：当羟基化的部位用氘标记时，大部分产物中仍然含有氘原子，不过它显然迁移到了羟基化位置的邻位。

通过

作为中间体

针对形成氧杂环丙烷中间体并变成观测到的产物，提出一个比较合理的机理。（**提示：**羟化酶把$O_2$变成过氧化氢，HO—OH。）如果确有必要，可假定存在催化量的酸和碱。

**注意：** 在苯酮尿症（PKU）这一遗传性疾病的患者中，上述羟化酶系统不能正常工作。代替它的是，脑中的苯丙氨酸变成2-苯基-2-氧代丙酸（苯丙酮酸）。第21章习题57给出了该反应的逆过程。这个化合物在脑中积累会引起严重的大脑迟钝。因此患有PKU的人（在出生时就能诊断出）必须严格控制饮食，要摄入低苯丙氨酸的食物。

**65.** Cope重排常用于扩环步骤，在下列构建十元环的方案中，填上未给的试剂和产物。

**66.** 正如22-10节所提到的，在Sandmeyer反应中芳基重氮盐的氮被Cl⁻、Br⁻或CN⁻取代需要亚铜离子作为催化剂，并按复杂的自由基机理进行。为什么这些取代不按$S_N2$途径？为什么OH⁻和I⁻取代经常采用的$S_N1$机理在这里却不奏效？

**67.** 用分子式表示苯胺在HCl和NaNO₂存在下重氮化反应的详细机理。接着用含水碘离子（如K⁺I⁻）处理，结果生成碘化苯，对此反应提出一个比较合理的机理。谨记习题66的解答。

**68.** 写出如何把3-甲基苯胺转变成下列每个化合物：（**a**）甲苯；（**b**）1-溴-3-甲基苯；（**c**）3-甲基苯酚；（**d**）3-甲基苯腈；（**e**）N-乙基-3-甲基苯胺。

**69.** 设计以苯为原料合成下列取代苯衍生物的路线。

**70.** 写出下列每个反应产物最合理的结构。

对下列反应，假设亲电取代优先发生在活性最强的环上（16-6节）。

**71.** 指出用重氮偶联反应合成下列三个化合物中各自所需的试剂，其结构请看22-11节。
（**a**）甲基橙；（**b**）刚果红；
（**c**）百浪多息（Prontosil），第一个商业抗菌药物。

**72.** 挑战题　（**a**）给出并说明防腐剂BHT阻断脂肪氧化中的关键反应。（**b**）体内脂肪被氧化的程度可通过测量呼吸时呼出的正戊烷的量来测定。在饮食中增加维生素E的量会减少呼出的正戊烷的量。检查22-9节所讲述的过程，确定何者能产生正戊烷。必须从该节所给出的具体反应中作一些外推才可。

**73.** 挑战题　毒常春藤和毒栎中的漆酚有刺激性，会使人发红疹，接触部位发痒。用下列信息确定漆酚 I（$C_{21}H_{36}O_2$）和 II（$C_{21}H_{34}O_2$）的结构。在让人感到不适的化合物家族中，它们是两个主要成员。

漆酚 II $\xrightarrow{\text{H}_2,\text{Pd-C, CH}_3\text{CH}_2\text{OH}}$ 漆酚 I

漆酚 II $\xrightarrow[\text{NaOH}]{\text{过量 CH}_3\text{I},}$ $\underset{\text{二甲基漆酚 II}}{C_{23}H_{38}O_2}$ $\xrightarrow[\text{2. Zn, H}_2\text{O}]{\text{1. O}_3,\ \text{CH}_2\text{Cl}_2}$

$CH_3CH_2CH_2CH_2CH_2CH_2CHO$ + $\underset{\text{醛 A}}{C_{16}H_{24}O_3}$

### 醛A的合成

C<sub>7</sub>H<sub>7</sub>NO<sub>3</sub>  表示为 $C_7H_7NO_3$

$\text{OCH}_3\text{-苯} \xrightarrow[\text{2. HNO}_3,\text{H}_2\text{SO}_4]{\text{1. SO}_3,\text{H}_2\text{SO}_4} \underset{B}{C_7H_7NSO_6} \xrightarrow{\text{H}^+,\text{H}_2\text{O},\triangle}$

$\underset{C}{C_7H_7NO_3} \xrightarrow[\substack{\text{2. NaNO}_2,\text{H}^+,\text{H}_2\text{O}\\ \text{3. H}_2\text{O},\triangle}]{\text{1. H}_2,\text{Pd, CH}_3\text{CH}_2\text{OH}}$

$\underset{D}{C_7H_8O_2} \xrightarrow[\substack{\text{2. NaOH, CH}_3\text{I}\\ \text{3. H}^+,\text{H}_2\text{O}}]{\text{1. CO}_2,\text{压力, KHCO}_3,\text{H}_2\text{O}_2}$

$\underset{E}{C_9H_{10}O_4} \xrightarrow[\substack{\text{2. H}^+,\text{H}_2\text{O}\\ \text{3. MnO}_2,\text{丙酮}}]{\text{1. LiAlH}_4,(\text{CH}_3\text{CH}_2)_2\text{O}}$

$\underset{F}{C_9H_{10}O_3} \xrightarrow[\substack{\text{2. 过量 H}_2,\text{Pd-C, CH}_3\text{CH}_2\text{OH}\\ \text{3. PCC, CH}_2\text{Cl}_2}]{\text{1. C}_6\text{H}_5\text{CH}_2\text{O(CH}_2)_6\text{CH}=\text{P(C}_6\text{H}_5)_3}$ 醛 A

**74.** 多巴胺生物合成去甲肾上腺素（第5章习题66）的反应位点是否和本章所述的原理一致？非酶促地重复这个转化是更容易还是更困难？请解释。

### 团队练习

**75.** 作为一个团队，考虑由下列简略步骤全合成一种由秃柏树籽提取分离得到的潜在抗癌药——落羽松酮 D（Taxodone D）的方案。对第一个反应式，分成两组：第一组讨论影响第一步还原A的最好选择，第二组用所提供的部分谱学数据指出B的结构。

$\xrightarrow{\text{H}^+,\text{甲基苯 (甲苯)},\triangle}$ B

$^1$H NMR: $\delta = 5.99$ (dd, 1 H), 6.50 (d, 1 H)。
IR: $\tilde{\nu} = 1720\ \text{cm}^{-1}$。
MS: $m/z = 384$ (M$^+$)。

再集中讨论第一个反应式的两个部分。然后合为一个组，分析下面第二个反应式的合成问题，利用谱学数据来确定C和落羽松酮D的结构。

B $\xrightarrow{\phantom{xx}\text{Cl}\phantom{xx}}$ C

$^1$H NMR: $\delta = 3.51$ (dd, 1 H), 3.85 (d, 1 H)。
MS: $m/z = 400$ (M$^+$)。

$\xrightarrow{^-\text{OH, H}_2\text{O}}$ D

**落羽松酮**
$^1$H NMR: $\delta = 6.55$ (d, 1 H), 6.81 (s, 1 H)，没有其他烯基或芳基信号。
IR: $\tilde{\nu} = 1628, 3500, 3610\ \text{cm}^{-1}$。
UV-Vis:$\lambda_{\max}\ (\varepsilon) = 316(20,000)$ nm。
MS: $m/z = 316$ (M$^+$)。

提出由C形成D的机理。（**提示：**酯水解后，酚氧离子中一个氧通过苯环可提供电子对来影响对位的反应，产物含有一个烯醇型羰基。一些谱学数据的解释，参见17-3节。）

### 预科练习

**76.** 氯苯在水中煮沸2h后，下列哪一种有机化合物以最大浓度出现？

（**a**）$C_6H_5OH$　　　　　　（**b**）

（**c**）

（**d**）$C_6H_5Cl$　（**e**）

**77.** 下列反应的产物是什么？

$C_6H_5OCH_3 \xrightarrow{\text{HI},\triangle}$ ?

（**a**）$C_6H_5I + CH_3OH$　（**b**）$C_6H_5OH + CH_3I$

（**c**）$C_6H_5I + CH_3I$　（**d**）

　+ H$_2$

**78.** 下列哪一组试剂能最优实现从溴化4-甲基重氮苯转化成甲苯。

（**a**）H$^+$，H$_2$O；　　　（**b**）H$_3$PO$_2$，H$_2$O；
（**c**）H$_2$O，$^-$OH；　　　（**d**）Zn，NaOH。

**79.** 苯胺和亚硝酸钾及盐酸在0℃下反应，将得到的浆状物加到4-乙基苯酚中的主要产物是什么？

（a）

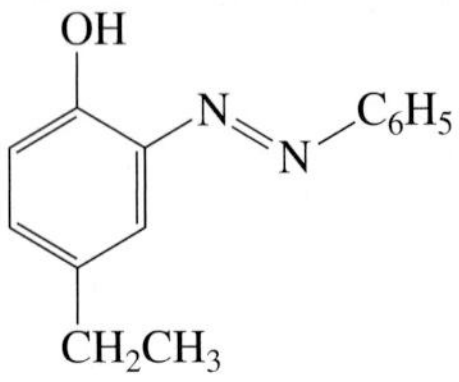

（b）

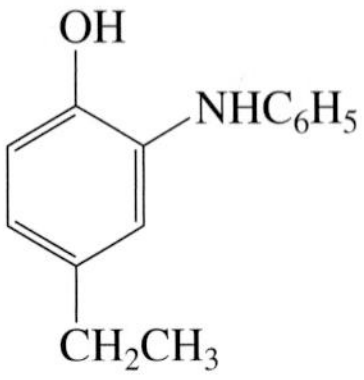

（c）

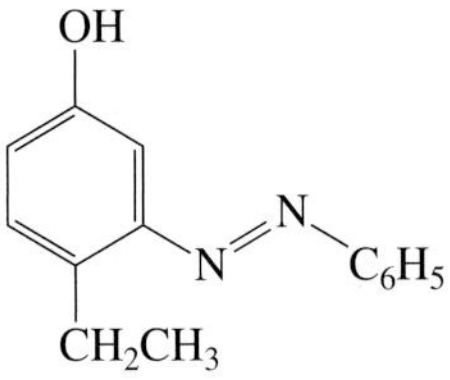

（d）

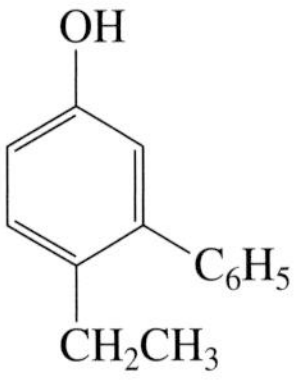

**80.** 下列三个硝基苯酚异构体的 $^1$H NMR 表明，其中一个化合物的酚羟基质子比其他两个化合物在更低场的位置出现，它是哪一个异构体？

（a）

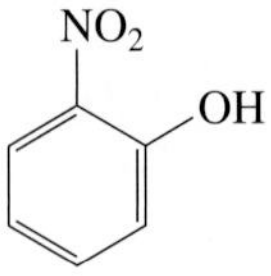

（b）

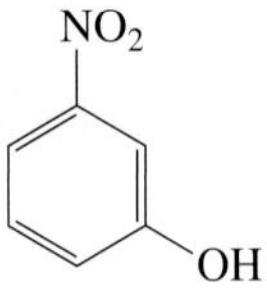

（c）

# 23

# 烯醇酯和 Claisen 缩合

## *β*-二羰基化合物的合成；酰基负离子等价体

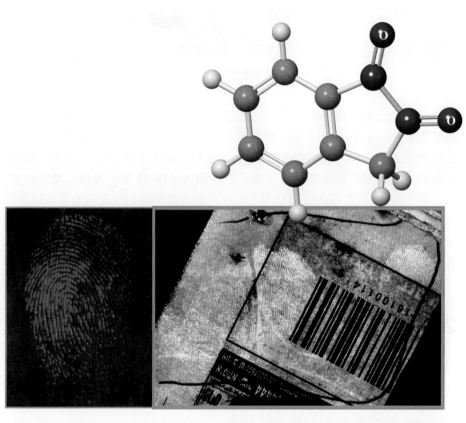

　　二元酮 1,2- 茚满二酮是由宾夕法尼亚大学 Madeleine Joullié 教授研发出来的，用于检测多孔表面如纸张上的潜在指纹。其活性羰基与人碰触留下的痕量氨基酸发生缩合，当缩合物暴露在光线下会发出荧光（像上面 Joullié 教授友情提供的照片所显示的那样）。这一法医学专用技术曾用于确认 2001 年在耶路撒冷凯悦大酒店杀害以色列旅游部长的凶手。最初的调查指向一个房间，那里一张报纸上留下了清晰的指纹（见照片右边，以色列警察局身份识别和法医学分部供图，此图在耶路撒冷希伯来大学约瑟夫·阿尔莫格教授的帮助下完成），用 AFIS（自动指纹识别系统）比对成功找出凶手。［（左）*Professor Madeleine Joullié. Joullié. M.；Petrovskaia, O. ChemTech, 1998：28：08, 41-44.*（右）*the Division of Identification and Forensic Science of the Israel Police*］

**在** 第 18 章当学习羰基化学时，我们了解到有机合成化学家发展出来的许多技术事实上都是基于生物体系中构建碳-碳键的天然过程。羟醛缩合（18-5 节～18-7 节）就是这样一个过程，它是一个把醛和酮转变成 *β*-羟基羰基化合物的有效方法。这一章首先要考查与之有关的克莱森（Claisen）缩合，酯的烯醇离子进攻羰基产生一个新的碳-碳键。我们已经看到它在长链羧酸（19-13 节）生物合成中的应用。Claisen 缩合产物是 1,3-二羰基体系，通称为 $\beta$-二羰基化合物，它们因在合成上的多样性而具有重要用途。

### $\beta$-二羰基化合物示例

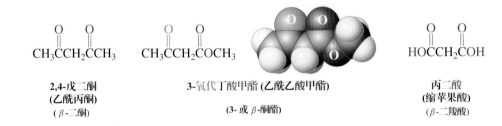

**2,4-戊二酮**
**(乙酰丙酮)**
**($\beta$-二酮)**

**3-氧代丁酸甲酯 (乙酰乙酸甲酯)**
**(3- 或 $\beta$-酮酯)**

**丙二酸**
**(缩苹果酸)**
**($\beta$-二羧酸)**

另一个已被合成化学家采用的天然的碳-碳键形成过程涉及硫胺素，或称维生素 $B_1$，如 1154 页所示。硫胺素在许多生化过程中发挥着重要的作用，包括糖的生物合成，我们将在第 24 章中见到。真实生活 23-2 中讲述了硫胺素如何将糖代谢产物丙酮酸转化为乙酰辅酶 A（19-13 节）来调节糖的代谢的。有关碳-碳键的形成过程利用了一种新的由醛和酮衍生而来的亲核试剂，即酰基负离子等价体。这些物种说明了如何把正常的亲电羰基碳原子暂时变成亲核性的，并用于与另一种醛或酮分子的羰基碳形成新的碳-碳键，得到最终产物 $\alpha$-羟基酮。

# 23-1 | $\beta$-二羰基化合物：Claisen缩合

酯的烯醇离子和酯官能团发生加成-消除反应生成 3-或 $\beta$-酮酸酯，这一转化称为 Claisen[1] 缩合，是酯发生的类似羟醛缩合反应（18-5 节）。

## Claisen 缩合形成 $\beta$-二羰基化合物

乙酸乙酯和化学计量的乙醇钠反应，得到 3-氧代丁酸乙酯（乙酰乙酸乙酯）。

### 乙酸乙酯的Claisen缩合

不像在羟醛缩合（18-5 节）中那样两个分子结合伴随着水的消除，Claisen 缩合是消除一分子乙醇。正如我们看到的，该反应也不是催化反应，为了使原料都转化成产品，需要比化学计量数略多一点儿的碱。

---

[1] 它就是 Claisen 重排的 Claisen（22-7 节）。

## 成功的关键：Claisen缩合之所以能发生是因为两个羰基中间的氢是酸性的

　　Claisen 缩合从乙醇盐使酯去质子化形成酯的烯醇离子开始（步骤 1），这一步是不利的，因为酯的 $\alpha$-氢（$pK_a \approx 25$）和乙醇（$pK_a \approx 15.9$）的酸性差别很大。由此形成的浓度很小的烯醇化物加成到另一种酯分子的羰基上（步骤 2），失去乙氧基负离子完成加成-消除反应得到 3-氧代丁酸乙酯（通常说成是 3- 或 $\beta$-酮酸酯）（步骤 3）。

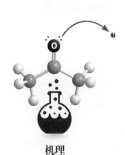

机理

### Claisen缩合机理

**步骤 1.** 形成酯的烯醇离子

**步骤 2.** 亲核加成反应

动画
动画展示机理：
Claisen缩合

新的碳-碳键

强亲核试剂烯醇离子加成到第二个酯分子的羰基上

四面体中间体
**(19-7 节)**

**步骤 3.** 消除反应

3-氧代丁酸乙酯
**(3- 或 $\beta$-酮酯)**

　　在这个阶段，反应是吸热的。每步都是可逆的，整个平衡强烈趋向起始原料这边。然而，3-酮酸酯中间的氢，由于异常的酸性（$pK_a \approx 11$，比乙醇小），提供关键的驱动力使平衡向正反应方向推进。原因是这个氢存在两个邻位诱导的吸电子羰基，以及去质子化后形成的负离子的负电荷广泛离域。因此，步骤 3 的产物 3-酮酸酯和乙氧基负离子通过质子转移立即发生第四步反应。

**步骤 4.** 酮酸酯的去质子化推进平衡移动

再次应用 Le Châtelier 原理：步骤 4 从反应混合物中消耗的酮酸酯，可通过步骤 1 至步骤 3 的平衡移动来补充。

因为这一步耗尽了步骤 1 所需的乙醇盐混合物，因此，反应需要的乙醇盐这个碱的量要比化学计量数多，这个问题现在就很明白了。要保证有足够的碱存在使所有的中间体 3-酮酸酯去质子化，以这种方式推进整个平衡向相应的负离子移动。因此，与羟醛反应相反，Claisen 缩合中碱不是催化剂，它在前四步反应过程中被消耗。

随着平衡推向前进至步骤 4 的去质子化缩合产物，剩下的就是用酸的水溶液（步骤 5）处理来恢复中心碳上的质子，完成整个反应过程。

**步骤 5.** 用酸的水溶液进行质子化得到最后的酮酸酯产物

你会注意到 Claisen 缩合的条件（酯和乙醇盐的乙醇溶液）和碱催化的酯交换反应（20-4 节）所用的试剂几乎一样。那么，为什么在这个酯交换反应中没有看到缩合产物？答案是因为酯交换比 Claisen 缩合快得多，而且只需要催化量的碱。为了避免酯交换产物混杂在 Claisen 缩合产物中，所用醇盐的烷氧基必须与参与反应的酯的烷氧基相同。

### 练习23-1

（**a**）写出下列 Claisen 缩合反应的产物：（i）丙酸乙酯；（ii）3-甲基丁酸乙酯；（iii）戊酸乙酯。每个反应中，碱都是乙醇钠，溶剂都是乙醇。

（**b**）写出下列分子 Claisen 缩合的前体。

上面讲到的 3-氧代丁酸乙酯中间的氢具有显著的酸性，这一现象对所有的 β- 二羰基化合物都是适用的，而且可扩展到其他一些因诱导和共振产

表23-1　β-二羰基和相关化合物的pK_a值

| 化合物名称 | 结构 | pK_a |
|---|---|---|
| 2,4-戊二酮<br>（乙酰丙酮） | $CH_3CCH_2CCH_3$ (O, O) | 9 |
| 2-氰基乙酸甲酯 | $NCCH_2COCH_3$ (O) | 9 |
| 3-氧代丁酸乙酯<br>（乙酰乙酸乙酯） | $CH_3CCH_2COCH_2CH_3$ (O, O) | 11 |
| 丙二腈 | $NCCH_2CN$ | 13 |
| 丙二酸二乙酯 | $CH_3CH_2OCCH_2COCH_2CH_3$ (O, O) | 13 |

（中间箭头：酸性增强）

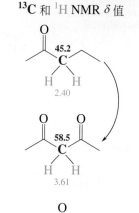

β-二羰基和单羰基类似物
NMR化学位移的比较
$^{13}C$ 和 $^1H$ NMR δ 值

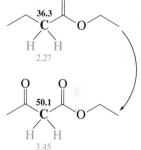

生的吸电子基团。表 23-1 列出了几个这样中心氢的 pK_a 值。页边是说明性的 NMR 数据，通过相对去屏蔽效应显示了它们（和所连的碳）的缺电子性质。相应的烯醇离子和相关的碳负离子相对是非碱性的，在接下来的章节里会看到它们在有机合成中是非常有用的亲核试剂。

### 逆 Claisen 缩合：缺少中心氢的 3-酮酸酯被醇盐裂解

　　只带有一个 α-氢的酯无法进行 Claisen 缩合。如下所示，产物是 2,2-双取代的 3-酮酸酯。缺少一个可被碱移去使整个平衡向产物移动的中心氢（如前一页的步骤 4），由于步骤 1 至步骤 3 中的热力学不利因素注定反应会失败。这导致可逆进入"死胡同"，观察不到 Claisen 缩合产物。

**失败的Claisen缩合——"死胡同"机理**

$2\ (CH_3)_2CH$—C(=:O:)—:ÖCH_2CH_3

　　⇌（Na⁺⁻:ÖCH_2CH_3, CH_3CH_2OH／平衡移向左边）

$(CH_3)_2CH$—C(=:O:)—C(CH_3)(CH_3)—C(=:O:)—:ÖCH_2CH_3　+　$CH_3CH_2\ddot{O}H$

（注意缺少酸性氢）

**2-甲基丙酸乙酯**　　　　**2,2,4-三甲基-3-氧代戊酸乙酯**（未观察到）

　　尽管 2,2-双取代的 3-酮酸酯不能直接用 Claisen 缩合来生成，但在 23-2 节中我们将用另一种方法来合成。如果这样的酮酸酯用烷氧碱来处理会发生什么？ Claisen 缩合完全逆向发生，通过与正向反应完全逆向的机理生成两分子简单的酯。由于没有中心氢可被碱移除，所以烷氧基负离子加成到酮的羰基。产生的四面体中间体释放出起始酯的烯醇离子。这个过程称为**逆 Claisen 缩合**反应，证明了上面所指的 Claisen 缩合"死胡同"机理的热力学基础。

## Claisen缩合的逆转（逆Claisen缩合）

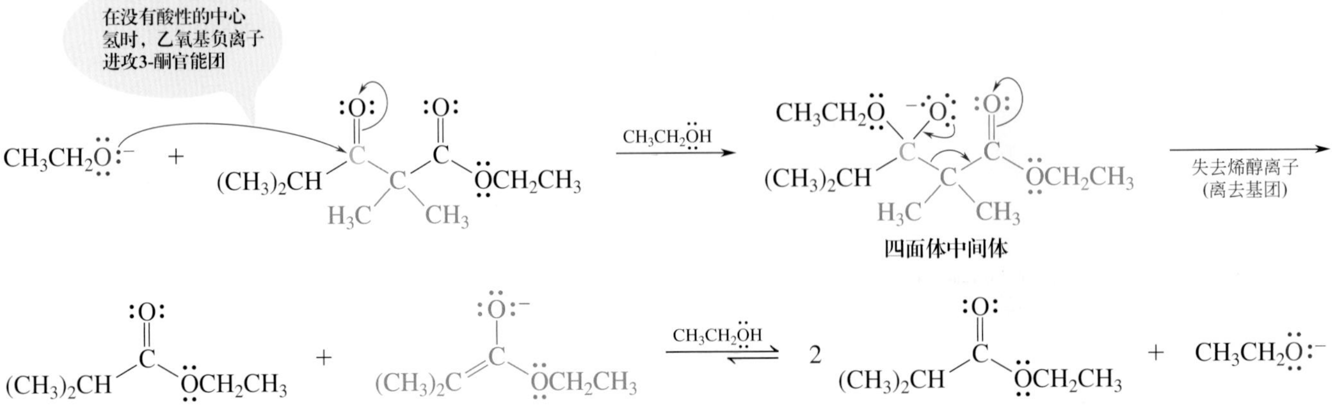

在没有酸性的中心氢时，乙氧基负离子进攻3-酮官能团

### 练习23-2

解释下列实验现象。

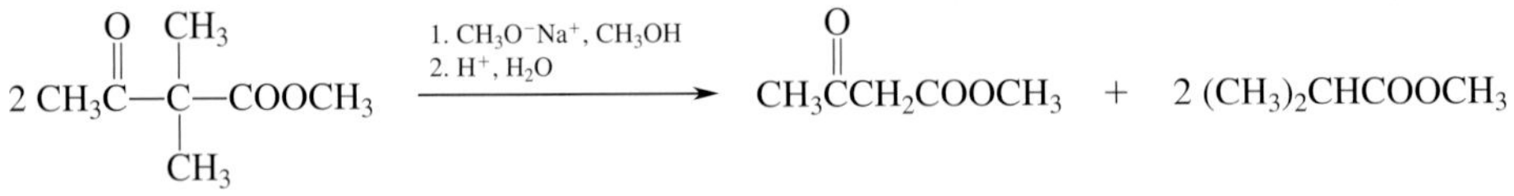

$$2\ CH_3\overset{O}{\underset{\phantom{a}}{C}}-\overset{CH_3}{\underset{CH_3}{C}}-COOCH_3 \xrightarrow[\text{2. H}^+,\ \text{H}_2\text{O}]{\text{1. CH}_3\text{O}^-\text{Na}^+,\ \text{CH}_3\text{OH}} CH_3CCH_2COOCH_3\ +\ 2\ (CH_3)_2CHCOOCH_3$$

## Claisen缩合反应可以用两个不同的酯作为反应物

为了使反应原料之一的丙酸乙酯自身缩合最小化，需要用过量的苯甲酸酯。

混合 Claisen 缩合反应以两个不同的酯开始，像交叉羟醛缩合（18-6 节）一样，常常是非选择性的，得到混合产物。然而，当反应物之一不含 α- 氢，从而不能形成酯的烯醇离子时，如苯甲酸乙酯，选择性的混合 Claisen 缩合反应是可能发生的。

### 选择性的混合Claisen缩合反应

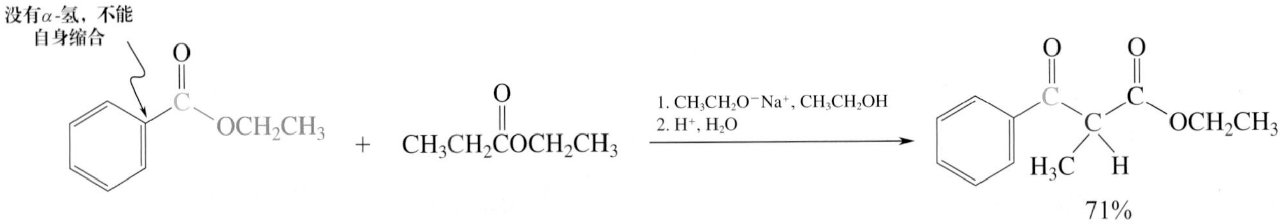

没有α-氢，不能自身缩合

苯甲酸乙酯　　　　　丙酸乙酯

71%
2-甲基-3-氧代-3-苯基丙酸乙酯

### 练习23-3

写出用乙醇钠的乙醇溶液处理乙酸乙酯和丙酸乙酯的混合物而形成的所有 Claisen 缩合产物。

### 练习23-4

甲酸乙酯和乙酸乙酯之间的混合 Claisen 缩合反应能得到一个主产物吗？说明并给出你所预期的产物的结构。

## 分子内Claisen缩合反应得到环状化合物

　　分子内 Claisen 缩合反应称为狄克曼 ❶（Dieckmann）缩合反应，产物是环状 3-酮酸酯。正如预期的那样（9-6 节），它最适合形成五元环和六元环。

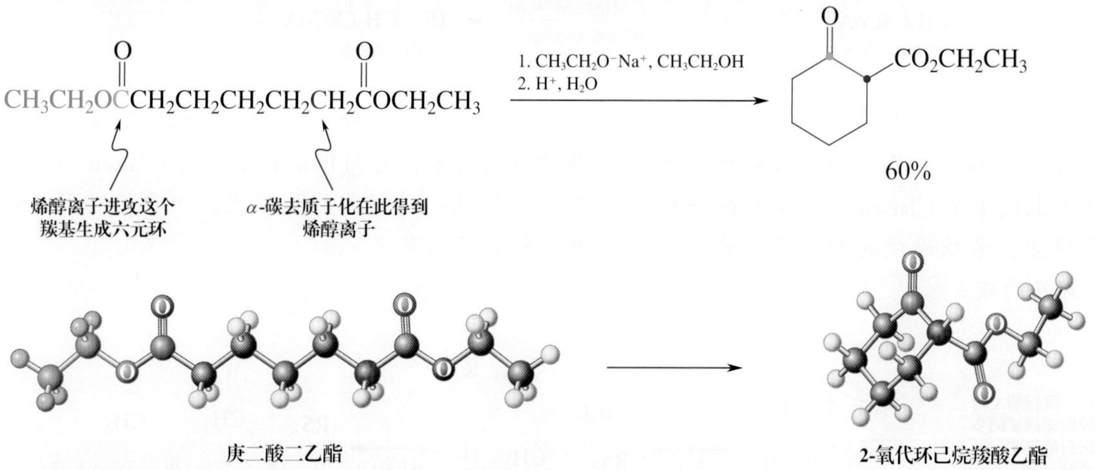

庚二酸二乙酯　　　　　　　　　　　　　　　　　2-氧代环己烷羧酸乙酯

### 解题练习23-5

**运用概念解题：预测一个成功的Claisen缩合**

　　下列所示 Dieckmann 缩合（分子内 Claisen 缩合）反应可能有两种环化产物，但实际上只生成一种，写出并简要说明这个反应的结果。

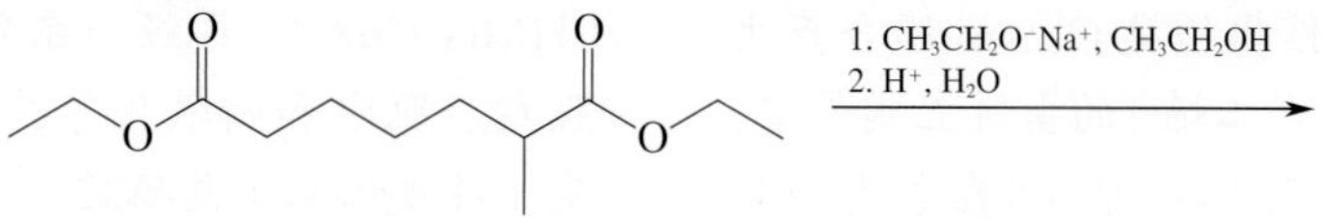

**策略：**

- **W：** 有何信息？现有的化合物不同于上文中的例子，只有一个甲基取代基加成到其中一个α-碳上。且原料是不对称的，可能有两种环化模式。
- **H：** 如何进行？用正文中的例子作为模板，分别画出两个Dieckmann缩合产物。
- **I：** 需用的信息？复习这一节内容提醒自己有关驱动这类缩合产物生成的关键特征。
- **P：** 继续进行。

**解答：**

- 两种可能的产物如下所示：

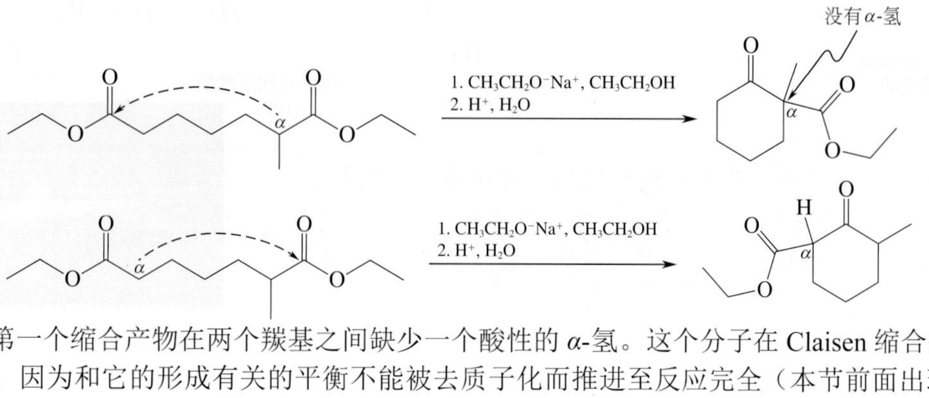

- 注意第一个缩合产物在两个羰基之间缺少一个酸性的 α-氢。这个分子在 Claisen 缩合条件下不能被分离出来，因为和它的形成有关的平衡不能被去质子化而推进至反应完全（本节前面出现的机理步骤 4，也可参见"失败的 Claisen 缩合反应"），因此只得到第二个缩合过程的产物。

---

❶ 沃尔特·狄克曼（Walter Dieckmann，1869—1952 年），德国慕尼黑大学教授。

## 真实生活：自然　 **23-1**　Claisen缩合反应组装生物分子

$$CH_3CSCoA + CO_2 \xrightarrow[\substack{\text{乙酰辅酶A的}\alpha\text{-碳发生}\\\text{类 Claisen 反应进攻二氧化}\\\text{碳的碳}}]{\text{乙酰辅酶A羧化酶}} HOCCH_2CSCoA$$

乙酰辅酶 A　　　　　　　　　　　　　　　　　　　　丙二酰辅酶A

从辅酶 A（19-13 节）硫酯构建脂肪酸链的偶联过程是 Claisen 缩合反应。乙酰辅酶 A 羧化变成丙二酰辅酶 A（上式）是 Claisen 缩合反应的一种变化形式，在这里，亲核进攻的部位是二氧化碳的碳而不是酯羰基的碳。

在羧基化的组分中，亚甲基比乙酰硫酯的甲基活性大得多，参与很多种类似的 Claisen 缩合反应。虽然这一过程需要酶催化，但它们可用简化的式子表示如下。

丙二酰辅酶A 的脱羧促进了同步进行的类 Claisen 成键

（RSH = 酰基载体蛋白，参见 19-13 节）

上面的反应产物，即酰基载体蛋白的乙酰乙酸衍生物，是除脂肪酸外其他目标生物合成的起点。甾体源于一系列酶催化的类 Claisen 缩合产生的 2-甲基-1,3-丁二烯（异戊二烯）的支链五碳骨架，这是构成萜类的结构单元（4-7 节）。在这类变化

中，乙酰辅酶 A 的烯醇离子加成到乙酰乙酰辅酶 A 的酮羰基上，得到 β-羟基-β-甲基戊二酰辅酶 A（HMG CoA）。再经一系列反应包括酶催化还原、脱羧、脱水和磷酰化等，最后得到 3-甲基-3-丁烯基（异戊烯基）焦磷酸。

β-羟基-β-甲基戊二酰辅酶A
（HMG CoA）

Mevalonic acid
甲羟戊酸

异戊烯基焦磷酸酯
(IPP)

动物体中六分子异戊烯基焦磷酸酯可构建角鲨烯碳氢化合物，它含有一条 24 个碳的链和 6 个甲基取代基。角鲨烯经过一系列复杂的环化、重排和键的断裂得到甾体化合物，如胆固醇（4-7 节和 14-10 节）。

深海鲨鱼，像铰口鲨（见照片），肝里含有大量角鲨烯。它们被捕杀作为这种化学品的来源，用于角鲨烯保健胶囊的生产。环境问题促使企业转向植物和生物工程发酵生产替代品。

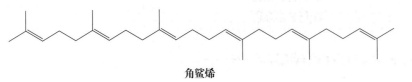

角鲨烯

## 23-6　自试解题

提出下列反应的机理。

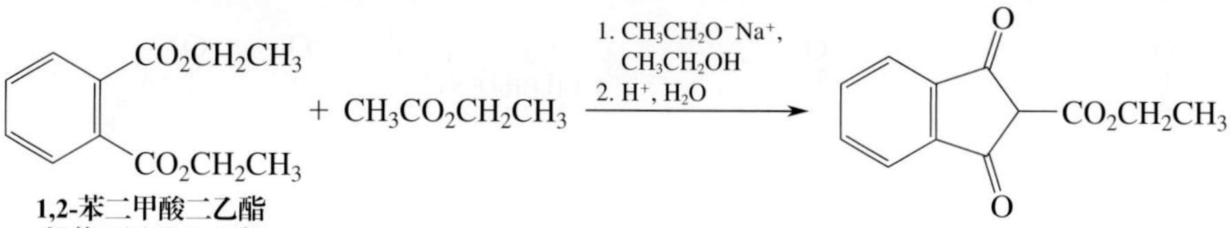

**1,2-苯二甲酸二乙酯**
**(邻苯二甲酸二乙酯)**

60%~80%

## 酮发生混合 Claisen 反应

酮能发生 Claisen 缩合，因为它们比酯的酸性更强，在酯有可能发生自身缩合之前它们就被去质子化了。酸处理后的产物可能是 β-二酮、β-酮醛或其他 β-二羰基化合物。各种各样的酮和酯的分子间和分子内反应均可发生。

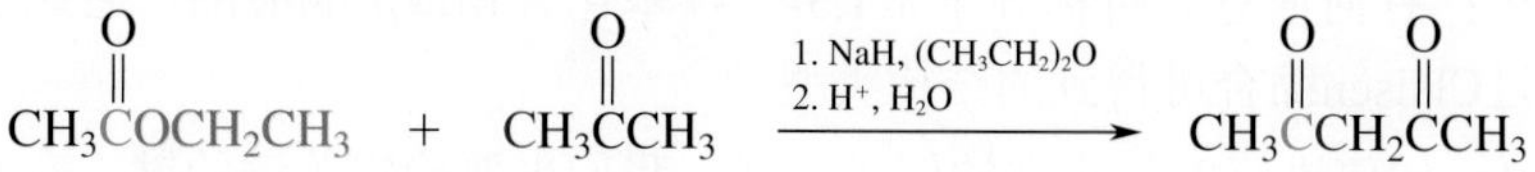

## 练习23-7

1,3- 环己二酮（页边）可由同一分子的酮羰基和酯基发生分子内混合 Claisen 缩合反应来制备。这个底物分子的结构是什么？

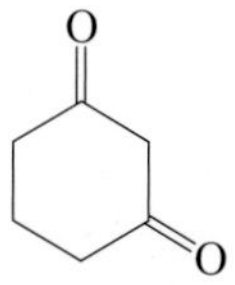

**1,3-环己二酮**

## 逆合成分析证明Claisen缩合反应的合成用途

看了各种类型的 Claisen 缩合反应，我们现在可以思考一下，如何逻辑分析这个过程并应用于合成。三个事实对我们是有帮助的：（1）Claisen 缩合反应总是形成 1,3-二羰基化合物；（2）克莱森缩合的两个反应组分之一必定是酯，并在缩合过程中失去烷氧基；（3）另一反应组分（亲核性烯醇离子的来源）在 α-碳上至少要含有两个酸性氢。此外，如果考虑的是混合 Claisen 缩合反应，那么其中一个反应组分不能发生自身缩合（也就是应该缺少 α- 氢）。如果给我们一个目标分子的结构，并决定是否（如果行，又该怎样）能用 Claisen 缩合来合成，我们一定要用上述几点事实来进行逆合成分析。例如，考虑是否能用 Claisen 缩合来制备 2-苯甲酰基环己酮（页边）。

**2-苯甲酰环己酮**

1,3-二羰基化合物符合第一个要求。在 Claisen 缩合中形成哪个键？查看这一节的所有例子，发现产物中的新键总是把 1,3- 二羰基部分中的一个羰基连到它们之间的碳原子上。我们把目标分子含有的两个这样的键分别标为 a 和 b。继续进行分析，依次把每个这样的假想键断裂时，必须应用第二点，即新的碳-碳键形成的那个羰基是以酯基的一部分开始的。因此，后面进行推导时，一定要设想把一个烷氧基连到这个羰基碳上：

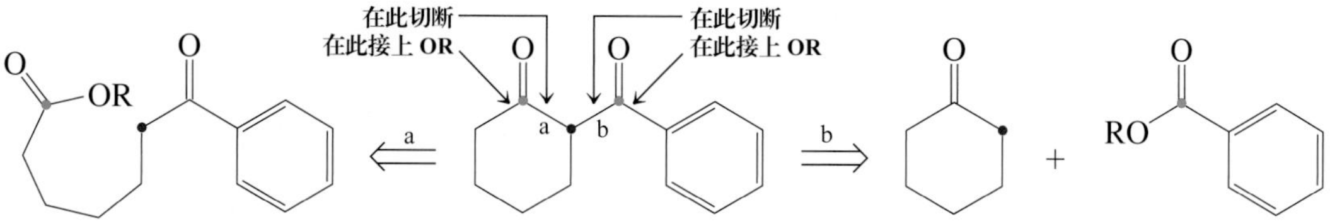

断开键 a 表示酮酸酯在正反应方向上发生分子内 Claisen 缩合，而断开键 b，得到环己酮和苯甲酸酯。分析得出这两种缩合方式都是完全可行的，但是第二种情况更好一些，因为它是通过两个较小片段来构建目标分子的。

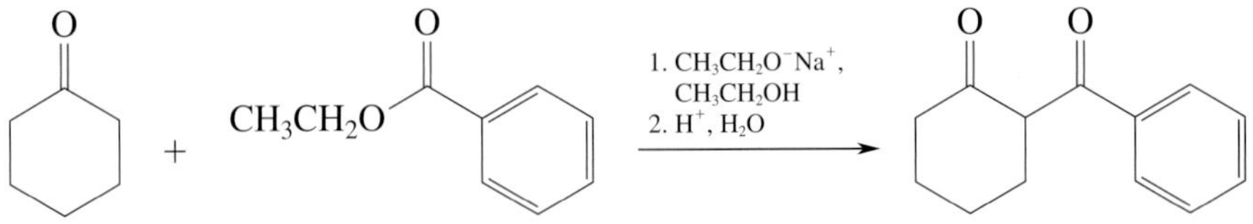

## 解题练习23-8

**运用概念解题：Claisen逆合成分析**

提出用 Claisen 或 Dieckmann 缩合反应合成 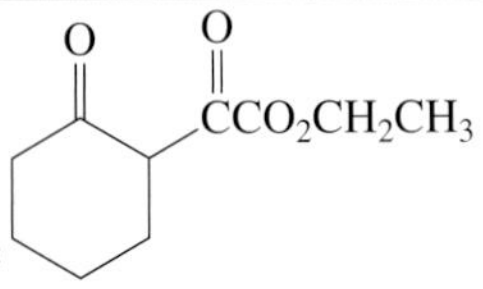 的方法。

**策略：**

- **W：** 有何信息？目标分子是1,3-二羰基化合物或β-酮酸酯，它属于通过Claisen缩合可得到的结构类型。

- **H：** 如何进行？如正文的例子一样，我们也要确定关键的键：有两个键，每个都把其中一个羰基的碳连到两个羰基之间的碳原子上。然后，依次断开每个键，并把烷氧基连到分离的羰基碳上。

- **I：** 需用的信息？因为产物是乙酯，我们选择连上乙氧基。用乙醇盐作为缩合反应所需的碱。

- **P：** 继续进行。

**解答：**

- 找到并标记两个关键的键 a 和 b。

- （1）分别断开这两个键；（2）把乙氧基连到羰基片段上。此时你应该会想出一些逆合成分析思路了。

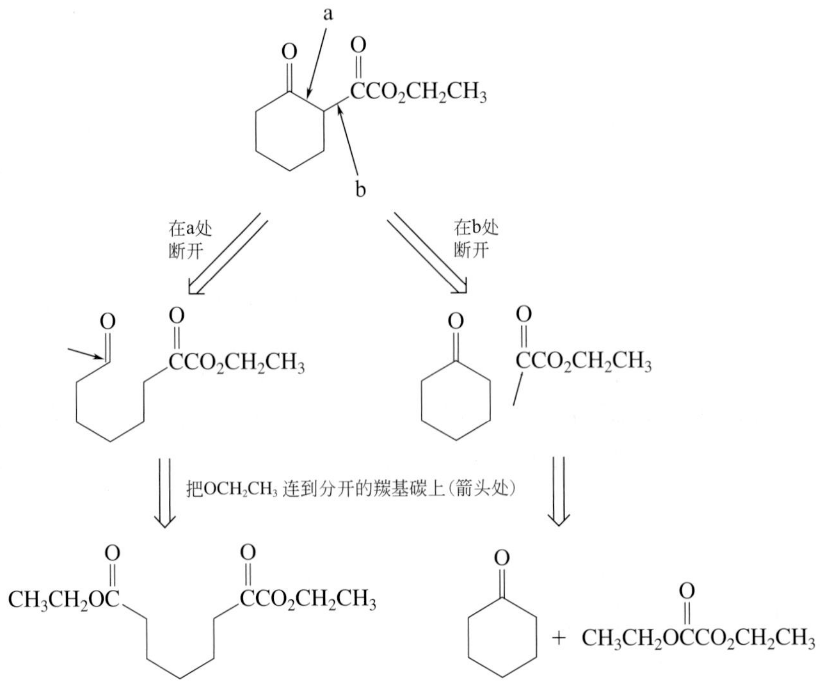

- 至此，确定了两种可能的起点。按反应方向写出缩合反应：

合成 a：

CH₃CH₂OC（O）...CCO₂CH₂CH₃ α  →（1. CH₃CH₂ONa, CH₃CH₂OH；2. H⁺, H₂O）→

合成 b：

环己酮 + CH₃CH₂OCCO₂CH₂CH₃ →（1. CH₃CH₂ONa, CH₃CH₂OH；2. H⁺, H₂O）→

　　合成 a 是 Dieckmann 缩合反应，其特征是酮烯醇离子的 α-碳进攻分子另一端的羰基酯。合成 b 是一个混合 Claisen 缩合反应，环己酮烯醇离子进攻乙二酸二乙酯（草酸二乙酯）其中的一个酯基。这两种途径都是合理的。

### 23-9 自试解题

用 Claisen 或 Dieckmann 缩合反应合成下列分子。

（a）CH₃CCH₂CH　（b）　（c）

---

## 小　结

　　Claisen 缩合反应是吸热反应。因此，若没有足以使产生的 3-酮酸酯去质子化的化学计量的强碱，反应就不会发生。两个酯之间的混合 Claisen 缩合反应是没有选择性的，除非是分子内（Dieckmann 缩合）反应或反应中一个组分缺少 α-氢。酮也参与选择性的混合 Claisen 缩合反应，因为它们比酯酸性更强些。

---

## 23-2　作为合成中间体的 β-二羰基化合物

　　学习了怎么制备 β-二羰基化合物，现在让我们探索一下它们的合成应用。本节将讲述 β-二羰基化合物相应的负离子容易烷基化以及 3-酮酸酯可水解成相应的酸，该酸会脱羧得到酮或新的羧酸。这些转化打开了通向其他官能化分子的多条合成路线。

### β-二羰基负离子是亲核的

　　β-酮羰基试剂的亚甲基氢特殊的酸性可成为其合成上的优势。它们非常低的 p$K_a$ 值（大约为 9～13，参见表 23-1）使醇盐基本上能定量从亚甲基中攫取质子，得到的烯醇离子是 S$_N$2 反应的良好亲核试剂，可以发生烷基化

---

　　最简单的 β-二羰基衍生物丙二醛（MDA），是一种生物分子氧化和光化学降解的天然副产物。它的毒性高（1107 页）。MDA 损伤眼睛，无法通过自然过程从视网膜中清除，是年龄相关性黄斑变性的基本原因，也是老年失明的原因。

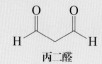

丙二醛

Age-related Macular Degeneration

年龄相关性黄斑变性。
[*National Eye Institute/ National Institutes of Health*]

反应得到取代的衍生物。例如，用乙醇钠处理 3-氧代丁酸乙酯（乙酰乙酸乙酯）能完全去质子化生成烯醇离子，经由 $S_N2$ 与碘甲烷反应得到所示的甲基化衍生物。

这个位置留下的酸性氢可用稍强的碱 KOC(CH₃)₃ 来攫取，且产生的负离子可发生另一次 $S_N2$ 烷基化，这里是用苄基溴，得到双取代的产物。

### 烷基化合成取代的3-酮酸酯

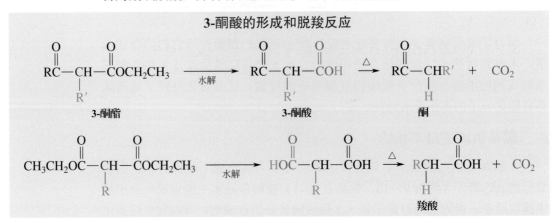

这一烷基化过程可合成 2,2-双取代的 3-酮酸酯，如在 23-1 节看到的，它们不能直接由 Claisen 缩合来制备。

其他 $\beta$-二羰基化合物，像下面的 $\beta$-二酯，表现出相似的反应。

**练习23-10**

写出一条从 5-氧代己酸酯合成 2,2- 二甲基-1,3-环己二酮的路线。

### 3-酮酸容易发生脱羧反应

3-酮酸酯水解得到 3-酮酸，后者在温和条件下容易发生脱羧反应，产物为酮或羧酸，并含有在烷基化步骤中引入的烷基。

**3-酮酸的形成和脱羧反应**

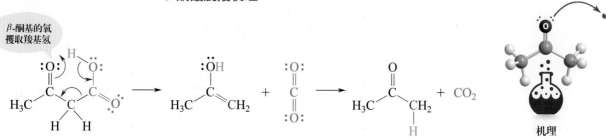

2-丁基-3-氧代丁酸乙酯　　　　　　　　　　　　　60%
　　　　　　　　　　　　　　　　　　　　　　2-庚酮

2-(1-甲丙基)丙二酸二乙酯　　　　　　　　　　　65%
　　　　　　　　　　　　　　　　　　　　　　3-甲基戊酸

通常条件下，脱羧或失去二氧化碳不是羧酸的典型反应。但是，3-酮酸显著的脱羧倾向有两个原因：第一，通过六元环过渡态，3-酮基的 Lewis 碱性氧恰好与羧基氢处于理想的成键位置；第二，因为三个电子对围绕六元环排列移动，这种过渡态具有芳香性（15-3 节）。脱羧形成的化合物是二氧化碳和烯醇，后者迅速互变异构成最后的产物酮。

### 3-酮酸脱羧机理

注意，只有在 3-或 $\beta$-位带有第二个羰基的羧酸才适合在结构上发生这种反应。缺少 $\beta$-羰基的羧酸不能脱羧，无论分子内其他地方是否存在羰基都是如此。

脱去二氧化碳只容易在中性羧酸中发生。如果酯是用碱水解，为了使脱羧能发生，必须加入酸使产生的羧酸盐质子化。取代丙二酸的脱羧也是同样的机理。

### 练习23-11

用分子式表示 $CH_3CH(COOH)_2$（甲基丙二酸）的详细脱羧机理。

## 乙酰乙酸酯合成法生成甲基酮

烷基化接着酯水解和最后脱羧能使 3-氧代丁酸乙酯（乙酰乙酸乙酯）转化成 3-取代或 3,3-二取代的甲基酮。这一策略称为**乙酰乙酸酯合成法**（acetoacetic ester synthesis method）。

## 乙酰乙酸酯合成

在 C-3 位带有一个或两个取代基的甲基酮可用乙酰乙酸酯合成法来合成。

这种方法的优点很明显，优于酮烯醇化物（18-4 节）的直接烷基化，因为所用亲核试剂碱性要低得多（酮的 p$K_a$ 值大约为 20，而对于 3-酮酸酯，p$K_a$ 值大约为 10），避免了双分子消除反应（E2），整个过程是立体选择性的，不会生成酮烷基化反应中经常出现的混合产物。

## 取代甲基酮的合成

### 练习23-12

（**a**）提出从 3-氧代丁酸乙酯（乙酰乙酸乙酯）开始合成下列酮的方法。（i）2-己酮；（ii）2-辛酮；（iii）3-乙基-2-戊酮；（iv）4-苯基-2-丁酮。

（**b**）（−）-鱼藤素（Deguelin）是一种源自植物的天然产物，具有显著的抗癌活性。该分子的全合成策略是首先对下面所列的复杂中间体的关键逆合成进行分析，你是否能看出从 C+D 到 A 的关键正向合成步骤？

(−)-鱼藤素　　　　　　　　　A

**B** ⟹ **C** + **D**

## 丙二酸酯合成法得到羧酸

丙二酸二乙酯（丙二酸酯）是制备 2-烷基和 2,2-二烷基双取代乙酸的原料，该方法称为**丙二酸酯合成法**（malonic ester synthesis method）。

### 丙二酸酯合成法

$$CH_3CH_2OC-CH_2-COCH_2CH_3 \quad \text{---} \quad CH_3CH_2OC-\underset{R'}{\overset{R}{C}}-COCH_2CH_3 \quad \text{---} \quad H-\underset{R'}{\overset{R}{C}}-COOH$$

**2,2-双取代乙酸**

像乙酰乙酸酯合成法制备酮一样，丙二酸酯合成法也能生成在 C-2 位置上带有一个或两个取代基的羧酸。

### 2，2-双烷基乙酸的合成

$$CH_3CH_2OCCH_2COCH_2CH_3 \xrightarrow[\text{2. CH}_3\text{Br, 80°C}]{\text{1. NaOCH}_2\text{CH}_3, \text{CH}_3\text{CH}_2\text{OH}} CH_3CH_2OCCH_2OCCH_2CH_3$$

**丙二酸二乙酯**

$$\xrightarrow{\substack{\text{1. NaOCH}_2\text{CH}_3, \text{CH}_3\text{CH}_2\text{OH} \\ \text{2. CH}_3(\text{CH}_2)_9\text{Br, 80°C} \\ \text{3. KOH, H}_2\text{O, CH}_3\text{CH}_2\text{OH, 80°C} \\ \text{4. H}_2\text{SO}_4, \text{H}_2\text{O, 180°C}}} CH_3(CH_2)_9\overset{CH_3}{\underset{}{C}}HCOOH$$

88%
**2-甲基丙二酸二甲酯**

74%
**2-甲基十二烷酸**

### 练习23-13

（**a**）写出上述从 2-甲基丙二酸酯转化为 2-甲基十二酸合成的前三步中，每步所形成产物的结构；（**b**）怎样用混合 Claisen 缩合一步制备原料 2-甲基丙二酸二乙酯？（**提示**：逆合成分析会得出一种特殊的酯底物作为前体之一，参见练习 20-1。）

类似于乙酰乙酸乙酯的合成，该方法与酯的直接烷基化（20-4 节）比较，优点是亲核试剂的碱性较低（酯的 $pK_a$ 值大约为 25，而丙二酸酯的 $pK_a$ 大约为 13）。除了卤代烷外，负离子也能成功地进攻酰卤、$\alpha$-溴酯、$\alpha$-溴酮和氧杂环丙烷。但是，控制 $S_N2$ 反应的规则和限制仍然适用于烷基化步骤：暴露在 $\beta$-二羰基负离子中的叔卤代烷会产生消除产物。

## 练习23-14

写出下列每题第一个原料用后面的一系列试剂处理生成的最终产物。（**注意**：最后一步条件可任意选择，直接酸催化水解、脱羧或化学计量的碱水解、酸化、脱羧均可。所给的是实验得到的最好收率的条件。）

（**a**）$CH_3CH_2O_2C(CH_2)_5CO_2CH_2CH_3$：$NaOCH_2CH_3$；$CH_3(CH_2)_3I$；NaOH 和 $H^+$，$H_2O$，△。

（**b**）$CH_3CH_2O_2CCH_2CO_2CH_2CH_3$：$NaOCH_2CH_3$；$CH_3I$；KOH 和 $H^+$，$H_2O$，△。

（**c**）$\underset{\underset{CH_3}{|}}{CH_3\overset{\overset{O}{||}}{C}CHCO_2CH_3}$：$NaH, C_6H_6$；$C_6H_5CCl$；$H^+, H_2O$，△。

（**d**）$CH_3\overset{\overset{O}{||}}{C}CH_2CO_2CH_2CH_3$：$NaOCH_2CH_3$；$BrCH_2CO_2CH_2CH_3$；NaOH和$H^+$，$H_2O$，△。

（**e**）$CH_3CH_2CH(CO_2CH_2CH_3)_2$：$NaOCH_2CH_3$；$BrCH_2CO_2CH_2CH_3$ 和 $H^+$，$H_2O$，△。

（**f**）$CH_3\overset{\overset{O}{||}}{C}CH_2CO_2CH_2CH_3$：$NaOCH_2CH_3$；$BrCH_2\overset{\overset{O}{||}}{C}CH_3$和$H^+$，$H_2O$，△。

## 解题练习23-15

**运用概念解题：用β-二羰基化合物合成**

提出从丙二酸二乙酯 $[CH_2(CO_2CH_2CH_3)_2]$ 和 1-溴-5-氯戊烷 $[Br(CH_2)_5Cl]$ 合成环己烷羧酸的路线。

**策略：**

- **W：**有何信息？要求从非环原料制备环状羧酸，因此环化反应是必须考虑的。

- **H：**如何进行？由于给的原料之一是丙二酸二乙酯，需要应用本节所讨论的丙二酸酯的合成内容，画出目标产物和原料的结构。确定产物中关键的键，可能是由丙二酸酯烷基化形成的。我们会看到在第一次烷基化后，成环通过第二次分子内烷基化完成。

- **I：**需用的信息？提醒自己考虑成环的分子内反应，如环醚的生成（9-6节）、分子内Friedel-Crafts烷基化（15-11节）、半缩酮的形成（17-7节）、羟醛缩合（18-7节和18-11节）、酯化反应（19-9节）和Claisen缩合反应（Dieckmann缩合，23-1节）。

- **P：**继续进行。

**解答：**

● 关键的化学键是目标羧酸（箭头所指处）的α-碳所连的键。将产品的结构与原料的结构对齐，以此来理清它们是如何连接的。你应该会想出下面的逆合成分析思路。

环己烷羧酸　　　　1-溴-5-氯戊烷　　　丙二酸二乙酯

• 对这一特定的合成要分析什么？要构建一个环状产物，必须把丙二酸酯的 α-碳连到一个底物分子的两个官能化原子上，在这个例子里是 1-溴-5-氯戊烷。这个化合物的五个碳原子和丙二酸酯的 α-碳结合构成所要的六元环。

• 实际合成的先后顺序可按如下进行。丙二酸酯 α-碳的去质子化，接着在底物 C—Br 键上（较好的离去基团，参见 6-7 节）的 $S_N2$ 取代，得到 5-氯戊烷基丙二酸酯衍生物。接着用另一化学计量比的碱处理除去剩下的 α-氢，生成的烯醇离子分子内取代氯形成环，然后水解和脱羧完成整个合成。

$$H_2C(CO_2CH_2CH_3)_2 \xrightarrow[\text{2. Br(CH}_2)_5\text{Cl}]{\text{1. NaOCH}_2\text{CH}_3,\ \text{CH}_2\text{CH}_3\text{OH}} Cl(CH_2)_5—CH(CO_2CH_2CH_3)_2$$

$$\xrightarrow[\text{CH}_3\text{CH}_2\text{OH}]{\text{NaOCH}_2\text{CH}_3,} \ \underset{CO_2CH_2CH_3}{\overset{CO_2CH_2CH_3}{\bigcirc}} \xrightarrow[\text{2. H}_2\text{SO}_4,\ \text{H}_2\text{O},\ \triangle]{\text{1. NaOH, H}_2\text{O}} \bigcirc—CO_2H$$

### 23-16 自试解题

如何改进练习 23-15 的合成。以制备庚二酸 $[HOOC(CH_2)_5COOH]$（提示：可以用相同的原料。）

## 小　结

　　β-二羰基化合物，如 3-氧代丁酸乙酯（乙酰乙酸酯）和丙二酸二乙酯是精巧构筑更复杂分子的多用途合成砌块。它们特有的酸性使其容易形成相应的负离子，进而用于和种类繁多的底物发生亲核取代反应。它们的水解产物 3-酮酸不稳定，加热时会发生脱羧反应。

# 23-3 β-二羰基负离子化学：Michael加成反应

　　由 β-二羰基化合物和相关类似物（表 23-1）衍生得到的稳定负离子和 α,β-不饱和羰基化合物反应得到 1,4-加成物。这一转化是 **Michael 加成**（18-11 节）的一个例子，在碱催化下发生，并且这个负离子对 α,β-不饱和酮、醛、腈和羧酸衍生物都起作用。所有这些化合物都称为 **Michael 受体**。

**Michael加成反应**

$$(CH_3CH_2O_2C)_2CH_2 \ + \ CH_2=CHCCH_3 \xrightarrow[\text{CH}_3\text{CH}_2\text{OH},\ -10\sim25℃]{\text{催化量的 CH}_3\text{CH}_2\text{O}^-\text{Na}^+,} \underset{71\%}{(CH_3CH_2O_2C)_2CH—CH_2CH_2CCH_3}$$

丙二酸二乙酯　　　　　　　　3-丁烯-2-酮　　　　　　　　2-(3-氧代丁基)丙二酸乙酯
　　　　　　　　　　　　　　（甲基乙烯酮）
　　　　　　　　　　　　　　（Michael 受体）

为什么稳定的负离子对 Michael 受体发生的是 1,4-而不是 1,2-加成？1,2-加成可以发生，但生成一种能量相当高的烷氧基负离子，与相对稳定的负离子亲核试剂是可逆的。共轭加成是热力学有利的，因为产生一种共振稳定的烯醇负离子。

### 练习23-17

用分子式表示上述 Michael 加成过程的详细机理。为什么需要的碱仅是催化量的？

### 练习23-18

给出下列 Michael 加成的产物（括号中是碱）。

（**a**）$CH_3CH_2CH(CO_2CH_2CH_3)_2$ ＋ $CH_2{=}CHCH$（$Na^{+-}OCH_2CH_3$）。（其中为醛基 O）

（**b**）（二酮结构）＋ $CH_2{=}CHC{\equiv}N$（$Na^{+-}OCH_3$）。

（**c**）$H_3C$—（环戊酮结构）$CO_2CH_2CH_3$ ＋ $CH_3CH{=}CHCO_2CH_2CH_3$（$K^{+-}OCH_2CH_3$）。

### 练习23-19

解释下列反应。（**提示**：在第一个 Michael 加成产物中考虑质子转移。）

（二酮结构）＋ $2\,CH_2{=}CHC{\equiv}N$ $\xrightarrow{Na^{+-}OCH_3,\ CH_3OH}$（产物结构）

81%

下面的反应是 3-酮酸酯负离子对 $\alpha,\beta$-不饱和酮进行 Michael 加成的有效合成应用。这个过程最初产生页边所示的二酮，侧链的 $\alpha$-甲基去质子得到一个烯醇化物，其位置正好与环己酮环上的羰基碳反应。这个分子内羟醛缩合形成第二个六元环，回忆一下（18-11 节），这种用 Michael 加成随后羟醛缩合来合成六元环的反应就是 Robinson 环化反应。

（环己酮酯结构）＋ $CH_2{=}CHCCH_3$ $\xrightarrow[\substack{Michael\ 加成接着羟醛缩合\ =\\Robinson\ 环化反应}]{Na^{+-}OCH_2CH_3,\ CH_3CH_2OH}$（产物结构）$CO_2CH_2CH_3$

**解题练习23-20**

**运用概念解题：Robinson环化反应机理**

用分子式写出上述转化的详细机理。

**策略：**

按顺序写出整个过程的每一步反应，以 Michael 反应开始，接着分子内羟醛缩合。复习 18-11 节中关于这一反应的内容。

**解答：**

• 按文中的提示，开始一步步写出 Michael 加成反应：酮羰基和环状 3-酮酸酯的酯羰基之间的 $\alpha$-碳去质子，加成到 $\alpha,\beta$-不饱和酮的 $\beta$-碳上，一分子醇对生成的烯醇化物质子化。

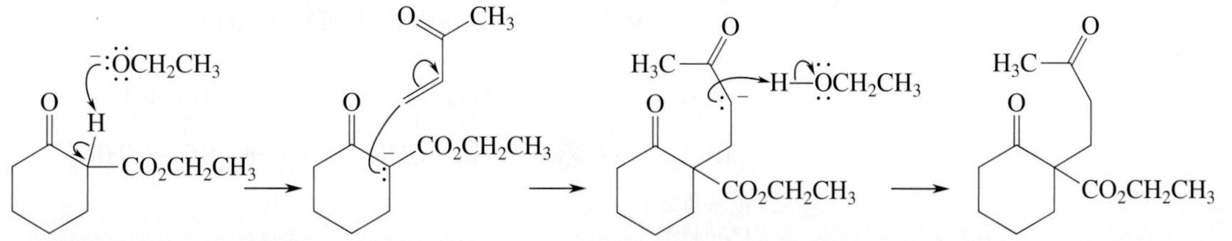

• 接着分子内羟醛缩合：乙氧基负离子使 $\alpha$-甲基去质子得到相应的烯醇化物，后者加成到环的羰基碳上，得到的烷氧基负离子被乙醇质子化。乙氧基负离子通过除去一个 $\alpha$-氢和从 $\beta$-碳中释放出 OH 失去一分子水，完成羟醛缩合并生成最后产物。

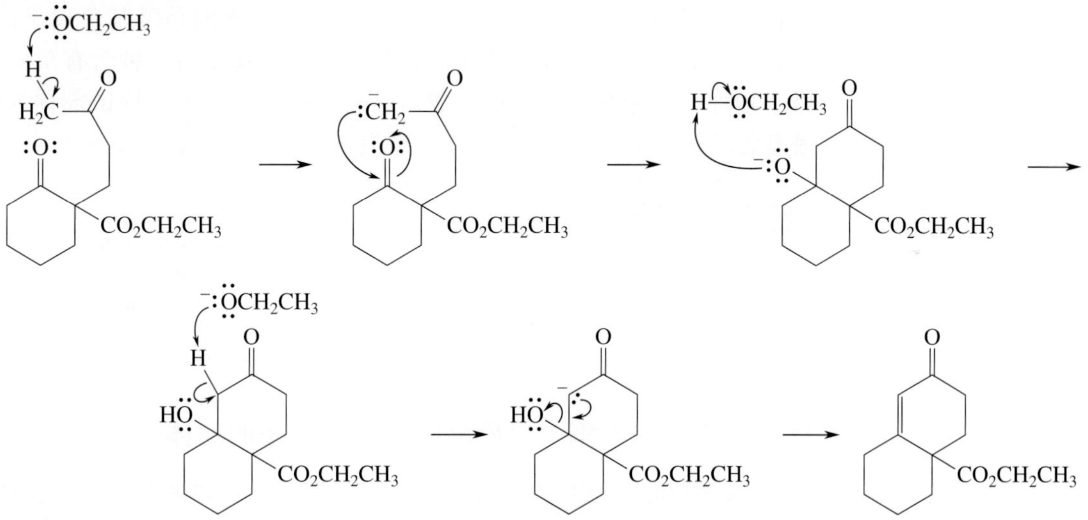

**23-21 自试解题**

说明处理 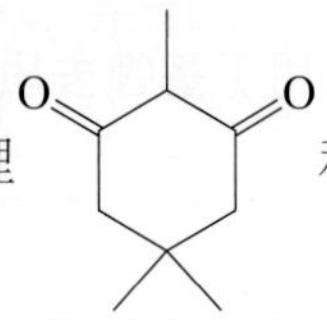 和 3-丁烯-2-酮以及乙醇钠的乙醇混合溶液时发生的 Robinson 环化反应。写出最初的 Michael 加成反应产物。

## 小 结

烯醇负离子像 $\beta$-二羰基负离子与 $\alpha,\beta$-不饱和羰基化合物通常发生 Michael 加成。3- 酮酸酯对烯基酮的加成得到二酮，后者由分子内羟醛缩合反应生成六元环（Robinson 环化反应）。

# 23-4 | 酰基负离子等价体：α-羟基酮的制备

**酰基负离子**

在研究羰基化合物时，我们习惯于把羰基碳原子看作亲电性的，把烯醇或烯醇化物的 α-碳作为亲核性的。这些特征决定了围绕羰基单元构建的官能团的丰富的化学性质。尽管转化羰基化合物的方法有许多，可还是有限的。例如，我们没有办法使两个羰基碳直接连接，因为二者都是亲电性的：它们都不能作为亲核的电子源来进攻另一方。可以想象一下，假设有一种由羰基衍生的亲核基团，如**酰基负离子**（acyl anion）（页边），它就能对醛或酮加成，得到羟基酮，如下：

**α-羟基酮貌似有理但不可行的合成**

$$:\overset{\ddot{O}}{\underset{\parallel}{C}}:^- \quad \overset{\ddot{O}:}{\underset{H\overset{|}{C}R}{}} \longrightarrow RC-CHR \xrightarrow[-HO^-]{HOH} RC-CHR$$

**酰基负离子**
**（无法制备）**

如能产生这样的负离子必将极大扩展羰基化学的多样性，从而很容易得到种类繁多的 1,2-双官能化体系，就像可以很容易地用羟醛缩合和 Claisen 缩合来制备 1,3-双官能团产物一样。不幸的是酰基负离子能量高，不容易制备并用于合成。结果，化学家探索构建了另一种含有负电荷的碳原子物种，它能在发生亲核加成后转变成羰基。这种亲核试剂称为**掩蔽的酰基负离子**（masked acyl anion）或酰基等价体，也就是本节的主题。

## 练习23-22

为什么碱和醛反应不能形成酰基负离子？（**提示**：参见 17-5 节和 18-1 节。）

### 环状二硫缩醛（酮）是掩蔽的酰基负离子的前体

二硫醇和醛或酮反应形成环状二硫缩醛（酮）（17-8 节）。二硫缩醛（酮）两个硫原子中间碳上的氢酸性足够大（$pK_a \approx 31$），可以用合适的强碱（如烷基锂）除去。共轭碱中的负电荷被高度可极化的硫原子诱导所稳定。

**1,3-二硫杂环己烷（一种环状二硫缩醛）用丁基锂去质子化**

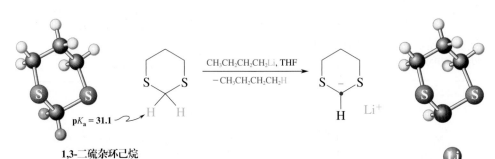

$pK_a = 31.1$

**1,3-二硫杂环己烷**

1,3-二硫杂环己基负离子及其取代衍生物的负离子是亲核性的，对醛或酮加成得到带有一个相邻二硫缩醛（酮）基的醇。下面的例子为由醛形成取代的 1,3-二硫杂环己烷（1,3-二噻烷）开始的系列反应。去质子化得到掩蔽的酰基负离子，它加成到 2-环己烯酮的羰基上得到醇。最后，产物中的二硫缩醛基水解后回到原来的羰基，生成 α-羟基酮。

在这个合成中，起始醛的亲电羰基碳变成亲核原子，即 1,3-二硫杂环己基负离子的 C-2 带负电荷。当这个负离子加成到酮上后，水解二硫缩醛基再生原始的亲电性羰基。这一结果是应用这个碳原子的极化反转来形成碳-碳键。呈现极性反转的试剂大大地增加了化学家设计合成路线时可采用的策略。实际上我们以前已看到过这个策略：卤代烷烃转化成金属有机试剂（格氏试剂）（8-7 节），把碳的极性从亲电的（$^{\delta+}C\!-\!X^{\delta-}$）反转成亲核的（$^{\delta-}C\!-\!M^{\delta+}$）。

尽管这一节只讲述了二硫杂环己基负离子作为掩蔽的酰基负离子来制备 α-羟基酮，但显而易见的是，用其他亲电试剂进行烷基化就能提供一条合成酮的通用方法。值得注意的是，考虑到负离子相对较高的碱性，这一反应可以耐受二级卤代烷和有 β-支链的卤代烷，只要它们具有好的离去基团（Br⁻，I⁻），反应就能在低温下进行（练习 23-24 和解题练习 23-26）。

### 练习23-23

用分子式表示从简单的醛和酮开始，利用 1,3-二硫杂环己基负离子来合成 2-羟基-2,4-二甲基-3-戊酮。

### 噻唑盐催化的醛偶联

掩蔽的酰基负离子是**噻唑盐**（thiazolium salt）催化的醛二聚成 α-羟基酮的活性中间体。噻唑是一种含有硫和氮的芳香杂环化合物（25-4 节），其盐是由噻唑中的氮烷基化而来的，并含有共振稳定的正电荷（页边）。

噻唑

噻唑盐

噻唑盐有一个特性：位于两个杂原子之间（在 C-2 上）的质子是相对酸性的。相应的碳负离子因邻位正电荷的诱导而稳定，这些正电荷由于共振分布在两个杂原子上。电荷中性的卡宾形式（12-9 节）对共振杂化贡献较小。

**噻唑盐是酸性的**

在噻唑盐存在下，醛直接二聚成 α-羟基酮。此反应过程的一个例子是两分子丁醛变成了 5-羟基-4-辛酮。催化剂是 N-十二烷基噻唑溴化物（一种鏻盐），它含有一个长链烷基取代基来改善其在有机溶剂中的溶解性。

**醛的偶联**

反应

$$2\ CH_3CH_2CH_2CH \xrightarrow{N\text{-十二烷基噻唑溴化物, NaOH, }H_2O} CH_3CH_2CH_2C-CHCH_2CH_2CH_3$$

丁醛

5-羟基-4-辛酮

76%

这个反应的机理是从去质子化的噻唑盐的 C-2 位可逆加成到一个醛的羰基上开始的。

**噻唑盐催化醛偶联反应的机理**

**步骤 1.** 噻唑盐的去质子化

**步骤 2.** 催化剂的亲核进攻

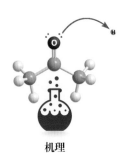

机理

**步骤 3.** 掩蔽的酰基负离子的形成

$pK_a \approx 17 \sim 18$

酰基负离子等价体

**步骤 4.** 对第二个醛的亲核进攻

第一个醛的碳在噻唑盐催化剂和碱反应后对第二个醛的亲核进攻

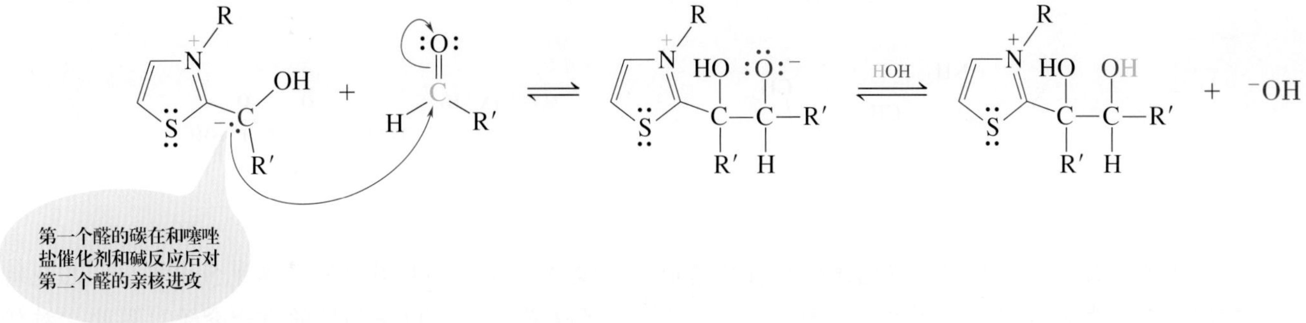

**步骤 5.** 释放出 α-羟基酮

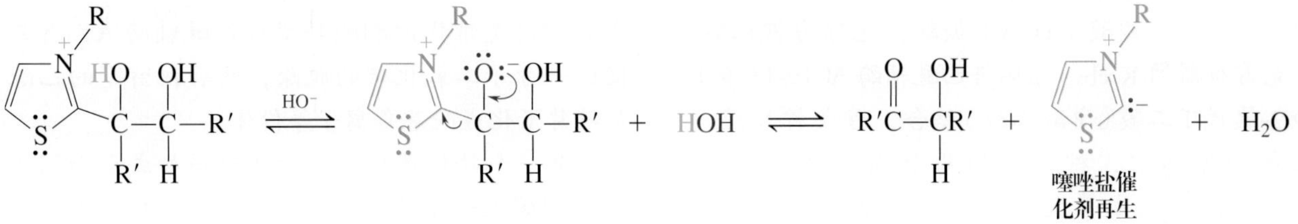

噻唑盐催化剂再生

　　步骤 2 的产物醇中含有作为取代基的噻唑盐单元。这个基团是吸电子的，能增加邻位质子的酸性，去质子化生成非常稳定的掩蔽的酰基负离子。由这个负离子对另一个醛分子亲核进攻，接着失去噻唑取代基，释放出 α-羟基酮。由此释放的噻唑盐部分可引发另一个催化循环。这个过程代表了有机催化的另一个例子，即仅利用有机化合物催化。

　　比较用噻唑盐方法和二硫杂环己基负离子法合成 α-羟基酮是有指导意义的。噻唑盐的一个优势是它只需要催化量的，但缺点是仅局限于合成

$$R-\overset{\overset{\displaystyle O}{\|}}{C}-\overset{\overset{\displaystyle OH}{|}}{C}H-R，$$其中两个 R 基团是相同的。二硫杂环己烷法适用性更广，能用于制备多种取代 α-羟基酮。

## 练习23-24

　　下列哪些化合物能用噻唑离子催化剂来合成？哪些只能通过 1,3-二硫杂环己基负离子才能合成？用式子列出这些物质中至少两个分子的合成，各用一种方法。

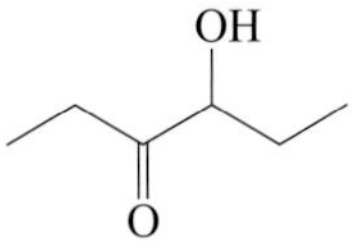

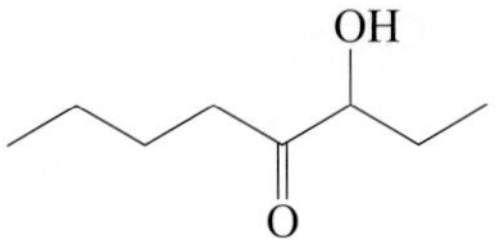

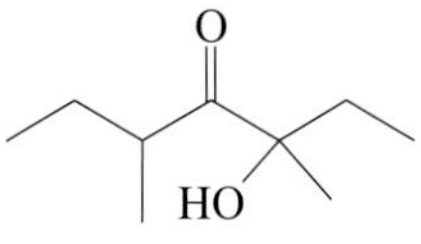

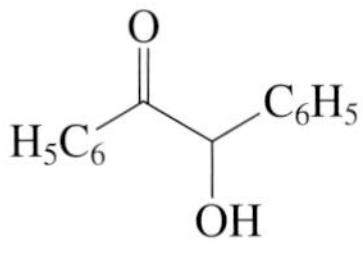

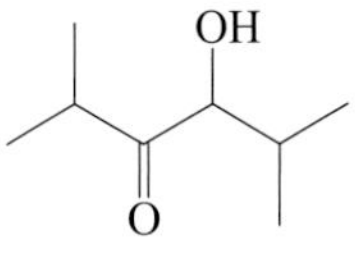

## 真实生活：自然  23-2    硫胺素：一种天然的、有代谢活性的噻唑镓盐

硫胺素 (A = H)
硫胺素焦磷酸酯 (TPP) A =

噻唑镓盐在醛二聚时的催化活性与自然界中硫胺素或维生素 B₁ 的作用有相似之处。硫胺素的焦磷酸酯形式是一些生物转化反应的辅酶❶，包括葡萄糖的降解（第 24 章）。

在生命体系中，高等生物从食物中所获能量的 2/3 来自三羧酸（TCA）循环，也称为柠檬酸或克雷布斯❷（Krebs）循环将乙酰辅酶 A（19-13 节）和 2-氧代丁二酸（草酰乙酸）结合，形成柠檬酸。在每轮循环中，柠檬酸的两个碳被氧化成二氧化碳，再生成草酰乙酸，并在偶合过程生成一分子腺苷三磷酸（ATP），它是细胞的主要能量来源（腺嘌呤核苷结构，参见 26-9 节）。乙酰辅酶 A 是能进入 TCA 循环的唯一分子。因此，对任何来自食物可作为能量来源的化合物，必须首先变成乙酰辅酶 A。

葡萄糖代谢形成丙酮酸（2-氧代丙酸）。硫胺素的作用是催化丙酮酸转变成乙酰辅酶 A，首先促进一分子二氧化碳的脱除，然后把留下的乙酰基碎片活化成酰基负离子等价体。

第一个转化是从硫胺素共轭碱加成至丙酮酸的 α-酮碳上开始的。加成物很容易脱羧，生成二氧化碳和共振稳定的两性离子。这个产物是乙酰基负离子的等价体，参与对硫辛酰胺（Lipoamide）上硫原子的亲核进攻。硫胺素催化剂在完成它的使命后从反应生成的四面体中间体中消除。最后，在类似酯交换的过程中（20-4 节），辅酶 A 的硫醇基取代乙酰羰基碳上的二氢硫辛酰胺（DHLPA）基团，得到乙酰辅酶 A。

在非氧化性（厌氧或缺氧）条件下，例如在剧烈活动时，肌肉中有一个高能 ATP 的形成过程：丙酮酸被酶促还原成 (S)-(+)-2-羟基丙酸（乳酸）。一旦缺氧状况解除，乳酸慢慢扩散到血液中并由酶促催化使其变回丙酮酸，这两者都能从肌肉中

2-氧代丁二酸
（草酰乙酸）    →（乙酰辅酶A，柠檬酸合成酶）    柠檬酸

❶ 酶所需的分子，用于其生物学功能（19-13 节、22-9 节和真实生活 23-1）。
❷ 汉斯・A. 克雷布斯（Hans A. Krebs, 1900—1981 年），英国牛津大学，1953 年获诺贝尔生理学或医学奖。

## 丙酮酸加成物的形成

去质子化的硫
胺素焦磷酸酯
(TPP)    +    丙酮酸    ⇌（H⁺）    加成物

## 脱羧化

$$\text{（结构式）} \rightleftharpoons \left[\text{（共振结构式）} \leftrightarrow \text{（共振结构式）}\right] + CO_2$$

**乙酰基负离子等价体**

## 乙酰基转移和乙酰辅酶A的形成

$$H^+ + \text{（硫辛酰胺结构式）} + \text{（结构式）} \rightleftharpoons \text{（四面体中间体结构式）} \xrightleftharpoons[-TPP]{}$$

**硫辛酰胺**
**(R″ = 连到酶上的酰胺键)**

**四面体中间体**

$$\text{（S-乙酰基二氢硫辛酰胺结构式）} \xrightarrow[-DHLPA]{ACoSH} CH_3\!-\!\overset{\displaystyle O}{\underset{}{C}}\!-\!SCoA$$

**S-乙酰基**
**二氢硫辛酰胺**

清除乳酸。这种减轻缺氧的需要，其实就是运动
时和运动后呼吸加剧的原因。

$$CH_3CCOOH \xrightleftharpoons[]{乳酸脱氢酶} \overset{\displaystyle HO}{\underset{H_3C}{\overset{H}{\underset{}{C}}}}\!-\!COOH$$

**(S)-(+)-2-羟基丙酸**
**(乳酸)**

肌肉的缺氧效应：2012 年伦敦奥林匹克运动会女子
3000 米障碍跑结束后的一幕。

## 小　结

$\alpha$-羟基酮可由掩蔽的酰基负离子对醛和酮加成获得。醛变成相应的 1,3-二硫杂环己烷（1,3-二噻烷）负离子，为极性反转。亲电的碳变成亲核中心，因此能对醛或酮的羰基发生加成。噻唑盐离子催化醛的二聚，同样也是把羰基碳转化成亲核的原子。

## 总　结

本章我们进一步看到了羰基化合物在实验室和在自然界合成中所起的核心作用。Claisen 缩合，即与醛和酮的羟醛缩合类似的酯缩合反应，得到了一种双官能团产物并把我们带回到酸碱化学概念上，包括 $\alpha$-碳的酸性以及 Le Châtelier 原理在驱动反应平衡时所起的作用。酰基负离子等价体的产生说明了应用改性官能团能改变反应特性。因此，我们学到了：

- Claisen缩合以酯的$\alpha$-碳去质子化开始，产生的烯醇离子进攻另一个酯的羰基并失去烷氧基负离子。接着从产生的$\beta$-二羰基衍生物的中心碳上除去质子，用酸处理（23-1节）得到最后的产物。

- Claisen缩合整个平衡的前三步是热力学不利的。但是，当反应进行到步骤3后，$\beta$-二羰基产物中心碳上的氢有较高的酸性，用过量的碱除去氢使整个反应过程得以进行完全（23-1节）。

- 与羟醛缩合反应情况一样，Claisen缩合也可能在两个相同的酯、两个不同的酯（只要一个反应组分不能自身缩合）中实现，分子内缩合得到环酯。后一反应称为Dieckmann缩合（23-1节）。

- 逆合成分析时，Claisen缩合首先是断开中心碳和所连的其中一个羰基之间的键，并加一个烷氧基负离子到该羰基上（23-1）。

- 邻近羰基的诱导和共振效应使$\alpha$-碳上氢的酸性增强，两个羰基影响下的酸性比一个羰基时大得多（23-1和23-2节）。

- $\beta$-酮酸酯和$\beta$-二酯（以及一般的$\beta$-二羰基体系）的负离子在$S_N2$过程和共轭（Michael）加成中都显示亲核性反应。酯水解和随后的脱羧得到酮或羧酸，这取决于所用的原料（23-2节）。

- $\beta$-二羰基试剂的Michael加成到$\alpha,\beta$-不饱和酮，接下来的羟醛缩合得到环己烯酮，称为Robinson环化反应（23-3节）。

- 由醛或酮与1,3-丙硫醇反应衍生而来的环状二硫缩醛（酮）可去质子化得到亲核试剂，作为酰基负离子的等价体。噻唑鎓盐的去质子化得到能用于催化醛偶联的类似物。

第24章进入有机化学课程的最后阶段，其中，我们详细研究了自然界的一些有机分子。更恰当地说，会从含有醇、醛和酮常见官能团的碳水化合物入手。

# 23-5 | 解题练习：综合运用概念

接下来第一个解题练习，是探索 Claisen 缩合形成五元环的变化形式。其次，提出构建两个酮的合成问题，这需要用逆合成分析来确定满意的方案。

### 解题练习23-25　混合Claisen缩合的逐步分析和应用

（a）思考下面所示的过程。虽然它是一个混合 **Claisen** 缩合，但形成单一的产物，分子式为 $C_{11}H_{14}O_6$，收率 **80%**。提出产物的结构和形成它的合理路线。反应中第一个组分是过量的乙二酸二乙酯（草酸二乙酯）。

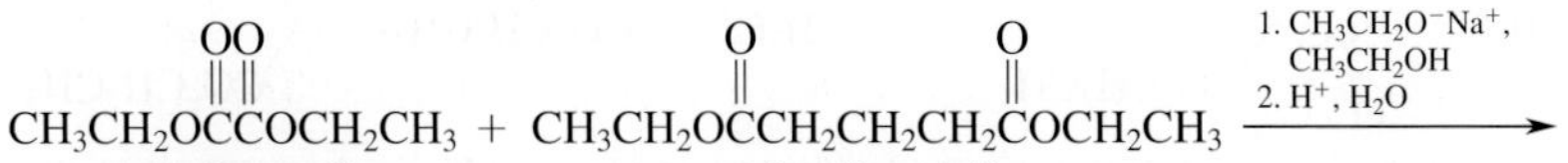

**策略：**

• **W**：有何信息？我们知道这个问题包含混合 Claisen 缩合，给我们了一种底物，草酸二乙酯，它缺少 $\alpha$-氢，因此自身不能发生 Claisen 缩合。随后我们看到产物的分子式等于两个原料的分子式总和（$C_{15}H_{26}O_8$）减去两个分子的乙醇（$C_4H_{12}O_2$）。预期的变化包括两次 Claisen 缩合。

• **H**：如何进行？因为草酸过量，逻辑上可假设第一次缩合是发生在其中的一个酯基和来自戊二酸酯衍生的烯醇离子之间。

• **I**：需用的信息？这一节介绍的 Claisen 机理，为我们提供了一个参考模式。

• **P**：继续进行。

**解答：**

开始第一次缩合，发现生成了一个中间体，分子式为 $C_{13}H_{20}O_7$，说明到目前为止消去一分子乙醇：

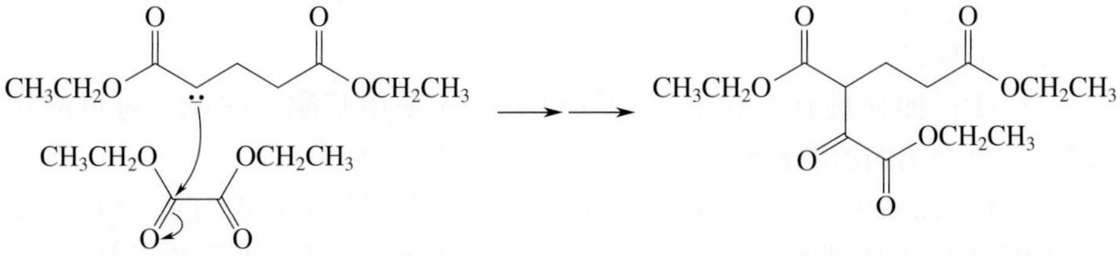

第二次缩合肯定还能发生，但不可能是对另一分子加成，因为目标产物的分子式中没含更多的原子。唯一的选择是这个中间体来自草酸酯部分的酯基和来自戊二酸酯的另一个 $\alpha$-碳之间的分子内 Claisen 缩合。

（b）提出下列化合物的合成路线。

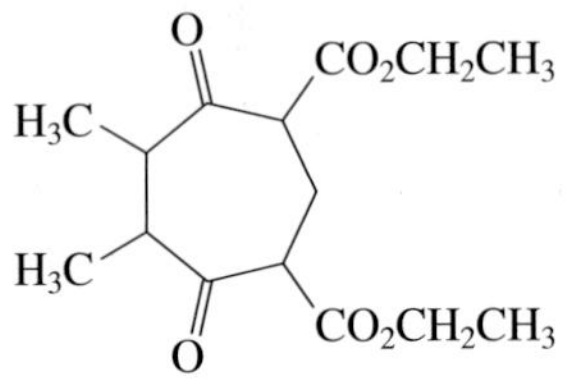

解答：

使用（a）中的方法，我们可在二次 Claisen 缩合成环的前提下用逆合成分析这个目标化合物。

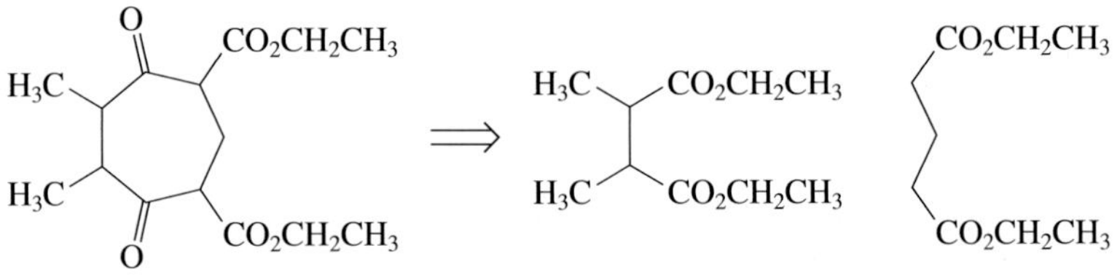

是什么使这一混合 Claisen 缩合变得可能？尽管两个二酯都具有 α-氢，用碱处理时能生成烯醇负离子，但第一个酯（二甲基取代的）的两个分子之间不会成功缩合，因为产物缺少必需的另一个 α-氢，这个氢需被除去才能使平衡向前移动。因此，该二酯可过量使用，并只作为羰基的供体和来自戊二酸酯的烯醇负离子参与反应。酯和过量的乙氧基负离子-乙醇的混合物反应，随后用酸的水溶液处理，就可得到所希望的产物。

## 解题练习23-26　不对称酮的逆合成

用本章介绍的方法，提出（a）和（b）中两个酮的合成路线。本题的基本规则：可以用任何不超过六个碳的有机化合物，并可以使用任何无机试剂。

**a.** 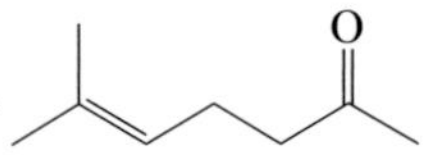 （广泛应用的香精芳樟醇合成过程中的一种中间体，参见第 13 章习题 54）

策略：

• **W**：有何信息？这是一个经典的合成问题，我们的任务是从较小的砌块构建较大的分子。目标分子含有 8 个碳，有双键和羰基官能团，可用多种方法设计多种解决方案，我们鼓励你这样做。但现在要求用本章学过的方法来解答。

• **H**：如何进行？我们注意到目标分子是甲基酮。因此，可以应用 23-2 节所介绍的乙酰乙酸酯合成法制备这种结构。

• **I**：需要的信息？乙酰乙酸酯合成法可得到分子通式为 $RCH_2COCH_3$ 或 $RR'CHCOCH_3$ 的酮，这取决于把原料酯进行一次还是两次烷基化反应。所希望的产物符合第一种情况。

• **P**：继续进行。

解答：

沿着上面路线检查逆合成，发现关键的键（8-8 节）在 R 基团和酮的 C-3α- 碳之间。

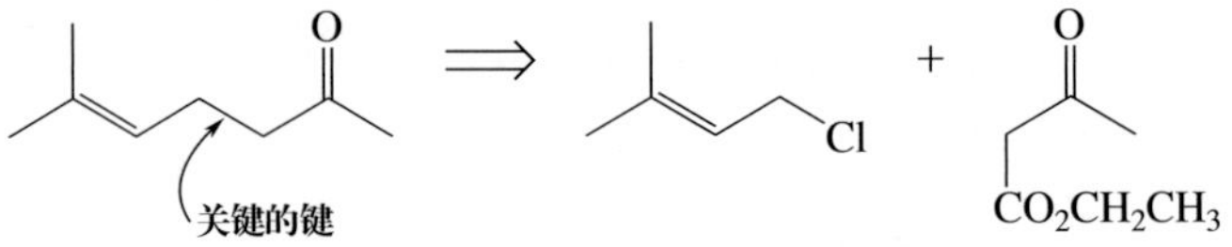

有了大致的策略，来看看它的细节：$\beta$- 酮酸酯的烷基化是必要的，我们知道（18-4 节）烯醇化物的烷基化通常是按 $S_N2$ 机理进行的。所提出的底物适合这一过程吗？我们注意到离去基团（Cl）位于既是伯位又是烯丙基位碳原子上，因此它一定是非常好的 $S_N2$ 底物（6-10 节、7-9 节和 14-3 节）。最后的合成可以用和 1144 页上的 2-庚酮几乎相同的方式进行，只是用烯丙基氯取代了 1-溴丁烷。

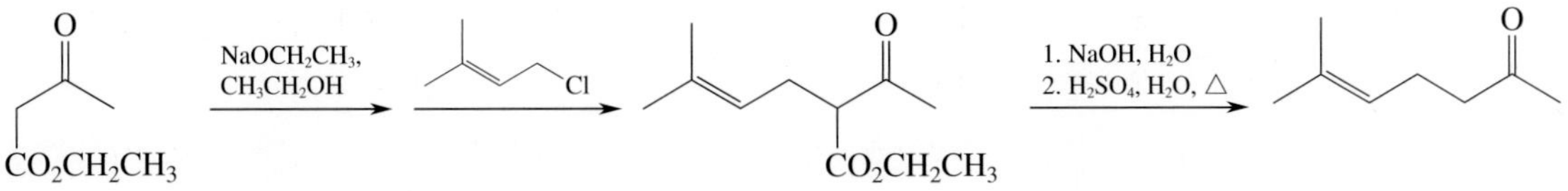

上述方案的特点是原料为六碳和五碳，试试看通过进一步逆合成分析把它们切得更小或从较小的砌块开始设计不同的合成路线。

**b.** 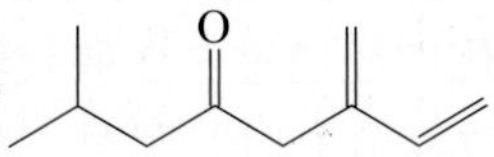   [ 树皮甲虫（*Ips confusus*）性引诱剂合成中的中间体 ]

解答：

我们立刻注意到这个目标分子不是甲基酮，因此不宜采用乙酰乙酸酯合成法。之前制备过一个简单的酮，即把金属有机试剂加成到醛中得到二级醇，接着氧化（8-8 节）。采用这条路线，假设切断的关键键是连到相应醇碳上的键，这就给了两条可能的逆合成分析路线，如下所示。

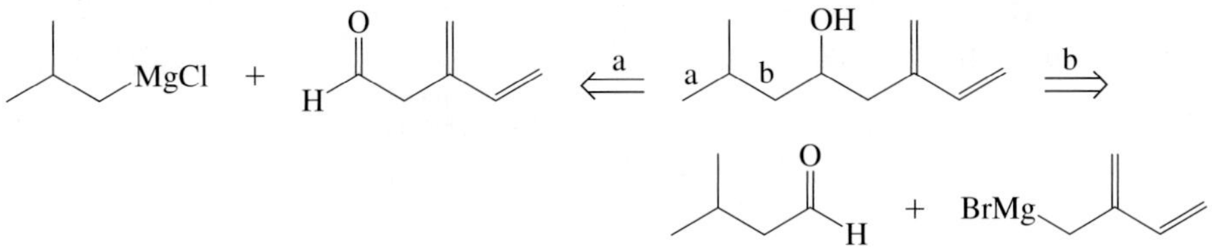

虽然上述分析提供了完美的方案，但本题要求运用本章所学的方法来解题。排除了乙酰乙酸酯合成法后，我们可以选择另一个应用酰基负离子等价体的方法，就像 $\alpha$-羟基酮合成的例子（23-4 节）。简单的醛和酮同样也能用这些等价体来制备吗？回答是肯定的，即可与 RX 简单地烷基化，然后水解。

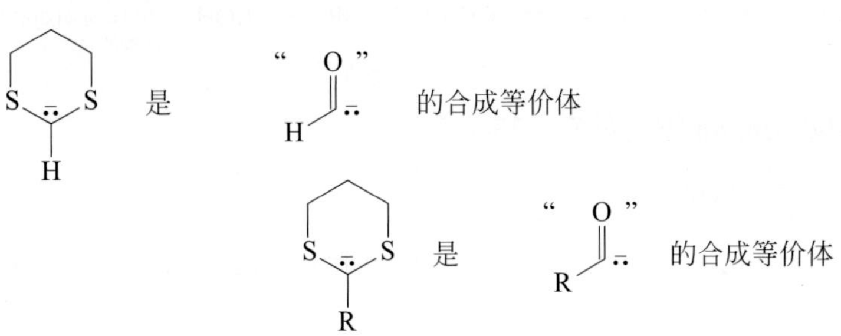

因此，再回到所探讨的问题上来，用逆合成分析，在对应于目标物质的双取代的 1,3-二硫杂环己烷中确定两个可能的切断点。单取代的二噻烷很容易由相应的醛的二硫缩醛化（17-8 节）得到。

在确定最后的方案前，现在必须决定构建哪个键（a 或 b）比较好。有两点需考虑的因素很重要：（1）键形成的难易程度；（2）原料分子的大小、结构和官能团的复杂性。a 键是带有支链的伯卤代烷烃通过 $S_N2$ 取代而形成的，这不是最好的，尤其是用强碱的亲核试剂（7-9 节）时。另外二硫杂环己烷的 $pK_a$ 值在 30 左右。b 键采用的是伯位烯丙基底物，是一种较好的选择。从第二点考虑来看，途径 b 也是略胜一筹：两个大小均匀、带有独立的官能团的片段（五碳单元）。针对此问题的合成方案如下所示。

## 新反应

### $\beta$-二羰基化合物的合成

#### 1. Claisen 缩合反应（23-1 节）

#### 2. Dieckmann 缩合反应（23-1 节）

#### 3. $\beta$- 二酮合成（23-1 节）

分子内：

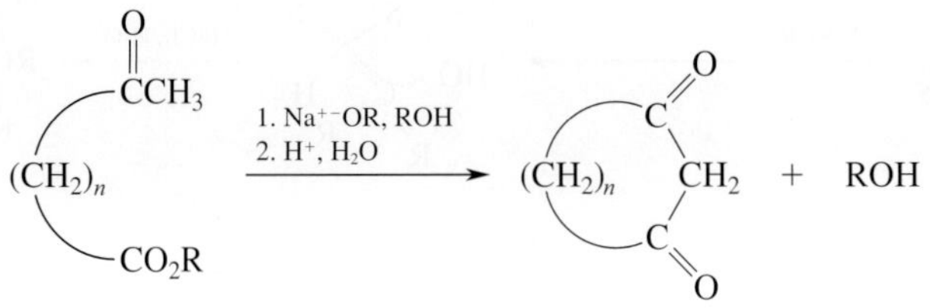

## 3-酮酸酯作为合成砌块

## 4. 烯醇离子的烷基化反应（**23-2** 节）

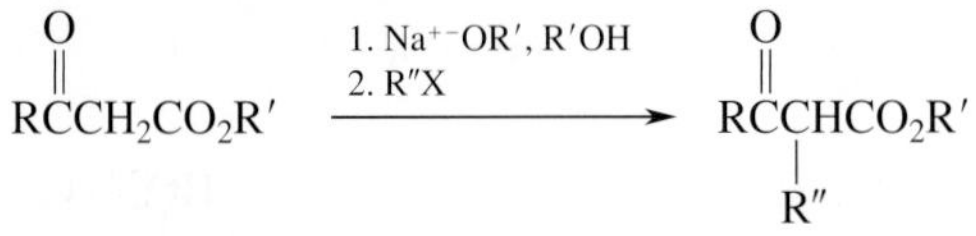

## 5. 3-酮酸脱羧反应（**23-2** 节）

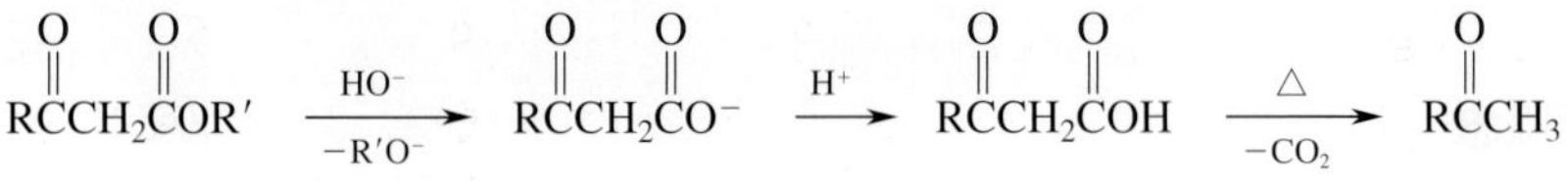

## 6. 乙酰乙酸酯合成法合成甲基酮（**23-2** 节）

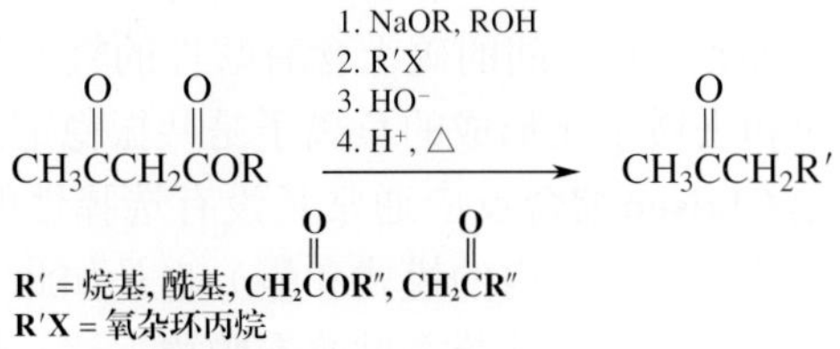

**R′** = 烷基, 酰基, **CH₂COR″, CH₂CR″**
**R′X** = 氧杂环丙烷

## 7. 丙二酸酯合成法合成羧酸（**23-2** 节）

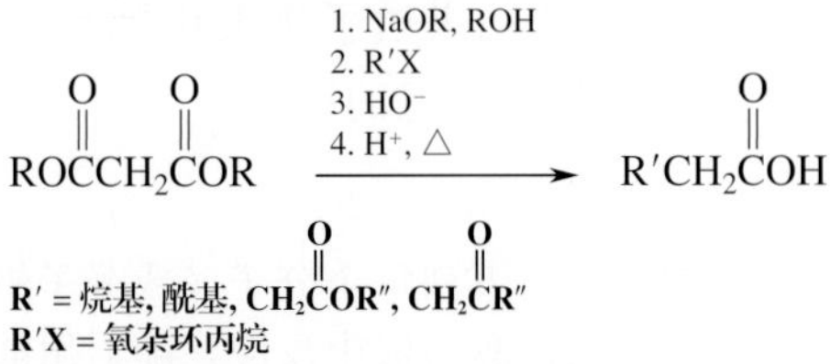

**R′** = 烷基, 酰基, **CH₂COR″, CH₂CR″**
**R′X** = 氧杂环丙烷

## 8. Michael 加成反应（**23-3** 节）

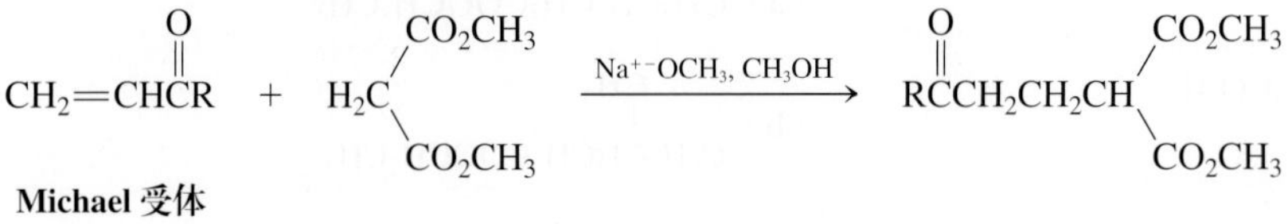

**Michael 受体**

## 酰基负离子等价体

## 9. 1, 3-二硫杂环己烷（**1, 3-** 二噻烷）负离子作为酰基负离子等价体（**23-4** 节）

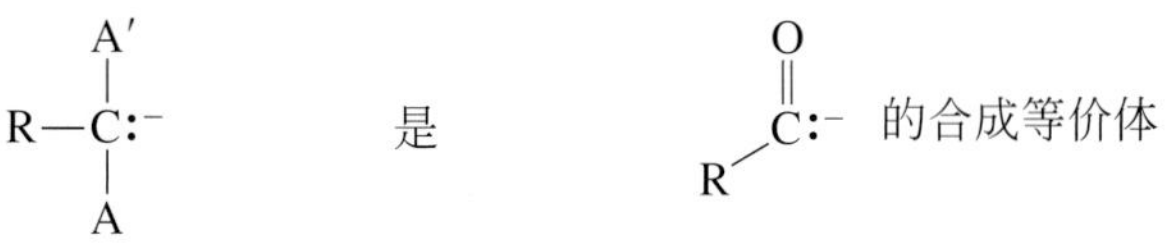

**A** = 吸电子、共轭或极性基团

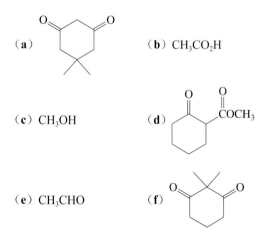

### 10. 噻唑鎓盐用于醛的偶联反应（23-4 节）

**重要概念**

1. **Claisen缩合**反应是在过量碱存在下，由化学计量产生的稳定*β*-二羰基负离子驱动的。

2. ***β*-二羰基化合物**在两个羰基之间的碳上含有酸性的氢，因为两个邻位羰基的吸电子诱导效应和去质子化形成的负离子是共振稳定的。

3. 虽然酯之间的**混合Claisen缩合**反应通常是没有选择性的，但它们对某些底物（不能烯醇化的酯、分子内的模式和酮）也是如此。

4. 3-酮酸不稳定，以协同过程经过芳香过渡态**脱羧**。这一性质，以及3-酮酸酯负离子的亲核反应性，可用来合成取代的酮和酸。

5. 因为**酰基负离子**不能直接由醛的去质子化来获得，必须通过官能团转化成反应活性掩蔽的中间体或化学计量的试剂。

## 习 题

**27.** 按酸性递增的顺序排列下列化合物。

（a）

（b）CH₃CO₂H

（c）CH₃OH  （d）

（e）CH₃CHO  （f）

（g）CH₃O₂CCH₂CO₂CH₃  （h）CH₃O₂CCO₂CH₃

**28.** 写出下列每个分子（或分子组合）与过量乙醇钠在乙醇溶液中反应，随后用酸性水溶液处理的预期产物。

（a）CH₃CH₂CH₂COOCH₂CH₃

（b）
C₆H₅CHCH₂COOCH₂CH₃
     |
     CH₃

（c）
C₆H₅CH₂CHCOOCH₂CH₃
        |
        CH₃

（d）CH₃CH₂OC(CH₂)₄COCH₂CH₃
       ‖            ‖
       O            O

（e）CH₃CH₂OCCH(CH₂)₄COCH₂CH₃
        ‖   |           ‖
        O   CH₃         O

（f）C₆H₅CH₂CO₂CH₂CH₃ + HCO₂CH₂CH₃

（g）$C_6H_5CO_2CH_2CH_3 + CH_3CH_2CH_2CO_2CH_2CH_3$

（h）环丁烷-1,2-二甲酸二乙酯 + $CH_3CH_2OCCH_2CH_2COCH_2CH_3$

（i）邻苯二乙酸乙酯 + $CH_3CH_2OC-COCH_2CH_3$

**29.** 在下列混合Claisen缩合反应中，当一种原料过量存在时，反应进行得最好。两种原料中哪一种应该是过量的？为什么？如果两种反应物用量差不多，会有哪些副反应竞争？

$$CH_3CH_2COCH_3 + (CH_3)_2CHCOCH_3 \xrightarrow{NaOCH_3,\ CH_3OH}$$

$$(CH_3)_2CHCCHCOCH_3$$
$$\quad\quad\quad\quad\ CH_3$$

**30.** 提出用Claisen或Dieckmann缩合反应合成下列每个 β-二羰基化合物的路线。

（a）环戊基-$CH_2CCHCOCH_2CH_3$（带环戊基取代基）

（b）$C_6H_5CCHCOCH_2CH_3$，取代基 $C_6H_5$

（c）$H_3C$ 取代的 2-甲基环己酮-$CO_2CH_2CH_3$

（d）$HCCCH_2COCH_2CH_3$

（e）$C_6H_5CCH_2CC_6H_5$

（f）$CH_3CH_2OCCH_2COCH_2CH_3$

（g）环丙基-$CCH_2CCH_3$

**31.** 由简单的Claisen缩合反应容易制备下面所示的丙二醛吗？为什么能或为什么不能？

$$HCCH_2CH$$
**丙二醛**

**32.** 用乙酰乙酸酯合成法制备下列酮。

（a）（甲基酮结构）

（b）环丁基甲基酮

（c）（带苯甲基和烯丙基的酮）

（d）（带乙基和 $OCH_2CH_3$ 酯基的酮）

**33.** 用丙二酸酯合成法制备下列四种化合物。

（a）（2-苄基己酸，$COOH$）

（b）（2,4-二甲基戊酸，$OH$）

（c）$HO$—丁二酸—$OH$

（d）茚满-2-甲酸，$COOH$

**34.** 用23-3节所述方法以及其他所需反应合成下列化合物。每一种方法的原料都要包含一个醛或酮和一个 β-二羰基化合物。

（a）（2-甲基-2-(3-氧代丁基)环戊烷-1,3-二酮）

（b）环庚酮-$CH(CO_2CH_2CH_3)_2$

（c）（3-(2-氧代丙基)环戊酮）

（d）2-氧代环己基-$CO_2H$

[**提示**: 对(c)和(d)部分需要脱羧]

**35. 挑战题**　碳酸，$H_2CO_3$（$HO-C(=O)-OH$），通常认为它是一种不稳定的化合物，容易分解成一分子水和一分子二氧化碳：$H_2CO_3 \longrightarrow H_2O + CO_2\uparrow$。确实，我们在打开任何一种碳酸饮料时的亲身体验都支持这一显而易见的想法。但是，在2000年发现这种假设不是完全正确的：碳酸实际上是非常稳定的，在完全无水条件下也是可分离的。它的分解是一种脱羧反应，水有强烈催化作用。不

> 碳酸的酸性有多强？通常引用的$pK_a$值大约是6.4。这有误导性，因为它指的是二氧化碳水溶液和碳酸的混合物的平衡酸度，它含的主要都是二氧化碳分子。碳酸的真正酸度要大得多，正如2009年的一项研究所证实的，碳酸的$pK_a$值是3.5，接近甲酸（3.6）。

使用专门的技术要完全排除水分是非常困难的，这也说明了为什么难以得到纯碳酸。

根据23-2节所讨论的3-酮酸脱羧机理，提出水分子在催化碳酸的脱羧化时所起的作用。（**提示**：试把一个水分子和一个碳酸分子写成由氢键稳定的六元环，然后看脱羧时是否有芳香过渡态存在。）

**36.** 根据对习题35的回答，预测水是否会催化下列化合物的脱羧。假如能催化，给出过渡态和最终产物。

（**a**） RO—C(=O)—OH （碳酸单酯）

（**b**） RO—C(=O)—OR （碳酸二酯）

（**c**） H₂N—C(=O)—OH （氨基甲酸）

（**d**） H₂N—C(=O)—OR （氨基甲酸酯）

**37.** 详细写出在乙氧基负离子存在下丙二酸酯对3-丁烯-2-酮的Michael加成机理。指出所有可逆的步骤。反应整体是放热的还是吸热的？说明为什么只需要催化量的碱。

**38.** 写出下面每个反应可能的产物，所有的反应都是在Pd催化剂、金属配体（例如膦）和加热的条件下进行的。（**提示**：参见22-4节有关卤代苯和亲核试剂的Pd催化反应。）

（**a**） C₆H₅—Br ＋ ⁻:CH(CO₂CH₂CH₃)₂

（**b**） O₂N—C₆H₄—Cl ＋ （5,5-二甲基-1,3-环己二酮负离子）

**39.** 根据卤代苯和氢氧离子（22-4节）的Pd催化反应机理写出习题38（a）Pd催化反应的合理机理。

**40.** 应用本章讲述的方法，设计多步反应合成下列每个分子，利用所提供的砌块作为产物中所有碳原子的来源。

（**a**） （3-甲基-2-环己烯酮），从 CH₃CO₂CH₂CH₃ 和 CH₃CCH=CH₂（=O）。

（**b**） （反式八氢萘二酮），从 CH₃I, CH₂(CO₂CH₂CH₃)₂ 和 CH₃CCH=CH₂（=O）。（**提示**：先合成1,3-环己二酮。）

（**c**） （氢化戊搭烯二酮），从 CH₃I, CH₂(CO₂CH₂CH₃)₂ 和 BrCH₂CCH₃（=O）。（**提示**：先合成1,3-环戊二酮。）

**41.** 写出下列醛在催化量N-十二烷基噻唑溴化物作用下的产物。（**a**）(CH₃)₂CHCHO；（**b**）C₆H₅CHO；（**c**）环己基甲醛；（**d**）C₆H₅CH₂CHO。

**42.** 写出下列反应的产物。

（**a**） C₆H₅CHO ＋ HS(CH₂)₃SH $\xrightarrow{BF_3}$

（**b**） （a）的产物＋ CH₃CH₂CH₂CH₂Li $\xrightarrow{THF}$

（**b**）中形成的产物和习题41中的醛反应，随后在HgCl₂存在下水解，结果生成什么？

**43.** （**a**）基于下列数据，确定在搅拌之前的新鲜奶油中发现的未知物A和具有黄油所特有的黄色和黄油味的化合物B。

A: MS：$m/z$（相对丰度）=88（M⁺，弱），45（100），43（80）。

¹H NMR：$\delta$ 1.36（d，$J$ = 7Hz，3H），2.18（s，3H），3.73（br s，1H），4.22（q，$J$ = 7Hz，1H）。

¹³C NMR：$\delta$ 119.5，24.9，73.2，211.1。

IR：$\tilde{\nu}$=1718cm⁻¹ 和3430cm⁻¹。

B: MS：$m/z$（相对丰度）=86（17），43（100）。

¹H NMR：$\delta$ 2.29（s）。

¹³C NMR：$\delta$ 23.3，197.1。

IR：$\tilde{\nu}$=1708cm⁻¹。

（**b**）化合物A转化成化合物B是什么类型的反应？这个反应是否一定发生在新鲜奶油做成黄油的搅拌过程？解释原因。

（**c**）只用含两个碳的化合物为原料，列出化合物A和B的实验室合成方法。

（**d**）化合物A的UV光谱是在271nm有最大吸收，而化合物B的最大吸收是在290nm。〔后者的吸收向可见区（14-11节）红移，这是化合物B呈现黄色的原因。〕请解释最大吸收的差异。

**44.** 用化学方程式说明碱（如乙氧基负离子）和羰基化合物（如乙醛）之间可能发生的所有主要反应步骤。说明为什么在这个体系里羰基碳不发生明显的去质子化。

**45.** 诺卡酮（Nootkatone）是双环酮，是葡萄柚的风味和香气 [除2-(4-甲基-3-环己烯)-2-丙硫醇外，参见9-11节] 的主要原因。诺卡酮也是一种针对蜱虫、蚊子和白蚁的环境友好型驱虫剂。请在下面制备异诺卡酮的部分合成步骤中填入空缺的试剂，每一个转化可能需要不止一步合成。

诺卡酮　　　　　　　　异诺卡酮

**46.** β-二羰基化合物和自身不发生羟醛反应的醛、酮缩合，产物是α,β-不饱和二羰基衍生物，这个过程称为Knoevenagel缩合。

（**a**）写出下面Knoevenagel缩合的机理。

$$ \diagup O + CH_3CCH_2CO_2CH_2CH_3 \xrightarrow[CH_3CH_2OH]{NaOCH_2CH_3} $$

（**b**）写出下面Knoevenagel缩合的产物。

$$ \text{—CHO} + CH_2(CO_2CH_2CH_3)_2 \xrightarrow[CH_3CH_2OH]{NaOCH_2CH_3} $$

（**c**）下面所示的二酯是异诺卡酮合成中使用的二溴化物的原料（习题45）。用Knoevenagel缩合制备这个二酯，依次写出把它转变成习题45中的二溴化物的反应。

**47.** 下列酮不能用乙酰乙酸酯合成法来合成（为什么？）但可用其改良方法来制备。改良方法是用Claisen缩合制备合适的3-酮酸酯 $RCCH_2COCH_2CH_3$，所含R基团将出现在最终产物中。合成下列酮，并且指出必要的3-酮酸酯结构和合成方法。

（**a**）　　　（**b**）

（**c**）　　　（**d**）

（**提示:** 用 Dieckmann缩合。）　（**提示:** 用两次Claisen缩合。）

**48.** 一些最重要的合成砌块都是很简单的分子，虽然环戊酮和环己酮可以很容易购得，但了解一下怎样用简单分子来制备它们也是有益的。下面是这两个酮的逆合成分析（8-8节）。以它们为指南，写出从指定的原料到每个酮的合成。

环戊酮　⟹　⟹　$HCCH_2CH_2CCH_3$　⟹

$BrCH_2CCH_3$　⟹　$CH_3CCH_3$
　　　　　　　　　　＋
$HCCH_2COCH_2CH_3$　⟹　$CH_3COCH_2CH_3$

环己酮　⟹　⟹　$HCCH_2CH_2CH_2CCH_3$　⟹

$CH_2=CHCCH_3$　⟹　$CH_3CCH_3$
　　　　　　　　　　＋
$HCCH_2COCH_2CH_3$　⟹　$CH_3COCH_2CH_3$

**49.** 下面所示的是简短构筑甾族化合物骨架的一个方法（激素雌甾酮全合成的一部分），用分子式表示每步反应的机理。（**提示**：类似于第二步的过程参见第18章习题46）。

$\xrightarrow{\text{KOH, CH}_3\text{OH, }\triangle}$

$\xrightarrow[\text{C}_6\text{H}_6, \triangle]{\text{H}_3\text{C}\text{—}\text{SO}_3\text{H,}}$

**50. 挑战题**　应用23-4节所描述的方法（也就是极性反转），提出合成下列每个分子的简单方法。

（**a**）

（**b**）

（**c**）

**51. 挑战题**　提出酮C的合成方法，它是一些抗肿瘤药物的核心部分。可用醛A、内酯B和其他需要的任何材料来合成。

**A**　　　　**B**　　　　**C**

**团队练习**

**52.** 把团队分成两组，每组用机理分析下列其中一个反应系列（$^{13}$C=碳-13同位素）。

（**a**）
$$^{13}\text{CH}_3\text{CH}_2\text{COCH}_2\text{CH}_3 \xrightarrow[\substack{\text{1. NaH} \\ \text{2. CH}_3\text{CH}_2\text{CH}_2\text{CH}_2\text{Li} \\ \text{3. CH}_3\text{I} \\ \text{4. }^-\text{OH, H}_2\text{O} \\ \text{5. H}^+, \text{H}_2\text{O}, \triangle}]{}$$

$$\text{CH}_3{}^{13}\text{CH}_2\text{CCH}_3$$

（**b**）
$$\text{CH}_3\text{CH}_2\text{COCH}_2\text{CH}_3 \xrightarrow[\substack{\text{1. CH}_3\text{CH}_2\text{O}^-, \text{CH}_3\text{CH}_2\text{OH} \\ \text{2. (CH}_3)_3\text{CCl} \\ \text{3. }^-\text{OH, H}_2\text{O} \\ \text{4. H}^+, \text{H}_2\text{O}, \triangle}]{}$$

$$\text{CH}_3\text{CCH}_3 \quad + \quad \text{H}_2\text{C}=\text{C}\begin{array}{c}\text{CH}_3 \\ \\ \text{CH}_3\end{array}$$

再集体讨论结果，说明（a）产物中$^{13}$C标记的位置和（b）中未能烷基化的原因。

作为一个团体，同样也要讨论下列转化的机理。（**提示**：第一步至少需要3倍量的KNH$_2$）。

$\xrightarrow[\text{2. H}^+, \text{H}_2\text{O (后处理)}]{\text{1. K}^+{}^-\text{NH}_2, \text{液 NH}_3}$

78%

**预科练习**

**53.** 下面四个化合物中有两个酸性比甲醇更强（也就是$K_a$比甲醇的大），是哪两个？

$$\text{CH}_3\text{CH}_2\text{OCH}_2\text{CH}_3 \qquad \text{（THF环）} \qquad \text{CH}_3\text{CCH}_2\text{CHO} \qquad \text{CF}_3\text{CH}_2\text{OH}$$
**A**　　　　**B**　　　　**C**　　　　**D**

（**a**）A和B；（**b**）B和C；（**c**）C和D；（**d**）D和A；

（**e**）D和B。

**54.** 丁酸乙酯和乙醇钠在乙醇中反应得到以下哪种物质？

（**a**）
$$\text{CH}_3\text{CH}_2\text{CH}_2\text{CH}\overset{\text{OH}}{\underset{\underset{\text{CH}_2\text{CH}_3}{|}}{|}}\text{CHCO}_2\text{CH}_2\text{CH}_3$$

（**b**）
$$\text{CH}_3\text{CH}_2\text{CH}_2\overset{\text{O}}{\overset{||}{\text{C}}}\overset{}{\underset{\underset{\text{CH}_2\text{CH}_3}{|}}{\text{C}}}\text{HCO}_2\text{CH}_2\text{CH}_3$$

（**c**）
$$\text{CH}_3\text{CH}_2\text{CH}_2\overset{\text{O}}{\overset{||}{\text{C}}}\text{CH}_2\text{CH}_2\text{CO}_2\text{CH}_2\text{CH}_3$$

（**d**）
$$\text{CH}_3\text{CH}_2\text{CH}_2\text{CH}\overset{\text{OH}}{\underset{|}{|}}\text{CHCO}_2\text{CH}_2\text{CH}_3$$

**55.** 当把酸A加热到230℃时，能逸出二氧化碳和水并形成新的化合物，是哪一个？

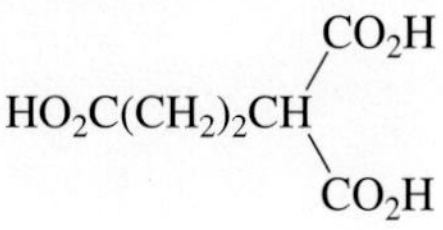

$$HO_2C(CH_2)_2CH \begin{matrix} CO_2H \\ \\ CO_2H \end{matrix}$$

A

（**a**）$HO_2CCH_2CH{=}C\begin{matrix} CO_2H \\ \\ CO_2H \end{matrix}$　　（**b**）$HO_2CCH_2CH_2CH_2CH_3$

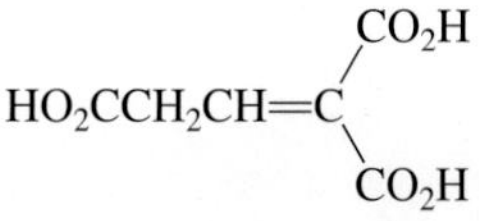

（**c**） 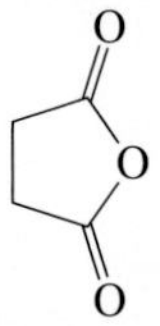　　（**d**）$CH_3CH_2CH(CO_2H)_2$　　（**e**）

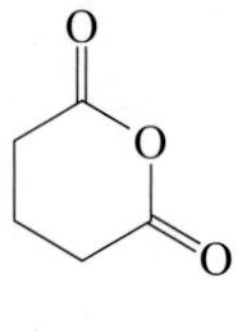

**56.** 一个化合物，熔点为 $-22℃$，质谱在 $m/z = 113$ 有一个基峰，$^1H$ NMR谱显示 $\delta = 1.2\,(t, 3H), 3.5\,(s, 2H)$ 和 $4.2\,(q, 2H)$。IR谱显示重要的谱带在 $\tilde{v} = 3000, 2250, 1750\,cm^{-1}$。它的结构是哪一个？

（**a**）

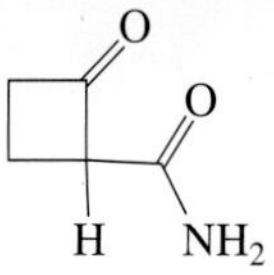

（**b**）

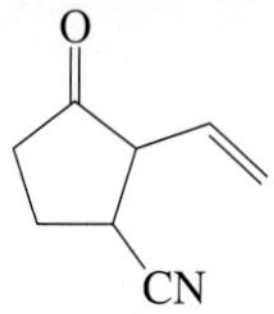

（**c**）

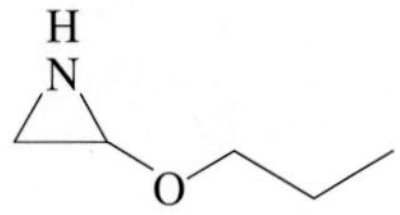

（**d**）

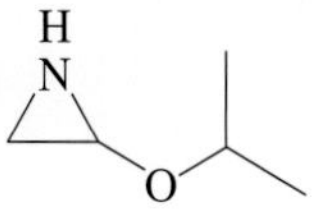

（**e**）$N{\equiv}\ \ \ \ \ \ O$

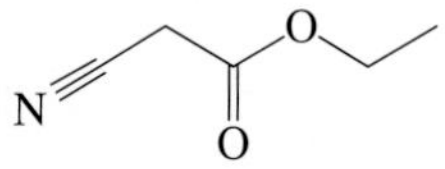

# 24 碳水化合物

## 自然界中的多官能团化合物

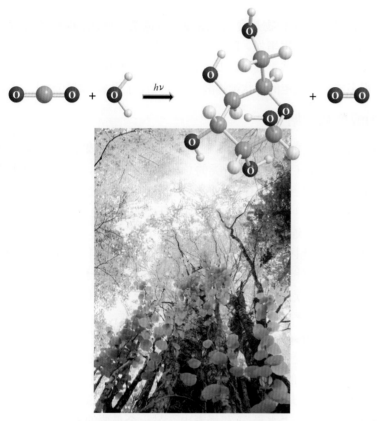

光合作用中，植物把二氧化碳和水变成碳水化合物分子（如葡萄糖）和氧气。光合作用在很大程度上决定了地球大气层中氧气的含量。

将一片面包放到嘴里，几分钟之后会明显感觉到甜味，好像在其中放了糖似的。事实上，在某种程度上，确实发生了这样的事情。唾液里的酸和酶已经把面包中的淀粉分解成它的组成单元：葡萄糖分子。大家都知道，葡萄糖就是右旋糖或者葡萄中的糖。聚合物淀粉和它的单体葡萄糖是碳水化合物的两个例子。

我们最熟悉的碳水化合物，以糖、纤维和淀粉的形式存在（例如面包、米饭和马铃薯），是我们日常的主食。它们通过代谢转化为水、二氧化碳，释放出热能或其他能量，起着储存化学能的作用。这类化合物也赋予了植物、花、蔬菜和树木的结构（纤维素）。它们也是脂肪（19-13 节和 20-5 节）和核酸（26-9 节）的结构单元。碳水化合物是多功能的，因为它们具有多个官能团。葡萄糖，$C_6(H_2O)_6$，以及和它相关的一大类化合物的经验式是 $C_n(H_2O)_n$，本质上可说是水合的碳，因此具有较高的水溶性。

我们先讨论最简单的碳水化合物（糖）的结构和命名，进而再把注意力转向它们的化学性质。它们的化学性质与不同长度碳链上的羰基和羟基官能团有关。24-1 节～24-3 节将讲述它们的性质和化学行为。从 24-4 节开始，将讨论糖的各种制备上有用的反应，推导它们的结构以及把它们转变成其它物质的方法。我们已经介绍碳水化合物生物合成的一个例子（真实生活18-1）。最后，我们将讲述在自然界中发现的一些更复杂的碳水化合物。

# 24-1 | 碳水化合物的命名和结构

最简单的碳水化合物是食糖（sugar）或糖类（saccharide）。随着碳链的增长，立体中心的数目也增加，因而产生了大量的非对映异构体。幸运的是，对于化学家来说，大自然主要只涉及一种可能系列的对映体。糖是多羟基羰基衍生物，很多能形成稳定的环状半缩醛，它又带来了更多的结构和化学多样性。

### 糖分为醛糖和酮糖

碳水化合物是单体（单糖）、二聚体（二糖）、三聚体（三糖）、寡聚体（寡糖）和多聚体（多糖）等糖类的总称（*saccharum*，拉丁文，"糖"）。单糖或简单糖是一种至少含有两个羟基的醛或酮。因此，两个最简单的例子是 2,3-二羟基丙醛（甘油醛）和 1,3-二羟基丙酮（页边）。复杂糖（24-11 节）是由单糖通过氧桥连接而成的糖。

带有醛基官能团的糖归为醛糖（aldose），带有酮基官能团的糖称为酮糖（ketose）。根据链长，可称它们为丙糖（三个碳原子）、丁糖（四个碳原子）、戊糖（五个碳原子）、己糖（六个碳原子）等。因此，2,3-二羟基丙醛（甘油醛）是丙醛糖，而 1,3-二羟基丙酮是丙酮糖。

葡萄糖（glucose）也称为右旋糖、血糖或"葡萄"糖（*glykys*，希腊语，"甜的"），它是五羟基己醛，因此属于己醛糖。它天然存在于许多水果和植物中，在人血液中的浓度为 0.08%～0.1%。其相应的异构体己酮糖是果糖（fructose），果糖是最甜的天然糖（有些合成糖比它更甜），也存在于许多水果（*fructus*，拉丁语，"水果"）和蜂蜜中。另一个重要的天然糖是戊醛糖——核糖（ribose），它是核糖核酸的结构单元（26-9 节）。

**2,3-dihydroxypropanal**
**2,3-二羟基丙醛**
**（甘油醛）**
**（丙醛糖）**

**1,3-dihydroxyacetone**
**1,3-二羟基丙酮**
**（丙酮糖）**

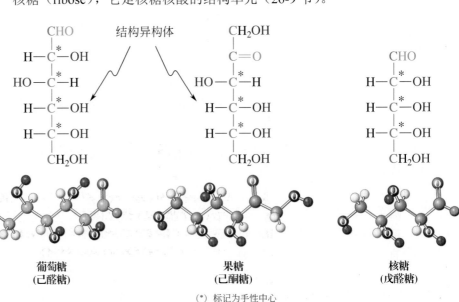

结构异构体

葡萄糖
（己醛糖）

果糖
（己酮糖）

核糖
（戊醛糖）

（*）标记为手性中心

**练习24-1**

下列单糖各属于哪一类糖？

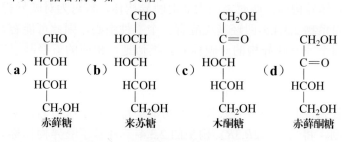

糖尿病患者需要仔细监测血液中的葡萄糖水平，图中所示为简单的血糖仪。

二糖是两个单糖通过形成氧桥（通常是缩醛，17-7节和24-11节）而生成的，水解后又再生为单糖。单糖和二糖之间形成缩醛得到三糖，重复这个过程最后生成一种天然聚合物（多糖）。多糖构成了纤维素和淀粉的骨架（24-12节）。

## 大多数糖是手性的并具有光学活性

除了 1,3-二羟基丙酮这个特例外，到目前为止所提到的糖至少含有一个手性中心。例如，如前一页上的星号所示，葡萄糖有四个手性中心，果糖和核糖各有三个手性中心。最简单的手性糖是 2,3-二羟基丙醛（甘油醛），含有一个不对称碳。如该分子的 Fischer 投影式所示，它的右旋形式是 *R*-对映体，而左旋形式是 *S*-对映体。回想一下，按照惯例，Fischer 投影式中的水平线表示与中心碳原子相连键和原子在纸平面上方（5-4节）。

**2,3-二羟基丙醛（甘油醛）的两个对映体的Fischer投影式**

（图略）

(*R*)-(+)-2,3-二羟基丙醛
[D-(+)-甘油醛]
($[\alpha]_D^{25°C} = +8.7$)

(*S*)-(−)-2,3-二羟基丙醛
[L-(−)-甘油醛]
($[\alpha]_D^{25°C} = −8.7$)

虽然 *R* 和 *S* 命名法则非常适合糖的命名，但一种老的命名系统仍在广泛使用。这套系统是在糖的绝对构型建立之前提出来的，它将所有单糖与 2,3-二羟基丙醛（甘油醛）相关联。代替 *R* 和 *S* 的是用前缀 D 表示甘油醛的（+）-对映体，用 L 表示其（−）-对映体。在这个系统里，其最高编号（即离醛基或酮基最远）的手性中心与 D-(+)-2,3-二羟基丙醛 [D-(+)-甘油醛] 的手性中心具有相同绝对构型的糖被标为 D，而具有相反构型的则被标为 L。在立体化学上只有一个手性中心不同（其他每个都一样）的两个非对映体称为差向异构体（epimer，页边）。

**对映体**

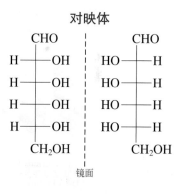

所有的手性中心转换构型
D-阿洛糖 ⥮ L-阿洛糖

**差向异构体**

只有一个手性中心转换构型
D-阿洛糖 ⥮ D-阿卓糖

**D型糖和L型糖的确定**

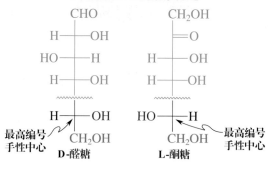

最高编号手性中心
D-醛糖

最高编号手性中心
L-酮糖

D/L 命名法把糖分成两类。随着手性中心数量的增加，立体异构体的数量也在增加。例如，丁醛糖（2,3,4-三羟基丁醛）有两个手性中心，因此可能存在四个立体异构体：两对之间为非对映异构体，每对为对映异构体。下一个更高的同系物 2,3,4,5-四羟基戊醛有三个手性中心，因此可能有八个立体异构体：四个非对映异构的对映体对。类似地，相应的五羟基己醛可写出十六个立体异构体（八个对映体对）。

像许多天然产物一样，这些非对映异构体各有其常用名，这主要是因为这些分子太复杂，其系统命名太长。因此本章将舍弃系统命名法来命名分子的一般规则，将具有（2R,3R）构型的 2,3,4-三羟基丁醛异构体称为赤藓糖（erythrose），称其非对映体为苏阿糖（threose）。请注意，每一个异构体都有两个对映体，一个属于 D 型糖，其镜像则属于 L 型糖。旋光方向与 D 和 L 构型无关（和 R/S 符号的情况相同，（−）不一定对应 S，（+）不一定对应 R，参见 5-3 节）。例如，D-甘油醛是右旋的，但 D-赤藓糖却是左旋的。

**2，3，4-三羟基丁醛的立体异构：
赤藓糖（2个对映体）和苏阿糖（2个对映体）**

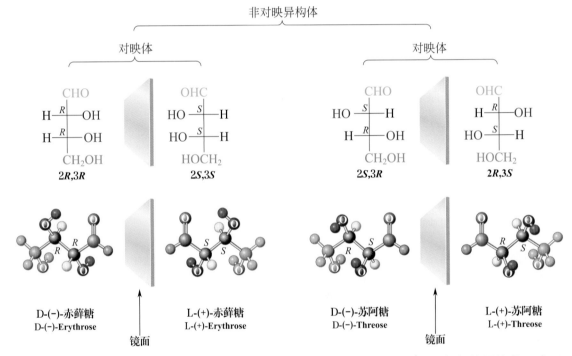

如前所述，戊醛糖有三个手性中心，因此有 $2^3 = 8$ 个立体异构体。在己醛糖中则有 $2^4 = 16$ 个这样的异构体。那么为什么即使 D/L 命名法只能指认一个手性中心的绝对构型，我们还要使用呢？这大概是因为几乎所有天然存在的糖都具有 D 构型。显然，在糖分子结构演化的某个地方，大自然只为链的一端"选择"了单一构型。氨基酸是这种选择性的另一个例子（第 26 章）。

图 24-1 表示 D-醛糖（最高到己醛糖）系列的 Fischer 投影式。为了避免混乱，化学家采用一种标准方法来画这些投影式：碳链按竖直方向延伸，醛末端置于顶部。按照这一惯例，在所有的 D 型糖中，最高编号（在底部）的手性中心上的羟基都指向右边。图 24-2 为酮糖的类似系列。注意在图 24-1 和图 24-2 所示的 22 个手性糖中，超过一半（12 个）是右旋糖，剩下的（10 个）是

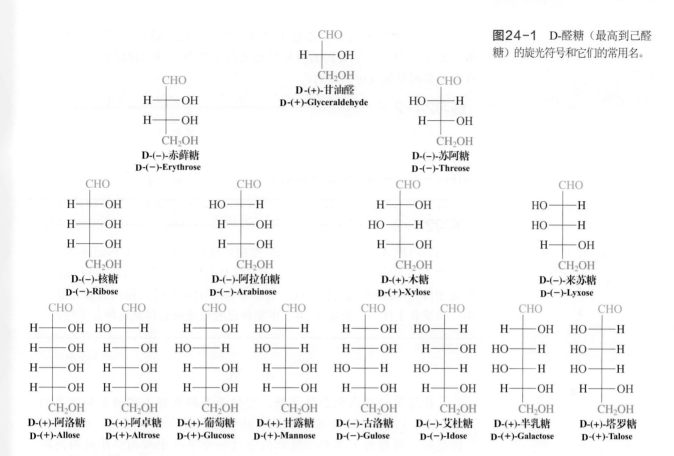

**图24-1** D-醛糖（最高到己醛糖）的旋光符号和它们的常用名。

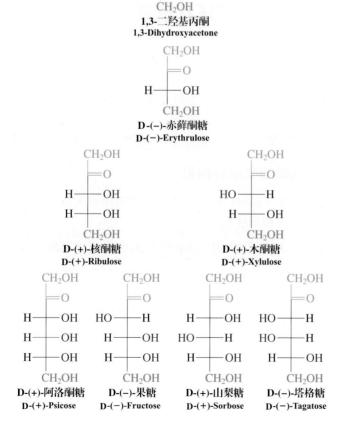

**图24-2** D-酮糖（最高到己酮糖）的旋光符号和它们的常用名。

左旋糖，尽管事实上它们都属于"D"型立体化学系列。正如之前（5-3节）所见，虽然光学旋转的符号显然来自手性分子的三维结构，但其相关性并非显而易见或可预测的。

### 练习24-2

（**a**）给出（i）D-(−)-核糖和（ii）D-(+)-葡萄糖的系统命名。记住指定每个手性中心的 $R$ 和 $S$ 构型。（**b**）葡萄糖和果糖是什么样的异构体：对映体、非对映异构体或结构异构体？

### 练习24-3

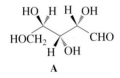

A

（**a**）将糖 A（页边所示）的虚-实楔形线结构重新画成 Fischer 投影式，并在图 24-1 中找出它的常用名。（**b**）将 D-甘露糖（图 24-1）的 Fischer 投影式变成虚-实楔形线结构。（**c**）还原单糖中的羰基得到相应的多元醇，其中一些是非手性的，确定图 24-1 中哪种己醛糖还原后得到这种非手性产物。

---

### 小　结

　　最简单的碳水化合物是糖，它们是多羟基醛（醛糖）和酮（酮糖）。当最高编号的手性中心是 $R$ 构型时，则称为 D 型糖；而当是 $S$ 构型时，则称为 L 型糖。彼此间通过一个手性中心构型反转而关联的糖称为差向异构体。大多数天然存在的糖属于 D 型糖。

---

## 24-2 糖的构象和环状形式

　　糖是具有多个官能团和多个手性中心的分子。这一结构的复杂性产生了多种多样的化学性质。为了使化学家能够专注于参与任何给定转化的糖分子结构，已经提出了几种图示糖分子的方法。在 24-1 节中，我们已经学习了 Fischer 表示法，本节介绍如何在 Fischer 表示法和虚-实楔形线表示法之间进行互相转化。此外，还要介绍这些分子在溶液中存在的环状异构体。

### Fischer投影式描绘全重叠构象

　　回忆一下 5-4 节 Fischer 投影式以全重叠的排列来描绘分子。它可以变换成全重叠的虚-实楔形线图。

**D-（+）-葡萄糖的Fischer投影式和虚-实楔形线结构**

C-3和C-5 的180°旋转

180°旋转后OH 从纸面的前方移到后方

Fischer 投影式　　　　　全重叠构象 虚-实楔形线结构　　　　　全交叉构象 虚-实楔形线结构

从分子模型可以看到，全重叠构象实际上大致呈圆形，如"卷轴"一样（上页中间的图所示）。在后面的全重叠虚-实楔形线结构中，注意原来的 Fischer 投影式中碳链右边的基团现在都朝上（楔形键）。从这个构象异构体中，我们可通过 C-3 和 C-5 的 180°旋转得到全交义构象。

## 糖形成分子内半缩醛

糖是羟基羰基化合物，应该能够形成分子内半缩醛（17-7 节）。事实上，葡萄糖和其他己糖以及戊糖都与它们的环状半缩醛异构体以平衡混合物形式存在，其中半缩醛占绝对优势。原则上，五个羟基中的任何一个都能加成到醛羰基上。但是三、四元环的张力太大，五元环和六元环才是产物，而且六元环通常是主要的。单糖的六元环结构称为吡喃糖，是从六元环醚（9-6 节）吡喃的名字衍生而来的。五元环的糖称为呋喃糖，得名于呋喃（25-3 节）。

**五元和六元环状半缩醛的形成**

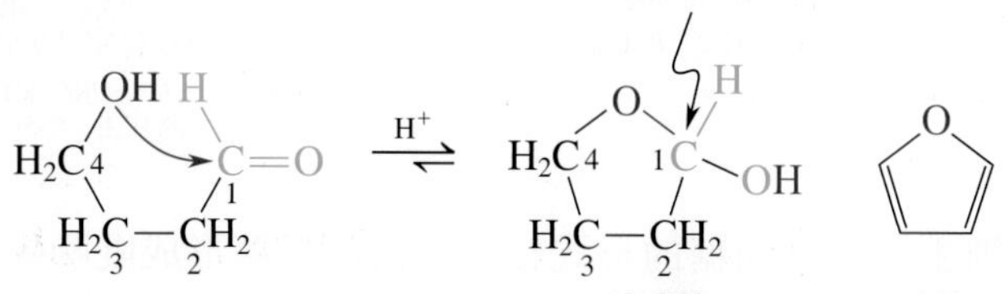

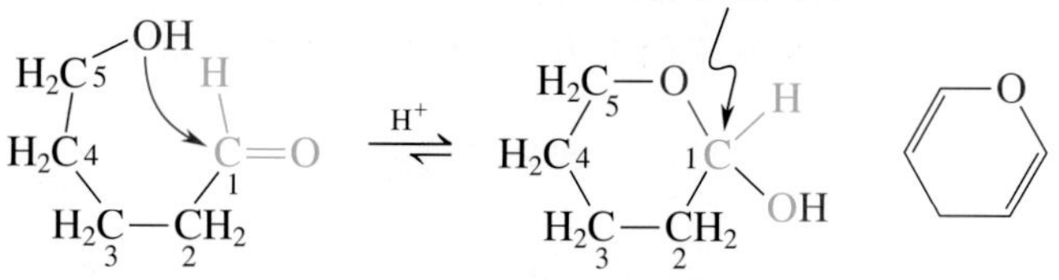

呋喃糖    呋喃

吡喃糖    吡喃

> **记住：**分子内或"环状"半缩醛形成的平衡是有利的，与其分子间的相反。补偿平衡的是相对较有利（或更恰当地说，较少不利）的环化熵（17-7节）。

为了正确画出 D 型糖的环状形式，先画出全重叠构象的虚-实楔形线表达式，然后按下页所示翻转它。旋转 C-5，使它的羟基处在与 C-1 醛基碳加成形成六元环状半缩醛的位置上。同样，旋转 C-4，使它的羟基处在与 C-1 成键的位置，可以形成五元环。得到的图形似乎有点人为的方式：它近似平面，但从透视最底部的环形键（结构中的 C-2 和 C-3 之间）来看却像是在纸面的前面。类似的在环（也就是呋喃糖环上的氧以及 C-5 和吡喃环上的氧）平面的顶部的键和原子看来像是在纸平面的下方。正如我们将要看到的，这种画法的改进版通常用于描绘糖的环状形式。

## 练习24-4

（**a**）画出 D-赤藓糖和 D-核糖的呋喃糖型。（**b**）画出 L-(−)- 葡萄糖的 Fischer 投影式，说明把它转换成相应的吡喃糖的过程。

## 葡萄糖中环状半缩醛的形成

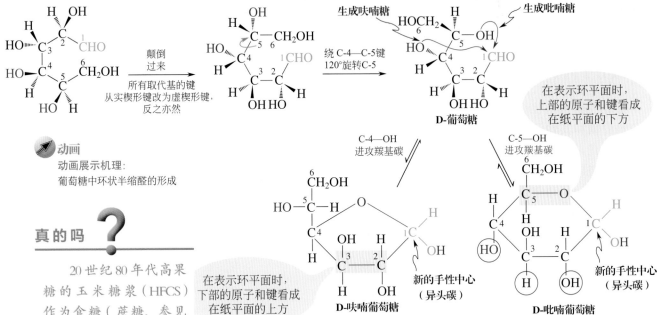

颠倒过来
所有取代基的键从实楔形键改为虚楔形键，反之亦然

绕 C-4—C-5键120°旋转C-5

生成呋喃糖　　生成吡喃糖

D-葡萄糖

在表示环平面时，上部的原子和键看成在纸平面的下方

C-4—OH
进攻羰基碳

C-5—OH
进攻羰基碳

在表示环平面时，下部的原子和键看成在纸平面的上方

新的手性中心
（异头碳）

D-呋喃葡萄糖
（稳定性较差，0.4%）

新的手性中心
（异头碳）

D-吡喃葡萄糖
（较稳定，99.6%）

(Fischer 投影式中后边的基团在环状半缩醛构型中为向下的基团，C-5因发生旋转除外)

动画
动画展示机理：
葡萄糖中环状半缩醛的形成

与葡萄糖主要以吡喃糖的形式存在不同，果糖形成吡喃果糖和呋喃果糖，二者以 68∶32 的混合物快速平衡。注意下面表示吡喃型平面环的透视图的常规解释：C-3 和 C-4 是在纸平面的上方，C-6 和环上的氧在纸平面的下方，C-2 和 C-5 在纸面上。相应地在呋喃糖异构体中，C-3 和 C-4 又在纸平面的上方，环上的氧在纸平面下方，C-2 和 C-5 在纸面上。

## 果糖中环状半缩醛的形成

D-果糖

C-5—OH
进攻C-2羰基

C-6—OH
进攻C-2羰基

纸平面的下方

纸平面的上方

新的手性中心
（异头碳）

新的手性中心
（异头碳）

32%
D-呋喃果糖
（呋喃糖=五元环糖）

68%
D-吡喃果糖
（吡喃糖=六元环糖）

注意，环化后，羰基碳变成一个新的手性中心。结果，半缩醛的形成产生了两个新化合物，它们是在半缩醛碳上构型不同的两个非对映异构体（差向异构体）。如果在 D-型糖中该构型是 $S$，则该糖被标为 $\alpha$；而当该构型是 $R$ 时，则该糖被标为 $\beta$。因此，例如，D-葡萄糖可以形成 $\alpha$- 或 $\beta$- 吡喃葡萄糖以及 $\alpha$- 或 $\beta$- 呋喃葡萄糖。因为这种类型的非对映异构体形成是糖类所特有的，所以这些异构体被赋予单独的名称：端基异构体（anomers）。这个新的立体中心称为异头碳（anomeric carbon）。

### 解题练习24-5

**运用概念解题：糖的立体异构体之间的关系**

端基异构体 $\alpha$- 和 $\beta$- 吡喃葡萄糖应等量形成，因为它们是对映体，对吗？解释你的答案。

**策略：**

- **W：** 有何信息？比较环状吡喃型葡萄糖的两种立体异构体。
- **H：** 如何进行？画出两个结构并确定它们的区别所在。检查显示在异头中心存在立体化学区别：构型 $S$ 是 $\alpha$ 型，构型 $R$ 是 $\beta$ 型。
- **I：** 需用的信息？在回答端基异构体这个问题之前，要肯定你正确理解了对映体和非对映异构体（第5章，图5-1），以及与这些立体异构关系相关的分子有怎么样的物理性质。
- **P：** 继续进行。

**解答：**

错！端基异构体的差别只是在端基异头碳（C-1）的构型上。因此，它们是一种差向异构体。$\alpha$- 吡喃葡萄糖其余的手性中心（C-2～C-5）与 $\beta$- 吡喃葡萄糖的构型都是相同的。因此，端基异构体是非对映异构体（不是对映体），不会等量形成。对映体相互之间每个手性中心的构型都是不一样的。

### 24-6 自试解题

$\alpha$-L- 吡喃葡萄糖与 $\alpha$-D- 吡喃葡萄糖有何关系？$\alpha$-L- 吡喃葡萄糖中异头碳的构型是 $R$ 还是 $S$？对 $\beta$-L- 吡喃葡萄糖和 $\beta$-D- 吡喃葡萄糖，情况如何？

## Fischer、Haworth 和椅式环己烷投影式表示环形糖

如何来表示环形糖的立体化学？一个方法是使用 Fischer 投影式。只需要用延长线来表示环化时所形成的键，保留原有结构式的基本"格式"。注意不要将矩形的三个新顶点与碳原子混淆。

**改进的吡喃葡萄糖的Fischer投影式**

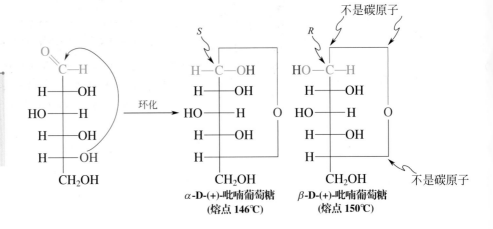

在 $\alpha$-D- 型糖的 Fischer 投影式中，异头碳的 OH 指向右边。在 $\beta$-D- 型糖的 Fischer 投影式中，异头碳的 OH 指向左边。

哈沃斯 ❶（Haworth）投影式更精确地表示了糖分子真实的三维结构。环形醚用线画成五边形或六边形，异头碳（在 D 型糖中）放在右边，醚氧放在顶部。在环的上方或下方的取代基连到垂直线上。关于 Haworth 投影式和三维结构的关系，可认为将底部的键（即 C-2 和 C-3 之间的键）看成是在纸平面的前方，把带有氧的环键看成在纸平面的后方。

**Haworth投影式**

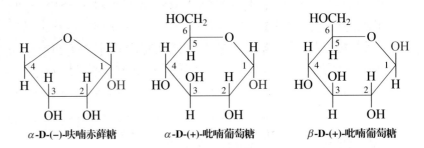

Fischer 投影式中指向右边的基团在 Haworth 投影式中则朝下。

在环形糖中，异头碳很容易识别：它连接两个氧。在 Haworth 投影式中，$\alpha$-端基异构体异头碳上的 OH 基（结构式中的红色字母）朝下，而 $\beta$-端基异构体的 OH 则朝上。

### 练习24-7

画出（**a**）$\alpha$-D- 呋喃果糖；（**b**）$\beta$-D- 呋喃葡萄糖和（**c**）$\beta$-D- 吡喃阿拉伯糖的 Haworth 投影式。

文献中广泛使用 Haworth 投影式，但是在这里，为了利用构象知识（4-3 节和 4-4 节），糖的环形将主要呈现为信封式（对于呋喃糖）或椅式（对于吡喃糖）构象（图 4-4 和图 4-5）。如在 Haworth 表示法中一样，在 D 型糖里，通常把环上的氧放在右顶部，把异头碳放在信封或椅子的右顶点。

❶ 沃尔特·诺曼·哈沃斯（Sir W. Norman Haworth，1883—1950 年），英国，伯明翰大学，1937 年诺贝尔化学奖获得者。

**呋喃葡萄糖和吡喃葡萄糖的构象图**

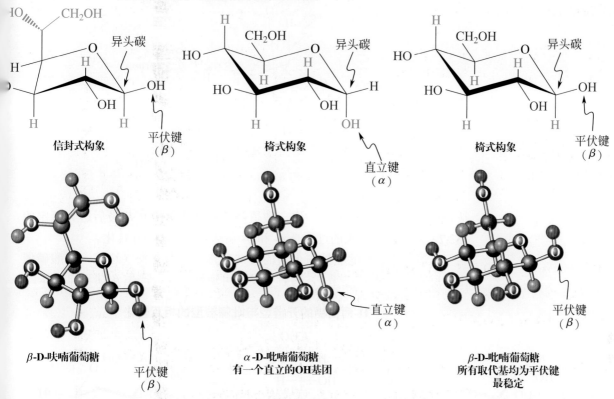

信封式构象　　　　　　椅式构象　　　　　　椅式构象

β-D-呋喃葡萄糖　　　　α-D-吡喃葡萄糖　　　　β-D-吡喃葡萄糖
　　　　　　　　　　　有一个直立的OH基团　　所有取代基均为平伏键
　　　　　　　　　　　　　　　　　　　　　　最稳定

虽然有一些特例，但大多数己醛糖采取椅式构象，其中 C-5 末端庞大的甲基取平伏键位置。对于葡萄糖而言，这种选择意味着在 α 构型中，五取代基中有四个可以处于平伏键、一个被迫处于直立键位置；而在 β 构型，所有的取代基都可以处于平伏的位置。这种情况是 β-D-吡喃葡萄糖特有，其他所有七个 D-己醛糖（图 24-1）则含有一个或多个直立的取代基。

## 练习24-8

（**a**）分别画出（ⅰ）α-D-呋喃阿拉伯糖；（ⅱ）α-D-吡喃甘露糖；（ⅲ）β-D-吡喃半乳糖等化合物的信封式或椅式构象。（**b**）使用表 4-3 中的数值估算一个 β-D-吡喃葡萄糖全平伏构象和通过环翻转形成的构象之间的自由能差（假设 $\Delta G_{CH_2OH}^{\ominus} = \Delta G_{CH_3}^{\ominus} = 1.7 \text{kcal} \cdot \text{mol}^{-1}$，环上的氧按 $CH_2$ 基团考虑）。

## 小　结

己糖和戊糖可以采取五元或六元环状的半缩醛形式。这些结构通过开链的多羟基醛或酮快速地相互转化，平衡通常朝有利于六元（吡喃糖）环形成的方向。

## 24-3　单糖的端基异构体：葡萄糖的变旋作用

室温下葡萄糖从浓溶液中沉淀，得到熔点为 146℃ 的结晶。X 射线衍射结构分析表明，结晶为 α-D-(+)- 吡喃葡萄糖端基异构体（图 24-3）。当把结晶的 α-D-(+)- 吡喃葡萄糖溶解在水中并立即测定比旋光度时，得到的数值

图24-3 α-D-(+)-吡喃葡萄糖的结构及所选部分键长和键角。

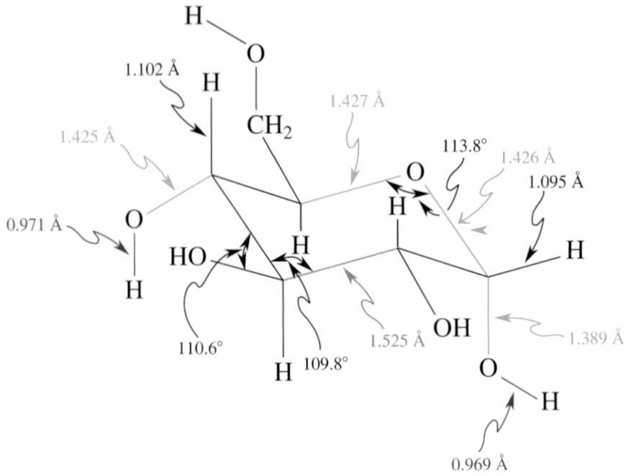

是 $[\alpha]_D^{25} = +112$。奇怪的是，这一数值随着时间慢慢变小，最后达到恒定的 +52.7。产生这一结果的过程是 α- 和 β- 端基异构体的相互转化。

在溶液中，α-吡喃糖与少量的开链醛迅速建立平衡（这是一个酸碱催化的反应，参见 17-7 节），后者又发生可逆性闭环，产生 β-端基异构体。

**D-葡萄糖的开链型与吡喃糖型的相互转化**

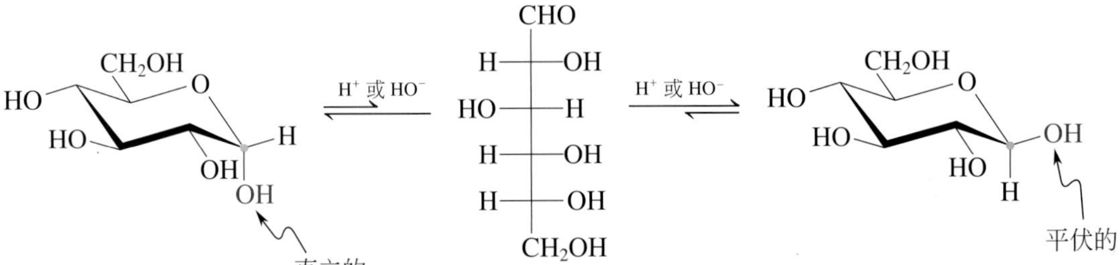

| 36.4% | 0.003% | 63.6% |
|---|---|---|
| α-D-(+)-吡喃葡萄糖 | 开链型醛 | β-D-(+)-吡喃葡萄糖 |
| ($[\alpha]_D^{25} = +112$) | | ($[\alpha]_D^{25} = +18.7$) |

**葡萄糖的核磁共振（NMR）光谱**

用 $^1$H NMR 很容易测量葡萄糖在水中的组成。仅含有一个取代氧的 C-2～C-6 的五个 H 在 δ=3～4 处显示为重叠多重峰，并且难以辨析。但是，特殊的异头氢因其碳连有两个氧而出现在低场（表10-3），α-端基异构体的 δ=5.13（d，J=3 Hz），β-端基异构体的 δ=4.55（d，J=8 Hz），两者比例大约为 1：2。

β 型的比旋光度（+18.7）比其端基异构体的低得多。因此，在溶液中观察到的 α 值减小。同样，纯 β-端基异构体（熔点为 150℃，可将葡萄糖在乙酸中结晶得到）溶液的比旋光度逐渐从 +18.7 增加到 +52.7。在这一点达到了最终的平衡，α-端基异构体的占比是 36.4%，β-端基异构体占比为 63.6%。当糖与其端基异构体达到平衡时所观察到的旋光变化称为**变旋**（mutarotation，来自拉丁语 mutare，意为"变化"）。α- 和 β-端基异构体的互相转化是糖的通性。所有能以环状半缩醛存在的单糖都如此。

## 练习24-9

在酸性条件下变旋的另一种机理是绕开醛中间体，并通过氧鎓离子进行。试把它表示出来。

### 解题练习24-10

**运用概念解题：计算非对映异构糖混合物的比旋光度**

从纯的端基异构体的比旋光度（已在正文中给出）计算 α-和 β-吡喃葡萄糖平衡时的比率并观察变旋平衡时的比旋光度。

> 思路：
>
> - **W**：有何信息？很明显，平衡混合物的比旋光度一定是每个组分所提供的旋光度的某种平均值。在这里，它是两种异构体按各自的摩尔分数的加权平均值。
>
> - **H**：如何进行？设 $\alpha$ 型的摩尔分数为 $X_\alpha$，$\beta$ 型的摩尔分数为 $X_\beta$，注意根据摩尔分数的定义，$X_\alpha + X_\beta = 1$。
>
> - **I**：需用的信息？所给的 $\alpha$ 型的比旋光度是 +112，$\beta$ 型是 +18.7，平衡混合物是 +52.7，所需要的每个条件都有了。
>
> - **P**：继续进行。
>
> 解答：
>
> - 可写出等式
>
> $$+52.7 = (+112)X_\alpha + (+18.7)X_\beta$$
>
> - 从摩尔分数定义，我们可把 $X_\beta = 1 - X_\alpha$ 代入上面等式解出 $X_\alpha$ 的值，再从 $X_\alpha = 1 - X_\beta$ 解出 $X_\beta$ 的值。
>
> - 结果为 $X_\alpha = 0.364$，和 $X_\beta = 0.636$。因此，平衡时的比率 $X_\alpha / X_\beta = 0.636 \div 0.364 = 1.75$。

### 24-11 自试解题

D-半乳糖纯 $\alpha$ 型和纯 $\beta$ 型的比旋光度分别为 +150.7 和 +52.8。在水中变旋后的平衡混合物的比旋光度为 +80.2。试计算其平衡混合物的组成。

### 练习24-12

使用表 4-3，估计 $\alpha$- 和 $\beta$-吡喃葡萄糖在室温（25℃）下的能量差，然后计算其平衡百分数。

> **小　结**
>
> 半缩醛碳（异头碳）有两种构型：$\alpha$ 和 $\beta$。在溶液中，糖的 $\alpha$ 型和 $\beta$ 型相互处于平衡状态。从纯的端基异构体溶液开始并观察其旋光度的变化，可测出平衡状态，这一现象也称为变旋（或变旋作用）。

## 24-4 | 糖多官能团的化学：氧化成羧酸

单糖以异构体形式存在：开链结构和各种环状结构的 $\alpha$- 和 $\beta$-端基异构体。因为所有这些结构都能快速地平衡，所以它们各自与各种试剂反应的相对速率决定了特定转化的产物差异。我们可以把糖的反应分成两组：直链形式的反应和环状形式的反应，因为这两种结构含有不同的官能团。虽然两种形式有时会竞争反应，在本节中我们将看到，醛糖与氧化剂的反应发生在开链的醛基上，而不是发生在环状异构体的半缩醛官能团上。

## Fehling 和 Tollens 试验检测还原糖

因为糖是多官能团化合物，开链单糖的每个官能团都能发生其典型的反应。例如，醛糖含有可氧化的甲酰基，因此对标准的氧化试验，如与斐林（Fehling）或土伦（Tollens）溶液接触（17-14 节）能发生反应。酮糖中的 $\alpha$-羟基取代基也同样会被氧化。

**醛糖和酮糖的 Fehling 和 Tollens 试验结果**

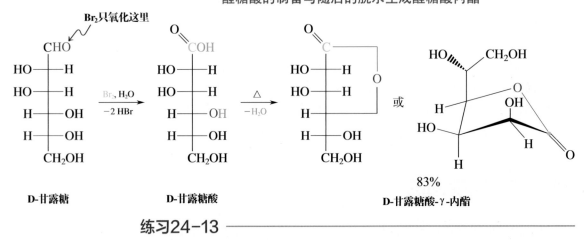

在这些反应中，醛糖被转化为**醛糖酸**（aldonic acid），酮糖则被转化为 $\alpha$-二羰基化合物。对这些试验显示正性反应的糖称为**还原糖**（reducing sugar），所有普通的单糖都是还原糖。

## 醛糖氧化能生成单羧酸或二羧酸

醛糖酸可用溴在缓冲溶液（pH=5～6）中，以制备规模氧化醛糖来制得。例如，用这种方法从 D-甘露糖生产 D-甘露糖酸。接着从醛糖酸的水溶液中蒸发溶剂时，会自发地生成 $\gamma$-内酯（20-4 节）。

**醛糖酸的制备与随后的脱水生成醛糖酸内酯**

83%

### 练习 24-13

如果 D-甘露糖的氧化发生在吡喃糖环的半缩醛羟基上而不是如上文所示的发生在开链异构体的羰基上，产物会是什么？

将醛糖更剧烈一些氧化会导致伯羟基和甲酰基受到进攻，生成的二羧酸称为**糖二酸**（aldaric acid）或**葡糖二酸**（saccharic acid）。这一氧化可用温的稀硝酸水溶液来实现（19-6 节）。例如，在此条件下，D-甘露糖被转化为 D-甘露糖二酸（D-mannaric acid）。

**糖二酸的制备**

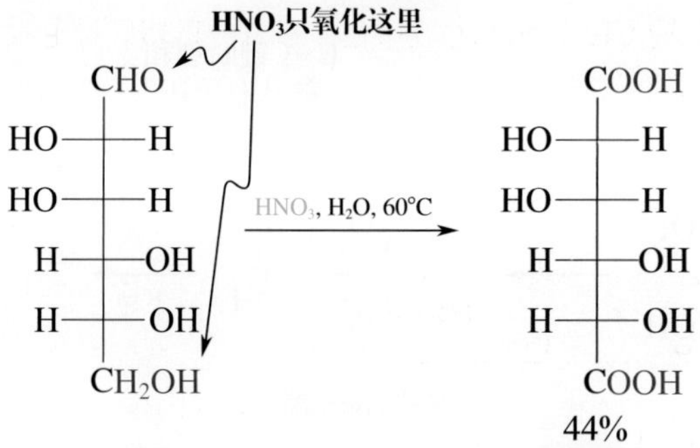

**HNO₃只氧化这里**

D-甘露糖 $\xrightarrow{\text{HNO}_3,\ \text{H}_2\text{O},\ 60\,^\circ\text{C}}$ D-甘露糖二酸　44%

前面合成的醛糖酸和糖二酸直接来自相应的醛糖，值得注意的是，它们在未保护的仲羟基取代基存在下发生。这种选择性源于醛官能团氧化时（经由相应的水合物）固有的较高反应性和伯醇比仲醇较小的空间位阻。要实现内部羟基的选择性转化（保留剩余的羟羧基骨架原封不动），需要更复杂的保护基策略。在 24-8 节中会介绍这样的方法。

### 练习24-14

D-阿洛糖和 D-葡萄糖（图 24-1）仅 C-3 的构型不同。如果你手头上有这两个样品，但是不知道哪个是哪个，若有旋光仪和硝酸可用，如何来区分它们？（**提示**：写出氧化产物。）能用 ¹³C NMR 来回答这个问题吗？

## 小　结

糖的化学主要是由含有几个羟基取代基的羰基化合物的化学来预测的。醛糖的甲酰基用溴（Br₂）氧化得到醛糖酸；更剧烈的氧化（用 HNO₃）可把糖转化为糖二酸。

## 24-5 | 糖的氧化断裂

迄今所讨论的糖的氧化方法都是保留了其基本骨架不动。能导致 C—C 键断裂的试剂是高碘酸（HIO₄）水溶液。HIO₄ 氧化降解邻二醇生成羰基化合物和碘酸（HIO₃）。

**用高碘酸氧化断裂邻二醇**

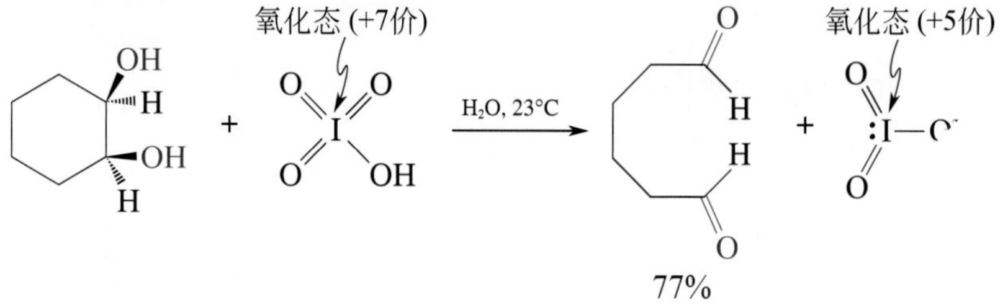

氧化态 (+7价)　　　　　　　　　氧化态 (+5价)

顺-1,2-环己二醇　高碘酸 $\xrightarrow{\text{H}_2\text{O},\ 23\,^\circ\text{C}}$ 己二醛　77%

这一转化的机理是通过二醇加成到酸的氧化基团中进行的，就像形成半缩醛一样，得到环状**高碘酸酯**（periodate ester），其随后裂解，产生两个羰基。

### 高碘酸断裂邻二醇的机理

羟基加到碘氧双键上

C—C键断裂和碘从七价还原成五价

机理　　　　　　　　　　　　　环状高碘酸酯

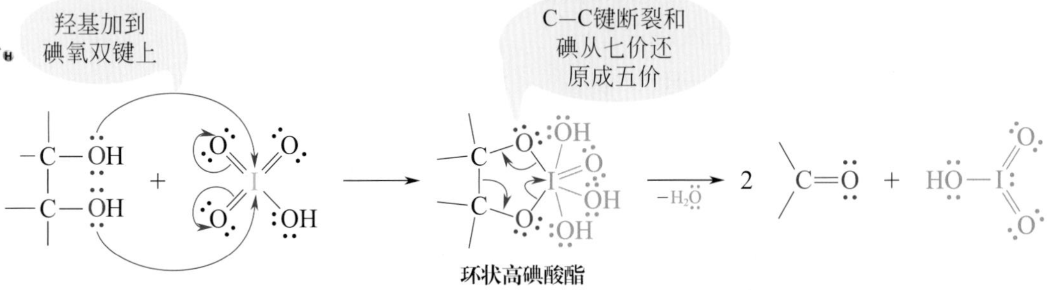

由于大多数糖都含有几对邻二醇，并且醛糖和酮糖中的羰基与它们的水合物（17-6 节）处于平衡状态，因此，用高碘酸氧化会生成复杂的混合物。氧化剂足量会使糖链完全降解为一碳化合物，这种方法曾经用来推导糖的结构。例如，用 3 分子的高碘酸（1 分子断裂 1 分子 C—C 键）处理 1 分子 D-甘油醛，结果生成 2 分子的甲酸和 1 分子的甲醛（下面方框内）。

### D-甘油醛的氧化降解

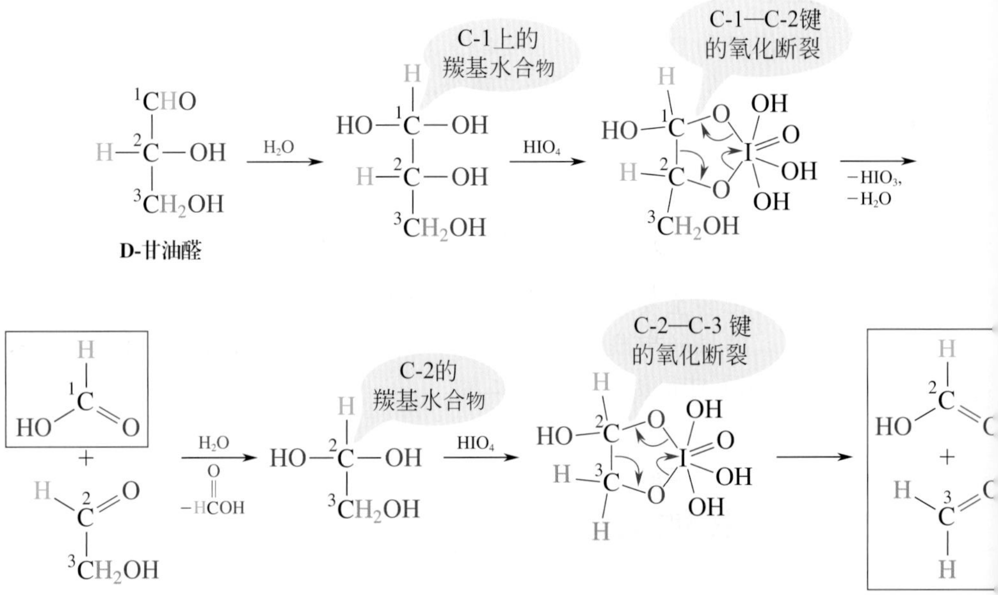

D-甘油醛

C-1上的羰基水合物

C-1—C-2键的氧化断裂

C-2的羰基水合物

C-2—C-3 键的氧化断裂

类似地，在相同的条件下，1 分子 1,3-二羟基丙酮产生 2 分子甲醛和 1 分子二氧化碳。

### 1, 3-二羟基丙酮的氧化降解

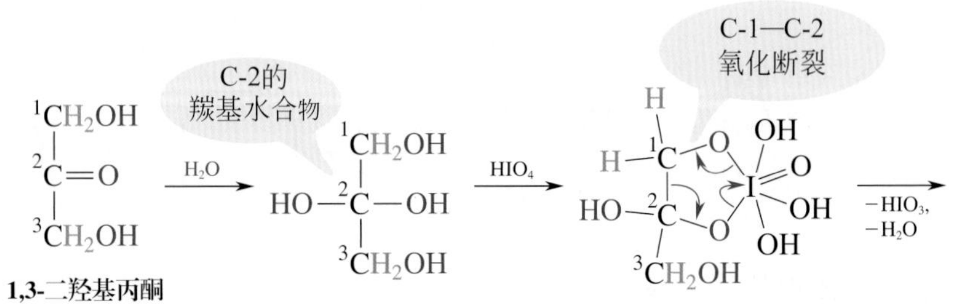

1,3-二羟基丙酮

C-2的羰基水合物

C-1—C-2 氧化断裂

C-2—C-3
氧化断裂

$$H\underset{H}{\overset{1}{C}}=O \;+\; O=\overset{2}{C}{-}OH \;\overset{H_2O}{\underset{-H_2C=O}{\longrightarrow}}\; O=\overset{2}{C}{-}OH \;\overset{HIO_4}{\longrightarrow}\; \cdots \;\longrightarrow\; O=\overset{2}{C}=O \;+\; \underset{H}{\overset{3}{C}}=O$$

通常，对于醛糖和酮糖：（1）糖的每个 C—C 键断裂消耗 1 分子高碘酸（$HIO_4$），（2）每个醛和仲醇单元生成 1 分子甲酸，（3）伯羟基生成甲醛，（4）酮糖的羰基生成 $CO_2$。值得注意的是，高碘酸降解后，每个碳片段都保留了它在原有糖结构中具有的氢原子。确定结构时，根据消耗的高碘酸的量很容易推断糖分子的大小，并且产物比例可揭示羟基和羰基官能团的数量和排列方式。

**糖的高碘酸降解**

$$\text{D-葡萄糖} \;\overset{5\,HIO_4}{\longrightarrow}\; 5\,\underset{\text{来自C-1~C-5}}{HCOH} \;+\; \underset{\text{来自C-6}}{HCH}$$

$$\text{D-果糖} \;\overset{5\,HIO_4}{\longrightarrow}\; 3\,\underset{\text{来自C-3~C-5}}{HCOH} \;+\; 2\,\underset{\text{来自C-1和C-6}}{HCH} \;+\; \underset{\text{来自C-2}}{CO_2}$$

## 练习24-15

用 $HIO_4$ 水溶液处理以下化合物，写出预期的产物（和它们的比例）。
（**a**）1,2-乙二醇；（**b**）1,2-丙二醇；（**c**）1,2,3-丙三醇；（**d**）1,3-丙二醇；（**e**）2,4-二羟基-3,3-二甲基环丁酮；（**f**）D-苏糖；（**g**）D-核酮糖。

## 练习24-16

用 $HIO_4$ 水溶液降解能够区别下列糖吗？请解释。（结构参见图 24-1 和图 24-2。）（**a**）D-阿拉伯糖和 D-葡萄糖；（**b**）D-赤藓糖和 D-赤藓酮糖；（**c**）D-葡萄糖和 D-甘露糖。

---

### 小　结

用高碘酸氧化断裂可将糖降解为甲酸、甲醛和 $CO_2$，产物比例取决于糖的结构。

## 24-6　单糖还原为糖醇

醛糖和酮糖能被将醛和酮还原为醇的同类还原剂还原，所生成的多羟基化合物称为**糖醇**（alditol）。例如，用硼氢化钠处理时，D-葡萄糖生成 D-

红海藻中含有相当大量的 D-葡萄糖醇。

葡萄糖醇（旧名 D-山梨糖醇）。氢化物还原剂捕获了少量存在的开链糖，使平衡从无反应性的环状半缩醛经由醛向产物移动（Le Châtelier 原理）。

**糖醇的制备**

D-葡萄糖　⇌　$\xrightarrow{\text{NabH}_4,\ CH_3OH}$　D-葡萄糖醇 (D-山梨糖醇)

自然界中有许多糖醇。D-葡萄糖醇存在于红海藻中，浓度高达 14%，也存在于许多浆果（但葡萄中不存在）、樱桃、李子、梨和苹果中。市售产品都是由葡萄糖经高压氢化或电化学还原制备的。葡萄糖醇广泛用作甜味剂，如薄荷糖止咳糖、漱口水和口香糖，通常用其别名山梨糖醇来标出。葡萄糖醇的热量含量与葡萄糖相似。但是，口腔中引起龋齿的细菌代谢葡萄糖醇比代谢葡萄糖的能力更差。

### 练习24-17

（**a**）用 NabH$_4$ 还原 D-核糖得到没有光学活性的产物。解释之。
（**b**）同样还原 D-果糖得到两种光学活性的产物。解释之。
（**c**）同样还原 D-阿卓糖和 D-塔罗糖得到同样的分子。解释之。

---

### 小　结

还原（用 NabH$_4$）醛糖和酮糖的羰基得到糖醇。

## 24-7 ｜ 羰基和胺衍生物缩合

正如所料，醛糖和酮糖中的羰基能与胺衍生物发生缩合反应（17-9 节）。例如，用苯肼处理 D-甘露糖生成相应的腙（hydrazone），D-甘露糖苯腙。令人奇怪的是，反应不是停留在这一阶段，而是能继续与苯肼（额外 2 个分子）反应，最终产物是双苯腙，也称为脎（osazone）（在此为苯脎）。此外还产生各 1 分子的苯胺、氨和水。

**苯腙和苯脎的形成**

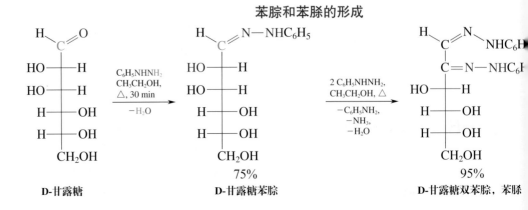

D-甘露糖　$\xrightarrow[-H_2O]{\substack{C_6H_5NHNH_2 \\ CH_3CH_2OH, \\ \triangle,\ 30\ min}}$　D-甘露糖苯腙 (75%)　$\xrightarrow[\substack{-C_6H_5NH_2 \\ -NH_3 \\ -H_2O}]{\substack{2\ C_6H_5NHNH_2 \\ CH_3CH_2OH,\ \triangle}}$　D-甘露糖双苯腙，苯脎 (95%)

脎的合成机理复杂，在此不讨论。表面上，C-2 由 1 分子苯肼氧化，接着苯肼又通过 N—N 键断裂（详细了解请看习题 46）而被还原。脎一旦形成就不再继续与过剩的苯肼反应，因为它们通常是从溶液中沉淀出来，所以在该反应条件下是稳定的。

历史上，成脎反应的发现标志着糖化学在实践方面的一个重要进展。众所周知，单糖很难从糖浆中结晶。但是，它们的脎很容易形成黄色的、熔距很窄的结晶。因此简化了许多糖的分离和鉴定，特别是当糖以混合物存在或者纯度不高的时候。

### 练习 24-18

比较 D-葡萄糖、D-甘露糖和 D-果糖的苯脎的结构。你能看出它们以何种方式相关吗？

## 小　结

1 分子苯肼将 1 分子糖转化为相应的苯腙。额外的苯肼可使与腙基相邻的碳中心氧化，最后生成脎。

# 24-8 | 酯和醚的形成：糖苷

因为有多个羟基，糖能转化为醇的衍生物。本节探讨单糖的简单酯和醚的形成，还涉及环状异构体中异头碳羟基上的选择性反应。

### 糖能被酯化和甲基化

用标准方法（19-9 节，20-2 节和 20-3 节）可从单糖制备酯。过量的试剂可将所有羟基完全转化，包括半缩醛官能团。例如，乙酸酐将 $\beta$-D-吡喃葡萄糖转化为其五乙酸酯。

**葡萄糖的完全酯化**

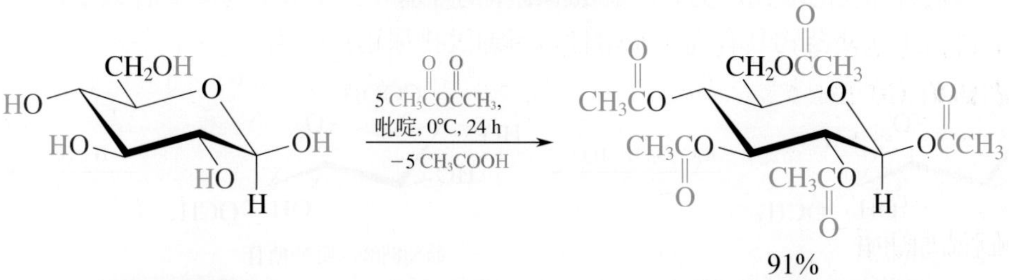

$\beta$-D-吡喃葡萄糖　　$\beta$-D-吡喃葡萄糖五乙酸酯

Williamson 醚合成法（9-6 节）能使糖完全甲基化。

**吡喃糖的完全甲基化**

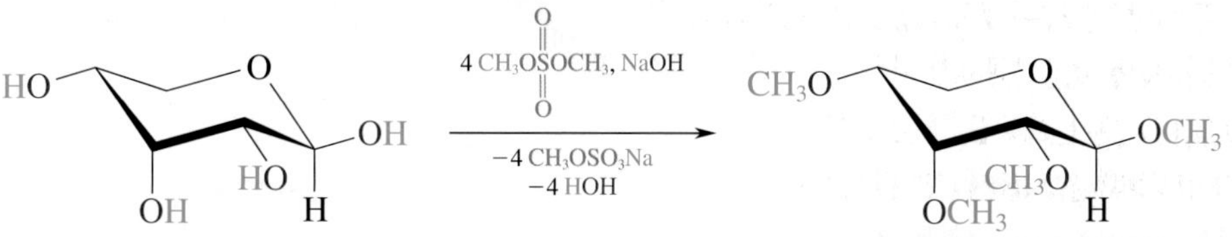

$\beta$-D-吡喃核糖　　$\beta$-D-吡喃核糖四甲醚

请注意，C-1 半缩醛官能团被转化为缩醛基。缩醛官能团可被选择性水解回到半缩醛（17-7 节）。

### 糖缩醛的选择性水解

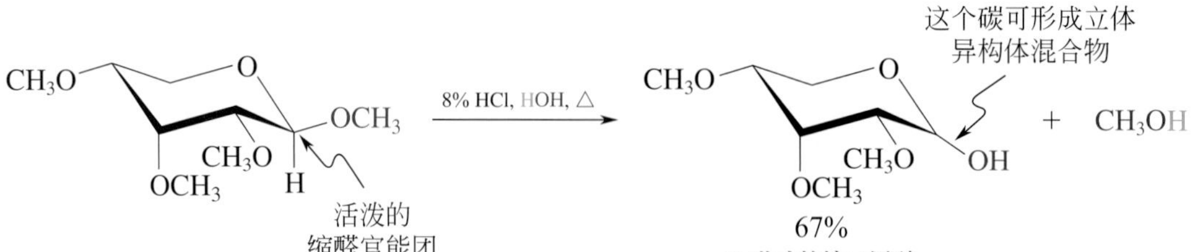

**D-吡喃核糖三甲醚**
（α型和β型混合物）

67%

这个碳可形成立体异构体混合物

活泼的缩醛官能团

也可以选择性地将糖的半缩醛单元转化为缩醛。例如，用酸性甲醇处理 D-葡萄糖就会形成两种甲基缩醛，糖的缩醛称为**糖苷**（glycoside）。因此，葡萄糖会形成**葡萄糖苷**（glucoside）。

### 糖苷（糖缩醛）的选择性制备

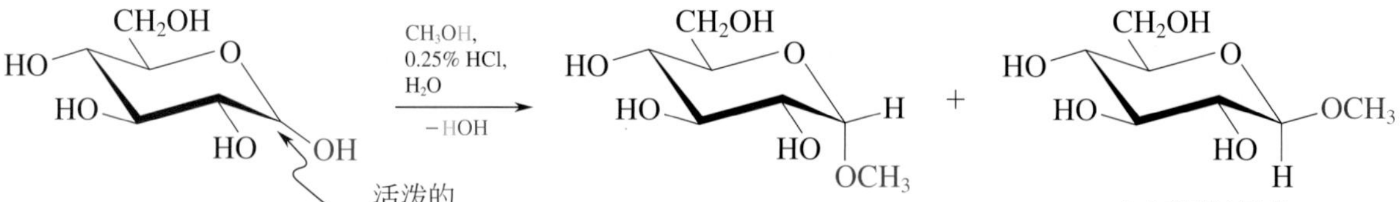

α- 或β-D-吡喃葡萄糖

活泼的半缩醛官能团

**α-D-吡喃葡萄糖甲苷**
(m.p. 166℃, $[\alpha]_D^{25} = +158$)

**β-D-吡喃葡萄糖甲苷**
(m.p. 105℃, $[\alpha]_D^{25} = -33$)

因为糖苷含有封闭的异头碳原子，它们不与开链羰基异构体发生平衡。因此，当不存在酸时，它们无变旋作用，它们对 Fehling 和 Tollens 试剂呈阴性反应（它们是非还原糖），它们对那些进攻羰基的试剂无反应性。这种保护在合成和结构分析中可能是有用的（练习 24-19）。下面的一个例子是当葡萄糖的 C-1 用甲基糖苷保护时选择性氧化末端羟基（习题 65）。去保护后，这一过程产生葡萄糖醛酸，你可以很容易把该策略扩展到其他糖醛酸。葡萄糖醛酸在药物和体内外源物质的代谢方面起着重要作用，活泼的半缩醛单元和水溶性羧基的存在对它的功能至关重要。糖基转移酶催化异头碳羟基被目标物的取代，例如乙酰氨基酚中的羟基（22-9 节中真实生活 22-2）。这种衍生化使药物具有高度水溶性，可通过排尿迅速排出。

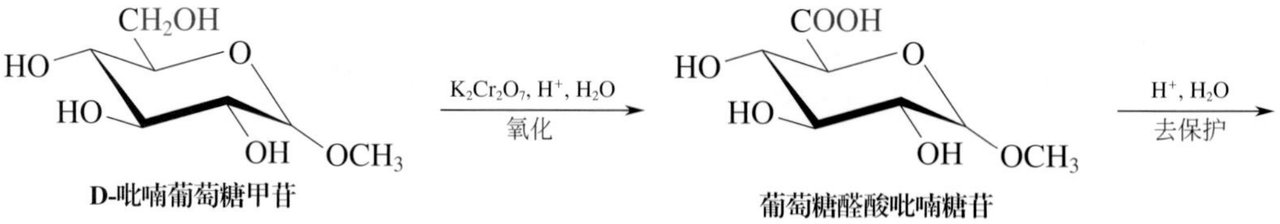

**D-吡喃葡萄糖甲苷**    **葡萄糖醛酸吡喃糖苷**

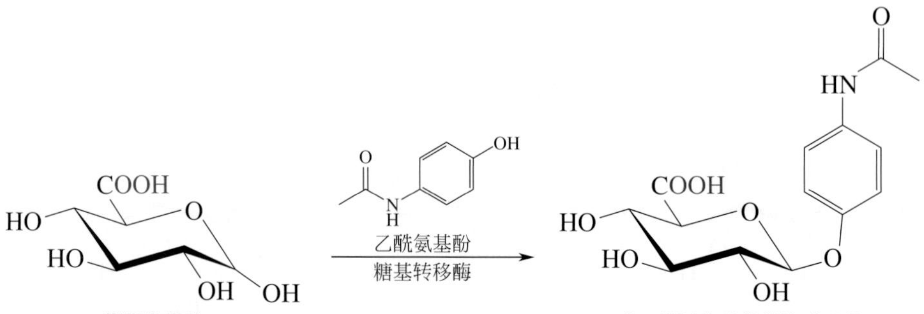

**葡萄糖醛酸**    **对乙酰氨基酚葡萄糖醛酸苷**

## 练习24-19

不论从 $\alpha$ 型还是从 $\beta$ 型开始，用酸性甲醇使 D-葡萄糖甲基化都形成相同的葡萄糖苷混合物。为什么？

## 练习24-20

画出 $\alpha$-D-呋喃阿拉伯糖甲苷的结构。

## 练习24-21

1分子 $\alpha$-D-吡喃葡萄糖甲苷消耗2分子 $HIO_4$，生成各1分子甲酸和二醛 A（页边）。1分子未知的戊醛糖甲基呋喃糖苷与1分子 $HIO_4$ 反应，生成二醛 A，但不生成甲酸。试提出此未知化合物的结构。这个问题是否有其他解答方案？

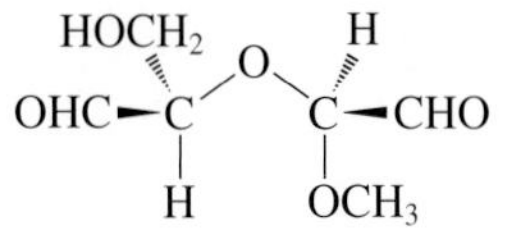

A

## 糖的邻位羟基可形成环醚

糖分子中存在邻位羟基对，可形成环醚衍生物。例如，用醛或酮处理，可以从邻二醇（也可从一些 $\beta$-二醇）单元合成五元或六元环糖缩醛（酮）（17-8 节）。

### 从邻位二醇形成环缩酮

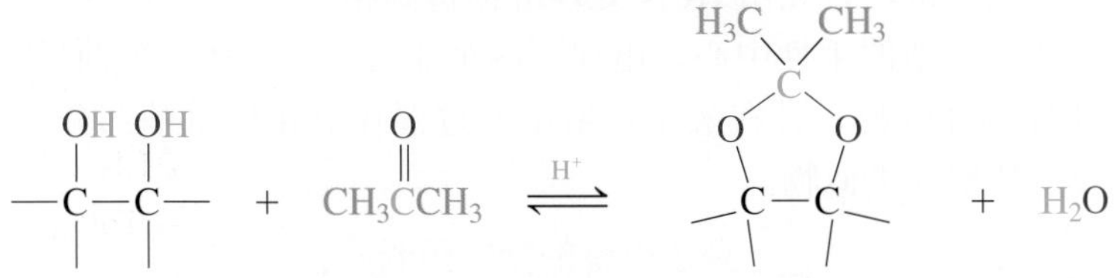

缩酮

当2个羟基为顺式取向时，由于能够形成相对无张力的五元或六元环，反应进行得最好。常用环缩醛（酮）和醚的形成来保护选定的醇羟基，然后将留下的羟基部分转变成离去基团，通过消除反应被转化，或被氧化成羰基化合物。如维生素 C（22-9 节和页边）商业合成中重要的一步是 L-山梨糖的 C-1 羟基选择性氧化成相应的羧酸（2-酮-L-古洛糖酸，参见习题66）。要完成这个任务，所有的其他羟基都必须形成两个相邻的缩醛单元保护起来。

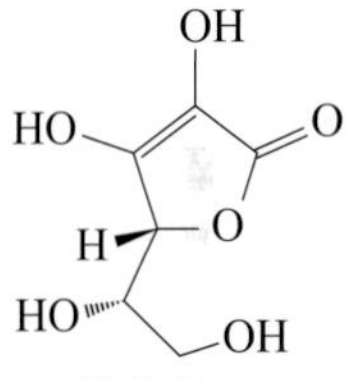

维生素 C

### L-山梨糖的缩醛化

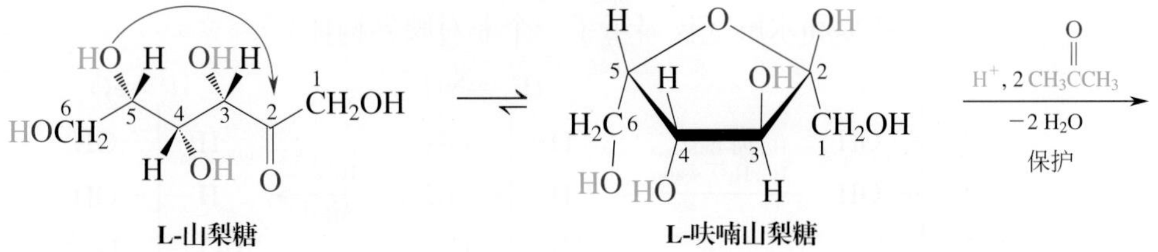

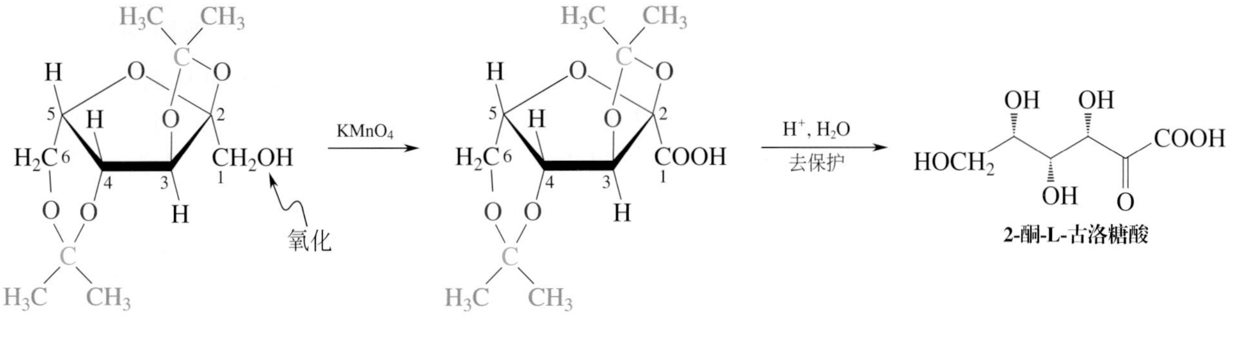

L-山梨糖　　　　L-呋喃山梨糖

氧化　　　　　　　　　　　2-酮-L-古洛糖酸

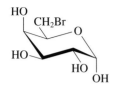

提出一条从 D-半乳糖合成页边所示的化合物的路线。（**注意**：需要用到保护基。**提示**：考虑使用环缩醛保护策略。）

---

## 小 结

糖的各个羟基可被酯化或转化成醚。半缩醛单元可被选择性保护为缩醛，也称为糖苷。最后，取决于空间关系，糖骨架中的各个二醇单元可被连接为环缩醛。

# 24-9 糖的逐步构建和降解

通过链的延伸或缩短，可以从比较小的糖制备比较大的糖，反之亦然。这些转化过程也可用于结构上相关的各种糖，Fischer 就是用这个方法证明了图 24-1 中所示的醛糖的全部手性中心的相对构型。

### 氰醇的形成和还原延长糖链

为了延长糖链，首先用 HCN 处理醛糖得到相应的氰醇（17-11 节）。这一转化形成一个新的手性中心，出现了两个非对映异构体（差向异构体）。将非对映异构体分离，并在酸水溶液中通过催化氢化使氰基部分还原，得到链延长后的醛基类似物。

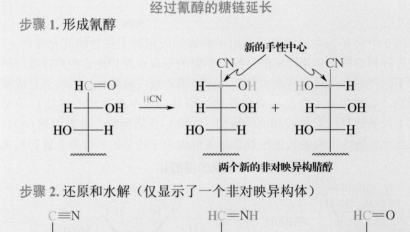

在该氢化反应中，改良的钯催化剂（类似于 Lindlar 催化剂，参见 13-6 节）能选择性地将氰基还原成亚胺，后者在反应条件下发生水解。必须使用这一特殊的催化剂，以防止氢化一直进行而生成胺（20-8 节）。上述链延长序列反应是对称为糖链延长的克利安尼-费歇尔（Kiliani-Fischer）[1]合成

---

[1] 海因里希·克利安尼（Heinrich Kiliani，1855—1945 年），德国弗莱堡大学教授；艾米尔·费歇尔（Emil Fischer），参见 5-4 节。

的改进和精简。在十九世纪晚期，Kiliani 证明了氰化物加成到醛糖上能得到氰醇，它在水解后（19-6 节和 20-8 节）变为糖链延长的醛糖酸。随后，Fischer 通过内酯形成（19-9 节和 24-4 节），然后还原（20-4 节，Fischer 还原法参见习题 65），成功地将醛糖酸转化为醛糖。

---

### 解题练习24-23

**运用概念解题：糖的合成**

D-赤藓糖链延长的产物是什么？

**策略：**

正如前文所指出的那样，Kiliani-Fischer 链延长在醛糖的 C-1 位增加了一个新的醛基，原来的醛基转化为仲醇。在图 24-1 中找到 D-赤藓糖并确定该过程应该产生的糖。

**解答：**

- D-赤藓糖是四碳糖，醛基取代基加到 C-1 位置，留下 C-2、C-3 和 C-4 不变，原来的醛基转变为仲醇。新出现的手性中心可能形成 $R$ 和 $S$ 两种构型。

- 图 24-1 显示 D-核糖和 D-阿拉伯糖都有五个碳，它们"底部"的三个碳（C-3、C-4 和 C-5）与 D-赤藓糖相应的三个碳（C-2、C-3 和 C-4）的结构和立体化学都是相同的。D-核糖和 D-阿拉伯糖只是在 C-2（新的手性中心）不同，它们是 D-赤藓糖链延长的产物。

---

### 24-24 自试解题

D-阿拉伯糖链延长的产物是什么？

---

### Ruff 降解缩短糖链

上述方法能合成较长的糖，与之互补的策略是将较长的糖降解为较短的糖，一次降解一个碳原子。拉夫[1]（Ruff）降解是其中一个策略。Ruff 降解可除去醛糖的羰基，并将相邻的碳转化为新糖的醛基。

Ruff 降解是氧化脱羧反应。先用溴水将醛糖氧化为醛糖酸，在铁离子存在下于过氧化氢溶液中脱去羧基，同时新的末端被氧化成低一级醛糖的醛基官能团。也就是说，该中心的两个差向异构体会生成相同的新糖。

**糖的Ruff降解**

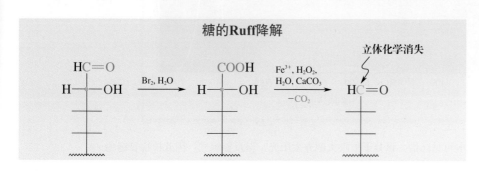

反应

---

[1] 奥托·拉夫（Otto Ruff，1871—1939 年），波兰弗罗茨瓦夫大学教授。

**真实生活：** 自然    **糖的生物合成**

在自然界，碳水化合物基本上是通过光合作用的一系列反应而产生的（9-11节和本章开篇）。在这一过程中，绿色植物的叶绿素吸收太阳光，由此获得的光化学能用于将二氧化碳和水转化为氧气和多官能团的碳水化合物。

这一转化的详细机理很复杂，需要很多步，但整个反应的第一步是叶绿素的大 π 体系（14-11节）吸收一个光子（叶绿素，chlorophyll；*chloros*，希腊语，"绿色"；*phillon*，希腊语，"叶子"）。

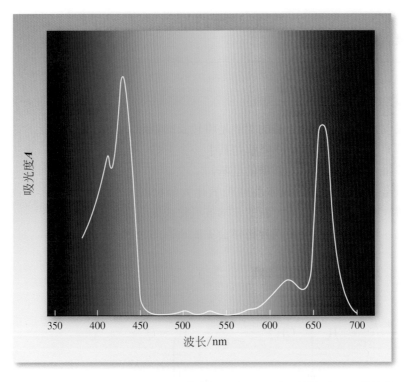

叶绿素 a 的紫外-可见光谱。该分子吸收大部分太阳光，但反射绿光，因此植物显绿色。

真实生活 18-1 讲述了碳水化合物基于羟醛缩合反应的生物合成，真实生活 23-2 介绍了硫胺素焦磷酸（TPP）在葡萄糖代谢产生生物化学能中的作用。这里介绍另一个生化反应系列，利用硫胺素催化酮糖的互相转化。

在酮糖的相互转化中，转酮糖酶利用一分子硫胺素催化一个羟甲基羰基单元从木酮糖转移到赤藓糖中，在此过程中产生果糖。

从机理上看，去质子化的噻唑鎓离子首先进攻供体糖（木酮糖）的羰基，形成加成产物，这与加成到醛上的方式完全类似（23-4 节）。因为该供体糖含有一个具有反应位点的相邻羟基，这

一初始产物可能由于加成的可逆而分解，生成醛（甘油醛）和新的硫胺素中间体。该新的中间体进攻另一个醛（赤藓糖），产生新的加成产物。最后，催化剂解离为 TPP，释放出新的糖分子（果糖）。

光合作用的循环、碳水化合物的互相转化，以及碳水化合物的代谢是大自然如何再利用其资源的完美实例。首先，消耗 $CO_2$ 和 $H_2O$ 将太阳能转化为化学能和 $O_2$。当生物体需要利用储存的能量时，则可将碳水化合物转化为 $CO_2$ 和 $H_2O$ 而放出能量，所消耗的 $O_2$ 量和当初释放的量大致相同。

## 使用硫胺素焦磷酸进行转酮糖酶催化赤藓糖生物合成果糖

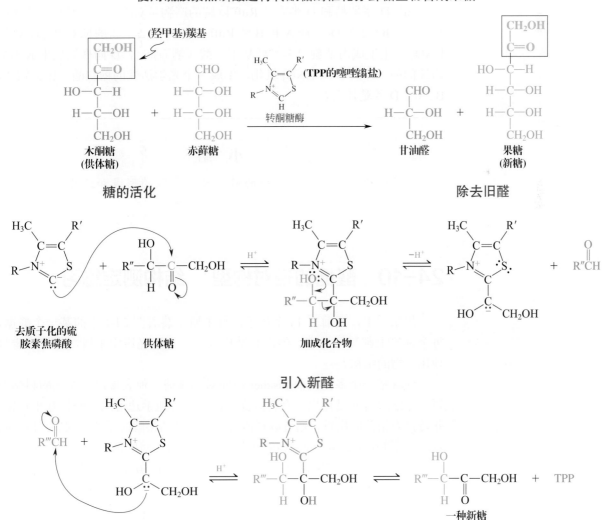

氧化脱羧通过两个单电子氧化发生，首先得到一个不稳定的羧基自由基，快速失去二氧化碳。生成的羟基取代的自由基又被氧化成醛（如下所示）。

**氧化脱羧机理**

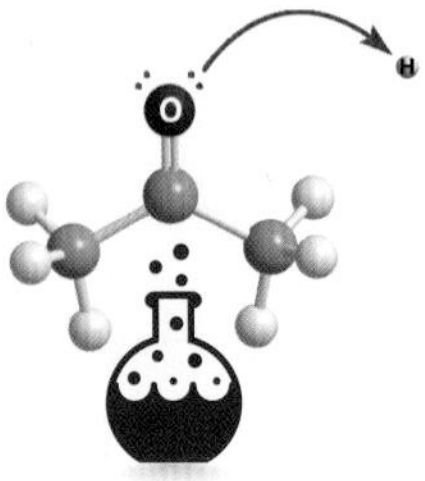

机理

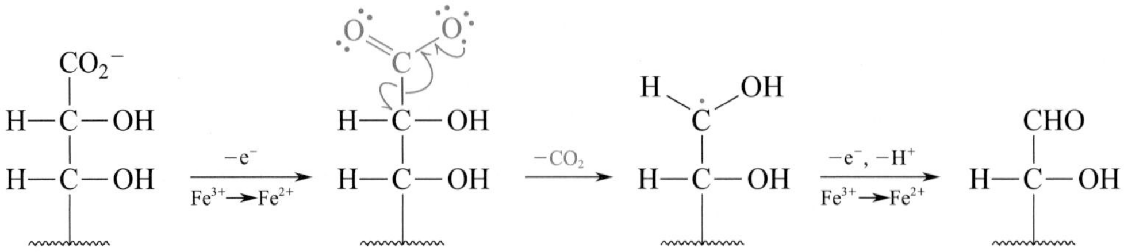

因为产物对反应条件很敏感，Ruff 降解反应的收率低，不过它在结构推导中（练习 24-25）还是有用的。Fischer 最初就是通过 Ruff 降解确定了单糖的相对构型（**Fischer 证明**）。下一节将讲述这一方法背后的一些逻辑。

### 练习24-25

（**a**）D-塔罗糖和 D-半乳糖 Ruff 降解的产物是对映体、非对映异构体或相同？（**b**）2 个 D-戊糖 A 和 B 经 Ruff 降解产生 2 个新的糖 C 和 D。C 用 $HNO_3$ 氧化生成内消旋-2,3-二羟基丁二酸（酒石酸），D 同样氧化生成光学活性的酸。A 或 B 用 $HNO_3$ 氧化，生成一个光学活性的糖二酸。化合物 A、B、C、D 各是什么？

---

## 小 结

通过逐步一个碳一个碳的链延长（氰醇的形成和还原）或缩短（Ruff 降解），可以从其他糖来合成目标糖。

# 24-10 | 醛糖的相对构型：结构测定练习

想象一下，面前有 14 个瓶子，每个瓶子装着图 24-1 中的某一个醛糖，每个标签上都写了名字，但没有结构式。若不用光谱学手段，如何确定每种化合物的结构？

这就是一个多世纪前 Fischer 所面对的挑战。他表现出了非凡的科学逻辑，仔细思考并设计出一套合成操作，旨在将他手边可用的醛糖互相转化，并转化为相关的物质，通过解释所得到的综合结果解决了这个问题。Fischer 做了一个假设：2,3-二羟基丙醛（甘油醛）的右旋对映体具有 D（而不是 L）构型。这一假设在 Fischer 时代很久以后，才被 1950 年发展出来的一种特殊的 X 射线分析证明是正确的。Fischer 的假设是一个幸运的猜测；否则，图 24-1 中 D 型糖的所有结构都不得不改写成它们的镜像结构。Fischer 的目标是确定全部立体异构体的相对构型——也就是说，将每种糖与特定的手性中心相对序列关联起来。

### 丁醛糖和戊醛糖的结构可从相应糖二酸的光学活性来测定

　　从 D-甘油醛的结构开始，我们现在开始明确证明更高级 D 醛糖的结构。我们将使用 Fischer 的逻辑但不用他的反应步骤，因为这些醛糖大多数在他那个时代是无法得到的（为便于理解，参考图 24-1）。D-甘油醛链延长，得到 D-赤藓糖和 D-苏阿糖的混合物。用硝酸氧化 D-赤藓糖得到无光学活性的内消旋-酒石酸，这告诉我们 D-赤藓糖必定具有结构 1，在 Fischer 表示式中它的 2 个 OH 在同一边。相反，D-苏阿糖的氧化形成光学活性的酸。因此，D-苏阿糖在 C-2 必定有相反的立体化学（结构 2）。二者在 C-3 必须有相同的 R 构型，C-3 是从起始物质 D-甘油醛的 C-2 手性中心衍生的。区别是在C-2：D-赤藓糖是 2R；D-苏阿糖是 2S（页边）。

　　现在我们知道了 D-赤藓糖和 D-苏阿糖的结构，让我们继续往下进行。D-赤藓糖的链延长（练习 24-23）生成两个戊糖的混合物：D-核糖和 D-阿拉伯糖。它们的 C-3 和 C-4 的构型必定和 D-赤藓糖 C-2 和 C-3 的构型一样；它们的区别在 C-2，这是个在链延长过程中新产生的手性中心。D-核糖的硝酸氧化产生无光学活性的内消旋（meso）酸；因此，D-核糖的结构为 3。D-阿拉伯糖氧化为光学活性的酸，它的结构必定是结构 4。

**结构 1（D-赤藓糖）** → HNO₃ → **内消旋酒石酸（无光学活性）**

D-赤藓糖 链延伸：
**内消旋（无光学活性）** ← HNO₃ — **结构 3（D-核糖）** ／＼ **结构 4（D-阿拉伯糖）** → HNO₃ → **光学活性**

　　以同样的方法从 D-苏阿糖开始进行，链延长产生 D-木糖和 D-来苏糖的混合物。D-木糖的氧化产物是内消旋的，因此 D-木糖具有结构 5。D-来苏糖的氧化产物是光学活性的，这证实了来苏糖的结构是 6。

**结构 2（D-苏阿糖）** → HNO₃ → **(–)-酒石酸（光学活性）**

D-苏阿糖 链延长：
**内消旋（无光学活性）** ← HNO₃ — **结构 5（D-木糖）** ／＼ **结构 6（D-来苏糖）** → HNO₃ → **光学活性**

### 对称性也可界定己醛糖的结构

　　现在我们知道了 4 个戊醛糖的结构并可以对它们进行链延长。这一过程给出 4 对己醛糖，每对通过 C-3、C-4 和 C-5 手性中心的特有顺序而彼此区别。每对都是差向异构体且只有 C-2 的构型不同。

　　分别从 D-核糖和 D-来苏糖得到的四个糖的结构的确认还是通过氧化为相应的糖二酸来完成。D-阿洛糖和 D-半乳糖得到无光学活性的氧化产物，D-阿卓糖和 D-塔罗糖则相反，得到光学活性的二羧酸。

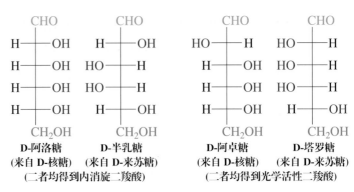

D-阿洛糖　　　　D-半乳糖　　　　　　D-阿卓糖　　　　D-塔罗糖
（来自 D-核糖）　（来自 D-来苏糖）　　（来自 D-核糖）　（来自 D-来苏糖）
（二者均得到内消旋二羧酸）　　　　（二者均得到光学活性二羧酸）

　　剩下 4 个己糖（结构 7～10）的结构确认不能使用目前所采用的方法，因为它们在氧化时都产生光学活性的二羧酸。采用 Fischer 方法去解决这个问题已变得非常复杂。他发现，D-阿拉伯糖链延长得到 D-葡萄糖和 D-甘露糖的混合物，其中之一必定具有结构 7，而另一个的结构必定是 8。在此，他展现出超越他的年代数十年的合成创造性，设计了一个步骤，将己糖的 C-1 和 C-6 上的官能团进行交换——把 C-1 转化为伯醇，把 C-6 转化为醛。从 D-葡萄糖和 D-甘露糖开始进行这一步骤，他发现，葡萄糖 C-1/C-6 交换的结果是生成一个在自然界并不存在的新糖，他把它命名为古洛糖。另一方面，甘露糖的 C-1/C-6 交换回到甘露糖，没有发生变化。对结构 7 和结构 8 进行考察，可以说明为什么事情会是这样的，同时让我们一睹 Fischer 的天赋。如果对结构 8 进行 C-1/C-6 交换，然后将所得到的 Fischer 投影式旋转 180°，就会看到起先的和最后的 2 个结构是一致的：交换步骤又得到了原来的糖。因此确认 8 为 D-甘露糖。而结构 7 的 C-1/C-6 交换产生一个新糖，必定对应于 D-葡萄糖。

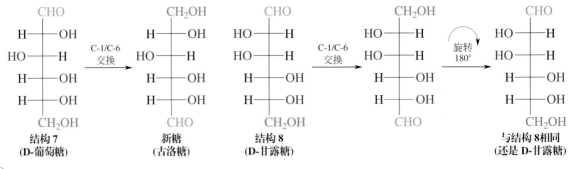

结构 7　　　　　　新糖　　　　　结构 8　　　　　　　　　　　与结构 8 相同
（D-葡萄糖）　　（古洛糖）　　（D-甘露糖）　　　　　　　　　（还是 D-甘露糖）

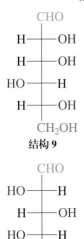

结构 9

结构 10

## 练习 24-26

　　Fischer 从 D-葡萄糖合成的古洛糖是 D 型糖还是 L 型糖？（**注意**：因非常罕见的疏忽，Fischer 一开始得到了错误的答案，并且多年来一直困扰着所有人。）

## 练习 24-27

　　Fischer 将 D-葡萄糖的硝酸氧化与他合成的古洛糖的硝酸氧化进行比较，来证明他的结构推理是正确的。这两个反应各生成什么产物？

　　通过古洛糖的合成，剩下的两个己糖（D-木糖的链延长产物）中的一个鉴定为结构 9。通过排除法，另一个即 D-艾杜糖，可确认为结构 10。这样就完成了该练习。

练习24-28

在前面的讨论中，我们确认了 D-核糖和 D-阿拉伯糖的结构，其依据是：在氧化时，前者产生内消旋二酸，而后者则产生光学活性非对映异构体。能否通过 $^{13}C$ NMR 得到相同的结果？

## 小　结

通过逐步一个碳一个碳的链延长或缩短，结合各个糖二酸的对称性，能够确认醛糖的立体化学。

# 24-11 自然界中复杂的糖：二糖

大部分天然糖是以二糖、三糖、更高的寡聚糖（2～10 个糖单元之间）和多聚糖的形式存在。我们最熟悉的糖，所谓的"食糖"，是一种二糖。

### 蔗糖是从葡萄糖和果糖衍生的二糖

蔗糖，即普通的食糖，是少数几种以原有形式被消费的天然化学品之一（其他的例子是 NaCl 和水）。在美国，它的年人均消费量大约是 76 磅。食糖是从甘蔗或甜菜中分离得到的，在这两种植物中食糖的含量特别丰富（约占 14%～20%）。在其他许多植物中也含有食糖，但浓度较低。世界食糖的年产量约为 1.7 亿吨。

本章迄今尚未讨论蔗糖，因为它不是简单的单糖，而是由两个单元葡萄糖和果糖构成的二糖。蔗糖的结构可以从其化学行为推出。酸水解将它分解为葡萄糖和果糖，蔗糖是非还原糖，它不形成脎，它不发生变旋作用。这些现象提示两个单糖单元是通过两个异头碳的缩醛桥（17-7 节）而连接在一起的，这样，两个环状的半缩醛官能团互相封闭。X 射线结构分析证实了这个假设：蔗糖是个二糖，其中葡萄糖以 α-D-吡喃葡萄糖形式与 β-D-呋喃果糖连接。

蔗糖是纯化合物，从饱和水溶液中析出大块结晶。

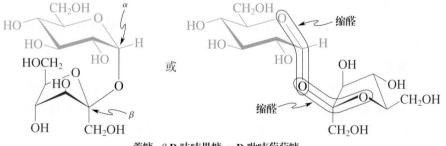

或

**蔗糖, β-D-呋喃果糖-α-D-吡喃葡萄糖**

蔗糖中两个异头碳是**缩醛**（acetal）官能团的一部分。

蔗糖的比旋光度是 +66.5。用酸的水溶液处理比旋光度会降低，直到最后数值变为 −20；用转化酶（亦称蔗糖酶）处理也观察到同样的结果，该现象称为蔗糖的转化，与单糖的变旋作用相关。这一过程包括三个独立的反应：二糖水解成其单糖组分 α-D-吡喃葡萄糖和 β-D-呋喃果糖；α-D-吡喃葡萄糖变旋为与其 β 形式平衡的混合物；β-D-呋喃果糖变旋为稍微稳定一点的 β-D-吡喃果糖。因为果糖的负比旋光度（−92）比葡萄糖的正比旋光度

**焦糖**

蔗糖在 ≥160℃（320°F）时是不稳定的，会热解成棕色的糖，称为焦糖。焦糖中含有大量分解产物：如蔗糖同时断裂为葡萄糖和果糖、脱水、碎裂（如逆羟醛缩合）、烯醇异构化（将后三个反应用到葡萄糖上看看会得到什么结果）和聚合反应。焦糖混合物中已鉴定出两种有气味的物质。

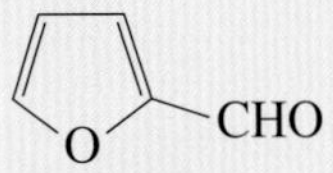

呋喃-2-甲醛
（杏仁香味）

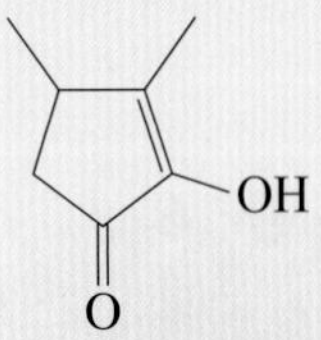

2-羟基-3,4-二甲基-2-环戊烯酮
（甜的焦味）

（+52.7）的绝对值更大，所以得到的混合物，有时称为转化糖，呈现净负旋光，从原先蔗糖溶液的正值变成了负值。

**蔗糖的转化**

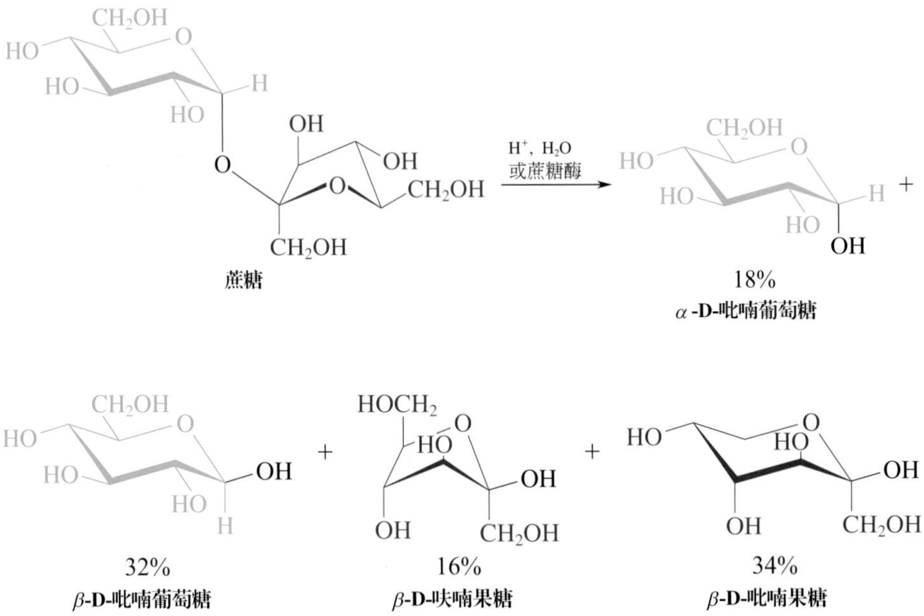

无热量的食用脂肪替代物蔗糖聚酯（olestra）（真实生活 21-1）是将蔗糖用七或八个从植物油得到的脂肪酸如十六烷酸（棕榈酸）进行酯化的混合物。这些脂肪酸将 olestra 中的蔗糖部分隐蔽得如此有效，以至于蔗糖能完全免受消化酶的进攻，完好无损地通过消化道。

---

## 解题练习24-29

**运用概念解题：糖化学练习**

写出蔗糖和过量的硫酸二甲酯、氢氧化钠的反应产物（如果有的话）。

**策略：**

二糖和其他更复杂碳水化合物的化学性质与单糖的基本相同。确定已有官能团，并考虑与前面讲述的简单糖类似的反应过程。

**解答：**

• 硫酸二甲酯是一种通常用来将醇转变为甲醚的试剂，反应经由 Williamson 醚合成法（9-6 节和 24-8 节）。（碘甲烷同样有效，但比较贵。）

• 正如 24-8 节所示，硫酸二甲酯将分子中所有的游离羟基完全甲基化，通过 $S_N2$ 过程转化为甲氧基。用蔗糖进行该反应得到的产物如下：

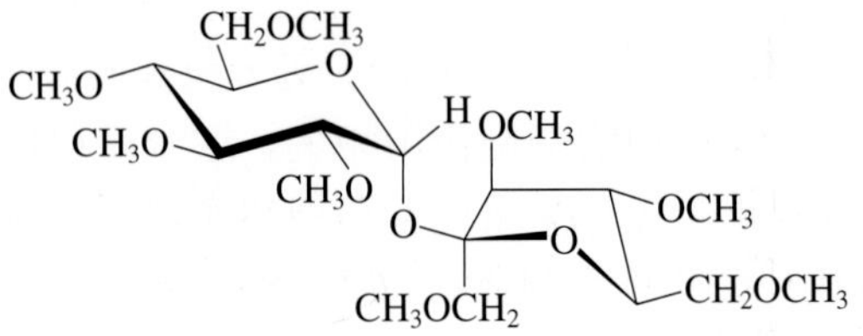

## 24-30 自试解题

写出蔗糖与下列试剂反应的产物（如果有的话），（**a**）1. $H^+$、$H_2O$，2. $NaBH_4$；（**b**）$NH_2OH$。

## 缩醛连接复杂糖的各组分

蔗糖中两个糖组分的异头碳之间有一个缩醛键，也可以想象一下与其他羟基连接的缩醛键。确实，由酶促（淀粉酶）降解淀粉（将在下节讨论）以 80% 的收率得到的麦芽糖（麦芽中的糖）是一种葡萄糖的二聚体，其中一个葡萄糖分子的半缩醛氧（以 $\alpha$ 异头碳的构型）键合到第二个葡萄糖分子的 C-4 位置上。

**β-麦芽糖是 α-D-吡喃葡萄糖基-β-D-吡喃葡萄糖**

按照这种连接，葡萄糖中含有未保护的半缩醛单元，并具有其独特的化学性质。例如，麦芽糖是还原糖，它能形成脎，还发生变旋作用。麦芽糖被酸的水溶液或麦芽糖酶水解成两分子葡萄糖，它的甜度大约为蔗糖的 1/3。

## 练习 24-31

写出 $\beta$-麦芽糖在以下反应条件下起始产物的结构：（**a**）$Br_2$ 氧化；（**b**）苯肼（3 倍化学计量比）；（**c**）影响变旋作用的条件。

另一个普通的二糖是纤维二糖（cellobiose），由纤维素（将在下节讨论）水解得到。它的化学性质与麦芽糖的几乎相同，其结构也和麦芽糖的几乎相同，差异仅在其缩醛键的立体化学是 $\beta$ 而非 $\alpha$。

**β-纤维二糖是 β-D-吡喃葡萄糖基-β-D-吡喃葡萄糖**

酸的水溶液将纤维二糖断裂为两个葡萄糖分子，和水解麦芽糖一样有效。但是，酶促水解则需要不同的酶，$\beta$-葡糖苷酶，其专一性地只进攻 $\beta$-缩醛键。相反，麦芽糖酶则是特异性作用于麦芽糖中的 $\alpha$-缩醛单元。

排在蔗糖之后的最丰富的天然二糖是乳糖（奶糖）。它存在于人和大多数动物的乳汁中（约含 5%），占乳汁蒸发后残留固体的 1/3 以上。它由半乳糖和葡萄糖单元构成，以 $\beta$-D-吡喃半乳糖基-$\alpha$-D-吡喃葡萄糖的形式连接。从水中结晶只得到 $\alpha$ 端基异构体。

西红柿杀手的攻击……
或植物的反击

植物不能逃跑，它们只能依靠自己来防御掠食者（真实生活 25-4）。西红柿是此类众所周知的几种物种之一，它不仅具有防御性化学武器，还可以将其传播给邻居。因为地老虎侵扰，西红柿合成了 HexVic（3-己烯基荬豆二糖苷），它是一种昆虫拒食剂，害虫吃了它会失去食欲，最后死掉。此外，受侵扰的西红柿将顺-3-己烯醇释放到大气中，被附近健康的植物吸收并诱导它们合成自己的 HexVic 来抵御攻击。这种形式的植物通信用于共同防御，传递防御手段，在植物王国中非常普遍，并且是农业害虫防治新模式中一个活跃的研究领域。

**(Z)-3-己烯基荬豆二糖
(HexVic)**

**真实生活：**食品化学  控制我们的甜食

甜是五味之一，是酸（像柠檬）、苦（像咖啡）、咸、鲜（味美，像肉）的补充。各式各样的结构都能让人感觉到甜味，从氨基酸到盐。糖类排名突出，大概是因为我们已经进化到认为具有高营养含量的食物是令人愉悦的味觉。的确，最简单的糖都有不同程度的甜味。在过去十年中才发现了感知甜味的机理，这是两次获得诺贝尔奖❶的工作。甜味是通过所谓的 G-蛋白偶联受体（又见 916 页边）获得的，G-蛋白偶联受体在舌头表面味蕾细胞的外面。两种味觉受体蛋白质协同作用把糖（例如蔗糖）包住，像维纳斯捕蝇草一样，如下图所示。相关的分子运动通过细胞膜传递给另一种蛋白质，这种蛋白质在激活后会启动一系列过程，最终导致神经递质释放，并向大脑发出信号。其他的甜味物质可以以不同的方式与这种复杂的系统相互作用，为其结构的多样性提供理论依据。

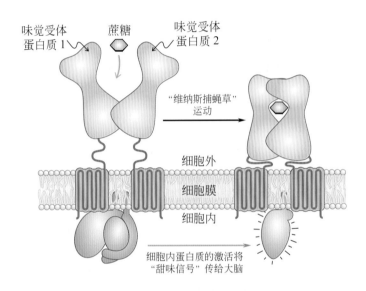

甜味受体（改编自 D. L. Nelson，M. M. Cox 所著 Lehninger Principles of Biochemistry，6th Ed.W. H. Freeman and Company 出版，版权 ©2000，2005，2008，2013。）

肥胖是一种全球性的流行病（真实生活 21-1），并且已经投入了大量的精力来开发低热量的合成和天然糖替代品。众所周知的合成替代品是糖精和天冬甜素（阿斯巴甜，参见 26-4 节）。这些化合物比蔗糖甜 160～170 倍，但它们不能再现食糖的确切感觉和质地，而且味道略有不同，通常被认为有苦味或金属味。因此，含有这些甜味剂的甜食必须添加其他材料，以达到消费者可接受的感观体验。低卡路里巧克力的配方是一个不寻常的挑战，因为巧克力诱人的"入口即化"是因为它的脂肪含量。为了模仿脂肪，加入一些糖醇的混合物，如木糖醇和麦芽糖醇（连同合成的吡喃葡萄糖聚合物）。除了赋予产品丰富的奶油质感外，这些糖醇几乎与蔗糖一样甜，但只有蔗糖三分之二的热量。另外一个好处是改善牙齿健康状况，因为它可使蛀牙的细菌不会像发酵正常食糖那样发酵糖醇。

---

❶ 布莱恩·K. 科比尔卡（Brian K. Kobilka，1955 年生），美国加利福尼亚州斯坦福大学教授；罗伯特·J. 莱夫科维茨（Robert J. Lefkowitz，1943 年生），美国北卡罗来纳州杜克大学教授，2012 年诺贝尔化学奖获得者。

糖精

天冬甜素 (R = H)
爱德万甜[R = 3-(3-羟基-4-
甲氧苯基)丁基]

木糖醇

麦芽糖醇
(吡喃葡萄糖基山梨醇)

与天冬甜素（阿斯巴甜）市场竞争日益激烈的对手是蔗糖素（Sucralose，美国市场商品名为三氯蔗糖，Splenda）。蔗糖的三氯化衍生物甜度是蔗糖的 600 倍。它的热稳定性足够用于煮和烤，而且有多种形式可供选择，具有多种潜在用途。它被消化道吸收得有限，并且没有证据表明对人类有任何不良影响。蔗糖素已在十几个国家被批准使用，包括美国、加拿大，而且已在 4500 种以上的食品和饮料产品中应用。它如此受消费者欢迎，百事公司在 2015 年决定把阿斯巴甜替换为蔗糖素，用于美国的大部分减肥饮品。

同时，阿斯巴甜阵营并没有闲着，经过多年的各种衍生物实验后，2016 年美国 FDA 批准了其中一个化合物爱德万甜（Advantame），它比食糖甜二万倍以上，这是一非凡的壮举！

一个类似的竞争品则来自天然产物，从巴拉圭草甜叶菊（Stevla rebaudiana）的叶子中分离出两种奇异的杂交萜类碳水化合物甜菊苷（Stevioside）及其近亲，莱鲍迪苷 A（Rebaudioside A，商品名为 Truvia 和 PureVia）。它们比蔗糖甜 150~300 倍，它们的结构使其对消化过程具有相当的抵抗力，因此实际上是没有热量。2008 年，莱鲍迪苷 A 被美国 FDA 指定为"GRAS"（意为一般认为是安全的）。甜菊糖在亚洲广泛使用，并于 2011 年被批准在欧盟使用。

蔗糖素（Sucralose）

甜菊苷 (R = H) (Stevioside)
莱鲍迪苷 A (R = 吡喃葡萄糖基) (Rebaudioside A)

甜叶菊植物（Stevia rebaudiana）

得到乳糖？

乳糖中有一个未保护的半缩醛单元，因此它是还原糖，会发生变旋作用。它在体内降解的第一步是由乳糖酶水解糖苷键生成半乳糖和葡萄糖。缺少乳糖酶会引起乳糖不耐症，即在食用牛奶和其他乳制品后会出现腹部绞痛和腹泻症状。

结晶的 α-乳糖是 β-D-吡喃半乳糖基-α-D-吡喃葡萄糖

## 小 结

蔗糖是由 α-D-吡喃葡萄糖与 β-D-呋喃果糖通过异头碳连接而产生的二聚体，水解为它的变旋组分单糖时，旋光性出现逆转。二糖麦芽糖是葡萄糖二聚体，两个组分通过葡萄糖分子的 α 异头碳与第二个葡萄糖 C-4 之间的 C—O 键相连接。纤维二糖与麦芽糖几乎相同，只是在缩醛碳上为 β 构型。乳糖则是 β-D-半乳糖连接葡萄糖，与纤维二糖的方式相同。

# 24-12 | 自然界中的多糖和其他糖

多糖（polysac charides）是单糖的聚合物。它们的结构多样性超过烯烃聚合物（12-14 节和 12-15 节），特别是在链长和分支的变化方面。然而，大自然在构造这类大分子时明显很保守。三种最丰富的天然多糖——纤维素、淀粉和糖原（glycogen）——都来自相同的单体葡萄糖。

### 纤维素和淀粉是葡萄糖的聚合物

纤维素（cellulose）是通过 C-4 连接的聚 β-吡喃葡萄糖苷，含有约 3000 个单体单元，其分子量约为 500000，它基本上是线性的。

记住：糖环结构中异头碳是连接两个氧原子的。如果连到环外氧的键向下，其构型是 α；连到环外氧的键向上，其构型是 β。

**纤维素**

单根纤维素倾向于彼此成行对齐排列，并通过多个氢键连接。大量氢键是纤维素高刚性结构及其作为生物体细胞壁材料有效应用的原因。因此，纤维素在树木和其他植物中很丰富。棉纤维几乎是纯的纤维素，滤纸也是如此。木材和稻草含有大约 50% 的多糖。

像纤维素一样，**淀粉**（starch）也是聚葡萄糖，但是其亚单元是通过 α-缩醛键连接的。在植物中，它的功能是食物储备，像纤维素一样，它也容易被酸溶液水解成葡萄糖。淀粉的主要来源是玉米、马铃薯、小麦和稻米。热水能使淀粉颗粒溶胀，使其两个主要成分**直链淀粉**（～20%）和**支链淀粉**（～80%）分开。二者都可溶于热水，但是直链淀粉在冷水中的溶解度较低。每个直链淀粉分子含有几百个葡萄糖单元（分子量150000～600000），即使两者都没有支链，直链淀粉的结构也与纤维素不同。异头碳立体化学的差异使直链淀粉形成螺旋聚合物的倾向强烈（不是如结构式所示的直链）。请注意：直链淀粉中的二糖单元与麦芽糖中的二糖是一样的。

**直链淀粉(amylose)**

与直链淀粉相反，支链淀粉是分支的，主要是在C-6上，大约每20～25个葡萄糖单元有一个分支，分子量可达数百万。

**支链淀粉(amylopectin)**

### 糖原是能量来源

另外一个与支链淀粉类似，但具有更多分支（每10个葡萄糖单元有1个）和更大分子量（高达1亿）的多糖是**糖原**（glycogen）。这类化合物的生物学意义重大，因为它是人和动物的主要储能多糖之一，还因为它提供了两餐之间和（剧烈的）体育活动时葡萄糖的即时来源。它相当大量积聚在肝脏和骨骼肌中。细胞利用这种能量储存的方式是生物化学中一个引人入胜的故事。

一种特殊的酶，糖原磷酸化酶，首先将糖原断裂，产生葡萄糖的衍生物 α-D-吡喃葡萄糖-1-磷酸。该转化发生在糖原分子非还原性末端糖基上，并且是逐步进行的——每次一个葡萄糖分子。因为糖原是高度分支的，有许多这样的端基，酶可以"一个一个地切下葡萄糖"，这就确保在高能量需

乌塞恩·博尔特正在消耗体内糖原。

求时，可以快速获得足够量的葡萄糖。

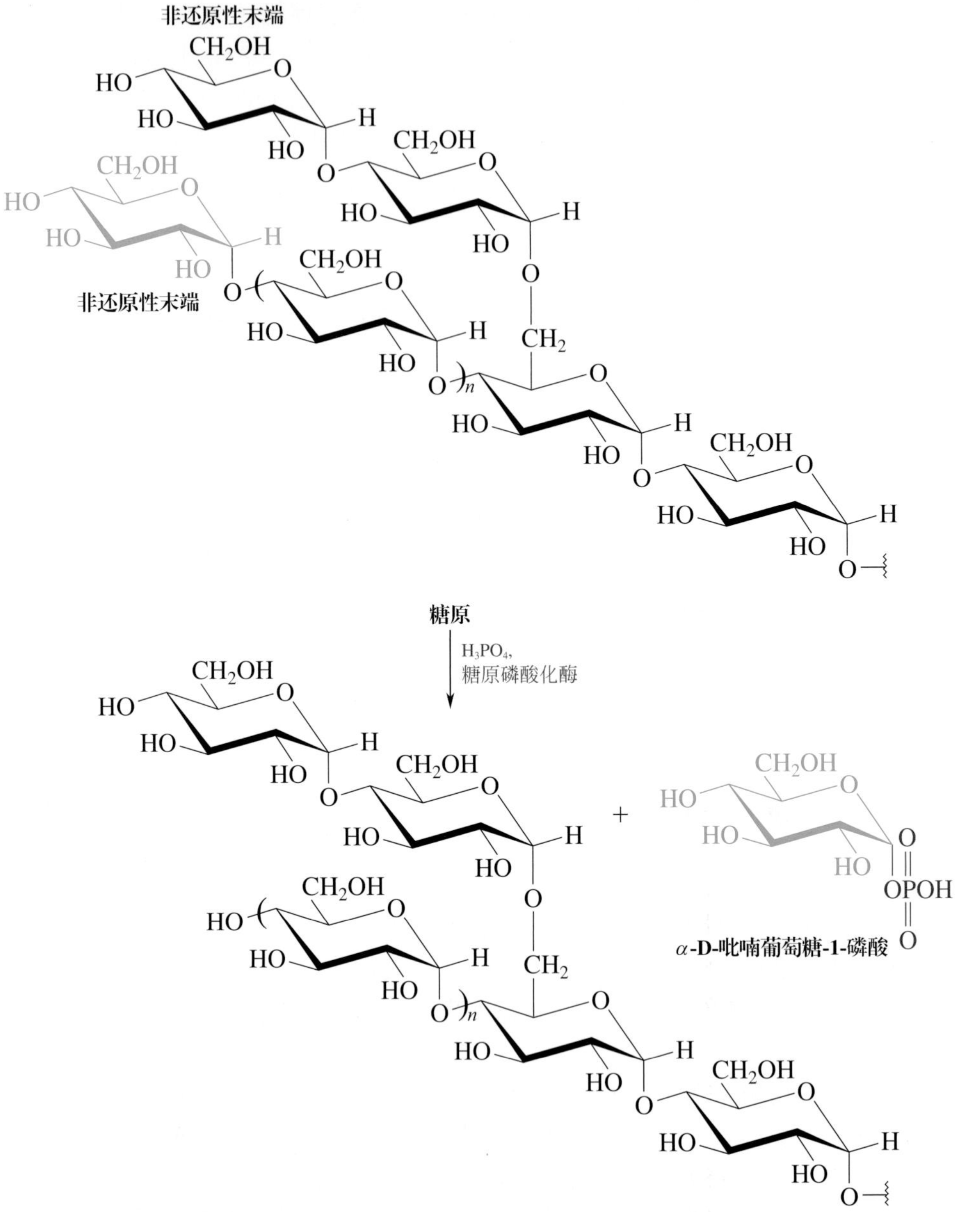

非还原性末端

非还原性末端

糖原

$H_3PO_4$,
糖原磷酸化酶

+

$\alpha$-D-吡喃葡萄糖-1-磷酸

磷酸化酶不能切断 $\alpha$-1,6-糖苷键。一旦接近这样的分支点（事实上，一旦到达距离该点 4 个单元的末端残基时），它就停止了（图 24-4）。在这一阶段，另一种酶（转移酶）发挥作用，它能将含 3 个末端葡萄糖残基的片段从一个分支转移到另一个分支。在分支点上还剩下 1 个葡萄糖残基。现在需要第三种酶来消除最后这一障碍，以获得新的直链。这种酶专一性作用于需要断裂的键，它就是 $\alpha$-1,6-葡萄糖苷酶，也称为去分支酶。当这种酶完成任务时，磷酸化酶可以继续降解葡萄糖链，直到它到达另一个分支，以此类推。

### 细胞表面的碳水化合物调节细胞识别过程

为了使多细胞生物体发挥作用，多种多样的细胞中每一个细胞都必须能够识别并与其他细胞和各种化学物质特异性相互作用。这种专一性的相互作用称为**细胞识别**（cell-recognition）。细胞识别通常涉及非共价结合，一般通过氢键与细胞外表面上的分子结合。在结合发生后，可能发生细胞外的物质向细胞内的移动。

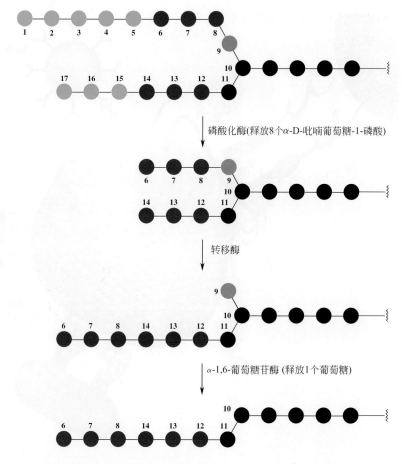

**图24-4** 糖原侧链的降解步骤。首先，磷酸化酶逐步移去1～5和15～17的葡萄糖单元。该酶现在离分支点（10）有4个糖单元。转移酶整体地移下6～8单元，并将它们连接到单元14上。第三个酶，即α-1,6-葡萄糖苷酶通过移去葡萄糖单元9，在葡萄糖单元10处将体系去分支化。现在形成了一条直链，使得磷酸化酶可以继续它的降解工作。

磷酸化酶(释放8个α-D-吡喃葡萄糖-1-磷酸)

转移酶

α-1,6-葡萄糖苷酶 (释放1个葡萄糖)

细胞识别几乎是每个细胞功能的核心。在细胞-细胞相互作用中识别的例子包括：免疫体系对"外来"细胞入侵的应答，细菌或病毒对细胞的感染，精子使卵子受精。某些细菌，如霍乱菌和百日咳菌，并不直接侵入细胞，但它们产生的毒素会与细胞表面结合，随后被"护送"到细胞内部。

这些识别过程的基础是存在于细胞表面的碳水化合物。这些碳水化合物与包埋在细胞壁中的类脂（糖脂；参见20-5 节）或蛋白质（糖蛋白，第26 章）连接（图24-5）。葡糖基脑苷脂是最简单的糖脂，它具有这类化合物的关键特征：位于细胞表面的极性碳水化合物"头"附着在两个包埋在细胞膜中的几乎无极性的"尾"上。"头"部碳水化合物组成的差异是赋予了它们不同的功能。例如，霍乱菌毒素特异性地结合于称为 GM1 五糖的糖脂上。GM1 天然存在于负责吸收水分的肠道细胞表面。霍乱菌毒素与 GM1 的结合破坏了 GM1 吸收水分的功能并造成严重腹泻。

**葡糖基脑苷脂**

**图24-5**　细胞表面碳水化合物识别示意。除了黏附其他物种如微生物（细菌、病毒和细菌毒素）外，碳水化合物还能使细胞-细胞结合。糖链可连接到蛋白质上（红绸带）。

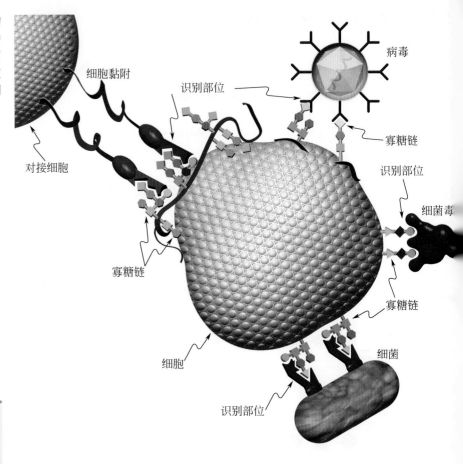

　　人类血型——O、A、B 和 AB——的区分在于红细胞表面不同的寡糖。当因输血引入不相容的血型时，身体的免疫系统产生的抗体与外来红细胞表面上的寡糖结合，导致其聚集在一起。结果使血管大面积阻塞并导致死亡。O 型细胞用六糖"包覆"，其结构对于所有的 4 种血型都是共同的。所以，无论血型如何，O 型细胞都不会被任何接受者认作"外来物"。在A 型和 B 型细胞中，另有两种不同的糖类与 O 型的六糖相连。正是这一"第七"糖类引发了免疫反应。结果，A 型和 B 型的人不可互相供血，也不能供血给 O 型的人。相反，AB 型细胞既含有 A 型糖又含有 B 型糖，因此 AB 血型的人可以接受任何供血者的输血，而不会有产生不良免疫反应的风险。

　　奇怪的是，红细胞表面寡糖的生物学目的（如果有的话）是一个谜。一些科学家推测，不同血型（及相关抗体）可能在抑制病毒感染方面发挥作用：在不同血型的人之间传播的病毒有更大的可能性被识别为"外来物"并被接受者的免疫防御所摧毁。很明显，不同血型的人对某些疾病可能有不同的易感性。然而，具有罕见遗传异常，阻止其血细胞形成任何表面寡糖的人仍然能够过正常、健康的生活。

## 修饰的糖可能含有氮

　　许多天然存在的糖具有修饰的结构或与一些其他有机分子连接。有一大类糖，至少有一个羟基被氨基官能团取代。当氮原子连接在异头碳上时，称为糖胺（或 N-糖苷，glycosylamine）；当氮原子位于别的位置时，为**氨基脱氧糖**（amino deoxy sugar）。

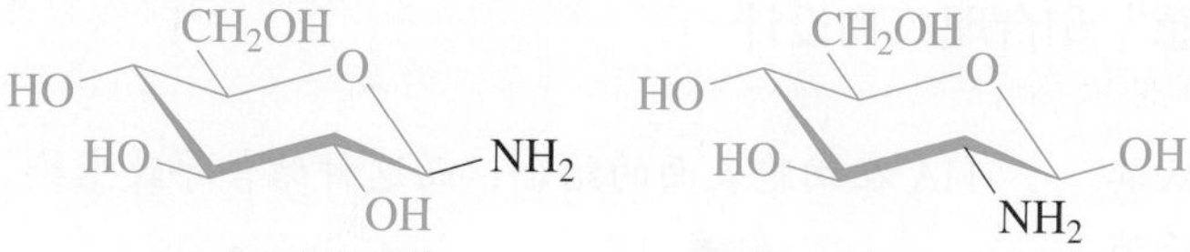

$\beta$-D-吡喃葡萄糖胺
（糖胺）

2-氨基-2-脱氧-D-吡喃葡萄糖
（氨基脱氧糖）

当糖通过其异头碳与另一个复杂残基的羟基连接时，称为**糖基**（glycosyl group）。分子的其余部分（或通过水解除去糖后的产物）称为**苷**（aglycon）。例如阿霉素（Adriamycin），是一种蒽环类抗生素。阿霉素及其脱氧类似物道诺霉素（daunomycin）对治疗多种癌症非常有效。它是联合癌症化疗（831 页）的基石。这些药物的苷元部分是含有蒽醌（衍生自蒽，参见 15-5 节）的线性四环骨架。氨基糖被称为柔红糖胺（daunosamine）。

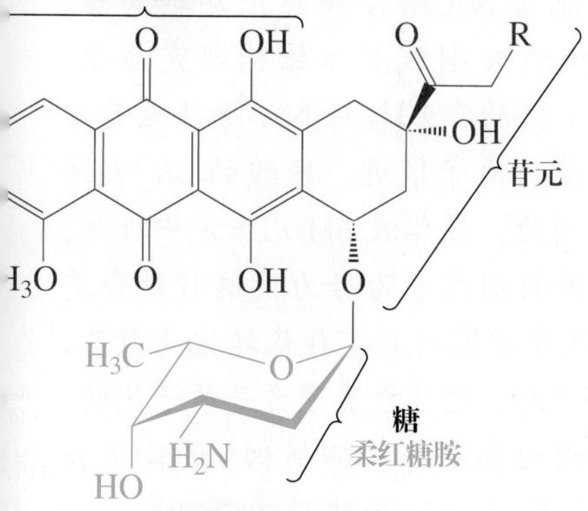

阿霉素 (R = OH)
道诺霉素 (R = H)

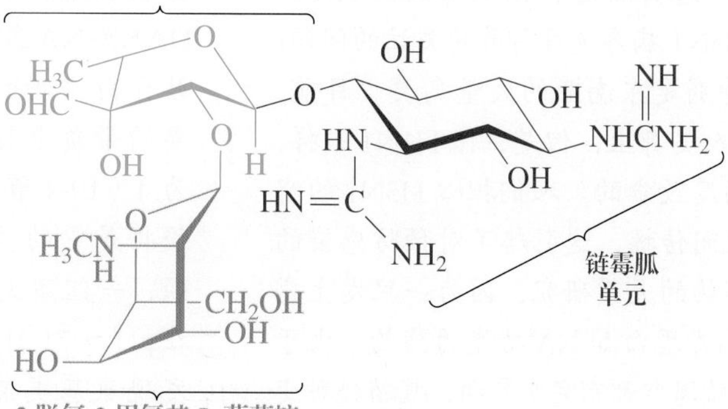

链霉素

氨基糖苷类抗生素，作为一系列特殊的抗生素，几乎完全基于寡糖结构。发挥了重要治疗作用的是链霉素（一种抗结核药），于 1944 年从霉菌灰色链霉菌的培养物中分离出来。该分子由三个亚基组成：链霉糖、葡萄糖衍生物 2-脱氧-2-甲氨基-L-葡萄糖（自然界中罕见的 L 型的一个例子）和链霉胍。链霉素实际上是一种六取代的环己烷。

## 练习24-32

像腺苷（页边）这样的核苷是构成核酸（26-9 节）结构单元的一种糖胺。它们可由单糖和杂环经酸催化缩合来制备。提出相关的核糖转化为化合物 A 的机理。

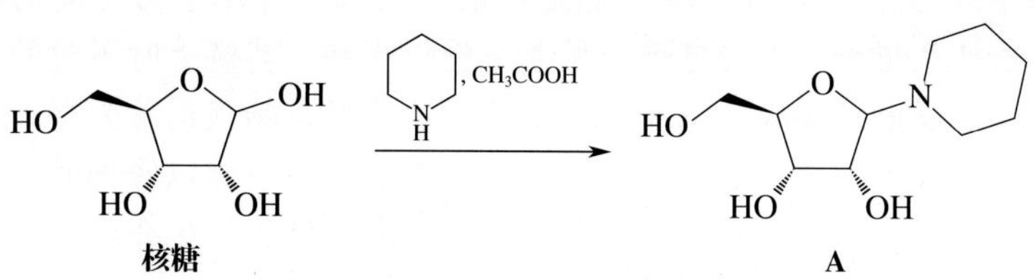

核糖　　　　　　　　　A

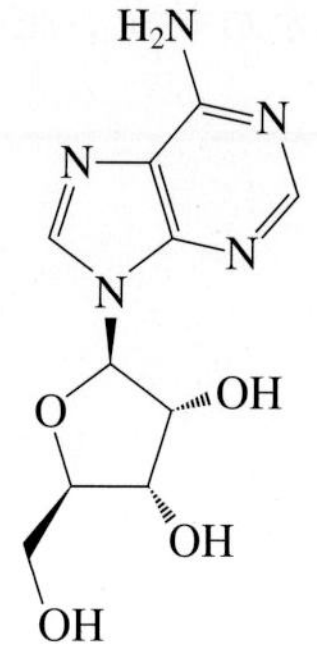

腺苷

---

**真实生活：** 医药  **唾液酸、"禽流感"和合理药物设计**

1918 年，一种前所未有的剧毒流感病毒从其正常的禽类宿主入侵到人类，疫情暴发一年后消退时，共造成多达一亿人死亡（数字如此惊人，这可能仅仅是估计），几乎占世界人口的 5%。流感病毒是一个简单的实体，它的生物化学性质由六个左右的 RNA（第 26 章）片段控制，这些 RNA 控制了一些蛋白质的合成，特别是血凝素（HA）和神经氨酸酶（NA）这两种蛋白质，分别决定病毒结合和感染细胞的能力，并可以从感染细胞中释放新的病毒颗粒来繁殖。

流行性感冒病毒快速突变，引发产生 HA 和 NA 变性的菌株。1918—1919 年全球大流行的流感标记为 H1N1。至今，总共确定了 16 种形式的 HA 和 9 种形式的 NA。H5N1 病毒是目前最受关注的问题：它感染了全世界特别是东南亚的大量鸟类。目前，H5N1 很少出现在人类身上，但是，像 H1N1 一样，一旦感染，它是高度致命的。人们担心 H5N1 的突变株会使人与人之间传播，这引起了对预防感染的疫苗以及抗病毒药物的大量研究，因为一旦发生感染就需要能抑制病毒蛋白如 NA 功能的药物。由于病毒几乎在每个繁殖周期都有突变趋向，疫苗接种变得更加困难。天然存在于所有脊椎动物的血液和组织中的碳水化合物唾液酸（sialic acid）具有抗病毒能力。

唾液酸不是一种，而是一组化合物，是（亦称甘露糖胺丙酮酸）一个九碳骨架单糖神经氨酸的 *N*- 或 *O*- 取代的衍生物。这些物质在血液、脑部（特别是学习和记忆）以及别的地方都有特别的生物功能。唾液酸这个术语通常指最常见的 *N*-乙酰神经氨酸（Neu5Ac）。唾液酸也保护组织免受病原体的侵袭，但矛盾的是，它的存在也有利于流感病毒

HA 在细胞表面的结合，而这种结合导致感染。

1918 年西班牙流感全球大流行期间，在美国堪萨斯州的美国陆军营地芬斯顿建立的紧急医院病房。

20 世纪 70 年代研究确定了一种唾液酸衍生物 DANA，它能与 NA 结合并阻止病毒繁殖。DANA-NA 复合物的 X 射线晶体结构研究显示，结合衍生物的 C-4 位的羟基与对 NA 活性至关重要的带负电荷的羧基离子很近。羧酸的 $pK_a$ 大约为 4（19-4 节），因此，在体液 pH 几乎是中性时，酸将是它的共轭碱的形式。为努力使这种结合更强，一组澳大利亚化学家将 C-4 羟基转化为氨基，在 pH ≈ 7（21-4 节）时，这些氨基通常是质子化的。发现氨基类似物比羟基结合和抑制 NA 的能力强 100 倍。该分子与抗病毒药物达菲（Oseltamivir）密切相关，达菲为流感预防药，用于接种并发症的高风险人群。在最后修饰时，这个取代基被改为脒基，

$$\text{—NH—}\overset{\overset{\displaystyle NH}{\|}}{C}\text{—NH}_2,$$

一个比简单胺强得多的碱，它的共轭酸的正电荷由于共振而高度离域（第 21 章习题 37 和 26-1 节）。该药物通用名为扎那米韦（Zanamivir），现由葛兰素史克制药公司以商品名乐感清（Relenza）销售。

---

## 小 结

多糖中纤维素、淀粉和糖原都是多聚葡萄糖。纤维素由重复的二聚纤维二糖单元组成。淀粉可视为聚麦芽糖衍生物，其链上时不时的分支对酶促降解提出了挑战，糖原也是如此。这些聚合物代谢首先得到单体葡萄糖，然后进一步降解。最后，自然界存在的许多糖以修饰的形式或作为其他结构的简单附属物存在，例如细胞表面的碳水化合物和氨基糖。氨基糖苷类抗生素完全由修饰的和未经修饰的糖类分子组成。

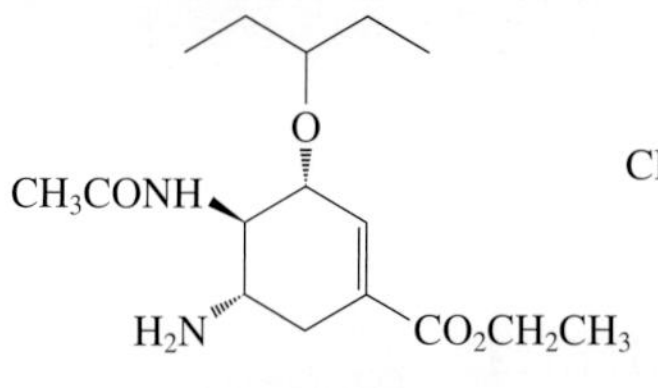

达菲
（奥司他韦）

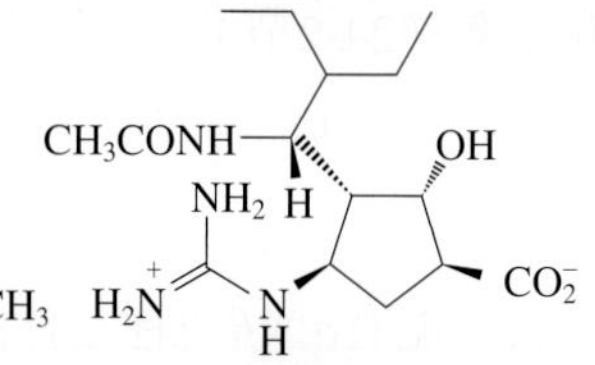

Rapivab
帕拉米韦

例如 NA，建立三维形态和表面电荷分布模型。接着用这些模型"设计"具有互补三维形态和电荷分布的药物"候选者"，以便它们以抑制目标分子功能的方式进行"对接"。这一策略能使化学家在进行实验室合成之前确定候选的潜在药物分子的最佳结构特征。下图为从唾液酸到药物乐感清的合理药物设计过程，整个过程基于每种候选结构对神经氨酸酶靶分子关键区域中羧酸根离子和其他基团的吸引力的实验和计算评估。

现在，制药公司普遍认为乐感清是合理药物设计的结果。用一个复杂的软件包对目标分子，

神经氨酸酶（NA）抑制剂扎那米韦（乐感清）的合理药物设计（R = CH₃C）

$$R = CH_3C \overset{O}{\underset{\parallel}{\phantom{.}}}$$

| 唾液酸 (Neu5Ac) | → DANA → | 4-氨基-DANA- | → 扎那米韦 (乐感清) |
|---|---|---|---|
| 弱抑制剂 （氢键） | 稍好的抑制剂 （氢键） | 好100倍的抑制剂 （离子引力） | 最终的药物 （强离子引力） |

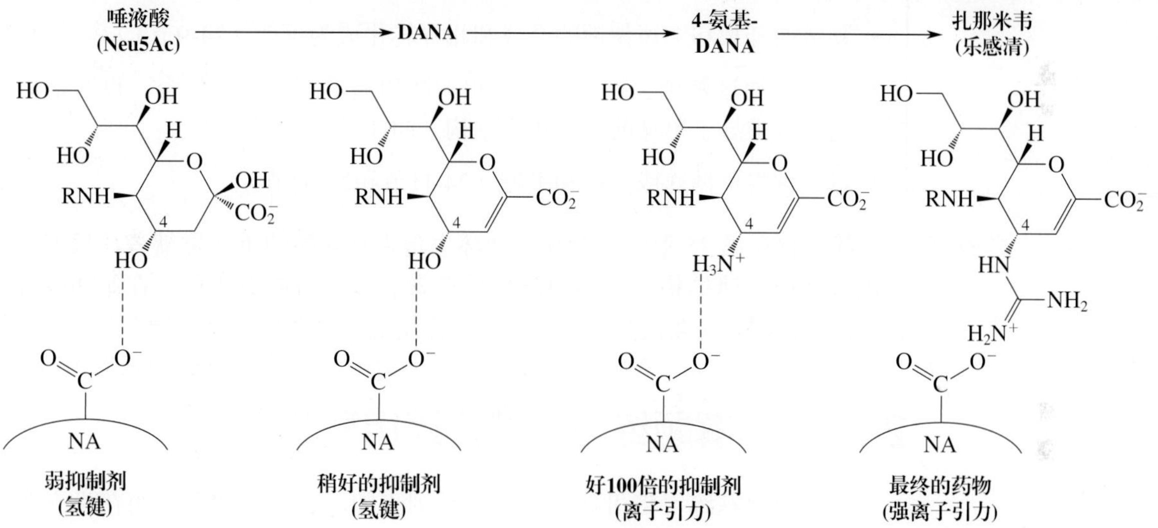

2014 年底由美国 FDA 批准的帕拉米韦（Rapivab）是抗病毒药物库中最新的一员，值得注意的是，它的结构与达菲和乐感清这两个药品很相似。帕拉米韦是静脉注射药，而达菲是口服的片剂或液体，乐感清是吸入剂。鉴于流感病毒易于变异，耐药性是一个需持续关注的问题。因此，这三者对全球的禽流感预防工作至关重要。

---

## 总 结

碳水化合物的广泛性和多样性赋予了它们无数的生物功能。它们的化学行为和生物活性直接来自其多官能团的分子结构，它们的立体化学差异决定了它们各自有明确的三维形态。这一章，我们已学习了这类化合物的许多特性，包括以下几方面：

→ 碳水化合物可按几个层次分类：糖单元的数目、每个单元中碳的数目及醛或酮官能团（24-1节）。

- 开链单糖的特征在于二级醇的手性中心；D/L命名基于最高位数的手性中心（24-1节）。

- 单糖优先以五元或六元环状半缩醛形式存在，在溶液中，它们彼此之间以及与开链形式之间相互平衡（24-2节）。

- Haworth投影式以简化的形式表示了糖的环状形态，它只描述了立体化学，无关构象（24-2节）。

- 半缩醛基的碳称为异头碳，它可能有α或β两种立体结构。

- 糖上的羰基可被还原为醇，得到糖醇；反之，羟基，特别是端基碳上的羟基，可被氧化为羧酸，得到醛糖酸或糖二酸（24-2节和24-6节）。

- 带醛基的糖（尤其会与它们的环状半缩醛达成平衡）可被氧化，为还原糖；其异头碳被保护成缩醛时则是非还原糖（24-4节和24-8节）。

- 高碘酸断裂反应可帮助确定糖的结构（24-5节）。

- 异头碳可表现出半缩醛和缩醛的反应特性（24-8节）。

- 糖链的延长和缩短使糖的合成和相互转化成为可能（24-9节）。

- Fischer通过链延长操作、化学相关性和测定手性存在与否，也即是否对称等推导了单糖的立体化学结构（24-10节）。

- 糖苷键将单糖连成二糖和多糖（24-11节和24-12节）。

我们将在第 25 章研究杂环，杂环也是生物功能的重要贡献者，只不过是围绕环而搭建结构，杂环中除碳外还含有氧、硫或氮原子。在第 26 章，我们讨论核酸时又要回到这类发挥重要作用的物质即碳水化合物上。

# 24-13 | 解题练习：综合运用概念

下面的解题练习将引导你完成一系列步骤，这些步骤可说明在没有明确光谱信息的情况下，结构解析所需的大部分思路。本章所学的大部分内容以及早先学习的醇和羰基化学也都涉及在内。

### 解题练习24-33　糖结构测定的扩展练习

芸香糖（rutinose）是几种生物类黄酮的一部分，该分子存在于许多植物中，这些植物一般对保持心血管健康特别是对保持血管壁强度方面有显著疗效。芦丁是在荞麦和桉树中发现的一种芸香糖，也是一种生物类黄酮。橙皮苷（hesperidine）是另一种源自柠檬和橙子皮中的生物类黄酮。芦丁和橙皮苷中都含有与三环苷元结合的芸香糖（24-12 节）。

这些柑橘类水果的果皮富含生物类黄酮。

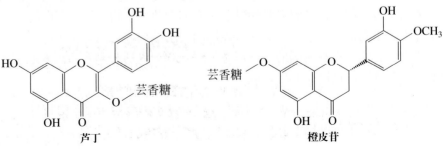

芦丁　　　　　　　　橙皮苷

利用下列信息推导出芸香糖的结构。

**（a）** 芸香糖是还原糖，酸水解时产生 1 分子的 **D-葡萄糖**和 1 分子分子式为 $C_6H_{12}O_5$ 的另一个糖 **A**。糖 **A** 与 4 分子的 $HIO_4$ 反应，生成 4 分子甲酸和 1 分子乙醛。在这一步，能为糖 **A** 得出什么结论？

解答：

$HIO_4$ 降解结果告诉了我们什么？每 1 分子 $HIO_4$ 切断一个带有氧的两个碳原子之间的键，得到每个碳原子上保留与原始糖分子中相同数量氢的片段。如 24-5 节所述，甲酸可由末端甲酰基或内部的仲醇基产生。乙醛是个特殊的降解产物，它的形成暗示有一个末端甲基取代基连接在仲醇碳上。从这些信息得出的符合逻辑的糖 **A** 的骨架可能如下：

$$
\begin{array}{c}
\text{HCOOH} \\
\text{HCOOH} \\
\text{HCOOH} \\
\text{HCOOH} \\
\text{CHO} \\
\text{CH}_3
\end{array}
\quad\Longrightarrow\quad
\begin{array}{c}
\text{CHO} \\
\text{CHOH} \\
\text{CHOH} \\
\text{CHOH} \\
\text{CHOH} \\
\text{CH}_3
\end{array}
$$

复查一下，我们注意到这个结构确实符合分子式 $C_6H_{12}O_5$。

**（b）** 如页边所示，糖 **A** 可由 **L-(-)- 甘露糖**合成。步骤 **3**（标有星号者）是一个将末端伯醇转化为羧基而分子其余部分不变的特殊反应。这一结果说明糖 **A** 的手性中心有什么信息？

解答：

让我们一步一步地按顺序写出以下反应，以便得到糖 **A** 的全开链结构：

L-(-)-甘露糖

1. $HSCH_2CH_2SH$, $ZnCl_2$
2. Raney Ni (17-8 节)
3. $O_2$, Pt*
4. $\triangle$ (-$H_2O$) (24-4 节)
5. $[(CH_3)_2CHCH_2]_2AlH$ (20-4 节)

糖 **A**

糖 A 为 6-脱氧-L-甘露糖。

（c）用过量的硫酸二甲酯（24-8 节）将芸香糖完全甲基化，得到一个七甲基化的衍生物。接着进行温和酸水解，得到了 1 分子的 2,3,4- 三 -O- 甲基 -D- 葡萄糖和 1 分子糖 A 的 2,3,4- 三 -O- 甲基衍生物。芸香糖的什么可能结构与这些数据符合？

解答：

硫酸二甲酯处理可将全部游离的 OH 转化为 OCH$_3$（24-8 节）。据此，可以得出结论，芸香糖具有七个羟基取代基，并且（至少）一个必须是环状半缩醛官能团的一部分。回想一下，芸香糖是个还原糖（24-4 节），那就还可以得出结论，芸香糖的两个单糖组分都是环形的。为什么？葡萄糖和糖 A 的开链形式总共含有九个 OH。为了使芸香糖只含有七个 OH，原来九个中的两个必须连接这两个糖的环形糖苷缩醛官能团，和二糖麦芽糖、纤维二糖和乳糖（24-11 节）中的键连接类似。

七甲基化的芸香糖酸水解产生两个三甲基化的单糖。酸把两个糖之间的糖苷键切断（24-11 节），但第七个甲基到哪里去了呢？它本来是连接在半缩醛氧上的，连接的形式是甲基糖苷——一种缩醛，我们知道它比通常的甲基醚更容易被酸切断（24-8 节）。六个甲基（在两个生成的单糖的 C-2、C-3 和 C-4 上）必须连接在既不构成两个糖之间的糖苷键也不构成它们的环的氧原子上。只有那些用硫酸二甲酯处理时剩下的不被甲基化的氧原子才能构成芸香糖的这些部分。因此，可以得出结论，在两个甲基化的单糖产物中，C-5 上的氧处于吡喃糖（六元）环中，因为如果是五元环的话，处于环上的不是 C-5 而是 C-4 上的氧。我们差不多要成功了，还剩下三个羟基，它们是两个糖之间键连的候选羟基：糖 A C-1 上的半缩醛 OH 和葡萄糖 C-1 半缩醛羟基或 C-6 伯羟基。总结一下，结构可能是：

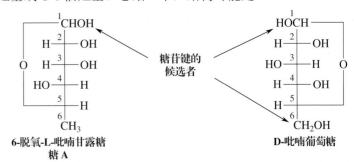

6-脱氧-L-吡喃甘露糖
糖 A

D-吡喃葡萄糖

事实上，我们已经得出了答案：芸香糖是还原糖，所以必须有至少 1 个半缩醛官能团。所以唯一的选择是将一个羟基留给葡萄糖 C-1，而将糖苷键分给葡萄糖 C-6 和糖 A 的 C-1 上。按照 24-2 节的步骤，以表达效果更好的 Haworth 投影式和椅式构象（糖 A C-1 的立体化学未定）重新画出这些结构，可以作为结论。在下面的三个图中，吡喃葡萄糖这一部分位于糖 A 平面的下方。因为糖 A 是 L 型糖，为了保持适当的绝对立体化学，必须小心谨慎。一种方法是沿用 D 型糖的步骤：将醚键放在后面，顺时针将 Fischer 投影式旋转 90°，使 Fischer 投影式中原来在右边的基团现在朝下，而那些原来在左边的朝上。标记 D 和 L 是指 C-5 的构型，D 糖中在此位置的取代基（C-6）是朝上的，但随着 C-5 的反转，该基团现在必须朝下。因此得到两个结构式 I 和 II。同样正确的另一个方法是将 L 糖的 Fischer 投影式用相反的方式即逆时针旋转。这样就得到了右边的结构式 III。注意，相对于右边的图，C-6 甲基现在是朝上，异头碳（C-1）在左边，糖 A 的结构式以绕着垂直于纸面的轴旋转 180° 后的样子画出。请搭建分子模型。

### 芸香糖

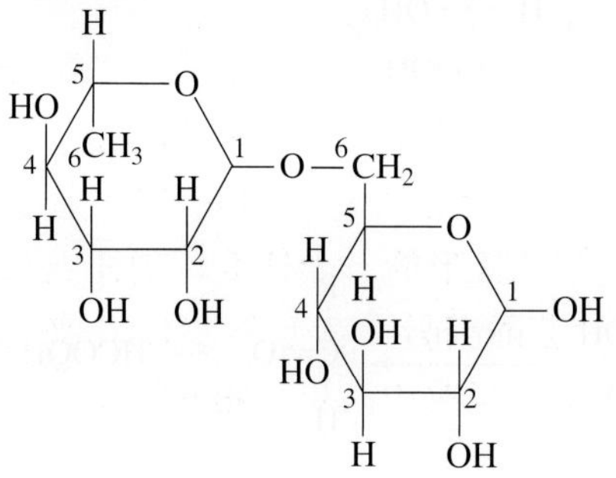

I 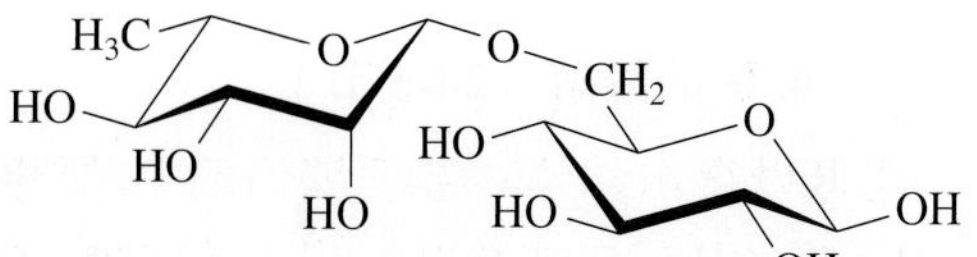            II 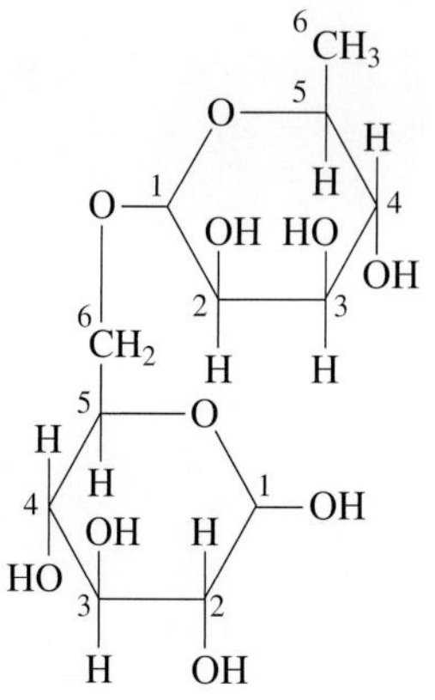            III

## 新反应

### 1. 糖的环状半缩醛形成（24-2 节）

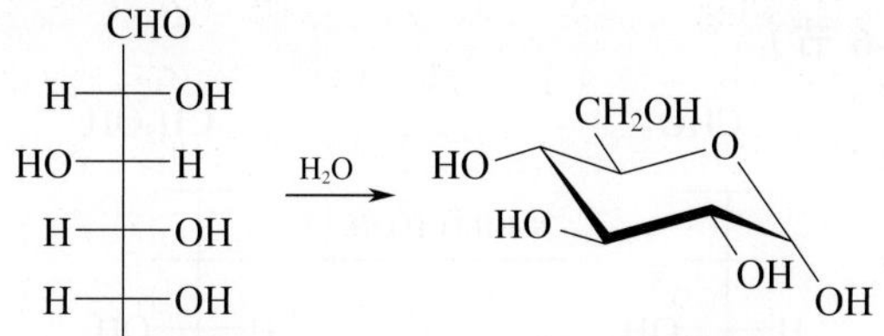

$\alpha$- 和 $\beta$-吡喃葡萄糖

### 2. 变旋作用（24-3 节）

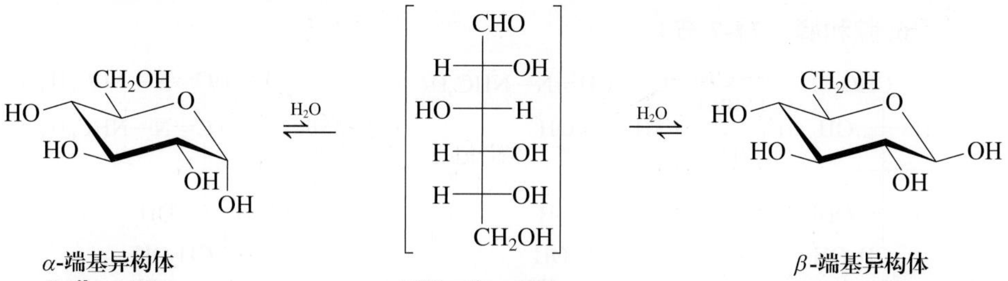

$\alpha$-端基异构体      （平衡 $[\alpha]_D^{25} = +52.7$）     $\beta$-端基异构体
($[\alpha]_D^{25} = +112$)                                            ($[\alpha]_D^{25} = +18.7$)

### 3. 氧化（24-4 节，已略去大多数不必要的 H 和 OH）

糖还原试验

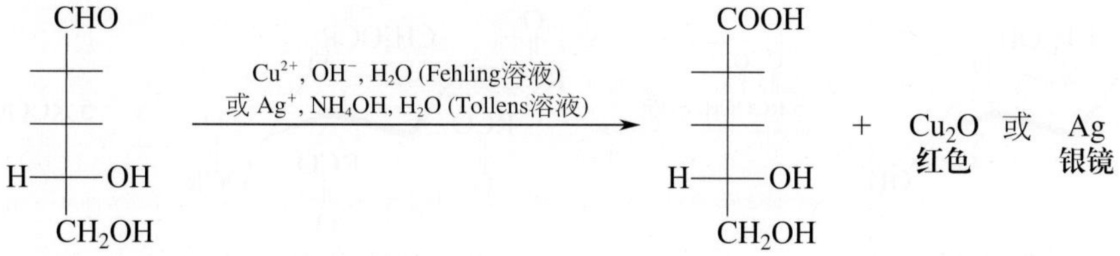

醛糖酸的合成

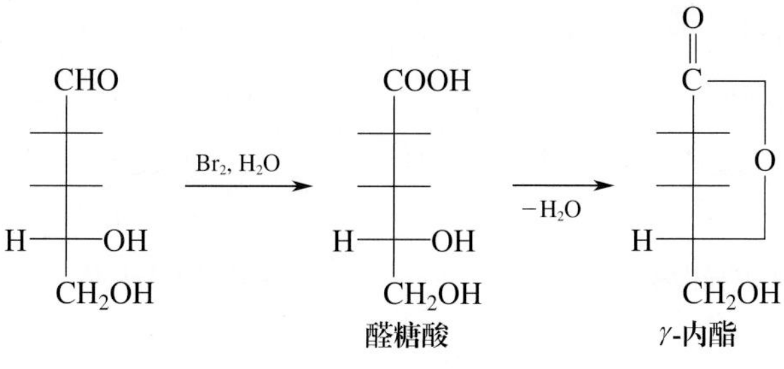

醛糖酸                  $\gamma$-内酯

糖二酸的合成

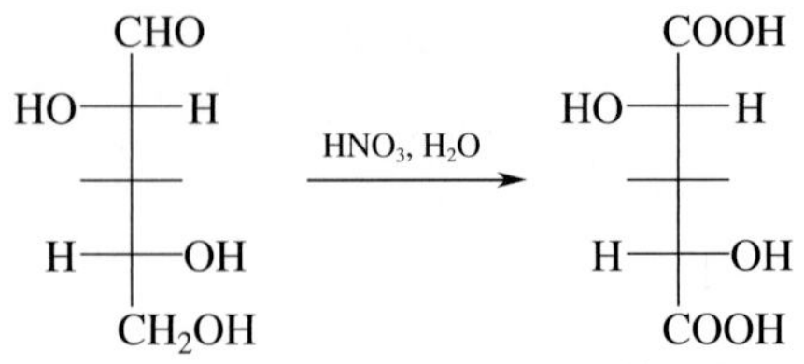

$$
\begin{array}{c}
\text{CHO} \\
\text{HO} - \text{H} \\
\text{H} - \text{OH} \\
\text{CH}_2\text{OH}
\end{array}
\xrightarrow{\text{HNO}_3,\ \text{H}_2\text{O}}
\begin{array}{c}
\text{COOH} \\
\text{HO} - \text{H} \\
\text{H} - \text{OH} \\
\text{COOH}
\end{array}
$$

糖二酸

### 4. 糖的降解（24-5 节）

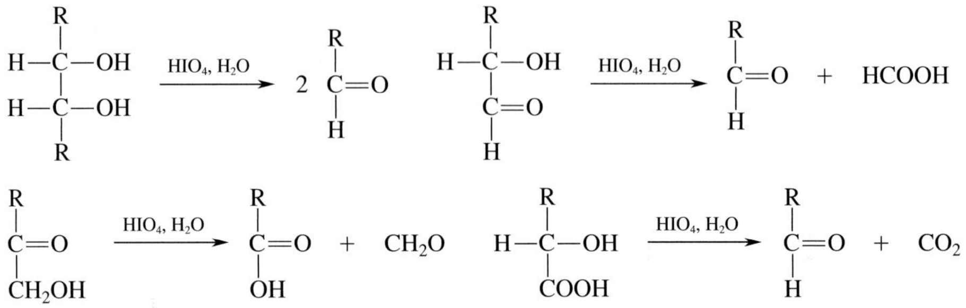

$$
\begin{array}{c}
\text{R} \\
\text{H} - \text{C} - \text{OH} \\
\text{H} - \text{C} - \text{OH} \\
\text{R}
\end{array}
\xrightarrow{\text{HIO}_4,\ \text{H}_2\text{O}}
2\ \begin{array}{c}
\text{R} \\
\text{C} = \text{O} \\
\text{H}
\end{array}
\qquad
\begin{array}{c}
\text{R} \\
\text{H} - \text{C} - \text{OH} \\
\text{C} = \text{O} \\
\text{R}
\end{array}
\xrightarrow{\text{HIO}_4,\ \text{H}_2\text{O}}
\begin{array}{c}
\text{R} \\
\text{C} = \text{O} \\
\text{H}
\end{array}
+\ \text{HCOOH}
$$

$$
\begin{array}{c}
\text{R} \\
\text{C} = \text{O} \\
\text{CH}_2\text{OH}
\end{array}
\xrightarrow{\text{HIO}_4,\ \text{H}_2\text{O}}
\begin{array}{c}
\text{R} \\
\text{C} = \text{O} \\
\text{OH}
\end{array}
+\ \text{CH}_2\text{O}
\qquad
\begin{array}{c}
\text{R} \\
\text{H} - \text{C} - \text{OH} \\
\text{COOH}
\end{array}
\xrightarrow{\text{HIO}_4,\ \text{H}_2\text{O}}
\begin{array}{c}
\text{R} \\
\text{C} = \text{O} \\
\text{H}
\end{array}
+\ \text{CO}_2
$$

### 5. 还原（24-6 节）

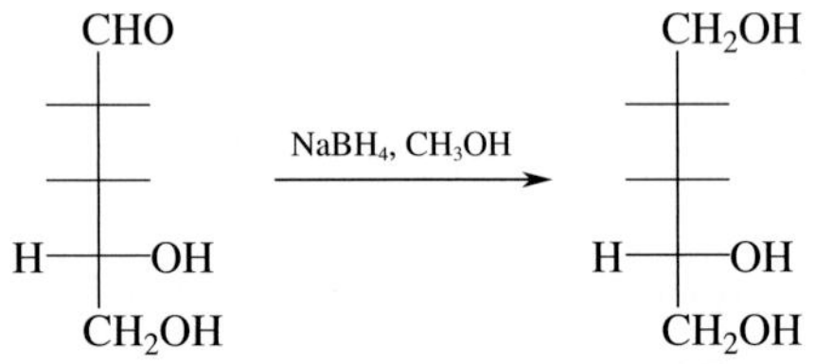

$$
\begin{array}{c}
\text{CHO} \\
\\
\text{H} - \text{OH} \\
\text{CH}_2\text{OH}
\end{array}
\xrightarrow{\text{NaBH}_4,\ \text{CH}_3\text{OH}}
\begin{array}{c}
\text{CH}_2\text{OH} \\
\\
\text{H} - \text{OH} \\
\text{CH}_2\text{OH}
\end{array}
$$

糖醇

### 6. 腙和脎（24-7 节）

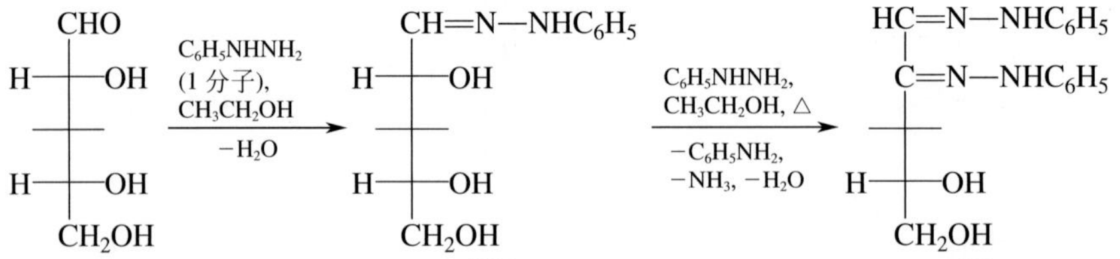

$$
\begin{array}{c}
\text{CHO} \\
\text{H} - \text{OH} \\
\text{H} - \text{OH} \\
\text{CH}_2\text{OH}
\end{array}
\xrightarrow[\substack{\text{CH}_3\text{CH}_2\text{OH} \\ -\text{H}_2\text{O}}]{\substack{\text{C}_6\text{H}_5\text{NHNH}_2 \\ (1\ \text{分子})}}
\begin{array}{c}
\text{CH} = \text{N} - \text{NHC}_6\text{H}_5 \\
\text{H} - \text{OH} \\
\text{H} - \text{OH} \\
\text{CH}_2\text{OH}
\end{array}
\xrightarrow[\substack{\text{CH}_3\text{CH}_2\text{OH},\ \triangle \\ -\text{C}_6\text{H}_5\text{NH}_2, \\ -\text{NH}_3,\ -\text{H}_2\text{O}}]{\text{C}_6\text{H}_5\text{NHNH}_2,}
\begin{array}{c}
\text{HC} = \text{N} - \text{NHC}_6\text{H}_5 \\
\text{C} = \text{N} - \text{NHC}_6\text{H}_5 \\
\text{H} - \text{OH} \\
\text{CH}_2\text{OH}
\end{array}
$$

苯腙    脎

### 7. 酯（24-8 节）

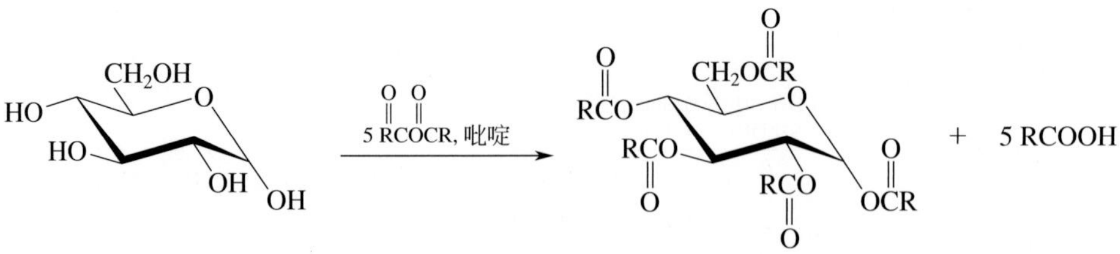

α-和 β-端基异构体 $\xrightarrow[\text{5 RCOCR, 吡啶}]{}$ α-和 β-端基异构体 + 5 RCOOH

### 8. 糖苷（24-8 节）

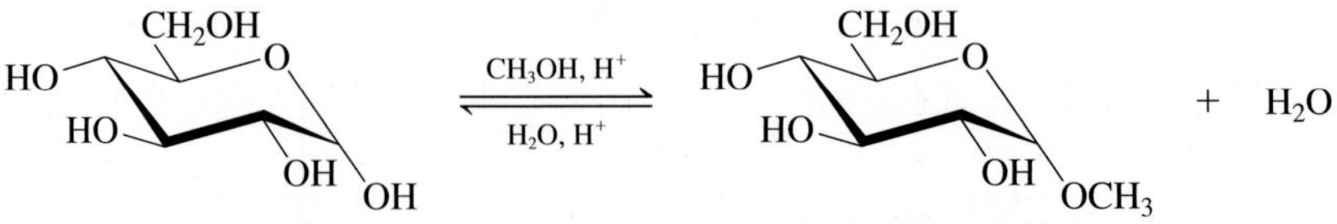

α-和 β-端基异构体 $\underset{\text{H}_2\text{O, H}^+}{\overset{\text{CH}_3\text{OH, H}^+}{\rightleftharpoons}}$ α-和 β-端基异构体 + $\text{H}_2\text{O}$

### 9. 醚（24-8 节）

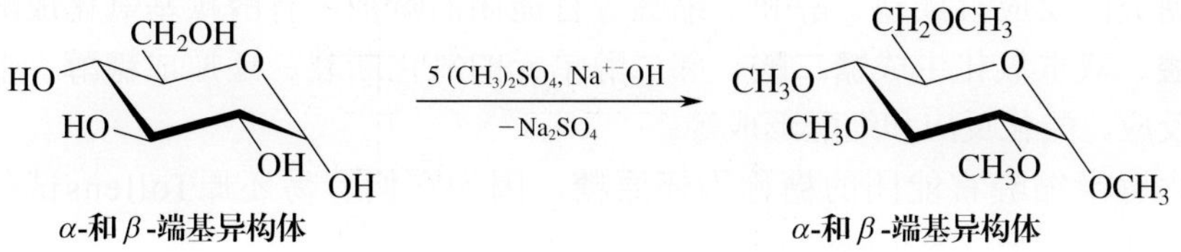

$$5 (CH_3)_2SO_4, Na^+ {}^-OH \\ \overline{-Na_2SO_4}$$

α-和 β-端基异构体 → α-和 β-端基异构体

### 10. 环状缩醛（24-8 节）

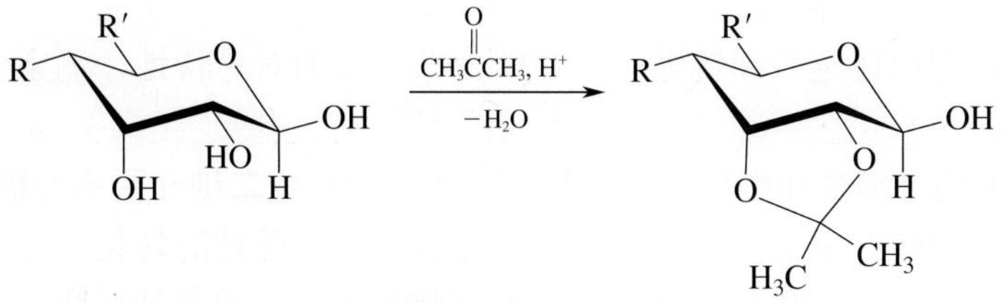

$$\overset{O}{\underset{CH_3CCH_3, H^+}{\longrightarrow}} \\ -H_2O$$

### 11. 通过氰醇的链延长（24-9 节）

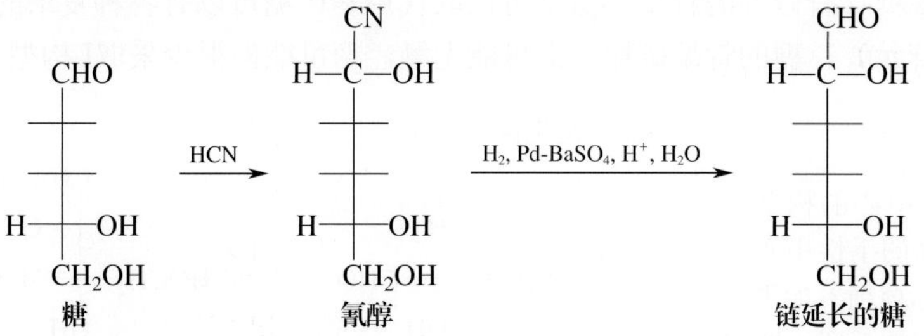

$$\xrightarrow{HCN}$$

$$\xrightarrow{H_2, Pd-BaSO_4, H^+, H_2O}$$

糖　　　　　氰醇　　　　　链延长的糖

### 12. Ruff 降解（24-9 节）

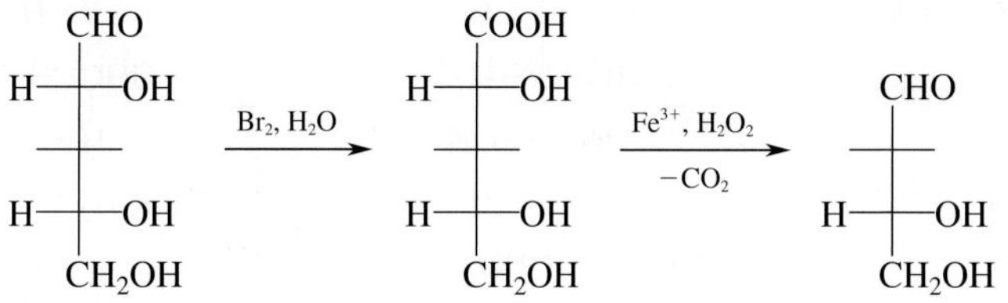

$$\xrightarrow{Br_2, H_2O}$$

$$\overset{Fe^{3+}, H_2O_2}{\underset{-CO_2}{\longrightarrow}}$$

## 重要概念

1. **碳水化合物**是天然存在的**多羟基羰基**化合物，可以单体、二聚体、寡聚体和多聚体形式存在。

2. **单糖**如果是醛则称为**醛糖**，如果是酮则称为**酮糖**。可用前缀丙(3)、丁(4)、戊(5)、己(6) 等来表示链长。

3. 大多数天然的碳水化合物属于**D型糖**，即距羰基最远的手性中心具有和 $(R)$-$(+)$-2,3-二羟基丙醛 ［D-$(+)$-甘油醛］ 相同的构型。

4. 碳水化合物的酮形式与相应的五元（**呋喃糖**）或六元（**吡喃糖**）环状半缩醛存在平衡。通过环化形成的新的立体中心称为**异头碳**，两个端基异构体为α和β。

5. D型糖的**Haworth投影式**将环醚用直线符号表示为五边形或六边形，异头碳置于右边，醚氧在顶部。在环上方或下方的取代基与垂直线相连接。底部（C-2与C-3之间）的键看作在纸面的前方，含有氧的环键则看作在纸面的后方。α-端基异构体异头碳上的OH指向下方，而β-端基异构体则指向上方。

6. 溶液中端基异构体之间的平衡使比旋光度发生变化，称为**变旋作用**。

7. 糖类的反应有羰基、醇和半缩醛等官能团的特征，有醛羰基氧化成**醛糖酸**、双重氧化生成**糖二酸**、邻二醇单元的氧化断裂、还原成**糖醇**、缩合反应、酯化反应和缩醛形成等。

8. 含有半缩醛官能团的糖称为**还原糖**，因为它们容易还原Tollens试剂和Fehling试剂。异头碳被缩醛化后的糖是非还原糖。

9. **链延长**可合成较高的糖，通过氰化物离子引入新增加的碳。较低的糖的合成则通过Ruff **降解**反应，端基碳作为$CO_2$除去。

10. Fischer利用链延长和链缩短，并结合糖二酸的对称特性，测定了醛糖的结构。

11. 两个糖的半缩醛和醇羟基结合得到缩醛键，形成**二糖**和**更高的糖**。

12. 在蔗糖的酸性水溶液中观察到的旋光变化称为**蔗糖的转化**，这是由于起始的糖（蔗糖）与其组成单体（葡萄糖和果糖）的各种环状形式（五或六元环）和端基异构体形式（$\alpha$和$\beta$）之间的平衡的缘故。

13. 许多糖含有修饰的骨架。氨基可以取代羟基，糖可以有各种复杂的取代基（**苷元**），糖的骨架碳原子上可能无氧，糖可能但很少采取L构型。

## 习 题

**34.** 糖的D型和L型是指编号最高的手性中心的构型。如果将D-核糖（图24-1）的编号最高的手性中心的构型从D改变成L，那么产物是不是L-核糖？如果不是，那该产物是什么？它怎样与D-核糖关联（即它们是哪一种异构体）？

**35.** 下列单糖属于哪一类糖？哪个是D型？哪个是L型？

(a) (+)-芹菜糖

(b) (−)-鼠李糖

(c) (+)-甘露庚酮糖

**36.** 画出L-(+)-核糖和L-(−)-葡萄糖的开链（Fischer 投影式）结构（练习24-2）。它们的系统名称是什么？

**37.** 鉴别下列各糖中，哪些不是用符合习惯的 Fischer 投影式表示的。（**提示**：需要将这些投影式转化为符合习惯的表示法，并且不能使任何手性中心发生翻转。）

(a)

(b)

(c)

(d)

(e)

**38.** 按Fischer投影式和开链形式重画下列糖，写出它们的通用名称。

(a)

(b)

(c)

(d)

**39.** 用Haworth投影式画出下列各糖所有合理的环状结构；指出哪些结构是吡喃糖，哪些结构是呋喃糖，并标出$\alpha$-和$\beta$-端基异构体。

　　（a）（−）-苏阿糖；（b）（−）-阿洛糖；（c）（−）-核酮糖；（d）（+）-山梨糖；（e）甘露庚酮糖（习题35）。

**40.** 习题39的糖中有没有不能发生变旋作用的？试解释。

**41.** 画出下列各糖的最稳定的吡喃糖构象：（a）$\alpha$-D-阿拉伯糖；（b）$\beta$-D-半乳糖；（c）$\beta$-D-甘露糖；（d）$\alpha$-D-艾杜糖。

**42.** 酮糖对Fehling和Tollens溶液显示正反应，不仅氧化成$\alpha$-二羰基化合物，而且经过第二个过程：在碱存在下酮糖异构化为醛糖。然后，醛糖又在Fehling和Tollens溶液中发生氧化。应用图24-2中的任何酮糖，提出碱催化生成相应的醛糖的机理和途径（**提示**：复习18-2节）。

**43.** 高碘酸断裂下列每个化合物的产物是什么？产物的比率是多少？（a）芹菜糖（习题35）；（b）鼠李糖（习题35）；（c）山梨醇。

**44.** 写出以下各糖与以下四组试剂反应的预期产物（i）$Br_2$，$H_2O$；（ii）$HNO_3$，$H_2O$，60℃；（iii）$NaBH_4$，$CH_3OH$；（iv）过量$C_6H_5NHNH_2$，$CH_3CH_2OH$，△，并写出所有产物的常用名。

　　（a）D-（−）-苏阿糖；（b）D-（+）-木糖；（c）D-（+）-半乳糖。

**45.** 画出某己醛糖的Fischer投影式并给出常用名。该糖所生成的脎分别和以下的糖相同：（a）D-（−）-艾杜糖；（b）L-（−）-阿卓糖。

**46.** **挑战题**　在俄罗斯化学家M. M. Shemyakin的一系列同位素标记实验之前，成脎机理一直是一个谜。他用2-羟基环己酮作为糖形成脎的类似物鉴定了下列中间体：

**47.** 写出这个过程每个箭头中的机理。亚胺形成时（17-9节），假设有酸存在可作为催化的质子来源（**提示**：为了使烯醇烯胺转变为亚氨基酮，考虑环状机理。其他的所有过程与以前讲述的转化类似。）

（a）哪一个戊醛糖（图24-1）在用$NaBH_4$还原后会生成光学活性的糖醇？（b）用D-果糖说明酮糖$NaBH_4$还原的结果。是否比醛糖的还原情况更复杂？请解释。

**48.** 下列葡萄糖和葡萄糖衍生物中哪个能发生变旋作用？（a）$\alpha$-D-吡喃葡萄糖；（b）$\alpha$-D-吡喃葡萄糖甲苷；（c）$\alpha$-2,3,4,6-四-$O$-甲基-D-吡喃葡萄糖甲苷（即在2,3,4,6位碳的四甲基醚）；（d）$\alpha$-2,3,4,6-四-$O$-甲基-D-吡喃葡萄糖；（e）$\alpha$-D-吡喃葡萄糖1,2-丙酮缩醛。

**49.** （a）试解释为什么吡喃醛糖C-1上的氧比分子中其他氧更容易被甲基化。（b）试解释为什么全甲基化的吡喃醛糖的C-1甲基醚单元比分子中其他甲基醚官能团的水解要容易得多。（c）写出下列反应的预期产物。

$$D\text{-果糖} \xrightarrow{CH_3OH,\ 0.25\%\ HCl,\ H_2O}$$

**50.** 在四个戊醛糖中，当用过量酸性丙酮处理时，两个容易形成双缩醛，而另两个则只形成单缩醛。试解释。

**51.** D-景天庚酮糖是将葡萄糖最终转化为2,3-二羟基丙醛（甘油醛）和3分子$CO_2$的代谢循环（戊糖氧化循环）中的一个糖中间体。试根据以下信息测定D-景天庚酮糖的结构。

$$D\text{-景天庚酮糖} \xrightarrow{6\ HIO_4} 4\ HCOH + 2\ HCH + CO_2$$

$$D\text{-景天庚酮糖} \xrightarrow{C_6H_5NHNH_2} \text{脎，与另一个糖（庚醛糖A）形成相同的脎}$$

$$\text{庚醛糖A} \xrightarrow{Ruff\ \text{降解}} \text{己醛糖B}$$

$$\text{己醛糖B} \xrightarrow{HNO_3,\ H_2O,\ \triangle} \text{光学活性产物}$$

$$\text{己醛糖B} \xrightarrow{Ruff\ \text{降解}} D\text{-核糖}$$

**52.** 在Kiliani-Fischer链延长中，两个不同的立体异构醛糖是否可能得到同样的产物，为什么？

**53.** 在下列每组三个D醛糖中，找出两组在Ruff降解时得到同样产物的糖。（a）甘露糖，古洛糖，塔罗糖；（b）葡萄糖，古洛糖，艾杜糖；（c）阿洛糖，阿卓糖，甘露糖。

**54.** 说明D-塔罗糖通过氰醇化链延长的结果。　形成了几种产物？画出它们结构。用温热的$HNO_3$处理后，产物是光学活性的还是非光学活性的二羧酸？

55. **挑战题**　（**a**）写出$\beta$-D-呋喃果糖（从蔗糖水解而来）异构化成$\beta$-吡喃糖和$\beta$-呋喃糖平衡混合物的详细机理。（**b**）尽管果糖作为多糖组分时通常以呋喃糖形式出现，但在纯的结晶形态时，果糖是$\beta$-吡喃结构。画出$\beta$-D-吡喃果糖最稳定的构象。在20℃水中，平衡混合物含有大约68%的$\beta$-D-吡喃糖和32%的$\beta$-D-呋喃糖。（**c**）在20℃时，吡喃糖和呋喃糖之间的自由能差是多少？（**d**）纯的$\beta$-D-吡喃果糖$[\alpha]_D^{20} = -132°$，吡喃糖-呋喃糖混合物平衡时$[\alpha]_D^{20} = -92°$，计算出纯$\beta$-D-呋喃果糖的$[\alpha]_D^{20}$。

56. 将下列每个糖和糖衍生物按还原糖和非还原糖归类：（**a**）D-甘油醛；（**b**）D-阿拉伯醛；（**c**）$\beta$-D-吡喃阿拉伯糖-3,4-丙酮缩醛；（**d**）$\beta$-D-吡喃阿拉伯糖丙酮二缩醛；（**e**）D-核酮糖；（**f**）D-半乳糖；（**g**）$\beta$-D-吡喃半乳糖甲苷；（**h**）$\beta$-D-半乳糖醛酸（如下所示）；（**i**）$\beta$-纤维二糖；（**j**）$\alpha$-乳糖。

**$\beta$-D-半乳糖醛酸**

57. $\alpha$-乳糖能否发生变旋作用？用方程式来说明你的答案。

58. 海藻糖、槐糖和松二糖都是二糖。海藻糖存在于某些昆虫的茧中，槐糖存在于一些豆类中，而松二糖则是蜜蜂以松树汁为食时酿造的蜂蜜的成分。根据以下信息，鉴定下列结构式中哪个分别对应于海藻糖、槐糖和松二糖：（ⅰ）松二糖和槐糖是还原糖，海藻糖是非还原糖。（ⅱ）水解后，槐糖、海藻糖各得到2分子醛糖。松二糖得到1分子醛糖和1分子酮糖。（ⅲ）构成槐糖的两个醛糖互为端基异构体。

59. 鉴定构成荚豆二糖结构中的两种单糖，也就是HexVic（3-己烯基荚豆二糖苷）中的二糖（1199页"真的吗？"）。其中一个的立体化学有什么特殊之处？（**提示**：将两个单糖椅式构象转换为Fischer投影式，并将它们与图24-1中的相比较。）

60. 运用24-1节和24-11节中的信息，鉴定甜菊苷（真实生活24-2）中碳水化合物的结构并写出其名称。

61. 连在B型血红细胞表面的寡糖末端的二糖是$\alpha$-D-吡喃半乳糖基-$\beta$-D-吡喃半乳糖。第一个半乳糖的C-1缩醛键连在第二个半乳糖的C-3羟基上。换句话说，全名是3-($\alpha$-D-吡喃半乳糖基-1-)-$\beta$-D-吡喃半乳糖。画出这个二糖的结构，六元环用椅式构象表示。

62. 在微量酸存在下，葡萄糖与氨反应主要生成$\beta$-D-吡喃葡萄糖胺（24-12节）。试为这一转化提出合理的机理。为什么只有C-1处羟基被取代？

63. （**a**）当(R)-2,3-二羟基丙醛（D-甘油醛）和1,3-二羟基丙酮的混合物用NaOH水溶液处理时，迅速产生以下三种糖的混合物：D-果糖、D-山梨糖和外消旋树酮糖（dendroketose）（下面只给出一个对映体）。写出这一结果详细的机理。（**b**）如果上述醛或酮单独用碱处理也得到同样的产物混合物。试解释。[**提示**：仔细检查（a）答案中的中间体。]

**树酮糖**

64. 写出或画出（a）～（g）中未写出的试剂和结构。（g）的常用名是什么？

D-(+)-木糖 $\xrightarrow{\textbf{(a)}}$ **(b)** $\xrightarrow{\textbf{(c)}}$
**D-木糖酸**

**(d)** $\xrightarrow{\text{NH}_3, \triangle}$ $C_5H_{11}NO_5$ $\xrightarrow{\text{Br}_2, \text{NaOH}}$
**D-木糖酸**
**甲酯** **(e)**

$CO_2$ + $C_4H_{11}NO_4$ $\xrightarrow{\triangle}$ $NH_3$ + $C_4H_8O_4$
　　　　　 **(f)** 　　　　　　　　　　　　　 **(g)**

上述反应步骤（称为Weerman降解）和本章中讲过的什么反应得到相同的末端产物？

**65. 挑战题** Fischer确定糖结构的方法，实验来实现时实际上比24-10节所说的要困难得多。只提一件事，当时他从天然来源能获得的糖只有葡萄糖、甘露糖和阿拉伯糖（赤藓糖和苏阿糖不论是从天然来源或是用合成手段当时实际上都是无法得到的）。他那天才般的解决方案中需要一种方法来交换葡萄糖和甘露糖C-1和C-6上的官能团，才能作出本节末讲述的关键性区分（当然，如果自然界中存在古洛糖，则所有这些努力都是不必要的，但Fischer没有那么幸运）。Fischer的计划遇到了意想不到的困难，因为在关键阶段他得到了麻烦的产物混合物。现今，我们用如下的方式解决这一问题。补充从（a）～（g）未写出的试剂和结构。所有的结构都用Fischer投影式。按照括号中的指示和提示进行。

D-(+)-葡萄糖 $\xrightarrow{\textbf{(a)}}$ **(b)** $\xrightarrow[\substack{\text{（只氧化C-6伯}\\\text{羟基为羧基}\\\text{的特殊反应）}}]{\text{O}_2, \text{Pt}}$
**D-葡萄糖**
**甲苷**
**(两个异构体，**
**只写一个)**

**(c)** $\xrightarrow{\text{H}^+, \text{H}_2\text{O}}$ **(d)** $\xrightarrow{\text{NaBH}_4}$
**D-葡萄糖醛**　　　 **D-葡萄糖醛酸**
**酸甲苷**　　　　　 **(只写开链型)**

**(e)** $\xrightarrow{\triangle}$ $H_2O$ + **(f)**
**古洛糖酸** 　　　　　　　　 **古洛糖酸内酯**

$\xrightarrow[\text{（内酯还原成醛）}]{\text{Na-Hg}}$ **(g)**
　　　　　　　　　 **古洛糖**
　　　　　　　　　 **(只写开链型)**

**66. 挑战题** 维生素C（抗坏血酸，参见22-9节）几乎存在于所有植物和动物中（按照Linus Pauling的说法，山地山羊每天生物合成12～14g维生素C）。动物可通过4步反应在肝脏中从D-葡萄糖合成维生素C［D-葡萄糖→D-葡萄糖醛酸（习题65）→D-葡萄糖醛酸-$\gamma$-内酯→L-古洛糖酸-$\gamma$-内酯→维生素C］。

**两式相同**

**维生素C**

人类、某些猴子、豚鼠和鸟类缺乏催化最后一步反应的酶（L-古洛糖酸内酯氧化酶），大概是由于发生在6千万年前的一次突变产生了缺损的基因。因此，我们只好从食物中获取或者在实验室中制备维生素C。事实上，几乎所有的维生素补充剂中的抗坏血酸都是合成的。下面是主要的商业合成路线之一的概要。写出（a）～（f）中未给出的试剂和产物。**（提示：参见24-8节的糖缩醛。）**

D-葡萄糖 $\xrightarrow{\textbf{(a)}}$ (D-山梨糖醇) $\xrightarrow[\text{（葡萄糖酸杆菌）}]{\text{C-5上的微生物氧化}}$

**(b)** $\rightleftharpoons$ **(c)** $\xrightarrow[\text{（两步）}]{\textbf{(d)}}$
**L-山梨糖**　　　　　　 **L-呋喃山梨糖**
**(开链)**

$\xrightarrow{\textbf{(e)}}$

**2-酮-L-古洛糖酸**

$\xrightarrow{\textbf{(f)}}$ $\rightleftharpoons$ **维生素C**

**酮式维生素C**

## 团队练习

**67.** 这个问题是为了鼓励你们作为一个团队思考如何用一些手头的额外信息来鉴别一个简单二糖的结构。例如D-乳糖（24-11节），假定你们不知道它的结构。你们所具有的信息是：它是二糖；以$\beta$方式连接于一个糖的异头碳上；你们还有全部己醛糖（24-1节）和它们可能的甲醚结构。集体解决以下问题或先把问题适当分开解决，然后一起讨论。

（a）温和酸可将"未知物"水解成D-半乳糖和D-葡萄糖。从这个结果你们能引申出多少信息？

（b）用一个实验来说明这两个糖不是通过它们各自的异头碳互相连接的。

（c）用一个实验来说明这两个糖中的哪一个含有用来与其他糖连接的缩醛基。（**提示**：本章所讲的单糖的官能团化学也适用于更高的糖。这里可特别考虑24-4节。）

（d）利用单糖组分全部可能的甲醚结构，设计实验，说明哪一个碳（非异头碳）的羟基用于该二糖的连接。

（e）相似地，能否用这一方法区分能够变旋的二糖中的呋喃糖和吡喃糖。

## 预科练习

**68.** 大多数天然糖具有和下面Fischer投影式所示的（R）-2, 3-二羟基丙醛相同的手性中心。这个分子最常用的名称是什么？

（**a**）D-（+）-甘油醛；  （**b**）D-（−）-甘油醛；

（**c**）L-（+）-甘油醛；  （**d**）L-（−）甘油醛。

$$
\begin{array}{c}
\text{CHO} \\
\text{H} \!-\!\!\!-\!\!\!-\!\!\!-\! \text{OH} \\
\text{CH}_2\text{OH}
\end{array}
$$

**69.** 下面所示化合物是哪种糖？

（**a**）戊醛糖；  （**b**）戊酮糖；

（**c**）己醛糖；  （**d**）己酮糖。

$$
\text{HOCH}_2\overset{\displaystyle \text{OH}}{\underset{\displaystyle \text{OH}}{\text{CHCHCH}_2}}\overset{\displaystyle \text{O}}{\text{CH}}
$$

**70.** 对于$\beta$-D-（+）-吡喃葡萄糖的氧杂环己烷构象，以下哪一个说法是对的？

（**a**）一个OH是直立键，其他剩下的取代基都是平伏键。（**b**）CH$_2$OH是直立键，其他剩下的基团都是平伏键。（**c**）全部基团都是直立键。（**d**）全部基团都是平伏键。

**71.** 用以下哪些试剂处理甘露糖可制备甘露糖甲苷？

（**a**）AlBr$_3$，CH$_3$Br；  （**b**）稀的CH$_3$OH水溶液；
（**c**）CH$_3$OCH$_3$和LiAlH$_4$；  （**d**）CH$_3$OH，HCl；
（**e**）氧杂环丙烷，AlCl$_3$。

**72.** 关于下面所示的糖，哪一个说法是正确的？

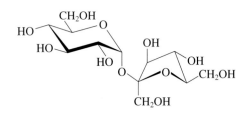

（**a**）它是非还原糖；  （**b**）它可形成脎；  （**c**）它存在2个端基异构体；  （**d**）它发生变旋作用。

# 25 杂环

## 环状有机化合物中的杂原子

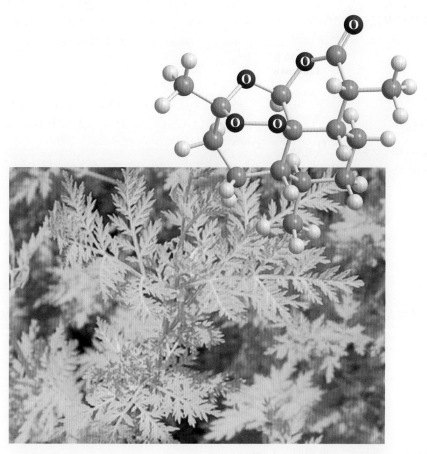

青蒿素是治疗疟疾的重要组成部分。其氧杂四环（倍半萜内酯）的骨架加上过氧基团的结构具有不寻常的特点。屠呦呦（生于 1930 年，中国中医科学院首席研究员，北京）因从黄花蒿（*Artemisia annua* L.）（用于传统中医药的一种植物）中发现青蒿素而荣获 2015 年诺贝尔生理学或医学奖。

**看**一看美国前十名处方药的名单（表 25-1），这些结构的共同点是什么？除了存在杂原子如氧、氮和硫外，它们都含有至少两个环。此外，所有这些环并非仅由碳构成［称为**碳环**（carbocycle）］（第 4 章），还有杂原子，因此称为**杂环**（heterocycle）。

本章以环的大小为序，从杂环丙烷开始，讲述一些饱和杂环以及芳香杂环化合物的命名、合成和化学反应。这种化学反应的一部分是前面提到的碳环转化的简单延伸。但是，杂原子常常使杂环分子表现出特殊的化学性质。

表25-1 美国前十名小分子处方药通用名（2016年销售排名）<sup>a</sup>和商品名<sup>b</sup>

1. 雷迪帕韦（Ledipasvir）和索非布韦（Sofosbuvir）的混合物（商品名：哈瓦尼，Harvoni）

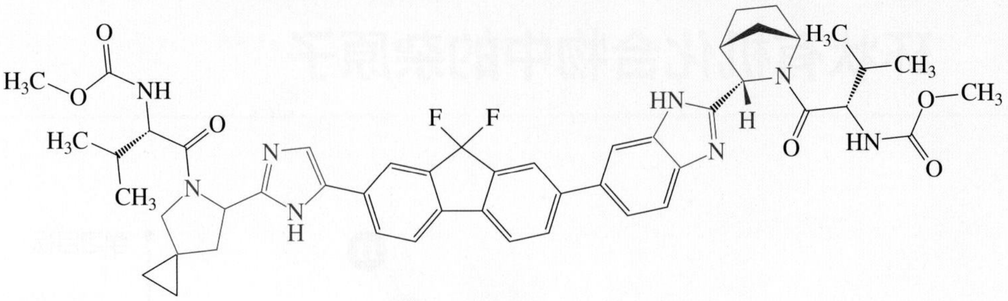

雷迪帕韦
**Ledipasvir**

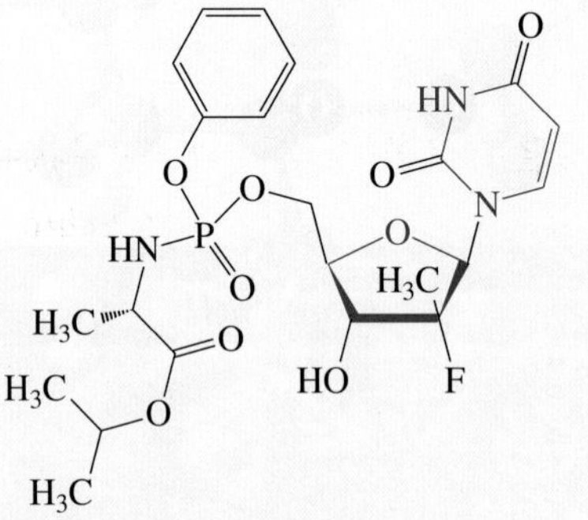

索非布韦
**Sofosbuvir**
丙型肝炎抗病毒药

2. 来那度胺（Lenalidomide）（商品名：雷利米得，Revlimid）

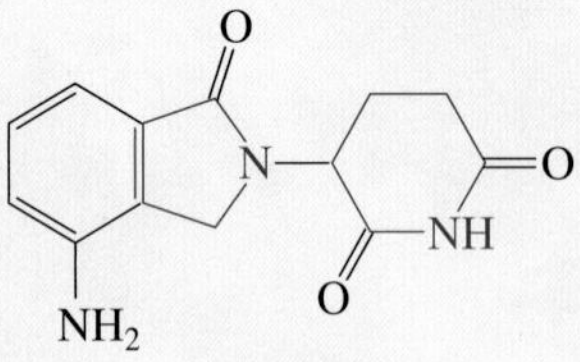

抗癌药

3. 甘精胰岛素（Insulin glargine）（商品名：来得时，Lantus）

**A 链**

Gly-Ile-Val-Glu-Gln-Cys-Cys-Thr-Ser-Ile-Cys-Ser-Leu-Tyr-Gln-Leu-Glu-Asn-Tyr-Cys-Gly-OH

**B 链**

Phe-Val-Asn-Gln-His-Leu-Cys-Gly-Ser-His-Leu-Val-Glu-Ala-Leu-Tyr-Leu-Val-Cys-Gly-Glu-Arg-Gly-Phe-Phe-Tyr-Thr-Pro-Lys-Thr-Arg-Arg-OH

**降血糖**（改性胰岛素，参见图 **26-1**)

4. 利伐沙班（Rivaroxaban）（商品名：拜瑞托，Xarelto）

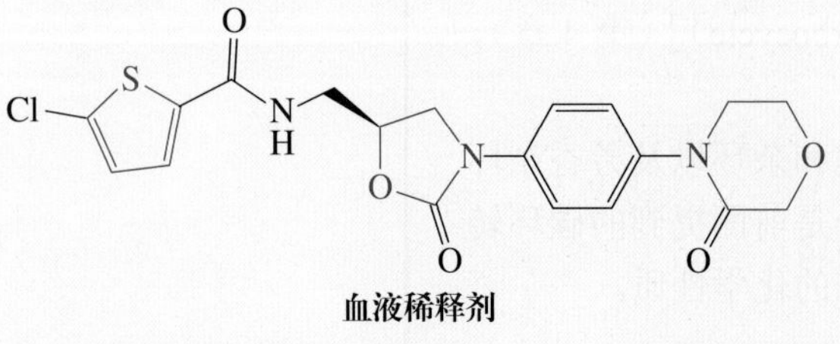

血液稀释剂

5. 普瑞巴林（Pregabalin）（商品名：乐瑞卡，Lyrica）

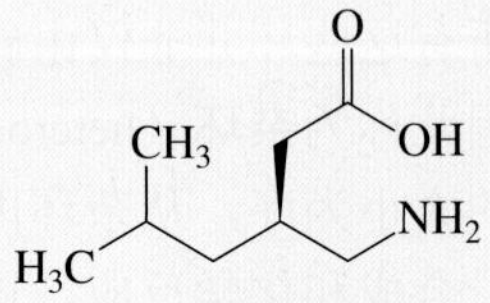

抗惊厥

**表25-1（续表）**

**6. 氟替卡松（Fluticasone）和沙美特罗（Salmeterol）的混合物（商品名：舒利迭，Advair Diskus）**

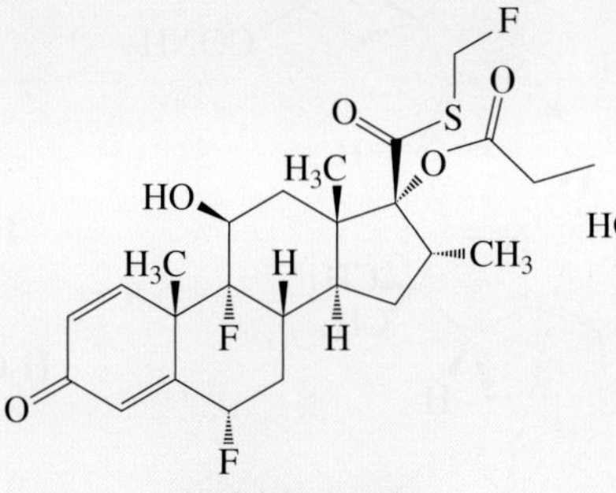

氟替卡松丙酸酯

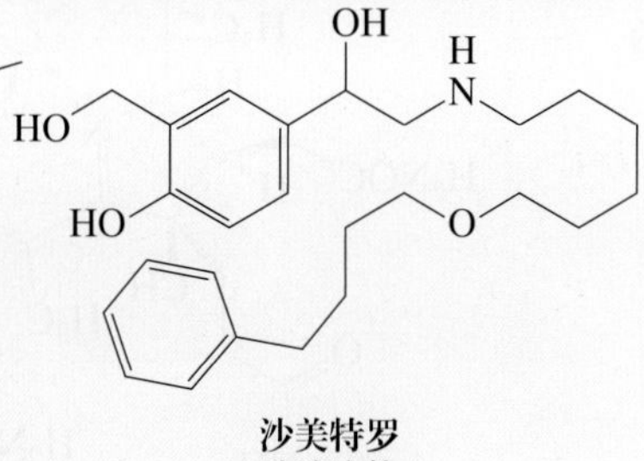

沙美特罗
（外消旋体）

平喘药

**7. 西他列汀（Sitagliptin）（商品名：捷诺维，Januvia）**

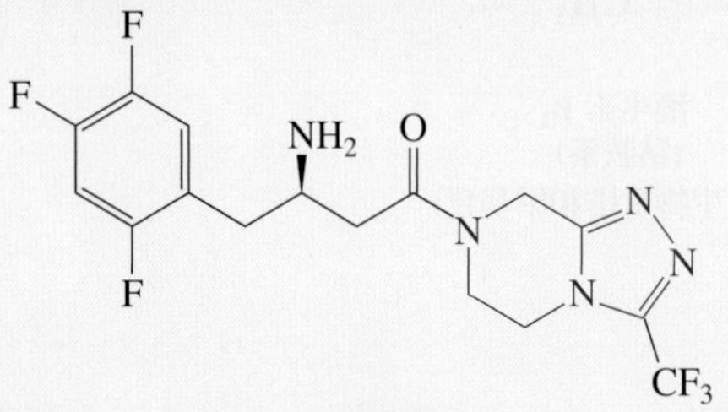

降血糖

**8. 瑞舒伐他汀（Rosuvastatin）（商品名：冠脂妥，Crestor）**

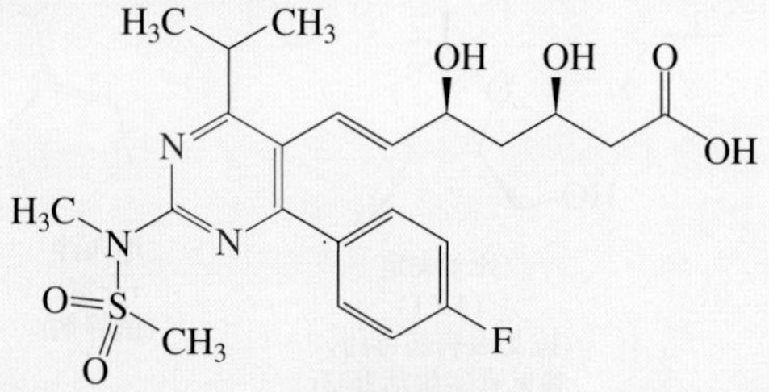

降胆固醇药

**9. 左甲状腺素（Levothyroxine）（商品名：Synthroid）**

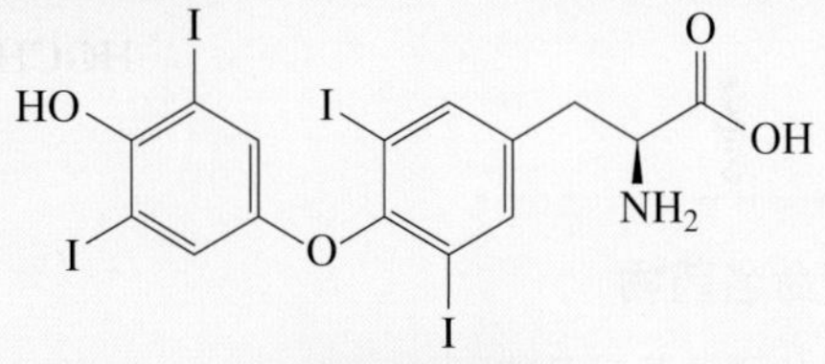

甲状腺激素缺乏症

**10. 艾美拉唑（Esomeprazole）（商品名：耐信，Nexium）**

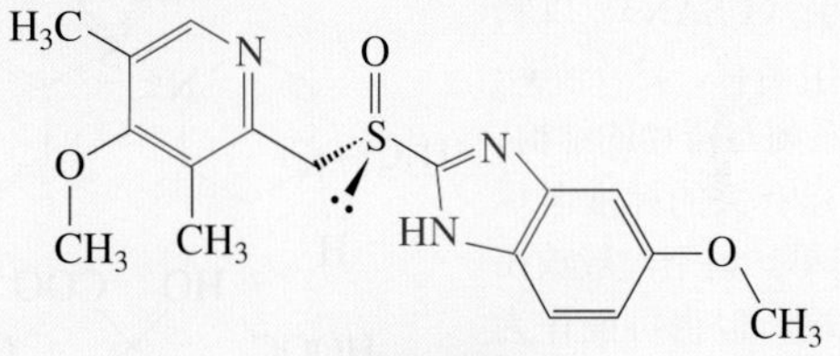

胃酸抑制剂

a. 不包括生物大分子，如抗体或疫苗。

b. 2016年美国药品销售额达到4130亿美元，仅哈瓦尼（Harvoni）就达到90亿美元。

　　大多数生理活性化合物的生物学特性归因于杂原子的存在，主要以杂环的形式存在。大多数已知的天然产物都是杂环。因此，一半以上的已发表的化学论文涉及这类结构的合成、分离和互相转化，也就不足为奇了。其实，我们已经遇到过许多例子——环醚（9-6节）、缩醛（酮）（17-8节、23-4节和24-8节）、羧酸衍生物（第19章和第20章）以及胺（第21章）。DNA中的碱基是杂环（26-9节），其序列存储遗传信息。许多维生素也是如此，如维生素 $B_1$（硫胺素，参见真实生活23-2）、维生素 $B_2$（核黄素，参见真实生活25-3）、维生素 $B_6$（吡哆醇）、非常复杂的维生素 $B_{12}$ 以及维生素 C 和维生素 E（22-9节）。下面描述的是维生素 $B_6$ 和 $B_{12}$ 的结构以及另外一些杂环系统的例子及其各种应用。

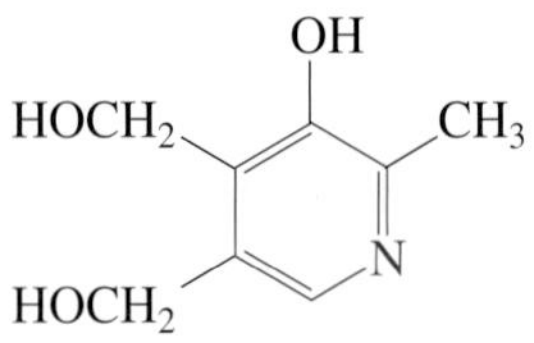

吡哆醇，维生素B$_6$
（一种具有多种功能的
酶辅助因子维生素）

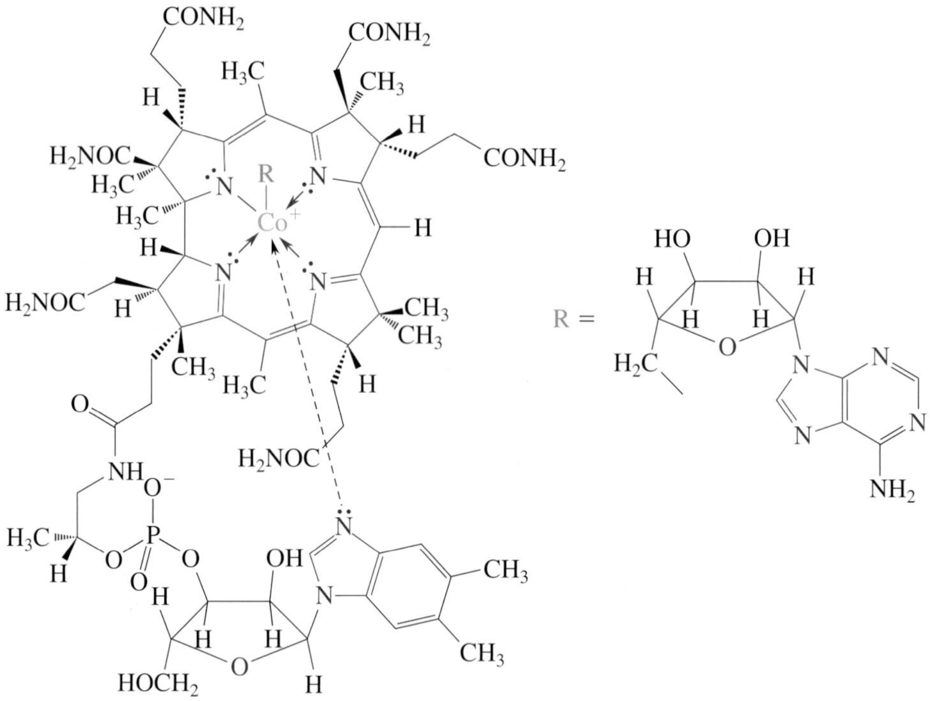

维生素 B$_{12}$
（钴胺素）
（催化生物重排和甲基化）

R =

### 如何命名药物

药物命名遵循其自身的系统规则吗？但事实不是那样。1961年，美国医药协会与其他机构一起成立了美国命名委员会（USAN），以制定药物通用名称。这个组织创造了一系列与药物的结构、功能或目标有关的标准名称（词干）清单。词干一般放在名字的末端，但也可能作为前缀出现或放在词当中。例如，-vastatin［如瑞舒伐他汀（Rosuvastatin），参见表25-1］是降胆固醇药物；-vir［如索非布韦（Sofosbuvir）］是抗病毒的；-mide［如来那度胺（Lenalidomide）］是酰胺化合物；estr-是雌性激素；prazole［如艾美拉唑（Esomeprazole）］是质子泵抑制剂；等等。有超过六百个这样的词干存在，还有更多的在不断加入。最后的名称还包括附加符号，都在公司或发明者的考虑之中，如esomeprazole中的es指的是 S-对映体，zidovudine中的zido是叠氮基的缩写。

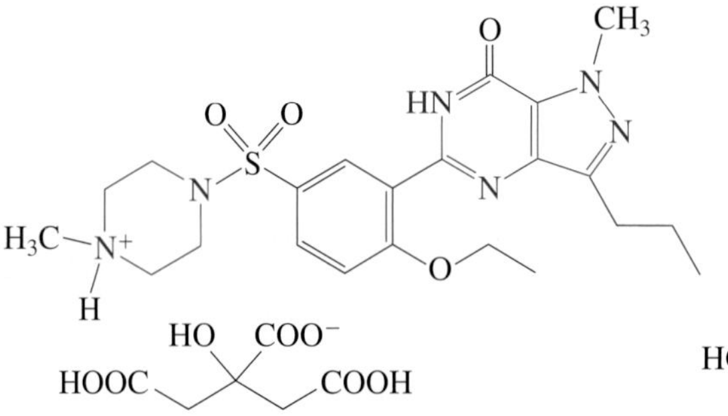

柠檬酸西地那非
（万艾可）
（治疗勃起功能障碍，
参见解题练习25-29）

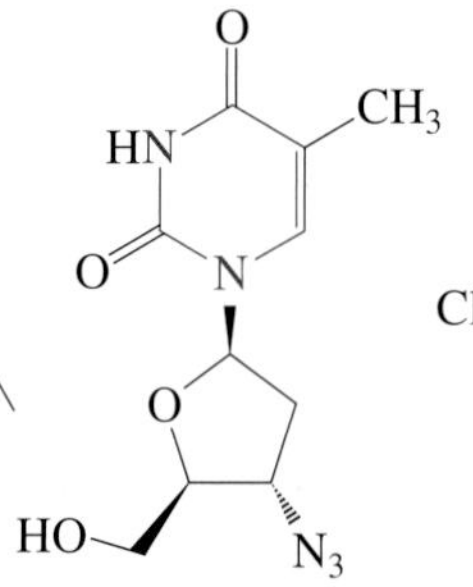

齐多夫定
（AZT）
（抗艾滋病病毒药，
参见真实生活26-3）

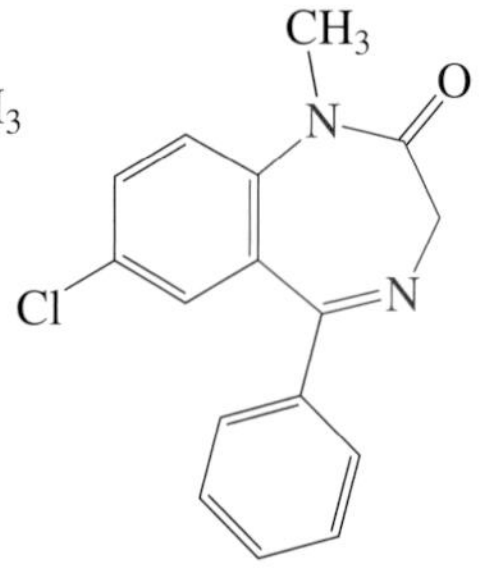

地西泮
（安定）
（镇静剂）

## 25-1　杂环的命名

　　与我们已经遇到的所有其他各类化合物一样，杂环化合物的许多成员也有常用名。而且，存在着几种互相竞争的杂环化合物命名系统，有时也较混乱。在此我们将坚持最简单的命名系统，把饱和杂环化合物看作是相关碳环的衍生物，用前缀表示杂原子的存在和种类：如**氮杂**（aza-）表示含氮、**氧杂**（oxa-）表示含氧、**硫杂**（thia-）表示含硫、**磷杂**（phospha-）表示含磷等。其他广为使用的名字放在括号中。取代基的位置用环原子的编号表示，编号从杂原子开始。在下面的例子中，展示了最具代表性的三环到六环的空间填充模型，给你一个它们实际形状的视角。

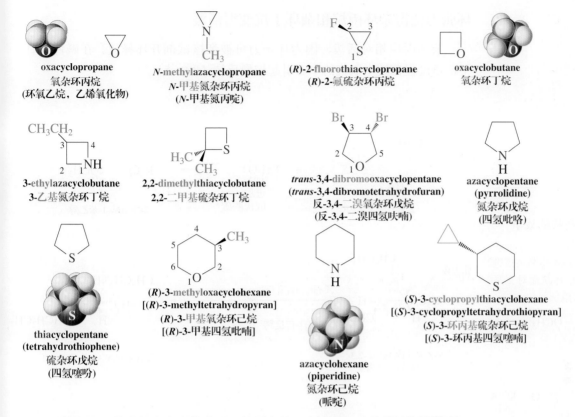

不饱和杂环的常用名在文献中是比较固定的，在这里仍将使用这些常用名。

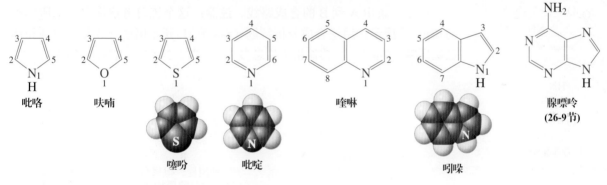

## 练习 25-1

命名或画出下列分子：（**a**）反-2,4-二甲基氧杂环戊烷（反-2,4-二甲基四氢呋喃）；（**b**）*N*-乙基氮杂环丙烷；（**c**）(*S*)-2,2,3-三甲基硫杂环丙烷 [(*S*)-2,2,3-三甲基四氢噻吩]；（**d**）2,4-二氯吡咯。

（**e**）　　　　　　（**f**）　　　　　　（**g**）

# 25-2 非芳香杂环

如氧杂环丙烷的化学反应所示（9-9 节），环张力使得三元和四元杂环容易发生亲核开环。相反，较大的、无张力的环系对于这种进攻相对惰性。

### 环张力使得杂环丙烷和杂环丁烷变得活泼

杂环丙烷相对活泼，因为环张力可被亲核试剂开环释放。在碱性条件下，该过程在较少取代的中心引起构型反转（9-9 节）。

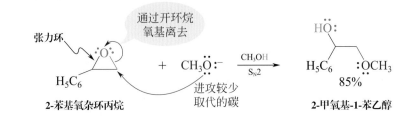

#### 杂环丙烷药物的战争

抗肿瘤剂阿奇霉素 A（Azinomycin A）通过 DNA 碱基亲核进攻打开杂环丙烷环从而对交叉双链 DNA 起作用。

**阿奇霉素 A**

### 练习 25-2

设计一条由 A 到 B 的合成路线。**注意**：这个练习考察你上一章所学到的知识。[**提示**：用逆合成分析解题（8-8 节）！开始用逆合成断开甲基和环己烷环键（9-9 节），其他相关信息参考 3-7 节、3-8 节和 12-10 节。]

**A** → **B**
（外消旋，但只有这个非对映异构体）

### 练习 25-3

（**a**）用机理解释下面的结果。（**注意**：这不是氧化反应。提示：计算出原料和产物的分子式。尝试用 Lewis 酸催化的开环反应机理，并考虑生成中间体的几种可能性。参见 9-3 节。）

$$\xrightarrow{MgBr_2, (CH_3CH_2)_2O}$$

100%

（**b**）2-（氯甲基）氧杂环丙烷与硫化氢离子（HS⁻）反应得到硫杂环丁-3-醇。试用机理解释。

**解题练习25-4**

**运用概念解题：练习涉及杂环的机理**

　　1993 年分离得到的互为异构体的 Cylindricine A 和 B 是存在于澳洲海洋植物 *Clavelina cilindrica* 的提取液中的两个主要生物碱（25-8 节）。这两个化合物达到平衡时为 3∶2 的混合物。试用机理解释此过程（**提示**：对照练习 9-28）。

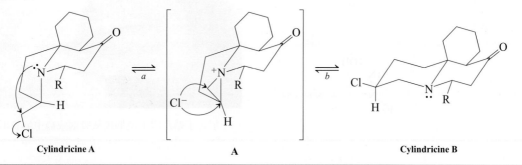

**Cylindricine A**　　　　　　　　　　　　　**Cylindricine B**

**策略：**

- **W：** 有何信息？有两个平衡的异构体，也就是，从混合物组分中没有增加什么也没有减少什么基团和元素，作用部位发生在稠环左边的氯化杂环上：一个五元环可逆地转变为六元环。

- **H：** 如何进行？按照提示，练习9-28指出2-氯乙基硫醚会发生分子内$S_N2$反应，生成中间体硫鎓离子，它由于外部的亲核进攻而开环。认识到Cylindricine A的相应的2-氯乙胺片段后，在这里我们可用相同的机理。

- **I：** 需用的信息？复习9-6节有关环化：三元环的形成是最快的。

- **P：** 继续进行。

**解答：**

- 氨基氮对分子内带氯的碳进攻产生了活泼的中间体铵离子 A。
- 活化的氮杂环丙烷环上的两个碳中的任何一个可被第一步释放的氯离子进攻。
- 环经过伯碳开环再生原料（**a**）。
- 但是，对相邻位置（**b**）的进攻使 Cylindricine A 转化为 Cylindricine B。
- 建立模型！

**Cylindricine A**　　　　　　　　　　**A**　　　　　　　　　　**Cylindricine B**

---

**25-5 自试解题**

　　在 -70℃ 的 $CHCl_3$ 中用氯处理硫杂环丁烷，以 30% 的产率生成 $ClCH_2CH_2CH_2SCl$。试为这个转化过程提出机理[**提示**：硫醚中的硫是亲核的（9-10 节）]。

---

　　四元杂环烷烃的反应性证实了基于环张力所作的预期：与三元杂环一样，四元环也发生开环反应，但通常需要更剧烈的条件。氧杂环丁烷与 $CH_3NH_2$ 的反应具有代表性。

## 真实生活：医药 **25-1** 吸烟、尼古丁、癌症和药物化学

尼古丁是一种氮杂环戊烷衍生物，它对吸烟的成瘾性负有不可推卸的责任。像其他滥用药物一样，它可通过刺激神经递质多巴胺（216页页边）的释放激活大脑的兴奋中心，而它的缺失激活了身体的压力系统（"退出"）。吸烟和癌症之间的因果关系早已确定，香烟烟雾中含有的成千上万种化合物中有 40 多种已知致癌物质，它们中有苯并[*a*]芘（16-7 节）。尼古丁似

乎起双重作用，因为它的代谢产物是完全致癌物，并且由于母体系统本身虽然不会导致癌症，但它是一种肿瘤细胞增殖促进剂。

尼古丁代谢途径的第一步是氮杂环戊烷（吡咯烷）中氮的 *N*-亚硝化。随后发生开环和氧化（和真实生活 21-2 比较），产生两个 *N*-亚硝基二烷基胺（*N*-亚硝胺）的混合物，其中每一个都是已知的强效致癌物质。

4-(*N*-甲基-*N*-亚硝胺)-
1-(3-吡啶基)-1-丁酮

4-(*N*-甲基-*N*-亚硝氨基)-
4-(3-吡啶基)丁醛

亚硝基氧质子化后，这些物质成为活泼的烷基化试剂，能够将甲基转移到生物分子（如 DNA）的亲核位点上，如下所示。残留的重氮氢氧化物通过重氮离子分解为碳正离子，后者又会对生物分子造成进一步的损伤（21-10 节）。

在一些研究中，尼古丁作为肿瘤细胞增殖促进剂的能力已经显现。例如，某些肺癌细胞培养显示，如果将尼古丁加入培养基中，其细胞分裂速度会加快 50%。尼古丁还能抑制恶性细胞的"自杀"，这是细胞损伤时身体的主要修复和清除机制之一。因此，尼古丁实际上帮助

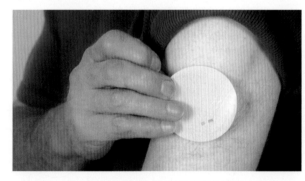

尼古丁贴片用于使烟民从吸烟成瘾中解脱出来。

通过开环烷
氧基离去

$$CH_3NH_2 \xrightarrow[S_N2]{150℃} HO\underbrace{\qquad\qquad}NHCH_3$$

45%

*N*-甲基-3-氨基-1-丙醇

*β*-内酰胺类抗生素青霉素通过相关的开环过程起作用（真实生活 20-2）。

### 练习 25-6

2-甲基氧杂环丁烷和 HCl 反应生成两个产物，写出它们的结构。

那些具有遗传损伤的细胞存活，并且可能是增殖。这一发现引起了人们的关注，因为尼古丁是许多戒烟疗法中的关键成分，这些疗法以口香糖、贴片、锭剂和吸入剂为特色。

世界上差不多有十亿人吸烟，这是一个令人吃惊的数字，美国有四千万烟民。他们中大多数人都想并试图戒烟。因为与吸烟有关的疾病是导致死亡的第二大原因（心脏病排第一），所以对新的疗法需求非常大。这方面的一个新

概念是药物伐尼克兰（Varenicline，商品名为Chantix），于2006年上市。该药物与大脑中被尼古丁激活的神经元受体结合。它是特别有效的，因为它不仅可阻断这些结合位点，从而消除吸烟的愉悦效果，而且还可以部分激活神经元受体以释放适度的多巴胺，从而减轻与"冷火鸡"（突然完全戒除烟瘾）相关的渴望。

伐尼克兰的合成是你在本书中遇到很多反应的展示，这也是药物化学家实际应用的合成路线。

## 伐尼克兰的合成

## 杂环戊烷和杂环己烷是相对惰性的

无张力的杂环戊烷和杂环己烷是相对惰性的。回想一下氧杂环戊烷（四氢呋喃，THF）可用作溶剂就可知道。但是，在氮杂和硫杂环烷烃中的杂原子可使其发生特征的化学反应（9-10节、17-8节、18-4节和第21章）。通常，通过将杂原子转化为好的离去基团而开环。

### 练习 25-7

在乙酸中用亚硝酸钠处理氮杂环戊烷（吡咯烷）生成一种液体，其沸点为 99 ～ 100℃（15mm Hg），其组成为 $C_4H_8N_2O$。试写出该化合物的结构式（提示：回顾 21-10 节）。

芳香杂环戊二烯

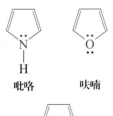

吡咯     呋喃

噻吩

环戊二烯
负离子

**杂环戊二烯的NMR数据**

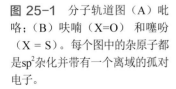

---

## 小 结

杂环丙烷和杂环丁烷的反应性，缘于开环使张力得以释放。五元或六元杂环烷烃和同类的较小的杂环比，化学反应性较低。

# 25-3 芳香杂环戊二烯的结构和性质

吡咯（pyrrole）、呋喃（furan）和噻吩（thiophene）是 1-杂-2,4-环戊二烯。它们各含有一个丁二烯单元，并由带有孤对电子的 sp² 杂化的杂原子桥连接。该体系含有在芳香 6 电子骨架上离域的 π 电子。本节讨论这些化合物的结构和制备方法。

### 吡咯、呋喃和噻吩含有离域的孤对电子

吡咯、呋喃和噻吩这三个杂环的电子结构与芳香环戊二烯负离子（页边和 15-7 节）的电子结构相似。环戊二烯负离子可以看作是由带负电荷的碳桥连接的丁二烯，该碳的电子对离域在其他四个碳上。杂环类似物在该位置上含有 1 个中性原子，也带有孤对电子。这些电子对中的一对也同样发生离域，提供满足 (4n+2) 规则所需要的 2 个电子（15-7 节）。为使重叠最大化，杂原子进行 sp² 杂化（图 25-1），离域的电子对被分配到其余的 p 轨道中。在吡咯中，sp² 杂化氮上的氢处于分子平面内。对于呋喃和噻吩，第二对孤对电子处于 sp² 杂化轨道中的一个轨道上且还是在分子平面内，因此没有机会去实现重叠。这个排列非常像苯基负离子（22-4 节）。离域使得吡咯、呋喃和噻吩显示出典型芳香族化合物的性质，如：不寻常的稳定性；¹H NMR 谱（页边）中由于存在环电流导致质子的去屏蔽；以及能发生芳香亲电取代反应（25-4 节）。

1-杂-2,4-环戊二烯中的孤对电子离域可用电荷分离的共振式描述，如下面所示的吡咯。

**吡咯的共振式**

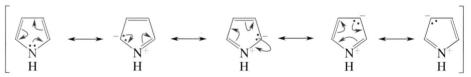

注意，吡咯的共振式中有四个偶极形式，正电荷位于杂原子上，而负

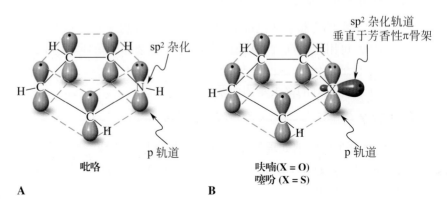

图 25-1 分子轨道图（A）吡咯；（B）呋喃（X=O）和噻吩（X = S）。每个图中的杂原子都是 sp² 杂化并带有一个离域的孤对电子。

电荷依次在每一个碳上。该图表明杂原子是相对缺电子的，而碳原子则是相对富电子的。下面的静电势图证实了这一预测。因此（按相同的比例），吡咯的氮（橙色）与其对应的饱和化合物氮杂环戊烷的氮（红色）比，其富电子的程度较低；而吡咯的二烯部分（红色）要比 1,3-环戊二烯（黄色）更富电子。

吡咯

氮杂环戊烷

1,3-环戊二烯

正如这种描述所表明的那样，系统中芳香性的程度取决于杂原子提供孤对电子的相对能力，而这又通过其各自的电负性（表 1-2）来描述。所以，芳香性按呋喃＜吡咯＜噻吩顺序增加，这种趋向反映在相对反应性和稳定性上。

**杂环戊二烯的芳香性**

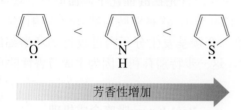

芳香性增加

## 练习 25-8

（**a**）氮杂环戊烷和吡咯都是极性分子。但是，两个分子的偶极矢量指向相反的方向。每个结构的这个矢量的方向是什么意思？请解释。

（**b**）休克尔（Hückel）规则，如 15-6 节、15-7 节所述，用于环的、离域化的、不带电荷的或带电荷的多烯，同样适用于较大的杂环多烯。下列例子中哪些是芳香性的？哪些是反芳香性的？

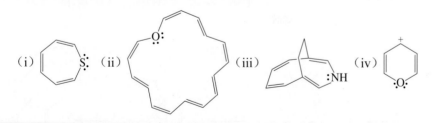

### γ-二羰基化合物制备吡咯、呋喃和噻吩

杂环戊二烯的合成可采用多种环化策略。一个通用的途径是**帕尔-诺尔** ❶（Paal-Knorr）**合成法**（用于吡咯）及其改良法（用于其他杂环）。用胺衍生物在催化量的酸（对吡咯）或 $P_2O_5$（对呋喃）或 $P_2S_5$（对噻吩）存在下处理可烯醇化的 γ- 二羰基化合物，可合成这些目标分子。

❶ 卡尔·帕尔（Karl Paal，1860—1935 年），德国埃尔兰根大学教授；鲁德维格·诺尔（Ludwig Knorr，1859—1921 年），德国耶拿大学教授。

γ-**二羰基化合物环化成1-杂-2,4-环戊二烯**

$$R\overset{O}{\underset{}{\|}}\text{···}\overset{O}{\underset{}{\|}}R \xrightarrow[-H_2O]{R'NH_2, \text{或} P_2O_5, \text{或} P_2S_5} R\text{—}\underset{X}{\boxed{\phantom{}}}\text{—}R$$

X = NR′、O、S

**反应**

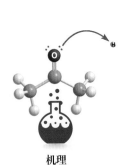

**机理**

例如，2,5-戊二酮和2-丙胺反应得到 *N*-（1-异丙基）-2,5-二甲基吡咯。

$$\underset{\text{2,5-戊二酮}}{CH_3\overset{:O:}{\overset{\|}{C}}CH_2CH_2\overset{:O:}{\overset{\|}{C}}CH_3} + \underset{\text{2-丙胺}}{(CH_3)_2CH\overset{\cdot\cdot}{N}H_2} \xrightarrow{CH_3COOH, \triangle, 17\ h} \underset{\underset{\substack{(CH_3)_2CH \\ 70\% \\ N\text{-（1-异丙基）-} \\ 2,5\text{-二甲基吡咯}}}{}}{H_3C\text{—}\underset{N}{\boxed{\phantom{}}}\text{—}CH_3}$$

吡咯合成的机理是：首先在酸催化下，在原料二羰基化合物的一端和胺之间形成亚胺（17-9 节）。这种亚胺与其互变异构体烯胺处于平衡状态，后者的亲核氮对第二个羰基发生分子内进攻得到环半缩酮胺。随后脱水，接着直接去质子化，这一步特别有利，因为生成芳香性的吡咯残基。

**Paal-Knorr吡咯合成机理**

环化为半缩酮胺

亚胺    烯胺

半缩酮胺    吡咯

如我们在其他酸催化过程所看到的，Paal-Knorr机理包括中性和正电荷的中间体，但没看到负电荷中间体。

吡喃的合成按照类似的途径，其特点是以烯醇为起始中间体［练习25-9（c）］。在非质子溶剂（如苯）中，用催化量的 HCl 或 $H_2SO_4$ 来完成，但更常用的试剂是 $P_2O_5$（磷酸酐），它的真实结构是其二聚体 $P_4O_{10}$（下一页边）。该物质极易吸湿，并通过从反应混合物中除去放出的水为该过程提供额外的驱动力。

P₄O₁₀ "五氧化二磷"

95%

类似地，在类似于 P₂O₅ 的 P₂S₅（实际上是 P₄S₁₀，四硫磷酸 H₃PS₄ 的酸酐）存在下，噻吩可由相同的二酮制备。除了作为脱水剂，该试剂通过一种类似维蒂希（Wittig）反应的机理，使得原料羰基衍生物中氧和硫的交换。

$$CH_3CCH_2CH_2CCH_3 \xrightarrow{P_2S_5, \triangle} [CH_3CCH_2CH_2CCH_3] \longrightarrow H_3C \underset{S}{\overset{}{\bigcirc}} CH_3$$

70%

**2,5-二甲基噻吩**

**羰基氧和 P₂S₅ 中硫的交换**

**练习 25-9**

（**a**）画出下列每个反应的产物。

（ⅰ）　　+P₂S₅　（ⅱ）　　+P₂O₅　（ⅲ）　　+　　

（**b**）对于下列产物结构，什么是合适的 Paal-Knorr 反应的前体？

（ⅰ）　　　　（ⅱ）　　　　（ⅲ）

（**c**）画出 2,5-己二酮酸催化脱水为 2,5-二甲基呋喃的机理。

噻吩及其衍生物是不受欢迎的石油污染物，它们能毒害汽车中的催化转化器并在燃烧时变成污染的二氧化硫。因此，它们通过被称为加氢脱硫的过程除去，将硫变成硫化氢，反过来又变成元素硫和硫酸的工业来源。在全球范围内，估计每年用这个方法从石油中提取1亿吨硫。

**练习 25-10**

4-甲基吡咯-2-羧酸（化合物 B）是蚂蚁（*Atta texana*）的跟踪信息素。1/3 mg 就足以用来标记环绕地球的路程，每只蚂蚁仅携带 3.3ng（1ng=10⁻⁹g）。试设计一条从 3-甲基环丁烯-1-羧酸（化合物 A）开始的合成路线（**提示**：哪个二酮是化合物 B 的逆合成前体？如何从化合物 A 制备该前体？）

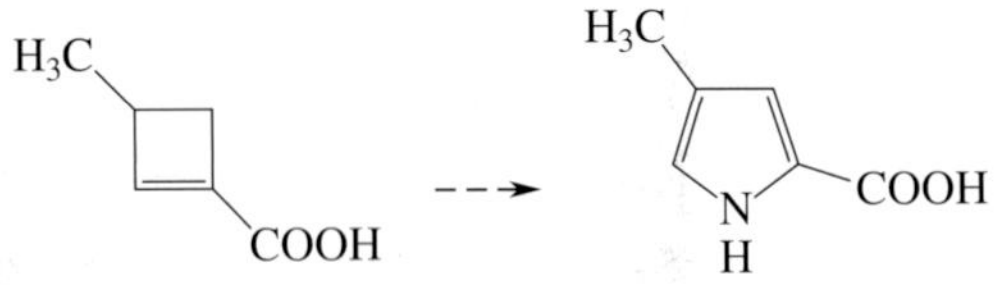

**练习 25-11**

（**a**）下列方程式是合成吡咯的另一个例子。写出实现这一转化的合理机理（**提示**：参见 17-9 节）。

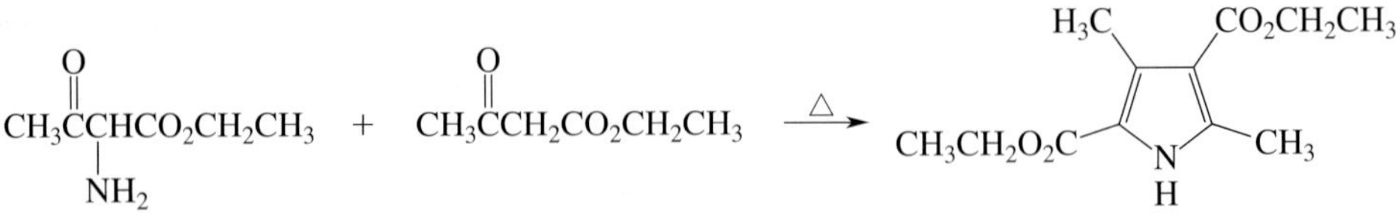

**2-氨基-3-氧代丁酸乙酯**  　　　**3-氧代丁酸乙酯**  　　　**3,5-二甲基-2,4-二羧酸二乙酯**

（**b**）下列方程式是合成噻吩的另一个例子，产物 A 有下列谱学数据：MS：$m/z=170$（M⁺）；[M+1]⁺峰的强度是 M⁺信号的 9%；突出的碎片出现在 $m/z=139$ 和 111。¹H NMR：$\delta$ 2.14（s，3H），2.37（s，3H），3.84（s，3H），7.50（s，1H）。IR：$\tilde{\nu}=1750\,cm^{-1}$（强）、2360 $cm^{-1}$。A 的结构是什么？写出形成它的机理。（**提示**：参考练习 18-24（b）和第 889 页边）。

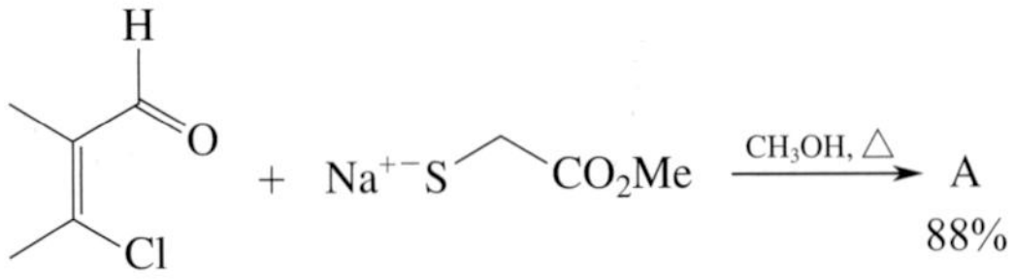

---

## 小 结

　　吡咯、呋喃和噻吩含有和环戊二烯负离子类似的芳香性离域 π 体系。1-杂-2,4-环戊二烯的通用制备方法是基于可烯醇化的 γ-二羰基化合物的环化反应。

## 25-4 | 芳香杂环戊二烯的反应

　　吡咯、呋喃、噻吩及其衍生物的反应性，在很大程度上受芳香性的控制并且是以苯的化学性质为基础的。本节介绍它们的一些化学反应，特别是芳香亲电取代反应，并对吲哚（吡咯的苯并稠环类似物）进行介绍。

## 吡咯、呋喃和噻吩发生芳香亲电取代反应

　　如对芳香体系所预期的那样，1-杂-2,4-环戊二烯可发生亲电取代反应。该结构有两个可能的进攻位点——C-2 和 C-3，哪一个反应性更强？通过用来预测取代苯的芳香亲电取代的区域选择性的相同方法，可以得到答案（第16 章）：下面列举两种反应模式的所有可能的共振式。

### 芳香杂环戊二烯C-2和C-3亲电进攻的结果

在 C-2 位进攻

三种共振式

主要贡献
八隅体结构

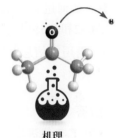

机理

在 C-3 位进攻

两种共振式

主要贡献
八隅体结构

　　两种反应模式受益于参与共振的杂原子的存在，但是进攻 C-2 位产生多 1 个共振式的中间体，它提示此位置比较有利于取代。实际上，这样的选择性常被观察到。但是，由于 C-3 位对亲电进攻也是活泼的，因此可能形成混合产物，这取决于反应条件、底物和亲电试剂。

### 吡咯、呋喃和噻吩的芳香亲电取代反应

　　吡咯 $\xrightarrow[-CH_3COOH]{CH_3CONO_2,\ -10℃}$　2-硝基吡咯 **50%** ＋ 3-硝基吡咯 **13%**

　　呋喃 $\xrightarrow[-HCl]{Cl-Cl,\ CH_2Cl_2}$　2-氯呋喃 **64%**

　　2-甲基噻吩 $\xrightarrow[-HCl]{CH_3CCl,\ SnCl_4}$　2-乙酰基-5-甲基噻吩 **64%**

反应

　　苯和这三个杂环化合物在亲电取代上的相对反应性是各自环的芳香性和中间体正离子的稳定性共同作用的结果。它们的相对反应性按顺序递增为：苯≪噻吩＜呋喃＜吡咯。

## 解题练习 25-12

**运用概念解题：预测取代噻吩的芳香亲电取代的位置**

噻吩-3-羧酸的单溴化反应只生成一个产物。其结构是什么？为什么只生成一个产物？

**策略：**

- **W：**有何信息？给你一个取代噻吩，但它不像母体，是完全不对称的。其取代基是共振吸电子的（16-3节）。

- **H：**如何进行？正如本节所述，我们需要列举出因$Br_2$对邻接硫的两个碳原子（这里是不对称噻吩的C-2和C-5位）的亲电进攻中间体的所有可能的共振式。

- **I：**需用的信息？这是复习16-3节的好地方，在那里讨论羧基对苯甲酸的芳香亲电取代的区域选择性效应。

- **P：**继续进行。

**解答：**

- 在 C-2 位进攻

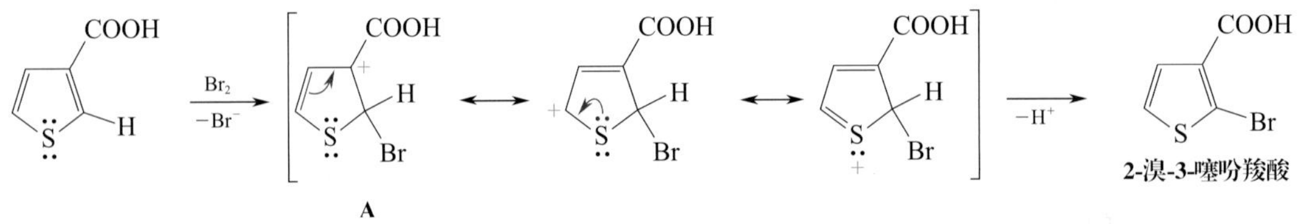

2-溴-3-噻吩羧酸

- 在 C-5 位进攻

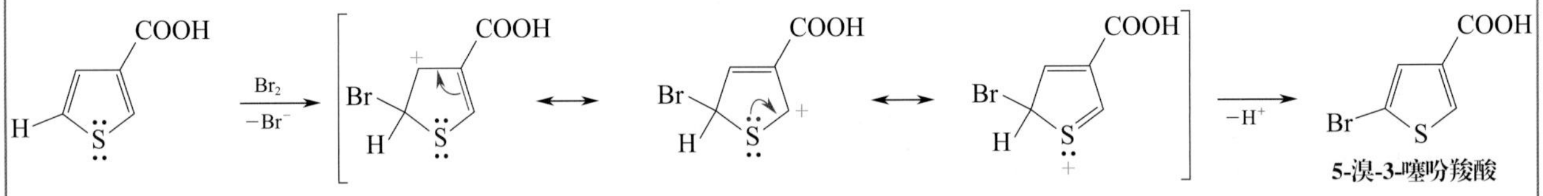

5-溴-3-噻吩羧酸

- **结果：**进攻 C-5 位避免了将正电荷置于带有吸电子羧基的 C-3 位上，如 A 所示。因此，唯一的产物是 5-溴-3-噻吩羧酸。

### 25-13 自试解题

（**a**）3-甲基呋喃的单溴化反应只得到一个产物。该产物的结构是什么？为什么只形成一个产物？（**b**）写出下列化合物的 Friedel-Crafts 乙酰化的预期主产物（**i**）2-（1,1-二甲基）呋喃；（**ii**）2,3-二氯噻吩；（**iii**）3-乙酰吡咯。

和普通的胺（21-4 节）相比，吡咯的碱性是非常微弱的，因为氮上的孤对电子被共轭作用束缚住了。要使它质子化，需要极强的酸，并且是发生在 C-2 位上而不是氮上。

**吡咯的质子化发生在碳上**

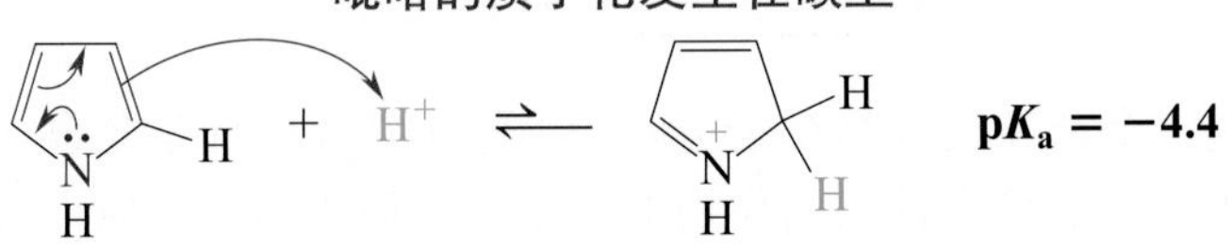

$pK_a = -4.4$

吡咯不仅是碱性很微弱的，事实上是相对酸性的。氮杂环戊烷的 p$K_a$ =35（这对于胺是正常的数值，参见 21-4 节），而吡咯相应的值却是 16.5！酸性增加的原因是氮的杂化是 $sp^2$ 而不是 $sp^3$（11-3 节）以及负电荷的离域（如在环戊二烯负离子中一样，参见 15-7 节）。

**吡咯是相对酸性的**

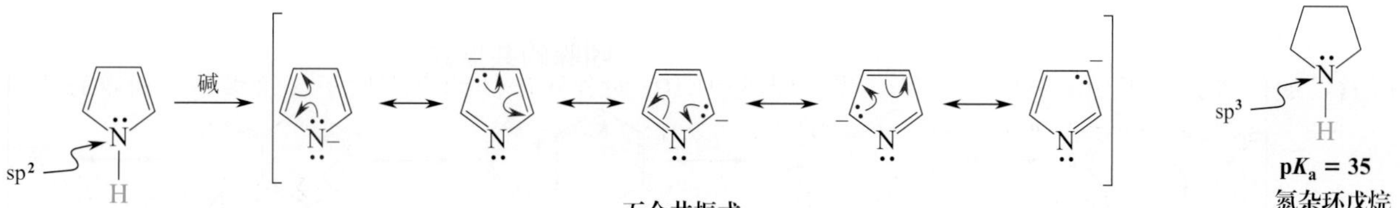
碱
sp²
sp³

p$K_a$ = 16.5

五个共振式

p$K_a$ = 35
氮杂环戊烷

## 练习 25-14

解释为什么吡咯的质子化发生在 C-2 位而不是氮上。

## 1-杂-2,4-环戊二烯能发生开环反应和环加成反应

呋喃可在温和条件下水解为 γ-二羰基化合物。该反应可看作是 Paal-Knorr 呋喃合成法的逆反应。在这些反应条件下吡咯发生聚合，而噻吩是稳定的。

**呋喃水解为γ-二羰基化合物**

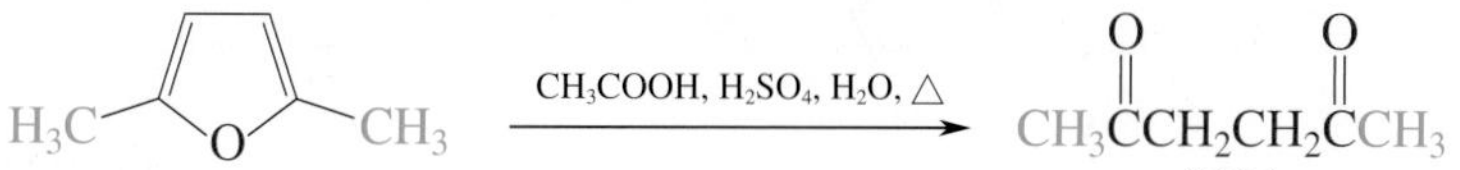
H3C
CH3
CH3COOH, H2SO4, H2O, △
CH3CCH2CH2CCH3

90%

**2,5-己二酮**

Raney 镍可使噻吩衍生物脱硫（17-8 节）得到不含硫的非环饱和产物。

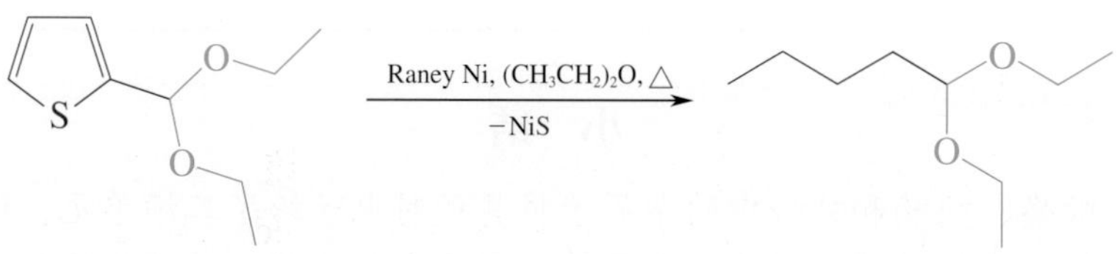
Raney Ni, (CH3CH2)2O, △
−NiS

50%

由于芳香性最小，呋喃的 π 体系（不是吡咯或噻吩）具有足够的二烯特性来进行 Diels-Alder 环加成反应。

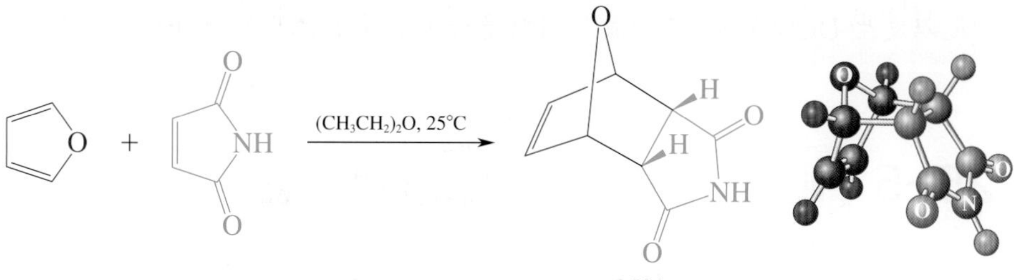
+
NH
(CH3CH2)2O, 25°C

95%

**色氨酸**

### 吲哚是苯并吡咯

吲哚是最重要的 1-杂-2,4-环戊二烯的苯并（稠环）衍生物。它是包括氨基酸中色氨酸在内的许多天然产物的一部分（页边和 26-1 节）。

吲哚与吡咯的关系就像萘与苯的关系一样。其电子结构可通过描述该分子各种可能的共振式来表示。虽然那些干扰稠合苯的 $6\pi$ 电子环状体系的共振式不太重要，但它们揭示了杂原子的给电子效应。

**吲哚的共振式**

### 练习 25-15

预测吲哚中芳香亲电取代的优先位点，请解释你选择的答案。

### 练习 25-16

化合物 A 在乙氧基乙烷（乙醚）中在 −100℃辐照下产生 1- 苯基乙酮（苯乙酮）的烯醇式 B 和一个新产物 C，C 在加热至室温下异构化为吲哚。

化合物 A            $\xrightarrow{h\nu,\ -100℃}$            B            + C

化合物 C 的 $^1$H NMR 谱图显示信号在 $\delta = 3.79\,(d, 2H)$ 和 $8.40\,(t, 1H)$ 处，还有 4 个芳香吸收峰。吲哚的峰在 $\delta = 6.34\,(d, 1H)$、$6.54\,(br\ d, 1H)$ 和 $7.00\,(br\ s, 1H)$。化合物 C 是什么？（**提示**：该光解通过类似于质谱的 McLafferty 重排的机理进行，参见 17-3 节。）

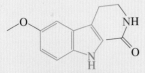

**基于吲哚的神经递质**

类似于 2-苯基乙胺片段（真实生活21-1），2-(3-吲哚基)乙胺（色氨酸）的核也嵌入许多神经递质的结构中，包括迷幻药（例如 LSD，参见25-8节）和其他药物。

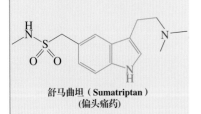

**色胺（R = H）**
**5-羟色胺（Serotonin）(R = OH)**
（调节肠运动、情绪、食欲和睡眠）

**褪黑激素（Melatonin）**
（调节昼夜节律、有机体生物钟）

**舒马曲坦（Sumatriptan）**
（偏头痛药）

### 小 结

吡咯、呋喃和噻吩中的杂原子将其孤对电子给了二烯单元，使得这些体系中的碳原子成为富电子的，因此它们比苯中的碳原子更容易发生芳香亲电取代反应。亲电进攻通常在 C-2 处更有利，但也可观察到在 C-3 处的取代，这取决于反应条件、底物和亲电试剂。有些环可通过水解或脱硫（对噻吩而言）打开。呋喃中二烯单元的反应性使其足以发生 Diels-Alder 环加成。吲哚是含有离域 $\pi$ 体系的苯并吡咯。

**吡啶**

## 25-5 | 吡啶（氮杂苯）的结构和制备

吡啶（pyridine）可看作是苯的衍生物——**氮杂苯**（azabenzene），其中一

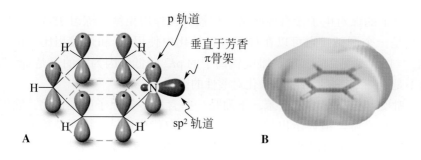

图25-2 （A）吡啶的分子轨道图。氮上的孤对电子是sp²杂化轨道，不属于芳香π体系。（B）吡啶的静电势图显示氮（红色）的孤对电子在分子平面上的位置，以及电负性氮的吸电子效应对芳香π体系（绿色，和25-3节中吡咯的静电势图比较）的影响。

个 sp² 杂化的氮原子替代了一个 CH 单元。因而吡啶环是芳香性的，但其电子结构受到电负性氮原子的影响。本节叙述这一简单氮杂苯的结构、谱学特征和制备方法。

## 吡啶是芳香性的

　　和亚胺（17-9 节）一样，吡啶含有 1 个 sp² 杂化的氮原子。与吡咯相反，在 p 轨道中只有一个电子参与芳香环的芳香性 π 电子排列；像苯基负离子一样，孤对电子位于分子平面的一个 sp² 杂化轨道中（图 25-2）。因此，在吡啶中，氮原子并未向分子贡献其余部分过量的电子。恰恰相反，因为氮比碳更具电负性（表 1-2），它通过诱导作用和共振效应从环中吸取电子。

### 吡啶的共振式

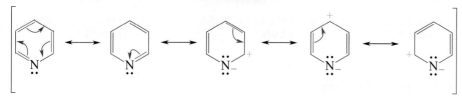

### 练习 25-17

　　（**a**）氮杂环己烷（哌啶）是极性分子，因为分子内存在相对电负性的氮。请解释为什么吡啶是双倍极化的。

　　（**b**）练习 25-8（b）的扩充，你认为下列杂环中哪些是芳香性的？

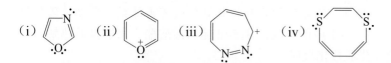

　　吡啶的芳香性离域在其 ¹H NMR 谱图中是明显的，该谱图揭示了环电流的存在。氮的吸电子能力表现在 C-2 和 C-4 处有比较大的化学位移（更加去屏蔽），正如共振式所预期的那样。

### 吡啶和苯的¹H NMR化学位移

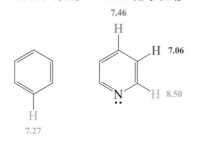

### 吡啶是一个弱碱

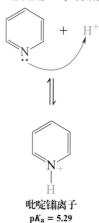

**吡啶鎓离子**
**p*K*_a = 5.29**

氮上的孤对电子没有像吡咯那样被共轭作用束缚（练习 25-14），因而吡啶是一个弱碱（它可以在许多有机转化中使用）。和烷胺相比（铵盐的 p$K_a \approx 10$，参见 21-4 节），吡啶鎓离子的 p$K_a$ 较低，因为它的氮是 sp$^2$ 杂化而不是 sp$^3$ 杂化的（11-3 节杂化对酸性的影响）。

吡啶是最简单的氮杂苯。下面是一些含更多氮原子的类似物。它们的行为都像吡啶，但显示出越来越强的氮杂取代作用——特别是越来越缺电子。微量的几种 1,4-二氮杂苯（吡嗪）衍生物使许多蔬菜具有特殊气味。如在一个大型游泳池中滴一滴 2-甲氧基-3-(1-甲基乙基)-1,4-二氮杂苯（2-异丙基-3-甲氧基吡嗪），足以让整个游泳池充满生土豆的气味。

下面是结构式：

**1,2-二氮杂苯**
**(哒嗪)**

**1,3-二氮杂苯**
**(嘧啶)**

**1,4-二氮杂苯**
**(吡嗪)**

**1,2,3-三氮杂苯**
**(1,2,3-三嗪)**

**1,3,5-三氮杂苯**
**(1,3,5-三嗪)**

**1,2,4,5-四氮杂苯**
**(1,2,4,5-四嗪)**

**2-甲氧基-3-(1-甲乙基)-1,4-二氮杂苯**
**(土豆味)**

**2-甲氧基-3-(2-甲丙基)-1,4-二氮杂苯**
**(青辣椒味)**

## 用缩合反应制备吡啶

吡啶和简单的烷基吡啶可从煤焦油中获得。许多含更多取代基的吡啶则可依次通过较简单衍生物的亲电或亲核取代反应制备。

吡啶可通过非环的原料，如羰基化合物与氨的缩合反应制得。这些方法中最通用的是**汉斯[1] 吡啶合成法**（Hantzsch pyridine synthesis）。在该反应中，两分子 $\beta$-二羰基衍生物和醛及氨通过几步反应（解题练习 25-28）生成取代的二氢吡啶，用硝酸很容易将其氧化成芳香体系。当 $\beta$-二羰基化合物是 3-酮酯时，则生成的产物是 3,5-吡啶二羧酸酯。水解接着热解，这个酸的钙盐会发生脱羧化反应。

### Hantzsch 法合成 2,6-二甲基吡啶

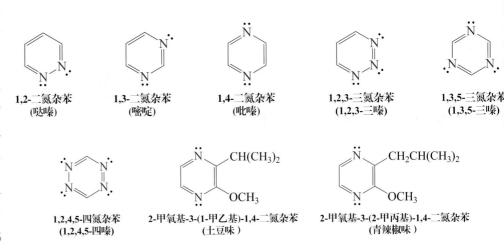

89%

**1,4-二氢-2,6-二甲基-**
**3,5-吡啶二羧酸乙酯**

---

**❶** 亚瑟·R. 汉斯（Arthur R. Hantzsch，1857—1935 年），德国莱比锡大学教授。

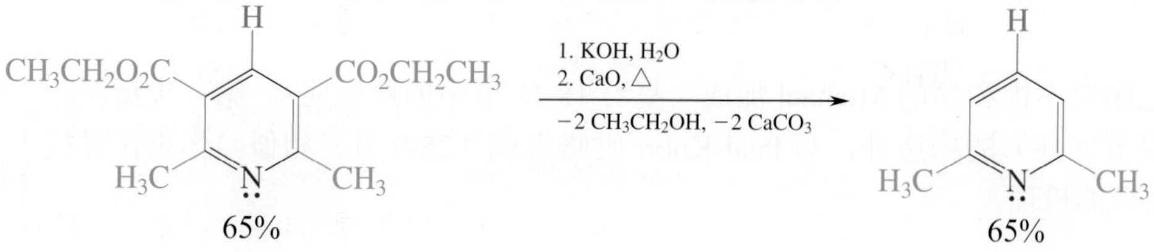

2,6-二甲基-3,5-
吡啶二羧酸乙酯

2,6-二甲基吡啶

Hantzsch 吡啶合成法的第一步是四组分的反应：四组分以一种特别的方式结合形成单一产物。考虑到可利用的原料及可能的缩合途径，这个方法是非常了不起的。成功的原因在于反应途径的可逆性，即当没有产生足以观察到的二氢吡啶时，小心调整参加反应的各组分的反应性：氨或醋酸铵、相对活性的醛和使用两次的 $\beta$- 二羰基化合物［参见解题练习 25-28（a）中对机理的逐步介绍,］。这种类型的多组分反应，水是其中唯一的副产物，它们在本质上是原子经济的，因此是"绿色"（真实生活 3-1）的反应。甚至更环境友好的是使用水作为溶剂，在芳构化取代吡啶的步骤中，在活性炭（一种来自木炭的高度多孔碳）存在下可实现简单地加氢。

### "超级绿色"的Hantzsch吡啶合成法

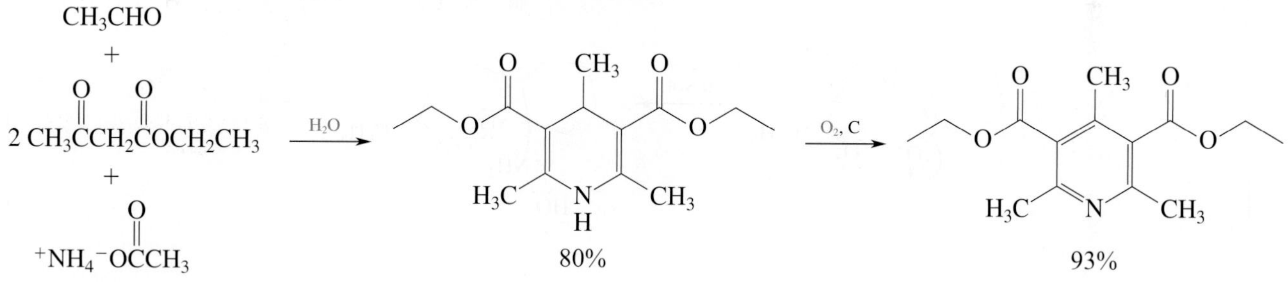

## 练习 25-18

Hantzsch 法合成下列吡啶中需用什么原料？

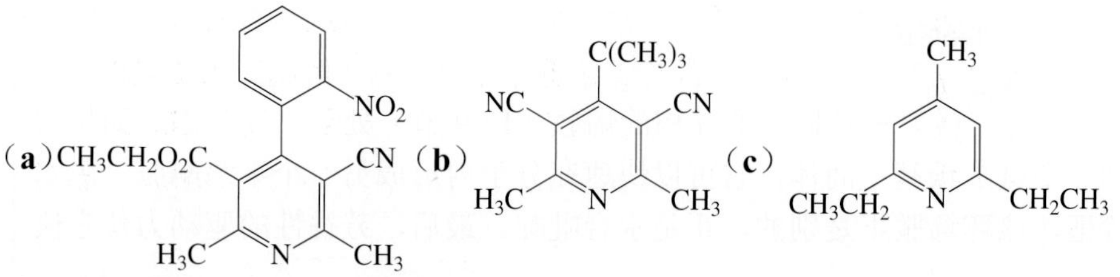

## 解题练习 25-19

### 运用概念解题：练习吡啶合成的机理

　　Hantzsch 吡啶合成法的第一步是合成 1,4-二氢吡啶，该方法的一种改良是用羟胺（表 17-5），可将其视为氨的氧化产物。使用这个试剂，吡啶可直接由 1,5-二羰基化合物形成，依次通过烯醇化物的 Michael 加成来制备 $\alpha,\beta$-不饱和醛和酮（18-11 节）。下面显示吡啶合成中的前两步机理：

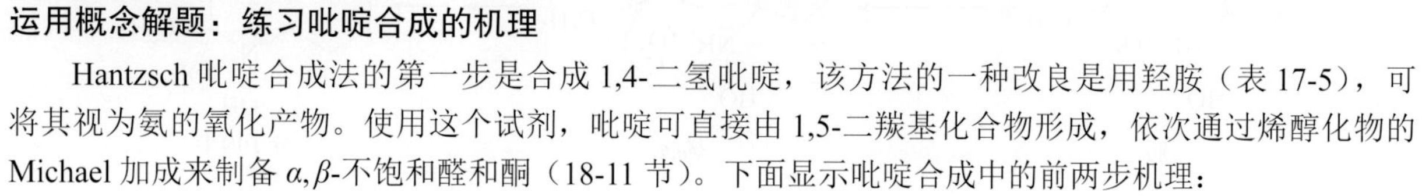

**策略：**

看第一步，认识到环己酮对不饱和酮的 Michael 加成（复习 18-11 节中的此反应）。第二步反应除了反应结果是六元环（不是五元环）的构造外，与 Paal-Knorr 吡咯合成（25-9 节）相似。你正在寻找的机理应该是基于这两个反应的机理。

**解答：**

- 在第一步中，产物是由环己酮中羰基邻位的碳和烯酮末端位置的碳之间构成 C—C 键而形成的；换句话说，环己酮的 $\alpha$-位被烷基化。记住：酮是通过其烯醇式被烷基化的（18-4 节），在这种情况下，烷基化是发生在环己酮烯醇化物进攻正极化的烯酮的 $\beta$-碳，如下图所示。

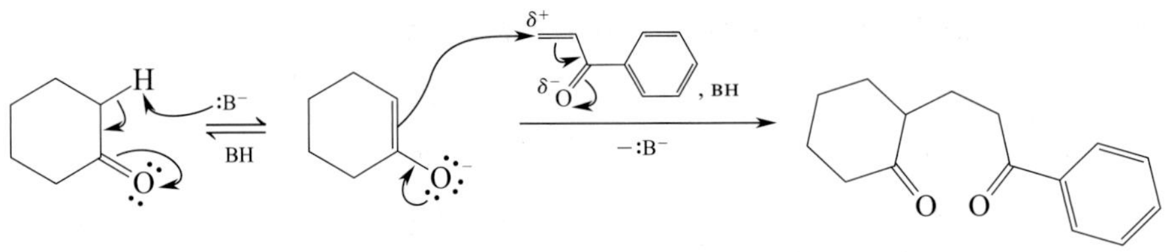

- 第二步，回想起伯胺和酮的可逆反应通过失水而得到亚胺（17-9 节）。事实上，羟胺会产生肟（17-5 节）。这些缩合通过胺中氮对羰基碳的亲核进攻形成半缩酮胺中间体而进行。

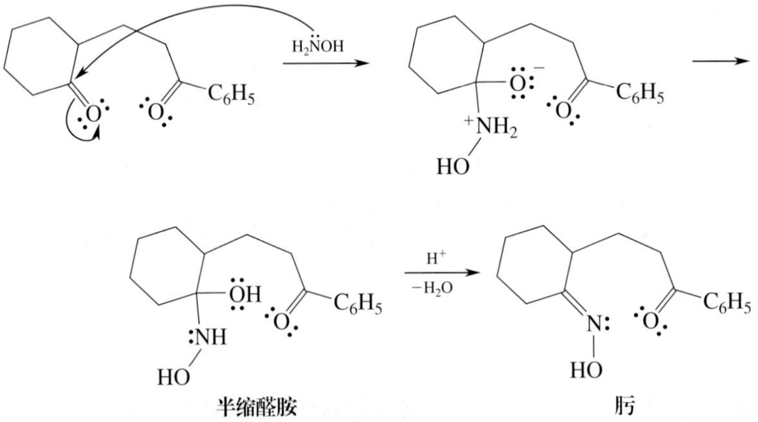

- 亚胺（与羰基衍生物形成烯醇一样）和它们互变异构的烯胺（17-9 节）处于平衡状态。如果将肟写成烯胺这种形式，会得到一个氨基羰基中间体，它可以快速在分子内形成另一个半缩酮胺。脱水产生一个新的环烯胺，经过验证，该环烯胺不是别的，正是水合吡啶。最后，芳香性的驱动力使它快速失水生成吡啶产物。

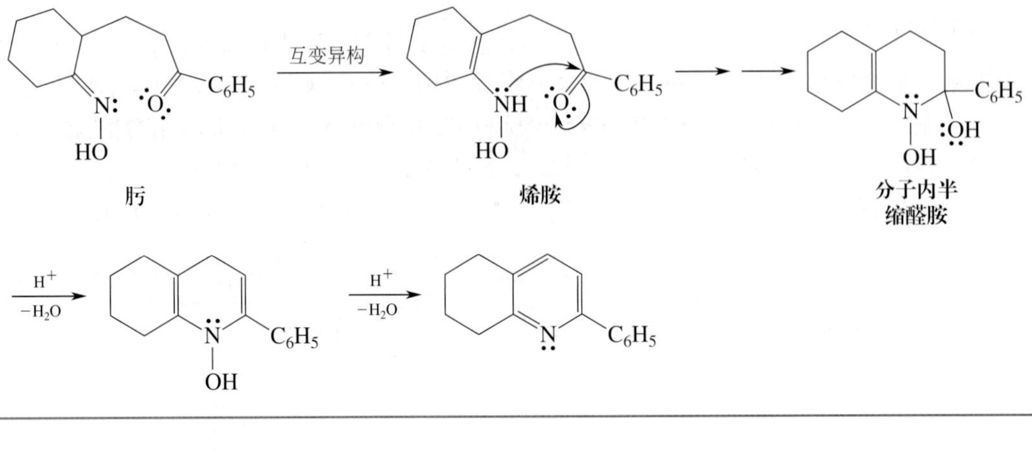

## 25-20 自试解题

提出一个合理的机理，通过该机理发生以下的缩合反应 [**提示**：以醛和烯胺的醛醇缩合开始。（复习烯胺烷基化反应，参见 18-4 节）。然后用生成的产物作为第二个烯胺的 Michael 受体 ]。

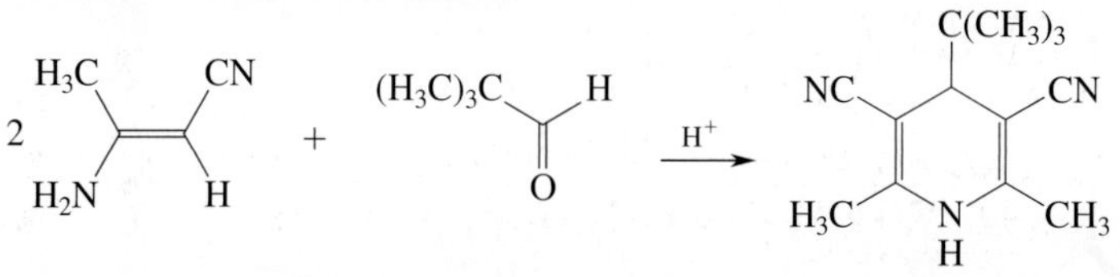

## 练习 25-21

1,3-二氮杂苯-2,4,6-三醇更倾向于以三酮的互变异构体形式（22-3 节）存在，能量差大约 29kcal·mol$^{-1}$。它通常被称为巴比妥酸（p$K_a$ =7.4）并构成一类叫做巴比妥类的镇静剂和催眠剂的基本骨架，佛罗拿（Veronal，安眠药）和苯巴比妥（Phenobarbital）是它们当中的两个例子（页边）。

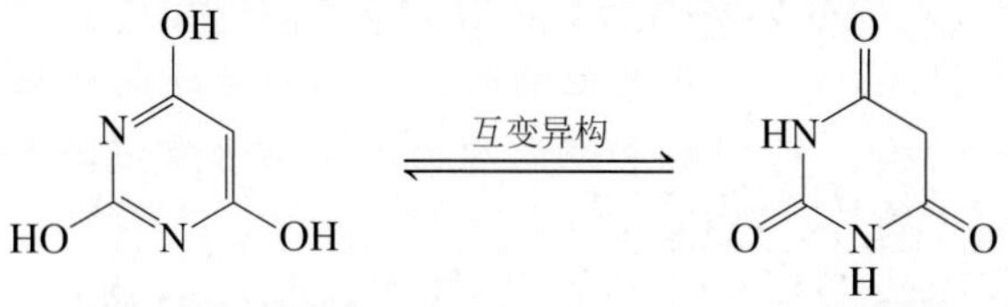

**巴比妥酸**

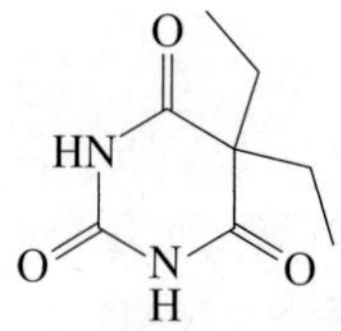

**佛罗拿**
（第一个商业巴比妥类药物催眠剂）

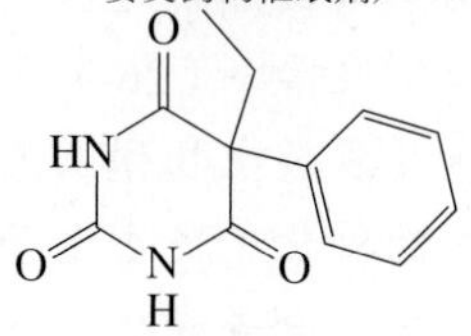

**苯巴比妥**

提出从丙二酸二乙酯（丙二酸酯，参见 23-2 节）和尿素（20-6 节）合成佛罗拿的方法。（**提示**：在碱存在下，如烷氧化物，酰胺和相应的氨基化合物，处于平衡，参见 20-7 节）。

## 小 结

吡啶是芳香性的，但缺电子。氮上的孤对电子使杂环化合物显弱碱性。吡啶可通过 $\beta$- 二羰基化合物和氨及醛的缩合来制备。

# 25-6 | 吡啶的反应

吡啶的反应性源自它既是芳香性分子又是环亚胺的双重性质。它既能发生亲电取代反应，又能发生亲核取代反应，形成多种取代的衍生物。

**吡啶只在极端的条件下发生芳香亲电取代反应**

因为吡啶环是缺电子的，故要发生芳香亲电取代反应很困难，比苯要慢几个数量级，而且只发生在 C-3 位上（15-8 节）。

**吡啶的芳香亲电取代反应**

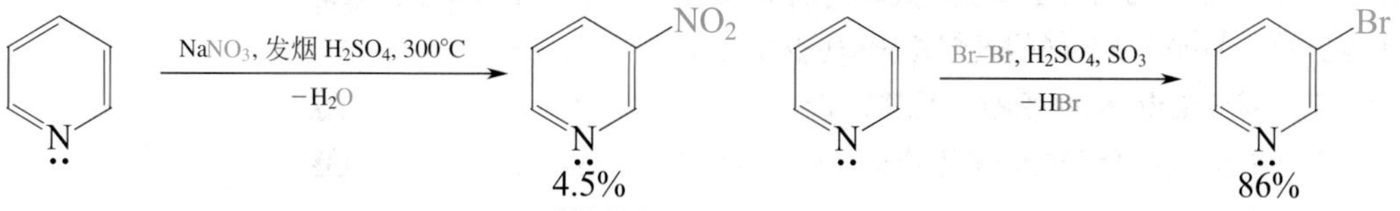

4.5%
**3-硝基吡啶**

86%
**3-溴吡啶**

**真实生活：生物化学**  自然界中氧化还原活性吡啶鎓盐的实例——烟酰胺腺嘌呤二核苷酸（NAD）、二氢吡啶（NADH）及其合成

烟酰胺腺嘌呤二核苷酸

作为一个复杂的吡啶鎓衍生物，烟酰胺腺嘌呤二核苷（NAD⁺）是重要的生物氧化剂。其结构包含一个吡啶环［来自 3- 吡啶羧酸（烟酸）］、两个由焦磷酸酯桥连接的核糖分子（24-1 节）和一个杂环腺嘌呤（26-9 节）。

大多数生物体从燃料分子（如葡萄糖或脂肪酸）的氧化（失去电子）中获取能量，最终氧化剂氧气（电子受体）变成水。这样的生物氧化过程通过电子转移的级联反应进行，该反应需要特殊的氧化还原试剂作为媒介，NAD⁺ 就是一个这样的分子。在底物的氧化中，NAD⁺ 的吡啶鎓环发生双电子还原，同时质子化。

NAD⁺ 是从醇到醛的许多酶促氧化（包括维生素 A 转化为视黄醛，参见真实生活 18-2 和真实生活 8-1）反应中的电子受体。该反应可看成是氢负离子从醇的 C-1 转移到吡啶鎓核的 C-4 上，同时发生去质子化生成醛和二氢吡啶（NADH）。

应用其他酶时，得到的是逆向反应，即用 NADH 将醛和酮还原为醇（第 8 章习题 58 和习题 59 及 22-9 节）。

**NAD⁺的还原**

$$+ H^+ + 2e^- \rightleftharpoons$$

NAD⁺ 　　　　　　　　NADH

NADH 的"作用"部位是由 Hantzsch 吡啶合成法（25-5 节）第一步中易于获得的简单二氢吡啶构成。因此，化学家探究能否用这类化合物作为氢化试剂（如在羰基还原时的 LiAlH₄）的非金属替代物或作为氢化时催化活化（如钯或铂）氢的替身。实际上，这种所谓的仿生反应（因为它们

**练习25-22**

画出由 E⁺ 在吡啶的 C-2、C-3 和 C-4 上的亲电进攻结果的所有共振式。上述结果能否解释为什么吡啶的芳香亲电取代发生在 C-3 ？

模仿自然界所用的原理）已做到用"Hantzsch酯"将2-氧代酯还原为相应的醇。相似的，对

α,β-不饱和醛的共轭氢加成接着质子化得到饱和的醛。

**Hantzsch酯用于还原反应**

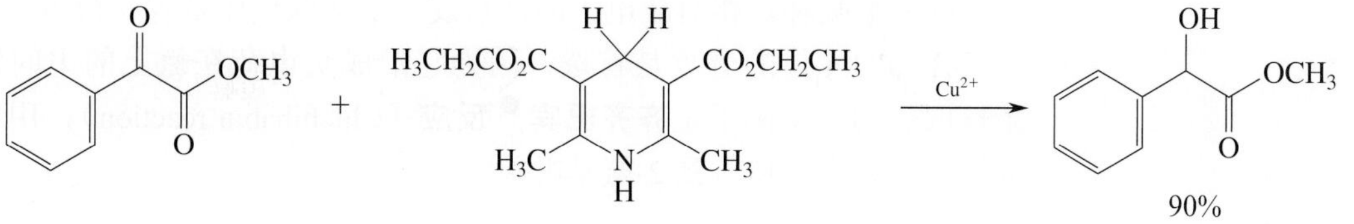

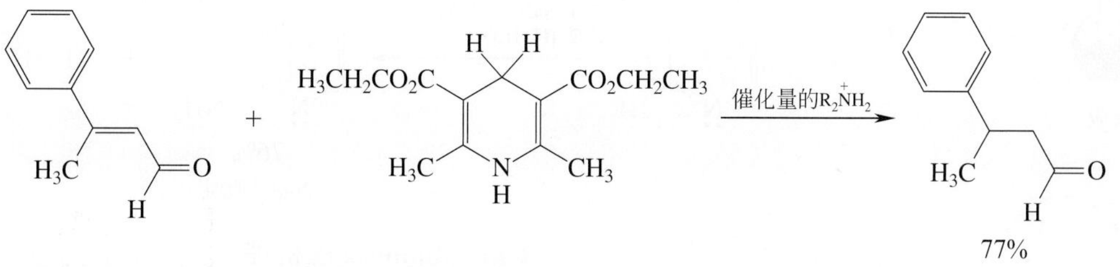

90%

77%

第一个反应并非完全不含金属，因为它需要催化量的Lewis酸$Cu^{2+}$来活化羰基。这样做的优点就是可在$Cu^{2+}$手性配体（12-2节，真实生活5-3和真实生活12-2）的存在下，氢化试剂对映选择性地只加成到分子的一侧生成醇的一个对映体，就像大自然中存在的还原反应一样。第二个反应

是有机催化剂的另一个例子（真实生活18-1），用催化量的铵盐进行相似的活化，直接将醛基转变为相应的亚胺离子，亚胺离子的正电荷使β-碳成为更好的氢负离子受体。传统上这种活化是在$H^+$或Lewis酸中进行，烯烃的氢化通常采用非均相金属催化剂（12-2节）。

**$NAD^+$-NADH氧化还原对**

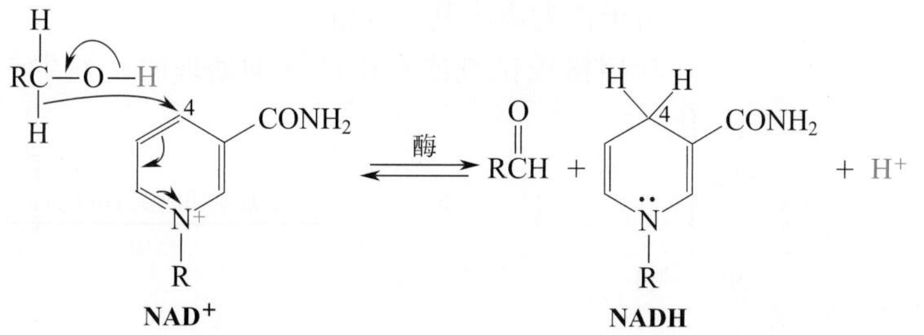

致活取代基能使反应条件更温和或改善产率。

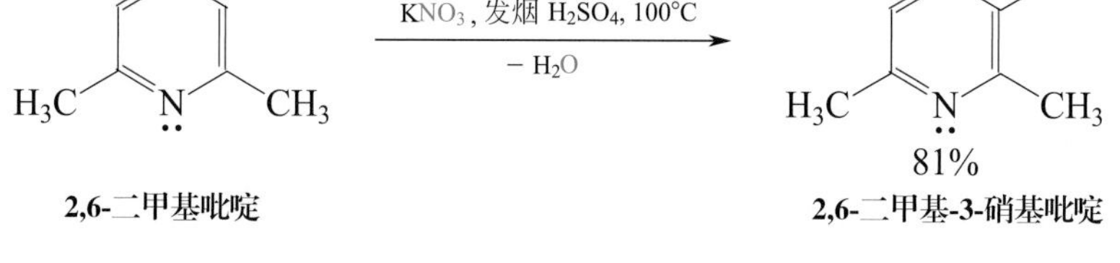

**2,6-二甲基吡啶**  $\xrightarrow[\text{- H}_2\text{O}]{\text{KNO}_3, \text{发烟 H}_2\text{SO}_4, 100^\circ\text{C}}$  **2,6-二甲基-3-硝基吡啶**

81%

$$\text{2-氨基吡啶} \xrightarrow[\text{- HBr}]{\text{Br–Br, CH}_3\text{COOH, 20°C}} \text{2-氨基-5-溴吡啶}$$

90%

**2-氨基吡啶**                                                      **2-氨基-5-溴吡啶**

## 吡啶发生相对容易的亲核取代

因为吡啶环是相对缺电子的，它发生亲核取代比苯容易得多（22-4 节）。对 C-2 和 C-4 位的进攻是首选，因为它形成负电荷在氮上的中间体。吡啶亲核取代的一个例子是**齐齐巴宾[1] 反应**（Chichibabin reaction），用氨基钠的液氨溶液处理杂环得到 2-氨基吡啶。

**Chichibabin反应**

$$\xrightarrow[\text{2. H}^+, \text{H}_2\text{O}]{\text{1. NaNH}_2, \text{液 NH}_3} \quad + \quad \text{H—H}$$

76%

**2-氨基吡啶**

反应

机理

**Chichibabin反应机理**

$$\xrightarrow{\text{加成}} \qquad \xrightarrow[\text{消除}]{- :\text{H}^-}$$

这个反应通过加成 - 消除机理进行。第一步是由 $^-$:ṄH$_2$ 进攻 C-2，类似于亚胺基的 1,2-加成。从 C-2 排出一个氢负离子（H:$^-$），接着氨基氮上去质子化得到 H$_2$ 和共振稳定的 2-氨基吡啶负离子，通过水后处理质子化得到最终的产物。注意这和亲电取代相反，吡啶的亲电取代涉及质子的丢失，而不是把氢负离子作为离去基团脱除。

当吡啶用格氏试剂或有机锂试剂处理时，发生与 Chichibabin 反应有关联的转化。

$$\xrightarrow[\text{–LiH}]{\text{甲基苯(甲苯), 110°C, 8 h}}$$

49%

**2-苯基吡啶**

在吡啶的大多数亲核取代中，卤素是离去基团，2-和4-卤代吡啶特别活泼。

$$\xrightarrow[\text{–NaCl}]{\text{Na}^+ \text{ }^-\text{OCH}_3, \text{CH}_3\text{OH}}$$

75%

**4-甲氧基吡啶**

❶ 阿莱克塞·E. 齐齐巴宾（Alexei E. Chichibabin，1871—1945 年），俄罗斯莫斯科大学教授。

## 练习 25-23

提出 4-氯吡啶和甲醇盐反应的机理［**提示**：把吡啶环看作含有 $\alpha,\beta$-不饱和亚胺官能团（17-9 节和 18-9 节）。］

## 练习 25-24

2-，3-和4-氯吡啶在甲醇中与甲醇钠反应的相对速率是 3000：1：81000。试解释。

# 25-7 ｜ 喹啉和异喹啉：苯并吡啶

喹啉

异喹啉

我们可以想象苯环和吡啶以两种方式稠合，得到**喹啉**（quinoline）和**异喹啉**（isoquinoline）（按照系统命名法，就是 1- 和 2-氮杂萘）。二者都是高沸点液体。它们的许多衍生物都存在于自然界中，或在寻找生理活性的研究中被人工合成。像吡啶一样，喹啉和异喹啉很容易从煤焦油中获得。

正如所料，由于吡啶比苯缺电子，喹啉和异喹啉的亲电取代发生在苯环上。和萘一样，取代优先发生在与环稠合点相邻的碳上。

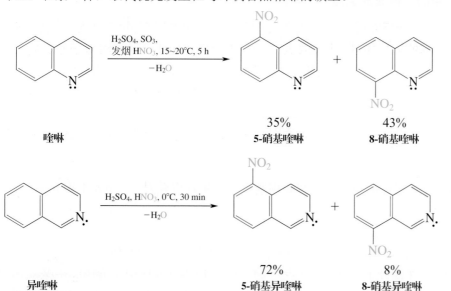

与亲电试剂相反，亲核试剂更喜欢在缺电子的吡啶核上发生反应。这些反应与吡啶的反应类似。

**喹啉和异喹啉的Chichibabin反应**

秘鲁火棒（Peruvian fire stick）从头部后面的腺体分泌喹啉作为化学防御对抗捕食者（如青蛙、蟑螂、蜘蛛和蚂蚁）。

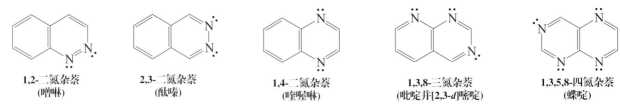

1-氨基异喹啉-4-羧酸

## 练习 25-25

喹啉和异喹啉与金属有机试剂的反应和吡啶完全一样（25-6 节）。试给出其与 2-丙烯基溴化镁（烯丙基溴化镁）的反应产物。

---

以下结构代表萘的多个氮杂类似物。

| 1,2-二氮杂萘 (噌啉) | 2,3-二氮杂萘 (酞嗪) | 1,4-二氮杂萘 (喹喔啉) | 1,3,8-三氮杂萘 (吡啶并[2,3-d]嘧啶) | 1,3,5,8-四氮杂萘 (蝶啶) |

## 解题练习 25-26

**运用概念解题：识别氮杂萘中的逆合成断裂点**

如 25-5 节所述，一些吡啶的合成基于各种缩合反应，通常是羟醛（18-5 节）和亚胺（17-9 节）缩合反应。考虑到这一点，如何将喹啉 A 的吡啶环经逆合分解成两种适当的原料用于构建它的结构？

**策略：**

最明显的断裂点是亚胺连接，它可能由相应的胺和羰基组分产生。后者为一个 $\alpha,\beta$-不饱和酮，它可用羟醛缩合反应来组装。

**解答：**

· 首先，断开亚胺双键（步骤 1），由此产生一边是苯胺和另一边是羰基的中间体。

· 接着，应用逆羟醛缩合步骤来断开余下的双键（步骤 2），产生 1-(2-氨苯基)-1-乙酮和2,4-戊二酮。

· 这两种物质是合成 A 的合适原料吗？回答是肯定的。这个反应称为弗瑞德兰德（Friedlander）喹啉合成法，反应用酸或碱催化。虽然人们可以设想原料存在几种竞争性缩合，但它们是可逆的，并且有相当大的驱动力向着芳香的环化产物方向移动。此外，氨酮组分含有两个共轭的官能团，防止其自身缩合（写出偶极烯醇铵盐的共振式）。

**真实生活：生物学**  **叶酸、维生素D、胆固醇和你的肤色**

叶酸对人类生命至关重要。其结构包含一个 1,3,5,8-四氮杂萘（蝶啶）环系、一个 4-氨基苯甲酸（15-4 节）以及一个（S）-氨基戊二酸（谷氨酸）（26-1 节）。在怀孕早期，叶酸是神经系统正常发育所必需的。它的功能之一是在生物分子之间转移一碳片段（第 9 章习题 77 和习题 78）。必须从饮食中获得这种物质。叶酸的缺乏与瘫痪和通常致命的先天缺陷有关，如脊柱裂（开放性脊柱）和无脑畸形（大脑无法正常发育）。美国公共卫生署（U.S. Public Health Service）推荐，所有育龄妇女每天要服用 400μg（0.4mg）叶酸。

1,3,5,8-四氮杂萘部分　　4-氨基苯甲酸部分　　（S）-2-氨基戊二酸（谷氨酸）部分

**叶酸**

**维生素 D₂**

维生素 D 也是保持健康的必需营养素。它可促进儿童骨骼健康地生长，缺乏会导致佝偻病。在我们的一生中，维生素 D 在保持人体内钙和磷的含量中发挥着关键作用。与叶酸不同，人体能合成维生素 D。原料是胆固醇（真实生活 4-2）以及不可缺少的太阳光，特别是当太阳高悬天空时，洒落在地球表面的紫外线 B 辐射（波长范围 280～315nm）。从这些事实中衍生出一个真实的、非凡的故事。

人类皮肤的色调范围从一些热带人群中的近乎乌黑色到欧洲北部（特别是英国）红头发的最浅肤色。怎样以及为什么会这样？

叶酸的四氮杂萘环中扩展的芳香 π 体系强烈地吸收紫外线（15-5 节）之后，结构发生了改变；简言之，产生维生素 D 必需的太阳光消耗了人体储藏的叶酸。地球上人体肤色的变化代表了人类对其所暴露的不同紫外线的进化反应。在人类进化的历程中，随着覆盖身体的保护性毛发数量的减少，拥有更多皮肤变黑色素的个体生育健康婴儿的可能性更高。他们稍微变黑的皮肤为其体内的叶酸提供了一些保护，同时仍然合成了足够量的维生素 D。

那些肤色较浅的人群呢？假定"走出非洲"的这一假设是准确的，人类向北迁移到阳光直射较少的纬度会因为皮肤黑暗而面临缺乏维生素 D。在这种情况下，肤色较浅的人会有优势，他们增加的维生素 D 的量会增加其达到生育年龄的概率。在人类向北迁移的几代人中，肤色的淡化将达到目前的平衡，既可以保存必要量的叶酸，又可以合成适量的维生素 D。

当最黑的皮肤只允许很少的紫外线穿透时，皮肤最黑的个体如何合成足量的维生素 D？在这种人群中发展出一种适应状态，它有利于人体在血液中产生更高水平的胆固醇——维生素 D 的前体。这种改变的后果是使这一足球队中与胆固醇相关的心脏病和中风的发病率更高。

叶酸和维生素 D 生产之间相互作用的多样性：某足球队赢得比赛后的庆祝场面。

## 25-27 自试解题

为下列分子绘制合理的逆合成断裂图［**提示**：关于（b）和（c）部分，参阅 17-9 节。］

---

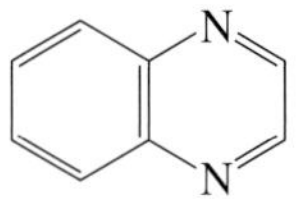

# 小 结

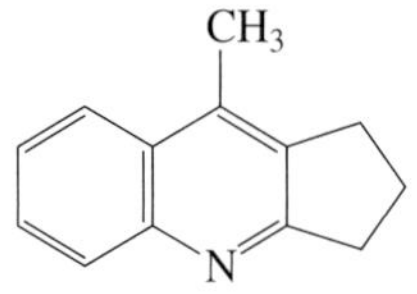

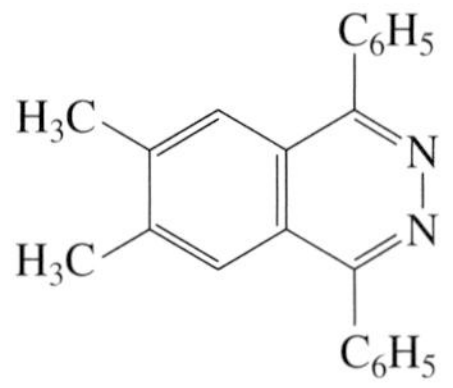

氮杂萘喹啉和异喹啉，可看作是苯并吡啶。亲电试剂进攻苯环，亲核试剂进攻吡啶环。

---

# 25-8 | 生物碱：自然界中具有有效生理活性的氮杂环化合物

**生物碱**（alkaloid）是苦味的含氮化合物，它存在于自然界特别是植物中。该名称源自它们碱性（类碱，alkli-like）的特征，这一碱性是由氮的孤对电子诱导产生的。

与非环胺类（第 21 章）一样，生物碱的 Lewis 碱性质，结合其特殊的三维结构，使其具有有效的生理活性。我们已经注意到麻醉剂吗啡和海洛因（9-11 节）、精神活性麦角酸和麦角酰二乙胺（LSD）（19-13 节），以及抗生素青霉素（真实生活 20-3）都具有生物碱样的性质。

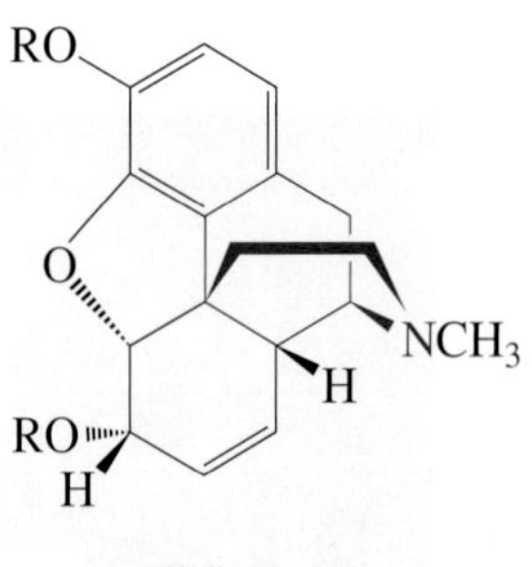

吗啡 (R = H)
海洛因 (R = CH₃C)
麦角酸 (X = OH)
麦角酰二乙胺, LSD[X = (CH₃CH₂)₂N]
青霉素 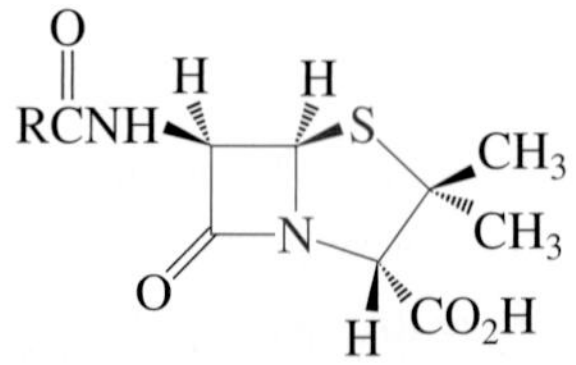

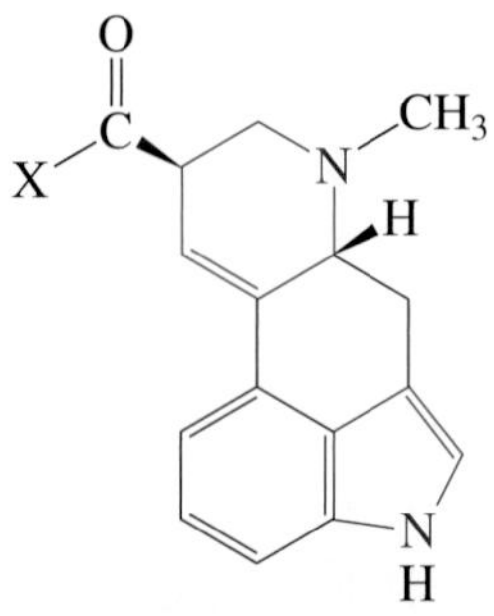

药物化学家努力"拆解"复杂天然药物的结构，以确定维持其活性的最低需求：药效团。对于吗啡，这种方法已经产生了数百种具有不同药理学活性谱的更简单的类似物。

## 吗啡的药效团

吗啡
(从罂粟中分离)

左啡诺
(Levo-Dromoran)

哌替啶
(杜冷丁)

美沙酮

尼古丁（真实生活 25-1），以 2%～8% 的浓度存在于干烟叶中，是香烟和其他烟叶产品中含有的刺激成分。

尼古丁

咖啡因 (R = CH₃)
可可碱 (R = H)

可卡因

比尼古丁更有刺激作用的是咖啡因和可可碱，分别存在于咖啡、茶叶或可可（巧克力）中（987 页边）。最危险的兴奋剂可能是从古柯灌木的叶子中提取的可卡因，古柯灌木主要在南美洲，因作为非法的毒品贩卖而栽培。可卡因以水溶性盐酸盐的形式（"街头可卡因"）运输和销售，它可以通过鼻通道"吸食"，或口服和静脉注射。真正的生物碱称为"游离碱（freebase）"或"快克（crack）"，可通过吸烟吸入。该药物有潜在生理的和心理的副作用，如大脑癫痫发作、呼吸衰竭、心脏病突然发作、偏执狂和抑郁症。尽管如此，该化合物也有一些好的用处。例如，在眼外科手术中是非常有效的局部麻醉剂。

可卡因植物的果实和叶子。

奎宁是从金鸡纳树皮中分离得到的（浓度高达 8%），是已知最古老的有效抗疟药。疟疾发作包括发冷伴随着（或接着）发热，在出汗阶段终止。这样的发作会有规律地反复发生。疟疾的英文名称"malaria"，是从意大利语的 *malo*（坏）和 *aria*（气）衍生而来的。参照老的说法，疟疾是由沼泽地排出的有毒废气引起的。真正的罪魁祸首是一种原生动物寄生虫（*Plasmodium* 种）通过被感染的雌性疟蚊（*Anopheles* 属）的叮咬而传播（真实生活 3-2）。估计每年有 1.5 亿～3 亿人受到这种疾病感染，死亡约 50 万人，超过三分之二是儿童。

一种斯蒂芬斯（*Anopheles stephensi*）按蚊通过其尖头饲管在人体宿主上吸血进食，直至一滴血从腹部滴出来。

### 真实生活：自然 25-4　大自然并非总是"绿色的"——天然杀虫剂

许多人认为，所有合成的东西都是有点可疑的和"坏"的，而所有的天然化学品都是好的。就如阿姆斯[1]（Ames）和其他人指出的，这是一个错误的观念。虽然可以看到，许多人造的化学品的确具有毒性，并且对环境有负面影响等问题，但天然化学品与合成的化学品并没有任何差别。大自然生产数以百万计的化合物，其中很多是高毒性的，比如植物中发现的不少生物碱。结果，就有许多（有时是致命的）由于偶然摄入植物物质而引发中毒的案例（特别是儿童），如吃了青土豆（暴露于阳光下会增加毒性），喝了草药茶，吃了毒蘑菇等。亚伯拉罕·林肯的母亲死于饮用啃过有毒的蛇根草植物的奶牛的牛奶。这个问题触及了"有机"食品特别是水果和蔬菜比传统产品更健康这一论点的核心。支持者主张有机产品更好，因为它们是在没有添加合成杀虫剂的情况下种植的。反对者声称这一事实使它们容易被更高水平的细菌和天然毒素污染。

青土豆有毒，因为其中存在茄碱生物碱。

茄碱

番茄红素
（紫草茶中的肝毒素）

丙呋甲酮
（蛇根草中的毒素）

除了植物化学品的直接潜在毒性问题外，还有越来越多的证据表明食品和药品之间存在不良的相互作用。例如，葡萄柚汁中的佛手柑素（Bergamottin）是几种处方药的生物利用度的"葡萄柚汁效应"的原因。该分子抑制负责药物代谢的细胞色素 P450 酶（真实生活 8-1），阻止或减缓某些物质的去除。这可能导致药物的有效浓度大大增加，达到危险甚至致命的水平。另一个例子是草药抗抑郁剂金丝桃素（圣约翰草），它可以导致堕胎并干扰避孕药的作用（真实生活 4-3）。

佛手柑素

金丝桃素
（金丝桃的活性组分）

[1]　布鲁斯·N. 阿姆斯（Bruce N. Ames，1928 年生），美国加州大学伯克利分校教授。

这些化合物在植物生命中的用途是什么？植物无法逃离捕食者及入侵的生物，如真菌、昆虫、动物和人类，它们也没有自卫的器官。然而，它们发展出一系列"天然杀虫剂"作为化学武器，以建立起有效的防御系统。现在已知有成千上万种这样的化合物。它们要么是已经存在于现有的植物中，要么是对外界的伤害，如毛虫和食草昆虫，产生原生的"免疫应答"。例如，在番茄植物中，一种称为"systemin"的含有18个氨基酸的小肽（26-4节）是对外部攻击的化学警报信号。这种分子在植物中快速移动，引发一系列产生化学毒物的反应。化学毒物的作用效果是完全抵挡攻击者，或者减缓它们的攻击，以便让其他捕食者消耗掉它们。有趣的是，水杨酸是这些化合物中的一个，它是阿司匹林的核心结构（真实生活22-2），可以防止受损点（很像伤口）被感染。处于危难中的植物已演变成会使用化学物质作为警报信息素（12-17节），通过空气或水介质传递分子信号激活周围（当时尚）未受损伤部位的化学武器系统。它们也可能通过化学途径发展抗性（免疫性）。

美国人每人每天以蔬菜、水果、茶和咖啡等形式消耗约1.5g天然杀虫剂，比他们摄取的合成杀虫剂残留量多1万倍。这些天然产物的浓度范围为百万分之几（ppm）的数量级，高于通常测量的水污染物（如氯代烃）和其他合成污染物（如洗涤剂，参见真实生活19-1）的水平（ppb，十亿分之几）。这些植物毒素中没有几个已经进行过致癌性测试，但在测试的那些（在啮齿动物中）毒素中，大约有一半是致癌的，与合成化学品的比例相同。很多已证明有毒，下面给出了普通食品中某些（潜在）有毒农药的例子。

那么，为什么我们都没有被这些毒物给灭绝呢？一个原因是我们所接触的这些天然杀虫剂中的任何一种的含量都很低。更重要的是，我们也像植物一样，已经进化到能保卫自己免受这种化学"射弹"的攻击。此外，首先，我们的第一道防线，口腔、食道、胃、肠、皮肤和肺部的表层，每隔几天就被作为"炮灰"丢弃一次。其次，我们有多种解毒机制，使摄入的毒物变成无毒的；许多物质在造成伤害之前已被我们排泄出去；我们的DNA有许多修复损伤的方法。最后，我们嗅闻和品尝"令人厌恶的"物质的能力（包括"苦味"的生物碱、腐烂的食物、"过期的"牛奶、发出"硫化氢气味的"臭蛋）作为预先发出的警告信号。归根结底，我们每个人都必须判断我们放了些什么到我们的体内，但是古老的智慧仍然有用：避免任何的饮食过量，并保持膳食多样性。

## 天然植物杀虫剂及其来源（以ppm计）

咖啡酸
（致癌物）

苹果、胡萝卜、芹菜、葡萄、莴苣，土豆（50~200），罗勒属植物、莳萝、鼠尾草、百里香和其他药草（>1000），咖啡（烤豆，1800）

异硫氰酸烯丙酯
（致癌物）

甘蓝菜（35~590），花椰菜（12~66），球芽甘蓝（110~1560），褐芥菜（16000~72000），辣根（4500）

(R)-柠檬烯
（致癌物）

橘子汁（31），黑胡椒（8000）

5-羟色胺
（神经递质、血管收缩剂）

胡萝卜（10~20）

胡萝卜毒素
（神经毒素）

荷兰芹（11000~112000）；
芹菜（1300~46000）

补骨脂素
（致癌物）

香蕉（15000）

马钱子碱是强力毒药（动物的致死剂量约为 5～8mg/kg），是许多侦探小说中常用到的致命成分。

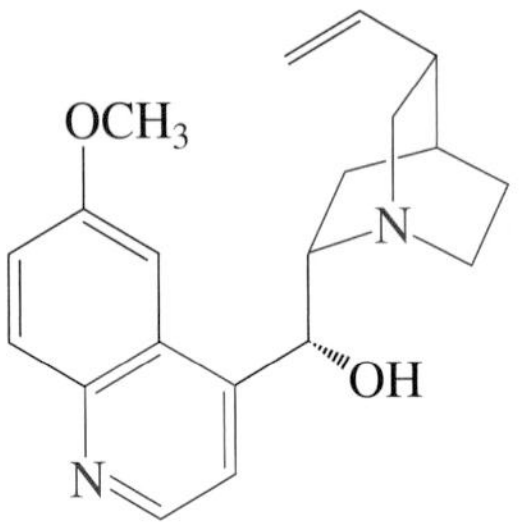

奎宁

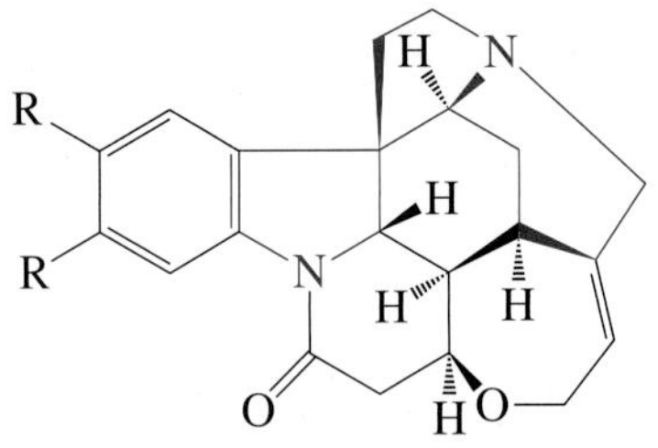

马钱子碱(R=H)
番木鳖碱 (R=CH₃O)

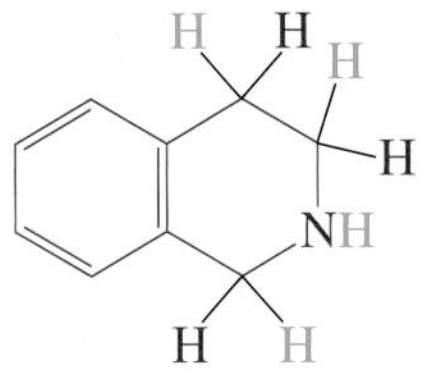

1,2,3,4-四氢异喹啉

生物碱中含有丰富的异喹啉和 1,2,3,4-四氢异喹啉母核，它们的衍生物具有生理活性，例如作为致幻剂、作用于中枢神经系统的药物（镇静剂和兴奋药）和降压药。注意，药效团 2-苯基乙胺单元（真实生活 21-1）是这些核的一部分，也存在于本节讨论的大多数其他生物碱中 [在吗啡、麦角酸、奎宁（这里有点奇怪）和马钱子碱中都可以找到它]。

## 小 结

生物碱是天然的含氮化合物，它们中有许多具有生理活性。

## 总 结

本章将饱和杂环和芳香杂环的讨论汇集在一起，并扩展了本书中几个概念和应用。我们学到了：

- 将杂环命名为其碳环类似物的衍生物，通过前缀表示杂原子的存在和位置，例如氮杂、氧杂和硫杂（25-1节）。

- 饱和杂环相对不活泼，但张力系统是一个例外，环张力的释放可作为驱动力（25-2节）。

- 在杂环戊二烯中，如吡咯、呋喃和噻吩，杂原子上孤对电子中的一对参与6电子芳香环离域体系（25-3节）。

- Paal-Knorr合成法提供一种合成杂环戊二烯的通用方法（25-3节）。

- 杂环戊二烯的芳香亲电取代优先发生在连接杂原子的碳上。它们也可以发生开环、脱硫（在噻吩存在的情况下）和Diels-Alder环加成（在比较活泼的呋喃存在的情况下）等反应（25-4节）。

- 在氮杂芳香体系，如吡啶和喹啉，氮上的孤对电子不参与6电子芳香环离域体系。相反，它是sp²杂化杂原子p轨道中的电子贡献者，使系统具有芳香性（25-5节）。

- 吡啶可由缩合反应来制备，如Hantzsch合成法（25-5节）。

- 吡啶对亲电取代很缓慢，但更容易发生亲核取代（25-6节）。

- 喹啉和异喹啉可看作是氮杂萘（25-7节）。

生物碱是自然界中存在的含氮碱性化合物，很多生物碱显示强的生理活性（25-8 节）。

　　杂环化学的领域非常广泛，我们只强调了其中的一些方面。在下面也即最后一章将看到杂环是核酸 DNA 和 RNA 整体的组成部分。

# 25-9 ｜ 解题练习：综合运用概念

　　最后两个解题练习首先测试你应用缩合反应构建不饱和杂环的技能，接着对合成杂环药物万艾可（Viagra）的 12 步反应进行评估。

### 解题练习25-28　在杂环合成中应用缩合反应

　　正如看到的杂环戊二烯（25-3 节）和吡啶（25-5 节），芳香杂环体系几乎都可不变地用羰基底物和合适的带杂原子官能团的试剂缩合反应来制备。

　　**a.** 请写出 Hantzsch 合成法合成 2，6-二甲基吡啶（25-5 节）步骤可能的反应机理（这里再次显示它的反应式）。

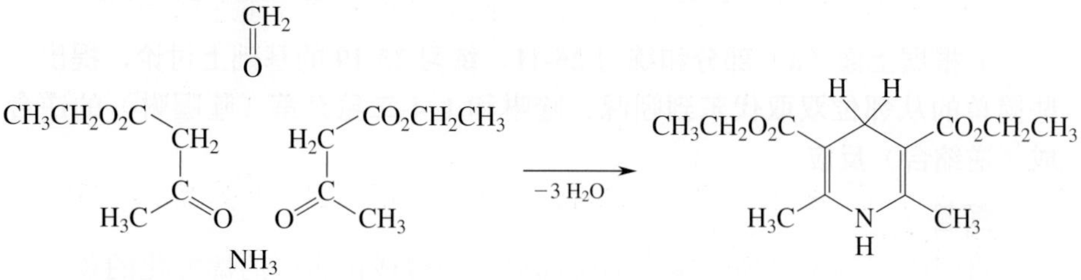

**解答：**

　　通过跟踪原料混合物中四种组分的来龙去脉，可以看到氨在两个酮羰基碳上反应，推测大概是通过亚胺然后形成烯胺（17-9 节），而甲醛组分与3-氧代丁酸酯（23-2 节）的酸性亚甲基成键，可能最初是通过类似的羟醛缩合反应过程（18-5 节）的。让我们一步一步写出这些步骤。

　　**步骤 1.** 甲醛与 3-氧代丁酸乙酯的类羟醛缩合反应

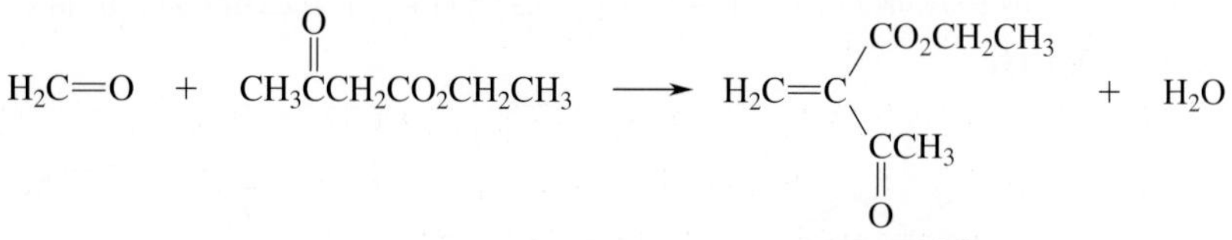

　　**步骤 2.** 氨与 3-氧代丁酸乙酯的反应形成烯胺

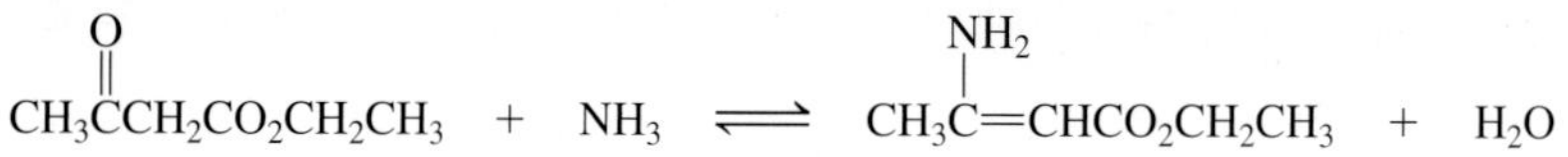

　　我们注意到，步骤 1 生成了一个 Michael 受体，而步骤 2 产生烯胺。通过 Michael 加成，后者可与前者反应，与烯醇负离子的反应类似，在此情况下生成中性的氧代烯胺。

**步骤 3.** 烯胺的 Michael 加成

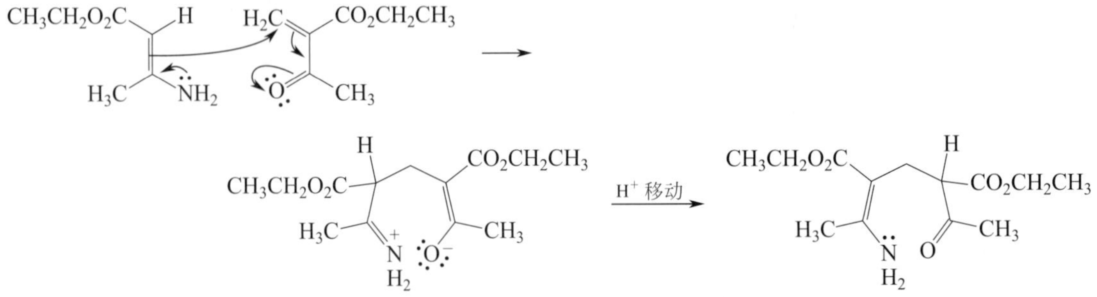

现在这个化合物已完全准备好进行分子内的亚胺缩合，生成 3,4-二氢吡啶，然后互变异构（13-7 节和 18-2 节）生成更稳定的 1,4-二氢产物。

**步骤 4.** 分子内亚胺的形成和互变异构

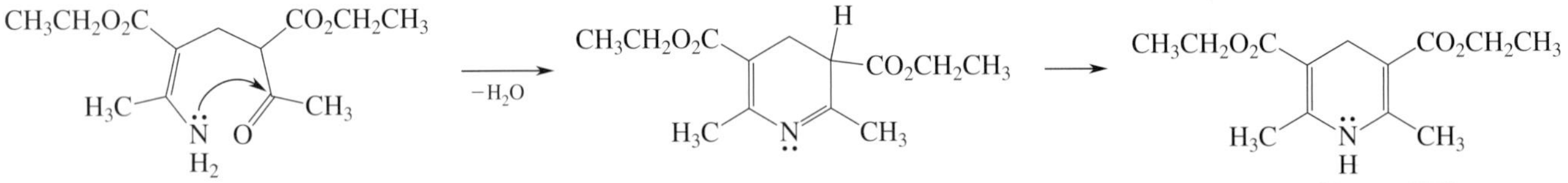

3,4-二氢-2,6-二甲基-
3,5-吡啶二羧酸二乙酯

1,4-二氢-2,6-二甲基-
3,5-吡啶二羧酸二乙酯

**b.** 根据上面（a）部分和练习 **25-11**、练习 **25-19** 的基础上讨论，提出一些简单的从邻位双取代苯到吲哚、喹啉和 1,4-二氮杂萘（喹喔啉）的逆合成（逆缩合）反应。

**解答：**

将吲哚视为苯并稠烯胺，烯胺部分的逆合成由相应的烯醇化的羰基和氨官能团连接而来（17-9 节）。

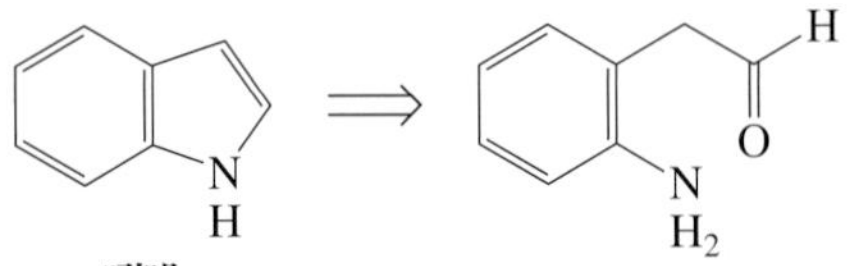

**吲哚**

喹啉可视为苯并稠 $\alpha,\beta$-不饱和亚胺。亚胺核的逆合成开环分解成相应的胺和 $\alpha,\beta$-不饱和羰基片段（17-9 节），这些片段可用乙醛的羟醛缩合反应（18-5 节）来构建。

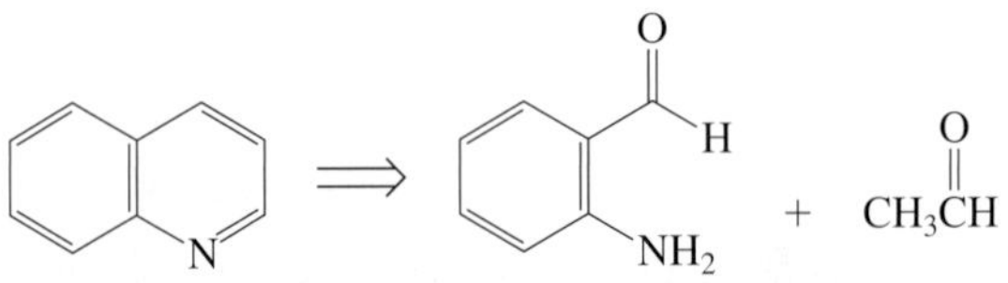

**喹啉**

1,4-二氮杂萘可通过两种亚胺官能团的逆合成水解分解成 1,2-苯二胺和乙二酮（乙二醛）。

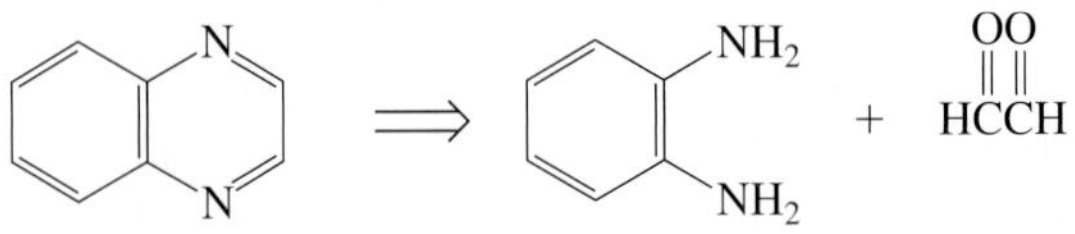

**1,4-二氮杂萘**
**(喹喔啉)**

**解题练习25-29　理解万艾可（Viagra）的合成路线**

万艾可（柠檬酸西地那非）于 1998 年推出，作为治疗男性勃起功能障碍（MED）的有效方法。它是在该化合物作为冠心病治疗的临床试验中偶然发现的，通过增强勃起组织中一氧化氮（NO）的产生，最终导致血管舒张而起作用（真实生活 26-1）。以下是万艾可最初在实验室的制备路线。

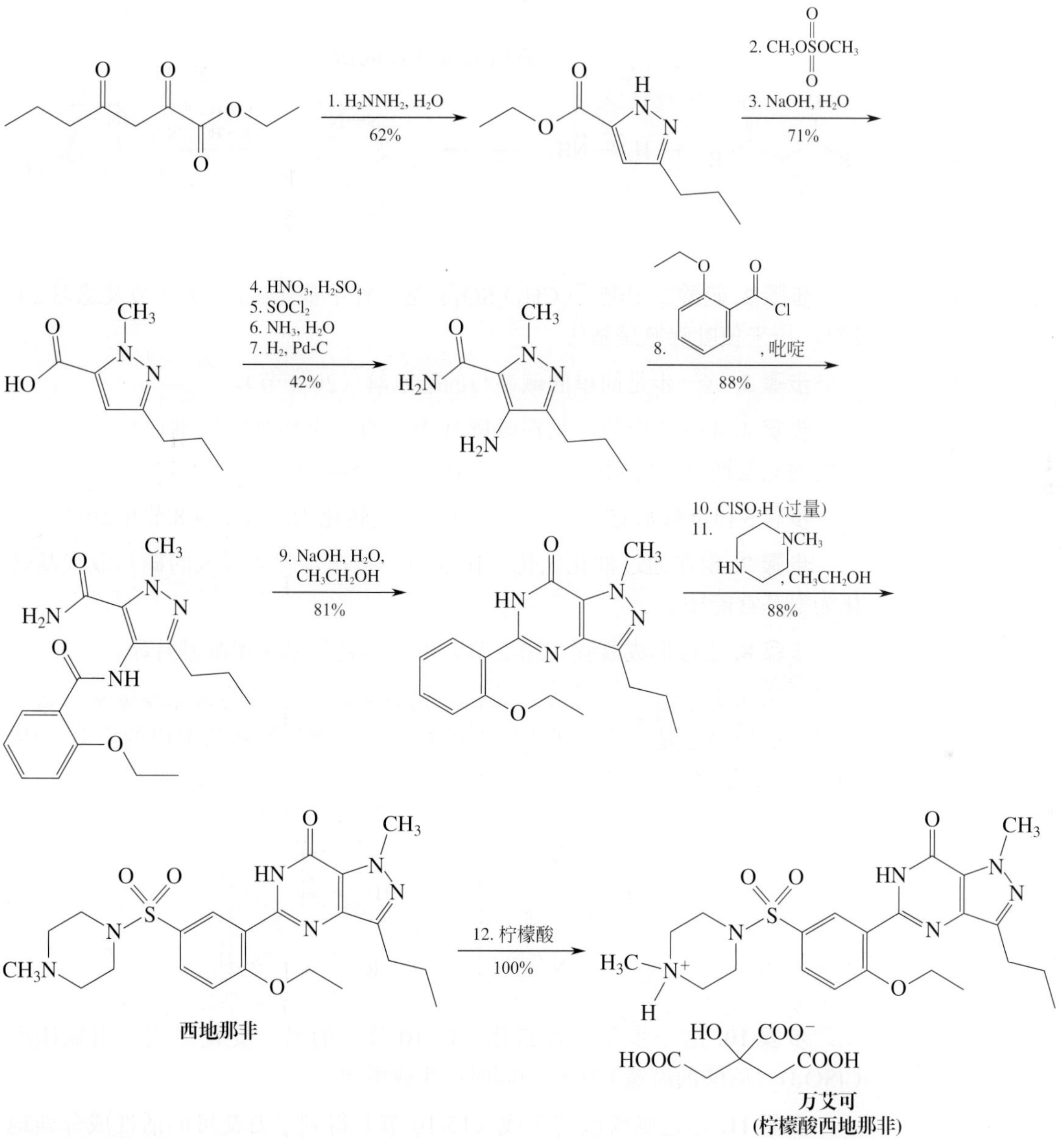

以现有的合成化学知识，你应该能理解本合成十二步的每一步，即使有些官能团对你来说是新的。确定每一步的基本特征并合理地解释其结果。

**解答：**

这是有机合成从业者在阅读文献时可能遇到的典型问题。他或她可能不熟悉所描述物质的特定类别或所使用的特定试剂，但通过从基本原理的推断仍能理解文献所述。

**步骤 1.** 我们从反应图解可看到肼（H₂NNH₂）试剂中的 N—N 单元以某

种方式与 $\beta$-二羰基官能团（第 23 章）加成。比较各自的分子式可以看到：从原料到产物的过程中失去 2 分子水，提示这是个双缩合反应。取代的肼与酮 [17-9 节和 17-10 节，练习 25-27（b）]，通常只发生一次这样的反应，但这里发生了两次。与 1,3-二酮的反应产生二氮杂环戊二烯，它通过去质子化而芳香化（为芳香负离子，参见 15-7 节），接着再质子化。生成的 2-氮杂吡咯（25-4 节）称为吡唑，这是制备吡唑的一个方法。

**通用的吡唑合成法**

**步骤 2.** 硫酸二甲酯 [$(CH_3)_2SO_4$] 是一种甲基化试剂（6-7 节及练习 24-29），用来使吡唑氮烷基化。

**步骤 3.** 这一步是简单的碱参与的酯水解（20-4 节）。

**步骤 4.** 4～7 步的产物在吡唑环上含有一个额外的氨基取代基。这个所需的氮是通过亲电硝化反应（15-10 节和 25-4 节）引入的。

**步骤 5** 和**步骤 6.** 这一步通过酰氯将羧酸转化为酰胺（19-8 节和 20-2 节）。

**步骤 7.** 现在通过催化氢化（16-5 节）把在步骤 4 引入的硝基取代基转化为氨基官能团。

**步骤 8.** 通过形成酰胺（20-2 节）引入 2-乙氧基苯甲酰基片段。

**步骤 9.** 这一步缩合是不寻常的，因为它涉及失活的氨基和羧基。它之所以能够发生，是由于分子内缩合的特性，很像环酰亚胺形成的反应（19-10 节）以及产物的偶极（20-1 节）芳香性共振稳定化作用，如下所示。

**步骤 10.** 这一步是芳香磺化（15-10 节）的另一变化形式，用氯磺酸 $ClSO_3H$（硫酸的酰氯）磺化的同时产生磺酰氯。

**步骤 11.** 通过磺酰胺的生成（15-10 节）得到了万艾可的活性成分西地那非。

**步骤 12.** 为了使药物具有水溶性，西地那非以其柠檬酸铵盐的质子化形式给药，即得到药物万艾可。

## 新反应

### 1. 杂环丙烷的反应（25-2 节）

## 2. 杂环丁烷的开环（25-2 节）

$$\text{（X 的四元环）} \xrightarrow[\text{2. H}_2\text{O}]{\text{1. }^-\text{:Nu 或 HNu}} HX \text{——} Nu$$

反应活性低于杂环丙烷

## 3. 1-杂-2,4-环戊二烯的 Paal-Knorr 合成法（25-3 节）

$$\text{（R 噻吩 R）} \xleftarrow{\text{P}_2\text{S}_5,\triangle} \text{（R—CO—CH}_2\text{—CH}_2\text{—CO—R）} \xrightarrow{\text{P}_2\text{O}_5,\triangle} \text{（R 呋喃 R）}$$

$$\downarrow \text{(NH}_4)_2\text{CO}_3,\triangle$$

$$\text{（R 吡咯 R）}$$

## 4. 1-杂-2.4-环戊二烯的反应（25-4 节）

亲电取代反应

$$\text{（X 环）} \xrightarrow{\text{E}^+} \text{（X 环—E）} \quad \text{经过} \quad \text{（X}^+\text{环，E，H）}$$

主产物

$$\text{（苯）} << \text{（噻吩）} < \text{（呋喃）} < \text{（吡咯）}$$

相对反应活性

开环反应

$$\text{H}_3\text{C}\text{（呋喃）}\text{CH}_3 \xrightarrow{\text{H}^+,\text{ H}_2\text{O}} \text{H}_3\text{C—CO—CH}_2\text{—CH}_2\text{—CO—CH}_3$$

环加成反应

$$\text{（呋喃）} + \text{（马来酰亚胺 NH）} \xrightarrow{\text{(CH}_3\text{CH}_2)_2\text{O, 25}^\circ\text{C}} \text{（加成产物 NH）}$$

## 5. 吡啶的 Hantzsch 合成法（25-5 节）

$$\begin{array}{c} \text{ROC} \\ | \\ \text{CH}_2 \\ | \\ \text{R''—CO} \end{array} + \text{R'CHO} + \begin{array}{c} \text{COR} \\ | \\ \text{CH}_2 \\ | \\ \text{CO—R''} \end{array} \xrightarrow{\text{NH}_3} \text{（二氢吡啶）} \xrightarrow{\text{HNO}_3} \text{（吡啶二酯）} \xrightarrow[\text{2. CaO, }\triangle]{\text{1. KOH}} \text{（吡啶）}$$

## 6. 吡啶的反应（25-5 节和 25-6 节）

质子化（25-5 节）

$$\text{（吡啶）} \underset{}{\overset{\text{H}^+}{\rightleftharpoons}} \text{（吡啶鎓离子）}$$

吡啶鎓离子
($pK_a = 5.29$)

亲电取代反应（25-6 节）

相对于苯环，吡啶环是钝化的

亲核取代反应（25-6 节）

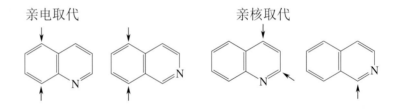

卤代吡啶
(X = Br, Cl)

### 7. 喹啉和异喹啉的反应（25-7 节）

亲电取代                                    亲核取代

## 重要概念

1. **杂环烷烃**可用环烷烃的命名法来命名。前缀氮杂（aza-）、氧杂（oxa-）、和硫杂（thia-）等，都表示杂原子。其他系统的或常用的名称多见于文献，特别是用于芳香杂环。

2. 有张力的三元和四元环的**杂环烷烃**容易与亲核试剂发生**开环反应**。

3. **1-杂-2,4-环戊二烯**是**芳香性**的，具有$6\pi$电子的排列，与环戊二烯负离子类似。杂原子是$sp^2$杂化的，p轨道贡献出两个电子给$\pi$体系。结果，该二烯单元是富电子的，对芳香亲电取代反应是活泼的。

4. 由一个$sp^2$杂化的氮取代苯的一个（或多个）CH单元得到**吡啶**（和其他氮杂苯）。杂原子上的p轨道贡献出一个电子给$\pi$体系，孤对电子则位于分子平面中的$sp^2$杂化原子轨道中。氮杂苯是**缺电子**的，因为电负性的氮通过诱导作用和共振作用从环中吸引电荷。氮杂苯的芳香亲电取代反应是困难的。相反，芳香亲核取代反应容易发生。这一点在Chichibabin反应、金属有机试剂在与氮邻位上的取代反应以及用亲核试剂从卤代吡啶取代卤离子中显现出来。

5. 氮杂萘（苯并吡啶）**喹啉**和**异喹啉**含有缺电子的吡啶环，容易进行亲核进攻，而富电子的苯环则发生芳香亲电取代反应，通常发生在与杂环单元最靠近的位置上。

## 习 题

**30.** 命名以下化合物或画出其结构。(**a**)顺-2,3-二苯基氧杂环丙烷;(**b**)3-氮杂环丁酮;(**c**)1,3-氧杂硫杂环戊烷;(**d**)2-丁基-1,3-二硫杂环己烷;

(**e**) 

(**f**) 

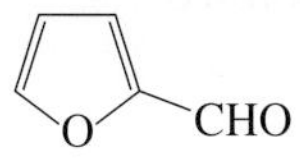

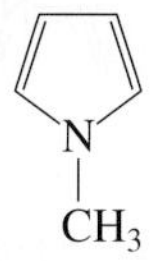

(**g**) 

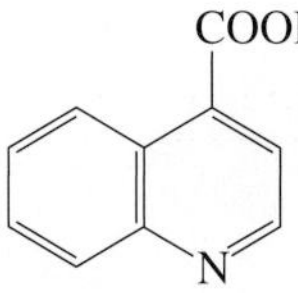

(**h**) 

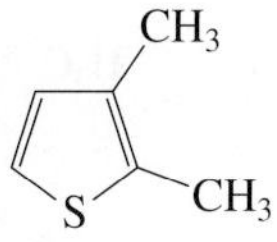

**31.** 尽你所能用名称(IUPAC命名或常用名)识别表25-1中所示结构中包含的杂环化合物。

**32.** 给出下列各系列反应的预期产物。

(**a**) 

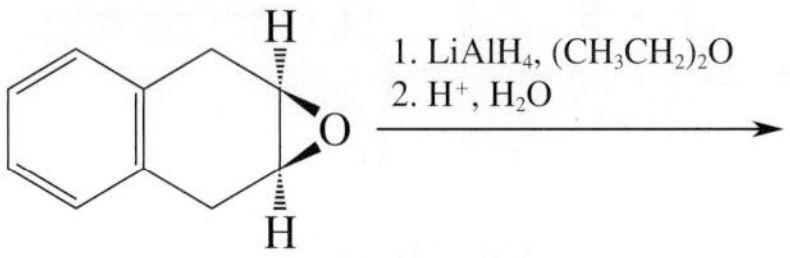

(**b**) 

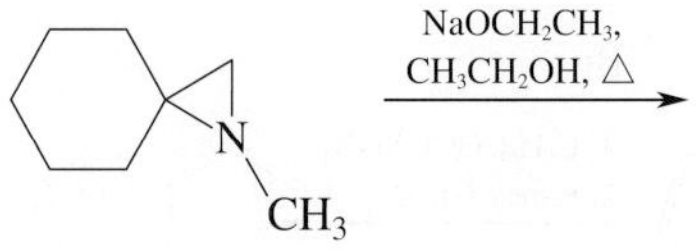

(**c**) 

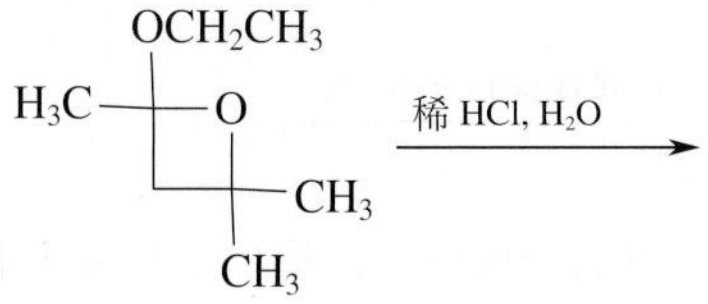

**33.** 青霉素是一类含两个杂环的抗生素,它干扰细菌细胞壁的形成(真实生活20-2)。该干扰是由青霉素与蛋白质的氨基反应引起的,该蛋白质可以封闭细胞壁构建过程中产生的间隙。细胞内部物质漏出,有机体死亡。(**a**)试为青霉素G与蛋白质氨基(蛋白质-$NH_2$)的反应给出合理的产物(**提示**:首先找出青霉素中最活泼的亲电位点)。

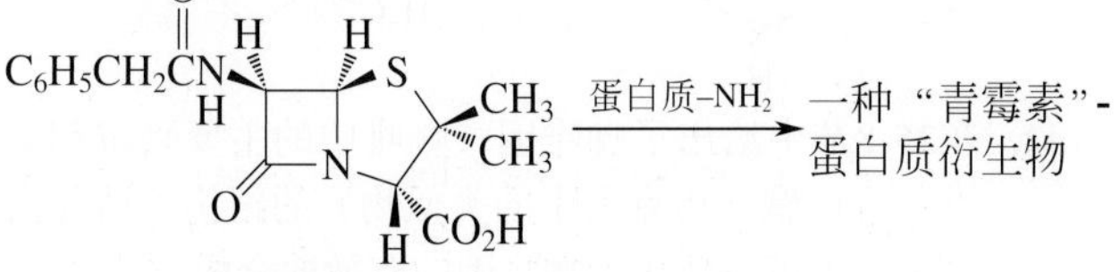

**青霉素 G**

(**b**)青霉素抗性细菌分泌一种酶(青霉素水解酶),它催化该抗生素的水解速率快于该抗生素进攻细胞壁蛋白质的速率。试给出该水解产物的结构,并给出一个理由,为什么水解破坏了青霉素的抗生素性质?

青霉素G $\xrightarrow{H_2O,\ 青霉素水解酶}$ 青霉酸
(水解产物,没有抗生素活性)

**34.** 试为下面的转化提出合理的机理。

(**a**) 

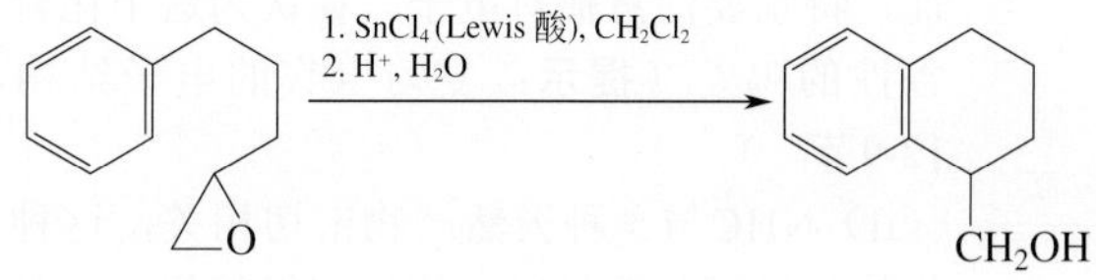

(**b**) 

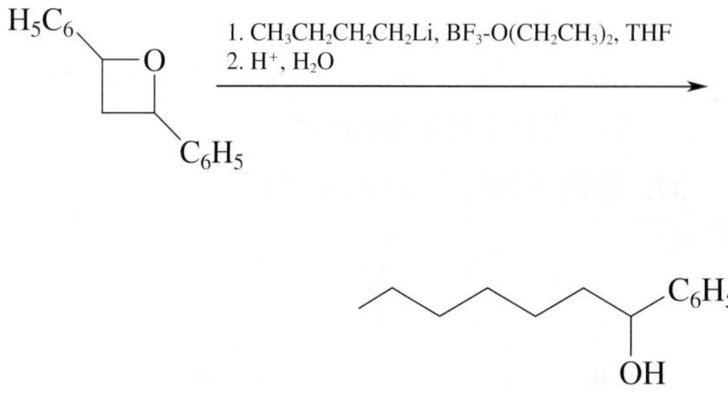

(**c**) 

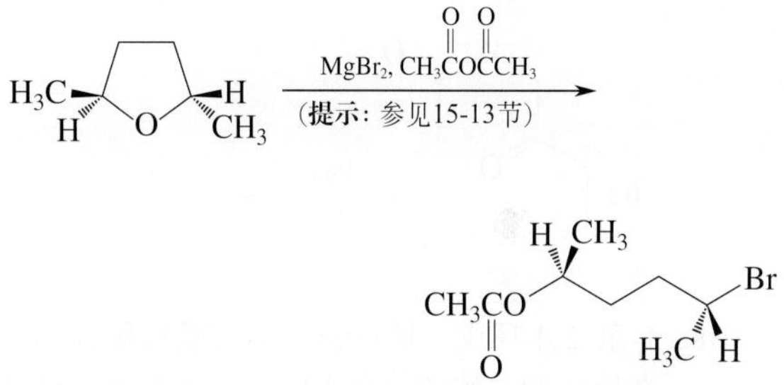

**35.** 按碱性递增的顺序排列以下物质:水、氢氧化物、吡啶、吡咯、氨。

**36.** (**a**)下面的杂环戊二烯都含有一个以上的杂原子。找出被杂原子上的所有孤对电子占据的轨道,确定这些分子是否符合芳香性的要求。这些分子中的哪些比吡咯的碱性更强?

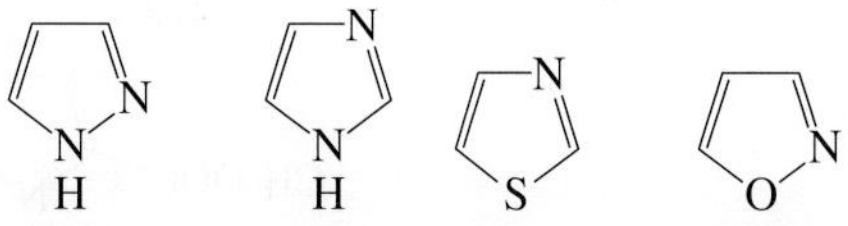

**吡唑** **咪唑** **噻唑** **异噁唑**

(**b**)以下反应是由*N*-杂环卡宾(NHC)引起的醛二聚反应的一个例子,*N*-杂环卡宾是一类化合物的成员之一,这种化合物在无金属催化领域得到越来越多的应用。这些过程为生物燃料和生物塑料的制备提供了更加“绿色”的有用原料。

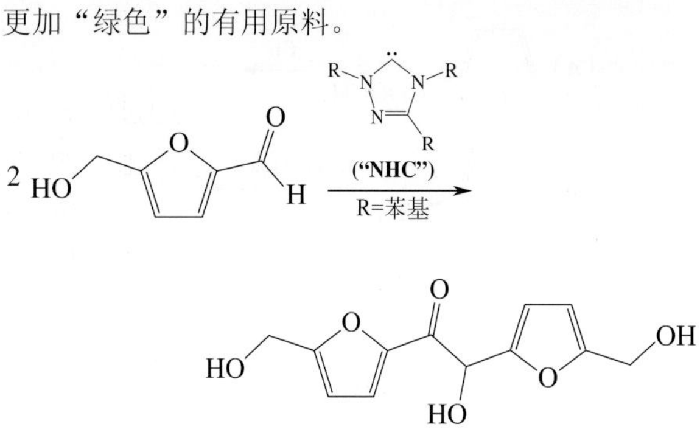

（ⅰ）描述NHC（氮杂环）卡宾环中原子的轨道特征，特别要注意孤对电子。你认为这个化合物是芳香性的吗？（**提示**：复习卡宾的电子结构，参见12-9节。）

（ⅱ）NHC与一种天然产物密切相关，这种天然产物催化过程与题目所画的过程很相似。它是什么？（提示：参见23-4节。）

（ⅲ）以你在（ⅱ）中确定的物质的机理化学作为模型，提出上述转化的机理。

**37.** 给出下列每个反应的产物。

（a）

$\xrightarrow{\text{CH}_3\text{NH}_2}$

（b）

$\xrightarrow{\text{P}_2\text{O}_5, \triangle}$

**38.** 1-杂-2,4-环戊二烯可通过α-二羰基化合物与某些含杂原子的二酯的缩合来制备。试为下面的吡咯合成提出机理。

$$\underset{}{C_6H_5\overset{O}{\overset{\|}{C}}\overset{O}{\overset{\|}{C}}C_6H_5} + CH_3O\overset{O}{\overset{\|}{C}}CH_2NCH_2\overset{O}{\overset{\|}{C}}OCH_3 \xrightarrow{\text{NaOCH}_3,\ \text{CH}_3\text{OH},\ \triangle}$$

（其中氮上有 $H_3C-\overset{O}{\overset{\|}{C}}$ 取代基）

如何用类似的途径合成2,5-噻吩二羧酸？

**39.** 给出下列每个反应预期的主产物。解释在每种情况下你是如何选择取代位置的。

（a）

$\xrightarrow{\text{Cl}_2}$

（b）

$\xrightarrow{\text{HNO}_3,\ \text{H}_2\text{SO}_4}$

（c）

$\xrightarrow[\text{CH}_3\text{CHCH}_3,\ \text{AlCl}_3]{\text{Cl}}$

（d）

$\xrightarrow{\text{Br}_2}$

（e）

$\xrightarrow[\text{首先在氮上去质子化。}]{\text{N}_2^+\text{Cl}^-,\ \text{NaOH},\ \text{H}_2\text{O}}$ （提示：碱性条件。）

**40.** 给出下列每个反应的预期产物。

（a）

$\xrightarrow[270℃]{\text{发烟 H}_2\text{SO}_4,}$

（b）

$\xrightarrow{\triangle,\ \text{压力}}$

（c）

$\xrightarrow{\text{KSH},\ \text{CH}_3\text{OH},\ \triangle}$

（d）

$\xrightarrow[\text{2. Raney Ni, }\triangle]{\text{1. C}_6\text{H}_5\text{COCl, SnCl}_4}$

（e）

$\xrightarrow{(\text{CH}_3)_3\text{CLi, THF},\ \triangle}$

**41.** 用本章所介绍的合成反应，提出下列每个取代杂环的合成路线。

（a） （b）

（c） （d）

**42.** 在25-8节中给出了咖啡因（咖啡中的主要兴奋剂）以及可可碱（巧克力中的类似物）的结构。请提出一个从可可碱转化为咖啡因的有效的合成方法。

**43.** 三聚氰胺或1,3,5-三氮杂苯-2,4,6-三胺是一种杂环化合物。它与由于摄入受三聚氰胺沾污的食品的家养宠物和人的肾功能衰竭引起的疾病和死亡有关。正如它的分子式所显示，三聚氰胺的含氮量很高。蛋白质（第26章）是食品中氮的主要天然来源，氮分析通常用于测定食品中蛋白质的含量，非法在包装食品中加入三聚氰胺可以增加它们的氮含量并使它们看起来更富含蛋白质；实际上，它们是致命的。

（**a**）食品中典型的蛋白质含有大约15%的氮，三聚氰胺中N的质量分数是多少？这个结果是否解释了三聚氰胺"掺杂"包装食品背后的动机？（**b**）通常向氰脲酰氯（2,4,6-三氯-1,3,5-三氮杂苯）加入氨来合成三聚氰胺。这是什么类型的反应？用分子式画出反应机理并解释为什么氰脲酰氯会发生这种类型的化学反应。

**44.** 白屈菜酸是4-氧杂环己酮（常用名为γ-吡喃酮）的衍生物，存在于多种植物中，可由丙酮和乙二酸二乙酯合成。试为该转化提出机理。

**45.** 卟啉是生命体系中（26-8节）运输氧气的血红蛋白和肌红蛋白分子的多杂环成分；也是在生物氧化还原过程中（22-9节）起核心作用的细胞色素的多杂环组分；以及调节所有绿色植物光合作用的叶绿素（真实生活24-1）的多杂环组分。卟啉是在酸的存在下吡咯和醛之间显著反应的产物。

这种反应很复杂，步骤很多。一分子苯甲醛和两分子吡咯经较简单的缩合得到如下面所示的产物二吡咯基甲烷，说明了卟啉形成的第一阶段。试为这一过程提出分步机理。

**46.** 异噁唑（习题36）作为合成目标越来越重要，因为它们存在于一些最近发现的有希望成为抗生素的天然分子结构中（真实生活20-2）。异噁唑可通过炔与含有特殊氧化腈官能团的试剂来制备：

试为此过程提出机理。

**47.** 利血平（Reserpine）是天然存在的吲哚生物碱，具有强大的镇静和抗高血压活性。许多这样的化合物具有特征的结构特点：化合物中嵌入2-(3-吲哚基)-乙胺（色胺）的基本结构（1238页页边）。

已经合成了具有该结构特征经修饰的一系列化合物，它们都具有抗高血压活性以及抗纤维性颤动的性质。这里显示了一个这样的合成。命名或画出（a）～（c）结构中缺少的试剂和产物。

**48.** 从苯胺和吡啶开始，试提出抗微生物的磺胺类药物磺胺吡啶的合成路线。

**49.** 苯并咪唑衍生物具有类似吲哚和嘌呤（其中腺嘌呤是一个例子，参见25-1节和真实生活25-2）的生物活性。苯并咪唑通常是从1,2-苯二胺制备的。试为从1,2-苯二胺合成2-甲基苯并咪唑设计一条简短的合成路线。

（苯并咪唑） （吲哚） （嘌呤）

**苯并咪唑**　　**吲哚**　　**嘌呤**

$$1,2\text{-苯二胺} \xrightarrow{?} \text{2-甲基苯并咪唑}$$

**1,2-苯二胺**　　　　**2-甲基苯并咪唑**

**50.** Darzens缩合是合成三元杂环的比较古老的方法（1904年）。最常见的是在碱存在下2-卤代酯与羰基衍生物的反应。下面的Darzens缩合的例子说明它是如何应用于氧杂环丙烷环和氮杂环丙烷环的合成的。试为每个反应提出合理的机理。

（a）$C_6H_5CHO + C_6H_5CHClCOOC_2H_5 \xrightarrow{KOC(CH_3)_3, (CH_3)_3COH}$

$$H_5C_6 \underset{H}{\overset{O}{C}} \overset{C_6H_5}{\underset{COOCH_2CH_3}{C}}$$

（b）$C_6H_5CH{=}NC_6H_5 + ClCH_2COOCH_2CH_3$

$$\xrightarrow[CH_3OCH_2CH_2OCH_3]{KOC(CH_3)_3} C_6H_5CH\!-\!CHCOOCH_2CH_3 \ (N\text{-}C_6H_5)$$

**51.**（a）面所显示的化合物的常用名是1,3-二溴-5,5-二甲基乙内酰脲，它可用作加成反应的亲电溴（$Br^+$）的来源。试给出该杂环化合物的系统命名。
（b）更特殊的杂环化合物（ii）是通过以下反应系列制备的。试用所给的信息推导出化合物（i）和（ii）的结构，并命名后者。

（1,3-二溴-5,5-二甲基乙内酰脲 结构式）

$$\xrightarrow{1,3\text{-二溴-5,5-二甲基乙内酰脲, 98\% H_2O_2}}$$
(四甲基乙烯)

$$C_6H_{13}BrO_2 \xrightarrow[-AgBr, -CH_3COOH]{Ag^+\,{}^-OCCH_3} C_6H_{12}O_2$$
　　　i　　　　　　　　　　　　ii

杂环（ii）是黄色结晶，是闻起来有甜味的化

合物，温和加热使它分解为2分子丙酮，其中之一直接以n→π\*激发态（14-11节和17-3节）的形式形成。这个电子受激发的产物是化学发光的。

$$ii \longrightarrow CH_3CCH_3 + \left[CH_3CCH_3\right]^{n\to\pi^*} \longrightarrow h\nu + 2\,CH_3CCH_3$$

与化合物（ii）类似的杂环是许多生物物种产生化学发光的原因［如萤火虫（真实生活9-1）和几种深海鱼类］；它们也在商用的化学发光产品中用作能源，如荧光棒。

**52.** 氮杂环己烷（哌啶）可通过氨与交叉共轭的二烯酮（酮与双键在两侧共轭）的反应来合成。试为以下2,2,6,6-四甲基氮杂-4-环己酮的合成提出机理。

（二烯酮）$\xrightarrow{NH_3}$（2,2,6,6-四甲基氮杂-4-环己酮）

**53.** 喹啉（25-7节）是广泛用于药物化学的杂环，因为它们的衍生物显示出生物活性的多样性，包括抗癌效用。合成3-酰基二氢喹啉（温和氧化可将其转变为3-酰基喹啉）的反应如下所示。试提出这个过程的机理（**提示：**回顾18-10节）。

（邻氨基苯甲醛）+（甲基乙烯基酮）$\xrightarrow{\text{碱催化剂}}$（3-乙酰基二氢喹啉）

**54. 挑战题**　3-乙酰基喹啉在硫酸和发烟硝酸的混合物存在下发生硝化反应，你预期会在哪个位置发生？这个反应比喹啉本身的硝化反应快还是慢？

**3-乙酰基喹啉**

**55.** 化合物A，$C_8H_8O$，显示$^1H$ NMR谱图A。用浓盐酸水溶液处理后，它几乎立刻转化为谱图B所示的化合物。化合物A是什么？用酸水溶液处理后的产物又是什么？

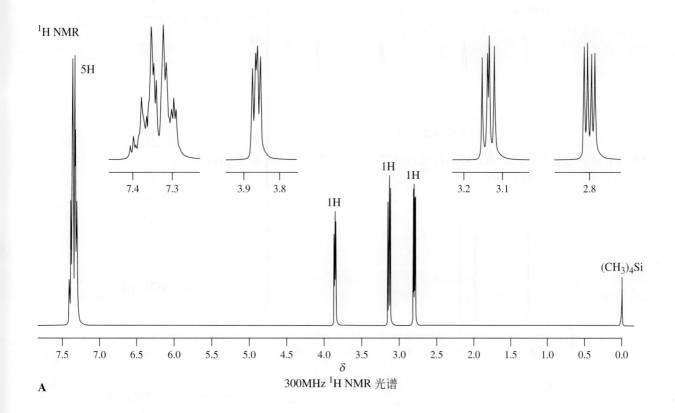

A

300MHz $^1$H NMR 光谱

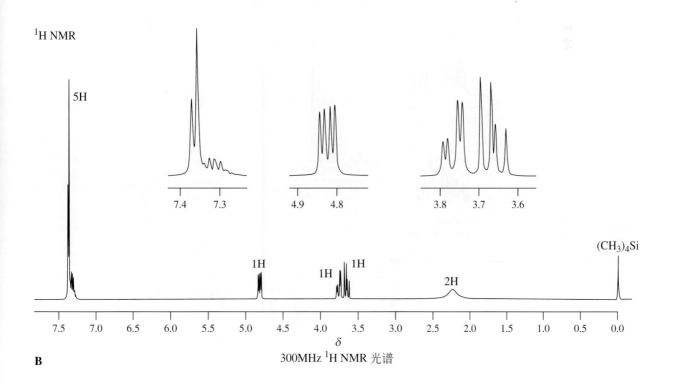

B

300MHz $^1$H NMR 光谱

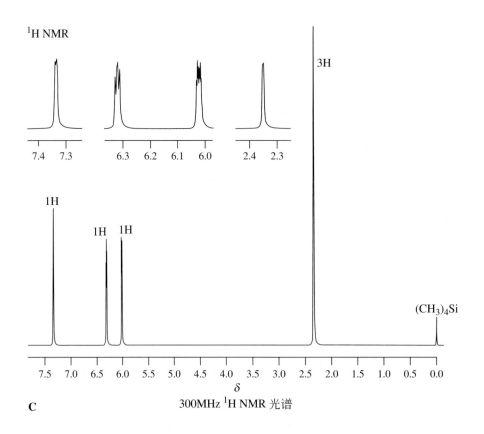

**C**    300MHz $^1$H NMR 光谱

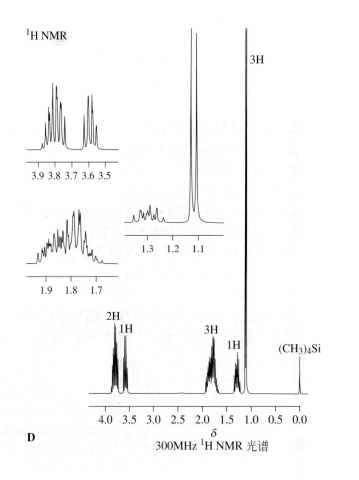

**D**    300MHz $^1$H NMR 光谱

**56.** 杂环C，分子式为$C_6H_5O$，显示$^1H$ NMR的谱图C，用$H_2$和Raney Ni转化为化合物D（$C_5H_{10}O$），显示谱图D。试鉴定化合物C和D。（**注意：**本题和下一题中化合物的偶合常数都很小，因此在结构鉴定中不像苯环的偶合常数那样有用。）

**57. 挑战题** 一种有用的杂环衍生物的商业合成需要在脱水条件下用热酸处理戊醛糖混合物（来自玉米芯、稻草等）。产物E有$^1H$ NMR 谱图E，在$1670cm^{-1}$处有强IR谱带，并且以近乎定量的产率形成。试鉴定化合物E并提出其形成机理。

$$醛戊糖 \xrightarrow[\phantom{xx}]{H^+, \triangle} \underset{E}{C_5H_4O_2}$$

化合物E是有价值的合成原料。下面的反应将它转化为furethonium，它可用于治疗青光眼。化合物furethonium 的结构是什么？

$$E \xrightarrow[\text{2.过量 } CH_3I, (CH_3CH_2)_2O]{\text{1. } NH_3, NaBH_3CN} furethonium$$

$^1H$ NMR

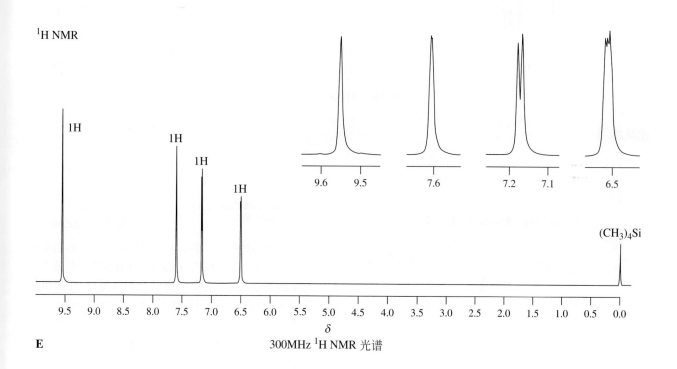

E　　　　　300MHz $^1H$ NMR 光谱

**58. 挑战题** 用$LiAlH_4$在（$CH_3CH_2$）$_2O$中处理3-烷酰基吲哚将羰基完全还原为$CH_2$基团。试用可能的机理解释。（**提示：**烷氧基被氢负离子直接$S_N2$取代是不可能的。）

**59.** 下边的反应系列是本章一个杂环的快速合成。试画出该产物的结构，它显示$^1H$ NMR谱图F（下一页）。

$$\xrightarrow[\text{3. } NH_3]{\substack{\text{1. } O_3, CH_2Cl_2 \\ \text{2. } (CH_3)_2S}}$$

$^1$H NMR

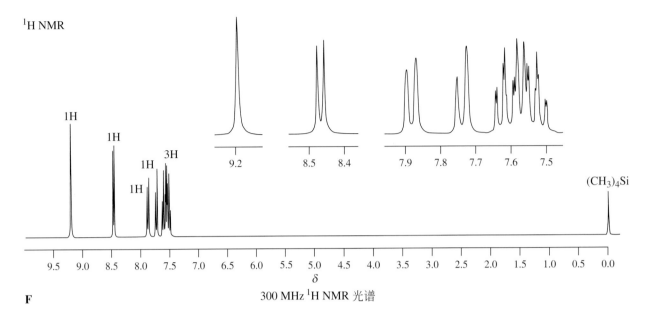

**F**        300 MHz $^1$H NMR 光谱

## 团队练习

**60.** 本练习引入两个文献报道的吲哚衍生物的合成方法，现在要你们提出可能的机理。分两组，每个小组集中讨论其中一个方法。

### 2-苯基吲哚的Fischer吲哚合成

在该过程中，可烯醇化的醛或酮的腙在强酸中加热，发生闭环的同时释放出氨，得到吲哚核。

［提示：该反应的机理分5个阶段进行：（1）亚胺-烯胺互变异构（回忆17-9节）；（2）电环化反应（"二氮杂-Cope"重排，回忆22-7节）；（3）另一个亚胺-烯胺（现在是苯胺）互变异构；（4）杂环的闭环；（5）NH$_3$的消除。］

### 吲哚-2-羧酸乙酯的 Reissert 吲哚合成

在该过程中，首先将2-甲基硝基苯（邻硝基甲苯）转化为2-氧代丙酸乙酯（丙酮酸酯，参见真实生活23-2），还原后，转化为目标吲哚。［提示：（1）硝基是第一步成功的关键，为什么？这一步是否让你回想起另一个反应？哪一个？（2）哪一个官能团是还原步骤的目标（回忆16-5节）？（3）杂环的闭环需要缩合反应。］

## 预科练习

**61.** 吡啶的质子去偶$^{13}$C NMR谱图会显示几个峰？（a）1个；（b）2个；（c）3个；（d）4个；（e）5个。

**62.** 吡咯是比氮杂环戊烷（吡咯烷）弱得多的碱，其原因是下面哪一个？（a）吡咯中的氮比吡咯烷中的氮更具电正性；（b）吡咯是Lewis酸；（c）吡咯有四个电子；（d）吡咯烷比吡咯更容易失去氮上的质子；（e）吡咯是芳香性的。

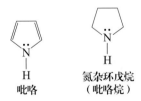

吡咯          氮杂环戊烷（吡咯烷）

**63.** 这里所示的两步反应中，你预期下面哪一个结构是其主要的有机产物？

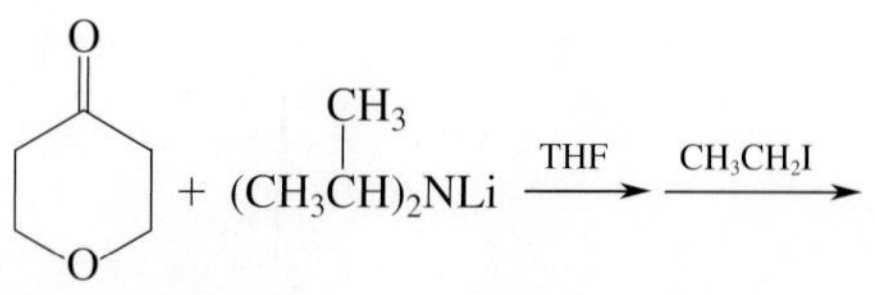

（a）　

（b）　

（c）　

（d）　

2-苯基噻吩 $\xrightarrow{\text{SnCl}_4,\ \text{CH}_3\text{CCl}}$

（a） 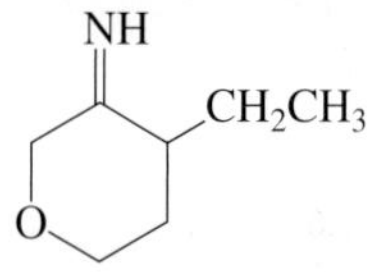　

（b） 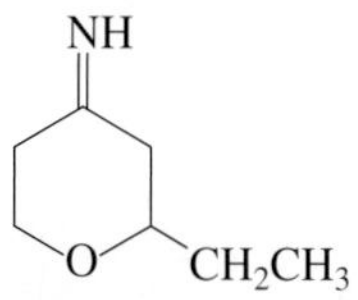　

（c） 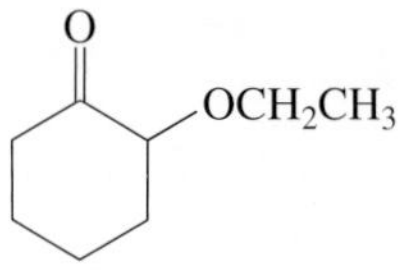　

（d） 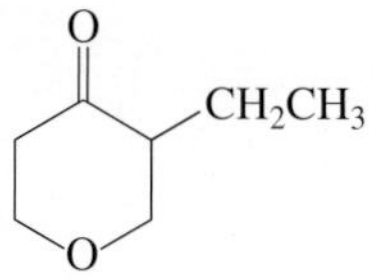　

**64.** 这个反应产生一个主要的有机产物，它是下面的哪一个？

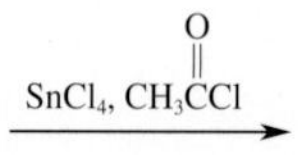

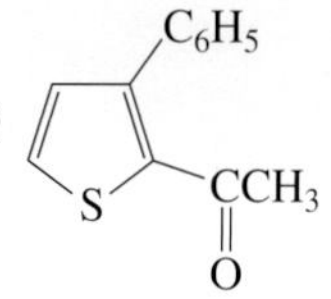

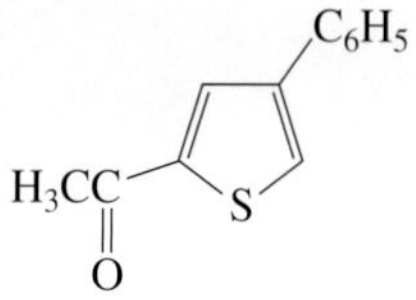

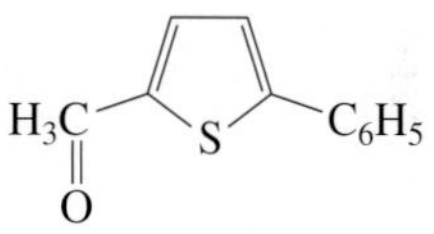

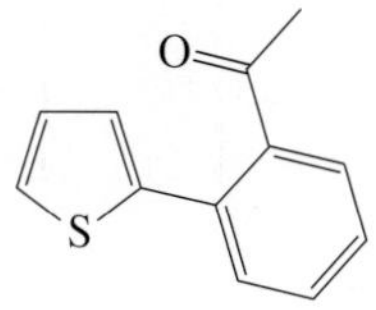

# 氨基酸、肽、蛋白质和核酸

## 自然界中的含氮聚合物

## 学习目标

- 描述2-或$\alpha$-氨基酸的结构和酸碱性
- 评价2-氨基酸合成方法的相对优点
- 描述构建对映体纯的2-氨基酸的方法
- 说明如何将多个2-氨基酸通过肽键连成多肽
- 将长多肽链组装成更高级的结构
- 测定多肽的序列
- 应用保护基策略来制备多肽
- 说明核酸的结构
- 解释蛋白质是如何从嵌入DNA的遗传密码中衍生出来的
- 展示DNA是如何进行测序和合成的

普瑞巴林（Pregabalin）［商品名：乐瑞卡（Lyrica），(*S*)-3-(氨甲基)-5-甲基己酸］是一种非天然氨基酸，可有效治疗慢性疼痛（表25-1）。该分子是以其两性离子羧酸铵的形式显示。

在本书的第 1 页，我们将**有机化学**（organic chemistry）定义为含碳化合物的化学。后来进一步指出，有机分子构成了生命的化学基石。事实上，历史上曾将有机化学的定义限制在生物体内。什么是生命，作为有机化学家如何对它进行研究？生命的功能是指一种由生长、代谢、繁殖和进化所表现出来的物质状态。但构成这些状态的基本过程则是化学的，研究人员希望通过研究特定的反应或反应序列来破译它们的复杂性。然而，"整体"远比这些单独的部分复杂得多，因为它们通过多个反馈循环而相互作用，导致不可能表明每种效果所有的简单的原因。最后这一章将带你了解这种复杂性，从氨基酸到它们的聚合物——多肽，特别是称为**蛋白质**（protein）的大型天然多肽，再到它们的生物起源 **DNA**。

**简要图解从氨基酸构建蛋白质及其与DNA的关系**

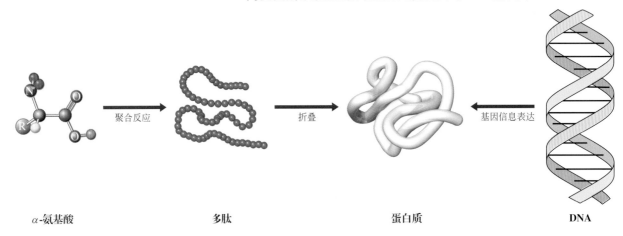

| α-氨基酸 | 多肽 | 蛋白质 | DNA |

蛋白质在生命系统中具有惊人的功能多样性。作为**酶**（enzyme），它们催化转化的复杂程度不等，从二氧化碳的简单水合作用到整个染色体（大的螺旋状 DNA 链，活细胞中的遗传物质）的复制。酶能将某些反应加速数百万倍。

我们已经遇到过蛋白质视紫红质，一种在视网膜细胞中产生和传递神经脉冲的光感受器（真实生活 18-2）。另外，一些蛋白质用于运输和储存。例如，血红蛋白携带氧气；铁通过转铁蛋白在血液中运输，并通过铁蛋白储存在肝脏中。蛋白质在协调运动中起着至关重要的作用，如肌肉收缩。它们为皮肤和骨骼提供机械支撑；它们是负责免疫保护的抗体；它们控制着生长和分化。也就是说，DNA 中储存的那部分信息可以在任何给定的时间使用。

本章从 20 种最常见的氨基酸的结构和制备开始，即蛋白质的构建砌块。然后，展示氨基酸在血红蛋白和其他多肽的三维结构中如何通过肽键连接在一起。一些蛋白质含有数千个氨基酸，但我们将看到如何确定许多多肽中氨基酸的序列并在实验室中合成这些分子。最后，考虑自然界中的其他聚合物，即核酸 DNA 和 RNA 是如何指导蛋白质合成的。

# 26-1 | 氨基酸的结构和性质

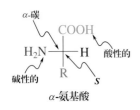

**氨基酸**（amino acid）是带有氨基的羧酸。自然界中最常见的是 **2-氨基酸**（2-amino acid），或称为 α-氨基酸，其通式为 $RCH(NH_2)COOH$；也就是说，氨基是在 C-2 位，即 α-碳上。R 基团可以是烷基或芳基，它还可以含有羟基、氨基、巯基、烷硫基、羧基、胍基或咪唑基等基团。由于存在氨基和羧基两种官能团，因此氨基酸既是酸性的，又是碱性的。

## 常见的2-氨基酸的手性中心具有S构型

　　自然界中存在超过 500 种氨基酸，但从细菌到人类所有物种中的蛋白质主要由 20 种氨基酸组成。成年人能合成除了其中 8 种以外的所有氨基酸，但有 2 种合成的量不足。这一组氨基酸常称为**必需氨基酸**（essential amino acid），因为它们必须从膳食中获得。含有蛋白质中所有 10 种必需氨基酸（"完整蛋白质"）的食品包括蛋、鱼、肉和牛奶。如果你是素食者，或更严格的素食主义者，你必须注意许多常见的主食不含有所有蛋白质的事实。例如，大米缺乏赖氨酸和苏氨酸，玉米缺乏赖氨酸和色氨酸，豆类缺乏甲硫氨酸。

　　虽然氨基酸可按照系统命名法来命名，但很少这样称呼它们，还是用它们的常用名来命名。表 26-1 列出了 20 种最常见的氨基酸（必需氨基酸用红色）以及它们的结构、$pK_a$ 值、它们的缩写名三字码和更新的一字码。以后会看到如何使用这些字码来方便地描述肽。

**表26-1　天然的（2S）-氨基酸**

$$H_2N \underset{R}{\overset{COOH}{\rule{0pt}{0pt}}} H$$

| R | 名称 | 三字码 | 一字码 | α-COOH 的 $pK_a$ 值 | α-$^+NH_3$ 的 $pK_a$ 值 | R 酸性官能团的 $pK_a$ 值 | 等电点，$pI$ |
|---|---|---|---|---|---|---|---|
| H | 甘氨酸 | Gly | G | 2.3 | 9.6 | — | 6.0 |
| **烷基** | | | | | | | |
| $CH_3$ | 丙氨酸 | Ala | A | 2.3 | 9.7 | — | 6.0 |
| $CH(CH_3)_2$ | 缬氨酸 [a] | Val | V | 2.3 | 9.6 | — | 6.0 |
| $CH_2CH(CH_3)_2$ | 亮氨酸 [a] | Leu | L | 2.4 | 9.6 | — | 6.0 |
| $\underset{CH_3}{CHCH_2CH_3}$ (S) | 异亮氨酸 [a] | Ile | I | 2.4 | 9.6 | — | 6.0 |
| $H_2C-\bigcirc$ | 苯丙氨酸 [a] | Phe | F | 1.8 | 9.1 | — | 5.5 |
| $HN \overset{COOH[b]}{\underset{CH_2}{\rule{0pt}{0pt}}} H$ | 脯氨酸 | Pro | P | 2.0 | 10.6 | — | 6.3 |
| **含有羟基** | | | | | | | |
| $CH_2OH$ | 丝氨酸 | Ser | S | 2.2 | 9.2 | — | 5.7 |
| $\underset{CH_3}{CHOH}$ (R) | 苏氨酸 [a] | Thr | T | 2.1 | 9.1 | — | 5.6 |
| $H_2C-\bigcirc-OH$ | 酪氨酸 | Tyr | Y | 2.2 | 9.1 | 10.1 | 5.7 |
| **含有氨基** | | | | | | | |
| $\underset{}{CH_2\overset{O}{C}NH_2}$ | 天冬氨酸 | Asn | N | 2.0 | 8.8 | — | 5.4 |

表26-1（续表）

| R | 名称 | 三字码 | 一字码 | α-COOH 的 $pK_a$ 值 | α-$^+NH_3$ 的 $pK_a$ 值 | R 酸性官能团 的 $pK_a$ 值 | 等电点, $pI$ |
|---|---|---|---|---|---|---|---|
| **含有氨基** | | | | | | | |
| $CH_2CH_2CNH_2$ (O) | 谷氨酰胺 | Gln | Q | 2.2 | 9.1 | — | 5.7 |
| $(CH_2)_4NH_2$ | 赖氨酸[a] | Lys | K | 2.2 | 9.0 | 10.5[c] | 9.7 |
| $(CH_2)_3NHCNH_2$ (NH) | 精氨酸[a] | Arg | R | 2.2 | 9.0 | 12.5[c] | 10.8 |
| $H_2C$— (吲哚) | 色氨酸[a] | Trp | W | 2.8 | 9.4 | — | 5.9 |
| $H_2C$— (咪唑) | 组氨酸[a] | His | H | 1.8 | 9.2 | 6.1[c] | 7.6 |
| **含有巯基或烷硫基** | | | | | | | |
| $CH_2SH$ | 半胱氨酸[d] | Cys | C | 2.0 | 10.3 | 8.2 | 5.1 |
| $CH_2CH_2SCH_3$ | 甲硫氨酸[a] | Met | M | 2.3 | 9.2 | — | 5.7 |
| **含有羧基** | | | | | | | |
| $CH_2COOH$ | 天冬氨酸 | Asp | D | 1.9 | 9.6 | 3.7 | 2.8 |
| $CH_2CH_2COOH$ | 谷氨酸 | Glu | E | 2.2 | 9.7 | 4.3 | 3.2 |

[a]必需氨基酸；[b]表示全部结构，不是 R 取代基；[c]共轭酸的 $pK_a$；[d]手性中心构型为 R，因为—$CH_2SH$ 的取代基位次要高于—COOH。

氨基酸可用虚-实楔形线或 Fischer 投影式来表示它们的结构。

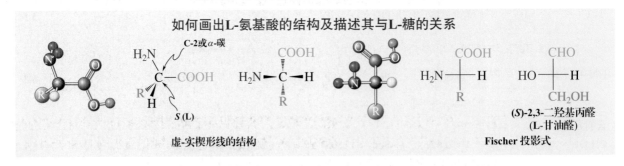

**如何画出 L-氨基酸的结构及描述其与 L-糖的关系**

虚-实楔形线的结构      (S)-2,3-二羟基丙醛 (L-甘油醛)      Fischer 投影式

除了最简单的甘氨酸外，所有氨基酸的 C-2 位都是手性中心，在自然界中它通常采用 S 构型。其他手性中心位于取代基 R 中，可能会有 R 构型（如苏氨酸）或 S 构型（如异亮氨酸）。尽管在自然界中很少遇到，但已知几种 R-氨基酸是大脑中强大的神经递质。目前（2017 年）研究重点是识别将 S-氨基酸转化为 R-氨基酸的酶。

与糖的命名（24-1 节）一样，旧的氨基酸命名法使用前缀 D- 和 L-，它使所有的 L-氨基酸与（S)-2,3-二羟基丙醛（L-甘油醛）关联。如同在天然的 D-糖讨论中强调的一样，属于 L 构型的分子并不一定是左旋的。例如，缬氨酸（$[\alpha]_D^{25} = +13.9$）和异亮氨酸（$[\alpha]_D^{25} = +11.9$）都是右旋的。

### 练习 26-1

试给出丙氨酸、缬氨酸、亮氨酸、异亮氨酸、苯丙氨酸、丝氨酸、酪氨酸、赖氨酸、半胱氨酸、甲硫氨酸、天冬氨酸和谷氨酸的系统名称。

### 练习 26-2

画出 (S)-丙氨酸、(S)-苯丙氨酸、(R)-苯丙氨酸和 (S)-脯氨酸的虚-实楔形线结构。

### 练习 26-3

在 R= 烷基的氨基酸（表 26-1）中，通过 IR 光谱可以很容易地区分脯氨酸与其他氨基酸。如何区分？（**提示**：复习 21-3 节。）

## 氨基酸既是酸性的又是碱性的：两性离子

由于具有两个官能团，氨基酸既是酸性的又是碱性的；也就是说，它们是**两性的**（amphoteric）（8-3 节）。羧基基团使氨基官能团质子化，形成**两性离子**（zwitterion）。因为铵离子（$pK_a$ 约 $10\sim11$）的酸性比羧酸（$pK_a$ 约 $2\sim5$）弱得多，所以羧酸铵内盐的形式是有利的。高极性的两性离子结构使得氨基酸能够形成特别强的晶格。因此，它们中的大多数完全不溶于有机溶剂，在受热时分解而不是熔融。页边所示甘氨酸的静电势图描绘了其高度偶极性，这是由于富电子（红色）的羧基与缺电子（蓝色）的氨基官能团毗邻而产生的。

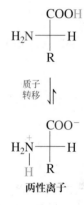

**两性离子**

氨基酸在水溶液中的结构取决于溶液的 pH。例如，该系列最简单的成员是甘氨酸，在中性溶液中的主要形式是两性离子。但在强酸（pH<1）中，甘氨酸主要以阳离子的铵基羧酸形式存在；而在强碱性（pH>13）溶液中则主要含有去质子化的 2-氨基羧酸盐离子。这些形式通过酸碱平衡（2-3 节）而相互转化。

**甘氨酸两性离子**

$$\overset{+}{H_2}NCH_2COOH \underset{H^+}{\overset{HO^-}{\rightleftharpoons}} \overset{+}{H_2}NCH_2COO^- \underset{H^+}{\overset{HO^-}{\rightleftharpoons}} H_2NCH_2COO^-$$

| | | |
|---|---|---|
| 在 pH < 1 时 | 在 pH ≈ 6 时 | 在 pH > 13 时 |
| 铵离子 | 中性的两性离子 | 羧酸盐离子 |
| 主要形式 | 主要形式 | 主要形式 |

**增大 pH →**

表 26-1 记录了氨基酸各个官能团的 $pK_a$ 值。对于甘氨酸，第一个值（2.3）是指下面的平衡：

$$\overset{+}{H_3}NCH_2COOH + H_2O \rightleftharpoons \overset{+}{H_3}NCH_2COO^- + H_2\overset{+}{O}H$$
$$pK_a = 2.3$$

$$K_1 = \frac{[\overset{+}{H_3}NCH_2COO^-][H_2\overset{+}{O}H]}{[\overset{+}{H_3}NCH_2COOH]} = 10^{-2.3}$$

请注意，这个 p$K_a$ 值比普通羧酸 [p$K_a$(CH₃COOH)=4.74] 的低了 2 个 pH 单位以上，表 26-1 中的所有其他 α- 氨基羧基都有这个情况。这一差别是质子化的氨基吸电子的结果。第二个 p$K_a$ 值（9.6）是指第二个去质子化步骤。

$$\overset{+}{H_3}NCH_2COO^- + H_2O \rightleftharpoons H_2NCH_2COO^- + H_2\overset{+}{O}H$$
p$K_a$ = 9.6

$$K_2 = \frac{[H_2NCH_2COO^-][H_2\overset{+}{O}H]}{[\overset{+}{H_3}NCH_2COO^-]} = 10^{-9.6}$$

## 等电点处净电荷为零

质子化程度与去质子化程度相等时的 pH 值称为**等电 pH**（isoelectric pH）或**等电点**（isoelectric point）（**p$I$**，表 26-1）。在该 pH 值下，正电荷的量和负电荷的量达到平衡，电中性的两性离子形式的浓度达到最大值。对于不含任何附加的酸性或碱性基团的氨基酸，例如甘氨酸，其 p$I$ 值是其两个 p$K_a$ 值的平均值。

$$pI = \frac{pK_{a\text{-COOH}} + pK_{a\text{-}\overset{+}{NH_2}H}}{2} = （对甘氨酸）\frac{2.3 + 9.6}{2} = 6.0$$

在此pH两性离子的浓度达到它的最大值

当酸的侧链带有另外的酸性或碱性官能团时，可以预料，p$I$ 分别降低或者升高。表 26-1 列出了属于这种情况的七个例子。具体地说，带有酸性侧链的四个氨基酸的 p$I$ 是其两个最低 p$K_a$ 值的平均值。相反，带有碱性侧链的另外三个氨基酸的 p$I$ 则是其两个最高 p$K_a$ 值的平均值。

### 一些氨基酸的p$K_a$值的分配

天冬氨酸　　酪氨酸　　赖氨酸　　精氨酸

为什么会这样？将这些氨基酸描绘成完全质子化的形式，然后提高 pH（加碱）以观察其净电荷发生了什么变化。例如，氨基二羧酸天冬氨酸，在低的 pH 值时由于存在氨取代基而带正电。为了达到电中性，两个羧基中平均一个羧基必须去质子化。这将发生在两个相应 p$K_a$ 值（1.9 和 3.7）之间的 pH 中点，即 p$I$=2.8。相似的，谷氨酸相应的值是 3.2。在生理 pH 下，两个羧基都去质子化，分子以两性阴离子天冬氨酸盐和谷氨酸盐的形式存在。[谷氨酸单钠盐（味精），MSG，用作各种食品的增味剂。] 酪氨酸带一个相对非酸性的中性酚取代基（在低的 pH 下），p$I$=5.7，介于其他两个酸性基团的 p$K_a$ 值之间。

**真实生活：医药**  生物化学和医学中的精氨酸和一氧化氮

（化学反应式图）

硝酸甘油（p394页边及真实生活16-1）和其他有机硝酸盐对于治疗心绞痛和心脏病的有效性，这是一个有近百年历史的谜团：这些物质代谢转化为一氧化氮，后者扩张血管（解题练习25～29）。

在20世纪80年代末期和90年代初期，包括1998年诺贝尔生理学或医学奖获得者弗奇戈特（Furchgott）、伊格纳罗（Ignarro）和穆拉德（Murad[1]）等在内的科学家取得了一系列惊人的发现。一种简单的却又是高反应性并极具毒性的分子一氧化氮（NO），可在包括人类在内的哺乳动物的多种细胞中合成。

在体内，一氧化氮具有多种重要的生物学功能，如控制血压、抑制血小板聚集、细胞分化、神经传递和阴茎勃起。它还在免疫系统的活动中起主要作用。例如，巨噬细胞（与身体的免疫系统相关的细胞）通过将细菌和肿瘤细胞暴露于一氧化氮之下摧毁它们。

如上所示，一氧化氮是通过精氨酸的酶催化氧化合成的。所涉及的酶，一氧化氮合成酶，可能是细胞存活的必要条件。例如，转基因果蝇（Drosophila）因无法制造这种酶，而死于胚胎。

一氧化氮由血管内壁上的细胞释放，并使得邻近的肌肉纤维松弛。1987年的这个发现解释了

尽管有医药用途，硝酸甘油还是一种强大的爆炸物，以二氧化硅稳定形式的甘油炸药最为人所知。

矛盾的是，一氧化氮除具有益处外，其过量产生会导致败血性休克。不受控制的释放也可能是中风、阿尔茨海默病和亨廷顿病后脑损伤的原因。在类风湿性关节炎患者的关节中出现高水平的亚硝酸根离子 $NO_2^-$（一氧化氮氧化产物），这表明一氧化氮的过量产生，也是对炎症的应答。对精神分裂症、泌尿疾病和多发性硬化症等也建立了类似的关联。一氧化氮的快速发展就是我们对身体功能知之甚少的一个例子，也是一个发现如何迅速导致整个领域演变的例子。

---

[1] 罗伯特·F. 弗奇戈特（Robert F. Furchgott, 1916—2009年），纽约州立大学教授，美国布鲁克林；路易·J. 伊格纳罗（Louis J. Ignarro, 1941年生），加州大学洛杉矶分校教授，美国；费里德·穆拉德（Ferid Murad, 1936年生），乔治华盛顿大学教授，美国华盛顿特区。

与前面的例子相反，赖氨酸带有一个额外的碱性氨基，在强酸性介质中质子化得到双阳离子。当溶液的 pH 升高，羧基首先发生去质子化，接着在 C-2 位的氮和远处的铵离子各自失去质子。等电点是位于最后两个 $pK_a$ 值的中间，$pI=9.7$。精氨酸带一个新的取代基，从胍分子（页边）衍生的具有一定碱性的胍基—$NHCNH_2$，其共轭酸的 $pK_a$ 值大约为12.5，比铵离子（21-4 节）的大3个单位。精氨酸的 $pI$ 为10.8，介于胍基和铵离子中间。

组氨酸（页边）含有另一种新的取代基，即碱性的**咪唑**（imidazole）环［第 25 章习题 36 的（a）部分］。在该芳香杂环中，其中一个氮原子如在吡啶中那样杂化，另一个氮则如在吡咯中那样杂化。

咪唑环呈弱碱性，因为质子化的咪唑是共振稳定的。

**质子化咪唑的共振式**

该共振稳定化作用与酰胺的共振稳定化作用（20-1 节和 26-4 节）有关。在生理 pH（$pI=7.6$）时，咪唑被显著质子化。因此，它在多种酶的活性位点既可起质子受体的作用，又可起质子供体的作用（胰凝乳蛋白酶，参见 26-4 节）。

半胱氨酸带有相对亲核的和酸性的巯基取代基（$pK_a=8.2$，$pI=5.1$）。此外，在温和条件下硫醇可被氧化为二硫化物（9-10 节）。在自然界中，各种酶能够氧化偶合和还原解偶联蛋白质和肽中半胱氨酸的巯基，从而可逆地连接多肽链（9-10 节）。之前已强调了氨基酸在生物学功能方面的重要性（889 页，真的吗？22-9 节）。

## 练习 26-4

（**a**）胍存在于萝卜汁、蘑菇、玉米胚芽、稻壳、贻贝和蚯蚓中。其碱性是由于能形成高度共振稳定化的共轭酸。试画出它的共振式。（**提示：复习 20-1 节。**）（**b**）画出咪唑的轨道图。（**提示：用图 25-1 和图 25-2 作参考。**）（**c**）组胺是含有咪唑基的乙胺，它在局部的免疫响应中起重要作用，例如过敏反应。［抗组胺药，如氯苯那敏（第 762 页边）或非索非那定（艾来锭，第 19 章开篇），调节胃中的胃酸分泌（真实生活 2-1）］。画出在 pH=3 时可能的结构。

## 练习 26-5

杨桃毒素（Caramboxin）是一种具有神经毒性的苯丙氨酸衍生物，其中苯环被修饰成甲氧基化的 2-羟基苯甲酸（水杨酸，真实生活 22-2）。它存在于杨桃（*Averrhoa carambola*）中，但通常不具有毒性，因为健康的个体可通过肾脏快速将其排泄。另一方面，肾病患者必须避免吃这种水果，因为它会危及生命导致神经失调。

杨桃毒素　　　　　　　　　　　杨桃

（**a**）杨桃毒素的 p$K_a$ 估计值是 1.8、3.2、9.1 和 13.8。将这些数字分配给该物质的各种官能团。（**提示**：如需校准，请参阅 22-3 节及表 19-3 和表 26-1。）（**b**）在 pH=7 时，Caramboxin 的结构是什么？（**c**）p$I$ 是多少？

## 小　结

20 种基本的 L-氨基酸都有常用名。除非在侧链上含有额外的酸、碱官能团，它们的酸碱行为受两个 p$K_a$ 值的控制，较低的一个描述羧基的去质子化。在等电点，具有零净电荷的氨基酸分子数目最大。有些氨基酸含有额外的酸性或碱性官能团，如羟基、氨基、胍基、咪唑基、巯基和羧基。

# 26-2 | 氨基酸的合成：胺化学与羧酸化学的结合

第 21 章讨论了胺的化学，第 19 章和第 20 章是羧酸及其衍生物的化学。我们将二者应用于 2-氨基酸的制备。

### Hell-Volhard-Zelinsky 溴化后胺化将羧酸转化为 2-氨基酸

向羧酸引入 2-氨基取代基最快的方法是什么？19-12 节指出，通过 Hell-Volhard-Zelinsky 溴化可以实现酸的简单 2-官能团化。而且，产物中的溴可被亲核试剂如氨基所取代。如下所示，通过这样两个步骤，可将丙酸转化为外消旋的丙氨酸。

不足之处，这一方法的产率通常比较低。更好的合成方法是利用制备伯胺的盖布瑞尔（Gabriel）法（21-5 节）。

### Gabriel 合成法适合制备氨基酸

通过逆合成分析，可以认为 2-氨基酸是由连接到 2-烷基乙酸上的伯胺组成的。回想一下，伯胺的 Gabriel 合成法是通过 1,2-苯二甲酰亚胺（邻苯二甲酰亚胺）负离子的 N-烷基化再经酸水解（21-5 节）进行的。相反，丙二酸酯合成法较易通过烷基化-水解-脱羧序列（23-2 节）反应获得取代乙酸。

---

### 螯合疗法中的青霉胺

二甲基-(S)-半胱氨酸衍生物青霉胺（Cuprimine）是青霉素的代谢产物，给患有称为威尔逊病的罕见遗传疾病的患者服用。在这些个体中，正常的铜清除功能受损，然而金属的积累则会导致神经和肝脏出问题。该药物通过分子中 S 和 N 上的孤对电子的配位作用发挥药效（9-5 节），在治疗中称为螯合疗法（Khēlē，希腊语，"螯"）。所生成的强络合物可清除金属，然后随尿液排出。许多类似的"螯合剂"用于治疗急性的汞、铁、砷、铅、铀、钚和其他有毒金属的中毒。

青霉胺

铜螯合物

### 2-氨基酸的逆合成断裂和Gabriel合成的丙二酸酯改性

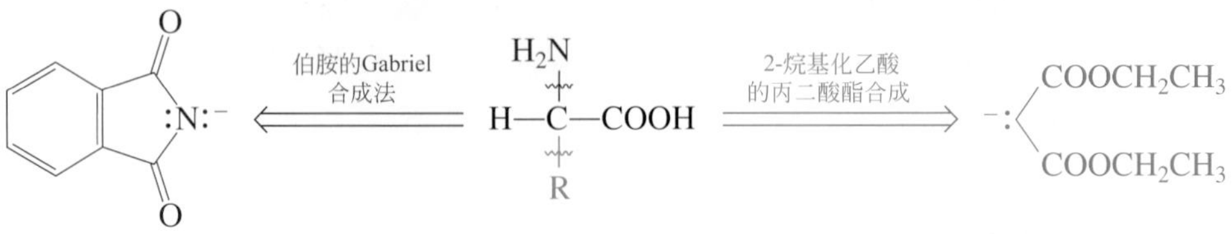

下面显示的是将这两种合成策略相结合的邻苯二甲酰胺基丙二酸酯试剂，内含的甘氨酸可以在一次性水解操作中释放。

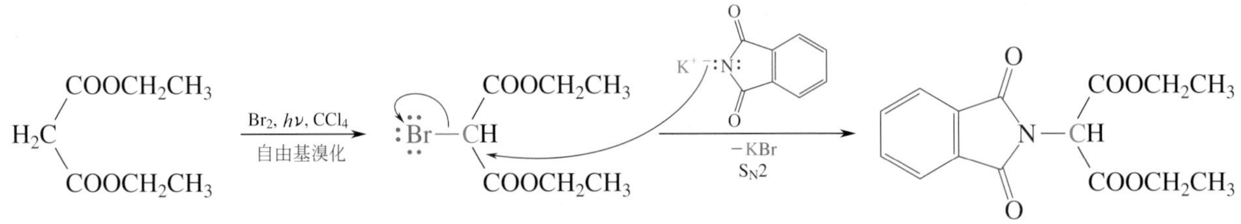

丙二酸二乙酯     2-溴丙二酸二乙酯     邻苯二甲酰氨基<br>丙二酸酯试剂

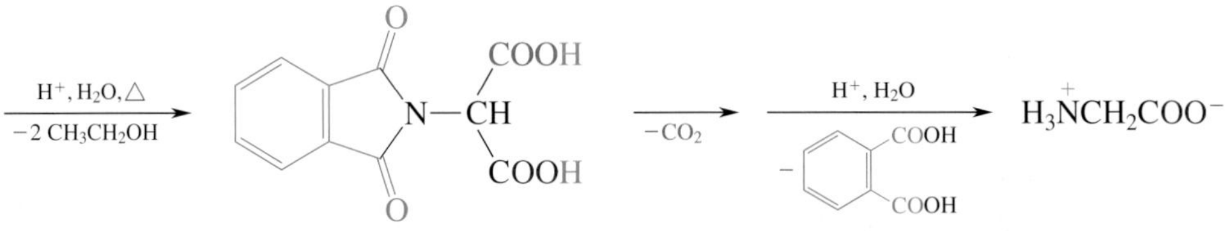

85%<br>甘氨酸

这个途径的通用性在于丙二酸试剂在丙二酸酯合成中的应用：它可以被多种烷基化试剂取代，制备相应的氨基酸。

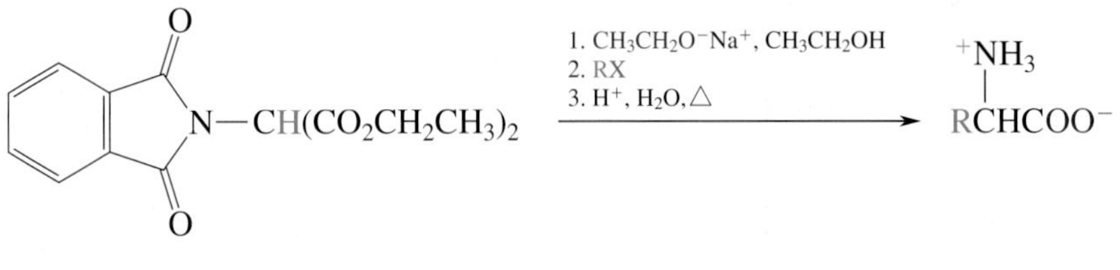

外消旋苯丙氨酸制备的例子。

### 外消旋苯丙氨酸的Gabriel合成

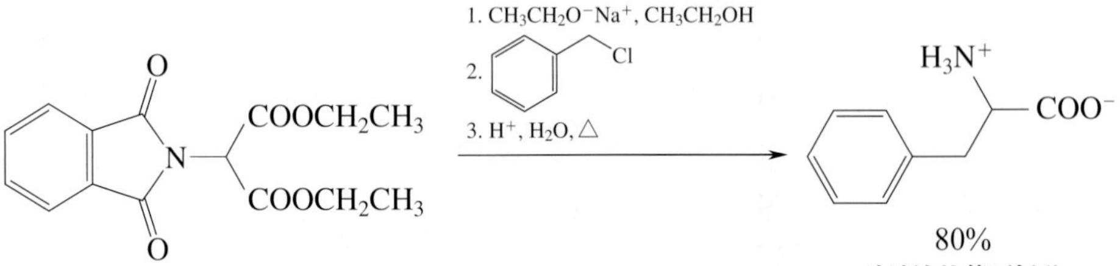

80%<br>外消旋的苯丙氨酸

## 练习 26-6

（**a**）确定你将在 Hell-Volhard-Zelinsky 途径合成外消旋的亮氨酸、酪氨酸和缬氨酸中使用的羧酸。（**b**）试写出甲硫氨酸、天冬氨酸和谷氨酸的 Gabriel 合成路线。

## 解题练习 26-7

### 运用概念解题：练习Gabriel氨基酸合成法的变体

Gabriel合成法的一种变体是使用 *N*-乙酰基 -2-氨基丙二酸二乙酯（乙酰氨基丙二酸酯）A，写出从该试剂合成外消旋丝氨酸的反应过程。

**A** → **外消旋的丝氨酸**

**策略：**

- **W：** 有何信息？从取代的氨基丙二酸酯开始，参考其作为Gabriel合成法的变体。确定其相似性：关键丙二酸酯中的邻苯二甲酰亚胺基团已被换成乙酰氨基取代基。

- **H：** 如何进行？需要引入什么取代基？答案：羟甲基。如何来完成这个取代？答：按照先前的Gabriel合成法，即应用丙二酸酯负离子作为亲核试剂。

- **I：** 需用的信息？需要确定A的去质子化发生在丙二酸酯官能团上，而不是在酰氨基上。分别检查一下表23-1和20-7节中两个基团的p$K_a$值。

- **P：** 继续进行。

**解答：**

- 将取代羧酸（23-2 节）的丙二酸酯合成的原理应用到先前介绍的 Gabriel 合成法的变体。

- 如上所示，引入的取代基是羟甲基。

- 由丙二酸烯醇酯和甲醛的交叉羟醛加成反应（18-6 节）完成羟甲基化反应。

- 用酸性水溶液完成脱羧作用（23-2 节）和酰胺水解（20-6 节）。

$$A \xrightarrow{CH_2=O,\ NaOH} \quad \xrightarrow{H^+,\ H_2O,\ \triangle}$$

## 一种丝氨酸衍生的蜘蛛性信息素

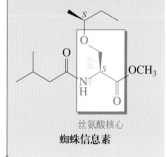

为了吸引雄性伴侣，有毒的澳大利亚雌性红背蜘蛛用下面显示的 *N*-酰化-*O*-醚化的丝氨酸甲酯覆盖她的网。在四种可能的立体异构体中，仅所示的（*S*,*S*）-对映异构体有活性。这种蜘蛛是极为罕见的物种之一，雄性在性同类相食中积极协助雌性。雌性在交配继续时完全消耗雄性，确保完全受精和为母体及最终的后代提供营养。

丝氨酸核心
**蜘蛛信息素**

## 26-8 自试解题

在寻找用于治疗某些神经退行性疾病的先导化合物时，药物化学家使用 *N*-乙酰基-2-氨基丙二酸二乙酯（乙酰氨基丙二酸酯，试剂 A，练习 26-7）从原料 A 合成杂环氨基酸 B。他们是如何做到的。[**注意**：你需要在 A 中引入离去基团。**提示**：杂环是芳香性的（25-3 节），因此连上去的碳要显示像苄基的反应活性（22-1 节）。你预期哪一个位置更具反应性？]

$$A \quad\dashrightarrow\quad B$$

### Strecker合成法由醛制备氨基酸

斯特雷克尔 [1] （Strecker）**合成法**关键步骤是由醛和氰化氢形成氰醇（17-11节）反应的一种变化形式。

$$RCH{=}O + HCN \rightleftharpoons R{-}\underset{H}{\overset{OH}{C}}{-}CN$$

氰醇

当相同的反应在氨的存在下或更方便地用氰化铵处理醛的条件下进行时所发生的反应就是中间体亚胺发生氰化氢加成，生成相应的 2- 氨基腈，之后用酸或碱水解（20-8 节）得到所需的氨基酸。

**丙氨酸的Strecker 合成**

$$CH_3CH{=}O \xrightarrow[-H_2O]{NH_3} CH_3CH{=}NH \xrightarrow{HCN} H_3C{-}\underset{H}{\overset{NH_2}{C}}{-}CN \xrightarrow{H^+,\,H_2O,\,\triangle} \underset{55\%}{CH_3\overset{+NH_3}{CH}COO^-}$$

乙醛            亚胺中间体            2-氨基丙腈            外消旋的丙氨酸

动画
动画展示机理：
Strecker合成

### 练习 26-9

（**a**）画出色氨酸和亮氨酸经 Strecker 合成的前体醛。（**b**）试提出甘氨酸（来自甲醛）和外消旋的甲硫氨酸（来自 2-丙烯醛）的 Strecker 合成路线（**提示**：对于后者可复习 18-9 节）。

---

## 小 结

外消旋氨基酸可用 Gabriel 氨基酸合成法和 Strecker 合成法制得，前者通过 2-溴代羧酸的氨化，而后者通过由亚胺形成氰醇的变化形式及随后的水解而进行。

## 26-3 | 对映体纯的氨基酸的合成

上一节所有的氨基酸合成方法都生成外消旋形式的氨基酸。然而，我们注意到，天然多肽中的大多数氨基酸是 S 构型的。因此，许多合成路线（特别是肽和蛋白质合成）需要对映体纯的化合物。为了满足这个要求，要么拆分外消旋的氨基酸（5-8 节），要么通过对映选择性反应制备单一对映体。

---

[1] 阿道夫·斯特雷克尔（Adolf Strecker，1822—1871 年），德国维尔茨堡大学教授。

从概念上讲，制备对映体纯氨基酸最直接的方法是拆分它们的非对映体盐。通常，先将氨基保护为酰胺，然后用光学活性的胺，如廉价的生物碱番木鳖碱（Brucine）（25-8 节和页边）处理得到酰胺。形成的两个非对映体可通过分步结晶来分离。令人遗憾的是，在实践中，这种方法可能很繁杂，而且产率很低。

番木鳖碱

### 外消旋缬氨酸的拆分

另一种方法是对映选择性地形成 C-2 立体中心，像 $\alpha, \beta$-不饱和氨基酸及其衍生物的对映选择性氢化（12-2）一样。例如，下面的烯烃原料（Z 型）用对映体纯的手性铑（Rh）催化剂氢化（该催化剂带有全部 R 构型的配体），显示只得到构型为 S 的产物，水解后得到（S）-苯丙氨酸。相反，同样的氢化在全部为 S 构型配体的催化剂存在下得到 R 对映体的产物，因此提供了一个合成（R）-苯丙氨酸的方法。

**(Z)-2-乙酰氨基-3-苯基-2-丙烯酸甲酯**　　　　**(S)-2-乙酰氨基-3-苯丙酸甲酯**　　　　**(S)-苯丙氨酸**

## 真实生活：化学  26-2　对映选择性合成光学纯氨基酸——相转移催化

如本节所述，通过拆分 2- 氨基酸外消旋体来制备对映体纯的更好替代方案是由非手性前体直接产生。为此，我们可以在合成步骤中使用对映体纯的手性催化剂，在 C-2 处生成手性，如 $\alpha, \beta$- 不饱和氨基酸前体的对映选择性氢化。另一种方法是在光学活性铵盐的存在下由甘氨酸的合适衍生物经对映选择性烷基化合成。例如，在下面一页显示，用双相水-甲苯系统并加入摩尔分数为 2.5% 的辛可宁铵盐中，甘氨酸的亚胺酯衍生物经苄基化得到 S 构型产物，98% 对映体过量（e.e.）（5-2 节）。辛可宁是一种生物碱，可从生长在南美洲的金鸡纳树中较经济地获得。结晶和水解苄基化产物的亚胺和酯官能团得到光学纯的苯丙氨酸。

这个过程的第一步是在快速搅拌的含有有机原料的甲苯和碱性水溶液混合物中进行的。反应中的活性铵盐是由带正电荷的氮、氮周围疏水性取代基以及溴化物或氢氧化物中可成盐的抗衡离子（负离子）组成的。这个铵盐可溶于两相并在两相之间自由移动。在有机相中，氢氧化物用于对保护的甘氨酸进行 $\alpha$-去质子化。这样形成的烯醇化物不是游离的，它与手性的铵盐紧密结合。

结果，优先从一边发生的 $S_N2$ 烷基化（非对映体过渡态，参见 5-7 节）产生保护的丙氨酸的一个对映体过量。换句话说，光学纯催化剂的手性确保优先形成一个对映体（这里是 S 构型），接着通过结晶来纯化。

印度村民在喜马拉雅山脉的 Latpanchar 村干燥金鸡纳树皮。

---

大自然在氨基酸的生物合成中使用了另一种对映选择性策略。例如，谷氨酸脱氢酶通过生物还原胺化将 2-氧代戊二酸中的羰基转变为（S）-谷氨酸中的氨基取代基（化学还原胺化，参见 21-6 节）。还原剂是 NADH（真实生活 25-2）。

$$\text{2-氧代戊二酸} + NH_3 + H^+ \xrightarrow[- NAD^+]{NADH, 谷氨酸脱氢酶} (S)\text{-谷氨酸} + H_2O$$

（S）- 谷氨酸是谷氨酰胺、脯氨酸和精氨酸生物合成的前体。此外，借助于另一种转氨酶，胺化其他 2- 氧代酸，用于制备其他的氨基酸。

$$R\text{-}CH(NH_3^+)\text{-}COO^- + R'\text{-}CO\text{-}COO^- \xrightleftharpoons{转氨酶} R\text{-}CO\text{-}COO^- + R'\text{-}CH(NH_3^+)\text{-}COO^-$$

## 练习 26-10

（**a**）为了省钱，一个学生使用 p1283 上描述的手性双膦催化剂的更经济的外消旋产品来制备（S）-苯丙氨酸，但结果产物也是外消旋的苯丙氨酸，

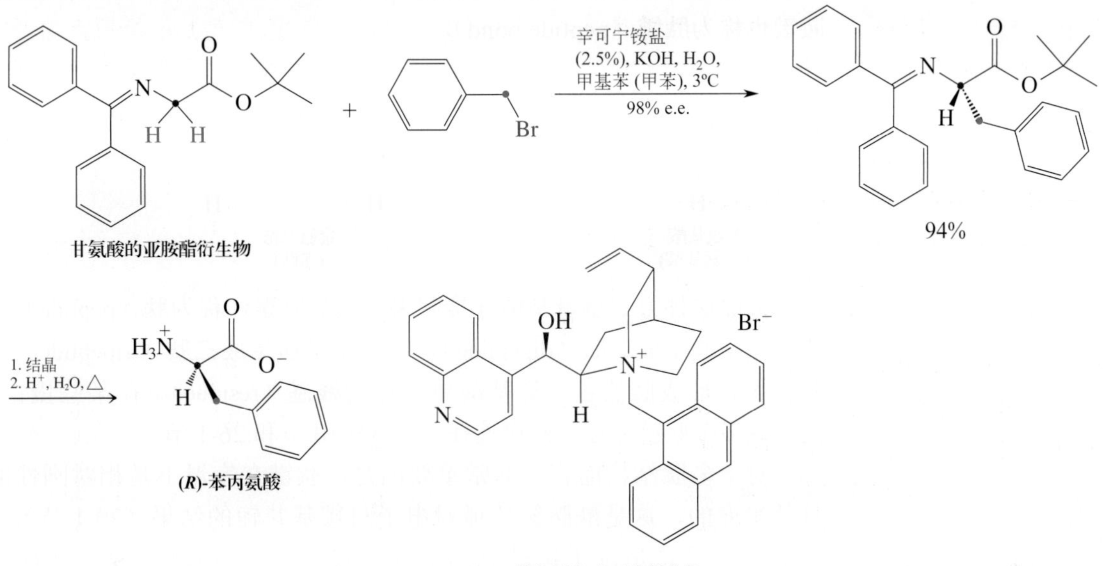

甘氨酸的亚胺酯衍生物

辛可宁铵盐
(2.5%), KOH, H₂O,
甲基苯 (甲苯), 3℃
98% e.e.

94%

1. 结晶
2. H⁺, H₂O, △

($R$)-苯丙氨酸

$N$-(9-蒽基甲基)辛可宁氯化物
(辛可宁标记为红色)

季铵盐，如四丁基铵，已经更广泛地用于这种双相体系中，以使通常不溶的抗衡离子进入有机相并与有机底物反应。观察到的反应性被描述为相转移催化，其中上述就是一个例子。其他的应用是 $S_N2$ 反应（第 21 章习题 62）、MnO₄⁻ 氧化（12-11 节）、二氯卡宾加成（12-9 节）和氢化物还原（8-5 节）。使用最少量的有机溶剂与水结合，反应过程简单，过程的催化性质及其选择性使相转移催化成为许多均相转化的"更绿色"的替代品。

解释为什么。（**b**）为了探索反应的范围，学生在催化剂中使用了配体的非对映异构体，如页边所示。结果还是外消旋的苯丙氨酸，请解释。

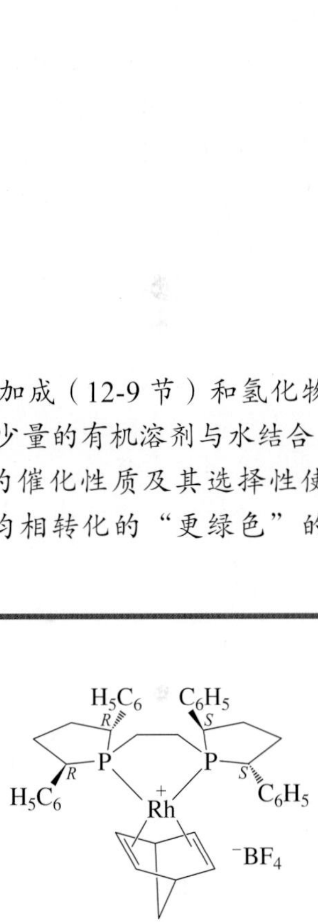

## 小 结

对映体纯氨基酸可通过外消旋混合物的拆分或通过 C-2 手性中心的对映选择性形成而获得。

# 26-4 | 肽和蛋白质：氨基酸的寡聚体和多聚体

因为氨基酸可以聚合，所以氨基酸在生物学上的用途是多方面的。本节将讨论**多肽**（polypeptide）链的结构和性质。长的多肽链称为蛋白质（被定义为含有任意大于 50 个氨基酸），是生物结构的主要成分之一。蛋白质具有极其广泛的生物学作用，这些功能通常是由组分链的绕曲和折叠促进并实现的。

## 氨基酸形成肽键

2-氨基酸是多肽的单体单元。通过一个氨基酸的羧基官能团与另一个氨基酸的氨基重复反应构成酰胺链而形成聚合物（20-6 节）。连接氨基酸的酰胺键也称为**肽键**（peptide bond）。

$$2n \; HN-\overset{\displaystyle R}{\underset{\displaystyle H}{C}}-\overset{\displaystyle O}{C}OH \longrightarrow -(NH-\overset{\displaystyle R}{\underset{\displaystyle H}{C}}-\overset{\displaystyle O}{C}-NH-\overset{\displaystyle R}{\underset{\displaystyle H}{C}}-\overset{\displaystyle O}{C})_n- \; + \; 2n \; H_2O$$

2-氨基酸
（α-氨基酸）

聚氨基酸
（多肽）

按照这种方式将氨基酸连接起来形成的寡聚体称为**肽**（peptide）。例如，两个氨基酸生成**二肽**（dipeptide），三个氨基酸生成**三肽**（tripeptide）等，依此类推。形成肽的各个氨基酸单元称为**残基**（residue）。在某些蛋白质中，两个或多个肽链通过二硫键连在一起（9-10 节和 26-1 节）。

对于多肽结构而言，非常重要的是，肽键在室温下是相对刚性的，并且是平面的，这是酰胺氮的孤对电子与羰基共轭的结果（20-1 节）。N—H 上的氢几乎总是位于羰基氧的反式位置，并且因为 C—N 键具有部分双键特性，围绕 C—N 键的旋转是缓慢的。其结果是 C—N 键长相对比较短（1.32Å），介于单纯 C—N 单键键长（1.47Å，图 21-1）和 C—N 双键键长（1.27Å）之间。另一方面，与酰胺官能团邻近的各个键都能自由旋转。因此，多肽是相对刚性的，但又具有充分的活动性，足以产生多种构象。因而，多肽能够以许多不同的方式折叠。大多数生物活性是由于这种折叠的排列而产生的，直链通常是无生物活性的。

### 肽键的共振诱导使其具有平面性

快速旋转

缓慢旋转

## 用氨基酸残基的序列来表征多肽

在画多肽链的时候，**氨基端**（amino end）或 *N*-末端氨基酸（*N*-terminal amino acid）放在左边。**羧基端**（carboxy end）或 *C*-末端氨基酸（*C*-terminal amino acid）放在右边。C-2 手性中心的构型通常假定为 *S* 构型。

### 如何画三肽的结构

*N*-末端

*C*-末端

氨基酸 1    氨基酸 2    氨基酸 3

含有酰胺（肽）键的链被标记为**主链**（main chain），取代基 R、R′ 等为**侧链**（side chain）。书写多肽的常用方法是锯齿形主链上方的全部链采用楔形实键连接侧链，下面所有的链都采用楔形虚线键连接侧链。

肽的命名是简洁明了的。从氨基端开始，将各个残基的名字简单地按序列连在一起，每一个看作是下一个氨基酸的取代基，结束于 *C*-末端残基。对于比较大的多肽，由于这个方法很快就变得很烦琐，因此常采用表 26-1 中列出的三字码缩写来命名。

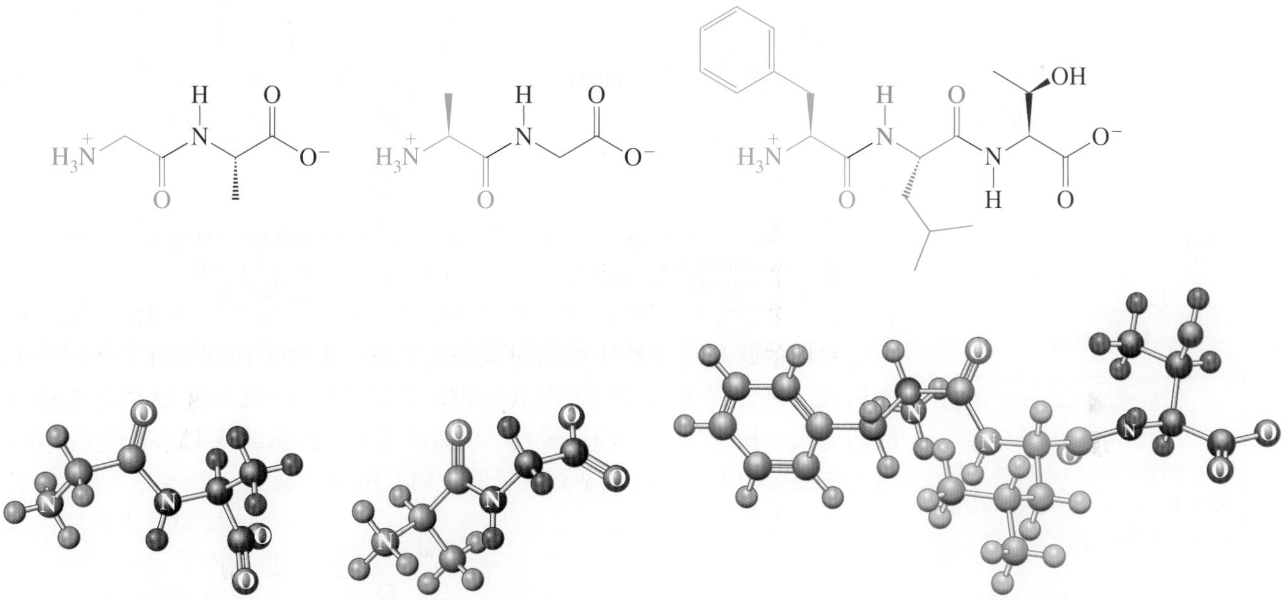

甘氨酰丙氨酸
Gly-Ala

丙氨酰甘氨酸
Ala-Gly

苯丙氨酰亮氨酰苏氨酸
Phe-Leu-Thr

## 练习 26-11

（**a**）甘氨酰丙氨酸（Gly-Ala）和丙氨酰甘氨酸（Ala-Gly）是哪种异构体？

（**b**）促吞噬素（Tuftsin）是一种主要在脾脏中产生的四肽，具有与免疫系统功能相关的生物活性。给出这个肽的三字码名称。

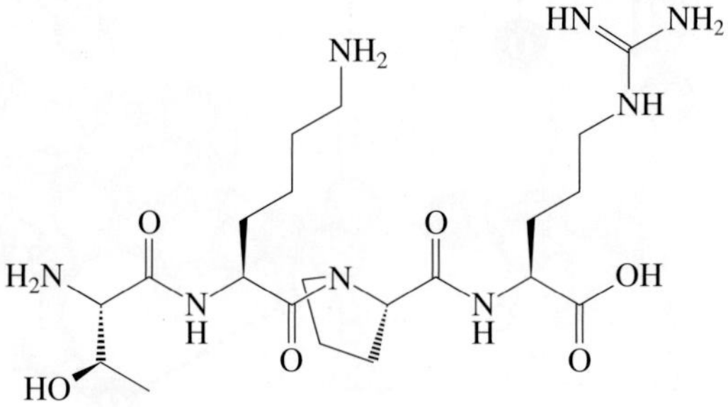

促吞噬素

（**c**）Ala-Ser-Thr-Thr-Thr-Asp-Tyr-Thr，也称为 T 肽，是 1986 年发现的 HIV 病毒进入抑制剂。在电影《达拉斯买家俱乐部（Dallas Buyers Club）》中，作为一种未经批准的药物出现在艾滋病感染者的困境中，以对抗当时神秘的疾病。按本节讲述的惯用法画出它的结构。

让我们看一下肽及其结构变化的一些例子。二肽酯阿斯巴甜是一种低卡路里的人造甜味剂（阿斯巴甜，参见真实生活 24-2 和解题练习 26-30）。

在三字码中，酯末端用 $OCH_3$ 表示。谷胱甘肽（22-9 节）是一种三肽，存在于所有活细胞中，且在眼睛晶状体中的浓度特别高。它的不同之处在于其谷氨酸残基在 γ-羧基上（用符号 γ-Glu 表示）与肽的其余部分连接。它通过半胱氨酸残基中巯基易于被酶促氧化成二硫键连接的二聚体而起到生物还原剂的作用。

**天冬氨酰苯丙氨酸甲酯**
**Asp-Phe-OCH₃**
**（阿斯巴甜）**

**γ-谷氨酰半胱氨酸甘氨酸**
**γ-Glu-Cys-Gly**
**（谷胱甘肽）**

**短杆菌肽 S**

短杆菌肽 S 通过破坏细菌膜而起作用，导致细胞死亡。细胞膜将细胞内部与外部环境隔开，并且仅对选定的离子和分子具有渗透性。

短杆菌肽 S 是一种环状肽的局部抗生素，由首尾相连的两个相同的五肽构成。它含有 R 构型的苯丙氨酸和稀有氨基酸——鸟氨酸 [Orn，是赖氨酸的低同系物（少一个 $CH_2$ 基）]。页边显示了短杆菌肽 S 的三字码表示法，氨基酸连接的方向（从氨基到羧基的方向）用箭头表示。

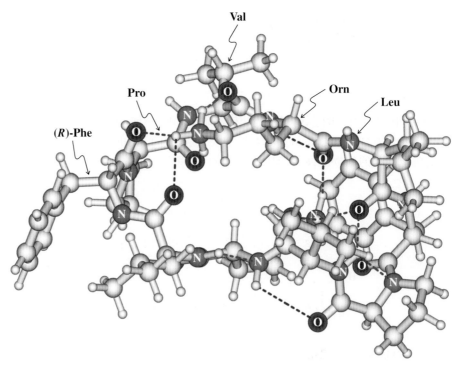

**短杆菌肽S**（计算机生成的模型，红虚线表示氢键）
[Courtesy Professor Evan R. Williams and Dr. Richard L. Wong,
University of California at Berkeley.]

胰岛素展示了氨基酸的复杂序列所采取的三维结构（图 26-1）。由于其具有调控葡萄糖代谢的能力，这种蛋白质激素是治疗糖尿病的重要药物。胰岛素由结合在 A 和 B 两条链中的 51 个氨基酸残基组成。两条链由两个二

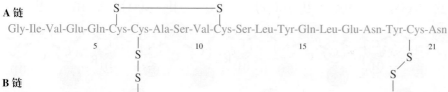

**A 链**

S————————S

Gly-Ile-Val-Glu-Gln-Cys-Cys-Ala-Ser-Val-Cys-Ser-Leu-Tyr-Gln-Leu-Glu-Asn-Tyr-Cys-Asn

5    10    15    21

S    S

**B 链**

Phe-Val-Asn-Gln-His-Leu-Cys-Gly-Ser-His-Leu-Val-Glu-Ala-Leu-Tyr-Leu-Val-Cys-Gly-Glu-Arg-Gly-Phe-Phe-Tyr-Thr-Pro-Lys-Ala

5    10    15    20    25    30

**图26-1** 牛胰岛素由两条氨基酸链组成，通过二硫键连接。氨基（*N*-端）端是在两条链的左边。

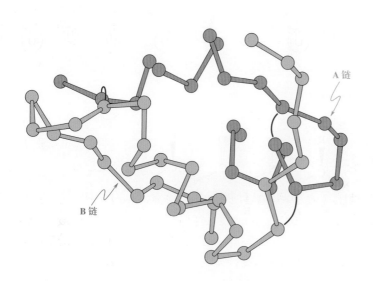

**图26-2** 胰岛素的三维结构。A链的残基是蓝色的，B链是绿色的。二硫键用红色表示。（After *Biochemistry*, 6th ed., by Jeremy M. Berg, John L.Tymoczko, and Lubert Stryer.W. H. Freeman and Company.Copyright © 1975, 1981, 1988, 1995, 2002, 2007.）

硫键连接，另有一条二硫键连接A链的第6位和第11位半胱氨酸残基，使它形成环臂。这两条链折叠起来，使得空间的干扰最小化，并使静电相互作用、伦敦力和氢键吸引最大化。这些力共同作用形成了相当紧凑的三维结构（图26-2）。

因为合成方法的产率低，胰岛素常从屠宰后的牛和猪的胰腺中分离、纯化并销售。在 20 世纪 80 年代，由于基因工程方法（26-11 节）的发展，我们能够克隆编码胰岛素的人类基因。将该基因置于经过修饰的细菌中以连续产生该药物。用这种方法，可生产足够量的药物来治疗全世界数百万糖尿病患者。

## 练习 26-12

后叶加压素（Vasopressin）也称为抗利尿激素，它控制水从身体中排出。试画出它的完整结构。（**注意：** 在两个半胱氨酸残基之间有一个分子内二硫键。）

S————————S

Cys-Tyr-Phe-Gln-Asn-Cys-Pro-Arg-Gly-NH$_2$

**后叶加压素**

## 蛋白质折叠成折叠片层和螺旋：二级和三级结构

胰岛素和其他多肽链具有明确的三维结构。链中的氨基酸序列确定**一级结构**（primary structure），由邻近氨基酸残基的空间排列诱导的链的折叠模式产生多肽的**二级结构**（secondary structure）。二级结构主要是由酰胺键的刚性和沿着整条链的氢键（和其他非共价的结合）产生的。两种重要的排列方式是片层折叠或 β-折叠和 α-螺旋。

**两条多肽链之间的氢键**

:Ö:

N

H       氢键

:Ö:

N

H

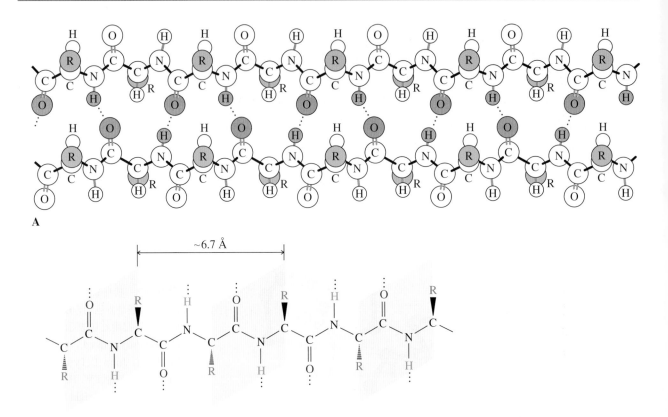

**A**

**B**

图26-3　（A）折叠片层或 β-折叠，通过两条多肽链之间的氢键（虚线表示）将它们固定在适当的位置。（After "Proteins," by Paul Doty, *Scientific American*, September 1957. Copyright © 1957, Scientific American, Inc.）（B）每个肽键决定各自的折叠平面（黄色阴影），侧链 R 的位置交替排列在折叠平面的上面和下面，虚线表示连到相邻的肽链或水的氢键。

在**折叠片层**（pleated sheet）（也称 β-折叠，图 26-3）结构中，两条链分别排列成一行，使（其中一条链的）一个肽的氨基面对着（另一条链的）一个肽的羰基，因而能够形成氢键。如果单链能够自己折回，这样的氢键也会在单链中产生。这种类型的多重氢键能够给系统造成一定的刚性。相邻酰胺键的平面形成一个特定的角度，产生一个可观察到折叠片层结构的几何形状，其中 R 基团在每个平面的上方和下方方向外突出。

**α-螺旋**（α-helix）（图 26-4）使得链中邻近的氨基酸之间能够形成分子内氢键：每个氨基酸的羰基氧与四个残基之外的酰胺氢相互作用。螺旋的

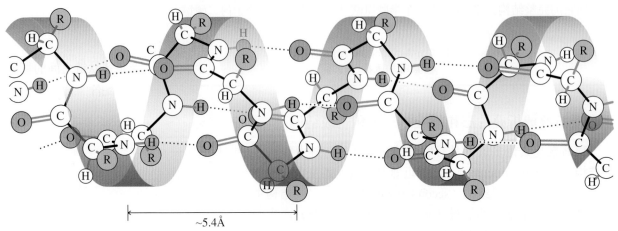

图26-4　α-螺旋，其中聚合物链排列成右旋螺旋，通过分子内氢键（红的虚线）刚性地保持形状。（After "Proteins," by Paul Doty, *Scientific American*, September 1957. Copyright © 1957, Scientific American, Inc.）

每一圈含 3.6 个氨基酸，相邻两圈的两个等价的点之间距离约为 5.4Å。碳-氧键（C=O）和氮-氢键（N—H）指向相反的方向，大致与螺旋轴平行。另一方面，（疏水的）R 基团则指向远离螺旋的方向。

　　并非所有的多肽都采取这样理想的结构。如果沿链形成了太多相同类型的电荷，电荷的排斥作用会造成更多的无规则取向。此外，刚性的脯氨酸由于其氨基氮也是取代基环的一部分，且没有 N—H 可用于形成氢键，会在 α-螺旋中造成扭结或弯曲。

　　多肽的进一步折叠、卷曲和聚集是由链末端中的远距离残基诱导的，并产生其**三级结构**（tertiary structure）。所有来自 R 基团的力，包括二硫键、氢键、伦敦力、静电吸引力和排斥力等都起到稳定这些分子的作用。还有**胶束效应**（micellar effect）（真实生活 19-1 和 20-5 节）：多聚体采取一种结构，使其极性基团最大限度地暴露于水环境中，同时最大限度地减少疏水基团（如烷基和苯基）与上述溶剂接触，即"疏水效应"（8-2 节，真实生活 19-1）。在**球状蛋白质**（globular protein）中观察到明显的折叠，它们中许多承担着化学运输和催化的功能（如肌红蛋白和血红蛋白，第 26-8 节，图 26-8）。在**纤维状蛋白质**（fibrous protein）中，如肌球蛋白（在肌肉中）、纤维蛋白（在血块中）和 α-角蛋白（在头发、指甲和羊毛中），一些 α-螺旋卷曲成**超螺旋**（superhelix）（图 26-5）。

　　酶和转运蛋白（把分子从一个地方携带到另一个地方的蛋白质）的三级结构通常具有三维口袋，称为**活性位点**（active site）或**结合位点**（binding site）。活性位点的大小和形状为**底物**（substrate）或**配体**（ligand）（蛋白质对其发挥预期功能的分子）提供高度专一性的"适配"。口袋的内表面通常含有极性氨基酸侧链的特定排列，以便通过氢键或离子相互作用吸引底物的官能团。在酶中，活性位点以能促进与底物反应的方式排列官能团和其他分子。

　　例如，胰凝乳蛋白酶，它是一种用于降解食物中蛋白质的哺乳动物消化酶。在体温和生理 pH 条件下胰凝乳蛋白酶可完成肽键的水解。回想一下，普通的酰胺水解需要强烈得多的条件（20-6 节）。而且，酶还可识别作为选择性断裂靶标的特定肽键，如苯丙氨酸残基的羧端（26-5 节，表 26-2）。它是如何做到的？

　　胰凝乳蛋白酶活性位点（尺寸大小为：51Å×40Å×40Å）发生肽水解的简化示意如下列流程所示。

**图 26-5**　超螺旋（一种卷曲螺旋）的理想化示意图。

## 胰凝乳蛋白酶活性位点中的肽水解

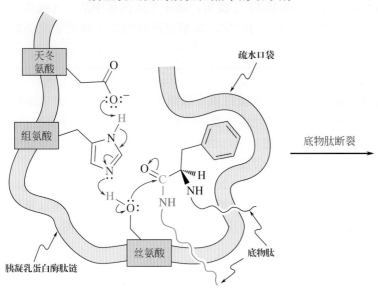

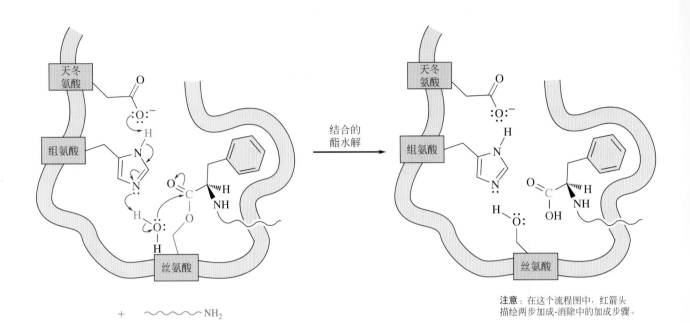

注意：在这个流程图中，红箭头描绘两步加成-消除中的加成步骤。

该酶有四个重要的紧密相连的部分，它们共同作用来促进水解反应。这四个部分是：疏水口袋、天冬氨酸残基、组氨酸残基和丝氨酸残基。疏水口袋（8-2 节）帮助把"要被消化"的多肽结合住，即将其组分之一的苯丙氨酸残基的疏水性苯基取代基吸引牢固。在把苯基固定在口袋里的同时，另外三个氨基酸残基合作进行质子传递接力，从而实现丝氨酸的羟基与苯丙氨酸的羰基的亲核加成-消除反应（19-7 节和 20-6 节），并释放出被切断的多肽的胺部分。底物的其余部分通过酯键仍连接在酶上，连接的位置正好由一个水分子进行酯水解（20-4 节）。这个反应得到与在肽键水解中类似的级联质子传递接力的协助。随着与酶连接的断开，原有底物的羧基端游离出来，离开胰凝乳蛋白酶完整的活性位点，为下一个多肽空出位置。

由于活性位点存在丝氨酸，胰凝乳蛋白酶被归类为"丝氨酸蛋白酶"。与未催化的酰胺水解速率相比，此类酶可加速肽键的裂解达几十个数量级。

### 练习 26-13

刚刚列出的图示省略了两次亲核加成-消除反应的每一个消除步骤。试表示酶是如何加速该步骤的。[**提示**：画出上述图示中第一（或第二）幅示意图所描述的"推电子"的结果，再想想逆向的电子和质子流动如何帮助反应。]

**变性**（denaturation）或蛋白质三级结构的破坏，通常造成蛋白质沉淀并毁坏其催化活性。变性是由于蛋白质暴露于过分受热或极端的 pH 值条件下而发生的。例如，试想一下，当把透明的鸡蛋白倒入热的炒锅中，或者当把牛奶加入柠檬茶中，会发生什么现象。

一些分子，如血红蛋白（26-8 节），还会采取**四级结构**（quarternary structure）（图 26-9），其中两个或多个本身具有三级结构的多肽链结合在一起形成更大的集合体。下面给出了一级到四级结构的简化图。

**从一级到二级、三级、四级多肽结构的进展**

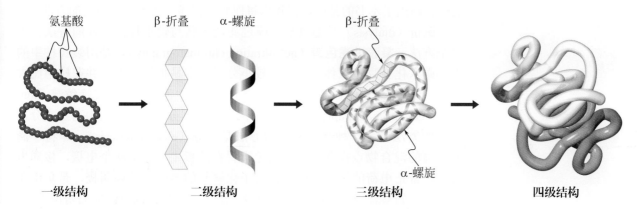

一级结构　　　　　　二级结构　　　　　　三级结构　　　　　　四级结构

多肽的三维构象是一级结构的直接结果；换句话说，氨基酸序列决定了肽链如何卷曲、聚集以及如何与内部和外部的分子单元相互作用的。因此，对氨基酸序列的了解对于理解蛋白质的结构与功能至关重要。如何获取这些内容是 26-5 节的主题。

## 小　结

多肽是氨基酸通过酰胺键连接起来的多聚体。其氨基酸序列可以用表 26-1 中编列的三字码或一字码的简写符号来表述。氨基端在左，羧基端在右。多肽可以是环状的，也可以通过二硫键和氢键连接。氨基酸的序列是多肽的一级结构，通过折叠产生二级结构，进一步折叠和卷曲产生三级结构，几个多肽的聚集形成四级结构。

# 26-5 | 一级结构的确定：氨基酸测序

多肽和蛋白质的生物功能需要特定的三维形状和官能团的排列，而这又反过来需要明确的氨基酸序列。在原本是正常的蛋白质中有一个氨基酸残基的变动，就有可能完全改变它的行为。例如，镰状细胞贫血（本章习题 65 和习题 66）是一种可能致命的疾病，就是因为在血红蛋白中仅改变了一个氨基酸残基（26-8 节）。蛋白质一级结构的确定称为氨基酸或多肽的**测序**（sequencing），它能帮助我们理解蛋白质的作用机理。

在 20 世纪 50 年代末期和 60 年代初期，科学家们发现氨基酸序列是由含有遗传信息分子的 DNA 预先决定的（26-9 节）。因此，由蛋白质一级结构的知识，可以了解遗传物质是如何表达自己的。相关的物种中功能相似的蛋白质应该也确实具有类似的一级结构。氨基酸序列越是接近，物种之间的关系也就越密切。多肽测序因此就成为生命进化的核心问题。本节将要介绍化学手段加上分析技术是如何使我们获得这方面的信息。

## 第一，多肽的纯化

多肽的纯化是个很大的问题，在它们的溶液中要解决这个问题需要在实验室里消耗好几天的时间。根据多肽的大小、在特殊溶剂中的溶解性、

蛋白质的电泳。每一行蓝带说明蛋白质的混合物分离成它们的各个组分。[elkor/Getty Images]

电荷或者与某种载体的结合能力，常有几种技术能够分离多肽。虽然详细的讨论超出了本书的范围，但我们将扼要地叙述一些更广泛使用的方法。

**透析**（dialysis）是通过半透膜过滤使多肽与较小片段分开的方法。第二个方法，**凝胶过滤色谱**（gel-filtration chromatography），是用装在柱中的珠状碳水化合物多聚体为载体，较小分子更容易扩散到珠内并在柱中比大分子逗留更长的时间，因而比大分子更晚从柱中流出。**离子交换色谱**（ion-exchange chromatography）是带电荷的载体根据分子所携带的电荷量来分离它们的方法。另一种基于电荷的方法是**电泳**（electrophoresis），即将一滴要分离的混合物点在覆盖了薄的色谱材料的板上，接上两个电极，接通电源后，带正电荷的物质（如富含质子化氨基的多肽）移向阴极，带负电荷的物质（如富含羧基的肽）移向阳极。这个分离技术的分离能力是巨大的。通过一次实验可将一种细菌的 1000 种以上不同的蛋白质分开。

最后，**亲和色谱**（affinity chromatography）则是利用多肽通过氢键和其他吸引力对某些载体非常特定的结合倾向而实现分离的。不同大小和形状的肽在含有这种载体的柱中具有不同的保留时间。

### 第二，确定存在哪些氨基酸

在多肽纯化以后，结构分析的下一步是确定其组成。为了确定多肽中含有哪些氨基酸，每种含有多少，可通过酰胺水解（6mol·L⁻¹ HCl，110℃，24h）将整条肽链降解为游离氨基酸的混合物。然后用自动化的**氨基酸分析仪**（amino acid analyzer）分离该混合物并记录其组成。

该仪器由带有负电荷载体的柱子组成，通常含羧酸根离子或磺酸根离子。氨基酸通过呈微酸性溶液的柱子，根据它们的结构，其或多或少地被质子化，因而在柱中的保留时间也不同。这一保留时间的差别使氨基酸彼此分开，按照特定的顺序从柱中流出，以酸性最强的氨基酸开始，以碱性最强的氨基酸结束。柱的末端有一个含有特殊指示剂的贮槽。每个氨基酸都产生紫色（解题练习26-31），其浓度与所含氨基酸的量成正比并自动记录在色谱图中（图 26-6）。每个峰下的面积是混合物中特定氨基酸的相对含量（相对丰度）。

氨基酸分析仪能很容易地确定多肽的组成。例如，水解的谷胱甘肽（26-4 节）的色谱图给出 3 个大小相同的峰，分别与 Glu、Gly 和 Cys 相对应。

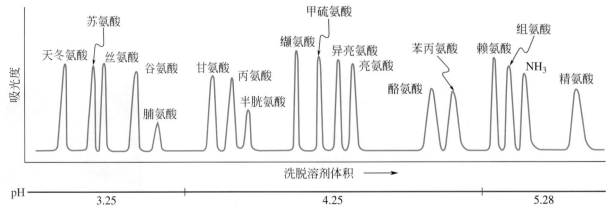

**图 26-6** 使用多聚磺酸根离子交换树脂的氨基酸自动分析仪分离各种氨基酸的色谱图。酸性较高的产物（如天冬氨酸）通常先被洗脱出来，内含氨作为参照。

**练习 26-14**

胰岛素 A 链（图 26-1）水解得到氨基酸混合物。它们是些什么氨基酸以及它们在混合物中的相对丰度是多少？

## 从氨基端（*N*-末端）开始确定肽的序列

一旦知道了多肽的总体构成，就可以确定各个氨基酸互相连接的次序——氨基酸序列。

几种不同的方法可以揭示氨基末端残基的特性。大多数都利用游离氨基取代基的独特性，这可能需要特殊的化学反应，用于"标记"*N*-末端氨基酸。这些方法之一是**埃德曼[1]降解**（Edman degradation），所用的试剂是异硫氰酸苯酯，$C_6H_5N=C=S$（异氰酸酯的硫类似物，20-7 节）。

回想一下（20-7 节），异氰酸酯在亲核进攻方面具有很强的反应性，其硫类似物也是如此。在 Edman 降解中，末端氨基加到异硫氰酸酯试剂中得到硫脲衍生物（参考 20-6 节有关的脲官能团）。温和的酸导致标记的氨基酸作为苯基乙内酰硫脲被排出，使多肽的其余部分保持不变（练习 26-15）。所有氨基酸的苯基乙内酰硫脲都是已知的，因此可以很容易地鉴定原始多肽的 *N*-末端。现在，带有新的末端氨基酸的新链已准备好进行另一次 Edman 降解以标记下一个残基，依此类推。整个过程已经自动化，以允许常规鉴定含有 50 个或更多个氨基酸的多肽。

超过这个数字，杂质的积累成为严重的障碍。这种缺点的原因在于，虽然以高产率进行，但每次降解都不是完全定量的，因此留下少量不完全反应的肽与新的混合。你可以很容易地想到，每一步，这个问题都会增加，直到混合物变得难以处理为止。

**胰岛素A链的Edman降解**

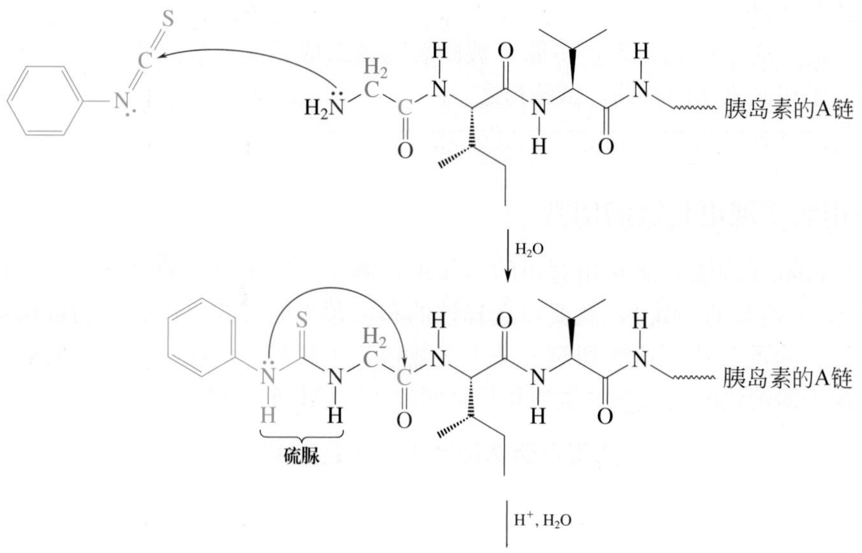

[1] 皮尔·V. 埃德曼（Pehr V. Edman，1916—1977年），马普学会生物化学研究所教授，德国马丁斯利德。

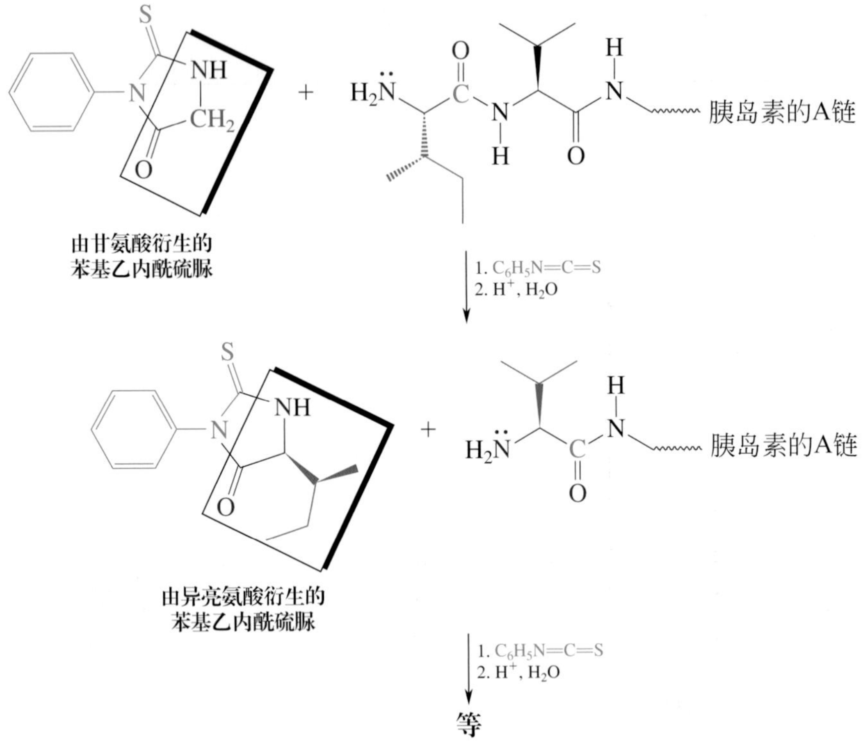

由甘氨酸衍生的
苯基乙内酰硫脲

$+$　胰岛素的A链

1. $C_6H_5N=C=S$
2. $H^+, H_2O$

由异亮氨酸衍生的
苯基乙内酰硫脲

$+$　胰岛素的A链

1. $C_6H_5N=C=S$
2. $H^+, H_2O$

等

## 练习 26-15

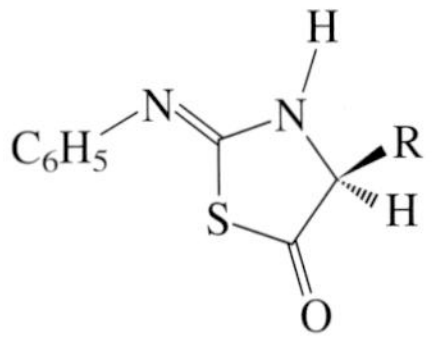

苯基乙内酰硫脲形成的途径并非如前面图示中步骤 2 的红箭头所示的那样简单，而是通过异构体噻唑啉酮（页边）的中间过程形成，后者在酸性条件下重排为更加稳定的苯基乙内酰硫脲。试对从甘氨酰胺的苯基硫脲 $[C_6H_5NHC(=S)NHCH_2C(=O)NH_2]$ 的酸处理形成该化合物（R = H）提出机理。[**提示**：硫比氮更加亲核（6-8 节）。]

## 练习 26-16

通过无水肼的处理，多肽可被断裂为其组成的氨基酸碎片。这一方法揭示了羧基末端的特性，试解释之。

## 使用酶实现更长链的切割

Edman 方法只能对相对短的多肽进行测序。对于更长的多肽（如含超过 50 个残基的多肽），就要以选择性的和可预见的方式将比较长的链切割成比较短的片段。这些切割方法大多数依赖水解酶。例如，胰蛋白酶是小肠液中的消化酶，只在精氨酸和赖氨酸的羧基端切断多肽。

### 胰蛋白酶选择性水解胰岛素B链

Phe-Val-Asn-Gln-His-Leu-Cys-Gly-Ser-His-Leu-Val-Glu-Ala-Leu-Tyr-Leu-Val-Cys-Gly-Glu-Arg-Gly-Phe-Phe-Tyr-Thr-Pro-Lys-Ala

5　　　　　　10　　　　　　15　　　　　　20　　　　　　25　　　　　　30

↓ 胰蛋白酶，$H_2O$

Phe-Val-Asn-Gln-His-Leu-Cys-Gly-Ser-His-Leu-Val-Glu-Ala-Leu-Tyr-Leu-Val-Cys-Gly-Glu-Arg + Gly-Phe-Phe-Tyr-Thr-Pro-Lys + Ala

### 表26-2　水解酶在多肽断裂中的特异性

| 酶 | 断裂位点 |
| --- | --- |
| 胰蛋白酶 | Lys，Arg，羧基端 |
| 梭菌蛋白酶 | Arg，羧基端 |
| 胰凝乳蛋白酶 | Phe，Trp，Tyr，羧基端 |
| 胃蛋白酶 | Asp，Glu，Leu，Phe，Trp，Tyr，羧基端 |
| 嗜热菌蛋白酶 | Leu，Ile，Val，氨基端 |

比较有选择性的酶是梭菌蛋白酶，它只在精氨酸的羧基端断裂。相反，胰凝乳蛋白酶，和胰蛋白酶一样，也存在于哺乳动物的小肠中，它的选择性较差，可在苯丙氨酸（26-4节）、色氨酸和酪氨酸的羧基端断裂。其他酶具有类似的选择性（表26-2）。用这种方法，将比较长的多肽先断裂成几个比较短的多肽，然后用Edman降解方法来一一测序。

经第一次酶解断裂后，所研究的多肽各碎片的序列已确定了，但是它们的连接顺序还没有确定。为此，用不同的酶进行第二次选择性水解，而使第一次水解条件下发生断裂的连接点在这次产生的片段中保持完整，即产生所谓的"重叠肽"。然后通过将可用的信息如拼图一样"拼凑"在一起来解出"难题"。

## 肽链断裂成重叠序列

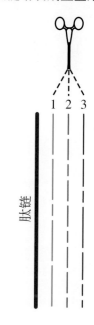

## 解题练习26-17

### 运用概念解题：测定氨基酸序列

将一个含有21个氨基酸的多肽用嗜热菌蛋白酶水解，这样处理后的产物是 Gly、Ile、Val-Cys-Ser、Leu-Tyr-Gln、Val-Glu-Gln-Cys-Cys-Ala-Ser 和 Leu-Glu-Asn-Tyr-Cys-Asn。当相同的多肽用胰凝乳蛋白酶水解时，产物是 Cys-Asn、Gln-Leu-Glu-Asn-Tyr 和 Gly-Ile-Val-Glu-Gln-Cys-Cys-Ala-Ser-Val-Cys-Ser-Leu-Tyr。试给出这个分子的氨基酸序列。

**策略：**

- **W：** 有何信息？这里给出一个由21个氨基酸组成的多肽，以及分别用嗜热菌蛋白酶和胰凝乳蛋白酶水解的结果。

- **H：** 如何进行？将这些碎片像拼图一样拼凑是最好的办法。首先，列出所有的水解产物，最好按长度减小的顺序排列。从由第一种酶水解原料得到的最大寡肽开始，寻找由第二种酶水解得到的含有匹配部分序列的片段。再由（第一种酶水解）剩下的寡肽之一与最大的寡肽的一个末端对齐，可提供与匹配片段的重叠序列，从而使肽链逐渐延长，直到所有的降解产物已经重新组装到原始多肽上。

- **I：** 需用的信息：表26-2提供的信息。

- **P：** 继续进行。

**解答：**

- 产物列表：

| 嗜热菌蛋白酶水解 | 胰凝乳蛋白酶水解 |
| --- | --- |
| Val-Glu-Gln-Cys-Cys-Ala-Ser (a) | Gly-Ile-Val-Glu-Gln-Cys-Cys-Ala-Ser-Val-Cys-Ser-Leu-Tyr (g) |
| Leu-Glu-Asn-Tyr-Cys-Asn (b) | Gln-Leu-Glu-Asn-Tyr (h) |
| Leu-Tyr-Gln (c) | Cys-Asn (i) |
| Val-Cys-Ser (d) | |
| Gly (e) | |
| Ile (f) | |

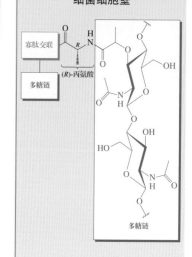

- 最大的片段是（g），它是由胰凝乳蛋白酶水解产生的，可以很容易地将嗜热菌蛋白酶水解的几个片段与它匹配排列：

Gly-Ile-Val-Glu-Gln-Cys-Cys-Ala-Ser-Val-Cys-Ser-Leu-Tyr-　(g)
(e) (f)　　　　　(a)　　　　　　(d)　　Leu-Tyr-Gln (c)

- 这个过程建立了作为连接（g）和（h）之间的"重叠肽"（c），得到更大的亚结构（g）+（h）：

Gly-Ile-Val-Glu-Gln-Cys-Cys-Ala-Ser-Val-Cys-Ser-Leu-Tyr-Gln-Leu-Glu-Asn-Tyr-
(g)　　　　　　　　　　　　　　　　　　(h)

Leu-Glu-Asn-Tyr-Cys-Asn (b)
(i)

- 检查（g）+（h）的右末端指向（b）作为链的其余部分和（i）的"重叠肽"。因此，多肽的序列是：

Gly-Ile-Val-Glu-Gln-Cys-Cys-Ala-Ser-Val-Cys-Ser-Leu-Tyr-Gln-Leu-Glu-Asn-Tyr-Cys-Asn

- 如果查看图 26-1，你将识别出这是胰岛素 A 链。

### 26-18 自试解题

胰岛素 A 链用胃蛋白酶水解获得的多肽产物是什么？

### DNA重组技术使蛋白质测序成为可能

尽管迄今为止所描述的多肽测序技术均取得了成功，能对数百种蛋白质进行结构测定，但它们在大型体系（即含有 1000 个以上残基的蛋白质）中的应用则是一项昂贵、费力且耗时的事。在 DNA 重组技术（26-11 节）出现之前，这一领域的进展受到严重阻碍。正如我们将要看到的（26-10 节，表 26-3），DNA 中四个碱基（腺嘌呤、胸腺嘧啶、鸟嘌呤和胞嘧啶）的序列与基因或相应的信使 RNA 编码的蛋白质的氨基酸序列直接相关。现代发展使 DNA 的快速自动化分析成为可能，所获得的信息可以立即翻译成蛋白质的一级结构。在过去几年中，已用这种方法测定了成千上万个蛋白质的序列。

### 小　结

多肽的结构是通过各种不同的降解方法确定的。首先，纯化多肽；然后通过完全水解和氨基酸分析确定氨基酸组分的种类和相对丰度。N-端残基可用 Edman 降解来鉴定。重复 Edman 降解产生短肽的序列，而这些较短的多肽是由较长的多肽通过特异性的酶促水解来制备的。最后，DNA 重组技术已使较大蛋白质一级结构的分析变得相对容易。

## 26-6 | 多肽的合成：对保护基应用的挑战

从某种意义上说，多肽的合成是一项不难的事，因为只需合成一种类型的键——酰胺键。19-10 节和第 20 章中描述了形成这种键的各种方法。为什么还要再讨论？实际上，本节所讲的是，要实现选择性还面临很大的问题，必须找到具体的解决方案。

即便是像二肽甘氨酰丙氨酸这样简单的目标分子。仅仅把甘氨酸和丙氨酸放在一起加热，通过脱水形成肽键，得到的是无规则序列的二肽、三肽和更大的肽的复杂混合物。因为这两个原料既能自己和自己成键，又能彼此成键，而且无法阻止无规则的寡聚反应。

**尝试通过加热脱水合成甘氨酰丙氨酸**

Gly + Ala $\xrightarrow[-H_2O]{\triangle}$ Gly-Gly + Ala-Gly + Gly-Ala + Ala-Ala + Gly-Gly-Ala + Ala-Gly-Ala 等
希望的产物

## 选择性的肽合成需要保护基

为了选择性地形成肽键，必须单独地保护氨基酸的官能团。常有几种氨基和羧基保护的策略可利用，这里介绍其中的两种（本章习题58）。

氨基端常用**苯甲氧羰基**（缩写为苄氧羰基或 **Cbz**）封闭，该保护基通过氨基酸与氯甲酸苯甲酯（氯甲酸苄酯）反应引入。该转化构成胺的直接酰化，并通过加成 - 消除机理进行（20-2 节）。

**甘氨酸氨基的保护**

氯甲酸苯甲酯　　　　　甘氨酸　　　　　　　　　　　　80%
（氯甲酸苄酯）　　　　　　　　　　　　　　　N-(苯甲氧羰基)甘氨酸
　　　　　　　　　　　　　　　　　　　　　（苄氧羰基甘氨酸, Cbz-Gly）

这种保护策略的吸引力在于苯甲氧基（苄氧基）片段对温和的和中性的氢解条件不稳定（22-2 节），提供了一种简便的脱保护方法。脱保护最初生成的产物是不稳定的氨基甲酸（20-7 节），它立即发生脱羧恢复游离的氨基官能团。

**甘氨酸氨基的脱保护**

氨基甲酸
官能团　　　　　　　　95%

另一种氨基保护基是 **1,1- 二甲基乙氧羰基**（叔丁氧羰基，**Boc**），它通过与双 -(1,1-二甲基乙基)-二碳酸酯（二碳酸二叔丁酯）的反应引入。二碳酸酯通过加成-消除反应在氨基官能团的酰化中起到改性酸酐的作用（20-3 节，解题练习 20-1）。类似于氨基甲酸，$(CH_3)_3COCOOH$ 这一离去基团是不稳定的碳酸单酯［第 23 章习题 36(a)］。它自发地分解为二氧化碳和叔丁醇。

**氨基酸的氨基保护为Boc衍生物**

双-(1,1-二甲基乙基)二碳酸酯　　　　　　　　　　　70%~100%
（二碳酸二叔丁酯）　　　　　　　　　　　N-(1,1-二甲基乙氧羰基)氨基酸
　　　　　　　　　　　　　　　　　　（叔丁氧羰基氨基酸，Boc-氨基酸）　　反应

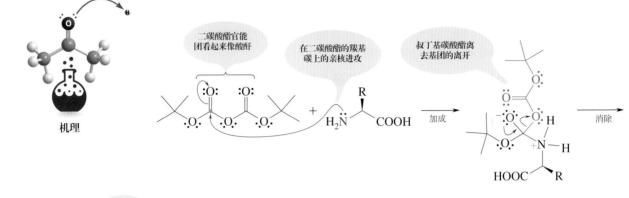

在此情况下，通过在温和且不影响肽键的条件下用酸处理，可脱去保护基。

**Boc-氨基酸的脱保护**

$$\text{（叔丁氧羰基-氨基酸）} \xrightarrow[-CO_2,\ -CH_2=C(CH_3)_2]{\text{HCl 或 } CF_3COOH,\ 25℃} H_2N-\overset{R}{\underset{}{C}}H-COOH$$

### 练习 26-19

Boc-氨基酸脱保护的机理与一般酯水解的机理（20-4 节）是不同的。试写出该机理。（**提示**：回想叔丁基醚的脱保护机理，参见 9-8 节。）

氨基酸的羧端通过形成简单的酯（如甲酯或乙酯）来保护。用碱处理脱保护。苯甲基酯（苄基酯）可在中性条件下氢解断裂（22-2 节）。

### 通过活化羧基形成肽键

由于能够保护氨基酸的两端的任意一端，我们就能用氨基保护的单元与羧基保护的单元缩合来选择性地合成肽。因为保护基对酸和碱敏感，肽键必须在可能的最温和的条件下形成，通常使用特殊的羧基活化试剂。

这些试剂中最常用的大概是**二环己基碳二亚胺（DCC）**。该分子的亲电反应性与异氰酸酯类似（20-7 节）。它最终水合生成 *N*, *N*'-二环己基脲。

**用二环己基碳二亚胺（DCC）形成肽键**

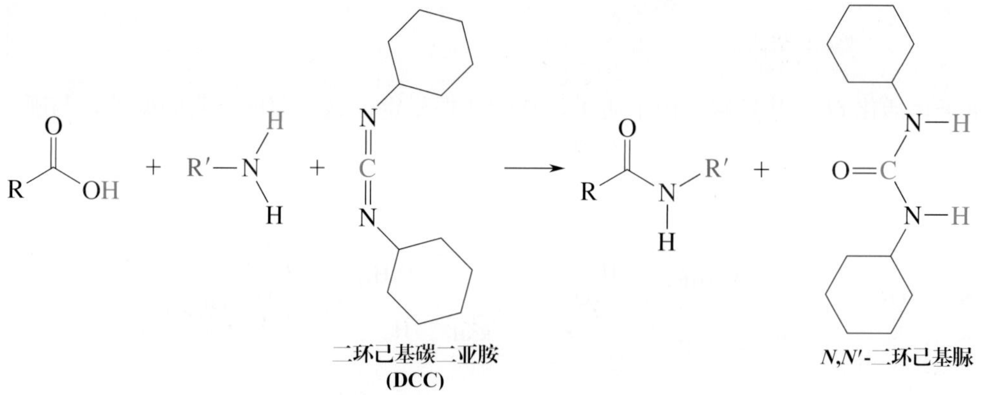

二环己基碳二亚胺
**(DCC)**

*N,N′*-二环己基脲

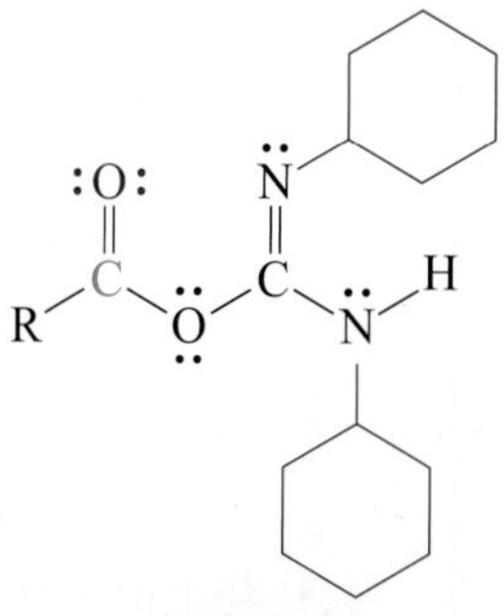

*O*-酰基异脲

　　DCC 的作用是活化酸中的羧基，以便胺的亲核进攻。这种活化作用产生于 *O*-**酰基异脲**的形成，其羧基具有与酸酐（20-3 节）类似的反应性。

　　拥有了这些知识，我们就能够解决甘氨酰丙氨酸的合成问题。在 DCC 存在下，把氨基保护的甘氨酸加到丙氨酸酯中。然后将得到的产物脱保护，就得到所需要的二肽。

**Gly-Ala 的制备**

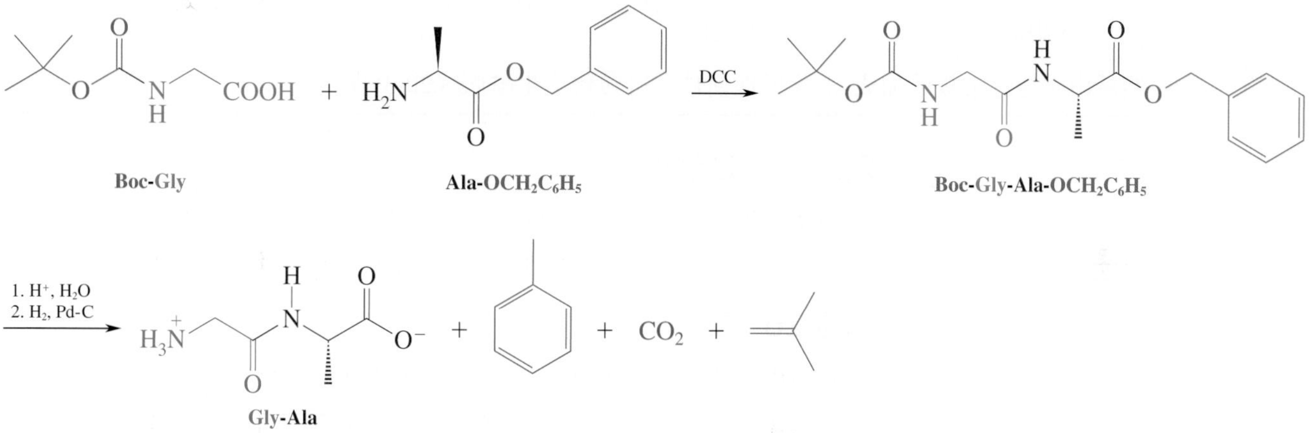

Boc-Gly

Ala-OCH₂C₆H₅

Boc-Gly-Ala-OCH₂C₆H₅

Gly-Ala

　　要制备更大的肽，只需要一端脱保护，然后再缩合，如此循环往复。

## 解题练习 26-20

**运用概念解题：写出DCC缩合反应的机理**

　　DCC 缩合肽的机理是通过本节所示的 *O*-酰基异脲进行的。接下来会发生什么取决于反应条件：在某些情况下，通过羧基末端保护的氨基酸中氨基官能团的直接进攻发生酰胺的形成；在其他情况下，第二个 *N*-保护的氨基酸的羧基末端加成形成相应的中间体，即羧酸酐，然后被羧基末端保护的氨基酸进攻以生成酰胺产物。请写出两条相互竞争的途径。

　　**策略：**

- **W**：有何信息？已有起始的 *O*-酰基异脲的结构（本页页边），并且有两种转化途径：一个是由肽的缩合组分之一氨基的进攻，或另一个是 *N*-保护的氨基酸的加成。

- **H**：如何进行？肯定 *O*-酰基异脲的结构与酸酐结构的相似性。

- **I**：需用的信息？复习酸酐的加成-消除机理（19-8节和20-3节）。
- **P**：继续进行。

**解答：**

- 通过亚胺氮的质子化活化 $O$-酰基异脲。由于质子化物的共振稳定，这个部位异常的碱性，与脒基所遇到的情况不同（26-1 节）。生成的质子化脲取代基是一个很好的离去基团。那么，我们可以写出胺进攻羰基碳的加成 - 消除的结果是最后得到酰胺。

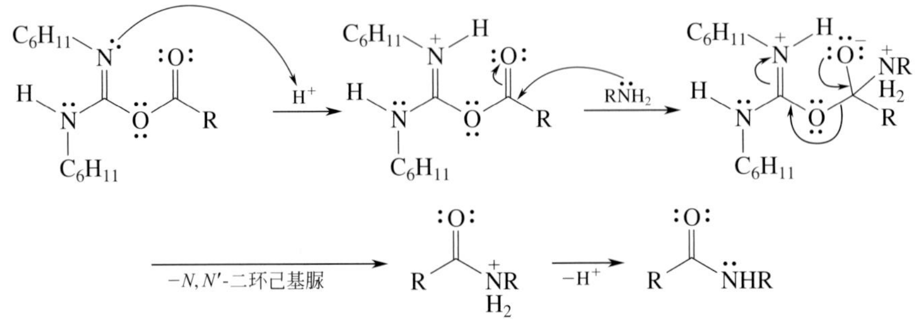

- 与上面同样质子化的 $O$- 酰基异脲也可与羧酸根离子反应。加成-消除反应的结果生成羧酸酐。

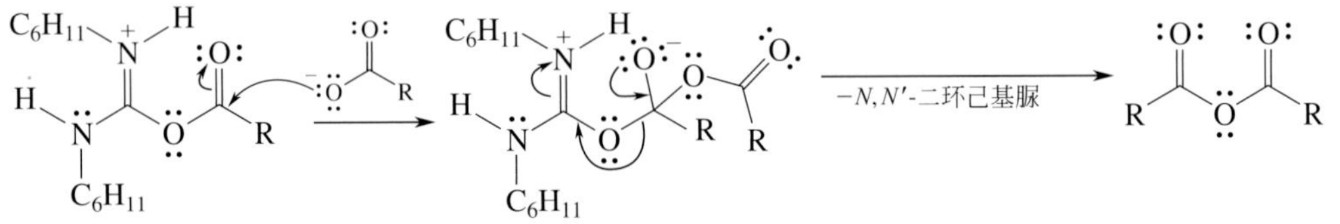

- 然后由胺通过常规的加成-消除机理使羧酸酐转化产生酰胺（20-3 节）。

---

**26-21 自试解题**

DCC 也用于从羧酸和醇合成酯。写出反应机理。

---

**练习 26-22**

提出由组成的氨基酸合成三肽 Leu-Ala-Val 的方法。

---

**小　结**

通过将氨基保护的氨基酸与另一个羧基保护的氨基酸缩合可合成多肽。常用的保护基是容易断裂的酯和相关的官能团。缩合是在温和条件下用二环己基碳二亚胺作为脱水剂进行。

---

# 26-7　Merrifield固相法合成肽

多肽合成已经自动化。这个精巧的方法称为**梅里菲尔德**[❶]**固相法合成肽**（Merrifield solid-phase peptide synthesis），它巧妙地应用聚苯乙烯作为固相载体来锚定肽链。

---

❶ 罗伯特·B. 梅里菲尔德（Robert B. Merrifield，1921—2006 年），美国纽约洛克菲勒大学教授。1984 年诺贝尔化学奖获得者。

聚苯乙烯（polystyrene）是一种聚合物（12-15 节），其单体衍生自乙烯基苯（苯乙烯）。虽然在干燥的时候聚苯乙烯的珠粒是不溶的和刚性的，但它们在某些有机溶剂（如二氯甲烷）中却能很好溶胀。溶胀后的材料使试剂容易从聚合物基质中进进出出。其苯基可通过芳香亲电取代反应而官能化。对于肽合成，Friedel-Crafts 的烷基化反应可使聚合物中苯环一定百分比地氯甲基化。

### 聚苯乙烯的亲电氯甲基化

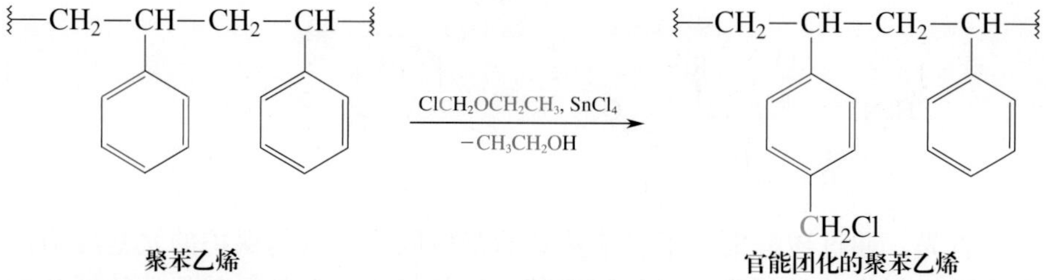

### 练习 26-23

试为聚苯乙烯中苯环的氯甲基化提出合理的机理。（**提示：**复习 15-11 节）。

在氯甲基化的聚苯乙烯上二肽的合成按如下进行。

### 二肽的固相合成

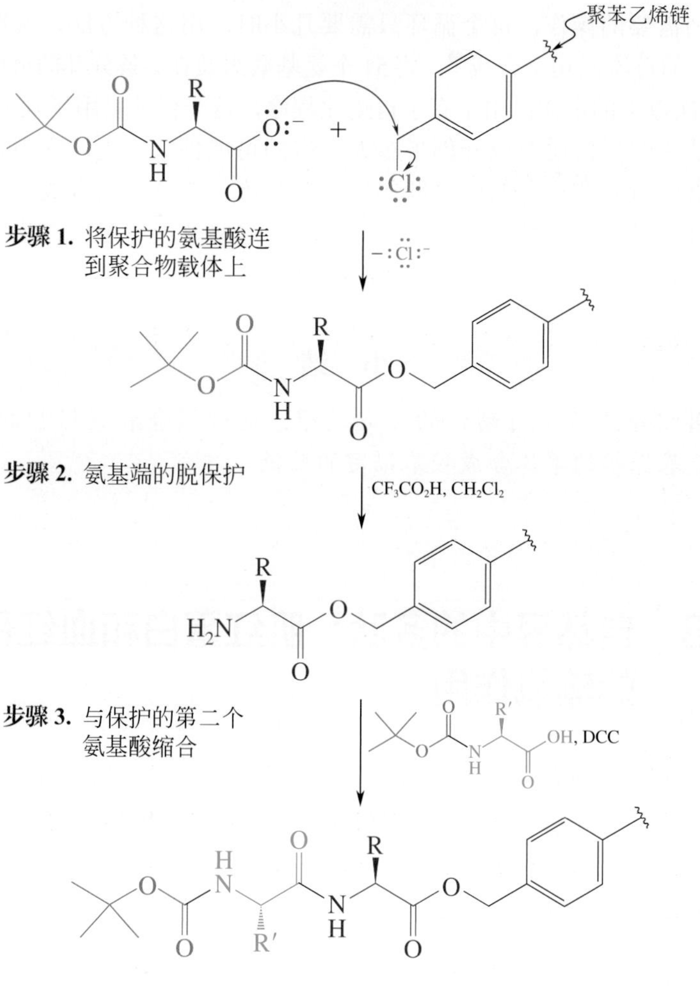

**步骤 1.** 将保护的氨基酸连到聚合物载体上

**步骤 2.** 氨基端的脱保护

**步骤 3.** 与保护的第二个氨基酸缩合

**步骤 4.** 氨基端的脱保护

$$CF_3CO_2H, CH_2Cl_2$$

**步骤 5.** 二肽从聚合物断开

$$HF$$

首先，通过羧酸根离子对苄基氯的亲核取代将氨基保护的氨基酸锚定在聚苯乙烯上。然后脱去氨基保护基，将其与第二个带氨基保护的氨基酸缩合。再脱去保护基，最后用氟化氢处理，将二肽从聚合物中断开，完成整个过程。

固相合成最大的优点是产物容易分离。因为所有的中间体都固定在聚合物上，每步的产物都可以通过简单的过滤和洗涤来纯化。

显然，肽的合成没有必要在二肽阶段就停止。重复进行脱保护-缩合的过程可以生成越来越大的肽。Merrifield 设计了一种机器，它能自动化地进行一系列需要的操作，每个循环只需要几小时。用这种方法，实现了蛋白质胰岛素的首次固相全合成❶。将 51 个氨基酸组装在 2 条分开的链中需要进行 5000 次以上的操作；由于有了自动化程序，这一任务只用了几天时间。

自动化的蛋白质合成开创了令人兴奋的可能性。首先，它用来确认已经通过链降解和测序分析的多肽的结构。其次，它可用来合成可能比天然多肽活性更高、专一性更强的非天然多肽。这些非天然多肽在治疗疾病或理解生物功能和活性方面可以是非常宝贵的。

### 小　结

固相合成是个自动化的合成过程，通过缩合和脱保护的循环，可从氨基保护的单体合成羧基锚定的肽链。

## 26-8 | 自然界中的多肽：肌红蛋白和血红蛋白的输氧作用

在脊椎动物中有两种天然的多肽具有携氧的功能：肌红蛋白和血红蛋白。肌红蛋白在肌肉中有活性，可贮存氧并在需要时将氧释放出来。血红蛋白存在于红细胞中并促进氧的运输。没有它的存在，血液只能吸收身体所需的一小部分（约 2%）氧气。

氧是如何结合在这些蛋白质上的？肌红蛋白和血红蛋白携氧能力的秘密是连接在这些蛋白质上的称为**血红素基团**（heme group）的特殊非肽单元。

**炸牛排的香气**

炸肉、烤面包和烘焙咖啡都会引起糖和氨基酸的化学反应，这种反应称为美拉德反应（Maillard reaction）。这种反应具有明显的变褐和香气释放，不同于焦糖化（第 1198 页边）仅涉及蔗糖的分解。Maillard 反应开始于肽的氨基与糖的羰基之间形成亚胺，然后脱水、碎裂、烯醇异构化和聚合。最终产物含有氮或硫（来自半胱氨酸）。一些熟悉的气味是由下列所示的化合物引起的。

1-(1-氮杂环戊-1-烯-2-基)-1-乙酮
（面包、烤肉和鱼的风味）

2,3,5-三甲基-1,4-二氮杂苯
（烤肉和鱼，酱油风味）

---

❶ 我国于 1965 年首次用化学方法人工全合成结晶牛胰岛素。

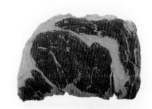

图 26-7　卟吩（porphine）是最简单的卟啉。注意该体系形成 18 个离域 π 电子的芳香环（用红色表示）。生物学上重要的卟啉是负责结合氧的血红素基团，指向铁的 2 个键是配价键（配位共价键），用箭头表示。

血红素是环状的有机分子 [称为**卟啉**（porphyrin）]，它由包围着一个铁原子的四个相连的取代吡咯单元构成（图 26-7）。这个复合物是红色的，使血液具有它的特征颜色。

　　血红素中的铁与四个氮连接，但还可以接受另外两个在卟啉环平面上方和下方的基团。在肌红蛋白中，这两个基团中的一个是连接在该蛋白质的 α-螺旋链段之一的组氨酸单元的咪唑环 [图 26-8（A）]；另一个则是对该蛋白质的功能最重要的键合氧。与氧的结合位点靠近的第二个组氨酸单元的咪唑基，通过空间位阻保护血红素的这一侧。例如，一氧化碳也能与血红素的铁结合并因此阻碍氧的运输，由于第二个咪唑基的存在，它就不能像平常那样强地结合铁。因此，吸进了一氧化碳的人可以通过给予氧气来解毒。血红素基团中铁原子邻近的两个咪唑取代基通过蛋白质独特的折叠形式而互相靠近。多肽链的其余部分则起罩盖的作用，屏蔽和保护活性位点免受不需要的入侵者的影响并控制其作用的动力学 [图 26-8（B）和图 26-8（C）]。

　　肌红蛋白和血红蛋白为蛋白质的四级结构水平提供了非常好的实例。肌红蛋白的一级结构由 153 个已知序列的氨基酸残基组成。肌红蛋白有 8 个 α-螺旋链段，构成其二级结构，最长的链段有 23 个残基。三级结构的弯曲为肌红蛋白提供了三维形状。

　　鲜肉迅速变暗，有时呈灰色。但是，当它用一氧化碳处理时，它会保持鲜红色，吸引消费者。原因是在血红蛋白中形成了血红素铁与一氧化碳（Fe-CO）的稳定的复合物。[*Tony Cenicola/The New York Times/ Redux Pictures*]

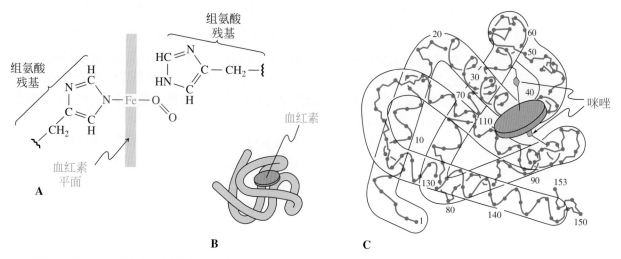

图 26-8　（A）肌红蛋白活性位点示意图，显示血红素平面中的铁原子与一分子氧结合并和一个组氨酸残基的咪唑氮原子连接。（B）肌红蛋白及其血红素的三级结构示意图。（C）肌红蛋白的二级结构和三级结构示意图。（After "The Hemoglobin Molecule," by M. F. Perutz, *Scientific American*, November 1964. Copyright © 1964, Scientific American, Inc.）

图 26-9　血红蛋白的四级结构。每个 α 链和 β 链都有自己的血红素基团。（After R. E. Dickerson and I. Geis，1969，*The Structure and Action of Proteins*，Benjamin Cummings，p. 56. Copyright © 1969 by Irving Geis.）

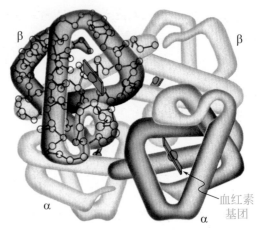

血红蛋白含有四条蛋白质链：两条 α 链各有 141 个残基，两条 β 链各有 146 个残基。每条链都具有自己的血红素基团，并且其三级结构和肌红蛋白的相似。链之间存在许多接触；特别是 α₁ 与 β₁ 紧密相贴，α₂ 与 β₂ 紧密相贴。这些相互作用使血红蛋白形成其四级结构（图 26-9）。

尽管一些生物物种的血红蛋白和肌红蛋白的氨基酸序列不同，但它们的折叠却是惊人地相似。这一发现意味着这样的三级结构是围绕血红素基团的最佳构型。这样的折叠使得当氧由肺吸入时，血红素就能够吸收它，只要运输需要就可以吸收氧气，并在需要时将其释放出来。

# 26-9 | 蛋白质的生物合成：核酸

大自然是如何组装蛋白质的？这个问题的答案是基于科学上最为振奋人心的发现之一：遗传密码的本质和工作原理。所有的遗传信息都蕴藏在**脱氧核糖核酸**（deoxyribonucleic acid，DNA）中。在所有蛋白质的合成中，包括细胞功能所必需的很多酶的合成中，这些信息的表达都是通过**核糖核酸**（ribonucleic acid，RNA）进行的。核酸是继碳水化合物和多肽之后第三类主要的生物聚合物。本节叙述其结构和生物功能。

### 四个杂环定义核酸的结构

考虑到天然产物结构的多样性，DNA 和 RNA 的结构算是简单的。它们的所有组分，称为**核苷酸**（nucleotide），都是多官能团的化合物；并且它是自然界的奇迹之一，进化已经淘汰了除了少数特定的组合外的一切。核酸是聚合物，其中磷酸酯单元连接着糖，而糖又携带着各种氮杂环**碱基**（base）（图 26-10）。

在 DNA 中，糖单元是 2- 脱氧核糖，仅有的 4 种碱基是：**胞嘧啶（C）、胸腺嘧啶（T）、腺嘌呤（A）和鸟嘌呤（G）**。RNA 所特有的糖是核糖，仍然是 4 个碱基，但是由**尿嘧啶（U）**代替了胸腺嘧啶（T）。

图 26-10　DNA 链的一部分，碱基是氮杂环，糖是 2-脱氧核糖。

### 核酸的糖和碱基

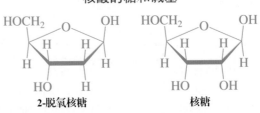

2-脱氧核糖　　　　核糖

胞嘧啶 (C)　　　胸腺嘧啶(T)　　　腺嘌呤(A)　　　鸟嘌呤(G)　　　尿嘧啶(U)

## 练习 26-24

尽管以上的芳香结构（除腺嘌呤外）没有表示出来，但胞嘧啶、胸腺嘧啶、鸟嘌呤和尿嘧啶都是芳香性的，但在程度上比相应的氮杂吡啶要差一些。试解释。（**提示**：回忆关于酰胺共振式的讨论，参见 20-1 节和 26-4 节和解题练习 25-29）。

我们用三个组分来构建核苷酸。首先，用一个碱基氮（练习 24-32）取代糖 C-1 位的羟基，这样的组合称为**核苷**（nucleoside）。其次，在 C-5 位引入磷酸取代基。这样，就得到 DNA 和 RNA 中的四个核苷酸。核苷和核苷酸中糖上的位置被设定为 1′、2′ 等，以便与氮杂环的碳原子相区别。

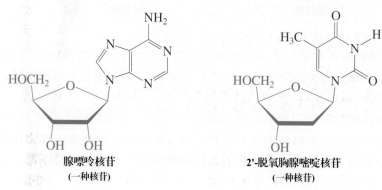

腺嘌呤核苷
（一种核苷）

2′-脱氧胸腺嘧啶核苷
（一种核苷）

**DNA中的核苷酸**

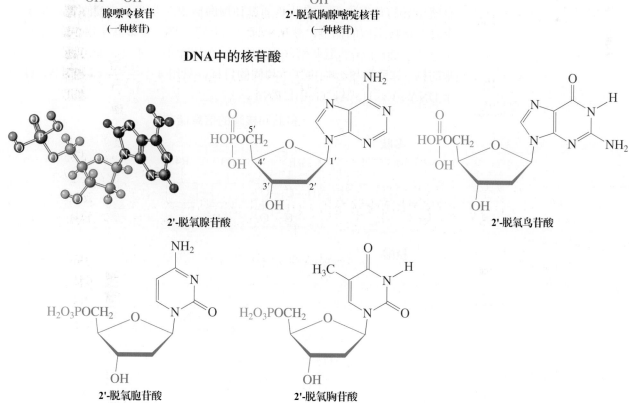

2′-脱氧腺苷酸

2′-脱氧鸟苷酸

2′-脱氧胞苷酸

2′-脱氧胸苷酸

## RNA中的核苷酸

H₂O₃POCH₂ ... OH OH
腺苷酸

H₂O₃POCH₂ ... OH OH
鸟苷酸

H₂O₃POCH₂ ... OH OH
胞苷酸

H₂O₃POCH₂ ... OH OH
尿苷酸

图 26-10 所显示的聚合物链很容易通过在一个核苷酸的糖单元的 C-5′（称为 5′-端）到另一个糖单元的 C-3′（称为 3′-端）重复形成磷酸酯键来获得（图 26-10）。

在该聚合物中，碱基所扮的角色和多肽中氨基酸的 2-取代基的相同：它们的序列因一个核酸的不同而异，并决定了系统的基本生物学特性。从存储信息的角度来看，多肽是通过使用酰胺聚合物骨架来实现的，沿着这个骨架连接不同的侧链，就像单词中的字母一样。在多肽中用 20 个这样的字母代表 20 个天然氨基酸（表 26-1）。在核酸中，通过含有一系列含氮碱基的糖 - 磷酸酯聚合物实现了相同的目标，只用 4 个字母：C，T，A，G 用于 DNA；C，U，A，G 用于 RNA。

## 多肽和核酸的信息储存

**多肽**

R1 　R2　 R3　 R4

NH—C—C
　　|　||
　　H　O

**核酸**

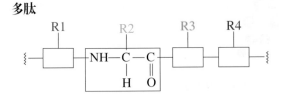

碱基 1　　碱基 2　　H(DNA) OH(RNA)　碱基 3　碱基 4

**真实生活：** 医药  **医药中合成的核酸碱基和核苷**

5-氟尿嘧啶
(氟尿嘧啶)

9-[(2-羟乙氧)甲基]鸟嘌呤
(阿昔洛韦)

3'-叠氮-2', 3'-双脱氧胸苷
(齐多夫定, 或 AZT)

修饰的脱氧尿苷酸
(索非布韦)

核酸复制在生物学中发挥的核心作用已经在医药领域中得到应用。已经合成了数百种修饰的碱基和核苷，并研究了它们对核酸合成的影响。其中一些已在临床使用，包括抗癌药 5-氟尿嘧啶（Fluracil），用于治疗疱疹、水痘和带状疱疹的 9-[（2-羟乙氧基）甲基]鸟嘌呤(阿昔洛韦，Acyclovir)，第一个被批准（1987 年）用于对抗艾滋病病毒的药物 3'-叠氮-2'，3'-双脱氧胸苷（AZT），以及最后出现的经修饰的脱氧尿苷酸（索非布韦，Sofosbuvir）与另一种药（雷迪帕韦，Ledispavir）组成的重磅药物［商品名：哈瓦尼（Harvoni），参见表 25-1）治愈丙型肝炎。

这种物质可能通过伪装成合法的核酸单元来干扰核酸的复制。与这个复制过程有关的酶被愚

弄将药物分子掺入，使得该生物聚合物的合成不能继续。例如，碱基胸腺嘧啶的生物合成来自于胸苷酸合成酶催化尿嘧啶 C-5 位甲基化。5-氟尿嘧啶的活性源于其在该反应机理中可作为尿嘧啶的"冒名顶替者"。该机理的第一步是酶骨架中半胱氨酸单元的巯基与脱氧尿苷酸的共轭加成（18-9节）。然后，烯醇化物经过 Michael 加成（18-11 节）到亚胺形式的生物甲基化剂 5,10-亚甲基四氢叶酸（第 9 章习题 77 和习题 78，真实生活 25-3）。随后，以原始烯醇碳（红的 H）上的去质子化开始，历经负氢转移和巯基的消除等一系列反应，生成脱氧胸苷酸和二氢叶酸产物。用氟代替氢，这种去质子化被阻止了，DNA 复制所必需的 2'-脱氧胸腺核苷酸的合成被破坏，其结果导致（癌）细胞死亡。

酶 脱氧尿苷酸

5,10-亚甲基四氢叶酸

二氢叶酸 + 脱氧胸苷酸

碱 只对 H 作用

酶

## 核酸形成双螺旋

　　核酸，特别是 DNA，能够形成特别长的链（长度可达数厘米），分子量可高达 1500 亿。像蛋白质一样，它们也有二级和三级结构。1953 年，沃森（Watson）和克里克❶（Crick）提出了他们的巧妙建议，即 DNA 是由带有互补碱基的两条链组成的双螺旋。一个关键的信息是，在各种物种的 DNA 中，腺嘌呤与胸腺嘧啶的比例和鸟嘌呤与胞嘧啶的比例总是一对一的。Watson 和 Crick 得出结论，两条链通过氢键结合在一起，使得一条链中的腺嘌呤和鸟嘌呤总是分别面对另一条链中的胸腺嘧啶和胞嘧啶，反之亦然（图 26-11）。因此，如果一条链中的 DNA 片段的顺序是 -A-G-C-T-A-C-G-A-T-C-，则这个链段就与沿相反方向延伸的互补链 -T-C-G-A-T-G-C-T-A-G- 通过氢键连接。如下所示：

$$\sim\sim\sim A-G-C-T-A-C-G-A-T-C\sim\sim\sim$$
$$\sim\sim\sim T-C-G-A-T-G-C-T-A-G\sim\sim\sim$$

　　由于其他结构限制，氢键的最大化并使空间排斥最小化的排列就是双螺旋（图 26-12）。所涉及的累积氢键能量相当大，如图 26-11 所示。就单个碱基对来说，G-C 对为 $5.8\text{kcal}\cdot\text{mol}^{-1}$（$24\text{kJ}\cdot\text{mol}^{-1}$），A-T 对为 $4.3\text{kcal}\cdot\text{mol}^{-1}$（$18\text{kJ}\cdot\text{mol}^{-1}$）。

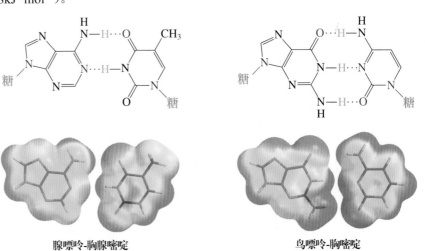

腺嘌呤-胸腺嘧啶　　　　　鸟嘌呤-胸嘧啶

**图 26-11** 腺嘌呤-胸腺嘧啶和鸟嘌呤-胞嘧啶的碱基对之间存在氢键。每对碱基的两个组分总是存在相同的量。腺嘌呤-胸腺嘧啶和鸟嘌呤-胞嘧啶各自碱基对的静电势图显示相反电荷（红和蓝）的区域是如何面对面排列的。

## DNA 通过解旋并组装新的互补链而复制

　　核酸中碱基序列的多样性没有限制。Watson 和 Crick 提出，一个具体 DNA 的特定碱基序列包含了细胞复制以及整个生物体生长和发育所必需的所有的遗传信息。此外，双螺旋结构还提出了 DNA 可能**复制**（replicate）的方式——制造与自己完全相同的副本，并以此传递遗传密码。按照这一机理，DNA 两条链中的每一条链可作为模板。双螺旋部分解旋，然后 DNA 聚合酶开始通过将核苷酸以与模板中的序列互补的方式彼此偶联，组装新的 DNA，总是使 C 与 G、A 与 T 对应（图 26-13）。最终，从原始的双螺旋产生了两个完整的双螺旋。这一过程贯穿在整个人类遗传物质，或称**基因组**（genome）（含大约 32 亿个碱基对）中，其误差率低于百亿分之一个碱基对。这种保真度不是内在的，它在很大程度上得到了 DNA 修复酶的帮助。三个

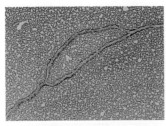

复制 DNA 的透射电子显微镜照片。两条互补链的解旋产生一个"泡"，膨胀形成称为复制叉的 Y 形分子。[*Gopal Murti/Science Photo Library/Science Source*]

❶ 詹姆斯·D. 沃森（James D. Watson，1928 年出生），哈佛大学，美国麻省剑桥，1962 年诺贝尔生理学或医学奖获得者；弗朗西斯·H. C. 克里克（Francis H. C. Crick，1916—2004 年），英国剑桥大学教授，1962 年诺贝尔生理学或医学奖获得者；罗莎琳德·富兰克林（Rosalind Franklin，1920—1958 年），剑桥大学，英国。她的工作有助于解析双螺旋结构，但她的过早去世使她无法被考虑 1962 年诺贝尔奖。

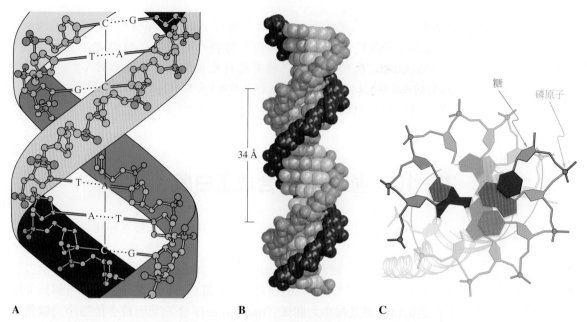

**A**          **B**          **C**

　　**图 26-12**　（A）DNA 双螺旋的两条核酸链是由两个互补的碱基之间的氢键结合在一起。注意：两条链沿相反的方向延伸，所有的碱基都在双螺旋的内侧。螺旋的直径是 20 Å；横跨链的碱基之间距离大约 3.4 Å；螺旋每圈 10 个碱基（或 34 Å）。（B）DNA 双螺旋的空间填充模型（绿色和红色链）。在这个图里，碱基颜色比糖-磷酸酯骨架的颜色浅些。（C）DNA 双螺旋，沿分子轴往下看。（A）和（C）中的颜色和图 26-10 中基团的颜色匹配。（After *Biochemistry*, 6th ed., by Jeremy M. Berg, John L. Tymoczko, and Lubert Stryer, W. H. Freeman and Company. Copyright © 1975，1981，1988，1995，2002，2007.）

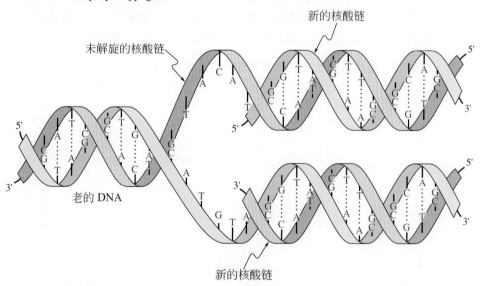

　　**图 26-13**　DNA 复制的简化模型。双螺旋开始解旋成两条单链，其中每条都用作模板以再建互补核酸的序列。

　　DNA重要的修复机理是：受损碱基的除去和取代，碱基配对错误的消除，外部因素引起的损伤的修复，如紫外射线辐射或化疗损伤。❶

### 小　结

　　核酸 DNA 和 RNA 是含有称为核苷酸单体单元的聚合物。每种核酸都有 4 种核苷酸，只在碱基的结构上有所不同：对于 DNA，碱基是胞嘧啶（C）、胸腺嘧啶（T）、腺嘌呤（A）和鸟嘌呤（G）；而对于

---

　　❶ 托马斯·R. 林达尔（Tomas R. Lindahl），弗朗西斯克里克研究所和赫特福德郡克莱尔霍尔实验室，英国，2015 年诺贝尔化学奖获得者；保罗·L. 莫德里奇（Paul L. Modrich），杜克大学教授，美国，2015 年诺贝尔化学奖获得者；阿齐兹·桑贾尔（Aziz Sancar），北卡罗莱纳大学教授，美国，2015 年诺贝尔化学奖获得者。

RNA，碱基则是胞嘧啶（C）、尿嘧啶（U）、腺嘌呤（A）和鸟嘌呤（G）。这两种核酸的区别还在于糖单元的种类：对于DNA，糖单元是脱氧核糖，而对于RNA，糖单元则是核糖。通过碱基对A-T、G-C和A-U的互补特性促进DNA复制和从DNA合成RNA。双螺旋部分解旋并在复制中起模板的作用。

# 26-10 | 通过RNA合成蛋白质

在 DNA 复制中复写完整核苷酸序列的机理被大自然和化学家利用，以得到遗传密码的部分副本用于各种目的。在大自然中，最重要的应用是 RNA 的组装，称为**转录**（transcription），该过程转录部分 DNA，其中包含在细胞中合成蛋白质所必需的信息——**基因**（gene）。转录的信息被解码并用来构建蛋白质的过程称为**翻译**（translation）。蛋白质合成中的三个关键角色是"DNA 副本"**信使 RNA**（messenger RNA，mRNA）、将特定的氨基酸运输到位以便形成肽链的"运输单位"**转移 RNA**（transfer RNA，tRNA）以及使酰胺键能够形成的催化剂**核糖体**（ribosome）。

蛋白质合成从 mRNA 开始，mRNA 是部分解旋 DNA 的一条单股链的副本（图 26-14）。它的链比 DNA 的链要短得多，并且不会一直结合在 DNA 上，而是在合成结束时与 DNA 断开。mRNA 是在蛋白质中负责正确将氨基酸单元定序的模板。那么，mRNA 是如何做到这一点的呢？每三个碱基的序列定义为**密码子**（codon），用于指定一个特定的氨基酸（表 26-3）。四个碱基

**表26-3　在蛋白质合成中常用氨基酸的三碱基密码**

| 氨基酸 | 碱基序列 | 氨基酸 | 碱基序列 | 氨基酸 | 碱基序列 |
|---|---|---|---|---|---|
| Ala (A) | GCA | His (H) | CAC | Ser (S) | AGC |
| | GCC | | CAU | | AGU |
| | GCG | | | | UCA |
| | GCU | Ile (I) | AUA | | UCG |
| | | | AUC | | UCC |
| Arg (R) | AGA | | AUU | | UCU |
| | AGG | | | | |
| | CGA | Leu (L) | CUA | Thr (T) | ACA |
| | CGC | | CUC | | ACC |
| | CGG | | CUG | | ACG |
| | CGU | | CUU | | ACU |
| | | | UUA | | |
| Asn (N) | AAC | | UUG | Trp (W) | UGG |
| | AAU | | | | |
| | | Lys (K) | AAA | Tyr (Y) | UAC |
| Asp (D) | GAC | | AAG | | UAU |
| | GAU | | | | |
| | | Met (M) | AUG | Val (V) | GUA |
| Cys (C) | UGC | | | | GUG |
| | UGU | Phe (F) | UUU | | GUC |
| | | | UUC | | GUU |
| Gln (Q) | CAA | | | | |
| | CAG | Pro (P) | CCA | 链的起始 | AUG |
| | | | CCC | | |
| Glu (E) | GAA | | CCG | 链的终止 | UGA |
| | GAG | | CCU | | UAA |
| | | | | | UAG |
| Gly (G) | GGA | | | | |
| | GGC | | | | |
| | GGG | | | | |
| | GGU | | | | |

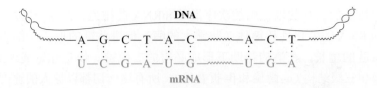

**图26-14** 从一条单股链（部分解旋）DNA合成的mRNA的简化图示。

中的三碱基密码的简单排列具有 $4^3 = 64$ 种可能的不同序列。这个数字绰绰有余，因为蛋白质合成只需要 20 种不同的氨基酸。这个数量可能看起来有些过多，但考虑到下一个较低的替代方案——双碱基密码，只能提供 $4^2 = 16$ 种组合，这对于天然蛋白质中存在的不同氨基酸的数目而言又太少。

　　密码子并不重叠；换句话说，指定一个氨基酸的三个碱基就不能成为前面的或后面的另一个密码子的一部分。碱基序列的"读出"是连续的；每个密码子紧接着下一个，没有被基因的"逗号"或"破折号"隔开。大自然允许几个密码子代表一个相同的氨基酸，以充分使用所有的 64 个密码子（表 26-3）。只有色氨酸和甲硫氨酸由单独一个三碱基密码表示。一些密码子充当起始或终止多肽链产生的信号。注意：起始密码子 AUG 也是甲硫氨酸的密码子。因此，如果在肽链已经开始后再出现密码子 AUG，它就产生甲硫氨酸。细胞中 DNA 完整的碱基序列就是其**遗传密码**（genetic code）。

　　DNA 碱基序列的突变可能是由碱基的改变，碱基配对的错误以及物理的（辐射）或化学的（致癌物，参见 16-7 节）因素引起。突变可能是一个碱基被另一个碱基取代，或可能在其中添加或删除一个甚至多个碱基。这就是冗余密码子的一些潜在价值。例如，如果 RNA 序列 CCG（脯氨酸）由于 DNA 突变而被改变为 RNA 序列 CCC，则还是能够正确地合成脯氨酸。

### 练习 26-25

具有以下序列的 DNA 模板链将会产生怎样的 mRNA 分子序列？

5′-ATTGCTCAGCTA-3′

### 练习 26-26

（**a**）下列 mRNA 碱基序列会编码出怎样的氨基酸序列（从左端开始）？

A-A-G-U-A-U-G-C-A-U-C-A-U-G-C-U-U-A-A-G-C

（**b**）试鉴定可能导致 Trp 在上述生成的肽中所发生的突变。

　　随着手中有了必需的密码子副本，在一整套其他重要核酸 tRNA 的帮助下，就可以沿着 mRNA 模板合成蛋白质了。这些 tRNA 的分子相对较小，约含有 70～90 个核苷酸。每一种 tRNA 都是特殊设计的，可携带 20 种氨基酸中的某一种，在蛋白质合成过程中将其传递给 mRNA。在 mRNA 中的编码氨基酸序列通过 tRNA 上互补的三碱基序列，将密码子逐个地读出。此互补的三碱基序列称为**反密码子**（anticodon）。换句话说，每个 tRNA 各携带着

绵羊多莉是世界上第一个由成年哺乳动物细胞克隆的动物，由于并发症等健康原因，于 2003 年在 6 岁时去世。来自同一细胞系的其中 4 只亲属和另外 9 只克隆羊似乎能活到正常的预期寿命。

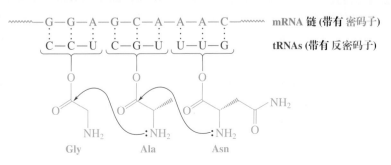

**图26-15** 三肽Gly-Ala-Asn的生物合成示意。在核糖体酶完成酰胺键之前，携带其特定氨基酸的 t RNAs 沿着mRNA的密码子排列其反密码子。

它们的特定的氨基酸以正确的次序沿着 mRNA 链排列。在这个阶段，含有自己的 RNA 的催化性核糖体（非常大的酶）促进肽键的形成（图 26-15）。随着肽链的增长，在酶的帮助下形成必需的二硫键，使它开始展现其特有的二级和三级结构（α- 螺旋和 β- 折叠等）。所有这一切都以惊人的速度发生。据估计，一个由大约 150 个氨基酸残基构成的蛋白质可以在 1min 以内完成其生物合成，并且无需保护基（26-6 节）！显然，至少在这个领域，大自然仍然优于有机合成化学家。

## 小 结

RNA 负责蛋白质的生物合成；每个三碱基序列或密码子，指定一个特定的氨基酸。密码子不重叠，多个密码子可指定同一个氨基酸。

## 26-11 | DNA测序和合成：基因工程的奠基石

由于我们具有可以破译、重现和改变生物体遗传密码的能力，分子生物学正在经历一场革命。基因组的单个基因或其他 DNA 序列也能够被复制（克隆），而且常常是大规模的克隆。高等生物的基因能够在低等生物中表达（也就是它们可以开始蛋白质合成），或者它们能够被改造以生成 "非天然" 的蛋白质。修饰的基因已成功地重新引入其同源的生物体中，引起 "起始" 宿主生理学和生物化学的变化。这些发展很大程度上要归功于生物化学的进步，如发现了能够选择性地切割、连接或复制 DNA 和 RNA 的酶。例如，限制性酶可以把长分子切割成较短的确定的链段，而这些链段又能被 DNA 连接酶连接到其他的 DNA 上（DNA 重组技术）。聚合酶可催化 DNA 复制，通过聚合酶链反应（将在本节后面介绍）能够大规模制备选定的 DNA 序列。这方面的进展越来越多，其内容已经超出了本书的范围。

这些发现的重要基础是核酸一级结构的知识以及它们合成方法的发展。

### 快速DNA测序已破译人类基因组

DNA 测序可通过化学的方法[由吉尔伯特[1]（Gilbert）和他的学生马克沙姆（Maxam）提出的]和酶的方法进行，特别是桑格[2]（Sanger）的双脱氧核苷酸方案。在两种方法中，与蛋白质分析（26-5 节）类似，庞大的 DNA 链首先用称为**限制性核酸内切酶**（restriction endonuclease）的酶在特定的位点切开。

现在有 200 多种这样的酶，提供了获得多种重叠序列的方法。在 Maxam-Gilbert 的方法中（这里我们以简化的方式描述），所得到的 DNA 碎片在其 5′-磷酸酯端（起始端）用放射性磷（$^{32}P$）标记，以备下一步分析测定（寡核苷酸是无色的，不能用肉眼鉴定）。该步骤包括在四个单独的实验中，对纯的标记片段的多个副本进行化学处理，使其只在特定的碱基旁（也就是 A，G，T 和 C）切割。控制切割条件，使得切割基本上仅在每个副本上发生一次，但总体上，是在特定碱基的所有可能的位置上发生。各个单独实验的产物是寡核苷酸的混合物，其末端是已知的：它们中有一半在起始端含有

---

[1] 沃特·吉尔伯特（Walter Gilbert，1932 年出生），美国哈佛大学教授。1980 年诺贝尔化学奖获得者。

[2] 弗雷德里克·桑格（Frederick Sanger，1918—2013 年），英国剑桥大学。1958 年诺贝尔化学奖（胰岛素结构）和 1980 年诺贝尔化学奖（核酸测序）获得者。

放射性标记，而另一半没有任何标记的可忽略。这一端核苷酸在原来 DNA 中的位置可从放射性片段的长度推算，通过电泳来测量（26-5 节），电泳按分子大小分离寡核苷酸混合物。以这种方式制备和鉴定产物的模式揭示了碱基的序列。

举一个简单的比喻，画出一个用四种不同的无色标签作为斑点随机标记的带子。你可以制作这个带子的多个副本，并且你有四把特殊的只在一个特定的标签处剪掉带子的自动剪刀。将所有带子分成四批，让每种类型的自动剪刀都做它本身的工作，每个实验的结果将是不同长度的带子的集合，这些所有不同长度的带子可指示原始特定标签出现的位置。

在 Sanger 方法中，待测序的 DNA 片段（模板链）经受 DNA 聚合酶作用，从一端（3′- 端）开始多次复制（作为互补链，参见 26-9 节）。复制需要分别添加四个核苷酸组分（下面缩写为 N）A、G、T 和 C［以其活性的三磷酸酯形式（TP）］用于链增长。有一个窍门是添加极少量的修饰核苷酸到混合物中，这导致在正常核苷酸掺入的某个位置终止链的增长。修饰的核苷酸很简单，用 2′,3′- 双脱氧核糖（dd）代替常用的 2′-脱氧核糖（d）。此外，为了使最终的结果可视化，连接到双脱氧核糖的碱基用荧光染料分子标记，该荧光染料分子可以通过暴露于相应波长的光下来检测。

### Sanger DNA测序法中的核苷酸成分

"正常的" 2′-脱氧核糖核苷
三磷酸酯 (dNTP)

荧光染料标记的 2′,3′-双脱氧核糖核苷
三磷酸酯 (ddNTP)

测定方法分步过程如下（图 26-16）。在第一步中，模板链的多个副本通过一种方法制备，该方法还可在其 3′-末端添加短的已知核苷酸序列。这种辅助剂必须与模板的互补部分结合，形成一条短的双链，作为 DNA 聚合酶的引物；换句话说，它告诉酶从什么地方开始复制（即已知的双链在哪里结束，未知的单链在哪里开始）。然后，将提供的用于测序的模板链分成四个部分，并分别对它们进行聚合酶反应。首先我们用 dATP、dTTP、dGTP 和 dCTP，此外还加 1% 的 ddATP，让反应按流程进行。聚合酶将开始合成模板的互补链。就是说，当遇到 T，它就加入 A；当遇到 C，它就加入 G；反之亦然。关键是 1% 的时间，当它发现 T，其会加入功能不全的 ddA，缺少进一步延长链所必需的—OH，复制将停止，不完整的链将从模板上掉下来。

注意，由于 99% 的时间 T 和 dA 匹配，因此，复制会不间断地继续进行，但沿序列的所有 T 基本上都有相同的概率被 ddA "击中"。这样，所有被 ddA 盯上的 T，就会组成不同长度的寡聚核苷酸，其末端都是 ddA。在第二步中，用电泳分离该混合物，通过作为 ddA 一部分的染料的荧光发射找到了分离的条带。条带的位置给出了片段链的长度，也就是核苷酸 A 在复制链中的位置和 T 在模板链中的位置。

确定了模板链中所有 T 的位置后，同样的实验再做三次，分别用 ddT、ddG 和 ddC 作为链终止添加剂，从而得到其他三个核苷酸在序列中的位置。

Sanger 方法已实现自动化，使得具有数千个碱基对的 DNA 可以在一天或更短的时间内进行可靠的测序。自动化的关键是将不同颜色的染料附着

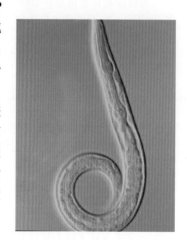

普通的土壤蠕虫秀丽隐杆线虫（*Caenorha bditis elegans*），它拥有和我们一样多的基因，惊讶吗？

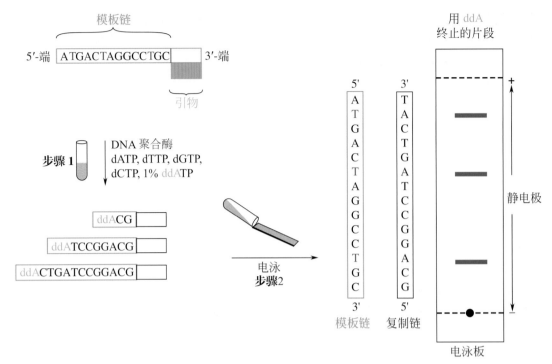

图 26-16　Sanger 双脱氧核苷酸法，对寡聚核苷酸样品测序，标记模板链。连上已知顺序的引物，告诉 DNA 聚合酶从哪里开始复制。当将 2′,3′-双脱氧核苷酸（在所示的实验中它是 ddA）加到链增长反应中时，复制终止。反应混合物用电泳分离，揭示带有相应终止核苷酸的片段长度是该核苷酸在复制链的位置和它的互补核苷酸在模板链中的位置。

大豆的遗传密码是在 2008 年确定的，它有大约 6.6 万个基因，是人类基因组的两倍多。再次感到惊讶吗？

到 ddNTP 构建模块上。例如，红色代表 T，绿色代表 A，黄色代表 G，蓝色代表 C；使用激光检测；平行分析；不断增加的计算机能力。测序机生成色谱打印输出，在简单的纸张上提供测得所研究的序列（图 26-17）。

20 世纪 90 年代各种全基因组项目启动所产生的对低成本测试的高需求催生了许多高通量技术。在此，DNA 被可随机切割，并且平行地检查单个片段（长达 1000 个碱基）。因此，百万个碱基的序列可同时确定并通过重叠片段的计算机化比对建立最终的连接。因此，人的 DNA 现在只要 1～2 天就能分析，价格约 1000 美元；细菌基因组在几个小时内就能完成分析，不到 100 美元。每百万个碱基对的分析价格急速下降到几美分。这些技术变

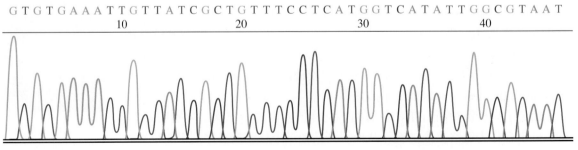

图 26-17　DNA 自动测序仪打印出来的不同颜色峰告诉我们寡核苷酸的序列。

得如此方便以至于 DNA 测序，而不是肽的测序，是编码蛋白质（26-5 节和 26-10 节）结构解析的首选方法。现在已是一个现实的选择，通过基因组源头来解决疾病问题。快速方便地检测基因中的突变，或是准确指出影响开关的异常碱基序列以保证 DNA 的正常功能，随后通过基因编辑"纠正"有缺陷的 DNA 区域。

第一个测序（1995 年）的活生物体是细菌流感嗜血杆菌（*Haemophilus influenzae*，*Rd*）（一种可导致耳部感染和脑膜炎的细菌）的基因组，有 180 万个碱基对（Mb）。在这个里程碑之后，更大的基因组包括酵母（12Mb，1996 年）、秀丽隐杆线虫（*Caenorhabditis elegans*，97Mb，1998 年）和果蝇（160Mb，1999 年）——地被破解了，它们只是"真实的东西"的序言，我们人类自己的遗传信息蓝图也将被揭示。

1990 年人类基因组计划开始实施，这是一项旨在确定人类 DNA 中 32 亿个碱基序列的国际协作，从而鉴定相关基因。该项目最初预计需要耗时 15 年左右，但由于核苷酸测序的上述进展，它已于 2003 年 4 月完成。只有大约 1.5% 的序列编码蛋白质（26-10 节），这些蛋白质决定了我们是什么以及如何发挥机能的。大多数基因组（大约 95%）由长链的常常重复的片段组成，这些片段不编码氨基酸而在调节基因表达方面具有活性，影响细胞机器读取附近的基因和蛋白质合成，并且可作为染色体结构的"黏合剂"。令人大吃一惊的是，我们只有大约 2.5 万个基因，比预期的 10 万个少得多。而且，初看起来，这是一个相当惊诧的数字，因为考虑到已阐明的秀丽隐杆线虫的基因（1.95 万）和其他两个哺乳动物小鼠（2002 年）与大鼠（2004 年）的基因（大约都是 2.9 万）。我们现在知道基因的质量和数量一样重要：人类的复杂性源于这样一个事实，即每个基因都变成了许多蛋白质变体，这些蛋白质更复杂，能够发挥很多功能。此外，复杂性还取决于蛋白质的相互作用，在人类中显然更加多样化。为了揭示一个人在这些方面如何并在何处与另一个人有所不同，千人基因组计划于 2008 年启动，并于 2012 年 10 月完成，宣布了 1092 个基因组的测序。对所得数据的分析帮助我们了解"人类"的多样性、疾病和起源。

人类基因组的破译引发了一些新的研究领域的发展，这些研究领域试图探索日常的极其大量的数据。例如，功能基因组学旨在找出基因的作用，尤其是与人类健康有关的基因。比较基因组学正在建立各种物种基因组的相似性，从猪到日本河豚。

同样或更重要的是蛋白质组学，对数量巨大的新蛋白质进行鉴定和功能研究，这些新蛋白质是由于编码基因的知识而被发现的。与基因组相比，相应的蛋白质组可能要复杂得多，因为蛋白质以多种取代"修饰"形式存在，如磷酸化、糖苷化、硫酸化和其他变体。估计数目可能在 100 万。截至 2017 年，只有 4% 的人类蛋白质经过晶体结构表征。

最后，生物信息学是应用计算机技术发现生物数据中更深层次的信息。用语言作类比：基因组提供了一个单词，现在是时候译出句子和含义了。引起科学家关注数十年的任务是确定基因的数量、它们的确切位置以及它们的调控和功能。解开遗传学的这些方面可帮助我们了解有机体对疾病的易感性；基因表达和蛋白质合成的细节；产生复杂功能的蛋白质之间的协同作用；星球上物种之间的进化关系；单点突变与疾病的关系；以及复杂性状发展的多基因表达的细节。

多样性？这些个体差异体现为大约每 1500 个 DNA 碱基中只有一个不同。

**真的吗**

人体寄生着大约 10000 种（主要）各物种的细菌，"微生物群"存在于胃肠道、皮肤、口腔、眼睛和其他地方。细菌细胞数量超过人类细胞（至少是 10：1），但由于它们较小，总质量仅约 1 千克。仅在肠道内就含有约 100 万亿个细菌。总基因库超过人类基因组 100 倍。换句话说，从细胞的角度来看，我们正在走向微生物群。人和细菌的这种关系是互利的，因为微生物对于碳水化合物的代谢、免疫系统的发展、针对外来微生物的保护、肠功能、维生素的产生和脂肪储存的调控等至关重要。微生物群的扰动被认为与疾病有关，但对其组成、分布和基因组成知之甚少。人类微生物组计划于 2008 年启动，旨在探索这一未知领域。

## 像测序一样，DNA 的合成也已自动化

你今天下定单订购你要的寡聚核苷酸，明天就能收到它。这么高效率的原因是使用了用于核苷酸自动化偶联技术 DNA 合成仪，此 DNA 合成仪的操作原理和 Merrifield 多肽合成仪（26-7 节）相同：固相连接生长中的链以及使用保护的核苷酸砌块。碱基胞嘧啶、腺嘌呤和鸟嘌呤的氨基需要以酰胺的形式加以保护，胸腺嘧啶没有氨基，无需保护。

### 保护的DNA碱基（胸腺嘧啶除外）

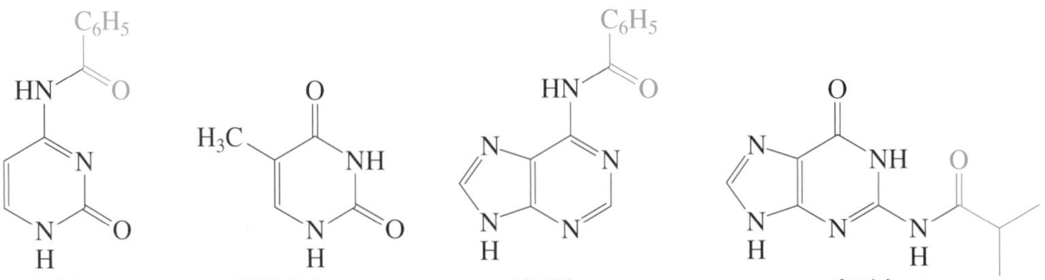

| 胞嘧啶 (C) | 胸腺嘧啶 (T) | 腺嘌呤 (A) | 鸟嘌呤 (G) |

糖部分在 C-5′ 位以二甲氧基三苯甲基[二(4-甲氧基苯基)苯甲基，DMT]醚的形式被保护，它容易通过 $S_N1$ 机理被温和的酸切断（22-1 节和第 22 章的习题 42），这很像 1,1-二甲基乙基醚（叔丁基醚）（9-8 节，真实生活 9-2）。为了将第一个保护的核苷锚定在固体载体上，将 C-3′-OH 与活化的连接基（一种二酯）连接。和 Merrifield 聚苯乙烯介质不同，用于寡核苷酸合成的固体是带有像"钩子"的氨基取代基的表面官能化的硅胶（$SiO_2$），通过形成酰胺与锚定核苷偶联。

### 将保护的核苷锚定在二氧化硅（$SiO_2$）上

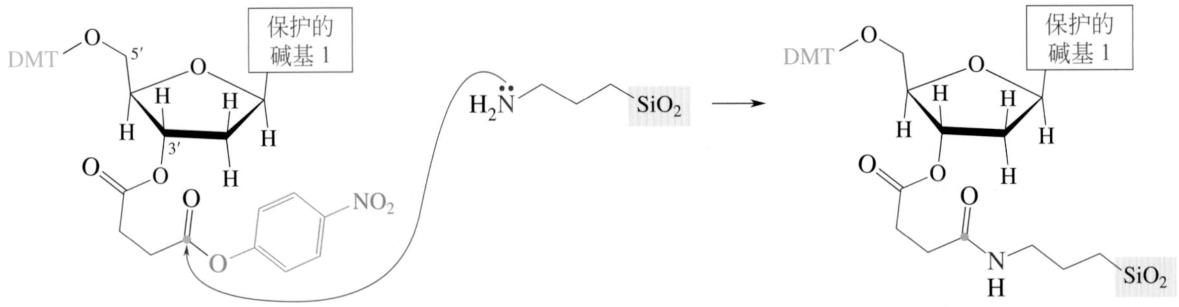

锚在二氧化硅上的第一个核苷

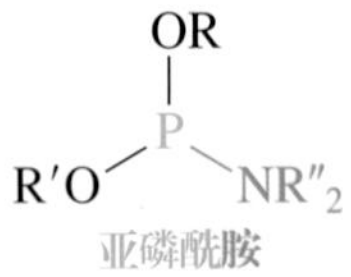

DMT =
二甲氧三苯甲基
[二(4-甲氧基苯基)苯甲基]

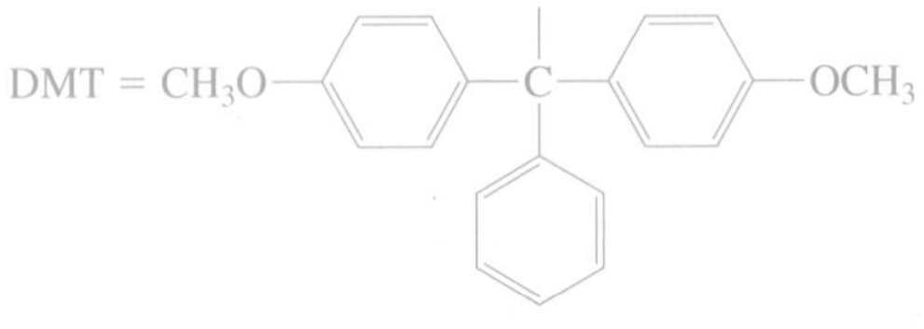

亚磷酰胺

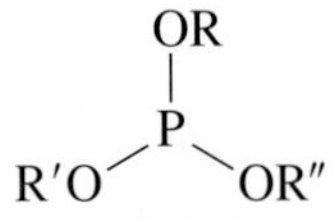

亚磷酸酯

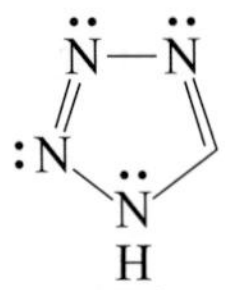

四唑

第一个核苷到位之后，我们准备好将第二个和它连接。因此，将连接点 5′-OH 用酸脱保护。然后加入 3′-OH 活化的核苷进行偶合。该活化基团是一种特殊的亚磷酰胺[含 P(Ⅲ)]，它还作为最后二核苷酸的掩蔽的磷酸酯[P(Ⅴ)]并发生亲核取代反应，这与 PBr₃ 没有不同（回忆 9-4 和 19-8 节）。取代反应受碱催化，产生亚磷酸酯衍生物；所用碱又是特殊的芳香族杂环

四唑，它是与吡咯（25-3 节）和咪唑（26-1 节）相关的四氮杂环戊二烯。

最后，用碘将磷氧化为磷酸酯的氧化态。

## 二核苷酸的合成：脱保护、偶联和氧化

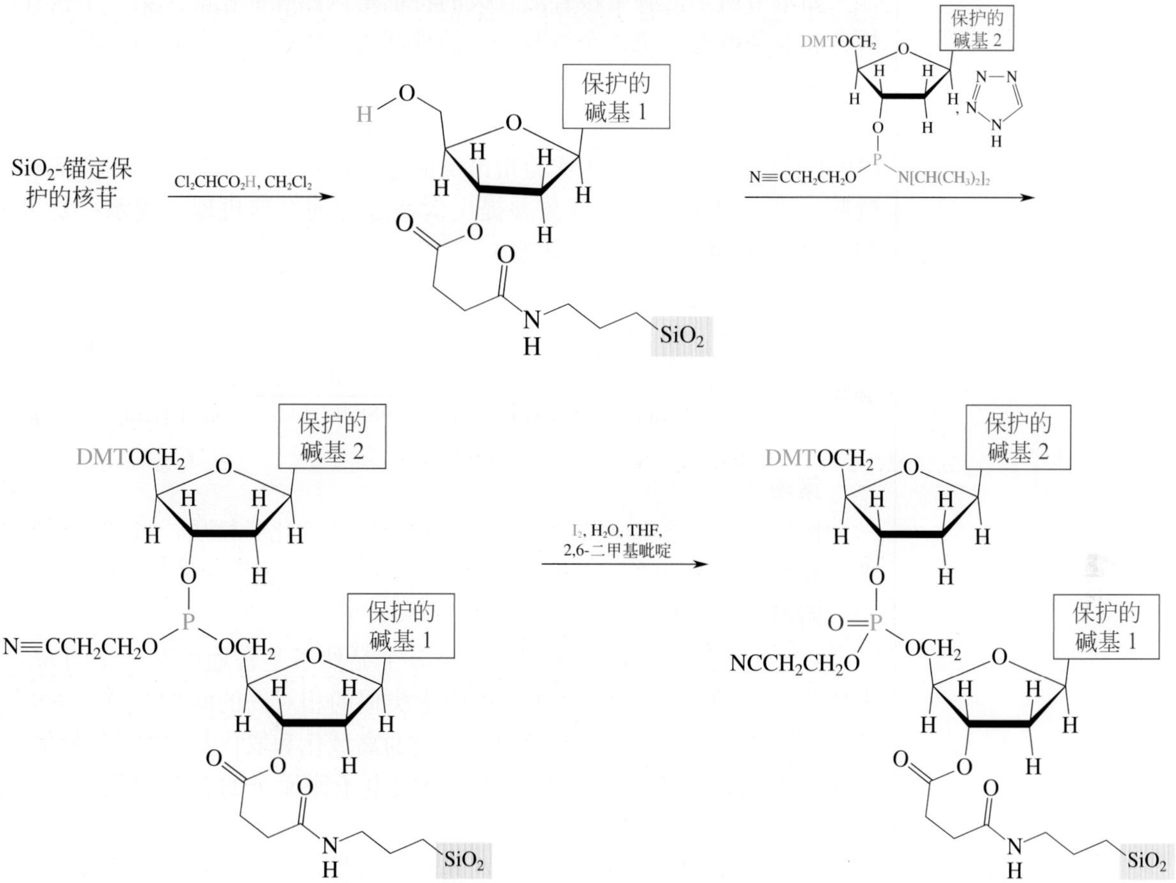

反应顺序：（1）DMT 水解，（2）偶联，（3）氧化。这三步可在合成仪上重复多次，直到需要的寡聚核苷酸在固相上以保护的形式得以合成。最后的任务是从硅胶上取下产物，使带 DMT 的末端糖、所有碱基以及磷酸酯基脱保护而不断裂其他任何键。值得注意的是，这个任务可分两步完成，即先用酸，然后用氨水处理，前述方案中二核苷酸的制备如下图所示。

## 保护的二核苷酸从固相载体中释放

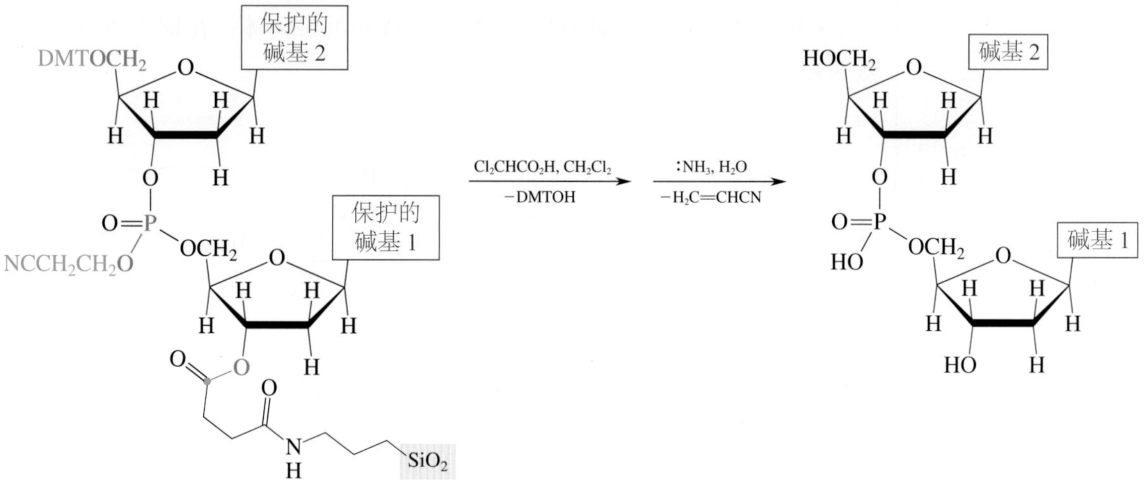

## 解题练习 26-27

**运用概念解题：探索固相二核苷酸合成的机理特征**

如本节所示，寡聚核苷酸合成的特征是以四唑催化醇（第一个核苷酸）和亚磷酰胺（第二个核苷酸）的偶联为关键的一步。粗略一看（集中在所有氮的孤对电子上），四唑的功能是起碱的作用（醇去质子化），但实际上这个杂环是相当强的酸性的（$pK_a=4.8$），大概和醋酸差不多（19-4 节）。此外，动力学实验指出反应速率的决定步骤包括四唑和亚磷酰胺二者。试解释这个现象并提出偶联过程的合理机理（**提示：复习 25-3 节和 25-4 节有关吡咯内容**）。

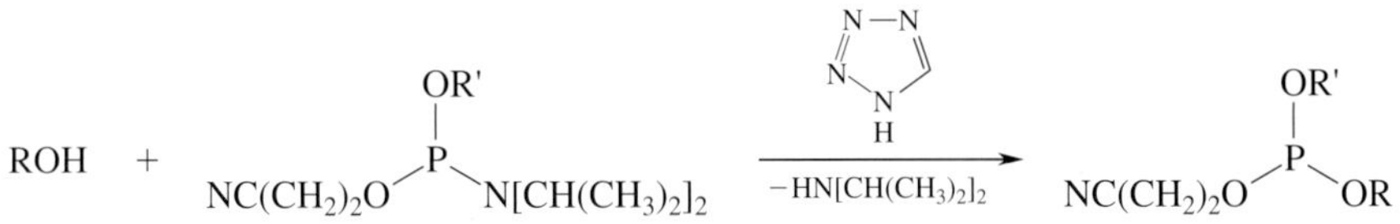

**策略：**

按照提示，将吡咯的化学性质外推至四唑的化学性质，特别是其酸性，并考虑到动力学所指出亚磷酰胺进攻杂环上亲核反应性最强的位点。

**解答：**

• 为什么四唑酸性这么强？这个分子显然不是普通的胺，胺的 $pK_a$ 大约为 35（21-4 节）。通过观察吡咯中类似的相对高的酸性（$pK_a=16.5$，25-4 节）提供线索。原因是负离子电荷的离域化和取代基碳的 $sp^2$ 杂化。这里也有同样的原因，环上另外三个吸电子氮原子的存在增强了这一效应。

• 转向偶联反应的机理并考虑四唑的酸性，可以合理地假设亚磷酰胺上碱性最强的氮被快速（可逆的）质子化，将取代基变成好的离去基团（下面所示方案的第一步）。

• 这种亚磷酰胺的质子化物暗示第二步是反应的决速步：磷上质子化胺的亲核取代。

• 四唑的哪一个氮会进攻？回顾吡咯的芳香亲电取代化学（25-4 节），我们注意到，通过涉及二烯部分末端的位置，即在当前情况下 N-2 位，可以获得所得最优共振稳定的正离子。

• 快速失去质子（第三步），然后生成新的中间体，在原先磷试剂的氨基被四唑基取代。

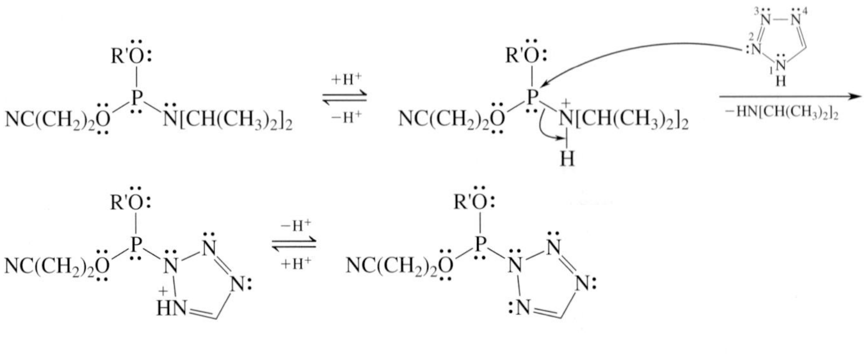

> · 四唑负离子是比原来的酰胺更好的离去基团，因为它的碱性更弱。因此，实际上与醇的偶联是通过这种中间体亲核取代发生的（如下所示）。

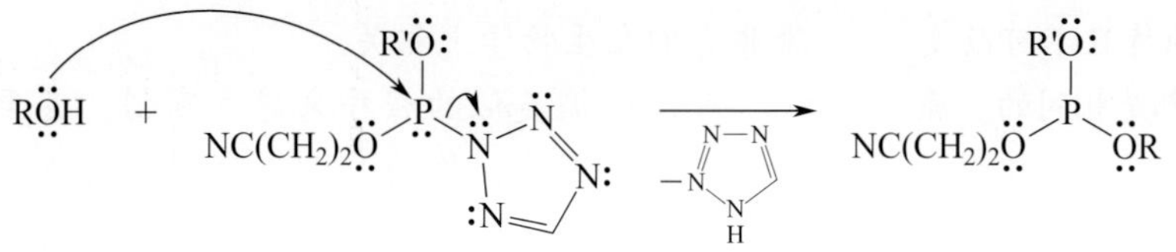

## 26-28 自试解题

试写出 1319 页底部在固相载体上合成二核苷酸方案中所有水解反应的机理 [ **注意**：氰乙基保护基是不能用磷酸酯的亲核水解来除去，因为这个水解过程会不加区别地将所有的 P—O 键断裂。你能想出另一种方法吗？**提示**：像其他羧酸衍生物（20-1 节）一样，腈中的 $\alpha$-氢是酸性的。]

## 练习 26-29

在 1319 页叙述的二核苷酸的合成中，第一个核苷酸连接到硅胶上使用了 4-硝基苯酯作为离去基团。为什么使用这种取代基是有利的？

### 聚合酶链反应（PCR）可生成许多DNA副本

在 20 世纪 70 年代中期，DNA 克隆可制备大量相同的 DNA 分子用于其测序、表达和调控的研究，使分子生物学经历了一场革命。克隆需要活细胞使其插入的 DNA 扩增。穆利斯[1]（Mullis）在 1984 年所发明的方法能在体外使 DNA 片段复制几百万份而无需活细胞，这标志着一个惊人的进步：**聚合酶链反应**（polymerase chain reaction，PCR）。

这种反应的关键是一些 DNA 复制酶在高达 95℃ 的温度下仍能保持稳定的能力。最初用在 PCR 中的酶是 Taq DNA 聚合酶，这种酶发现于美国黄石国家公园温泉的细菌中，嗜热水生菌（*Thermus aquaticus*）（现在已有其他更好的酶可供使用）。如前面 DNA 测序的 Sanger 双脱氧核糖方法所述，需要提供四个核苷酸和一短的引物给聚合酶来开始它们的工作。在自然界中，引发酶（primase）负责引发，在引物后面的整个 DNA 序列便被复制出来。在 PCR 中，引物由短的（20 个碱基）寡核苷酸链构成，它与要被复制的 DNA 有一小段互补。

在具体操作中，PCR 如图 26-18 所示意那样进行（1324 页）。在反应烧瓶中装入要复制的（双链）DNA、四种核苷酸、引物和 Taq 聚合酶。第一步，将混合物加热到 90~95℃ 使 DNA 分成 2 股（作为模板）。冷却至 54℃，使引物附着在各个 DNA 分子上。再将温度升至 72℃ 为 Taq 聚合酶提供最佳（事实上是"天然"）反应条件，以便 Taq 聚合酶沿着引物所连接的 DNA 链向引物添加核苷酸，直到末端，得到模板的互补副本。所有这些只需要几分钟，并且能够在自动化的温度调节反应器中重复多次。因为每个循环的产物再次被分离成它们的成分链作为后续循环中的附加模板，随着时间的推移，

---

[1]　凯利·B·穆利斯（Kary B. Mullis，1944 年生）博士，美国加州拉霍亚。1993 年诺贝尔化学奖获得者。

## 真实生活：自然  法医DNA指纹识别

人类基因组对每个人来说都是独特且不可改变的，而对于他或她的体内的每个细胞都是相同的。原则上，它可明确地建立身份，就像传统的指纹识别一样。然而，对每人超过30亿个碱基对进行的测序仍然过于耗时且成本昂贵。相反，DNA指纹识别采用简短的和更快的技术。

一种较老的但具有启发性的方法，称为Southern印迹（用其发明者 E. M. Southern 名字命名），可能最为人知的是它在犯罪实验室中以及20世纪80年代末和90年代初期的亲子鉴定中的应用。它基于以下发现：那些看似没有编码功能的DNA片段包含被定义为可变数目串联重复序列或VNTR的重复序列（从20到100个碱基对）。关键是某些部位（也称为基因座，loci）连续1～30次的重复次数因人而异。相应的DNA部分的大小将相应地不同。于是，DNA指纹识别是若干基因座的VNTR数量的可视化衡量。

在实践中，DNA的样本（例如来自犯罪现场的血液或来自可疑的孩子父亲）被限制酶切成较小的片段，较小的片段用琼脂糖凝胶薄板电泳按大小分类。为了将电泳图案保存在更稳定的表面上，它实际上被"印迹"到尼龙膜上（Southern印迹）。为了在一个DNA片段上定位特定的VNTR序列，产生了一个与VNTR基因座互补的DNA序列，并带有放射性或化学发光标记。这个探针然后与膜上的互补DNA序列结合，并在照相胶片上显现图案（见照片）。标准法医分析使用3～5个基因座，对组合数据的分析确定了在1到大约千万至一亿分之一间找到具有相同观察模式的两个个体的概率，除非它们在生物学上相关。

可以遵循类似的程序来建立家谱，甚至几代人的关系。因此，你的VNTR可以来自你父母中的一方或双方的DNA，但是你不能拥有你父亲或母亲中没有的任何VNTR。在下一页用一个简化的Southern印迹显示一个假设的案例。你可以看到父母的序列（没有其他人）部分地出现在他们共同生育的后代中（红色和蓝色）。然而，来自另一桩婚姻的儿子没有表现出当前父亲的特征（没有蓝色），而是他生物学父亲的特征（绿色）。更引人注目的是，领养的女儿有一个完全不同的模式（橙色）。在父子关系的纠纷中，父亲的身份可以确定，最高可达到 100000∶1 的可能性（99.999%）。

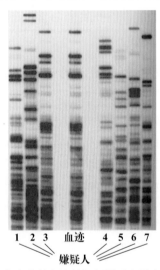

谋杀受害者身上的血迹被怀疑属于犯罪者。哪一个是嫌疑者？ (Image credited to Cellmark Diagnostics, Abingdon, England.) [*Image taken from Human Biology by Starr/McMillan*; *credited to Orchid Cellmark Limited, Abingdon U.K.*]

DNA的产生量呈指数增长：在 $n$ 个循环后，DNA的量为 $2^{n-1}$。例如，20个循环后（少于3h），它可能为大约100万，32个循环后达到10亿。

这项技术有很多实际应用。在医疗诊断中，通过使用专一性引物很容易将细菌和病毒（包括 HIV）检测出来，通过鉴定生长控制基因中的突变，可以实现早期癌症的检测；可以确定从未出生的婴儿到尸体的遗传性疾病。例如，亚伯拉罕·林肯（Abraham Lincoln）服装上的血迹已被分析，表明他患有一种称为玛方综合征（Marfan syndrome）的遗传性疾病，它会影响结缔组织的结构。在法医学和法律医学中，PCR 已被用于识别犯罪者留下的血液、唾液和其他生物线索以确定它们的来源。亲子鉴定和家谱可以经此项技术可以得到准确无误的验证（真实生活 26-4）。在分子进化中古老的

## 一个家庭的VNTR模式图

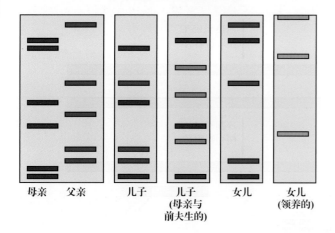

母亲　父亲　儿子　儿子<br>（母亲与<br>前夫生的）　女儿　女儿<br>（领养的）

目前的法医 DNA 分析使用聚合酶链反应扩增 13 个部位特异性 DNA。在这些部位中 VNTR 只是 4 个碱基对，称为短串联重复（STR）。扩增引物是用不同颜色的荧光染料进行化学标记，以便 PCR 产物可以通过毛细管或薄层聚丙烯酰胺凝胶电泳，通过荧光检测并在照相胶片上呈现图案。经过检测的电泳时间可以测量 PCR 产物的分子量，从中可以确定任何基因座的 STR 数量。用这种方法获得"假阳性"的概率可以低至千亿分之一。

一个具有历史影响的 DNA 指纹识别应用案例是鉴定俄罗斯沙皇尼古拉二世及其部分家庭成员的遗骸。人们一直认为，沙皇的整个家庭，与皇家医生和三个仆人一起，在 1918 年 7 月 16 日晚被布尔什维克革命者处决，之后被匆匆埋葬在一个临时的坟墓里。直到 1991 年发现坟墓并掘出 9 具尸体，这个故事才被证实。用骨骼样本进行线粒体 DNA（mtDNA）测序，可以识别沙皇、他的妻子（沙皇皇后）、他们的三个女儿和其他四个非家庭成员的遗骸。三个据称为女儿的每一人都显示与所谓的父母一致的 mtDNA 序列，这证实了他们的家庭关系。此外在爱丁堡公爵菲利普王子身上也发现了三个女儿与沙皇皇后相关的序列，他是已故皇后母系的远亲。通过与沙皇的两个活着的亲戚的 DNA 指纹进行比较，对沙皇的遗骸也进行了类似的分析。沙皇最年轻的第四个女儿和血友病儿子（皇太子）的命运仍未知，直到 2008 年在其他家庭成员坟墓附近的森林中发现了他们被烧毁的破碎的骸骼。尽管恢复的骨碎片状况不佳，但可以提取足够量的 DNA 以证实其一致性。

俄罗斯沙皇尼古拉二世和他的家庭成员于 1918 年在俄国十月革命期间被处死，在 1991 年和 2008 年用 DNA 指纹识别所确证。

DNA 可以通过扩增分离的片段而倍增或甚至重建。通过这种方式，黑死病的载体被成功鉴定为细菌耶尔森氏菌（*Yersinia pestis*），它是从 1590 年至 1722 年法国集体坟墓中埋葬的受害者的牙齿中分离出来的。

在 2010 年，一个尼安德特人的完整基因组被宣布，并与现代人的比对证明两个物种之间在 6 万年前发生了杂交：我们携带了百分之几的尼安德特人的基因。同样地，2008 年在西伯利亚洞穴中发现的单指骨中的 DNA 导致了一种以前未知的人类物种的发现，这些物种生活在距今 4 万年前，即丹尼索瓦人（Denisovans）。他们的 DNA 的残余也嵌入我们的体内。2016 年，对两个 43 万年前早期人类祖先的 DNA 序列进行的分析表明，尼安德特人和丹尼索瓦人之间的人口差异早于那个时期，表现出人类祖先的快速发展。

*Homo sapiens*　*Homo neanderthalensis*

尼安德特人（*Homo neander-thalensis*）和现代人（*Homo sapiens*）

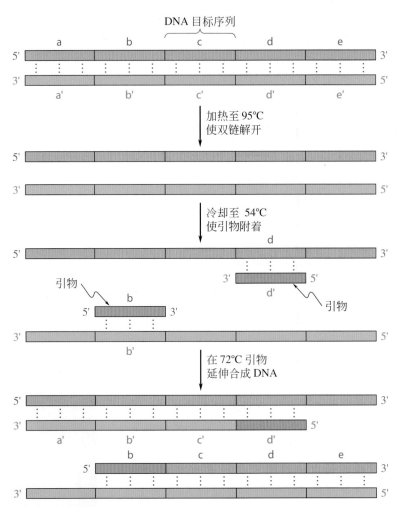

**图 26-18** 聚合酶链反应（PCR）。一个循环包括三步：双链的解开，引物的附着，DNA 的合成使引物延伸。反应在封闭的容器中进行。通过温度的改变来驱动循环。原有 DNA 的一股链的序列用 abcde 表示，互补链的序列用 a′ b′ c′ d′ e′ 表示。用蓝色表示引物，从引物延伸的新 DNA 以各自互补于老链的颜色（红或绿）表示。（After *Biochemistry*, 6th ed., by Jeremy M. Berg, John L. Tymoczko, Lubert Stryer, W. H. Freeman and Company. Copyright © 1975, 1981, 1988, 1995, 2002, 2007.）

　　从过去到未来，新技术大大缩短了改变遗传密码所需的时间。这些进步有望消除遗传起源的疾病，如镰状细胞贫血（本章习题 65 和习题 66）、血友病、囊性纤维化、肌营养不良、神经变性和几种类型的癌症，这是非常真实的。在农业方面，基因编辑将使植物能抗感染、抗干旱和抗捕食性天敌。在称为"基因驱动"的应用中，整个入侵群体（如某些栖息地的老鼠）或携带疾病的物种（例如疟疾的疟蚊）将被消灭。

　　接下来将会是什么？

## 总　结

　　本书最后一章将曾在多处表达的信息集中一点：生命是建立在有机分子基础上的。从化学的角度来看，在氨基酸和核酸水平上的生命是出奇的简单。聚合物阵列的结构和性质增加了活生物体特有的更加复杂的维度和功能。因此，我们已经了解到：

　　多肽及由之而来的蛋白质、酶的构建模块是2-（或*α*-）氨基酸，其中20

种氨基酸在自然界中特别丰富。除甘氨酸外，都是手性的，$\alpha$-碳是带有相同绝对构型的手性中心（通常是$S$构型），$R$仅出现在半胱氨酸中，这是由Cahn-Ingold-Prelog序列规则决定的（26-1节）。

- 在接近中性pH值时，氨基酸通常以两性离子羧酸铵的形式存在，在等电点p$I$，两性离子的浓度最大（26-1节）。

- 如下方法可完成2-氨基酸的合成：①羧酸溴化（Hell-Volhard-Zelinsky溴化法）接着胺化（用氨取代溴）；②改良的Gabriel合成法，以含有邻苯二甲酰亚胺基丙二酸酯结构单元为其特色；③Strecker合成法，由醛和氨衍生的亚胺中间体先经氰化氢加成得到2-氨基腈，然后水解（26-2节）。

- 用光学活性的辅助剂拆分外消旋体或用光学活性催化剂来对映选择性合成获得对映体纯的氨基酸（26-3节）。

- 多肽结构的空间复杂性从线性链、折叠排列、折叠片层、螺旋到三维组装依次增加（26-4）。

- 多肽的氨基酸测序包括完全水解测定单体组成、分步测序与$N$-末端片段的序列鉴定和酶切割成重叠序列（26-5节）。

- 肽键的构建需要用DCC来引发氨基和羧基的末端分别保护的单元偶联（26-6节）。

- Merrifield肽合成是一种自动化方法，用于构建从聚苯乙烯载体出发的多肽链（26-7节）。

- DNA和RNA由磷酸酯连接的带有一定顺序的四个杂环碱基的糖分子多聚链构成的。氢键的约束形成双螺旋结构，这也保证了DNA复制的保真度（26-9节）。

- RNA促进生物多肽（蛋白质）的合成，RNA复制DNA中的相关密码子用于氨基酸的合成（26-10节）。

- DNA和RNA的测序、自动化合成和聚合酶链反应是基因技术发展的里程碑（26-11节）。

对于你们中那些将继续专攻生命科学的人，如生物化学家、分子细胞生物学家和医生等，本章将激起你进一步学习的欲望，也将为你未来的研究奠定分子基础。对于其他人，它将提供所有与生命相关的生物化学过程的分子基础的一瞥，包括核酸中的蛋白质合成、功能和生物起源。在当今社会中，当我们努力解决涉及基因工程、抗击疾病的药物、环境危害和能源资源的问题时，需涉及科学和技术的一系列问题，必须了解其所依赖的化学原理。

## 26-12 | 解题练习：综合运用概念

最后两个练习首先介绍了肽偶联策略在阿斯巴甜合成中的应用，然后是氨基酸分析仪中氨基酸颜色检测的机理难题。

## 解题练习 26-30　阿斯巴甜作为合成目标

阿斯巴甜（一个二肽的商品甜味剂），**Asp-Phe-OCH₃**，似乎是一个简单的合成目标。当你试图简单地从天冬氨酸和苯丙氨酸开始它的合成路线时，你会发现其实并不是那么简单。试分析问题所在，并写出几条合成此化合物的路线。

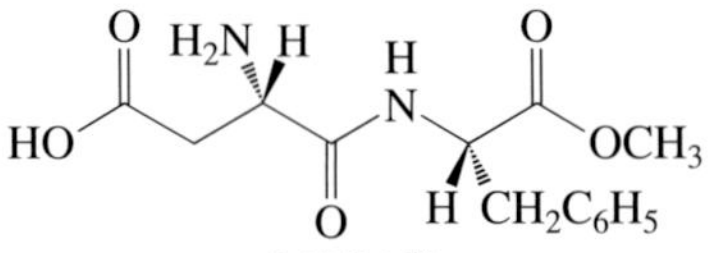

**阿斯巴甜**

**解答：**

简单的逆合成分析将该分子切断成两个氨基酸组分——Asp 和 Phe-OCH₃（由 Phe 的甲酯化制备），大家可能会想到将二者用 DCC 来缩合（26-6 节）。然而，这里存在一个问题：Asp 有一个额外的 β-羧基，肯定对 DCC 缩合会有干扰。因此，我们面临着制备选择性羧基保护的 Asp 的任务。可以设想通过两个策略来实现这个目标：（A）Asp 分子的直接保护，如果策略 A 不成功，则（B）完全避开 Asp，从较简单的原料全合成适当衍生化的 Asp。以下是从文献中找到的实际解决此问题的策略，当然你也可以用更好的替代方案来进行。

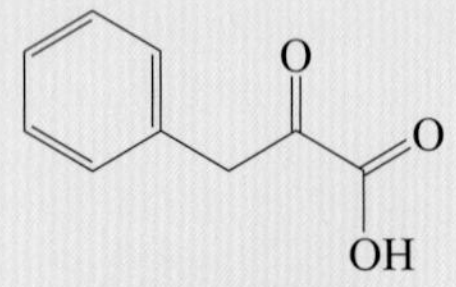

### A. 天冬氨酸（Asp）分子的选择性保护

两个羧基在化学性质上的差别是否足以保证 Asp 的一个羧基能够进行选择性单保护？答案也许是可以的。我们已经知道，α-氨基酸使羧酸的酸性提高约 2 个 $pK_a$ 单位（26-1 节）。对于 Asp 而言，$pK_a(\alpha\text{-COOH})=1.9$，而 $pK_a(\beta\text{-COOH})=3.7$（表 26-1）。因此，人们可能会想尝试通过小心控制 pH 使 α-羧酸官能团选择性地形成铵盐，接着进行热分解（19-10 节）。问题在于，在相对缓慢的酰胺形成的热分解条件下，发生了快速的质子交换。因此，最好是希望有一个合适的衍生物在加成-消除反应中对两个羰基有不同的反应性。α-氨基的吸电子效应在此应当使相邻羰基碳的亲电性增强（17-6 节，19-4 节和 20-1 节），使得相应的酯官能团更容易发生碱水解。确实，这一途径已经用 Asp 的 N-Cbz 保护的（苯甲基）二酯（通过标准方法制备，参见 26-6 节）成功实现，如下所示。

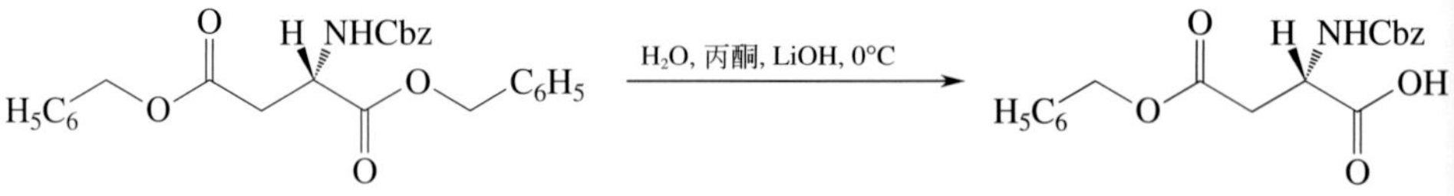

**Cbz-Asp-(OCH₂C₆H₅)₂**

$$\xrightarrow{\text{H}_2\text{O, 丙酮, LiOH, 0°C}}$$

67%

产物和 Phe-OCH₃ 用 DCC 缩合，然后催化氢解脱去保护基（26-6 节）得到阿斯巴甜。

这一个简化的合成路线将双官能团化合物保护形成环状衍生物成为可能。例如，1,2-二醇以环缩醛（酮）（17-8 节和 24-8 节）、羟基酸以内酯（19-9 节）、氨基酸以内酰胺（19-10 节）、二羧酸以酸酐（19-8 节）来"保护"。当应用于 Asp 时，后两个可能性值得考虑。但是，由于环张力引起的复杂化，直接形成内酰胺的设想可以很快排除（虽然 β-内酰胺曾经用于阿斯巴甜的制备）。在脱水形成五元环酸酐的情况下不存在这个问题。因为酸酐是活化的羧酸衍生物（20-3 节），Asp 酐可直接与 Phe-$OCH_3$ 偶联而无需 DCC 的帮助。Phe-$OCH_3$ 氨端的亲核进攻主要在（虽然不完全在）期望的位置上发生，有 19% 的产物是在 Asp 的 $\beta$- 羧基形成肽键而产生的。

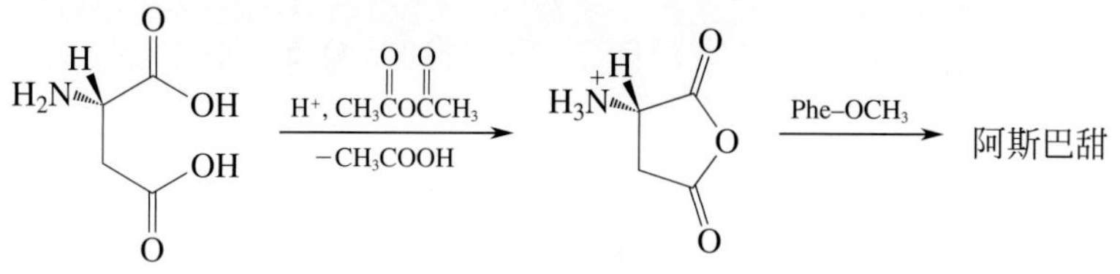

93% 61%
**Asp 酸酐**

**B. 两个羧基有差别的天冬氨酸（Asp）衍生物的全合成**

途径 A 的替代路线是从拼凑和构建 Asp 的骨架开始，通过使用 26-2 节的方法，提供选择性单保护的羧基衍生物作为最终产物。解决这个问题有多种可行的策略，但是，考虑它们时，你会发现要找到合适保护的 $\beta$-羧基并在 $\alpha$- 氨基酸部分的操作过程中不发生 $\beta$-羧基去保护是不容易的。在下面的 Gabriel 合成中，借助于相对无害的 2-丙烯基取代基，通过最后的氧化断裂（12-12 节和 24-5 节）可产生游离的 $\beta$-羧基部分。

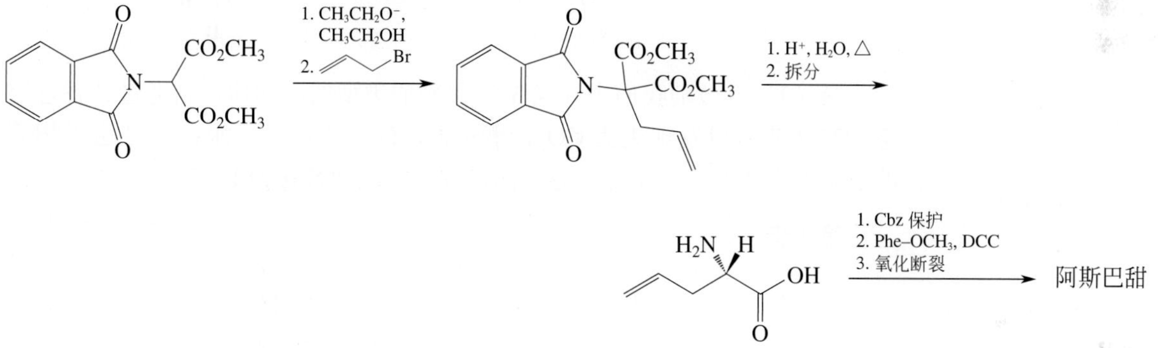

## 解题练习 26-31 写出涉及氨基酸的机理问题

**氨基酸分析仪（26-5 节）通过存在能产生深紫色的指示剂来“检测”任何氨基酸的洗脱液。该指示剂是茚三酮 A，它与氨基酸反应生成紫色的化合物 B（鲁赫曼“Ruhemann”紫），同时生成副产物醛和 $CO_2$。**

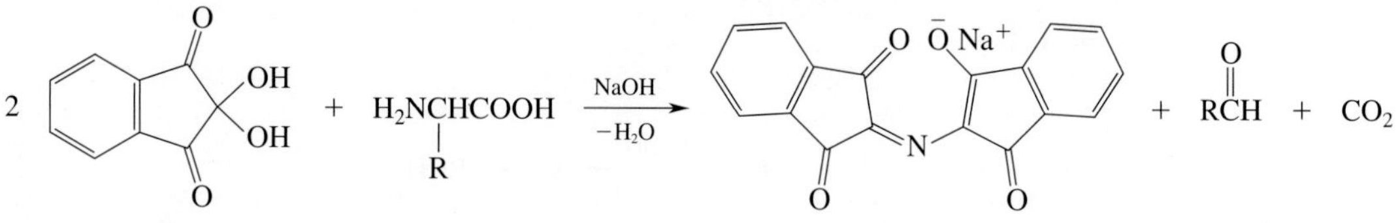

**A** 茚三酮　　氨基酸　　**B** **Ruhemann紫**

试写出该过程的合理机理。

**解答：**

让我们总结一下：（1）茚三酮是相应三酮的中间羰基水合物（17-6 节），中间的羰基被两个相邻的羰基活化；（2）两分子指示剂将一分子氨基酸拆成 B（含氨基氮）、醛（表明 RCH 部分）和 $CO_2$（由羧基官能团产生）；（3）当存在 3-氧代（或类似）官能团时，羧酸的脱羧反应容易发生（23-2 节）；（4）高度离域化的（具有颜色，14-11 节）B 是亚胺（17-9 节）的烯醇盐（18-1 节）。

认识到最后一点可让问题稍许简化一些，B 必须通过脱水的 A 与相应的胺 C 缩合产生。

**简化化合物B**

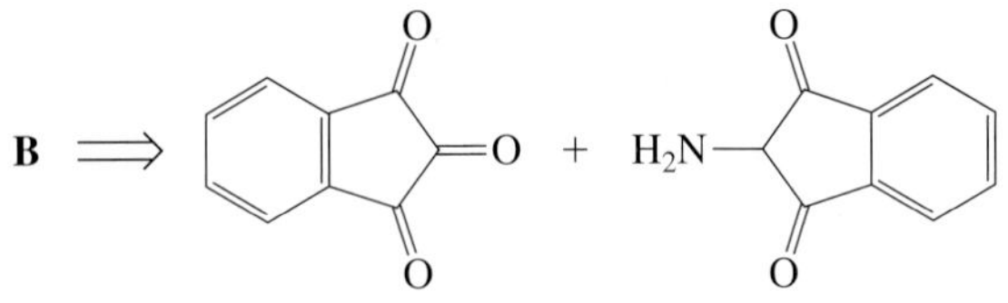

C

将这一认识与第（1）点结合，表明该机理的第一步是碱催化脱水（17-6 节）为茚三酮的三酮形式，它与氨基酸缩合生成相应的亚胺 D。

**第 1 步和第 2 步**

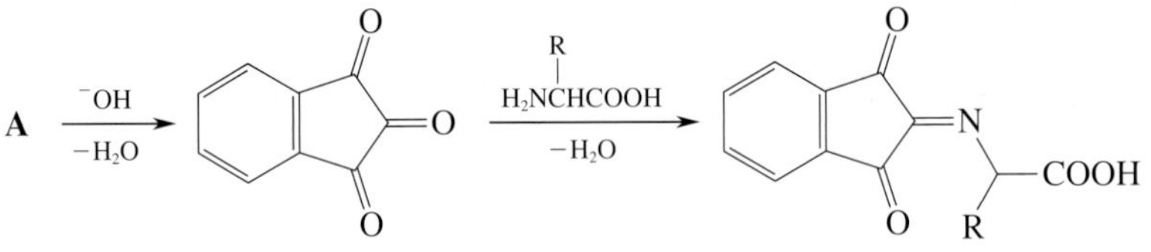

D

第（3）点鼓励我们去寻找 3-氧代羧酸类型的中间体，它通过芳香过渡态（23-2 节）自发地失去 $CO_2$。事实上，D 适合这一要求：它是这类物质的亚胺衍生物，在电子上为等价的，并且顺利地转化为 E。

**第 3 步**

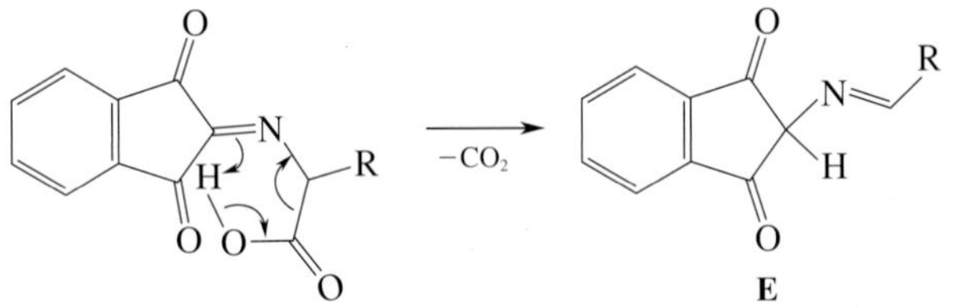

E

现在，能够看到和 C 以及醛产物关联的步骤了：E 的简单水解。

**第 4 步**

$$\mathbf{E} \xrightarrow{H_2O,\ HO^-} \mathbf{C} + RCHO$$

如已经讨论过的，C 然后与茚三酮在碱性条件下缩合，生成盐 B。

## 新反应

**1. 氨基酸的酸性（26-1 节）**

$$H_3\overset{+}{N}CH(R)COOH \quad (\mathbf{p}K_a \approx 2\text{~}3) \qquad H_3\overset{+}{N}CH(R)COO^- \quad (\mathbf{p}K_a \approx 9\text{~}10)$$

$$\text{等电点 } pI = \frac{pK_{COOH} + pK_{\overset{+}{N}H_3}}{2}$$

## 2. 精氨酸中的强碱性胍基（26-1 节）

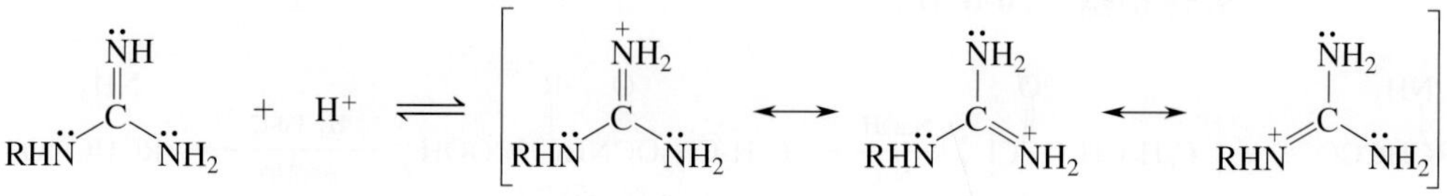

$pK_a \approx 13$

## 3. 组氨酸中咪唑的碱性（26-1 节）

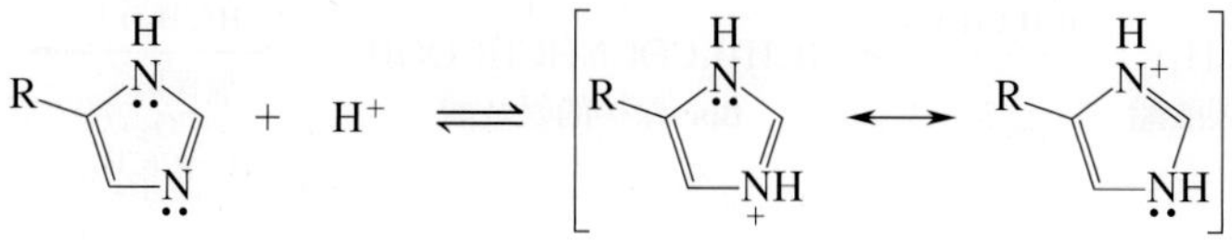

$pK_a = 7.0$

# 氨基酸的制备

## 4. Hell-Volhard-Zelinsky 溴化接着胺化（26-2 节）

## 5. Gabriel 合成（26-2 节）

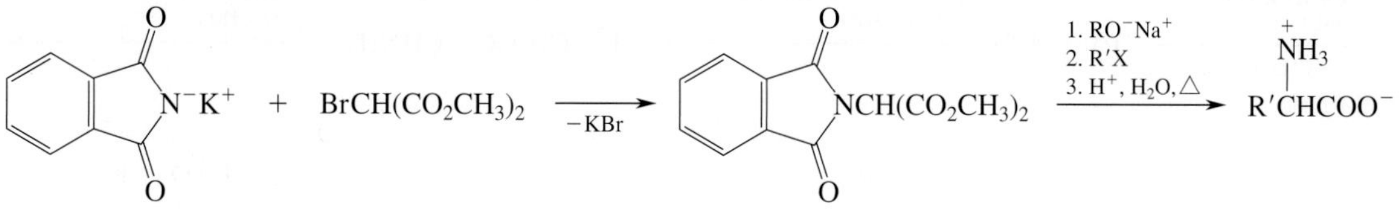

## 6. Strecker 合成（26-2 节）

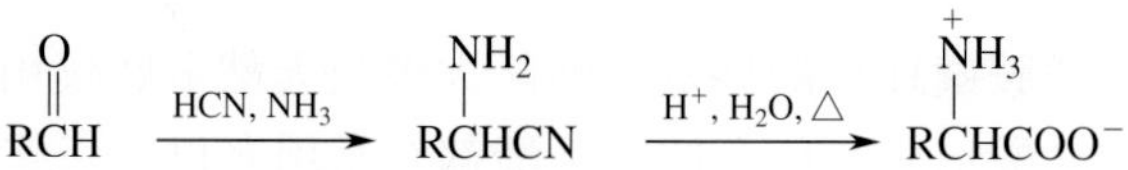

# 多肽测序

## 7. 水解（26-5 节）

## 8. Edman 降解（26-5 节）

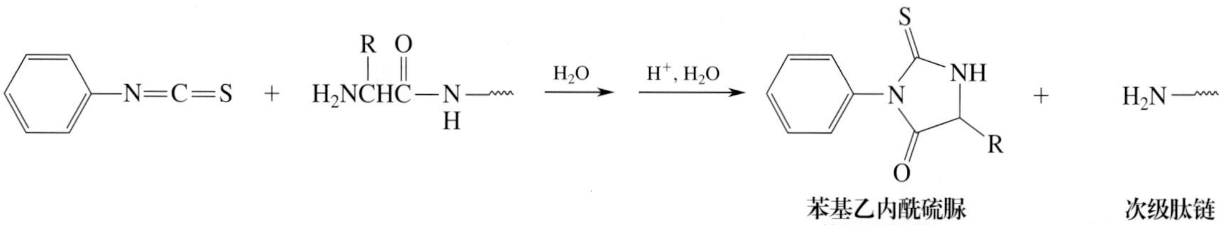

苯基乙内酰硫脲　　　　　次级肽链
（苯基硫代海因）　　（减少一肽后的原肽链）

## 多肽的制备

### 9. 保护基（26-6 节）

$$\overset{+}{N}H_3 \qquad \qquad O$$

$$RCHCOO^- + C_6H_5CH_2OCCl \xrightarrow[-NaCl]{NaOH} C_6H_5CH_2OCNHCHCOOH \xrightarrow[\substack{-C_6H_5CH_3 \\ -CO_2}]{H_2, Pd-C} RCHCOO^-$$

氯甲酸苯甲酯
(氯甲酸苄酯)

**Cbz-保护氨基酸**
脱保护

$$\overset{+}{N}H_3 \qquad \qquad O \quad R \qquad \qquad \overset{+}{N}H_3$$

$$RCHCOO^- + (CH_3)_3COCOCOC(CH_3)_3 \xrightarrow{(CH_3CH_2)_3N} (CH_3)_3COCNHCHCOOH \xrightarrow[\substack{-CO_2 \\ -CH_2=C(CH_3)_2}]{H^+, H_2O} RCHCOO^-$$

双(1,1-二甲基乙基)二碳酸酯
(二碳酸二叔丁酯)

**Boc-保护的氨基酸**
脱保护

### 10. 用二环己基碳二亚胺形成肽键（DCC，26-6 节）

$$\text{Cbz-Gly} + \text{Ala-OCH}_2\text{C}_6\text{H}_5 + \text{C}_6\text{H}_{11}\text{N}=\text{C}=\text{NC}_6\text{H}_{11} \longrightarrow$$

**DCC**

$$\text{Cbz-Gly-Ala-OCH}_2\text{C}_6\text{H}_5 + \text{C}_6\text{H}_{11}\text{NHCNHC}_6\text{H}_{11}$$

### 11. Merrifield 固相法合成（26-7）

$$\text{P} \xrightarrow[\substack{SnCl_4 \\ -CH_3CH_2OH}]{ClCH_2OCH_2CH_3,} \text{P}-CH_2Cl \xrightarrow[\substack{2. H^+, H_2O}]{1. (CH_3)_3COCNHCHCOO^-} \text{P}-CH_2OC-CHNH_2 \xrightarrow[\substack{DCC \\ 2. H^+, H_2O}]{1. (CH_3)_3COCNHCHCOOH,}$$

**P** = 聚苯乙烯

$$\text{P}-CH_2OC-CHNHC-CHNH_2 \xrightarrow{HF} \text{P}-CH_2F + \overset{+}{H_3N}CHCNHCHCOO^-$$

### 重要概念

1. **多肽**是通过**酰胺键**连接的聚氨基酸。大多数天然多肽仅由19种不同的L-氨基酸和甘氨酸形成，所有的氨基酸都有常用名以及三字码和一字码缩写名。

2. 氨基酸是**两性**的；它们能被质子化也能被去质子化。

3. **对映体纯**的氨基酸可通过非对映衍生物经典的分步结晶或通过合适的非手性前体的对映选择性反应来制备。

4. **多肽**的**结构**是多种多样的：线形的、环状的、二硫键连接的、折叠片层（β-折叠）、α-螺旋或超螺旋或者无序的，这取决于分子的大小、组成、氢键以及静电吸引力和伦敦力。

5. **氨基酸**和**核酸**主要凭借它们的大小或电荷的不同在固相载体上结合能的差别而得以分离。

6. **多肽测序**必须是选择性链断裂和生成的短多肽片段的氨基酸分析的结合。

7. **多肽合成**需要用二环己基碳二亚胺偶联的末端保护的氨基酸。产物可在任意一端选择性脱保护，以便进行链的延伸。**固相载体**的使用，如Merrifield合成，可以实现自动化。

8. 肌红蛋白和血红蛋白是多肽，其中氨基酸链包封着活性位点**血红素**。血红素含有铁原子，它可逆地结合氧，能进行氧的摄取、输送和释放。

9. **核酸**是由磷酸连接的带有碱基的糖构成的生物多聚体。分别仅用四种不同的碱基和一种糖来构造DNA和RNA。因为碱基对腺嘌呤-胸腺嘧啶（RNA中是尿嘧啶）、鸟嘌呤-胞嘧啶通过特别有利的**氢键**而配对，核酸能够采取含有**互补碱基序列**的双螺旋结构。在**DNA复制**和**RNA合成**过程中，DNA的这种结构解旋并发挥模板的功能。在**蛋白质合成**中，每个氨基酸由一组称为**密码子**的三个连续的RNA碱基确定。因此，RNA链中的碱基序列（**遗传密码**）就翻译成蛋白质中的特定氨基酸序列。

10. **DNA测序**依赖于限制性酶、放射性标记和专一性的化学断裂反应生成小片段，用电泳分析。

11. **DNA合成**利用硅胶作载体，在碱、醇和亚磷酸酯-磷酸酯**保护基**的帮助下，在载体上构建不断增长的寡核苷酸序列。

12. **聚合酶链反应（PCR）**可生成许多DNA副本。

## 习 题

32. 画出异亮氨酸和苏氨酸（表26-1）正确的立体化学结构式。苏氨酸的系统名称是什么？

33. 在氨基酸的术语中，缩写*allo*指非对映异构体。画出*allo*-L-异亮氨酸并给出它的系统命名。

34. 画出以下每个氨基酸在指定的pH值水溶液中的结构。（**a**）丙氨酸，pH=1，7和12；（**b**）丝氨酸，pH=1，7和12；（**c**）赖氨酸，pH=1，7，9.5和12；（**d**）组氨酸，pH=1，5，7和12；（**e**）半胱氨酸，pH=1，7，9和12；（**f**）天冬氨酸，pH=1，3、7和12；（**g**）精氨酸，pH=1，7，12和14；（**h**）酪氨酸，pH=1，7，9.5和12。

35. 按照它们在pH=7是（**a**）带正电荷、（**b**）中性或（**c**）带负电荷，对习题34的氨基酸分组。

36. 指出习题34中氨基酸的p*I*值（表26-1）是如何推导出来的。对有多于两个p$K_a$值的每个氨基酸，在计算p*I*时你是如何选择的，说明理由。

37. 指出如何用Hell-Volhard-Zelinsky法先溴化后胺化合成下列外消旋的氨基酸：（**a**）甘氨酸；（**b**）苯丙氨酸；（**c**）丙氨酸。

38. 指出如何应用Strecker合成法得到下面每个外消旋的氨基酸：（**a**）甘氨酸；（**b**）异亮氨酸；（**c**）丙氨酸。

39. 按下列的合成顺序进行会产生什么氨基酸？

40. 用26-2节中的任一方法，或者用你自己设计的路线，为以下每个氨基酸的外消旋体提出合理的合成路线：（**a**）缬氨酸；（**b**）亮氨酸；（**c**）脯氨酸；（**d**）苏氨酸；（**e**）赖氨酸。

41. （**a**）说明苯丙氨酸的Strecker合成。产物是不是手性的？有无光学活性？（**b**）已经发现，在苯丙氨酸的Strecker合成中用光学活性的胺代替$NH_3$会导致一种产物对映体过量。在下列结构中，为每个手性中心指认*R*或*S*构型，并解释为什么使用手性胺会导致最终产物的一个手性中心优先形成。

主产物

主产物

42. 在自然界中，稀有氨基酸鸟氨酸（p.1288）不具有核酸密码子，因此不能直接合成入延伸的肽链中。相反，它来源于蛋白质构建后另一种常见氨基酸的酶促修饰。鸟氨酸的前体是含氮酸中的一种。识别它并建议用实验室方法将其转化为鸟氨酸。

**43.** 大蒜中的抗菌剂大蒜素（第9章习题81），是由于蒜氨酸酶的作用从稀有氨基酸蒜氨酸合成的。因为蒜氨酸酶是细胞外酶，所以仅当大蒜细胞被压碎时才会发生此过程。试提出从习题39的原料合成氨基酸蒜氨酸的合理路线。（**提示**：从设计一个表26-1中结构上与蒜氨酸有关的氨基酸的合成开始。处理硫官能团，复习9-10节。）

**蒜氨酸**

**44.** 试设计一个程序，用于将异亮氨酸的四个立体异构体的混合物分离成四个组分：（+）-异亮氨酸；（−）-异亮氨酸；（+）-别异亮氨酸；（−）-别异亮氨酸（习题33）。（**注意**：在80%乙醇中，在所有温度下别异亮氨酸的溶解度比异亮氨酸的都大。）

**45.** 将下列结构鉴定为二肽、三肽等，并指出所有的肽键。

**46.** 用氨基酸的三字码缩写简短地表示习题45中肽的结构。

**47.** 指出习题34中氨基酸和习题45中肽在 pH=7的电泳装置中会朝着（**a**）阳极还是（**b**）阴极移动。

**48.** 蚕丝是由β-折叠构成的，其由重复单元Gly-Ser-Gly-Ala-Gly-Ala组成。氨基酸侧链的什么特性是有利于这个结构的？图26-3（A）显示了具有单一折叠的两股相邻的链，这说明了什么？

**49.** 尽可能多地在肌红蛋白结构（图26-8C）中找出α-螺旋段。脯氨酸位于肌红蛋白的37、88、100 和120位，这些脯氨酸各如何影响分子的三级结构？

**50.** 在肌红蛋白的153个氨基酸中，78个含有极性侧链（即Arg、Asn、Asp、Gln、Glu、His、Lys、Ser、Thr和Tyr）。当肌红蛋白采取其天然的折叠构象时，这78个极性侧链中的76个（除两个组氨酸之外所有的）都从其表面朝外突出。同时，除两个组氨酸外，肌红蛋白的内部只含有Gly、Val、Leu、Ala、Ile、Phe、Pro和Met。试解释。

**51.** 试解释以下三个现象：（**a**）蚕丝，像大多数具有折叠片层结构的多肽一样，是不溶解于水的。（**b**）诸如肌红蛋白的球状蛋白一般易溶解于水。（**c**）球状蛋白三级结构的解体（变性）导致其从水溶液中沉淀出来。

**52.** 用你自己的话，概述研究人员测定后叶加压素中存在哪些氨基酸可能遵循的程序（练习26-12）。

**53.** 写出习题45中的肽单次Edman降解的产物。

**54.** 短杆菌肽S与异硫氰酸苯酯反应（Edman 降解）的结果是什么？（**提示**：该物质与哪个官能团反应？）。

**55.** 舒缓激肽是一种组织激素，能发挥强力的止痛剂作用。用Edman试剂进行单次处理，鉴定出其N-端氨基酸是Arg。该完整多肽的不完全酸水解使很多舒缓激肽分子发生随机断裂，产生多种肽片段，包括Arg-Pro-Pro-Gly、Phe-Arg、Ser-Pro- Phe和Gly-Phe-Ser。完全酸水解后进行氨基酸分析，表明氨基酸比例为3Pro、2Phe、2Arg、1Gly和1Ser。试推导出舒缓激肽的氨基酸序列。

**56.** Met-脑啡肽是具有强力鸦片样生物活性的脑啡肽，其氨基酸序列为Tyr-Gly-Gly-Phe-Met，其逐步的Edman降解的产物是什么？

习题45（**d**）部分所示的肽是Leu-脑啡肽，它是Met-脑啡肽的亲戚，具有类似的性质。Leu-脑啡肽Edman降解的结果与Met-脑啡肽有什么不同？

**57.** 由脑垂体分泌的促肾上腺皮质激素是一种刺激肾上腺皮质的激素。试从以下信息确定其一级结构。（i）用胰凝乳蛋白酶水解产生6个肽：Arg-Trp、Ser-Tyr、Pro-Leu-Glu-Phe、Ser-Met-Glu-His-Phe、Pro-Asp-Ala-Gly-Glu-Asp-Gln-Ser-Ala-Glu-Ala-Phe和Gly-Lys-Pro-Val-Gly-Lys-Lys-Arg-Arg-Pro-Val-Lys-Val-Tyr。（ii）用胰蛋白酶水解产生游离的赖氨酸、游离的精氨酸和以下5个肽：Trp-Gly-Lys、Pro-Val-Lys、Pro-Val-Gly-Lys、Ser-Tyr-Ser-Met-Glu- His-Phe-Arg 和 Val-Tyr-Pro-Asp-Ala-Gly-Glu-Asp-Gln-Ser-Ala-Glu-Ala-Phe-Pro-Leu-Glu-Phe。

**58.** 提出从氨基酸组分合成Leu-脑啡肽的方案［习题45（**d**）］。

**59.** 下面的分子是促甲状腺素释放激素（TRH）。它是由下丘脑分泌的，促使脑垂体释放促甲状腺素，它又反过来刺激甲状腺。甲状腺产生的激素（如甲状腺素）一般用来控制代谢。

初步分离TRH需要处理4吨下丘脑组织，才能从中得到1mg TRH。无需说明，在实验室中合成TRH要比从天然来源提取更方便一些。试为从Glu、His和Pro合成TRH设计一条路线。注意，焦谷氨酸就是谷氨酸的内酰胺，将谷氨酸加热到140℃很容易得到它。

**60.**（**a**）四个DNA碱基所示的结构（26-9节）只代表最稳定的互变异构体。试为这些杂环再画出1～2个另外的互变异构体（复习互变异构现象，参见13-7和18-2节）。（**b**）在某些情况下，少量的较不稳定的互变异构体的存在，由于错误的碱基配对，可能引起DNA复制或mRNA合成错误。一个例子是腺嘌呤的亚胺互变异构体，可与胞嘧啶配对而不与胸腺嘧啶配对。试为这一氢键结合的碱基对画一个可能的结构（图26-11）。（**c**）用表26-3，写出编码Met-脑啡肽五个氨基酸（习题56）的mRNA的可能的核酸序列。如果（**b**）中所说的错误配对是在该mRNA序列合成的第一个可能的位置，则在该肽的氨基酸序列中会造成什么后果？（忽略起始密码子。）

**61.** "因子Ⅷ"是参与血栓形成的蛋白质之一。缺失编码"因子Ⅷ"的DNA基因是发生经典血友病的原因。"因子Ⅷ"含有2332个氨基酸。合成需要编码多少个核苷酸？

**62.** 除了表26-1和表26-3中常见的20种氨基酸之外，使用26-10节中描述的基于核酸的细胞机器将另外两种硒代半胱氨酸（Sec）和吡咯赖氨酸（Pyl）掺入蛋白质中。Sec和Pyl的三碱基密码分别是UGA和UAG。这些密码通常用于终止蛋白质合成。但是，如果它们的前面有某些特定的碱基序列，则导致这些不寻常的氨基酸的掺入和肽链的持续增长。

Pyl很罕见，仅存在于一些古老的细菌中。含有CH₂SeH侧链的Sec则是普遍的；事实上，它至少存在于二十四种人类蛋白质中，这些蛋白质依赖必需的微量元素硒的反应性来发挥其功能。Sec中SeH官能团的p$K_a$是5.2。（半胱氨酸中SH的p$K_a$是8.2。）（**a**）画出Sec在pH=7时的结构；在相同pH与半胱氨酸进行比较。（**b**）测定Sec的等电点p$I$。（**c**）给出S和Se在周期表上的相互关系和SH和SeH之间p$K_a$的差别。据此对Sec和Cys化学反应性的比较，你如何预料？

**63. 挑战题** 羟脯氨酸（Hyp），像许多其他未"正式"列为必需氨基酸的氨基酸一样，是个非常必要的生物物质。它约占胶原蛋白氨基酸含量的14%。胶原蛋白是皮肤和结缔组织的主要成分。它还和无机物质一起存在于指甲、骨骼和牙齿中。（**a**）羟脯氨酸的系统名称是（2$S$,4$R$）-4-羟基氮杂环戊烷-2-羧酸。试画出该氨基酸正确的立体化学结构式。（**b**）在身体中，Hyp是以肽结合的形式由肽结合的脯氨酸和O₂合成，该合成是需要维生素C的酶催化过程。当缺乏维生素C时，只能生成有缺陷的、缺少Hyp的胶原蛋白。维生素C缺乏会引起坏血病，其特征是皮肤出血并水肿、牙龈出血。

以下反应是有效的羟脯氨酸的实验室合成路线。试在（ⅰ）和（ⅱ）中填写需要的试剂，并写出带星号步骤的详细机理。

（**c**）明胶是部分水解的胶原蛋白，富含羟脯氨酸，因此，常常被推荐为治疗指甲开裂和发脆的药物。像大多数蛋白质一样，明胶在被吸收之前，在胃和小肠里几乎完全断裂为单个的氨基酸。因此，游离的羟脯氨酸被引入到血液中，对于身体合成胶原蛋白是否有用？（**提示**：表26-3有没有列出羟脯氨酸的三碱基密码？）

**64. 挑战题** 寡糖的生物合成（第24章）利用了蛋白质和核酸以及碳水化合物的化学成分。在下面的例子中，在一分子半乳糖和一分子N-乙酰基半乳糖胺之间形成二糖键。半乳糖（"供体"糖）作为尿嘧啶核苷二磷酸酯进入该过程，而"受体"半乳糖胺则通过与蛋白质丝氨酸残基的羟基所形成的糖苷键被固定在位。半乳糖基转移酶专一性地在供体的C-1位和受体的C-3位之间形成二糖键。这一反应与哪一种机理过程相似？讨论该反应的各个参与者所起的作用。

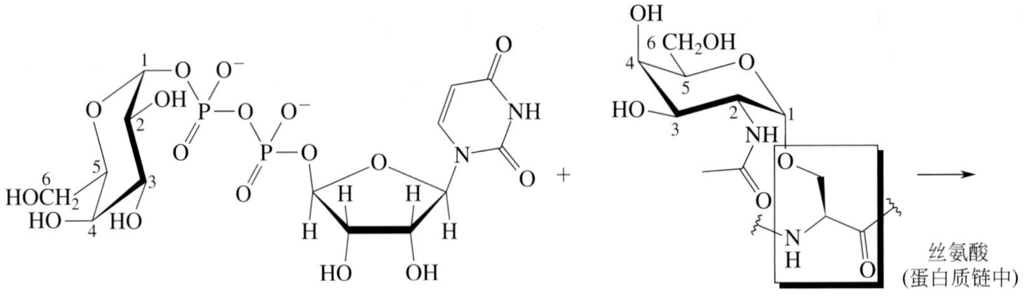

尿苷二磷酸酯-半乳糖

$N$-乙酰半乳糖胺-蛋白质

丝氨酸
（蛋白质链中）

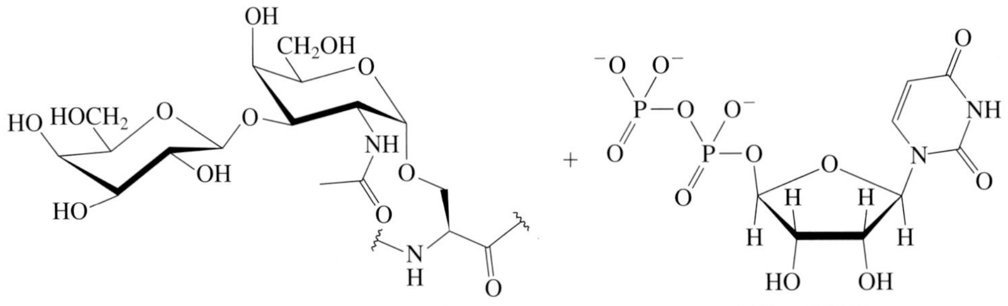

半乳糖（$\beta \rightarrow 3$）$N$-乙酰半乳糖胺-蛋白质

尿苷二磷酸酯
（UDP）

**65. 挑战题**　镰状细胞贫血常常是一种致命的遗传疾病，由编码血红蛋白β链的DNA基因的单个错误引起的。正确的核酸序列（从mRNA模板读出）以AUGGUGCACCUGACUCCUG**A**GGAGAAG……开始，依此类推。（**a**）将该序列翻译成蛋白质相应的氨基酸序列。（**b**）引起镰状细胞贫血的变异是上面序列中黑体的**A**被U取代。该变异在相应的氨基酸序列中造成的后果是什么？（**c**）这一氨基酸取代改变了血红蛋白分子的性质，特别是它的极性和形状。试为这两个作用找出原因。[氨基酸结构可参见表26-1，肌红蛋白结构可参见图26-8（C），该结构与血红蛋白相似。注意该氨基酸在蛋白质三级结构中取代的位置。]

**66.** 镰状细胞贫血的治疗极具挑战性。然而，目前有希望的潜在治疗方法已在临床试验中。包括5-（羟甲基）-呋喃-2-甲醛（5-羟甲基糠醛，5-HMF）。这种产品是焦糖的副产物（参见1198页页边）。试提出一种简单的碳水化合物（图24-1），在催化酸存在下加热后可以很容易地转化为5-HMF，并提出这个过程的机理。

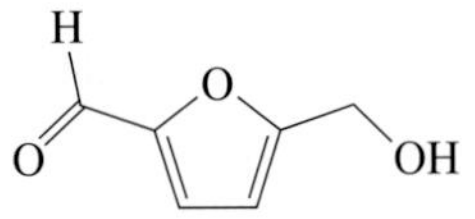

5-羟甲基糠醛（5-HMF）

**团队练习**

**67.** 在有机合成中，氨基酸可用作对映体纯的原料。图示Ⅰ是用于制备对映体纯β-氨基酸试剂合成的第一步，如出现在紫杉醇侧链中的那些（4-7节）。图示Ⅱ是相同氨基酸的酯，用来制备一种用于多肽构

象研究的稀有的杂环二肽。

图示Ⅰ. 对映体纯试剂的合成

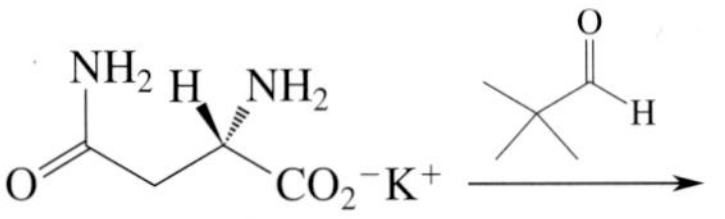

天冬酰胺的钾盐

A
$C_9H_{15}N_2O_3^-K^+$
六元氮杂环

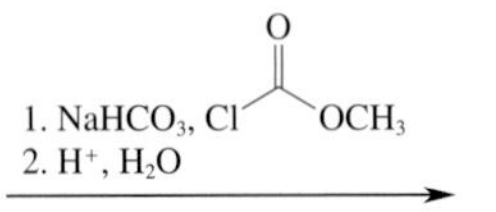

1. NaHCO$_3$, Cl—CO—OCH$_3$
2. H$^+$, H$_2$O

B
$C_{11}H_{18}N_2O_5$

考虑以下问题：

（1）A以90：10的比例形成两个非对映异构体。主要异构体是具有最稳定椅式构象的一个，环上的两个取代基彼此是顺式的还是反式的？以平伏键或直立键标出它们的位置。

（2）哪个氮是亲核的并产生氨基甲酸酯（20-6节）B？

图示Ⅱ. 稀有的杂环二肽的合成

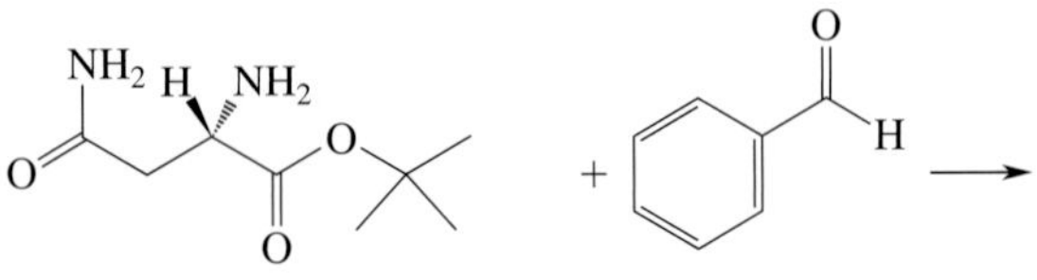

天冬酰胺(1,1- 二甲基乙基)酯

C
$C_{15}H_{20}N_2O_3$
(非环化合物)

Fmoc-氨基
酰氯

D
杂环二肽

因为需要用氨基酸酰氯形成新的酰胺键，所以用Fmoc保护基（示于灰色方框中）来代替你们熟悉的Cbz或Boc。在这些条件下Cbz和Boc都不稳定。

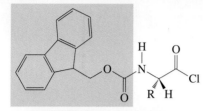

**芴甲氧羰基(Fmoc)-氨基酸氯**

考虑以下问题：

（1）在C中生成了什么官能团？

（2）D中肽键在哪里，把它圈出来。

　　讨论每个方案中提出问题的答案，以及你们为A～D提出的结构。

## 预科练习

**68.** A（如下所示）是一个天然存在的α-氨基酸的结构。从下式选择它的名称：（**a**）甘氨酸；（**b**）丙氨酸；（**c**）酪氨酸；（**d**）半胱氨酸。

$$
\begin{array}{c}
\text{COOH} \\
| \\
\text{H}_2\text{N}-\text{C}-\text{H} \\
| \\
\text{CH}_3 \\
\textbf{A}
\end{array}
$$

**69.** 蛋白质一级结构是指：（**a**）以二硫键交联；（**b**）存在α-螺旋；（**c**）多肽链中α-氨基酸的序列；（**d**）侧链在三维空间中的取向。

**70.** 以下五个结构中哪一个是两性离子？

（**a**）$^-\text{O}_2\text{CCH}_2\overset{\displaystyle O}{\overset{\|}{\text{C}}}\text{NH}_2$ 　　（**b**）$^-\text{O}_2\text{CCH}_2\text{CH}_2\text{CO}_2^-$

（**c**）$\text{H}_3\overset{+}{\text{N}}\text{CH}_2\text{CO}_2^-$ 　　（**d**）$\text{CH}_3(\text{CH}_2)_{16}\text{CO}_2^-\text{K}^+$

（**e**）$\left[\begin{array}{cc} \overset{\displaystyle O}{\overset{\|}{\text{H}-\text{C}}}{\text{-}\overset{..}{\overset{..}{\text{O}}}{:}}^{\text{-}} & \longleftrightarrow & \overset{..}{\overset{..}{:\text{O}}}{:}^{\text{-}}\overset{\displaystyle }{}\text{H}-\text{C}\overset{\|}{\underset{\displaystyle O}{}} \end{array}\right]$

**71.** 当α-氨基酸溶解在水中并将此溶液pH调节到12时，下列物质中哪个占多数？

（**a**）$\begin{array}{c}\overset{\displaystyle O}{\overset{\|}{\text{RCHCOH}}}\\ | \\ \text{NH}_2\end{array}$ 　　（**b**）$\begin{array}{c}\overset{\displaystyle O}{\overset{\|}{\text{RCHCOH}}}\\ | \\ ^+\text{NH}_3\end{array}$

（**c**）$\begin{array}{c}\overset{\displaystyle O}{\overset{\|}{\text{RCHCO}^-}}\\ | \\ ^+\text{NH}_3\end{array}$ 　　（**d**）$\begin{array}{c}\overset{\displaystyle O}{\overset{\|}{\text{RCHCO}^-}}\\ | \\ \text{NH}_2\end{array}$

**72.** 在天然存在的小肽甘氨酰丙氨酰丙氨酸中，存在几个手性中心？（**a**）0；（**b**）1；（**c**）2；（**d**）3。

# 练习答案

## 第1章

### 1-1

（a）

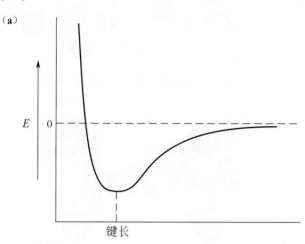

纵轴 $E$，$0$ 处为虚线，横轴为键长

（b）自行练习。

### 1-2

$$Li^+ \overset{..}{\underset{..}{Br}} :^- \qquad [Na]_2^+ \overset{..}{\underset{..}{O}} :^{2-} \qquad Be^{2+}[\overset{..}{\underset{..}{F}}:]_2^-$$

$$Al^{3+}[:\overset{..}{\underset{..}{Cl}}:]_3^- \qquad Mg^{2+} :\overset{..}{\underset{..}{S}} :^{2-}$$

### 1-3

Lewis 结构式：
$$:\overset{..}{\underset{..}{F}} :\overset{..}{\underset{..}{F}}: \qquad :\overset{..}{\underset{..}{F}} :\overset{..}{\underset{..}{C}} :\overset{..}{\underset{..}{F}}: \quad (上下各一F) \qquad H :\overset{..}{\underset{..}{C}} :H \quad (上下Cl) \qquad H :\overset{}{\underset{H}{P}} :H$$

$$:\overset{..}{Br} :\overset{..}{\underset{..}{I}}: \qquad {}^-:\overset{..}{\underset{..}{O}} :H \qquad H :\overset{}{\underset{H}{N}} :H \qquad {}^-:\overset{}{\underset{H}{C}} :H$$

### 1-4

$$H \rightarrow \overset{}{O} \leftarrow H \qquad SC \rightarrow O \qquad S \rightarrow O \qquad I \rightarrow Br \qquad H \rightarrow \overset{\uparrow H}{\underset{\downarrow H}{C}} \leftarrow H$$

$$Cl \rightarrow \overset{\uparrow H}{\underset{\downarrow Cl}{C}} \leftarrow Cl \qquad H \rightarrow \overset{\uparrow H}{\underset{\downarrow Cl}{C}} \leftarrow Cl \qquad H \rightarrow \overset{\uparrow H}{\underset{\downarrow Cl}{C}} \leftarrow H$$

### 1-5

可以将 $NH_3$ 看作 $H_3C^-$ 的等电子体，$H_2O$ 是 $H_2C^{2-}$ 的等电子体。与孤对电子的电子互斥推动成键电子远离，导致形成相应的三角锥和弯曲结构。

### 1-6

$$H :\overset{..}{\underset{..}{I}}: \qquad H :\overset{H\ H}{\underset{H\ H}{C:C:C}} :H \qquad H :\overset{H}{\underset{H}{C:O}} :H \qquad H :\overset{..}{\underset{..}{S}} :\overset{..}{\underset{..}{S}} :H$$

$$\overset{..}{\underset{..}{O}} ::Si:: \overset{..}{\underset{..}{O}} \qquad \overset{..}{\underset{..}{O}} :: \overset{..}{\underset{..}{O}} \qquad \overset{..}{\underset{..}{S}} ::C:: \overset{..}{\underset{..}{S}}$$

### 1-7

章节内已解答。

### 1-8

$$\overset{..}{\underset{..}{S}} ::\overset{..}{\underset{..}{O}} \qquad :\overset{..}{\underset{..}{F}} :\overset{..}{\underset{..}{O}} :\overset{..}{\underset{..}{F}}: \qquad \overset{:\overset{..}{\underset{..}{F}}:H}{\underset{:\overset{..}{\underset{..}{F}}:H}{:\overset{..}{\underset{..}{F}} :B^{+} :N :H}} \qquad H :\overset{H}{\underset{H}{C:O}} :H \;^+$$

$$\overset{:\overset{..}{\underset{..}{Cl}}:}{\underset{:\overset{..}{\underset{..}{Cl}}:}{C:: \overset{..}{\underset{..}{O}}}} \qquad {}^-:C:::N: \qquad {}^-:C:::C:^-$$

### 1-9

（a）
$$\underset{A}{H\text{—}C\text{—}\overset{+}{C}\text{—}\overset{..}{\underset{..}{O}}:^{2-}} \qquad \underset{B}{H\text{—}N\text{—}\overset{+}{C}\text{—}N\text{—}H} \qquad \underset{C}{H\text{—}C\text{—}\overset{..}{\underset{..}{O}}} \qquad \underset{D}{H\text{—}\overset{-}{C}\text{—}\overset{+}{C}\overset{+}{\text{—}}H}$$

否，其中一个氧有10个电子。 | 是，每个原子都是八电子体。 | 否，碳原子10个电子。 | 否，有两个相邻的正电荷。

（b）结构接近三角形（数清孤对电子对数），N—O键长相等，每个氧原子带1/2负电荷。

$$[:\overset{..}{\underset{..}{O}} \overset{..}{\underset{..}{O}}:^- \quad \longleftrightarrow \quad {}^-:\overset{..}{\underset{..}{O}} \overset{..}{\underset{..}{O}}:]$$
（中心为 N）

（c）习题1-8中 $\overset{..}{S}=\overset{..}{\underset{..}{O}}:$ 键长1.48 Å。

对于 $SO_2$：

$$\underset{A}{[:\overset{..}{\underset{-}{O}} :\overset{+}{S} :: \overset{..}{\underset{..}{O}} \longleftrightarrow \overset{..}{\underset{..}{O}} ::\overset{}{S} :: \overset{..}{\underset{..}{O}} \longleftrightarrow \overset{..}{\underset{..}{O}} :: \overset{+}{S} :\overset{..}{\underset{-}{O}}: \longleftrightarrow {}^-:\overset{..}{\underset{..}{O}} :\overset{2+}{S} :\overset{..}{\underset{..}{O}}:^-]}$$

键长1.43Å 与 A 式吻合，其他共振式中键长都应大于1.48Å。

## 1–10

章节内已解答。

## 1–11

（a） $\left[\, :\!\mathrm{C}\!\equiv\!\overset{+}{\mathrm{N}}\!-\!\overset{..}{\overset{..}{\mathrm{O}}}\!:^{-} \longleftrightarrow {}^{2-}\overset{..}{\overset{..}{\mathrm{C}}}\!=\!\overset{+}{\mathrm{N}}\!=\!\overset{..}{\overset{..}{\mathrm{O}}}\,\right]$

共振式中左侧结构占优，该结构电荷均分，负电荷主要在电负性较强的氧上。

（b） $\left[\, ^{-}\overset{..}{\mathrm{N}}\!=\!\overset{..}{\overset{..}{\mathrm{O}}} \longleftrightarrow \overset{..}{\mathrm{N}}\!-\!\overset{..}{\overset{..}{\mathrm{O}}}\!:^{-}\,\right]$

共振式中左侧结构占优，右侧结构氮原子不满足八隅律。

（c）

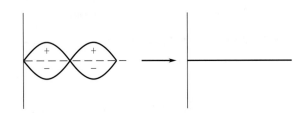

共振式中两个结构等价，贡献相等。

（d）

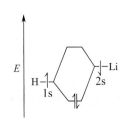

共振式中中间结构最优，负电荷都分布在电负性较强原子上。右侧为第二优势结构，电荷分布在氧上，比第一个结构（左侧）好，因为氧电负性比氮强。

## 1–12

（图：两个p轨道重叠示意）

## 1–13

画出下列电子构型：
$S: (1s)^2(2s)^2(2p)^6(3s)^2(3p)^4$; $P: (1s)^2(2s)^2(2p)^6(3s)^2(3p)^3$

## 1–14

章节内已解答。

## 1–15

（图：能量 $E$ 与 H 1s、Li 2s 轨道示意）

## 1–16

（a） $\mathrm{CH_3^+}$ 或 $\mathrm{H\!:\!\overset{+}{\underset{H}{C}}\!:\!H}$     $\mathrm{CH_3^-}$ 或 $\mathrm{H\!:\!\overset{-}{\underset{H}{\overset{..}{C}}}\!:\!H}$

非八隅体         八隅体

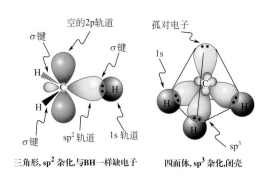

三角形, $sp^2$ 杂化,与BH一样缺电子     四面体, $sp^3$ 杂化,闭壳

（b）

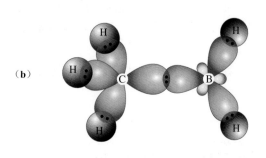

## 1–17

章节内已解答。

## 1–18

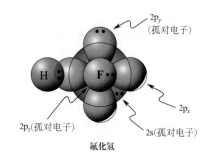

氟化氢

## 1–19

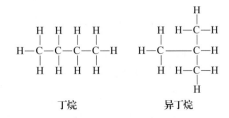

丁烷         异丁烷

## 1–20

自行练习。请注意分子结构多变，有多种空间排布。

# 1-21

$$CH_3CH_2CH_2CH_3 \qquad CH_3\overset{\overset{\displaystyle CH_3}{|}}{C}HCH_3$$

# 1-22

（a）

（b）

苄基青霉素　　　　立方烷　　　　糖精

# 第2章

## 2-1

$\Delta G^{\ominus}=\Delta H^{\ominus}-T\Delta S^{\ominus}$
$\qquad =22.4\ \text{kcal}\cdot\text{mol}^{-1}-(298\ \text{K}\times31.3\text{cal}\cdot\text{K}^{-1}\cdot\text{mol}^{-1})$
$\qquad =12.5\ \text{kcal}\cdot\text{mol}^{-1}$

反应在 25℃时是不可行的。在更高温度下，$\Delta G^{\ominus}$ 逐渐变小，最终变成负值。在 400℃时，$\Delta H^{\ominus}=T\Delta S^{\ominus}$，$\Delta G^{\ominus}=0$。

## 2-2

$\Delta G^{\ominus}=\Delta H^{\ominus}-T\Delta S^{\ominus}$
$\qquad =-15.5\ \text{kcal}\cdot\text{mol}^{-1}-[298\ \text{K}\times(-31.3\text{cal}\cdot\text{K}^{-1}\cdot\text{mol}^{-1})]$
$\qquad =-6.17\ \text{kcal}\cdot\text{mol}^{-1}$

此反应中，两个分子变为一个分子，因此熵变为负数。

## 2-3

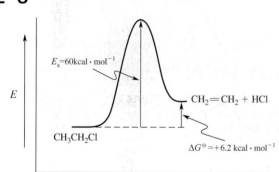

$E_a=60\text{kcal}\cdot\text{mol}^{-1}$

$E$

$CH_3CH_2Cl$

$CH_2=CH_2 + HCl$

$\Delta G^{\ominus}=+6.2\ \text{kcal}\cdot\text{mol}^{-1}$

## 2-4

章节内已解答。

## 2-5

所给出的化学式显示了反应的计量比：两个起始原料以 1:1 反应。$CH_3Cl$ 消耗一半浓度从 $0.2\text{mol}\cdot\text{L}^{-1}$ 降到 $0.1\text{mol}\cdot\text{L}^{-1}$。此时应消耗等量的 NaOH。因此 NaOH 浓度从 $1.0\ \text{mol}\cdot\text{L}^{-1}$ 降到 $0.9\ \text{mol}\cdot\text{L}^{-1}$，即原来的 90%。通过下式可确定新反应速率，其中 $[CH_3Cl]$ 和

［NaOH］是这些原料的初始浓度。
$r=k\times(0.5\,[CH_3Cl])\times(0.9\,[NaOH])=0.45\times k\,[CH_3Cl][NaOH]$
$\quad =0.45\times r。$
$\quad =0.45\times(1\times10^{-4})$
$\quad =4.5\times10^{-5}\text{mol}\cdot\text{L}^{-1}\cdot\text{s}^{-1}$

同样可以从给定的信息算出速率常数（尽管此列中并非必要），从而求得最终答案：
$k=(1\times10^{-4}\text{mol}\cdot\text{L}^{-1}\cdot\text{s}^{-1})/(0.2\ \text{mol}\cdot\text{L}^{-1})\times(1.0\ \text{mol}\cdot\text{L}^{-1})=5\times10^{-4}\ \text{mol}\cdot\text{L}^{-1}\cdot\text{s}^{-1}$
$r=k\times(0.5\,[CH_3Cl])\times(0.9\,[NaOH])=(5\times10^{-4})\times0.1\times0.9$
$\quad =4.5\times10^{-5}\text{mol}\cdot\text{L}^{-1}\cdot\text{s}^{-1}$

## 2-6

（a）$+6.17\ \text{kcal}\cdot\text{mol}^{-1}$

（b）$\Delta G^{\ominus}=[15.5-(0.773\times31.3)]\ \text{kcal}\cdot\text{mol}^{-1}$
$\qquad =-8.69\ \text{kcal}\cdot\text{mol}^{-1}$

因此，高温时平衡位于乙烯和 HCl 端，此时熵变项超越焓变项。

## 2-7

$k=10^{14}\text{e}^{-58.4/1.53}=2.65\times10^{-3}\ \text{s}^{-1}$

## 2-8

（a）

（i）$H_3C-\overset{..}{\underset{..}{O}}:^- + H^+ \longrightarrow H_3C-\overset{..}{\underset{..}{O}}-H$ （与反应类型2相比）

（ii）$H^+ + CH_3CH=CHCH_3 \longrightarrow CH_3\overset{H}{\underset{|}{C}}H-\overset{+}{C}HCH_3$
[与反应类型4(b)相比]

（iii）$(CH_3)_2\overset{..}{N}:^- + H-\overset{..}{\underset{..}{Cl}}: \longrightarrow (CH_3)_2\overset{..}{N}-H + :\overset{..}{\underset{..}{Cl}}:^-$
[与反应类型3相比]

（iv）$CH_3-\overset{..}{\underset{..}{O}}:^- + H_2C=\overset{..}{\underset{..}{O}} \longrightarrow CH_3-\overset{..}{\underset{..}{O}}-CH_2-\overset{..}{\underset{..}{O}}:^-$
[与反应类型4(a)相比]

（b）

（i）$H^+$ 上无电子对

正确：

（ii）该式导致 C—C 键断裂：

正确：

（iii）该式产生一个不合理的五价碳和带 10 个电子的氧：

正确：

## 2-9

$H\overset{..}{\underset{..}{O}}:^- + H-\overset{..}{\underset{..}{Cl}}: \rightleftharpoons H\overset{..}{\underset{..}{O}}-H + :\overset{..}{\underset{..}{Cl}}:^-$
　　碱　　　　　酸　　　　共轭酸　　　共轭碱

## 2-10

（a）（i）$H_3O^+$；（ii）$CH_3COOH$；（iii）$HC\equiv CH$。
（b）（i）$NC^-$；（ii）$CH_3O^-$；（iii）$CH_3^-$。

## 2-11

（a）$HSO_3^-$（b）$ClO_3^-$（c）$HS^-$（d）$(CH_3)_2O$（e）$SO_4^{2-}$

## 2-12

（a）$(CH_3)_2NH$（b）$HS^-$（c）$^+NH_4$（d）$(CH_3)_2C{=}\overset{+}{O}H$
（e）$CF_3CH_2OH$

## 2-13

亚磷酸的酸性更强，其$pK_a$值更小，具有较大的酸解离常数$K_a$。
$K_a(HNO_2)=10^{-3.3}$；$K_a(H_3PO_3)=10^{-1.3}$。

## 2-14

$$H_3N \; + \; CH_3COOH \; \underset{}{\overset{K=10^{4.6}}{\rightleftharpoons}} \; H_4N^+ \; + \; CH_3COO^-$$
$$\mathbf{pK_a = 4.7} \qquad\qquad \mathbf{pK_a = 9.3}$$

## 2-15

双键氧端质子化生成具有三个共振式的结构：

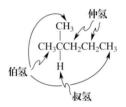

OH上氧质子化生成具有两个共振式的结构，而且第二个因为带两个相邻正电荷的原子，因此是不利的。

双键氧质子化有利。

## 2-16

章节内已解答。

## 2-17

（a）$pK_a = -\log K_a$
$K_a（乙酸）= 10^{-4.7}$；$K_a（苯甲酸）= 10^{-4.2}$。苯甲酸是更强的酸，$10^{0.5} = 3.2$倍。
（b）相对吸电子

较强酸

## 2-18

章节内已解答。

## 2-19

$$CH_3CH_2{-}\ddot{\underset{\cdot\cdot}{I}}\colon \; + :NH_3 \longrightarrow CH_3CH_2{-}\overset{\overset{H}{|}}{\underset{\underset{H}{|}}{\overset{+}{N}}}{-}H + \colon\!\ddot{\underset{\cdot\cdot}{I}}\colon^-$$

## 2-20

（a）

## 2-21

异己烷　　　新戊烷

## 2-22

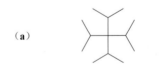

## 2-23

（a）
（i）3-乙基-2-甲基己烷　（ii）2,3,6-三甲基庚烷
（iii）6-(1,1-二甲基乙基)-3,7-二乙基-2,2-二甲基壬烷
（b）自行练习。

## 2-24

章节内已解答。

## 2-25

（a）

2,4-二甲基-3,3-双(1-甲基乙基)戊烷

（b）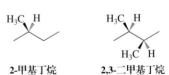

## 2-26

2-甲基丁烷　　　2,3-二甲基丁烷

## 2-27

章节内已解答。

## 2-28

如下图所示，本例中两个交叉构象之间的能垒实际上非常小。

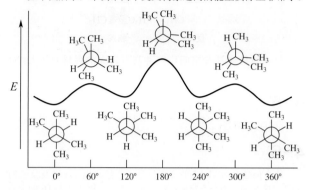

# 第3章

## 3-1

章节内已解答。

## 3-2

在轨道尺寸和能量匹配的基础上，C—C、N—N 和 O—O 键的共价重叠应该非常相似。此外，每个键在两个相同的原子之间，因此这三个键都是非极性的并且缺乏库仑吸引力。然而，N—N 键中的每个 N 含有一对孤对电子，而过氧化氢中的每个 O 带有两对。相对于乙烷中的 C—C 键，孤对电子的排斥会削弱肼中的 N—N 键，对过氧化氢的影响更为严重。

## 3-3

（a）

第一个：$CH_3 \dagger C(CH_3)_3$　　$DH^\ominus = 87$ kcal·mol$^{-1}$

第二个：$CH_3 \dagger CH_3$　　$DH^\ominus = 90$ kcal·mol$^{-1}$

（b）

96.5 kcal·mol$^{-1}$　　　　　　　　119 kcal·mol$^{-1}$

三级 C—H 键是最弱的。

## 3-4

章节内已解答。

## 3-5

（a）

$$CH_3Cl + Cl_2 \xrightarrow{h\nu} CH_2Cl_2 + HCl$$

链引发　　$:\overset{..}{\underset{..}{Cl}} \!-\! \overset{..}{\underset{..}{Cl}}: \xrightarrow{h\nu} 2\ :\overset{..}{\underset{..}{Cl}}\cdot$

链传递 1　　$ClCH_2\!-\!H\ +\ \cdot\overset{..}{\underset{..}{Cl}}: \longrightarrow ClCH_2\cdot\ +\ H\!-\!\overset{..}{\underset{..}{Cl}}:$

链传递 2　　$ClCH_2\cdot\ +\ :\overset{..}{\underset{..}{Cl}}\!-\!\overset{..}{\underset{..}{Cl}}: \longrightarrow ClCH_2\!-\!\overset{..}{\underset{..}{Cl}}:\ +\ \cdot\overset{..}{\underset{..}{Cl}}:$

（b）

乙烷是链终止步骤的结果：

$$CH_3\cdot\ +\ \cdot CH_3 \longrightarrow CH_3\!-\!CH_3$$

## 3-6

（a）

通过观察图 3-7 和表 3-5 找到答案。氯原子比溴原子更具反应性，正如通过攫氢步骤的 $\Delta H$ 值所示：+2 kcal·mol$^{-1}$ 对比 +18 kcal·mol$^{-1}$。由于原子攫取的过渡态反映了产物的相对稳定性，显然（·CH$_3$ + HCl）的生成要比（·CH$_3$ + HBr）更容易。

（b）

（i）$\Delta H^\ominus = (105 + 55)\text{kcal·mol}^{-1} - (118 + 85)\text{kcal·mol}^{-1} = -43$ kcal·mol$^{-1}$

（ii）

链传递步骤 1　　$H_3C\!-\!H\ +\ \cdot\overset{..}{\underset{..}{O}}C(CH_3)_3 \longrightarrow H_3C\cdot\ +\ H\!-\!\overset{..}{\underset{..}{O}}C(CH_3)_3$

链传递步骤 2　　$H_3C\cdot\ +\ Cl\!-\!\overset{..}{\underset{..}{O}}C(CH_3)_3 \longrightarrow H_3C\!-\!Cl\ +\ \cdot\overset{..}{\underset{..}{O}}C(CH_3)_3$

链传递步骤 1 的特征在于通过叔丁氧基自由基而不是 ·Cl 攫取 H，因为 H—O 键比 H—Cl 键强。

## 3-7

$$CH_3CH_2CH_2CH_3\ +\ Cl_2 \xrightarrow{h\nu}$$

$$CH_3CH_2CH_2CH_2Cl\ +\ CH_3CH_2\overset{\displaystyle Cl}{\overset{|}{C}}HCH_3\ +\ HCl$$

一级产物与二级产物的比例可以通过将原料中相应的氢原子的数量乘以其相对反应性来计算：

$(6 \times 1) : (4 \times 4) = 6 : 16 = 3 : 8$

或者说，2-氯丁烷∶1-氯丁烷 = 8∶3。

## 3-8

章节内已解答。

## 3-9

起始化合物有四组不同的氢原子：

因此有四种可能的单取代产物，对应于把这四组中每一组的一个氢原子取代成氯原子：

**A**　　**B**

**C**　　**D**

下表中给出预期应该生成的各个产物的相对数量：

| 位置（基团） | 氢个数 | 相对反应性 | 相对产率 | 产率百分比 |
|---|---|---|---|---|
| A | 3 | 1 | 3 | 10% |
| B | 6 | 1 | 6 | 20% |
| C | 4 | 4 | 16 | 53% |
| D | 1 | 5 | 5 | 17% |

## 3-10

章节内已解答。

## 3-11

2,3-二甲基丁烷，$(CH_3)_2CH—CH(CH_3)_2$，含有 12 个相同的一级氢原子和 2 个相同的三级氢原子，比例为 6:1。然而，三级氢:一级氢的单氯化的选择性仅为 5:1。因此，单氯化将得到大致等量的两种可能的单氯化产物，$ClCH_2(CH_3)CH—CH(CH_3)_2$ 和 $(CH_3)_2CCl—CH(CH_3)_2$，这并不会是有用的合成反应。相反的，三级氢:一级氢的单溴化的选择性约为 1800:1。单溴化将以高选择性（1800/6）或 300:1 产生 $(CH_3)_2CBr—CH(CH_3)_2$，因此这是一种较优的合成方法。

## 3-12

在此异构化反应中，丁烷的二级氢原子和末端甲基交换位置：

$$CH_3CHCH_2 \cdot CH_3$$

因此，
$\Delta H^\ominus =$ 断裂键能的总和 $-$ 生成键能的总和
$= (98.5 + 89)\ kcal\cdot mol^{-1} - (88 + 101)\ kcal\cdot mol^{-1}$
$= -1.5\ kcal\cdot mol^{-1}$

# 第4章

## 4-1

环张力和构象分析部分已在 4-2 节到 4-5 节中讨论。

注意环烷烃不如直链烷烃柔性好，因此构象自由度更小。环丙烷必须是平面的且所有的氢原子都是重叠的。更高级的环烷烃柔性增大，更多的氢原子可以处在交叉位置，环上的碳原子最终能够形成反式构象。

## 4-2

章节内已解答。

## 4-3

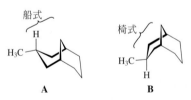

反-1-溴-2-甲基环己烷　　顺-1-溴-3-甲基环己烷　　反-1-溴-3-甲基环己烷

顺-1-溴-4-甲基环己烷　　反-1-溴-4-甲基环己烷

## 4-4

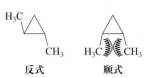

反式　　　　顺式

顺式异构体具有空间位阻并具有较大的燃烧热（大约 1 $kcal\cdot mol^{-1}$）。

## 4-5

章节内已解答。

## 4-6

这个问题是练习 4-5 的变形，除了已经给出了 $x$ 以及反应的 $\Delta H^\ominus$ 是未知的。由于产物环己烷是无张力的，因此 A 与 $H_2$ 的反应热将等于共用化学键的张力。以 2,3-二甲基丁烷的中心键 $[DH^\ominus = 85.5\ kcal\cdot mol^{-1}$（表 3-2）] 作为参考，这个化学键的键强度为 85.5 $kcal\cdot mol^{-1} - 50.7\ kcal\cdot mol^{-1} = 34.8\ kcal\cdot mol^{-1}$。因此，由 A 形成环己烷将是放热的，$\Delta H^\ominus = (104 + 34.8)\ kcal\cdot mol^{-1} - 197\ kcal\cdot mol^{-1} = -58.2\ kcal\cdot mol^{-1}$。

## 4-7

（a）一个碳桥

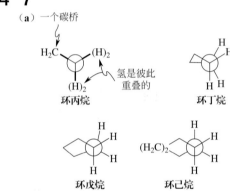

氢是彼此重叠的

环丙烷　　　　　　　环丁烷

环戊烷　　　　　　　环己烷

相应的 C—H 键的扭转角：环丙烷为 $0^\circ$；环丁烷为 $37^\circ$；环戊烷的变化（取决于被分析的化学键）范围为 $10\sim40^\circ$；环己烷为 $57^\circ$。

（b）

## 4-8

$\log K = -1.7/1.36 = -1.25$
$K = 10^{-1.25} = 0.056$。比较 $K = 5/95 = 0.053$

## 4-9

章节内已解答。

## 4-10

船式　　　　　　　　椅式

H₃C　　　　　　　　　H₃C

A　　　　　　　　　　B

## 4-11

（a）$\Delta G^\ominus =$ 直立甲基和直立乙基的能量差 $\approx 1.75\ kcal\cdot mol^{-1} - 1.70\ kcal\cdot mol^{-1} = 0.05\ kcal\cdot mol^{-1}$。也就是说，这是非常小的。

（b）同（a）。

（c）$1.75\ kcal\cdot mol^{-1} + 1.70\ kcal\cdot mol^{-1} = 3.45\ kcal\cdot mol^{-1}$。

# 4–12

（a）均为直立键-平伏键

（b）双平伏键　　双直立键

（c）双平伏键　　双直立键

（d）均为直立键-平伏键

# 4–13

章节内已解答。

# 4–14

在反-1,2-二甲基环己烷的分子模型中，进行从平伏到直立的环的翻转，并将各自甲基的环境与甲基环己烷中甲基的环境进行比较。显然，在双直立形式中，两个甲基彼此完全不同，每个甲基在分子的各个面上遇到与单甲基衍生物相同的两个1,3-双直立的氢。因此可加和性适用。在双平伏键结构中，两个取代基似乎非常接近。为了想象这一点，请回想一下图4-12，重点关注连接两个含甲基碳的环键，而忽略其余部分。我们正在研究一种丁烷的邻交叉相互作用（2-9节，图2-12和图2-13），破坏这个构象的稳定性 0.9 kcal·mol$^{-1}$。研究结果是，环形翻转的 $\Delta G^{\ominus}$ 小于 3.4 kcal·mol$^{-1}$。

邻交叉

0.9 kcal·mol$^{-1}$

# 4–15

反-十氢萘是刚性的。全椅式-椅式构象的翻转是不可能的。与此相对应的是，顺式异构体中的直立键和平伏键可以通过两个环的构象异构化来互相转换。这种交换的能垒很小（$E_a = 14$

kcal·mol$^{-1}$）。因为其中的一个键永远是直立的，顺式异构体比反式异构体较不稳定约 2 kcal·mol$^{-1}$（通过燃烧实验测量）。

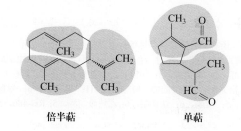

顺-十氢萘中的环翻转

# 4–16

全平伏键

# 4–17

倍半萜　　单萜

# 4–18

菊酸：$\overset{|}{\underset{|}{C}}=\overset{|}{\underset{|}{C}}$，—COOH，—COOR

诱杀烯醇：$\overset{|}{\underset{|}{C}}=\overset{|}{\underset{|}{C}}$，—OH

薄荷醇：—OH

樟脑：$\overset{|}{\underset{|}{C}}=O$

$\beta$-杜松烯：$\overset{|}{\underset{|}{C}}=\overset{|}{\underset{|}{C}}$

紫杉醇：芳香苯环，—OH，—O—，$\overset{|}{\underset{|}{C}}=O$，—COOR，—CONHR

# 第5章

## 5–1

（a）

环丙基环戊烷　　环丁基环丁烷

这两个烃具有相同的分子式 $C_8H_{14}$，它们是（构造）异构体。
（b）1,2-二甲基环戊烷与其 1,3-二甲基环戊烷异构体具有不同的连接方式，因此，它们是构造异构体。另外，顺式化合物是反式类似物的立体异构体。

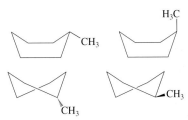

## 5-2

甲基环己烷有好几种船式和扭船式构象，下面给出了其中的四种。

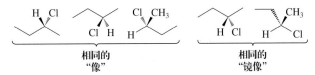

## 5-3

（a）所有化合物都是手性的。然而，需要注意，2-甲基丁二烯（异戊烯）本身是非手性的。手性中心的数目依次为：除虫菊酸，2；诱杀烯醇，2；薄荷醇，3；樟脑，2；β-杜松萜烯，3；紫杉醇，11；表雄（甾）酮，7；胆固醇，8；胆酸，11；可的松，6；睾酮，6；雌二醇，5；孕酮，6；炔诺酮，6；乙炔雌二醇，5；RU-486，5。

（b）

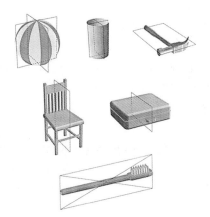

## 5-4

（Illustration Courtesy of Marie Sat.）

## 5-5

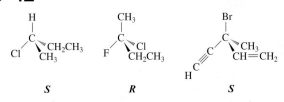

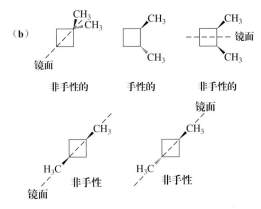

## 5-6

（a）$[\alpha] = \dfrac{6.65°}{1 \times 0.1} = 66.5°$

天然蔗糖对映体的比旋光度 $[\alpha] = 66.5°$

（b）$[\alpha] = \dfrac{\alpha}{l \times c}$ ⟶ $\alpha = [\alpha] \times l \times c = -3.8 \times 1 \times 0.1 = -0.38°$

## 5-7

章节内已解答。

## 5-8

| 光学纯度 /% | 比例（+/−） | $[\alpha]_{观测}$ |
|---|---|---|
| 75 | 87.5/12.5 | +17.3° |
| 50 | 75/25 | +11.6° |
| 25 | 62.5/37.5 | +5.8° |

## 5-9

（a）$-CH_2Br > -CCl_3 > -CH_2CH_3 > -CH_3$

（b）环己基 $> -\underset{CH_3}{CHCH_3} > -CH_2\underset{CH_3}{CHCH_3}$

（c）$-C(CH_3)_3 > -\underset{CH_3}{CHCH_2CH_3} > -CH_2\underset{CH_3}{CHCH_3} > -CH_2CH_2CH_2CH_3$

（d）$-\underset{Br}{CHCH_3} > -\underset{Cl}{CHCH_3} > -CH_2CH_2Br > -CH_2CH_3$

## 5-10

章节内已解答。

## 5-11

（+）-2-溴丁烷：S
（+）-2-氨基丙酸：S
（−）-2-羟基丙酸：R

## 5-12

$S$　　　$R$　　　$S$

## 5-13

（chemical structures）

## 5-14

120°

## 5-15

章节内已解答。

（阿斯巴甜 structures）

阿斯巴甜

对映体　　对映体

非对映体

## 5-16

（chemical structures）

*R*

*S*

*R*

## 5-17

（chemical structure）

把优先次序中最低的取代基 *d* 放到 Fischer 投影式的顶部表示它位于纸平面的后面，这是通过视觉观察正确判断出绝对构型所需的位置。

## 5-18

（**a**）

（structures）

异亮氨酸　　别异亮氨酸

它们是非对映异构体。

（**b**）

## 5-19

1.（2*S*,3*S*）-2-氟-3-甲基戊烷
2.（2*R*,3*S*）-2-氟-3-甲基戊烷
3.（2*R*,3*R*）-2-氟-3-甲基戊烷
4.（2*S*,3*S*）-2-氟-3-甲基戊烷

1 和 2 是非对映体；1 和 3 是对映体；1 和 4 是同一物质；2 和 3 以及 2 和 4 都是非对映体；3 和 4 是对映体。加上 2 的镜像，它们是 4 个立体异构体。

## 5-20

（Fischer projections）

包括四个镜像在内，一共有四对非对映体的对映体。

## 5-21

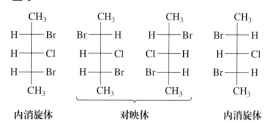

内消旋体　　对映体　　内消旋体

# 5-22

（a）内消旋体　（b）手性

（c）内消旋体　（d）手性

（e）内消旋体　（f）手性

（g）内消旋体　（h）手性

# 5-23

# 5-24

几乎任何一个 C-2 的卤代都得到一个外消旋物；只有溴化是例外，它得到的是非手性的 2,2-二溴丁烷。另外，C-3 的溴化得到两个 2,3-二溴丁烷的非对映体，其中（2R,3R）是内消旋的。

所有其他的卤化反应（分别在 C-1、C-3 和 C-4 上的氟化和氯化，以及在 C-1 和 C-4 上的溴化）都生成光学活性的化合物。

# 5-25

章节内已解答。

# 5-26

在C-1进攻：

（R）-1,2-二溴戊烷，手性，光学活性

在C-2进攻：

2,2-二溴戊烷，非手性

在C-3进攻：

（2S,3R）-2,3-二溴戊烷　（2S,3S）-2,3-二溴戊烷
手性，光学活性　　　　手性，光学活性

非对映体，不等量生成

在C-4进攻：

（2S,4R）-2,4-二溴戊烷　（2S,4S）-2,4-二溴戊烷
非手性，　　　　　　　手性，
内消旋非光学活性　　　光学活性

非对映体，不等量生成

在C-5进攻：

（S）-1,4-二溴戊烷，手性，光学活性

# 5-27

溴代环己烷有一个镜面对称面，因此是非手性的。在 C-2 氯化应该产生不等量的非对映体顺-和反-1-溴-2-氯环己烷。实际上，位阻小的反式产物是主要产物。因为我们从非手性的原料开始，所以产物是外消旋的。的确，从左侧（a）进攻产生如下所示的一对非对映体（译者注：原文为对映体，有误），然而，从右侧（b）进攻同样会等量地得到从左侧进攻产物的镜像（没有画出）。

镜面　非手性的　　顺式　　反式

# 第6章

## 6-1

(a) CH$_3$CH$_2$CH$_2$CH$_2$Ï:

(b) CH$_3$CH$_2$CH$_2$CH$_2$ÖCH$_2$CH$_3$

(c) CH$_3$CH$_2$CH$_2$CH$_2$N̈$=$N$=$N̈$^-$

(d) $\left[\begin{array}{c} \text{CH}_3 \\ \text{CH}_3\text{CH}_2\text{CH}_2\text{CH}_2\text{AsCH}_3 \\ \text{CH}_3 \end{array}\right]^+$  :B̈r:$^-$

(e) $\left[\begin{array}{c} \text{CH}_3\text{CH}_2\text{CH}_2\text{CH}_2\text{S̈eCH}_3 \\ \text{CH}_3 \end{array}\right]^+$  :B̈r:$^-$

## 6-2

章节内已解答。

## 6-3

(a) CH$_3$CH$_2$Ö:$^-$  $+$  CH$_3$CH$_2$Ï:

(b) 
$$\begin{array}{c} \text{H}_3\text{C} \quad \text{CH}_3 \\ \text{N} \\ \text{CH}_3 \end{array} \quad + \quad \text{CH}_3\ddot{\text{I}}:$$

## 6-4

(a) H$^+$  $^-$:ÖH  $\longrightarrow$  H$_2$Ö:

(b) :F̈:$^-$  BF$_3$  $\longrightarrow$  $^-$BF$_4$

(c) H$_3$N̈  H$-$C̈l  $\longrightarrow$  $^+$NH$_4$  :C̈l:$^-$

(d) Na$^+$  $^-$:ÖCH$_3$  H$-$S̈$-$H  $\longrightarrow$  CH$_3$ÖH  Na$^+$  $^-$:S̈H

(e) (CH$_3$)$_2$Ö$^+$$-$H  H$_2$Ö:  $\longrightarrow$  (CH$_3$)$_2$Ö  H$_3$Ö:$^+$

(f) H$_2$O:  H$-$ÖH  $\longrightarrow$  H$_3$O:$^+$  $^-$:ÖH

(g) CH$_3$ÖH  H$-$ÖCH$_3$  $\longrightarrow$  H$_3$C$-$Ö$^+$$-$H  $^-$:ÖCH$_3$
　　　　　　　　　　　　　　　　　　　　　　│
　　　　　　　　　　　　　　　　　　　　　　H

## 6-5

在机理1和3中，氧是亲核位点，碳是亲电位点。在机理4中，碳-碳双键是亲核位点，质子是亲电位点。在机理2中，自动解离，没有画出外部的亲核位点或者亲电位点，但是碳原子在开始时是亲电性的，并且随着氯的离去亲电性逐渐增强。

## 6-6

(a) (CH$_3$)$_3$N̈:  CH$_3$$-$Ï:

(b) 只画出了第一种途径。

H$_3$C$-$S̈:$^-$ 　B̈r: 　和　 S̈:$^-$ 　H$_3$C$-$B̈r:

## 6-7

只给出两个例子。

4. :N≡C:$^-$ 　Ï:　　　7. (CH$_3$)$_3$P̈:　CH$_3$$-$B̈r:

## 6-8

(a) $-$C$^+$  $+$  :C̈l:$^-$  $\longrightarrow$  $-$C$-$C̈l:

(b) HÖ:$^-$  $+$  C$^+$$-$C$-$H  $\longrightarrow$  H$_2$Ö:  $+$  C$=$C

## 6-9

章节内已解答。

## 6-10

(a) $9 \times 10^{-10}$ mol·L$^{-1}$·s$^{-1}$

(b) $1.2 \times 10^{-9}$ mol·L$^{-1}$·s$^{-1}$

(c) $2.7 \times 10^{-9}$ mol·L$^{-1}$·s$^{-1}$

## 6-11

正面进攻的取代反应

$$\begin{array}{c} \text{H}_3\text{C} \quad :\ddot{\text{I}}: \\ \text{C}-\ddot{\text{B}}\text{r}: \\ \text{H} \quad \text{CH}_2\text{CH}_3 \end{array} \longrightarrow \begin{array}{c} \text{H}_3\text{C} \\ \text{C}-\text{I} \\ \text{H} \quad \text{CH}_2\text{CH}_3 \end{array} + :\ddot{\text{B}}\text{r}:^-$$

背面进攻的取代反应

$$:\ddot{\text{I}}:^- \begin{array}{c} \text{H}_3\text{C} \\ \text{C}-\ddot{\text{B}}\text{r}: \\ \text{H} \quad \text{CH}_2\text{CH}_3 \end{array} \longrightarrow \begin{array}{c} \text{CH}_3 \\ \text{I}-\text{C}-\text{H} \\ \text{CH}_2\text{CH}_2 \end{array} + :\ddot{\text{B}}\text{r}:^-$$

## 6-12

(a) 
$$\begin{array}{c} \text{CH}_2\text{CH}_3 \\ \text{Cl}-R-\text{H} \\ \text{CH}_2\text{CH}_2\text{CH}_3 \end{array} \quad + \quad \text{Na}^+ \quad ^-\text{SH} \longrightarrow$$

$$\begin{array}{c} \text{CH}_2\text{CH}_3 \\ \text{H}-S-\text{SH} \\ \text{CH}_2\text{CH}_2\text{CH}_3 \end{array} \quad + \quad \text{Na}^+ \text{Cl}^-$$

(b) 
$$\begin{array}{c} \text{H} \quad \text{Br} \\ S \end{array} \quad + \quad :\text{N(CH}_3)_3 \longrightarrow$$

$$\begin{array}{c} (\text{CH}_3)_3\overset{+}{\text{N}} \text{H} \\ R \end{array} \quad + \quad \text{Br}^-$$

(c) 
$$\begin{array}{c} \text{H} \quad \text{I} \\ R \quad R \\ \text{H} \quad \text{CH}_3 \end{array} \quad + \quad \text{K}^+ \text{SeCH}_3 \longrightarrow$$

$$\begin{array}{c} \text{CH}_3\text{Se} \quad \text{H} \\ R \quad S \\ \text{H} \quad \text{CH}_3 \end{array} \quad + \quad \text{K}^+ \text{I}^-$$

## 6-13

内消旋体 → 内消旋体

反 → 顺

## 6-14

## 6-15

章节内已解答。

## 6-16

（a）根据第 5 章的基团顺序规则，($S$)-丙氨酸结构的基团顺序如下：$-NH_3^+ > -COO^- > -CH_3 > -H$。所以，答案是

因为 $S_N2$ 取代反应会翻转反应位点的立体构型，所以，为了合成（$S$)-丙氨酸需要的原料 2-溴丙酸的立体异构体是

$R$-对映体

（b）

尽管存在构型翻转，手性中心仍然是 $S$ 构型，因为取代基的基团优先顺序改变了。记住 $R/S$ 顺序规则是为了命名手性中心人为构建的，因此，经常（和偶然）会遇到这样的情况，一个发生了构型翻转的反应，其 $R$ 构型却没有同时变成 $S$ 构型（或者反之亦然）。

## 6-17

（2R,4R） → （2R,4S）

（2R,3R） → （2S,3R）

所有的四个化合物都是 246 页的对应物的非对映异构体。

## 6-18

$I^-$ 相比 $Cl^-$ 是一个更好的离去基团，因此产物是 $Cl(CH_2)_6SeCH_3$。

## 6-19

先给出的是酸的相对酸性，然后是它们共轭碱的相对碱性。每种情况中，两个碱中较弱者（列在后面的化合物）是更好的离去基团。

（a）$H_2Se > H_2S$, $HS^- > HSe^-$
（b）$H_2S > PH_3$, $PH_2^- > HS^-$
（c）$HClO_3 > HClO_2$, $ClO_2^- > ClO_3^-$
（d）$HBr > H_2Se$, $HSe^- > Br^-$
（e）$H_3O^+ > {}^+NH_4$, $NH_3 > H_2O$

## 6-20

（a）$^-OH > {}^-SH$  （b）$^-PH_2 > {}^-SH$

（c）$^-SeH > I^-$  （d）$HOSO^- > HOSO^-$

各自共轭酸的相对酸性按相反的顺序排列。

## 6-21

（a）$HS^- > H_2S$  （b）$CH_3S^- > CH_3SH$
（c）$CH_3NH^- > CH_3NH_2$  （d）$HSe^- > H_2Se$

## 6-22

（a）$CH_3S^- > Cl^-$  （b）$P(CH_3)_3 > S(CH_3)_2$
（c）$CH_3CH_2Se^- > Br^-$  （d）$H_2O > HF$

## 6-23

（a）$CH_3SeH > CH_3SH$  （b）$(CH_3)_2PH > (CH_3)_2NH$

## 6-24

（a）$CH_3S^-$  （b）$(CH_3)_2NH$

## 6-25

章节内已解答。

## 6-26

该物质含有一个亲核的氮原子，并且其所处的位置也非常适合与其另一端带有好的离去基团的碳原子发生分子内的反应。参考表 6-3 中的模型反应 6，我们可以画出如下的反应机理：

产物为盐，其在弱碱性的醚溶剂中溶解性很差，并以白色固体沉淀析出。

## 6-27

最易反应的物质是

（a）　和（b）CH₃CH₂CH₂Br

## 6-28

# 第7章

## 7-1

化合物 A 是 2,2-二烷基 -1- 卤代丙烷（新戊基卤化物）的衍生物，含有潜在离去基团的碳是一级碳，但是空间位阻很大，很难进行取代反应。化合物 B 是 1,1-二烷基-1-卤代乙烷（叔卤代烷）衍生物，可以进行溶剂解反应。

## 7-2

（a）键的断裂：$[R=(CH_3)_3C]$：110（R–F）+119（H–OH）= 229 kcal · mol$^{-1}$

键的形成：96（R–OH）+ 136（H–F）= 232 kcal·mol$^{-1}$

$$\Delta H^{\ominus} = -3 \text{ kcal·mol}^{-1}$$

（b）

（i）

（ii）

（c）$r = k [RX]$ mol · L$^{-1}$ · s$^{-1}$。起始原料三级卤代烷的浓度加倍可以使反应速率加倍。稀释CH₃OH对反应速率没有影响。

## 7-3

分子解离成非手性三级碳正离子，反应后转化为 1:1 的 R 和 S 构型的混合物。

## 7-4

章节内已解答。

## 7-5

## 7-6

章节内已解答。

## 7-7

浓氨水溶液含有三种可能的亲核试剂：水分子、氨和氢氧根负离子。"注意"表明氢氧根负离子的浓度非常低，说明主要产物不太可能由碳正离子中间体与氢氧根负离子直接反应形成。相比之下，水和氨的浓度都较高，而氨是更好的亲核试剂（表 6-8）。因此，主要产物应该是胺 (CH₃)₃CNH₂。

## 7-8

章节内已解答。

## 7-9

（a）

（i）　无空间位阻的二级底物，既有好的亲核试剂同时也有好的离去基团，且为非质子极性溶剂：S$_N$2

（ii）　亲核试剂、离去基团以及溶剂都有利于S$_N$2反应，但类似新戊基的支链阻碍了S$_N$2反应：S$_N$1。

**消旋化**

（iii）　无空间位阻的二级底物，HSO₄⁻的亲核性非常差，好的离去基团，质子极性溶剂：S$_N$1

**顺式和反式异构体，均为对映体纯**

（iv）相对无空间位阻的二级底物、好的亲核试剂以及非质子极性溶剂等有利于 S$_N$2 反应，但是存在一个离去能力差的离去基团，此反应不会发生。

（b）

题中反应的确会产生部分（R）-2-丁胺。氨是好的亲核试剂，因此，S$_N$1 和 S$_N$2 机理都可能生成 R 和 S 构型的产物。然而，将此反应定义为合成 R 构型产物的"有效"制备方法是不正确的。反应将生成以 S 构型对映体为主的混合物，并且需要进行比较烦琐的手性分离（5-8 节）。一种更有效的方法就是最好以对映体纯的氯化物为底物，通过立体专一性的反应转化为目标产物。S$_N$2 反应过程是构型翻转的立体专一性反应。如果让起始原料与 $S_N2$ 亲核试剂反应，如与 I⁻ 反应（I⁻ 也是一个好的离去基团），可以高产率地获得 $S$ 构型的产物。

$$(R)\text{-CH}_3\text{CH}_2\text{CHClCH}_3 + \text{NaI} \longrightarrow (S)\text{-CH}_3\text{CH}_2\text{CHICH}_3 + \text{NaCl}$$

在丙酮溶液中，加入化学计量比的 NaI，生成不溶于溶剂的 NaCl 沉淀是反应的驱动力（6-8 节）。

在制备了高对映体纯的 $(S)\text{-CH}_3\text{CH}_2\text{CHICH}_3$ 之后，以氨作为亲核试剂，在非质子极性溶剂（如乙醚）中，进行第二次立体专一性的 $S_N2$ 反应，构型翻转，得到目标产物。

## 7-10

## 7-11

## 7-12

$CH_2=CH_2$；不能进行 E2 反应；$CH_2=C(CH_3)_2$；不能进行 E2 反应。

## 7-13

I⁻ 是一个好的离去基团，因此可以按照 E2 反应机理选择性消除 HI。

## 7-14

章节内已解答。

## 7-15

（**a**）所有氯处在平伏键上，没有与它处在反式共平面的氢。

## 7-16

（**a**）N(CH₃)₃，强碱，较弱的亲核试剂
（**b**）大空间位阻碱
（**c**）Cl⁻，较强的碱，较弱的亲核能力（在质子溶剂中）
（**d**）(CH₃)₂N⁻，强碱
（**e**）CH₃O⁻，强碱

## 7-17

在热力学上，消除反应通常取决于反应的熵，在方程 $\Delta G^{\ominus} = \Delta H^{\ominus} - T\Delta S^{\ominus}$ 中的熵与反应温度有关。在动力学上，消除反应的活化能高于取代反应，因此速率随着温度的升高而迅速上升（参见第 2 章习题 52）。

## 7-18

（**a**）$S_N2$，CH₃CH₂CH₂CN
（**b**）$S_N2$，CH₃CH₂CH₂OCH₃
（**c**）E2，CH₃CH=CH₂

## 7-19

（**a**）$S_N2$，(CH₃)₂CHCH₂I；（**b**）E2，(CH₃)₂C=CH₂

## 7-20

（**a**）$S_N1$，(CH₃)₂CHOH₂CH₃
（**b**）$S_N2$，(CH₃)₂CHSCH₃
（**c**）E2，CH₃CH=CH₂

## 7-21

## 7-22

（**a**）由于反应中使用了更强的碱，第二个反应倾向于生成更多的 E2 消除产物。
（**b**）由于反应中使用了更强的碱，第一个反应倾向于生成更多的 E2 消除产物。

# 第8章

## 8-1

## 8-2

（**a**）4-甲基-2-戊醇
（**b**）顺-4-乙基环己醇
（**c**）(2R,3R)-3-溴-2-氯-1-丁醇
（**d**）(S)-3,3-二氯环己醇

## 8-3

章节内已解答。

## 8-4

共轭酸的 $pK_a$ 值 ≫ 15.5 的所有碱，如 CH₃CH₂CH₂CH₂Li、LDA 和 KH。

## 8-5

## 8-6

在凝聚态中，(CH₃)₃COH 的酸性要比 CH₃OH 的弱。平衡向右移动。

## 8-7

（**a**）NaOH，H₂O
（**b**）1. CH₃CO₂Na，2. NaOH，H₂O
（**c**）H₂O

# 8-8

（a）手性　＋　手性
对映体
（b）CH₃CH₂CHCH₂CH₃
非手性（镜面）

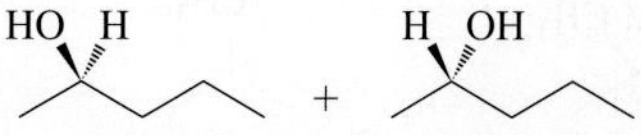

（c）手性　＋　手性
非对映体

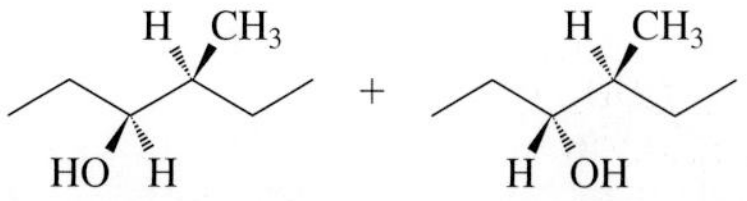

（d）手性　＋　手性
非对映体

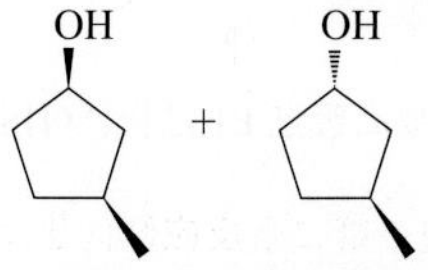

（e）非手性（镜面）　非手性（镜面）
非对映体

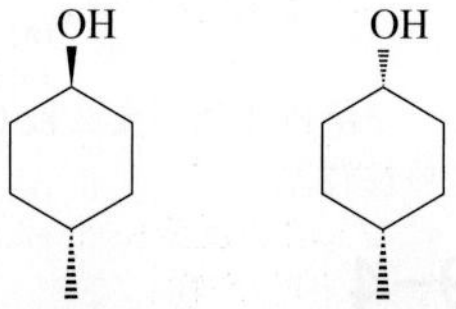

# 8-9

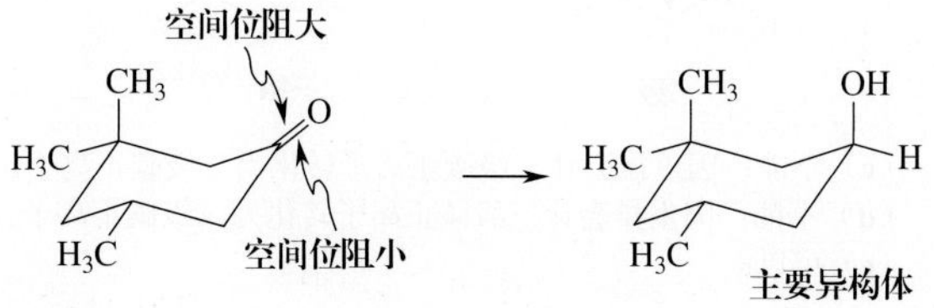

空间位阻大
空间位阻小
→ 主要异构体

# 8-10

（a）CH₃(CH₂)₈CHO + NaBH₄
（b）＋ NaBH₄
（c）CHO ＋ NaBH₄
（d）＋ NaBH₄

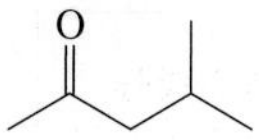

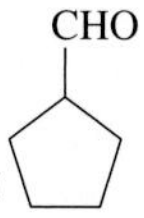

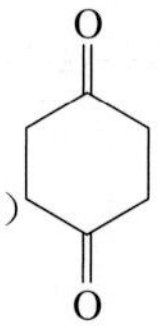

# 8-11

（a）顺式　无立体化学　顺式 ＋ 反式

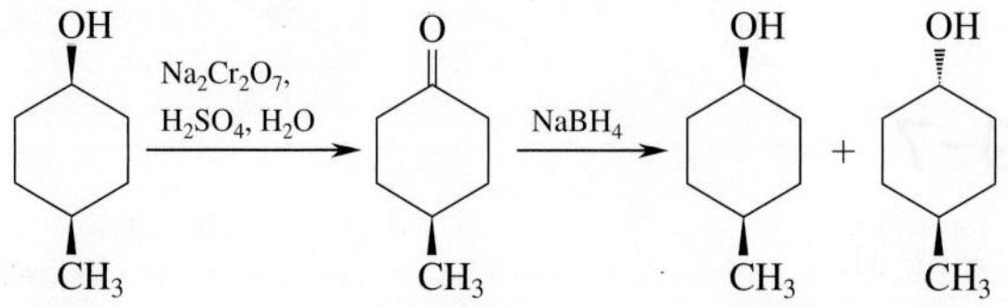

醇的氧化会使与羟基相连的反应位点碳原子的手性中心消失。如果反应不涉及很强的立体选择性，还原反应可以产生两个立体异构体（习题8-9）。

（b）内消旋体　＋ 镜面

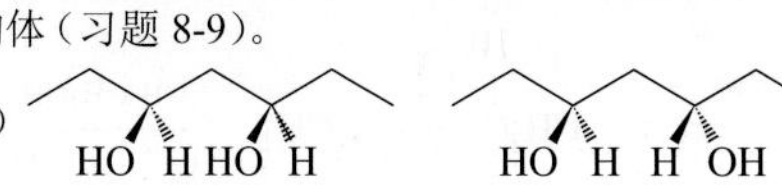

（c）非手性

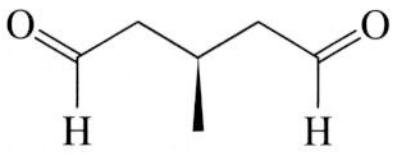

# 8-12

（a）CH₃CH₂CHCH(CH₃)₂ ＋ Na₂Cr₂O₇

（b）＋ 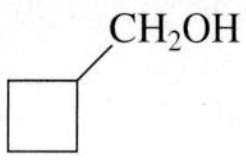 PCC

（c）CH₃CH₂ 或

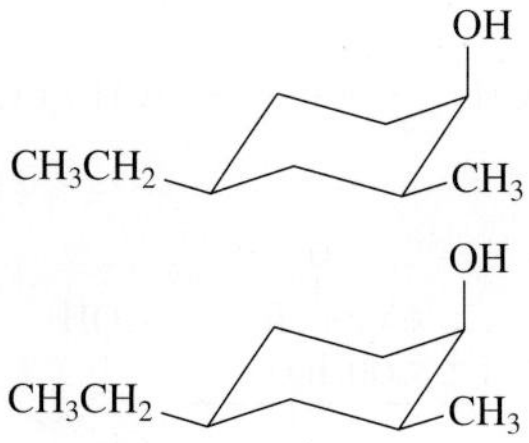

CH₃CH₂ ＋ Na₂Cr₂O₇

# 8-13

章节内已解答。

# 8-14

CD₃OH ——1. CH₃Li 2. D₂O——→ CD₃OD

# 8-15

(CH₃)₂CHBr ——Mg——→ (CH₃)₂CHMgBr ——CH₂=O——→ (CH₃)₂CHCH₂OH

# 8-16

（a）CH₃CH₂CH₂CH₂Li + CH₂=O
（b）CH₃CH₂CH₂MgBr + CH₃CH₂CH₂CHO

（c）(CH₃)₃CLi ＋

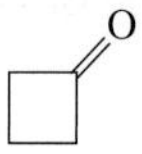

（d）MgBr ＋

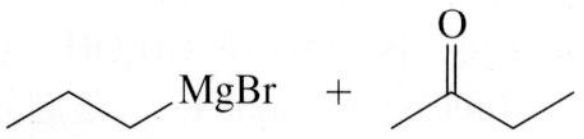

# 8-17

章节内已解答。

# 8-18

（a）ClCH₂CH₂CH₂C(CH₃)₂，经由 Sₙ1
OCH₂CH₃

（b）(CH₃)₂CCH₂CH₂CHO
OH

另一个羟基为三级醇，不能被氧化。

# 8-19

目标产物为三级醇，因此容易由4-乙基壬烷为原料经过 1. Br₂，hν；2. 水解（Sₙ1）。然而，起始原料碳氢化合物本身很复杂，需要精细合成。因此，经由 C—O 切断的逆合成分析不是一个好路线。

# 8-20

章节内已解答。

## 8-21

（a）$CH_4$ $\xrightarrow{Br_2,\ h\nu}$ $CH_3Br$ $\xrightarrow{Mg}$ $CH_3MgBr$

$\downarrow$ 1. NaOH　2. PCC　　　　$\downarrow$ 1. $H_2C{=}O$　2. PCC

$H_2C{=}O$　　　　　　$CH_3CHO$

$CH_3CHO$ $\xrightarrow[\text{2. } Na_2Cr_2O_7]{\text{1. } CH_3MgBr}$ $CH_3\overset{O}{\overset{\|}{C}}CH_3$ $\xrightarrow{CH_3MgBr}$ $(CH_3)_3COH$

（b）

$\xrightarrow{Br_2,\ h\nu}$ Br $\xrightarrow[\text{2. NaOH, }H_2O]{\text{1. } Na^+{}^-O\overset{O}{\overset{\|}{C}}CH_3}$ OH

$\downarrow$ Mg　　　　　　$\downarrow$ $Na_2Cr_2O_7,\ H_2O$

MgBr　　　　　O

$\downarrow$

HO

**3,4-二甲基-3-己醇**

## 第9章

## 9-1

$$CH_3OH + HO^- \overset{K}{\rightleftharpoons} CH_3O^- + H_2O$$
$$pK_a = 15.5 \qquad\qquad pK_a = 15.7$$

$$K = \frac{[CH_3O^-][H_2O]}{[CH_3OH][HO^-]}$$

$CH_3OH$ 与 $H_2O$ 的 $pK_a$ 值几乎相等，因此我们假设 $K = 1$。记住这里的 $K$ 是起始产物的平衡浓度。因为溶剂是 $CH_3OH$，它的浓度在数值上是它的物质的量，$1000/32 = 31\,mol\cdot L^{-1}$，是起始 $HO^-$ 浓度的 3100 倍。因此反应平衡倾向右侧，几乎所有加入的 $HO^-$ 都转化为了 $CH_3O^-$。

## 9-2

（a）

$\overset{\cdot\cdot}{O}H$ $\overset{H^+}{\rightleftharpoons}$ $\overset{+}{O}H_2$

$\downarrow$ :$\overset{\cdot\cdot}{I}{}^-$

$H_2\overset{\cdot\cdot}{O}$ +　　$\overset{\cdot\cdot}{I}{}^-$

（b）

$H\overset{\cdot\cdot}{O}$ ～～～ $\overset{\cdot\cdot}{O}H$ + $H^+$ $\rightleftharpoons$

$\overset{+}{O}H_2$　$\xrightarrow{-H_2\overset{\cdot\cdot}{O}}$　$\overset{\cdot\cdot}{O}{}^+$ $\rightleftharpoons$　$\overset{\cdot\cdot}{O}$ + $H^+$

H　　　　　　　　H$^+$

## 9-3

HO　$CH_3$ $\overset{H^+}{\rightleftharpoons}$ $H_2\overset{+}{O}$　$CH_3$ $\xrightarrow{-H_2O}$ $CH_3^+$

$\downarrow Cl^-$　　　　　$\downarrow -H^+$

Cl　$CH_3$

（主要）　+　（次要）

（a）　　　　（b）

三级碳正离子要么被 $Cl^-$ 捕获，要么经过 E1 过程。（$HSO_4^-$ 的亲核性较差）

## 9-4

（a）不能；因重排会让二级碳正离子转化成一级碳正离子。

（b）可以：

H

$\overset{+}{\phantom{}}$　$\longrightarrow$　$\overset{+}{\phantom{}}$

二级　　　　三级

（c）不能；因重排会让三级碳正离子转化为二级碳正离子。

（d）不能；因重排会让三级碳正离子转化为二级碳正离子。

（e）可以；

H　　　　　　　$\longleftrightarrow$

## 9-5

章节内已解答。

## 9-6

（a）$CH_3\overset{OCH_3}{\underset{CH_3}{\overset{|}{C}}}CH_2CH_2CH_3$　（b）$\overset{Cl\ \ CH_2CH_3}{\phantom{}}$

## 9-7

$CH_3\overset{Br}{\underset{H_3C}{\overset{|}{\underset{|}{C}}}}\overset{H}{\underset{CH_2CH_3}{\overset{|}{\underset{|}{C}}}}CH_2CH_3$ $\xrightarrow{-Br^-}$

$CH_3\overset{+}{\underset{H_3C}{\overset{|}{\underset{|}{C}}}}\overset{H}{\underset{CH_2CH_3}{\overset{|}{\underset{|}{C}}}}CH_2CH_3$ $\rightleftharpoons$ $CH_3\overset{}{\underset{H_3C}{\overset{|}{\underset{|}{C}}}}\overset{H}{\underset{CH_2CH_3}{\overset{+}{\underset{|}{C}}}}CH_2CH_3$ $\xrightarrow[-H^+]{CH_3CH_2OH}$

$CH_3CH_2O\overset{H}{\phantom{}}$　　　　　$H\ \ OCH_2CH_3$

$CH_3C{-}CCH_2CH_3$ + $CH_3C{-}CCH_2CH_3$

$H_3C\ \ CH_2CH_3$　　$H_3C\ \ CH_2CH_3$

类似地，

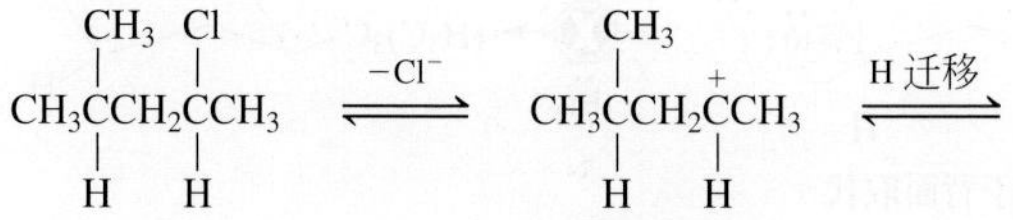

**9-8**

（a）

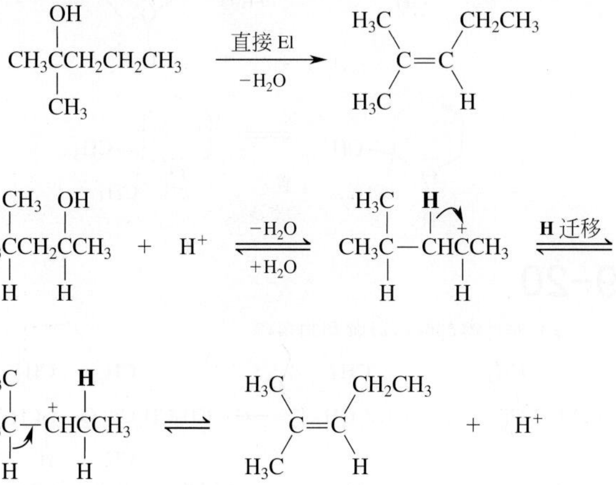

（b）

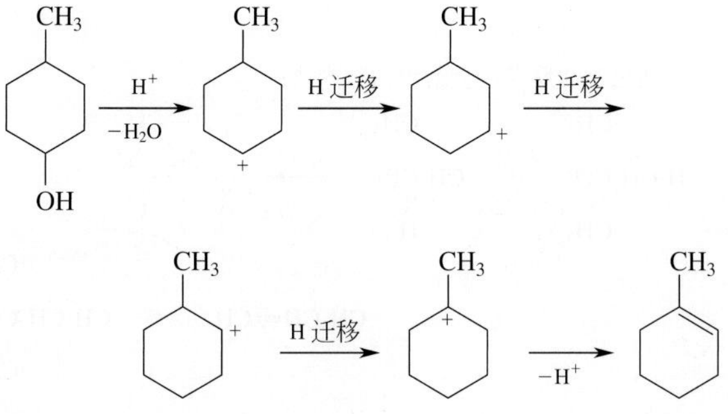

**9-9**

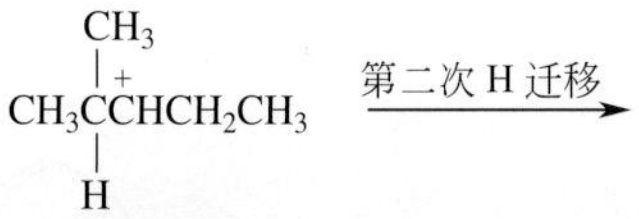

（a）不能；重排时烷基迁移是不可能的；负氢迁移可以将三级碳正离子重排为一级碳正离子。

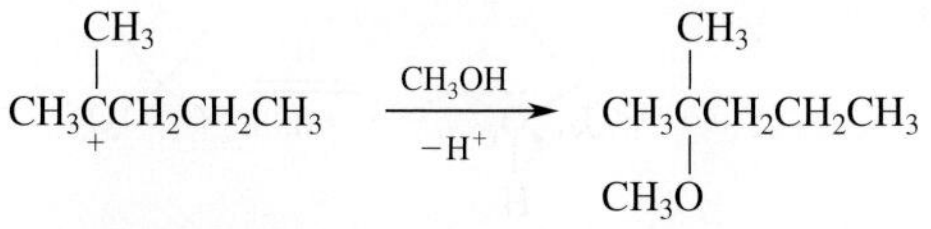

（b）可以，通过甲基的迁移：

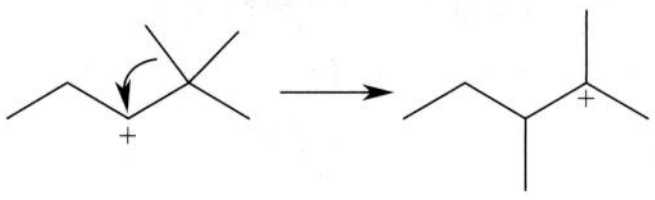

二级　　　　　三级

（c）甲基不能但氢可以；如甲基迁移则一个三级碳正离子转化为二级碳正离子，但是两个三级碳正离子通过负氢迁移可以建立平衡：

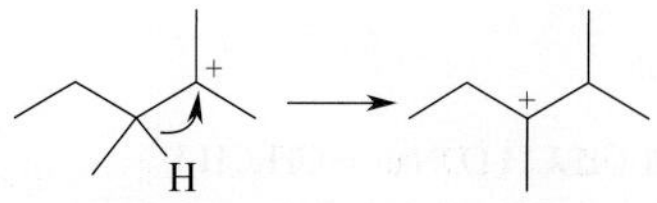

三级　　　　　三级

（d）可以；通过负氢迁移：

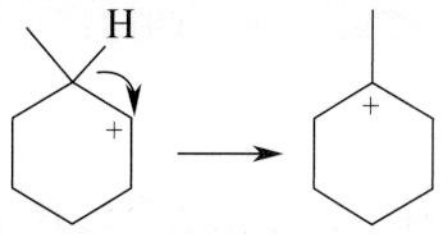

二级　　　　　三级

一个不太有利但可能发生的甲基迁移可将一个二级碳正离子转化为另一个二级碳正离子。

（e）可以：

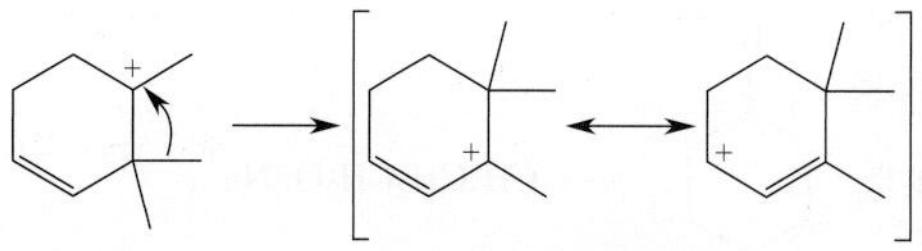

三级　　　　　　　　　三级
　　　　　　　　　　　共振稳定

**9-10**

章节内已解答。

**9-11**

$(CH_3)_3CCH\!=\!CH_2$、$CH_2\!=\!C(CH_3)CH(CH_3)_2$ 和 $(CH_3)_2C\!=\!C(CH_3)_2$

**9-12**

（a）

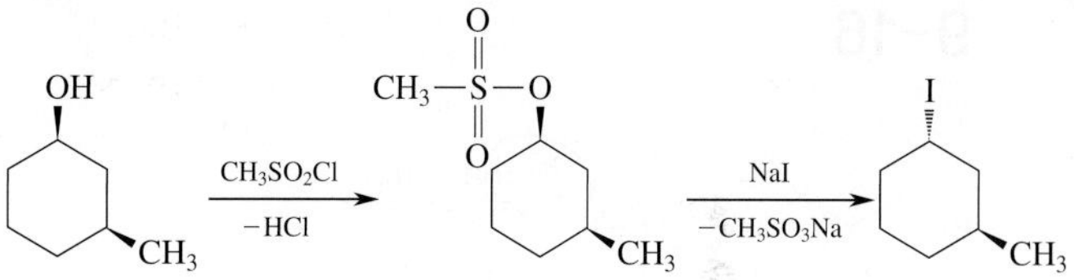

（b）

（i）1. $CH_3SO_2Cl$，2. NaI　（ii）HCl　（iii）　$PBr_3$

**9-13**

章节内已解答。

**9-14**

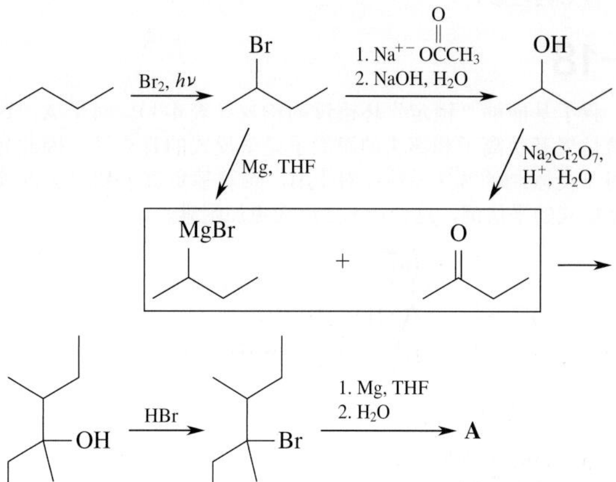

## 9-15

（a）1. $CH_3CH_2CH_2CH_2O^-Na^+ + CH_3CH_2I$,

2. $CH_3CH_2O^-Na^+ + CH_3CH_2CH_2CH_2I$

（b）最好是 [结构：仲丁基氧负离子钠盐] ＋ $CH_3I$

如果是 $CH_3O^-Na^+$ ＋ [碘代戊烷结构]，有可能与E2竞争。

（c）最好是 [环己基氧负离子钠盐结构] ＋ $CH_3CH_2CH_2Br$

如果是 [溴代环己烷结构] ＋ $CH_3CH_2CH_2O^-Na^+$,

会与E2竞争。

（d）

1. $Na^+{}^-O\!-\!\!\!-\!\!\!-\!\!\!-O^-Na^+$ ＋ $CH_3CH_2OSO_2CH_3$

2. $Br\!-\!\!\!-\!\!\!-\!\!\!-Br$ ＋ $2\,CH_3CH_2O^-\,Na^+$

以 $HO\!-\!\!\!-\!\!\!-Br$ 为原料会环化为 [四氢呋喃结构]。

## 9-16

[反应机理结构图：含 Br 的醇，经 $-:\overset{..}{O}H$, $-H_2\overset{..}{O}$ 生成烷氧负离子，再消除 $:Br:^-$ 生成六元环醚]

## 9-17

章节内已解答。

## 9-18

叔丁基能够"锁定"环己烷的构象（表4-3）。对于 A，这意味着烷氧基负离子和离去的溴原子是呈反式的直立键，因此允许相对不受限制的 $S_N2$ 反应。对于 B，烷氧基负离子和离去的溴原子是反式的平伏键，这会让 $S_N2$ 反应更加困难。

[环己烷构象结构图]

**A: 有利于背面取代的排列方式**

[环己烷构象结构图]

**B: 不利于背面取代的排列方式**

## 9-19

（a）

[反应机理：叔醇经 $+H^+/-H^+$，$-H_2O/+H_2O$，$H\overset{..}{O}$乙基等步骤生成醚]

（b）

[反应机理：二醇 ＋ $H^+$，经 $-H_2\overset{..}{O}$/$+H_2\overset{..}{O}$ 生成环状氧鎓离子，再经 $-H^+/+H^+$ 生成 2,2-二甲基四氢吡喃 ＋ $H^+$]

## 9-20

（a）通过溶剂解可以顺利制备：

$$CH_3CH_2\underset{\underset{CH_3}{|}}{\overset{\overset{CH_3}{|}}{C}}Br \;+\; CH_3\underset{\underset{H}{|}}{\overset{\overset{CH_3}{|}}{C}}OH \longrightarrow CH_3CH_2\underset{\underset{CH_3}{|}}{\overset{\overset{CH_3}{|}}{C}}\!-\!O\!-\!CH\underset{CH_3}{\overset{CH_3}{|}}$$

**溶剂**　　　　　　　　**2-甲基-2-(1-甲基乙氧基)丁烷**

通过 $S_N2$ 反应，会给出消除产物：

$$CH_3CH_2\underset{\underset{CH_3}{|}}{\overset{\overset{CH_3}{|}}{C}}O^- \;+\; CH_3\underset{\underset{H}{|}}{\overset{\overset{CH_3}{|}}{C}}Br \longrightarrow$$

$$CH_3CH\!=\!CH_2 \;+\; CH_3CH_2\underset{\underset{CH_3}{|}}{\overset{\overset{CH_3}{|}}{C}}OH$$

（b）目标化合物可以通过卤代甲烷的 $S_N2$ 反应制备，因为这样的烷基化试剂不会发生消除反应。另外一个方法是对 1-卤-2,2-二甲基丙烷的亲核取代，这个反应通常来说非常慢。

$$CH_3\underset{\underset{CH_3}{|}}{\overset{\overset{CH_3}{|}}{C}}CH_2O^- \;+\; CH_3Cl \longrightarrow$$

$$CH_3\underset{\underset{CH_3}{|}}{\overset{\overset{CH_3}{|}}{C}}CH_2OCH_3 \;+\; Cl^-$$

**1-甲氧基-2,2-二甲基丙烷**

$$CH_3C(CH_3)(CH_3)CH_2Br + CH_3O^- \longrightarrow$$ 慢反应，不实际

## 9-21

$$CH_3OCH_3 + 2\ HI \xrightarrow{\triangle} 2\ CH_3I + H_2O$$

机理

$$CH_3\ddot{O}CH_3 + H\ddot{I}: \rightleftharpoons CH_3\overset{H}{\underset{+}{O}}CH_3 + :\ddot{I}:^-$$

$$:\ddot{I}:^- + CH_3\overset{H}{\underset{+}{O}}-CH_3 \longrightarrow CH_3\ddot{I}: + H\ddot{O}CH_3$$

$$CH_3\ddot{O}H + H\ddot{I}: \rightleftharpoons CH_3\overset{H}{\underset{+}{O}}H + :\ddot{I}:^-$$

$$:\ddot{I}:^- + CH_3\overset{H}{\underset{+}{O}}-H \longrightarrow CH_3\ddot{I}: + H_2\ddot{O}$$

## 9-22

[机理结构式]

## 9-23

（a）

$$BrCH_2CH_2CH_2OH \xrightarrow[\begin{array}{c}1.\ (CH_3)_3COH,\ H^+ \\ 2.\ Mg \\ 3.\ D_2O \\ 4.\ H^+,\ H_2O\end{array}]{} DCH_2CH_2CH_2OH$$

（b）

$$\xrightarrow[\begin{array}{c}1.(CH_3)_3COH,H^+ \\ 2.CH_3MgBr \\ 3.H^+,H_2O\end{array}]{}$$

## 9-24

章节内已解答。

## 9-25

$$H_3C\ \overset{O}{\underset{R}{\triangle}}\ R\ CH_3 \xrightarrow{LiAlH_4} \text{[产物]}$$

进攻氧杂环丙烷的任一端都得到相同的产物。注意，顺-二甲基环丙烷不适合作前体，因为它是非手性的，会产生外消旋醇。

## 9-26

$$(CH_3)_3CLi + \overset{O}{\triangle} \longrightarrow \text{[产物]}OH$$

## 9-27

（a）$(CH_3)_3COH$　　（b）$CH_3CH_2CH_2CH_2C(CH_3)_2OH$
（c）$CH_3SCH_2C(CH_3)_2OH$　（d）$HOCH_2C(CH_3)_2OCH_2CH_3$
（e）$HOCH_2C(CH_3)_2Br$

## 9-28

（a）$\overset{O}{\triangle} + HS^- \longrightarrow HO\text{-}CH_2CH_2\text{-}S^- \xrightarrow{}$

$$\xrightarrow{H^+,\ H_2O} HO\text{-}CH_2CH_2\text{-}S\text{-}CH_2CH_2\text{-}OH \xrightarrow{SOCl_2} Cl\text{-}CH_2CH_2\text{-}S\text{-}CH_2CH_2\text{-}Cl$$

（b）分子内硫鎓盐的形成

$$ClCH_2CH_2SCH_2\text{-}CH_2\text{-}Cl \longrightarrow ClCH_2CH_2\text{-}\overset{+}{S}\overset{CH_2}{\underset{CH_2}{|}} \ Cl^-$$

亲核试剂开环进攻

$$ClCH_2CH_2\text{-}\overset{+}{S}\overset{CH_2}{\underset{CH_2}{|}} + :Nu \longrightarrow ClCH_2CH_2\ddot{S}CH_2CH_2Nu^+$$

## 9-29

（a）$H_3B\text{-}H + \cdot\ddot{S}\text{-}\ddot{S}\cdot \longrightarrow -\overset{+}{\ddot{S}H} + :\ddot{S}:^- \xrightarrow[-OH]{H_2O} -\ddot{S}H$

（b）$H_3\overset{+}{N}\text{-}\ddot{S}:^-$

（c）$H_3\overset{+}{N}\text{-}\ddot{S}:^- + \cdot\ddot{S}\text{-}\ddot{S}\cdot \longrightarrow H_3\overset{+}{N}\text{-}\ddot{S}\text{-}\ddot{S}\text{-} + :\ddot{S}:^- \xrightarrow[-OH]{H_2O} -\ddot{S}H$

# 第10章

## 10-1

有许多异构体，例如几种丁醇、戊醇、己醇和庚醇。包括：

$$CH_3C(CH_3)(CH_3)\text{-}C(CH_3)(CH_3)OH \quad CH_3CHCH(CH_3)CH_2CH_2OH \quad CH_3(CH_2)_4CHOH\text{-}CH_3$$

**2,3,3-三甲基-2-丁醇**　　**3,4-二甲基-1-戊醇**　　**2-己醇**

## 10-2

$$DH^{\ominus}_{Cl_2} = 58\ \text{kcal·mol}^{-1} = \Delta E$$
$$\Delta E = 28600/\lambda$$
$$\lambda = 28600/58 = 493\ \text{nm，在紫外光-可见光范围内。}$$

## 10-3

（a）所有核；（b）四个。

## 10-4

$\delta = 80/90 = 0.89$；$\delta = 162/90 = 1.80$；$\delta = 293/90 = 3.26$；与 300 MHz 下测得的 $\delta$ 值相同。

## 10-5

甲基在高场处共振；由于两个杂原子的累积吸电子效应，亚甲基氢相对被去屏蔽。

## 10-6

真实测得的化学位移 δ 如下：

（a）CH₃CH₂OCH₂CH₃
1.21　3.47　3.47　1.21

（b）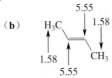

（c）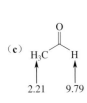

（d）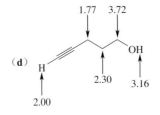

## 10-7

章节内已解答。

## 10-8

（a）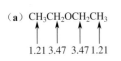 一个峰

（b）$H_2C$—$CH_2$（环氧乙烷，O）　一个峰

（c）
Br　Br
　
三个峰

（d）
H H　H
环丁烷 CH₃
H CH₃
H H
四个峰

（e）H₃C—S—CH₂CH₂—OH　四个峰

## 10-9

答案是"否"。取代基将原来完全等价的氢分为七个新组。首先（如下图所示），C-1、C-2、C-3 和 C-4 不同；其次，所有与溴处于同一侧的氢和另一侧的氢都不相同。实际上，这会产生混乱的谱图，因为除了 C-1 上的氢之外，所有氢的化学位移非常相似。溴代环己烷的真实 ¹H NMR 谱图参见真实生活 10-3。

H꜀ Br H　H꜀
Hₜ 2 1 Hₜ
Hₜ 3 4 Hₜ
H꜀ Hₜ
H꜀ H꜀ Hₜ

## 10-10

章节内已解答。

## 10-11

Br 2 H　4
H₃C CH₃
1
Cl 3 H

Br 6 H　8
H₃C CH₃
5
H 7 Cl

没有对称性，两个分子将分别产生特征的一组四个不同信号。

## 10-12

顺式　　反式

1,1-二氯环丙烷仅显示四个等价氢的一个信号。顺-1,2-二氯环丙烷以 2:1:1 的比例显示三种信号，最低场吸收由氯原子旁边、C-1 和 C-2 处的两个等价氢产生。C-3 处的两个氢不等价：一个与氯原子处于顺式，另一个处于反式。相反地，反式异构体只显示两个信号（积分比 1:1），此时 C-3 处的氢原子是等价的，如 180° 旋转对称操作所示：

H H　　　　　　　H H
　→ 180° 旋转 →
Cl　Cl　　　　　Cl　Cl

## 10-13

（a）在 CCl₄ 溶液中记录得到下列 δ 值。不可能完全准确地预测，但有多接近？

（i）δ 3.38（q, J = 7.1 Hz, 4 H），1.12（t, J = 7.1 Hz, 6 H）

（ii）δ 3.53（q, J = 6.2 Hz, 4 H），2.34（quin, J = 6.2 Hz, 2 H）

（iii）δ 3.19（s, 1 H），1.48（q, J = 6.7 Hz, 2 H），1.14（s, 6 H），0.90（t, J = 6.7 Hz, 3 H）

注意：没有镜面将分子平分，因此严格地说两个 CH₂ 的氢不等价（非对映异构位；真实生活 10-3）。然而，因为它们各自的化学位移本质上是相同的，从而产生 δ=1.46 处的四重峰。

（iv）δ 5.58（t, J = 7 Hz, 1 H），3.71（d, J = 7 Hz, 2 H）

（b）下列答案给出了实验或计算值：

（i）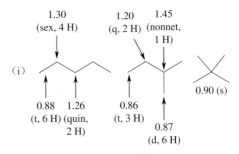

（ii）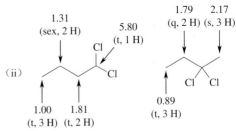

（iii）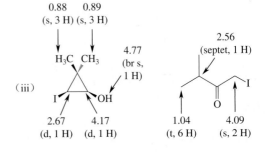

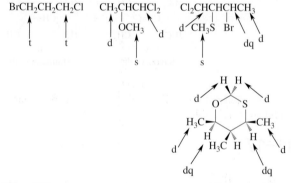

2.62 (t, 4 H)

3.65 (t, 4 H)

（iv）

4.61 (s)

## 10-14

章节内已解答。

## 10-15

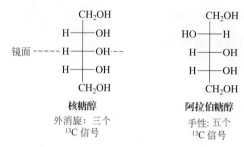

$$H_3C-\overset{\overset{\displaystyle CH_3}{|}}{\underset{\underset{\displaystyle 1.85}{|}}{\underset{\displaystyle OH}{C}}}-CH_2-CH_3$$

1.20　　　　　1.49　　0.92

$^1$H NMR $\delta$ 值在相应的氢旁边列出。

## 10-16

章节内已解答。

## 10-17

（a）五重峰（quin）；三重峰的三重峰（tt）；

（b）五重峰（quin）；四重峰的双重峰（dq，或双重峰的四重峰 qd，两者相同）；

（c）三重峰（t）；双重峰的双重峰（dd）；

（d）六重峰（sex）；四重峰的双重峰的双重峰（ddq）。

（e）

BrCH₂CH₂CH₂Cl　　CH₃CHCHCl₂　　Cl₂CHCHCHCH₃
　t　　t　　　　d　OCH₃　d　　d　CH₃S　Br　dq　d
　　　　　　　　　　s　　　　　　s

（6元环结构图）

## 10-18

CH₃—CH₂—CHCl₂　　CH₃—C—C—H
　t (7.0)　dq　t (6.0)　　d (6.4)　ddq　dd (10.8, 9.1)

Cl Cl
*

dd (10.8, 4.7)

ClCH₂CH₂CH₂Cl
　t　quin (6.0)

**由于相邻手性中心的存在，C-1上的氢原子是非等价的（真实生活10-3）**

实验测得的 $J$ 值（Hz）在括号中给出。

## 10-19

H₃C—CH₂—CH₂—Br
　qt　ttq　tt

## 10-20

（a）3。（b）3。（c）7。（d）2。

（e）在 20℃（快速环翻转）：3。在 −60℃（慢速环翻转）：6。（f）3。

## 10-21

章节内已解答。

## 10-22

以 NaBH₄ 还原核糖得到的核糖醇，是一种具有一个对称面的戊醇，因此只有三个 $^{13}$C 峰。另一方面，还原阿拉伯糖得到非对称性的阿拉伯糖醇，具有五个峰。在第 24 章中学到更多有关糖的内容。

```
    CH₂OH              CH₂OH
H——OH          HO——H
镜面----H——OH--       H——OH
    H——OH              H——OH
    CH₂OH              CH₂OH
```

**核糖醇**　　　　　　　**阿拉伯糖醇**
外消旋：三个　　　　　手性：五个
$^{13}$C 信号　　　　　　 $^{13}$C 信号

## 10-23

化合物 A 有三条谱线，其中一条在相对高场（CH₃）；DEPT 会证实 CH₃ 和两个 CH 基团。

化合物 B 有三条谱线，没有 CH₃ 吸收；DEPT 会证实不存在 CH₃ 与两个 CH₂ 基团和一个 CH 基团。

## 10-24

章节内已解答。

## 10-25

章节内已解答。

# 第11章

## 11-1

（a）2,3-二甲基-2-庚烯　　　　（b）（S)-3-溴-环戊烯

（c）

Br

（d）

（顺反环己烷结构图）

## 11-2

（a）顺-1,2-二氯乙烯
（b）反-3-庚烯
（c）顺-1-溴-4-甲基-1-戊烯

（d）

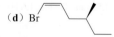

Br

（e）

## 11-3

（a）（E)-1,2-二氰-1-丙烯
（b）（Z)-2-氟-3-甲氧基-2-戊烯
（c）（E)-2-氯-2-戊烯

（d）

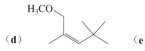

H₃CO

（e）

I
H₃CS　　　　I

## 11-4

（a）（R)-3-甲基-4-戊烯-1-醇　（b）2-甲氧基-1-甲基-2-环戊烯醇

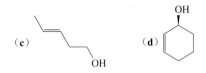

（c）

（d）

## 11-5

（a）　　　（b）

（c）（1-甲基乙烯基）环戊烯
（d）（1,3-二甲基-2-丁烯基）环己烷

## 11-6

章节内已解答。

## 11-7

5-[（R）-1-溴-1-氟丙基]-3-亚甲基环己烯

## 11-8

$$CH_2=CHLi \quad + \quad CH_3CCH_3 \longrightarrow CH_2=CHCCH_3$$

羰基化合物与乙烯基锂的反应和其他烷基锂试剂的有机反应一样。

## 11-9

感应的局部磁场增强了甲基氢区域的外加磁场 $H_0$。

## 11-10

章节内已解答。

## 11-11

$\delta=7.23$ 处的两个偶合常数 $J$ 比较大，分别是 14.4Hz 和 6.8Hz，对应反式和顺式邻位偶合。因此，该信号一定对应于 CH 中的一个氢原子。通过消除反应可以得到如下结果：

2.10 (s, 3 H) ⟶ CH₃CO　　　H ← 4.73 (dd, $J$ = 14.4, 1.6 Hz, 1 H)

H　　　H ← 4.52 (dd, $J$ = 6.8, 1.6 Hz, 1 H)

7.23 (dd, $J$ = 14.4, 6.8 Hz, 1 H)

## 11-12

1-己烯＜顺-3-己烯＜反-4-辛烯＜2,3-二甲基-2-丁烯

## 11-13

如果你能做一个烯烃 A 的模型（塑料棍不能断裂），你会发现它有特别大的张力，这种张力在氢化反应以后会大大减小。可以用 A—B 转化的 $\Delta H^{\ominus}$（约为 38kcal·mol$^{-1}$）减去普通四取代双键氢化反应的 $\Delta H^{\ominus}$（约为 27 kcal·mol$^{-1}$），估计出与 B 相比 A 中的额外张力。

## 11-14

（a）

（i）　　　（ii）

（b）

（i）　　　（ii）

## 11-15

章节内已解答。

## 11-16

（a）使用体积小的碱时，如乙氧基负离子，会得到遵循 Saytzev 规则的产物；当使用体积大的碱时，如叔丁氧基负离子会得到遵循 Hofmann 规则的产物：

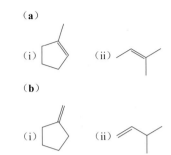

乙氧基负离子倾向于进攻　　叔丁氧基负离子倾向于进攻

A
Saytzev 产物

B
Hofmann 产物

（b）如果碱的体积比叔丁氧基负离子还大，则得到的 Hofmann 产物更多，所占比例更大。

## 11-17

H₃C—C═C—CH₃　　+　　H₃C—C═C—CH₃

E　　　顺式 (Z)

H₃C—C═C—CH₃　　+　　H₃C—C═C—CH₃

Z　　　反式 (E)

注意，第一个例子形成了一对异构体，其构型与第二个例子中的相反。2-氘-2-丁烯的 E 和 Z 异构体在每一个例子中都是同位素纯的；没有生成具有相同构型的氢取代的 2-丁烯。氢取代的 2-丁烯也都是同位素纯的，没有任何氘。

# 11-18

$$
\underset{\text{H}}{\overset{\text{H}_3\text{C}}{\underset{|}{\text{CH}_3\text{C}}}} - \underset{|}{\overset{\text{H}}{\underset{|}{\text{C}}}} - \underset{|}{\overset{\text{OH}}{\underset{|}{\text{CHCH}_3}}} \xrightarrow[-\text{H}_2\text{O}]{\text{H}^+}
$$

（结构式反应图）

$-\text{H}^+ \downarrow \qquad\qquad -\text{H}^+ \downarrow$

$(\text{CH}_3)_2\text{CHCH}=\text{CHCH}_3$

（右侧烯烃结构：H₃C、CH₃、H、CH₂CH₃ 取代的 C=C）

# 11-19

（a）$\text{CH}_3\text{CH}_2\text{CH}_2\overset{\cdot\cdot}{\underset{\cdot\cdot}{\text{O}}}\text{H} \xrightleftharpoons[-\text{H}^+]{+\text{H}^+}$

$$\underset{\text{H}}{\overset{+}{\text{CH}_3\text{CHCH}_2\overset{\cdot\cdot}{\text{O}}\text{H}_2}} \xrightarrow[-\text{H}_2\text{SO}_4]{+\text{HOSO}_3^-} \text{CH}_3\text{CH}=\text{CH}_2 + \text{H}_2\overset{\cdot\cdot}{\overset{\cdot\cdot}{\text{O}}}$$

（b）$\text{CH}_3\text{CH}_2\text{CH}_2\text{OCH}_2\text{CH}_2\text{CH}_3 \xrightleftharpoons{\text{H}^+} \text{CH}_3\text{CH}=\text{CH}_2 + \text{CH}_3\text{CH}_2$
$\text{CH}_2\text{OH}$与（a）中所示类似。丙醇如（a）中所示脱水。

# 11-20

（a）
烯烃A：
（结构：H₃C、H、H、CH₃ 取代的 C=C）

B：$\text{CH}_3\text{CH}_2\text{CH}=\text{CH}_2$

C：$\text{CH}_2=\overset{\text{CH}_3}{\underset{\text{CH}_3}{\text{C}}}$

（b）异构体1：$\text{CH}_3\text{OCH}_3$；异构体2：$\text{CH}_3\text{CH}_2\text{OH}$

# 11-21

（a）$\text{CH}_3\text{OCH}_3$，$\text{CH}_3\text{CH}_2\text{OH}$，（环氧乙烷），$\text{O}-\text{O}$，$\text{HCOH}$（含O）

（b）$\text{H}_2\text{C}=\text{O}$

（c）（氧杂环丁烷），（甲基环氧乙烷），$\text{CH}_2=\text{CHCH}$（含O），

$\text{HC}\equiv\text{CCH}_2\text{OH}$，　$\text{CH}_3\text{C}\equiv\text{COH}$，　$\text{HC}\equiv\text{COCH}_3$，

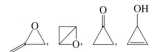

# 11-22

（a）$\text{C}_7\text{H}_{12}\text{O}$　　（b）$\text{C}_6\text{H}_{14}$

# 11-23

$\text{CH}_2\text{Br}_2$：$m/z=176$、174、172；相对丰度比为 $1:2:1$

# 11-24

对于有机化合物中的大多数元素（例如：C、H、O、S、P 和卤素）而言，最丰富的同位素的原子量和化合价都同为偶数或奇数，所以结果总是得到偶数分子量。氮是个例外：原子量是 14，但化合价是 3。这个现象形成了质谱中的氮规则，如同练习中所示。

# 11-25

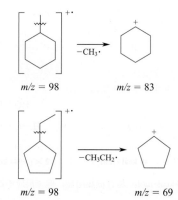

# 11-26

3-甲基-3-庚醇的质谱图

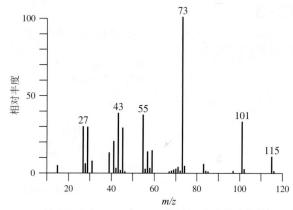

主要的原始碎片源于羟基的 $\alpha$-裂解，为什么？考虑键的键强度以及生成的自由基正离子的电子结构（画出共振式）。有通过失水形成的正离子碎片吗？

# 11-27

$$\text{H}_3\text{C}-\text{CH}=\text{CH} \overset{\overset{\text{CH}_3}{|}}{\underset{\underset{\text{H}}{|}}{\text{C}}} \text{CH}_2\text{CH}_3$$

观察到的峰是由分子离子和两个碎片生成的（如图所示）各自共振稳定的烯丙基碳正离子：$m/z=98\ \text{M}^+$，83（M—CH₃）⁺，69（M—CH₂CH₃）⁺。

# 11-28

（a）$\text{H}_{\text{饱和}}=12$；不饱和度 $=1$
（b）$\text{H}_{\text{饱和}}=20$；不饱和度 $=4$
（c）$\text{H}_{\text{饱和}}=17$；不饱和度 $=5$
（d）$\text{H}_{\text{饱和}}=19$；不饱和度 $=2$
（e）$\text{H}_{\text{饱和}}=8$；不饱和度 $=0$

# 11-29

章节内已解答。

## 11-30

根据表 11-4(碳-碳双键在 1620～1680cm$^{-1}$ 处没有吸收，碳-碳叁键在 2100～2260cm$^{-1}$ 处没有吸收)，该化合物没有 π 键。但是该化合物的不饱和度是 2，因此它含有两个环。所以两种可能的结构如图所示：

两种分子结构都是已知的，但是都比较活泼。(复习练习 4–5)。

## 第12章

## 12-1

估算断裂键和形成键的强度；已知：

$$CH_2=CH_2 \; + \; HO-OH \longrightarrow \begin{array}{c} HO \quad OH \\ H-C-C-H \\ H \quad H \end{array}$$

65 kcal·mol$^{-1}$     49 kcal·mol$^{-1}$     2 × (~94) kcal·mol$^{-1}$

$\Delta H^{\ominus} = -74$ kcal·mol$^{-1}$。尽管放热明显，但该反应仍需要催化剂。

## 12-2

章节内已解答。

## 12-3

根据练习 12-2 的机理，设想底物与催化剂表面络合，并将一个氢迁移到烯烃碳上：

**单个氢迁移的中间体**

问题是 2-甲基-2-丁烯形成了一个分子，其在 C-2 和 C-3 之间有一个双键。这可能是由 C-3 处的氢转移到催化剂表面造成的。合理的机理路径如图所示：

旋转
120°

## 12-4

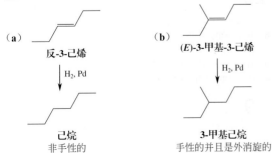

(a) 反-3-己烯 → 己烷 非手性的

(b) (E)-3-甲基-3-己烯 → 3-甲基己烷 手性的并且是外消旋的

（c）(E)-3,4-二甲基-3-己烯 →[H₂, Pd]
(3S,4S)-3,4-二甲基己烷
+
(3R,4R)-3,4-二甲基己烷
手性的并且是外消旋的

（d）(Z)-4-乙基-3-甲基-3-庚烯 →[H₂, Pd]
(3S,4R)-4-乙基-3-甲基庚烷
+
(3R,4S)-4-乙基-3-甲基庚烷
手性的并且是外消旋的

（e）(S)-2,3-二甲基-1-戊烯 →[H₂, Pd]
(S)-2,3-二甲基戊烷
手性的并且具有光学活性

（f）(S)-3-甲基-4-亚甲基庚烷 →[H₂, Pd]
(3S,4S)-3,4-二甲基庚烷
+
(3S,4R)-3,4-二甲基庚烷
手性非对映异构体，都具有光学活性并且形成的数量不等

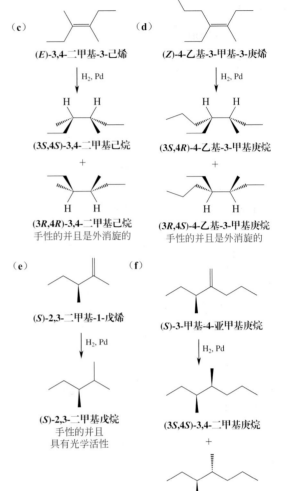

## 12-5

使用 H⁺：

使用 H—I：

## 12-6

（a） 一对对映体 Br

（b） Br ＋ Br 一对对映体 非手性的

（**c**）(CH$_3$)$_2$CHCH$_3$, 非手性的

（**d**）

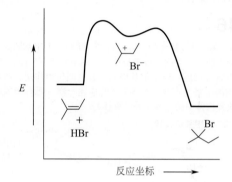

非手性的，　　　　　手性的，
顺式和反式　　　　　顺式和反式
　　　　　　　　　一对对映体

## 12-7

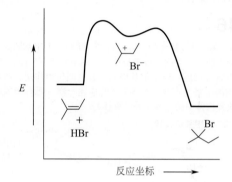

（横坐标）反应坐标 →

## 12-8

（**a**）

（**b**）

（i）　　和

（ii）　　+　　和

（iii）　　+　　和

## 12-9

（**a**）随着烷基取代基的增加，双键的电子云密度越来越大，因而越来越容易受到亲电进攻（11-5 节）.

（**b**）叔丁基正离子的质子化是可逆的。氘正离子会和所有的氢发生快速的氢氘交换。

$$CH_2=C(CH_3)_2 \underset{-D^+}{\overset{+D^+}{\rightleftharpoons}} \overset{+}{DCH_2C(CH_3)_2} \underset{+H^+}{\overset{-H^+}{\rightleftharpoons}}$$

$$DCH=C(CH_3)_2 \underset{-D^+}{\overset{+D^+}{\rightleftharpoons}} \overset{+}{D_2CHC(CH_3)_2} \underset{+H^+}{\overset{-H^+}{\rightleftharpoons}}$$

$$D_2C=C(CH_3)_2 \underset{-D^+}{\overset{+D^+}{\rightleftharpoons}} \overset{+}{D_3CC(CH_3)_2} \underset{+H^+}{\overset{-H^+}{\rightleftharpoons}}$$

$$\overset{D_3C}{\underset{H_3C}{>}}C=CH_2 \underset{-D^+}{\overset{+D^+}{\rightleftharpoons}} 等 \quad ---\rightarrow$$

$$(CD_3)_3C^+ \underset{-D_2O}{\overset{D_2O}{\rightleftharpoons}} (CD_3)_3COD + D^+$$

## 12-10

四取代的烯烃，最稳定

## 12-11

$$\underset{65\,kcal\cdot mol^{-1}}{CH_2=CH_2} + \underset{38kcal\cdot mol^{-1}}{F-F} \longrightarrow \underset{\substack{2\times(\approx111)\,kcal\cdot mol^{-1}\\ \Delta H^\ominus=-119\,kcal\cdot mol^{-1}}}{\overset{F\quad F}{CH_2-CH_2}}$$

$$\underset{65\,kcal\cdot mol^{-1}}{CH_2=CH_2} + \underset{36kcal\cdot mol^{-1}}{I-I} \longrightarrow \underset{\substack{2\times(\approx56)\,kcal\cdot mol^{-1}\\ \Delta H^\ominus=-11\,kcal\cdot mol^{-1}}}{\overset{I\quad I}{CH_2-CH_2}}$$

根据 $-T\Delta S^\ominus$ 的值计算 $\Delta G^\ominus$ 的值为 +9kcal·mol$^{-1}$（在 298K 下），所以碘的加成反应能量上不支持。

## 12-12

（**a**）

a:　内消旋-3,4-二溴己烷
非手性的

b:　(3S,4R)-3,4-二溴-3-甲基己烷
镜像对称
手性的并且是
外消旋的

c:　内消旋-3,4-二溴-3,4-二甲基己烷
非手性的

d:　(3R,4R)-3,4-二溴-4-乙基-3-甲基庚烷
镜像对称
手性的并且
是外消旋的

e:

(2S,3S)-1,2-二溴-2,3-
二甲基戊烷　　　(2R,3S)-1,2-二溴-2,3-
二甲基戊烷

手性非对映异构体，都具
有光学活性并且形成的数量不等

（**b**）随着烷基取代基的增加，双键的电子云密度越来越大，因而越来越容易受到亲电进攻（11-5 节）

## 12-13

（**a**）只形成一种非对映异构体（外消旋体）：

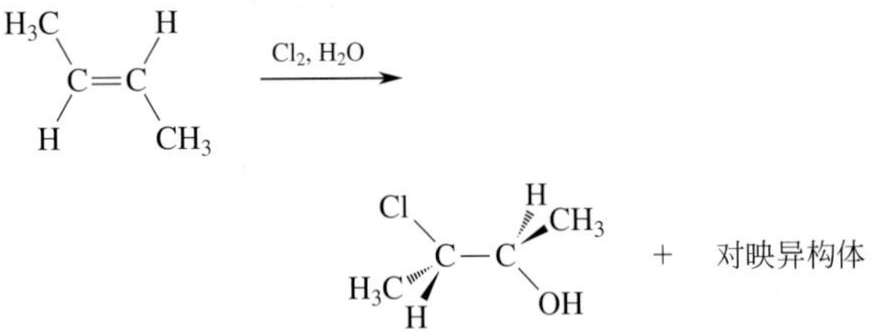

（**b**）形成两种异构体，每一种异构体只有一种非对映异构体（外消旋体）

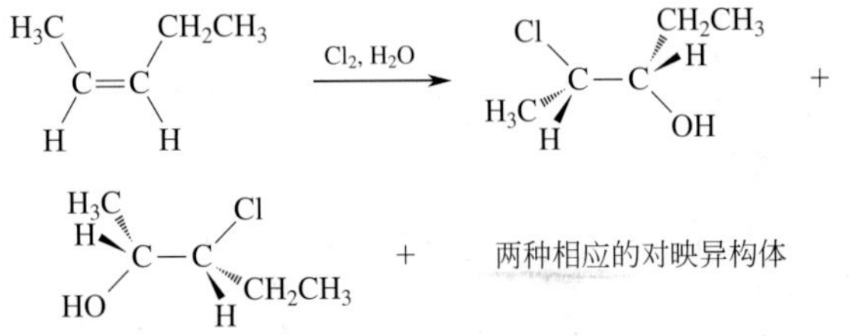

## 12-14

（**a**）$CH_3CHCH_2Cl$　（一对对映体）

OCH$_3$

（**b**）

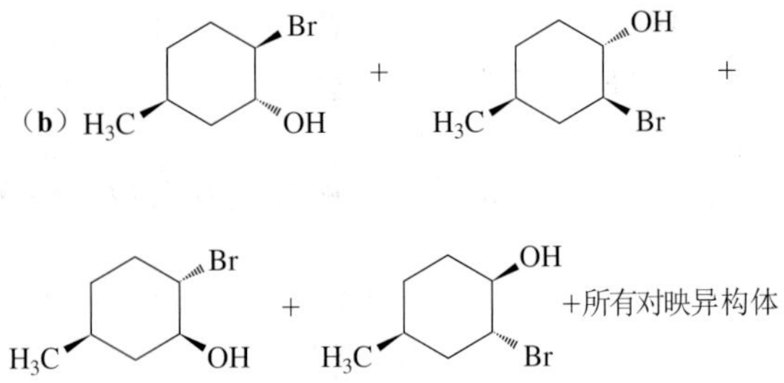

## 12-15

章节内已解答。

## 12-16

首先。$Br_2$ 进攻烯烃的双键；它可以从与环上甲基的同一面进攻（下图中的"上"面）或者反面（下图中的"下"面）。尽管与甲基的距离有点远，但是甲基仍然具有空间位阻作用。所以，反式的溴鎓离子是主产物。与 5-7 节的描述一样，所有步骤中只写两种对映异构体中的一种（外消旋体）。

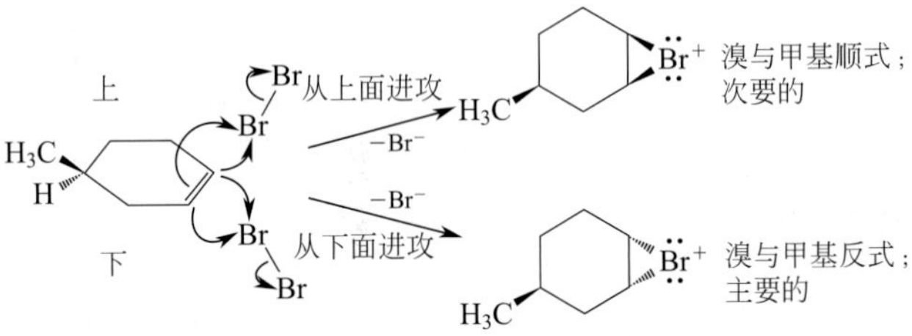

随后，水分子中的氧原子反式进攻：溴鎓离子的两个碳原子虽然相似但不相同；一个碳原子与甲基的距离要比另一个碳原子近一点，因此两个碳原子都可以被进攻生成两种区域异构体，但是生成的量不等。最后，失去质子，得到四种异构体产物（每一种都是外消旋体）：

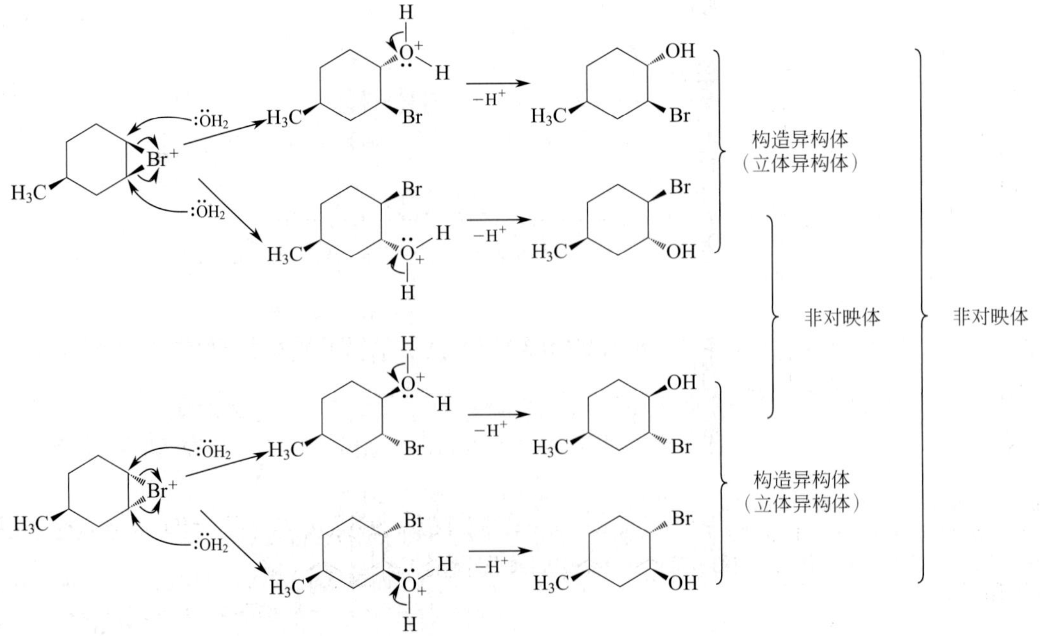

因为使用的底物是外消旋的，所以所有的产物和中间体都是外消旋的。也就是说，对映体的数量是相等的。

# 12-17

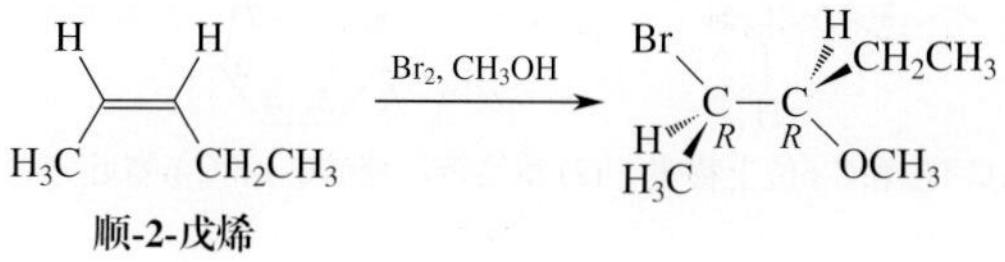

顺-2-戊烯

溴鎓离子开环得到（3R,2R）-和（3S,2S）-2-溴-3-甲氧基戊烷。

# 12-18

在 $H_2SO_4$、$H_2O$ 条件下的重排产物如方括号中所示。

(a)

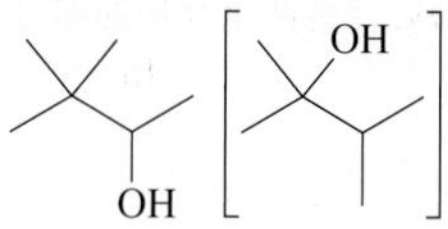

(b) 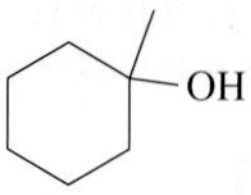 [没有]

(c)

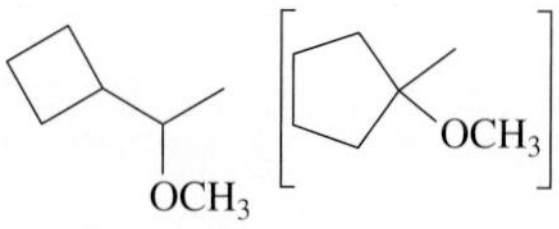

# 12-19

章节内已解答。

# 12-20

乙酰氧基（$H_3C-\overset{O}{\underset{}{C}}-O-$）常缩写为 AcO—，如下图所示。乙酸汞解离并作为亲电试剂进攻双键形成汞鎓离子：

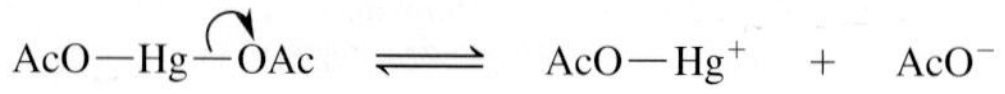

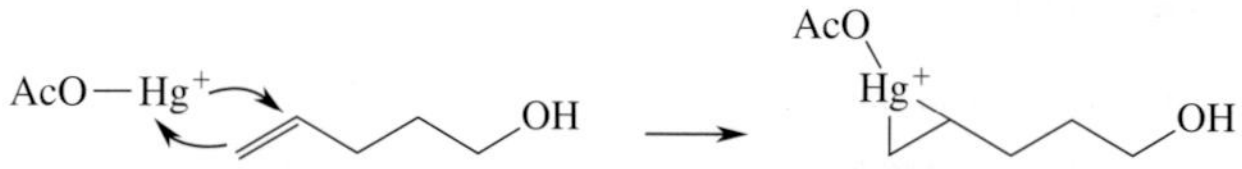

随后分子内的羟基发生亲核进攻，反应的区域选择性就是这步反应产生的。反应既可以形成五元环产物（路径 a）也可能形成六元环产物（路径 b）。

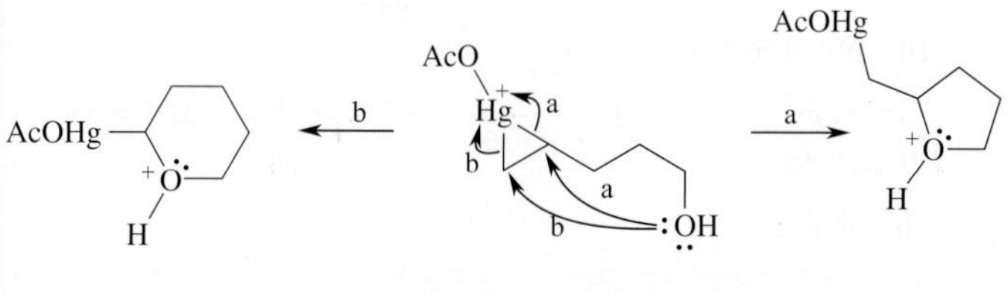

总的来说，六元环产物更稳定。但是，五元环产物形成的速率更快（9-6 节），并且五元环产物遵循 Markovnikov 规则，即氧原子进攻汞鎓离子中取代基更多的碳原子（含有更多的部分正电荷）。所以这条路径的产物为主产物。

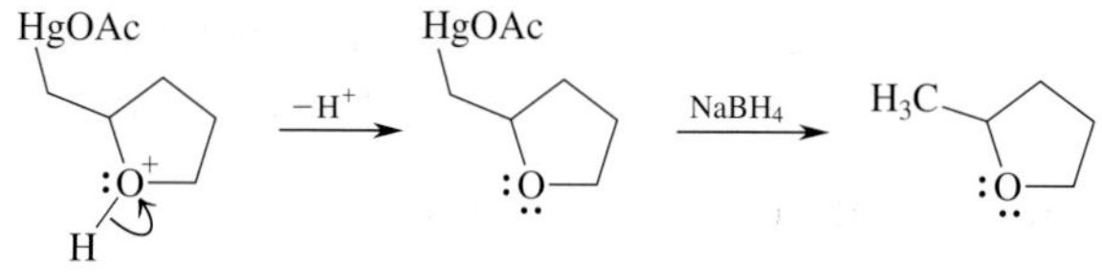

反应的底物和产物有相同的分子式 $C_5H_{10}O$，所以是异构体。

# 12-21

(a) $CH_3CH_2CH_2OH$ (b) + 对映体（外消旋的）

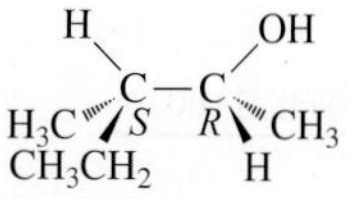

(c)

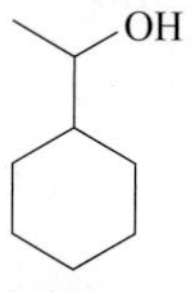

外消旋的

(d)

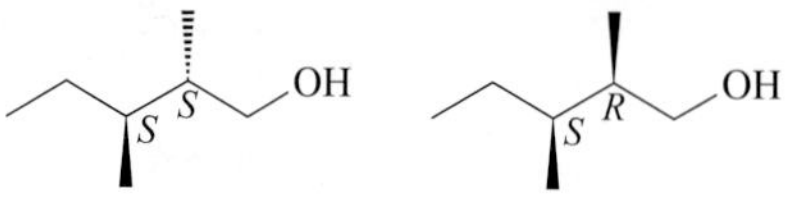

两对对映异构体中的一个对映体

# 12-22

(a)

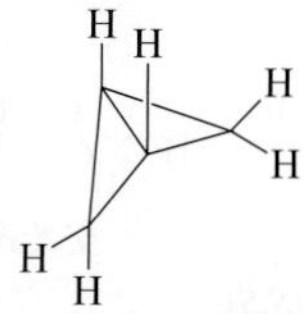

双环[1.1.0]丁烷

(b)

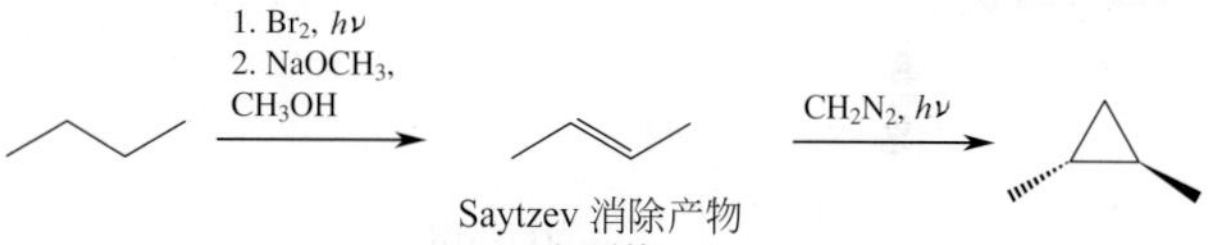

Saytzev 消除产物
（主要的）

# 12-23

(a)

(i) 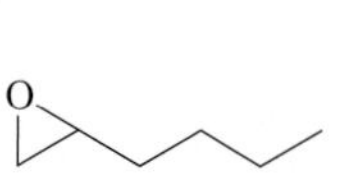 　(ii)

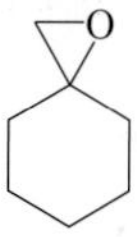

(iii)

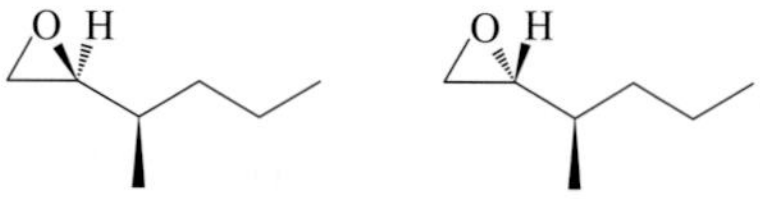

两对对映异构体中的一个对映体

(b)

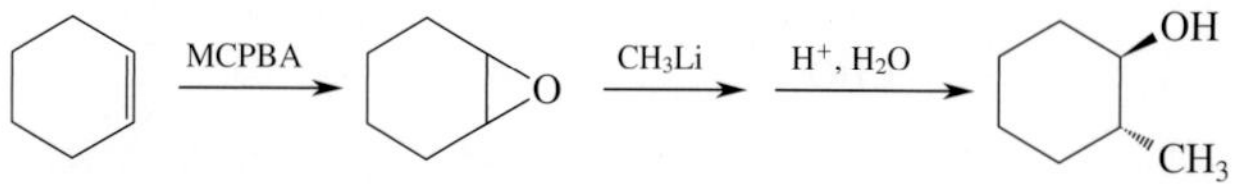

# 12-24

(a) 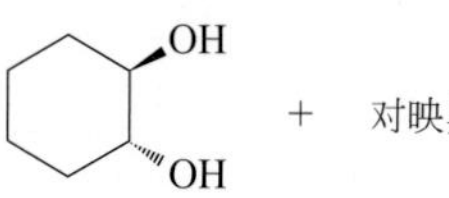 + 对映异构体

(b) 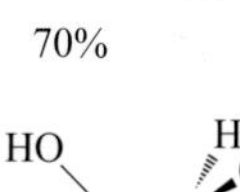 + 对映异构体

70%

(c) 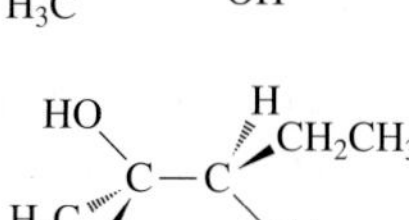 + 对映异构体

(d) + 对映异构体

## 12-25

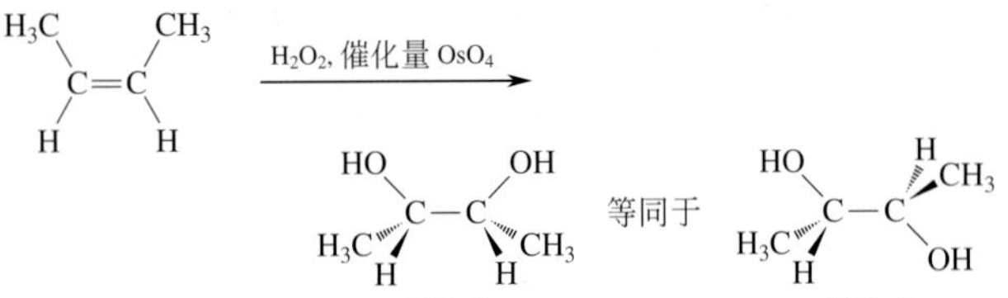

H₂O₂, 催化量 OsO₄

等同于

重叠式　　　交叉式

内消旋体

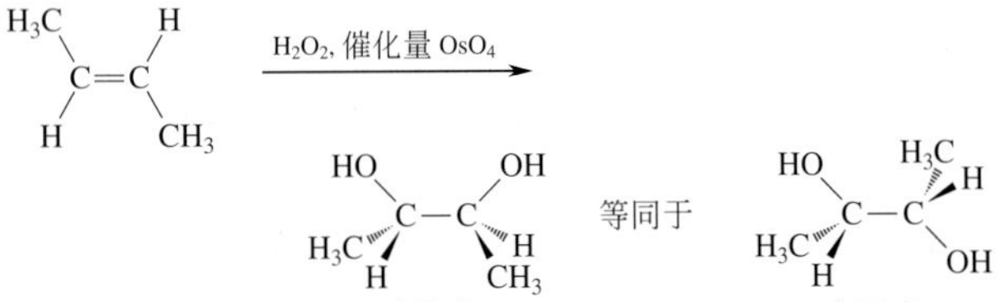

H₂O₂, 催化量 OsO₄

等同于

重叠式　　　交叉式

(R,R), (S,S)

## 12-26

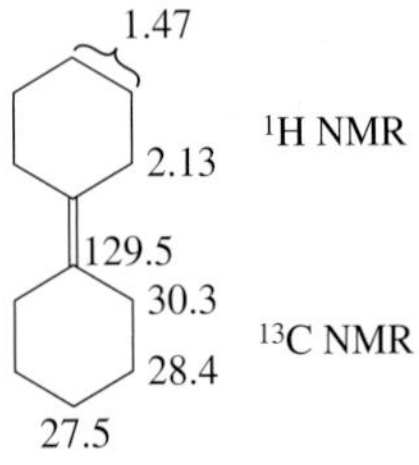

1.47

2.13

$^1H$ NMR

129.5

30.3

28.4

$^{13}C$ NMR

27.5

$C_{12}H_{20}$

## 12-27

（a）

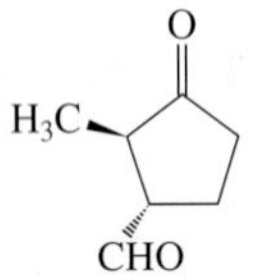

（b）

（c）

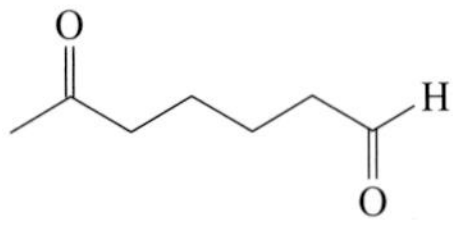

## 12-28

章节内已解答。

## 12-29

产物如图所示：7 6 5 4 3 2 1 。C-1 位和 C-6 位是
碳-氧双键。因此，在臭氧化分解反应之前 C-1 和 C-6 是彼此键合
的。首先移走氧原子；重写碳链并将 C-1 和 C-6 靠近；用双键连接
C-1 和 C-6，并写出起始化合物。

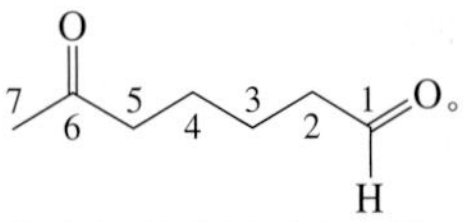

(1) 氧原子从 C-1 位和 C-6 位上移走　(2) 重写链，使碳 C-1 和 C-6 靠近

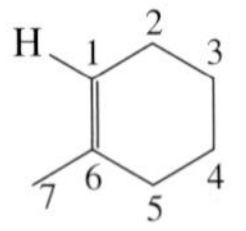

(3) C-1 和 C-6 用双键连接

提示：在进行碳原子编号时，最好保持两个结构的编号相同，
以免漏掉或者多写碳原子。

## 12-30

（a）

（i）

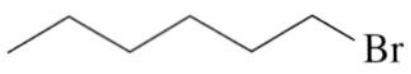

（ii）和（iii）

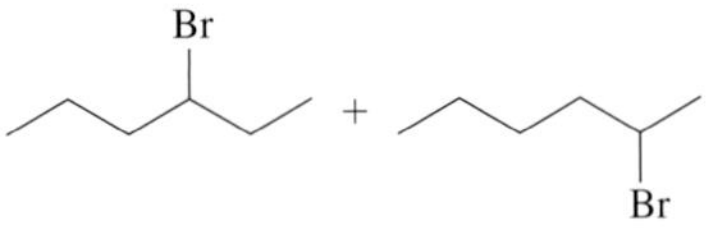

（iv）

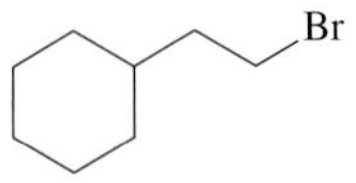

（b）

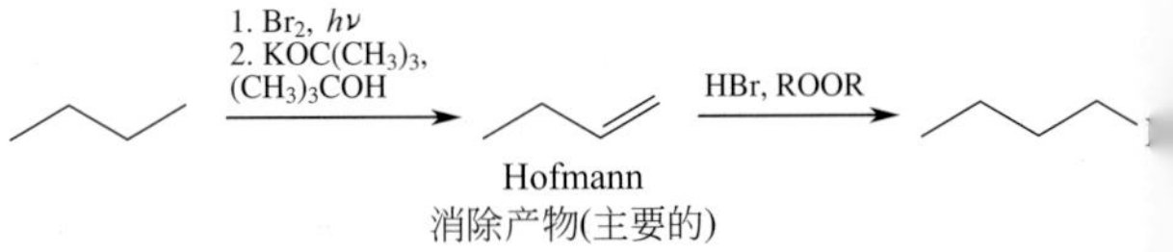

1. Br₂, hν
2. KOC(CH₃)₃, (CH₃)₃COH

Hofmann
消除产物(主要的)

HBr, ROOR

## 12-31

（a）单位是 kcal·mol⁻¹.

HCl：第二步链增长

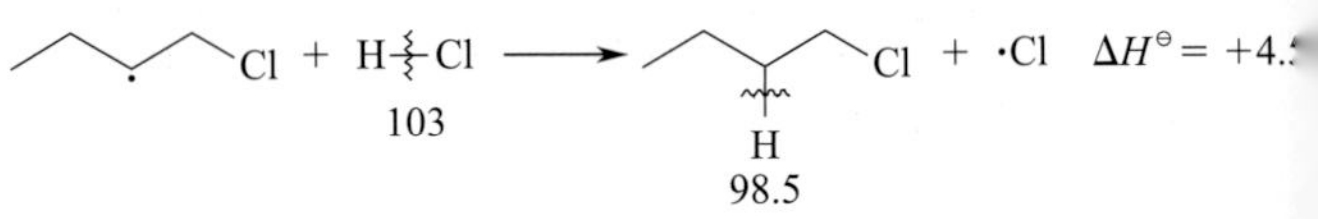

$\sim\!\!\cdot + Cl + H\!-\!Cl \longrightarrow \sim\!\!Cl + \cdot Cl \quad \Delta H^{\ominus} = +4.$

103　　　　　　　　H
　　　　　　　　98.5

HI：第一步链增长

$\sim\!\! + \cdot I \longrightarrow \sim\!\!I \quad \Delta H^{\ominus} = +9$

$DH^{\ominus}_{\pi键} = 65$　　　56

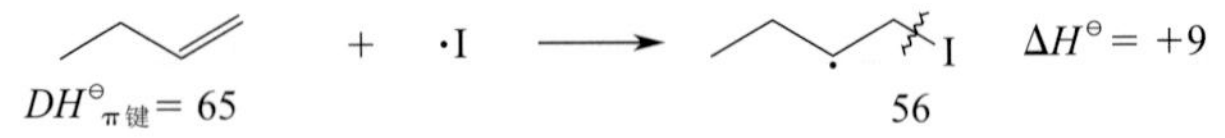

（b）链引发

$(C_6H_5)_2PH \xrightarrow{h\nu} (C_6H_5)_2P\cdot + H\cdot$

链增长部分

链增长

$CH_3(CH_2)_5CH=\!CH_2 + (C_6H_5)_2P\cdot \longrightarrow$

$CH_3(CH_2)_5\dot{C}HCH_2P(C_6H_5)_2$

更稳定的自由基

$CH_3(CH_2)_5\dot{C}HCH_2P(C_6H_5)_2 + (C_6H_5)_2PH \longrightarrow$

$CH_3(CH_2)_5CH_2CH_2P(C_6H_5)_2 + (C_6H_5)_2P\cdot$

产物

## 12-32

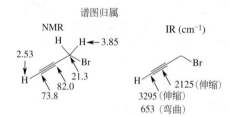

## 12-33

这是一个无规共聚物，其中单体的数目是随机的，但是沿着主链具有区域选择性。它形成的机理如下：

$$\left[(-CH_2C)m(-CH_2C)n-\right]$$

（结构式：左单元 C 上下各连 Cl，右单元 C 上连 H、下连 Cl）

## 12-34

$$\left[RCH_2-\overset{\cdot\cdot}{\underset{\cdot\cdot}{C}}\cdots \longleftrightarrow RCH_2-\overset{}{\underset{}{C}}\cdots \longleftrightarrow RCH_2-\overset{}{\underset{}{C}}\cdots\right]$$

（三个共振结构，涉及酯基 O—、—O—、—O—及 CN/N⁻）

## 第13章

## 13-1

（a）

1-己炔　　　　2-己炔

3-己炔　　　　4-甲基-1-戊炔

(R)-3-甲基-1-戊炔　　　(S)-3-甲基-1-戊炔

4-甲基-2-戊炔　　　3,3-二甲基-1-丁炔

（b）(R)-3-甲基-1-戊烯-4-炔

（c）

3-丁炔-1-醇　　　(S)-3-丁炔-2-醇　　　(R)-3-丁炔-2-醇

---

$H_3C-C\equiv C-CH_2OH$　　　　$\equiv\!-OH$

2-丁炔-1-醇　　　　1-丁炔-1-醇
（化合物很不稳定，在溶液中并不存在）

## 13-2

$$CH_3CH_2C\equiv CH + H_2 \longrightarrow CH_3CH_2CH=CH_2$$
$$\Delta H^{\ominus} = -(69.9-30.3)\,\text{kcal·mol}^{-1} = -39.6\,\text{kcal·mol}^{-1}$$

$$CH_3C\equiv CCH_3 + H_2 \longrightarrow \underset{H_3C}{\overset{H}{\diagup}}C=C\underset{CH_3}{\overset{H}{\diagdown}}$$

$$\Delta H^{\ominus} = -(65.1-28.6)\,\text{kcal·mol}^{-1} = -36.5\,\text{kcal·mol}^{-1}$$

在这两个反应中，第一个 π 键的氢化放出更多的热。

## 13-3

章节内已解答。

## 13-4

只有相应的共轭酸的 $pK_a$ 值大于乙炔（$pK_a = 25$）的碱才能将乙炔去质子化：$(CH_3)_3OH$ 的 $pK_a = 18$，这样，$(CH_3)_3CO^-$ 太弱；而 $(CH_3)_2NH$ 的 $pK_a = 36$，所以，LDA 是合适的碱。

## 13-5

章节内已解答。

## 13-6

$$\underset{s}{H_3C}-C\equiv C-\underset{q}{CH_2}-\underset{t}{CH_3}$$

## 13-7

B = 3-溴丙-1-炔。PBr₃ 被用作将醇转化为溴代烷烃（9-4 节）。

质谱：分子离子峰 $m/z = 120$ 和 118（1:1）；两个峰是由于自然界溴存在两个同位素，$^{79}Br$ 和 $^{81}Br$，而 $m/z = 39$ 的峰来自 C—Br 键的裂解生成碎片 $HC\equiv CCH_2$。

谱图归属

NMR

2.53　　　H　　H ← 3.85
　　　　　　　Br
H　　21.3
　82.0
73.8

IR (cm⁻¹)

H　　　2125（伸缩）
3295（伸缩）
653（弯曲）

## 13-8

起始原料如下：

（a）　　　　（b）　　（CH₂）₅CH₃

（c）

## 13-9

顺-2-丁烯 → (Br₂) → (2S,3S) [和 (2R,3R)]-2,3-二溴丁烷 → (旋转) →

→ (−HBr) → (Z)-2-溴-2-丁烯

反-2-丁烯 → 1. Br₂ 2. 碱 → (E)-2-溴-2-丁烯

## 13-10

（a）

$CH_3(CH_2)_3C\equiv CH$

1. $CH_3CH_2MgBr$
2. $H_2C=O$
3. PCC, $CH_2Cl_2$
4. $CH_3(CH_2)_3C\equiv CMgBr$

→ $CH_3(CH_2)_3C\equiv C\underset{H}{\overset{OH}{C}}C\equiv C(CH_2)_3CH_3$

（b）

$HC\equiv CLi \xrightarrow{CH_3CH_2CH_2Br}$

$HC\equiv CCH_2CH_2CH_3$

1. $CH_3CH_2CH_2CH_2Li$
2. $CH_3CH_2\overset{O}{\overset{\|}{C}}H$

→ $CH_3CH_2\underset{OH}{CHC}\equiv CCH_2CH_2CH_3$

## 13-11

## 13-12

## 13-13

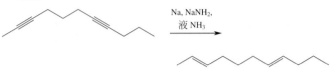

1. $CH_3CH_2CH_2CH_2Li$
2. (环氧乙烷)
3. $H_2$, Lindlar 催化剂

## 13-14

章节内已解答。

## 13-15

与练习 13-24 提及的二炔相反，2,7-十一烷二炔只含有内部的叁键。

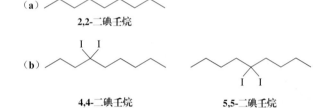

Na, NaNH₂, 液 NH₃

## 13-16

（a）

**2,2-二碘壬烷**

（b）

**4,4-二碘壬烷**　　　**5,5-二碘壬烷**

（c）

**1,1-二碘环壬烷**

## 13-17

$CH_3CH_2C\equiv CH \xrightarrow{Cl_2}$

→ (Cl₂) → $CH_3CH_2C\underset{Cl}{\overset{Cl}{C}}\underset{Cl}{\overset{Cl}{C}}H$

## 13-18

## 13-19

（a）

（i） $CH_3CHO$　　（ii） $CH_3\overset{O}{\overset{\|}{C}}CH_3$　　（iii） $CH_3CH_2\overset{O}{\overset{\|}{C}}CH_3$

（iv） $CH_3CH_2\overset{O}{\overset{\|}{C}}CH_3$

（v）

（b）

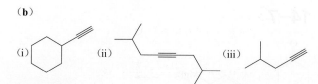

（i）　　　（ii）　　　（iii）

## 13-20

章节内已解答。

## 13-21

如以前的练习所述，首先通过端炔氢的去质子化构筑必要的碳-碳键，接着是 $S_N2$ 反应，然后，将叁键转化为需要的新官能团。

## 13-22

链引发步骤

链增长步骤

## 13-23

（a）

（b）

## 13-24

（a）（i）CH₃CHO　　（ii）CH₃CH₂CHO

（iii）　　　（iv）

（b）（i）　　　（ii）

（iii）

## 13-25

## 13-26

## 第14章

## 14-1

Br·进攻的两个
可能的位点

## 14-2

（a）　　（b）

（c）进攻在：

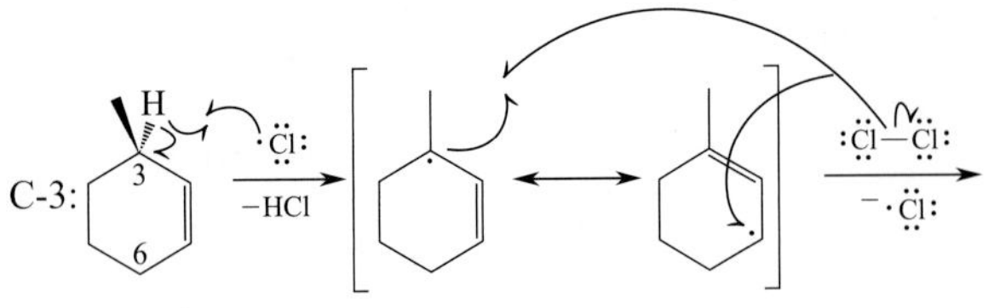

（S）-3-甲基环己烯　　　　非手性

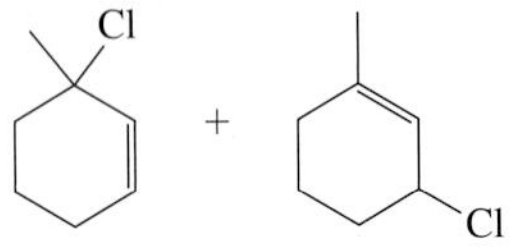

两个都是外消旋（非光活性）

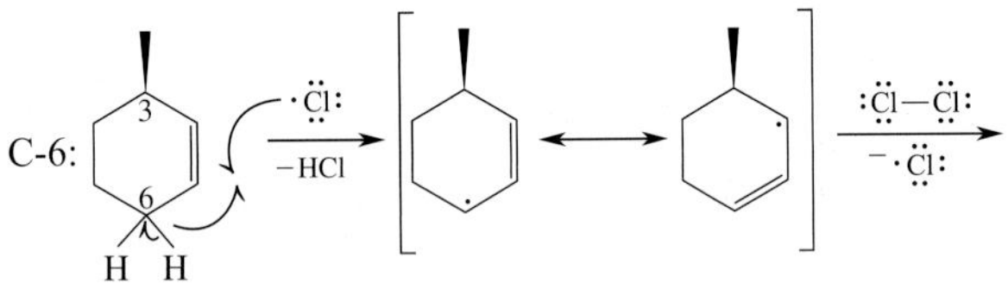

（S）-3-甲基环己烯　　　　手性

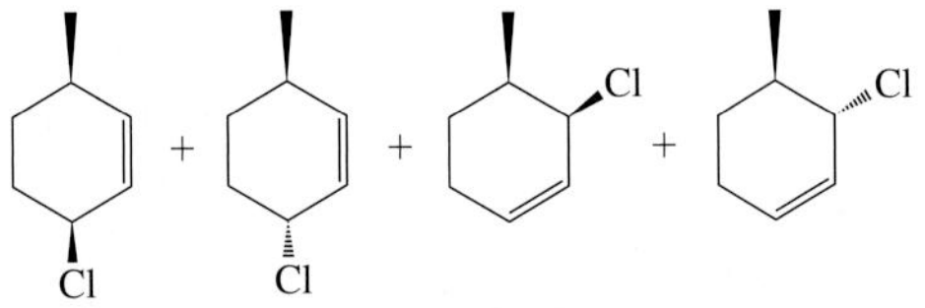

（3S,6R）-　　（3R,6R）-　　（3R,4R）-　　（3S,4R）-
3-氯-6-甲基环己烯　　　　3-氯-4-甲基环己烯
所有的都是对映体纯（光活性）

## 14-3

中间体烯丙基正离子是非手性的。

## 14-4

章节内已解答。

## 14-5

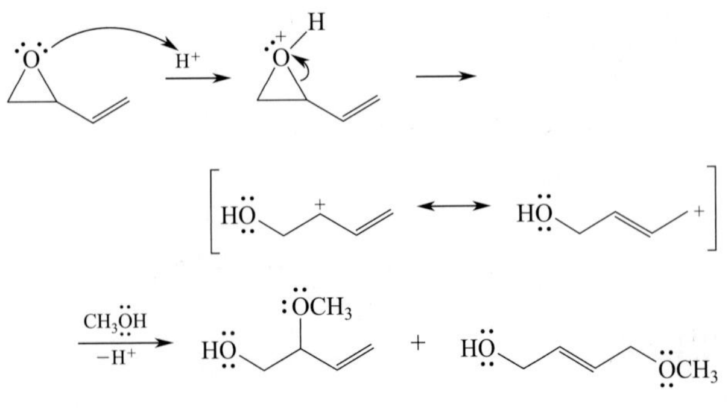

## 14-6

在离子化后，氯离子不能从中间体烯丙基正离子上立刻扩散开。再次连接给出原料或其烯丙基异构体——回忆 $S_N1$ 反应的可逆性（练习 7-3）。但是，氯化物继续解离，使乙酸酯［一个好的亲核体，却是差的离去基团（表 6-4）］最终胜出。

## 14-7

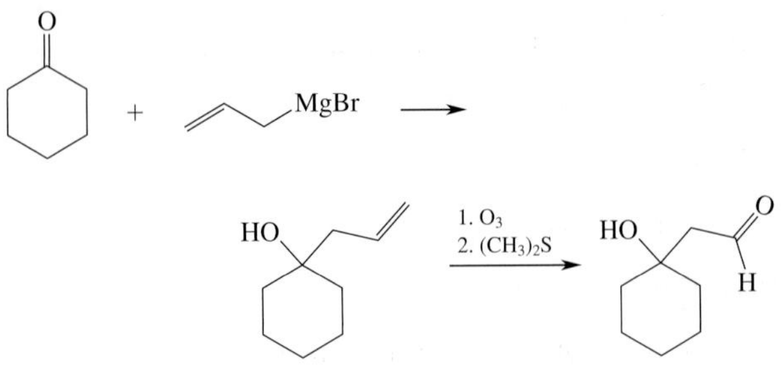

## 14-8

（a）5-溴-1,3-环庚二烯
（b）（E）-2,3-二甲基-1,3-戊二烯
（c）反-6-乙基-4-壬烯

（d）　　（e）　　（f）

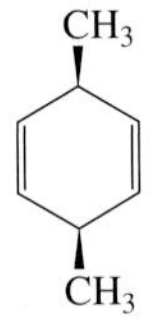

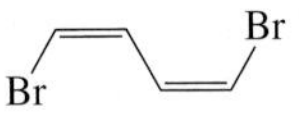

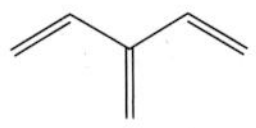

## 14-9

（a）主要：B；次要：C。
（b）反式内双键比端双键更稳定，相差约 2.7kcal·mol$^{-1}$（图 11-12）。这个差值加上预定的稳定能（3.5kcal·mol$^{-1}$），最终为 6.2 kcal·mol$^{-1}$，非常接近观察值。

## 14-10

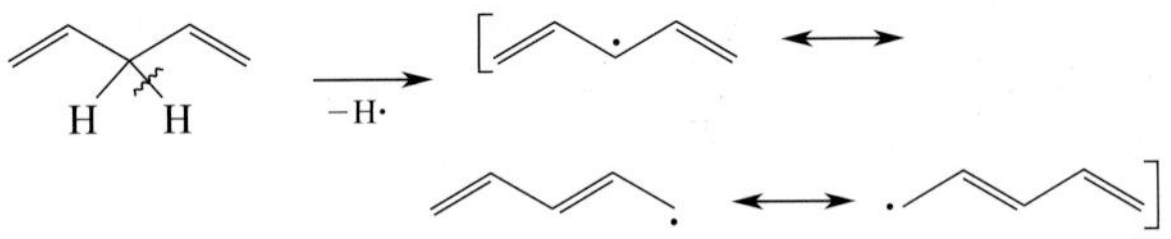

产物是离域的戊二烯基自由基。

## 14-11

（a）

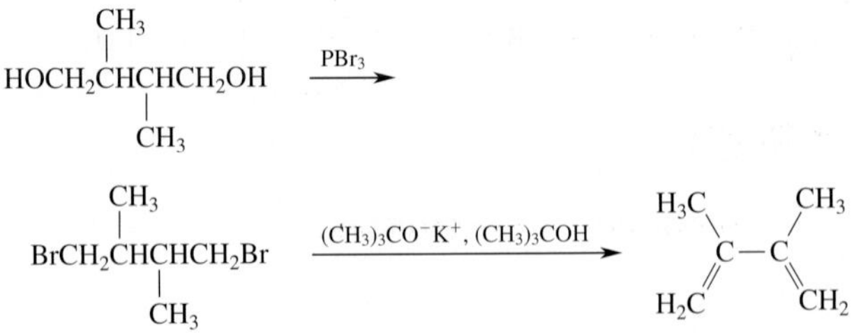

（b）

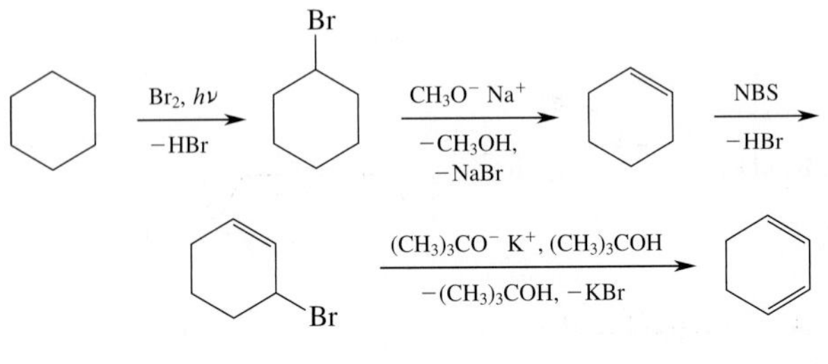

# 14-12

（a）

（i）

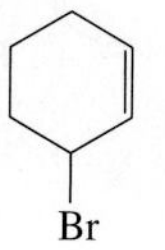

两个加成模式得到同一产物

（ii）

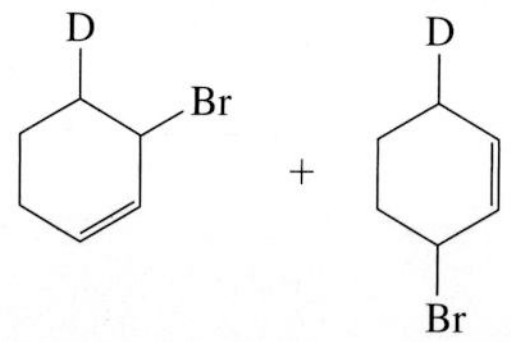

＋

顺式和反式

　　HX 以 1,2-或1,4- 加成到没有取代基的环-1,3-二烯给出同一产物，这归结于对称性。当使用 DX 代替 HX 时，对称性就消除了。

（b）

（i）

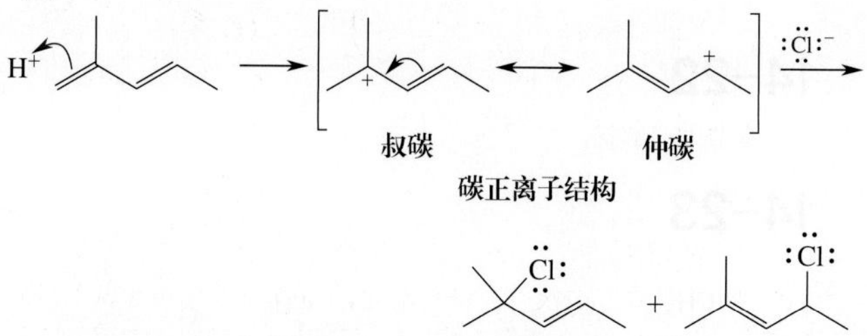

叔碳　　　　仲碳

碳正离子结构

＋

改变质子化模式给出较不稳定的中间体正离子：

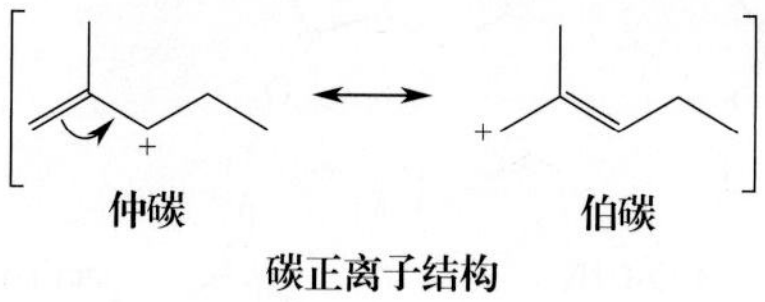

仲碳　　　　伯碳

碳正离子结构

（ii）

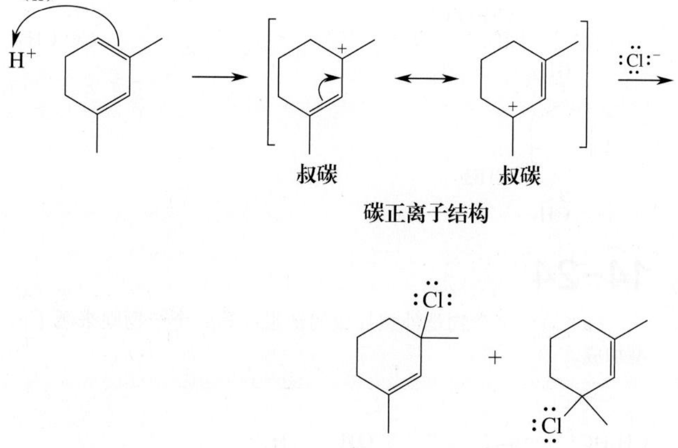

叔碳　　　　叔碳

碳正离子结构

＋

改变质子化模式给出较不稳定的中间体正离子：

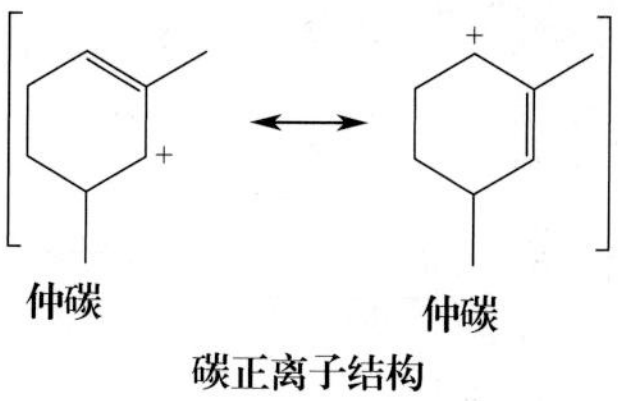

仲碳　　　　仲碳

碳正离子结构

（iii）

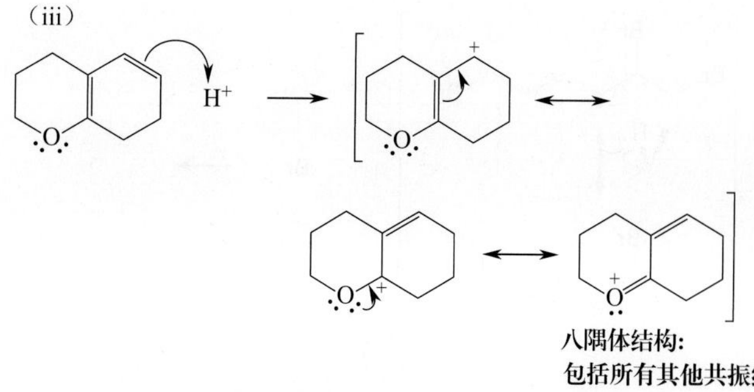

八隅体结构：
包括所有其他共振结构

　　另一种质子化模式不产生八隅体结构。

# 14-13

章节内已解答。

# 14-14

（a）　A是1,2-加成和动力学产物。

　　　 B 是 1,4- 加成和热力学产物。

（b）

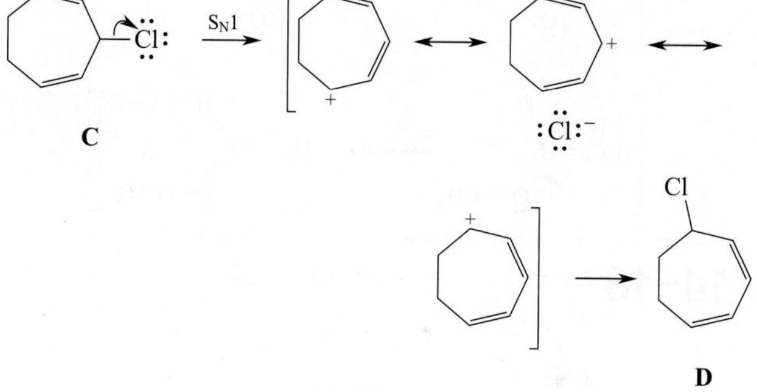

# 14-15

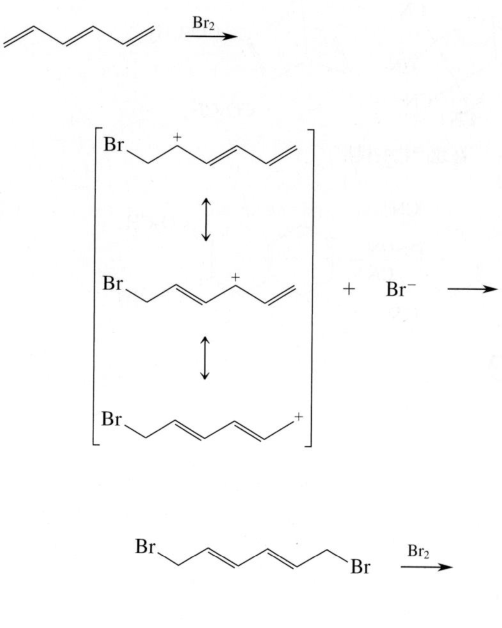

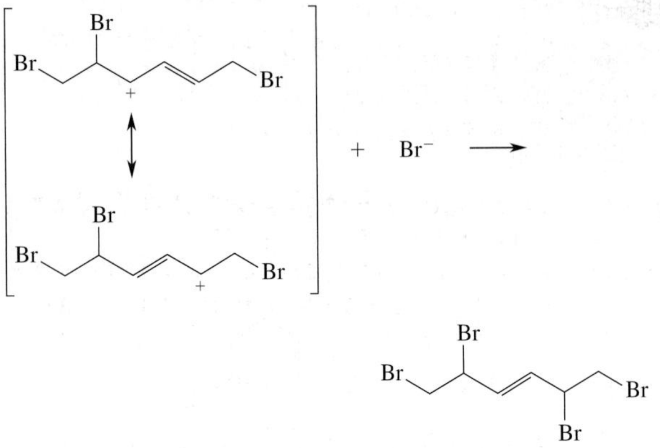

## 14-16

（a）、（b）富电子，因为烷基是电子给体。

（c）、（d）缺电子，因为羰基是吸电子的，源于诱导和共振，而氟烷基也是吸电子的，却仅来自诱导。

## 14-17

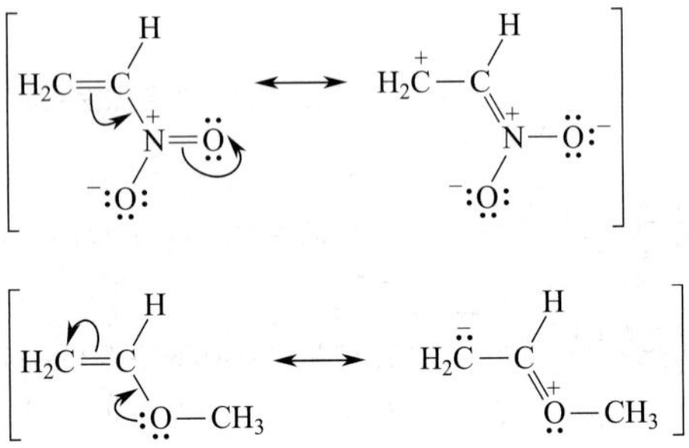

## 14-18

（a）

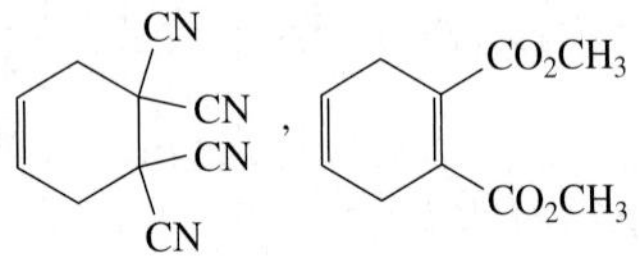

（b）

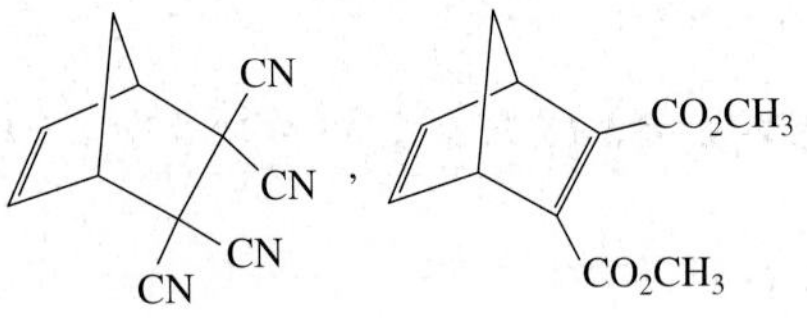

（搭建产物的模型）

（c）

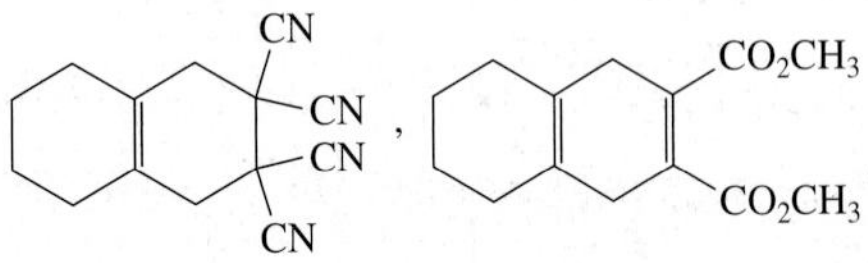

## 14-19

章节内已解答。

## 14-20

（a）

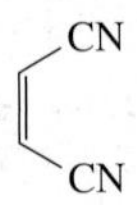

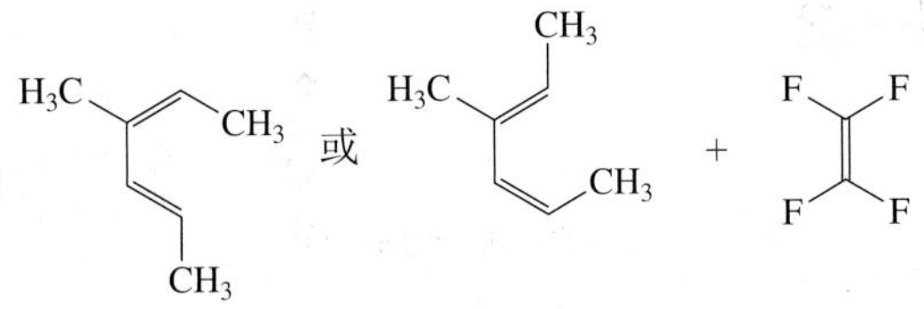

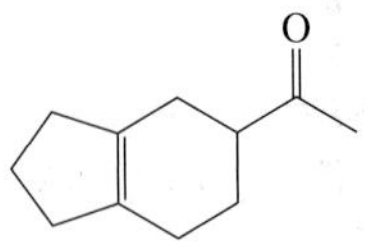

## 14-21

由于空间位阻，顺式、反式异构体不能形成 s-cis 构象。

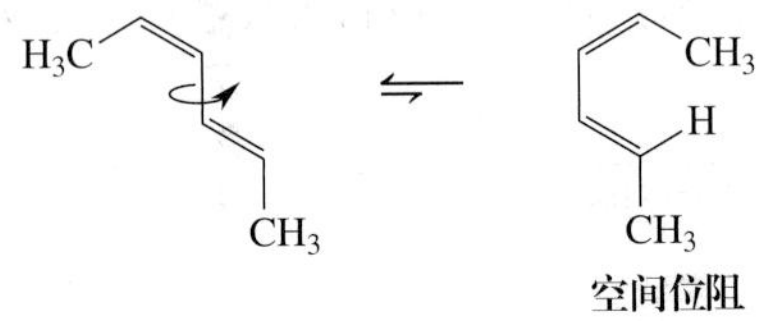

## 14-22

章节内已解答。

## 14-23

（a）

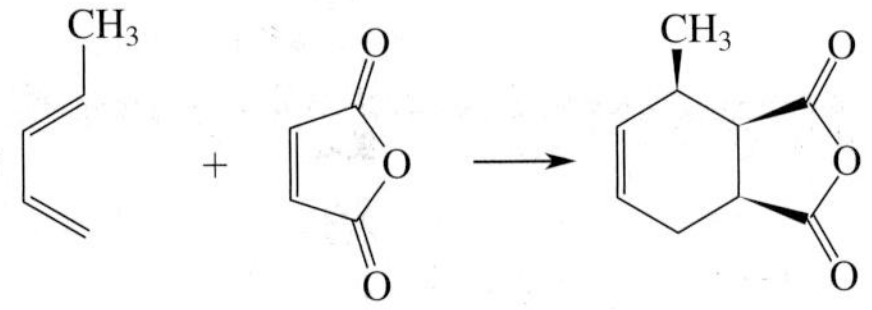

（b）

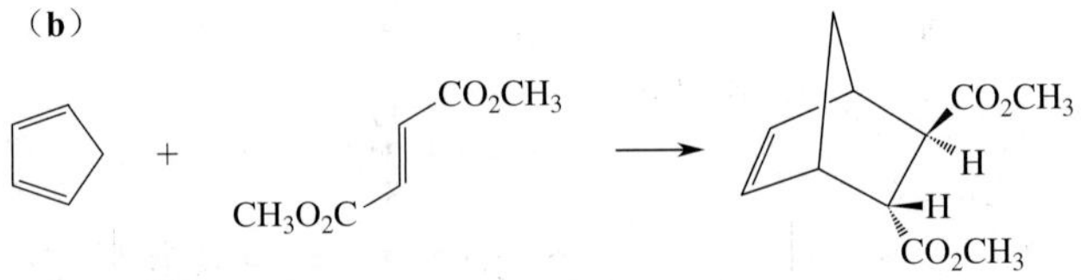

（c）

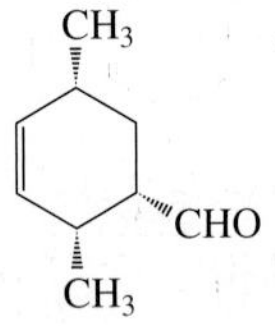

## 14-24

（a）第一个产物是外型加成的结果；第二个产物则来源于内型加成。

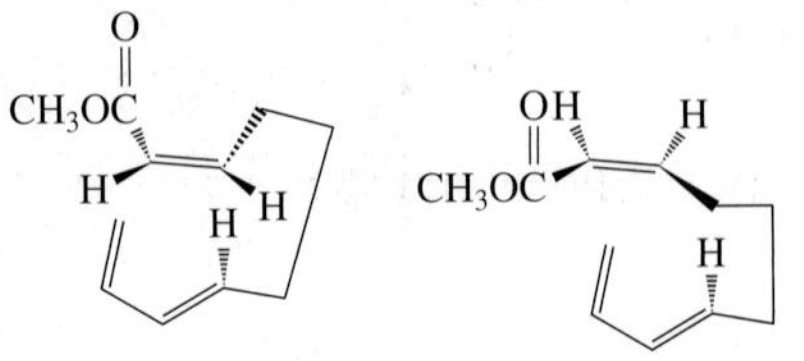

（b）

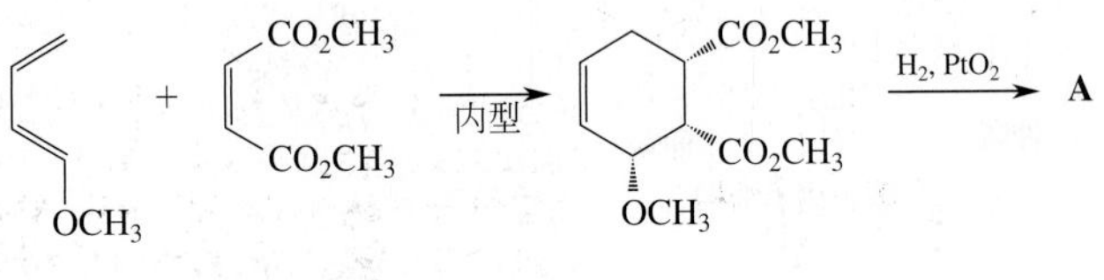

# 14-25

（a）　（b）　（c）　（d）

# 14-26

（a）（i）　（ii）OCH₃　（iii）　hν

（b）　A $\xrightarrow[\text{两个顺旋闭环}]{hν}$ B

A $\xrightarrow[\text{两个对旋闭环}]{\triangle}$ C

# 14-27

章节内已解答。

# 14-28

依据 Woodward-Hoffmann 规则所预期是顺旋。搭建模型。

# 14-29

（b），（c），（a），（f），（d），（e）

# 第15章

## 15-1

（a）1-氯-4-硝基苯（对氯硝基苯）
（b）1-乙基-2-甲基苯（邻乙基甲苯）
（c）3-碘苯胺（间碘苯胺）
（d）2,4-二硝基苯酚
（e）3-苯基-2-环己烯醇（3-苯基环己-2-烯醇）

## 15-2

（a）CH₃ CHCH₂CH₂CH₃

（b）CH=CH₂ NO₂

（c）CH₃ O₂N NO₂ NO₂

（d）OH

## 15-3

（a）1,3-二氯苯（间二氯苯）
（b）2-氟苯胺（邻氟苯胺）
（c）1-溴-4-氟苯（对溴氟苯）
（d）环丙基苯

## 15-4

1,2-二氯苯

Cl Cl 和 Cl Cl

1,2,4-三氯苯

Cl Cl Cl 和 Cl Cl Cl

## 15-5

（a）化合物 B 已经失去环状 6π 电子排列方式，因而也失去了芳香性。所以开环是吸热反应。

（b）甲苯是芳香性的，而环庚-1,3,5-三烯中三个双键形成的环状共轭被 CH₂ 基团中断，氢化热的差值为 29kcal·mol⁻¹，即甲苯的芳香稳定化能。

## 15-6

（a）Br　2.56 (q, 2 H)　1.19 (t, 3 H)　7.36 (d, 2 H)　7.03 (d, 2 H)

（b）非对称取代的 1,2,4-三甲基苯的 ¹³C NMR 谱的碳谱线最多，有九条。分子对称性使碳谱线减少，1,2,3-三甲基苯有六条碳谱线，而 1,3,5-三甲基苯只有三条。

（c）这种氢位于 NMR 环电流的屏蔽区（图 10-9）。

## 15-7

章节内已解答。

## 15-8

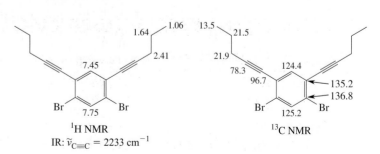

1.64　1.06　13.5　21.5
7.45　2.41　21.9　78.3　96.7　124.4　135.2　136.8
Br　Br　7.75　Br　Br　125.2
¹H NMR
IR: $\tilde{\nu}_{C\equiv C} = 2233$ cm⁻¹　¹³C NMR

## 15-9

（a）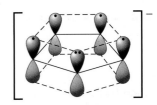

（b）

（c）

（d）9-溴菲
（e）5-硝基-2-萘磺酸

## 15-10

## 15-11

在上述共振式中，有三个共振式（第一、第三和第四个共振式）包含的芳香 Kekulé 苯环数最多，且是两个。

## 15-12

这是一个不寻常的 Diels-Alder 反应，其中一个分子作为双烯体，另一个分子作为亲双烯体，请用模型解释。

内型（Endo）产物　　外型（Exo）产物

注意：将 666 页中的一般立体化学图示应用在此反应中，你会发现意想不到的效果（用一个键代替原料和产物中的 i）。

## 15-13

不是。环辛四烯分子的双键是定域的，双键迁移产生的是几何异构体而不是共振式，如 1,2-二甲基环辛四烯所示。

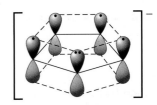

## 15-14

Endo 型
Diels-Alder
环加成反应

对旋热反应
1,3,5-己三烯
闭环

A　　　　　B

## 15-15

它们都是非平面分子，由于键角张力（例如，一个平面的全顺-[10]轮烯需要的 $C_{sp^2}$ 键角为 144°，与正常值有相当大偏差）、重叠张力和跨环张力（例如，反，顺，反，顺，顺-[10]轮烯的两个环内氢原子在空间上占据相同位置）。

## 15-16

（a）、（c）和（d）是芳香性的，（b）和（e）是反芳香性的。

## 15-17

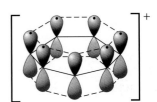

## 15-18

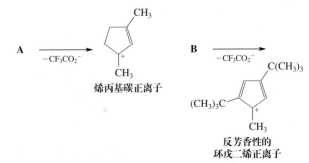

A　$\xrightarrow{-CF_3CO_2^-}$　烯丙基碳正离子

B　$\xrightarrow{-CF_3CO_2^-}$　反芳香性的环戊二烯正离子

## 15-19

（a）、（b）芳香性的，（e）反芳香性的。

## 15-20

章节内已解答。

## 15-21

（a）双负离子是一个 10π 电子的芳香体系，但并环戊二烯具有 4nπ 电子。

（b）质子化产生一个具有 10π 电子的芳香性正离子，桥头氢原子位于 NMR 环电流的屏蔽区（图 10-9）。

## 15-22

不同之处在于苯的二氢化包含失去芳香性的能量损失，大约 30kcal·mol$^{-1}$。这个值大于抵消氢化贡献的热量，使反应吸热。你也可以通过观察图 15-3 得出这个结论：苯氢化成为 1,3-环己二烯的过程吸收热量为（54.9-49.3）kcal·mol$^{-1}$= 5.6kcal·mol$^{-1}$。

## 15-23

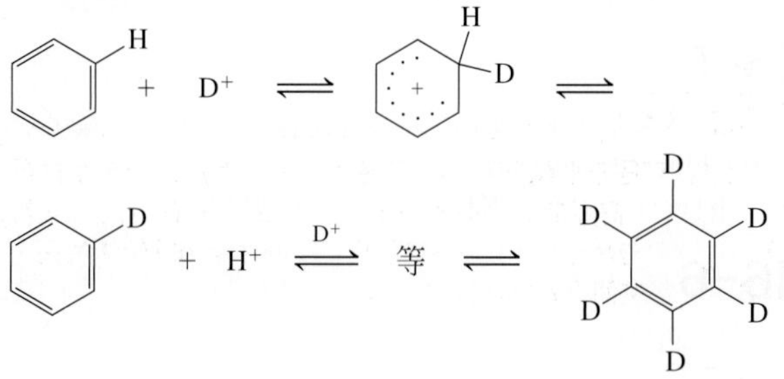

分子量为84

## 15-24

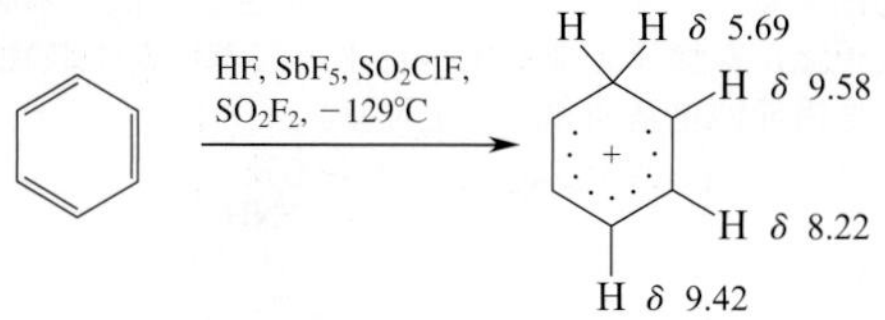

NMR 谱中质子化学位移分配与根据共振原理预测的环己二烯正离子各个碳原子的电荷分布相对应。

## 15-25

（a）

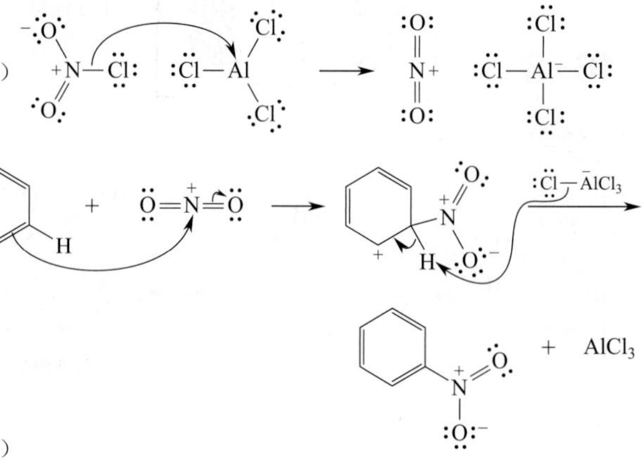

（b）

（i）

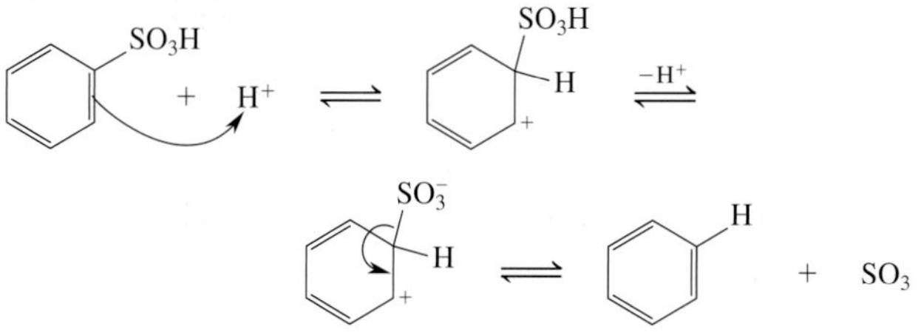

（ii）

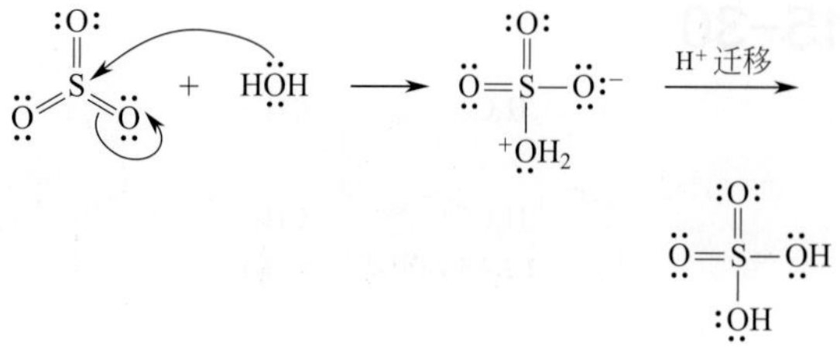

## 15-26

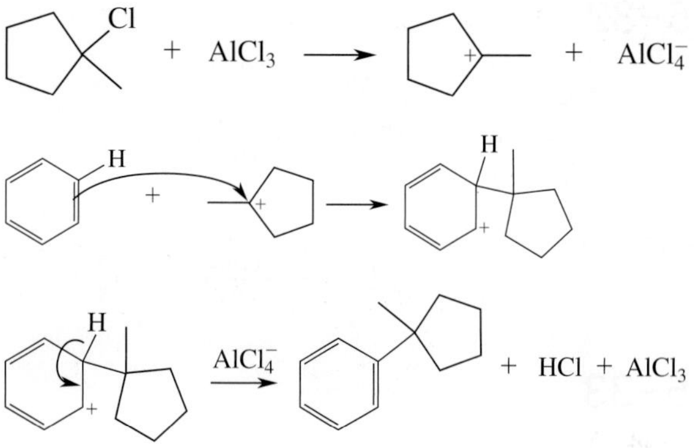

## 15-27

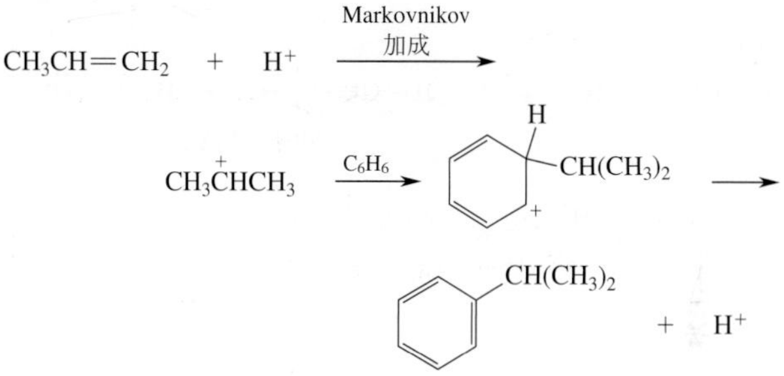

## 15-28

章节内已解答。

## 15-29

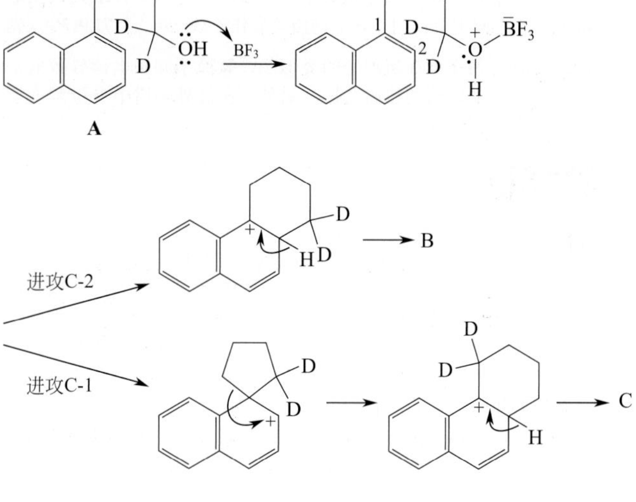

## 15-30

1,2,4,5-四甲基苯（杜烯）

## 15-31

章节内已解答。

## 15-32

## 15-33

（a）

（b）

甲酰基正离子

甲酰基正离子的谱学数据表明，[H—C ≡ O:$^+$] 在其共振结构表达式中起主要作用。这个物质可看作乙炔（$\delta_{^{13}C}$ 为 71.9；$\widehat{\nu}_{C≡C}$ 为 1974 cm$^{-1}$）带正电荷氧原子的类似物，氧原子和正电荷导致酰基碳原子相对去屏蔽的核磁共振，另外，在红外光谱中叁键强度增加及相关的波数增加。

# 第16章

## 16-1

4-($N,N$-二甲氨基)苯甲醛：连有吸电子羰基的苯环偶极共振式表明取代基邻位碳（而不是间位）存在部分正电荷，从而使邻位质子（绿色）处在相对去屏蔽区。与此相反，有给电子氨基取代基的苯环的偶极共振式表明邻位碳（而不是间位）存在部分负电荷，引起与其相连的质子（红色）处于相对屏蔽区。

1-甲氧基-2,4-二硝基苯：根据相似的讨论，相对去屏蔽的氢（蓝色和绿色）处于吸电子硝基官能团的邻位和对位，第三个氢原子（红色）位于给电子甲氧基的邻位，C-3 上的氢所具有的特殊去屏蔽效应归功于其紧邻两个硝基，两个硝基的诱导效应在它们共同的邻位上达到最大化。

## 16-2

与苯相比，C-1 位被氧原子强吸电子诱导效应去屏蔽，C-2 和 C-4 位却被氧原子孤对电子与苯 π 体系共轭所产生的负电荷屏蔽，C-3 位则基本不受影响。

## 16-3

（a）、（d）、（e）活化，（b）、（c）钝化。

## 16-4

（d）＞（b）＞（a）＞（c）。

## 16-5

（a）甲苯是活化的苯环，在亲电试剂进攻钝化的三氟甲苯之前消耗掉所有的亲电试剂。

（b）（i）、（iii）邻、对位，（ii）、（iv）间位。

## 16-6

章节内已解答。

## 16-7

苯胺是碱性的，因此在随着 pH 降低时逐渐被质子化，苯胺的浓度逐渐降低导致邻、对位取代的反应速率降低。苯胺在强酸中完全质子化，氮原子上孤对电子已不能与苯环发生共轭。因此，铵取代基是诱导钝化基团和间位定位基。

苯胺离子

但是注意，氨基是非常强的活化基团（表 16-2），即使在强酸条件下游离胺的浓度很低时，邻、对位取代仍然占主导地位。

## 16-8

邻位进攻：

贡献极小

对位进攻：

贡献极小

## 16-9

（**a**），（**c**）共轭和诱导吸电子。

（**b**）诱导吸电子。

（**d**）苯取代基作为共振给电子基团。

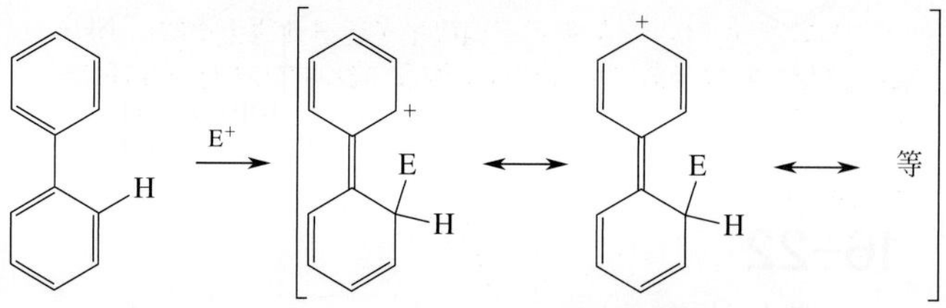


**共6个共振式**

## 16-10

（**a**）参见表16-1和16-2。Cl是弱钝化基团和邻、对位定位基，而$CF_3$是强钝化基团和间位定位基。硝化反应的相对速率是0.033∶$2.6\times10^{-5}$。

（**b**）

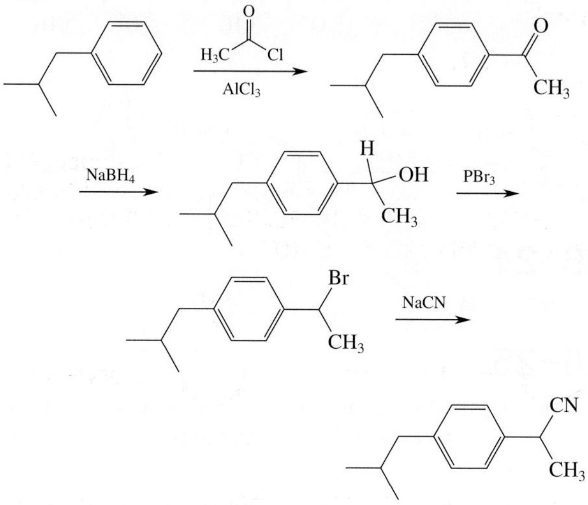


**A**

（**c**）

（i）1. $HNO_3$，$H_2SO_4$；2. $H_2SO_4$，$SO_3$。

（ii）1. $CH_3COCl$，$AlCl_3$；2. $Cl_2$，$FeCl_3$。

（iii）1. $(CH_3)_3CCl$，$AlCl_3$；2. $Br_2$，$FeBr_3$。

## 16-11

章节内已解答。

## 16-12

（**a**）

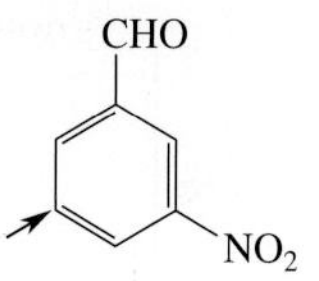


（**b**）

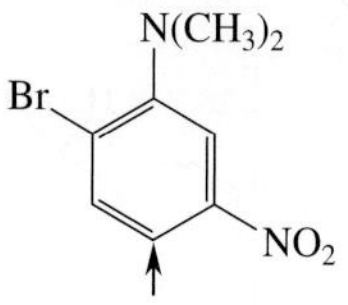


（**c**）

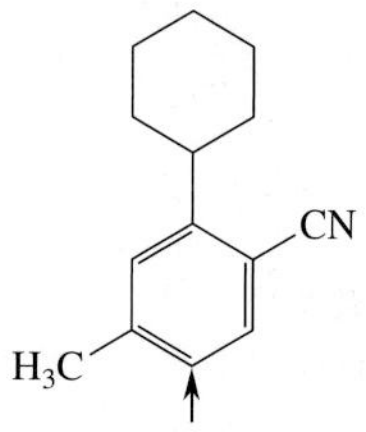


（**d**）

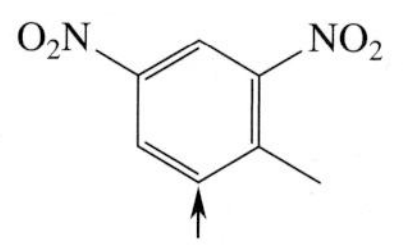


（**e**）

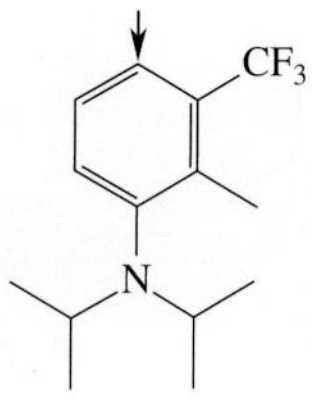


（**f**）

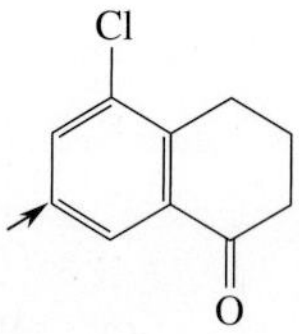


## 16-13

（i）

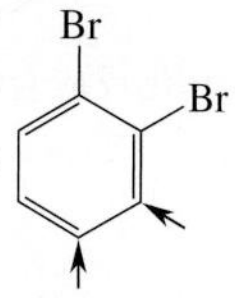


**A**

（ii）

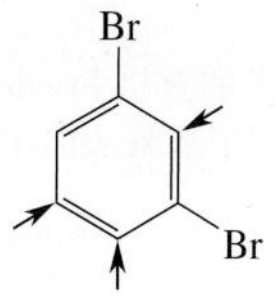


**B**

（iii）

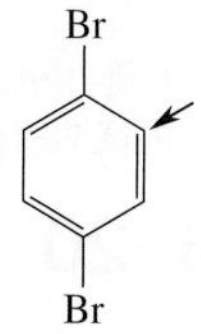


**C**

## 16-14

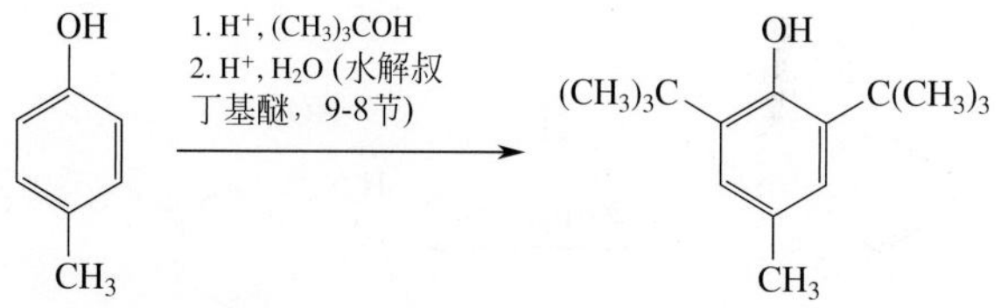


## 16-15

不是，因为氮原子只能引入到溴原子的邻位和对位。

## 16-16

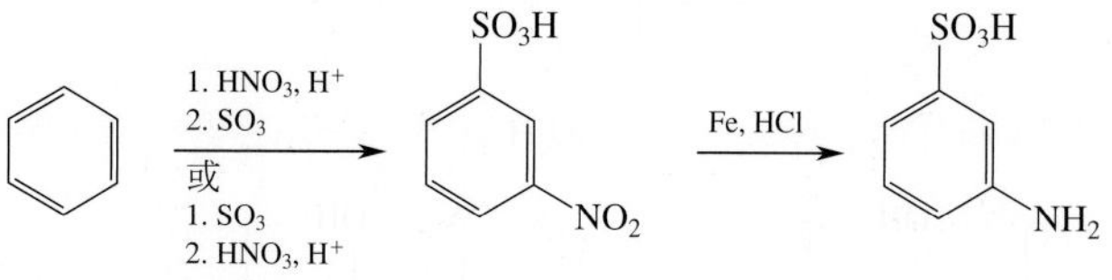


## 16-17

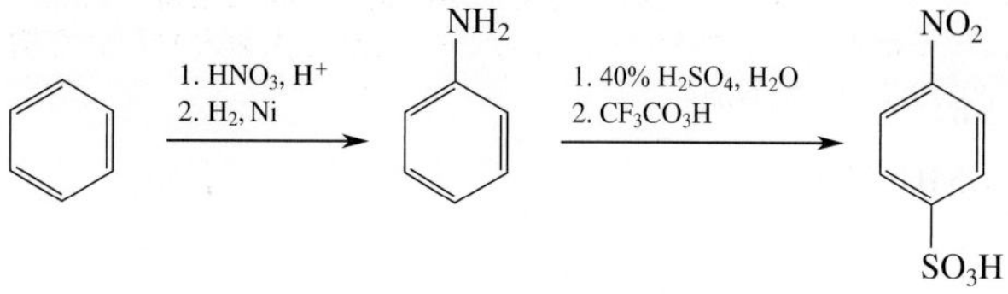


## 16-18

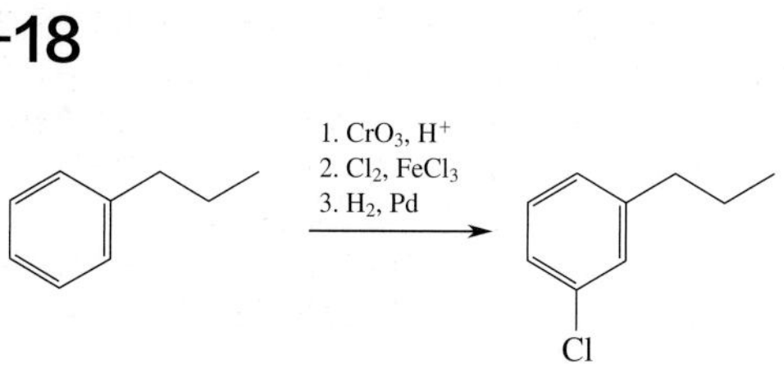

## 16-19

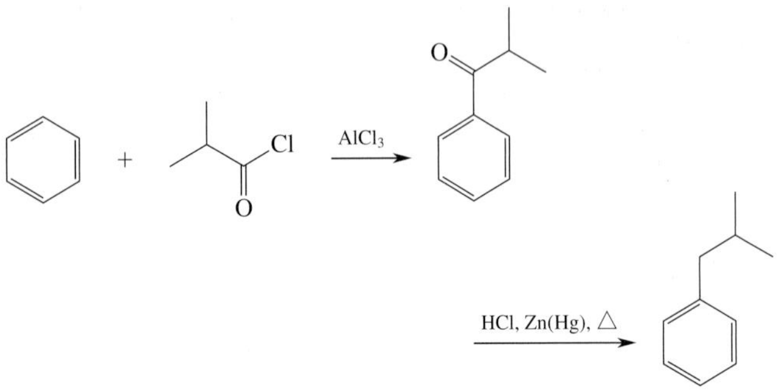

1-氯-2-甲基丙烷与苯的直接 Friedel-Crafts 烷基化反应会经过碳亲电试剂的重排得到叔丁基苯（15-12 节）。

## 16-20

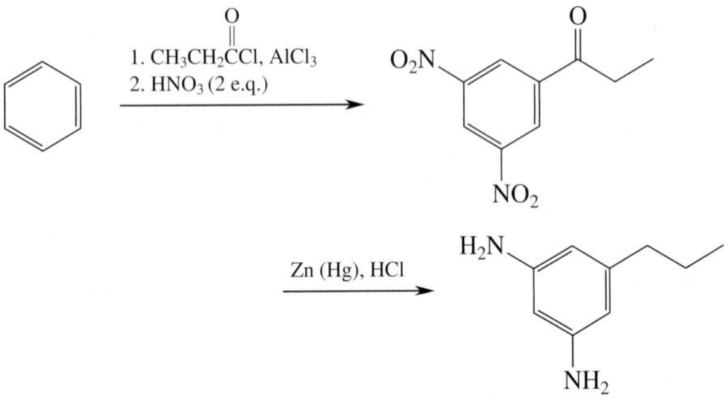

## 16-21

（a）

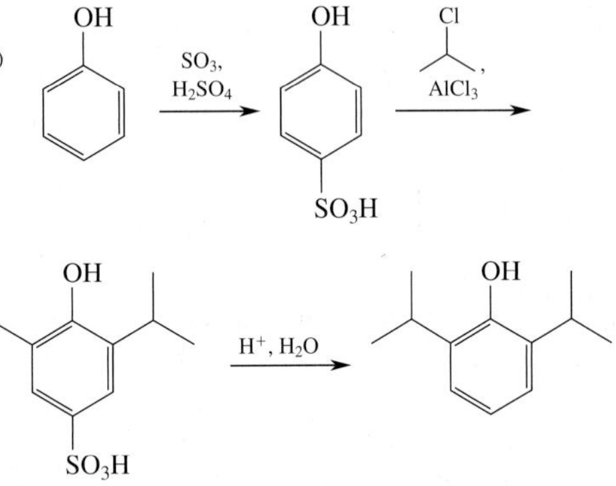

（b）

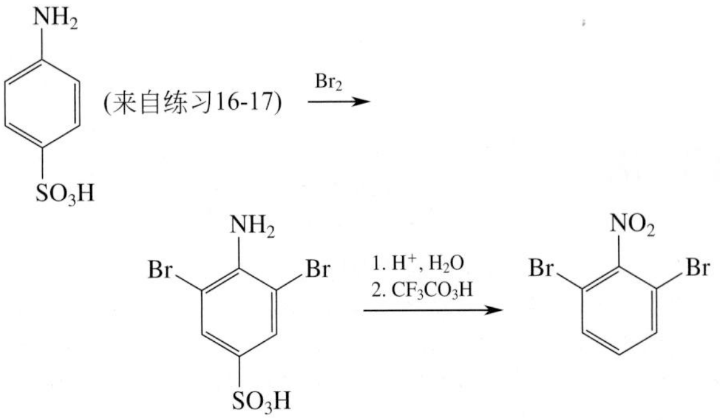

（c）

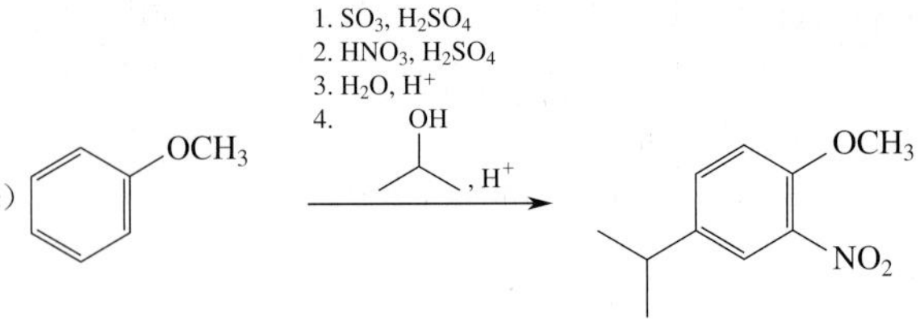

**1-甲氧基-4-(1-甲基乙基)-2-硝基苯**

## 16-22

章节内已解答。

## 16-23

（a）

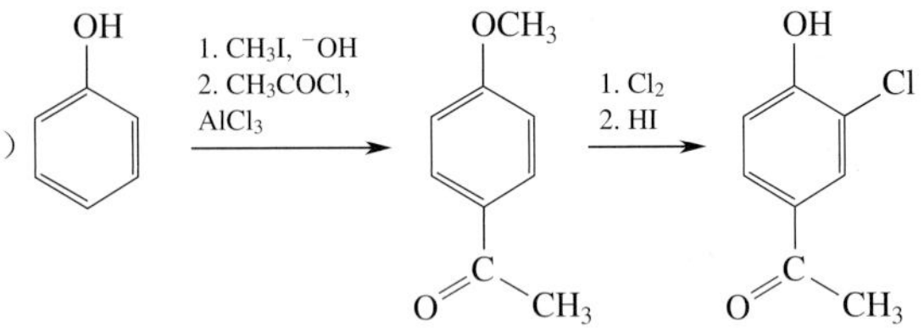

（b）

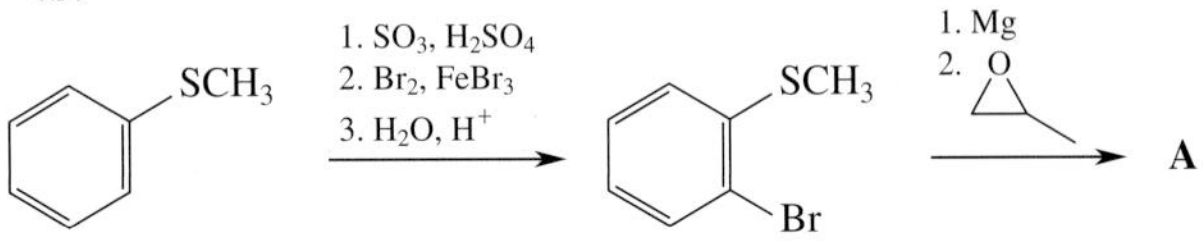

## 16-24

章节内已解答。

## 16-25

（**a**） C-5 和 C-8 位；（**b**）C-6 和 C-8 位；（**c**）C-4、C-5 位被邻位的叔丁基迅速封端，C-8 受 C-1 位的叔丁基空间位阻限制；（**d**）C-1 位；（**e**）C-2 位。

## 16-26

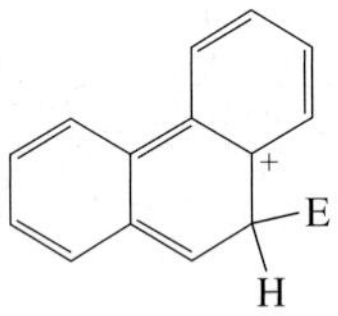

## 16-27

在讨论了由指定位置质子化产生的一组共振式后可得出答案。在此只给出了其中关键的一种，作为附加练习，建议写出其他可能的共振式。

在C-9位：

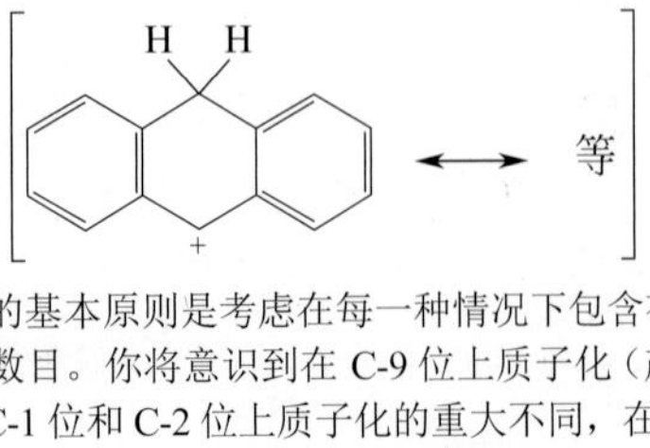

分析问题的基本原则是考虑在每一种情况下包含有完整苯环结构的共振式的数目。你将意识到在 C-9 位上质子化（产生两个分离的苯核）与在 C-1 位和 C-2 位上质子化的重大不同，在 C-1 位和 C-2 位上质子化生成萘环结构（比两个苯环芳香性差，15-5 节）。在此展示的［C-9—H］$^+$ 结构，甚至没将正电荷移至相邻的苯环上就已经有四个含苯型结构的共振式。移动正电荷仍然保留一个苯环不发生变化（每次画两个共振式时，电荷沿着另一个苯环移动）。在 C-1

位和 C-2 位质子化产生较少的含苯环的共振式。C-1 位比 C-2 位优先质子化的解释与本节有关萘环的分析相同。蒽可看做苯并[b]萘。

在 C-1 位：

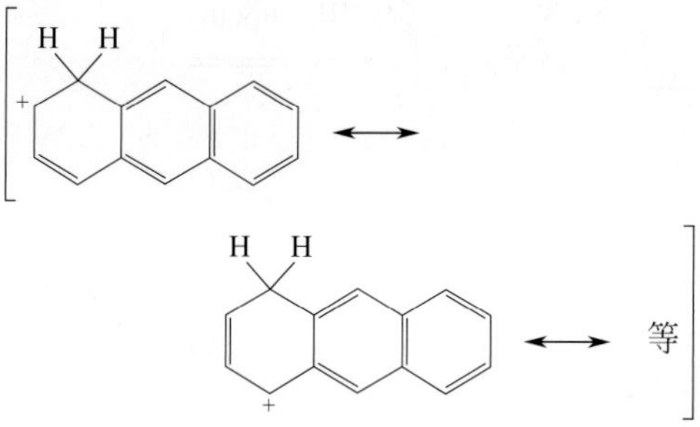

在 C-2 位：

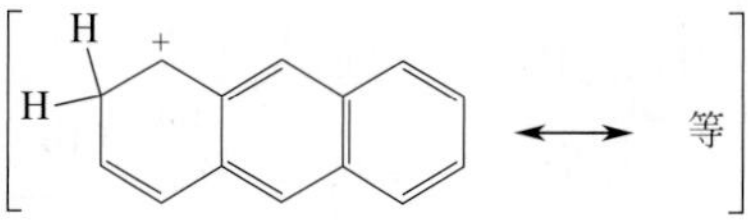

# 第17章

## 17-1

（a）2-环己烯酮

（b）(E)-4-甲基-4-己烯醛

（c）

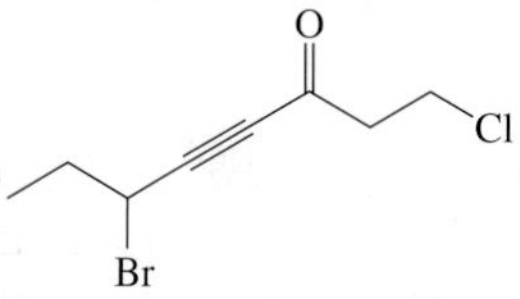

（d）

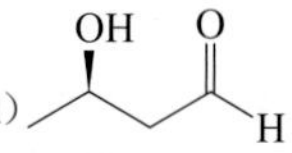

（e）

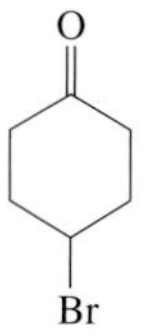

（f）(R)-3-氧代环戊烷甲醛

## 17-2

章节内已解答。

## 17-3

（a）$^1$H NMR：有无醛基的共振信号；三个共振信号还是四个共振信号；峰的裂分差别极大，例如，酮有一个单峰（CH$_3$），一个三重峰（CH$_3$）和一个四重峰（CH$_2$）；而醛则有一个三重峰（CH$_3$），一个六重峰（C-3 位的 CH$_2$），一个裂分成两组的三重峰（α-CH$_2$）和一个三重峰（CHO）。

（b）UV：$\lambda_{max} \approx 280$nm（未共轭的羰基）和 $\lambda_{max} \approx 325$nm（共轭的羰基）。$^1$H NMR：最主要的区别在于一些共振信号的裂分方式。例如，前者 CH$_3$ 裂分为二重峰，后者 CH$_3$ 为三重峰；前者 CHO 为三重峰，后者 CHO 为二重峰。

（c）缺少对称性的 2-戊酮和对称性的 3-戊酮。两者的 $^1$H NMR 差别明显：前者有一个单峰（CH$_3$）、一个三重峰（CH$_2$）、一个六重峰（CH$_2$）和另一个三重峰（CH$_2$）；而后者则有一个三重峰（2×CH$_3$）和一个四重峰（2×CH$_2$）。此外，$^{13}$C NMR 差别也很明显：前者有五个信号，而后者仅有三个信号。

## 17-4

$^1$H NMR:

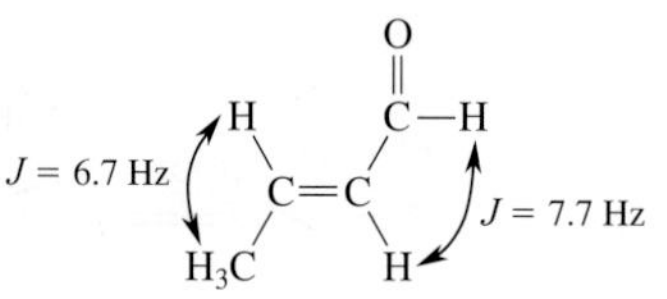

$J_{trans}$ = 16.1 Hz

$J$(CH$_3$–H2) = 1.6 Hz（烯丙基氢的偶合，参见表11-2）

$^{13}$C NMR:   CH$_3$ — CH = CH — CH

　　　　　　18.4　152.1　132.8　191.4

UV：典型的共轭烯酮吸收。

## 17-5

（a）（i）两者具有相同的 α-裂解形式，但不同的 McLafferty 重排方式。

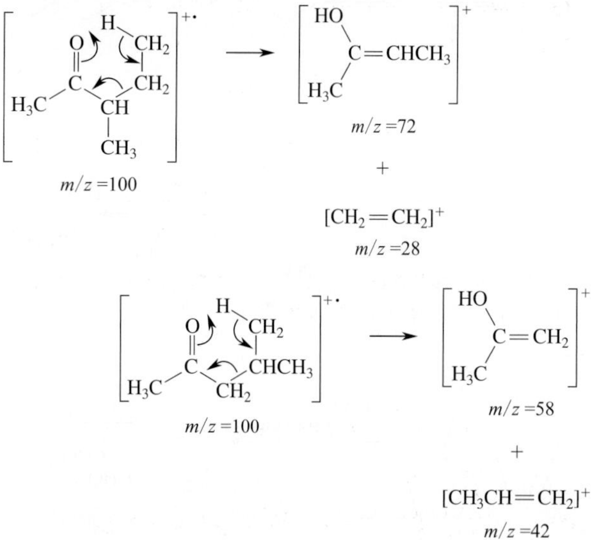

$m/z$ =100

$m/z$ =72

[CH$_2$=CH$_2$]$^+$
$m/z$ =28

$m/z$ =100

$m/z$ =58

[CH$_3$CH=CH$_2$]$^+$
$m/z$ =42

（ii）两者具有相同的 α-裂解形式，但在 McLafferty 重排中仅 2-乙基环己酮具有可迁移的 γ-H。

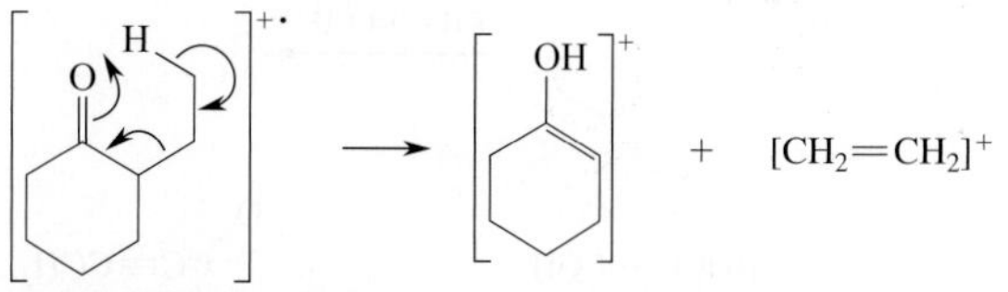

+ [CH$_2$=CH$_2$]$^+$

（b）C$_{13}$H$_{18}$O 的不饱和度为 5。

$^1$H NMR 中 $\delta$=7.01（d, $J$ = 8.5Hz, 2 H），7.22（d, $J$ = 8.5Hz, 2 H）处的峰属于二取代的苯环，且为对称的对位二取代（邻位氢偶合常数为 8.5 Hz）；$\delta$=9.79（d, $J$ = 1.3Hz, 1H）处的峰属于醛基氢，且与邻位氢之间存在偶合（$J$ = 1.3Hz）；$\delta$=2.75（t, $J$ = 7.2Hz, 2H），2.92（td, $J$ = 7.2, 1.3Hz, 2H）处的峰属于相互之间存在偶合作用的两个亚甲基（$J$ = 7.2Hz），其中一个亚甲基与 CHO 之间存在偶合作用（$J$ = 1.3Hz）。这表明分子中含有以下两个子结构：

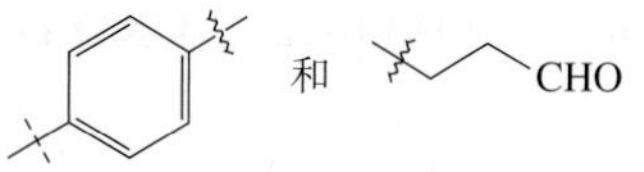

和

以上结构得到了 $^{13}$C NMR 的验证，谱图中有四个芳环碳的信号 $\delta$=124.8, 127.6, 137.5, 149.1，醛基碳位于 $\delta$=210.0 处；并得到分子红外谱图的支持：$\tilde{\nu}_{C=O}$ = 1735 cm$^{-1}$；符合化合物不饱和度为 5 的描述；从总分子式中减去两个子结构的和：C$_{13}$H$_{18}$O − (C$_6$H$_4$ + C$_3$H$_5$O) = C$_4$H$_9$；可推断其属于 $^1$H NMR 中尚未归属的峰 $\delta$=1.27（s, 9 H），即该片段为叔丁基。因此，此题答案为：

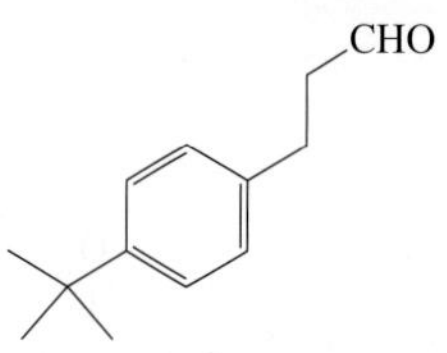

CHO

**3-[4-(1,1-二甲基乙基)苯基]丙醛**
**（对叔丁基苯丙醛，参见本章开篇）**

以上结构得到了质谱数据的验证：$m/z$ = 189（M − 1）$^+$ 由 α-H 的裂解产生，分子叔丁基上失去一个甲基产生 $m/z$ = 175（M − 15）$^+$ 的离子峰，$m/z$ = 161（M − 29）$^+$ 由 CHO 的 α-裂解产生，分子失去叔丁基产生 $m/z$ = 133（M − 57）$^+$ 的峰，$m/z$ = 57（M − 133）$^+$ 是叔丁基的峰。

## 17-6

（a）

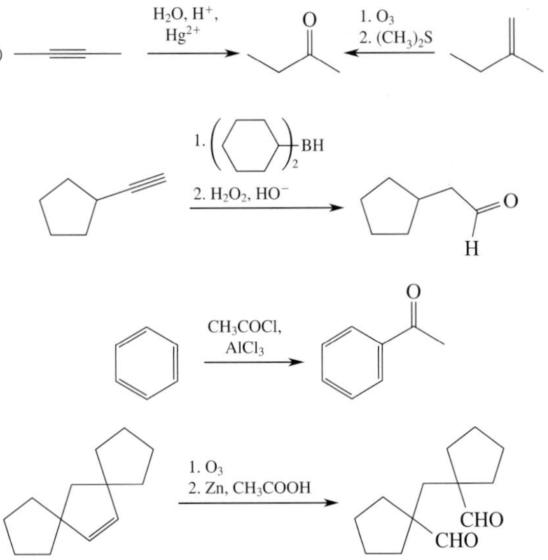

H₂O, H⁺, Hg²⁺

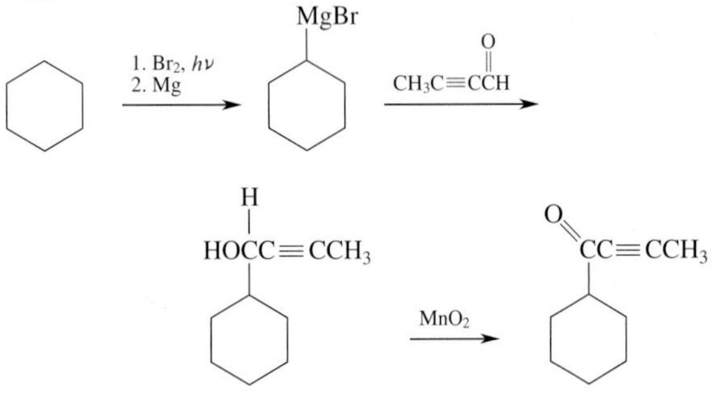

1. O₃
2. (CH₃)₂S

1. $\left(\bigcirc\right)_2$BH
2. H₂O₂, HO⁻

CH₃COCl, AlCl₃

1. O₃
2. Zn, CH₃COOH

CHO
CHO

（b）

MgBr

1. Br₂, hν
2. Mg

CH₃C≡CH

HOCC≡CCH₃

MnO₂

O
CC≡CCH₃

**1-环己基-2-丁炔-1-酮**

## 17-7

（a）Cl₃CCCH₃　<　Cl₃CCH　<　Cl₃CCCCl₃

（b）CH₃CCH₃　+　H₂¹⁸O　⇌　⇌　CH₃CCH₃（OH, ¹⁸OH）　⇌

⇌　CH₃CCH₃（¹⁸O）　+　H₂O

## 17-8

（a）

（i）OCH₃ OCH₃

（ii）

（iii）

（iv）

（v）H OCH₃

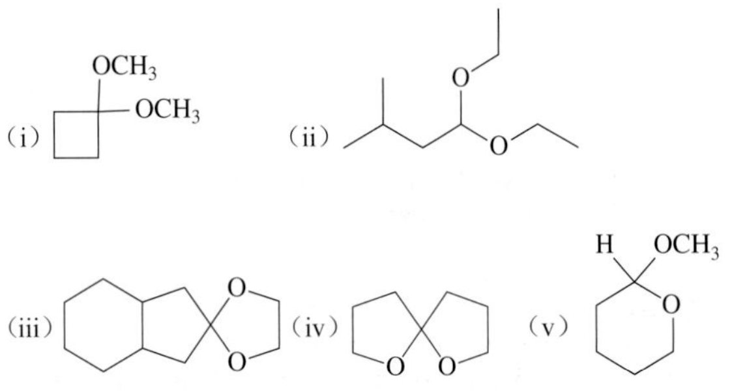

（vi）对于（i）：

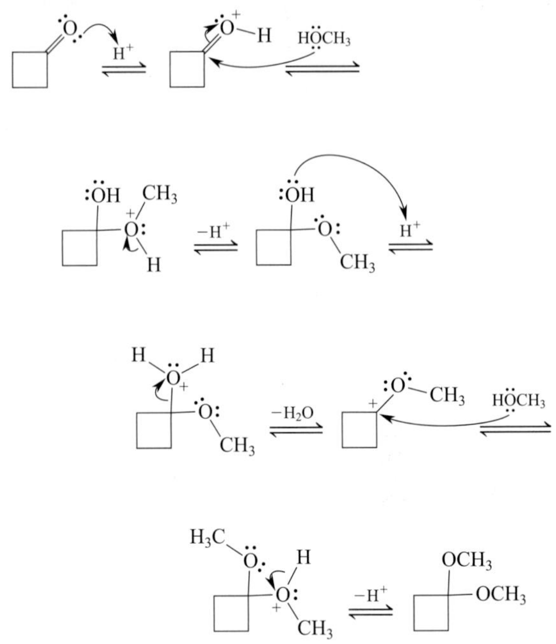

对于（iv）：

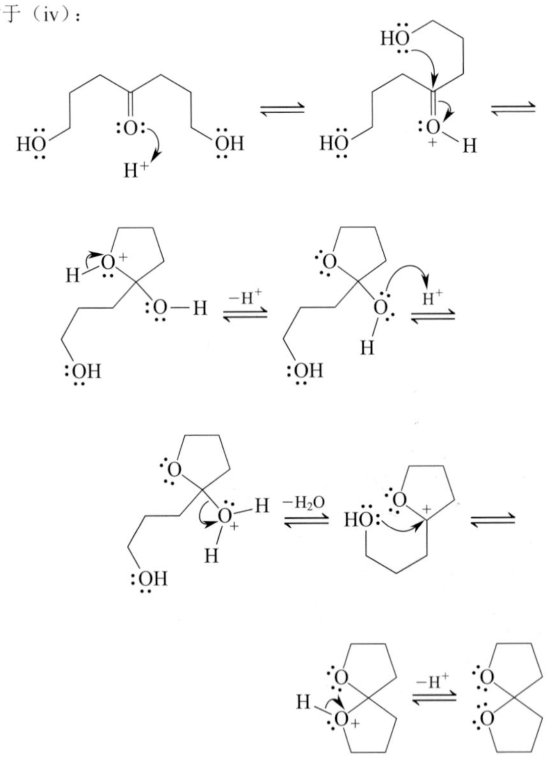

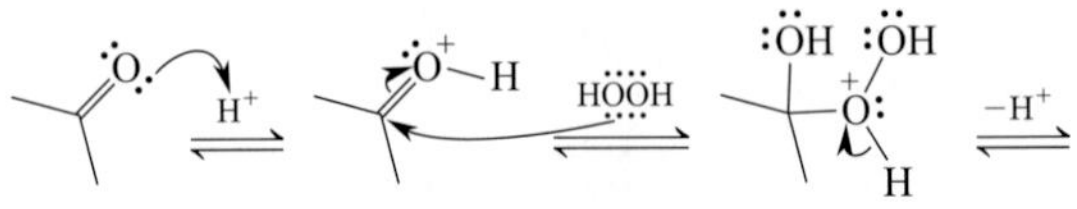

（b）

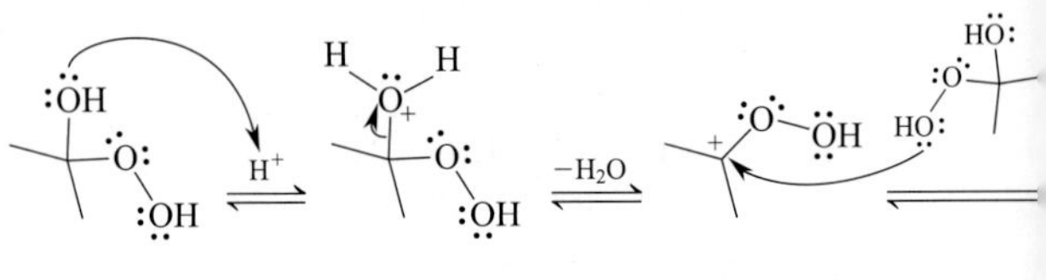

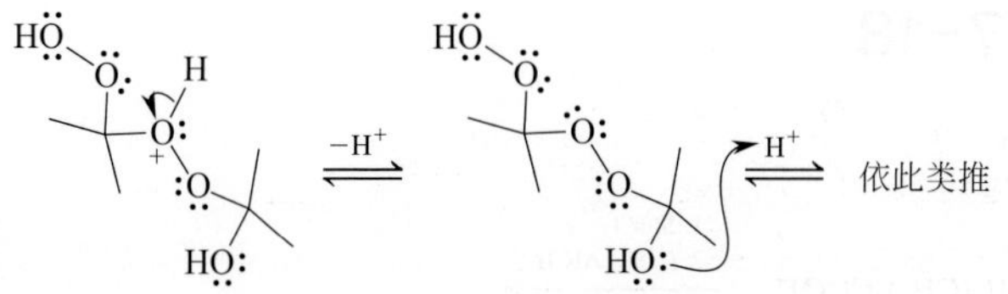

## 17-9

章节内已解答。

## 17-10

（**a**）

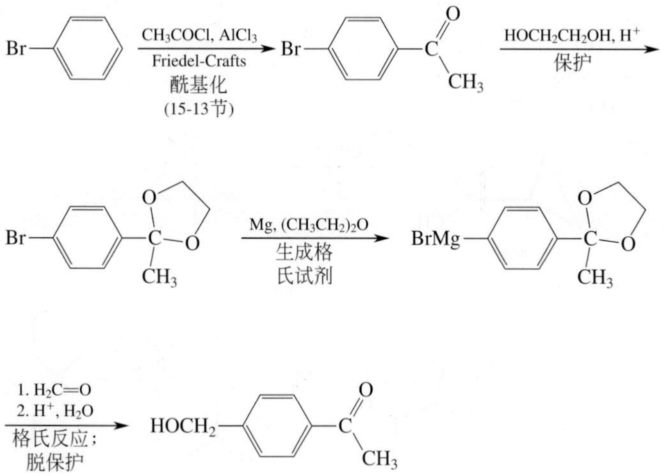

（**b**）

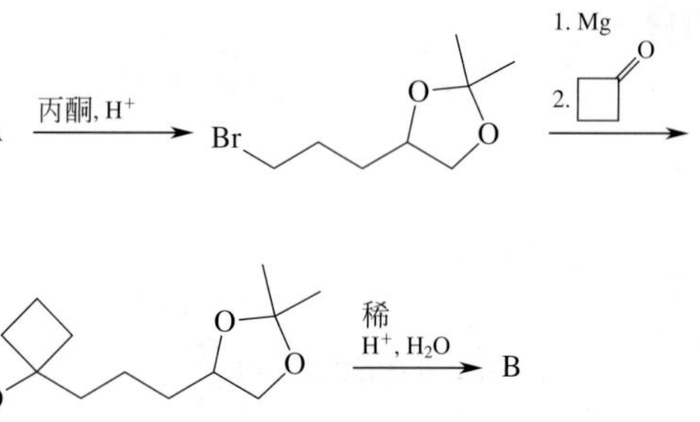

## 17-11

章节内已解答。

## 17-12

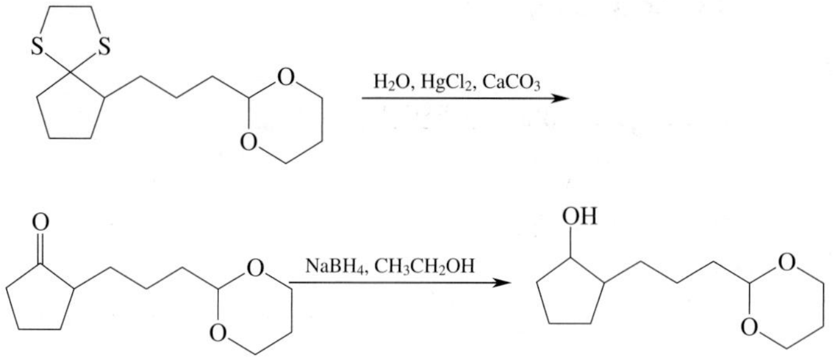

## 17-13

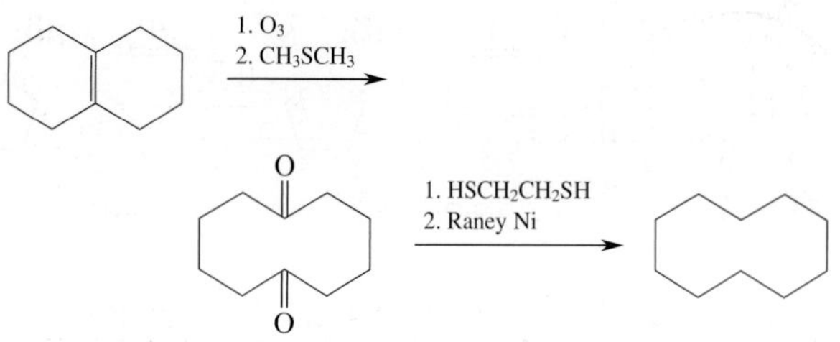

## 17-14

（**a**）

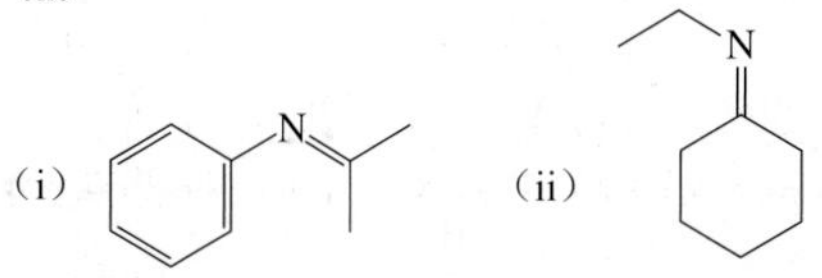

（ⅰ）　　　　　　（ⅱ）

（**b**）

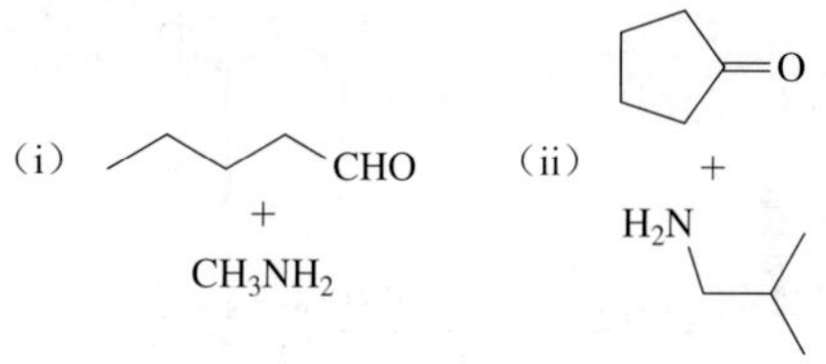

（ⅰ）　　　　　　（ⅱ）

（**c**）

（ⅰ）　　　　　　（ⅱ）

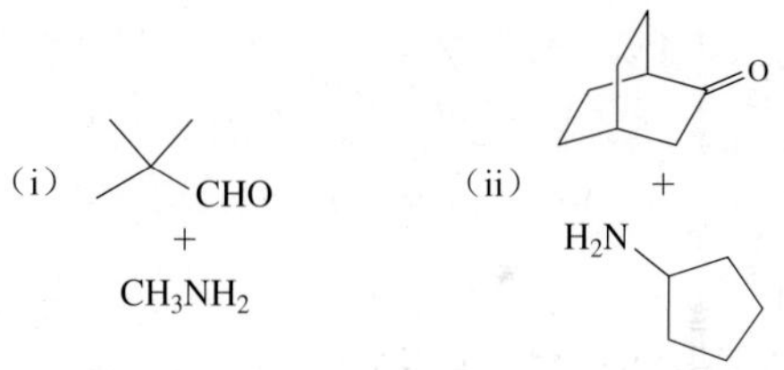

（**d**）氨基酮发生快速的分子内反应生成半缩酮胺（α-氨基醇）和亚胺，若产物为五元环或六元环，反应尤其有利。对于较小环，平衡是不利的。

（**e**）形成咪唑烷的机理与合成环状缩醛的机理类似。

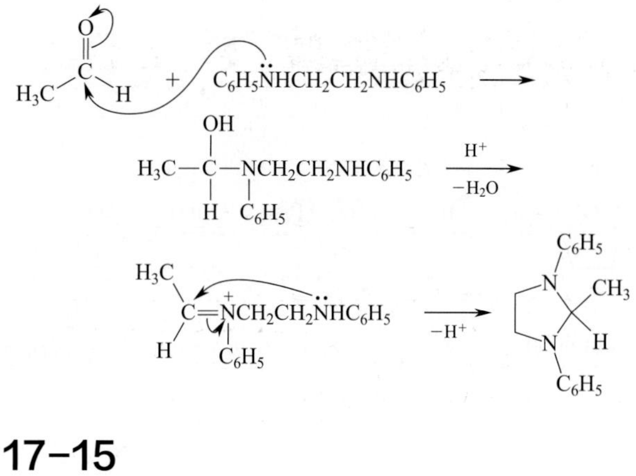

## 17-15

章节内已解答。

## 17-16

（**a**）该化合物名为吗啉，是一种仲胺，反应产物为烯胺。

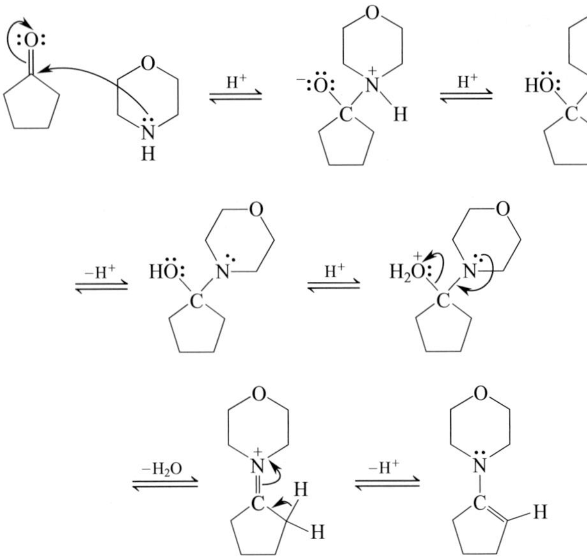

**17-18**

（a）

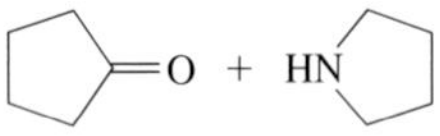

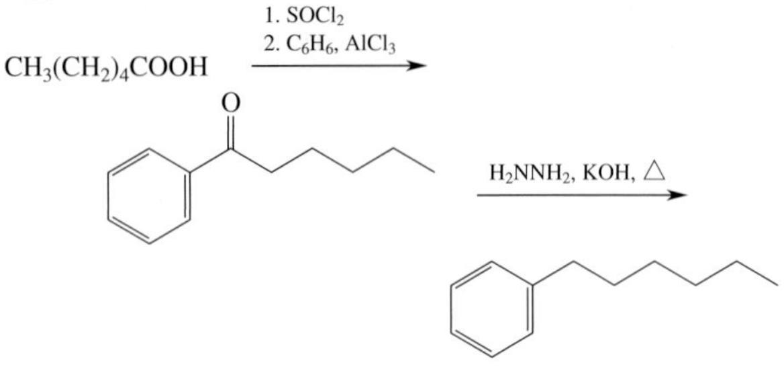

$$CH_3(CH_2)_4COOH \xrightarrow[\text{2. } C_6H_6, AlCl_3]{\text{1. } SOCl_2}$$

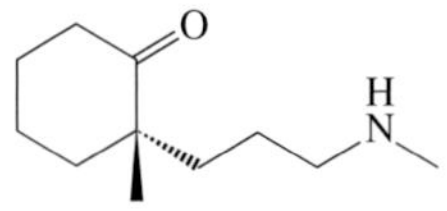

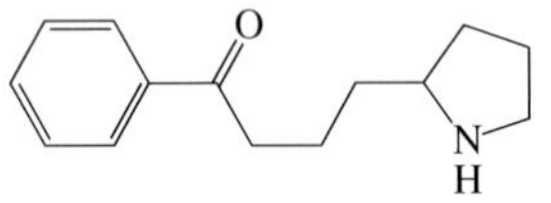

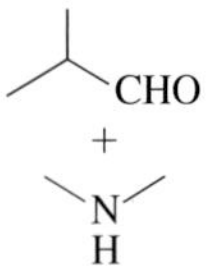

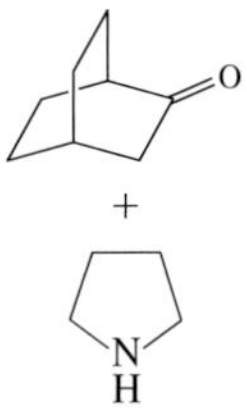

$$\xrightarrow{H_2NNH_2, KOH, \triangle}$$

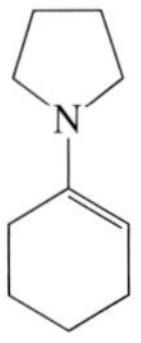

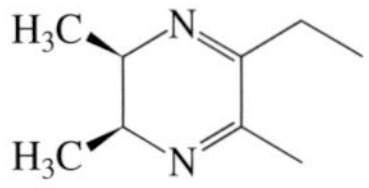

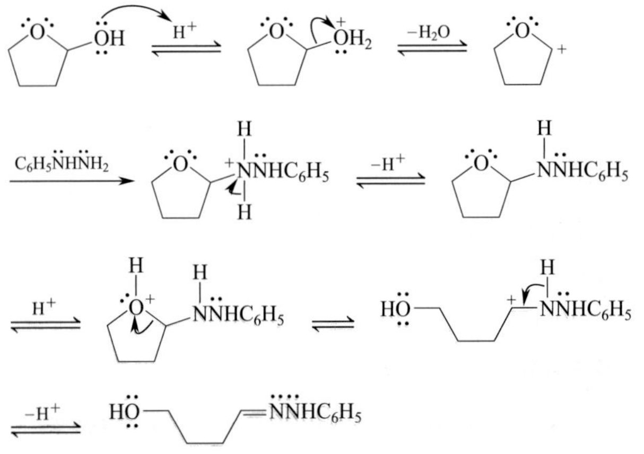

（b）

α-蒎烯

$$\xrightarrow[\text{2. } (CH_3)_2S]{\text{1. } O_3}$$

$$\xrightarrow{H_2NNH_2, KOH, \triangle}$$

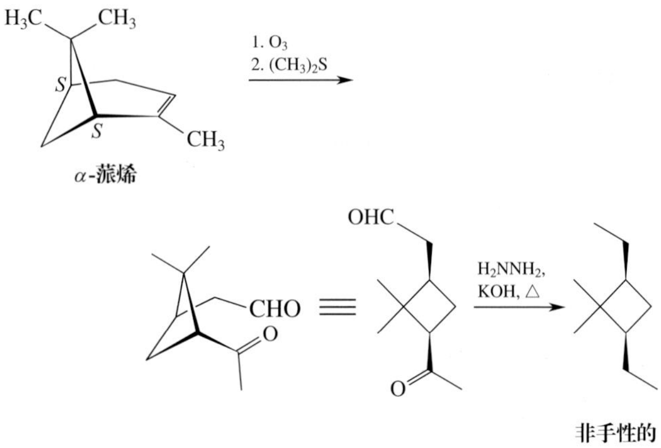

非手性的

**17-19**

甲醛＞乙醛＞丙酮＞3,3-二甲基-2-丁酮

**17-20**

（a）

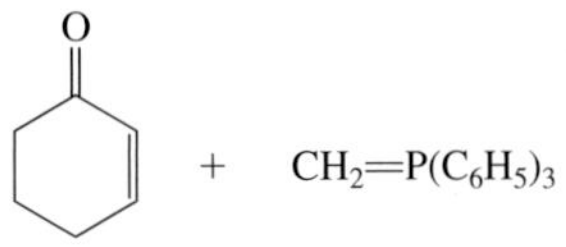

+ $CH_2{=}P(C_6H_5)_3$

（b）

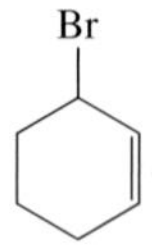

依次用1. $P(C_6H_5)_3$, 2. $CH_3CH_2CH_2CH_2Li$, 3. $H_2C{=}O$ 或1. $H_2O$, 2. $MnO_2$, 3. $CH_2{=}P(C_6H_5)_3$处理。

**17-21**

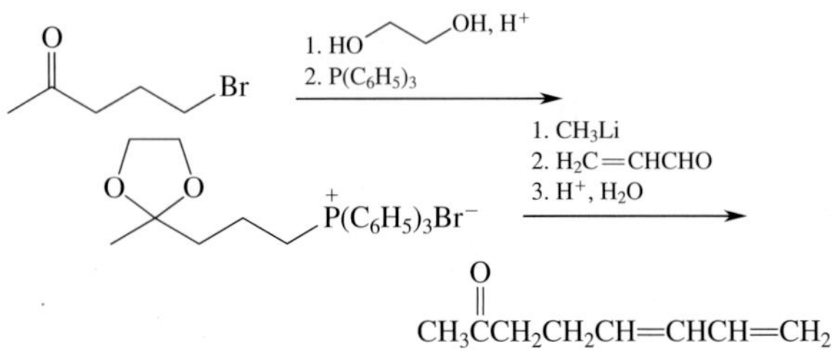

$$\xrightarrow[\text{2. } P(C_6H_5)_3]{\text{1. } HO{\sim}OH, H^+}$$

$$\xrightarrow[\text{2. } H_2C{=}CHCHO]{\text{1. } CH_3Li \quad \text{3. } H^+, H_2O}$$

$$CH_3CH_2CH_2CH{=}CHCH{=}CH_2$$
（O附近）

**17-17**

（a）

（b）

（c）

**（b）二及其它结构**

（i）
+ HN（吡咯烷）

（ii）

（iii）

（c）

（i）
+

（ii）
+

# 17-22

（a）

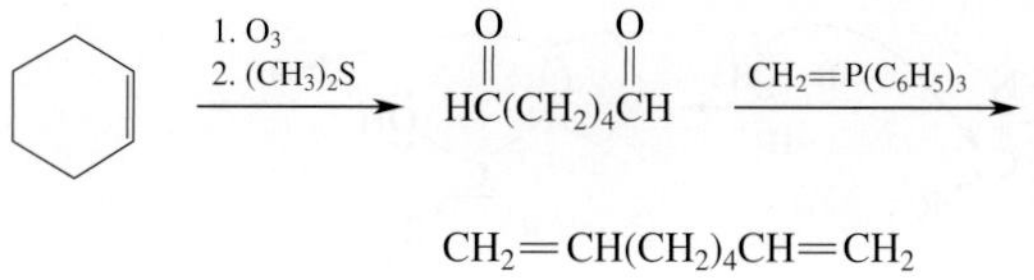

$$1. O_3$$
$$2. (CH_3)_2S$$

$$CH_2=P(C_6H_5)_3$$

$$CH_2=CH(CH_2)_4CH=CH_2$$

（b）　　+　CHO　→　　$$P(C_6H_5)_3$$

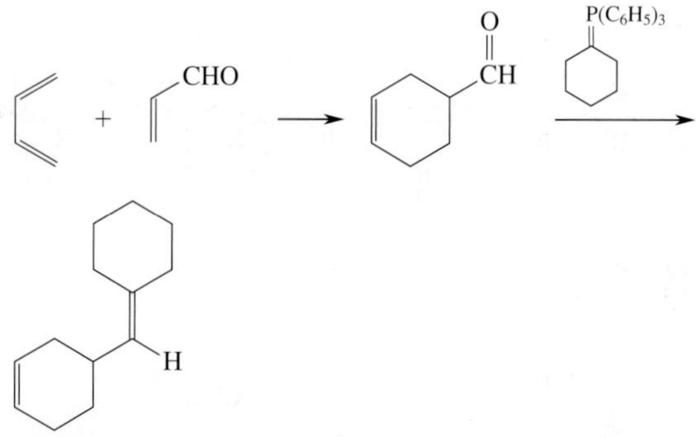

# 17-23

（a）$CH_2=CHCH_2CH_2OCCH_3$ （with O double bond on C）

（b） 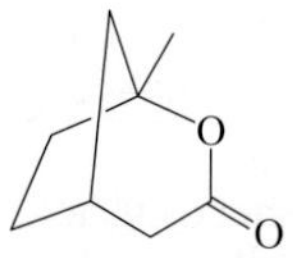　　（c）$(CH_3)_3COCCH_2CH_3$

# 17-24

　　化合物 A 是一种环状半缩醛，与其羟基醛异构体处于互变平衡，实验中可以检测到异构体的存在。

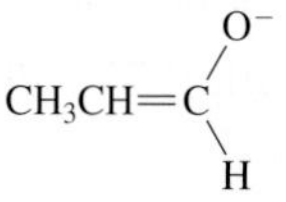

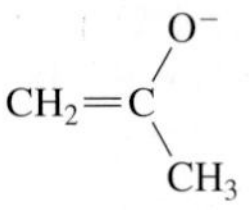

# 第18章

# 18-1

（a）$CH_2=\overset{O^-}{\underset{H}{C}}$　　（b）$CH_3CH=\overset{O^-}{\underset{H}{C}}$

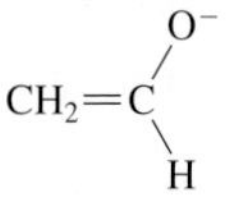

（c）$CH_2=\overset{O^-}{\underset{CH_3}{C}}$　　（d）$CH_3CH_2CH=\overset{O^-}{\underset{CH_2CH_3}{C}}$

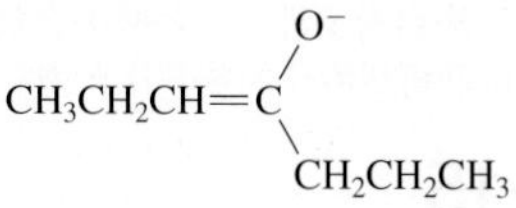

（e）

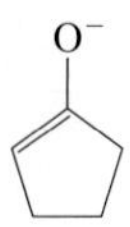

# 18-2

（a）

（i） 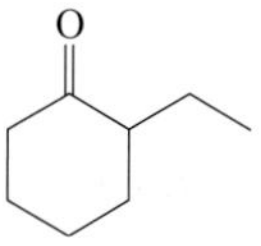　　（ii）

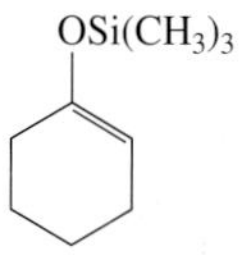

（b）动力学条件

（i） 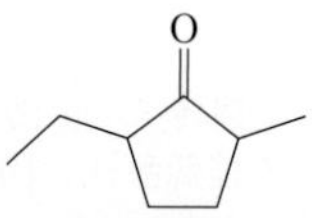　　（ii）

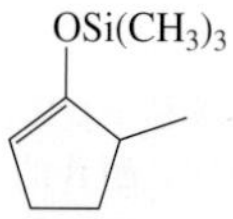

热力学条件

（i） 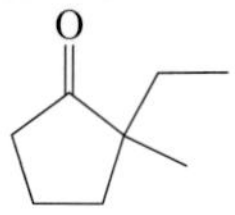　　（ii）

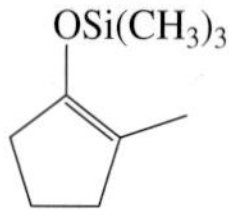

# 18-3

碱催化：

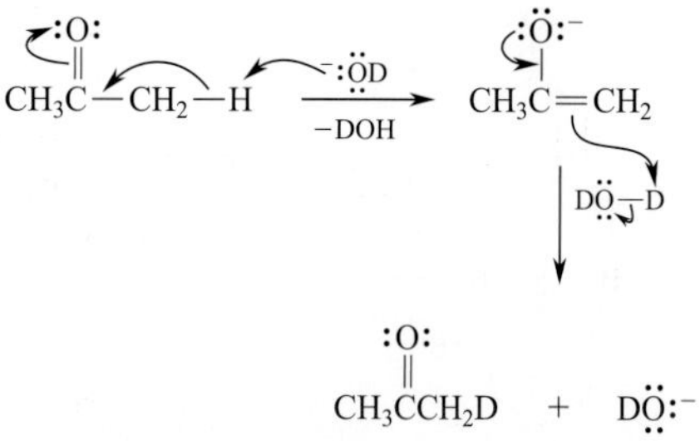

酸催化：

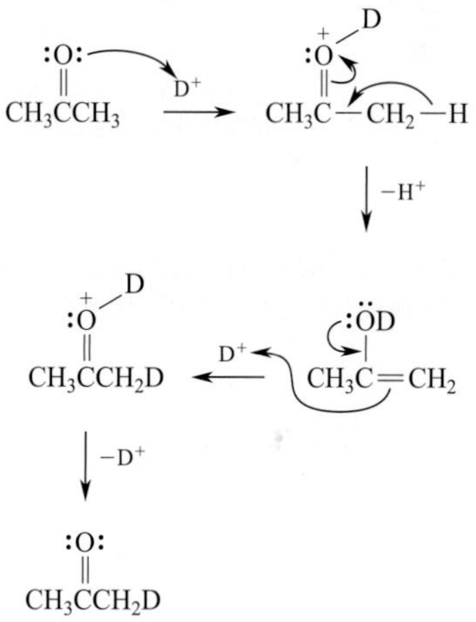

# 18-4

（a） 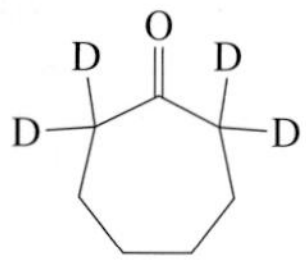　　（b）$(CH_3)_3CCH$ **无可烯醇化的氢**

（c）$(CH_3)_3CCCD_3$　　（d）

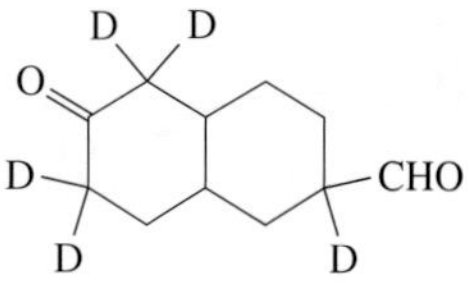

# 18-5

章节内已解答。

# 18-6

　　NaOD 的 $D_2O$ 溶液，含有强碱性的 $^-OD$，可以除去 α- 氢生成烯醇负离子。再与 $D_2O$ 反应，可以使所有的 α- 氢都被氘代。因此，在 NMR 谱图中，α-氢的信号会消失，只有 $\delta \approx 2.0$ 的 β-氢的信号还存在，表现为一个宽单峰。

## 18-7

（**a**）酮 A 的 $\alpha$-碳是个叔碳，可以通过构型翻转（*R* 转化为 *S*）进行顺-反异构化反应。酮 B 的 $\alpha$-碳是季碳，不能烯醇化，因此不发生构型翻转。

（**b**）两种化合物都可以生成稳定的共轭烯醇。

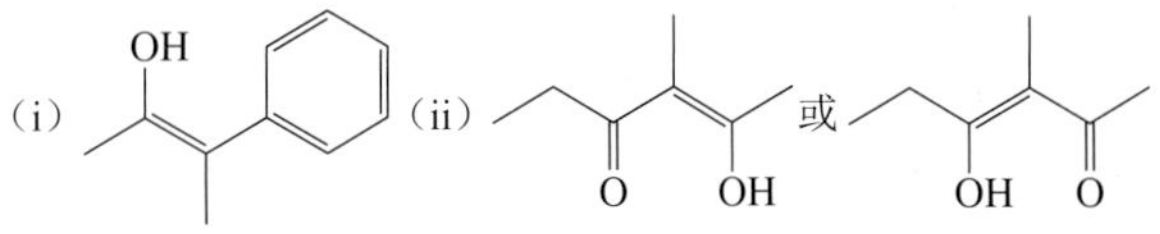

(i)
OH
(ii)
O
OH
或
OH
O


## 18-8

（**a**）酸催化：

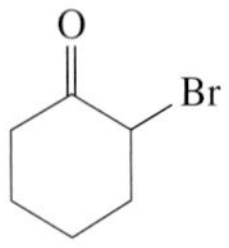

O
Br


碱催化：

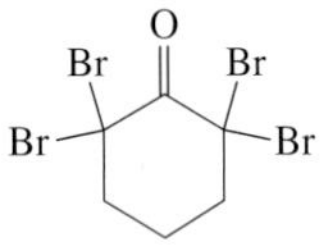

O
Br
Br
Br
Br


（**b**）

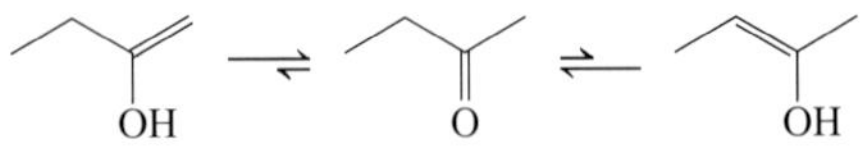

OH
O
OH


热力学（取代基多）烯醇（11-5节）。
取代基多的双键活性更高（12-5节）。

## 18-9

两种 *C*-烷基化反应，因生成张力较大的环而速度较慢。而 *O*-烷基化反应，因生成没有张力的六元环，因此为主反应。

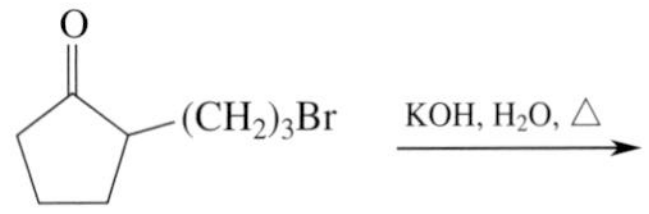

O
$(CH_2)_3Br$
KOH, $H_2O$, △


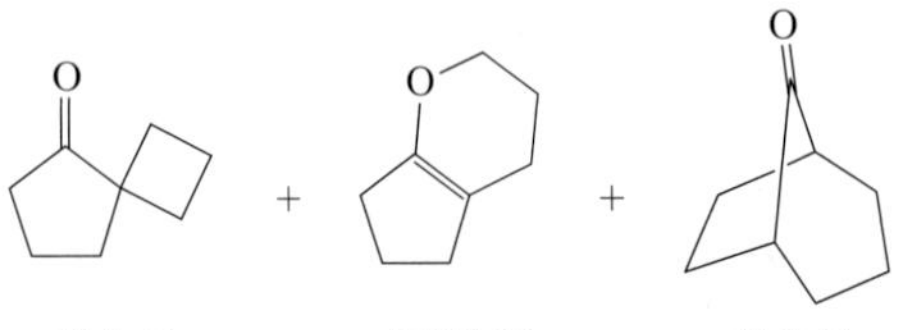

O
+
O
+
O


**张力环** 13%　**非张力环** 15%　**张力环** 6%

## 18-10

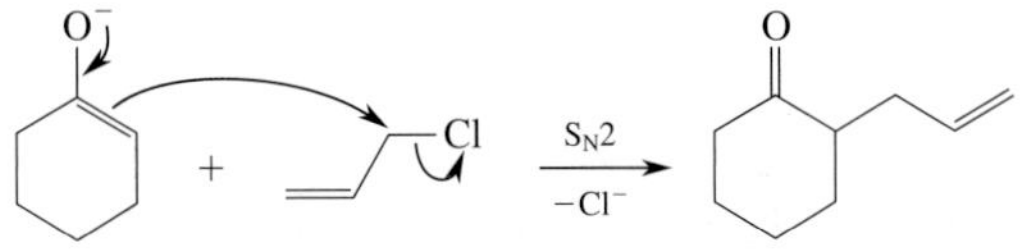

$O^-$
+
Cl
$S_N2$
$-Cl^-$
O


$C_{sp^3}$ 轨道翻转与 π 电子的重叠稳定了过渡态。

（a）

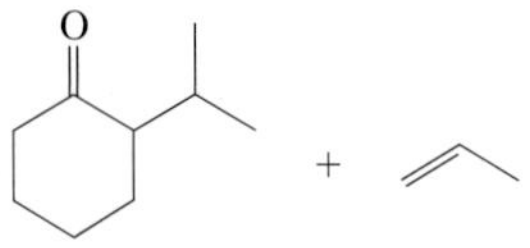

O
+


**$S_N2$ (痕量)**　**E2**

（b）

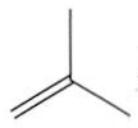

单一产物

**E2**

## 18-11

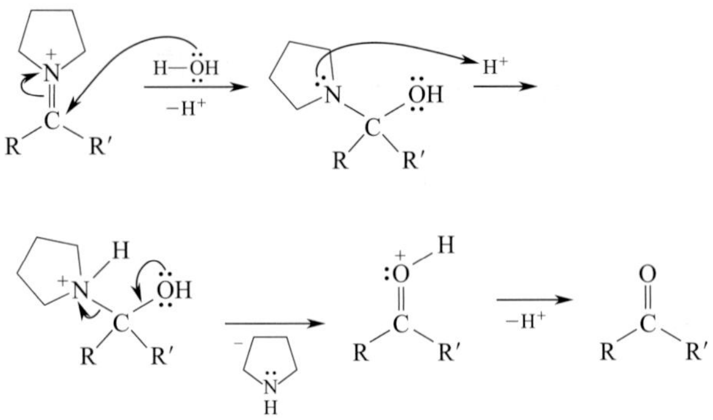

+
N
C
R
R′
H—ÖH
$-H^+$
N
ÖH
C
R
R′
$H^+$
H
+
N
ÖH
C
R
R′
N
H
:O
+
H
C
R
R′
$-H^+$
O
C
R
R′


## 18-12

（**a**）

（i）

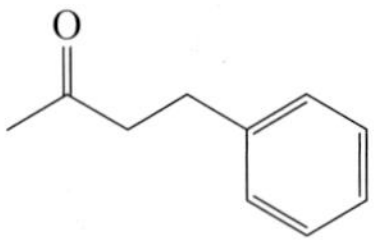

O


（ii）

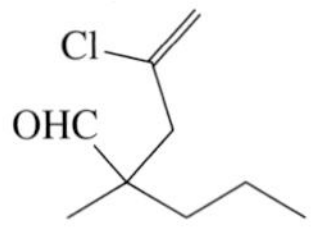

Cl
OHC


（**b**）

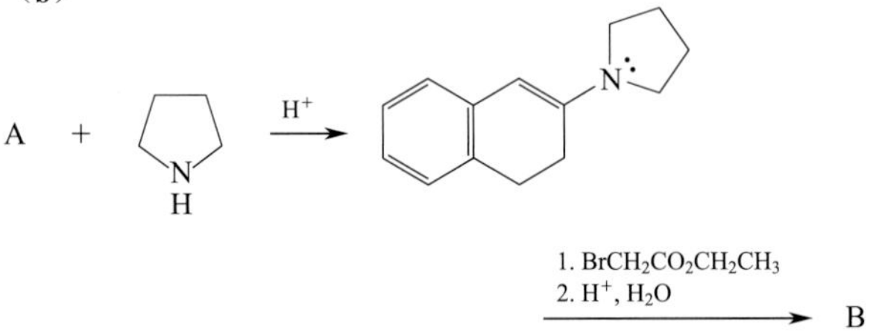

A
+
N
H
$H^+$
N
1. $BrCH_2CO_2CH_2CH_3$
2. $H^+$, $H_2O$
B


## 18-13

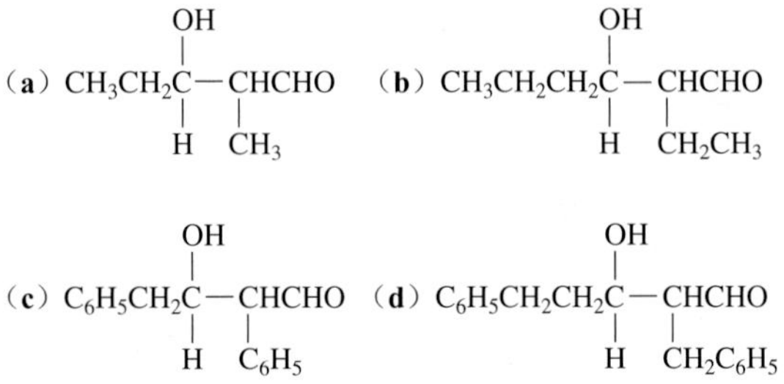

（a）$CH_3CH_2C$—CHCHO
OH
H
$CH_3$
（b）$CH_3CH_2CH_2C$—CHCHO
OH
H
$CH_2CH_3$
（c）$C_6H_5CH_2C$—CHCHO
OH
H
$C_6H_5$
（d）$C_6H_5CH_2CH_2C$—CHCHO
OH
H
$CH_2C_6H_5$


## 18-14

苯甲醛自身不能发生羟醛缩合反应，因为不含可烯醇化的 $\alpha$-氢。但是可以和可烯醇化的羰基化合物发生交叉羟醛缩合反应（18-6 节）。

## 18-15

（**a**）

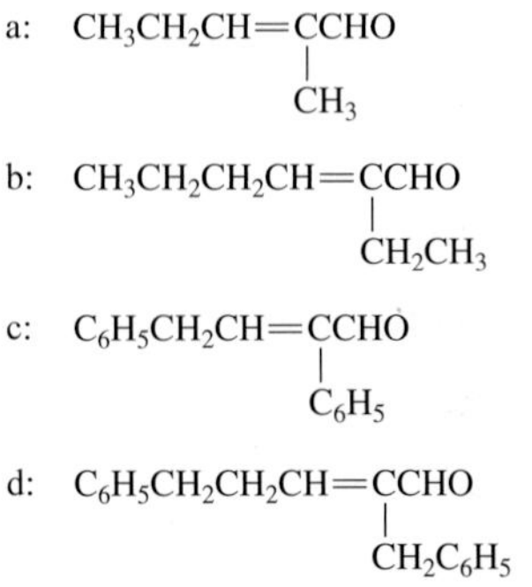

a: $CH_3CH_2CH=CCHO$
$CH_3$
b: $CH_3CH_2CH_2CH=CCHO$
$CH_2CH_3$
c: $C_6H_5CH_2CH=CCHO$
$C_6H_5$
d: $C_6H_5CH_2CH_2CH=CCHO$
$CH_2C_6H_5$

（b）

（i）　　　（ii）　　　（iii）

CHO　　　CHO　　　CHO

## 18-16

章节内已解答。

## 18-17

（a）相反，"逆羟醛缩合反应"过程遵循相同的路径，每一步都反向进行：

$$CH_3-CH_2CCH_3 + HO^- \rightleftharpoons HOH + CH_3-C-CH_2CCH_3$$
$$| \qquad\qquad\qquad\qquad\qquad\qquad |$$
$$CH_3 \qquad\qquad\qquad\qquad\qquad\qquad CH_3$$

$$\rightleftharpoons CH_3CCH_3 + \ddot{C}H_2CCH_3$$

（b）

（i）　　　（ii）

（c）

（i）　　　（ii）

## 18-18

（a）　　　（b）

（c）CHO　　　（d）

## 18-19

（a）
$$\xrightarrow{Na_2CO_3, 100℃}$$

（b）　　　（c）　　　（d）

$C_6H_5$　　　　　　CH_3　　CCH_3

## 18-20

由于张力太大，未生成这三种化合物；同样由于张力太大，脱水反应也不能发生（在第一个结构中，没有可参与脱水的质子）。第四个反应是最可能发生的。

$$\xrightarrow{KOH, H_2O, 20℃}$$

**2-(3-氧代丁基)环己酮**

$$HO \qquad \xrightarrow{\triangle} \qquad + \quad H_2O$$
$$90\%$$

## 18-21

（a）　CHO　＋　CH_3CCH_3

（b）　CH / CH + O

（c）　CHO + O

## 18-22

（a）酸介质中 $\beta, \gamma$-不饱和羰基化合物异构化反应机理：

$$CH_2=CHCH_2CH \xrightarrow{H^+} CH_2=CHCH=C-H \xrightarrow{H^+}$$
二烯醇

$$[H-CH_2CH-CH=C-OH \longleftrightarrow CH_3CH=CH-C-OH]$$

$$\xrightarrow{-H^+} CH_3CH=CHCH$$

（b）

（i）　　　（ii）　　　（iii）

## 18-23

$CH_3CH_2CHO$ $\xrightarrow{\text{—CHO, NaOH, H}_2\text{O, }\triangle}$

$\xrightarrow[\text{2. LiAlH}_4]{\text{1. H}_2\text{, Pd-C}}$

## 18-24

（a）

（i）

（ii）

（iii）

（b）

$\xrightarrow{CH_3\overset{..}{\text{O}}\text{:}^-}$

$\longrightarrow$

$+$ $:\overset{..}{\underset{..}{Cl}}:^-$

## 18-25

（a）（i）质子化

$$C_6H_5\overset{\overset{\displaystyle :\text{O}:}{\|}}{C}CH=CH_2 \rightleftharpoons \left[ \begin{array}{c} \text{...} \end{array} \right]$$

（ii）氰基进攻

$+$ $:\overset{..}{C}\equiv N:$ $\rightleftharpoons$

（iii）烯醇式-酮式互变异构

（b）

$HO\text{~~~~~}OH$ $\xrightarrow{PCC}$ $OHC\text{~~~~~}CHO$

$\xrightarrow{\text{NaOH, H}_2\text{O, }\triangle}$

$\xrightarrow{\text{NaCN, H}^+}$

反式异构体位阻小

## 18-26

章节内已解答。

## 18-27

$\xrightarrow[\text{2. CH}_3\text{I}]{\text{1. (CH}_3)_2\text{CuLi}}$

## 18-28

章节内已解答。

## 18-29

（a） $CH_3\overset{\overset{\displaystyle :\overset{..}{\text{O}}:^-}{|}}{C}=CH_2$ $+$ $CH_2=CHCCH_3$

（b）

$+$ $CH_2=CHCCH_3$

（c）

$\equiv$

# 第19章

## 19-1

（a）5-溴-3-氯庚酸
（b）4-氧代环己甲酸
（c）3-甲氧基-4-硝基苯甲酸

（d） $HOOCCH_2CH_2CH_2\overset{\overset{\displaystyle Br}{|}}{\underset{\underset{\displaystyle Br}{|}}{C}}COOH$

（e） $CH_3\overset{\overset{\displaystyle OH}{|}}{C}HCH_2CH_2\overset{\overset{\displaystyle O}{\|}}{C}OH$

（f）

## 19-2

章节内已解答。

## 19-3

2-甲基丙酸。谱图分析：

$^1H$ NMR:

$\delta = 1.20 \rightarrow H_3C$

$\delta = 2.58$  $\delta = 1.20$  $CH_3$  $\delta = 12.17$

H  OH

O

$^{13}C$ NMR:

$\delta = 33.8$  $\delta = 184.0$

$H_3C$

$\delta = 18.7$  H  $CH_3$  OH

$\delta = 18.7$

O

## 19-4

在前面练习中戊酸的例子，运用了三种常见裂解模式，也就意味着用 $CH_3$ 代替 R。这种变化与形成的碎片离子特性无关：$m/z$=45、60 和 73，见图 19-4。

## 19-5

（a）$CH_3CBr_2COOH > CH_3CHBrCOOH > CH_3CH_2COOH$

（b）$CH_3CHCH_2COOH$（F） $>$ $CH_3CHCH_2COOH$（Br）

（c） （F,COOH 环己烷） $>$ （COOH 环己烷含F） $\geqslant$ （COOH 环己烷）

## 19-6

质子化的丙酮具有较少的共振结构。

$CH_3CCH_3$（O） + $H^+$ ⇌ $[CH_3CCH_3$（$^+OH$带H） ↔ $CH_3CCH_3$（OH带H，$^+$）$]$

$CH_3COH$（O） + $H^+$ ⇌

$[CH_3C-OH$（$^+OH$带H） ↔ $CH_3C-OH$（O带H，$^+$） ↔ $CH_3C=OH$（O带H，OH$^+$）$]$

## 19-7

（a）$CH_3(CH_2)_3COOH$   （b）$HOOC(CH_2)_4COOH$

（c） （环己烷1,4-二COOH）

## 19-8

章节内已解答。

## 19-9

（a） （戊基氯） 1. Mg，2. $CO_2$，3. $H^+$，$H_2O$

或 1.$^-CN$，2. $H^+$，$H_2O$

（b） （环戊基碘） 与（a）中的条件相同

（c） $Br$—（丁酸链）COOH  1.$^-CN$，2.$H^+$，$H_2O$

在羧基存在下格氏试剂不可能形成，使得选择另一个反应途径（1.Mg；2.$CO_2$；3.$H^+$,$H_2O$）失败。

（d） （乙烯基氯） 1. Mg，2. $CO_2$，3.$H^+$，$H_2O$

因为在 $sp^2$-杂化碳上不可能进行 $S_N2$ 反应，使得选择另一个反应途径（1.$CN^-$，2.$H^+$，$H_2O$）失败。

（e） （环丙基溴）—Br  1. Mg，2. $CO_2$，3. $H^+$，$H_2O$

因为有张力的卤代环烷烃的 $S_N2$ 反应很慢，使得选择另一个反应途径（1.$CN^-$，2.$H^+$，$H_2O$）失败。

## 19-10

（a）1. HCN，2. $H^+$，$H_2O$

（b） （亚甲基环己烷） $\xrightarrow{HBr}$ （$H_3C$,$Br$ 环己烷） $\xrightarrow[\substack{2.\ CO_2 \\ 3.\ H^+,\ H_2O}]{1.\ Mg}$ （$H_3C$,COOH 环己烷）

（c） （Br,OCH_3 环己烷） $\xrightarrow[\substack{-Br^- \\ S_N2}]{^-CN}$ （CN,OCH_3 环己烷） $\xrightarrow[\substack{2.\ H^+,\ H_2O}]{1.\ HO^-,\ H_2O}$ （COOH,OCH_3 环己烷）

## 19-11

与练习前的正文中解题方法一样（R=R′=$CH_3$）。

## 19-12

章节内已解答。

## 19-13

## 19-14

（a）$CH_3CCl$（O） + $Na^{+\,-}OCCH_2CH_3$（O）

或 $CH_3CO^-Na^+$（O） + $ClCCH_2CH_3$（O）

（b）$CH_3CHCOH$（$H_3C$，O） + $SOCl_2$

（c） （邻苯二甲酸 COOH,COOH）， $\triangle$

## 19-15

（a）

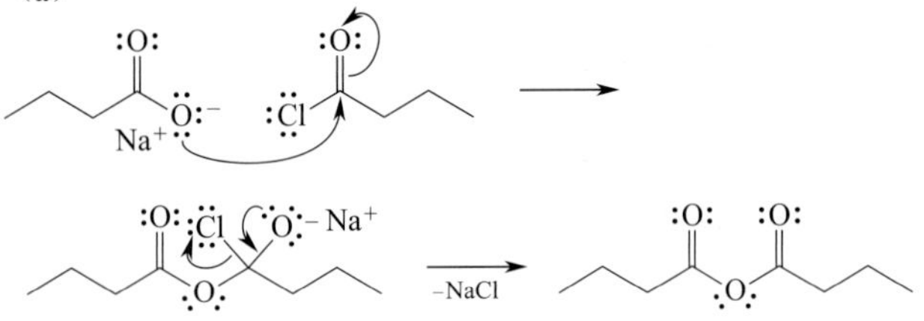

（b）反应是由酸自催化的。

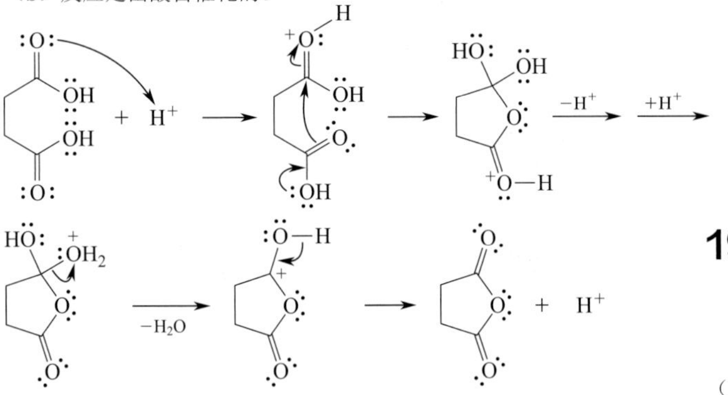

## 19-16

（a）

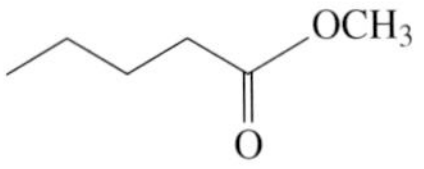

（b）

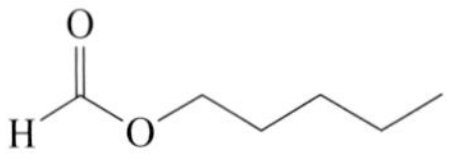

（c）

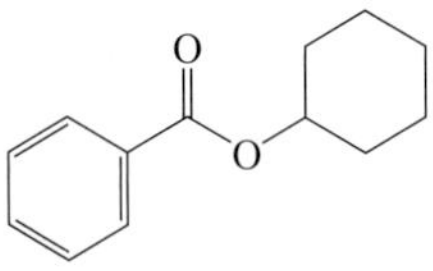

（d）

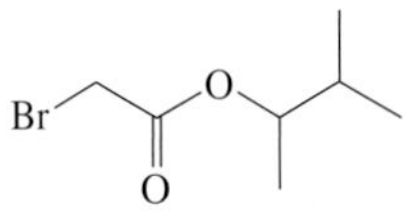

## 19-17

（a）$CH_3(CH_2)_3C{\equiv}CCH_2CH_2CO_2H + (CH_3)_2CHOH$ （或 $CH_3CH{=}CH_2$）

（b） $CH_3C(CH_2)_5OH$  +  $CH_3COOH$

（c）

+  $CH_3CH_2CHCH_2OH$
$\qquad\qquad\qquad CH_3$

## 19-18

同位素标记出现在酯中。

## 19-19

章节内已解答。

## 19-20

（a）在这个机理中，每一步都要跟踪氧原子。它在中间体醇中变成羟基氧，然后在最终产物中变成环氧。

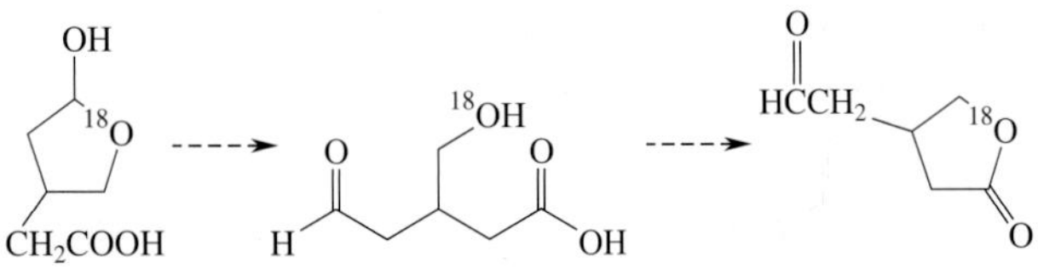

（b）使用简短的类固醇模板：

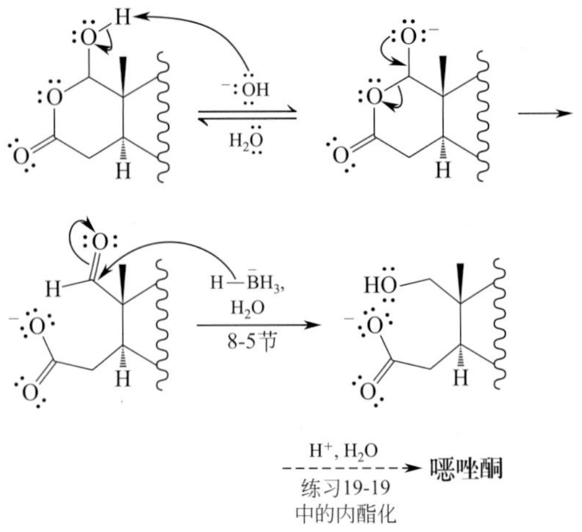

$$\xrightarrow[\text{练习19-19}\atop\text{中的内酯化}]{H^+,\ H_2O} \text{噁唑酮}$$

## 19-21

（a）

（b）

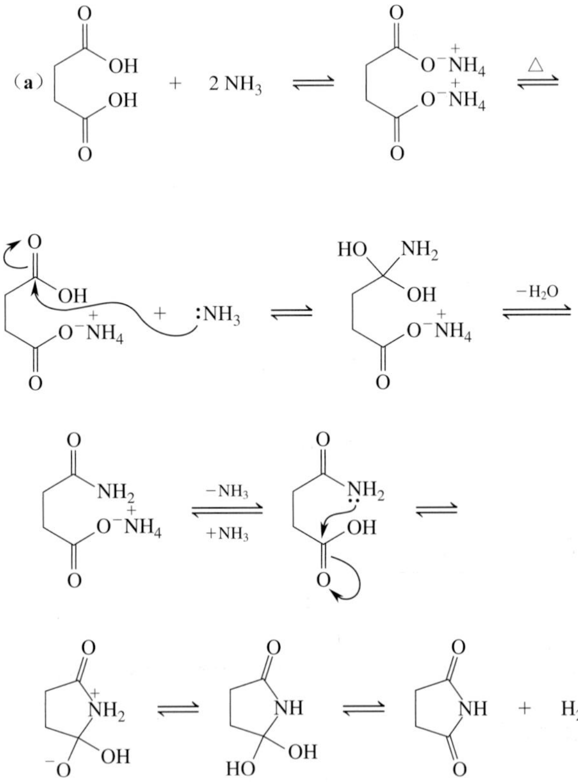

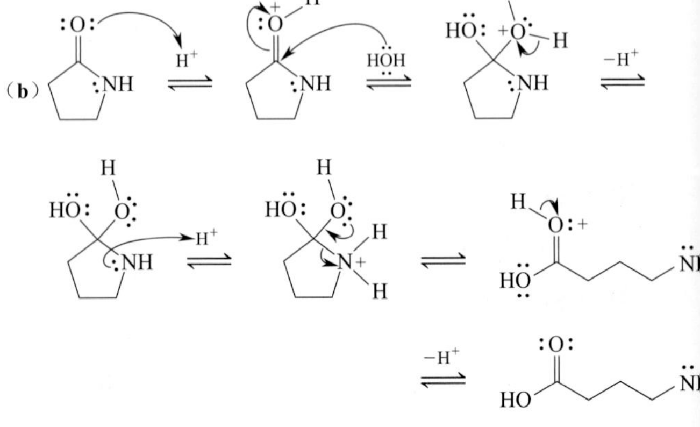

# 19-22

（**a**）1. H⁺，H₂O，2. LiAlH₄，3. H⁺，H₂O
（**b**）1. LiAlD₄，2. H⁺，H₂O

# 19-23

（**a**）

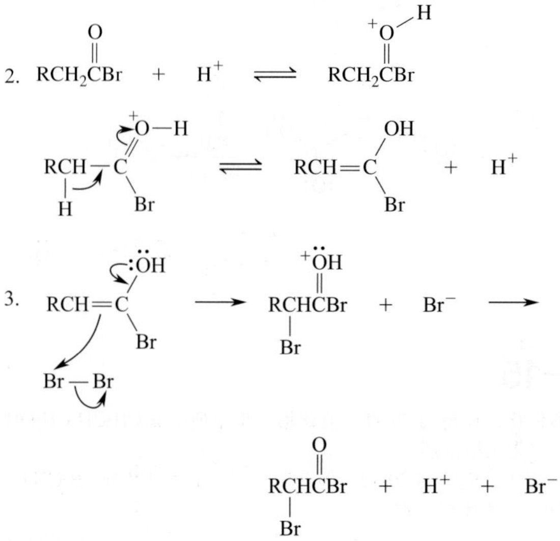

（**b**）
（i）

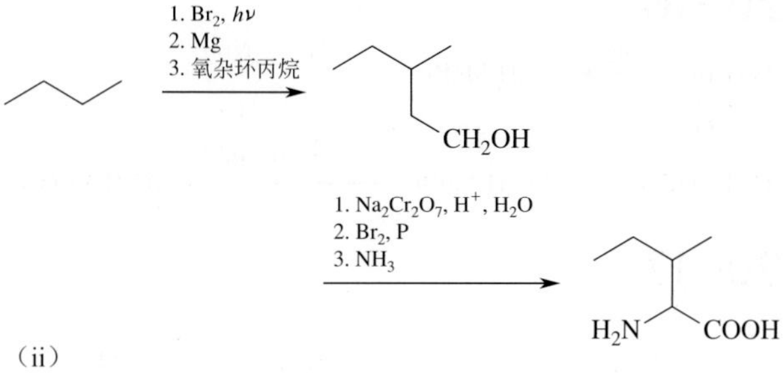

（ii）

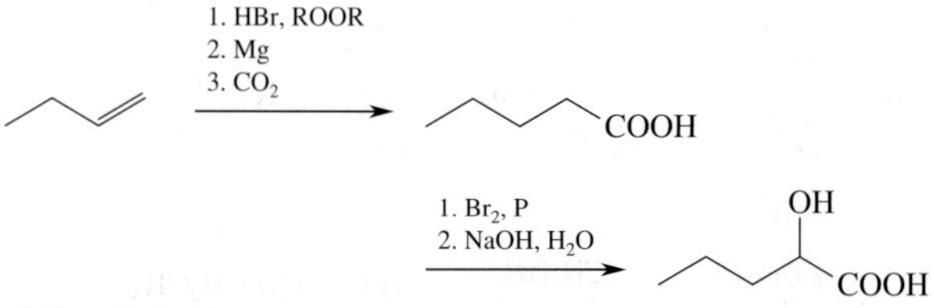

# 19-24

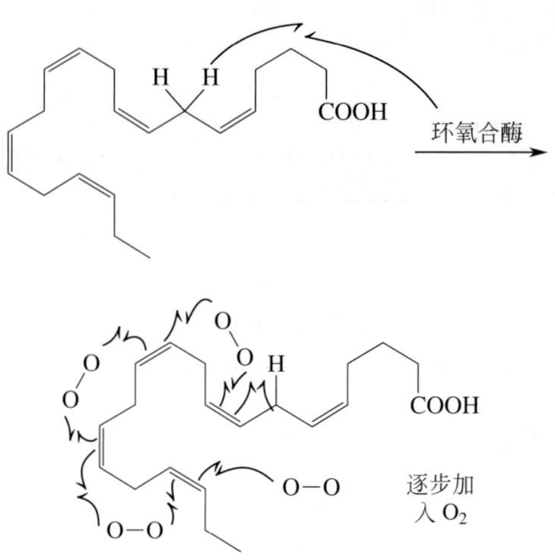

# 第20章

## 20-1

章节内已解答。

## 20-2

$$C_6H_5CH_2OCCl > (CH_3)_3COCCl > CH_3OCOCOCH_3 >$$

$$(CH_3)_3COCOCOC(CH_3)_3 > CH_3OCOCH_3 > (CH_3)_3COCOC(CH_3)_3$$

## 20-3

室温下，在 NMR 时间范围内沿酰胺键旋转很慢，可以观察到两个明显的旋转异构体。加热使得平衡移动很快，以至于 NMR 技术不再能够区分两个化合物。

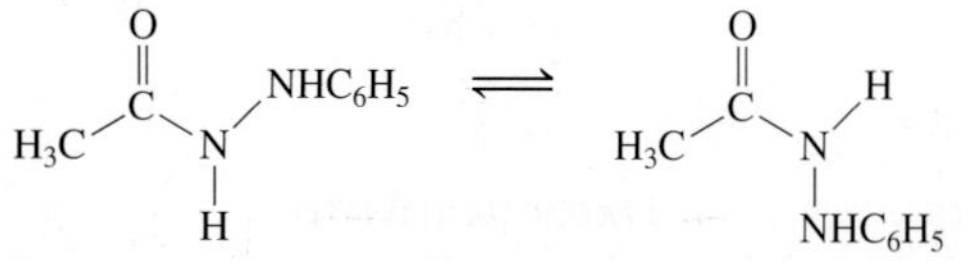

## 20-4

$m/z = 85$，$[CH_3CH_2CH_2CH_2C\!=\!O]^+$

（α-裂解）

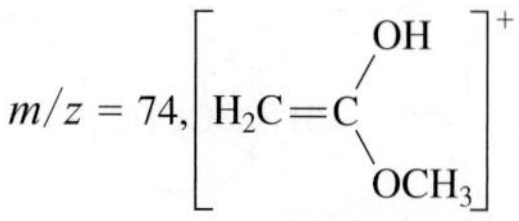

$$m/z = 74, \left[ H_2C\!=\!C\begin{matrix} OH \\ OCH_3 \end{matrix} \right]^+$$

（**McLafferty 重排**）

$m/z = 57$，$[CH_3CH_2CH_2CH_2]^+$
（α-裂解）

## 20-5

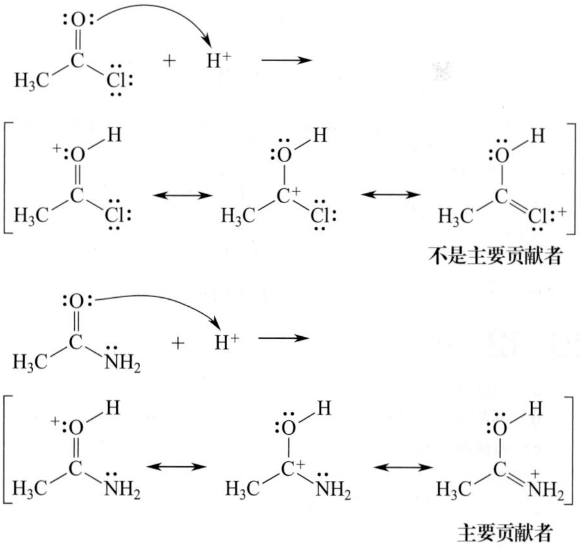

不是主要贡献者

主要贡献者

## 20-6

19-12 节，Hell-Volhard-Zelinsky 反应的步骤 2。

## 20-7

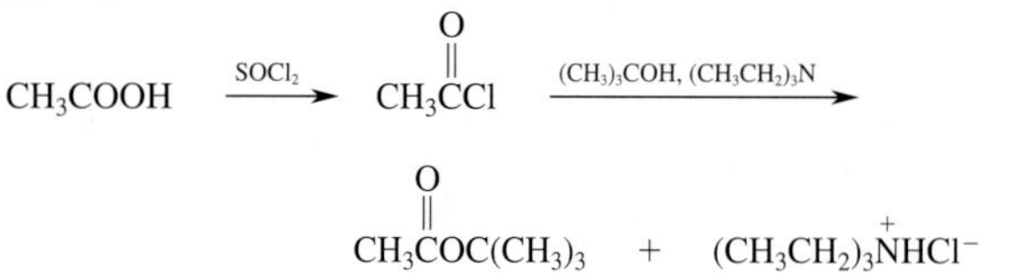

## 20-8

用 *N*,*N*-二乙基乙胺（三乙胺）产生烷酰基三乙基铵盐，然后加入价格昂贵的胺。

## 20-9

使用下列试剂。

（a）$H_2O$　（b）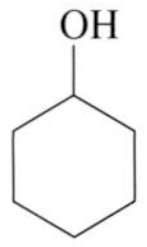　（c）$(CH_3)_2NH$

（d）$(CH_3CH_2)_2CuLi$　（e）$LiAl[OC(CH_3)_3]_3H$

## 20-10

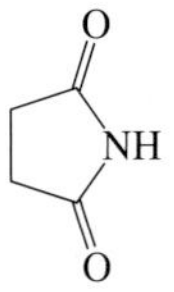

**丁酰亚胺 (琥珀酰亚胺)**
**(19-10节)**

## 20-11

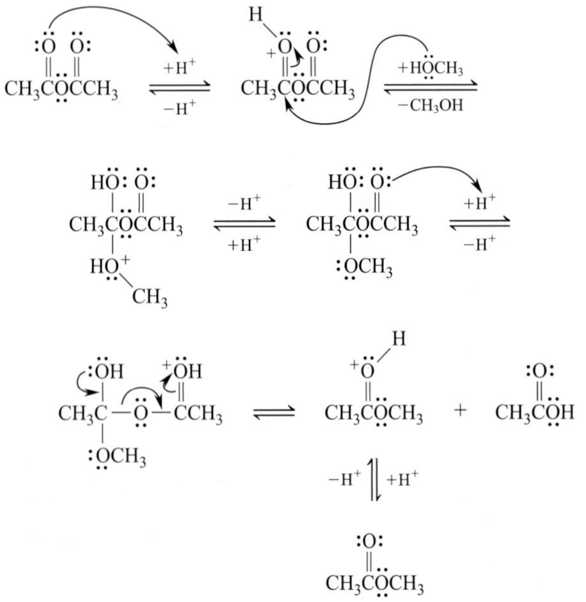

## 20-12

（a）丙酸丙酯
（b）丙酸 -2- 氯乙酯
（c）丙烯酸甲酯

（d）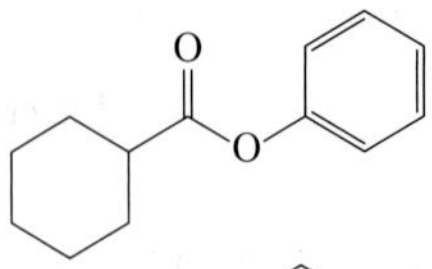

（e）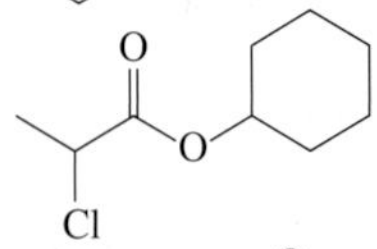

（f）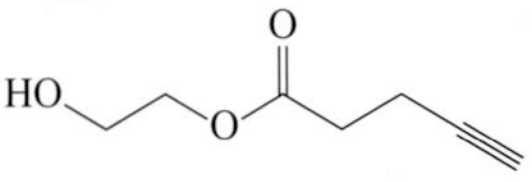

## 20-13

章节内已解答。

## 20-14

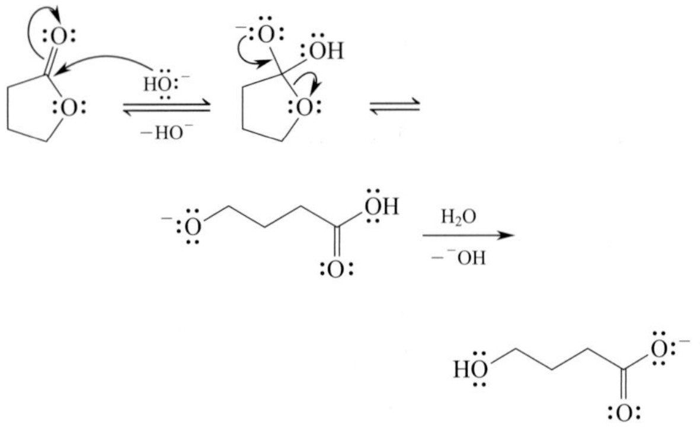

## 20-15

酸催化：同练习 20-11，但在第二步中使用 $BrCH_2CH_2CH_2OH$ 代替水作为亲核试剂。

碱催化：同练习 20-12，但在第一步中使用 $BrCH_2CH_2CH_2O^-$ 代替 $HO^-$ 作为亲核试剂。

然而，在实践中，溴代烷氧化物将在分子内形成威廉森（Williamson）醚，生成氧杂环丁烷（见 9-6 节）。

## 20-16

$$C_6H_5Br \xrightarrow{Mg} C_6H_5MgBr$$

$$C_6H_5\overset{O}{\overset{\|}{C}}OCH_3 + 2\,C_6H_5MgBr \longrightarrow \xrightarrow{H^+,\ H_2O} (C_6H_5)_3COH$$

## 20-17

（a）

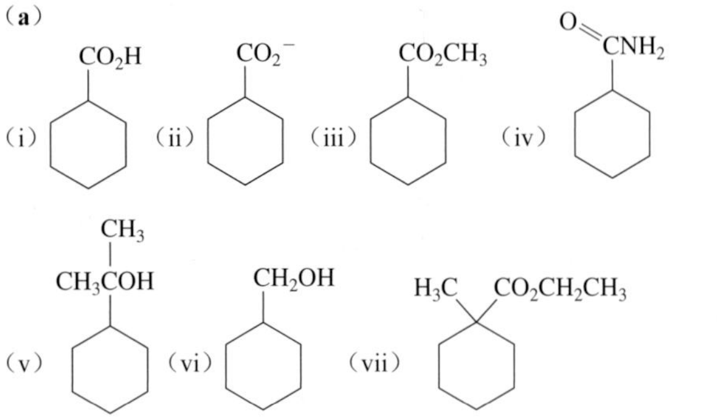

（b）

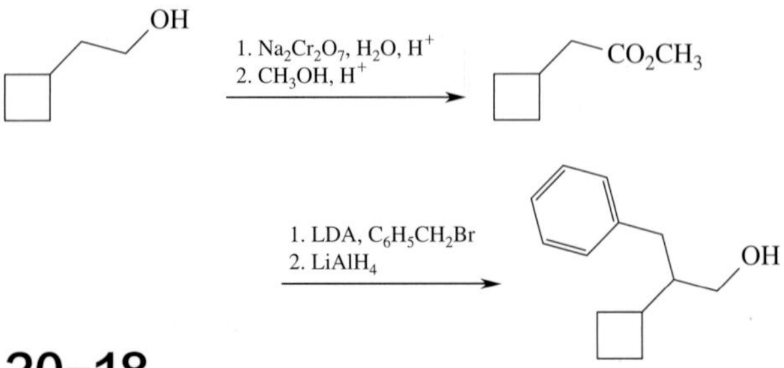

## 20-18

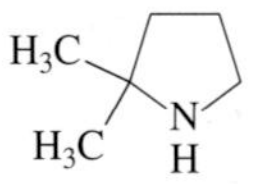

## 20-19

章节内已解答。

## 20-20

氢化二异丁基铝可将酰胺转化为醛。酸水解从缩酮中释放羰基。产物是一个分子内羟醛缩合的含氧化物，在酸性条件下得到产物：

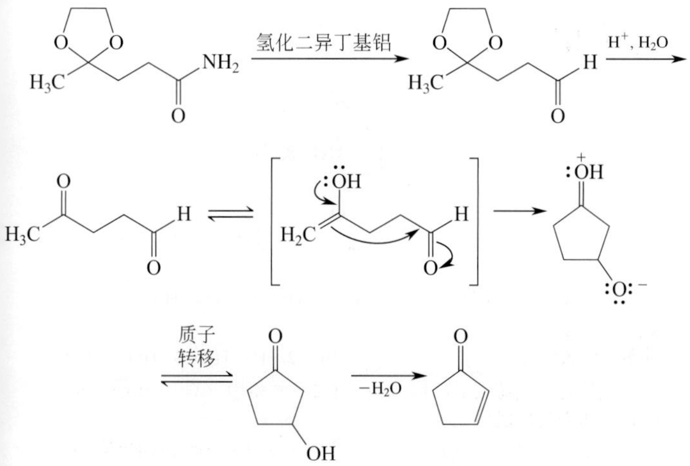

## 20-21

（**a**）在 A 中，负电荷能离域到两个羰基上，对于 B 而言，则不可能。

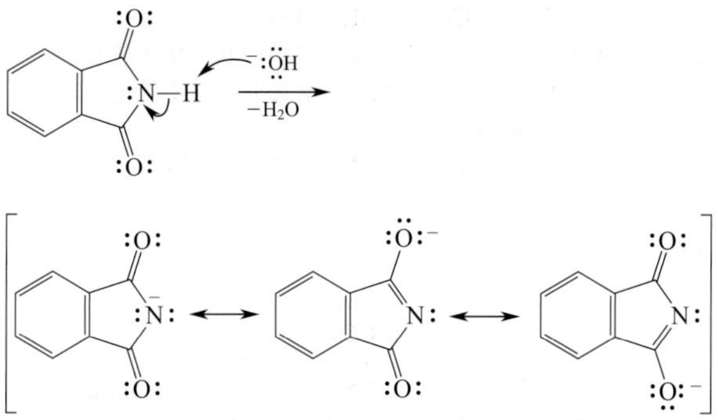

（**b**）

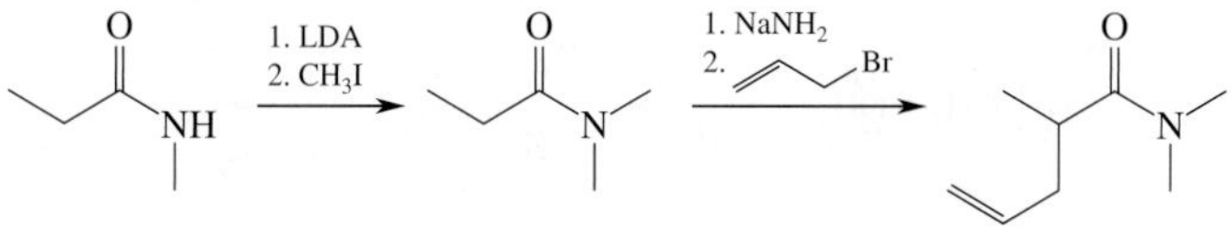

## 20-22

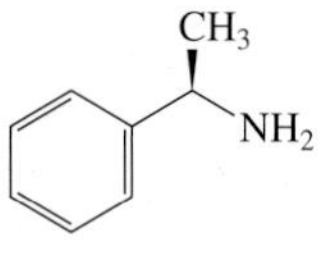

## 20-23

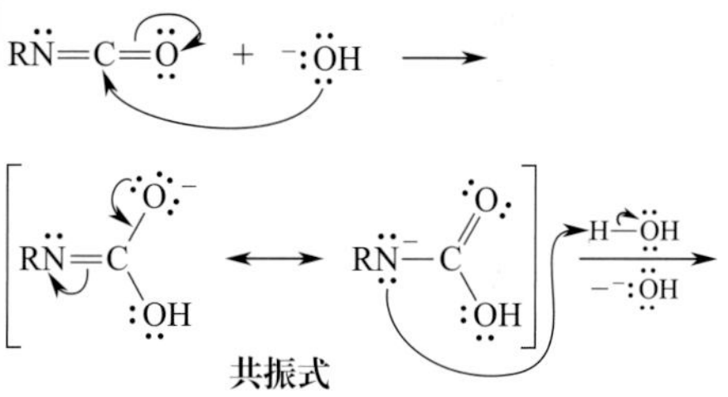

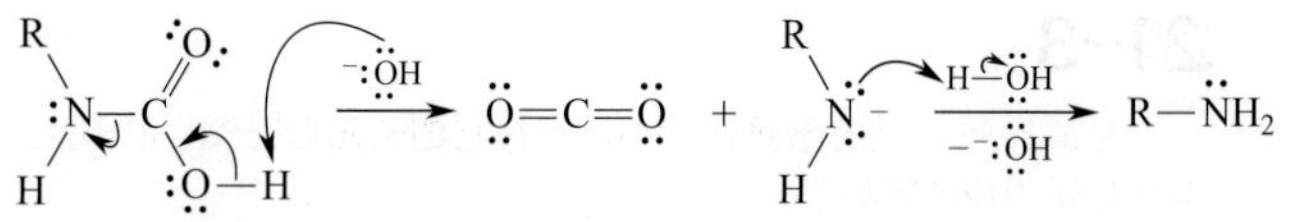

## 20-24

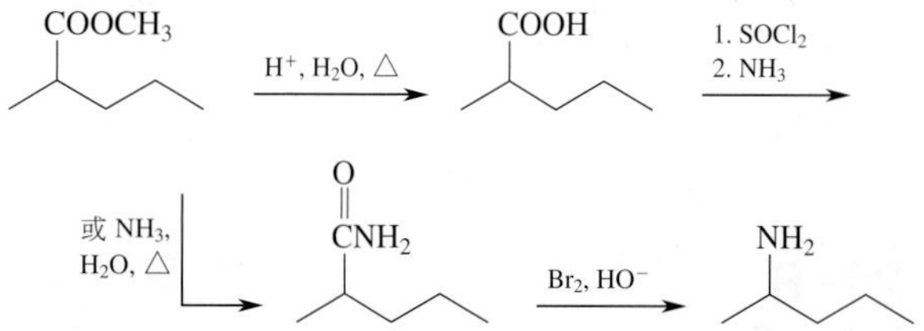

## 20-25

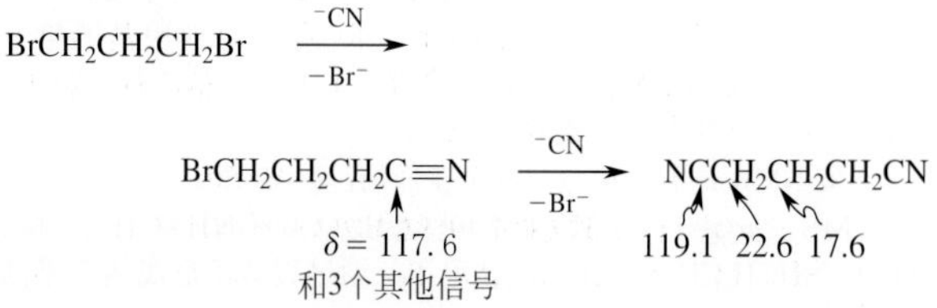

$\delta = 117.6$
和3个其他信号

$119.1 \quad 22.6 \quad 17.6$

## 20-26

具体细节还不清楚。可能的机理如下：

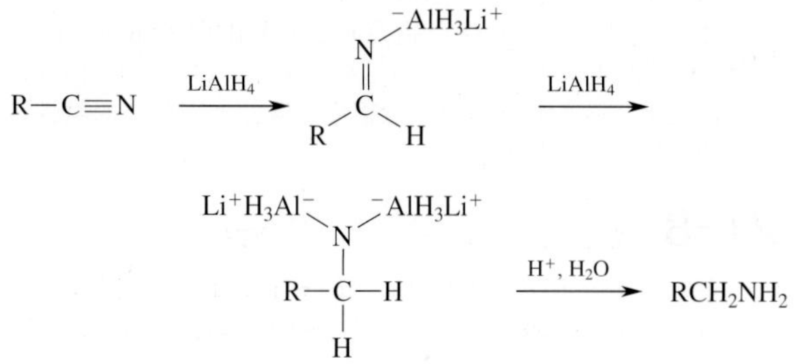

## 20-27

（**a**）1. $H_2O$，$HO^-$，2. $H^+$，$H_2O$
（**b**）1. $CH_3CH_2CH_2CH_2MgBr$，2. $H^+$，$H_2O$
（**c**）1. $(CH_3CHCH_2)_2AlH$，2. $H^+$，$H_2O$
（**d**）$D_2$，Pt

# 第21章

## 21-1

（**a**）
（ⅰ）2-丁胺，（1-甲基丙基）胺；
（ⅱ）$N,N$-二甲基苯胺；
（ⅲ）（$R$）-6-溴-2-己胺，（$R$）-(5-溴-1-甲基)戊胺。
（**b**）
（ⅰ）顺-4-氨基环己醇；
（ⅱ）4-($N,N$-二甲氨基)苯甲酸；
（ⅲ）$N$-乙基-3-甲氧基-$N$-甲基-1-丙胺。

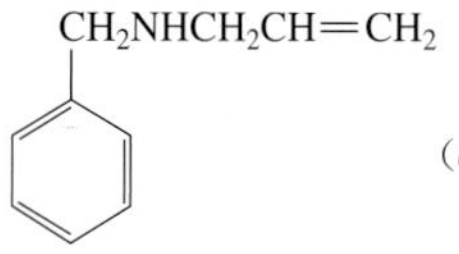

## 21-2

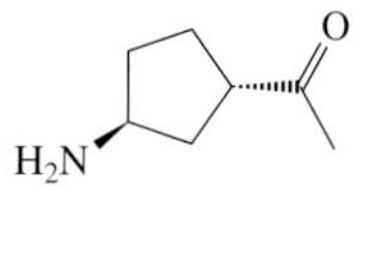

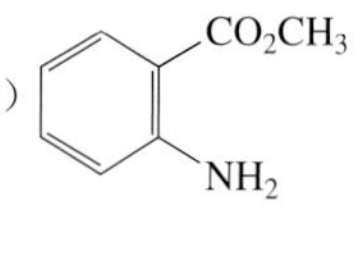

# 21-3

与氧比较，氮的电负性较小，使得它的轨道较分散，因此与其他原子形成的键较长。

# 21-4

较小，因为氮比氧的电负性小，取代基原子的电负性对化学位移的影响参见表 10-2 和表 10-3。

# 21-5

章节内已解答。

# 21-6

IR：仲胺，因为在 ~ 3400cm$^{-1}$ 有弱吸收带。

$^1$H NMR：在高场 1,1- 二甲基乙基（叔丁基）是单峰；

在 $\delta$=2.7 连接的亚甲基是单峰；邻近第一个亚甲基的第二个亚甲基单元是四重峰；在高场，最邻近 1,1-二甲基乙基（叔丁基）信号的唯一的甲基是三重峰。

$^{13}$C NMR：五个信号，两个在低场，$\delta$=45~50。

MS：$m/z$=115（M）$^+$，100[（CH$_3$）$_3$CCH$_2$NH=CH$_2$]$^+$ 和 58 (CH$_2$=NHCH$_2$CH$_3$)$^+$。在这个情况下，通过裂解可形成两个不同的亚胺离子。

# 21-7

（**a**）（iii），（ii），（i），（iv）。

（**b**）答案在于所有化合物在 C-2 位杂化，从 sp$^3$ 到 sp$^2$ 再到 sp。记住碳的吸电子诱导能力按这顺序增加（13-2 节）。因此，在这个问题上，胺系列的氮电子云密度也降低，因此它的碱性，或者其共轭酸的 p$K_a$ 值降低。

# 21-8

正如 21-4 节（以及 16-1、16-3 节）所讨论的，苯胺中氮的孤对电子因共振而与苯环紧密相连，结果，氮的亲核性比烷胺的氮差。

# 21-9

继续用碱进行正常的
酰胺水解 **(20-6节)**

# 21-10

**A**

（**a**）1. A + CH$_3$(CH$_2$)$_5$Br；2. H$^+$，H$_2$O；3. HO$^-$，H$_2$O

（**b**）1. A + Br；2. H$^+$，H$_2$O 3. HO$^-$，H$_2$O

（**c**）1. A + ；2. H$^+$，H$_2$O；3. HO$^-$，H$_2$O

（**d**）1. A + BrCH$_2$CO$_2$CH$_2$CH$_3$；2. H$^+$，H$_2$O

为了防止酸的质子和 A 反应，需要保护羧基（26-2 节）。叠氮方法对（a）~（c）好用，对于（d），还原步骤需要催化氢化，因为 LiAlH$_4$ 也会进攻酯基。

# 21-11

（**a**）以简略的形式：

（**b**）

**(c)**

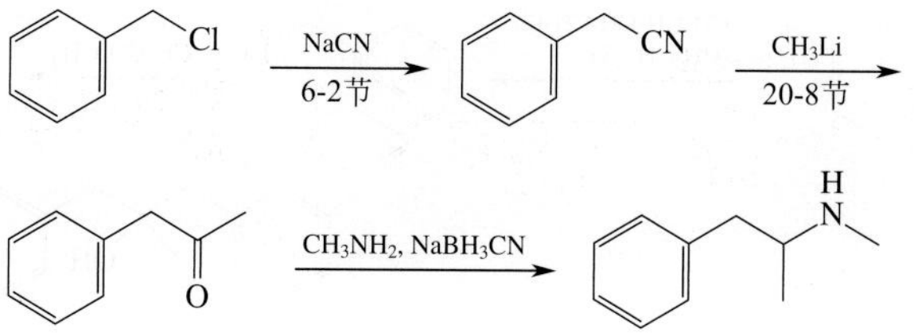

## 21-12

章节内已解答。

## 21-13

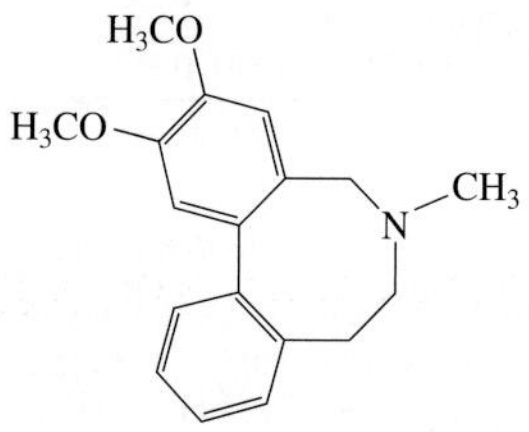

Buflavine

## 21-14

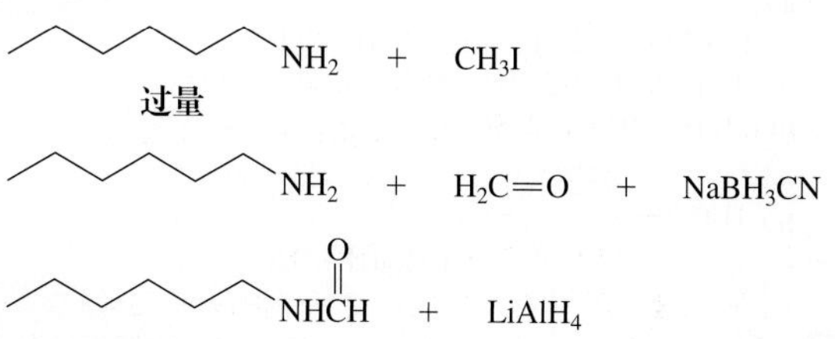

过量

## 21-15

（a）CH₃CH=CH₂ 和 CH₂=CH₂

（b）CH₃CH₂CH=CH₂ 和 CH₃CH=CHCH₃（顺式和反式）。

端烯烃是主要产物。按照 Hofmann 规则（11-6 节），反应为动力学控制的。因此，碱优先进攻在空间位阻大的季铵盐中体积较小的一端。

## 21-16

通过 Hofmann 消除，乙基可被消除生成乙烯［练习 21-15（a）］，从而得到混合产物。通常，对于任何季氮原子处于 β 位氢的烷基取代基都能够发生这样的消除，甲基除外。

## 21-17

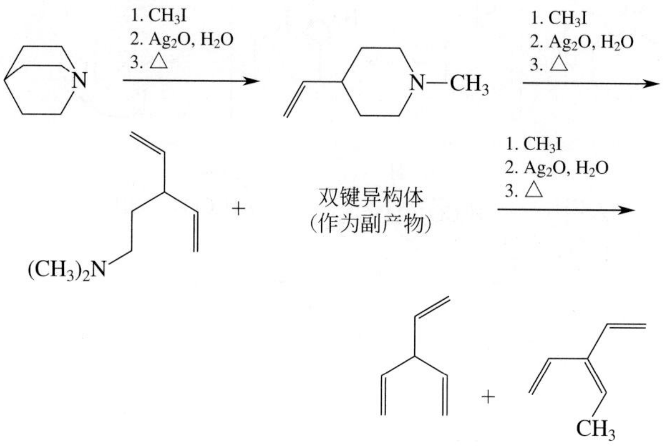

## 21-18

章节内已解答。

## 21-19

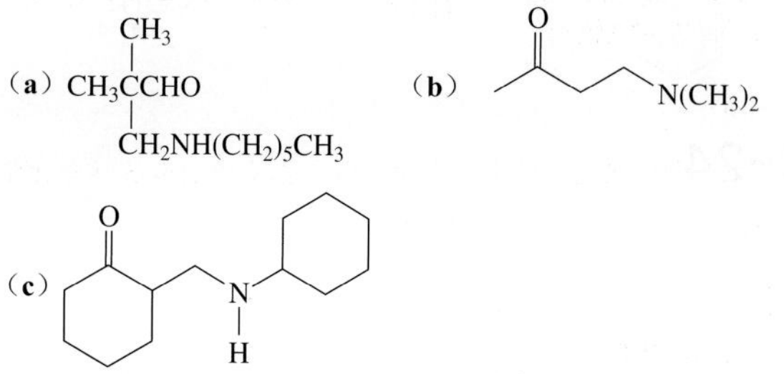

（a）

（b）

（c）

## 21-20

（a）

## 21-21

通过具有翻转的 S_N2 机理发生水对 RN⁺₂ 中 N₂ 的亲核取代。

## 21-22

章节内已解答。

## 21-23

该反应是直接的芳香亲电取代（第一步邻位进攻，如下面的结构图），类似硝化（15-10 节），除了亲电进攻的是亚硝酰正离子:N≡O:⁺（不是亚硝基阳离子）。当你认识到苯酚是一种烯醇时，与习题 21-22 的关系就变得明显了（命名；22-3 节）。

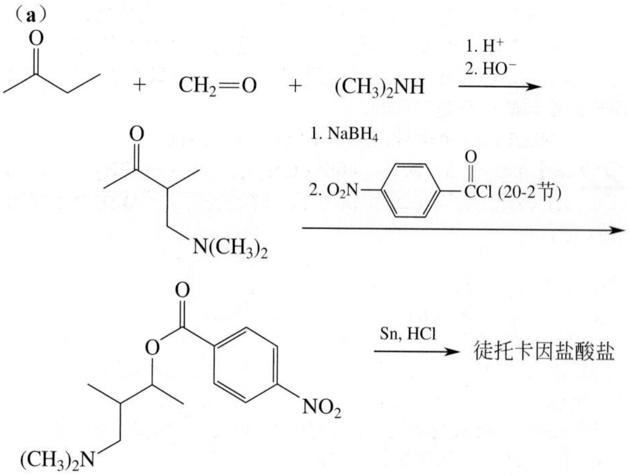

（b）

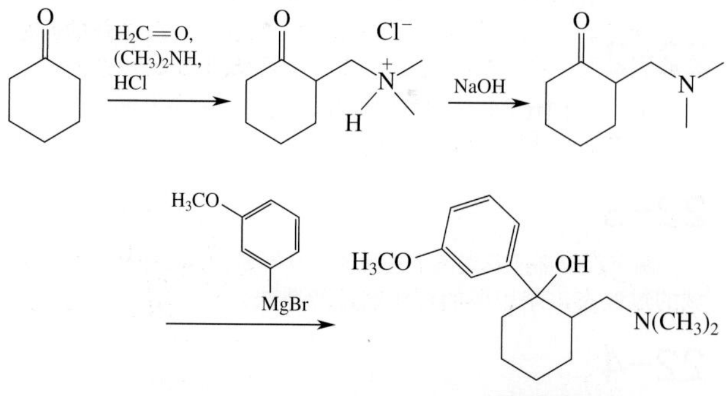

2-[(二甲氨基)甲基]-1-(3-甲氧苯基)环己醇
（曲马多）

该药由（1R,2R)-(+)- 和（1S,2S)-(-)-两种外消旋对映异构体组成。

## 21-24

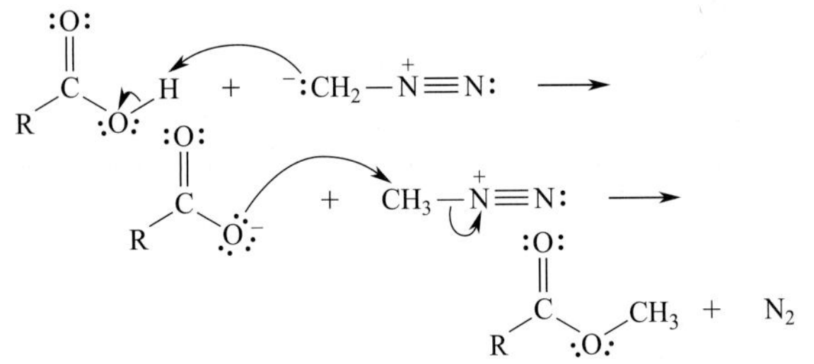

## 第22章

### 22-1

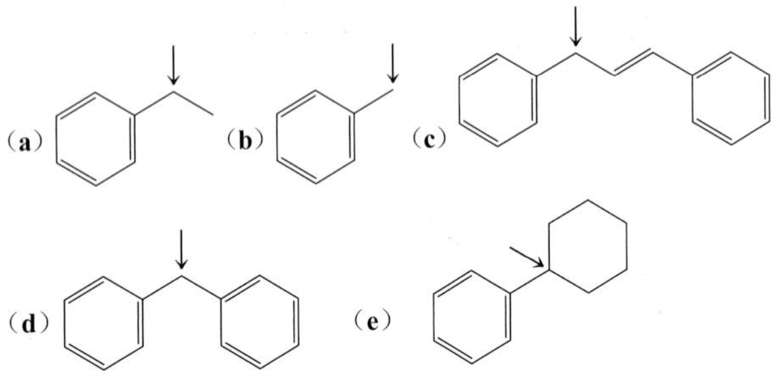

反应活性顺序：(c)>(d)>(e)>(a)>(b)。

### 22-2

(C₆H₅)₂CHCl 的溶剂解比较快，因为多一个苯基会使中间体碳正离子的共振稳定性增加。

### 22-3

两个反应都涉及氯离子进攻质子化羟基的 $S_N2$ 机理。由于离域的过渡态，苯甲醇的转化比乙醇要快。

### 22-4

(a)

(i) (C₆H₅)CH₂，因为相应负离子的共振稳定性更大。

(ii) 4-CH₃OC₆H₄CH₂Br，因为它含有更好的离去基团。

(iii) C₆H₅CH(CH₃)OH，因为相应的苄基正离子没有被额外的硝基去稳定化（画出共振结构）。

(b)

(i)

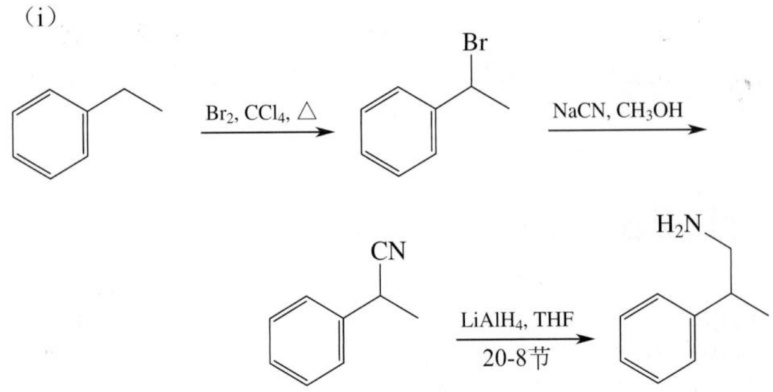

### (ii)

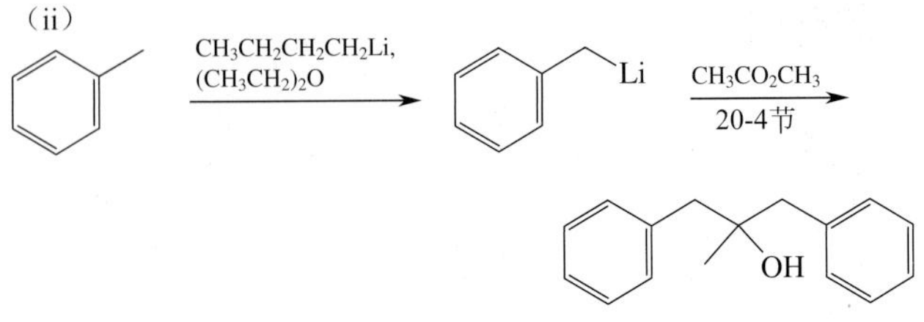

### (iii)

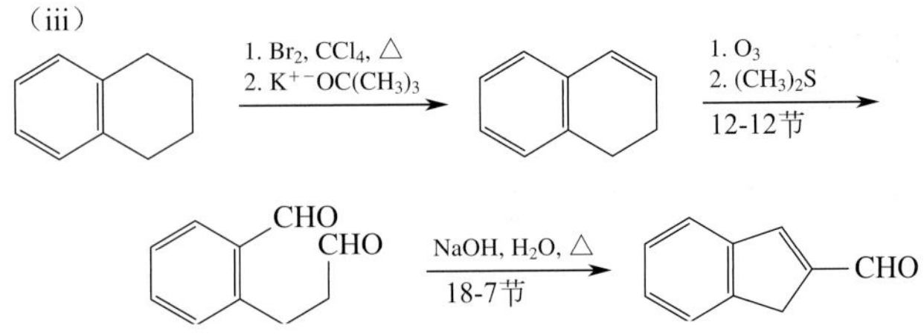

另一个策略是原料的苄基氧化成酮（通过溴化、水解和醇氧化或 22-2 节所描述的直接氧化），接着 Baeyer-Villiger 氧化（17-13节），还原成二醇，再氧化成产物的二醛前体。

### 22-5

(a)

(i) 1. KMnO₄，2. LiAlH₄，3. H₂，Pd-C。

(ii) 1. KMnO₄，2. H⁺，H₂O，3. △(-2H₂O)。

(iii) 1. H₂，Pd-C，2. SOCl₂。

(b)

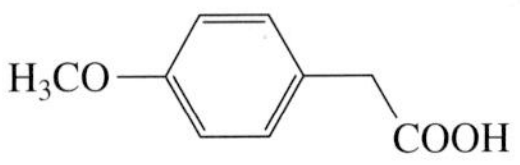

### 22-6

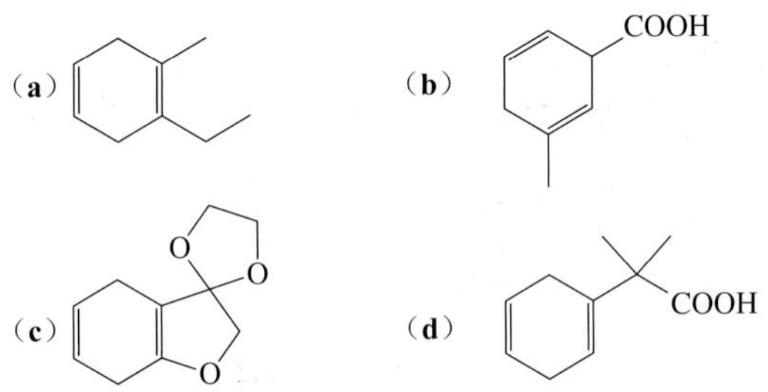

### 22-7

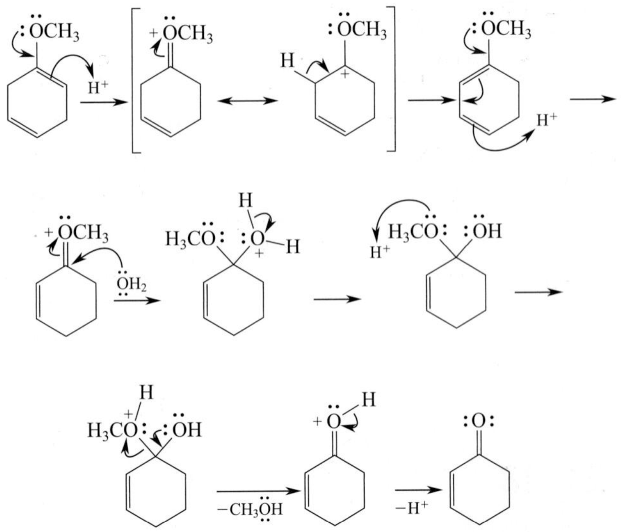

## 22-8

香芹酮

香芹酚

## 22-9

（a）硝基在任何位置都是诱导吸电子基团，但只在 C-2 和 C-4 位由于共振能稳定负电荷。

（b）B、A、D、C。

## 22-10

OCH₃
NO₂
NO₂

## 22-11

章节内已解答。

## 22-12

A

中间体 B

C

E

或 E

## 22-13

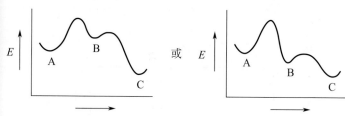

## 22-14

A

胺对中间体苯炔的加成产物 A 受甲氧基氧的诱导吸电子作用而稳定。因此，它的形成是区域选择性的。质子化给出最终的主产物。注意：因为反应性的电子对位于与芳香性的 π 体系垂直的 sp² 轨道中，A 中负电荷是不可能离域的。

## 22-15

（a）中间体芳基正离子发生邻位苯环的分子内芳香亲电取代。

（b）

A    苯炔    B
Diels-Alder
反应

## 22-16

1. C₆H₅CCl, AlCl₃
2. Zn(Hg), HCl

1. HNO₃, H₂SO₄
（必须从混合物中分离出邻位的主产物）
2. H₂, Ni

NH₂

1. NaNO₂, H⁺, H₂O
2. 100℃

OH

## 22-17

（a）1. Br₂，2. Pd 催化剂，KOH。

（b）1. HNO₃，H₂SO₄（双硝化），2. Br₂，3. Pd 催化剂，KOH。

（c）1. Br₂，2. Pd 催化剂，KOH。

## 22-18

这一过程要求卤离子在苯环上亲核进攻，这是一个非竞争性的转化。

## 22-19

（a）胺比醇亲核性更强，这一规律对于苯胺和苯酚也适用。

（b）

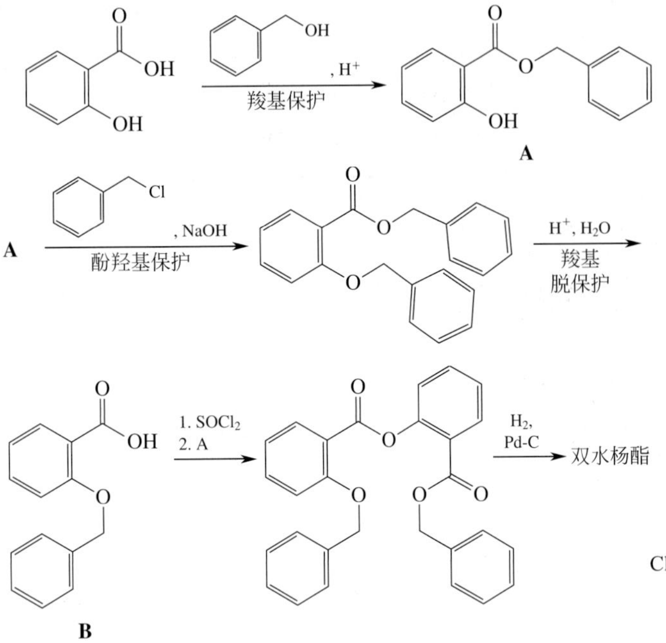

B

（c）

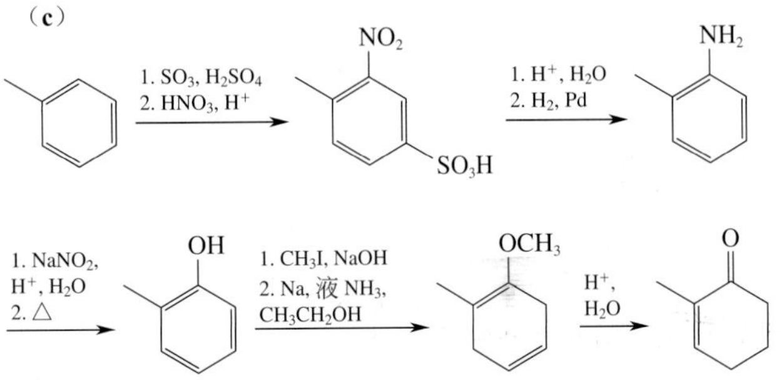

## 22-20

1,1-二甲基乙基(叔丁基)比甲基大很多,因此优先进攻C-4位。

## 22-21

章节内已解答。

## 22-22

1.Br$_2$, 2.CH$_3$CH$_2$CH$_2$Cl, NaOH,
3.SOCl$_2$, HOCH$_2$CH$_2$N(CH$_2$CH$_3$)$_2$  4. Pd 催化剂, NH$_3$。

## 22-23

章节内已解答。

## 22-24

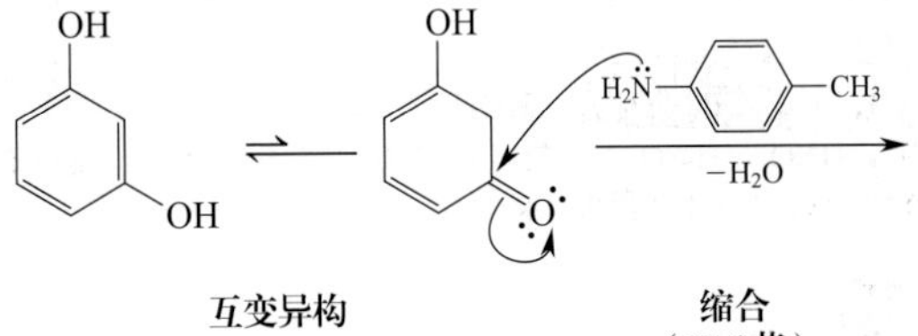

互变异构          缩合
                （17-9节）

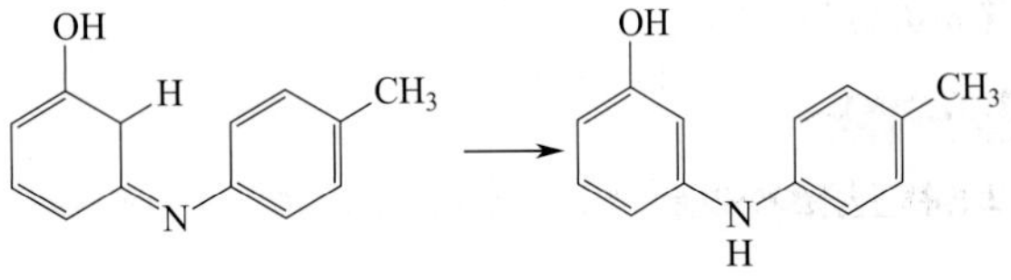

互变异构

## 22-25

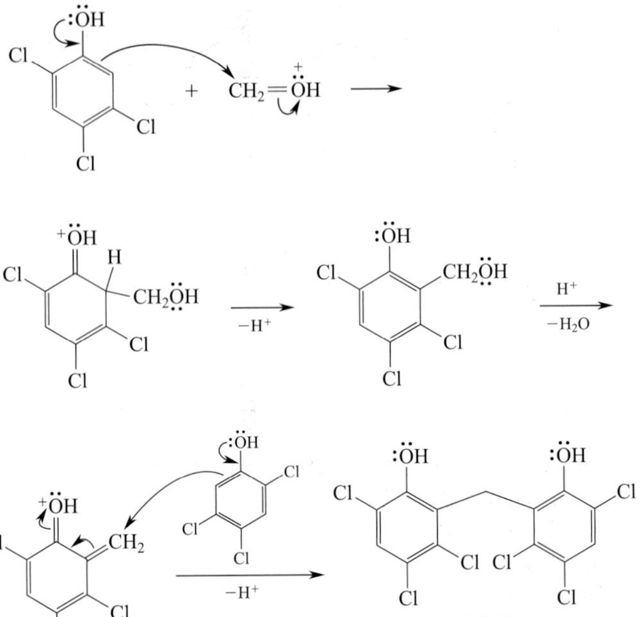

六氯酚

## 22-26

（a）

（i）  环张力释放和末端双键变成分子内。

（ii） 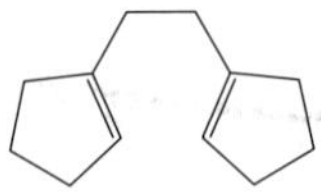 末端双键变成分子内。

（iii） 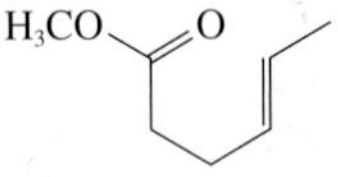 烯醇（像醚）变成酮基（像酯）。末端双键变成分子内。

（iv） 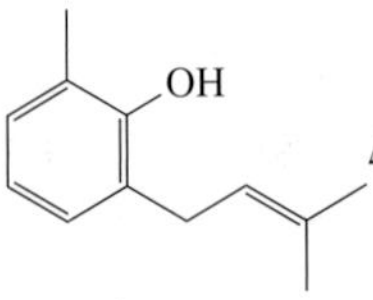 $\Delta H^{\ominus} = -10\ kcal\cdot mol^{-1}$

（b）

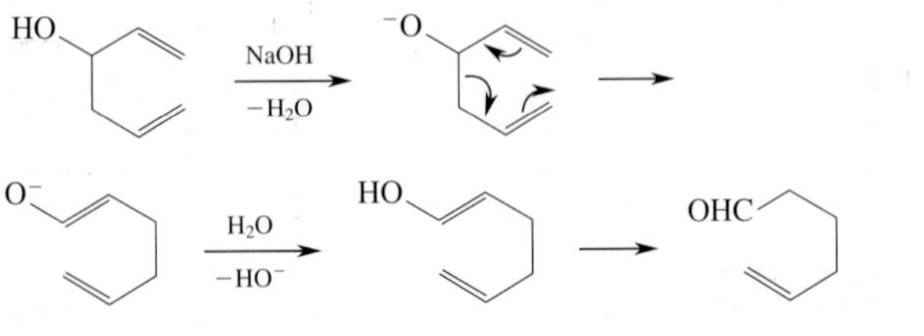

在这种情况下，因为起始烯醇中负电荷的离域化，Cope 重排特别快。

## 22-27

章节内已解答。

# 22-28

# 22-29

# 22-30

（**a**）这种交换经两次共轭加成-消除循环。

# 22-31

# 22-32

（**a**）1. CH₃CCl，AlCl₃，  2. HNO₃，H₂SO₄，  3. H₂，Pd，  4. NaNO₂，HI。

（**b**）1. HNO₃（2 e.q.），H₂SO₄，  2. H₂，Ni，  3. NaNO₂，HCl，
4. CuCN，KCN。

（**c**）1. （CH₃）₃CCl，AlCl₃，  2. HNO₃，H⁺，  3. H₂，Ni，  4. NaNO₂，HCl，
5. CuCN，KCN，  6. H⁺，H₂O。

## 22-33

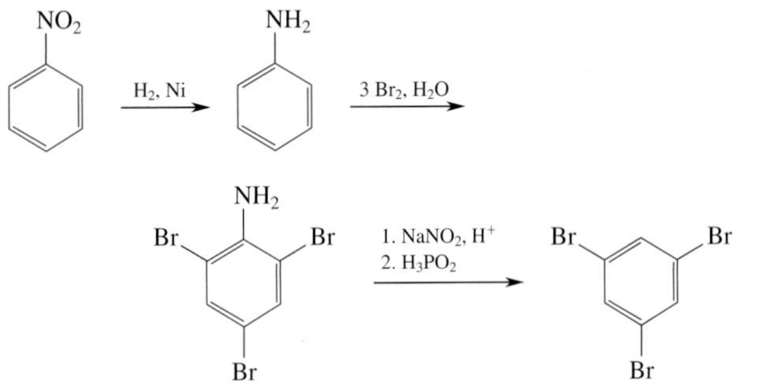

## 22-34

（a）

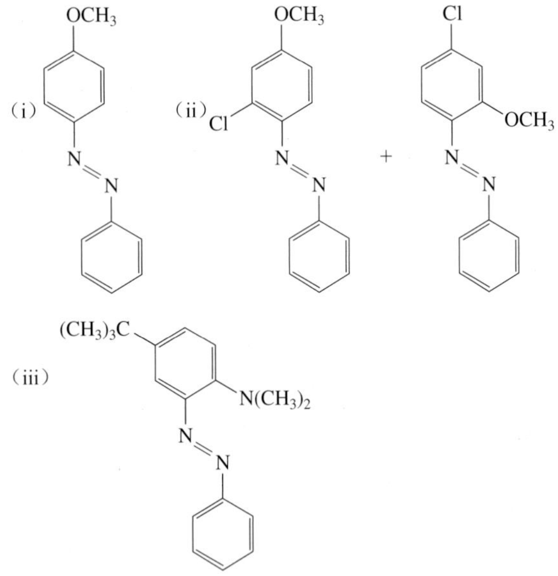

（b）

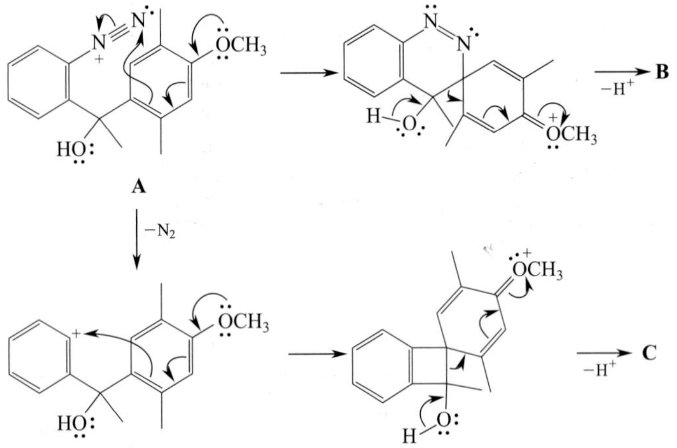

## 第23章

## 23-1

（a）

（i）

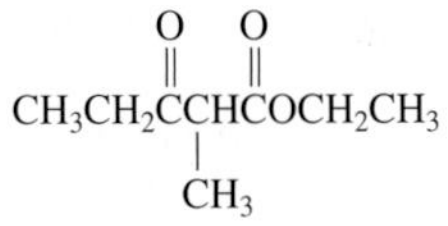

（ii）

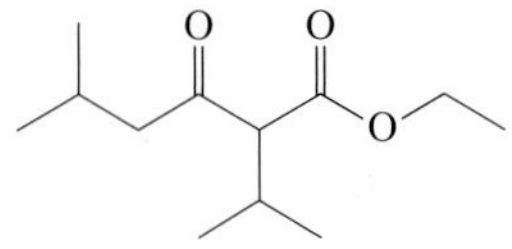

（iii）

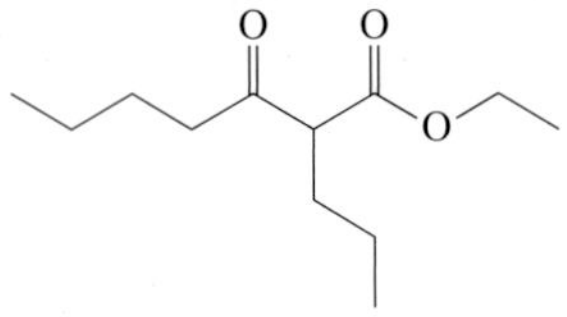

（b）

（i）

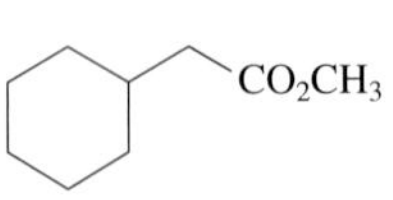

（ii）

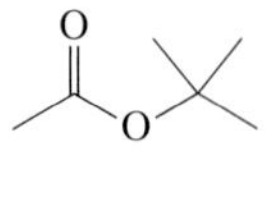

## 23-2

逆向 Claisen 缩合

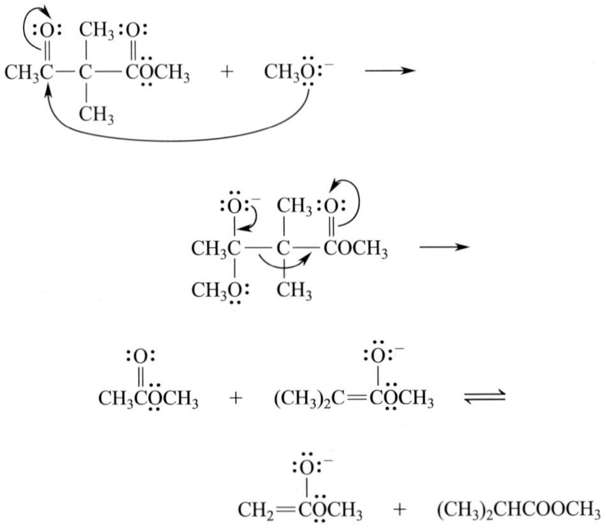

正向 Claisen 缩合

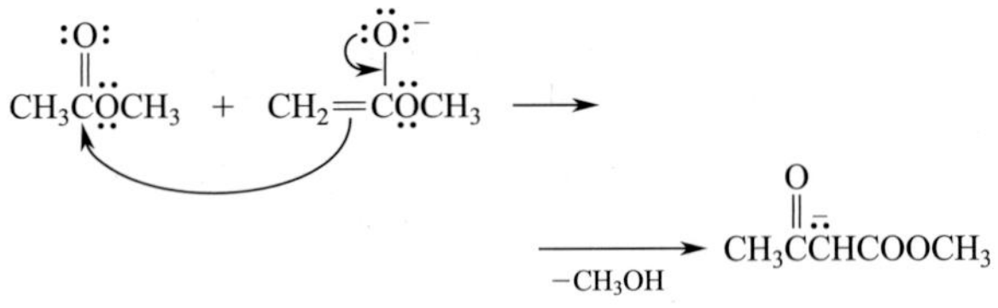

## 23-3

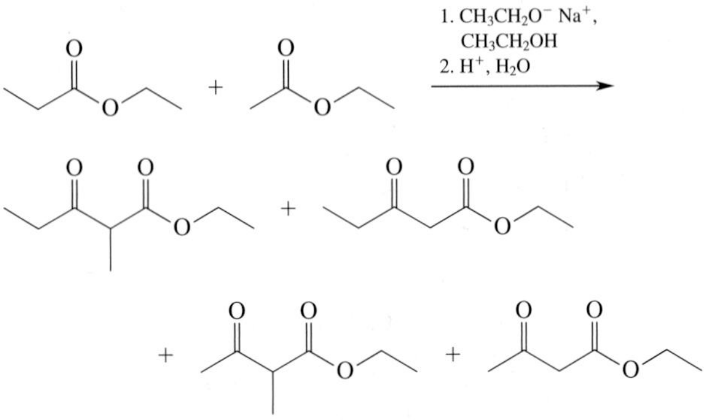

## 23-4

甲酸乙酯不能烯醇化，其羰基比甲基取代的类似物乙酸乙酯中的羰基更具亲电性。

## 23-5

章节内已解答。

## 23-6

这个机理省略了。

## 23-7

**5-氧代己酸甲酯**　　　　　　　　　**1,3-环己二酮**

## 23-8

章节内已解答。

## 23-9

（**a**）$CH_3\overset{O}{\overset{\|}{C}}CH_3$　　+　　$HCO_2CH_2CH_3$

1. $CH_3CH_2O^-$，2. $H^+, H_2O$

（**b**）

　　+　　$CH_3CH_2OOCCH_2CH_3$

1. NaH，2. $H^+, H_2O$

（**c**）$H_3C\overset{O}{\overset{\|}{C}}\!\!-\!\!CH_2CH_2CH_2\!\!-\!\!CO_2CH_2CH_3$

1. $CH_3CH_2O^-$，2. $H^+$，$H_2O$

## 23-10

$CH_3CH_2CH_2CH_2CO_2CH_3$ —练习 23-7→

100%

80%

**2,2-二甲基-1,3-环己二酮**

## 23-11

## 23-12

（**a**）
（i）1.NaOCH$_2$CH$_3$，2.CH$_3$CH$_2$CH$_2$Br，3.NaOH，4.H$^+$, H$_2$O，△；
（ii）1.NaOCH$_2$CH$_3$，2.CH$_3$(CH$_2$)$_4$Br，3.NaOH，4.H$^+$, H$_2$O，△；
（iii）1.2NaOCH$_2$CH$_3$，2.2CH$_3$CH$_2$Br，3.NaOH，4.H$^+$, H$_2$O，△；
（iv）1.NaOCH$_2$CH$_3$，2.C$_6$H$_5$CH$_2$Cl，3.NaOH，4.H$^+$, H$_2$O，△；

（**b**）羟醛缩合（18-6 节）、Michael 加成（18-11 节）、酯水解（19-9 节和 20-4 节）和脱羧（23-2 节）。

## 23-13

（**a**）1. $CH_3CH_2OOC\overset{\cdot\cdot}{C}HCOOCH_2CH_3,$
　　　　　　　　　　$\underset{CH_3}{|}$

2. $CH_3CH_2OOC\overset{(CH_2)_9CH_3}{\underset{CH_3}{\overset{|}{\underset{|}{C}}}}COOCH_2CH_3,$

3. $K^+{}^-OOC\overset{(CH_2)_9CH_3}{\underset{CH_3}{\overset{|}{\underset{|}{C}}}}COO^-K^+$

（b）

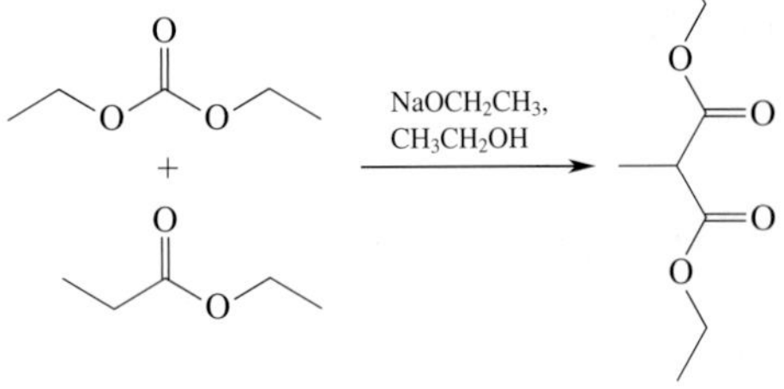

## 23-14

（a） 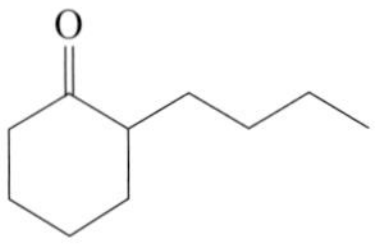
**2-丁基环己酮**

（b）　CH₃CH₂CO₂H
**丙酸**

（c）$CH_3CCHC_6H_5$ （结构）
**2-甲基-1-苯基-1,3-丁二酮**

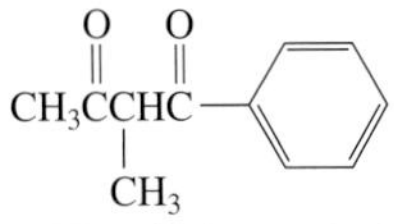

（d）这个反应顺序一般是对2-氯酯。

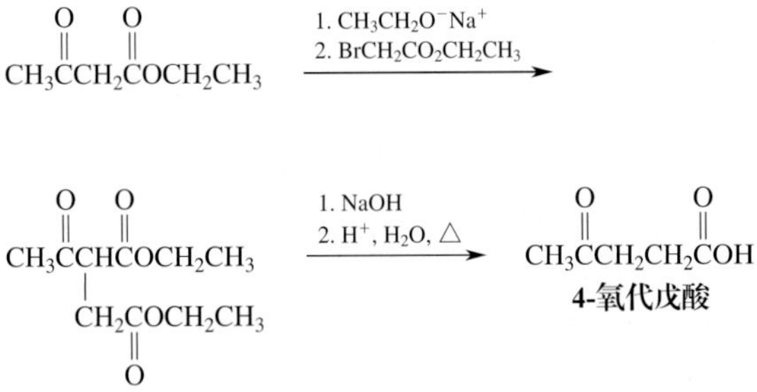

注意：只有连到$\alpha$-羰基碳上的羧基才可能发生脱羧化反应。

（e） 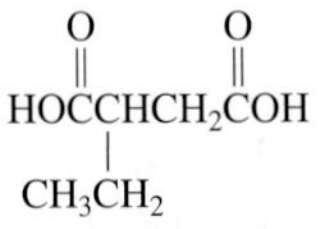
**2-乙基丁二酸**

过度加热可使该产物脱水变成酸酐（19-8节）。

（f）$CH_3CCH_2CH_2CCH_3$
**2,5-己二酮**

## 23-15

章节内已解答。

## 23-16

$$CH_2(CO_2CH_2CH_3)_2 \xrightarrow[CH_3CH_2OH]{CH_3CH_2O^-Na^+,} Na^+ \ {}^-:CH(CO_2CH_2CH_3)_2$$

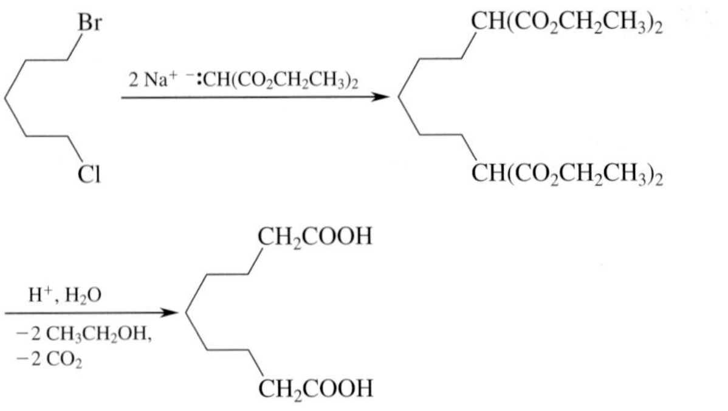

## 23-17

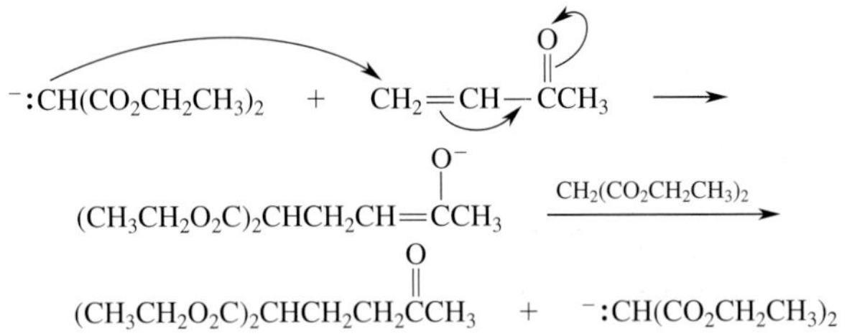

产物的烯醇化物再生成起始的丙二酸酯的烯醇化物。

## 23-18

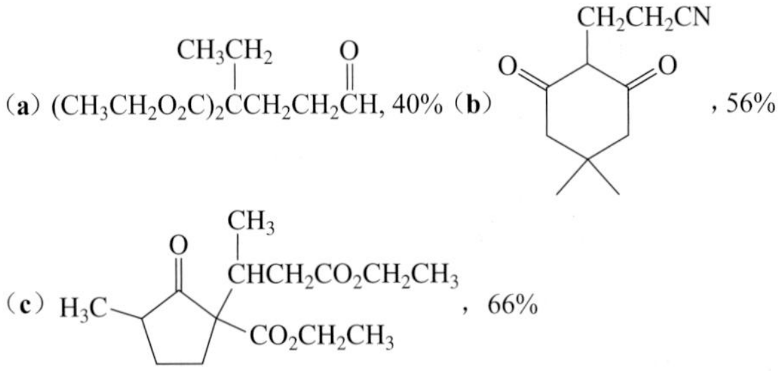

（a）$(CH_3CH_2O_2C)_2CHCH_2CH_2CH$, 40%　（b）, 56%

（c）$H_3C$ , 66%

## 23-19

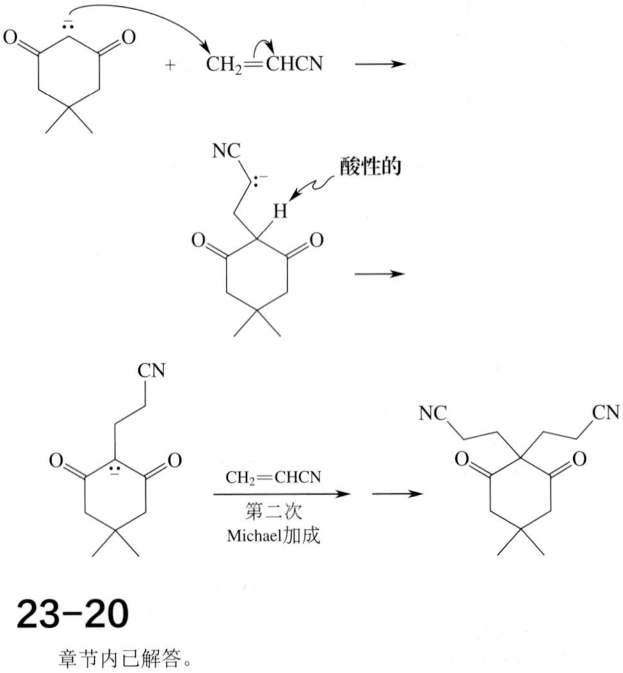

## 23-20

章节内已解答。

## 23-21

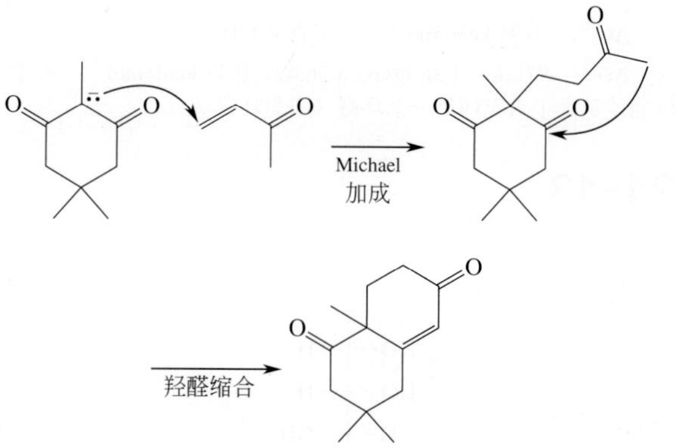

## 23-22

对羰基的亲核加成，接着碱去质子化。

## 23-23

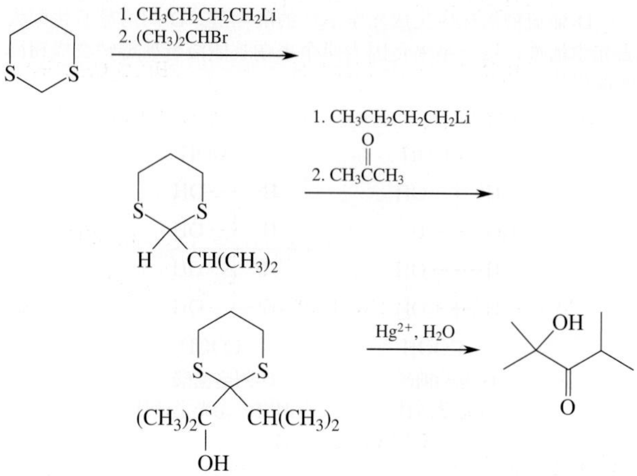

## 23-24

（**a**）$CH_3CH_2CHO$ + 噻唑离子催化剂 或 1,3-二硫杂环己烷 和 1. $CH_3CH_2CH_2CH_2Li$, 2. $CH_3CH_2Br$, 3. $CH_3CH_2CH_2CH_2Li$, 4. $CH_3CH_2CHO$, 5. $Hg^{2+}$, $H_2O$

（**b**）1,3-二硫杂环己烷 和 1. $CH_3CH_2CH_2CH_2Li$, 2. $CH_3(CH_2)_3Br$, 3. $CH_3CH_2CH_2CH_2Li$, 4. $CH_3CH_2CHO$, 5. $Hg^{2+}$, $H_2O$

（**c**）1,3-二硫杂环己烷 和 1. $CH_3CH_2CH_2CH_2Li$, 2. $CH_3CH_2CH(Br)CH_3$, 3. $CH_3CH_2CH_2CH_2Li$, 4. $CH_3C(=O)CH_2CH_3$, 5. $Hg^{2+}$, $H_2O$

（**d**）$C_6H_5CHO$ + 噻唑离子催化剂

（**e**）$(CH_3)_2CHCHO$ + 噻唑离子催化剂 或 1,3-二硫杂环己烷 和 1. $CH_3CH_2CH_2CH_2Li$, 2. $(CH_3)_2CHBr$, 3. $CH_3CH_2CH_2CH_2Li$, 4. $(CH_3)_2CHCHO$, 5. $Hg^{2+}$, $H_2O$

# 第24章

## 24-1

（**a**）丁醛糖
（**b**）戊醛糖
（**c**）戊酮糖
（**d**）丁酮糖

## 24-2

（**a**）
（i）(2*R*,3*R*,4*R*)-2,3,4,5-四羟基戊醛
（ii）(2*R*,3*S*,4*R*,5*R*)-2,3,4,5,6-五羟基己醛
（**b**）它们是结构异构体

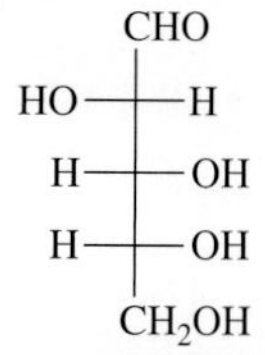

## 24-3

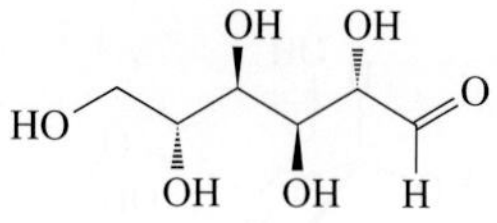

（**a**）

**D-(−)-阿拉伯糖**

（**b**）

（**c**）D-阿洛糖 和 D-半乳糖

## 24-4

（**a**）

**D-呋喃赤藓糖**

**D-呋喃核糖**

（**b**）

**L-(−)-葡萄糖**

## 24-5

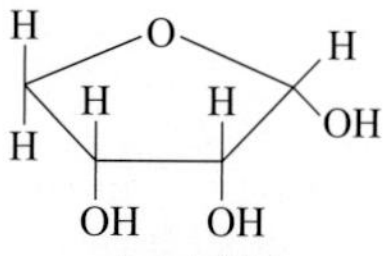

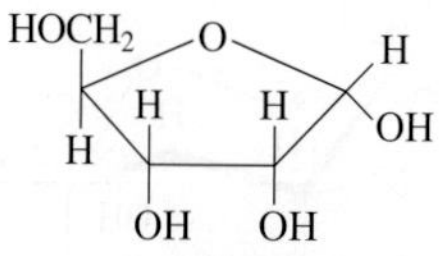

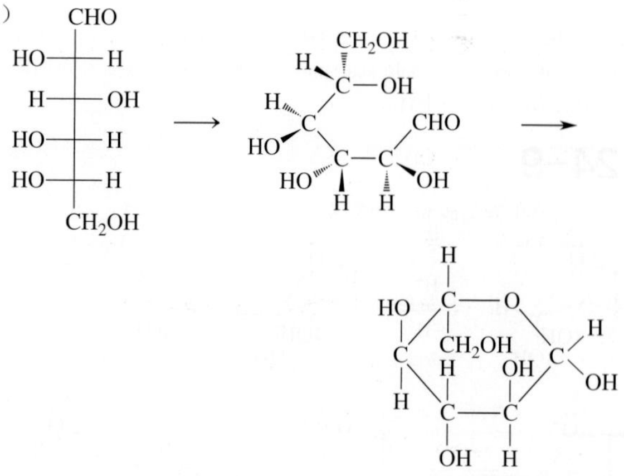

章节内已解答。

## 24-6

*α*-L-吡喃葡萄糖和 *α*-D-吡喃葡萄糖是对映异构体，至于构象，练习 24-5 已回答（当然你可能，并且也可能会自己画出结构来确认）：D-型己醛糖非对映异构体的异头碳（半缩醛）是 *S* 构型，其他都相同。如果 *α*-D-吡喃葡萄糖在该碳上是 *S* 构型，那么它的对映体 *α*-L-吡喃葡萄糖相应的是 *R* 构型。对 *β*-端基异构体的立体化

学，那个位置正好反转。照此，β-L-吡喃葡萄糖的异头碳是 S 构型，β-D-吡喃葡萄糖则为 R 构型。

## 24-7

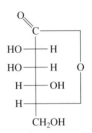

（a）

（b）

（c）

## 24-8

（a）

（i）α-D-呋喃阿拉伯糖

（ii）α-D-吡喃甘露糖

（iii）β-D-吡喃半乳糖

（b）4 个直立 OH，4×0.94=3.76 kcal·mol⁻¹；1 个直立 CH₂OH，1.70 kcal·mol⁻¹；ΔG=5.46 kcal·mol⁻¹。通过估算，该构象异构体在溶液中的浓度可忽略不计。

## 24-9

只给出异头碳和它的邻位。

平面的

## 24-10

章节内已解答。

## 24-11

按练习 24-10 计算结果为 $X_\alpha$=0.28 和 $X_\beta$=0.72。

## 24-12

$\Delta G^\ominus_{估计}$ =-0.94 kcal·mol⁻¹（一个直立 OH）；

$\Delta G^\ominus$ =-RTlnK=-1.36 lg(63.6/36.4)=-0.33 kcal·mol⁻¹。两个数值的差是由于六元环是一个环醚（不是环己烷）。

## 24-13

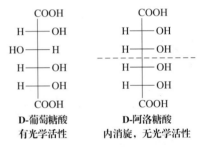

## 24-14

D-葡萄糖氧化应生成光学活性的醛糖酸。D-阿洛糖氧化则失去光学活性，这一结果是因为两个末端基团沿着糖链转变成相同的取代基。

| COOH | | COOH |
|---|---|---|
| H—OH | | H—OH |
| HO—H | | H—OH |
| H—OH | | H—OH |
| H—OH | | H—OH |
| COOH | | COOH |

**D-葡萄糖酸**　　**D-阿洛糖酸**

有光学活性　　内消旋，无光学活性

这一实验操作可引起分子对称性的重大变化，D-阿洛糖酸有一个对称面，它是内消旋的，没有光学活性（这也意味着 D-阿洛糖酸与 L-阿洛糖酸是相同的）。换句话说，D-葡萄糖酸是有光学活性的。测定两个醛糖酸的 ¹³C NMR 谱，葡萄糖酸有 6 个信号，而 D-阿洛糖酸只有 3 个信号。

## 24-15

（a）2 H₂C=O　　（b）CH₃CH=O + H₂C=O

（c）2 H₂C=O + HCOOH　　（d）没有反应

（e）OHCC(CH₃)₂CHO + CO₂

（f）3 HCOOH + H₂C=O

（g）2 HCOOH，2 H₂C=O，CO₂

## 24-16

（a）D-阿拉伯糖 —— 4HCO₂H+CH₂O

　　D-葡萄糖 —— 5HCO₂H+CH₂O

（b）D-赤藓糖 —— 3HCO₂H+CH₂O

　　D-赤藓酮糖 —— HCO₂H+2CH₂O+CO₂

（c）D-葡萄糖或 D-甘露糖 —— 5HCO₂H+CH₂O

## 24-17

（a）核糖醇是内消旋的。

（b）两个非对映异构体：甘露糖醇（主要的）和山梨醇。

**(c)**

D-阿卓糖 →(NaBH₄)

相同的（经180°旋转）

← D-塔罗糖 (NaBH₄)

## 24-18

它们都是一样的。

## 24-19

醛形成的机理，两种情况都是通过相同的正离子中间体。

## 24-20

## 24-21

与练习 24-20 的结构相同，或其非对映异构体相对于 C-2 和 C-3 具有相同的结构。

## 24-22

HO CH₂OH ... OH →（H⁺, CH₃COCH₃）

反应性

→（1. PBr₃；2. H⁺, H₂O）

HO CH₂Br ... OH

## 24-23

章节内已解答。

## 24-24

D-葡萄糖和 D-甘露糖。

## 24-25

（**a**）二者降解得到同样的戊糖：D- 来苏糖。

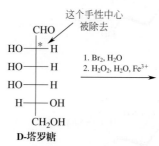

这个手性中心被除去

D-塔罗糖 →（1. Br₂, H₂O；2. H₂O₂, H₂O, Fe³⁺）

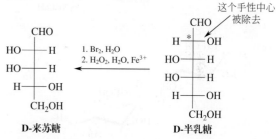

这个手性中心被除去

D-来苏糖 ←（1. Br₂, H₂O；2. H₂O₂, H₂O, Fe³⁺） D-半乳糖

（**b**）A. D-阿拉伯糖；B. D-来苏糖；C. D-赤藓糖；D. D-苏阿糖。

## 24-26

Fischer 投影式旋转 180° 并与图 24-1 的 D-古洛糖比较得到答案，它是 L-古洛糖。

## 24-27

二者氧化产生相同的物质：葡萄糖酸。

## 24-28

¹³C NMR 显示核糖酸只有 3 条线，阿拉伯糖酸有 5 条线。

## 24-29

章节内已解答。

## 24-30

（**a**）正如本节所示，第一步水溶液将蔗糖变成四种单糖异构体混合物，两个葡萄糖和两个果糖。硼氢化钠将糖的开链形式的醛基或酮基还原成羟基（24-6 节）。D-葡萄糖的羰基还原后得到山梨糖醇；D-果糖的 C-2 酮基还原产生一个新的手性中心 C-2，得到两种差向异构体多羟基的 D-山梨糖醇和 D-甘露糖醇。

CH₂OH ... + ... CH₂OH

（**b**）羟胺与醛糖及酮糖的开链形式的羰基反应得到肟（17-9 节

和 24-7 节）。但是，蔗糖含有缩醛而不是半缩醛官能团，它不能和有游离羰基的结构达成平衡。其结果就是蔗糖不和羟胺发生反应。

## 24-31

（a）

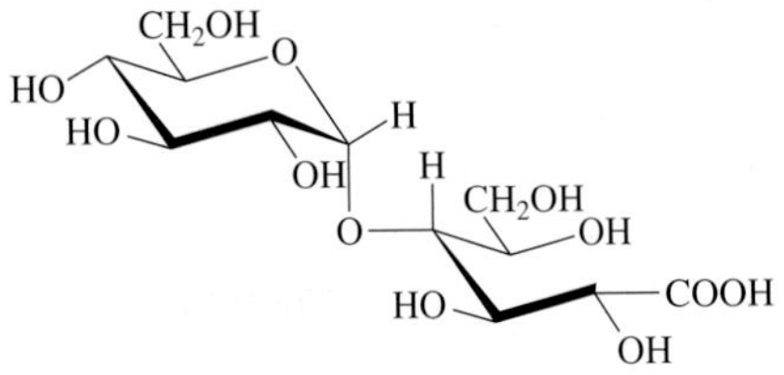

（b）

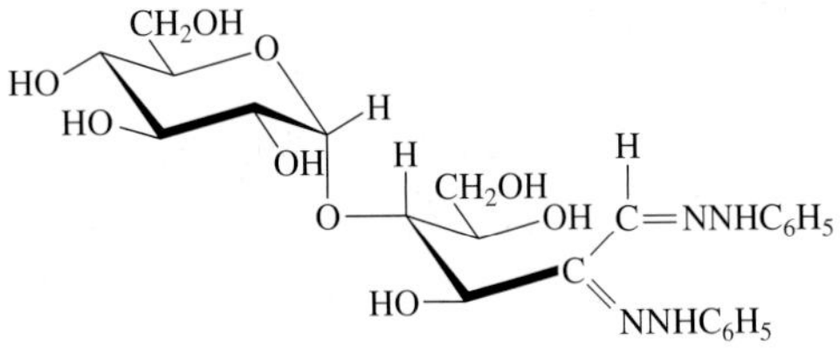

（c）

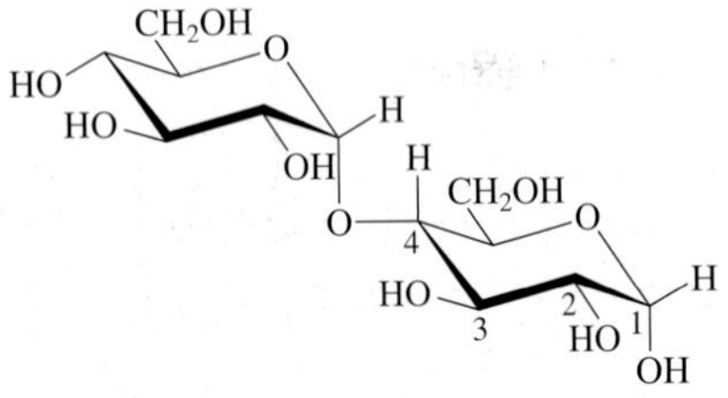

α-麦芽糖

## 24-32

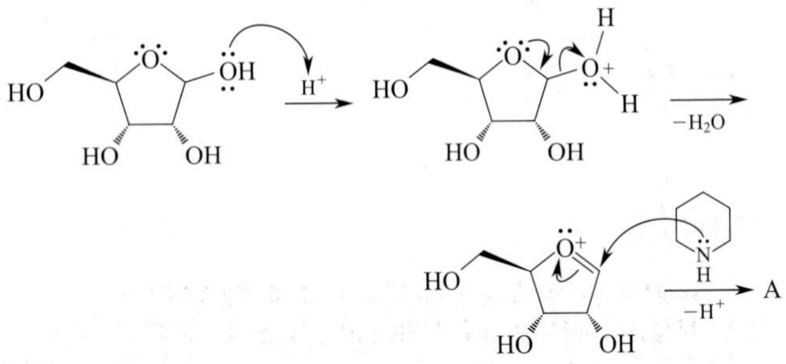

## 24-33

章节内已解答。

# 第25章

## 25-1

（a）    （b）

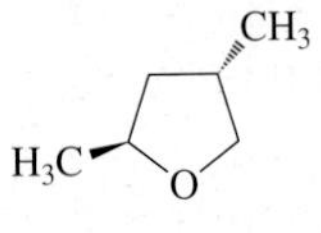

（c） 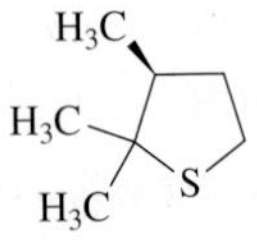    （d）

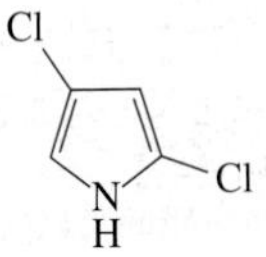

（e）2,6-二硝基吡啶            （f）4-溴吲哚

（g）（R）-2-(1-甲乙基)氧杂环丙烷［（R）-2-(1-甲乙基)环氧乙烷］

## 25-2

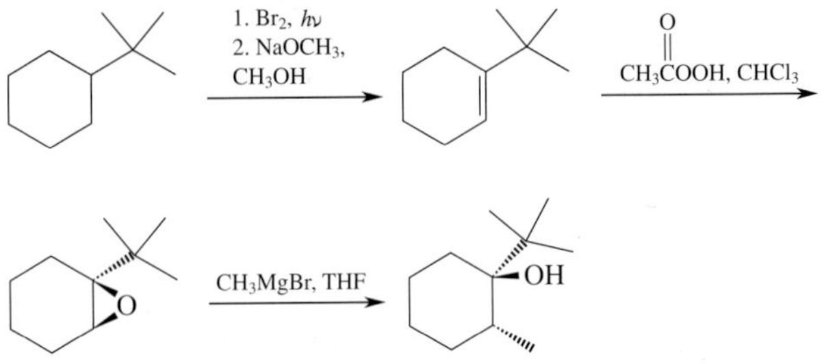

## 25-3

（a）

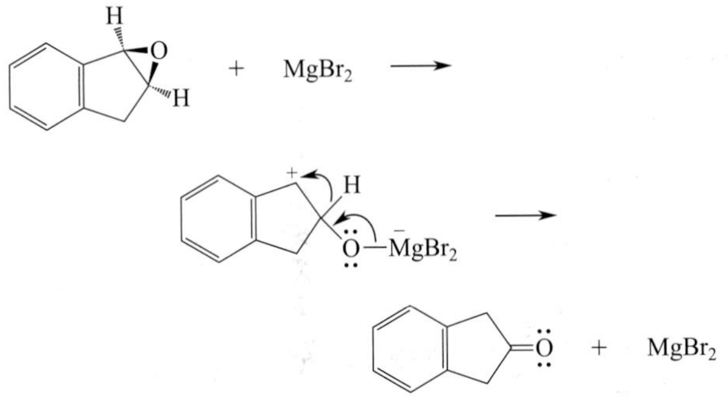

（b）

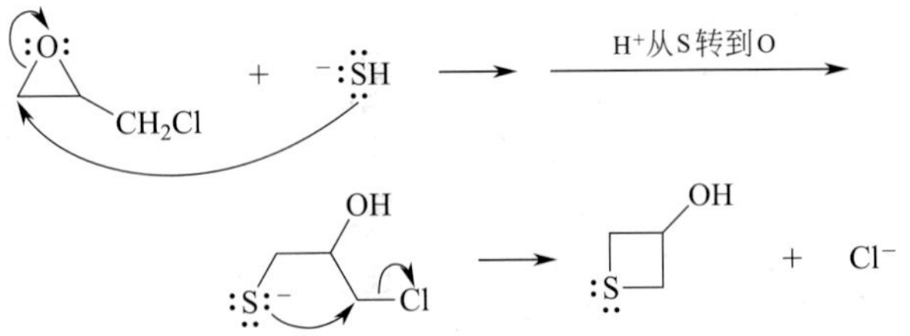

## 25-4

章节内已解答。

## 25-5

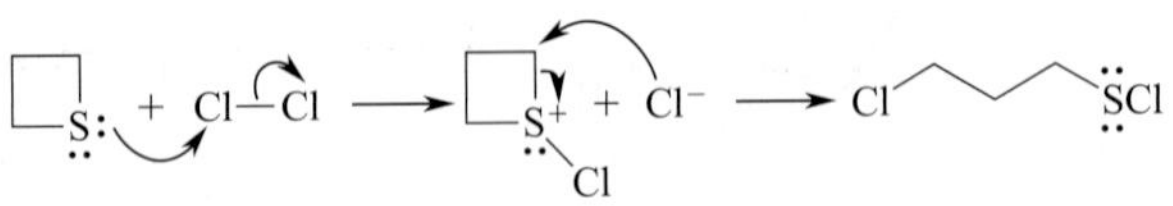

## 25-6

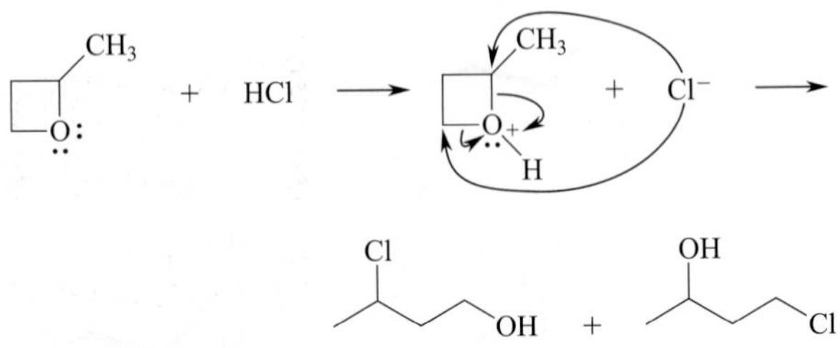

# 25-7

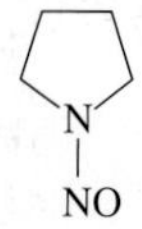

# 25-8

（a）

N比C更具电负性　　　　因为共振，分子现在以相反的方向被极化

（b）反芳香性的：（i）。芳香性的：（ii）～（iv）。

# 25-9

（a）

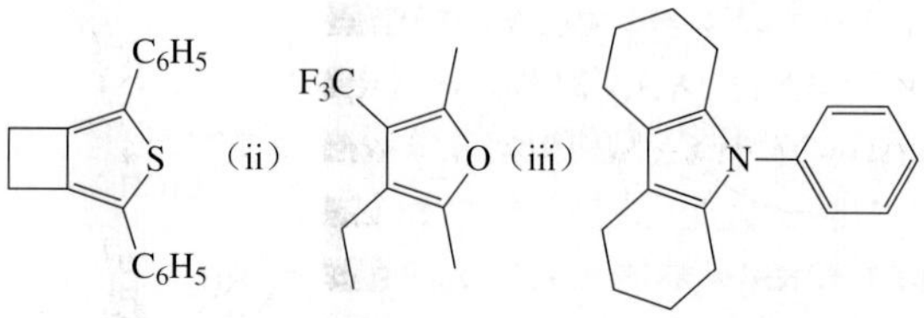

（i）　（ii）　（iii）

（b）

（i） + P₂S₅　（ii） + P₂O₅

（iii） + NH₄Cl

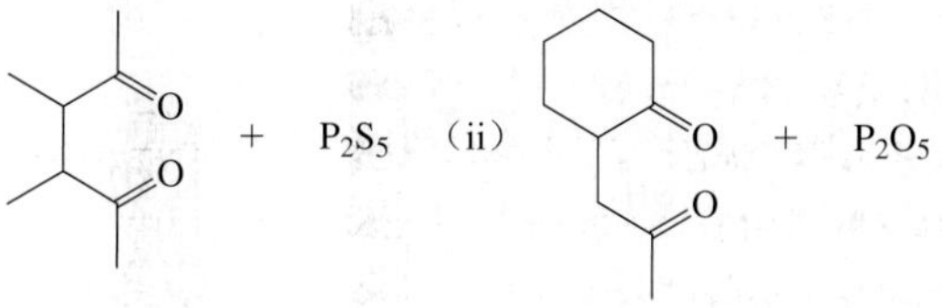

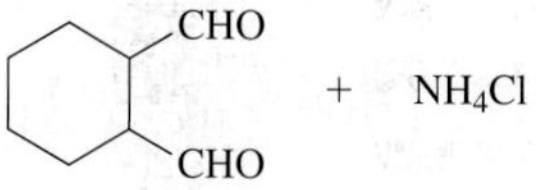

（c）

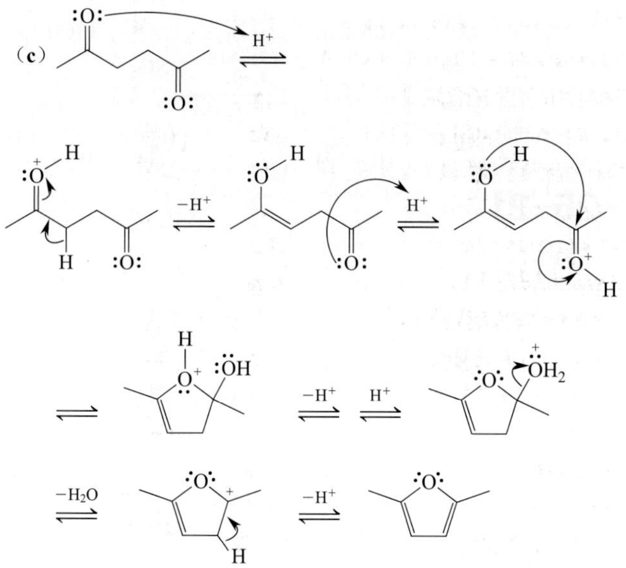

# 25-10

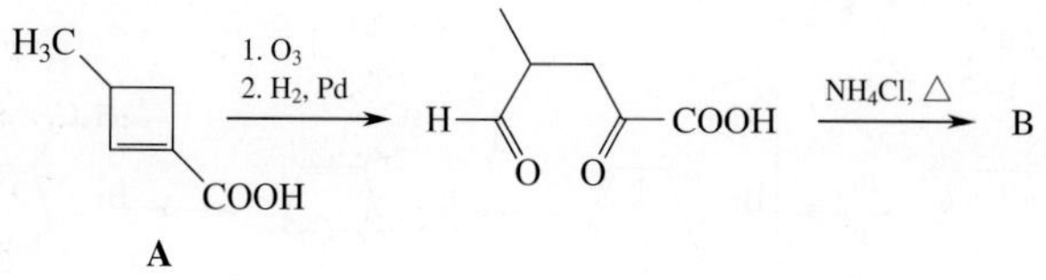

# 25-11

（a）

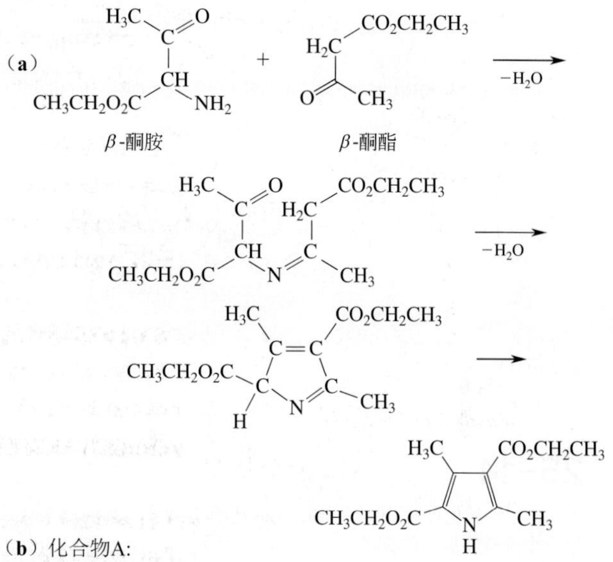

（b）化合物A：

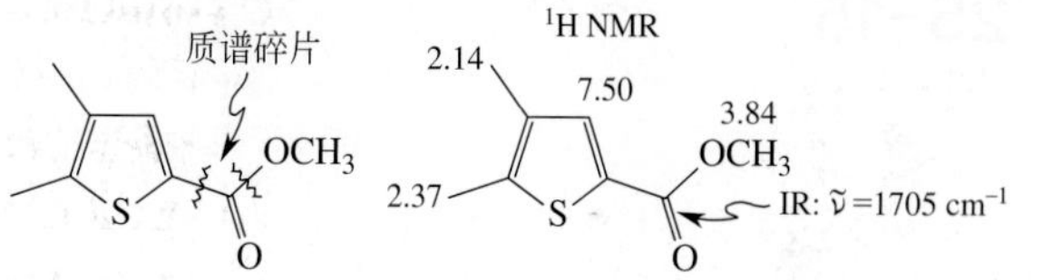

机理：

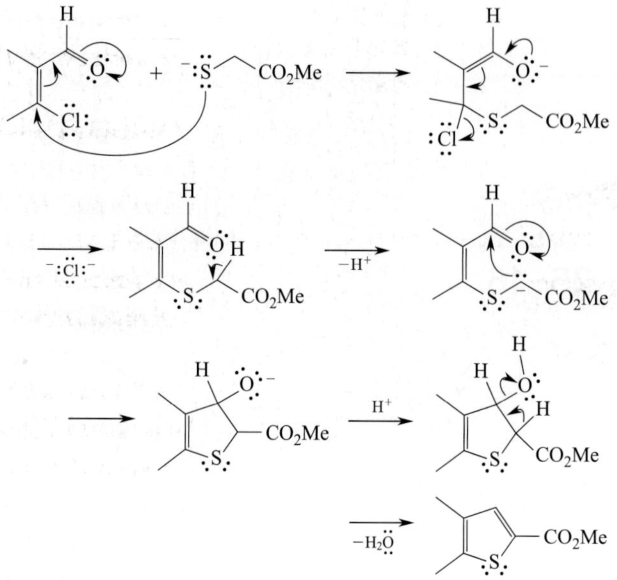

# 25-12

章节内已解答。

## 25-13

（a）

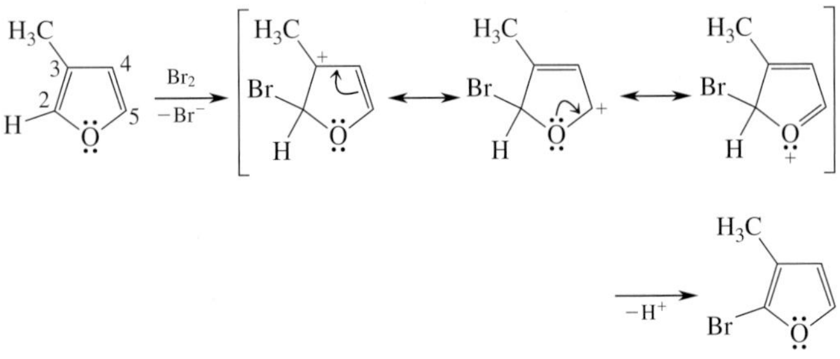

只进攻C-2位得到共振式，将正电荷置于供电子的甲基旁边（16-2节）。

（b）

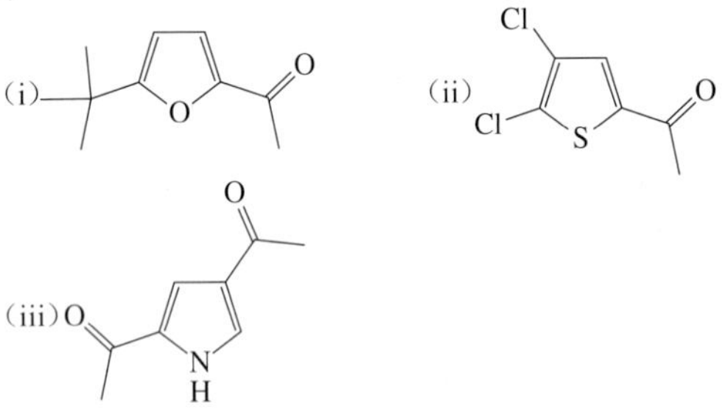

## 25-14

C-2 质子化产生由三个共振式描述的正离子。氮的质子化产生一个没有共振式的离子。

## 25-15

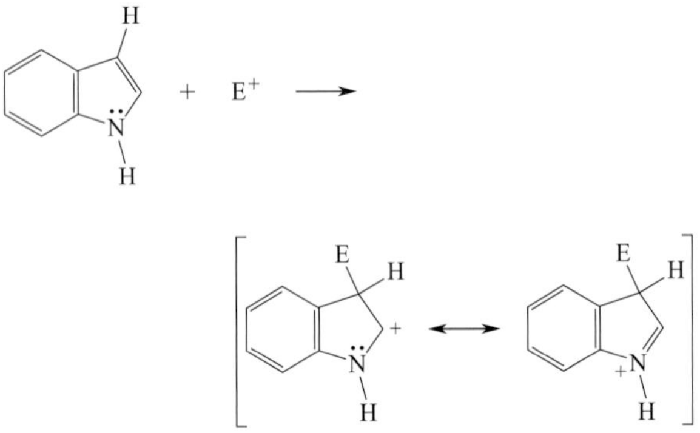

只进攻C-3位产生亚胺共振式
而不破坏苯环

## 25-16

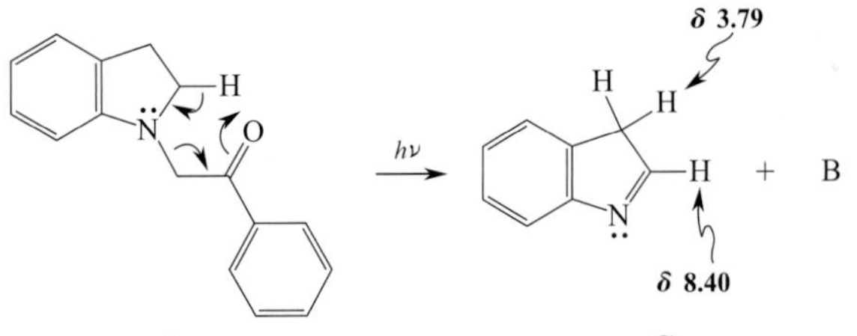

A　　　　　　C

## 25-17

（a）由于氮的电负性，两个化合物的偶极矢量都指向杂原子。吡啶的偶极距比氮杂环己烷（哌啶）的大，因为吡啶通过偶极共振式得到加强。此外，氮是 $sp^2$ 杂化。（参见 11-3 节和 13-2 节有关杂化对吸电子能力的影响部分。）

（**b**）它们都是。

## 25-18

（**a**）$CH_3\overset{O}{\overset{\|}{C}}CH_2CO_2CH_2CH_3$, $NH_3$, 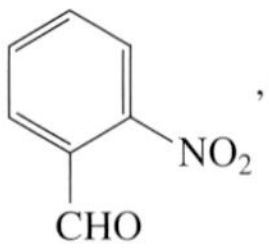, $CH_3\overset{O}{\overset{\|}{C}}CH_2CN$

（**b**）$CH_3\overset{O}{\overset{\|}{C}}CH_2CN$, $NH_3$, $(CH_3)_3CCHO$

（**c**）$CH_3CH_2\overset{O}{\overset{\|}{C}}CH_2CO_2CH_2CH_3$, $NH_3$, $CH_3CHO$

## 25-19

章节内已解答。

## 25-20

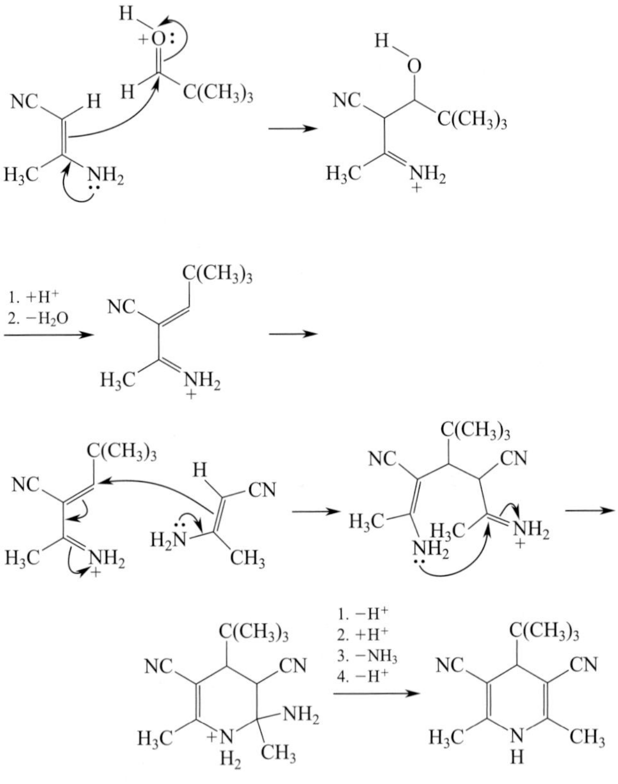

## 25-21

$$CH_3CH_2O_2CCH_2CO_2CH_2CH_3 + CH_3CH_2I \xrightarrow[CH_3CH_2OH]{Na^{+\,-}OCH_2CH_3,}$$

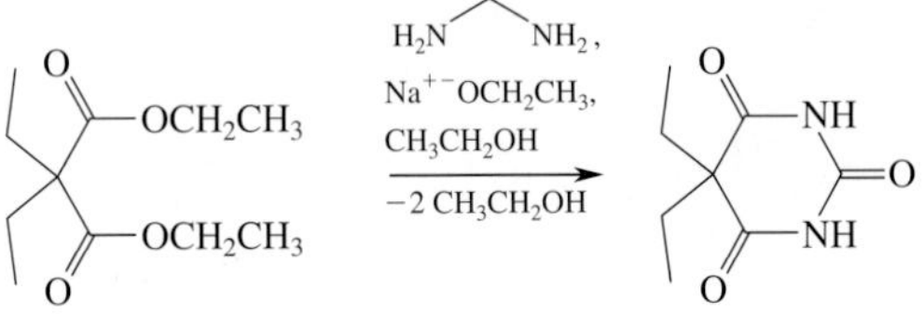

## 25-22

C-3 是环中去活化最小的位置。进攻 C-2 位或 C-4 位产生正离子中间体，其共振式将正电荷置于电负性的氮上。

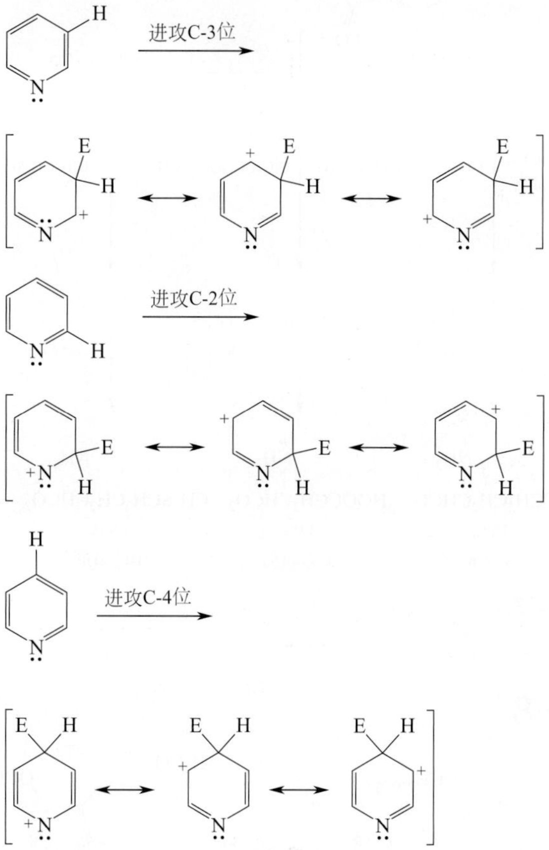

进攻C-3位

进攻C-2位

进攻C-4位

## 25-23

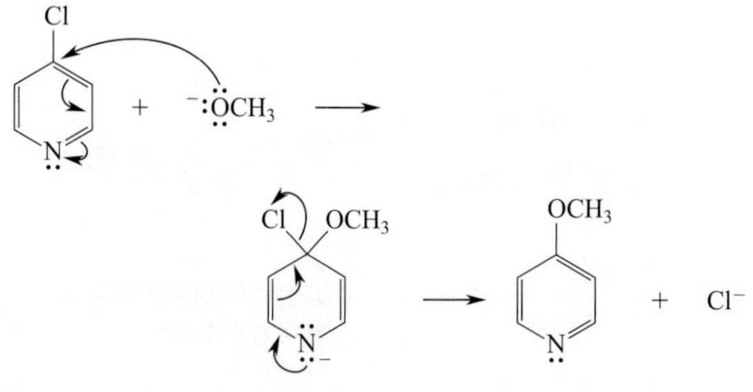

## 25-24

进攻 C-2 位和 C-4 位生成具有更高共振稳定性的负离子（只显示最重要的共振形式）。C-2 位与 C-4 位相对较低的反应性归因于邻近氮上部分负电荷的溶剂化引起的空间位阻。

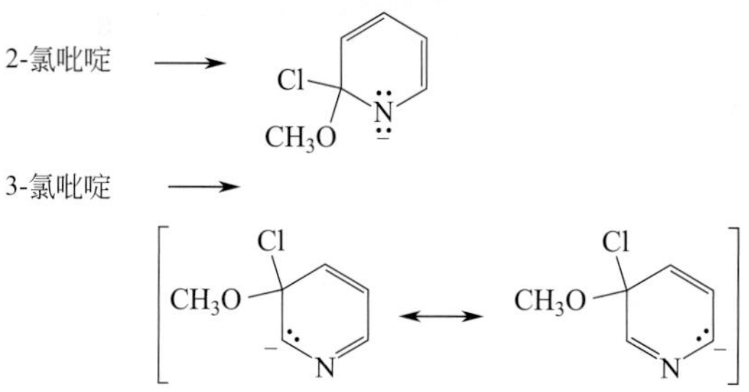

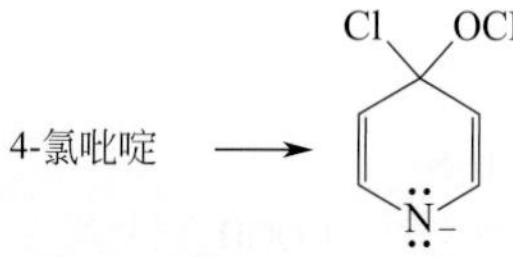

2-氯吡啶 →

3-氯吡啶 →

4-氯吡啶 →

## 25-25

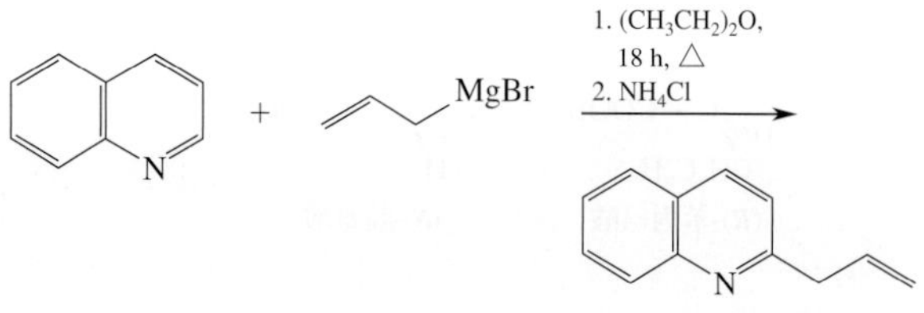

1. (CH₃CH₂)₂O, 18 h, △
2. NH₄Cl

56%
**2-(2-丙烯基)喹啉**

1. (CH₃CH₂)₂O, 18 h, △
2. NH₄Cl

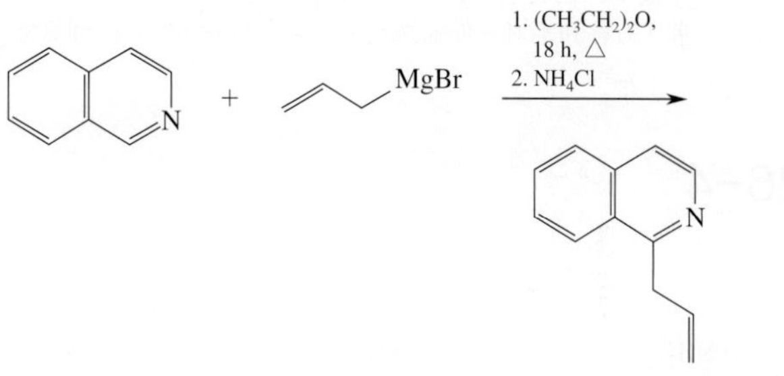

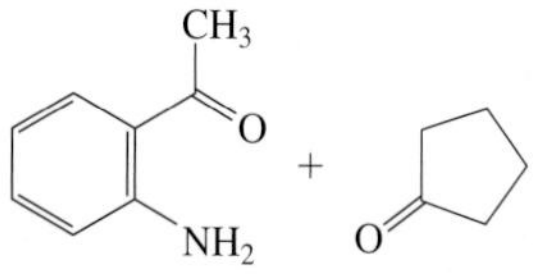

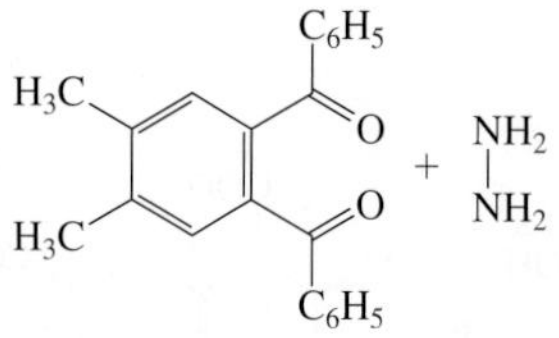

57%
**1-(2-丙烯基)异喹啉**

## 25-26

章节内已解答。

## 25-27

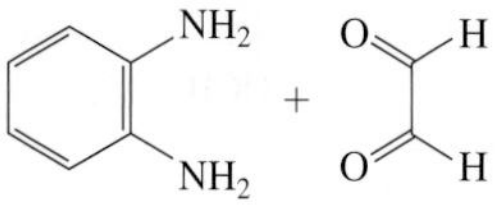

## 第26章

## 26-1

（2S）-氨基丙酸；（2S）-氨基-3-甲基丁酸；（2S）-氨基-4-甲基戊酸；（2S）-氨基-3-甲基戊酸；（2S）-氨基-3-苯基丙酸；（2S）-氨基-3-羟基丙酸；（2S）-氨基-3-(4-羟苯基) 丙酸；（2S）-6-二氨基己酸；（2R）-氨基-3-巯基丙酸；（2S）-氨基-4-(甲硫基) 丁酸；（2S）-氨基丁二酸；（2S）-氨基戊二酸。

# 26-2

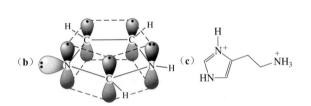

(**S**)-丙氨酸　　　　(**S**)-苯丙氨酸

(**R**)-苯丙氨酸　　　　(**S**)-脯氨酸

# 26-3

表 26-1 显示的所有天然氨基酸都含有一个伯氨基，脯氨酸除外，它含仲氨基。在它们各自的羧酸盐中，以 NH₂ 存在的氨基显示有两个带（对称和不对称伸缩振动）在 $\tilde{\nu} \approx 3400 \, cm^{-1}$，而脯氨酸羧基只有一个带。

# 26-4

（a）

$$\left[ \begin{array}{ccc} & & \end{array} \right]$$

$pK_a \approx 13$

（b）　　　　　　　　　　　（c）

# 26-5

$pK_a$ 的归属：

（a）　　　　　　　　　　　（b）

（c）$pI = 2.5$

# 26-6

（a）

（b）给出的产率是文献中的产率。

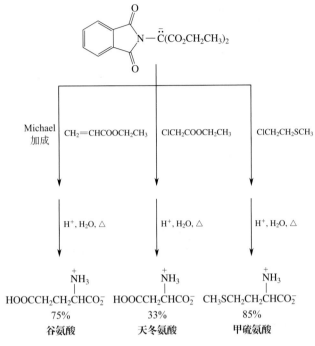

Michael 加成　　　CH₂=CHCOOCH₂CH₃　　　ClCH₂COOCH₂CH₃　　　ClCH₂CH₂SCH₃

H⁺, H₂O, △　　　H⁺, H₂O, △　　　H⁺, H₂O, △

HOOCCH₂CH₂CHCO₂⁻　　HOOCCH₂CHCO₂⁻　　CH₃SCH₂CH₂CHCO₂⁻

75%　　　　　33%　　　　　85%

谷氨酸　　　　天冬氨酸　　　甲硫氨酸

# 26-7

章节内已解答。

# 26-8

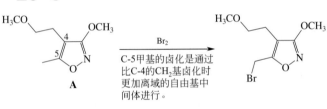

$Br_2$
C-5 甲基的卤化是通过比 C-4 的 CH₂ 基卤化时更加离域的自由基中间体进行。

H⁺, H₂O
酯和醚官能团的水解、脱羧

**B**

# 26-9

（a）　　　　和

（**b**）这些合成方法出自文献。

$$CH_2=O \xrightarrow{NH_4^{+-}CN,\ H_2SO_4} \underset{\textbf{2-氨基乙腈}}{H_2NCH_2CN} \xrightarrow{BaO,\ H_2O,\ \triangle}$$

$$\underset{\textbf{甘氨酸}}{\underset{42\%}{\overset{+}{H_3}NCH_2COO^-}}$$

$$CH_3SH + CH_2=CHCH \xrightarrow[\text{加成}]{\text{Michael}} \underset{\textbf{3-(甲硫基)丙醛}}{\underset{84\%}{CH_3SCH_2CH_2CH}}$$
（丙醛上的 O 为 =O）

$$\xrightarrow[\text{2. NaOH}]{\text{1. Na}^{+-}\text{CN, (NH}_4)_2\text{CO}_3} \underset{\textbf{甲硫氨酸}}{\underset{58\%}{CH_3SCH_2CH_2\overset{+NH_3}{C}HCOO^-}}$$

# 26-10

（**a**）利用外消旋催化剂，一种对映体将产生（$R$）-苯丙氨酸，另一种则产生（$S$）-苯丙氨酸（也就是外消旋混合物）。或者，回想一下规则，指出"不具旋光性的原料提供不具旋光性的产品"（5-7 节）。（**b**）配位体是内消旋的，因此产物是非手性的。

# 26-11

（**a**）结构异构体。（**b**）Thr-Lys-Pro-Arg。
（**c**）

# 26-12

# 26-13

断裂多肽氨端的消除：

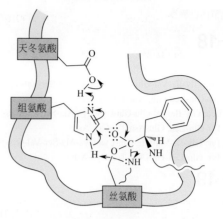

断裂多肽羧端的释放：

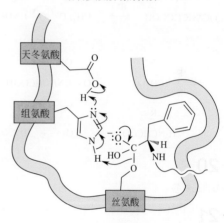

# 26-14

胰岛素的 A 链水解生成各 1 分子的 Gly、Ile 和 Ala，各 2 分子的 Val、Glu、Gln、Ser、Leu、Tyr 和 Asn，以及 4 分子 Cys。

# 26-15

$$C_6H_5\ddot{N}HC\overset{\cdot\cdot}{N}HCH_2C\overset{\cdot\cdot}{N}H_2 \rightleftharpoons$$
（S 相关结构） $\xrightarrow{H^+}$ $C_6H_5\ddot{N}H$... $\xrightarrow{-H^+}$

$$C_6H_5\ddot{N}=C \underset{\overset{\cdot\cdot}{S}}{\overset{H}{\underset{H_2\ddot{N}}{\vee}}} OH \xrightarrow[\text{17-7节}]{H^+} H_5C_6\ddot{N}=C \underset{\overset{\cdot\cdot}{S}}{\overset{H}{\vee}} \overset{\cdot\cdot}{O} + \quad ^+NH_4$$

# 26-16

$$\underset{H}{\sim\sim NCHCNCHCOOH} \xrightarrow{H_2\overset{\cdot\cdot}{N}NH_2} H_2NCHCNHNH_2 + H_2NCHCOOH$$
（R′, R 取代基，C=O）

所有肽键通过"转酰胺作用"裂解，得到所有组分氨基酸作为其相应的酰肼。只有羧基端保留其游离羧基官能团。

## 26-17

章节内已解答。

## 26-18

适用的裂解位点位于羧基末端

1. Glu: Gly-Ile-Val-Glu, Gln-Cys-Cys-Ala-Ser-Val-Cys-Ser-Leu-Tyr-Gln-Leu-Glu, Asn-Tyr-Cys-Asn;
2. Leu: Gly-Ile-Val-Glu-Gln-Cys-Cys-Ala-Ser-Val-Cys-Ser-Leu, Tyr-Gln-Leu, Glu-Asn-Tyr-Cys-Asn;
3. Tyr: Gly-Ile-Val-Glu-Gln-Cys-Cys-Ala-Ser-Val-Cys-Ser-Leu-Tyr, Gln-Leu-Glu-Asn-Tyr, Cys-Asn

## 26-19

## 26-20

章节内已解答。

## 26-21

## 26-22

1. Ala + $(CH_3)_3COCOCOC(CH_3)_3$ ⟶ Boc-Ala + $CO_2$ + $(CH_3)_3COH$

2. Val + $CH_3OH$ $\xrightarrow{H^+}$ Val-$OCH_3$ + $H_2O$

3. Boc-Ala + Val-$OCH_3$ $\xrightarrow{DCC}$ Boc-Ala-Val-$OCH_3$

4. Boc-Ala-Val-$OCH_3$ $\xrightarrow{H^+}$ Ala-Val-$OCH_3$ + $CO_2$ + $CH_2{=}C(CH_3)_2$

5. Leu + $(CH_3)_3COCOCOC(CH_3)_3$ ⟶ Boc-Leu + $CO_2$ + $(CH_3)_3COH$

6. Boc-Leu + Ala-Val-$OCH_3$ $\xrightarrow{DCC}$ Boc-Leu-Ala-Val-$OCH_3$

7. Boc-Leu-Ala-Val-$OCH_3$ $\xrightarrow[\text{2. HO}^-,\ H_2O]{\text{1. H}^+,\ H_2O}$ Leu-Ala-Val

## 26-23

## 26-24

各种偶极酰胺共振式提供芳香环电子六重态。

胞嘧啶　　　胸腺嘧啶　　　鸟嘌呤　　　尿嘧啶

## 26-25

5′-UAGCUGAGCAAU-3′

## 26-26

（a）Lys-Tyr-Ala-Ser-Cys-Leu-Ser
（b）UGC（Cys）中C突变成G，UGG变成UGG（Trp）。

## 26-27

章节内已解答。

## 26-28

1. DMT—OR 脱保护（R = 核酸的糖）：$S_N1$ 水解

DMT—OR $\xrightarrow[-ROH]{H^+}$ DMT$^+$ $\xrightarrow{^+NH_4-OH}$ DMT—OH

2. 核酸碱基脱保护（RNH₂ = 碱基，R′CO₂H = 羧酸）：酰胺水解

3. 磷酸酯基脱保护（R和R′ = 核酸的糖）：E2

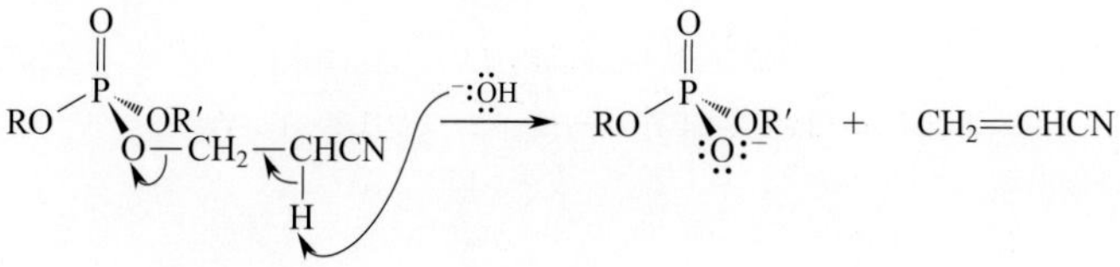

4. 从固相载体上断开（ROH = 核酸的糖）：酯水解

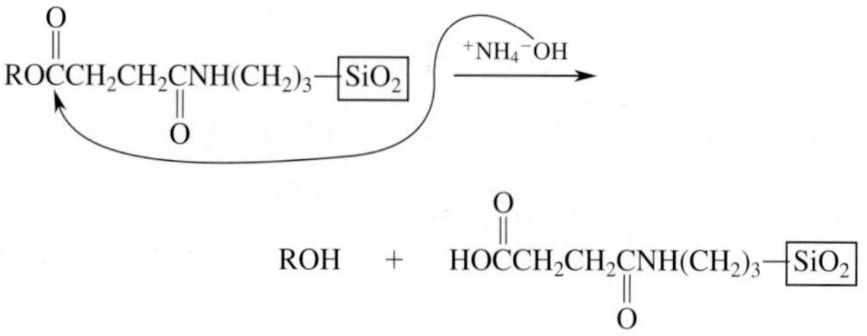

## 26-29

对位硝基通过共振吸电子作用活化了羰基碳，因而相对于简单的苯甲酸酯，更容易受到亲核进攻。

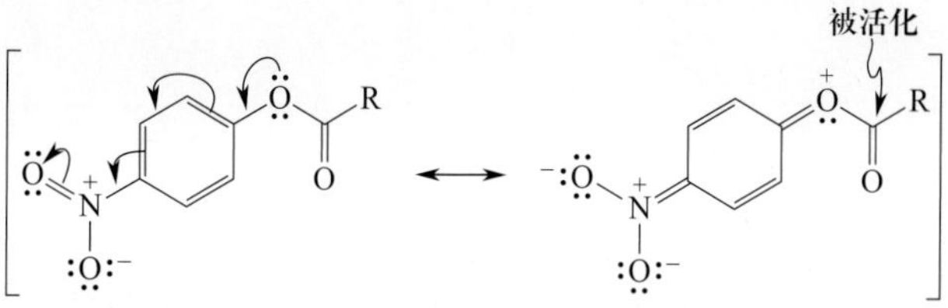

# 综合索引

课本中出现的重要词条所在页用粗体表示，引自表中的词条所在页加后缀*t*，引自图中的词条所在页用斜体表示，引自真实生活中的词条所在页下划线表示，参考脚注所在页加后缀*n*。

1432 有机化学：结构与功能

# 名词与术语

## 1 结构与键

**离子键**：通过将电子从一个原子转移到另一个原子而形成的（1-3 节）

**共价键**：两个原子通过共享电子而形成的；**极性共价键**：由电负性不同的两个原子构建的（1-3 节）

**Lewis 结构式**：用价电子表示的；**共振式**：用多个 Lewis 结构式表示一个分子；**八隅律**：原子的最优价电子数总量为 8 个（H 是 2 个）（1-4 节，1-5 节）

**价层电子对互斥理论（VSEPR）**：分子或离子的分子形状和几何构型主要决定于与中心原子相关的电子对之间的排斥作用（1-8 节）

**杂化轨道**：解释分子的几何结构；$sp^3$：四面体（$109°$，$CH_4$）；$sp^2$：三角形（$120°$，$BH_3$ 和 $H_2C{=}CH_2$）；$sp$：线形（$180°$，$BeH_2$ 和 $HC{\equiv}CH$）（1-8 节）

**σ 键**：头碰头轨道重叠所形成的共价键；**π 键**：肩并肩轨道重叠所形成的共价键（1-8 节）

**构造异构体**：不同连接方式所形成的异构体（1-9 节）

## 2 结构与反应性；酸和碱

**热力学**：控制平衡；$\Delta G^\ominus = -RT\ln K = -1.36\lg K$（在 $25\,^\circ\mathrm{C}$ 下）（2-1 节）

**Gibbs 自由能**：$\Delta G^\ominus = \Delta H^\ominus - \Delta TS^\ominus$；**焓**：$\Delta H^\ominus$；**放热反应**：$\Delta H^\ominus < 0$；**吸热反应**：$\Delta H^\ominus > 0$；**熵**：$\Delta S^\ominus$；表示能量的离散程度（无序度）（2-1 节）

**动力学**：控制反应速率；**一级**：速率 $= k[A]$；**二级**：速率 $= k[A][B]$（2-1 节）

**反应坐标**：能量与结构变化的关系图；**过渡态**：反应坐标上的能量最高点；**活化能**：$E_a = E$（过渡态）$- E$（起始点）（2-1 节，2-7 节，2-8 节）

**Brønsted 酸**：质子给体；**Brønsted 碱**：质子受体（2-3 节）

**强酸 HA**：其共轭碱 $A^-$ 的碱性很弱；**酸解离常数 $K_a$**：$pK_a = -\lg K_a$；**HA 的强度**：A 越大、电负性越强，易共振使负电荷离域，都会使酸性增强；$pK_a$ 越小，酸性越强（2-3 节）

**Lewis 酸 / 亲电试剂**：电子对受体；**Lewis 碱 / 亲核试剂**：电子对给体（2-2 节，2-3 节）

## 2-3-4 烷烃和环烷烃

**IUPAC 系统命名**：最长的碳链；**编号**：第一取代基的编号最小（2-6 节）

**链烷烃**：$C_nH_{2n+2}$ 碳氢化合物；直链或支链；非环；几乎无极性；弱分子间**伦敦力（色散力）**（2-7 节）

**构象**：围绕单键可"自由"旋转；乙烷的交叉式比重叠式构象更稳定（能量更低），低 $2.9\ \mathrm{kcal\cdot mol^{-1}}$（2-8 节，2-9 节）

**环烷烃**：$C_nH_{2n}$ 碳氢化合物；$n = 3$，$4$：环丙烷，环丁烷（有张力的键角）；$n = 6$：环己烷（更稳定，椅式构象）；**直立键**（稳定性差一些）和**平伏键**（更稳定）（4-2 节，4-3 节）

**立体异构体**：相同的原子连接方式，不同的三维排列；**顺式**：二个取代基在环的同一边；**反式**：二个取代基分别在环的两边（4-1 节）

**反应**：很少（非极性，没有官能团参与）；燃烧，卤化（3-3 节至 3-11 节）

**卤化**：自由基链式机理，包括链引发、链增长、链终止等步骤（3-4 节）

$$-\overset{|}{\underset{|}{C}}{-}H + X_2 \xrightarrow{h\nu\ \text{或}\ \triangle} -\overset{|}{\underset{|}{C}}{-}X + HX$$
$$X = Cl,\ Br$$
$$(DH^\circ_{C-H} + DH^\circ_{X-X}) - (DH^\circ_{C-X} + DH^\circ_{H-X}) = \Delta H^\circ$$

**反应活性**：$F_2 > Cl_2 > Br_2$（$I_2$ 不反应）；**选择性**：$Br_2 > Cl_2 > F_2$（3-8 节）

**反应性**：三级 > 二级 > 一级 > 甲烷 C—H；由于超共轭效应导致的自由基稳定性（3-7 节）

**键解离能**：$DH^\ominus$；键解离会产生自由基或自由原子（3-1 节）

## 5 立体异构体

**手性**：像手一样的；镜像间不能重叠；**对映异构体**：镜像立体异构体；**立体中心**：一个分子中的手性中心，如连接四个不同取代基的碳原子（5-1 节）；**命名**：$R/S$ 系统（5-3 节）

**光学活性**：对映体可以使偏振光发生偏转；**外**

消旋体（外消旋混合物）：两个对映体的 1:1 混合物，没有光学活性（5-2 节）

非对映异构体：非互为镜像的立体异构体（5-5 节）

内消旋化合物：有多个立体中心的非手性分子（5-6 节）

拆分：对映异构体分离（5-8 节）

## 6-7　卤代烷

官能团：$^{\delta+}C{-}X^{\delta-}$；C 具有亲电性，离去基团 $X^-$（6-1 节，6-2 节）

反应：亲核取代反应（6-2 节至 6-11 节，7-1 节至 7-5 节，7-8 节，7-9 节），消除反应（7-6 节至 7-9 节）

$$H{-}\overset{|}{\underset{|}{C}}{-}\overset{|}{\underset{|}{C}}{-}Nu \xleftarrow[-X^-]{取代} Nu^- + H{-}\overset{|}{\underset{|}{C}}{-}\overset{|}{\underset{|}{C}}{-}X \xrightarrow[-HX]{消除} \overset{|}{C}{=}\overset{|}{C}$$

$S_N2$：R = Me ＞ 一级 ＞ 二级，背面取代；

$S_N1$：R = 三级 ＞ 二级，消旋化；**E2**：$Nu^-$ 强碱；**E1**：$S_N1$ 的副反应，$S_N1$ 和 E1 反应速率与具有超共轭效应的碳正离子的稳定性有关

## 8-9　醇和醚

命名：烷基醇——含 OH 的最长碳链；编号：OH 所连接的碳原子编号最小（8-1 节）

官能团：$^{\delta+}C{-}^{\delta-}O{-}H^{\delta+}$；Lewis 碱性的 O；酸性的 H（$pK_a = 16 \sim 18$，与 $H_2O$ 差不多），氢键（8-2 节，8-3 节）

制备：氢负离子/格氏试剂对 C=O 的加成；一级醇：$RCHO + LiAlH_4$ 或 $H_2C{=}O + RMgX$；二级醇：$RR'C{=}O + LiAlH_4$ 或 $RCHO + R'MgX$；三级醇：$RR'C{=}O + R'MgX$（8-5 节，8-7 节）

$$H{-}\overset{|}{\underset{|}{C}}{-}OH \xleftarrow[\text{2. H}^+, \text{H}_2\text{O}]{\text{1. LiAlH}_4} \overset{|}{C}{=}O \xrightarrow[\text{2. H}^+, \text{H}_2\text{O}]{\text{1. RMgX}} R{-}\overset{|}{\underset{|}{C}}{-}OH$$

氧化：Cr（Ⅵ）试剂；$RCH_2OH$（一级醇）+ PCC → RCHO（醛）；一级醇 + $Na_2Cr_2O_7$ → $RCO_2H$（羧酸）；$RR'CHOH$（二级醇）+ $Na_2Cr_2O_7$ → $RR'C{=}O$（酮）（8-5 节）

取代：一级，二级醇 + $SOCl_2$，$PBr_3$，$P/I_2$ → RX；三级醇 + HX → RX（9-2 节至 9-4 节）

脱水：浓 $H_2SO_4$ + 一级醇（180 ℃），二级醇（100 ℃），三级醇（50 ℃）→ 烯烃；碳正离子重排（9-2 节，9-3 节，9-7 节）

醚的合成：Williamson，$RO^- + R'X$（$R'$ = Me，一级）→ ROR'（9-6 节）

醚键的断裂：$ROR' + HX$（X = Br，I）→ RX + R'X（9-8 节）

## 10-11　波谱分析

高分辨质谱：给出分子式（11-9 节，11-10 节）

不饱和度：给出分子中环数 + π 键的数目；不饱和度 =（$H_{饱和} - H_{实际}$）/2，其中 $H_{饱和} = 2nC + 2 - nX + nN$（11-11 节）

红外光谱：给出键和官能团的信息（11-8 节）

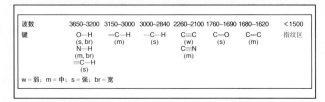

| 波数 | 3650~3200 | 3150~3000 | 3000~2840 | 2260~2100 | 1760~1690 | 1680~1620 | <1500 |
|---|---|---|---|---|---|---|---|
| 键 | O—H (s, br) N—H (m, br) ≡C—H (s) | =C—H (m) | —C—H (s) | —C≡C— (w) C≡N (m) | C=O (s) | C=C (m) | 指纹区 |

w = 弱；m = 中；s = 强；br = 宽

核磁共振谱：给出氢碳的信号；**化学位移**：化学环境；**积分**：每一个信号中氢的数量；**裂分**：相邻 H 的数量（N + 1 规则）（10-3 节至 10-9 节）

| 化学位移 | 9.9~9.5 | 9.5~6.0 | 5.8~4.6 |
|---|---|---|---|
| H 类型 | —C—H ‖ O | （苯环）—H | C=C —H |
| **4.0~3.0** | **2.6~1.6** | **1.7~0.8** | **范围可变** |
| —C—H O,Br,Cl | H—C,O | 烷基 C—H | O—H N—H |

## 11-12　烯烃

命名：含 C=C 的最长碳链（OH 优先）；立体化学：顺/反或 E/Z 体系（11-1 节）

官能团：C=C，亲核性的 π 键电子对，可与亲电试剂发生加成反应（11-2 节，12-3 节至 12-13 节）

稳定性：随着取代基增多，烯烃稳定性增加（$R_2C{=}CR_2$ 最稳定；$H_2C{=}CH_2$ 稳定性最差）；反式二取代 ＞ 顺式二取代

制备：卤代烷 + 强碱（空间位阻大的适用于一级 RX），E2，反式立体专一性，形成最稳定的烯烃（**Saytzev 规则**），如果使用大空间位阻的碱（**Hofmann 规则**）（7-7 节，11-6 节）

制备：醇 + 浓 $H_2SO_4$，产物为混合物（**Saytzev 规则**）（9-2 节，11-7 节）

氢化：$H_2$，催化剂 Pd 或 Pt，顺式加成 → 烷烃（12-2 节）

亲电加成机理：亲电基团加到取代基较少的烯烃碳上，亲核基团加到取代基较多的烯烃碳上（12-3 节）

CH₃CH=CH₂ + E—Nu →
取代基较多

CH₃CH—CH₂E    :Nu → CH₃CH—CH₂E
                              |
                              Nu

**卤化氢对双键的加成：Markovnikov 规则，区域选择性，除了 HBr + 过氧化物（ROOR）（12-3 节，12-13 节）**

CH₃CH=CH₂ + H—X → CH₃CH—CH₃
                              |
X = Cl, Br, I                 X

CH₃CH=CH₂ + H—Br $\xrightarrow{ROOR}$ CH₃CH—CH₂Br
                                              |
                                              H

**水合反应：Markovnikov 规则，与酸性水溶液或羟汞化；反 Markovnikov 规则，硼氢化（12-4 节，12-7 节，12-8 节）**

CH₃CH=CH₂ $\xrightarrow[\text{*可能重排}]{\text{H⁺, H₂O* 或 1. Hg²⁺, H₂O; 2. NaBH₄}}$ CH₃CH—CH₃
                                                                   |
                                                                   OH

CH₃CH=CH₂ $\xrightarrow{\text{1. BH₃; 2. H₂O₂, ⁻OH}}$ CH₃CH—CH₂OH
                                                          |
                                                          H

**卤化反应：经环状卤素鎓离子的反式加成（12-5 节）**

C=C + X₂ → X—C—C—X
X = Cl, Br

**双羟基化反应：过氧酸作用下的反式加成；OsO₄ 顺式加成（12-10 节，12-11 节）**

C=C $\xrightarrow{RCO₃H}$ C—O—C $\xrightarrow{H⁺, H₂O}$ HO—C—C—OH

C=C $\xrightarrow{OsO₄}$ C—O—Os(O₂)—O—C $\xrightarrow{H₂S}$ HO—C—C—OH

**臭氧化分解反应：在臭氧作用下碳碳双键的切断，紧接着还原反应（12-12 节）**

C=C $\xrightarrow{\text{1. O₃; 2. Zn, CH₃CO₂H}}$ 2 C=O

# 13　炔烃

官能团：C≡C，两个 π 键；≡C—H 键的酸性（p$K_a$ = 25）（13-2 节）

制备：烯烃 + 卤素 → 1,2-二卤代烷（12-5 节），然后两次消除（NaNH₂）→ 炔烃（13-4 节）

炔基负离子：RC≡CH + NaNH₂ → RC≡C:⁻，然后 R'X（R = Me，一级）→ RC≡CR'（13-5 节）

还原：H₂, Pt → 烷烃；H₂, Lindlar 催化剂 → 顺式烯烃；Na, NH₃ → 反式烯烃；（13-6 节）

加成：HX，X₂ 可加成两次（13-7 节）

水合反应：Hg²⁺，H₂O（Markovnikov 规则）或 R₂BH，然后 ⁻OH，H₂O₂（反 Markovnikov 规则）→ 烯醇 → 经互变异构转化为酮或醛（13-7 节，13-8 节；18-2 节）

# 14　二烯

**1,3-二烯的 1,2- 和 1,4- 加成：通过烯丙基中间体的离域；动力学产物更快形成；热力学产物更稳定（14-6 节）**

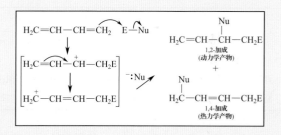

**Diels-Alder 反应：协同，立体专一性环加成反应（14-8 节）**

# 15-16，22　苯和芳香性

命名：对二取代特殊的俗名：邻位 /o（1,2-），间位 /m（1,3-），对位 /p（1,4-）（15-1 节）

CH₃ / Br
1-bromo-2-methyl-benzene
(*o*-bromotoluene)
**1-溴-2-甲基苯**
（*o*-溴甲苯）

OH / NO₂
3-nitrobenzenol
(*m*-nitrophenol)
**3-硝基苯酚**
（*m*-硝基苯酚）

H₂N / I
4-iodobenzenamine
(*p*-iodoaniline)
**4-碘苯胺**
（*p*-碘苯胺）

CH₂OH
phenylmethanol
(benzyl alcohol)
苯甲醇（苄醇）

CHO
benzene-carbaldehyde
(benzaldehyde)
苯甲醛

COOH
benzene-carboxylic acid
(benzoic acid)
苯甲酸

**芳香性**：基于 Hückel 规则，在环状 p 轨道中有 $(4n+2)\pi$ 电子者具有特殊的稳定性、性质和反应，（15-2 节至 15-7 节）

**芳香亲电取代反应机理**：亲电基团进入的位置受苯环上原先取代基影响（定位效应，见下面的反应），紧接着失去 $H^+$（15-8 节）

$$\text{苯} \xrightarrow{E^+} \text{中间体} \rightarrow E\text{取代苯}$$

5 个芳香亲电取代反应实例，顺时针从左下方开始：磺化，硝化，卤化，Friedel-Crafts 烷基化，Friedel-Crafts 酰基化（15-9 节至 15-13 节）

X₂, FeX₃ (X = Cl,Br) → X
HNO₃, H₂SO₄ → NO₂
SO₃, H₂SO₄ → SO₃H
CH₃Cl, AlCl₃ → CH₃
1. CH₃COCl, AlCl₃ 2. H⁺, H₂O → COCH₃

**定位效应**：邻 / 对位定位 $G_{o,p}$ 基团有烷基、芳基、卤素、—OR、—NR₂；间位定位 $G_m$ 基团有—SO₃H、—NO₂、C=O、—CF₃、—⁺NR₄（16-2 节，16-3 节）

**活化 / 钝化**：除了卤素外的所有 $G_{o,p}$ 定位基团均是活化基团；卤素和所有 $G_m$ 基团都是钝化基团（16-1 节至 16-3 节）

$G_{o,p}$ / $G_{o,p}$ + $G_{o,p}$ 比苯 + E⁺快（除 $G_{o,p}$ 为卤素外）
$G_m$ / $G_m$ 比苯 + E⁺慢

**烷基苯**：Friedel-Crafts 烷基化反应（可能重排）；

**Friedel-Crafts 酰基化反应，然后还原**（16-5 节）

**苄基的反应活性**：卤化（22-1 节）；氧化成苯甲酸（22-2 节）

C(=O)R / Zn(Hg), HCl Clemmensen 还原 → CH₂R
X₂, hv 或 △ / X = Cl, Br → CHX—R
KMnO₄, HO⁻, △ → CO₂H

**Birch 还原**：将苯的衍生物转化为 1,4-环己二烯（22-2 节）

D / Na, 液 NH₃ CH₃CH₂OH, −33℃ → D
D = 给电子基团，如 CH₃, OCH₃

A / 1. Na, 液 NH₃ CH₃CH₂OH, −33℃ 2. H⁺, H₂O → A
A 吸电子基团，如 COOH

**苯胺**：制备（16-5 节）；重氮化（22-4 节，22-10 节，22-11 节）

NO₂ / Zn(Hg), HCl 或 H₂, Ni 或 Fe, HCl → NH₂
HNO₃, 0℃ → N₂⁺

N₂⁺ / H₂O, △ → OH / $G_{o,p}$
CuX, △ / X = Cl,Br,CN → X
→ N=N— $G_{o,p}$
偶氮染料

**苯酚**：酸性（$pK_a = 10$；吸电子基团取代的苯酚酸性更强）；苯酚负离子 + R'X（R = Me，一级）→ 醚（22-4 节，22-5 节）

# 17-18 醛和酮

**命名**：某醛和酮——含 C=O 的最长碳链；普通命名：福尔马林（甲醛），乙醛（乙基醛），丙酮（丙酮）（17-1 节）

**制备**：ROH 氧化（8-5）；C=C + O₃（12-12 节）；C≡C 的水合反应（13-7 节，13-8 节）；Friedel-Crafts 酰基化反应（15-13 节）

**官能团**：$^{\delta+}C=O^{\delta-}$；亲电性的 C，Nu 可以加成（17-2 节）

**加成**：H₂O → 水合物，ROH → 半缩醛或酮（都不稳定）；ROH，H⁺ → 缩醛或酮（17-6 节至 17-8 节）

**加成**：RNH₂ → C=NR；R₂NH → 烯胺（17-9 节）

**脱氧反应**：C=O → CH₂，Clemmensen 还原（16-5

节）；二巯基缩醛或酮 + Raney Ni（17-8 节）；腙 + 碱，△（17-10 节）

**Wittig 反应**：$C=O + CH_2=PPh_3 \rightarrow C=C$（17-12 节）

**羟醛缩合**：2 分子醛，醛 + 酮，分子间 $\rightarrow \alpha,\beta$-不饱和醛 / 酮（18-5 节至 18-7 节）

**1,2-与 1,4-加成**：$RLi \rightarrow$ 醇（1,2-）；$H_2O$，$ROH$，$RNH_2$，$R_2CuLi$（铜酸盐）$\rightarrow$ 3- 取代的羰基化合物（1,4-）；

**Michael 加成**：烯醇盐 $\rightarrow$ 1,5-二羰基化合物（1,4-）；**Robinson 环化**：分子内羟醛缩合 $\rightarrow$ 6 元环（18-8 节至 18-11 节）

# 19-20,23　羧酸及其衍生物

**命名**：某酸—含 $CO_2H$ 的最长碳链；常用名：蚁酸（甲酸），醋酸（乙基酸），苯甲酸（苯基甲酸）（19-1 节）

**制备**：ROH 氧化；$RMgX + CO_2$；RCN 水解（8-5 节，19-6 节）

**官能团**：强极性，氢键（19-2 节）；Lewis 碱性 $\rightarrow$ $^{\delta-}O=C-O-H^{\delta+}$ $\leftarrow$ 酸性（$pK_a = 4$）（19-4 节）；Nu 可以加成 $C=O$，OH 可以离去（加成 – 消除）（19-7 节）

**还原**：$LiAlH_4 \rightarrow RCH_2OH$（19-11 节）

**衍生物**：$RCO_2H$（酸）+ $SOCl_2 \rightarrow RCOCl$（酰卤）；$RCO_2H + R'OH$，$H^+ \rightarrow RCO_2R$（酯）；$RCO_2H + R'NH_2$，△ $\rightarrow RCONHR$（酰胺）（19-8 节至 19-10 节）

**反应活性排序**：与 Nu$^-$ 加成 / 离去基团的离去（黑体）；酰卤（和酸酐）——不需要催化剂；酯，酰胺——需要催化剂 $H^+$ 或 $^-OH$（20-1 节）

**水解**：所有 + 过量 $H_2O \rightarrow RCO_2H$（酸）（20-2 节至 20-6 节）

**酯化**：酰卤，酯（酯交换反应）+ 过量 R'OH $\rightarrow$

$RCO_2R$（20-2 节至 20-4 节）

**形成酰胺**：酰卤，酯 + 过量 $R'NH_2 \rightarrow RCONHR$（20-2 节至 20-4 节）

**氢化物还原形成醛**：酰卤 + $LiAl(O^tBu)_3$；酯，酰胺 + DIBAL（20-2 节至 20-6 节）

**氢化物还原形成一级醇**：酰卤，酯 + $LiAlH_4$（20-2 节至 20-4 节）

**氢化物还原形成胺**：$RCONHR + LiAlH_4 \rightarrow RCH_2NHR$（20-6 节）

**铜酸盐加成**：酰卤转化为酮（20-2 节）

**格氏试剂加成**：酯转化为三级醇（20-4 节）

**Claisen 酯缩合**：2 分子酯 $\rightarrow \beta$- 酮羧基酯；1,7-二酯 $\rightarrow$ 环状 $\beta$-酮羧基酯（分子内：**Dieckmann** 酯缩合）（23-1 节）

**以乙酰乙酸酯为原料合成甲基酮**：烷基化，水解，脱羧（23-2 节）

**以丙二酸二酯为原料合成羧酸**：相同（23-2 节）

## 21 胺

**命名**：某胺，按照醇的命名规则，利用 *N*-表示氮上其他取代基；俗名，烷基胺（21-1 节）

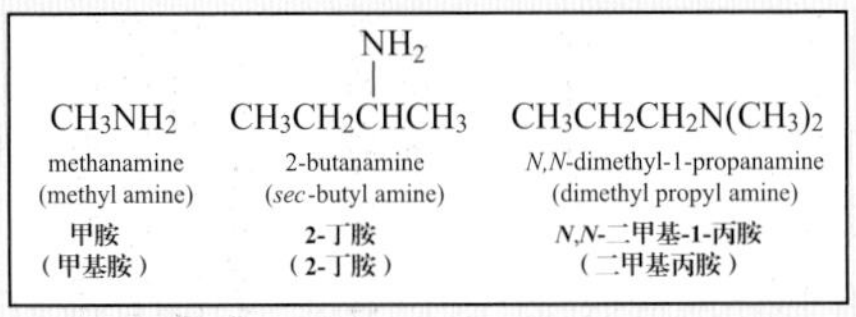


**官能团**：非平面（三角锥），$sp^3$ N，很容易翻转；Lewis 碱，亲核性的 N；N—H ← 弱 $\delta^+$（$pK_a = 35$）（21-2 节，21-4 节）

**碱性**：胺 + $H^+$ → 铵盐（$pK_a = 10$）（21-4 节）

**制备**：$RX + N_3^- \rightarrow RN_3$（叠氮化物），随后 $LiAlH_4 \rightarrow RNH_2$（一级胺）（21-5 节）

**减掉一个碳**：$RCONH_2$（酰胺）+ $Cl_2$，NaOH → $RNH_2$（**Hofmann**）（20-7 节，21-7 节）

**增加一个碳**：$RX + CN^- \rightarrow RCN$（腈），随后 $LiAlH_4 \rightarrow RCH_2NH_2$（20-8 节）

**还原胺化**：$C{=}O + NH_3$，$NaBH_3CN \rightarrow CHNH_2$（一级胺）；$C{=}O + RNH_2$，$NaBH_3CN \rightarrow CHNHR$（二级胺）；$C{=}O + RRNH$，$NaBH_3CN \rightarrow CHNRR$（三级胺）（21-6 节）

## 24 碳水化合物

**常规表示法**：D-(+)-葡萄糖的表示方式（24-1 节，24-2 节）

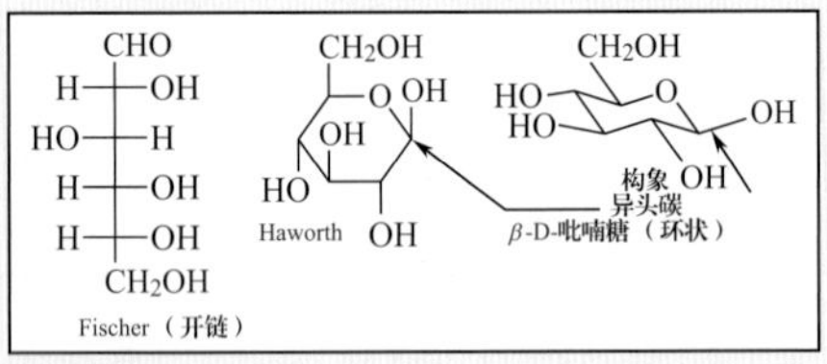


## 25 杂环

**命名**：杂某烃；许多化合物都有俗名（25-1 节）

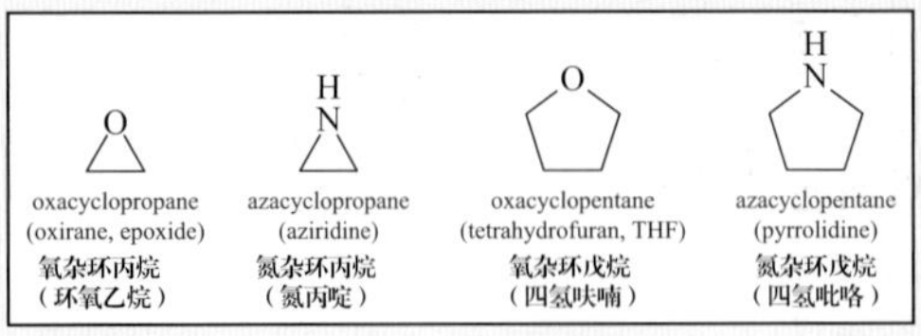


**芳香杂环**：俗名（25-1 节）

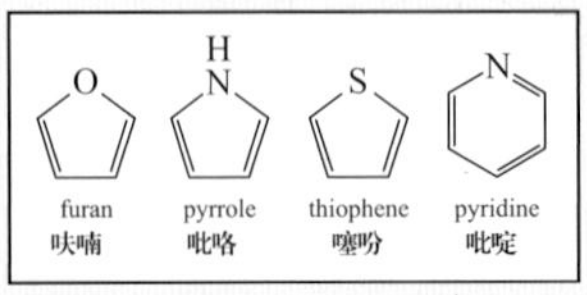


## 26 氨基酸、多肽、蛋白质、以及核酸

***α*-氨基酸**：许多 *α*-氨基酸都为 L（*S*）构型的手性，以两性离子形式存在，俗名（26-1 节）

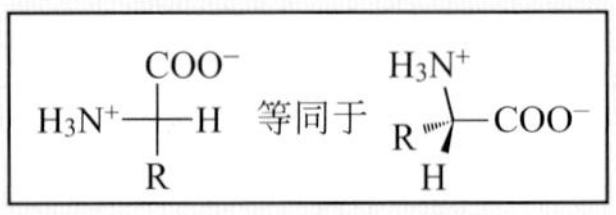


**酸 / 碱性**：在 pH 较小的情况下，$H^+$ 将 $COO^-$ 转化为 $CO_2H$；在 pH 较高的情况下，$^-OH$ 将 $^+NH_3$ 转化为 $NH_2$（26-1 节）

**多肽**：将氨基酸以酰胺键的方式连接（用**黑体**表示的原子处在一个平面上）；酰胺的 N 平面三角形，$sp^2$ 杂化（26-4 节）

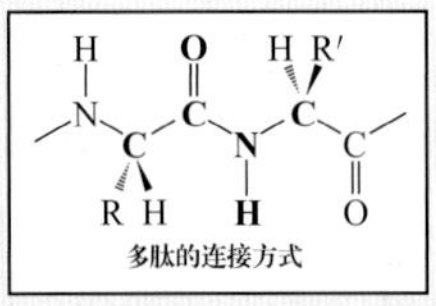


**蛋白质**：具有极性氨基酸侧链的多肽，侧链中的**活性位点**可以催化生化反应（26-8 节）

**核酸**：由含杂环碱基腺嘌呤（A）、鸟嘌呤（G）、胞嘧啶（C）和胸腺嘧啶（T）的磷酸酯键合糖形成的聚合物，或在 RNA 中为尿嘧啶（U）；含有生物合成蛋白质的**遗传密码**（26-9 节）

| 化合物类型 | 官能团 | 性质 | 合成 | 反应 |
|---|---|---|---|---|
| 烷烃 Alkanes | —C—C—H | 2-7 ～ 2-9, 3-1, 3-11, 4-2 ～ 4-6 | 8-6, 11-5, 12-2, 13-6, 17-10, 18-8, 21-10 | 3-3 ～ 3-11, 8-5, 19-5 |
| 卤代烷 Haloalkanes | —C—X | 6-1 | 3-4 ～ 3-9, 9-2, 9-4, 12-3, 12-5, 12-6, 12-13, 13-7, 14-2, 19-12 | 6-2, 6-4 ～ 7-9, 8-4, 8-6, 11-6, 13-9, 14-3, 15-11, 17-12, 19-6, 21-5 |
| 醇 Alcohols | —C—O—H | 8-2, 8-3 | 8-4, 8-5, 8-7, 9-8, 9-9, 12-4, 12-6 ～ 12-8, 12-11, 13-5, 17-6, 17-7, 17-9, 17-11, 18-5, 18-9, 19-11, 20-4, 23-4, 24-6 | 8-3, 8-5, 9-1 ～ 9-4, 9-6, 9-7, 9-9, 11-7, 12-6, 15-11, 17-4, 17-7, 17-11, 18-9, 20-2 ～ 20-4, 22-2, 24-2, 24-5, 24-8 |
| 醚 Ethers | —C—O—C— | 9-5 | 9-6, 9-7, 12-6, 12-7, 12-10, 12-13, 17-7, 17-8, 18-9, 22-5 | 9-8, 9-9, 23-4, 25-2 |
| 硫醇 Thiols | —C—S—H | 9-10 | 9-10, 26-5 | 9-10, 26-5 |
| 烯烃 Alkenes | C=C | 11-2 ～ 11-5, 11-8 ～ 11-11 14-5, 14-11 | 7-6 ～ 7-9, 9-2, 9-3, 9-7, 11-6, 11-7, 12-14, 12-16, 13-4, 13-6 ～ 13-10, 17-12, 18-5 ～ 18-7, 21-8 | 11-5, 12-2 ～ 12-16, 13-4, 14-2 ～ 14-4, 14-6 ～ 14-10, 15-7, 15-11, 16-4, 18-8 ～ 18-11, 21-10 |
| 炔烃 Alkynes | —C≡C—H | 13-2, 13-3 | 13-4, 13-5 | 13-2, 13-3, 13-5～ 13-10, 17-4 |
| 芳烃 Aromatics | (benzene ring) | 15-2 ～ 15-7 | 15-8 ～ 16-6, 22-4 ～ 22-11, 25-5, 26-7 | 14-7, 15-2, 15-9 ～ 16-6, 22-1 ～ 22-8, 22-10, 22-11, 25-4, 25-6, 26-7 |

| 化合物类型 | 官能团 | 性质 | 合成 | 反应 |
|---|---|---|---|---|
| 醛和酮 Aldehydes and ketones | H—C—C(=O)—H; H—C—C(=O)—C | 17-2, 17-3, 18-1, 23-1 | 8-5, 12-12, 13-7, 13-8, 15-13, 16-5, 17-4, 17-6 ～ 17-9, 17-11, 18-1, 18-4, 20-2, 20-4, 20-6, 20-8, 22-2, 22-8, 23-1, 23-2, 23-4, 24-5, 24-9, 25-4 | 8-5, 8-7, 16-5, 17-5 ～ 17-14, 18-1 ～ 18-11, 19-5, 19-6, 21-6, 21-9, 22-8, 23-1 ～ 23-4, 24-4 ～ 24-7, 24-9, 25-3 ～ 25-5, 26-2 |
| 羧酸 Carboxylic acids | —C(=O)—O—H | 19-2 ～ 19-4, 26-1 | 8-4, 8-5, 17-14, 19-5, 19-6, 19-9, 20-1 ～ 20-3, 20-5, 20-6, 20-8, 22-2, 23-2, 24-4 ～ 24-6, 24-9, 26-2, 26-5, 26-6 | 9-4, 19-4, 19-7 ～ 19-12, 21-10, 23-2, 24-9, 26-4, 26-6, 26-7 |
| 酰卤 Alkanoyl halides | —C(=O)—X | 20-1 | 19-8 | 15-13, 20-2 |
| 酸酐 Anhydrides | —C(=O)—O—C(=O)— | 20-1 | 19-8 | 15-13, 20-3 |
| 酯 Esters | H—C—C(=O)—O—C | 20-1, 20-4, 20-5 | 7-4, 7-8, 9-4, 17-13, 19-9, 20-2, 22-5 | 20-4, 23-1 ～ 23-3, 26-6 |
| 酰胺 Amides | —C(=O)—N(—)—H | 20-1, 20-6 | 19-10, 20-2, 20-4, 26-6 | 20-6, 20-7, 26-5 |
| 腈 Nitriles | —C≡N | 20-8 | 17-11, 18-9, 20-8, 21-10, 22-10, 24-9 | 17-11, 19-6, 20-8, 21-5, 24-9, 26-2 |
| 胺 Amines | —C—N(—)—H | 21-2 ～ 21-4, 26-1 | 16-5, 17-9, 18-9, 20-6 ～ 20-8, 21-5 to 21-7, 21-9, 22-4, 25-2, 25-6, 26-2, 26-5 | 16-5, 17-9, 18-4, 18-9, 19-10, 20-2 ～ 20-4, 21-4, 21-5, 21-7 ～ 21-10, 22-4, 22-10, 22-11, 25-2, 25-3, 26-1, 26-5, 26-6 |

红=亲核或碱性原子；蓝=亲电或酸性原子；绿=潜在离去基团。

# 元素周期表

| 1 | 2 | 3 | 4 | 5 | 6 | 7 | 8 | 9 | 10 | 11 | 12 | 13 | 14 | 15 | 16 | 17 | 18 |
|---|---|---|---|---|---|---|---|---|---|---|---|---|---|---|---|---|---|
| 1 H 1.008 | | | | | | | | | | | | | | | | | 2 He 4.002602 |
| 3 Li 6.94 | 4 Be 9.0121831 | | | | | | | | | | | 5 B 10.81 | 6 C 12.011 | 7 N 14.007 | 8 O 15.999 | 9 F 18.99840316 | 10 Ne 20.1797 |
| 11 Na 22.98976928 | 12 Mg 24.305 | | | | | | | | | | | 13 Al 26.9815385 | 14 Si 28.085 | 15 P 30.973762 | 16 S 32.06 | 17 Cl 35.45 | 18 Ar 39.948 |
| 19 K 39.0983 | 20 Ca 40.078 | 21 Sc 44.955908 | 22 Ti 47.867 | 23 V 50.9415 | 24 Cr 51.9961 | 25 Mn 54.938044 | 26 Fe 55.845 | 27 Co 58.933194 | 28 Ni 58.6934 | 29 Cu 63.546 | 30 Zn 65.38 | 31 Ga 69.723 | 32 Ge 72.630 | 33 As 74.921595 | 34 Se 78.971 | 35 Br 79.904 | 36 Kr 83.798 |
| 37 Rb 85.4678 | 38 Sr 87.62 | 39 Y 88.90584 | 40 Zr 91.224 | 41 Nb 92.90637 | 42 Mo 95.95 | 43 Tc 98.9063* | 44 Ru 101.07 | 45 Rh 102.90550 | 46 Pd 106.42 | 47 Ag 107.8682 | 48 Cd 112.414 | 49 In 114.818 | 50 Sn 118.710 | 51 Sb 121.760 | 52 Te 127.60 | 53 I 126.90447 | 54 Xe 131.293 |
| 55 Cs 132.9054520 | 56 Ba 137.327 | 57 to 71 La-Lu | 72 Hf 178.49 | 73 Ta 180.94788 | 74 W 183.84 | 75 Re 186.207 | 76 Os 190.23 | 77 Ir 192.217 | 78 Pt 195.084 | 79 Au 196.966569 | 80 Hg 200.592 | 81 Tl 204.38 | 82 Pb 207.2 | 83 Bi 208.98040 | 84 Po 208.9824* | 85 At 209.9871* | 86 Rn 222.0176* |
| 87 Fr 223.0197* | 88 Ra 226.0254* | 89 to 103 Ac-Lr | 104 Rf 267.12* | 105 Db 270.13* | 106 Sg 269.13* | 107 Bh 270.13* | 108 Hs 277.15* | 109 Mt 278.16* | 110 Ds 281.17* | 111 Rg 281.17* | 112 Cn 285.18* | 113 Nh 286.18* | 114 Fl 289.19* | 115 Mc 289.19* | 116 Lv 293.2* | 117 Ts 294.21* | 118 Og 294.21* |

镧系

| 57 La 138.90547 | 58 Ce 140.116 | 59 Pr 140.90766 | 60 Nd 144.242 | 61 Pm 146.9151* | 62 Sm 150.36 | 63 Eu 151.964 | 64 Gd 157.25 | 65 Tb 158.92535 | 66 Dy 162.500 | 67 Ho 164.93033 | 68 Er 167.259 | 69 Tm 168.93422 | 70 Yb 173.045 | 71 Lu 174.9668 |
|---|---|---|---|---|---|---|---|---|---|---|---|---|---|---|

锕系

| 89 Ac 227.0278* | 90 Th 232.0377 | 91 Pa 231.03588 | 92 U 238.02891 | 93 Np 237.0482* | 94 Pu 244.0642* | 95 Am 243.0614* | 96 Cm 247.0704* | 97 Bk 247.0703* | 98 Cf 251.0796* | 99 Es 252.083* | 100 Fm 257.0951* | 101 Md 258.0984* | 102 No 259.101* | 103 Lr 262.11* |
|---|---|---|---|---|---|---|---|---|---|---|---|---|---|---|